Dem Tabellenbuch wurden die bei Manuskriptabschluss vorliegenden neuesten Ausgaben der DIN-Normen und der gesetzlichen Vorschriften zugrunde gelegt. Die Auswahl ist auf die Erfordernisse in Schule und Praxis zugeschnitten. Verbindlich sind jedoch nur die DIN-Blätter und die gesetzlichen Vorschriften selbst. Die DIN-Blätter können bei der DIN Media GmbH, Burggrafenstr. 6, 10787 Berlin, bezogen werden.

30. Auflage 2025, korrigierter Nachdruck 2025
Druck 5 4 3 2

Alle Drucke derselben Auflage sind parallel einsetzbar, da sie bis auf die Korrektur von Druckfehlern identisch sind.

ISBN 978-3-7585-2536-0

Bei Fragen zur Produktsicherheit wenden Sie sich bitte an produktsicherheit@europa-lehrmittel.de.

Satz: CMS – Cross Media Solutions GmbH, 97082 Würzburg
Zeichnungen: CMS – Cross Media Solutions GmbH, 97082 Würzburg; Grafische Produktionen Neumann, 97222 Rimpar; Hans-Hermann Kropf, 89428 Syrgenstein; Gabriele Timm, 41564 Kaarst
Umschlagfotos: Dr.-Ing. h.c. F. Porsche AG, Stuttgart; © abomedia - stock.adobe.com
Druck: mediaprint solutions GmbH, 33100 Paderborn

EUROPA LEHRMITTEL

EUROPA-FACHBUCHREIHE
für Kraftfahrzeugtechnik

Tabellenbuch Fahrzeugtechnik

M. Bell
H. Elbl
W. Schüler
T. Stietz

30., überarbeitete und erweiterte Auflage

Verlag Europa-Lehrmittel · Nourney, Vollmer GmbH & Co. KG
Düsselberger Straße 23 · 42781 Haan-Gruiten

Europa-Nr.: 25360

Vorwort

Das Tabellenbuch Fahrzeugtechnik ist als Begleiter in der Aus- und Weiterbildung und als Nachschlagewerk und Orientierungshilfe bei fahrzeugtechnischen Fragestellungen konzipiert.
Das besonders übersichtliche Layout mit der sehr klaren Struktur, das ausführliche Inhaltsverzeichnis und das umfangreiche Sachwortverzeichnis gewährleisten ein schnelles Auffinden der gesuchten Information. Durch die Seitenverweise lassen sich direkt Verknüpfungen zu weiteren Informationen und anderen Bereichen herstellen.
Die aussagekräftigen, auch in Details gut erkennbaren Abbildungen in Verbindung mit verständlichen, wo notwendig auch umfassenderen Beschreibungen, tragen zum besseren Verstehen der Zusammenhänge bei.

Die Anpassung an den aktuellen Stand der Technik und die Aktualisierung der Vorschriften und Daten erforderte in der vorliegenden Auflage zahlreiche Änderungen, z. B.:

Im Kapitel „Technische Mathematik" wurde der Abschnitt zum Kraftstoff-Normverbrauch überarbeitet und das Thema Berechnungen zur Hochvolttechnik neu aufgenommen.

In den Kapiteln „Betriebsführung" und „Fachliche Vorschriften" wurden die Daten und die rechtlichen Vorgaben aktualisiert.

Im Kapitel „Fahrzeugtechnik" wurden wichtige Themen überarbeitet und erweitert, z. B.: Viertakt-Ottomotor (Motorsteuerung, optimierte Verbrennungsverfahren), Fahrwerk (Wankstabilisierung), Elektromobilität (E-Maschinen, Batterietechnik, Ladetechnik, Brennstoffzellenantrieb, Thermomanagement, Fehlersuche), Elektrotechnik (Grundlagen, 48 V-Bordnetz, Relais, Verbindungstechnik, Sicherungen), Elektronik (FET, IGBT), Fahrerassistenzsysteme (intelligenter Geschwindigkeitsassistent, Notbremslicht/adaptives Bremslicht, Rückfahrassistent, Unfalldatenspeicher).

Im Kapitel „Betriebsstoffe" wurde das Thema Kraftstoffe überarbeitet und erweitert (alternative und synthetische Kraftstoffe).

Das Tabellenbuch Fahrzeugtechnik enthält in den Themenbereichen Gemischbildung und Zündung weiterhin noch ausgewählte Old- und Youngtimer-Technik. Diese Abschnitte sind durch das Oldtimersymbol (VW-Käfer) in den Überschriften gekennzeichnet.

Die Inhalte im Tabellenbuch entsprechen insgesamt den Bildungsplänen der Bundesländer und den Ausbildungsordnungen des Handwerks und der Industrie.

Im Kapitel Technische Mathematik werden in der Regel Größengleichungen nach DIN 1313 verwendet. In Fällen, die eine gewisse Vereinfachung erfordern, sind auf bestimmte Einheiten zugeschnittene Zahlenwertgleichungen angegeben. Aus diesem Grund müssen hier die Größen in den angegebenen Einheiten eingesetzt werden. Zahlenwertgleichungen sind durch blauen Farbdruck gekennzeichnet.

Das Kapitel „Technische Mathematik" entspricht der „Formelsammlung Fahrzeugtechnik". Die Formeln sind abgestimmt auf das Lehr- und Übungsbuch „Technische Mathematik Fahrzeugtechnik – fachsystematisch".

Wir danken allen, die unsere Arbeit unterstützt haben, und nehmen auch weiterhin Anregungen gerne entgegen.

Die Verfasser

Inhaltsverzeichnis

Winkelfunktionen — Sinus, Cosinus, Tangens, Cotangens

Sinus

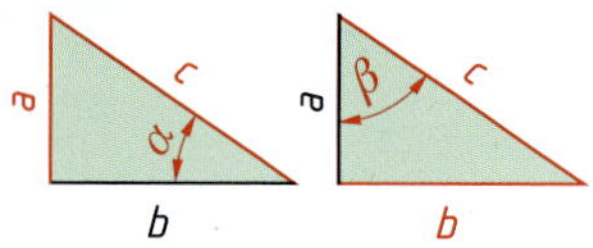

$$\text{Sinus} = \frac{\text{Gegenkathete}}{\text{Hypotenuse}}$$

$\sin\alpha = \frac{a}{c}$ $\quad$ $\sin\beta = \frac{b}{c}$

$a = c \cdot \sin\alpha$ $\quad$ $b = c \cdot \sin\beta$

$c = \frac{a}{\sin\alpha}$ $\quad$ $c = \frac{b}{\sin\beta}$

a Gegenkathete zu Winkel α
b Gegenkathete zu Winkel β
c Hypotenuse, dem rechten Winkel gegenüberliegende Seite

Cosinus

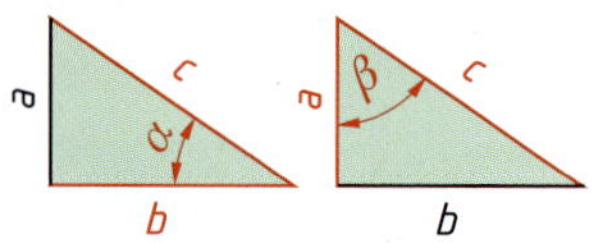

$$\text{Cosinus} = \frac{\text{Ankathete}}{\text{Hypotenuse}}$$

$\cos\alpha = \frac{b}{c}$ $\quad$ $\cos\beta = \frac{a}{c}$

$b = c \cdot \cos\alpha$ $\quad$ $a = c \cdot \cos\beta$

$c = \frac{b}{\cos\alpha}$ $\quad$ $c = \frac{a}{\cos\beta}$

a Ankathete zu Winkel β
b Ankathete zu Winkel α
c Hypotenuse, dem rechten Winkel gegenüberliegende Seite

Tangens

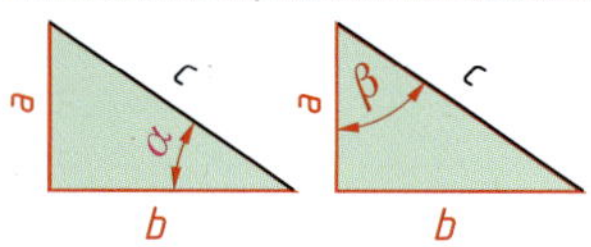

$$\text{Tangens} = \frac{\text{Gegenkathete}}{\text{Ankathete}}$$

$\tan\alpha = \frac{a}{b}$ $\quad$ $\tan\beta = \frac{b}{a}$

$a = b \cdot \tan\alpha$ $\quad$ $b = a \cdot \tan\beta$

$b = \frac{a}{\tan\alpha}$ $\quad$ $a = \frac{b}{\tan\beta}$

a Gegenkathete zu Winkel α
Ankathete zu Winkel β
b Gegenkathete zu Winkel β
Ankathete zu Winkel α
c Hypotenuse, dem rechten Winkel gegenüberliegende Seite

Cotangens

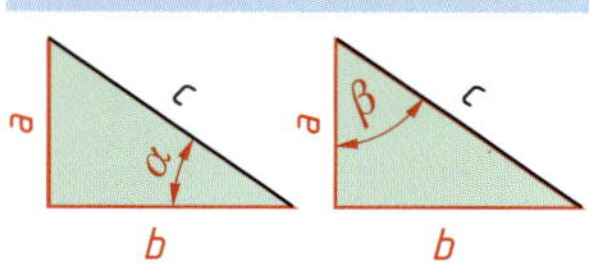

$$\text{Cotangens} = \frac{\text{Ankathete}}{\text{Gegenkathete}}$$

$\cot\alpha = \frac{b}{a}$ $\quad$ $\cot\beta = \frac{a}{b}$

$b = a \cdot \cot\alpha$ $\quad$ $a = b \cdot \cot\beta$

$a = \frac{b}{\cot\alpha}$ $\quad$ $b = \frac{a}{\cot\beta}$

a Ankathete zu Winkel β
Gegenkathete zu Winkel α
b Ankathete zu Winkel α
Gegenkathete zu Winkel β
c Hypotenuse, dem rechten Winkel gegenüberliegende Seite

Winkelfunktionen im Einheitskreis

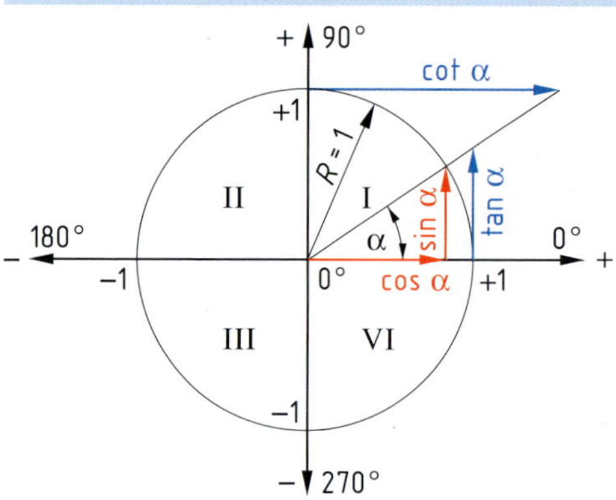

Beziehungen zwischen den Winkelfunktionen

$\sin^2\alpha + \cos^2\alpha = 1$	$\sin\alpha = \sqrt{1 - \cos^2\alpha}$	$\cos\alpha = \sqrt{1 - \sin^2\alpha}$
$\tan\alpha = \frac{\sin\alpha}{\cos\alpha}$	$\sin\alpha = \tan\alpha \cdot \cos\alpha$	$\cos\alpha = \frac{\sin\alpha}{\tan\alpha}$
$\cot\alpha = \frac{\cos\alpha}{\sin\alpha}$	$\sin\alpha = \frac{\cos\alpha}{\cot\alpha}$	$\cos\alpha = \cot\alpha \cdot \sin\alpha$
$\tan\alpha \cdot \cot\alpha = 1$	$\tan\alpha = \frac{1}{\cot\alpha}$	$\cot\alpha = \frac{1}{\tan\alpha}$

Ausgewählte Werte von Winkelfunktionen

Winkelfunktionen	Winkel 0°	30°	45°	60°	90°	180°	270°	360°
sin	0	$\frac{1}{2}$	$\frac{1}{2} \cdot \sqrt{2}$	$\frac{1}{2} \cdot \sqrt{3}$	1	0	–1	0
cos	1	$\frac{1}{2} \cdot \sqrt{3}$	$\frac{1}{2} \cdot \sqrt{2}$	$\frac{1}{2}$	0	–1	0	1
tan	0	$\frac{1}{3} \cdot \sqrt{3}$	1	$\sqrt{3}$	∞	0	∞	0
cot	∞	$\sqrt{3}$	1	$\frac{1}{3} \cdot \sqrt{3}$	0	∞	0	∞

SI-Basiseinheiten

Die Grundlage für die Einheiten im Messwesen ist das internationale Einheitensystem SI (**S**ystèm **I**nternational d' Unités).

Basisgröße	Basiseinheit	Zeichen	Definition
Zeit	Sekunde	s	1 Sekunde ist die Zeitdauer von 9 192 631 770 Schwingungen des Cäsiumatoms 133 in der Atomuhr.
Länge	Meter	m	1 Meter ist gleich der Strecke, die Licht im Vakuum innerhalb des Bruchteils von 1/299792458 einer Sekunde zurücklegt.
Masse	Kilogramm	kg	Das Kilogramm wird als Funktion des Planck'schen Wirkungsquantums *h* definiert: 1 Kilogramm = $\left(\frac{h}{6{,}62607015 \cdot 10^{-34}}\right) m^{-2}s$
Elektrische Stromstärke	Ampere	A	1 Ampere entspricht dem Stromfluss von $(10^{19}/1{,}602176634)$ Elementarladungen (Elektronen) pro Sekunde.
Thermodynam. Temperatur	Kelvin	K	1 Kelvin entspricht einer Änderung der thermodynamischen Temperatur, die mit einer Änderung der thermischen Energie (kT) um $1{,}380649 \cdot 10^{-23}$ J einhergeht.
Stoffmenge	Mol	mol	1 Mol ist die Stoffmenge eines Systems, das $6{,}02214076 \cdot 10^{23}$ eines bestimmten Einzelteilchens (Atom, Molekül, Ion usw.) enthält.
Lichtstärke	Candela	Cd	Eine Candela ist die Lichtstärke (in eine bestimmte Raumrichtung) einer Strahlquelle, die mit einer Frequenz von $540 \cdot 10^{12}$ Hz emittiert und die eine Strahlungsintensität in dieser Richtung hat von (1/683) Watt pro Steradiant. (Steradiant = Maßeinheit für Raumwinkel).

Größen und Einheiten

Teile und Vielfache

Größe Formelzeichen	Einheit Name	Zeichen	Umrechnung					
Winkel $\alpha, \beta, \gamma, \ldots$	**Radiant**	**rad**			rad	°	′	″
	1 rad ist gleich dem Zentriwinkel, der aus dem Kreis mit *r* = 1 m einen Bogen von 1 m Länge ausschneidet.		1 rad	=	1	57,296	3 438	206 265
	Grad (°), Minute (′), Sekunde (″)		1 °	=	π/180	1	60	3 600
			1 ′	=	–	0,01667	1	60
			1 ″	=	–	0,00028	0,01667	1
Länge *l*	**Meter**	**m**			m	dm	cm	mm
	Definition siehe oben		1 m	=	1	10	100	1 000
			1 dm	=	0,1	1	10	100
			1 cm	=	0,01	0,1	1	10
	Für Luft- und Seefahrt:		1 mm	=	0,001	0,01	0,1	1
	Internationale Seemeile (sm)		1 µm	=	0,000001	0,00001	0,0001	0,001
	1 sm = 1,852 km		1 km	=	1 000	10 000	100 000	1 000 000
Fläche *A*	**Quadratmeter**	m^2			m^2	dm^2	cm^2	mm^2
	$1\ m^2$ ist gleich der Fläche eines Quadrates mit 1 m Seitenlänge		$1\ m^2$	=	1	100	10 000	1 000 000
	Für Grund- und Flurstücke:		$1\ dm^2$	=	0,01	1	100	10 000
	Ar (a)	$1\ a = 100\ m^2$	$1\ cm^2$	=	0,0001	0,01	1	100
	Hektar (ha)	$1\ ha = 100\ a = 10\,000\ m^2$	$1\ mm^2$	=	0,000001	0,0001	0,01	1
			$1\ km^2$	=	1 000 000	–	–	–
Volumen *V*	**Kubikmeter**	m^3			m^3	dm^3 (l)	cm^3 (ml)	mm^3
	$1\ m^3$ ist gleich dem Volumen eines Würfels mit 1 m Seitenlänge.		$1\ m^3$	=	1	1 000	1 000 000	–
			$1\ dm^3$ (l)	=	0,001	1	1 000	1 000 000
			$1\ cm^3$ (ml)	=	0,000001	0,001	1	1 000
	Außerhalb des SI: Liter	l, L	$1\ mm^3$	=	–	0,000001	0,001	1
Zeit *t*	**Sekunde**	**s**			d	h	min	s
	Minute	min	1 d	=	1	24	1 440	86 400
	Stunde	h	1 h	=	0,04167	1	60	3 600
	Tag	d	1 min	=	–	0,01667	1	60
	Zeitpunkt, z. B. Uhrzeit: $4^h\ 20^m\ 15^s$ oder 4.20.15 Uhr		1 s	=	–	0,00028	0,01667	1
Frequenz *f*	**Hertz**	**Hz**			GHz	MHz	kHz	Hz
	1 Hz = 1/s		1 GHz	=	1	1 000	1 000 000	10^9
			1 MHz	=	0,001	1	1 000	1 000 000
	1 Hz ≙ 1 Schwingung/Sekunde		1 kHz	=	0,000001	0,001	1	1 000
			1 Hz	=	10^{-9}	0,000001	0,001	1
Geschwindigkeit *v*	**Meter durch Sekunde**	**m/s**			m/s	km/h	m/min	kn
	Für Seefahrt: Knoten (kn = sm/h)		1 m/s	=	1	3,6	60	1,944
	1 kn = 1,852 km/h		1 km/h	=	1/3,6	1	16,667	0,54
			1 m/min	=	1/60	0,06	1	–
Beschleunigung *a*	**Meter durch Sekunde hoch zwei**	m/s^2	$1\ m/s^2 = \frac{1\ m/s}{s}$;			Die Fallbeschleunigung (*g*) beträgt $9{,}81\ m/s^2 \approx 10\ m/s^2$		

1

Größe Formelzeichen	Einheit Name	Zeichen	Umrechnung				
Drehzahl	**Eins durch Sekunde**	**1/s**		1/s	1/min	Schreibweise:	
n			1/s	= 1	60	$\frac{1}{min} = min^{-1}$	
	Spez. Anwendungsbereich	1/min	1/min	= 1/60	1		
Masse	**Kilogramm**	**kg**		Mg (t)	kg	g	mg
m			1 Mg (t)	= 1	1 000	1 000 000	–
	Außerhalb des SI: Tonne (t)		1 kg	= 0,001	1	1 000	1 000 000
	Für Edelsteine: Karat (Kt), 1 Kt = 0,2 g		1 g	= 0,000001	0,001	1	1 000
	Gold: 24 Kt = 1 000/1 000		1 mg	= –	0,000001	0,001	1
Dichte	**Kilogramm durch Kubikmeter**	**kg/m^3**		kg/m^3	kg/dm^3	g/cm^3	t/m^3
ϱ			1 kg/m^3	= 1	0,001	0,001	0,001
			1 kg/dm^3	= 1 000	1	1	1
	Außerhalb des SI: kg/l, t/m^3		1 g/cm^3	= 1 000	1	1	1
Kraft F	**Newton** (gespr.: njut'n)	**N**		kN	daN	N	mN
Gewichtskraft F_G	1 N = 1 kg · 1 m/s^2 = 1 kg m/s^2		1 kN	= 1	100	1 000	1 000 000
			1 daN	= 0,01	1	10	10 000
			1 N	= 0,001	0,1	1	1 000
Drehmoment	**Newtonmeter**	**Nm**		kNm	Nm	mNm	
M	1 N · 1 m = 1 Nm		1 kNm	= 1	1 000	1 000 000	
			1 Nm	= 0,001	1	1 000	
			1 mNm	= 0,000001	0,001	1	
Druck	**Pascal**			MPa	bar	mbar	Pa
p	1 Pa = 1 N/m^2, 1 MPa = 1 N/mm^2		1 MPa	= 1	10	10 000	1 000 000
	Hektopascal (hPa) für Meteorologie		1 bar	= 0,1	1	1 000	100 000
	1 hPa = 1 mbar		1 mbar	= 0,0001	0,001	1	100
	Außerhalb des SI: Bar (bar)		1 hPa	= 0,0001	0,001	1	100
	1 bar = 10 N/cm^2 = 100 kPa		1 Pa	= 0,000001	0,00001	0,01	1
Mechanische Spannung	**Newton durch Quadratmeter**	**N/m^2**		N/mm^2	daN/cm^2	N/cm^2	N/m^2, Pa
σ, τ	1 N/m^2 = 1 Pa		1 N/mm^2	= 1	10	100	1 000 000
	1 N/mm^2 = 1 MPa		1 daN/cm^2	= 0,1	1	10	100 000
			1 N/cm^2	= 0,01	0,1	1	10 000
			1 N/m^2	= 0,000001	0,00001	0,0001	1
Arbeit W	**Joule** (gespr.: dschul)	**J**		kWh	MJ	kJ	J
Energie E	1 J = 1 Nm = 1 Ws		1 kWh	= 1	3,6	3 600	3 600 000
Wärme Q	1 J = 1 kgm/s^2 · 1 m = 1 kg m^2/s^2		1 MJ	= 0,2778	1	1 000	1 000 000
	Außerhalb des SI:		1 kJ	= 0,0002778	0,001	1	1 000
	Kilowattstunde	1 kW · 1 h = 1 kWh	1 J	= –	0,000001	0,001	1
Leistung	**Watt**	**W**		MW	kW	W	mW
P	1 W =1 J/s = 1 Nm/s		1 MW	= 1	1 000	1 000 000	10^9
	1 PS = 0,735 kW		1 kW	= 0,001	1	1 000	1 000 000
	1 kW = 1,36 PS		1 W	= 0,000001	0,001	1	1 000
			1 mW	= 10^{-9}	0,000001	0,001	1
Temperatur	**Kelvin**	**K**		K	°C		
T (in Kelvin)	Grad Celsius	°C	0 K	= 0	–273 (genauer Wert –273,16)		
t, ϑ (in °Celsius)			0 °C	= 273	0		
Elektrische Stromstärke	**Ampere**	**A**		A	mA	µA	
I			1 A	= 1	1 000	1 000 000	
			1 mA	= 0,001	1	1 000	
			1 µA	= 0,000001	0,001	1	
Elektrische Spannung	**Volt**	**V**		kV	V	mV	
U			1 kV	= 1	1 000	1 000 000	
			1 V	= 0,001	1	1 000	
			1 mV	= 0,000001	0,001	1	
Elektrischer Widerstand	**Ohm**	**Ω**		MΩ	kΩ	Ω	mΩ
R			1 MΩ	= 1	1 000	1 000 000	10^9
			1 kΩ	= 0,001	1	1 000	1 000 000
			1 Ω	= 0,000001	0,001	1	1 000
			1 mΩ	= 10^{-9}	0,000001	0,001	1

Vorsätze und Vorsatzzeichen

DIN 1301

Vorsatz		Faktor	Beispiel	Vorsatz		Faktor	Beispiel
Deka	da	10^1	1 Dekanewton = 10^1 N = 10 N	Dezi	d	10^{-1}	1 Dezimeter = 10^{-1} m = 0,1 m
Hekto	h	10^2	1 Hektoliter = 10^2 l = 100 l	Zenti	c	10^{-2}	1 Zentimeter = 10^{-2} m = 0,01 m
Kilo	k	10^3	1 Kilowatt = 10^3 W = 1 000 W	Milli	m	10^{-3}	1 Millimeter = 10^{-3} m = 0,001 m
Mega	M	10^6	1 Megapascal = 10^6 Pa = 1 000 000 Pa	Mikro	µ	10^{-6}	1 Mikrometer = 10^{-6} m = 0,000001 m
Giga	G	10^9	1 Gigajoule = 10^9 J = 1 000 000 000 J	Nano	n	10^{-9}	1 Nanometer = 10^{-9} m = 0,000000001 m
Tera	T	10^{12}	1 Terabyte = 10^{12} Byte	Piko	p	10^{-12}	1 Pikofarad = 10^{-12} F

Formelzeichen, mathematische Zeichen, anglo-amerikanische Einheiten

Zeichen, Bedeutung	
Länge und ihre Potenzen	
α, β	ebener Winkel
φ	Phasenverschiebungswinkel
ε	Dehnung
l	Länge
b	Breite
h	Höhe
H	Höhe über dem Meeresspiegel
δ, d	Dicke, Schichtdicke
r	Radius, Halbmesser
d, D	Durchmesser
s	Weglänge, Kurvenlänge
λ	Wellenlänge
A, S	Fläche, Oberfläche
S, q	Querschnittsfläche
V	Volumen, Rauminhalt
Zeit und Raum	
t	Zeit, Zeitspanne, Dauer
T	Periodendauer
f, ν	Frequenz, Periodenfrequenz
ω	Kreisfrequenz
n, f_r	Drehzahl, Umdrehungsfrequenz
ω, Ω	Winkelgeschwindigkeit
v, u	Geschwindigkeit
a	Beschleunigung
g	örtliche Fallbeschleunigung
$q_V, \dot{V}$	Volumenstrom

Zeichen, Bedeutung	
Mechanik	
m	Masse, Gewicht (Wägeergebnis)
m'	längenbezogene Masse
m''	flächenbezogene Masse
ϱ, ϱ_m	Dichte, volumenbezogene Masse
$q_m, \dot{m}$	Massenstrom, Massendurchsatz
F	Kraft
F_G, G	Gewichtskraft
M	Drehmoment, Kraftmoment
M_b	Biegemoment
M_t, T	Torsionsmoment
p	Druck
p_{abs}	absoluter Druck
p_{amb}	Atmosphärendruck
p_e	Überdruck
σ	Normalspannung (Zug-, Druck-)
τ	Schubspannung
ε	Dehnung
μ, f	Reibungszahl
η	dynamische Viskosität
ν	kinematische Viskosität
W	Widerstandsmoment
W, A	Arbeit
E, W	Energie
E_p, W_p	potentielle Energie
E_k, W_k	kinetische Energie
P	Leistung
η	Wirkungsgrad

Zeichen, Bedeutung	
Elektrizität und Magnetismus	
Q	elektrische Ladung, El.-Menge
U	elektrische Spannung
C	elektrische Kapazität
I	elektrische Stromstärke
J	elektrische Stromdichte
Φ	magnetischer Fluss
R	elektrischer Widerstand
G	elektrischer Leitwert
ϱ	spezifischer elektr. Widerstand
$\gamma, \sigma, \varkappa$	elektrische Leitfähigkeit
P	Leistung, Wirkleistung
S, P_s	Scheinleistung
N	Windungszahl
Thermodynamik u. Wärmeübertragung	
T	Temperatur, thermodyn. Temperatur
$\Delta T, \Delta t$	Temperaturdifferenz
t, ϑ	Celsius-Temperatur
α_l	therm. Längenausdehnungszahl
α_V, γ	therm. Volumenausdehnungszahl
Q	Wärme, Wärmemenge
$\dot{Q}, \Phi_{th}$	Wärmestrom
k	Wärmedurchgangszahl
C_{th}	Wärmekapazität
c	spezifische Wärmekapazität
H_o	spezifischer Brennwert
H_u	spezifischer Heizwert

Mathematische Zeichen (Auswahl)

vgl. DIN 1302

Zeichen	Bedeutung	Zeichen	Bedeutung	Zeichen	Bedeutung	Zeichen	Bedeutung
…	und so weiter, bis	>	größer als	‰	Promille	⊙	Kreis
=	gleich	≥	größer oder gleich	√	Wurzel aus	≅	kongruent zu
≈	ungefähr gleich	∞	unendlich	$\sqrt[n]{\ }$	*n*-te Wurzel aus	$\overline{PQ}$	Strecke von *P* nach *Q*
≠	ungleich	+	plus	∥	parallel zu	$\overset{\frown}{AB}$	Bogen *AB*
~	proportional	−	minus	⊥	senkrecht auf	Σ	Summe von
≙	entspricht	· / ×	mal	∢	Winkel	sin, cos	Sinus, Cosinus
<	kleiner als	: / –	geteilt durch	△	Dreieck	tan, cot	Tangens, Cotangens
≤	kleiner oder gleich	%	Prozent				

Griechisches Alphabet

Siehe auch Seite 403

$A\ \alpha$	Alpha	$Z\ \zeta$	Zeta	$\Lambda\ \lambda$	Lambda	$\Pi\ \pi$	Pi	$\Phi\ \varphi$	Phi
$B\ \beta$	Beta	$H\ \eta$	Eta	$M\ \mu$	My	$P\ \varrho$	Rho	$X\ \chi$	Chi
$\Gamma\ \gamma$	Gamma	$\Theta\ \vartheta$	Theta	$N\ \nu$	Ny	$\Sigma\ \sigma$	Sigma	$\Psi\ \psi$	Psi
$\Delta\ \delta$	Delta	$I\ \iota$	Jota	$\Xi\ \xi$	Xi	$T\ \tau$	Tau	$\Omega\ \omega$	Omega
$E\ \varepsilon$	Epsilon	$K\ \varkappa$	Kappa	$O\ o$	Omikron	$Y\ \upsilon$	Ypsilon		

Anglo-amerikanische Einheiten

Längeneinheit	Umrechnung	mm	m	km
inch (Zoll)	1 in	= 25,4	0,0254	–
foot (Fuß)	1 ft	= 304,8	0,3048	–
yard	1yd	= 914,4	0,9144	–
statute mile	1 mile	= –	1609,34	1,609
nautical mile	1 n mile	= –	1852	1,852

Flächeneinheit	Umrechnung	cm^2	dm^2	m^2 (km^2, a)
square inch	1 in^2	= 6,452	0,0645	–
square foot	1 ft^2	= 929	9,29	0,0929
square yard	1 yd^2	= 8361	83,61	0,8361
square mile	1 $mile^2$	= –	–	2,59 km^2
acre (Grundst.)	1 acre	= –	–	40,4686 a

Volumeneinheit	Umrechnung	cm^3	dm^3	m^3
cubic inch	1 in^3	= 16,3871	0,016387	–
cubic foot	1 ft^3	= 28316,8	28,3168	0,02832
cubic yard	1 yd^3	= –	764,56	0,76456
gallon (US)	1 gal	= 3785,41	3,78541	–
gallon (GB)	1 gal	= 4546,09	4,54609	–
barrel (Min.-Öl)	1 barrel	= –	158,99	0,15899

Masseneinheit	Umrechnung	g	kg	Mg, t
grain	1 gr	= 0,064799	–	–
dram	1 dram	= 1,77184	–	–
ounce	1 oz	= 28,3495	0,0283495	–
pound	1 lb	= 453,592	0,45359	–
long ton	1 long tn	= –	1016,05	1,016
short ton	1 sh tn	= –	907,185	0,907

Geschwindigkeit	Umrechnung	m/s	km/h
statute mile per hour	1 mph	= 0,4470	1,609
nautic mile per hour	1 kn	= 0,5147	1,852

Druck	Umrechnung	N/cm^2	bar
pound per square inch	1 psi = 1 lb/in^2	= 0,704	0,0704

Frühere Einheiten

Nicht mehr anwenden

Kraft, Druck	Energie, Arbeit	Leistung
1 kp = 9,81 N 1 at = 1 kp/cm^2 = 981 mbar = 0,981 bar	1 kcal = 4186,8 J = 4,187 kJ = 1,16 · 10^{-3} kWh 1 kpm = 9,81 J = 9,81 Nm	1 PS = 735 W = 0,735 kW 1 kW = 1,36 PS

Verhältnis-, Dreisatz-, Mischungs-, Prozent-, Zinsrechnen

1

Verhältnisrechnen

Verhältnis	$a : b$ oder $\frac{a}{b}$	Gleichartige Größen können zueinander ins Verhältnis gesetzt werden, z. B. Drehzahlen.
Verhältnisgleichung	Außenglieder: a, d; Innenglieder: b, c $a : b = c : d$ als Bruchgleichung $\frac{a}{b} = \frac{c}{d}$	Zwei gleichwertige Verhältnisse können zu einer Gleichung zusammengefasst werden. Die Gleichung heißt Verhältnisgleichung oder Proportion.
Gerades (direktes) Verhältnis	$a_1 : a_2 = b_1 : b_2$ z. B. Hydr. Presse: $F_1 : F_2 = A_1 : A_2$	Die Reihenfolge der Glieder auf beiden Seiten ist gleich.
Umgekehrtes (indirektes) Verhältnis	$a_1 : a_2 = b_2 : b_1$ z. B. Übersetzung: $n_1 : n_2 = z_2 : z_1$	Die Reihenfolge der Glieder auf beiden Seiten ist umgekehrt.

Dreisatzrechnen

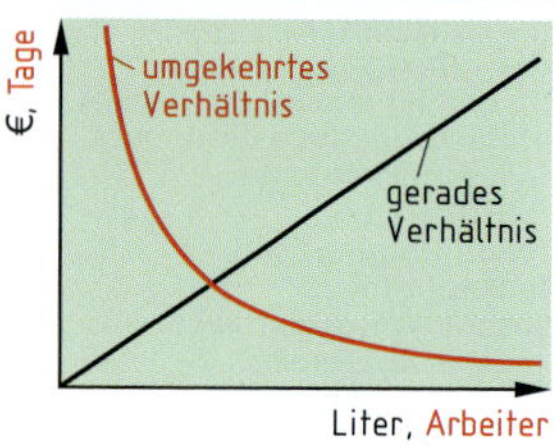

Dreisatz mit geradem Verhältnis	Erklärung
Aussage: 20 l Schmieröl kosten 110,– € Frage: 12 l Schmieröl kosten ? € $\text{Preis} = \frac{110\,€ \cdot 12\,l}{20\,l} = 66{,}–\,€$	Gesprochen wird: 20 l Schmieröl kosten 110,– € 1 l Schmieröl kosten den 20sten Teil 12 l Schmieröl kosten 12-mal mehr
Dreisatz mit umgekehrtem Verhältnis	
Aussage: 20 Arbeiter brauchen 210 h Frage: 12 Arbeiter brauchen ? h $\text{Zeit} = \frac{210\,h \cdot 20\,\text{Arbeiter}}{12\,\text{Arbeiter}} = 350\,h$	Gesprochen wird: 20 Arbeiter brauchen 210 h 1 Arbeiter braucht 20-mal länger 12 Arbeiter brauchen 12-mal kürzer

Mischungsrechnen

Es verhalten sich Teilmenge m_1 zu Gesamtmenge m wie Anteile t_1 zu Gesamtteile t.

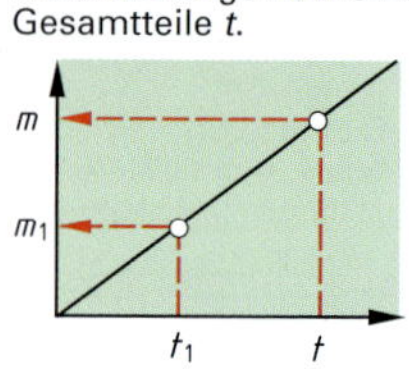

Teilmenge	Gesamtmenge
$m_1 = \frac{m \cdot t_1}{t}$	$m = \frac{m_1 \cdot t}{t_1}$
$m_1 = \frac{m \cdot p_1}{100\,\%}$	$m = \frac{100\,\% \cdot m_1}{p_1}$
	$m = m_1 + m_2 + \ldots$
Anteile	**Prozentsatz(-teile)**
$t_1 = \frac{m_1 \cdot t}{m}$	$p_1 = \frac{100\,\% \cdot m_1}{m}$
$t = t_1 + t_2 + \ldots$	

Größe		Einheit
m	Gesamtmenge	kg, l
m_1, m_2	Teilmengen	kg, l
p_1	Prozentsatz (Prozentteile)	%
t	Gesamtteile	–
t_1	Anteile, Anteilzahl	–

Motorkühlung vgl. S. 38

Prozentrechnen

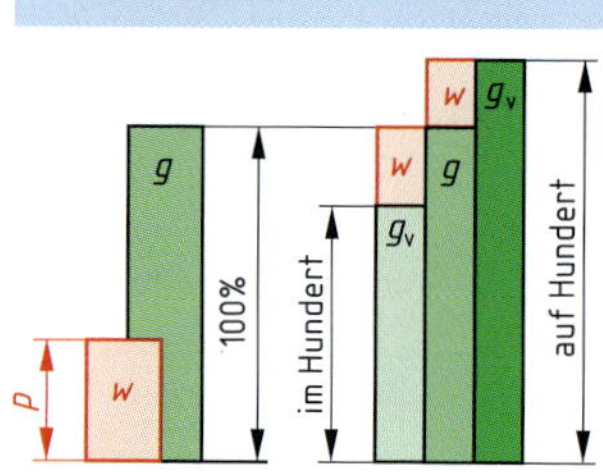

vom Hundert	auf und im Hundert
	vermehrter Wert:
$w = \frac{g \cdot p}{100\,\%}$	$w = \frac{g_v \cdot p}{100\,\% + p}$ *)
$g = \frac{100\,\% \cdot w}{p}$	$g = \frac{100\,\% \cdot g_v}{100\,\% + p}$ *)
$p = \frac{100\,\% \cdot w}{g}$	$p = \frac{100\,\% \cdot w}{g_v - w}$ *)

*) Bei vermindertem Wert g_v sind die Vorzeichen (+) und (–) umgekehrt.

Größe	
g	Grundwert (Wert, auf den die Prozentrechnung bezogen ist)
g_v	vermehrter Wert (auf Hundert) (vermehrt = $g + w$)
g_v	verminderter Wert (im Hundert) (vermindert = $g - w$)
p	Prozentsatz in %
w	Prozentwert (Wert, der dem Prozentsatz entspricht)

Zinsrechnen

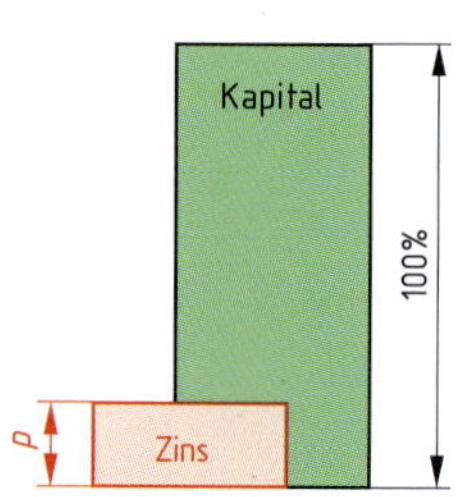

Jahreszins	Zinssatz (Zinsfuß)
$z = \frac{k \cdot p \cdot t}{100\,\%}$	$p = \frac{100\,\% \cdot z}{k \cdot t}$
Kapital	**Zeit (in Jahren)**
$k = \frac{100\,\% \cdot z}{p \cdot t}$	$t = \frac{100\,\% \cdot z}{k \cdot p}$
Tageszins	**Zinssatz (Zinsfuß)**
$z = \frac{k \cdot p \cdot t}{100\,\% \cdot 360}$	$p = \frac{100\,\% \cdot 360 \cdot z}{k \cdot t}$
Kapital	**Zeit (in Tagen)**
$k = \frac{100\,\% \cdot 360 \cdot z}{p \cdot t}$	$t = \frac{100\,\% \cdot 360 \cdot z}{k \cdot p}$

Größe		Einheit
k	Kapital	€
p	Zinssatz (Zinsfuß)	%
t	Zeit (bei Tageszins)	Tage
	Zeit (bei Jahreszins)	Jahre
z	Zins	€

Bei kaufmännischen Rechnungen wird das Jahr zu 360 Tagen und jeder Monat zu 30 Tagen gerechnet.

Satz des Pythagoras

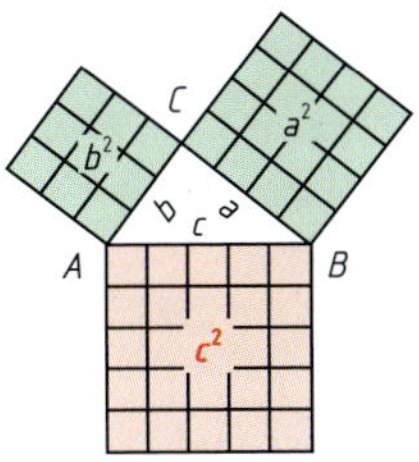

Lehrsatz, Seitenlänge

In jedem rechtwinkligen Dreieck ist das Quadrat über der Hypotenuse gleich der Summe der Quadrate über den Katheten.

$c^2 = a^2 + b^2$	$c = \sqrt{a^2 + b^2}$
$a^2 = c^2 - b^2$	$a = \sqrt{c^2 - b^2}$
$b^2 = c^2 - a^2$	$b = \sqrt{c^2 - a^2}$

Größe, Erklärung

a	Kathete
b	Kathete
c	Hypotenuse

Im rechtwinkligen Dreieck werden die Seiten, die den rechten Winkel bilden, als Katheten bezeichnet. Die Seite, die dem rechten Winkel gegenüberliegt, ist die Hypotenuse.

Verhalten sich die Seiten eines Dreiecks wie 3:4:5, so ist es immer rechtwinklig.

Vielecke, regelmäßige

Dreieck

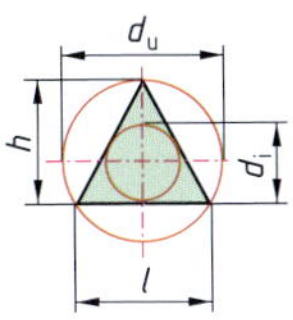

Quadrat

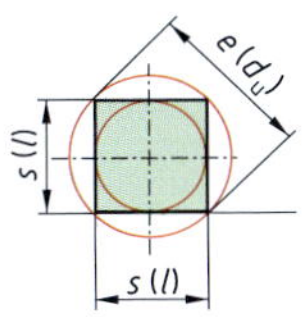

Sechseck

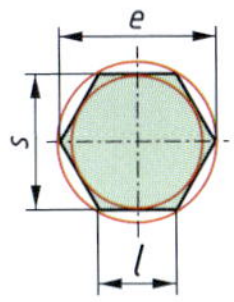

Achteck

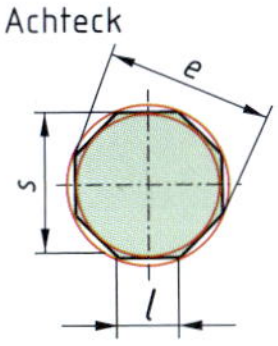

Höhe	Um-/Inkreis	Seitenlänge
Dreieck $h = 0{,}866 \cdot l$	$d_u = 1{,}155 \cdot l$ $d_i = 0{,}577 \cdot l$	$l = 1{,}732 \cdot d_i$ $l = 0{,}866 \cdot d_u$

Eckenmaß	Schlüsselweite	Seitenlänge
Quadrat		
$e = 1{,}414 \cdot s$	$s = 0{,}707 \cdot e$	$l = s$
$e = d_u$	$s = l$	$l = d_i$
Sechseck		
$e = 1{,}155 \cdot s$	$s = 0{,}866 \cdot e$	$l = 0{,}577 \cdot s$
$e = 2 \cdot l$	$s = 1{,}732 \cdot l$	$l = 0{,}5 \cdot e$
Achteck		
$e = 1{,}082 \cdot s$	$s = 0{,}924 \cdot e$	$l = 0{,}414 \cdot s$
$e = 2{,}613 \cdot l$	$s = 2{,}414 \cdot l$	$l = 0{,}383 \cdot e$

Größe, Erklärung

d_u	Umkreisdurchmesser
d_i	Inkreisdurchmesser
e	Eckenmaß
h	Höhe (Breite) des Dreiecks
l	Seitenlänge
s	Schlüsselweite

Zahlenwerte

$1{,}414 = \sqrt{2}$	$0{,}707 = 1/\sqrt{2}$
$1{,}732 = \sqrt{3}$	$1{,}155 = 2/\sqrt{3}$
$0{,}866 = \sqrt{3}/2$	$0{,}577 = 1/\sqrt{3}$
$0{,}383 = \sin 22°30'$	$2{,}613 = 1/(\sin 22°30')$
$0{,}924 = \sin 67°30'$	$1{,}082 = 1/(\sin 67°30')$
$0{,}414 = \tan 22°30'$	$2{,}414 = \tan 67°30'$

Kegel

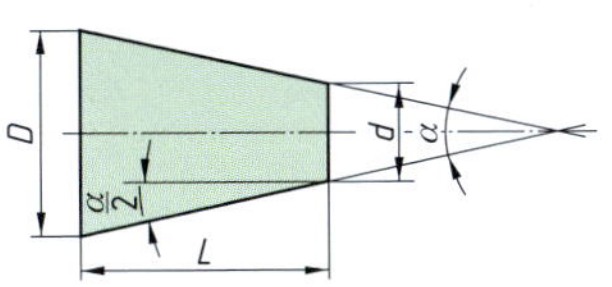

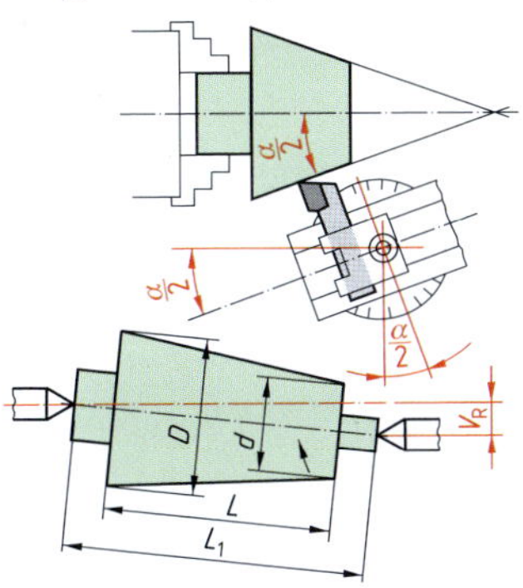

Kegelverhältnis	Kegellänge
$C = \dfrac{D - d}{L}$	$L = \dfrac{D - d}{C}$

Kegeldurchmesser

$D = d + C \cdot L$	$d = D - C \cdot L$
$D = d + 2 \cdot L \cdot \tan \dfrac{\alpha}{2}$	$d = D - C \cdot L \cdot \tan \dfrac{\alpha}{2}$

Einstellwinkel an der Drehmaschine

$\tan \dfrac{\alpha}{2} = \dfrac{D - d}{2 \cdot L}$	$\tan \dfrac{\alpha}{2} = \dfrac{C}{2} = \dfrac{1}{2 \cdot x}$

Reitstockverstellung an der Drehmaschine

Kegellänge = Werkstücklänge	Kegellänge < Werkstücklänge
$V_R = \dfrac{D - d}{2}$	$V_R = \dfrac{D - d}{2} \cdot \dfrac{L_1}{L}$

Größe		Einheit
C	Kegelverhältnis (1 : x)	–
D	großer Kegeldurchmesser	mm
d	kleiner Kegeldurchmesser	mm
L	Kegellänge	mm
L_1	Werkstücklänge	mm
V_R	Reitstockverstellung	mm
α	Kegelwinkel	°
$\alpha/2$	Einstellwinkel	°

Das Kegelverhältnis C (auch Verjüngung genannt) ist das Verhältnis der Durchmesserdifferenz zur Kegellänge. Es wird in der Regel 1:x angegeben. Kegelverhältnis 1:10 bedeutet z. B., dass sich der Durchmesser D auf 10 mm Kegellänge um 1 mm verjüngt.

Bei der Herstellung von Kegeln wird der Oberschlitten der Drehmaschine um den halben Kegelwinkel $\alpha/2$ verdreht. Lange Kegel werden mittels Reitstockverstellung gefertigt, wobei das Maß für V_R nicht größer als 1/50 der Werkstücklänge sein soll.

Steigung (Gefälle)

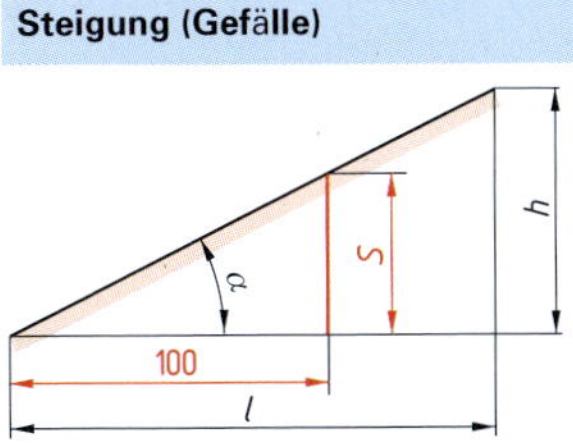

Steigung	Höhenunterschied
$S = \dfrac{100\,\% \cdot h}{l}$	$h = \dfrac{S \cdot l}{100\,\%}$
$SV = \dfrac{h}{l}$	$h = l \cdot SV$

Steigungswinkel	waagrechte Länge
$\tan \alpha = \dfrac{h}{l}$	$l = \dfrac{h}{\tan \alpha}$
$\tan \alpha = \dfrac{S}{100\,\%}$	$l = \dfrac{h}{SV}$

Größe		Einheit
h	Höhenunterschied	m
l	waagrechte Länge	m
S	Steigung (Gefälle)	%
SV	Steigungsverhältnis	–
α	Steigungswinkel	°

Straßensteigungen werden in der Regel in Prozent angegeben, z. B. 5 %. Das entspricht einem Höhenunterschied von 5 m auf 100 m waagrechte Länge oder einem Steigungsverhältnis 1:20.

Maßstäbe

Für technische Zeichnungen

Vergrößerungsmaßstäbe	50:1 10:1 2:1	20:1 5:1
Natürlicher Maßstab		1:1
Verkleinerungsmaßstäbe	1:2 1:10 1:50	1:5 1:20 1:100

Technische Zeichnung

$M = \frac{l_z}{l_w}$ $\qquad l_z = M \cdot l_w$ $\qquad l_w = \frac{l_z}{M}$

Beispiel: $l_z = 20\ \text{mm}$

M 1:2 $\qquad l_w = \frac{20\ \text{mm}}{\frac{1}{2}} = 40\ \text{mm}$

Größe		Einheit
l_w	Wirkliche Länge, Dinggröße	mm
l_z	Länge auf der Zeichnung, Bildgröße (Vergrößerte, verkleinerte oder wirkliche Länge)	mm
M	Maßstab	–

Toleranzen, Passungen

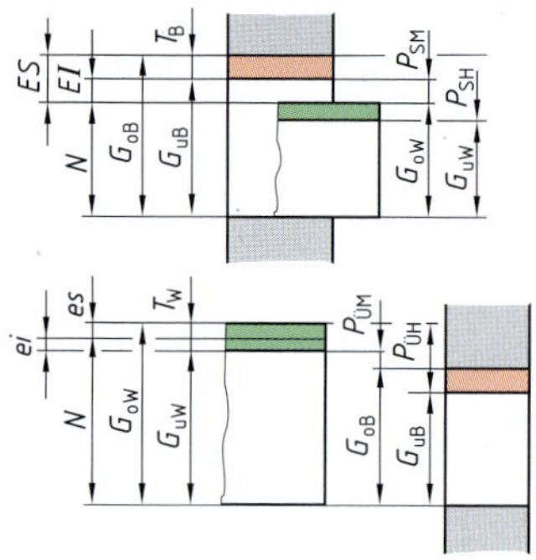

Höchstmaß	Mindestmaß
$G_{oB} = N + ES$	$G_{uB} = N + EI$
$G_{oW} = N + es$	$G_{uW} = N + ei$

Bohrungstoleranz	Wellentoleranz
$T_B = ES - EI$	$T_W = es - ei$
$T_B = G_{oB} - G_{uB}$	$T_W = G_{oW} - G_{uW}$

Spielpassung	Übermaßpassung
$P_{SH} = G_{oB} - G_{uW}$	$P_{ÜH} = G_{uB} - G_{oW}$
$P_{SM} = G_{uB} - G_{oW}$	$P_{ÜM} = G_{oB} - G_{uW}$

Größe		Einheit
ES	oberes Abmaß Bohrung	mm
EI	unteres Abmaß Bohrung	mm
es	oberes Abmaß Welle	mm
ei	unteres Abmaß Welle	mm
G_{oB}	Höchstmaß Bohrung	mm
G_{uB}	Mindestmaß Bohrung	mm
G_{oW}	Höchstmaß Welle	mm
G_{uW}	Mindestmaß Welle	mm
N	Nennmaß	mm
$P_{ÜH}$	Höchstübermaß	mm
$P_{ÜM}$	Mindestübermaß	mm
P_{SH}	Höchstspiel	mm
P_{SM}	Mindestspiel	mm
T_B	Toleranz Bohrung	mm
T_W	Toleranz Welle	mm

(ISO-Toleranzsystem siehe S. 417)

Längenteilung

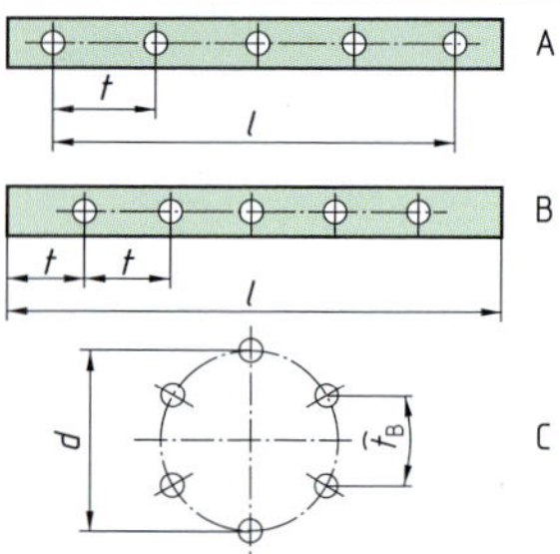

Teilezahl	Teilung
$z = \frac{l}{t}$	$t = \frac{l}{z}$
$z = \frac{\pi \cdot d}{\hat{t}_B}$	$\hat{t}_B = \frac{\pi \cdot d}{z}$
Teilungslänge:	$l = t \cdot z$

	Teilezahl	Lochzahl
A)	$z = n - 1$	$n = z + 1$
B)	$z = n + 1$	$n = z - 1$
C)	$z = n$	$n = z$

Größe		Einheit
d	Teilkreisdurchmesser	mm
l	Teilungslänge (Kreisumfang bei Lochkreisen)	mm
n	Lochzahl oder Anzahl der Teilstriche	–
t	Teilung, Lochmittenabstand	mm
$\hat{t}_B$	Lochmittenabstand im Bogenmaß	mm
z	Teilezahl	–

Gestreckte Länge

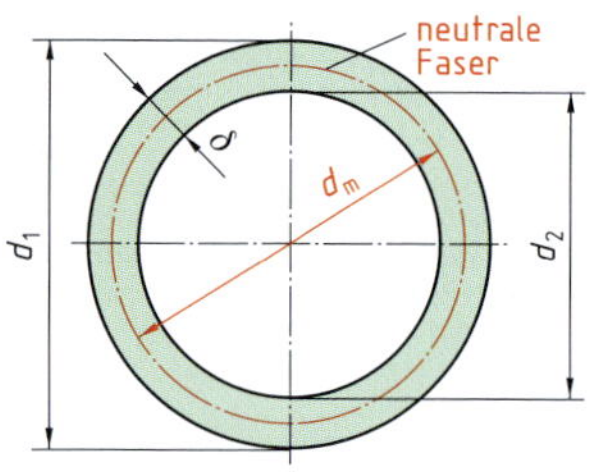

Gestreckte Länge	Durchmesser
$l = \pi \cdot d_m$	$d_1 = \frac{2 \cdot l}{\pi} - d_2$
$l = \pi \cdot \frac{d_1 + d_2}{2}$	$d_2 = \frac{2 \cdot l}{\pi} - d_1$

Mittlerer Durchmesser

$d_m = \frac{d_1 + d_2}{2}$	$d_m = d_1 - \delta$
$d_m = \frac{l}{\pi}$	$d_m = d_2 + \delta$

Größe		Einheit
d_1	Außendurchmesser	mm
d_2	Innendurchmesser	mm
d_m	mittlerer Durchmesser	mm
l	gestreckte Länge	mm
δ	Dicke des Werkstoffes	mm

Die Formeln für die gestreckte Länge werden für Werkstücke ab $\delta = 3$ mm angewendet. Die gestreckte Länge ist gleich der Länge der neutralen Faser.

Kreisbogenlänge

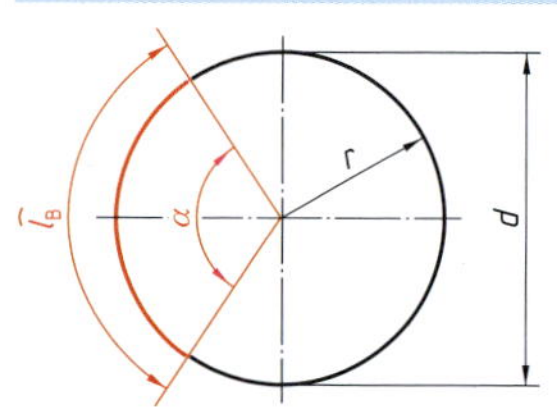

Bogenlänge	Durchmesser
$l_B = \frac{\pi \cdot d \cdot \alpha}{360°}$	$d = \frac{360° \cdot l_B}{\pi \cdot \alpha}$
$l_B = \frac{2 \cdot \pi \cdot r \cdot \alpha}{360°}$	$r = \frac{360° \cdot l_B}{2 \cdot \pi \cdot \alpha}$

Mittelpunktswinkel

$\alpha = \frac{360° \cdot l_B}{\pi \cdot d}$ $\qquad \alpha = \frac{360° \cdot l_B}{2 \cdot \pi \cdot r}$

Größe		Einheit
d	Durchmesser	mm
l_B	Länge des Kreisbogens	mm
r	Radius (Halbmesser)	mm
α	Mittelpunktswinkel	°
π	= 3,14159	

Kreisumfang ist $U = \pi \cdot d$. Der Mittelpunktswinkel des vollen Kreises (Vollwinkel) beträgt 360°.

Quadrat

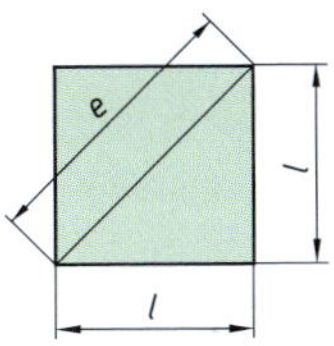

Fläche	Umfang	Seitenlänge	Eckenmaß
$A = l \cdot l$	$U = 4 \cdot l$	$l = \sqrt{A}$	$e = 1{,}414 \cdot l$
$A = l^2$		$l = \frac{U}{4}$	$e = \sqrt{2} \cdot l$
		$l = \frac{e}{1{,}414}$	
A Fläche e Eckenmaß	l Seitenlänge U Umfang	$l = 0{,}707 \cdot e$	

Rechteck

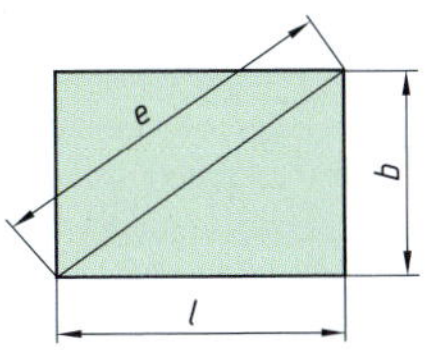

Fläche	Umfang	Länge	Breite, Eckenmaß
$A = l \cdot b$	$U = 2 \cdot l + 2 \cdot b$	$l = \frac{A}{b}$	$b = \frac{A}{l}$
	$U = 2 \cdot (l + b)$	$l = \frac{U}{2} - b$	$b = \frac{U}{2} - l$
A Fläche b Breite e Eckenmaß	l Länge U Umfang		$e = \sqrt{l^2 + b^2}$

Parallelogramm (Rhomboid)

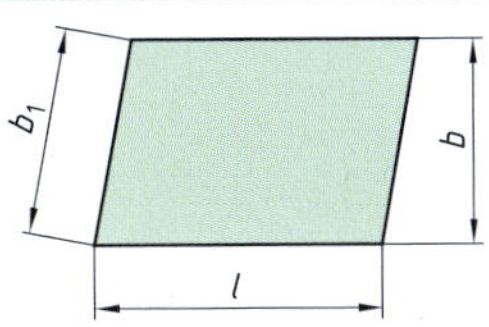

Fläche	Umfang	Länge	Breite
$A = l \cdot b$	$U = 2 \cdot l + 2 \cdot b_1$	$l = \frac{A}{b}$	$b = \frac{A}{l}$
	$U = 2 \cdot (l + b_1)$	$l = \frac{U}{2} - b_1$	$b_1 = \frac{U}{2} - l$
A Fläche b Breite b_1 Schrägbreite	l Länge U Umfang		

Trapez

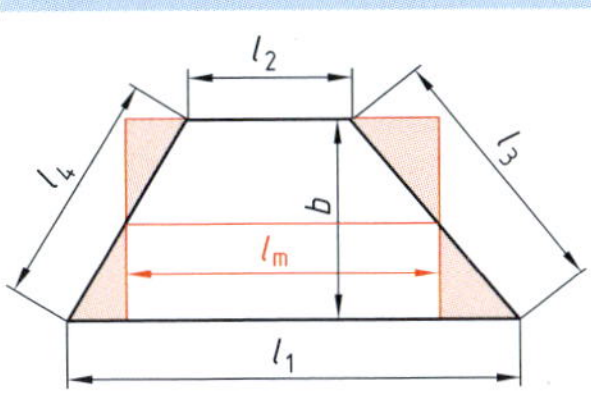

Fläche	Umfang	Länge	Breite
$A = \frac{l_1 + l_2}{2} \cdot b$	$U = l_1 + l_2 + l_3 + l_4$	$l_1 = \frac{2 \cdot A}{b} - l_2$	$b = \frac{2 \cdot A}{l_1 + l_2}$
$A = l_m \cdot b$		$l_1 = 2 \cdot l_m - l_2$	$l_m = \frac{l_1 + l_2}{2}$
		$l_2 = \frac{2 \cdot A}{b} - l_1$	
		$l_2 = 2 \cdot l_m - l_1$	
A Fläche b Breite l_1 große Länge l_2 kleine Länge	l_3 Seitenlänge l_4 Seitenlänge l_m mittlere Länge U Umfang		

Dreieck

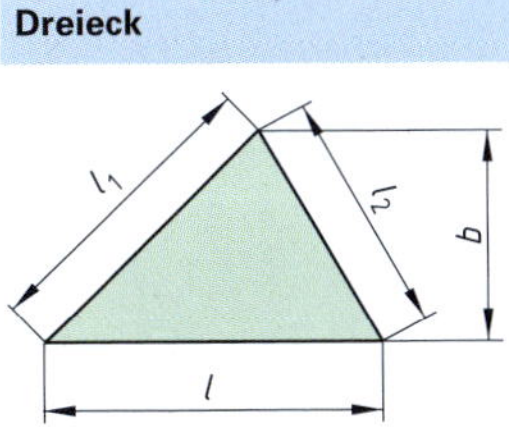

Fläche	Umfang	Länge	Breite
$A = \frac{l \cdot b}{2}$	$U = l + l_1 + l_2$	$l = \frac{2 \cdot A}{b}$	$b = \frac{2 \cdot A}{l}$
Gleichseitiges Dreieck		Gleichseitiges Dreieck	
$A = 0{,}433 \cdot l^2$	$U = 3 \cdot l$	$l = 1{,}155 \cdot b$	$b = 0{,}866 \cdot l$
A Fläche b Breite l Seitenlänge	l_1 Seitenlänge l_2 Seitenlänge U Umfang		

Vieleck, regelmäßiges

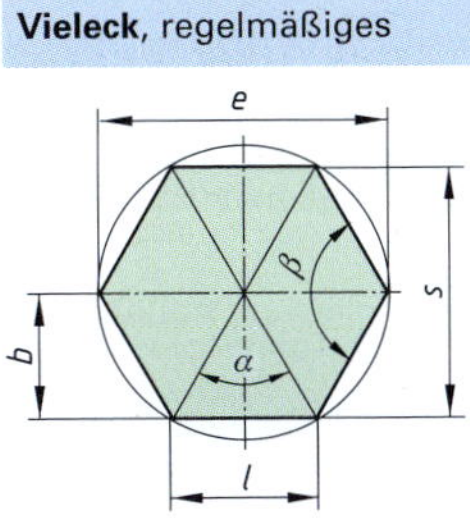

Fläche	Umfang	Sechseck	Achteck
$A = \frac{l \cdot b}{2} \cdot n$	$U = l \cdot n$	$A = 0{,}866 \cdot s^2$ $A = 2{,}598 \cdot l^2$	$A = 0{,}828 \cdot s^2$ $A = 4{,}82 \cdot l^2$
$\alpha = \frac{360°}{n}$	$\beta = 180° - \alpha$	$s = 0{,}866 \cdot e$ $s = 1{,}732 \cdot l$	$s = 0{,}924 \cdot e$ $s = 2{,}414 \cdot l$
A Fläche b Breite e Eckenmaß l Seitenlänge n Eckenzahl	s Schlüsselweite U Umfang α Innenwinkel β Außenwinkel	$e = 1{,}155 \cdot s$ $e = 2{,}0 \cdot l$	$e = 1{,}082 \cdot s$ $e = 2{,}613 \cdot l$

Weitere Formeln vgl. Seite 11

Flächen

1

Kreis

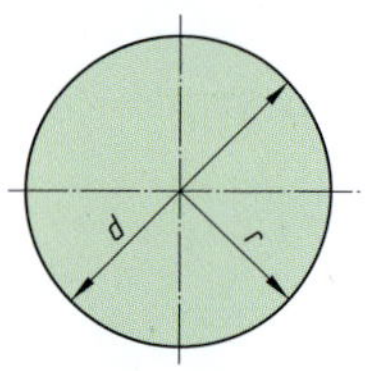

Fläche

$A = \frac{\pi \cdot d^2}{4}$

$A = 0{,}785 \cdot d^2$

$A = \pi \cdot r^2$

Umfang

$U = \pi \cdot d$

$U = 2 \cdot \pi \cdot r$

Durchmesser

$d = \sqrt{\frac{4 \cdot A}{\pi}}$

$d = \frac{U}{\pi}$

Radius (Halbmesser)

$r = \sqrt{\frac{A}{\pi}}$

$r = \frac{U}{2 \cdot \pi}$

A Fläche
d Durchmesser
r Radius (Halbmesser)
U Umfang

Kreisring

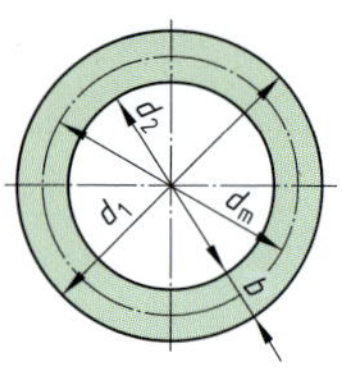

Fläche

$A = \frac{\pi \cdot (d_1^2 - d_2^2)}{4}$

$A = \pi \cdot d_m \cdot b$

Umfang

$U_1 = \pi \cdot d_1$

$U_2 = \pi \cdot d_2$

Durchmesser

$d_1 = \sqrt{d_2^2 + \frac{4 \cdot A}{\pi}}$

$d_2 = \sqrt{d_1^2 - \frac{4 \cdot A}{\pi}}$

$d_1 = \frac{U_1}{\pi}$

$d_2 = \frac{U_2}{\pi}$

Fläche

$A_1 = \frac{\pi \cdot d_1^2}{4}$

$A_2 = \frac{\pi \cdot d_2^2}{4}$

A Ringfläche
A_1 Gesamtfläche
A_2 Innenfläche
b Ringbreite
d_1 Außendurchmesser
d_2 Innendurchmesser
d_m mittlerer Durchmesser
U_1 Umfang, außen
U_2 Umfang, innen

Kreisausschnitt

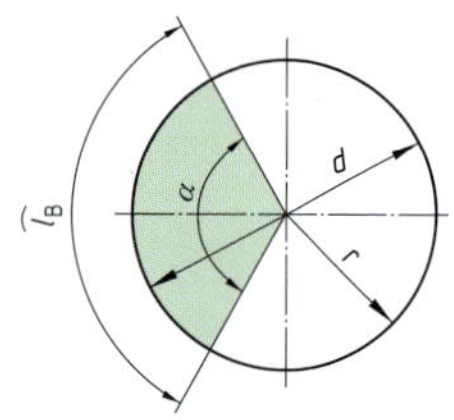

Fläche

$A = \frac{\pi \cdot d^2 \cdot \alpha}{1440°}$

$A = \frac{l_B \cdot r}{2}$

Umfang

$U = l_B + 2 \cdot r$

Abmessungen

$d = \sqrt{\frac{1440° \cdot A}{\pi \cdot \alpha}}$

$\alpha = \frac{1440° \cdot A}{\pi \cdot d^2}$

$r = \frac{2 \cdot A}{l_B}$

$l_B = \frac{2 \cdot A}{r}$

$l_B = \frac{\pi \cdot d \cdot \alpha}{360°}$

A Fläche
d Durchmesser
l_B Bogenlänge
r Radius (Halbmesser)
α Innenwinkel

Kreisabschnitt

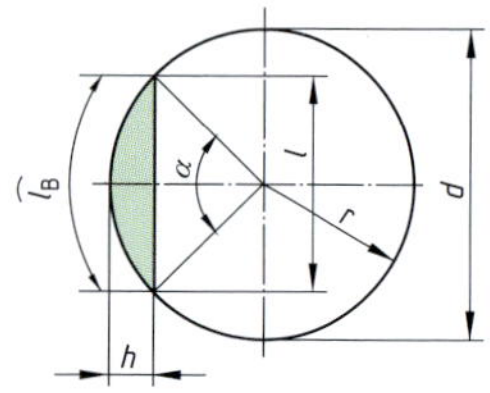

Fläche

$A = \frac{l_B \cdot r - l \cdot (r - h)}{2}$

$A \approx \frac{2}{3} \cdot l \cdot h$

Umfang

$U = l + l_B$

Abmessungen

$h = r - \sqrt{r^2 - l^2/4}$

$h \approx \frac{3 \cdot A}{2 \cdot l}$

$r = \frac{2 \cdot A - h \cdot l}{l_B - l}$

$l = 2 \cdot \sqrt{2 \cdot r \cdot h - h^2}$

$l \approx \frac{3 \cdot A}{2 \cdot h}$

$l_B = \frac{\pi \cdot d \cdot \alpha}{360°}$

A Fläche
h Höhe
l_B Bogenlänge
l Sehnenlänge
r Radius (Halbmesser)
α Innenwinkel

Ellipse

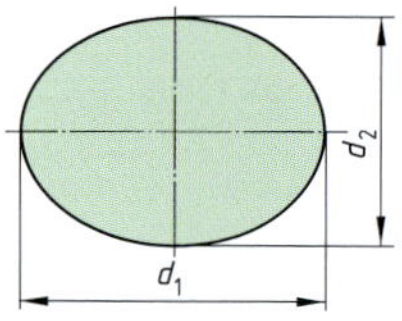

Fläche

$A = \frac{\pi \cdot d_1 \cdot d_2}{4}$

Umfang

$U \approx \frac{\pi \cdot (d_1 + d_2)}{2}$

große Achse

$d_1 = \frac{4 \cdot A}{\pi \cdot d_2}$

$d_1 \approx \frac{2 \cdot U}{\pi} - d_2$

kleine Achse

$d_2 = \frac{4 \cdot A}{\pi \cdot d_1}$

$d_2 \approx \frac{2 \cdot U}{\pi} - d_1$

A Fläche
d_1 große Achse
d_2 kleine Achse
U Umfang

Zusammengesetzte Fläche

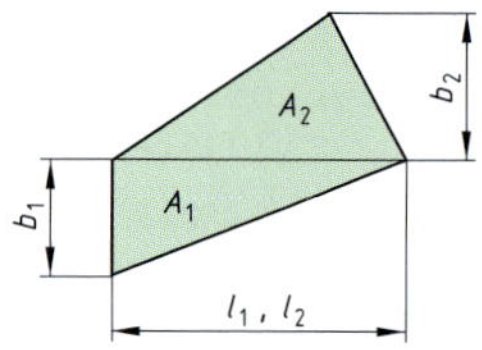

Gesamtfläche

Für die dargestellte Fläche gilt.

$A = A_1 + A_2$

Allgemein:

$A = A_1 \pm A_2 \pm A_3 \pm \ldots$

A Gesamtfläche
A_1 Teilfläche 1
A_2 Teilfläche 2
A_3 Teilfläche 3

Regel

1. Zusammengesetzte Flächen werden zur Berechnung in einfache berechenbare Teilflächen zerlegt
2. Durch Zusammenzählen und Abziehen der einzelnen Teilflächen ergibt sich die Gesamtfläche

Würfel

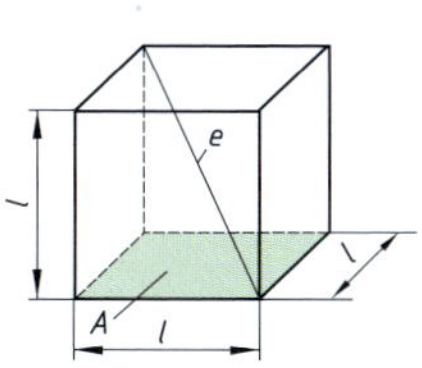

Volumen	Oberfläche	Länge	Grundfläche
$V = A \cdot l$	$A_O = 6 \cdot A$	$l = \frac{V}{A}$	$A = l \cdot l$
$V = l \cdot l \cdot l$	$A_O = 6 \cdot l^2$	$l = \sqrt[3]{V}$	$A = \frac{V}{l}$
$V = l^3$		$l = \sqrt{\frac{A_O}{6}}$	$e = \sqrt{3} \cdot l$

A Grundfläche
A_O Oberfläche
e Eckenmaß
l Seitenlänge
V Volumen

Prisma (Quader)

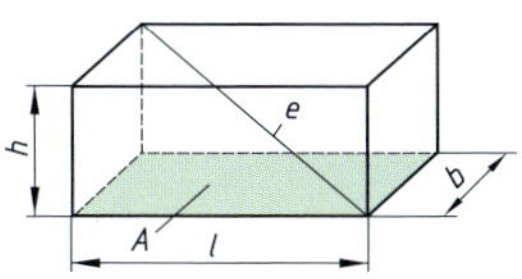

Volumen	Oberfläche	Abmessungen	Grundfläche
$V = A \cdot h$	$A_O = 2 \cdot A + A_M$	$h = \frac{V}{l \cdot b}$	$A = l \cdot b$
$V = l \cdot b \cdot h$	$A_M = 2 \cdot h \cdot (l + b)$	$h = \frac{V}{A}$	$A = \frac{V}{h}$
		$b = \frac{V}{l \cdot h}$	$e = \sqrt{l^2 + b^2 + h^2}$
		$l = \frac{V}{b \cdot h}$	

A Grundfläche
A_M Mantelfläche
A_O Oberfläche
b Breite
e Eckenmaß
h Höhe
l Länge
V Volumen

Zylinder

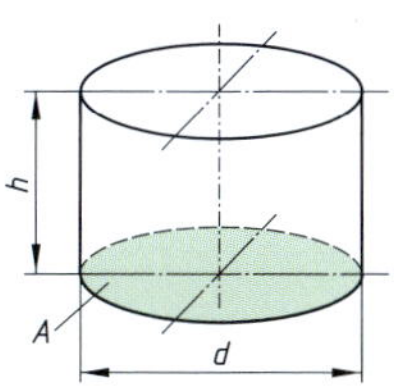

Volumen	Oberfläche	Abmessungen	Grundfläche
$V = A \cdot h$	$A_O = 2 \cdot A + A_M$	$h = \frac{V}{A} = \frac{4 \cdot V}{\pi \cdot d^2}$	$A = \frac{\pi \cdot d^2}{4}$
$V = \frac{\pi \cdot d^2}{4} \cdot h$	$A_M = \pi \cdot d \cdot h$	$h = \frac{A_M}{\pi \cdot d}$	$A = \frac{V}{h}$
		$d = \sqrt{\frac{4 \cdot A}{\pi}}$	$d = \sqrt{\frac{4 \cdot V}{\pi \cdot h}}$

A Grundfläche
A_M Mantelfläche
A_O Oberfläche
d Durchmesser
h Höhe
V Volumen

Hohlzylinder

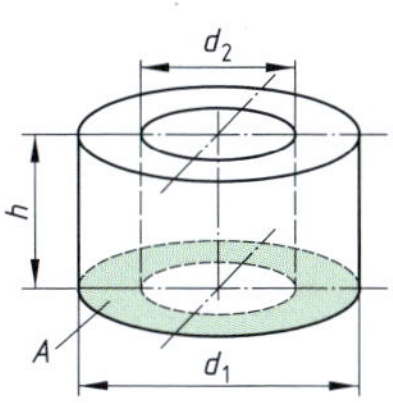

Volumen	Oberfläche	Abmessungen	Grundfläche
$V = A \cdot h$	$A_O = 2 \cdot A + A_{M,a} + A_{M,i}$	$h = \frac{V}{A}$	$A = \frac{V}{h}$
$V = \frac{\pi \cdot (d_1^2 - d_2^2)}{4} \cdot h$	$A_{M,a} = \pi \cdot d_1 \cdot h$	$h = \frac{4 \cdot V}{\pi \cdot (d_1^2 - d_2^2)}$	$A = \frac{\pi \cdot (d_1^2 - d_2^2)}{4}$
	$A_{M,i} = \pi \cdot d_2 \cdot h$	$d_1 = \sqrt{d_2^2 + \frac{4 \cdot V}{\pi \cdot h}}$	$d_2 = \sqrt{d_1^2 - \frac{4 \cdot V}{\pi \cdot h}}$

A Grundfläche
$A_{M,a}$ Mantel, außen
$A_{M,i}$ –, innen
A_O Oberfläche
d_1 Durchmesser, außen
d_2 –, innen
h Höhe
V Volumen

Pyramide

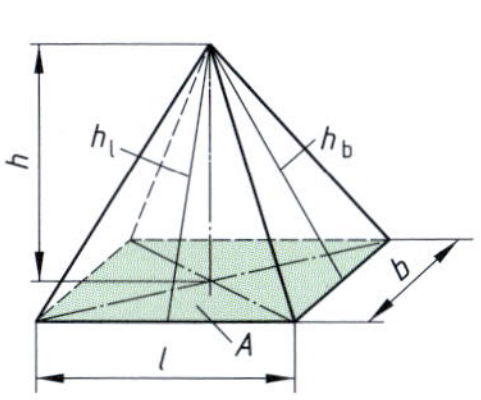

Volumen	Oberfläche	Abmessungen	Grundfläche
$V = \frac{A \cdot h}{3}$	$A_O = A + A_M$	$h = \frac{3 \cdot V}{A}$	$A = l \cdot b$
$V = \frac{l \cdot b \cdot h}{3}$	$A_M = l \cdot h_l + b \cdot h_b$	$h = \frac{3 \cdot V}{l \cdot b}$	$A = \frac{3 \cdot V}{h}$
		$l = \frac{3 \cdot V}{b \cdot h}$	$h_b = \sqrt{h^2 + l^2/4}$
		$b = \frac{3 \cdot V}{l \cdot h}$	$h_l = \sqrt{h^2 + b^2/4}$

A Grundfläche
A_M Mantelfläche
A_O Oberfläche
b Breite
h Höhe
h_b, h_l Mantelhöhen
l Länge
V Volumen

Kegel

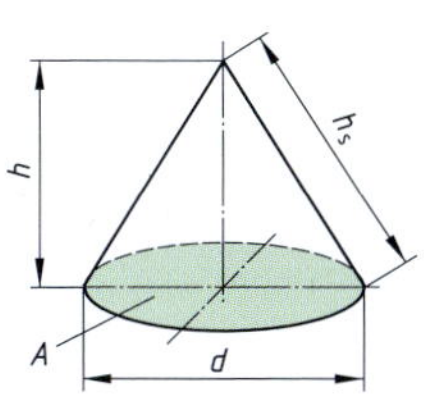

Volumen	Oberfläche	Abmessungen	Grundfläche
$V = \frac{A \cdot h}{3}$	$A_O = A + A_M$	$h = \frac{12 \cdot V}{\pi \cdot d^2} = \frac{3 \cdot V}{A}$	$A = \frac{\pi \cdot d^2}{4}$
$V = \frac{\pi \cdot d^2 \cdot h}{12}$	$A_M = \frac{\pi \cdot d \cdot h_s}{2}$	$h_s = \sqrt{h^2 + d^2/4}$	$A = \frac{3 \cdot V}{h}$
		$d = \sqrt{\frac{12 \cdot V}{\pi \cdot h}}$	$d = \sqrt{\frac{4 \cdot A}{\pi}}$

A Grundfläche
A_M Mantelfläche
A_O Oberfläche
d Durchmesser
h Höhe
h_s Mantelhöhe
V Volumen

Pyramidenstumpf

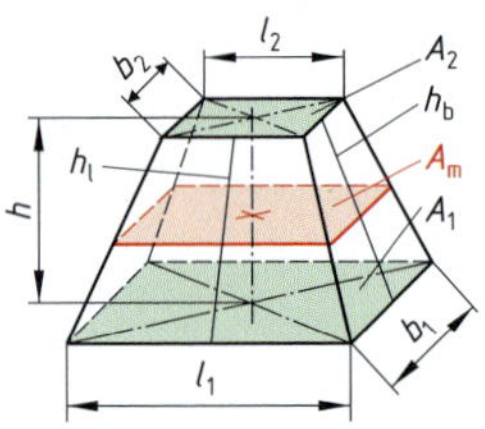

Volumen

$$V \approx \frac{A_1 + A_2}{2} \cdot h$$

$$V \approx A_m \cdot h$$

$$V = \frac{h}{3} \cdot (A_1 + A_2 + \sqrt{A_1 \cdot A_2})$$

A_1, A_2 Grundflächen
A_m Mittelfläche
A_M Mantelfläche
A_O Oberfläche

Oberfläche

$$A_O = A_1 + A_2 + A_M$$

$$A_M = h_l \cdot (l_1 + l_2) + h_b \cdot (b_1 + b_2)$$

b_1, b_2 Breiten
h Höhe
h_b, h_l Mantelhöhen
l_1, l_2 Längen
V Volumen

Höhe

$$h \approx \frac{2 \cdot V}{A_1 + A_2}$$

$$h \approx \frac{V}{A_m}$$

Mittelfläche

$$A_m = \frac{A_1 + A_2}{2}$$

$$A_m \approx \frac{V}{h}$$

Grundflächen

$$A_1 = l_1 + b_1$$

$$A_2 = l_2 + b_2$$

$$A_1 \approx \frac{2 \cdot V}{h} - A_2$$

$$A_2 \approx \frac{2 \cdot V}{h} - A_1$$

Kegelstumpf

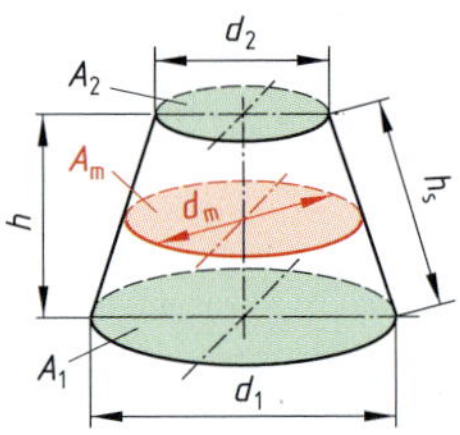

Volumen

$$V \approx \frac{A_1 + A_2}{2} \cdot h = A_m \cdot h$$

$$V = \frac{\pi \cdot h}{12} \cdot (d_1^2 + d_2^2 + d_1 \cdot d_2)$$

A_1, A_2 Grundflächen
A_m Mittelfläche
A_M Mantelfläche
A_O Oberfläche

Oberfläche

$$A_O = A_1 + A_2 + A_M$$

$$A_M = \frac{\pi \cdot h_s \cdot (d_1 + d_2)}{2}$$

d_1, d_2 Durchmesser
h Höhe
h_s Mantelhöhe
V Volumen

Höhe

$$h \approx \frac{2 \cdot V}{A_1 + A_2} = \frac{V}{A_m}$$

$$h_s = \sqrt{h^2 + \left(\frac{d_1 - d_2}{2}\right)^2}$$

Mittelfläche

$$A_m = \frac{A_1 + A_2}{2}$$

$$A_m \approx \frac{V}{h}$$

Grundflächen

$$A_1 = \frac{\pi \cdot d_1^2}{4}$$

$$A_2 = \frac{\pi \cdot d_2^2}{4}$$

$$A_1 \approx \frac{2 \cdot V}{h} - A_2$$

$$A_2 \approx \frac{2 \cdot V}{h} - A_1$$

Kugel

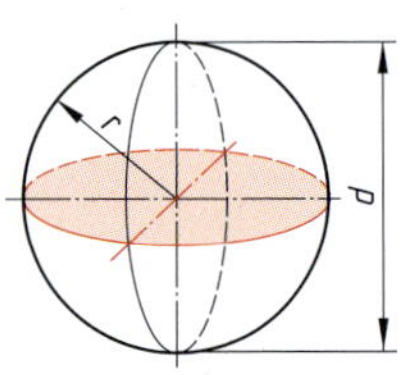

Volumen

$$V = \frac{\pi \cdot d^3}{6} = 0{,}523 \cdot d^3$$

$$V = \frac{4 \cdot \pi \cdot r^3}{3}$$

A_O Oberfläche
d Durchmesser

Oberfläche

$$A_O = \pi \cdot d^2$$

$$A_O = 4 \cdot \pi \cdot r^2$$

r Radius (Halbmesser)
V Volumen

Durchmesser

$$d = \sqrt[3]{\frac{6 \cdot V}{\pi}}$$

$$d = \sqrt{\frac{A_O}{\pi}}$$

Radius (Halbmesser)

$$r = \sqrt[3]{\frac{3 \cdot V}{4 \cdot \pi}}$$

$$r = \sqrt{\frac{A_O}{4 \cdot \pi}}$$

Umdrehungskörper

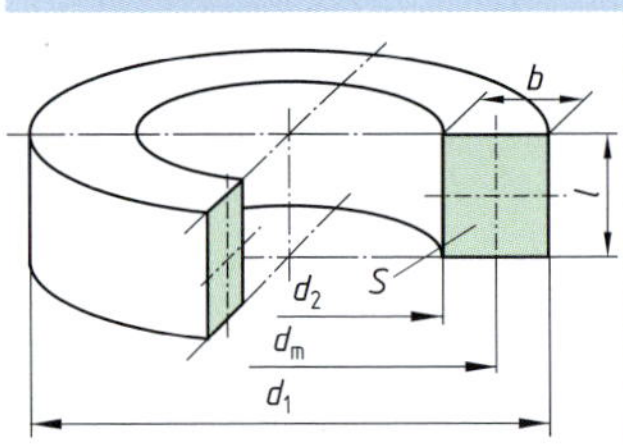

Volumen

$$V = \pi \cdot d_m \cdot l \cdot b$$

$$V = \pi \cdot d_m \cdot S$$

A_O Oberfläche
b Querschnittsbreite
d_1 Durchmesser, äußerer
d_2 –, innerer
d_m –, mittlerer

Oberfläche

$$A_O = 2 \cdot \pi \cdot d_m \cdot (l + b)$$

$$A_O = \pi \cdot d_m \cdot U$$

l Querschnittslänge
S Querschnittsfläche
U Querschnittsumfang
V Volumen

Durchmesser

$$d_m = \frac{d_1 + d_2}{2}$$

$$d_m = \frac{V}{\pi \cdot l \cdot b}$$

$$d_m = \frac{V}{\pi \cdot S}$$

Querschnitt

$$S = \frac{V}{\pi \cdot d_m}$$

$$U = 2 \cdot (l + b)$$

$$l = \frac{V}{\pi \cdot d_m \cdot b}$$

$$b = \frac{d_1 - d_2}{2}$$

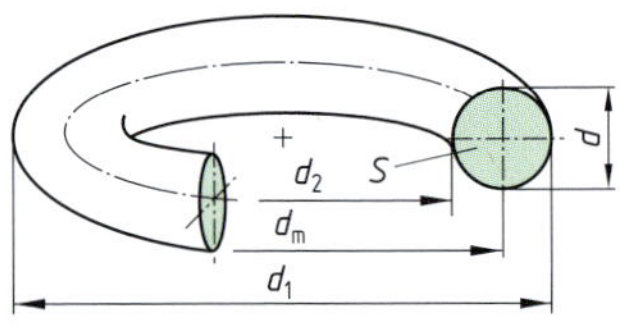

Volumen

$$V = \frac{\pi^2 \cdot d_m \cdot d^2}{4}$$

$$V = \pi \cdot d_m \cdot S$$

A_O Oberfläche
d Durchmesser
d_1 –, äußerer
d_2 –, innerer
d_m –, mittlerer

Oberfläche

$$A_O = \pi^2 \cdot d_m \cdot d$$

$$A_O = \pi \cdot d_m \cdot U$$

S Querschnittsfläche
U Querschnittsumfang
V Volumen

Durchmesser

$$d_m = \frac{d_1 + d_2}{2}$$

$$d_m = \frac{4 \cdot V}{\pi^2 \cdot d^2}$$

$$d_m = \frac{V}{\pi \cdot S}$$

$$d = \sqrt{\frac{4 \cdot V}{\pi^2 \cdot d_m}}$$

Querschnitt

$$S = \frac{\pi \cdot d^2}{4}$$

$$S = \frac{V}{\pi \cdot d_m}$$

$$U = \pi \cdot d$$

Zusammengesetzte Körper

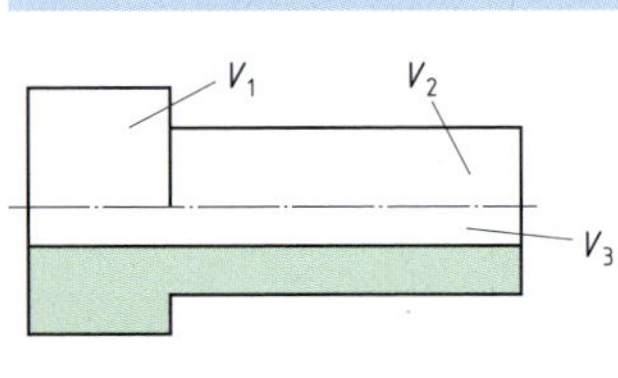

Volumen

Für den dargestellten Körper gilt:
$V = V_1 + V_2 - V_3$

Allgemein:
$V = V_1 \pm V_2 \pm V_3 \pm \ldots$

V Gesamtvolumen
V_1 Teilkörpervolumen 1
V_2 Teilkörpervolumen 2
V_3 Teilkörpervolumen 3

Regel

1. Zusammengesetzte Körper werden zur Berechnung ihrs Volumens in einfache Teilkörper zerlegt.
2. Durch Zusammenzählen und Abziehen der einzelnen Teilkörpervolumen ergibt sich das Gesamtvolumen.

Dichte

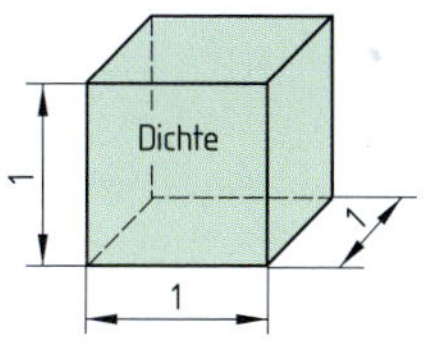

Dichte

$\varrho = \frac{m}{V}$

Die Dichte eines homogenen Stoffes ist der Quotient aus der Masse und dem Volumen von Körpern, die aus diesem Stoff bestehen. Bei Gasen wird die Dichte im Normzustand bei 1013 mbar bzw. 1013 hPa und 0 °C in kg/m³ angegeben.

Größe		mögliche Einheiten		
m	Masse	kg	kg	g
V	Volumen	dm³ (l)	m³	cm³
ϱ	Dichte	kg/dm³	kg/m³	g/cm³

Masse

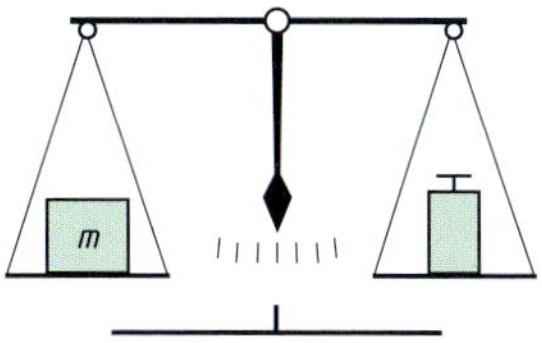

Masse	Volumen
$m = V \cdot \varrho$	$V = \frac{m}{\varrho}$
$m = \frac{F_G}{g}$	$V = \frac{F_G}{\varrho \cdot g}$

Die Masse eines Körpers kann durch Vergleich mit Körpern bekannter Masse bestimmt werden, z. B. durch Wägung.

Größe		Einheit
F_G	Gewichtskraft	N
g	Fallbeschleunigung	9,81 m/s²
m	Masse	kg
ϱ	Dichte	kg/dm³

Der Wägewert eines Wägegutes ist gleich der Masse der Gewichtsstücke, die die Waage im Gleichgewicht halten.

Längenbezogene Masse

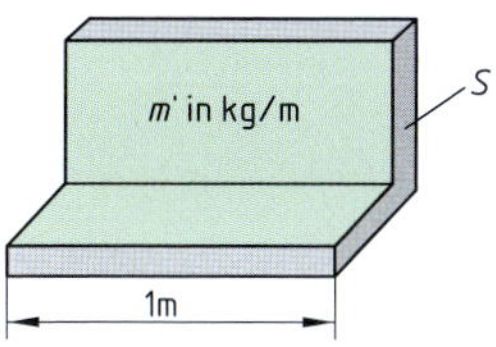

Masse	Länge
$m = m' \cdot l$	$l = \frac{m}{m'}$
$m = \frac{l \cdot S \cdot \varrho}{1000}$	$l = \frac{1000 \cdot m}{S \cdot \varrho}$
–, längenbezogene	**Querschnitt**
$m' = \frac{m}{l}$	$S = \frac{1000 \cdot m}{l \cdot \varrho}$

Größe		Einheit
l	Länge	m
m	Masse	kg
m'	längenbezogene Masse	kg/m
S	Querschnittsfläche	mm²
ϱ	Dichte	kg/dm³

Die längenbezogene Masse ist die Masse von 1 m Länge eines Körpers, der insgesamt einen konstanten Querschnitt hat.

Flächenbezogene Masse

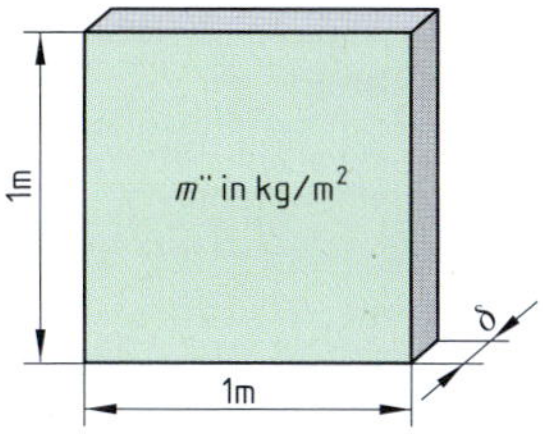

Masse	Fläche
$m = m'' \cdot A$	$A = \frac{m}{m''}$
$m = A \cdot \delta \cdot \varrho$	$A = \frac{m}{\delta \cdot \varrho}$
–, flächenbezogene	**Blechdicke**
$m'' = \frac{m}{A}$	$\delta = \frac{m}{A \cdot \varrho}$

Größe		Einheit
A	Fläche	m²
m	Masse	kg
m''	flächenbezogene Masse	kg/m²
δ	Blechdicke	mm
ϱ	Dichte	kg/dm³

Die flächenbezogene Masse ist die Masse von 1 m² eines Körpers, der insgesamt eine konstante Dicke hat.

Gewichtskraft

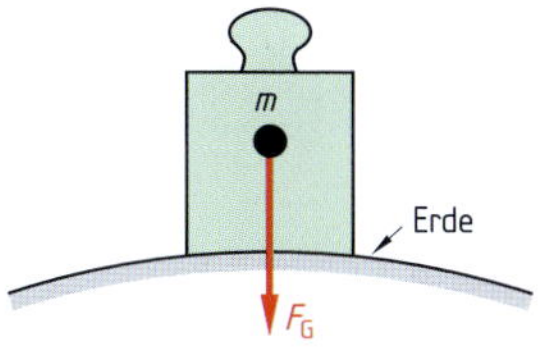

Gewichtskraft	
$F_G = m \cdot g$	$F_G = V \cdot \varrho \cdot g$
$m = \frac{F_G}{g}$	$g = \frac{F_G}{m}$
Volumen	**Dichte**
$V = \frac{F_G}{\varrho \cdot g}$	$\varrho = \frac{F_G}{V \cdot g}$

Größe		Einheit
F_G	Gewichtskraft	N
g	Fallbeschleunigung	9,81 m/s²
m	Masse	kg
V	Volumen	dm³
ϱ	Dichte	kg/dm³

In technischen Berechnungen wird als Fallbeschleunigung der Normwert eingesetzt:
$g = 9{,}81\ \text{m/s}^2 \approx 10\ \text{m/s}^2$

Kraft

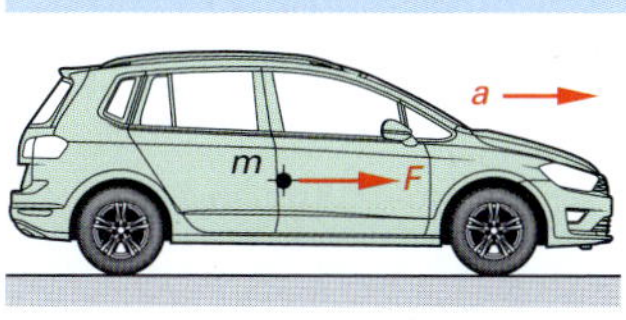

Kraft, Masse	Beschleunigung
$F = m \cdot a$	$a = \frac{F}{m}$
$m = \frac{F}{a}$	

Das Gesetz „Kraft ist gleich Masse mal Beschleunigung" wurde von Isaac Newton (englischer Physiker) entdeckt.

Größe		Einheit
a	Beschleunigung	m/s²
F	Kraft	N
m	Masse	kg

1 Newton (N) ist gleich der Kraft, die einem Körper der Masse 1 kg die Beschleunigung 1 m/s² erteilt.
$1\ \text{N} = 1\ \text{kg} \cdot 1\ \text{m/s}^2 = 1\ \text{kgm/s}^2$

Darstellung, Maßstab

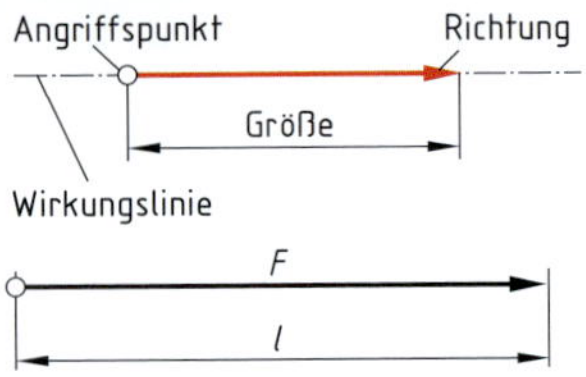

Darstellung

Eine Kraft ist eindeutig bestimmt durch:
1. Angriffspunkt, 2. Größe, 3. Richtung. Der Angriffspunkt einer Kraft lässt sich auf der Wirkungslinie verschieben.

Zeichnerisch wird eine Kraft durch eine Pfeilstrecke (Kraftpfeil) mit Hilfe des Kräftemaßstabes dargestellt.

Kräftemaßstab

$KM = \frac{l}{F}$ $\quad l = F \cdot KM$ $\quad F = \frac{l}{KM}$

Größe		Einheit
F	Größe der Kraft	N
l	zeichnerische Länge	mm
KM	Kräftemaßstab	mm/N

Beispiele für die Angabe des Maßstabes:
KM: 1 mm ≙ 5 N oder $KM = \frac{1\ \text{mm}}{5\ \text{N}}$ oder
$KM = 0{,}2\ \frac{\text{mm}}{\text{N}}$

Je nach Größe der Kraft und der Zeichenfläche können weitere Einheiten angewendet werden, z. B. cm/N, cm/kN oder mm/kN.

Zusammensetzung

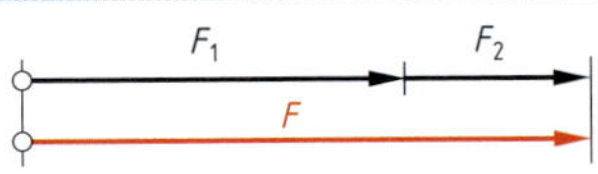

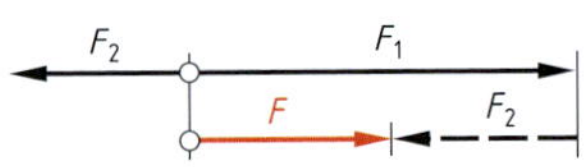

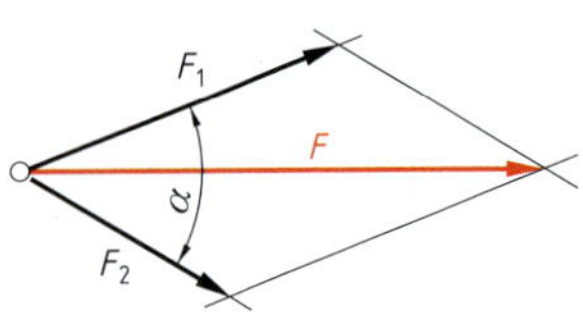

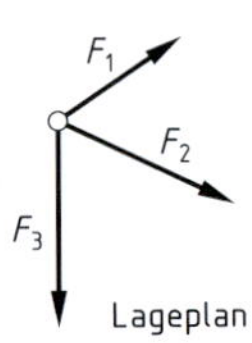

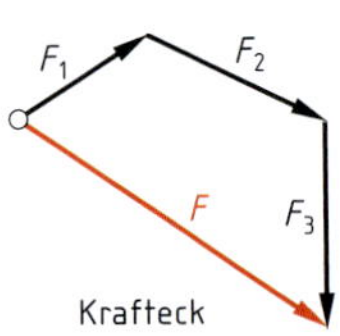

Kräfte mit derselben Wirkungslinie

Richtung gleich: $F = F_1 + F_2 + \ldots$ entgegengesetzt: $F = F_1 - F_2$

Zwei Kräfte mit beliebiger Wirkungslinie

$F = \sqrt{F_1^2 + F_2^2 + 2 \cdot F_1 \cdot F_2 \cdot \cos\alpha}$

Zeichnerische Lösung:
1. Kräftemaßstab wählen
2. Einzelkräfte F_1 und F_2 maßstabgerecht nach Größe und Richtung aufzeichnen
3. Kräfteparallelogramm bilden
4. Die Diagonale des Parallelogramms entspricht der gesuchten Ersatzkraft

Mehrere Kräfte mit beliebiger Wirkungslinie

Zeichnerische Lösung
1. Kräftemaßstab wählen
2. Einzelkräfte maßstabgerecht nach Größe und Richtung in beliebiger Reihenfolge zu einem Krafteck aneinanderreihen
3. Die Verbindungslinie vom Anfangspunkt der ersten Kraft bis zum Endpunkt der letzten Kraft ergibt Ersatzkraft

Größe		Einheit
F	Kraft, Ersatzkraft (Resultierende)	N
F_1	Einzelkraft 1, Teilkraft 1	N
F_2	Einzelkraft 2, Teilkraft 2	N
F_3	Einzelkraft 3, Teilkraft 3	N
α	Winkel	°

Vektorgrößen:
Kräfte sind Vektorgrößen, d. h. Größen, denen eine Richtung zugeordnet ist. Deshalb können nur Kräfte mit gleicher Wirkungslinie algebraisch addiert werden. Kräfte mit unterschiedlicher Wirkungslinie werden mit Hilfe des Kräfteparallelogramms oder mittels eines Kraftecks zusammengesetzt.

Krafteck oder Kraftzug
Im Krafteck oder Kraftzug können beliebig viele Einzelkräfte in beliebiger Reihenfolge aneinandergereiht werden.

Zerlegung

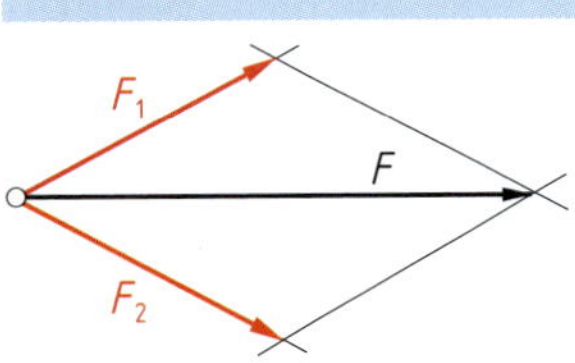

In zwei gegebene Richtungen

Zeichnerische Lösung
1. Kräftemaßstab wählen
2. Die zu zerlegende Kraft maßstabgerecht nach Größe und Richtung aufzeichnen
3. Durch beide Endpunkte der Kraft Parallele zu den gegebenen Wirkungslinien ziehen
4. Die Seiten des Parallelogramms ergeben die Größe der gesuchten Einzelkräfte

Kräftegleichgewicht
Wirken auf einen Körper zwei entgegengesetzt gerichtete Kräfte gleicher Größe, dann bleibt der Körper in Ruhe, weil ein Gleichgewicht der Kräfte herrscht.

Gegenkraft
Jede Kraft erzeugt eine gleich große Gegenkraft, z. B. die Kraft auf eine Druckfeder bewirkt durch die Spannung eine gleich große Gegenkraft in der Feder.

Kräfte an Steigungen

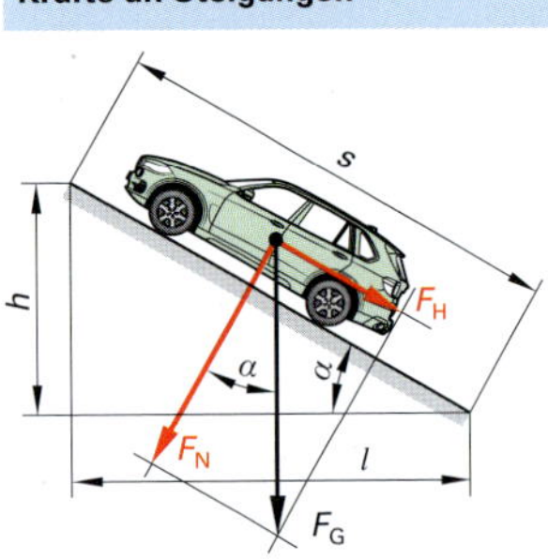

Normalkraft

$F_N = \frac{F_G \cdot l}{s}$

$F_N = F_G \cdot \cos\alpha$

$F_N = m \cdot g \cdot \cos\alpha$

Steigungswinkel

$\tan\alpha = \frac{h}{l}$

$\tan\alpha = \frac{S}{100\,\%}$

$\sin\alpha = \frac{h}{s}$

Hangabtriebskraft für kleine Steigungen

$F_H = \frac{F_G \cdot h}{s}$ $\qquad F_H \approx \frac{F_G \cdot h}{l} = \frac{F_G \cdot S}{100\,\%}$

$F_H = F_G \cdot \sin\alpha$ $\qquad F_H \approx F_G \cdot \tan\alpha$

Größe		Einheit
F_G	Gewichtskraft des Körpers (Fahrzeug)	N
F_H	Hangabtriebskraft	N
F_N	Normalkraft	N
g	Fallbeschleunigung	m/s²
h	Höhenunterschied der Steigung	m
l	waagrechte Länge der Steigung	m
m	Masse des Körpers (Fahrzeug)	kg
S	Steigung	%
s	schräge Länge, Straßenlänge	m
α	Steigungswinkel	°

Fahrwiderstand bei Steigungen vgl. S. 49

Drehmoment

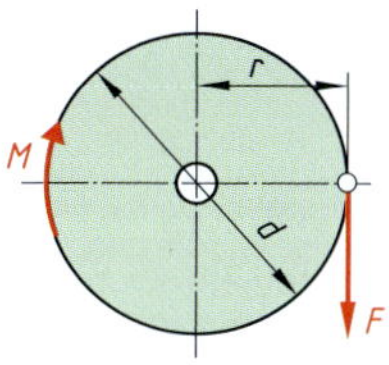

Drehmoment

$$M = F \cdot r \qquad M = F \cdot \frac{d}{2}$$

Kraft

$$F = \frac{M}{r}$$

Hebelarm

$$r = \frac{M}{F}$$

Größe		Einheit
d	Durchmesser	m
F	Kraft	N
M	Drehmoment	Nm
r	Hebelarm	m

An einem Körper entsteht ein Drehmoment, wenn an ihm eine Kraft angreift, deren Wirkungslinie nicht in der Drehpunktsachse des Körpers liegt.

Hebel

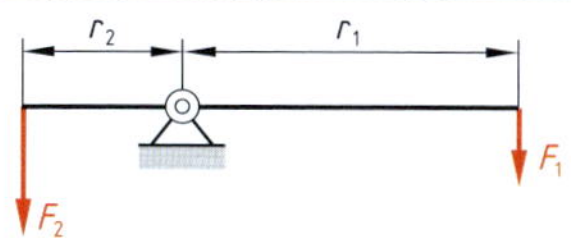

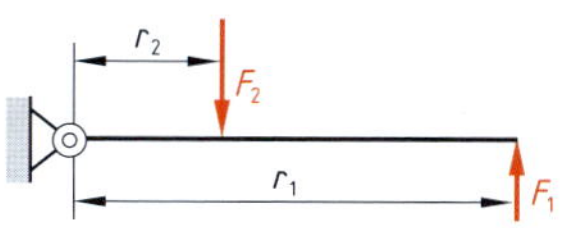

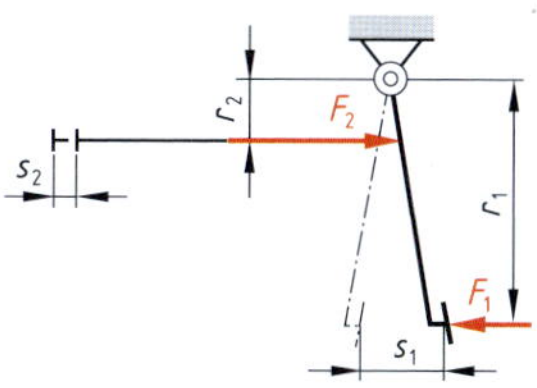

Hebelgesetz

$$F_1 \cdot r_1 = F_2 \cdot r_2$$

Übersetzung

$$i = \frac{F_1}{F_2},\ i = \frac{r_2}{r_1},\ i = \frac{s_2}{s_1}$$

Kräfte am Hebel

$$F_1 = \frac{F_2 \cdot r_2}{r_1} \qquad F_2 = \frac{F_1 \cdot r_1}{r_2}$$

$$F_1 = F_2 \cdot i \qquad F_2 = \frac{F_1}{i}$$

Hebelarme

$$r_1 = \frac{F_2 \cdot r_2}{F_1} \qquad r_2 = \frac{F_1 \cdot r_1}{F_2}$$

Kraftwege

$$s_1 = \frac{s_2}{i} \qquad s_2 = s_1 \cdot i$$

Mehrfache Hebelübersetzung

$$i = i_1 \cdot i_2 \cdot \ldots \qquad i = \frac{r_2 \cdot r_4 \cdot \ldots}{r_1 \cdot r_3 \cdot \ldots}$$

Größe		Einheit
F_1	Kraft 1 am Hebel	N
F_2	Kraft 2 am Hebel	N
i	Gesamtübersetzung	–
i_1	Einzelübersetzung	–
i_2	Einzelübersetzung	–
r_1	Hebelarm 1	m
r_2	Hebelarm 2	m
s_1	Kraftweg 1	mm, m
s_2	Kraftweg 2	mm, m

Man unterscheidet zweiseitige Hebel mit Kräften beiderseits des Drehpunktes und einseitige Hebel mit Kräften nur auf einer Seite. Bei Winkelhebeln sind die Hebelarme abgewinkelt.

Die Kräfte am Hebel verhalten sich umgekehrt wie ihre Hebelarme. Da jede Kraft ein Drehmoment bewirkt, herrscht Gleichgewicht, wenn die Summe der linksdrehenden Drehmomente gleich der Summe der rechtsdrehenden Drehmomente ist.

Auflager

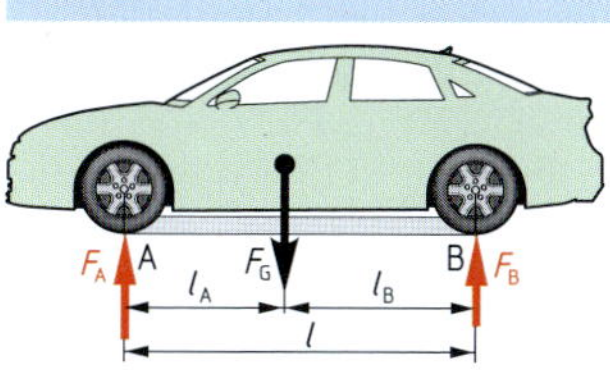

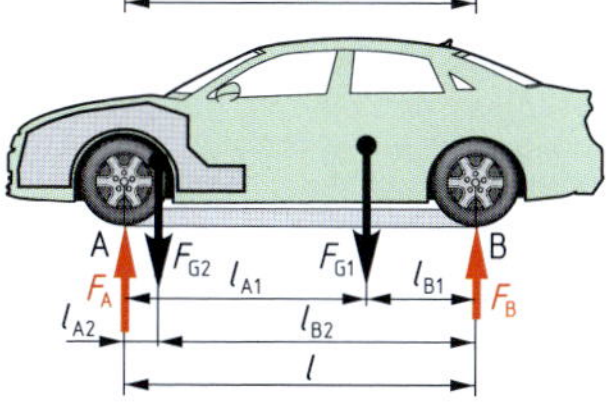

Auflagerkräfte aus einer Gewichtskraft

$$\sum M_B = 0 \qquad \sum M_A = 0$$

$$F_A \cdot l = F_G \cdot l_B \qquad F_B \cdot l = F_G \cdot l_A$$

$$F_A = \frac{F_G \cdot l_B}{l} \qquad F_B = \frac{F_G \cdot l_A}{l}$$

$$\sum F = 0$$

$$F_A = F_G - F_B \qquad F_B = F_G - F_A$$

– aus mehreren Gewichtskräften

$$F_A = \frac{F_{G1} \cdot l_{B1} + F_{G2} \cdot l_{B2}}{l} \qquad F_A = F_{G1} + F_{G2} - F_B$$

$$F_B = \frac{F_{G1} \cdot l_{A1} + F_{G2} \cdot l_{A2}}{l} \qquad F_B = F_{G1} + F_{G2} - F_A$$

Größe		Einheit
F_A	Auflagerkraft im Auflager A	N
F_B	– im Auflager B	N
F_G	Gewichtskraft	N
F_{G1}	Gewichtskraft 1 (Fahrzeugaufbau)	N
F_{G2}	Gewichtskraft 2 (Motor und Getriebe)	N
l	Abstand der Auflager	m
l_A	Schwerpunktabstand, F_G bis A	m
l_{A1}	–, Gewichtskraft F_{G1} bis A	m
l_{A2}	–, Gewichtskraft F_{G2} bis A	m
l_B	–, Gewichtskraft F_G bis B	m
l_{B1}	–, Gewichtskraft F_{G1} bis B	m
l_{B2}	–, Gewichtskraft F_{G2} bis B	m
$\sum M_A$	Summe der Drehmomente um A	Nm
$\sum M_B$	Summe der Drehmomente um B	Nm

Fliehkraft (Zentrifugalkraft)

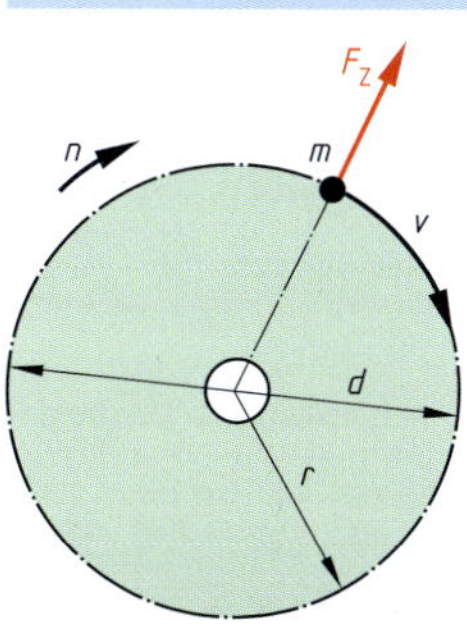

Fliehkraft

$$F_Z = \frac{m \cdot v^2}{r} \qquad F_Z = \frac{m \cdot \pi^2 \cdot n^2 \cdot d}{900} \qquad F_Z = \frac{m \cdot n^2 \cdot d}{91{,}19}$$

Geschwindigkeit

$$v = \sqrt{\frac{F_Z \cdot r}{m}}$$

Drehzahl

$$n = \sqrt{\frac{F_Z \cdot 900}{m \cdot \pi^2 \cdot d}} \qquad n = \sqrt{\frac{F_Z \cdot 91{,}19}{m \cdot d}}$$

Radius

$$r = m \cdot \frac{v^2}{F_Z}$$

Durchmesser

$$d = \frac{F_Z \cdot 900}{m \cdot \pi^2 \cdot n^2} \qquad d = \frac{F_Z \cdot 91{,}19}{m \cdot n^2}$$

Größe		Einheit
d	Durchmesser	m
F_Z	Fliehkraft	N
m	Masse	kg
n	Drehzahl	1/min
r	Radius	m
v	Geschwindigkeit	m/s

Umrechnung: 1 m/s = 3,6 km/h

Kurvenfahrt siehe S. 50

Durchschnittsgeschwindigkeit

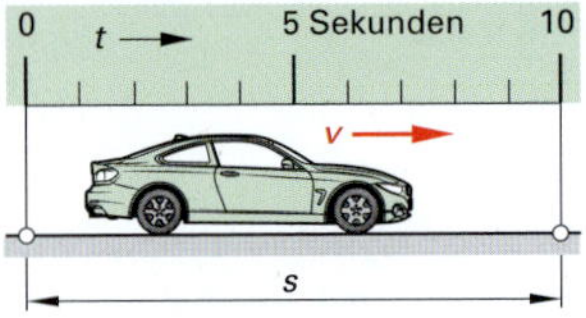

Geschwindigkeit

$$v = \frac{s}{t}$$

Zeit, Weg

$$t = \frac{s}{v}$$

$$s = v \cdot t$$

Umrechnung der Einheiten:

1 m/s = 3,6 km/h   1 h = 3600 s

$1\ \text{km/h} = \frac{1}{3{,}6}\ \text{m/s}$ $1\ \text{s} = \frac{1}{3600}\ \text{h}$

Größe		Einheit	
s	zurückgelegter Weg	m	km
t	Zeit, Fahrzeit	s	h
v	Geschwindigkeit	m/s	km/h

Die Formeln für die Geschwindigkeit gelten für gleichförmige Bewegungen. Da bei Fahrzeugen die Bewegung ungleichförmig verläuft, ergibt sich hier eine durchschnittliche Geschwindigkeit.

Umfangsgeschwindigkeit

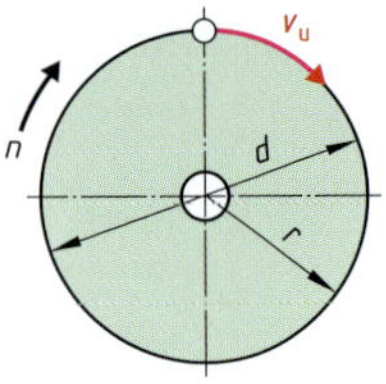

Umfangsgeschwindigkeit

$$v_u = \frac{\pi \cdot d \cdot n}{60} \qquad v_u = \frac{\pi \cdot r \cdot n}{30}$$

Durchmesser

$$d = \frac{60 \cdot v_u}{\pi \cdot n}$$

$$r = \frac{30 \cdot v_u}{\pi \cdot n}$$

Drehzahl

$$n = \frac{60 \cdot v_u}{\pi \cdot d}$$

$$n = \frac{30 \cdot v_u}{\pi \cdot r}$$

Größe		Einheit
d	Durchmesser	m
n	Drehzahl	1/min
r	Radius (Halbmesser)	m
v_u	Umfangsgeschwindigkeit	m/s

Die Umfangsgeschwindigkeit in m/s ist gleich dem Weg in m, den ein Punkt am Umfang eines sich drehenden Körpers in 1 Sekunde zurücklegt.

Schnittgeschwindigkeit

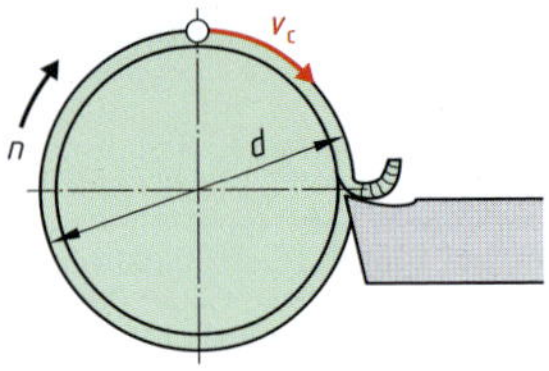

Schnittgeschwindigkeit

mit d in mm:

$$v_c = \frac{\pi \cdot d \cdot n}{1000}$$

$$d = \frac{1000 \cdot v_c}{\pi \cdot n}$$

$$n = \frac{1000 \cdot v_c}{\pi \cdot d}$$

mit d in m:

$$v_c = \pi \cdot d \cdot n$$

$$d = \frac{v_c}{\pi \cdot n}$$

$$n = \frac{v_c}{\pi \cdot d}$$

Größe		Einheit
d	Durchmesser des Werkstückes beim Drehen des Werkzeuges beim Bohren, Fräsen	mm, m
n	Drehzahl des Werkstückes beim Drehen des Werkzeuges beim Bohren, Fräsen	1/min
v_c	Schnittgeschwindigkeit	m/min

Die Schnittgeschwindigkeit ist die Geschwindigkeit in m/min, mit der ein Span bei der Bearbeitung abgenommen wird. Beim Schleifen wird die Schnittgeschwindigkeit in m/s angegeben.

Winkelgeschwindigkeit

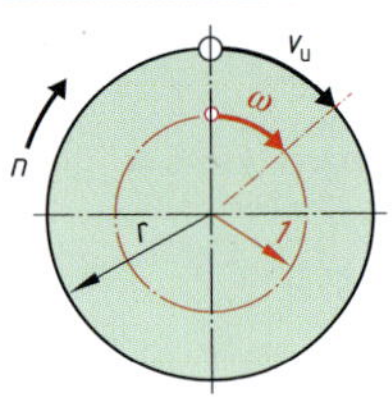

Winkelgeschwindigkeit

$$\omega = \frac{\pi \cdot n}{30}$$

Drehzahl

$$n = \frac{30 \cdot \omega}{\pi}$$

Umfangsgeschwindigkeit

$$v_u = \omega \cdot r$$

Radius (Halbmesser)

$$r = \frac{v_u}{\omega}$$

Umrechnung der Winkeleinheiten:

$$1\ \text{rad} = \frac{180°}{\pi} = 57{,}3°$$

$$1° = \frac{\pi}{180°}\ \text{rad} = 0{,}0174\ \text{rad}$$

Größe		Einheit
n	Drehzahl	1/min
r	Radius (Halbmesser)	m
v_u	Umfangsgeschwindigkeit	m/s
ω	Winkelgeschwindigkeit	1/s

Die Winkelgeschwindigkeit ist gleich dem Winkel in Radiant, den ein sich gleichförmig um seine Rotationsachse drehender Körper in 1 Sekunde zurücklegt. Die Winkelgeschwindigkeit ist für alle Punkte des Körpers gleich.

Fahrgeschwindigkeit

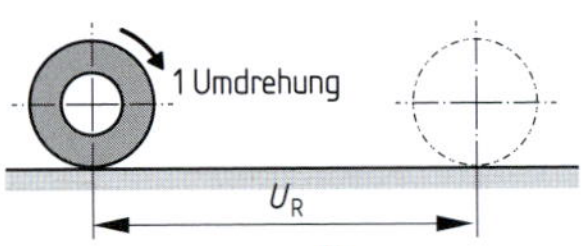

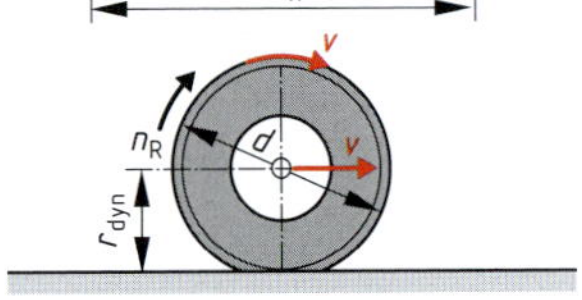

Fahrgeschwindigkeit

$$v = \frac{60 \cdot U_R \cdot n_R}{1000}$$

$$v = \frac{60 \cdot \pi \cdot d \cdot n_R}{1000}$$

$$v = \frac{120 \cdot \pi \cdot r_{dyn} \cdot n_R}{1000}$$

Raddrehzahl

$$n_R = \frac{1000 \cdot v}{60 \cdot U_R}$$

$$n_R = \frac{1000 \cdot v}{60 \cdot \pi \cdot d}$$

$$n_R = \frac{1000 \cdot v}{120 \cdot \pi \cdot r_{dyn}}$$

Reifenabmessungen

$$U_R = \frac{1000 \cdot v}{60 \cdot n_R} \qquad r_{dyn} = \frac{1000 \cdot v}{120 \cdot \pi \cdot n_R}$$

$$U_R = 2 \cdot \pi \cdot r_{dyn} \qquad d = \frac{1000 \cdot v}{60 \cdot \pi \cdot n_R}$$

Größe		Einheit
d	Reifendurchmesser	m
n_R	Drehzahl der Antriebsräder	1/min
r_{dyn}	Reifenradius (-halbmesser), dynamisch	m
U_R	Abrollumfang des Reifens	m
v	Fahrgeschwindigkeit Abrollgeschwindigkeit	km/h

Der Abrollumfang ist die Wegstrecke, die ein Rad bei 60 km/h Geschwindigkeit während 1 Umdrehung zurücklegt. Der Quotient „Abrollumfang durch $2 \cdot \pi$“ ergibt den dynamisch wirksamen Radius (Halbmesser) des Reifens (vgl. S. 45, 231, Werte S. 234, 235).

Beschleunigen aus dem Stand – Bremsen bis zum Stand

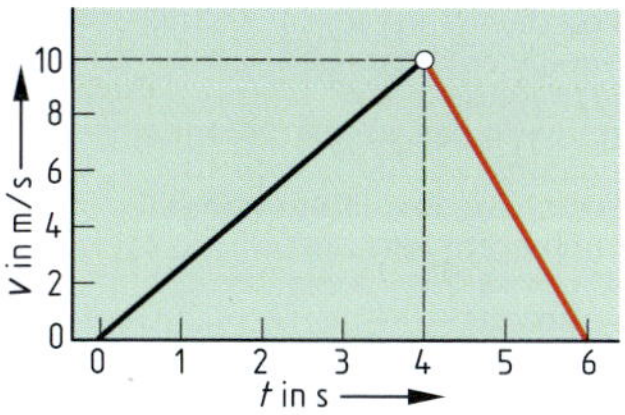

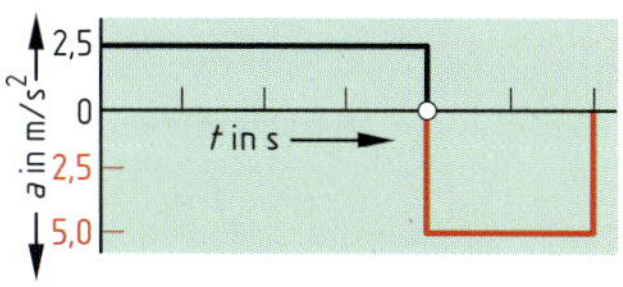

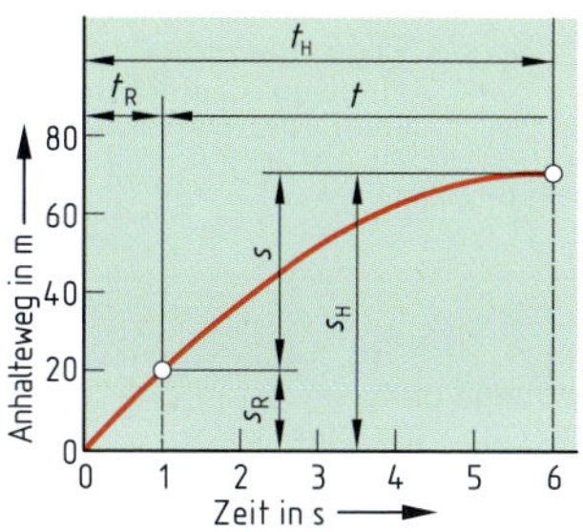

Beschleunigung und Bremsverzögerung

$$a = \frac{v}{t} \qquad a = \frac{2 \cdot s}{t^2} \qquad a = \frac{v^2}{2 \cdot s}$$

Beschleunigungsweg und Bremsweg

$$s = \frac{v \cdot t}{2} \qquad s = \frac{a \cdot t^2}{2} \qquad s = \frac{v^2}{2 \cdot a}$$

$$s = s_H - s_R$$

Beschleunigungszeit und Bremszeit

$$t = \frac{v}{a} \qquad t = \frac{2 \cdot s}{v} \qquad t = \sqrt{\frac{2 \cdot s}{a}}$$

Geschwindigkeit

$$v = a \cdot t \qquad v = \frac{2 \cdot s}{t} \qquad v = \sqrt{2 \cdot a \cdot s}$$

Anhalteweg

$$s_H = s_R + s$$

Reaktionsweg

$$s_R = v \cdot t_R$$

$$s_R = s_H - s$$

Anhaltezeit

$$t_H = t_R + t$$

Größe		Einheit
Beschleunigen:		
a	Beschleunigung	m/s²
s	Beschleunigungsweg	m
t	Beschleunigungszeit	s
v	Geschwindigkeit nach dem Beschleunigen	m/s
Bremsen:		
a	Bremsverzögerung	m/s²
s	Bremsweg (Verzögerungsweg)	m
s_H	Anhalteweg	m
s_R	Reaktionsweg	m
t	Bremszeit	s
t_H	Anhaltezeit	s
t_R	Reaktionszeit	s
v	Geschwindigkeit vor dem Bremsen	m/s

Anmerkung

Beschleunigung ist die Geschwindigkeitszunahme in der Sekunde.

Verzögerung ist Geschwindigkeitsabnahme in der Sekunde.

Für die Beschleunigung und für die Verzögerung werden die gleichen Formelzeichen und die gleichen Formeln verwendet.

Der Anhalteweg ist die Wegstrecke, die vom Erkennen des Hindernisses bis zum Stillstand des Fahrzeugs zurückgelegt wird.

Die Reaktionszeit beträgt, je nach den persönlichen Bedingungen und den äußeren Umständen, zwischen 0,3 s und 1,8 s.

Beschleunigen in der Bewegung – Bremsen in der Bewegung

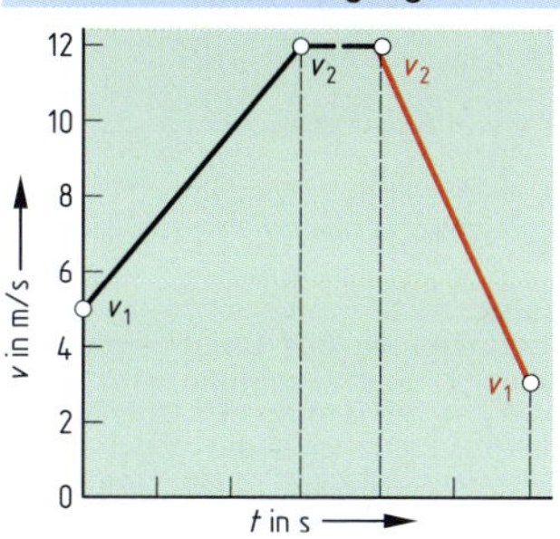

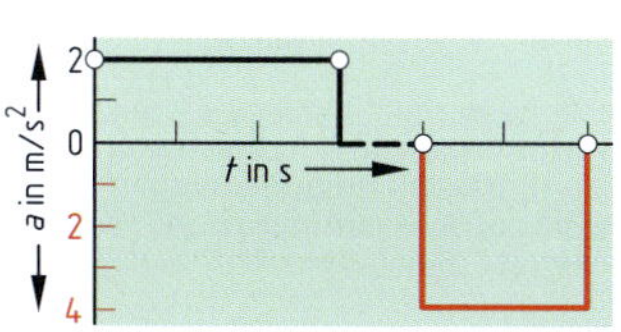

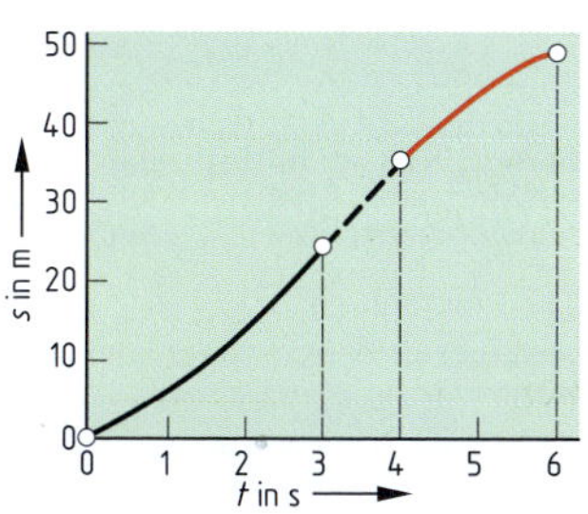

Beschleunigung, Bremsverzögerung

$$a = \frac{v_2 - v_1}{t} \qquad a = \frac{2 \cdot s - 2 \cdot v_1 \cdot t}{t^2}$$

$$a = \frac{v_2^2 - v_1^2}{2 \cdot s} \qquad a = \frac{2 \cdot v_2 \cdot t - 2 \cdot s}{t^2}$$

Beschleunigungsweg, Bremsweg

$$s = \frac{(v_1 + v_2) \cdot t}{2} \qquad s = v_1 \cdot t + \frac{a \cdot t^2}{2}$$

$$s = \frac{v_2^2 - v_1^2}{2 \cdot a} \qquad s = v_2 \cdot t - \frac{a \cdot t^2}{2}$$

Beschleunigungszeit, Bremszeit

$$t = \frac{v_2 - v_1}{a} \qquad t = \frac{\sqrt{v_1^2 + 2 \cdot a \cdot s} - v_1}{a}$$

$$t = \frac{2 \cdot s}{v_1 + v_2} \qquad t = \frac{v_2 - \sqrt{v_2^2 - 2 \cdot a \cdot s}}{a}$$

Geschwindigkeit

vor dem Beschleunigen, nach dem Bremsen

$$v_1 = v_2 - a \cdot t \qquad v_1 = \frac{2 \cdot s - a \cdot t^2}{2 \cdot t}$$

$$v_1 = \frac{2 \cdot s - v_2 \cdot t}{t} \qquad v_1 = \sqrt{v_2^2 - 2 \cdot a \cdot s}$$

nach dem Beschleunigen, vor dem Bremsen

$$v_2 = v_1 + a \cdot t \qquad v_2 = \frac{2 \cdot s + a \cdot t^2}{2 \cdot t}$$

$$v_2 = \frac{2 \cdot s - v_1 \cdot t}{t} \qquad v_2 = \sqrt{v_1^2 + 2 \cdot a \cdot s}$$

Größe		Einheit
Beschleunigen:		
a	Beschleunigung	m/s²
s	Beschleunigungsweg	m
t	Beschleunigungszeit	s
v_1	Geschwindigkeit vor dem Beschleunigen	m/s
v_2	Geschwindigkeit nach dem Beschleunigen	m/s
Bremsen:		
a	Bremsverzögerung	m/s²
s	Bremsweg (Verzögerungsweg)	m
t	Bremszeit (Verzögerungszeit)	s
v_1	Geschwindigkeit nach dem Bremsen	m/s
v_2	Geschwindigkeit vor dem Bremsen	m/s

Die Formeln gelten für eine gleichförmige Beschleunigung bzw. Verzögerung, d. h., die Geschwindigkeit ändert sich in gleichen Zeitabschnitten jeweils um den gleichen Betrag.

Da bei Kraftfahrzeugen die Beschleunigungs- und Bremsvorgänge nicht gleichmäßig verlaufen, sind hier die Werte für a in der Regel mittlere Werte.

Beschleunigungswerte	**m/s²**
Beschleunigen, Pkw	1,5 … 7
–, Rennwagen	bis 12
–, Dragster	bis 30
–, Motorrad	bis 10
Ventilbeschleunigung	bis 3 000
Kolbenbeschleunigung	bis 25 000
Geschoss im Lauf	bis 500 000
Fallbeschleunigung	9,81
Bremsverzögerung, Pkw	bis 11,5
–, Rennwagen	bis 35
Frontalzusammenstoß	bis 1 000

1

Konstante Geschwindigkeit

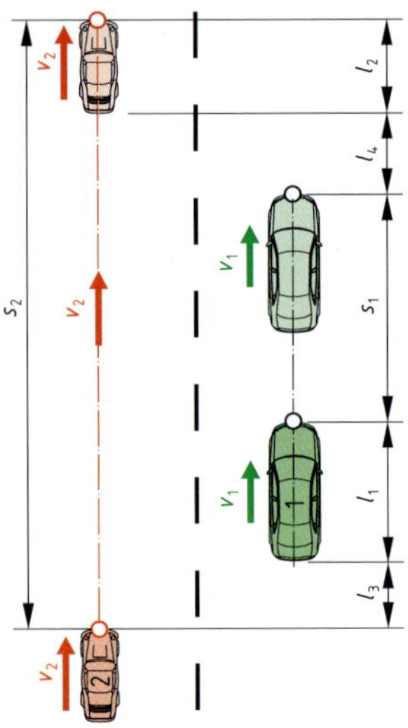

Überholweg

$$s_2 = s_1 + s_A$$

$$s_2 = v_2 \cdot t$$

$$s_2 = \frac{s_A \cdot v_2}{v_2 - v_1}$$

Grundweg

$$s_1 = s_2 - s_A$$

$$s_1 = v_1 \cdot t$$

$$s_1 = \frac{s_A \cdot v_1}{v_2 - v_1}$$

Aufholweg

$$s_A = l_1 + l_2 + l_3 + l_4$$

$$s_A = s_2 - s_1$$

$$s_A = (v_2 - v_1) \cdot t$$

Überholzeit

$$t = \frac{s_1}{v_1}$$

$$t = \frac{s_2}{v_2}$$

$$t = \frac{s_A}{v_2 - v_1}$$

Geschwindigkeit

$$v_1 = \frac{s_1}{t} \qquad v_2 = \frac{s_2}{t}$$

$$v_1 = v_2 - \frac{s_A}{t} \qquad v_2 = v_1 + \frac{s_A}{t}$$

Größe		Einheit
l_1	Länge des Fahrzeugs 1	m
l_2	Länge des Fahrzeugs 2	m
$l_{3,4}$	Fahrzeugabstand	m
s_1	Grundweg des zu überholenden (langsameren) Fahrzeugs 1	m
s_2	Überholweg des überholenden (schnelleren) Fahrzeugs 2	m
s_A	Aufholweg des Fahrzeugs 2	m
t	Überholzeit	s
v_1	Geschwindigkeit, Fahrzeug 1	m/s
v_2	Geschwindigkeit, Fahrzeug 2	m/s

Anmerkung
Für die Berechnung des Überholvorgangs wird angenommen, dass das zu überholende Fahrzeug 1 mit konstanter Geschwindigkeit v_1 fährt und Fahrzeug 2 mit konstanter Geschwindigkeit v_2 überholt.

In der Überholzeit legt das zu überholende Fahrzeug 1 den Grundweg s_1 zurück und das überholende Fahrzeug 2 den Überholweg s_2. Der Überholweg ist um den Aufholweg s_A größer als der Grundweg.

Konstante Beschleunigung

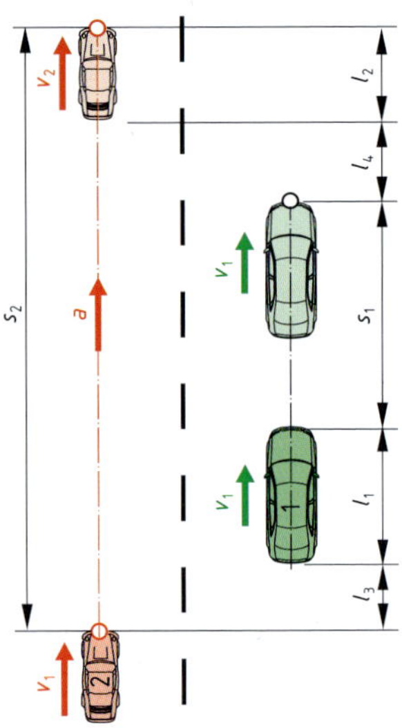

Überholweg

$$s_2 = s_1 + s_A$$

$$s_2 = v_1 \cdot t + s_A$$

$$s_2 = \frac{(v_1 + v_2) \cdot t}{2}$$

$$s_2 = v_1 \cdot t + \frac{a \cdot t^2}{2}$$

Grundweg

$$s_1 = s_2 - s_A$$

$$s_1 = v_1 \cdot t$$

$$s_1 = s_2 - \frac{a \cdot t^2}{2}$$

Aufholweg

$$s_A = s_2 - s_1$$

$$s_A = s_{A1} - s_{A2}$$

$$s_A = \frac{a \cdot t^2}{2}$$

$$s_A = \frac{(v_2 - v_1) \cdot t}{2}$$

$$s_A = \frac{(v_2 - v_1)^2}{2 \cdot a}$$

Überholzeit

$$t = \frac{s_1}{v_1}$$

$$t = \frac{v_2 - v_1}{a}$$

$$t = \frac{2 \cdot s_A}{v_2 - v_1}$$

$$t = \sqrt{\frac{2 \cdot s_A}{a}}$$

Geschwindigkeit

$$v_1 = \frac{s_1}{t} \qquad v_2 = v_1 + a \cdot t$$

$$v_1 = v_2 - a \cdot t \qquad v_2 = \sqrt{v_1^2 + 2 \cdot a \cdot s_2}$$

Größe		Einheit
a	Beschleunigung	m/s²
l_1	Länge des Fahrzeugs 1	m
l_2	Länge des Fahrzeugs 2	m
$l_{3,4}$	Fahrzeugabstand	m
s_1	Grundweg des zu überholenden (langsameren) Fahrzeugs 1	m
s_2	Überholweg des überholenden (schnelleren) Fahrzeugs 2	m
s_A	Aufholweg des Fahrzeugs 2	m
t	Überholzeit	s
v_1	Geschwindigkeit, Fahrzeug 1 und Anfangsgeschwindigkeit des überholenden Fahrzeugs 2	m/s
v_2	Endgeschwindigkeit, Fahrzeug 2	m/s

Anmerkung
Für die Berechnung des Überholvorgangs mit konstanter Beschleunigung wird angenommen, dass bei Beginn des Überholvorgangs beide Fahrzeuge die gleiche Geschwindigkeit v_1 haben. Zum Überholen beschleunigt das Fahrzeug 2 gleichmäßig von v_1 auf v_2, während das Fahrzeug 1 seine Geschwindigkeit v_1 beibehält.

Der Überholweg des Fahrzeugs 2 setzt sich aus dem Grundweg mit der Geschwindigkeit v_1 und dem Beschleunigungsweg mit der Beschleunigung a zusammen. Der Beschleunigungsweg ist gleich dem Aufholweg s_A.

Sicherheitsabstand

vor dem Überholen

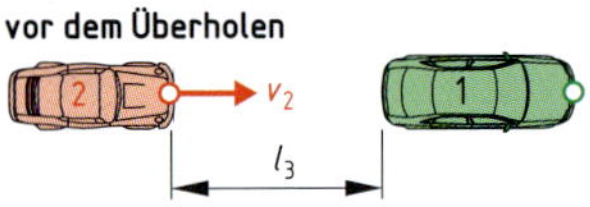

nach dem Überholen

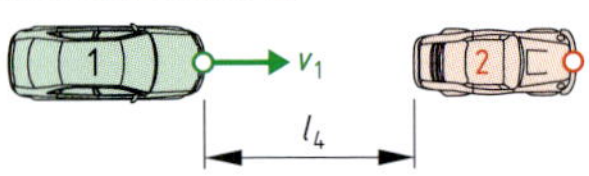

Sicherheitsabstand

Empfohlener Mindestabstand bei

v in km/h:	v in m/s:
$l_3 \approx 0{,}5 \cdot v_2$	$l_3 \approx 1{,}8 \cdot v_2$
$l_4 \approx 0{,}5 \cdot v_1$	$l_4 \approx 1{,}8 \cdot v_1$

Vorgeschriebener Mindestabstand nach StVO: mindestens **50 m** für Lkw und Omnibusse über 3,5 t Gesamtgewicht auf Autobahnen bei mehr als 50 km/h Geschwindigkeit.

Größe		Einheit
l_3	Sicherheitsabstand für Fahrzeug 2	m
l_4	Sicherheitsabstand für Fahrzeug 1	m
v_1	Geschwindigkeit, Kfz 1	km/h, m/s
v_2	Geschwindigkeit, Kfz 2	km/h, m/s

Allgemeine Empfehlung:

Sicherheitsabstand in m mindestens gleich „halbe Tachoanzeige".

Der Wert „0,5 mal Geschwindigkeit in km/h" entspricht dem in 1,8 Sekunden zurückgelegten weg in m.

Siehe Anmerkung zu Reaktionszeit S. 21

Riementrieb

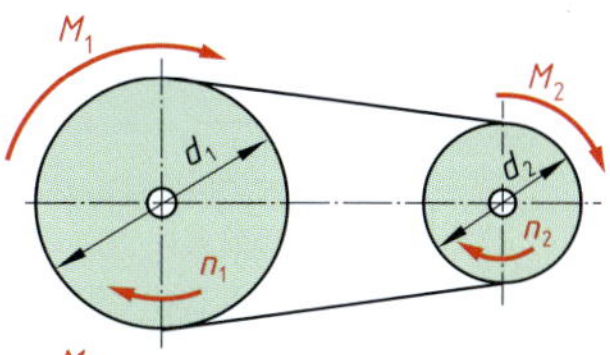

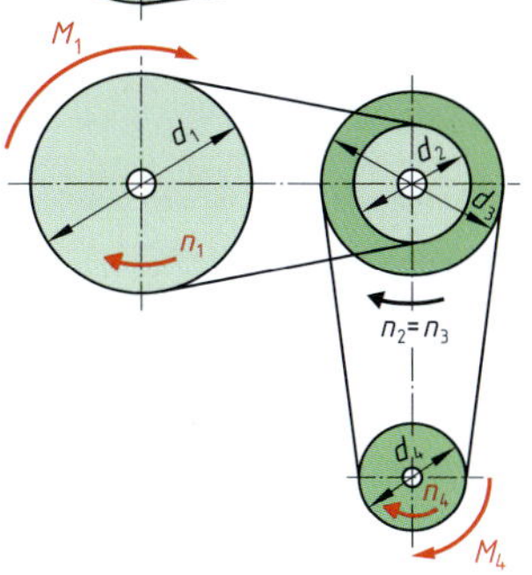

Einfache Übersetzung aus $d_1 \cdot n_1 = d_2 \cdot n_2$

$i = \frac{n_1}{n_2}$ $\qquad$ $i = \frac{d_2}{d_1}$

Drehzahl	Durchmesser
$n_1 = \frac{d_2 \cdot n_2}{d_1}$	$d_1 = \frac{d_2 \cdot n_2}{n_1}$
$n_1 = n_2 \cdot i$	$d_1 = \frac{d_2}{i}$
$n_2 = \frac{d_1 \cdot n_1}{d_2}$	$d_2 = \frac{d_1 \cdot n_1}{n_2}$
$n_2 = \frac{n_1}{i}$	$d_2 = d_1 \cdot i$

Doppelte Übersetzung

$i = \frac{d_2 \cdot d_4}{d_1 \cdot d_3}$ $\qquad$ $n_1 = n_4 \cdot i$

$i = \frac{n_1}{n_4}$ $\qquad$ $n_4 = \frac{n_1}{i}$

$i = i_1 \cdot i_2$ $\qquad$ mehrfache: $i = i_1 \cdot i_2 \cdot i_3 \cdot \ldots$

Drehmoment	Wirkungsgrad
$M_{2(4)} = M_1 \cdot i \cdot \eta$	$\eta = \frac{M_{2(4)}}{M_1 \cdot i}$

Größe		Einheit
d_1, d_3	Durchmesser der treibenden Riemenscheiben	mm
d_2, d_4	Durchmesser der getriebenen Riemenscheiben	mm
i	Gesamtübersetzung	–
i_1, i_2	Einzelübersetzungen	–
M_1	Eingangsdrehmoment	Nm
$M_{2(4)}$	Ausgangsdrehmoment	Nm
n_1, n_3	Drehzahlen der treibenden Riemenscheiben	1/min
n_2, n_4	Drehzahlen der getriebenen Riemenscheiben	1/min
η	Wirkungsgrad	–

Die Übersetzung wird entweder als Verhältnis oder vorzugsweise als Dezimalbruch bzw. Dezimalzahl angegeben, z. B.:

$i = \frac{1}{2{,}5}$ oder 1 : 2,5 oder $i = 0{,}4$.

$i > 1{,}0$ Übersetzung ins Langsame
$i < 1{,}0$ Übersetzung ins Schnelle
$i = 1{,}0$ direkte Übersetzung

Beim Keilriementrieb werden für die Berechnung der Übersetzung die Wirkdurchmesser (DIN 2211) der Keilriemenscheiben verwendet.

Zahnradtrieb

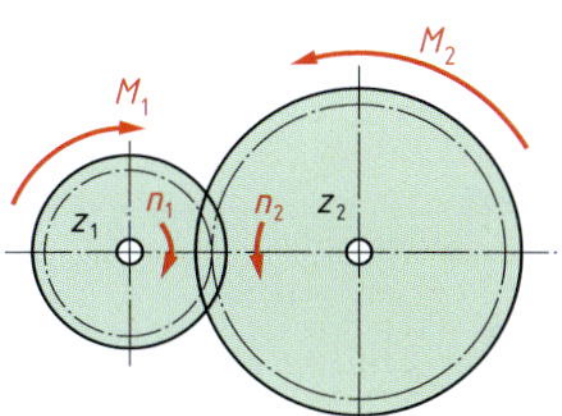

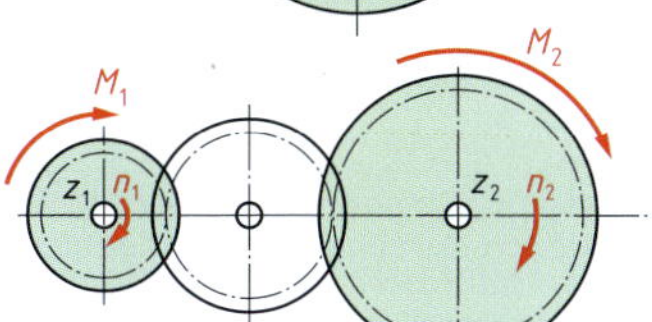

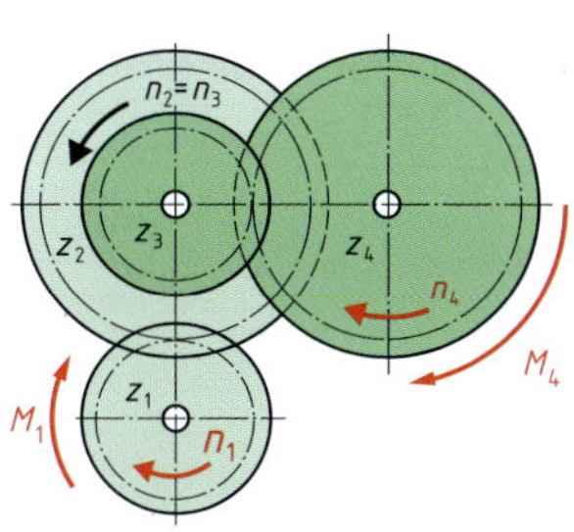

Einfache Übersetzung aus $z_1 \cdot n_1 = z_2 \cdot n_2$

$i = \frac{n_1}{n_2}$ $\qquad$ $i = \frac{z_2}{z_1}$

Drehzahl	Zähnezahl
$n_1 = \frac{z_2 \cdot n_2}{z_1}$	$z_1 = \frac{z_2 \cdot n_2}{n_1}$
$n_1 = n_2 \cdot i$	$z_1 = \frac{z_2}{i}$
$n_2 = \frac{z_1 \cdot n_1}{z_2}$	$z_2 = \frac{z_1 \cdot n_1}{n_2}$
$n_2 = \frac{n_1}{i}$	$z_2 = z_1 \cdot i$

Doppelte Übersetzung

$i = \frac{z_2 \cdot z_4}{z_1 \cdot z_3}$ $\qquad$ $n_1 = n_4 \cdot i$

$i = \frac{n_1}{n_4}$ $\qquad$ $n_4 = \frac{n_1}{i}$

$i = i_1 \cdot i_2$ $\qquad$ mehrfache $i = i_1 \cdot i_2 \cdot i_3 \cdot \ldots$

Drehmoment	Wirkungsgrad
$M_1 = \frac{M_{2(4)}}{i \cdot \eta}$	$\eta = \frac{M_{2(4)}}{M_1 \cdot i}$
$M_{2(4)} = M_1 \cdot i \cdot \eta$	

Größe		Einheit
i	Gesamtübersetzung	–
i_1, i_2	Einzelübersetzungen	–
M_1	Eingangsdrehmoment	Nm
$M_{2(4)}$	Ausgangsdrehmoment	Nm
n_1, n_3	Drehzahlen der treibenden Zahnräder	1/min
n_2, n_4	Drehzahlen der getriebenen Zahnräder	1/min
z_1, z_3	Zähnezahlen der treibenden Zahnräder	–
z_2, z_4	Zähnezahlen der getriebenen Zahnräder	–
η	Wirkungsgrad	–

Zwischenrad
Ein Zwischenrad hat keinen Einfluss auf das Übersetzungsverhältnis; es ändert jedoch den Drehsinn des getriebenen Zahnrades. Mit Zwischenrädern lassen sich größere Achsabstände überbrücken.

Drehmoment
Zahnradtriebe wandeln das Drehmoment. Je größer die Übersetzung ins Langsame ist, desto größer ist das Ausgangsdrehmoment gegenüber dem Eingangsdrehmoment, wobei der Wirkungsgrad des Zahnradtriebes zu berücksichtigen ist.

Schneckentrieb

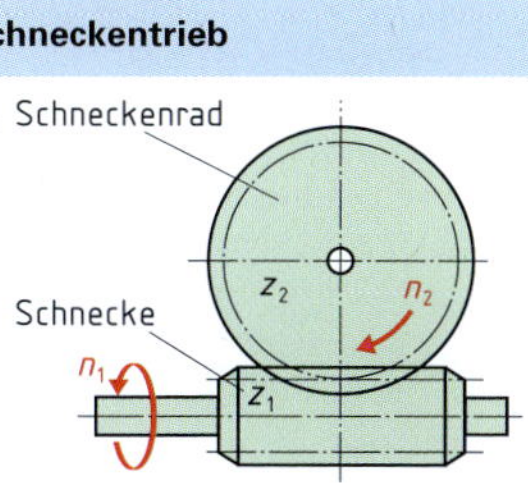

Übersetzung aus $z_1 \cdot n_1 = z_2 \cdot n_2$

$i = \frac{n_1}{n_2}$ $\qquad$ $i = \frac{z_2}{z_1}$

Drehzahl	Gang-, Zähnezahl
$n_1 = \frac{z_2 \cdot n_2}{z_1}$	$z_1 = \frac{z_2 \cdot n_2}{n_1}$
$n_2 = \frac{z_1 \cdot n_1}{z_2}$	$z_2 = \frac{z_1 \cdot n_1}{n_2}$

Größe		Einheit
n_1	Drehzahl der Schnecke	1/min
n_2	Drehzahl des Schneckenrades	1/min
z_1	Gangzahl der Schnecke	–
z_2	Zähnezahl des Schneckenrades	–

Schneckentriebe werden hauptsächlich für große Übersetzungen ins Langsame verwendet, z. B. bis etwa $i = 30$.

Planetengetriebe

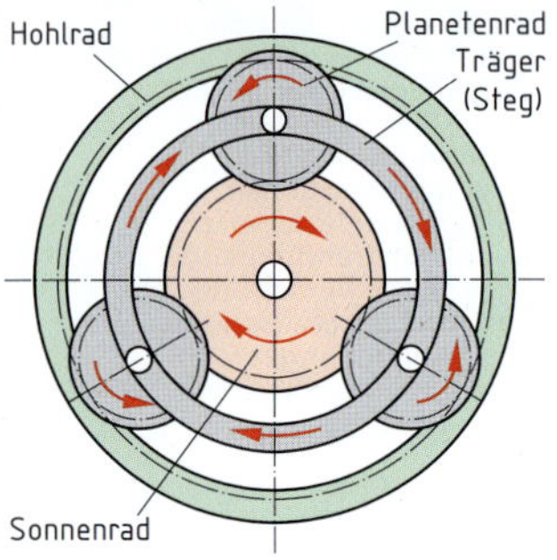

Übersetzungen (Auswahl)

Gang	1	2	3	R
Sonnenrad	Antrieb	fest	Antrieb	Antrieb
Hohlrad	fest	Antrieb	verbunden; –	Abtrieb
Planetenradträger	Abtrieb	Abtrieb	verbunden; Abtrieb	fest
Übersetzung	$i = 1 + \frac{z_2}{z_1}$	$i = 1 + \frac{z_1}{z_2}$	$i = 1{,}0$	$i = -\frac{z_2}{z_1}$

Drehmoment

$$M_1 = \frac{M_2}{i \cdot \eta}$$

$$M_2 = M_1 \cdot i \cdot \eta$$

Wirkungsgrad

$$\eta = \frac{M_2}{M_1 \cdot i}$$

Größe / Einheit

Größe		Einheit
i	Übersetzung	–
M_1	Eingangsdrehmoment	Nm
M_2	Ausgangsdrehmoment	Nm
z_1	Zähnezahl, Sonnenrad	–
z_2	–, Hohlrad	–
η	Wirkungsgrad	–

Der einfache Planetenradsatz besteht aus Sonnenrad, Planetenrädern auf dem Planetenradträger und Hohlrad.

Beim Planetengetriebe sind alle Zahnräder ständig im Eingriff. Die verschiedenen Übersetzungen ergeben sich durch Festhalten eines Getriebeteiles mittels einer Lamellenbremse. Durchtrieb (direkter Gang) entsteht durch Verbindung zweier Getriebeteile mit einer umlaufenden Lamellenkupplung.

vgl. S. 206

Zahnradabmessungen

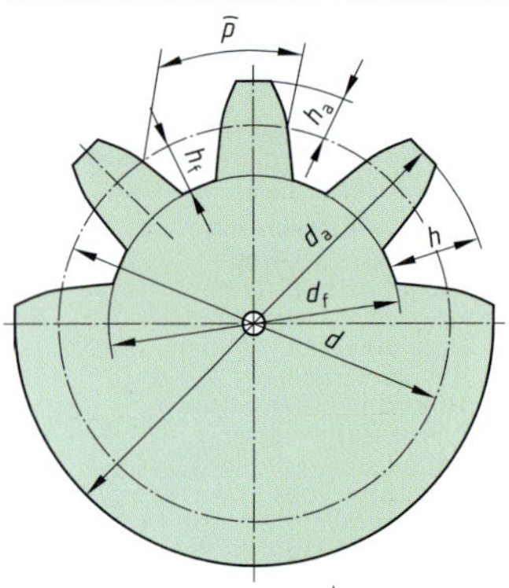

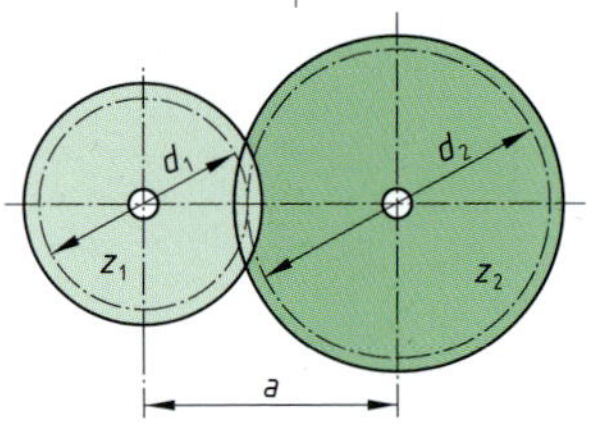

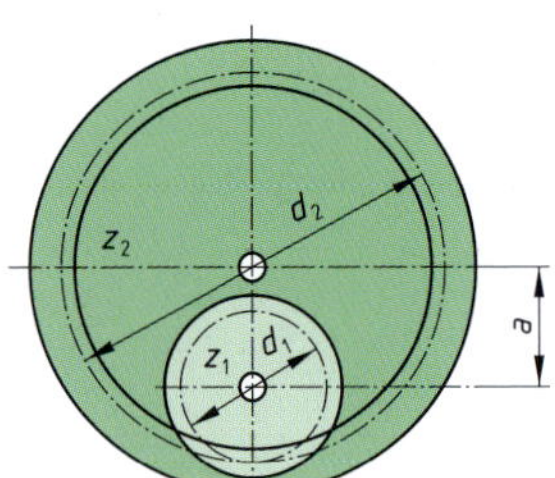

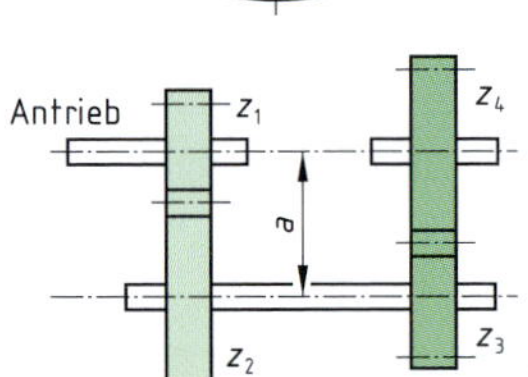

Modul

$$m = \frac{p}{\pi}$$

$$m = \frac{d}{z}$$

$$m = \frac{d_a}{z + 2}$$

Teilung

$$p = m \cdot \pi$$

$$m = \frac{d_f}{z - 7/3}$$

$$m = \frac{2 \cdot a}{z_1 + z_2}$$

Teilkreisdurchmesser

$$d = m \cdot z \qquad d_1 = 2 \cdot a - d_2$$

$$d = d_a - 2 \cdot m \qquad d_2 = 2 \cdot a - d_1$$

$$d = d_f + \frac{7}{3} \cdot m \qquad d_2 = \frac{2 \cdot a \cdot i}{i + 1}$$

Zahnhöhe

$$h = h_a + h_f$$

$$h = \frac{13}{6} \cdot m$$

Kopf-, Fußhöhe

$$h_a = m$$

$$h_f = \frac{7}{6} \cdot m$$

Kopfkreis-

$$d_a = d + 2 \cdot m$$

$$d_a = m \cdot (z + 2)$$

Fußkreisdurchmesser

$$d_f = d - \frac{7}{3} \cdot m$$

$$d_f = m \cdot \left(z - \frac{7}{3}\right)$$

Zähnezahl

$$z = \frac{d}{m} \qquad z_1 = \frac{2 \cdot a}{m} - z_2$$

$$z = \frac{d_a}{m} - 2 \qquad z_2 = \frac{2 \cdot a}{m} - z_1$$

$$z_1 = \frac{2 \cdot a}{m(i + 1)} \qquad z_2 = \frac{2 \cdot a \cdot i}{m(i + 1)}$$

Achsabstand bei Außenverzahnung

$$a = \frac{d_1 + d_2}{2} \qquad a = \frac{m \cdot (z_1 + z_2)}{2}$$

Achsabstand bei Innenverzahnung

$$a = \frac{d_2 - d_1}{2} \qquad a = \frac{m \cdot (z_2 - z_1)}{2}$$

Größe / Einheit

Größe		Einheit
a	Achsabstand	mm
d	Teilkreisdurchmesser	mm
d_1, d_2	– des Stirnradpaares	mm
d_a	Kopfkreisdurchmesser	mm
d_f	Fußkreisdurchmesser	mm
h	Zahnhöhe	mm
h_a	Zahnkopfhöhe	mm
h_f	Zahnfußhöhe	mm
i	Übersetzung	–
m	Modul	mm
p	Teilung	mm
z	Zähnezahl	–
z_1, z_2	– des Stirnradpaares	–

Modul, Teilung
Der Modul in mm ist die Basisgröße für die Abmessungen eines Zahnrades. Da die Teilung gleich „Modul · π" ist, ergibt sich für den Teilkreisdurchmesser immer ein endlicher Zahlenwert.

Kopfspiel
Für die Größen d_f, h und h_f ist ein Kopfspiel von 1/6 mal Modul zwischen Rad und Gegenrad zugrunde gelegt.

Mehrfache Radpaarung
Bei parallelen Achsen und gleichem Achsabstand beider Radpaare muss die Bedingung „$z_1 + z_2 = z_3 + z_4$" erfüllt sein, wenn die Radpaare denselben Modul haben.

Moduln für Stirnräder in mm
Auswahl aus DIN 780; Reihe I bevorzugen.

Reihe I	II	Reihe I	II
0,5	0,55	1,5	1,75
0,7	0,75	2	2,25
0,8	0,85	2,5	2,75
1	1,125	3	3,5
1,25	1,1375	4	4,5

Anmerkung
Grundgleichungen für Normalverzahnung (ohne Profilverschiebung).

Reibungskraft

Haftreibung/Gleitreibung

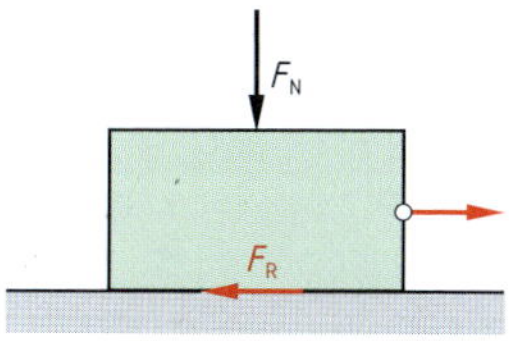

Rollreibung

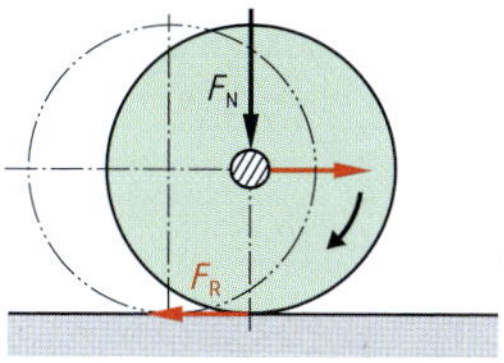

Haftreibung

$$F_R = F_N \cdot \mu_H \qquad \mu_H = \frac{F_R}{F_N}$$

Normalkraft: $F_N = \frac{F_R}{\mu_H}$

Gleitreibung

$$F_R = F_N \cdot \mu_G \qquad \mu_G = \frac{F_R}{F_N}$$

Normalkraft: $F_N = \frac{F_R}{\mu_G}$

Rollreibung

$$F_R = F_N \cdot \mu_R \qquad \mu_R = \frac{F_R}{F_N}$$

Normalkraft: $F_N = \frac{F_R}{\mu_R}$

Größe		Einheit
F_N	Normalkraft	N
F_R	Reibungskraft	N
μ_H	Haftreibungszahl	–
μ_G	Gleitreibungszahl	–
μ_R	Rollreibungszahl	–

Haftreibung: Ruhereibung, bei der die angreifende Kraft nicht ausreicht, um eine Verschiebung hervorzurufen.

Gleitreibung: Bewegungsreibung zwischen Körpern, deren Geschwindigkeiten in der Berührungsfläche unterschiedlich sind.

Rollreibung: Bewegungsreibung zwischen Körpern, die sich nur punktförmig oder linienförmig berühren.

Normalkraft: Kraft, die senkrecht zu den Reibungsflächen wirkt.

Reibungskraft: Kraft, die infolge der Reibung als Widerstand auftritt.

Reibungsarbeit, -leistung

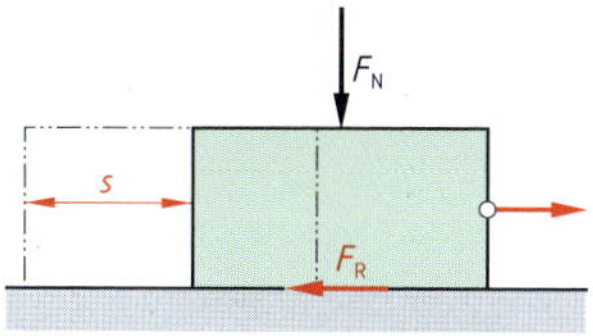

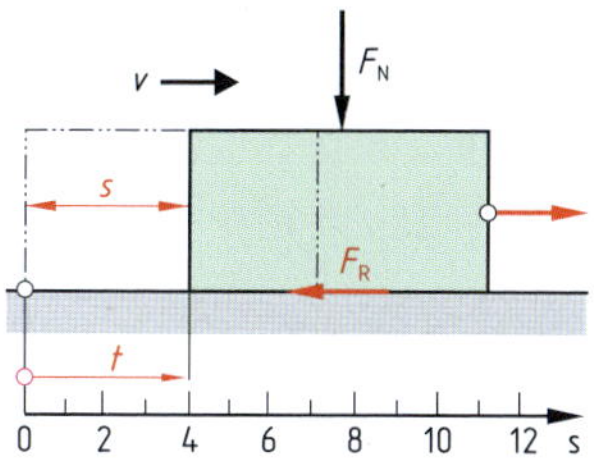

Reibungsarbeit

$$W_R = F_R \cdot s \qquad W_R = P_R \cdot t \qquad W_R = Q_R$$

Reibungsleistung

$$P_R = \frac{F_R \cdot s}{t} \qquad P_R = F_R \cdot v \qquad P_R = \frac{W_R}{t}$$

Reibungskraft

$$F_R = F_N \cdot \mu \qquad F_R = \frac{W_R}{s} \qquad F_R = \frac{P_R \cdot t}{s} \qquad F_R = \frac{P_R}{v}$$

Reibungsweg

$$s = \frac{W_R}{F_R} \qquad s = \frac{P_R \cdot t}{F_R}$$

Größe		Einheit
F_N	Normalkraft	N
F_R	Reibungskraft	N
P_R	Reibungsleistung	W
Q_R	Reibungswärme	J
s	Reibungsweg	m
t	Reibungszeit	s
v	Geschwindigkeit	m/s
W_R	Reibungsarbeit	J
μ	Reibungszahl	–

Reibungsarbeit: Die zum Überwinden der Reibung notwendige und größtenteils in Wärme umgewandelte Arbeit.

Reibungsleistung: Die zum Überwinden der Reibung notwendige Leistung.

Reibungsmoment: Moment, das infolge der Reibung als mechanischer Widerstand gegen Drehung auftritt.

Reibung in Lagerungen

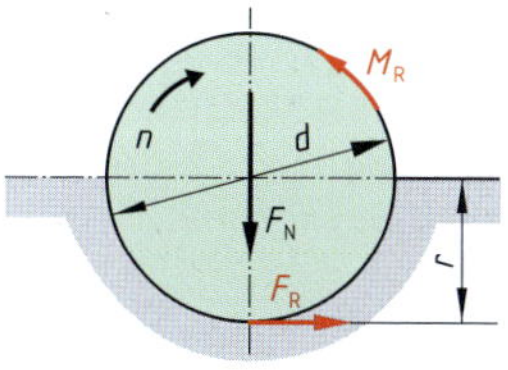

Reibungskraft

$$F_R = F_N \cdot f \qquad F_R = \frac{1000 \cdot P_R}{v_u}$$

Reibungsmoment

$$M_R = F_R \cdot r = \frac{F_R \cdot d}{2} \qquad M_R = \frac{9550 \cdot P_R}{n}$$

Reibungsleistung

$$P_R = \frac{F_R \cdot v_u}{1000} \qquad P_R = \frac{M_R \cdot n}{9550}$$

Größe		Einheit
d	Lagerdurchmesser	m
F_N	Normalkraft	N
F_R	Reibungskraft	N
f	Lagerreibungszahl	–
M_R	Reibungsmoment	Nm
n	Drehzahl	1/min
P_R	Reibungsleistung	kW
r	Lagerradius (-halbmesser)	m
v_u	Umfangsgeschwindigkeit	m/s

Reibungszahlen (Richtwerte)

Weitere Reibungszahlen vgl. Seite 46, 383

Werkstoffpaarung		Haftreibungszahl μ_H trocken	geschmiert	Gleitreibungszahl μ_G trocken	geschmiert	Rollreibungszahl μ_R (Wälzlager)
Stahl	– Stahl	0,20	0,10	0,15	0,05 … 0,10	0,01 … 0,003
Stahl	– Gusseisen	0,20	0,15	0,18	0,08 … 0,10	– –
Stahl	– Pb-Sn-Legierung	0,15	0,10	0,10	0,01 … 0,05	– –
Stahl	– Cu-Sn-Legierung	0,20	0,10	0,10	0,03 … 0,06	– –
Stahl	– Polyamid	–	–	0,30	0,05 … 0,10	– –
Stahl	– Reibbelag	0,50	0,10	0,35	0,08 … 0,10	– –
Gusseisen	– Bremsbelag, organisch	–	–	0,33 … 0,45	– –	– –
Gusseisen	– Bremsbelag, gesintert	–	–	0,20 … 0,50	– –	– –

1

Zug

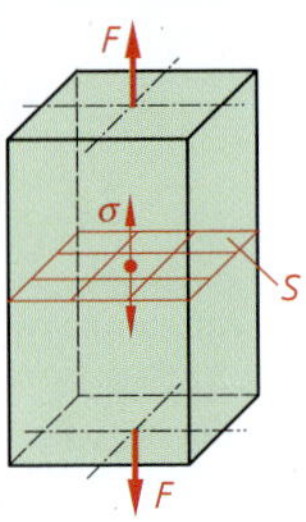

Zugspannung

$$\sigma = \frac{F}{S}$$

Zugfestigkeit

$$R_m = \frac{F_m}{S}$$

zulässige Zugspannung

$$\sigma_{zul} = \frac{R_m}{v} \qquad \sigma_{zul} = \frac{F_{zul}}{S}$$

Zugkraft	Sicherheit	Querschnitt
$F_{zul} = S \cdot \sigma_{zul}$	$v = \frac{R_m}{\sigma_{zul}}$	$S = \frac{F_{zul}}{\sigma_{zul}}$
$F_m = S \cdot R_m$	$v = \frac{F_m}{F_{zul}}$	$S = \frac{F_m}{R_m}$

Größe		Einheit
F	vorhandene Zugkraft	N
F_m	größte Zugkraft	N
F_{zul}	zulässige Zugkraft	N
R_m	Zugfestigkeit	N/mm²
S	Querschnittsfläche	mm²
v	Sicherheitszahl	–
σ	vorhandene Zugspannung	N/mm²
σ_{zul}	zulässige Zugspannung	N/mm²

Prüfung metallischer Werkstoffe, Zugversuch vgl. S. 350

Druck, Flächenpressung

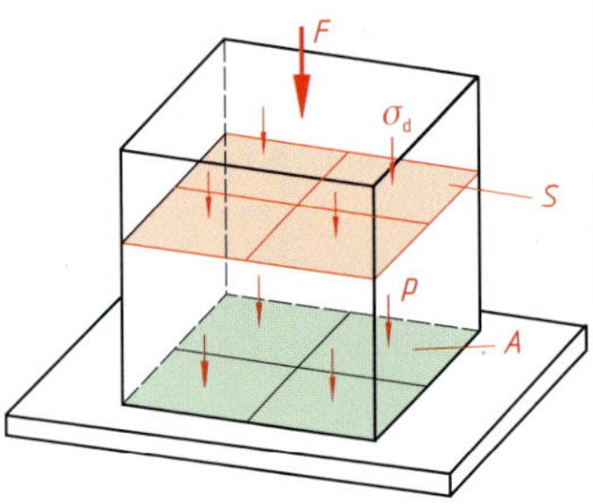

Druckspannung

$$\sigma_d = \frac{F}{S}$$

Druckfestigkeit

$$\sigma_{dB} = \frac{F_{dB}}{S}$$

zulässige Druckspannung

$$\sigma_{dzul} = \frac{\sigma_{dB}}{v} \qquad \sigma_{dzul} = \frac{F_{zul}}{S}$$

Druckkraft	Sicherheit	Querschnitt
$F_{zul} = S \cdot \sigma_{dzul}$	$v = \frac{\sigma_{dB}}{\sigma_{dzul}}$	$S = \frac{F_{zul}}{\sigma_{dzul}}$
$F_{dB} = S \cdot \sigma_{dB}$	$v = \frac{F_{dB}}{F_{zul}}$	$S = \frac{F_{dB}}{\sigma_{dB}}$

Größe		Einheit
F	vorhandene Druckkraft	N
F_{dB}	größte Druckkraft (beim Bruch)	N
F_{zul}	zulässige Druckkraft	N
S	Querschnittsfläche	mm²
v	Sicherheitszahl	–
σ_d	vorhandene Druckspannung	N/mm²
σ_{dB}	Druckfestigkeit	N/mm²
σ_{dzul}	zulässige Druckspannung	N/mm²

Flächenpressung

$$p = \frac{F}{A}$$

Druckkraft	Auflagefläche
$F_{zul} = A \cdot p_{zul}$	$A = \frac{F_{zul}}{p_{zul}}$

Größe		Einheit
A	Auflagefläche	mm²
F	Druckkraft, Presskraft	N
F_{zul}	zulässige Druck-, Presskraft	N
p	Flächenpressung	N/mm²
p_{zul}	zulässige Flächenpressung	N/mm²

Abscheren

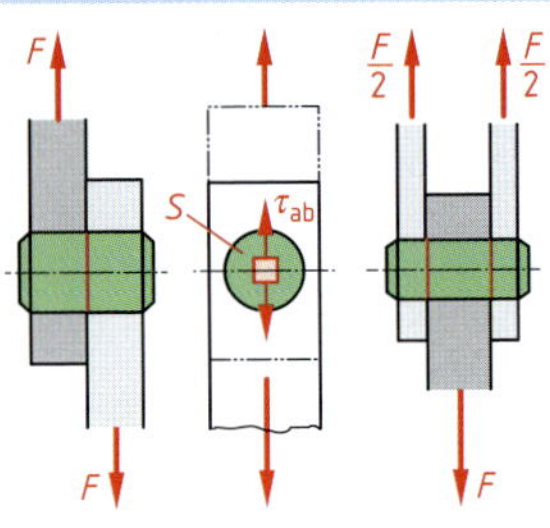

Schubspannung

$$\tau = \frac{F}{S}$$

Scherfestigkeit

$$\tau_{aB} = \frac{F_{aB}}{S}$$

zulässige Schubspannung

$$\tau_{zul} = \frac{\tau_{aB}}{v} \qquad \tau_{zul} = \frac{F_{zul}}{S}$$

Schubkraft	Sicherheit	Querschnitt
$F_{zul} = S \cdot \tau_{zul}$	$v = \frac{\tau_{aB}}{\tau_{zul}}$	$S = \frac{F_{zul}}{\tau_{zul}}$
$F_{aB} = S \cdot \tau_{aB}$	$v = \frac{F_{aB}}{F_{zul}}$	$S = \frac{F_{aB}}{\tau_{aB}}$

Größe		Einheit
F	vorhandene Schubkraft	N
F_{aB}	größte Schubkraft (Abscheren)	N
F_{zul}	zulässige Schubkraft	N
S	Querschnittsfläche (Scherfläche)	mm²
v	Sicherheitszahl	–
τ	vorhandene Schubspannung	N/mm²
τ_{aB}	Scherfestigkeit $\tau_{aB} \approx 0{,}8 \cdot R_m$	N/mm²
τ_{zul}	zulässige Schubspannung	N/mm²

Biegung

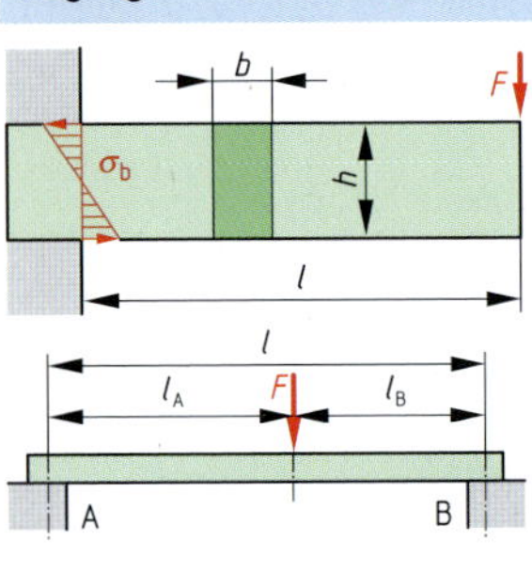

Biegespannung

$$\sigma_b = \frac{M_b}{W_b}$$

Biegemoment

$$M_b = W_b \cdot \sigma_b$$

Freiträger mit Einzellast $\quad M_{bmax} = F \cdot l$

Stützträger mit Einzellast $\quad M_{bmax} = \frac{l_A \cdot l_B}{l} \cdot F$

Widerstandsmoment

$$W_B = \frac{M_b}{\sigma_b} \qquad W_b = \frac{b \cdot h^2}{6}\ ^{1)} \qquad W_b = \frac{\pi \cdot d^3}{32}\ ^{2)}$$

[1]) Rechteckquerschnitt
[2]) Kreisquerschnitt

Größe		Einheit
b	Breite des Querschnittes	mm
d	Durchmesser des Querschnittes	mm
F	Biegekraft	N
h	Höhes des Querschnittes	mm
l	Länge, Hebelarm	mm
l_A, l_B	Abstände	mm
M_b	Biegemoment	Nmm
M_{bmax}	–, maximal	Nmm
W_b	Widerstandsmoment	mm³
σ_b	Biegespannung	N/mm²

Widerstandsmomente für Stabstahl und für Hohlprofile vgl. S. 365

Arbeit

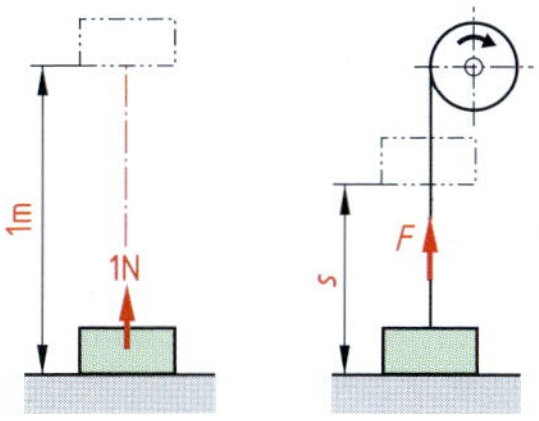

– aus der Kraft	– aus der Leistung
$W = F \cdot s$	$W = P \cdot t$

Kraft	Weg	Zeit
$F = \frac{W}{s}$	$s = \frac{W}{F}$	$t = \frac{W}{P}$

1 Joule ist gleich der Arbeit, die verrichtet wird, wenn der Angriffspunkt der Kraft 1 N um 1 m verschoben wird.

Größe		Einheit
F	Kraft	N
P	Leistung	W
s	Weg der Kraft	m
t	Zeit	s
W	Arbeit	Nm, Ws, J

Weitere Einheiten:

1 J = 1 Nm = 1 Ws
3 600 J = 3 600 Ws = 1 Wh
3 600 kJ = 3,6 MJ = 1 kWh

Leistung, geradlinige Bewegung

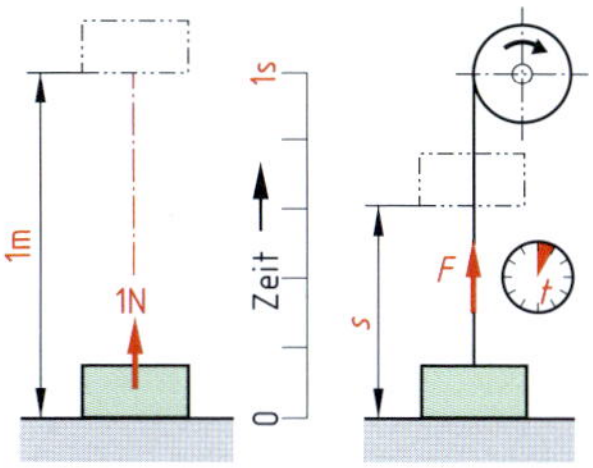

Leistung	Kraft, Weg
$P = \frac{F \cdot s}{t}$	$F = \frac{P \cdot t}{s}$
$P = F \cdot v$	$F = \frac{P}{v}$
$P = \frac{W}{t}$	$s = \frac{P \cdot t}{F}$

Geschwindigkeit	Zeit
$v = \frac{P}{F}$	$t = \frac{F \cdot s}{P}$
$v = \frac{s}{t}$	$t = \frac{W}{P}$

Größe		Einheit
F	Kraft	N
P	Leistung	W
s	Weg der Kraft	m
t	Zeit	s
v	Geschwindigkeit	m/s
W	Arbeit	J

Weitere Einheiten:

1 W = 1 J/s = 1 Nm/s
1 kW = 1 000 J/s = 1 000 W
1 kW = 1 kJ/s = 1 000 Nm/s

1 Watt ist gleich der Leistung, bei der während der Zeit 1 Sekunde die Energie bzw. die Arbeit 1 Joule umgesetzt wird.

Leistung, Drehbewegung

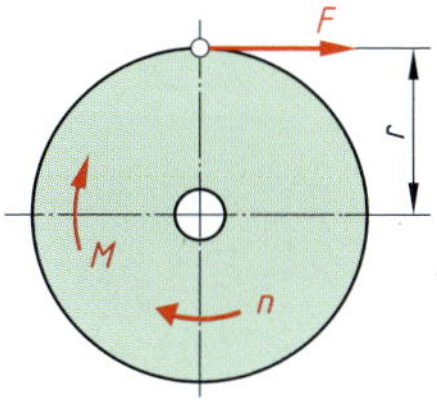

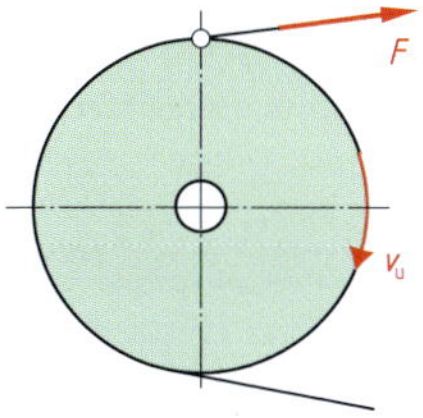

Leistung in W	Leistung in kW
$P = \frac{\pi \cdot F \cdot r \cdot n}{30}$	$P = \frac{\pi \cdot F \cdot r \cdot n}{30 \cdot 1000}$
$P = \frac{\pi \cdot M \cdot n}{30}$	$P = \frac{\pi \cdot M \cdot n}{30 \cdot 1000}$
$P = F \cdot v_u$	$P = \frac{M \cdot n}{9550}$

Drehzahl	
mit P in W:	mit P in kW:
$n = \frac{30 \cdot P}{\pi \cdot F \cdot r}$	$n = \frac{30 \cdot 1000 \cdot P}{\pi \cdot F \cdot r}$
$n = \frac{30 \cdot P}{\pi \cdot M}$	$n = \frac{9550 \cdot P}{M}$

Drehmoment	
mit P in W:	mit P in kW:
$M = \frac{30 \cdot P}{\pi \cdot n}$	$M = \frac{30 \cdot 1000 \cdot P}{\pi \cdot n}$
$M = F \cdot r$	$M = \frac{9550 \cdot P}{n}$

Größe		Einheit
F	Umfangskraft	N
M	Drehmoment	Nm
n	Drehzahl	1/min
P	Leistung	W, kW
r	Radius (Halbmesser)	m
v_u	Umfangsgeschwindigkeit	m/s

Leistung von Verbrennungsmotoren vgl. Seite 35
Leistungsprüfung vgl. Seite 35
Elektrische Leistung vgl. Seite 53
Leistung von E-Maschinen vgl. Seite 58

Wirkungsgrad

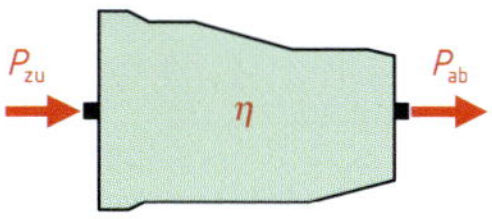

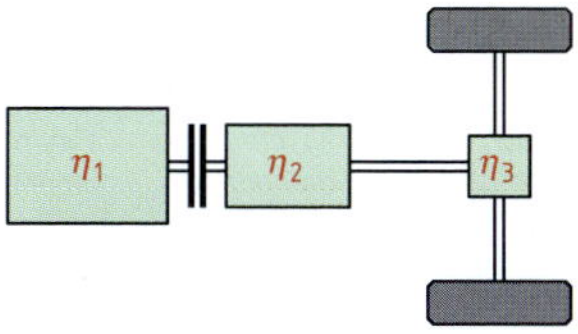

– aus der Arbeit	– aus der Leistung
$\eta = \frac{W_{ab}}{W_{zu}}$	$\eta = \frac{P_{ab}}{P_{zu}}$
aus Einzelwirkungsgraden:	$\eta = \eta_1 \cdot \eta_2 \cdot \ldots$

Arbeit	Leistung
$W_{zu} = \frac{W_{ab}}{\eta}$	$P_{zu} = \frac{P_{ab}}{\eta}$
$W_{ab} = W_{zu} \cdot \eta$	$P_{ab} = P_{zu} \cdot \eta$

Verlustarbeit	Verlustleistung
$W_v = W_{zu} - W_{ab}$	$P_v = P_{zu} - P_{ab}$

Größe		Einheit
P_{ab}	abgegebene Leistung	W, kW
P_{zu}	zugeführte Leistung	W, kW
P_v	Verlustleistung	W, kW
W_{ab}	abgegebene Arbeit	J, kJ
W_{zu}	zugeführte Arbeit	J, kJ
W_v	Verlustarbeit	J, kJ
η	Wirkungsgrad, gesamter	–
$\eta_1, \eta_2, \ldots$	–, einzelne	–

Wirkungsgrad, Richtwerte

Ottomotor	0,28 … 0,33
Dieselmotor	0,32 … 0,45
Drehstrommotor, asynchron	bis 0,96
synchron	bis 0,99
Wechselgetriebe	0,90 … 0,98
Achsgetriebe	0,97 … 0,99

1

Energie, schiefe Ebene, Schraube

Potentielle Energie (Lageenergie)

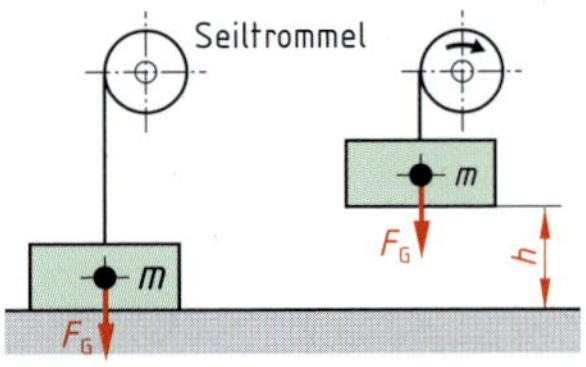

aus der Gewichtskraft

$$E_p = F_G \cdot h$$

aus der Masse

$$E_p = m \cdot g \cdot h$$

Masse, Gewichtskraft

$$m = \frac{E_p}{g \cdot h} \qquad F_G = \frac{E_p}{h}$$

Hub-, Fallhöhe

$$h = \frac{E_p}{m \cdot g} \qquad h = \frac{E_p}{F_G}$$

Größe		Einheit
E_p	potentielle Energie, Lageenergie	J
F_G	Gewichtskraft	N
g	Fallbeschleunigung	m/s²
h	Hubhöhe, Fallhöhe	m
m	Masse	kg

Energie ist die Fähigkeit eines Körpers, Arbeit zu verrichten oder Wärme abzugeben. Ein angehobener Körper hat potentielle Energie oder Lageenergie.

Spannungsenergie

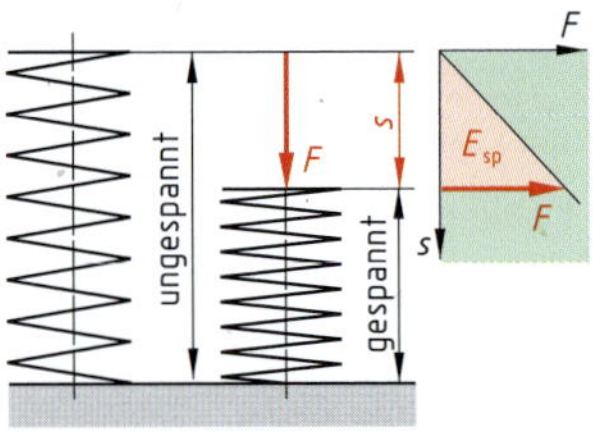

Spannungsenergie

$$E_{sp} = \frac{F \cdot s}{2} \qquad E_{sp} = \frac{c \cdot s^2}{2}$$

Federweg

$$s = \frac{2 \cdot E_{sp}}{F} \qquad s = \sqrt{\frac{2 \cdot E_{sp}}{c}}$$

Federrate

$$c = \frac{F}{s} \qquad c = \frac{2 \cdot E_{sp}}{s^2}$$

Spannkraft

$$F = c \cdot s \qquad F = \frac{2 \cdot E_{sp}}{s}$$

Größe		Einheit
c	Federrate, gleichbleibend	N/m
E_{sp}	Spannungsenergie	J
F	Spannkraft der Feder	N
s	Federweg	m

Unter Spannungsenergie versteht man die in einer Feder gespeicherte Arbeit. Bei Federn mit gleichbleibender Federrate gilt das Hooke'sche Gesetz: „Der Federweg *s* ist der Spannkraft *F* proportional", d. h. der Quotient „Spannkraft durch Federweg" ist konstant.

Kinetische Energie (Bewegungsenergie)

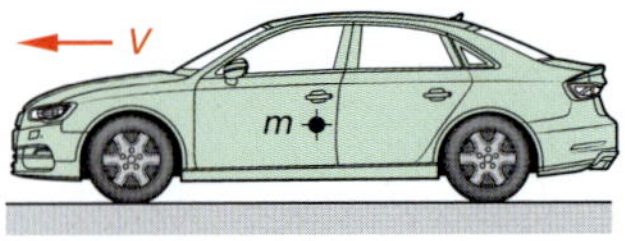

$$E_k = \frac{m \cdot v^2}{2}$$

Geschwindigkeit

$$v = \sqrt{\frac{2 \cdot E_k}{m}}$$

Masse

$$m = \frac{2 \cdot E_k}{v^2}$$

Größe		Einheit
E_k	kinetische Energie	J
m	Masse	kg
v	Geschwindigkeit	m/s

Kinetische Energie oder Bewegungsenergie ist die Arbeit, die in einer sich in Bewegung befindlichen Masse gespeichert ist.

Energieumwandlung

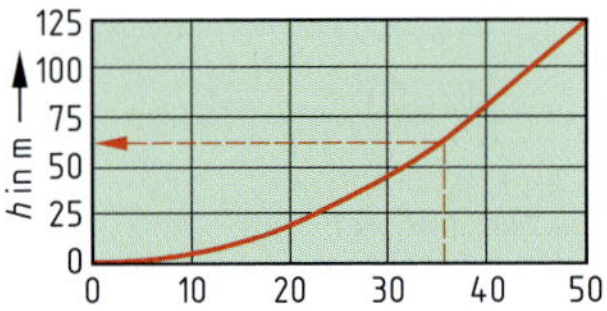

Energiesatz

$$\frac{m \cdot v^2}{2} = m \cdot g \cdot h \qquad F_B \cdot s = \frac{m \cdot v^2}{2}$$

Fallhöhe

$$h = \frac{v^2}{2 \cdot g}$$

Bremsweg

$$s = \frac{m \cdot v^2}{2 \cdot F_B}$$

Geschwindigkeit

$$v = \sqrt{2 \cdot g \cdot h}$$

Bremskraft

$$F_B = \frac{m \cdot v^2}{2 \cdot s}$$

Größe		Einheit
F_B	Bremskraft	N
g	Fallbeschleunigung	9,81 m/s²
h	Fallhöhe	m
m	Masse	kg
s	Bremsweg	m
v	Geschwindigkeit	m/s

Energie kann weder gewonnen werden noch verloren gehen, jedoch wird bei der Umwandlung ein Teil in Wärme umgesetzt.

Schiefe Ebene

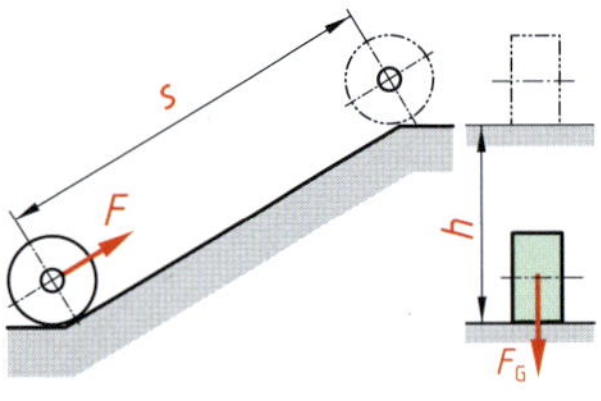

Goldene Regel der Mechanik

$$F \cdot s = F_G \cdot h \qquad F \cdot s = m \cdot g \cdot h$$

Kraft

$$F = \frac{F_G \cdot h}{s} \qquad F = \frac{m \cdot g \cdot h}{s}$$

Höhe, Hubhöhe

$$h = \frac{F \cdot s}{F_G} \qquad h = \frac{F \cdot s}{m \cdot g}$$

Größe		Einheit
F	Kraft, Schubkraft	N
F_G	Gewichtskraft	N
g	Fallbeschleunigung	9,81 m/s²
h	Höhe, Hubhöhe	m
s	Weg der Kraft	m

Da Arbeit nicht verloren gehen kann, ist bei reibungsfreiem Verlauf: „Aufgewendete Arbeit = gewonnene Arbeit".

Schraube

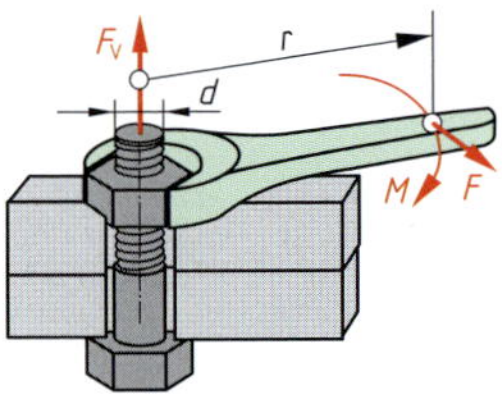

Anzugsmoment

$$M = F \cdot r$$

Spannkraft

mit Reibung

$$F_V = \frac{M}{0{,}19 \cdot d}$$

ohne Reibung

$$F_V = \frac{2\pi \cdot r \cdot F}{P}$$

Zugspannung

$$\sigma = \frac{F_V}{S}$$

Größe		Einheit
d	Gewindenenndurchmesser	m
F	Drehkraft, Handkraft	N
F_V	Spannkraft	N
M	Anzugsdrehmoment	Nm
P	Gewindesteigung	mm
r	Hebelarm	mm
S	Querschnittsfläche (Gewinde)	mm²
σ	Zugspannung (im Gewinde)	N/mm²

Die Näherungsformel mit Reibung gilt für nicht geschmierte Regelgewinde.

Druckgrößen DIN 1314

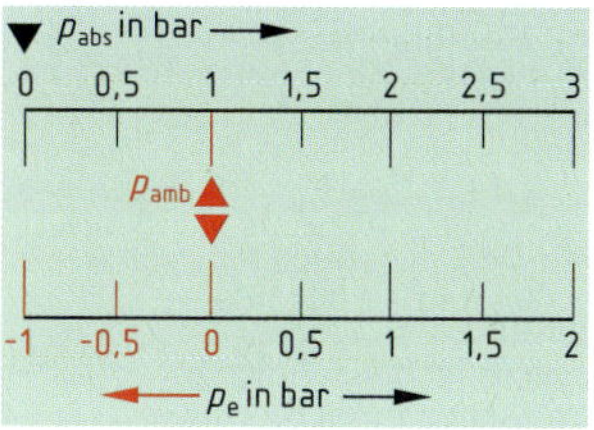

Überdruck

$p_e = p_{abs} - p_{amb}$

absoluter Druck

$p_{abs} = p_e + p_{amb}$

Atmosphärendruck

$p_{amb} = p_{abs} - p_e$

Druckdifferenz

$\Delta p = p_1 - p_2$

Die Differenz zwischen einem absoluten Druck und dem jeweiligen Atmosphärendruck ist die atmosphärische Druckdifferenz; sie wird Überdruck p_e genannt.

Größe		Einheit
p_{abs}	absoluter Druck	bar, Pa
p_{amb}	Atmosphärendruck	bar, Pa
p_e	Überdruck	bar, Pa
p_1, p_2	Drücke	bar, Pa
Δp	Druckdifferenz	bar, Pa

1 Pascal = 1 Pa = 1 N/m²
1 Hektopascal = 1 hPa = 100 Pa = 1 mbar
1 bar = 10 N/cm² = 100 000 Pa = 100 kPa

Unterdruck entspricht negativem Überdruck p_e, der Zahlenwert erhält ein Minuszeichen.

Flüssigkeitsdruck

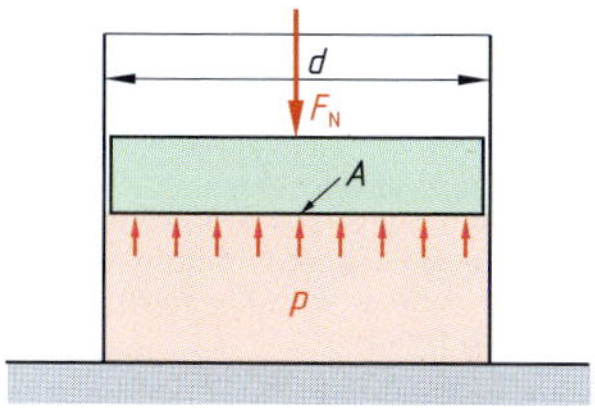

Flüssigkeitsdruck

$p = \frac{F_N}{A}$ $p = \frac{4 \cdot F_N}{\pi \cdot d^2}$

Kolbenkraft

$F_N = p \cdot A$

$F_N = p \cdot \frac{\pi \cdot d^2}{4}$

Kolbenfläche

$A = \frac{F_N}{p}$

$d = \sqrt{\frac{4 \cdot F_N}{\pi \cdot p}}$

Größe		Einheit
A	Kolbenfläche	cm²
d	Kolbendurchmesser	cm
F_N	Normalkraft, Kolbenkraft	N
p	Flüssigkeitsdruck	N/cm²

1 N/cm² = 0,1 bar = 100 mbar
10 N/cm² = 1,0 bar = 1 000 mbar

Die Normalkraft ist die auf die Fläche des Kolbens senkrecht wirkende Kraft.

Hydraulische Presse

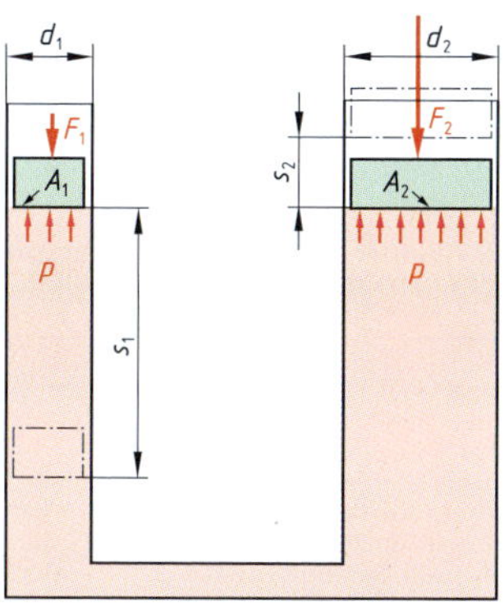

Flüssigkeitsdruck

$p = \frac{F_1}{A_1} = \frac{F_2}{A_2}$

Übersetzung

$i = \frac{F_1}{F_2} = \frac{d_1^2}{d_2^2} = \frac{s_2}{s_1}$

Kolbenkraft 1

$F_1 = p \cdot A_1$

$F_1 = F_2 \cdot i$

$F_1 = \frac{F_2 \cdot d_1^2}{d_2^2}$

Kolbenkraft 2

$F_2 = p \cdot A_2$

$F_2 = \frac{F_1}{i}$

$F_2 = \frac{F_1 \cdot d_2^2}{d_1^2}$

Kolbenfläche

$A_1 = \frac{F_1}{p}$

$A_2 = \frac{F_2}{p}$

Kolbenweg

$s_1 = \frac{s_2}{i}$

$s_2 = s_1 \cdot i$

Größe		Einheit
A_1	Kolbenfläche 1	cm²
A_2	Kolbenfläche 2	cm²
d_1	Kolbendurchmesser 1	cm
d_2	Kolbendurchmesser 2	cm
F_1	Kolbenkraft 1	N
F_2	Kolbenkraft 2	N
i	Übersetzung	–
p	Flüssigkeitsdruck	N/cm²
s_1	Kolbenweg 1	mm, cm
s_2	Kolbenweg 2	mm, cm

Anmerkung:
Der Flüssigkeitsdruck in einem geschlossenen System pflanzt sich nach allen Seiten gleichmäßig fort. Auf beide Kolben wirkt deshalb ein gleich großer Druck. Infolge der unterschiedlichen Kolbenflächen ergibt sich eine Übersetzung der Kolbenkräfte.

Hydrostatischer Druck

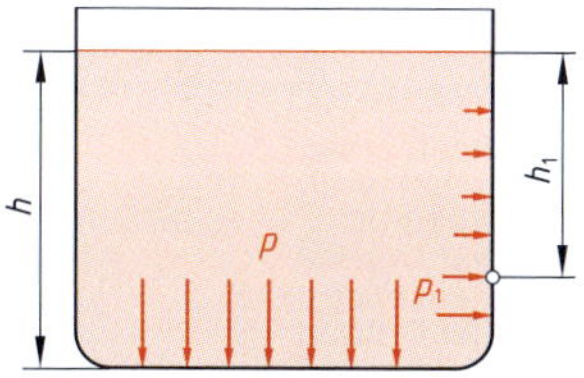

Bodendruck

$p = h \cdot \varrho \cdot g$

Seitendruck

$p_1 = h_1 \cdot \varrho \cdot g$

Druckhöhe

$h = \frac{p}{\varrho \cdot g}$

$h_1 = \frac{p_1}{\varrho \cdot g}$

Dichte

$\varrho = \frac{p}{h \cdot g}$

$\varrho = \frac{p_1}{h_1 \cdot g}$

Größe		Einheit
g	Fallbeschleunigung	9,81 m/s²
h, h_1	Druckhöhen	m
p	Bodendruck	Pa, N/m²
p_1	Seitendruck	Pa, N/m²
ϱ	Dichte der Flüssigkeit	kg/m³

1 N/m² = 1 Pa = 0,01 mbar

Der hydrostatische Druck einer Wassersäule von 1 cm Höhe beträgt etwa 1 mbar.

Auftrieb in Flüssigkeiten

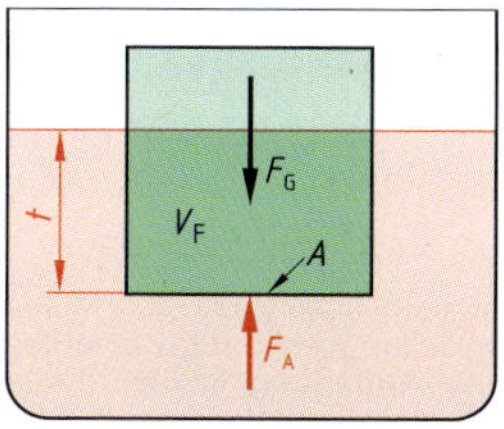

Auftriebskraft

$F_A = V_F \cdot \varrho_F \cdot g$

$F_A = m_F \cdot g$

Volumen, Dichte

$V_F = \frac{F_A}{\varrho_F \cdot g}$

$m_F = \frac{F_A}{g}$

$\varrho_F = \frac{F_A}{V_F \cdot g}$

Gleich dicker Schwimmer mit $F_A = F_G$

$F_A = A \cdot t \cdot \varrho_F \cdot g$ $t = \frac{F_A}{A \cdot \varrho_F \cdot g}$

Größe		Einheit
A	Grundfläche des Schwimmers	dm²
F_A	Auftriebskraft	N
F_G	Gewichtskraft des Schwimmers	N
g	Fallbeschleunigung	9,81 m/s²
m_F	Masse, verdrängte Flüssigkeit	kg
V_F	Volumen, verdrängte Flüssigkeit	dm³
t	Eintauchtiefe	dm
ϱ_F	Dichte der Flüssigkeit	kg/dm³

Satz des Archimedes:
Die Auftriebskraft ist gleich der Gewichtskraft der verdrängten Flüssigkeit.

Gasdruck

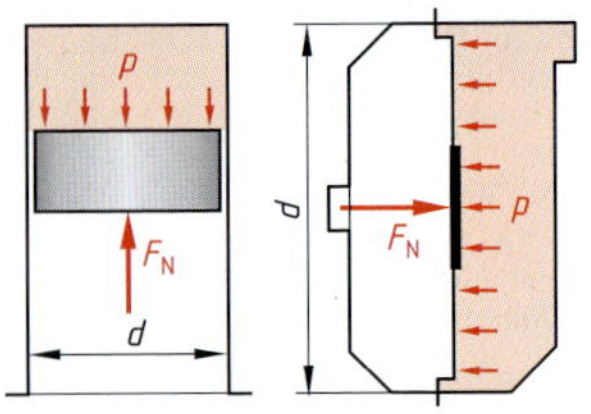

Gasdruck

$$p = \frac{F_N}{A} \qquad p = \frac{4 \cdot F_N}{\pi \cdot d^2}$$

Kolbenkraft	Kolbenfläche
$F_N = p \cdot A$	$A = \frac{F_N}{p}$
$F_N = p \cdot \frac{\pi \cdot d^2}{4}$	$d = \sqrt{\frac{4 \cdot F_N}{\pi \cdot p}}$

Größe		Einheit
A	Kolben-, Membranfläche	cm^2
d	Kolben-, Membrandurchmesser	cm
F_N	Normalkraft, Kolbenkraft	N
p	Gasdruck	N/cm^2

1 N/cm^2 = 0,1 bar = 100 mbar = 100 hPa
10 N/cm^2 = 1,0 bar = 100 000 Pa = 100 kPa
1 bar = 1 000 mbar = 1 000 hPa

Die Normalkraft ist die auf die Kolbenfläche senkrecht wirkende Kraft.

Gasdruck und Volumen

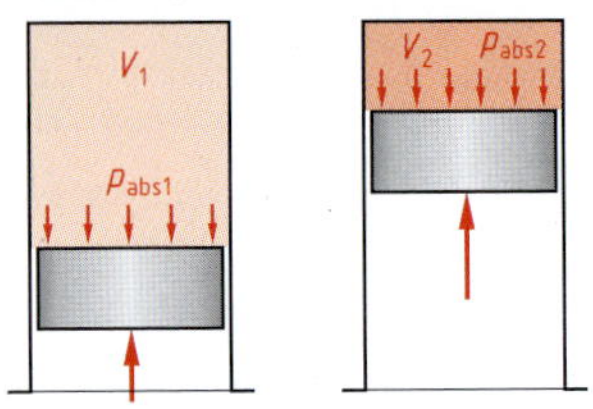

Gesetz von Boyle und Mariotte

$$V_1 \cdot p_{abs1} = V_2 \cdot p_{abs2}$$

Druck	Volumen
$p_{abs1} = \frac{V_2 \cdot p_{abs2}}{V_1}$	$V_1 = \frac{V_2 \cdot p_{abs2}}{p_{abs1}}$
$p_{abs2} = \frac{V_1 \cdot p_{abs1}}{V_2}$	$V_2 = \frac{V_1 \cdot p_{abs1}}{p_{abs2}}$

Größe		Einheit
p_{abs1}	absoluter Druck 1	bar
p_{abs2}	absoluter Druck 2	bar
V_1	Gasvolumen 1 bei p_{abs1}	dm^3
V_2	Gasvolumen 2 bei p_{abs2}	dm^3

Gesetz von Boyle und Mariotte:
Das Produkt aus Druck und Volumen eines abgeschlossenen Gases ist konstant. Dabei setzt man voraus, dass die Temperatur des Gases gleich bleibt.

Druck, Volumen, Temperatur

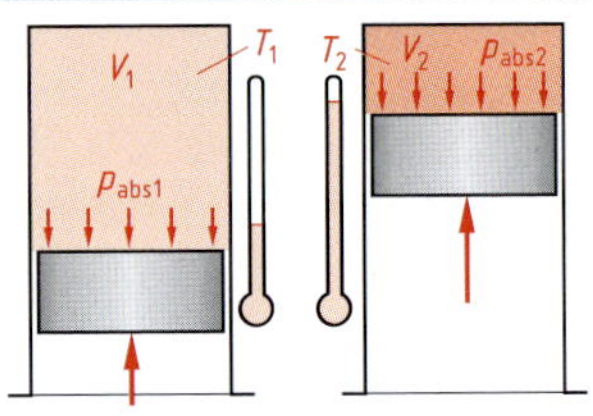

Allgem. Gasgesetz	Volumen
$\frac{V_1 \cdot p_{abs1}}{T_1} = \frac{V_2 \cdot p_{abs2}}{T_2}$	$V_2 = \frac{V_1 \cdot p_{abs1} \cdot T_2}{p_{abs2} \cdot T_1}$

Druck	Temperatur
$p_{abs1} = \frac{V_2 \cdot p_{abs2} \cdot T_1}{V_1 \cdot T_2}$	$T_1 = \frac{V_1 \cdot p_{abs1} \cdot T_2}{p_{abs2} \cdot V_2}$
$p_{abs2} = \frac{V_1 \cdot p_{abs1} \cdot T_2}{V_2 \cdot T_1}$	$T_2 = \frac{V_2 \cdot p_{abs2} \cdot T_1}{p_{abs1} \cdot V_1}$

Größe		Einheit
p_{abs1}	absoluter Druck 1	bar
p_{abs2}	absoluter Druck 2	bar
T_1	Kelvin-Temperatur 1	K
T_2	Kelvin-Temperatur 2	K
V_1	Gasvolumen 1 bei p_{abs1}	dm^3
V_2	Gasvolumen 2 bei p_{abs2}	dm^3

Allgemeines Gasgesetz:
Druck mal Volumen geteilt durch Temperatur eines abgeschlossenen Gases ist konstant.

Gasentnahme aus Behältern

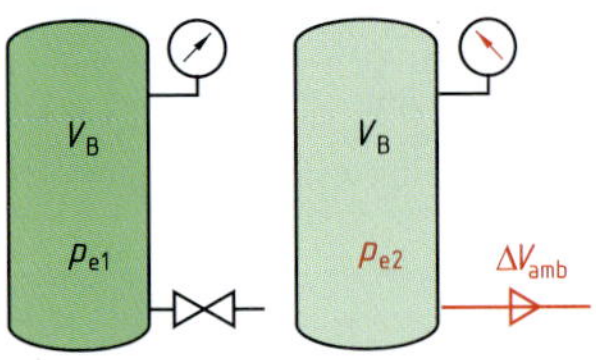

Entnahmevolumen	Druckdifferenz
$\Delta V_{amb} = \frac{V_B \cdot \Delta p}{p_{amb}}$	$\Delta p = p_{e1} - p_{e2}$

Wird für den Atmosphärendruck unabhängig vom Barometerstand der Wert p_{amb} = 1,0 bar angenommen, so ergibt sich für das Volumen des entnommenen Gases:

$$\Delta V_{amb} \approx V_B \cdot \Delta p$$

Größe		Einheit
p_{e1}	Überdruck vor der Entnahme	bar
p_{e2}	– nach der Entnahme	bar
p_{amb}	Atmosphärendruck	bar
Δp	Druckdifferenz	bar
V_B	Volumen des Behälters	dm^3
ΔV_{amb}	Volumen des entnommenen Gases bei Atmosphärendruck	dm^3

Gasströmung

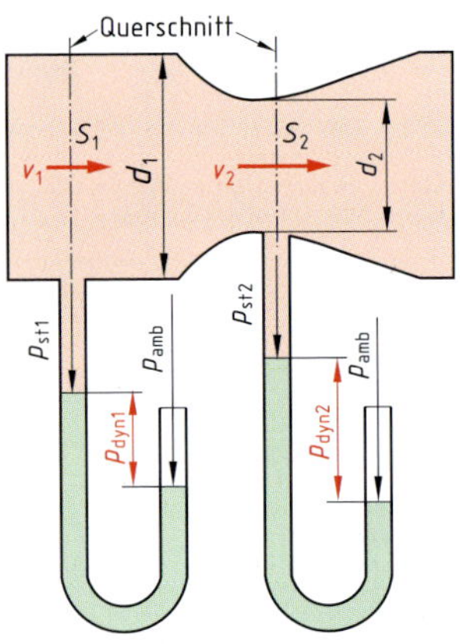

Kontinuitätsgleichung

$$S_1 \cdot v_1 = S_2 \cdot v_2 \qquad d_1^2 \cdot v_1 = d_2^2 \cdot v_2$$

Gasgeschwindigkeit	Querschnitt
$v_1 = \frac{S_2 \cdot v_2}{S_1}$	$S_1 = \frac{S_2 \cdot v_2}{v_1}$
$v_2 = \frac{S_1 \cdot v_1}{S_2}$	$S_2 = \frac{S_1 \cdot v_1}{v_2}$

dynamischer Druck	Druckdifferenz
$p_{dyn1} = \frac{\varrho \cdot v_1^2}{200}$	$\Delta p = \frac{\varrho}{200} \cdot (v_2^2 - v_1^2)$
$p_{dyn2} = \frac{\varrho \cdot v_2^2}{200}$	$\Delta p = p_{dyn2} - p_{dyn1}$

$p_{dyn} \approx \frac{v^2}{160}$ (bei Gasdichte ϱ = 1,25 kg/m^3)

statischer Druck

$$p_{st1} = p_{amb} - p_{dyn1} \qquad p_{st2} = p_{amb} - p_{dyn2}$$

Größe		Einheit
d_1	großer Durchmesser	cm
d_2	kleiner Durchmesser	cm
p_{amb}	Atmosphärendruck	hPa, mbar
p_{dyn}	dynamischer Druck	mbar
p_{dyn1}	dynamischer Druck bei S_1	mbar
p_{dyn2}	dynamischer Druck bei S_2 (negative Zahlenwerte[1])	mbar
p_{st}	statischer Druck	mbar
Δp	Druckdifferenz	mbar
S_1	großer Querschnitt	cm^2
S_2	kleiner Querschnitt	cm^2
v_1	Gasgeschwindigkeit in S_1	m/s
v_2	Gasgeschwindigkeit in S_2	m/s
ϱ	Gasdichte	kg/m^3

Bernoullische Gleichung:

$$p_{st1} + \frac{\varrho \cdot v_1^2}{2} = p_{st2} + \frac{\varrho \cdot v_2^2}{2}$$

[1]) Bei der Gasströmung im Saugrohr eines Ottomotors ohne Aufladung ist der dynamische Druck (Geschwindigkeitsdruck) ein Unterdruck, deshalb erhalten die Zahlenwerte negative Vorzeichen.

Temperatur

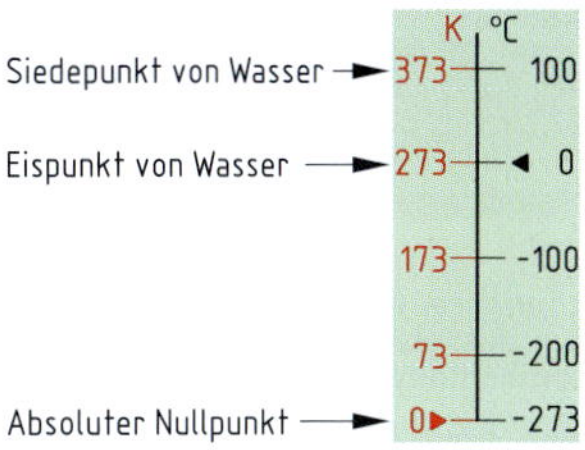

Celsius-Temperatur	Kelvin-Temperatur
$t = T - T_0$	$T = t + T_0$
$t = T - 273\ \text{K}$	$T = t + 273\ \text{K}$

Temperaturdifferenz $\Delta t = \Delta T$

$\Delta t = t_2 - t_1 = \Delta T$ $\qquad$ $\Delta T = T_2 - T_1$

Größe		Einheit
T	Kelvin-Temperatur	K
T_0	Schmelztemperatur von Eis $T_0 = 273$ K oder 0 °C	K
t	Celsius-Temperatur	°C
t_1, T_1	Anfangstemperatur	°C, K
t_2, T_2	Endtemperatur	°C, K
ΔT	Temperaturdifferenz	K
Δt	Temperaturdifferenz	°C, K

Kelvin ist die Einheit der thermodynamischen Temperatur (vgl. S. 7)

Wärme

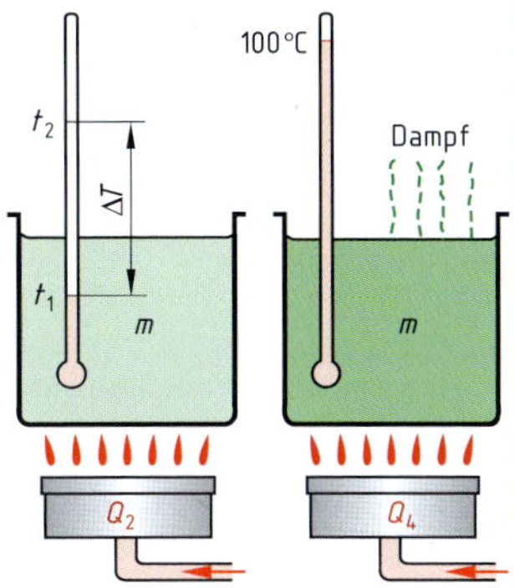

Wärmemenge	Masse
$Q_1 = m \cdot H_u$	$m = \dfrac{Q_1}{H_u}$
$Q_1 = V \cdot \varrho \cdot H_u$	$m = V \cdot \varrho$
$Q_2 = m \cdot c \cdot \Delta T$	$m = \dfrac{Q_2}{c \cdot \Delta T}$
$Q_3 = m \cdot q_s$	$m = \dfrac{Q_3}{q_s}$
$Q_4 = m \cdot q_v$	$m = \dfrac{Q_4}{q_v}$

Heizwert	Temp., Volumen
$H_u = \dfrac{Q_1}{m}$	$\Delta T = \dfrac{Q_2}{m \cdot c}$
$H_u = \dfrac{Q_1}{V \cdot \varrho}$	$V = \dfrac{Q_1}{H_u \cdot \varrho}$

Größe		Einheit
c	spezifische Wärmekapazität	kJ/(kg · K)
H_u	spezifischer Heizwert	kJ/kg
m	Masse	kg
Q_1	Wärmemenge aus der Verbrennung	kJ
Q_2	– bei Erwärmung eines Stoffes	kJ
Q_3	– beim Schmelzen eines Stoffes	kJ
Q_4	– bei Verdampfung eines Stoffes	kJ
q_s	spezifische Schmelzwärme	kJ/kg
q_v	spezif. Verdampfungswärme	kJ/kg
ΔT	Temperaturdifferenz	K
V	Volumen	dm^3
ϱ	Dichte	kg/dm^3

Erklärung der Begriffe siehe physikalische Grundbegriffe S. 343, 344

Spezifische Heizwerte vgl. S. 346

Werte für spezifische Wärmekapazität, Verdampfungswärme, Schmelzwärme siehe Tabelle „Stoffwerte" S. 345, 346

Wärmeausdehnung

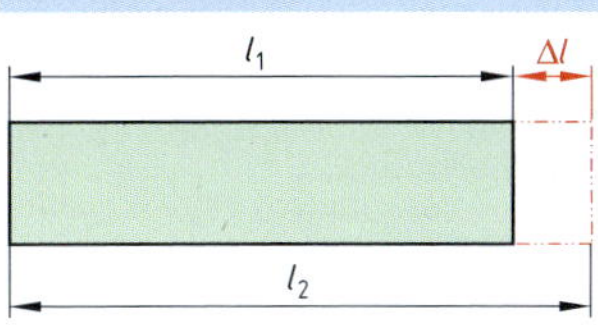

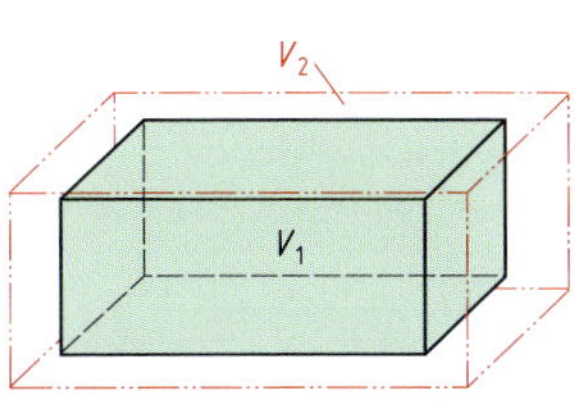

Längenausdehnung

$\Delta l = l_1 \cdot \alpha \cdot \Delta T$ $\qquad$ $\Delta T = \dfrac{\Delta l}{l_1 \cdot \alpha}$

Länge nach Erwärmung	– vor Erwärmung
$l_2 = l_1 + \Delta l$	$l_1 = l_2 - \Delta l$
$l_2 = l_1 \cdot (1 + \alpha \cdot \Delta T)$	$l_1 = \dfrac{l_2}{1 + \alpha \cdot \Delta T}$

Volumenausdehnung

$\Delta V = V_1 \cdot \alpha_v \cdot \Delta T$ $\qquad$ $\alpha_v = \dfrac{\Delta V}{V_1 \cdot \Delta T}$

Volumen nach Erwärmung	– vor Erwärmung
$V_2 = V_1 + \Delta V$	$V_1 = V_2 - \Delta V$
$V_2 = V_1 \cdot (1 + \alpha_v \cdot \Delta T)$	$V_1 = \dfrac{V_2}{1 + \alpha_v \cdot \Delta T}$

Größe		Einheit
l_1	Länge vor Erwärmung	mm, m
l_2	Länge nach Erwärmung	mm, m
Δl	Längendifferenz	mm, m
V_1	Volumen vor Erwärmung	dm^3
V_2	Volumen nach Erwärmung	dm^3
ΔV	Volumendifferenz	dm^3
ΔT	Temperaturdifferenz	K
α	Längenausdehnungszahl	1/K
α_v	Volumenausdehnungszahl	1/K

Längenausdehnungszahlen α:

Aluminium	0,0000238	1/K
Kupfer	0,0000170	1/K
Stahl, unlegiert	0,0000115	1/K
Gusseisen	0,0000105	1/K

Volumenausdehnungszahlen α_v:

Ottokraftstoff	0,00110	1/K
Dieselkraftstoff	0,00095	1/K
Wasser	0,00018	1/K
Feste Stoffe	$3 \cdot \alpha$	1/K
Gasförmige Stoffe	(1/273)	1/K

Weitere Werte vgl. S. 345, 346

Wärmewirkung bei Gasen

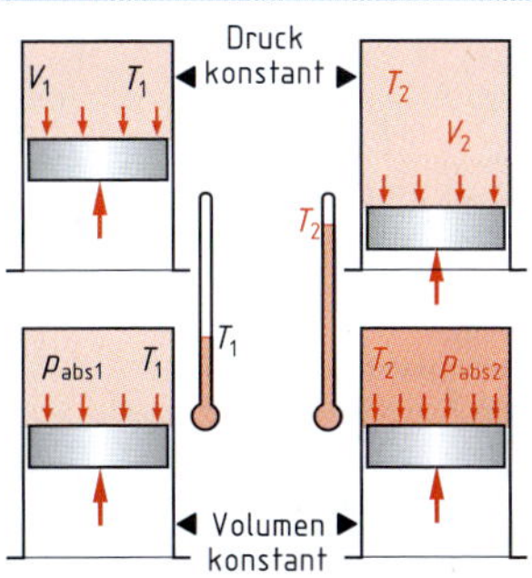

Druck konstant	Volumen konstant
$\dfrac{V_1}{V_2} = \dfrac{T_1}{T_2}$	$\dfrac{p_{abs1}}{p_{abs2}} = \dfrac{T_1}{T_2}$

Temperatur, Volumen	Temperatur, Druck
$T_1 = \dfrac{V_1 \cdot T_2}{V_2}$	$T_1 = \dfrac{p_{abs1} \cdot T_2}{p_{abs2}}$
$T_2 = \dfrac{V_2 \cdot T_1}{V_1}$	$T_2 = \dfrac{p_{abs2} \cdot T_1}{p_{abs1}}$
$V_1 = \dfrac{V_2 \cdot T_1}{T_2}$	$p_{abs1} = \dfrac{p_{abs2} \cdot T_1}{T_2}$
$V_2 = \dfrac{V_1 \cdot T_2}{T_1}$	$p_{abs2} = \dfrac{p_{abs1} \cdot T_2}{T_1}$

Größe		Einheit
p_{abs1}	Druck vor Erwärmung	bar, Pa
p_{abs2}	Druck nach Erwärmung	bar, Pa
T_1	Temperatur vor Erwärmung	K
T_2	Temperatur nach Erwärmung	K
V_1	Volumen vor Erwärmung	dm^3
V_2	Volumen nach Erwärmung	dm^3

Wird die Kelvin-Temperatur eines Gases bei gleich bleibendem (konstantem) Druck z. B. auf das Doppelte erhöht, so steigt das Volumen auf den doppelten Wert. Hält man bei dieser Temperaturerhöhung das Volumen konstant, so steigt der Druck auf den doppelten Wert.

Hubraum

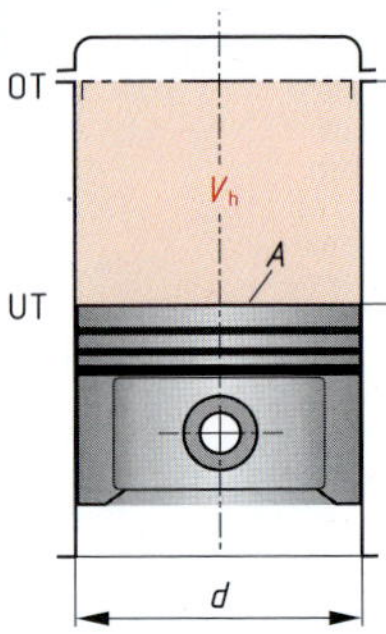

Zylinderhubraum

$$V_h = \frac{\pi \cdot d^2}{4} \cdot s$$

$$V_h = A \cdot s$$

$$V_h = \frac{V_H}{z}$$

Gesamthubraum

$$V_H = \frac{\pi \cdot d^2}{4} \cdot s \cdot z$$

$$V_H = A \cdot s \cdot z$$

$$V_H = V_h \cdot z$$

Bohrung

$$d = \sqrt{\frac{4 \cdot A}{\pi}} \qquad d = \sqrt{\frac{4 \cdot V_h}{\pi \cdot s}} \qquad d = \sqrt{\frac{4 \cdot V_H}{\pi \cdot s \cdot z}}$$

Kolbenfläche

$$A = \frac{\pi \cdot d^2}{4} \qquad A = \frac{V_h}{s} \qquad A = \frac{V_H}{s \cdot z}$$

Kolbenhub

$$s = \frac{4 \cdot V_h}{\pi \cdot d^2} \qquad s = \frac{V_h}{A} \qquad s = \frac{4 \cdot V_H}{\pi \cdot d^2 \cdot z}$$

Größe		Einheit
A	Kolbenfläche, Zylinderquerschnittsfläche	cm^2
d	Zylinderdurchmesser	cm
s	Kolbenhub	cm
V_h	Hubraum eines Zylinders	cm^3
V_H	Gesamthubraum des Motors	cm^3
z	Zylinderzahl	–

Der **Verbrennungsraum** ist das Volumen des allseitig vom Arbeitszylinder, Zylinderkopf und Kolben umschlossenen Raumes.

Der **Hubraum** eines Zylinders V_h ist die Differenz zwischen größtem und kleinstem Verbrennungsraum eines Arbeitszylinders.

Der **Gesamthubraum** V_H ist die Summe der Hubräume aller Arbeitszylinder.

Verdichtung

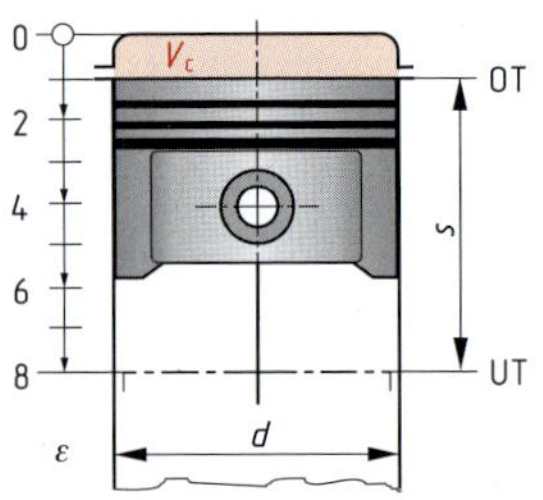

Verdichtungsverhältnis

$$\varepsilon = \frac{V_h + V_c}{V_c} \qquad \varepsilon = \frac{V_h}{V_c} + 1$$

Verdichtungsraum

$$V_c = \frac{V_h}{\varepsilon - 1}$$

Zylinderhubraum

$$V_h = V_c \cdot (\varepsilon - 1)$$

Verbrennungsraum

$$V_{bmax} = V_h + V_c \qquad V_{bmin} = V_c$$

Größe		Einheit
V_{bmax}	Verbrennungsraum, größter	cm^3
V_{bmin}	–, kleinster	cm^3
V_c	Verdichtungsraum	cm^3
V_h	Hubraum eines Zylinders	cm^3
ε	Verdichtungsverhältnis	–

Das **Verdichtungsverhältnis** ε ist das Verhältnis „größter Verbrennungsraum zu kleinstem Verbrennungsraum".

Verdichtungsverhältnis	
Ottomotor	9:1 ... 14:1
Dieselmotor	14:1 ... 24:1

Verdichtungsänderung

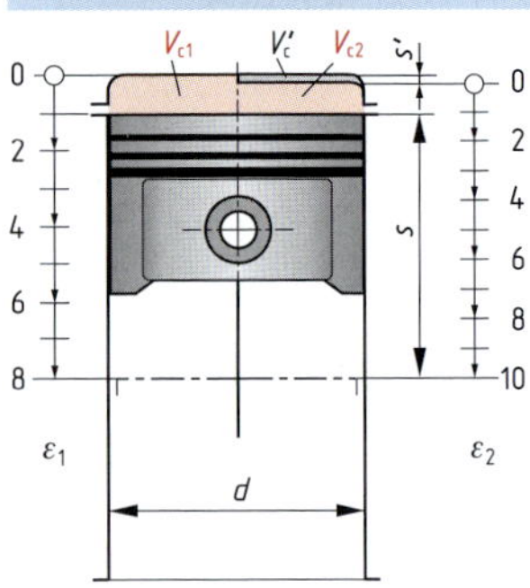

Änderung des Verdichtungsraumes

$$V_c' = A \cdot s'$$

Verdichtungserhöhung

$$V_{c2} = V_{c1} - V_c' \qquad \varepsilon_2 = \frac{V_h + V_{c2}}{V_{c2}}$$

$$s' = \frac{V_{c1} - V_{c2}}{A} \qquad \varepsilon_2 = \frac{s \cdot (\varepsilon_1 - 1)}{s - s' \cdot (\varepsilon_1 - 1)} + 1$$

$$s' = \frac{s}{\varepsilon_1 - 1} - \frac{s}{\varepsilon_2 - 1}$$

Verdichtungsverringerung

$$V_{c2} = V_{c1} + V_c' \qquad \varepsilon_2 = \frac{V_h + V_{c2}}{V_{c2}}$$

$$s' = \frac{V_{c2} - V_{c1}}{A} \qquad \varepsilon_2 = \frac{s \cdot (\varepsilon_1 - 1)}{s + s' \cdot (\varepsilon_1 - 1)} + 1$$

$$s' = \frac{s}{\varepsilon_2 - 1} - \frac{s}{\varepsilon_1 - 1}$$

Größe		Einheit
A	Kolbenfläche, Zylinderquerschnittsfläche	cm^2
s	Kolbenhub	mm, cm
s'	Höhenänderung, Abschleifmaß	mm, cm
V_c'	Verdichtungsraumänderung	cm^3
V_{c1}	Verdichtungsraum vor der Änderung	cm^3
V_{c2}	–, nach der Änderung	cm^3
V_h	Hubraum eines Zylinders	cm^3
ε_1	Verdichtungsverhältnis vor der Änderung	–
ε_2	–, nach der Änderung	–

Hinweis:
Die Formeln gelten nur bei konstantem Hub.

Kennzahlen

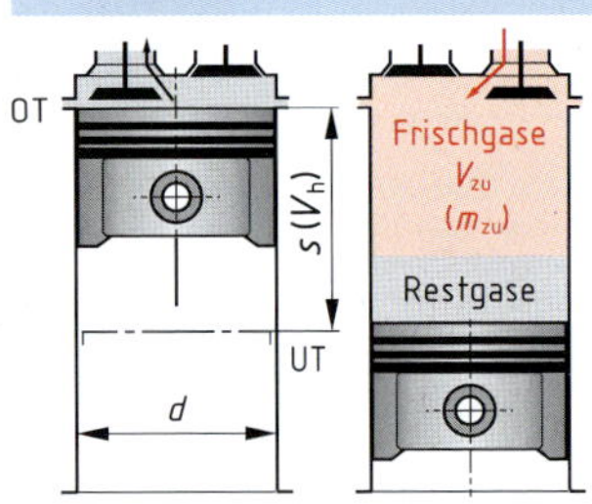

Hub-Bohrungsverhältnis

Langhuber	$\alpha > 1$
Quadrathuber	$\alpha = 1$
Kurzhuber	$\alpha < 1$

Liefergrad

Saugmotor, Viertaktmotor	0,7 ... 1,0
Zweitaktmotor	0,5 ... 0,7
Ladermotor	1,2 ... 3,0

Hub-Bohrungsverhältnis

$$\alpha = \frac{s}{d} \qquad d = \frac{s}{\alpha} \qquad s = \alpha \cdot d$$

Liefergrad

$$\lambda_L = \frac{m_{zu}}{m_{th}} \qquad \lambda_L = \frac{V_L}{V_{th}} \qquad \lambda_L = \frac{V_{zu} \cdot \varrho_{zu}}{V_h \cdot \varrho_{th}}$$

Vorhandene Frischladung

$$m_{zu} = V_{zu} \cdot \varrho_{zu}$$

Theoretische Frischladung

$$m_{th} = V_h \cdot \varrho_{th}$$

Theoretisches Ansaugvolumen

Viertaktmotor

$$V_{th} = \frac{V_H \cdot n}{2}$$

Zweitaktmotor

$$V_{th} = V_H \cdot n$$

Größe		Einheit
d	Zylinderdurchmesser	mm
m_{th}	Masse der theoretischen Ladung des Hubraumes je Arbeitsspiel	kg
m_{zu}	Masse der vorhandenen Frischladung im Zylinder je Arbeitsspiel	kg
n	Motordrehzahl	1/min
s	Kolbenhub	mm
V_h	Hubraum eines Zylinders	m^3
V_H	Motorhubraum	m^3
V_L	tatsächliches Ansaugvolumen	l/min
V_{th}	theoretisches Ansaugvolumen	l/min
V_{zu}	Volumen der vorhandenen Frischladung im Zylinder je Arbeitsspiel	m^3
α	Hub-Bohrungsverhältnis	–
λ_L	Liefergrad, Füllungsgrad	–
ϱ_{th}	Dichte der theoretischen Ladung des Hubraumes	kg/m^3
ϱ_{zu}	Dichte der vorhandenen Frischladung im Zylinder	kg/m^3

Abmessungen

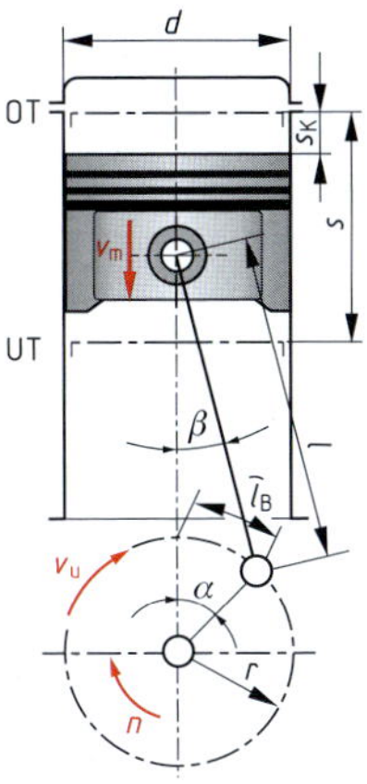

Pleuelstangenverhältnis:
„Kurbelradius zu Pleuelstangenlänge"

Pkw-Motoren	0,26 … 0,33
Lkw-Motoren	0,22 … 0,33

Kurbelradius

$r = \frac{s}{2}$

$r = \lambda_{PL} \cdot l$

$r = \frac{360° \cdot l_B}{2 \cdot \pi \cdot \alpha}$

Kurbelwinkel

$\sin\alpha = \frac{l \cdot \sin\beta}{r}$

$\sin\alpha = \frac{\sin\beta}{\lambda_P}$

$\alpha = \frac{360° \cdot l_B}{2 \cdot \pi \cdot r}$

Pleuelverhältnis

$\lambda_{PL} = \frac{r}{l}$

$l = \frac{r}{\lambda_{PL}}$

Pleuelwinkel

$\sin\beta = \frac{r \cdot \sin\alpha}{l}$

$\sin\beta = \lambda_{PL} \cdot \sin\alpha$

Kolbenhub

$s = 2 \cdot r$

$s = \frac{30 \cdot v_m}{n}$ (s in m)

$s_K = r \cdot (1 - \cos\alpha) + l \cdot (1 - \cos\beta)$

Bogenlänge am Kurbelkreis

$l_B = \frac{2 \cdot \pi \cdot r \cdot \alpha}{360°}$

$l_B = \frac{\pi \cdot s \cdot \alpha}{360°}$

Größe		Einheit
l	Pleuelstangenlänge	mm
l_B	Bogenlänge am Kurbelkreis	mm
n	Motordrehzahl	1/min
r	Kurbelradius	mm
s	Kolbenhub	mm (m)
s_K	Kolbenweg vom oberen Totpunkt	mm
v_m	mittl. Kolbengeschwindigkeit	m/s
α	Kurbelwinkel	°
β	Pleuelstangenwinkel	°
λ_{PL}	Pleuelstangenverhältnis	–

Kurbelradius: Abstand zwischen Kurbel- und Wellenzapfenmitte der Kurbelwelle.

Kurbelwinkel: Winkel zwischen Kurbelzapfenmitte und oberem bzw. unterem Totpunkt bezogen auf den Kurbelkreis.

Totpunkt: Umkehrpunkt des Kolbens am jeweiligen Ende des Kolbenhubs.

Kolbenhub: Abstand zwischen den beiden Totpunkten des Kolbens.

Kurbelkreis: Weg der Kurbelzapfenmitte bei Drehung der Kurbelwelle um 360°.

Pleuelstangenlänge: Abstand der beiden Achsmittelpunkte der Pleuelstange.

Kräfte, Motorarbeit

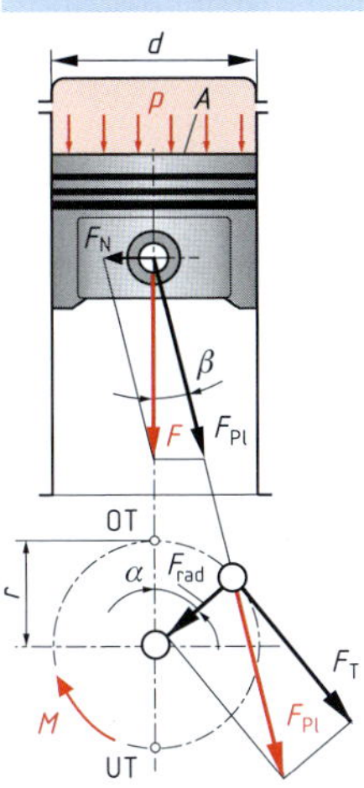

Kolbenkraft

$F = A \cdot p$

Kolbendruck

$p = \frac{F}{A}$

Pleuelstangenkraft

$F_{Pl} = \frac{F}{\cos\beta}$

Tangentialkraft

$F_T = \frac{F \cdot \sin(\alpha + \beta)}{\cos\beta}$

Seitenkraft

$F_N = F \cdot \tan\beta$

Radialkraft

$F_{rad} = \frac{F \cdot \cos(\alpha + \beta)}{\cos\beta}$

Drehmoment

$M = F_T \cdot r$

$M_{max} = \frac{F_{max}}{\cos\beta} \cdot r$

Motorarbeit, – innere

$W_i = A \cdot p_i \cdot s$

$W_i = \frac{V_H \cdot p_i}{100}$

Motorarbeit, – effektive

$W_{eff} = A \cdot p_{eff} \cdot s$

$W_{eff} = \frac{V_H \cdot p_{eff}}{100}$

Größe		Einheit
A	Kolbenfläche, Zylinderquerschnittsfläche	cm^2
d	Zylinderdurchmesser	cm
F	Kolbenkraft	N
	–, größte (bei p_{max})	
F_N	Seitenkraft, Normalkraft	N
F_{Pl}	Pleuelstangenkraft	N
F_{rad}	Radialkraft	N
F_T	Tangentialkraft	N
M	Drehmoment am Kurbelkreis	Nm
	–, größtes bei $\alpha + \beta = 90°$	
p	Verbrennungs-, Gasdruck	N/cm^2
p_{eff}	mittlerer effektiver Kolbendruck	N/cm^2
p_i	mittlerer indizierter Kolbendruck	N/cm^2
r	Kurbelradius	m
s	Kolbenhub	m
V_H	Gesamthubraum des Motors	cm^3
W_i	innere Motorarbeit	Nm
W_{eff}	effektive Motorarbeit	Nm
α	Kurbelwinkel	°
β	Pleuelstangenwinkel	°

Verbrennungs-Höchstdruck

Ottomotor, Zweitakt	25 … 40 bar
–, Viertakt	50 … 75 bar
Dieselmotor	60 … 210 bar

Geschwindigkeiten

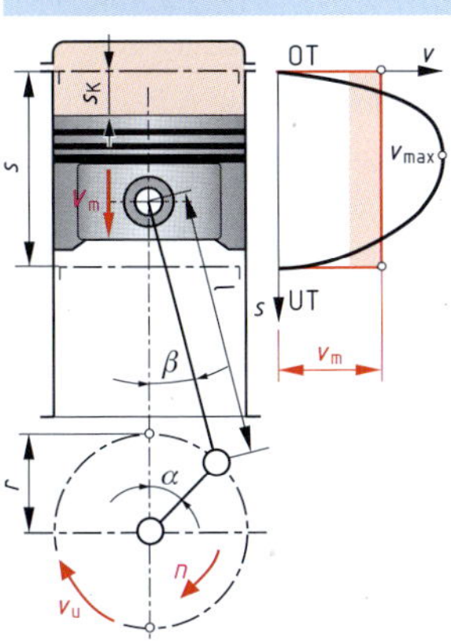

Kolbengeschwindigkeit

$v_m = \frac{s \cdot n}{30}$

$v_{max} \approx 1{,}6 \cdot v_m$

Umfangsgeschw.

$v_u = \frac{2 \cdot \pi \cdot r \cdot n}{60}$

$v_u = \frac{\pi \cdot s \cdot n}{60}$

Winkelgeschw.

$\omega = \frac{\pi \cdot n}{30}$

Kurbelwinkel

$\alpha = 6 \cdot n \cdot t_1$

$\alpha = \omega \cdot t_1$

Drehzeit

$t_1 = \frac{\alpha}{6 \cdot n}$

$t_2 = \frac{60}{n}$

Kolbenhub

$s = \frac{30 \cdot v_m}{n}$

$s = \frac{60 \cdot v_u}{\pi \cdot n}$

Motordrehzahl

$n = \frac{30 \cdot v_m}{s}$

$n = \frac{60 \cdot v_u}{2 \cdot \pi \cdot r}$

Größe		Einheit
n	Motordrehzahl	1/min
r	Kurbelradius	m
s	Kolbenhub	m
t_1	Zeit für α° Kurbelwinkel	s
t_2	– für 1 Umdrehung	s
v_{max}	Kolbengeschwindigkeit, größte	m/s
v_m	–, mittlere	m/s
v_u	Umfangsgeschwindigkeit des Kurbelzapfens am Kurbelkreis	m/s
ω	Winkelgeschwindigkeit	1/s
α	Kurbelwinkel	° (rad)

Die **Kolbengeschwindigkeit** ist ungleichförmig, sie wechselt zwischen Null und einem Höchstwert. Man rechnet daher mit einer mittleren Geschwindigkeit, die gleich dem Kolbenweg in m je Sekunde ist.

Ottomotor, Zweitakt	7 … 12 m/s
–, Viertakt	9 … 16 m/s
Dieselmotor	8 … 14 m/s

Steuerzeit, Ventilöffnungszeit

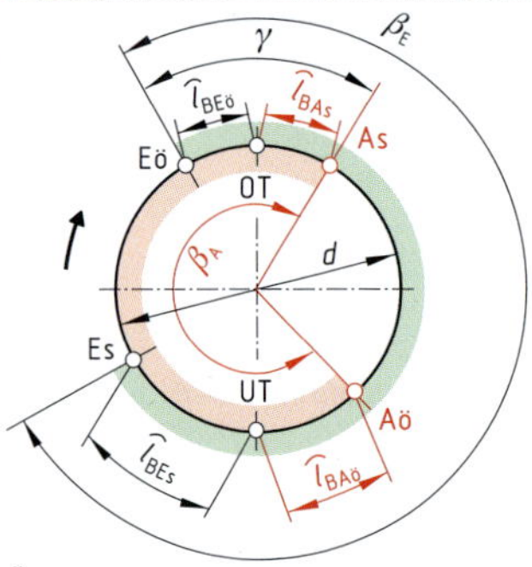

Öffnungspunkte und Schließpunkte der Ventile in Grad Kurbelwinkel bezogen auf die Totpunkte.

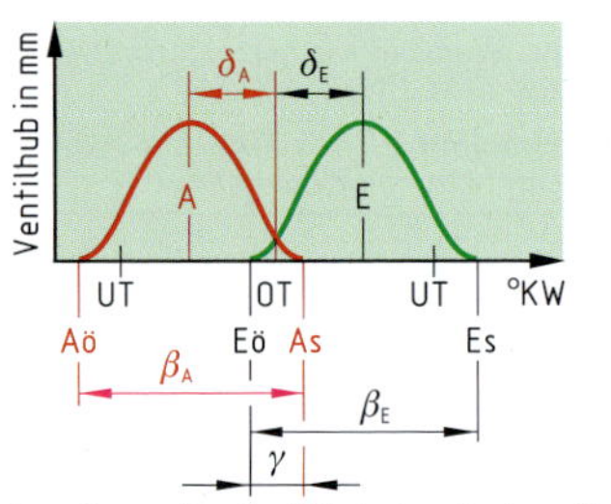

Spreizung ist der Winkel zwischen OT und $β/2$

Steuerzeit	Bogenlänge
$Eö = \frac{360° \cdot l_{BEö}}{\pi \cdot d}$	$l_{BEö} = \frac{\pi \cdot d \cdot Eö}{360°}$
$Es = \frac{360° \cdot l_{BEs}}{\pi \cdot d}$	$l_{BEs} = \frac{\pi \cdot d \cdot Es}{360°}$
$Aö = \frac{360° \cdot l_{BAö}}{\pi \cdot d}$	$l_{BAö} = \frac{\pi \cdot d \cdot Aö}{360°}$
$As = \frac{360° \cdot l_{BAs}}{\pi \cdot d}$	$l_{BAs} = \frac{\pi \cdot d \cdot As}{360°}$

Öffnungswinkel	Überschneidung
$β_E = Eö + 180° + Es$	$γ = Eö + As$
$β_A = Aö + 180° + As$	

Spreizung

$δ_E = \frac{β_E}{2} - Eö$ $δ_A = \frac{β_A}{2} - As$

Bogenlänge auf dem Schwungrad (Einstellkreis)

$l_B = \frac{\pi \cdot d \cdot \alpha}{360°}$ z. B. $l_{BEö} = \frac{\pi \cdot d \cdot Eö}{360°}$

Ventilöffnungszeit je Arbeitsspiel	Ventilöffnungszeit je Minute Laufzeit
$t_1 = \frac{β}{6 \cdot n}$	$t_2 = \frac{β}{12}$

Öffnungswinkel	Motordrehzahl
$β = 6 \cdot n \cdot t_1$	$n = \frac{β}{6 \cdot t_1}$
$β = 12 \cdot t_2$	$n = \frac{2 \cdot t_2}{t_1}$

Größe		Einheit
$Aö$	Steuerzeit, Auslass öffnet	°
As	–, Auslass schließt	°
$Eö$	–, Einlass öffnet	°
Es	–, Einlass schließt	°
d	Durchmesser, Schwungrad (Einstellkreis)	mm
l_B	Bogenlänge auf dem Schwungrad (Einstellkreis)	mm
n	Motordrehzahl	1/min
t_1	Öffnungszeit je Arbeitsspiel	s
t_2	– je Minute Motorlaufzeit	s
$β$	Öffnungswinkel der Ventile	°
$β_A$	Öffnungswinkel, Auslassventil	°
$β_E$	–, Einlassventil	°
$γ$	Überschneidungswinkel	°
$δ_A$	Spreizung, Auslass	°
$δ_E$	–, Einlass	°

Steuerzeiten (Steuerwinkel $α$) (vgl. S. 136)

Einlass öffnet	2° ... 40° vor OT
–, schließt	40° ... 60° nach UT
Auslass öffnet	35° ... 60° vor UT
–, schließt	20° ... 40° nach OT

Öffnungswinkel: Kurbelwinkel in ° vom Öffnungs- bis Schließpunkt eines Ventils.

Einlassventil	220° ... 260°
Auslassventil	220° ... 270°

Überschneidungswinkel: Kurbelwinkel vom Öffnungspunkt EV bis Schließpunkt AV.

Ventilöffnungszeit bezogen auf

a) ein Arbeitsspiel:

z. B. bei 3000 1/min	0,012 ... 0,016 s
z. B. bei 6000 1/min	0,006 ... 0,008 s

b) eine Minute Motorlaufzeit: unabhängig von der Motordrehzahl 18 ... 23 s

Ventilöffnungsquerschnitt

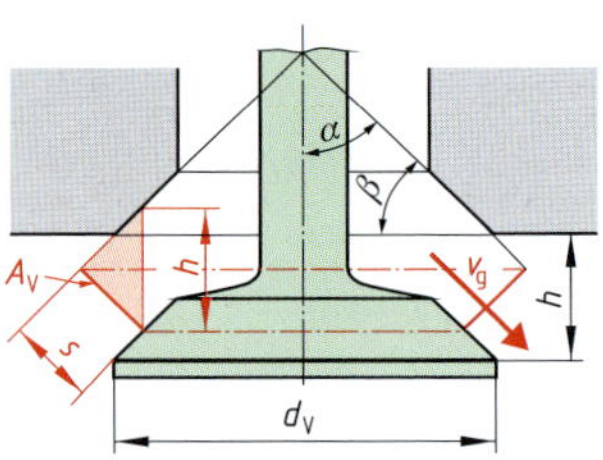

Querschnitt	Spaltbreite
$A_V \approx \pi \cdot d_V \cdot h \cdot \sin\alpha$	$s = h \cdot \sin\alpha$
$A_V \approx \pi \cdot d_V \cdot h \cdot \cos\beta$	$s = h \cdot \cos\beta$

Ventilhub	Durchmesser
$h \approx \frac{A_V}{\pi \cdot d_V \cdot \cos\beta}$	$d_V \approx \frac{A_V}{\pi \cdot h \cdot \cos\beta}$
$h = \frac{s}{\cos\beta}$	$d_V \approx \frac{A_V}{\pi \cdot s}$

Größe		Einheit
A_V	Ventilöffnungsquerschnitt	mm^2
d_V	Ventiltellerdurchmesser	mm
h	Ventilhub	mm
s	Spaltbreite	mm
v_g	Gasgeschwindigkeit, mittlere	m/s
$α$	halber Kegelwinkel	°
$β$	Ventilsitzwinkel	°

Der Ventilöffnungsquerschnitt wird als Mantelfläche eines Kegelstumpfes angenommen mit d_m = Ventiltellerdurchmesser d_V und Mantelhöhe h_s = Spaltbreite s.

Strömungsgeschwindigkeit

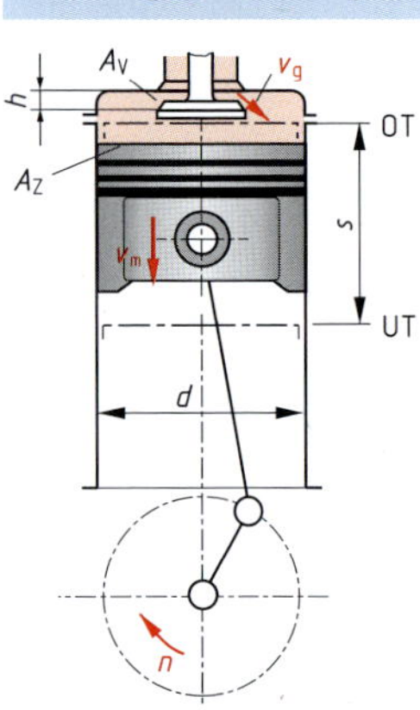

Kontinuitätsgleichung

Querschnitt 1 × Gasgeschwindigkeit 1 = Querschnitt 2 × Gasgeschwindigkeit 2

$A_1 \cdot v_1 = A_2 \cdot v_2$ oder $A_V \cdot v_g = A_Z \cdot v_m$

Gasgeschwindigkeit	Kolbengeschw.
$v_g = \frac{v_m \cdot A_Z}{A_V}$	$v_m = \frac{v_g \cdot A_V}{A_Z}$
$v_g = \frac{d^2 \cdot s \cdot n}{120 \cdot d_V \cdot h \cdot \cos\beta}$	$v_m = \frac{s \cdot n}{30}$

Querschnitt

$A_V = \frac{A_Z \cdot v_m}{v_g}$	$A_Z = \frac{A_V \cdot v_g}{v_m}$
$A_V \approx \pi \cdot d_V \cdot h \cdot \cos\beta$	$A_Z = \frac{\pi \cdot d^2}{4}$

Größe		Einheit
A_V	Ventilöffnungsquerschnitt	cm^2
A_Z	Zylinderquerschnittsfläche	cm^2
d	Zylinderdurchmesser	cm
d_V	Ventiltellerdurchmesser	cm
h	Ventilhub	cm
n	Motordrehzahl	1/min
s	Kolbenhub	m
v_g	Gasgeschwindigkeit, mittlere	m/s
v_m	Kolbengeschwindigkeit, mittlere	m/s
$α$	halber Kegelwinkel	°
$β$	Ventilsitzwinkel	°

Gasgeschwindigkeit am Ventil

Einlassventil	50 ... 75 m/s
Auslassventil	65 ... 120 m/s

Kolbengeschwindigkeit, mittlere

Ottomotor, Zweitakt	7 ... 12 m/s
–, Viertakt	9 ... 16 m/s
Dieselmotor	8 ... 14 m/s

Innenleistung

Indikator-Diagramm

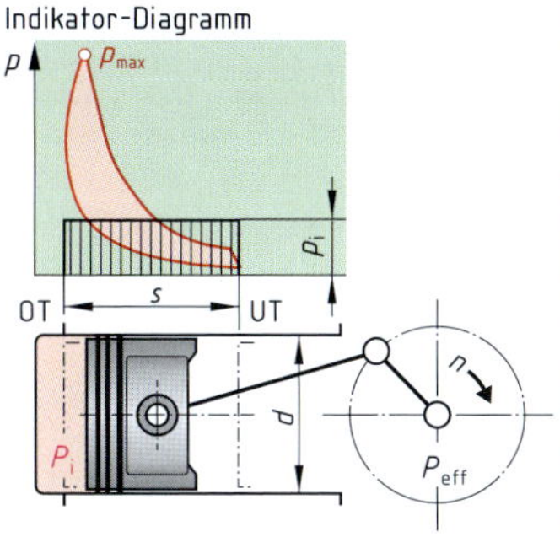

Die Innenleistung ergibt sich durch die Gasdruckeinwirkung auf die Kolben in den Arbeitszylindern.

– aus Kolbendruck

$$P_i = \frac{A \cdot p_i \cdot s \cdot n \cdot z}{12\,000}$$

$$P_i = \frac{V_H \cdot p_i \cdot n}{1\,200}$$

– aus Nutzleistung

$$P_i = \frac{P_{eff}}{\eta_m}$$

$$P_i = P_{eff} + P_r$$

Kolbendruck

$$p_i = \frac{12\,000 \cdot P_i}{A \cdot s \cdot n \cdot z}$$

$$p_i = \frac{1\,200 \cdot P_i}{V_H \cdot n}$$

Motordrehzahl

$$n = \frac{12\,000 \cdot P_i}{A \cdot p_i \cdot s \cdot z}$$

$$n = \frac{1\,200 \cdot P_i}{V_H \cdot p_i}$$

Kolbenhub, Hubraum

$$s = \frac{12\,000 \cdot P_i}{A \cdot p_i \cdot n \cdot z}$$

$$V_H = \frac{12\,000 \cdot P_i}{p_i \cdot n}$$

Kolbenfläche

$$A = \frac{12\,000 \cdot P_i}{p_i \cdot s \cdot n \cdot z}$$

$$A = \frac{\pi \cdot d^2}{4}$$

Größe		Einheit
A	Kolbenfläche, Zylinderquerschnittsfläche	cm^2
d	Zylinderdurchmesser	cm
n	Motordrehzahl	1/min
p_i	indizierter Kolbendruck, mittlerer	bar
P_{eff}	Nutzleistung des Motors	kW
P_i	Innenleistung des Motors	kW
P_r	Reibleistung des Motors	kW
s	Kolbenhub	m
V_H	Gesamthubraum des Motors	l
z	Zylinderzahl	–
η_m	mechanischer Wirkungsgrad	–

Anmerkung

Nebenstehende Formeln gelten für Viertaktmotoren. Bei Zweitaktmotoren werden für die Zahlenwerte 12 000 bzw. 1 200 die Werte 6 000 bzw. 600 eingesetzt.

Mittlerer indizierter Kolbendruck

Ottomotor 11 ... 18 bar, mit Lader bis 29 bar
Dieselmotor 9 ... 12 bar, mit Lader bis 34 bar

Nutzleistung

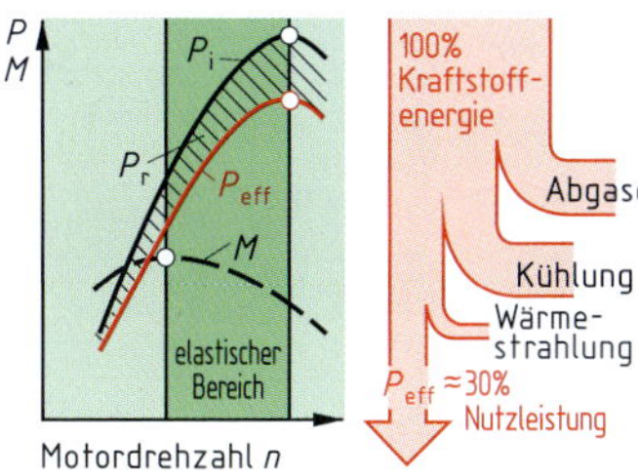

Die Nutzleistung wird vom Verbrennungsmotor abgegeben, wobei die zum Betrieb des Verbrennungsmotors notwendigen Hilfseinrichtungen vom Verbrennungsmotor angetrieben werden.

– aus Kolbendruck

$$P_{eff} = \frac{p_{eff} \cdot n \cdot V_H}{1\,200}$$

– aus Innenleistung

$$P_{eff} = P_i \cdot \eta_m$$

– aus Drehmoment

$$P_{eff} = \frac{M \cdot n}{9\,550}$$

– aus Wärmemenge

$$P_{eff} = \frac{B \cdot H_u \cdot \eta_{eff}}{3\,600}$$

Drehmoment, Druck

$$M = \frac{9\,550 \cdot P_{eff}}{n}$$

$$p_{eff} = \frac{1\,200 \cdot P_{eff}}{V_H \cdot n}$$

Wirkungsgrad

$$\eta_m = \frac{P_{eff}}{P_i}$$

$$\eta_{eff} = \frac{3\,600 \cdot P_{eff}}{B \cdot H_u}$$

Motordrehzahl

$$n = \frac{9\,550 \cdot P_{eff}}{M}$$

Kraftstoffverbrauch

$$B = \frac{3\,600 \cdot P_{eff}}{H_u \cdot \eta_{eff}}$$

Größe		Einheit
A	Kolbenfläche, Zylinderquerschnittsfläche	cm^2
B	Kraftstoffverbrauch je Stunde	kg/h
H_u	Heizwert, spezifischer	kJ/kg
M	Drehmoment des Motors	Nm
n	Motordrehzahl	1/min
p_{eff}	effektiver Kolbendruck, mittlerer	bar
P_{eff}	Nutzleistung des Motors	kW
P_i	Innenleistung des Motors	kW
s	Kolbenhub	m
V_H	Gesamthubraum	l
z	Zylinderzahl	–
η_m	Wirkungsgrad, mechanischer	–
η_{eff}	–, effektiver (Nutzwirkungsgrad)	–

Wirkungsgrad

	η_{eff}	η_m
Ottomotor	0,28...0,33	0,80...0,94
Dieselmotor	0,32...0,45	0,75...0,88

Mittlerer effektiver Kolbendruck

Ottomotor 9 ... 15 bar, mit Lader bis 25 bar
Dieselmotor 7...10 bar, mit Lader bis 30 bar

Leistungsprüfung

Motorprüfstand

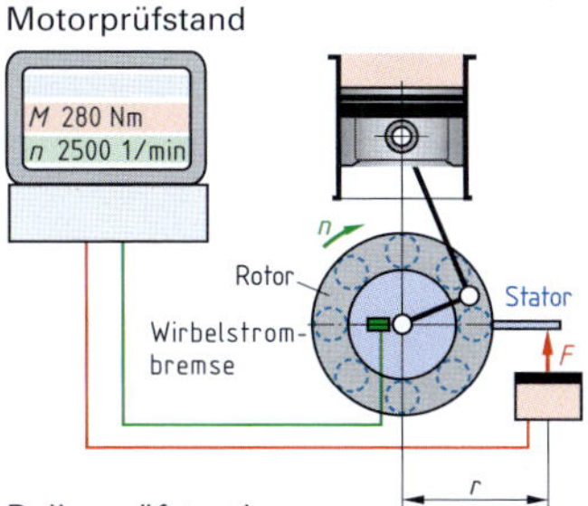

Rollenprüfstand

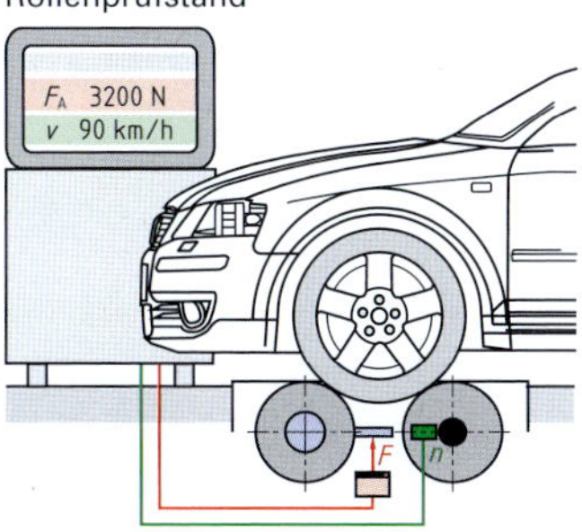

– auf dem Motorenprüfstand

$$P_{eff} = \frac{M \cdot n}{9\,550}$$

$$M = F \cdot r$$

$$P_{eff} = \frac{F \cdot r \cdot n}{9\,550}$$

– auf dem Rollenprüfstand

$$P_A = \frac{F_A \cdot v}{3\,600}$$

$$P_A = P_{eff} \cdot \eta$$

$$P_{eff} = \frac{P_A}{\eta}$$

Leistungskorrektur bei Verbrennungsmotoren

$$P_{red} = P_{eff} \cdot k$$

Bei Saugmotoren und aufgeladenen Ottomotoren* gilt nach Nr. 85 UNECE:

$$k = \left(\frac{990}{p_S}\right)^{1,2} \cdot \left(\frac{273 + t}{298}\right)^{0,6}$$

Größe		Einheit
F	gemessene Kraft	N
F_A	Kraft an den Antriebsrädern	N
k	Korrekturfaktor	–
M	Motordrehmoment	Nm
n	Motordrehzahl	1/min
p_S	atmosphärischer Gesamtdruck der trockenen Luft	hPa, mbar
P_A	Leistung an den Antriebsrädern	kW
P_{eff}	Nutzleistung des Motors	kW
P_{red}	Nutzl. bei Referenzbedingungen	kW
r	Hebelarm am Prüfstand	m
t	Temperatur am Prüfstand	°C
v	Prüfgeschwindigkeit	km/h
η	Wirkungsgrad der Kraftübertragung	–

Hinweise

Atmosphärendruck und Ansaugtemperatur beeinflussen die gemessene Motorleistung von Verbrennungsmotoren. Bei Abweichung der Prüfbedingungen von den Referenzbedingungen, muss eine Korrektur mit einem Korrekturfaktor *k* erfolgen.

Referenzbedingungen nach z.B. Nr.85 UNECE: p_S = 990 hPA, t = 25°C (298 K)

Die Leistungsmessung ist nur normgerecht, wenn *k* zwischen 0,93 und 1,07 liegt.

* Die hier nicht aufgeführte Formel für den Korrekturfaktor bei Dieselmotoren beinhaltet weitere motorspezifische Parameter.

Kenngrößen

Hubraumleistung in kW/l

Ottomotor	
– Motorrad	35 … 150
– Pkw	25 … 132
Dieselmotor	
– Pkw	22 … 98
– Nkw	15 … 30

Leistungsgewicht Motor in kg/kW

Ottomotor	
– Motorrad	0,4 … 1
– Pkw	1,3 … 5
Dieselmotor	
– Pkw	1,8 … 6,8
– Nkw	3,5 … 8

Leistungsgewicht Fahrzeug in kg/kW

Ottomotor	
– Motorrad	1,0 … 9
– Pkw	2,3 … 22
Dieselmotor	
– Pkw	6 … 25
– Nkw (beladen)	60 … 120

Hubraumleistung

$$P_H = \frac{P_{eff}}{V_H} \qquad P_{eff} = P_H \cdot V_H$$

Leistungsgewicht des Motors

$$m_{PM} = \frac{m_M}{P_{eff}} \qquad P_{eff} = \frac{m_M}{m_{PM}}$$

Leistungsgewicht des Fahrzeugs

$$m_{PF} = \frac{m_F}{P_{eff}} \qquad P_{eff} = \frac{m_F}{m_{PF}}$$

Größe		Einheit
m_M	Motormasse	kg
m_F	Fahrzeugmasse leer Pkw bzw. zul. Gesamtmasse Nkw	kg
m_{PM}	Leistungsgewicht des Motors	kg/kW
m_{PF}	Leistungsgewicht des Fahrzeugs	kg/kW
P_{eff}	Nutzleistung des Motors	kW
P_H	Hubraumleistung des Motors	kW/l
V_H	Gesamthubraum des Motors	l

siehe Fahrzeugdaten S. 333 ff.

Luftverhältnis, Luftverbrauch

Das Luftverhältnis ist das Verhältnis der für die Verbrennung je kg Kraftstoff zugeführten Luftmasse zu der für die vollkommene Verbrennung theoretischen Mindestluftmasse.

	Leerlauf	Teillast	Volllast
Dieselmotor	7 … 20	2,5 … 3	1,2 … 1,6
Ottomotor – homogener Betrieb	geregelt 1		≈ 0,9
– Schichtlade-Betrieb	1,5 … 4,0		–

Luftverhältnis / Luftmasse

$$\lambda = \frac{L_{zu}}{L_{th}} \qquad L_{zu} = \lambda \cdot L_{th}$$

$$\lambda = \frac{L_B}{L_{th} \cdot B} \qquad L_{zu} = \frac{L_B}{B}$$

Luftverbrauch in kg/h

$$L_B = \lambda \cdot L_{th} \cdot B \qquad L_B = L_{zu} \cdot B$$

Luftverbrauch in m³/h

$$L_B = \frac{\lambda \cdot L_{th} \cdot B}{\varrho} \qquad L_B = \frac{L_{zu} \cdot B}{\varrho}$$

Kraftstoffverbrauch

$$B = \frac{L_B}{\lambda \cdot L_{th}} \qquad B = \frac{L_B}{L_{zu}}$$

Größe		Einheit
B	Kraftstoffverbrauch je Stunde	kg/h
L_B	Luftverbrauch je Stunde	kg/h, m³/h
L_{th}	theoretischer Luftbedarf	kg/kg
L_{zu}	zugeführte Luftmasse	kg/kg
λ	Luftverhältnis, Luftzahl	–
ϱ	Luftdichte	kg/m³

Theoretischer Luftbedarf
in kg (Luft)/kg (Kraftstoff)

Ottokraftstoff	
– Super E5 (5% Ethanol)	≈ 14,4 kg/kg
– Super E10 (10% Ethanol)	≈ 14,1 kg/kg
Ethanol	≈ 9,0 kg/kg
Dieselkraftstoff	≈ 14,5 kg/kg

CO_2-Emission (Abschätzung)

Atommassen:

C (Kohlenstoff)	12
O (Sauerstoff)	16
H (Wasserstoff)	1

$C + O_2 = CO_2$
$12 + 2 \cdot 16 = 44$

Massenverhältnis:

$$\frac{CO_2}{C} = \frac{44}{12} = 3{,}667$$

$$m_{CO_2} = \frac{3{,}667 \cdot m_K \cdot p_C}{100\,\%}$$

Hinweis:
Die CO_2-Emission eines Fahrzeugs in g/km (nach EU-Verordnung) wird auf dem Prüfstand direkt bei der Abgasprüfung ermittelt, die im Rahmen der Typprüfung stattfindet (vgl. S. 179).

Größe		Einheit
m_{CO_2}	CO_2-Emission	kg
m_K	Kraftstoffmasse	kg
p_C	Massenanteil des Kohlenstoffs im Kraftstoff	%

Massenanteile (theoretisch)

Ottokraftstoff	$p_C = 86\,\%$, $p_H = 14\,\%$
Dieselkraftstoff	$p_C = 87\,\%$, $p_H = 13\,\%$

Reichweite

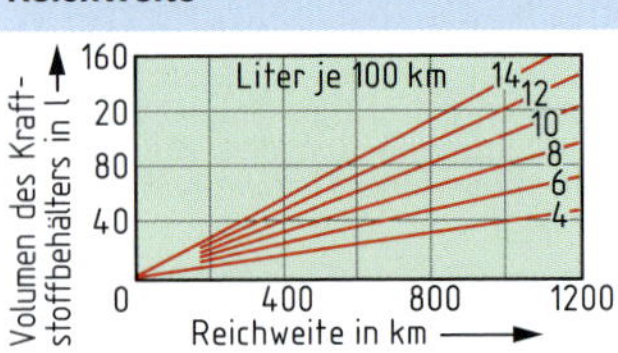

Reichweite (Fahrbereich)

$$s_B = \frac{100 \cdot V_B}{k_S}$$

Behältervolumen

$$V_B = \frac{k_S \cdot s_B}{100}$$

Kraftstoffverbrauch

$$k_S = \frac{100 \cdot V_B}{s_B}$$

Größe		Einheit
k_S	Kraftstoff-Durchschnittsverbrauch (Streckenverbrauch)	l/100 km
s_B	Reichweite mit einer Tankfüllung	km
V_B	Volumen des Kraftstoffbehälters	l

Kraftstoffverbrauch

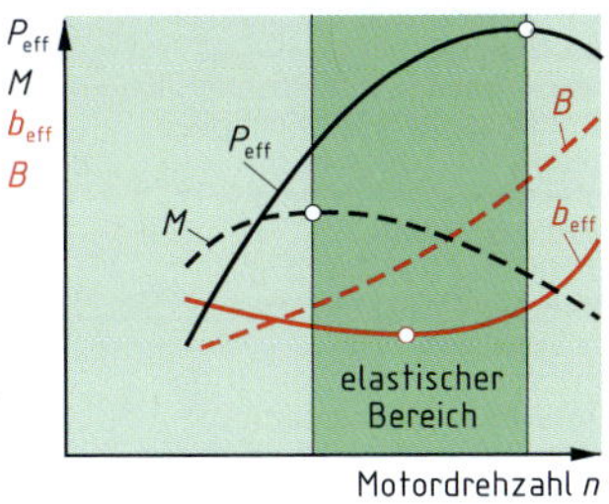

Der **spezifische Kraftstoffverbrauch** ist die dem Verbrennungsmotor zugeführte leistungs- und zeitbezogene Kraftstoffmasse.

Richtwerte:

Ottomotor		
– Teillast	220…600 g/kWh	
– Volllast	240…320 g/kWh	
Dieselmotor		
– Teillast	185…400 g/kWh	
– Volllast	200…250 g/kWh	

Der **Kraftstoffverbrauch je Stunde** ist die dem Verbrennungsmotor zugeführte zeitbezogene Kraftstoffmasse.

spezifischer Kraftstoffverbrauch

$$b_{eff} = \frac{3600 \cdot V \cdot \varrho}{t \cdot P_{eff}} \qquad P_{eff} = \frac{3600 \cdot V \cdot \varrho}{t \cdot b_{eff}}$$

$$b_{eff} = \frac{1000 \cdot B}{P_{eff}}$$

Kraftstoffverbrauch je Stunde

$$B = \frac{3600 \cdot V \cdot \varrho}{1000 \cdot t} \qquad t = \frac{3600 \cdot V \cdot \varrho}{1000 \cdot B}$$

$$V = \frac{1000 \cdot B \cdot t}{3600 \cdot \varrho}$$

$$B = \frac{b_{eff} \cdot P_{eff}}{1000} \qquad P_{eff} = \frac{1000 \cdot B}{b_{eff}}$$

Kraftstoffverbrauch aus dem Nutzwirkungsgrad

$$b_{eff} = \frac{1000 \cdot 3600}{H_u \cdot \eta_{eff}}$$

$$B = \frac{3600 \cdot P_{eff}}{H_u \cdot \eta_{eff}}$$

Größe		Einheit
B	Kraftstoffverbrauch je Stunde	kg/h
b_{eff}	spezifischer Kraftstoffverbrauch	g/kWh
H_u	spezifischer Heizwert des Kraftstoffs	kJ/kg
P_{eff}	Nutzleistung des Motors	kW
t	Durchflusszeit	s
V	gemessener Kraftstoffverbrauch	cm^3
η_{eff}	Nutzwirkungsgrad	–
ϱ	Kraftstoffdichte	kg/dm^3 (g/cm^3)

Nutzwirkungsgrad

Ottomotor	0,28…0,33
Dieselmotor	0,32…0,45

Spezifischer Heizwert (Mittelwerte)

Superkraftstoff	41 000…41 600 kJ/kg
Dieselkraftstoff	42 900…43 100 kJ/kg
Ethanol	26 800 kJ/kg
Erdgas	40 300…49 100 kJ/kg
Autogas	46 400 kJ/kg

Kraftstoffdichte

Ottokraftstoff (nach DIN EN 228)
ϱ = 0,720…0,775 kg/dm^3 (g/cm^3)

Dieselkraftstoff (nach DIN EN 590)
ϱ = 0,820…0,845 kg/dm^3 (g/cm^3)

Kraftstoff-Durchschnittsverbrauch (Kraftstoff-Streckenverbrauch)

Der **Kraftstoff-Durchschnittsverbrauch** ist der durchschnittliche Kraftstoffverbrauch eines Fahrzeugs mit Verbrennungsmotor in Liter bezogen auf eine Fahrstrecke von 100 km.

$$k_S = \frac{100 \cdot V_K}{s} \qquad k_S = \frac{100 \cdot m_K}{s \cdot \varrho}$$

$$s = \frac{100 \cdot V_K}{k_S}$$

$$V_K = \frac{k_S \cdot s}{100}$$

Größe		Einheit
k_S	Kraftstoff-Durchschnittsverbrauch (Kraftstoff-Streckenverbrauch)	l/100 km
m_K	gemessener Kraftstoffverbrauch	kg
s	Fahrstrecke	km
V_K	gemessener Kraftstoffverbrauch	l
ϱ	Kraftstoffdichte	kg/dm^3 (g/cm^3)

Kraftstoffverbrauch Pkw und leichte Nfz mit Verbrennungsmotor nach EU 2017/1151

WLTP-Fahrzyklus
(engl.: **W**orldwide Harmonized **L**ight Vehicle **T**est **P**rocedure)

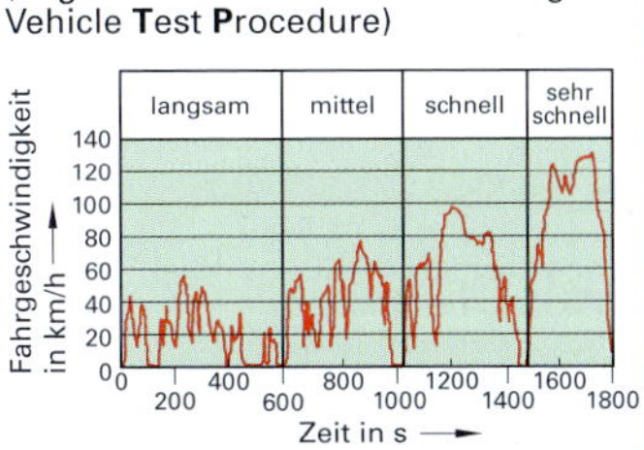

Streckenlänge	23,25 km
Zyklusdauer	30 min
Standzeitanteil	13 %
Geschwindigkeit	
– Mittelwert	46,6 km/h
– Maximalwert	131 km/h
Antriebsleistung	
– Mittelwert	7 kW
– Maximalwert	47 kW
Temperatur in der Prüfkammer	23° C

Die Verbrauchswerte für Pkw und leichte Nfz mit Verbrennungsmotor werden bei der Typprüfung auf dem Prüfstand mit dem WLTP-Fahrzyklus (Abb. links) ermittelt.

Der Kraftstoffverbrauch wird dabei nicht direkt bestimmt, sondern aus den bei der Abgasprüfung gemessenen Werten der CO_2-, CO- und HC-Emissionen berechnet.

In den Berechnungsformeln werden die Motorbauart und der bei der Prüfung verwendete Kraftstoff berücksichtigt.

k	Kraftstoffverbrauch (WLTP)	l/100 km
ϱ	Dichte des für die Typprüfung verwendeten Kraftstoffs	kg/dm^3 (g/cm^3)
HC	HC-Emission (WLTP)	g/km
CO	CO-Emission (WLTP)	g/km
CO_2	CO_2-Emission (WLTP)	g/km

Hinweis:
Außerhalb der EU-Norm können zur Abschätzung des Kraftstoffverbrauchs *vereinfachte Formeln* (siehe unten) verwendet werden, in die nur die angegebene CO_2-Emission des Fahrzeugs eingesetzt wird.

Kraftstoffverbrauch Fahrzeuge mit Fremdzündungsmotor (Benzinmotor)

mit Superkraftstoff E10:

$$k = \frac{0{,}1206}{\varrho} (0{,}829 \cdot HC + 0{,}429 \cdot CO + 0{,}273 \cdot CO_2)$$

Vereinfachte Formel (Benzin):

$$k = \frac{CO_2}{23{,}2}$$

Kraftstoffverbrauch Fahrzeuge mit Selbstzündungsmotor (Dieselmotor)

mit Dieselkraftstoff B7:

$$k = \frac{0{,}1165}{\varrho} (0{,}858 \cdot HC + 0{,}429 \cdot CO + 0{,}273 \cdot CO_2)$$

Vereinfachte Formel (Diesel):

$$k = \frac{CO_2}{26{,}5}$$

Kraftstoffverbrauch Fahrzeuge mit Hybridantrieb

Für die Ermittlung des WLTP-Kraftstoffverbrauchs von Kfz mit Hybridantrieb gelten gesonderte Vorgaben (vgl. EU 2017/1151).

Motorkühlung, Motorschmierung

1

Motorkühlung

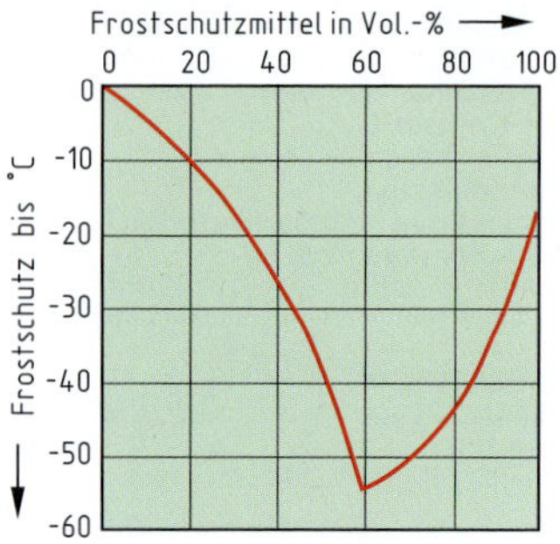

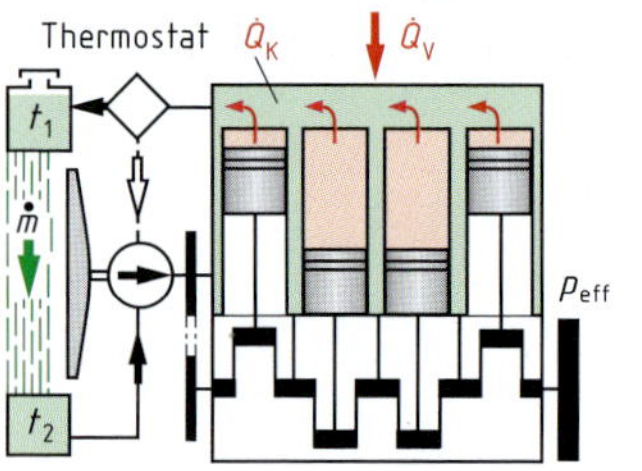

Wärmefluss an Kühlflüssigkeit
Verhältnis der von der Kühlflüssigkeit abzuführenden Wärmemenge zur verbrauchten Wärmemenge.

Kühlflüssigkeitsdurchsatz
Zum Betrieb des Motors erforderliche, zeitbezogene umlaufende Kühlflüssigkeitsmenge (Fördermenge).

Frostschutz

$$V_F = \frac{V_K \cdot p_F}{p_W + p_F} \qquad V_W = \frac{V_K \cdot p_W}{p_W + p_F}$$

Anteile

$$p_F = \frac{p_W \cdot V_F}{V_W} \qquad p_W = \frac{p_F \cdot V_W}{V_F}$$

Dichte

$$\varrho_K = \frac{V_W \cdot \varrho_W + V_F \cdot \varrho_F}{V_K} \qquad \varrho_F = \frac{V_K \cdot \varrho_K - V_W \cdot \varrho_W}{V_F}$$

Wärmemenge

$$\dot{Q}_K = B \cdot H_u \cdot f \qquad \dot{Q}_V = B \cdot H_u$$

$$\dot{Q}_K = \frac{b_{eff} \cdot P_{eff} \cdot H_u \cdot f}{1000} \qquad \dot{Q}_V = \frac{b_{eff} \cdot P_{eff} \cdot H_u}{1000}$$

$$\dot{Q}_K = \dot{m} \cdot c \cdot \Delta T \qquad \dot{Q}_V = \frac{\dot{Q}_K}{f}$$

Durchsatz

$$\dot{m} = \frac{B \cdot H_u \cdot f}{\Delta T \cdot c} \qquad \dot{m} = \frac{\dot{Q}_K}{\Delta T \cdot c} \qquad \dot{m} = \dot{z} \cdot m_K$$

Temperatur

$$\Delta T = \frac{B \cdot H_u \cdot f}{\dot{m} \cdot c} \qquad \Delta T = \frac{\dot{Q}_K}{\dot{m} \cdot c} \qquad \Delta T = \Delta t = t_1 - t_2$$

Umlaufzahl

$$\dot{z} = \frac{\dot{m}}{m_K} = \frac{60}{t_U} \qquad \dot{z} = \frac{\dot{Q}_K}{\Delta T \cdot c \cdot m_K}$$

Umlaufzeit

$$t_U = \frac{60}{\dot{z}} \qquad t_U = \frac{60 \cdot m_K}{\dot{m}} = \frac{60 \cdot V_K}{\dot{V}_K}$$

Größe		Einheit
B	Kraftstoffverbrauch je Stunde	kg/h
b_{eff}	–, spezifischer	g/kWh
c	Wärmekapazität, spezifische	kJ/(kg · K)
f	Wärmefluss an Kühlflüssigkeit	–
H_u	Heizwert, spezifischer	kJ/kg
$\dot{m}$	Kühlflüssigkeitsdurchsatz	kg/h
m_K	Kühlsysteminhalt	kg
P_{eff}	Nutzleistung des Motors	kW
p_F	Anteile des Frostschutzes	–
p_W	– des Wassers	–
$\dot{Q}_K$	Wärmemenge, abzuführende	kJ/h
$\dot{Q}_V$	–, zugeführte (verbrauchte)	kJ/h
t_U	Zeit für 1 Kühlmittelumlauf	min
t_1	Kühlflüssigkeitstemperatur, bei Eintritt in den Kühler	°C
t_2	– bei Austritt aus dem Kühler	°C
ΔT	Temperaturunterschied zwischen Eintritt und Austritt	K
V_F	Volumen der Frostschutzmenge	l
V_K	Volumen der Kühlflüssigkeit	l
$\dot{V}_K$	Kühlmitteldurchsatz	l/h
V_W	Volumen der Wassermenge	l
$\dot{z}$	Umlaufzahl der Kühlflüssigkeit	1/h
ϱ_F	Dichte des Frostschutzes	kg/l
ϱ_K	– der Kühlflüssigkeit	kg/l
ϱ_W	– des Wassers	kg/l

Mischungsverhältnis vgl. S. 389

Gefrier-schutz	Wasser Teile	%	Frostschutz Teile	%
–10 °C	4	80	1	20
–20 °C	2	67	1	33

Spezifischer Heizwert
Heizwerte verschiedener Kraftstoffe vgl. S. 346
Bezugsheizwert nach DIN H_u = 42 000 kJ/kg

Wärmefluss
an die Kühlflüssigkeit 25 % … 33 %

Motorschmierung

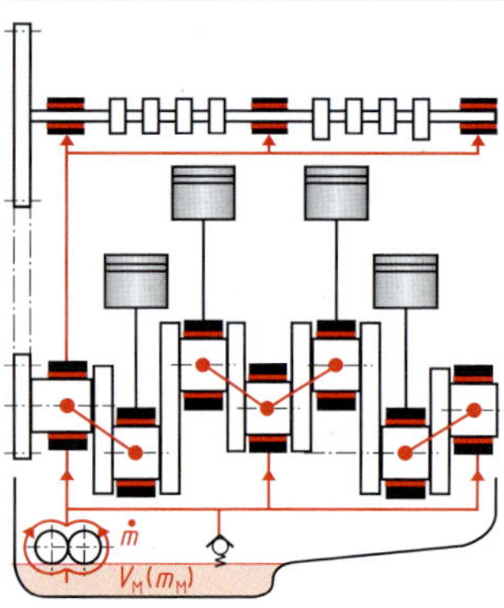

Schmierölverbrauch
Die von dem Verbrennungsmotor verbrauchte zeitbezogene Schmierölmenge. Die beim Ölwechsel aus dem Schmierölkreislauf abgelassene Ölmenge wird nicht dazugerechnet.

Spezifischer Schmierölverbrauch
Dem Verbrennungsmotor zugeführte, zeit- und leistungsbezogene Schmierölmenge.

Schmieröldurchsatz
Fördermenge der Ölpumpe. Zum Betrieb des Motors erforderliche, zeitbezogene umlaufende Schmierölmenge.

Spezifischer Schmierölverbrauch

Mit V_S in cm³:

$$b_S = \frac{3600 \cdot V_S \cdot \varrho}{P_{eff} \cdot t} \qquad b_S = \frac{1000 \cdot B_S}{P_{eff}}$$

Mit m_S in g:

$$b_S = \frac{3600 \cdot m_S}{P_{eff} \cdot t} \qquad B_S = \frac{b_S \cdot P_{eff}}{1000}$$

Streckenverbrauch = Schmierölverbrauch

$$v_S = \frac{100 \cdot V_S}{s} \qquad v_S = \frac{100 \cdot m_S}{\varrho \cdot s}$$

Schmieröldurchsatz = Fördermenge der Pumpe

$$\dot{m} = \frac{60 \cdot V_M \cdot \varrho}{t_U} \qquad \dot{m} = \frac{60 \cdot m_M}{t_U}$$

$$\dot{m} = V_M \cdot \varrho \cdot \dot{z} \qquad \dot{m} = m_M \cdot \dot{z}$$

Umlaufzahl

$$\dot{z} = \frac{\dot{m}}{V_M \cdot \varrho} = \frac{\dot{m}}{m_M} \qquad \dot{z} = \frac{60}{t_U}$$

Umlaufzeit

$$t_U = \frac{60}{\dot{z}} \qquad t_U = \frac{60 \cdot m_M}{\dot{m}} = \frac{60 \cdot V_M}{\dot{V}_M}$$

Zweitaktgemisch 1 : $k = V_S : V_K$

$$V_S = \frac{V_G}{1 + k} \qquad V_K = V_G - V_S$$

$$V_S = \frac{V_K}{k} \qquad V_K = V_S \cdot k$$

Größe		Einheit
B_S	Schmierölverbrauch je Stunde	kg/h
b_S	–, spezifischer	g/kWh
m_S	–, gemessener	kg (g)
V_S	–, gemessener	l (cm³)
v_S	–, Streckenverbrauch	l je 100 km
$\dot{m}$	Schmieröldurchsatz	kg/min
m_M	Ölfüllung des Motors	kg
k	Kraftstoffanteile	–
P_{eff}	Nutzleistung des Motors	kW
s	Fahrstrecke, Prüfstrecke	km
t	Fahrzeit, Prüfzeit	s
t_u	Zeit für 1 Schmierölumlauf	s
V_K	Volumen des Kraftstoffs	l
V_G	– des Kraftstoff-Öl-Gemisches	l
V_M	Ölfüllung des Motors	l
V_S	– des Zweitaktschmieröls	l
$\dot{V}_M$	Schmieröldurchsatz	l/min
$\dot{z}$	Umlaufzahl des Schmieröls	1/min
ϱ	Dichte des Schmieröls	g/cm³, kg/l

Spezifischer Schmierölverbrauch

Ottomotor, Zweitakt	4,0 … 6,0 g/kWh
–, Viertakt	0,04 … 2,0 g/kWh
Dieselmotor	0,05 … 3,0 g/kWh

Streckenverbrauch

Ottomotor	
– Zweitakt	2,5 … 4,0 % des K'verbrauchs
– Viertakt	0,02 … 0,15 l je 100 km
Dieselmotor	0,03 … 0,20 l je 100 km

Fördermenge der Ölpumpe

Pkw-Motoren	10 … 40 kg/min
Lkw-Motoren	30 … 100 kg/min

Zweitaktgemisch 1 : 25 … 1 : 100

Umlaufzahl Schmieröl 2 … 10-mal/min

Abmessungen

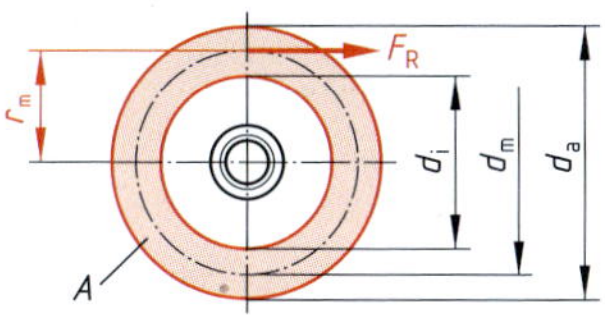

Mittlerer Reibradius

$$r_m = \frac{d_a + d_i}{4}$$

Belagreibfläche:

$$A = \frac{\pi}{4} \cdot (d_a^2 - d_i^2)$$

Belagdurchmesser

$$d_a = \sqrt{d_i^2 + \frac{4 \cdot A}{\pi}}$$

$$d_i = \sqrt{d_a^2 - \frac{4 \cdot A}{\pi}}$$

Größe		Einheit
A	Fläche einer Belagseite	cm^2
d_a	Außendurchmesser	cm
d_i	Innendurchmesser	cm
d_m	mittlerer Durchmesser	cm
r_m	mittlerer Radius der Reibfläche (Belag)	cm, m

Der mittlere Radius der Reibfläche ist der wirksame Hebelarm der Reibungskraft.

Kraftübertragung

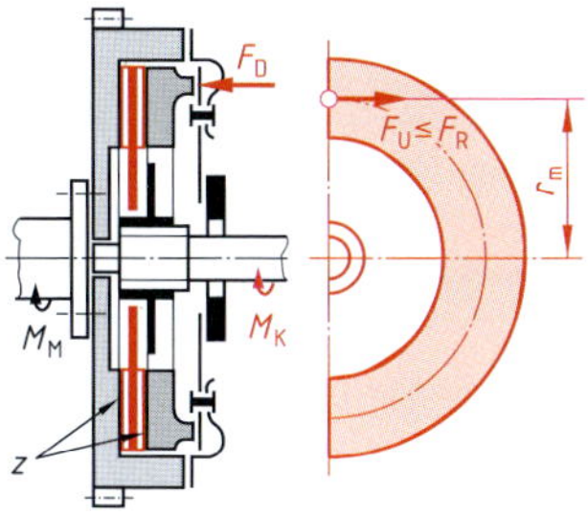

Umfangskraft

$$F_U = \frac{M_M}{r_m}$$

Reibungskraft

$$F_R = \frac{M_K}{r_m}$$

$$F_R = F_D \cdot \mu_H \cdot z$$

$F_U < F_R$	M_M wird voll übertragen
$F_U = F_R$	Grenzbereich
$F_U > F_R$	Kupplung rutscht

Kupplungsdrehmoment

$$M_K = F_R \cdot r_m$$

$$M_K = F_D \cdot \mu_H \cdot z \cdot r_m$$

$$M_K = M_{Mmax} \cdot S$$

Motordrehmoment

$$M_M = F_U \cdot r_m$$

$$M_{Mmax} = \frac{M_K}{S}$$

$$S = \frac{M_K}{M_{Mmax}}$$

Größe		Einheit
F_D	Anpresskraft der Druckplatte	N
F_R	Reibungskraft an den Reibflächen der Kupplungsscheibe	N
F_U	Umfangskraft am mittleren Radius der Reibflächen	N
M_K	Kupplungsdrehmoment, größtes übertragbares	Nm
M_M	Motordrehmoment	Nm
M_{Mmax}	–, größtes	Nm
r_m	mittlerer Radius der Reibfläche	m
S	Sicherheitsfaktor	–
z	Anzahl der Reibflächen (z. B.: Einscheibenkupplung $z = 2$)	–
μ_H	Haftreibungszahl zwischen Kupplungsbelag und Druckplatte	

Sicherheitsfaktor 1,4 … 1,8

Kupplungsbetätigung

mechanische Betätigung

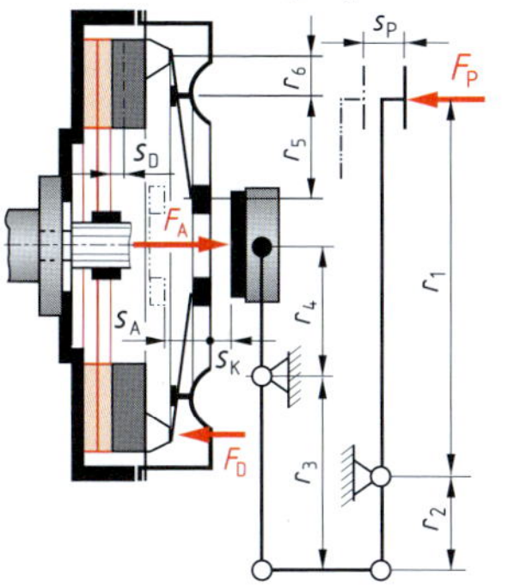

hydraulische Betätigung

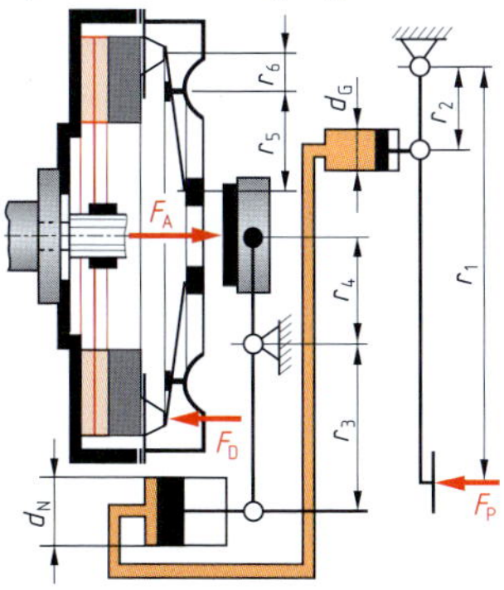

Äußere Übersetzung
Übersetzungen am Pedal und an der Ausrückgabel, bei hydraulischer Betätigung zusätzlich Übersetzung zwischen Geber- und Nehmerzylinder.

Innere Übersetzung
Übersetzung an der Membranfeder

innere Übersetzung

$$i_i = \frac{r_6}{r_5} \qquad i_i = \frac{F_A}{F_D}$$

äußere Übersetzung (mechan. Betätigung)

$$i_a = i_1 \cdot i_2 \qquad i_a = \frac{r_2 \cdot r_4}{r_1 \cdot r_3} \qquad i_a = \frac{F_P}{F_A}$$

äußere Übersetzung (hydraul. Betätigung)

$$i_a = i_1 \cdot i_2 \cdot i_{hy}$$

$$i_a = \frac{r_2 \cdot r_4 \cdot d_G^2}{r_1 \cdot r_3 \cdot d_N^2} \qquad i_a = \frac{F_P}{F_A}$$

Gesamtübersetzung

$$i = i_i \cdot i_a \qquad i = \frac{F_P}{F_D}$$

Pedalkraft

$$F_P = F_A \cdot i_a$$

$$F_P = F_D \cdot i$$

Ausrückkraft

$$F_A = \frac{F_P}{i_a}$$

$$F_A = F_D \cdot i_i$$

Anpresskraft der Druckplatte

$$F_D = \frac{F_A}{i_i} \qquad F_D = \frac{F_P}{i}$$

$$F_D = \frac{F_R}{\mu_H \cdot z} \qquad F_D = p \cdot A$$

Flächenpressung (Belagpressung)

$$p = \frac{F_D}{A} \qquad p = \frac{4 \cdot F_D}{\pi \cdot (d_a^2 - d_i^2)}$$

Pedalweg

$$s_P = \frac{s_A + s_K}{i_a}$$

Ausrückweg

$$s_A = \frac{s_D}{i_i}$$

Größe		Einheit
A	Fläche einer Belagseite	cm^2
d_a	Außendurchmesser	cm
d_i	Innendurchmesser	cm
d_G	Durchmesser des Geberzylinders	mm
d_N	– des Nehmerzylinders	mm
F_A	Ausrückkraft am Ausrücklager	N
F_D	Anpresskraft der Druckplatte	N
F_P	Pedalkraft (Fußkraft) am Kupplungspedal	N
F_R	Reibungskraft an den Reibflächen	N
i	Gesamtübersetzung der Kupplungsbetätigung	–
i_1	Hebelübersetzung am Pedal	–
i_2	Hebelübersetzung an der Ausrückgabel	–
i_a	äußere Übersetzung	–
i_{hy}	hydraulische Übersetzung	–
i_i	innere Übersetzung (Hebelübersetzung an der Membranfeder)	–
p	Flächenpressung (Belag)	N/cm^2
r_1, r_2	Hebelarme am Kupplungspedal	mm
r_3, r_4	– an der Ausrückgabel	mm
r_5, r_6	– an der Membranfeder	mm
s_A	Ausrückweg am Ausrücklager	mm
s_D	Lüftweg der Druckplatte	mm
s_K	Kupplungsspiel am Ausrücklager	mm
s_P	Pedalweg	mm

Haftreibungszahl

organische Beläge	
– trocken	0,30 … 0,35
– nass	0,08 … 0,15
anorganische Beläge	0,35 … 0,45

Hinweise:
Bei der hydraulischen Kupplungsbetätigung mit Zentralausrückung entfällt die Übersetzung i_2 an der Ausrückgabel.

Die ermittelte Pedalkraft ist ein Augenblickswert, da sich die Ausrückkraft während des Auskuppelvorgangs ändert.

Weitere Formeln zur hydraulischen Kraftübertragung siehe Seite 29.

1

Wechselgetriebe

ungleichachsig

4. 3.6. 5. 2. 1. R.

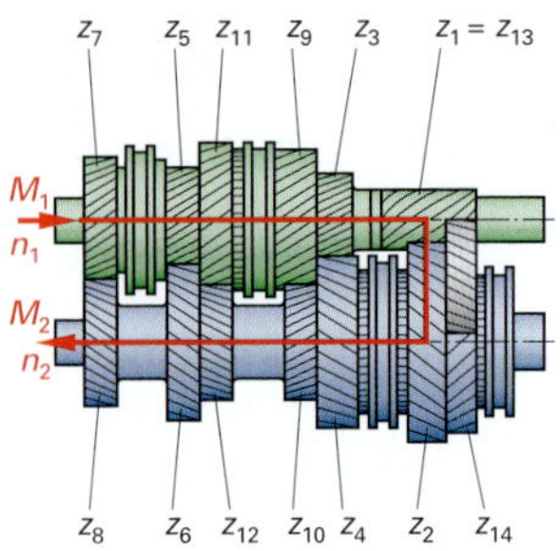

——— Kraftfluss im 1. Gang

gleichachsig
(5. Gang als direkter Gang ausgelegt)

(5.) 6.3. 4. 2. 1. R.

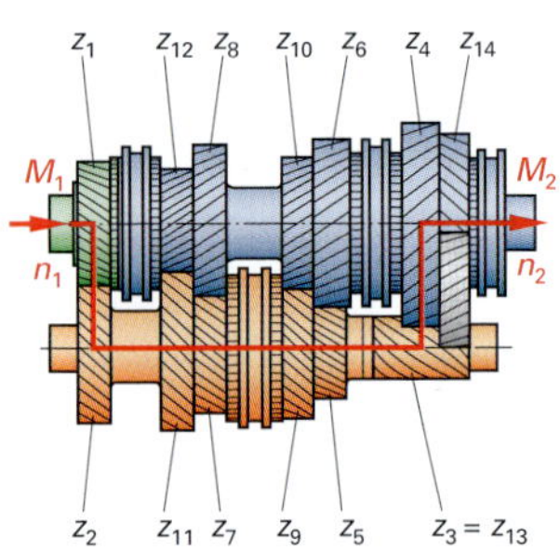

——— Kraftfluss im 1. Gang

Übersetzung (Grundlagen siehe S. 23)

Beispiel: 5-Gang-Wechselgetriebe

ungleichachsig (= ohne Vorgelege)	gleichachsig (= mit Vorgelege)
1. Gang $i_W = \frac{z_2}{z_1}$	1. Gang $i_W = \frac{z_2 \cdot z_4}{z_1 \cdot z_3}$
2. Gang $i_W = \frac{z_4}{z_3}$	2. Gang $i_W = \frac{z_2 \cdot z_6}{z_1 \cdot z_5}$
3. Gang $i_W = \frac{z_6}{z_5}$	3. Gang $i_W = \frac{z_2 \cdot z_8}{z_1 \cdot z_7}$
4. Gang $i_W = \frac{z_8}{z_7}$	4. Gang $i_W = \frac{z_2 \cdot z_{10}}{z_1 \cdot z_9}$
5. Gang $i_W = \frac{z_{10}}{z_9}$	5. Gang $i_W = 1$
6. Gang $i_W = \frac{z_{12}}{z_{11}}$	6. Gang $i_W = \frac{z_2 \cdot z_{12}}{z_1 \cdot z_{11}}$
R.-Gang $i_W = \frac{z_{14}}{z_{13}}$	R.-Gang $i_W = \frac{z_2 \cdot z_{14}}{z_1 \cdot z_{13}}$
	Beispiel: 5. Gang als direkter Gang ausgelegt.

Drehzahl

$$n_1 = n_2 \cdot i_W \qquad n_2 = \frac{n_1}{i_W}$$

Drehmoment

$$M_1 = \frac{M_2}{i_W \cdot \eta} \qquad M_2 = M_1 \cdot i_W \cdot \eta$$

Wirkungsgrad

$$\eta = \frac{M_2}{M_1 \cdot i_W} \qquad \eta = \frac{P_2}{P_1}$$

Leistung

$$P_1 = \frac{P_2}{\eta} \qquad P_2 = P_1 \cdot \eta$$

Größe		Einheit
i_W	Übersetzung im Wechselgetriebe	–
M_1	Drehmoment am Getriebeeingang – an der Kupplungswelle	Nm
M_2	Drehmoment am Getriebeausgang – an der Hauptwelle	Nm
n_1	Drehzahl am Getriebeeingang – an der Kupplungswelle	1/min
n_2	Drehzahl am Getriebeausgang – an der Hauptwelle	1/min
P_1	Leistung am Getriebeeingang – an der Kupplungswelle	kW
P_2	Leistung am Getriebeausgang – an der Hauptwelle	kW
$z_1, z_3 \ldots z_{13}$	Zähnezahlen, treibende Räder	–
$z_2, z_4 \ldots z_{14}$	–, getriebene Räder	–
η	Getriebewirkungsgrad	–

Ungleichachsiges Wechselgetriebe
Zwei Wellen: Antriebswelle, Abtriebswelle.
Die Übersetzungen der Gänge werden durch jeweils ein Zahnradpaar erzeugt. Kein direkter Gang.

Gleichachsiges Wechselgetriebe
Drei Wellen: Antriebswelle, Hauptwelle, Vorgelegewelle.

Die Übersetzungen der Gänge werden durch jeweils zwei Zahnradpaare erzeugt.

Teilübersetzung 1 durch das Radpaar z_1/z_2 (= Konstante) von der Antriebswelle zur Vorgelegewelle.
Teilübersetzung 2 jeweils durch die Gangradpaare. Ausnahme: Beim direkten Gang sind Antriebswelle und Hauptwelle direkt miteinander verbunden.

Getriebeübersetzungen (Richtwerte)

1. Gang	3,2 … 4,7
2. Gang	1,7 … 2,6
3. Gang	1,3 … 1,6
4. Gang	1,1 … 1,3
5. Gang (direkt)	0,9 … 1,05 (1,0)
6. Gang	0,6 … 0,85
R-Gang	3,2 … 4,5

Getriebewirkungsgrad

nicht direkter Gang	0,90 … 0,94
direkter Gang	0,96 … 0,98

Ist der Wirkungsgrad nicht angegeben, wird für die Rechnung $\eta = 1$ gesetzt.

Einfaches Planetengetriebe

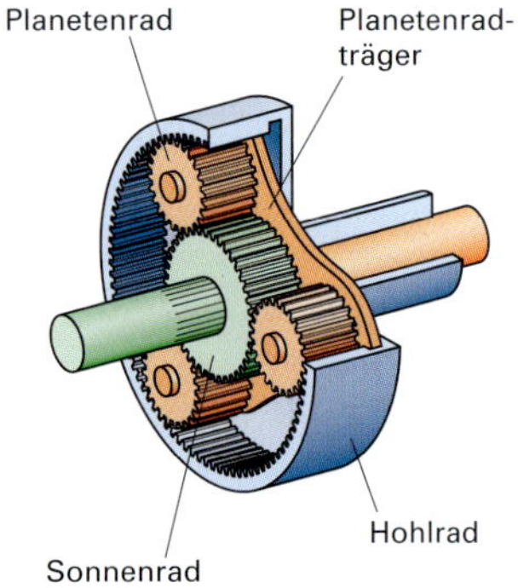

Übersetzung (Auswahl)

Gang	1	2	3	R
Sonnenrad	Antrieb	fest	Antrieb	Antrieb
Hohlrad	fest	Antrieb	verbunden –	Abtrieb
Planetenradträger	Abtrieb	Abtrieb	verbunden Abtrieb	fest
Übersetzung	$i = 1 + \frac{z_2}{z_1}$	$i = 1 + \frac{z_1}{z_2}$	$i = 1{,}0$	$i = -\frac{z_2}{z_1}$

Größe		Einheit
i	Übersetzung	–
z_1	Zähnezahl, Sonnenrad	–
z_2	–, Hohlrad	–

Werden zwei Bauteile des Planetenradsatzes durch eine umlaufende Lamellenkupplung miteinander verbunden, hier z. B. der Planetenradträger mit dem Hohlrad, ist der Radsatz blockiert und es ergibt sich die Übersetzung $i = 1{,}0$ (Durchtrieb bzw. direkter Gang)

vgl. S. 206

Achsgetriebe

Ohne Vorgelege

Mit Vorgelege

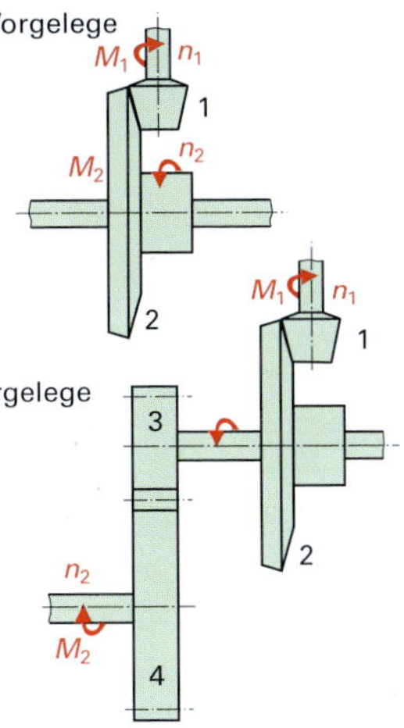

Übersetzung

$$i_A = \frac{n_1}{n_2} \qquad i_A = \frac{M_2}{M_1 \cdot \eta}$$

Ohne Vorgelege:

$$i_A = \frac{z_2}{z_1}$$

Mit Vorgelege:

$$i_A = \frac{z_2 \cdot z_4}{z_1 \cdot z_3} = i_1 \cdot i_2$$

Drehzahl

$$n_1 = n_2 \cdot i_A$$

$$n_2 = \frac{n_1}{i_A}$$

Drehmoment

$$M_1 = \frac{M_2}{i_A \cdot \eta}$$

$$M_2 = M_1 \cdot i_A \cdot \eta$$

Wirkungsgrad

$$\eta = \frac{M_2}{M_1 \cdot i_A}$$

$$\eta = \frac{P_2}{P_1}$$

Leistung

$$P_1 = \frac{P_2}{\eta}$$

$$P_2 = P_1 \cdot \eta$$

Größe		Einheit
i_A	Übersetzung im Achsgetriebe	–
i_1, i_2	Einzelübersetzung	–
M_1	Drehmoment am Getriebeeingang – an der Gelenkwelle	Nm
M_2	Drehmoment am Getriebeausgang – an beiden Achswellen	Nm
n_1	Drehzahl am Getriebeeingang – der Gelenkwelle	1/min
n_2	Drehzahl am Getriebeausgang – der Achswellen	1/min
P_1	Leistung am Getriebeeingang – an der Gelenkwelle	kW
P_2	Leistung am Getriebeausgang – an beiden Achswellen	kW
z_1, z_3	Zähnezahlen, treibende Räder	–
z_2, z_4	–, getriebene Räder	–
η	Wirkungsgrad des Achsantriebs	–

Übersetzung, ohne Achsvorgelege

Personenkraftwagen	2,5 … 5,0
Lastkraftwagen	3,0 … 9,0

Wirkungsgrad 0,97 … 0,99

Ist der Wirkungsgrad nicht angegeben, wird für die Rechnung $\eta = 1$ gesetzt.

Ausgleichgetriebe

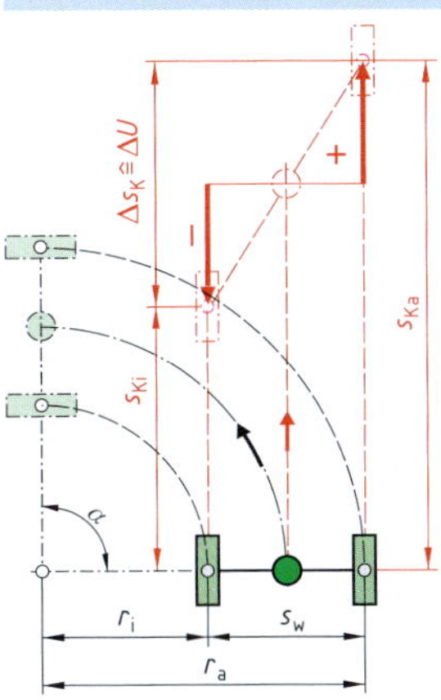

Kurvenlänge

$$s_{Ka} = \frac{2 \cdot \pi \cdot r_a \cdot \alpha}{360°}$$

$$s_{Ki} = \frac{2 \cdot \pi \cdot r_i \cdot \alpha}{360°}$$

Umdrehungen

$$u_a = \frac{r_a \cdot \alpha}{360° \cdot r_{dyn}}$$

$$u_i = \frac{r_i \cdot \alpha}{360° \cdot r_{dyn}}$$

Wegunterschied

$$\Delta s_K = s_{Ka} - s_{Ki} \qquad \Delta s_K = \Delta u \cdot U_R$$

$$\Delta s_K = \frac{2\pi \cdot (r_a - r_i) \cdot \alpha}{360°} \qquad \Delta s_K = \frac{2 \cdot \pi \cdot s_w \cdot \alpha}{360°}$$

Umdrehungsunterschied

$$\Delta u = \frac{s_w \cdot \alpha}{360° \cdot r_{dyn}} \qquad \Delta u = \frac{(r_a - r_i) \cdot \alpha}{360° \cdot r_{dyn}}$$

$$\Delta u = u_a - u_i \qquad \Delta u = \frac{\Delta s_K}{U_R}$$

Größe		Einheit
r_a	Spurkreisradius (-halbmesser), äußerer	m
r_i	–, innerer	m
r_{dyn}	Reifenradius (-halbmesser), dynamischer	m
s_w	Spurweite ($s_w = r_a - r_i$)	m
s_{Ka}	Weglänge des Außenrades	m
s_{Ki}	– des Innenrades bei Kurvenfahrt	m
Δs_K	Wegunterschied zwischen Außen- und Innenrad bei Kurvenfahrt	m
u_a	Umdrehungen des Außenrades	Umdr.
u_i	– des Innenrades	Umdr.
Δu	Umdrehungsunterschied zwischen Außenrad und Innenrad	Umdr.
U_R	Abrollumfang des Reifens	m
α	Kurvenwinkel	°

Umdrehungsunterschied

Bei Kurvenwinkel $\alpha = 360°$ (Vollwinkel)

Personenkraftwagen	4 … 5 Umdr.
Lastkraftwagen	3 … 4 Umdr.

Bei geringer Spurweite kann der Umdrehungsunterschied vernachlässigt werden.

Drehmomentverteilung

Ohne Ausgleichssperre

Gleiches Moment an beiden Antriebsrädern. Die Reibungszahl am durchrutschenden Rad bestimmt das maximale Moment.

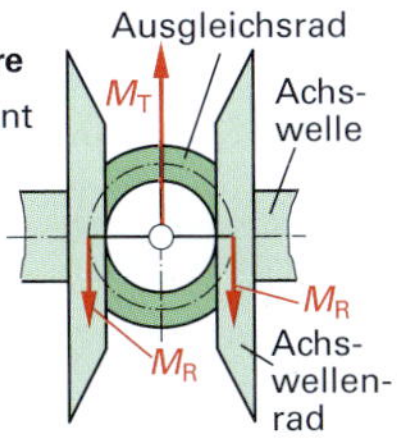

Mit Ausgleichssperre

Es sind unterschiedliche Momente an den Antriebsrädern möglich.

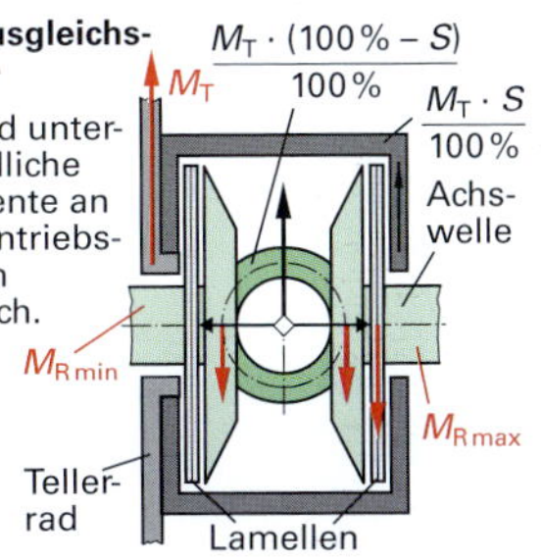

Drehmoment ohne Ausgleichssperre

$$M_R = \frac{M_T}{2} \qquad M_T = 2 \cdot M_R = M_A$$

Beidseitig gute Bodenhaftung:

$$M_{A\,max} = F_A \cdot \mu_H \cdot r_{dyn}$$

Einseitig schlechte Bodenhaftung:

$$M_{A\,max} = F_A \cdot \mu_G \cdot r_{dyn}$$

Drehmoment mit Ausgleichssperre

$$M_{R\,max} = M_T \cdot \frac{100\,\% + S}{200\,\%} \qquad M_{R\,min} = M_T \cdot \frac{100\,\% - S}{200\,\%}$$

$$M_{R\,max} = M_{R\,min} \cdot \frac{100\,\% + S}{100\,\% - S} \qquad M_{R\,min} = M_{R\,max} \cdot \frac{100\,\% - S}{100\,\% + S}$$

Sperrwert

$$S = \frac{\Delta M_R}{\Sigma M_R} \cdot 100\,\% \qquad S = \frac{M_{R\,max} - M_{R\,min}}{M_{R\,max} + M_{R\,min}} \cdot 100\,\%$$

$$\Delta M_R = M_{R\,max} - M_{R\,min}$$

$$\Sigma M_R = M_{R\,max} + M_{R\,min}$$

Größe		Einheit
F_A	Achskraft der Antriebsachse	N
M_A	Drehmoment an beiden Rädern	Nm
$M_{A\,max}$	–, größtes	Nm
M_R	Drehmoment an einem Rad	Nm
$M_{R\,max}$	–, größtes	Nm
$M_{R\,min}$	–, kleinstes	Nm
ΔM_R	Drehmomentunterschied an den Antriebsrädern	Nm
ΣM_R	Drehmomentsumme an den Antriebsrädern	Nm
M_T	Drehmoment am Tellerrad	Nm
r_{dyn}	Reifenradius (-halbmesser), dynamischer	m
S	Sperrwert	%
μ_G	Gleitreibungszahl zwischen Fahrbahn und Reifen	–
μ_H	Haftreibungszahl zwischen Fahrbahn und Reifen	–

Sperrwert

Der Sperrwert S gibt an, wie viel Drehmomentunterschied in % zwischen den beiden Antriebswellen möglich ist.

Klauenkupplung	100 %
Lamellen-Ausgleichssperre	30 % … 60 %
Torsen-Differenzial	bis 60 %
Haldex-Kupplung	bis 100 %

Antriebsstrang

Übersetzung

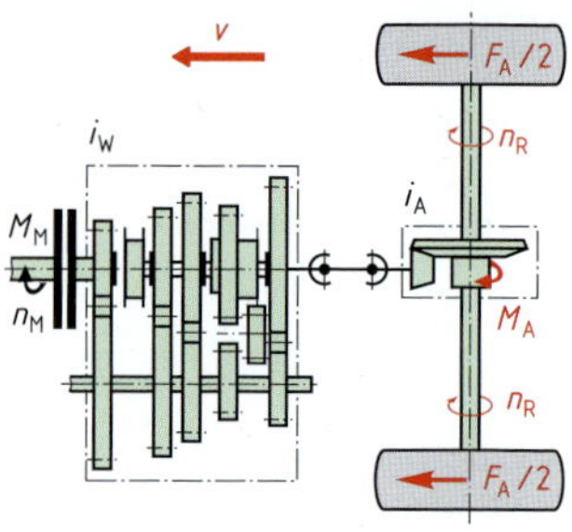

– aus Einzelübersetzung

$$i = i_W \cdot i_A$$

– aus Drehzahl

$$i = \frac{n_M}{n_R}$$

– aus Geschwindigkeit und Drehmoment

$$i = \frac{60 \cdot U_R \cdot n_M}{1000 \cdot v} \qquad i = \frac{M_A}{M_M \cdot \eta}$$

$$i = \frac{120 \cdot \pi \cdot r_{dyn} \cdot n_M}{1000 \cdot v} \qquad i = \frac{F_A \cdot r_{dyn}}{M_M \cdot \eta}$$

$$i = \frac{F_A \cdot U_R}{2 \cdot \pi \cdot M_M \cdot \eta}$$

Größe		Einheit
F_A	Zugkraft an den Antriebsrädern	N
i	Gesamtübersetzung des Antriebsstrangs	–
i_A	Übersetzung im Achsgetriebe	–
i_W	Übersetzung im Wechselgetriebe	–
M_M	Drehmoment des Motors	Nm
M_A	– an den Antriebsrädern	Nm
n_M	Drehzahl des Motors	1/min
n_R	– der Antriebsräder	1/min
r_{dyn}	Reifenradius (-halbmesser), dynamischer	m
U_R	Abrollumfang des Reifens	m
v	Fahrgeschwindigkeit	km/h
η	Gesamtwirkungsgrad des Antriebsstrangs	–

Gesamtwirkungsgrad vgl. unten und S. 27

Drehzahl

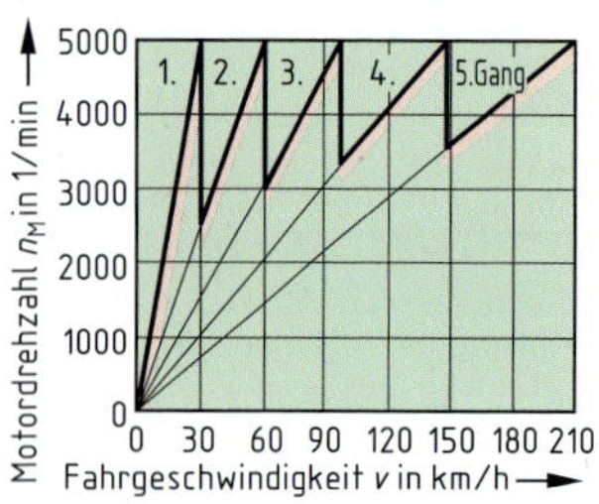

– aus der Übersetzung

$$n_M = n_R \cdot i \qquad n_R = \frac{n_M}{i}$$

– aus der Fahrgeschwindigkeit

$$n_M = \frac{1000 \cdot v \cdot i}{60 \cdot U_R} \qquad n_R = \frac{1000 \cdot v}{60 \cdot U_R}$$

$$n_M = \frac{1000 \cdot v \cdot i}{120 \cdot \pi \cdot r_{dyn}} \qquad n_R = \frac{1000 \cdot v}{120 \cdot \pi \cdot r_{dyn}}$$

Größe		Einheit
i	Gesamtübersetzung	–
n_M	Drehzahl des Motors	1/min
n_R	– der Antriebsräder	1/min
r_{dyn}	Reifenradius (-halbmesser), dynamischer	m
U_R	Abrollumfang des Reifens	m
v	Fahrgeschwindigkeit	km/h

Gesamtübersetzung

1. Gang	9,3…21,0
2. Gang	5,1…12,5
3. Gang	3,6…8,0
4. Gang	3,4…5,0
5. Gang	2,7…4,2
6. Gang	2,2…3,2

Fahrgeschwindigkeit

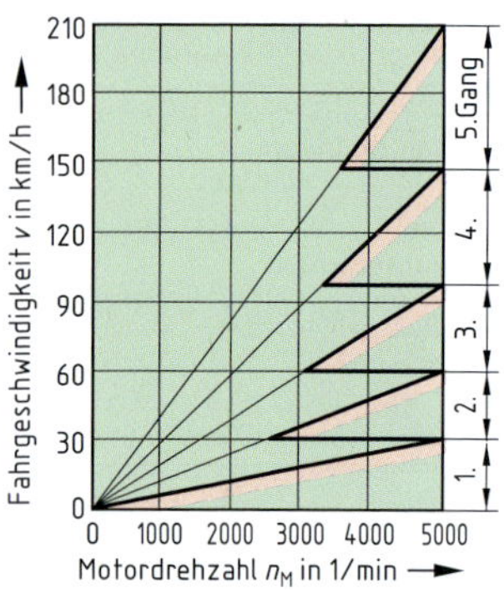

– aus Motordrehzahl

$$v = \frac{60 \cdot U_R \cdot n_M}{1000 \cdot i} \qquad v = \frac{120 \cdot \pi \cdot r_{dyn} \cdot n_M}{1000 \cdot i}$$

– aus Raddrehzahl

$$v = \frac{60 \cdot U_R \cdot n_R}{1000} \qquad v = \frac{120 \cdot \pi \cdot r_{dyn} \cdot n_R}{1000}$$

Reifenabmessungen

$$U_R = \frac{1000 \cdot v \cdot i}{60 \cdot n_M} \qquad U_R = \frac{1000 \cdot v}{60 \cdot n_R}$$

$$r_{dyn} = \frac{1000 \cdot v \cdot i}{120 \cdot \pi \cdot n_M} \qquad r_{dyn} = \frac{1000 \cdot v}{120 \cdot \pi \cdot n_R}$$

Größe		Einheit
i	Gesamtübersetzung	–
n_M	Drehzahl des Motors	1/min
n_R	– der Antriebsräder	1/min
r_{dyn}	Reifenradius (-halbmesser), dynamischer	m
U_R	Abrollumfang des Reifens	m
v	Fahrgeschwindigkeit	km/h

Abrollumfang
Der Abrollumfang ist die bei einer Umdrehung des Rades zurückgelegte Wegstrecke. Er ist der 2π-fache Wert des dynamisch wirksamen Reifenradius (-halbmesser).

Reifenradius (-halbmesser)
Der dynamisch wirksame Reifenradius (-halbmesser) ist der Abrollumfang des Reifens geteilt durch 2 mal π.

Drehmoment, Zugkraft

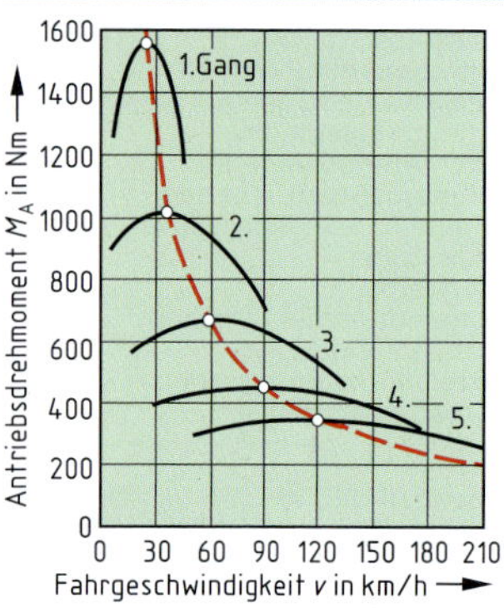

Antriebsdrehmoment

$$M_A = M_M \cdot i \cdot \eta$$

$$M_A = F_A \cdot r_{dyn}$$

$$M_A = \frac{F_A \cdot U_R}{2 \cdot \pi}$$

Motordrehmoment

$$M_M = \frac{M_A}{i \cdot \eta}$$

$$M_M = \frac{F_A \cdot r_{dyn}}{i \cdot \eta}$$

$$M_M = \frac{F_A \cdot U_R}{2 \cdot \pi \cdot i \cdot \eta}$$

Zugkraft

$$F_A = \frac{M_A}{r_{dyn}}$$

$$F_A = \frac{2 \cdot \pi \cdot M_A}{U_R}$$

$$F_A = \frac{M_M \cdot i \cdot \eta}{r_{dyn}}$$

Wirkungsgrad

$$\eta = \frac{M_A}{M_M \cdot i}$$

$$\eta = \eta_1 \cdot \eta_2 \cdot \eta_3 \cdot \ldots$$

Größe		Einheit
F_A	Zugkraft an den Antriebsrädern	N
i	Gesamtübersetzung des Antriebsstrangs	–
M_M	Drehmoment des Motors	Nm
M_A	– an den Antriebsrädern	Nm
r_{dyn}	Reifenradius (-halbmesser), dynamischer	m
U_R	Abrollumfang des Reifens	m
η	Gesamtwirkungsgrad des Antriebsstrangs	–
$\eta_{1,2,3}\ldots$	Einzelwirkungsgrade	

Wirkungsgrade (Richtwerte)

Gesamtwirkungsgrad des Antriebsstrangs (ohne Rad-/Reifenverluste)	0,88…0,96

Einzelwirkungsgrade

– Kupplung (trocken)	0,995
– Wechselgetriebe	0,92…0,98
– Gelenkwelle	0,995
– Achsgetriebe	0,97…0,99

Nicht angegebene Einzelwirkungsgrade bleiben bei der Berechnung unberücksichtigt.

Achslasten

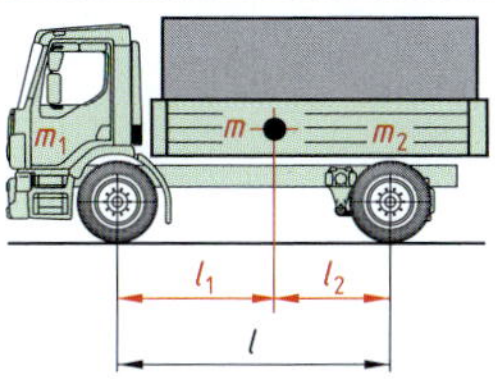

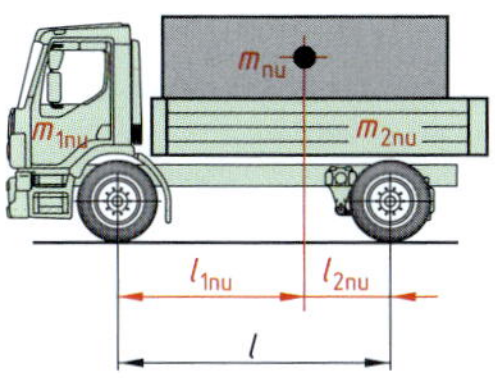

Vorderachse / Hinterachse

$$m_1 = \frac{m \cdot l_2}{l} \qquad m_1 = m - m_2 \qquad m_2 = \frac{m \cdot l_1}{l}$$

$$m_1 = \frac{m \cdot p_1}{100\,\%} \qquad m_2 = m - m_1 \qquad m_2 = \frac{m \cdot p_2}{100\,\%}$$

Nutzlastverteilung

$$m_{1nu} = \frac{m_{nu} \cdot l_{2nu}}{l} \qquad m_{2nu} = \frac{m_{nu} \cdot l_{1nu}}{l}$$

$$m_{1nu} = m_{nu} - m_{2nu} \qquad m_{2nu} = m_{nu} - m_{1nu}$$

Überladung

$$m_{1üb} = \frac{m_{1zul} \cdot p_{1üb}}{100\,\%} \qquad m_{2üb} = \frac{m_{2zul} \cdot p_{2üb}}{100\,\%}$$

$$p_{1üb} = \frac{100\,\% \cdot m_{1üb}}{m_{1zul}} \qquad p_{2üb} = \frac{100\,\% \cdot m_{2üb}}{m_{2zul}}$$

Größe		Einheit
l	Radstand des Fahrzeugs	mm
l_1, l_2	Schwerpunktabstände der Gesamtmasse von den Achsen	mm
l_{1nu}, l_{2nu}	– der Nutzlast von den Achsen	mm
m	Gesamtmasse des Fz	kg
m_{nu}	Nutzlast des Fahrzeugs	kg
m_1, m_2	Achslasten aus der Gesamtmasse	kg
m_{1nu}, m_{2nu}	– aus der Nutzlast	kg
$m_{1üb}$, $m_{2üb}$	– aus der Überlast	kg
m_{1zul}	zulässige Achslast vorne	kg
m_{2zul}	zulässige Achslast hinten	kg
p_1, p_2	Achslastanteile der Gesamtmasse	%
$p_{1üb}$, $p_{2üb}$	– der Überlast	%

Werden Leermasse und Nutzlast getrennt betrachtet, so ergeben sich die Achslasten aus der Gesamtmasse durch Addition der Achslasten aus der Leermasse und aus der Nutzlast.

Schwerpunktabstände

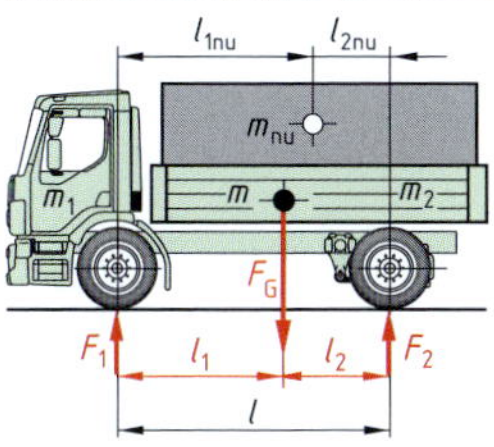

– der Gesamtmasse

$$l_1 = \frac{l \cdot m_2}{m} \qquad l_1 = l - l_2 \qquad l_2 = \frac{l \cdot m_1}{m}$$

$$l_1 = \frac{l \cdot F_2}{F_G} \qquad l_2 = l - l_1 \qquad l_2 = \frac{l \cdot F_1}{F_G}$$

– der Nutzlast

$$l_{1nu} = \frac{l \cdot m_{2nu}}{m_{nu}} \qquad l_{2nu} = \frac{l \cdot m_{1nu}}{m_{nu}}$$

$$m_{1nu} = m_{1zul} - m_{1le} \qquad m_{2nu} = m_{2zul} - m_{2le}$$

Größe		Einheit
F_G	Gewichtskraft des Fahrzeugs	N
F_1	Achskraft der Vorderachse	N
F_2	– der Hinterachse	N
l	Radstand des Fahrzeugs	mm
l_1, l_2	Schwerpunktabstände der Gesamtmasse von den Achsen	mm
l_{1nu}, l_{2nu}	– der Nutzlast von den Achsen	mm
m	Gesamtmasse des Fahrzeugs	kg
m_{nu}	Nutzlast des Fahrzeugs	kg
m_1, m_2	Achslasten aus der Gesamtmasse	kg
m_{1le}, m_{2le}	– aus der Leermasse	kg
m_{1nu}, m_{2nu}	– aus der Nutzlast	kg

Achskräfte im Stand

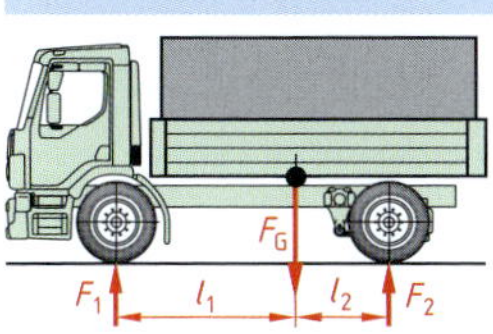

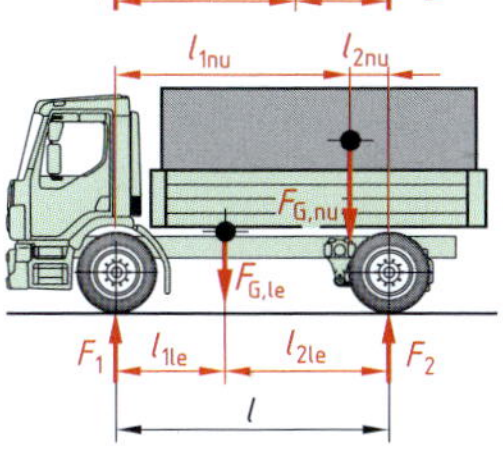

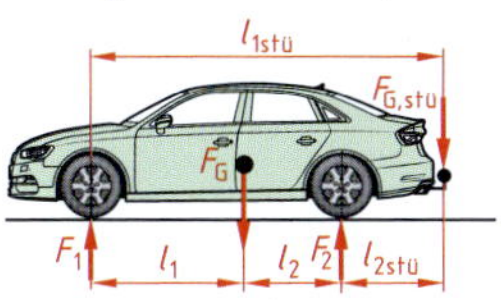

Achskräfte aus der Gesamtmasse

$$F_1 = \frac{F_G \cdot l_2}{l} \qquad F_1 = F_G - F_2 \qquad F_2 = \frac{F_G \cdot l_1}{l}$$

$$F_1 = m_1 \cdot g \qquad F_2 = F_G - F_1 \qquad F_2 = m_2 \cdot g$$

– aus Leermasse und Nutzlast

$$F_1 = \frac{(F_G \cdot l_2)_{le} + (F_G \cdot l_2)_{nu}}{l} \qquad F_{G,\,le} = m_{le} \cdot g$$

$$F_2 = \frac{(F_G \cdot l_1)_{le} + (F_G \cdot l_1)_{nu}}{l} \qquad F_{G,\,nu} = m_{nu} \cdot g$$

$$F_1 = F_{G,\,le} + F_{G,\,nu} - F_2 \qquad F_2 = F_{G,\,le} + F_{G,\,nu} - F_1$$

– aus Gewichtskraft des Fzg. und Stützlast

$$F_1 = \frac{F_G \cdot l_2 - (F_G \cdot l_2)_{stü}}{l} \qquad F_1 = F_G + F_{G,\,stü} - F_2$$

$$F_2 = \frac{F_G \cdot l_1 + (F_G \cdot l_1)_{stü}}{l} \qquad F_2 = F_G + F_{G,\,stü} - F_1$$

Größe		Einheit
F_G	Gewichtskraft des Fahrzeugs	N
$F_{G,\,le}$	– der Leermasse	N
$F_{G,\,nu}$	– der Nutzlast	N
$F_{G,\,stü}$	– der Anhänger-Stützlast	N
F_1	Achskraft der Vorderachse	N
F_2	– der Hinterachse	N
g	Fallbeschleunigung	9,81 m/s²
l	Radstand des Fahrzeugs	mm
l_1, l_2	Schwerpunktabstände der Gesamtmasse v. d. Achsen	mm
l_{1le}, l_{2le}	– der Leermasse von den Achsen	mm
l_{1nu}, l_{2nu}	– der Nutzlast von den Achsen	mm
$l_{1stü}$, $l_{2stü}$	– der Stützlast von den Achsen	mm
m	Gesamtmasse des Fz	kg
m_{le}	Leermasse des Fahrzeugs	kg
m_{nu}	Nutzlast des Fahrzeugs	kg
m_1	Achslast der Vorderachse	kg
m_2	– der Hinterachse	kg

Die Achskräfte ergeben sich aus den Gleichgewichtsbedingungen der Momente:
„Summe aller rechtsdrehenden Momente = Summe aller linksdrehenden Momente".

Achskräfte beim Bremsen

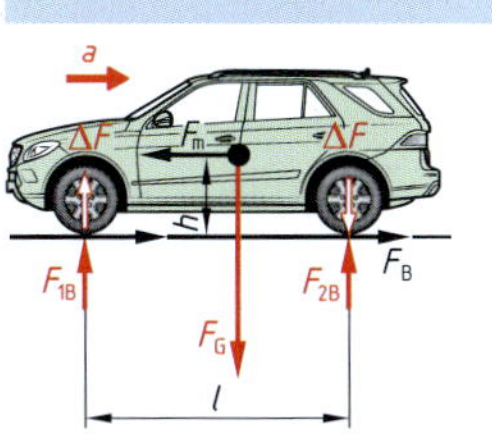

Vorderachse / Hinterachse

$$F_{1B} = F_1 + \Delta F \qquad F_{2B} = F_2 - \Delta F$$

$$F_{1B} = F_G - F_{2B} \qquad F_{2B} = F_G - F_{1B}$$

Achskraftverlagerung

$$\Delta F = \frac{m \cdot a \cdot h}{l} \qquad \Delta F = \frac{F_B \cdot h}{l}$$

Größe		Einheit
a	Mittlere Bremsverzögerung	m/s²
F_B	Bremskraft des Fahrzeugs	N
F_1, F_2	Achskräfte im Stand	N
F_{1B}, F_{2B}	– beim Bremsen	N
F_G	Gewichtskraft des Fahrzeugs	N
F_m	Massenträgheitskraft	N
ΔF	Achskraftverlagerung	N
h	Schwerpunkthöhe ü. d. Fahrbahn	mm
l	Radstand des Fahrzeugs	mm
m	Gesamtmasse des Fahrzeugs	kg

1

Radstellung

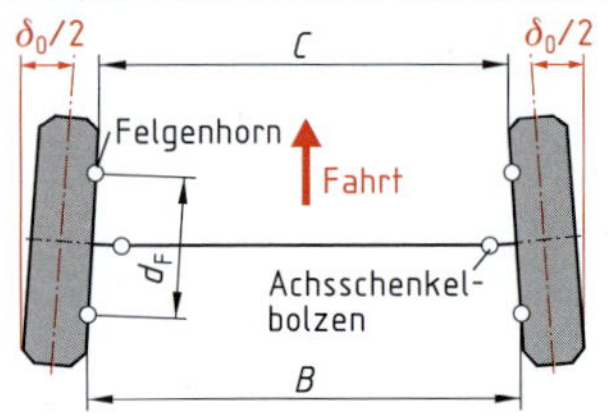

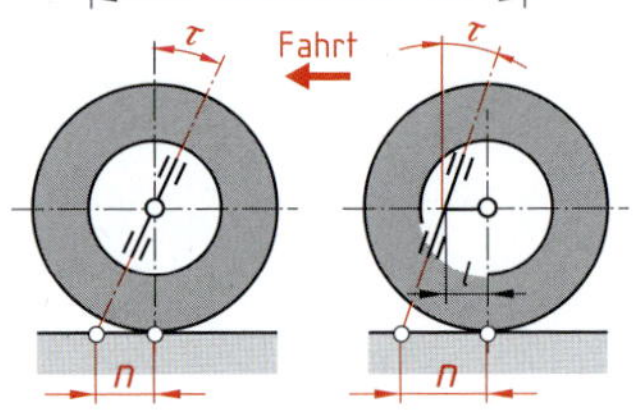

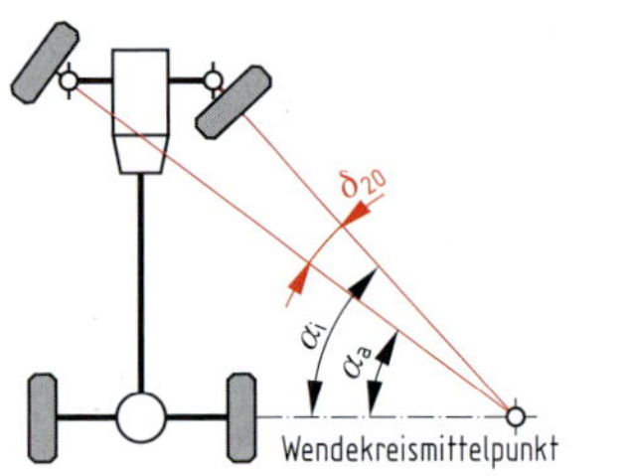

Vorspurwinkel

$$\delta_0 = \frac{360° \cdot c}{2 \cdot \pi \cdot d_F}$$

$$\sin \delta_0 = \frac{c}{d_F}$$

$$d_F = \frac{360° \cdot c}{2 \cdot \pi \cdot \delta_0}$$

Vorspur

$$c = B - C$$

$$c = \frac{2 \cdot \pi \cdot d_F \cdot \delta_0}{360°}$$

$$c = d_F \cdot \sin \delta_0$$

Nachlaufwinkel

Mit $\Delta\gamma$ in Minuten:

$$\tau = \frac{\Delta\gamma}{40}$$

Mit $\Delta\gamma$ in Grad:

$$\tau = 1{,}5 \cdot \Delta\gamma$$

Nachlaufstrecke

Ohne Versatz:

$$n = r_{sta} \cdot \tan \tau$$

Mit Versatz:

$$n = r_{sta} \cdot \tan \tau \pm l$$

Spurdifferenzwinkel

$$\delta_{20} = \alpha_a - \alpha_i$$

Lenkwinkel

$$\alpha_a = \alpha_i + \delta_{20}$$

Prüfung des Lenktrapezes

1. Forderung:

$$\delta_{20ist} = \delta_{20soll}$$

2. Forderung:

$$\delta_{20li} = \delta_{20re}$$

$$\delta_{20ist} = \delta_{20li} + \delta_{20re} - 2 \cdot \delta_0$$

$\delta_{20soll} = 2 \cdot \delta_{20}$ (Wertangabe ohne Vorspur)

Größe		Einheit
B	Felgenhornabstand, hinter der Achse	mm
C	–, vor der Achse	mm
c	Vorspur, positive (+)	mm
	–, negative (–)	mm
d_F	Felgenhorndurchmesser	mm
l	Nachlaufversatz, vor der Achse (+), hinter der Achse (–)	mm
n	Nachlaufstrecke	mm
τ	Nachlaufwinkel	°
r_{sta}	Reifenradius (-halbmesser), statischer	mm
α_a	Lenkwinkel, kurvenäußeres Rad	°
α_i	–, kurveninneres Rad	°
δ_0	Vorspurwinkel bei 0°-Einschlag	°
δ_{20}	Spurdifferenzwinkel	°
δ_{20li}	– bei 20°-Linkseinschlag	°
δ_{20re}	– bei 20°-Rechtseinschlag	°
δ_{20ist}	–, doppelter Istwert	°
δ_{20soll}	–, doppelter Sollwert	°
$\Delta\gamma$	Sturzdifferenz bei 20°-Links- und 20°-Rechtseinschlag	° bzw. '

Die **Vorspur** wird an den Felgenhörnern in Höhe der Radmitten gemessen. Sie ist positiv, wenn der Abstand der Felgenhörner hinten größer ist als vorne, und negativ, wenn der Abstand hinten kleiner ist als vorne.

Der **Spurdifferenzwinkel** ist der Winkel, um den das kurveninnere Rad stärker eingeschlagen wird als das kurvenäußere Rad. Er wird mit negativem Vorzeichen angegeben und wird gemessen bei 20° Einschlag des kurveninneren Rades.

Lenkgetriebe

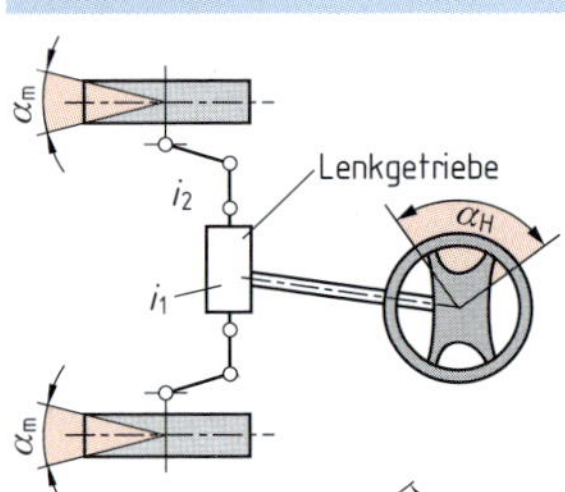

Kugelumlauf-
lenkgetriebe

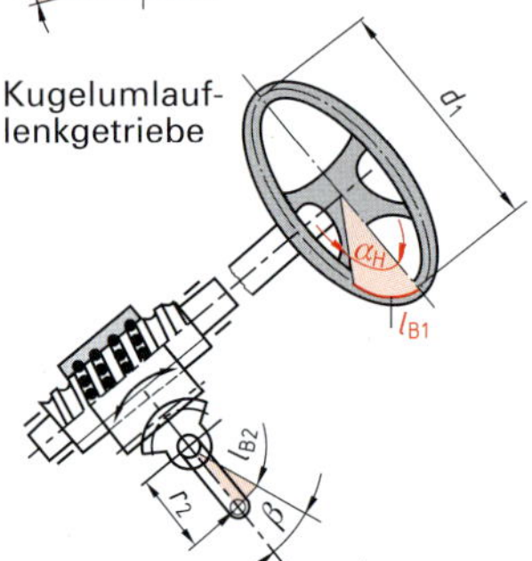

Zahnstangen-
lenkgetriebe

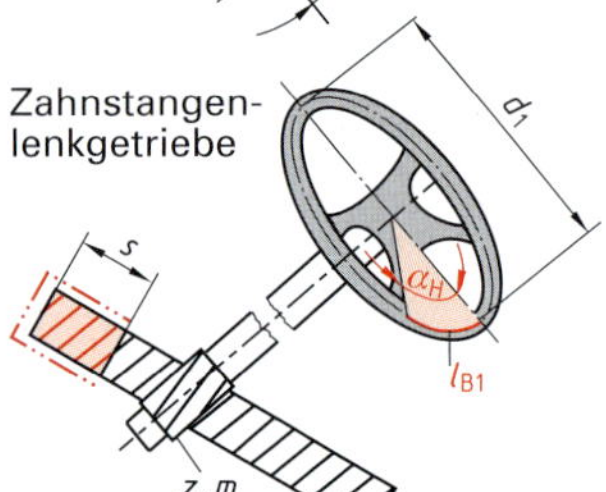

Übersetzung

$$i_L = \frac{\alpha_H}{\alpha_m}$$

$$i_L = i_1 \cdot i_2$$

Lenkwinkel

$$\alpha_m = \frac{\alpha_H}{i_L}$$

$$\alpha_H = i_L \cdot \alpha_m$$

Kugelumlauflenkung

$$i_1 = \frac{l_{B1} \cdot 2 \cdot r_2}{l_{B2} \cdot d_1}$$

$$\alpha_H = 360° \cdot n$$

$$\alpha_H = \frac{360° \cdot l_{B1}}{\pi \cdot d_1}$$

$$i_1 = \frac{\alpha_H}{\beta}$$

$$\beta = \frac{360° \cdot l_{B2}}{\pi \cdot 2 \cdot r_2}$$

Zahnstangenlenkung

$$i_1 = \frac{l_{B1}}{s}$$

$$s = \frac{l_{B1}}{i_1}$$

$$i_1 = \frac{d_1}{m \cdot z}$$

$$l_{B1} = \frac{\pi \cdot d_1 \cdot \alpha_H}{360°}$$

Größe		Einheit
d_1	Lenkraddurchmesser	mm
i_L	Gesamtübersetzung der Lenkung	–
i_1	Teilübersetzung im Lenkgetriebe	–
i_2	– im Lenkgestänge	–
l_{B1}	Lenkradeinschlag	mm
l_{B2}	Lenkstockhebeleinschlag	mm
m	Modul des Lenkritzels	mm
n	Anzahl der Umdrehungen am Lenkrad	–
r_2	Lenkstockhebellänge	mm
s	Zahnstangenweg	mm
z	Zähnezahl des Lenkritzels	–
α_H	Drehwinkel des Lenkrades	°
α_m	mittl. Lenkwinkel der Räder	°
β	Drehwinkel des Lenkstockhebels	°

Die Teilübersetzung i_2 im Lenkgestänge kann vernachlässigt werden, da die wirksamen Hebelarme meist die gleiche Länge haben.

Lenkübersetzungen

Pkw	10...20
Lkw	16...35

Die Lenkübersetzung muss so gewählt werden, dass nach § 38 StVZO und ECE-Vorschriften ein leichtes und sicheres Lenken gewährleistet ist. Die höchstzulässige Betätigungsdauer und die höchstzulässige Betätigungskraft bei einer intakten und bei einer fehlerhaften Lenkanlage sind den oben genannten Vorschriften zu entnehmen (vgl. S. 224).

Schraubenfeder

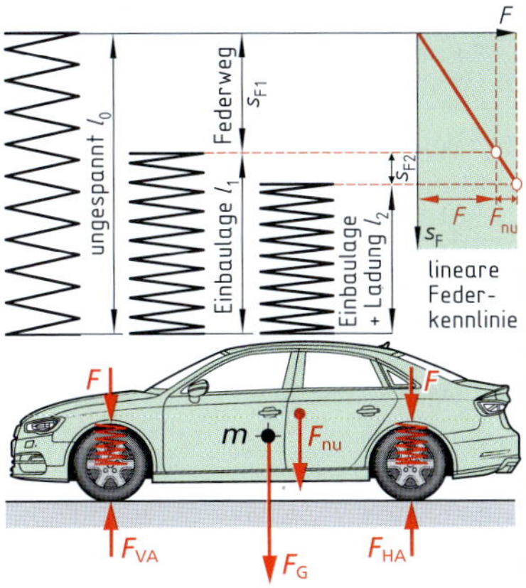

Federrate	Federkraft
$c = \frac{F}{s_F}$	$F = c \cdot s_F$
$c = \frac{2 \cdot E_{sp}}{s_F^2}$	$F = \frac{2 \cdot E_{sp}}{s_F}$
Federweg	**Federlänge**
$s_F = \frac{F}{c}$	$l_1 = l_0 - s_F$
$s_F = \sqrt{\frac{2 \cdot E_{sp}}{c}}$	$l_0 = l_1 + s_F$
Spannungsenergie	
$E_{sp} = \frac{F \cdot s_F}{2}$	$E_{sp} = \frac{c \cdot s_F^2}{2}$

Größe		Einheit
c	Federrate	N/mm
E_{sp}	Spannungsenergie	J
F	Federkraft	N
F_{nu}	Kraft durch Nutzlast	N
l_0	Federlänge ungespannt (ausgebaut)	mm
l_1	–, gespannt (Einbaulage, unbeladen)	mm
l_2	–, gespannt (Einbaulage + Ladung)	mm
s_{F1}	Federweg Fahrzeugmasse pro Feder	mm
s_{F2}	Federweg Nutzlast	mm

Die **Federrate** ist das Verhältnis der wirksamen Federkraft zum Federweg, angegeben in N/mm. Sie gibt an, wie viel Kraft für 1 mm Federweg aufgewendet werden muss.
Ist die Federrate konstant, so hat die Feder eine lineare Kennlinie. Wird die Federrate mit zunehmendem Federweg größer, so ist die Kennlinie progressiv.

Gasfeder

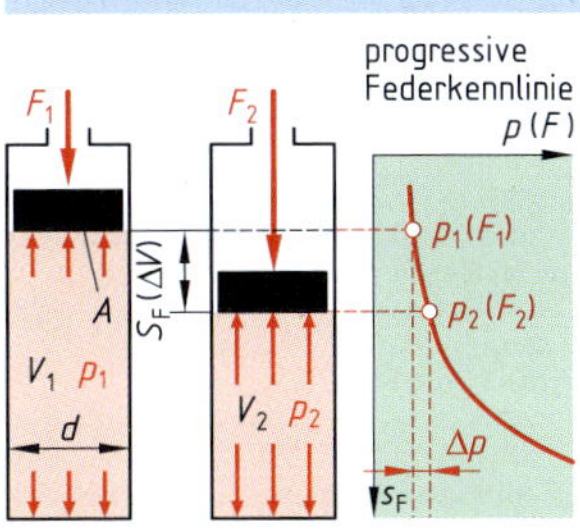

Arbeitsdruck	Federkraft
$p_1 = \frac{F_1}{A}$ $\quad p_2 = \frac{F_2}{A}$	$F_1 = p_1 \cdot A$
$p_1 = \frac{4 \cdot F_1}{\pi \cdot d^2}$	$F_1 = p_1 \cdot \frac{\pi \cdot d^2}{4}$
Durchmesser	**Federweg**
$d = \sqrt{\frac{4 \cdot F_1}{\pi \cdot p_1}}$	$s_F = \frac{4 \cdot (V_1 - V_2)}{\pi \cdot d^2}$
	$s_F = \frac{\Delta V}{A}$
Volumen/-änderung	
$V_1 = \frac{V_2 \cdot p_2}{p_1}$	$V_2 = \frac{V_1 \cdot p_1}{p_2}$
$\Delta V = V_1 - V_2$	

Größe		Einheit
A	Kolbenfläche	cm²
d	wirksamer Durchmesser	mm
F_1	Federkraft Fahrzeug nicht beladen	N
F_2	Federkraft Fahrzeug beladen	N
p_1	Arbeitsdruck Fahrzeug nicht beladen	bar, Pa
p_2	–, Fzg. beladen	bar, Pa
s_F	Federweg	mm
V_1	Luftkammervolumen Fzg. nicht beladen	cm³
V_2	–, Fzg. beladen	cm³
ΔV	Volumenänderung	cm³

Hydropneumatische Feder

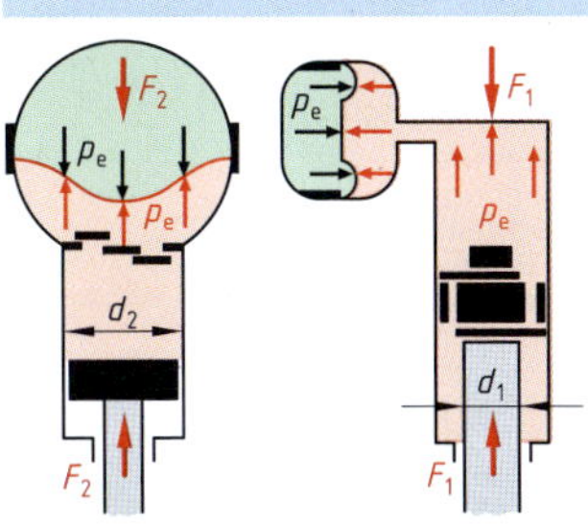

Arbeitsdruck	Federkraft
$p_e = \frac{4 \cdot F_1}{\pi \cdot d_1^2}$	$F_1 = p_e \cdot \frac{\pi \cdot d_1^2}{4}$
$p_e = \frac{4 \cdot F_2}{\pi \cdot d_2^2}$	$F_2 = p_e \cdot \frac{\pi \cdot d_2^2}{4}$
Durchmesser	**Volumenänderung**
$d_1 = \sqrt{\frac{4 \cdot F_1}{\pi \cdot p_e}}$	$\Delta V = \frac{\pi \cdot d_1^2}{4} \cdot s_F$
$d_2 = \sqrt{\frac{4 \cdot F_2}{\pi \cdot p_e}}$	$\Delta V = \frac{\pi \cdot d_2^2}{4} \cdot s_F$

Größe		Einheit
d_1	Kolbenstangendurchmesser	cm
d_2	Kolbendurchmesser	cm
F_1, F_2	Federkräfte, Kolbenstangenaustrittskräfte	N
p_e	Arbeitsdruck (Flüssigkeits- und Gasdruck)	N/cm²
s_F	Federweg	cm
ΔV	Volumenänderung der Flüssigkeit bzw. des Gases beim Ein- oder Ausfedern	cm³

Reifen

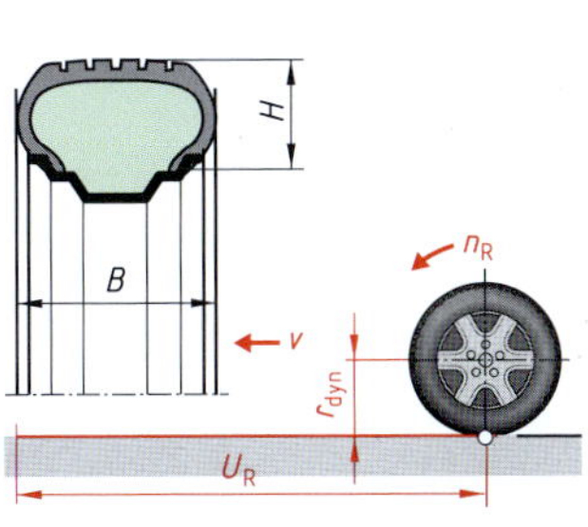

Reifenradius (-halbmesser)	Abrollumfang
$r_{dyn} = \frac{U_R}{2 \cdot \pi}$	$U_R = 2 \cdot \pi \cdot r_{dyn}$
Querschnittsverhältnis	**Abrollweg**
$Q = \frac{H}{B} \cdot 100\,\%$	$s_R = \frac{U_R \cdot n_R \cdot t}{60}$
$H = \frac{B \cdot Q}{100\,\%}$	$s_R = \frac{2 \cdot \pi \cdot r_{dyn} \cdot n_R \cdot t}{60}$
Abroll-, Fahrgeschwindigkeit	
$v = \frac{60 \cdot U_R \cdot n_R}{1000}$	$v = \frac{120 \cdot \pi \cdot r_{dyn} \cdot n_R}{1000}$

Größe		Einheit
B	Reifenbreite	mm
H	Reifenhöhe	mm
n_R	Raddrehzahl	1/min
Q	Querschnittsverhältnis	%
r_{dyn}	Reifenradius (-halbmesser), dynamischer	m
s_R	Abrollweg	m
t	Abrollzeit	s
U_R	Abrollumfang	m
v	Abrollgeschwindigkeit, Fahrgeschwindigkeit	km/h

Das **Querschnittsverhältnis *Q*** ist das Verhältnis „Reifenhöhe zu Reifenbreite“. Es wird in Prozent angegeben.

H/B Angabe z. B. 205/55 $\qquad Q = 55\,\%$

Bremskraft – aus Trägheitskraft und Bewegungsenergie

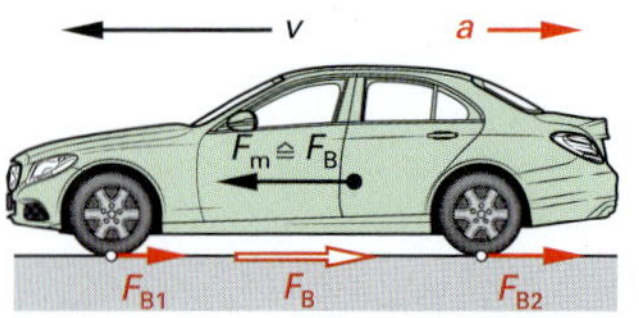

Die Bremskraft eines Fahrzeugs ist gleich der beim Bremsen auftretenden Massenträgheitskraft F_m.

$$F_B = m \cdot a \qquad F_B = \frac{m \cdot v^2}{2 \cdot s}$$

– aus der Bremskraft an den Rädern

$$F_B = F_{B1} + F_{B2} \qquad F_B = \Sigma F_{BR}$$

– aus der Abbremsung

$$F_B = \frac{m \cdot g \cdot z}{100\,\%} \qquad F_B = \frac{F_G \cdot z}{100\,\%}$$

Größte Bremskraft

Räder drehen noch:

$$F_{Bmax} = m \cdot g \cdot \mu_H$$
$$F_{Bmax} = F_G \cdot \mu_H$$

Räder blockieren:

$$F_{Bmax} = m \cdot g \cdot \mu_G$$
$$F_{Bmax} = F_G \cdot \mu_G$$

Größe		Einheit
a	Bremsverzögerung, mittlere	m/s²
F_B	Bremskraft des Fahrzeugs	N
F_{BR}	– an einem Rad	N
F_{B1}	– an der Vorderachse	N
F_{B2}	– an der Hinterachse	N
F_G	Gewichtskraft des Fahrzeugs	N
F_m	Massenträgheitskraft	N
F_1	Achskraft der Vorderachse, statische	N
F_2	– der Hinterachse, statische	N
g	Fallbeschleunigung	9,81 m/s²
m	Fahrzeugmasse	kg
m_1	Achslast der Vorderachse, statische	kg
m_2	– der Hinterachse, statische	kg
p_1	Bremskraftanteile, Vorderachse	%
p_2	–, Hinterachse	%
s	Bremsweg bis zum Stillstand	m
v	Geschwindigkeit des Fahrzeugs vor dem Bremsen	m/s
z	Abbremsung	%
μ_G	Gleitreibungszahl …	–
μ_H	Haftreibungszahl zwischen Fahrbahn und Reifen	–
ΔF	Achskraftverlagerung	N
Δm	Achslastverlagerung	kg

Haftreibungszahlen

Beton, Asphalt		
– Reifen neu, Profiltiefe 8 mm		
Fahrbahn trocken		1,0 … 1,2
Fahrbahn nass,	v = 50 km/h	0,9 … 1,1
(Wasserhöhe 3 mm)	v = 100 km/h	0,7 … 1,0
– Reifen abgefahren, Profiltiefe 2 mm		
Fahrbahn trocken		1,0 … 1,2
Fahrbahn nass,	v = 40 km/h	0,8 … 1,1
(Wasserhöhe 3 mm)	v = 100 km/h	< 0,2
Schnee		0,1 … 0,4
Eis		0,05 … 0,1
Rennreifen, Fahrbahn trocken		bis 2,0

Bremskraftverteilung, festgelegte

Vorderachse	65 … 75 %
Hinterachse	25 … 35 %

Bremskraftverteilung

Geschwindigkeit v Verzögerung a

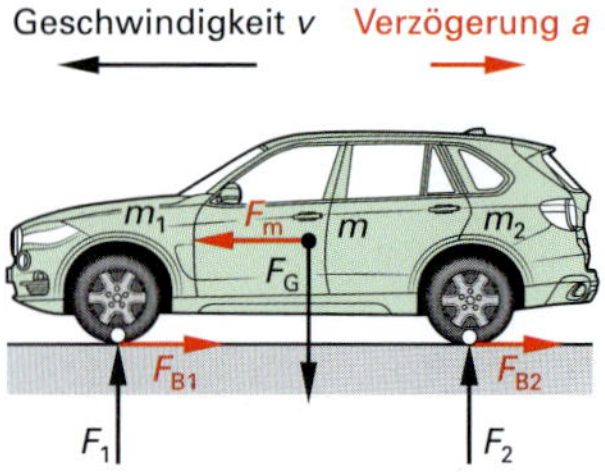

Die übliche Bremsverteilung ist bauartbedingt festgelegt. Sie kann durch besondere Einrichtungen last- bzw. schlupfabhängig gesteuert werden.

Feste Regelung

$$F_{B1} = \frac{F_B \cdot p_1}{100\,\%} \qquad F_{B2} = \frac{F_B \cdot p_2}{100\,\%}$$

$$F_{B1} = F_B - F_{B2} \qquad F_{B2} = F_B - F_{B1}$$

Lastabhängige Regelung

$$F_{B1} = \frac{F_B \cdot (m_1 + \Delta m)}{m} \qquad F_{B2} = \frac{F_B \cdot (m_2 - \Delta m)}{m}$$

$$F_{B1} = \frac{F_B \cdot (F_1 + \Delta F)}{F_G} \qquad F_{B2} = \frac{F_B \cdot (F_2 - \Delta F)}{F_G}$$

Bremswirkung

Bremsverzögerung *a* in m/s²

Mindestwerte für die *mittlere Bremsverzögerung* nach

- EG-Richtlinie 71/320 EWG:

z. B. Typ 0-Test ausgekuppelt für Pkw:
– Betriebsbremse ≥ 5,8 m/s²

- § 41 StVZO:

z. B. Kfz über 25 km/h ab 01.01.2001
– Betriebsbremse ≥ 5,0 m/s²
– Feststellbremse ≥ 1,5 m/s²

Verzögerung

$$a = \frac{F_B}{m} \qquad a_{max} = \frac{F_{Bmax}}{m}$$

$$a = \varepsilon \cdot g \cdot \mu_H \qquad a_{max} = g \cdot \mu_H$$

Mit a_{max} aus z:

$$a_m = a_{max} \cdot \eta_t \qquad a_{max} = \frac{z \cdot g}{100\,\%}$$

Haftwertausnutzung

$$\varepsilon = \frac{z}{100\,\% \cdot \mu_H} \qquad \varepsilon = \frac{a}{g \cdot \mu_H}$$

Größe		Einheit
a	Bremsverzögerung, vorhandene	m/s²
a_m	–, mittlere	m/s²
a_{max}	–, größte	m/s²
F_B	Bremskraft des Fahrzeugs	N
m	Fahrzeugmasse	kg
z	Abbremsung	%
ε	Haftwertausnutzung	–
η_t	Zeitwirkungsgrad	–
μ_H	Haftreibungszahl zwischen Reifen und Fahrbahn	–

Haftwertausnutzung
Verhältnis von vorhandener Abbremsung zu Haftreibungszahl zwischen Reifen und Fahrbahn.

Bremsenprüfung bei Pkw, Kraftrad

Mindestabbremsung und **zulässige Betätigungskraft** (ab Erstzulassung 1.1.91)
Abbremsung *z* (vgl. S. 237)

Fahrzeugklassen	Betriebsbremse			Feststellbremse		
	$z \geq$ %	$F_H \leq$ N	$F_F \leq$ N	$z \geq$ %	$F_H \leq$ N	$F_F \leq$ N
Pkw	**58**[1])	–	500	16	400	500
Kraftrad (L3e)	**50** (v + h)	200	350[2])	–	–	–

F_H = Handkraft F_F = Fußkraft

[1]) EZ vor 28.07.2010: $z \geq 50\,\%$
[2]) EZ vor 1.10.1998: 500 N

Abbremsung

$$z = \frac{100\,\% \cdot F_B}{m_{zul} \cdot g}$$

$$z = \frac{100\,\% \cdot F_B}{F_{G,\,zul}}$$

$$z = \frac{100\,\% \cdot a_{max}}{g}$$

Bremskraft

F_B = Summe der Bremskräfte am Umfang aller Räder

$$F_B = \Sigma F_{BR}$$

Abweichung

$$U = \frac{100\,\% \cdot \Delta F_{BR}}{F_{BR}\ \text{(höherer Wert)}}$$

Verzögerung

$$a_{max} = \frac{z \cdot g}{100\,\%}$$

Größe		Einheit
a_{max}	Bremsverzögerung, größte	m/s²
F_B	Bremskraft des Fahrzeugs	N
F_{BR}	– an einem Rad	N
ΔF_{BR}	Bremskraftunterschied an den Rädern einer Achse	N
$F_{G,\,zul}$	zul. Fahrzeuggewichtskraft	N
g	Fallbeschleunigung	9,81 m/s²
m_{zul}	zul. Gesamtmasse	kg
z	Abbremsung	%
U	Abweichung der Bremskräfte an den Rädern einer Achse	%

Zulässige Abweichung *U*

Betriebsbremse	max. 25 %
Feststellbremse bei Pkw u. Lkw mit $m \leq 3{,}5$ t	max. 50 %

Bremsenprüfung bei Nutzfahrzeugen

Bei der Bremsenprüfung von Nfz können die Bremskräfte bei jedem Beladungszustand gemessen werden.

Die Basiswerte für den Zusammenhang von Bremskraft und Bremsdruck jeder Achse für das leere Fahrzeug müssen mindestens erreicht werden.

Diese Basiswerte können vom Fahrzeughersteller angegeben werden. (Die Einhaltung der für das beladene Fahrzeug geforderten Abbremsung (vgl. S. 237) gilt damit als nachgewiesen.)

Liegen keine fahrzeugbezogenen Basiswerte vor, ist die Abbremsung, bezogen auf die zulässige Gesamtmasse des Fahrzeugs, aus den gemessenen Bremskräften wie nebenstehend zu berechnen.

Abbremsung

Allgemein

$$z = \frac{F_B \cdot 100\,\%}{m_{zul} \cdot g} \qquad z = \frac{F_B \cdot 100\,\%}{F_{Gzul}}$$

Ermittlung bei leerem Fahrzeug

$$z = \frac{(F_{B1} \cdot i_1 + F_{B2} \cdot i_2 + \ldots + F_{Bn} \cdot i_n) \cdot 100\,\%}{m_{zul} \cdot g}$$

Druckverhältnis

Für 1. Achse

$$i_1 = \frac{p_{N1} - 0{,}4}{p_1 - 0{,}4}$$

Für n. Achse

$$i_n = \frac{p_{Nn} - 0{,}4}{p_n - 0{,}4}$$

Größe		Einheit
F_B	Bremskraft des Fahrzeugs	N
F_{B1}	– an der 1. Achse bei einem Druck von p_1	N
F_{B2}	– an der 2. Achse bei einem Druck von p_2	N
F_{Bn}	– an der letzten Achse bei einem Druck von p_n	N
F_{Gzul}	zul. Fahrzeuggewichtskraft	N
g	Fallbeschleunigung	9,81 m/s²
$i_{1\ldots n}$	Druckverhältnis an der 1. bis letzten Achse	–
m_{zul}	zul. Gesamtmasse des Fz.	kg
$p_{N1\ldots n}$	max. Bremsdruck der 1. bis letzten Achse nach Herstellerangabe (siehe ALB-Schild)	bar
$p_{1\ldots n}$	Bremsdruck bei der Prüfung in den Radzylindern der jeweiligen Achse	bar
z	Abbremsung	%
0,4	Ansprechdruck der Bremszylinder	bar

Bremsarbeit, Bremsleistung

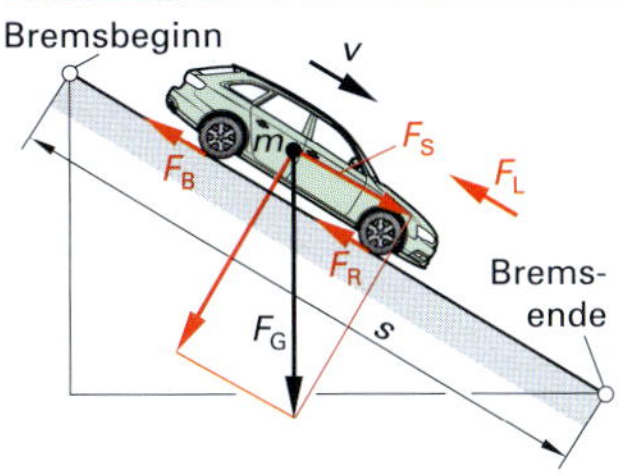

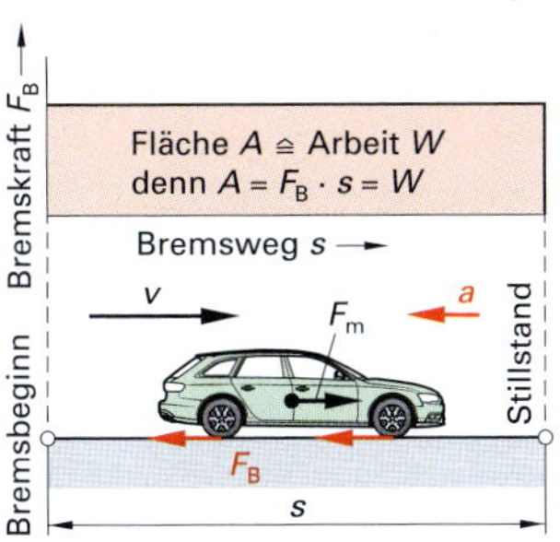

Talfahrt mit konstanter Geschwindigkeit

Bremsarbeit:

$$W_B = \frac{F_B \cdot s}{1000}$$

$$W_B = \frac{F_B \cdot v \cdot t}{1000}$$

Bremsleistung:

$$P_B = \frac{F_B \cdot v}{1000}$$

$$P_B = \frac{F_B \cdot s}{1000 \cdot t}$$

Bremskraft:

$$F_B = F_S - F_R - F_L$$

Gefällekraft:

$$F_S \approx \frac{F_G \cdot S}{100\,\%}$$

Anhalten auf ebener Fahrbahn

Bremsarbeit:

$$W_B = \frac{F_B \cdot s}{1000}$$

$$W_B = \frac{m \cdot a \cdot s}{1000}$$

$$W_B = \frac{m \cdot v^2}{2000}$$

$$W_B = P_{Bm} \cdot t$$

Bremsleistung:

$$P_{Bmax} = \frac{F_B \cdot v}{1000}$$

$$P_{Bm} = \frac{F_B \cdot v}{2000}$$

$$P_{Bm} = \frac{m \cdot a \cdot v}{2000}$$

$$P_{Bm} = \frac{W_B}{t}$$

Größe		Einheit
a	Bremsverzögerung, mittlere	m/s²
F_B	Bremskraft des Fahrzeugs	N
F_G	Gewichtskraft des Fahrzeugs	N
F_L	Luftwiderstand	N
F_m	Massenträgheitskraft	N
F_R	Rollwiderstand	N
F_S	Gefällekraft	N
m	Fahrzeugmasse	kg
P_B	Bremsleistung, konstante	kW
P_{Bm}	–, mittlere	kW
P_{Bmax}	–, größter Augenblickswert	kW
s	Bremsweg	m
S	Gefälle (Steigung)	%
t	Bremszeit	s
v	Fahrgeschwindigkeit auf dem Gefälle bzw. vor dem Bremsen	m/s
W_B	Bremsarbeit	kJ

Die **Bremsarbeit** beim Anhalten auf ebener Fahrbahn ist gleich der Bewegungsenergie des rollenden Fahrzeugs. Sie wird durch Reibung in Wärme umgesetzt.

Der Augenblickswert der **Bremsleistung** ist das Produkt aus Bremskraft und Fahrgeschwindigkeit. Da die Geschwindigkeit beim Anhalten auf Null abfällt, wird oft die mittlere Bremsleistung angegeben.

Übersetzung der Bremskraft

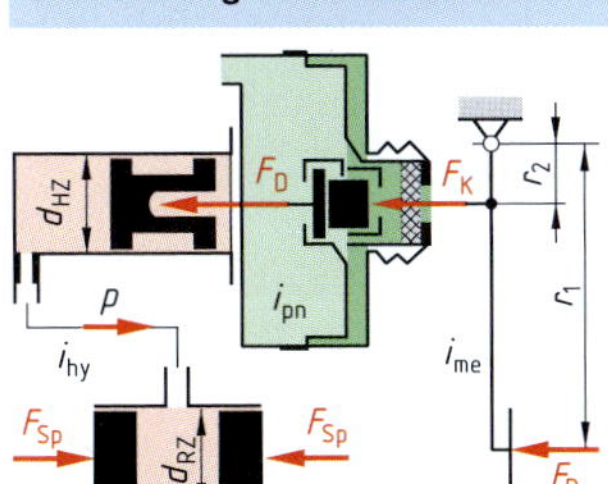

mechanische …

$$i_{me} = \frac{r_2}{r_1}$$

$$i_{me} = \frac{F_P}{F_K}$$

hydraulische …

$$i_{hy} = \frac{d_{HZ}^2}{d_{RZ}^2}$$

$$i_{hy} = \frac{F_K \text{ oder } F_D}{F_{Sp}}$$

pneumatische …

$$i_{pn} = \frac{F_K}{F_D}$$

$$i_{pn} = \frac{1}{\nu}$$

gesamte …

Ohne Bremskraftverstärker:
$i = i_{me} \cdot i_{hy}$

Mit Bremskraftverstärker:
$i = i_{me} \cdot i_{pn} \cdot i_{hy}$

Größe		Einheit
d_{HZ}	Durchmesser des Hauptzylinders	mm
d_{RZ}	– des Radzylinders	mm
F_D	Druckstangenkraft	N
F_K	Kolbenstangenkraft	N
F_P	Pedalkraft (Betätigungskraft)	N
F_{Sp}	Spannkraft (Anpresskraft)	N
i	Gesamtübersetzung	–
i_{hy}	Einzelübersetzung, hydraulische	–
i_{me}	–, mechanische	–
i_{pn}	–, pneumatische	–
r_1	Hebelarm der Pedalkraft	mm
r_2	– der Kolbenstangenkraft	mm
ν	Verstärkungsfaktor	–

1

Betätigung

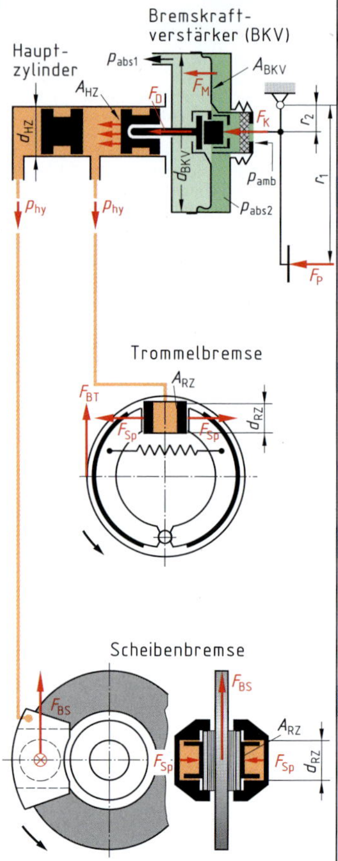

Pedalkraft

$$F_P = \frac{F_K \cdot r_2}{r_1}$$

$$F_P = F_K \cdot i_{me}$$

$$F_P = F_{Sp} \cdot i$$

Kolbenstangenkraft

$$F_K = \frac{F_P \cdot r_1}{r_2}$$

$$F_K = \frac{F_P}{i_{me}} = \frac{F_D}{\nu}$$

ohne BKV:
$$F_K = p_{hy} \cdot A_{HZ}$$

Membrankraft

Mit Δp in N/cm²:

$$F_M = \Delta p \cdot A_{BKV}$$

$$F_M = \Delta p \cdot \frac{\pi \cdot d_{BKV}^2}{4}$$

$$F_M = F_K \cdot (\nu - 1)$$

Druckdifferenz

Mit Δp in mbar:

$$\Delta p = p_{abs2} - p_{abs1}$$

Mit $p_{abs2} = p_{amb}$:

$$\Delta p_{max} = p_{amb} - p_{abs1}$$

Druckstangenkraft

$$F_D = F_K \cdot \nu$$

$$F_D = F_K + F_M$$

$$F_D = F_{Sp} \cdot i_{hy}$$

$$F_D = \frac{F_K}{i_{pn}}$$

Bremsdruck (Flüssigkeitsdruck)

$$p_{hy} = \frac{F_D}{A_{HZ}}$$

$$p_{hy} = \frac{F_{Sp}}{A_{RZ}}$$

ohne BKV:
$$p_{hy} = \frac{F_K}{A_{HZ}}$$

Spannkraft (Anpresskraft)

$$F_{Sp} = p_{hy} \cdot A_{RZ}$$

$$F_{Sp} = \frac{F_D \cdot d_{RZ}^2}{d_{HZ}^2}$$

$$F_{Sp} = \frac{F_{BS}}{2 \cdot \mu_{GS}}$$

$$F_{Sp} = \frac{F_K \text{ oder } F_D}{i_{hy}}$$

$$F_{Sp} = \frac{F_P}{i}$$

$$F_{Sp} = \frac{F_{BT}}{C}$$

Größe		Einheit
A_{BKV}	Kolbenfläche des Bremskraftverstärkers	cm²
A_{HZ}	– des Hauptzylinders	cm²
A_{RZ}	– des Radzylinders	cm²
C	Bremsenkennwert	–
d_{BKV}	Durchmesser des Bremskraftverstärkers	cm
d_{HZ}	– des Hauptzylinders	cm
d_{RZ}	– des Radzylinders	cm
F_{BS}	Bremskraft an der Bremsscheibe	N
F_{BT}	– an der Bremstrommel	N
F_D	Druckstangenkraft	N
F_K	Kolbenstangenkraft	N
F_M	Membrankraft (Verstärkerkraft)	N
F_P	Pedalkraft (Betätigungskraft)	N
F_{Sp}	Spannkraft (Anpresskraft)	N
i	Gesamtübersetzung	–
i_{hy}	Einzelübersetzung, hydraulische	–
i_{me}	–, mechanische	–
i_{pn}	–, pneumatische	–
p_{abs1}	Druck in der Vakuumkammer	mbar, bar
p_{abs2}	Druck in der Arbeitskammer	mbar, bar
p_{amb}	Atmosphärendruck	mbar, bar
Δp	Druckdifferenz zwischen Vakuum- und Arbeitskammer	mbar, bar
Δp_{max}	maximale Druckdifferenz zwischen Vakuum- und Arbeitskammer	mbar, bar
p_{hy}	Bremsdruck (Flüssigkeitsdruck)	bar
r_1	Hebelarm der Pedalkraft	mm
r_2	–, der Kolbenstangenkraft	mm
μ_{GS}	Gleitreibungszahl zwischen Bremsscheibe und Bremsbelag	–
ν	Verstärkungsfaktor	–

Bremsenkennwert: Verhältnis von Bremskraft an der Reibfläche der Bremstrommel zu Spannkraft am Radzylinder.

Simplexbremse	1,4 … 2,2
Duplexbremse	2,1 … 3,5
Servobremse	3,2 … 5,8

Verstärkungsfaktor: Verhältnis Druckstangen- zu Kolbenstangenkraft 1,8 … 4,0

Umrechnung: 100 mbar = 1 N/cm²

Bremskraft

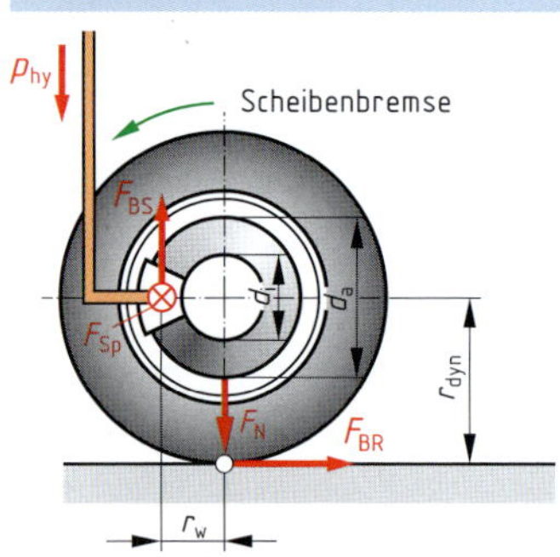

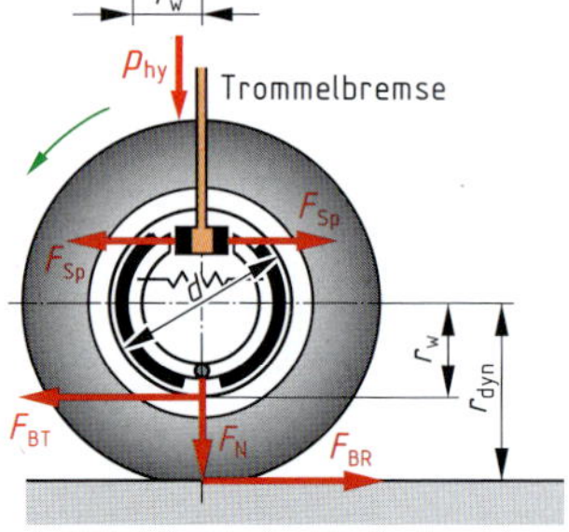

an Bremsscheibe

$$F_{BS} = 2 \cdot F_{Sp} \cdot \mu_{GS}$$

$$F_{BS} = \frac{F_{BR} \cdot r_{dyn}}{r_w}$$

an Bremstrommel

$$F_{BT} = F_{Sp} \cdot C$$

$$F_{Sp} = \frac{F_{BR} \cdot r_{dyn}}{r_w}$$

am Reifenumfang

Mit Bremsscheibe:

$$F_{BR} = \frac{F_{BS} \cdot r_w}{r_{dyn}}$$

$$r_w = \frac{d_a + d_i}{4}$$

Mit Bremstrommel:

$$F_{BR} = \frac{F_{BT} \cdot r_w}{r_{dyn}}$$

$$r_w = \frac{d}{2}$$

Räder drehen noch: $F_{BR\,max} = F_N \cdot \mu_H$

Räder blockieren: $F_{BR\,max} = F_N \cdot \mu_G$

Größe		Einheit
C	Bremsenkennwert	–
d	Bremstrommeldurchmesser	mm
d_a	Scheibendurchmesser, äußerer	mm
d_i	–, innerer	mm
F_{BR}	Bremskraft am Reifenumfang	N
F_{BS}	– an der Bremsscheibe	N
F_{BT}	– an der Bremstrommel	N
F_N	Radaufstandskraft	N
F_{Sp}	Spannkraft (Anpresskraft)	N
r_{dyn}	Reifenradius (-halbmesser), dynamischer	mm
r_w	Reibradius (-halbmesser), wirksamer	mm
μ_{GS}	Gleitreibungszahl zwischen Bremsscheibe und Bremsbelag	–
μ_G	– zwischen Fahrbahn und Reifen	–
μ_H	Haftreibungszahl zwischen Fahrbahn und Reifen	–

Gleitreibungszahl zwischen Bremsscheibe und -belag 0,20 … 0,50

Fahrwiderstand

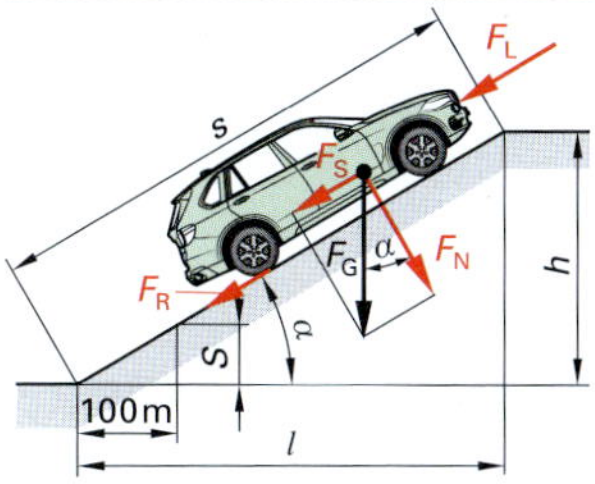

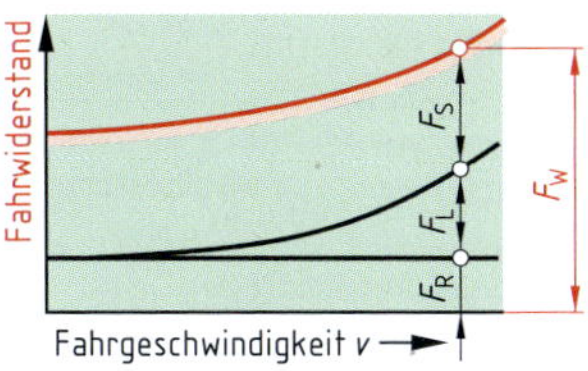

Der Fahrwiderstand umfasst den Rollwiderstand, Luftwiderstand und Steigungswiderstand. Die Verluste im Antriebsstrang werden durch den entsprechenden Wirkungsgrad berücksichtigt.

Luftdichte in kg/m³

in 0 m Höhe (15 °C)	1,226
in 1000 m Höhe	1,112
in 2000 m Höhe	1,007
in 4000 m Höhe	0,819

Rollwiderstand, ebene Straße

$F_R = m \cdot g \cdot k$ — v in km/h

$F_R = F_G \cdot k$ — $P_R = \frac{F_R \cdot v}{3600}$

Luftwiderstand

v in m/s — v in km/h

$F_L = 0{,}5 \cdot \varrho \cdot v^2 \cdot A \cdot c_w$ — $P_L = \frac{F_L \cdot v}{3600}$

$A \approx 0{,}8 \cdot B \cdot H$ — $F_L = 0{,}03858 \cdot \varrho \cdot v^2 \cdot A \cdot c_w$

Steigungswiderstand

$F_S = m \cdot g \cdot \sin\alpha$ — v in km/h

$F_S = \frac{m \cdot g \cdot h}{s} = \frac{F_G \cdot h}{s}$ — $P_S = \frac{F_S \cdot v}{3600}$

Für kleinere Steigungen:

$F_S \approx m \cdot g \cdot \tan\alpha$ — $F_S \approx \frac{m \cdot g \cdot h}{l} = \frac{F_G \cdot h}{l}$

$F_S \approx \frac{m \cdot g \cdot S}{100\,\%}$ — $F_S \approx \frac{F_G \cdot S}{100\,\%}$

Fahrwiderstand

Bei Steigungen:

$F_W = F_R + F_L + F_S$ — v in km/h

Bei Gefälle:

$F_W = F_R + F_L - F_S$ — $P_W = \frac{F_W \cdot v}{3600}$

Größe		Einheit
A	Stirnfläche des Fahrzeugs	m²
B	Fahrzeugbreite	m
c_w	Luftwiderstandszahl	–
F_L	Luftwiderstand	N
F_R	Rollwiderstand	N
F_S	Steigungswiderstand	N
F_W	Fahrwiderstand	N
F_G	Gewichtskraft des Fahrzeugs	N
g	Fallbeschleunigung	9,81 m/s²
h	Höhenunterschied der Steigung	m
H	Fahrzeughöhe	m
k	Rollwiderstandszahl	–
l	Steigungslänge, waagrechte	m
m	Fahrzeugmasse	kg
P_L	Luftwiderstandsleistung	kW
P_R	Rollwiderstandsleistung	kW
P_S	Steigungswiderstandsleistung	kW
P_W	Fahrwiderstandsleistung	kW
s	Wegstrecke der Steigung	m
S	Steigung (+), Gefälle (–)	%
v	Fahrgeschwindigkeit	m/s, km/h
ϱ	Luftdichte	kg/m³
α	Steigungswinkel	°

Rollwiderstandszahl

Asphalt, Beton, Steinpflaster	0,015
Schotter, gewalzt	0,020
Erdweg, fest	0,050
Sand, lose	0,150

Luftwiderstandszahl (c_w-Wert)

Personenkraftwagen	0,25 ... 0,40
Lastkraftwagen	0,80 ... 1,50
Omnibus	0,40 ... 0,60
Kraftrad	0,60 ... 0,70

Fahrdiagramm

Beispiel

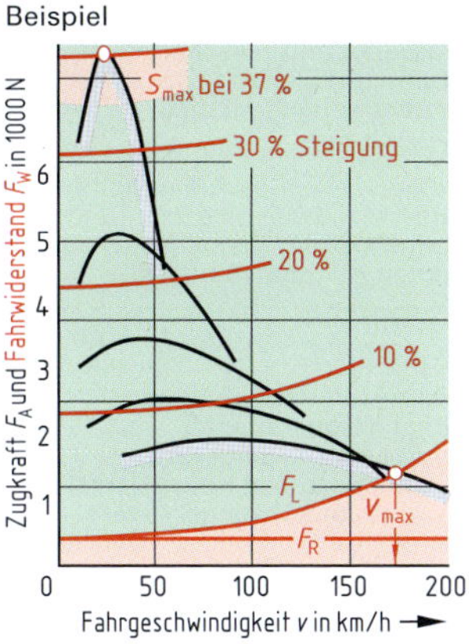

Sind Zugkraft F_A und Fahrwiderstand F_W gleich groß, so bleibt die Geschwindigkeit des Fahrzeugs konstant.

Zugkraft — Antriebsdrehmoment

$F_A = F_W$ — $M_A = F_A \cdot r_{dyn}$

$F_A = \frac{M_A}{r_{dyn}}$ — $M_A = F_W \cdot r_{dyn}$

$F_A = \frac{M_M \cdot i \cdot \eta}{r_{dyn}}$ — $M_A = M_M \cdot i \cdot \eta$

Größte übertragbare Zugkraft:

$F_{Amax} = m_A \cdot g \cdot \cos\alpha \cdot \mu_H$ — $F_{Amax} = F_1 \cdot \mu_H$

Übersetzung — Motordrehmoment

$i = \frac{F_A \cdot r_{dyn}}{M_M \cdot \eta}$ — $M_M = \frac{F_A \cdot r_{dyn}}{i \cdot \eta}$

$i = \frac{M_A}{M_M \cdot \eta}$ — $M_M = \frac{M_A}{i \cdot \eta}$

Wirkungsgrad des Antriebsstrangs:

$\eta = \frac{F_A \cdot r_{dyn}}{M_M \cdot i}$ — $\eta = \frac{M_A}{M_M \cdot i}$

Fahrgeschwindigkeit

$v = \frac{3600 \cdot P_{eff} \cdot \eta}{F_W \text{ oder } F_A}$

Steigfähigkeit

$\sin\alpha_{max} = \frac{F_{S_{max}}}{m \cdot g}$ — $\sin\alpha_{max} = \frac{F_{S_{max}}}{F_G}$

$S_{max} \approx \frac{100\,\% \cdot F_{S_{max}}}{m \cdot g}$ — $S_{max} \approx \frac{100\,\% \cdot F_{S_{max}}}{F_G}$

$F_{S_{max}} = F_{Amax} - F_R$ — $F_A = \frac{M_M \cdot i_{1.G} \cdot \eta}{r_{dyn}}$

Größe		Einheit
F_A	Zugkraft an den Antriebsrädern	N
F_{Amax}	–, größte übertragbare	N
F_G	Gewichtskraft des Fahrzeugs	N
F_S	Steigungswiderstand	
F_{Smax}	größter überwindbarer Steigungswiderstand	N
F_W	Fahrwiderstand	N
F_1	Achskraft der Antriebsachse senkrecht zur Fahrbahn	N
g	Fallbeschleunigung	9,81 m/s²
i	Gesamtübersetzung im Antriebsstrang	–
$i_{1.G}$	– 1. Gang	–
m	Fahrzeugmasse	kg
m_A	Achslast der Antriebsachse	kg
M_M	Drehmoment des Motors	Nm
M_A	– an den Antriebsrädern	Nm
P_{eff}	Nutzleistung des Motors	kW
r_{dyn}	Reifenradius (-halbmesser), dynamischer	m
S	Steigung	%
S_{max}	größte überwindbare Steigung	%
v	Fahrgeschwindigkeit	km/h
α	Steigungswinkel	°
η	Gesamtwirkungsgrad des Antriebsstrangs	–
μ_H	Haftreibungszahl zwischen Fahrbahn und Reifen	–

Wirkungsgrad

Kupplung	0,995
Wechselgetriebe, direkter Gang	0,98
–, nicht direkter Gang	0,92
Wellengelenke	0,99
Achsantrieb	0,98
Räder	0,99
Antriebsstrang, gesamt	0,88 ... 0,92

1

Fahrleistung

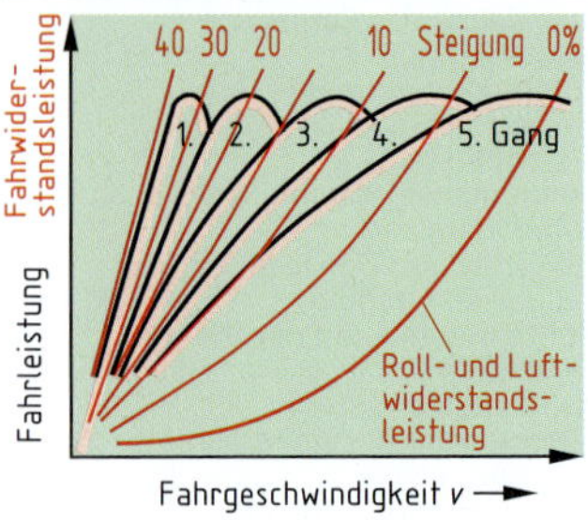

Fahrleistung

$P_A = P_{eff} \cdot \eta$ $\quad P_A = P_W$

$P_A = \frac{F_A \cdot v}{3600}$ $\quad F_A = F_W$

$P_W = \frac{F_W \cdot v}{3600}$

Motorleistung

$P_{eff} = \frac{P_A}{\eta}$

$P_{eff} = \frac{F_A \cdot v}{3600 \cdot \eta}$

$P_{eff} = \frac{F_W \cdot v}{3600 \cdot \eta}$

Zugkraft

$F_A = \frac{3600 \cdot P_A}{v}$

$F_A = \frac{3600 \cdot P_{eff} \cdot \eta}{v}$

Geschwindigkeit

$v = \frac{3600 \cdot P_A}{F_A}$

$v = \frac{3600 \cdot P_{eff} \cdot \eta}{F_A}$

Größe		Einheit
F_A	Zugkraft an den Antriebsrädern	N
F_W	Fahrwiderstand	N
P_A	Fahrleistung an den Rädern	kW
P_W	Fahrwiderstandsleistung	kW
P_{eff}	Nutzleistung des Motors	kW
v	Fahrgeschwindigkeit	km/h
η	Gesamtwirkungsgrad des Antriebsstrangs	–

Sind Fahrleistung P_A und Fahrwiderstandsleistung P_W gleich groß, bleibt die Fahrgeschwindigkeit konstant. In nebenstehende Formeln kann in diesem Fall für P_A (F_A) auch P_W (F_W) eingesetzt werden.

Beschleunigung, konstante

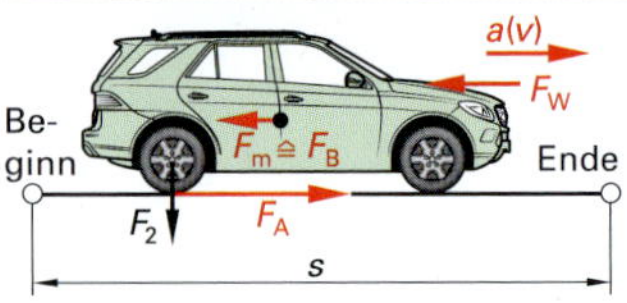

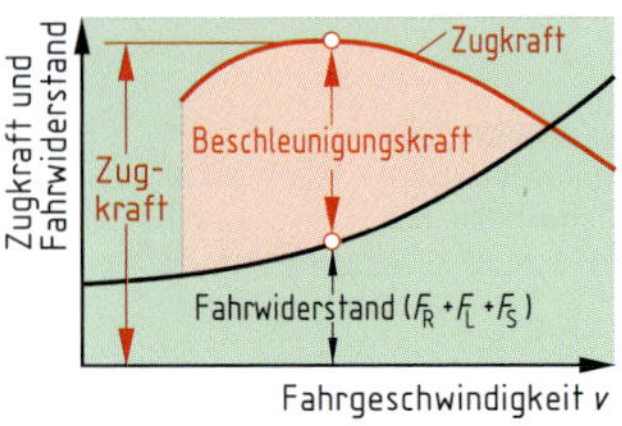

Die Zugkraft F_A an den Antriebsrädern wird gegebenenfalls nur zum Teil zur Überwindung des Fahrwiderstands F_W benötigt. Ist F_A größer als F_W, beschleunigt das Fahrzeug; ist F_A kleiner als F_W, verzögert es.

Beschleunigung

$a = \frac{F_B}{m}$

$a = \frac{F_A - F_W}{m}$

Beschleunigungskraft

$F_B = m \cdot a$

$F_B = F_A - F_W$

Beim Anfahren auf ebener Fahrbahn:

$a_{max} = \frac{F_{Bmax}}{m}$ $\quad F_{Bmax} = F_2 \cdot \mu_H$ (Beispiel Heckantrieb)

Arbeit

$W_B = \frac{F_B \cdot s}{1000}$

Leistung

$P_B = \frac{F_B \cdot v}{1000}$

Beim Anfahren auf ebener Fahrbahn:

$W_B = \frac{m \cdot v^2}{2000}$ $\quad P_{B,m} = \frac{F_B \cdot v}{2000}$

Zugkraft

$F_A = F_W + F_B$

$F_A = \frac{1000 \cdot P_A}{v}$

Fahrleistung

$P_A = P_W + P_B$

$P_A = \frac{F_A \cdot v}{1000}$

Motordrehmoment

$M_M = \frac{F_A \cdot r_{dyn}}{i \cdot \eta}$

Motorleistung

$P_{eff} = \frac{P_A}{\eta}$

Größe		Einheit
a	Beschleunigung, mittlere	m/s²
a_{max}	–, größte	m/s²
F_A	Zugkraft a. d. Antriebsrädern	N
F_B	Beschleunigungskraft	N
F_m	Massenträgheitskraft	N
F_W	Fahrwiderstand ($F_R + F_L + F_S$)	N
F_2	Achskraft der Antriebsachse	N
i	Gesamtübersetzung	–
m	Fahrzeugmasse	kg
M_M	Drehmoment des Motors	Nm
P_A	Fahrleistung an den Rädern	kW
P_B	Beschleunigungsleistung, im Augenblick (momentan)	kW
$P_{B,m}$	–, mittlere	kW
P_{eff}	Nutzleistung des Motors	kW
P_W	Fahrwiderstandsleistung	kW
r_{dyn}	Reifenradius (-halbmesser), dynamischer	m
s	Beschleunigungsweg	m
v	Fahrgeschwindigkeit während bzw. nach dem Beschleunigen	m/s
W_B	Beschleunigungsarbeit	kJ
μ_H	Haftreibungszahl zwischen Fahrbahn und Reifen	–
η	Gesamtwirkungsgrad des Antriebsstrangs	–

Fahrwiderstand F_W, Beschleunigungskraft F_B, Fahrwiderstandsleistung P_W und Beschleunigungsleistung P_B sind geschwindigkeitsabhängige Augenblickswerte.

Kurvenfahrt

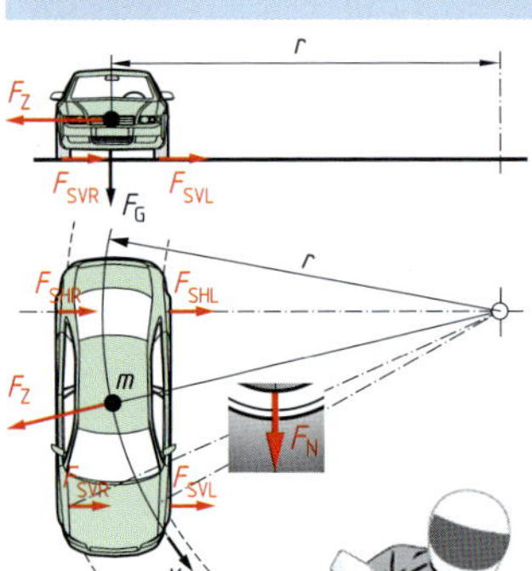

Fliehkraft

$F_Z = \frac{m \cdot v^2}{12{,}96 \cdot r}$

Seitenführungskraft, Reibkraft

$F_S = F_{SVL} + F_{SVR} + F_{SHL} + F_{SHR}$

$F_{Smax} = F_{Rmax}$ $\quad F_{Rmax} = m \cdot g \cdot \mu_H$

Geschwindigkeit

$v = 3{,}6 \cdot \sqrt{\frac{F_Z \cdot r}{m}}$ mit $F_{Zmax} = F_{Rmax} = m \cdot g \cdot \mu_H$:

$v_{max} = 3{,}6 \cdot \sqrt{g \cdot r \cdot \mu_H}$

Kurvenradius (-halbmesser)

$r = \frac{m \cdot v^2}{12{,}96 \cdot F_Z}$ mit $F_{Zmax} = F_{Rmax} = m \cdot g \cdot \mu_H$:

$r_{min} = \frac{v^2}{12{,}96 \cdot g \cdot \mu_H}$

Neigungswinkel zur Senkrechten

$\tan\alpha = \frac{v^2}{12{,}96 \cdot g \cdot r}$ mit $v^2_{max} = 12{,}96 \cdot g \cdot r \cdot \mu_H$:

$\tan\alpha_{max} = \mu_H$

Größe		Einheit
F_G	Gewichtskraft des Fahrzeugs	N
F_{Rmax}	maximal mögl. Reibkraft	N
F_S	Gesamtseitenführungskraft	N
F_{Smax}	–, maximale (stabile Kurvenfahrt)	N
$F_{SHL,SHR,SVL,SVR}$	Seitenführungskräfte	N
F_Z	Fliehkraft	N
F_{Zmax}	–, maximale (stabile Kurvenfahrt)	N
g	Fallbeschleunigung	9,81 m/s²
m	Fahrzeugmasse	kg
r	Kurvenradius (-halbmesser)	m
r_{min}	–, minimaler (stabile Kurvenfahrt)	m
v	Fahrgeschwindigkeit	km/h
v_{max}	–, maximale (stabile Kurvenfahrt)	km/h
α	Neigungswinkel zur Senkrechten	°
α_{max}	–, maximaler (stabile Kurvenfahrt)	°
μ_H	Haftreibungszahl zwischen Fahrbahn und Reifen	–

Anmerkung: $12{,}96 = 3{,}6^2$

Die Formeln für F_{Rmax}, v_{max}, r_{min} und α_{max} gelten bei nicht überhöhten Kurven und bei Betrachtung der Fahrzeuge als starre Körper.
Für Kurvenfahrt mit konstanter Geschwindigkeit (ohne Brems- und Beschleunigungskräften an den Rädern) gilt:

Stabile Kurvenfahrt	$F_Z < F_{Rmax}$
Grenzbereich	$F_Z = F_{Rmax}$
Schleudern, Rutschen	$F_Z > F_{Rmax}$

Ohmsches Gesetz

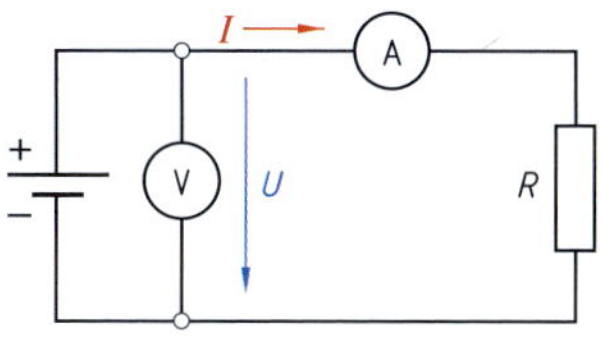

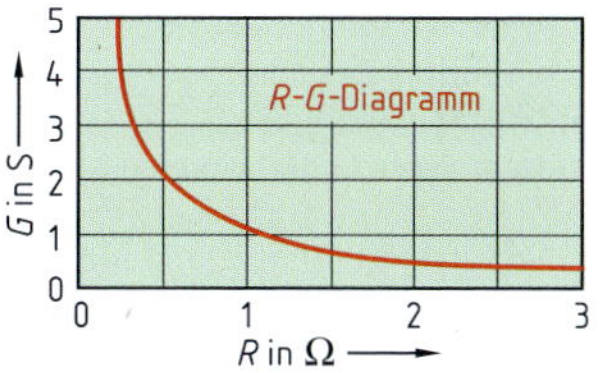

$I = \frac{U}{R}$ $R = \frac{U}{I}$

$U = I \cdot R$

Die Stromstärke I ist um so größer, je größer die Spannung U ist und je kleiner der Widerstand R ist.

Leitwert	Widerstand
$G = \frac{1}{R}$	$R = \frac{1}{G}$

Spezif. Widerstand	Leitfähigkeit
$\varrho = \frac{1}{\varkappa}$	$\varkappa = \frac{1}{\varrho}$

	Größe	Einheit
G	elektrischer Leitwert	S
I	elektrische Stromstärke (Strom)	A
R	elektrischer Widerstand	Ω
U	elektrische Spannung	V
$\varkappa$	elektrische Leitfähigkeit	m/(Ωmm²)
ϱ	spezifischer el. Widerstand	Ωmm²/m

1 Ohm (Ω) ist gleich dem Widerstand eines elektrischen Leiters durch den bei 1 V Spannung der Strom 1 A fließt.

Der Leitwert 1 Siemens (S) ist gleich dem reziproken Wert des Widerstandes 1 Ω.

Der spezifische elektrische Widerstand ϱ ist der Widerstand eines Leiters von 1 m Länge und 1 mm² Querschnitt.

Die elektrische Leitfähigkeit $\varkappa$ gibt an, wie viel m Länge ein Leiter von 1 mm² Querschnitt bei 1 Ω Widerstand hat.

Leiterwiderstand

Werkstoff	ϱ in $\frac{\Omega mm^2}{m}$	$\varkappa$ in $\frac{m}{\Omega mm^2}$
Silber	0,0167	60
Kupfer	0,0178	56
Aluminium	0,0278	36
Wolfram	0,055	18,2
CuZn-Legier.	0,07	14,3
CuNi 44	0,50	2,00
NiCr 30 20	1,04	0,96

Temperaturbeiwert

Werkstoff	α in 1/K
Silber	0,0041
Kupfer	0,0039
Aluminium	0,0040
Wolfram	0,0048
CuNi 44	±0,00004
NiCr 30 20	0,00035

Leiterwiderstand	Leiterquerschnitt
$R = \frac{l \cdot \varrho}{A}$	$A = \frac{l \cdot \varrho}{R}$
$R = \frac{l}{A \cdot \varkappa}$	$A = \frac{l}{R \cdot \varkappa}$

Leiterlänge

$l = \frac{R \cdot A}{\varrho}$ $l = R \cdot A \cdot \varkappa$

Widerstandsänderung durch Erwärmung

$\Delta R = R_k \cdot \alpha \cdot \Delta T$

Warmwiderstand	Temperaturunterschied
$R_w = R_k + \Delta R$	$\Delta T = \frac{R_w - R_k}{R_k \cdot \alpha}$
$R_w = R_k \cdot (1 + \alpha \cdot \Delta T)$	

	Größe	Einheit
A	Leiterquerschnitt	mm²
l	Leiterlänge	m
R	Leiterwiderstand	Ω
R_k	Kaltwiderstand (bei 20 °C)	Ω
R_w	Warmwiderstand	Ω
ΔR	Widerstandsänderung	Ω
ΔT	Temperaturänderung	K
α	Temperaturbeiwert	1/K
$\varkappa$	elektrische Leitfähigkeit	m/(Ωmm²)
ϱ	spezifischer el. Widerstand	Ωmm²/m

Widerstandslegierungen sind:
CuNi 44 Handelsname Konstantan
NiCr 30 20 Handelsname Cronifer

Leitungsberechnung

Einleitungssystem

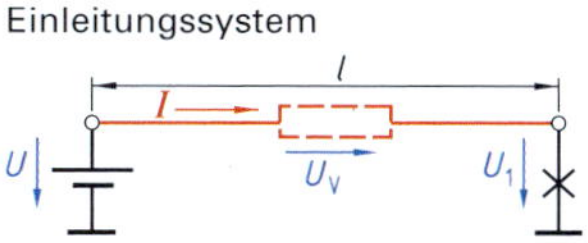

Zweileitungssystem ($l = l_1 + l_2$)

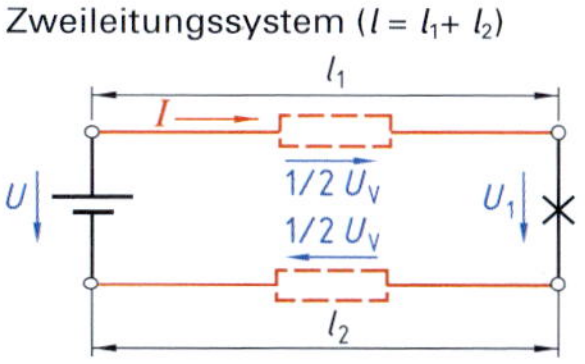

Spannungsfall	Leiterquerschnitt
$U_v = \frac{I \cdot l \cdot \varrho}{A}$	$A = \frac{I \cdot l \cdot \varrho}{U_v}$
$U_v = \frac{I \cdot l}{A \cdot \varkappa}$	$A = \frac{I \cdot l}{U_v \cdot \varkappa}$
$U_v = U - U_1$	

Leiterlänge	Stromstärke
$l = \frac{A \cdot U_v}{I \cdot \varrho}$	$I = \frac{A \cdot U_v}{l \cdot \varrho}$
$l = \frac{A \cdot U_v \cdot \varkappa}{I}$	$I = \frac{A \cdot U_v \cdot \varkappa}{l}$

Stromdichte $J = \frac{I}{A}$

	Größe	Einheit
A	Leiterquerschnitt	mm²
I	elektrische Stromstärke	A
J	elektrische Stromdichte	A/mm²
l	Leiterlänge	m
U	Versorgungsspannung	V
U_v	Spannungsfall	V
U_1	Spannung am Verbraucher	V
$\varkappa$	elektrische Leitfähigkeit	m/(Ωmm²)
ϱ	spezifischer el. Widerstand	Ωmm²/m

Der Mindestquerschnitt einer Leitung richtet sich hauptsächlich nach dem zulässigen Spannungsfall. Wegen der Erwärmung der Leitung muss gegebenenfalls die Stromdichte nachgeprüft werden.

Elektrische Leitungen im Kfz vgl. S. 297

Reihenschaltung

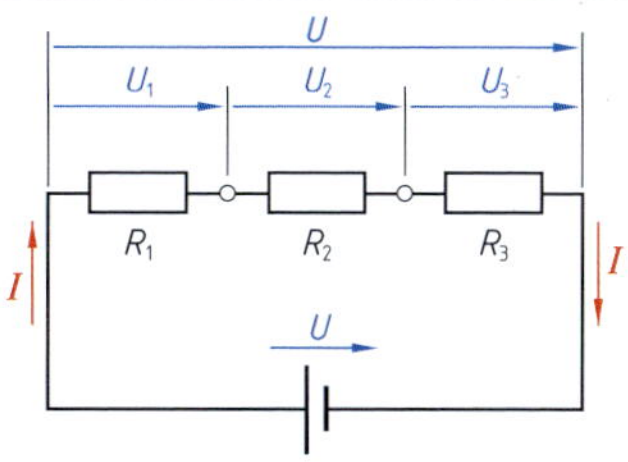

Widerstand	Spannung
$R = R_1 + R_2 + R_3 + \ldots$	$U = U_1 + U_2 + U_3 + \ldots$
$R_1 = \frac{U_1}{I}$	$U_1 = I \cdot R_1$
$R_2 = \frac{U_2}{I}$	$U_2 = I \cdot R_2$
$R_3 = \frac{U_3}{I}$	$U_3 = I \cdot R_3$

Stromstärke

$I = \frac{U_1}{R_1} = \frac{U_2}{R_2} = \ldots$ $I = \frac{U}{R}$

	Größe	Einheit
I	elektrische Stromstärke	A
R	Gesamtwiderstand	Ω
R_1	Einzelwiderstand 1	Ω
R_2	Einzelwiderstand 2	Ω
R_3	Einzelwiderstand 3	Ω
U	Gesamtspannung	V
U_1	Teilspannung am Widerstand 1	V
U_2	Teilspannung am Widerstand 2	V
U_3	Teilspannung am Widerstand 3	V

Die Teilspannungen verhalten sich wie die zugehörigen Einzelwiderstände.
Die Stromstärke I ist in allen Einzelwiderständen gleich groß.

Parallelschaltung

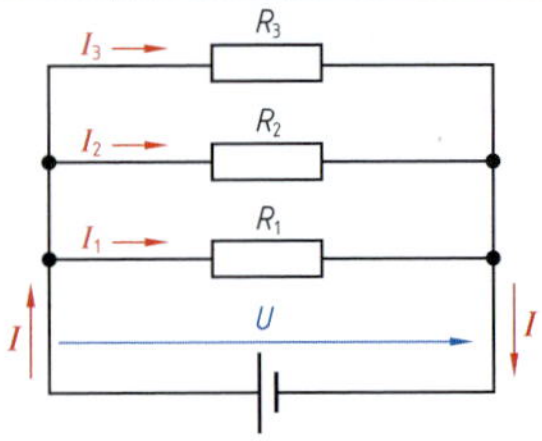

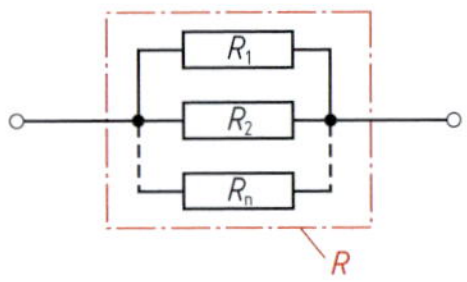

Stromstärke

$I = I_1 + I_2 + I_3 + \ldots$

$I_1 = \dfrac{U}{R_1}$ $\quad I_2 = \dfrac{U}{R_2}$

$I_3 = \dfrac{U}{R_3}$

Spannung

$U = I \cdot R$

$U = I_1 \cdot R_1$

$U = I_2 \cdot R_2$

$U = I_3 \cdot R_3$

Gesamtwiderstand, allgemein

$$\frac{1}{R} = \frac{1}{R_1} + \frac{1}{R_2} + \frac{1}{R_3} + \ldots$$

–, für 2 parallele Widerstände

$$R = \frac{R_1 \cdot R_2}{R_1 + R_2} \qquad R_1 = \frac{R_2 \cdot R}{R_2 - R} \qquad R_2 = \frac{R_1 \cdot R}{R_1 - R}$$

–, für *n* gleiche Widerstände

$$R = \frac{R_1}{n}$$

Größe		Einheit
I	Gesamtstrom	A
I_1	Teilstrom im Einzelwiderstand 1	A
I_2	Teilstrom im Einzelwiderstand 2	A
I_3	Teilstrom im Einzelwiderstand 3	A
n	Anzahl der Einzelwiderstände	–
R	Gesamtwiderstand	Ω
R_1	Einzelwiderstand 1	Ω
R_2	Einzelwiderstand 2	Ω
R_3	Einzelwiderstand 3	Ω
U	Spannung	V

Die Teilströme verhalten sich umgekehrt wie die zugehörigen Widerstände.

An allen Widerständen liegt die gleich große Spannung U.

Der Gesamtwiderstand (Erstwiderstand) ersetzt in seiner Wirkung die Einzelwiderstände. Er ist kleiner als der kleinste Einzelwiderstand.

Gemischte Schaltung

Erweiterte Reihenschaltung

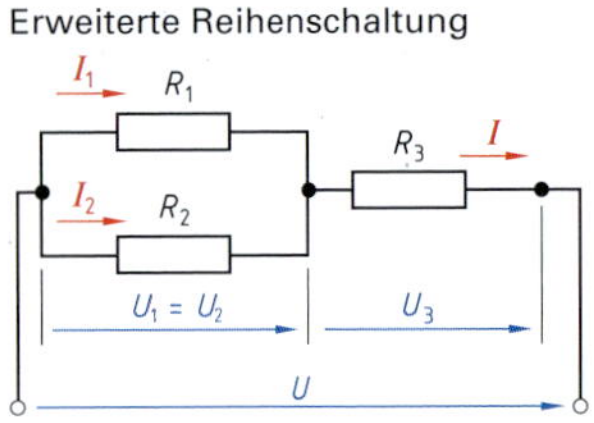

Widerstand

Für nebenstehende Schaltung gilt:
Schritt 1: Ersatzwiderstand für Parallelschaltung von R_1 und R_2

$$R_{1,2} = \frac{R_1 \cdot R_2}{R_1 + R_2}$$

Schritt 2: Gesamtwiderstand = Ersatzwiderstand für Reihenschaltung von $R_{1,2}$ und R_3

$$R = R_{1,2} + R_3$$

Erweiterte Parallelschaltung

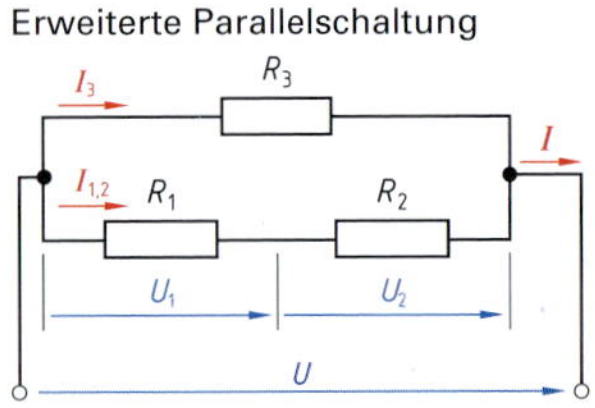

Für nebenstehende Schaltung gilt:
Schritt 1: Ersatzwiderstand für Reihenschaltung von R_1 und R_2

$$R_{1,2} = R_1 + R_2$$

Schritt 2: Gesamtwiderstand = Ersatzwiderstand für Parallelschaltung von $R_{1,2}$ und R_3

$$R = \frac{R_{1,2} \cdot R_3}{R_{1,2} + R_3}$$

Größe		Einheit
I	Gesamtstrom	A
I_1, I_2, I_3	Teilströme durch die Widerstände	A
R	Gesamtwiderstand	Ω
$R_{1,2}$	Ersatzwiderstand für R_1 und R_2	Ω
R_1	Einzelwiderstand 1	Ω
R_2	Einzelwiderstand 2	Ω
R_3	Einzelwiderstand 3	Ω
U	Gesamtspannung	V
U_1, U_2, U_3	Teilspannungen an den Widerständen	V

Bei einer gemischten Schaltung (Gruppenschaltung) unterscheidet man je nach Anordnung der Einzelwiderstände zwischen einer *erweiterten Reihenschaltung* und einer *erweiterten Parallelschaltung* (vgl. Abbildungen links).

Zur Berechnung des Gesamtwiderstands einer gemischten Schaltung wird diese in Parallelschaltungen und Reihenschaltungen zerlegt.

Spannungsteiler

Unbelasteter Spannungsteiler

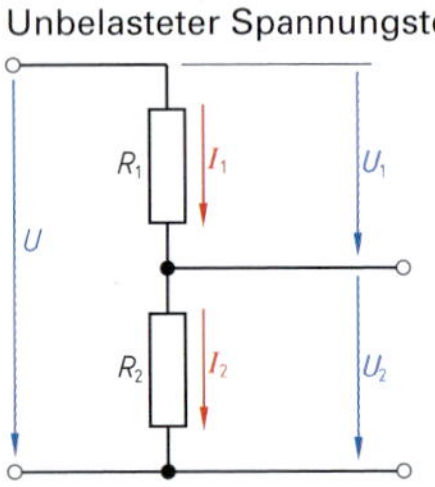

Strom

$$I_1 = I_2$$

Spannung

$$U = U_1 + U_2$$

$$\frac{U_2}{U} = \frac{R_2}{R_1 + R_2} \qquad U_2 = \frac{R_2}{R_1 + R_2} \cdot U$$

Belasteter Spannungsteiler

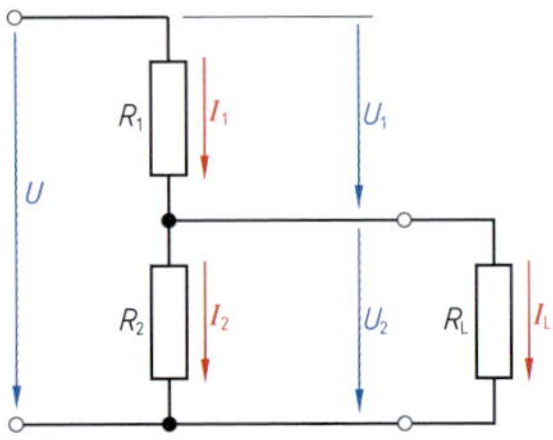

Strom

$$I_1 = I_2 + I_L$$

Spannung

$$U = U_1 + U_2$$

$$\frac{U_2}{U} = \frac{R_2 \cdot R_L}{R_1 (R_2 + R_L) + R_2 \cdot R_L}$$

$$U_2 = \frac{R_2 \cdot R_L}{R_1 (R_2 + R_L) + R_2 \cdot R_L} \cdot U$$

Größe		Einheit
I_1	Strom durch den Widerstand 1	A
I_2	Strom durch den Widerstand 2	A
I_L	Laststrom	A
R_1	Teilwiderstand 1	Ω
R_2	Teilwiderstand 2	Ω
R_L	Lastwiderstand	Ω
U	Gesamtspannung	V
U_1	Teilspannung am Widerstand 1	V
U_2	Teilspannung am Widerstand 2 bzw. am Lastwiderstand	V

Der *unbelastete* Spannungsteiler entspricht einer Reihenschaltung mit zwei Teilwiderständen.

Der *belastete* Spannungsteiler entspricht einer erweiterten Reihenschaltung (vgl. vorausgehenden Abschnitt).

Ist der Lastwiderstand R_L kleiner als der zu ihm parallel geschaltete Teilwiderstand R_2, beeinflusst er die Höhe der Teilspannung U_2. Sie sinkt gegenüber der Leerlaufspannung ab. Je kleiner der Lastwiderstand R_L im Vergleich zu R_2 ist, desto stärker ist dieser Effekt.

Elektrische Leistung

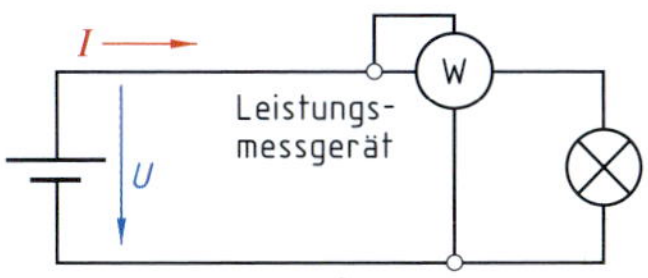

Leistung

$P = U \cdot I$ $\quad P = I^2 \cdot R$ $\quad P = \frac{U^2}{R}$

Strom	Spannung	Widerstand
$I = \frac{P}{U}$	$U = \frac{P}{I}$	$R = \frac{P}{I^2}$
$I = \sqrt{\frac{P}{R}}$	$U = \sqrt{P \cdot R}$	$R = \frac{U^2}{P}$

Größe		Einheit
I	elektrische Stromstärke	A
P	elektrische Leistung	W
R	elektrischer Widerstand	Ω
U	elektrische Spannung	V

Umrechnung
1 W = 1 V · 1 A = 1 J/s = 1 Nm/s

Elektrische Arbeit

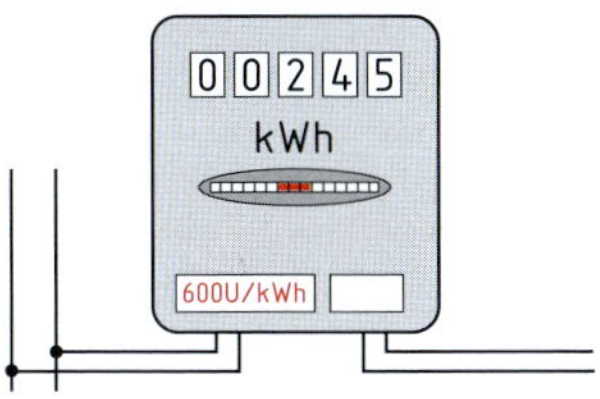

Arbeit	Zeit
$W = P \cdot t$	$t = \frac{W}{P}$
$W = U \cdot I \cdot t$	$t = \frac{W}{U \cdot I}$

Leistung	Stromstärke
$P = \frac{W}{t}$	$I = \frac{W}{U \cdot t}$

Größe		Einheit
I	elektrische Stromstärke	A
P	elektrische Leistung	W
t	Zeit, Einschaltdauer	s, h
U	elektrische Spannung	V
W	elektrische Arbeit	Ws, Wh, kWh

Umrechnung
1 Ws = 1 V · 1 A · 1 s
1 Ws = 1 J = 1 Nm
3 600 000 Ws = 1000 Wh = 1 kWh

Wirkungsgrad

Beispiel: Generator

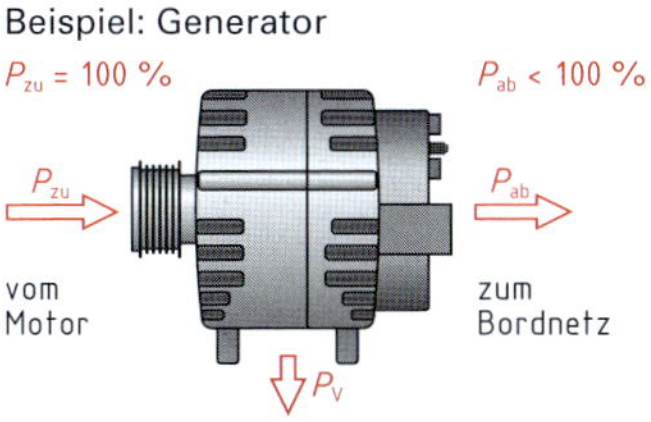

Wirkungsgrad

$\eta = \frac{P_{ab}}{P_{zu}}$ $\quad P_{zu} = \frac{P_{ab}}{\eta}$ $\quad P_{ab} = \eta \cdot P_{zu}$

aus Einzelwirkungsgraden:
$\eta = \eta_1 \cdot \eta_2 \cdot \ldots$

Verlustleistung

$P_V = P_{zu} - P_{ab}$

Größe		Einheit
P_{ab}	abgegebene Leistung	W, kW
P_{zu}	zugeführte Leistung	W, kW
P_V	Verlustleistung	W, kW
η	Wirkungsgrad	–
η_1, η_2	Einzelwirkungsgrade	–

Batterie (Akkumulator)

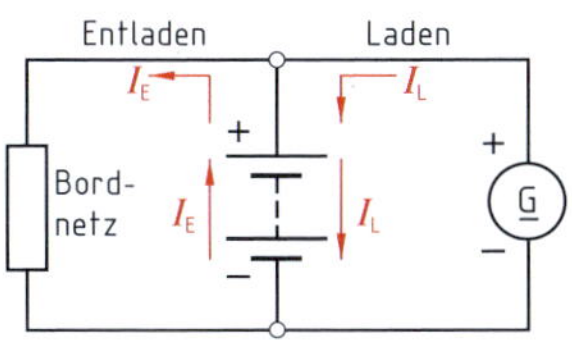

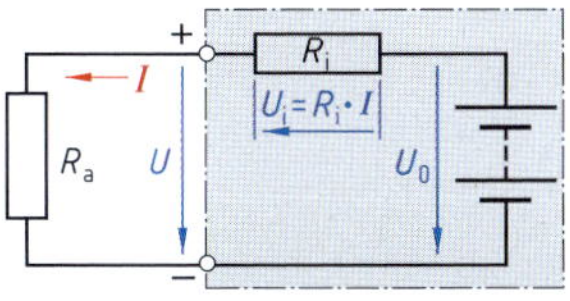

Kapazität

$K = I \cdot t$ $\quad I = \frac{K}{t}$ $\quad t = \frac{K}{I}$

Amperestundenwirkungsgrad

$\eta_{Ah} = \frac{K_E}{K_L}$ $\quad \eta_{Ah} = \frac{I_E \cdot t_E}{I_L \cdot t_L}$

Wattstundenwirkungsgrad

$\eta_{Wh} = \frac{W_E}{W_L}$ $\quad \eta_{Wh} = \frac{U_E \cdot I_E \cdot t_E}{U_L \cdot I_L \cdot t_L}$

Innenwiderstand	Klemmenspannung
$R_i = \frac{U_0 - U}{I}$	$U = U_0 - I \cdot R_i$

Strom	Kurzschlussstrom
$I = \frac{U_0}{R_a + R_i}$	$I_K = \frac{U_0}{R_i}$

Größe		Einheit
I	Stromstärke	A
I_E	Entladestrom	A
I_K	Kurzschlussstrom	A
I_L	Ladestrom	A
K	Kapazität	Ah
K_E	Entladekapazität	Ah
K_L	Ladekapazität	Ah
R_a	Belastungswiderstand	Ω
R_i	Innenwiderstand der Batterie	Ω
t	Zeit	h
t_E	Entladezeit	h
t_L	Ladezeit	h
U	Klemmenspannung	V
U_0	Leerlaufspannung	V
U_i	innerer Spannungsfall	V
U_E	Entladespannung	V
U_L	Ladespannung	V
W_E	Entladeenergie	Wh
W_L	Ladeenergie	Wh
η_{Ah}	Amperestundenwirkungsgrad	–
η_{Wh}	Wattstundenwirkungsgrad	–

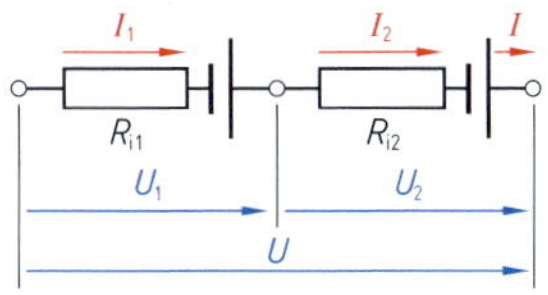

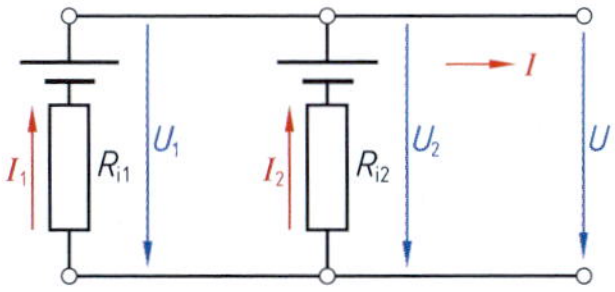

Reihenschaltung von Batterien

$U = U_1 + U_2 + \ldots$ $\quad I = I_1 = I_2 = \ldots$

$R_i = R_{i1} + R_{i2} + \ldots$ $\quad K = K_1 = K_2 = \ldots$

Parallelschaltung von Batterien

$U = U_1 = U_2 = \ldots$ $\quad I = I_1 + I_2 + \ldots$

$\frac{1}{R_i} = \frac{1}{R_{i1}} + \frac{1}{R_{i2}} + \ldots$ $\quad K = K_1 + K_2 + \ldots$

Größe		Einheit
I	Gesamtstromstärke	A
$I_{1,2}$	Teilströme	A
K	Gesamtkapazität	Ah
$K_{1,2}$	Teilkapazitäten	Ah
R_i	Gesamtinnenwiderstand	Ω
$R_{i1,2}$	Teilinnenwiderstände	Ω
U	Gesamtklemmenspannung	V
$U_{1,2}$	Teilklemmenspannungen	V

1

Pulsweitenmodulation (PWM)

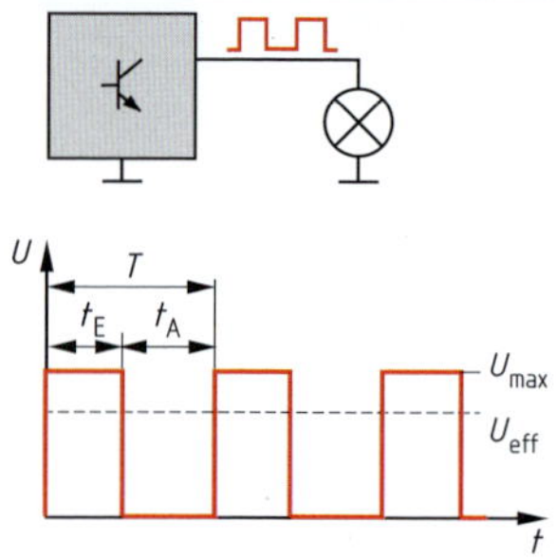

Tastverhältnis

$p = \frac{t_E}{T} \cdot 100\,\%$

Periodendauer

$T = t_E + t_A \qquad T = \frac{1}{f}$

Frequenz

$f = \frac{1}{T}$ für T in s $\qquad f = \frac{1000}{T}$ für T in ms

Spannung

$U_{eff} = \sqrt{\frac{t_E}{T}} \cdot U_{max}$

Strom

$I_{eff} = \sqrt{\frac{t_E}{T}} \cdot I_{max}$

El. Leistung (ohmsche Verbraucher)

$P = U_{eff} \cdot I_{eff} \qquad P = \frac{t_E}{T} \cdot U_{max} \cdot I_{max}$

Größe		Einheit
f	Frequenz des PWM-Signals	Hz
I_{eff}	Effektivwert der Stromstärke	A
I_{max}	Höchstwert der Stromstärke	A
p	Tastverhältnis	%
P	elektrische Leistung	W
T	Periodendauer	s, ms
t_A	Ausschaltdauer	s, ms
t_E	Einschaltdauer	s, ms
U_{eff}	Effektivwert der Spannung	V
U_{max}	Höchstwert der Spannung	V

Zündanlage

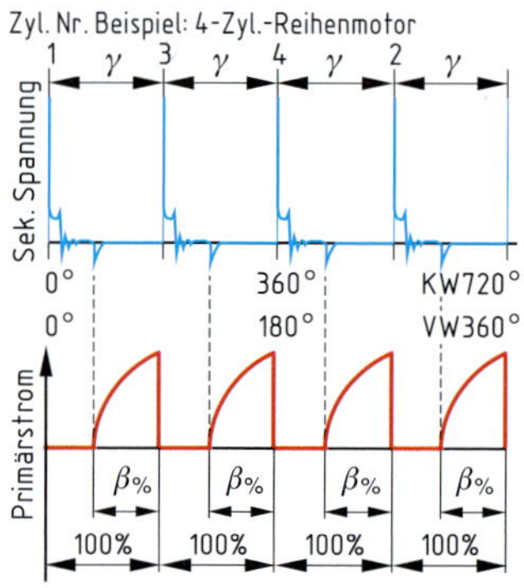

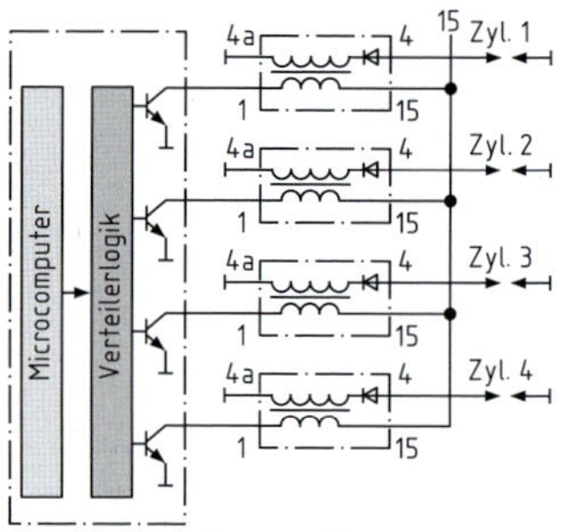

Zündabstand

$\gamma_{KW} = \frac{720°}{z}$

$\gamma_{VW} = \frac{360°}{z}$

Schließzeit

$t_s = \frac{\beta_{KW}}{6 \cdot n} \qquad t_s = \frac{\beta_{VW}}{3 \cdot n}$

$t_s = \frac{120 \cdot \beta_{\%}}{n \cdot z_{Sp} \cdot 100\,\%}$

Schließwinkel

$\beta_{KW} = \frac{720° \cdot \beta_{\%}}{100\,\% \cdot z_{Sp}}$

$\beta_{VW} = \frac{360° \cdot \beta_{\%}}{100\,\% \cdot z_{Sp}}$

$\beta_{KW} = 6 \cdot n \cdot t_s$

$\beta_{VW} = 3 \cdot n \cdot t_s$

relativer Schließwinkel

$\beta_{\%} = \frac{100\,\% \cdot \beta_{KW}}{\gamma_{KW}}$

$\beta_{\%} = \frac{100\,\% \cdot \beta_{VW}}{\gamma_{VW}}$

$\beta_{\%} = \frac{t_S \cdot z_{Sp} \cdot n \cdot 100\,\%}{120}$

Funkenfrequenz der Zündspule

$f = \frac{n \cdot z_{Sp}}{2}$

Primärstrom

$I_m \approx \frac{\beta_{\%} \cdot U}{100\,\% \cdot R_p}$

Leistungsaufnahme

$P \approx I_m \cdot U$

Größe		Einheit
f	Funkenfrequenz der Zündspule	1/min
I_m	Primärstrom, mittlerer	A
n	Motordrehzahl	1/min
P	Leistungsaufnahme	W
R_p	Widerstand, Primärstromkreis	Ω
t_s	Schließzeit	s
U	elektrische Spannung	V
z	Zylinderzahl	–
z_{Sp}	Anzahl der Zylinder, die von einer Zündspule versorgt werden	–
β_{KW}	Schließwinkel an der Kurbelwelle	°
β_{VW}	Schließwinkel an der Verteilerwelle	°
$\beta_{\%}$	relativer Schließwinkel	%
γ_{KW}	Zündabstand an der Kurbelwelle	°
γ_{VW}	Zündabstand an der Verteilerwelle	°

Die Formeln gelten für Viertaktmotoren.

Der **Zündabstand** in Grad ist der Drehwinkel der Kurbelwelle bzw. der Verteilerwelle zwischen zwei Zündungen.

Der **Schließwinkel** in Grad ist der Drehwinkel der Kurbelwelle bzw. der Verteilerwelle zwischen dem Ein- und Ausschalten des Primärstroms für einen Zylinder.

Der **relative Schließwinkel** ist der Schließwinkel in %, bezogen auf den Abstand zwischen zwei Zündungen der Zündspule.

Die **Schließzeit** ist die Zeit, in der der Primärstrom eingeschaltet ist.

Kondensator

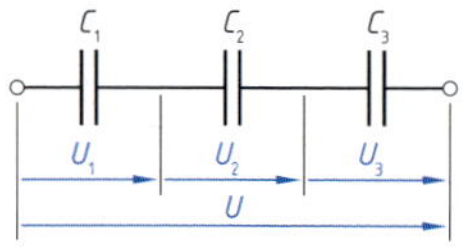

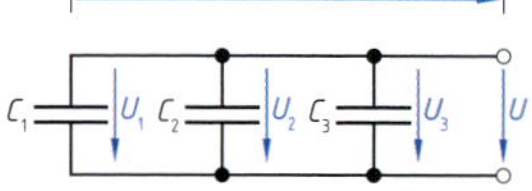

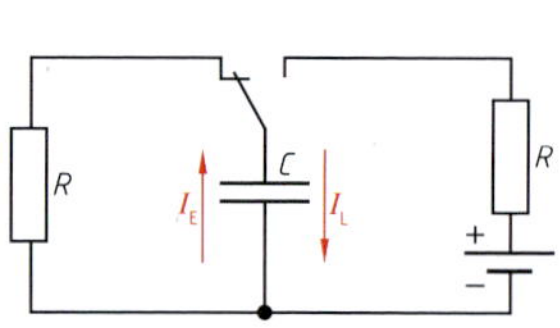

Reihenschaltung

$U = U_1 + U_2 + U_3 + \ldots$

$\frac{1}{C} = \frac{1}{C_1} + \frac{1}{C_2} + \frac{1}{C_3} + \ldots$

Für n gleiche Kondensatoren: $C = \frac{C_1}{n}$

Parallelschaltung

$U = U_1 = U_2 = U_3 = \ldots$

$C = C_1 + C_2 + C_3 + \ldots$

Für n gleiche Kondensatoren: $C = C_1 \cdot n$

Ladezeit, Entladezeit

$t \approx 5 \cdot \tau$ mit Zeitkonstante $\tau = R \cdot C$:

$t \approx 5 \cdot R \cdot C$

Größe		Einheit
C	Gesamtkapazität	µF, nF, pF
$C_{1,2,3}$	Einzelkapazitäten	µF, nF, pF
U	Gesamtspannung	V
$U_{1,2,3}$	Teilspannungen	V
n	Anzahl gleicher Kondensatoren	–
R	Lade- bzw. Entladewiderstand	Ω
t	Lade- bzw. Entladezeit	s
τ	Zeitkonstante (griech. Tau)	s

Grundeinheit der Kapazität: 1 Farad = 1 F

Umrechnung

1 Millifarad = 1 mF = 10^{-3} F
1 Mikrofarad = 1 µF = 10^{-6} F
1 Nanofarad = 1 nF = 10^{-9} F
1 Picofarad = 1 pF = 10^{-12} F

Näherungswert:
Nach $t \approx 5 \cdot \tau$ ist ein Kondensator nahezu geladen bzw. entladen.

Wechselstrom

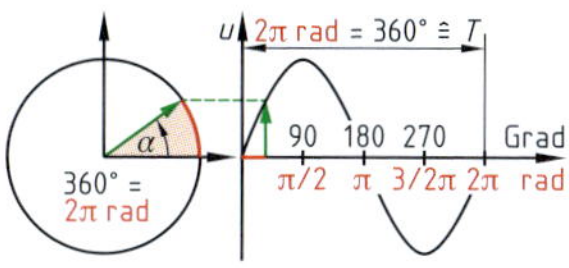

Einheitskreis

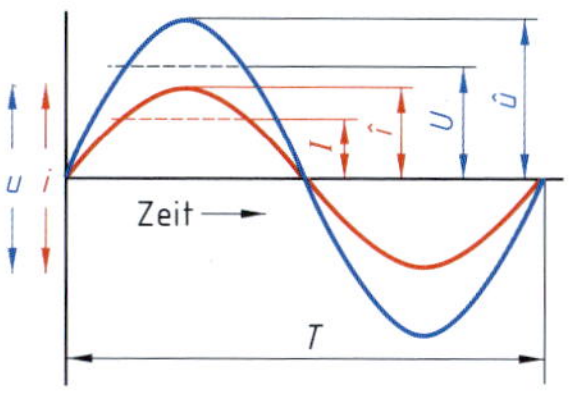

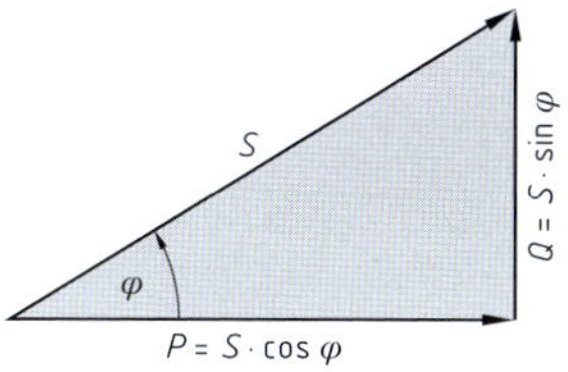

Frequenz

$f = \frac{1}{T}$

$f = \frac{\omega}{2 \cdot \pi}$

Kreisfrequenz

$\omega = 2 \cdot \pi \cdot f$

$\omega = \frac{2 \cdot \pi}{T}$

Periodendauer

$T = \frac{1}{f}$

Effektivwert

$U = \frac{\hat{u}}{\sqrt{2}}$

$I = \frac{\hat{\imath}}{\sqrt{2}}$

Scheitelwert

$\hat{u} = \sqrt{2} \cdot U$

$\hat{\imath} = \sqrt{2} \cdot I$

Wirkleistung

$P = U \cdot I \cdot \cos\varphi$

$P = S \cdot \cos\varphi$

Bei ohmschen Verbrauchern:

$P = U \cdot I$

Wirkfaktor

$\cos\varphi = \frac{P}{S}$

Scheinleistung

$S = U \cdot I$

$S = \frac{P}{\cos\varphi}$

$S = \sqrt{P^2 + Q^2}$

Blindleistung

$Q = S \cdot \sin\varphi$

$Q = \sqrt{S^2 - P^2}$

Blindleistungsfaktor

$\sin\varphi = \frac{Q}{S}$

Größe		Einheit
f	Frequenz	Hz, 1/s
I	Stromstärke, Effektivwert	A
i	Stromstärke, Momentanwert	A
$\hat{\imath}$	Stromstärke, Scheitelwert	A
P	Wirkleistung	W
Q	Blindleistung	var*
S	Scheinleistung	VA
T	Periodendauer	s
U	Spannung, Effektivwert	V
u	Spannung, Momentanwert	V
$\hat{u}$	Spannung, Scheitelwert	V
α	Drehwinkel	° bzw. rad
ω	Kreisfrequenz	1/s
φ	Phasenverschiebungswinkel	°
$\cos\varphi$	Wirkfaktor	–
$\sin\varphi$	Blindleistungsfaktor	–

* var = **V**olt **A**mpère **r**éactif

Umrechnung
1 000 Hz (Hertz) = 1 kHz
1 000 000 Hz = 1 MHz

$1\ \text{rad} = \frac{180}{\pi} = 57{,}3°$

$1° = \frac{\pi}{180}\ \text{rad} = 0{,}0174\ \text{rad}$

Die **Frequenz *f*** ist gleich der Anzahl der Perioden in einer Sekunde, z. B. Netzfrequenz 50 Hz.

Die **Kreisfrequenz ω** gibt den in einer Sekunde von einem Zeiger im Einheitskreis überstrichenen Winkel (im Bogenmaß gemessen) an.

Der **Wirkfaktor cos φ** ist ein Maß dafür, wie viel von der Scheinleistung S in Wirkleistung P umgesetzt wird, z. B. bei E-Motoren.

Der **Blindleistungsfaktor sin φ** ist ein Maß dafür, wie groß der Anteil der Blindleistung Q an der Scheinleistung S ist.

Wechselstromwiderstände

Spule

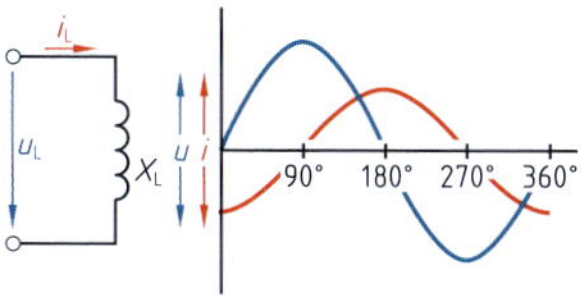

Induktiver Blindwiderstand

$X_L = 2 \cdot \pi \cdot f \cdot L$

mit Kreisfrequenz $\omega = 2 \cdot \pi \cdot f$:

$X_L = \omega \cdot L$

Kondensator

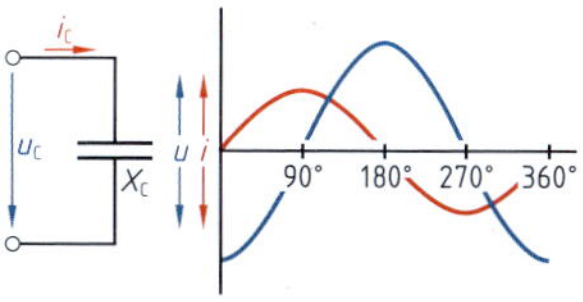

Kapazitiver Blindwiderstand

$X_C = \frac{1}{2 \cdot \pi \cdot f \cdot C}$

mit Kreisfrequenz $\omega = 2 \cdot \pi \cdot f$:

$X_C = \frac{1}{\omega \cdot C}$

Größe		Einheit
C	Kapazität des Kondensators	F (Farad)
f	Frequenz	Hz, 1/s
L	Induktivität der Spule	H (Henry)
X_C	kapazitiver Blindwiderstand	Ω
X_L	induktiver Blindwiderstand	Ω
ω	Kreisfrequenz	1/s

Grundeinheit der Kapazität: 1 Farad = 1 F

Umrechnung
1 Millifarad = 1 mF = 10^{-3} F
1 Mikrofarad = 1 µF = 10^{-6} F
1 Nanofarad = 1 nF = 10^{-9} F
1 Picofarad = 1 pF = 10^{-12} F

1 mH (Millihenry) = 10^{-3} H

Die Formeln für die Wechselstromwiderstände gelten nur bei Sinusspannungen.

1

Drehstrom

Sternschaltung

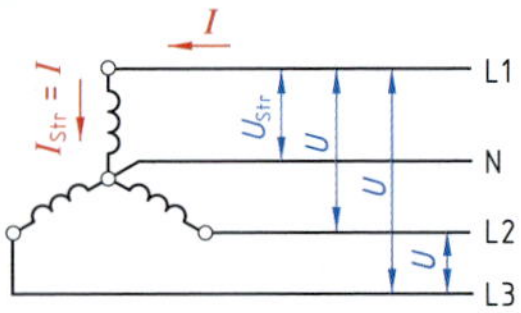

Dreieckschaltung

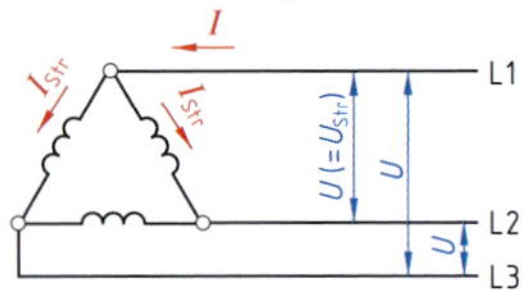

Sternschaltung

$U = \sqrt{3} \cdot U_{Str}$ $\quad$ $I = I_{Str}$

$U_{Str} = \dfrac{U}{\sqrt{3}}$

Dreieckschaltung

$I = \sqrt{3} \cdot I_{Str}$ $\quad$ $U = U_{Str}$

$I_{Str} = \dfrac{I}{\sqrt{3}}$

Wirkleistung

$P = \sqrt{3} \cdot U \cdot I \cdot \cos\varphi$

Bei ohmschen Verbrauchern:

$P = \sqrt{3} \cdot U \cdot I$

Scheinleistung

$S = \sqrt{3} \cdot U \cdot I$

Wirkfaktor

$\cos\varphi = \dfrac{P}{\sqrt{3} \cdot U \cdot I}$ $\quad$ $\cos\varphi = \dfrac{P}{S}$

Stromstärke

$I = \dfrac{P}{\sqrt{3} \cdot U \cdot \cos\varphi}$

$I = \dfrac{S}{\sqrt{3} \cdot U}$

Größe		Einheit
I	Außenleiterstrom	A
I_{Str}	Strangstrom	A
P	Wirkleistung	W
S	Scheinleistung	VA
U	Außenleiterspannung	V
U_{Str}	Strangspannung	V
$\cos\varphi$	Wirkfaktor	–
$\sqrt{3}$	Verkettungsfaktor	–

L1, L2, L3: Außenleiter
N: Nullleiter (Neutralleiter)

Die Leistungsformeln gelten für gleichmäßige Belastung, d.h. in jedem Außenleiter fließt ein gleich hoher Strom I. Der Nullleiter (Neutralleiter) ist stromlos.

Transformator

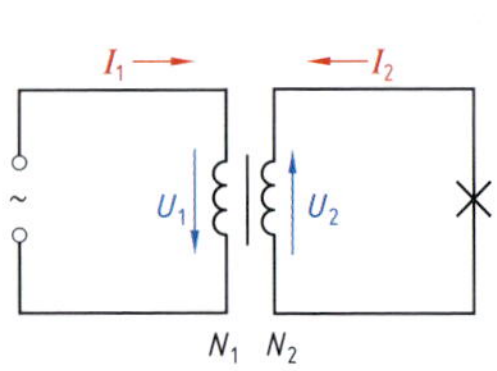

Übersetzungsverhältnis

$\dfrac{U_1}{U_2} = \dfrac{N_1}{N_2}$ $\quad$ $\dfrac{I_2}{I_1} = \dfrac{N_1}{N_2}$

$n = \dfrac{U_1}{U_2}$ $\quad$ $n = \dfrac{N_1}{N_2}$ $\quad$ $n = \dfrac{I_2}{I_1}$

Spannungen

$U_1 = U_2 \cdot \dfrac{N_1}{N_2}$ $\quad$ $U_2 = U_1 \cdot \dfrac{N_2}{N_1}$

$U_1 = U_2 \cdot n$ $\quad$ $U_2 = \dfrac{U_1}{n}$

Ströme

$I_1 = I_2 \cdot \dfrac{N_2}{N_1}$ $\quad$ $I_2 = I_1 \cdot \dfrac{N_1}{N_2}$

$I_1 = \dfrac{I_2}{n}$ $\quad$ $I_2 = I_1 \cdot n$

Größe		Einheit
I_1	Primärstrom	A
I_2	Sekundärstrom	A
n	Übersetzungsverhältnis	–
N_1	Windungszahl, Primärwicklung	–
N_2	Windungszahl, Sekundärwicklung	–
U_1	Primärspannung	V
U_2	Sekundärspannung	V

Beim Transformator entstehen Verluste durch Magnetisierung im Eisenkern und Stromwärme in den Wicklungen. Diese Verluste sind in den Formeln nicht berücksichtigt.

Bei Zündspulen ist für U_1 die in der Primärwicklung induzierte Selbstinduktionsspannung einzusetzen.

Magnetisches Feld

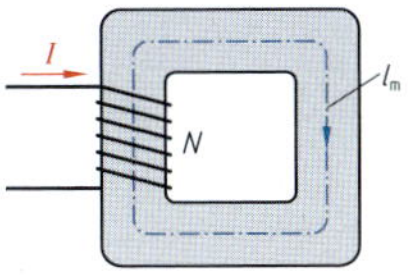

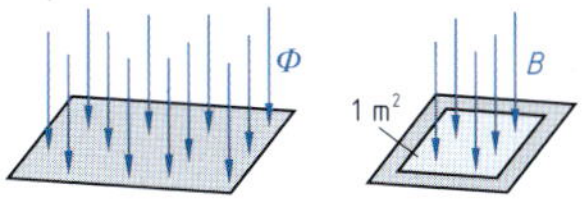

Magnetische Durchflutung

$\Theta = I \cdot N$

Magnetische Feldstärke

$H = \frac{I \cdot N}{l_m}$ $\qquad H = \frac{\Theta}{l_m}$

Magnetische Flussdichte

$B = \frac{\Phi}{A}$

$B = \mu_0 \cdot \mu_r \cdot H$

Größe		Einheit
A	Fläche (senkrecht zu Feldlinien)	m^2
B	magnetische Flussdichte	T (Tesla)
H	magnetische Feldstärke	A/m
I	Stromstärke	A
l_m	mittlere Feldlinienlänge	m
N	Windungszahl	–
μ_0	magnetische Feldkonstante	Vs/Am
μ_r	Permeabilitätszahl	–
Φ	magnetischer Fluss (Phi)	Vs (Wb)
Θ	magnetische Durchflutung (Theta)	A

1 T = 1 Vs/m² = 1 Wb/m² (Wb = Weber)

Elektrisches Feld

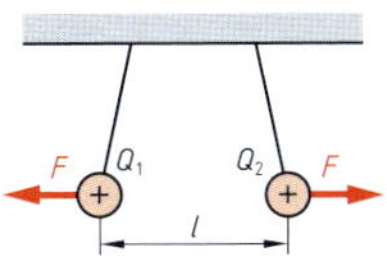

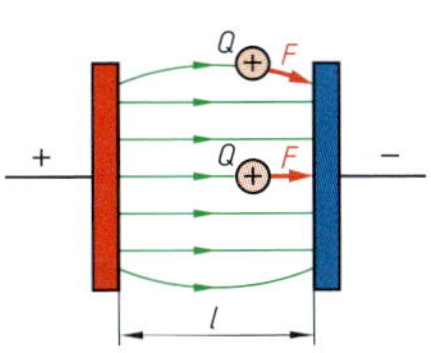

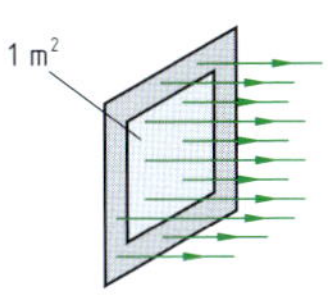

Coulombsches Gesetz

$F = \frac{1}{4\pi \cdot \varepsilon_0 \cdot \varepsilon_r} \cdot \frac{Q_1 \cdot Q_2}{l^2}$

Elektrische Feldstärke

$E = \frac{F}{Q}$

Bei homogenem Feld, z. B. Plattenkondensator:

$E = \frac{U}{l}$

Elektrische Flussdichte

$D = \frac{Q}{A}$

$D = \varepsilon_0 \cdot \varepsilon_r \cdot E$

Größe		Einheit
A	Fläche (senkrecht zu Feldlinien)	m^2
D	elektrische Flussdichte	C/m², As/m²
E	elektrische Feldstärke	V/m, N/As
F	Kraft	N
l	Abstand	m
Q	Ladung	C (Coulomb), As
$Q_{1,2}$	Ladungen	C (Coulomb), As
U	Spannung	V
ε_0	elektrische Feldkonstante (Dielektrizitätskonstante)	F/m, As/Vm
ε_r	Permittivitätszahl (Relative Dielektrizitätskonstante)	–

$\varepsilon_0 \approx 8{,}854 \cdot 10^{-12}$ F/m (As/Vm)

Permittivitätszahlen ε_r

Vakuum	1,0
Luft	1,0006
Polypropylen (90 °C)	2,1
Keramik	bis 10000

Diode

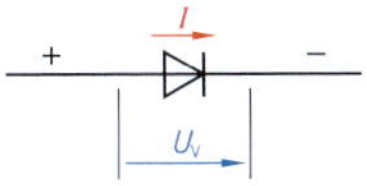

Verlustleistung

$P_V = U_V \cdot I$

Größe		Einheit
I	Stromstärke	A
P_V	Verlustleistung	W
U_V	Spannungsfall (Schleusenspannung)	V

Transistor

NPN-Transistor

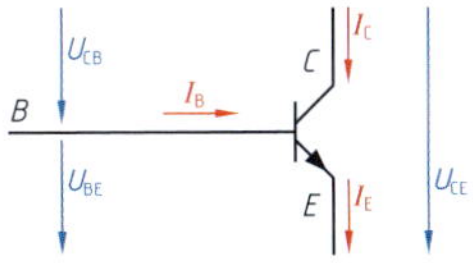

PNP-Transistor

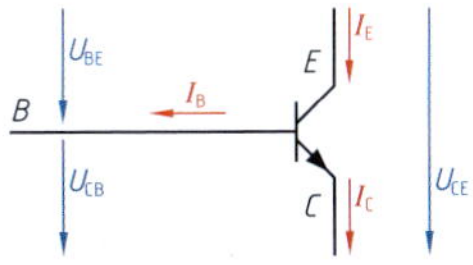

Spannungen

$U_{CE} = U_{BE} + U_{CB}$

Ströme

$I_E = I_C + I_B$

Verlustleistung

$P_V \approx U_{CE} \cdot I_C$

Verstärkung (Gleichstrom)

$B = \frac{I_C}{I_B}$

Größe		Einheit
B	Gleichstromverstärkung	–
I_B	Basisstrom	A, mA
I_C	Kollektorstrom	A, mA
I_E	Emitterstrom	A, mA
P_V	Verlustleistung	W
U_{BE}	Basis-Emitter-Spannung	V
U_{CB}	Kollektor-Basis-Spannung	V
U_{CE}	Kollektor-Emitter-Spannung	V

HV-Batterie

Beispiel Spannung: Modul mit zwei parallel geschalteten Zellreihen ($n_{p,Zelle} = 2$) mit jeweils fünf in Reihe geschalteten Zellen ($n_{r,Zelle} = 5$):

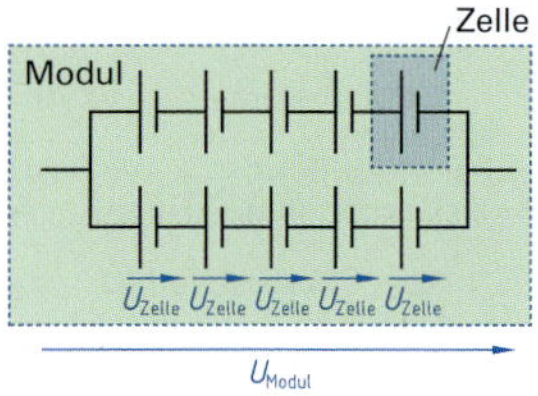

Beispiel Spannung: Drei in Reihe geschaltete Module ($n_{r,Modul} = 3$):

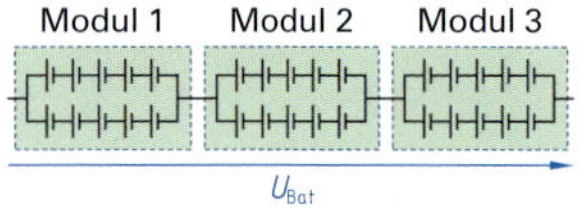

Beispiel Kapazität: Drei parallel geschaltete Module: ($n_{p,Modul} = 3$):

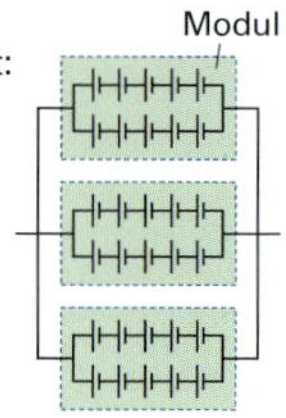

Spannung

$U_{Modul} = U_{Zelle} \cdot n_{r,Zelle}$

$U_{Bat} = U_{Modul} \cdot n_{r,Modul}$

Kapazität

$K_{Modul} = K_{Zelle} \cdot n_{p,Zelle}$

$K_{Bat} = K_{Modul} \cdot n_{p,Modul}$

Energie

$E_{Bat} = U_{Bat} \cdot K_{Bat}$

Größe		Einheit
E_{Bat}	gespeicherte Energie der HV-Batterie	Wh
$n_{p,Modul}$	Anzahl parallel geschalt. Module	–
$n_{p,Zelle}$	Anzahl parallel geschalt. Zellen	–
$n_{r,Modul}$	Anzahl in Reihe geschalt. Module	–
$n_{r,Zelle}$	Anzahl in Reihe geschalt. Zellen	–
K_{Bat}	Kapazität der HV-Batterie	Ah
K_{Modul}	Kapazität eines Moduls	Ah
K_{Zelle}	Kapazität einer Zelle	Ah
U_{Bat}	Spannung der HV-Batterie	V
U_{Modul}	Spannung eines Moduls	V
U_{Zelle}	Spannung einer Zelle	V

E-Maschine

Kennlinie Synchronmaschine (Motorbetrieb):

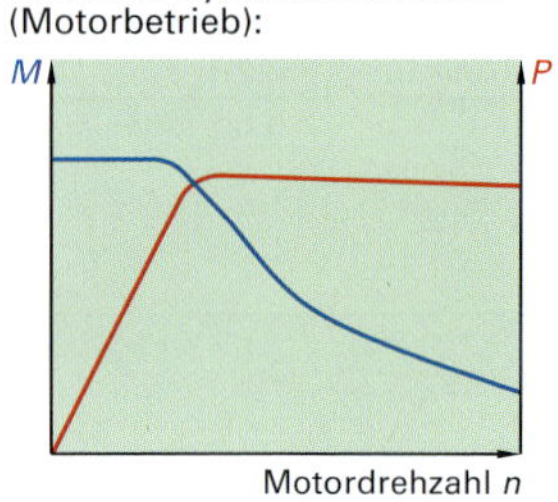

Elektrische Leistung (Wirkleistung)

$P_{el} = \sqrt{3} \cdot U \cdot I \cdot \cos\varphi$

Mechanische Leistung

$P_{mech} = \eta_{Motor} \cdot P_{el}$ im Motorbetrieb

$P_{mech} = \dfrac{P_{el}}{\eta_{Gen}}$ im Generatorbetrieb

Drehmoment

$M = \dfrac{P_{mech}}{2 \cdot \pi \cdot n}$

Drehzahl

Synchronmaschine (vgl. S. 185)

$n_s = \dfrac{f}{p}$

Asynchronmaschine (vgl. S. 186)

$n_{as} = n_s \cdot (1 - s)$

Größe		Einheit
f	Frequenz	Hz
I	Stromstärke	A
M	Drehmoment	Nm
n	Drehzahl	1/s
n_{as}	asynchrone Drehzahl	1/s
n_s	synchrone Drehzahl	1/s
p	Polpaarzahl	
P_{el}	Elektrische Leistung	W
P_{mech}	Mechanische Leistung	W
s	Schlupf	%
U	Spannung	V
η_{Motor}	Wirkungsgrad im Motorbetrieb	–
η_{Gen}	Wirkungsgrad im Generatorbetrieb	–
$\cos\varphi$	Wirkfaktor	

Zwischenkreiskondensator

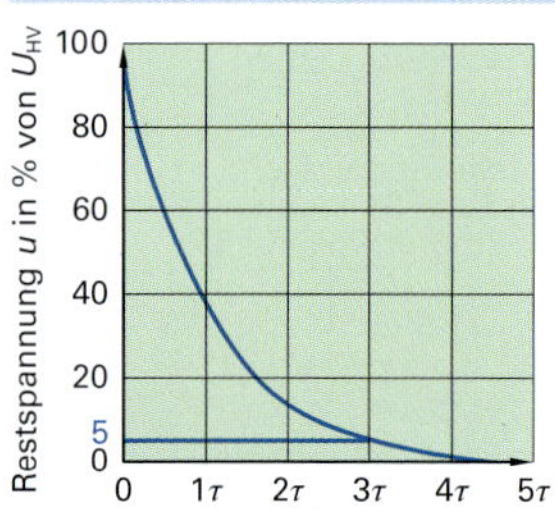

Entladezeit

$t_E = 5 \cdot \tau$

$\tau = R \cdot C$

$u = U_{HV} \cdot e^{-\frac{t}{\tau}}$

Nach 3 τ ist ein Zwischenkreiskondensator zu 95 % entladen. Die Restspannung beträgt noch 5 % der HV-Batteriespannung.

Größe		Einheit
C	Kapazität	F
R	Entladewiderstand	Ω
t	Zeitdauer nach Abschalten	s
t_E	Entladezeit	s
u	Spannung zum Zeitpunkt t	V
U_{HV}	Hochvoltspannung Bordnetz	V
τ	Zeitkonstante	s

Lohnformen

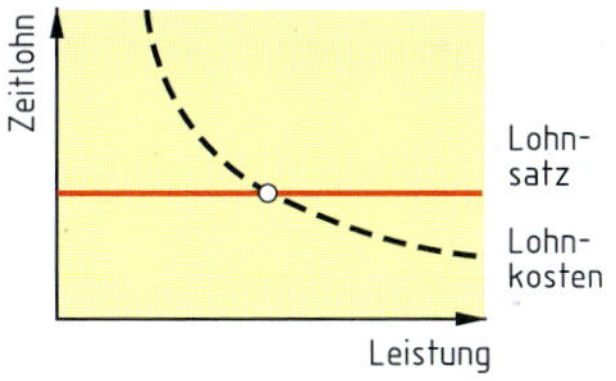

Zeitlohn: Entlohnung nach der Dauer der Arbeitszeit ohne Rücksicht auf die in dieser Zeit geleistete Arbeit.

Zeitlohn = Arbeitszeit × Stundenlohnsatz

$$\text{Arbeitszeit} = \frac{\text{Zeitlohn}}{\text{Stundenlohnsatz}}$$

$$\text{Stundenlohnsatz} = \frac{\text{Zeitlohn}}{\text{Arbeitszeit}}$$

$$\text{Monatsarbeitszeit} = \frac{\text{Wochenarbeitszeit} \cdot 13}{3}$$

Beispiel 1: Arbeitszeit im Zeitlohn 156 h, Stundenlohnsatz 21,10 €/h.
Ges.: Zeitlohn (ZL).
Zeitlohn = 156 h · 21,10 €/h = 3 292 €

Beispiel 2: Arbeitszeit im Zeitlohn 156 h, Zeitlohn 3 807 €.
Ges.: Stundenlohnsatz (StLS).
StLS = 3 807 € : 156 h = 24,40 €/h

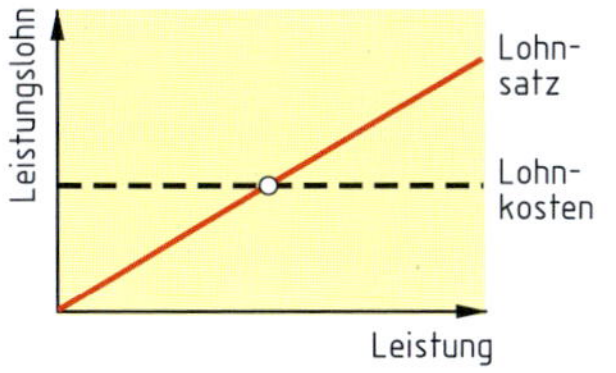

Leistungslohn: Entlohnung nach dem mengenmäßigen Ergebnis der Arbeit.

Leistungslohn = Arbeitszeit × Leistungslohnsatz

Leistungslohn = Lohn für Normalleistung + Mehrleistungszulage

Leistungslohnsatz = Stundenlohnsatz × Leistungsgrad in %

Lohn für Normalleistung = Arbeitszeit × Stundenlohnsatz

Mehrleistungszulage = Mehrleistung in AW × AW-Zulage

AW-Zulage nach Vereinbarung oder

$$\text{AW-Zulage} = \frac{\text{Stundenlohnsatz}}{\text{Werkstattfaktor}}$$

(vgl. S. 68 Werkstattfaktor, Leistungsfaktor)

Beispiel 1: Arbeitszeit im Leistungslohn 156 h, Leistungslohnsatz 23,21 €/h.
Ges.: Leistungslohn (LL)
LL = 156 h · 23,21 €/h = 3 621,20 €

Beispiel 2: Arbeitszeit im Leistungslohn 156 h, Stundenlohnsatz 22,10 €/h, Mehrleistung 315 AW, Zulage für Mehrleistung 2,25 €/AW, Leistungsgrad 120,6 %.

Ges.: a) Leistungslohn,
b) Leistungslohnsatz (LLS).

a) Zeitlohn = 156 h · 22,10 €/h = 3 447,00 €
Zulage = 315 AW · 2,25 €/AW = 708,75 €
Leistungslohn = 4 155,75 €
b) LLS = 22,10 €/h · 1,206 = 26,65 €/h

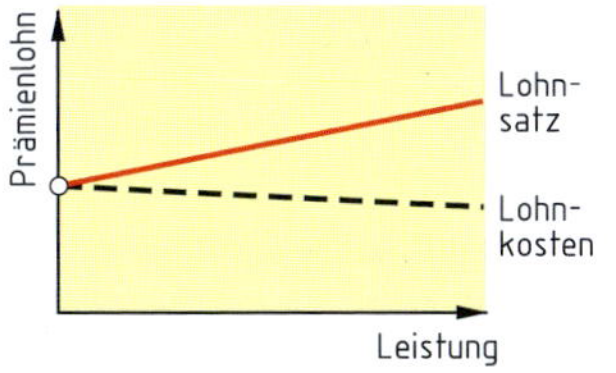

Prämienlohn: Entlohnung nach dem vereinbarten Grundlohn und einem zusätzlichen Entgelt für Mehrleistung.

Prämienlohn = Lohn für Normalleistung + Prämienzulage

Prämienzulage für die Mitarbeiter

$$= \left(\text{Mehrgewinn} - \text{Betriebsanteile}\right) \times \frac{\text{Prämiensatz}}{100\,\%}$$

Prämiensatz in %

$$= \frac{\text{Mehrleistungsanteil des Gesellen} \times 100\,\%}{\text{gesamte Mehrleistung aller Gesellen}}$$

Beispiel: Arbeitszeit im Prämienlohn 156 h, Stundenlohnsatz 22,10 €/h, Mehrerlöse durch Prämienarbeit 4 000 €, Betriebsanteil 875 €, Prämiensatz für Mitarbeiter 12 %.

Ges.: Prämienlohn.

Zeitlohn = 156 h · 22,10 €/h = 3 447,00 €
Prämienzulage
= (4 000 € – 875 €) · 0,12 = 375,00 €
Prämienlohn = 3 822,00 €

Lohnzuschläge

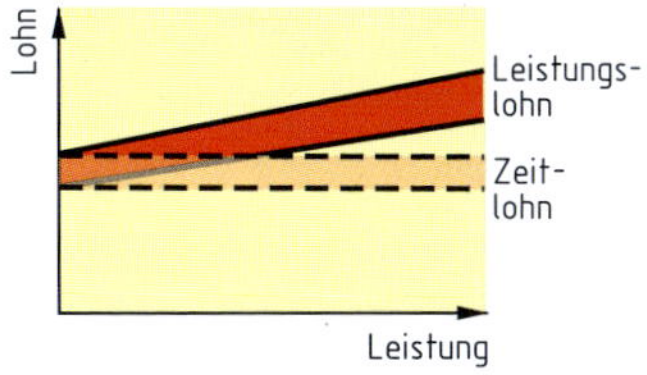

Die Zuschläge sind in den Berufsgruppen verschieden, z. B. bei Mehrarbeit 25 %, Nachtarbeit 50 %, Sonntagsarbeit 50 % und Feiertagsarbeit 100 % bzw. 150 %.

Lohnzuschlag = zuschlagspfl. Arbeitszeit × Lohnzuschlag je Stunde

Lohnzuschlag je Stunde

$$= \frac{\text{Lohnsatz} \times \text{Zuschlagssatz in \%}}{100\,\%}$$

Einzusetzender Lohnsatz
a) Zeitlöhner: Stundenlohnsatz
b) Leistungslöhner: Leistungslohnsatz

Leistungslohnsatz

$$= \frac{\text{Leistungslohn der lfd. Lohnperiode}}{\text{Leistungslohnstunden}}$$

Beispiel: Arbeitszeit im Leistungslohn 176 h, einschließlich 20 h Mehrarbeit, Leistungslohnsatz 26,65 €/h. Zuschlagssatz für Mehrarbeit 25 %.

Ges.: a) Mehrarbeitszuschlag (MAZ),
b) Bruttoarbeitslohn (BAL).

Zuschlag/h = 0,25 · 26,65 €/h = 6,66 €
MAZ = 20 h · 6,66 €/h = 133,25 €

Leistungslohn
= 176 h · 26,65 €/h = 4 690,40 €
Mehrarbeitszuschlag = 133,25 €
Bruttoarbeitslohn = 4 823,65 €

Lohngruppen

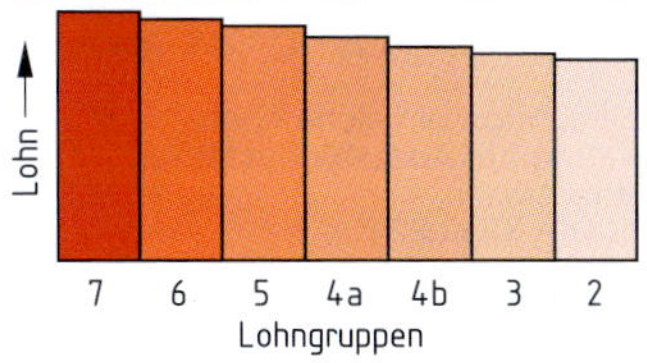

Einteilung der Arbeitnehmer nach ihrer Vorbildung und nach dem Schwierigkeitsgrad ihrer Arbeitsaufgabe.

Lohngruppen (LG)

Ungelernte
LG 1 einfache Arbeit nach kurzer Anweisung
Angelernte
LG 2 Angelernte mit Fähigkeiten, die bis zu zwei Monaten Anlernzeit erfordern
LG 3 Angelernte mit mehr Erfahrung
Facharbeiter
LG 4b Facharbeiter im 1. Gesellenjahr
LG 4a nach dem 1. Gesellenjahr
LG 5 fachmännisch arbeiten
LG 6 selbstständig und verantwortlich arbeiten
LG 7 meisterlich arbeiten

Meistergruppen (M)
M I Hilfsmeister
M II mit bestandener Meisterprüfung
M III mit Erfahrung und/oder Leitungsfunktion einer Abteilung mit 15 Angestellten

Tariflöhne/-gehälter IG-Metall im Kfz-Handwerk (Stand 10/24-03/25) in Baden Württemberg

Angelernte Arbeiter
LG 2 bei 36h/Wo (19,15 €/h) 2 988 €/Monat
LG 3 bei 36h/Wo (20,13 €/h) 3 141 €/Monat

Facharbeiter
LG 4b bei 36h/Wo (21,10 €/h) 3 292 €/Monat
LG 4a bei 36h/Wo (22,10 €/h) 3 447 €/Monat
LG 5 bei 36h/Wo (24,40 €/h) 3 807 €/Monat
LG 6 bei 36h/Wo (26,61 €/h) 4 151 €/Monat
LG 7 bei 36h/Wo (28,73 €/h) 4 482 €/Monat

Meister
M I bei 36h/Wo (27,16 €/h) 4 237 €/Monat
M II bei 36h/Wo (29,56 €/h) 4 612 €/Monat
M III bei 36h/Wo (33,74 €/h) 5 264 €/Monat

2

Bruttoarbeitslohn

Alle laufenden und einmaligen Bezüge einschl. Sachbezügen, die dem Arbeitnehmer während der Lohnperiode aus dem Arbeitsverhältnis zufließen.

Zeitlohn oder Leistungslohn
+ Lohnzuschlag für Mehrarbeit
+ Lohnfortzahlung bei Krankheit
+ Lohn für Urlaub und gesetzl. Feiertage
+ sonstige steuerpflichtige Bezüge
+ vermögenswirks. Leistung des A'gebers
= steuerpflichtiger Arbeitslohn
+ steuerfreie Bezüge und Zuwendungen
= Bruttoarbeitslohn

Sonstige steuerpflichtige Bezüge: Weihnachtsgeld, Urlaubsgeld, Prämien, Provision, 13. Monatsgehalt, Schmutzzulage u. a.

Steuerfreie Bezüge: Bestimmte Zuschläge für Nacht-, Sonntags- und Feiertagsarbeit.

Steuerfreie Zuwendungen: Heirats-, Geburtsbeihilfe, Jubiläumsgeschenke u. a., soweit sie bestimmte Beträge nicht übersteigen.

Beispiel: Arbeitszeit 130 h einschl. 10 h Mehrarbeit und 5 h Nachtarbeit; 4 Tage Urlaub, 1 gesetzlicher Feiertag je 7,2 h, vermögenswirksame Leistung 40,00 € (VWL), Leistungslohnsatz 21,10 €.

Lohnzuschläge pro Stunde:

Mehrarbeit 21,10 €/h · 0,25	= 5,28 €/h
Nachtarbeit 21,10 €/h · 0,5	= 10,55 €/h

Leistungslohn = 130 h · 21,10 €/h	=	2743,33 €
Mehrarbeitszuschlag = 10 h · 5,28 €/h	=	52,80 €
Urlaub = 4 · 7,2 h · 21,10 €/h	=	607,75 €
Feiertag = 1 · 7,2 · 21,10 €/h	=	151,94 €
Vermögenswirks. Leistung	=	40,00 €
Steuerpfl. Arbeitslohn	=	3595,82 €
Nachtarbeitszuschlag = 5 h · 10,55 €/h	=	52,75 €
Bruttoarbeitslohn	=	3648,57 €

Lohnsteuer Stand 01/2025

Steuerklassen für Arbeitnehmer (AN)
I Ledige, Verwitwete, Geschiedene, ohne Kinderfreibeträge
II Alleinerziehende
III Verheiratete, Ehegatte kein AN
IV –, Ehegatte auch Arbeitnehmer
V –, Ehegatte AN in St'klasse III
VI AN mit mehreren Arbeitslöhnen

Grenzsteuersätze	**Jahreseinkommen Ledige**	**Verheiratete**
0 %	bis 12 096 €	bis 24 192 €
14 %...42 %	bis 68 480 €	bis 136 960 €
42 %	ab 68 481 €	ab 136 961 €

Steuerpflichtiger Arbeitslohn
– in die Lohnsteuerkarte eingetragene Freibeträge
= nach der Lohnsteuertabelle zu versteuernder Arbeitslohn

In die Lohnsteuertabelle eingerechnete Freibeträge/Jahr für Ledige/Verheiratete
- Grundfreibetrag 12 096/24 192 €
- Werbungskostenpauschale 1 230/2 460 €

Beispiel: Kfz-Mechatroniker, ledig, 20 Jahre alt, ohne Kinderfreibetrag, steuerpflichtiger Arbeitslohn 3595,82 €
Freibetrag auf der Lohnsteuerkarte 205,00 €

Ges.: a) zu versteuernder Lohn
b) Lohn- und Kirchensteuer nach Tabelle
c) Solidaritätszuschlag nach Tabelle

Steuerpfl. Arbeitslohn	3595,82 €
Freibetrag	205,00 €
a) zu versteuernder Lohn	3390,82 €
b) Lohnsteuer, Lst-klasse I	399,08 €
Kirchensteuer	31,92 €
c) Solidaritätszuschlag entfällt	0,00 €

Kirchensteuer, Solidaritätszuschlag

Kirchensteuersätze 8...9 % der Lohnsteuer je nach Bundesland. Solidaritätszuschlag anteilig ab 19951 € (Alleinstehend), 39901 € (Paare) Lohnsteuer, max. 5,5 % der Lohnsteuer

Kirchensteuer und Solidaritätszuschlag aus der entsprechenden Spalte der Lohnsteuertabelle entnehmen oder berechnen nach folgender Formel:

$$= \frac{\text{anzuwendende Lohnsteuer} \times \text{Steuersatz}}{100\,\%}$$

Beispiel: Kfz-Mechatroniker, Lohnsteuerklasse (LStkl.) I 399,08 €, Kirchensteuer 8 %
Ges.: Kirchensteuer, Solidaritätszuschlag
Kirchensteuer: 399,08 € · 0,080 = 31,92 €
Solidaritätszuschlag entfällt, da die gesamte Jahreslohnsteuer 12 × 399,08 € = 4788,96 € geringer ist als 19951 €.

Sozialversicherung

Beitragssätze Stand 01/2025

Krankenversicherung (KV)	14,6 %
Durchschnittlicher Zusatzbeitrag AN (KV)	2,5 %
Rentenversicherung (RV)	18,6 %
Arbeitslosenversicherung (AV)	2,6 %
Pflegeversicherung (PV)	3,6 %

(Beitragszuschlag für Kinderlose älter als 23 Jahre +0,6 %)

Beitragsbemessungsgrenze 01/2025

KV und PV	5512,50 €/Monat
RV und AV	8050 €/Monat

Versichertenanteile aus der Abzugstabelle für Sozialversicherung oder Versichertenanteile bis BBG

$$= \frac{\text{steuerpfl. Arbeitslohn} \times \text{Beitragssatz}}{2 \times 100\,\%}$$

Gesamt-Beitragsanteil der Versicherten
= Summe der Anteile aus der Kranken-, Pflege-, Renten- und Arbeitslosenversicherung

Abzuführender Beitrag für die Sozialversicherung an die zuständige Krankenkasse durch den Arbeitgeber
= Summe der Arbeitgeber- und Arbeitnehmeranteile

Beispiel: Steuerpflichtiger Arbeitslohn 3595,82 €. Beitragssatz zur KV 14,6 %, Zusatzbeitrag 2,5 %, RV 18,6 %, AV 2,6 %, PV 3,6 %.

Gesamte Versicherungsanteile

$$\text{KV-Beitrag} = \frac{3595{,}82\ € \cdot 14{,}6\,\%}{2 \cdot 100\,\%} = 262{,}50\ €$$

2,5 % AN-Sonderbeitrag = 89,90 €

$$\text{PV-Beitrag} = \frac{3595{,}82\ € \cdot 3{,}6\,\%}{2 \cdot 100\,\%} = 64{,}73\ €$$

$$\text{RV-Beitrag} = \frac{3595{,}82\ € \cdot 18{,}6\,\%}{2 \cdot 100\,\%} = 334{,}41\ €$$

$$\text{AV-Beitrag} = \frac{3595{,}82\ € \cdot 2{,}6\,\%}{2 \cdot 100\,\%} = 46{,}75\ €$$

Gesamt-Beitragsanteil = 798,29 €

Nettoarbeitslohn

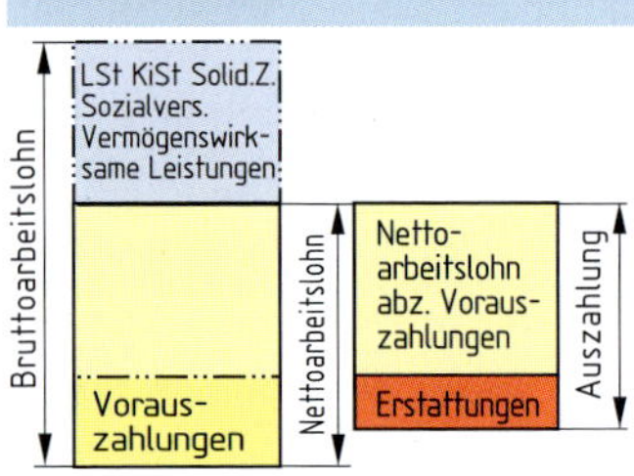

Bruttoarbeitslohn vermindert um die gesetzlich zugelassenen Abzüge.

Bruttoarbeitslohn
– Lohnsteuer
– Kirchensteuer
– Solidaritätszuschlag
– Versicherungsanteile für
Krankenversicherung
Pflegeversicherung
Rentenversicherung
Arbeitslosenversicherung
– vermögenswirksame Leistungen
= Nettoarbeitslohn
– Vorauszahlungen
+ Erstattungen durch den Arbeitgeber
= Auszahlungsbetrag

Erstattungen: Arbeitgeberanteil für Ersatzkrankenkasse, aus Anlass einer Dienstreise entstehende Reisekosten u. a.

Beispiel: Kfz-Mechatroniker, LStkl. I, ledig, 20 Jahre, ev., Steuerpflichtiger Arbeitslohn 3595,82 €, Freibetrag 205 €, VWL-AN-Anteil 80 €
Einzelberechnungen siehe oben
Ges.: Nettolohn, Auszahlungsbetrag

Bruttoarbeitslohn	3648,57 €
Steuern von 3390,82 €	
Lohnsteuer:	399,08 €
Kirchensteuer:	31,92 €
Sozialversicherungen von 3595,82 €	
Krankenversicherung:	262,50 €
KV-Sonderbeitrag:	89,90 €
Pflegeversicherung:	64,73 €
Rentenversicherung:	334,41 €
Arbeitslosenversicherung:	46,75 €
Nettoarbeitslohn:	2366,53 €
vermögenswirksame Leistung:	80,00 €
Auszahlungsbetrag:	2286,53 €

Grundlagen – Begriffe

Qualität

Die Qualität gibt an, in welchem Maß die vorgegebenen oder gewünschten Anforderungen an ein Produkt, einen Prozess, oder eine Dienstleistung erfüllt sind (100 % Erfüllungsgrad ⇒ 100 % Qualität).

Anforderung

Vorausgesetzte oder gesetzlich vorgeschriebene Erfordernisse an die Merkmale eines Produktes, Prozesses oder einer Dienstleistung. Diese Erfordernisse müssen realisiert sein. Sie sollen dokumentiert werden und den Kundenwünschen entsprechen. Quantitative Forderungen müssen anhand von definierten und dokumentierten Messwerten, Nennwerten oder Toleranzen überprüfbar sein.

Qualtitätsmanagement (QM)

Qualitätsmanagement (QM) ist die Planung und Durchführung von aufeinander abgestimmten Maßnahmen zum Erhalt und der Verbesserung der Qualität von Produkten, Prozessen oder Dienstleistungen. Das QM stellt sicher, dass die Anforderungen der Kunden und des Unternehmens übereinstimmen, um die Kundenwünsche zu befriedigen. Diese Maßnahmen werden im Qualitätsmanagementhandbuch (QM-Handbuch) dokumentiert. Die Dokumentationspyramide des QM-Systems stellt dies dar.

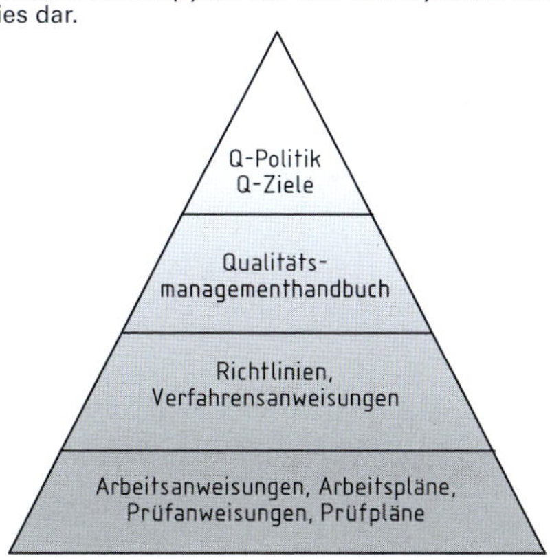

Die folgenden Teilaspekte sind Teil eines Qualitätsmanagementsystems:

Qualitätspolitik:
Sie wird von der Geschäftsleitung vorgegeben und orientiert sich an den Erwartungen und Anforderungen der Kunden. Sie wird regelmäßig überprüft und gegebenenfalls den veränderten Kundenerwartungen/-anforderungen angepasst.

Qualitätsziele:
Sie konkretisieren die Qualitätspolitik. Die Ziele sind die strategischen Leitsätze des Unternehmens, die erreichbar und messbar sein müssen.

Qualitätsplanung:
Sie ist die organisatorische Grundlage für ein funktionierendes Qualitätsmanagementsystem. In ihr werden die Verantwortungen und Befugnisse festgelegt. Diese müssen nicht unbedingt der Aufbauorganisation entsprechen.

Qualitätssicherung:
Sie überprüft, ob die Vorgaben im QM-Handbuch eingehalten werden. Dafür werden von der Geschäftsführung, abhängig von der Betriebsgröße, Qualitätsbeauftragte bestimmt, die für die Überprüfung und Einhaltung der Vorgaben verantwortlich sind.

Qualitätsverbesserung:
Sie ist ein ständiges Ziel des Unternehmens. Um dies zu erreichen gibt es unterschiedliche Methoden (z. B. KVP – **K**ontinuierlicher **V**erbesserungs**p**rozess).

Qualitätsnormen

DIN EN ISO 9000:
In dieser Norm sind die Grundlagen und Begriffe zum Qualitätsmanagement festgelegt.

DIN EN ISO 9001
In dieser Norm sind die Anforderungen an ein Qualitätsmanagementsystem festgelegt, vor allem in Bezug auf die Wirksamkeit hinsichtlich der Erfüllung von Kundenanforderungen.

DIN EN ISO 9004
Empfehlung und Leitfaden zum Aufbau eines Qualitätsmanagementsystems für Unternehmen, die über die Anforderungen der DIN EN ISO 9001 hinausgehen.

DIN EN ISO 19011
Diese Norm ist eine Anleitung für die Untersuchung (Audit) von Qualitätsmanagementsystemen (ISO 9001), Umweltmanagementsystemen (ISO 14001) und anderen Managementsystemen.

Qualitätskreis

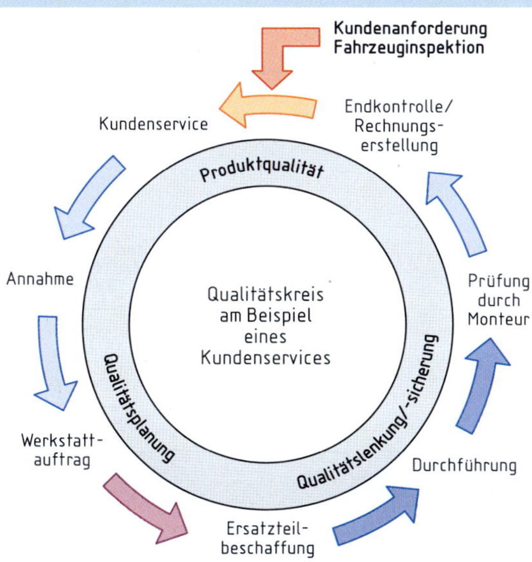

Zertifizierung – Audit

Die Zertifizierung oder Auditierung eines Unternehmens ist die Überprüfung und Bewertung der im QM-Handbuch dokumentierten Maßnahmen. Sie wird durch unabhängige, zugelassene Fremdprüfer vorgenommen:

Ziele:
- Nachweis der Produkthaftung
- Steigerung des Qualitätsbewusstseins
- Überprüfung der betrieblichen Ablauforganisation
- Wettbewerbsvorteile gegenüber nichtzertifizierten Unternehmen

Ablauf:
1. Betriebsdatenerfassung (z. B. Betriebsgröße, Anzahl Servicekontakte)
2. Erfassung der betrieblichen Struktur (z. B. Gesamteindruck, Organisation, Auftragsannahme, Werkstatt, Lager, Verkauf)
3. Datenauswertung (Vergleich zwischen SOLL- und IST-Werten)
4. Vereinbarungen zur Verbesserung der Qualität (Beseitigen bestehender Mängel, Maßnahmen zur Verbesserung)
5. Fortlaufende Überprüfungen (Zertifizierung wird alle 3 Jahre wiederholt, betriebsinterne Audits ohne Zertifikat in kürzeren Abständen)

2

Kosten

Kosten stehen für den in Geld bewerteten Verbrauch von Produktionsfaktoren (z. B. Material oder Arbeitszeit) und Dienstleistungen, die für die Erstellung und das Verkaufen betrieblicher Leistungen notwendig sind.

Beispiel:
Löhne für die Monteure, Anschaffungskosten für Ersatzteile und Verbrauchsmaterialien oder Stromkosten in einer Kfz-Werkstatt.

Übersicht Kostenarten

Einzelkosten: alle Kosten, die direkt einem einzelnen Arbeitsauftrag zugeordnet werden können.

Produktive Löhne/Fertigungslöhne oder Anschaffungskosten (vgl. S. 63)

Gemeinkosten: alle Kosten, die nicht direkt einem einzelnen Arbeitsauftrag zugeordnet werden können, aber zur Aufrechterhaltung der Leistungsbereitschaft wichtig sind.

Unproduktive Hilfslöhne, Gehälter, Strom, Miete, Wasser, Steuern, Gebühren, Mitgliedsbeiträge (vgl. S. 64, 65)

Selbstkosten: Summe aus Einzelkosten und Gemeinkosten. Diese Kosten müssen erwirtschaftet werden, ansonsten wird Verlust gemacht.

Einzelkosten:	200 000 €
Gemeinkosten:	+ 600 000 €
Selbstkosten:	800 000 €

Kalkulatorische Kosten: festgelegte Kosten, denen keine direkte Aufwendung oder Ausgabe gegenübersteht.

Kalkulatorische Miete für selbstgenutzte eigene Räumlichkeiten (vgl. S. 65)

Zuschlagskalkulation

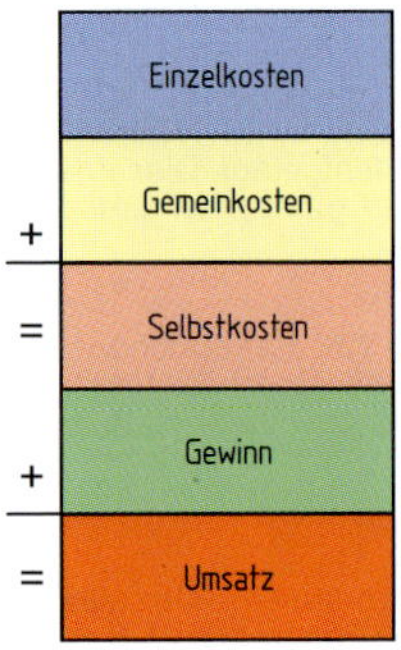

Die Gemeinkosten werden auf Basis der Einzelkosten und des Gemeinkostenzuschlagssatzes berechnet. Der Gemeinkostenzuschlagssatz wird anhand des Betriebsabrechnungsbogens (BAB) (vgl. S. 78) ermittelt.

Gemeinkostenzuschlagssatz in %

$$\text{Gemeinkosten} = \frac{\text{Gemeinkostenzuschlagssatz} \times \text{Einzelkosten}}{100\,\%}$$

Selbstkosten = Einzelkosten + Gemeinkosten

Der Gewinn wird auf Basis der Selbstkosten und des Gewinnzuschlagssatzes berechnet. Der Gewinnzuschlagssatz kann in einem gewissen Rahmen frei vom Unternehmer gewählt werden.

Gewinnzuschlagssatz in %

$$\text{Gewinn} = \frac{\text{Gewinnzuschlagssatz} \times \text{Selbstkosten}}{100\,\%}$$

Umsatz = Selbstkosten + Gewinn
Umsatz = Einzelkosten + Gemeinkosten + Gewinn

Beispiel:

Einzelkosten:	200 000 €
Gemeinkostenzuschlagssatz:	300 %
Gewinnzuschlagssatz:	10 %

Ges: Umsatz

$$\text{Gemeinkosten} = \frac{300\,\% \cdot 200\,000\,€}{100\,\%} = 600\,000\,€$$

Einzelkosten:	200 000 €
Gemeinkosten:	600 000 €
Selbstkosten = 200 000 € + 600 000 € =	800 000 €

$$\text{Gewinn} = \frac{10\,\% \cdot 800\,000\,€}{100\,\%} = 80\,000\,€$$

Selbstkosten:	800 000 €
Gewinn:	80 000 €
Umsatz = 800 000 € + 80 000 € =	880 000 €

Vergleich Kostenarten

Allgemein	Kfz-Werkstatt (vgl. S. 66 ff.)	Beispiel	Ersatzteillager (vgl. S. 70 f.)	Beispiel
Einzelkosten (vgl. S. 63) Material Löhne	Fertigungslohn/-löhne Werkstattschnittlohn Leistungslohn	Werkstattschnittlohn: 25,– €	Anschaffungskosten Materialkosten Verkaufssonderkosten Bezugspreis	Materialkosten: 65,50 €
Gemeinkosten (vgl. S. 64 f.) Hilfslöhne Gehälter Raumkosten Soziale Aufwendungen Berufskleidung Einrichtungskosten Steuern, Gebühren Gewerbesteuer Beitrag HWK Sonstige Kosten Porto, Fracht	Fertigungsgemeinkosten Hilfslöhne Unproduktive Löhne (z. B. Urlaub, Leerlauf …) Raumkosten: Strom Wasser Miete Einrichtungskosten	Fertigungsgemeinkostenzuschlagssatz: 400 % Fertigungsgemeinkosten $= \frac{400\,\% \cdot 25,-\,€}{100\,\%}$ = 100,– €	Lagergemeinkosten Gehalt Lagerist Hilfslöhne Raumkosten: Strom Wasser Miete Einrichtungskosten	Lagergemeinkostenzuschlagssatz: 30 % Lagergemeinkosten $= \frac{30\,\% \cdot 65,50\,€}{100\,\%}$ = 19,65 €
Selbstkosten	Selbstkosten der Werkstatt Werkstattkosten	Werkstattkosten = 25,– € + 100,– € = 125,– €	Selbstkosten des Lagers Lagerkosten	Lagerkosten = 65,50 € + 19,65 € = 85,15 €
Gewinn Gesamtgewinn Gewinnzuschlag Betriebsgewinn	Gewinn Werkstattgewinn Gewinnzuschlag	Gewinnzuschlagssatz: 10 % $\text{Gewinn} = \frac{10\,\% \cdot 125\,€}{100\,\%}$ = 12,50 €	Gewinn Lagergewinn Gewinnzuschlag	Gewinnzuschlagssatz: 15 % Gewinn $= \frac{15\,\% \cdot 85,15\,€}{100\,\%}$ = 12,77 €
Umsatz Umsatzerlöse	Umsatz Lohnerlöse, Reparaturkosten, Stundenverrechnungssatz, Verkaufspreis	Stundenverrechnungssatz = 125,– € + 12,50 € = 137,50 €	Umsatz Verkaufserlöse, Verkaufspreis	Verkaufserlöse = 85,15 € + 12,77 € = 97,92 €

Fertigungszeit, Hilfszeit
Produktive, unproduktive Zeit

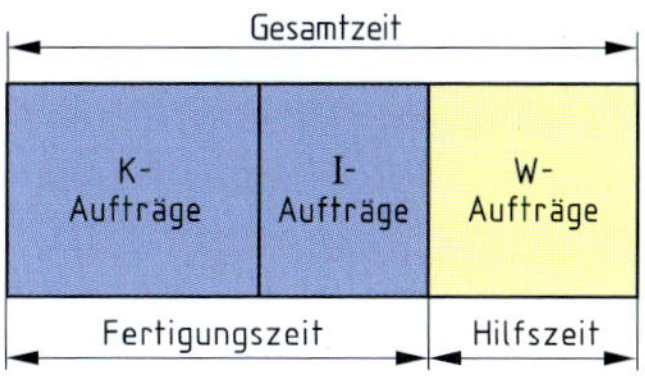

Fertigungszeiten sind produktive Zeiten für Kundenaufträge (K) und innerbetriebliche Aufträge (I) ⇒ Einzelkosten
Hilfszeiten sind unproduktive Zeiten, die außerplanmäßig auftreten und den Werkstattaufträgen (W) zugeschlagen werden ⇒ Gemeinkosten.

Fertigungszeit für K/I Aufträge

$$= \frac{\text{Gesamtarbeitszeit} \times \text{K/I Anteil in \%}}{100\,\%}$$

Fertigungszeit
= Gesamtarbeitszeit – Hilfszeit

Gesamtarbeitszeit
= Anzahl der Gesellen × Arbeitstage
× tägliche Arbeitszeit in Stunden

Hilfszeit für W-Aufträge
= Stunden für gesetzliche Feiertage
+ Stunden für Krankheit und Urlaub
+ sonstige Hilfszeit

Hilfszeit

$$= \frac{\text{Gesamtarbeitszeit} \times \text{W-Anteil in \%}}{100\,\%}$$

Beispiel: Kfz-Werkstatt mit 10 Gesellen, tägliche Arbeitszeit 7,2 h, 22 bezahlte Arbeitstage einschließlich 1 gesetzlicher Feiertag im Monat, je 5 Tage Urlaub für 3 Gesellen und 10 Tage Krankheit für 1 Gesellen im Monat, sonstige Hilfszeit 10 %.

Ges.: a) Gesamtarbeitszeit im Monat,
b) Hilfszeit und
c) Fertigungszeit.

Gesamtarbeitszeit 10 · 7,2 · 22 = 1 584 h
Hilfszeiten:

Feiertagszeit = 10 · 7,2 · 1	=	72 h
Urlaubszeit = 3 · 7,2 · 5	=	108 h
Krankheitszeit = 1 · 7,2 · 10	=	72 h
sonst. Hilfszeit = 0,1 · 1 584	=	158,4 h
Gesamte Hilfszeit	=	410,4 h
Fertigungszeit = 1 584 h – 410,4 h	=	1 173,6 h

Fertigungslöhne
Produktive, direkte Löhne

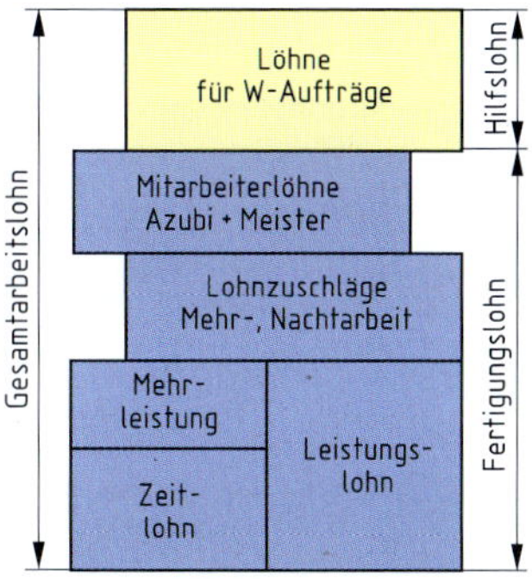

Löhne für Fertigungszeiten, d. h. für produktiv aufgewendete Stunden, die den einzelnen K- und I-Aufträgen direkt zurechenbar sind.

Fertigungslöhne

$$= \frac{\text{Gesamtarbeitslöhne} \times \text{K/I Anteil in \%}}{100\,\%}$$

Fertigungslöhne
= Gesamtarbeitslöhne – Hilfslöhne

Fertigungslöhne
= Leistungs- oder Zeitlöhne
+ Lohnzuschlag für Mehr-, Nacht-, Sonntags- und Feiertagsarbeit
+ produktive Ausbildungsvergütung

Leistungslöhne
= Löhne für Normalleistung
+ Zulage für Mehrleistung

Leistungslöhne = Arbeitszeit im Leistungslohn × Leistungs-Schnittlohn

Löhne für Normalleistung (Sollleistung)
= Fertigungszeit
× Werkstatt-Schnittlohn

Produktive Ausbildungsvergütung
= Mitarbeitszeit × Vergütung je Std.

Beispiel 1: Gesamte Arbeitslöhne 42 768 €, Fertigungslohn-Anteil 74 %

Ges.: Fertigungslöhne

Fertigungslöhne

$$= \frac{42\,768\text{ €} \cdot 74\,\%}{100\,\%} = 31\,648{,}32\text{ €}$$

Beispiel 2: Fertigungszeit 1 173,6 h, Hilfszeit 410,4 h, Leistungs-Schnittlohn 27 €/h

Ges.: a) Fertigungslöhne,
b) Hilfslöhne.

Fertigungslöhne
= 27 €/h · 1 173,6 h = 31 687,20 €
Hilfslöhne 27 €/h · 410,4 h = 11 080,80 €

Beispiel 3: Arbeitszeit im Leistungslohn 1 173,6 h, Mehrleistung 2000 AW, Werkstatt-Schnittlohn 25,30 €/h, AW-Zulage für Mehrleistung 1 €/AW.

Ges.: Fertigungslöhne

Lohn für Normalleistung = 25,30 €/h · 1 173,6 h	= 29 687,20 €
Mehrleistung 1 €/AW · 2 000 AW	= 2 000 €
Fertigungslöhne	31 687,20 €

Anschaffungskosten
Wareneinsatz

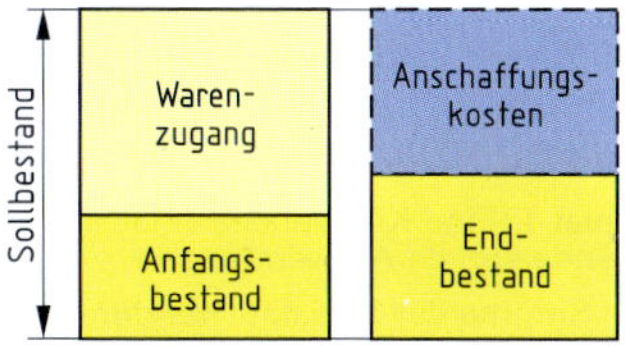

Aufwendungen einschl. aller Bezugskosten, die beim Einkauf der verkauften Teile und Fahrzeuge entstehen.

Anschaffungskosten der verkauften Waren
= Erfassung der Anschaffungspreise sämtlicher Lagerausgänge mit Materialschein

Anschaffungskosten der verkauften Waren
= Anfangsbestand des Ersatzteillagers
+ Warenzugang zum Anschaffungspreis
– Endbestand des Ersatzteillagers

Anschaffungspreis
= Einkaufspreis + Bezugskosten

Einkaufspreis = Rechnungsbetrag ohne USt. Lieferantenrabatt

Beispiel: Anfangsbestand am 1.1. v. J. 92 500 €
Warenzugang 315 000 €,
Endbestand am 31.12. v. J. 107 500 €.

Ges.: Anschaffungskosten der verkauften Ware im vorigen Jahr.

Anfangsbestand	= 92 500 €
+ Warenzugang	= 315 000 €
Zwischensumme	= 407 500 €
– Endbestand	= 107 500 €
Anschaffungskosten	= 300 000 €

Verkaufs-Sonderkosten

Kosten, die beim Verkauf außerplanmäßig auftreten und dem Kunden gesondert in Rechnung gestellt werden.

Verkaufs-Sonderkosten des Betriebs
= Kosten für Fertigmachen der Fahrzeuge
+ Ablieferung der Fahrzeuge
+ vertraglicher Kundendienst
+ vom Hersteller nicht vergütete Gewährleistung, eigene Kulanz
+ Schätzungsgebühren f. Gebrauchtwagen
+ Verkäufer- und Vermittlerprovision
+ sonstige Verkaufs-Sonderkosten

Verkäufer- oder Vermittlerprovision

$$= \frac{\text{Verkaufserlöse ohne USt.} \times \text{Prov. in \%}}{100\,\%}$$

Beispiel: Verkaufs-Sonderkosten im Abrechnungszeitraum von einem Monat siehe unten.

Ges.: Gesamte Verkaufs-Sonderkosten.

Fahrzeuge fertigmachen	=	470 €
Fahrzeuge abliefern	=	360 €
vertraglicher Kundendienst	=	780 €
nicht vergütete Garantie	=	390 €
eigene Kulanz	=	485 €
Schätzungsgebühren	=	125 €
Verkäuferprovision	=	1390 €
Verkaufs-Sonderkosten	=	4 000 €

Gemeinkosten
Indirekte Kosten

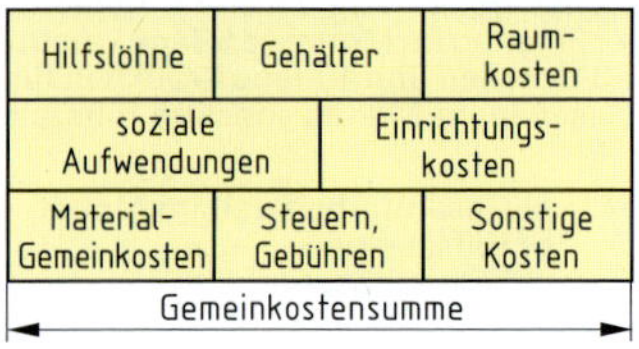

Kosten, die für einen bestimmten Zeitraum anfallen, aber keinem K/I-Auftrag direkt zurechenbar sind.

Gemeinkostensumme des Betriebs
= Hilfslöhne
+ Gehälter
+ soziale Aufwendungen
+ Raumkosten
+ Einrichtungskosten
+ Material-Gemeinkosten
+ Steuern, Gebühren, Beiträge, Versich.
+ sonstige Kosten

Zuschlagssatz für Gemeinkosten in %

$$= \frac{\text{Gemeinkostensumme} \times 100\,\%}{\text{Fertigungslöhne oder Anschaffungskosten}}$$

Gemeinkostensumme

$$= \frac{\text{Fertigungslöhne} \times \text{Zuschlagssatz in \%}}{100\,\%}$$

Beispiel: Eine Betriebsabrechnung ergibt unten stehende Gemeinkosten und 65 000 € Fertigungslöhne.

Ges.: a) Gemeinkostensumme und b) Zuschlagssatz in %.

Hilfslöhne	=	43 600 €
Gehälter	=	38 400 €
Soziale Aufwendungen	=	48 100 €
Raumkosten	=	17 500 €
Einrichtungskosten	=	18 300 €
Material-Gemeinkosten	=	28 700 €
Steuern, Gebühren u. Ä.	=	17 200 €
Sonstige Gemeinkosten	=	9 400 €
Gemeinkostensumme	=	221 200 €

$$\text{Zuschlagssatz} = \frac{221\,200\,€ \cdot 100\,\%}{65\,000\,€} = 340\,\%$$

Hilfslöhne
Unprod. Löhne, Gemeinkostenlöhne

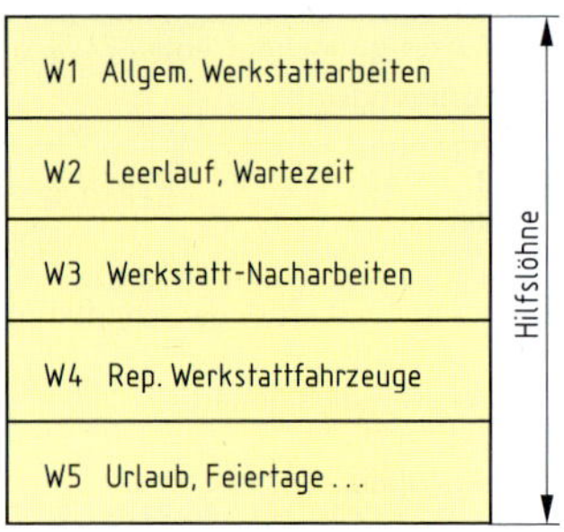

Löhne für unproduktive Stunden, die keinem bestimmten Auftrag zurechenbar sind und von der Werkstatt selbst getragen werden müssen.

Hilfslöhne
= Löhne für allgemeine Werkstattarbeiten
+ Löhne für Leerlauf- und Wartezeiten
+ Löhne für Reparatur von Werkstattwagen
+ Löhne für Nacharbeiten zu Lasten der Werkstatt (Gewährleistung, Kulanz)
+ Ausbildungsvergütung gewerbl. Azubi
+ Löhne für Urlaub, gesetzliche Feiertage
+ tarifliches Urlaubsgeld für Arbeitnehmer
+ Lohnfortzahlung bei Krankheit
+ sonstige bezahlte Arbeitsversäumnisse

Hilfslöhne (HL)

$$= \frac{\text{Gesamtarbeitslöhne} \times \text{HL-Anteil in \%}}{100\,\%}$$

Hilfslöhne = Hilfszeit
× Werkstatt-Schnittlohn
oder Leistungs-Schnittlohn

Hilfszeit

$$= \frac{\text{Gesamtarbeitszeit} \times \text{HL-Anteil in \%}}{100\,\%}$$

Beispiel 1: Hilfszeiten siehe unten, Leistungs-Schnittlohn 27 €/h.

Ges.: a) Gesamte Hilfszeit und b) Hilfslöhne.

Allgem. Werkstattarbeiten	=	80 h
Leerlauf-, Wartezeit	=	100 h
Reparatur, Werkstattfahrzeug	=	90 h
Eigene Gewährleistung	=	130 h
Urlaub	=	1 280 h
Gesetzliche Feiertage	=	320 h
Krankheit	=	250 h
Gesamte Hilfszeit	=	2 250 h
Hilfslöhne = 2250 h · 27 €/h	=	60 750 €

Beispiel 2: Gesamtarbeitszeit 7500 h, anteilige Hilfszeit 30 %, Leistungs-Schnittlohn 27 €/h.

Ges.: Hilfslöhne in €

$$\text{Hilfszeit} \frac{7\,500\ \text{h} \cdot 30\,\%}{100\,\%} = 2\,250\ \text{h}$$

Hilfslöhne = 2 250 h · 27 €/h = 60 750 €

Gehälter

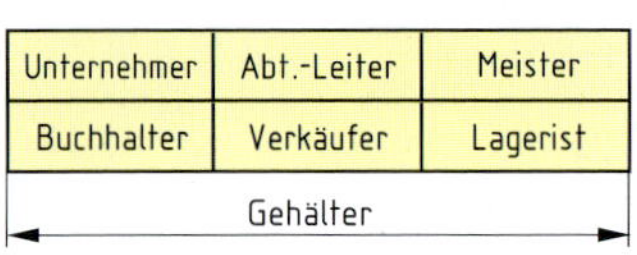

Arbeitsentgelt für Angestellte, die überwiegend kaufmännische, büromäßige, verkäuferische oder leitende Tätigkeiten ausüben

Gehälter
= Gehälter für Abteilungsleiter
+ Gehälter für Meister
+ Gehälter der kaufm. Angestellten
+ fixe Gehälter der Verkäufer
+ Gehalt des Lagerverwalters
+ tarifl. Urlaubsgeld für Angestellte
+ kalkulatorischer Unternehmerlohn
+ kalkulator. Vergütung der Mitarbeit nicht entlohnter Familienangehöriger
+ Ausbildungsvergütung kaufm. Azubi
+ sonstige kaufmännische Gehälter

Beispiel: Arbeitsentgelte für einen Meister 4 149 €, Angestellten 3 098 €, Verkäufer 4 132 €, Lageristen 2 646 € und Unternehmer 6 135 € im Monat.

Ges.: Summe der Gehälter im Quartal.

Meister	= 4 612 € · 3	= 13 836 €
Angestellter	= 3 421 € · 3	= 10 263 €
Verkäufer	= 4 595 € · 3	= 13 785 €
Lagerist	= 2 971 € · 3	= 8 913 €
Unternehmer	= 6 819 € · 3	= 20 457 €
Summe der Gehälter		67 254 €

Soziale Aufwendungen
Personalnebenkosten

Aufwendungen an Arbeitnehmer und Sozialversicherung für gesetzliche und freiwillige soziale Leistungen.

Soziale Aufwendungen
= Arbeitgeberanteil Krankenversicherung
+ Arbeitgeberanteil Rentenversicherung
+ Arbeitgeberanteil Arbeitslosenversich.
+ Beiträge an Berufsgenossenschaften
+ Aufwendungen für Berufskleidung und Weiterbildung der Arbeitnehmer
+ Weihnachtsgratifikation
+ Jubiläumsgeschenke, Heiratsbeihilfe
+ Zuschüsse für Mittagessen
+ sonstige soziale Leistungen

Arbeitgeberanteile zur Sozialversicherung

$$= \frac{\text{Beiträge an Sozialversicherungen}}{2}$$

Umlage an Berufsgenossenschaft
= (Arbeitsentgelt × Gefahrenklasse × Beitragsfuß) : 1000

Zahllast = Umlage – Ermäßigung
(wegen geringer Inanspruchnahme)

Beispiel 1: Eine Kfz-Werkstatt hat unten stehende soziale Aufwendungen.

Ges.: Summe der Sozialaufwendungen.

Sozialversicherung	=	27 200 €
Berufsgenossenschaft	=	1 800 €
Berufskleidung	=	1 600 €
Schulung	=	300 €
Mittagessen-Zuschuss	=	2 100 €
Sonstige Aufwendungen	=	3 000 €
Sozialaufwendungen	=	36 000 €

Beispiel 2: Jahreslohnsumme 480 000 €, Gefahrenklasse 2,27, Beitragsfuß 4,88 (Stand 2022).

Ges.: Berufsgenossenschafts-Umlage.

Umlage

$$= \frac{480\,000\,€ \cdot 2{,}27 \cdot 4{,}88}{1000} = 5\,317{,}25\,€$$

Raumkosten

Miete Pacht	Instandhaltung	kleinere Reparaturen
Raumkosten		

Aufwendungen für Grundstück, Gebäude und andere unbew. Anlagen.

Raumkosten
= Miete, Pacht für Betrieb im fremden Hause oder kalkulatorischer Mietwert für Betrieb im eigenen Hause
+ Leasingkosten für bewegl. Anlagen
+ Instandhaltungskosten der Räume
+ kleinere Reparaturen der Räume
sonstige Kosten an Mietobjekten z. B. Schornsteinfegergebühren

Beispiel: Mietwert der Werkstatt 2 900 € im Monat, Instandhaltung 2 250 € im Quartal, sonstige Raumkosten 600 € im Quartal.

Ges.: Raumkosten im Quartal.

Miete = 2 900 € · 3	= 8 700 €
Instandhaltungskosten	= 2 250 €
Sonstige Raumkosten	= 600 €
Raumkosten im Quartal	= 11 550 €

Einrichtungskosten

AfA	Instandhaltung	Kfz-kosten	Leasingkosten
Einrichtungskosten			

Aufwendungen für Einrichtungen und andere bewegl. Anlagen des Betriebs.

Einrichtungskosten
= AfA oder kalkulatorische Abschreibung
+ geringwertige Instandsetzungskosten
+ Wartungs- und Instandhaltungskosten
+ Aufwand für Geschäftsfahrzeuge
+ Aufwand für Vorführfahrzeuge
+ Leasingkosten für bewegliche Anlagen
+ Miete für nicht eigene Einrichtungen
+ sonstige Einrichtungskosten

Beispiel: Kalkulatorische Abschreibung 7 600 €, Instandhaltung der Einrichtung 2 050 € und der Fahrzeuge 4 900 €.

Ges.: Gesamte Einrichtungskosten.

Kalkul. Abschreibung	= 7 600 €
Instandh. der Einrichtung	= 2 050 €
– der Fahrzeuge	= 4 900 €
Einrichtungskosten	= 14 550 €

Material-Gemeinkosten

Hilfsstoffe	Betriebsstoffe	Kleinteile
Material-Gemeinkosten		

Ausgaben für Hilfs- u. Betriebsstoffe sowie nicht direkt erfassbare Teile.

Material-Gemeinkosten
= Kraftstoffe, Schmierstoffe (nicht für Geschäftsfahrzeuge)
+ Heizungsmaterialkosten
+ Kosten für Strom, Gas und Wasser
+ Kosten für Müllabfuhr
+ Reinigungsmaterial, Büromaterial
+ Kleinmaterial, soweit dem Kunden nicht einzeln in Rechnung gestellt

Beispiel: Heizungsmaterial 2 800 €, Strom, Gas und Wasser 2 250 €, Verbrauchsmaterial 6 750 €

Ges.: Material-Gemeinkosten.

Heizungsmaterial	= 2 800 €
Strom, Gas, Wasser	= 2 250 €
Verbrauchsmaterial	= 6 750 €
Material-Gemeinkosten	= 11 800 €

Steuern, Versicherungen …

Gew.-steuer	Beitrag HK	Betr.-Versich.	Rechtskosten	kalk. Zins
regelmäßige Verwaltungskosten				

Aufwendungen für regelmäßig auftretende Kosten der Verwaltung.

Steuern, Gebühren, Beiträge, Versicherung
= Gewerbesteuer
+ Beiträge für Innung, HWK oder IHK
+ Prämien für Betriebsversicherungen
+ Bewachungskosten
+ Rechtskosten, Beratungskosten
+ Einkaufs-Finanzierungskosten
+ kalkulatorische Verzinsung
+ sonstige Gebühren und Beiträge

Beispiel: Steuern und Versicherungen 2 400 €, Gebühren und Rechtskosten 900 €, kalkulatorische Zinsen 2 500 €

Ges.: Gesamte Aufwendungen.

Steuern, Versicherungen	= 2 400 €
Gebühren, Rechtskosten	= 900 €
Kalkulatorische Zinsen	= 2 500 €
Gesamte Aufwendungen	= 5 800 €

Sonstige Kosten

Porto Fracht	Reisen Spesen	Werbung Beratung	Fachliteratur
Sonstige Kosten			

Sonstige unregelmäßig auftretende Kosten, die kein eigenes Konto haben.

Sonstige Kosten
= Kosten für Porto, Fracht, Packmaterial
+ Telefon- und Internetgebühren
+ Reisekosten für Unternehmer
+ Reisekostenvergütung für Mitarbeiter
+ Bewirtungen und Zuwendungen
+ Werbekosten, Inserate
+ Fachzeitschriften, Fachliteratur
+ sonstige verschiedene Kosten

Beispiel: Porto- und Frachtkosten 1 800 €, Reise- und Werbekosten 1 450 €, sonstige Kosten 1 600 €.

Ges.: Gesamte verschiedene Kosten.

Porto- und Frachtkosten	= 1 800 €
Reise-, Werbekosten	= 1 450 €
Sonstige Kosten	= 1 600 €
Verschiedene Kosten	= 4 850 €

Kalkulatorische Kosten

Kalkulatorische Kosten
Unternehmerlohn
Löhne für mitarbeitende Angehörige
kalkulatorische Abschreibung
Mietwert des Betriebs im eigenen Hause
Verzinsung des betriebsnotwendigen Kapitals
Risiko- und Wagnisprämie

Kalkulatorische Zusatzkosten, die durch die Leistungserstellung bedingt sind, denen aber keine Ausgaben bzw. nur Ausgaben in geringer Höhe gegenüberstehen und nur auf die Kostenrechnung wirken.

Kalkulatorische Kosten
= kalkulatorischer Unternehmerlohn
+ kalkul. Vergütung der Mitarbeit nicht entlohnter Angehöriger
+ kalkulatorische Abschreibung
+ kalkulatorischer Mietwert
+ kalkulatorische Verzinsung
+ kalkul. Wagnis- und Gewinnzuschlag

Kalkulatorischer Unternehmerlohn
= durchschn. Gehalt eines leitenden Angestellten in vergleichbarer Tätigkeit

$$\text{Kalkul. Unternehmerlohn} \approx 20 \times \sqrt{\text{Umsatz}}$$

Kalkulatorischer Mietwert
= ortsübliche Miete (Pacht) für vergleichbare Räume oder Mietobjekte

$$\text{Kalkulatorischer Abschreibungsbetrag} = \frac{\text{Abschreibungsgrundwert}}{\text{Nutzungsdauer}}$$

$$\text{Kalkulatorische Verzinsung} = \frac{\text{betriebsnotwendiges Kapital} \times \text{Zinssatz}}{100\,\%}$$

Beispiel 1: Kfz-Werkstatt: Betriebsvermögen 900 000 €, Grundstücke u. Gebäude 375 000 €, Zinssatz 5 %

Ges.: Kalkulatorische Zinsen im Jahr.

Betriebsvermögen	= 900 000 €
– Grundst., Gebäude	= 375 000 €
Notw. Betriebskapital	= 525 000 €
Kalk. Zins = $\frac{525\,000\ € \cdot 5\,\%}{100\,\%}$	= 26 250 €

Beispiel 2: Unternehmerlohn 7 200 €/Monat, Mietwert der Werkstatt im Monat 8 500 €, Grundwert der Abschreibung 240 000 €, Nutzungsdauer 5 Jahre, kalkulatorischer Zins im Quartal 26 250 €, Jahresumsatz 1 040 000 €, Umsatzrendite 3,1 %.

Ges.: Kalkulatorische Kosten im Jahr.

Unternehmer = 7 200 € · 12	= 86 400 €
Mietwert = 8 500 € · 12	= 102 000 €
Abschreibung = $\frac{240\,000\ €}{5}$	= 48 000 €
Kalk. Zins = 26 250 € · 4	= 105 000 €
Rendite 0,031 · 1 040 000 €	= 32 240 €
Kalkulatorische Kosten	= 373 640 €

Zuschlagskalkulation

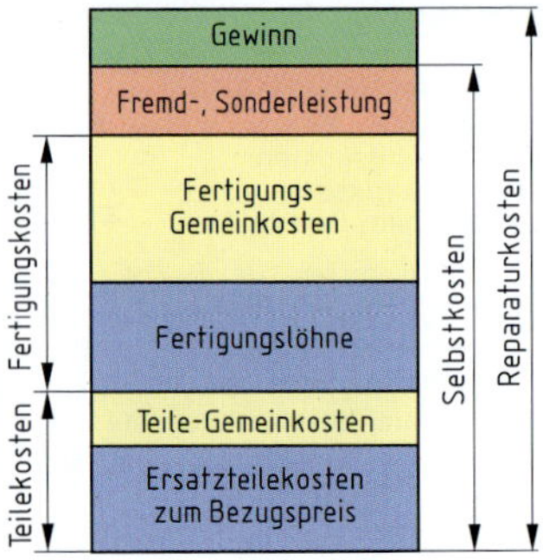

Trennung der Gesamtkosten in Einzel- und Gemeinkosten. Mit Hilfe von Prozentsätzen werden die Gemeinkosten den Einzelkosten und der Gewinn den Selbstkosten zugeschlagen

Gemeinkostenzuschlag für Lager/Werkstatt

$$= \frac{\text{Teile-/Lohnkosten} \times \text{Gemeinkostensatz}}{100\,\%}$$

Ersatzteilekosten
= Ersatzteilekosten zum Bezugspreis
+ Gemeinkostenzuschlag des Lagers

Fertigungslöhne
= Fertigungszeit
× Werkstatt-Schnittlohn

Fertigungskosten
= Fertigungslohnkosten
+ Gemeinkostenzuschlag der Werkstatt

Selbstkosten = Teilekosten
+ Fertigungskosten
+ Sonder-/Fremdleistungen

Gewinn

$$= \frac{\text{Selbstkosten} \times \text{Gewinnsatz in \%}}{100\,\%}$$

Reparaturkosten = Selbstkosten
+ Gewinn

Beispiel: Fertigungszeit 10 h, Werkstatt-Schnittlohn 25,00 €/h, Teile zum Bezugspreis 300 €, Gemeinkostensatz des Lagers 45 %, der Werkstatt 400 %, Sonderleistung 95 €, Gewinnsatz 10 %, Umsatzsteuer 19 %.

Ges.: a) Reparaturkosten und
b) Rechnungsbetrag mit USt.

Teilekosten	= 300 €
Gemeinkosten = 0,45 · 300 €	= 135 €
Ersatzteilekosten	= 435 €
Fertigungslöhne = 10 h · 25,00 €/h	= 250 €
Gemeinkosten = 4 · 250 €	= 1 000 €
Fertigungskosten	= 1 250 €
Ersatzteilekosten	= 435 €
Fertigungskosten	= 1 250 €
Sonderleistung	= 95 €
Selbstkosten	= 1 780 €
Gewinn = 0,1 · 1 780 €	= 178 €
Reparaturkosten	= 1 958 €
Umsatzsteuer = 0,19 · 1 958 €	= 372,02 €
Rechnungsbetrag	= 2 330,02 €

Vereinfachte Kalkulation

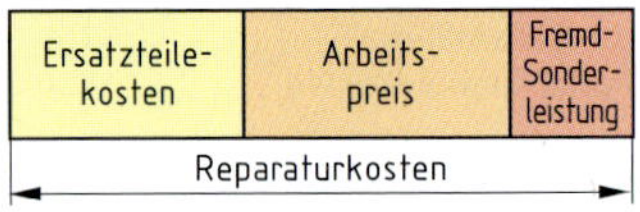

Gemeinkosten und Gewinn werden mit Hilfe der AW- (Arbeitswert) oder Stunden-Verrechnungssätze den Fertigungslöhnen zugeschlagen. Die Gesamtkosten (Fertigungslöhne + Gemeinkosten + Gewinn) ergeben den Arbeitspreis.

Reparaturkosten
= Ersatzteilekosten
+ Arbeitspreis
+ Sonder- und/oder Fremdleistungen

Arbeitspreis
= AW-Vorgabe × AW-Verrechnungssatz

Arbeitspreis
= Fertigungszeit
× Stunden-Verrechnungssatz

Beispiel: Fertigungszeit 10 h, Stunden-Verrechnungssatz 137,50 €/h, Ersatzteilekosten 478,50 €, Sonderleistungen 104,50 €, Umsatzsteuer 19 %.

Ges.: a) Reparaturkosten und
b) Rechnungsbetrag mit USt.

Ersatzteilekosten	= 478,50 €
Arbeitspreis = 10 h · 137,50 €/h	= 1 375,00 €
Sonderleistungen	= 104,50 €
Reparaturkosten	= 1 958,00 €
Umsatzsteuer = 0,19 · 1 958,00 €	= 372,02 €
Rechnungsbetrag (netto)	= 2 330,02 €

Fremdleistungen

Vergabe einer Teilarbeit des Reparaturauftrages von der Werkstatt des Kunden an eine fremde Werkstatt, z. B. Lackieren des vorderen Kotflügels. Beträgt der Gewinnzuschlag mehr als 15 %, muss die Sachmängelhaftung übernommen werden.

Rechnungsbetrag für Fremdleistungen
= Reparaturkosten + Gewinnzuschlag

Reparaturkosten der Fremdwerkstatt
= Rechnungsbetrag der Fremdwerkstatt
− Umsatzsteuer

Umsatzsteuer

$$= \frac{\text{Fremdrechnungsbetrag} \times \text{Steuersatz in \%}}{100\,\% + \text{Steuersatz in \%}}$$

Gewinnzuschlag

$$= \frac{\text{Reparaturkosten} \times \text{Gewinnsatz in \%}}{100\,\%}$$

Beispiel: Rechnungsbetrag der Fremdwerkstatt einschließlich 19 % Umsatzsteuer 323,41 €, Gewinnzuschlag auf die Fremdleistungen 10 %.

Ges.: a) Reparaturkosten und
b) Rechnungsbetrag für die Fremdleistung

Fremdrechnungsbetrag	= 323,41 €
Umsatzsteuer = $\frac{323{,}41\,€ \cdot 19\,\%}{100\,\% + 19\,\%}$	= 51,64 €
Reparaturkosten	= 271,77 €
Gewinn = 0,1 · 271,77 €	= 27,18 €
Rechnungsbetrag (netto)	= 298,95 €

Abschleppkosten, Sonderleistung

Ermittlung der Kosten nach Vereinbarung, Pauschale oder Berechnung.

Pauschale: Je nach Anbieter enthalten sie z. B. Einsatzfahrzeug, Personal, Kilometerleistung und Hakenlastversicherung. Der Pauschalpreis hängt dann von der Arbeitszeit, Einsatzdauer und Fahrzeugmasse ab.

Berechnung: Bei der Berechnung werden die tatsächlich entstehenden Kosten verrechnet, inkl. einem Gewinnzuschlag. Bei der Berechnung werden die km-Kosten des Einsatzfahrzeugs und die Arbeitszeit des Fahrers berücksichtigt.

Zusätzlich werden bei Pauschale und Berechnung ggf. in Rechnung gestellt: Pannenbehebung, Bergung, Wartezeit, Straßenreinigung, Schnee, besonderes Abschleppgerät, Abfallentsorgung usw.

Abschleppkosten
= Kosten für Leer- und Schleppfahrt
+ Lohnkosten für Fahrer und ggf. Beifahrer
+ Zulagen für Überstunden, Nacht-, Sonn- und Feiertagsarbeiten sowie für besondere Gefahren
+ Zusatzkosten, z. B. Straßenreinigung

Kosten für Leer- und Schleppfahrt
= Gesamtstrecke
× km-Kosten für das Einsatzfahrzeug

Lohnkosten einschl. Lohnnebenkosten
= Gesamtzeit × Stunden-Verrechnungssatz

km-Kosten für das Einsatzfahrzeug für die Leer- und Schleppfahrt 1,25…3,00 €/km

Stunden-Verrechnungssatz für die Arbeitszeit des Fahrers/Beifahrers 45…265 €/h

Zulagen für Überstunden 20…30 % und Nachtarbeit 50 %, für Sonn- und Feiertag 50…100 % und für besondere Gefahren 50…300 %

Beispiel 1: Pauschalpreis Einsatzpauschale für max. 1,25 h Dauer und 10 km

Masse	Normaltarif	Nacht und Wochenende	Sonn- und Feiertag
0…2,49 t	135 €	168,75 €	202,50 €
2,5…3,49 t	180 €	213,75 €	247,50 €
3,5…7,49 t	220 €	253,75 €	287,50 €
7,5…11,99 t	175 €	197,50 €	220,00 €
12…40 t	215 €	240,00 €	265,00 €

Beispiel 2: Kalkulation, Abschlepp-Gesamtdauer 1,5 h, Gesamtstrecke 30 km, km-Kosten 2,50 €/km, Stunden-Verrechnungssatz 100 €/h

Ges.: Abschleppkosten.

Fahrkosten = 30 km · 2,50 € = km	= 75 €
Lohnkosten = 1,5 h · 100 €/h	= 150 €
Abschleppkosten	= 225 €

Kostenindex
Kalkulierter Werkstattindex

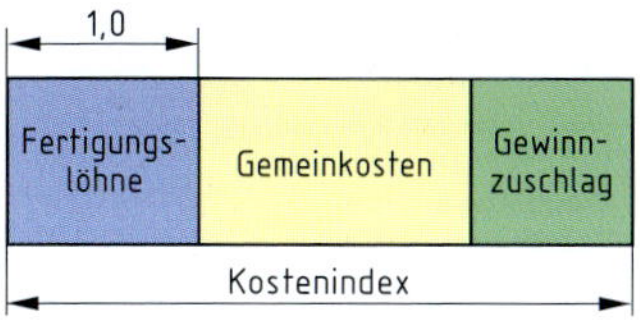

Der Kostenindex gibt an, wievielmal mehr der Kunde für eine Arbeit bezahlen muss, als der Monteur für die Ausführung der Arbeit erhält.

$$\text{Kostenindex} = \frac{\text{Fertigungslöhne} + \text{Gemeinkosten} + \text{Gewinn}}{\text{Fertigungslöhne}}$$

$$\text{Gewinn (GW)} = (\text{Löhne} + \text{Gemeinkosten}) \times \frac{\text{Gewinnsatz in \%}}{100\,\%}$$

$$\text{Kostenindex} = \frac{\text{Soll-Lohnerlöse}}{\text{Fertigungslöhne}}$$

Soll-Lohnerlöse = Fertigungslöhne + Gemeinkosten + Gewinn

$$\text{Kostenindex} = \frac{(\text{Löhne} + \text{Gemeinkosten}) \times (1 + \text{GW-Faktor})}{\text{Fertigungslöhne}}$$

Beispiel: Fertigungslöhne 27 500 €, Werkstatt-Gemeinkosten 110 000 €, Gewinnsatz 10 % bzw. Gewinnfaktor 0,1.

Ges.: Kostenindex (KI).

Fertigungslöhne	= 27 500 €
Gemeinkosten	= 110 000 €
Selbstkosten	= 137 500 €
Gewinn = 0,1 · 137 500 €	= 13 750 €
Soll-Lohnerlöse	= 151 250 €

$$\text{Kostenindex} = \frac{151\,250\ €}{27\,500\ €} = 5{,}5$$

$$\text{KI} = \frac{27\,500\ € + 110\,000\ € + 13\,750\ €}{27\,500\ €} = 5{,}5$$

$$\text{KI} = \frac{(27\,500\ € + 110\,000\ €) \cdot 1{,}1}{27\,500\ €} = 5{,}5$$

Stunden-Verrechnungssatz
Verrechnungspreis

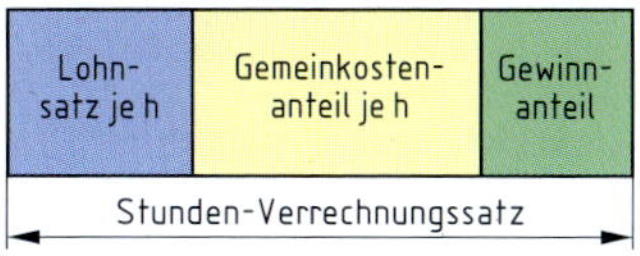

Arbeitspreis, den der Kunde für eine Stunde Arbeit an seinem Fahrzeug bezahlen muss (ohne Umsatzsteuer).

Stunden-Verrechnungssatz = Werkstatt-Schnittlohn × Kostenindex

$$\text{Stunden-Verrechnungssatz} = \frac{\text{Fertigungslöhne} + \text{Gemeinkosten} + \text{Gewinn}}{\text{Fertigungszeit in h}}$$

Stunden-Verrechnungssatz = Werkstatt-Schnittlohn + Gemeinkostenzuschlag je Stunde + Gewinn je Stunde

Beispiel 1: Werkstatt-Schnittlohn 25,00 €/h, Kostenindex 5,5.

Ges.: Stunden-Verrechnungssatz.

Verrechnungssatz = 25,00 €/h · 5,5 = 137,50 €/h

Beispiel 2: Fertigungslöhne 27 500 €, Fertigungszeit 1 100 h, Gemeinkosten 110 000 €, Gewinn 13 750 €.

Ges.: Stunden-Verrechnungssatz.

$$\text{Stunden-Verrechnungssatz} = \frac{27\,500\ € + 110\,000\ € + 13\,750\ €}{1\,100\ \text{h}} = 137{,}50\ €/\text{h}$$

AW-Verrechnungssatz
AW-Preis, ZE-Preis

Arbeitspreis, den der Kunde für die Leistung von einem Arbeitswert (AW) oder einer Zeiteinheit (ZE) bezahlen muss (ohne Umsatzsteuer).

$$\text{AW-Verrechnungssatz} = \frac{\text{Werkstatt-Schnittlohn} \times \text{Kostenindex}}{\text{Werkstattfaktor in AW/h}}$$

$$\text{ZE-Verrechnungssatz} = \frac{\text{Werkstatt-Schnittlohn} \times \text{Kostenindex}}{100\ \text{Zeiteinheiten}}$$

$$\text{AW-Verrechnungssatz} = \frac{\text{Stunden-Verrechnungssatz}}{\text{Werkstattfaktor in AW/h}}$$

$$\text{AW(ZE)-Verrechnungssatz} = \frac{\text{Fertigungslöhne} + \text{Gemeinkosten} + \text{Gewinn}}{\text{Sollleistung in AW (ZE)}}$$

Beispiel 1: Werkstatt-Schnittlohn 25,00 €, Kostenindex 5,5, Werkstattfaktor 12 AW/h (Arbeitswert/Stunde).

Ges.: AW-Verrechnungssatz.

AW-Verrechnungssatz = 25,00 €/h · 5,5 : 12 AW/h = 11,46 €/AW

Beispiel 2: Werkstatt-Schnittlohn 25,00 €, Kostenindex 5,5, Werkstattfaktor 100 ZE/h (Zeiteinheiten/h)

Ges.: Verrechnungssatz für 10 ZE.

Verrechnungssatz je Zeiteinheit = 25,00 €/h · 5,5 : 100 ZE/h = 1,38 €/ZE

Verrechnungssatz für 10 ZE = 1,38 €/ZE · 10 = 13,80 €/(10 ZE)

Kostendeckungssatz
Verrechnungssatz

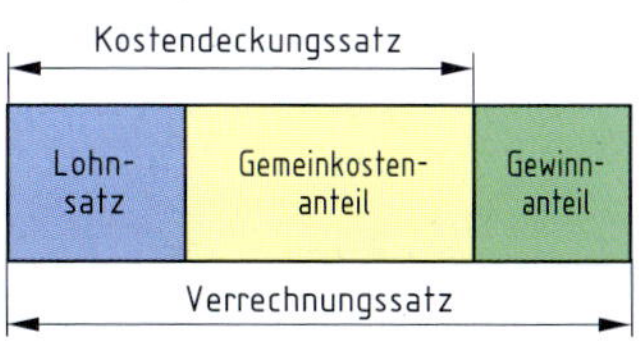

Der Kostendeckungssatz gibt an, wie viel € der Kunde für eine Arbeitsstunde oder einen Arbeitswert mindestens bezahlen muss, um die anfallenden Kosten der Werkstatt (Fertigungslöhne und Gemeinkosten) zu decken.

Der Verrechnungsfaktor gibt an, wievielmal höher der Verrechnungssatz ist als der Kostendeckungssatz. Er enthält den Gewinn. Zur Berücksichtigung der Arbeitsschwierigkeit erfolgt die Ermittlung des Verrechnungssatzes in drei Reparaturstufen (RS).

$$\text{Kostendeckungssatz (KDS) je h} = \frac{\text{Fertigungslöhne} + \text{Gemeinkosten}}{\text{Fertigungszeit in h}}$$

$$\text{Kostendeckungssatz je AW} = \frac{\text{Kostendeckungssatz je h}}{\text{Werkstattfaktor}}$$

Verrechnungssatz (VS) = Kostendeckungssatz × Verrechnungsfaktor

Verrechnungssatz = Kostendeckungssatz + kalkulierter Gewinn

$$\text{Verrechnungsfaktor (VF)} = 1 + \frac{\text{Gewinn in \%}}{100\,\%}$$

	Gewinnsatz	Verrechnungsfaktor
Rep.-Stufe 1	5 %	1,05
Rep.-Stufe 2	10 %	1,1
Rep.-Stufe 3	20 %	1,2

Beispiel 1: Fertigungslöhne 27 500 €, Fertigungszeit 1 100 h, Gemeinkosten ohne Umsatzsteuer 110 000 €, Werkstattfaktor 12 AW/h

Ges.: a) Kostendeckungssatz je h und
b) Kostendeckungssatz je AW.

$$\text{Kostendeckungssatz je Stunde} = \frac{27\,500\ € + 110\,000\ €}{1\,100\ \text{h}} = 125\ €/\text{h}$$

Kostendeckungssatz je Arbeitswert = 125 €/h : 12 AW/h = 10,42 €/AW

Beispiel 2: Kalkulierter Gewinnsatz 10 %

Ges.: Verrechnungsfaktor (VF).

$$\text{VF} = 1 + \frac{10\,\%}{100\,\%} = 1{,}1$$

Beispiel 3: Kostendeckungssatz je Arbeitswert 10,42 €.

Ges.: Verrechnungssätze (VS) je AW für die Reparaturstufen 1, 2 und 3.

VS Stufe 1 = 10,42 €/AW1,05 = 10,94 €/AW
VS Stufe 2 = 10,42 €/AW1,1 = 11,46 €/AW
VS Stufe 3 = 10,42 €/AW1,2 = 12,50 €/AW

Arbeitswert (Zeiteinheiten)

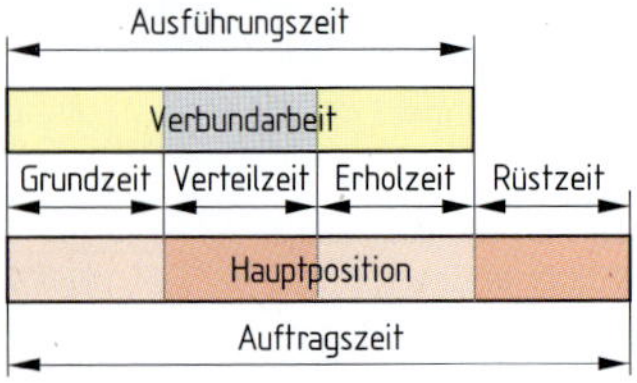

Vorgabewerte für die Auftragszeit bzw. Ausführungszeit eines Arbeitsablaufes in AW unter Berücksichtigung der Arbeitsschwierigkeiten. Die Vorgabewerte beziehen sich auf Fahrzeuge mit durchschnittlicher Kilometerzahl und normalem Pflegezustand.

AW-Vorgabe nach AW-Katalog für
a) Hauptpositionen: vollständig abgeschlossene, allein ausführbare Arbeiten (HP),
b) Verbundarbeiten: nur mit den dazugehörigen Hauptpositionen durchführbar (VA).

AW-Vorgabe durch den Meister für
a) Arbeitspositionen, die nicht im AW-Katalog aufgeführt sind,
b) erschwerte Arbeitsbedingungen.

AW-Vorgabe durch Zeitstudie

$$= \frac{\text{Zeitaufwand für die Arbeitspositionen}}{\text{Vorgabezeit für 1 AW}}$$

Zeitaufwand für die Arbeitsposition
= Arbeitszeit + Verteilzeit + Erholzeit
+ Rüstzeit (nur bei Hauptpositionen)

Beispiel: Gegeben untenstehende Arbeitspositionen und AW-Katalog.

Ges.: AW-Vorgaben.

Arbeitspositionen	RS	Vorgabe
HP Kotflügel vorn a + e	1	23 AW
VA Stoßfänger vorn ers.	1	2 AW
HP Fahrzeug vorn verm.	3	8 AW
VA Fahrzeug vorn einst.	3	5 AW
HP Getriebe a + e	1	35 AW
VA Getriebe zz	3	40 AW
HP Motor a + e	1	35 AW
VA Motor zz	3	56 AW
HP Starter a + e	1	8 AW
VA Starter inst.	3	16 AW
HP Bremsscheibe a + e	2	11 AW
VA Bremssch. abdrehen	3	23 AW

Anmerkung: RS = Reparaturstufe

Zeitvorgabe

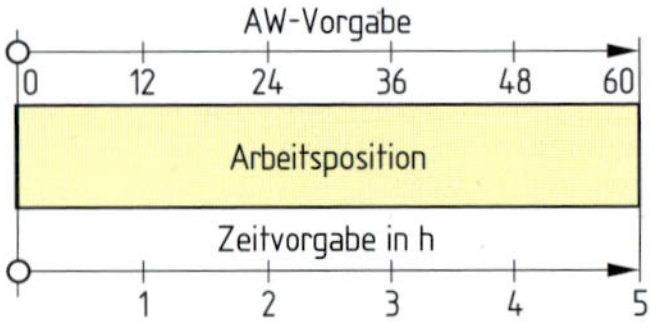

Vorgesehene Arbeitszeit für einen Arbeitsablauf in Minuten. Sie ist abhängig vom Werkstattfaktor.

Zeitvorgabe für 1 AW ≈ 5 Minuten
1 ZE = 0,6 Minuten

$$\text{Zeitvorgabe für 1 AW} = \frac{60\ \text{min/h}}{\text{Werkstattfaktor}}$$

Zeitvorgabe für eine Arbeitsposition
= AW-Vorgabe × Zeitvorgabe für 1 AW

$$\text{Zeitvorgabe in h} = \frac{\text{AW-Vorgabe}}{\text{Werkstattfaktor}}$$

Beispiel: Arbeitsposition: Beide Stoßdämpfer vorn aus- und einbauen 6 AW, Werkstattfaktor 12 AW/h.

Ges.: a) Zeitvorgabe für 1 AW,
b) Zeitvorgabe für die Arbeitsposition in Minuten, Stunden.

$$\text{Zeitvorgabe je AW} = \frac{60\ \text{min/h}}{12\ \text{AW/h}} = 5\ \text{min/AW}$$

Zeitvorgabe für die Arbeitsposition = 6 AW · 5 min/AW = 30 min
oder = 6 AW : 12 AW/h = 0,5 h

Werkstattfaktor, Leistungsfaktor

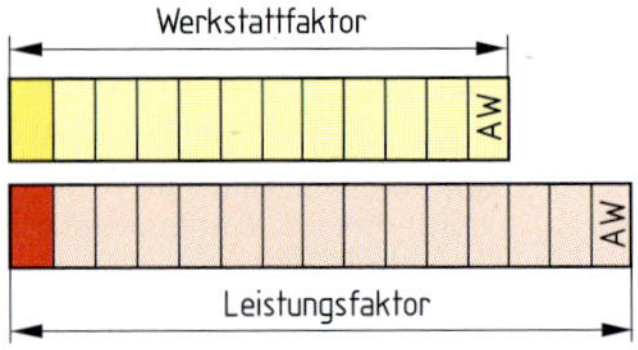

Der Werkstattfaktor gibt an, wie viel AW (ZE) der Monteur in einer Stunde unter normalen Umständen arbeiten soll. Der Leistungsfaktor gibt an, wie viel AW (ZE) der Monteur, die Arbeitsgruppe oder die Werkstatt in einer Stunde tatsächlich ausführen.

Werkstattfaktor (Sollleistung je Stunde)

$$= \frac{\text{AW-Vorgabe der Zeitstudie}}{\text{Zeitaufwand für Zeitstudie in h}}$$

$$\text{Werkstattfaktor} = \frac{60\ \text{min/h}}{\text{Zeitvorgabe für 1 AW}}$$

Leistungsfaktor des Betriebs in AW/h

$$= \frac{\text{Istleistung des Betriebs in AW}}{\text{Zeitaufwand in h}}$$

Leistungsfaktor eines Gesellen in AW/h

$$= \frac{\text{Istleistung des Gesellen in AW}}{\text{Zeitaufwand in h}}$$

Leistungsgrad

$$= \frac{\text{Istleistung in AW}}{\text{Sollleistung in AW}}$$

Beispiel 1: Zeitstudie für den Werkstattfaktor: AW-Vorgabe für verschiedene Arbeitspositionen 960 AW, Zeitaufwand 80 h.

Ges.: a) Werkstattfaktor und
b) Zeitvorgabe für 1 AW.

Werkstattfaktor
= 960 AW : 80 h = 12 AW/h
Zeitvorgabe
= 60 min/h : 12 AW/h = 5 min/AW

Beispiel 2: Istleistung der Gesellen 11730 AW, Sollleistung 10200 AW, Zeitaufwand 850 h.

Ges.: a) Leistungsfaktor und
b) Leistungsgrad.

Leistungsfaktor
= 11730 AW : 850 h = 13,8 AW/h
Leistungsgrad
= 11730 AW : 10200 AW = 1,15

Soll-, Ist- und Mehrleistung

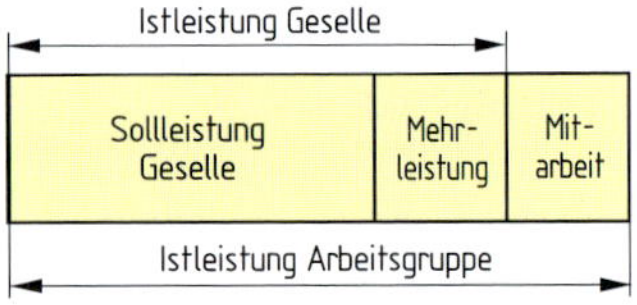

Die Sollleistung ist die von einem Monteur oder einer Werkstatt zu erwartende Mindestleistung in der vorgegebenen Zeit. Die Istleistung ist die während dieser Zeit tatsächlich erbrachte Arbeitsleistung.

Mehrleistung ist der Unterschied zwischen Istleistung und Sollleistung. Bei der Berechnung der Mehrleistung eines Monteurs muss die Mitarbeit eines Auszubildenden oder eines Meisters berücksichtigt werden.

Sollleistung der Gesellen
= Arbeitszeit (Fertigungszeit) in h
× Werkstattfaktor

Sollleistung bei Azubi-Mitarbeit
= Sollleistung der Gesellen
+ Anrechnung der Azubi-Mitarbeit

Anrechnung der Azubi-Mitarbeit
= Mitarbeitszeit in h
× Anrechnungsfaktor in AW/h

Mehrleistung der Gesellen
= Istleistung – Sollleistung

Mehrleistung bei Azubi-Mitarbeit
= Istleistung der Gesellen und Azubi
– Anrechnung der Azubi-Mitarbeit
– Sollleistung der Gesellen

Mehrleistungssatz in %

$$= \frac{(\text{Istleistung} - \text{Sollleistung}) \cdot 100\,\%}{\text{Sollleistung}}$$

Beispiel 1: Werkstattfaktor 12 AW/h, Arbeitszeit der Gesellen 130 h, Mitarbeit der Azubi 80 h, Anrechnungsfaktor für die Mitarbeit 2,4 AW/h.

Ges.: Sollleistung der Gesellen ohne bzw. einschl. Azubi-Mitarbeit.

Sollleistung der Gesellen
ohne Mitarbeit = 12 · 130 = 1560 AW
Azubi-Mitarbeit = 2,4 · 80 = 192 AW
Sollleistung bei Mitarbeit = 1752 AW

Beispiel 2: Werkstattfaktor 12 AW/h, Istleistung der Gesellen 1872 AW, Fertigungszeit 130 h.

Ges.: a) Sollleistung
b) Mehrleistung und
c) Mehrleistungssatz.

Sollleistung = 12 · 130 = 1560 AW
Mehrleistung = 1872 – 1560 = 312 AW

$$\text{Mehrleistungssatz} = \frac{312 \cdot 100\,\%}{1560} = 20\,\%$$

Lohnerlöse
Werkstattumsatz, Umsatzerlöse

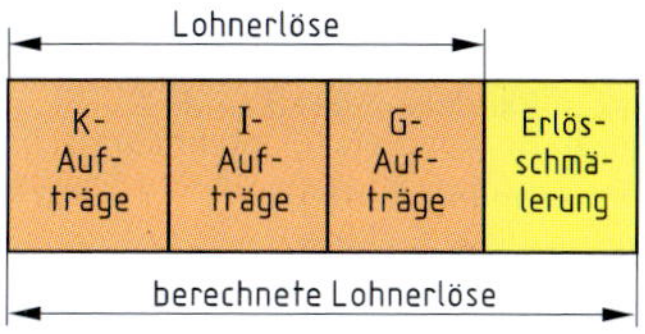

Geldwert der von der Werkstatt abgegebenen Dienstleistungen an K-, I- und G-Aufträgen während einer Periode ohne den Ertrag aus dem Verkauf von Ersatzteilen und Zubehör.

Summe der Lohnerlöse (Gesamt-Lohnerlöse)
= Kfz-Instandsetzungen Kunden (K-Auftr.)
+ innerbetriebl. Leistungen (I-Auftr.)
+ Gewährleistungen vom Werk (G-Auftr.)
Erlösschmälerungen (Nachlässe)

Lohnerlöse für K-, I- oder G-Aufträge
= Fertigungszeit
× Stunden-Verrechnungssatz

Lohnerlöse für K-, I- oder G-Aufträge
= Werkstattleistung in AW (Ist-AW)
× AW-Verrechnungssatz

K-, I- oder G-Anteil in %

$$= \frac{\text{K-, I- oder G-Lohnerlöse} \times 100\,\%}{\text{Lohnerlöse}}$$

Beispiel 1: Lohnerlöse aus Kundenaufträgen 301 247 €, aus innerbetrieblichen Leistungen 27 386 € und aus Gewährleistung 36 515 €.

Ges.: Summe der Lohnerlöse.

K-Aufträge	= 301 247 €
I-Aufträge	= 27 386 €
G-Aufträge	= 36 515 €
Summe der Lohnerlöse	= 365 148 €

Beispiel 2: Fertigungszeit 2 650 h, Leistungsfaktor 13,8 AW/h, AW-Verrechnungssatz 9,98 €/AW.

Ges.: Lohnerlöse (LE)

LE = 2 650 h · 13,8 AW/h · 9,98 €/AW
= 365 148 €

Bruttolohnertrag, Betriebsgewinn

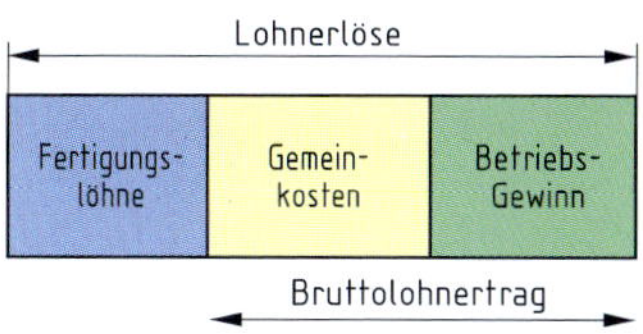

Lohnerlöse abzüglich Fertigungslöhne ergeben den Bruttolohnertrag (Roh-, Bruttogewinn) einer Periode.

Betriebsgewinn (Reingewinn) ist der Überschuss der Betriebseinnahmen über die Betriebsausgaben. Er wird als Unterschied zwischen Bruttolohnertrag und Gemeinkosten ermittelt.

Bruttolohnertrag = Gesamt-Lohnerlöse
− Fertigungslöhne

Betriebsgewinn = Bruttolohnertrag
− Verkaufs-Sonderkosten
− Gemeinkostensumme

Gemeinkostensumme
= Hilfslöhne
+ Gehälter } Personalkosten
+ Sozialkosten
+ Raumkosten
+ Einrichtungskosten
+ Material-Gemeinkosten
+ Steuern, Versicherungen, Gebühren, Beiträge
+ Sonstige Gemeinkosten
+ Verwaltungskosten-Umlage

Bruttolohnertrag in %

$$= \frac{\text{Bruttolohnertrag in €} \times 100\,\%}{\text{Lohnerlöse}}$$

Beispiel: Lohnerlöse 365 148 €, Fertigungslöhne 68 254 €, Personalkosten 146 060 €, sonstige Gemeinkosten 89450 € und Verwaltungskosten der Werkstatt 23 052 €.

Ges.: a) Bruttolohnertrag (BLE),
b) Betriebsgewinn (BGW) und
c) Umsatzrentabilität (URt).

Lohnerlöse	= 365 148 €
− Fertigungslöhne	= 68 254 €
Bruttolohnertrag	= 296 894 €
$BLE = \frac{296\,894\ € \cdot 100\,\%}{365\,148\ €}$	= 81,31 %
Personalkosten	= 146 060 €
sonstige Gemeinkosten	= 89 450 €
Verwaltungskosten	= 23 052 €
Gemeinkostensumme	= 258 562 €
Betriebsgewinn = 296 894 € − 258 562 €	= 38 332 €
$URt = \frac{38\,332\ € \cdot 100\,\%}{365\,148\ €}$	= 10,5 %

Kennzahlen, betriebswirtschaftliche Betriebliche Messziffern

Umsatzrentabilität ist das Verhältnis von Reingewinn zu Umsatz, d. h. von Betriebsgewinn zu Lohnerlösen.

Zuschlagssatz für Gemeinkosten ist das Verhältnis von Gemeinkosten zu Fertigungslöhnen.

Erlösindex ist das Verhältnis von Lohnerlösen zu Fertigungslöhnen.

Erlöster Verrechnungssatz ist das Verhältnis von Lohnerlösen zu geleisteten Einheiten, gemessen in Stunden oder Arbeitswerten.

Wirtschaftlichkeit ist das Verhältnis von Ertrag zu Aufwand, d. h. von Lohnerlösen zu Fertigungslöhnen und Gemeinkosten (Selbstkosten).
Wirtschaftlichkeit < 1 ⇒ Verlust
Wirtschaftlichkeit = 1 ⇒ –
Wirtschaftlichkeit > 1 ⇒ Gewinn

Lohnerlöse je Monteur ist das Verhältnis von Lohnerlösen einer bestimmten Periode zu Anzahl Monteureinheiten.

$$\text{Umsatzrentabilität in \%} = \frac{\text{Betriebsgewinn} \times 100\,\%}{\text{Lohnerlöse}}$$

Zuschlagssatz für Gemeinkosten in %

$$= \frac{\text{Gemeinkostensumme} \times 100\,\%}{\text{Fertigungslöhne}}$$

$$\text{Erlösindex} = \frac{\text{Lohnerlöse}}{\text{Fertigungslöhne}}$$

Erlöster Stunden-Verrechnungssatz

$$= \frac{\text{Lohnerlöse}}{\text{Fertigungszeit in h}}$$

Erlöster AW-Verrechnungssatz

$$= \frac{\text{Lohnerlöse}}{\text{Werkstattleistung in AW (Ist-AW)}}$$

Wirtschaftlichkeit

$$= \frac{\text{Lohnerlöse}}{\text{Fertigungslöhne} + \text{Gemeinkostensumme}}$$

Lohnerlöse je Monteur (je Fz-Durchgang)

$$= \frac{\text{Lohnerlöse}}{\text{Anzahl Monteureinheiten (Fz-Durchgänge)}}$$

Beispiel: Lohnerlöse 365 148 €, Fertigungslöhne 68 254 €, Gemeinkosten 258 562 €, Fertigungszeit 2 650 h, Werkstattleistung 36 570 AW und 4 Monteureinheiten (ME).

Ges.: a) Gemeinkostensatz (GK-Satz),
b) Erlösindex,
c) Erlöster Stunden- und AW-Verrechnungssatz (AW-Satz),
d) Wirtschaftlichkeit (WSLK),
e) Lohnerlöse je ME (LE/ME).

$$\text{GK-Satz} = = \frac{258\,562\ € \cdot 100\,\%}{68\,254\ €} = 378{,}82\,\%$$

$$\text{Erlösindex} = \frac{365\,148\ €}{68\,254\ €} = 5{,}35$$

Erlöster Stunden-Verrechnungssatz
= 365 148 € : 2 650 h = 137,79 €/h

Erlöster AW-Verrechnungssatz
= 365 148 € : 36 570 AW = 9,98 €/AW

$$\text{WSLK} = \frac{365\,148\ €}{68\,254\ € + 258\,562\ €} = 1{,}12$$

LE/ME = 365 148 € : 4 ME = 91 287,00 €/ME

Kennzahlen zur Produktivität

Leistungsfaktor ist das Verhältnis von Zahl der geleisteten Einheiten (AW) zu gebrauchten Arbeitsstunden.

Leistungsgrad ist das Verhältnis von Istleistung zu Sollleistung, z. B. 1,2.

Mehrleistungssatz ist das Verhältnis von Mehrleistung (Istleistung minus Sollleistung) zu Sollleistung.

Leistungsfaktor in AW

$$= \frac{\text{Istleistung in AW}}{\text{Fertigungszeit in h}}$$

Leistungsgrad

$$= \frac{\text{Istleistung in AW}}{\text{Sollleistung in AW}}$$

Mehrleistungssatz in %

$$= \frac{(\text{Istleistung} - \text{Sollleistung}) \times 100\,\%}{\text{Sollleistung in AW}}$$

Beispiel: Istleistung 36 570 AW, Fertigungszeit 2 650 h, Werkstattfaktor 12 AW/h.

Ges.: a) Sollleistung (SL),
b) Mehrleistung (ML) und
c) Leistungsgrad (LG).

SL = 2 650 h · 12 AW/h = 31 800 AW
ML = 36 570 AW − 31 800 AW = 4 770 AW

$$\text{ML-Satz} = \frac{4\,770\ \text{AW} \cdot 100\,\%}{31\,800\ \text{AW}} = 15\,\%$$

LG = 36 570 AW : 31 800 AW = 1,15

2

Bezugspreis
Einstandspreis

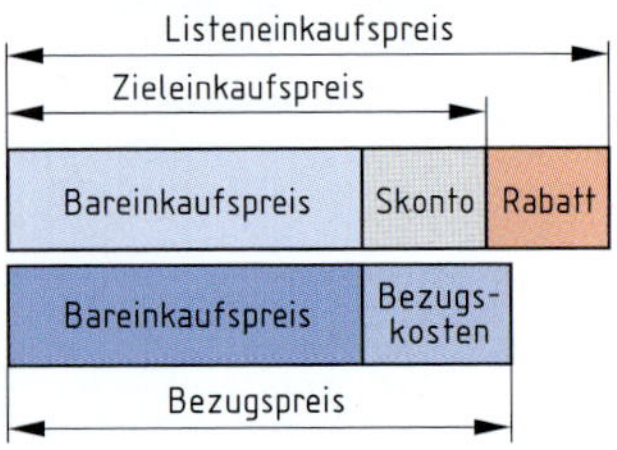

Preis, den der Unternehmer beim Einkauf für die Handelsware einschließlich Bezugskosten bezahlen muss.

Zieleinkaufspreis = Listeneinkaufspreis − Lieferantenrabatt

Bareinkaufspreis = Zieleinkaufspreis − Lieferantenskonto

Bezugspreis = Bareinkaufspreis + Bezugskosten (Fracht)

$$\text{Lieferantenrabatt} = \frac{\text{Listeneinkaufspreis} \times \text{Rabattsatz in \%}}{100\,\%}$$

$$\text{Lieferantenskonto} = \frac{\text{Zieleinkaufspreis} \times \text{Skontosatz in \%}}{100\,\%}$$

Beispiel: Wareneinkauf, Rechnungsbetrag netto 500 €, Lieferantenrabatt 20 %, Lieferantenskonto 3 % und Bezugskosten 12 €.

Ges.: a) Bareinkaufspreis und
b) Bezugspreis (Einstandspreis)

Nettorechnungsbetrag	= 500 €
− Rabatt = $\frac{500\text{ €} \cdot 20\,\%}{100\,\%}$	= 100 €
Zieleinkaufspreis	= 400 €
− Skonto = $\frac{400\text{ €} \cdot 3\,\%}{100\,\%}$	= 12 €
Bareinkaufspreis	= 388 €
Bezugskosten	= 12 €
Bezugspreis	= 400 €

Verkaufspreis
Listenpreis

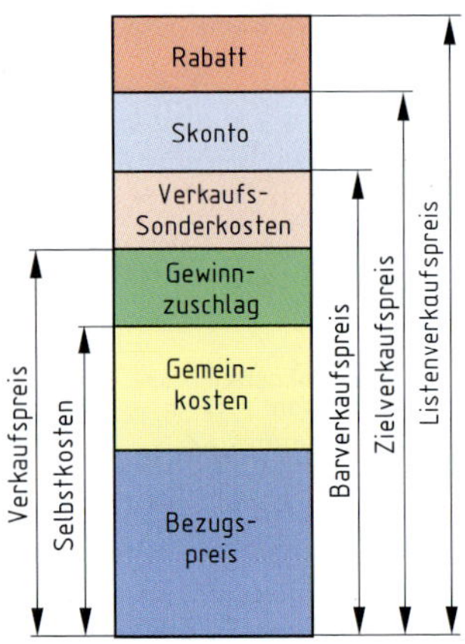

Preis, den die Kunden, die Verbraucher oder die fremden Werkstätten für die Ware einschließlich aller Nebenkosten zu zahlen haben.

Selbstkosten = Bezugspreis + Gemeinkosten

Verkaufspreis = Selbstkosten + Gewinnzuschlag

Barverkaufspreis = Verkaufspreis + Verkaufs-Sonderkosten

Zielverkaufspreis = Barverkaufspreis + Kundenskonto

Listenverkaufspreis = Zielverkaufspreis + Kundenrabatt

$$\text{Gemeinkosten} = \frac{\text{Bezugspreis} \times \text{Zuschlagssatz in \%}}{100\,\%}$$

$$\text{Gewinnzuschlag} = \frac{\text{Selbstkosten} \times \text{Gewinnsatz in \%}}{100\,\%}$$

$$\text{Kundenskonto für Barzahler} = \frac{\text{Barverkaufspreis} \times \text{Skontosatz in \%}}{100\,\% - \text{Skontosatz in \%}}$$

$$\text{Kundenrabatt für Großabnehmer} = \frac{\text{Zielverkaufspreis} \times \text{Rabattsatz in \%}}{100\,\% - \text{Rabattsatz in \%}}$$

Beispiel: Einkaufspreis 388 €, Bezugskosten 12 €, Zuschlagssätze für Gemeinkosten 30 % und für Gewinn 10 %, Verkäuferprovision 10 €, Kundenskonto 3 % und Kundenrabatt 20 %.

Ges.: Listenverkaufspreis (Listenpreis).

Einkaufspreis	= 388 €
Bezugskosten	= 12 €
Bezugspreis	= 400 €
Gemeinkosten = $\frac{400\text{ €} \cdot 30\,\%}{100\,\%}$	= 120 €
Selbstkosten	= 520 €
Gewinn = $\frac{520\text{ €} \cdot 10\,\%}{100\,\%}$	= 52 €
Verkaufspreis	= 572 €
Verkäuferprovision	= 10 €
Barverkaufspreis	= 582 €
Kundenskonto = $\frac{582\text{ €} \cdot 3\,\%}{(100\,\% - 3\,\%)}$	= 18 €
Zielverkaufspreis	= 600 €
Kundenrabatt = $\frac{600\text{ €} \cdot 20\,\%}{(100\,\% - 20\,\%)}$	= 150 €
Listenverkaufspreis	= 750 €

Kalkulationsfaktor, Handelsspanne
Kalkulationszuschlag

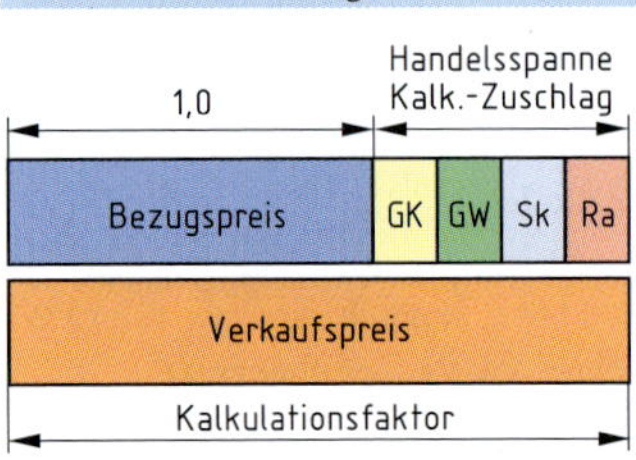

Der **Kalkulationsfaktor** gibt an, wievielmal höher der Verkaufspreis als der Bezugspreis ist.

Der **Kalkulationszuschlag** enthält alle Zuschläge (Gemeinkosten (Gk), Gewinn (Gw), Skonto (Sk), Rabatt (Ra)) in einem Prozentsatz bezogen auf den Bezugspreis.

Die **Handelsspanne** ist der in % ausgedrückte Unterschied zwischen Verkaufspreis und Bezugspreis bezogen auf den Verkaufspreis.

Verkaufspreis
= Bezugspreis × Kalkulationsfaktor oder
= Bezugspreis + Kalkulationszuschlag (Handelsspanne)

Listenverkaufspreis
= Verkaufspreis + Verkaufs-Sonderkosten

$$\text{Handelsspanne} = \frac{\text{Bezugspreis} \times \text{Handelsspanne in \%}}{100\,\% - \text{Handelsspanne in \%}}$$

$$\text{Kalkulationszuschlag} = \frac{\text{Bezugspreis} \times \text{Kalk.-Zuschlagssatz in \%}}{100\,\%}$$

$$\text{Kalkulationsfaktor} = \frac{\text{Bezugspreis} + \text{Kalkulationszuschlag}}{\text{Bezugspreis}}$$

$$\text{Handelsspanne in Prozent} = \frac{(\text{Verkaufspreis} - \text{Bezugspreis}) \times 100\,\%}{\text{Verkaufspreis}}$$

$$\text{Zuschlagssatz für Kalkulationszuschlag} = \frac{(\text{Verkaufspreis} - \text{Bezugspreis}) \times 100\,\%}{\text{Bezugspreis}}$$

$$\text{Gewinn (GW)} = \frac{(\text{Bezugspreis} + \text{Gemeinkosten}) \times \text{GW-Satz}}{100\,\%}$$

Beispiel 1: Bezugspreis 400 €, Kalkulationsfaktor 1,85, Verkäuferprovision 10 €.

Ges.: a) Verkaufspreis und
b) Listenverkaufspreis.

Verkaufspreis = 400 € · 1,85	= 740 €
Verkäuferprovision	= 10 €
Listenverkaufspreis	= 750 €

Beispiel 2: Bezugspreis 400 €, Verkaufspreis 740 €.

Ges.: Handelsspanne in Prozent.

Handelsspanne = 740 € − 400 € = 340 €

$$\text{Handelsspanne} = \frac{340\text{ €} \cdot 100\,\%}{740\text{ €}} = 45{,}946\,\%$$

Beispiel 3: Bezugspreis 400 €, Handelsspanne 45,946 %, Verkäuferprovision 10 €.

Ges.: a) Verkaufspreis und
b) Listenverkaufspreis.

Bezugspreis	= 400 €
Handelsspanne = $\frac{400\text{ €} \cdot 45{,}946\,\%}{(100\,\% - 45{,}946\,\%)}$	= 340 €
Verkaufspreis	= 740 €
Verkäuferprovision	= 10 €
Listenverkaufspreis	= 750 €

Verkaufserlöse

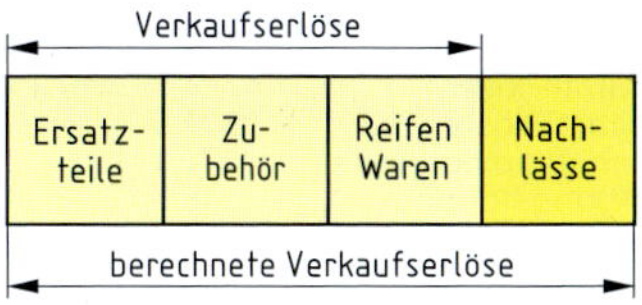

Erträge aus Lieferungen, d. h. aus dem Warenverkauf an eigene und fremde Werkstätten sowie an Verbraucher.

Summe der Verkaufserlöse
= Original-Ersatzteile eigene Werkstatt
+ Original-Ersatzteile fremde Werkstatt
+ Original-Ersatzteile Verbraucher
+ Original-Zubehör
+ Zubehör und Betriebsmittel
+ sonstige Teile und Handelswaren
+ Reifen
+ Kleinteile
– Erlösschmälerungen

Beispiel: Umsatz des Teilelagers (siehe unten).

Ges.: Summe der Verkaufserlöse.

Original-Ersatzteile	
– an eigene Werkstatt	= 135 867 €
– an fremde Werkstatt	= 27 215 €
– an Verbraucher	= 17 624 €
Zubehör	= 3 862 €
sonstige Handelswaren	= 26 180 €
Reifen	= 4 978 €
Kleinteile	= 2 524 €
Gesamt-Verkaufserlöse	= 218 250 €

Anschaffungskosten
Umschlagshäufigkeit

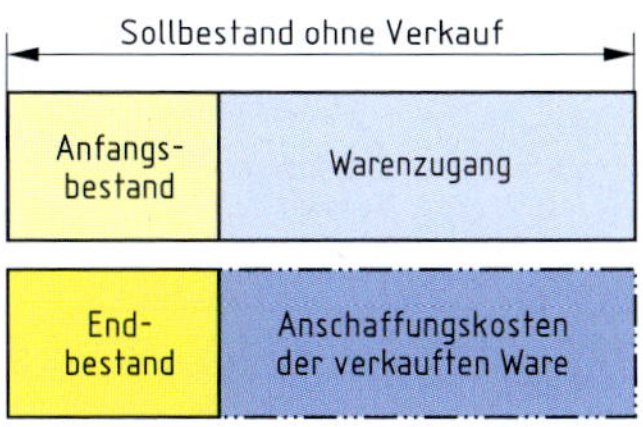

Aufwendungen einschließlich aller Bezugskosten, die bei der Anschaffung der verkauften Ware entstehen.
Umschlagshäufigkeit ist das Verhältnis von Anschaffungskosten der verkauften Ware zu durchschnittlichem Lagerbestand.

Anschaffungskosten der verkauften Waren
= Anfangsbestand des Ersatzteillagers
+ Warenzugang zum Bezugspreis
– Endbestand des Ersatzteillagers

Durchschnittlicher Lagerbestand (DLB)
$= \frac{\text{Anfangsbestand + Endbestand}}{2}$

Umschlagshäufigkeit (UH)
$= \frac{\text{Anschaffungskosten der verkauften Waren}}{\text{durchschnittlicher Lagerbestand}}$

Durchschnittliche Lagerdauer (DLD)
= 360 Tage: Umschlagshäufigkeit

Lagerzinssatz in %
$= \frac{\text{Lagerdauer in Tagen} \times \text{Zinssatz}}{360}$

Beispiel: Anfangsbestand 192 656 €, Endbestand 210 496 €, Warenzugang 622 568 €.

Ges.: a) Anschaffungskosten der verkauften Ware (AK),
b) durchschnittlicher Lagerbestand (DLB),
c) Umschlagshäufigkeit (UH),
d) durchschnittliche Lagerdauer (DLD).

Anfangsbestand	= 192 656 €
Warenzugang	= 622 568 €
Zwischensumme	= 815 224 €
– Endbestand	= 210 496 €
Anschaffungskosten	= 604 728 €

$DLB = \frac{192\,656\text{ €} + 210\,496\text{ €}}{2} = 201\,576\text{ €}$

UH = 604 728 € : 201 576 € = 3,00
DLD = 360 Tage : 3,0 = 120 Tage

Bruttoertrag, Betriebsgewinn

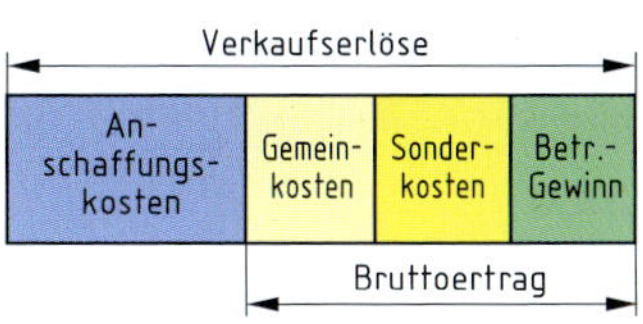

Bruttoertrag (Rohgewinn) ist der Unterschied zwischen Verkaufserlösen und Anschaffungskosten der Ware.
Der Betriebsgewinn (Reingewinn) wird als Unterschied zwischen Bruttoertrag und Gemeinkosten ermittelt.

Bruttoertrag (Bruttogewinn)
= Verkaufserlöse
– Anschaffungskosten d. verkauften Ware

Betriebsgewinn = Bruttoertrag
– Verkaufs-Sonderkosten
– Gemeinkostensumme

Betriebsgewinn = Verkaufserlöse
– Anschaffungskosten
– Verkaufs-Sonderkosten
– Gemeinkostensumme

Umsatzrentabilität in %
$= \frac{\text{Betriebsgewinn} \times 100\,\%}{\text{Verkaufserlöse}}$

Beispiel: Verkaufserlöse 218 250 €, Anschaffungskosten 151 182 €, Gemeinkosten 53 973 €.

Ges.: a) Bruttoertrag (BE),
b) Betriebsgewinn (BGW) und
c) Umsatzrentabilität (URt).

Verkaufserlöse	= 218 250 €
Anschaffungskosten	= 151 182 €
Bruttoertrag	= 67 068 €
Gemeinkosten	= 53 973 €
Betriebsgewinn	= 13 095 €

$\text{Bruttoertrag} = \frac{67\,068\text{ €} \cdot 100\,\%}{218\,250\text{ €}} = 30{,}7\,\%$

$URt = \frac{13\,095\text{ €} \cdot 100\,\%}{218\,250\text{ €}} = 6{,}0\,\%$

Kennzahlen, betriebswirtschaftliche

Umsatzrentabilität ist das Verhältnis von Reingewinn zu Umsatz, d. h. von Betriebsgewinn zu Verkaufserlösen.

Der Zuschlagssatz für Gemeinkosten gibt in einem Prozentsatz die Höhe der Gemeinkosten an bezogen auf die Anschaff'kosten der verkauften Ware.

Erlöster Kalkulationsfaktor ist das Verhältnis von Verkaufserlösen zu Anschaff'kosten der verkauften Ware.

Erlöste Handelsspanne oder Bruttoertrag in % ist das Verhältnis von Bruttoertrag zu Verkaufserlösen.

Erlöster Kalkulationszuschlag ist das Verhältnis von Bruttoertrag zu Anschaff'kosten der verkauften Ware.

Wirtschaftlichkeit ist das Verhältnis von Ertrag zu Aufwand, d. h. von Verkaufserlösen zu Anschaff'kosten der verkauften Ware und Gemeinkosten.

Umsatzrentabilität in %
$= \frac{\text{Betriebsgewinn} \times 100\,\%}{\text{Verkaufserlöse}}$

Zuschlagssatz für Gemeinkosten in %
$= \frac{\text{Gemeinkostensumme} \times 100\,\%}{\text{Anschaffungskosten der verkauften Waren}}$

Erlöster Kalkulationsfaktor
$= \frac{\text{Verkaufserlöse}}{\text{Anschaffungskosten der verkauften Waren}}$

Erlöste Handelsspanne in %
$= \frac{(\text{Verkaufserlöse} - \text{Anschaffungsk.}) \times 100\,\%}{\text{Verkaufserlöse}}$

Erlöster Kalkulationszuschlagssatz in %
$= \frac{(\text{Verkaufserlöse} - \text{Anschaffungsk.}) \times 100\,\%}{\text{Anschaffungskosten der verkauften Waren}}$

Wirtschaftlichkeit
$= \frac{\text{Verkaufserlöse}}{\text{Anschaffungskosten + Gemeinkosten}}$

Beispiel: Verkaufserlöse 218 250 €, Anschaffungskosten 151 182 €, Gemeinkosten 53 973 €, Betriebsgewinn 13 095 €.

Ges.: a) Zuschlagssätze für Gemeinkosten (GK-Satz), Kalkulationszuschlag (KZ-Satz) und Handelsspanne (HSp),
b) Kalkulationsfaktor (KF) und
c) Wirtschaftlichkeit (WSLK).

$\text{GK-Satz} = \frac{53\,973\text{ €} \cdot 100\,\%}{151\,182\text{ €}} = 35{,}7\,\%$

Handelsspanne, Kalkulationszuschlag
= 218 250 € – 151 182 € = 67 068 €

$\text{KZ-Satz} = \frac{67\,068\text{ €} \cdot 100\,\%}{151\,182\text{ €}} = 44{,}4\,\%$

$HSp = \frac{67\,068\text{ €} \cdot 100\,\%}{218\,250\text{ €}} = 30{,}7\,\%$

KF = 218 250 € : 151 182 € = 1,4436

$WSLK = \frac{218\,250\text{ €}}{151\,182\text{ €} + 53\,973\text{ €}} = 1{,}06$

2

2

Gewinn- und Verlustrechnung
Erfolgsrechnung

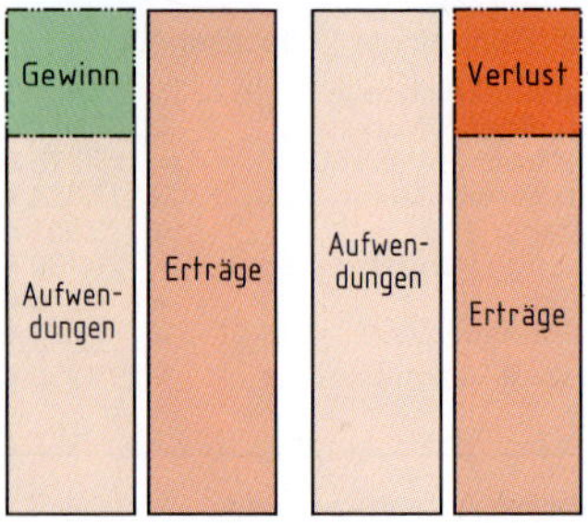

Zusammenstellung der im Laufe eines Abrechnungszeitraumes anfallenden Aufwendungen und Erträge unter Angabe des Reingewinns oder Verlustes. Sind Erträge größer als Aufwendungen ergibt sich ein Gewinn, sind Aufwendungen größer als Erträge, so entsteht ein Verlust.

Verkaufserlöse Wagen	xxxxxx	
Verkaufserlöse Teile	+ xxxxxx	
Lohnerlöse Werkstatt	+ xxxxxx	
Gesamterlöse		xxxxxx
Anschaffungskosten Wagen	+ xxxxxx	
Anschaffungskosten Teile	+ xxxxxx	
Fertigungslöhne Werkstatt	+ xxxxxx	
Waren- und Lohneinsatz		– xxxxxx
Bruttoertrag		xxxxxx
Verkaufs-Sonderkosten		– xxxxxx
Hilfslöhne	+ xxxxxx	
Gehälter	+ xxxxxx	
Soziale Aufwendungen	+ xxxxxx	
Raumkosten	+ xxxxxx	
Einrichtungskosten	+ xxxxxx	
Material-Gemeinkosten	+ xxxxxx	
Steuern, Versi... Beiträge	+ xxxxxx	
Sonstige Kosten	+ xxxxxx	
Gesamtgemeinkosten		– xxxxxx
Betriebsgewinn		xxxxxx
Neutr./außerord. Erträge		+ xxxxxx
Neutr./außerord. Aufwand		– xxxxxx
Nettogewinn		xxxxxx

Beispiel: Erfolgsrechnung in 1 000 €.

Verkaufserlöse Kfz	1 192,2	
Verkaufserlöse Teile	+ 237,2	
Lohnerlöse	+ 214,3	
Gesamterlöse		1 643,7
Anschaff'kosten Kfz	+ 1 022,0	
Anschaff'kosten Teile	+ 171,4	
Fertigungslöhne	+ 46,5	
Waren-, Lohneinsatz		– 1 239,9
Bruttoertrag		403,8
Verkaufs-Sonderkosten		– 47,4
Hilfslöhne	+ 32,6	
Gehälter	+ 82,1	
Soziale Aufwendungen	+ 35,7	
Raumkosten	+ 28,4	
Einrichtungskosten	+ 9,0	
Material-Gemeinkosten	+ 9,8	
Steuern, Beiträge u. Ä.	+ 24,7	
Verschiedene Kosten	+ 22,1	
Gesamtgemeinkosten		– 244,4
Betriebsgewinn		112,0
Neutrale/außerord. Erträge		+ 54,0
Neutr./außerord. Aufwendungen		– 24,9
Nettogewinn		141,1

Rentabilitätsrechnung

Allgemein ist Rentabilität das Verhältnis von Erfolg zu Kapitaleinsatz.

Eigenkapitalrentabilität ist das Verhältnis von Betriebsgewinn (Reingewinn) zu Eigenkapital.

Gesamtkapitalrentabilität ist das Verhältnis von Betriebsgewinn und Fremdkapitalzinsen zu Eigenkapital und Fremdkapital (Gesamtkapital).

Umsatzrentabilität ist das Verhältnis Betriebsgewinn zu Gesamtumsatz.

Eigenkapitalrentabilität in %
$$= \frac{\text{Betriebsgewinn} \times 100\,\%}{\text{Eigenkapital}}$$

Gesamtkapitalrentabilität in %
$$= \frac{(\text{Betriebsgewinn} + \text{Fremdzinsen}) \times 100\,\%}{\text{Eigenkapital} + \text{Fremdkapital}}$$

Umsatzrentabilität in %
$$= \frac{\text{Betriebsgewinn/-verlust} \times 100\,\%}{\text{Gesamtumsatz}}$$

$$\text{Wirtschaftlichkeit} = \frac{\text{Gesamterlöse}}{\text{Gesamtaufwand}}$$

Beispiel: Betriebsgewinn 112 000 €, Fremdkapitalzinsen 68 000 €, Eigenkapital 1 250 000 €, Fremdkapital 1 000 000 €, Erlöse 1 643 700 €.

Ges.: Rentabilität
a) des Eigenkapitals (EKRt),
b) des Gesamtkapitals (GKRt),
c) des Umsatzes (URt)

$$\text{EKRt} = \frac{112\,000\text{ €} \cdot 100\,\%}{1\,250\,000\text{ €}} = 8{,}96\,\%$$

$$\text{GKRt} = \frac{(112\,000\text{ €} + 68\,000\text{ €}) \cdot 100\,\%}{1\,250\,000\text{ €} + 1\,000\,000\text{ €}} = 8{,}0\,\%$$

$$\text{URt} = \frac{112\,000\text{ €} \cdot 100\,\%}{1\,643\,700\text{ €}} = 6{,}81\,\%$$

Umschlagshäufigkeit

Umschlagshäufigkeit des Lagers gibt an, wie oft der Wert des Lagerbestandes in einem Jahr umgesetzt wird.

Umschlagshäufigkeit der Forderungen gibt an, wievielmal die Zahlungseingänge höher sind als der durchschnittliche Forderungsbestand.

Die Lagerdauer gibt an, wie viel Tage die Ware im Lager liegen bleibt.

Umschlagshäufigkeit des Teilelagers
$$= \frac{\text{Anschaffungskosten der verkauften Waren}}{\text{durchschnittlicher Lagerbestand}}$$

Umschlagshäufigkeit der Forderungen
$$= \frac{\text{Gesamterlöse (Zahlungseingänge)}}{\text{durchschnittlicher Forderungsbestand}}$$

Durchschn. Lagerdauer bzw. Kreditdauer
$$= \frac{\text{Abrechnungszeitraum in Tagen}}{\text{Umschlagshäufigkeit Lager bzw. Fordgn.}}$$

Beispiel: Gesamterlöse 1 643 700 €, durchschnittlicher Forderungsbestand 109 580 €.

Ges.: a) Umschlagshäufigkeit der Forderungen (UH) und
b) durchschnittl. Kreditdauer.

$$\text{UH} = 1\,643\,700\text{ €} : 109\,580\text{ €} = 15{,}0$$

$$\text{Kreditdauer} = \frac{360\text{ Tage}}{15} = 24\text{ Tage}$$

Liquidität, Zahlungsbereitschaft

Eigenschaft eines Vermögensteiles, in bares Geld umwandelbar zu sein oder Fähigkeit des Betriebs, auftretende Zahlungsverpflichtungen pünktlich zu erfüllen.

Die Vermögensteile werden in flüssige Mittel I., II. und III. Ordnung eingeteilt und den kurzfristigen Verbindlichkeiten gegenübergestellt.

Liquidität 1. Ordnung in %
$$= \frac{\text{flüssige Mittel} \times 100\,\%}{\text{kurzfristige Verbindlichkeiten}}$$

Liquidität 2. Ordnung in %
$$= \frac{(\text{flüss. Mittel} + \text{kurzfr. Ford.}) \times 100\,\%}{\text{kurzfristige Verbindlichkeiten}}$$

Liquidität 3. Ordnung in %
$$= \frac{(\text{fl. Mittel} + \text{kfr. Ford.} + \text{Vorräte}) \times 100\,\%}{\text{kurzfristige Verbindlichkeiten}}$$

Beispiel: Flüssige Mittel 300 000 €, kurzfristige Forderungen 360 000 €, Vorratsvermögen 690 000 €, kurzfristige Verbindlichkeiten 600 000 €

Ges.: Liquidität (L) 1./2./3. Ordnung

$$\text{Liquidität 1} = \frac{300\,000\text{ €} \cdot 100\,\%}{600\,000\text{ €}} = 50\,\%$$

$$\text{Liquidität 2} = \frac{660\,000\text{ €} \cdot 100\,\%}{600\,000\text{ €}} = 110\,\%$$

$$\text{Liquidität 3} = \frac{1\,350\,000\text{ €} \cdot 100\,\%}{600\,000\text{ €}} = 225\,\%$$

Kapital- und Vermögensstruktur
Anlagendeckung

Die Kapitalstruktur gibt das Verhältnis von Eigen-, Fremd- und Gesamtkapital zueinander an.

Die Vermögensstruktur gibt das Verhältnis des Anlage-, Umlauf- und Gesamtvermögens zueinander an.

Die Anlagendeckung gibt das Verhältnis von Anlage- bzw. Umlaufvermögen zu Eigen- o. Fremdkapital an.

$$\text{Kapitalstruktur (Finanzierung)} = \frac{\text{Eigenkapital}}{\text{Fremdkapital}}$$

$$\text{Verschuldungskoeffizient in \%} = \frac{\text{Fremdkapital} \times 100\,\%}{\text{Eigenkapital}}$$

$$\text{Vermögensstruktur (Konstitution)} = \frac{\text{Anlagevermögen}}{\text{Umlaufvermögen}}$$

$$\text{Anlagendeckung (Investition) in \%} = \frac{\text{Eigenkapital} \times 100\,\%}{\text{Anlagevermögen}}$$

Beispiel: Eigenkapital 1 250 000 €, Fremdkapital 1 000 000 €, Anlagevermögen 900 000 €.

Ges.: a) Kapitalstruktur (KStr),
b) Verschuldungskoeff. (VSK),
c) Anlagendeckung (ALD).

$$\text{KStr} = 1\,250\,000\text{ €} : 1\,000\,000\text{ €} = 1{,}25$$

$$\text{VSK} = \frac{1\,000\,000\text{ €} \cdot 100\,\%}{1\,250\,000\text{ €}} = 80\,\%$$

$$\text{ALD} = \frac{1\,250\,000\text{ €} \cdot 100\,\%}{900\,000\text{ €}} = 138{,}9\,\%$$

Divisionskalkulation

Die Kosten je Leistungseinheit – Einzelkosten und Gemeinkosten – werden errechnet durch Division der in einem bestimmten Zeitraum angefallenen Gesamtkosten durch die Gesamtzahl der hergestellten Leistungseinheiten. Anwendbar in Betrieben, die einheitliche Erzeugnisse in Massen herstellen.

Kosten je Leistungseinheit (K/LE) $= \frac{\text{Gesamtkosten der Serienfertigung}}{\text{Anzahl der Produktionseinheiten}}$

Gesamtkosten = Materialkosten
+ Fertigungslohnkosten
+ Gemeinkosten

Beispiel: 5 000 Bolzen anfertigen, Materialkosten 200 €, Lohnkosten 300 €, Gemeinkosten 750 €.

Ges.: Kosten je Einheit (K/LE).

Materialkosten	= 200 €
Fertigungslohnkosten	= 300 €
Gemeinkosten	= 750 €
Gesamtkosten	= 1 250€

K/LE = 1 250 € : 5 000 = 0,25 €

Zuschlagskalkulation, einfache

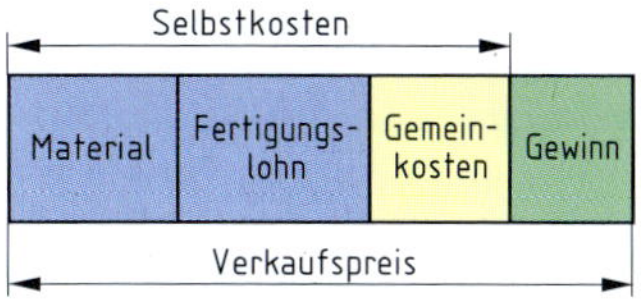

Trennung der Gesamtkosten in Einzel- und Gemeinkosten. Alle Gemeinkosten des Betriebs werden mit **einem** Prozentsatz auf eine Verrechnungsgrundlage zugeschlagen.

Selbstkosten = Materialkosten
+ Fertigungslohnkosten
+ Gemeinkosten

Verkaufspreis = Selbstkosten
+ Gewinnzuschlag

Gemeinkosten $= \frac{\text{Fertigungslohnkosten} \times \text{Zuschlagssatz in \%}}{100\,\%}$

Gewinnzuschlag $= \frac{\text{Selbstkosten} \times \text{Zuschlagssatz in \%}}{100\,\%}$

Beispiel: Materialkosten 60 €, Fertigungszeit 10 h, Werkstatt-Schnittlohn 25,00 €/h. Fertigungsgemeinkostenzuschlagssatz 300 % und für Gewinn 10 %.

Ges.: Verkaufspreis ohne USt.

Materialkosten	= 60 €
Lohnkosten = 10 h · 25,00 €/h	= 250 €
Gemeinkosten $= \frac{250\text{ €} \cdot 300\,\%}{100\,\%}$	= 750 €
Selbstkosten	= 1 060 €
Gewinn $= \frac{1060\text{ €} \cdot 10\,\%}{100\,\%}$	= 106 €
Verkaufspreis ohne USt	= 1 166 €

Zuschlagskalkulation, zergliederte

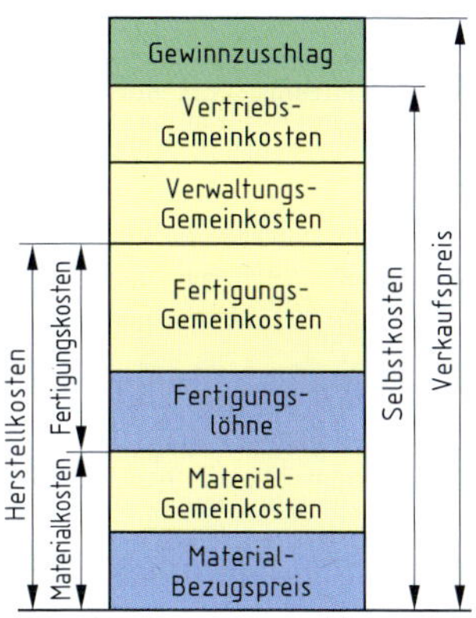

Trennung der Gesamtkosten in Einzelkosten und Gemeinkosten. Die Gemeinkosten der einzelnen Kostenstellen werden mit **gesonderten** Zuschlagssätzen auf verschiedene Verrechnungsgrundlagen zugeschlagen.

Materialkosten = Materialeinzelkosten
+ Materialgemeinkosten

Fertigungskosten = Fertigungslohnkosten
+ Fertigungsgemeinkosten

Herstellkosten = Materialkosten
+ Fertigungskosten

Selbstkosten = Herstellkosten
+ Verwaltungsgemeinkosten
+ Vertriebsgemeinkosten

Verkaufspreis = Selbstkosten
+ Gewinnzuschlag

Materialgemeinkosten $= \frac{\text{Materialeinzelkosten} \times \text{Zuschlagssatz in \%}}{100\,\%}$

Fertigungsgemeinkosten $= \frac{\text{Fertigungslohnkosten} \times \text{Zuschlagssatz in \%}}{100\,\%}$

Verwaltungs- oder Vertriebsgemeinkosten $= \frac{\text{Herstellkosten} \times \text{Zuschlagssatz in \%}}{100\,\%}$

Gewinn $= \frac{\text{Selbstkosten} \times \text{Zuschlagssatz in \%}}{100\,\%}$

Beispiel: Bohrvorrichtung anfertigen, Materialeinzelkosten 60 €, Arbeitszeit 10 h, Werkstatt-Schnittlohn 25,00 €/h, Zuschlagssätze für Materialgemeinkosten 50 %, für Fertigungsgemeinkosten 200 %, für Verwaltungsgemeinkosten 16,2 %, für Vertriebsgemeinkosten 9,99 % und für Gewinn 10 %.

Ges.: Verkaufspreis ohne USt.

Materialeinzelkosten	= 60 €
Gemeinkosten $= \frac{60\text{ €} \cdot 50\,\%}{100\,\%}$	= 30 €
Materialkosten	= 90 €
Lohnkosten = 10 h · 25,00 €/h	= 250 €
Gemeinkosten $= \frac{250\text{ €} \cdot 200\,\%}{100\,\%}$	= 500 €
Fertigungskosten	= 750 €
Materialkosten	= 90 €
Fertigungskosten	= 750 €
Herstellkosten	= 840 €
Verwaltungs-Gemeinkosten $= \frac{840\text{ €} \cdot 16{,}2\,\%}{100\,\%}$	= 136,08 €
Vertriebs-Gemeinkosten $= \frac{840\text{ €} \cdot 9{,}99\,\%}{100\,\%}$	= 83,92 €
Selbstkosten	= 1 060,00 €
Gewinn $= \frac{1060\text{ €} \cdot 10\,\%}{100\,\%}$	= 106,00 €
Verkaufspreis ohne USt	= 1 066,00 €

Stundensatz, Mengensatz

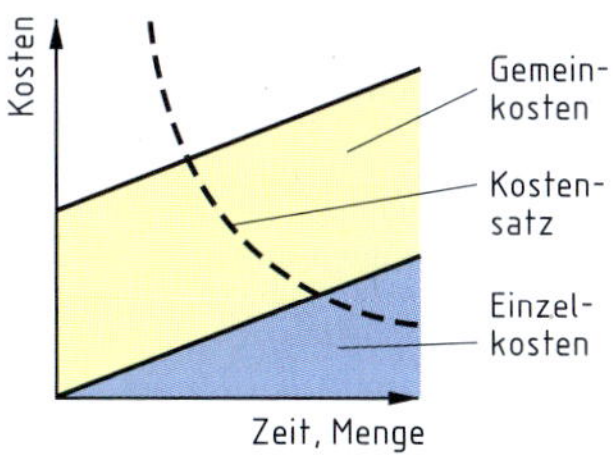

Die gesamten Kosten einer Kostenstelle werden in Beziehung zu der an dieser Kostenstelle erzeugten Menge oder zu den geleisteten Arbeitsstunden gesetzt. Daraus ergibt sich der Mengen- bzw. Stundensatz (Kostensatz).

Mengensatz je Leistungseinheit (LE) $= \frac{\text{Fertigungskosten}}{\text{erzeugte Menge in Stück, kg oder l}}$

Stundensatz $= \frac{\text{Fertigungskosten}}{\text{Fertigungszeit}}$

Fertigungskosten = Einzelkosten
+ Gemeinkosten

Fertigungskosten = Mengensatz je Einheit
× Auftragsmenge

Fertigungskosten = Stundensatz
× Fertigungszeit

Verkaufspreis = Fertigungskosten
+ Gewinnzuschlag

Beispiel 1: 7 000 Kolben bearbeiten, Fertigungslöhne 17 500 €, Gemeinkosten 52 500 €, Arbeitszeit 700 h.

Ges.: a) Mengensatz je Einheit und
b) Stundensatz.

Fertigungslöhne	= 17 500 €
Gemeinkosten	= 52 500 €
Fertigungskosten	= 70 000 €

Mengensatz 70 000 € : 7 000 LE = 10,00 €/LE

Stundensatz 70 000 € : 700 h = 100 €/h

Beispiel 2: 5 000 Kolben bearbeiten, Mengensatz 10,00 €/LE, Zuschlagssatz für Gewinn 10 %.

Ges.: Verkaufspreis.

Ferti'kosten = 10,00 €/LE · 5 000 LE	= 50 000 €
Gewinn $= \frac{50\,000\text{ €} \cdot 10\,\%}{100\,\%}$	= 5 000 €
Verkaufspreis	= 55 000 €

2

Vorgabezeiten

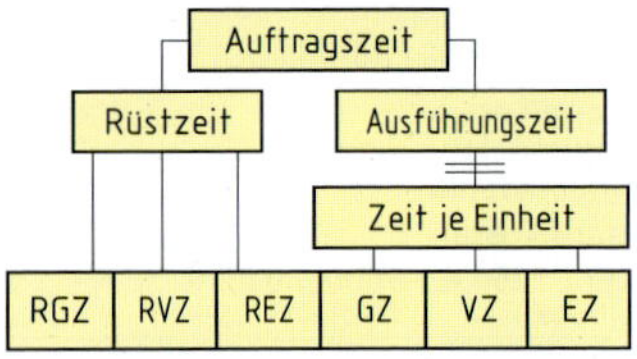

Grundzeit (GZ): Zeit für planmäßige Ausführung eines Ablaufs der Menge 1.

Verteilzeit (VZ): Zusätzliche Zeit zur planmäßigen Ausführung eines Ablaufs.

Erholungszeit (EZ): Zeit, die für die Erholung des Menschen erforderlich ist.

Zeit je Einheit: Vorgabezeit für Ausführung eines Ablaufs der Menge 1.

Ausführungszeit: Zeit für das Ausführen eines Auftrags der Menge m.

Rüstzeit: Zeit für Vor- und Nacharbeiten (Rüsten) innerhalb eines Auftrags.

Auftragszeit: Zeit für Ausführung und Rüsten eines Auftrags der Menge m.

Tätigkeitszeit = Haupttätigkeit + Nebentätigkeit

Grundzeit = Tätigkeitszeit + Wartezeit

Zeit je Einheit = Grundzeit (GZ) + Verteilzeit (VZ) + Erholungszeit (EZ)

Rüstzeit je Auftrag
= Rüstgrundzeit (RGZ)
+ Rüstverteilzeit (RVZ)
+ Rüsterholungszeit (REZ)

Ausführungszeit = Zeit je Einheit × Auftragsmenge

Auftragszeit = Ausführungszeit + Rüstzeit des Auftrags

Verteilzeit bzw. Erholungszeit

$$= \frac{\text{Grundzeit} \times \text{Zuschlagssatz in \%}}{100\,\%}$$

Verteilzeiten und Erholungszeiten werden häufig als prozentualer Zuschlag zur Grundzeit angegeben.

Beispiel: 200 Büchsen ausdrehen, Haupttätigkeit (mit Überwachung) 3 min, Nebentätigkeit (Drehwerkzeug auf- und abspannen, Werkstück auf- und annehmen, Support an- und zurückstellen) 0,5 min, Wartezeit (ausdrehen ohne Überwachung) 0 min, Rüstzeit 30 min, Verteilzeit 10 % der Grundzeit und Erholungszeit 0 min.

Ges.: a) Zeit je Leistungseinheit,
b) Ausführungszeit und
c) Auftragszeit in min.

Haupttätigkeit	= 3,00 min
Nebentätigkeit	= 0,50 min
Tätigkeitszeit	= 3,50 min
Tätigkeitszeit	= 3,50 min
Wartezeit	= 0,00 min
Grundzeit	= 3,50 min
Grundzeit	= 3,50 min
Verteilzeit = $\frac{3{,}5\ \text{min} \cdot 10\,\%}{100\,\%}$	= 0,35 min
Erholungszeit	= 0,00 min
Zeit je Einheit	= 3,85 min
Ausführungszeit 200 · 3,85 min	= 770 min
Rüstzeit	= 30 min
Auftragszeit	= 800 min

Zeitermittlung

Die Sollzeiten für bestimmte Arbeitsabläufe können aus zuvor einmal erfassten Istzeiten – gebrauchte Zeiten – abgeleitet, durch Vergleichen oder Schätzen bestimmt oder für unbeeinflussbare Ablaufabschnitte unter Verwendung der Leistungsdaten der benützten Betriebsmittel oder Maschinen berechnet werden.

Hauptzeit beim Bohren in min

$$= \frac{\text{Bohrweg im Vorschub} \times \text{Lochzahl}}{\text{Vorschub je Umdr.} \times \text{Drehzahl in 1/min}}$$

Hauptzeit beim Drehen in min

$$= \frac{\text{Drehlänge im Vorschub} \times \text{Schnittzahl}}{\text{Vorschub je Umdr.} \times \text{Drehzahl in 1/min}}$$

Hauptzeit beim Fräsen

$$= \frac{\text{Fräsweg im Vorschub} \times \text{Schnittzahl}}{\text{Vorschub je Umdr.} \times \text{Drehzahl in 1/min}}$$

Beispiel: Büchse ausdrehen, Drehlänge 90 mm, Schnittzahl 2, Vorschub 0,2 mm je Umdrehung, Innendurchmesser 50 mm und Drehzahl 300 1/min

Ges.: Hauptzeit für das Ausdrehen.

Hauptzeit für das Ausdrehen

$$= \frac{90\ \text{mm} \cdot 2\ \text{Schnitte}}{0{,}2\text{mm} \cdot 300\ \text{1/min}} = 3{,}0\ \text{min}$$

Fertigungskosten je Stück

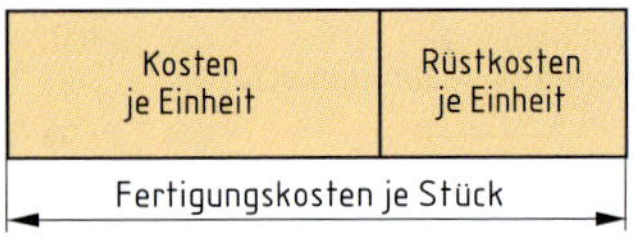

Alle Kosten, welche die erzeugte Einheit an der betreffenden Kostenstelle verursacht. Bei ihrer Ermittlung wird von den Arbeitsplatzkosten in einer Stunde ausgegangen.

Fertigungskosten je Stück
= Kosten je Einheit
+ Rüstkosten je Einheit

Fertigungskosten je Stück

$$= \frac{\text{Platzkosten je h} \times \text{Auftragszeit in min}}{60\ \text{min} \times \text{Auftragsmenge}}$$

Kosten je Einheit

$$= \frac{\text{Arbeitsplatzkosten/h} \times \text{Zeit je Einheit in min}}{60\ \text{min/h}}$$

Rüstkosten je Einheit

$$= \frac{\text{Arbeitsplatzkosten/h} \times \text{Rüstzeit in min}}{60\ \text{min} \times \text{Auftragsmenge}}$$

Beispiel: 9 375 Ventilführungen herstellen, Fertigungszeit je Einheit 2,5 min, Rüstzeit 250 min, Kosten des Arbeitsplatzes 45 €/h.

Ges.: Fertigungskosten je Stück.

$$\text{Kosten/Einheit} = \frac{45€/\text{h} \cdot 2{,}5\ \text{min}}{60\ \text{min/h}} = 1{,}88\ €$$

$$\text{Rüstkosten je Einheit} = \frac{45€/\text{h} \cdot 250\ \text{min}}{60\ \text{min/h} \cdot 9375} = 0{,}02\ €$$

Fertigungskosten je Stück = 1,90 €

Stückkosten, Stückpreis

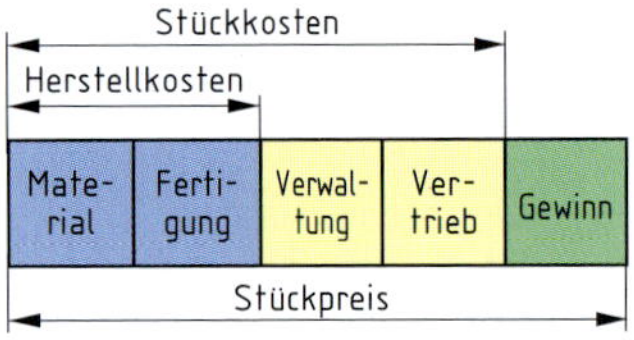

Herstellkosten: Summe der Materialkosten und Fertigungskosten je Stück.

Stückkosten: Summe der Kosten je Stück, die dem Betrieb durch Herstellung und Vertrieb selbst entstehen.

Stückpreis: Verkaufspreis je Stück ohne Umsatzsteuer (Listenpreis).

Herstellungskosten = Materialkosten + Fertigungskosten

Stückkosten = Herstellkosten + Verwaltungsgemeinkosten + Vertriebsgemeinkosten

Stückpreis = Selbstkosten bzw. Stückkosten + Gewinnzuschlag

Verwaltungs- oder Vertriebsgemeinkosten

$$= \frac{\text{Herstellkosten} \times \text{Zuschlagssatz in \%}}{100\,\%}$$

$$\text{Gewinn} = \frac{\text{Selbstkosten} \times \text{Zuschlagssatz in \%}}{100\,\%}$$

$$\text{Stückkosten} = \frac{\text{Gesamtkosten des Auftrags}}{\text{Auftragsmenge}}$$

Beispiel: Ventilführungen herstellen, Materialkosten 0,30 €, Fertigungskosten 1,90 €, Zuschlagssätze für Verwaltungsgemeinkosten 15 %, für Vertriebsgemeinkosten 10 % und für Gewinn 12 %.

Ges.: a) Stückkosten und
b) Stückpreis

Materialkosten	= 0,30 €
Fertigungskosten	= 1,90 €
Herstellkosten	= 2,20 €
Verwaltungsgemeinkosten = 0,15 · 2,20 €	= 0,33 €
Vertriebsgemeinkosten = 0,1 · 2,20 €	= 0,22 €
Stückkosten (Selbstkosten)	= 2,75 €
Gewinn = 0,12 · 2,75 €	= 0,33 €
Stückpreis (Verkaufspreis)	= 3,08 €

Rechnungsschema (Beispiel)

Autohaus Meister GmbH ①
Beispielstraße 12
76543 Musterstadt

Steuernummer
24310/0624

Herr
Michael Müller ②
Müllerweg 6
76543 Musterstadt

Rechnung ③

④
Rechnungsnummer: 2024989-08/15
Kundennummer: 08/15-MM
Rechnungs-Datum: 23.09.2024

Angabe Fahrzeugdaten ⑤

Typ Pkw	**Amtliches Kennzeichen** HH - TB 3510	**Fahrzeug-Ident-Nr.** WWXY123456789
Farbe weiß	**Erstzulassung** 16.10.2019	**Laufleistung** 89523 km
⑥ **Leistungsdatum** 23.09.2024	**Auftrags-Nr.** 1298-2024	**Serviceberater** Bernd Beispiel

Nr.	Arbeits-nummer: ⑦	Bezeichnung	Anzahl	Preis/ Einheit	Preis
Lohnarbeiten: ⑧					
1	52485978	Generator Aus- und Einbau	8 AW	11,46 €/AW	91,68 €
2	53894df8	Motoröl und Filter wechseln	6 AW	11,46 €/AW	68,76 €
3	4587568	Stoßfänger Aus- und Einbau	8 AW	11,46 €/AW	91,68 €
		Zwischensumme			**252,12 €**
Ersatzteile: ⑨					
4	1122566	Generator im Tausch*	1	184,18 €	184,18 €
5	1548989	Keilriemen	1	25,23 €	25,23 €
6	1269896	Dichtring	1	2,81 €	2,81 €
7	2589648	Ölfilter	1	12,95 €	12,95 €
		Zwischensumme			**225,17 €**
Fremdleistung: ⑩					
8		Stoßfänger lackieren	1	298,95 €	298,95 €
	⑪	Reparaturkosten netto			**776,24 €**
		Umsatzsteuer 19 % ⑫			147,49 €
		Zwischensumme			923,73 €
	⑬	Altteilesteuer 19 % aus 10 % von 184,18 €			3,50 €
		Agenturware Motoröl ⑭	3,7 l	19,99 €/l	73,96 €
		Rechnungsbetrag brutto ⑮			**1001,19 €**

Artikel mit * sind Tauschteile

Die Arbeiten wurden ausgeführt von Max Mustermann.

Der Auftrag wurde unter Anerkennung der Bedingung für die Ausführung von Arbeiten an Kraftfahrzeugen erteilt.

Die Lieferung von Agenturware erfolgt im Namen und für Rechnung der Mineralölgesellschaft. ⑭

Zahlungsbedingung: Sofort netto Kasse.
Verkauf und Leistungen erfolgten gemäß unseren AGB. ⑯

Im Rechnungsbetrag sind 159,29 € Umsatzsteuer enthalten.
Die Umsatzsteuer für Altteile beträgt 3,50 €. ⑰

Autohaus ① Meister GmbH Beispielstraße 12 76543 Musterstadt Tel.: 07896/54326 FAX: 07896/54327	Postbank Musterstadt IBAN: DE12 3456 1232 0034 0007 03 BIC: POXXXSES1MU	Registergericht Stuttgart HRB 3510 Geschäftsführer: Martin Meister

Nr. Erläuterung

① Firmenstammdaten:
Name und Anschrift der Firma, Kontaktdaten, Steuernummer oder Umsatzsteuer-Identifikationsnummer, Gesellschaftsform, Geschäftsführer, Sitz des Registergerichts, Handelsregisternummer.

② Kundenstammdaten:
Name und Anschrift des Kunden, gegebenenfalls Steuernummer.

③ Dokumentenbezeichnung:
Rechnung oder Kostenvoranschlag.

④ Fortlaufende und eindeutig zuordenbare Rechnungsnummer, Kundennummer und Rechnungsdatum.

⑤ Fahrzeugstammdaten:
Typ, amtliches Kennzeichen, Fahrzeug-Identifikationsnummer, Farbe, Erstzulassung, Laufleistung.

⑥ Firmeninterne Informationen:
Leistungsdatum, Auftrags-Nr., Serviceberater.

⑦ Berechnung mit Positionsnummer, Arbeits-/Artikelnummer, Bezeichnung, Anzahl, Preis pro Einheit, Gesamtpreis.

⑧ Lohnarbeiten/Arbeitspreis:
ergibt sich aus den durchzuführenden Tätigkeiten und der dafür notwendigen Dauer in Arbeitswerten (AW) (vgl. Arbeitswerte S. 68) und dem AW-Verrechnungssatz (vgl. AW-Verrechnungssatz S. 67).

⑨ Ersatzteile:
Auflistung aller verwendeten Ersatzteile/Materialien.

⑩ Fremdleistung:
Vergabe einer Teilarbeit des Gesamtauftrags, der Betrag wird netto eingerechnet und kann mit einem Gewinnzuschlag beaufschlagt werden (vgl. Fremdleistungen S. 66).

⑪ Reparaturkosten netto:
ergeben sich aus der Summe von ⑧, ⑨ und ⑩.

⑫ Umsatzsteuer:
aktuell 19 % (vgl. Umsatzsteuer S. 79).

⑬ Altteilesteuer:
aktuell 19 %: diese Steuer wird auf 10 % des Listenverkaufspreis des Tauschteiles berechnet (vgl. Umsatzsteuer S. 79).

⑭ Agenturwaren:
werden auf Rechnung einer Fremdfirma verkauft. Es handelt sich um Bruttopreise. Die Umsatzsteuer muss extra ausgewiesen werden (vgl. Punkt ⑰).

⑮ Rechnungsbetrag brutto:
ist die Summe aus den Reparaturkosten netto, Umsatz- und Altteilesteuer und der Agenturware.

⑯ Geschäfts-/Zahlungsbedingungen:
Hinweis auf die allgemeinen Geschäftsbedingungen mit Zahlungsbedingungen, Rabatten, Skonto usw.

⑰ Angabe der gesamten Umsatzsteuer auch für Agenturware und Altteile.

In blauer Schrift: notwendige Angaben laut Umsatzsteuergesetz §14 Ausstellung von Rechnungen

2

Variable Kosten, bewegliche, mengenabhängige Kosten

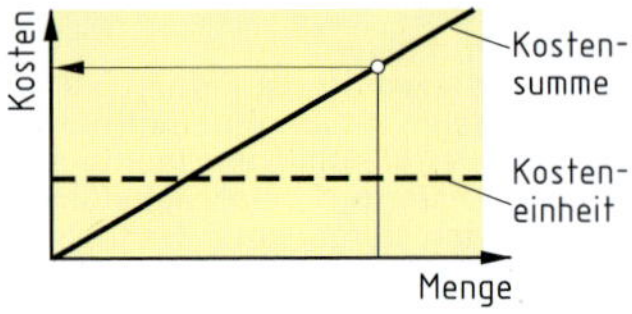

Kosten, die von der betrieblichen Leistung abhängen. Sie werden je Einheit erfasst durch Ermittlung der von ihr verursachten Einzelkosten und leistungsabhängigen Gemeinkosten.

Variable Kosten je LE bleiben konstant

Variable Gesamtkosten
= variable Kosten/LE × Produktionsmenge

Variable Gesamtkosten
= Einzelkosten
+ leistungsabhängige Gemeinkosten

Einzelkosten = Materialkosten
+ Ersatzteilkosten
+ Fertigungslöhne
+ Verkaufs-Sonderkosten

„Je größer die Produktionsmenge, desto größer sind die variablen Gesamtkosten".

Beispiel 1:
Fertigungslöhne 35 000 €,
Gemeinkosten 105 000 €,
davon leistungsabhängig 15 %.

Ges.: Variable Gesamtkosten.

Fertigungslöhne	= 35 000 €
leistungsabhängige Gemeinkosten = $\frac{105\,000\ € \cdot 15\,\%}{100\,\%}$	= 15 750 €
Variable Gesamtkosten	= 50 750 €

Beispiel 2: Variable Kosten je AW 1,45 €, Arbeitsumfang 35 000 AW.

Ges.: Variable Gesamtkosten (VaKo)

VaKo = 1,45 €/AW · 35 000 AW = 50 750 €

Fixe Kosten
Feste, zeitabhängige Kosten

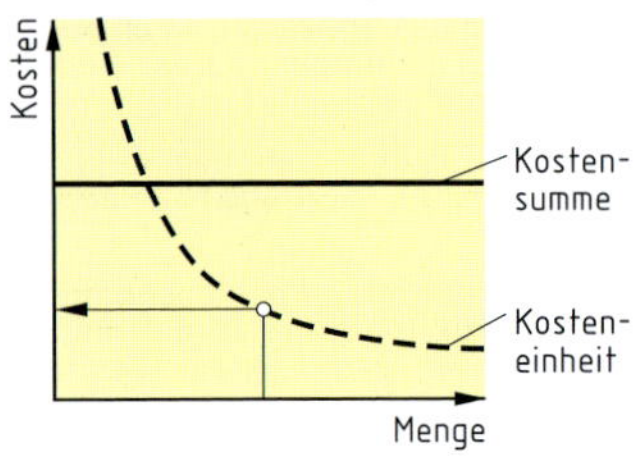

Kosten der Betriebsbereitschaft. Sie sind unabhängig von der betrieblichen Leistung, werden für einen bestimmten Zeitraum erfasst und auf die produzierten Leistungseinheiten verteilt.

Fixe Gesamtkosten innerhalb eines Abrechnungszeitraumes bleiben konstant.

Fixe Kosten je Leistungseinheit
$= \frac{\text{fixe Gesamtkosten einer Periode}}{\text{erzeugte Produktionsmenge}}$

Fixe Gesamtkosten
= Hilfslöhne und Gehälter
+ kalkulatorischer Unternehmerlohn
+ Miete, Pacht oder kalkulat. Mietwert
+ kalkulatorische Abschreibung
+ zeitabhängige Sozialabgaben
+ kalkulatorische Verzinsung
+ Gebühren, Beiträge, Versicherungen
+ sonstige zeitabhängige Gemeinkosten

„Je größer die Produktionsmenge, desto kleiner sind die fixen Kosten je Einheit".

Beispiel
Hilfslöhne, Gehälter 29 200 €, Unternehmerlohn 11 250 €, Miete, Abschreibung 12 300 €, kalkulatorische Verzinsung 5 250 €, Steuern, Beiträge 7 600 €, sonstige zeitabhängige Gemeinkosten 23 650 € und Werkstattleistung 35000 AW.

Ges.: a) Fixe Gesamtkosten und
b) Fixe Kosten je AW (Fiko/AW).

Hilfslöhne, Gehälter	= 29 200 €
kalk. Unternehmerlohn	= 11 250 €
Miete, Abschreibung	= 12 300 €
kalkulat. Verzinsung	= 5 250 €
Steuern … Beiträge	= 7 600 €
sonstige Gemeinkosten	= 23 650 €
Fixe Gesamtkosten	= 89 250 €
Fiko/AW = $\frac{89\,250\ €}{35\,000\ \text{AW}}$	= 2,55 €/AW

Deckungsbeitrag
Kostendeckungspunkt

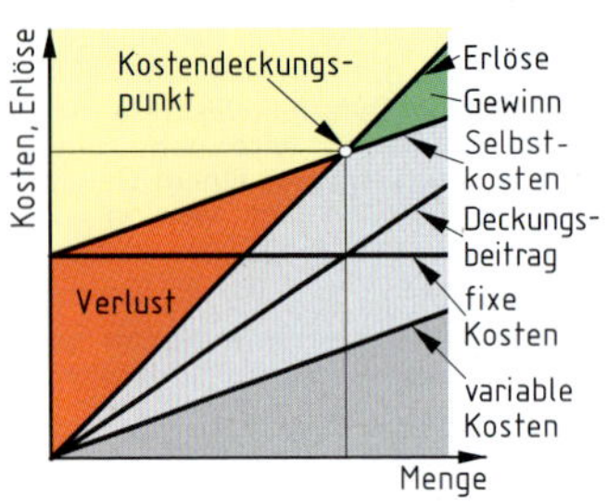

Deckungsbeitrag ist der Unterschied zwischen den Verkaufserlösen und den variablen Kosten.

Im Kostendeckungspunkt ist der Deckungsbeitrag gleich den Fixkosten: Alle variablen und fixen Kosten werden durch Verkaufserlöse abgedeckt.

Deckungsbeitrag = Lohn- oder Verkaufserlöse
− variable Kosten

Betriebsgewinn
= Deckungsbeitrag − fixe Kosten

Spezifischer Deckungsbeitrag
$= \frac{\text{Deckungsbeitrag}}{\text{erzeugte Produktionsmenge}}$

Deckungsbeitrag in %
$= \frac{\text{Deckungsbeitrag in €} \times 100\,\%}{\text{Lohn- oder Verkaufserlöse}}$

Kostendeckungspunkt (KDP) in LE
$= \frac{\text{fixe Kosten}}{\text{spezifischer Deckungsbeitrag}}$

Kostendeckende Erlöse (KDE in €)
$= \frac{\text{fixe Kosten} \times 100\,\%}{\text{Deckungsbeitrag in \%}}$

Kostendeckende Erlöse (KDE in €)
= Kostendeckungspunkt (KDP) in LE × Erlöse pro Leistungseinheit

Beispiel: Lohnerlöse 154 000 €, variable Kosten 50 750 €, fixe Kosten 89 250 €, Werkstattleistung 35 000 AW. Erlöse pro AW 4,40 €/AW

Ges.: a) Deckungsbeitrag in % (DB),
b) Betriebsgewinn (BGW),
c) Spez. Deckungsbeitrag (SpDB),
d) Kostendeckungspunkt (KDP),
e) Kostendeckende Erlöse (KDE),

Lohnerlöse	= 154 000 €
variable Kosten	= 50 750 €
Deckungsbeitrag	= 103 250 €
fixe Kosten	= 89 250 €
Betriebsgewinn	= 14 000 €
DB = $\frac{103\,250\ € \cdot 100\,\%}{154\,000\ €}$	= 67,045 %
SpDB = $\frac{103\,250\ €}{35\,000\ \text{AW}}$	= 2,95 €/AW
KDP = $\frac{89\,250\ €}{2{,}95\ €/\text{AW}}$	= 30 254 AW
KDE = $\frac{89\,250\ € \cdot 100\,\%}{67{,}045\,\%}$	= 133 120 €
KDE = 30 254 AW × 4,40 €/AW	= 133 118 €

(Differenz durch gerundeten DB in %)

Kostendeckungssatz

Der Kostendeckungssatz gibt die Summe der variablen und fixen Kosten einer Leistungseinheit an.

Kostendeckungssatz (Kosten je LE)
= variable Kosten je Leistungseinheit
$+ \frac{\text{fixe Kosten}}{\text{erzeugte Leistungseinheiten}}$

Kostendeckungssatz
$= \frac{\text{Gesamtkosten der Produktionsmenge}}{\text{erzeugte Leistungseinheiten}}$

Grenzkosten sind erreicht, wenn Kostendeckungssatz = variable Kosten/LE.

Beispiel:
Variable Kosten je Leistungseinheit 1,45 €/AW, variable Kosten 61 625 €, fixe Kosten 89 250 €, Werkstattplanung 42 500 AW.

Ges.: a) Fixe Kosten je AW (Fiko/AW),
b) Kostendeckungssatz (KDS).

Fiko/AW = $\frac{89\,250\ €}{42\,500\ \text{AW}}$ = 2,10 €/AW

KDS = 1,45 €/AW + 2,10 €/AW = 3,55 €/AW

oder KDS = $\frac{150\,875\ €}{42\,500\ \text{AW}}$ = 3,55 €/AW

Lineare Abschreibung

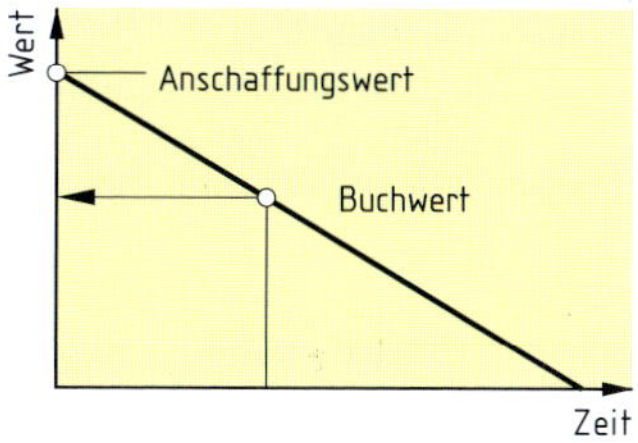

Gleichmäßige Verteilung des Anschaffungswertes auf die betriebliche Nutzungsdauer: jährliche Abschreibungsbeträge bleiben konstant.

$$\text{Abschreibungsbetrag} = \frac{\text{Anschaffungswert}}{\text{Nutzungsdauer}}$$

$$\text{Abschreibungsbetrag} = \frac{\text{Anschaffungswert} \times \text{Abschreibungssatz}}{100\,\%}$$

Anschaffungswert = Einkaufspreis
+ Bezugskosten
+ Aufstellkosten
+ Anschlusskosten

$$\text{Abschreibungssatz in } \% = \frac{100\,\%}{\text{Nutzungsdauer}}$$

Nutzungsdauer (AfA-Tabelle, Finanzministerium)	
Computer	3 Jahre
Hebebühne, stationär	15 Jahre
Autowaschanlage	10 Jahre
Pkw	6 Jahre
Omnibusse/LKW	9 Jahre

Beispiel: Autowaschanlage: Einkaufspreis 46 000 €, Transportkosten 800 €, Aufstellkosten 1 200 €, Anschlusskosten 600 €, Nutzungsdauer 10 Jahre.

Ges.: a) Anschaffungswert,
b) Abschreibungssatz in % und
c) Abschreibungsbetrag (AfA).

Einkaufspreis	= 46 000 €
Transportkosten	= 800 €
Aufstellkosten	= 1 200 €
Anschlusskosten	= 600 €
Anschaffungswert	= 48 600 €

Abschreibungssatz = 100 % : 10 = 10 %

Abschreibungsbetrag
= 48 600 € : 10 = 4 860 €

2

Degressive Abschreibung

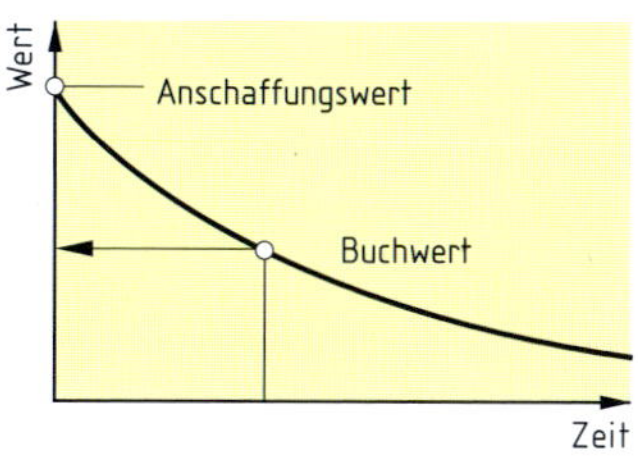

Verteilung des Anschaffungswertes mittels sinkender jährlicher Abschreibungsbeträge auf die betriebliche Nutzungsdauer: jährliche prozentuale Abschreibungssätze bleiben gleich.

$$\text{Abschreibungsbetrag} = \frac{\text{Buchwert} \times \text{Abschreibungssatz in } \%}{100\,\%}$$

Buchwert nach einem Jahr
= Anschaffungswert
− Abschreibungsbetrag im 1. Jahr

Buchwert nach zwei Jahren
= Buchwert nach einem Jahr
− Abschreibungsbetrag im 2. Jahr

Buchwert nach drei Jahren
= Buchwert nach zwei Jahren
− Abschreibungsbetrag im 3. Jahr

Seit dem **01.01.2011** darf für Neuinvestitionen **keine degressive Abschreibung** mehr bei der bilanziellen Abschreibung verwendet werden. Zur Wirtschaftsförderung z. B. in Krisensituationen wird die degressive Abschreibung zeitweise erlaubt.

Beispiel: Zweistempel-Hebebühne: Anschaffungswert 20 000 €, degressiver Abschreibungssatz 20 %.

Ges.: a) Buchwert nach 4 Jahren und
b) Abschreibungsbetrag im 5ten Jahr.

Anschaffungswert	= 20 000 €
AfA im 1. J. = 0,2 · 20 000 €	= 4 000 €
Buchwert nach 1 Jahr	= 16 000 €
AfA im 2. J. = 0,2 · 16 000 €	= 3 200 €
Buchwert nach 2 Jahren	= 12 800 €
AfA im 3. J. = 0,2 · 12 800 €	= 2 560 €
Buchwert nach 3 Jahren	= 10 240 €
AfA im 4. J. = 0,2 · 10 240 €	= 2 048 €
Buchwert nach 4 Jahren	= 8 192 €
AfA im 5. J. = 0,2 · 8 192 €	= 1 638,40 €

Degressiv-lineare Abschreibung

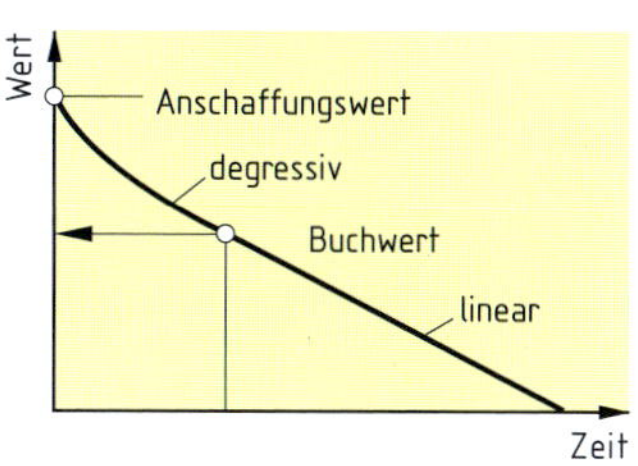

Verteilung des Anschaffungswertes durch degressive, später durch lineare Abschreibung: jährlich sinkende, später gleich bleibende Abschreibung.

$$\text{Abschreibungsbetrag degressiv} = \frac{\text{Buchwert} \times \text{Abschreibungssatz in } \%}{100\,\%}$$

$$\text{Linearer Abschreibungsbetrag} = \frac{\text{Restbuchwert nach degr. Abschreibung}}{\text{Restnutzungsdauer in Jahren}}$$

Restbuchwert
= Anschaffungswert
− Summe degr. Abschreibungsbeträge

Restnutzungsdauer
= Gesamtnutzungsdauer
− Anzahl degr. Abschreibungsjahre

Wechsel der Abschreibungsart, wenn degressiver < linearer Abschreibungsbetrag ist.

Beispiel: Autowaschanlage: Anschaffungswert 48 600 €, 4 Jahre degressive Abschreibung mit 20 %, Restabschreibung linear auf 4 Jahre.

Ges.: a) Buchwert nach 4 Jahren und
b) Abschreibungsbetrag linear.

Anschaffungswert	= 48 600 €
AfA im 1. J. = 0,20 · 48 600 €	= 9 720 €
Buchwert nach 1 Jahr	= 38 880 €
AfA im 2. J. = 0,20 · 38 880 €	= 7 776 €
Buchwert nach 2 Jahren	= 31 104 €
AfA im 3. J. = 0,20 · 31 104 €	= 6 220,80 €
Buchwert nach 3 Jahren	= 24 883,20 €
AfA im 4. J. = 0,20 · 24 883,20 €	= 4 976,64 €
Buchwert nach 4 Jahren	= 19 906,56 €

AfA linear = 19 906,56 € : 4 = 4 976,64 €

Abschreibung nach Leistung
Variable Abschreibung

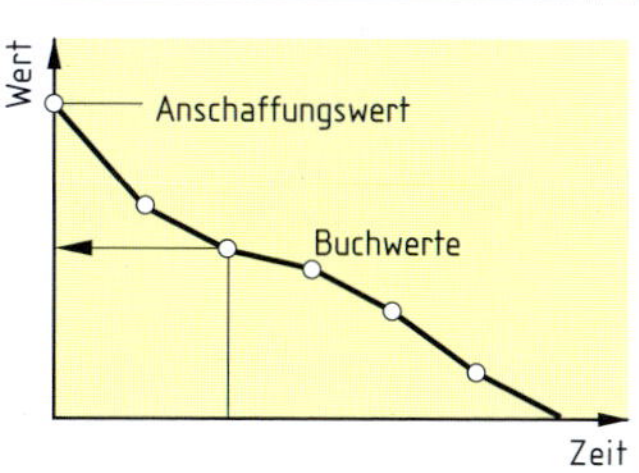

Verteilung des Anschaffungswertes entsprechend der Leistung: jährliche Abschreibungsbeträge steigen oder fallen proportional der Leistung.

$$\text{Abschreibungsbetrag nach Leistung} = \frac{\text{Anschaffungswert} \times \text{Jahresleistung}}{\text{Gesamtleistung in h, km oder LE}}$$

Der Abschreibungsbetrag richtet sich nach dem Grad der Beanspruchung (Betriebsstunden, Fahrkilometer, Nutzungsdauer) oder nach den erzeugten Produktionseinheiten.

Anmerkung
Bei kalkulatorischer Abschreibung können statt des Anschaffungswertes auch die Wiederbeschaffungskosten eingesetzt werden.

Wiederbeschaffungskosten
= Anschaffungswert der Anlage
+ Teuerungszuschlag
+ Umbaukosten
− Erlös aus dem Verkauf der gebrauchten Anlage (Restwert, Schrottwert)

Beispiel: Bremsenprüfstand: Anschaffungswert 25 000 €, Teuerungszuschlag jährlich 5 %, Ersatzbeschaffung in 6 Jahren, Umbaukosten 1 500 €, Restwert 4 000 €, geplante Gesamtbetriebsdauer 6000 h, aktuelle Jahresbetriebsdauer 750 h.

Ges.: a) Wiederbeschaffungskosten,
b) kalk. Abschreibungsbetrag. für aktuelles Jahr

Anschaffungswert	= 25 000 €
Teuerung = 0,05 · 25 000 € · 6	= 7 500 €
Umbaukosten	= 1 500 €
Zwischensumme	= 34 000 €
− Restwert	= 4 000 €
Wiederbeschaffungskosten	= 30 000 €

$$\text{AfA kalk.} = \frac{30\,000\,€ \cdot 750\,\text{h}}{6000\,\text{h}} = 3\,750\,€$$

2

Kostenverteilung

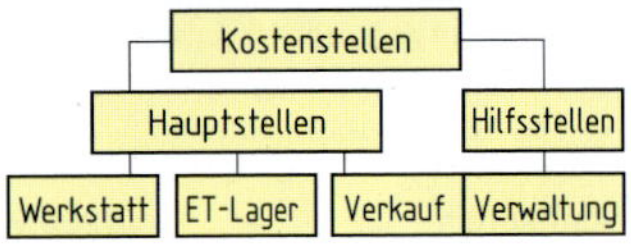

Die Gemeinkosten werden auf den Ort ihrer Entstehung verteilt. Bezugsgrößen sind: Verbrauch, Fläche, Personal, Umsatz, Kapital u. a.

$$\text{Aufteilung der Kostenart} = \frac{\text{Summe der Kostenart} \times \text{Anteile der KSt}}{\text{Gesamtanteile des Betriebs}}$$

$$\text{Aufteilung der Kostenart} = \frac{\text{Summe der Kostenart} \times \text{Umlagesatz in \%}}{100\,\%}$$

$$\text{Umlagesatz in \%} = \frac{\text{Anteile der Kostenstelle (KSt)} \times 100\,\%}{\text{Anteilsumme des Betriebs}}$$

Beispiel: Heizungskosten 14000 €, Fläche der Werkstatt 420 m^2, des Ersatzteillagers 200 m^2 und des Verkaufs einschließlich Büro 180 m^2.

Ges.: Umlage der Heizungskosten.

$\text{Gesamtfl.} = (420 + 200 + 180)\ m^2 = 800\ m^2$

$$\text{Werkstatt} = \frac{14000\ € \cdot 420\ m^2}{800\ m^2} = 7350\ €$$

$$\text{ET-Lager} = \frac{14000\ € \cdot 200\ m^2}{800\ m^2} = 3500\ €$$

$$\text{Verkauf} = \frac{14000\ € \cdot 180\ m^2}{800\ m^2} = 3150\ €$$

Stellenkosten

Die Gesamtkosten einer Kostenstelle ergeben die Stellengemeinkosten.

Die Verwaltungskosten werden auf die Hauptstellen Werkstatt, Ersatzteillager und Verkauf umgelegt. Bezugsgröße sind Gemeinkosten ohne Verwaltungskosten.

Gemeinkostensumme der Kostenstelle
= Hilfslöhne (HL)
+ Gehälter (Gh)
+ soziale Aufwendungen (so. AW)
+ Raumkosten (RK)
+ Einrichtungskosten (EK), z. B. Abschreibung, Instandhaltung
+ Material-Gemeinkosten (MGK)
+ Steuern, Versich., Gebühren, Beiträge (StV)
+ sonstige Kosten (SK)
+ Verwaltungskosten-Umlage (VWK)

Verwaltungskosten-Umlage
= Gemeinkosten ohne Verwaltungskosten
× Verwaltungskostenfaktor

Beispiel: Gemeinkosten der Werkstatt (siehe Aufzählung unten), Verwaltungskostenfaktor für die Umlage 0,13213.

Ges.: Gemeinkostensumme.

Hilfslöhne und Gehälter	=	64252 €
Sozial-Aufwendungen	=	22996 €
Raumkosten	=	16270 €
Einrichtungskosten	=	3566 €
Material-Gemeinkosten	=	6580 €
Steuern, Beiträge u. a.	=	7009 €
Sonstige Kosten	=	6200 €
Gemeinkosten I	=	126873 €
Verwaltungskosten-Umlage = 126873 € · 0,13213	=	16764 €
Gemeinkosten II	=	143637 €

Zuschlagssätze

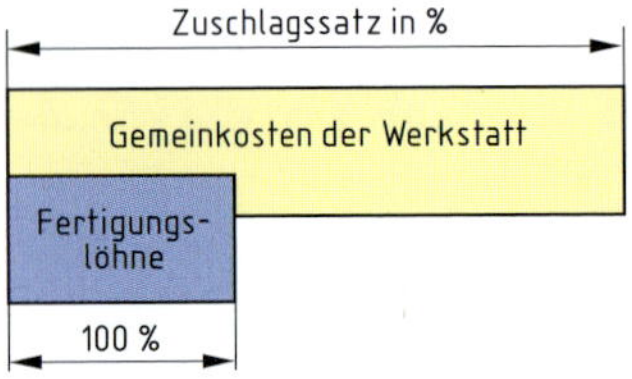

Das Verhältnis der Gemeinkosten zu ihrer Bezugsgröße heißt Zuschlagssatz. Bezugsgrößen für Werkstatt sind die Fertigungslöhne, für Lager und Verkauf die Anschaffungskosten der verkauften Ware. Mit den Zuschlagssätzen werden die Gemeinkosten den einzelnen Leistungen zugerechnet.

$$\text{Zuschlagssatz für GK der Werkstatt in \%} = \frac{\text{Gemeinkostensumme der Werkstatt} \times 100\,\%}{\text{Fertigungslöhne}}$$

$$\text{Zuschlagssatz für GK des Lagers in \%} = \frac{\text{Gemeinkostensumme des Lagers} \times 100\,\%}{\text{Anschaffungskosten der verkauften Ware}}$$

$$\text{Verwaltungskostenfaktor} = \frac{\text{Verwaltungskosten des Betriebs}}{\text{Gemeinkosten ohne Verwaltungskosten}}$$

$$\text{Gemeinkostenzuschlag in der Werkstatt} = \frac{\text{Fertigungslöhne} \times \text{Zuschlagssatz in \%}}{100\,\%}$$

$$\text{Gemeinkostenzuschlag im Lager (Verkauf)} = \frac{\text{Anschaffungskosten} \times \text{Zuschlagssatz in \%}}{100\,\%}$$

Beispiel: Fertigungslöhne 47879 €, Anschaffungskosten der verkauften Teile 171750 €, der Kraftfahrzeuge 1022046 €, Gemeinkosten der Werkstatt 143637 €, des Lagers 54960 € und des Verkaufs 76653 €, Verwaltungskosten 32125 €, Gemeinkosten ohne Verwaltungskosten 243125 €.

Ges.: a) Gemeinkosten-Zuschlagssätze,
b) Verwaltungskostenfaktor.

$$\text{Werkstatt} = \frac{143637\ € \cdot 100\,\%}{47879\ €} = 300\,\%$$

$$\text{ET-Lager} = \frac{54960\ € \cdot 100\,\%}{171750\ €} = 32\,\%$$

$$\text{Verkauf} = \frac{76653\ € \cdot 100\,\%}{1022046\ €} = 7{,}5\,\%$$

Verwaltungskostenfaktor
= 32125 € : 243125 € = 0,13213

Betriebsabrechnungsbogen BAB

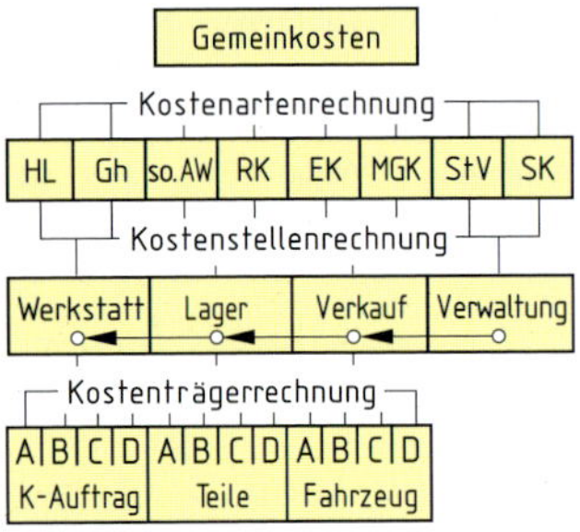

Der BAB ist ein Formblatt zur Aufteilung der Gemeinkosten auf die Kostenstellen, in das senkrecht Art und Höhe der einzelnen Kosten und waagrecht die Kostenstellen aufgenommen werden. Es ermöglicht die
a) Verteilung der Gemeinkosten,
b) Umlage der Verwaltungskosten,
c) Ermittlung der Stellenkosten,
d) Berechnung der Zuschlagssätze.

Beispiel: Betriebsabrechnungsbogen eines Kfz-Betriebs (Beträge in €).

Gesucht: a) Gemeinkosten I der Kostenstellen ohne Verwaltungskosten-Umlage,
b) Gemeinkosten II der Kostenstellen mit Verwaltungskosten-Umlage,
c) Zuschlagssätze für die Gemeinkosten.

Kostenstellen	Gesamtbetrieb	Werkstatt	Teile-Lager	Wagenverkauf	Verwaltung
Anschaffungskosten	1255000	–	233000	1022000	–
Fertigungslöhne	47000	47000	–	–	–
Waren-, Lohnkosten	1302000	47000	233000	1022000	–
Verkaufs-Sonderkosten	48000	3000	–	45000	–
Hilfslöhne	48000	31000	14000	1000	2000
Gehälter	103000	34000	33000	17000	19000
Sozialkosten	43000	23000	9000	7000	4000
Raumkosten	31000	17000	3000	10000	1000
Einrichtungskosten	9000	3000	1000	4000	1000
Material-Gemeinkosten	13000	7000	3000	2000	1000
Steuern, Beiträge u. Ä.	31000	7000	7000	14000	3000
Sonstige Kosten	26000	8000	5000	12000	1000
Gemeinkosten I	304000	130000	75000	67000	32000
Verwaltungskosten	–	17000	7000	8000	
Gemeinkosten II	304000	147000	82000	75000	–
Zuschlagssätze in %	–	313 %	35 %	7 %	–

Umsatzsteuer aus dem Nettowert

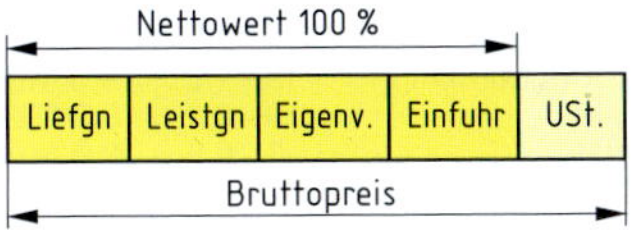

Bemessungsgrundlage ist das vereinbarte Entgelt (Sollbesteuerung).
Allgemeiner Steuersatz 19 %
Ermäßigter Steuersatz 7 %

$$\text{Umsatzsteuer} = \frac{\text{Nettoverkaufspreis} \times \text{Steuersatz in \%}}{100\,\%}$$

Bruttoverkaufspreis = Nettoverkaufspreis + Umsatzsteuer

$$\text{Bruttoverkaufspreis} = \frac{\text{Nettoverkaufspreis} \times (100\,\% + \text{Steuersatz in \%})}{100\,\%}$$

Beispiel: Personenkraftwagen, Nettoverkaufspreis 28 000 €, Steuersatz der Umsatzsteuer 19 %.

Ges.: a) Umsatzsteuer (USt) und
b) Bruttoverkaufspreis.

Nettoverkaufspreis = 28 000 €

$\text{USt} = \frac{28\,000\,€ \cdot 19\,\%}{100\,\%}$ = 5 320 €

Bruttoverkaufspreis = 33 320 €

oder

$\text{Bruttoverkaufspreis} = \frac{28\,000\,€ \cdot (100\,\% + 19\,\%)}{100\,\%}$ = 33 320 €

Umsatzsteuer aus dem Bruttowert

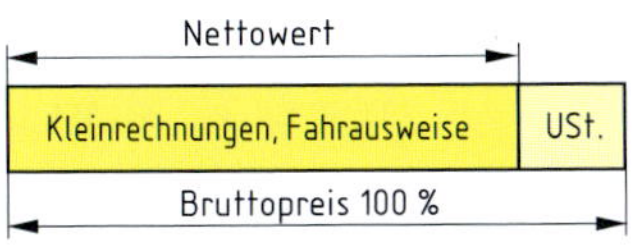

Bei Gutschriften, Kleinrechnungen, Fahrausweisen und Reisespesen ohne Angabe der Steuerbeträge.
Multiplikator für
Steuersatz 19 % 15,966
Steuersatz 7 % 6,542

$$\text{Umsatzsteuer} = \frac{\text{Bruttoverkaufspreis} \times \text{Steuersatz in \%}}{(100\,\% + \text{Steuersatz in \%})}$$

$$\text{Umsatzsteuer} = \frac{\text{Bruttoverkaufspreis} \times \text{Multiplikator}}{100\,\%}$$

Nettoverkaufspreis = Bruttoverkaufspreis − Umsatzsteuer

$$\text{Nettoverkaufspreis} = \frac{\text{Bruttoverkaufspreis} \times 100\,\%}{(100\,\% + \text{Steuersatz in \%})}$$

Beispiel: Personenkraftwagen, Bruttoverkaufspreis 36 800 €, Steuersatz 19 %.

Ges.: a) Umsatzsteuer (USt) und
b) Bruttoverkaufspreis.

$\text{USt} = \frac{36\,800\,€ \cdot 19\,\%}{119\,\%}$ = 5 875,63 € oder

USt = 15,966 · 36 800 € : 100 = 5 875,63 €
Bruttoverkaufspreis = 36 800,00 €
Umsatzsteuer = 5 875,63 €
Nettoverkaufspreis = 30 924,37 €

oder $= \frac{36\,800\,€ \cdot 100\,\%}{119\,\%}$ = 30 924,37 €

Umsatzsteuer bei Tauschteilen

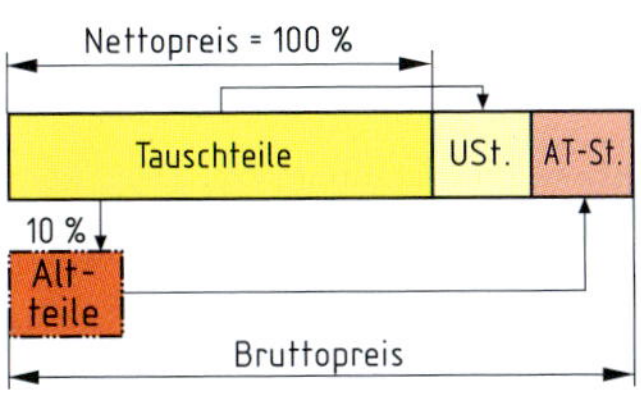

Bei Tauschteilen sind zusätzlich zum vereinbarten Entgelt 10 % ihres Nettopreises (ohne Berücksichtigung des Rabattes) für Altteile mit dem üblichen Steuersatz zu versteuern.

Bruttoverkaufspreis der Tauschteile
= Nettoverkaufspreis der Tauschteile
+ Umsatzsteuer für Tauschteile
+ Umsatzsteuer für Altteile

$$\text{Umsatzsteuer für Tauschteile} = \frac{\text{Nettoverkaufspreis} \times \text{Steuersatz in \%}}{100\,\%}$$

$$\text{Umsatzsteuer für Altteile} = \frac{\text{Steuerwert der Altteile} \times \text{Steuersatz in \%}}{100\,\%}$$

$$\text{Steuerwert der Altteile} = \frac{\text{Nettoverkaufspreis der Tauschteile} \times 10\,\%}{100\,\%}$$

Beispiel: Austauschmotor, Listenpreis 6 000 €, Steuersatz 19 %.

Ges.: a) Umsatzsteuer für Tauschmotor,
b) Umsatzsteuer für Altteil und
c) Rechnungsbetrag.

Umsatzsteuer für Tauschmotor = 0,19 · 6 000 € = 1 140 €
Altteilewert = 0,1 · 6 000 € = 600 €
Umsatzsteuer für Altteil = 0,19 · 600 € = 114 €
Nettoverkaufspreis = 6 000 €
Umsatzsteuer für Tauschmotor = 1 140 €
Umsatzsteuer für Altteil = 114 €
Rechnungsbetrag = 7 254 €

Umsatzsteuer Agenturgeschäfte

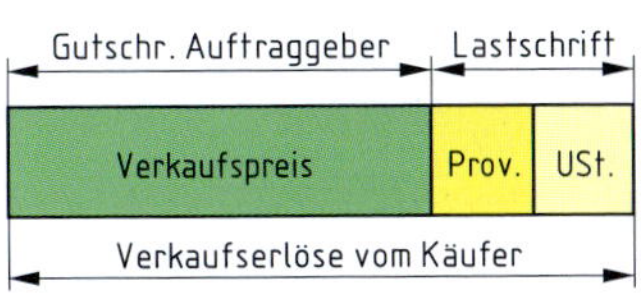

Bemessungsgrundlage ist die Provision für Verkäufer und Vermittler.

Gutschrift für Auftraggeber
= Verkaufserlöse vom Käufer
− Provision für Vermittler
− Umsatzsteuer für Provision

Lastschrift für Auftraggeber
= Provision für Vermittler
+ Umsatzsteuer für Provision

$$\text{Umsatzsteuer für Provision} = \frac{\text{Vermittlerprovision} \times \text{Steuersatz in \%}}{100\,\%}$$

Beispiel: Gebrauchtfahrzeug, Verkaufserlös 12 000 €, Vermittlerprovision 1,875 %, Umsatzsteuer (USt) 19 %.

Ges.: a) Lastschrift und
b) Gutschrift für Auftraggeber.

Provision = 0,01875 · 12 000 € = 225,00 €
Umsatzsteuer = 0,19 · 225 € = 42,75 €
Lastschrift für Auftraggeber = 267,75 €
Verkaufserlös = 12 000,00 €
Lastschrift = 267,75 €
Gutschrift = 11 732,25 €

Zahllast an das Finanzamt

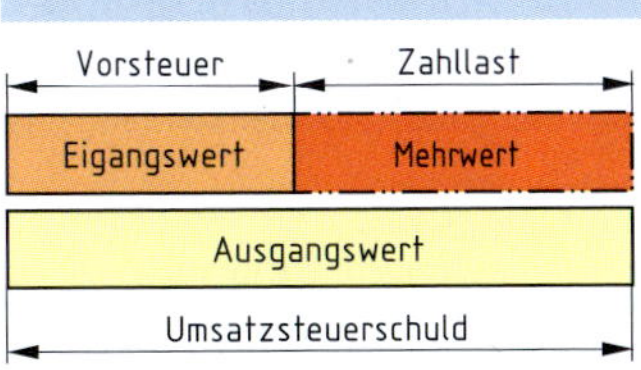

Von der Umsatzsteuerschuld können die auf Eingangsrechnungen des Vorlieferanten angegebenen Steuerbeträge (Vorsteuer) abgesetzt werden.

Zahllast = Umsatzsteuerschuld − Vorsteuer

$$\text{Umsatzsteuerschuld} = \frac{\text{steuerpflicht. Umsatz} \times \text{Steuersatz in \%}}{100\,\%}$$

Steuerpflichtiger Umsatz
= Entgelt aus Lieferungen
+ Entgelt aus Leistungen
+ Eigenverbrauch

Vorsteuer = Bruttoeinkaufspreis − Nettoeinkaufspreis

Beispiel: Lohnerlöse 120 000 €, Verkaufserlöse 130 000 €, Eigenverbrauch 10 000 € und Vorsteuer 14 800 €.

Ges.: a) Steuerpflichtige Umsätze
b) Umsatzsteuerschuld (USt)
und
c) Zahllast.

Lohnerlöse = 120 000 €
Verkaufserlöse = 130 000 €
Eigenverbrauch = 10 000 €
Steuerpflicht. Umsätze = 260 000 €
USt = 0,19 · 260 000 € = 49 400 €
Vorsteuer = 14 800 €
Zahllast = 34 600 €

Umsatzplanung

Voraussichtlicher Umsatz während der Planungsperiode für Dienstleistungen und Warenlieferungen aufgrund des Umsatzes der Vorperiode oder der Leistungskapazität von Arbeitskräften.

Annahme:
Anteil der K- und I-Aufträge 70 %

Arbeitszeit/ME	Gesamt	Fertigung
im Monat	176 h	128 h
am Tag	8 h	6 h

Monteureinheiten (ME)	
1 Kfz-Mechaniker	1,0 ME
1 mitarbeitender Meister	0,5 ME
1 mitarbeitender Auszubildender	
im 1. Ausbildungsjahr	0,0 ME
im 2. Ausbildungsjahr	0,2 ME
im 3. Ausbildungsjahr	0,4 ME

Soll-Lohnerlöse = Fertigungszeit × Werkstattfaktor × AW-Verrechnungssatz

Soll-Lohnerlöse = Fertigungszeit × Std-Verrechnungssatz

Soll-Verkaufserlöse
= voraussichtlicher Fahrzeugdurchgang × durchschnittliche Teileerlöse je Auftrag

Fertigungszeit
= Gesamtarbeitszeit
– Urlaubszeit
– Gesetzliche Feiertage
– sonstige Hilfszeit

Gesamtarbeitszeit
= Anzahl Monteureinheiten
× Arbeitszeit/Tag
× Arbeitstage

Beispiel 1: 19 Kfz-Mechaniker, 10 mitarbeitende Azubi je 0,3 ME, 1 Meister.

Ges.: Monteureinheiten (ME).

Kfz-Mechaniker	= 19 · 1,0 =	19,0 ME
Azubi	= 10 · 0,3 =	3,0 ME
Meister	= 1 · 0,5 =	0,5 ME
Anzahl Monteureinheiten		= 22,5 ME

Beispiel 2: Umsatzplanung für einen Monat, 22,5 Monteureinheiten, Arbeitszeit 176 h, davon 70 % produktiv, Stunden-Verrechnungssatz 137,50 €/h

Ges.: a) Gesamtarbeitszeit (AZ)
b) Fertigungszeit (FZ) und
c) Soll-Lohnerlöse (SLE)

AZ = 22,5 ME · 176 h/ME = 3960 h

FZ = 0,7 · 3960 h = 2772 h

SLE = 2772 h · 137,50 €/h = 381 150 €

Auftragsplanung

Voraussichtliche Fahrzeugdurchgänge pro Tag in der Werkstatt, d. h. Auftragsannahmen pro Tag aufgrund der Neuwagenverkäufe in den letzten 5 Jahren unter Berücksichtigung innerbetrieblicher Aufträge und zusätzlicher Durchgangskunden.

Annahme:

Planungsgrundlage
Eigenverkauf der letzten 5 Jahre
+ Verkaufsplanung des lfd. Jahres

Sollbetreuung aus Eigenverkäufen
Betreuungsgrad 70 %

Sonstige Stammkunden aus den Wagenverkäufen fremder Betriebe ..%
Innerbetriebliche Aufträge ..%
Touristen-Aufträge ..%

Kontaktfaktor (tägl. Fahrzeugdurchgang) 2...3 % des Kundenpotentials

Kontaktzahl
Häufigkeit der Werkstattkontakte eines Stammkunden 2...3 Aufträge/J.

Täglicher Soll-Fahrzeugdurchgang
= Stammkunden-Aufträge (K-Aufträge)
+ innerbetriebliche Aufträge (I-Aufträge)
+ Gewährleistungs-Aufträge (G-Aufträge)
+ Touristen-Aufträge

Tägliche Stammkunden-Aufträge
$= \frac{\text{Kundenpotential} \times \text{Kontaktfaktor in \%}}{100\,\%}$

Tägliche Stammkunden-Aufträge
$= \frac{\text{Kundenpotential} \times \text{Kontaktzahl}}{\text{prod. Arbeitstage im Jahr}}$

Kundenpotential
= Stammkunden aus Eigenverkäufen
+ sonstige Stammkunden

Stammkunden aus Eigenverkäufen
$= \frac{\text{Eigenverkäufe} \times \text{Betreuungsgrad in \%}}{100\,\%}$

Eigenverkäufe
= Fahrzeugverkauf der letzten 5 Jahre
+ Verkaufsplanung im laufenden Jahr

Beispiel 1: Fahrzeugverkauf in 5 Jahren 1400, Verkaufsplanung für das laufende Jahr 200, Betreuungsgrad 75 %, übrige Stammkunden 20 % vom Potential.

Ges.: a) Stammkunden aus eigenen u. fremden Wagenverkäufen,
b) Kundenpotential.

Eigenverkauf = 1400 + 200 = 1600 Kfz
Stammkunden aus
– Eigenverkauf = 0,75 · 1600 = 1200
– Fremdverkauf = $\frac{1200 \cdot 20\,\%}{100\,\% - 20\,\%}$ = 300
Kundenpotential = 1500

Beispiel 2: Kundenpotential 1500, Kontaktfaktor 3 %, innerbetriebliche Aufträge 8 % und Gewährleistungs-Aufträge 12 % der Stammkundenaufträge.

Ges.: Tägliche Stammkundenaufträge und Fahrzeugdurchgänge.

Kundenaufträge = 0,03 · 1500	= 45,0
I-Aufträge = 0,08 · 45	= 3,6
G-Aufträge = 0,12 · 45	= 5,4
täglicher Fahrzeugdurchgang	= 54,0

Personalplanung

Voraussichtlicher Bedarf an Arbeitsplätzen (AP) und Monteureinheiten (ME) aufgrund des täglichen Fahrzeugdurchgangs bzw. der täglichen Auftragsvoranmeldungen.

Erfahrungswerte:

Täglicher Fahrzeugdurchgang an einem Arbeitsplatz	2...3 Kfz
Arbeitsumfang	30...40 AW/Durchg.
Arbeitsplatz-Belegung	1...1,3 ME
Werkstattfaktor	ca. 12 AW/h

Anzahl Soll-Arbeitsplätze
$= \frac{\text{täglicher Fahrzeugdurchgang}}{\text{tägl. Soll-Durchgang je Arbeitsplatz}}$

Anzahl Soll-Monteureinheiten
$= \frac{\text{Tagesdurchgang} \times \text{AW je Durchgang}}{\text{Werkstattfaktor} \times \text{tägl. prod. Arbeitszeit}}$

Arbeitsplatzbelegung
$= \frac{\text{Anzahl Monteureinheiten}}{\text{Anzahl Arbeitsplätze}}$

Beispiel: Täglicher Fahrzeugdurchgang in der Werkstatt 54 und je Arbeitsplatz 3, Arbeitsumfang je Auftrag 40 AW, Arbeitsplatz-Belegung 1,25 ME, tägliche produktive Arbeitszeit 8 h, Werkstattfaktor 12 AW/h.

Ges.: Anzahl der erforderlichen
a) Arbeitsplätze (AP) und
b) Monteureinheiten (ME).

Arbeitsplätze = 54 : 3 = 18 AP
Monteureinheiten = 18 · 1,25 = 22,5 ME
oder
Monteureinheiten = $\frac{54 \cdot 40}{12 \cdot 8}$ = 22,5 ME

Terminplanung

Feststellung der Leistungskapazität der Werkstatt und Zusammenstellung der Auftragsvoranmeldungen unter Berücksichtigung prozentualer Zuschläge für Leistungssteigerung, Arbeitserschwernissen und sogenannter Schubaufträge.

Erfahrungswerte:

Werkstattfaktor	ca. 12 AW/h
Leistungsfaktor je ME	12...15 AW/h
Arbeitserschwernisse	..%
Schubaufträge	..%

AW-Kapazität der Werkstatt
= Anzahl Monteureinheiten
× Fertigungszeit
× Leistungsfaktor der Werkstatt

Kapazität der Werkstatt in Stunden
= Monteureinheiten x Fertigungszeit

AW-Auftragsbestand
= AW-Vorgabe für Auftragsanmeldungen
+ AW-Vorgabe für Zusatzarbeiten

Auslastung der Werkstatt
= AW-Kapazität – AW-Auftragsbestand

Beispiel: 22,5 Monteureinheiten, tägliche produktive Arbeitszeit 8 h, Leistungsfaktor 14,4 AW/h, täglich 54 Fahrzeugdurchgänge, Arbeitsumfang je Auftrag 40 AW, täglich 220 AW Zusatzarbeiten.

Ges.: a) Kapazität,
b) Auftragsbestand und
c) Auslastung der Werkstatt.

Kapazität = 14,4 · 8 · 22,5 = 2592 AW
Auftragsbestand
= 40 · 54 + 220 = 2380 AW
Auslastung der Werkstatt = 212 AW

Grundlagen

Die Auftragsabwicklung beschreibt den gesamten Geschäftsprozess des Kundenservices eines Autohauses von der Terminvereinbarung bis zur Feststellung der Kundenzufriedenheit (siehe Abbildung unten). Dies ist einer der vielen verschiedenen Prozesse in einem Autohaus mit unterschiedlichen Bereichen (z. B. Kfz-Werkstatt, Lager, Neuwagenverkauf, Verwaltung).

Geschäftsprozess: Der Geschäftsprozess ist eine Abfolge von aufeinander abgestimmten Arbeitsschritten oder Tätigkeiten, um einen Auftrag zu erledigen. Diese Aufträge können intern, innerhalb des Autohauses (z. B. Gebrauchtwagenaufbereitung für Weiterverkauf) oder extern (z. B. Kundenservice für Kundenfahrzeug) erteilt werden. Diese Prozesse gehen sehr häufig über die unterschiedlichen Geschäftsbereiche hinweg. Sie gehören zur Ablauforganisation eines Autohauses.

Die einzelnen Tätigkeiten sind z. B. in Checklisten beschrieben und werden entweder digital im EDV-System oder analog auf der Werkstattkarte dokumentiert. Die Dokumentation dient dazu, den kompletten Auftrag nachvollziehen zu können. Die Informationserfassung ist notwendig, um zum einen Daten zu ermitteln (z. B. Kilometerstand) und zum anderen auf Daten, die vom Hersteller angegeben werden, zurückzugreifen (z. B. Ersatzteildatenbank).

Ablauforganisation: Die Ablauforganisation ist notwendig, um eine ökonomische Gestaltung der betrieblichen Abläufe zu ermöglichen, sodass der Auftrag möglichst schnell und nur unter Einsatz der dafür notwendigen Ressourcen abläuft. Der Kundendienstberater ist die zentrale Figur für die Auftragsabwicklung eines Kundenservices. Er koordiniert die unterschiedlichen Geschäftsbereiche und stellt den Kontakt zum Kunden her.

2

Geschäftsprozess im Kundenservice – Auftragsabwicklung

zeitlicher Ablauf

Geschäftsbereich (Beteiligte - Hinweise)	Tätigkeit (Beispiele)		Informationserfassung
Verwaltung/Kundendienst Verwaltungsmitarbeiter Kundendienstberater	**Terminvereinbarung** z.B. telefonisch	→	Wünsche, Serviceintervall (Wartung/Inspektion), Probleme
Kundendienst Kundendienstberater Werkstattmeister	**Erfassen der Kunden- und Fahrzeugdaten** z.B. Ermitteln des Kilometerstands, letzter Servicetermin	←	Kundenbefragung, Zulassungsbescheinigung Teil 1/ Fahrzeugschein, Serviceheft
Hinweis: Auftragserteilung durch Unterschrift des Kunden	**Festellen des Reparatur-/ Wartungsaufwands** z.B. Vorschäden dokumentieren, Kundenwünsche erfragen, Probefahrt zur Fehlereingrenzung	←	Abfrage der Datenbank für Ersatzteile und Arbeitswerte (AW)
		→	Erstellen eines Reparaturangebots
Auftragsbestätigung für den Kunden (Durchschrift/Kopie)	**Werkstattauftrag erstellen** z.B. Vereinbarung von Annahme- und Abholtermin, Ersatzfahrzeug anbieten	→	Werkstattkarte EDV-System
Lager Lagerist	**Material bereitstellen und ausgeben** z.B. bestellte Einzelteile ausgeben, auf der Werkstattkarte oder im EDV-System vermerken	←	Abfrage der Datenbank für Ersatzteile
		→	Werkstattkarte, EDV-System
Kfz-Werkstatt Monteur	**Reparaturauftrag ausführen** z.B. Auftragspositionen vollständig abarbeiten, ausgeführte Arbeiten auf der Werkstattkarte oder im EDV-System dokumentieren	←	Elektronische Auskunftsysteme
		→	Werkstattkarte EDV-System
Hinweis: Die ausgetauschten Teile für den Kunden bereithalten	**Altteile und Altstoffe entsorgen** z.B. fachgerechte Entsorgung, Dokumentation auf Entsorgungskarte oder im EDV-System	→	Entsorgungskarte EDV-System
Kundendienst Kundendienstberater Werkstattmeister	**Probefahrt durchführen** z.B. Herstellervorschriften beachten, Km-Stand notieren, Nachbesserungen beauftragen	→	Werkstattkarte EDV-System
	Rechnungserstellung und Kundenbesprechung z.B. verständlich formulieren, auf Fehler prüfen, Anlagen beifügen (Wartungsprotokoll usw.), Erläuterung der durchgeführten Arbeiten, Übergabe von Fahrzeugpapieren und Schlüssel	→	Rechnung EDV-System
Verwaltung/Kundendienst Verwaltungsmitarbeiter/ Kundendienstberater	**Festellen der Kundenzufriedenheit**	→	Telefonreport Fragebogen

Anschaffungswert

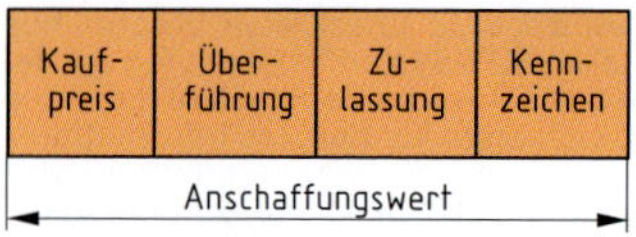

Ausgaben, die bei der Anschaffung eines Kraftfahrzeugs entstehen.

Anschaffungswert = Kaufpreis (Listenpreis)
+ Überführungskosten
+ Zulassungskosten
+ Kennzeichenkosten

Wiederbeschaffungskosten = Anschaffungswert
+ Teuerungszuschlag
– Erlös aus dem Verkauf des Gebrauchtwagens bzw. Restwert

Beispiel: Pkw, Kaufpreis 46300 €, Überführungskosten 630 €, Zulassungskosten 30 €, Kennzeichenkosten 40 €.

Ges.: Anschaffungswert.

Kaufpreis	= 46300 €
Überführungskosten	= 630 €
Zulassungskosten	= 30 €
Kennzeichenkosten	= 40 €
Anschaffungswert	= 47000 €

Feste Kosten
Zeitabhängige Kosten

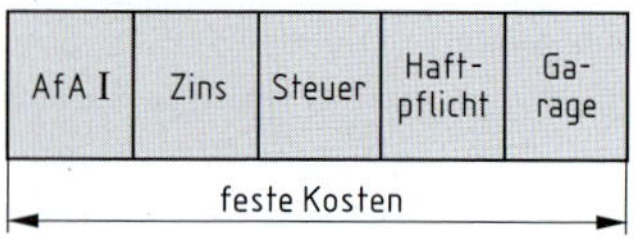

Kosten, welche durch die Aufrechterhaltung der Fahrbereitschaft verursacht werden. Sie sind zeitabhängig und werden meist auf 1 Jahr bezogen.

Annahme
Zins 1 ... 6% vom halben Anschaffungswert
Nutzungsdauer 4 ... 9 Jahre
Miete für Garage 80 ... 150 €/Monat

Feste Kosten im Jahr = Kalkul. Abschreibung I
+ kalkul. Verzinsung
+ Kraftfahrzeugsteuer
+ Kfz-Haftpflicht
+ Fahrzeugversicherung
+ Garagenmiete

Kalkulatorische Abschreibung (AfA I)
$$= \frac{\text{Abschreibungsgrundwert}}{2 \times \text{Nutzungsdauer in Jahren}}$$

Abschreibungsgrundwert
= Anschaffungswert bzw. Wiederbeschaffungskosten – Reifenkosten

Kalkulatorische Verzinsung
$$= \frac{\text{durchschn. zu verzins. Kapital} \times \text{Zinssatz}}{100\,\%}$$

Durchschnittlich zu verzinsendes Kapital ist
$$\frac{\text{Anschaff'wert}}{2} \text{ ggf. } \frac{\text{Anschaff'wert} + \text{Restwert}}{2}$$

Beispiel: Pkw, Anschaffungswert 47000 €, Reifenkosten 500 €, Nutzungsdauer 6 Jahre, Zinssatz 3,0% im Jahr, Kfz-Steuer 130 €, Haftpflichtversicherung 465 €, Fahrzeugversicherung 600 €, Miete für Garage 100 € im Monat.

Ges.: Feste Kosten im Jahr.

Abschreibungsgrundwert
= 47000 € – 500 € = 46500 €

$\text{Abschreibung I} = \frac{46500\ €}{2 \cdot 6}$ = 3875 €

$\text{kalk. Zins} = \frac{47000\ € \cdot 3{,}0\,\%}{2 \cdot 100\,\%}$ = 705 €

Kfz-Steuer	= 130 €
Haftpflichtversicherung	= 465 €
Fahrzeugversicherung	= 600 €
Miete = 12 · 100 €	= 1200 €
Feste Kosten im Jahr	= 6975 €

Bewegliche Kosten
Leistungsabhängige Kosten

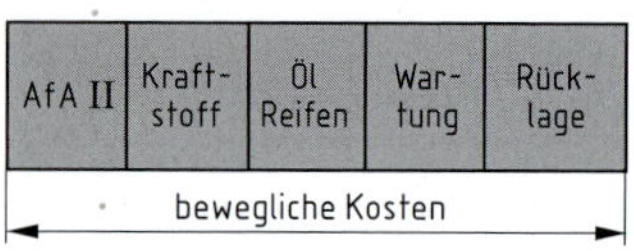

Kosten, welche durch die Benutzung des Fahrzeugs entstehen. Sie sind von der Fahrleistung abhängig und werden meist auf 100 km bezogen.

Annahme

Gesamtfahrleistung	Pkw	300000 km
	Lkw	900000 km
Reifenfahrleistung	Pkw	40000 km
Jahresfahrstrecke privat		20000 km

Bewegliche Kosten für 100 km
= kalkulatorische Abschreibung II
+ Kraftstoffkosten
+ Schmierstoffkosten
+ Reifenkosten
+ Wartungskosten
+ Kosten der Reparaturrücklage

Kalkul. Abschreibung für 100 km (AfA II)
$$= \frac{\text{Abschreibungsgrundwert} \times 100\text{ km}}{2 \times \text{Gesamtfahrleistung in km}}$$

Kraft- bzw. Schmierstoffkosten für 100 km
= Verbrauch auf 100 km × Literpreis

Reifenkosten für 100 km
$$= \frac{\text{Bereifungskosten} \times 100\text{ km}}{\text{Reifenfahrleistung in km}}$$

Beispiel: Pkw, Anschaffungswert 47000 €, Reifenkosten 500 €, Kraftstoffverbrauch 6,5 l je 100 km, Kraftstoffpreis 1,80 €/l, Ölverbrauch 0,015 l je 100 km, Ölpreis 13,50 €/l, Reifenfahrleistung 25000 km, Gesamtfahrleistung 200000 km, Wartung 4,95 € und Reparaturrücklage 12 € je 100 km.

Ges.: Bewegliche Kosten für 100 km.

$\text{AfA II} = \frac{46500\ € \cdot 100\text{ km}}{2 \cdot 200000\text{ km}}$ = 11,63 €

Kraftstoff = 6,5 l · 1,80 €/l = 11,70 €
Öl = 0,015 l · 13,50 €/l = 0,20 €

$\text{Reifen} = \frac{500\ € \cdot 100\text{ km}}{40000\text{ km}}$ = 1,25 €

Wartung	= 4,95 €
Reparaturrücklage	= 12,00 €
Bewegl. Kosten je 100 km	= 41,73 €

Gesamtkosten, Kilometerkosten
Arbeitsplatzkosten

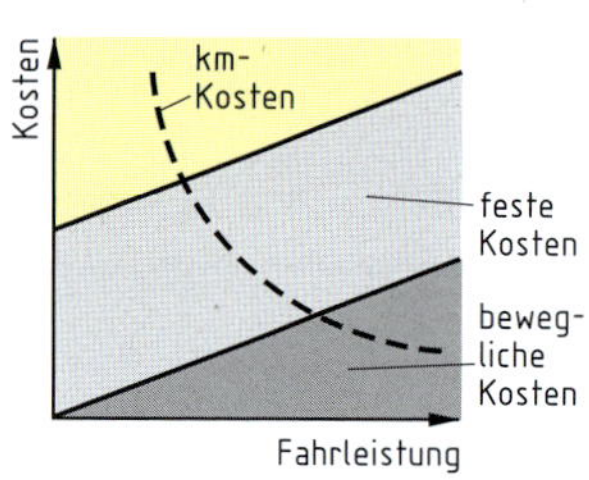

Bei gewerblicher Nutzung des Fahrzeugs entstehen neben den Unterhaltskosten für das Kraftfahrzeug zusätzliche Lohnkosten für den Fahrer und Restgemeinkosten des Betriebs.

Die Gesamtkosten, welche das Kfz bzw. der Arbeitsplatz verursacht, werden unter Berücksichtigung der voraussichtlichen Fahrleistung im Jahr auf einen Kilometer umgelegt.

Gesamte Kfz-Unterhaltskosten im Jahr
= feste Kosten im Jahr
+ bewegliche Kosten im Jahr

Gesamte Kfz-Arbeitsplatzkosten im Jahr
= Kfz-Unterhaltskosten im Jahr
+ Fahrerlohnkosten im Jahr
+ Restgemeinkosten

Bewegliche Kosten im Jahr
$$= \frac{\text{bew. Kosten/100 km} \times \text{Jahresfahrstrecke}}{100\text{ km}}$$

Fahrerlohnkosten
= Fahrzeit im Jahr
× Stundenlohnsatz

Restgemeinkosten
$$= \frac{\text{Fahrerlohnkosten} \times \text{Zuschlagssatz in }\%}{100\,\%}$$

$$\text{Kilometerkosten} = \frac{\text{Gesamtkosten}}{\text{Jahresfahrstrecke}}$$

Beispiel 1: Pkw, feste Kosten im Jahr 6975 €, bewegliche Kosten 41,73 € je 100 km, Jahresfahrstrecke 20000 km.

Ges.: a) Gesamtkosten im Jahr und
b) Kilometerkosten (Kosten/km)

Feste Kosten = 6975 €
Bew. Kosten
$= \frac{41{,}73\ € \cdot 20000\text{ km}}{100\text{ km}}$ = 8346,50 €
Gesamtkosten im Jahr = 15321,50 €
Kosten/km
= 15321,50 € : 20000 km = 0,77 €/km

Beispiel 2: Unterhaltskosten 33386 €/Jahr, Fahrerlohn 3800 €/Monat, Restgemeinkosten (RGK) Arbeitsplatz 40%, Jahresfahrstrecke 80000 km.

Ges.: a) Arbeitsplatzkosten und
b) Kilometerkosten (Kosten/km)

Kfz-Unterhaltskosten	= 33386 €
Fahrerlohn = 12 · 3800	= 45600 €
RGK = 0,4 · 45600	= 18240 €
Arbeitsplatzkosten i. J.	= 97226 €

Kosten/km = 97226 : 80000 km = 1,22 €/km

Anschaffungswert

Ausgaben einschließlich aller Bezugs- und Nebenkosten, die durch die Anschaffung der Maschine bedingt sind.

Anschaffungswert = Einkaufspreis (Listenpr.)
+ Sonderzubehörkosten
+ Transportkosten
+ Aufstellkosten
+ Anschlusskosten

Einkaufspreis = Rechnungsbetrag ohne USt.
– Lieferrabatt

Wiederbeschaffungskosten = Anschaffungswert
+ Teuerungszuschlag
+ Umbaukosten
– Rest- bzw. Schrottwert

Beispiel:
Bohrmaschine für 25/30 mm.

Listenpreis	=	4 500 €
Sonderausstattung	=	600 €
Rechnungsbetrag netto	=	5 100 €
– Rabatt = 0,1 · 10 000	=	510 €
Einkaufspreis	=	4 590 €
Transportkosten	=	225 €
Aufstellkosten	=	355 €
Anschlusskosten	=	230 €
Anschaffungswert	=	5 400 €

Feste Kosten
Zeitabhängige Kosten

Kosten, die zur Aufrechterhaltung der Betriebsbereitschaft anfallen und unabhängig vom Einsatz der Maschine sind. Sie werden für einen bestimmten Zeitraum erfasst, meist für ein Jahr.

Annahmen
Zins 1 … 6 % vom halben Anschaffungswert
Nutzungsdauer 5 … 16 Jahre
Mietwert 2,50 … 10,50 €/m² im Jahr
Instandhaltung 3 … 8 % vom Anschaffungswert bzw. 30 … 50 Std./Jahr

Feste Kosten im Jahr = Kalkulatorische Abschreibung
+ kalkulatorische Verzinsung
+ Mietwert der Stellfläche
+ feste Instandhaltungskosten

Kalkulatorische Abschreibung

$$= \frac{\text{Abschreibungsgrundwert}}{\text{Nutzungsdauer in Jahren}}$$

Der Abschreibungsgrundwert ist der Anschaffungswert bzw. die Wiederbeschaffungskosten. Für Steuerzwecke jedoch nur der Anschaffungswert.

Kalkulatorische Verzinsung

$$= \frac{\text{durchschn. zu verzins. Kapital} \times \text{Zinssatz}}{100\,\%}$$

Durchschnittlich zu verzinsendes Kapital während der gesamten Nutzungsdauer ist der

$$\frac{\text{Anschaff'wert}}{2} \text{ oder } \frac{\text{Anschaffungs- + Restwert}}{2}$$

Mietwert im Jahr
= Stellfläche × Monatsmiete/m² × 12 Monate

Beispiel: Bohrmaschine, Anschaffungswert 5 400 €, Nutzungsdauer 15 Jahre, Zinssatz 4 % im Jahr, Flächenbedarf 4 m², kalkulatorische Monatsmiete 8,00 €/m², Zeit für Instandhaltung 48 h im Jahr, davon 1/3 auf feste Kosten, Stundenlohnsatz einschließlich Sozialabgaben 40 €/h.

Ges.: Feste Kosten im Jahr.

Abschreibungswert = 5 400 €
Abschreibung = 5 400 € : 15 = 360 €

Durchschnittlich zu verzinsendes
Kapital = 5 400 € : 2 = 2 700 €

$$\text{Zins} = \frac{2700\,€ \cdot 4\%}{100\,\%} = 108\,€$$

$$\text{Miete} = 4\ \text{m}^2 \cdot 8{,}00\ €/\text{m}^2 \cdot 12 = 384\,€$$

$$\text{Instandhaltung} = \frac{48\ \text{h} \cdot 40\ €/\text{h}}{3} = 640\,€$$

Feste Kosten im Jahr = 1 492 €

Bewegliche Kosten
Leistungsabhängige Kosten

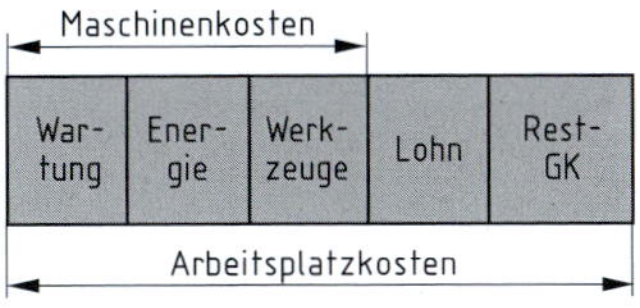

Ausgaben, die durch den Einsatz der Maschine entstehen und leistungsabhängig sind. Sie werden für eine Leistungseinheit oder für eine bestimmte Laufzeit erfasst, meist eine Stunde.

Annahme
Arbeitspreis 0,15 … 0,25 €/kWh
Werkzeugkosten 0,90 … 2,50 €/h
Restgemeinkosten 120 … 180 %

Bewegliche Maschinenkosten
= Instandhaltungskosten II
+ Energiekosten
+ Werkzeugkosten
+ Betriebsmittelkosten

Bewegliche Arbeitsplatzkosten
= bewegliche Maschinenkosten
+ Fertigungslohnkosten
+ Restgemeinkosten

Energiekosten
= Nennleistung × Nutzungsfaktor
× Arbeitspreis/kWh × Laufzeit in h

Fertigungslohnkosten
= Fertigungszeit
× Stundenlohnsatz

Restgemeinkosten

$$= \frac{\text{Fertigungslöhne} \times \text{Zuschlagssatz in \%}}{100\,\%}$$

Beispiel: Bohrmaschine, Zeit für Instandhaltung 48 h, davon 2/3 bewegliche Kosten, Stundenlohnsatz 40 €/h, Motorleistung 3 kW, Nutzungsfaktor 0,8, Arbeitspreis für 1 kWh = 0,19 €, Werkzeugkosten 0,90 €/h, Restgemeinkosten 120 % vom Fertigungslohn, jährliche Laufzeit 800 h.

Ges.: a) Bewegl. Maschinenkosten/h,
b) Bewegl. Arbeitsplatzkosten/h.

$$\text{a) Instandhaltung} = \frac{48\ \text{h} \cdot 40\ €/\text{h} \cdot 2}{800\ \text{h} \cdot 3} = 1{,}60\ €/\text{h}$$

Strom = 3 kW · 0,8 · 0,19 €/kWh = 0,60 €/h
Werkzeugkosten = 0,90 €/h
Bewegl. Masch'kosten/h = 2,96 €/h
b) Bewegl. Masch'kosten/h = 2,96 €/h
Lohnkosten je Stunde = 40,00 €/h

$$\text{Gemeinkosten} = \frac{40\ €/\text{h} \cdot 120\,\%}{100\,\%} = 48{,}00\ €/\text{h}$$

Bewegl. A'platzkosten/h = 90,96 €/h

Verrechnungssätze

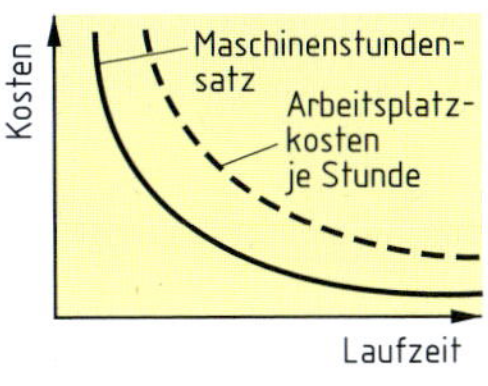

Die Gesamtkosten, welche die Maschine bzw. der Arbeitsplatz verursacht, werden unter Berücksichtigung der Laufzeit der Maschine auf eine Betriebsstunde verrechnet.

Maschinen-Stundensatz

$$= \frac{\text{Maschinenkosten im Jahr}}{\text{Laufzeit der Maschine in h}}$$

Arbeitsplatzkosten je Stunde

$$= \frac{\text{Arbeitsplatzkosten im Jahr}}{\text{Laufzeit der Maschine in h}}$$

Maschinenkosten im Jahr
= feste Kosten
+ bewegliche Maschinenkosten

Arbeitsplatzkosten im Jahr
= feste Kosten
+ bewegliche Arbeitsplatzkosten

Beispiel: Bohrmaschine, feste Kosten 1 492 €/Jahr, bewegl. Maschinenkosten 2,96 €/h, bewegl. Arbeitsplatzkosten 90,96 €/h, jährliche Laufzeit 800 h.

Ges.: a) Masch.-Stundensatz
b) Arbeitsplatzkosten/h

Feste Kosten im Jahr = 1 492 €
Bew. M'kosten
2,96 €/h · 800 h = 2364,80 €
Maschinenkosten im Jahr = 3856,80 €
Maschinen-Stundensatz
= 3 856,80 € : 800 h = 4,82 €/h
Feste Kosten im Jahr = 1 492 €
Bew. Arbeitsplatzkosten/J
= 90,96 €/h · 800 h = 72 764,80 €
Arbeitsplatzkosten
im Jahr = 74 256,80 €
Arbeitsplatzkosten je Stunde
= 74 256,80 € : 800 h = 92,82 €/h

Inventar

Bei Geschäftseröffnung und zum Schluss eines jeden Geschäftsjahres ist ein Inventar und eine Bilanz aufzustellen.

Inventar und Bilanz müssen vom Geschäftsinhaber unterzeichnet werden.

Inventar und Bilanz müssen 10 Jahre, Buchungsbelege 6 Jahre aufbewahrt werden.

Das Inventar ist ein Verzeichnis der Vermögensteile und Schulden eines Geschäfts mit Ermittlung des Eigenkapitals.

Das Inventar wird in drei Teile zerlegt:
a) Geschäftsvermögen
b) Geschäftsschulden
c) Eigenkapital.

Das Geschäftsvermögen wird unterteilt in
a) Anlagevermögen
b) Umlaufvermögen.

Bei den Geschäftsschulden werden unterschieden
a) langfristige Schulden
b) kurzfristige Schulden.

Die Vermögensteile werden nach dem Grad der Flüssigkeit, die Schulden nach der Fälligkeit geordnet.

Der Überschuss des Vermögens über die Schulden heißt Eigenkapital (Reinvermögen).

Inventargleichung:

Vermögen − Schulden = Eigenkapital

Inventar der Firma Kurt Kraft zum 31. Dezember 20..

A. Vermögen	
I. Anlagevermögen	€
1. Grundstücke	230 000,–
2. Gebäude	620 000,–
3. Maschinen und Anlagen	72 500,–
4. Werkzeuge	9 600,–
5. Betriebs- und Geschäftsfahrzeuge	24 200,–
6. Betriebs- und Geschäftsausstattung	12 700,–
II. Umlaufvermögen	
1. Neufahrzeuge	120 500,–
2. Gebrauchtfahrzeuge	28 200,–
3. Ersatzteile	49 100,–
4. Zubehör	8 700,–
5. Besitzwechsel laut Anlage	23 200,–
6. Kundenforderungen laut Anlage	9 300,–
7. Guthaben bei der Volksbank	7 400,–
8. Guthaben bei der Postbank	6 900,–
9. Kassenbestand	1 700,–
Summe des Vermögens	**1 224 000,–**
B. Schulden	
I. Langfristige Schulden	
1. Hypothek bei der Volksbank	274 000,–
2. Darlehensschuld bei der Sparkasse	23 000,–
II. Kurzfristige Schulden	
1. Schuldwechsel laut Anlage	17 400,–
2. Lieferantenschulden laut Anlage	9 600,–
Summe der Schulden	**324 000,–**
C. Errechnung des Eigenkapitals	
1. Summe des Vermögens	1 224 000,–
2. Summe der Schulden	324 000,–
Eigenkapital (Reinvermögen)	**900 000,–**

......................., den 4.Januar 20.. gez. Kurt Kraft

Bilanz

Die Bilanz ist eine zweiseitige Darstellung des Vermögens (Aktiva) und des Kapitals (Passiva).

Die linke Seite der Bilanz zeigt das Vermögen, die rechte Seite das Kapital.

Die Bilanz ist richtig, wenn beide Seiten gleichwertig sind.

Bilanzgleichung:

Vermögen = Eigenkapital + Fremdkapital

Leere Zwischenräume der Bilanz müssen mit dem Buchhaltungsriegel abgestrichen werden.

Es darf nicht radiert oder so durchgestrichen werden, dass die ursprüngliche Eintragung unleserlich ist.

Bilanz der Firma Kurt Kraft zum 31. Dezember 20..

Aktiva — Schlussbilanz — Passiva

Aktiva	€	Passiva	€
I. Anlagevermögen			
1. Grundstücke	230 000,–	I. Eigenkapital	900 000,–
2. Gebäude	620 000,–		
3. Maschinen, Anlagen	72 500,–	II. Fremdkapital	
4. Werkzeuge	9 600,–		
5. Geschäftsfahrzeuge	24 200,–	1. Langfristige Schulden	
6. Geschäftsausstattung	12 700,–	a) Hypothek	274 000,–
II. Umlaufvermögen		b) Darlehensschuld	23 000,–
1. Neufahrzeuge	120 500,–	2. Kurzfristige Schulden	
2. Gebrauchtfahrzeuge	28 200,–	a) Schuldwechsel	17 400,–
3. Ersatzteile	49 100,–	b) Lieferantenschulden	9 600,–
4. Zubehör	8 700,–		
5. Besitzwechsel	23 200,–		
6. Kundenforderungen	9 300,–		
7. Guthaben Volksbank	7 400,–		
8. Guthaben Postbank	6 900,–		
9. Kassenbestand	1 700,–		
	1 224 000,–		**1 224 000,–**

......................., den 4. Januar 20.. gez. Kurt Kraft

Kontenform

Das Konto ist eine Rechnung über einen Bilanzposten. Es hat zwei Seiten. Die linke Seite heißt Soll, die rechte Seite heißt Haben.

Das Konto wird in verschiedenen Formen verwendet. Die einfachste Form ist das zweispaltige T-Konto. Bei der Maschinenbuchführung ist die Staffelform die Regel.

Soll	T-Konto	Haben
1. AB	2500,–	

Staffelkonto Januar 20..

Tag	Geschäftsfälle	Soll	Haben
1.	Anfangsbestand	2500,–	

Privatkonto Januar 20..

Tag	Geschäftsfälle	Soll	Haben
1.	Haushaltsgeld	500,–	
2.	Tageszeitung	12,–	
3.	Strom	85,–	
4.	Totogewinn		1000,–
5.	Erbschaft		4000,–
6.	Einkommensteuer	340,–	
7.	Farb-Fernseher	1600,–	
8.	Wohnzimmer	2400,–	
9.	Einlage		3000,–

Bilanzkonten

Bestandskonten

Konten, die für einen Bilanzposten der Aktivseite eingerichtet werden, heißen Vermögens- oder Aktivkonten; Konten für einen Bilanzposten auf der Passivseite heißen Schulden- oder Passivkonten.

Anfangsbestände und Zugänge stehen im Konto immer auf der Seite, auf der das Konto in der Bilanz steht; die Abgänge und Endbestände auf der entgegengesetzten Seite.

Soll	Aktivkonten	Haben
Anfangsbestand Zugänge Einkäufe		Abgänge Verkäufe Endbestand

Soll	Passivkonten	Haben
Abgänge Endbestand		Anfangsbestand Zugänge

Aktivkonten	**Passivkonten**
Kasse, Bank	Lieferant, Darlehen,
Waren, Zubehör	E-Kapit.

Kasse Januar 20..

Tag	Geschäftsfälle	Soll	Haben
1.	Anfangsbestand	1000,–	
2.	Lang, m. Zahlung		580,–
3.	Bankabhebung	1600,–	
4.	Packmaterial		130,–
5.	Lieb, s. Nachnahme		145,–
6.	Kuhn, s. Zahlung	890,–	
7.	Briefmarken		30,–
8.	Link, m. Zahlung		235,–
9.	Bankeinzahlung		500,–
10.	Mehrwertsteuer		155,–
11.	Reparaturkosten		480,–
12.	elektr. Strom		90,–
13.	Werbekosten		75,–

Erfolgskonten

Ergebniskonten

Das Eigenkapitalkonto wird durch Aufwendungen und Erträge verändert. Zur einfacheren Darstellung werden für die Verbuchung von gleichartigen Aufwendungen und Erträgen Kapitalunterkonten eingerichtet. Sie haben keinen Anfangs- und Endbestand, weil sie nur laufende Veränderungen aufnehmen und sammeln.

Aufwendungen vermindern das Eigenkapital, daher Buchung im Soll; Erträge vermehren das Eigenkapital, daher Verbuchung im Haben.

Soll	Aufwandskonten	Haben
Aufwendungen Kapitalabnahme		Aufwandsminderung Saldo

Soll	Ertragskonten	Haben
Ertragsminderung Saldo		Ertrag Kapitalzunahme

Aufwandskonten	**Ertragskonten**
Material	Lohnerlöse
Fertigungslöhne	Teileerlöse
Hilfslöhne	Verkaufserlöse
Gehälter	Garagenerlöse
Sozialaufwendungen	Tankstellen-
Raumkosten u. a.	Erlöse

Sozialaufwendungen Januar 20..

Tag	Geschäftsfälle	Soll	Haben
1.	Sozialversicherung	450,–	
2.	Berufsgenossensch.	280,–	
3.	Berufskleidung	320,–	
4.	Weiterbildung	180,–	
5.	Gratifikationen	340,–	
6.	Essenszuschuss	130,–	
7.	Jubiläum	210,–	
8.	Umschulung	270,–	
9.	Fahrgelderstattung	120,–	
10.	Erste Hilfe	350,–	
11.	Pensionen	290,–	
12.	Weihnachtsfeier	170,–	
13.	Sozialversicherung	450,–	
14.	Arbeitsschuhe	320,–	

Laufende Buchungen

Jeder Geschäftsfall verändert mindestens 2 Konten und löst 2 Buchungen aus: eine Sollbuchung und eine Habenbuchung. Das Buchen auf der Sollseite heißt belasten, das Buchen auf der Habenseite erkennen. Wer empfängt, wird belastet, wer gibt, wird erkannt.

Die Summe der Sollseiten ist immer gleich der Summe der Habenseiten. Summenbilanz: Sollseiten = Habenseiten.

Die Verbuchung eines Geschäftsfalles wird mit dem Buchungssatz angegeben. Er wird gebildet, indem man die zwei betroffenen Konten mit dem Wörtchen „an" verbindet. Das Konto mit der Sollbuchung wird zuerst genannt: „Soll an Haben".

Keine Buchung ohne Belege!

Soll	Konto	Haben
empfängt belasten Belastung		gibt erkennen Gutschrift

Einfache Buchung:

Bareinzahlung bei der Bank 1500,– €.

S	Kasse	H	S	Bank	H
		1500,–	1500,–		

Zusammengesetzte Buchung:

Zahlung eines Kunden mit Überweisung 900,– € und bar 300,– €

S	Kasse	H	S	Kunde	H
300,–					1200,–

S	Bank	H
900,–		

Beispiele

Barzahlung für Teile 650,– €.
Buchungssatz: Teile an Kasse.

S	Kasse	H	S	Teile	H
		650,–	650,–		

Lieferant erhält Überweisung 800,– €.
Buchungssatz: Lieferant an Bank.

S	Bank	H	S	Lieferant	H
		800,–	800,–		

Kunde erhält Waren 900,– €.
Buchungssatz: Kunde an Waren.

S	Kunde	H	S	Waren	H
900,–					900,–

Eröffnungsbuchung

Die Eröffnungsbilanz wird in Konten aufgelöst, damit nicht nach jedem Geschäftsfall eine neue Bilanz aufgestellt werden muss.

Die Anfangsbestände stehen in den Konten immer auf der Seite, auf der die Posten in der Bilanz stehen.

Erfolgskonten haben keinen Anfangsbestand.

Aktiva	**Eröffnungsbilanz** Passiva
Anlagevermögen Umlaufvermögen	Eigenkapital Schulden

S **Aktivkonten**	H
Anfangsbestände	

S **Passivkonten**	H
	Anfangsbestände

Aktiva	**Eröffnungsbilanz**		Passiva
Ausstatt.	36 000,–	Eigenkap.	50 000,–
Teile	24 000,–	Darlehen	19 000,–
Forderung.	5 000,–	Verbindl.	6 000,–
Bank	9 000,–		
Kasse	1 000,–		
	75 000,–		75 000,–

S Ausstattung	H
36 000,–	

S Teile	H
24 000,–	

S Forderungen	H
5 000,–	

S Bank	H
9 000,–	

S Kasse	H
1 000,–	

S Eigenkapital	H
	50 000,–

S Darlehen	H
	19 000,–

S Verbindlichk.	H
	6 000,–

Abschlussbuchung

der Bestandskonten

Die Bestandskonten werden unmittelbar auf die Schlussbilanz abgeschlossen, indem die Salden – Unterschiede zwischen Soll und Haben – errechnet und auf die Schlussbilanz übertragen werden.

Stimmt der Saldo nicht mit dem bei der Inventur ermittelten Wert überein, so muss eine Berichtigung erfolgen.

S **Aktivkonten**	H
	Saldo Endbestand

S **Passivkonten**	H
Saldo Endbestand	

Aktiva	**Schlussbilanz** Passiva
Anlagevermögen Umlaufvermögen	Eigenkapital Schulden

Kasse Januar 20..

Tag	Geschäftsfall	Soll	Haben
1.	Anfangsbestand	1 000,–	
2.	Kuhn, s. Zahlung	500,–	
3.	Lieb, m. Zahlung		600,–
4.	Strom bezahlt		100,–
5.	Kolb, s. Zahlung	800,–	
6.	Karl, s. Zahlung	1 200,–	
7.	Lang, m. Zahlung		700,–
30.	Schlussbestand		2 100,–
		3 500,–	3 500,–

Aktiva	**Schlussbilanz**		Passiva
....	........,–	....	........,–
Kasse	2 100,–	....	........,–

Abschlussbuchung

der Erfolgskonten

Alle Salden der Erfolgskonten werden auf einem Zwischenkonto „Gewinn und Verlust" gesammelt: Aufwendungen auf der linken Seite, Erträge auf der rechten Seite.

Ist die Ertragsseite größer als die Aufwandsseite, so ergibt sich als Saldo ein Gewinn, ist die Aufwandsseite größer als die Ertragsseite, so ergibt sich ein Verlust. Der Gewinn bzw. der Verlust wird auf das Kapitalkonto übertragen.

Das Privatkonto wird unmittelbar auf das Eigenkapitalkonto übernommen.

S **Aufw'konten**	H
Aufwand	Saldo

S **Ertr'konten**	H
Saldo	Ertrag

S **Privat**	H

S **G + V**	H
Aufwand	Ertrag
Gewinn	Verlust

S **E'kapital**	H
Verlust SB	AB Gewinn

Aktiva	**Schlussbilanz** Passiva
Anlagevermögen Umlaufvermögen	Eigenkapital Fremdkapital

Raumkosten Januar 20..

Tag	Geschäftsfall	Soll	Haben
1.	Miete bezahlt	2 000,–	
..	Sonstiges	1 400,–	
30.	Saldo		3 400,–
		3 400,–	3 400,–

Soll	**Gewinn und Verlust**		Haben
Raumkost.	3 400,–	L-Erlöse	12 500,–
Sonstiges	16 600,–	T-Erlöse	11 500,–
Saldo	4 000,–		
	24 000,–		24 000,–

Soll	**Eigenkapital**		Haben
SB	54 000,–	AB	50 000,–
		Gewinn	4 000,–
	54 000,–		54 000,–

Aktiva	**Schlussbilanz**		Passiva
....	........,–	E-Kapital	54 000,–

Abschlussbuchung

des Wareneinkaufs- und des Warenverkaufskontos

1. Berechnung der Einstandspreise der verkauften Ware.
2. Verbuchung der Einstandspreise der verkauften Ware:
   a) Schlussbestand: SB an WEK
   b) Einstandspreise: GuV an WEK
   c) Verkaufserlöse (VE): WVK an GuV

Anfangsbestand
+ Zugänge
= Zwischensumme
– Schlussbestand
= Verkauf zu EP.

Verkaufserlöse
– Verkauf zu Einstandspreisen
= Rohgewinn oder Bruttoertrag

S WEK			H
AB	....	SB	x
Zu	....	GuV	y

S WVK			H
GuV	z	VE	....

A SB			P
WEK	x		

S GuV			H
WEK	y	WVK	z

Anfangsbestand Ersatzteile	6 000,–
Zugänge	+5 000,–
Schlussbestand	–4 000,–
Verkauf zum Einstandspreis	7 000,–
Verkaufserlöse	9 000,–
Verkauf zum Einstandspreis	–7 000,–
Rohgewinn (Bruttoertrag)	2 000,–

S WEK			H
AB	6 000	SB	4 000
Zu	5 000	GuV	7 000

S WVK			H
GuV	9 000	VE	9 000

A SB			P
WEK	4 000		

S GuV			H
WEK	7 000	WVK	9 000

Grundbuch

Im Grundbuch (Tagebuch, einfaches Hauptbuch) werden für Konten, die häufig vorkommen, besondere Spalten eingerichtet. Die übrigen Konten werden in der Spalte „Verschiedene Konten" zusammengefasst. Alle Geschäftsfälle werden in zeitlicher Reihenfolge eingetragen. Durch den Buchungstext wird der Geschäftsfall kurz aber eindeutig beschrieben. Die Kundennamen werden vorgestellt und unterstrichen.

Grundbuch (Auszug) — Monat Januar 20..

Tag	Geschäftsfall	Betrag	Kasse		Wareneinkauf		Warenverkauf		Versch. Konten		Konto
		€	S	H	S	H	S	H	S	H	
1.	Lenz, Esslingen s. Lieferung bar	600		600	600						
2.	Kolb, Stuttgart m. Lieferung bar	850	850					850			
3.	Haushaltsgeld	500		500					500		Priv.
4.	Kuhn, Göppingen m. Lieferung a. R.	380						380	380		Ford.
5.	Lieb, Ludwigsburg s. Lieferung a. R.	940			940					940	Verb.
6.	Löhne bezahlt	860		860					860		Lohn

Hauptbuch

Im Hauptbuch werden am Jahresanfang die Konten eröffnet und die Anfangsbestände in die Bilanzkonten eingetragen.
Am Monatsende übernehmen die Bilanz- und Erfolgskonten von den Konten im Grundbuch die sachlich geordneten Monatssummen.
Die Konten des Hauptbuches werden am Jahresende mit der Summenbilanz abgeschlossen.

Hauptbuch (Auszug) — Beträge vereinfacht

Nr.	Monat	Kasse		Forderungen		Verbindlichkeit		Wareneinkauf		Warenverkauf	
		S	H	S	H	S	H	S	H	S	H
1.	Anfangsbest.	1200		4500			2600	9000			
2.	Januar	7400	6800	8400	7800	7900	8600	3400	200	600	5400
3.	Februar	8300	7900	9100	8400	4500	5700	6200	300	400	6100
.	.	.	.	.	.	.	.	.	.	.	.
.	.	.	.	.	.	.	.	.	.	.	.
12.	November	7600	7400	6900	3700	2500	7400	7800	500	200	8400
13.	Dezember	5900	5200	8600	7600	3600	6900	6700	100	500	7200
14.	Summenbil.	82000	81500	74700	71800	69000	83600	62000	3100	4800	75300

Betriebsübersicht

Die Spalte „Summenbilanz" übernimmt von den Konten im Hauptbuch die Jahressummen.
In der „Saldenbilanz" werden die Salden der Summenspalte eingetragen. Jeder Saldo wird auf der Seite eingesetzt, auf der in der Summenspalte der größere Betrag steht.
Zu den Umbuchungen gehören: Privatkonto auf Kapitalkonto, Wareneinkauf auf Verkaufserlöse, Ausstattung auf AfA u. a.
Die endgültigen Salden der Bestandskonten werden in die Spalte Schlussbestände gebracht und die Salden der Erfolgskonten in die Spalte Ergebnisse.
Die Differenz zwischen Aktiv- und Passivkonto bzw. der Unterschied zwischen Aufwand und Ertrag ist der Reingewinn

Betriebsübersicht — Beträge vereinfacht

Ko. Nr.	Kontenbezeichnung	Summen-Bilanz		Salden-Bilanz		Umbuchung		Schluss-Bilanz		Ergebnisse	
		S	H	S	H	S	H	A	P	A	E
...	Ausstattung	8000	500	7500			600	6900			
...	Darlehen	300	2000		1700				1700		
...	Kapital		7400		7400	700			6700		
...	Kasse	1900	1800	100				100			
...	Bank	3800	2100	1700				1700			
...	Forderungen	3200	2600	600				600			
...	Verbindlichk.	4200	4700		500				500		
...	Privat	700		700			700				
...	Wareneinkauf	5700	2900	2800			1200	1600			
...	Ferti'löhne	1300		1300						1300	
...	Perso'kosten	1100		1100						1100	
...	Raumkosten	900		900						900	
...	AfA, Kfz, Inst.	1200		1200		600				1800	
...	Hilfsstoffe	600		600						600	
...	Verschiedenes	1600		1600						1600	
...	Lohnerlöse	900	7000		6100						6100
...	Verk'erlöse	700	5100		4400	1200				1200	4400
...	Gewinn/Verl.								2000	2000	
	Summen	36100	36100	20100	20100	2500	2500	10900	10900	10500	10500

Nebenbücher

Für bestimmte Sachkonten werden zur besseren Übersicht Einzelkonten in Nebenbüchern geführt:

a) Kundenbuch
b) Lieferantenbuch
c) Warenbuch
d) Wechselkopiebuch
e) Kassenbuch

Kunde Kolb, Stuttgart — Januar 20..

Tag	Geschäftsfall	S	H
1.	Anfangsbestand	1200	
4.	m. Lieferung a. R.	500	
7.	s. Überweisung		1200
12.	m. Warensendung a. R.	900	
16.	m. Instandsetzung a. R.	1600	
24.	s. Überweisung		1800
30.	Schlussbestand		1200
		4200	4200

Lieferant Lenz, Esslingen — Januar 20..

Tag	Geschäftsfall	S	H
1.	Anfangsbestand		2100
6.	m. Zahlung	1500	
9.	s. Lieferung a. R.		800
14.	m. Überweisung	800	
19.	s. Ersatzteile a. R.		1400
25.	m. Barzahlung	1200	
30.	Schlussbestand	800	
		4300	4300

Arbeitssicherheit

Gesetzliche Grundlagen

Grundpflichten des Arbeitgebers
vgl. § 3, 4 ArbSchG

Nach dem *Arbeitsschutzgesetz* (ArbSchG) ist der Arbeitgeber verpflichtet
- die erforderlichen Maßnahmen zu treffen, um die Sicherheit und Gesundheit der Beschäftigten bei der Arbeit zu gewährleisten,
- diese Maßnahmen auf ihre Wirksamkeit zu überprüfen und falls erforderlich anzupassen,
- zur Planung und Durchführung der Maßnahmen für eine geeignete Organisation zu sorgen (z.B. Sicherheitsbeauftragte) und die erforderlichen Mittel bereitzustellen.

Gefährdungsbeurteilung
vgl. § 5 ArbSchG

Der Arbeitgeber muss die Gefährdungen ermitteln und beurteilen, die für die Beschäftigten am Arbeitsplatz bzw. bei einer Tätigkeit bestehen. Die Ermittlung der Gefährdungen kann z.B. anhand der nachfolgenden Einteilung (Klassifizierung) vorgenommen werden.

Arten der Gefährdung

mechanische Gefährdung	ungeschützt bewegte Maschinenteile	Teile mit gefährlichen Oberflächen	bewegte Transportmittel bzw. Arbeitsmittel	unkontrolliert bewegte Teile	Sturz, Stolpern, Umknicken, Ausrutschen	Absturz
elektrische Gefährdung	elektrischer Schlag	Lichtbogen	elektrostatische Aufladung			
thermische Gefährdung	heiße Oberflächen/Medien	kalte Oberflächen/Medien				
Gefahrstoffe	Hautkontakt mit Gefahrstoffen	Einatmen von Gefahrstoffen	Verschlucken von Gefahrstoffen	physikalisch-chemische Gefährdung		
Brand- und Explosionsgefährdung	brennbare Gase, Flüssigkeiten, Feststoffe	explosionsfähige Atmosphäre	Explosivstoffe			
Gefährdung durch bestimmte physikalische Einwirkung	Lärm	Ultraschall	Ganzkörpervibrationen	Hand-Arm-Vibrationen	elektromagnetische Felder	Unter- oder-Überdruck
physische Belastung	schwere dynamische Arbeit	einseitige dynamische Arbeit, Körperbewegung	statische Arbeit (Zwangshaltung)	Kombination aus dynamischer und statischer Arbeit		

Maßnahmen zur Minimierung der Gefährdung

Beispiele für Maßnahmen	
Beseitigung der Gefahrenquelle	• Ersetzen eines Gefahrstoffs durch einen ungefährlichen Stoff
technische Maßnahmen	• Schutzhaube an der Wuchtmaschine • Absenksicherung an Hebebühnen
organisatorische Maßnahmen	• örtliche/zeitliche Abtrennung von Arbeiten, von denen Gefahren ausgehen
persönliche Schutzausrüstung	• Schutzbrille Schutzhandschuhe, Sicherheitsschuhe
verhaltensbezogene Maßnahmen	• Unterweisung, Betriebsanweisungen • Sicherheitskennzeichnung

Rangfolge der Maßnahmen
Die Maßnahmen können entsprechend ihrer unmittelbaren Wirksamkeit eingestuft werden: Die Beseitigung einer Gefahrenquelle ist am wirksamsten. Es folgen technische Maßnahmen (verringern Gefahren bzw. trennen Gefahr und Mensch). Dann kommen organisatorische Maßnahmen, danach die persönliche Schutzausrüstung und schließlich verhaltensbezogene Maßnahmen.

Dokumentation
vgl. § 6 ArbSchG

Unabhängig von der Betriebsgröße besteht eine Dokumentationspflicht zum Arbeitsschutz. Folgende Punkte sind zu dokumentieren:
- Ergebnis der Gefährdungsbeurteilung,
- darauf aufbauende Maßnahmen des Arbeitsschutzes,
- Ergebnis der Überprüfung ihrer Wirksamkeit.
- ggf. Unfälle mit Todesfolge oder mit Verletzungen, die zu mehr als drei Tagen völliger oder teilweiser Arbeitsunfähigkeit führten.

Hinweis: Das ArbSchG macht keine Vorgaben zur Form der Unterlagen. Bestimmte Arbeitsschutzvorschriften, z.B. die Betriebssicherheitsverordnung und die Gefahrstoffverordnung (vgl. S. 98), stellen spezielle Anforderungen an die Dokumentation.

Unterweisung
vgl. § 12 ArbSchG
§ 12 BetrSichV
§ 14 GefStoffV

Der Arbeitgeber hat die Beschäftigten über Sicherheit und Gesundheitsschutz bei der Arbeit während ihrer Arbeitszeit ausreichend und angemessen zu unterweisen. Die Unterweisung muss enthalten:
- vorhandene Gefährdungen,
- erforderliche Schutzmaßnahmen und Verhaltensregelungen,
- Maßnahmen bei Betriebsstörungen, Unfällen und zur Ersten Hilfe.

Die Unterweisung muss vor Aufnahme der Tätigkeit erfolgen bei
- Einstellung,
- Veränderungen im Aufgabenbereich,
- Einführung neuer Arbeitsmittel oder einer neuen Technologie.

Die Unterweisung muss an die Gefährdungsentwicklung angepasst sein und in verständlicher Sprache abgefasst sein.

Die Unterweisung erfolgt in der Regel anhand von *Betriebsanweisungen*, die eigens auf den Arbeitsplatz oder den Aufgabenbereich der Beschäftigten ausgerichtet sind.
Unterweisungen müssen in regelmäßigen Abständen durchgeführt werden, mindestens jedoch einmal jährlich. Das Datum der Unterweisung und die Namen der Unterwiesenen müssen schriftlich festgehalten werden.

Zuständige Stellen

Gewerbeaufsichtsamt	Die Gewerbeaufsicht überwacht die Einhaltung der staatlichen Arbeits- und Umweltschutzvorschriften. Aufgaben im Arbeitsschutz: • Überwachung der Sicherheit von Maschinen, Geräten und Anlagen. • Kontrolle der Einrichtungen von Arbeitsstätten und des Umgangs mit Gefahrstoffen und von Anlagen mit besonderem Gefährdungspotenzial (z. B. Druckbehälter, Lager für brennbare Flüssigkeiten). • Beaufsichtigung der Verwendung von Sprengstoffen (z. B. Airbags). • Überprüfung der Einhaltung von sozialen Arbeitsschutzvorschriften (z. B. Arbeitszeitgesetz, Mutterschutz, Jugendarbeitsschutz).	Neben den Überwachungsaufgaben bietet die Gewerbeaufsicht auch Beratung an, z. B. bei Fragen zur Prävention. Je nach Bundesland ist die Gewerbeaufsicht dem Land, dem (Regierungs-)Bezirk oder den Land- und Stadtkreisen unterstellt.
Berufsgenossenschaft (BG)	Die Berufsgenossenschaften sind Hauptträger der gesetzlichen Unfallversicherung. Beschäftigte sind über die Berufsgenossenschaft für die Folgen von Arbeitsunfällen und Berufskrankheiten versichert. Die wesentlichen Aufgaben der Berufsgenossenschaften sind: • Beschäftigte über Arbeits- und Wegeunfälle, Berufskrankheiten und arbeitsbedingte Gesundheitsgefahren aufklären. • Erstellung und Überwachung von Vorschriften zur Unfallverhütung. • Schulung von Sicherheitsbeauftragten/Sicherheitsfachkräften. • Organisation und Finanzierung der medizinischen Behandlung und Rehabilitation bei Arbeitsunfall, Wegeunfall oder Berufskrankheit.	Die Finanzierung der BG erfolgt durch Beiträge (Umlage) der Unternehmer. Jeder Unternehmer ist gesetzlich verpflichtet, Mitglied der für seinen Gewerbezweig zuständigen Berufsgenossenschaft zu sein. Für die Kfz-Betriebe ist dies die *Berufsgenossenschaft Holz und Metall* (BGHM).
DGUV-Regelwerk	Das DGUV-Regelwerk soll die Betriebe bei der gewerbespezifischen Umsetzung von allgemeinen Vorschriften z. B. aus der Arbeitsstättenverordnung und der Betriebssicherheitsverordnung unterstützen. Die Regeln erklären die Sicherheitsvorschriften und erläutern, wie durch bauliche Maßnahmen, technische Einrichtungen, organisatorische Maßnahmen und sicherheitsgerechtes Verhalten Gesundheitsschutz am Arbeitsplatz erreicht werden kann. Publikationen zur Fahrzeuginstandsetzung z. B. DGUV-Regel 109-009, DGUV-Information 209-007.	Die „**D**eutsche **G**esetzliche **U**nfall**v**ersicherung" (DGUV) ist der Spitzenverband der gewerblichen Berufsgenossenschaften und der gesetzlichen Unfallversicherung. Allgemeine Vorschriften zur Unfallverhütung (Prävention) enthält die DGUV-Vorschrift 1.

Sicherheitsregeln für die Fahrzeuginstandhaltung vgl. DGUV-Regel 109-009, DGV-Information 209-007

Bauliche Einrichtungen, Anlagen, Betriebsmittel

Sachgebiete	Sicherheitsregeln	Ergänzungen, Erläuterungen
Ausgänge, Türen, Tore und Durchfahrten	• Arbeitsräume müssen Ausgänge haben, die durch Bauart, Anzahl und Lage das schnelle Verlassen der Räume bei Gefahr ermöglichen. • Arbeitsräume mit handbetätigten oder kraftbetätigten Toren, die vorwiegend für den Fahrzeugverkehr bestimmt sind, müssen in unmittelbarer Nähe der Tore mit zusätzlichen Türen oder Schlupftüren ausgerüstet sein. Diese Türen sind nicht erforderlich, wenn der Durchgang gefahrlos möglich ist und geeignete Fluchtwege vorhanden sind. • Notausgänge müssen deutlich gekennzeichnet sein und sich von innen ohne fremde Hilfe jederzeit leicht öffnen lassen. Notausgänge sollen ins Freie oder einen gesicherten Bereich führen. Sie sind jederzeit frei zu halten und dürfen nicht eingeengt werden. • An Toren und Durchfahrten darf für Personen keine Quetschgefahr bestehen.	• Kraftbetätigte Tore müssen durch einen Sachkundigen vor der Inbetriebnahme, nach wesentlichen Änderungen und wiederkehrend mindestens einmal jährlich auf Sicherheit geprüft werden. Bestätigung der Prüfung durch Aufkleber auf dem Tor, die Prüfergebnisse sind aufzubewahren. Sicherheitszeichen Rettungsweg/ Notausgang rechts  • Zwischen Fahrzeugen und Teilen der Umgebung muss ein Sicherheitsabstand von mindestens 0,5 m eingehalten werden.
Arbeitsgruben und Unterfluranlagen	• Damit bei Gefahr Arbeitsgruben und Unterfluranlagen möglichst schnell verlassen werden können, müssen in der Regel zwei Treppen vorhanden sein. • Bei Arbeitsgruben bis 5 m Länge und bei Unterfluranlagen mit einer oder zwei Arbeitsöffnungen genügt an Stelle einer zweiten Treppe ein trittsicherer Ausstieg. • Beim Besetzen der Gruben mit Fahrzeugen müssen möglichst alle Ausstiege offen bleiben. Ist dies nicht möglich, muss mindestens ein Ausstieg frei bleiben. • Zum Überqueren von Arbeitsgruben und Unterfluranlagen müssen geeignete Übergangsstege vorhanden sein, soweit es die Länge der Arbeitsöffnungen erfordert. • Nicht besetzte Arbeitsgruben müssen abgedeckt, mit Geländern umwehrt oder durch Ketten (Seile) abgesperrt werden.	• Geeignet als trittsicherer Ausstieg sind z. B. fest angebrachte Stufenanlegeleitern mit Haltemöglichkeit am Ausstieg. • Treppendurchbrüche zu den Unterfluranlagen müssen mit Geländern, bestehend aus Handlauf, Knie und Fußleiste, gesichert sein. • Öffnungen von Arbeitsgruben und Unterfluranlagen müssen deutlich erkennbar sein. Gefahrenkennzeichnung z.B. durch gelb/schwarze Ränder und ggf. Warnzeichen. 
Rollenprüfstände	• An Rollenprüfständen müssen die Bodenöffnungen zwischen den Rollen gegen Hineintreten gesichert sein, solange sich kein Fahrzeug darauf befindet. • Gefahrbereiche bei **Rollen-Bremsprüfständen** in Verbindung mit Arbeitsgruben müssen so gesichert sein, dass sich bei laufendem Prüfstand keine Personen in Gefahrbereichen der sich drehenden Fahrzeug-Gelenkwellen, Fahrzeug-Räder oder Prüfstands-Rollen befinden können. • **Rollen-Bremsprüfstände** mit Einrichtungen zum selbsttätigen Anlaufen der Rollen müssen so beschaffen sein, dass ein unbeabsichtigtes Anlaufen verhindert wird.	• Unbenutzte Rollen-Prüfstände sind gegen unbefugtes Benutzen zu sichern. • Bauteile, die über die Fahrbahnebene hinausragen müssen mit einer Gefahrenkennzeichnung versehen sein, z. B. gelb/schwarze Ränder und Warnzeichen.  • Rollen-Prüfstände dürfen nur innerhalb ihrer Leistungsgrenzen betrieben werden.

Sicherheitsregeln für die Fahrzeuginstandhaltung vgl. DGUV-Regel 109-009, DGV-Information 209-007

Sachgebiete	Sicherheitsregeln	Ergänzungen, Erläuterungen
Motortest- und Diagnose-einrichtungen	• Bei Motortest-/Diagnosegeräten mit Starteinrichtungen darf ein Starten des Fahrzeugmotors nur möglich sein, wenn sich das Fahrzeug dadurch nicht in Bewegung setzt. • Bei Motortesteinrichtungen dürfen keine Arbeiten in Bereichen mit ungeschützten bewegten Teilen oder gefährlicher elektrischer Energie möglich sein.	• Bei Prüfständen für Verbrennungsmotoren muss das Austreten von Kraftstoffen und Kraftstoffdämpfen verhindert sein. • Abgase müssen an der Entstehungsstelle aufgenommen und ins Freie abgeleitet werden.
Arbeiten an Hebe-einrichtungen (Hebebühnen, Wagenheber, Unterstellböcke) vgl. DGUV-Information 208-015	• Hebebühnen und andere Hebeeinrichtungen müssen so aufgestellt sein, dass Quetschgefahren vermieden werden. • Hebeeinrichtungen müssen so betrieben werden, dass angehobene Fahrzeuge nicht von ihnen abgleiten, abrollen, umkippen oder absinken können. Dies gilt für alle Arbeiten an, unter oder in angehobenen Fahrzeugen. • Für das Besteigen angehobener Fahrzeuge sind sichere Aufstiege zu verwenden. Beträgt die Absturzgefahr mehr als 1 m, so sind Maßnahmen gegen den Absturz von Personen zu treffen. • Mit Wagenhebern oder Ähnlichem angehobene Fahrzeuge müssen durch Unterstellböcke oder Lagerhölzer sicher abgestützt werden, Ausnahme: beim Radwechsel. • An jedem Unterstellbock muss die Tragfähigkeit deutlich erkennbar und dauerhaft angegeben sein. • Fahrzeug-Hebebühnen und andere Hebeeinrichtungen müssen regelmäßig, jedoch mindestens einmal jährlich durch einen Sachkundigen geprüft werden. Der Prüfbefund muss im Prüfbuch festgehalten werden. Die Betriebsanleitung des Herstellers ist zu beachten.	• Zwischen dem Lastaufnahmemittel bzw. der Last und festen Teilen der Umgebung sollte ein Mindestabstand von 0,5 m bestehen. • Hebeeinrichtungen müssen an dem vom Fahrzeughersteller vorgesehenen Punkten angesetzt werden. • Hebebühnen sind gegen unbefugtes Benützen zu sichern. • Zur Instandsetzung von Unterstellböcken nur geeignete Ersatzteile verwenden. • Mit fahrbaren Hebeeinrichtungen dürfen Lasten nur in möglichst tiefer Stellung verfahren werden. • Anforderungen an das Bedienpersonal: – Unterweisung und Beauftragung durch den Unternehmer/Werkstattleiter. – Mindestalter 18 Jahre, Ausnahme: Auszubildende unter Aufsicht und auf ausdrückliche Anordnung.
Anschlagmittel (Ketten- oder Drahtseilgehänge, Bänder)	• Im Hebezeugbetrieb sind nur kurzgliedrige Rundstahlketten erlaubt (innere Länge max. 3-fache Kettendicke). • Rundstahlketten und Drahtseilgehänge müssen entsprechend den festgelegten Fristen (BetrSichV) von einer befähigten Person geprüft werden. Bei Rundstahlketten ist die Prüfung im Prüfbuch nachzuweisen, bei Drahtseilgehängen wird das Führen eines Prüfnachweises empfohlen.	• Bei Rundstahlketten muss ein Prüfzeugnis des Lieferanten vorliegen und sie müssen den entsprechenden Stempel besitzen. • Zur individuellen Zusammenstellung des Anschlagmittels ist das Zusammenbauen von geprüften Rundstahlketten mit geprüften Kettenzubehörteilen erlaubt.
Elektrische Anlagen und Betriebsmittel vgl. DGUV-Vorschriften 3 und 4	• Elektrotechnische Anlagen und Betriebsmittel müssen den geltenden Normen und Vorschriften und ggf. den Vorgaben des örtlichen Energieversorgers entsprechen. Sie dürfen nur in ordnungsgemäßem Zustand in Betrieb genommen werden und müssen in diesem Zustand gehalten werden. • Ist bei einer elektrischen Anlage oder einem elektrotechnischen Betriebsmittel ein Mangel festgestellt worden, so hat der Unternehmer unverzüglich dafür zu sorgen, dass dieser behoben wird und bei akuter Gefahr darf die Anlage oder das Betriebsmittel nicht verwendet werden. • Elektrische Anlagen und Betriebsmittel sind in bestimmten Zeitabständen auf ihren ordnungsgemäßen Zustand zu überprüfen. Die Überprüfung muss durch eine Elektrofachkraft oder elektrotechnisch unterwiesene Person erfolgen, unter Verwendung geeigneter Mess- und Prüfgeräte. • In Feuchträumen (Arbeitsgruben, Waschanlagen) und explosionsgefährdeten Räumen dürfen nur dafür geeignete Betriebsmittel verwendet werden.	• In Räumen, in denen Explosions-/Verpuffungsgefahr besteht, z. B. Batterieladeraum, Lagerraum für entzündbare Flüssigkeiten, ist eine explosionsgeschützte elektrische Anlage vorgeschrieben. • Leuchten müssen im Arbeits- und Verkehrsbereich gegen mechanische Beschädigungen geschützt sein und mindestens der Schutzart IP 54 entsprechen. • Handleuchten (auch für Schutzkleinspannung) müssen mit einer bruchsicheren Schutzeinrichtung ausgestattet sein, z. B. Schutzglas und Schutzkorb. • Prüffristen (Beispiele): – bei ortsfesten Anlagen 4 Jahre, – bei ortsveränderlichen Betriebsmitteln (z. B. bewegliche Leitungen mit Stecker) 6 Monate.
Behälter für brennbare und ätzende Flüssigkeiten, Sammelbehälter für brennbare Abfälle	• Für leicht und extrem entzündbare Flüssigkeiten müssen in Arbeitsräumen brand- und explosionsschutztechnisch geprüfte Schutzbehälter vorhanden sein. Die Behälter müssen entsprechend deutlich und dauerhaft gekennzeichnet sein. • Für Säuren von Batterien (Akkumulatoren) müssen bruchsichere Gefäße mit entsprechender Kennzeichnung und Vorrichtungen vorhanden sein, die Verspritzen und Verschütten beim Abfüllen verhindern.	• Für brennbare Abfälle müssen in Arbeitsräumen brand- und explosionsschutztechnisch geprüfte, gekennzeichnete Sammelbehälter vorhanden sein. • Gebrauchte Putztücher, die gereinigt werden, müssen in geschlossenen und nicht brennbaren Behältern gesammelt werden.
Lüftungseinrichtungen zum Ableiten von Gasen, Dämpfen, Stäuben und Rauchen vgl. DGUV Regel 109-002	• An Arbeitsplätzen muss die Luft so beschaffen sein, dass keine oder eine minimierte Gesundheitsgefährdung auftritt und keine Brand- und Explosionsgefahr entstehen kann. Dies kann je nach Einzelfall erreicht werden durch: – Absaugung im Entstehungsbereich, – Raumlüftung über freie (natürliche) oder techn. Lüftung, – eine Kombination aus vorgenannten Einrichtungen.	• In Laderäumen von Batterien (Akkumulatoren) müssen Einrichtungen vorhanden sein, die zur Vermeidung von Explosionsgefahren für eine ausreichende Lüftung sorgen.
Lüftung von Arbeitsgruben und Unterfluranlagen	• Um Brand- und Explosionsgefahren in Arbeitsgruben und Unterfluranlagen zu vermeiden, müssen leicht entzündbare Gase und Dämpfe durch Lüftung so verdünnt werden, dass sie nicht mehr explosionsfähig sind. Dies kann durch einen ausreichenden natürlichen Luftwechsel geschehen oder, wenn dieser aufgrund der Bauart nicht vorhanden ist, durch eine technische Lüftung.	• Luftwechsel bei technischen Lüftungen: mindestens das 3-fache des Rauminhaltes der betreffenden Grube oder Unterfluranlage. Ist mit gesundheitsschädlichen Gasen und Dämpfen in gefährlichen Mengen zu rechnen, ist stündlich mindestens ein 6-facher Luftwechsel erforderlich.

Sicherheitsregeln für die Fahrzeuginstandhaltung vgl. DGUV-Regel 109-009, DGV-Information 209-007

Brandschutzmaßnahmen

Sachgebiete	Sicherheitsregeln	Ergänzungen, Erläuterungen
Feuerlöscher und Löscheinrichtungen vgl. ASR-A2-2	• An leicht erreichbaren und gut sichtbaren Stellen sind geeignete Feuerlöscher bereitzustellen und einsatzfähig zu halten. • Zum Ablöschen brennender Kleidung sind Löschdecken und andere geeignete Löscheinrichtungen z. B. Löschbrausen bereitzuhalten. • Die Beschäftigten sind mit der Handhabung der Löscheinrichtungen vertraut zu machen. Für den Brandfall ist ein Alarmplan aufzustellen. • Der nächstgelegene Standort eines Feuerlöschers ist durch das Brandschutzzeichen „Feuerlöscher" anzuzeigen, in unübersichtlichen Arbeitsstätten in Verbindung mit einem Zusatzzeichen „Richtungspfeil".	• Für die Grundausstattung werden im Regelfall nur Feuerlöscher angerechnet, die jeweils mindestens 6 Löschmitteleinheiten (LE) besitzen. Werkstattgröße – Löscheinheiten (LE) – bis 50 m^2 – 6 LE – bis 100 m^2 – 9 LE – jede weitere 100 m^2 – 3 LE • Feuerlöscher müssen alle 2 Jahre durch einen Fachkundigen gewartet werden.  Brandschutzzeichen F001 „Feuerlöscher"
Feuergefährdete Arbeitsbereiche, Rauchen in Arbeitsräumen	• Rauchen ist nicht gestattet in Arbeitsbereichen, in denen mit Flüssigkeiten der Einstufung leicht oder extrem entzündbar gearbeitet wird oder in denen mit dem Auftreten entzündbarer Gase oder Dämpfe zu rechnen ist. • Der Umgang mit Feuer und offenem Licht ist in diesen Arbeitsbereichen ebenfalls verboten.	• Feuergefährdete Arbeitsbereiche müssen mit dem Verbotszeichen „Feuer, offenes Licht und Rauchen verboten" gekennzeichnet sein. 
Auslaufen oder Verschütten entzündbarer Flüssigkeiten	• Ausgelaufene oder verschüttete leicht oder extrem entzündbare Flüssigkeiten (z. B. Ottokraftstoff, Reinigungsmittel, Lösungsmittel) sind mit geeigneten Mitteln unverzüglich aufzunehmen und aus den Arbeitsräumen zu entfernen. Die Räume sind danach gründlich zu lüften.	• Es besteht die Gefahr, dass sich die Dämpfe entzünden, z. B. durch Schweißarbeiten, elektrostatische Aufladung, Funkenbildung. • Getränktes Reinigungsmaterial ist bis zur Entsorgung in geeigneten Behältern zu lagern.

Sicherheitsmaßnahmen bei der Durchführung von Instandhaltungsarbeiten

Sachgebiete	Sicherheitsregeln	Ergänzungen, Erläuterungen
Reinigungsarbeiten	• Bei Reinigungsarbeiten dürfen Flüssigkeiten, die giftig oder gesundheitsschädlich sind, nicht verarbeitet werden. Reinigungsflüssigkeiten mit einem Flammpunkt unter 60 °C sind möglichst zu vermeiden. • Ottokraftstoff darf nicht zur Reinigung verwendet werden. • Beim Reinigen mit Wasserdampf ist eine persönliche Schutzausrüstung (Gummistiefel, Schürze, Gummihandschuhe mit langen Stulpen, Schutzbrille) erforderlich. • Bei Reinigungsarbeiten mit entzündbaren Flüssigkeiten mit einem Flammpunkt unter 23 °C sind besondere Schutzmaßnahmen zu treffen: – maximale Flüssigkeitsmenge 5 Liter – es dürfen keine Zündquellen vorhanden sein (heiße Teile, Funken) – bei Druckdosen (z. B. Bremsenreiniger) Spritzstrahl maximal 10 s Dauer je Anwendung, behandelte Fläche maximal 1 m^2	• Empfohlene Reinigungsmittel: – Wasserdampf oder Heißwasser – wässrige Lösungen – Pflanzenölester • Organische Lösungsmittel: Kohlenwasserstoffe (z. B. Waschbenzin, Petroleum, Kaltreiniger) sollen nur verwendet werden, wenn nachweislich keine anderen Reinigungsmittel eingesetzt werden können. • Chlorkohlenwasserstoffe (CKW) oder Fluor-Chlor-Kohlenwasserstoffe (FCKW) dürfen wegen ihrer Gesundheits- und Umweltschädlichkeit nicht als Reinigungsmittel verwendet werden. • Reiniger in Druckdosen (z. B. Bremsenreiniger) sollten folgende Kriterien erfüllen: – untere Explosionsgrenze > 1,5 Vol.-% – Treibmittel nicht brennbar – hohe elektr. Ruheleitfähigkeit > 1000 pS/m – Spritzstrahl, kein Sprühnebel
Fahrzeugaufbereitung/-reinigung	• Bei *Reinigungsarbeiten mit Trockeneis* (CO_2, Kohlenstoffdioxid) ist für eine ausreichende Be- und Entlüftung (Bodenbereich) im Fahrzeuginnenraum und am Arbeitsplatz außerhalb des Fahrzeugs zu sorgen. • Kann der geltende Arbeitsplatzgrenzwert für CO_2 nicht sicher eingehalten werden, müssen umgebungsluftunabhängige Atemschutzgeräte eingesetzt werden. • Kann das Auftreten von gesundheitsschädlichen Stäuben nicht sicher ausgeschlossen werden, sind umgebungsluftunabhängige Atemschutzgeräte zu tragen. • Bei der Handhabung von Trockeneis ist eine geeignete persönliche Schutzausrüstung zu benutzen (z. B. Schutzhandschuhe, Schutzbrille). • Das Strahlgerät und das Strahlobjekt müssen geerdet werden, um elektrostatische Aufladungen zu vermeiden.	• In hohen Konzentrationen ist gasförmiges Kohlenstoffdioxid (CO_2) gesundheitsschädlich beim Einatmen und es kann erstickend wirken. • Kohlenstoffdioxid ist schwerer als Luft und verdrängt den Luftsauerstoff. • Durch die hohe Energie beim Auftreffen der Trockeneispartikel entstehen lungenbläschengängige Stäube aus den abgetragenen Materialschichten und Verunreinigungen. • Direkter Haut- und Augenkontakt mit Trockeneis (–79 °C) kann zu Erfrierungen führen.
	• Vor der *Behandlung des Fahrzeuginnenraums mit Ozon* sind Verunreinigungen zu entfernen. Der Fahrzeuginnenraum muss trocken sein. • Ozonbehandlungen von Fahrzeuginnenräumen sind so auszuführen, dass keine zusätzlichen Gefahrstoffe freigesetzt werden oder zurückbleiben. • In ozongefluteten Bereichen dürfen sich keine Personen aufhalten. Behandelte Bereiche dürfen erst wieder betreten werden, wenn die Ozonkonzentration abgeklungen ist.	• Ozon reagiert gefährlich mit allen Stoffen, die oxidiert werden können oder zersetzend wirken. • Ozon ist nicht brennbar, fördert jedoch die Verbrennung; explosive Reaktionen sind möglich. • Richtwert für Arbeitsplatzgrenzwert Ozon: 0,06 ml/m^3 (0,12 mg/m^3) vgl. Infoblatt Nr. 526 (BG ETEM)

3

Sicherheitsregeln für die Fahrzeuginstandhaltung vgl. DGUV-Regel 109-009, DGV-Information 209-007

Sachgebiete	Sicherheitsregeln	Ergänzungen, Erläuterungen
Sichern von Fahrzeugen und Fahrzeugteilen gegen Bewegungen	• Fahrzeuge sind vor Beginn der Arbeiten gegen unbeabsichtigte Bewegung zu sichern. • Bei Arbeiten an Druckluftanlagen und luftgefederten Fahrzeugen sind Vorkehrungen gegen unbeabsichtigtes Absinken des Aufbaus infolge eines Entweichens der Luft aus dem Federsystem zu treffen. • Kraftbetätigte Fahrzeugteile und Anbaugeräte (gekippte Führerhäuser, angehobene Ladeschaufeln), müssen gegen unbeabsichtigte Bewegung formschlüssig gesichert werden.	• Sicherung z. B. durch die Feststellbremse oder durch Unterlegkeile (beim Anheben gebremster Räder). • Das Absinken von Fahrzeugteilen und Anbaugeräten kann durch Störungen im Kraftübertragungssystem oder durch unbeabsichtigtes Betätigen der Schaltorgane entstehen.
Lackierarbeiten	• Bei Lackierarbeiten treten Gefährdungen durch Brand und Explosion sowie Gesundheitsgefährdungen durch Gefahrstoffe auf. Bei den erforderlichen Schutzmaßnahmen ist der aktuelle Stand der Technik zu beachten.	• Siehe Gefahrstoffverordnung, DGUV-Regel 109-013, DGUV-Informationen 209-046 und DGUV-Informationen 209-089.
Verarbeitung von Unterbodenschutz und Hohlraumkonservierungsstoffen	• Werden Unterbodenschutz- und Hohlraumkonservierungsstoffe verarbeitet, die extrem oder leicht entzündbare Lösemittel (Flammpunkt unter 23 °C) oder gesundheitsschädliche Lösemittel enthalten, sind entsprechende Schutzmaßnahmen zu treffen. • Beim Verarbeiten von Unterbodenschutz- und Hohlraumkonservierungsstoffen hat der Unternehmer von der Umgebungsatmosphäre unabhängig wirkende Atemschutzgeräte zur Verfügung zu stellen. • Die beim Verspritzen von Unterbodenschutz- und Hohlraumkonservierungsstoffen entstehenden Bereiche mit explosionsfähiger Atmosphäre müssen den Anforderungen an explosionsgefährdete Bereiche entsprechen.	• Bei geringer Konzentration von gesundheitsschädlichen Lösungsmitteln genügen Atemschutzgeräte mit Kombinationsfilter. Die Gebrauchsdauer der Filter ist begrenzt; sie müssen häufig ausgewechselt werden und sind daher nur bei kurzzeitigen Arbeiten einsetzbar. • Filtermasken mit Watte oder Schwammfilter sowie Papierfilter sind ungeeignet. • Bereiche von 5 m um die Verarbeitungsstelle gelten als feuergefährdete Räume oder Bereiche und müssen gekennzeichnet sein.
Arbeiten an Kraftstoffsystemen (Otto- und Dieselkraftstoffe)	• Werden Kraftstoffe freigesetzt (flüssig oder dampfförmig), sind Maßnahmen gegen direkten Kontakt zu treffen. • Muss das Kraftstoffsystem geöffnet werden, sind folgende Maßnahmen zu treffen: – Druck im System kontrolliert abbauen – austretenden Kraftstoff unmittelbar an der Austrittsstelle mit geeigneten leitfähigen Behältern auffangen – Kraftstoffleitungen im flexiblen Bereich abklemmen – offene Leitungen bzw. Anschlüsse dicht verschließen – bei Arbeiten unter beengten Raumverhältnissen, z. B. im Gepäckraum, entstehende Dämpfe absaugen – spezielle Werkzeuge zum weitgehend trockenen Kraftstofffilterausbau benutzen • Bei Arbeiten im Kraftstofftank, z. B. an Füllstandsensoren und Kraftstoffpumpen, den Kraftstoff so weit absaugen, dass sich die Bauteile nicht mehr im Kraftstoff befinden.	• persönliche Schutzausrüstung tragen, z. B. Schutzhandschuhe, Schutzbrille. • mit Kraftstoff getränkte Kleidung sofort wechseln • Zündquellen (z. B. Feuer, Rauchen, offenes Licht, elektrostatische Entladungen) sind während der Arbeiten vom Kraftstoffsystem fernzuhalten. • Zum Entleeren eines Tanks ist der Kraftstoff grundsätzlich mit geeigneten Geräten abzusaugen. Das freie Ablassen (freier Flüssigkeitsstrahl) von Ottokraftstoffen in offene Gefäße ist nicht zulässig. Das gilt insbesondere in Verbindung mit einer Arbeitsgrube.
Prüfen von Kraftstoffeinspritzdüsen	• Beim Prüfen von Einspritzdüsen müssen Einrichtungen gegen Verletzungen durch den Hochdruckflüssigkeitsstrahl vorhanden sein	• Flüssigkeitsstrahl innerhalb eines Glaszylinders in einen Auffangbehälter ableiten.
Umgang mit Luftreifen	• Vor dem Befüllen von Luftreifen müssen Felgen und Reifen auf Schäden geprüft werden und ggf. ersetzt werden. • Beim Befüllen von Luftreifen sind zum Schutz gegen Verletzungen durch fortfliegende Kompletträder oder deren Teile sowie gegen die Druckwelle beim Bersten geeignete Schutzmaßnahmen zu treffen und ggf. Schutzeinrichtungen zu benutzen. • Beim Transport von Reifen und Rädern mit $m > 200$ kg oder $d > 1{,}5$ m, müssen Einrichtungen benutzt werden, die das Umfallen der Reifen bzw. Räder verhindern.	• Der notwendige Montage-Fülldruck (Setzdruck) darf den vom Reifenhersteller angegebenen höchstzulässigen Fülldruck nicht überschreiten. • Kompletträder gelten beim Befüllen als sicher gehalten, wenn sie z. B. – am Fahrzeug befestigt sind, – formschlüssig mit der Montiermaschine eingespannt sind (nur einteilige Felgen).
Radauswuchtmaschinen	• Ortsfeste Radauswuchtmaschinen müssen durch Einrichtungen gesichert sein, die eine Gefährdung durch wegfliegende oder umlaufende Teile verhindern, z. B. durch eine Schutzhaube, die ein Starten der Maschine nur im geschlossenen Zustand ermöglicht.	• Bei einer Prüfdrehzahl von weniger als 100 1/min und einem Felgendurchmesser kleiner 20 Zoll oder bei nicht kraftbetriebenen Radauswuchtmaschinen ist der Betrieb ohne Schutzhaube möglich.
Arbeiten an Reibbelägen (Bremsanlage und Kupplung)	• Der bei der Demontage von Reibbelägen anfallende Abriebstaub muss gefahrlos beseitigt werden, z. B. durch ein Heißdampf-Waschgerät oder einen K1-Staubsauger. **Abriebstaub darf nicht durch Abblasen entfernt werden**. • Elektrohydraulische oder elektromechanische Brems- oder Kupplungssysteme in den Servicemodus versetzen.	• Bei mechanischer Bearbeitung (Überdrehen, Überschleifen) oder manueller Bearbeitung (Überschmirgeln, Kantenfasen) muss der Abrieb abgesaugt werden. • Im Servicemodus ist eine unbeabsichtigte Aktivierung der Systeme ausgeschlossen.

Sicherheitsregeln für die Fahrzeuginstandhaltung vgl. DGUV-Regel 109-009, DGV-Information 209-007

Sachgebiete	Sicherheitsregeln	Ergänzungen, Erläuterungen
Aus- und Einbau von Schraubenfedern (Fahrwerksfedern)	• Ist der Tausch von Federn im entspannten Zustand nicht möglich, weil eine Vorspannung erforderlich ist, müssen geeignete Spannvorrichtungen benutzt werden. Sie müssen – der Steigung der Federwindungen angepasst werden können und die Schraubenfedern mindestens bis zur Hälfte ihres Umfangs umfassen, – sich den verschiedenen Federdurchmessern anpassen lassen. z. B. durch auswechselbare Aufnahmen, – gleichmäßiges Spannen gewährleisten, z. B. durch eine Gewindestange oder einen pneumatischen Spannzylinder.	• An Spannvorrichtungen müssen die zulässigen Spannkräfte deutlich erkennbar und dauerhaft angegeben sein. • Bei Verwendung von Schlag- und Drehmomentschraubern ist für die Antriebsspindel ein Überlastschutz durch eine Sollbruchstelle vorzusehen. Andernfalls muss auf der Spannvorrichtung und in der Betriebsanleitung auf das Verwendungsverbot von Schlag- und Drehmomentschraubern hingewiesen werden.
Umgang mit Starterbatterien (Akkumulatoren)	• Der Aus- und Einbau von Starterbatterien darf nicht in explosionsgefährdeten Bereichen erfolgen. Der *Ausbau* von Starterbatterien ist in folgender Reihenfolge vorzunehmen: 1. Verbrauchernetz ausschalten, soweit möglich, 2. Minuspol abklemmen, 3. Pluspol abklemmen. Beim *Einbau* muss zuerst der Pluspol angeklemmt werden und danach der Minuspol. • Batterieladeeinrichtungen, Starthilfegeräte und elektrische Mess- und Prüfgeräte müssen ein stromloses An- und Abklemmen ermöglichen, sodass beim An- oder Abklemmen kein elektrischer Lichtbogen in der Nähe der Gasaustrittsöffnungen der Akkumulatoren entstehen kann. • In Räumen zum Laden von Akkumulatoren sind vorhandene Lüftungsöffnungen stets frei zu halten.	• Durch das Abklemmen der Batterie gehen gespeicherte Einstellungen verloren. Eine zusätzlich angeschlossene Stromversorgung (Batterie, Ladegerät) verhindert dies. • Wird die Ab- und Anklemmreihenfolge eingehalten, besteht keine Kurzschlussgefahr. • Ein stromloses An- und Abklemmen von Geräten an den Akkumulator ermöglichen z. B. mechanische Schalter, elektronische Schaltungen. • Beim Laden entsteht hochexplosives Knallgas.
Umgang mit Airbags und Gurtstraffern	• Der Unternehmer darf Arbeiten an Airbagsystemen und an pyrotechnisch auslösenden Gurtstraffersystemen nur durchführen lassen, wenn er zuvor den Umgang mit diesen Systemen der zuständigen Behörde angezeigt und eine beauftragte Person benannt hat. • Vor dem Abziehen von Airbag-Steckern ist das Batterie-Massekabel (Minuspol) abzuklemmen und mindestens 15 Minuten bzw. nach Angabe des Herstellers zu warten (Entladung des Pufferkondensators). • Elektrische Prüfungen dürfen nur nach Herstellervorschrift und mit den vom Hersteller zugelassenen Geräten durchgeführt werden (keine Widerstandmessungen, keine Prüflampe). Dabei dürfen keine Personen im Fahrzeug sein. • Ausgebauten Airbag nicht auf der Entfaltungsseite lagern. • Werden Arbeiten unterbrochen, müssen Airbageinheiten und pyrotechnische Gurtstraffereinheiten in die Transportbehälter gelegt werden und beaufsichtigt werden. • Teile, an denen Beschädigungen erkennbar sind, dürfen nicht eingebaut werden. • Reparaturen an Einzelkomponenten sind nicht erlaubt. • Airbageinheiten und pyrotechnische Gurtstraffereinheiten sind vor Temperatuten von über 100 °C und vor Funkenflug zu schützen. • Bauteile dürfen nicht mit Öl, Fett, oder Reinigungsmitteln in Kontakt kommen.	• Für den Umgang mit pyrotechnischen Systemen besteht Anzeigepflicht nach §14 Sprengstoffgesetz (Gewerbeaufsichtsamt oder Amt für Arbeitsschutz). • Die beauftragte Person muss qualifiziert ausgebildet sein (Sachkundenachweis). • Nach der DGUV-Vorschrift 66 „Sprengkörper und Hohlkörper im Schrott" (BGV D23) dürfen sich im Schrott keine Explosivstoffe befinden, deshalb müssen Airbag- und pyrotechnische Gurtstraffereinheiten entweder im eingebauten Zustand gezündet oder durch sachkundiges Personal ausgebaut werden. • Nach dem Auslösen von Airbags in eingebautem Zustand sollte vor dem Beginn von Arbeiten im Fahrzeuginnenraum ausreichend gelüftet werden. • Das Auslösen von nicht eingebauten Airbag- und Gurtstraffereinheiten darf nur von Personen durchgeführt werden, die eine Erlaubnis nach § 7 Sprengstoffgesetz besitzen. • Für die Aufbewahrung von Airbags und Gurtstraffern gelten die Richtlinien nach Spreng-LR240 „Lagerung von Airbag- und Gurtstraffer-Einheiten".
Arbeiten an Fahrzeugklimaanlagen	• Arbeiten an Klimaanlagen sind nur von Fachpersonal mit Sachkundenachweis durchzuführen. • Flüssiges Kältemittel verdampft so schnell, dass es bei Kontakt mit der Haut oder den Augen zu Erfrierungen kommen kann (Erblindungsgefahr). • Arbeitsplätze für den Klimaservice sind gut zu lüften. • Es ist auf eine technisch dichte Verbindung zwischen der Klimaanlage und dem Servicegerät zu achten. • Für den Klimaservice an Kraftfahrzeugen sind spezielle Klimaservicegeräte einzusetzen.	• Es ist kein zusätzlicher Nachweis für das Kältemittel R1234yf erforderlich. • Tragen von persönlicher Schutzausrüstung z. B. langarmige Kleidung, Lederhandschuhe, Schutzbrille oder Schutzschild. • Das Kältemittel R1234yf ist extrem entzündbar und bei Hitzeeinwirkung können hochgiftige Zersetzungsprodukte entstehen. • Seit 31.12.2016 dürfen Fahrzeugklimaanlagen nicht mehr mit dem Kältemittel R134a befüllt werden.
Arbeiten auf öffentlichen Straßen	• Der Unternehmer hat dafür zu sorgen, dass Instandsetzungsarbeiten an Fahrzeugen auf öffentlichen Straßen nur durchgeführt werden, wenn Sicherheitsmaßnahmen getroffen sind. • Der Unternehmer hat für diese Arbeiten Warnkleidung zur Verfügung zu stellen.	• Sicherung der Arbeitsstelle: Einsatz eines Sicherungspostens, Absperrung des Arbeitsbereichs, gegebenenfalls weitere Sicherungsmaßnahmen nach StVO. • z. B. Warnweste nach DIN EN ISO 20471

Sicherheitsregeln für Arbeiten an Hochvoltsystemen vgl. DGUV-Information 209-093, DGUV-Regel 109-009

Arbeiten an Hochvoltsystemen (Hybridfahrzeuge, Elektrofahrzeuge, Brennstoffzellenfahrzeuge)

Elektrische Gefährdungen

- Hochvolt (HV) in der Fahrzeugtechnik:
  - Gleichspannung (DC) über 60 V bis 1500 V
  - Wechselspannung (AC) über 30 V bis 1000 V
- Eine elektrische Gefährdung liegt vor, wenn die Spannung 25 V (AC) bzw. 60 V (DC) übersteigt.

Aufgrund der hohen Bordnetzspannungen und hoher elektrischer Energie durch das HV-System besteht die Gefahr von irreversiblen Körperschäden oder Tod durch elektrischen Schlag oder Störlichtbögen.

Fünf Sicherheitsregeln

Vor Beginn der Arbeiten:
Regel 1: Freischalten
Regel 2: Gegen Wiedereinschalten sichern
Regel 3: Spannungsfreiheit feststellen
Regel 4: Erden und kurzschließen
Regel 5: Benachbarte, unter Spannung stehende Teile abdecken oder abschranken

Hinweis:
Bei Arbeiten am HV-System müssen immer die ersten drei Regeln umgesetzt werden.
Ob zusätzlich die vierte und fünfte Regel angewendet werden müssen, ist unter Beachtung der Herstellervorgaben im Einzelfall zu entscheiden.

Umsetzung der Sicherheitsregeln (Beispiele)

Die fünf Sicherheitsregeln für Arbeiten an Fahrzeugen mit HV-Systemen können beispielsweise durch folgende Maßnahmen umgesetzt werden (vom jeweiligen Hersteller abhängig):

Regel 1: Freischalten
- Zündung ausschalten.
- Service-/Wartungsstecker betätigen bzw. Batterie-Hauptschalter ausschalten.
- Sicherungen ziehen.
- Auslösen der Trenneinrichtung durch Betätigen des Steckers für Interlock-/Pilot-/Überwachungskreis.
- 12 V-Bordnetzbatterie abklemmen.
- Verbindung zum stationären Netz trennen (z. B. Ladestecker abziehen).
- Geführten Freischaltprozess mittels Diagnosegerät durchführen.

Regel 2: Gegen Wiedereinschalten sichern
- Zündschlüssel abziehen und gegen unbefugten Zugriff gesichert aufbewahren.
- Service-/Wartungsstecker gegen unbefugten Zugriff gesichert aufbewahren bzw. Batterie-Hauptschalter gegen Wiedereinschalten sichern, z. B. durch abschließbare Abdeckkappe oder Schloss.
- Weitere betriebsinterne Festlegungen und Vorgaben des jeweiligen Fahrzeugherstellers sind zu beachten.

Regel 3: Spannungsfreiheit feststellen
- Spannungsfreiheit mit einem geeigneten Prüfgerät (z. B. zweipoliger Spannungsprüfer) feststellen.
  Hinweis: Selbst bei abgeschalteter HV-Spannung können noch Restladungen (z. B. Zwischenkreisspannung) vorhanden sein.

Regel 4: Erden und Kurzschließen
- *Wichtiger Hinweis:* Energiespeicher dürfen in der Regel nicht geerdet und auch nicht kurzgeschlossen werden.
- Es besteht die Gefahr von irreparablen Schäden bis hin zur Explosion des Energiespeichers. Fahrzeugspezifische Herstellerangaben sind unbedingt zu beachten.

Regel 5: Benachbarte unter Spannung stehende Teile abdecken
- Müssen Arbeiten an unter Spannung stehenden HV-Komponenten durchgeführt werden (z. B. Fehlersuche), sind die nicht von den Arbeiten betroffenen, berührbaren, unter Spannung stehenden Teile abzudecken, beispielsweise mit Abdecktüchern nach DIN EN 61112 (VDE 0682-511).

Nach Abschluss der Arbeiten müssen die Sicherheitsmaßnamen in umgekehrter Reihenfolge wieder aufgehoben werden und der sichere Zustand des Fahrzeugs muss unter Berücksichtigung der Herstellervorgaben wiederhergestellt werden.

Umgang mit Hochvoltspeichern

Abstellen von HV-Energiespeichern

- Die Vorgaben der Fahrzeughersteller/Importeure und der Sicherheitsdatenblätter beachten.
- Unter Spannung stehende Bauteile (z. B. Zellenmodule, Stromschienen) des geöffneten und abgestellten Energiespeichers gegen direkte Berührung sichern.
- Bei geschlossenem abgestelltem HV-Energiespeicher Leitungen und Anschlüsse mit Abdeckkappen sichern.
- Abgestellten HV-Energiespeicher durch entsprechende Warnschilder kennzeichnen.
- HV-Energiespeicher immer mit geschlossenem Gehäuse transportieren.
- HV-Energiespeicher dürfen nicht dauerhaft hohen Temperaturen oder Wärmequellen ausgesetzt werden.
- Es sind geeignete Löschmittel bereitzuhalten.

Stromversorgung von Elektrofahrzeugen

Ladestationen

- *Allgemein gilt:* Beim Einsatz von elektrischen Betriebsmitteln ist dafür zu sorgen, dass die erforderlichen Maßnahmen zum Schutz von Personen gegen die Einwirkung von gefährlichen Körperströmen eingehalten werden.
- Das Laden von Elektrofahrzeugen darf nur an den dafür vorgesehenen Ladeplätzen erfolgen. Sie müssen als solche dauerhaft gekennzeichnet sein.
- In feuer-, explosions- oder explosivstoffgefährdeten Bereichen sind Ladestationen für Elektrofahrzeuge nicht zulässig.
- Während Fahrzeuge mit Hochvoltsystemen an der Ladevorrichtung angeschlossen sind, dürfen an ihnen keine Instandhaltungsarbeiten durchgeführt werden.
- Ladestationen für Elektrofahrzeuge müssen den geltenden technischen Regeln entsprechen.
  (vgl. DIN VDE 0100-722: Anforderungen für Betriebsstätten, Räume und Anlagen besonderer Art – Stromversorgung von Elektrofahrzeugen)

Ladetechnik siehe S. 192, 193.

Qualifizierungsstufen für Arbeiten an Serienfahrzeugen mit Hochvoltsystem vgl. DGUV-Information 209-093

Übersicht

Die erforderlichen Qualifizierungsstufen ergeben sich aus dem Grad der elektrischen Gefährdung:

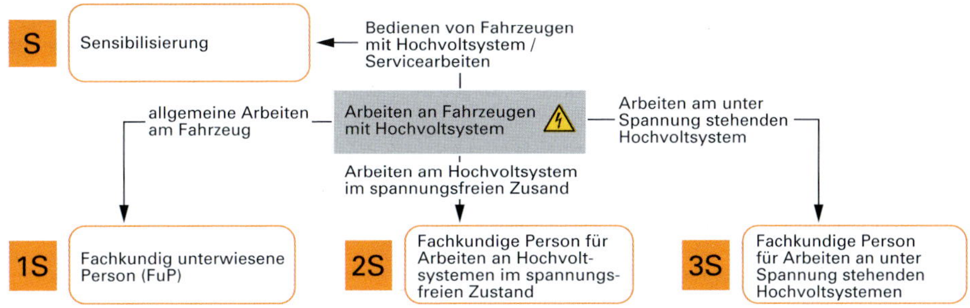

Qualifizierungsstufen

Stufe S: Bedienen von HV-Fahrzeugen durch sensibilisierte Personen

- Bei der Sensibilisierung müssen die Mitarbeiter auf folgende Punkte hingewiesen werden:
  - fahrzeugspezifische Eigenschaften der HV-Fahrzeuge und bestimmungsgemäßer Gebrauch
  - zu beachtende Besonderheiten beim Bedienen von HV-Fahrzeugen und bei bezüglich der elektrischen Gefährdung vergleichbaren Servicearbeiten
  - Bei Beschädigungsgefahr dürfen keine Arbeiten in der Nähe von HV-Komponenten durchgeführt werden.
- Beispiele für entsprechende Servicearbeiten:
  - Wechseln der Scheibenwischerblätter,
  - Auffüllen von Waschwasser,
  - spezielle Verfahren beim Aufrüsten des Kfz
  - alltägliches Fahrfertigmachen,
  - Nutzen bekannter Befüllanschlüsse mit ungewöhnlicher Lage,
  - Benutzen von Bedienelementen mit neuen Symbolen und Gefahrenkennzeichen oder neuen Anschlüssen (z. B. Ladeeinrichtung am Fahrzeug)

Stufe 1S: Allgemeine Arbeiten an HV-Fahrzeugen durch fachkundig unterwiesene Personen (FuP)

- Fachkundig unterwiesene Personen (FuP) dürfen Arbeiten am Fahrzeug, die nicht unmittelbar das HV-System betreffen, durchführen, z. B. Öl- und Radwechsel, Arbeiten an der konventionellen Bremsanlage in der Nähe von Radnabenmotoren, Arbeiten neben den HV-Leitungen am Verbrennungsmotor, den Achsen usw. sowie Arbeiten am konventionellen Bordnetz (bis 30 V AC und 60 V DC).
- Für umfangreichere mechanische Arbeiten, die in der Nähe von HV-Komponenten durchgeführt werden, wie Schweiß-, Bohr- und Schleifarbeiten, ist die Kenntnis der genauen Lage der HV-Komponenten erforderlich. Beim Umgang mit Werkzeugen und Hilfsmitteln in der Nähe des HV-Systems sind Kenntnisse über die möglichen Gefährdungen notwendig.
- Über die elektrischen Gefährdungen, die Schutzmaßnahmen und Verhaltensregeln muss eine Unterweisung durch fachkundige Personen (FHV) erfolgen, zeitlicher Umfang mindestens 2 UE. Die Unterweisung muss dokumentiert werden.
- Inhalte der Unterweisung:
  - Bedienen von Fahrzeugen und der zugehörigen Einrichtungen,
  - Durchführung allgemeiner Arbeiten, die keine Spannungsfreischaltung des HV-Systems erfordern,
  - Lage und Kennzeichnung der HV-Komponenten und Leitungen im und am Fahrzeug,
  - Durchführung aller mechanischen Tätigkeiten am Fahrzeug, aber: **„Hände weg von orange!"**
  - unzulässige Arbeiten am Fahrzeug,
  - Freischalten des HV-Systems nach Herstellervorgabe als zusätzliche Absicherung gegen unbefugte oder unbeabsichtigte Inbetriebnahme,
  - Festlegen der anzusprechenden Person bei Unklarheiten (z. B. fachkundige Person),
  - Einstellen der Arbeiten bei Unklarheiten und Information der zuständigen FHV, z. B. bei versehentlichem Beschädigen von HV-Leitungen,
  - Organisationsablauf bei elektrotechnischen Arbeiten unter Leitung und Aufsicht einer FHV.

Stufe 2S: Arbeiten an HV-Systemen im spannungsfreien Zustand durch fachkundige Personen (FHV)

- Arbeiten an HV-Systemen im spannungsfreien Zustand dürfen nur von fachkundigen Personen (FHV) oder unter deren Leitung und Aufsicht durchgeführt werden, z. B. Messen von Isolationswiderständen, Instandsetzen, Auswechseln von Komponenten, Änderungs- und Prüfarbeiten.
- Die fachkundige Person muss unter anderem in der Lage sein, den spannungsfreien Zustand entsprechend den „fünf Sicherheitsregeln" (vgl. S. 94) und den Herstellerangaben herzustellen. Der dafür notwendige Qualifizierungsumfang hängt von der elektrischen Gefährdung und Vorkenntnissen ab.
- Wesentliche Inhalte der Qualifikation zur FHV:
  - Elektrotechnische Grundkenntnisse
  - Elektrische Gefährdungen und Erste Hilfe
  - Schutzmaßnahmen gegen elektrischen Schlag und Störlichtbögen
  - Organisation von Sicherheit und Gesundheit bei Arbeiten an HV-Komponenten
  - Fach- und Führungsverantwortung
  - HV-Konzept und Fahrzeugtechnik
  - Aufbau und Wirkungsweise von Bordnetzen

Hinweis: 2S besitzen Kfz-Mechatroniker ab Ausbildungsordnung (AO) 2013.[1)]

Stufe 3S: Arbeiten an unter Spannung stehenden HV-Systemen durch fachkundige Personen (FHV)

Mit der Zusatzqualifikation für Arbeiten an unter Spannung stehenden HV-Systemen können fachkundige Personen (FHV) z. B. folgende Arbeiten durchführen:
- Fehlersuche an unter Spannung stehenden HV-Komponenten oder Energiespeichern
- Hochspannungsprüfung nach Herstellervorgaben
- Arbeiten, bei denen Körperteile oder Werkzeuge usw. HV-Komponenten berühren könnten

Voraussetzungen für die Zusatzqualifikation: Qualifikation nach Stufe 2S und Ausbildung im Bereich Kfz- oder Elektrotechnik, Mindestalter 18 Jahre.
- Qualifizierungsinhalte:
  - Sichere Arbeitsverfahren für Arbeiten an unter Spannung stehenden HV-Systemen/-Komponenten
  - Arten, Aufbau, spezifische Eigenschaften und Gefährdungspotenzial von HV-Energiespeichern

Hinweis: 3S besitzen Kfz-Mechatroniker mit Schwerpunkt System- u. Hochvolttechnik ab AO 2013.[1)]

[1)] Für den betrieblichen Einsatz sind meistens zusätzliche herstellerspezifische Schulungen notwendig.

Sicherheitsregeln für Arbeiten an Fahrzeugen mit Gasanlagen vgl. BGHM 142, DGUV-Information 209-072

Gase für Kfz-Antriebssysteme

- **Erdgas**
  - gasförmig gespeichert **CNG**
    CNG = Compressed Natural Gas
  - flüssig gespeichert **LNG**
    LNG = Liquefied Natural Gas
- **Autogas bzw. Flüssiggas**
  - flüssig gespeichert **LPG**
    LPG = Liquefied Petroleum Gas
- **Wasserstoff**
  - gasförmig gespeichert **CGH_2**
    CGH_2= Compressed Gaseous Hydrogen
  - gasförmig bei tiefen Temperaturen gespeichert **CH_2**
    CH_2=Cyro-compressed Hydrogen
  - flüssig gespeichert **LH_2**
    LH_2= Liquefied Hydrogen

Arbeiten an Fahrzeugen mit Gasanlagen

Organisatorische Voraussetzungen

- Anerkennung der Kfz-Werkstatt für die Durchführung von Gassystemeinbauprüfungen (GSP) oder ggf. für Gasanlagenprüfungen (GAP) nach § 41 der StVZO.
- Qualifizierung der verantwortlichen Personen und Fachkräfte entsprechend ihrer Tätigkeit gemäß BGHM-Vorgaben (siehe rechts).
- Persönliche Schutzausrüstung (Lederstulpenhandschuhe und Korbschutzbrille) bereitstellen.
- Gefährdungsbeurteilungen erstellen.
- Explosionsschutzdokument für Gefährdungen durch gefährliche explosionsfähige Gemische erstellen.
- Betriebsanweisungen für die Arbeitsbereiche und Tätigkeiten erstellen, Anweisungen der Hersteller beachten.

- **Qualifizierungsstufen** (vgl. FBHM-099)
  - *Stufe S*: Einweisung in das Bedienen von Fahrzeugen mit Gasantrieb
  - *Stufe 1S*: Unterweisung in allgemeine Arbeiten an Fahrzeugen mit Gasantrieb (jedoch nicht am Gassystem)
  - *Stufe 2S*: Qualifizierung für das Arbeiten an Gasanlagen (z. B. GAP-Schulung nach Anlage XVIIa StVZO)
  - *Stufe 3S*: Qualifizierung für die Nachrüstung von Gasanlagen (z. B. GSP-Schulung nach Anlage XVIIa StVZO)

Anforderungen an den Gasfahrzeugarbeitsbereich

- Im Gasfahrzeugarbeitsbereich muss mindestens ein dreifacher Luftwechsel pro Stunde erfolgen.
- Eine Lufttechnische Abtrennung des Arbeitsbereichs zu anderen Bereichen muss vorhanden sein. Dabei sind die unterschiedlichen Anforderungen in Bezug auf die Antriebsgase zu berücksichtigen (vgl. Hinweise rechts). Bei Arbeiten an Wasserstoff-Fahrzeugen sind unter Umständen Sensoren zur Erkennung von austretendem H_2 einzubauen.
- Zündquellen müssen ausgeschlossen werden.
- Geeignete Brandschutz- und Feuerlöscheinrichtungen müssen vorgesehen werden.

Hinweise:
- Flüssiggas (LPG) ist schwerer als Luft. Es sammelt sich am Boden und in Vertiefungen. Arbeitsbereiche für Flüssiggas-Fahrzeuge müssen deshalb über Erdgleiche liegen und dürfen keine Gruben oder Bodeneinläufe aufweisen.
- Erdgas (CNG) und Wasserstoff (H_2) sind leichter als Luft. Sie sammeln sich unter der Decke. Arbeitsbereiche für Wasserstoff- und Erdgas-Fahrzeuge müssen deshalb über eine Lüftung im Deckenbereich verfügen.

Fahrzeugannahme

- Fahrzeug als Gasfahrzeug erkennen.
- Antriebsgas feststellen (Zulassungsbescheinigung Teil I).
- Fahrzeug als Gasfahrzeug kennzeichnen.
- Direkt nach der Annahme und vor Einfahrt in die Werkstatt Dichtigkeitsprüfung durchführen (Lecksuchspray, Lecksuchgerät, H_2-Sensor).
- Undichte Gasfahrzeuge im Freien abstellen und Sicherheitsbereich einrichten.

Hinweise:
- Im Feld P.3 der Zulassungsbescheinigung Teil I ist die Kraftstoffart oder die Energiequelle angegeben (siehe S. 109).
- Fahrzeuge mit Flüssigwasserstoffspeicherung (LH_2) müssen an einen Potenzialausgleich angeschlossen werden, wenn die Werkstatt keinen ableitfähigen Boden hat

Arbeiten am Fahrzeug

Allgemeine Arbeiten am Fahrzeug (Gasanlage dicht)
- Tankentnahmeventil/Magnetsicherheitsventil bei stehendem Motor schließen.
- Erwärmung der Gastanks auf Temperaturen über 60 °C verhindern (z. B. bei der Lacktrocknung).
- Bei Arbeiten mit starker Funkenbildung und/oder starkem Wärmeeintrag nahe der Gasanlage (z. B. Schweißarbeiten) muss das Leitungs- und ggf. das Tanksystem entleert und bei Wasserstoffanlagen mit Inertgas gefüllt werden.

Arbeiten an der Gasanlage
- *Allgemein gilt:* Bei Arbeiten an gasführenden Teilen und Leitungen ist den Anweisungen des Fahrzeugherstellers unbedingt Folge zu leisten.
- Gasfahrzeugarbeitsbereich benutzen und Fahrzeug ggf. an Abgasabsaugeinrichtung anschließen.
- Vor Beginn der Arbeiten Hinweis über den Befüllungszustand (befüllt/entleert/inertisiert) am Fahrzeug anbringen.
- Das Leitungs- und ggf. das Tanksystem muss entleert (vgl. rechts) und bei H_2-Anlagen mit Inertgas gefüllt werden.
- Beim Öffnen der Gasleitung entsprechende persönliche Schutzausrüstung benutzen.

Tankentleerung im Fahrzeug
- *Allgemein gilt*: Vorgaben der Hersteller sind genauestens zu beachten.
- Sicherheitsbereich absperren und kennzeichnen.
- Zündquellen im Sicherheitsbereich ausschließen (auch am Fahrzeug).
- Bei LPG: Vertiefungen im Sicherheitsbereich ausschließen.
- Feuerlöscheinrichtung bereitstellen.
- Gasleitung nach Herstellervorgabe bei geschlossenem Tankentnahme- oder Magnetsicherheitsventil im Motorraum trennen.
- Gastank nach Herstellervorgabe entleeren, z. B. Entleerungsanlage, Leitung für Fackel bzw. Abblasleitung im Motorraum anschließen. Mit Fremdsteuerung Tankentnahme- oder Magnetsicherheitsventil öffnen und Gas abpumpen, abfackeln bzw. abblasen.

Nach den Arbeiten am Fahrzeug

- Nach Arbeiten an gasführenden Teilen und Leitungen Dichtigkeits- und Funktionsprüfung durchführen.
- gegebenenfalls Gasanlagenprüfung (GAP) nach § 41a und Anlage XVII StVZO.

Sicherheitskennzeichnung (Auswahl) vgl. DIN EN ISO 7010, ASR A1.3

Bedeutung von Farbe und Form der Zeichen	Verbot	Brandschutz	Warnung	Gebot	Gefahrlosigkeit	
Verbotszeichen	Rauchen verboten	Offene Flamme, Feuer, offene Zündquelle und Rauchen verboten	Für Fußgänger verboten	Zutritt für Unbefugte verboten	Berühren verboten	Mit Wasser löschen verboten
	Aufzug im Brandfall nicht benutzen	Eingeschaltete Mobiltelefone verboten	Kein Zutritt für Personen mit Herzschrittmachern o. ä.	Essen und Trinken verboten	Abstellen oder Lagern verboten	Schalten verboten
Brandschutzzeichen	Feuerlöscher	Löschschlauch	Feuerleiter	Mittel zur Brandbekämpfung	Brandmelder	Brandmeldetelefon
Warnzeichen	Allgemeines Warnzeichen	Warnung vor explosionsgefährlichen Stoffen	Warnung vor radioaktiven Stoffen oder ionisierender Strahlung	Warnung vor Laserstrahl	Warnung vor Hindernissen am Boden	Warnung vor Absturzgefahr
	Warnung vor elektrischer Spannung	Warnung vor schwebender Last	Warnung vor giftigen Stoffen	Warnung vor feuergefährlichen Stoffen	Warnung vor ätzenden Stoffen	Warnung vor Gefahren durch Laden von Batterien
Gebotszeichen	allgemeines Gebotszeichen	Gehörschutz benutzen	Augenschutz benutzen	Fußschutz benutzen	Handschutz benutzen	Schutzkleidung benutzen
	Gesichtsschutz benutzen	Kopfschutz benutzen	Atemschutz benutzen	Hautschutz benutzen	Fußgängerweg benutzen	vor Wartung/Reparatur freischalten
Rettungszeichen	Richtungsangabe Rettungsweg usw.	Notausgang	Kombinationszeichen für Rettungsweg		Erste Hilfe	Sammelstelle
	Notruftelefon	Defillibrator	Augenspüleinr.	Notdusche	Krankentrage	Arzt

3

Auszug aus der Gefahrstoffverordnung (GefStoffV) Stand 21.07.2021

Zielsetzung und Anwendungsbereich der GefStoffV
(vgl. § 1)

Ziel der Gefahrstoffverordnung ist es, den Menschen und die Umwelt vor stoffbedingten Schädigungen zu schützen durch:
- Regelungen zur Einstufung, Kennzeichnung und Verpackung gefährlicher Stoffe und Gemische,
- Maßnahmen zum Schutz der Beschäftigten und anderer Personen bei Tätigkeiten mit Gefahrstoffen und
- Beschränkungen für das Herstellen und Verwenden bestimmter gefährlicher Stoffe, Gemische und Erzeugnisse.

Definition Gefahrstoffe
(vgl. § 2)

Gefahrstoffe im Sinne der Verordnung sind:
- gefährliche Stoffe und Gemische mit Gefährlichkeitsmerkmalen nach § 3 (siehe rechts),
- Stoffe, Gemische und Erzeugnisse, aus denen bei Herstellung oder Verwendung Gefahrstoffe entstehen oder freigesetzt werden,
- Stoffe und Gemische, die aufgrund ihrer physikalisch-chemischen, chemischen oder toxischen Eigenschaften und der Art, wie sie am Arbeitsplatz verwendet werden, die Gesundheit und die Sicherheit der Beschäftigten gefährden können,
- alle Stoffe, denen ein Arbeitsplatzgrenzwert zugewiesen ist.

Kennzeichnung von Gefahrstoffen
(vgl. § 4 bzw. EG 1272/2008)

Auf der Verpackung von Gefahrstoffen müssen angegeben sein:
- Lieferant mit Anschrift und Notrufnummer,
- Nennmenge des Stoffs oder Gemischs in der Verpackung,
- Bezeichnung des Stoffs oder des Gemischs,
- Identifikationsnummer (EG-Nummer),
- Gefahrenpiktogramme mit zugehörigem Signalwort,
- Gefahrenhinweise (H-Sätze),
- Sicherheitshinweise (P-Sätze).

3

Grundpflichten des Arbeitgebers
(vgl. § 7)

Um die Gesundheit und die Sicherheit der Beschäftigten zu gewährleisten, darf der Arbeitgeber eine Tätigkeit mit Gefahrstoffen erst aufnehmen lassen, nachdem eine Gefährdungsbeurteilung durchgeführt und die nach dem Arbeitsschutzgesetz und der Gefahrstoffverordnung erforderlichen Schutzmaßnahmen ergriffen worden sind.

Der Arbeitgeber hat Gefährdungen der Gesundheit und der Sicherheit der Beschäftigten bei Tätigkeiten mit Gefahrstoffen auszuschließen. Ist dies nicht möglich, hat er sie auf ein Minimum zu reduzieren.

Der Arbeitgeber hat für die Festlegung und Anwendung geeigneter Schutzmaßnahmen zu sorgen. Dabei ist die Rangfolge zu beachten:
1. Gestaltung geeigneter Verfahren und technischer Einrichtungen, Einsatz emissionsfreier oder emissionsarmer Verwendungsformen sowie von Arbeitsmitteln nach dem Stand der Technik,
2. Anwendung technischer Schutzmaßnahmen an der Gefahrenquelle, z. B. Be- und Entlüftung und Anwendung geeigneter organisatorischer Maßnahmen,
3. Anwendung von individuellen Schutzmaßnahmen, z. B. Bereitstellung und Verwendung von persönlicher Schutzausrüstung.

Der Arbeitgeber stellt sicher, dass die persönliche Schutzausrüstung sachgerecht aufbewahrt wird und stets einsatzbereit ist. Die Funktion der technischen Schutzmaßnahmen ist regelmäßig, mindestens jedoch jedes dritte Jahr zu überprüfen.

Der Arbeitgeber stellt durch Arbeitsplatzmessungen oder durch andere geeignete Methoden sicher, dass die Grenzwerte eingehalten werden. Die Ergebnisse sind aufzuzeichnen, aufzubewahren und den Beschäftigten und ihrer Vertretung zugänglich zu machen.

Unterrichtung und Unterweisung der Beschäftigten
(vgl. § 14)

Der Arbeitgeber muss den Beschäftigten eine schriftliche Betriebsanweisung in einer verständlichen Form und Sprache zugänglich machen. Mindestinhalte:
- Informationen über die am Arbeitsplatz auftretenden Gefahrstoffe (Bezeichnung, Kennzeichnung sowie Gefährdungen),
- Informationen über angemessene Vorsichtsmaßregeln und Schutzmaßnahmen (z. B. Hygienevorschriften, Tragen und Benutzen von Schutzausrüstungen und Schutzkleidung),
- Informationen über Maßnahmen, die bei Störungen, Unfällen und Notfällen und zu deren Verhütung durchzuführen sind.

Anhand der Betriebsanweisung muss vor Aufnahme der Beschäftigung und danach mindestens jährlich arbeitsplatzbezogen eine mündliche Unterweisung durchgeführt werden. Inhalt und Zeitpunkt der Unterweisung sind schriftlich festzuhalten und vom Unterwiesenen durch Unterschrift zu bestätigen. Die Betriebsanweisung muss bei jeder maßgeblichen Veränderung der Arbeitsbedingungen aktualisiert werden.
Außerdem ist im Rahmen der Unterweisung eine allgemeine arbeitsmedizinisch-toxikologische Beratung durchzuführen. Dabei müssen die Beschäftigten auf besondere Gesundheitsgefahren im Umgang mit bestimmten Gefahrstoffen und ggf. auf angebotene arbeitsmedizinische Vorsorgeuntersuchungen hingewiesen werden.

Gefahrenklassen (vgl. § 3)
Beispiele:

2 *Physikalische Gefahren*
2.1 Explosive Stoffe/Gemische und Erzeugnisse mit Explosivstoff
2.2 Entzündbare Gase
2.5 Gase unter Druck
2.6 Entzündbare Flüssigkeiten
2.16 Korrosiv gegenüber Metallen

3 *Gesundheitsgefahren*
3.1 Akute Toxizität (oral, dermal und inhalativ)
3.2 Ätz-/Reizwirkung auf die Haut
3.3 Schwere Augenschädigung/Augenreizung

4 *Umweltgefahren*
4.1 Gewässergefährdend (akut und langfristig)

5 *Weitere Gefahren*
5.1 Die Ozonschicht schädigend

Gefahrenhinweise (H-Sätze)
Die H-Sätze geben Hinweise auf besondere Gefahren, z. B.:
H315 Verursacht Hautreizungen
H331 Giftig beim Einatmen

Sicherheitshinweise (P-Sätze)
für den Umgang mit Gefahrstoffen, z. B.:
P 235 Kühl halten
P 284 Atemschutz tragen

Sicherheitsdatenblatt (vgl. § 5)
Lieferanten von gefährlichen Stoffen oder Gemischen müssen den Abnehmern kostenlos ein Sicherheitsdatenblatt in deutscher Sprache mit folgenden Angaben zur Verfügung stellen:
- Bezeichnung des Stoffs bzw. des Gemischs und Lieferant mit Adresse und Notrufnummer
- Mögliche Gefahren
- Zusammensetzung/Angaben zu Bestandteilen
- Erste-Hilfe-Maßnahmen
- Maßnahmen zur Brandbekämpfung
- Maßnahmen bei unbeabsichtigter Freisetzung
- Handhabung und Lagerung
- Begrenzung und Überwachung der Exposition/persönliche Schutzausrüstung
- Physikalische und chemische Eigenschaften
- Stabilität und Reaktivität
- Toxikologische Angaben
- Umweltbezogene Angaben
- Hinweise zur Entsorgung
- Angaben zum Transport
- Rechtsvorschriften
- Sonstige Angaben

Gefahrstoffverzeichnis (vgl. § 6)
Der Arbeitgeber muss ein Verzeichnis der im Betrieb verwendeten Gefahrstoffe führen, mit Hinweis auf die entsprechenden Sicherheitsdatenblätter. Das Gefahrstoffverzeichnis muss mindestens folgende Angaben enthalten:
- Bezeichnung des Gefahrstoffs,
- Einstufung des Gefahrstoffs/Angabe der gefährlichen Eigenschaften,
- Mengenbereiche des Gefahrstoffs im Betrieb,
- Arbeitsbereiche, in denen Beschäftigte dem Gefahrstoff ausgesetzt sein können.

Gefahrstoffkennzeichnung nach GHS bzw. EG/1272/2008

Zweck	Das GHS-System (**G**lobal **H**armonisiertes **S**ystem) ist ein weltweit gültiges System zur Kennzeichnung von Gefahrstoffen. Gefahrstoffe sind Chemikalien oder chemische Gemische, von denen Gefahren für die menschliche Gesundheit und/oder für die Umwelt ausgehen, z. B. Reinigungsmittel, Kraftstoffe, Lösungsmittel.
Kennzeichnung	Die Kennzeichnung eines Gefahrstoffs erfolgt durch: • *Warnsymbol* (Piktogramm) mit der bildlichen Darstellung der Gefahr, rot umrandet. • *Signalwort* „Gefahr" oder „Achtung". Das jeweils unter dem Warnsymbol stehende Signalwort ergibt sich aus dem Grad der Gefährdung. „Gefahr" ist schwerwiegender als „Achtung". • *H-Sätze* = Gefahrenhinweise (vgl. S. 98) • *P-Sätze* = Sicherheitshinweise (vgl. S. 98)

Beispiele

	GHS-Warnsymbol	GHS-Gefahrenklasse	Gefahrenkategorie[1,2]
Physikalisch-chemische Gefahren und Umweltgefahren	 Achtung	Gase unter Druck – verdichtet – verflüssigt – tiefgekühlt verflüssigt – gelöst	–
	 Achtung	Akut gewässergefährdend	1
		Chronisch wassergefährdend	1, 2, 3, 4
	 Achtung	Die Ozonschicht schädigend	1
Brand- und Explosionsgefahren	 Gefahr/Achtung	Explosive Stoffe/Gemische und Erzeugnisse mit Explosivstoff	1.1, 1.2, 1.3, 1.4, 1.5, 1.6
		Selbstzersetzliche Stoffe und Gemische	A, B
		Organische Peroxide	A, B
	 Gefahr/Achtung	Entzündbare Gase	1, 2
		Entzündbare Aerosole	1, 2, 3
		Entzündbare Flüssigkeiten (vgl. S. 106)	1, 2, 3
		Entzündbare Feststoffe	1, 2
	 Gefahr/Achtung	Oxidierende Gase	1
		Oxidierende Flüssigkeiten	1, 2, 3
		Oxidierende Feststoffe	1, 2, 3
Gesundheitsgefahren	 Gefahr	Ätz-/Reizwirkung auf die Haut	1A, 1B, 1C
		Schwere Augenschädigung	1
	 Gefahr	Akute Toxizität (Giftigkeit) – oral – dermal – inhalativ	1, 2, 3
	 Achtung	Akute Toxizität (oral, dermal, inhalativ)	4
		Ätz-/Reizwirkung auf die Haut	2
		Augenreizung	2
		Sensibilisierung der Haut	1, 1A, 1B
	 Gefahr/Achtung	Sensibilisierung der Atemwege	1, 1A, 1B
		Keimzellmutagenität (erbgutverändernd)	1, 1A, 1B
		Karzinogenität (krebserregend)	1A, 1B, 2
		Reproduktionstoxizität (fortpflanzungsgefährdend)	1A, 1B, 2

1) In der Tabelle wird die Abhängigkeit des Signalworts von der Gefahrenkategorie durch farbliche Zuordnung hervorgehoben: Rot = Signalwort „Gefahr", blau = Signalwort „Achtung", schwarz = kein Signalwort.
2) Je kleiner die Ziffer bzw. je weiter vorne der Buchstabe im Alphabet, desto größer die Gefährlichkeit des gekennzeichneten Stoffs.

Gefahrgutverordnung Straße, Eisenbahn und Binnenschifffahrt GGVSEB Stand 28.06.2023 (Auszug)
Europ. Übereinkommen über die internationale Beförderung gefährlicher Güter auf der Straße ADR (Auszug)

Gefahrklassen
Die gefährlichen Güter sind nach dem ADR in 9 Gefahrklassen (Hauptklassen) unterteilt:

Gefahrklasse 1	 explosive Stoffe und Gegenstände mit Explosivstoff			**Gefahrklasse 5**	 **5.1** entzündend (oxidierend) wirkende Stoffe	 **5.2** organische Peroxide
Gefahrklasse 2 Gase	 **2.1** entzündbare Gase	 **2.2** nichtentzündbare, nicht giftige Gase	 **2.3** giftige Gase	**Gefahrklasse 6**	 **6.1** giftige Stoffe	 **6.2** ansteckungsgefährliche Stoffe
Gefahrklasse 3	 entzündbare flüssige Stoffe			**Gefahrklasse 7** radioaktive Stoffe	 Kategorie I	 Kategorie II
						 Kategorie III
Gefahrklasse 4	 **4.1** entzündbare feste Stoffe, selbstzersetzliche Stoffe und desensibilisierte explosive feste Stoffe	 **4.2** selbstentzündliche Stoffe	 **4.3** Stoffe, die bei Berührung mit Wasser entzündbare Gase entwickeln	**Gefahrklasse 8**	 ätzende Stoffe	
				Gefahrklasse 9	 verschiedene gefährliche Stoffe und Gegenstände	

Gefahrentafel für Gefahrgut-Kraftfahrzeuge:

oben: Gefahrnummer
unten: Stoffnummer

Kennzeichen für Stoffe, die in erwärmtem Zustand befördert werden (z. B. flüssige Aluminiumlegierung):

Gefahrentafeln (Warntafeln)
Kraftfahrzeuge, die Gefahrgüter in gewissen Mengen befördern, müssen vorne und hinten mit rechteckigen, rückstrahlenden, orangefarbenen Gefahrentafeln versehen sein. Die Gefahrentafeln müssen immer deutlich sichtbar bleiben.
Die Gefahrentafeln enthalten zwei übereinander stehende Kennzeichnungsnummern. Bei Tankfahrzeugen oder Beförderungseinheiten mit mehreren Kammern bzw. Tanks, in denen sich unterschiedliche Gefahrgüter befinden, muss die Gefahrentafel dem gefährlichsten beförderten Stoff entsprechen.

Kennzeichnungsnummern
Die *Gefahrnummer* gibt Auskunft über die von der Ladung ausgehenden Gefahren. Die erste Ziffer bezeichnet die Hauptgefahr, die zweite und dritte Ziffer weisen auf zusätzliche Gefahren hin. Die Verdoppelung einer Ziffer weist auf eine Zunahme der entsprechenden Gefahr hin. Ist der Ziffernkombination ein „X" vorangestellt, reagiert der Stoff in gefährlicher Weise mit Wasser.
Die *Stoffnummer* (UN-Nummer) kennzeichnet den Stoff entsprechend einer von den Vereinten Nationen (UN) erstellten Liste gefährlicher Güter.

Schriftliche Weisungen (Unfallmerkblätter)
Bei einem Gefahrguttransport müssen in der Fahrerkabine schriftliche Weisungen für das Verhalten bei einem Unfall oder Notfall mitgeführt werden. Vor Antritt der Fahrt muss sich die Fahrzeugbesatzung selbst über die im Gefahrfall zu ergreifenden Maßnahmen informieren.

Gefahrzettel
Zur jeder Gefahrklasse gibt es Gefahrzettel (vgl. Tabelle oben). Sie haben die Form eines auf die Spitze gestellten Quadrats und sollen auf die vom Gefahrgut ausgehenden Gefahren hinweisen. Sie müssen auf Versandstücken und bei Transporten auch an den Fahrzeugen angebracht sein.

Gefahrnummern
2 Entweichen von Gas durch Druck oder chem. Reaktion
3 Entzündbarkeit von Flüssigkeiten (Dämpfen) oder Gasen
4 Entzündbarkeit fester Stoffe
5 Oxidierende, brandfördernde Wirkung
6 Giftigkeit
7 Radioaktivität
8 Ätzwirkung
9 Gefahr einer spontanen heftigen Reaktion

Beispiele:
236 entzündbares Gas, giftig
33 leicht entzündbare Flüssigkeit, Flammpunkt unter 23 °C
40 entzündbarer fester Stoff

Stoffnummern (UN-Nummern)
Beispiele:
0081 Sprengstoff, Typ A
1072 Sauerstoff, verdichtet
1073 Sauerstoff, tiefgekühlt
1202 Heizöl, Dieselkraftstoff
1203 Benzin
1223 Kerosin
1263 Lack und Lackfarben
1830 Schwefelsäure
1972 Erdgas, tiefgekühlt
1978 Propan
2977 Radioaktive Stoffe, Uranhexafluorid, spaltbar

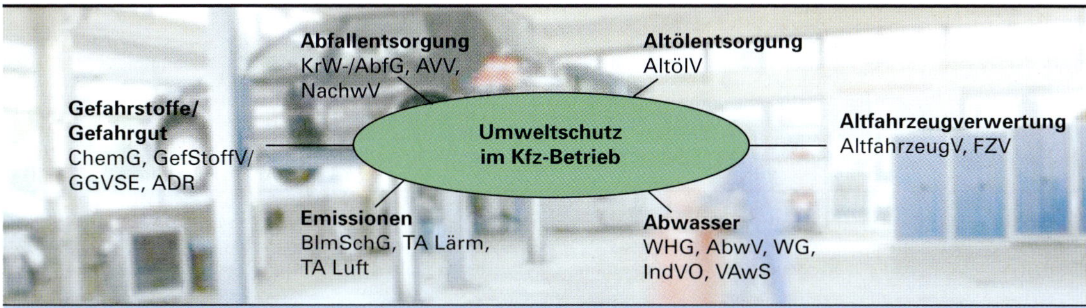

Kreislaufwirtschaftsgesetz KrWG Stand 02.03.2023 (Auszug)

Das Kreislaufwirtschaftsgesetz bildet den rechtlichen Rahmen für die Abfallentsorgung. Die nachgeschalteten Verordnungen regeln die Umsetzung der gesetzlichen Bestimmungen im Detail.

KrWG	Erklärung	Bemerkungen / Beispiele
Zweck vgl. § 1	Zweck des Gesetzes ist es, die Kreislaufwirtschaft zur Schonung der natürlichen Ressourcen zu fördern und den Schutz von Mensch und Umwelt bei der Erzeugung und Bewirtschaftung (Verwertung/Beseitigung) von Abfällen sicherzustellen.	In der *Kreislaufwirtschaft* werden nach dem Ende der Gebrauchsdauer eines Produkts die eingesetzten Rohstoffe wieder in den Produktionsprozess zurückgeführt.
Abfall vgl. § 3	Abfälle im Sinne dieses Gesetzes sind alle Stoffe oder Gegenstände, derer sich ihr Besitzer entledigt, entledigen will oder entledigen muss. Abfälle, die verwertet werden, werden als *Abfälle zur Verwertung* bezeichnet; Abfälle, die nicht verwertet werden, sind *Abfälle zur Beseitigung*.	Die Verantwortung für Abfälle trägt der Abfallerzeuger, z. B. der Kfz-Betrieb. Er ist verpflichtet die Abfälle ordnungsgemäß zu lagern und zu entsorgen bzw. entsorgen zu lassen und die dabei entstehenden Kosten zu tragen.
Abfallarten vgl. § 3, § 48	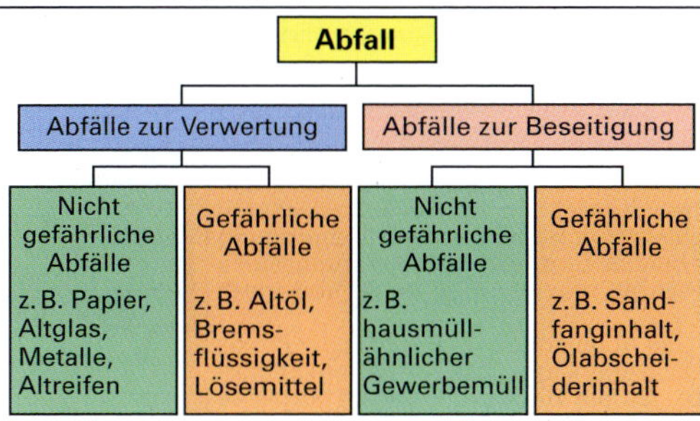	Die **gefährlichen Abfälle** werden durch die Abfallverzeichnis-Verordnung (AVV) festgelegt und sind dort mit einem Stern gekennzeichnet. Als gefährlich werden Abfälle eingestuft, wenn sie ein oder mehrere Gefährlichkeitsmerkmale nach der Richtlinie 2008/98/EG besitzen, z. B. explosiv, brandfördernd, leicht entzündbar, gesundheitsschädlich, giftig, ökotoxisch (umweltgefährdend). Die Entsorgung gefährlicher Abfälle ist nachweispflichtig (vgl. S. 102). Die **nicht gefährlichen Abfälle** umfassen alle übrigen Abfälle. Bei der Entsorgung von nicht gefährlichen Abfällen besteht keine Nachweispflicht.
Produktverantwortung vgl. § 23	Wer Erzeugnisse entwickelt, herstellt, be- oder verarbeitet oder vertreibt, trägt zur Erfüllung der Ziele der Kreislaufwirtschaft die Produktverantwortung. Erzeugnisse sind möglichst so zu gestalten, dass bei Herstellung und Gebrauch das Entstehen von Abfällen vermindert wird und sichergestellt ist, dass die nach ihrem Gebrauch entstandenen Abfälle umweltverträglich verwertet oder beseitigt werden.	Die Produktverantwortung umfasst z. B.: – Entwicklung von Erzeugnissen die mehrfach verwendbar, langlebig und nach Gebrauch zur hochwertigen Verwertung sowie zur umweltverträglichen Beseitigung geeignet sind. – Rücknahme der Erzeugnisse und der nach Gebrauch verbleibenden Abfälle.
Abfallhierarchie vgl. § 6	Die Maßnahmen der Vermeidung und der Abfallbewirtschaftung stehen in folgender Rangfolge:	
	1. **Vermeidung** von Abfällen (Verminderung ihrer Menge und Schädlichkeit)	Mehrwegbehälter, Mehrweg-Spraydosen mit Druckluft
	2. **Vorbereitung zur Wiederverwendung** von Abfällen (Verwertungsverfahren, bei denen zu Abfall gewordene Erzeugnisse so vorbereitet werden, dass sie wieder für denselben Zweck verwendet werden können)	Prüfung, Reinigung oder Reparatur von Bauteilen, elektrischen/elektronischen Geräten usw.
	3. **Recycling** von Abfällen	Papier, Metalle, Kunststoffe, Wiederaufbereitung von Altöl, Bremsflüssigkeit usw.
	4. **Sonstige Verwertung, insbesondere energetische Verwertung und Verfüllung** von Abfällen	Verbrennung zur Gewinnung von Energie, z. B. Altöl, Altreifen in Zementwerken
	5. **Beseitigung** von nicht vermeid- oder verwertbaren Abfällen, so dass das Allgemeinwohl nicht beeinträchtigt wird.	Verbrennung von verunreinigtem Altöl in Sondermüllverbrennungsanlagen
Abfalltrennung, Vermischungsverbot vgl. § 9	Abfälle zur Verwertung sind getrennt zu halten/zu behandeln. Die Vermischung/Verdünnung gefährlicher Abfälle mit anderen Kategorien von gefährlichen Abfällen oder mit anderen Abfällen, Stoffen oder Materialien ist unzulässig.	Altöl, Kraftstoffe, Bremsflüssigkeit, Frostschutzmittel usw. dürfen nicht miteinander vermischt werden, um eine Verwertung zu ermöglichen.
Betriebsbeauftragter für Abfall vgl. § 59, § 60	Wesentliche Aufgaben: – Überwachung der Abfälle von der Entstehung bis zur Verwertung/Beseitigung – Überwachung der Einhaltung von gesetzl. Bestimmungen – Information und Unterweisung der Betriebsangehörigen	Betriebe, in denen regelmäßig gefährliche Abfälle entstehen, gelagert oder verarbeitet werden, müssen einen oder mehrere Betriebsbeauftragte für Abfall (Abfallbeauftragte) bestellen.

3

Abfallverzeichnisverordnung AVV Stand 20.06.2020

Zweck der AVV

In der Abfallverzeichnisverordnung (Verordnung über das europäische Abfallverzeichnis) sind alle Abfallarten bezeichnet und geordnet nach den Entstehungsbereichen bzw. Entstehungsprozessen aufgelistet. Die als gefährlich eingestuften Abfallarten sind mit einem Stern (*) gekennzeichnet. Jeder Abfallart ist eine sechsstellige, europaweit geltende Abfallschlüsselnummer (ASN) zugeordnet. Sie muss beim Entsorgungsvorgang in allen Dokumenten angegeben werden.

Abfallschlüsselnummern (Bsp.)

Altöl unbekannt	13 02 04*
Altöl bekannt	13 02 05*
Ölabscheiderinhalte	13 05 02*
Altreifen	16 01 03
Bremsflüssigkeit	16 01 13*
Kühler-Frostschutz	16 01 14*

Nachweisverordnung NachwV Stand 28.04.2023 (Auszug)

Nachweispflichten vgl. § 1, § 2

Die Erzeuger, Beförderer und Entsorger gefährlicher Abfälle haben der zuständigen Behörde und untereinander die ordnungsgemäße Entsorgung gefährlicher Abfälle nachzuweisen. Der Nachweis muss geführt werden

1. vor Beginn der Entsorgung über die Zulässigkeit der vorgesehenen Entsorgung = *Vorabkontrolle*
2. bei der durchgeführten Entsorgung über den Verbleib der Abfälle = *Verbleibskontrolle*

Nachweisführung (Übersicht)

Abfallkategorie	Abfallmenge	Entsorgungsverfahren		Nachweispflichten für Abfallerzeuger: Vorabkontrolle	Verbleibskontrolle	Register
Gefährlicher Abfall	**Kleinmengen < 2 t/Jahr** (Summe der Abfälle)	Direkte Abgabe bei Sammelstellen/Entsorgungsanlagen		nein	Übernahmeschein	ja
	max. 20 t/Jahr/AS (gleiche AS und gleicher Entsorgungsweg)	**Sammelentsorgung**		nein	Übernahmeschein	ja
	> 20 t/Jahr/AS (gilt nicht für Bleibatterien)	**Einzelentsorgung** zwingend vorgeschrieben	Grundverfahren	Entsorgungsnachweis	Begleitschein	ja
			Privilegiertes Verfahren	Nachweiserklärungen (VE, AE)	Begleitschein	ja
Nicht gefährlicher Abfall	Kein Nachweis erforderlich, es sei denn nach Einzelanordnung der Behörden					

AS = Abfallschlüsselnummer, VE = Verbleibserklärung, AE = Annahmeerklärung

Einzelentsorgung vgl. § 3...8

Ist die Entsorgung des gefährlichen Abfalls nur als Einzelentsorgung möglich (siehe Tabelle oben), muss der Abfallerzeuger, für jede Abfallart getrennt, die Zulässigkeit der vorgesehenen Entsorgung nachweisen (Vorabkontrolle). Dies geschieht durch elektronische Beantragung eines *Entsorgungsnachweises* bei der zentralen Koordinierungsstelle (ZKS). Der Entsorgungsnachweis gilt maximal fünf Jahre und muss danach neu beantragt werden.

Privilegiertes Verfahren: Erfolgt die Abfallentsorgung, wie in der Praxis meist üblich, über einen behördlich anerkannten (zertifizierten) Entsorger (= Entsorgungsfachbetrieb), entfällt die gesonderte behördliche Prüfung des Entsorgers. Nachdem der Entsorgungsnachweis von der Behörde bestätigt wurde, kann der Entsorger mit der Abholung und der Entsorgung des gefährlichen Abfalls beauftragt werden.

Schema: Elektronisches Begleitscheinverfahren

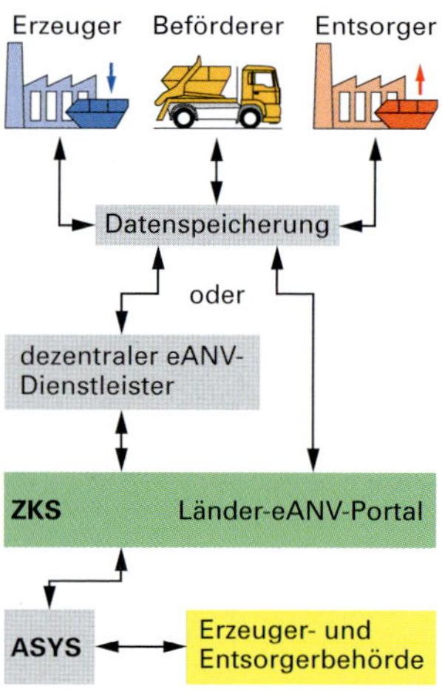

ZKS zentrale Koordinierungsstelle
ASYS Abfallüberwachungssystem

Elektronisches Abfallnachweisverfahren (eANV) vgl. § 17...22

Die Einzelentsorgung des gefährlichen Abfalls muss mit dem *elektronischen Begleitscheinverfahren* (vgl. Schema rechts) dokumentiert werden (Verbleibskontrolle). Hierzu ist entsprechende Hard- und Software nötig.

Der elektronische Begleitschein enthält genaue Angaben über den Abfallerzeuger, den Transportweg (Abfallbeförderer), den Verbleib (Abfallentsorger), die Abfallart und Abfallmenge. Bei der Abholung signiert der Abfallerzeuger den Begleitschein elektronisch mithilfe eines Kartenlesegeräts und einer persönlichen Signaturkarte. Danach signiert der Beförderer elektronisch, übernimmt den Abfall und transportiert ihn zum Entsorger. Der Entsorger bestätigt dann die Abfallannahme nach der Eingangskontrolle ebenfalls durch elektronische Signatur.

Die Daten werden jeweils gespeichert und online, entweder über einen beauftragten eANV-Dienstleister oder direkt, an die zentrale Koordinierungsstelle (ZKS) weitergeleitet. Die ZKS gibt die Daten über das Abfallüberwachungssystem (ASYS) den zuständigen Behörden weiter. Alle Beteiligten (Abfallerzeuger, Beförderer, Entsorger und Behörden) haben jederzeit Zugriff auf die Daten.

Sammelentsorgung vgl. § 9, § 12

Bei der Sammelentsorgung übernimmt der Abfallsammler bzw. Entsorger den Nachweis über die Zulässigkeit der vorgesehenen Entsorgung. Er führt gegenüber der Behörde einen *Sammelentsorgungsnachweis*. Ist eine Sammelentsorgung möglich (vgl. Tabelle oben), kann der Abfallerzeuger den Abfallsammler direkt mit der Abholung des gefährlichen Abfalls beauftragen.

Der Nachweis über den Verbleib des Abfalls erfolgt beim Sammelentsorgungsverfahren mit dem *Übernahmeschein* (Weiß: Verbleibt beim Erzeuger, gelb: Erhält der Abfallsammler).

Register vgl. § 23...25

Alle am Entsorgungsvorgang Beteiligten sind verpflichtet, die jeweiligen Exemplare der Entsorgungsnachweise und der Begleit- bzw. Übernahmescheine in einem Register zu sammeln bzw. zu speichern. Die Aufbewahrungsfrist beträgt 3 Jahre.

Die Register sind elektronisch zu führen. Ausnahme: Ablage in Papierform bei Kleinmengen (2 t/Jahr) und bei Sammelentsorgung möglich.

Altölverordnung AltölV Stand 05.10.2020 (Auszug)

Anwendung vgl. § 1 **Altöl (Definition)** vgl. § 1a	Die Altölverordnung gilt für die stoffliche und die energetische Verwertung und für die Beseitigung von Altöl. Sie betrifft Erzeuger, Besitzer, Sammler, Beförderer und Entsorger von Altöl.	Altöle im Sinne der Altölverordnung sind Öle, die als Abfall anfallen und die ganz oder teilweise aus Mineralöl, synthetischem oder biogenem Öl bestehen.
Verwertung von Altöl vgl. § 2 **Grenzwerte** vgl. § 3	Altöl soll vorrangig aufbereitet werden. Altöle, die nicht aufbereitet werden können, sind energetisch (Verbrennung zur Energiegewinnung) oder in sonstiger Weise stofflich zu verwerten, ansonsten zu beseitigen. Altöle dürfen nicht aufbereitet werden, wenn sie mehr als 20 mg polychlorierte Biphenyle (PCB)/kg oder mehr als 2 g Gesamthalogen/kg enthalten. Dies gilt nicht, wenn die Schadstoffe durch die Aufbereitung zerstört oder auf die Grenzwerte vermindert werden.	**Zur Aufbereitung geeignete Altöle** (Beispiele) 13 01 10* nichtchlorierte Hydrauliköle auf Mineralölbasis 13 02 05* nichtchlorierte Maschinen-, Getriebe- und Schmieröle auf Mineralölbasis 13 02 06* synthetische Maschinen-, Getriebe- und Schmieröle 13 02 08* andere Maschinen-, Getriebe- und Schmieröle * bedeutet: Gefährlicher Abfall
Getrennte Entsorgung, Vermischungsverbot vgl. § 4	Um eine hochwertige Aufbereitung von Altölen zu gewährleisten, ist es verboten, Altöle mit anderen Stoffen z. B. Bremsflüssigkeit, Kraftstoff, Säure, Lösungsmittel zu vermischen. Altöle unterschiedlicher Sammelkategorien dürfen nicht untereinander gemischt werden. Um dies sicherzustellen, sollte im Kfz-Betrieb Altöl unbekannter Herkunft nicht mit Altöl bekannter Herkunft vermischt werden.	*Altöl bekannter Herkunft* ist Altöl, das im Kfz-Betrieb angefallen ist, z. B. bei Servicearbeiten. *Altöl unbekannter Herkunft* ist Altöl, das außerhalb des Kfz-Betriebs angefallen ist, z. B. Öl, das von einem Kunden nach einem selbst durchgeführten Ölwechsel im Kfz-Betrieb abgegeben wurde. Hier könnten Fremdstoffe, wie z. B. Bremsflüssigkeit, Kraftstoff oder Kaltreiniger beigemischt sein.
Nachweisführung vgl. § 6	Da es sich bei Altöl um gefährlichen Abfall handelt, gelten für die Entsorgung grundsätzlich die Nachweispflichten gemäß der Nachweisverordnung (vgl. S. 102). Zusätzlich muss eine sogenannte „Erklärung über die Entsorgung von Altölen" abgegeben werden. Die Erklärung muss 3 Jahre aufbewahrt werden.	Mit der Erklärung versichert der Abfallerzeuger, dass dem Altöl im Betrieb – keine Fremdstoffe wie synthetische Öle auf der Basis von PCB oder deren Ersatzprodukte, – für die Aufarbeitung ungeeignete Altöle oder – Abfälle beigefügt wurden.
Entnahme, Untersuchung und Aufbewahrung von Proben vgl. § 5	Der Altölabholer hat bei der Übernahme des Altöls eine Probe (Rückstellprobe) zu entnehmen. Der Altölverwerter muss – den Gehalt an PCB und Gesamthalogen untersuchen bzw. untersuchen lassen und – die ermittelten Werte ergänzend in die „Erklärung über die Entsorgung von Altölen" eintragen.	Jeweils eine Teilmenge der Probe ist aufzubewahren – vom Altölabgebenden (Kfz-Betrieb), bis die Untersuchung durchgeführt wurde und feststeht, dass Grenzwerte nicht überschritten sind, – vom Altölverwerter 3 Jahre. Ergibt die Untersuchung, dass Grenzwerte überschritten sind, ist die zuständige Behörde zu unterrichten.

Altfahrzeugverordnung AltfahrzeugV Stand 18.11.2020, **Fahrzeugzulassungsverordnung FZV** Stand 20.07.2023 (Auszug)

Entsorgung von Altfahrzeugen

Entsorgungsablauf im Inland

über zertifizierten Entsorgungsbetrieb oder **über Fahrzeugersteller**

Über zertifizierten Entsorgungsbetrieb:

Fahrzeug abgeben oder abholen lassen
- Kennzeichen verbleiben beim Halter
- Halter erhält den **Verwertungsnachweis** (vgl. § 4 AltfahrzeugV, § 15 FZV)

Benötigt wird:
- Zulassungsbescheinigung Teil I (Fahrzeugschein)
- Zulassungsbescheinigung Teil II (Fahrzeugbrief)

Über Fahrzeugersteller:

Fahrzeug im **Rücknahmesystem GESA** registrieren, danach Rücknahmestelle auswählen. (Hersteller muss Rücknahmemöglichkeit in max. 50 km Entfernung vom Wohnsitz des Letzthalters sicherstellen)

↓

Fahrzeug wird abgeholt
- Kennzeichen verbleiben beim Halter
- Halter erhält den **Verwertungsnachweis** (vgl. § 4 AltfahrzeugV, § 15 FZV)

↓

Außerbetriebsetzung (Abmeldung bei der Zulassungsbehörde) (vgl. § 14 FZV)
- Stempel auf den Kennzeichen werden entwertet
- Zulassungsbescheinigung Teil I (Fahrzeugschein) erhält einen entsprechenden Vermerk mit Datum

Benötigt wird:
- Kennzeichen
- Zulassungsbescheinigung Teil I (Fahrzeugschein)
- Zulassungsbescheinigung Teil II (Fahrzeugbrief)
- Verwertungsnachweis
- Personalausweis, ggf. Vollmacht

Kostenlose Rücknahmepflicht für Fahrzeuge der Klassen M1 und N1 durch den Hersteller
(vgl. § 3 AltfahrzeugV)
Ausnahmen:
- Fahrzeugbrief oder vergleichbares Zulassungsdokument wurde nicht übergeben.
- Das Altfahrzeug ist oder war zuletzt nicht innerhalb der EU zugelassen.
- Das Altfahrzeug war innerhalb der EU vor der Stilllegung weniger als einen Monat zugelassen.
- Wesentliche Bauteile/Komponenten fehlen, z. B. Antrieb, Katalysator. Es wurden Abfälle hinzugefügt.

Entsorgung im Ausland (vgl. § 15 FZV)
Verbleibt ein Fahrzeug der Klasse M1 oder N1 zur Entsorgung im Ausland, so hat der Halter oder Eigentümer dies gegenüber der Zulassungsbehörde zu erklären und das Fahrzeug außer Betrieb setzen zu lassen.

Außerbetriebsetzung ohne Entsorgung vgl. § 14, 15 FZV

Bei einem Antrag auf Außerbetriebsetzung des Fahrzeugs ohne Entsorgung, z. B. bei der Einlagerung des Fahrzeugs (Oldtimer) oder einer langwierigen Reparatur muss der Halter oder Eigentümer des Fahrzeugs der Zulassungsbehörde mit einer *formlosen Verbleibserklärung* mitteilen, dass das Fahrzeug nicht als Abfall zu entsorgen ist. Das Kennzeichen kann ein Jahr lang reserviert werden.

Bundes-Immissionsschutzgesetz BImSchG Stand 26.07.2023 (Auszug)

Zweck
vgl. § 1

Das Immissionsschutzgesetz (BImSchG) soll Menschen, Tiere und Pflanzen, den Boden, das Wasser, die Atmosphäre sowie Kultur- und sonstige Sachgüter vor schädlichen Umwelteinwirkungen schützen und dem Entstehen schädlicher Umwelteinwirkungen vorbeugen.

Geltungsbereich
vgl. § 2

Die Vorschriften des Gesetzes gelten unter anderem für
- die Errichtung und den Betrieb von Anlagen,
- das Herstellen, Inverkehrbringen und Einführen von Anlagen, Brennstoffen, Treibstoffen und Schmierstoffen,
- die Beschaffenheit, die Ausrüstung, den Betrieb und die Prüfung von Kraftfahrzeugen und ihren Anhängern und
- den Bau öffentlicher Straßen.

Begriffs-bestimmungen
vgl. § 3

Emissionen sind die von einer Anlage ausgehenden Luftverunreinigungen (Rauch, Ruß, Staub, Gase, Aerosole, Dämpfe oder Geruchsstoffe), Geräusche, Erschütterungen, Licht, Wärme, Strahlen und ähnliche Erscheinungen.

Immissionen im Sinne dieses Gesetzes sind auf Menschen, Tiere und Pflanzen, den Boden, das Wasser, die Atmosphäre sowie Kultur- und sonstige Sachgüter einwirkende Luftverunreinigungen, Geräusche, Erschütterungen, Licht, Wärme, Strahlen und ähnliche Umwelteinwirkungen.

Anlagen sind Betriebsstätten, ortsfeste Einrichtungen, Maschinen, Geräte oder Fahrzeuge sowie Grundstücke, von denen Emissionen ausgehen können.

Genehmigungsbedürftige Anlagen
vgl. § 4

Die Errichtung und der Betrieb von Anlagen, die aufgrund ihrer Beschaffenheit oder ihres Betriebs in besonderem Maße geeignet sind, schädliche Umwelteinwirkungen hervorzurufen oder in anderer Weise die Allgemeinheit oder die Nachbarschaft zu gefährden, erheblich zu benachteiligen oder erheblich zu belästigen, sowie von ortsfesten Abfallentsorgungsanlagen zur Lagerung oder Behandlung von Abfällen bedürfen einer Genehmigung.

Pflichten der Betreiber
vgl. § 5

Zur Gewährleistung eines hohen Schutzniveaus für die Umwelt sind genehmigungsbedürftige Anlagen so zu errichten und zu betreiben, dass insgesamt
- schädliche Umwelteinwirkungen und sonstige Gefahren, erhebliche Nachteile und erhebliche Belästigungen für die Allgemeinheit und die Nachbarschaft nicht hervorgerufen werden können,
- Vorsorge gegen schädliche Umwelteinwirkungen und sonstige Gefahren, erhebliche Nachteile und erhebliche Belästigungen getroffen wird, insbesondere durch die dem Stand der Technik entsprechenden Maßnahmen,
- Abfälle vermieden, nicht zu vermeidende Abfälle verwertet und nicht zu verwertende Abfälle ohne Beeinträchtigung des Wohls der Allgemeinheit beseitigt werden,
- Energie sparsam und effizient verwendet wird.

Wurden nach dem 07.01.2013 aufgrund des Betriebs einer Anlage nach der Industrieemissions-Richtlinie erhebliche Bodenverschmutzungen oder erhebliche Grundwasserverschmutzungen verursacht, so ist der Betreiber nach Einstellung des Betriebs der Anlage verpflichtet, soweit dies verhältnismäßig ist, Maßnahmen zur Beseitigung dieser Verschmutzung zu ergreifen, um das Anlagengrundstück in den Ausgangszustand zurückzuführen.

Beschaffenheit und Betrieb von Fahrzeugen
vgl. § 38

Kraftfahrzeuge und ihre Anhänger müssen so beschaffen sein, dass ihre Emissionen die zum Schutz vor schädlichen Umwelteinwirkungen einzuhaltenden Grenzwerte nicht überschreiten. Sie müssen so betrieben werden, dass vermeidbare Emissionen verhindert und unvermeidbare auf ein Mindestmaß beschränkt bleiben.

Verkehrs-beschränkungen
vgl. § 40

Die zuständige Straßenverkehrsbehörde kann den Kraftfahrzeugverkehr beschränken oder verbieten, soweit ein Luftreinhalteplan oder ein Plan für kurzfristig zu ergreifende Maßnahmen dies vorsehen.

Die zuständige Straßenverkehrsbehörde kann den Kraftfahrzeugverkehr auf bestimmten Straßen oder in bestimmten Gebieten verbieten oder beschränken, wenn der Kraftfahrzeugverkehr zur Überschreitung von festgelegten Immissionswerten beiträgt, um schädliche Umwelteinwirkungen durch Luftverunreinigungen zu vermindern oder deren Entstehen zu vermeiden.

Begriffsbestimmung

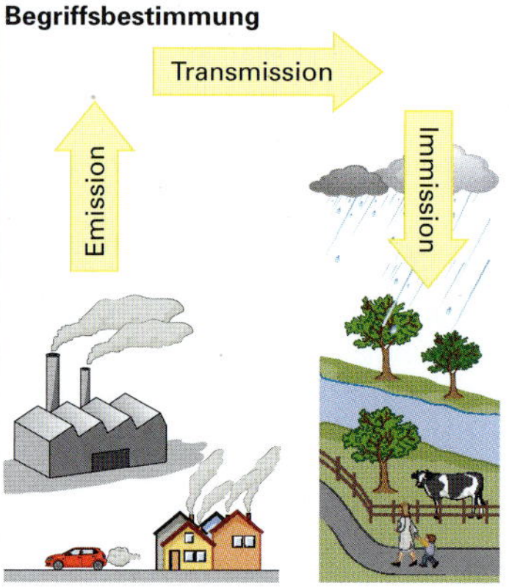

Geräuschquellen im Kfz-Betrieb
- Bremsenprüfstände
- Leistungsprüfstände
- Abgasprüfung
- Druckluftschrauber
- Druckluftkompressoren
- Reinigungsarbeiten mit dem Hochdruckreiniger
- Karosseriearbeiten
- Verkehrslärm auf dem Betriebshof durch Kunden-, Reparatur- und Lieferantenfahrzeuge
- Nachtanlieferungen

Grenzwerte für die Geräuschemission von Kraftfahrzeugen (Auswahl)

PKW, Omnibus, Lkw
nach EU 540/2014: in dB (A)

	Typ ab 1.7.16	Typ ab 1.7.20 EZ ab 1.7.22	Typ ab 1.7.24 EZ ab 1.7.26
Pkw (M1)			
≤ 120 kW/t	**72**	**70**	**68**
120 ≤ 160 kW/t	**73**	**71**	**69**
> 160 kW/t	**75**	**73**	**71**
> 200 kW/t, ≤ 4 Sitzplätze	**75**	**74**	**72**
Omnibus (M3)			
≤ 150 kW	**76**	**74**	**73**[1]
150 ≤ 250 kW	**78**	**77**	**76**[1]
> 250 kW	**80**	**78**	**77**[1]
Lkw (N3)			
≤ 150 kW	**79**	**77**	**76**[1]
150 ≤ 250 kW	**81**	**79**	**77**[1]
> 250 kW	**82**	**81**	**79**[1]

[1] Typprüfung +2 Jahre, EZ +1 Jahr
Fahrzeugklassen (M, N) siehe S. 237

Krafträder
nach UNECE-R41 in dB (A)

PMR ≤ 25	**73**
25 < PMR ≤ 50	**74**
PMR > 50	**77**

PMR = Leistungs-Masse-Verhältnis

Wasserhaushaltsgesetz (WHG) Stand 03.07.2023 (Auszug), weitere Vorschriften

Zweck Anwendungsbereich vgl. § 1,2 WHG	Das Wasserhaushaltsgesetz (WHG) ist ein Rahmengesetz zum Schutz des Wassers und zur Ordnung des Wasserhaushalts. Die wichtigsten Bestimmungen betreffen – die Benutzung von Gewässern, – die Unterhaltung und den Ausbau von Gewässern.	Ergänzende Vorschriften: – Abwasserverordnung (AbwV) – Wassergesetze der Bundesländer – Indirekteinleiterverordnung (IndVO) – örtliche Abwassersatzungen
Allgemeine Sorgfaltspflichten vgl. § 5 WHG	Jede Person ist verpflichtet, bei Maßnahmen, mit denen Einwirkungen auf ein Gewässer verbunden sein können, die erforderliche Sorgfalt anzuwenden, um – eine Verunreinigung des Wassers zu vermeiden, – eine sparsame Verwendung des Wassers sicherzustellen, – die Leistungsfähigkeit des Wasserhaushalts zu erhalten und – eine Vergrößerung des Wasserabflusses zu vermeiden.	**Erlaubniserfordernis** (vgl. § 8 WHG) Die Benutzung der Gewässer (Grundwasser und oberirdische Gewässer) bedarf der Erlaubnis. Die Benutzung umfasst u.a. die Entnahme von Wasser und das Einleiten von Abwasser.

Grundstücksentwässerung Kfz-Betrieb

Beispiel

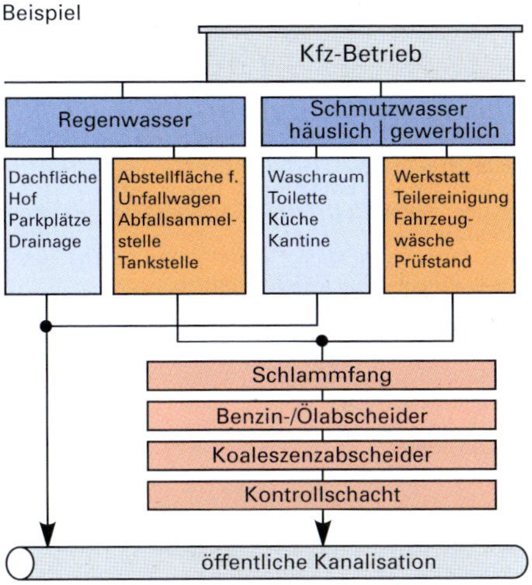

Anforderungen an das Einleiten von Abwasser
- Das Einleiten von Abwasser in ein Gewässer (Direkteinleitung) oder in das öffentliche Kanalnetz (Indirekteinleitung) darf nur erlaubt werden, wenn Menge und Schädlichkeit des Abwassers so gering gehalten werden, wie dies technisch möglich bzw. zumutbar ist.
- Bei der Einleitung in das öffentliche Kanalnetz, für Kfz-Betriebe in der Regel zutreffend, sind die örtlich zulässigen Grenzwerte einzuhalten.
- Grundsätzlich sind von der öffentlichen Abwasserbeseitigung sämtliche Stoffe ausgeschlossen, die die Funktionsfähigkeit der örtlichen Abwasseranlage beeinträchtigen oder den dort arbeitenden Personen Schaden zufügen können. Insbesondere sind ausgeschlossen:
  - Stoffe, die zu Verstopfungen führen können, z.B. Sand, Späne
  - feuergefährliche, explosive, giftige oder ölhaltige Stoffe
  - Abwässer, die schädliche oder belästigende Gase verbreiten

Kontrolle, Wartung und Leerung von Abscheidern (vgl. DIN 1999-100)
- Abscheideranlagen sind monatlich zu kontrollieren und halbjährlich nach den Herstellervorschriften zu warten.
- Die Kontroll- und Wartungsarbeiten dürfen nur durch den benannten Sachkundigen (z.B. geschulter Mitarbeiter) ausgeführt werden.
- Die Leerung erfolgt nach Bedarf, jedoch spätestens, wenn der Schlammfang zu 50% oder der Leichtflüssigkeitsabscheider zu 80% gefüllt ist.
- Die Kontroll- und Wartungsarbeiten sowie die Leerungen sind in einem Betriebstagebuch zu dokumentieren.
- Alle 5 Jahre muss durch einen Fachkundigen (z.B. Sachverständiger) eine Generalinspektion durchgeführt werden.

Abwasserbehandlungsanlagen

Schema einer Schwerkraftabscheideranlage

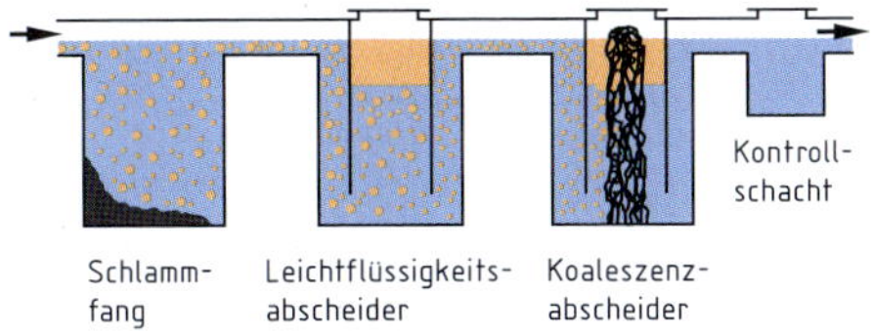

Kombinierter Abscheider mit Wirbelverfahren

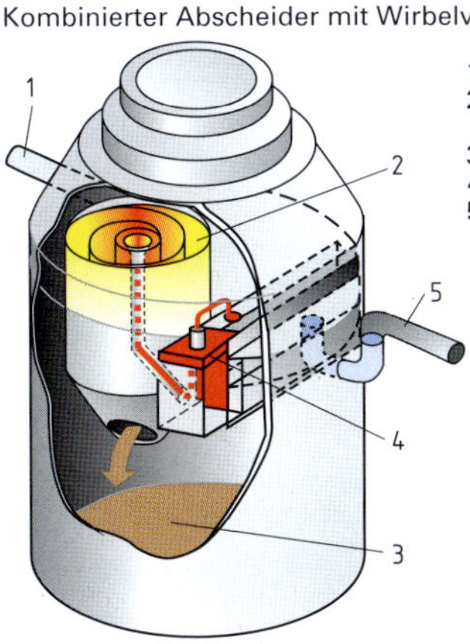

1 Zulauf
2 kombinierter Abscheider
3 Schlammraum
4 Öltank
5 Ablauf

Schwerkraftabscheider nach DIN EN 858
Eine Abscheideranlage setzt sich aus folgenden Elementen zusammen:
- *Schlammfang*: Hier sinken schwere Partikel (Sand, Metallabrieb) nach unten und werden somit aus dem Abwasser entfernt.
- *Abscheider der Klasse II* (Benzin- / Ölabscheider): Hier steigen Flüssigkeiten, die leichter als Wasser sind (z.B. Öl, Benzin), nach oben, schwimmen auf und können aus dem Abwasser entfernt werden.
- *Abscheider der Klasse I* (Koaleszenzabscheider): Hier werden in Schwebe befindliche kleinste Tröpfchen von Leichtflüssigkeiten, wie sie z.B. bei der Hochdruckreinigung entstehen, zu größeren Tropfen zusammengeführt. Diese steigen dann nach oben und können wie beim Abscheider der Klasse II aus dem Abwasser entfernt werden.

Nach dem Abscheider befindet sich ein Kontrollschacht. Dort können Proben zur Kontrolle des gereinigten Abwassers entnommen werden.

Bei modernen Abwasseranlagen sind die Elemente Sandfang, Abscheider der Klassen I und II häufig in einem Bauteil zusammengefasst (kombinierter Abscheider, vgl. Abb.)

Abwasserbehandlungsverfahren für Waschplätze, Waschanlagen
Zur weitergehenden Abwasserbehandlung eignen sich folgende Verfahren:
- *Emulsionsspaltanlagen:* Im Abwasser enthaltene feste Emulsionen werden durch Zusatz von Chemikalien aufgespalten und die Schadstoffe abgetrennt.
- *Ultrafiltration:* Das Abwasser wird unter hohem Druck durch einen Filter mit feinsten Poren (Keramik- oder Kunststoffmembran) gepresst und so kleinste Partikel aus dem Abwasser gefiltert.
- *Biologische Abwasserbehandlungsanlage:* Das Abwasser wird durch Bakterienkulturen gereinigt, die Mineralölprodukte zersetzen können.
- *Ozon-Anlage:* Die Schadstoffe im Abwasser werden durch Ozon oxidiert bzw. aufgespalten. Dies dient vor allem zur Desinfektion des Wassers aus Waschstraßen oder Portalwaschanlagen. Es kann dann länger im Kreislauf geführt werden.

Wassergefährdende Stoffe

Begriff
vgl. § 62 WHG
bzw. § 2 AwSV

Wassergefährdende Stoffe sind feste, flüssige und gasförmige Stoffe und Gemische, die geeignet sind, dauernd oder in einem nicht nur unerheblichen Ausmaß nachteilige Veränderungen der Wasserbeschaffenheit herbeizuführen.

Beispiele
Säuren, Laugen, Mineralöle und deren Produkte, Pflanzenbehandlungsmittel, Schwermetalle, Phosphate, halogenierte Kohlenwasserstoffe.

Wassergefährdungsklassen
vgl. § 3 AwSV

Wassergefährdende Stoffe werden nach der Verordnung über Anlagen zum Umgang mit wassergefährdenden Stoffen (AwSV) in Wassergefährdungsklassen (WGK) eingeteilt:

Klasse	Wassergefährdung	Beispiele
WGK 1	schwach wassergefährdend	Bremsflüssigkeit, Kühlflüssigkeit, Batteriesäure
WGK 2	deutlich wassergefährdend	Motoröl, Getriebeöl, Dieselkraftstoff
WGK 3	stark wassergefährdend	Altöl, Ottokraftstoff, Verdünnung

Die Wassergefährdungsklasse eines Stoffs ist im zugehörigen Sicherheitsdatenblatt (vgl. S. 98) angegeben.

Umgang mit wassergefährdenden Stoffen
vgl. § 62 WHG,
§ 23, 24 AwSV

Nach dem Wasserhaushaltsgesetz müssen Anlagen zum Lagern, Abfüllen, Herstellen und Behandeln wassergefährdender Stoffe so beschaffen sein und geführt werden, dass eine Verunreinigung der Gewässer oder der öffentlichen Kanalisationsanlage ausgeschlossen ist, z. B. durch Verwendung von doppelwandigen Behältern, Auffangwannen, Schnellschlussventilen.

Der Betreiber von Anlagen hat
- die Dichtheit und Funktionsfähigkeit ständig zu kontrollieren
- das Befüllen und Entleeren zu überwachen
- ggf. den Zustand von einem Sachverständigen überprüfen zu lassen
- bei Gefahr die Anlage außer Betrieb zu nehmen und, soweit erforderlich, zu entleeren.

3

Entzündbare Flüssigkeiten

Grundlagen
vgl. EG/1272/2008

Entzündbare Flüssigkeiten sind Gefahrstoffe (vgl. S. 98). Es gelten für sie deshalb besondere Vorschriften bezüglich der Kennzeichnung, dem Umgang und der Lagerung. Sie werden nach der sogenannten CLP-Verordnung in drei Kategorien eingeteilt (siehe unten).

Im Kfz-Betrieb werden zahlreiche entzündbare Flüssigkeiten eingesetzt, z. B.:
- Kraftstoffe
- Lösungsmittel
- Reinigungsmittel

Einstufung Kennzeichnung
vgl. EG/1272/2008

Die Einstufung der entzündbaren Flüssigkeiten erfolgt anhand der in der Verordnung EG/1272/2008 (CLP-Verordnung) festgelegten Einstufungskriterien:

Kategorie	Siedebeginn	Flammpunkt[1]	Beispiele
1 Extrem entzündbar	≤ 35 °C	< 23 °C	Ottokraftstoff
2 Leicht entzündbar	> 35 °C	< 23 °C	Ethanol (Spiritus) Altöl unbekannter Herkunft
3 Entzündbar	—	23 ... 60 °C	Dieselkraftstoff, Frostschutz für Scheibenwaschanlage, Petroleum

[1] Der Flammpunkt ist die niedrigste Temperatur, bei der unter vorgeschriebenen Versuchsbedingungen sich aus einer Flüssigkeit Dämpfe in solchen Mengen entwickeln, dass sie mit der über der Flüssigkeit stehenden Luft ein durch Fremdzündung entflammbares Gemisch bilden (vgl. DIN ISO 2592).

Für die Kennzeichnung der entzündbaren Flüssigkeiten gelten die Regelungen der Gefahrstoffkennzeichnung nach GHS bzw. CLP (vgl. S. 99).

Lagerung
vgl. TRGS 509
TRGS 510

Grundsatz
Anlagen zur Lagerung entzündbarer Flüssigkeiten müssen so installiert, montiert und ausgerüstet sein, sowie so unterhalten und betrieben werden, dass die Sicherheit Beschäftigter und Dritter, insbesondere vor Brand- und Explosionsgefahren, gewährleistet ist.

Maßnahmen (Beispiele)
- Aufstellung der Tanks so, dass keine Verlagerung oder Neigung, kein Aufschwimmen und keine Beschädigung von außen möglich ist,
- Tanks mit Überfüllsicherung,
- doppelwandige Tanks oder Auffangwanne,
- ausreichende Be- und Entlüftung der Anlage,
- Zündquellen von der Anlage fernhalten,
- Betriebsanweisung zum sicheren Betrieb des Lagers,
- Kennzeichnungen und Verbotsschilder, die auf mögliche Gefahren hinweisen,
- regelmäßige Kontrolle der Anlage.

Lagerungsmöglichkeiten
- Lagerräume mit Wänden und Decken aus feuerbeständigen Materialien
- überdachtes Freilager, z. B. Regallager,
- Fassboxen
- Sicherheitsschränke (für Kleinmengen)

Unzulässige Lagerung
Behälter für Gefahrstoffe dürfen nicht an Orten aufgestellt werden, an denen dies zu einer Gefährdung der Beschäftigten oder anderer Personen führen kann oder wirksame Gefahrenabwehrmaßnahmen behindert werden. Dazu gehören z. B.:
- Verkehrswege, auch Treppenräume, Flucht- und Rettungswege, Durchgänge, Durchfahrten,
- enge Innenhöfe,
- Pausen-, Bereitschafts-, Sanitär-, Sanitätsräume oder Tagesunterkünfte,
- Arbeitsräume.

Gesetzliche Grundlagen

Straßenverkehrsgesetz (StVG)	Das Straßenverkehrsgesetz (StVG) bildet zusammen mit der Straßenverkehrs-Ordnung (StVO) die Grundlage des Verkehrsrechts. Die Straßenverkehrs-Zulassungsordnung (StVZO), die Fahrzeug-Zulassungsverordnung (FZV) und die Fahrerlaubnisverordnung (FeV) ergänzen bzw. konkretisieren deren Vorgaben.

Fahrerlaubnisverordnung FeV Stand 20.07.2023 (Auszug)

Erlaubnis-/Ausweispflicht vgl. § 4 FeV	Wer auf öffentlichen Straßen ein Kraftfahrzeug führt, bedarf der Fahrerlaubnis (Führerschein). Diese ist beim Führen des Kfz mitzuführen und ist zuständigen Personen auf Verlangen auszuhändigen. Der Führerschein ist 15 Jahre gültig, danach muss er neu beantragt werden (keine neue Prüfung notwendig).
Fahrerlaubnisfreie Fahrzeuge vgl. § 4 FeV [1] ggf. Prüfung notwendig nach § 5 FeV	Fahrerlaubnisfreie (führerscheinfreie) Fahrzeuge sind unter anderem: • einspurige Fahrräder mit Hilfsmotor mit v_{max} = 25 km/h (Mofas)[1] • zweirädrige Kfz Klasse L1e-B und dreirädrige Kfz Klassen L2e-P und L2e-U (vgl. EU Nr. 168/2013)[1] • Elektrokleinstfahrzeuge nach Elektrokleinstfahrzeuge-Verordnung (eKFV), z. B. Elektroscooter • motorisierte Krankenfahrstühle, m_{leer} max. 300 kg, m_{zul} max. 500 kg, v_{max} = 15 km/h • land- oder forstwirtschaftliche Zugmaschinen, selbstfahrende Arbeitsmaschinen, Flurfördermaschinen mit jeweils v_{max} bis 6 km/h, einachsige Zug- und Arbeitsmaschinen, die von Fußgängern an Holmen geführt werden Mindestalter: 15 Jahre (Ausnahme: Krankenfahrstühle mit v_{max} unter 10 km/h auch unter 15 J.)
Sonderbestimmung für das Führen von Mofas vgl. § 5 FeV	Durch eine Prüfung muss nachgewiesen werden, dass der Führer eines Mofas (bzw. eines zwei- oder dreirädrigen Kraftfahrzeugs bis 25 km/h) ausreichende Kenntnisse der gesetzlichen Vorschriften hat und mit den Gefahren und den zu ihrer Abwehr erforderlichen Verhaltensweisen im Straßenverkehr vertraut ist. Die bestandene Prüfung wird durch eine Prüfbescheinigung nachgewiesen. Führerscheinbesitzer benötigen keine Prüfbescheinigung.

3

Fahrerlaubnisklassen (vgl. § 6 FeV), **Mindestalter** (vgl. § 10 FeV)

Klasse			Mindestalter	Bemerkungen	Einschlüsse
AM		Leichte zweirädrige Kleinkrafträder (Mopeds), v_{max} 45 km/h, Hubraum bis 50 cm³, Elektromotor max. 4 kW. Dreirädrige Kleinkrafträder und leichte vierrädrige Kraftfahrzeuge, v_{max} 45 km/h, bis 50 cm³ (Ottomotor), bis 500 cm³ (Dieselmotor), Elektromotor max. 4 kW, max. 2 Sitzplätze.	16	Masse fahrbereit: Dreirädrige Kleinkrafträder $m_{leer} \leq 270$ kg Leichte vierrädrige Kraftfahrzeuge $m_{leer} \leq 425$ kg	
A1		Krafträder (auch mit Beiwagen) bis 125 cm³, Nutzleistung max. 11 kW, Leistung/Leermasse max. 0,1 kW/kg. Dreirädrige Kfz, über 50 cm³, v_{max} über 45 km/h, max. 15 kW.	16	Bei dreirädrigen Kraftfahrzeugen: Räder symmetrisch angeordnet	AM
A2		Krafträder (auch mit Beiwagen), Nutzleistung max. 35 kW, Leistung/Leermasse max. 0,2 kW/kg	18		AM. A1
A		Krafträder und dreirädrige Kraftfahrzeuge ohne Begrenzung von Höchstgeschwindigkeit und Motorleistung	20 21 24	ab 20 J. mit 2 J. Vorbesitz A2 ab 21 J für 3-rädrige Kfz, >15 kW ab 24 J. Direkteinstieg möglich	AM, A1, A2
B		Kfz m_{zul} < 3,5 t, max. 8 Fahrgastplätze, mit Anh. $m_{zul,Anh}$ < 750 kg oder mit Anhänger m_{zul} > 750 kg, wenn $m_{zul,Anh} < m_{Zugf,leer}$ und die zul. Gesamtmasse des Zuges kleiner als 3,5 t ist.	18 (17)	**B17:** „Begleitetes Fahren" mit eingetragenen Begleitpersonen ist ab 17 J. erlaubt.	AM, L
		B96: mit Anhänger m_{zul} > 750 kg und einer zul. Gesamtmasse des Zuges zwischen 3500 kg und 4250 kg, nach Fahrerschulung mit mind. 2,5 h Theorie- und 3,5 h Praxisschulung.	18 (17)	Vorbesitz Klasse B	
		B196: Führen eines Kraftrads (auch mit Beiwagen) bis 125 cm³, bis 11 kW, Leistung/Leermasse max. 0,1 kW/kg, Fahrerschulung mind. 4 Theorie- und 5 Praxiseinheiten (je 90 Min.). Gilt nur in Deutschland.	25	Vorbesitz Klasse B mind. 5 J., Zwischen Fahrerschulung und Eintragung max. 1 Jahr.	
BE		Kfz der Klasse B mit Anhänger über m_{zul} = 750 kg, auch wenn m_{zul} des Anhängers größer ist als die Leermasse des Zugfahrzeuges.	18	Vorbesitz Klasse B	AM, L
C1		Kfz mit m_{zul} > 3,5 t und m_{zul} < 7,5 t, max. 8 Fahrgastplätze, mit Anhänger bis m_{zul} = 750 kg	18	Vorbesitz B, ärztl. Untersuchung, befristet auf 5 J.	B, AM, L
C		Kfz mit m_{zul} > 3,5 t, max. 8 Fahrgastplätze, mit Anhänger bis m_{zul} = 750 kg. Bei gewerblicher Güterbeförderung unter 21 Jahren m_{zul} max. 7,5 t einschließlich Anhänger	21 (18)		C1, B, AM, L
C1E	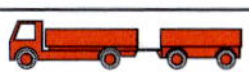	Kfz Klasse B mit Anhänger m_{zul} > 3500 kg, ges. Zug m_{zul} < 12 t Kfz Klasse C1 mit Anhänger m_{zul} > 750 kg, ges. Zug m_{zul} < 12 t	18	Vorbesitz C1, ärztl. Untersuchung, befristet auf 5 J.	B, BE, AM, L
CE		Kfz der Klasse C mit Anhänger über m_{zul} = 750 kg	21 (18)	Vorbesitz C, ärztl. Untersuchung, befristet auf 5 J.	B, BE, C1E, AM, L, T
D1		Kfz zur Personenbeförderung über 8 bis max. 16 Fahrgastplätze, Länge max. 8 m, mit Anhänger bis m_{zul} = 750 kg	21	Vorbesitz B, ärztl. Untersuchung, polizeiliches Führungszeugnis, befristet auf 5 J.	B, AM, L
D		Kfz zur Personenbeförderung über 8 Fahrgastplätze, mit Anhänger bis m_{zul} = 750 kg	24 (21)		D1, B, AM, L
D1E		Kfz der Klasse D1 mit Anhänger über m_{zul} = 750 kg	21	Vorbesitz D1, ärztl. Untersuchung, polizeiliches Führungszeugnis, befristet auf 5 J.	B, BE, AM, L
DE		Kfz der Klasse D mit Anhänger über m_{zul} = 750 kg	24 (21)	Vorbesitz D, ärztl. Untersuchung, polizeiliches Führungszeugnis, befristet auf 5 J.	B, BE, D1, D1E AM, L
L		Land- und forstw. Zugm. bis 40 km/h, mit Anhänger bis 25 km/h, selbstf. Arbeitsmaschinen und Flurförderfahrzeuge bis 25 km/h	16	auch Kombinationen aus diesen Fahrzeugen	
T		Land- und forstwirtschaftliche Zugmaschinen bis v_{max} = 60 km/h auch mit Anhänger, selbstfahrende Arbeitsmaschinen bis 40 km/h	16	bis 18 Jahre begrenzt auf 40 km/h	AM, L

Notwendigkeit einer Zulassung
vgl. § 3 FZV

Fahrzeuge dürfen auf öffentlichen Straßen nur in Betrieb gesetzt werden, wenn sie zum Verkehr zugelassen sind. Die Zulassung erfolgt durch Zuteilung eines Kennzeichens und der Ausfertigung einer Zulassungsbescheinigung Teil 1.

Voraussetzung: Das Fahrzeug muss einer Typ- oder Einzelgenehmigung entsprechen und haftpflichtversichert sein. Zulassungsfrei sind: Kleinkrafträder, Leichtkraftfahrzeuge, motorisierte Krankenfahrstühle, Anhänger für Land- und Forstwirtschaft bis 25 km/h, Anhänger für Sportgeräte und Sportpferde.

Amtliche Kennzeichen vgl. FZV § 9, § 10

Allgemeines Kennzeichen (Eurokennzeichen)

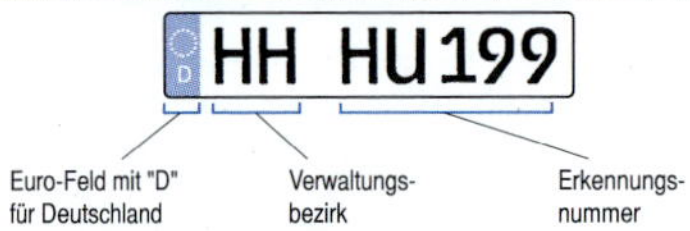

Standard-Kennzeichen für zugelassene Fahrzeuge.
- Schwarze Schrift auf weißem, reflektierendem Grund und schwarze Umrandung.
- In den EU-Ländern und in der Schweiz wird kein zusätzliches „D-Schild" benötigt.

Wechselkennzeichen

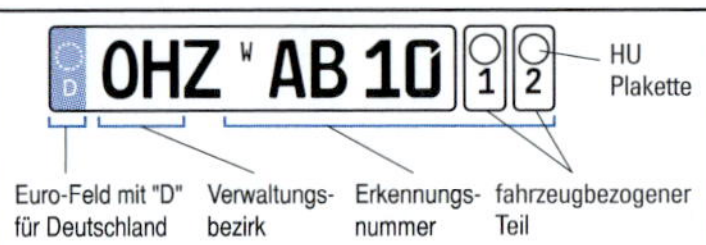

Kennzeichen für zwei zugelassene Fahrzeuge, mit Erkennungsnummern, die sich nur in der letzten Zahl unterscheiden (z. B. AB 101, AB 102).
- Nur für Fahrzeuge der gleichen Fahrzeugklasse.
- Der fahrzeugbezogene Teil (mit HU-Plakette) ist fest angebracht.
- Es darf zur selben Zeit nur an einem Fahrzeug geführt werden.

Grünes Kennzeichen

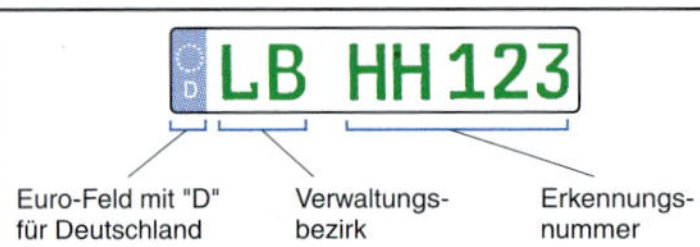

Kennzeichen für Fahrzeuge, deren Halter von der Kraftfahrzeugsteuer befreit ist.
- Land- und forstwirtschaftliche Fahrzeuge,
- Rettungswagen,
- Schaustellerfahrzeuge,
- Fahrzeuge von gemeinnützigen oder öffentlichen Organisationen.

Rotes Oldtimerkennzeichen (Kennziffer 07)

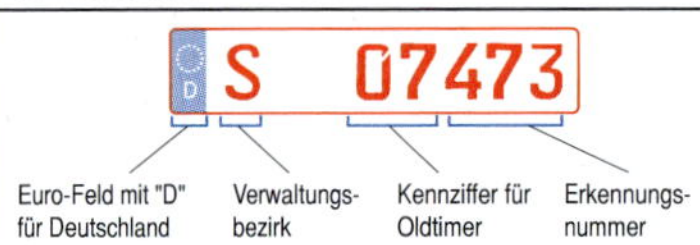

Kennzeichen für Oldtimerfahrzeuge (erste Zulassung vor über 30 Jahren und Sachverständigengutachten).
- Erlaubt sind: Prüfungsfahrten, Überführungsfahrten, An- und Abfahrten sowie Teilnahme an Oldtimerveranstaltungen.
- Eine gültige Fahrzeuguntersuchung ist nicht erforderlich.
- Es kann für mehrere Fahrzeuge verwendet werden.

Rotes Kennzeichen (Kennziffer 05, 06)

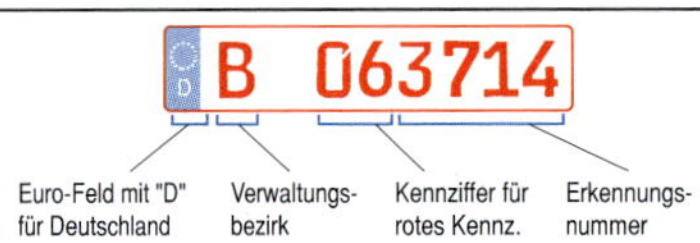

Kennzeichen für Prüfungs-, Probe- und Überführungsfahrten.
- Erteilung an zuverlässige Hersteller und Werkstätten zur Verwendung an unterschiedlichen Fahrzeugen.
- Vor jeder Fahrt muss das Fahrzeug im Fahrzeugscheinheft eingetragen werden.
- Es ist ein Fahrtenbuch zu führen.

Oldtimer-Kennzeichen (Historienkennzeichen)

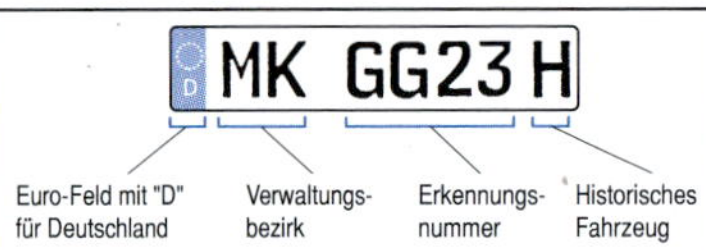

Kennzeichen für Fahrzeuge die vornehmlich der Pflege des kfz-technischen Kulturguts dienen.
- Das Fzg. wurde vor mindestens 30 Jahren erstmals zugelassen.
- Ein Sachverständigengutachten, in dem das Fahrzeug als historisch anerkannt wurde, liegt vor.
- Eine gültige HU, AU, ggf. SP ist erforderlich.

Kennzeichen für Elektrofahrzeuge

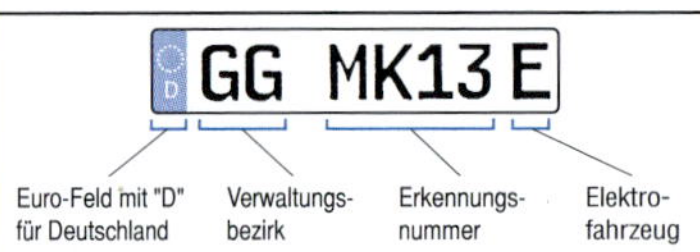

Kennzeichen für ein reines Batterieelektrofahrzeug, ein von außen aufladbares Hybridelektrofahrzeug oder ein Brennstoffzellenfahrzeug.
Für Plugin-Hybridfahrzeuge gilt: CO_2-Emission max. 50g/km, elektrische Reichweite größer 40 km.

Kurzzeitkennzeichen

Kennzeichen für Prüfungs-, Probe- und Überführungsfahrten.
- Das Ablaufdatum ist spätestens 5 Tage nach der Zuteilung durch die Zulassungsbehörde.
- Das Fahrzeug muss verkehrssicher sein, es benötigt weder Typgenehmigung noch HU und AU.

Saisonkennzeichen

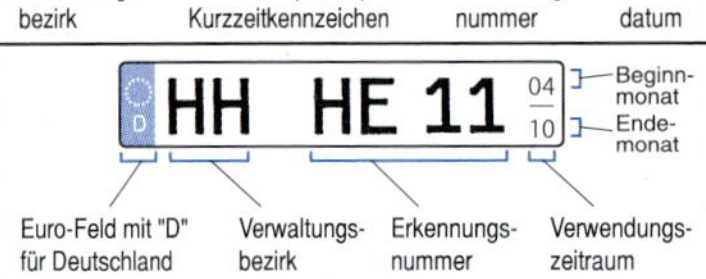

Kennzeichen für Fahrzeuge, die nur einen Teil des Jahres verwendet werden.
- Der Zeitraum ist auf dem Kennzeichen eingeprägt.
- Außerhalb dieses Zeitraums dürfen sich diese Fahrzeuge nicht im öffentlichen Verkehrsraum befinden.
- Das Fahrzeug bleibt stets zugelassen.

Ausfuhrkennzeichen

Kennzeichen für Fahrzeuge, die in Deutschland für den Export beschafft wurden und ins Ausland gefahren werden sollen.
- Das Fzg. muss verkehrssicher und haftpflichtversichert sein.
- Die Zulassung ist auf maximal 1 Jahr befristet.
- Das Fahrzeug darf in Deutschland und im Ausland gefahren werden.

Versicherungskennzeichen
vgl. FZV § 26, § 27

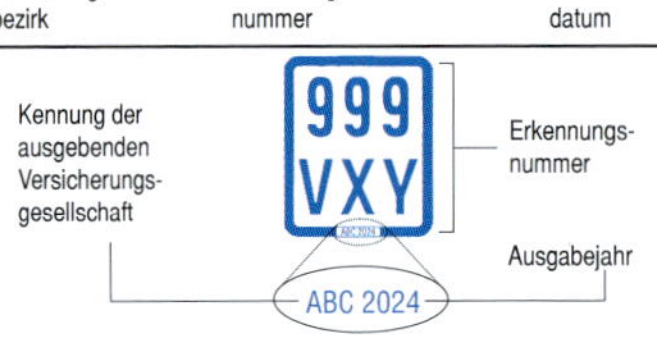

Kennzeichen für zulassungsfreie, versicherungspflichtige Fahrzeuge: z. B. Mofas, Kleinkrafträder, Leichtkraftfahrzeuge.
- Gültig 1 Jahr, von Anfang März bis Ende Februar.
- Die Farben wechseln jährlich (blau 2024, grün 2025, schwarz 2026) und wiederholen sich in den folgenden Jahren in dieser Reihenfolge.
- Rotes Kennzeichen für Probe und Überführungsfahrten.
- Für jede Versicherungsgesellschaft gibt es als Kennung mehrere Buchstabenkombinationen.

Zulassungsbescheinigung vgl. FZV § 11, §12

Zulassungsbescheinigung Teil I (alt: Fahrzeugschein): Wird von der Zulassungsstelle ausgestellt und an den Fahrzeughalter ausgegeben. Sie bescheinigt die ordnungsgemäße Zulassung des Kraftfahrzeugs und ist vom Fahrer des Kraftfahrzeugs mitzuführen. Sie enthält u. a. die Fahrzeug-Identifizierungsnummer und dient deshalb auch zur Fahrzeugidentifizierung in der Werkstatt.
Bei einer **Außerbetriebsetzung/Stilllegung** wird der Aufkleber auf der Rückseite abgezogen. Das Dokument ist dadurch ungültig.
Zulassungsbescheinigung Teil II (alt: Fahrzeugbrief): Wird vom Kraftfahrt-Bundesamt (KBA) an den Hersteller ausgegeben. Gleichzeitig wird das Fahrzeug ins zentrale Fahrzeugregister eingetragen. Bei der Auslieferung wird die Bescheinigung zusammen mit der CoC (vgl. S. 110) an den Fzg.-Käufer übergeben. Die Zulassungsbescheinigung Teil II weist die Existenz des Fahrzeugs nach und gilt als Eigentumsnachweis. Sie ist daher nicht im Fahrzeug mitzuführen, sondern an einem sicheren Ort aufzubewahren.

Zulassungsbescheinigung Teil I (Muster)

Zulassungsbescheinigung Teil I
(Fahrzeugschein)
Nr. S-K-0-076/22-08543

Europäische Gemeinschaft (D) Bundesrepublik Deutschland

Permiso de circulacio´n.Parte I / Osvéde`ceni-Ca´st I/ Registreingsatest. DelI/Registreerimistunnistus. Osa I/ Registration certificat. Part I/ Regisstracijas Abliciba.I/ Permiso de circulacio´n.Parte I / Osvéde`ceni-Ca´st I/ Registreingsatest. DelI/Registreerimistunnistus. Osa I/ Registration certificat. Part I/ Regisstracijas Abliciba.I

A. Amtliches Kennzeichen
S-HT 3510

C1.1 Name oder Firmenname
Mustermann
C1.2 Vorname(n)
Felix
C1.3 Anschrift
70182 Stuttgart
Olgastraße 33

Nächste HU (Monat und Jahr): 07.2025
I Datum: Stuttgart 25.07.2022

C.4c Der Inhaber der Zulassungsbescheinigung wird nicht als Eigentümer des Fahrzeugs ausgewiesen.

B	27.07.2022	2.1	0005	2.2	CYB000074
J	M1G	4	AC		
E	WBATS102906H45268	3	5		
D.1	BMW				
D.2	G3X				
	TS11				
	IAW50000				
	-				
D.3	X3 xDrive30e				
2	BAYER.MOT.WERKE-BMW				
5	Geländefz.Pers.bef				
	Kombilimousine				
V.9	715/2007*2018/1832AP				
14	EURO 6;WLTP;AP;PI/CI; M; N1 I				
P.3	Hybr.B/E ext. aufl.				
10	0025	14.1	36AP	P.1	1998
22	7.2/8.2: +160 B. ANHÄNGERBETRIEB				
	P4: 55 KW/30 MIN; NENNLEISTUNG				

L	2	9	2	P.2 P.4	135/5000	T	210
18	4708	19	1891				
20	1676	G	2065				
12	-	13	100	Q	-		
V.7	47	F.1	2620	F.2	2620		
7.1	1200	7.2	1510	7.3	-		
8.1	1200	8.2	1510	8.3	-		
U.1	76	U.2	3750	U.3	68		
O.1	2000	O.2	750	S.1	5	S.2	-
15.1	245/50 R19 105W A C1						
15.2	245/50 R19 105W A C1						
15.3	-						
R	Weiß	11	0				
K	e1*2007/46*1797*11						
6	05.02.2021	17	K	16	GC554060		
21	-						
* WW.AHK LT. EGTG *zu P2/							
80 KW							

Bedeutung der Felder in der Zulassungsbescheinigung Teil I

A	Amtliches Kennzeichen	U.3	Fahrgeräusch in dB(A)
B	Datum der Erstzulassung des Fahrzeugs	V.7	CO_2-Ausstoß (g/km) kombinierter Wert
C1.1	Name oder Firmenname des Halters / der Halterin	V.9	Für die EG-Typgenehmigung maßgebliche Schadstoffklasse
C1.2	Vorname des Halters / der Halterin		
C1.3	Anschrift des Halters / der Halterin	(2)	Hersteller-Kurzbezeichnung
C4	Bemerkungen zum Halter / zur Halterin	(2.1)	Code zu (2)
D.1	Marke	(2.2)	Code zu D.2 mit Prüfziffer
D.2	Typ/Variante/Version	(3)	Prüfziffer zur Fahrzeug-Identifizierungsnummer
D.3	Handelsbezeichnung(en)	(4)	Art des Aufbaus
E	Fahrzeug-Identifizierungsnummer	(5)	Bezeichnung der Fahrzeugklasse und des Aufbaus
F.1	Technisch zulässige Gesamtmasse in kg	(6)	Datum zu K
F.2	Im Zulassungsmitgliedstaat zul. Gesamtmasse in kg	(7)	Technisch zulässige maximale Achslast/-masse je Achsgruppe in kg, (7.1) Achse1 bis (7.3) Achse 3
G	Leermasse des Fahrzeugs in kg		
H	Gültigkeitsdauer (umseitig)	(8)	Zulässige maximale Achslast im Zulassungsmitgliedstaat in kg (8.1) Achse1 bis (8.3) Achse 3
I	Datum dieser Zulassung		
J	Fahrzeugklasse	(9)	Anzahl der Antriebsachsen
K	Nummer der EG-Typgenehmigung oder ABE	(10)	Code zu P.3
L	Anzahl der Achsen	(11)	Code zu R
O.1	Technisch zulässige Anhängelast gebremst in kg	(12)	Rauminhalt des Tanks bei Tankfahrzeugen in m^3
O.2	Technisch zulässige Anhängelast ungebremst in kg	(13)	Stützlast in kg
P.1	Hubraum in cm^3	(14)	Bezeichnung der nationalen Emissionsklasse
P.2/P.4	Nennleistung in kW / bei Nenndrehzahl in min^{-1}	(14.1)	Code zu V.9 oder (14)
P.3	Kraftstoffart oder Energiequelle	(15)	Bereifung: (15.1) auf Achse1 bis (15.3) auf Achse 3
Q	Leistungsgewicht in kW/kg (nur bei Krafträdern)	(16)	Nummer der Zulassungsbescheinigung Teil II
R	Farbe des Fahrzeugs	(17)	Merkmal zu Betriebserlaubnis
S.1	Sitzplätze einschließlich Fahrersitz	(18)	Länge in mm
S.2	Stehplätze	(19)	Breite in mm
T	Höchstgeschwindigkeit in km/h	(20)	Höhe in mm
U.1	Standgeräusch in dB(A)	(21)	Sonstige Vermerke
U.2	Drehzahl in 1/min zu U.1	(22)	Bemerkungen und Ausnahmen

Zu P.3/(10):	Benzin/0001	Diesel/0002	Elektro/0004	Plug-in-Hybrid: Benzin+El./0025, Diesel+El./0026	Benzin/Flüssiggas/0006

Zu P2/P4: Bei reinem Elektroantrieb wird hier die maximale Dauerleistung über 30 min. angegeben, die Nennleistung ggf. bei (22).
Zu (15.1) bis (15.3): Es können andere Bereifungen im Rahmen der gültigen Typ- oder Einzelgenehmigung angebracht werden. Ein zusätzliches Gutachten und die Änderung oder Neuausstellung der Zulassungsbescheinigung Teil I ist nicht erforderlich.

Betriebserlaubnis
vgl. § 19 StVZO

Die **Betriebserlaubnis** ist der Nachweis, dass das Fahrzeug den gesetzlichen Vorschriften entspricht. Sie wird vom Kraftfahrtbundesamt oder ähnlichen Institutionen in den anderen EG-Ländern ausgestellt. Sie erlischt, wenn Änderungen durchgeführt werden, durch die: 1. die in der Betriebserlaubnis genehmigte Fahrzeugart geändert wird, 2. eine Gefährdung der Verkehrsteilnehmer zu erwarten ist, 3. das Abgas- oder Geräuschverhalten verschlechtert wird.

Allgemeine Betriebserlaubnis
vgl. § 19 StVZO

Die **Allgemeine Betriebserlaubnis ABE (EG-Typgenehmigung)** wird nach Prüfung dem Hersteller für in Serie gefertigte Fahrzeuge erteilt. Sie ist eine in allen Mitgliedsstaaten der EU gültige Betriebserlaubnis. Der Hersteller erstellt für das Fahrzeug eine **EG-Übereinstimmungsbescheinigung (Certificate of Conformity CoC)**. Diese bescheinigt, dass das Fahrzeug der EG-Typgenehmigung entspricht und somit in allen EU-Ländern zugelassen werden kann.

Der Hersteller oder die Zulassungsbehörde stellt die Zulassungsbescheinigung Teil II (Fahrzeugbrief) aus. Die Zulassungsbehörde erstellt aufgrund der technischen Daten der EG-Übereinstimmungsbescheinigung die Zulassungsbescheinigung Teil I (Fahrzeugschein).

Betriebserlaubnis für Einzelfahrzeuge
vgl. § 19 StVZO

Gehört ein Fahrzeug nicht zu einem genehmigten Typ, muss der Hersteller oder ein anderer Verfügungsberechtigter die Betriebserlaubnis bei der Zulassungsbehörde beantragen. Dazu ist ein Gutachten eines amtlich anerkannten Sachverständigen vorzulegen. Die Angaben aus dem Gutachten überträgt die Zulassungsbehörde in die Zulassungsbescheinigung Teil I und soweit vorgesehen in den Teil II.

Betriebserlaubnis für Fahrzeugteile (Teilegenehmigung)
vgl. § 19 StVZO

Teilegutachten
Anlage XIX

Die **Betriebserlaubnis (BE)** für einzelne Fahrzeugteile oder Baugruppen (Teilegenehmigung) wird von einer zuständigen Behörde aus dem Inland (z. B. KBA) oder aus einem EU-Land erteilt.

In Serie gefertigte Teile erhalten eine **allgemeine Betriebserlaubnis (ABE)**. Jedes Teil ist mit einem Typzeichen gekennzeichnet. Jedem Teil ist eine Kopie der Betriebserlaubnis (Teilegenehmigung) beigefügt.

Auf ihr ist vermerkt, an welchen Fahrzeugen der Anbau erlaubt ist.

Der Teilegenehmigung ist zu entnehmen, ob nach dem Anbau des Teils die Abnahme durch einen Sachverständigen (Änderungsabnahme) vorgeschrieben ist.

Die Teilegenehmigung ist mitzuführen, außer wenn nach erfolgter Änderungsabnahme ein Eintrag in die Fahrzeugpapiere erfolgt ist.

Teilegutachten (TGA) werden von Technischen Diensten oder Prüfstellen erstellt.

Nach der Montage eines Fahrzeugteiles mit Teilegutachten ist immer eine Änderungsabnahme durch einen Sachverständigen vorgeschrieben.

Prüfzeichen
vgl. § 19 StVZO

Bauartgenehmigung von Fahrzeugteilen
vgl. § 19 StVZO

(E1) Prüfzeichen nach ECE-Regelung, es wird international erteilt und anerkannt.

[e1] Prüfzeichen nach EG-Richtlinie, es wurde eine europäische Typgenehmigung erteilt.

Kennzahlen für das Land im dem die Genehmigung erteilt wurde (Beispiele): 1 Deutschland, 2 Frankreich, 3 Italien, 43 Japan, 45 Australien.

Bestimmte Fahrzeugteile, gleichgültig ob sie an zulassungspflichtigen oder an zulassungsfreien Fahrzeugen verwendet werden, müssen in einer amtlich genehmigten Bauart ausgeführt sein, z. B.:
Scheiben aus Sicherheitsglas und Folien für diese Scheiben, lichttechnische Einrichtungen, Sicherheitsgurte und andere Rückhaltesysteme, Reifen.

Untersuchung der Kraftfahrzeuge und Anhänger
vgl. § 19 StVZO

(1) Halter von zulassungspflichtigen und kennzeichnungspflichtigen Fahrzeugen haben ihre Fahrzeuge auf eigene Kosten in regelmäßigen Zeitabständen untersuchen zu lassen.
(2) Der Halter hat den Monat, in dem das Fahrzeug vorgeführt werden muss, durch eine Prüfplakette (**Hauptuntersuchung HU**) bzw. Prüfmarke (**Sicherheitsprüfung SP**) nachzuweisen.
(3) Die Prüfplakette darf nur angebracht werden, wenn das Fahrzeug keine bzw. geringe Mängel hat, deren unverzügliche Beseitigung zu erwarten ist.
(4) Die Prüfmarke darf nur zugeteilt werden, wenn das Fahrzeug keine Mängel aufweist
(5) Der Halter hat dafür zu sorgen, dass sich Prüfplakette bzw. Prüfmarke in ordnungsgemäßem Zustand befinden.
(6) Monat und Jahr der nächsten Hauptuntersuchung müssen in der Zulassungsbescheinigung Teil I (Fahrzeugschein), die der nächsten Sicherheitsprüfung im Prüfprotokoll vermerkt werden.
(7) Prüfplakette und Prüfmarke werden mit Ablauf des angegebenen Monats ungültig. Zur Behebung bei der Hauptuntersuchung oder Sicherheitsprüfung festgestellter Mängel verlängert sich die Frist um einen Monat. Wird der HU-Termin um zwei Monate überschritten, wird eine vertiefte Hauptuntersuchung mit 20% Preisaufschlag durchgeführt. Bei Verkehrskontrollen droht bei Terminüberschreitung ein Verwarnungs- bzw. Bußgeld.
(8) Einrichtungen, die zur Verwechslung mit der Prüfplakette bzw. Prüfmarke führen können, dürfen an Kraftfahrzeugen nicht angebracht werden.
(9) Für die Hauptuntersuchung ist ein Untersuchungsbericht, für die Sicherheitsprüfung ist ein Prüfprotokoll zu erstellen und auszuhändigen.
(10) Untersuchungsbericht bzw. Prüfprotokoll sind bis zur nächsten Untersuchung aufzubewahren.
(11) Halter von Fahrzeugen, bei denen eine Sicherheitsprüfung durchzuführen ist, haben ab dem Tag der Zulassung ein Prüfbuch zu führen.

Untersuchung der Fahrzeuge
Anlage VIII

HU-Prüfplakette
Anlage IX

Bei der **Hauptuntersuchung HU** wird die Einhaltung der Verordnung über die EG-Typgenehmigung für Fahrzeug und Fahrzeugteile sowie die Verkehrssicherheit und die Umweltverträglichkeit des Fahrzeugs untersucht. Sie wird von amtlich anerkannten Sachverständigen oder Prüfern durchgeführt.

Die Abgasuntersuchung ist Teil der Hauptuntersuchung.
Die HU-Plakette wird nur nach erfolgreicher Abgasuntersuchung erteilt.

Die **Prüfplakette** wird am hinteren Kennzeichen von Kraftfahrzeugen und Anhängern angebracht. Die Zahl im mittleren Kreis und die Farbe zeigen das Kalenderjahr an und die oberste Zahl den Monat, in dem das Fahrzeug zur nächsten **HU** vorgeführt werden muss.

Farben für die Durchführungsjahre:

2024 grün	2027 gelb
2025 orange	2028 braun
2026 blau	2029 rosa

Die Farben wiederholen sich in gleicher Reihenfolge

SP-Schild
SP-Prüfmarke
Anlage IXb

Die **Sicherheitsprüfung SP** umfasst eine Sicht-, Wirkungs- und Funktionsprüfung von: Fahrgestell, Fahrwerk, Verbindungseinrichtungen, Lenkung, Reifen, Rädern, Auspuffanlage und Bremsanlage.
Die SP darf auch von anerkannten Werkstätten durchgeführt werden. Der mit der Durchführung betraute Mitarbeiter muss eine spezielle Schulung besucht haben. Alle drei Jahre ist eine Wiederholungsschulung erforderlich.

Das **SP-Schild** ist gut sichtbar am Fahrzeugheck hinten links anzubringen.
Die Pfeilspitze der **Prüfmarke** zeigt auf den Monat, in dem das Fahrzeug vorzuführen ist.
Die Farben der Prüfmarken entsprechen denen der HU-Prüfplakette.

Zeitabstände der Untersuchungen HU, SP, AU — StVZO (Auszug)

Zeitabstand der Untersuchungen Anlage VIII	Art des Fahrzeugs	Zeitabstand in Monaten HU/AU	SP
HU (Hauptuntersuchung) **AU** (Abgasuntersuchung) **AUK** (Abgasuntersuchung bei Krafträdern) **SP** (Sicherheitsprüfung zwischen den fälligen Hauptuntersuchungen)	**Krafträder** (Hubraum über 50 cm^3, Höchstgeschwindigkeit über 45 km/h)	24	
	Personenkraftwagen mit nicht mehr als 8 Fahrgastplätzen		
	– nach der Erstzulassung – jede weitere Untersuchung	36 24	
	– zur gewerblichen Personenbeförderung bis 8 Fahrgastplätze und Mietwagen	12	
	– Krankenkraftwagen und Behinderten-Transportfahrzeuge bis 8 Fahrgastplätze	12	
	Wohnmobile		
	– zul. Gesamtmasse bis 3,5 t, nach der Erstzulassung – jede weitere Untersuchung	36 24	
	– zul. Gesamtmasse größer als 3,5 t bis 7,5 t, nach der Erstzulassung – ab dem 72. Monat nach der Erstzulassung	24 12	
	– zul. Gesamtmasse größer als 7,5 t	12	
	Kraftomnibusse und Fahrzeuge mit mehr als 8 Fahrgastplätzen		
	– nach der Erstzulassung – ab dem 12. bis zum 36. Monat nach der Erstzulassung – jede weitere Untersuchung	12 12 12	6 (nach HU) 6 (nach HU) 3/6/9 (nach HU)
	Kraftfahrzeuge zur Güterbeförderung, Zugmaschinen, Arbeitsmaschinen		
	– v_{max} bis 40 km/h,	24	
	– v_{max} größer 40 km/h, zul. Gesamtmasse bis 3,5 t	24	
	– v_{max} größer 40 km/h, zul. Gesamtmasse größer als 3,5 t bis 7,5 t	12	
	– v_{max} größer 40 km/h, m_{zul} größer 7,5 t bis 12 t – nach der Erstzulassung – ab dem 36. Monat nach der Erstzulassung	12 12	 6 (nach HU)
	– v_{max} größer als 40 km/h, m_{zul} > 12 t – nach der Erstzulassung – ab dem 24. Monat nach der Erstzulassung	12 12	 6 (nach HU)
	Anhänger, angehängte Arbeitsmaschinen, Wohnanhänger		
	– v_{max} bis 40 km/h	24	
	– v_{max} größer 40 km/h, m_{zul} ≤ 0,75 t, ungebremst: – nach der Erstzulassung – jede weitere Untersuchung	36 24	
	– v_{max} größer 40 km/h, zul. Gesamtmasse größer 0,75 t, bis 3,5 t	24	
	– v_{max} größer 40 km/h, zul. Gesamtmasse größer 3,5 t bis 10 t	12	
	– v_{max} größer 40 km/h, zul. Gesamtmasse größer als 10 t – ab dem 24. Monat nach der Erstzulassung	12 12	 6 (nach HU)

Abgasuntersuchung	Die Halter von zulassungspflichtigen Fahrzeugen, die mit einem Ottomotor oder einem Dieselmotor angetrieben sind, müssen die Abgase ihres Fahrzeugs regelmäßig untersuchen lassen. Die Abgasuntersuchung (AU) wird im Regelfall mit der Hauptuntersuchung (HU) durchgeführt. Die HU-Plakette wird nur nach bestandener AU erteilt.	Ausgenommene Fahrzeuge: – mit Ottomotor, weniger als 4 Räder, m_{zul} < 400 kg, v_{max} < 50 km/h, EZ vor 1.6.1969 – mit Dieselmotor, weniger als 4 Räder, v_{max} ≤ 25 km/h, EZ vor 1.1.1977 – Motor- u. Leichtkrafträder, Trikes, Quads, EZ vor 1.1.1989 – land- und forstwirtschaftliche Zugmaschinen

Abgasuntersuchung Anlage VIIIa Untersuchungsverfahren	**Kfz mit Ottomotor ohne Katalysator oder mit ungeregeltem Katalysator**	
	Sichtprüfung der schadstoffrelevanten Bauteile: Verengter Tankeinfüllstutzen oder Betankungshinweis, Luftfilter, Abgasrückführsystem, Sekundärluftsystem, Kurbelgehäuseentlüftung, Auspuffanlage, Katalysator	*Kontrolle (Endrohrmessung):* – schadstoffrelevante Einstelldaten – CO im Leerlauf (≤ 3,5 %) – Funktionsfähigkeit des Abgassystems
	Kfz mit Ottomotor und geregeltem Katalysator	
	Sichtprüfung der schadstoffrelevanten Bauteile: Verengter Tankeinfüllstutzen, Luftfilter, Abgasrückführsystem, Sekundärluftsystem, Kurbelgehäuseentlüftung, Kraftstoffdampf-Rückhaltesystem, Auspuffanlage, Katalysator, Lambdasonden	*Kontrolle (Endrohrmessung):* – schadstoffrelevante Einstelldaten – CO im Leerlauf (≤ 0,5 %) und erhöhtem Leerlauf (≤ 0,3 %) – Lambda bei erhöhtem LL (0,97 … 1,03) – Regelkreisprüfung
	Kfz mit Ottomotor und OBD	
	Sichtprüfung der schadstoffrelevanten Bauteile: Verliersicherung Tankdeckel, Luftfilter, Abgasrückführsystem, Sekundärluftsystem, Kurbelgehäuseentlüftung, Kraftstoffdampf-Rückhaltesystem, Auspuffanlage, Katalysator, Lambdasonden	*Kontrolle (Endrohrmessung):* – CO bei erhöhtem Leerlauf ≤ 0,2 %, ab Euro 6 ≤ 0,1 % – Lambda bei erhöhtem Leerlauf 0,97 … 1,03 – Fehlerspeicher auslesen (kein Fehler gespeichert)
	Krafträder (AUK) ab Erstzulassung 1.1.1989	
	Sichtprüfung der schadstoffrelevanten Bauteile: Luftfilter, Abgasrückführsystem, Sekundärluftsystem, Kurbelgehäuseentlüftung, Auspuffanlage, Katalysator, Lambdasonden (keine gesonderte AU Plakette)	*Kontrolle (Endrohrmessung):* Werte nach Herstellerangaben oder – ohne Katalysator oder mit ungeregeltem Katalysator bei Leerlauf CO ≤ 4,5 % – mit geregeltem Katalys. bei erhöhtem LL CO ≤ 0,3 %
	Kfz mit Dieselmotor ohne OBD	
	Sichtprüfung der schadstoffrelevanten Bauteile: Luftfilter, Abgasrückführsystem, Auspuffanlage, Katalysatoren, Abgasnachbehandlungssysteme, Volllastanschlag, Einspritzpumpe	*Kontrolle (Endrohrmessung):* – Leerlaufdrehzahl und Abregeldrehzahl – Rauchgastrübung: bis Euro 3 ≤ 2,5 m^{-1}, ab Euro 4 ≤ 1,5 m^{-1}
	Kfz mit Dieselmotor und OBD	
	Sichtprüfung der schadstoffrelevanten Bauteile: Luftfilter, Abgasrückführsystem, Auspuffanlage, Katalysatoren, sonstige Abgasnachbehandlungssysteme, z. B. Partikelfilter, SCR-Katalysatoren	*Kontrolle (Endrohrmessung):* – Leerlaufdrehzahl und Abregeldrehzahl – Rauchgastrübung: bis Euro 3 ≤ 2,5 m^{-1}, Euro 4 u. 5 ≤ 1,5 m^{-1} – Partikelzahl (PN): ab Euro 6 ≤ 250 000 Partikel/cm^3 – Fehlerspeicher auslesen (kein Fehler gespeichert)

3

Grundlagen

Für den Anbau der Beleuchtungs- und Signaleinrichtungen gelten sowohl die nationalen Vorschriften StVZO § 49a – § 54) als auch die Vorschriften der EU bzw. Regelungen der ECE: ECE-R 48 (mehrspurige Fahrzeuge), ECE-R 53 (Krafträder), 76/756 EWG, 78/933 EWG (land- u. forstwirtschaftliche Fahrzeuge).

Allgemeine Vorschriften

Der **Anbau** hat so zu erfolgen, dass:
- Beleuchtungs- und Signaleinrichtungen in ihren Eigenschaften nicht beeinträchtigt werden,
- sie nicht unbeabsichtigt verstellt werden können,
- paarweise angebrachte Leuchten in gleicher Höhe über der Fahrbahn und symmetrisch zur Längsmittelebene des Fahrzeugs angeordnet sind.

Farbe und Helligkeit eines Leuchtenpaares müssen gleich sein.

Die **elektrische Schaltung** muss so ausgeführt sein, dass:
- Begrenzungsleuchten, Schlussleuchten, Kennzeichenleuchte und soweit vorhanden Seitenmarkierungsleuchten nur gleichzeitig ein- und ausgeschaltet werden können (Ausnahme: Parklicht).
- Scheinwerfer für Fern- und Abblendlicht und die Nebelscheinwerfer nur eingeschaltet werden können, wenn die oben aufgeführten Leuchten ebenfalls eingeschaltet sind (Ausnahme: Lichthupe, Tagfahrleuchten).

Farbe des Lichts:

weiß:	Scheinwerfer für Fernlicht Scheinwerfer für Abblendlicht Begrenzungsleuchte Umrissleuchte vorn Tagfahrleuchte Parkleuchte nach vorn Rückfahrscheinwerfer Vorderer Rückstrahler Spurhalteleuchte
weiß, hellgelb:	Nebelscheinwerfer
gelb:	Fahrtrichtungsanzeiger Warnblinklicht Seitenmarkierungsleuchte Seitlicher Rückstrahler
rot:	Schlussleuchte Bremsleuchte Parkleuchte hinten Rückstrahler hinten

Anordnung der lichttechnischen Einrichtungen (am Beispiel Pkw)

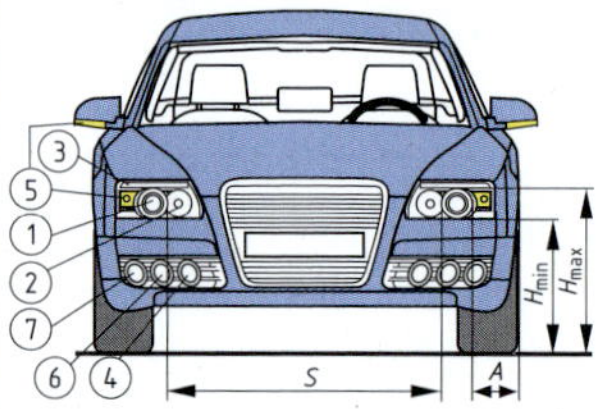

A Abstand vom äußersten Punkt des Fahrzeugumrisses zum äußersten Rand der leuchtenden Fläche

S Abstand zwischen innerstem Punkt der leuchtenden Flächen gleicher Einheiten

H_{min} Niedrigster Punkt der leuchtenden Fläche

H_{max} Höchster Punkt der leuchtenden Fläche

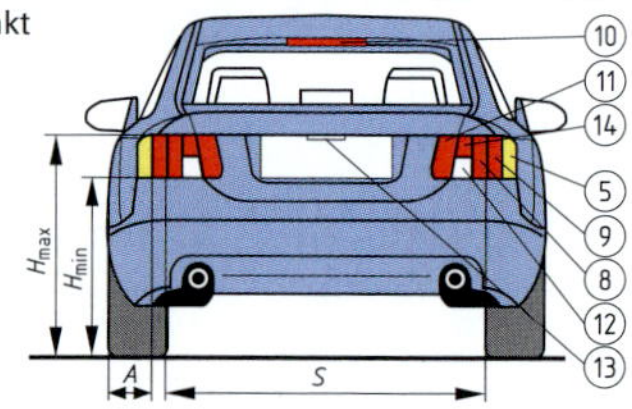

Vorschriften für den Anbau nach ECE-R48 (gültig für Pkw, Nfz, KOM und Anhänger)

Sonstige lichttechnische Einrichtungen für Nfz, KOM und Anhänger S. 113

Bezeichnung	A in mm	S in mm	H_{min} in mm	H_{max} in mm	Bemerkungen
① Scheinwerfer Abblendlicht	≤ 400	≥ 600	≥ 500	≤ 1200	Paarweise Zuschaltung von Fernscheinwerfern erlaubt. Bei Gasentladungslichtquellen ist eine automatische Leuchtweitenregulierung und eine Scheinwerferreinigungsanlage vorgeschrieben.
② Scheinwerfer Fernlicht	Keine Vorgabe				Zwei oder vier Scheinwerfer dürfen gleichzeitig mit dem Abblendlicht betrieben werden. Einschaltkontrolle durch blaue Kontrollleuchte
③ Begrenzungsleuchten	≤ 400	≥ 600	≥ 350	≤ 1500	Zwei, max. vier (jedoch zwei davon in den Scheinwerfern)
④ Nebelscheinwerfer	Keine Vorgabe		≥ 250	≤ H_{max} Abblendlicht	Wenn $A \geq 400$ mm, dürfen die Nebelscheinwerfer nur in Verbindung mit dem Abblendlicht einschaltbar sein.
⑤ Fahrtrichtungsanzeiger	≤ 400	≥ 600	≥ 350	≤ 1500	Blinkfrequenz: 90 ± 30 1/min Optische oder akustische Einschaltkontrolle
Warnblinkanlage					Einschaltkontrolle durch Warnblinkkontrollleuchte (dreieckiges Symbol rot) oder gleichzeitiges Blinken getrennt vorhandener Kontrollleuchten (Pfeile grün)
⑥ Tagfahrleuchten ab Typzul. 07.02.2011	≤ 400	≥ 600	≥ 250 ≥ 350[1])	≤ 1500	Automatisches Einschalten bei laufendem Motor (auch mit „Standlichtbeleuchtung" erlaubt). Automatisches Ausschalten oder Dimmen beim Einschalten der Scheinwerfer vorgeschrieben. Ausnahme: Lichthupe. [1]) Bei Tagfahrlicht mit Positionslicht
⑦ Abbiegeleuchte (nicht vorgeschrieben)	≤ 400	≥ 600	≥ 250	≤ H_{max} Abblendlicht	In Längsrichtung max. 1000 mm vom vordersten Punkt. Einschaltbar nur bei $v \leq 40$ km/h, bei Lenkeinschlag oder eingeschaltetem Fahrtrichtungsanzeiger.
⑧ Schlussleuchten	≤ 400	≥ 600	≥ 350	≤ 1500	Vorgeschrieben zwei, wahlweise 2. Paar, H_{max} beliebig. Nach StVZO keine gemeinsame Sicherung für li. u. re.
⑨ Bremsleuchten	≤ 400	≥ 600	≥ 350	≤ 1500	Vorgeschrieben zwei, zulässig drei oder vier
⑩ Dritte Bremsleuchte	mittig	–	Höher als paarweise Bremsl.		Vorgeschrieben für Pkw (M1-Fahrzeuge) Zulässig an allen mehrspurigen Fahrzeugen
⑪ Nebelschlussleuchte	Keine Vorgabe		≥ 250	≤ 1000	Vorgeschrieben eine, links angeordnet, zulässig zwei. Abstand zur Bremsleuchte min. 100 mm. Einschaltkontrolle durch gelbe Kontrollleuchte (StVZO). Nach ECE-Richtlinie für Fz ab Erstzul. 1.10.2000: Autom. Abschaltung beim Ausschalten der Begrenzungsleuchten
⑫ Rückfahrscheinwerfer	Keine Vorgabe		≥ 250	≤ 1200	Vorgeschrieben einer. Bei Fz M1(Pkw) zulässig zwei, bei Fz der Klassen N2, N3, M2, M3 zulässig vier. Funktion nur bei eingelegtem Rückwärtsgang
⑬ Kennzeichenbeleuchtung	Keine Vorgaben				Vorgeschrieben für hinteres amtliches Kennzeichen
⑭ Rückstrahler hinten	≤ 400	Keine Vorgabe	≥ 350	≤ 900	Vorgeschrieben zwei, nicht dreieckig

Sonstige lichttechnische Einrichtungen für Nfz (N2, N3) und KOM (M2, M3)	Scheinwerfer für Fernlicht (StVZO § 50, 76/756/EWG)	Für Fz der Klasse N3 max. 6 Scheinwerfer
	Umrissleuchten (StVZO § 51b, 76/756/EWG)	Vorgeschrieben, wenn Fz-Breite ≥ 2100 mm, zulässig ab 1800 mm. Vorn weiß, hinten rot. Abstand zu Begrenzungs- und Schlussleuchte ≥ 200 mm.
	Seitenmarkierungsleuchte, Seitliche Rückstrahler (StVZO § 51a, 76/56/EWG, ECE-R48)	Vorgeschrieben ab Fz-Länge > 6 m. Anordnung: H_{min} ≥ 250, H_{max} ≤ 1500 Abstand vom vordersten Punkt max. 3 m Abstand voneinander max. 3 m Abstand vom hintersten Punkt max. 1 m
	Spurhalteleuchte (StVZO § 51)	Zulässig zwei am hinteren Ende der Längsseiten. Keine Vorgaben für den Anbau.
	Rückfahrscheinwerfer (StVZO § 52a, ECE-R48)	Zwei vorgeschrieben ab Fz-Länge > 6 m, zwei weitere zulässig.
	Parkwarntafel (StVZO § 51c)	Vorgeschrieben für unbeleuchtet abgestellte Fz zul. Ggw. ≥ 3,5 t u. Anhänger in geschlossenen Ortschaften. A ≤ 100 mm, H_{max} ≤ 1000 mm
Sonstige lichttechnische Einrichtungen für Anhänger	Begrenzungsleuchten StVZO § 51, 76/756/EWG, ECE-R48	Vorgeschrieben, wenn die Fz-Breite größer als 1600 mm (EG), oder der Anhänger mehr als 400 mm über die Begrenzungsleuchte des Zugfahrzeugs hinausragt (StVZO). A ≤ 150 mm (lof-Anh. ≤ 400 mm)
	Fahrtrichtungsanzeiger (StVZO § 54, 76/756/EWG, ECE-R48)	Einschaltkontrolle im Zugfahrzeug
	Umrissleuchten (StVZO § 51b, 76/756/EWG)	Vorgeschrieben, wenn Fz-Breite ≥ 2100 mm, zulässig ab 1800 mm. Vorn weiß, hinten rot. Abstand zu Begrenzungs- und Schlussleuchte ≥ 200 mm.
	Vordere Rückstrahler (StVZO § 51, 76/756/EWG)	Vorgeschrieben zwei, weiß. A ≤ 150 mm, H_{min} ≥ 350 mm, H_{max} ≤ 1500 mm.
	Seitenmarkierungsleuchte, seitliche Rückstrahler (StVZO § 51a, 76/756/EWG, ECE-R48)	Anbauvorschriften wie Nutzfahrzeuge/Omnibus
	Rückstrahler hinten (StVZO § 53, ECE-R48)	Vorgeschrieben zwei, dreieckig, rot. A ≤ 400 mm, H_{min} ≥ 350 mm, H_{max} ≤ 900 mm.

Lichttechnische Einrichtungen für Krafträder

Vorschriften für den Anbau

Nach 93/92/EWG sind vier Scheinwerfer zulässig, die auch ineinander gebaut sein können
Mögliche Anordnung von:
Abblendlicht **A**
Fernlicht **F**
Begrenzungslicht **B**

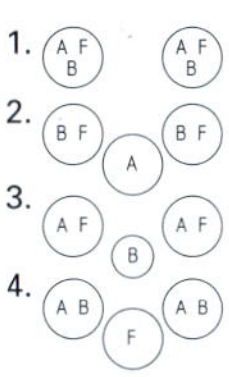

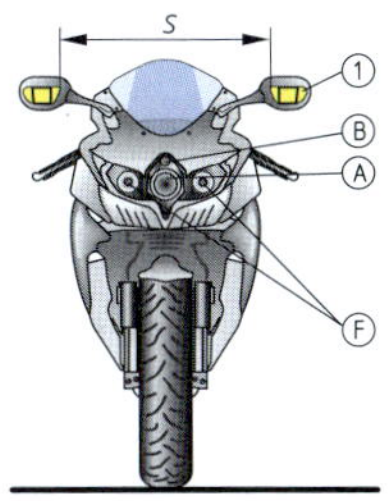

S Abstand zwischen innerstem Punkt der leuchtenden Flächen gleicher Einheiten
H_{min} Niedrigster Punkt der leuchtenden Fläche
H_{max} Höchster Punkt der leuchtenden Fläche

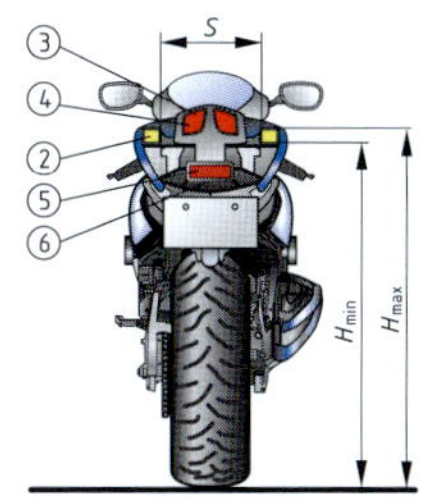

Bezeichnung	StVZO EWG/ECE	S in mm	H_{min} in mm	H_{max} in mm	Bemerkungen
Scheinwerfer Abblendlicht Ⓐ	§ 50 93/92	≤ 200	≥ 500	≤ 1200	Abstand zum unabhängigen Fernscheinwerfer so, dass in kurzem Abstand eine Lichtquelle erscheint.
Scheinwerfer Fernlicht Ⓕ	§ 50 93/92	≤ 200	Keine Vorgabe		Einschaltkontrolle durch eine blaue Kontrollleuchte
Begrenzungsleuchten Ⓑ	§ 51 93/92	–	≥ 350	≤ 1500 (≤ 1200)	Vorgeschrieben eine, zulässig nach EG auch zwei.
Fahrtrichtungsanzeiger vorn ①	§ 54 93/92/R53	≥ 340 (≥ 240)	≥ 350	≤ 1200	Nach EG ist eine optische oder/und akustische Einschaltkontrolle vorgeschrieben. Für Fz ab EZ 01.01.87 dürfen Fahrtrichtungsanzeiger nicht an beweglichen Fahrzeugteilen angebracht sein.
Fahrtrichtungsanzeiger hinten ②		≥ 240 (≥ 180)			
Warnblinkanlage	§ 53a 93/92/R53	Vergl. Fahrtrichtungsanzeiger			Getrennter Schalter für gleichzeitiges Blinken. Einschaltkontrolle nach StVZO durch eine rote Kontrollleuchte.
Nebelscheinwerfer	§ 52 93/92	≤ 250 aus Fz-Mitte	Keine Vorgabe	≤ H_{max} Abblendlicht	Zulässig ein oder zwei Nebelscheinwerfer. Elektrische Schaltung mit Begrenzungs-, Abblend- und Fernlicht.
Bremsleuchten ③	§ 53 93/92	–	≥ 350 (≥ 250)	≤ 1500	Vorgeschrieben eine, nach EG auch zwei zulässig in Fahrzeugmitte (auch nebeneinander).
Schlussleuchten ④	§ 53 93/92	–	≥ 250	≤ 1500	Vorgeschrieben eine, zulässig auch zwei in Fahrzeugmitte (auch nebeneinander).
Rückstrahler ⑤	§ 53 93/92	–	≥ 250	≤ 900	Vorgeschrieben eine, zulässig auch zwei in Fahrzeugmitte (auch nebeneinander).
Kennzeichenbeleuchtung ⑥	§ 49a 93/92/R48	Keine Vorgabe Werte in (...) Anbaumaße nach EG-Richtlinie			Vorgeschrieben für hinteres amtliches Kennzeichen.

3

3

Abmessungen von Fahrzeugen und Fahrzeugkombinationen
StVZO § 32

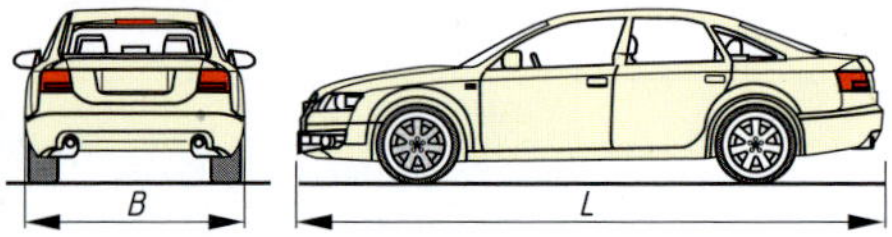

Bei den Abmessungen werden folgende Einrichtungen nicht berücksichtigt:

Breite:
- Spiegel und andere Systeme für indirekte Sicht
- Begrenzungsleuchten, Spurhalteleuchten
- flexible Spritzschutzsysteme

Höhe:
- nachgiebige Antennen

Länge:
- Spiegel und andere Systeme für indirekte Sicht
- Wischer- und Waschereinrichtungen
- vorderes und hinteres Kennzeichenschild
- lichttechnische Einrichtungen

Größtmaße für Kraftfahrzeuge und Anhänger:

1. Breite über alles
   - a) allgemein 2,55 m
   - b) Pkw 2,50 m
   - c) Kühlfahrzeuge 2,60 m
   - d) land- und forstwirtschaftliche Arbeitsgeräte 3,00 m
   - e) Arbeitsgeräte für die Straßenerhaltung 3,00 m
   - f) Anhänger hinter Krafträdern 1,00 m
2. Höhe über alles 4,00 m
3. Länge über alles
   - a) Einzelfahrzeuge außer Sattelanhänger 12,00 m
   - b) Kraftomnibusse mit mind. 3 Achsen 15,00 m
   - c) Sattelkraftfahrzeuge (16,50 m) 15,50 m
   - d) Kraftomnibusse als Gelenkbusse 18,75 m
   - e) Züge (Kfz mit Anhänger) (18,75 m) 18.00 m
     (Gigaliner) 25,25 m

(...) in besonderen Fällen

Achslast und Gesamtmasse
StVZO § 34

(siehe auch S. 331)

Die **Achslast** ist die Gesamtlast einer Achse, die von den Rädern einer Achse oder Achsgruppe auf die Fahrbahn übertragen wird.

Zulässige Achslast

1. Einzelachse, Kfz oder Anhänger 10,00 t
   Einzelachse angetrieben 11,50 t
2. Doppelachslast von Kraftfahrzeugen bei
   Achsabstand weniger als 1,0 m 11,50 t
   Achsabstand 1,0 m bis weniger als 1,3 m 16,00 t
   1,3 m bis weniger als 1,8 m (19,00 t) 18,00 t
3. Doppelachslast von Anhängern bei
   Achsabstand weniger als 1,0 m 11,00 t
   Achsabstand 1,0 m bis weniger als 1,3 m 16,00 t
   Achsabstand 1,3 m bis weniger als 1,8 m 18,00 t
   Achsabstand 1,8 m oder mehr 20,00 t
4. Dreifachachslast
   Achsabstände nicht mehr als 1,3 m 21,00 t
   Achsabstände mehr als 1,3 m bis 1,4 m 24,00 t

Werte in (...), wenn die Antriebsachse mit Luftfederung und Doppelbereifung ausgerüstet ist.

Zulässige Gesamtmasse

1. Fahrzeuge mit nicht mehr als 2 Achsen
   Kraftfahrzeug und Anhänger jeweils 18,00 t
   Kraftomnibusse 19,50 t
2. Fahrzeuge mit 3 Achsen
   Kraftfahrzeuge (26,00 t) 25,00 t
   Anhänger 24,00 t
   Kraftomnibusse als Gelenkfahrzeuge 28,00 t
3. Kraftfahrzeuge mit 2 Doppelachsen 32,00 t
4. Fahrzeugkombinationen (Kfz + Anhänger)
   - mit 3 Achsen 28,00 t
   - mit 4 Achsen (Kfz 2 + Anhänger 2) 36,00 t
   - mit 4 Achsen (Kfz 3 + Anhänger 1) (36,00 t) 35,00 t
   - mehr als 4 Achsen 40,00 t
5. Sattelzugmaschine + Sattelanhänger
   - mit 3 Achsen (36,00 t) 35,00 t
   - mit 4 Achsen (Kfz 2 + Anh. 2) (38,00 t) 36,00 t
   - mehr als 4 Achsen 40,00 t
   - mit 5/6 Achsen (3 + 2/3) bestimmt für den Transport von 40-Fuß-ISO-Containern 44,00 t

Kupplungkopf
ECE-R55

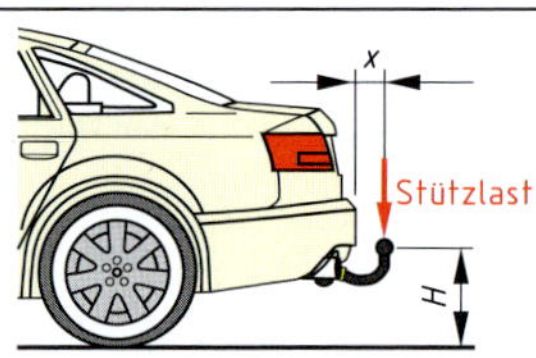

Anbaumaße (gemessen ab Mitte Kugelkopf):

Abstand zum Boden ***H***: 350 mm ≤ 420 mm
Kfz beladen mit 4 Personen (je 68 kg) + 28 kg Gepäck im Gepäckraum (vgl. ECE-R55, Anh. 7)

Waagrechter Abstand zu Fahrzeugteilen : ***x*** ≥ 65 mm

Zulassung 100 km/h für Anhänger
9. Ausnahmeverordnung zur StVO

Anhänger (Voraussetzungen):
- Der Anhänger ist für Tempo 100 km/h geeignet (Eintrag in der Zulassungsbescheinigung Teil 1).
- Die Anhängerbereifung ist nicht älter als 6 Jahre und weist mindestens den Geschwindigkeitsindex „L" (= 120 km/h) auf.
- Der Anhänger ist so zu beladen, dass er annähernd die zulässige Stützlast erreicht.
- An der Anhängerückseite ist eine Tempo-100-Plakette angebracht.
- Das Zugfahrzeug muss mit ABS ausgerüstet sein.

Massenverhältnis der Zugkombination:
max. zul. Gesamtmasse Anhänger = $X \cdot m_{\text{Zugf., leer}}$

Anhänger ohne Bremse oder hydr. Stoßdämpfer	Anhänger mit Bremse und hydraulischem Stoßdämpfer:	
	Wohnwagen	andere Anhänger
X = 0,3	***X*** = 0,8 (1,0)	***X*** = 1,1 (1,2)

(...) Werte für Anhänger mit Stabilisierungseinrichtung (Schlingerkupplung) oder Zugfahrzeug mit fahrdynamischem Stabilitätssystem für Anhängerbetrieb.

Anhängelast hinter Kraftfahrzeugen
StVZO § 42

Gebremste Anhänger :

Pkw: Herstellerangabe für das Zugfahrzeug, aber max. 1,0 x zulässige Gesamtmasse (Geländewagen maximal 1,5 x zul. Gesamtmasse), max. Gesamtmasse des Anhängers 3500 kg

Lkw: Herstellerangabe, aber max. 1,5 x zul. Ges.masse

Ungebremste Anhänger (hinter Pkw und Krad):

Die Anhängelast darf höchstens die Hälfte der um 75 kg erhöhten Leermasse des ziehenden Fahrzeugs, aber nicht mehr als 750 kg betragen.
Erlaubt sind nur einachsige Anhänger.
(Achsabstand kleiner als 1 m entspricht einer Achse)

Stützlast
StVZO § 44

Einachsige Anhänger müssen eine der Höhe nach einstellbare Stützeinrichtung haben, wenn die Stützlast mehr als 50 kg beträgt. Dies gilt nicht für Anhänger hinter Fahrzeugen, die zum Anheben der Deichsel einen geeigneten Kraftheber haben.
(Ist der Achsabstand kleiner als 1 m, entspricht dies einer Achse)

Bei einachsigen Anhängern bis 3,5 t zul. Gesamtmasse muss die Stützlast mindestens 4 % der Anhängelast betragen. Sie braucht jedoch nicht mehr als 25 kg zu betragen. Die zul. Stützlast für das Fahrzeug oder für die Anhängerkupplung darf nicht überschritten werden (Hinweisschild am Fahrzeug).

Abschleppen (Nothilfe)	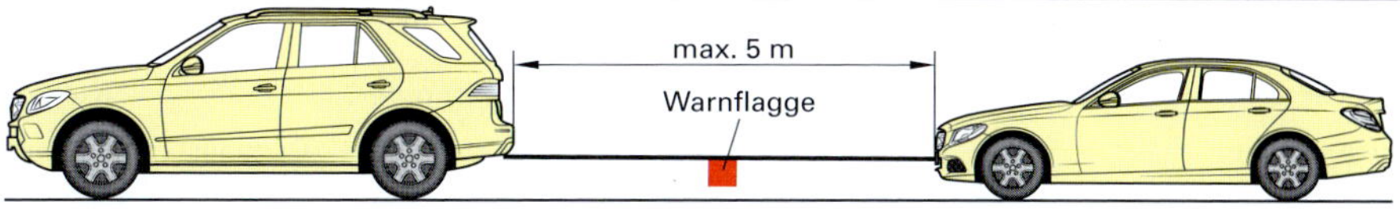 	
	Zweck: Ziehen eines liegen gebliebenen Fahrzeugs – zur Behebung der Betriebsunfähigkeit bei der nächsten geeigneten Werkstatt – zum nahe gelegenen Standort – zur Verwertung/Vernichtung in einem nahe gelegenen Verschrottungsbetrieb. Anschleppen ist ein Sonderfall des Abschleppens. **Vorschriften:** Die Autobahn darf nur bis zur nächsten Ausfahrt benützt werden. Beide Fahrzeuge haben Warnblinklicht einzuschalten. Krafträder dürfen nicht abgeschleppt werden.	**Zugfahrzeug**: Der Fahrer benötigt die Fahrerlaubnis für dieses Fahrzeug. **Gezogenes Fahrzeug**: Die Person am Steuer benötigt keine Fahrerlaubnis, sie muss aber in die Bedienung eingewiesen sein. Es muss nicht zugelassen sein, am Ende des Zuges muss aber das Kennzeichen des Zugfahrzeugs ablesbar sein Am Ende des Zuges muss eine funktionsfähige Beleuchtungseinrichtung betrieben werden. Abschleppstange oder Abschleppseil muss z. B. durch eine Warnflagge kenntlich gemacht werden. Maximaler Abstand zwischen den Fahrzeugen 5 m.
Schleppen (Transport)	**Zweck**: Mitführen (Transport) eines betriebsfähigen oder betriebsunfähigen Kfz, *ausnahmsweise* als Anhänger (nicht Abschleppen). **Vorschriften**: Die von der Zulassungsbehörde ausgestellte Ausnahmegenehmigung ist immer mitzuführen.	**Zugfahrzeug**: Der Fahrer benötigt die Fahrerlaubnis für Zugfahrzeug + „Anhänger" (BE, CE). **Gezogenes Fahrzeug**: Die Person am Steuer benötigt die Fahrerlaubnis für dieses Fahrzeug. Ab einer zul. Gesamtmasse von 4 t nur mit Abschleppstange. Weitere Vorschriften wie „Abschleppen"
Schallzeichen StVZO § 55	Vorgeschrieben ist für Kraftfahrzeuge mindestens eine Einrichtung für Schallzeichen aus Hupen oder Hörnern, die einen Klang von gleichbleibenden Grundfrequenzen (auch harmonischen Akkord) erzeugen. Ist mehr als eine Einrichtung angebracht, so muss sichergestellt sein, dass nur jeweils eine betätigt werden kann. Die Umschaltung darf die Abgabe einer Folge von Klängen verschiedener Grundfrequenzen nicht ermöglichen.	Die Lautstärke darf in 7 m Entfernung von der Schallquelle und in einem Höhenbereich von 500 mm bis 1500 mm über der Fahrbahn an keiner Stelle 105 dB (A) überschreiten. An Kraftfahrzeugen dürfen andere Schallzeichen sowie Sirenen nicht angebracht sein. Mofas müssen mindestens mit einer Glocke ausgerüstet sein. Radlaufglocken und andere Schallzeichen sind nicht zulässig.
Spiegel und andere Einrichtung für indirekte Sicht StVZO § 56 70/156/EWG Anhang III 2003/97/EG	Kraftfahrzeuge müssen Spiegel oder andere Einrichtungen für indirekte Sicht haben, die so beschaffen und angebracht sind, dass der Fahrzeugführer nach rückwärts, zur Seite und unmittelbar vor dem Fahrzeug, alle für ihn wesentlichen Vorgänge beobachten kann, auch wenn Anhänger mitgeführt werden.	Vorgeschrieben: Pkw, Lkw bis 3,5 t: 1 Innenspiegel (außer wenn der Spiegel keine Sicht nach hinten vermittelt) 2 Außenspiegel Lkw über 3,5 t: 2 Hauptrückspiegel (groß) 2 Weitwinkelrückspiegel 1 Nahbereichs-/Anfahrrückspiegel rechts 1 Frontspiegel (über 7,5 t, ab Erstzl. 26.01.2007)
Geschwindigkeitsmessgerät und Wegstreckenzähler StVZO § 57	Kraftfahrzeuge müssen mit einem im unmittelbaren Sichtfeld des Fahrzeugführers liegenden Geschwindigkeitsmessgerät bzw. Geschwindigkeitsanzeige ausgerüstet sein. Ausnahme: mehrspurige Kfz bis 30 km/h Höchstgeschwindigkeit (bauartbestimmt).	Zulässige Abweichungen (StVZO § 57, 75/443 EWG): Das *Geschwindigkeitsmessgerät* darf nie weniger als die tatsächliche Geschwindigkeit anzeigen. Die Anzeige darf max. 10 % + 4 km/h nach oben abweichen. Die Anzeige des *Wegstreckenzählers* darf ± 4 % von der tatsächlichen Wegstrecke abweichen.
Fahrtschreiber und Kontrollgerät StVZO § 57 EWG 3820/85	Vorgeschrieben ist ein eichfähiger Fahrtschreiber (analoges oder digitales EG-Kontrollgerät) für gewerblich genützte Fahrzeuge für die Güterbeförderung ab 3,5 t zulässiger Gesamtmasse oder für die Personenbeförderung mit mehr als 8 Fahrgastplätzen.	Der Nachweis über Lenk- und Ruhezeiten für den laufenden Tag und die 28 vorhergehenden Tage muss mitgeführt werden. Der Unternehmer muss 2 Jahre die Tachoscheiben oder digitalen Aufzeichnungen aufbewahren.
Digitales Kontrollgerät EG 561/2006	Seit 1. Mai 2006 müssen alle Fahrzeuge für die Güterbeförderung ab 3,5 t zulässiger Gesamtmasse oder für die Personenbeförderung mit mehr als 8 Fahrgastplätzen mit einem digitalen Kontrollgerät ausgerüstet sein. Altfahrzeuge müssen nur nachgerüstet werden, wenn sie nach dem 1. Januar 1996 zugelassen wurden und das gesamte nicht mehr reparaturfähige System (Registriereinheit und Geschwindigkeitsgeber) getauscht werden muss.	Die **Fahrerkarte** ist 5 Jahre gültig, auf ihr werden alle Aktivitäten der letzten 28 Tage gespeichert Mit der **Unternehmerkarte** können alle auf dem Kontrollgerät gespeicherten Daten ausgelesen werden. Die **Werkstattkarte** dient zur Überprüfung und Kalibrierung des Geräts. Mit der **Kontrollkarte** kann die Kontrollbehörde im Gerät oder auf der Fahrerkarte gespeicherte Daten auslesen.
Prüfung der Fahrtschreiber und Kontrollgeräte StVZO § 57b	Halter, deren Kraftfahrzeuge mit einem Fahrtschreiber (§ 57) oder mit einem EG-Kontrollgerät (EWG 3821/85) ausgerüstet sein müssen, haben auf ihre Kosten das Gerät überprüfen zu lassen.	Die Prüfung ist mindestens einmal innerhalb von 2 Jahren durchzuführen. Außerdem nach jeder Reparatur des Gerätes oder wenn sich der wirksame Reifenumfang geändert hat.
Ausrüstung von Kfz mit Geschwindigkeitsbegrenzern StVZO § 57c	Ein Geschwindigkeitsbegrenzer ist vorgeschrieben für Kraftomnibusse, Zugmaschinen und Sattelzugmaschinen mit einer zulässigen Gesamtmasse über 3,5 t. Er beschränkt die eingestellte Geschwindigkeit in erster Linie durch die Steuerung der Kraftstoffzufuhr.	Einzustellende Höchstgeschwindigkeit, Kraftomnibusse: 100 km/h (v_{set}) Lastkraftwagen, Zugmaschinen und Sattelzugmaschinen: Höchstgeschwindigkeit einschließlich aller Toleranzen 90 km/h (v_{set} + Toleranzen)

3

Kraftfahrzeugsteuer für Pkw mit Otto- oder Dieselmotor (incl. Hybridantrieb, Erdgas-/Autogasfahrzeuge) — Stand 1.1.2025

Pkw mit Erstzulassung bis einschließlich 4.11.2008: Bemessung der Steuer nach Schadstoffemission und Hubraum

Emissionsgruppe	**Schlüssel-Nr.** in den Fahrzeugpapieren	**Geltungsdauer**	**Steuersatz in €** je angefangene 100 cm^3	
			Ottomotor	Dieselmotor
Euro 1 und vergleichbare	01, 02, 03, 04, 09, 11, 12, 14, 16, 18, 21, 22, 28, 29, 34, 77, 9991	ab 1.1.2005	15,13	27,35
Euro 2	25, 26, 27, 35, 49, 50, 51, 52, 71	ab 1.1.2004	7,36	16,05
Euro 3	30, 31, 36, 37, 42, 44, 45, 46, 47, 48, 67, 68, 69, 70, 72	ab 1.1.2004	6,75	15,44
Euro 4	32, 33, 38, 39, 43, 53, 54, 55, 56, 57, 58, 59, 60, 61, 62, 63, 64, 65, 66, 73, 74, 75	ab 1.1.2004	6,75	15,44
Euro 5	35A0 bis 35 M0	ab 1.8.2008	6,75	15,44
Euro 6	36N0 bis 36 Y0	ab 1.8.2008	6,75	15,44

Pkw mit Erstzulassung vom 5.11.2008 bis 30.6.2009: Günstigerprüfung

Bei der Festsetzung der Kfz-Steuer überprüft die zuständige Behörde, ob die Bemessung nach *Schadstoffemission und Hubraum* oder nach *CO_2-Emission (Verbrauch) und Hubraum* günstiger ist. Der Kfz-Halter zahlt dann den für ihn günstigeren Steuerbetrag.

Pkw mit Erstzulassung vom 1.7.2009 bis 31.12.2020: Bemessung der Steuer nach CO_2-Emission und Hubraum

Steuersatz		**Erstzulassung**	**CO_2-Freibetrag**
Ottomotor	Dieselmotor	bis 31.12.2011	120 g/km
2 € je angefangene 100 cm^3 + 2 € je g/km CO_2 über Freibetrag	9,50 € je angefangene 100 cm^3 + 2 € je g/km CO_2 über Freibetrag	ab 1.1.2012 bis 31.12.2013	110 g/km
		ab 1.1.2014	95 g/km

Pkw mit Erstzulassung ab 01.01.2021: Ansteigende Steuersätze für den Steuerbetrag nach CO_2-Emission (Verbrauch)

Stufe	CO_2-Emission (WLTP) in g/km	Steuersatz in € je g/km
1	über 95 bis 115	2,00
2	über 115 bis 135	2,20
3	über 135 bis 155	2,50
4	über 155 bis 175	2,90
5	über 175 bis 195	3,40
6	über 195	4,00

Die sich ergebenden Einzelbeträge der jeweiligen Stufen werden addiert und ergeben den Gesamtbetrag des CO_2-bezogenen Teils der Steuer.

Der hubraumbezogene Teil der Steuer wird wie bisher addiert. Dessen Bemessung (siehe oben) bleibt unverändert.

Befristete Begünstigung besonders emissionsreduzierter Pkw

Pkw mit einer CO_2-Emission bis 95 g/km (WLTP), die vom 12.06.2020 bis zum 31.12.2024 erstmals zugelassen wurden, sind bei der Kfz-Steuer bis zum 31. Dezember 2025 mit 30 Euro pro Jahr begünstigt, jedoch längstens 5 Jahre.

Kraftfahrzeugsteuer für Pkw mit Elektromotor (reiner Elektroantrieb) — Stand 1.1.2025

Gewichtsgruppe	**Steuersatz in €** je angefangene 200 kg zul. Gesamtmasse
bis 2000 kg	5,625
über 2000 kg bis 3000 kg	6,01
über 3000 kg bis 3500 kg	6,39

Steuerbefreiung
Fahrzeuge mit reinem Elektroantrieb und EZ zwischen 18.05.2011 und 31.12.2025 sind 10 Jahre von der Kfz-Steuer befreit, jedoch längstens bis 31.12 2030.

Kraftfahrzeugsteuer für Krafträder, Trikes, Quads — Stand 1.1.2025

	Steuersatz
Krafträder	1,84 € je angefangene 25 cm^3
Leichtkrafträder (nach § 2 FZV: max. 11 kW, 50 bis 125 cm^3)	steuerfrei
Trikes, zulassungspflichtige Quads	Bemessung der Steuer nach Schadstoffemission und Hubraum: Schlüsselnummer 09, 10 mit Ottomotor 21,07 €, mit Dieselmotor 33,29 € je angefangene 100 cm^3. Schlüsselnummer 06, 07, 08 mit Ottomotor 25,36 €, mit Dieselmotor 37,58 € je angefangene 100 cm^3.

Kraftfahrzeugsteuer für Oldtimer — Stand 1.1.2025

Es wird nicht das Halten des Oldtimer-Kfz besteuert, sondern die Zuteilung des entsprechenden Kennzeichens. Für H-Kennzeichen oder rote Oldtimerkennzeichen (frühestens 30 Jahre nach Erstzulassung) gilt ein pauschaler Jahressteuersatz:
- Krafträder 46,02 €
- übrige Kfz und Anhänger 191,73 €

Fahrzeugsystemtester

Aufbau

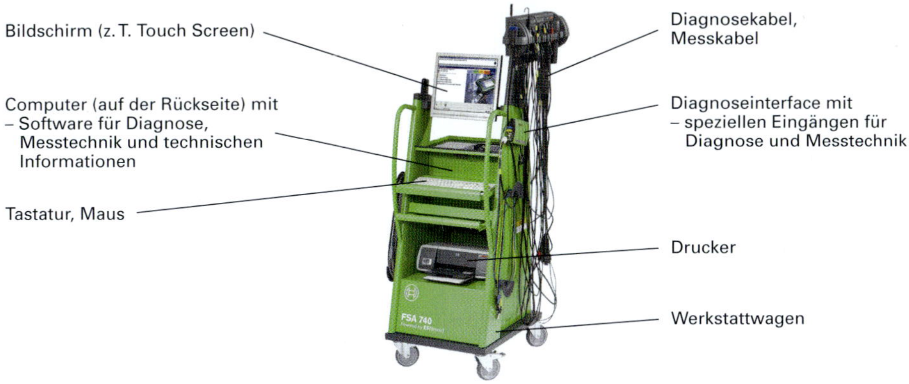

Funktionen	Erläuterungen
Fahrzeugdiagnose 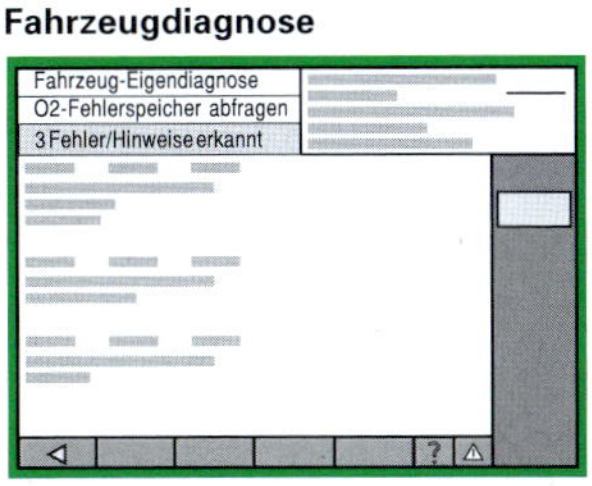 	Zur Fahrzeugdiagnose wird der Fahrzeugsystemtester über das Diagnosekabel oder drahtlos über eine Funkstrecke mit der Diagnoseschnittstelle des Fahrzeugs verbunden. Danach lassen sich im Funktionsbereich „Fahrzeugdiagnose" folgende Teilfunktionen ausführen: • Fahrzeugidentifikation vornehmen • Eigendiagnose der Steuergeräte auswerten, Fehlerspeicher auslesen und löschen • Geführte Fehlersuche durchführen • Stellglieddiagnose durchführen • Soll-/Istwertvergleich vornehmen • Messwerteblöcke auslesen • z. T. Tele-Diagnose durchführen (Begriffserklärungen siehe S. 118)
Messtechnik 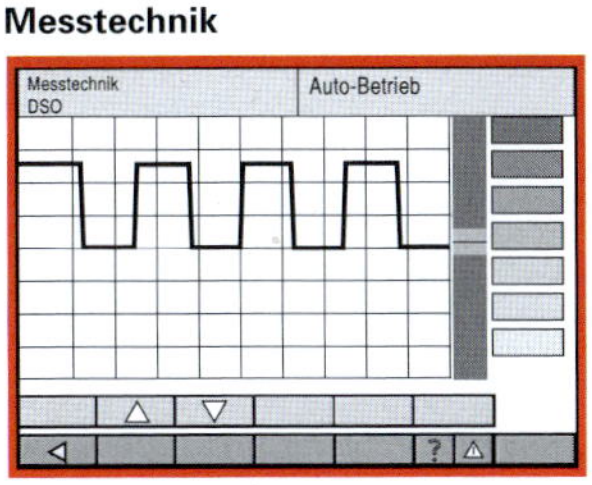 	Sind im Rahmen der Fahrzeugdiagnose Messungen am Fahrzeug notwendig, können diese mit dem Fahrzeugsystemtester durchgeführt werden. Über die Messkabel wird der Messeingang des Testers mit den Messpunkten am Fahrzeug verbunden und die Funktion „Messtechnik" angewählt. Üblicherweise sind folgende Messgerätefunktionen vorgesehen: • Multimeter zur Messung von Spannung, Widerstand, Strom, Frequenz, Tastverhältnis, z. T. auch Induktivität und Kapazität, Temperatur, Druck/Unterdruck • Digitales Mehrkanal-Speicheroszilloskop zur Darstellung und Speicherung von z. B. Sensor- und Ansteuersignalen Für Abgasuntersuchungen können in die Fahrzeugsystemtester häufig Abgasmessgeräte und die entsprechende Software integriert werden.
Servicefunktionen  	Die im Rahmen von Service-, Reparatur- und Nachrüstarbeiten zunehmend notwendigen Eingriffe in Steuergeräte können, bei entsprechend vorhandener Berechtigung, mit dem Fahrzeugsystemtester in der Werkstatt vorgenommen werden: • Inspektionsintervalle nach erfolgter Inspektion zurücksetzen • Codierdaten auslesen • Codieren von Steuergeräten • Programmieren von Steuergeräten (Flash-Programmierung) usw. Für das Programmieren von Steuergeräten ist in der Regel eine spezielle Software notwendig. (Begriffserklärungen siehe S. 118)
Technische Informationen 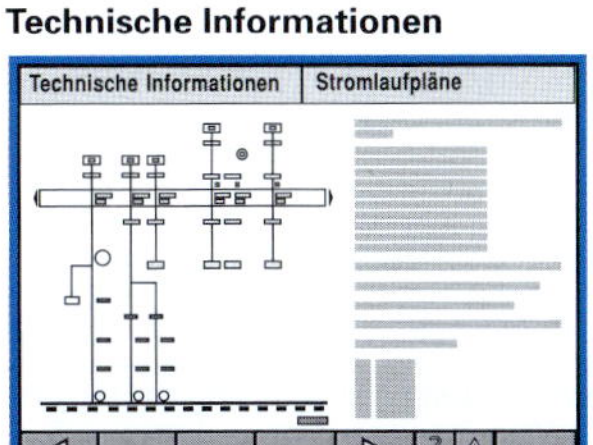 	Im Funktionsbereich „Technische Informationen" enthält die Software des Fahrzeugsystemtesters alle für die Service- und Reparaturarbeiten notwendigen Informationen: • Servicepläne • Technische Daten (Anzugsdrehmomente, Einstellwerte, Füllmengen usw.) • Systembeschreibungen • Reparaturanleitungen • Sicherheitshinweise • Schaltpläne • Steckerbelegungen • Einbauorte usw. Nach erfolgter Fahrzeugidentifikation stehen alle für diesen Fahrzeugtyp vorliegenden Daten zur Verfügung und können bei Bedarf aufgerufen werden.

Begriffe der Diagnosetechnik (alphabetisch)	
Codieren von Steuergeräten (Variantencodierung)	Bei der Codierung oder Variantencodierung werden in das Steuergerät fahrzeugspezifische Daten einprogrammiert wie z. B. Motortyp, Karosserievariante, Getriebetyp, Identifikationsdaten für den Datenbus usw. In der Werkstatt kann die nach einem Steuergerätetausch oder bei einer Nachrüstung erforderliche Codierung mit dem Diagnosetester vorgenommen werden.
Diagnoseschnittstelle	Über die Diagnoseschnittstelle sind die Steuergeräte mit der Diagnosesteckdose verbunden. Mit dem dort angeschlossenen Fahrzeugsystemtester können alle Diagnose- und Servicefunktionen durchgeführt werden. Bei Fahrzeugen mit *OBD* ist eine genormte Diagnostesteckdose (CARB-ISO- Schnittstelle) im Fahrzeuginnenraum eingebaut. Sie muss im Bereich des Fahrerplatzes angeordnet sein. Bei älteren Fahrzeugen befinden sich herstellerspezifische Diagnosesteckdosen im Motorraum.
DataMatrix-Code	In der Produktion weitverbreiteter 2D-Code, der als Direktbeschriftung auf die Bauteile aufgetragen wird, z. B. mittels Laser oder Nadelprägung. Bei einer Reparatur können die darin enthaltenden Informationen verwendet werden, um im Steuergerät hinterlegte Werte zu aktualisieren. Auch bei teilweiser Zerstörung des Codes kann dieser noch lesbar sein.
Eigendiagnose	Im Rahmen der Eigendiagnose überwachen die Steuergeräte sich selbst und die Funktion der angeschlossenen Sensoren und Aktoren. Treten Fehler auf, werden diese in Form von *Fehlercodes* oder als Klartext im Fehlerspeicher des Steuergeräts abgelegt. Der Fehlerspeicher kann mit dem Diagnosetester ausgelesen werden.
Expertenmodus	Der Expertenmodus ist eine in der Diagnosesoftware vorgesehene Diagnosevariante. Die Fehlersuche muss hier nicht wie bei der *geführten Fehlersuche* nach einem festgelegten Ablauf erfolgen, sondern es können gezielt Prüfschritte ausgewählt werden. Das Arbeiten mit dieser Diagnosevariante setzt gute Systemkenntnisse voraus, deswegen die Bezeichnung „Expertenmodus".
Fehlerarten	*Permanente Fehler*: Ständig (dauerhaft) vorhandene Fehler Beispiel: Dauerhafter Ausfall eines Drehzahlgebersignals durch Unterbrechung im Geber. *Sporadische (temporäre) Fehler*: Fehler, die nur zeitweise bei bestimmten Betriebsbedingungen auftreten (Drehzahl, Belastung, Temperatur, Feuchtigkeit usw.) Beispiel: Zeitweiser Ausfall eines Drehzahlgebersignals durch Spritzwasser in der Steckverbindung.
Fehlercode	Jedem von der Eigendiagnose erfassbaren Fehler ist im Steuergerät ein Code zugeordnet. Der Fehlercode kann aus Ziffern oder aus einer Kombination von Ziffern und Buchstaben bestehen. Beim Auslesen des Fehlerspeichers werden Fehlercode und Fehlerbeschreibung angezeigt. Beispiel: „Fehlercode 1354: Synchronisation NW zur KW, Signal unplausibel".
Fehlersymptom	Fehlersymptom = Auswirkung eines Fehlers auf die Funktion eines Systems. Beispiele: Motor springt nicht an, Motor ruckelt, Lenkung schwergängig, Fahrzeug zieht nach links, Geräusche beim Schaltvorgang usw.
Flash-Programmierung von Steuergeräten („Flashen")	Unter Flash-Programmierung versteht man das Aufspielen einer geänderten oder neuen Software in den Programmspeicher eines Steuergeräts um Fahrzeugfunktionen zu ändern bzw. neue Funktionen nachzurüsten (Upgrade/Downgrade). Dies kann mit dem Diagnosetester und spezieller Software durchgeführt werden. Beispiele: Getriebeschaltpunkte verändern, Leistungssteigerung („Chip-tuning").
Geführte Fehlersuche	Bei der geführten Fehlersuche führt die Diagnosesoftware des Testers den Benutzer durch ein Fehlersuchprogramm. Durch genaues Abarbeiten der darin vorgegeben Prüfschritte kann der Fehler systematisch gefunden werden. Die Diagnosesoftware bietet zu jedem Fehlercode und zu den häufigsten Kundenbeanstandungen Fehlersuchprogramme an.
Messwerteblock	Zur Diagnose von Systemen ist es oft notwendig, mehrere Messgrößen (Messparameter) gleichzeitig zu beobachten. Über die Software des Testers können die Messgrößen ausgewählt und zu einem sogenannten Messwerteblock zusammengefasst werden. Die Messwerte in einem Messwerteblock können gleichzeitig ausgelesen und angezeigt werden.
On-Board-Diagnose (OBD) (EOBD = On-Board-Diagnose für Europa) vgl. S. 178	Die On-Board-Diagnose ist ein Diagnosesystem innerhalb des Motormanagements, das während des Fahrbetriebs alle abgasbeeinflussenden (abgasrelevanten) Systeme und die Tankentlüftung überwacht. Tritt im Fahrbetrieb ein abgasrelevanter Fehler auf, wird dieser abgespeichert und der Fahrer über eine Signallampe (MIL-Lampe) sofort informiert. Der Fehlerspeicher kann über eine genormte *Diagnoseschnittstelle* ausgelesen werden.
Pinbox (Prüfbox, Brake-out-box, Buchsenkasten)	Die Pinbox wird mit Adapterkabeln zwischen Steuergerät und Steuergerätestecker angeschlossen. Alle Leitungen zum Steuergerät sind „angezapft" und auf 4-mm-Buchsen geführt, die mit der entsprechenden Pin-Nr. versehen sind. Damit können während des Betriebs mit dem Multimeter/Oszilloskop Messungen durchgeführt werden (Spannungsversorgung von Sensoren, Sensorsignale, Ansteuersignale von Aktoren). Zieht man den Adapterstecker auf der Seite des Steuergerätes ab, können Widerstände bei Sensoren und Aktoren sowie die Spannungsversorgung des Steuergeräts gemessen werden.
Soll-/Istwertvergleich	Mit dem Modus „Soll-/Istwertvergleich" im Diagnosetester können am Fahrzeug gemessene Istwerte mit den abgespeicherten Sollwerten verglichen werden. Auf diese Weise können Fehlfunktionen von Bauteilen bzw. Systemen festgestellt werden. Beispiele: Luftmasse, Leerlaufdrehzahl, Zündwinkel, Lambdawert, Motortemperatur.
Stellglieddiagnose	Mit dem Modus „Stellglieddiagnose" im Diagnosetester können Stellglieder (Aktoren) über den Tester gezielt angesteuert werden. Damit kann überprüft werden, ob die Stellglieder vom Steuergerät angesteuert werden können und auf die Ansteuerung reagieren. Beispiele: Einspritzventile, Leerlaufsteller, Tankentlüftungsventil, Abgasrückführventil.
Telediagnose	Besitzt der Diagnosetester die Funktion „Telediagnose", kann der Tester vom Servicezentrum des Fahrzeugherstellers über eine Online-Verbindung fernbedient werden. Auf diese Weise kann die Werkstatt in schwierigen Fällen die Hilfe von Spezialisten in Anspruch nehmen.
Voreingestellte Messungen	Für häufig vorkommende Messaufgaben bietet die Diagnosesoftware optimale Einstellungen für die Multimeter- und Oszilloskopfunktion an. Sie können als „voreingestellte Messungen" aufgerufen werden. Beispiele: Signal KW-Geber, Signal NW-Geber, Signal DK-Poti usw.

Diagnoseablauf

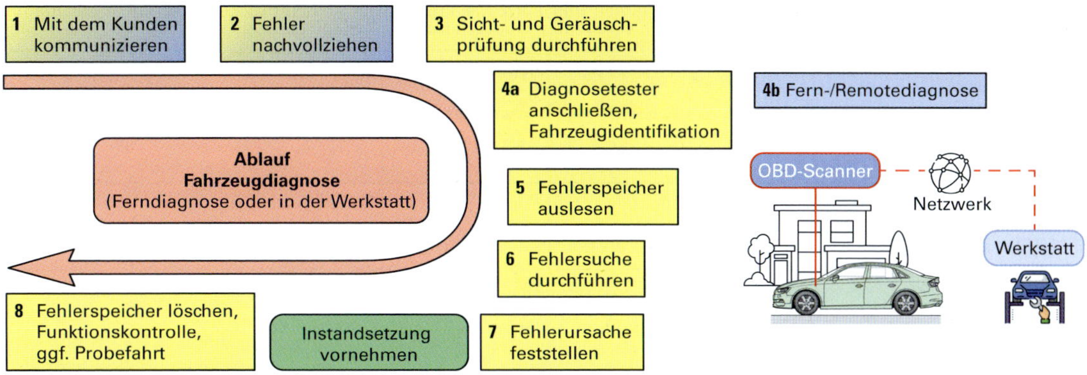

Diagnoseschritte	Erläuterungen
1 Mit dem Kunden kommunizieren (Telefonat, E-Mail oder direkt vor Ort in der Werkstatt)	Der Kunde beschreibt den aufgetretenen Fehler *(Fehlersymptom)*. Durch gezieltes Nachfragen beim Kunden versuchen, die Fehlerquelle möglichst eng einzukreisen. Mögliche Fragestellungen: • In welcher Situation ist der Fehler aufgetreten und waren zuvor schon Anzeichen zu erkennen? • Wurde vor kurzem eine Reparatur oder eine technische Veränderung durchgeführt? • Ist der Fehler *permanent* vorhanden oder tritt er nur *sporadisch* auf? • Gibt es besondere Einsatzbedingungen für das Fahrzeug?
2 Fehler nachvollziehen	Falls möglich wird mit dem Kunden, ggf. bei einer Probefahrt, der beschriebene Fehler nachvollzogen. Dabei kann festgestellt werden, ob die Beanstandung auf eine Fehlbedienung zurückzuführen ist.
3 Sicht- und Geräuschprüfung durchführen	Bei der Sichtprüfung aller betroffenen Systeme ist auf folgende Punkte zu achten: • Masseanschlüsse sauber, fest und richtig angeschlossen? • Steckverbindungen sauber, fest, richtig angeschlossen und nicht beschädigt? • Elektrische Leitungen richtig verlegt, nicht beschädigt? • Unterdruckleitungen auf Risse, Knicke, Undichtigkeit und festen Sitz prüfen • Schläuche auf Risse, Knicke, Undichtigkeit und Schlauchschellen auf festen Sitz prüfen • Stände der Betriebsflüssigkeiten (Kühlmittel, Motoröl, Bremsflüssigkeit usw.) überprüfen Bei der Geräuschprüfung kann das Smartphone eingesetzt werden, um durch eine Frequenzmessung der Vibrationen die mögliche Fehlerursache einzugrenzen.
4a Diagnosetester anschließen, Fahrzeugidentifikation vornehmen	Der Diagnosetester wird über die *Diagnoseschnittstelle* an das Fahrzeug angeschlossen. Damit der Tester die richtigen Daten bereitstellen kann und mit den Steuergeräten im Fahrzeug Verbindung aufnehmen kann, muss zuvor das Fahrzeug identifiziert werden. Die Fahrzeugidentifikation (= Erkennung des genauen Fahrzeugtyps) erfolgt entweder automatisch oder durch Eingabe folgender Daten: • Fahrzeugidentifikationsnummer (FIN) / Vehicle identification Number (VIN) • KBA-Schlüsselnummer / firmenspezifische Schlüsselnummer • fahrzeugspezifische Daten: Hersteller, Baureihe, Modelljahr, Länderausführung usw.
4b Fern-/Remotediagnose (wird nicht von allen Herstellern angeboten)	Die Remotediagnose bei Fahrzeugen bedeutet, dass die Werkstatt aus der Ferne überprüfen kann, ob es Probleme mit dem Fahrzeug gibt. Dabei werden Daten vom Fahrzeug über das Internet an den Servicebetrieb gesendet. Die Daten werden dort analysiert, um Fehler oder Defekte zu finden. Teilweise kann das Problem sofort online behoben werden. Falls dies nicht möglich ist, muss ein Servicetermin vereinbart werden oder bei schwerwiegenden Fehlern das Fahrzeug abgeschleppt werden.
5 Fehlerspeicher auslesen	Mit dem Diagnosetester werden die Fehlerspeicher der Steuergeräte ausgelesen. Vor einer Probefahrt Fehlerspeicher löschen, Probefahrt bzw. -lauf durchführen und Fehlerspeicher erneut auslesen. Sind keine Fehlerspeichereinträge vorhanden, steht als Ausgangspunkt für die anschließende Fehlersuche nur die Kundenbeanstandung (das Fehlersymptom) zur Verfügung.
6 Fehlersuche durchführen	*Geführte Fehlersuche:* Zu jedem Fehlercode und zu den häufigsten Kundenbeanstandungen bietet die Diagnosesoftware des Testers passende Fehlersuchanleitungen an. Durch genaues Abarbeiten der Prüfschritte der Fehlersuchanleitungen mit dem Diagnosetester kann der Fehler systematisch gefunden werden. Für bestimmte Kundenbeanstandungen (Fehlersymptome) stehen auch Fehlersuchpläne als Ablaufplan (Flussdiagramm) zur Verfügung (vgl. S. 120). *Ungeführte Fehlersuche:* Auf der Grundlage eigener Überlegungen und Erfahrungen, Erfahrungen von Kollegen, Serviceinformationen des Herstellers usw. werden gezielte Prüfschritte durchgeführt. Dabei gelten folgende Leitfragen: • Welche Teilbereiche sind für die Funktion zuständig? Wie hängen diese zusammen? • In welchem Teilbereich könnte der Fehler liegen? • Welche Bauteile bzw. Werte können ganz schnell überprüft werden? • Welche Fehlerursachen sind am wahrscheinlichsten? *KI-basierte Fehlersuche:* Die KI kann Muster und Unregelmäßigkeiten erkennen, die auf mögliche Probleme hinweisen. Nach der Analyse gibt das System Diagnoseempfehlungen, die dabei helfen können, den Fehler schneller und genauer zu finden und zu beheben.
7 Fehlerursache feststellen	Nach dem Auffinden des Fehlers muss die genaue Ursache für den Fehler festgestellt werden, um ein wiederholtes Auftreten des Fehlers zu vermeiden.
8 Funktionskontrolle bzw. Probefahrt nach Instandsetzung durchführen	Nach erfolgter Instandsetzung muss zunächst der Fehlerspeicher gelöscht und danach eine Funktionskontrolle bzw. Probefahrt durchgeführt werden. Anschließend wird der Fehlerspeicher erneut ausgelesen, um zu überprüfen, ob kein Fehler mehr aufgetreten ist.

Fehlersuchplan/Flussdiagramm

Fehlersuchpläne/Arbeitspläne können mithilfe von Symbolen nach DIN oder in abgewandelter Form als Ablaufplan/Flussdiagramm dargestellt werden. Die Symbole werden durch Linien verbunden, wodurch sich die Reihenfolge ergibt.

Symbol	Benennung	Symbol	Benennung
	Anfang, Ende	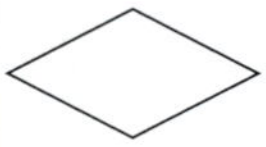	Verzweigungen, Entscheidungen
	Prüfschritte, Arbeitsschritte		Erläuternder Text

Fehlersuchplan (Beispiel: Kompressions-/Druckverlustprüfung an einem Vierzylinder-Dieselmotor)

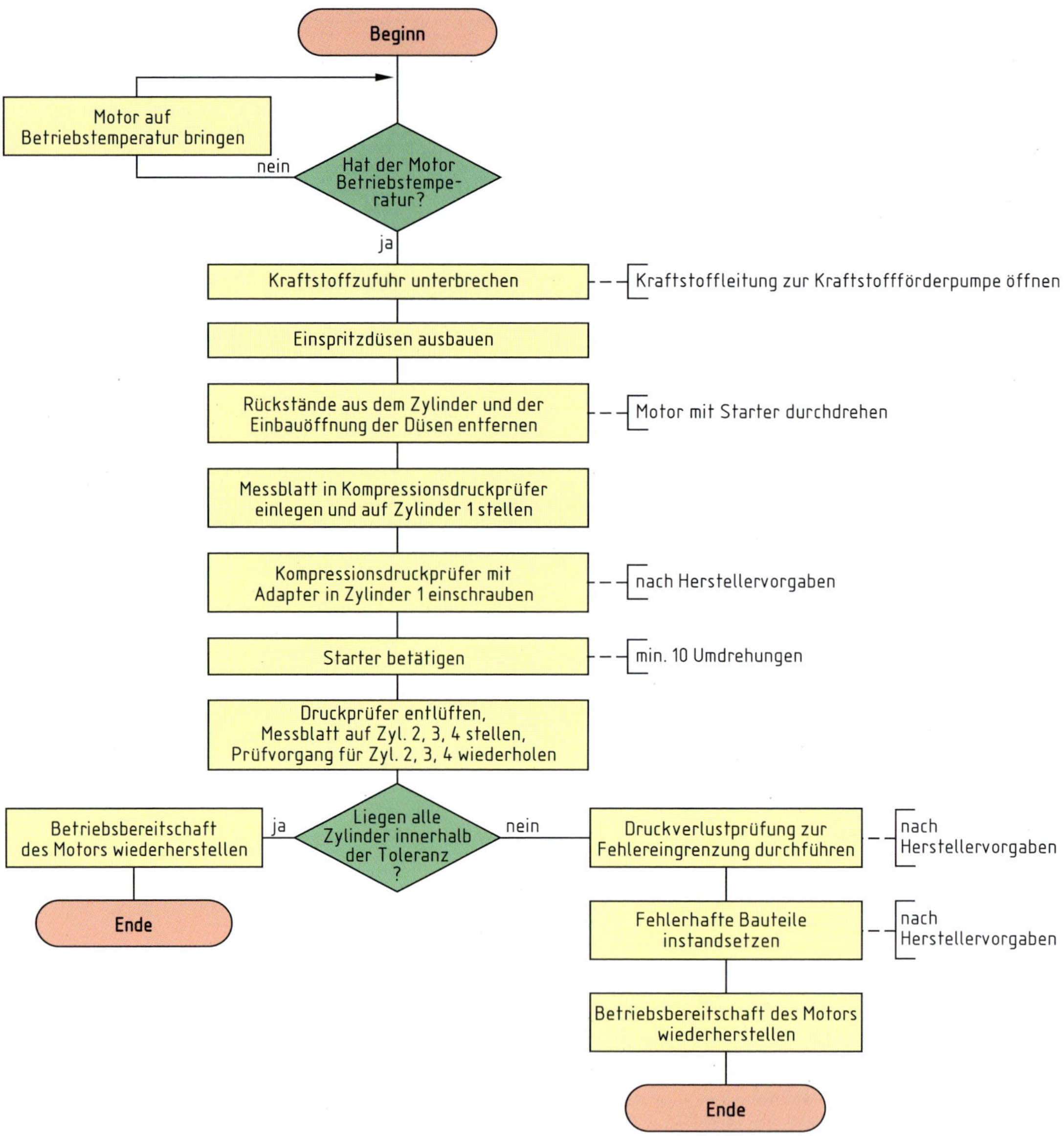

Fehlersuchtabelle/Arbeitsplan

Fehlersuchpläne/Arbeitspläne können in Form von Tabellen mit Arbeitsschrittfolgen dargestellt werden.

Fehlersuchtabelle (Beispiel: Ein Fahrzeug mit 4-Zylinder-Dieselmotor hat kalt Startprobleme. Die Überprüfung der Glühanlage ergab keinen Fehler, die Ursache wird in zu geringer Kompression vermutet.)

Nr.	Prüfschritt	Hilfsmittel/Werkzeuge	Hinweise/Auswertung
Vorbereitung			
1	Motor auf Betriebstemperatur bringen		
2	Kraftstoffzufuhr unterbrechen		Kraftstoffleitung zur Kraftstoffförder-Pumpe öffnen
3	Motor kurz starten		Restkraftstoff aus der Hochdruckpumpe wird dadurch eingespritzt
Zylindervergleichsprüfung über die Starterstromaufnahme			
4	Tester anschließen	Tester mit fahrzeugspezifischer Software, Versorgungs- und Messleitung	Die Messleitung wird an die Batteriepole angeschlossen (nach Anleitung für den Tester)
5	Starter betätigen bis „Hold“ am Bildschirm erscheint		Den Druckunterschied in % mit den Herstellervorgaben vergleichen. Liegen alle Zylinder innerhalb der Toleranz, den Motor wieder betriebsbereit machen. Wenn nicht, mit Schritt 6 fortfahren.

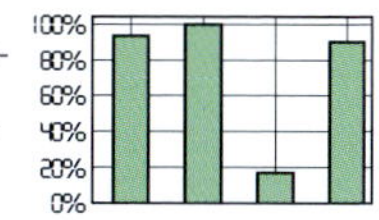

Nr.	Prüfschritt	Hilfsmittel/Werkzeuge	Hinweise/Auswertung
Kompressionsdruckprüfung			
6	Alle Einspritzdüsen ausbauen		
7	Rückstände aus dem Zylinder und der Einbauöffnung der Düsen entfernen		Motor mit dem Starter durchdrehen
8	Diagrammblatt in Kompressionsdruckprüfer einlegen und auf Zylinder 1 stellen		
9	Kompressionsdruckprüfer mit Adapter in den Zylinder 1 einschrauben		
10	Starter betätigen		Mindestens 10 Umdrehungen
11	Druckprüfer entlüften, Diagrammblatt auf Zyl. 2, 3, 4 stellen und Vorgang wiederholen		Liegen alle Zylinder innerhalb der Toleranz? Wenn ja, Motor wieder betriebsbereit machen. Wenn nicht, mit Schritt 12 fortfahren.

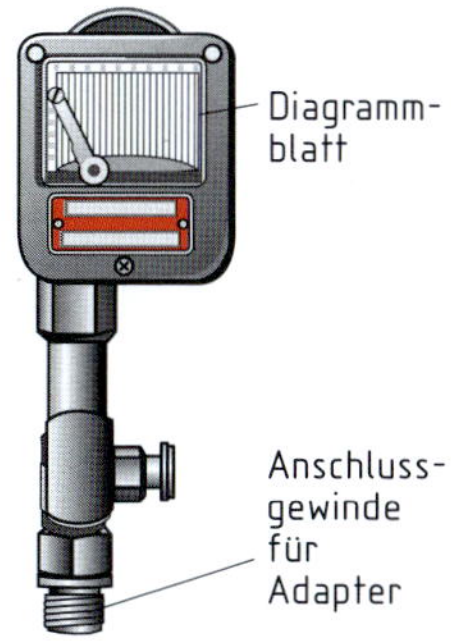

Nr.	Prüfschritt	Hilfsmittel/Werkzeuge	Hinweise/Auswertung
Druckverlustprüfung			
12	Kolben des zu prüfenden Zylinders auf Zünd-OT stellen, Einfüllverschlüsse für Kühlmittel und Motoröl entfernen.		Ventile müssen geschlossen sein, Luft muss über das Kurbelgehäuse bzw. das Kühlsystem entweichen können
	Druckverlustprüfer justieren		Justierung des Druckverlustprüfers nach Herstellerangaben durchführen
	Prüfadapter an der Einbauöffnung der Einspritzdüse befestigen		
13	Prüfadapter mit Schlauchleitung am Prüfgerät ankuppeln		Ist der Druckverlust innerhalb der Toleranz (grüner Bereich am Manometer des Prüfgeräts), nächsten Zylinder überprüfen. Wenn nicht, zur Fehlereingrenzung mit Schritt 14 fortfahren.
14	Druck im Zylinder durch Veränderung der Ventilstellung am Prüfgerät erhöhen.		siehe folgende Tabelle

Strömungsgeräusch	Fehlerquelle
am Auspuffkrümmer	Auslassventil
am Ansaugkrümmer	Einlassventil
am Öleinfüllstutzen	Kolben, Zylinder
am Kühlsystem	Zylinderkopfdichtung

Nr.	Prüfschritt	Hilfsmittel/Werkzeuge	Hinweise/Auswertung
15	Fehlerhafte Bauteile instandsetzen		Nach Reparaturanleitung des Herstellers
16	Betriebsbereitschaft des Motors herstellen		

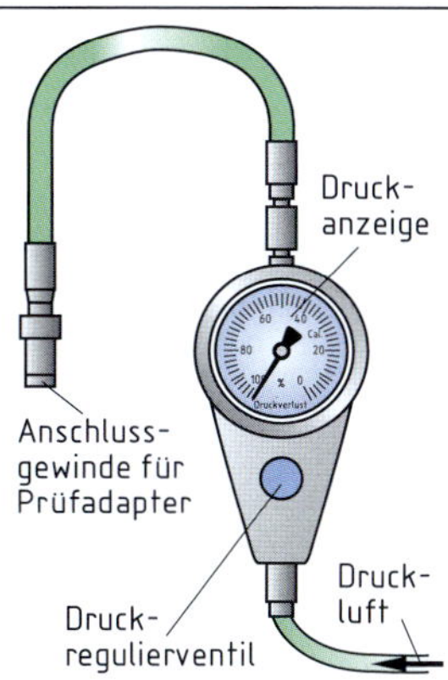

Verbrennungsmotor

Der Verbrennungsmotor ist eine Wärmekraftmaschine, die chemische Energie aus dem Kraftstoff in mechanische Arbeit umwandelt.
Im Verbrennungsraum wird ein Gemisch aus Kraftstoff und Luft gezündet und der Kraftstoff wird durch Reaktion mit dem Luftsauerstoff verbrannt. Durch die Verbrennungswärme entsteht im Verbrennungsraum ein Gasdruck. Der Gasdruck wirkt auf einen Kolben (Hub- oder Kreiskolben), der Kolben bewegt sich und es wird mechanische Arbeit verrichtet.

- *Gleichdruckverbrennung:* Der Gasdruck im Verbrennungsraum bleibt während des Verbrennungsvorgangs annähernd gleich. Der Dieselmotor arbeitet mit Gleichdruckverbrennung.
- *Gleichraumverbrennung:* Das Volumen des Verbrennungsraums bleibt während des Verbrennungsvorgangs annähernd gleich. Der Ottomotor arbeitet mit Gleichraumverbrennung.

Einteilung nach der Art des Triebwerks

Hubkolbenmotor

Motor, bei dem der Gasdruck im Brennraum auf den Boden eines zylindrischen Kolbens wirkt, der eine hin- und hergehende Bewegung ausführt. Mithilfe des Kurbeltriebs wird die Kolbenbewegung in eine Drehbewegung umgewandelt.

Die hin- und hergehenden Massen des Kurbeltriebs erzeugen Massenkräfte und Massenmomente, die den Motor und seine Aufhängung stark belasten. Es sind daher besondere Maßnahmen zu einem Massenausgleich erforderlich.

Kreiskolbenmotor

Motor, bei dem der Gasdruck im Brennraum auf die Flanken eines dreikantigen Kolbens wirkt und diesen unmittelbar in eine drehende Bewegung versetzt. Die Drehbewegung wird auf eine Exzenterwelle (Antriebswelle) übertragen (vgl. S. 133).

Der Motor hat nur drehende Teile. Dadurch ergibt sich ein erschütterungsfreier, ruhiger Lauf. Ein Massenausgleich ist nicht erforderlich. Die Steuerung des Gaswechsels erfolgt durch Schlitze. Schwierigkeiten bereitet die Gasabdichtung des Verbrennungsraumes.

Einteilung nach dem Arbeitsspiel

Viertaktmotor

Verbrennungsmotor, der zum Ablauf eines Arbeitsspieles vier Takte, d. h. vier aufeinander folgende Hübe des Arbeitskolbens oder zwei Umdrehungen der Kurbelwelle, benötigt.

Es gibt Viertakt-Ottomotoren und Viertakt-Dieselmotoren.

Die Verbrennung des verdichteten Kraftstoff-Luft-Gemisches findet im Arbeitszylinder statt. Der Kreisprozess umfasst vier nacheinander ablaufende Vorgänge: Ansaugen, Verdichten, Arbeiten und Ausstoßen.

Zweitaktmotor

Verbrennungsmotor, bei dem zum Ablauf eines Arbeitsspieles nur zwei Takte, d. h. zwei aufeinander folgende Hübe des Arbeitskolbens oder eine Umdrehung der Kurbelwelle erforderlich sind.

Es gibt Zweitakt-Ottomotoren und Zweitakt-Dieselmotoren (Großmotoren, z. B. Schiffsdiesel).

Die zu dem Arbeitsspiel gehörenden Vorgänge – Ansaugen, Verdichten, Arbeiten und Ausstoßen – spielen sich sowohl über dem Kolben im Arbeitszylinder als auch unter dem Kolben im Kurbelraum ab.

Einteilung nach Zündung, Gemischbildung und Kraftstoff

Ottomotor

Verbrennungsmotor, bei dem die Verbrennung des verdichteten Kraftstoff-Luft-Gemisches durch eine zeitlich gesteuerte Fremdzündung eingeleitet wird. Das Kraftstoff-Luft-Gemisch kann durch äußere Gemischbildung (bei Vergaser- und Saugrohreinspritzmotoren) oder innere Gemischbildung (bei Benzin-Direkteinspritzmotoren) vorbereitet werden.

- *Vergaser-Ottomotor:* Flüssiger Kraftstoff wird im Vergaser fein zerstäubt und mit Luft gemischt.
- *Saugrohreinspritz-Ottomotor:* Flüssiger Kraftstoff wird fein zerstäubt in das Saugrohr gespritzt.
- *Direkteinspritz-Ottomotor:* Flüssiger Kraftstoff wird je nach Lastzustand während des Ansaugens oder während des Verdichtens direkt in den Brennraum gespritzt.

Dieselmotor

Verbrennungsmotor, bei dem der am Ende der Verdichtung in den Arbeitszylinder eingespritzte Kraftstoff (innere Gemischbildung) sich an der heißen Luftladung von selbst entzündet, nachdem diese durch Verdichtung auf eine für die Entflammung des Kraftstoffes ausreichend hohe Temperatur gebracht worden ist.

- Dieselmotor mit direkter Einspritzung in den nicht unterteilten Verbrennungsraum.
- Dieselmotor mit indirekter Einspritzung in den Nebenbrennraum des unterteilten Verbrennungsraumes. Dazu gehören
  - Vorkammer-Dieselmotor
  - Wirbelkammer-Dieselmotor

Diesotto-Motor
Spark Controlled Compression Ignition (SPCCI)

Verbrennungsmotor, der Merkmale des **Dies**elmotors und des **Otto**motors vereint. Der Diesotto-Motor ist ein Ottomotor mit einem hohen Verdichtungsverhältnis (ca. 16 : 1). Er wird mit einem homogen mageren Gemisch ($\lambda = 2 \dots 3$) betrieben, das im Arbeitszylinder durch Kraftstoffeinspritzung während des Ansaugtakts gebildet wird. Ein Kompressor liefert den dafür notwendigen Luftüberschuss. Der Motor arbeitet mit Fremdzündung (Zündkerze) und mit Kompressionszündung.

Das magere Gemisch ist zunächst nicht zündfähig. Kurz vor Ende des Verdichtungstakts erzeugt eine zweite Kraftstoffeinspritzung direkt an der Zündkerze ein fetteres Gemisch. Im Zündzeitpunkt entzündet die Zündkerze die fettere Gemischwolke. Aufgrund des nachfolgenden Druck- und Temperaturanstiegs entzündet sich jetzt das magere Gemisch im ganzen Brennraum durch Kompressionszündung und verbrennt. Dieses Verbrennungsverfahren ist vor allem für den unteren bis mittleren Lastbereich geeignet.

Bauformen nach der Zylinderzahl

1

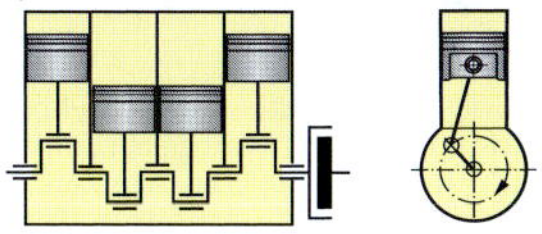

Einzylindermotor – Motor mit nur einem Zylinder

Mehrzylindermotor – Motor mit mehreren Zylindern und einer Kurbelwelle. Es gibt Motoren mit 2, 3, 4, 5, 6, 8, 10, 12, 16 Zylindern.

Ausnahme: In der Motorradtechnik gibt es 4-Zylindermotoren mit 2 Kurbelwellen, die übereinander liegen und über Stirnräder verbunden sind.

Bauformen nach der Zylinderanordnung

2

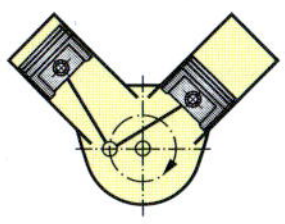

3

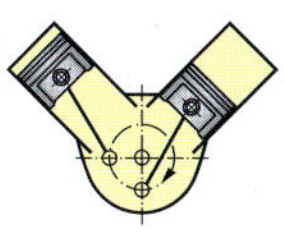

4

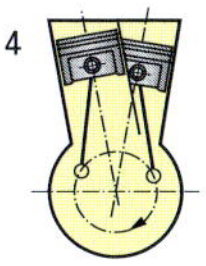

5

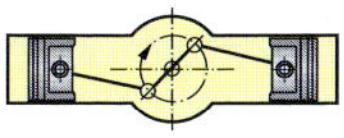

6

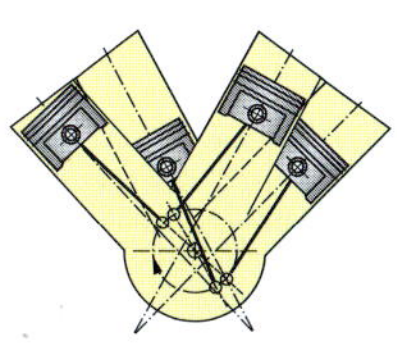

Reihenmotor – Anordnung der Zylinder in einer Reihe (Ebene) parallel zur Kurbelwellenachse (vgl. Bild 1). Es werden 2, 3, 4, 5 und 6 Zylinder-Reihenmotoren verwendet.

V-Motor – Es werden 2, 3, 4, 6, 8, 10 und 12 Zylinder-V- Motoren verwendet. Es gibt echte und unechte V-Motoren.

echter V-Motor – Anordnung der Zylinder in 2 Ebenen, die einen bestimmten Winkel (Zylinderwinkel) zueinander bilden. Immer 2 Pleuel sind auf einem gemeinsamen Kurbelzapfen gelagert (vgl. Bild 2).

unechter V-Motor – Anordnung der Zylinder in 2 Ebenen, die einen bestimmten Winkel (Zylinderwinkel) zueinander bilden. Jedes Pleuel hat jedoch seinen eigenen Kurbelzapfen (vgl. Bild 3).

VR-Motor – Im Prinzip handelt es sich um einen unechten V-Motor mit einem sehr kleinen Zylinderwinkel von ca. 10° bis 20° und einem gemeinsamen Zylinderkopf. Er entstand aus dem Wunsch heraus, einen Mehrzylindermotor mit sehr kompakten Außenmaßen zu entwickeln. Es gibt 5 und 6 Zylinder VR-Motoren (vgl. Bild 4).

Boxer-Motor – Anordnung der Zylinder in einer Ebene mit zwei gegenüberliegenden Zylinderbänken. Die Kurbelwelle hat je Zylinder einen Kurbelzapfen (vgl. Bild 5). Es werden 2, 4 und 6 Zylinder Boxermotoren verwendet.

W-Motor – Jeweils zwei VR-Zylinderbänke bilden einen W-Motor. Die beiden Zylinderbänke bilden einen Winkel von 72° (W8, W12 und W16), innerhalb einer VR-Bank haben die Zylinder einen Winkel von 15°. Exakter wäre die Bezeichnung Doppel V- bzw. Doppel VR-Motor (vgl. Bild 6, W8-Motor).

Bezeichnungen

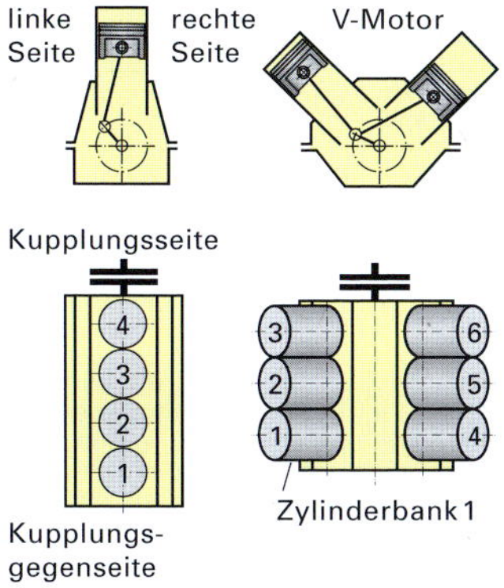

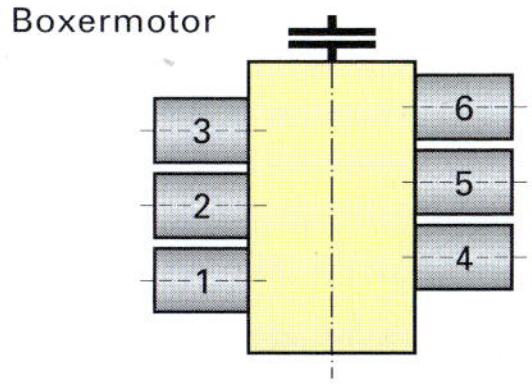

Kupplungsseite – Die Kupplungsseite ist die Motorseite, an der die Kraftabgabe zur Kupplung erfolgt. Sie wird auch als Kraftabgabeseite bezeichnet.

Kupplungsgegenseite – Die Kupplungsgegenseite ist die Seite des Motors, die der Kupplungsseite gegenüber liegt.

Linke Seite – Ist die Seite des Motors, die von der Kupplungsgegenseite aus betrachtet auf der linken Seite der Kurbelwelle liegt.

Bezeichnung der Zylinder – Nach DIN 73021 werden die Zylinder mit 1, 2, 3, usw. fortlaufend bezeichnet. Die Bezeichnung der Zylinder beginnt an der der Kupplungsseite gegenüberliegenden Seite. Bei Reihen- und VR-Motoren werden sie nacheinander bezeichnet, bei V-, Boxer- und W-Motoren beginnt man mit der linken Zylinderreihe.
Hinweis: Nicht alle Hersteller richten sich nach der DIN-Norm, z. B. VW beim 4 Zyl. Boxermotor.

Zylinderbank – Eine Zylinderreihe bei V-, Boxer- und W-Motoren wird auch als Zylinderbank bezeichnet. Die Zylinderbank, in der Zylinder 1 liegt, wird als Zylinderbank 1 bezeichnet.

Drehrichtung – Ist die Drehrichtung der Kurbelwelle von der Kupplungsgegenseite aus betrachtet. Bei einem rechtslaufenden Motor dreht sich die Kurbelwelle in Uhrzeigerrichtung. Bei einem linkslaufenden Motor dreht sich die Kurbelwelle gegen die Uhrzeigerrichtung.

Zündfolge – Die Zündfolge ist die Reihenfolge, in der die Arbeitsvorgänge eines Motors erfolgen. Bei der Zählung wird stets mit dem Zylinder 1 begonnen.

Zündabstand – Der Zündabstand ist der Drehwinkel in Grad, den die Kurbelwelle zwischen zwei aufeinander folgenden Zündungen zurücklegt.

• Arbeitsspiel: Gesamtheit aller regelmäßig wiederkehrenden Vorgänge im Arbeitszylinder eines Verbrennungsmotors, die zur fortlaufenden Erzeugung von mechanischer Energie erforderlich sind.

Viertaktspiel	Arbeitsspiel, das vier aufeinander folgende Takte umfasst und vier Hübe des Arbeitskolbens oder zwei Umdrehungen der Kurbelwelle benötigt.
Zweitaktspiel	Arbeitsspiel, bei dem die einzelnen Vorgänge ober- und unterhalb des Kolbens ablaufen und daher nur zwei Hübe des Arbeitskolbens bzw. eine Umdrehung der Kurbelwelle erfordert.

• Gaswechsel: Teil des Arbeitsspiels, bei dem die Frischgase in den Arbeitszylinder einströmen und die verbrannten Gase aus dem Arbeitszylinder ausgeschoben werden. Man unterscheidet offenen und geschlossenen Gaswechsel.

Frischladung je Arbeitsspiel	Luft- bzw. Gemischmenge, die im Arbeitszylinder vor der Zündung vorhanden ist (ohne den nach dem Ladungswechsel eingeführten Kraftstoff).
Ladungseinsatz je Arbeitsspiel	Gesamte Luft- bzw. Gemischmenge, die während eines Arbeitsspieles angesaugt oder durch das Ladesystem gefördert wird.
Theoretische Ladung je Arbeitsspiel	Mögliche Luft- oder Gemischmenge, die zum Füllen des geometrischen Hubraumes erforderlich ist, bezogen auf den atmosphärischen Außenzustand.
Ladungsdurchsatz	Zeitbezogene Luft- oder Gemischmenge, die durch die Arbeitszylinder gefördert wird.
Restgas je Arbeitsspiel	Gasrest, der aus früheren Arbeitsspielen nach Schließen des Auslasses im Arbeitszylinder verbleibt.
Liefergrad, Füllungsgrad	Verhältnis der vorhandenen Frischladung zu der theoretisch möglichen Ladung je Arbeitsspiel.
Spülgrad	Verhältnis der Frischladung zu der gesamten im Arbeitszylinder vorhandenen Gasladung (Frisch- und Restgase).

• Gemischbildung: Ablauf des Mischungsvorganges von Kraftstoff und Luft zur Bildung eines brennfähigen Gemisches für jeden Betriebszustand des Verbrennungsmotors.

Äußere Gemischbildung	Gemischbildung außerhalb des Arbeitszylinders: Der Kraftstoff wird durch Zerstäubung im Vergaser oder durch Einspritzung in das Saugrohr der Luft beigemischt. Nach der Verdampfung des Kraftstoffes ergibt sich ein homogenes (gleichartiges) Kraftstoff-Luft-Gemisch.
Innere Gemischbildung	Gemischbildung innerhalb des Arbeitszylinders: Der Kraftstoff wird fein zerstäubt in den Arbeitszylinder oder eine offene Nebenkammer eingespritzt und mit der Luft zu einem heterogenen (ungleichartigen) Kraftstoff-Luft-Gemisch vermischt.
Theoretischer Luftbedarf	Mindestluftmasse in kg, die zur vollkommenen Verbrennung von 1 kg Kraftstoff erforderlich ist (Mischungsverhältnis).
Luftverhältnis Luftzahl Lambdawert	Verhältnis der für die Verbrennung des Kraftstoffes tatsächlich zugeführten Luftmasse zu der für die vollkommene Verbrennung theoretisch erforderlichen Mindestluftmasse.

• Laststeuerung (Regelung): Anpassung der Gemisch- bzw. Kraftstoffmenge an die jeweiligen Betriebsverhältnisse, d.h. Belastung und Drehzahl des Motors.

Quantitätsregelung	Veränderung der in die Arbeitszylinder gelangenden Frischgasmenge im Teillastbereich durch Verstellen der Drosselklappe. Das Kraftstoff-Luftverhältnis bleibt nahezu konstant.
Qualitätsregelung	Veränderung des in die Arbeitszylinder einzuspritzenden Kraftstoffvolumens. Das Kraftstoff-Luftverhältnis verändert sich, Frischladung und Verdichtungsenddruck bleiben konstant.

• Aufladung: Vergrößerung der Frischladung durch Vorverdichtung des Ladungseinsatzes vor Eintritt in den Arbeitszylinder. Durch die Aufladung werden die Motorleistung erhöht und der Kraftstoffverbrauch gemindert.

Selbstansaugen	Ansaugen der Frischladung durch den Kolben im Arbeitszylinder, nachdem die verbrannten Gase durch den Kolben hinausgeschoben worden sind.
Dynamische Aufladung	Aufladung, bei der die Dynamik der angesaugten Luft im Saugrohr zur Füllungsverbesserung verwendet wird (vgl. S. 145).
• Schwingsaugrohraufladung	Lange Saugrohre erhöhen die Füllung im mittleren Drehzahlbereich, kurze Saugrohre im oberen Drehzahlbereich.
• Resonanzaufladung	Zylindergruppen mit gleichen Zündabständen werden an Resonanzbehälter angeschlossen. Resonanzen der schwingenden Luftsäule verbessern die Füllung.
Mechanische Aufladung	Aufladung, bei der der Vorverdichter (Lader) direkt oder über eine zuschaltbare Kupplung vom aufzuladenden Motor angetrieben wird (vgl. S. 145, 146).
Abgasturboaufladung	Aufladung, bei der der Vorverdichter (Turbolader) durch die Abgase angetrieben wird (vgl. S. 146).

• Zündung: Entflammung, d.h. Einleitung der Verbrennung des im Arbeitszylinders verdichteten Kraftstoff-Luft-Gemisches zum richtigen Zeitpunkt.

Fremdzündung	Einleitung der Verbrennung des Gemisches durch einen zeitlich gesteuerten elektrischen Zündfunken, der zwischen den Elektroden einer Zündkerze überspringt.
Selbstzündung	Entzündung des am Ende des Verdichtungstaktes in den Arbeitszylinder eingespritzten Kraftstoffes an der heißen Luft, nachdem diese durch Verdichtung auf eine für die Entflammung ausreichend hohe Temperatur gebracht worden ist.
Zündverzug	Zeit zwischen Einspritzbeginn und Beginn der Selbstzündung des eingespritzten Kraftstoffes oder Zeit zwischen Überspringen des Zündfunkens und Bildung der ersten fortschreitenden Flammenfront.
Zündfolge	Reihenfolge, in der die Arbeitszylinder eines Mehrzylinder-Verbrennungsmotors nacheinander gezündet werden.
Zündabstand	Drehwinkel der Kurbelwelle zwischen zwei aufeinanderfolgenden Zündungen. Er wird in Grad Kurbelwinkel angegeben.

Ottomotor: Normale Verbrennung

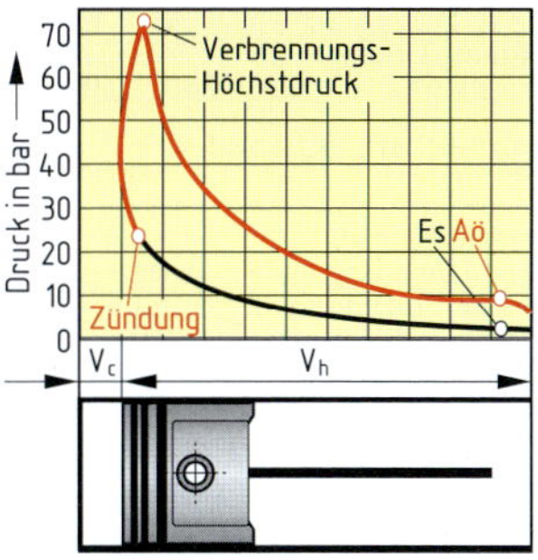

- **Entzündung:** Das verdichtete Kraftstoff-Luft-Gemisch wird durch einen elektrischen Funken gezündet. Da die Entflammung eine gewisse Zeit beansprucht und der bei der Verbrennung entstehende Höchstdruck kurz nach dem OT auf den Kolben wirken soll, muss die Entzündung schon vor dem OT erfolgen.
- **Verbrennung:** Die Flamme breitet sich kugelförmig nach allen Seiten gleichmäßig aus und die Zylinderfüllung verbrennt schnell. Bei der Verbrennung entstehen hohe Temperaturen. Dadurch steigt der Druck der Gase bei nahezu gleich bleibendem Volumen des Brennraumes stark an (Gleichraumverbrennung).
- **Arbeit:** Der Gasdruck wirkt auf den Kolbenboden und treibt den Kolben zum unteren Totpunkt. Der Motor gibt Arbeit ab.

Einflüsse

Die Verbrennung ist abhängig von
- Luftverhältnis, Gemischbildung, Ansaugtemperatur und Liefergrad
- Zündzeitpunkt, Zündenergie und Lage der Zündkerze
- Form des Brennraumes, Motorzustand und Verdichtungsverhältnis
- Motordrehzahl
- Klopffestigkeit des Kraftstoffes

Technische Daten (Volllast)

Entflammungsphase	0,001 s
Flammenausbreitung	10 ... 40 m/s
Brenndauer	≈ 0,001 s
Verdichtungsenddruck	12 ... 20 bar
-endtemperatur	400 ... 500 °C
Verbrenn.-Höchstdruck	50 ... 75 bar
– Höchsttemperatur	2 000 ... 2 500 °C
Restdruck bei Aö	3 ... 5 bar

Ottomotor: Klopfende Verbrennung

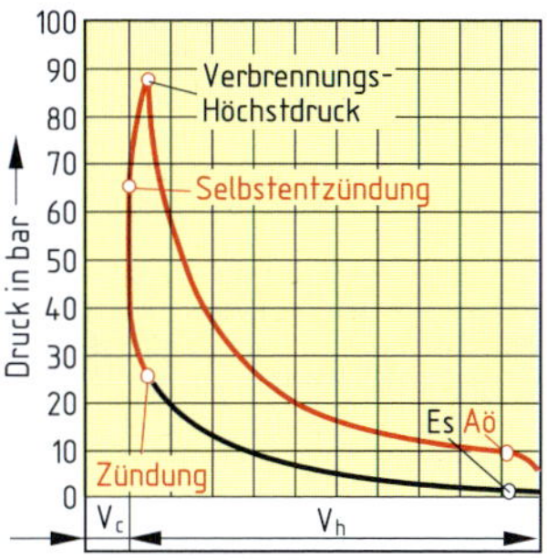

- **Entzündung:** Der Zündfunke leitet die Verbrennung ein. Während sich die Flamme ausbreitet, steigen Temperatur und Druck der noch nicht brennenden Frischgase. Nach Erreichen der Zündtemperatur entzünden sie sich unkontrolliert von selbst, bevor sie von der Flammenfront erreicht werden.
- **Verbrennung:** Die Gase verbrennen mit hoher Geschwindigkeit, wobei Temperatur und Druck im Brennraum schlagartig ansteigen. Durch den Zusammenprall der Flammenfronten kommt es zu klopfenden Geräuschen und zu hochfrequenten Schwingungen.
- **Auswirkungen:** Durch die klopfende Verbrennung wird der Motor mechanisch und thermisch stark belastet. Es treten Druckspitzen auf, die Kolben, Lager und Zylinderkopf beschädigen können. Der Kraftstoffverbrauch steigt an und die Motorleistung fällt ab.

Arten

Beschleunigungsklopfen
Beim Beschleunigen unter Volllast
Hochgeschwindigkeitsklopfen
Bei konstanter Volllast im oberen Drehzahlbereich

Ursachen
- Nicht klopffester Kraftstoff
- Zu früher Zündzeitpunkt
- Zu mageres KL-Gemisch oder ungleichmäßige Gemischbildung
- Zu hohes Verdichtungsverhältnis
- Zu hohe Motortemperatur
- Zu hohe Belastung
- Ungünstiger Brennraum

Technische Daten

Ausbreitungsgeschwindigkeit der Druckwelle	300 ... 1 000 m/s
Druckanstieg	≈ 8 bar/°KW
– schwingungen	6 000 ... 7 000 Hz

Dieselmotor: Normale Verbrennung

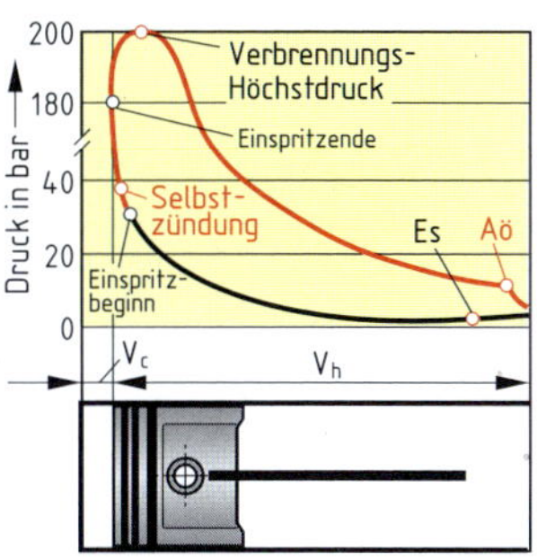

- **Gemischbildung:** Eine genau dosierte Kraftstoffmenge wird in die durch Verdichtung über die Zündtemperatur des Kraftstoffes erhitzte Luft fein zerstäubt eingespritzt. Der Einspritzvorgang beginnt kurz vor dem oberen Totpunkt und erstreckt sich über einen Kurbelwinkel von 20° ... 40°. Der zuerst eingespritzte Kraftstoff verdampft und vermischt sich mit der Luft zu einem brennfähigen Gemisch.
- **Verbrennung:** Erreichen die Dämpfe die Zündtemperatur, so entflammen sie an mehreren Stellen von selbst. Der nach Zündbeginn eingespritzte Kraftstoff entzündet sich an der Flamme ohne Zündverzug und verbrennt bei kurzzeitig gleich bleibendem Druck.
- **Arbeit:** Der im Brennraum durch die Wärmefreisetzung entstehende hohe Druck wirkt auf den Kolbenboden und treibt den Kolben zum unteren Totpunkt. Der Motor leistet Arbeit.

Der *„Zündverzug"* ist abhängig von
- Zündwilligkeit des Kraftstoffes
- Verdichtungsverhältnis
- Gemischaufbereitung
- Motorzustand und -belastung
- Brennraumform

Technische Daten

Einspritzbeginn	15 ... 30° vor OT
Einspritzende	veränderlich
Verdichtungs-enddruck	30 ... 55 (170) bar
-endtemperatur	600 ... 900 °C
Zündverzug	0,3 ... 1,5 ms
Verbrennungs-Höchstdr.	60 ... 210 bar
– Höchsttemperatur	2 000 ... 2 500 °C
Restdruck bei Auslass öffnet	4 ... 6 bar
– bei Auslass schließt	–0,2 ... 0,4 bar
Temperatur bei Aö, VL	550 ... 900 °C
Leerlauf	100 ... 200 °C
Mittlerer Kolbendruck	7 ... 32 bar

Dieselmotor: Klopfende Verbrennung

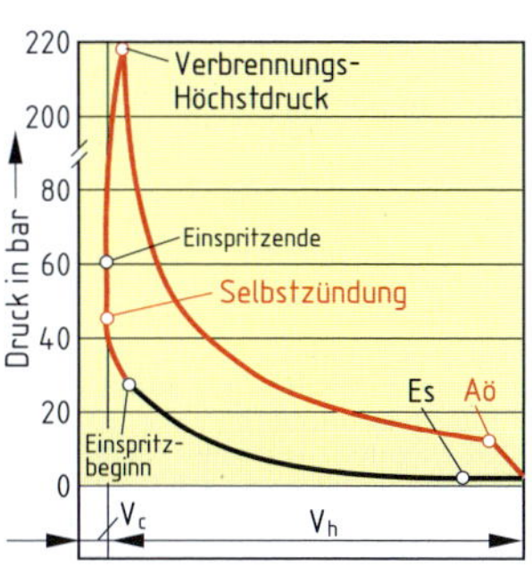

- **Gemischbildung:** Entzündet sich der eingespritzte Kraftstoff nicht schnell genug, d. h. wird der Zündverzug größer, so gelangt bis zur Entflammung mehr Kraftstoff in den Brennraum.
- **Verbrennung:** Nach Erreichen der Zündbedingungen verbrennt diese angehäufte Kraftstoffmenge schlagartig und lässt den Gasdruck sehr hoch ansteigen. Der Motor läuft härter und lauter.
- **Wirkung:** Die durch das Aufeinanderprallen der harten Druckwellen entstehenden Geräusche werden als Dieselnageln oder Dieselklopfen bezeichnet. Im Gegensatz zum Ottomotor ereignet sich die klopfende Verbrennung unmittelbar nach Einsetzen der Zündung.

Ursachen
- Zündträger Kraftstoff
- Zu niedrige Motortemperatur
- Beschädigte oder verkokte Düse
- Zu früher Einspritzbeginn
- Zu niedriger Einspritzdruck
- Zu geringe Verdichtung
- Ungünstige Brennraumform
- Zu niedrige Drehzahl

Folgen
- Gebrochene Kolbenringe und Stege
- Durchgeschlagene Kopfdichtung
- Überlastung der Lagerstelle
- Schwarzrauchemission (Ruß)

Technische Daten

Zündverzug	2 ... 20 ms
Ausbreitungsgeschwindigkeit der Druckwelle	200 ... 300 m/s
Verbrenn.-Höchstdruck	über 210 bar

Ansaugen

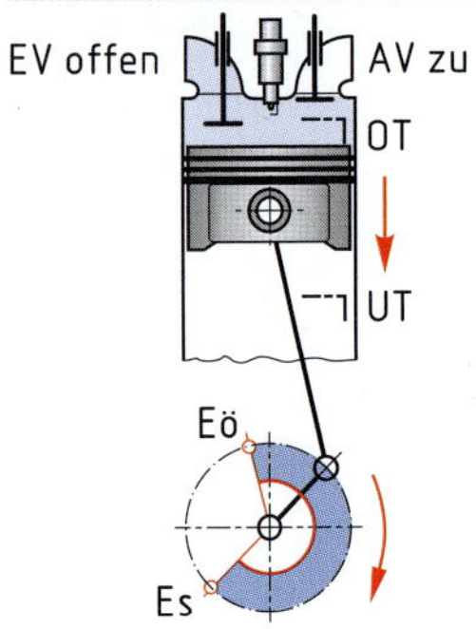

Der Kolben bewegt sich vom oberen zum unteren Totpunkt und erzeugt dabei im Verbrennungsraum einen Unterdruck. Damit der Unterdruck bei möglichst großem Ventilquerschnitt rasch wirksam werden kann, öffnet das Einlassventil bereits vor dem oberen Totpunkt und vor dem Schließen des Auslassventils. Durch das geöffnete Einlassventil strömen Frischgase drosselgesteuert in den Arbeitszylinder. Um die Bewegungsenergie der einströmenden Frischgase für eine gute Füllung des Arbeitsraumes auszunützen, schließt das Einlassventil erst nach dem unteren Totpunkt.

Der „Liefergrad" ist abhängig von:

- Steuerzeit
- Ansaugquerschnitt
- Ansaugtemperatur
- Motordrehzahl
- Brennraumform
- Drosselklappenstellung
- Strömungswiderstand
- Atmosphärendruck
- Verdichtung
- Aufladung

Steuerzeiten des Einlassventils	
Öffnungspunkt	2 … 40° vor OT
Schließpunkt	30 … 60° nach UT
Restgase, Druck	–0,2 … 4 bar
Temperatur	300 … 1 000 °C
Theoretischer Luftbedarf	
Ottokraftstoff, Super	14,7 kg/kg
Luftverhältnis λ	
Höchste Leistung	0,85 … 0,95
Kleinster Verbrauch	1,05 … 1,15
Leerlauf und Teillast	1 (geregelt)
Frischgase	
Ansaugdruck	0,1 … 0,6 bar
– mit Aufladung	bis 2,0 bar
Ansaugtemperatur	30 … 100 °C
Mittlere Geschwindigkeit	80 … 100 m/s
Liefergrad	0,7 … 1,0
– mit Aufladung	bis 2,0

Verdichten

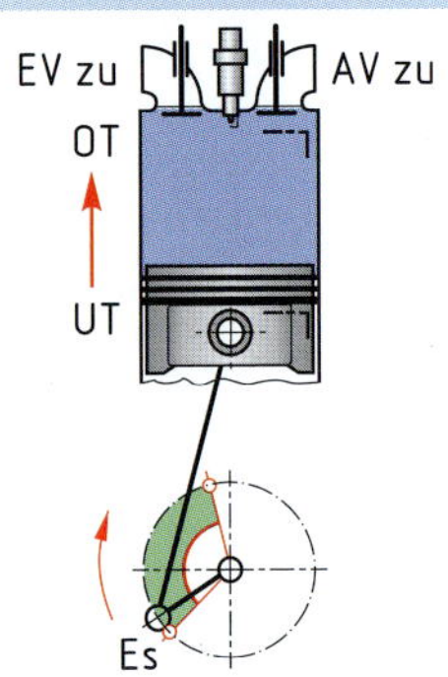

Das Einlassventil schließt nach dem unteren Totpunkt des Kolbens. Das Auslassventil bleibt geschlossen. Der Kolben bewegt sich vom unteren zum oberen Totpunkt und verdichtet dabei das angesaugte Gemisch. Druck und Temperatur im Arbeitszylinder steigen an. Die Kraftstoff- und Luftteilchen kommen enger zusammen, und vermischen sich miteinander. Das Kraftstoff-Luftgemisch wird gasförmig.

Je größer das Verdichtungsverhältnis ist, desto höher ist der thermische Wirkungsgrad bzw. die Leistung des Motors und umso kleiner der spezifische Kraftstoffverbrauch. Gleichzeitig steigen aber die Kräfte auf das Triebwerk und die Gefahr der Selbstzündung des Kraftstoffes, d. h. der klopfenden Verbrennung und damit der mechanischen und thermischen Überlastung des Motors.

Verdichtungsverhältnis	9 : 1 … 14 : 1
-enddruck	12 … 20 bar
-endtemperatur	400 … 500 °C
Selbstentzündungstemp. unter motorischen Bedingungen (Verdichtung)	
• Super	(95 ROZ) 550 … 650 °C
• Super Plus	(98 ROZ) 600 … 700 °C
Prüfung der Verdichtung (Beispiel)	
Kompress.-Druck, Sollwert	9 … 15 bar
–, Grenzwert	ca. 8,9 bar
–, zulässige Differenz	ca. 1,5 bar
Kompressionsverlust (Zyl.-Dichtheit)	
• Gesamtanzeige	max. 25 %
Verdichtungserhöhung	8 : 1 auf 11 : 1
• steigert die Leistung um	≈ 10 %
• vermindert Teilverbrauch um	≈ 8 %
(Teillast, λ = 1 geregelt)	

Arbeiten

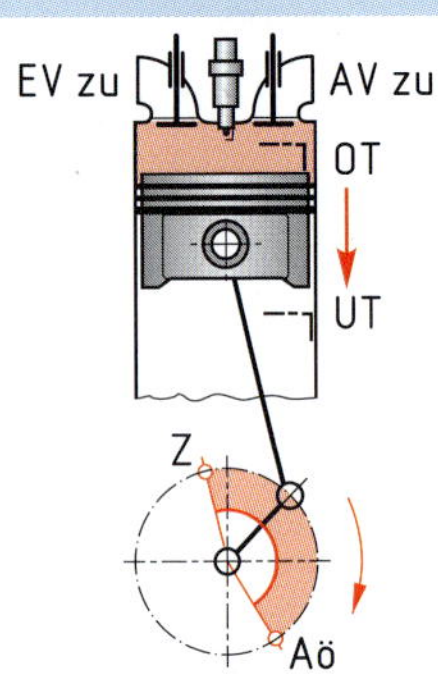

Ein elektrischer Zündfunke springt kurz vor dem oberen Totpunkt zwischen den Elektroden der Zündkerze über und entflammt die heißen, verdichteten Frischgase. Die Flamme breitet sich aus und das Gemisch verbrennt schnell. Dadurch wird die Wärmeenergie des Kraftstoffes freigesetzt. Der im Verbrennungsraum entstehende hohe Gasdruck wirkt auf den Kolben und treibt ihn vom OT zum UT. Hierdurch wird die Wärmemenge in mechanische Arbeit umgewandelt. Mit der Abwärtsbewegung des Kolbens sinken Druck und Temperatur im Brennraum.

Durch die Dauer der Entflammungsphase und die verhältnismäßig niedrige Verbrennungsgeschwindigkeit muss die Zündung so früh eingeleitet werden, dass der Verbrennungshöchstdruck kurz nach dem OT auf den Kolben wirken kann. Der Zündzeitpunkt ist außerdem abhängig von Motordrehzahl und -belastung.

Verbrennungsablauf	
Entflammungsphase	0,001 s
Flammenausbreitung	10 … 40 m/s
Verbrennungszeit	0,001 s
Drucksteigerung	1 … 3 bar/°KW
Höchstdruck	50 … 75 bar
Höchsttemperatur	2 000 … 2 500 °C
Zündzeitpunkt	
• bei Starterdrehzahl	5 … 10° vor OT
• im Leerlauf	8 … 13° vor OT
bei n = 3 200 1/min	
• Volllast	15 … 20° vor OT
• Teillast	30 … 40° vor OT
Wärmeenergieverteilung	
Nutzarbeit	28 … 33 %
Strahlung	6 … 8 %
Kühlung	30 … 33 %
Abgaswärme	28 … 33 %

Ausstoßen

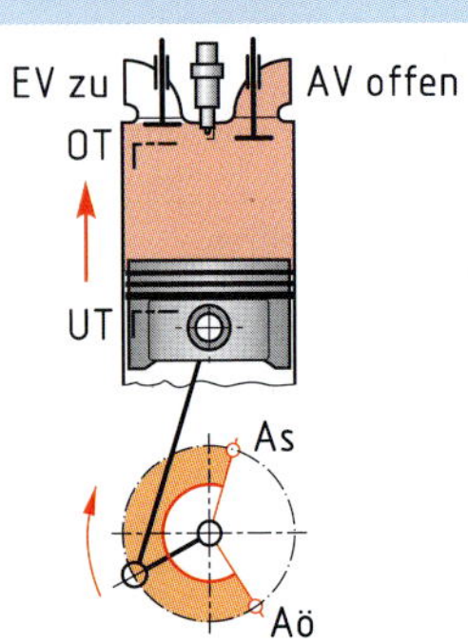

Das Auslassventil öffnet bereits vor dem unteren Totpunkt des Kolbens. Die Verbrennungsgase srömen durch ihren Restdruck selbsttätig mit hoher Geschwindigkeit aus dem Arbeitszylinder. Sobald der Kolben sich vom unteren zum oberen Totpunkt bewegt, schiebt er die verbrannten Gase aus.

Die ausströmenden Verbrennungsgase erzeugen eine Saugwirkung. Um die Saugwirkung der ausströmenden Gase gut auszunützen und die Innenkühlung des Motors sowie die Entleerung des Verbrennungsraumes zu begünstigen, schließt das Auslassventil erst spät nach OT.

Eine vollständige Entfernung der Restgase im Verdichtungsraum ist nicht zu erreichen.

Steuerzeiten des Auslassventils	
Öffnungspunkt	35 … 60° vor UT
Schließpunkt	20 … 40° nach OT
Abgase, Temperatur	
• bei Volllast	700 … 1 000 °C
• im Leerlauf	300 … 500 °C
Restdruck bei Aö	3 … 5 bar
Druck beim Ausstoßen	5 … –0,2 bar
Geschwindigkeit	bis 300 m/s

Ventilüberschneidung
Das Ansaugen beginnt mit dem Öffnen des Einlassventils bereits vor OT. Das Ausstoßen endet mit dem Schließen des Auslassventils erst nach OT. Dieser Bereich des Arbeitsspiels wird als Ventilüberschneidung bezeichnet. Sie beträgt 22 … 80 °KW

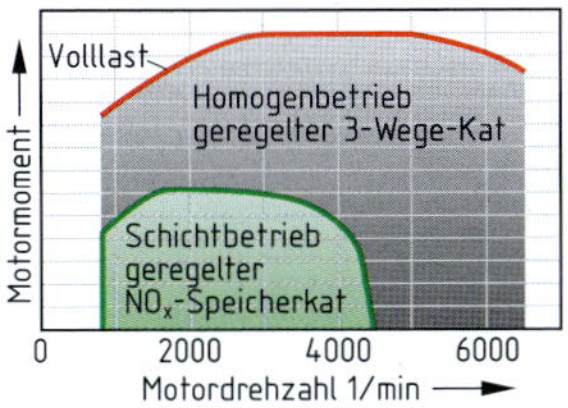

Beim **Homogenbetrieb** ist das stöchiometrische Kraftstoff-Luftgemisch ($\lambda = 1$) gleichmäßig über den Brennraum verteilt. Das Motormoment wird über die Masse des angesaugten Kraftstoff-Luftgemisches eingestellt. Dies geschieht durch teilweises Schließen der Drosselklappe.
Bei kleiner Motorlast führt dies zu hoher Ladungswechselarbeit und infolge der geringen Zylinderfüllung zu einem schlechten Wirkungsgrad der Verbrennung.

Beim **Schichtbetrieb** muss die Zylinderladung geschichtet werden, d. h. im Bereich der Zündkerze liegt ein brennfähiges Gemisch vor, das von einer Luftschicht umgeben ist. Beim **strahlgeführten Brennverfahren** erfolgen die Gemischaufbereitung und der Gemischtransport durch das Einspritzventil. Zündkerze und Einspritzventil müssen deshalb eng beieinander liegen.
Die Luft wird ungedrosselt angesaugt. Das Motormoment wird über die Masse des eingespritzten Kraftstoffs eingestellt.

Ansaugen

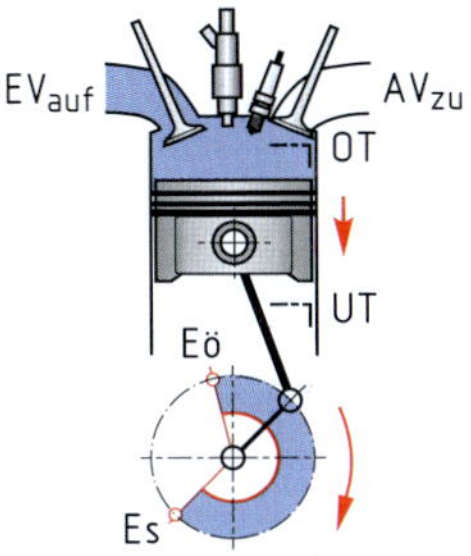

Der Kolben bewegt sich vom oberen zum unteren Totpunkt und erzeugt dabei im Zylinder einen Unterdruck. Frühes Öffnen (Eö vor OT) und spätes Schließen des Einlassventils (Es nach UT) verbessert die Füllung.

Homogener Betrieb

Bei teilweise oder voll geöffneter Drosselklappe wird über das geöffnete Einlassventil Frischluft in den Zylinder angesaugt.
Der Kraftstoff wird während des Ansaugtaktes mit bis zu 200 bar in den Zylinder eingespritzt und vermischt sich mit der angesaugten Luft.
Das Luftverhältnis ist auf $\lambda = 1$ geregelt.

Schichtbetrieb

Bei voll geöffneter Drosselklappe wird Frischluft angesaugt.
Zur Verringerung der Stickoxidemission bei der Verbrennung eines mageren Gemisches ($\lambda = 1{,}5$ bis 4) wird der Ansaugluft bis zu 40 % Abgas beigemischt.
Die voll geöffnete Drosselklappe verringert die Ladungswechselarbeit und verbessert damit den Wirkungsgrad bei Teillast.

Verdichten

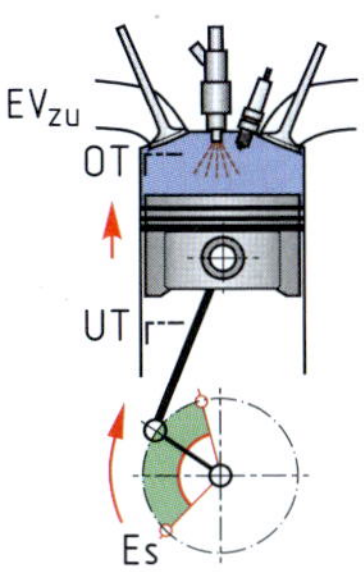

Der Kolben bewegt sich vom unteren zum oberen Totpunkt. Der Verdichtungsvorgang beginnt, wenn das Einlassventil nach dem unteren Totpunkt geschlossen ist.

Homogener Betrieb

Das Kraftstoff-Luftgemisch wird verdichtet.
Im Vergleich zur Saugrohreinspritzung verdampft der Kraftstoff vollständig im Zylinder. Dadurch ergibt sich bei Volllast eine bessere Füllung und eine geringere Verdichtungstemperatur.
Die Klopfneigung ist geringer.
Der Motor kann höher verdichtet werden ($\varepsilon = 11{,}5 \dots 12{,}5$).

Die Lastregelung erfolgt über die Masse des angesaugten Kraftstoff-Luftgemisches (Quantitätsregelung).

Schichtbetrieb

Frischluft und beigemischtes Abgas werden verdichtet. Der Kraftstoff wird über einen Piezoinjektor mit bis zu 350 bar am Ende des Verdichtungstaktes eingespritzt. Um den hohlkegelförmigen Einspritzstrahl bildet sich eine frei im Raum schwebende Gemischwolke die im Zündzeitpunkt gerade an die Zündkerze heranreicht. Durch Mehrfacheinspritzung werden Gemischbildung, Verbrennung, Verbrauch und Abgasverhalten verbessert.
Die Lastregelung erfolgt über die Masse des eingespritzten Kraftstoffs (Qualitätsregelung).

Arbeiten

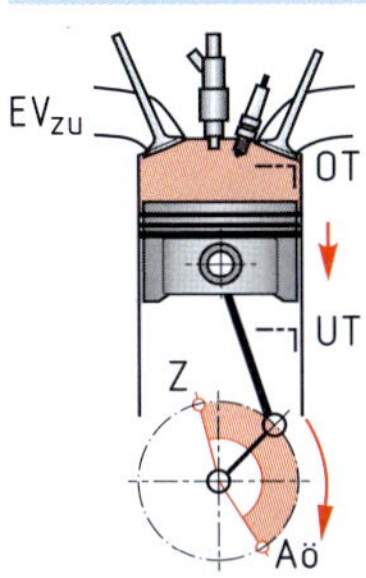

Das Kraftstoff-Luftgemisch wird durch den Zündfunken gezündet. Durch die bei der Verbrennung des Kraftstoffes freigesetzte Wärmeenergie entsteht im Zylinder ein hoher Gasdruck. Dieser wirkt auf den Kolbenboden und erzeugt über die Pleuelstange an der Kurbelwelle ein Drehmoment.

Homogener Betrieb

Das homogene Gemisch wird kurz vor OT gezündet.
Der Zündzeitpunkt ist vor allem von der Motordrehzahl und der Motorlast abhängig.
Der Verbrennungsablauf entspricht dem der Saugrohreinspritzung.

Schichtbetrieb

Das an der Zündkerze vorhandene fette Gemisch wird kurz vor OT durch den Zündfunken gezündet und entflammt das umgebende Magergemisch.
Ursachen für die Verbrauchsreduzierung gegenüber homogenem Betrieb:
- Durch das ungedrosselte Ansaugen der Frischluft ergibt sich auch im Teillastbereich ein hoher Verdichtungsdruck.
- Die Verbrennung findet zentral im Brennraum statt, dies verringert die Wärmeabgabe an die Zylinderwände.

Ausstoßen

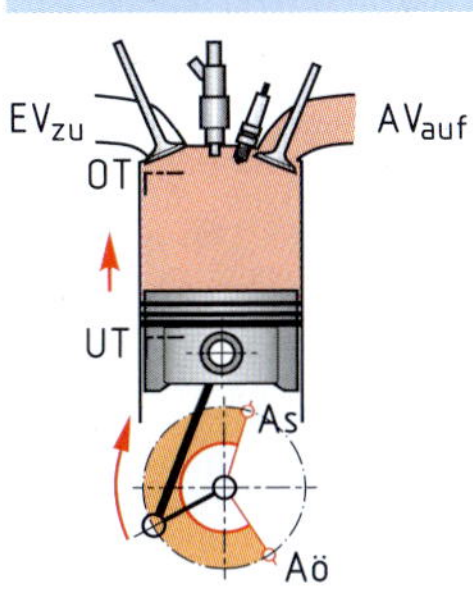

Das Auslassventil öffnet vor dem unteren Totpunkt und die Abgase strömen zunächst durch den hohen Restdruck aus dem Brennraum. Nach UT schiebt der Kolben bei geringem Gegendruck durch die Aufwärtsbewegung die restlichen Abgase aus dem Zylinder.

Homogener Betrieb

Die bei homogenem Betrieb anfallenden HC-, CO- und NO_x-Emissionen werden durch einen Dreiwege-Vorkatalysator bzw. durch die Dreiwegeeigenschaft des Speicherkatalysators eliminiert.

Schichtbetrieb

Die bei der Verbrennung eines mageren Gemisches ($\lambda > 1$) vermehrt entstehenden Stickoxide werden in einem NO_x-Speicherkatalysator absorbiert.
Während kurzer Regenerationsphasen wird der Motor ca. alle 1 ... 10 min für 1 ... 5 s mit homogenem, leicht fettem ($\lambda < 1$) Gemisch betrieben. Die Stickoxide reagieren mit anderen Abgaskomponenten zu unschädlichem Stickstoff.
Der Regenerationsbetrieb wird vom Steuergerät in Verbindung mit dem nach dem Katalysator eingebauten NO_x-Sensor geregelt.

Vergleich Ladungsregelung (p-V-Diagramme)

drosselklappengesteuerte Ladungsregelung | einlassventilgesteuerte Ladungsregelung

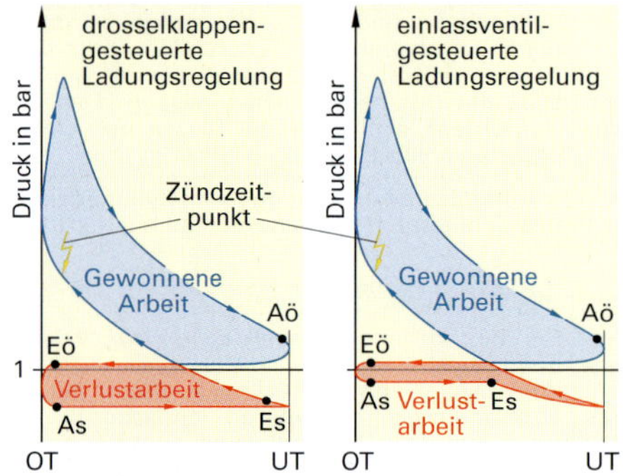

Vorteil

Die beiden p-V-Diagramme zeigen die herkömmliche drosselklappengesteuerte bzw. die einlassventilgesteuerte Ladungsregelung. Die durch die Verbrennung erzeugte Arbeit ist bei beiden Verfahren gleich groß (blaue Fläche). Bei der einlassventilgesteuerten Ladungsregelung ist die Verlustarbeit beim Ladungswechsel (rote Fläche) geringer. Die Verlustarbeit entspricht der Arbeit, die aufgewendet werden muss, um die verbrannten Abgase auszustoßen und anschließend die Frischgase anzusaugen. Da die Verlustarbeit von der erzeugten Arbeit abgezogen werden muss, ist die erhaltene Nutzarbeit bei der einlassventilgesteuerten Ladungsregelung größer.

Funktionsweise

Das Ansaugen der Frischgase erfolgt bei einer drosselklappengesteuerten Ladungsregelung gegen den Widerstand, den die Drosselklappe den einströmenden Gasen entgegensetzt. Beim Ansaugvorgang mit einlassventilgesteuerter Ladungsreglung ist die Drosselklappe fast immer voll geöffnet. Die Ladungsregelung erfolgt über den Schließzeitpunkt des Einlassventils (Vergleich Atkinson-/Miller-Zyklus). Im Vergleich zum herkömmlichen Motor, bei dem über die Drosselklappe die Ladungsmenge und damit die Motorlast geregelt wird, entsteht in der Sauganlage kein Unterdruck. Somit entfällt, der Energieaufwand für die Unterdruckerzeugung in der kompletten Sauganlage. Durch die geringere Verlustarbeit im Ansaugvorgang wird ein besserer Wirkungsgrad erzielt.

Modifizierter Atkinson-Zyklus

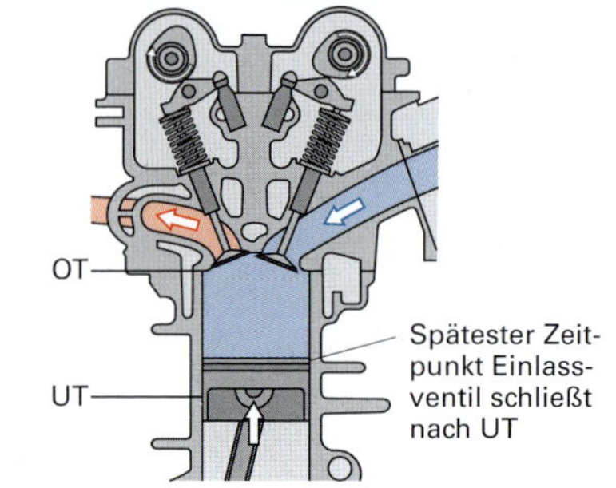

Funktionsweise

Der modifizierte Atkinson-Zyklus wird als optimierter Kreisprozess bei modernen Ottomotoren eingesetzt. Im Vergleich zum Standard-Kreisprozess schließt das Einlassventil im Verdichtungstakt deutlich später nach dem unteren Totpunkt (UT). Dadurch wird ein Teil der angesaugten Luft wieder zurück gepumpt, bevor mit dem Schließen des Einlassventils die Verdichtung beginnen kann. Beim Ansaug- und Verdichtungstakt wird somit nur ein Teil des gesamten Kolbenhubes genutzt. Beim Arbeits- und Ausstoßtakt wird der gesamte Kolbenhub genutzt. Daraus ergibt sich, dass das Ansaugvolumen kleiner ist als das Arbeits-/Expansionsvolumen.

Vorteile

- Das Verdichtungsverhältnis kann gesteigert werden. Der thermische Wirkungsgrad erhöht sich und der Kraftstoff verbrennt effektiver.
- Bei Teillast wird die Drosselklappe weit geöffnet, da die Luftmenge über den Schließzeitpunkt des Einlassventils geregelt wird. Die Drosselklappenverluste werden reduziert und der Wirkungsgrad wird erhöht.
- Das Gas wird durch den „längeren" Arbeitshub besser entspannt und stärker abkühlt. Dadurch wird die im Gas enthaltene Energie besser ausgenutzt und der thermische Wirkungsgrad wird höher.
- Durch das kühlere Gas wird bei Volllast die Klopfneigung reduziert. Eine Innenkühlung durch fettes Gemisch ist nicht notwendig. Deshalb kann in einem größeren Lastbereich für eine optimale Abgasnachbehandlung mit Lambda 1 gefahren werden.

Miller-Zyklus

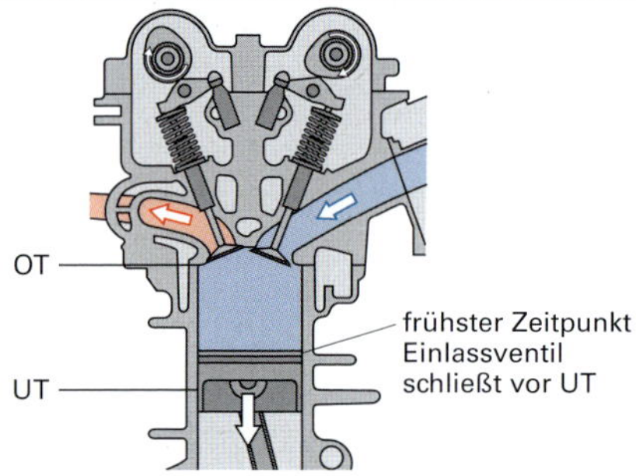

Funktionsweise

Beim Miller-Zyklus sind die Ventilschließzeiten gegenüber einem herkömmlichen Ottomotor optimiert. Das Einlassventil schließt sehr früh, deutlich bevor der Kolben den unteren Totpunkt im Ansaugtakt erreicht. Dadurch wird die Luftmenge im Brennraum geregelt und während des weiteren Ansaughubs stärker abgekühlt. Bei einem Motor mit fester Ventilsteuerung nimmt der Liefergrad und damit das Drehmoment stark mit wachsender Drehzahl ab. Deshalb wird der Miller-Zyklus meistens mit Hilfe einer variablen Ventilsteuerung realisiert.

Vorteile

- Der Miller-Zyklus hat dieselben Vorteile wie der Atkinson-Zyklus (siehe oben).
- Der Miller-Zyklus hat mit einer variablen Ventilsteuerung einen etwas höheren Wirkungsgrad als der Atkinson-Zyklus.
- Durch den verbesserten thermischen Wirkungsgrad entstehen geringere Abgastemperaturen, so dass auch temperaturempfindlichere Turbolader mit variabler Turbinengeometrie eingesetzt werden können. Diese können schon bei geringer Motorlast einen höheren Ladedruck aufbauen.

Weitere Möglichkeiten der Verbrennungsoptimierung

Wassereinspritzung

Die Wassereinspritzung wird bei Hochleistungsmotoren und im Rennsport eingesetzt.
Dabei wird zur Kühlung des Kraftstoff-Luft-Gemischs fein zerstäubtes Wasser in das Saugrohr oder den Zylinder eingespritzt. Die Kühlung durch das verdampfende Wasser ermöglicht ein höheres Verdichtungsverhältnis, reduziert die Klopfneigung, ermöglicht einen früheren Zündzeitpunkt und führt damit zu mehr Leistung und einem besseren Wirkungsgrad. Das Wasser verdampft vor der Verbrennung im Motor und gelangt vollständig mit dem Abgas in die Umgebung. Für die Wassereinspritzung wird lediglich eine kleine Menge an destilliertem Wasser benötigt.

Variable Verdichtung

Bei Verbrennungsmotoren steigt der thermische Wirkungsgrad mit zunehmendem Verdichtungsverhältnis. Die Höhe der Verdichtung ist jedoch durch die Klopffestigkeit des Kraftstoffes begrenzt. Bei Teillast kann durch eine hohe Verdichtung ein hoher Wirkungsgrad erzielt werden. Um dann bei hoher Last eine klopfende Verbrennung zu vermeiden, muss der Zündzeitpunkt auf spät verstellt werden. Der Wirkungsgrad verschlechtert sich dadurch wieder. Durch ein verstellbares Verdichtungsverhältnis kann dieses Problem gelöst werden. Für jeden Betriebspunkt wird eine optimale Kombination aus Zündzeitpunkt und Verdichtung eingestellt.
Die variable Verdichtung wird durch eine mechanische Kolbenhubveränderung ermöglicht. Beim Multi-Link-System wird mithilfe einer Zwischenwelle und zweier Hebelarme die Hubhöhe verstellt. Das Verdichtungsverhältnis beträgt bei Volllast 8 : 1 und kann bei Teillast bis auf 14 : 1 erhöht werden.

Dreizyl.-Reihenmotor — Zündfolge 1 3 2 Zündabstand 240°

1. Zylinder	2. Zylinder	3. Zylinder
Arbeiten	Ausstoßen	Ansaugen
Ausstoßen	Ansaugen	Verdichten
Ansaugen	Verdichten	Arbeiten
Verdichten	Arbeiten	Ausstoßen
	Ausstoßen	Ansaugen

0° 180° 360° 540° 720°

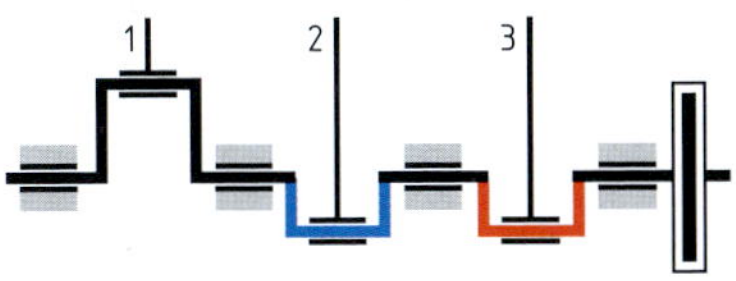

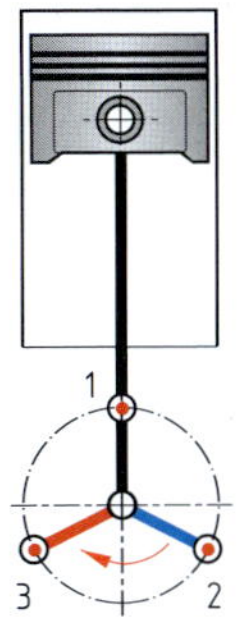

Vierzylinder-Reihenmotor — Zündfolge 1 3 4 2, Zündabstand 180°

1. Zylinder	2. Zylinder	3. Zylinder	4. Zylinder
Arbeiten	Ausstoßen	Verdichten	Ansaugen
Ausstoßen	Ansaugen	Arbeiten	Verdichten
Ansaugen	Verdichten	Ausstoßen	Arbeiten
Verdichten	Arbeiten	Ansaugen	Ausstoßen

0° 180° 360° 540° 720°

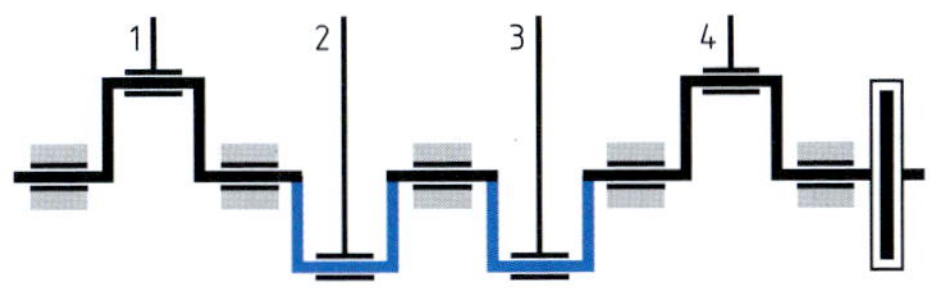

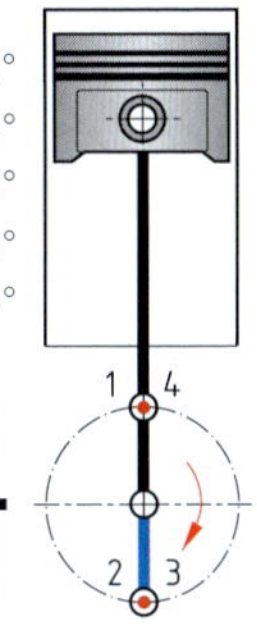

Zweizylinder-Boxermotor — Zündabstand 360°

1. Zylinder	2. Zylinder
Arbeiten	Ansaugen
Ausstoßen	Verdichten
Ansaugen	Arbeiten
Verdichten	Ausstoßen

0° 180° 360° 540° 720°

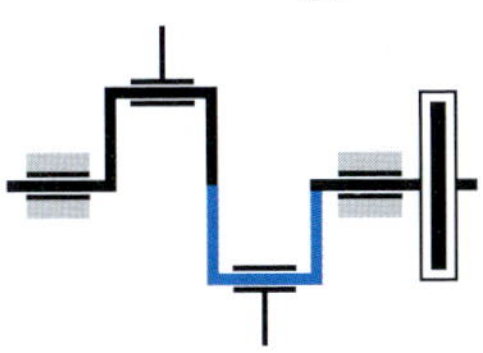

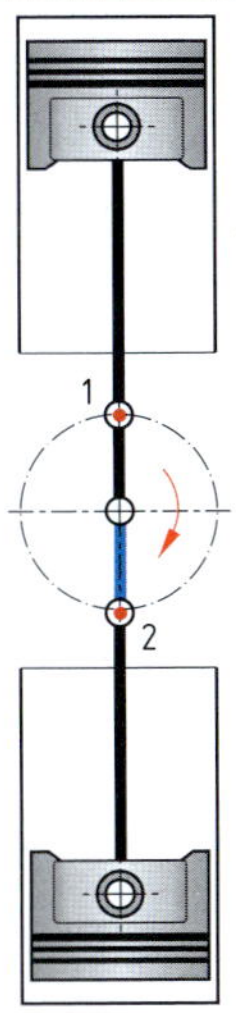

Vierzylinder-Boxermotor — Zündfolge 1 4 3 2, Zündabstand 180°

1. Zylinder	2. Zylinder	3. Zylinder	4. Zylinder
Arbeiten	Ausstoßen	Ansaugen	Verdichten
Ausstoßen	Ansaugen	Verdichten	Arbeiten
Ansaugen	Verdichten	Arbeiten	Ausstoßen
Verdichten	Arbeiten	Ausstoßen	Ansaugen

0° 180° 360° 540° 720°

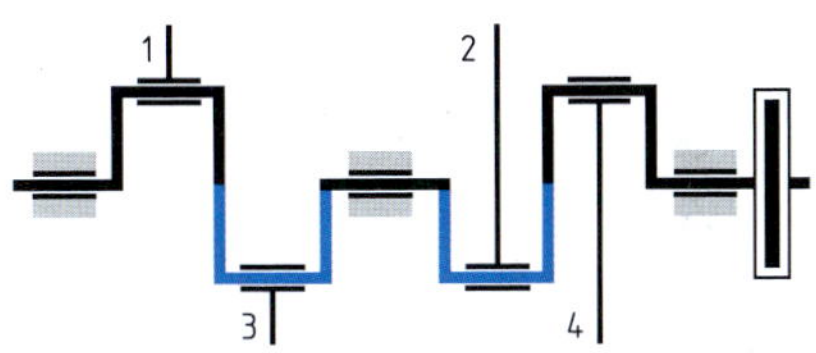

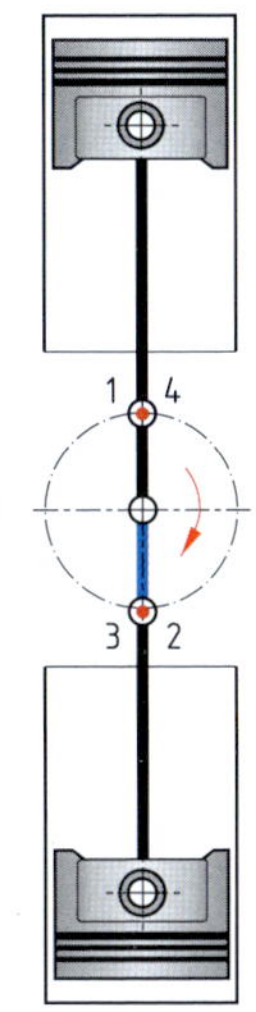

Sechszylinder-Reihenmotor — Zündfolge 1 5 3 6 2 4, Zündabstand 120°

1. Zylinder	2. Zylinder	3. Zylinder	4. Zylinder	5. Zylinder	6. Zylinder
Arbeiten	Ausstoßen	Ansaugen	Arbeiten	Verdichten	Ansaugen
Ausstoßen	Ansaugen	Verdichten	Ausstoßen	Arbeiten	Verdichten
Ansaugen	Verdichten	Arbeiten	Ansaugen	Ausstoßen	Arbeiten
Verdichten	Arbeiten	Ausstoßen	Verdichten	Ansaugen	Ausstoßen
	Ausstoßen	Ansaugen	Arbeiten	Verdichten	

0° 180° 360° 540° 720° Kurbelwinkel

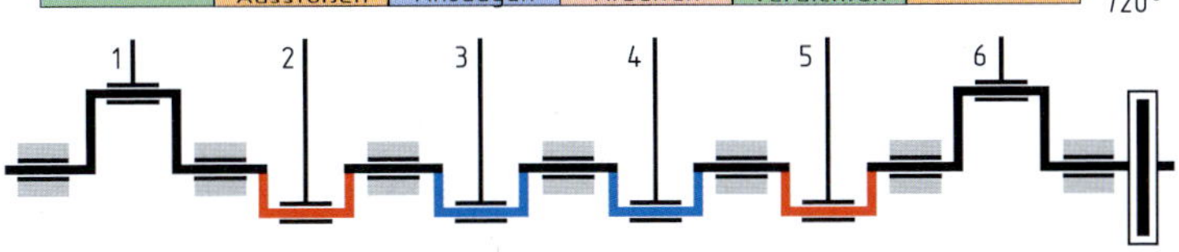

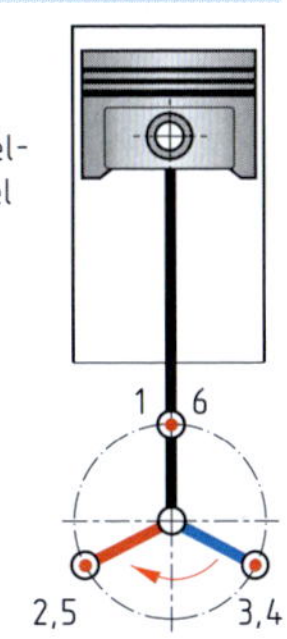

Achtzylinder-V-Motor — Zündfolge 1 5 4 8 6 3 7 2, Zündabstand 90°

Linke Motorseite — Kurbelwinkel 0° 180° 360° 540° 720°

1. Zylinder	2. Zylinder	3. Zylinder	4. Zylinder
Arbeiten	Arbeiten	Ausstoßen	Verdichten
Ausstoßen	Ausstoßen	Ansaugen	Arbeiten
Ansaugen	Ansaugen	Verdichten	Ausstoßen
Verdichten	Verdichten	Arbeiten	Ansaugen
	Arbeiten	Ausstoßen	

Rechte Motorseite — Kurbelwinkel 90° 270° 450° 630°

5. Zylinder	6. Zylinder	7. Zylinder	8. Zylinder
Verdichten	Ansaugen	Ausstoßen	Ansaugen
Arbeiten	Verdichten	Ansaugen	Verdichten
Ausstoßen	Arbeiten	Verdichten	Arbeiten
Ansaugen	Ausstoßen	Arbeiten	Ausstoßen
Verdichten			Ansaugen

Zylindernummerierung nach DIN

4

Ansaugen

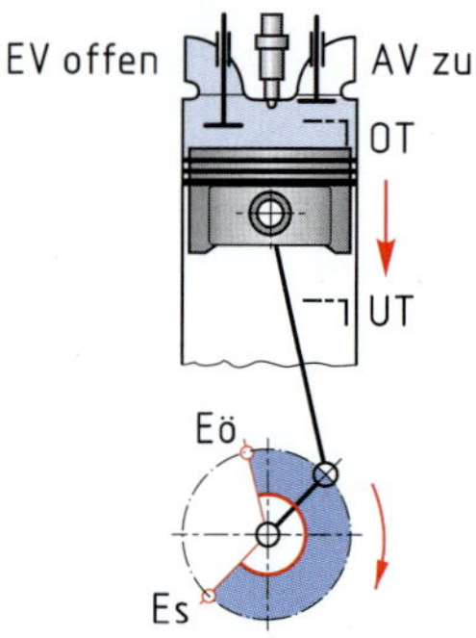

Der Kolben bewegt sich vom oberen zum unteren Totpunkt und erzeugt im Arbeitszylinder Unterdruck. Damit die Saugwirkung bei möglichst großem Ventilöffnungsquerschnitt voll wirksam werden kann, öffnet das Einlassventil bereits vor dem oberen Totpunkt. Durch das geöffnete Einlassventil strömt gefilterte Frischluft ungedrosselt in den Zylinder.

Um die Bewegungsenergie der ausströmenden Restgase und der einströmenden Frischgase für eine bessere Zylinderfüllung ausnützen zu können, schließt das Auslassventil erst nach dem oberen und das Einlassventil erst spät nach dem unteren Totpunkt.

Dieselmotoren müssen stets mit Luftüberschuss gefahren werden, damit trotz örtlicher Überfettung bei der Gemischbildung die zulässige Rauchgrenze eingehalten werden kann.

Steuerzeiten des Einlassventils	
Öffnungspunkt	20° ... 30° vor OT
Schließpunkt	20° ... 60° nach UT
Öffnungswinkel	220 ... 265 °KW
Restgase, Druck	–0,2 ... 0,4 bar
Temperatur	200 ... 300 °C
Theoretischer Luftbedarf	
Dieselkraftstoff	14,5 kg/kg
Luftverhältnis	
Volllastbereich	$\lambda \approx 1{,}3 \ldots 1{,}6$
Teillastbereich	$\lambda \approx 1{,}7 \ldots 6{,}9$
Leerlauf	$\lambda \approx 7{,}0 \ldots 20$
Frischluft (aufgeladener Motor)	
Ladedruck absolut	... 4 bar
Ansaugtemperatur	70 ... 120 °C
Liefergrad	1,2 ... 3,0

Verdichten

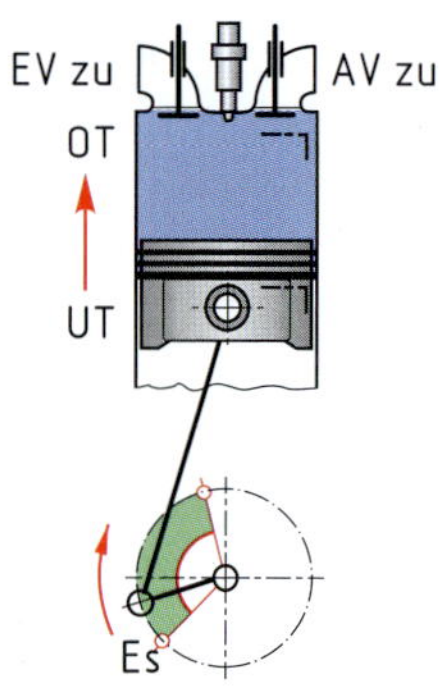

Das Einlassventil schließt nach dem unteren Totpunkt. Der Kolben bewegt sich vom unteren zum oberen Totpunkt und verdichtet die angesaugte Frischluft. Dabei steigt der Druck im Arbeitszylinder stark an und es entsteht eine hohe Temperatur.

In die heiße Luft wird kurz vor dem oberen Totpunkt Kraftstoff von der Einspritzdüse fein zerstäubt eingespritzt. Der zuerst in den Arbeitszylinder gelangende Kraftstoffteil verdampft sofort und vermischt sich mit der Luft.

Die Gemischbildung erfolgt im Inneren des Verbrennungsraumes. Die Verdichtungsendtemperatur muss dabei über der Selbstentzündungstemperatur des Dieselkraftstoffes liegen. Die obere Grenze der Verdichtung wird durch die thermische und mechanische Belastbarkeit des Triebwerkes bestimmt.

Verdichtung	
Verdichtungsverhältnis	14 : 1 ... 24 : 1
Verdichtungsenddruck	
• Saugmotor	30 ... 55 bar
• Ladermotor	80 ... 170 bar
Zündtemperatur	
Dieselkraftstoff	≈ 250 °C
Gemischbildung	
Einspritzbeginn	15 ... 30° vor OT
Einspritzende	veränderlich
Einspritzdauer	20 ... 40 °KW
Düsenöffnungsdruck	110 ... 250 bar
Tröpfchengröße	2 ... 5 µm
Prüfung der Verdichtung (Beispiel)	
Kompressionsdruck	24 ... 30 bar
–, Grenzwert	ca. 15 bar
–, zul. Differenz	ca. 3,0 bar
Zylinderdichtheit, Verlust	unter 25 %

Arbeiten

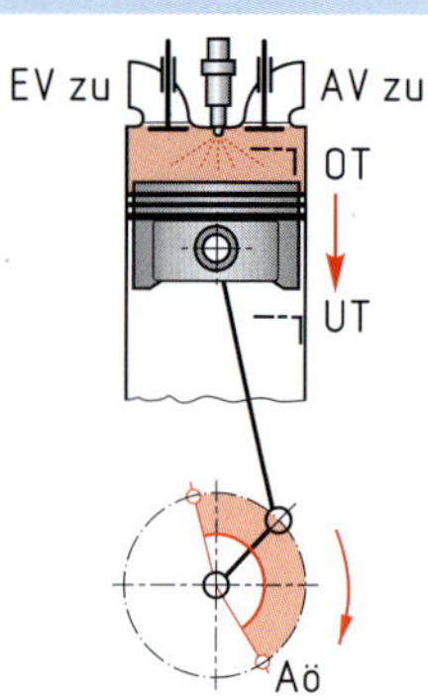

Die hohe Temperatur im Verdichtungsraum bringt den bis zum Zündbeginn eingespritzten und mit der Luft vermischten Kraftstoff nach einer gewissen Zeitspanne (Zündverzug) kurz vor dem oberen Totpunkt zur Entflammung. Der nach dem Zündbeginn in die Flamme eingespritzte Kraftstoff verbrennt sofort.

Der im Verbrennungsraum durch die Wärmefreisetzung entstehende hohe Druck wirkt auf die Kolbenfläche und treibt den Kolben vom oberen zum unteren Totpunkt. Die Kolbenkraft wird auf die Kurbelwelle übertragen und in eine Drehbewegung umgewandelt. Mit der Abwärtsbewegung entspannen sich die Brenngase.

Durch die anhaltende Kraftstoffeinspritzung in die Flamme wird der Verbrennungsdruck nach dem oberen Totpunkt kurzzeitig auf gleicher Höhe gehalten (Gleichdruckverbrennung).

Verbrennungsablauf	
Zündverzug	0,3 ... 0,5 ms (aufgeladen)
	1 ... 1,5 ms (Saugmotor)
Verbrennungsdauer	75 ... 85 °KW
Höchstdruck	60 ... 210 bar
Höchsttemperatur	2 000 ... 2 500 °C
Mittl. Kolbendruck Saugm.	7 ... 10 bar
mit Aufl. u. Ladeluftk.	13 ... 32 bar
Wärmeenergieverteilung	
Nutzarbeit	32 ... 45 %
Strahlung	6 ... 8 %
Kühlung	20 ... 25 %
Abgaswärme	22 ... 30 %

Anmerkung: Der Zündverzug ist u. a. abhängig von
- Gemischaufbereitung
- Zündwilligkeit des Kraftstoffes
- Verdichtungsverhältnis
- Belastung des Motors

Ausstoßen

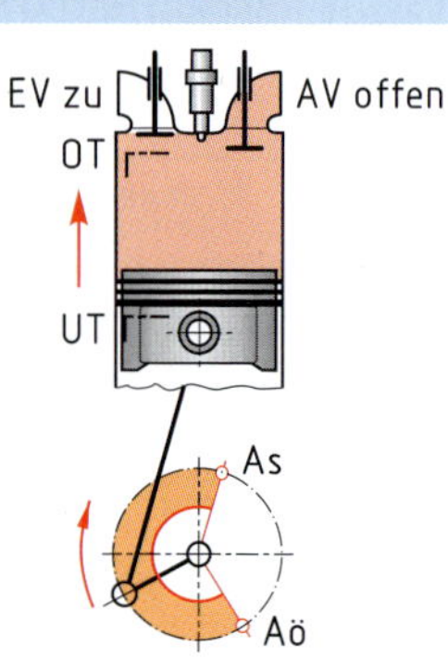

Das Auslassventil öffnet bereits vor dem unteren Totpunkt. Die Verbrennungsgase strömen dabei durch ihren Restdruck selbsttätig aus dem Arbeitszylinder.

Sobald der Kolben sich vom unteren zum oberen Totpunkt bewegt, schiebt er die verbrannten Gase bis zu einem kleinen Rest aus dem Verbrennungsraum.

Um die Strömungsenergie der ausströmenden Gase für eine nahezu vollständige Entfernung der Brenngase aus dem Verbrennungsraum und für die beginnende Füllung des Zylinders mit Frischluft im nächsten Ansaugtakt besser ausnützen zu können, schließt das Auslassventil erst nach dem oberen Totpunkt und öffnet das Einlassventil bereits vor dem oberen Totpunkt, d. h. bei noch geöffnetem Auslassventil (Ventilüberschneidung bei Ladungswechsel).

Steuerzeiten des Auslassventils	
Öffnungspunkt	40° ... 60° vor UT
Schließpunkt	20° ... 30° nach OT
Öffnungswinkel	220 ... 270 °KW
Ventilüberschneidung Ein- und Auslassventil	40° ... 60° (Saugmotor)
	bis 120° (aufgeladen)
Verbrennungsgase	
Temperatur bei Volllast	550 ... 900 °C
– im Leerlauf	100 ... 200 °C
Restdruck bei Aö	4 ... 6 bar
– bei As	–0,2 ... 0,4 bar

Wärmemenge der Restgase 22 ... 30 % des zugeführten Kraftstoffes

4

Dieselmotoren mit Direkteinspritzung in den nichtgeteilten Verbrennungsraum

Drallarmes oder Strahleinspritz-Verbrennungsverfahren

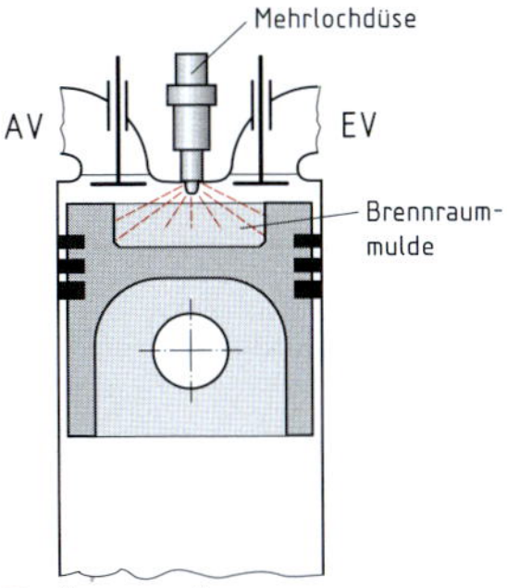

Drallunterstütztes Verbrennungsverfahren

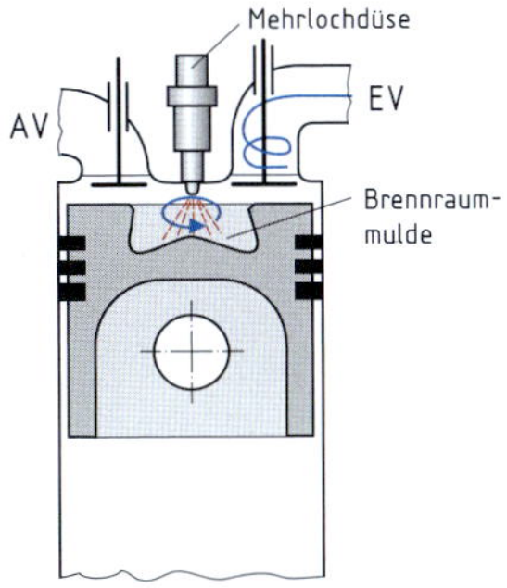

Der Kraftstoff wird über eine Mehrlochdüse direkt in die Brennraummulde im Kolbenboden eingespritzt.
Man unterscheidet
- Drallarmes oder Strahleinspritz-Verbrennungsverfahren
- Drallunterstütztes Verbrennungsverfahren

Das **drallarme Verbrennungsverfahren** arbeitet mit sehr geringem oder sogar ohne Drall der angesaugten Luft. Die Gemischbildung, d. h. die Vermischung von Luft und Kraftstoff, erfolgt größtenteils durch den mit hohem Druck eingespritzten und dadurch feinverteilten Kraftstoff. Die senkrecht stehende Mehrlochdüse hat 5 ... 8 Löcher.
Die *weite,* meist leicht Omega(ω)-förmige Brennraummulde, ist zentrisch im Kolben angeordnet.
Dieses Verfahren erfordert einen hohen Luftüberschuss. Das Betriebsdrehzahlband ist gering.
Anwendung: Großmotoren, aufgeladene Nkw-Motoren ab 1 l Zylindervolumen

Beim **drallunterstützten Verbrennungsverfahren** wird der Kraftstoff in die sich mit hoher Geschwindigkeit drehende Luftmasse eingespritzt. Die Gemischbildung erfolgt durch den mit hohem Druck eingespritzten Kraftstoff und die sich drehende Luftwalze (Drall).
Die senkrecht stehende Mehrlochdüse hat 4 ... 6 Löcher.
Der Kolben hat eine *enge,* oben eingezogene, Omega(ω)-förmige Brennraummulde.
Durch den Drall erfolgt die Gemischbildung schneller, daraus ergibt sich ein größeres Betriebsdrehzahlband.
Anwendung: Pkw-Motoren, kleine Nkw-Motoren.

Eigenschaften
- Geringer Kraftstoffverbrauch
- Gutes Kaltstartverhalten
- Lautes Verbrennungsgeräusch
- Hoher Verbrennungsdruck
- Hoher Einspritzdruck
- Hohe mechanische Belastung
- Begrenzte Motordrehzahl

Technische Daten

Mehrlochdüse, Lochwinkel	bis 180°
Düsenöffnungsdruck	200 ... 250 bar
Einspritzdruck	500 ... 2500 bar
Spritzlochdurchmesser	ab 0,12 mm

Kaltstarthilfe
Flammstartkerze, Heizflansch (Nkw)
Glühstiftkerze (Pkw)

Als **Drall** bezeichnet man die Drehbewegung der Luft um die Zylinderachse. Ein entsprechend geformter Drall-Einlasskanal erzeugt beim Ansaugen die Drehbewegung der Luft. Sie wird beim Verdichten vor allem kurz vor OT durch die zwischen Kolben und Zylinderkopf herausgepresste Luft (Quetschströmung) verstärkt.

Voreinspritzung reduziert Verbrennungsgeräusch und Abgasemission.

Glühen beim Starten (Vorglühen, Nachglühen) reduziert Verbrennungsgeräusch und Rußemission (vgl. S. 171).

Dieselmotoren mit indirekter Einspritzung in den unterteilten Verbrennungsraum

Vorkammer-Verfahren

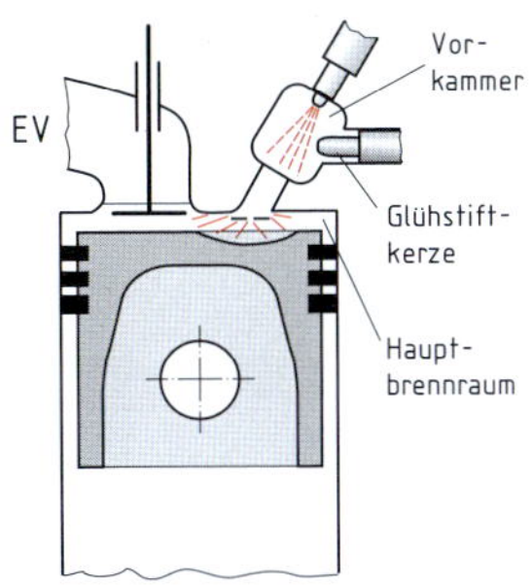

Der Kraftstoff wird in eine im Zylinderkopf befindliche Vorkammer (Nebenbrennraum), die mit dem Arbeitszylinder über eine oder mehrere enge Bohrungen verbunden ist, eingespritzt.

Nach Vermischen mit der verdichteten Luft findet dort eine Teilverbrennung statt. Durch den entstehenden hohen Druck werden die brennenden Gase und die unverbrannten Kraftstoffdämpfe in den Hauptbrennraum geblasen. Dort werden sie mit der Hauptluft gründlich verwirbelt und vollständig verbrannt.

Die große Brennraumoberfläche führt zu Wärmeverlusten, sodass bei kaltem Motor die Verdichtungswärme allein zu einer Selbstzündung nicht ausreicht. Für den Kaltstart sind daher Glühstiftkerzen erforderlich. Nach Anspringen des Motors wird die Starthilfe ausgeschaltet.

Eigenschaften
- Niedriger Einspritzdruck
- Gute Gemischbildung
- Geringer Zündverzug
- Weiche Verbrennung
- Geräuscharmer Motorlauf
- Ermöglicht höhere Drehzahlen
- Hoher Kraftstoffverbrauch
- Große Abkühlungsoberfläche
- Erfordert Kaltstarthilfe

Kaltstarthilfe
- Glühstiftkerze

Technische Daten

Zapfendüse	
Düsenöffnungsdruck	110 ... 150 bar
Vorkammervolumen	ca. 1/3 des V_c

Wirbelkammer-Verfahren

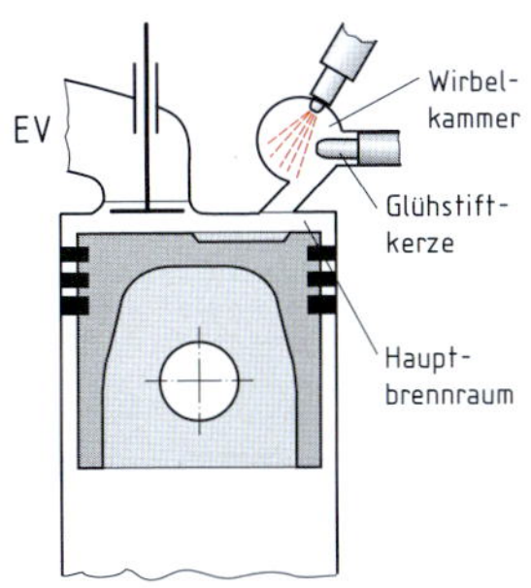

Im Zylinderkopf befindet sich eine kugelförmige Kammer, die durch einen tangential angelegten Kanal mit großem Querschnitt mit dem Verbrennungsraum verbunden ist.

Während der Verdichtung strömt die Luft aus dem Zylinder über den Kanal in die Kammer. Dabei entsteht in dieser ein starker Luftwirbel, der bei der nachfolgenden Einspritzung des Kraftstoffes in die Wirbelkammer die Gemischbildung begünstigt.

Wegen Luftmangels in der Wirbelkammer kommt es nur zu einer Teilverbrennung. Durch den entstehenden Druck werden die Brenngase und die nicht verbrannten Kraftstoffdämpfe in den Hauptbrennraum geblasen und dort nach inniger Vermischung mit der Luft verbrannt.

Eigenschaften
- Niedriger Einspritzdruck
- Günstige Gemischbildung
- Kurzer Zündverzug
- Schnellere Verbrennung und härterer Lauf als beim Vorkammermotor
- Ermöglicht höhere Drehzahlen
- Höherer Kraftstoffverbrauch
- Größere Abkühlungsoberfläche
- Erfordert Kaltstarthilfe

Kaltstarthilfe
- Glühstiftkerze

Technische Daten

Zapfendüse	
Düsenöffnungsdruck	110 ... 150 bar

Arbeitsspiel

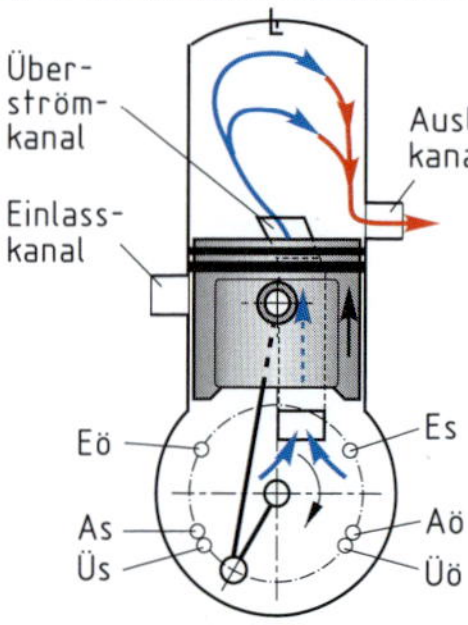

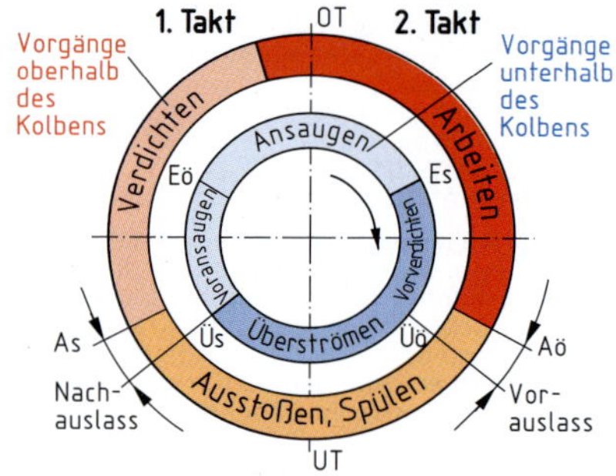

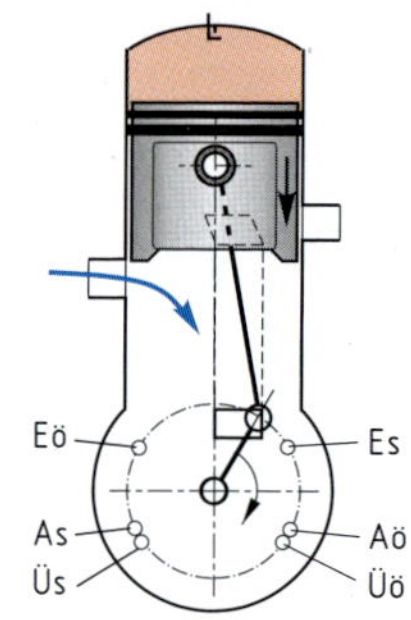

Kolben von	Üs nach OT	OT nach Üö	Üö nach Üs
Vorgänge oberhalb des Kolbens im Zylinder	*Nachauslass:* Bis zum Schließen des Auslasskanals werden durch die Strömung Abgase aus dem Zylinder gespült. *Verdichten:* Nach dem Schließen des Auslasskanals werden die Frischgase verdichtet.	*Arbeiten:* Kurz vor OT wird das Kraftstoff-Luftgemisch gezündet. Der Gasdruck wirkt auf den Kolben. *Vorauslass:* Der abwärtsgehende Kolben gibt den Auslasskanal frei. Die Abgase strömen aus dem Zylinder.	*Überströmen:* Der Kolben öffnet den Überströmkanal, zwischen Kurbelgehäuse und Zylinder. Die im Kurbelgehäuse vorverdichteten Frischgase drängen nun die Abgase in den offenen Auslasskanal.
Vorgänge unterhalb des Kolbens im Kurbelgehäuse	*Voransaugen:* Nach dem Schließen des Überströmkanals erzeugt der aufwärtsgehende Kolben Unterdruck. *Ansaugen:* Der Kolben öffnet den Einlasskanal, Frischgas strömt in das Kurbelgehäuse.	*Vorverdichten:* Sobald der Kolben den Einlasskanal geschlossen hat, werden die vorher im Kurbelgehäuse angesaugten Frischgase verdichtet.	

Spülsystem (Umkehrspülung)

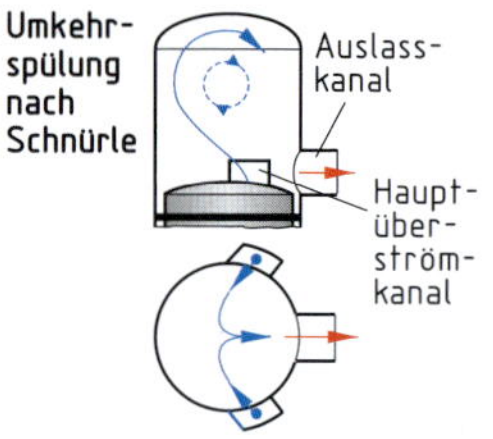

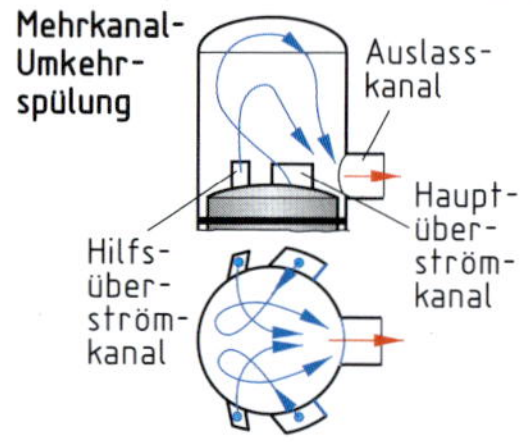

Wirkungsweise:
Bei der *Umkehrspülung nach Schnürle* strömen die Frischgase durch zwei Kanäle tangential in den Zylinder. Beide Ströme treffen sich an der gegenüberliegenden Zylinderwand. Sie richten sich auf, kehren ihre Strömungsrichtung um und drängen die verbrannten Gase in den Auslasskanal.

Bei der *Mehrkanal-Umkehrspülung* sind zusätzlich zwei Hilfsspülströme so geleitet, dass sie den Abgaskern in der Brennraummitte erfassen und zum Auslasskanal schieben. Dadurch erreicht man eine bessere Füllung und geringere Spülverluste.

Steuerung des Gaswechsels

Symmetrische Einlasssteuerung

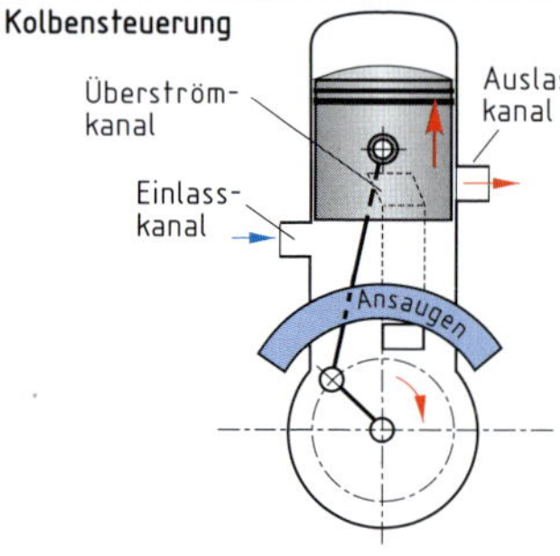

Der Kolben steuert den Gaswechsel, indem er die Schlitze in der Zylinderwand freigibt oder verschließt.

- **Eigenschaften:** Die Steuerzeiten für „Einlass öffnet" und „Einlass schließt" sind gleich.

Unsymmetrische Einlasssteuerung

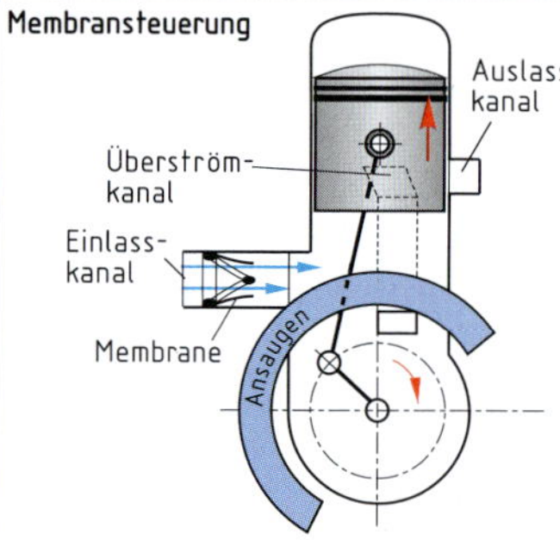

Ein selbsttätiges Membranventil steuert den Frischgaseinlass ins Kurbelgehäuse.

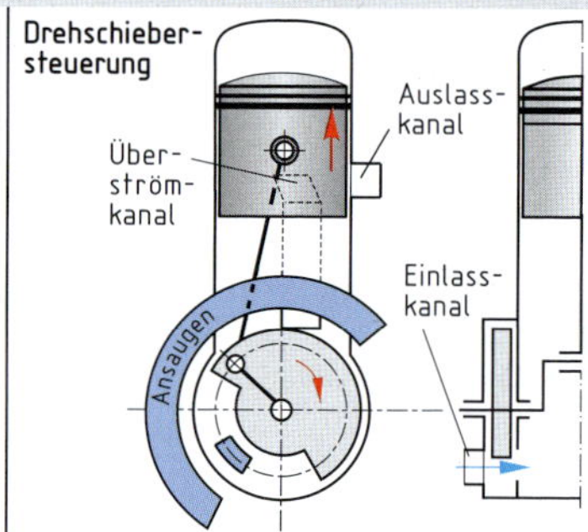

Ein Walzen- oder Plattendrehschieber, der sich mit der Kurbelwelle dreht, steuert den Frischgaseinlass ins Kurbelgehäuse.

- **Eigenschaften:** Die Steuerzeiten für „Einlass öffnet" und „Einlass schließt" sind unterschiedlich. Dadurch kann die Zylinderfüllung erhöht und damit die Leistung und der spezifische Kraftstoffverbrauch verbessert werden.

Auslasssteuerung

Der Kolben schließt den Auslasskanal, nachdem der Überströmkanal geschlossen ist. Dieser „Nachauslass" führt zu Spülverlusten und damit zu höherem Kraftstoffverbrauch, Leistungsverlust und schlechten Abgaswerten. Eine drehzahlabhängige Optimierung des Gaswechsels kann durch Resonanzverstimmung beim Auspuffen (Resonanzkammer im Auspuff) oder durch Veränderung von Auslasskante bzw. Auslassquerschnitt durch eine Steuerwalze oder einen Steuerschieber erreicht werden.

Aufbau

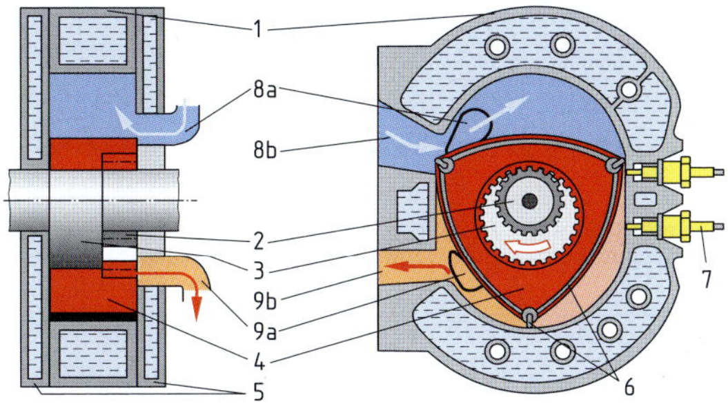

Bauteile
1 Rotorgehäuse, Mantel
2 Zahnrad (Ritzel) fest mit Gehäuse verbunden
3 Exzenterwelle (entspricht der Kurbelwelle beim Hubkolbenmotor)
4 Kreiskolben (Läufer, Rotor) mit Innenzahnrad
5 Seitengehäuse
6 Dichtleisten/-streifen
7 Zündkerzen
8a Einlasskanal im Seitengehäuse
8b Einlasskanal im Rotorgehäuse
9a Auslasskanal im Seitengehäuse
9b Auslasskanal im Rotorgehäuse

Bauarten
- Einscheiben- oder Mehrscheiben-Kreiskolbenmotor
- Ein- und Auslasskanal nur im Rotorgehäuse
- Ein- und Auslasskanal nur im Seitengehäuse
- Kanäle im Rotorgehäuse und im Seitengehäuse (vgl. Abb.)

Arbeitsspiel (Beschreibung bezieht sich auf eine Kammer)

Ansaugen

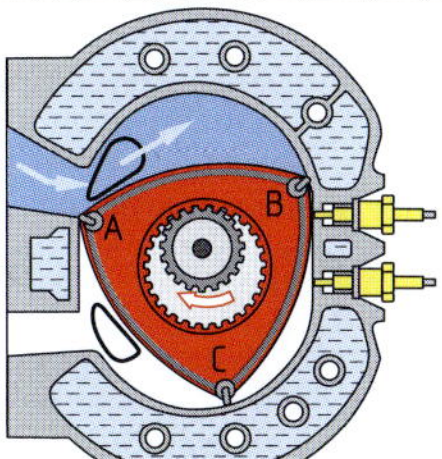

Der Kreiskolben (4) gibt die Einlasskanäle (8) frei und das Volumen der Kammer vergrößert sich. Das Kraftstoff-Luftgemisch wird angesaugt bzw. durch einen Turbolader hineingedrückt.
Der Kraftstoff wird der Ansaugluft entweder durch einen Vergaser oder durch Einspritzdüsen im Ansaugkanal beigemischt.

Verdichten

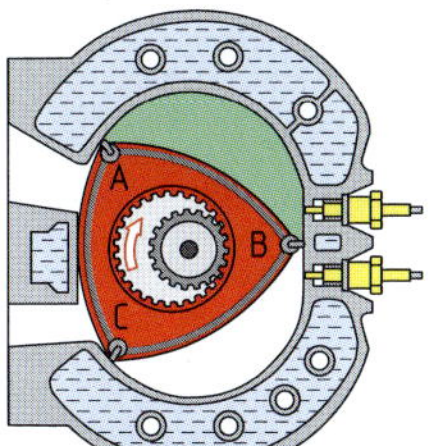

Die Einlasskanäle (8) werden durch den Kreiskolben überfahren, sodass die Kammer gasdicht abgeschlossen ist.
Durch die Drehung des Kreiskolbens verringert sich das Volumen der Kammer.
Das angesaugte Kraftstoff-Luftgemisch wird verdichtet.

Arbeiten

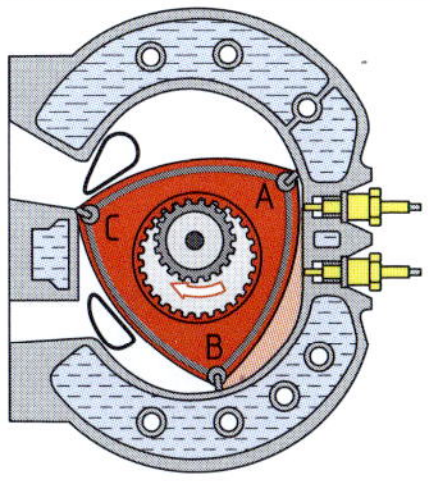

Das verdichtete Kraftstoff-Luftgemisch wird durch die Zündkerzen (7) gezündet.
Damit durch die ungünstige, zweigeteilte Brennraumform eine vollständige Verbrennung erreicht wird, geschieht dies meist durch zwei Zündkerzen, die teilweise versetzt zünden. Die auf den Kolben wirkende Gaskraft erzeugt an der Exzenterwelle (3) ein Drehmoment.

Ausstoßen

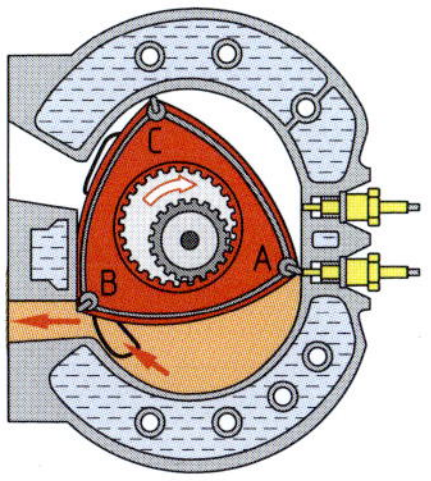

Der Kreiskolben gibt die Auslasskanäle (9) frei. Die Verbrennungsabgase entweichen zunächst durch den in der Kammer herrschenden Restdruck.
Durch die Drehung des Kolbens verringert sich das Kammervolumen und die Restgase werden durch die Auslasskanäle hinausgeschoben.

Wirkungsweise

Kolbenbewegung und Gehäuseform
Der Mittelpunkt des dreieckigen Kreiskolbens (Rotor) mit gerundeten Seiten bewegt sich durch die Exzenterwelle auf einer Kreisbahn. Dabei wälzt sich das Innenzahnrad des Kreiskolbens auf dem fest mit dem Gehäuse verbundenen Zahnrad ab (Zähnezahlen Ritzel/Innenzahnrad = 2/3, Drehzahlen Kreiskolben/Exzenterwelle = 1/3). Die Ecken des Kolbens beschreiben dabei die geometrische Linie einer Epitrochoide.
Die drei Kammern zwischen Kreiskolben und Gehäuse sind durch Dichtleisten abgedichtet. Bei einer Umdrehung des Kreiskolbens wird das Volumen jeder Kammer zweimal vergrößert (Ansaugen, Arbeiten) und zweimal verringert (Verdichten, Ausstoßen).
Damit kann in jeder Kammer bei einer Umdrehung des Kreiskolbens ein Viertaktprozess ablaufen.

Gaswechselsteuerung
Durch die Bewegung des Kolbens werden Ein- und Auslasskanäle geöffnet und verschlossen. Die Überschneidung und damit die innere Abgasrückführung kann durch Seitenkanäle (Ein- und Auslasskanal in den Seitengehäusen) reduziert werden.

Schmierung
Die Lagerstellen der Exzenterwelle werden mit Drucköl versorgt. Zur Schmierung der Dichtleisten wird der Ansaugluft bzw. dem Ansauggemisch Öl beigemischt oder über Düsen direkt in das Rotorgehäuse eingespritzt.

Kühlung
Rotorgehäuse und Seitengehäuse werden mit Wasser oder Luft gekühlt.
Die Kühlung des Kolbens erfolgt durch das Schmieröl.

Merkmale

Vorteile
- Vibrationsfreier Lauf, da alle Bauteile nur eine Drehbewegung ausführen. Für diese ist ein vollständiger Massenausgleich möglich.
- Wenig Bauteile und damit geringes Gewicht, da der Kolben die Gaswechselsteuerung übernimmt.
- Gleichförmiges Drehmoment, pro Exzenterwellenumdrehung findet ein Arbeitstakt statt.
- Hohe Drehzahl möglich.

Nachteile
- Aufwendige Abdichtung am Kreiskolben.
- Ungünstige Brennraumform mit langen Brennwegen.
- Hoher Kraftstoff- und Schmierölverbrauch.
- Hohe Schadstoffemission, insbesondere der Kohlenwasserstoffe (HC) durch große Überschneidung. Auslasskanal und Einlasskanal sind lange gleichzeitig offen.
- Schwierige Kühlung: der Kolben kann nur durch Schmieröl gekühlt werden, das Gehäuse wird im Bereich von Arbeiten und Ausstoßen nicht durch Frischgase gekühlt.
- Hohe Herstellkosten.

Anmerkung
Der Kreiskolbenmotor wurde nach seinem Erfinder Felix Wankel (1902–88) auch Wankelmotor genannt. Der von ihm 1954 erfundene Motor mit rotierendem Gehäuse wurde von NSU 1957 zur Bauform mit stehendem Gehäuse weiterentwickelt.

Benennung	Erklärung
Totpunkt • Oberer Totpunkt (OT) • Unterer Totpunkt (UT)	Umkehrpunkt des Kolbens am jeweiligen Ende des Kolbenhubs • Umkehrpunkt mit größter Entfernung zur Kurbelwelle • Umkehrpunkt mit kleinster Entfernung zur Kurbelwelle
Zylinderbohrung Zylinderdurchmesser	Innendurchmesser eines Arbeitszylinders
Kolbenhub	Abstand zwischen den beiden Totpunkten des Kolbens
Hub-Bohrungs-Verhältnis • Kurzhuber < 1,0 • Quadrathuber = 1,0 • Langhuber > 1,0	Verhältnis Kolbenhub zu Zylinderbohrung • Kolbenhub < Zylinderbohrung • Kolbenhub = Zylinderbohrung • Kolbenhub > Zylinderbohrung
Pleuelstangenverhältnis	Verhältnis Kurbelradius zu Abstand der beiden Achsenmittelpunkte der Pleuelstange
Verbrennungsraum	Volumen des allseitig vom Arbeitszylinder, Zylinderkopf und Kolben umschlossenen Raumes. Der Verbrennungsraum ändert sein Volumen während eines Arbeitsspiels.
Hubraum eines Zylinders	Differenz zwischen größtem und kleinstem Verbrennungsraum eines Arbeitszylinders
Verdichtungsraum	Kleinstes Volumen des Verbrennungsraums während eines Arbeitsspiels
Verdichtungsverhältnis	Verhältnis des größten zum kleinsten Volumen des Verbrennungsraums eines Arbeitszylinders
Zylinderzahl	Anzahl der Arbeitszylinder eines Verbrennungsmotors
Gesamthubraum	Summe der Hubräume aller Arbeitszylinder eines Verbrennungsmotors
Motordrehzahl	Zeitbezogene Anzahl der Umdrehungen der Kurbelwelle
Steuerzeiten • Einlass öffnet (Eö) • Einlass schließt (Es) • Auslass öffnet (Aö) • Auslass schließt (As)	Öffnungs- und Schließpunkte der Ventile bei kaltem Motor und eingestelltem Ventilspiel in Grad Kurbel-Winkel bezogen auf einen der beiden Totpunkte
Mittlere Kolbengeschwindigkeit	Die Kolbengeschwindigkeit steigt vom Wert Null im Totpunkt auf einen Höchstwert an und fällt dann wieder auf Null im anderen Totpunkt ab. Man rechnet deshalb mit einer mittleren Geschwindigkeit, die gleich dem Kolbenweg in Meter je Sekunde ist.
Ladedruck	Druck vor dem Einlasskanal bei aufgeladenem Verbrennungsmotor
Verdichtungsenddruck	Druck des Arbeitsmediums im Arbeitszylinder unmittelbar vor der Zündung
Verbrennungshöchstdruck	Höchster Druck des Arbeitsmediums im Arbeitszylinder während der Verbrennung
Mittlerer Kolbendruck	Über die Innenleistung bzw. die Nutzleistung ermittelte Rechengröße zur Berurteilung von Hubkolbenmotoren.

Benennung	Erklärung
Effektive Leistung Nutzleistung	Leistung, die von einem serienmäßigen Verbrennungsmotor an der Kupplung unter vorgeschriebenen Bedingungen nutzbar abgegeben wird, wobei die zum Betrieb notwendigen Hilfseinrichtungen vom Motor angetrieben werden müssen
Indizierte Leistung Innenleistung	Gesamtleistung, die sich durch die Einwirkung des Gasdruckes auf die Kolben im Arbeitszylinder ergibt
Mittlerer effektiver Kolbendruck	Kolbendruck, der aus der tatsächlich geleisteten Arbeit an der Kurbelwelle berechnet wird
Mittlerer indizierter Kolbendruck	Mittelwert des gemessenen Zylinderdrucks über ein Arbeitsspiel
Reibungsleistung	Leistung zur Überwindung der mechanischen Reibung und aller zum Betrieb des Verbrennungsmotors erforderlichen Hilfseinrichtungen
Effektiver Wirkungsgrad Nutzwirkungsgrad	Verhältnis der von der Kurbelwelle nach außen abgegebenen mechanischen Nutzarbeit zu der maximalen Arbeit, die mit dem zugeführten Kraftstoff gewonnen werden kann
Mechanischer Wirkungsgrad	Verhältnis der an der Kupplung effektiv verfügbaren Arbeit zu der vom Kolben des Verbrennungsmotors aufgenommenen Arbeit
Hubraumleistung	Quotient aus der größten Nutzleistung in kW und dem Gesamthubraum des Verbrennungsmotors
Leistungsgewicht des Motors	Quotient aus dem Motorgewicht einschließlich der erforderlichen Anbauteile in kg und der Nutzleistung des Verbrennungsmotors
Kraftstoffverbrauch	Dem Motor zugeführte, zeitbezogene Kraftstoffmasse in kg/h oder Energiemenge in kJ/h
Spezifischer Kraftstoffverbrauch	Dem Verbrennungsmotor zugeführte, zeit- und leistungsbezogene Kraftstoffmasse in g/kWh
Schmierölverbrauch	Die vom Motor verbrauchte, zeitbezogene Schmierölmasse ohne die beim Ölwechsel aus dem Schmierölkreislauf abgegebene Ölmasse
Spezifischer Schmierölverbrauch	Dem Verbrennungsmotor zugeführte, zeit- und leistungsbezogene Schmierölmasse in g/kWh
Kühlflüssigkeitsdurchsatz	Zum Betrieb des Motors erforderliche, zeitbezogene umlaufende Kühlflüssigkeitsmasse in kg/h
Kühlflüssigkeitsverbrauch	Dem Kreislauf der Kühlflüssigkeit von außen zuzuführende, zeitbezogene Kühlflüssigkeitsmasse
Wärmemengenverbrauch	Dem Verbrennungsmotor zugeführte, zeitbezogene Wärmemenge des Kraftstoffes in kJ/h
Spezifischer Wärmemengenverbrauch	Dem Verbrennungsmotor zugeführte, zeit- und leistungsbezogene Wärmemenge in kJ/kWh

Vergleich Otto- und Dieselmotor

	Ottomotor		Dieselmotor	
Kraftstoff				
• Arten	Ottokraftstoff (Super, Super Plus), Autogas		Dieselkraftstoff	
• Anforderung	Klopffestigkeit	95…98 OZ	Zündwilligkeit	45…55 CZ
• Zündtemperatur	Zündtemperatur (bei Normbed.)	≈ 300 °C	Zündtemperatur (bei Normbed.)	≈ 250 °C
• Flammpunkt	Flammpunkt	unter −25 °C	Flammpunkt	55…100 °C
• Siedebereich	Siedeverlauf	25…215 °C	Siedeverlauf	180…360 °C
Ladungswechsel				
• Frischladung	Kraftstoff-Luft-Gemisch		Frischluft	
• Liefergrad	Liefergrad	0,7…1	Liefergrad	0,7…1
	– mit Aufladung	1,2…2,0	– mit Aufladung	1,2…3,0
Gemischbildung				
• Art	Äußere oder innere Gemischbildung		Innere Gemischbildung	
• Theoretischer Luftbedarf	Ottokraftstoffe (E10…Super)	≈ 14,1…14,7 kg/kg	Dieselkraftstoff	14,5 kg/kg
• Luftverhältnis	Volllastbereich	λ = 0,85…0,95	Volllastbereich	λ ≈ 1,3…1,6
	Leerlauf, Teillast	λ = 1 (geregelt)	Teillastbereich	λ ≈ 1,7…6,9
			Leerlauf	λ ≈ 7,0…20
Laststeuerung	Quantitätsregelung		Qualitätsregelung	
Verdichtung				
• Drücke	Verdichtungsverhältnis	9:1…14:1	Verdichtungsverhältnis	14:1…24:1
	Verdichtungsenddruck	12…20 bar	Verdichtungsenddruck	
			– Saugmotor	30…55 bar
			– Ladermotor	80…170 bar
Temperaturen	Verdichtungsendtemperatur	400…500 °C	Verdichtungsendtemperatur	600…900 °C
Zündung				
• Art	Fremdzündung durch Zündfunken		Selbstzündung an der heißen Luft	
• Zündzeitpunkt bzw. Einspritzzeitpunkt (Beispiel)	bei Starterdrehzahl	5…10° vor OT	Einspritzbeginn	15…30° vor OT
	im Leerlauf	8…13° vor OT	Einspritzende	veränderlich
	bei n = 3200 1/min		Einspritzdauer	20…40 °KW
	Volllast 15…20° v. OT	Teillast 30…40° v. OT	Zündverzug	0,3…1,5 ms
Verbrennung				
• Verbrennungsablauf	Gleichraumverbrennung		Gleichdruckverbrennung	
• Flammenausbreitung	Normale Verbrennung	10…40 m/s	Normale Verbrennung	20…30 m/s
	Klopfende Verbrennung	300…1000 m/s	Klopfende Verbrennung	300…1000 m/s
• Höchstdruck	Verbrennungs-Höchstdruck	50…75 bar	Verbrennungs-Höchstdruck	60…210 bar
• Höchsttemperatur	– Höchsttemperatur	2000…2500 °C	– Höchsttemperatur	2000…2500 °C
Restgase				
• Drücke	Restdruck bei Auslass öffnet	3…5 bar	Restdruck bei Auslass öffnet	4…6 bar
	– bei Auslass schließt	−0,2…0,5 bar	– bei Auslass schließt	−0,2…0,4 bar
• Temperaturen	Temperatur bei Volllast	700…1000 °C	Temperatur bei Volllast	550…900 °C
	– im Leerlauf	300…500 °C	– im Leerlauf	100…200 °C

• **Zusammensetzung** in Vol.-% Rohemission vor dem Katalysator bzw. Partikelfilter (Beispiel)	Ottomotor Leerlauf	Ottomotor Teillast	Ottomotor Volllast	Dieselmotor Leerlauf	Dieselmotor Volllast
– Kohlenstoffdioxid CO_2	13,0	13,0	12,0	…3,5	12…16
– Kohlenstoffmonoxid CO	0,6	0,6	3,5	0,01…0,045	0,035…0,2
– Kohlenwasserstoff CH	0,03	0,03	0,08	0,005…0,05	0,015
– Wasserdampf H_2O	10,0	10,0	10,5	2…4	11
– Stickoxide NO_x	0,03	0,3	0,1	0,005…0,025	0,06…0,25
– Sauerstoff O_2	1,2	1,2	0,4	18	2…20
– Stickstoff N_2	Rest	Rest	Rest	Rest	Rest
– Partikel in mg/m^3	–	–	–	≈ 20	≈ 200

	Ottomotor		Dieselmotor	
Wärmeenergieverteilung				
• Nutzarbeit	Nutzarbeit	28…33 %	Nutzarbeit	32…45 %
• Strahlung	Strahlung	6…8 %	Strahlung	6…8 %
• Kühlung	Kühlung	30…33 %	Kühlung	20…25 %
• Abgaswärme	Abgaswärme	28…33 %	Abgaswärme	22…30 %
Kenngrößen				
• Effektiver Kolbendruck, mittlerer	Saugmotor	9…15 bar	Saugmotor	7…10 bar
	mit Aufladung	bis 25 bar	mit Aufladung	bis 32 bar
• max. Motordrehzahl	Pkw	5000…7000 1/min	Pkw	4000…5500 1/min
	Kraftrad	6000…14000 1/min	Nkw	2000…3000 1/min
• Motordrehmoment	Saugmotor	70…120 Nm/l	Saugmotor	50…80 Nm/l
	mit Aufladung	bis 190 in Nm/l	mit Aufladung	90…254 Nm/l
• Hubraumleistung	Pkw	25…132 kW/l	Pkw	22…98 kW/l
	Krad	35…150 kW/l	Nkw	15…30 kW/l
• Leistungsgewicht des Motors	Personenkraftwagen	1,3…5 kg/kW	Personenkraftwagen	1,8…6,8 kg/kW
	Kraftrad	1…3 kg/kW	Nutzkraftwagen	3,5…8 kg/kW
• Nutzwirkungsgrad	Nutzwirkungsgrad	28…33 %	Nutzwirkungsgrad	32…45 %
• Spezifischer Kraftstoffverbrauch	Teillast	230…600 g/kWh	Teillast	bis 400 g/kWh
	Volllast	240…320 g/kWh	Volllast	185…270 g/kWh

	Viertakt-Ottomotor	Zweitakt-Ottomotor
Arbeitsspiel	*Viertaktspiel:* Vier aufeinander folgende Kolbenhübe bzw. zwei Kurbelwellenumdrehungen	*Zweitaktspiel:* Zwei aufeinander folgende Kolbenhübe bzw. eine Kurbelwellenumdrehung
Bauweise	Ventile im Zylinderkopf	Schlitze (Kanäle) in der Zylinderwand
• Motorsteuerung	Steuerung durch Nockenwelle	Steuerung durch Kolben, Membran oder Drehschieber
• Kurbelgehäuse	Kurbelgehäuse mit Ölwanne	gasdichtes Kurbelgehäuse
• Schmierung	Druckumlauf- oder Trockensumpfschmierung	Mischungs- oder Frischölschmierung
• Allgemeines	Aufwendige Bauart, viele bewegliche Teile	Einfachere Bauart, wenig bewegliche Teile
Gaswechsel	Geschlossener Gaswechsel:	Offener Gaswechsel:
• Art	– Verdrängung der Verbrennungsgase durch den Kolben	– Verdrängung der Verbrennungsgase durch die Frischgase (Überströmen, Spülen)
• Spülverluste	Geringe Spülverl. während Ventilüberschneidung	Größere Spülverluste 10 … 30 %
• Liefergrad	Liefergrad 0,7 … 1, mit Aufladung bis 2,0	Liefergrad 0,5 … 0,7

Steuerdiagramm

Viertakt-Ottomotor:

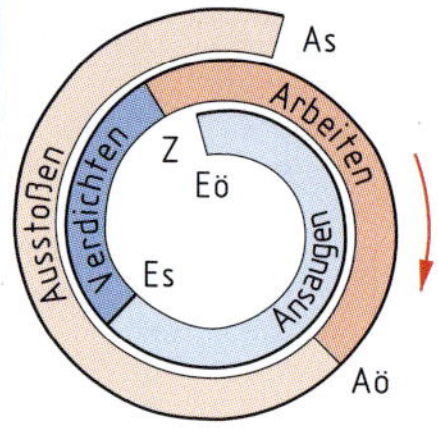

Zweitakt-Ottomotor:

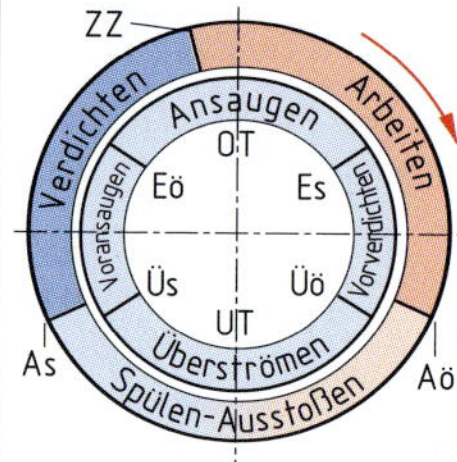

Symmetrisches Diagramm

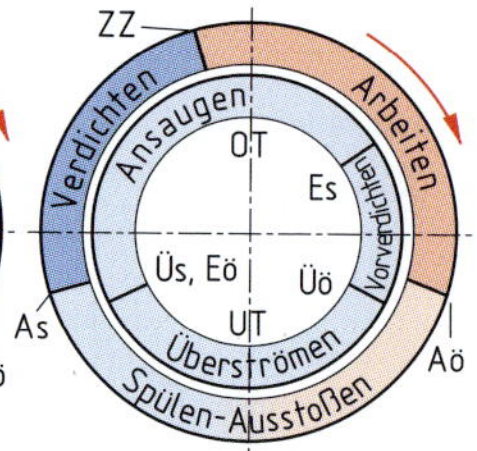

unsymm. Diagramm (Beispiel: Membranst.)

	Viertakt-Ottomotor		Zweitakt (symmetrisch)		Zweitakt (unsymmetrisch)	
• Steuerzeiten (bei 0 mm Ventilhub)	Einlass öffnet	2 … 40° vor OT	Eö	55 … 60° vor OT	Eö	115° vor OT
	– schließt	30 … 60° nach UT	– Es	55 … 60° nach OT	– Es	50° nach OT
	Auslass öffnet	35 … 60° vor UT	Aö	60 … 70° vor UT	Aö	74° vor UT
	– schließt	20 … 40° nach OT	– As	60 … 70° nach UT	– As	74° nach UT
			Üö	≈ 55° vor UT	Üö	64° vor UT
			– Üs	≈ 55° nach UT	– Üs	64° nach UT
• Öffnungswinkel	Einlassventil	220 … 280 °KW	Einlass	110 … 120 °KW	Einlass	165 °KW
	Auslassventil	220 … 270 °KW	Auslass	120 … 140 °KW	Auslass	148 °KW
	Ventilüberschneidung	22 … 80 °KW	Überströmen	≈ 100 °KW	Überströmen	128 °KW

Arbeitsdiagramm

Viertakt-Ottomotor:

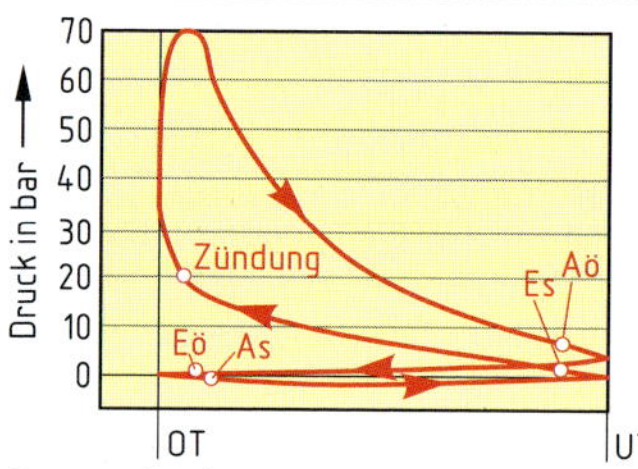

Zweitakt-Ottomotor:

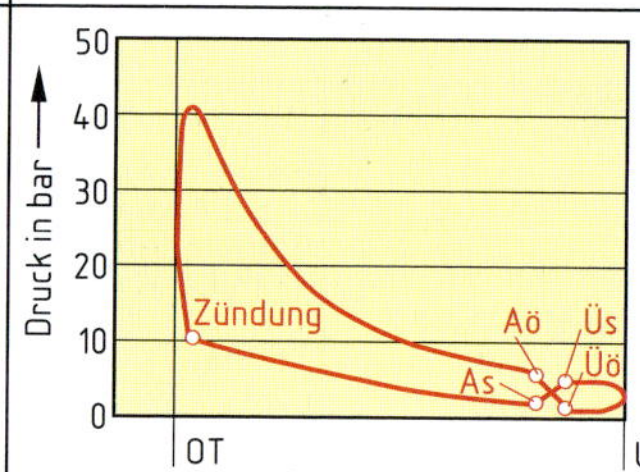

	Viertakt-Ottomotor		Zweitakt-Ottomotor	
• Drücke	Ansaugdruck	−0,1 … −0,6 bar	Ansaugdruck	−0,2 … −0,4 bar
	– mit Aufladung	bis 2,0 bar	Vorverdichtungsdruck	0,3 … 0,6 bar
	Verdichtungsenddruck	12 … 20 bar	Verdichtungsenddruck	10 … 18 bar
	Verbrennungshöchstdruck	50 … 75 bar	Verbrennungshöchstdruck	35 … 50 bar
	Restdruck bei Aö 3 … 5 bar, bei As	−0,2 … 0,5 bar	Restdruck bei Aö 2 … 3 bar, bei As	−0,1 … 0,3 bar
• Temperaturen	Verdichtungsendtemperatur	400 … 500 °C	Verdichtungsendtemperatur	300 … 450 °C
	Verbrennungshöchsttemperatur	2 000 … 2 500 °C	Verbrennungshöchsttemperatur	2 000 … 2 500 °C
	Abgastemperatur bei Volllast	700 … 1 000 °C	Abgastemperatur bei Volllast	1 000 … 1 200 °C

Kenndaten

	Viertakt-Ottomotor		Zweitakt-Ottomotor	
	Saugmotor	*mit Aufladung*		
• Verdichtung	9:1 … 14:1		Verdichtung	8:1 … 13:1
• Mittlerer Kolbend.	9 … 15 bar	bis 25 bar	Mittlerer Kolbendruck	3 … 10 bar
• Motordrehmoment	70 … 120 Nm/l	bis 190 Nm/l	Motordrehmoment	40 … 150 Nm/l
• Hubraumleistung	25 … 150 kW/l (Krad)	bis 132 kW/l	Hubraumleistung	50 … 160 kW/l
• Nutzwirkungsgrad	28 … 33 %		Nutzwirkungsgrad	17 … 22 %
	Pkw-Motor	*Kraftrad-Motor*		
• Motordrehz. (max.)	5 000 … 7 000 1/min	6 000 … 14 000 1/min	Motordrehzahl (max.)	6 000 … 12 500 1/min
• Leistungsgewicht	1,3 … 5 kg/kW	1 … 3 kg/kW	Leistungsgewicht	0,8 … 3 kg/kW
	Teillast	*Volllast*		
• spez.Kraftstoffverbr.	bis 600 g/kWh	220 … 320 g/kWh	spezifischer Kraftstoffverbrauch	320 … 500 g/kWh
• Ölverbrauch	bis 0,1 l/100 km		Ölverbrauch	bis 0,2 l/100 km

	Viertakt-Ottomotor	Zweitakt-Ottomotor
Eigenschaften	Geringere thermische und mechanische Belastung	Höhere thermische und mechanische Belastung
	Drehmoment ungleichförm. (1 Arb.takt/2 Umdr.)	Drehmoment gleichförmiger (1 Arb.takt/1 Umdr.)
	Größere Bremswirkung im Schub	Geringere Bremswirkung im Schub
	Abgasverhalten besser	Abgasverhalten schlechter (CO, HC)

Allgemeines

Bei flüssigkeitsgekühlten Pkw- und Nfz-Motoren sind die Zylinder mit dem Kurbelgehäuse in einem Block zusammengegossen. Dieser Block wird Motorblock oder Zylinderkurbelgehäuse genannt. Zur Kühlung der Zylinderwände von außen ist im Bereich der Zylinder das Kurbelgehäuse doppelwandig ausgeführt, damit diese von Kühlflüssigkeit umspült werden können.

Closed-Deck-Ausführung

Die Dichtfläche zum Zylinderkopf ist bis auf Kühlflüssigkeitskanäle in den Zylinderkopf weitgehend geschlossen.

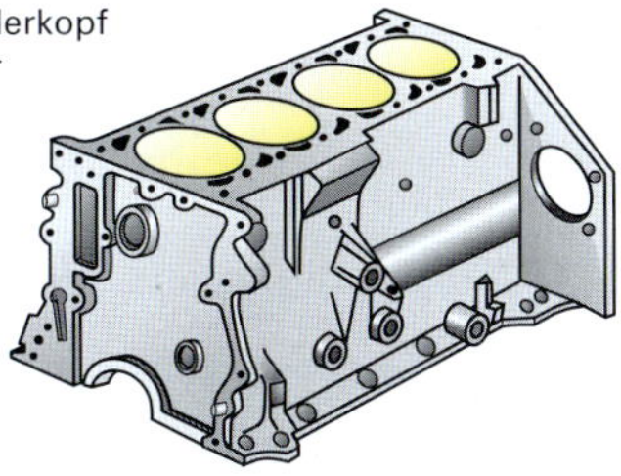

Open-Deck-Ausführung

Der Wassermantel um die Zylinderbohrungen ist zum Zylinderkopf hin offen.

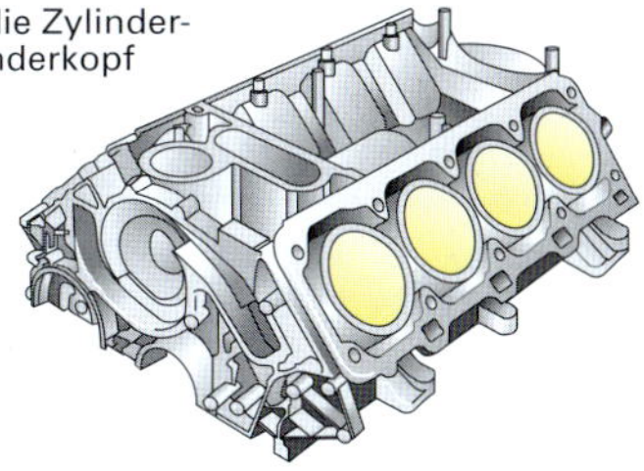

Zylinderlauffläche ohne Laufbuchse – mit Laufbuchse

Grauguss-Zylinderkurbelgehäuse

Der Kolben läuft direkt im gehonten Zylinder.

Der Kolben läuft in einer eingesteckten oder eingepressten Laufbuchse aus GG

Leichtmetall-Zylinderkurbelgehäuse

Unbeschichtet
ALUSIL-Verfahren: Das gesamte Zylinderkurbelgehäuse ist aus einer Al-Si-Legierung (Si > 12 %) gegossen. An der Lauffläche wird nach dem Feinbohren und Honen weiches Aluminium weggeätzt und die harten Si-Kristalle werden freigelegt.

Beschichtet
Nickel-Silicium-Laufflächenbeschichtung (NIKASIL): Die Zylinderlaufbahn aus Al-Si-Legierung wird mit einer Nickel-Silicium-Legierung galvanisch beschichtet. Die 50 … 80 µm dicke Beschichtung wird anschließend gehont.

Plasma-Laufflächenbeschichtung: In den Lichtbogen aus Plasmagas (Wasserstoff und Argon) wird Beschichtungspulver (50 % Stahl und 50 % Molybdän) eingesprüht und verbindet sich aufgrund der hohen Temperatur und der hohen Auftreffgeschwindigkeit mit der Zylinderwand.

Lichtbogendrahtspritzen (LDS): Ein Lichtbogen zwischen zwei verkupferten Stahldrähten bringt diese zum Schmelzen. Ein Gasstrom (Druckluft oder Inertgas) schleudert die Metallpartikel mit 50 … 150 m/s auf die Zylinderoberfläche, wo sie abkühlen und sich verfestigen.

Eingesteckte Laufbuchse
In den Zylinderblock ist eine Laufbuchse aus GG oder Al-Si-Legierung oder NIKASIL eingesteckt oder eingepresst.

Umgossene Laufbuchse
- In die Gussform werden Laufbuchsen aus GG oder Al-Si-Legierung eingelegt und umgossen. Nach dem Gießen wird die Laufbuchse gehont (GG) oder bei der Al-Si-Buchse zusätzlich die Si-Kristalle freigelegt (vgl. ALUSIL-Verfahren).
- Bei der LOKASIL-Verbundwerkstofftechnik wird ein sogenanntes Preform, ein hochporöser Formkörper mit einem Volumenanteil von etwa 20 % Siliciumfasern, in die Gussform eingesetzt. Beim Gießen fließt flüssiges Aluminium in das Preform und füllt die Hohlräume mit Aluminium.
Nach dem Gießen wird die Lauffläche feingebohrt, gehont und wie beim ALUSIL-Verfahren geätzt.

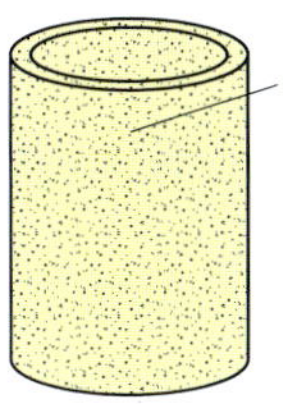

Zylinderlaufbuchsen eingesteckt oder eingepresst

Trockene Laufbuchse
Die Laufbuchse ist ohne Berührung mit der Kühlflüssigkeit. Festsitzbuchsen werden nach dem Einpressen feingebohrt und gehont. Schiebesitzbuchsen werden vor dem Einsetzen fertig bearbeitet.

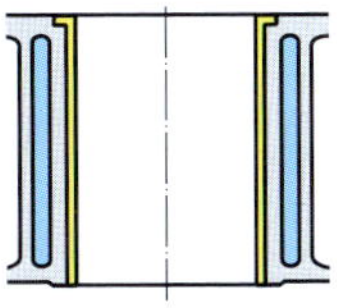

Nasse Laufbuchse
Die Laufbuchse wird direkt von der Kühlflüssigkeit umspült. Dadurch erhält man einen guten Wärmeübergang. Eine Abdichtung der Laufbuchsen gegen das Kurbelgehäuse ist nötig. Verwendung häufig bei großen Nfz-Motoren.

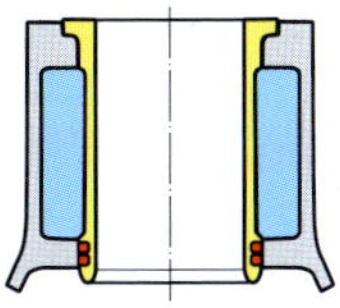

Kurbelgehäuseentlüftung

Eine Kurbelgehäuseentlüftung ist notwendig, da zwischen Kolben und Zylinder Gase in das Kurbelgehäuse strömen. Man nennt diese Gase „Blow-by-Gase". Das Entlüftungssystem des Kurbelgehäuses hat die Aufgabe, aus diesen ölbehafteten Gasen Öl abzuscheiden. Die Gase werden umweltgerecht an geeigneter Stelle dem Ansaugsystem des Motors zugeführt. Damit die Gase im Winterbetrieb bei Eintritt in das Saugrohr nicht kondensieren und einfrieren, ist bei manchen Motoren die Eintrittsstelle mit einem ringförmigen elektrischen Heizwiderstand umgeben. Dieser Heizwiderstand ist bei „Zündung ein" immer in Funktion.

Zylinderkopfdichtung

Metall-Weichstoff-Dichtung
Auf einem gezackten Stahlblech als Träger ist beidseitig eine Weichstofflage aufgebracht.

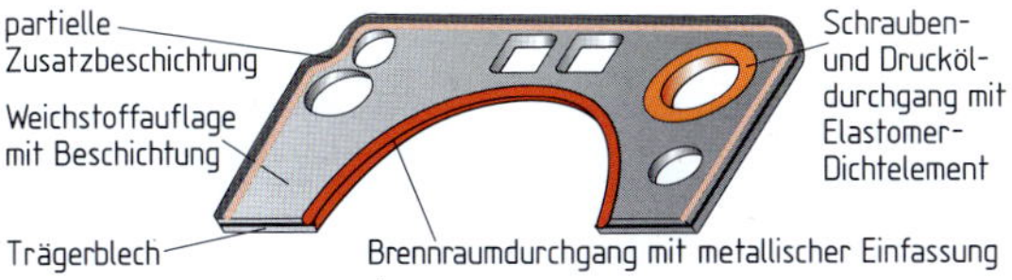

Metalllagen-Dichtung
Mehrere z. T. gesickte Stahlbleche liegen übereinander.

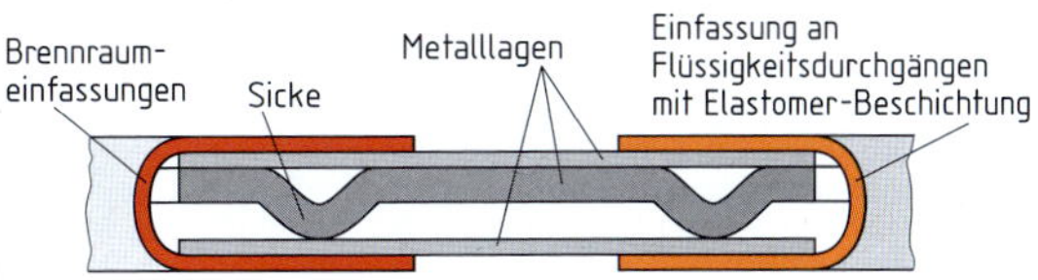

4

Kolbenaufbau/Kolbenbezeichnungen

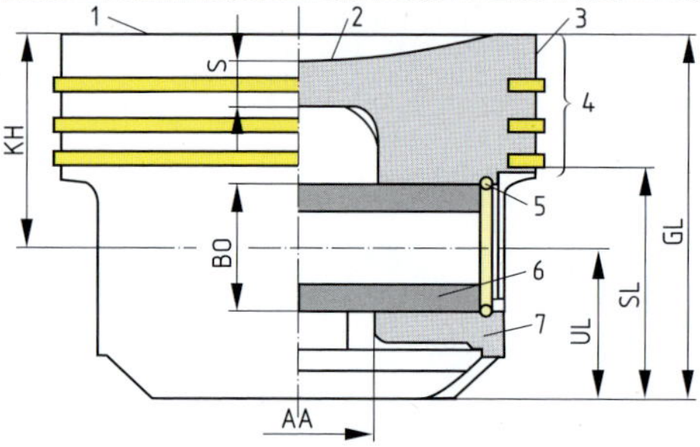

1 Kolbenboden
2 Brennraummulde
3 Feuersteg
4 Ringzone
5 Bolzensicherung
6 Kolbenbolzen
7 Bolzennabe
AA Nabenabstand
BO Bolzendurchmesser
D Kolbendurchmesser
DA Desachsierung
GL Gesamtlänge
KH Kompressionshöhe
UL Untere Länge
S Bodendicke
SL Schaftlänge

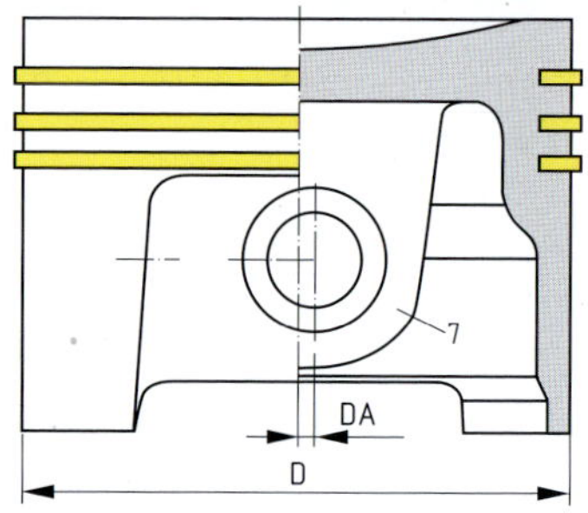

Kolbenform (in kaltem Zustand)

- Kegelig/ballig: Der Durchmesser am Feuersteg (3) ist kleiner als der Kolbendurchmesser (D) am unteren Ende des Kolbenschafts.

Durch die höhere Temperatur am Kolbenboden dehnt sich der Kolben dort im Betrieb stärker aus und benötigt deshalb am Feuersteg mehr Einbauspiel im kalten Zustand.

- Oval: Der Durchmesser senkrecht zur Bolzenachse (Druckrichtung) ist größer als parallel zur Bolzenachse.

Zur Vermeidung von Kolbengeräuschen ist das Einbauspiel senkrecht zur Bolzenachse klein. Durch entsprechende Formgebung und unterschiedliche Wanddicken wird die Wärmeausdehnung in Richtung Bolzenachse gelenkt.

Desachsierung (Versatz der Bolzenachse zur Kolbenachse)

Bei der Aufwärtsbewegung (Verdichten) liegt der Kolben durch das schrägstehende Pleuel auf der Gegendruckseite an. Bei der Abwärtsbewegung (Arbeiten) liegt er durch die nun entgegengesetzt wirkende Seitenkraft des Pleuels auf der Druckseite an.
Durch den Versatz der Bolzenachse um 0,5 ... 1,5 mm zur Gegendruckseite wird der Kolbenschaft schon kurz vor OT von der Gegendruckseite auf die Druckseite umgesetzt. Dadurch werden Kolbengeräusche vermieden und Verschleiß verringert.
Beim Einbau ist auf die entsprechende Markierung zu achten.

Versatz der Zylinderachse (bezogen auf die Kurbelwellenachse)

Durch den Versatz der Zylinderachse zur Gegendruckseite wird beim Arbeitshub der Pleuelwinkel verkleinert. Dies ergibt eine geringere Seitenkraft auf den Kolben und damit eine geringere Reibung zwischen Kolben und Zylinder.

4

Kolbenbauarten

Vollschaftkolben

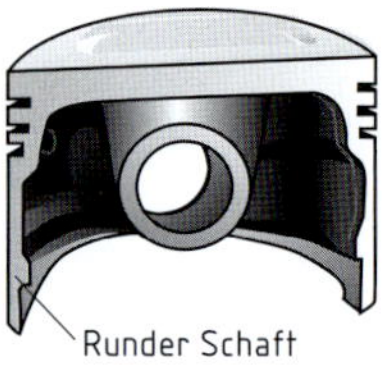

Kolbenboden, Ringzone und Schaft bilden einen robusten, einheitlichen Körper.
Vollschaftkolben werden durch Gießen oder Pressen hergestellt.
Durch Gießen kann eine der Belastung genau angepasste Innenform hergestellt werden.
Durch Pressen erhält man eine höhere Festigkeit, ist jedoch bei der Formgestaltung eingeschränkt.

Ringträgerkolben mit Kühlkanal

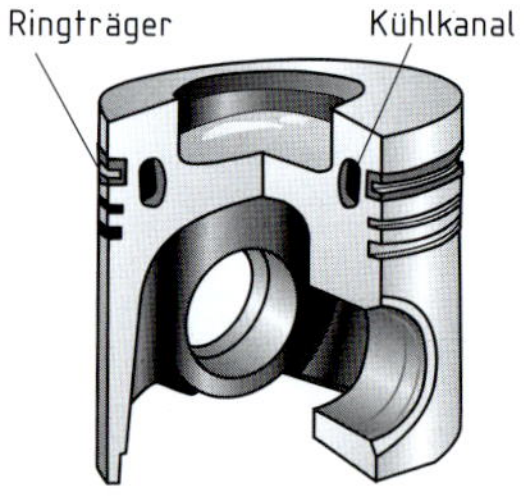

Bei Dieselmotoren ist die Beanspruchung der obersten Ringnut hoch. Der eingegossene Ringträger aus Gusseisen erhöht die Belastbarkeit und damit auch die Standzeit des Kolbens.
Der Kühlkanal reduziert in Höhe der ersten Ringnut die Temperatur des Kolbens. Diese Bauart wird vorwiegend bei aufgeladenen Dieselmotoren eingesetzt.

Kastenkolben

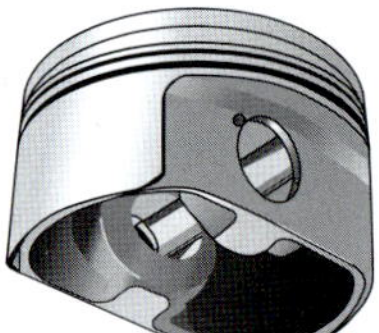

Der Kolbenschaft ist nicht kreisrund ausgeführt, sondern annähernd rechteckig. Er ist insgesamt leichter und stabiler.
Der Kolbenbolzen ist kürzer und damit leichter.
Der Kolbenschaft hat in Druck- und Gegendruckrichtung teilweise unterschiedliche Wandstärken.
Diese Bauart wird bei modernen Ottomotoren eingesetzt.

Stahlkolben

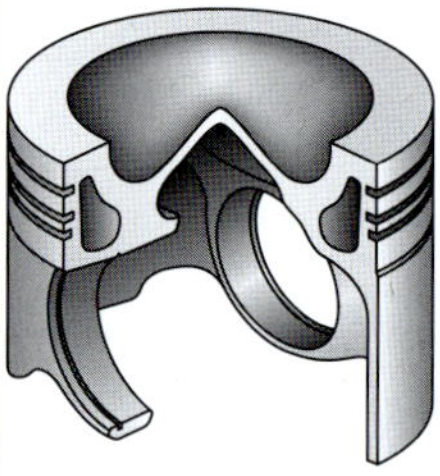

Verwendung: Nutzfahrzeug- und Pkw-Dieselmotoren.
Durch die wesentlich höhere Festigkeit von Stahl gegenüber Aluminium sind dünnere Wandstärken möglich und der Kolben ist kleiner. Etwa gleiches Gewicht wie Al-Kolben.
Vorteil: höhere Temperaturbeständigkeit und geringere Wärmedehnung.

Kolbenbeschichtungen

- Beschichtung zur Verbesserung des Gleitverhaltens für Kolben in GG- und NIKASIL-Laufflächen:
  - Zinnschicht, 1 ... 2 µm, galvanisch aufgetragen
  - Grafalschicht, 10 ... 20 µm, Siebdruckauftrag
- Beschichtung zur Reduzierung des Verschleißes für Kolben in geätzten ALUSIL-Laufflächen:
  - Eisenschicht und Zinn-Einlaufschicht, galvanisch aufgetragen (Ferrocoat)
- Beschichtung zur Verbesserung der thermischen Eigenschaften am Kolbenboden und am Muldenrand:
  - Hartanodisierschicht, 40 ... 80 µm, durch Eloxieren wird die Al-Oberfläche in Aluminiumoxid umgewandelt
- Beschichtung zur Verbesserung der Klopffestigkeit (Klopfschutzschichten auf Kolbenboden und Feuersteg):
  - Chromschicht, galvanisch aufgetragen
  - Nickelschicht, chemisch aufgetragen

Kolbenringaufbau/Kolbenringbezeichnungen

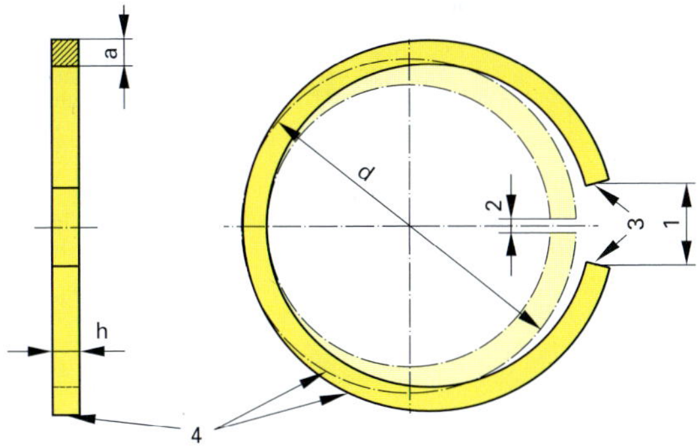

1	Maulweite
2	Stoßspiel
3	Stoßenden
4	Ringlauffläche
a	(radiale) Wanddicke
h	(axiale) Ringhöhe
d	Nenndurchmesser
	ungespannter Ring
	gespannter Ring

Kolbenringbauarten

Verdichtungsringe

Querschnitt	Benennung	Bezeichnung
	Rechteckring	TK 10
	Minutenring	TK 11
	Minutenring mit Innenfase	TK 11a
	einseitiger Trapezring	TK 13
	doppelseitiger Trapezring	TK 14

Ölabstreifringe

Querschnitt	Benennung	Bezeichnung
	Nasenring	TK 30
	Nasen-Minutenring	TK 31
	Ölschlitzring	TK 46
	Schlauchfeder-ring	TK 49
	dreiteiliger Stahlring	TK 24

Beispiel für Ringbestückungen

Dieselmotor: **Ottomotor:**

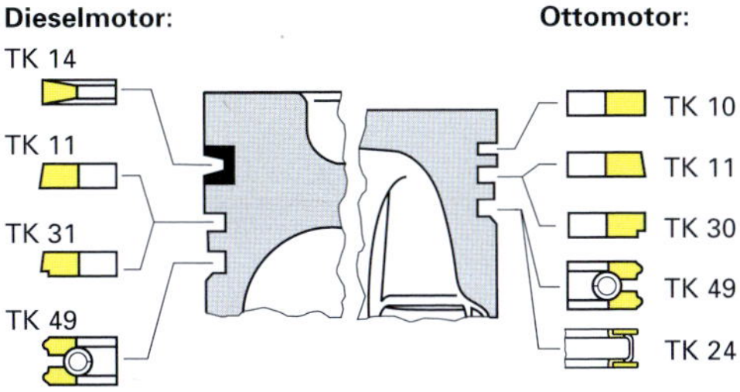

Kolbenringwerkstoffe/Kolbenringbeschichtungen

Werkstoffe:	Vergüteter Grauguss Gusseisen mit Kugelgrafit	für 1., 2. und 3. Ringnut
	Hochlegierter Stahl	→ oft für 1. Nut
Beschichtungen:	Hartchrombeschichtung Chrom-Keramik-Beschichtung Molybdänbeschichtung PVD-Beschichtung	für 1. Nut

Einbauhinweise

- bei Montage Überdehnung vermeiden (Montagezange verwenden)
- „TOP" Markierung nach oben
- Ringstöße verdrehen
- Stoßspiel und axiales Spiel beachten

Kolbenbolzen vgl. DIN 73126

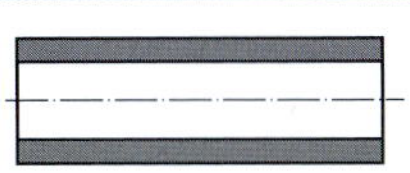

Bohrung durchgehend zylindrisch

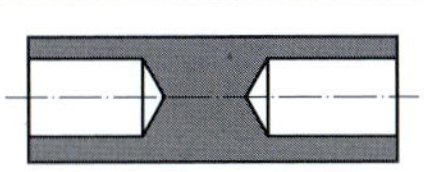

Bohrung in der Mitte geschlossen

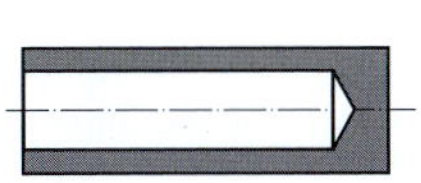

Bohrung an einer Seite geschlossen

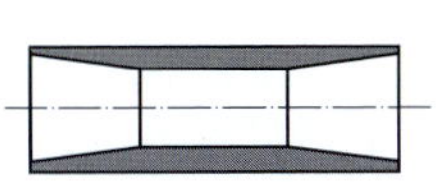

Beidseitig kegelig erweitert

Kolbenbolzensicherung vgl. DIN 73130

- Runddraht-ringsicherung Pkw-Otto Pkw-Diesel

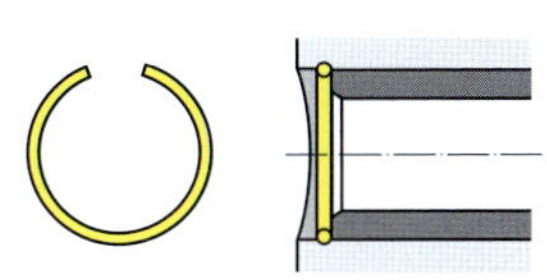

- Flachdraht-sicherung Nkw-Diesel

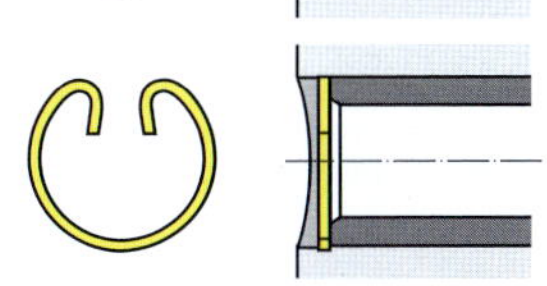

Bezeichnungen am Pleuel

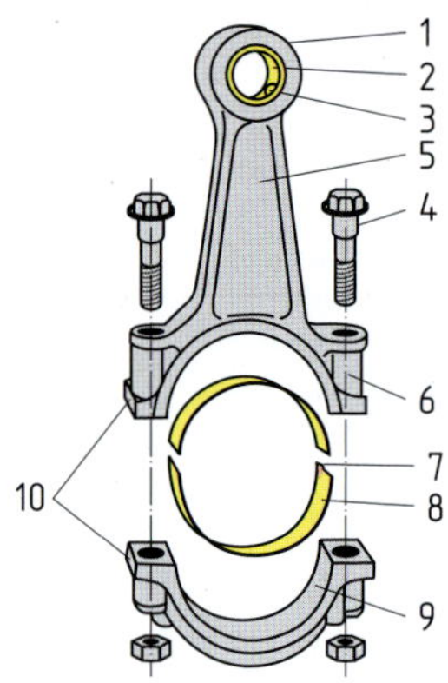

1 Pleuelauge
2 Pleuelbuchse
3 Ölbohrung
4 Dehn-/Passschraube
5 Pleuelschaft
6 Pleuelfuß
7 Haltenase
8 Pleuellager-Schale
9 Lagerdeckel
10 Paarungsnummern

gecracktes Pleuel

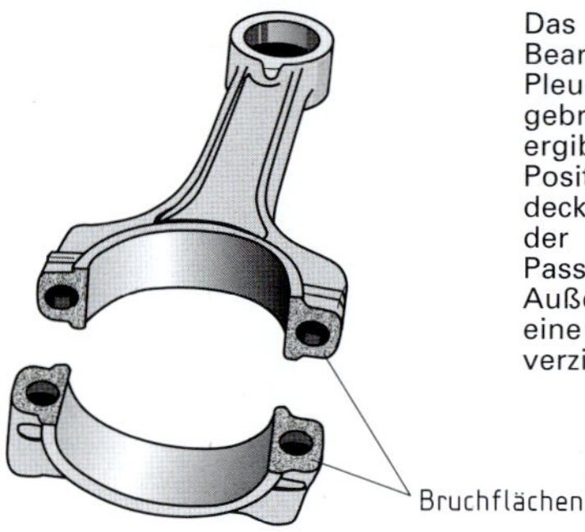

Das Pleuel wird nach dem Bearbeiten des großen Pleuelauges auseinander gebrochen. Das Bruchbild ergibt eine ganz exakte Positionierung von Pleueldeckel und Pleuelfuß bei der Montage auch ohne Passschraube.
Außerdem kann man auf eine Paarungsnummer verzichten.

Bezeichnungen an der Kurbelwelle

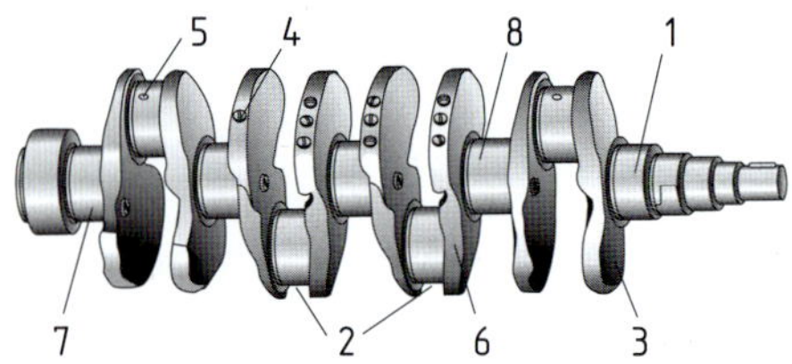

1 Wellenzapfen
2 Kurbelzapfen
3 Gegengewicht
4 Wuchtbohrung
5 Ölversorgungsbohrung
6 Kurbelwange
7 Passlager
8 Stützlager

Kurbelwellen- und Pleuellager

Bauart	Zweischichtlager	Dreischichtlager	Al-Zn-Bonderlager	Sputterlager
Aufbau	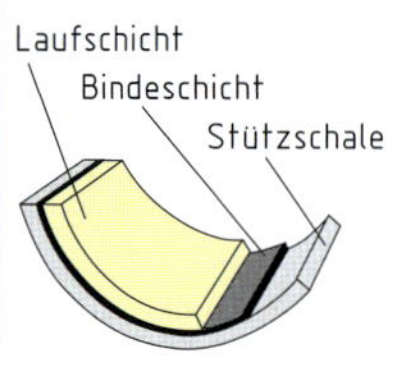	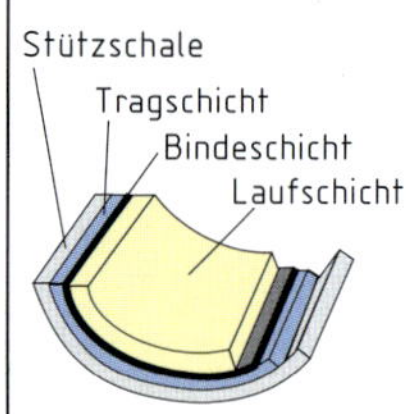	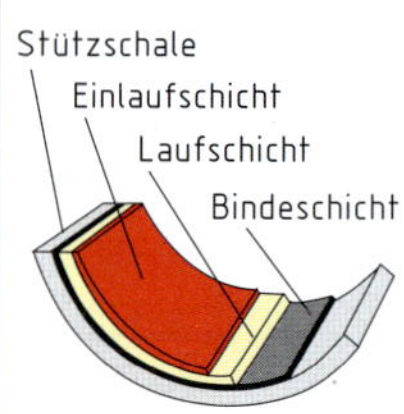	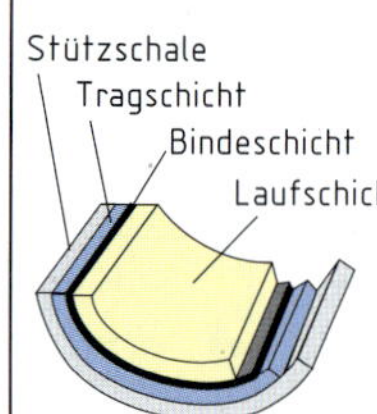
Werkstoff	Laufschicht: AlSn20Cu Bindeschicht: Reinaluminium Stützschale: Stahl	Laufschicht: PbSn10Cu3 Bindeschicht: Nickel Tragschicht: CuPb23Sn4 Stützschale: Stahl	Einlaufschicht: Zink-Phosphat Laufschicht: AlZn45SiCu Bindeschicht: Reinaluminium Stützschale: Stahl	Laufschicht: AlSn20Cu Bindeschicht: Nickel Tragschicht: CuPb23Sn4 Stützschale: Stahl
Anwendung	Otto-Motoren mit geringen Belastungen	Otto-Motoren mit hohen Belastungen und Diesel- Motoren mit geringen Belastungen	Aufgeladene Dieselmotoren mit mittleren Belastungen	Hoch aufgeladene Dieselmotoren mit direkter Einspritzung

Prüfarbeiten beim Einbau der Lager

Spaltmaßprüfung

Um sicherzustellen, dass zwischen den Lagerschalen und der Lageraufnahme ein Presssitz vorhanden ist, wird zunächst der Lagerdeckel mit vorgeschriebenem Anzugswert angezogen. Anschließend wird eine Seite des Lagerdeckels wieder geöffnet. Der Lagerdeckel muss sich jetzt aufspreizen. (Spaltmaß je nach Lagerdurchmesser ca. 1/10 mm.)

Lagerspielprüfung

Das Spiel zwischen Lagerschale und Lagerzapfen kann durch Messen mit dem Innenmessgerät und Messschraube oder mit einem Plastigage bestimmt werden. Das Plastigage ist ein Kunststofffaden, der zwischen Lagerschale und Lagerzapfen eingelegt wird. Nach dem Anziehen mit vorgeschriebenem Anzugswert und dem folgenden Auseinanderbau kann über das Quetschmaß des Fadens das Lagerspiel bestimmt werden.

Steuerungsbauarten

ohv over-head-valves

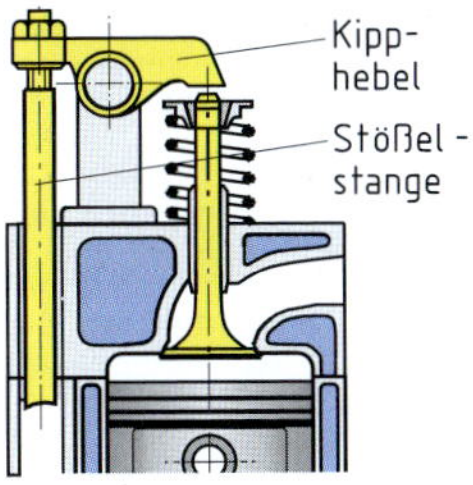

Ventilbetätigung über viele Bauteile, problematisch bei hohen Drehzahlen

ohc over-head-camshaft

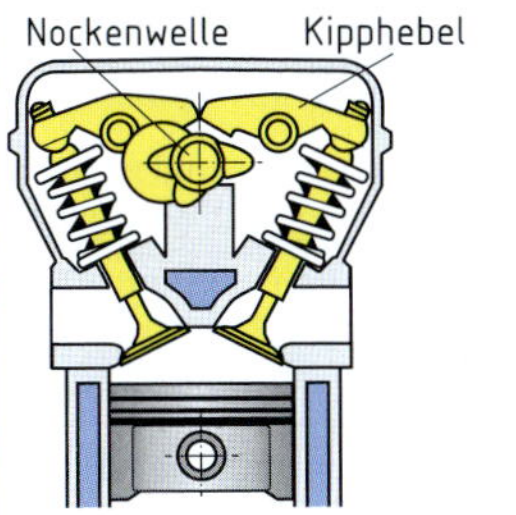

Ventilbetätigung über Kipphebel (Bild), Schwinghebel oder Tassenstößel

dohc double-ohc

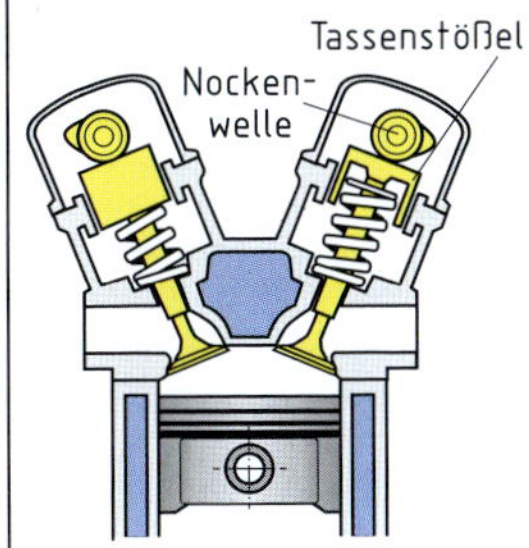

Ventilbetätigung über Tassenstößel (üblich) oder Schwinghebel

cih camshaft in head

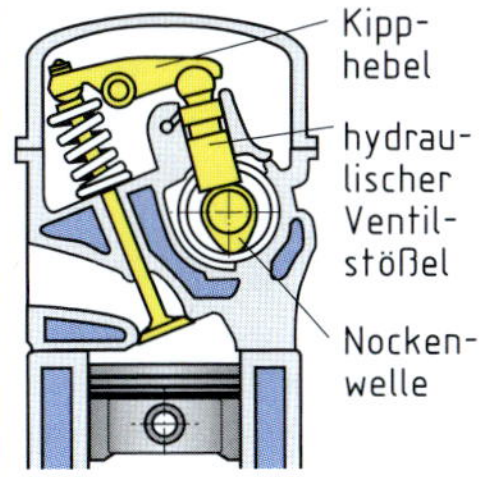

Ventilbetätigung über kurze Stößel, reduziert die Bauhöhe

Nockenwellenantriebsarten

Stirnradantrieb
- präzise Steuerzeiten
- auch bei dohc-Motoren
- großvolumige Dieselmotoren und Rennsportmotoren

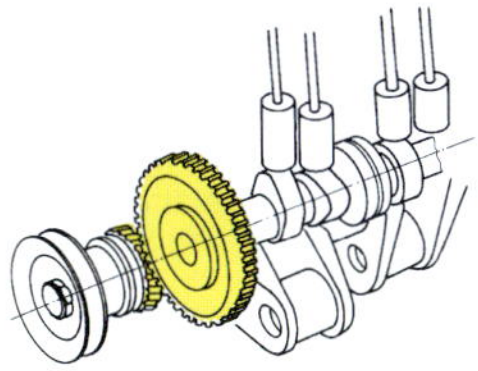

Zahnriemenantrieb
- sehr geräuscharm
- bei hoher Belastung Lebensdauer begrenzt
- kleinvolumige Otto- und Dieselmotoren

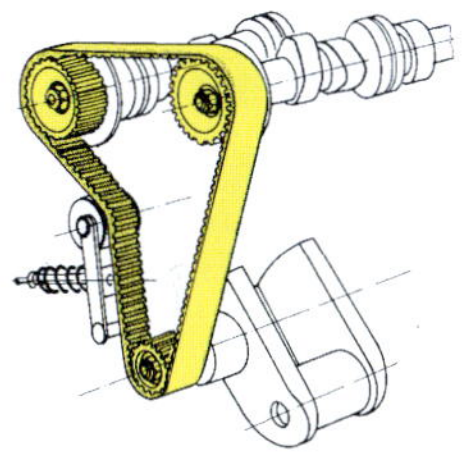

Kettenantrieb
- wartungsfrei
- Kettenspannung erfolgt hydraulisch
- Ottomotoren und kleinvolumige Dieselmotoren

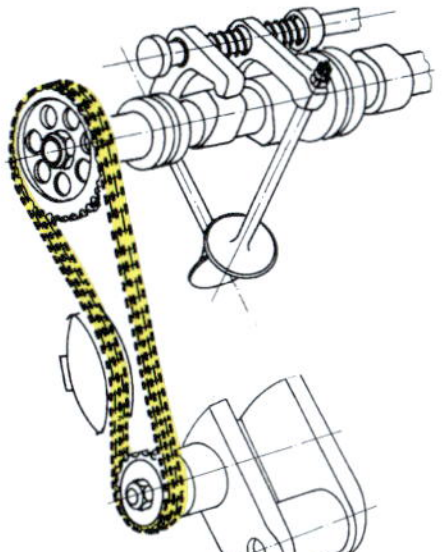

Königswellenantrieb
- sehr selten
- aufwendige Konstruktion
- klassische Motorradmotoren

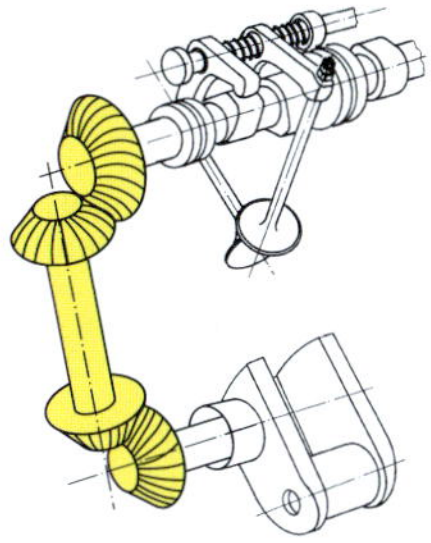

Nockenwelle, Bauarten

Die Nockenwelle ist verantwortlich für das Öffnen und das Schließen der Aus- und Einlassventile. Die Nockenform bestimmt damit:
- die Öffnungszeiten bzw. Öffnungswinkel,
- den Öffnungs- bzw. den Schließverlauf,
- den Öffnungshub der Ventile.

Dargestellt wird dieser Verlauf durch die Ventilerhebungskurve.

Nockenwellen können hergestellt werden durch:
- gießen (Schalenhartguss),
- schmieden (Vergütungsstahl),
- zusammenbauen.

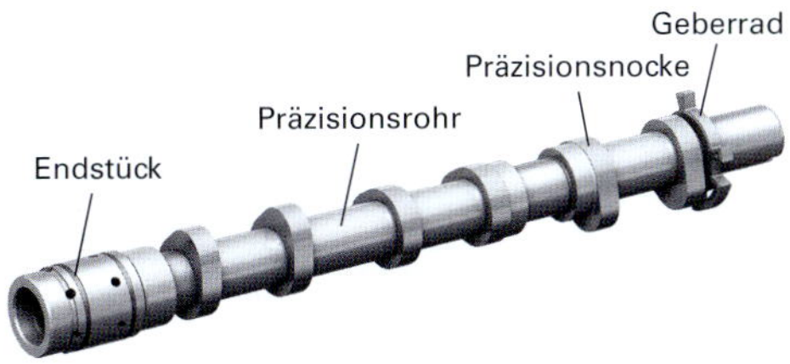

Bei gebauten Nockenwellen werden die gesinterten Einzelnocken auf ein Rohr aufgeschrumpft. Dadurch können verschiedene Werkstoffeigenschaften miteinander kombiniert werden. Vorteile von gebauten Nockenwellen sind ihr geringes Gewicht und die Umsetzung neuer Nockenkonturen.

Bei der Fertigung von Nockenwellen gibt es geringe Toleranzen. Die Verdrehung eines Nockens wirkt sich negativ auf den Motorlauf aus. Die Abweichung vom Sollwert kann über einen Data-Matrix-Code z.B. im Nockenwellengehäuse angebracht sein. Diese Toleranzen können anschließend auf das Motorsteuergerät übertragen werden.

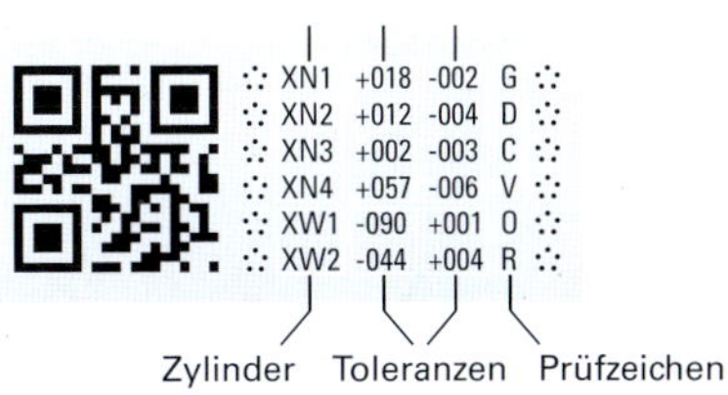

Ventilerhebungskurve, Nockenkontur

Beispiel Auslassventil

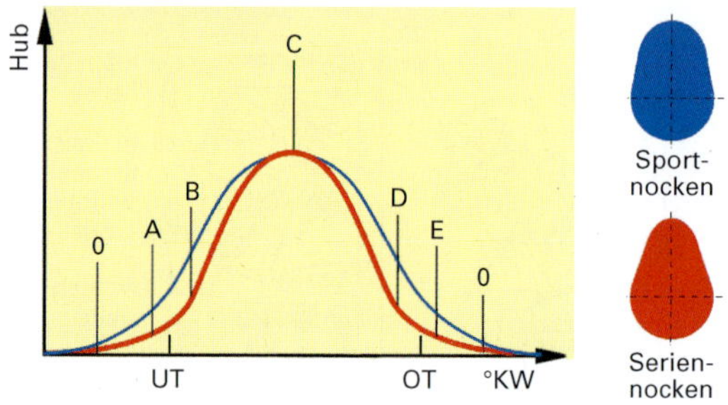

Ventilerhebungskurven zeigen den Hub der Ventile abhängig von der Kurbelwellenstellung. Die Ventilerhebungskurve beginnt mit einer Anlauframpe **0–A**, auf der das Ventilspiel ausgeglichen wird. Bei zu großem Spiel beginnt das Öffnen erst in B. Ventil und Nocken werden extrem belastet. In **B** beginnt die eigentliche Ventilerhebung mit einer starken Beschleunigung und einer anschließenden bis **C** dauernden Verzögerung. Von **B** bis **D** arbeitet die Ventilfeder. Bei **D–E** wird das Ventil nochmals stark verzögert und setzt in **E–0** durch eine Ablauframpe sanft auf. Zu großes Spiel führt auch hier zu einer Extrembelastung von Ventilsitz und Ventilteller.
Die Nockenform bestimmt die Öffnungsdauer und die Hubgeschwindigkeit der Ventile, sowie die Höhe des Ventilhubs. Die Kontur eines Sportnockens (steiler bzw. scharfer Nocken) bewirkt im Vergleich zum Seriennocken ein schnelleres Öffnen und Schließen des Ventils. Dadurch bleibt das Ventil über eine längere Zeit voll geöffnet und die Füllung des Zylinders wird erhöht. Dies führt zu einer Leistungssteigerung.

Ventilbaugruppe

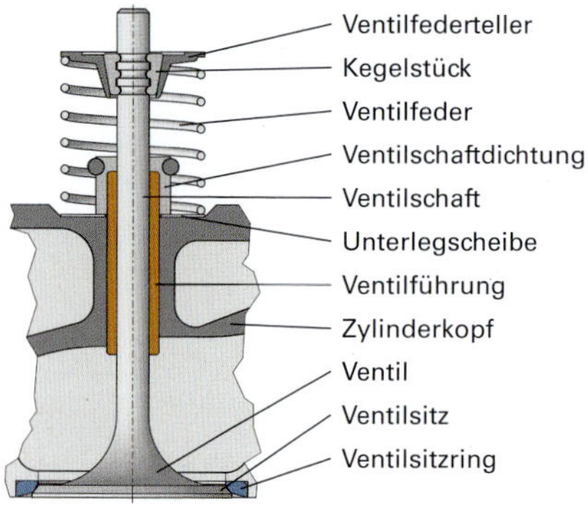

Über Einlass- und Auslassventile kann der Gaswechsel im Brennraum gesteuert werden. Die Nocken der Nockenwelle betätigen die Ventile. Die Ventilfeder drückt durch die Federkraft das Ventil zurück in seine Ausgangsposition. Der Ventilsitz sorgt für ein gasdichtes Abschließen des Brennraums. Die Ventilführung zentriert das Ventil im Zylinderkopf. Sie muss besonders gute Gleiteigenschaften aufweisen und zudem wärmeleitend sein.
Die Ventilschaftdichtung dichtet den Spalt zwischen Ventilführung und Ventilschaft ab. Sie verhindert, dass Motoröl in den Brennraum gelangt. Insbesondere bei Saugmotoren kann eine defekte Ventilschaftdichtung zu einem großen Ölverbrauch führen, da Motoröl in den Brennraum gelangt (> 0,5 l / 100 km). Ein typisches Anzeichen für eine defekte Ventilschaftdichtung ist eine bläuliche Verfärbung des Abgases (Blaurauch).
Zur besseren Wärmeabfuhr können Auslassventile auch mit einem mit Natrium befüllten Hohlraum ausgeführt werden.
Der Durchmesser von Auslassventilen ist meist kleiner als der von Einlassventilen. Durch den am Ende des Arbeitstakts vorhandenen Druck im Zylinder können die Abgase schnell entweichen.

Zylinderabschaltung

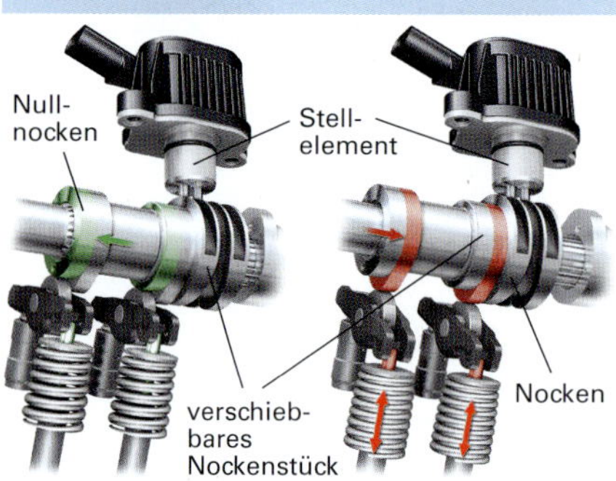

Durch das Abschalten von einzelnen Zylindern kann der Wirkungsgrad von Ottomotoren in bestimmten Lastbereichen optimiert werden. Im unteren Teillastbereich sind aufgrund der nur wenig geöffneten Drosselklappe die Drosselverluste hoch. Durch das Abschalten von Zylindern muss die Drosselklappe deutlich weiter geöffnet werden, um mit den verbleibenden Zylindern das gleiche Drehmoment zu erreichen. Es entstehen weniger Verwirbelungen im Ansaugkanal. Außerdem kann der Motor mit den verbleibenden Zylindern in einem Lastbereich mit einem geringeren spezifischen Kraftstoffverbrauch betrieben werden. Dadurch sinken der Kraftstoffverbrauch und die Schadstoffemissionen.
Zur Abschaltung eines Zylinders wird über ein Stellelement ein verschiebbares Nockenstück bewegt, auf dem sich ein zusätzlicher Nocken befindet. Dieser Nocken (Nullnocken) hat keine Erhebung, wodurch die Ventile des entsprechenden Zylinders nicht mehr betätigt werden. Parallel dazu werden die Einspritzung und die Zündung in den entsprechenden Zylindern abgeschaltet.

Saugrohrklappen

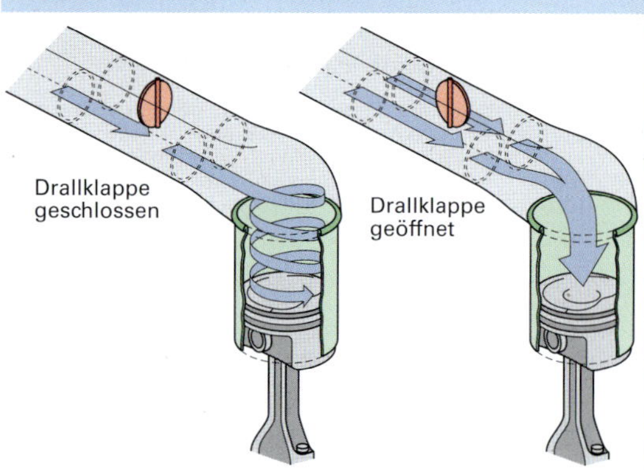

Bei Verbrennungsmotoren befinden sich häufig schaltbare Saugrohrklappen im Ansaugtrakt. Diese sorgen durch eine gezielte Führung der angesaugten Luft für eine optimale Gemischverwirbelung im Zylinder. Dadurch können bei hohen Drehzahlen das Drehmoment und die Leistung des Motors vergrößert werden. Im niedrigen Drehzahlbereich können Verbrauch und Emissionen reduziert werden.

Drallklappen (Swirlklappen) werden in Dieselmotoren eingesetzt:
- Zuführung der angesaugten Luft über zwei getrennte Kanäle.
- Geschlossene Drallklappe bewirkt eine starke Verwirbelung (Teillast).
- Geöffnete Drallklappe ermöglicht höheren Füllungsgrad (Volllast).

Tumbleklappen befinden sich in Otto-Motoren mit Direkteinspritzung:
- Zuführung der angesaugten Luft über einen Kanal in dem sich die schaltbare Tumbleklappe befindet.
- Tumbleklappe geschlossen bei Schichtladebetrieb (Teillast)
- Tumbleklappe geöffnet bei Homogenbetrieb (Volllast)

Nockenwellenverstellung

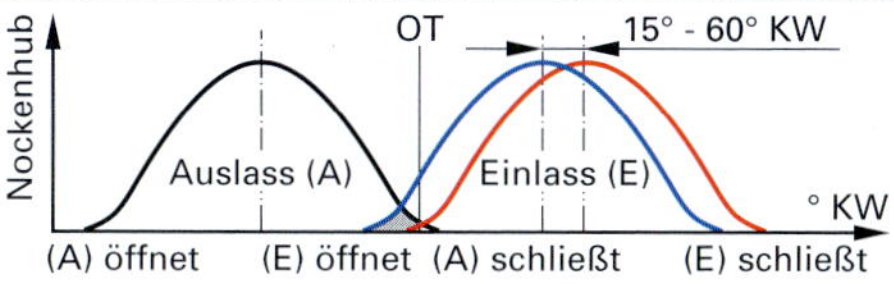

Die Nockenwellenverstellung verändert die Steuerzeiten der Ventile. *Öffnungsbeginn „spät“* (Leerlauf, Volllast): Kleiner Überschneidungswinkel → geringe Abgasrückströmung → stabiler Leerlauf → ermöglicht niedere Leerlaufdrehzahl.
Spätes Schließen → gute Füllung bei hohen Motordrehzahlen.
Öffnungsbeginn „früh“ (Teillast): Großer Überschneidungswinkel → innere Abgasrückführung → Verringerung des NO_X-Anteils.
Frühes Schließen → kein Rückströmen der Frischgase.

Verstellbarer Kettenspanner

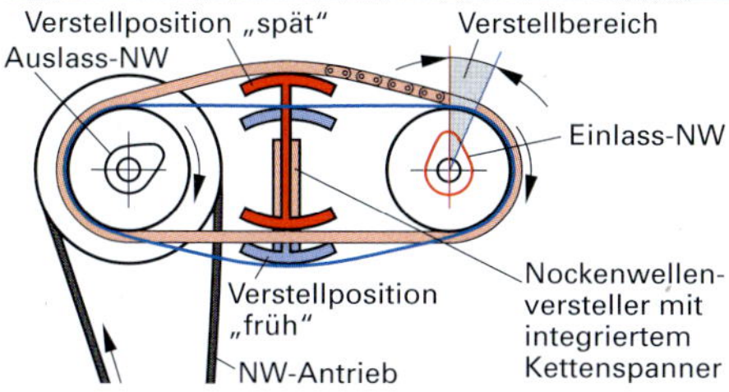

Der hydraulische Kettenspanner kann zwei Positionen einnehmen. In der Schaltposition „spät“ ist das obere Kettentrum lang. Wird auf die Schaltposition „früh“ geschaltet, bewegt sich die komplette Spannereinheit nach unten. Das obere Kettentrum verkürzt sich und die Einlass-NW verdreht sich gegenüber der Auslass-NW in Richtung „früh“. Die Position der Auslass-NW zur KW bleibt, da diese direkt von der KW angetrieben wird.

Verdrehen der Nockenwelle zum Nockenwellenantriebsrad

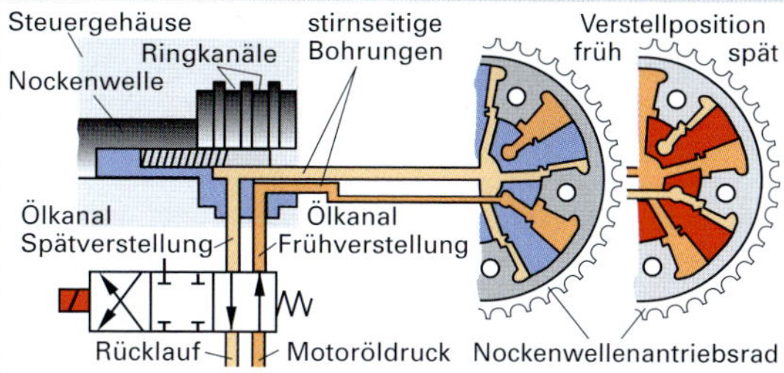

Beim Flügelzellenversteller wird die Nockenwelle in ihrer Position zum Nockenwellenantriebsrad hydraulisch verdreht. Ein vom Motorsteuergerät kennfeldabhängig angesteuertes Ventil leitet das Öl in den entsprechenden Ölraum und bestimmt dadurch die Stellung der Nockenwelle zum Antriebsrad. Die Verstellung erfolgt stufenlos bis max. 60° Kurbelwellenwinkel am Einlass und bis 25° Kurbelwellenwinkel am Auslass.

Veränderung des Ventilhubs und des Ventilöffnungswinkels durch zwei Nockenprofile

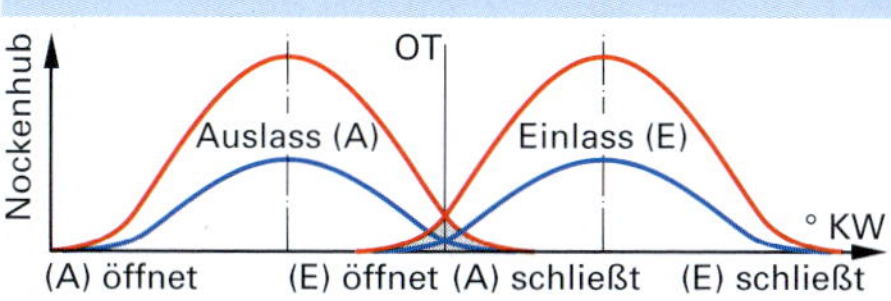

Durch die Veränderung des Ventilhubes und des Ventilöffnungswinkels ergibt sich im Wesentlichen eine Veränderung der Füllung des Motors.

Kleiner Hub: Auf Verbrauch und Laufruhe optimiertes Nockenprofil für niedere Drehzahlen.

Großer Hub: Leistungsoptimiertes Nockenprofil für hohe Drehzahlen.

Umschalten auf einen anderen Nocken bei Tassenstößel (Schalttassenstößel)

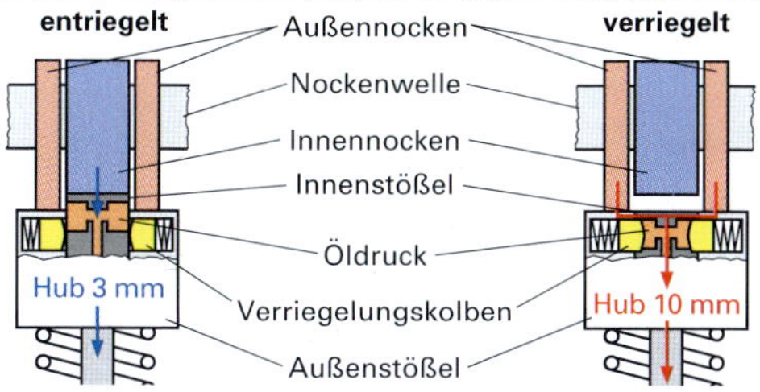

Bei Ventiltrieben mit Tassenstößel ermöglicht die Schalttasse die Umschaltung auf zwei verschiedene Nockenprofile.
Im entriegelten Zustand folgt das Motorventil der Kontur des Innennockens, der Ventilhub ist somit abhängig vom Nockenhub des Innennockens.
Im verriegelten Zustand bewegt das Außennockenpaar über die Verriegelung den Außen- und Innenstößel nach unten. Der Ventilhub ist abhängig vom Nockenhub der Außennocken. Die Verriegelung bzw. Entriegelung erfolgt hydraulisch auf dem Nockengrundkreis.

Umschalten auf einen anderen Nocken bei Schlepphebel oder Rollenschlepphebel

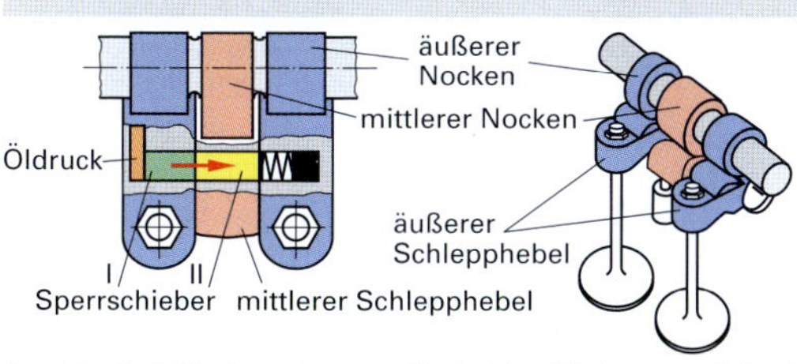

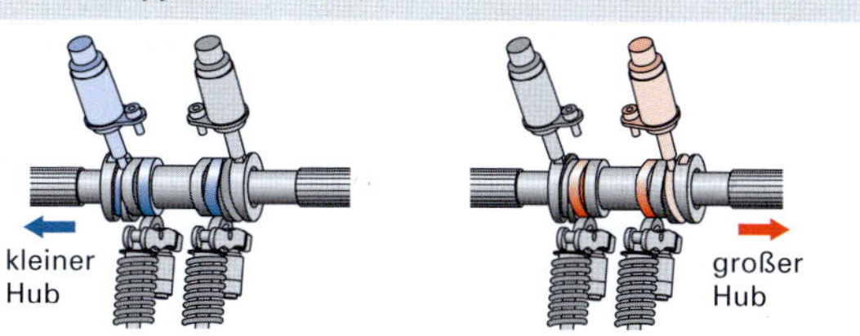

Jeweils drei Nocken steuern die beiden Einlass- und Auslassventile eines Zylinders. Bis zu mittlerer Motordrehzahl werden die Ventile über die äußeren Nocken (kleiner Hub) betätigt. Kennfeldabhängig (Motordrehzahl, Lastzustand) werden ab mittlerer Motordrehzahl die beiden Sperrschieber I + II durch Öldruck gegen die Feder nach rechts verschoben. Damit ist der mittlere Schlepphebel mit den äußeren Schlepphebeln formschlüssig verbunden. Der mittlere Nocken (großer Hub) übernimmt die Ventilsteuerung. Die Umschaltung erfolgt auf dem Nockengrundkreis kennfeldabhängig.

Auf einer innenverzahnten Schiebehülse befinden sich neben den Nocken für jeweils zwei Ventile zwei schraubenförmige Nuten. Über jeder Nut sitzt ein elektromagnetisch ausfahrbarer Metallstift. Je nachdem, welcher Stift in die Nut eingreift, wird die Schiebehülse nach links (kleiner Ventilhub) oder rechts (großer Ventilhub) verschoben. Die Umschaltung erfolgt auf dem Nockengrundkreis kennfeldabhängig.
Bei Teillast (kleiner Hub) kann durch unterschiedlich großen Hub der beiden Einlassventile eine für die Verbrennung günstige Ladungsbewegung erreicht werden.

Veränderung des Ventilhubs und des Ventilöffnungswinkels

Elektromechanische Ventilsteuerung

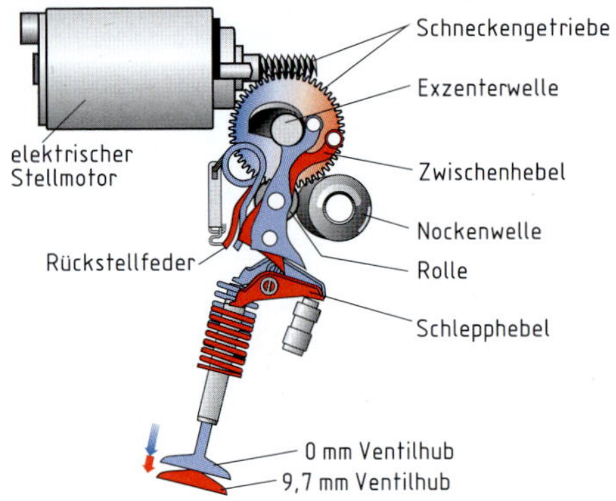

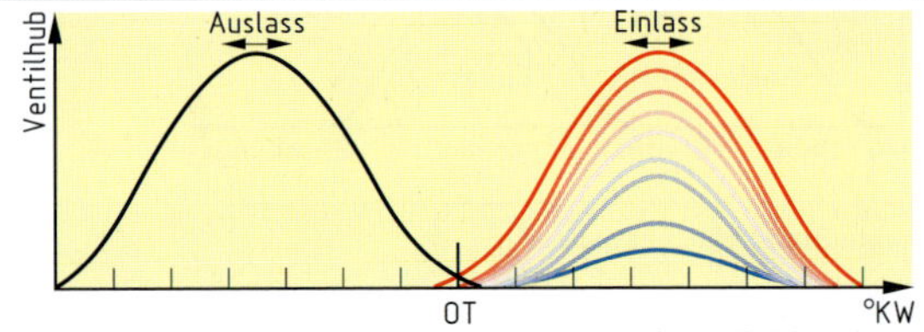

Die Nockenwelle wirkt nicht mehr direkt auf den Schlepphebel, sondern auf die Rolle des Zwischenhebels, der beim Drehen der Nockenwelle eine Pendelbewegung beschreibt. Die schräge Unterseite des Zwischenhebels wirkt auf den Rollenschlepphebel, der das Ventil betätigt. Die Größe der Pendelbewegung bestimmt sein oberer Drehpunkt, der mit dem Verdrehen der Exzenterwelle beeinflusst wird. Verdreht wird die Exzenterwelle durch einen elektrischen Stellmotor. Da hier der Ventilhub und die Ventilöffnungszeiten über einen großen Bereich sehr variabel sind, kann die Drosselklappe entfallen.

Elektrohydraulische Ventilsteuerung

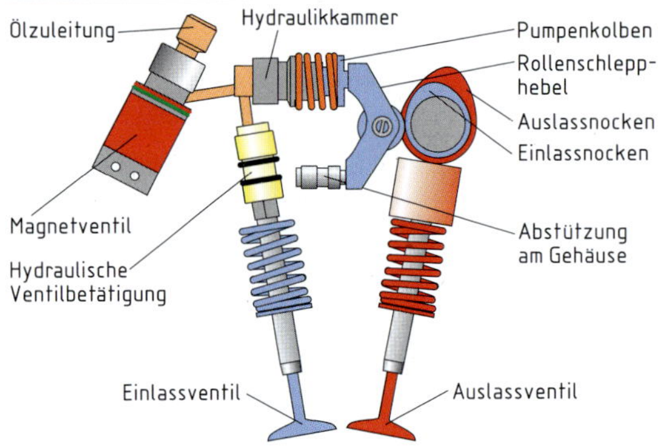

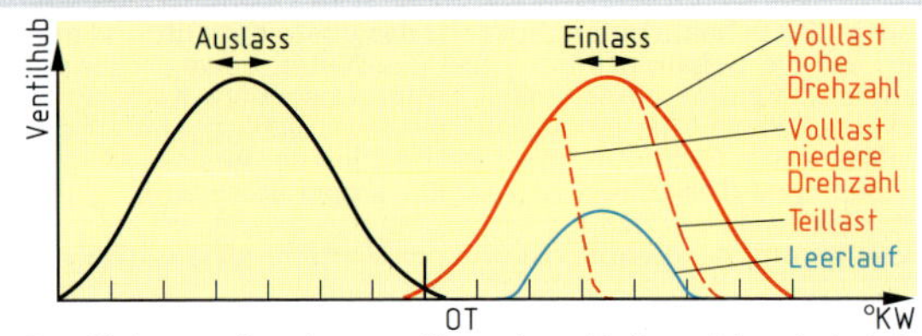

Der Einlassnocken bewegt über einen Rollenschlepphebel den Pumpenkolben. Die Hydraulikkammer ist mit der hydraulischen Ventilbetätigung des Einlassventils verbunden. Bei geschlossenem Magnetventil verhält sich das Öl in der Hydraulikkammer wie ein fester Körper und überträgt die vom mechanischen Einlassnocken ausgeübte Bewegung auf die Einlassventile. Bei offenem Magnetventil werden Hydraulikkammer und Einlassventile entkoppelt, d.h., die vom Einlassnocken ausgeübte Bewegung wird nicht mehr auf das Einlassventil übertragen. Die Ventile schließen dann aufgrund der Ventilfederkraft.

Hydraulischer Ventilspielausgleich

Aufbau

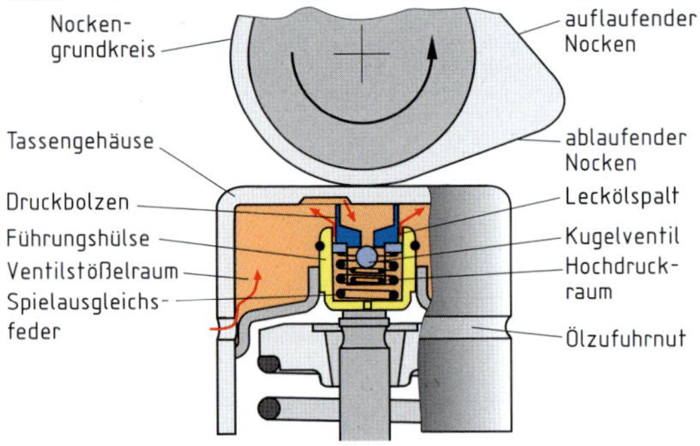

Funktionsweise

Auflaufender Nocken

- Der Nocken drückt auf Tassengehäuse und Druckbolzen.
- Durch das geschlossene Kugelventil entsteht zwischen Druckbolzen und Führungshülse eine starre Verbindung.
- Über die Führungshülse wird das Ventil geöffnet.
- Am Leckölspalt entweicht eine geringe Ölmenge aus dem Hochdruckraum in den Ventilstößelraum.
- Der Abstand zwischen Druckbolzen und Führungshülse verkürzt sich um wenige tausendstel Millimeter.

Übergang: Ablaufender Nocken – Nockengrundkreis

- Tritt zwischen Tassengehäuse und Nocken Spiel auf, drückt die Spielausgleichsfeder den Druckbolzen und die Führungshülse auseinander.
- Im Hochdruckraum entsteht ein Unterdruck.
- Der Unterdruck und der Motoröldruck öffnen das Kugelventil bis zum Druckausgleich.
- Das Kugelventil schließt.
- Kein Spiel zwischen Tassengehäuse und Nockengrundkreis.

Einbauvarianten hydraulischer Ventilspielausgleichselemente

Tassenstößel

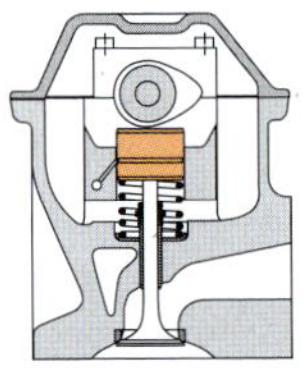

Schlepphebel

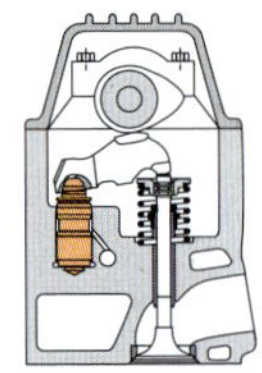

Kipphebel

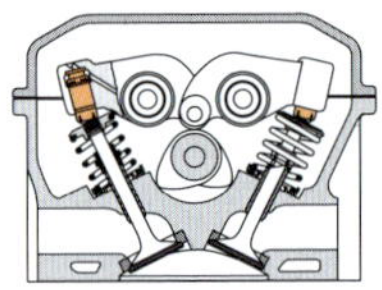

Stößelstange

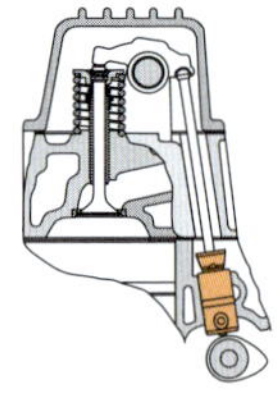

Allgemeines

Das Drehmoment und die Leistung eines Motors hängen vorwiegend von der Luft- bzw. Frischgasmasse (Füllung) ab, die für die Verbrennung im Zylinderraum zur Verfügung steht.

Bei Saugmotoren begrenzt das Hubvolumen des Motors die angesaugte Luft- bzw. Frischgasmasse (Liefergrad ≤ 1,0). Durch eine dynamische Aufladung kann die Füllung verbessert werden.

Durch Fremdaufladung wird die Luft vorverdichtet. Die dem Motor zugeführte Luft- bzw. Frischgasmasse (Füllung) wird dadurch vergrößert (Liefergrad > 1,0).

Arten:

Dynamische Aufladung bei Saugmotoren durch das Ausnützen der Bewegungsenergie der angesaugten Gase.

- Schwingsaugrohraufladung
- Resonanzaufladung

Fremdaufladung

- Mechanische Aufladung (Kompressor, z. B. Roots-Lader)
- Abgasturbolader

Vorteile:

- besserer Drehmomentverlauf
- höhere Motorleistung oder gleiche Motorleistung bei kleinerem Hubraum (Downsizing)
- geringerer Kraftstoffverbrauch

Schwingsaugrohraufladung

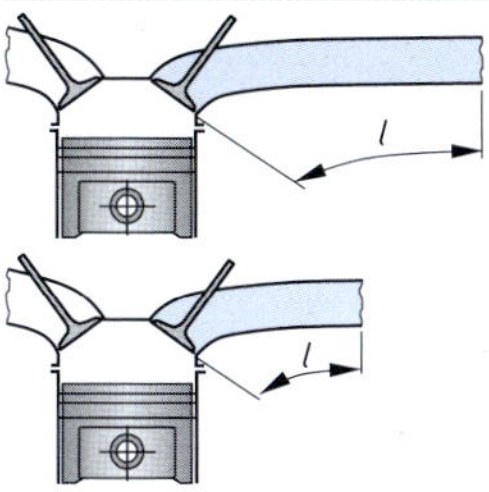

Während des Ansaugvorgangs strömen die Gase mit hoher Geschwindigkeit durch das Saugrohr in den Zylinder. Aufgrund der hohen Bewegungsenergie der Gase strömen sie auch noch bei aufwärts gehendem Kolben in den Zylinder. Um diesen Aufladeeffekt auszunützen, schließt das Einlassventil erst nach UT. Die einströmenden Gase werden durch den aufwärts gehenden Kolben bzw. das geschlossene Einlassventil abgebremst und es läuft eine Druckwelle in Richtung „offenes Ende" des Saugrohrs. Dort wird sie reflektiert und läuft wieder in Richtung Einlassventil zurück. Stimmen Laufzeit der Druckwelle und Ventilöffnungszeit überein, wird die Füllung verbessert bzw. es wird eine dynamische Aufladung erzielt. Dabei gilt: Eine große Saugrohrlänge (lange Laufzeit) verbessert die Füllung bei niedrigen Drehzahlen, eine kleine Saugrohrlänge (kurze Laufzeit) verbessert die Füllung bei hohen Drehzahlen.

Resonanzaufladung

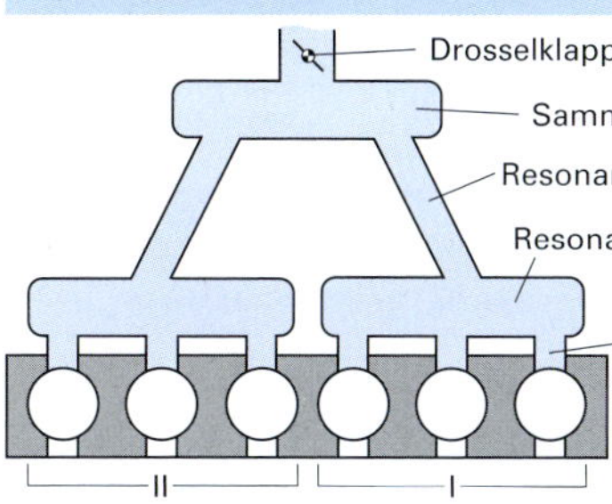

Bei bestimmten Motordrehzahlen wird die Gasschwingung im Saugrohr so angeregt, dass sie sich aufschaukelt (Resonanz). Dies nutzt man für einen zusätzlichen Aufladeeffekt.
Bei diesem Aufladeprinzip werden Gruppen von Zylindern (I, II) über kurze Saugrohre an den Resonanzbehälter angeschlossen. Diese Resonanzbehälter sind über die Resonanzsaugrohre mit dem Sammelbehälter verbunden. Aufgrund der Zündfolge wird abwechselnd aus beiden Resonanzbehältern angesaugt, dadurch wird die Luftmasse im Saugsystem zum Schwingen angeregt. Wenn die Saugfrequenz einer Zylinderreihe mit der Eigenfrequenz der Druckschwingung im dazugehörigen Behälter übereinstimmt, kommt es zum Aufschaukeln (Resonanzfall), und die Druckwelle trifft mit Überdruck auf das geöffnete Einlassventil. Die Füllung wird dadurch verbessert.
Die Eigenfrequenz der Druckschwingung hängt von der Geometrie und dem Volumen des Ansaugsystems ab.

Schaltansaugsysteme

Schwingsaugrohraufladung

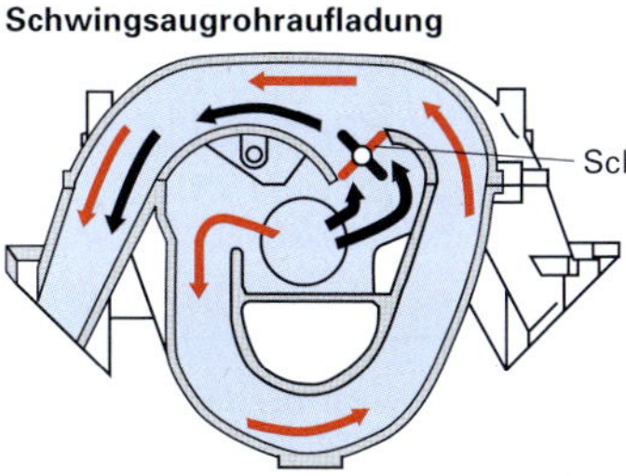

Resonanzaufladung

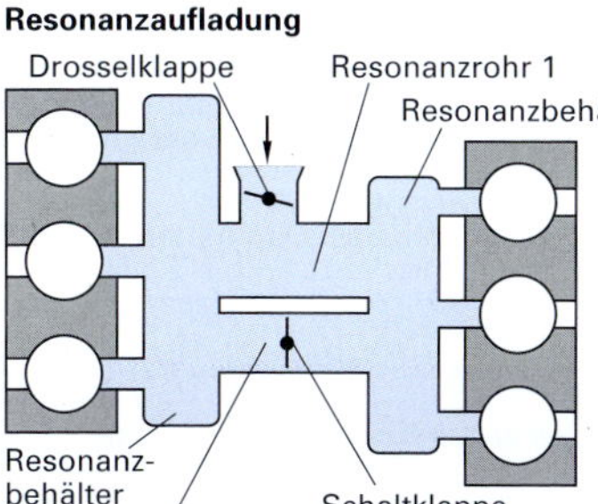

Der Effekt der dynamischen Aufladung ist bei Sauganlagen mit fester Geometrie auf einen bestimmten Drehzahlbereich beschränkt (vgl. oben). Durch variable Schwingsaugrohrlängen bzw. durch die Veränderung der Eigenfrequenz bei der Resonanzaufladung kann der Effekt der dynamischen Aufladung in mehreren Drehzahlbereichen ausgenutzt werden.

Schwingsaugrohraufladung

Schaltsaugrohr (vgl. Abb. links): Durch eine elektropneumatisch oder elektrisch betätigte Schaltklappe wird zwischen einem langen und einem kurzen Saugrohr umgeschaltet.

→ (rot) Langes Saugrohr: Füllungsverbesserung bei niedrigen Drehzahlen

→ (schwarz) Kurzes Saugrohr: Füllungsverbesserung bei hohen Drehzahlen

Bei der *stufenlosen* Sauganlage kann die wirksame Saugrohrlänge durch Veränderung der Öffnung eines Sammlervolumens der Motordrehzahl angepasst werden. Die Verstellung erfolgt stufenlos durch einen Schrittmotor. Dadurch kann die dynamische Aufladung über einen großen Drehzahlbereich genutzt werden.

Resonanzaufladung

Durch das Öffnen der Schaltklappe wird das Resonanzrohr 2 geöffnet (vgl. Abb. links). Die Eigenfrequenz der Sauganlage ändert sich. Damit erhält man eine Füllungsverbesserung bei einer zweiten Motordrehzahl .

Resonanz-Schwingsaugrohraufladung

Durch Schaltklappen wird von einem Resonanz- auf ein Schwingsaugrohrsystem umgeschaltet. Die Füllungsverbesserung erfolgt z. B. im unteren Drehzahlbereich durch Resonanzaufladung und im oberen Drehzahlbereich durch Saugrohraufladung mit kurzen Saugrohren.

Laderarten

Abgasturbolader (ATL)

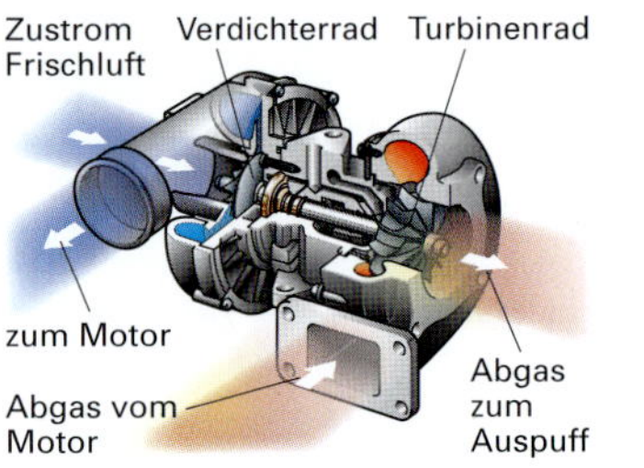

Die Abgase treiben die Abgasturbine an. Das auf der gleichen Welle sitzende Verdichterrad saugt Frischluft an und führt diese vorverdichtet dem Zylinder zu.

Stauaufladung: Der Antrieb der Abgasturbine erfolgt durch den Druckaufbau im gesamten Abgaskrümmer.

Stoßaufladung: Die Bewegungsenergie der ausgestoßenen Gase wird für den Antrieb genützt.
Beim Twin-Scroll-Lader werden z. B. bei einem 4-Zylinder-Motor die Abgasleitung von Zylinder 1 und 4 gemeinsam bis zur Abgasturbine geführt, ebenso die von Zylinder 2 und 3. Dies verbessert das Ansprechverhalten bei niedrigen Motordrehzahlen.

VTG-Lader

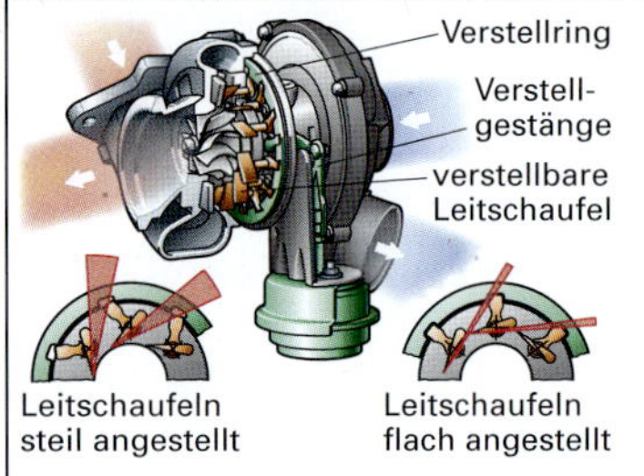

Beim VTG-Lader (Lader mit variabler Turbinengeometrie) kann der Eintrittsquerschnitt des Abgases in das Turbinengehäuse und damit die Anströmgeschwindigkeit auf die Abgasturbine durch Verstellen der Leitschaufeln verändert werden.
Bei niedriger Motordrehzahl und kleiner Abgasmenge wird der Querschnitt verengt. Die Anströmgeschwindigkeit auf die Abgasturbine steigt und damit auch die Laderdrehzahl und der Ladedruck. Das Ansprechverhalten wird dadurch verbessert.
Mit steigender Motordrehzahl wird für die größere Abgasmenge der Querschnitt vergrößert (vgl. Ladedruckregelung).

Elektrischer Turbolader (ETL)

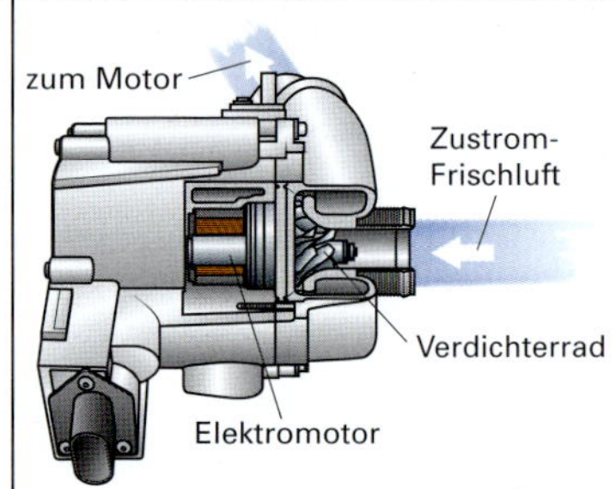

Anstelle der Abgasturbine treibt ein Elektromotor (12 V oder 48 V) das Verdichterrad an. Der E-Lader ist bei niederen Drehzahlen in Reihe mit dem Abgasturbolader geschaltet. Er sorgt für einen hohen Ladedruck ab Leerlaufdrehzahl und gleicht das „Turboloch" des Abgasturboladers aus.

Kompressor (Rootslader, RL)

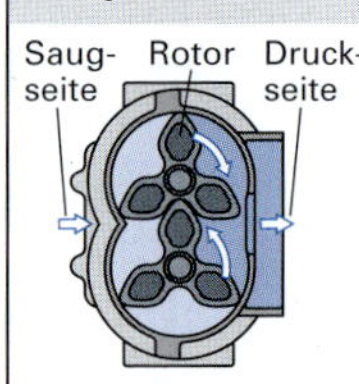

Die beiden meist dreiflügeligen Rotoren sind über ein Getriebe gekoppelt. Der Antrieb erfolgt von der Kurbelwelle über eine zwischengeschaltete Magnetkupplung.

Ladedruckregelung

Pneumatische Ladedruckregelung

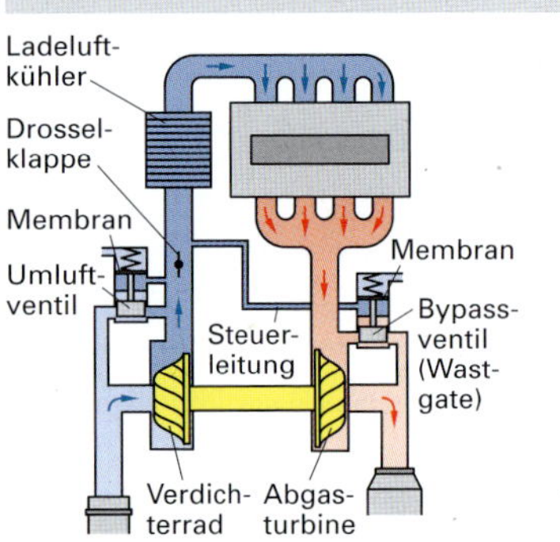

Ladedruckbegrenzung:
Der Druck der Ladeluft (Ladedruck) wirkt über die Steuerleitung auf die Membran im Bypassventil (Wastegate). Beim vorgegebenen maximalen Ladedruck ist die Druckkraft auf die Membran im Bypassventil größer als die Federkraft. Das Ventil öffnet und der Abgasstrom wird teilweise an der Abgasturbine vorbeigeleitet, sodass die Drehzahl der Abgasturbine und damit der Ladedruck nicht weiter ansteigen.

Umluftsteuerung bei Otto-Motoren:
Beim Schließen der Drosselklappe steigt kurzzeitig der Druck im Ansaugrohr zwischen Verdichterrad und Drosselklappe. Dadurch wird das Umluftventil geöffnet. Dies verhindert, dass der Lader stark abgebremst wird und beim erneuten Öffnen der Drosselklappen steht sofort Ladedruck zur Verfügung.

Ladedruckregelung beim VTG-Lader

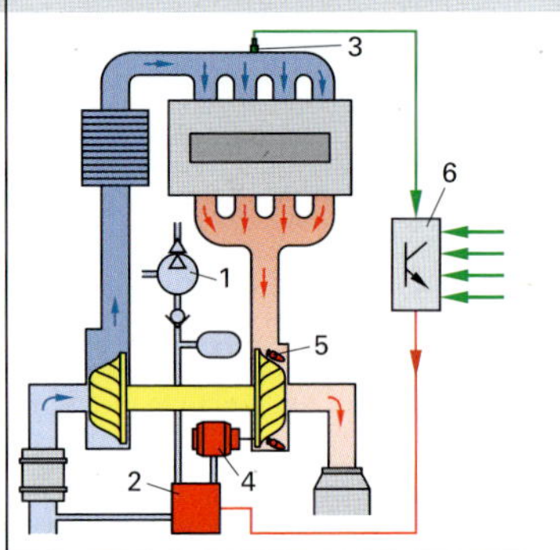

Beim VTG-Lader wird die Laderdrehzahl und damit der Ladedruck durch Verstellen der Leitschaufeln geregelt.
Bei konstanter Abgasmenge gilt:
Kleiner Querschnitt → hoher Druck
Großer Querschnitt → niedriger Druck

Elektropneumatische Verstellung:
Der elektropneumatische Druckwandler (2) erzeugt aus dem Unterdruck der Vakuumpumpe (1) abhängig vom Ladedruck (3) und weiteren Betriebsdaten einen Steuerdruck. Dieser verstellt über die Unterdruckdose (4) und ein Gestänge die Leitschaufeln (5).

Elektrische Verstellung:
Ein direkt vom Steuergerät (6) angesteuerter Elektromotor mit Getriebe verstellt die Leitschaufeln über ein Gestänge.
Vorteil: Schnellere und genauere Verstellung der Leitschaufeln.

Elektronische Ladedruckregelung

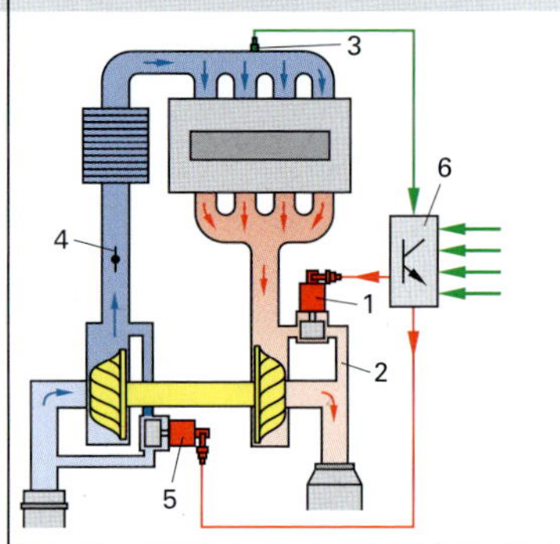

Ladedruckbegrenzung:
Das Motorsteuergerät (6) erfasst den Ladedruck (3) und alle weiteren für die Ladedruckregelung erforderlichen Betriebsdaten des Motors. Abhängig von hinterlegten Kennfeldern wird ein elektrischer Stellmotor (1) angesteuert. Dieser öffnet und schließt stufenlos die Bypassleitung (2) und begrenzt dadurch den vorgegebenen Ladedruck.

Umluftsteuerung bei Otto-Motoren:
(vgl. pneumatische Ladedruckregelung)
Beim Schließen der Drosselklappe (4) wird kennfeldabhängig über einen Stellmotor das Umluftventil (5) angesteuert.

Vorteil der elektronischen Regelung:
Die Verstellung erfolgt kennfeldabhängig. Gegenüber der pneumatischen Regelung ist sie schneller und genauer.

4

Kombination von Ladern

Biturbo

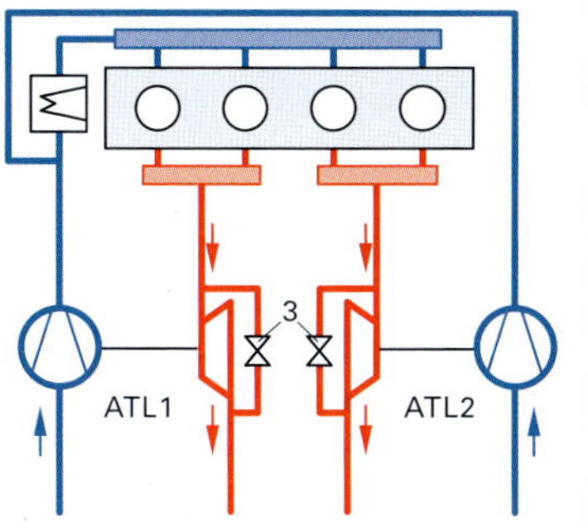

Anordnung und Funktion
Anstelle eines großen Abgasturboladers werden zwei kleine Lader (ATL1 und ATL2) jeweils von einer Zylindergruppe bzw. Zylinderbank (V-Motor, Boxermotoren) angetrieben. Beide Lader arbeiten immer parallel.
Zur Ladedruckregelung hat jeder Lader ein Bypassventil (3).

Vorteile
- Die Abgasführung ist mit zwei Ladern z. B. bei V-Motoren weniger aufwendig.
- Durch das geringere Trägheitsmoment der Lader werden das Ansprechverhalten sowie der Wirkungsgrad des gesamten Systems verbessert.

Sequenzieller Biturbo

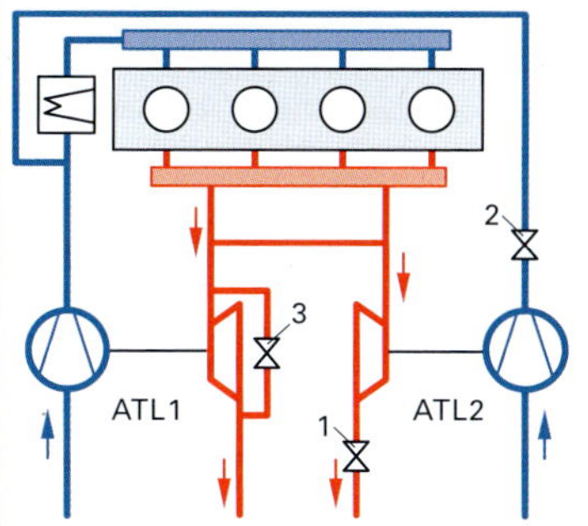

Anordnung und Funktion
Zwei Abgasturbolader (ATL1 und ATL2) sind parallel an das gemeinsame Abgasrohr angeschlossen.
Durch das Abgassteuerventil (1) und das Ansaugluftsteuerventil (2) wird die zweite Turbine (ATL2) erst bei entsprechendem Leistungsbedarf zugeschaltet. Über das Bypassventil (3) wird der Ladedruck geregelt.

Vorteile
- Bei niedrigen Drehzahlen wird hoher Ladedruck schneller aufgebaut.
- Im oberen Drehzahlbereich steht die Fördermenge beider Lader zur Verfügung.

Stufenaufladung

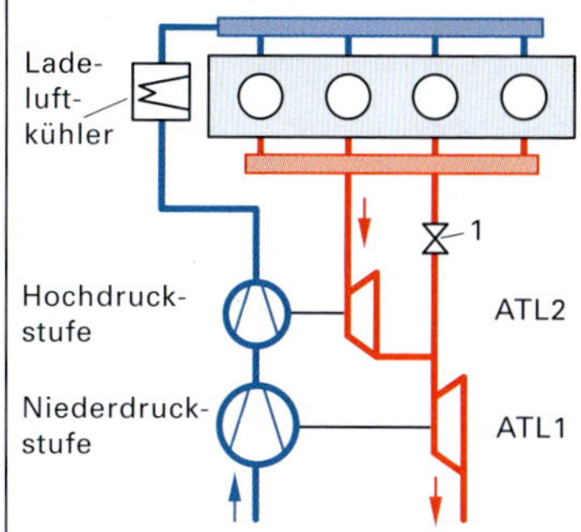

Anordnung und Funktion
Zwei Abgasturbolader sind in Reihe geschaltet und erzeugen gemeinsam in zwei Stufen den Ladedruck.
Niederdruckstufe = ATL1
Hochdruckstufe = ATL2
Zur Ladedruckregelung wird das Abgas durch das Regelventil (1) teilweise am Hochdrucklader vorbeigeleitet.

Vorteil
- Hoher Ladedruck im mittleren und oberen Drehzahlbereich und damit hohes Drehmoment im mittleren Drehzahlbereich und hohe Motorleistung.

Registeraufladung (Variante 1)
(2 Abgasturbolader in Reihe)

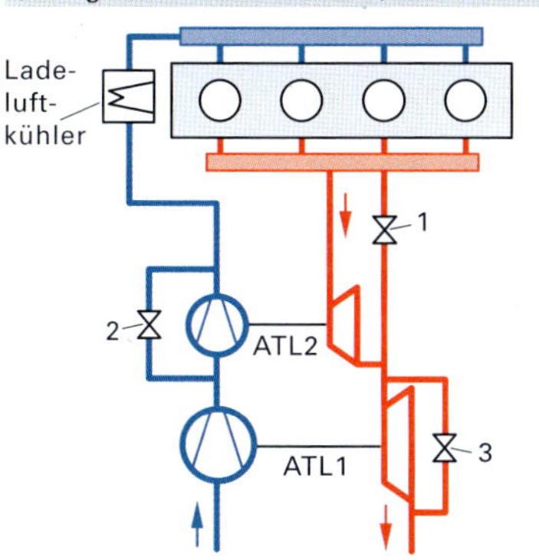

Anordnung und Funktion
Ein kleiner Abgasturbolader (ATL2) und ein großer Abgasturbolader (ATL1) sind in Reihe geschaltet.
Niedrige Drehzahl: das Regelventil (1) ist geschlossen, der Ladedruck wird vorwiegend von ATL2 erzeugt.
Mittlere Drehzahl: das Regelventil (1) ist teilweise geöffnet, der Ladedruck wird von ATL1 + ATL2 erzeugt.
Hohe Drehzahl: Der Verdichterbypass (2) und das Regelventil (1) sind voll geöffnet, nur ATL1 erzeugt den Ladedruck.
Ladedruckregelung über Bypass (3).

Vorteile
- Bei niedrigen Drehzahlen wird durch den kleinen Abgasturbolader (ATL2) hoher Ladedruck schnell aufgebaut.
- Im oberen Drehzahlbereich sorgt der große Lader (ATL1) für hohen Ladedruck.

Registeraufladung (Variante 2)
(ETL oder RL + ATL in Reihe)

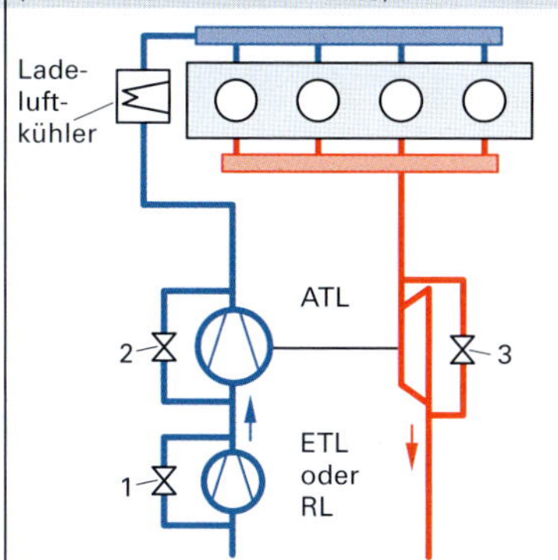

Anordnung und Funktion
Ein elektrischer Turbolader (ETL) oder ein Kompressor (RL) und ein Abgasturbolader (ATL) sind in Reihe geschaltet und erzeugen bei niederer Motordrehzahl gemeinsam den Ladedruck. Bei höherer Motordrehzahl werden der elektrische Turbolader (ETL) bzw. der Kompressor (RL) durch die Regelklappe (1) umgangen und abgeschaltet.
Das Umluftventil (2) hält den Turbolader beim Schließen der Drosselklappe auf Drehzahl (vgl. S. 146 Umluftsteuerung).
Verwendung bei Otto-Motoren.
Ladedruckregelung über Bypass (3).

Vorteile
- Der ETL bzw. der RL liefert ab Leerlaufdrehzahl einen hohen Ladedruck.
- Bei hoher Drehzahl erzeugt der ATL alleine hohen Ladedruck.

Stufen- und Registeraufladung
(2 VTG-Lader parallel + 1 ATL in Reihe)

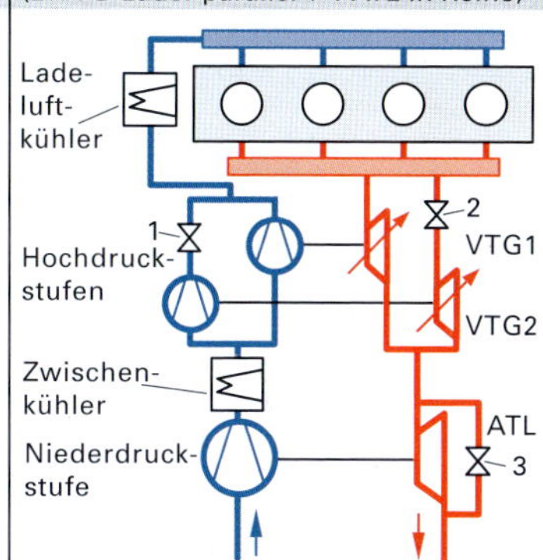

Anordnung und Funktion
Ein (teilweise auch zwei parallel geschaltete) Abgasturbolader (ATL) und zwei parallel arbeitende VTG-Lader (VTG1 und VTG2) sind in Reihe angeordnet. Bis zu mittleren Motordrehzahlen sind die Regelventile (1) und (2) geschlossen. Der Ladedruck wird durch ATL + VTG1 erzeugt. Bei hoher Motordrehzahl wird VTG2 durch Öffnen der Regelventile (1) und (2) dazu geschaltet.
Die Ladedruckregelung erfolgt durch Verstellen der Leitschaufeln in VTG1 und VTG2 und über Bypass (3).

Vorteile
- Bei niederen Motordrehzahlen wird durch einen kleinen VTG-Lader schnell hoher Ladedruck aufgebaut.
- Die 2-stufige Aufladung bei hohen Drehzahlen ergibt ein hohe Motorleistung.

Gleitlager

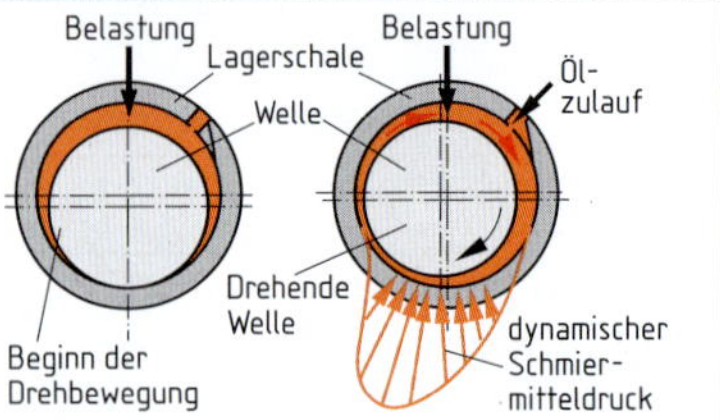

Reibungsarten

- *Festkörperreibung* (trockene Reibung): Die beiden aufeinander gleitenden Körper, z. B. Welle und Lager berühren sich. Es entstehen hoher Verschleiß und hohe Temperaturen.
- *Flüssigkeitsreibung:* Die beiden Körper berühren sich nicht, sie sind durch das Schmiermittel vollständig getrennt.
- *Mischreibung:* Es hat sich noch kein zusammenhängender Schmierfilm gebildet, es treten beide Reibungsarten auf.

Hydrodynamische Schmierung (Beispiel Welle und Lager): Zu Beginn der Drehbewegung sind Welle und Lager noch nicht vollständig getrennt (Mischreibung). Mit zunehmender Drehbewegung hebt das von der Welle mitgenommene Schmieröl die Welle vom Lager ab, es bildet sich ein Schmierölkeil (Flüssigkeitsreibung).
Voraussetzung für eine funktionierende hydrodynamische Schmierung ist eine auf die Belastungskraft abgestimmte Lagergröße und ein auf die Ölviskosität abgestimmtes Lagerspiel.

Druckumlaufschmierung

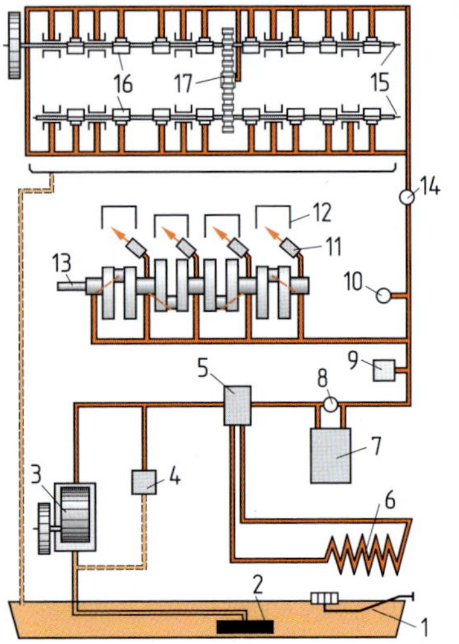

Bauteile

1 Ölstandsgeber	11 Ventil für Kolbenkühlung
2 Ölsieb	12 Kolben
3 Ölpumpe	13 Kurbelwelle
4 Überdruckventil	14 Rückschlagventil
5 Öl-Thermostat	15 Nockenwelle
6 Ölkühler	16 Tassenstößel
7 Ölfilter	17 Kettenspanner
8 Umgehungsventil	
9 Öldruckgeber	
10 Öltemperaturgeber	

Wirkungsweise

Die Ölpumpe (3) saugt das Schmieröl über das Ölsieb (2) aus der Ölwanne an.
Das Überdruckventil (4) begrenzt den Öldruck je nach Fahrzeug auf 3 … 6 bar.
Reicht die Wärmeabfuhr über die Ölwanne nicht aus, ist in den Ölkreis ein Ölkühler (6) integriert. Häufig über einen Thermostat (5) gesteuert, strömt das Öl über einen Öl-Luft-Kühler (6) oder einen Öl-Kühlmittel-Kühler.
Der im Hauptstrom angeordnete Ölfilter (7) muss mit einem Umgehungsventil (8) ausgestattet sein, das bei verstopftem Filter die Ölversorgung des Motors sichert.
Der Öldruckgeber (9) sitzt im Hauptstrom vor den Schmierstellen der Kurbelwelle.

Bei thermisch hochbelasteten Motoren wird über ein Ventil (11) Öl an den Kolbenboden oder in den Kühlkanal des Kolbens gespritzt.
Über Kanäle werden die Lagerstellen im Zylinderkopf (15), der Ventiltrieb (16) und der Kettenspanner (17) versorgt.
Das Öl-Rückschlagventil (14) verhindert ein Leerlaufen der Kanäle nach dem Abstellen des Motors.
Der Öltemperaturgeber (10) sitzt im Ölkanal oder in der Ölwanne.
Von den Schmierstellen läuft das Öl in die Ölwanne zurück.

Trockensumpfschmierung
Das in die Ölwanne zurückfließende Öl wird von einer Saugpumpe (etwas größeres Fördervolumen als die Druckpumpe) in einen gesonderten Behälter gefördert. Von dort pumpt die Druckölpumpe das Öl zu den Schmierstellen (Rennsportfahrzeuge, z. T. Motorräder).

Ölwechsel abhängig von der Laufleistung und den Betriebsdaten:

Pkw	10 000 … 60 000 km
Nkw	70 000 … 100 000 km

Fördermenge der Ölpumpe

Leerlauf	ca. 2-mal pro Minute
Höchstdrehzahl	bis 10-mal pro Minute

Ölpumpen

Außenzahnradpumpe

Auf der Saugseite laufen die Zähne aus den Zahnlücken. Durch die Volumenvergrößerung entsteht ein Unterdruck. Die Zahnlücken füllen sich mit Öl und fördern es zwischen Zahnrad und Pumpengehäuse zur Druckseite. Dort drückt die gegenläufige Verzahnung das Öl aus der Zahnlücke.

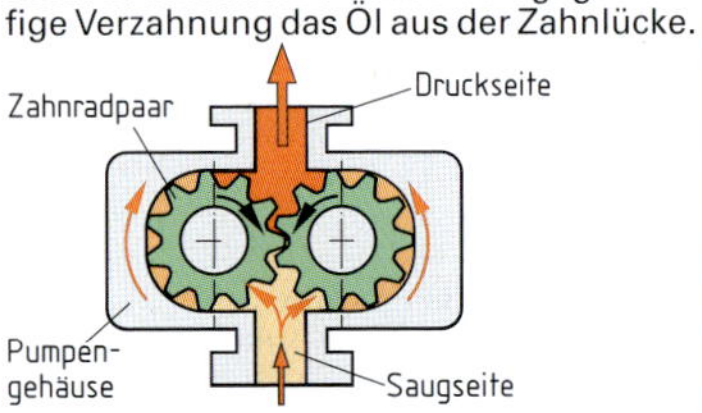

Innenzahnradpumpe (Sichelpumpe)

Der Unterschied zur Außenzahnradpumpe besteht darin, dass das Öl hier zwischen Außenrad bzw. Innenrad und Sichel zur Druckseite transportiert wird.
Das Innenrad sitzt meist direkt auf der Kurbelwelle.

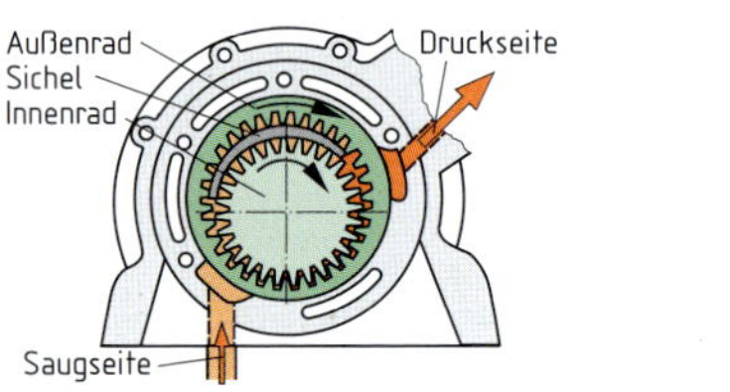

Rotorpumpe

Der mit der Antriebswelle verbundene Innenrotor hat einen Zahn weniger als der Außenrotor. Drehen sich Innenrotor und der von ihm angetriebene Außenrotor, so bilden sich vergrößernde (Saugseite) und verkleinernde (Druckseite) Räume.

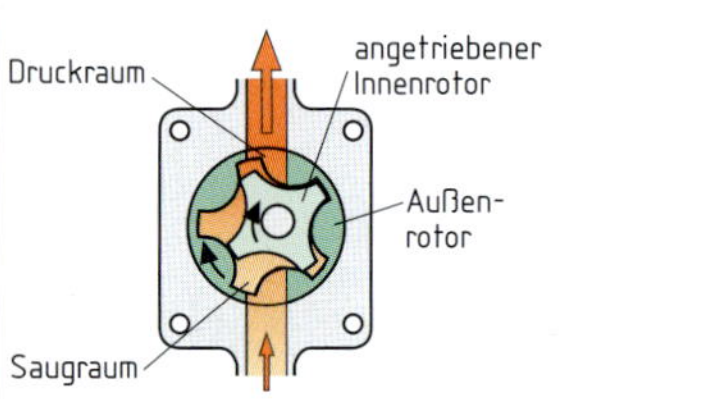

Pendelschieberzellenpumpe (regelbare Ölpumpe)

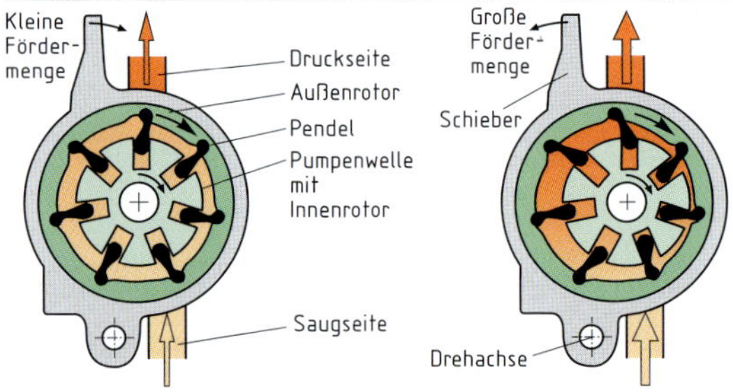

Durch die Pendel werden Zellen zwischen Innenrotor und Außenrotor gebildet. Dreht sich der Rotor mit den Pendeln, wird Öl von der Saug- zur Druckseite gefördert. Die Fördermenge hängt von der Volumenveränderung der Zellen ab. Ändert man die Lage des Innenrotors zum Außenrotor, indem man den Schieber um die Drehachse schwenkt, ändert sich die Fördermenge.
Bauarten:

- Pendelschieberzellenpumpe, Außenrotor mitdrehend
- Flügelzellenpumpe, Außenring oder Stellring nicht mitdrehend

Regelung: Direkt über den Öldruck oder elektrohydraulisch über das Steuergerät.

4

Pumpenumlaufkühlung, Grundlagen

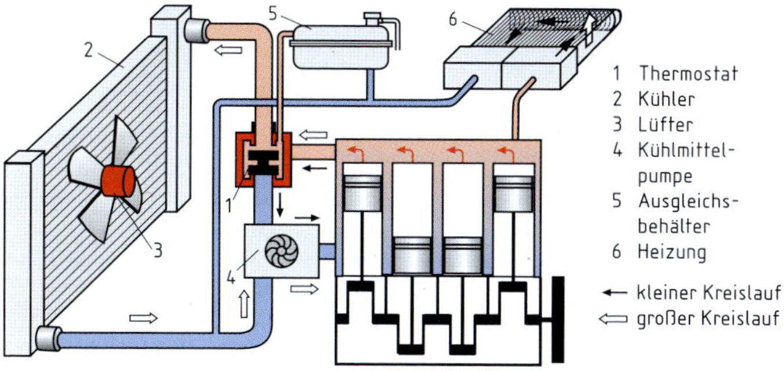

Aufgaben

- Begrenzt Höchsttemperatur der Bauteile, dazu müssen 20 ... 35 % der Verbrennungswärme über das Kühlsystem abgeführt werden (vgl. Motorkühlung S. 38)
- Reduziert die Klopfneigung
- Sorgt für schnelles Erreichen der Betriebstemperatur
- Regelt die Betriebstemperatur
- Kühlt Motoröl, Getriebeöl, Generator, rückgeführtes Abgas, Ladeluft
- Liefert Wärme für die Innenraumheizung

Funktionsweise

Die von der Kühlmittelpumpe umgewälzte Kühlflüssigkeit nimmt die Wärme von den Bauteilen auf und gibt sie über den Kühler an die Umgebungsluft ab. Der Thermostat steuert die über den Kühler fließende Kühlflüssigkeitsmenge.

Temperaturregelung (Beispiel: Dehnstoffthermostat)

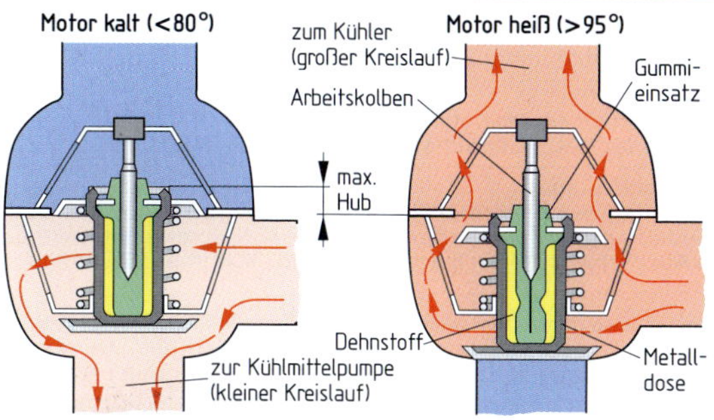

- *Motortemperatur kleiner ca. 80 °C* (kleiner Kreislauf): Der Thermostat schließt den großen Kreislauf über den Kühler.
- *Motortemperatur zwischen ca. 80 °C und 95 °C*: Der Thermostat leitet je nach Temperatur einen Teil der Kühlflüssigkeit über den Kühler (Mischkreislauf).
- *Motortemperatur größer ca. 95 °C* (großer Kreislauf): Der Thermostat leitet die ganze Kühlflüssigkeit über den Kühler. Zusätzlich wird noch der Lüfter zugeschaltet.

Funktionsweise des Dehnstoffthermostats

Eine dicht abgeschlossene Metalldose ist mit wachsartigem Dehnstoff gefüllt. Der Dehnstoff schmilzt im Regelbereich und dehnt sich dabei stark aus. Beim Erreichen der vorgegebenen Kühlflüssigkeitstemperatur drückt der Dehnstoff gegen den Gummieinsatz und schiebt den Arbeitskolben aus der Metalldose. Dieser stützt sich gegen das Gehäuse ab und drückt die Metalldose mit den beiden Ventilplatten nach unten. Der kleine Kreislauf wird geschlossen, der große Kreislauf wird geöffnet.

4

Kennfeldgesteuertes Kühlsystem

Kennfeldthermostat

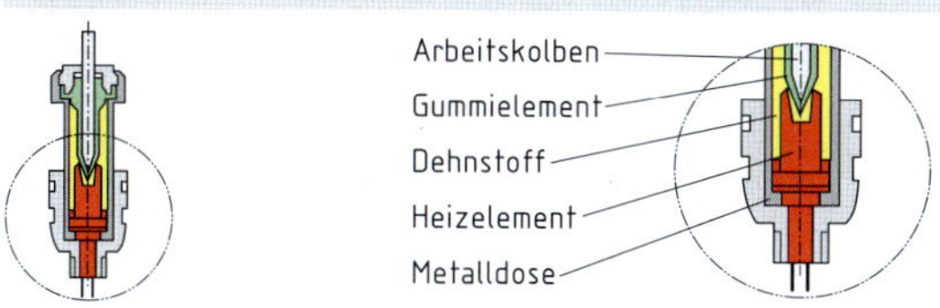

Ohne Heizung öffnet der Thermostat bei ca. 110 °C. Über einen Heizwiderstand, der pulsweitenmoduliert vom Steuergerät angesteuert wird, kann der Dehnstoff zusätzlich erwärmt werden und öffnet kennfeldabhängig früher bei ca. 85 °C.

- *hohe Kühlmitteltemperatur* (im Teillastbereich):
  Schadstoffausstoß und Verbrauch werden reduziert.
  Die Innenraumheizung wird verbessert.
- *niedere Kühlmitteltemperatur* (im Volllastbereich):
  Die Füllung und damit die Motorleistung wird verbessert.
  Die Klopfneigung wird reduziert.

Systemübersicht

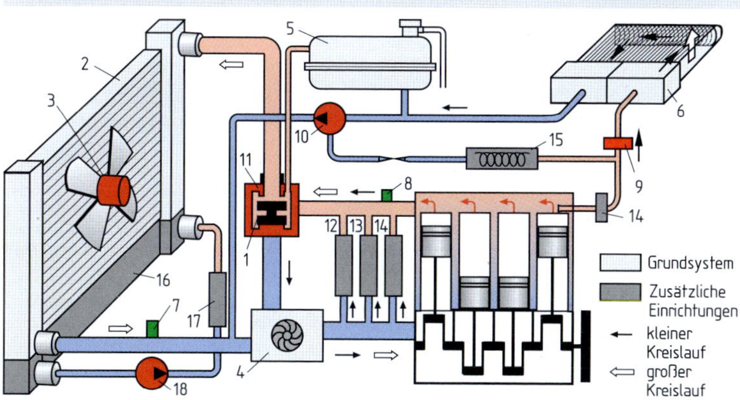

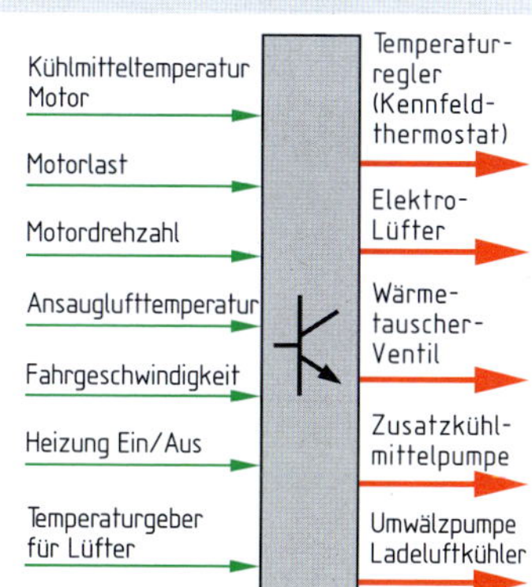

Bauteile 1 ... 6, vgl. Abb. oben
7 Temperaturgeber für Lüfter
8 Temperaturgeber Kühlmitteltemperatur
9 Wärmetauscherventil
10 Zusatzkühlmittelpumpe
11 Kennfeldthermostat
12 Generatorkühlung
13 Kühler für Motor- und Getriebeöl
14 Abgasrückführkühler
15 Scheibenwaschwasserheizung
16 Niedertemperaturkühler
17 Ladeluftkühler
18 Umwälzpumpe Ladeluftkühler

Temperaturregelung (Thermomanagement) kennfeldabhängig durch Drehschieber

Grundprinzip (Beispiel)

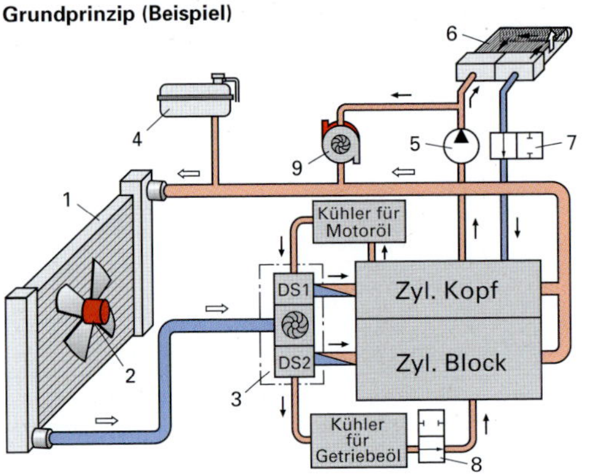

1 Kühler
2 Lüfter
3 Kühlmittelpumpe mit Stellelementen für Motortemperaturregelung
4 Ausgleichsbehälter
5 Elektrische Kühlmittelpumpe
6 Heizungswärmetauscher
7 Absperrventil für Klimaautomatik
8 Kühlmittelventil für Getriebe
9 Abgasturbolader

Aufgaben

- Schnellaufheizung des Motors,
- Verbrauchsreduzierung durch eine schnelle, thermodynamisch optimale Motortemperaturregelung,
- Erhöhung des Klimakomforts, bei Bedarf schnelle Aufheizung des Fahrzeuginnenraums,
- Temperatur von Bauteilen unabhängig vom Betriebszustand und den Umgebungsbedingungen möglichst konstant halten, z. B. Getriebeöltemperierung mit Kühlmittel.

Wirkungsweise

Der Kühlmittelfluss durch den Zylinderkopf und den Zylinderblock wird durch zwei Drehschieber (**DS1** und **DS2**) getrennt kennfeldabhängig beeinflusst. Die Drehschieber werden über einen durch PWM-Signal angesteuerten Elektromotor verstellt.
Die genauen Positionen der Drehschieber werden durch Drehwinkelsensoren erfasst und als digitales Spannungssignal dem Motorsteuergerät gemeldet. Die Position der Drehschieber kann als Istwert mittels Fahrzeugdiagnosetester ausgelesen werden.

Die elektrische Kühlmittelpumpe (5) fördert bei geöffnetem Absperrventil (7) für die Klimaautomatik Kühlmittel vom Zylinderkopf vorwiegend durch den Heizungswärmetauscher (6). Nach dem Abstellen des Motors kann bei geschlossenem Absperrventil (7) durch die Kühlmittelpumpe (5) der Abgasturbolader gekühlt werden.

Durch das Öffnen des Kühlmittelventils für die Getriebeölheizung/Kühlung (8) fließt Kühlmittel durch den Getriebeölkühler.

Kühlmitteltemperaturregelung (Beispiel)

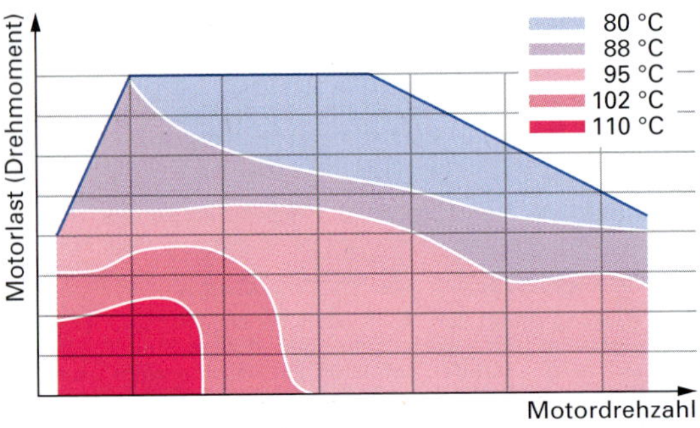

Ansteuerstrategie

Aufheizung des Motors: **DS1** und **DS2** schließen den Zulauf zum Zylinderkopf und Zylinderblock bis ca. 90 °C Kühlmitteltemperatur. Das Absperrventil (7) ist geschlossen und die Pumpe (5) wird nicht angesteuert.

Autarke Heizung: Das Absperrventil für Kühlmittel der Klimaautomatik (7) und die Pumpe (5) werden aktiviert, Kühlmittel strömt durch den Zylinderkopf und durch den Heizungswärmetauscher (6).

Warmlauf/Motorölkühler zuschalten: **DS1** öffnet den Kreislauf Zylinderkopf – Motorölkühler. **DS2** öffnet langsam den Kühlmitteldurchfluss durch den Motorblock.

Temperaturregelung über Hauptwasserkühler: Bei geringen Drehzahlen und Lasten wird die Kühlmitteltemperatur für minimale Motorreibung auf 110 °C eingeregelt und mit steigender Last und Drehzahl auf 80 °C abgesenkt. Dazu werden **DS1** und **DS2** entsprechend des Kühlbedarfs eingestellt.

Getriebeöl heizen: Bei warmem Verbrennungsmotor (80 °C ohne Heizung, 97 °C mit Heizung) wird das Kühlmittelventil (8) geöffnet, um das Getriebeöl aufzuheizen.

Elektrische Kühlmittelpumpe, Lüfterantrieb

Kühlmittelpumpe

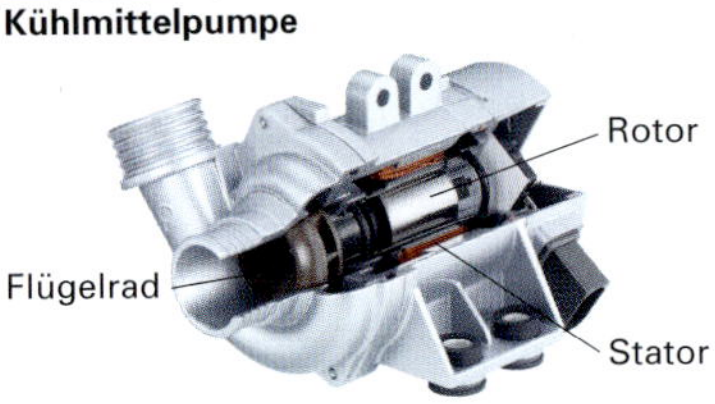

Hydrodynamischer Lüfter

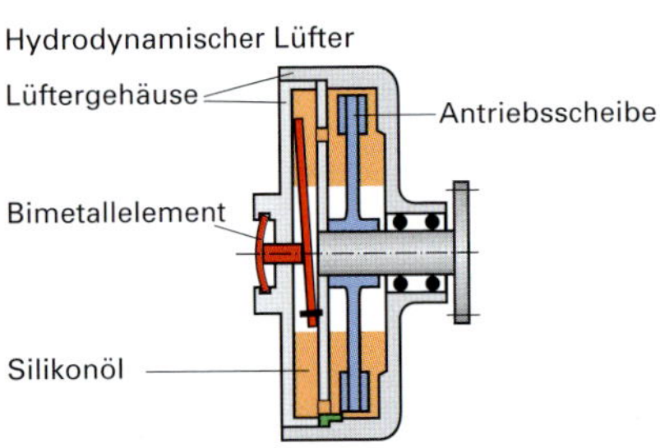

Elektrische Kühlmittelpumpe

Eine permanent vom Motor angetriebene Pumpe muss so ausgelegt sein, dass sie auch bei geringer Motordrehzahl und hoher Außentemperatur für genügend Kühlmittelumlauf sorgt. Bei hoher Motordrehzahl wird daher eine unnötig hohe Pumpleistung erbracht.
Die Drehzahl bzw. Pumpleistung der elektrischen Kühlmittelpumpe wird vom Motorsteuergerät bedarfsgerecht geregelt. Der Kraftstoffverbrauch des Motors kann dadurch verringert werden.
Nach dem Abstellen des Motors kann die Pumpe bei Bedarf z. B. zum Nachkühlen des Turboladers eingeschaltet werden.

Elektrisch angetriebener Lüfter

Die Ansteuerung erfolgt vom Motorsteuergerät in Stufen oder stufenlos über ein PWM-Signal. Nach dem Abstellen des Motors kann bei Bedarf der Lüfter eingeschaltet werden, um hohe Temperaturen im Motorraum und damit Dampfblasenbildung im Kraftstoffsystem zu vermeiden.
Bei älteren Fahrzeugen schaltet ein Thermoschalter den Lüfter bei festgelegten Temperaturen ein und aus. Der Thermoschalter befindet sich im Rücklauf der Kühlflüssigkeit.

Hydrodynamischer Lüfter (Visco-Lüfter)

Die von der Kurbelwelle angetriebene Antriebsscheibe ist drehbar im Lüftergehäuse gelagert. Durch Silikonöl im Gehäuse wird dieses von der Antriebsscheibe mitgenommen.
Ein von der Warmluft angeströmtes Bimetallelement steuert die Silikonölmenge im Gehäuse und damit die Lüfterdrehzahl. Sie variiert je nach Kühlmitteltemperatur zwischen 15 % und 95 % der Antriebsdrehzahl. Anwendung bei Nfz.

Fehlersuchplan/Flussdiagramm

Diagnose- und Instandsetzungsablauf (Beispiel: Im Display wird angezeigt „Kühlmitteltemperatur zu hoch")

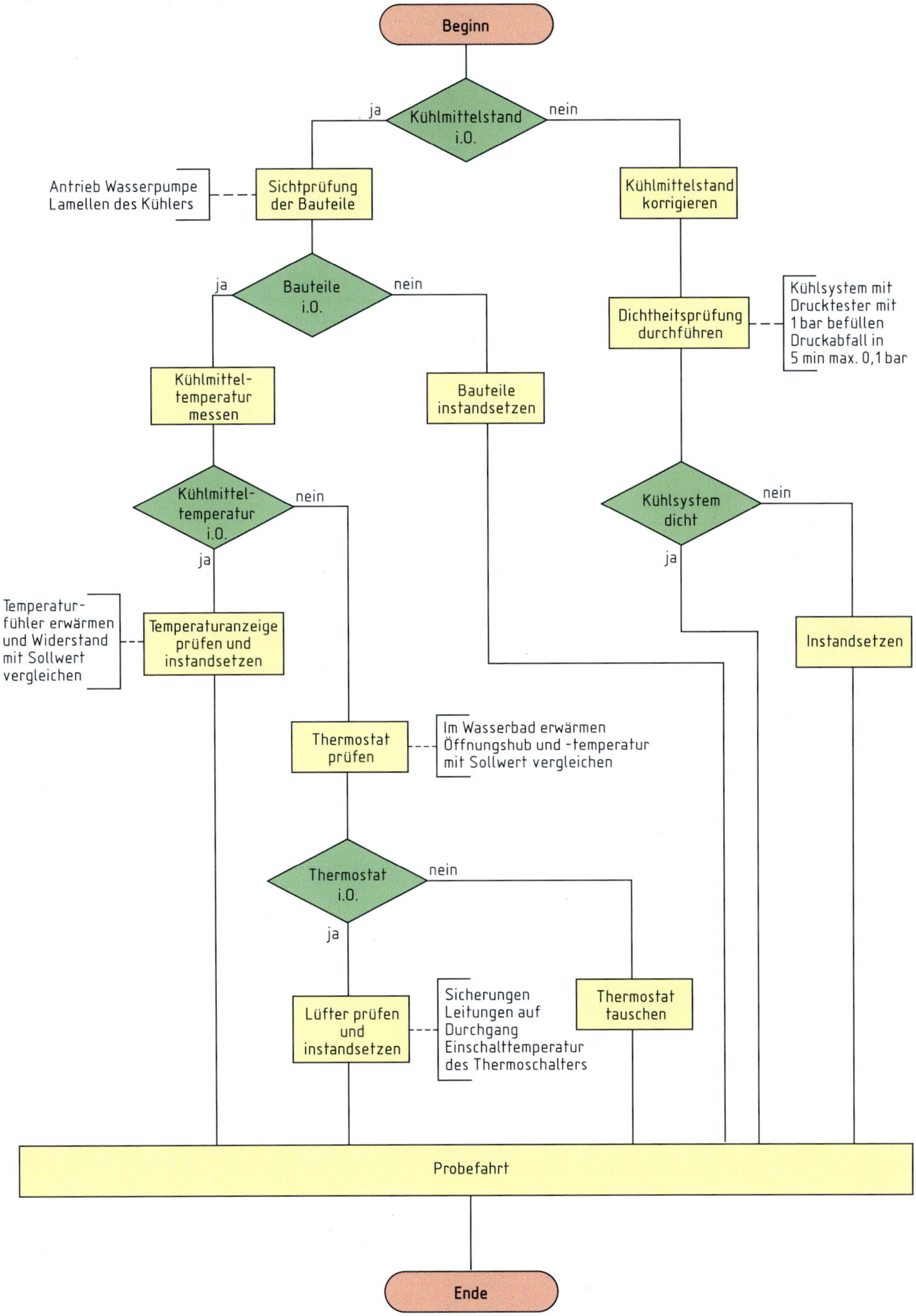

Mischungsverhältnis, Luftverhältnis

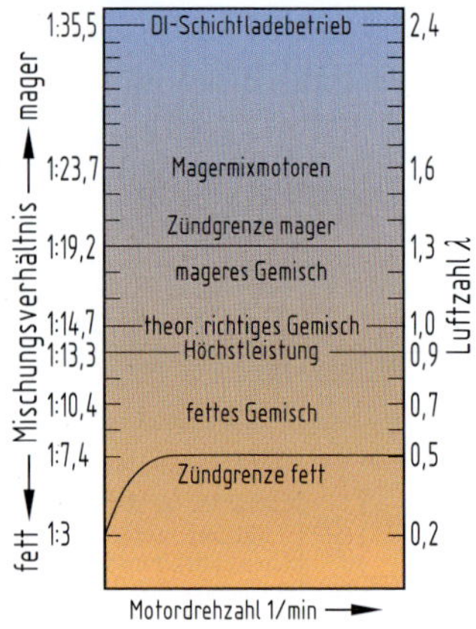

Zusammenhang zwischen Luftverhältnis und spezifischem Kraftstoffverbrauch bzw. Motordrehmoment

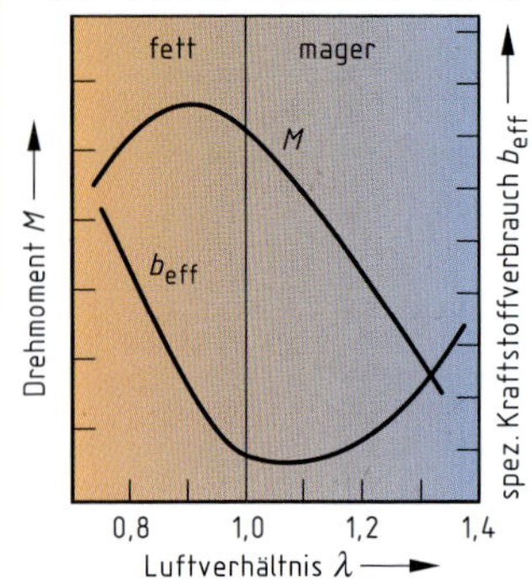

Theoretischer Luftbedarf
in kg Luft/kg Kraftstoff

Ottokraftstoff, Super nach EN 228	
• 0% Ethanol (min)	≈ 14,7 kg/kg
• 5% Ethanol (max)	≈ 14,4 kg/kg
Super E10 (10% Ethanol)	≈ 14,1 kg/kg
Ethanol	≈ 9,0 kg/kg
Dieselkraftstoff	≈ 14,5 kg/kg
Autogas	≈ 15,5 kg/kg
Erdgas (H)	≈ 16,1 ... 16,9 kg/kg

λ-Werte

• Ottomotor, Volllast	0,85 ... 0,95
Leerlauf, Teillast	1 (geregelt)
• Otto-DI, homogen	1 (geregelt)
Schichtladebetrieb	1,5 ... 4,0
• Dieselmotor, Volllast	1,2 ... 1,6
Teillast	2,5 ... 3,0
Leerlauf	7,0 ... 20,0

Zündgrenzen

In Vol.-% Gas in Luft	untere	obere
Ottokraftstoff	0,6	8,0
Dieselkraftstoff	0,6	7,5
Ethanol	3,5	15,0
Autogas	1,5	15,0
Erdgas (H)	4,0	16,2

Fachbegriffe	Erklärung
Äußere Gemischbildung	Bei der äußeren Gemischbildung wird der Kraftstoff ins Sammelsaugrohr oder in den Einlasskanal eingespritzt. Die Vermischung des Kraftstoffs mit der Verbrennungsluft beginnt somit schon außerhalb des Brennraums. Anwendung: Ottomotor mit Saugrohreinspritzung, Vergaser
Innere Gemischbildung	Bei der inneren Gemischbildung wird der Kraftstoff direkt in den Brennraum eingespritzt. Die Vermischung des Kraftstoffs mit der Verbrennungsluft erfolgt somit erst innerhalb des Brennraums. Anwendung: Ottomotor mit Direkteinspritzung, (Dieselmotor)
Mischungsverhältnis	Das Mischungsverhältnis gibt an, wie viel kg Luft zur Verbrennung von 1 kg Kraftstoff vorhanden ist. Beispiel: Zur vollständigen Verbrennung von 1 kg Ottokraftstoff sind 14,7 kg Luft notwendig. Rechnet man das Mischungsverhältnis auf das Volumen der Stoffe um, so sind zur Verbrennung von 1 Liter Ottokraftstoff (Kraftstoffdichte 0,75 kg/dm^3) ca. 8500 Liter (8,5 m^3) Luft notwendig. Das Mischungsverhältnis zur vollständigen Verbrennung des Kraftstoffs nennt man *stöchiometrisches Verhältnis*.
Luftverhältnis λ **Luftzahl**	Das Luftverhältnis λ (Lambda) ist das Verhältnis von tatsächlich zugeführter Luftmasse zu theoretisch benötigter Luftmasse (theoretischer Luftbedarf). $\text{Luftverhältnis } \lambda = \frac{\text{tatsächlich zugeführte Luftmasse}}{\text{theoretisch benötigte Luftmasse}}$
Stöchiometrisches Verhältnis **λ = 1**	Die tatsächlich zugeführte Luftmasse entspricht der zur vollständigen Verbrennung theoretisch benötigten Luftmasse. Die erforderliche Luftmasse für die vollständige Verbrennung des Kraftstoffs (theoretischer Luftbedarf) lässt sich nach dem stöchiometrischen Gesetz aus den chemischen Reaktionsgleichungen ausrechnen. Der theoretische Luftbedarf für Ottokraftstoff liegt bei 14,7 kg Luft pro kg Kraftstoff. Der 3-Wege-Katalysator hat beim Betrieb mit λ = 1 den besten Wirkungsgrad.
Mageres Gemisch **λ > 1**	Im Brennraum herrscht Luftüberschuss. Die tatsächlich zugeführte Luftmasse ist größer als die theoretisch benötigte Luftmasse. Bei λ ≈ 1,1 ist der spezifische Kraftstoffverbrauch (b_{eff}) des Ottomotors am geringsten. (vgl. Abbildung links)
Fettes Gemisch **λ < 1**	Im Brennraum herrscht Luftmangel. Die tatsächlich zugeführte Luftmasse ist kleiner als die theoretisch benötigte Luftmasse. Bei λ = 0,85 ... 0,95 gibt der Ottomotor sein größtes Drehmoment (*M*) bzw. seine größte Leistung ab. (vgl. Abbildung links)
Zündgrenzen (homogenes Gemisch)	Je fetter bzw. magerer das Kraftstoff-Luft-Gemisch ist, desto schlechter lässt es sich zünden und umso langsamer brennt es durch. *Zündgrenze fett:* Bei λ unter 0,5 ist das Gemisch nicht mehr zündfähig. *Zündgrenze mager:* Bei λ über 1,4 ist ein Gemisch nur noch unter besonderen Bedingungen zündfähig, z. B. bei Ladungsschichtung.
Homogenes Gemisch	Das Mischungsverhältnis bzw. das Luftverhältnis ist an allen Stellen im Brennraum annähernd gleich groß. (homogen = gleichmäßig)
Heterogenes Gemisch	Der Kraftstoff ist im Brennraum nicht gleichmäßig verteilt. Dadurch ist das Mischungsverhältnis bzw. das Luftverhältnis uneinheitlich, z. B. bei der Benzindirekteinspritzung im Schichtladebetrieb: λ ≈ 1 an der Zündkerze, im restlichen Brennraum λ bis 4,0. (heterogen = nicht gleichmäßig, uneinheitlich)

Grundlagen

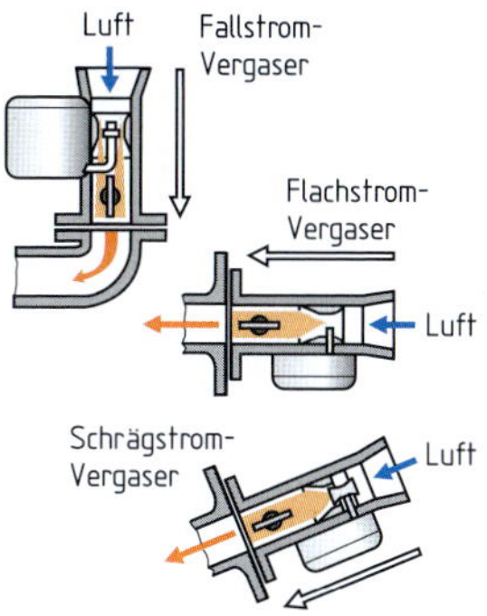

Aufgaben
Der Vergaser soll
- den Kraftstoffzulauf regeln
- ein zündfähiges Kraftstoff-Luft-Gemisch herstellen
  - den Kraftstoff zerstäuben
  - den Kraftstoff mit Luft mischen
- das richtige Mischungsverhältnis für den jeweiligen Betriebszustand liefern
- die in die Zylinder gelangende Gemischmenge steuern (Laststeuerung)

Aufbau
Die wesentlichen Bestandteile sind:
- Schwimmereinrichtung
- Hauptdüsensystem
- Leerlaufsystem mit Übergangseinrichtung
- Starteinrichtung
- Anreicherungseinrichtung
- Beschleunigungseinrichtung

Bauarten
Nach der *Strömungsrichtung*
- Fallstromvergaser
- Flachstromvergaser
- Schrägstromvergaser

Nach der *Anzahl der Mischkammern*
- Einfachvergaser:
  Eine Mischkammer, ein Saugrohr
- Stufen- oder Registervergaser:
  Zwei Mischkammern, die nacheinander öffnen (Stufen bzw. Register), ein gemeinsames Saugrohr
- Doppelvergaser: Zwei Mischkammern, die gleichzeitig öffnen; zwei Saugrohre
- Doppelregistervergaser: Kombination aus Doppel- und Registervergaser

Spezielle Vergaser
- Gleichdruckvergaser
- Schieber-(Kraftrad-)Vergaser

Schwimmereinrichtung

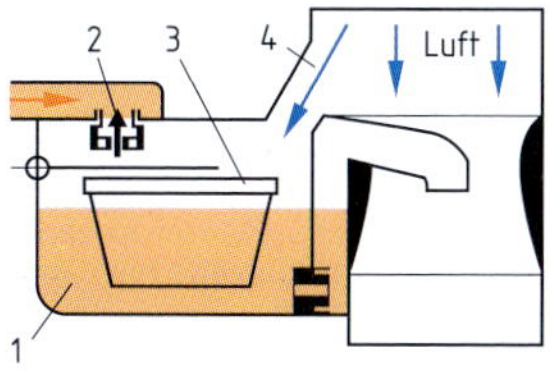

Aufgaben
Die Schwimmereinrichtung soll
- das Kraftstoffniveau in der Schwimmerkammer konstant halten
- die Schwimmerkammer belüften

Bauteile
1 Schwimmerkammer
2 Schwimmernadelventil
3 Schwimmer
4 Belüftung

Wirkungsweise
Sinkt der Kraftstoffstand in der Schwimmerkammer, öffnet das Schwimmernadelventil und es fließt so lange Kraftstoff nach, bis der Auftrieb des Schwimmers im Kraftstoff das Schwimmernadelventil auf seinen Sitz drückt. Dadurch wird der Zulauf wieder gesperrt.

Die Belüftung der Schwimmerkammer erfolgt über eine Bohrung in das Saugrohr.

Hauptdüsensystem

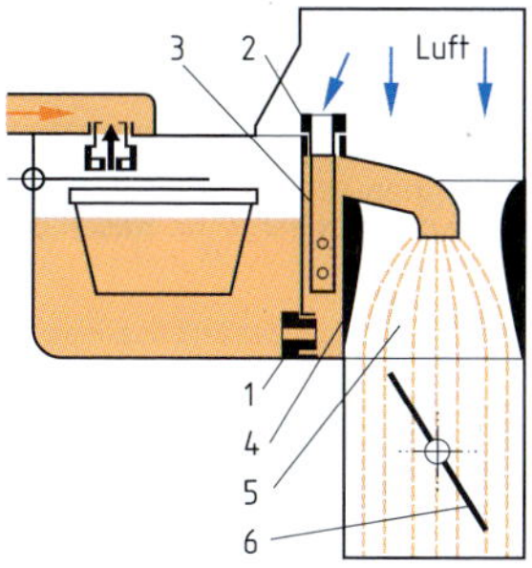

Aufgaben
Das Hauptdüsensystem soll
- den Kraftstoff ansaugen
- den Kraftstoff zerstäuben
- den Kraftstoff mit Luft mischen
- das richtige Mischungsverhältnis liefern

Bauteile
1 Hauptdüse
2 Luftkorrekturdüse
3 Mischrohr
4 Lufttrichter
5 Mischkammer
6 Drosselklappe

Lastbereiche
- *Leerlauf:* Drosselklappe bis auf einen Spalt geschlossen (Drosselklappenspalt)
- *Teillastbereich:* Drosselklappe teilweise geöffnet
- *Volllastbereich:* Drosselklappe voll geöffnet

Wirkungsweise
- *Gemischbildung:* Der Lufttrichter verengt den Durchflussquerschnitt. Dadurch vergrößert sich die Strömungsgeschwindigkeit und damit der Unterdruck im Lufttrichter. Kraftstoff wird über die Hauptdüse aus der Schwimmerkammer angesaugt und durch den Luftstrom zerstäubt. Die Durchflussmenge des Kraftstoffs wird durch die Hauptdüse begrenzt.
- *Luftkorrektur:* Mit zunehmendem Luftdurchsatz erhöht sich der Unterdruck mehr als die Strömungsgeschwindigkeit, sodass das Kraftstoff-Luft-Gemisch zu fett wird. Deshalb wird über die Luftkorrekturdüse und das Mischrohr dem Kraftstoff zusätzlich Luft beigemischt.
- *Laststeuerung:* Die den Zylindern zugeführte Gemischmenge wird durch die Drosselklappe dosiert (Quantitätssteuerung).

Leerlaufeinrichtung
mit Übergangseinrichtung

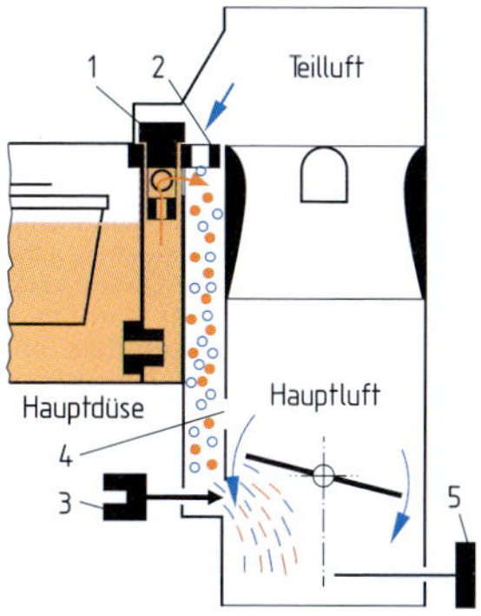

Aufgaben
Bei Leerlauf ist die Strömungsgeschwindigkeit zu klein, um Kraftstoff aus der Hauptdüse zu saugen. Die Leerlaufeinrichtung soll daher
- das richtige Leerlaufgemisch aufbereiten
- die Leerlaufdrehzahl sicherstellen
- den Übergang vom Leerlauf- auf das Hauptdüsensystem gewährleisten

Bauteile
1 Leerlauf-Kraftstoff-Düse
2 Leerlauf-Luft-Düse
3 Grundleerlauf-Gemischregulierschraube
4 Bypassbohrung
5 Anschlagschraube

Einstellung
Leerlaufgemisch (CO): An der Grundleerlauf-Gemischregulierschraube
Leerlaufdrehzahl: An der Anschlagschraube, bzw. bei Vergasern mit Umgemischsystem an der Umgemisch-Regulierschraube.

Wirkungsweise
Grundleerlauf: Leerlaufkraftstoff- und Leerlaufluftdüse bilden ein Vorgemisch, das zusammen mit der am Drosselklappenspalt einströmenden Luft das Leerlaufgrundgemisch bildet.

Umgemischsystem: Über einen zweiten Kanal mit Zusatzkraftstoff- und Zusatzluftdüse wird ein Zusatzgemisch mit konstantem Mischungsverhältnis dem Grundleerlauf zugeführt.

Übergangseinrichtung
Beim Öffnen der Drosselklappe aus der Leerlaufstellung ist der Unterdruck zu gering, um Kraftstoff aus dem Hauptdüsensystem anzusaugen. Über die Bypassbohrungen oberhalb der Leerlaufbohrungen wird deshalb beim Öffnen der Drosselklappe Kraftstoff aus dem Leerlaufsystem angesaugt.

4

Starteinrichtung

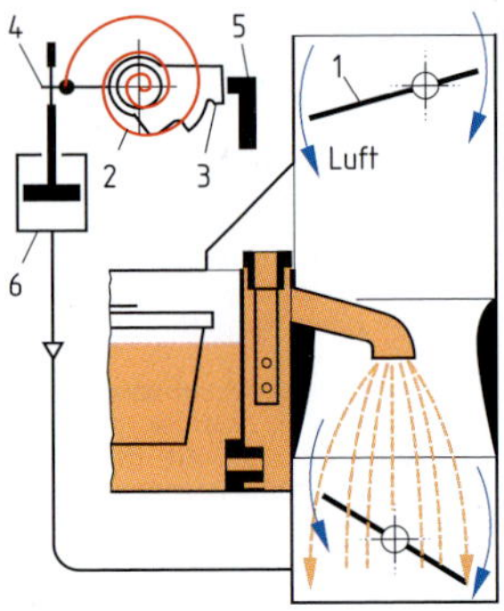

Aufgaben
Bei Startdrehzahl ist die Strömungsgeschwindigkeit sehr klein, sodass das Hauptdüsensystem und die Leerlaufeinrichtung nicht wirken. Außerdem vergast der angesaugte Kraftstoff nicht vollständig.
Die Starteinrichtung soll daher
- dem kalten Motor ein fetteres Kraftstoff-Luft-Gemisch zuführen
- während des Warmlaufens das Kaltstartgemisch langsam abmagern
- beim betriebswarmen Motor die Starteinrichtung ausschalten

Bauteile
1 Starterklappe
2 Bimetallfeder
3 Stufenscheibe
4 Mitnehmerhebel
5 Drosselklappenhebel
6 Pulldown

Ausführungen
- Tupfer (bei Schiebervergaser)
- Starterklappe
  – mit Starterzug/mit Startautomatik

Wirkungsweise
Starterklappe: Sperrt beim Start den Lufteintritt in die Mischkammer ab. Dadurch entsteht im Lufttrichter ein Unterdruck, der Kraftstoff aus der Hauptdüse saugt.

Startautomatik: Eine elektrisch bzw. durch Kühlwasser beheizte Bimetallfeder betätigt temperaturabhängig die Starterklappe. Beim Kaltstart sorgt die Stufenscheibe auf der Starterklappenwelle für eine Drehzahlerhöhung, indem sie über den Drosselklappenhebel die Drosselklappe leicht öffnet. Die Pulldown-Einrichtung öffnet nach dem Anspringen des Motors die Starterklappe auf ein bestimmtes Maß, um eine Überfettung zu verhindern.

Anreicherungseinrichtung

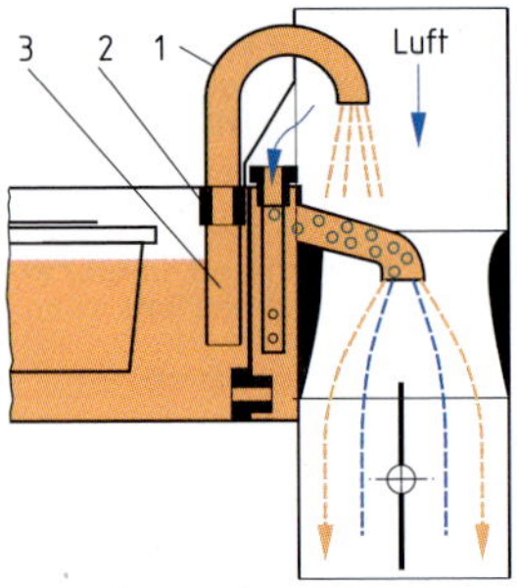

Aufgabe
Das Hauptdüsensystem ist meist auf den Teillastbetrieb ausgelegt. Daher muss bei Volllast und hohen Drehzahlen das Gemisch angereichert werden, um die größtmögliche Motorleistung zu erzielen.
Das Anreicherungssystem soll deshalb
- bei Volllast und hohen Drehzahlen zusätzlichen Kraftstoff der Mischkammer zuführen.

Bauteile
1 Anreicherungsrohr
2 Kalibrierdüse
3 Steigrohr

Wirkungsweise
Volllastanreicherung:
Das Anreicherungsrohr steht über das kalibrierte Steigrohr direkt mit der Schwimmerkammer in Verbindung und mündet oberhalb der Starterklappe in die Mischkammer.

Im Teillastbereich reicht der Unterdruck am Austritt des Anreicherungsrohrs nicht aus, um Kraftstoff anzusaugen.

Bei Volllast und hohen Drehzahlen steigt der Unterdruck jedoch so stark an, dass zusätzlicher Kraftstoff über das Steigrohr aus der Schwimmerkammer angesaugt wird und das Gemisch damit angefettet werden kann.

Beschleunigungseinrichtung

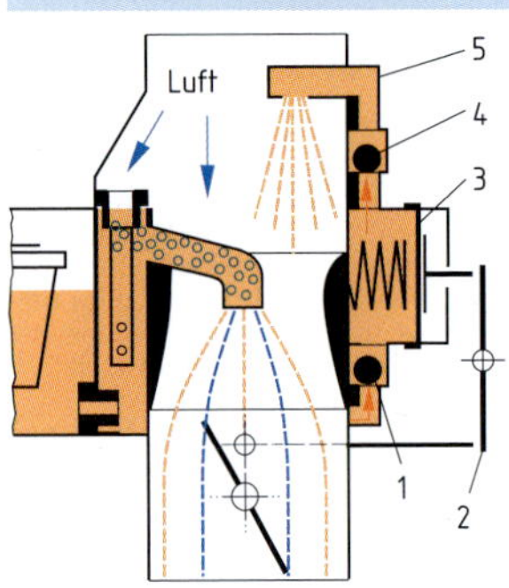

Aufgaben
Beim raschen Öffnen der Drosselklappe strömt die Luft schneller nach als der Kraftstoff. Dadurch magert das Gemisch einen Augenblick stark ab und der Motor kann ruckeln. Die Beschleunigungseinrichtung soll deshalb beim plötzlichen Gasgeben
- zusätzlichen Kraftstoff in die Mischkammer einspritzen
- die Zeit bis zum Nachströmen des Kraftstoffs aus der Hauptdüse überbrücken und störungsfreien Übergang gewährleisten.

Bauteile
1 Saugventil
2 Pumpenhebel
3 Membrane
4 Druckventil
5 Einspritzrohr

Wirkungsweise
Die Drosselklappenwelle betätigt über den Pumpenhebel die mechanische Beschleunigungspumpe.

Druckhub: Beim Öffnen der Drosselklappe drückt der Pumpenhebel auf die Membrane, das Saugventil schließt und das Druckventil öffnet. Über das Einspritzrohr wird während des Beschleunigungsvorgangs zusätzlicher Kraftstoff in die Mischkammer eingespritzt.

Saughub: Beim Schließen der Drosselklappe drückt die Membranfeder die Membran wieder zurück, das Druckventil schließt und das Saugventil öffnet. Aus der Schwimmerkammer wird Kraftstoff in den Pumpenraum angesaugt.

Gleichdruckvergaser

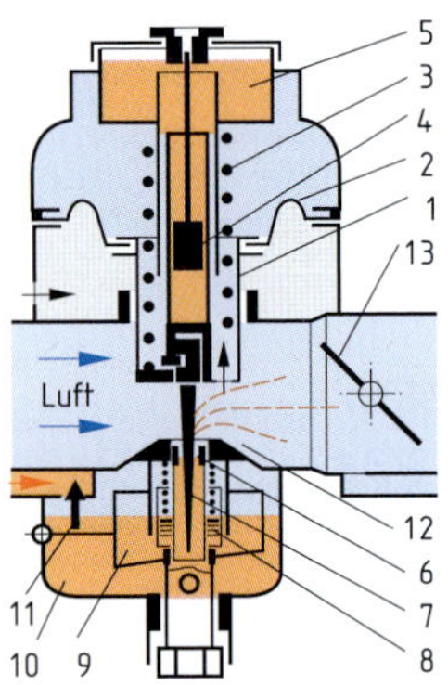

Merkmale
- Veränderung des Lufttrichterquerschnitts durch einen pneumatisch betätigten Kolben
- Veränderung des Kraftstoffdurchflussquerschnitts über eine konische Düsennadel in der Nadeldüse
- nahezu gleich bleibender Unterdruck an der Nadeldüse
- nahezu konstantes Mischungsverhältnis im Teillastbereich

Hauptteile

1 Luftkolben	8 Bimetallscheiben
2 Kolbenmembrane	9 Schwimmer
3 Kolbenfeder	10 Schwimmerkammer
4 Dämpferkolben	11 -nadelventil
5 Dämpferöl	12 Mischkammer
6 Nadeldüse	13 Drosselklappe
7 Düsennadel	

Wirkungsweise
Fahrbetrieb: Beim Gasgeben hebt die vom Saugrohrdruck beaufschlagte Kolbenmembrane den federbelasteten Kolben an. Der Kolben gibt einen der Drosselklappenstellung und Drehzahl entsprechenden Lufttrichterquerschnitt frei. Dadurch stellt sich an der Nadeldüse, unabhängig vom Luftdurchsatz, ein nahezu gleichbleibender Unterdruck ein. Die mit dem Kolben nach oben gehende konische Düsennadel verändert den Ringspalt in der Nadeldüse und damit den Kraftstoffdurchfluss entsprechend dem Luftdurchsatz. So entsteht ein gleichbleibendes Mischungsverhältnis.

Beschleunigung: Beim raschen Öffnen der Drosselklappe verzögert der Dämpfer die Kolbenbewegung. Der kurzzeitig größere Unterdruck an der Nadeldüse führt zur Gemischanfettung.

Kraftstoffversorgung für Saugrohreinspritzung

mit Rücklauf (Zwei-Leitungssystem)

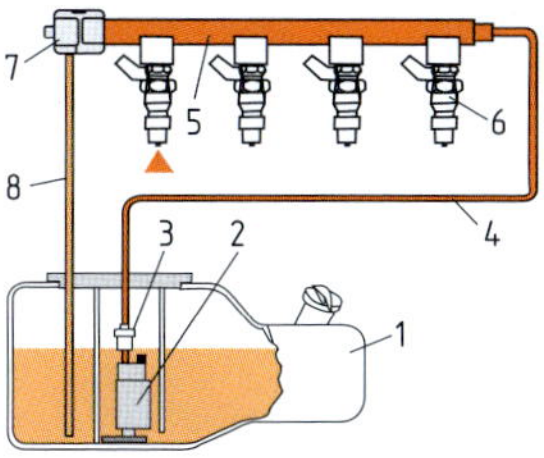

ohne Rücklauf (Ein-Leitungssystem)

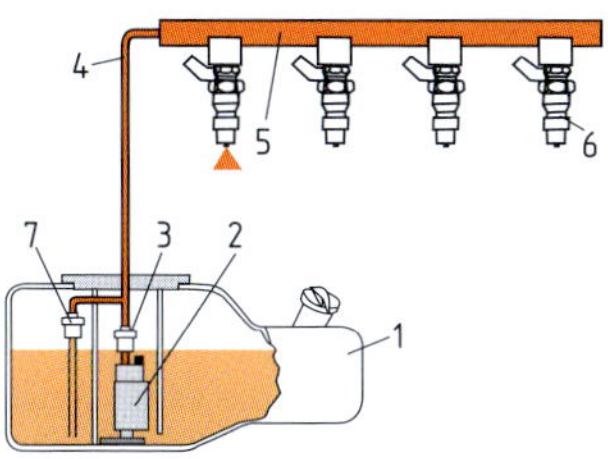

Bauteile
1 Kraftstoffbehälter
2 Elektrokraftstoffpumpe
3 Kraftstofffilter
4 Druckleitung
5 Kraftstoffverteiler
6 Einspritzventil
7 Druckregler
8 Rücklaufleitung

System mit Rücklauf
Der Kraftstoff wird von der Elektrokraftstoffpumpe (2) aus dem Kraftstoffbehälter (1) angesaugt. Die Pumpe fördert den Kraftstoff über den Kraftstofffilter (3), die Druckleitung (4) und den Kraftstoffverteiler (5) zu den Einspritzventilen (6). Der Membrandruckregler (7) regelt den Kraftstoffdruck je nach Anlage auf 2,5 ... 4 bar und sorgt dabei für eine konstante Druckdifferenz zwischen Verteilerrohr und Saugrohr. Dadurch ist sichergestellt, dass die eingespritzte Kraftstoffmenge ausschließlich von der Öffnungsdauer der Einspritzventile abhängt. Der zu viel geförderte Kraftstoff läuft vom Druckregler über die Rücklaufleitung (8) in den Kraftstoffbehälter zurück.

System ohne Rücklauf
Zunächst wird der Kraftstoff wie beim System mit Rücklauf von der Elektrokraftstoffpumpe (2) aus dem Kraftstoffbehälter (1) angesaugt. Die Pumpe fördert den Kraftstoff über den Kraftstofffilter (3), die Druckleitung (4) und den Kraftstoffverteiler (5) zu den Einspritzventilen (6).
Im Unterschied zum System mit Rücklauf befindet sich bei diesem System der Membrandruckregler (7) im oder am Kraftstoffbehälter (1). Die Rücklaufleitung vom Motor zum Kraftstoffbehälter entfällt. Die von der Kraftstoffpumpe geförderte Mehrmenge fließt direkt in den Kraftstoffbehälter zurück. Über die Druckleitung und das Verteilerrohr strömt nur der tatsächlich eingespritzte Kraftstoff. Der Kraftstoffdruckregler arbeitet unabhängig vom Saugrohrdruck. Die Druckdifferenz zwischen Verteilerrohr und Saugrohr bleibt somit nicht konstant. Ohne Korrekturmaßnahmen würde daher der Saugrohrdruck die Einspritzmenge beeinflussen. Deshalb erfolgt eine saugrohrdruckabhängige Korrektur der Einspritzzeit durch das elektronische Motorsteuergerät. Die dafür notwendige Information liefert ein Saugrohrdrucksensor.

Kraftstoffversorgung für Direkteinspritzung

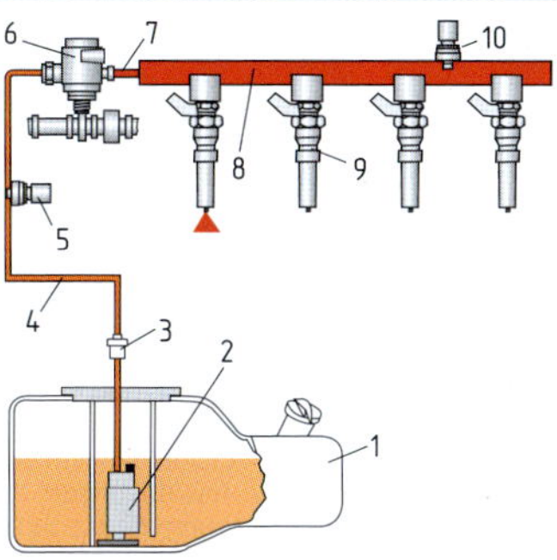

drucklos
Niederdruck (4 ... 8 bar)
Hochdruck (50 ... 200 bar)

Bauteile
1 Kraftstoffbehälter
2 Elektrokraftstoffpumpe
3 Kraftstofffilter
4 Niederdruckleitung
5 Niederdrucksensor
6 Hochdruckpumpe mit Mengensteuerventil und Druckbegrenzungsventil
7 Hochdruckleitung
8 Kraftstoffverteilerrohr (Rail)
9 Hochdruckeinspritzventil
10 Hochdrucksensor

Wirkungsweise
Niederdruckbereich: Die Elektrokraftstoffpumpe (2) fördert den Kraftstoff vom Kraftstoffbehälter (1) über den Kraftstofffilter (3) und die Niederdruckleitung (4) zur Hochdruckpumpe (6). Die Kraftstoffpumpe wird so angesteuert, dass so viel gefördert wird, wie der Motor gerade benötigt (bedarfsgerechte Kraftstoffförderung, vgl. S. 156). Oftmals überwacht ein Niederdrucksensor (5) den Kraftstoffdruck.

Hochdruckbereich: Die Hochdruckpumpe (6) wird über Antriebsnocken von der Motornockenwelle angetrieben. Der Pumpenkolben fördert den Kraftstoff über die Hochdruckleitung (7) und das Kraftstoffverteilerrohr (8) zu den Hochdruckeinspritzventilen (9).

Das Mengensteuerventil in der Pumpe sorgt dafür, dass gerade so viel Kraftstoff gefördert wird, dass der vom Motorsteuergerät kennfeldabhängig vorgegebene Hochdruck eingehalten wird. Der Hochdrucksensor (10) überwacht den Druck im Kraftstoffverteilerrohr.

Das in die Hochdruckpumpe eingebaute mechanische Druckbegrenzungsventil öffnet aus Sicherheitsgründen bei einem Überdruck und führt den Kraftstoff in den Niederdruckkreislauf zurück.
Bei älteren Systemen befindet sich das Druckbegrenzungsventil am Verteilerrohr. Eine zusätzliche Leitung verbindet dort das Ventil mit dem Niederdruckbereich.

Tankentlüftungssystem

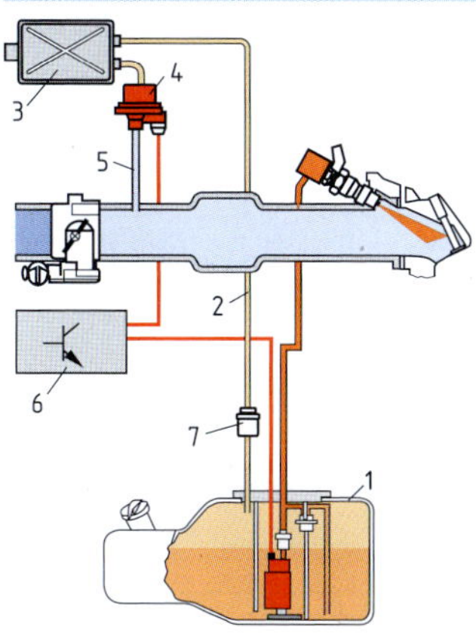

Bauteile
1 Kraftstoffbehälter
2 Entlüftungsleitung
3 Aktivkohlebehälter
4 Regenerierventil
5 Unterdruckleitung zum Saugrohr
6 Motorsteuergerät
7 Schwerkraftventil (Roll-Over-Ventil)

Aufgaben
Das Tankentlüftungssystem muss folgende Aufgaben erfüllen:
- Kraftstoffbehälter be- und entlüften und dabei das Austreten von Kraftstoffdämpfen in die Umgebung verhindern.
- Funktionskontrolle im Rahmen der On-Board-Diagnose (EOBD) ermöglichen (vgl. S. 178).
- zusätzlich bei US-OBD II: Tankdichtheitsdiagnose ermöglichen.

Wirkungsweise
Die Kraftstoffanlage ist als geschlossenes System ausgeführt, um ein Austreten von Kraftstoffdämpfen zu verhindern. Die Entlüftung des Kraftstoffbehälters (1) erfolgt über die Entlüftungsleitung (2) und den Aktivkohlebehälter (3). Die Aktivkohle bindet die Kraftstoffdämpfe und lässt nur die Luft ins Freie entweichen.
Regenerierung: Bei laufendem Motor entsteht im Saugrohr ein Unterdruck. Dadurch wird über die Unterdruckleitung (5) und den Aktivkohlebehälter Frischluft aus der Umgebung angesaugt. Der Frischluftstrom nimmt den gespeicherten Kraftstoff mit und führt ihn dem Motor zur Verbrennung zu. Das Motorsteuergerät (6) steuert den Vorgang über das Regenerierventil (4).
Wenn sich bei einem Unfall das Fahrzeug überschlägt, verschließt das Schwerkraftventil (7) die Entlüftungsleitung und verhindert so das Austreten von Kraftstoff.

4

Tankeinbaueinheit (Fördermodul)

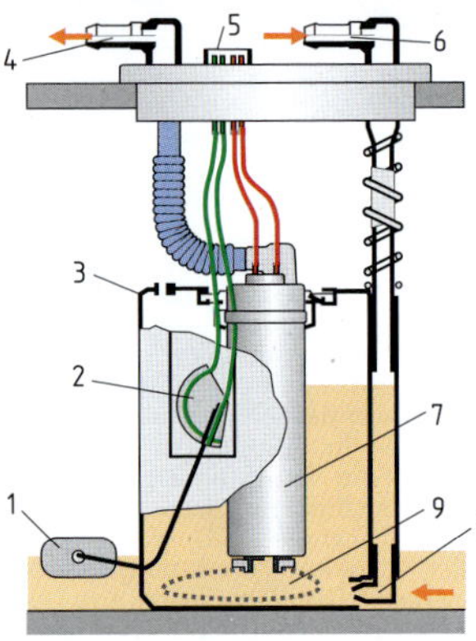

Bauteile
1 Schwimmer für Tankfüllstandssensor
2 Tankfüllstandssensor
3 Schlingertopf (Catch-Tank)
4 Anschluss für Kraftstoffleitung
5 elektrische Anschlüsse
6 Anschluss für Rücklaufleitung
7 Elektrokraftstoffpumpe
8 Saugstrahlpumpe für Schlingertopf
9 Saugsieb

Aufgaben
- Kraftstoff vom Tank zur Einspritzanlage fördern
- Tankfüllstand anzeigen

z.T. zusätzlich:
- Kraftstoff filtern
- Kraftstoffdruck regeln

Wirkungsweise

Schlingertopf und Saugstrahlpumpe:
Der Schlingertopf (Catch-Tank) gewährleistet, dass die Kraftstoffpumpe auch bei wenig gefülltem Tank und Kurvenfahrt oder Fahrt im steilen Gelände immer Kraftstoff fördern kann. Er wird mit der Saugstrahlpumpe befüllt. Der zurückfließende Kraftstoff wird durch die Düse der Saugstrahlpumpe gedrückt und reißt dabei Kraftstoff aus dem Tank mit in den Schlingertopf.

Tankfüllstandssensor:
Der Sensor besteht aus einem Potentiometer, dessen Schleifer über einen Hebel mit dem Schwimmer mechanisch verbunden ist. Der momentane Tankfüllstand entspricht einer bestimmten Schleiferstellung und damit einem Widerstandwert des Potentiometers. Der entsprechende Spannungsfall ist das Maß für den Tankfüllstand.

Elektrokraftstoffpumpe

Beispiel: Zahnringpumpe

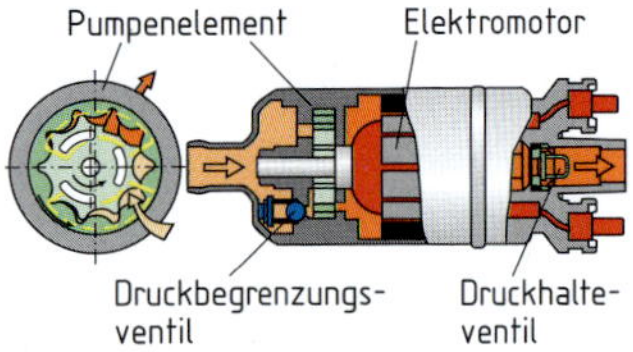

Bauarten
Für die Kraftstoffförderung vom Tank zur Einspritzanlage werden elektrisch angetriebene Pumpen mit unterschiedlichen Pumpenelementen verwendet:
- Flügelzellenpumpe
- Rollenzellenpumpe
- Zahnringpumpe (Innenzahnradpumpe)
- Schraubenpumpe
- Seitenkanalpumpe

Einbauarten

In-Line-Pumpe:
Die Kraftstoffpumpe ist in die Leitung zwischen Kraftstoffbehälter und Einspritzanlage eingebaut.

In-Tank-Pumpe:
Die Kraftstoffpumpe befindet sich im Fördermodul innerhalb des Kraftstoffbehälters.

4

Ansteuerung der Kraftstoffpumpe

Konstante Kraftstoffförderung

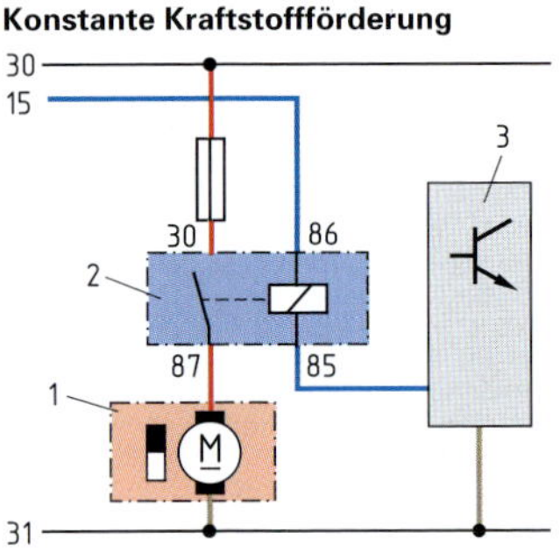

1 Elektrokraftstoffpumpe
2 Kraftstoffpumpenrelais
3 Motorsteuergerät

Wirkungsweise
Die Elektrokraftstoffpumpe (1) ist über das Kraftstoffpumpenrelais (2) geschaltet. Die Ansteuerung des Kraftstoffpumpenrelais erfolgt über das Motorsteuergerät (3). Ist die Zündung eingeschaltet und liegt ein Motordrehzahlsignal vor, schaltet das Steuergerät die Masse beim Steuerstromkreis durch und die Pumpe läuft an. Da die Pumpe direkt mit Batteriespannung versorgt wird, bleibt die Pumpenleistung bzw. die Fördermenge konstant.

Sicherheitsabschaltung
Bei einem Unfall muss die Kraftstoffförderung sofort abgeschaltet werden. Dafür werden unterschiedliche Schaltungen verwendet:
- Fehlt das Motordrehzahlsignal, unterbricht das Steuergerät die Ansteuerung des Kraftstoffpumpenrelais.
- Ein sog. Crash-Schalter unterbricht direkt den Arbeitsstrom zur Kraftstoffpumpe.
- Das Steuergerät des Insassenschutz-Systems meldet über CAN-Bus den Crash an das Motorsteuergerät, dieses unterbricht daraufhin die Ansteuerung des Kraftstoffpumpenrelais.

Bedarfsgeregelte Kraftstoffförderung für Benzindirekteinspritzung

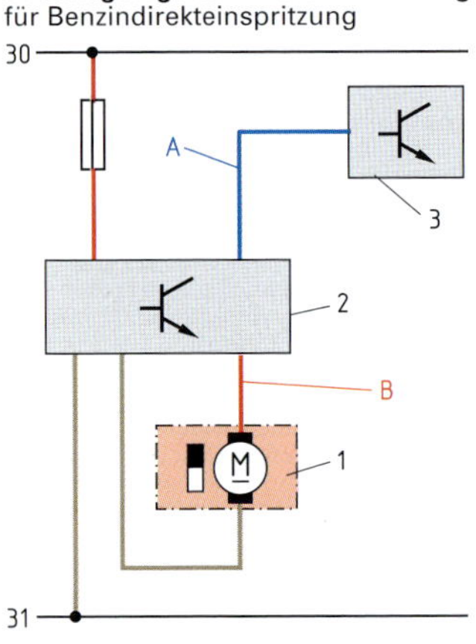

1 Elektrokraftstoffpumpe
2 Pumpensteuergerät
3 Motorsteuergerät

Wirkungsweise
Die Elektrokraftstoffpumpe (1) wird so angesteuert, dass die Fördermenge genau dem Kraftstoffbedarf des Motors entspricht und somit der vorgeschriebene Kraftstoff-Niederdruck eingehalten wird.
Das Motorsteuergerät (3) errechnet den momentanen Kraftstoffbedarf und sendet ein PWM-Signal (A) mit dem entsprechenden Tastverhältnis (vgl. S. 307) an das Pumpensteuergerät (2). Dieses bildet daraus das PWM-Signal (B) zur Ansteuerung der Elektrokraftstoffpumpe.
Die Einhaltung des vorgeschriebenen Kraftstoffdrucks wird entweder direkt über einen Niederdrucksensor oder indirekt vom Motorsteuergerät überwacht. Es überprüft dabei in einem ständig wiederkehrenden Prüfablauf die Ansteuerung der elektrischen Kraftstoffpumpe und passt gegebenenfalls das im Speicher abgelegte PWM-Signal an.

Ansteuersignale

A PWM-Signal vom Motorsteuergerät zum Pumpensteuergerät (Beispiel):

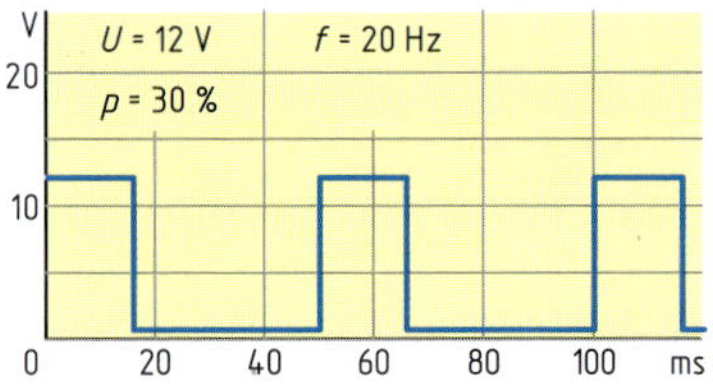

B PWM-Signal vom Pumpensteuergerät zur Elektrokraftstoffpumpe (Beispiel):

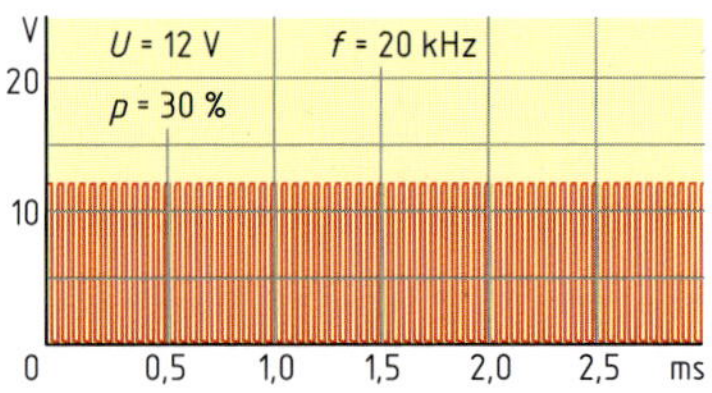

Einteilung nach dem Einspritzort

Indirekte Einspritzung (Saugrohreinspritzung)

Der Kraftstoff wird in das Saugrohr eingespritzt. Das Kraftstoff-Luft-Gemisch entsteht somit außerhalb des Brennraums. Dies wird als äußere Gemischbildung bezeichnet.

Zentraleinspritzung
= Single-Point-Injection (SPI)

Der Kraftstoff wird durch ein zentrales elektromagnetisches Einspritzventil vor der Drosselklappe in das Sammelsaugrohr eingespritzt.

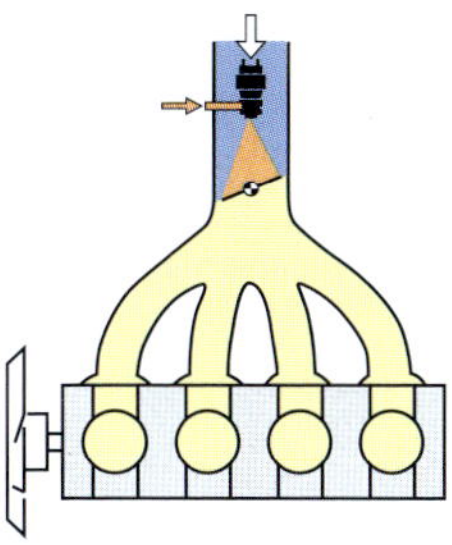

Beispiele:
- Mono-Jetronic
- Mono-Motronic
- Multec-System (Opel)

Mehrpunkteinspritzung
= Multi-Point-Injection (MPI)

Jedem Zylinder ist ein Einspritzventil zugeordnet, das den Kraftstoff direkt vor dem Einlassventil in das Saugrohr einspritzt.

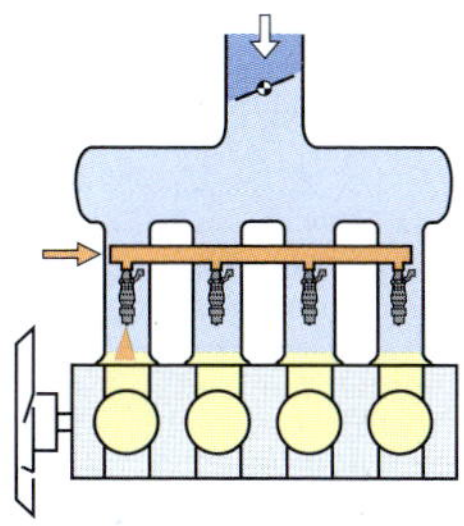

Beispiele:
- KE-Jetronic
- L-Jetronic, LH-Jetronic
- ME-Motronic

Direkteinspritzung

Der Kraftstoff wird direkt in den Brennraum eingespritzt. Das Kraftstoff-Luft-Gemisch entsteht somit innerhalb des Brennraums. Dies wird als innere Gemischbildung bezeichnet.

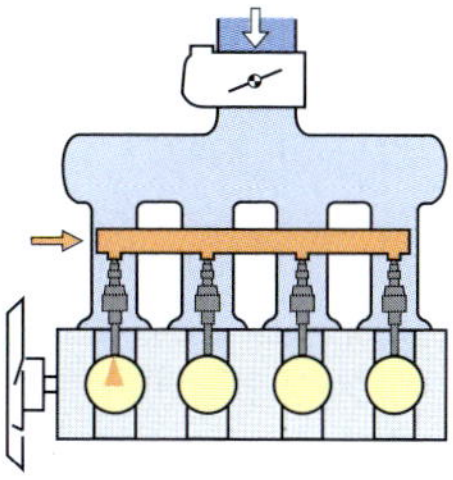

Beispiel:
- MED-Motronic

Einteilung nach dem Einspritzverlauf

Intermittierende Einspritzung
(intermittierend = unterbrochen)

Die elektromagnetischen Einspritzventile werden durch Spannungsimpulse angesteuert. Die Einspritzmenge wird durch die Länge der Spannungsimpulse und damit durch die Öffnungsdauer der Ventile bestimmt.
Beispiele: Mono-Jetronic, Mono-Motronic, L-Jetronic, LH-Jetronic, Motronic

Bei der Mehrpunkteinspritzung (MPI) werden folgende Verfahren unterschieden:

Simultane Einspritzung
(simultan = gleichzeitig)

Die Ansteuerung der Einspritzventile erfolgt gleichzeitig für alle Zylinder, einmal je Kurbelwellenumdrehung.

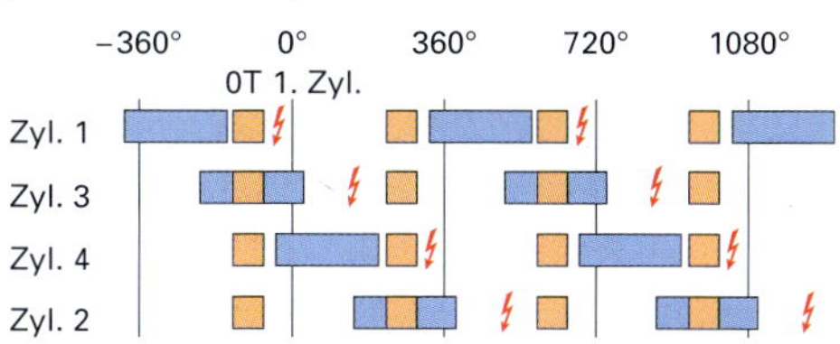

Gruppeneinspritzung
Die Einspritzventile sind zu zwei Gruppen zusammengefasst. Die Ansteuerung der beiden Gruppen erfolgt abwechselnd jeweils um eine Kurbelwellenumdrehung versetzt.

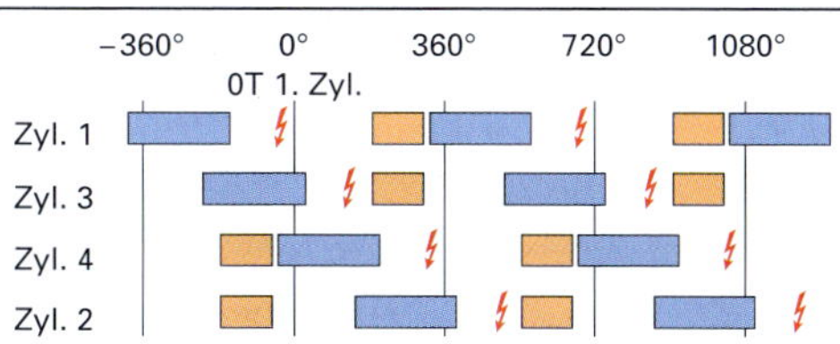

Sequenzielle Einspritzung
(sequenziell = aufeinander folgend)

Die Ansteuerung der Einspritzventile erfolgt einzeln entsprechend der Zündfolge je einmal pro Arbeitsspiel.

Bei modernen Systemen ist die Einspritzmenge abhängig von der Füllung des jeweiligen Zylinders (CIFI = Zylinderindividuelle Einspritzung).

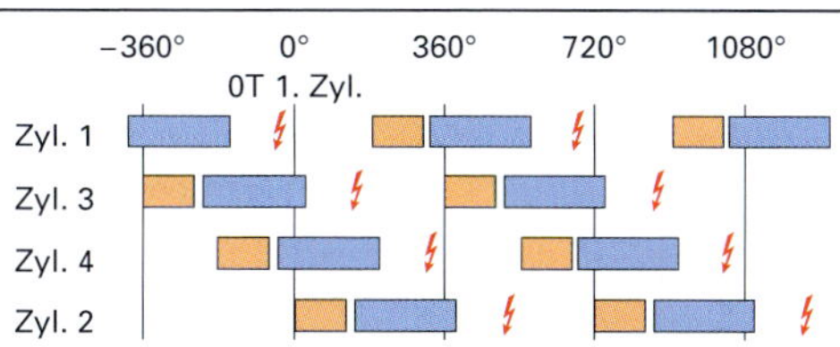

Einlassventil geöffnet · Einspritzung · Zündung

Kontinuierliche Einspritzung
(kontinuierlich = fortlaufend, andauernd)

Die hydraulischen Einspritzventile sind während des Motorlaufs andauernd geöffnet. Die Einspritzmenge wird durch den Durchflussquerschnitt zu den Einspritzventilen bestimmt.
Beispiel: KE-Jetronic.

Einspritzventil
(KE-Jetronic)

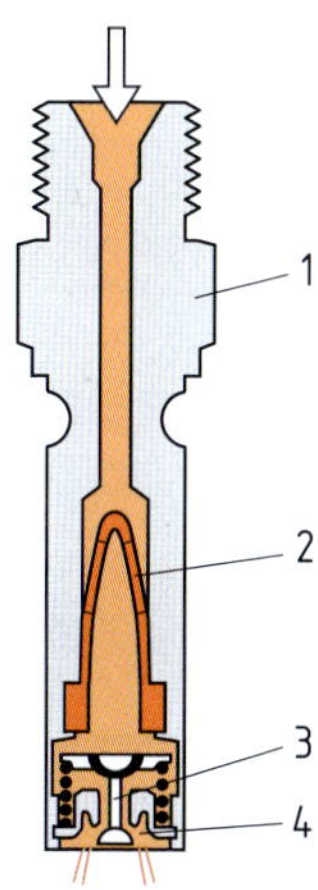

1 Ventilgehäuse
2 Filter
3 Ventilnadel
4 Ventilsitz

Der Durchflussquerschnitt und damit die zu den Einspritzventilen fließende Kraftstoffmenge, wird über eine mechanisch-hydraulische Steuereinheit entsprechend der angesaugten Luftmenge bestimmt. Ein elektrohydraulischer Drucksteller übernimmt Korrekturfunktionen (vgl. S. 159).
Die kontinuierliche Einspritzung wird bei modernen Einspritzsystemen nicht mehr verwendet.

Übersicht Einspritzsysteme

Bezeichnung	Erläuterung	Merkmale
Jetronic	Jet (englisch) = Düse, Düsenstrahl	Bezeichnung für verschiedene Benzineinspritzsysteme der Firma Robert Bosch GmbH
D-Jetronic	D = druckgesteuert	Intermittierende Mehrpunkt-Benzineinspritzung (Multipoint), elektronisch gesteuert, Lasterfassung mit Saugrohrdrucksensor
K-Jetronic	K = kontinuierlich	Kontinuierliche Mehrpunkt-Benzineinspritzung (Multipoint), mechanisch-hydraulisch gesteuerte Kraftstoffzumessung, Lasterfassung mit Stauscheiben-Luftmassenmesser
KE-Jetronic	K = kontinuierlich E = elektronisch	K-Jetronic durch elektrohydraulischen Drucksteller und Steuergerät erweitert zur Regelung der Gemischzusammensetzung (λ-Regelung)
L-Jetronic	L = Luftmenge	Intermittierende Mehrpunkt-Benzineinspritzung (Multipoint), elektronisch gesteuert, Lasterfassung mit Stauklappen-Luftmengenmesser
LH-Jetronic	LH = Luftmassenmesser mit Hitzdraht	Intermittierende Mehrpunkt-Benzineinspritzung (Multipoint), elektronisch gesteuert, Lasterfassung mit Hitzdraht-Luftmassenmesser
Mono-Jetronic	Mono = Zentrale Einspritzung	Intermittierende Zentraleinspritzung (Singlepoint), elektronisch gesteuert, zentrales Einspritzventil vor der Drosselklappe, Lasterfassung mit Drosselklappenpotentiometer
Motronic	abgeleitet von Motorelektronik	Benzineinspritzung, Zündsystem und weitere Motorsteuerungsfunktionen zu einer elektronischen Motorsteuerung zusammengefasst
M-Motronic	M = Menge (Kraftstoff)	Elektronische Motorsteuerung mit Saugrohreinspritzung (Multipoint) und Zündsystem mit ruhender Hochspannungsverteilung, Lasterfassung mit Heißfilm-Luftmassenmesser, Betätigung der Drosselklappe mit Gaszug
ME-Motronic	E = elektronisches Gaspedal (E-Gas)	Elektronische Motorsteuerung mit Saugrohreinspritzung (Multipoint) und Zündsystem mit ruhender Hochspannungsverteilung, Lasterfassung mit Heißfilm-Luftmassenmesser, elektronisches Gaspedal (E-Gas)
MED-Motronic oder DI-Motronic	D = Direkteinspritzung DI = Direct injection	Elektronische Motorsteuerung mit Benzindirekteinspritzung und Zündsystem mit ruhender Hochspannungsverteilung, Lasterfassung mit Heißfilm-Luftmassenmesser, elektronisches Gaspedal (E-Gas)

4

Zentraleinspritzung (Mono-Jetronic)

Systemübersicht

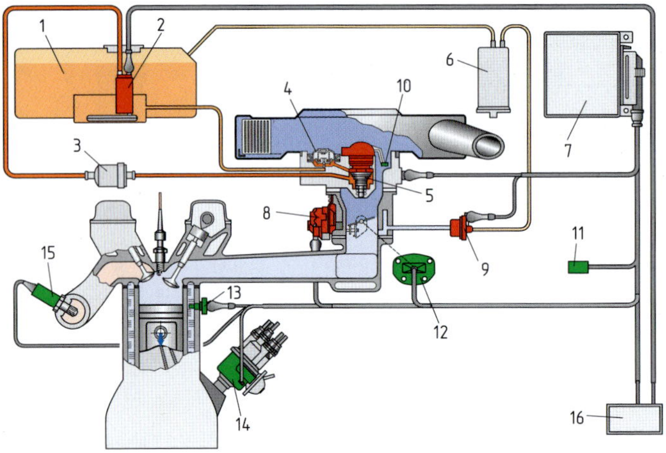

1 Kraftstoffbehälter
2 Elektrokraftstoffpumpe
3 Kraftstofffilter
4 Kraftstoffdruckregler
5 Einspritzventil
6 Aktivkohlebehälter
7 Steuergerät
8 Drosselklappenansteller
9 Regenerierventil
10 Ansauglufttemperatursensor
11 Diagnoseanschluss
12 Drosselklappenpotentiometer
13 Motortemperatursensor
14 Drehzahlgeber im Zündverteiler
15 Lambdasonde
16 Batterie

Funktionsprinzip
Die Mono-Jetronic ist ein elektrohydraulisches Einspritzsystem mit einer zentralen Einspritzeinheit. Das Einspritzventil spritzt den Kraftstoff intermittierend vor die Drosselklappe ins Sammelsaugrohr ein.
Die Einspritzeinheit besteht aus:
- Hydraulikteil mit Kraftstoffzulauf und Rücklauf, Kraftstoffdruckregler (4), Ansauglufttemperatursensor (10) und dem zentralen Einspritzventil (5).
- Drosselklappenteil mit Drosselklappe, Drosselklappenpotentiometer (12) und Drosselklappenansteller (8).

Kraftstoffzumessung: Das Steuergerät errechnet aus dem Drosselklappenwinkel α und der Motordrehzahl n mithilfe eines gespeicherten Kennfelds die Grundeinspritzdauer (α/n- Steuerung). Weitere Betriebsdaten wie Motortemperatur, Ansauglufttemperatur, Signal der Lambdasonde, Batteriespannung werden vom Steuergerät erfasst, ausgewertet und zur Korrektur der Einspritzzeit verwendet.
Die Regelung der Leerlaufdrehzahl erfolgt durch den Drosselklappenansteller. Zur Leerlauferkennung befindet sich ein Leerlaufkontakt am Drosselklappenanschlag.

Der *Kraftstoffdruckregler* im Hydraulikteil der Einspritzeinheit sorgt für einen konstanten Kraftstoffdruck von 1 bar.

Das elektromagnetische *Einspritzventil* spritzt im Takt der Zündimpulse in den Drosselklappenspalt. Die Einspritzmenge wird von der Ventilöffnungsdauer bestimmt.

KE-Jetronic

Systemübersicht

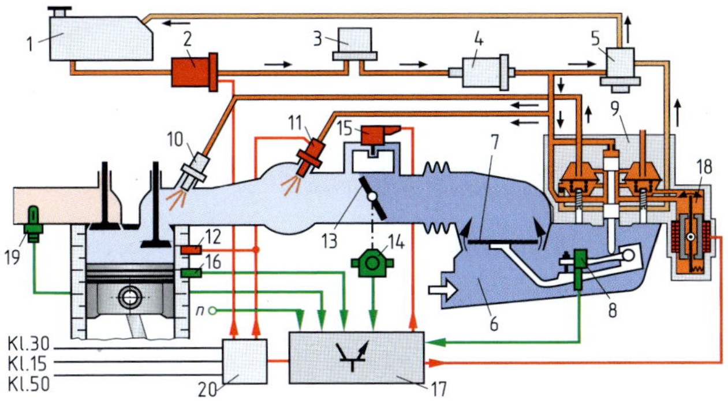

1 Kraftstoffbehälter
2 Elektrokraftstoffpumpe
3 Kraftstoffspeicher
4 Kraftstofffilter
5 Kraftstoffdruckregler
6 Luftmengenmesser
7 Stauscheibe
8 Stauscheibenpotentiometer
9 Kraftstoffmengenteiler
10 Einspritzventil
11 Kaltstartventil
12 Thermozeitschalter
13 Drosselklappe
14 Drosselklappenschalter
15 Leerlaufsteller
16 Motortemperaturfühler
17 Steuergerät
18 Elektrohydraulischer Drucksteller
19 Lambdasonde
20 Steuerrelais

Funktionsprinzip

Die KE-Jetronic ist ein mechanisch-elektrohydraulisches Mehrpunkteinspritzsystem mit kontinuierlicher Einspritzung. Die Hauptsteuergröße für die Kraftstoffzumessung ist die angesaugte Luftmenge.
Im *Luftmengenmesser* (6) strömt die Ansaugluft durch den Lufttrichter und hebt die Stauscheibe (7) an. Je größer die angesaugte Luftmenge, desto größer ist der Hub der Stauscheibe. Die Hubbewegung wird über ein Hebelsystem auf den Steuerkolben im Kraftstoffmengenteiler (9) übertragen.
Der *Kraftstoffmengenteiler* teilt die Kraftstoffmenge den einzelnen Zylindern zu: Der Steuerkolben gibt je nach Hub Steuerschlitze frei, durch die der Kraftstoff jeweils über Differenzdruckventile zu den Einspritzventilen fließt.
Der *elektrohydraulische Drucksteller* (18) beeinflusst in Abhängigkeit vom Betriebszustand des Motors den Druck in den Unterkammern der Differenzdruckventile. Wird der Unterkammerdruck abgesenkt, erhöht sich die Einspritzmenge, wird der Unterkammerdruck erhöht, sinkt die Einspritzmenge. Mit diesem Prinzip ist auch eine Lambdaregelung möglich.
Der *Kraftstoffdruckregler* (5) hält den Systemdruck im Zulauf zum Kraftstoffmengenteiler konstant (5,5 … 6,5 bar).
Die *Einspritzventile* (10) öffnen hydraulisch bei 3,5 bar und spritzen den Kraftstoff kontinuierlich in die Ansaugkanäle.

L-Jetronic

Systemübersicht

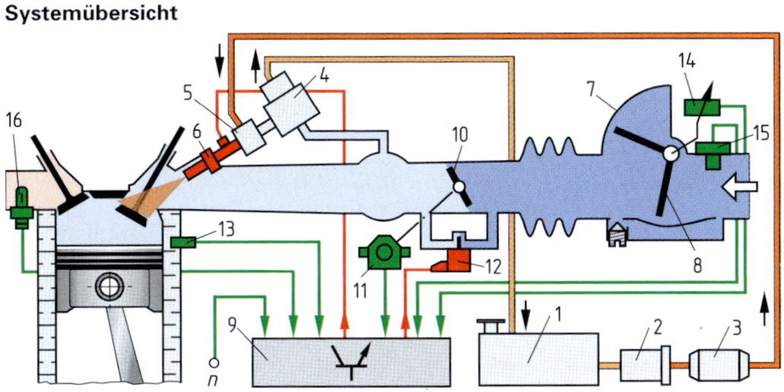

1 Kraftstoffbehälter
2 Elektrokraftstoffpumpe
3 Kraftstofffilter
4 Kraftstoffdruckregler
5 Verteilerrohr
6 Einspritzventil
7 Luftmengenmesser
8 Stauklappe
9 Steuergerät
10 Drosselklappe
11 Drosselklappenschalter
12 Leerlaufsteller
13 Motortemperaturfühler
14 Stauklappenpotentiometer
15 Lufttemperaturfühler
16 Lambdasonde

Funktionsprinzip

Die L-Jetronic ist ein elektrohydraulisches Mehrpunkteinspritzsystem mit intermittierender Einspritzung. Die Hauptsteuergrößen für die Kraftstoffzumessung sind die angesaugte Luftmenge und die Motordrehzahl.
Im *Luftmengenmesser* (7) trifft die Ansaugluft auf die Stauklappe (8). Diese wird je nach angesaugter Luftmenge gegen eine Federkraft geöffnet. Der Stauklappenwinkel wird auf ein Potentiometer (14) übertragen, das ein entsprechendes Spannungssignal an das Steuergerät (9) sendet.
Das *Steuergerät* erhält zusätzlich das Motordrehzahlsignal (n) vom Zündverteiler, die Signale des Motor- und des Lufttemperaturfühlers (13, 15) sowie des Drosselklappenschalters (11) und der Lambdasonde (16). Es verarbeitet diese Eingangssignale, ermittelt die Einspritzzeit als Maß für die Einspritzmenge und steuert die elektromagnetischen Einspritzventile (6) mit einem entsprechend langen Spannungsimpuls an.
Der *Kraftstoffdruckregler* (4) hält die Druckdifferenz zwischen dem Druck im Verteilerrohr (5) und dem Saugrohrdruck konstant auf 2,5 oder 3 bar. Somit haben die im Fahrbetrieb auftretenden Schwankungen des Saugrohrdrucks keinen Einfluss auf die Einspritzmenge.

LH-Jetronic

Hitzdraht-Luftmassenmesser

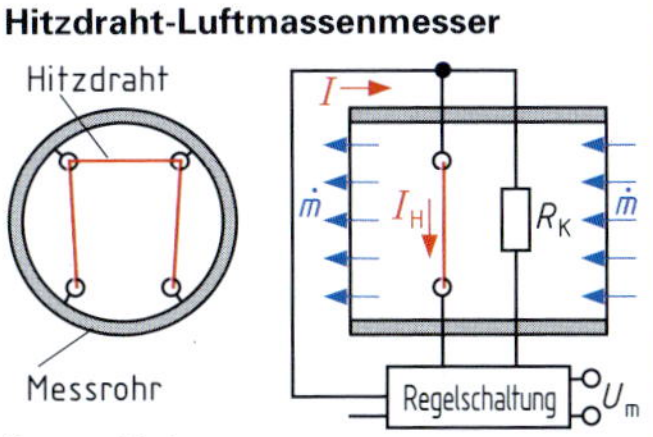

I_H Heizstrom
$\dot{m}$ Luftmassendurchsatz
R_K Temperatursensor
U_m Signalspannung

Funktionsprinzip

Die LH-Jetronic entspricht im grundsätzlichen Aufbau der L-Jetronic. Anstelle des mechanischen Stauklappen-Luftmengenmessers hat die LH-Jetronic einen Luftmassenmesser. Es wird die tatsächlich angesaugte Luftmasse erfasst. Änderungen der Luftdichte, hervorgerufen durch Schwankungen des Luftdrucks und der Lufttemperatur, verfälschen hierbei das Messergebnis nicht.
Zur Messung der Luftmasse wurde zunächst der Hitzdraht-Luftmassenmesser eingesetzt. Später ist dieser vom Heißfilm-Luftmassenmesser abgelöst worden (vgl. S. 305).

Im *Hitzdraht-Luftmassenmesser* ist der Hitzdraht Teil einer elektrischen Brückenschaltung. Er wird durch den Heizstrom I_H konstant auf 160 °C über der Ansauglufttemperatur gehalten. Wird der Hitzdraht durch den Ansaugluftstrom $\dot{m}$ gekühlt, erhöht die Regelschaltung den Heizstrom. Dieser erzeugt an einem Präzisionswiderstand den Spannungsfall U_m, der als Maß für den Luftmassendurchsatz an das Steuergerät geliefert wird. Der Temperatursensor R_K sorgt dafür, dass das Ausgangssignal nicht von der Ansauglufttemperatur beeinflusst wird.
Nach dem Abstellen des Motors muss der Hitzdraht gereinigt werden. Dazu gibt das Motorsteuergerät kurzzeitig volle Spannung auf den Hitzdraht. Er erhitzt sich auf ca. 1 000 °C und wird dadurch freigebrannt.

Systemübersicht ME-Motronic

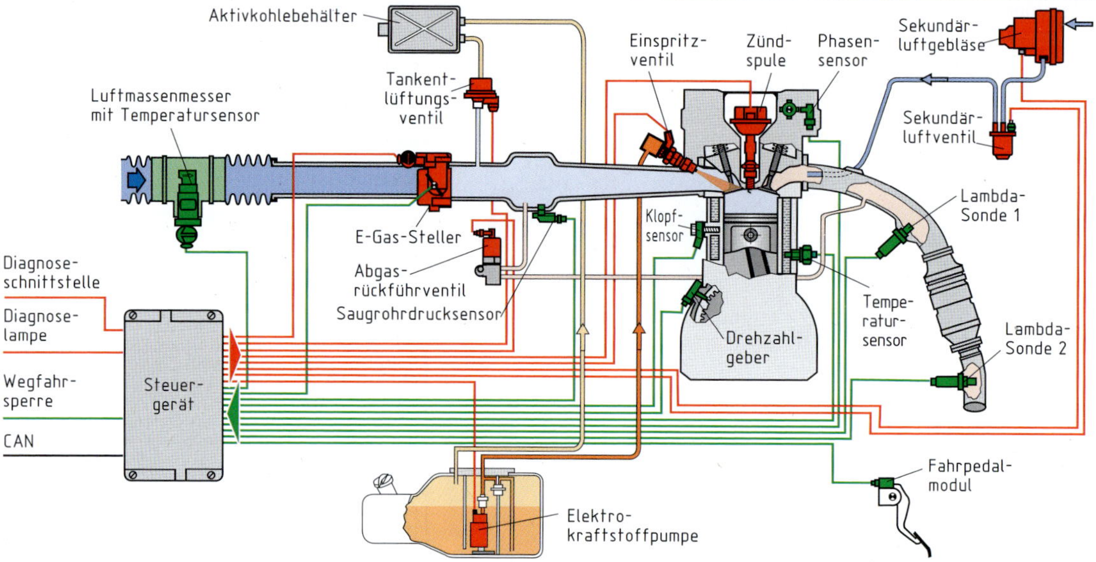

Steuergerät mit Sensoren und Aktoren

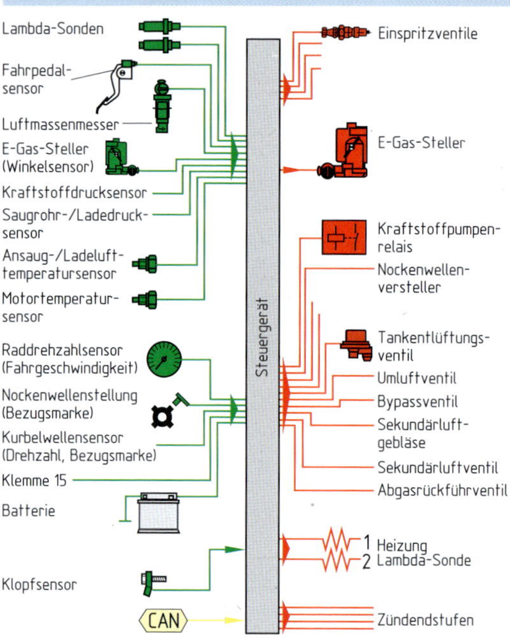

E-Gas-System

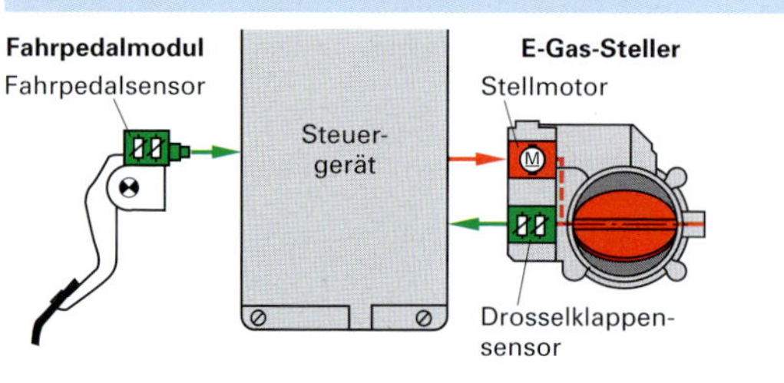

Teilsystem Füllungsregelung

Die ME-Motronic ist ein drehmomentgeführtes System. Die Hauptsteuergröße kommt als Drehmomentenanforderung (Lastwunsch) über die *Fahrpedalstellung*. Drehmomentanforderungen kommen z.B. auch von der Warmlaufregelung, Leerlaufstabilisierung, der Fahrgeschwindigkeitsregelung, durch Motoreingriffe bei der Fahrdynamikregelung oder der Getriebesteuerung. Entsprechend der Drehmomentenanforderung wird der Drosselklappenwinkel und damit die angesaugte Luftmasse durch den *E-Gas-Steller* eingestellt (siehe unten). *Nockenwellenverstellung* siehe S.143.

Teilsystem Einspritzung

Die angesaugte Luftmasse dient als Hauptmessgröße zur Berechnung der Einspritzmenge (Einspritzdauer). Zur Erfassung der Luftmasse dient der *Heißfilm-Luftmassenmesser*. Zur Überprüfung auf Plausibilität werden u.a. folgende Sensoren eingesetzt: *Saugrohrdrucksensor, Ansauglufttemperatursensor, Motordrehzahlsensor*. Die *Einspritzventile* (Magnetventile) werden so angesteuert, dass der Kraftstoff vor oder während des Ansaugtaktes vor die Ansaugventile eingespritzt wird. Die Öffnungsdauer bestimmt die Einspritzmenge. Die *Kraftstoffpumpe* wird über das Kraftstoffpumpenrelais angesteuert und versorgt die Magnetventile über den Kraftstoffverteiler je nach Anlage mit einem Druck zwischen 2,5 und 4 bar (vgl. S. 155, 156).

Tankentlüftung siehe S. 155, *Lambdasonde* siehe S. 305, *Sekundärluftgebläse, Sekundärluftventil* siehe S.173, *Abgasrückführung* siehe S. 176.

Teilsystem Zündung (vgl. S. 280ff.)

Im Zündzeitpunkt unterbricht das Steuergerät über die *Zündendstufen* den Primärstrom in der entsprechenden Zündspule und löst damit den Zündfunken aus. Der *Nockenwellensensor* und der *Kurbelwellensensor* liefern hierfür die Bezugsmarke.

Der Zündzeitpunkt hängt vor allem von der Motorlast und der Motordrehzahl ab. Ein zu früher Zündzeitpunkt und damit klopfende Verbrennung wird mithilfe des *Klopfsensors* verhindert.

Über den Fahrpedalsensor (Potentiometer oder Hall-Sensor) wird die Stellung des Fahrpedals dem Steuergerät gemeldet. Dieses berechnet ausgehend vom aktuellen Motorbetriebspunkt die Momentenanforderung und die dafür benötigte Zylinderfüllung und steuert den Stellmotor an der Drosselklappe mit einem PWM-Signal entsprechend an. Der Drosselklappensensor meldet die tatsächliche Stellung der Drosselklappe an das Steuergerät zurück, sodass ggf. nachgeregelt werden kann.

Die beiden Sensoren im Fahrpedalmodul und im E-Gas-Steller sind aus Sicherheitsgründen doppelt ausgeführt (redundant) und liefern zwei voneinander unabhängige Signale, die vom Steuergerät auf Plausibilität überprüft werden. Bei Unstimmigkeiten wird die Drosselklappe soweit geschlossen, dass nur noch ein Notlauf möglich ist.

Systemübersicht MED-Motronic

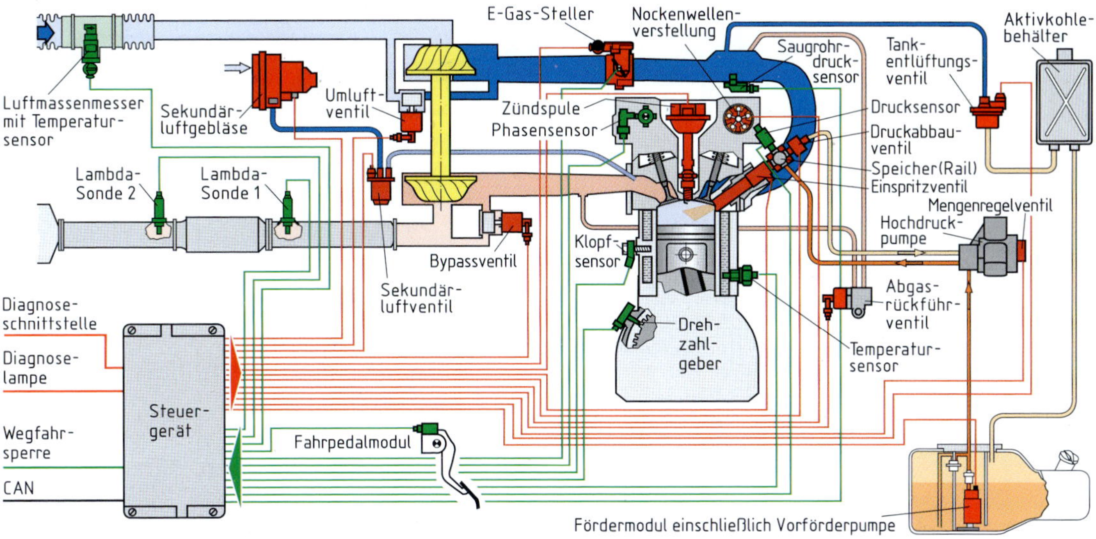

Merkmale

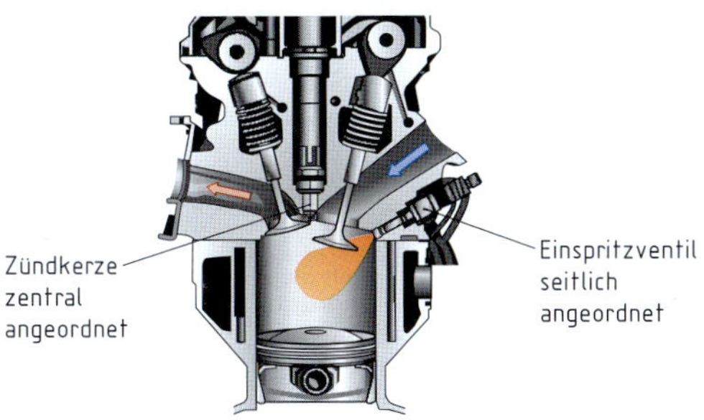

Bei der **Benzindirekteinspritzung** verdampft der eingespritzte Kraftstoff vollkommen im Zylinder. Dies ergibt eine geringere Verdichtungsendtemperatur und bei Volllast eine bessere Füllung. Das Verdichtungsverhältnis kann gegenüber der Saugrohreinspritzung erhöht werden. Durch höhere Einspritzdrücke bis 350 bar wird der Nachteil der kürzeren Zeit für die Gemischbildung ausgeglichen.
Bei Motoren mit Sekundärluftsystem ergibt eine zusätzliche späte Einspritzung unverbrannten Kraftstoff im Abgas. Dieser reagiert mit der eingeblasenen Sekundärluft und bringt in der Warmlaufphase den Katalysator schneller auf Reaktionstemperatur.

Kombination von Saugrohr-(MPI) und Direkteinspritzung:
Durch die kürzere Zeit für die Gemischbildung ergeben sich im Abgas höhere Partikelwerte. Um die Abgasnormen zu erreichen kombinieren einige Hersteller die Saugrohr- mit der Direkteinspritzung. Im unteren Lastbereich wird zur Reduzierung der Partikelwerte ins Saugrohr eingespritzt und ab mittlerer Last direkt in den Zylinder.

Steuergerät mit Sensoren und Aktoren

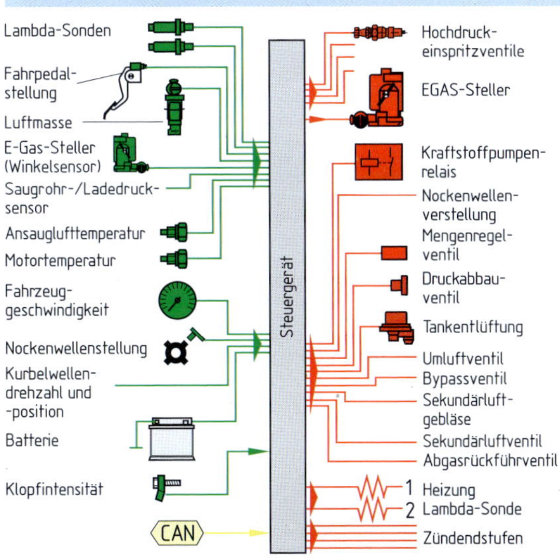

Die **Motorsteuerung** ist ein drehmomentgeführtes System.
Die Hauptsteuergröße kommt als Momentanforderung (Lastwunsch) über die Fahrpedalstellung. Weitere Anforderungen kommen z. B. von der Getriebesteuerung und der Fahrdynamikregelung. Diese Momentanforderung wird vom Steuergerät in die Stellgrößen für den Drosselklappenwinkel umgesetzt. Einspritzzeitpunkt, Einspritzmenge und Zündwinkel werden vor allem aus angesaugter Luftmasse, Kurbelwellendrehzahl und Kurbelwellenposition ermittelt.
Das **Zündsystem** entspricht dem der Saugrohreinspritzung.
Das **Gemischbildungssystem** ist ein Common Rail System.
Die **Vorförderpumpe** im Tank versorgt die Hochdruckpumpe mit bedarfsgeregeltem Vordruck zwischen 3,5 bar und 5 bar.
Die **Hochdruckpumpe** erzeugt einen Raildruck bis 350 bar.
Das **Mengenregelventil** sorgt für eine bedarfsgerechte Mengenförderung in Abhängigkeit vom geforderten Systemdruck und der Einspritzzeit.
Das **Druckabbauventil** baut bei schnellen Druckänderungen den Druck ab und macht das System beim Abstellen drucklos.
Die **Einspritzventile** (Mehrloch-Magnetventile) sind direkt an den Speicher (Rail) angeschlossen. Durch das Ansteuersignal werden Einspritzdauer, Einspritzzeitpunkt und Anzahl der Einspritzungen festgelegt.
Der **E-Gas-Steller** steuert über die Stellung der Drosselklappe die Füllung und damit das Motormoment.
Das **Sekundärluftgebläse** bläst beim Kaltstart über das **Sekundärluftventil** Frischluft direkt nach dem Auslassventil in den Auspuff. Sie reagiert mit dem Kraftstoff im Abgas.
Die **äußere Abgasrückführung** kann durch Nockenwellenverstellung auf große Ventilüberschneidung (innere Abgasrückführung) unterstützt oder ersetzt werden.

Systemübersicht

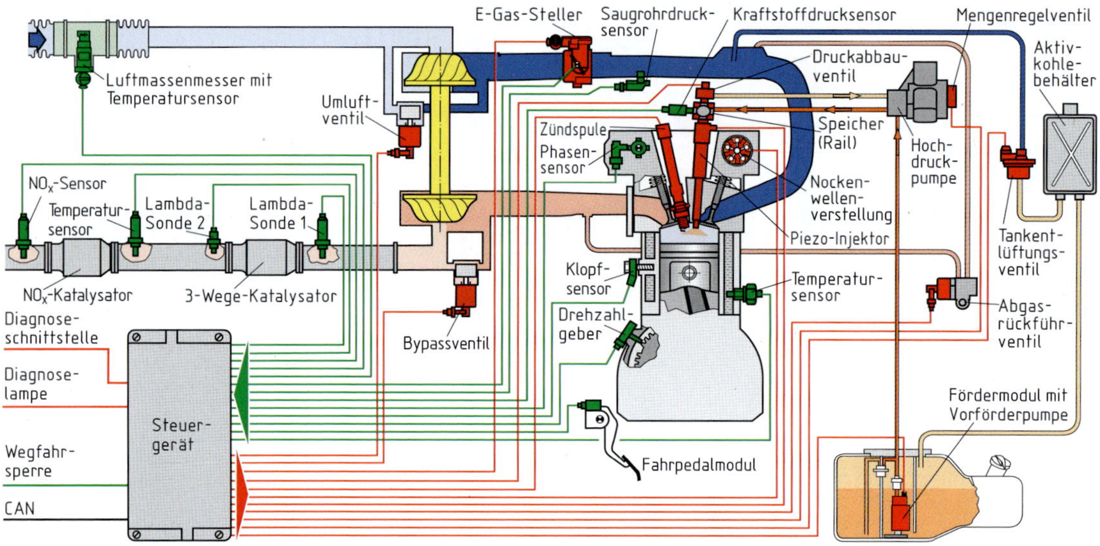

Merkmale, Bauteile

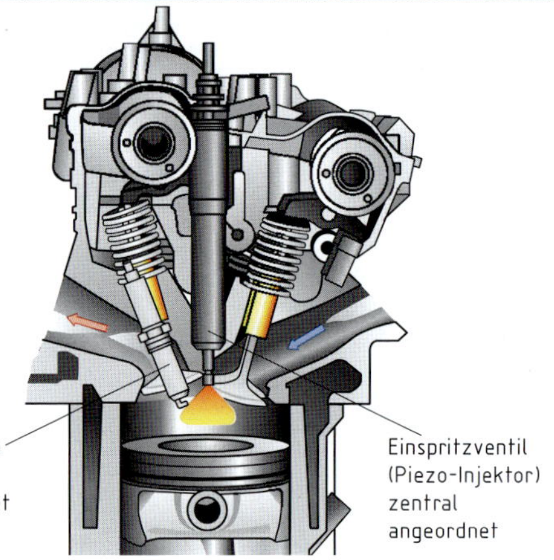

Die **Motorsteuerung** ist ein drehmomentgeführtes System.
Das **Zündsystem** entspricht bezüglich der Bauteile dem der Saugrohreinspritzung hat jedoch mehr Funktionen (Mehrfachzündung).
Die **Einspritzanlage** ist vergleichbar mit dem Diesel-Common-Rail-System.
Die **Vorförderpumpe** im Tank wird über ein PWM-Signal angesteuert und versorgt die Hochdruckpumpe mit einer bedarfsgeregelten Menge und einem Druck von 4,5 … 6,7 bar.
Die **Hochdruckpumpe** erzeugt einen Raildruck bis 350 bar.
Das **Mengenregelventil** wird über ein PWM-Signal angesteuert. Es ist beim Starten voll geöffnet, um einen schnellen Druckaufbau zu gewährleisten. Im Normalbetrieb regelt es über das Tastverhältnis des PWM-Signals den Kraftstoff-Hochdruck.
Das **Druckabbauventil** baut bei schnellen Druckänderungen den Druck ab und macht das System nach dem Abstellen drucklos. (Entfällt bei rücklauffreier Hochdruckversorgung)
Die **Einspritzventile** (Piezo-Injektoren) öffnen in Richtung Brennraum und erzeugen einen hohlkegelförmigen Einspritzstrahl.
Durch das Ansteuersignal werden Einspritzdauer, Einspritzzeitpunkt und Anzahl der Einspritzungen festgelegt.
Der **E-Gas-Steller** schließt bei Umschalten von Schichtladung auf Homogenbetrieb die voll geöffnete Drosselklappe so weit, dass das Motormoment in Verbindung mit Zündzeitpunkt und Einspritzzeit konstant bleibt.
Die **Regelsonde** (Sonde1) dient zur Regelung des λ-1-Betriebs. Die Monitorsonde (Sonde 2, auch Diagnose- oder Führungssonde genannt), überwacht bei λ-1-Betrieb den Regelkreis und die Funktion des 3-Wege-Katalysators (OBD-Vorschrift).
Der **Temperatursensor** erfasst die Abgastemperatur vor dem NO_x-Speicherkat. Dessen Funktion nimmt ab 500 °C stark ab.
Der **NO_x-Speicherkatalysator** speichert während des Magerbetriebs die Stickoxide.
Der **NO_x-Sensor** überwacht die Regeneration des Katalysators.

Zünd- und Einspritzstrategien

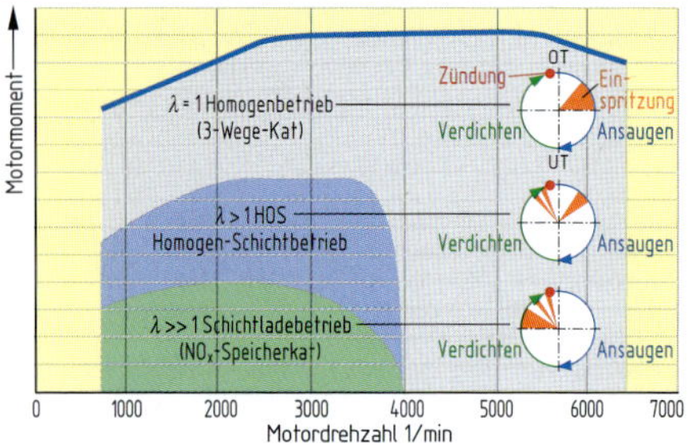

Homogener Betrieb (λ = 1)
Die Einspritzung erfolgt während des Ansaugtaktes. Es bildet sich ein homogenes Kraftstoff-Luftgemisch.
Das homogene Gemisch wird durch einen Einfachfunken gezündet.
Homogener Schichtbetrieb (HOS) (λ > 1)
Eine erste Einspritzung erfolgt in den Ansaugtakt und es bildet sich ein homogenes Basisgemisch. Die Schicht-Einspritzung erfolgt während des Kompressionshubes kurz vor der Zündung als einfache oder zweifache Einspritzung.
Schichtbetrieb (λ > 1)
Durch Mehrfacheinspritzung wird eine frei im Raum schwebende Gemischwolke erzeugt, die zum Zündzeitpunkt gerade an die Zündkerze heranreicht.
Die Zündung erfolgt durch einen einzelnen Zündfunken (Singlespark) oder bei modernen Motoren durch mehrere kurz aufeinander folgende Zündfunken (Multispark). Die Mehrfachzündung ermöglicht sicheres Zünden auch bei stark abgemagertem Gemisch.

Systemübersicht einer bivalenten Erdgasanlage

1 Aktivkohlebehälter
2 Tankentlüftungsventil
3 AGR-Ventil
4 Luftmassenmesser
5 E-Gas
6 Saugrohrdrucksensor
7 Benzin-Einspritzventile
8 Zündspule
9 Phasensensor
10 Lambdasonde
11 Vorkatalysator
12 Lambdasonde
13 Motorsteuergerät
14 Fahrpedalgeber
15 Gasdruckregler
16 Erdgasdruck- und Temperatursensor
17 Erdgas-Einblasventile
18 Drehzahlsensor
19 Temperatursensor
20 Klopfsensor
21 Tankeinfüllstutzen
22 Gasabsperrventile
23 Erdgasbehälter
24 CAN-Schnittstelle
25 Diagnoselampe
26 Diagnoseschnittstelle
27 Benzintank
28 Hauptkatalysator

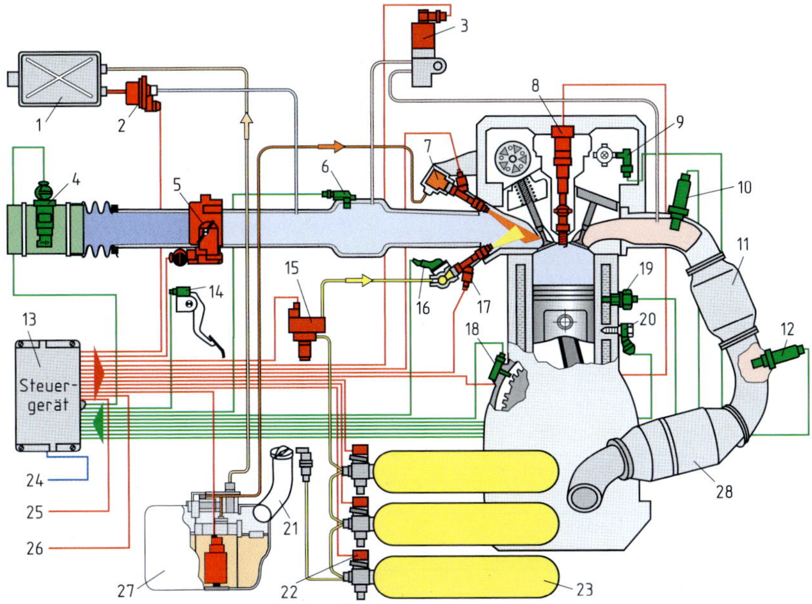

Erdgas/Autogas als Kraftstoff

Für Kfz kommt entweder Erdgas (**CNG** – **C**ompressed **N**atural **G**as) oder Autogas (**LPG** – **L**iquified **P**etroleum **G**as) in Frage.

Erdgas besteht im Wesentlichen aus der Kohlenwasserstoffverbindung Methan CH_4. Je nach Erdgasversorger werden unterschiedliche Gasqualitäten angeboten. Die Qualitätsunterscheidung erfolgt nach dem Heizwert des Gases in H-Gas (High-Gas) und L-Gas (Low-Gas). Weil Erdgas weniger Kohlenstoff enthält, produziert seine Verbrennung ca. 20...30% weniger Kohlendioxid CO_2 als die Verbrennung von Benzin. Außerdem sind Schwefel und seine Verbindungen so gut wie nicht vorhanden.

Autogas besteht aus Propan und Butan und wird als Nebenprodukt in den Raffinerien aus Erdöl gewonnen. Bei Umgebungsbedingungen ist es gasförmig, wird aber unter geringem Druck flüssig. Bei der Verbrennung entsteht ca. 10% weniger Kohlendioxid als bei der Verbrennung von Benzin.

Gastank

Erdgas: Die Speicherung von Erdgas (CNG) erfolgt in Druckgasbehältern mit einem Volumen bis zu 120 l bei maximal 200 bar Druck im Kofferraum oder am Unterboden. Die Druckgasbehälter sind entweder aus Stahl oder kohlefaserverstärkten Kunststoffen hergestellt. Die Tanks besitzen alle eine Thermosicherung, um im Brandfall dosiert Gas abzulassen. Außerdem besitzt jeder Gastank ein Tankabsperrventil. Ein Gastank mit 120 l Volumen speichert ca. 21 kg Erdgas. Diese 21 kg entsprechen bei H-Gas ca. 28 l Otto-Kraftstoff.

Autogas: Die Speicherung erfolgt im Kfz in zylindrischen Tanks oder Reserveradmuldentanks mit 40...90 Liter Volumen bei einem Druck von ca. 8 bar. Die Befüllung darf maximal 80% des Behältervolumens betragen, um eine Wärmeausdehnung des Gases zu ermöglichen. Die Tanks besitzen ein Sicherheitsventil, das bei 28 bar öffnet. Ein 90-l-Autogastank, befüllt mit 80% entspricht einem Otto-Kraftstoffvolumen von ca. 52 l.

Funktionsweise

Die Gasantriebe können sowohl monovalent (nur Gas) als auch bivalent (Gas und Benzin) ausgelegt sein. Bei bivalenten Antriebssystemen wird auf Knopfdruck vom Benzineinspritzsystem auf das Gaseinblassystem gewechselt. Über eine Niederdruckrail werden dann die Einblasventile mit Erdgas versorgt, die dieses intermittierend in das Saugrohr einblasen. Durch die vollständig gasförmige Kraftstoffeinbringung ist die Gemischbildung verbessert. Das Gas kondensiert nicht an den Saugrohr- und Zylinderwänden. Insbesondere während des Warmlaufens wirkt sich dies günstig auf die Emissionen aus. Bei Autogassystemen erfolgt eine Verdampfung des Gases in einem zusätzlichen Druckregler.

Monovalente Fahrzeuge können speziell für den Kraftstoff Erdgas (Oktanzahl bis 130 ROZ) bzw. Autogas (bis 111 ROZ) optimiert werden. Eine Verdichtung bis zu 13:1 und damit eine ideale Basis für eine Aufladung ist geschaffen.

Gasprüfung nach § 41 a StVZO

Gassystemeinbauprüfung (GSP): Nach dem Einbau eines genehmigten Gasnachrüstsatzes.

Gasanlagenprüfung (GAP): Wiederkehrende Prüfung als eigenständiger Teil der HU oder nach dem Einbau einer Gasanlage, einer Reparatur oder einem Unfall. Eine GAP wird bei der HU anerkannt, wenn sie maximal 12 Monate zurückliegt.

Sicherheitsregeln bei Arbeiten an Fahrzeugen mit Gasanlagen siehe S. 96.

Systemübersicht am Beispiel eines Common-Rail-Systems

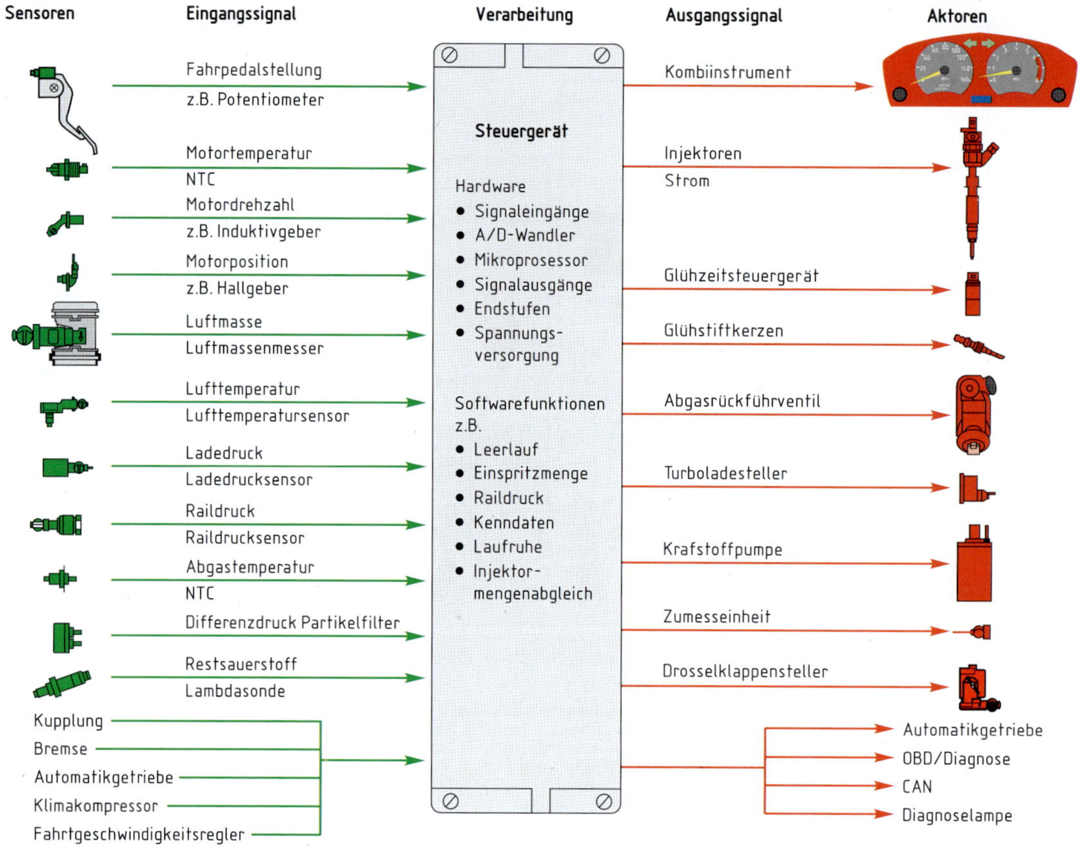

Funktionsprinzip

Bei der elektronischen Dieselregelung **EDC** (**E**lectronic **D**iesel **C**ontrol) handelt es sich um Einspritzsysteme, bei denen die einzelnen Funktionen elektronisch gesteuert oder geregelt werden. Dies geschieht nach dem EVA-Prinzip (Eingabe, Verarbeitung und Ausgabe). Dazu werden mit unterschiedlichsten Sensoren Fahrzeug- und Motordaten erfasst wie z. B. Motordrehzahl, Ladedruck usw. Diese Daten werden dem Steuergerät übermittelt und im Steuergerät gegebenenfalls von analogen zu digitalen Signalen umgewandelt. Weitere Informationen können von anderen Fahrzeugsteuergeräten (ABS, ESP) z. B. über den CAN-Bus zur Verfügung gestellt oder abgerufen werden. Anhand der erfassten Umgebungswerte und den im Steuergerät abgelegten Daten in Konstanten, Kennlinien und Kennfeldern errechnet der Mikroprozessor mit seiner Software die optimalen Sollwerte für den Motor. Diese Sollwerte werden mit den erfassten Istwerten verglichen. Gibt es bei diesem Vergleich Abweichungen, steuert das Steuergerät die entsprechenden Aktoren an, um die Istwerte den Sollwerten anzupassen. Es findet eine direkte Rückmeldung über die Sensoren statt, ob der Eingriff ausreichend war oder ob der Aktor weiter angesteuert werden muss.

Die Hauptsteuergrößen zur Berechnung sind die Motordrehzahl und die Motorlast. In Abhängigkeit dieser beiden Größen werden die Einspritzmenge und der Spritzbeginn berechnet. Als weitere Größen gibt es unter anderem die Motor-, Kraftstoff- oder Lufttemperatur, den Lade- oder Luftdruck usw. Diese Größen greifen korrigierend in die Berechnungen ein.
Neben der Berechnung der Einspritzmenge und des Spritzbeginns werden noch weitere Funktionen im Steuergerät berechnet. Dabei kann es sich um Komfortfunktionen (z. B. aktive Ruckeldämpfung oder Leerlaufregelung), adaptive Funktionen (z. B. Nullmengenkorrektur), überwachende Funktionen (z. B. OBD, Diagnose) oder Funktionen der Abgasnachbehandlung (z. B. Partikelfilterregeneration) handeln.
Diagnose: Auftretende Fehler im Einspritzsystem werden im Fehlerspeicher des Steuergerätes abgelegt. Diese können mit einem Diagnosetester ausgelesen werden.
Sicherheitskonzept: Bei Ausfall von Sensoren errechnet sich das System Ersatzwerte oder greift auf Ersatzwerte zurück und geht gegebenenfalls in einen eingeschränkten Motorbetrieb. Bei sicherheitsrelevanten Funktionsausfällen wird der Motor abgestellt.

Vorteile

- Einhaltung der Abgasgrenzwerte
- Verminderter Kraftstoffverbrauch
- Drehmoment- und Leistungssteigerung
- Schnelleres Ansprechverhalten
- Reduziertes Motorgeräusch
- Ruhigerer Motorlauf
- Regelung der Abgasnachbehandlungssysteme
- Einfaches Anpassen der Systeme an die Motoren durch Steuergeräteapplikation
- Erhöhter Komfort durch Komfortfunktionalität
- Einfaches Erweitern der Systemfunktionalität durch Software
- Sensoren können durch Rechenmodelle ersetzt werden (modellbasierte Software)

Anwendung

Da es aktuell nur noch das Common-Rail-System gibt, wird die elektronische Dieselregelung (EDC) nur noch bei Common-Rail-Systemen angewendet.

Aber auch ältere Systeme wurden elektronisch geregelt, sodass es auch ein EDC-System für z. B. Pumpe-Düse-Systeme gibt.

Systemübersicht (Beispiel: 4 Zylinder, 1-Stellerkonzept mit mengengeregelter Hochdruckpumpe und Magnetventilinjektor)

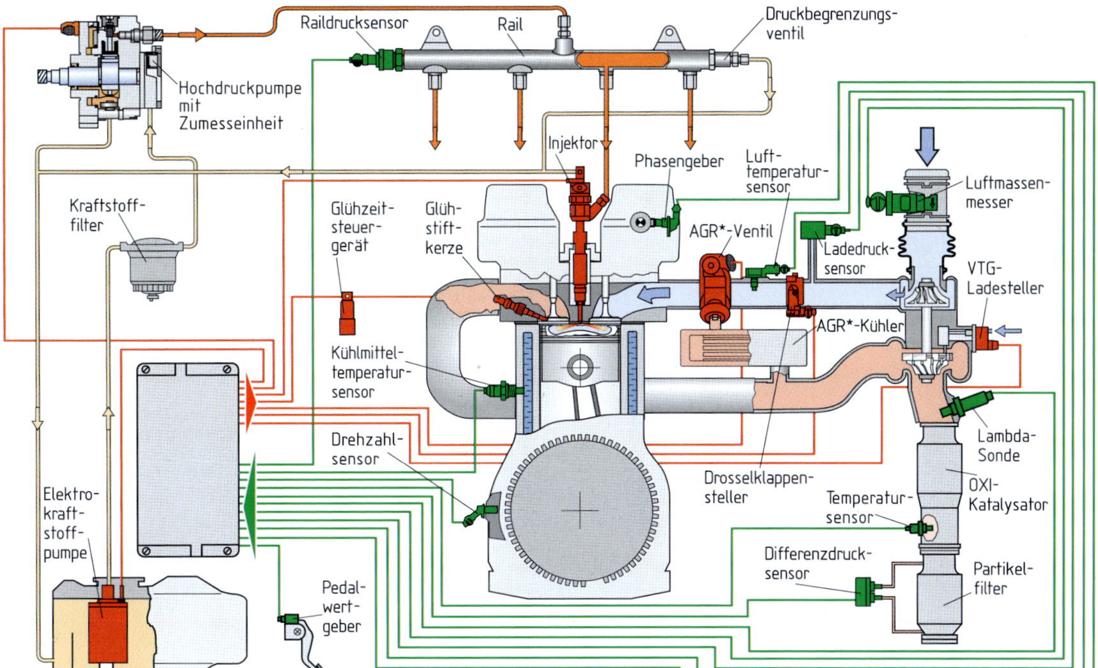

*AGR = Abgasrückführung

Funktionsprinzip

Das Common-Rail-System ist im Grundsatz mit der Mehrpunkteinspritzung beim Ottomotor vergleichbar. Der Einspritzdruck wird zentral von der Hochdruckpumpe erzeugt und ist dadurch unabhängig von der Motordrehzahl. Über ein gemeinsames Hochdruckverteilerrohr (Rail) wird der Druck den einzelnen Injektoren zugeleitet. Jeder Zylinder hat einen Injektor. Die Injektoren werden elektrisch angesteuert und öffnen die Einspritzdüsen. Sie werden vom Steuergerät entsprechend der Zündfolge angesteuert. Über den Ansteuerbeginn und die Ansteuerdauer werden Spritzbeginn und Menge geregelt.

Druckerzeugung

Die Erzeugung des Hochdrucks erfolgt durch eine Radialkolbenpumpe. Sie wird vom Motor angetrieben und über eine mechanische und/oder eine elektrische Kraftstoffförderpumpe mit Kraftstoff versorgt. Die maximale Fördermenge der Hochdruckpumpe ist auf Volllast (höchster Druck bei maximaler Einspritzmenge) ausgelegt. Dadurch würde im Leerlauf und bei Teillast zu viel Kraftstoff ins Verteilerrohr gefördert. Dies würde unnötig Antriebsenergie verbrauchen und zu starker Kraftstoffaufheizung führen. Deshalb werden mengengeregelte Hochdruckpumpen eingesetzt, bei denen die Fördermenge über ein elektromagnetisches Mengenregelventil (Zumesseinheit) dem tatsächlichen Bedarf angepasst wird.

Druckregelung

Durch Ansteuern der Zumesseinheit (Mengenregelventil) kann die Höhe des durch die Hochdruckpumpe erzeugten Drucks von 250 bar im Leerlauf bis maximal 2500 bar bei Volllast variiert werden. Dies ist unabhängig von der Motordrehzahl indirekt über die Fördermenge der Pumpe möglich. Eine zusätzliche Möglichkeit zur Druckregelung kann ein am Verteilerrohr angebrachtes Druckregelventil sein mit dem der Druck direkt im Verteilerrohr geregelt wird. Das Steuergerät ermittelt anhand eines abgespeicherten Kennfelds für jeden Motorbetriebspunkt den optimalen Druck im Verteilerrohr. Der Hochdrucksensor am Verteilerrohr übermittelt den aktuellen Wert an das Steuergerät. Weicht der Istwert des Drucks vom abgespeicherten Sollwert ab, so führt das Steuergerät entweder das Mengenregelventil oder das Druckregelventil so lange nach, bis der Sollwert erreicht ist.

Injektor

Der **Magnetventilinjektor** besteht aus einer Einspritzdüse mit vorgeschaltetem Magnetventil.
Der Ansteuerbeginn des Magnetventils legt den Einspritzbeginn fest. Die Ansteuerdauer des Magnetventils wird vom Steuergerät in Abhängigkeit von der gewünschten Einspritzmenge und dem aktuell herrschenden Druck im Verteilerrohr über ein Kennfeld ermittelt (vgl. S. 167).

Beim **Piezoinjektor** wird der Ventilhub durch eine Vielzahl hintereinander geschalter Piezoelemente erzeugt. Diese dehnen sich aus, sobald sie vom Steuergerät mit Spannung beaufschlagt werden und ziehen sich wieder zusammen, wenn die Spannung umgepolt wird. Ansteuerzeitpunkt und Ansteuerdauer bestimmen Einspritzbeginn und Einspritzmenge (vgl. S. 167).

Vorteile

- Einspritzdruck, Öffnungsbeginn und Öffnungsdauer der Injektoren können bei jedem Motor für jeden Betriebspunkt optimiert werden.
- Voreinspritzung und Mehrfacheinspritzung sind auf einfache Weise möglich.
- Regeneration von Abgasnachbehandlungssystemen mit später Nacheinspritzung möglich.

Diese Vorteile der Common-Rail-Einspritzung führen insgesamt zur Reduzierung der Schadstoffemission, des Verbrauchs und der Geräuschentwicklung des Dieselmotors.

Anwendung

Pkw- und Nkw-Dieselmotoren mit Direkteinspritzung. Abkürzungen bei Pkw: CDI, TDI, HDI, jtd.

Benzin-Direkteinspritzung. Das System arbeitet hier jedoch mit wesentlich geringeren Drücken. Abkürzungen: FSI, GDI, CGI (vgl. S. 161)

Schematischer Hydraulikplan (Beispiel: 2-Stellerkonzept)

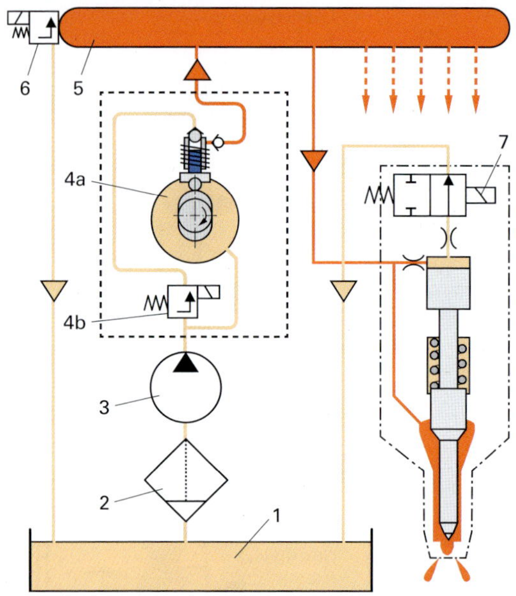

1 Kraftstoffbehälter
2 Kraftstofffilter mit Wasserabscheider
3 Kraftstoffvorförderpumpe
4a Hochdruckpumpe CP 4.1
4b Zumesseinheit
5 Hochdruckverteilerrohr (Rail)
6 Druckregelventil
7 Injektor mit Magnetventil

Kraftstoffvorförderung:
Die Kraftstoffvorförderpumpe (3) fördert den Kraftstoff mit einem Druck von ca. 4,5 bar aus dem Kraftstoffbehälter (1) durch den Kraftstofffilter mit integriertem Wasserabscheider (2) über die Zumesseinheit (4b) zur Hochdruckpumpe (4a). Die Kraftstoffvorförderpumpe (3) wird entweder als Elektrokraftstoffpumpe im Tank oder als mechanische Zahnradpumpe an der Hochdruckpumpe ausgeführt.

Hockdruckförderung:
Die vom Motor angetriebene Hochdruckpumpe erzeugt den Hochdruck und fördert den Kraftstoff über eine Hochdruckleitung ins Hochdruckverteilerrohr (5). Die Hochdruckpumpe ist in der Regel eine Radialkolbenpumpe mit 1 ... 2 Pumpenkolben.

Mengenregelung/Druckregelung:
Die Zumesseinheit ist ein elektromagnetisch einstellbares Mengenregelventil mit dem die Zulaufmenge in die Hochdruckpumpe und damit indirekt der Druck im Einspritzsystem stufenlos geregelt werden kann.
Am Hochdruckverteilerrohr befindet sich ein Druckregelventil (6). Das Druckregelventil ist ein elektromagnetisch einstellbares Ventil mit dem die Ablaufmenge im Hochdruckverteilerrohr und damit der Druck direkt im Hochdruckverteilerrohr stufenlos geregelt werden kann.

Kraftstoffverteilung:
Vom Hochdruckverteilerrohr führen weitere Hochdruckleitungen zu den Injektoren (7). Die Injektoren enthalten die Einspritzdüse. Werden die Magnetventilinjektoren bzw. Piezoinjektoren elektrisch angesteuert, wird der Kraftstoff unter Hochdruck in den Verbrennungsraum eingespritzt.

Hochdruckpumpe mit Zumesseinheit (CP)

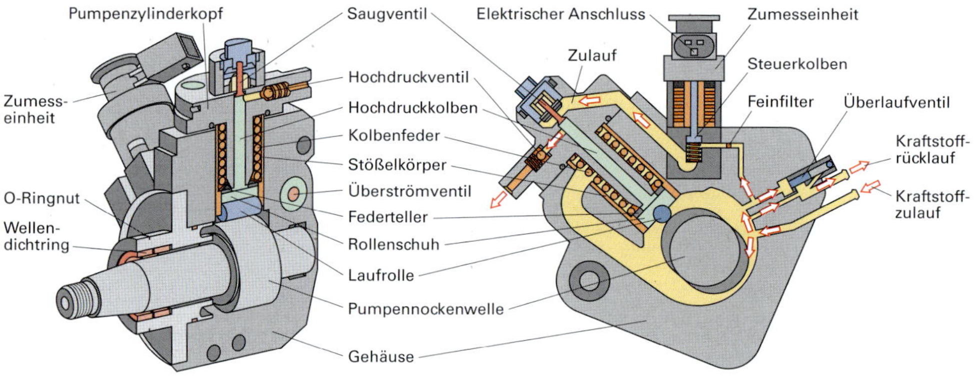

Aufgabe
Erzeugung des Hochdrucks im Hochdruckverteilerrohr (Rail).
- Pkw max. ca. 2500 bar
- Nfz max. ca. 2700 bar

Allgemeines
Die dargestellte Hochdruckpumpe ist eine nach außen fördernde Einstempel-Radialkolbenpumpe für PKW-Motoren mit bis zu vier Zylindern. Für Motoren ab fünf Zylindern wird eine Zweistempel-Radialkolbenpumpe verbaut, die eine höhere Fördermenge hat. Die Fördermenge wird über die Zumesseinheit oder über ein elektrisches Saugventil geregelt.
Der Pumpenantrieb erfolgt über Zahnriemen, Zahnrad, Kette oder Klauenkupplung. Die Leistungsaufnahme liegt zwischen 3,5 und 5 kW, abhängig vom Betriebspunkt des Motors. Das Nockentriebwerk mit Laufrolle reduziert durch geringere Reibung die Leistungsaufnahme und den Verbrauch.
Im Pumpengehäuse befinden sich alle Bohrungen und Kanäle zur Versorgung mit Kraftstoff, der auch zur Kühlung und Schmierung der Pumpe dient.

Funktionsweise
Die Vorförderpumpe pumpt Kraftstoff in den Schmier- und Kühlkreislauf der Hochdruckpumpe und über die Zumesseinheit zu den Saugventilen des Hubvolumens.

Saughub: Überschreitet der Förderdruck der Vorförderpumpe den Öffnungsdruck des Saugventils, wird Kraftstoff in das Hubvolumen gesaugt.
Förderhub: Wird der untere Totpunkt des Hochdruckkolbens überschritten, schließt das Saugventil, der Kraftstoff im Hubvolumen wird unter Druck gesetzt. Erreicht der Druck den Raildruck, öffnet das Hochdruckventil und der Kraftstoff gelangt in den Hochdruckkreis. Die Pumpe fördert, bis der obere Totpunkt erreicht wird (siehe Abbildung).
Das Hochdruckventil schließt durch den Druckabfall. Der Hochdruckkolben bewegt sich abwärts und der Druck sinkt. Unterschreitet der Druck im Hubvolumen den Vorförderdruck, öffnet das Saugventil und Kraftstoff fließt in das Hubvolumen.

Variante mit Zumesseinheit (ZME)
Die Zumesseinheit ist in die Hochdruckpumpe integriert. Sie regelt die Kraftstoffmenge. Im stromlosen Zustand ist die Zumesseinheit geöffnet. Ein PWM-Signal vom Motorsteuergerät steuert die Zulaufmenge und damit die Fördermenge.

Variante mit elektrischem Schaltventil (eSV)
Das elektrische Schaltventil sitzt auf dem Saugventil und kann das Schließen des Saugventils zu Beginn des Förderhubes verzögern um die Fördermenge zu regeln.

Injektoren

Magnetventilinjektor

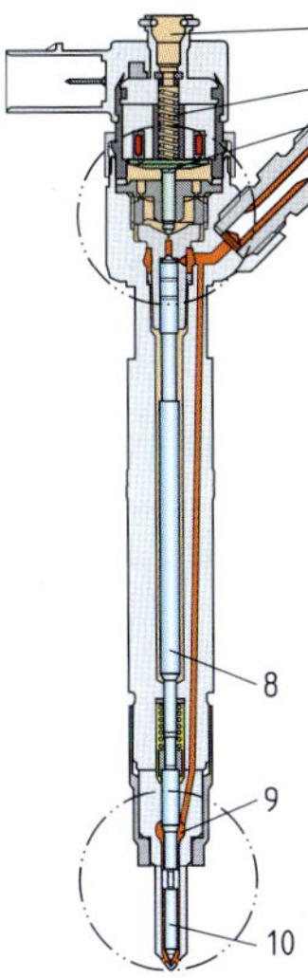

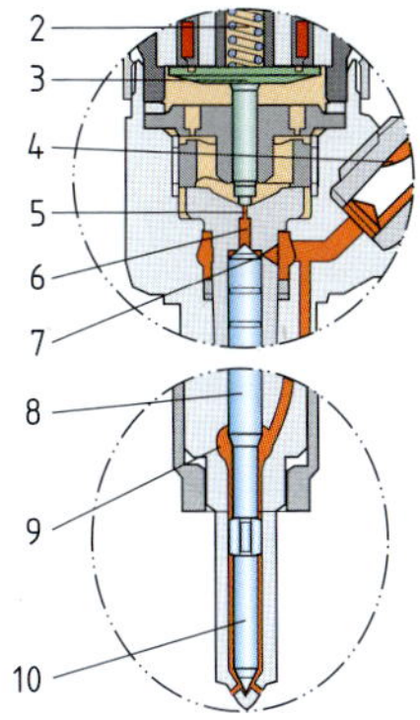

1 Kraftstoffrücklauf
2 Magnetventil mit Ventilfeder
3 Magnetventilanker
4 Hochdruckanschluss
5 Ablaufdrossel
6 Ventilsteuerraum
7 Zulaufdrossel
8 Steuerkolben
9 Kammervolumen
10 Düsennadel

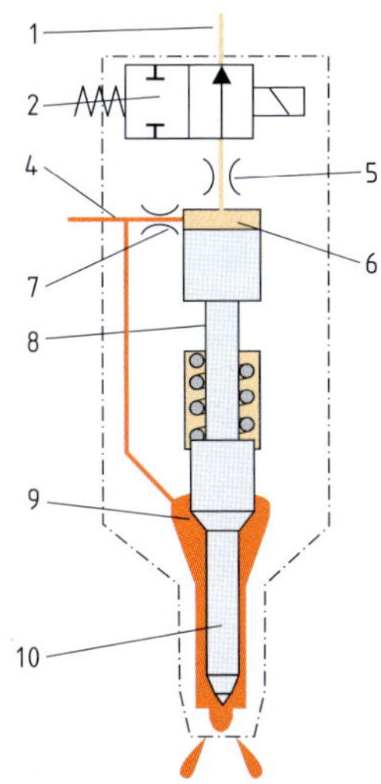

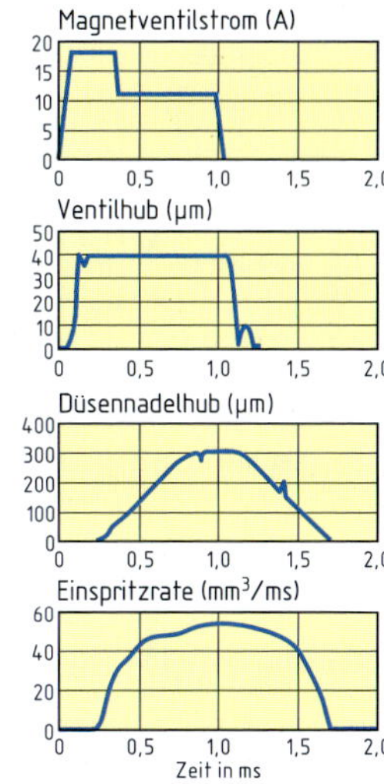

Öffnen: Bei geschlossenem Magnetventil (2) herrscht im Ventilsteuerraum (6) und im Kammervolumen (9) gleicher Druck. Durch die Bestromung des Magnetventils wird der Magnetventilanker (3) angezogen und die Ablaufdrossel (5) geöffnet. Der Kraftstoff fließt über die Ablaufdrossel in den Kraftstoffrücklauf (1) zum Tank. Durch die im Vergleich zur Ablaufdrossel kleinere Zulaufdrossel (7) kann weniger Kraftstoff in den Ventilsteuerraum (6) nachfließen, dadurch sinkt der Druck ab. Der Druck im Kammervolumen (9) bleibt konstant, sodass durch die entstehende Druckdifferenz der Steuerkolben (8) und damit die Düsennadel (10) hydraulisch angehoben wird. Die Düse öffnet und die Einspritzung beginnt.

Schließen: Die Einspritzzeit des Injektors hängt von der durch das Steuergerät vorgegebenen Einspritzmenge und vom Druck im Verteilerrohr ab. Die Einspritzzeit wird über das Einspritzzeitkennfeld des Injektors ermittelt. Am Ende der Einspritzung wird der Strom durch das Magnetventil vom Steuergerät abgeschaltet. Die Magnetventilfeder schließt das Magnetventil und die Ablaufdrossel wird geschlossen. Der Druck im Steuerraum steigt wieder an. Die durch das Öffnen entstandene Druckdifferenz wird ausgeglichen. Deshalb wird der Steuerkolben wieder nach unten gedrückt und verschließt mit der Düsennadel die Einspritzdüse. Die Einspritzung ist beendet.

4

Piezoinjektor

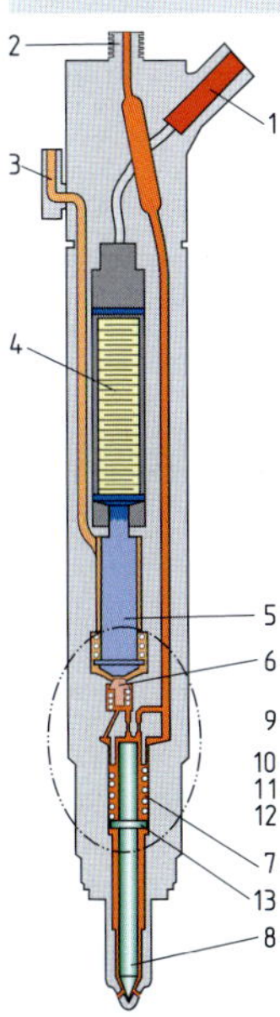

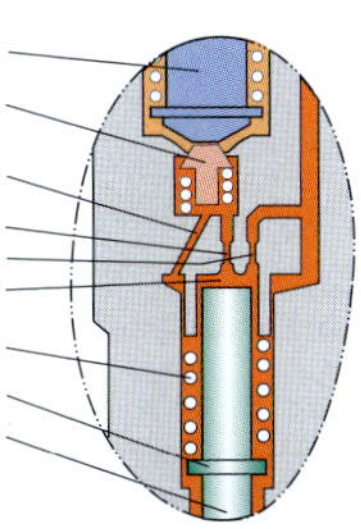

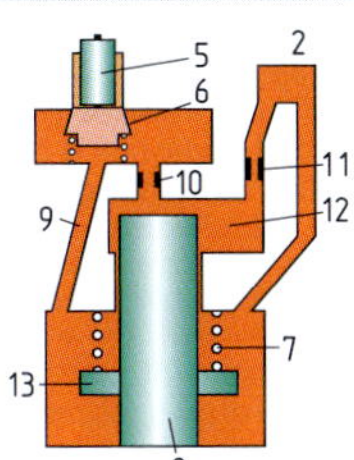

Schema Ventilplatte für hydraulische Übertragung

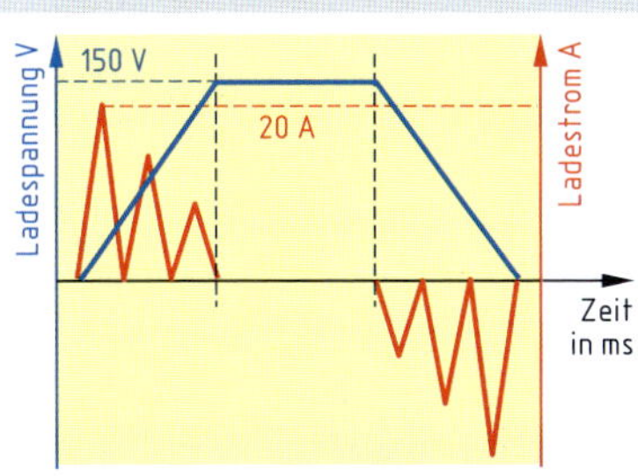

Öffnen: Der kapazitive Piezoaktor (4) wird mit einem Ladestrom von bis zu 20 A auf eine Ladespannung von 150 V aufgeladen. Durch diese Aufladung verlängert sich der Piezoaktor um wenige 1/1000 mm und drückt auf den hydraulischen Koppler (5). Der hydraulische Koppler überträgt die Bewegung des Piezoaktors auf das Schaltventil (6). Im Koppler wird die Bewegung des Piezoaktors von einem großen Kolben über ein Flüssigkeitspolster auf einen kleinen Kolben übertragen. Dieser betätigt das Schaltventil. Durch die unterschiedlichen Kolbendurchmesser im Koppler ergibt sich eine Wegverlängerung. Das Flüssigkeitspolster dient zusätzlich als Ausgleich für temperaturbedingte Längenänderungen. Das Schaltventil verschließt den Bypass (9) und über die Auslassdrossel (10) fließt der Kraftstoff schneller aus dem Steuerraum (12) ab, als er über die Einlassdrossel (11) nachfließen kann. Der Druck im Steuerraum fällt ab. Die Düsennadel (8) wird durch den Raildruck an der Druckschulter (13) gegen die Düsenfeder (7) aufgedrückt. Die Einspritzung beginnt.
Damit der hydraulische Koppler nach seiner Betätigung interne Verluste ausgleichen kann, ist in der Kraftstoffrücklaufleitung aller Injektoren ein bestimmter Rücklaufdruck notwendig. Dieser Druck wird durch ein in die Rücklaufleitung integriertes Druckhalteventil/Rückschlagventil erreicht und beträgt ca. 10 bar.
Schließen: Durch die Umpolung des Ladestroms zum Entladestrom im Steuergerät wird der kapazitive Piezoaktor entladen und verkürzt sich. Das Schaltventil wird geschlossen. Der Bypass wird geöffnet. Der Druck im Steuerraum baut sich über den Bypass und die Einlassdrossel auf. Dadurch wird die Düsennadel wieder in den Dichtsitz gedrückt. Die Einspritzung ist beendet.

1 elektrischer Anschluss
2 Hochdruckanschluss
3 Kraftstoffrücklauf
4 Piezoaktor
5 Hydraulischer Koppler
6 Schaltventil
7 Düsenfeder
8 Düsennadel
9 Bypass
10 Auslassdrossel
11 Einlassdrossel
12 Steuerraum
13 Druckschulter

Systemübersicht

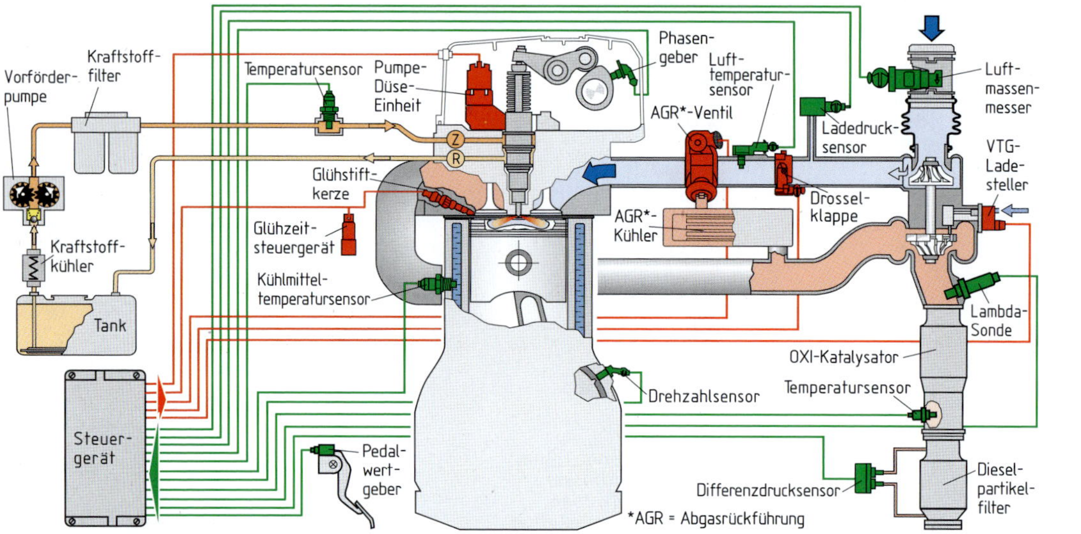

Funktionsprinzip

Das Pumpe-Düse-Einspritzsystem besitzt für jeden Zylinder eine Pumpe-Düse-Einheit (PDE). Die PDE besteht aus einer Hochdruckkolbenpumpe, einem elektrischen Schaltventil und einer Einspritzdüse. Das elektrische Schaltventil kann ein Magnetventil oder ein Piezoventil sein. Die Hochdruckkolbenpumpe wird über Rollenkipphebel von einer Nockenwelle angetrieben.

Die Kraftstoffversorgung erfolgt über eine von der Motornockenwelle angetriebene Vorförderpumpe. Die PDE werden vom Steuergerät in Zündfolge elektronisch angesteuert und öffnen die Einspritzdüsen. Über Ansteuerbeginn und -dauer werden Spritzbeginn und Menge geregelt. Der Einspritzdruck ist abhängig von der Motordrehzahl und kann nicht geregelt werden.

Pumpe-Düse-Einheit (PDE)

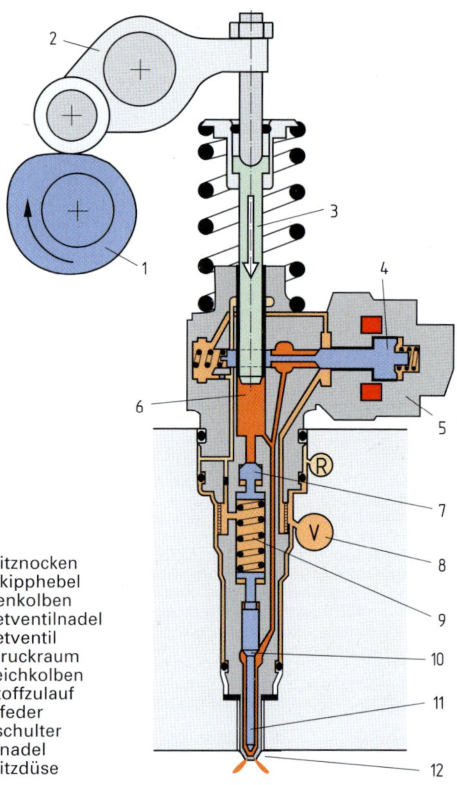

1 Einspritznocken
2 Rollenkipphebel
3 Pumpenkolben
4 Magnetventilnadel
5 Magnetventil
6 Hochdruckraum
7 Ausweichkolben
8 Kraftstoffzulauf
9 Düsenfeder
10 Druckschulter
11 Düsennadel
12 Einspritzdüse

Funktionsweise:
Füllphase: Das Magnetventil (5) ist stromlos und somit geöffnet. Der Pumpenkolben (3) geht nach oben, Kraftstoff gelangt vom Zulauf (8) über das Magnetventil in den Hochdruckraum (6).
Voreinspritzung: Der Pumpenkolben geht nach unten und verdrängt den Kraftstoff. Solange das Magnetventil (5) noch geöffnet ist, fließt der Kraftstoff zunächst wieder zurück. Wird das Magnetventil angesteuert, verschließt die Magnetventilnadel (4) die Zulaufbohrung. Dies führt zu einem Druckaufbau im Hochdruckraum (6) und an der Druckschulter (10). Nach dem Überschreiten des Düsenöffnungsdruckes hebt sich die Düsennadel (11), öffnet die Einspritzdüse (12) und die Voreinspritzung beginnt. Durch den weiter ansteigenden Druck bewegt sich der Ausweichkolben (7) nach unten. Dies bewirkt durch die Vergrößerung des Hochdruckraums einen Druckabfall. Gleichzeitig entsteht eine stärkere Vorspannung der Düsenfeder (9). Die Düsennadel wird wieder in ihren Sitz gedrückt und die Einspritzdüse schließt. Die Voreinspritzung ist beendet. Der Verlauf der Voreinspritzung ist somit mechanisch-hydraulisch bestimmt und vom Steuergerät nicht beeinflussbar. Durch die Voreinspritzung verringert sich der Zündverzug. Die Verbrennung verläuft leiser und mit geringerem Schadstoffausstoß.

Haupteinspritzung: Der Druck steigt wieder an, da sich der Pumpenkolben weiter in der Abwärtsbewegung befindet. Die Einspritzdüse wird durch Anheben der Düsennadel für die Haupteinspritzung geöffnet. Die Haupteinspritzung dauert so lange, bis das Steuergerät den Magnetventilstrom abschaltet. Das Magnetventil öffnet und die Magnetventilnadel (4) gibt die Zulaufbohrung frei. Der Hochdruck baut sich schlagartig ab und die Einspritzdüse schließt. Der Schließzeitpunkt des Magnetventils legt den Beginn des gesamten Einspritzvorgangs (Spritzbeginn) fest. Die Schließdauer des Magnetventils bestimmt die Einspritzmenge bei der Haupteinspritzung. Die optimalen Werte für Schließzeitpunkt und Schließdauer sind für jeden Motorbetriebspunkt im Kennfeld des Steuergeräts abgespeichert.

Vorteile: Durch den extrem kleinen Hochdruckraum in der Pumpe-Düse-Einheit können nahezu verzögerungsfrei Einspritzdrücke an der Düse bis zu 2 400 bar erzeugt werden. Es kommt so zu einer äußerst feinen Zerstäubung des Kraftstoffs. Zusammen mit der elektronischen Kennfeldregelung werden dadurch Schadstoffemission und Kraftstoffverbrauch reduziert.

Anwendung: Dieselmotoren mit Direkteinspritzung.

Systemübersicht

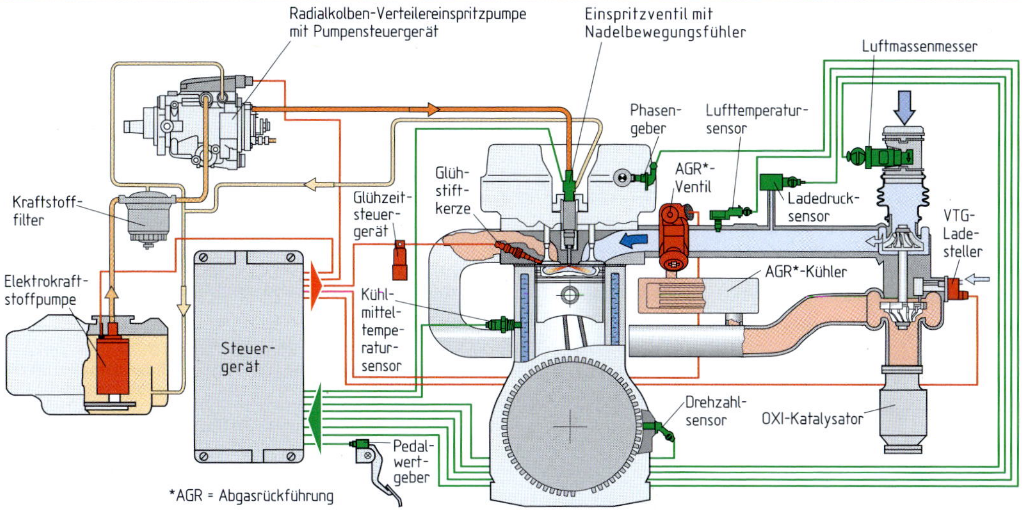

Aufbau

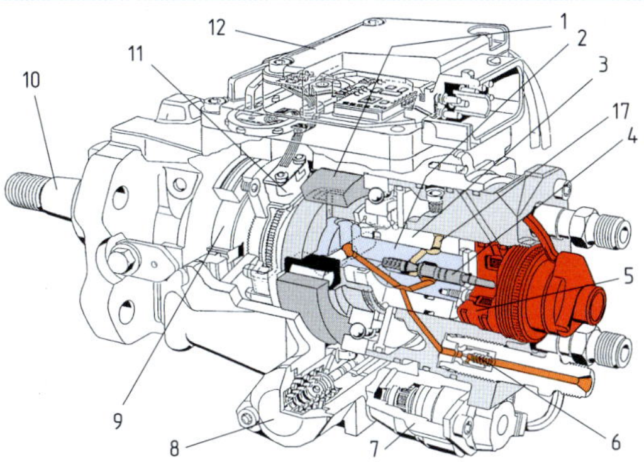

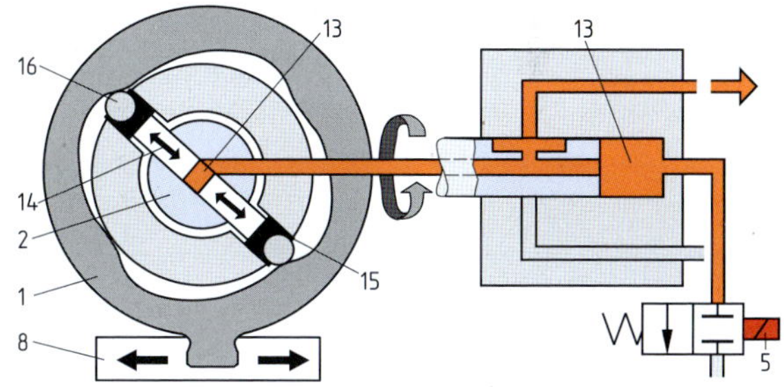

1 Nockenring
2 Verteilerwelle
3 Verteilerkörper
4 Magnetventilnadel
5 Hochdruckmagnetventil
6 Rückstromdrosselventil
7 Spritzverstellermagnetventil
8 Spritzversteller
9 Flügelzellenpumpe
10 Antriebswelle
11 Drehwinkelsensor
12 Pumpensteuergerät
13 Hochdruckraum
14 Förderkolben
15 Rollenschuh
16 Rolle
17 Zu-/Rücklauf

Kraftstoffförderung Hochdruckerzeugung und -verteilung

Kraftstoffförderung: Die Flügelzellenpumpe (9) saugt den Kraftstoff an und fördert ihn in den Innenraum der Verteilerpumpe. Der Druck ist über ein Druckregelventil begrenzt.
Hochdruckerzeugung: Die Radialkolbenpumpe erzeugt Einspritzdrücke bis zu 1800 bar. Vor der Einspritzung werden die Förderkolben (14), Rollenschuhe (15) und Rollen (16) durch Förderdruck und Zentrifugalkraft gegen die Innenbahn des Nockenrings (1) gedrückt. Beim Weiterdrehen der Verteilerwelle (2) bewegt der Nockenanstieg die Förderkolben (14) über die Rollen (16) und Rollenschuhe (15) nach innen (radial). Bei gleichzeitig geschlossenem Hochdruckmagnetventil (5) wird dadurch im Hochdruckraum (13) und in der anschließenden Verteilerbohrung ein Hochdruck erzeugt.
Hochdruckverteilung: Die Verteilung des Kraftstoffs auf die Einspritzleitungen erfolgt über eine Verteilerbohrung in der rotierenden Verteilerwelle (2). In den Anschlüssen für die Einspritzleitungen sitzen Rückstromdrosselventile (6). Sie sorgen für einen schnellen Abbau der Druckwellen in der Leitung nach der Einspritzung.

Mengenregelung, Spritzbeginnregelung

Mengenregelung: Die Höhe der Einspritzmenge bestimmt das Steuergerät durch die Ansteuerzeit des Hochdruckmagnetventils (5).
Förderbeginn: Die Förderkolben werden vom Nockenanstieg im Nockenring (1) nach innen gedrückt. Gleichzeitig erhält das Hochdruckmagnetventil (5) Spannung und die Magnetventilnadel (4) verschließt den Zu-/Rücklauf (17). Der Kraftstoff kann nicht mehr aus dem Hochdruckraum in den Innenraum der Verteilerpumpe zurückfließen. Der Druck steigt bis zum Einspritzdruck an. Kraftstoff fließt über das Rückstromdrosselventil (6) zur Einspritzdüse.
Förderende: Das Hochdruckmagnetventil (5) wird spannungslos. Die Magnetventilnadel (4) gibt die Verbindung zum Pumpeninnenraum wieder frei und der Druck baut sich ab.
Spritzbeginnregelung: Der Spritzbeginn wird vom Pumpensteuergerät über das Hochdruckmagnetventil (5) verstellt. Mit steigender Motordrehzahl schließt das Hochdruckmagnetventil (5) früher. Der hydraulische Spritzversteller (8) hat nur die Aufgabe, den Nockenring entsprechend nachzuführen, damit die frühere Druckerzeugung möglich ist. Die hydraulische Verstellung wird über das Spritzverstellermagnetventil (7) gesteuert.

Mechanische kantengesteuerte Einspritzsysteme

Bei den mechanischen kantengesteuerten Systemen handelt es sich um Dieseleinspritzanlagen mit einer **Reiheneinspritzpumpe** oder einer **Axialkolben-Verteilereinspritzpumpe**. Alle anderen Einspritzsysteme werden elektronisch geregelt. Diese beiden Systeme werden sowohl in indirekt (IDI – Kammermotoren) sowie direkt einspritzenden Motoren (DI) eingesetzt. Die folgenden Funktionen können mit beiden Systemen realisiert werden:

1. Ansteuerbeginn und Ansteuerdauer
2. Einspritzmenge
3. Volllastbegrenzung
4. Leerlaufdrehzahlregelung
5. Enddrehzahlregelung

Reiheneinspritzpumpe

Systemübersicht

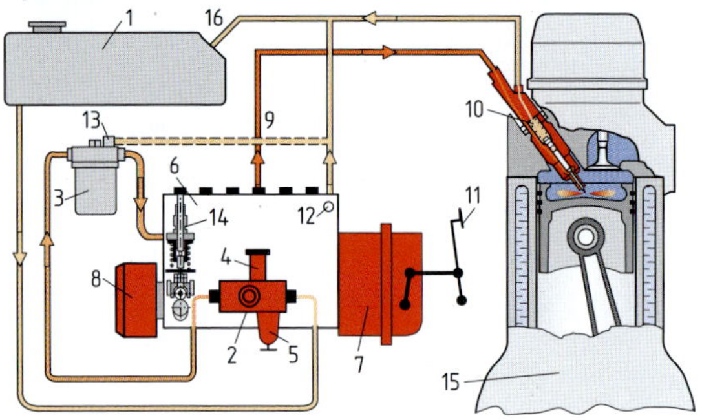

Bauteile

1 Kraftstoffbehälter
2 Förderpumpe
3 Filter
4 Handpumpe
5 Vorreiniger
6 Reiheneinspritzpumpe
7 Drehzahlregler
8 Spritzversteller
9 Hochdruckleitung
10 Düsenhalterkombination
11 Fahrpedal
12 Überströmventil
13 Überströmdrossel
14 Pumpenelement
15 Direkteinspritzender Motor
16 Rücklaufleitung

Funktionsweise

Jeder Motorzylinder verfügt über ein eigenes, in einer Reihe angeordnetes Pumpenelement (14) (Reiheneinspritzpumpe). Das Pumpenelement ist eine Einkolbenpumpe, die über die Nockenwelle der Reiheneinspritzpumpe betätigt wird. Die Pumpennockenwelle wird vom Motor angetrieben und dreht sich mit Motornockenwellendrehzahl.

Kraftstoffversorgung:
Die Förderpumpe (2) fördert den Kraftstoff über den Vorreiniger (5) und den Kraftstofffilter (3) mit 1 ... 1,5 bar Druck zum Saugraum des Pumpenelements (14). Überschüssiger Kraftstoff fließt über das Überströmventil (12) und die Überströmdrossel (13) zurück. Die Handpumpe (4) füllt und entlüftet die Saugseite bei Inbetriebnahme und nach Wartungsarbeiten.

Förderung:
Der Pumpenkolben hat eine Steuerkante und der Pumpenzylinder hat eine Steuerbohrung. Die geförderte Kraftstoffmenge richtet sich nach der Stellung der Steuerkante zur Steuerbohrung. Diese wird über das Fahrpedal (11) und den Drehzahlregler (7) beeinflusst. Der Förderbeginn kann anhand des Spritzverstellers (8) an den jeweiligen Motorbetriebspunkt angepasst werden.

Einspritzvorgang:
Der vom Pumpenelement erzeugte Druck gelangt über die Hochdruckleitung (9) zur Düsenhalterkombination (10). Die Einspritzdüse wird geöffnet und der Kraftstoff wird fein verteilt in den Verbrennungsraum eingespritzt. Sobald der Druck in der Düsenhalterkombination sinkt, schließt die Einspritzdüse und der Einspritzvorgang ist beendet.

Axialkolben-Verteilereinspritzpumpe

Systemübersicht

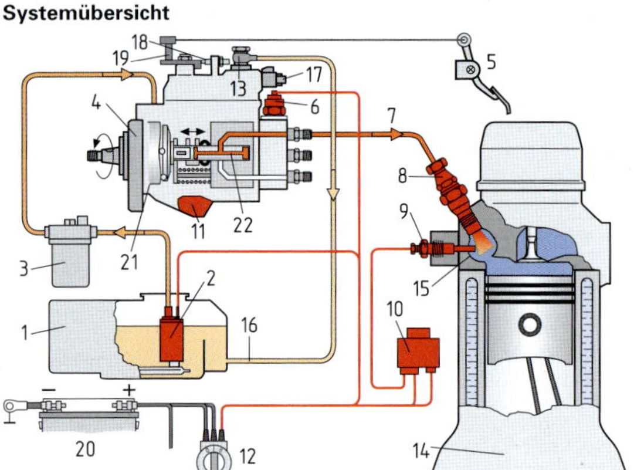

Bauteile

1 Kraftstoffbehälter
2 Vorförderpumpe *(optional)*
3 Filter
4 Axialkolben-Verteilerpumpe
5 Fahrpedal
6 Elektrisches Abschaltventil
7 Hochdruckleitung
8 Düsenhalterkombination
9 Glühstiftkerze
10 Glühzeitsteuergerät
11 Spritzversteller
12 Glüh-Start-Schalter
13 Überströmdrossel
14 Indirekt einspritzender Motor
15 Wirbelkammer
16 Rücklaufleitung
17 Volllastanschlag
18 Stellschraube Enddrehzahl
19 Verstellhebel
20 Batterie
21 Hubscheibe
22 Verteilerkolben

Funktionsweise

Die Verteilereinspritzpumpe (4) hat nur ein Pumpenelement für alle Zylinder. Das Pumpenelement ist eine Einkolbenpumpe. Der Kolben wird in Richtung der Antriebsachse betätigt (⇒ Axialkolben) und dreht sich dabei mit Nockenwellendrehzahl. Eine im Pumpenkolben eingearbeitete Verteilernut (Verteilerpumpe) verteilt den Kraftstoff auf die einzelnen Zylinder.

Kraftstoffversorgung:
In der Verteilereinspritzpumpe befindet sich eine Förderpumpe. Diese saugt den Kraftstoff aus dem Kraftstoffbehälter (1) über den Filter (3) in das Pumpeninnere. Überschüssiger Kraftstoff fließt über das Überströmventil (13) und die Rücklaufleitung (16) zurück. Das elektrische Abschaltventil (6) unterbricht bei ausgeschalteter „Zündung" die Kraftstoffversorgung. Lange Leitungen zwischen Kraftstoffbehälter und Einspritzpumpe erfordern eine zusätzliche elektrische Vorförderpumpe (2).

Förderung:
Die Antriebswelle treibt eine Hubscheibe (21) an. Der mit der Hubscheibe verbundene Verteilerkolben (22) führt eine Dreh-Hub-Bewegung aus. Dadurch wird der Hochdruck zentral aufgebaut und über eine Verteilernut auf die Zylinder verteilt. Der Förderbeginn kann anhand des Spritzverstellers (11) an den jeweiligen Motorbetriebspunkt angepasst werden. Die geförderte Kraftstoffmenge richtet sich nach der Stellung des Regelschiebers am Verteilerkolben. Die Stellung wird über das Fahrpedal (5) und den Drehzahlregler beeinflusst.

Einspritzvorgang:
Der Kraftstoff wird über ein Druckventil und die Hochdruckleitung (7) zur Düsenhalterkombination (8) gedrückt. Die Einspritzdüse wird geöffnet und der Kraftstoff wird fein verteilt in den Verbrennungsraum eingespritzt. Sobald der Druck in der Düsenhalterkombination sinkt, schließt die Einspritzdüse und der Einspritzvorgang ist beendet.

Allgemeines

Damit sich der Dieselkraftstoff am Ende des Verdichtungstaktes selbstständig entzündet ist eine Brennraumtemperatur von 250 °C notwendig. Bei Motorstart (Kaltstart) und geringen Außentemperaturen (kalte Ansaugluft) ist diese Temperatur schwer zu erreichen. Das Starthilfesystem soll einen problemlosen und schnellen Motorstart bei geringem Schadstoffausstoß und Motorgeräusch sicherstellen, bis der Motor warmgelaufen ist.

Anforderungen an das Starthilfesystem:
- Schnelle Aufheizgeschwindigkeit
- Verlängerte Glühzeiten (Nachglühen)
- Anpassung der Heizleistung an den Motorbetriebspunkt
- Temperaturen von bis zu 1 150 °C
- Geringe Bordnetzbelastung
- On-Board-Diagnosefähigkeit
- Einhaltung der Emissionsgrenzwerte bei Start ab Euro 3

Glühphasen

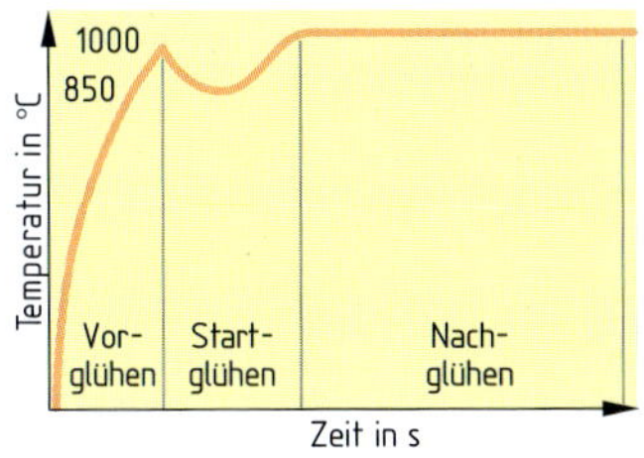

Vorglühen:
Zündung ein (Zündschloss in Stufe 1), der Starter ist noch nicht eingeschaltet. Die Glühdauer ist abhängig von der Motortemperatur. Dauer ca. 2 … 7 s

Startglühen:
Während der Startphase, um eine Abkühlung durch angesaugte Frischluft zu verringern. Dauer ca. 2 s

Nachglühen:
Nach der Startphase und während langer Schubphasen, um ein Auskühlen zu verringern. Dauer bis zu 180 s

Bauarten

Pkw:
- Metallglühkerzen
- Selbstregelnde Glühstiftkerze
- Elektronisch geregelte Glühstiftkerze
- Drucksensor-Glühstiftkerze
- Keramikglühkerze, elektronisch geregelt

Nkw:
- Selbst regelnde Glühstiftkerze
- Elektronisch geregelte Glühstiftkerze
- Flammstartanlage
- Elektrischer Heizflansch

Glühstiftkerzen

Selbstregelnde Glühstiftkerze

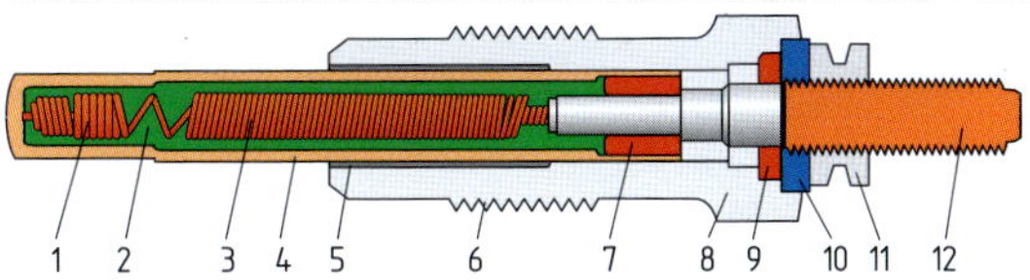

1 Heizwendel
2 Isolierfüllung
3 Regelwendel
4 Glührohr
5 Ringspalt
6 Einschraubgewinde
7 Dichtung
8 Kerzenkörper
9 O-Ring-Dichtung
10 Isolierscheibe
11 Rundmutter
12 Anschlussbolzen

Aufbau: Das Glührohr (4) ist gasdicht in den Kerzenkörper (8) eingepresst und durch einen O-Ring (9) abgedichtet. Die Heizwendel (1) und Regelwendel (3) sind in einem verdichteten elektrisch nicht leitfähigen, aber sehr wärmeleitfähigen Keramikpulver (2) eingebettet.
Funktionsweise: Die Ansteuerung erfolgt durch das Glühzeitsteuergerät. Die Heizwendel (1) wird schnell durch einen hohen Strom, der über den Anschlussbolzen (12) und die Regelwendel (3) fließt, zum Glühen gebracht. Dadurch fängt das komplette Glührohr (4) an zu glühen. Der Brennraum wird erwärmt. Der Widerstand der Heizwendel bleibt während des kompletten Vorgangs konstant. Der Widerstand der Regelwendel (3) hat PTC-Verhalten. Mit steigender Temperatur steigt der Widerstand und der Strom wird reduziert, sodass die Glühstiftkerze nicht überhitzen kann und nicht beschädigt wird.

Elektronisch geregelte Glühstiftkerze

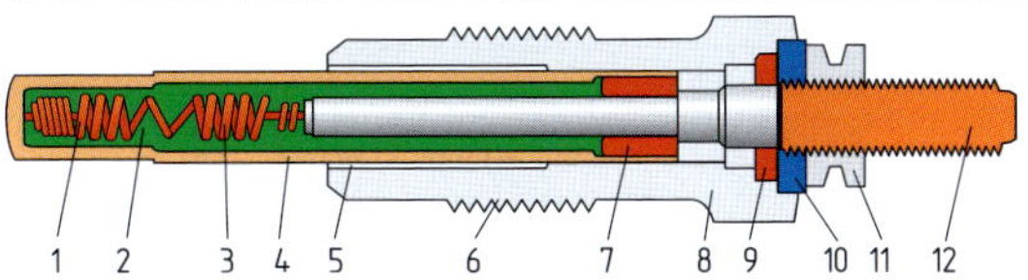

Bezeichnungen wie selbstregelnde Glühstiftkerze

Aufbau: Im Vergleich zur selbstregelnden Glühstiftkerze hat sie eine kürzere Wendelkombination, eine dünnere Wandstärke am Glührohr (4) und eine optimierte Isolierfüllung (2). Dadurch wird schneller eine höhere Temperatur erreicht und das Bordnetz weniger belastet.
Funktionsweise: Ein elektronisches Glühkerzen-Steuergerät steuert die Glühkerzen entsprechend dem Motorbedarf (Kühlmitteltemperatur, Abkühlung im Brennraum usw.) an. Die Stromstärke wird pulsweiten-moduliert (PWM) gesteuert.
Durch die PWM-Ansteuerung und die kürzeren Wendeln wird ein „ottomotorischer Schlüsselstart" bis –25 °C ermöglicht.

Vergleich Glühstiftkerzen

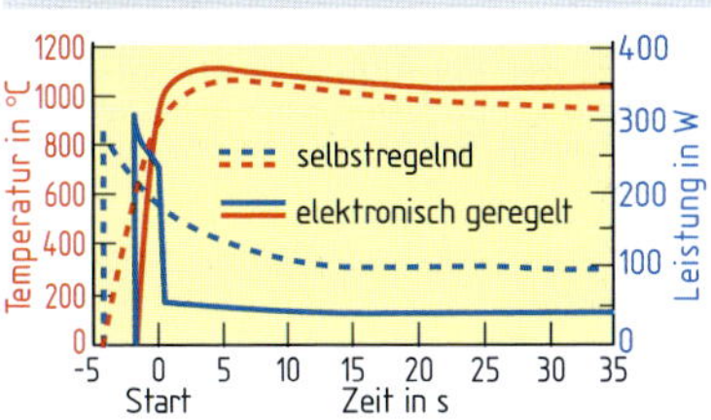

	Selbstregelnd	Elektronisch geregelt
Nennspannung	11,5 V	6,5 … 7,5 V (PWM)
Mittlere Heizleistung	100 … 120 W	50 … 60 W
Maximale Temperatur	1070 °C	1350 °C
Stromaufnahme	7 … 15 A	5 … 10 A
Einschaltstrom	bis 25 A	bis 20 A
Vorglühzeit bei 20 °C	2 … 7 s	1 … 2 s
Anwendung	Vor-, Wirbelkammer, Direkteinspritzer	Nur Direkteinspritzer

Glühstiftkerze mit Drucksensor

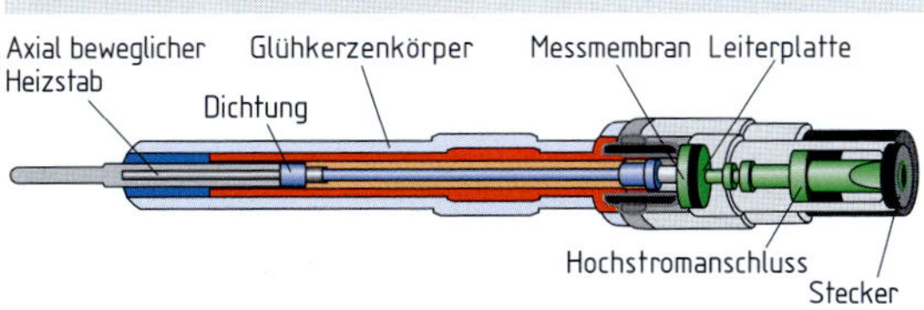

Aufbau: Grundsätzlich gleich wie die elektronisch geregelte Glühstiftkerze. Der Heizstab ist jedoch axial beweglich und im oberen Teil des Kerzenkörpers befindet sich eine Messmembran und eine Auswerteelektronik.
Funktionsweise: Die Ansteuerung der Glühstiftkerze erfolgt wie bei einer elektronisch geregelten Glühstiftkerze. Sobald sich ein Druck im Brennraum bildet, wird der Heizstab auf die Messmembran gedrückt und der Verbrennungsdruck wird gemessen. Dieser Wert ermöglicht die Überwachung der Verbrennung und erleichtert so die Regelung des Verbrennungsprozesses.

Verbrennung, Abgasbestandteile

Abgasbestandteile beim Ottomotor (λ = 1, ohne Abgasnachbehandlung)

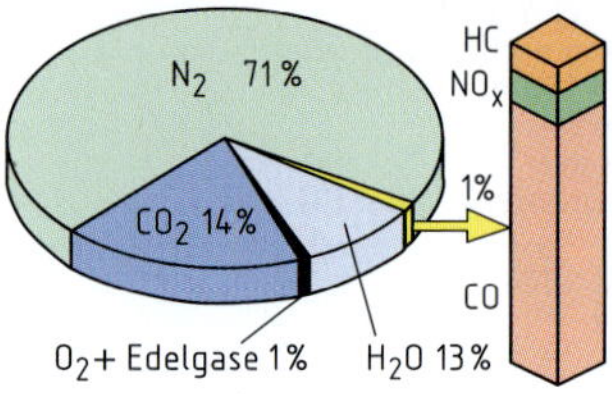

Schadstoffe in Abhängigkeit von λ (vor Kat)

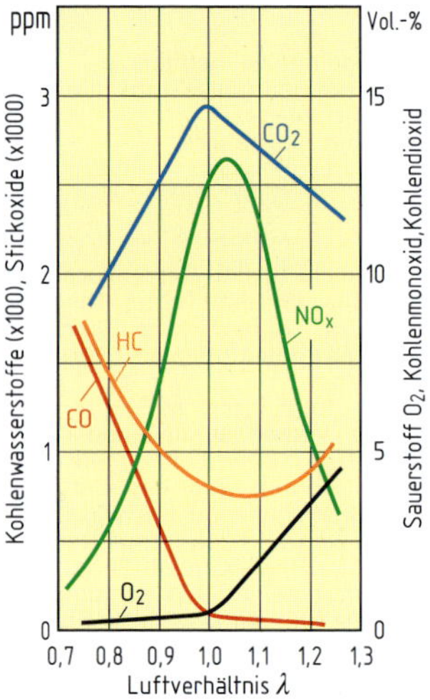

ppm = parts per million (Teile pro Million Teile)

1 000 000 ppm = 100 %
10 000 ppm = 1 %
100 ppm = 0,01 %

Bei der Verbrennung im Motor verbinden sich die Kohlenwasserstoffe des Kraftstoffs mit dem Sauerstoff der Luft. Bei diesem chemischen Vorgang wird eine große Wärmemenge freigesetzt. Diese wird im Motor zu einem Teil in mechanische Arbeit umgewandelt. Der größere Teil geht durch die notwendige Kühlung des Motors und über die heißen Abgase verloren.

Die Ausbreitungsgeschwindigkeit der Flammenfront im Brennraum hängt neben anderen Faktoren vor allem von der Zusammensetzung und der Menge des Kraftstoff-Luft-Gemischs im Zylinder ab. Die Brenngeschwindigkeit ist bei λ = 0,9 am größten. Wenig Gemisch (Leerlauf, Teillast) führt zu kleinerer Brenngeschwindigkeit.

Vollständige Verbrennung des Kraftstoffs ergibt als Verbrennungsprodukte nur Kohlenstoffdioxid (CO_2) und Wasserdampf.

Unvollständige Verbrennung
Im Motor kann die vollständige Verbrennung nicht für alle Kraftstoffteilchen erreicht werden. Je nach Luftverhältnis, Verbrennungstemperatur, Motorbelastung und -zustand sowie Kraftstoffzusammensetzung entstehen noch andere Stoffe.

Die wichtigsten Abgasbestandteile sind:
- Kohlenstoffdioxid CO_2
- Kohlenstoffmonoxid CO
- Wasserdampf H_2O
- unverbrannte Kohlenwasserstoffe HC (CH)
- Wasserstoff H_2
- Sauerstoff O_2
- Stickstoff N_2
- Partikel (z. B. Ruß)

Brenngeschwindigkeit
(Ausbreitung der Flammenfront)
Normale Verbrennung
- in ruhiger Luft 2 ... 5 m/s
- im Motor 10 ... 40 m/s

Klopfende Verbrennung 300 ... 500 m/s

Schadstoffe/Entstehung
- *Kohlenstoffdioxid* (CO_2) entsteht immer bei der Verbrennung von Kraftstoffen, die Kohlenstoff enthalten.
- *Kohlenstoffmonoxid* (CO) entsteht bei unvollständiger Verbrennung durch Luftmangel und bei schlechter Gemischbildung.
- *Unverbrannte Kohlenwasserstoffe* (HC) entstehen bei ungleichmäßiger Gemischbildung und bei Verbrennungsstörungen, z. B. Zündaussetzern.
- *Stickoxide* (NO_X) entstehen bei Luftüberschuss und hoher Verbrennungstemperatur durch Reaktion des Luftstickstoffs mit dem Luftsauerstoff im Zylinder (NO) bzw. im Auspuff (NO_2).
- *Partikel* entstehen insbesondere bei DI-Ottomotoren. Wegen der kurzen Zeitspanne für die Gemischbildung kann der Kraftstoff nicht immer vollständig verdampfen. Aus den feinen Kraftstofftröpfchen entstehen bei der Verbrennung feinste Rußpartikel.

Wirkung der Schadstoffe

Kohlenstoffdioxid CO_2	Kohlenstoffdioxid ist ungiftig. Der hauptsächlich vom Kraftstoffverbrauch abhängige Ausstoß von CO_2 trägt jedoch zum Treibhauseffekt bei, der zur stetigen Erwärmung der Erdatmosphäre führt.
Kohlenstoffmonoxid CO	CO ist ein geruch-, farb- und geschmackloses Gas. Es verbindet sich beim Einatmen mit den roten Blutkörperchen und blockiert den Sauerstofftransport. 0,3 Vol.-% wirken in 30 min tödlich.
Unverbrannte Kohlenwasserstoffe HC	Unverbrannte Kohlenwasserstoffe riechen unangenehm und bilden mit Stickoxiden unter Sonneneinstrahlung Schleimhaut reizende Stoffe. Ein Teil der Kohlenwasserstoffe gilt als krebserregend.
Stickoxide NO_x	NO und NO_2 werden zusammengefasst als Stickoxide NO_x bezeichnet. Sie reizen die Atmungsorgane, zerstören bei längerer Einwirkung das Lungengewebe und schädigen Pflanzen.
Partikel, z. B. Ruß (Größe 0,1 ... 10 µm)	Kleinste Partikel können bis in das Lungengewebe und in den Blutkreislauf eindringen und stehen im Verdacht Atemwegs-, Herz-Kreislauferkrankungen, Entzündungen oder Krebs auszulösen.

Motormaßnahmen zur Schadstoffminderung (Beispiele)

Gemischaufbereitung	Optimales Luftverhältnis λ, gleichmäßige Gemischverteilung im Zylinder, Einlasskanalabschaltung (bei mehreren Einlasskanälen pro Zylinder) zur Erhöhung der Einströmgeschwindigkeit bei niederen Drehzahlen, Einlassdrallkanal für gute Durchmischung durch Drehbewegung der einströmenden Luft, Kühlmitteltemperatur bis 110 °C bei Teillast (vgl. S. 149, 150) als Maßnahmen zur optimalen Gemischbildung und Verbrennung.
Brennraumgestaltung	Zentrale Lage der Zündkerze für kurze Brennwege, kompakte Brennraumform, kleiner Feuersteg am Kolben als Maßnahmen zur Senkung der HC- und CO-Werte.
Variable Ventilsteuerzeiten	Geringe Ventilüberschneidung im Leerlauf verringert den HC-Wert, große Ventilüberschneidung bei Teillast sorgt durch *innere Abgasrückführung* für eine Absenkung der Verbrennungstemperatur und führt damit zur Senkung der NO_X-Werte (vgl. S. 143, 144).
Äußere Abgasrückführung	System mit AGR-Ventil zur Senkung der NO_X-Werte (vgl. S. 176, Hochdruck-AGR).
Zündsystem	Hohe Zündenergie, optimaler Zündzeitpunkt (Kennfeld, Klopfregelung), Mehrfachzündfunken, Doppelzündung für sichere Zündung und optimalen Verbrennungsverlauf.
Kurbelgehäuseentlüftung	Geschlossenes System mit Druckregelventil zur Senkung der HC-Werte
Kraftstoffsystem	Geschlossenes System mit Aktivkohlebehälter zur Senkung der HC-Werte (vgl. S. 155)

Sekundärlufteinblasung

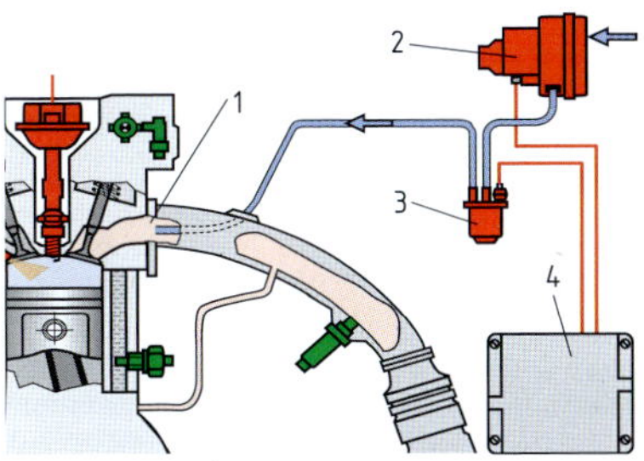

Aufgabe
Schnelles Aufheizen des Katalysators nach dem Motorstart und Verringerung der Schadstoffe CO und HC in der Nachstartphase.

Wirkungsweise
Nach dem Starten steuert das Motorsteuergerät (4) die elektrische Sekundärluftpumpe (2) und das Sekundärluftventil (3) für ca. 60 … 100 Sekunden an. Die Sekundärluftpumpe drückt Luft direkt hinter den Auslassventilen in den Auslasskanal (1). In der Start- und Nachstartphase ist das Gemisch fett und die Zündung spät eingestellt. Der zugeführte Sauerstoff sorgt für die thermische Nachverbrennung der CO- und HC-Anteile im Abgas. Die dabei entstehende Verbrennungswärme führt zu einer schnelleren Aufheizung von Katalysator und Lambdasonde.
Bei Motoren mit einem Rootslader (vgl. S. 146) kann dieser in der Warmlaufphase so geschaltet werden, dass er als Sekundärluftpumpe arbeitet.

Katalytische Abgasnachbehandlung bei Motoren mit homogenem Gemisch und $\lambda = 1$

Dreiwegekatalysator

Katalysator mit Keramikträger

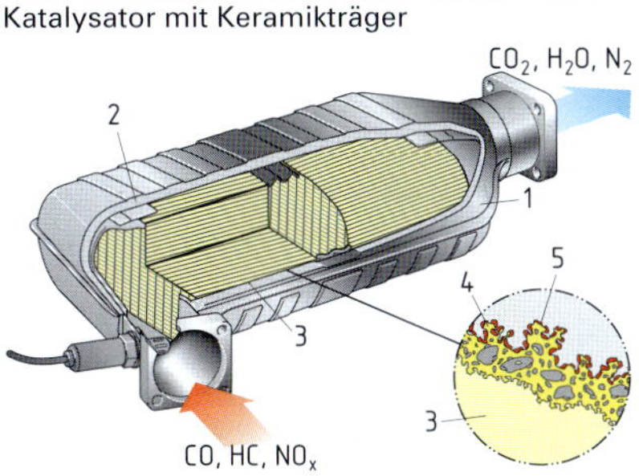

Schadstoffemission vor/nach dem Katalysator in Abhängigkeit von λ

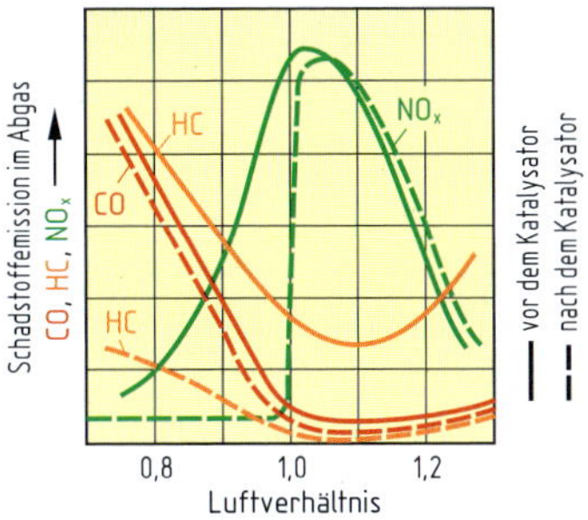

Aufbau
1 Gehäuse aus Edelstahl mit Ein- und Auslasstrichter
2 Matte zur Wärmeisolation und elastischen Lagerung des Keramikträgers
3 Keramikträger (Keramikmonolith) mit feinen Kanälen
4 Poröse Zwischenschicht (wash-coat) aus Aluminiumoxid, vergrößert die Oberfläche der katalytisch aktiven Schicht um das 7 000-Fache
5 Katalytisch aktive Schicht aus Platin (Pt), Rhodium (Rh) und Palladium (Pd)

Wirkungsweise
Das Abgas strömt durch die vielen feinen Kanäle des Trägers. Beim Vorbeiströmen an der katalytisch aktiven Schicht wandeln sich die Schadstoffe CO, HC und NO_X durch chemische Reaktionen in ungiftige Stoffe um:
- Oxidation von CO zu CO_2 und von HC zu CO_2 und H_2O
- Reduktion von NO_X zu N_2

Die katalytisch aktive Schicht setzt die chemischen Reaktionen in Gang, ohne sich selbst zu verändern. Platin und Palladium sorgen für die Oxidation von CO und HC, Rhodium ermöglicht die Reduktion von NO_X.
Damit beim Dreiwegekatalysator die Umwandlungsreaktionen optimal ablaufen können (max. Umwandlungsrate 98 %), ist ein Kraftstoff-Luft-Gemisch mit stöchiometrischem Mischungsverhältnis ($\lambda = 1$) notwendig (vgl. Abb. links). Diese Aufgabe übernimmt die Lambdaregelung im Gemischbildungssystem (siehe unten).

Betriebstemperatur
Um eine möglichst hohe Umwandlungsrate (Konvertierungsrate) zu erzielen, muss die Betriebstemperatur des Katalysators zwischen 350 °C und 800 °C liegen. Unterhalb von ca. 250 °C finden noch keine Reaktionen statt. Bei ca. 300 °C erreicht der Katalysator eine Umwandlungsrate von 50 % (= Anspringtemperatur bzw. light off point). Eine kürzere Anspringzeit erreicht man durch Spätzündung in der Nachstartphase, durch Sekundärlufteinblasung (siehe oben) und durch einen motornahen, sich schnell aufheizenden Vorkatalysator. Temperaturen über 800 °C führen zur Alterung der Katalysatorschicht und ab ca. 1 000 °C wird der Katalysator zerstört. Diese Gefahr besteht z. B. bei Zündaussetzern. Unverbrannter Kraftstoff gelangt in den Katalysator und verbrennt dort. Die große Hitzeentwicklung kann zum Schmelzen des Trägers führen.

Katalysator mit Metallträger
Der Metallträger (Metallmonolith) wird aus einer dünnen, gewellten Metallfolie hergestellt. Er besitzt aufgrund dünnerer Zellwände bei gleicher aktiver Oberfläche einen geringeren Abgasgegendruck als keramische Träger.

Lambda (λ)-Regelung

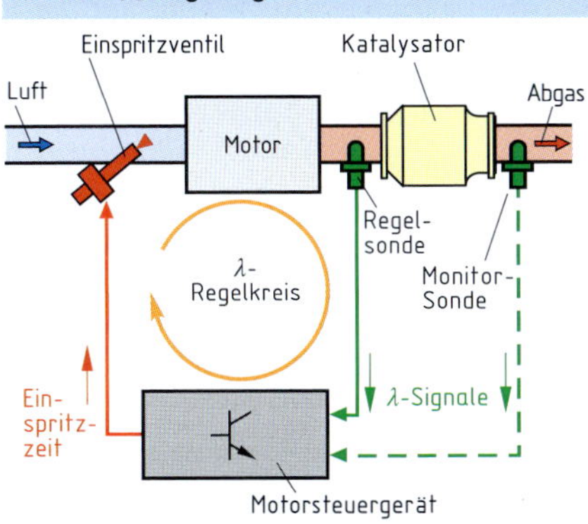

Aufgabe
Für eine optimale Funktion des Dreiwegekatalysators (max. Umwandlungsrate 98 %), ist es notwendig, dass das Kraftstoff-Luft-Gemisch dem stöchiometrischen Mischungsverhältnis ($\lambda = 1$) entspricht. Die λ-Regelung hat deshalb die Aufgabe, das Gemischbildungssystem so zu beeinflussen, dass das Luftverhältnis im Bereich zwischen $\lambda = 0{,}995$ und $1{,}005$ gehalten wird („Lambdafenster").

λ-Regelkreis (vgl. Abb.)
Die Regel- bzw. Führungssonde (λ-Sonde vor dem Katalysator) misst die momentane Gemischzusammensetzung über den Restsauerstoffgehalt im Abgas. Sie sendet ein entsprechendes λ-Signal an das Motorsteuergerät. Der Regler im Motorsteuergerät vergleicht das erhaltene Signal mit den einprogrammierten Sollwerten. Bei einer Abweichung vom Sollwert verändert der Regler entsprechend die Einspritzzeit und damit die Gemischzusammensetzung:
Ist das Gemisch zu mager, wird es durch Verlängerung der Einspritzzeit angefettet. Ist das Gemisch zu fett, wird es durch Verkürzung der Einspritzzeit abgemagert. Der Regelvorgang wiederholt sich ständig, sodass der λ-Wert im „Lambdafenster" gehalten wird.
Als Regelsonde wird meistens eine *Breitband-Lambdasonde* (vgl. S. 305) eingesetzt. Sie kann die Abweichung von $\lambda = 1$ exakt messen. Damit ist eine gleichmäßige (stetige) Lambda-Regelung möglich. Die Monitorsonde (λ-Sonde nach dem Katalysator) dient zur Überwachung der Katalysatorfunktion. Hier kommt eine *Lambdasonde mit Spannungssprung* zum Einsatz (vgl. S. 305).

Katalytische Abgasnachbehandlung bei Motoren mit Schichtladung und $\lambda > 1$

Abgasanlage

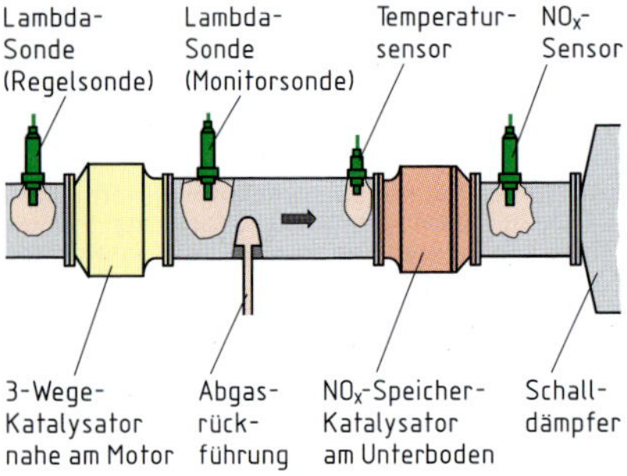

Wirkungsweise
Läuft der Motor im Homogenbetrieb mit $\lambda = 1$, ist der Dreiwegekatalysator voll wirksam und wandelt die Schadstoffe CO, HC und NO_X nahezu vollständig um. Im Schichtladungsbetrieb kann der Dreiwegekatalysator NO_X nicht umwandeln. Wegen der mageren Gemischzusammensetzung besitzt das Abgas einen hohen Restsauerstoffgehalt, CO und HC werden weitgehend oxidiert und stehen nicht mehr als Reduktionsmittel für NO_X zur Verfügung. Deshalb muss NO_X zunächst gespeichert und in Regenerationsphasen anschließend zu N_2 reduziert und ausgestoßen werden. Diese Aufgaben übernimmt der nachgeschaltete NO_X-Speicherkatalysator.

Der Temperatursensor erfasst die Abgastemperatur vor dem NO_X-Speicherkatalysator. Das Motorsteuergerät errechnet aus dem Sensorsignal die Temperatur im Speicherkatalysator. Es schaltet nur bei Katalysatortemperaturen zwischen 250 °C und 500 °C in den Schichtladebetrieb, da nur in diesem Temperaturbereich NO_X im Speicherkatalysator eingelagert werden kann.

Der NO_X-Sensor überwacht die Beladung des Speicherkatalysators. Erkennt der Sensor NO_X am Ausgang des Katalysators, ist der Speicher voll und das Motormanagement leitet eine Regeneration des NO_X-Speichers ein. Bei manchen Herstellern ersetzt ein Rechenmodell im Steuergerät den NO_X-Sensor.

NO_X-Speicherkatalysator

– NO_X-Speicherung im Schichtladebetrieb:

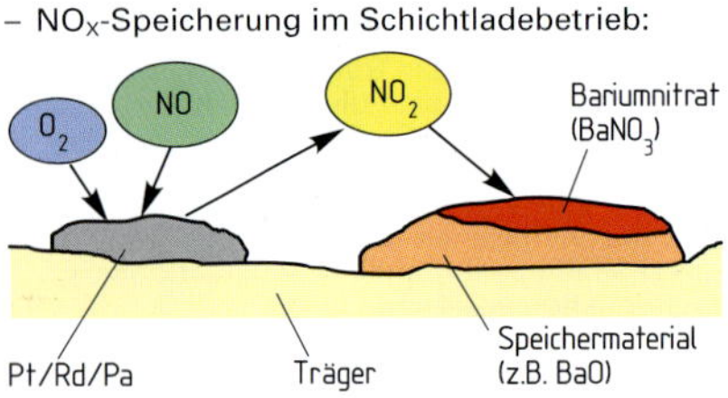

NO_X-Regeneration: Homogenbetrieb und Anfettung auf $\lambda \approx 0{,}8$

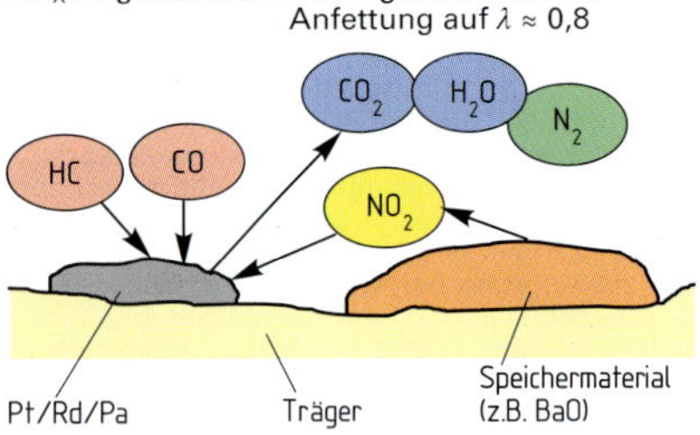

Aufbau
Der NO_X-Speicherkatalysator entspricht im Aufbau dem Dreiwegekatalysator. In der katalytisch aktiven Schicht sind neben Platin, Palladium und Rhodium noch zusätzliche Stoffe enthalten, die Stickoxide (NO_X) speichern können, z. B. Bariumoxid (BaO) oder Kaliumoxid (KO).

Wirkungsweise
Die Speicherung der Stickoxide erfolgt in einer Stufenreaktion: Zunächst reagiert NO an der Katalysatorschicht mit dem Restsauerstoff (O_2) zu NO_2. Anschließend reagiert NO_2 z. B. mit Bariumoxid (BaO) zu Bariumnitrat ($BaNO_3$) und ist damit chemisch gebunden. Mit zunehmender Menge an gespeichertem NO_X lässt die weitere Speicherfähigkeit nach. Ab einem festgelegten Beladungszustand muss der NO_X-Speicher regeneriert werden.
Zur Regeneration des NO_X-Speichers schaltet das Steuergerät auf fetten Homogenbetrieb um ($\lambda \approx 0{,}8$). Die dann vorhandenen Abgasbestandteile CO und HC dienen als Reduktionsmittel und bewirken die Abspaltung der angelagerten Stickoxide (NO_2) vom Speichermaterial. NO_2 wird zu Stickstoff (N_2) reduziert, der dann zusammen mit CO_2 und H_2O den Speicherkatalysator verlässt. Dieser Vorgang dauert 1 ... 5 Sekunden und wiederholt sich im Abstand von 1 ... 10 Minuten, abhängig von den Betriebsbedingungen.
Läuft der Motor im Homogenbetrieb bei $\lambda = 1$, arbeitet der Speicherkatalysator wie ein herkömmlicher Dreiwegekatalysator.

Schädliche Einflüsse
Bei Temperaturen über 500 °C kann NO_X nicht mehr eingespeichert werden. Temperaturen über 800 °C führen zur Alterung des Katalysators und ab ca. 1 000 °C wird der Katalysator zerstört.
Der im Kraftstoff minimal enthaltene Schwefel lagert sich im Katalysator ab und blockiert zunehmend die NO_X-Speicherung. Zur Beseitigung des Schwefels sind Katalysatortemperaturen über 650 °C notwendig. Um diese Bedingungen zu erzeugen, schaltet das Steuergerät einige Minuten in den Homogenbetrieb (abwechselnd fett mit $\lambda = 0{,}95$ und mager mit $\lambda = 1{,}05$) und verstellt gleichzeitig den Zündzeitpunkt nach „spät".

Partikelfilter für Ottomotoren mit Direkteinspritzung

Prinzipieller Aufbau des Ottopartikelfilters (OPF bzw. GPF)

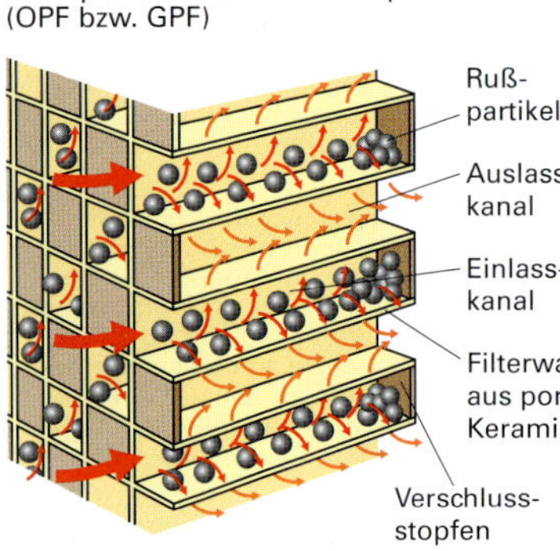

Aufgabe
Bei Ottomotoren mit Direkteinspritzung entstehen bei der Verbrennung je nach Betriebszustand feinste Rußpartikel (vgl. S. 172). Durch den Partikelfilter können diese um mehr als 90% verringert werden und der seit 01.09.2017 für die Typprüfung geltende Grenzwert (vgl. S. 179) kann eingehalten werden.

Aufbau und Wirkungsweise
Der Partikelfilter ist im Abgasstrang nach dem Drei-Wege-Katalysator eingebaut oder in diesen integriert (sog. 4-Wege-Kat). Der Filtereinsatz besteht aus hochporöser und sehr hitzebeständiger Keramik (z. B. Magnesium-Aluminium-Silikat) und besitzt ähnlich wie bei Katalysatoren einen wabenartigen Aufbau mit quadratischen Kanälen. Die Kanäle sind jedoch nicht durchgängig, sondern wechselseitig verschlossen (vgl. Abb.). Das Abgas muss durch die porösen Keramikwände strömen und dabei lagern sich die Rußpartikel an der Oberfläche der Filterwände ab. Aufgrund der hohen Abgastemperaturen bei Ottomotoren, werden die im Filter abgelagerten Rußpartikel im Fahrbetrieb verbrannt. Dies geschieht insbesondere in Schubphasen aufgrund des hohen Sauerstoffanteils im Abgas. Eine aktive Regeneration wie beim Diesel-Partikelfilter (vgl. S. 177) ist daher im Normalfall nicht notwendig. Zur Überprüfung des Beladungszustands werden jedoch teilweise auch beim OPF Differenzdrucksensoren eingebaut.
Die Asche aus der Verbrennung von Motoröl kann nicht abgebrannt werden. Damit der Filter nicht verstopft, muss für Motoren mit Partikelfilter spezielles, aschearmes Motoröl verwendet werden (vgl. S. 387).

Schadstoffe

Verteilung der Abgasbestandteile beim Dieselmotor (Beispiel für Teillastbetriebspunkt)

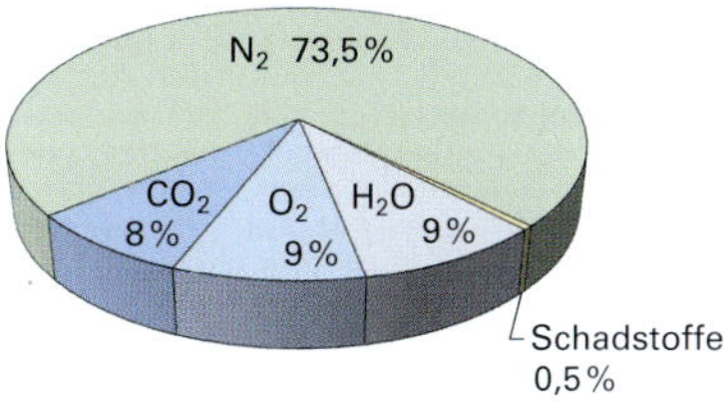

Schadstoffe im Abgas

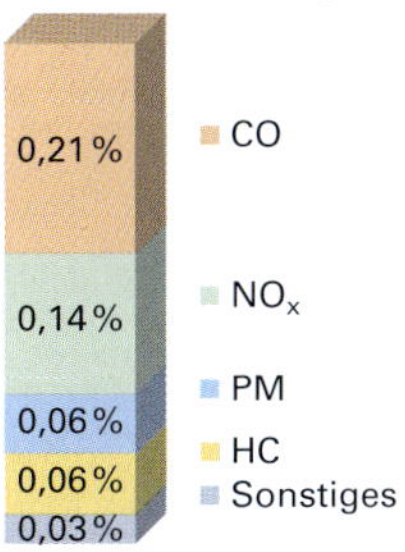

Die genaue Zusammensetzung der Abgasbestandteile hängt vom Motorbetriebspunkt ab. Bei höherer Motorlast steigt der CO_2-Anteil und sinkt der O_2-Anteil. Im Vergleich zum Ottomotor arbeitet der Dieselmotor mit einem höher siedenden Kraftstoff und immer mit Luftüberschuss (λ = 1,3 ... 20). Er hat wesentlich weniger Zeit für die Gemischbildung und erreicht somit kein homogenes Gemisch. Der Verbrennungshöchstdruck ist ca. 2,5-mal höher als beim Ottomotor. Dadurch ergibt sich eine andere Schadstoffemission:

- *Partikel (Feststoffe)*: Vor allem bei hoher Last ergeben sich durch die kurze Zeit für die Gemischbildung im Brennraum Bereiche mit örtlichem Sauerstoffmangel. Der Kraftstoff verbrennt unvollständig und es entsteht Ruß. An ihn lagern sich feinste Kraftstoff- und Schmierölteilchen sowie Sulfate an.
  Partikel (Größe ca. 1/10 000 mm) stehen im Verdacht krebserregend zu sein.
- *Stickoxide (NO_x)*: Bei hohen Verbrennungstemperaturen und hohem Druck reagiert der in der Verbrennungsluft enthaltene Stickstoff (ca. 78 Vol.-%) teilweise mit dem überschüssigen Sauerstoff zu NO bzw. NO_2. Bei hoher Konzentration kann NO_2 zu Schleimhautreizung führen. Stickoxide sind mitverantwortlich für das Waldsterben (saurer Regen) und die Smog-Bildung.
- *Kohlenwasserstoffe (HC)*: Örtlicher Sauerstoffmangel im Brennraum oder nicht verdampfter Kraftstoff führt dazu, dass unverbrannte oder teilverbrannte Kohlenwasserstoffe, z. T. angelagert an Rußteilchen, den Brennraum verlassen. Kohlenwasserstoffe gelten als krebserregend.
- *Schwefeldioxid (SO_2)*: Der im Kraftstoff enthaltene Schwefel (zugelassen sind 50 mg/kg) verbindet sich mit dem Luftsauerstoff zu Schwefeldioxid und bildet mit Wasser schweflige Säure (H_2SO_3).

Motorische Maßnahmen zu Schadstoffminderung

- *Kraftstoffeinspritzung*: Optimierung von Einspritzbeginn, Einspritzmenge und Einspritzverlauf; hoher Einspritzdruck für feinste Zerstäubung.
- *Einlasskanal- und Brennraum*: Drallkanal, Drallklappe und optimierte Brennraummulde im Kolben ergeben gute Verwirbelung.
- *Abgasrückführung und Ladeluftkühlung*: Durch die Absenkung der Verbrennungstemperatur wird der Stickoxidausstoß reduziert.

Abgasnachbehandlung

- *Oxidationskatalysator*: Unverbrannte Kraftstoffe (HC) und Kohlenmonoxid (CO) werden zu Wasser und Kohlendioxid oxidiert. Die Partikelmasse wird durch Oxidation der anhaftenden Kohlenwasserstoffe ebenfalls reduziert.
- *Partikelfilter*: Die im Abgas enthaltenen Partikel (vorwiegend Ruß) werden in einem Filter festgehalten und kontinuierlich oder periodisch mit dem im Abgas enthaltenen Sauerstoff zu Kohlendioxid (CO_2) verbrannt.
- *DeNO$_x$-Katalysator*: Die Stickoxide im Abgas werden kontinuierlich (SCR-Verfahren) oder periodisch (NO_x-Speicherkatalysator) zu Stickstoff N_2 reduziert.

4

Systemübersicht Abgasanlage mit Hoch- und Niederdruck AGR, Oxidationskatalysator, Partikelfilter und SCR-Katalysator

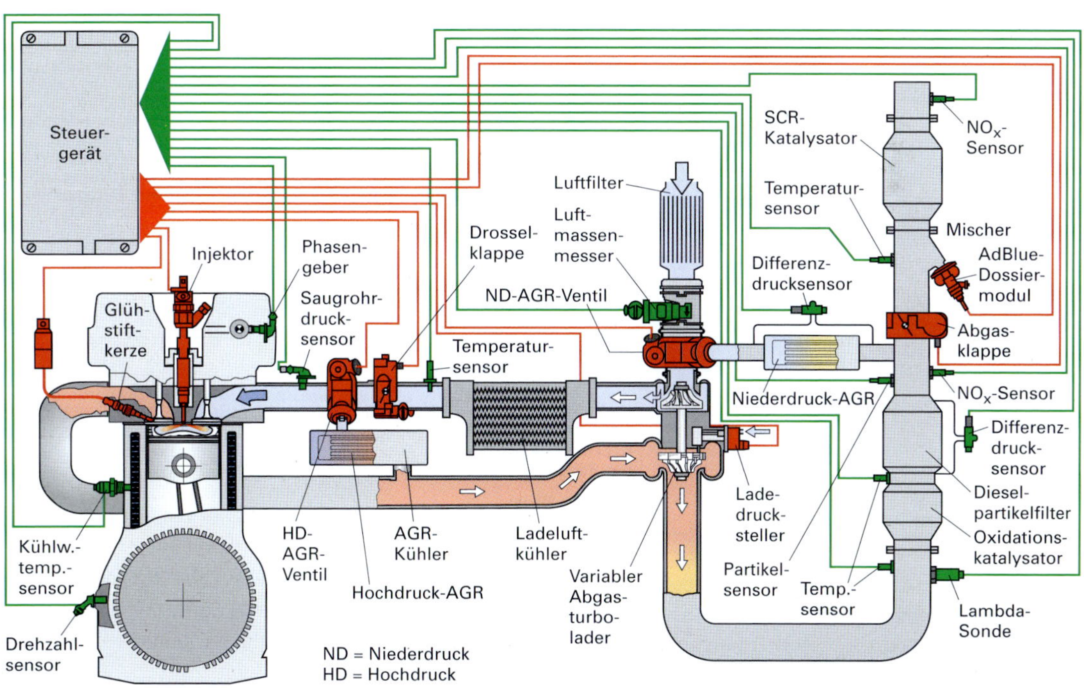

Abgasrückführung

mit elektronischer Regelung

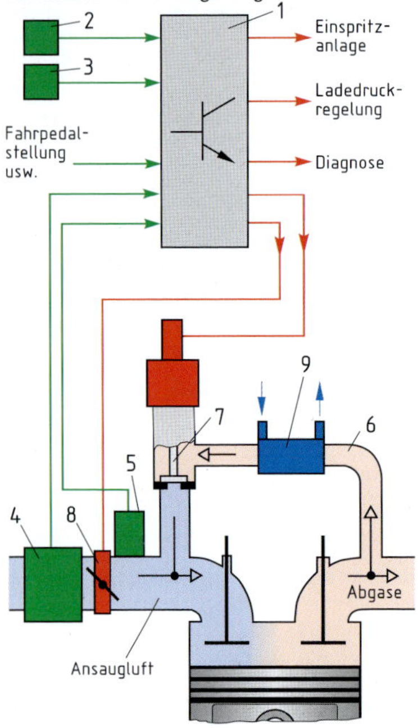

Aufgabe

Die Abgasrückführung (AGR) dient zur Senkung der Stickoxid-Emission. Die AGR entnimmt dem Abgasstrom eine genau bemessene Teilmenge und mischt sie der Ansaugluft zu (äußere Abgasrückführung). Dadurch wird der Sauerstoffgehalt und die Verbrennungstemperatur im Brennraum gesenkt. Hierdurch reagiert weniger Stickstoff mit dem Luftsauerstoff und der NO_x-Anteil im Abgas wird verringert. Durch Kühlung der rückgeführten Abgase wird die Brennraumtemperatur zusätzlich gesenkt.
Beim Dieselmotor kann die AGR besonders effektiv eingesetzt werden, weil im gesamten Teillastbereich ein Luftüberschuss vorhanden ist, der bis zu 50 % durch Abgas ersetzt werden kann. Im Motorleerlauf, bei kaltem Motor (Abgase treiben Turbolader an und heizen den Abgasbereich) und im Volllastbereich (maximale Luft für maximale Leistung) erfolgt keine Abgasrückführung.

Wirkungsweise

Die Abgasrückführung ist in die elektronische Dieselregelung integriert. Das Steuergerät (1) erfasst den aktuellen Motorbetriebspunkt und bestimmt aus dem abgespeicherten AGR-Kennfeld die passende Rückführungsrate. Dazu werden folgende Motordaten herangezogen: Last (Einspritzmenge, Fahrpedalstellung), Drehzahl, Kühlmitteltemperatur und Saugrohr- bzw. Ladedruck.
Die Einstellung der Abgasrückführungsrate erfolgt über das stufenlos verstellbare Abgasrückführungsventil und die Stellung der Druckregel-/Drosselklappe.
Die Druckregel-/Drosselklappe erzeugt das für hohe AGR-Raten erforderliche Druckgefälle zwischen Abgas- und Ansaugseite des Motors.
Bei der geregelten AGR wird die rückgeführte Abgasmenge vom Steuergerät ermittelt. Das System arbeitet mit einem Luftmassenmesser (4). Dieser erfasst die vom Motor angesaugte Frischluft. Das Steuergerät vergleicht die gemessene Frischluftmasse mit der für den Motorbetriebspunkt maximal möglichen Frischluftmasse. Ist die angesaugte Frischluftmasse z. B. um 20 % geringer, bedeutet dies, dass die Abgasrückführrate bei 20 % liegt. Dieser Ist-Wert wird mit dem Sollwert des Kennfelds verglichen und bei einer Abweichung wird nachgeregelt.
Mit diesem System ist eine genauere Zumessung der Abgasrückführungsrate möglich. Der Stickoxidausstoß wird weiter gesenkt, ohne dass gleichzeitig die Werte für HC, CO und Partikel ansteigen bzw. die Leistung abfällt.
Varianten: Es wird zwischen der Hochdruck- und der Niederdruck-Abgasrückführung unterschieden (siehe unten).

Bauteile

1 Steuergerät (Dieselelektronik)	5 Ladedrucksensor	9 AGR-Kühler
2 Motordrehzahlsensor	6 AGR-Leitung	10 Ladeluftkühler
3 Kühlmitteltemperaturfühler	7 Abgasrückführungsventil	11 Abgasturbolader
4 Luftmassenmesser	7b Bypassventil	12 Oxidationskatalysator mit Partikelfilter
	8 Druckregel-/Drosselklappe	

Hochdruck-AGR

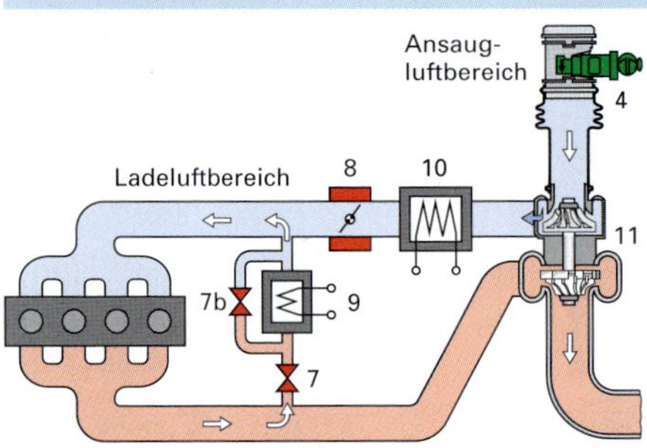

Funktionsweise

Das Abgas wird vor der Turbine des Abgasturboladers (11) abgezweigt und dem Motor vor dem Luftsammler zugeführt. Die Menge des rückgeführten Abgases hängt von der Druckdifferenz zwischen dem Abgasgegendruck vor der Turbine und dem Saugrohrdruck sowie der Stellung des betätigten AGR-Ventils ab.
Bei Pkw-Motoren ist das Druckgefälle zwischen der Frischluft- und der Abgasseite größtenteils ausreichend. Nur in niedrigen Lastpunkten wird die Druckregel-/Drosselklappe (8) angesteuert und stufenlos verstellt, um eine ausreichende Druckdifferenz zu erhalten und dadurch eine höhere AGR-Rate zu erzielen. Eine weitere Möglichkeit ist, das Bypassventil (7b) zu öffnen und das Abgas ungekühlt und ungehindert in das Saugrohr überströmen zu lassen.

AGR-Regelung

Die Regelung der AGR-Rate erfolgt über die Messung der Luftmasse im Luftmassenmesser (4). Die Regelung kann durch den Einsatz einer zusätzlichen Lambda-Regelung deutlich verbessert werden.

Niederdruck-AGR

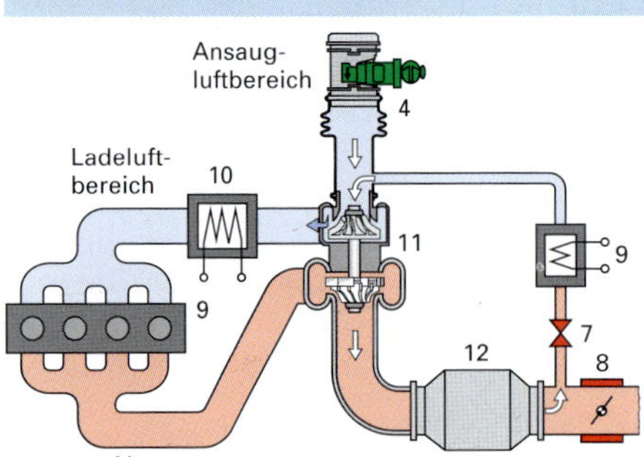

Funktionsweise

Das zurückgeführte Abgas wird nach der Turbine und der Abgasnachbehandlung im Oxidationskatalysator und Dieselpartikelfilter (12) entnommen und der Luftseite vor dem Verdichter des Abgasturboladers (11) zugeführt. Um ein ausreichendes Druckgefälle zwischen der Abgas- und der Frischluftseite zu erzielen, kann die Druckregel-Drosselklappe (8) stufenlos verstellt werden. Die Regelung der AGR-Rate erfolgt wie bei der Hochdruck-AGR.

Eigenschaften:

- bessere Verteilung des Abgases auf die einzelnen Zylinder
- bessere Kühlung des Frischluft-Abgasgemisches und dadurch noch bessere NO_x-Werte
- Das komplette Abgas strömt über die Turbine. Dadurch ist die Laderuckregelung von der AGR-Regelung entkoppelt.
- Geringere Dynamik im Vergleich zur Hochdruck-AGR
- Abgas muss gut gereinigt sein, um das Verdichterrad des Turboladers nicht zu beschädigen

Oxidationskatalysator

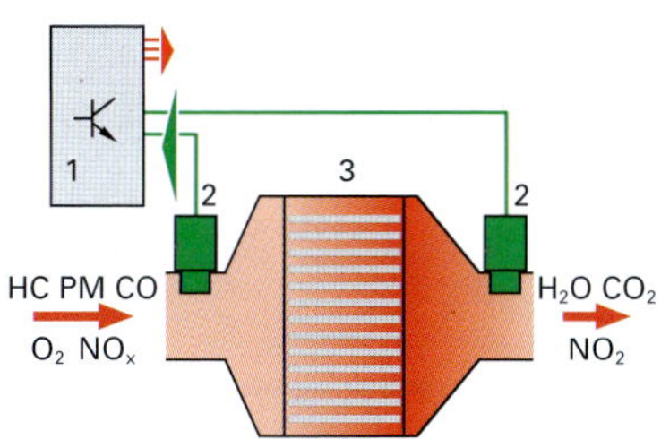

Bauteile
1 Steuergerät
2 Temperaturfühler
3 Oxidations-Katalysator

Wirkungsweise
Durch den Oxidationskatalysator wird mit dem im Abgas enthaltenen Sauerstoff (O_2) Kohlenstoffmonoxid (CO) zu Kohlenstoffdioxid (CO_2) und unverbrannter Kraftstoff (HC) zu Kohlenstoffdioxid (CO_2) und Wasser (H_2O) oxidiert (verbrannt). Die Partikelmasse wird ebenfalls reduziert. Der am Ruß angelagerte Kohlenwasserstoff (HC) wird mit dem im Abgas enthaltenen Sauerstoff (O_2) zu Kohlenstoffdioxid (CO_2) und Wasser (H_2O) oxidiert. Stickstoffmonoxid (NO) wird zu Stickstoffdioxid (NO_2) oxidiert. Stickstoffdioxid (NO_2) senkt die Regenerationstemperatur eines nachgeschalteten Partikelfilters.
Bei den Oxidationsreaktionen wird Wärme frei und die Abgastemperatur erhöht sich. Diese wird von den Temperaturfühlern (2) gemessen. Das Steuergerät (1) erhöht durch Nacheinspritzungen den HC-Anteil vor dem Oxidationskatalysator. Somit wird die Temperatur gezielt erhöht, damit der nachgeschaltete Partikelfilter die Regenerationstemperatur erreicht.

Partikelfilter für Dieselmotoren (DPF)

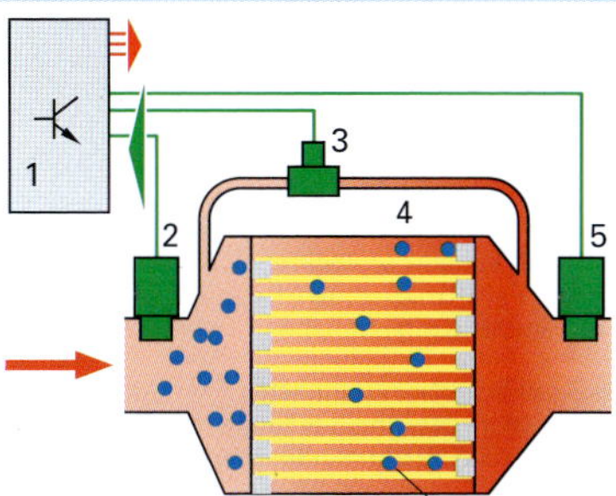

Keramischer Rußfilter (Prinzip)

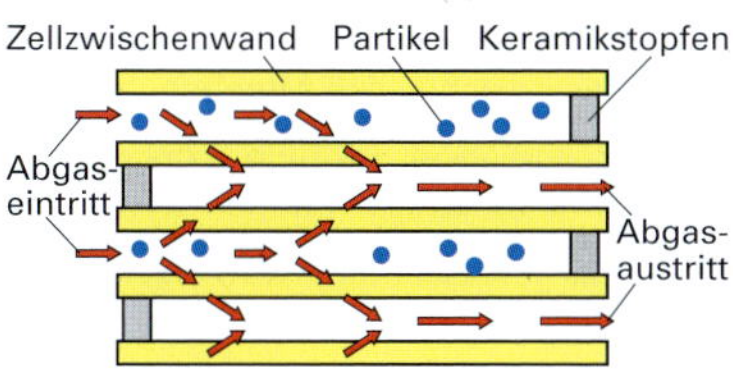

Offenes System

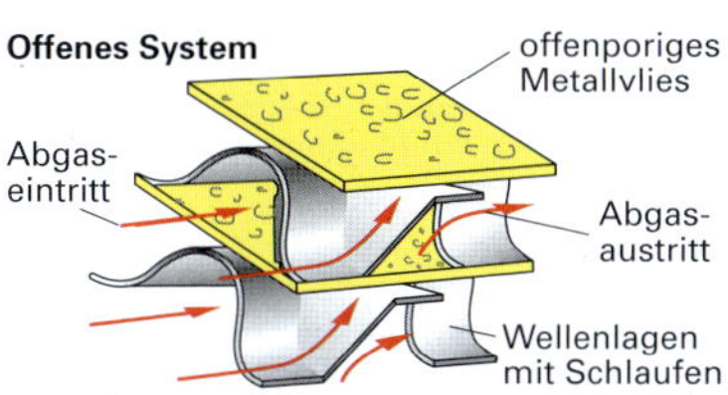

Bauteile
1 Steuergerät
2 Temperaturfühler
3 Differenzdrucksensor
4 Partikelfilter
5 Partikelsensor

Grundlagen
Keramik-Monolith-Filter haben, ähnlich wie Katalysatoren für Otto-Motoren, quadratische Kanäle mit ca. 3 mm^2 Querschnittsfläche. Die Kanäle sind jedoch wechselseitig verschlossen, sodass das Abgas durch die porösen Wände des Wabenkörpers strömen muss. Die Partikel im Abgas werden bis zu 98 % zurückgehalten.
Der aufgenommene Ruß (Kohlenstoff C) muss entweder kontinuierlich oder periodisch mit dem im Abgas enthalten Sauerstoff (O_2) zu CO_2 verbrannt (oxidiert) werden. Dieser Vorgang wird als Regeneration bezeichnet.
Beim *Offenen System* befindet sich zwischen einer wellenförmigen Folie mit Leitschaufeln ein offenporiges Metallvlies. Ein Teil des Abgasstroms wird durch die Leitschaufeln umgelenkt und die Partikel lagern sich dabei auf dem katalytisch beschichteten Metallvlies ab. Dort werden sie kontinuierlich verbrannt. Die Abscheiderate beträgt 30 bis 70 %. Dieser Filter kann ohne Eingriff in die Motorsteuerung nachgerüstet werden.

Regeneration ohne Additiv
Bei *unbeschichteten* Filtern erfolgt die Ruß-Oxidation ($C + O_2 = CO_2$) bei ca. 600 °C. Diese Abgastemperatur wird im Partikelfilter im normalen Fahrbetrieb nicht erreicht.
Das Motorsteuergerät erkennt mithilfe des Differenzdrucksensors (3), dass vor dem Partikelfilter ein deutlich höherer Abgasdruck herrscht als nach dem Partikelfilter. Der Partikelfilter ist beladen und es muss eine Regeneration eingeleitet werden. Die Abgastemperatur wird durch eine späte Nacheinspritzung erhöht. Es findet eine Nachverbrennung im Oxidationskatalysator vor dem Partikelfilter (4) statt. Mithilfe von Temperatursensoren (2) wird die Regeneration so gesteuert, dass die maximale Temperatur von 1 000 °C nicht überschritten wird, damit der Filter nicht zerstört wird.
Bei *beschichteten* Filtern erfolgt die Regeneration schon ab 350 °C. Durch die motornahe Einbauposition des Filters können diese Temperaturen bei Betriebsbedingungen mit erhöhter Last, z. B. Autobahnfahrt erreicht werden und dadurch eine kontinuierliche Regeneration des Partikelfilters ermöglicht werden (**CRT** = **C**ontinously **R**egenerating **T**rap). Werden die Abgastemperaturen im Fahrzeugbetrieb nicht erreicht, wird bei vollem Filter wie beim „unbeschichteten Filter" regeneriert.

Regeneration mit Additiv
Eine vom Motorsteuergerät angesteuerte Einspritzdüse mischt dem Kraftstoff im Tank ein Additiv (Eisen- oder Cer-Verbindung) bei. Die Regenerations-Temperatur sinkt dadurch auf ca. 400 °C.
Bei vollem Filter wird wie beim „unbeschichteten Filter" regeneriert.
Pkw: ca. 5 l Additiv/100 000 km

SCR-Katalysator (Selective Catalytic Reduction)

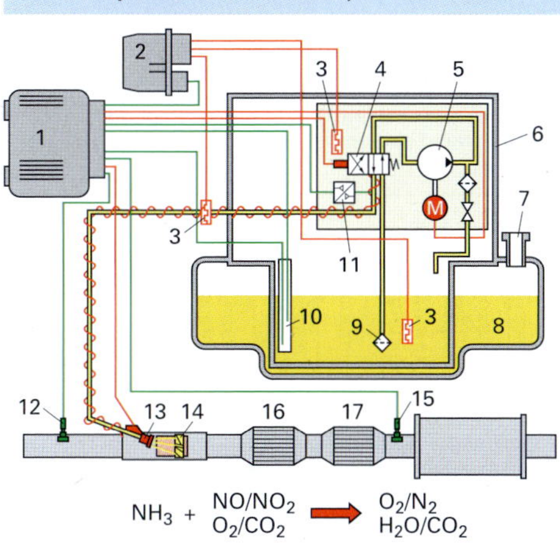

Bauteile
1 Steuergerät
2 Steuergerät Heizung
3 Heizung
4 Umkehrventil
5 Pumpe
6 Fördermodul
7 Einfüllstutzen
8 Harnstofftank
9 Filter
10 Sensor Temperatur und Füllstand
11 Drucksensor
12 Abgastemperatursensor
13 Einspritzventil
14 Mischer
15 NO_x-Sensor
16 SCR-Katalysator
17 Speicherkatalysator

Grundlagen
Im SCR-Katalysator (16) reduziert Ammoniak (NH_3) selektiv die Stickoxide (NO_x) und reagiert nicht mit dem im Abgas enthaltenen Sauerstoff. Das Reduktionsmittel Ammoniak ist giftig, deshalb wird zunächst ungiftiger Harnstoff zugeführt. Das Fördermodul (6) pumpt den Harnstoff zum Einspritzventil (13). Erst im Abgasrohr entsteht am Mischer (14) das Ammoniak. Die Harnstoff-Wasser-Lösung wird dem Abgas über ein Einspritzventil (13) zugesetzt. Das Reduktionsmittel ist unter dem Markennamen Adblue im Handel und ist eine 32,5 %ige Harnstofflösung. Es wird in einem separaten Tank mitgeführt. Adblue gefriert bei –11 °C, deshalb muss der Tank und die Leitung zum Einspritzventil im Winter beheizt werden. Der Adblue-Verbrauch liegt bei 2 ... 5 % des Kraftstoffverbrauchs. Im Speicherkatalysator (17) wird nicht reduziertes Stickoxid gespeichert. Der Speicherkatalysator wird ebenfalls regeneriert (vgl. S. 174).

4

Aufgaben der EOBD (OBD-2)

on board (engl.): an Bord = im Fzg.

EOBD-Einführung:	ab Erstzul.
• Otto-Pkw	01.01.2001
• Diesel-Pkw	01.01.2004
• Nfz	01.01.2007

Die gesetzlich vorgeschriebene On-Board-Diagnose ist in das Motormanagementsystem integriert und hat folgende Aufgaben:
- Überwachung der abgasbeeinflussenden Systeme bzw. Bauteile
- Erkennen/Anzeigen von Fehlern, die zu wesentlichen Emissionserhöhungen führen
- Speichern der Daten zu den aufgetretenen Fehlern
- Schutz von Bauteilen, z.B. Katalysator

Überwachungsumfang

Fahrzyklus zum Abarbeiten der EOBD-Überwachungsfunktionen (Beispiel)

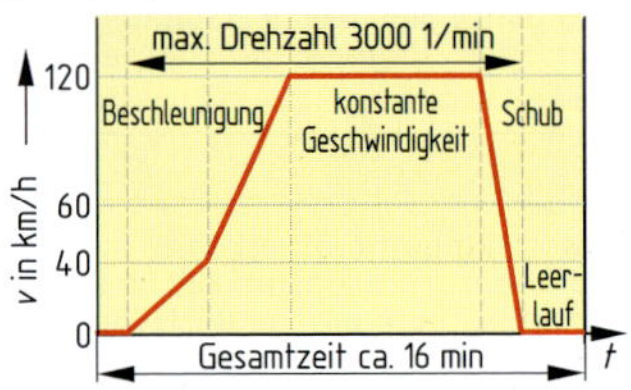

Die EOBD hat folgenden Überwachungsumfang:

Fzg. mit Fremdzündungsmotor (Ottomotor)
- Verbrennungsaussetzer (Laufunruhe)
- Gemischadaption (Kennfeldkorrektur)
- übrige abgasrelevante Komponenten der Gemischaufbereitung (z.B. Einspritzventile, KW-/NW-Sensor, Tankentlüftungssystem)
- Katalysator/-heizung
- Lambdasonden/-heizung
- Abgasrückführung
- Sekundärluftsystem

Fzg. mit Selbstzündungsmotor (Dieselmotor)
- Verbrennungsaussetzer (Laufunruhe)
- Steuergerätefunktionen
- Kraftstoffsystem
- Partikelfilter, ggf. NO_x-Katalysator
- Lambdasonden
- weitere Sensoren und Stellglieder (z.B. KW-/NW-Sensor)
- Ladedruckregelung
- Abgasrückführung
- Glühsystem

Fehleranzeige

Fehleranzeigelampe (MIL)
(MIL = Malfunction Indicator Lamp)

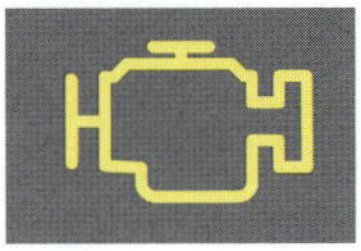

An Stelle einer Warnlampe ist auch ein Warnton zulässig.

Warmlaufzyklus:
Anlassen/Temperaturanstieg auf über 70 °C, dabei um mindestens 22 °C/abstellen.

Die Fehleranzeigelampe (MIL) weist den Fahrer auf Fehlfunktionen in abgasbeeinflussenden Systemen hin. Sie leuchtet unter folgenden Bedingungen auf:
Lampe leuchtet:
- Zündung ein, Motor läuft nicht (Anzeige der Funktionsbereitschaft)
- Motor läuft und abgasbeeinflussender Fehler in zwei aufeinander folgenden Fahrzyklen oder Fehler beim Steuergeräte-Selbsttest (Motor-/Getriebemanagement) ist erkannt.

Lampe blinkt:
- Motor läuft und es wird eine Anzahl an Verbrennungsaussetzern (Aussetzerrate) erkannt, die als katalysatorschädigend eingestuft ist. Die Lampe blinkt so lange, bis die Kraftstoffabschaltung im betreffenden Zylinder erfolgt ist, dann leuchtet sie dauerhaft.

Abgasbeeinflussende Fehler werden im EOBD-Fehlerspeicher des Motorsteuergeräts zusammen mit den augenblicklichen Betriebsdaten (Freeze Frame) abgelegt. Der Fahrzeughalter ist verpflichtet, den Fehler unverzüglich beseitigen zu lassen. Das Steuergerät speichert daher die nach dem Aufleuchten der MIL zurückgelegte Fahrstrecke. Verschwindet der Fehler wieder, wird die MIL nach drei fehlerfreien Fahrzyklen wieder ausgeschaltet. Der Fehler bleibt zunächst als sporadischer Fehler gespeichert. Er wird erst nach 40 fehlerfreien Warmlaufzyklen gelöscht.

EOBD-Diagnose

Diagnoseanschluss im Fahrzeug

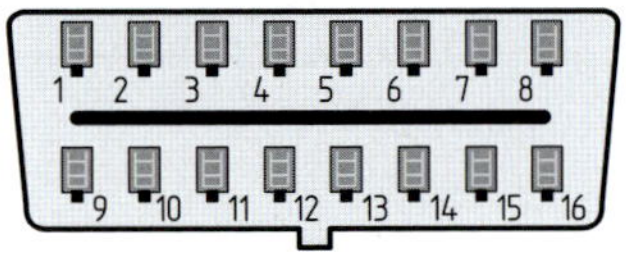

Readiness-Code bei nicht erreichter Prüfbereitschaft (Beispiel)

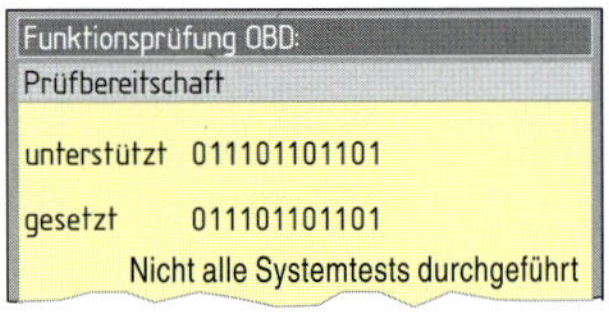

EOBD-Fehlercode (Beispiel)

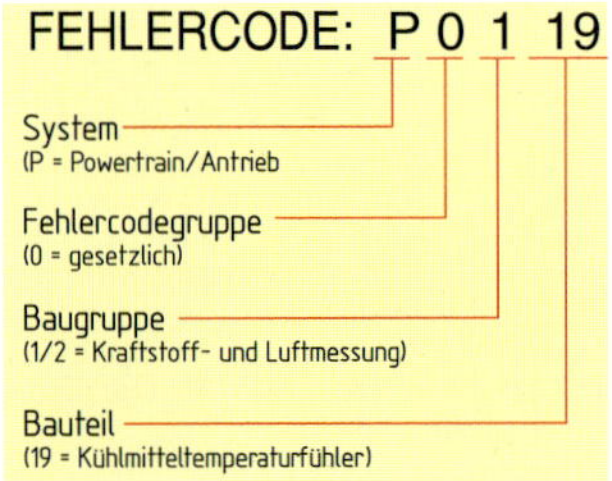

Um allen Werkstätten und Prüforganisationen die EOBD-Diagnose zu ermöglichen, sind Schnittstelle, Diagnoseanschluss, Datenaustauschprotokolle und Fehlercodes genormt.

PIN-Belegung Diagnosanschluss im Fahrzeug

2 Datenübertragung (SAE J1850)	10 Datenübertragung (SAE J1850)
4 Fahrzeugmasse (Karosserie)	14 CAN low
5 Signalmasse	15 Datenübertragung (DIN ISO 9141-2)
6 CAN high	16 Batterie Plus (30 oder 15)
7 Datenübertragung (DIN ISO 9141-2)	1, 3, 8, 9, 11, 12, 13 herstellerspezifisch

Readiness-Code (Prüfbereitschaft)
Der Readiness-Code kann mit dem EOBD-Auslesegerät (Scan Tool) über den Prüfmodus 8 ausgelesen werden. Er besteht aus zwei 12-stelligen Binärcodes (vgl. Abb. links). In der Zeile „unterstützt" sind die im Fahrzeug vorhandenen bzw. überwachten Teilsysteme angegeben (1 = verbaut, 0 = nicht verbaut oder nicht unterstützt). In der Zeile „gesetzt" ist der Prüfstatus angegeben (1 = Prüfung nicht erfolgt, 0 = Prüfung erfolgt oder Prüfung nicht unterstützt). Bedeutung der Stellen des Readiness-Codes:

Stelle (v.r.)	12	11	10	9	8	7	6	5	4	3	2	1
Teilsystem	frei	übrige Komponenten	Kraftstoffsystem (Einspritzsystem)	Verbrennungs-aussetzer	Abgasrück-führung	Lambdasonden-heizung	Lambdasonden	Klimaanlage	Sekundär-einblasung	Tankentlüftungs-system	Katalysator-heizung	Katalysator

EOBD-Fehlercodes
Die vom Steuergerät ausgegebenen EOBD-Fehlercodes bestehen aus einem Buchstaben und vier Ziffern (vgl. Abb. links). Deren Bedeutung kann aus Fehlercodetabellen entnommen werden. Die P0-Fehlercodes (ca. 500) sind gesetzlich festgelegt (SAE J2012). P1-Codes und ein Teil der P3-Codes sind herstellerspezifisch. P2-Fehlercodes und der andere Teil der P3-Codes sind weitere ISO- bzw. SAE-Fehlercodes.

WLTP-Fahrzyklus („Weltzyklus")

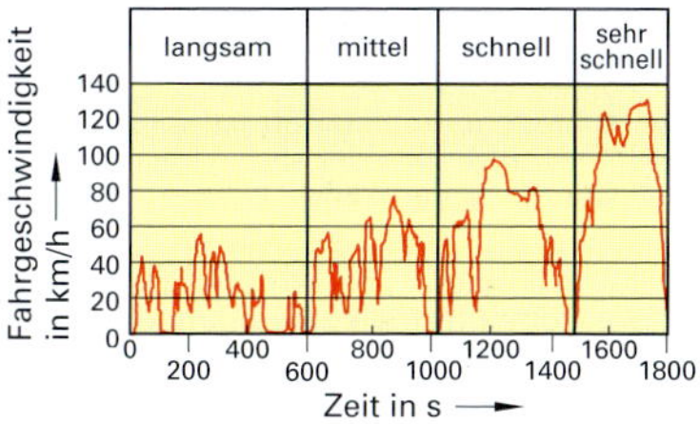

Zykluszeit:	30 min
Standzeitanteil:	13%
Zykluslänge:	23,25 km
Geschwindigkeit: mittel/max.	46,6/131 km/h
Antriebsleistung: mittel/max.	7/47 kW

Typprüfung
Die Typprüfung ist eine Voraussetzung zur Erteilung einer allgemeinen Betriebserlaubnis für ein neu entwickeltes Fahrzeug bzw. einen neu entwickelten Motor.

Abgasprüfung
Bei der Abgasprüfung im Rahmen der Typprüfung müssen die Fahrzeughersteller nachweisen, dass die **Schadstoffemissionen** des Fahrzeugs innerhalb der jeweils gültigen Grenzwerte liegen. Gleichzeitig werden dabei die **CO_2-Emissionen** des Fahrzeugs und der **Kraftstoffverbrauch** nach ECE (vgl. S. 37) ermittelt. Zur Erfassung dieser Werte wird auf einem speziellen Rollenprüfstand ein genau vorgegebener Fahrzyklus nachgefahren. Während des Tests wird das Abgas mit genormten Präzisionsmessgeräten analysiert. Die dabei ermittelten Schadstoffmassen werden auf die gesamte Fahrzyklusstrecke bezogen und in g/km angegeben.

Fahrzyklus
Seit 1.9.2017 ist der sogenannte WLTP-Fahrzyklus gültig (engl.: **W**orldwide Harmonized **L**ight Vehicles **T**est **P**rocedures). Um die Schadstoffemission der Fahrzeuge im realen Fahrbetrieb zu überprüfen, werden die WLTP-Prüfstandsmessungen durch Messungen auf der Straße (RDE) ergänzt (vgl. unten).

Abgasgrenzwerte (Emissionsgrenzwerte)

Die in den nebenstehenden Tabellen angegebenen Abgasgrenzwerte gelten für Pkw und leichte Nfz. Für andere Kraftfahrzeugklassen gelten gesonderte Werte bzw. Termine.

Gemessene Schadstoffe

CO	Kohlenstoffmonoxid
NO_X	Stickstoffoxide (NO, NO_2)
HC	Kohlenwasserstoffe
HC + NO_X	Summe der Kohlenwasserstoffe und der Stickstoffoxide
NMHC	Nichtmethan-Kohlenwasserstoffe
PM	Partikelmasse
PN	Partikelzahl

Ab **Euro 7** sind zeitlich gestufte Grenzwerte für Partikelemissionen einzuhalten, die durch **Bremsen- und Reifenabrieb** entstehen. Dies gilt auch für Elektrofahrzeuge (BEV).

Realfahremissionen (RDE)
Die EU-Verordnung 2016/427 schreibt ab 1.9.2017 (EURO 6c) bei der Typprüfung neuer Pkw und leichter Nfz die Überprüfung der Realfahremissionen RDE (engl.: **R**eal **D**riving **E**missions) vor, zusätzlich zu den Prüfungen auf dem Rollenprüfstand. Dabei werden die Partikel- und die NO_X-Emission im Fahrbetrieb auf der Straße gemessen. Die Messbedingungen bei RDE sind realistischer als auf dem Prüfstand, zudem können Software-Manipulationen erkannt werden. Die Automobilhersteller sind verpflichtet, die RDE-Messdaten ihrer Fahrzeuge auf einer öffentlich und anonym zugänglichen Website kostenlos bereitzustellen.

Mobiles Messsystem
Die Schadstoffemissionen werden während der Fahrt mit einem mobilen Messsystem (PEMS, engl.: **P**ortable **E**mission **M**easurement **S**ystem) erfasst. Die Messeinrichtung wird am Heck des Fahrzeugs angebracht.

Konformitätsfaktor CF
(engl.: Conformity-Factor)
Bei Euro 6c bis 6e gelten sogenannte Konformitätsfaktoren CF (vgl. Tabelle rechts), um die die RDE-Messergebnisse für PN und NO_x den Grenzwert der entsprechenden Euro-Norm maximal überschreiten dürfen.
Bei **Euro 7** gelten die gleichen Konformitätsfaktoren wie bei Euro 6e.

Auszug aus den RDE-Messbedingungen:
- Fahrtdauer: 90 bis 120 Minuten
- Fahrstrecke: 34% Stadt, 33% Landstraße und 33% Autobahn (jeweils 10% Toleranz), Mindeststrecke jeweils 16 km
- Geschwindigkeit: Stadt durchschnittlich 15 bis 30 km/h, max. 60 km/h, Landstraße 60 bis 90 km/h, Autobahn 90 bis 145 km/h, mindestens 5 Minuten lang über 100 km/h
- Temperaturbereich von −2 bis +38 °C
- Nebenverbraucher ggf. eingeschaltet

Fahrzeuge mit Ottomotor (Benzin-, Erdgas- oder Flüssiggasbetrieb)

Abgasnorm	Euro 1	Euro 2	Euro 3	Euro 4	Euro 5	Euro 6	Euro 7
ab Typprüfung	1.7.1992	1.1.1996	1.1.2000	1.1.2005	1.9.2009	1.9.2014	29.11.2026
ab Erstzulassung	31.12.92	1.1.1997	1.1.2001	1.1.2006	1.1.2011	1.1.2015	29.11.2027
CO g/km	3,16	2,2	2,3	1,0	1,0	1,0	1,0
HC + NO_X g/km	1,13	0,5	–	–	–	–	–
NO_X g/km	–	–	0,15	0,08	0,06	0,06	0,06
HC g/km	–	–	0,2	0,1	0,1	0,1	0,1
NMHC g/km	–	–	–	–	0,068	0,068	0,068
PM g/km	–	–	–	–	0,0045	[1] 0,0045	0,0045
PN pro km	–	–	–	–	–	[1] $6{,}0 \times 10^{11}$	[2] $6{,}0 \times 10^{11}$

[1] Werte gelten für Motoren mit Benzindirekteinspritzung
[2] Bei Euro 7 werden Partikel bis PN10 erfasst, gegenüber PN23 bei Euro 6.

Fahrzeuge mit Dieselmotor

Abgasnorm	Euro 1	Euro 2	Euro 3	Euro 4	Euro 5	Euro 6	Euro 7
ab Typprüfung	1.7.1992	1.1.1996	1.1.2000	1.1.2005	1.9.2009	1.9.2014	29.11.2026
ab Erstzulassung	31.12.92	1.1.1997	1.1.2001	1.1.2006	1.1.2011	1.1.2015	29.11.2027
CO g/km	3,16	1,0	0,64	0,5	0,5	0,5	0,5
HC + NO_X g/km	1,13	0,7/0,9 [3]	0,56	0,3	0,23	0,17	0,17
NO_X g/km	–	–	0,5	0,25	0,18	0,08	0,08
PM g/km	0,18	0,08/0,1 [3]	0,05	0,025	0,0045	0,0045	0,0045
PN pro km	–	–	–	–	–	$6{,}0 \times 10^{11}$	[2] $6{,}0 \times 10^{11}$

[3] 1. Wert gilt für Indirekteinspritzung (IDI), 2. Wert gilt für Direkteinspritzung (DI)

Euro 6-Varianten
Für alle Varianten der Euro 6-Norm gelten dieselben Abgasgrenzwerte (vgl. Tabellen oben). Die Varianten unterscheiden sich nur bei den Testverfahren (NEFZ oder WLTP), dem Konformitätsfaktor CF usw.:

Abgasnorm		Euro 6b	Euro 6c	Euro 6dTEMP	Euro 6d	Euro 6e
ab Typprüfung		1.9.2014	1.9.2017	1.9.2017	1.1.2020	1.9.2023
ab EZ		1.9.2015	1.9.2018	1.9.2019	1.1.2021	1.9.2024
Fahrzyklus		NEFZ	WLTP	WLTP	WLTP	WLTP
RDE	PN	–	CF 1,5	CF 1,5	CF 1,5	CF 1,34
	NO_x	Monitoring ab Typ 04/2016	Monitoring	CF 2,1	CF 1,43	CF 1,1

„Monitoring" bedeutet Erfassung und Beobachtung der Messwerte.

Weitere Euro 6-Spezifikationen:

Euro 6d-TEMP-EVAP:	Überarbeitetes Prüfverfahren für Verdunstungsemissionen
Euro 6d-TEMP-ISC:	Neues Prüfverfahren für in Betrieb befindliche Pkw (z. B. RDE)
Euro 6d-ISC:	Neues Prüfverfahren für in Betrieb befindliche Pkw (z. B. RDE)
Euro 6d-ISC-FCM:	On-board-Überwachung von Kraftstoff- und Stromverbrauch

Euro 6e **EA**: Abgesenkte RDE-Konformitätsfaktoren (vgl. Tabelle oben) ab 1.9.2023 (Typprüfung) bzw. 1.9.2024 (EZ);
EB: Zusätzlich Anzeige der Emissionsstrategien bei Abgasprüfungen ab 1.1.2025 (Typprüfung) bzw. 1.1.2026 (EZ);
EC: Weitere Anpassung der Nutzfaktoren ab 1.1.2027 (Typprüfung) bzw. 1.1.2028 (Erstzulassung).

Feinstaubplaketten (Schadstoffplaketten)

Verkehrsschilder (StVO) zur Fahrverbotszone

Beginn der Zone

Ende der Zone

Zusatzzeichen

Stufe 1

Stufe 2

Stufe 3

Emissionsschlüsselnummern

Zulassungsbescheinigung Teil1

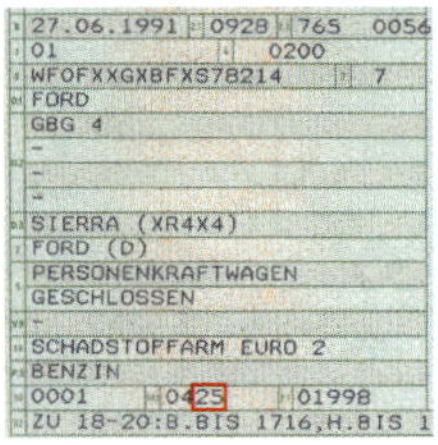

Fahrzeugschein

Nach der EU-Luftreinhalterichtlinie müssen alle Städte und Gemeinden die Einhaltung von Grenzwerten für Partikel (Feinstaub) in der Luft gewährleisten. Unter Feinstaub (engl.: particulate matter, PM) versteht man Partikel, die einen Durchmesser von weniger als 10 Mikrometer aufweisen (1 µm = 0,001 mm).

Je nach Durchmesser werden verschiedene Feinstaubfraktionen unterschieden: PM_{10}: kleiner als 10 Mikrometer, $PM_{2,5}$: kleiner als 2,5 Mikrometer, $PM_{0,1}$: kleiner als 0,1 Mikrometer (= ultrafeine Partikel).

Umweltzonen

Um die Feinstaubbelastung zu senken, können nach §40 BImSchG (Bundes-Immissionsschutzgesetz) Umweltzonen festgelegt werden, die Kraftfahrzeuge der Klassen M und N mit zu hohem Schadstoffausstoß nicht befahren dürfen. Die Umweltzonen sind durch Schilder (vgl. Abb.) gekennzeichnet. Innerhalb dieser Zonen dürfen nur noch Fahrzeuge fahren, die mit der entsprechenden Feinstaubplakette gekennzeichnet sind. Von den ursprünglichen Stufen gibt es aktuell nur noch Stufe 3.

Schadstoffgruppen/Plaketten

Die Fahrzeuge sind nach der Kennzeichnungsverordnung in vier Schadstoffgruppen eingeteilt. Die Zuordnung zu einer Schadstoffgruppe erfolgt über die beiden letzten Ziffern der entsprechenden Schlüsselnummer im Fahrzeugschein bzw. in der Zulassungsbescheinigung Teil 1 (vgl. Abb. links und Tabelle unten). Fahrzeuge der Schadstoffgruppe 1 erhalten keine Plakette, Fahrzeuge der Schadstoffgruppen 2, 3 und 4 werden durch verschiedenfarbige Plaketten gekennzeichnet. Die Plakette ist jeweils an das Kennzeichen gebunden und muss daher bei einem Kennzeichenwechsel erneuert werden.

Fahrverbot

Die Fahrzeuge der Schadstoffgruppen 1 (keine Plakette), 2 (rote Plakette) und 3 (gelbe Plakette) dürfen in den Umweltzonen nicht mehr fahren. Aktueller Stand siehe Verzeichnis der Umweltzonen beim Umweltbundesamt. Sonderregelungen gelten u. a. für Oldtimer mit H- oder 07-Kennzeichen.

Fahrzeugnachrüstung

Durch Nachrüstung, z. B. den Einbau eines Partikelfilters, kann eine höhere Schadstoffgruppe erreicht werden. Die dabei erzielte *Partikelminderungsstufe* hängt von der Abgasnorm ab, die das Fahrzeug ohne Filter erfüllt, sowie vom nachgerüsteten Filtersystem. Je nach Emissionsschlüsselnummer werden die Partikelminderungsstufen PM1 bis PM5 (Pkw) bzw. PMK1 bis PMK4 (Nfz) erreicht. Dabei ändert sich die Emissionsschlüsselnummer nicht und die bisherige Euro-Norm-Einstufung gilt weiterhin.

Emissionsschlüsselnummern für Pkw und Nfz zur Einstufung in die Schadstoffgruppe

Schadstoffgruppe	Motoren mit Fremdzündung (Benzin, Gas, Ethanol)		Motoren mit Selbstzündung (Diesel, Biodiesel)			
	Pkw bzw. Fahrzeuge der Klasse M1	Nfz bzw. Fahrzeuge der Klassen M2, M3, N	Pkw bzw. Fahrzeuge der Klasse M1	Pkw bzw. Fahrzeuge der Klasse M1, nachgerüstet mit Partikelfilter	Nfz bzw. Fahrzeuge der Klassen M2, M3, N	Nfz bzw. Fahrzeuge der Klassen M2, M, N, nachgerüstet mit Partikelfilter
 2	–	–	25 bis 29 35, 41, 71	Stufe PM01: 19, 20, 23, 24 Stufe PM0: 14, 16, 18, 21, 22, 34, 40, 77	20, 21, 22, 33, 43, 53, 60, 61	Stufe PMK01: 40–42, 50–52 Stufe PMK0: 10–12, 30–32, 40–42, 50–52
 3	–	–	30, 31, 36, 37, 42, 44 bis 52, 72	Stufe PM0 : 28, 29 Stufe PM1: 14, 16, 18, 21, 22, 25 bis 27, 34, 35, 40, 41, 71, 77	34, 44, 54, 70, 71	Stufe PMK0: 43, 53 Stufe PMK1: 10–12, 20–22, 30–33, 40–43, 50–53, 60, 61
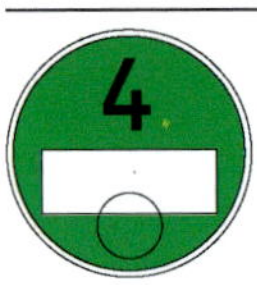 4	01, 02, 14, 16, 18 bis 70 71 bis 75[1] 77	30 bis 55, 60, 61, 70, 71, 80, 81, 83, 84, 90, 91[1]	32, 33, 38, 39, 43, 53 bis 70, 73 bis 75 Stufe PM5	Stufe PM1: 27[2], 49 bis 52 Stufe PM2: 30, 31, 36, 37, 42, 44 bis 48, 67 bis 70 Stufe PM3: 32, 33, 38, 39, 43, 53 bis 66 Stufe PM4: 44 bis 70 Stufe PM5	35, 45, 55, 80, 81, 83, 84, 90, 91	Stufe PMK1: 44, 54 Stufe PMK2: 10–12, 20–22, 30–34, 40–45, 50–55, 60, 61, 70, 71 Stufe PMK3: 33–35, 44, 45, 54, 55, 60, 61 Stufe PMK4: 33–35, 44, 45, 54, 55, 60, 61

[1] Gasfahrzeuge nach Richtlinie 2005/55/EG (vormals 88/77/EWG)
[2] Pkw mit Schlüsselnummer „27" bzw. „0427" und der Klartextangabe „96/69/EG I" mit einer zulässigen Gesamtmasse (zGM) von mehr als 2500 kg ist nach Anhang 2 Abs. 1 Nr. 4n) der Kennzeichnungsverordnung eine grüne Plakette zuzuteilen. Dies dann, wenn nachgewiesen wird, dass der Pkw die Anforderungen der Stufe PM1 der Anlage XXVI StVZO einhält.

Einteilung

Arbeiten an Hochvoltsystemen vgl. S. 94

Hybridantriebe (teilelektrische Antriebe) nutzen einen Verbrennungsmotor und/oder zusätzlich noch einen Elektromotor zum Antreiben des Fahrzeugs. Der vollelektrische Antrieb nutzt nur Elektromotoren, um das Fahrzeug anzutreiben.

Ohne elektrischen Antrieb	Elektrischer Antrieb und/oder Antrieb mit dem Verbrennungsmotor (teilelektrischer Antrieb)		Vollelektrischer Antrieb
Micro-Hybrid el. Leistung 3…5 kW Spannung 48 V	**Mild-Hybrid** el. Leistung 10…20 kW Spannung 42…200 V	**Full-Hybrid** el. Leistung 20…100 kW Spannung 150…650 V	mit **Batterie** mit **Brennstoffzelle** el. Leistung bis 1400 kW Spannung bis 915 V
Start-Stopp	Start-Stopp	Start-Stopp	
Regeneratives Bremsen (Rekuperation) möglich	Regeneratives Bremsen (Rekuperation)	Regeneratives Bremsen (Rekuperation)	Regeneratives Bremsen (Rekuperation)
	Drehmomentunterstützung (Boost-Funktion)	Drehmomentunterstützung (Boost-Funktion)	
		Elektrisches Fahren bis 150 km	Elektrisches Fahren bis 720 km

Funktionen

Start-Stopp	Hält das Fahrzeug an, wird der Motor gestoppt. Beim Betätigen des Gaspedals bzw. beim Lösen der Bremse wird der Motor automatisch gestartet. Start-Stopp erfolgt nur bei betriebswarmem Motor und ausreichender Batteriekapazität. Das Starten ist möglich durch: • verstärkten Starter • riemengetriebenen Starter-Generator • integrierten Starter-Generator • Motorgenerator
Regeneratives Bremsen (Rekuperation)	Beim Betätigen der Bremse wird ein Teil der Bewegungsenergie über den als Generator betriebenen Motorgenerator in elektrische Energie umgewandelt. Die elektrische Energie wird in die Batterie eingespeist und kann zum Starten, zum „Boosten" und elektrischen Fahren genutzt werden. Voraussetzung ist ein Energiemanagement, das möglichst immer genügend Batterie-Kapazität zum Speichern zur Verfügung stellt und ein Überladen der Batterie verhindert.
Drehmomentunterstützung (Boost-Funktion)	Beim Anfahren und Beschleunigen sind Verbrennungsmotor und Elektromotor parallel geschaltet. Das Drehmoment beider Motoren wird addiert. Das Drehmomentverhalten von E-Motor (M_{max} bei niederer Drehzahl) und Verbrennungsmotor (M_{max} bei hoher Drehzahl) ergänzen sich. Die beim Bremsen gespeicherte Energie kann dafür wiederverwendet werden. Durch beide Drehmomente ist eine hohe Beschleunigung mit kleinem Verbrennungsmotor möglich.
Elektrisches Fahren	*Full-Hybrid, Plug-in-Hybrid*: Bis zu einer bestimmten Geschwindigkeit und Reichweite wird das Fahrzeug nur durch den Elektromotor angetrieben. Die mögliche Geschwindigkeit hängt vor allem von der Leistung des E-Motors ab, die Reichweite von der Batteriekapazität. Beim *vollelektrischen Antrieb* sind deutlich höhere Geschwindigkeiten und Reichweiten möglich.

Lebenszyklus-Treibhausgas (THG)-Emissionen unterschiedlicher Antriebskonzepte

Stand Juli 2021

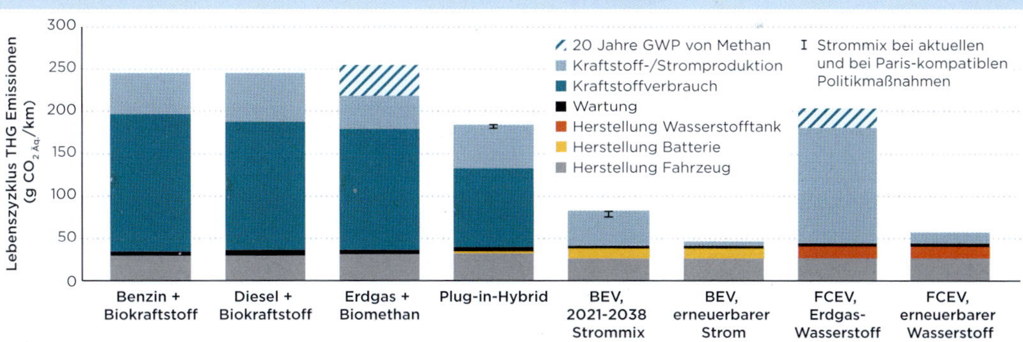

[1] CO_2-Äquivalente (CO_2e) sind eine Maßeinheit, die die Klimawirkung verschiedener Treibhausgase vergleichbar macht. Da unterschiedliche Gase unterschiedlich stark zur Erderwärmung beitragen, wird ihre Wirkung in CO_2-Äquivalente umgerechnet.

Das Diagramm zeigt die Lebenszyklus-Treibhausgas (THG)-Emissionen von durchschnittlichen neuen Benzin-, Diesel- und Erdgasfahrzeugen, Plug-in-Hybrid-Elektrofahrzeugen (PHEVs), Batterie-Elektrofahrzeugen (BEV) und Brennstoffzellen-Elektrofahrzeugen (FCEV), die 2021 in Europa zugelassen wurden. Konventionelle Benzin- und Dieselfahrzeuge weisen sehr ähnliche und vergleichsweise hohe Emissionen auf. Die in Europa übliche Beimischung von Biokraftstoff verringert die Emissionen von Benzin-, Diesel- und CNG-Fahrzeugen kaum. Im realen Alltagsbetrieb ist der Kraftstoffverbrauch von PHEVs vielfach höher als in den offiziellen Verbrauchswerten. Die Lebenszyklus-Emissionen heutiger PHEVs liegen daher nur etwa 25 % niedriger als bei neuen Benzinfahrzeugen. Die Lebenszyklus-Emissionen der in Europa neu zugelassenen BEVs sind bereits ca. 67 % niedriger als für vergleichbare neue Benzin-Pkw. Werden BEVs vollständig mit Strom aus erneuerbaren Energien betrieben, erreichen sie bis zu 81 % niedrigere Lebenszyklus-Emissionen als Benzinfahrzeuge. Bei FCEVs variieren die Lebenszyklus-Emissionen stark mit dem genutzten Wasserstoff. Bei dem heute vorherrschenden grauen Wasserstoff sind die Emissionen nur etwa 26 % geringer als bei vergleichbaren Benzinfahrzeugen. Bei grünem Wasserstoff aus erneuerbaren Energien liegen die Emissionen hingegen 76 % unter denen von Benzinfahrzeugen.

Einteilung der Hybridantriebe nach Anordnung der Antriebe

Micro Hybrid

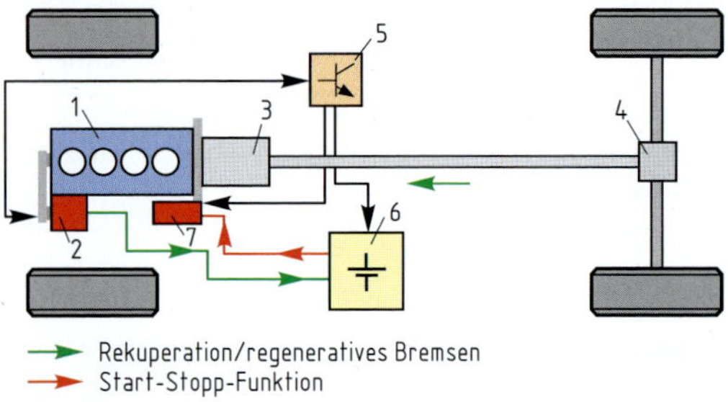

1 Verbrennungsmotor
2 Generator
3 Getriebe
4 Ausgleichsgetriebe
5 Steuergerät
6 Starterbatterie (12 V)
7 Starter

Micro-Hybrid: Ermöglicht Start-Stopp-Funktion entweder über einen verstärkten Starter oder über einen riemengetriebenen Starter-Generator.

Durch einen leistungsstarken Generator und die entsprechende Ansteuerung ist ein Laden der Starterbatterie vor allem beim Bremsen (Rekuperation/regeneratives Bremsen) möglich.
Die mögliche Kraftstoffeinsparung liegt unter 10 %.
Da der Elektromotor keinen Einfluss auf den Vortrieb hat, ist dies eigentlich kein Hybridfahrzeug.

Mild Hybrid (MHEV)

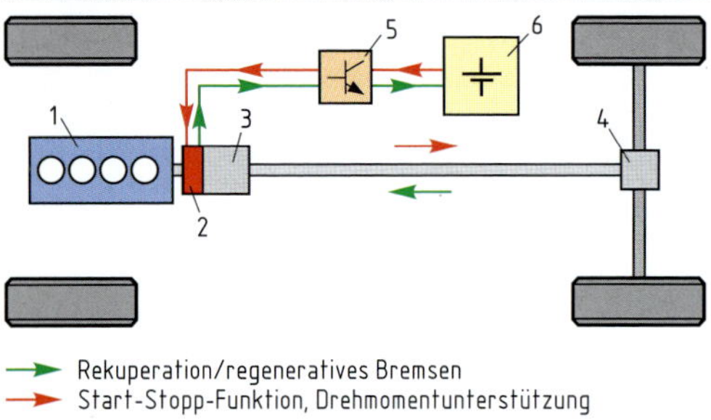

1 Verbrennungsmotor
2 Motorgenerator (E-Motor/Generator)
3 Getriebe
4 Ausgleichsgetriebe
5 Inverter
6 Batterie (< 200 V)

Mild-Hybrid (MHEV, mild hybrid electric vehicle): Ermöglicht wie der Micro-Hybrid Start-Stopp-Funktion und Rekuperation/regeneratives Bremsen. Zusätzlich gibt es eine Drehmomentunterstützung (Boost-Funktion) durch einen Elektromotor mit bis zu 20 kW Unterstützung beim Anfahren und Beschleunigen des Fahrzeugs bei niedriger Verbrennungsmotordrehzahl. Die mögliche Kraftstoffeinsparung liegt unter 20 %.

Die Energierückgewinnung ist beim Schiebebetrieb und beim Bremsen möglich. Oft erfolgt nur eine kurzfristige Energiespeicherung durch Kondensatoren. Der Spannungsbereich der Batterie liegt unter 200 V. Meistens werden 48 V-Teil-Bordnetzsysteme verwendet (vgl. S. 271).

Serieller Hybrid (SHEV)

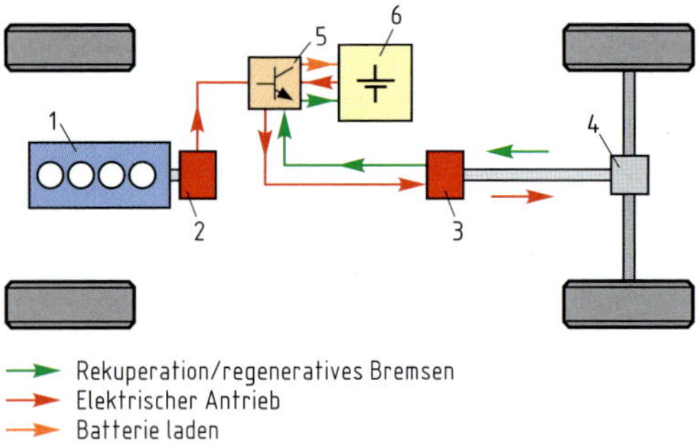

1 Verbrennungsmotor
2 Motorgenerator (E-Motor/Generator)
3 Motorgenerator (E-Motor/Generator)
4 Ausgleichsgetriebe
5 Inverter
6 HV-Batterie

Serieller Hybridantrieb (SHEV, serial hybrid electric vehicle): Zwischen dem Verbrennungsmotor und der Antriebsachse gibt es keine mechanische Verbindung. Der Verbrennungsmotor treibt direkt einen Generator an. Die elektrische Energie wird über den Inverter (vgl. S. 184) in der Batterie gespeichert oder über den Inverter an den Elektromotor weitergeleitet. Der Elektromotor treibt dann die Antriebsachse an. Dies bedeutet, es findet eine serielle Energieumwandlung statt vom Verbrennungsmotor an den Generator über den Inverter oder die HV-Batterie zum Elektromotor.

Durch den rein elektrischen Antrieb des Fahrzeugs entfällt ein Getriebe und der Verbrennungsmotor kann in einem für ihn optimalen Betriebspunkt betrieben werden.

Betriebszustände:
- Fahren mit Emissionen: Verbrennungsmotor lädt Batterie, Batterie versorgt E-Motor
- Fahren ohne Emissionen: Batterie ausreichend geladen, Batterie versorgt E-Motor
- Rekuperation: Motor-Generator wird als Generator betrieben und lädt die Batterie

Elektrischer Antrieb mit Range Extender (REEV)

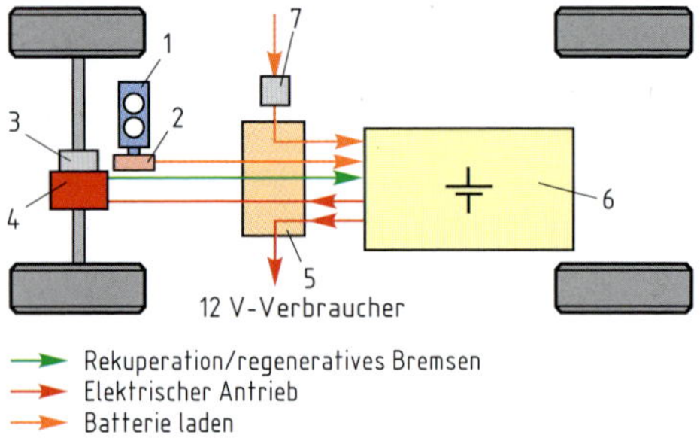

1 Verbrennungsmotor
2 Generator
3 Getriebe
4 Elektromotor
5 Inverter
6 HV-Batterie
7 On-Board-Aufladesystem

Range Extender: (REEV, range extended electric vehicle) Hat im Prinzip den gleichen Aufbau wie ein serieller Hybrid. Der Unterschied zum seriellen Hybrid ist, dass der Verbrennungsmotor nur zum Nachladen der Batterie verwendet wird. Bei rein elektrischem Fahren ist die Reichweite durch die Batteriekapazität begrenzt. Auf längeren Strecken sorgt der Verbrennungsmotor mit Generator (Range Extender = Reichweitenverlängerer) durch Nachladen der Batterie für eine größere Reichweite.

Zusätzlich zu den Bauteilen für den Elektroantrieb (siehe oben) enthält das System einen Verbrennungsmotor mit Generator. Der Verbrennungsmotor ist ein kleiner Hubkolbenmotor oder Kreiskolbenmotor. Bei Bedarf wird der Motor mit konstanter Last und Drehzahl betrieben. Der Kraftstoffverbrauch und der Schadstoffausstoß können für diesen Betriebspunkt optimiert werden.

Einteilung der Hybridantriebe nach Anordnung der Antriebe

Paralleler Hybrid (PHEV)

Bauart mit zwei Kupplungen

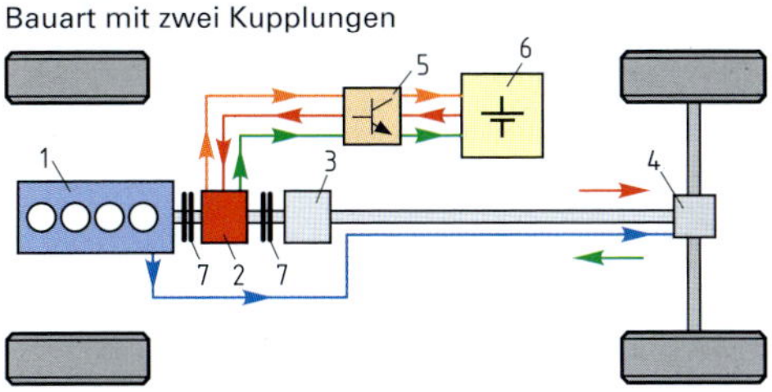

1 Verbrennungsmotor
2 Motorgenerator (E-Motor/Generator)
3 Getriebe
4 Ausgleichsgetriebe
5 Inverter
6 Batterie
7 Kupplung

- Rekuperation/regeneratives Bremsen (grün)
- Elektrischer Antrieb (rot)
- Batterie laden (orange)
- Fahren mit Verbrennungsmotor (blau)

Parallel-Hybridantrieb (PHEV, parallel hybrid electric vehicle): Der Verbrennungsmotor und der Elektromotor (Motorgenerator) können einzeln oder gleichzeitig (parallel) auf die Antriebsachse wirken und damit das Fahrzeug antreiben. Beide Motoren sind mechanisch mit den Antriebsrädern verbunden. Die beiden Motorleistungen addieren sich zu einer Gesamtantriebsleistung. Der Motorgenerator liegt zwischen dem Verbrennungsmotor und der Antriebsachse. Der Motorgenerator kann auch als Starter dienen.

Betriebszustände
- Fahren mit Emissionen: Verbrennungsmotor treibt Fahrzeug an
- Fahren ohne Emissionen: Batterie ausreichend geladen, Batterie versorgt Elektromotor, z. B. Anfahren
- Drehmomentunterstützung, Verbrennungs- und Elektromotor treiben Fahrzeug gemeinsam an
- Rekuperation: Motorgenerator wird als Generator betrieben und lädt die Batterie

Bauarten
- mit einer Kupplung
- mit zwei Kupplungen
- mit Doppelkupplungsgetriebe
- Elektrifizierung einer separaten Achse (Axle Split)

Leistungsverzweigter Hybrid

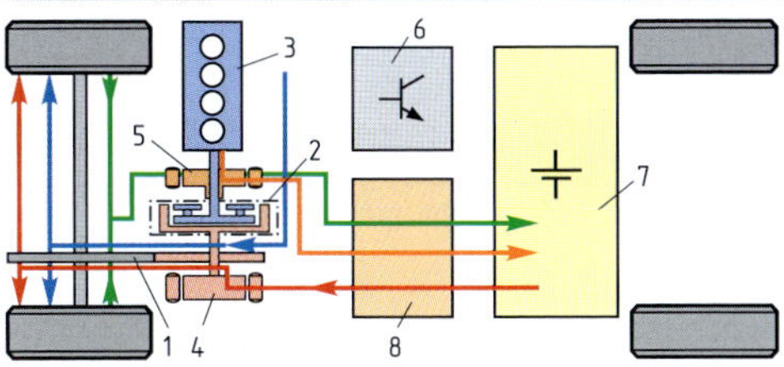

- Rekuperation/regeneratives Bremsen (grün)
- Elektrischer Antrieb (rot)
- Batterie laden (orange)
- Fahren mit Verbrennungsmotor (blau)

1 Achsantrieb
2 Verteilergetriebe (Kraftweiche)
3 Verbrennungsmotor
4 Motorgenerator (M/G)
5 Motorgenerator (M/G)
6 Steuergerät
7 HV-Batterie
8 Inverter

Leistungsverzweigter Hybridantrieb: Ist eine Kombination aus parallelem und seriellem Hybridantrieb. Ein Teil der Leistung des Verbrennungsmotors wird durch den Generator in elektrische Leistung umgewandelt. Der andere Teil der Verbrennungsmotorleistung treibt mit der zweiten elektrischen Maschine das Fahrzeug an. Der Elektroantrieb besteht aus zwei Motorgeneratoren und einem Verteilergetriebe. Das Verteilergetriebe, meist ein Planetengetriebe (Kraftweiche), ermöglicht die unterschiedlichen Betriebszustände.

Betriebszustände
- Antrieb durch den Verbrennungsmotor
- Antrieb durch beide Elektromotoren
- Antrieb durch Verbrennungs- und Elektromotor
- Antrieb durch den Verbrennungsmotor und einen Elektromotor und gleichzeitiges Laden der Batterie durch den anderen Motorgenerator

Plug-in-Hybrid: ist eine Erweiterung der Hybrid-Technik. Der elektrische Energiespeicher wird nicht mehr ausschließlich durch den Verbrennungsmotor oder Rekuperation geladen. Er wird zusätzlich über das Stromnetz aufgeladen. Plug-in-Hybride findet man hauptsächlich bei parallelen oder leistungsverzweigten Hybridfahrzeugen.

Elektroantrieb

Vollelektrischer Antrieb mit Batterie (BEV)

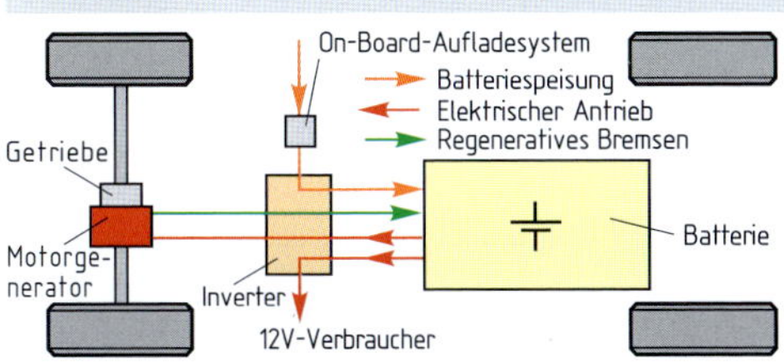

Bauteile, Funktionsweise
Das *On-Board-Aufladesystem* (Plug In) erzeugt zum Aufladen der Batterie Gleichstrom aus 230 V Wechselstrom bzw. aus 400 V Drehstrom.
Inverter (vgl. S. 184): Er wandelt den Gleichstrom aus der HV-Batterie in Wechselstrom zum Antrieb des Elektromotors. Spannung und Frequenz werden je nach Drehmoment- und Drehzahlwunsch des Fahrers geregelt. Beim regenerativen Bremsen wird aus dem Wechselstrom vom Motorgenerator (Generatorbetrieb) Gleichstrom zum Laden der Batterie erzeugt.
Motorgenerator: Kann als Motor oder Generator betrieben werden.
Getriebe: Es reduziert die Drehzahl des Elektromotors z. T. mit zwei Getriebestufen. Es ermöglicht: „Vorwärts", „Rückwärts" und „Neutral".

Vollelektrischer Antrieb mit Brennstoffzelle (FCEV)

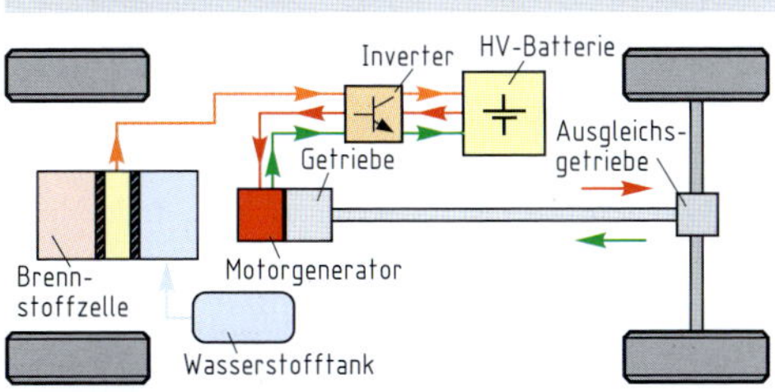

- Regeneratives Bremsen (grün)
- Elektrischer Antrieb (rot)
- Batterie laden (orange)

Bauteile, Funktionsweise
Die *Brennstoffzelle* ist ein „On-Board-Kraftwerk", mit dem das Fahrzeug komplett mit elektrischer Energie versorgt wird.
In der Brennstoffzelle reagieren Wasserstoff und Sauerstoff miteinander und erzeugen elektrische Energie und als „Abgas" Wasserdampf. Mehrere Brennstoffzellen sind zu einem flüssigkeitsgekühlten Brennstoffzellenstack zusammengefasst (vgl. S. 191).
Wasserstofftank: Der Wasserstoff wird in einem Druckbehälter (ca. 700 bar, ca. 150 Liter) an Bord des Fahrzeugs mitgeführt.
Inverter: Er wandelt den Gleichstrom aus dem Brennstoffzellenstack in Wechselstrom zum Antrieb des Elektromotors (vgl. S. 184).
HV-Batterie: Dient als Pufferspeicher, liefert zusätzliche Energie für den E-Motor beim Starten und Beschleunigen.
Motorgenerator: Kann als Motor oder Generator betrieben werden.
Getriebe: Reduziert die Drehzahl des Elektromotors.

4

Aufbau der Leistungselektronik (vereinfachtes Blockschaltbild)

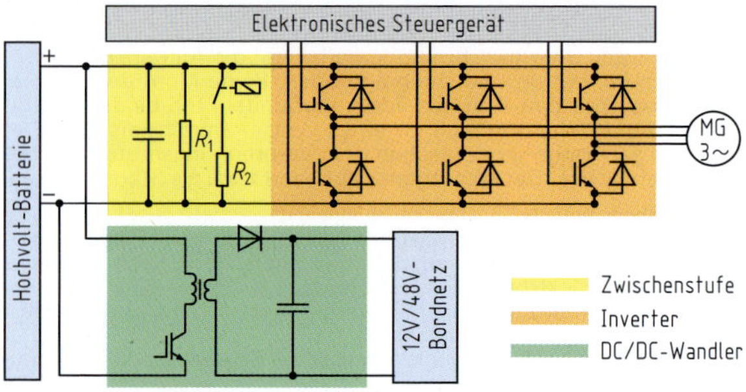

Die Leistungselektronik eines Elektro- oder Hybridfahrzeugs besteht aus dem *elektronischen Steuergerät*, der *Zwischenstufe*, dem *Inverter*, und dem *DC/DC-Wandler*.

Die Baugruppen befinden sich meistens in einem gemeinsamen Gehäuse. Teilweise ist der DC/DC-Wandler aus Platzgründen in einem getrennten Gehäuse untergebracht.

Da bei den elektrischen Umwandlungsprozessen in der Leistungselektronik Wärmeverluste entstehen, muss diese gekühlt werden. Das Gehäuse der Leistungselektronik ist daher an das Thermomanagement des Elektroantriebs (vgl. S. 189) angeschlossen.

Aufgaben der Komponenten

Elektronisches Steuergerät	Bei Motorbetrieb des Motorgenerators (MG) erhält das elektronische Steuergerät Informationen über die Drehmomentanforderung, die Drehzahl, die Rotorstellung und die Temperatur des E-Motors usw. Es wertet diese aus und steuert entsprechend die Leistungshalbleiter im Inverter an. Im Generatorbetrieb (Rekuperation) und beim DC-Laden steuert es zusammen mit dem Batteriemanagement den Ladevorgang der HV-Batterie.
Zwischenstufe	Der Zwischenkreiskondensator dient als Speicher und verhindert Spannungsschwankungen, z. B. beim Anfahren. Nach dem Abstellen des Antriebs erfolgt die Entladung des Kondensators über R_1 (hochohmig). Bei einer Sicherheitsabschaltung des Systems wird der Kondensator über R_2 (niederohmig) entladen.
Inverter (Pulswechselrichter)	**Motorbetrieb**: Erzeugung einer 3-Phasen-Wechselspannung für den Drehstrommotor aus der Gleichspannung der HV-Batterie. **Generatorbetrieb**: Gleichrichtung der 3-Phasen-Wechselspannung zum Laden der HV-Batterie bei Rekuperation und bei externem Laden (vgl. S. 193).
DC/DC-Wandler	Absenken der HV-Batteriespannung auf 12 V zur Versorgung des 12 V-Bordnetzes und zum Laden der Bordnetzbatterie und gegebenenfalls auf 48 V zur Versorgung eines 48 V-Teilbordnetzes.

Funktionsweise der Komponenten

Inverter (Pulswechselrichter)

Motorbetrieb (DC/AC-Wandlung)

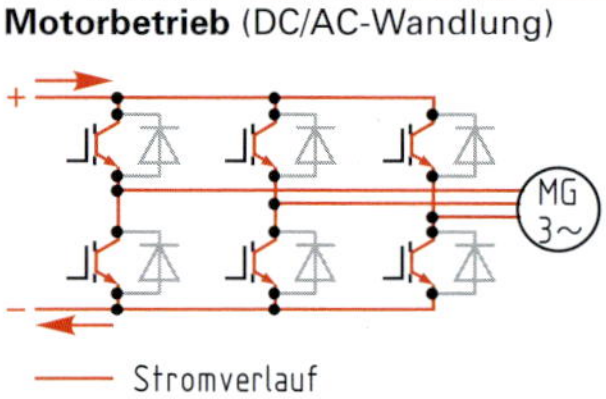

Die Drehstrom-Brückenschaltung (vgl. Abb. links) mit IGB-Transistoren (IGBT, vgl. S. 263) wandelt die HV-Gleichspannung in eine 3-Phasen-Wechselspannung für den E-Motor um. Die Dioden dienen als Freilaufdioden. Die mit PWM-Signalen angesteuerten IGBT schalten die HV-Spannung entsprechend auf die jeweilige Wicklung und es entsteht ein sinusähnlicher Verlauf (vgl. Abb. rechts). Die Frequenz der Wechselspannung bestimmt die Motordrehzahl. Die Pulsweiten bestimmen die Stromamplitude und damit das Motordrehmoment.

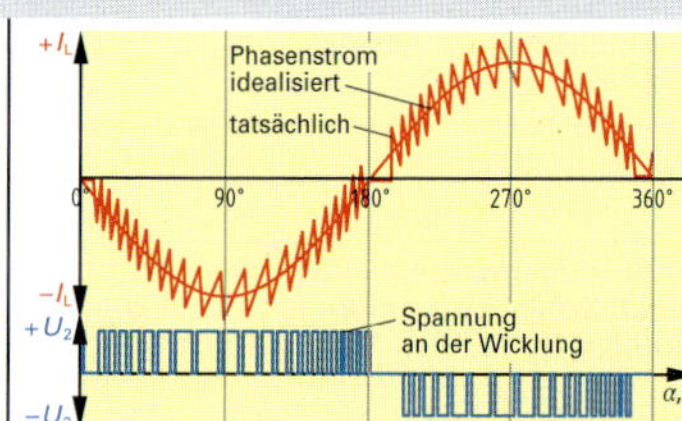

Generatorbetrieb (AC/DC-Wandlung)

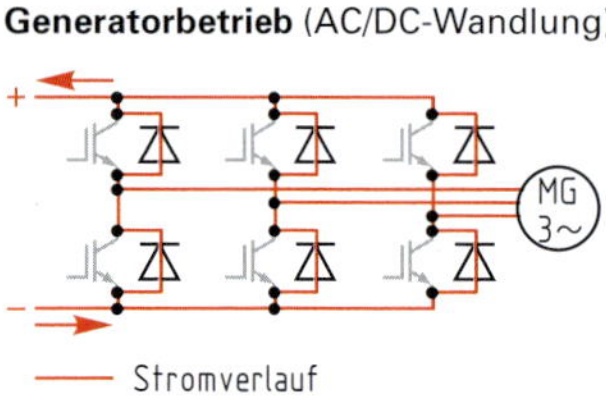

Die Umwandlung der 3-Phasen-HV-Wechselspannung des Generators in eine HV-Gleichspannung zum Laden der HV-Batterie erfolgt über die Dioden in der Drehstrom-Brückenschaltung (vgl. Abb. links). Die IGBT werden im Generatorbetrieb nicht angesteuert und sperren. Am Ausgang der Schaltung zur HV-Batterie liegt eine pulsierende Gleichspannung an (vgl. Abb. rechts). Die Gleichrichterschaltung arbeitet somit nach dem gleichen Prinzip wie die bei einem herkömmlichen Drehstromgenerator (vgl. S. 266).

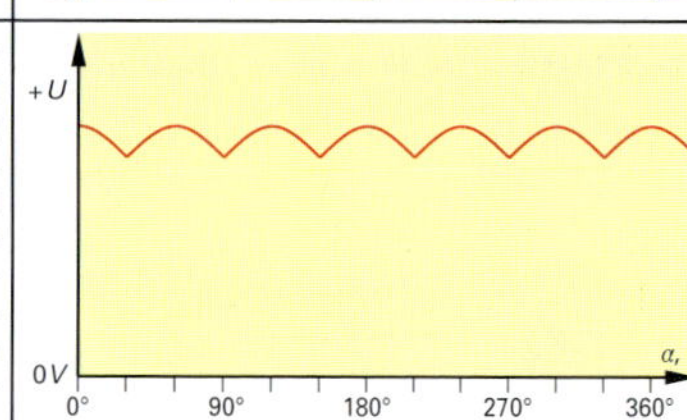

Inverter mit Siliziumcarbid-MOSFET

Bei Invertern werden zunehmend Leistungshalbleiter auf der Basis von Siliziumcarbid verwendet (SiC-MOSFET, vgl. S. 263). Sie besitzen einige Vorteile gegenüber den herkömmlichen Silizium-IGBT:

- höhere Schaltfrequenzen möglich und damit eine präzisere Ansteuerung des E-Motors
- höherer Wirkungsgrad, vor allem bei höheren Systemspannungen ab 800 V, dadurch geringerer Stromverbrauch
- geringere Temperaturempfindlichkeit, dadurch höhere Leistungsdichte möglich bzw. weniger Aufwand für die Kühlung notwendig

DC/DC-Wandler

vereinfachter Schaltplan

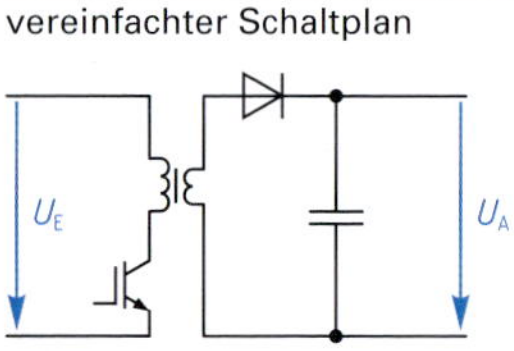

Zur Absenkung der HV-Batteriespannung auf die Bordnetzspannung wird aus Sicherheitsgründen ein DC/DC-Wandler mit galvanischer Trennung verwendet. Hierzu dient eine gekoppelte Speicherdrossel (Luftspalt im Kern). Funktionsprinzip: Über den IGBT-Transistor wird die HV-Eingangsspannung U_E mit hoher Frequenz aus- und eingeschaltet. Die Drossel arbeitet nach dem Trafoprinzip und setzt entsprechend der geringeren Windungszahl auf der Sekundärseite die Spannung induktiv herab. Die Sekundärspannung wird anschließend gleichgerichtet und steht nach Glättung durch einen Kondensator als Ausgangsspannung U_A dem 12V/48V-Bordnetz zur Verfügung.

Antriebsmotoren für Elektro- und Hybridfahrzeuge

Zum Antrieb von Elektro- und Hybridfahrzeugen werden *Drehstrommotoren* in unterschiedlichen Ausführungen verwendet. Sie bieten eine hohe Drehmoment- und Leistungsausbeute, benötigen jedoch eine Steuer- und Leistungselektronik (vgl. S. 184).
Die verwendeten Drehstrommotoren sind sogenannte *Elektromaschinen*. Sie werden einerseits als Antriebsmotor und andererseits zur Rekuperation (vgl. S. 181) als Generator betrieben. Sie werden daher auch als *Motorgenerator* (MG) bezeichnet.

Drehstrom-Synchronmotoren

Permanenterregter Synchronmotor (PSM)

Prinzipieller Aufbau

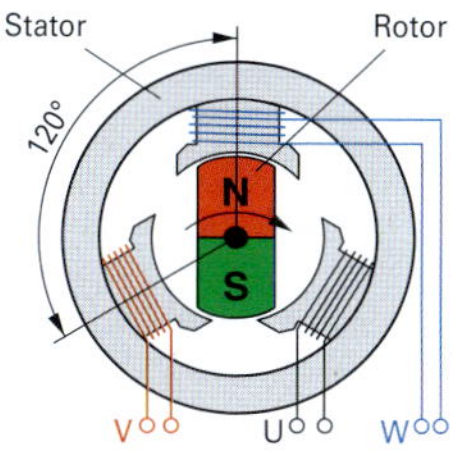

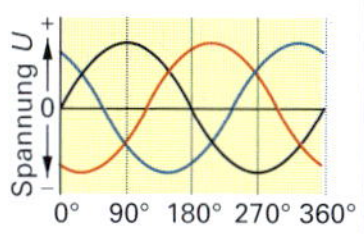

Bauformen

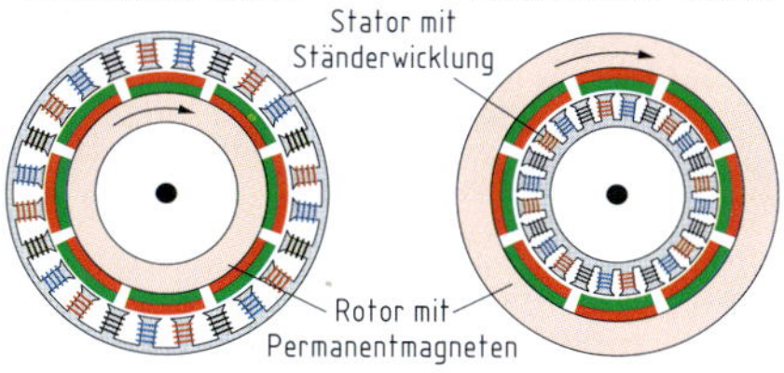

Hauptbauteile (vgl. Abb. links oben)
- Stator mit 3-Phasen-Wicklung
- Rotor mit Permanentmagneten

Nicht abgebildet:
- Rotorlagesensor (siehe S. 187)
- Temperatursensor für den Überlastungsschutz

Bauformen (vgl. Abb. links unten)
- Innenläufer-Motor: Der Rotor läuft innerhalb des Stators.
- Außenläufer-Motor: Der Rotor läuft außerhalb des Stators.

Eigenschaften
- hoher Wirkungsgrad, sinkt jedoch mit höheren Drehzahlen wegen magnetischer Rückwirkung durch die Permanentmagnete
- hohes Drehmoment
- Drehzahl von Belastung unabhängig
- Rotorlagesensor notwendig
- Rotor-Magnetfeld nicht regelbar und nicht abschaltbar, daher hohes Schleppmoment
- Freilauf/Kupplung bei zuschaltbarem zweiten Antriebsmotor notwendig
- teure seltene Erden für die Permanentmagnete notwendig

Funktionsweise
An den drei um 120° versetzt angeordneten Teilwicklungen (U,V,W) des Stators liegt jeweils eine Phase der 3-Phasen-Wechselspannung an (vgl. Abb. links oben). Der dadurch fließende Drehstrom erzeugt im Stator ein magnetisches Drehfeld. Das Drehfeld wirkt auf das Permanentmagnetfeld des Rotors und nimmt diesen mit gleicher Drehfrequenz (synchron) mit.
Das größte Drehmoment am Rotor herrscht, wenn das Magnetfeld des Stators dem Magnetfeld des Rotors um 90° vorauseilt. Deshalb wird die Position des Rotors mit einem Rotorlagesensor (vgl. S. 187) erfasst und an das Steuergerät des Elektromotors übermittelt. Dieses verschiebt die Phasenlage des Drehfeldes im Stator so, dass in allen Betriebszuständen der optimale Winkel zwischen den beiden Magnetfeldern eingehalten wird.
Die Stärke des Motordrehmoments wird über die Stromamplitude bestimmt und die Motordrehzahl wird über die Frequenz der 3-Phasen-Wechselspannung gesteuert.

4

Fremderregter Synchronmotor (FSM)

Aufbau
FSM mit Schleifringen/Schleifkohlen

Hauptbauteile (vgl. Abb.)
- Stator mit 3-Phasen-Wicklung
- Rotor mit Erregerwicklung
- Schleifringe/Schleifkohlen

Eigenschaften
- guter Wirkungsgrad über den gesamten Betriebsbereich
- Rotor-Magnetfeld regelbar und gegebenenfalls komplett abschaltbar, daher sehr geringes Schleppmoment möglich, z. B. bei zuschaltbarem Antriebsmotor bei Allradantrieb
- keine Permanentmagnete, daher keine seltenen Erden notwendig
- Abdichtung zwischen Schleifringen/Schleifkohlen und ölgefülltem Wicklungsbereich notwendig
- zusätzliche Baulänge wegen Schleifringen/Schleifkohlen notwendig

Funktionsweise
Der fremderregte Drehstrom-Synchronmotor (FSM) funktioniert prinzipiell wie der permanenterregte Drehstrom-Synchronmotor PSM (siehe oben).
Im Unterschied zum PSM, wird beim FSM das Rotor-Magnetfeld nicht durch Permanentmagnete im Rotor erzeugt, sondern elektromagnetisch mit der Erregerwicklung.
Die Zuführung des Stroms für die Erregerwicklung im Rotor erfolgt entweder über Schleifringe und Schleifkohlen (vgl. Abb. links) oder auf induktive Weise (vgl. unten).

Weitere Bezeichnungen
ESM: **E**lektrisch erregter **S**ynchron-**M**otor
SSM: **S**tromerregter **S**ynchron-**M**otor

Aufbau
FSM-Rotor mit induktiver Erregerstromzuführung

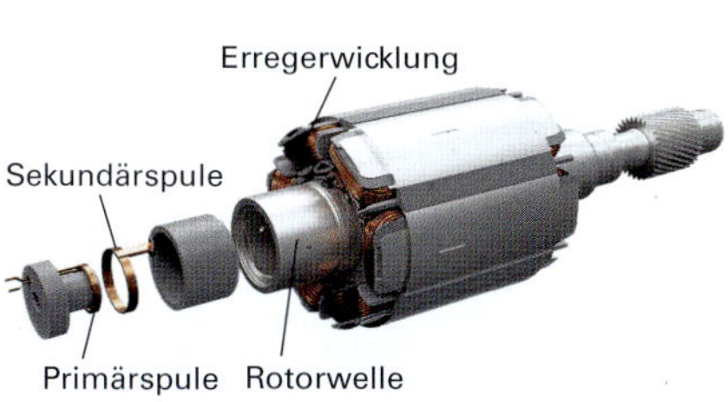

Induktive Zuführung des Erregerstroms

Funktionsweise
Die Übertragung des Stroms für die Erregerwicklung erfolgt nach dem Transformatorprinzip über zwei Induktionsspulen. Die Primärspule ist drehfest mit dem Motorgehäuse verbunden und wird vom Steuergerät mit Einphasen-Wechselstrom versorgt. Die Sekundärspule sitzt in der Rotorwelle, dreht sich mit ihr und umfasst dabei die Primärspule (vgl. Abb.). Durch Induktion entsteht in der Sekundärspule ebenfalls ein Wechselstrom. Da die Erregerwicklung Gleichstrom benötigt, wird der Wechselstrom von einem Gleichrichter (nicht abgebildet) in der Rotorwelle gleichgerichtet, bevor er der Erregerwicklung zugeführt wird.

Eigenschaften
- kontaktlose Übertragung, daher wartungs- und verschleißfrei
- in die Rotorwelle integriert, daher kein zusätzlicher Bauraum notwendig
- aufwändigere Technik, z. B. Gleichrichter im Rotor notwendig

Drehstrom-Synchronmotoren

Reluktanz-Synchronmotor (RSM)

Prinzipieller Aufbau

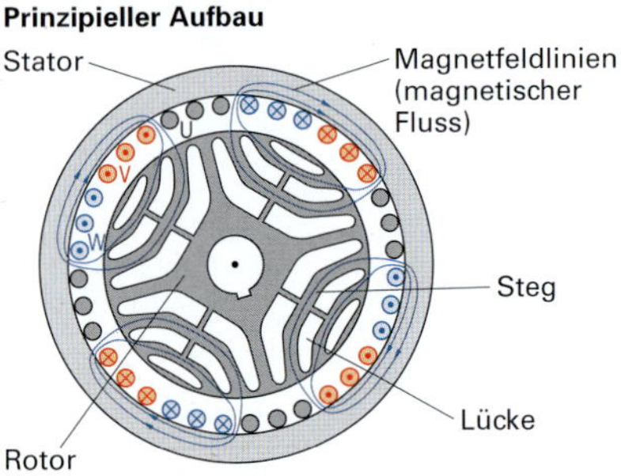

Hauptbauteile (vgl. Abb.)
- Stator mit 3-Phasen-Wicklung
- Rotor aus geschichteten weichmagnetischen Eisenblechen mit Stegen und Lücken

Eigenschaften
- einfacher Rotoraufbau
- Wirkungsgrad höher gegenüber Drehstrom-Asynchronmotor (ASM)
- Motor elektrisch abschaltbar, dadurch geringes Schleppmoment im Schubbetrieb
- keine seltenen Erden notwendig

Funktionsweise
An den drei Teilwicklungen (vgl. Abb.) liegt jeweils eine Phase der 3-Phasen-Wechselspannung (U, V, W) an (vgl. Abb.). Der dadurch fließende Drehstrom erzeugt im Stator ein umlaufendes Magnetfeld (Drehfeld), das auf den weichmagnetischen Rotor wirkt. Die Stege des Rotors leiten den magnetischen Fluss (Feldlinien) und die Lücken sperren ihn. Der Rotor richtet sich im Magnetfeld des Stators so aus, dass für die Magnetfeldlinien der geringste magnetische Widerstand (Reluktanz) besteht (vgl. Beispiel in Abb.). Dreht sich das magnetische Drehfeld weiter, dreht sich der Rotor mit der gleichen Drehfrequenz (synchron) mit.

Reluktanz-Synchronmotor mit Permanentmagneten (PRSM)

Prinzipieller Aufbau
PRSM-Rotor

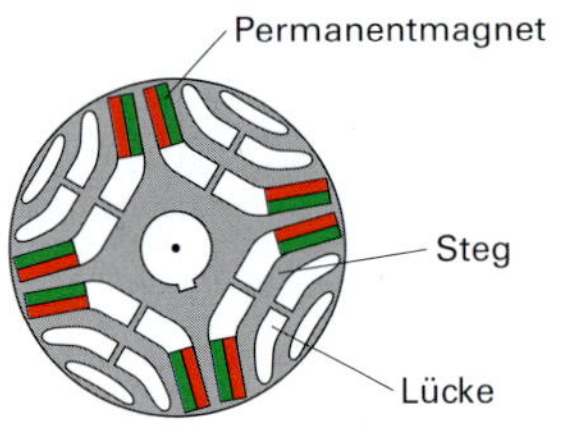

Hauptbauteile
- Stator mit 3-Phasen-Wicklung
- PRSM-Rotor mit Permanentmagneten in einem Teil der Lücken (vgl. Abb.)

Eigenschaften
- höheres Drehmoment beim Anfahren und bei niedrigen Drehzahlen (gegenüber RSM)
- höherer Wirkungsgrad bei mittleren und höheren Drehzahlen (gegenüber PSM)
- geringeres Schleppmoment (gegenüber PSM)
- seltene Erden notwendig

Funktionsweise
Der Reluktanz-Synchronmotor mit Permanentmagneten im Rotor (PRSM) verbindet das physikalische Funktionsprinzip des Reluktanz-Synchronmotors RSM (vgl. oben) mit dem des permanenterregten Synchronmotors PSM (vgl. S. 185). Durch die Permanentmagnete in den Lücken entsteht ein zusätzliches Magnetfeld im Rotor. Dies sorgt für ein höheres Drehmoment beim Anfahren und bei niedrigen Drehzahlen.

Weitere Bezeichnung
Aufgrund der Kombination der beiden Funktionsprinzipien wird der PRSM-Motor auch als *Hybrid-Synchronmotor (HSM)* bezeichnet.

Axialfluss-Synchronmotor

Prinzipieller Aufbau

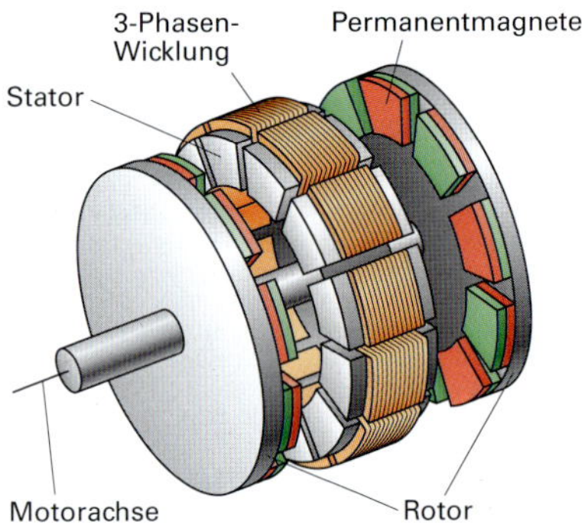

Hauptbauteile (vgl. Abb.)
- scheibenförmiger Stator mit 3-Phasen-Wicklung
- scheibenförmiger Rotor mit Permanentmagneten

Eigenschaften
- elektrische Grundeigenschaften wie herkömmlicher PSM (vgl. S. 185)
- hohes Drehmoment, da große Durchmesser möglich und mehrere Stator-Rotor-Einheiten auf einer Welle kombinierbar
- kurze, kompakte Bauform
- auch als *Radnabenmotor* geeignet (in Kombination mit einer Scheiben- oder Trommelbremse)
- aufwändigere Herstellung
- seltene Erden notwendig

Funktionsweise
Der Axialfluss-Synchronmotor arbeitet nach dem gleichen physikalischen Grundprinzip wie der herkömmliche permanenterregte (Radialfluss-) Synchronmotor PSM (vgl. S. 185). Die beiden Motorarten unterscheiden sich jedoch in der Anordnung von Stator und Rotor:
- Bei *Axialfluss-Motoren* sind Stator und Rotor scheibenförmig in Achsrichtung nebeneinander angeordnet (vgl. Abb.). Die Magnetfeldlinien zwischen Stator und Rotor (Flussrichtung) verlaufen daher parallel zur Motorachse, also in *axialer* Richtung.
- Bei *Radialfluss-Motoren* sitzt der Stator außen und umschließt den Rotor (Innenläufer) oder umgekehrt (Außenläufer). In beiden Fällen verlaufen die Magnetfeldlinien zwischen Stator und Rotor senkrecht zur Motorachse, also in *radialer* Richtung.

Drehstrom-Asynchronmotor (ASM)

Prinzipieller Aufbau
(Drehstrom-Asynchronmotor mit Kurzschlussläufer)

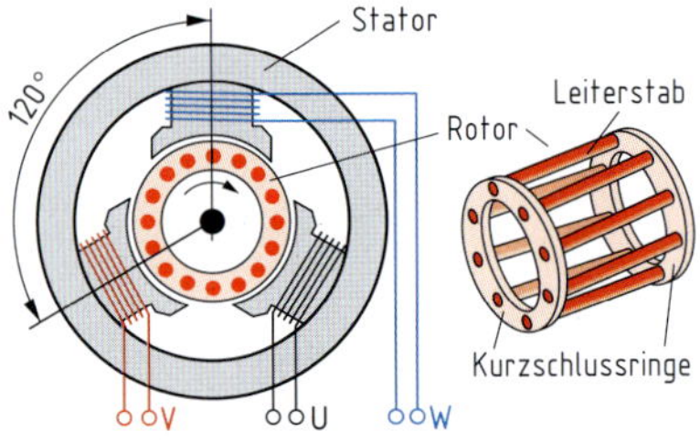

Hauptbauteile (vgl. Abb.)
- Stator mit 3-Phasen-Wicklung
- Rotor mit Leiterstäben und Kurzschlussringen (Kurzschlussläufer oder Käfigläufer)

Eigenschaften
- einfacher Rotoraufbau
- kleiner Luftspalt zwischen Rotor und Stator notwendig, daher kleine Fertigungstoleranzen
- geringerer Wirkungsgrad gegenüber Synchronmotoren
- Motor elektrisch abschaltbar dadurch geringes Schleppmoment, z. B. bei zuschaltbarem Antriebsmotor in Fahrzeugen mit Allradantrieb

Funktionsweise
An den drei Statorspulen (vgl. Abb.) liegt jeweils eine Phase der 3-Phasen-Wechselspannung (U, V, W) an. Der dadurch fließende Drehstrom erzeugt im Stator ein umlaufendes Magnetfeld (Drehfeld). Dieses induziert in den Leiterstäben des Rotors eine Spannung. Über die kurzgeschlossenen Leiterstäbe fließen dadurch Ströme, die das Rotor-Magnetfeld erzeugen. Durch die Abstoß- bzw. Anziehwirkung der beiden Magnetfelder entsteht ein Drehmoment am Rotor.
Voraussetzung für die Induktion in den Leiterstäben ist, dass dort eine Magnetfeldänderung stattfindet. Deshalb muss sich das Stator-Magnetfeld immer etwas schneller drehen als der Rotor. Dies bedeutet, der Rotor läuft *asynchron* zum Stator-Drehfeld.

Aufgabe des Rotorlagesensors

Der Rotorlagesensor (Rotorpositionssensor) erfasst in einem *Drehstrom-Synchronmotor* die genaue Lage (Position) des Rotors im Stator und übermittelt ein entsprechendes Sensorsignal an die Steuerelektronik des Drehstrom-Synchronmotors. Nur wenn die genaue Position des Rotors gegenüber den Statorwicklungen bestimmt ist, kann die Steuerelektronik den Drehstrom-Synchronmotor sicher anlaufen lassen und ihn in allen Betriebszuständen mit optimalem Wirkungsgrad betreiben.

Werkstatthinweise

Kalibrierung
Nach dem Austausch des Rotorlagesensors, des Drehstrommotors oder der Steuerelektronik muss der Rotorlagesensor über den Diagnosetester kalibriert werden.

Ausfall des Sensors
Bei fehlendem Signal des Rotorlagesensors kann der Synchron-Drehstrommotor von der Steuerelektronik nicht angesteuert werden. Das Antriebssystem fällt komplett aus.

Rotorlagesensor nach dem Resolver-Prinzip

Resolver-Sensor mit Nocken auf dem Geberrad

Prinzipieller Aufbau des Sensors

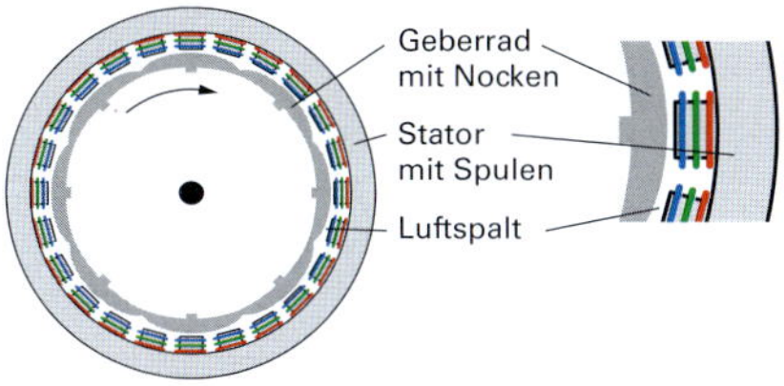

Verlauf der Spannungen

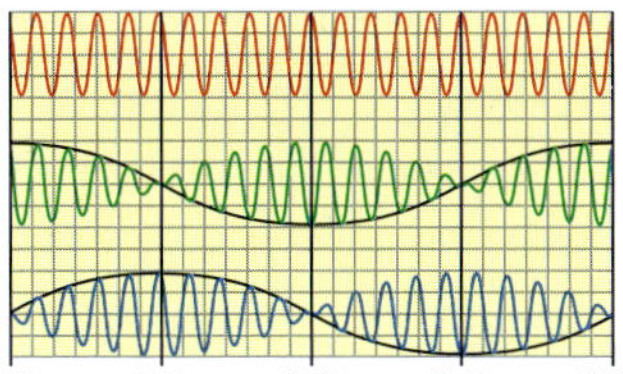

Aufbau (vgl. Abb. links)
Der Stator des induktiv nach dem Transformatorprinzip arbeitenden Resolver-Sensors ist mit dem Gehäuse des Drehstrom-Synchronmotors verbunden.
Auf dem Stator sind drei Wicklungen angeordnet: Die Primärwicklung wird von der elektronischen Steuerung mit einer konstanten Erregerspannung (hochfrequente Wechselspannung) versorgt. Die Sekundärwicklungen 1 und 2 sind im Stator um 90° versetzt angeordnet.
Das ferromagnetische Geberrad des Sensors sitzt auf dem Rotor des Drehstrom-Synchronmotors. Die Nocken auf dem Geberrad bewirken eine drehwinkelabhängige Luftspaltänderung zwischen dem Geberrad und dem Stator des Sensors.

Funktionsweise
Je nach Stellung des Geberrads ergibt sich ein unterschiedlicher Luftspalt zwischen den Nocken des Geberrads und den Polschuhen auf dem Stator des Sensors. Der Luftspalt beeinflusst die Höhe der induzierten Sekundärspannungen: Je kleiner der Luftspalt, desto höher ist die induzierte Spannung.
Durch die Anordnung der Sekundärwicklungen 1 und 2 zueinander ergibt sich ein Phasenversatz der induzierten Sekundärspannungen von 90° (vgl. Abb. links unten). Jedem Wertepaar der Spannungsamplituden (schwarze Hüllkurven) kann ein bestimmter Drehwinkel α des Geberrads zugeordnet werden. Die Auswerteelektronik kann somit die Winkelposition des Rotors im E-Motor eindeutig bestimmen. Mit diesem Messprinzip kann die Rotorposition auch bei Motorstillstand ermittelt werden.

Variante: Resolver-Sensor mit Kupferspur auf dem Geberrad

Aufbau
Der Stator des Rotor-Lagesensors besteht aus einer Platine. Darauf befinden sich die Sensorelektronik und vier Spulen mit jeweils einer Primärwicklung, die mit einer konstanten Erregerspannung versorgt wird und zwei Sekundärwicklungen. Diese sind so angeordnet, dass zwei um 90° phasenverschobene Wechselspannungen entstehen. Das Geberrad auf der Rotorwelle besteht aus ferromagnetischem Material, in das eine umlaufende, wellenförmige Kupferspur eingearbeitet ist.

Funktionsweise
Je nach Stellung der Rotorwelle mit dem Geberrad, ergibt sich eine unterschiedliche Breite der nichtmagnetischen Kupferspur auf dem ansonsten ferromagnetischen Geberrad. Dadurch ändert sich entsprechend die Induktivität des Geberrads. Wie beim Resolver-Sensor mit Nocken auf dem Geberrad werden in den Sekundärwicklungen zwei um 90° phasenverschobene Wechselspannungen induziert. Die Bestimmung der Rotorposition erfolgt daher auf gleiche Weise. Die Rotorposition kann auch bei Motorstillstand ermittelt werden.

Rotorlagesensor nach dem TMR-Prinzip

Aufbau des Sensors

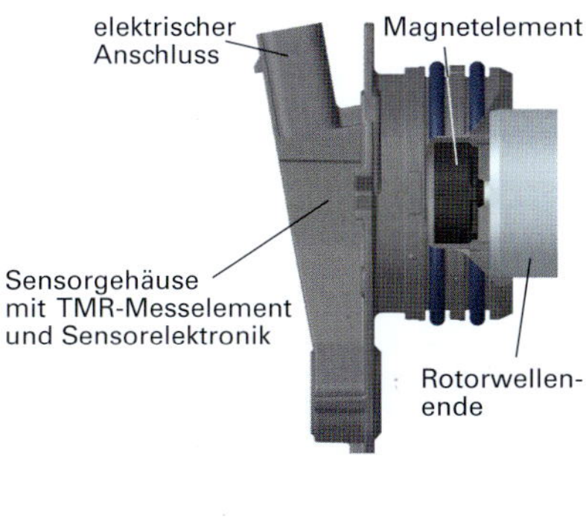

Aufbau (vgl. Abb. links)
Der TMR-Rotor-Lagesensor ist in das Gehäuse des Drehstrom-Synchronmotors eingebaut und umschließt das Ende der Rotorwelle. Am Rotorwellenende sitzt das zugehörige Magnetelement. Das Sensorgehäuse enthält das TMR-Messelement und die Sensorelektronik. Im Messelement befinden sich magnetfeldabhängige (= magnetoresistive) Widerstandsschichten.

Eigenschaften
- hohe Messgenauigkeit
- Messung kontaktlos, verschleißfrei
- geringer Stromverbrauch
- Gewicht und Baugröße im Vergleich zum Resolver-Sensor geringer

Funktionsweise
Das Magnetelement am Rotorende erzeugt ein umlaufendes Magnetfeld. Dieses wirkt auf das TMR-Messelement des Sensors.
Die durch den **T**unnel-**M**agneto-**R**esistiven (TMR) Effekt im Messelement entstehenden Widerstandsänderungen werden von der Sensorelektronik in zwei um 90° phasenverschobene Ausgangswechselspannungen umgewandelt (360°-Sinus-/Cosinus-Verlauf). Jedem Wertepaar der Spannungen kann ein Drehwinkel des Rotors zugeordnet werden. Somit kann die Steuerelektronik des Elektromotors die genaue Rotorposition bestimmen. Dies ist auch bei Motorstillstand möglich.

4

Energiespeicher

Vergleich: Energiedichte von Energiespeichern

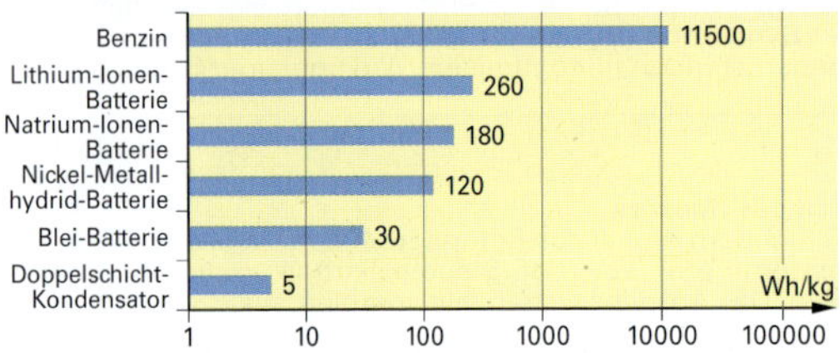

Im Diagramm ist die Energiedichte in Wh/kg für unterschiedliche Energiespeicher mit einer logarithmischen X-Achse dargestellt. Die Energiedichte gibt an, wie viel Energie pro Masse gespeichert ist.
Als Energiespeicher werden in Elektro-, Plug-in-Hybrid- und Hybridfahrzeugen in der Regel Lithium-Ionen-Batterien (Li-Ionen) verwendet. Mittlerweile werden auch Natrium-Ionen-Batterien (Na-Ion) eingesetzt. Sie haben eine etwas geringere Energiedichte, sind dafür kostengünstiger. Selten werden auch noch Nickel-Metall-Hydrid-Akkus (NiMH) verbaut. Blei-Batterien gibt es noch als Starterbatterien. Kondensatoren werden hauptsächlich eingesetzt, um Stromspitzenbelastungen der HV-Batterie und elektromagnetische Störwellen zu vermeiden.
Die Antriebsbatterie macht oft ca. 60 % des Gewichts, der Größe und der Kosten aller elektrischen Bauteile im kompletten Fahrzeugantriebsstrang eines Elektrofahrzeugs aus.

Aufbau von HV-Batteriesystemen

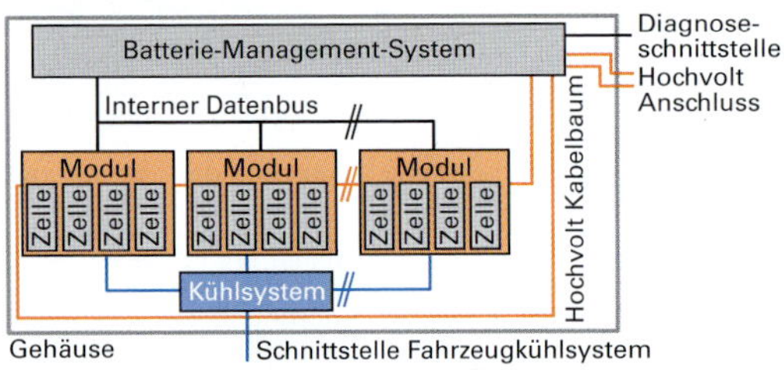

Aufgrund jeweils unterschiedlicher technischer Anforderungen und auch individueller Einbausituationen im Fahrzeug unterscheiden sich HV-Antriebsbatterien in ihrem inneren Aufbau voneinander. Die meisten besitzen jedoch ein ähnliches Grundkonzept.
Das Batteriesystem (vgl. Abb.) besteht aus mehreren Modulen. Die Module wiederum bestehen aus mehreren Batteriezellen. Die Zellen sind in Reihe geschaltet und ergeben die Modulspannung. Die Module sind ebenfalls in Reihe geschaltet und über den Hochvolt-Kabelbaum miteinander verbunden. Das ergibt die Gesamtspannung der HV-Batterie. Die Module sind gemeinsam mit dem Batteriemanagementsystem und dem Kühlsystem im Batteriegehäuse integriert.
Die Schnittstellen zum Fahrzeug sind die Hochvoltanschlüsse, die Diagnoseschnittstelle und der Anschluss an das Kühlsystem.

Lithium-Ionen-Batterie (Li-Ionen)

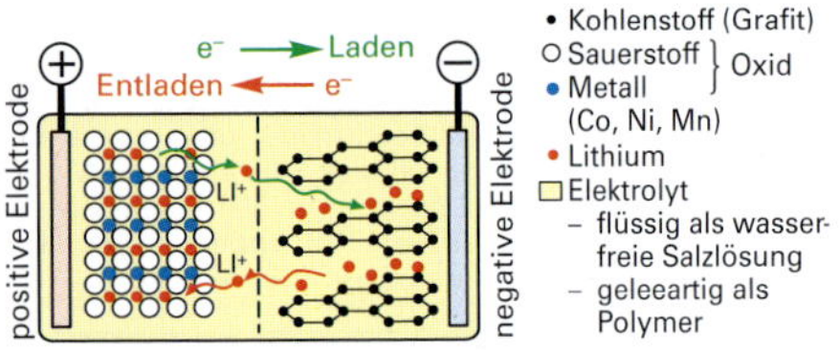

Entladen: Lithiumatome geben an der negativen Elektrode ein Elektron ab, welches über den externen Stromkreis zur positiven Elektrode fließt. Die Lithiumionen wandern durch den Elektrolyt zur positiven Elektrode und werden dort gespeichert.
Laden: Beim Ladevorgang wird die externe Stromrichtung umgekehrt, die Lithiumionen wandern von der positiven Elektrode zur negativen Elektrode. Dort werden sie durch das zugeführte Elektron zum Lithiumatom.
Zellenspannung 3,6 V, Energiedichte bis 260 Wh/kg. Lithium-Ionen-Batterien müssen bei hoher Stromentnahme gekühlt werden. Sie dürfen bei Brand nicht mit Wasser gelöscht werden.

Natrium-Ionen-Batterie (Na-Ionen)

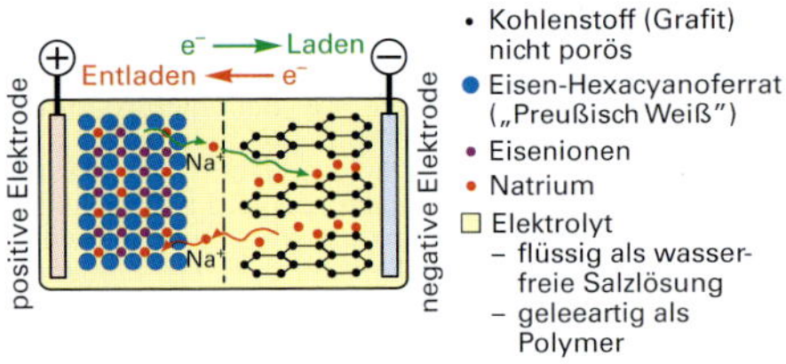

Der Entlade- und Ladevorgang in der Natrium-Ionen-Batterie entspricht dem Prozess in der Lithium-Ionen-Batterie (siehe oben). Anstelle von Lithiumionen wandern Natriumionen zwischen den Elektroden durch den Elektrolyt. Die chemische Zusammensetzung der positiven Elektrode ist unterschiedlich zur Lithium-Ionen-Batterie. Die Zellenspannung ist ca. 3,5 V und die Energiedichte beträgt bis zu 180 Wh/kg. Trotz der geringeren Energiedichte bietet die Natrium-Ionen-Batterie einige Vorteile gegenüber der Lithium-Ionen-Batterie:

- kostengünstiger – Natrium ist reichlich vorhanden
- umweltfreundlicher – die Gewinnung und Verwendung von Natrium belastet die Umwelt weniger
- einfacher und kostengünstiger recycelbar
- sicherer – da Natrium weniger reaktionsfreudig als Lithium ist
- höhere Temperaturbeständigkeit

Nickel-Metallhydrid-Batterie (NiMH)

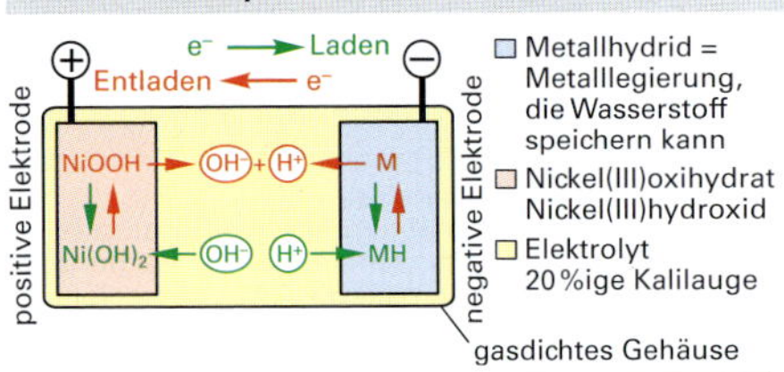

Entladen: Die negative Elektrode gibt Wasserstoffionen (Protonen) und Elektronen ab. An der positiven Elektrode wird Ni(III)OOH (Nickel 3-wertig) zu $Ni(II)(OH)_2$ (Nickel 2-wertig) reduziert und gibt OH-Ionen ab. Die Elektronen fließen über den externen Stromkreis zur positiven Elektrode. Die Wasserstoffionen verbinden sich mit den OH-Ionen zu H_2O. Es entsteht Wasser.
Laden: Die negative Elektrode nimmt Wasserstoffionen (Protonen) und Elektronen auf. An der positiven Elektrode wird $Ni(II)(OH)_2$ zu Ni(III)OOH oxidiert.
Zellennennspannung 1,2 V, Energiedichte bis 120 Wh/kg. Bei tiefen Temperaturen entweicht der Wasserstoff verzögert aus der negativen Elektrode, dadurch ist ein geringerer Energiefluss möglich.

Doppelschicht-Kondensator (EDCL)

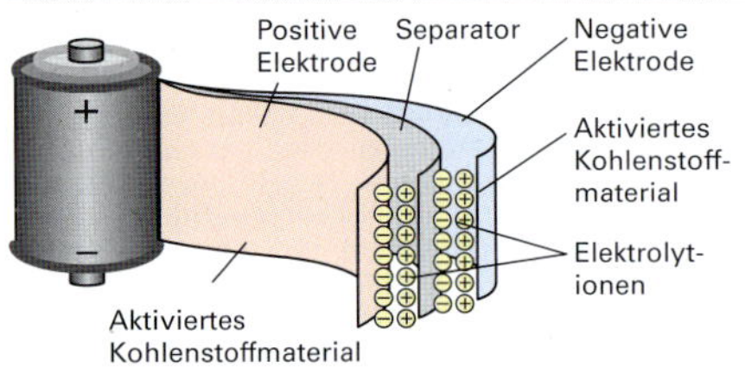

EDCL (electrochemical double layer capacitor), auch Supercaps oder Ultracaps genannt, haben die höchste Energiedichte aller Kondensatoren. Ihre hohe Kapazität basiert auf der Aufspaltung von Molekülen eines flüssigen Elektrolyten in positive und negative Ionen (Dissoziation). Diese bilden ein Dielektrikum von wenigen Atomlagen mit einer großen Oberfläche. Die Energie wird im Gegensatz zu elektrochemischen Energiespeichern (Batterie) elektrostatisch in Form von getrennten Ladungen gespeichert.
Betriebsspannung 2,5 V, Energiedichte bis ca. 5 Wh/kg, ca. 10-mal schnellere Energieaufnahme und -abgabe als bei Lithium-Ionen-Batterien, hohe Lebensdauer. Hohe Aufnahmeströme ermöglichen große rekuperative Bremsleistung, hohe Abgabeströme ermöglichen große Boost-Leistung.

Thermomanagement in Elektrofahrzeugen

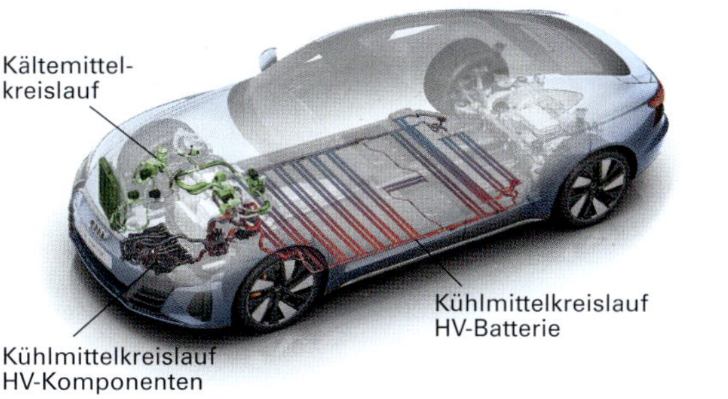

Aufgabe
Das Thermomanagement steuert die Wärmeströme im Fahrzeug. Dadurch können E-Motor, Leistungselektronik und Batterie in einem Temperaturbereich betrieben werden, der einen optimalen Wirkungsgrad ermöglicht. Außerdem muss der Fahrgastraum je nach Bedarf beheizt oder gekühlt werden.

Aufbau
Für den Wärmetransport innerhalb des Fahrzeugs wird eine Kombination aus Kältemittelkreislauf und einem oder mehreren Kühlmittelkreisläufen verwendet (vgl. Abb. links).

Batteriekühlung

Der optimale Temperaturbereich von Lithium-Ionen-Batterien liegt zwischen 15 und 30 °C. Damit sie ihre volle Leistung erzielen können und eine lange Lebensdauer gewährleistet werden kann, müssen Batteriemodule entsprechend gekühlt oder erwärmt werden.

Für die Temperaturregelung des Batteriemoduls kommen dabei unterschiedliche Systeme zum Einsatz:

- **Luftkühlung:** Die Batterie wird mit der von einem Verdampfer abgekühlten Luft umströmt.
- **Direkte Batteriekühlung:** Das Kältemittel entzieht über eine Verdampferplatte der Batterie Wärme und führt sie ab.
- **Indirekte Batteriekühlung:** In Elektrofahrzeugen mit leistungsstärkeren Batterien kommt häufig eine Kombination aus kühl- und kältemittelbasierenden Kreisläufen zum Einsatz (vgl. unten).

Thermomanagement mit indirekter Batteriekühlung (kühl- und kältemittelbasierender Kreislauf)

Systemübersicht - Beispiel: Fahrt bei hohen Temperaturen

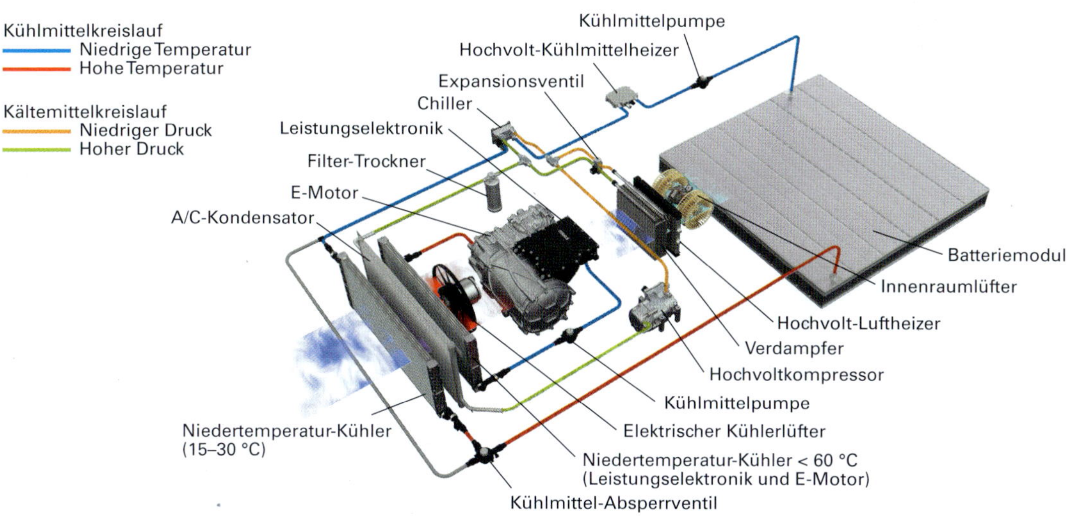

Die Hochvoltkomponenten werden durch je einen Kühlmittelkreislauf in einem Temperaturbereich zwischen 15 °C und 30 °C (Batterie) und <60 °C (E-Motor und Leistungselektronik) gehalten. Bei niedrigen Außentemperaturen wird die Batterie über einen Hochvolt-Kühlmittelheizer im Kühlmittelkreislauf erwärmt. Bei zu hohen Temperaturen der HV-Batterie muss diese über den Batteriekühler im Kühlmittelkreislauf gekühlt werden. Reicht die Kühlleistung des Batteriekühlers bei hoher Last oder beim Schnellladen nicht aus, kann durch die Klimaanlage zusätzlich die Temperatur des Kühlmittels gesenkt werden. Dies erfolgt indirekt über den Chiller.

Je nach Betriebsbedingungen ergibt sich ein unterschiedlicher Heiz- bzw. Kühlbedarf. Entsprechend wird der Verlauf des Kältemittels, des Kühlmittels und des Luftstroms im System gesteuert:

- **Fahrt bei hohen Temperaturen:** Kühlen des Fahrgastraums und Kühlen des Antriebsstrangs und der HV-Batterie (siehe Abbildung):
  Das Kältemittel strömt durch den Verdampfer. Die vorbeiströmende Luft wird dort abgekühlt und in den Fahrgastraum geleitet.

Zusätzlich wird der Kühlmittelkreislauf des Batteriemoduls über den Chiller gekühlt. Die Leistungselektronik und der E-Motor werden über einen weiteren Kühlmittelkreislauf gekühlt und geben Wärmeenergie über den Niedertemperatur-Kühler ab.

- **Fahrt bei tiefen Temperaturen:** Heizen des Fahrgastraums und Kühlen des Antriebsstrangs und der HV-Batterie:
  Die in den Fahrgastraum strömende Luft wird über einen Hochvolt-Luftheizer und über die Abwärme der HV-Komponenten erwärmt. Falls vorhanden, kommt dafür zusätzlich noch eine Wärmepumpe zum Einsatz (vgl. S. 190).
- **Stand bei tiefen Temperaturen:** Heizen des Fahrgastraums und Heizen des Batteriemoduls:
  Das Batteriemodul wird über einen im Kühlkreislauf verbauten Hochvolt-Kühlmittelheizer erwärmt.
- **Heizen** oder **Kühlen** des Fahrgastraums (Vortemperieren)
- **Schnellladen:** Kühlen der HV-Batterie

Wärmepumpe – Klimatisierung

Systembild (vereinfacht)

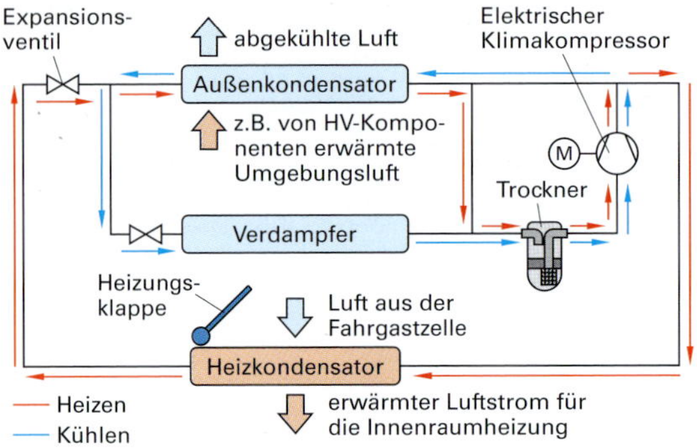

Aufgabe
Elektrofahrzeuge können zum Heizen nicht die Abwärme eines Verbrennungsmotors nutzen. Für die Erwärmung des Innenraums muss daher zusätzliche Energie aus der Fahrzeugbatterie verwendet werden, wodurch die Reichweite des Fahrzeugs sinkt. Wärmepumpen ermöglichen ein effizientes Heizen des Innenraums, da sie Wärmeenergie aus der Umgebungsluft nutzen. Gleichzeitig erfüllen sie die Funktion von herkömmlichen Klimaanlagen.

Aufbau
Im Vergleich zu den Bauteilen einer herkömmlichen Klimaanlage (vgl. S. 255), ist bei einer Wärmepumpe als weiteres Bauteil ein Heizkondensator bzw. indirekter Kondensator (vgl. Abb. links) verbaut.

Über zusätzliche Ventile und Leitungen wird der Kältemittelstrom entsprechend umgeleitet, um die Funktionen Heizen und Kühlen zu steuern.

Funktionsweise Heizen (roter Kreislauf)
Eine Wärmepumpe arbeitet, wie eine herkömmliche Klimaanlage (vgl. S. 255), nach dem Prinzip einer Kompressionskälteanlage. Der elektrische Klimakompressor saugt kaltes gasförmiges Kältemittel aus dem Außenkondensator ab. Das Kältemittel wird verdichtet und erhitzt sich dadurch. Danach strömt es in den Heizkondensator und gibt seine Wärme an den Luftstrom für die Innenraumheizung ab. Im Heizkondensator ändert sich der Aggregatzustand des Kältemittels von gasförmig zu flüssig. Anschließend wird das unter hohem Druck stehende, flüssige Kältemittel über das Expansionsventil entspannt und in den Außenkondensator eingespritzt. Der Außenkondensator wird in der Funktion Heizen somit als Verdampfer genutzt. Das Kältemittel wird wieder gasförmig. Dabei nimmt das Kältemittel Wärmeenergie aus der Umgebungsluft und Abwärme von den HV-Komponenten auf. Wie oben beschrieben, wird diese über den Heizkondensator zur Erwärmung des Innenraums genutzt.

Funktionsweise Kühlen (blauer Kreislauf)
Bei der Funktion Kühlen saugt der Klimakompressor kaltes gasförmiges Kältemittel aus dem Verdampfer ab. Das Kältemittel wird verdichtet und erhitzt sich dadurch. Im Unterschied zur Funktion Heizen, strömt das Kältemittel in den Außenkondensator, wo es seine Wärmeenergie abgibt und verflüssigt wird. Anschließend wird das unter hohem Druck stehende und flüssige Kältemittel über das Expansionsventil entspannt und in den Verdampfer eingespritzt. Das Kältemittel wird wieder gasförmig. Dabei nimmt das Kältemittel Wärmeenergie aus der in den Fahrzeuginnenraum strömenden Luft auf, die dadurch abkühlt.

Durch die Änderung des Aggregatzustands des Kältemittels (flüssig zu gasförmig und umgekehrt) kann dieses viel Wärmeenergie aufnehmen bzw. wieder abgeben.

4

Chiller

Explosionsdarstellung:

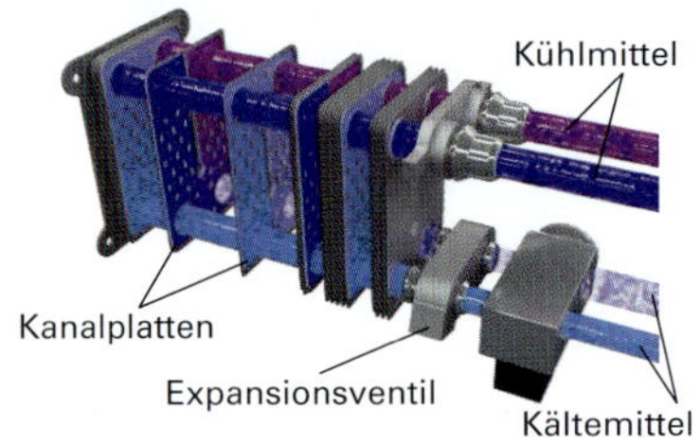

Der Chiller ist ein Wärmetauscher, der den Kühlmittelkreislauf und den Kältemittelkreislauf verbindet. Das unter hohem Druck stehende, flüssige Kältemittel wird über das Expansionsventil entspannt. Dadurch nimmt das Kältemittel Wärmeenergie aus dem Kühlmittel auf und verringert die Temperatur des Kühlmittels. Die Wärmeübertragung zwischen Kältemittel und Kühlmittel findet über Kanalplatten (vgl. Abbildung) statt. Die Kühlung über den Kältemittelkreislauf wird auch als indirekte Kühlung der Batterie bezeichnet. Die Steuerung erfolgt bedarfsgerecht über das Thermomanagement.

Hochvolt-Kühlmittel-Zuheizer

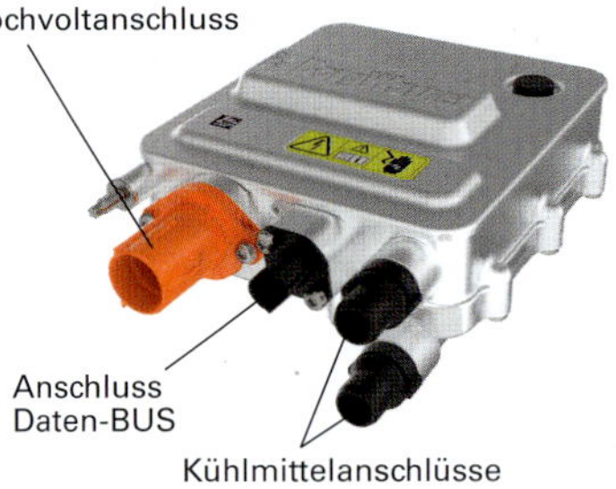

Das Kühlmittel wird bei niedrigen Temperaturen über einen elektrischen Hochvolt-Zuheizer (PTC-Zuheizer) im Kühlkreislauf erwärmt. Der Zuheizer ist stufenlos regelbar und erreicht schnelle Aufheizzeiten.

Als Heizelement im Zuheizer werden Keramiken mit temperaturabhängigen Widerstandseigenschaften eingesetzt. Die PTC-Heizelemente *(positive temperature coefficient)* haben die Eigenschaft, dass ihr elektrischer Widerstand mit zunehmender Temperatur deutlich zunimmt. In der Erwärmungsphase kann somit ein hoher Strom fließen. Nach Erreichen einer bestimmten Temperatur steigt der Widerstand jedoch stark an, wodurch der Stromfluss begrenzt wird. Diese Eigenschaft hat ein selbstregulierendes Verhalten des Heizelements zur Folge.

Technische Daten:
- Leistung 3 kW bis 12 kW
- Spannung: 180 V bis 800 V
- Wirkungsgrad: >95 %
- Temperaturbereich Kühlmittel: –40 bis 90 °C

Fahrzeug mit Elektroantrieb und Brennstoffzelle (FCEV Fuel Cell Electric Vehicle)

Systemübersicht Antrieb (Beispiel)

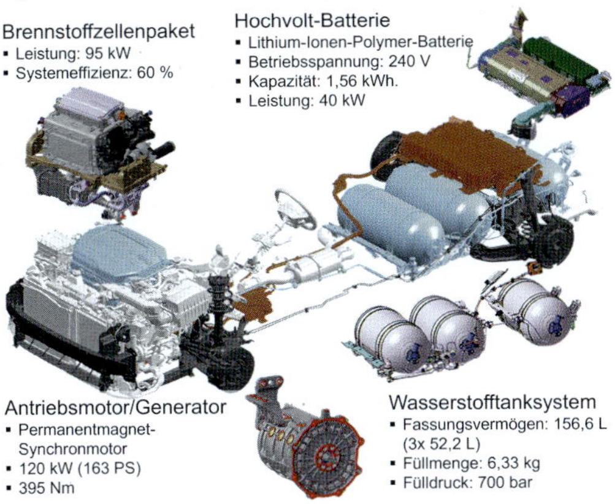

Funktionsprinzip

Ein Brennstoffzellenfahrzeug nutzt Wasserstoff (H_2) als Kraftstoff. Der Wasserstoff wird im Wasserstofftanksystem des Fahrzeugs gespeichert. Im Brennstoffzellenpaket reagiert der Wasserstoff mit dem Luftsauerstoff (O_2) und erzeugt dabei elektrische Energie, Wärme und Wasser (siehe unten).

Der erzeugte Strom wird genutzt, um den Antriebsmotor des Fahrzeugs zu betreiben. Überschüssige elektrische Energie wird in der Hochvolt-Batterie gespeichert. Die HV-Batterie wird auch als Energiequelle in der Startphase und als Puffer bei Beschleunigungsvorgängen benötigt. Der Antriebsmotor wird beim Bremsen oder in Schubphasen des Fahrzeugs als Generator genutzt. Der so erzeugte elektrische Strom wird ebenfalls in der Hochvolt-Batterie gespeichert. Mit der Abwärme des Antriebssystems wird das Fahrzeug geheizt.

Vorteile

- Umweltfreundlich: Es entsteht nur Wasser als Emission.
- Effizient: Die Brennstoffzelle hat einen hohen Wirkungsgrad.
- Schnelles Betanken möglich: Vergleichbar mit dem Betanken eines Fahrzeugs mit Verbrennungsmotor
- Reduzierung der Luftverschmutzung durch hochwirksame Luftfiltersysteme für die Brennstoffzellenluftversorgung

Brennstoffzelle

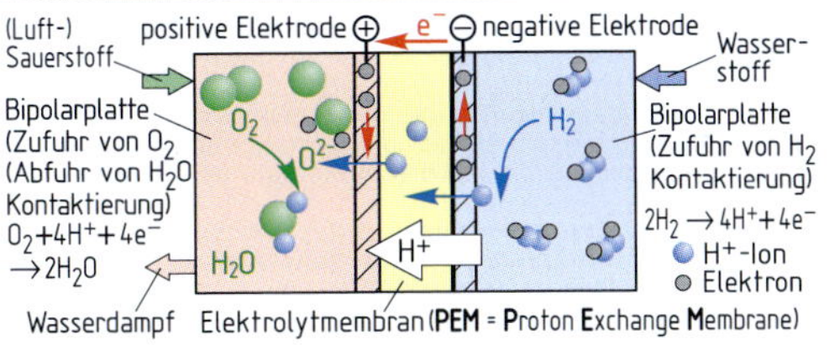

Funktionsprinzip der Brennstoffzelle

An der negativen Elektrode wird Wasserstoff (H_2) aus dem Wasserstoffhochdrucktank zugeführt und in positive Wasserstoffionen (Protonen, H^+) und Elektronen (e^-) zerlegt. Durch die PEM (nur Protonen leitende Membran) können nur Protonen auf die andere Seite der Zelle zur positiven Elektrode gelangen. Für die Elektronen ist die Membran unpassierbar. Verbindet man negative und positive Elektrode über einen Verbraucher, so fließt ein (Elektronen-)Strom zur positiven Elektrode. Dort verbinden sich Sauerstoff, Wasserstoffion und Elektron zu Wasser.

Die Zellenspannung liegt bei ca. 0,6 V. Durch eine Reihenschaltung erhält man das Brennstoffzellenpaket. Dieses liefert die für den Fahrzeugantrieb notwendige hohe Spannung von bis zu 450 V.

Aufbau und Funktionsweise des Brennstoffzellensystems

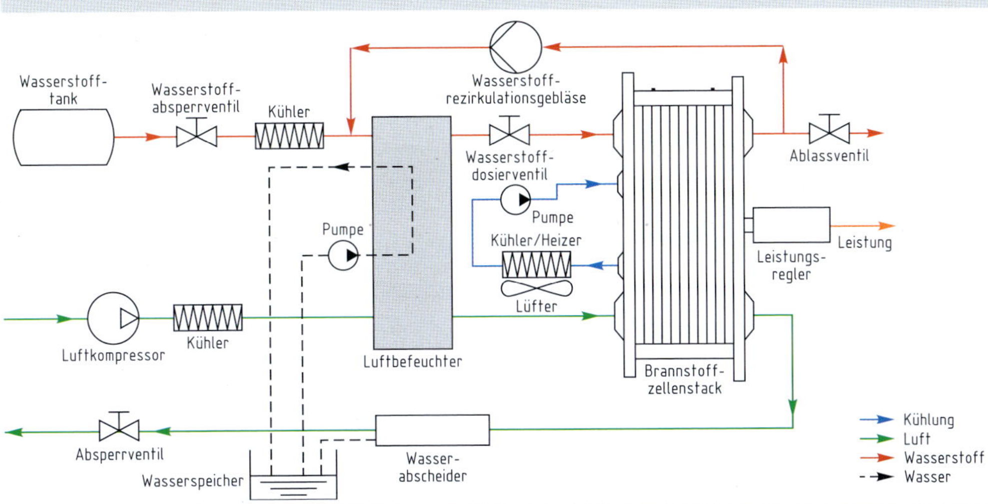

Das *Luftmanagementsystem* liefert den Sauerstoff, den der Brennstoffzellenstack zur Erzeugung von Elektrizität benötigt. Es besteht aus dem Luftkompressor, dem Kühler, dem Luftbefeuchter, dem Wasserabscheider und dem Absperrventil. Der Luftkompressor pumpt die Luft über den Kühler und den Luftbefeuchter in den Brennstoffzellenstack. Wird zu wenig Luft zugeführt, sinkt die Spannung im Stack, und die Ausgangsleistung sinkt um mehr als 20 %. Nach Nutzung des Luftsauerstoffs gibt der Stack die verbrauchte Luft zusammen mit Wasserdampf ab. Das mitgeführte Wasser wird am Wasserabscheider abgeschieden. Am Absperrventil wird die Luft abgelassen.

Das *Kraftstoffmanagementsystem* (Wasserstoffzuführungssystem) liefert dem Stack den Wasserstoff zur Erzeugung der Elektrizität. Es besteht aus dem Absperrventil, dem Kühler, dem Wasserstoffdosiersystem und dem Rückführungssystem. Das Absperrventil gibt den Wasserstoff frei oder sperrt. Der Kühler senkt die Temperatur des Wasserstoffs, bevor dieser über das Wasserstoffdosierventil in die Brennstoffzelle eingeleitet wird. Das Rückführungssystem leitet den überschüssigen Wasserstoff wieder zum Stack zurück. Am Ablassventil können entstandene Fremdgase abgelassen werden.

Das *Temperaturmanagementsystem* hält die Betriebstemperatur für die Brennstoffzelle im optimalen Bereich. Es führt die in der Brennstoffzelle entstandene Wärme ab. Es besteht aus der elektrischen Kühlmittelpumpe für den Stack, dem Kühler-/Heizermodul mit Lüfter. Die Kühlmittelpumpe pumpt das Kühlmittel durch den Kühlkreislauf. Sie wird mit über 250 V betrieben. Der Kühler entzieht dem Kühlmittel die Wärme. Das Kühler-/Heizermodul erwärmt bei Kaltstart den Stack und den Innenraum.

HV-Batterie laden

Verlauf des Ladezustands (Beispiel)

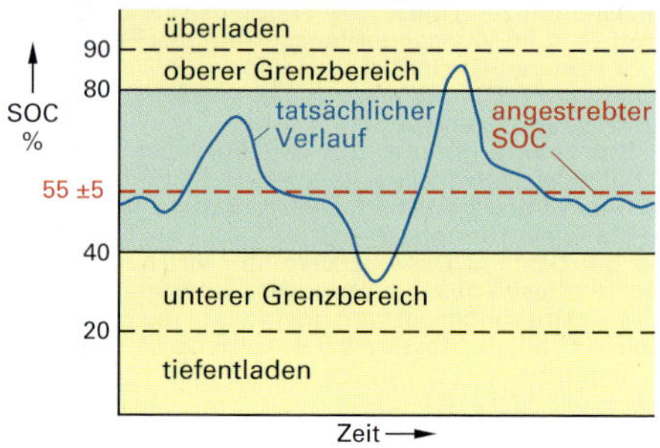

Der ideale Ladezustand SOC (engl.: state of charge) einer HV-Batterie liegt zwischen 50 und 80%. Grundsätzlich gilt, dass die Batterie durch zyklisches Laden und Entladen altert und auf Dauer geschädigt wird. Dies gilt vor allem, wenn sich der SOC außerhalb des idealen Ladezustandes befindet (tiefenentladen oder überladen). Daraus ergeben sich unterschiedliche Ladestrategien für HV-Batterien.
In einer HV-Batterie gibt es niedrig und hoch geladene Batteriezellen. Die niedrig geladenen Batteriezellen legen die Entladegrenze der HV-Batterie fest. Die unterschiedlichen Ladezustände einzelner Batteriezellen einer HV-Batterie entstehen aufgrund von Nutzung, Temperatur oder Zellalterung. Sie werden durch das Batteriemanagement ausgeglichen. Um alle Zellen in den gleichen Ladezustand zu bringen, werden die einzelnen Batteriezellenspannungen überwacht und einzelne Zellen gegebenenfalls über einen Widerstand entladen. Wenn dieser Prozess abgeschlossen ist, kann mit dem Laden der Batterie begonnen werden. Sonst werden die hoch geladenen Zellen überladen und zerstört.

Ladevorgang

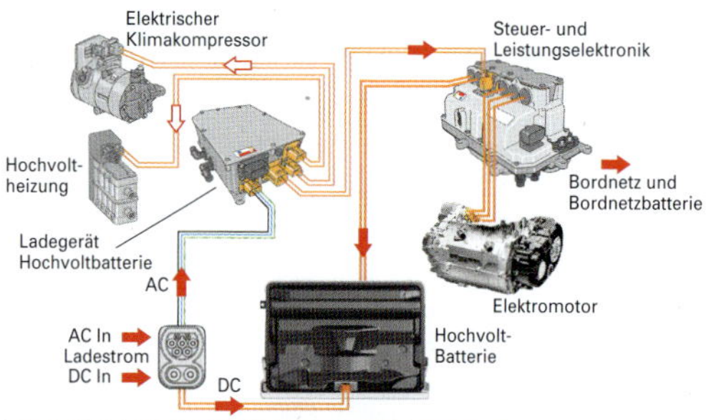

Funktionsweise

Beim AC-Laden und DC-Laden sind immer alle Steuergeräte aktiv. Während des Ladevorgangs wird das 12 V- bzw. 48 V-Bordnetz ebenfalls versorgt und die Bordnetzbatterie geladen.
Beim DC-Laden wird die HV-Batterie direkt geladen. Beim AC-Laden fließt der Wechselstrom über das Ladegerät der Hochvoltbatterie zur Steuer- und Leistungselektronik. Dort wird der Wechselstrom im Inverter gleichgerichtet und der entstandene Gleichstrom kann dann die HV-Batterie laden.
Das Ladegerät regelt die Ladung der Hochvoltbatterie. Es wird vom Steuergerät für das Hochvolt-Batterieladegerät gesteuert. Die Einstellung des maximalen Ladestroms und die Einstellung der unteren Batterieladegrenze durch das Batteriemanagement haben einen sehr großen Einfluss auf die Ladezeit und die verbleibende Reichweite des Fahrzeugs.
Ein intern verbauter Netzverteiler versorgt die Hochvoltheizung und den elektrischen Klimakompressor. Somit kann auch während des Ladebetriebs die Klimatisierung aufrechterhalten werden.

Kommunikation zwischen Ladeeinrichtung und Elektrofahrzeug (vgl. ISO 15118-20, DIN EN IEC 61851, DIN SPEC 70121)

Der CP-Kontakt (Control Pilot) im Ladestecker ist ein wichtiger Bestandteil der Kommunikation zwischen der Ladeeinrichtung (Ladestation) und dem Elektrofahrzeug. Über den CP-Kontakt werden verschiedene Signale und Informationen ausgetauscht, um den Ladevorgang zu steuern und zu überwachen. Dabei wird zwischen der Low-Level- und der High-Level-Kommunikation unterschieden.
Die Norm ISO 15118-20 standardisiert die High-Level-Kommunikation zwischen Fahrzeug und Wallbox. Diese ermöglicht den Austausch komplexer Steuerbefehle. Darunter fallen z. B. der Datenaustausch über die gewünschte Abfahrtszeit der Fahrzeugnutzer und der benötigte Batteriefüllstand bei Abfahrt, um die nächste Fahrt absolvieren zu können. Weitere aktuelle Normen für das Laden von Elektrofahrzeugen sind DIN SPEC 70121 für das DC-Laden und IEC 61851 für das AC-Laden.
Die Wahl der Kommunikationsform über den CP-Kontakt hängt von den Anforderungen des Ladesystems und den gewünschten Funktionen ab.
Die Kommunikation über den CP-Kontakt kann durch unterschiedliche Signalarten erfolgen:

Signalart	Funktionsweise	Vorteile	Nachteile	Ladebetriebsarten (vgl. S. 193)
PWM-Signal (vgl. S. 307)	Analoges Signal, bei dem die Breite der Pulse variiert wird, um Informationen zu übertragen.	• einfach zu implementieren • weit verbreitet	• begrenzte Datenübertragung • anfällig für Störungen	Mode 2–4
LIN-Bus (vgl. S. 310)	Serielles Kommunikationsprotokoll, das für die Kommunikation zwischen Fahrzeugkomponenten entwickelt wurde.	• kostengünstig • einfach zu integrieren	• geringe Datenrate • nicht für komplexe Kommunikation geeignet	Mode 2 und 3
Digitale Kommunikation (vgl. S. 309, 312)	Nutzung digitaler Protokolle (z. B. CAN, Ethernet) zur Übertragung von Daten zwischen Fahrzeug und Ladestation.	• hohe Datenrate • zuverlässig und robust	• komplexer zu implementieren • höhere Kosten	Mode 4, optional Mode 2 und 3

Bidirektionales Laden

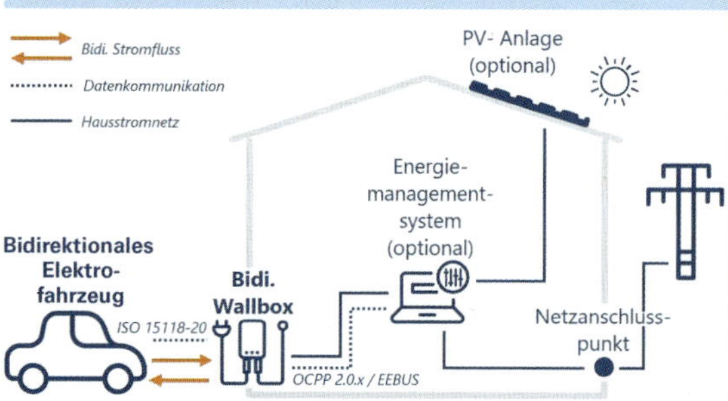

Beim bidirektionalen Laden kann der Strom nicht nur in die Fahrzeugbatterie hineinfließen, sondern auch aus ihr heraus.

V2X-Kategorien:
- *Vehicle-to-Home (V2H):* Rückspeisung des in der Fahrzeugbatterie gespeicherten Stroms ins eigene Heimnetz.
- *Vehicle-to-Business (V2B):* Rückspeisung des in der Fahrzeugbatterie gespeicherten Stroms in das Netz eines Unternehmens, z. B. Versorgung von Industrieanlagen.
- *Vehicle-to-Grid (V2G):* Rückspeisung der Energie der Fahrzeugbatterie ins öffentliche Stromnetz.
- *Vehicle-to-Load (V2L)/Vehicle-to-Device (V2D):* Nutzung des in der Fahrzeugbatterie gespeicherten Stroms zur Versorgung beliebiger elektrischer Endgeräte (elektrische Verbraucher), wie z. B. Werkzeuge. Diese Geräte können über eine im Fahrzeuginnenraum verbaute Schuko-Steckdose oder einen Adapter am Ladeanschluss des Elektrofahrzeugs angeschlossen werden.
- *Vehicle-to-Vehicle (V2V):* Möglichkeit, ein Elektrofahrzeug mit einem weiteren zu verbinden um zu laden bzw. zu entladen.

Ladesteckertypen

Normalladen und Schnellladen
Die Definitionen für Normal- und Schnellladen sind in der EU-Richtlinie 2014 / 94 / EU „Aufbau der Infrastruktur für alternative Kraftstoffe" definiert und ergeben sich einzig aus den beim Ladevorgang angewendeten Ladeleistungen. So werden alle AC-Ladevorgänge mit einer Ladeleistung von bis zu 22 kW als Normalladen klassifiziert, Ladevorgänge mit höheren Leistungen werden als AC- oder DC-Schnellladen bezeichnet.

Ladeschnittstelle	Typ 2 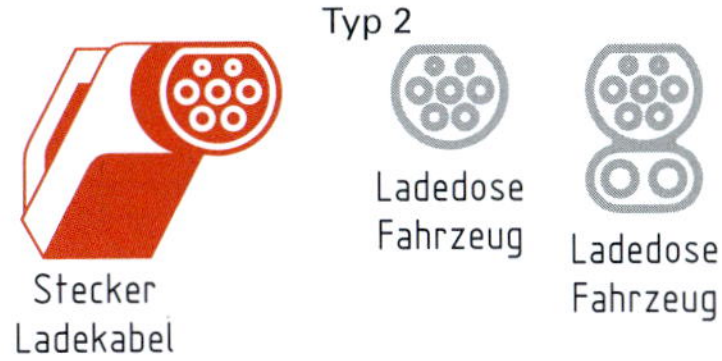		Combo 2 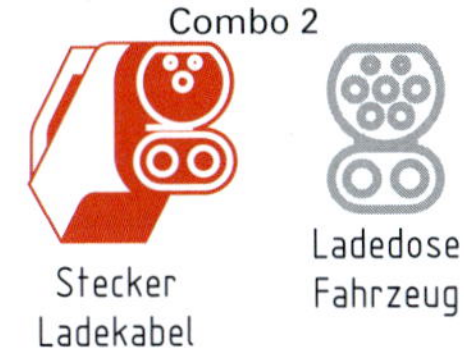
Ladeart	Laden mit Wechselstrom AC-Normalladen 1-phasiges AC-Laden	Laden mit Wechselstrom AC-Schnellladen 3-phasiges AC-Laden	Laden mit Gleichstrom DC-Schnellladen
Ladeleistung	≤ 22 kW	> 22 kW, max. 43 kW bei 3 Phasen	> 22 kW, max. 350 kW zukünftig 450 kW
Normen/Kommunikation	IEC 62196-2 IEC 61851-1 ISO 15118		IEC62196-3 ISO 15118 DIN SPEC 70121.

Kombinierte Ladesysteme (Combined Charging System CCS)

Das Combined Charging System (CCS) ist ein offenes, universelles Ladesystem für Elektrofahrzeuge, das auf den internationalen Standards der IEC-61851-Reihe für Ladeinfrastruktur und den Standards für Ladesteckverbinder nach IEC 62196 aufbaut. Das CCS vereint einphasiges Laden bis schnelles dreiphasiges Wechselstromladen (max. 43 kW) und bietet sehr schnelles Gleichstromladen (bis 350 kW und zukünftig bis 450 kW) in einem einzigen System. Als System beinhaltet das CCS sowohl die Stecker als auch die Kontrollfunktionen und die Kommunikation zwischen Elektrofahrzeug und Infrastruktur und bietet die Lösung für alle erforderlichen Ladeszenarien an.

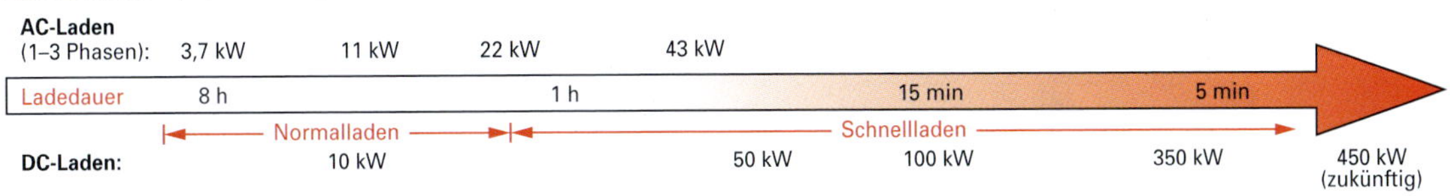

Ladebetriebsarten

Das kabelgebundene Laden von Elektrofahrzeugen kann in unterschiedlichen Ladebetriebsarten erfolgen, die in der Systemnorm DIN EN 61851-1 (VDE 0122-1) definiert worden sind.

Ladebetriebsart	**Mode 1** 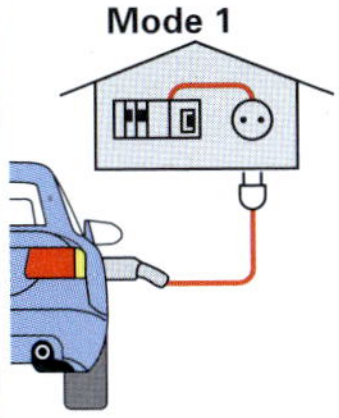	**Mode 2** 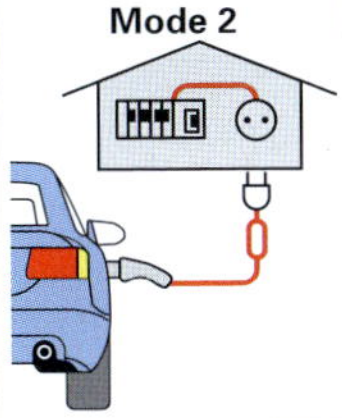	**Mode 3** 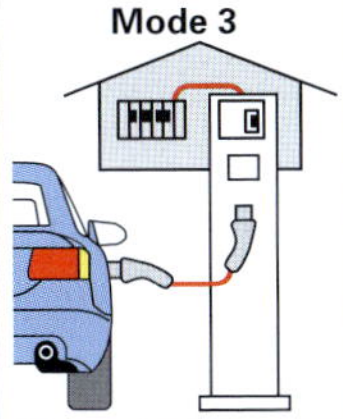	**Mode 4** 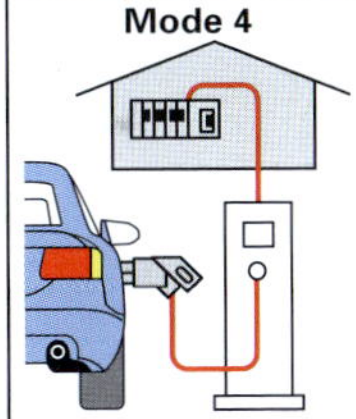	**Induktiv** 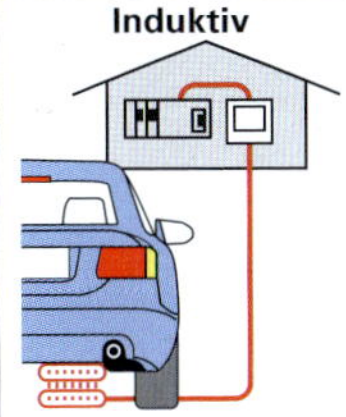
Ladestrom	Wechselstrom AC	Wechselstrom AC	Wechselstrom AC	Gleichstrom DC	Wechselstrom AC
Anschluss energieseitig	Schuko- oder CEE-Stecker	Schuko- oder CEE-Stecker	Typ 2	festes Kabel an der Ladestation	——
Anschluss fahrzeugseitig	Typ 2	Typ 2	Typ 2	Typ 2 oder Combo 2 (CCS)	——
Ladestrom/-leistung einphasig	max. 16 A	max. 32 A bis 7,2 kW	max. 16 A, bis 3,7 kW	max. 350 kW zukünftig bis 450 kW	max. 16 A 3,7 kW
Ladestrom/-leistung dreiphasig	max. 16 A	max. 32 A bis 22 kW	max. 63 A bis 43 kW		bis 22 kW
Kommunikation	——	Modul im Ladekabel	Modul in Ladestation	Modul in Ladestation	——
Verriegelung	im Fahrzeug	im Fahrzeug	Fahrzeug und Ladesteckdose	im Fahrzeug	——
Schutzeinrichtungen	FI-Schutzschalter, RCD (Residual Current Device)	in Ladeleitung Steuer- und Schutzeinrichtung („In Cable Control and Protection Device" IC-CPD)	in Ladestation FI-Schutzschalter, RCD (Residual Current Device) integriert	in Ladestation integriert	——

4

Eigensichere HV-Fahrzeuge

In einem eigensicheren Elektrofahrzeug sind spezielle Sicherheitsvorkehrungen vorhanden, um Gefahren durch hohe Spannungen zu vermeiden. Diese Fahrzeuge haben Systeme, die automatisch den Stromfluss unterbrechen, wenn ein Problem erkannt wird, z. B. Kurzschluss, Leitungsunterbrechung bei einem Unfall oder bei unsachgemäßer Handhabung in der Werkstatt. Die HV-Batterie und die weiteren HV-Komponenten sind so gestaltet, dass bei Beschädigung möglichst keine spannungsführenden Bauteile freigelegt werden. Darüber hinaus gibt es Schutzmechanismen, die verhindern, dass Personen mit der Hochspannung in Kontakt kommen. So wird sichergestellt, dass das Fahrzeug auch bei einem Defekt sicher bleibt. Für alle Sicherheitsfunktionen ist das Steuergerät für die Batterieregelung verantwortlich.

Komponenten des Sicherheitskonzeptes

- Die *Elektrische Sicherheitslinie/Pilotlinie* mit Sicherheitssteckern an den HV-Komponenten: Die Stecker sorgen dafür, dass die Hochvoltkomponenten sicher verbunden sind und bei Bedarf leicht getrennt werden können (siehe unten).
- Das *Zündschloss* gibt das Schutzrelais in der HV-Batterie frei, sodass der Stromfluss in der Hochvoltbatterie ermöglicht wird.
- Die *Feuchtigkeitssensoren* erkennen Feuchtigkeit in den Hochvoltsystemen, die zu Kurzschlüssen führen könnten.
- Das *Isolated Terra (IT-) Netz mit Potentialausgleich* sorgt dafür, dass bei Isolationsfehlern an HV-Leitungen und HV-Komponenten keine gefährlichen Berührspannungen entstehen können (siehe unten).
- Die *Hochvolt-Warnkennzeichnungen* weisen auf die Hochvoltgefahr hin.
- Das *Schutzrelais* in der E-Box der HV-Batterie unterbricht den Stromfluss aus der HV-Batterie, sobald ein Problem vorliegt.
- Das *Airbagsteuergerät* löst beim Crash das Schutzrelais aus, um den Stromfluss sofort zu unterbrechen (siehe unten).
- Der *Wartungsstecker/Service Disconnect* schaltet das Fahrzeug spannungsfrei, um sicher an den elektrischen Systemen arbeiten zu können (siehe unten bzw. vgl. Seite 195).
- Die *Isolationsüberwachung* überwacht kontinuierlich die Isolation der Hochvoltsysteme und warnt bei Isolationsfehlern (vgl. Seite 195).
- Die *Temperatursensoren* überwachen die Temperatur der Hochvoltbatterie und anderer kritischer Komponenten, um Überhitzung zu vermeiden.
- Die *Hochvoltkabel* mit doppelter Isolation bieten zusätzlichen Schutz gegen elektrische Schläge und Kurzschlüsse (vgl. Seite 196).
- Die *Hochvoltsicherungen* schützen das System vor Überstrom und Kurzschlüssen.
- Das *Batteriemanagementsystem (BMS)* überwacht und steuert den Ladezustand und die Sicherheit der Batterie.

Sicherheitslinie (Pilotlinie, Interlock, HV-Kontakt-Überwachung), Schutzrelais

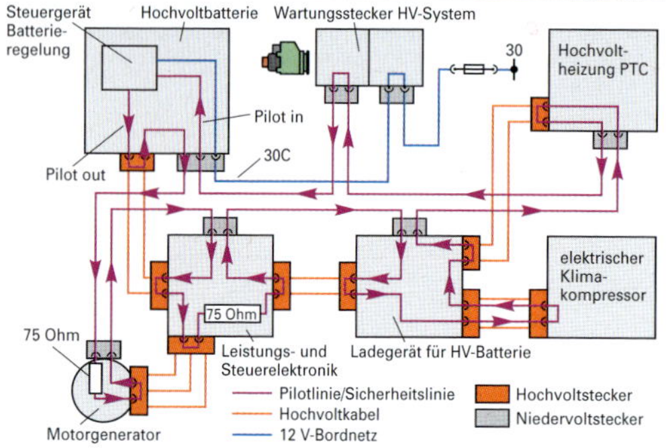

Aufgabe

Die Sicherheitslinie, Pilotlinie, Interlock oder HV-Kontakt-Überwachung gewährleistet, dass das komplette Hochvoltnetz spannungslos geschaltet wird, sobald ein Hochvoltbauteil vom Netz getrennt wird.

Funktionsweise

Alle Bauteile des Hochvoltnetzes sind über eine separate Sicherheitslinie als Ringleitung verbunden. Jeder Bauteilanschluss ist als Unterbrecherkontakt ausgeführt. Sind alle Bauteile betriebsbereit, sind die Kontakte geschlossen.

Das Steuergerät für Batterieregelung in der E-Box legt eine Spannung an die Sicherheitslinie und bei geschlossener Sicherheitslinie fließt ein Prüfstrom von ca. 10 mA. Es steuert dann die *Schutzrelais* an, die das Hochvoltnetz mit der HV-Batterie verbinden. Die Schutzrelais befinden sich z. B. in der E-Box oder im Batteriegehäuse.

Wird die Sicherheitslinie unterbrochen, fließt kein Prüfstrom mehr. Das Steuergerät steuert die Schutzrelais nicht mehr an, wodurch diese öffnen und das HV-Netz spannungslos wird. Wenn der grüne Wartungsstecker abgezogen wird, schaltet er den Steuerstrom der Schütze ab (Klemme 30c) und unterbricht die Sicherheitslinie. Das Batterie-Management-System (BMS) schaltet die Masseversorgung der Schütze ab. Die Schütze haben dann keine Minus- und keine Plusansteuerung mehr und sind offen.

Isolated Terra (IT-) Netz mit Potentialausgleich

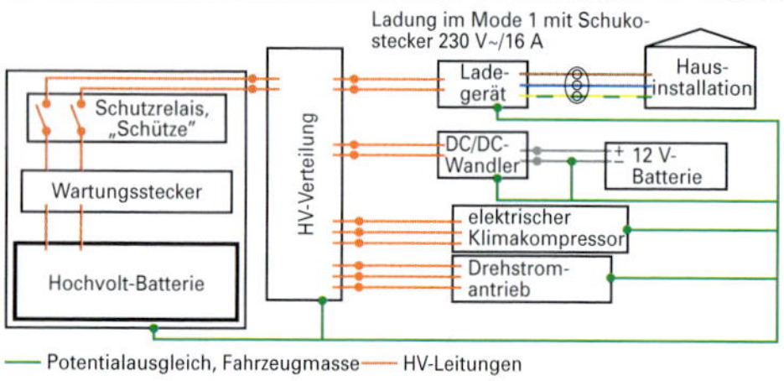

Isolated Terra (IT-) Netz mit Potentialausgleich: Die HV-Plus- und HV-Minus-Leitungen sind gegenüber der Karosserie (Masse) isoliert (Spannungsquelle ist nicht geerdet). Tritt an einer HV-Leitung ein Isolationsfehler auf, kann bei Berührung somit kein Stromkreis über Masse geschlossen werden. Die Berührung ist deshalb ungefährlich. Die Fehlersuche bei einem Isolationsfehler wird auf Seite 195 beschrieben.

Die leitenden Gehäuse der HV-Bauteile sind über Potentialausgleichsleitungen mit der Masse verbunden (geerdet). Bei Isolationsfehlern zwischen HV-Leiter und Gehäuse fließt ein hoher Strom über die Potentialausgleichsleitungen zur Masse und die HV-Sicherung löst aus.

Ist eine automatische Isolationskontrolle verbaut, überwacht diese ständig den Isolationswiderstand der HV-Leiter. Durch die Sicherheitslinie und eine geeignete HV-Steckerkonstruktion ist das System vor Lichtbögen geschützt. Die Prüfung des Potentialausgleichs wird auf Seite 196 beschrieben.

Freischalten Wartungsstecker (Service Disconnect, Batterie-Trennstecker) vgl. Seite 195

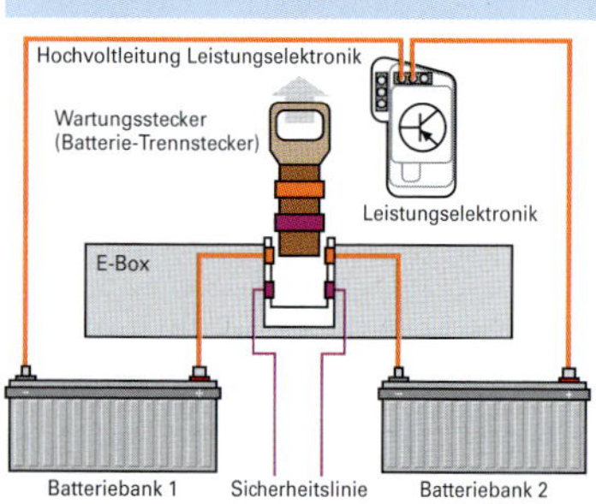

Aufgabe

Der Wartungsstecker ist die Verbindung zwischen den beiden Batteriebänken der Hochvoltbatterie. Beim Ziehen des Steckers wird die Verbindung unterbrochen und das Hochvoltsystem ist dann spannungsfrei (= freigeschaltet). Er wird gezogen, wenn an Hochvoltkomponenten oder in deren Nähe gearbeitet werden muss. Zur Wiederinbetriebnahme des Hochvoltsystems wird der Wartungsstecker wieder eingesteckt.

Freischaltvorgang (Beispiel)

- Entfernen der Abdeckung
- Entriegeln und Steckeroberseite nach oben klappen
- Wartungsstecker aus der Halterung ziehen
- Gegen Wiedereinstecken/Wiedereinschalten sichern
- Spannungsfreiheit überprüfen

Achtung: Nur qualifizierte Personen dürfen ein Hochvoltsystem freischalten. Herstellervorgaben sind zu beachten.

Prüfung des Isolationswiderstands

Funktionsweise Isolationsprüfung

Auf Grund der hohen Spannungen im Hochvoltsystem von Elektrofahrzeugen müssen die HV-Komponenten gegenüber der Fahrzeugkarosserie isoliert sein (vgl. Isolated Terra (IT)-Netz S. 194). Der Sollwert des Isolationswiderstands ist in der Vorschrift ECE-R100 definiert und beträgt mindestens 500 Ω/V.

Beispiel: Bei 400 V Batteriespannung ergibt sich ein Isolationswiderstand von mindestens 500 Ω/V × 400 V = 200 000 Ω = 0,2 MΩ

Die Isolationsprüfung erfolgt am spannungsfreien HV-System. Das Isolationsmessgerät erzeugt eine hohe Prüfspannung von bis zu 1000 V DC an dem zu messenden Bauteil und misst den Leckstrom in µA. Daraus berechnet das Messgerät mit dem Ohmschen Gesetz den Isolationswiderstand. Auf diese Weise werden die Bedingungen eines aktiven HV-Systems simuliert.

Prüfvoraussetzungen und Sicherheitshinweise

- Herstellervorgaben beachten (1000 V Messspannung!).
- Nur zugelassene Messgeräte mit Messadaptern verwenden.
- Für die Durchführung einer Isolationsprüfung ist die Qualifikation Stufe 2S (FuP) DGUV (vgl. S. 95) notwendig.
- Prüfung der Funktionsfähigkeit der Messmittel nach Herstellervorgabe (z. B. Messspitzenprüfung) durchführen.
- Persönliche Schutzausrüstung (Hochvolthandschuhe, Sichtschutz) verwenden.

Prüfmittel und Durchführung der Messung

Isolationsmessgerät

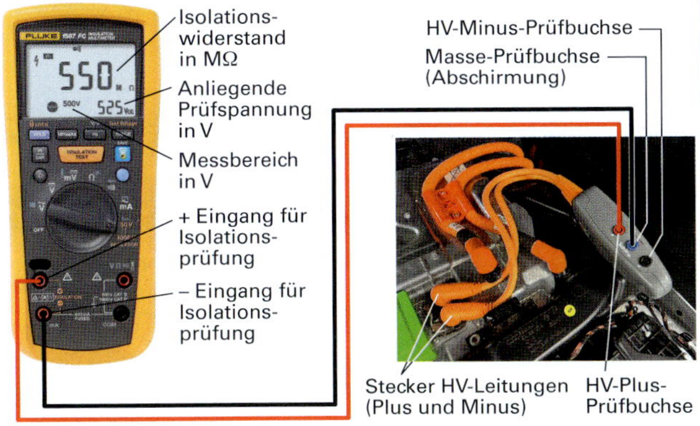

Durchführung der Messung

Anzeige im Kombiinstrument
Fehler im Hochvoltsystem

1. **Fehlerspeicher auslesen**
2. **HV-System spannungsfrei schalten** (vgl. S. 94)
3. **Isolationswiderstand messen (mit vom Hersteller vorgegebener Prüfspannung)**
   - HV-Leitung von HV-Batterie trennen
   - Prüfadapter an HV-Batterie bzw. HV-Leitung anschließen
   - Messbereich am Messgerät einstellen z. B. 500 V (nach Herstellervorgabe)
   - Messung HV-Plus gegen Masse am Prüfadapter durchführen
   - Messung HV-Minus gegen Masse am Prüfadapter durchführen

Hinweise:
- Kondensatoren in den HV-Komponenten können sich über die Prüfspannung aufladen! Warten bis die Prüfspannung wieder abgefallen ist.
- Multimeter sind für solche Messungen nicht geeignet, da deren Prüfspannung zu klein ist.

Fehlersuchplan: Isolationsfehler

Arbeitsschritte	Erläuterungen / Hinweise
Fehler nachvollziehen: Messadapter an HV-Batterie anschließen. (HV-Batterie von HV-Bauteilen getrennt)	Isolationswiderstand R_{iso} messen (siehe oben). – R_{iso} < Sollwert (n. i. O.) → HV-Batterie ist defekt – R_{iso} > Sollwert (i. O.) → HV-Batterie ist i. O.
Messadapter an der HV-Batterie trennen und an HV-Leitungen anschließen.	– R_{iso} < Sollwert (n. i. O.) → Fehler liegt im restlichen Teil des HV-Systems
Fehlerstelle eingrenzen: HV-Leitungen an HV-Komponenten nacheinander abstecken (z. B. beginnen mit E-Motor).	– R_{iso} < Sollwert (n. i. O.) → abgesteckte Komponente/Leitung nicht Fehlerursache. Wieder aufstecken und nächste HV-Leitung/-Komponente abstecken. – R_{iso} > Sollwert (i. O.) → Getrennte HV-Leitung bzw. HV-Komponente ist die Fehlerursache → entsprechende HV-Leitung bzw. HV-Komponente ersetzen.

HV-Messadapter

Beispiel: Adapter für 2-adrige HV-Leitungen

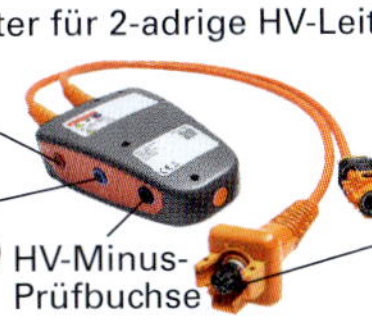

Für Wartungsarbeiten und sicherheitsrelevante Prüfungen an Hochspannungssystemen gibt es spezielle HV-Messadapter. Ein HV-Messadapter besteht aus einer HV-Messbox und einem steckerspezifischen HV-Adapterkabelsatz. Der Messadapter wird für die Messung am Hochvoltsystem an die HV-Leitungen oder die jeweilige HV-Komponente angeschlossen.

Freischalten über MSD (Manual Service Disconnect)

Eine schnelle und sichere Spannungsfreischaltung kann über einen manuellen Service-Trennschalter (MSD) durchgeführt werden. Über den Trennschalter wird die Pilotlinie unterbrochen, wodurch die Schütze in der HV-Batterie geöffnet werden und das Hochvoltsystem spannungsfrei geschaltet wird. Anwendungsbeispiele sind Wartungs- und Reparaturarbeiten. Auch bei einem Unfall kann die Feuerwehr über den Service-Trennschalter das Fahrzeug spannungsfrei schalten.

Prüfung: Potentialausgleichsleitungen

Funktionsweise Potentialausgleich

HV-Plus und HV-Minus-Leitungen sind gegenüber der Karosserie (Masse) isoliert. Selbst bei einem Körperschluss einer der beiden Pole (Isolationsfehler) besteht zunächst noch keine Gefahr. Kommt es zu einem weiteren Körperschluss des anderen Pols, muss die HV-Sicherung in der Batterie auslösen. Dafür muss ein großer Kurzschlussstrom über die Potentialausgleichsleitungen fließen können.

Zusätzlich bietet der Einsatz von Potentialausgleichsleitungen die Möglichkeit der Isolationsüberwachung an einer beliebigen Stelle im Fahrzeug, da die Fahrzeugmasse mit den Gehäusen der Hochvoltkomponenten leitend verbunden ist. Grundsätzlich gilt: Der Widerstand muss beim Potentialausgleich im Gegensatz zum Isolationswiderstand sehr klein sein!

Prüfvoraussetzungen und Sicherheitshinweise

- Nur zugelassene Messgeräte verwenden (Milliohm-Messgerät bzw. Vierleitermessgerät).
- Drehmomentschlüssel verwenden.
- Für die Durchführung einer Potentialausgleichsmessung ist die Qualifikation Stufe 2S (FuP) DGUV (vgl. S. 95) notwendig.
- Prüfung der Funktionsfähigkeit der Messmittel nach Herstellervorgabe durchführen.
- Persönliche Schutzausrüstung (Hochvolthandschuhe, Sichtschutz) verwenden.

Prüfmittel und Durchführung der Messung

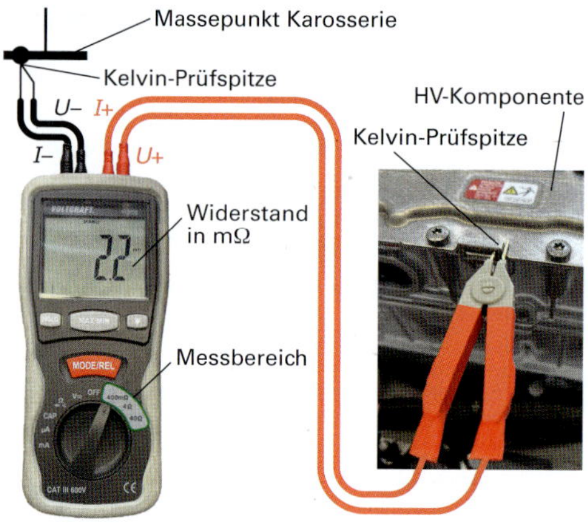

Durchführung der Messung

1. Sichtprüfung
- Beschädigung von Hochvoltleitungen
- Korrosion am Kabelschuh der Potentialausgleichsleitungen
- Korrosion an den vorgeschriebenen Kontaktpunkten an Karosserie und Hochvoltkomponenten

2. Prüfung der Schraubverbindungen
- Potentialausgleichsleitungen müssen mit einem vom Hersteller vorgeschriebenen Drehmoment (Sollwerte) angezogen werden.

3. Widerstandsmessung der Potentialausgleichsleitungen
- Die Messpunkte an Hochvoltkomponenten und Karosserie sind vom Hersteller vorgeschrieben.
- Widerstandsmessung nach dem Prinzip der 4-Leitermessung durchführen.
- Der Widerstand muss laut der ECE-R100 < 100 mΩ betragen.
- Einige Hersteller verschärfen diese Vorgabe z. B. auf 10 mΩ (z. B. Porsche)

Hinweis:
Multimeter dürfen für solche Messungen nicht verwendet werden, weil ihr Prüfstrom zu gering ist und der Widerstand der Messleitungen das Messergebnis verfälschen kann.

4-Leiter-Widerstandsmessung

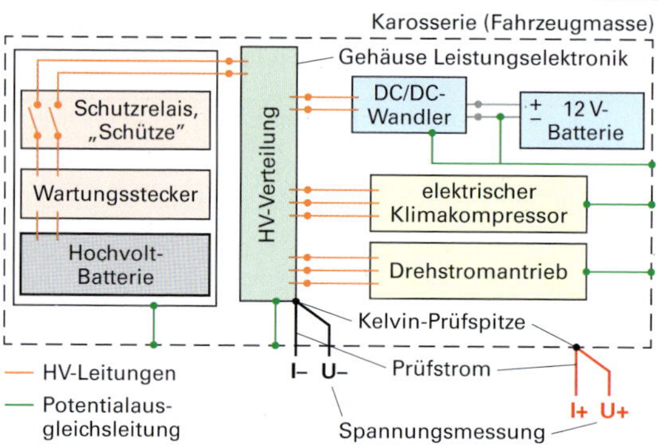

- Für die 4-Leiter-Widerstandsmessung mit dem Milliohm-Messgerät (Milliohmmeter) werden sogenannte Kelvin-Prüfspitzen verwendet. Die Messspitzen besitzen jeweils zwei Anschlüsse.
- Über jeweils einen Anschluss bzw. Leiter lässt das Messgerät einen konstanten Prüfstrom I fließen.
- Mit den beiden anderen Anschlüssen bzw. Leitern misst das Messgerät die anliegende Spannung U.
- Aus dem Prüfstrom I und der gemessenen Spannung U berechnet das Messgerät mit dem Ohmschen Gesetz den Widerstand R.

Hochvoltleitung (HV-Leitung)

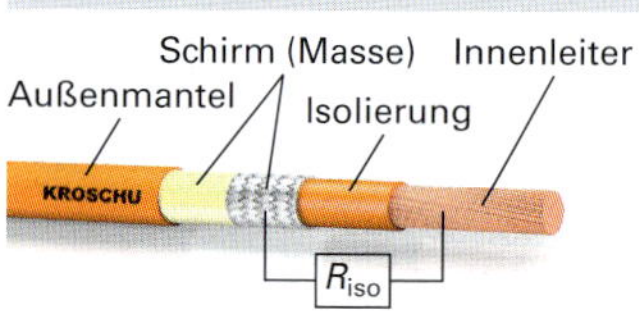

Häufig kommen abgeschirmte HV-Leitungen zum Einsatz. Die Abschirmung verhindert elektromagnetische Abstrahlung. Sie wird üblicherweise an beiden Leitungsenden abgegriffen und auf Masse gelegt. *Der Innenleiter muss gegen die Abschirmung isoliert sein (R_{iso}).*
Zwischen der HV-Batterie, der Leistungselektronik und der E-Maschine kommen auf Grund der großen Leistung in der Regel einadrige HV-Leitungen mit einem Querschnitt zwischen 16 mm² und 70 mm² zum Einsatz. Bei Komponenten, wie z. B. Klimakompressor, Heizung, On-Board-Charger usw., die mit deutlich weniger Leistung betrieben werden, sind meistens mehradrige HV-Leitungen mit einem Leiterquerschnitt von 2,5 bis 6 mm² verbaut.

Stromlaufplan: Hochvoltsystem eines Plug-in-Hybrid-Pkw (vereinfachte Prinzipdarstellung)

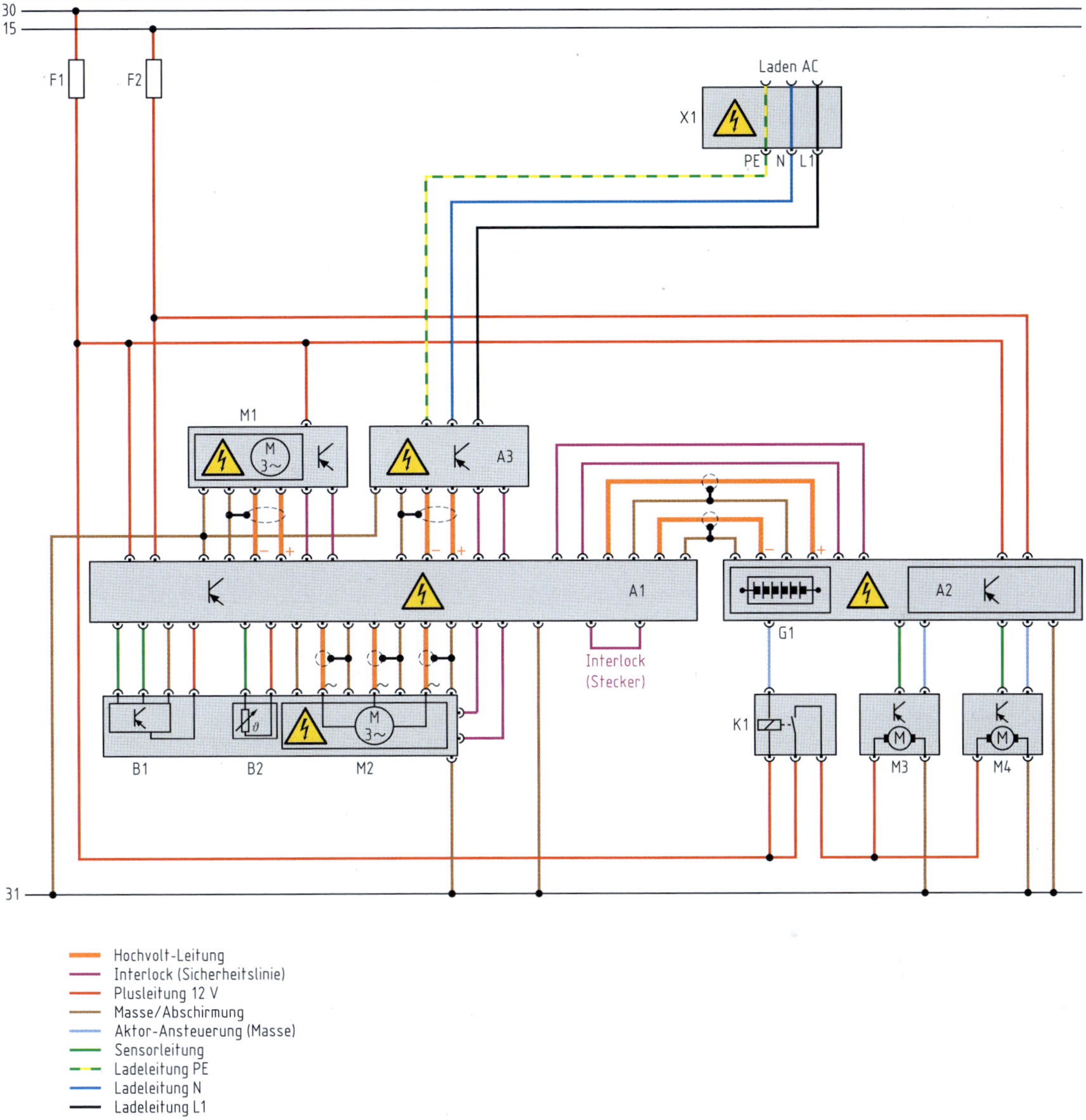

Kennzeichen	Gerät
A1	Inverter (Leistungselektronik)
A2	Batterie-Management
A3	Ladegerät
B1	Rotorlagesensor Antriebsmotor
B2	Temperatursensor Antriebsmotor
F1, F2	Sicherungen
G1	Hochvolt-Batterie

Kennzeichen	Gerät
K1	Relais Lüftermotoren für HV-Batterie
M1	elektrischer Klimakompressor
M2	Motorgenerator (E-Maschine)
M3	Lüfter 1 für HV-Batterie
M4	Lüfter 2 für HV-Batterie
X1	Ladesteckdose

4

Baugruppen des Antriebsstrangs (Frontmotor mit Hinterradantrieb)

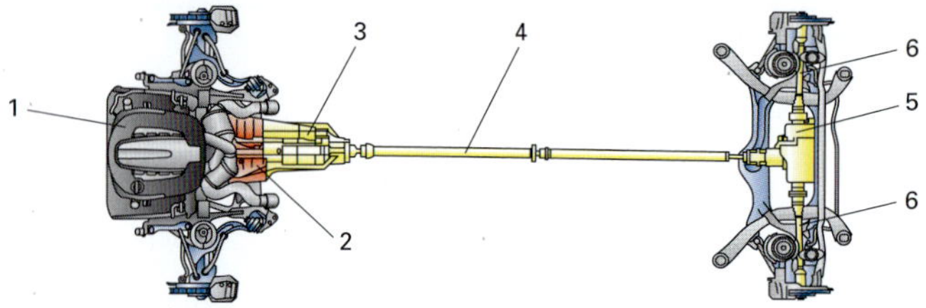

1 Motor
2 Kupplung
3 Wechselgetriebe
4 Gelenkwelle
5 Achsgetriebe
6 Antriebswellen

Kupplung (Allgemeines)

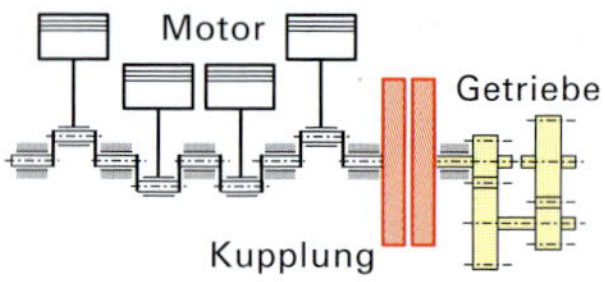

Aufgaben der Kupplung
- Motordrehmoment während der Fahrt schlupffrei auf das Getriebe übertragen
- Kraftfluss zum Schalten unterbrechen
- weiches, ruckfreies Anfahren ermöglichen
- Drehschwingungen im Antriebsstrang dämpfen

Bauarten (Reibungskupplungen)
- Trockenkupplung mit Membranfeder, als Ein- oder Zweischeibenkupplung
- Nasskupplung mit Lamellen (hydraulisch betätigt, z. B. in Automatikgetrieben und Doppelkupplungsgetrieben, mechanisch oder hydraulisch betätigt, z. B. bei Motorrädern)
- Fliehkraftkupplung (z. B. Motorroller)

Einscheiben-Membranfederkupplung

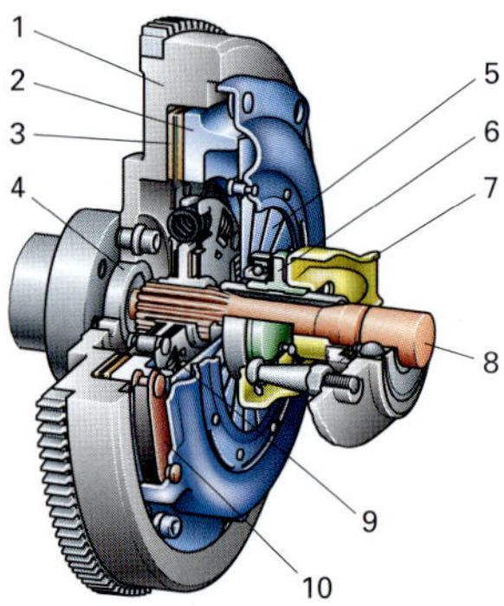

Bauteile
1 Schwungrad
2 Kupplungsdruckplatte
3 Kupplungsscheibe
4 Führungslager
5 Membranfeder
6 Ausrücker (Ausrücklager)
7 Ausrückgabel
8 Getriebeeingangswelle
9 Kippringe
10 Tangentialblattfeder

Maximal übertragbares Drehmoment
Das von einer Kupplung maximal übertragbare Drehmoment hängt ab von
- der Anpresskraft der Membranfeder,
- dem mittleren Durchmesser der Kupplungsscheibe,
- der Reibungszahl der Reibpaarung Kupplungsbelag/Reibfläche am Schwungrad bzw. an der Druckplatte,
- der Anzahl der Reibflächen.

Wirkungsweise
Auskuppeln: Der Ausrücker drückt auf die Membranfeder, diese kippt und entlastet die Druckplatte. Die Tangentialblattfedern im Kupplungsdeckel ziehen die Druckplatte vom Schwungrad weg. Die Kupplungsscheibe läuft dadurch frei zwischen den Reibflächen. Es wird kein Drehmoment mehr auf die Kupplungsscheibe bzw. auf die Getriebeeingangswelle übertragen.

Einkuppeln: Der Ausrücker drückt immer weniger auf die Membranfeder. Die Membranfeder kippt und drückt auf die Druckplatte. Diese presst mit ihrer Reibfläche die Kupplungsscheibe auf die Reibfläche des Schwungrads. Durch Reibung an beiden Belagflächen wird das Motordrehmoment auf die Kupplungsscheibe übertragen und über die Verzahnung an der Nabe an die Getriebeeingangswelle weitergeleitet.

Kupplungsscheibe

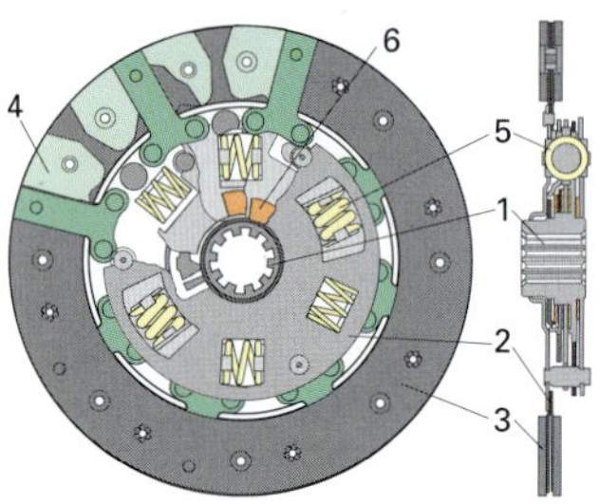

Bauteile
1 Nabe mit Nabenflansch
2 Mitnehmerscheibe (Belagträger)
3 Kupplungsbelag
4 Belagfederung
5 Torsionsfeder
6 Reibring

Reibbeläge
- organische Reibbeläge aus Aramid-, Glas- oder Carbonfasern mit Metalleinlagen, Füllstoffen und Kunstharzbindemittel.
  Anwendung: Pkw, Nkw
- Sinter-Reibbeläge aus Metall (z. B. Eisen) oder Metall-Legierungen mit harten Metalloxiden. Anwendung: Motorsport

Belagfederung
Die Federsegmente zwischen der Mitnehmerscheibe und den Reibbelägen sorgen für ein weiches und ruckfreies Einkuppeln.

Torsionsdämpfung
Der Nabenflansch stützt sich über die Torsionsfedern an der Mitnehmerscheibe ab und kann sich gegenüber dieser entsprechend dem Federweg verdrehen. Die Drehbewegung wird durch den dazwischenliegenden Reibring gedämpft. Auf diese Weise werden die vom Verbrennungsmotor verursachten Drehschwingungen im Antriebsstrang gedämpft.

Selbsteinstellende Kupplung (SAC)

Prinzipdarstellung (vereinfacht)

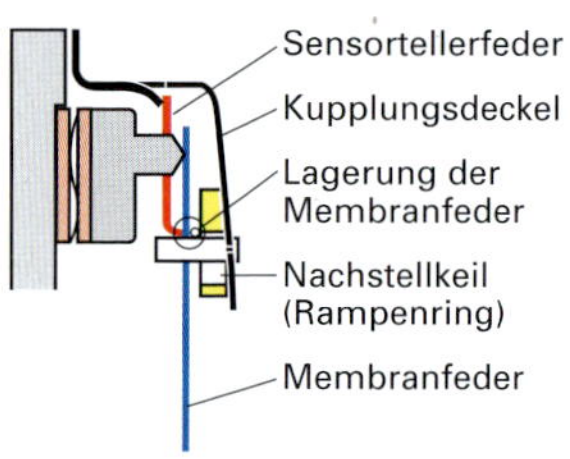

Aufbau
Bei der SAC-Kupplung (**S**elf **A**djusting **C**lutch = selbsteinstellende Kupplung) ist der Lagerpunkt, um den die Membranfeder kippt, nicht fest mit dem Kupplungsdeckel verbunden, sondern er kann sich axial verschieben. Die Lagerung der Membranfeder übernimmt hier einerseits die Sensortellerfeder und andererseits der als Nachstellkeil wirkende Rampenring.

Die Vorspannung der Sensortellerfeder ist dabei so gewählt, dass deren Federkraft etwas über der Kraft liegt, mit der sich die Membranfeder beim Ausrücken auf die Sensortellerfeder stützt.

Wirkungsweise der Nachstellung
Bei Belagverschleiß erhöht sich die Federkraft der Membranfeder und damit auch die Kraft, mit der sie beim Ausrücken auf die Sensortellerfeder drückt. Dadurch wird die Haltekraft der Sensortellerfeder überschritten und der Lagerpunkt weicht soweit in Richtung Schwungrad aus, bis wieder Kräftegleichgewicht herrscht. Der zum Kupplungsdeckel hin entstandene Spalt wird durch den Nachstellkeil auf dem Rampenring ausgeglichen. Die Membranfeder arbeitet damit immer am Betriebspunkt „neu“. Voraussetzung ist eine selbstnachstellende hydraulische Kupplungsbetätigung.

Mechanische Kupplungsbetätigung

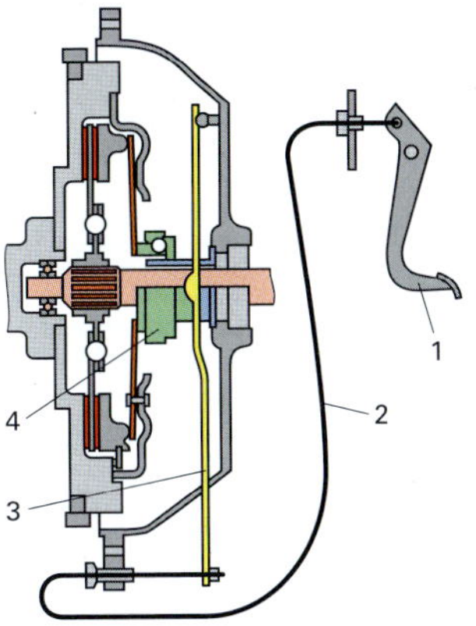

Bauteile
1 Kupplungspedal
2 Seilzug
3 Ausrückgabel
4 Ausrücker (Ausrücklager)

Wirkungsweise
Die Pedalkraft (Fußkraft) wird über das Kupplungspedal, den Seilzug und die Ausrückgabel auf den Ausrücker übertragen.

Übersetzung der Kraft
Äußere Übersetzung: Die Pedalkraft wird in zwei Stufen bis zur Ausrückkraft übersetzt:
1. Übersetzungsstufe: Hebelübersetzung am Kupplungspedal
2. Übersetzungsstufe: Hebelübersetzung an der Ausrückgabel

Innere Übersetzung: Innerhalb der Kupplung wird die Ausrückkraft durch die Hebelwirkung an der Membranfeder nochmals übersetzt.
Die Übersetzungen sind so abgestimmt, dass die Pedalkraft nicht zu groß und der Pedalweg nicht zu lang wird.

Kupplungsspiel
Mit zunehmendem Belagverschleiß wandert im eingekuppelten Zustand die Druckplatte, und mit ihr der äußere Teil der Membranfeder, immer weiter in Richtung Schwungrad. Da die Membranfeder einen zweiseitigen Hebel darstellt, nähern sich die Membranfederzungen immer weiter dem Ausrücker. Das Spiel wird kleiner. Stehen die Membranfederzungen am Ausrücker an, besteht die Gefahr, dass die Kupplung durchrutscht und beschädigt wird. Ist keine Selbstnachstellung vorhanden, muss das Spiel rechtzeitig von Hand am Seilzug nachgestellt werden.
Richtwerte: Spiel am Ausrücker 1 ... 3 mm
Spiel am Pedal 10 ... 30 mm

Selbsttätige Seilzugnachstellung
Die selbsttätige Seilzugnachstellung im Kupplungszug oder am Pedal hält das Spiel zwischen Membranfeder und Ausrücker immer bei Null. Das mitlaufende Ausrücklager wird durch eine Feder mit ca. 100 N an die Membranfeder gedrückt.

Hydraulische Kupplungsbetätigung

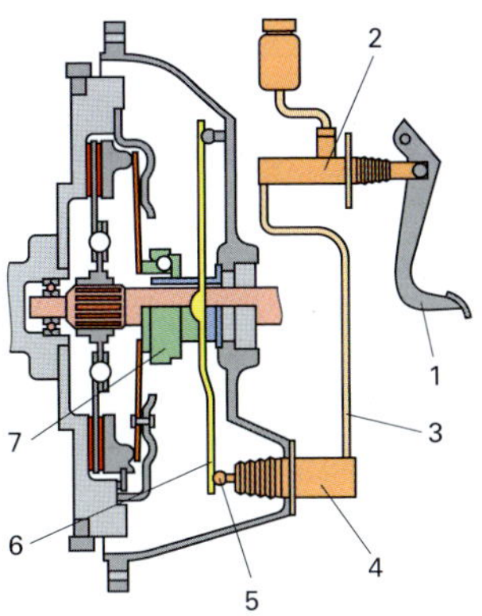

Bauteile
1 Kupplungspedal
2 Geberzylinder
3 Hydraulikleitung
4 Nehmerzylinder
5 Stößel
6 Ausrückgabel
7 Ausrücker (Ausrücklager)

Wirkungsweise
Die Kraft am Kupplungspedal wirkt auf den Kolben im Geberzylinder. Dort wird sie in einen hydraulischen Druck umgewandelt und über die Hydraulikleitung zum Nehmerzylinder an der Kupplung übertragen. Der Kolben im Nehmerzylinder wandelt den hydraulischen Druck wieder in eine Kraft um, die über den Stößel auf die Ausrückgabel wirkt. Der Kolbendurchmesser am Nehmerzylinder ist größer als am Geberzylinder, es entsteht eine hydraulische Übersetzung (vgl. S. 29).
In Ruhestellung (eingekuppelt) sorgt im Geberzylinder eine Ausgleichsbohrung für den notwendigen Volumenausgleich bei Belagverschleiß bzw. bei Wärmedehnung. Der Ausrücker wird durch eine Feder mit ca. 100 N an die Membranfeder angelegt und läuft so ständig mit. Dadurch ist kein Kupplungsspiel vorhanden.

Zentralausrücker
Bei dieser Ausführung ist der Nehmerzylinder mit dem Ausrücker zu einer Baueinheit zusammengefasst und auf einer Führungshülse am Getriebegehäuse montiert.

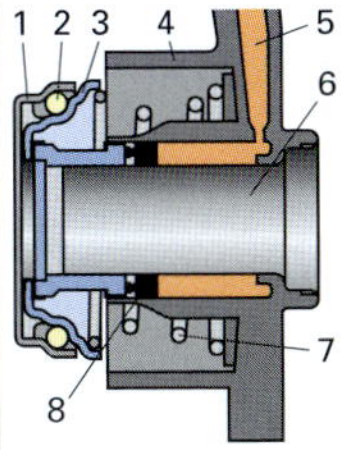

Bauteile
1 Druckring
2 Ausrücklager
3 Druckkolben
4 Gehäuse
5 Zulaufbohrung
6 Führungshülse
7 Vorlastfeder
8 Dichtmanschette

Auskuppeln: Über die Zulaufbohrung gelangt die Hydraulikflüssigkeit in den Druckraum. Dort wirkt der Druck auf den ringförmigen Druckkolben und verschiebt diesen auf der Führungshülse. Ausrücklager und Druckring werden gegen die Membranfeder gedrückt.
Die Vorlastfeder dient dem Spielausgleich.

Elektronisches Kupplungsmanagement

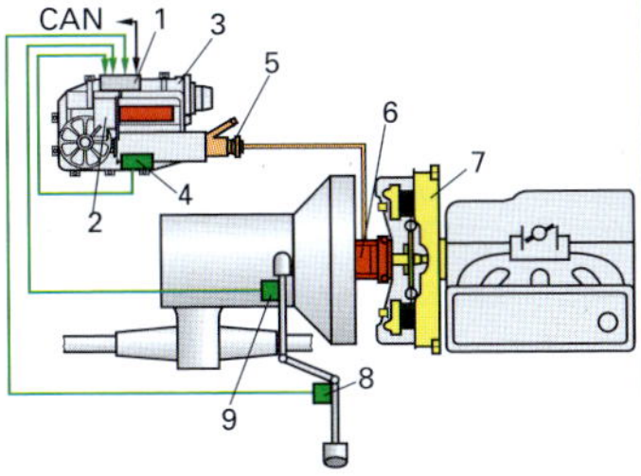

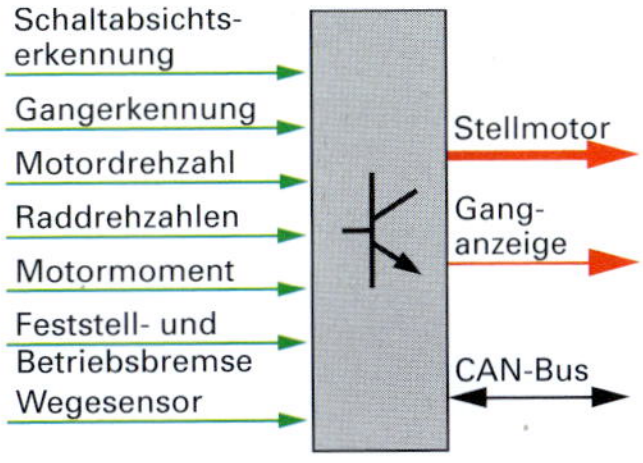

Bauteile
1 Steuergerät für Kupplungsmanagement
2 Kupplungsaktor
3 Stellmotor
4 Wegesensor
5 Geberzylinder
6 Nehmerzylinder
7 Selbsteinstellende Kupplung
8 Sensor für Schaltabsichtserkennung
9 Sensor für Gangerkennung

Wirkungsweise
Über einen Drehwinkelsensor am Schalthebel wird die Schaltabsicht erkannt. Der Stellmotor im Aktor bewegt über ein Schneckengetriebe und eine Druckstange den Kolben im Geberzylinder. Eine in eingekuppeltem Zustand vorgespannte Kompensationsfeder unterstützt diese Bewegung. Die Kupplung rückt damit schnell aus. Ein mit der Druckstange verbundener Wegesensor meldet dem Steuergerät die momentane Position des Aktors.
Zum Anfahren wird das Kupplungsmoment auf eine abgestimmte Anfahrdrehzahl eingestellt. Zum Anhalten wird unterhalb einer situationsabhängigen Drehzahl ausgekuppelt.

Zusätzliche Funktionen
- Anzeige des eingelegten Ganges.
- Anlassen nur in Neutralstellung möglich.
- Anfahren auch im 2. Gang möglich, Warnhinweis beim Anfahren im 3., 4. oder 5. Gang.
- Beim Lösen der Bremse und eingelegtem 1. oder 2. Gang wird ein geringes Kupplungsmoment eingestellt, das Fahrzeug kriecht auch bei nichtbetätigtem Gaspedal.
- Bei abrupten Lastwechselsprüngen wird das Kupplungsmoment verringert, sodass die Kupplung kurz schleift, Ruckeln wird damit verhindert.
- Parksperre: Bei eingelegtem Gang schließt beim Abstellen der Zündung langsam die Kupplung.
- Anschleppen: Bei rollendem Fahrzeug und eingelegtem Gang wird eingekuppelt.
- Momentennachführung: Durch den Kupplungsaktor wird die Kupplung nur soweit eingerückt, dass das Kupplungsmoment geringfügig über dem Motormoment liegt. Der Ausrückweg und damit die Ausrückzeit werden dadurch kürzer.

Zweimassenschwungrad

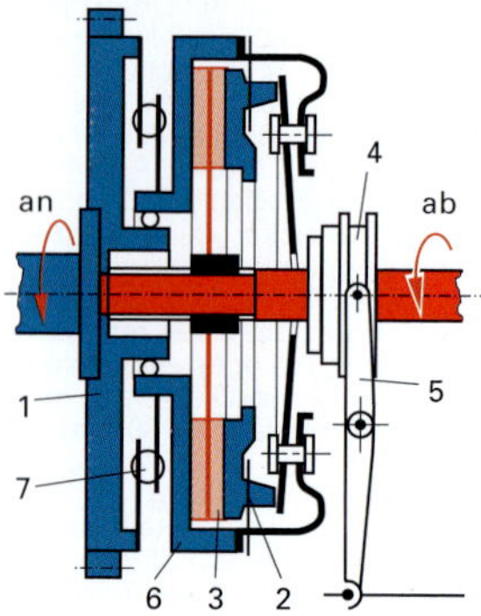

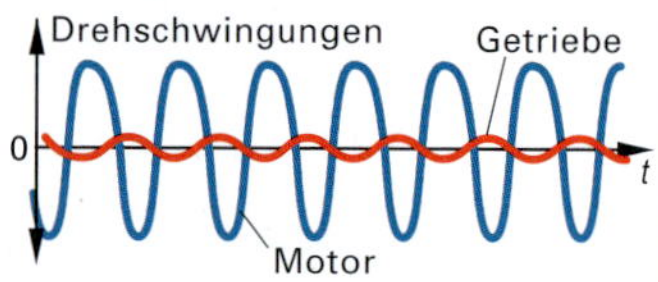

Bauteile
1 Schwungrad (Primärmasse)
2 Tangentialblattfeder
3 Kupplungsscheibe
4 Ausrücker
5 Ausrückgabel
6 Schwungrad (Sekundärmasse)
7 Feder-Dämpfer-Element (Bogenfeder)

Die Schwungmasse des Schwungrads ist in die Primär- und Sekundärmasse aufgeteilt. Diese beiden Massen sind über Feder-Dämpfer-Elemente zueinander verdrehbar verbunden.
Bogenfedern (gebogene Schraubenfedern) in einem mit Fett gefüllten ringförmigen Federkanal übertragen das Motormoment vom Schwungrad (Primärmasse) auf die Sekundärmasse. Drehbewegungen der beiden Massen gegeneinander werden durch die Reibung der Bogenfeder im Federkanal und z. T. durch zusätzliche Reibscheiben gedämpft.
Die Resonanzfrequenz dieses Feder-Masse-Systems liegt unterhalb der Erregerfrequenz des Motors im Leerlauf. Die Kupplungsscheibe hat keinen Torsionsdämpfer.

Wirkungsweise
Das Zweimassenschwungrad wirkt als schwingungsisolierendes Element zwischen Motor und den nachgeschalteten Triebwerkskomponenten. Drehschwingungen des Motors, vor allem bei niedrigen Drehzahlen, werden gemindert bzw. nicht an das Getriebe weitergegeben. Dadurch verringern sich:
- Getriebegeräusche (Rasseln) in Leerlaufstellung des Getriebes beim Anlassen, bei Leerlaufdrehzahl und beim Abstellen.
- Dröhngeräusche der Karosserie bei niedrigen Motordrehzahlen und hoher Last,
- Verschleiß der Synchronisierung und weiterer Triebwerksteile.

Bauarten
- mit Wälzlager oder Gleitlager
- mit einem Federkanal oder zwei konzentrisch angeordneten Federkanälen
- mit Fliehkraftpendel
  Die Pendelmasse schwingt entgegengesetzt zur Drehschwingung des Motors und eliminiert Geräusche bei niedertourigem (verbrauchsoptimiertem) Fahren.

Zweischeibenkupplung

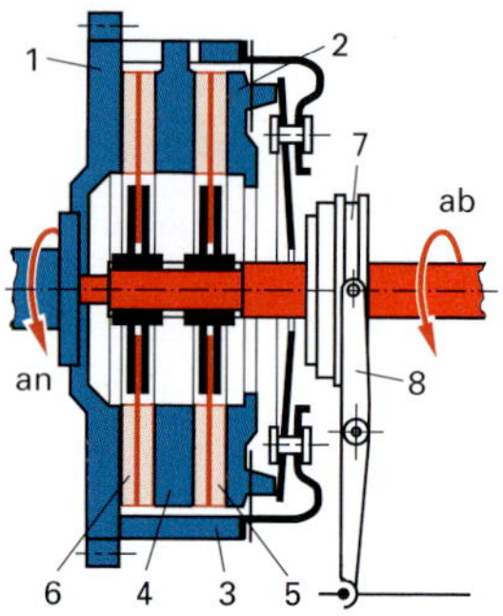

Hauptteile
1 Schwungrad
2 Druckplatte
3 Zwischenring
(mit Schwungrad fest verschraubt)
4 Zwischenscheibe
(Kupplungstreibscheibe)
5 Kupplungsscheibe, getriebeseitige
6 Kupplungsscheibe, motorseitige
7 Ausrücker
8 Ausrückgabel
9 Getriebeeingangswelle

Ausführung
Zwei Kupplungsscheiben sind auf der Getriebeeingangswelle hintereinander angeordnet. Die Zwischenscheibe ist über Mitnehmer mit dem Zwischenring drehfest verbunden. Sie kann axial bewegt werden und überträgt die Anpresskraft der Druckplatte über die getriebeseitige Kupplungsscheibe auf die motorseitige Kupplungsscheibe.

Wirkungsweise
Die federbelastete Druckplatte presst die getriebe- und motorseitige Kupplungsscheibe sowie die Zwischenscheibe gegen die Reibfläche des Schwungrades. An allen Reibflächen wirkt die gleiche Anpresskraft. Das Schwungrad ist dadurch kraftschlüssig durch Reibung über die beiden Kupplungsscheiben mit der Getriebeeingangswelle verbunden.

Eigenschaften
Die Zweischeibenkupplung
- hat vier Reibflächen,
- überträgt das doppelte Drehmoment einer Einscheibenkupplung mit gleicher Anpresskraft,
- ist im Vergleich zur Einscheibenkupplung bei gleichem übertragbarem Drehmoment im Durchmesser kleiner,
- hat jedoch doppeltes Lüftungsspiel und doppelten Ausrückweg.

Lamellenkupplung

Beispiel: Kraftradkupplung

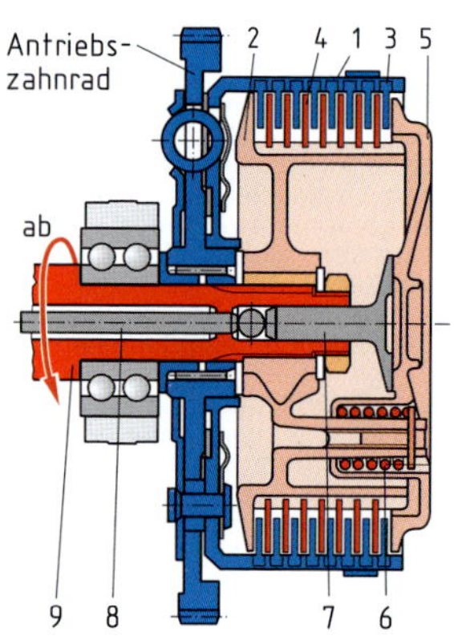

Bauteile
1 Kupplungskorb (Kupplungsgehäuse)
2 Kupplungsnabe
3 Reiblamelle
4 Zwischenlamelle
5 Druckplatte
6 Druckfeder
7 Druckstück
8 Druckbolzen
9 Getriebeabtriebswelle
Ausrücker (ohne Abb.)

Ausführung
- Kraftradkupplung:
  Die Reiblamellen (Außenlamellen) sind außen verzahnt und greifen in die Nuten des treibenden Kupplungskorbes.
  Die Zwischenlamellen (Innenlamellen) sind innen verzahnt und greifen in die Nuten der getriebenen Kupplungsnabe.
  Bei Krafträdern laufen die Lamellen fast immer im Ölbad (Nasskupplung), selten trocken (Trockenkupplung).

- Automatikgetriebe, Doppelkupplungsgetriebe, Sperrdifferenzial:
  Der Antrieb erfolgt über die Innen- oder Außenlamellen. Die Anpresskraft wird über einen durch Öldruck beaufschlagten Kolben erzeugt. Die Lamellen laufen im Ölbad (Nasskupplung).

Wirkungsweise
Kraftradkupplung:
Einkuppeln: Die federbelastete Druckplatte presst die Lamellen zusammen. Dadurch ist der Kupplungskorb kraftschlüssig durch Reibung mit der Getriebeeingangswelle verbunden.
Auskuppeln: Der Ausrücker drückt über den Druckbolzen das Druckstück gegen die Druckplatte. Diese wird von den Lamellen abgehoben. Der Kraftfluss ist unterbrochen. Der Ausrücker wird über einen Seilzug oder einen Nehmerzylinder betätigt.

Automatikgetriebe, Doppelkupplungsgetriebe, Sperrdifferenzial:
Einkuppeln: Über Ventile wird Öldruck in einen Hydraulikzylinder eingesteuert und dieser presst die Lamellen zusammen.
Auskuppeln: Der Öldruck wird abgebaut, damit ist der Kraftfluss unterbrochen.

Verwendung
- Krafträder
- Doppelkupplungsgetriebe
- Automatikgetriebe
- Sperrdifferenziale

Grundlagen

Zugkraftdiagramm

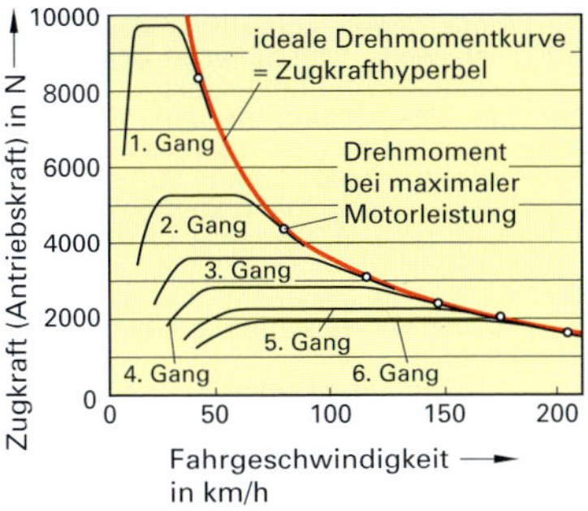

Aufgaben

Das Wechselgetriebe soll

- die Drehzahl des Motors im elastischen Bereich, d. h. zwischen größtem Drehmoment und größter Nutzleistung halten,
- die Drehzahl des Motors zur Erreichung verschiedener Geschwindigkeiten übersetzen,
- zusammen mit dem nachgeschalteten Achsgetriebe das Drehmoment des Motors wandeln und damit die erforderliche Antriebskraft (Zugkraft) zur Überwindung des Fahrwiderstands bereitstellen,
- den Kraftfluss zwischen Kupplung und Achsantrieb in Leerlaufstellung unterbrechen,
- die Drehrichtung der Abtriebswelle zum Rückwärtsfahren umkehren (nach StVZO für Fahrzeuge mit $m_{zul} > 400$ kg vorgeschrieben).

Zugkraftdiagramm (vgl. Abb.)

Im Zugkraftdiagramm ist der Verlauf der Antriebskraft an den Rädern über der Geschwindigkeit in den verschiedenen Gängen dargestellt.

Die Zugkrafthyperbel stellt den idealen Verlauf der Zugkraft dar. Dieser kann jedoch nur mit einem stufenlosen Getriebe erreicht werden.

Beim Wechselgetriebe müssen die Übersetzungssprünge zwischen den Gangstufen so gewählt sein, dass der Anschluss an den jeweils nächsten Gang passt. Dies ist der Fall, wenn die elastischen Bereiche in den einzelnen Gängen überlappen. Dies gelingt umso einfacher, je mehr Gangstufen das Getriebe besitzt.

Je höher die Gangzahl, desto größer ist auch die mögliche Spreizung. Sie ist das Verhältnis der Übersetzung im niedrigsten Gang zur Übersetzung im höchsten Gang.

Arten der Schaltung

Schaltmuffengetriebe

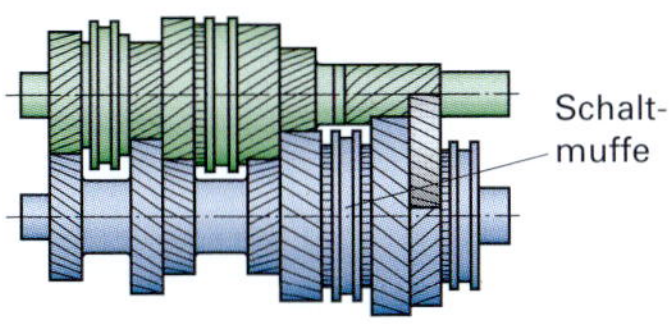

Schaltklauengetriebe (geradverzahnt)

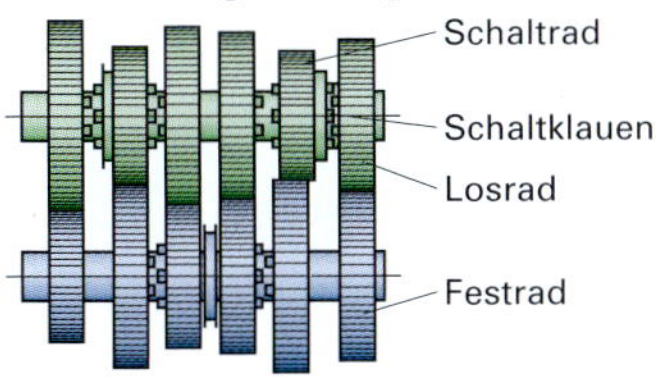

Schaltmuffengetriebe (Pkw, Nfz)

Die Gangräder sind schrägverzahnt und auf den Wellen axial nicht verschiebbar. Ein Losrad und ein Festrad kämmen jeweils miteinander. Zum Schalten eines Gangs wird das betreffende Losrad (= Schaltrad) über eine Schaltmuffe mit der Getriebewelle verbunden.

Schaltklauengetriebe (Motorrad)

Ein Losrad und ein Festrad kämmen jeweils miteinander:

- *geradverzahnt:* Die Schalt- und Losräder sind mit Schaltklauen bzw. mit Aussparungen versehen. Die Schalträder sind drehfest und axial verschiebbar. Zum Schalten wird mit der Schaltgabel das entsprechende Schaltrad verschoben und es verbindet das Losrad mit der Welle.
- *schrägverzahnt:* Zwischen den Losrädern befinden sich Schiebemuffen mit seitlichen Schaltklauen. Zum Schalten wird mit der Schaltgabel die entsprechende Schiebemuffe verschoben und sie verbindet das Losrad mit der Welle.

Handgeschaltete Wechselgetriebe

Zum Schalten wird der Schalthebel betätigt. Dieser bewegt über Schaltzüge oder ein Schaltgestänge die Schaltgabeln und diese verschieben wiederum die entsprechenden Schaltmuffen. Die Gänge werden somit „von Hand" geschaltet.

Automatisierte Schaltgetriebe

Das Grundgetriebe ist ein Schaltmuffengetriebe. Die Schaltgabeln bzw. Schaltmuffen werden über elektrische oder elektrohydraulische Aktoren betätigt. Die Ansteuerung erfolgt durch ein elektronisches Steuergerät, entweder vollautomatisch oder vom Fahrer ausgelöst.

Die Kupplung bzw. bei Doppelkupplungsgetrieben (vgl. S. 202) die beiden Kupplungen werden ebenfalls vom Steuergerät mit elektrischen oder elektrohydraulischen Aktoren betätigt.

Gleichachsiges Wechselgetriebe

Beispiel: 6-Gang-Getriebe

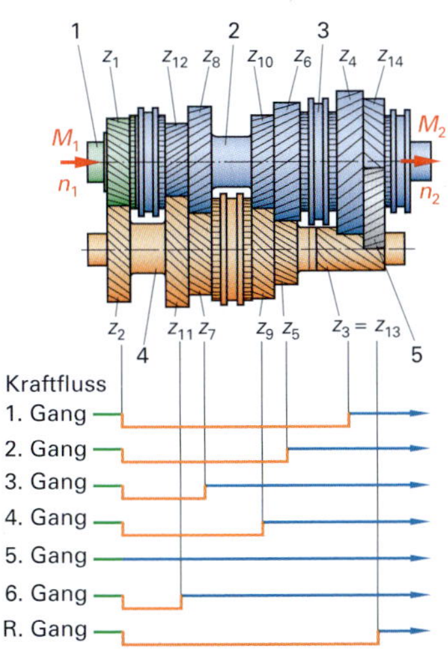

Hauptbauteile

1 Antriebswelle	4 Vorgelegewelle
2 Hauptwelle	5 Rücklaufrad
3 Schaltmuffe	z_1/z_2 Konstante
$z_3 \dots z_{14}$ Gangräder	

Grundprinzip

Die Antriebswelle und die Hauptwelle (= Abtriebswelle) liegen auf einer Achse. Die Übersetzungen der Gänge werden jeweils durch zwei Zahnradpaare erzeugt. Ausnahme: Im direkten Gang ist die Antriebswelle mit der Hauptwelle verbunden und das Drehmoment gelangt direkt ($i = 1$) zum Getriebeausgang. Beim Rückwärtsgang wird die Drehrichtung der Hauptwelle umgekehrt. Dies geschieht über das Rücklaufrad als Zwischenrad (vgl. S. 23).

Kraftfluss im Getriebe

Das Motordrehmoment M_1 (= Eingangsdrehmoment) wird in der Kupplung von der Kupplungsscheibe auf die Antriebswelle des Getriebes übertragen. Das Zahnradpaar z_1/z_2 (Konstante) übersetzt das Drehmoment und leitet es weiter an die Vorgelegewelle. Dort wird das Drehmoment je nach geschaltetem Gang durch das entsprechende Zahnradpaar (Gangräder) übersetzt und auf die Hauptwelle übertragen. Es steht nun als Ausgangsdrehmoment M_2 an der Hauptwelle zur Verfügung.

Schaltung der Gänge

Zum Schalten eines Gangs wird die zugehörige Schaltmuffe über die Schaltverzahnung des betreffenden Losrads (= Schaltrad) geschoben. Dadurch ist das Zahnrad drehfest mit der Getriebewelle verbunden und der Kraftfluss zwischen Zahnrad und Welle ist hergestellt.

Anwendung

Gleichachsige Wechselgetriebe werden in Fahrzeugen mit längs eingebautem Frontmotor und Hinterradantrieb (oder Allradantrieb) verwendet. Hier liegen die Kurbelwelle, die Getriebewellen und die Kardanwelle auf einer durchgehenden Achse.

Getriebeübersetzungen (Richtwerte)

1. Gang	3,2 … 4,7
2. Gang	1,7 … 2,6
3. Gang	1,3 … 1,6
4. Gang	1,1 … 1,3
5. Gang (direkt)	1,0
6. Gang	0,6 … 0,85
R-Gang	3,2 … 4,5

Getriebewirkungsgrad

nicht direkter Gang	0,90 … 0,94
direkter Gang	0,96 … 0,98

4

Ungleichachsiges Wechselgetriebe

2-Wellen-Getriebe
(Beispiel: 6-Gang-Getriebe)

Hauptbauteile
1 Antriebswelle
2 Schaltmuffe
3 Rücklaufrad
4 Abtriebswelle
$z_1 \dots z_{14}$ Gangräder

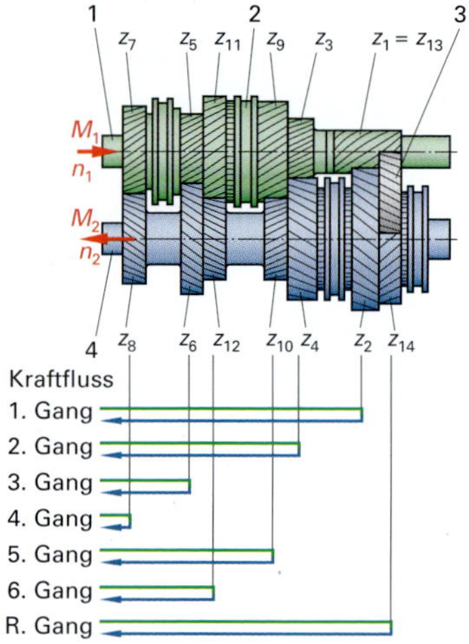

Das Motordrehmoment M_1 (= Eingangsdrehmoment) wird in der Kupplung von der Kupplungsscheibe auf die Antriebswelle des Getriebes übertragen. Dort wird das Drehmoment je nach geschaltetem Gang durch das entsprechende Zahnradpaar (Gangräder) übersetzt und auf die Abtriebswelle übertragen. Es steht nun als Ausgangsdrehmoment M_2 am Getriebeausgang zur Verfügung und kann dort über das Kegelrad bzw. das kleine Stirnrad (ohne Abb.) an das Achsgetriebe weitergeleitet werden

Anwendung
Fahrzeuge mit Frontantrieb, vorwiegend bei längs zur Fahrtrichtung eingebautem Motor. Fahrzeuge mit Allradantrieb.

3-Wellen-Getriebe
(Beispiel: 6-Gang-Getriebe)

Hauptbauteile
1 Schaltmuffe
2 Stirnräder (klein)
3 Abtriebswelle 1
4 Achsgetriebestirnrad
5 Antriebswelle
6 Abtriebswelle 2
7 Rücklaufwelle/-rad
$z_1 \dots z_{14}$ Gangräder

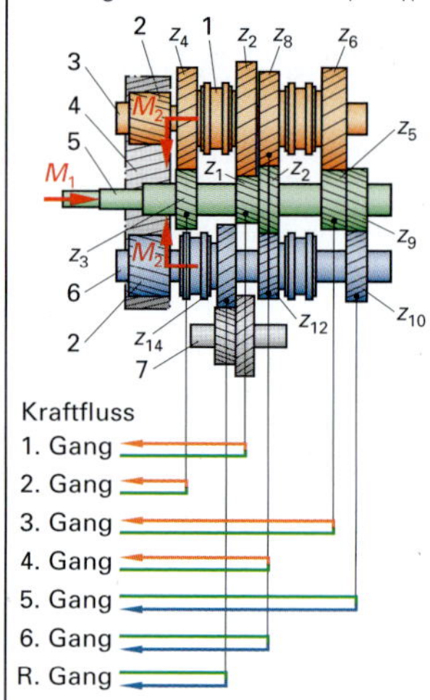

Das Motordrehmoment M_1 (= Eingangsdrehmoment) wird in der Kupplung von der Kupplungsscheibe auf die Antriebswelle, die zwischen den beiden Abtriebswellen liegt, übertragen. Dort wird das Drehmoment je nach geschaltetem Gang durch das entsprechende Zahnradpaar (Gangräder) übersetzt und auf die Abtriebswelle 1 oder 2 übertragen. Von dort aus gelangt es über das zugehörige kleine Stirnrad (2) als Ausgangsdrehmoment M_2 zum großen Stirnrad des Achsgetriebes (4).

Anwendung
Aufgrund der kurzen Bauweise des Getriebes: Fahrzeuge mit Frontantrieb und quer zur Fahrtrichtung eingebautem Motor.
Fahrzeuge mit Allradantrieb.

Grundprinzip
Beim ungleichachsigen Wechselgetriebe liegen Antriebswelle und Abtriebswelle nicht auf einer Achse. Der Kraftfluss wird umgelenkt.
Die Übersetzung in den einzelnen Gängen wird durch jeweils ein Zahnradpaar erzeugt. Es gibt aufgrund der Bauweise keinen direkten Gang.
Beim Rückwärtsgang wird die Drehrichtung der Abtriebswelle umgekehrt. Dies geschieht über das Rücklaufrad als Zwischenrad (vgl. S. 23).

Schaltung der Gänge
Zum Schalten eines Gangs wird die zugehörige Schaltmuffe über die Schaltverzahnung des betreffenden Losrads (= Schaltrad) geschoben. Dadurch ist das Zahnrad drehfest mit der Getriebewelle verbunden und der Kraftfluss zwischen Zahnrad und Welle ist hergestellt.

4-Wellen-Getriebe (6-Gang)
Das Getriebe besitzt eine Antriebswelle und drei Abtriebswellen. Wie beim 3-Wellen-Getriebe, ist jede Abtriebswelle jeweils durch ein Stirnrad mit dem großen Stirnrad des Achsgetriebes in Eingriff. Die dritte Abtriebswelle sorgt für die Drehrichtungsumkehr. Auf ihr befindet sich nur das Rückwärtsgangrad. Durch diese Anordnung ist ein zusätzliches Zwischenrad nicht notwendig.
Anwendung: Fahrzeuge mit Frontantrieb und quer zur Fahrtrichtung eingebautem Motor.

Getriebeübersetzungen
(Richtwerte)

1. Gang	3,2 … 4,3
2. Gang	1,7 … 2,5
3. Gang	1,2 … 1,6
4. Gang	1,0 … 1,2
5. Gang	0,82 … 0,95
6. Gang	0,6 … 0,84
R-Gang	3,2 … 4,5

Getriebewirkungsgrad 0,90 … 0,94

Doppelkupplungsgetriebe
(Direktschaltgetriebe DSG)

Prinzipdarstellung

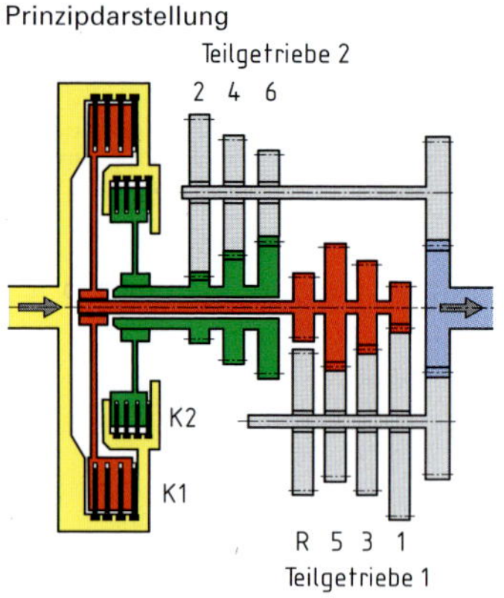

(Rücklaufrad nicht dargestellt)

Hauptbauteile
K1 Anfahr- und Schaltkupplung
K2 Schaltkupplung
Teilgetriebe 1
Teilgetriebe 2
El.-hydraul. Steuereinheit

Wirkungsweise
Das Doppelkupplungsgetriebe ist ein automatisiertes Schaltmuffengetriebe. Es besteht aus zwei Teilgetrieben, deren Abtriebswellen jeweils zum Achsgetriebe führen.
Der Kraftfluss in den einzelnen Gängen verläuft jeweils nur über eine Kupplung und das zugehörige Teilgetriebe. Wird das Fahrzeug z. B. beim Beschleunigen im 1. Gang bewegt, erfolgt im Teilgetriebe 2 bereits das Einlegen des 2. Gangs. Beim Wechsel in den 2. Gang wird nur noch die Kupplung K1 geöffnet und die Kupplung K2 gleichzeitig geschlossen. Dadurch erfolgt der Gangwechsel nahezu ruckfrei und ohne Zugkraftunterbrechung. Bei kleinerem Motordrehmoment werden Trockenkupplungen und bei höherem Motordrehmoment werden wegen der besseren Wärmeableitung Nasskupplungen eingesetzt.

Steuerung
Die Steuerung des Getriebes erfolgt elektrohydraulisch. Die Kupplungen werden vom Steuergerät jeweils über einen hydraulischen Aktor betätigt. Zur Schaltung der Gänge steuert das Steuergerät Magnetventile an. Die Magnetventile leiten den von der eingebauten Ölpumpe erzeugten Öldruck zu den entsprechenden Hydraulikzylindern. Diese verschieben mithilfe der Schaltgabeln die Schaltmuffen und legen damit die Gänge ein. Die Position der Schaltgabeln wird ständig mit Hallsensoren überwacht.
Das Getriebe kann im Automatikmodus gefahren oder vom Fahrer manuell (Tiptronic) geschaltet werden.

Eigenschaften
- schnelle Schaltvorgänge ohne Zugkraftunterbrechung
- hoher Schaltkomfort
- hoher Wirkungsgrad

Synchronisierung

Einfachkonus-Synchronisierung
(System Borg-Warner)

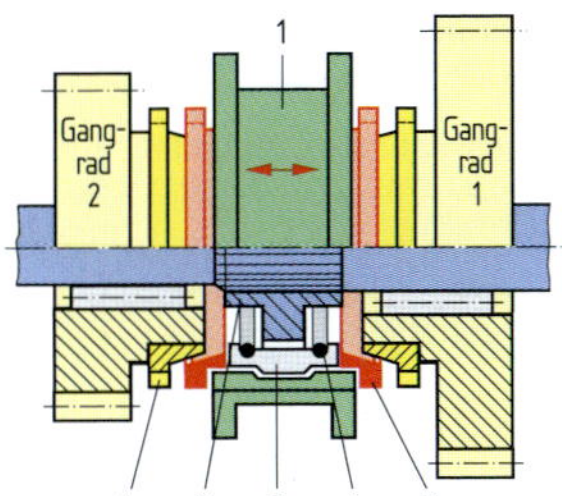

Doppelkonus-Synchronisierung

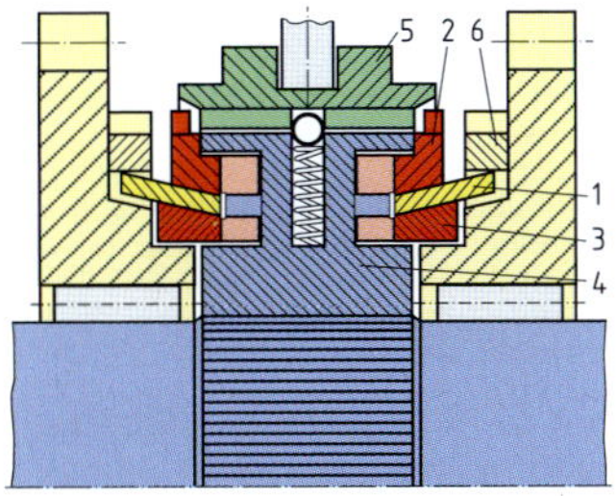

Aufgaben

Die Synchronisiereinrichtung mit Sperrsynchronisierung soll

- beim Schaltvorgang die Drehzahlen von Gangrad (Losrad) und Schaltmuffe angleichen,
- das Schieben der Schaltmuffe über die Schaltverzahnung des Gangrads so lange sperren, bis Gleichlauf von Gangrad und Schaltmuffe hergestellt ist (Sperrsynchronisierung),
- ein leichtes, schnelles, verschleißarmes und geräuschloses Schalten ermöglichen.

Arten

- Einfachkonus-Sperrsynchronisierung (System Borg-Warner): Eine Reibpaarung, die Reibfläche liegt innen am Umfang des Synchronrings (Innensynchronisierung).
- Doppelkonus-Sperrsynchronisierung (zwei Reibpaarungen)
- Drei-Konus-Sperrsynchronisierung (drei Reibpaarungen)
- Außenkonus-Sperrsynchronisierung (System ZF): Die Reibfläche liegt außen am Umfang des Synchronrings. Größerer Reibradius ergibt schnellere, leichtere Synchronisierung und weniger Verschleiß.

Hauptteile

Einfachkonus-Synchronisierung

1 Schaltmuffe	4 Synchronkegel mit Schaltverzahnung
2 Synchronkörper	5 Sperrstück
3 Synchronring mit Sperrverzahnung	6 Sperrfeder

Doppelkonus-Synchronisierung

1 Konusring	4 Führungsmuffe
2 Synchronring	5 Schaltmuffe
3 Reibring	6 Kupplungskörper

Wirkungsweise

- *Einfachkonus-Synchronisierung:*

Beim Schalten verschiebt die Schaltgabel die Schaltmuffe (1). Dabei werden die Sperrstücke (5) mitgenommen. Sie drücken den Synchronring (3) auf den Synchronkegel (4). Die Reibung verdreht den Synchronring um eine halbe Zahnteilung, sodass sich die Schaltmuffe nicht mehr weiterschieben lässt. Gleichzeitig wird das Gangrad abgebremst (Hochschaltung) oder beschleunigt (Rückschaltung). Nach Erreichen des Gleichlaufs entfällt diese Verdrehwirkung und der Synchronring wird durch die angeschrägten Zähne der Schaltmuffe um die halbe Zahnteilung wieder zurückgedreht. Die Schaltmuffe kann nun über den Synchronring hinweg auf die Schaltverzahnung geschoben werden.

- *Doppelkonus-Synchronisierung:*

Der Synchronring mit Sperrverzahnung (2), der Reibring (3), die Führungsmuffe (4) und die Schaltmuffe (5) sind drehfest mit der Welle verbunden. Der Konusring (1) dreht sich mit dem Gangrad. Wird beim Schaltvorgang die Schaltmuffe axial verschoben, entsteht einerseits zwischen Synchronring und Außenfläche des Konusrings und andererseits zwischen Reibring und Innenfläche des Konusrings ein Reibmoment. Durch die doppelte Anzahl der Reibflächen werden die Schaltkräfte gegenüber einer Synchronisierung mit Einfachkonus um 30 ... 40 % reduziert. Die Doppel- oder Drei-Konus-Synchronisierung wird deshalb vorwiegend beim 1. und 2. Gang eingesetzt.

Stufenloses Automatikgetriebe (CVT-Getriebe)

Ausführungsbeispiel:
CVT-Getriebe mit Drehmomentwandler und Laschenkette

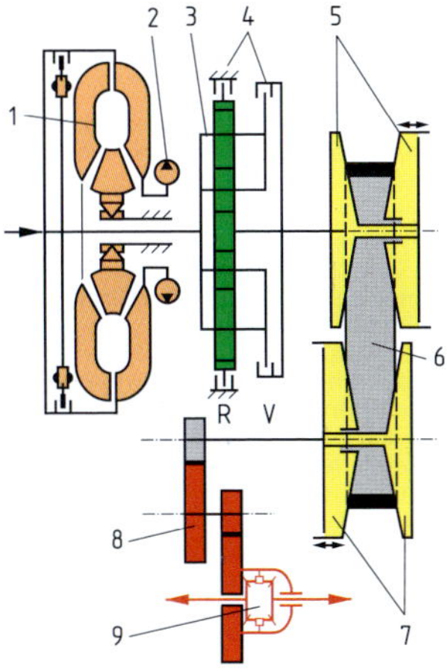

Hauptteile

1 Wandler	6 Laschenkette
2 Pumpe	7 Scheibensatz 2
3 Schaltelemente	8 Reduktionsgetriebe
4 Planetengetriebe	9 Achsgetriebe
5 Scheibensatz 1	

Wirkungsweise

Stufenlose Getriebe werden auch als CVT-Getriebe bezeichnet (**C**ontinuously **V**ariable **T**ransmission). Bei diesen Getrieben erfolgt die stufenlose Änderung der Übersetzung durch den sogenannten Variator. Der Variator besteht aus dem Scheibensatz 1, dem Scheibensatz 2 und der Laschenkette als Kraftübertragungselement. Sie läuft im Keilspalt der beiden Kegelscheibenpaare. Jeweils eine Kegelscheibe eines Scheibensatzes ist auf der Welle axial verschiebbar. Dadurch können die Wirkdurchmesser der Laschenkette und somit die Übersetzung stufenlos verstellt werden. Der Variator kann dadurch immer die passende Übersetzung zur Verfügung stellen. Die beiden Scheibensätze müssen gleichzeitig so verstellt werden, dass die Laschenkette immer gespannt ist und die zur Kraftübertragung notwendige Anpresskraft der Scheiben gewährleistet ist.
Der Scheibensatz 1 wird über ein Planetengetriebe vom Motor angetrieben. Bei Vorwärtsfahrt wird die Kupplung V, bei Rückwärtsfahrt die Kupplung R geschlossen. Als Anfahrelement dient entweder ein Drehmomentwandler (vgl. Abb.), eine Magnetpulverkupplung oder die Kupplungen R und V, die dann elektronisch geregelt werden. Das Reduktionsgetriebe und das Achsgetriebe leiten die Antriebskraft an die Antriebswellen weiter.

Steuerung

Die Steuerung des Getriebes erfolgt in der Regel elektrohydraulisch, und hat folgende Aufgaben zu erfüllen:

- Kupplungsregelung im Stand „Kriechvorgang"
- Regelung des Anfahrvorganges
- Übersetzungssteuerung in Abhängigkeit von Wählhebelposition, gewähltem Fahrprogramm, Fahrgeschwindigkeit und Motorlast
- Regelung der Anpresskraft der Scheibenpaare

Ausführung mit Schubgliederband

Das Schubgliederband besteht aus Stahllamellen, die von einem flexiblen Stahlring zusammengehalten werden. Es kann an Stelle der Laschenkette zur Kraftübertragung im Variator verwendet werden. Das Schubgliederband überträgt die Kraft im Schub und nicht ziehend, im Vergleich zur Kette.

Eigenschaften

- max. übertragbares Drehmoment:
  - Schubgliederband ca. 400 Nm
  - Laschenkette 310 Nm
- Übersetzungen:
  - Variator 2,4 ... 0,4
  - Gesamt 14 ... 2,1
- keine Zugkraftunterbrechung
- Motor kann immer im optimalen Leistungspunkt betrieben werden
- zusätzlich: programmierte Schaltkennlinien zur manuellen Gangwahl

Gruppengetriebe

Beispiel:

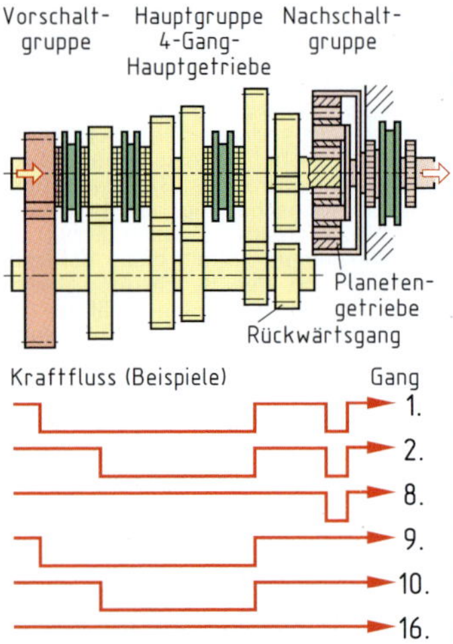

Aufgabe

Das Gruppengetriebe soll die Anzahl der Gänge vergrößern, damit bei jeder Fahrgeschwindigkeit der Drehzahlbereich des Motors mit dem günstigsten Kraftstoffverbrauch oder der maximalen Motorleistung eingehalten werden kann.

Ausführungen

- Hauptgruppe (4- oder 6-Gang-Hauptgetriebe) mit Vorschaltgruppe (Splitgruppe)
- Hauptgruppe (4- oder 6-Gang-Hauptgetriebe) mit Nachschaltgruppe (Rangegruppe)
- Hauptgruppe (3- oder 4-Gang-Hauptgetriebe) mit Vorschaltgruppe (Splitgruppe) und Nachschaltgruppe (Rangegruppe)

Die Vorschaltgruppe sitzt auf der Eingangsseite des Getriebes. Durch wechselweises Schalten (schnelle und langsame Gruppe) wird die Stufung des Hauptgetriebes (Hauptgruppe) halbiert (split: engl. Teilung).

Die Nachschaltgruppe (Bereichsgruppe, Rangegruppe; range: engl. Bereich) sitzt an der Ausgangsseite des Getriebes und ist meist ein Planetengetriebe. In der langsamen Stufe reduziert sie die Ausgangsdrehzahl der Hauptgruppe, in der schnellen Bereichsgruppe ist die Übersetzung 1:1.

Wirkungsweise

Durch die Zuschaltung einer Vor- oder Nachschaltgruppe wird die Anzahl der Gänge des Hauptgetriebes verdoppelt. Durch die Kombination: „Vorschaltgruppe-Hauptgetriebe-Nachschaltgruppe“ wird die Anzahl der Gänge des Hauptgetriebes vervierfacht.

Vor- und Nachschaltgruppe werden meist pneumatisch geschaltet, ausgelöst durch Zusatzschalter am Schalthebel.

Beispiel: 4-Gang Hauptgetriebe mit Vor- und Nachschaltgruppe.

1. Gang	17,03	9. Gang	3,73
2. Gang	14,12	10. Gang	3,09
3. Gang	11,50	11. Gang	2,52
4. Gang	9,54	12. Gang	2,09
5. Gang	7,86	13. Gang	1,72
6. Gang	6,52	14. Gang	1,43
7. Gang	5,51	15. Gang	1,21
8. Gang	4,57	16. Gang	1,00

Rückwärtsgang 1	15,77
Rückwärtsgang 2	13,07

Wechselgetriebe mit elektronisch-pneumatischer Schaltung (EPS)

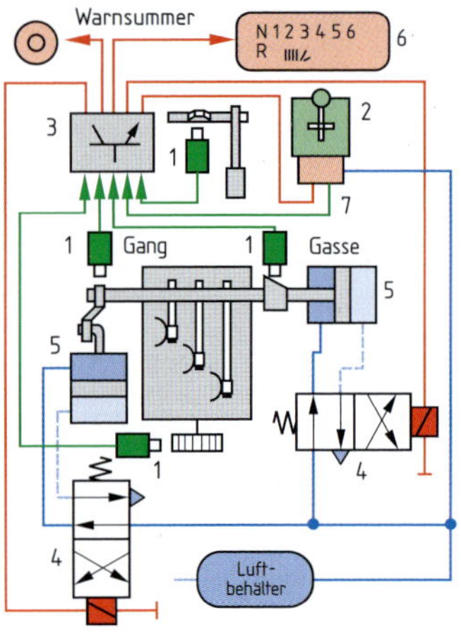

Hauptteile

1 Sensoren für
- Gang
- Kupplung
- Gasse
- Drehzahl

2 Gebergerät mit Funktionstaste
3 Steuergerät
4 Magnetventile
5 Schaltzylinder
- Gangzylinder
- Gassenzylinder

6 Display
7 Notschalter

Wirkungsweise

- Dem Steuergerät werden über Sensoren die Kupplungs-, Gang- und Gassenstellung, die Getriebedrehzahl, sowie vom Gebergerät der Schaltbefehl des Fahrens gemeldet. Das Steuergerät verarbeitet die Informationen auf Vollziehbarkeit und erteilt den Magnetventilen elektrisch den Auftrag, zu schalten, d.h. die Schaltzylinder zu be- oder entlüften. Der eingelegte Gang wird im Display angezeigt.
- *Sonderfälle:* Bei der Wahl eines zu niedrigen Ganges wird ein Warnsummer betätigt und der Gang nicht eingelegt. Manche Getriebe empfehlen durch Blinkzeichen den für die momentane Fahrsituation günstigsten Gang. Fällt die elektronische Steuerung aus, kann durch eine pneumatische Notschaltung der Leerlauf, der 2. Gang oder Rückwärtsgang geschaltet werden. Auftretende Fehler und Störungen werden über eine Kontrollleuchte angezeigt.

Eigenschaften

Bei der „EPS“ wird der Gang durch den Wählhebel nur vorgewählt und durch Einkuppeln eingelegt. Die EPS
- stellt die Verbindung vom Wählhebel zum Schaltgetriebe über ein elektronisches Steuergerät her
- ersetzt den Schaltvorgang durch eine mit Druckluft gesteuerte Schaltautomatik
- sucht beim Schalten aus dem Leerlauf während der Fahrt den für die Fahrsituation passenden Gang aus
- verhindert Fehlschaltungen
- zeigt den eingelegten Gang, Störungen und Fehler an

Schaltung

- Kupplungspedal durchtreten
- Wählhebel betätigen, z.B.
  - Hochschaltungen nach vorne
  - Rückschaltungen nach hinten
  - Leerlauf nach links
- Kupplungspedal und Wahlhebel loslassen

Anmerkung: Beim Einlegen des Rückwärtsganges und Schalten um zwei Gänge Funktionstaste drücken.

Verteilergetriebe

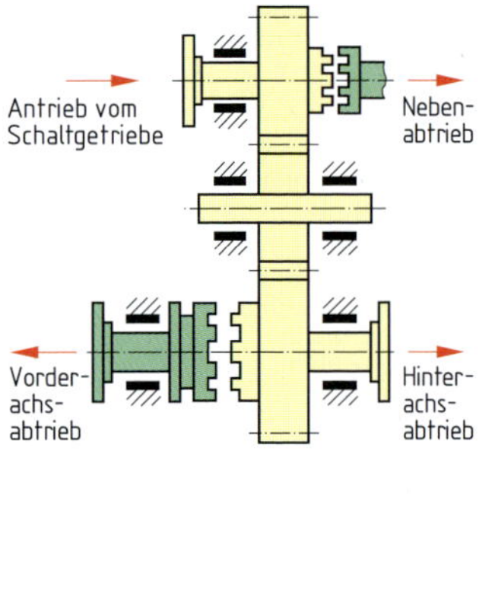

Aufgaben

Das Verteilergetriebe soll
- das Drehmoment des Motors auf die Vorder- und Hinterachse verteilen (Allradantrieb)
- ein fest mit dem Fahrzeug verbundenes Arbeitsgerät antreiben (Nebenantrieb)

Arten

Allradantriebe
- Getriebe ohne Verteilerausgleich VA od. HA nur im Bedarfsfalle zugeschaltet
- Getriebe mit sperrbarem Verteilerausgleich Vorder- und Hinterachse ständig im Eingriff

Nebenantriebe
- Getriebeabhängige Nebenantriebe
  - gleichachsig zur Vorgelegewelle
  - achsversetzt zur Vorgelegewelle
  - gleichachsig und achsversetzt, z.B. Dreiwellenverteiler für Allrad-/Nebenantrieb
- Getriebeunabhängige Nebenantriebe: Zwischen Kupplung und Getriebe angeordnet, Antrieb über Hohlwelle und Doppelkupplung.

Wirkungsweise

- Das vom Schaltgetriebe kommende Drehmoment wird entweder direkt oder über eine Gelenkwelle dem Verteilergetriebe zugeführt. Die Zuschaltung erfolgt über eine Klauenkupplung mechanisch oder pneumatisch.
- Das *»Verteilerdifferential«* gleicht unterschiedliche Drehzahlen zwischen den Achsen aus und verteilt das Drehmoment bei Lkws im Verhältnis der ungefähren Achslasten, ca. 1/3 auf die Vorder- und 2/3 auf die Hinterachse (Planetengetriebe).
- *Verteilergetriebe* besitzen in der Regel zur Erhöhung der Zugkraft eine weitere Übersetzung, die beim Zuschalten des Getriebes automatisch mitgeschaltet wird.

Getriebeaufbau (Beispiel: 9-Gang-Automatikgetriebe)

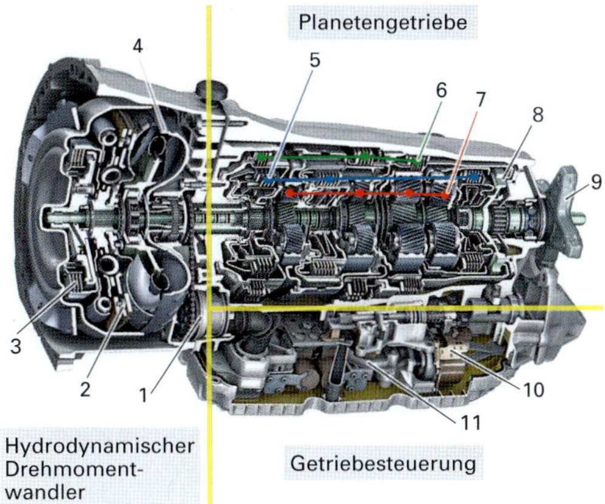

1 Ölpumpe
2 Torsionsdämpfer
3 Wandlerüberbrückungs-kupplung
4 Hydrodynamischer Drehmomentwandler
5 Lamellenkupplungen
6 Lamellenbremsen
7 Planetenradsätze
8 Parksperre
9 Abtriebswelle
10 Elektr. Zusatzölpumpe
11 Elektrohydraulisches Steuermodul

Getriebebaugruppen

- Der *hydrodynamische Drehmomentwandler* sitzt am Getriebeeingang. Er dient als Anfahrkupplung und in der Wandlungsphase zur Verstärkung des Eingangsdrehmoments. Die Wandlerüberbrückungskupplung verbindet nach dem Anfahren das Pumpenrad mit dem Turbinenrad.
- Das *Planetengetriebe* besteht aus mehreren Planetenradsätzen (vgl. 206 ff.). Die Schaltung der verschiedenen Gangstufen erfolgt durch Festhalten (Lamellenbremsen) und Verbinden (Lamellenkupplungen) von Bauteilen der Planetenradsätze.
- Die *Getriebesteuerung* bewirkt über das elektrohydraulische Steuermodul das automatische Schalten der Gangstufen durch Ansteuerung der hydraulischen Lamellenbremsen bzw. Lamellenkupplungen im Planetengetriebe. Sie betätigt außerdem die Wandlerüberbrückungskupplung. Die mechanisch angetriebene Ölpumpe erzeugt den notwendigen Öldruck. Die z. T. vorhandene elektrische Zusatzölpumpe sichert den Öldruck bei niedrigen Motordrehzahlen und im Start-Stopp-Betrieb.

Hydrodynamischer Drehmomentwandler
(mit Wandlerüberbrückungskupplung und Torsionsdämpfer)

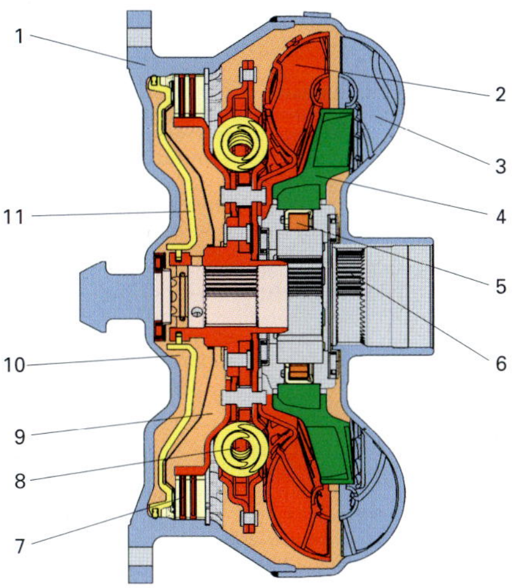

	Wandlungsphase		Kupplungs-phase
	Anfahren	bis K-Punkt	
	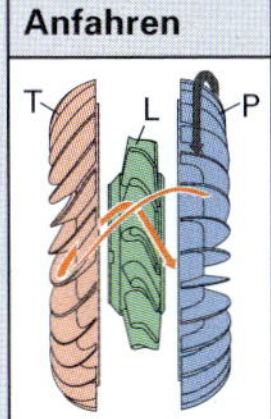	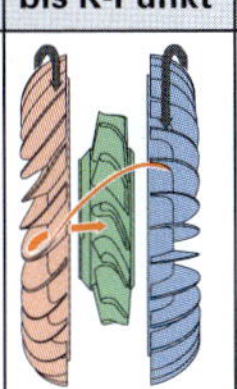	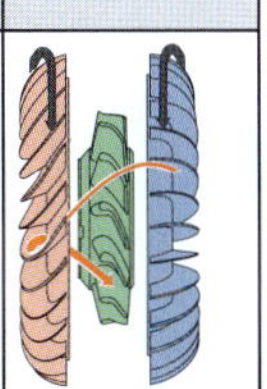
Drehzahl Pumpenrad (P)	Motordreh-zahl	Motordreh-zahl	Motordreh-zahl
Drehzahl Turbinenrad (T)	steht	steigt	85 ... 97 % der P-Drehzahl
Drehzahl Leitrad (L)	steht	steht	wie Turbinenrad
Umlenkwinkel Ölstrom	maximal	nimmt ab	Null
Drehmoment-verstärkung	maximal (ca. 3-fach)	nimmt ab	keine

Aufgaben

- Anfahren ermöglichen
- Motordrehmoment verstärken und zum Planetengetriebe leiten
- Motordrehschwingungen dämpfen

Bauteile

1 Wandlergehäuse mit Antriebsflansch
2 Turbinenrad mit Verzahnung für die Getriebeeingangswelle
3 Pumpenrad/Wandler-Deckel
4 Leitrad
5 Freilauf für das Leitrad mit Verzahnung zur Abstützung
6 Innenverzahnung für den Antrieb der Ölpumpe
7 Lamellenpaket der Wandlerüberbrückungskupplung
8 Torsionsdämpfer
9 Ölraum zur Versorgung von Pumpen- und Turbinenraum
10 Druckraum der Wandlerüberbrückungskupplung
11 Kolben für die Wandlerüberbrückungskupplung

Wirkungsweise

- *Hydrodynamische Drehmomentübertragung:* Das Pumpenrad (3) ist über das Wandlergehäuse (1) mit dem Motor verbunden, das Turbinenrad (2) mit der Getriebeeingangswelle. Beide befinden sich im Wandlergehäuse, das mit ATF-Öl (vgl. S. 388) befüllt ist. Das Pumpenrad dreht sich mit Motordrehzahl, dabei wird das Öl durch die Fliehkraft und die Form der Pumpenradschaufeln auf die Schaufeln des Turbinenrads geschleudert. Durch die Umlenkung (Rückstoß) des Öls an den Turbinenradschaufeln entsteht am Turbinenrad ein Drehmoment. Das zwischen Pumpenrad und Turbinenrad sitzende Leitrad (4) beeinflusst den Rückstrom des Öls zum Pumpenrad.
- *Wandlungsphase* (vgl. Tab. links): Beim Anfahren trifft der Ölstrom auf das zunächst stehende Turbinenrad (2). Der Ölstrom wird anschließend vom Leitrad (4) stark umgelenkt. Durch die dabei entstehende starke Rückstauwirkung auf das Turbinenrad kommt es zur maximalen Drehmomentverstärkung. Mit steigender Turbinenraddrehzahl nehmen der Umlenkwinkel, die Rückstauwirkung und somit die Drehmomentverstärkung ab.
- *Kupplungsphase* (vgl. Tab. links): Beträgt die Turbinenraddrehzahl 85 % der Pumpenraddrehzahl ist der *Kupplungspunkt* erreicht. Die Schaufeln des Leitrads (4) werden auf der Rückseite angeströmt, das Leitrad hebt vom Freilauf (5) ab und dreht sich mit. Es findet keine Drehmomentverstärkung mehr statt.

Wandlerüberbrückungskupplung (WK)

Die WK verbindet in der Kupplungsphase das Pumpenrad (3) mit dem Turbinenrad (2), um den Drehzahlunterschied (Schlupf) im Wandler zu beseitigen und damit den Wirkungsgrad zu verbessern. Sie ist meistens als Lamellenkupplung ausgeführt. Zur Betätigung gibt das Steuermodul Öldruck auf den Kolben (11) der WK. Der Kolben presst die Lamellen (7) zusammen und die WK schließt. Die WK kann komplett geschlossen werden oder schleifend betrieben werden, um die Motordrehschwingungen zu dämpfen. Teilweise ist zusätzlich ein mechanischer Torsionsdämpfer (8) eingebaut.

4

Einfaches Planetengetriebe

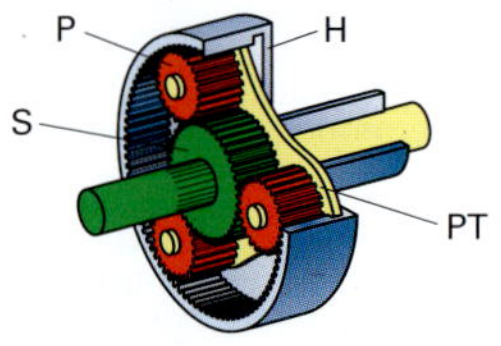

S Sonnenrad
H Hohlrad
P Planetenrad
PT Planetenradträger

Eigenschaften
Planetengetriebe
- ermöglichen das Schalten der Gänge ohne Unterbrechung des Kraftflusses,
- verteilen den Kraftfluss auf mehrere Zahnräder bzw. Zahnflanken,
- ermöglichen eine kompakte Bauweise des Automatikgetriebes.

Aufbau
Das einfache Planetengetriebe besteht aus dem Sonnenrad, den Planetenrädern, die auf dem Planetenradträger gelagert sind, und dem Hohlrad.
Sonnenrad, Hohlrad und Planetenradträger sind jeweils mit Wellen/Hohlwellen verbunden, über die der Antrieb bzw. der Abtrieb erfolgt.

Schaltung der Übersetzungen
Bei einem Planetengetriebe erfolgt die Schaltung der Übersetzungen (Gänge) durch Festhalten von Bauteilen oder durch Verbinden von Bauteilen.
Das Festhalten geschieht über hydraulische Lamellenbremsen bzw. über Freiläufe, das Verbinden über hydraulische Lamellenkupplungen (vgl. S. 205).

Schaltmöglichkeiten beim einfachen Planetengetriebe (Auswahl)

fest Abtrieb Antrieb	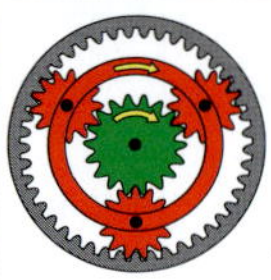		 PT + H verbunden	
Wirkung	große Übersetzung ins Langsame	Übersetzung ins Langsame	Übersetzung 1,0	Übersetzung ins Langsame und Drehrichtungsumkehr

Kombinierte Planetengetriebe

Ravigneaux-Planetengetriebe

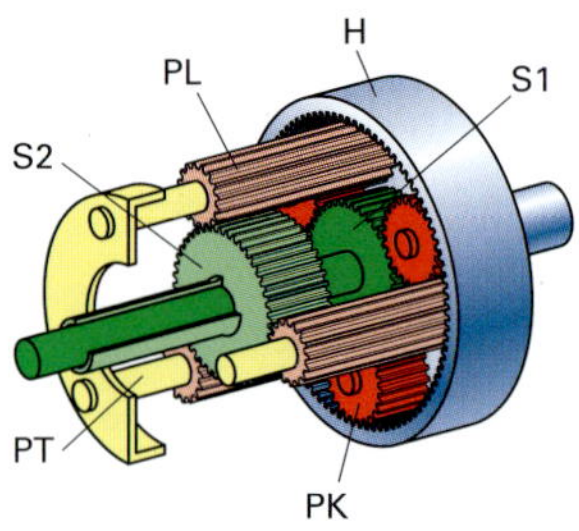

S1, S2 Sonnenräder
H Hohlrad
PK Planetenrad, kurz
PL Planetenrad, lang
PT gemeinsamer Planetenradträger

Getriebeschema

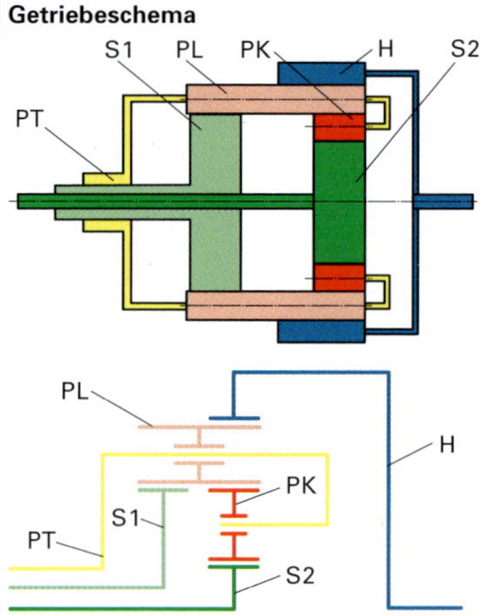

Wirkungsweise
Das Ravigneaux-Planetengetriebe besteht aus zwei Planetenradsätzen (PK und PL) mit gemeinsamem Planetenradträger (PT) und einem Hohlrad (H).
Die kurzen Planetenräder (PK) sind im Eingriff mit dem kleinen Sonnenrad (S1) und den langen Planetenrädern (PL). Diese sind wiederum mit dem großen Sonnenrad (S2) und dem Hohlrad (H) in Eingriff.

Der Antrieb erfolgt entweder über das kleine Sonnenrad (S1) oder über das große Sonnenrad (S2). Der Abtrieb erfolgt über das Hohlrad (H).

Anwendung (Beispiel)
Ravigneaux-Planetengetriebe in Kombination mit einem vorgeschalteten Einfach-Planetenradsatz als sogenanntes **Lepelletier-Planetengetriebe**, z. B. in einem 6-Gang-Automatikgetriebe.

Simpson-Planetengetriebe

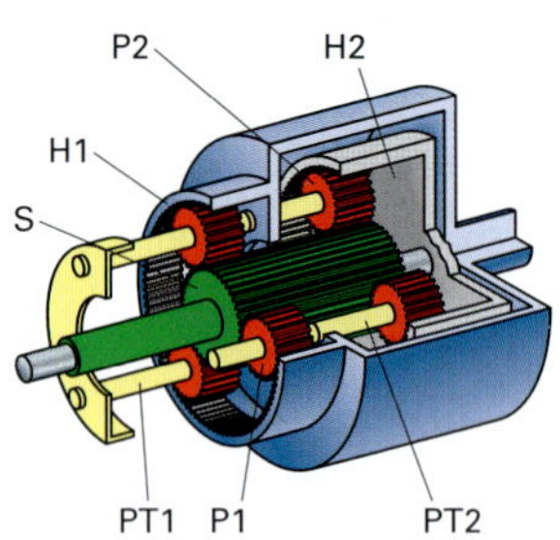

S gemeinsames Sonnenrad
H1, H2 Hohlräder
P1, P2 Planetenräder (gleich groß)
PT1, PT2 Planetenradträger

Getriebeschema

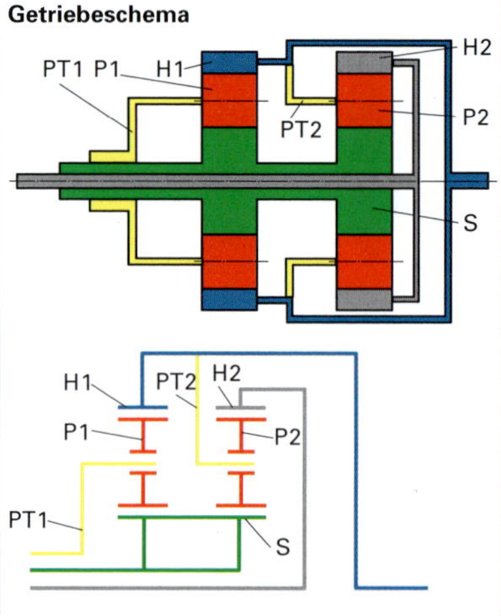

Wirkungsweise
Das Simpson-Planetengetriebe besteht aus zwei Planetenradträgern (PT1 und PT2) mit gleich großen Planetenrädern (P1 und P2), einem gemeinsamen Sonnenrad (S) und zwei Hohlrädern (H1 und H2) mit gleich großen Durchmessern. Der Planetenradträger PT2 ist mit dem Hohlrad H1 verbunden.

Der Antrieb kann über das Sonnenrad (S) oder über das Hohlrad des zweiten Planetenradsatzes (H2) erfolgen.
Der Abtrieb erfolgt über das Hohlrad des ersten Planetenradsatzes (H1).

Anwendung (Beispiele)
Simpson-Planetengetriebe in Kombination mit
- einem nachgeschalteten Einfach-Planetenradsatz, z. B. als 4-Gang-Automatikgetriebe,
- zwei nachgeschalteten Einfach-Planetenradsätzen, z. B. als 8-Gang-Automatikgetriebe (vgl. S. 205).

5-Gang-Automatikgetriebe mit Wilson-Planetengetriebe

Getriebeschema

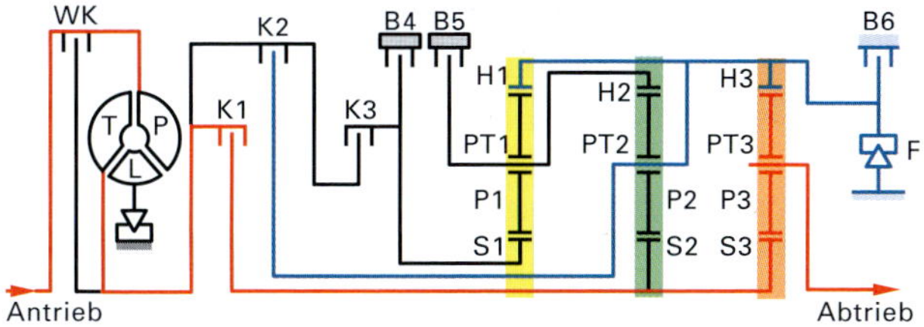

Radsatz	RS 1	RS 2	RS 3
Hohlräder	H1	H2	H3
Planetenradträger	PT1	PT2	PT3
Planetenräder	P1	P2	P3
Sonnenräder	S1	S2	S3

Beispiel: —— Kraftfluss 1. Gang —— festgebremst
Antrieb → P → T → K1 → S3 → P3 → PT3 → Abtrieb

Schaltlogik

	K1	K2	K3	B4	B5	B6	F	*i*
1. Gang	•					•	•	3,57
2. Gang	•				•			2,20
3. Gang	•			•				1,51
4. Gang	•	•						1,00
5. Gang	•		•			•	•	0,80
R-Gang			•			•		–4,10

K1, K2, K3 Lamellenkupplungen
B4, B5, B6 Lamellenbremsen
WK Wandlerüberbrückungskupplung
F Freilauf
i Getriebeübersetzung
• Schaltelement betätigt bzw. Freilauf sperrt

8-Gang-Automatikgetriebe mit Simpson-Planetengetriebe und zwei nachgeschalteten Einfach-Planetenradsätzen

Getriebeschema

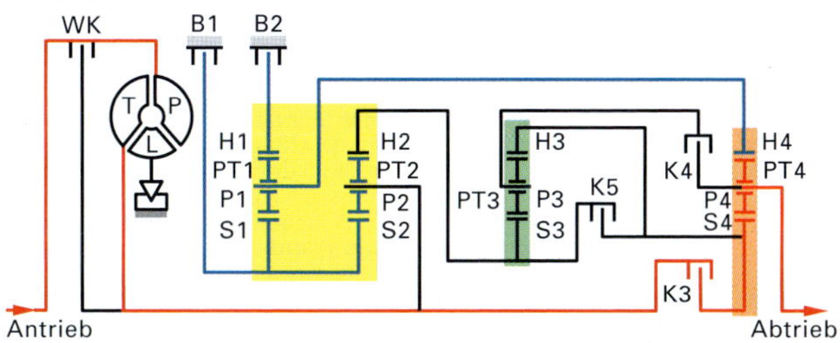

Radsatz	Simpson-Planetengetriebe		RS 3	RS 4
Hohlräder	H1	H2	H3	H4
Planetenradträger	PT1	PT2	PT3	PT4
Planetenräder	P1	P2	P3	P4
Sonnenräder	S1	S2	S3	S4

Beispiel: —— Kraftfluss 1. Gang —— festgebremst
Antrieb → P → T → K3 → S4 → P4 → PT4 → Abtrieb

Schaltlogik

	B1	B2	K3	K4	K5	*i*
1. Gang	•	•	•			4,71
2. Gang	•	•			•	3,14
3. Gang		•	•		•	2,11
4. Gang		•		•	•	1,67
5. Gang		•	•	•		1,29
6. Gang			•	•	•	1,00
7. Gang	•		•	•		0,84
8. Gang	•			•	•	0,67
R-Gang	•	•		•		–3,32

B1, B2 Lamellenbremsen
K3, K4, K5 Lamellenkupplungen
i Übersetzung
• Schaltelement betätigt

9-Gang-Automatikgetriebe mit vier Einfach-Planetenradsätzen

Getriebeschema

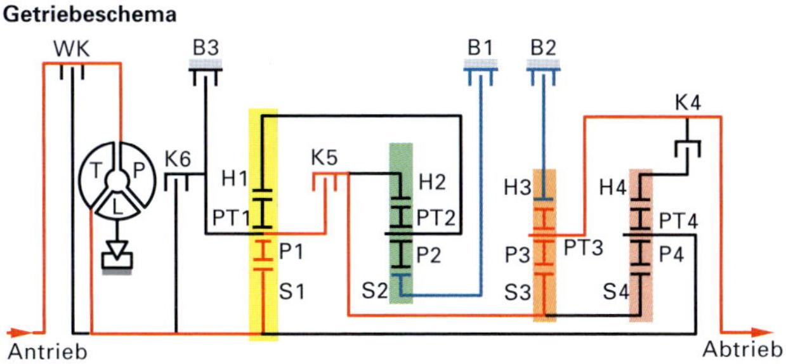

Radsatz	RS 1	RS 2	RS 3	RS 4
Hohlräder	H1	H2	H3	H4
Planetenradträger	PT1	PT2	PT3	PT4
Planetenräder	P1	P2	P3	P4
Sonnenräder	S1	S2	S3	S4

Beispiel: —— Kraftfluss 1. Gang —— festgebremst
Antrieb → P → T → S1 → P1 → PT1 → K5 → S3 → P3 → PT3 → Abtrieb

Schaltlogik

	B1	B2	B3	K4	K5	K6	*i*
1. Gang	•	•			•		5,50
2. Gang		•			•	•	3,33
3. Gang	•	•				•	2,32
4. Gang	•	•		•			1,66
5. Gang	•			•		•	1,21
6. Gang				•	•	•	1,00
7. Gang	•			•	•		0,87
8. Gang			•	•	•		0,72
9. Gang	•		•	•			0,60
R-Gang	•	•	•				–4,93

B1, B2, B3 Lamellenbremsen
K4, K5, K6 Lamellenkupplungen
i Übersetzung
• Schaltelement betätigt

Systemübersicht

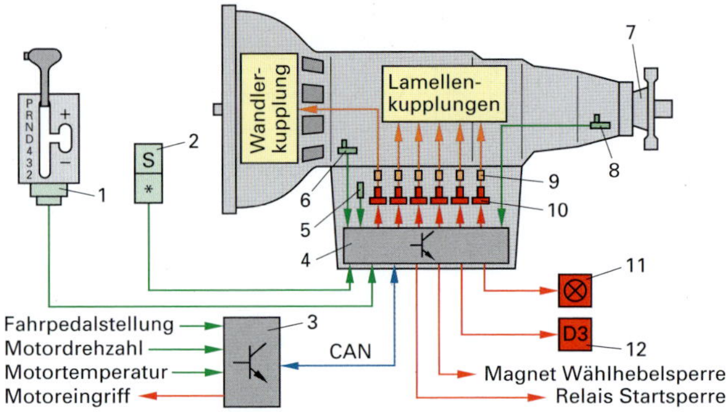

1 Positionsschalter/Tiptronic-Schalter am Wählhebel
2 Programmschalter
3 Motorsteuergerät
4 Getriebesteuergerät
5 Getriebeöltemperatursensor
6 Antriebsdrehzahlsensor
7 Getriebeabtriebswelle
8 Abtriebsdrehzahlsensor
9 Hydraulische Schaltventile
10 Magnetventile
11 Warnlampe
12 Gang- und Fahrprogrammanzeige

Funktionsweise der elektro-hydraulischen Getriebesteuerung (EGS)

Getriebehydraulik
Die von der Getriebeeingangswelle angetriebene Ölpumpe erzeugt den hydraulischen Druck. Das elektromagnetische Druckregelventil regelt kennfeldabhängig den Systemdruck. Der mit dem Wählhebel mechanisch verbundene Handwählschieber gibt je nach Stellung (PRND) den Systemdruck auf den Eingang der verschiedenen hydraulischen Schaltventile. Parallel meldet der Positionsschalter die Wählhebelposition an das EGS-Steuergerät.

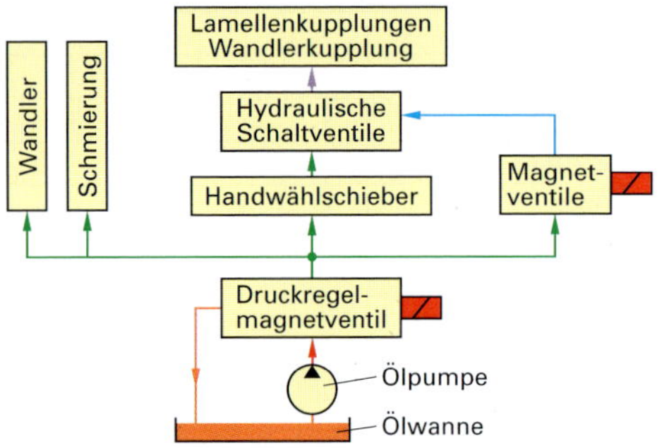

Pumpendruck
Systemdruck
Steuerdruck zu den hydraulischen Schaltventilen
Arbeitsdruck zur Betätigung der Kupplungen
drucklos

Schaltung der Gänge
Die Sensoren der EGS liefern die Eingangssignale für das Steuergerät. Weitere Informationen kommen über den CAN-Bus vom Motorsteuergerät: Fahrpedalstellung (Lastwunsch, Kickdown), Motordrehzahl, Motortemperatur. Das Steuergerät bestimmt in Abhängigkeit von diesen Eingangssignalen die optimalen Schaltpunkte aus den abgespeicherten Schaltkennlinien. Die Schaltung der Gänge erfolgt elektrohydraulisch.
Schaltung mit Vorsteuerung (vgl. Abb. oben und links):
Das Steuergerät aktiviert die entsprechenden Magnetventile im Steuerteil des Automatikgetriebes. Die Magnetventile sind Drucksteuerventile, sie steuern den Druck zu den hydraulischen Schaltventilen (Vorsteuerung). Diese geben in Abhängigkeit vom Steuerdruck den Arbeitsdruck auf die zu schaltenden Lamellenkupplungen und -bremsen bzw. auf die Wandlerüberbrückungskupplung.
Schaltung ohne Vorsteuerung:
Wie bei der Schaltung mit Vorsteuerung aktiviert das Steuergerät die entsprechenden Magnetventile im Steuerteil des Automatikgetriebes. Sie steuern in diesem Fall jedoch direkt den Arbeitsdruck auf die zu schaltenden Lamellenkupplungen und -bremsen bzw. auf die Wandlerüberbrückungskupplung.

Maßnahmen zur Verbesserung des Schaltkomforts
- *Lastabhängige Schaltdrucksteuerung:* Bei hoher Motorlast werden die Lamellenkupplungen mit hohem Druck angesteuert, damit das Drehmoment ohne große Unterbrechung übertragen werden kann. Bei geringer Motorlast wird der Schließdruck der Kupplungen verringert. Dies führt zu einem weichen Schaltvorgang.
- *Motoreingriff:* Während des Gangwechsels wird kurzzeitig das Motormoment durch Verstellung des Zündzeitpunkts in Richtung spät verringert (Dieselmotor: Kurzzeitig weniger Einspritzmenge). Das Schalten verläuft dadurch weicher.

Adaptive Getriebesteuerung (AGS)

Die adaptive Getriebesteuerung passt die Schaltvorgänge dem individuellen Fahrverhalten und der jeweiligen Fahrsituation an. Dazu kann das Steuergerät auf verschiedene Schaltprogramme zugreifen. Die Auswahl des passenden Schaltprogramms geschieht mithilfe von vier wesentlichen Funktionen:
- Fahrertyperkennung (Gaspedalbewegungen, Bremsverhalten)
- Umwelterkennung (Radschlupf)
- Fahrsituationserkennung (Bergfahrt, Anhängerbetrieb, Stop-and-Go-Betrieb)
- manueller Fahrereingriff (Wählhebel, Programmschalter)

Zusätzliche Einflussfaktoren auf die Gangauswahl, z. B.:
- Schnelle Gaswegnahme (Fast-off): Gang wird wegen der Motorbremswirkung gehalten
- ABS/ESP-Eingriff: Keine Schaltvorgänge, die die Regelung negativ beeinflussen

Vorteile
- Erhöhung des Bedienungskomforts durch Reduzierung der erforderlichen Fahrereingriffe
- verminderte Schalthäufigkeit bei sportlicher Fahrweise
- Senkung des Kraftstoffverbrauchs bei ruhiger Fahrweise
- erhöhte Fahrsicherheit auf glatter Straße

Tiptronic-Funktion (sequenzielles Schalten)

Die Tiptronic-Funktion ermöglicht in einer zweiten Wählhebelschaltgasse ein manuelles Schalten der Gangstufen. Das Hochschalten erfolgt durch Drücken des Wählhebels nach vorne, das Herunterschalten durch Ziehen nach hinten (sequenzielles Schalten). Die sequenzielle Schaltung ist teilweise auch über Schaltwippen am Lenkrad möglich.

Vorteile
- sportliches Fahren möglich, z. B. Herunterschalten vor einer Kurve.
- durch Herunterschalten bei Fahrt im Gefälle kann die Motorbremswirkung erhöht werden.

Allgemeines

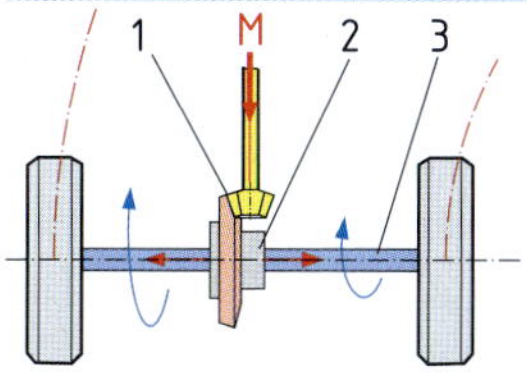

Aufgaben
Der Achsantrieb soll
- das Drehmoment übertragen und auf die beiden Antriebsräder gleichmäßig verteilen
- die Drehzahl der Antriebswelle ins Langsame übersetzen und das Drehmoment erhöhen
- bei in Längsrichtung eingebauten Motoren die Richtung des Kraftflusses umlenken
- unterschiedliche Drehzahlen der beiden Antriebsräder bei Kurvenfahrt ausgleichen
- bei verschiedener Bodenhaftung der Antriebsräder den Drehzahlausgleich sperren

Aufbau
1 Achsgetriebe
2 Ausgleichgetriebe (Differenzial)
3 Achswelle

Sonderfälle
- Durchtrieb für Dreiachsfahrzeuge mit 2 angetriebenen Hinterachsen
- Achsverteilergetriebe für Allrad- und/oder Nebenantrieb
- Verteiler-Differenzial

Achsgetriebe

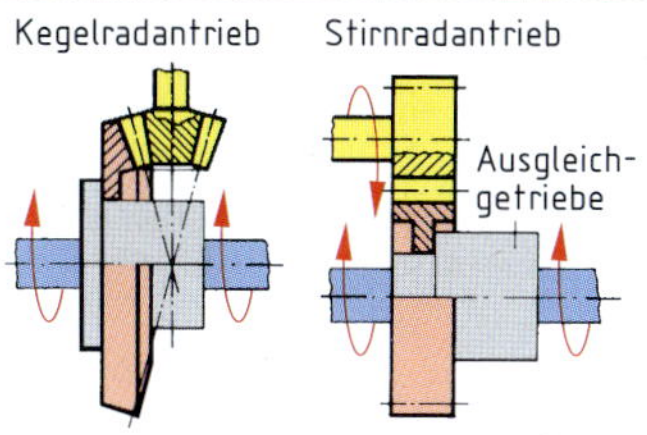

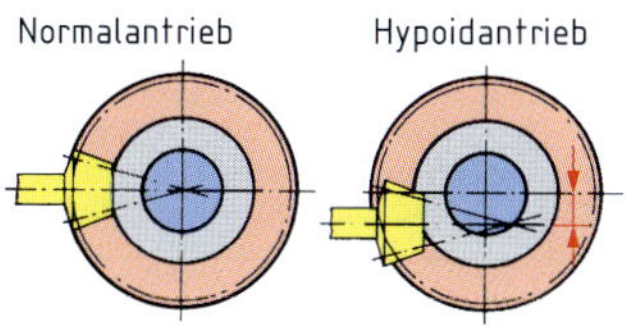

Arten
- Kegelradantrieb
- Stirnradantrieb
- Schneckenradantrieb

Kegelradantrieb: In Fahrzeugen mit parallel zur Fahrzeuglängsachse eingebauten Motoren.

Hauptteile:
- Antriebskegelrad (Ritzel)
- Tellerrad

Verzahnungsarten
- Gleason- oder Kreisbogen-Verzahnung:
- Die Zähne verjüngen sich zur Kegelspitze hin.
- Klingelnberg- oder Spiral (Palloid)-Verzahnung: Zahnhöhe über Zahnbreite konstant.
- Oerlikon- oder Epizykloiden-Verzahnung: Zahnhöhe über Zahnbreite nahezu konstant.

Eingriffsarten
- Normalantrieb mit nicht versetzter Achse
- Hypoidantrieb mit versetzter Achse

Stirnradantrieb: In Fahrzeugen mit quer zur Fahrzeuglängsachse eingebauten Motoren.

Technische Daten
- Zähnezahl:
  - Tellerrad 35 … 49
  - Antriebskegelrad 8 … 12
- Übersetzung
  - Pkw 2,8 … 5,1
  - Lkw 6,0 … 8,0

Eigenschaften
Der Hypoidantrieb
- ermöglicht einen niedrigen Gelenkwellentunnel und legt den Schwerpunkt des Fahrzeugs tiefer
- hat mehr Zähne im Eingriff und überträgt ein größeres Drehmoment
- ermöglicht eine größere Übersetzung und läuft ruhiger
- erhöht die Beanspruchung der Zahnflanken auf Schub und erfordert daher ein haftfähiges Hypoidöl

Reparaturhinweise
Kegelrad und Tellerad müssen auf Grund der engen Toleranzen immer paarweise getauscht werden. Dafür wird vom Hersteller eine Paarungsnummer vergeben, die auf beiden Bauteilen angebracht ist.

Die Position des Kegelrads wird dafür auf ein vom Hersteller vorgegebenes Kontrollmaß K eingestellt. Die Einstellung erfolgt über das Einlegen einer Ausgleichsscheibe.

Kennzeichnung (Beispiel)
- Paarungsnummer 1 426
- Abmaße
  Ritzel 0,12 Tellerrad – 0,04
- Zahnflankenspiel 0,15 mm

Ausgleichgetriebe
Differenzialgetriebe

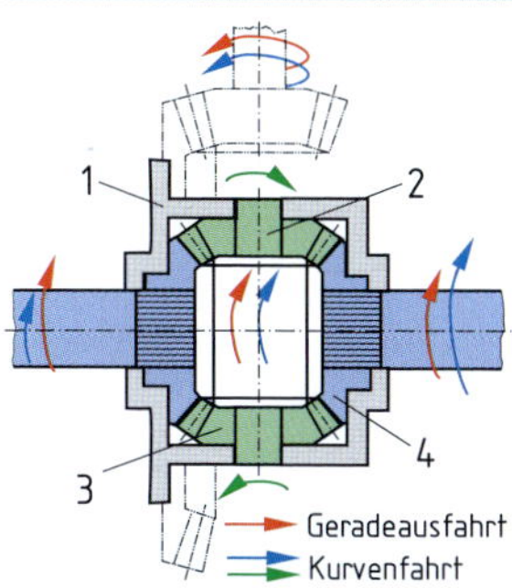

Aufgaben
Das Ausgleichgetriebe soll
- die unterschiedlichen Drehzahlen der Antriebsräder bei Kurvenfahrt und bei Unebenheiten der Fahrbahn ausgleichen
- das Drehmoment auf beide Antriebsräder gleichmäßig verteilen

Arten
- Kegelrad-
- Stirnrad-
  Ausgleichgetriebe
- Schneckenrad-
- Planeten-
  Ausgleichgetriebe

Hauptteile
1 Ausgleichgehäuse
2 Ausgleichradachse
3 Ausgleichrad (Kegel- oder Stirnrad)
4 Achswellenrad (Kegel- oder Stirnrad)

Anmerkung: Drehzahlunterschied abhängig von Spurweite und dyn. Reifenradius

Wirkungsweise
- *Geradeausfahrt:* Das Tellerrad dreht das mit ihm fest verschraubte Ausgleichgehäuse. Die darin auf der Ausgleichradachse drehbar gelagerten Ausgleichräder nehmen auf ihrem Umlauf beide Achswellenräder mit und verteilen das Drehmoment auf beide Antriebsräder gleichmäßig.
- *Kurvenfahrt:* Die Umdrehungen der Antriebsräder sind verschieden. Zum Ausgleich wälzen sich die Ausgleichräder auf den Achswellenrädern ab. Dabei dreht sich das kurveninnere Rad langsamer und das kurvenäußere Rad schneller (Differenzialwirkung).

Verzahnung
- Kegelräder Geradverzahnung
- Stirnräder Evolventenverzahnung

Getriebe in E-Fahrzeugen
Reduktionsgetriebe

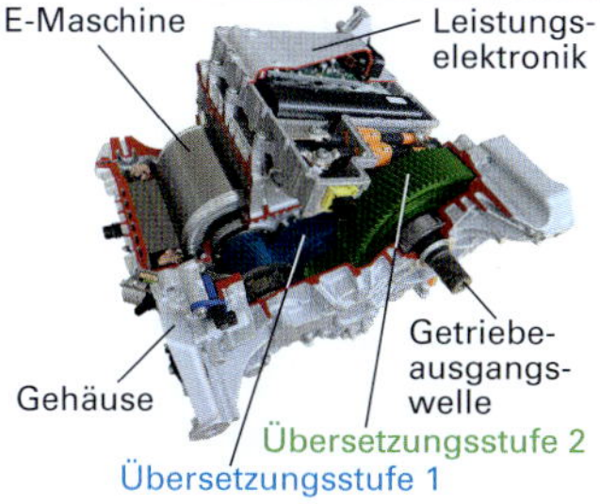

Aufgabe
Im Vergleich zu Verbrennungsmotoren liefern Elektromotoren ab der Drehzahl null über den gesamten Drehzahlbereich das volle Drehmoment. Daher werden bei E-Fahrzeugen keine Kupplung und kein herkömmliches Getriebe benötigt. Um den Elektromotor in einem Bereich mit besonders hohem Wirkungsgrad zu betreiben, kann ein Reduktionsgetriebe eingebaut werden. Mit einem Übersetzungsverhältnis von $i = 9{,}5 \dots 13$ wird die Drehzahl am Getriebeausgang reduziert und das Drehmoment entsprechend erhöht.

Aufbau
In Elektrofahrzeugen werden überwiegend Ein-Gang-Getriebe eingesetzt. Aufgrund des notwendigen großen Übersetzungsverhältnisses erfolgt die Übersetzung meist zweistufig über zwei Zahnradpaare (vgl. Abb. links).

Bei *leistungsstarken Fahrzeugen* kommen auch automatisierte Zwei-Gang-Getriebe zum Einsatz. Dadurch ist einerseits ein großes Anfahrmoment möglich und andererseits sind hohe Endgeschwindigkeiten erreichbar. Zusätzlich wird der Wirkungsgrad verbessert, da über einen großen Geschwindigkeitsbereich der E-Motor in einem günstigen Drehzahlbereich betrieben werden kann.

Rückwärtsfahrt
Getriebe von E-Fahrzeugen benötigen keinen Rückwärtsgang. Die Rückwärtsfahrt erfolgt durch Drehrichtungsumkehr des Elektromotors. Die Leistungselektronik steuert den E-Motor entsprechend an.

Ausgleichssperren

4

Schaltbare Ausgleichssperre

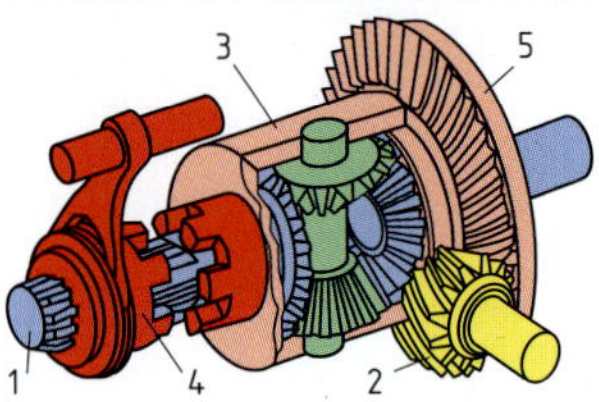

Bauteile
1 Radantriebswelle
2 Kegelrad
3 Ausgleichsgehäuse
4 Klauenkupplung
5 Tellerrad

Wirkungsweise:
Die Klauenkupplung wird mechanisch oder elektro-pneumatisch geschaltet und verbindet das Ausgleichsgehäuse mit einer Radantriebswelle. Da die Ausgleichsräder nicht mehr abrollen können, ist das Ausgleichsgetriebe komplett starr.

Sperrwert

ausgekuppelt	0 %
eingekuppelt	100 %

Der Einsatz einer Klauenkupplung ist auch als Längssperre möglich.

Besonderheiten
Sie ist nur für Gelände- und Sonderfahrzeuge geeignet. Bei normalen Fahrbedingungen muss die Sperre sofort wieder gelöst werden, da sonst zu große Verspannungen im Antriebsstrang auftreten.

Kronenrad-Differenzial

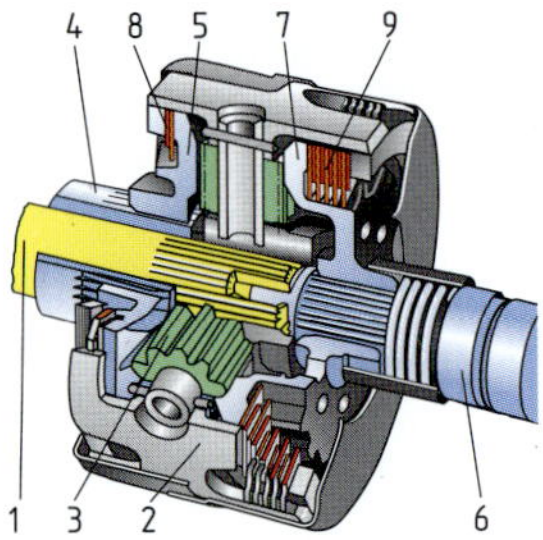

Bauteile
1 Antriebswelle vom Getriebe
2 Ausgleichsgehäuse
3 Ausgleichsrad
4 Antriebswelle, Vorderräder (Hohlwelle)
5 Kronenrad, Antrieb Vorderräder
6 Antriebswelle, Hinterräder
7 Kronenrad, Hinterräder
8 Lamellenkupplung
9 Lamellenkupplung

Wirkungsweise
Das vom Wechselgetriebe kommende Drehmoment wird über die Antriebswelle (1) auf das Ausgleichsgehäuse (2) übertragen. Die im Ausgleichsgehäuse (2) gelagerten Ausgleichsräder (3) übertragen die Umfangskräfte auf das Kronenrad (5) und das Kronenrad (7). Die dabei entstehenden Axialkräfte pressen die Lamellenkupplungen (8) und (9) zwischen dem Ausgleichsgehäuse (2) und den Kronenrädern (5) und (7) zusammen. Die dadurch wirksamen Reibkräfte erzeugen eine Sperrwirkung.

Sperrwert bis 70 %

Besonderheit
Beide Kronenräder übertragen auf die Ausgleichsräder die gleichen Umfangskräfte. Durch unterschiedliche Wirkdurchmesser der Kronenräder kann z. B. eine Grundverteilung des Drehmoments zwischen Vorderachse und Hinterachse von 40 : 60 erreicht werden.

Torsen-Differenzial

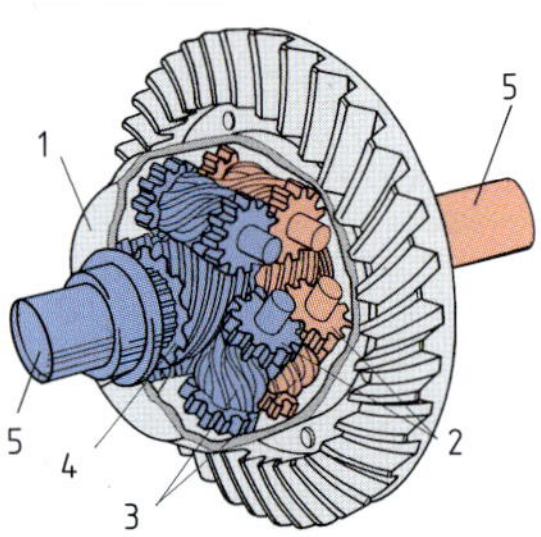

Bauteile
1 Ausgleichsgehäuse
2 Stirnräder
3 Schneckenradpaare
4 Schnecke
5 Radantriebswellen

Aufbau
Im Ausgleichsgehäuse sind die Wellen der Schneckenradpaare gelagert. Diese stehen mit den Schnecken auf den Antriebswellen in Eingriff. Die Schneckenradpaare selbst sind mit ihren Wellen fest verbunden. Die auf diesen Wellen befestigten Stirnradpaare sind mit den gegenüberliegenden Stirnrädern im Eingriff.

Wirkungsweise
Die Wellen mit den Schneckenradpaaren laufen um die Schnecken der Antriebswellen, ohne dass sich diese selbst drehen. Bei unterschiedlichen Drehzahlen der Radantriebswellen drehen sich die Schneckenräder. Zwischen Schnecke und Schneckenrädern entsteht Reibung, die vom Antriebsmoment abhängt. Je höher dieses ist, desto größer ist die Reibung und damit die Sperrwirkung. Das Torsendifferenzial ist auch als Längssperre einsetzbar.

Sperrwert 20 … 80 %

Visco-Kupplung

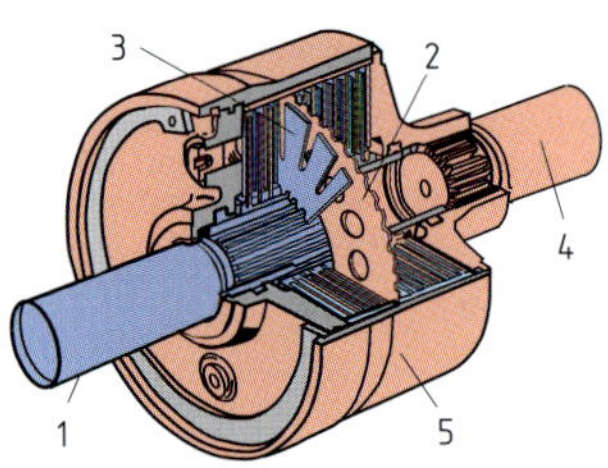

Bauteile
1 Antriebswelle
2 Außenlamellen
3 Innenlamellen
4 Abtriebswelle
5 Gehäuse

Wirkungsweise
Bei Drehzahlunterschieden zwischen der Antriebs- und Abtriebswelle wird die Silikonflüssigkeit zwischen Außen- und Innenlamellen auf Scherung beansprucht. Die Folge ist ein Temperaturanstieg der Silikonflüssigkeit, die eine Erhöhung der Viskosität zur Folge hat. Es erhöht sich die Sperrwirkung zwischen den Innen- und Außenlamellen.

Sperrwert 2 … 98 %

Die Visco-Kupplung kann wie beschrieben bei Allradfahrzeugen als Sperre zwischen Vorderachse und Hinterachse, aber auch als Ausgleichssperre zwischen linkem und rechtem Rad eingesetzt werden.

Haldex-Lamellenkupplung

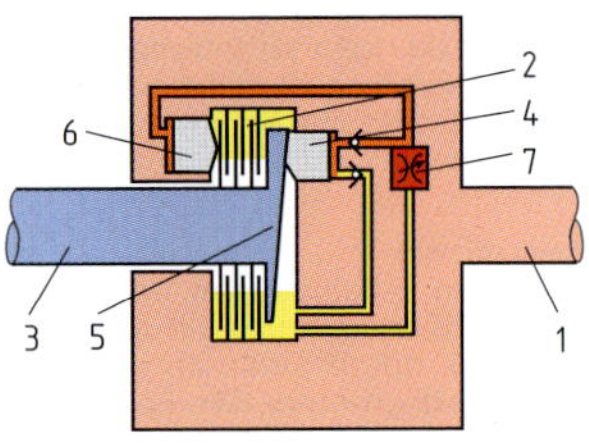

Bauteile
1 Antriebswelle
2 Lamellen
3 Abtriebswelle
4 Axialkolbenpumpe
5 Nockenscheibe
6 Arbeitskolben
7 Regelventil

Wirkungsweise
Abhängig von den Eingangsgrößen regelt das Steuergerät die Höhe und den Verlauf des hydraulischen Drucks auf die Kupplungslamellen. Den Druck erzeugen zwei kupplungsinterne Ringpumpen, die nur dann aktiv werden, wenn zwischen der Antriebs- und Abtriebswelle ein Drehzahlunterschied besteht.

Sperrwert 0 % bis 100 %

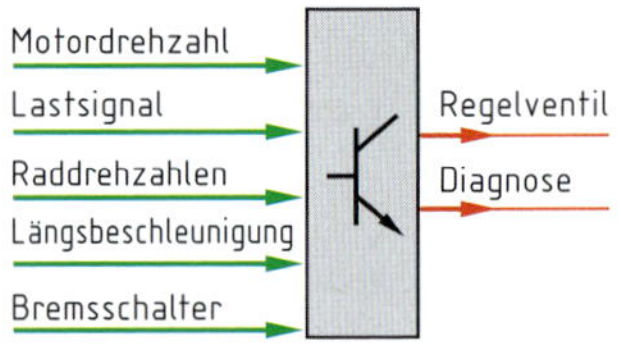

Mechanisch zuschaltbarer Antrieb der zweiten Achse

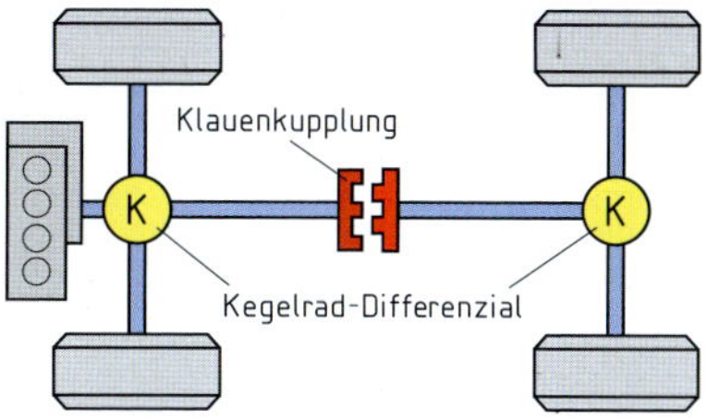

Wirkungsweise
Durch den zuschaltbaren Antrieb der zweiten Achse wird das front- oder heckangetriebene Fahrzeug zu einem Allradfahrzeug. Die Zuschaltung der zweiten Achse erfolgt mechanisch oder elektropneumatisch über eine schaltbare Klauenkupplung. An der Vorder- und Hinterachse befinden sich Kegelrad-Differenziale.

Drehmomentverteilung
Vorderachse : Hinterachse 50 % : 50 %

Als Quersperren an der Hinterachse und Vorderachse können entsprechende Ausgleichssperren eingesetzt werden.

Automatisch zuschaltbarer Antrieb der zweiten Achse

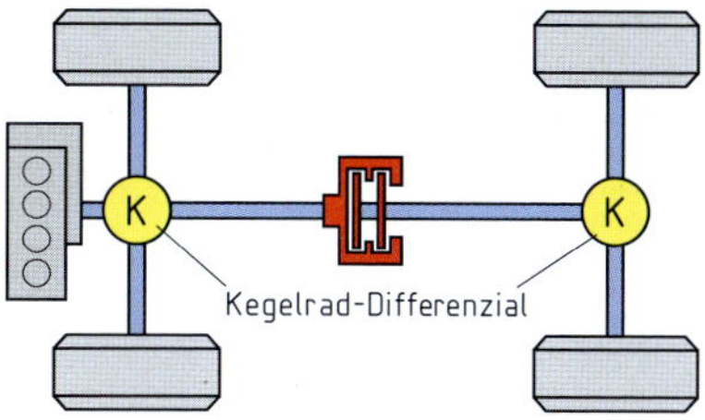

Wirkungsweise
Entstehen beispielsweise aufgrund durchdrehender Vorderräder Drehzahldifferenzen zwischen Vorderachse und Hinterachse, schaltet die Ausgleichsperre zwischen VA und HA automatisch den Hinterradantrieb zu.

Ausgleichssperren längs
- Lamellensperre
- Visco-Kupplung
- Haldex-Kupplung
- Torsen-Differenzial
- Kronenrad-Differenzial

Drehmomentverteilung z. B. bei Haldex-Kupplung
Vorderachse : Hinterachse 0 % : 100 % bis 100 % : 0 %
An den Achsen befinden sich Ausgleichssperren bzw. eine Traktionskontrolle durch elektronischen Bremseneingriff.

Permanenter Allradantrieb mit Differenzial

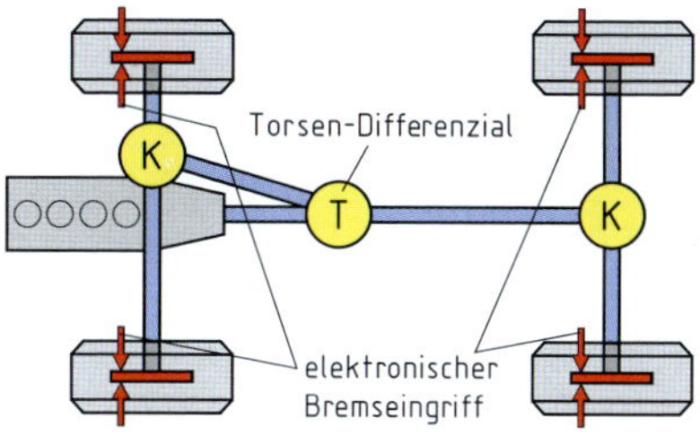

Wirkungsweise
Vorderachse und Hinterachse werden permanent angetrieben. Um jedoch Verspannungen im Antriebsstrang zwischen VA und HA zu vermeiden, ist ein Zentraldifferenzial eingebaut. Um Traktionsnachteile zu vermeiden, muss das Kegelrad-Differenzial z. B. durch eine Klauenkupplung manuell gesperrt werden. Oft wird anstelle des Kegelrad-Differenzials das Torsen-Differenzial oder Kronenrad-Differenzial eingesetzt, um diesen Nachteil auszugleichen.

Drehmomentverteilung bei Torsen-Differenzial oder Kronenrad-Differenzial
Vorderachse : Hinterachse 20 % : 80 % bis 80 % : 20 %

An den Achsen befinden sich Ausgleichssperren bzw. eine Traktionskontrolle durch elektronischen Bremseneingriff.

Permanenter Allradantrieb mit Planeten-Zentraldifferenzial

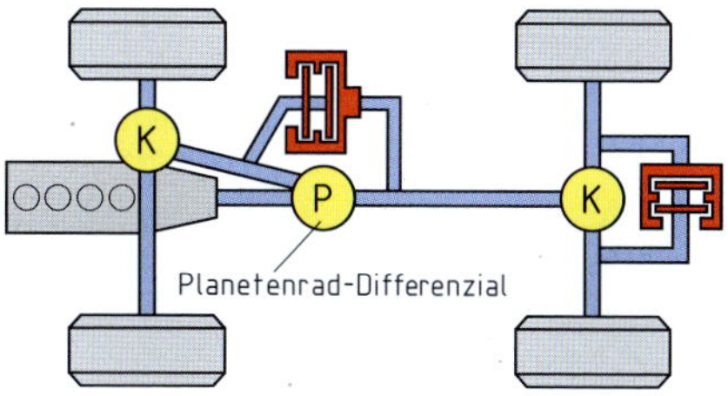

Wirkungsweise
Vorderachse und Hinterachse werden permanent angetrieben. Es ist durch das Planetenrad-Differenzial jedoch möglich das Fahrverhalten des Allradfahrzeuges heckantriebstypisch oder frontantriebstypisch auszulegen. Das Verhältnis der Drehmomentaufteilung hängt ab vom Übersetzungsverhältnis des Planetengetriebes. Das Planetenrad-Differenzial kann mit einer Visco-Kupplung oder einer elektronischen Lamellensperre gesperrt werden.

Drehmomentverteilung z. B. bei Porsche 911 Carrera 4
Vorderachse : Hinterachse 31 % : 69 %

An den Achsen befinden sich Ausgleichssperren bzw. eine Traktionskontrolle durch elektronischen Bremseneingriff.

Permanenter Allradantrieb mit Reduktionsgetriebe

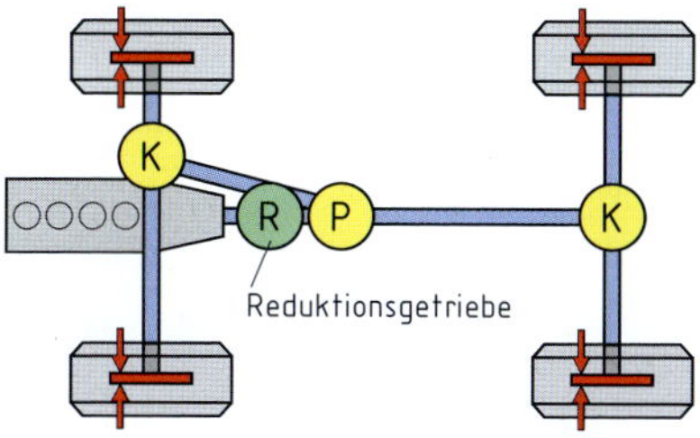

Wirkungsweise
VA und HA werden über ein meist sperrbares Zentraldifferenzial permanent angetrieben. Zur optimalen Nutzung des Allradkonzeptes in schwerem Gelände wird ein zuschaltbares Reduktionsgetriebe, z. B. in Form eines Planetengetriebes, eingesetzt. Das Planetengetriebe befindet sich zwischen dem Wechselgetriebe und dem Verteilergetriebe.

Übersetzung Reduktionsgetriebe
z. B.
- Subaru Forester $i = 1{,}45$
- Mercedes M-Klasse $i = 2{,}14$
- Range Rover Defender $i = 2{,}70$

An den Achsen befinden sich Ausgleichssperren bzw. eine Traktionskontrolle durch elektronischen Bremseneingriff.

Begriff Fahrdynamik

System „Fahrer-Fahrzeug-Umwelt“ als Regelkreis

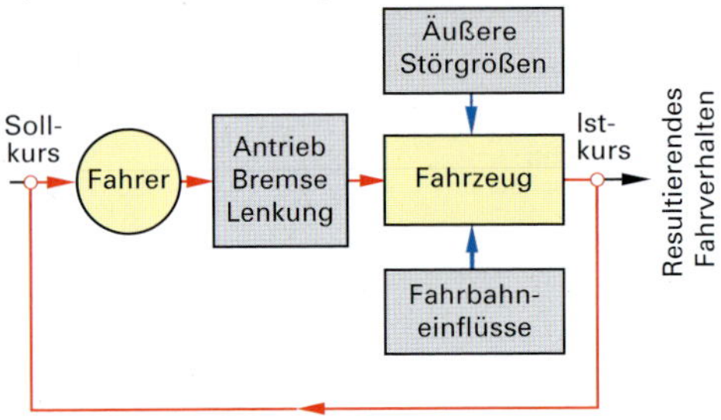

Unter Fahrdynamik ist das Verhalten eines Fahrzeugs unter Einwirkung von Kräften (z. B. Fliehkräfte in der Kurvenfahrt, Brems- und Antriebskräfte) zu verstehen. Das Fahrverhalten eines Fahrzeugs wird vom Fahrer aufgrund seiner subjektiven Eindrücke beurteilt. Er kann gegebenenfalls als „Regler“ im System „Fahrer-Fahrzeug-Umwelt“ eingreifen und damit das Fahrverhalten für sich anpassen. Eine objektive Beurteilung des Fahrverhaltens, z. B. im Rahmen einer Fahrzeugneuentwicklung, erfolgt anhand von Messdaten, die während bestimmter Fahrmanöver gewonnen werden. Während der Fahrmanöver werden die daraus resultierenden Fahrzeugreaktionen messtechnisch erfasst und anschließend analysiert. Folgende genormte Fahrmanöver (auf trockener Fahrbahn) dienen zur Fahrzeugbeurteilung:

- Stationäre Kreisfahrt
- Übergangsverhalten („Elchtest“)
- Bremsen in der Kurve
- Seitenwindempfindlichkeit
- Geradeauslaufverhalten
- Lastwechsel bei Kreisfahrt

Fahrzeugkoordinaten

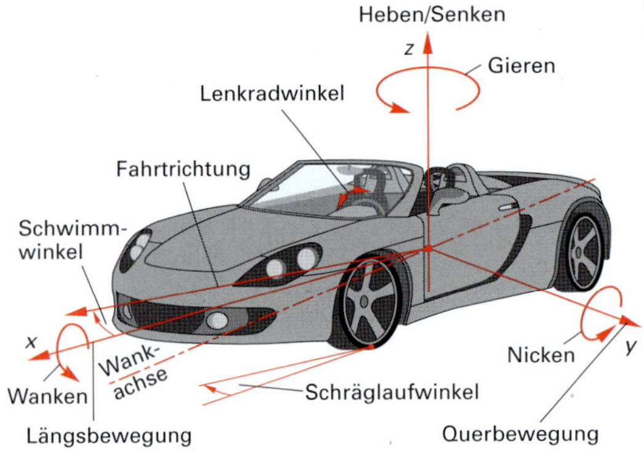

Fahrzeugfestes Koordinatensystem (vgl. ISO 88551.3/DIN 70000)
Zur Erfassung der Fahrzeugbewegungen wird ein fahrzeugfestes Koordinatensystem verwendet. Dies bedeutet, es ist mit dem Fahrzeugaufbau verbunden. Das Koordinatensystem besteht aus den drei rechtwinklig zueinander stehenden Achsen:

- *x-Achse* (Längsachse), parallel zur Längsmittelebene, in Fahrtrichtung nach vorne zeigend
- *y-Achse* (Querachse), rechtwinklig zur x-Achse, in Fahrtrichtung nach links zeigend
- *z-Achse* (Hochachse), rechtwinklig zur x-y-Achse, nach oben zeigend

Der Mittelpunkt des Koordinatensystems kann z. B. im Fahrzeugschwerpunkt liegen. Der Fahrzeugaufbau bewegt sich z. B. bei Kurvenfahrt, Überfahren von Fahrbahnunebenheiten usw. Daraus ergeben sich geradlinige (translatorische) Bewegungen entlang einer Achse oder drehende (rotatorische) Bewegungen um eine Achse.

Koordinate	Geradlinige Bewegung	Drehbewegung
x-Achse	Längsbewegung	Wanken (Rollen)
y-Achse	Querbewegung, Schieben	Nicken
z-Achse	Heben, Senken	Gieren

Messgrößen

Sensoren zur Erfassung der Messgrößen vgl. S. 244, 304.

Als Hauptbeurteilungskriterien zur Analyse des Fahrverhaltens eines Fahrzeugs werden folgende Messgrößen herangezogen:

- Lenkwinkel
- Querbeschleunigung
- Längsbeschleunigung/-verzögerung
- Gierrate (Giergeschwindigkeit)
- Schwimmwinkel

Lenkwinkel

Der Lenkwinkel gibt die Stellung des Lenkrads bzw. der gelenkten Räder an. Er ist eine Information über die vom Fahrer gewünschte Fahrtrichtung.

Querbeschleunigung

Die Querbeschleunigung wirkt quer zur x-Achse bzw. in Richtung der y-Achse. Sie ist ein Maß für die Kurvengeschwindigkeit eines Fahrzeugs.

Längsbeschleunigung/-verzögerung

Die Längsbeschleunigung bzw. die Längsverzögerung wirkt in Richtung der x-Achse und ist ein Maß für die Längsdynamik des Fahrzeugs. Sie ist die Basis zur Beurteilung weiterer Messgrößen.

Gierrate

Die Gierrate ist die Geschwindigkeit mit der das Fahrzeug sich um die Hochachse dreht (giert). Sie liefert Anhaltswerte für instabiles oder stabiles Fahrverhalten. Tendiert die Gierrate z. B. beim Bremsen in Geradeausfahrt gegen Null, ist das Fahrverhalten stabil.

Schwimmwinkel

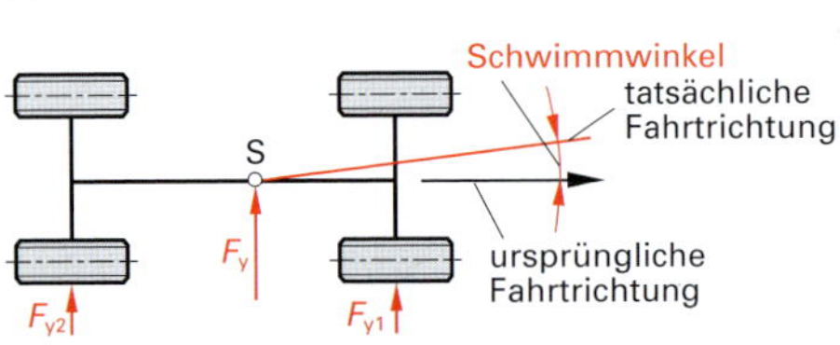

Als Folge einer Querkraft F_y im Schwerpunkt S eines Fahrzeugs, z. B. einer Fliehkraft bei Kurvenfahrt, kann ein Fahrzeug seine tatsächliche Fahrtrichtung ändern. Es weicht um den Schwimmwinkel von der ursprünglichen Fahrtrichtung ab. Bei hohen Geschwindigkeiten gilt der Schwimmwinkel als Maß für die Beherrschbarkeit von Fahrzeugen.
Bei niedrigen Querbeschleunigungen ergibt sich die Größe des Schwimmwinkels aus dem Radius der gefahrenen Kurve und der Schwerpunktlage des Fahrzeugs. Ändert sich durch die Beladung eines Fahrzeugs oder durch ein Bremsmanöver (und der damit verbundenen Entlastung der Hinterachse) die Lage des Schwerpunkts, verändert sich entsprechend auch der Schwimmwinkel.

Schräglaufwinkel

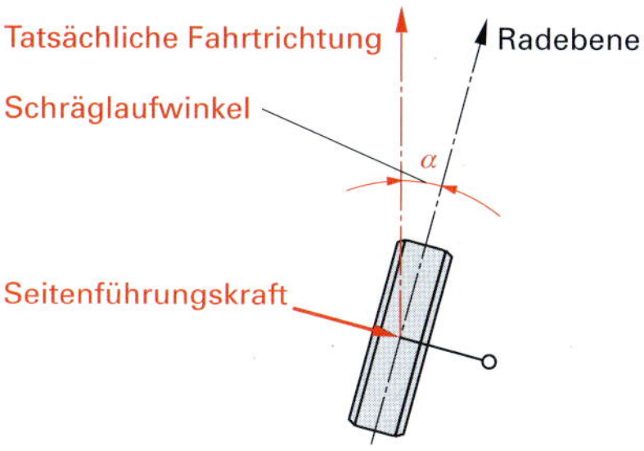

Begriff:
Der Schräglaufwinkel α ist der Winkel zwischen der Radebene (Radeinschlag) und der tatsächlichen Fahrtrichtung (Bewegungsrichtung) des Reifens (siehe Abbildung links). Er entsteht bei Kurvenfahrt und z. B. bei Seitenwind auch in Geradeausfahrt.
Durch den Schräglauf wird der Reifen elastisch verformt. Dies bewirkt den Aufbau einer Seitenführungskraft in der Radaufstandsfläche (Reifenlatsch). Die Seitenführungskraft steigt mit größer werdendem Schräglaufwinkel bis zu einem Maximalwert an, dieser entspricht der Haftgrenze des Reifens. Ist die Haftgrenze erreicht, bleibt die Seitenführungskraft auch bei größer werdendem Schräglaufwinkel konstant.

Einflussfaktoren:
- Reifenbauart
- Radlast
- Reifenluftdruck
- Reifenquerschnitt (je kleiner das Querschnittsverhältnis, desto kleiner der Schräglaufwinkel bei gleicher Seitenführungskraft)
- Reibwert Reifen/Fahrbahn

Die Darstellung der Schräglaufwinkel der einzelnen Räder erlaubt Aussagen zum Eigenlenkverhalten des Fahrzeugs (siehe unten).

Eigenlenkverhalten

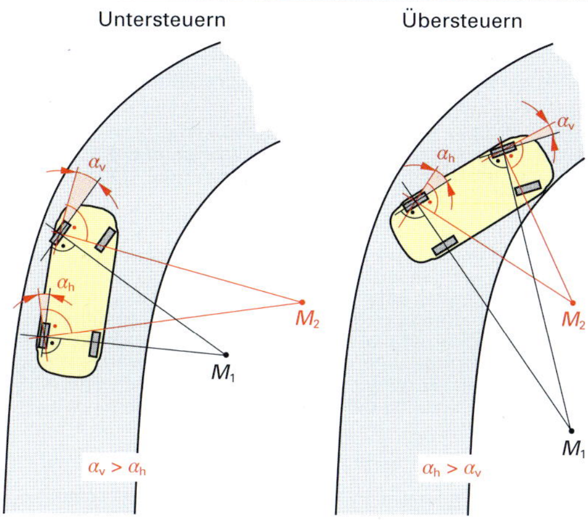

Beim Durchfahren einer Kurve zeigt jedes Fahrzeug ein bestimmtes Eigenlenkverhalten. Man unterscheidet dabei Untersteuern, Übersteuern und neutrales Verhalten. Neben der Schwerpunktlage und der Antriebsart beeinflussen weitere Faktoren (Radlast, Radaufhängung, Stabilisator usw.) das Eigenlenkverhalten.
Pkw mit Heckantrieb und weit hinten liegendem Schwerpunkt zeigen Tendenz zum Übersteuern. Pkw mit Frontantrieb und weit vorne liegendem Schwerpunkt neigen zum Untersteuern.
Unabhängig von der Antriebsart und der Schwerpunktlage werden alle Pkw untersteuernd ausgelegt, da dieses Verhalten vom Fahrer wesentlich einfacher korrigierbar ist. Selbst leistungsstarke Pkw mit Heckantrieb übersteuern nur bei extremem Leistungseinsatz bzw. schwierigen Fahrbahnbedingungen.

Untersteuern (vgl. linke Abbildung)
Der Schräglaufwinkel ist vorne größer als hinten ($\alpha_v > \alpha_h$), dadurch wird der gefahrene Kurvenradius größer (Kurvenmittelpunkt liegt bei M_2 statt bei M_1). Zur Kurskorrektur muss der Lenkeinschlag entsprechend vergrößert werden.

Übersteuern (vgl. rechte Abbildung)
Der Schräglaufwinkel ist hinten größer als vorne ($\alpha_h > \alpha_v$), der gefahrene Kurvenradius wird kleiner (Kurvenmittelpunkt liegt bei M_2 statt bei M_1). Zur Kurskorrektur muss der Lenkeinschlag reaktionsschnell und genau dosiert zurückgenommen werden.

Neutrales Verhalten
Der Schräglaufwinkel vorne und hinten ist nahezu gleich ($\alpha_v = \alpha_h$).

Bremseinflüsse

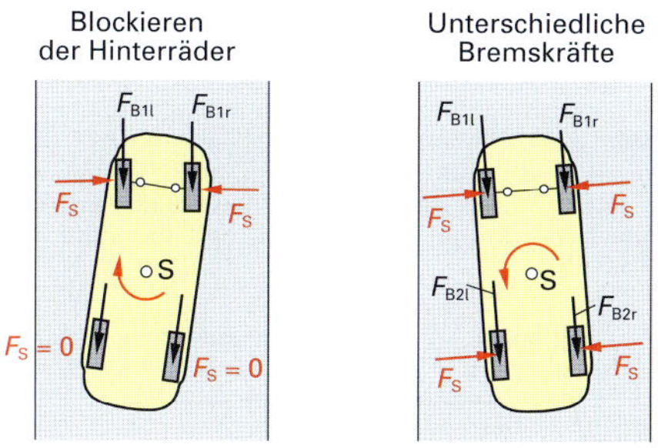

Blockierende Räder
Bei blockierenden Rädern geht die Seitenführung des Reifens verloren. Querkräfte können das Fahrzeug aus der Fahrtrichtung bringen:
- *Blockieren der Vorderräder:*
  Das Fahrzeug ist nicht mehr lenkbar, der Fahrzustand ist durch die noch rollenden Hinterräder stabil.
- *Blockieren der Hinterräder* (vgl. linke Abbildung):
  Die Hinterräder verlieren ihre Seitenführung, der Fahrzustand ist instabil. Es besteht Schleudergefahr.

Bremskraftunterschiede
Bei unterschiedlichen Haftreibungswerten (Reifen/Straße) auf der linken und rechten Fahrzeugseite, entstehen an den linken und den rechten Rädern entsprechend unterschiedliche Bremskräfte.
Beispiel: Der Haftreibungswert links ist größer als rechts (vgl. rechte Abbildung).
- *Vorderräder:* $F_{B1l} > F_{B1r}$. Das Fahrzeug dreht nach links.
- *Hinterräder:* $F_{B2l} > F_{B2r}$. Das Fahrzeug dreht mit geringer Tendenz nach links.

Fahrdynamikregelung (FDR) (vgl. S. 244)
Das FDR-Steuergerät wertet die Signale der Raddrehzahlsensoren, des Lenkwinkelsensors, des Gierratensensors und des Querbeschleunigungssensors usw. aus. Sobald die Elektronik eine unlogische Kursabweichung des Fahrzeugs feststellt, erfolgt durch gezielten Eingriff in einzelne Radbremsen eine Kurskorrektur.

Radschwingungen, Radbewegungen

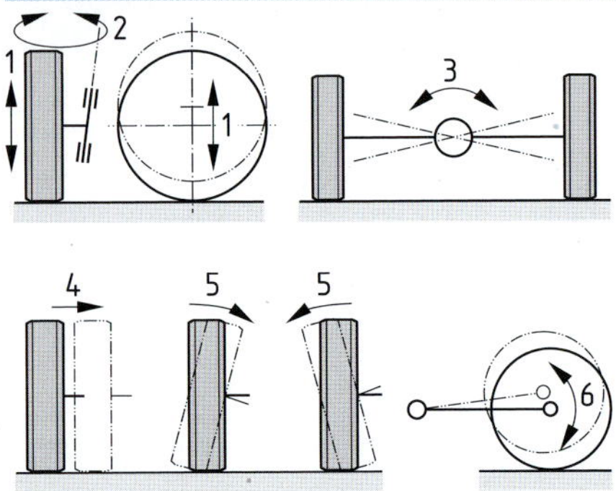

Radschwingungen
Radschwingungen entstehen durch Auslenkung der Massenteile aus der Gleichgewichts- und Ruhelage. Sie werden angeregt z. B. durch Unebenheiten der Fahrbahn oder durch Ungleichförmigkeit der Räder. Beispiele:
(1) *Senkrechte Schwingbewegungen,* ausgelöst durch
- Vertikalkomponente der Fahrbahnstöße
- statische Unwucht der Räder

(2) *Flatterschwingungen* um die Vertikalachse (Lenkdrehachse oder Hochachse der Räder), ausgelöst durch
- Kreiselwirkung infolge Änderung des Radsturzes
- dynamische Unwucht und Schräglauf der Räder
- Horizontalkomponente der Fahrbahnstöße
- Änderung von dynam. Reifenradius (-halbmesser), Radstand, Rollwiderstand

(3) *Trampelschwingungen* von Starrachsen um eine Drehachse parallel zur Fahrzeuglängsachse, meist durch Fahrbahnunebenheiten verursacht

Radbewegungen und ihre Auswirkungen, Beispiele:
(4) *Spuränderung:* Schräglauf der Räder und Reifenverschleiß
(5) *Sturzänderung:* Kreiselwirkung, Einwirkung auf die Lenkung
(6) *Radstandänderung:* wechselnde Drehschnelle der Räder

Wankzentrum, Wankachse

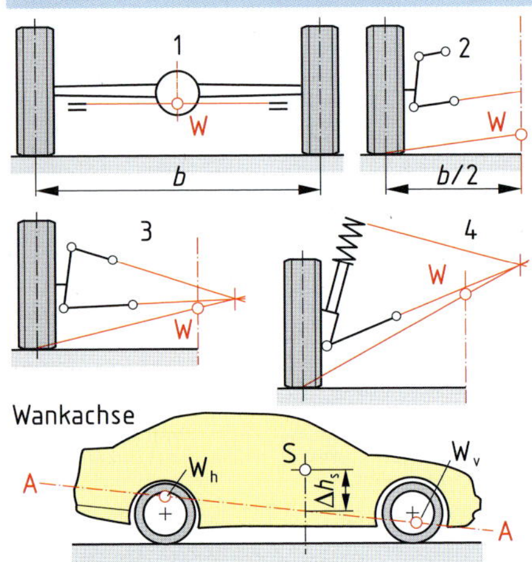

Wankzentrum (nach DIN 70 000)
Das Wankzentrum (W) ist der Punkt einer Achse, in dem Querkräfte auf die gefederte Masse ausgeübt werden können, ohne dass dabei eine Wankneigung auftritt. Das Wankzentrum liegt in der vertikalen Querebene durch die Radmittelpunkte einer Achse. Die Höhenlage des Wankzentrums ist von der Art der Radaufhängung abhängig und kann zeichnerisch (siehe Abb.) oder rechnerisch ermittelt werden. Beispiele für Wankzentren:

(1) *Starrachse,* Längs-Blattfedern (3)*Doppelquerlenker,* nicht parallel
(2) *Doppelquerlenker,* parallel (4) *Federbein,* radführend

Vorder- und Hinterachse haben jeweils ein eigenes Wankzentrum. Je höher das Wankzentrum liegt, oder je kleiner der Höhenabstand (Δh_S) vom Fahrzeugschwerpunkt S ist, desto geringer ist die Wankneigung des Fahrzeugs bei Kurvenfahrt, desto größer wird aber die Änderung der Spurweite bei Achsen mit Einzelradaufhängung.

Wankachse
Die Verbindungslinie der Wankzentren der Vorder- und Hinterachse (W_v und W_h) ist die Wankachse A ... A. Sie verläuft nach vorn geneigt, da bei Vorderachsen das Wankzentrum etwas tiefer liegt als bei Hinterachsen.
Um ein neutrales Fahrverhalten zu erreichen, wird bei Einzelradaufhängung eine zur Fahrbahnebene etwa parallel laufende Wankachse angestrebt. Bei Kurvenfahrt entstehen dann annähernd gleiche Radlaständerungen. Die Wankachse soll auch möglichst hoch liegen, damit der Wankhebelarm Δh_S klein wird und dadurch die Wankneigung des Aufbaus vermindert wird.

Radkraft und Achskraft

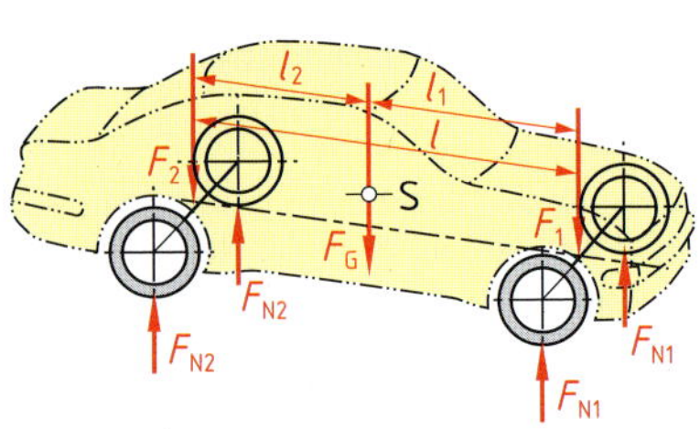

Radkraft
Die Radkraft, auch Radaufstandskraft der Radlast genannt, ist die Normalkraft F_{N1} und F_{N2} zwischen Reifen und Fahrbahn. Die Radkraft ist für den Kraftschluss und damit für Antrieb, Bremsen und Spurhaltung (Seitenführung) maßgebend. Man unterscheidet
- *Ruhekraft:* Radkraft bei Stillstand des Fahrzeugs auf horizontaler Ebene
- *Mittlere Kraft:* Radkraftmittelwert bei längs- oder quergeneigter Fahrbahn und im Fahrzustand
- *Dynamische Kraft:* augenblickliche Radkraft aus der Summe von mittlerer Radkraft und positiver oder negativer dynamischer Zusatzkraft infolge von Unebenheiten der Fahrbahn oder von Fahrzeugschwingungen.

Achskraft
Die Achskraft F_1 und F_2 ist die durch die Achslast entstandene statische Kraft in der Achsmitte bei Stillstand des Fahrzeugs auf horizontaler Ebene.

Die statischen Rad- und Achskräfte sind von der Normalkomponente der Fahrzeuggewichtskraft F_G, von der Lage des Schwerpunktes S und von der Zahl der Achsen abhängig. Diese Kräfte werden nach den Gesetzen der Mechanik berechnet (vgl. S. 43).

Achskraftverlagerung

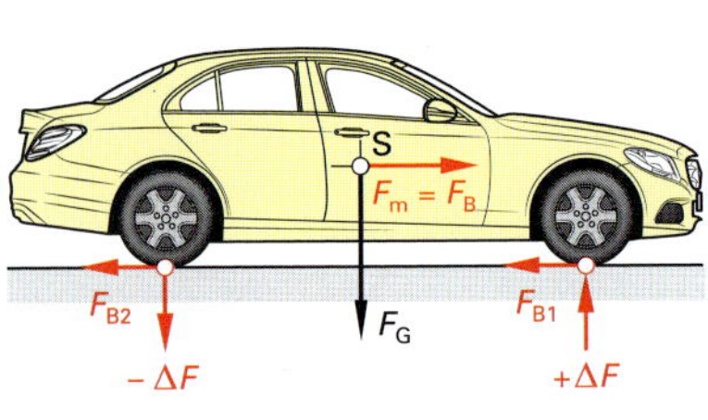

Achskraftverlagerung
Beim Bremsen tritt die Massenträgheitskraft F_m auf. Sie entspricht der Gesamtbremskraft F_B und greift im Fahrzeugschwerpunkt S an. Sie bewirkt ein Nicken des Fahrzeugaufbaus um die Fahrzeugquerachse nach vorne und dadurch
- *eine Achskrafterhöhung* $+\Delta F$ an der Vorderachse
- *eine Achskraftverringerung* $-\Delta F$ an der Hinterachse

Dieser Vorgang wird Achskraftverlagerung genannt. Sie ist umso höher, je größer die Bremskraft ist, je höher der Fahrzeugschwerpunkt liegt und je kürzer der Radstand des Fahrzeugs ist.

Nickschwingungen
Fahrbahnunebenheiten, Brems- und Beschleunigungsvorgänge erzeugen Längskräfte, die als dynamische Zusatzkräfte auf die Achsen wirken und dadurch unerwünschte Nickschwingungen um die Fahrzeugquerachse (*y*-Achse) anregen. Die Wirkungen der Nickmomente sind
- *beim Beschleunigen:* Entlastung der Vorder-, Belastung der Hinterachse
- *beim Bremsen:* Belastung der Vorderachse, Entlastung der Hinterachse

4

Sturz

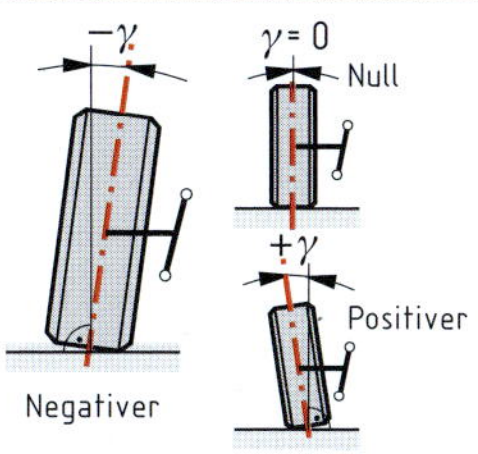

Begriff
Schrägstellung der Radebene zur Fahrbahnsenkrechten quer zur Fahrzeuglängsachse. Es wird gemessen, wenn die Spur 0 beträgt.

Aufgaben
- Vorspannung der Reifenflanke und damit Verkleinerung des Schräglaufwinkels
- Verbesserung des Geradeauslaufs
- Verbesserung des Kurvenverhaltens (– Sturz)

Arten
Positiver Sturz (+ Sturz)
Negativer Sturz (– Sturz)

Praxiswerte
- Vorderräder –60′ … +30′
- Hinterräder –30′ … –1°40′

Anmerkungen
- Sturz und Spreizung bilden zusammen einen Winkel, der beim Einfedern gleich bleibt.
- Beim Ein- und Ausfedern der Räder kann sich der Sturz ändern.
- Bei ungleichen Sturzwerten vorne ergibt sich ein Lenkmoment, das Fahrzeug zieht in eine Richtung.

Spreizung

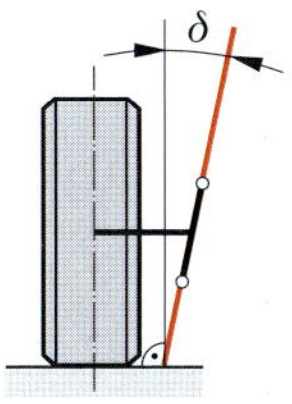

Begriff
Schrägstellung der Lenkungsdrehachse zur Fahrbahnsenkrechten quer zur Fahrzeuglängsachse

Aufgaben
- Selbsttätige Lenkungsrückstellung
- Bestimmt zusammen mit dem Sturz den Lenkrollradius (-halbmesser).

Lenkungsrückstellung durch Spreizung
Das Fahrzeug wird beim Einschlagen vorne angehoben. Nach Kurvenfahrt wird durch die Gewichtskraft die Lenkung zurückgestellt.

Praxiswerte
Spreizung 3 … 12°

Anmerkungen
Sturz und Spreizung sind voneinander abhängig:
- Wird bei unbeschädigter Radaufhängung der Sturz richtig eingestellt, so stimmt auch die Spreizung.
- Ändert sich beim Einfedern der Sturz, so ändert sich um den gleichen Betrag auch die Spreizung.

Lenkrollradius (-halbmesser) (LRH)

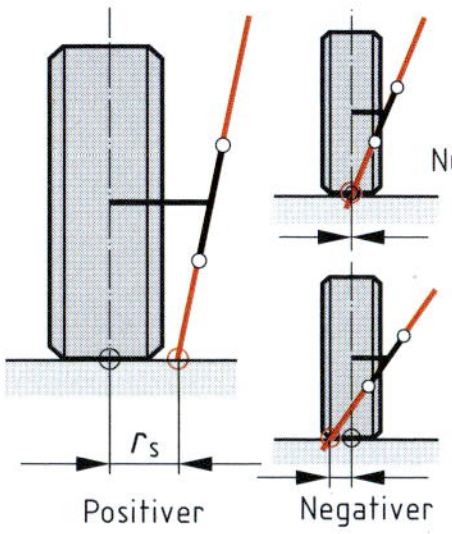

Begriff
Abstand zwischen Radaufstands- und Durchstoßpunkt der verlängerten Lenkungsdrehachse gemessen auf der Fahrbahn.

Aufgaben
- Verkleinerung der Lenkkraft.

Arten
Positiver LRH: Durchstoßpunkt liegt innerhalb des Radaufstandspunktes.
Negativer LRH: Durchstoßpunkt liegt außerhalb des Radaufstandspunktes.
LRH 0: Durchstoßpunkt und Radaufstandspunkt fallen zusammen.

Wirkung
- Bei *positivem LRH* zieht das Fahrzeug bei unterschiedlichen Bremskräften in Richtung der besseren Bremskraft. Fahrzeug kann ausbrechen.
- Bei *negativem LRH* und unterschiedlichen Bremskräften bewirkt selbstständiges Gegenlenken einen stabilen Geradeauslauf. Das Fahrzeug bleibt annähernd spurstabil.
- Bei *LRH 0* ergibt sich dadurch, dass die Räder beim Lenken im Stand auf der Radaufstandsfläche radieren, eine höhere Lenkkraft als bei Fahrzeugen mit positivem oder negativem LRH.

Fahrachswinkel

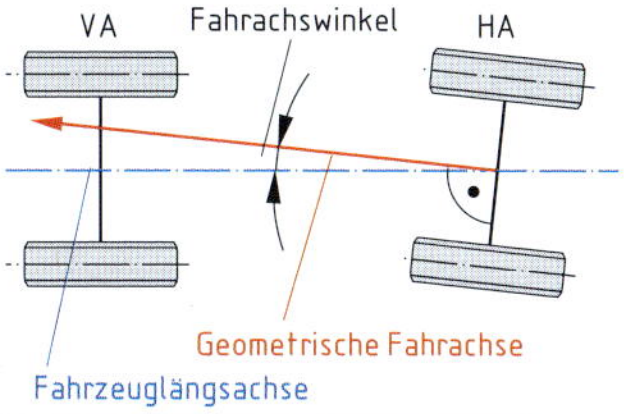

Begriff
Winkel zwischen geometrischer Fahrachse und Fahrzeuglängsachse

Die **geometrische Fahrachse** ist die Winkelhalbierende der Gesamtspur der Hinterräder

Aufgaben der geometrischen Fahrachse
- Bezugsachse für die Einstellung der Einzelspurwerte der Vorderachse
- Bestimmungsachse für die Geradeausfahrt des Fahrzeugs

Anmerkungen
Sind die Einzelspurwerte der Hinterräder gleich groß, so entspricht die geometrische Fahrachse der Fahrzeuglängsachse. Bei unterschiedlichen Einzelspurwerten an der Hinterachse weicht die geometrische Fahrachse von der Fahrzeuglängsachse ab, es entsteht ein Fahrachswinkel. Der Fahrachswinkel ist positiv, wenn die geometrische Fahrachse nach links von der Fahrzeuglängsachse abweicht.

Spur

Gesamtspur (Beispiel Vorspur)

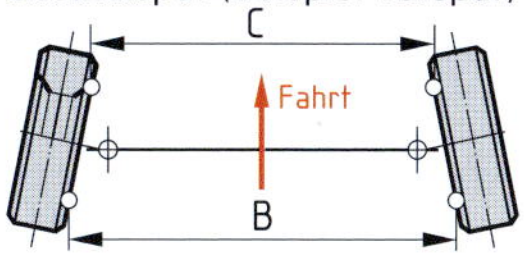

Einzelspur HA Einzelspur VA

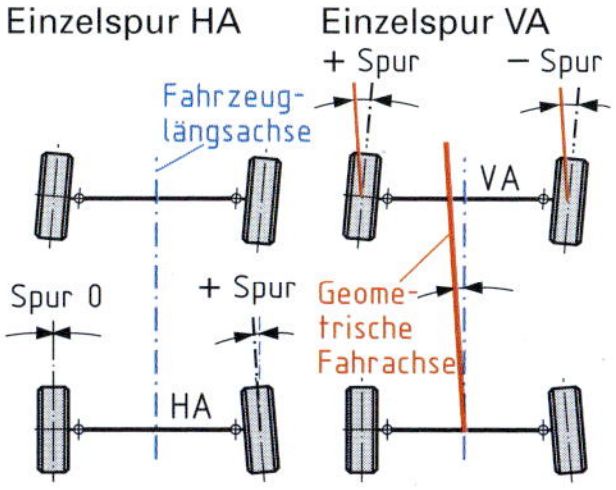

Begriffe
Gesamtspur einer Achse ist der Unterschied zwischen dem Felgenhornabstand vorne und hinten.
Zur Sicherstellung der optimalen Radstellung ist es notwendig, die Einzelspurwerte an Hinterachse und Vorderachse zu messen bzw. einzustellen.

Einzelspur der Räder der Hinterachse ist der Winkel der Radebene zur Fahrzeuglängsachse

Einzelspur der Räder der Vorderachse ist der Winkel der Radebene zur geometrischen Fahrachse

Aufgabe
Verbesserung des Geradeauslaufs

Arten
- Positive Spur (Vorspur)
- Negative Spur (Nachspur)
- Spur Null

Praxiswerte
- Vorderräder 0° ± 20′ (–3 … +3 mm)
- Hinterräder 0° ± 60′ (–5 … +5 mm)

Anwendung
Vorspur bei Fahrzeugen mit Heckantrieb und positivem Lenkrollradius (-halbmesser); Nachspur bei Fahrzeugen mit Frontantrieb und positivem Lenkrollradius (-halbmesser), Fahrzeuge mit Frontantrieb und negativem Lenkrollradius (-halbmesser) besitzen Werte um Spur Null.

Anmerkung
Falsche Werte verschlechtern den Geradeauslauf und erhöhen den Reifenverschleiß.

4

Nachlauf

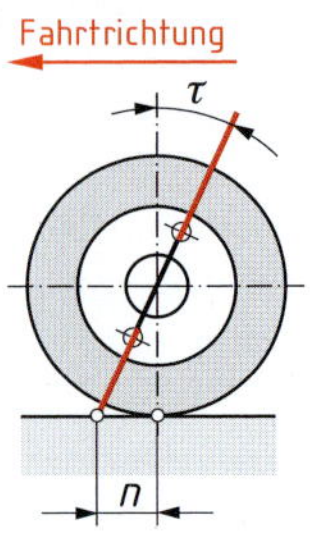

Begriff
Schrägstellung der Lenkungsdrehachse zur Fahrbahnsenkrechten parallel zur Fahrzeuglängsachse (Nachlaufwinkel τ). Er wird bei Spur 0 gemessen. Der Abstand zwischen Radaufstandspunkt und Durchstoßpunkt der verlängerten Lenkungsdrehachse nennt sich Nachlaufstrecke n.

Aufgaben
- Stabilisierung des Geradeauslaufs
- Lenkungsrückstellung nach Kurvenfahrt

Arten und Anwendung
Positiver Nachlauf (Nachlauf) wird verwendet für Fahrzeuge mit Heckantrieb und fast alle Fahrzeuge mit Frontantrieb.

Praxiswerte
Nachlaufwinkel τ:

Fahrzeuge mit Frontantrieb	−2…+8°
Fahrzeuge mit Heckantrieb	+4…+11°

Bestimmung über den Sturz (vgl. Lenkung S. 44).

Anmerkungen
- durch den Nachlauf werden die Räder gezogen (Einkaufswageneffekt).
- durch den Nachlauf hebt sich beim Lenken die kurveninnere Fahrzeugseite an und senkt sich die kurvenäußere Seite ab.
- beim Zweirad wird der Nachlauf in mm angegeben.

Spurdifferenzwinkel

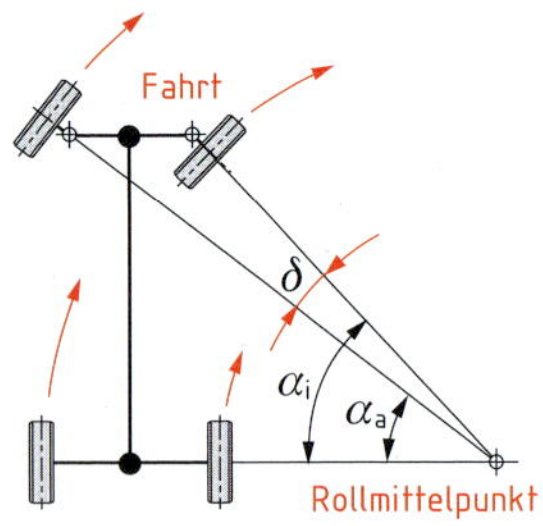

Begriff
Differenz zwischen Lenkwinkel des kurvenäußeren und des kurveninneren Vorderrades bei 20° Einschlag des kurveninneren Rades.

Aufgaben
Durch den Spurdifferenzwinkel sollen
- die Spurkreise der Vorder- und Hinterräder einen gemeinsamen Mittelpunkt auf der verlängerten Mittellinie der Hinterachse haben
- die Räder in der Kurve einwandfrei abrollen

Technische Daten
Der Spurdifferenzwinkel wird oft mit einem negativen Vorzeichen angegeben (negative Spur).

Spurdifferenzwinkel	−0° 30′ ± 40′

Anmerkungen
- Die Angaben des Spurdifferenzwinkels sind bei den einzelnen Fahrzeugherstellern verschieden.
- Die in der Messung enthaltene Spur bei Geradeauslauf ist den Angaben des Fahrzeugherstellers entsprechend bei der Ermittlung des Spurdifferenzwinkels zu berücksichtigen.

Achsvermessung, elektronisch

Beispiel: CCD Fahrwerkvermessung

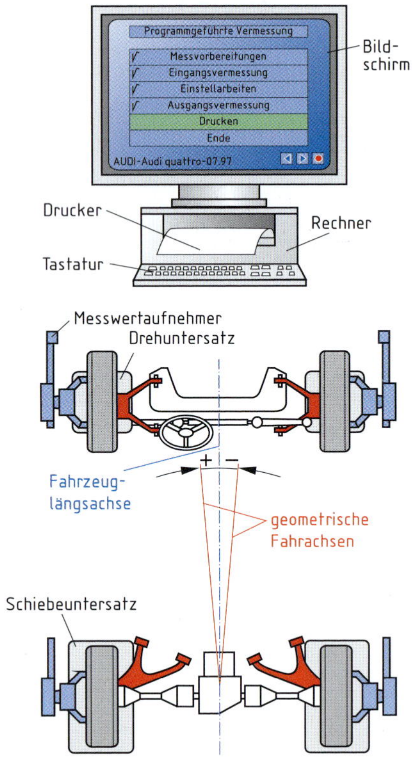

Gründe für eine Vermessung
- Fahrzeug läuft nicht geradeaus, zieht nach links bzw. rechts
- Lenkrad steht bei Geradeausfahrt extrem schief
- Bei extrem ungleichmäßig abgefahrenen Reifen
- Nach dem Tausch von Achs- bzw. Lenkungsteilen
- Nach Veränderungen am Fahrwerk, z. B. Tieferlegung

Vorbereitende Arbeiten
- Reifengröße, Reifenzustand und Reifenluftdruck prüfen
- Felgenbezeichnung prüfen
- Radlagerspiel und Radlagerzustand prüfen
- Spurstangengelenke prüfen
- Lager und Gelenke der Radaufhängung prüfen
- Vorgeschriebenen Belastungszustand einstellen

Durchführung der Vermessung
- Fahrzeug auf Achsmessbühne stellen
- Fahrzeug anheben, Vorderräder auf Drehuntersätze und Hinterräder auf Schiebeuntersätze stellen
- Fahrzeug ablassen und durchfedern
- Messwertaufnehmer montieren
- Messwertaufnehmer miteinander und mit dem Rechner verbinden
- Messwertaufnehmer ausrichten
- Fahrzeugdaten eingeben
- Eingangsvermessung nach vorprogrammiertem Messablauf durchführen
- Einstellung der Radeinstellgrößen, die nicht im Sollwertebereich liegen
- Ausgangsvermessung durchführen und Messsystem abbauen

Allgemeines
Da die Einzelspurwerte der Vorderachse auf die geometrische Fahrachse bezogen werden, muss grundsätzlich zuerst die Hinterachse vermessen werden. Die geometrische Fahrachse wird aus den Einzelspurwerten der Hinterachse ermittelt.

Berührungslose Achsvermessung

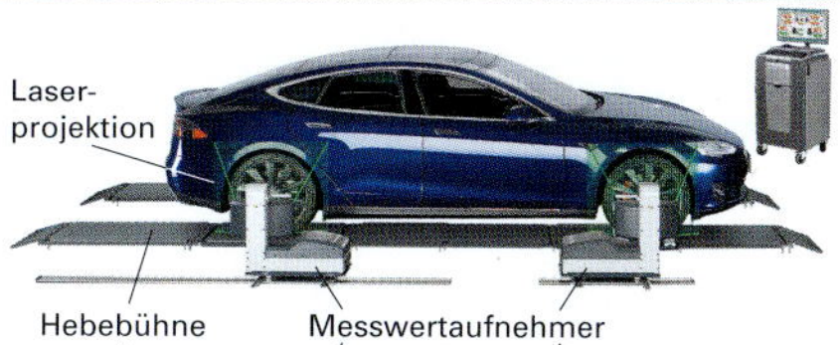

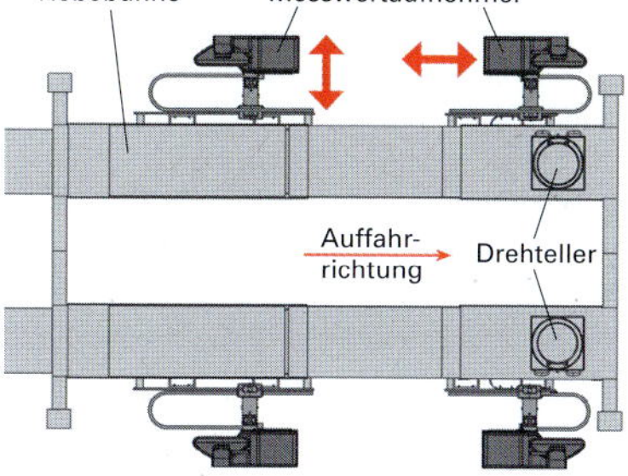

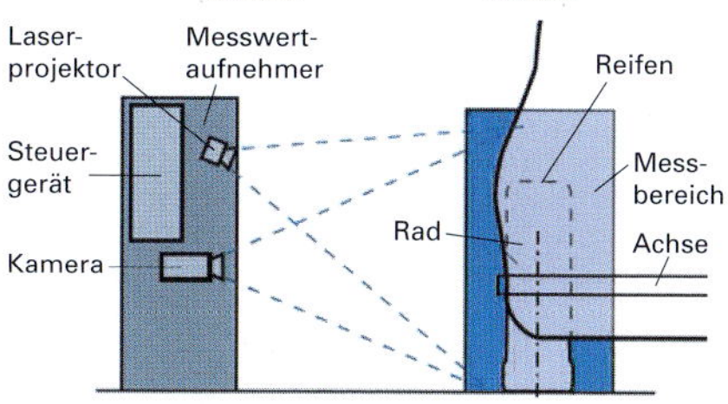

Vorteile (gegenüber herkömmlicher Achsvermessung)

- Sämtliche Rüstzeiten für die Anbringung von Messtafeln, Reflexionsmarken, Haltern oder Elektronik am Fahrzeug entfallen, da die Messung berührungslos erfolgt.
- Sehr präzise Messung, da es keine mechanischen Toleranzen mehr gibt, wie sie z. B. durch falsche Montage auftreten können.

Aufbau

Das berührungslose Achsmesssystem besteht aus vier Messwertaufnehmern und einem Messplatz mit Drehtellern (siehe Abbildung links). Die Messwertaufnehmer sind seitlich an die Laufflächen des Messplatzes montiert und können damit schnell dem Radstand und der Spurweite des Fahrzeugs angepasst werden. Aktuell funktioniert das System nur für Radstände zwischen 1,8 m und 4,6 m und ist beschränkt auf zwei Achsen. Im Messwertaufnehmer (siehe Abbildung links) befinden sich ein Laserprojektor der Laserklasse 1M und zwei 3D-Stereokameras.

Funktionsweise

Das Fahrzeug wird auf die Hebebühne gefahren und die Messung kann sofort beginnen: Sturz, Einzel- und Gesamtspur werden im sogenannten „Smart Test Modus" in wenigen Sekunden ermittelt. Weitere Messdaten wie Fahrachswinkel, Nachlauf oder maximaler Lenkwinkel werden in der programmgeführten Standardmessroutine erfasst. Zur Messung des Lenkwinkels wird der Drehteller benötigt.
Der Laserprojektor wirft tausende Laserpunkte auf den Reifen und die direkte Reifenumgebung. Die beiden Kameras erfassen die Laserpunkte. Aus diesen Referenzpunkten wird ein 3D-Modell des Rades erzeugt. Anschließend bewerten Bildverarbeitungsalgorithmen die einzelnen Laserpunkte und nutzen sie für die Berechnung der Fahrzeuggeometrie.

Messmöglichkeiten (vgl. S. 215–216, siehe Abb. unten)

- Gesamtspur
- Einzelspur
- Sturz
- Radversatz
- Fahrachswinkel
- Nachlauf
- Spurdifferenzwinkel
- Nachlaufkorrekturbereich
- Maximaler Lenkwinkel
- Radstandsdifferenz
- Seitenversatz links/rechts
- Spurweitendifferenz
- Achsversatz

Messprotokoll Achsvermessung PKW (Beispiel)

Hinterachse		Eingangsvermessung	Sollwerte	Sollwert-Abweichung	Beurteilung i.o.	Beurteilung n.i.o.
Sturz	Links	−1°20′	−0°30′ [−1°20′] +0°30′	0°00′	X	
	Rechts	−1°02′		+0°18′	X	
Sturz max. Differenz		−0°18′	[0° … 0°30′]	+0°18′	X	
Einzelspur	Links	+0°11′	−0°05′ [+0°13′] +0°05′	−0°02′	X	
	Rechts	+0°12′		−0°01′	X	
Gesamtspur		0°23′	−0°10′ [+0°25′] +0°10′	−0°02′	X	
Radversatz		+0°09′	–	–	–	–
Fahrachswinkel		+0°00′	–	–	–	–
Vorderachse		**Eingangsvermessung**	**Sollwerte**	**Sollwert-Abweichung**	**Beurteilung i.o.**	**Beurteilung n.i.o.**
Nachlauf 20°	Links	+7°39′	−0°30′ [+7°34′] +0°30′	+0°05′	X	
	Rechts	+7°39′		+0°05′	X	
Spreizung 20°	Links	14°38′	–	–	–	–
	Rechts	14°40′	–	–	–	–
Spurdifferenzwinkel	Links	−0°57′	−0°20′ [−1°28′] +0°20′	+0°31′		X
	Rechts	−1°18′		+0°10′	X	
Sturz	Links	−0°47′	−0°30′ [−0°30′] +0°30′	−0°17′	X	
	Rechts	−0°29′		+0°01′	X	
Sturz max. Differenz		−0°18′	[0°…0°30′]	0°18′	X	
Einzelspur	Links	+0°14′	−0°05′ [+0°05′] +0°05′	+0°09′		X
	Rechts	+0°34′		+0°29′		X
Gesamtspur		+0°48′	−0°10′ [+0°10′] +0°10′	+0°38′		X
Radversatz		−0°09′	–	–	–	–
Eingeschlossener Winkel 20′	Links	+13°51′	–	–	–	–
	Rechts	+14°11′	–	–	–	–
Max. Linkseinschlag	Links	+40°37′	+0°00′ [+41°00′] +0°00′	−0°23′		X
	Rechts	+32°38′		–	–	–
Max. Rechtseinschlag	Links	+33°12′	+0°00′ [+41°00′] +0°00′	–	–	–
	Rechts	+41°08′		+0°08′		X

Messgrößen bei der Fahrwerkvermessung

Radversatz

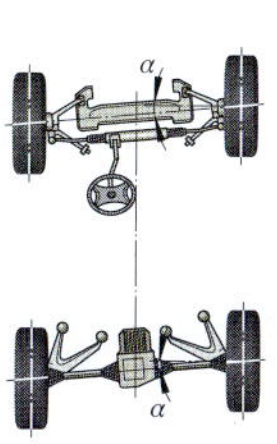

Achsversatz

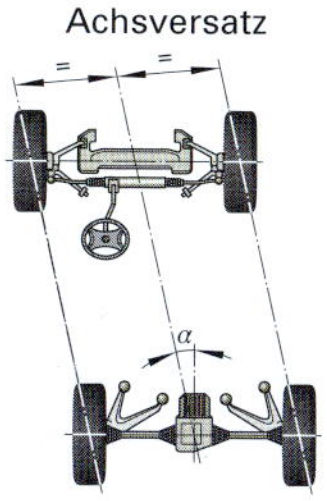

Seitenversatz

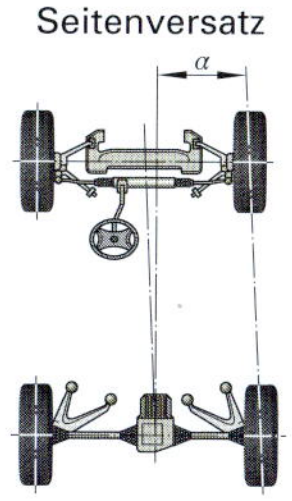

Radstandsdifferenz

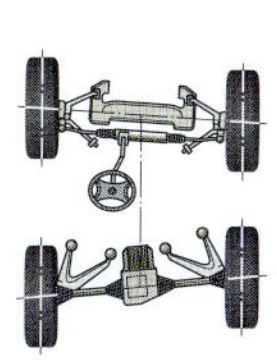

Spurweitendifferenz

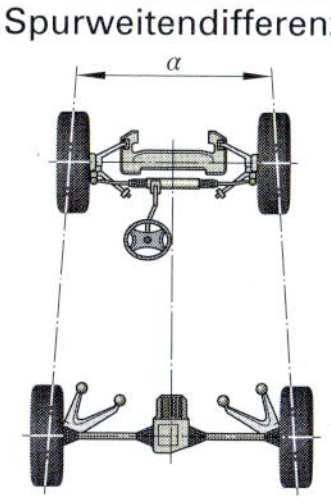

Radaufhängung — Starrachse, Halbstarrachse, Einzelradaufhängung

Allgemeines

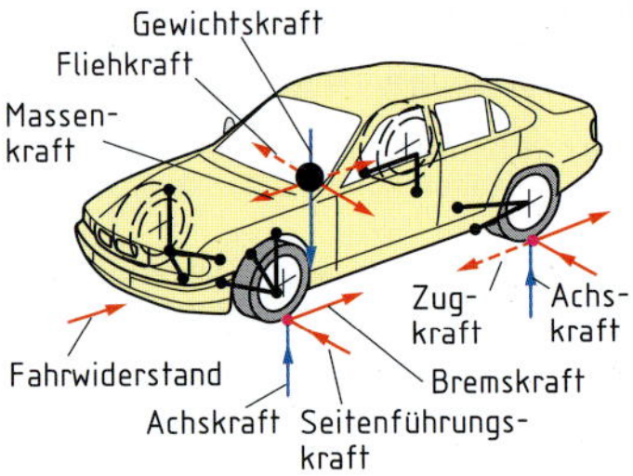

Begriff
Die Radaufhängung ist das Bindeglied zwischen dem Fahrzeugaufbau und den Rädern.

Aufgaben
Die Radaufhängung soll
- alle am Aufbau und Fahrwerk wirksamen Kräfte aufnehmen und verteilen bzw. übertragen
- die Räder führen und in die für das geplante Fahrvorhaben günstige Stellungen bringen
- den Fahrzeugaufbau abstützen
- Ein- und Ausfederbewegung der Räder gewährleisten
- die Fahrbahn- und Abrollgeräusche vom Fahrzeugaufbau fernhalten

Arten
- Starrachse
- Halbstarrachse
- Einzelradaufhängung

Anforderungen
- Geringes Eigengewicht, d.h. kleine ungefederte Masse
- Geringer Raumbedarf
- Keine Beeinflussung der Räder untereinander beim Ein-/Ausfedern
- Leichtgängigkeit der Anlenkpunkte
- Aufnahme der Federung
- Lenkbarkeit der Vorderräder
- Fernhalten ungünstiger Einflüsse

Starrachse

Starrachse mit Blattfedern

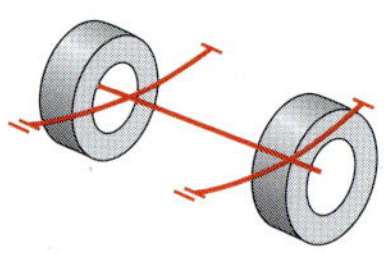

VA und HA bei Nutz- und Geländefahrzeugen
HA bei Standardantrieb
- Spurweite, Vorspur, Sturz stets konstant
- hohe ungefederte Masse
- hohe Stabilität

Deichselachse mit Panhardstab

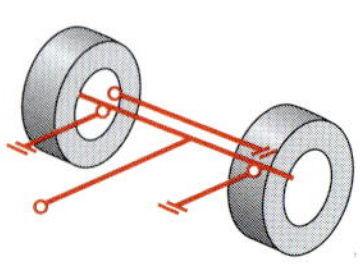

HA bei Standardantrieb, Nutz- und Geländefahrzeugen
- Spurweite, Vorspur, Sturz stets konstant
- hohe ungefederte Masse
- hohe Stabilität

4

Deichselachse mit Wattgestänge

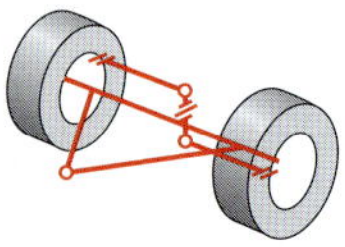

HA bei Standardantrieb, Nutz- und Geländefahrzeugen
- Spurweite, Vorspur, Sturz stets konstant
- hohe ungefederte Masse
- hohe Stabilität

Halbstarrachse

Verbundlenkerachse

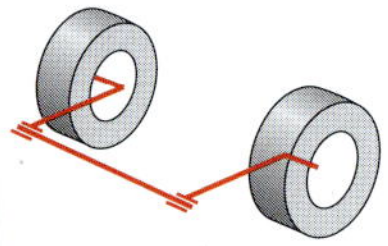

HA für Fahrzeuge mit Vorderradantrieb
- Wankzentrum auf der Fahrbahn
- durch torsionsweiches Mittelteil Einzelradfederung
- geringe ungefederte Masse

Koppellenkerachse

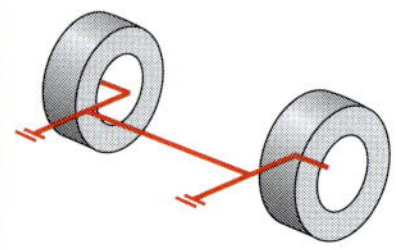

HA für Fahrzeuge mit Vorderradantrieb
- Wankzentrum auf der Radmitte
- durch torsionsweiches Mittelteil Einzelradfederung
- geringe ungefederte Masse

Torsionskurbelachse

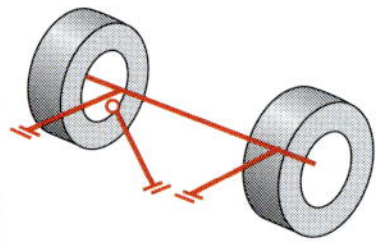

HA für Fahrzeuge mit Vorderradantrieb
- Wankzentrum auf der Radmitte
- durch torsionsweiches Mittelteil Einzelradfederung
- geringe ungefederte Masse

Einzelradaufhängung

McPherson-Achse

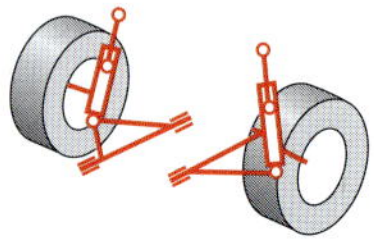

VA und HA bei Allradantrieb-, Front-, Heckantrieb
- geringer Platzbedarf
- kleine ungefederte Masse
- geringe Sturzänderungen
- gute Montierbarkeit

Doppelquerlenker-Achse

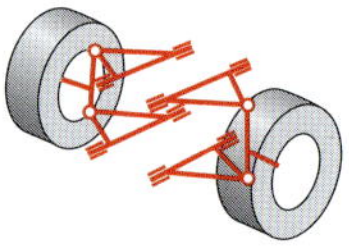

VA und HA bei Allradantrieb-, Front-, Heckantrieb
- hohe Steifigkeit
- sehr wenig Sturzänderung
- geringe Masse
- hohe Anzahl von Lagern

Pendelachse

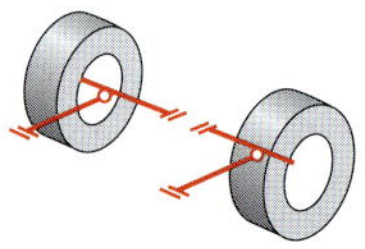

HA bei Front- und Standardantrieb bei klassischen Fahrzeugen
- Sturzänderungen beim Einfedern
- bei Kurvenfahrt wird Aufbau durch Seitenkraft hochgedrückt

Längslenkerachse

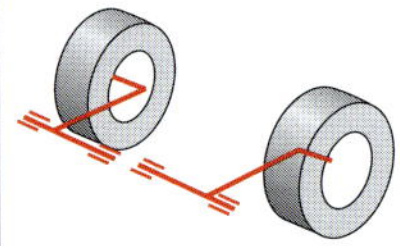

HA bei Front- und Standardantrieb
- geringe Spur- und Sturzänderung beim Federn
- große Nachlaufänderung
- hohe Lagerbelastung
- geringer Platzbedarf

Schräglenker-Achse

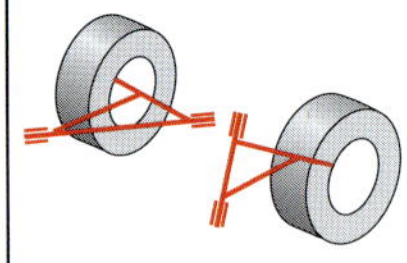

HA bei Front- und Standardantrieb
- geringe Spur- und Sturzänderung beim Federn
- Spuränderung beim Bremsen und Beschleunigen möglich

Mehrlenkerachse

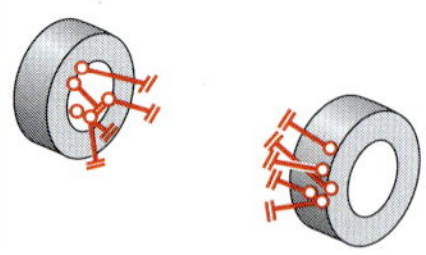

HA bei Standard- und Allradantrieb
- sehr wenig Spur- und Sturzänderung beim Ein-, Ausfedern, Bremsen und Beschleunigen
- wenig ungefederte Masse
- hohe Anzahl von Lagern

Allgemeines

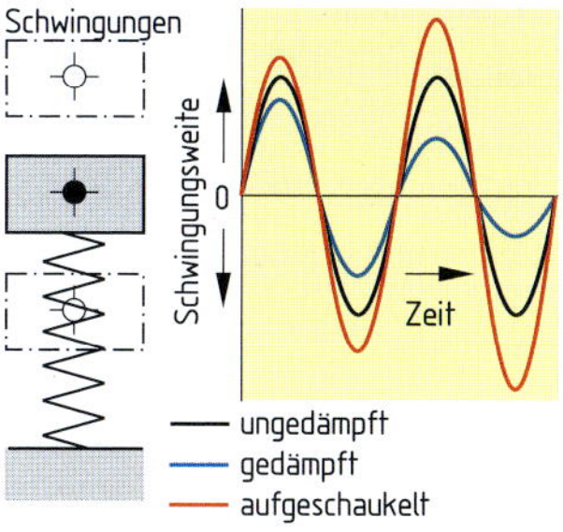

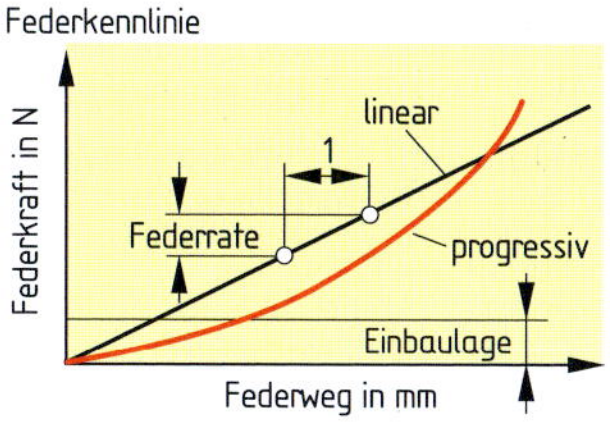

Aufgaben
Die Federung soll
- die Gewichtskraft des Fahrzeugs aufnehmen und die dynamischen Massenkräfte auf die Räder übertragen
- die harten Fahrbahnstöße auffangen und in weiche Schwingungen umwandeln
- die ständige Bodenhaftung der Räder in jedem Fahrzustand gewährleisten
- die Wank- und Nickbewegungen des Fz. vermindern, ausgleichen und rückstellen
- das Fahrzeugniveau und die Bodenfreiheit konstant halten bzw. regulieren

Arten
- Stahlfederung
  - Blattfedern
  - Schraubenfedern
  - Drehstabfedern
  - Tellerfedern
- Gummifederung
- Gasfederung
  - Luftfederung
  - Hydropneumatische Federung

Anmerkungen
- Das Federsystem des Fahrzeugs wird ergänzt durch die Bereifung und Sitzpolsterung
- Die ungefederte Masse soll gegenüber der gefederten Masse möglichst klein sein.

Begriffe
- *Ungefederte Masse:* Fahrzeugteile, welche die Fahrbahnstöße direkt aufnehmen, z. B. Räder, Teile der Radaufhängung, Federung und Lenkung.
- *Gefederte Masse:* Fahrzeugteile, die die Fahrbahnstöße über die Federelemente aufnehmen, z. B. Fahrzeugaufbau, Ladung, Motor und Getriebe.
- *Federrate:* Verhältnis der wirksamen Federkraft zum Federweg in N/mm.
- *Federkennlinie.* Kraft-Weg-Diagr.:
  - Lineare Kennlinie: Federrate bleibt über den Federweg gleich groß
  - Progressive Kennlinie: Federrate steigt mit zunehmendem Federweg an
- *Frequenz:* Anzahl der Schwingungen in einer Sekunde. Sie ist abhängig von der Federrate und umgekehrt proportional zu der schwingenden Masse
- *Schwingungsweite:* Federweg vom oberen bis zum unteren Umkehrpunkt
  - *Resonanz:* Rhythm. Vergrößerung der Schwingungsweite (Amplitude)
  - *Dämpfung:* Rhythmische Verkleinerung der Schwingungsweite

Blattfeder

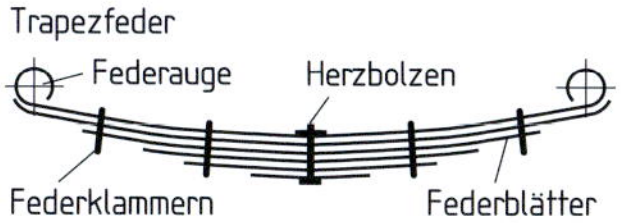

Arten
Trapezfedern
- ohne Zwischenlagen (konventionelle Mehrblattfedern)
- mit Zwischenlagen aus Kunststoff (Weitspaltfedern)

Parabelfedern mit unterschiedl. Blattdicke
- Einblattfedern: aus einem Blatt
- Mehrblattfedern: aus mehreren Blättern

Ausführungen
- Voll-, Halb- oder Viertel-Elleptikfedern
- Gleich- oder ungleicharmige Blattfedern
- Offene oder geschlossene Federenden

Anordnung
Die Federn können eingebaut sein
- in Längsrichtung
- in Querrichtung

Eigenschaften
Die Blattfeder
- wird auf Biegung beansprucht
- hat je nach Bauart eine lineare oder progressive Federkennlinie
- übernimmt außer der Gewichtskraft auch die Achs- und Radführung und überträgt Antriebs-, Brems- und Seitenführungskräfte
- dämpft Schwingungen durch Reibung zwischen den Federblättern (Eigendämpfung)
- ergibt eine niedrige Bauhöhe
- hat kleine Federwege
- erreicht ein großes Eigengewicht, insbesondere die Trapezfedern
- ist wartungsbedürftig, ausgenommen davon sind Federn mit Kunststoffzwischenlagen

Schraubenfeder

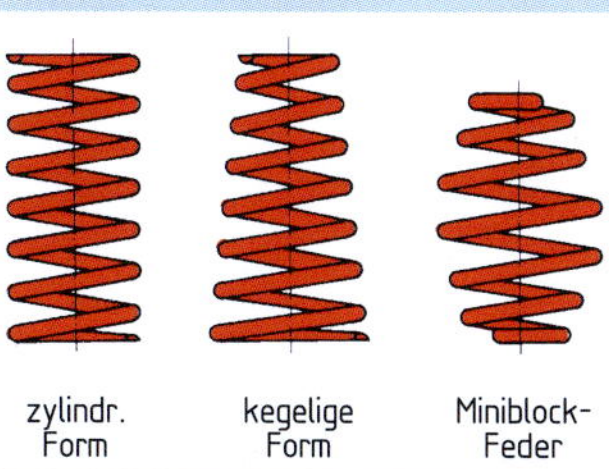

Arten
- Zylindrische Schraubenfeder
  - mit gleichbleibendem Drahtdurchmesser und kontinuierlicher Steigung
  - ohne Zusatzfeder (konventionell)
  - mit Zusatzfeder (ineinandergestellt)
  - mit unterschiedlichem Drahtdurchmesser
  - mit unterschiedlicher Steigung
- Tonnen- oder kegelförmige Schraubenfeder
- Miniblockfeder
  - mit unterschiedlichem Drahtdurchmesser
  - mit unterschiedlichem Wickeldurchmesser
  - mit unterschiedlicher Steigung

Eigenschaften
Die Schraubenfeder
- wird auf Verdrehung beansprucht
- hat je nach Bauart eine lineare oder progressive Federkennlinie
- kann keine Radkräfte, d. h. keine Antriebs-, Brems- und Seitenführungskräfte übertragen
- besitzt keine Eigendämpfung
- erreicht eine große Bauhöhe
- hat ein geringes Eigengewicht und eine einfache Bauweise
- ist wartungs- und verschleißfrei

Drehstabfeder

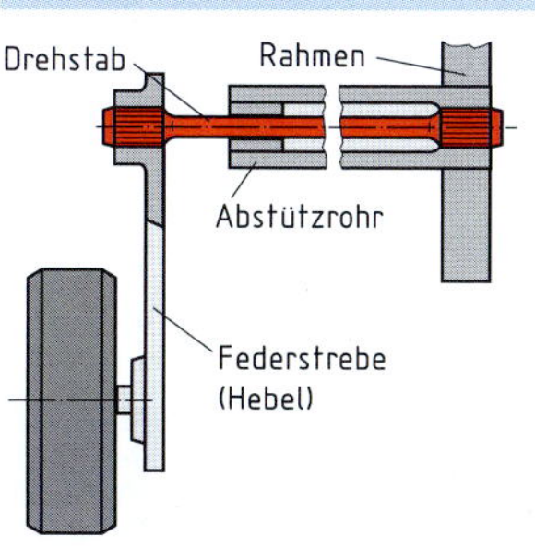

Ausführung
- Rundstangen, seltener Rohre
- Vierkantstäbe
- Paket von Flachstäben (Federpaket)

Anordnung
Die Drehstabfedern können eingebaut sein
- in Längsrichtung
- in Querrichtung

Stabilisator (vgl. S. 222)
Der Stabilisator dient zur Reduzierung der Wankneigung des Fahrzeuges bei Kurvenfahrt und zur Bestimmung des Kurvenverhaltens (Untersteuern, Übersteuern). Ein stärkerer Stabilisator reduziert die Seitenführung an der montierten Achse.

Eigenschaften
Die Drehstabfeder (Torsionsfeder)
- wird auf Verdrehung beansprucht
- hat eine lineare Federkennlinie
- überträgt Antriebs-, Brems- und Seitenführungskräfte
- übernimmt die Radführung
- ermöglicht die Einstellung der Federvorspannung und Niveauhöhe
- besitzt keine Eigendämpfung
- erreicht eine große Baulänge
- hat ein geringes Eigengewicht
- bedarf keiner Wartung
- arbeitet verschleißfrei
- hat kerbempfindliche Oberflächen
- erfordert aufwendige Herstellung

Gummifeder

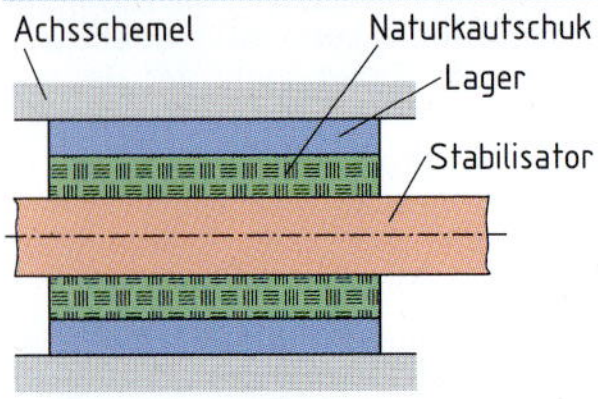

Allgemeines
In Kraftfahrzeugen werden zusätzlich zur eigentlichen Federung Zusatzfedern aus Gummi verbaut.

Wirkungsweise
Gummi ist sehr elastisch, hat eine hohe Eigendämpfung sowie schalldämpfende Eigenschaften. Gummifedern sind inkompressibel, d. h. ihr Volumen verringert sich nicht beim Einfedern. Es ist daher Platz für ein seitliches Ausweichen vorzusehen. Das Federverhalten von Gummi ist progressiv.

Anwendungen
Feder:
- Endanschläge
- Gummifederachse im Anhänger
- Reifen

Schwingungsentkoppelung:
- Motor und Getriebelager (Silentblöcke)
- Längs- und Querlenkerlager sowie Stabilisatorlager (Silentbuchsen)

Luftfeder

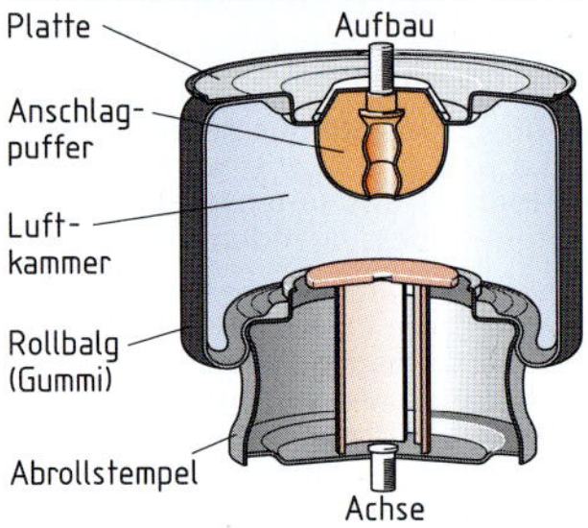

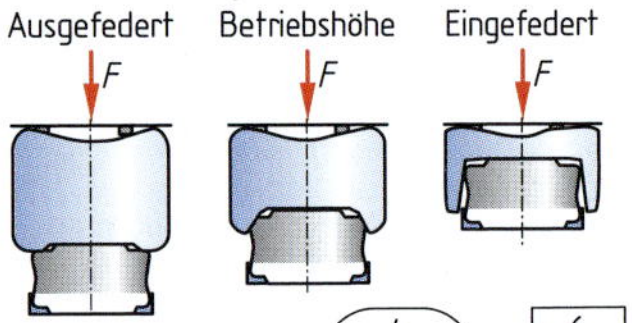

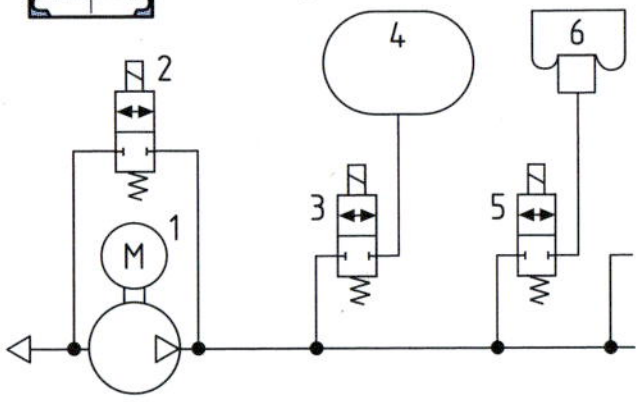

1 Kompressor mit Motor
2 Ablassventil
3 Magnetventil zum Druckspeicher
4 Druckspeicher
5 Magnetventil zur Luftfeder
6 Luftfeder

Allgemeines
Luftfedersysteme werden vorwiegend als volltragende offene Systeme ausgeführt. Sie können durch Zu- oder Abführen von Luft das Fahrzeugniveau anpassen.
Volltragendes System: Dies bedeutet, dass die Gewichtskraft des Fahrzeugs vollständig von der Luftfeder übernommen wird und dass keine Zusatzfeder, z. B. Schraubenfeder, eingebaut ist.
Offenes System: Die Luft wird aus der Umgebung in einen Speicher gefüllt. Aus diesem wird die Luftfeder zum Anheben des Fahrzeugs oder bei einer Zuladung befüllt. Beim Reduzieren der Beladung oder zum Absenken des Fahrzeugs wird Luft in die Umgebung abgelassen.

Wirkungsweise
Federung: Die Federung ergibt sich durch Zusammenpressen und Entspannen des eingeschlossenen Luftpolsters in der Luftkammer.
Die Federkraft ist abhängig von:
- wirksamer Querschnittsfläche
- Druck im Luftpolster

Das Federverhalten ist abhängig von:
- Größe des Federvolumens
- Kontur des Abrollstempels
- Aufbau des Rollbalgs

Niveauregulierung: Wird das Fahrzeug beladen, verringert sich der Abstand zwischen Achse und dem Rahmen bzw. der Karosserie. Sensoren liefern in Abhängigkeit vom Abstand Achse/Rahmen ein Signal an das Steuergerät. Das Steuergerät aktiviert die Magnetventile so, dass Druckluft in die Federelemente einströmt, bis das ursprüngliche Niveau vorhanden ist.
Der Fahrer kann beim Pkw ein Niveau auswählen. Bei hohen Geschwindigkeiten wird in der Regel jedoch automatisch auf ein niedrigeres Niveau abgesenkt.

Eigenschaften
- automatische Niveauregulierung
- progressive Federkennlinie
- automatische Absenkung bei hohen Geschwindigkeiten (Pkw), dadurch Reduzierung des Luftwiderstandes und Erhöhung der Fahrstabilität
- Möglichkeit der Anhebung der Karosserie bei Schlechtwegstrecken (Pkw) bzw. Anpassung der Beladungshöhe (Lkw)
- überträgt keine Antriebs-, Brems- und Seitenführungskräfte
- umweltfreundliches Medium

Anwendung
In Pkw werden in der Regel Luftfederbeine verbaut (Luftfeder und Dämpfer sind eine Einheit).
In Nfz werden die Luftfedern und Dämpfer getrennt verbaut.

Werkstatthinweise
Luftfedern dürfen in drucklosem Zustand nicht bewegt werden. Der Rollbalg kann nicht über den Abrollstempel abrollen und wird beschädigt. Die Feder muss daher vor dem Anheben mithilfe des Diagnosetesters befüllt werden.
Wird ein moderner luftgefederter Pkw angehoben und federt aus, reagiert das System aufgrund der Niveauerhöhung mit dem Ablassen des Luftfederdrucks. Das Steuergerät erkennt, dass das Niveau nicht absinkt und schaltet in den Hebebühnenmodus, befüllt die Luftfeder und verhindert dadurch Schäden am Luftfedersystem.

Hydropneumatische Feder

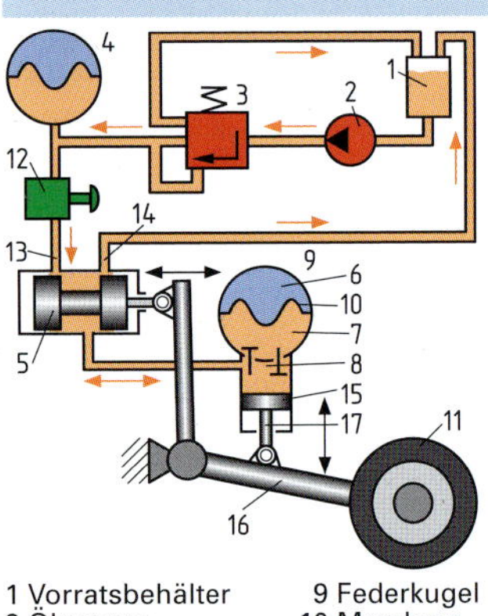

1 Vorratsbehälter
2 Ölpumpe
3 Druckregler
4 Druckspeicher
5 Höhenkorrektor
6 Stickstoffgas
7 Hydrauliköl
8 Dämpfungsventile
9 Federkugel
10 Membran
11 Rad
12 Niveauschalter
13 Zulauf
14 Rücklauf
15 Kolben
16 Längslenker
17 Kolbenstange

Allgemeines
Das hydropneumatische Federsystem ist volltragend. Das Gaspolster übernimmt die Federung. Die Hydraulik übernimmt die Niveauregulierung, indem sie durch Zu- oder Abführen von Hydrauliköl das Niveau anpasst.

Wirkungsweise
Federung: Das in der Federkugel (9) des Federelementes eingeschlossene Stickstoffgas (6) wird durch die Bewegung des Kolbens (15) zusammengepresst oder entspannt.
Niveauregulierung: Beim Beladen wird das Gas in der Federkugel zusammengedrückt und es verringert sich der Abstand zwischen Rad (11) und der Karosserie. Der Höhenkorrektor (5) öffnet den Zulauf (13). Hydrauliköl (7) strömt aus dem Druckspeicher (4) in das Federelement bis das Normalniveau wieder erreicht ist. Beim Entladen entspannt sich das Gaspolster. Der Höhenkorrektor öffnet den Rücklauf (14). Hydrauliköl wird in den Vorratsbehälter (1) abgelassen. Der Systemdruck wird über die Ölpumpe (2) und den Druckregler (3) geregelt.
Fahrerwunsch: Durch Betätigen des Niveauschalters (12) kann man unterschiedliche Niveaus auswählen.
Schwingungsdämpfung: Beim Ein- und Ausfedern wird durch die Dämpfungsventile (8) eine Schwingungsdämpfung erreicht.

Eigenschaften
- automatische Niveauregulierung
- progressive Federkennlinie
- Anhebung der Karosserie bei Schlechtwegstrecken
- Durch Zu- und Abschalten einer zusätzlichen Federkugel kann das Federverhalten dem Fahrerwunsch angepasst werden. Das Gasvolumen wird verändert und die Federhärte ändert sich (großes Volumen, weiche Federung).
- Die Erweiterung des Systems zu einem aktiven Fahrwerk (hydraktiven Fahrwerk) ist möglich.

Hydraktive Federung
Die hydraktive Federung stellt eine Erweiterung der hydropneumatischen Federung dar. Dort kommen drei Federkugeln pro Achse zum Einsatz. Durch Magnetventile werden jeweils die dritten Federkugeln dem hydraulischen System zugeschaltet bzw. vom System getrennt. Dadurch wird das Feder- und Dämpfungsverhalten von einem Kennfeld den jeweiligen Fahrbedingungen angepasst (vgl. aktives Fahrwerk S. 223).

Allgemeines

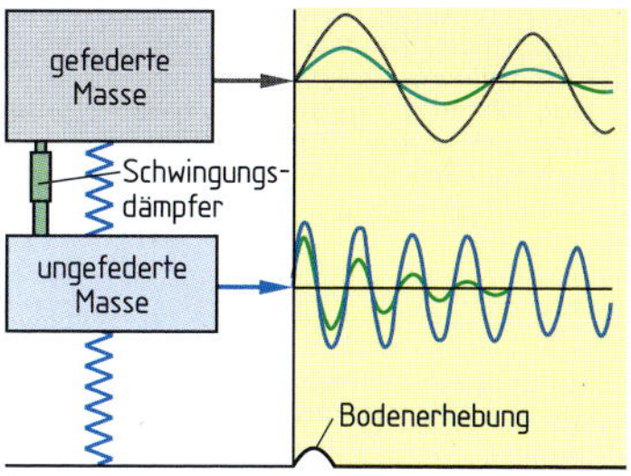

Aufgaben des Schwingungsdämpfers

- die durch Fahrbahnunebenheiten angeregten Schwingungen der Räder (ungefederte Masse) und des Fahrzeugaufbaues (gefederte Masse) rasch abklingen lassen
- das Aufschaukeln und Nachschwingen des Fahrzeugaufbaues verhindern
- das Abspringen der Räder von der Fahrbahn verhindern und den Kontakt zwischen Rädern und Fahrbahn gewährleisten
- das Flattern der Lenkung vermeiden
- den Verschleiß von Reifen, Lenkungs- und Radaufhängungsteilen verringern
- die Spurhaltung und Fahrsicherheit sowie den Fahrkomfort für die Insassen erhöhen

Arten

- Hydraulische Teleskopdämpfer
  - Einrohr-Dämpfer
  - Zweirohr-Dämpfer
  - Variable Dämpfer

Dämpfer im Verbundbau

- mit Schraubenfeder
- mit Luftfeder
- mit Niveauregulierung
  - pneumatisch
  - hydropneumatisch durch eine vom Motor angetriebene oder von den Fahrzeugschwingungen betätigte Ölpumpe

Hydraulische Schwingungsdämpfer

Wirkungsweise: Hydraulische Schwingungsdämpfer bestehen aus einem mit Öl gefüllten Zylinder, einem Kolben mit Ventilen und einer Kolbenstange. Eine Seite ist mit der Karosserie (gefederte Masse), die andere mit der Radaufhängung (ungefederte Masse) verbunden. Bei Auf- oder Abwärtsbewegungen des Rades bewegt sich der Kolben im Arbeitsraum. Die Dämpfungskraft entsteht durch den Strömungswiderstand des bewegten Öls an den Kolbenventilen. Der Strömungswiderstand ist abhängig von der Kolbengeschwindigkeit, der Viskosität des Öls und dem Strömungsquerschnitt der Ventile sowie der Ventilfederkraft. Durch Änderung des Strömungswiderstandes kann die Dämpfungskraft gesteuert werden. Der Dämpfer benötigt einen Volumenausgleich für die Kolbenstange und auftretende Wärmeausdehung. Der Volumenausgleich kann ein Gasraum (Einrohr-Dämpfer) oder ein Ausgleichraum in einem zweiten Rohr (Zweirohr-Dämpfer) sein.

Einrohr-Gasdruckdämpfer

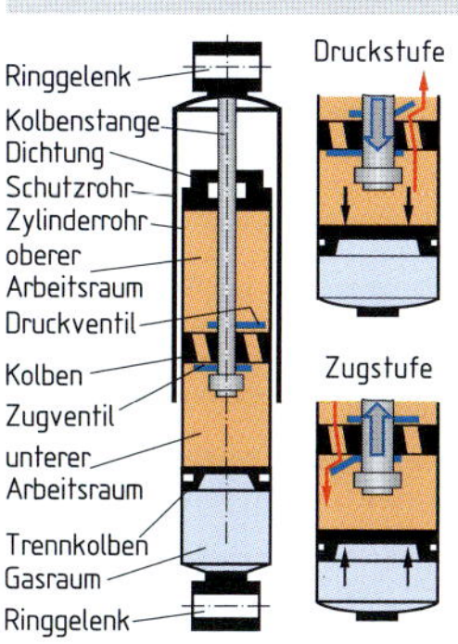

Wirkungsweise

- *Druckstufe:*

Der Dämpfer wird durch die Fahrzeugschwingung zusammengedrückt. Der Kolben fährt ein. Das Öl strömt vom unteren Arbeitsraum über das Druckventil in den oberen Arbeitsraum. Das Druckventil setzt dieser Strömung Widerstand entgegen und dämpft die Einfahrbewegung. Das Volumen der einfahrenden Kolbenstange verkleinert den Gasraum.

- *Zugstufe:*

Der Dämpfer wird auseinandergezogen. Die Kolbenstange fährt aus. Das Öl strömt vom oberen Arbeitsraum über das Zugventil in den unteren Arbeitsraum. Das Zugventil setzt dieser Strömung einen Widerstand entgegen und dämpft die Ausfahrbewegung. Der Gasraum wird um das Volumen der ausfahrenden Kolbenstange größer.

Eigenschaften (vgl. Zweirohr-Dämpfer)

- dämpft die Fahrzeugschwingungen in der Druck- und Zugstufe
- wirkt in der Zugstufe stärker
- wandelt einen Teil der Schwingungsenergie in Wärme um
- höhere Fertigungskosten
- führt die Wärme besser ab
- verhindert Ölverschäumung
- fährt im ausgebauten Zustand die Kolbenstange selbsttätig aus

Technische Daten

Füllung des Gasraumes	Stickstoff
Gasdruck	20 … 30 bar
Dämpferverhältnis Druckstufe zur Zugstufe	1 : 3

Einbaulage

Dämpfer mit Trennkolben: beliebig
– mit Prallscheibe: vorgegeben

Zweirohr-Dämpfer mit Bypassnut

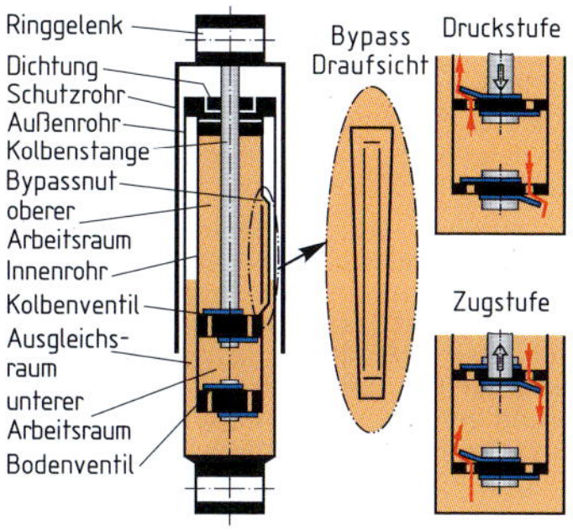

Wirkungsweise

Die Dämpfung entsteht durch den Strömungswiderstand an den Kolben- und Bodenventilen. Befindet sich der Kolben parallel zur Bypassnut, kann das Öl zusätzlich über die konische Nut am Innenrohr abfließen. Der Strömungswiderstand ist reduziert und damit auch die Dämpfungskraft. Der Fahrkomfort wird bei geringer Beladung verbessert. Bei Beladung erhöht sich die Dämpfung und damit die Fahrsicherheit. Die Dämpfung ist progressiv und nur abhängig von der Beladung bzw. Einfederung und kann nicht gesteuert werden.

Elektronisch geregelter Zweirohr-Dämpfer

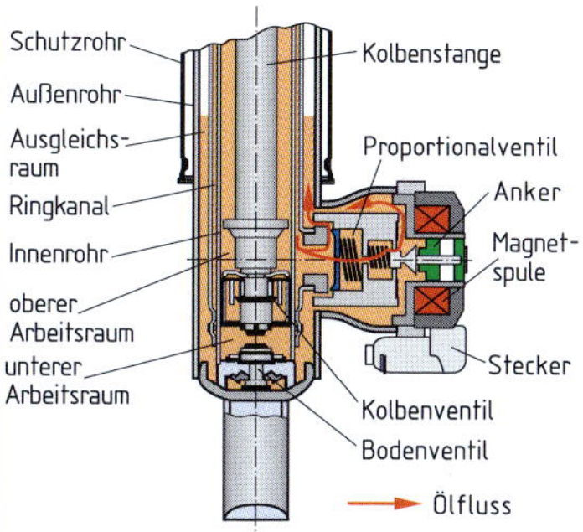

Wirkungsweise

Die Dämpfung entsteht durch den Strömungswiderstand am Kolben-, Boden- und Proportionalventil. Das am Außenrohr angebrachte Proportionalventil wird mit einem pulsweitenmodulierten Signal angesteuert und kann stufenlos verstellt werden. Dadurch wird der Strömungswiderstand und damit die Dämpferkraft verändert. Die Dämpfung ist abhängig von der Ansteuerung des Proportionalventils und kann geregelt werden.

Weitere Bauart: Proportionalventil im Kolben verbaut

Magnetorheologischer Dämpfer

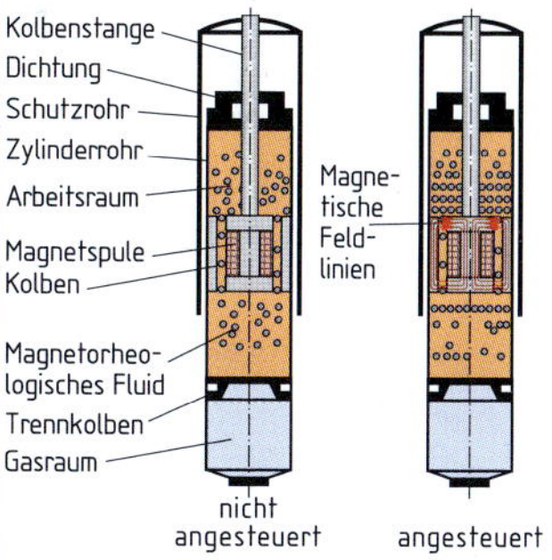

Wirkungsweise

Die Dämpfung entsteht durch den Strömungswiderstand des mit kleinsten magnetischen Teilchen versehenen Öls am Kolbenventil. Wird die Magnetspule angesteuert, entsteht ein Magnetfeld und die magnetischen Teilchen richten sich aus. Der Strömungswiderstand steigt an. Dieser ist abhängig von der Stärke des Magnetfeldes. Je stärker das Magnetfeld ist, umso größer ist die Dämpfung. Das Magnetfeld kann gesteuert werden und somit auch die Dämpfung.

Grundlagen

Beispiel: Kurvenfahrt nach rechts

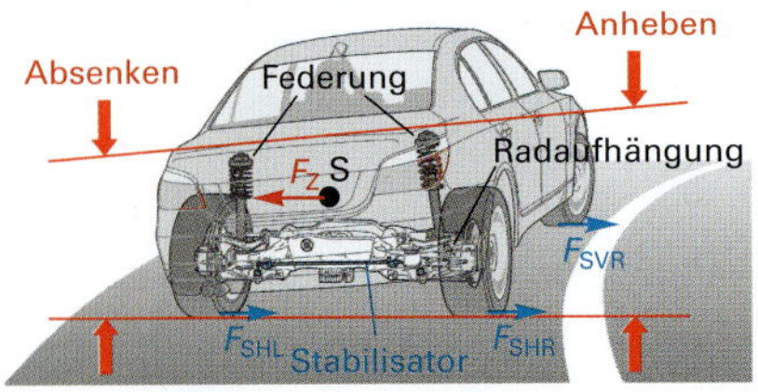

F_S	Seitenführungskräfte
F_Z	Fliehkraft
S	Fahrzeugschwerpunkt

Das Wanken des Fahrzeugaufbaus, auch als Seitenneigung oder Rollen bezeichnet, beschreibt die Neigung oder Drehbewegung des Fahrzeugs um seine Längs- bzw. Wankachse. Die Wankachse verläuft durch die Wankzentren der Vorder- und Hinterachse des Fahrzeugs (vgl. S. 214). Das Wanken tritt bei Kurvenfahrt oder bei schnellen Ausweichmanövern auf. Während des Wankens neigt sich die Karosserie des Fahrzeugs zur kurvenäußeren Seite. Dies bedeutet, dass sich bei einer Rechtskurve die linke Seite des Fahrzeugs absenkt (einfedert) und die rechte Seite anhebt (ausfedert) (siehe Abbildung).
Das Wanken entsteht durch die Fliehkraft (vgl. S. 50), die während der Kurvenfahrt auf das Fahrzeug wirkt. Diese Kraft versucht, das Fahrzeug nach außen aus der Kurve zu schieben, während die Seitenführungskräfte am Reifen dem entgegenwirken. Der Abstand des Fahrzeugschwerpunkts zur Wankachse, die Steifigkeit der Radaufhängung, die Federhärte und die Stabilisatorhärte beeinflussen, wie stark der Fahrzeugaufbau wankt.
Auswirkungen des Wankens auf das Fahrverhalten sind die Verschlechterung der Fahrsicherheit und des Fahrkomforts.

Gegenmaßnahmen:
- Geringer Abstand zwischen Schwerpunkt und Wankachse
- Leichtbauweise
- Einsatz von Stabilisatoren
- Aktive Wankstabilisierung
- Härtere Federn

Stabilisator

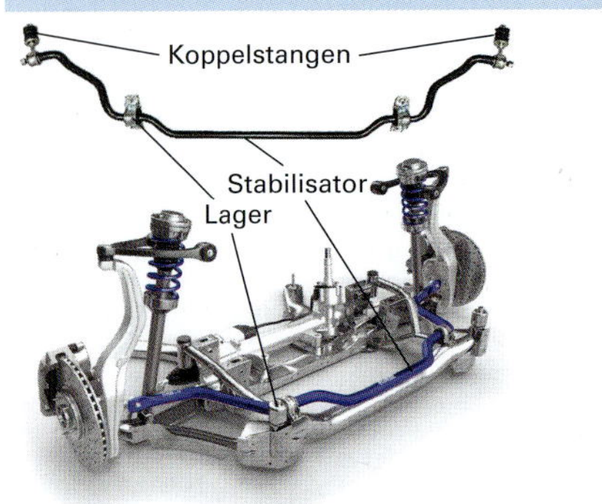

Aufgabe
Der Stabilisator reduziert das Wanken bzw. die Seitenneigung des Fahrzeugs bei Kurvenfahrten oder schnellen Richtungswechseln. Dadurch wird die Stabilität und das Fahrverhalten verbessert. Dies erhöht die Sicherheit und den Fahrkomfort.

Funktionsweise
Der Stabilisator ist ein Torsionsstab, der quer unter dem Fahrzeug zwischen den Rädern einer Achse angebracht ist. Die Enden des Stabilisators sind mit der Radaufhängung über die Koppelstangen verbunden. Die Mitte des Stabilisators ist mit Hilfe der Stabilisatorlager am Fahrzeugunterboden oder -rahmen befestigt. Bei einer Kurvenfahrt neigt sich das Fahrzeug zur Außenseite der Kurve. Das äußere Rad wird stärker belastet und federt ein, das innere Rad wird weniger belastet und federt aus. Der Stabilisator koppelt die Bewegung der Räder miteinander. Wenn ein Rad einfedert, überträgt der Stabilisator diese Bewegung auf das andere Rad der Achse. Dadurch entsteht eine Torsionskraft, die der Neigung des Fahrzeugaufbaus entgegenwirkt. Die Karosserie wankt dadurch weniger stark und wird somit stabilisiert.
Der Stabilisator überträgt die vertikalen Radbewegungen nicht nur bei Kurvenfahrt, sondern auch bei Geradeausfahrt und einseitigem überfahren eines Hindernisses.

Aktive Wankstabilisierung

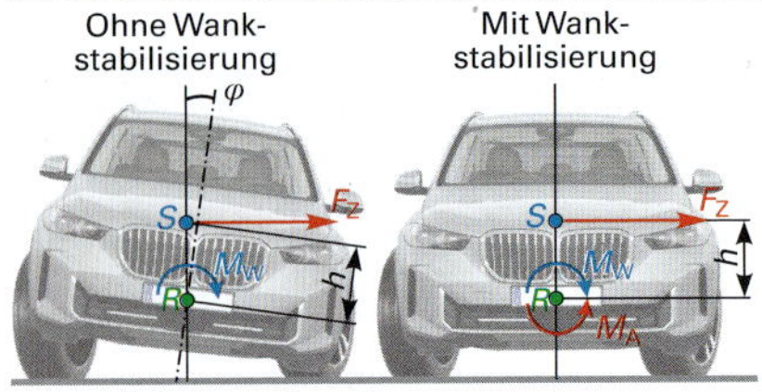

h	Hebelarm R zu S
F_Z	Fliehkraft
M_A	Gegenmoment aktive Wankstabilisierung
M_W	Wankmoment
R	Wank-/Rollachse
S	Fahrzeugschwerpunkt
φ	Wankwinkel

Aufgabe
Die aktive Wankstabilisierung minimiert das Wanken des Fahrzeugaufbaus bei Kurvenfahrt oder bei schnellen Ausweichmanövern.

Vorteile
- noch stabilere Fahrt in Vergleich zum herkömmlichen Stabilisator
- hält den Fahrzeugaufbau ruhiger, dadurch besserer Fahrkomfort
- verbessert die Reifentraktion, besonders bei Kurvenfahrt
- automatische Anpassung an die Fahrbedingungen
- bei Geradeausfahrt Entkoppelung der beiden Fahrzeugseiten möglich

Funktionsweise
Während der Fahrt sammeln unterschiedliche Sensoren, z. B. der Gierratensensor, kontinuierlich Daten über das Fahrverhalten und die Bewegungen des Fahrzeugs. Das Steuergerät der aktiven Wankstabilisierung analysiert die Daten, um festzustellen, ob und wie stark das Fahrzeug in einer Kurve wankt.
Aktive Anpassung: Basierend auf der Analyse sendet das Steuergerät Befehle an die Aktoren, um die Steifigkeit der Stabilisatoren in Echtzeit anzupassen.
Reduzierung des Wankens: Die Aktoren erhöhen die Steifigkeit auf der Seite des Fahrzeugs, die sich in der Kurve absenkt, und verringern sie auf der gegenüberliegenden Seite. Dies reduziert die Neigung des Fahrzeugaufbaus und sorgt für eine stabilere Fahrt. Es gibt unterschiedliche Ausführungen der Aktoren, z. B. elektrisch und elektrohydraulisch.

Beispiel: Aktiver Stabilisator mit elektrischem Aktor

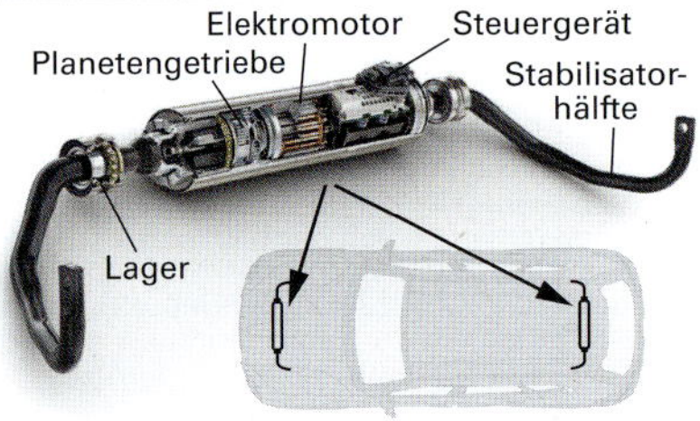

Aufgabe
Der elektrische Aktor der aktiven Wankstabilisierung stabilisiert das Fahrzeug bei Kurvenfahrt. Beim einseitigen Überfahren eines Hindernisses entkoppelt der Aktor die beiden Stabilisatorhälften.

Funktionsweise
Der elektrische Aktor arbeitet mit einem 12V- oder 48V-System. Er unterteilt den Stabilisator in zwei Stabilisatorhälften. Bei Kurvenfahrten misst das System die Querbeschleunigung, ermittelt den notwendigen Eingriff und steuert den Elektromotor entsprechend an. Der Elektromotor erzeugt dann ein Drehmoment, das dem Wanken des Fahrzeugs entgegenwirkt, indem er die Stabilisatorhälften gegeneinander verdreht. Das Drehmoment wird über das Planetengetriebe vergrößert. Durch das gegenseitige Verdrehen wird an der kurvenäußeren Seite ausgefedert und an der kurveninneren Seite eingefedert. Die Federungsbewegungen wirken dem Wanken entgegen. Wird der Elektromotor nicht angesteuert, sind die Stabilisatorhälften entkoppelt.

Beispiel für aktives Fahrwerk mit Luftfederung und geregelter Dämpfung

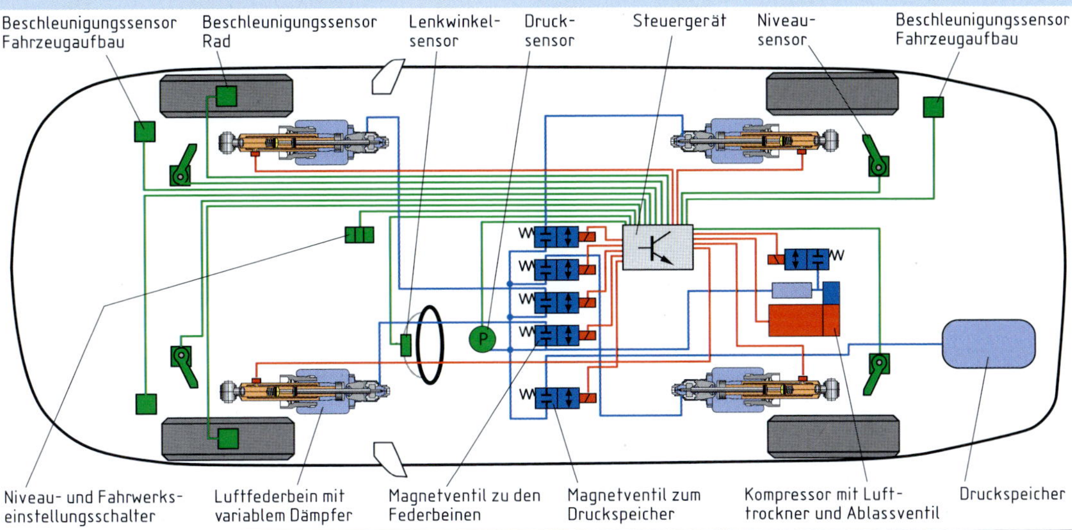

Aktive Fahrwerksysteme

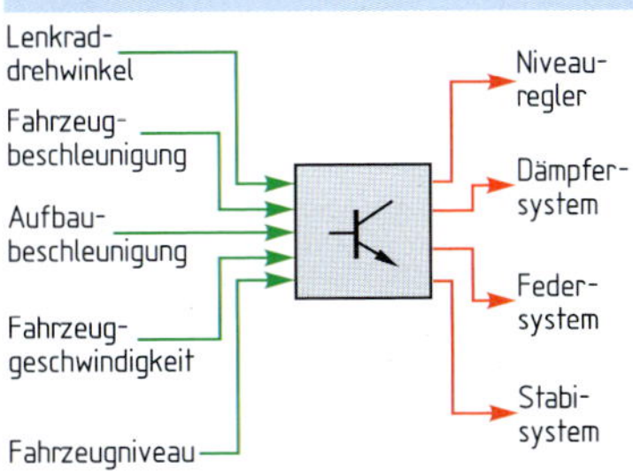

Grundprinzip

Bei aktiven Fahrwerken werden je nach System und Ausbaustufe eine, zwei oder mehrere Fahrwerkskomponenten angesteuert, um das Fahrzeugverhalten an die jeweiligen Fahrbedingungen anzupassen. Die Anpassung erfolgt vorgewählt vom Fahrer oder automatisch, abhängig von der Fahrsituation.

Systeme

- Anpassung der Dämpfung
- Anpassung des Fahrzeugniveaus
- Anpassung des Federverhaltens
- Anpassung des Stabilisators
- Kombinationen der unterschiedlichen Systeme, z. B. Luftfedersystem (Niveau und Federverhalten)

Eigenschaften

- Verbesserung der Aerodynamik durch Absenkung des Niveaus
- Erhöhung des Fahrzeugniveaus beim Befahren schlechter Straßen
- konstantes Fahrzeugniveau bei unterschiedlicher Beladung
- Erhöhung des Fahrkomforts
- Verbesserung der Fahrsicherheit
- Verringerung oder Vermeidung der Seitenneigung bei Kurvenfahrt

Systembezeichnungen

ADS Adaptives Dämpfersystem
EDC Elektronische Dämpferkontrolle
AFS Aktive Fahrwerksstabilisation
ABC Active Body Control
AAS Adaptive Air Suspension
ARS Adaptive Rollstabilisierung/Dynamic Drive

Funktionsweise

Bei dem oben dargestellten System handelt es sich um ein niveaugeregeltes Fahrwerk mit volltragender Luftfeder und kontinuierlich verstellbaren Schwingungsdämpfern. Die Fahrsicherheit und der Komfort können dem Fahrer und der Fahrsituation angepasst werden. Durch die volltragende Luftfederung wird das Fahrzeug beladungsunabhängig immer auf einem bestimmten Niveau über der Fahrbahn gehalten. Die Höhenniveaus sind vom Fahrer wählbar oder werden abhängig von der Fahrsituation automatisch eingestellt. Schwingungsdämpfer mit elektrisch verstellbaren Kennlinien ermöglichen eine kontinuierliche Dämpferregelung mit unterschiedlichen Abstimmungsstufen.

Der Fahrer kann während der Fahrt verschiedene Programme und die damit verbundenen Fahrzeugzustände auswählen:

- Normal: Dämpferkennfeld Komfort, Fahrzeugniveau normal ⇒ die Luftfeder ist weich
- Sport: Dämpferkennfeld Sport 1, Fahrzeugniveau normal ⇒ die Luftfeder ist weich
- Sport Plus: Dämpferkennfeld Sport 2, Fahrzeugniveau tief ⇒ die Luftfeder ist hart.

Das System erlaubt ein manuelles Anheben bzw. Absenken des Fahrzeugniveaus von Normal um zirka ±25 mm. Die Absenkung des Fahrzeugschwerpunkts trägt zur Verbesserung der Fahrdynamik bei. Die erhöhte Bodenfreiheit schützt das Fahrzeug beim Überfahren von Hindernissen vor Beschädigungen, etwa beim Parken und Rangieren. Ab einer Geschwindigkeit von 30 km/h verlässt das System automatisch das Liftniveau.

Eine zentrale Aufgabe des Luftfedersystems ist der automatische Niveauausgleich nach Be- und Entladung des Fahrzeugs. Außerdem reduziert die Senkung des Aufbaus im „Sport-Plus-Modus“ den Fahrwiderstand, wodurch der Kraftstoffverbrauch und damit die CO_2-Emission reduziert werden kann. Zudem steigert sich die Höchstgeschwindigkeit des Fahrzeugs.

Aufbau

Das Luftfedersystem besteht aus vier Luftfederbeinen mit einem variablen Dämpfer, einem Luftversorgungssystem mit Kompressor, Lufttrockner und Ablassventil, einem Druckspeicher und einem Magnetventilblock. Hinzu kommen vier Niveausensoren, ein Drucksensor, ein Lenkwinkelsensor, drei Aufbaubeschleunigungssensoren, zwei Radbeschleunigungssensoren sowie ein Steuergerät für das Luftfedersystem.

Niveauregelung

Durch die Geber für das Fahrzeugniveau wird für jedes Rad die Position des Fahrzeugaufbaus gegenüber dem Rad gemessen. Die IST-Werte werden mit den im Steuergerät gespeicherten SOLL-Werten verglichen. Das Fahrzeugniveau wird durch „Aufpumpen“ oder „Ablassen“ der Luftfeder angepasst.

Dämpferreglung

Das Steuerungssystem für die Dämpferregelung erfasst über die Rad- und Aufbaubeschleunigungssensoren den Straßen- bzw. Fahrzeugzustand und passt die Dämpfereinstellung über ein Magnetventil an.

Aufbau Luftfeder-Dämpferbein:

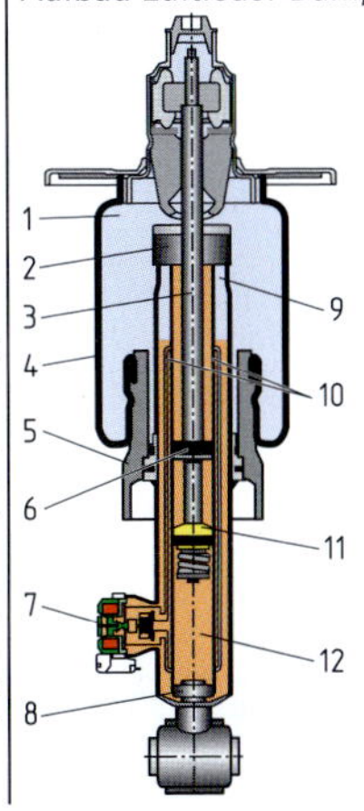

1 Luftfeder
2 Dichtung
3 Kolbenstange
4 Gummibalg
5 Abrollstempel
6 Zuganschlag
7 Externes Magnetventil
8 Bodenventil
9 Gasfüllung
10 Überströmbohrungen
11 Arbeitskolben mit Ventilen
12 Arbeitsraum

Gesetzliche Bestimmungen nach § 38 StVZO und ECE-Vorschriften

Die Lenkeinrichtung muss
- leichtes und sicheres Lenken des Fahrzeugs gewährleisten,
- wenn nötig, mit einer Lenkhilfe versehen sein,
- bei Versagen der Lenkhilfe (gestörte Hilfskraftlenkung) die Lenkbarkeit des Fahrzeugs erhalten.

Die Betätigungseinrichtung
- muss handgerecht und griffig sein.
- muss so beschaffen sein, dass ein abstufbares Lenken gewährleistet ist.
- Die Bewegungsrichtung der Betätigungseinrichtung muss eindeutig mit der beabsichtigten Richtungsänderung des Fahrzeugs übereinstimmen.

Vorschrift für die max. Betätigungskraft und die Dauer beim Einlenken von der Geraden auf einen vorgegebenen Wendekreis, bei einer Fahrgeschwindigkeit von 10 km/h.

Fahrzeugklasse	Intakte Anlage			Gestörte Anlage		
	Betätigungskraft (daN)	Dauer (s)	Wendekreisradius (m)	Betätigungskraft (daN)	Dauer (s)	Wendekreisradius (m)
M1,2	15	4	12	30	4	20
M3	20	4	12	45	6	20
N1	20	4	12	30	4	20
N2	25	4	12	40	4	20
N3	20	4	12	45	6	20

Arten

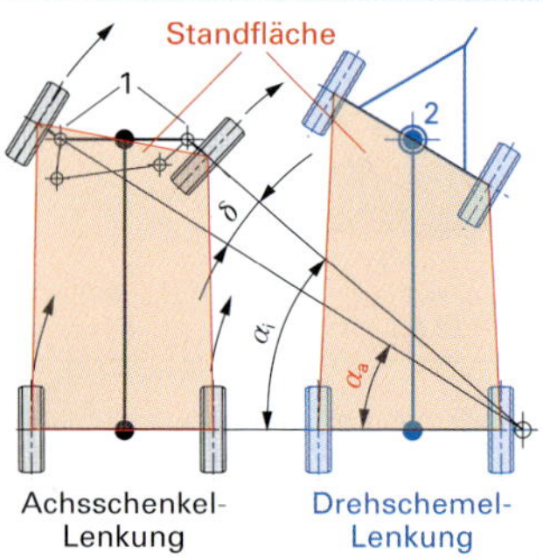

Achsschenkellenkung
Bei der Achsschenkellenkung hat jedes Rad eine eigene Lenkachse (1). Da die beiden Räder auf unterschiedlichen Kreisbahnen abrollen, müssen sie unterschiedlich stark eingeschlagen werden.
α_a Lenkwinkel kurvenäußeres Rad
α_i Lenkwinkel kurveninneres Rad
δ Spurdifferenzwinkel
Vorteile:
- Die Standfläche reduziert sich beim Lenkeinschlag nur wenig.
- Geringer zusätzlicher Platzbedarf beim Einschlagen der Räder.

Anwendung
- Vorderradlenkung (Pkw, Lkw)
- Hinterradlenkung (Baumaschinen)
- Allradlenkung (Pkw, Geländefahrzeuge)

Drehschemellenkung
Bei der Drehschemellenkung hat die gesamte gelenkte Achse nur eine Lenkachse (2). Die Lenkachse wird durch einen Bolzen oder ein Drehgestell (Drehschemel) realisiert.
Vorteil:
- Es ist ein großer Lenkeinschlag möglich

Nachteile:
- Großer Platzbedarf (vor allem des kurveninneren Rades) bei großen Lenkwinkeln.
- Bei großem Lenkeinschlag erhöhte Kippgefahr durch kleinere Standfläche.

Anwendung
- Anhänger

Aufbau
(Beispiel Zahnstangenlenkung)

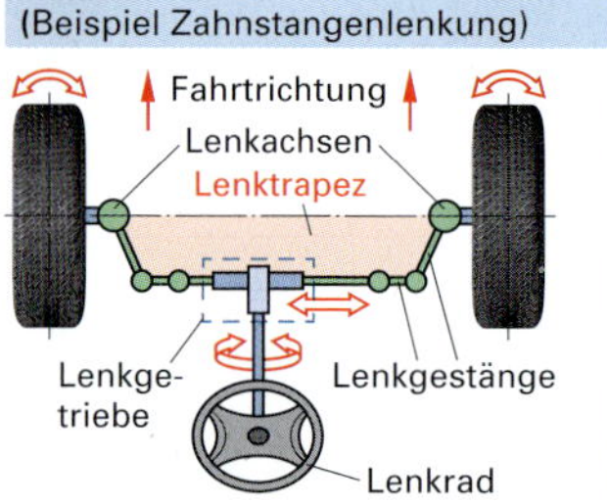

Funktionsweise (Zahnstangenlenkung)
Die Drehung des Lenkrades in die gewünschte Fahrtrichtung wird über die Lenksäule zum Lenkgetriebe übertragen. Im Lenkgetriebe greift ein Ritzel in die Zahnstange. Die Drehbewegung des Ritzels wird im Lenkgetriebe in eine axiale Bewegung der Zahnstange umgewandelt. Die Zahnstange verschiebt die Spurstange. Diese bewegt über die Spurstangenköpfe die Spurstangenhebel. Die Spurstangenhebel sind fest mit den Achsschenkeln verbunden und schwenken das Rad um die Lenkachse in die gewünschte Fahrtrichtung.

Lenktrapez
Die Spurstange, die beiden Spurstangenhebel und die Verbindungslinie der Lenkachsen bilden zusammen die Form des Lenktrapezes (rot unterlegte Fläche in der Abbildung).
Durch diese Anordnung der Spurstangenhebel wird der unterschiedliche Einschlag von kurveninnerem und kurvenäußerem Rad erreicht.
Liegen bei der Spurvermessung die Werte für den linken und rechten Spurdifferenzwinkel bei 20° Radeinschlag außerhalb der Toleranz, liegt ein Fehler im Lenktrapez vor.

Lenkgestänge

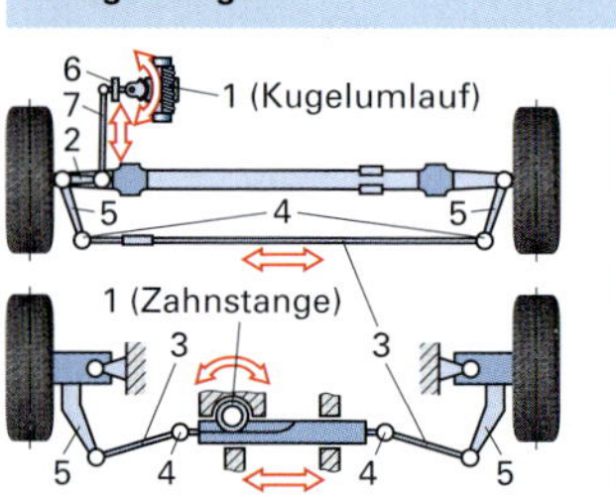

1 Lenkgetriebe
2 Lenkhebel
3 Spurstange (ein- bis dreiteilig)
4 Spurstangengelenk
5 Spurstangenhebel
6 Lenkstockhebel
7 Lenkstange

Die Spurstange (3) bildet die kurze Seite des Lenktrapezes. Sie verbindet die Spurstangenhebel (5) direkt oder über weitere Hebel mit dem Lenkgetriebe (1) und überträgt die Bewegung vom Getriebe auf die Räder. Über die Länge der Spurstangen kann die Spur an der Vorderachse eingestellt werden.

Übersetzung im Lenkgestänge ca. 1,0

Einteiliges Lenkgestänge:
Bei einer starren Vorderachse kann eine einteilige Spurstange verwendet werden, da sich beim einseitigen Einfedern der Abstand zwischen den Achsschenkelbolzen nicht ändert und es daher nicht zu einer Eigenlenkbewegung kommen kann.
Geteiltes Lenkgestänge:
Bei Einzelradaufhängungen werden in der Regel zwei- oder dreiteilige Spurstangen verbaut. Durch ein geteiltes Lenkgestänge wird beim einseitigen Einfedern die Abstandsänderung der beiden Anlenkpunkte minimiert und somit eine Eigenlenkbewegung weitgehend verhindert.

Lenkgetriebe

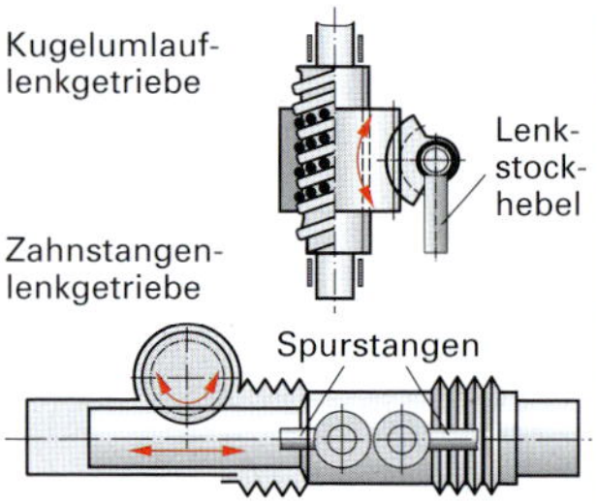

Aufgaben
- Die Drehbewegung des Lenkrades in eine Schwenkbewegung des Lenkstockhebels bzw. in eine hin- und hergehende Bewegung der Zahnstange (Spurstangen) umwandeln.
- Die Betätigungskraft am Lenkrad und den Drehwinkel des Lenkrades zum Lenkwinkel der Räder übersetzen.

Lenkgetriebe haben eine Übersetzung von 14 : 1 bis zu 24 : 1. Ab einer Übersetzung unter 16 : 1 wird in der Regel eine Lenkhilfe eingesetzt.

Kugelumlauflenkgetriebe sind nicht nachstellbar und sehr leichtgängig durch die Rollreibung der Kugeln. Sie werden in Nkw oder als Getriebe für Hilfskraftlenkung eingesetzt.

Zahnstangenlenkgetriebe sind einfach im Aufbau, selbstnachstellend mithilfe eines Druckstückes, damit spielfrei und leichtgängig. Durch eine variable Teilung der Zahnstange kann im Mittenbereich (Geradeausfahrt) und im Außenbereich (Einparken) eine unterschiedliche Übersetzung erreicht werden.

Grundlagen Hilfskraftlenkungen

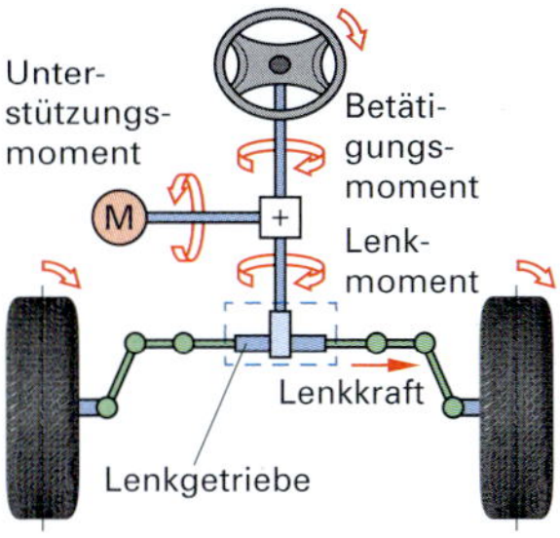

Das für die Lenkbewegung notwendige Lenkmoment hängt von der Radstellung (Lenkrollradius (-halbmesser), Nachlauf), dem Reifen (Luftdruck, Profil, Breite), der Fahrzeuggeschwindigkeit, dem Fahrbahnbelag und der Achslast ab. Damit das Betätigungsmoment am Lenkrad für den Fahrer nicht zu groß ist, wird es im Lenkgetriebe übersetzt. Diese Übersetzung kann nicht beliebig groß gewählt werden, da sonst zu viele Lenkradumdrehungen für einen Volleinschlag notwendig wären. Zur Unterstützung des Fahrers werden Hilfskraft-/Servolenkungen eingesetzt, die das Betätigungsmoment beim Lenken verringern.

Lenkmoment = Betätigungsmoment + Unterstützungsmoment

Funktionsweise

Das vom Fahrer aufgebrachte Betätigungsmoment wird durch ein Messsystem (meist im Bereich der Lenkspindel) erfasst. Abhängig von der Höhe des Betätigungsmoments wird dem Lenksystem ein Unterstützungsmoment zugeführt und so das Lenkmoment vergrößert. Das Unterstützungsmoment kann unterschiedlich auf die Lenkung einwirken.

Arten der Hilfskraft-/Servolenkungen

- hydraulisch
- elektrohydraulisch
- elektromechanisch
- hydrostatisch

Hydraulische Servolenkung

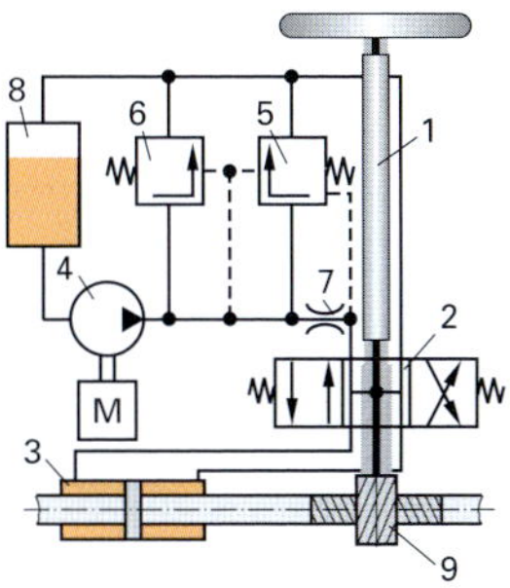

1 Lenksäule
2 Steuerventil mit Drehstab
3 Arbeitszylinder
4 Servopumpe (Antrieb vom Motor)
5 Stromregelventil
6 Druckbegrenzungsventil
7 Drossel
8 Ausgleichsbehälter
9 Lenkgetriebe

Wirkungsweise

keine Lenkbewegung vorhanden: Im Steuerventil (2) ist ein Drehstab integriert, der Lenkspindel (1) und Lenkgetriebe (9) verbindet. Wenn keine Lenkbewegung vorhanden ist, wird der Drehstab nicht verdreht. Das Steuerventil befindet sich in Neutralstellung. Das von der Pumpe (4) geförderte Öl fließt mit Umlaufdruck in den Ausgleichsbehälter (8) zurück.

Lenkbewegung vorhanden: Der Drehstab verdreht sich. Dadurch verdrehen sich im Steuerventil die Steuerbohrungen zueinander und ein Einlassquerschnitt zum entsprechenden Druckraum im Arbeitszylinder (3) wird geöffnet. Das Öl kann einströmen und unterstützt die Lenkbewegung. Gleichzeitig kann über das Steuerventil das Öl aus dem anderen Druckraum des Arbeitszylinders in den Ausgleichsbehälter abfließen.

Konstantes Unterstützungsmoment: Steigt mit zunehmender Motordrehzahl die Pumpendrehzahl und damit die Fördermenge, steigt auch der Druck vor der Drossel (7). Das Stromregelventil (5) öffnet und ein Teil des Öls fließt direkt in den Ausgleichsbehälter zurück. Damit bleibt der Druck im Arbeitszylinder unabhängig von der Pumpendrehzahl.

Technische Daten

Leistungsbedarf	3…4 kW
Umlaufdruck	3…4 bar
mechanische Übersetzung	12…15:1

Servotronic

Bsp. Rechtseinschlag $v < 20$ km/h

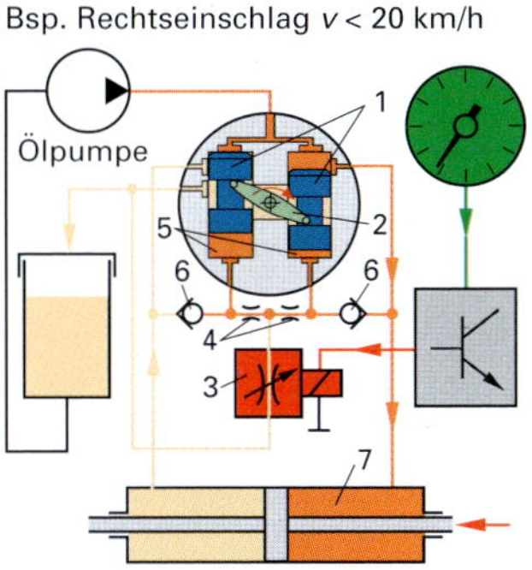

1 Ventilkolben
2 Drehstab
3 Elektrohydraulischer Wandler
4 Drossel
5 Rückwirkungsraum
6 Rückschlagventil
7 Arbeitszylinder

Wirkungsweise

Abhängig von der Fahrgeschwindigkeit wird der elektrohydraulische Wandler (3) angesteuert. Dieser steuert den Abfluss des Öls aus dem Rückwirkungsraum (5) in den Rücklauf und beeinflusst so das Unterstützungsmoment.

Bei $v < 20$ km/h bleibt das Wandlerventil (3) geschlossen. Die Ventilkolben (1) werden über den Drehstab (2) verschoben. Der Pumpendruck liegt über das rechte Rückschlagventil (6) und die Drossel (4) an beiden Rückwirkungsräumen (5) an. Die Rückwirkung auf die Lenkung ist aufgehoben und das volle Unterstützungsmoment liegt an.

Bei $v > 20$ km/h wird das Wandlerventil entsprechend geöffnet. Der Pumpendruck kommt über das rechte Rückschlagventil in den rechten Rückwirkungsraum. Der Druck wird über die Drossel und das Wandlerventil in den Rücklauf abgesteuert. Im linken Rückwirkungsraum liegt weniger Druck an. Die Ventilkolben werden gegen die Lenkrichtung verschoben. Dadurch erfolgt eine Rückwirkung auf die Lenkung. Es liegt nicht mehr das komplette Unterstützungsmoment an. Die Lenkung wirkt direkter.

Technische Daten

$v < 20$ km/h:	Handkraft 5 %
	Hydraulikkraft 95 %
$v > 20$ km/h:	Handkraft steigt bis 35 %
	Hydraulikkraft fällt bis 65 %

Elektrohydraulische Servolenkung

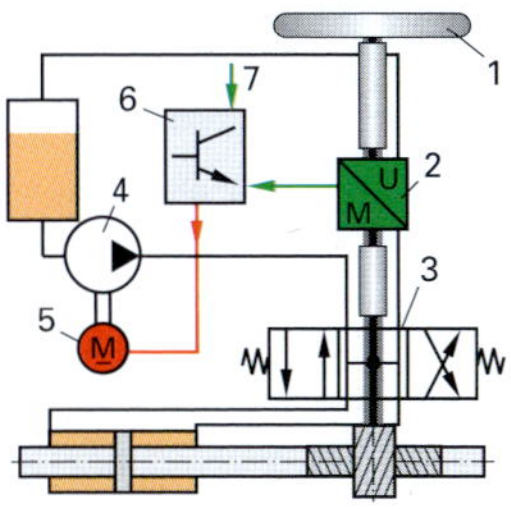

1 Lenkrad
2 Lenkmomentsensor
3 Steuerventil mit Drehstab
4 Servopumpe
5 E-Motor
6 Steuergerät
7 Geschwindigkeitssignal

Wirkungsweise

Bei der elektrohydraulischen Servolenkung wird die Servopumpe (4) von einen Elektromotor (5) angetrieben. Der Ölfluss in den Arbeitszylinder wird genauso geregelt wie bei einer hydraulischen Servolenkung.

keine Lenkbewegung vorhanden: Der Lenkmomentsensor (2) erkennt kein Betätigungsmoment. Die elektrisch angetriebene Pumpe (4) läuft in einem Low-Betrieb mit geringer Drehzahl. Dieser Low-Betrieb ist notwendig, damit die Pumpe bei schnellen Lenkbewegungen schnell reagiert und die Fördermenge erhöhen kann.

Lenkbewegung vorhanden: Der Lenkmomentsensor erkennt ein Betätigungsmoment. Sofort wird die elektrische Pumpe vom Steuergerät (6) in einen High-Betriebszustand mit hoher Drehzahl gebracht. Die Fördermenge ist nun entsprechend höher und die hydraulische Lenkkraftunterstützung im Arbeitszylinder erfolgt. Bei hoher Fahrzeuggeschwindigkeit wird über die Absenkung der Pumpendrehzahl die Fördermenge reduziert. Dadurch ist eine geschwindigkeitsabhängige Reduzierung der Lenkkraftunterstützung möglich.

Eigenschaften

Die elektrohydraulische Servolenkung

- hat eine von der Motordrehzahl unabhängige Lenkkraftunterstützung,
- ist geschwindigkeitsabhängig,
- spart 0,1…0,2 l Kraftstoff,
- hat eine vom Verbrennungsmotor unabhängige Anordnung der Hydraulikpumpe im Motorraum,
- ist durch weniger Bauteile leichter als eine hydraulische Servolenkung,
- benötigt geringen Wartungsaufwand.

Technische Daten

- max. Stromaufnahme beim Fahren 10…25 A, bei Volleinschlag 75 A
- Maximaldruck ca. 90 bar

4

Elektromechanische Servolenkung

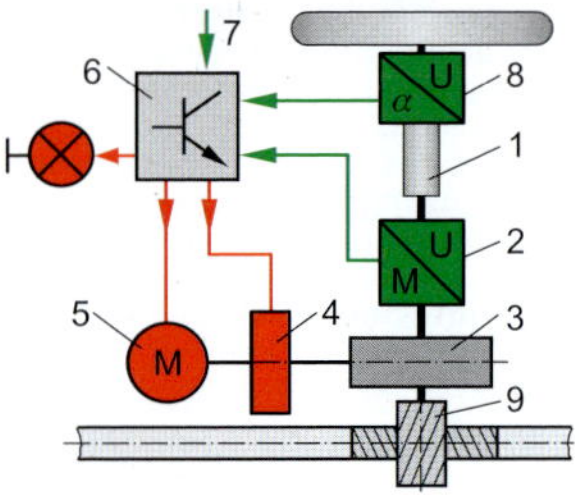

1 Lenksäule
2 Lenkmomentensensor
3 Servogetriebe
4 Elektromagnetkupplung
5 E-Motor
6 Steuergerät
7 Geschwindigkeitssignal
8 Lenkwinkelsensor
9 mechanisches Lenkgetriebe

Wirkungsweise
Bei der elektromechanischen Servolenkung wird das Unterstützungsmoment vom Elektromotor (5) erzeugt. Über die Elektromagnetkupplung (4) und das Servogetriebe (3) wird das Unterstützungsmoment auf die Lenkung aufgebracht.

Betätigungsmoment vorhanden: Der Lenkmomentsensor (2) erkennt ein Betätigungsmoment und der Lenkwinkelsensor (8) die Richtung und Geschwindigkeit der Lenkbewegung. Abhängig von diesen Größen und der Fahrzeuggeschwindigkeit (7) ermittelt das Steuergerät (6) kennfeldabhängig die Höhe und Wirkrichtung des benötigten Unterstützungsmoments. Das Steuergerät steuert den E-Motor (5) entsprechend an. Die E-Magnetkupplung (4) wird geschlossen und das Unterstützungsmoment ist wirksam.

Variante: Servoeinheit (E-Motor, Servogetriebe, Kupplung) in der Lenksäule verbaut.

Überlastungsschutz: Bei zu großer Stromaufnahme über längere Zeit öffnet das Steuergerät die Elektromagnetkupplung, um den E-Motor vor Überlastung zu schützen.

Eigenschaften
- spart 0,3 ... 0,5 l Kraftstoff
- benötigt kein Hydrauliköl
- platzsparender Einbau
- diagnosefähig
- Vernetzung mit externen Systemen (z. B. ESP) möglich
- ermöglicht Assistenzfunktionen

Assistenzfunktionen
- geschwindigkeitsabhängige Unterstützung
- automatisches Lenken beim Einparken
- aktiver Rücklauf
- Geradeauslaufkorrektur/Spurhalteassistenz
- Schiefziehausgleich bei starker Beschleunigung
- Gegenlenkunterstützung

Varianten elektromechanischer Servolenkungen

Anordnung Servoeinheit	Lenksäule 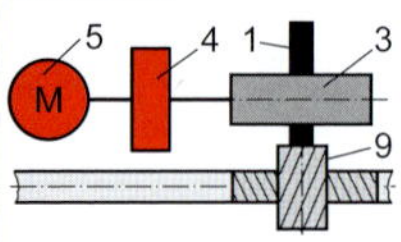	Ritzel 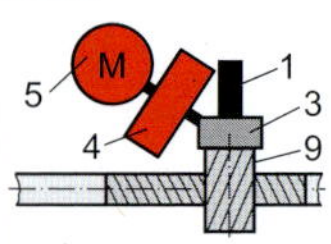	Doppelritzel 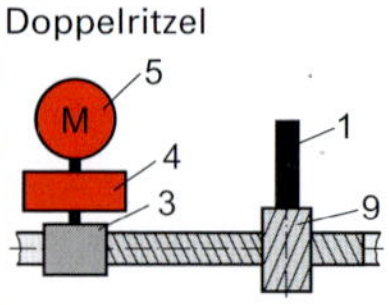	Achsparallel 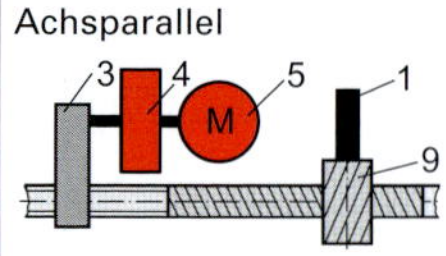
Anwendung	Pkw (Mini/Micro ... Kompaktwagen)	Pkw (Kompakt ... Mittelklasse)	Pkw (Obermittelklasse ... Oberklasse)	Pkw (Ober-/Luxus klasse ... Transporter)
Achslast	ca. 650 kg	ca. 850 kg	ca. 950 kg	ca. 1100 kg
Kraft in der Zahnstange	ca. 3500 ... 8000 N	ca. 7000 ... 12000 N	ca. 7000 ... 12000 N	ca. 10000 ... 14000 N
Übersetzung konstant	50 mm/LRU	50 mm/LRU	55 mm/LRU	60 mm/LRU
Variabel [Zahnstangenweg pro LRU]	40 ... 50 ... 40 mm/LRU (LRU = Lenkradumdrehung)	40 ... 52 ... 40 mm/LRU	45 ... 55 ... 45 mm/LRU	50 ... 60 ... 50 mm/LRU
E-Motorenarten	Gleichstrommotoren	Asynchronmotoren	Asynchron-/Synchronmotoren	Synchronmotoren
Max. Stromstärke beim Parken	70 A	75 A	80 A	85 A (12 V)
Servogetriebebauart	Schneckengetriebe	Schneckengetriebe	Ritzel/Zahnstange	Riementrieb mit Kugelumlaufmutter und Spindel

Diagnose von Lenkungsfehlern

Störstelle	**Störung/Auswirkung**	**Mangel/Fehler**	**Ursache**	**Abhilfe**
Hilfskraftlenkung (hydraulische Servolenkung)	• Ausfall der Servolenkung • Geräusche • Lenkung schwergängig	• Keilriemenspannung zu gering • Luft in der Servolenkung • Zuleitung verstopft • Hydraulikölstand zu niedrig	• lange Betriebsdauer • Filter defekt • Undichtheit der Schläuche	• Keilriemen spannen/ersetzen • entlüften • evtl. Schläuche ersetzen • Filter wechseln • Undichtheiten beheben Hydrauliköl auffüllen
Aufleuchten der Servoelectric-Kontrolllampe	• Notlaufprogramm, Assistenzfunktionen werden abgeschaltet, Lenkunterstützung noch vorhanden	• Lenkwinkelsensor defekt • Fahrgeschwindigkeitssignal fehlt	• Kabelbruch • Sensor defekt	• Fehlerspeicher auslesen • Kabel instandsetzen • Sensor tauschen
	• Ausfall der Lenkunterstützung	• Steuergerät defekt • Lenkmomentsensor defekt • E-Motor defekt	• Überspannung • Kabelbruch • Sensor defekt	• Fehlerspeicher auslesen • Kabel instandsetzen • Bauteil tauschen • Lenkung tauschen

Aktiv-/Überlagerungslenkung

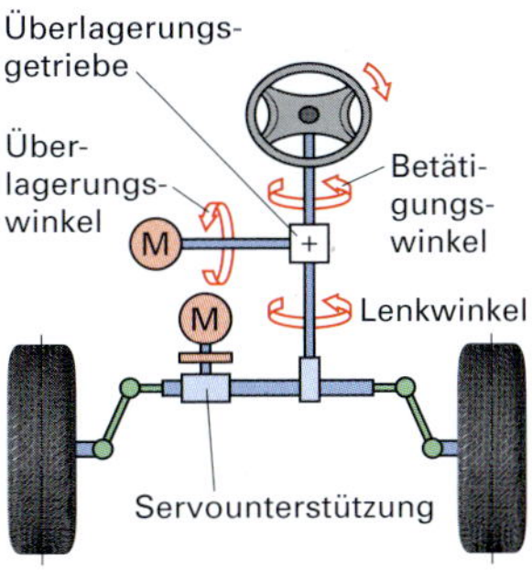

Die Aktiv- oder Überlagerungslenkung unterstützt den Lenkvorgang des Fahrers, indem der Lenkwinkel der Räder abhängig von der Fahrsituation erhöht oder reduziert wird. In Gefahrensituationen ermöglicht sie ein fahrerunabhängiges Lenken der Vorderräder, ohne dass das Lenkrad dabei gedreht wird.

Wirkungsweise
Der vom Fahrer aufgebrachte Betätigungswinkel und die Betätigungsgeschwindigkeit werden durch ein Messsystem (meist im Bereich der Lenkspindel) erfasst. Abhängig von der aktuellen Fahrsituation wird dem Lenksystem ein Überlagerungswinkel über das Überlagerungsgetriebe zugeführt und so der Lenkwinkel beeinflusst. Das Überlagerungsgetriebe ist zwischen Lenkrad und Lenkgetriebe eingebaut.

Lenkwinkel = Betätigungswinkel ± Überlagerungswinkel

Fällt der Elektromotor oder die elektrische Regelung aus, wird die mechanische Verbindung zwischen Lenkrad und Lenkgetriebe durch ein Verblocken des Überlagerungsgetriebes erreicht, sodass wieder eine konstante Lenkübersetzung vorhanden ist und das Fahrzeug weiterhin lenkbar ist.
Zusätzlich zu der Überlagerungslenkung gibt es eine hydraulische oder elektromechanische Hilfskraftlenkung, um das Betätigungsmoment zu reduzieren.

Technische Daten
Übersetzungsverhältnis 10:1…24:1

Funktionen

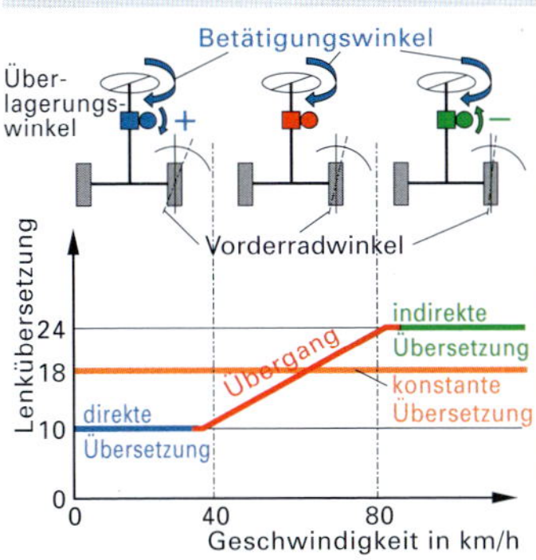

Niedrige Fahrzeuggeschwindigkeit (z.B. Abbiegen im Stadtverkehr oder Einparken): Der Betätigungswinkel am Lenkrad soll möglichst gering sein, damit die Hände an der gleichen Position am Lenkrad bleiben können, um Multifunktionstasten oder Schaltwippen betätigen zu können. Der Lenkwinkel der Vorderräder soll möglichst groß sein. Dies wird durch eine direkte Übersetzung ermöglicht. Dafür wird ein Überlagerungswinkel zum Betätigungswinkel addiert (siehe Diagramm).

Hohe Fahrzeuggeschwindigkeit (z.B. Autobahnfahrt): Durch eine indirekte Übersetzung sollen Fahrfehler, z.B. beim schnellen Spurwechsel, reduziert werden. Dafür wird ein Überlagerungswinkel vom Betätigungswinkel subtrahiert (siehe Diagramm).

Vorteile
- Abhängig von der Fahrzeuggeschwindigkeit und dem Einschlagwinkel des Lenkrades wird eine optimale Lenkübersetzung realisiert.
- Erhöhung des Lenkkomforts durch geringeren Lenkeinschlag.
- Erhöhung der Fahrsicherheit durch Vermeiden von Umgreifen am Lenkrad.
- Fahrzeugstabilisierung durch gezielte Lenkeingriffe, die Aktivlenkung ist mit ESP vernetzt:
  - Bei übersteuerndem Fahrzeugverhalten wird gegengelenkt
  - Bei untersteuerndem Fahrzeugverhalten wird mitgelenkt
  - Bei einer µ-Split-Bremsung wird dem entstehenden Giermoment entgegengelenkt, ohne dass der Fahrer am Lenkrad etwas bemerkt.

4

Überlagerungsgetriebe

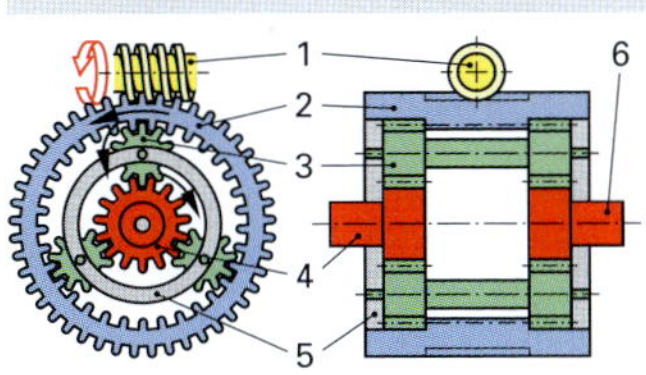

1 Schnecke angetrieben von E-Motor (zweite Eingangswelle)
2 Hohlrad mit zusätzlicher Außenverzahnung
3 Planetenräder
4 Unteres Sonnenrad mit Verbindung zum Lenkritzel (Ausgangswelle)
5 Planetenradträger
6 Oberes Sonnenrad mit Verbindung zur Lenkspindel (erste Eingangswelle)

Das Überlagerungsgetriebe kann z.B. ein Planetengetriebe (siehe Abbildung) mit zwei Eingangs- und einer Ausgangswelle sein. Es gibt unterschiedliche Anordnungen des Motors zum Überlagerungsgetriebe:
- quer (siehe Abbildung oben)
- achsparallel
- koaxial

Wirkungsweise
Die Lenkspindel ist geteilt. Zwischen dem oberen und unteren Teil ist ein Planetengetriebe verbaut. Das Planetengetriebe hat zwei Eingangswellen (1 und 6) und eine Ausgangswelle (4). Die Planetenräder (3) dienen als mechanische Verbindung zwischen den beiden Sonnenrädern (4 und 6). Die Schnecke (1) wird von einem Elektromotor angetrieben. Sie kann dadurch das Hohlrad (2) über die Außenverzahnung drehen.

Ohne Überlagerung: Der E-Motor wird nicht angesteuert. Die Schnecke hält das Hohlrad fest. Bei Lenkbetätigung werden das obere Sonnenrad (6) und damit die Planetenräder verdreht. Diese übertragen die Drehbewegung auf das untere Sonnenrad. Die Lenkspindel ist dadurch mechanisch mit dem Lenkritzel verbunden. Im Fehlerfall wird die Schnecke durch eine elektromechanische Sperre festgehalten.

Niedrige Fahrzeuggeschwindigkeit: Das Schneckenrad wird durch den E-Motor gleichsinnig zur Lenkbewegung verdreht. Das Hohlrad dreht sich mit. Das führt zu einem Umkreisen der Sonnenräder durch die Planetenräder. Dies ergibt einen zusätzlichen Überlagerungswinkel zum Betätigungswinkel des Lenkrades. Daraus ergibt sich ein erhöhter Lenkwinkel und die Räder werden stärker geschwenkt.

Hohe Fahrzeuggeschwindigkeit: Das Schneckenrad wird durch den E-Motor gegensinnig zur Lenkbewegung verdreht. Das Hohlrad dreht gegensinnig und dadurch wird der Drehbewegung des unteren Sonnenrads entgegengewirkt, sodass sich der Schwenkwinkel der Vorderräder reduziert.

Allradlenkung

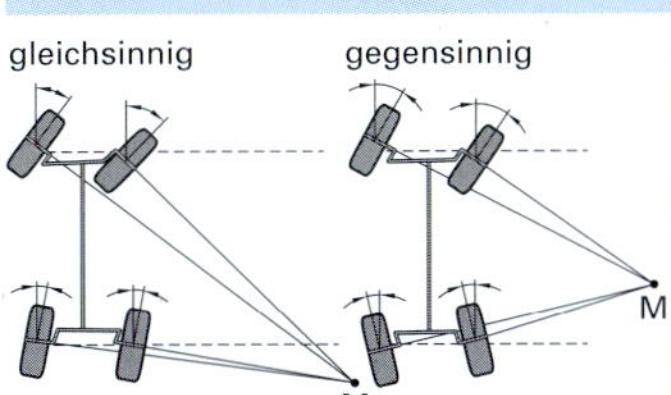

M Kurvenmittelpunkt

Bei der Allradlenkung werden die Hinterräder gleich- oder gegensinnig um bis zu 3° eingeschlagen.

Aufgaben
- Fahrstabilität erhöhen durch Kompensation des Schräglaufwinkels der Hinterräder beim Einlenken und Spurwechsel
- Wendekreis verringern
- Agilität erhöhen

Wirkungsweise
Die Größe des Einschlagwinkels der Hinterräder wird abhängig von Betätigungswinkel, Fahrzeuggeschwindigkeit, Giermoment, Querbeschleunigung usw. im Steuergerät berechnet.

Niedrige Geschwindigkeit: Vorder- und Hinterräder werden jeweils in die entgegengesetzte Richtung eingeschlagen → kleiner Wendekreis.

Hohe Geschwindigkeit: Vorder- und Hinterräder werden jeweils in die gleiche Richtung eingeschlagen → stabiles und spurtreues Fahrverhalten → sicheres Fahrgefühl.

Räder, Felgen

Unterscheidung Rad und Felge

Ein Rad besteht aus der Felge und der Radscheibe (Radschüssel) bzw. dem Radstern oder den Drahtspeichen mit Nabenteil. Die Felge nimmt den Reifen auf und über die Radscheibe wird das Rad zentrisch an der Radnabe befestigt. Die Felge ist somit fachlich betrachtet nur ein Teil des Rades (vgl. Abb. „Felgenaufbau"). In der Praxis wird jedoch das komplette Rad als Felge bezeichnet.

Räder, Felgen für Pkw

Stahlblech-Scheibenrad

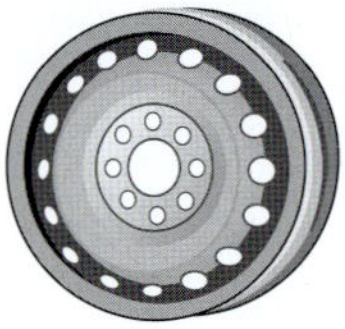

Felge und Radscheibe (Radschüssel) sind miteinander verschweißt. Über die Wanddicke und die Materialverteilung wird das Rad an die Belastung im Einsatz angepasst.

Leichtmetall-Speichenrad

Diese Räder sind geschmiedet, gegossen oder durch Flowforming hergestellt (Felgenbett des Guss-Radrohlings über eine Form ausgewalzt). Bei mehrteiligen Ausführungen werden Felge und Radstern verschraubt.

Draht-Speichenrad

Bei diesen Rädern sind Felge und Nabenteil über Drahtspeichen miteinander verbunden. Draht-Speichenräder werden bei Classic-Pkw eingesetzt.

Felgenaufbau

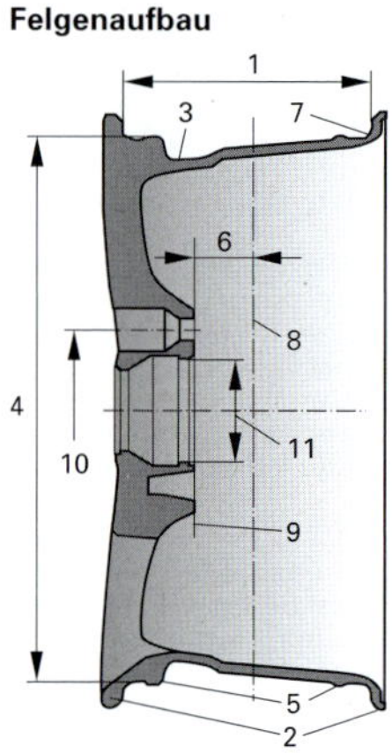

1 Zoll = 25,4 mm

Felgenbezeichnung
Beispiel: **7J x 16 H2 ET43**

1	Felgenmaulweite in Zoll	**7**
2	Kennbuchstabe für Felgenhornform	**J**
3	Tiefbettfelge	**x**
4	Felgendurchmesser in Zoll	**16**
5	Hump (Sicherheitsschulter)	**H2**
6	Einpresstiefe in mm	**ET 43**
7	Felgenschulter	
8	Radmitte (Mitte der Felgenmaulweite)	
9	Anlagefläche an der Radnabe	
10	Lochkreisdurchmesser	
11	Mittenlochdurchmesser (Radnabenbohrung)	

Weitere Angaben zu den Abmessungen der Felge:
Beispiel: **LK 5 x 112**

LK = Lochkreisdurchmesser 112 mm
5 = Anzahl der Bohrungen für die Radschrauben

Angabe zur Felgenform:
S = Symmetrisch. Normalerweise ist das Felgenbett unsymmetrisch. Dies ergibt mehr Raum für die Bremsanlage.

Mittenlochdurchmesser (Radnabenbohrung): Ist er zu groß, müssen Zentrierringe eingesetzt werden. Ist er zu klein, ist eine Radmontage nicht möglich.

Tiefbettfelgen
Für Pkw werden ausschließlich Tiefbettfelgen verwendet. Das Tiefbett ist zur Reifenmontage erforderlich, da sich der Reifenwulst nur über das Felgenhorn ziehen lässt, wenn die andere Seite des Reifens im Tiefbett sitzt.
Tiefbettfelgen für Pkw besitzen an der Felgenschulter ein- oder beidseitig eine umlaufende Erhöhung. Sie wird als Hump (engl.: Höcker) bezeichnet. Der Hump soll das Abrutschen des Reifenwulstes ins Tiefbett erschweren. Je nach Anforderung hat der Hump eine unterschiedliche Ausführung (vgl. rechts).

Humpausführungen

H	einfacher Hump
H2	doppelter Hump
FH	flat (flacher) Hump
FH2	doppelter flat Hump
CH	Kombination aus H (innen) und FH (außen)
EH2	Extended (erhöhter) Hump, z. T. bei Felgen für *Run-Flat-Reifen*, verhindert Abrutschen des Reifenwulstes ins Tiefbett bei Luftverlust
SL	Special Ledge (breiter Wulstsitz, ohne Hump)

Felgen für Nutzfahrzeuge

Steilschulterfelge

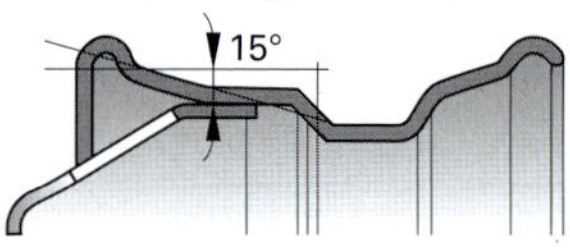

Die Steilschulterfelge ist eine Tiefbettfelge ohne Hump. Stattdessen sind die Reifenschultern um 15° geneigt. Infolge der starken Neigung der Felgenschulter wird der Wulst des Reifens an die Schulter angepresst, wodurch ein sicherer Sitz gewährleistet wird. Außerdem sorgt die Schulterneigung für eine sichere Abdichtung, sodass schlauchlose Reifen eingesetzt werden können.
Einsatz: Standardfelge für schwere Lkw, Anhänger und Omnibusse.

Felgenbezeichnung
Beispiel: 22.5 x 11.75
Steilschulterfelge (erkennbar an .5 beim Felgendurchmesser)

22.5	Felgendurchmesser in Zoll
11.75	Maulweite in Zoll
x	Zeichen für Tiefbettfelge

Schrägschulterfelge

Beispiel: längsgeteilt, 2-teilig

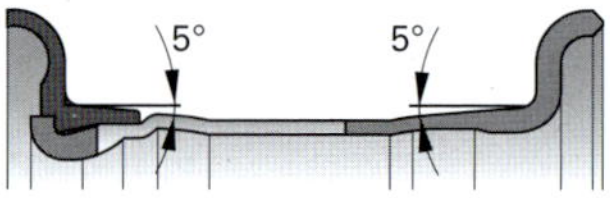

Schrägschulterfelgen sind geteilte Felgen. Es gibt 2-, 3-, 4-teilige Ausführungen. Sie besitzen ein flaches Bett und die Felgenschultern haben eine Neigung von 5°. Es gibt Ausführungen für Reifen mit und ohne Schlauch. Für schlauchlose Reifen wird ein zusätzlicher Gummidichtring verwendet.
Einsatz: Schwere Lkw und Omnibusse

Halbtiefbettfelge
Das Felgenbett ist nur gering vertieft. Die Felgenschultern sind wie bei der Schrägschulterfelge um 5° geneigt.
Einsatz: Schwere Lkw und Omnibusse

Felgenbezeichnung Schrägschulterfelge
Beispiel: 7.5 – 20

7.5	Maulweite in Zoll
–	Zeichen für mehrteilige Felge
20	Felgendurchmesser in Zoll

Halbtiefbettfelge
Beispiel: 7.50 – 20 SDC

7.50	Maulweite in Zoll
–	Zeichen für mehrteilige Felge
20	Felgendurchmesser in Zoll
SDC	Semi Drop Center (internationale Bezeichnung für Halbtiefbett)

Laufunruhe durch Rad-Reifen-System

Begriff
Unter Laufunruhe versteht man Vibrationen beim Fahren, die vom Rad-Reifen-System ausgehen und sich auf das Fahrzeug übertragen.

Auswirkungen
- Vibrationen am Lenkrad
- störende Karosseriegeräusche (Brummen)
- höherer und ungleicher Reifenverschleiß
- geringere Kraftübertragung am Reifen
- schlechteres Lenk- und Fahrverhalten des Fahrzeugs
- höherer Verschleiß bei Bauteilen der Lagerung, der Lenkung und der Radaufhängung

Ursachen für Laufunruhe

Unwucht

Unwucht kann durch ungleichmäßige Massenverteilung und geometrische Abweichungen bei Reifen und Rädern entstehen.

statisch

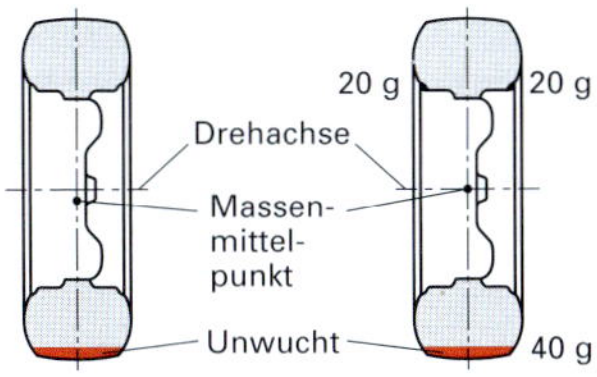

ungewuchtet gewuchtet

Statische Unwucht
Der Massenmittelpunkt (Schwerpunkt) liegt nicht auf der Drehachse des Rads, sondern ist in Richtung Unwuchtmasse verschoben (vgl. Abb.). Dreht sich das Rad, bewegt sich der Massenmittelpunkt auf einer Kreisbahn um die Drehachse. Dies führt zum Springen des Rades.

Beseitigung der statischen Unwucht
Gegenüber der Unwuchtstelle müssen Auswuchtmassen (Gegengewichte) angebracht werden, links und rechts am Rad mit jeweils der halben Unwuchtmasse (vgl. Abb.).

dynamisch

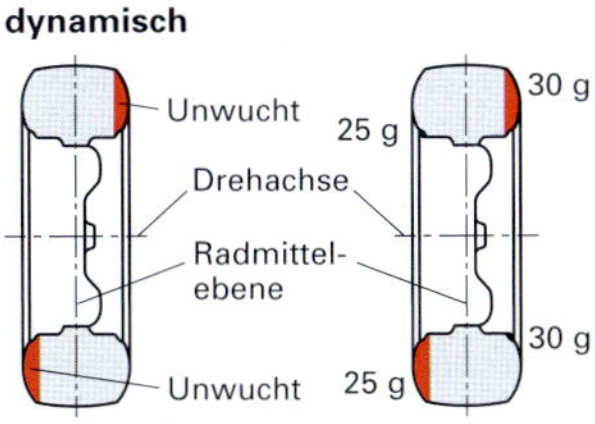

ungewuchtet gewuchtet

Dynamische Unwucht
Die Unwuchtmassen liegen außerhalb der Mittelebene des Rades. Beim Drehen entstehen Fliehkräfte, die, mit dem Abstand zur Radmittelebene als Hebelarm, Drehmomente erzeugen. Dies führt zu einer Taumelbewegung des Rades.

Je größer der Abstand der Unwuchtmasse von der Radmittelebene ist und je breiter ein Reifen ist, desto mehr bewirkt eine dynamische Unwucht, dass das Rad beim Fahren taumelt.

Beseitigung der dynamischen Unwucht
Gegenüber der Unwuchtstelle muss eine entsprechende Auswuchtmasse (Gegengewicht) angebracht werden. Dies muss für die linke und rechte Radseite getrennt erfolgen (vgl. Abb.).

Daher teilt die Auswuchtmaschine das Rad in zwei Ebenen (Radhälften) ein. Jede Radhälfte wird für sich betrachtet. Die statischen und die dynamischen Unwuchtanteile auf der jeweiligen Seite werden zusammengefasst.

Geometrische Abweichungen

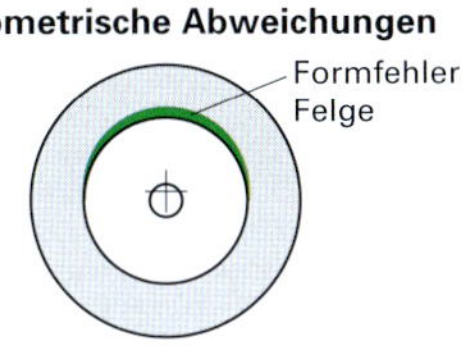

Geometrische Abweichungen können in der Fertigung und bei der Montage entstehen.
- Fertigungsbedingte Abweichungen, z. B.:
  - ungleichmäßige Lage des Gürtels
  - Höhenschlag/Seitenschlag am Reifen
  - Höhenschlag/Seitenschlag an der Felge
- Montagebedingte Abweichungen, z. B.:
  - unsaubere Anlageflächen (Felge, Radnabe)
  - ungenaue Zentrierung Felge/Radnabe

Standplatten am Reifen (Flatspot)
Standplatten (engl. = flatspot) entstehen, wenn Fahrzeuge mit warmgefahrenen Reifen lange Zeit auf derselben Stelle stehen. In der Regel gleichen sich die Standplatten nach einer gewissen Fahrzeit durch Erwärmung des Reifens von selbst aus und verschwinden.

Härteschwankungen (Kraftschwankungen) im Reifen

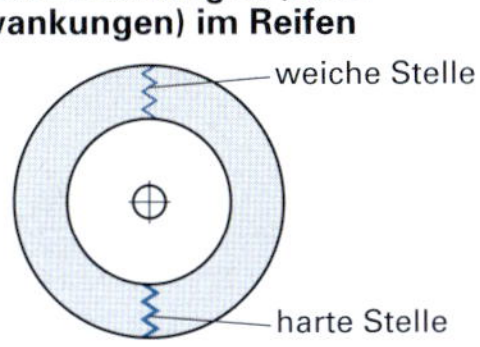

Laufunruhe durch Radialkraftschwankung
Ein Reifen zeigt fertigungsbedingt Härteschwankungen in seinem Inneren, z. B. durch ungleiche Materialverteilung bei Karkasse und Lauffläche. Dadurch federt der Reifen beim Abrollen nicht absolut gleichmäßig ein. Die in radialer Richtung wirkende Federkraft schwankt entsprechend. Dies wirkt sich auf die Laufruhe prinzipiell gleich aus wie eine statische Unwucht.

Laufunruhe durch Seitenkraftschwankung
Ein Reifen besitzt fertigungsbedingt gewisse Schwankungen bei der Quersteifigkeit, z. B. durch Abweichungen im Aufbau der Reifenflanken (Seitenwände). Dies kann vor allem bei Kurvenfahrt zu Schwankungen bei der Seitenkraft und damit zu Laufunruhe führen.
Eine Abhilfe durch Auswuchten oder Matchen ist hier nicht möglich.

Maßnahmen zur Beseitigung/Verringerung von Laufunruhe

Auswuchten

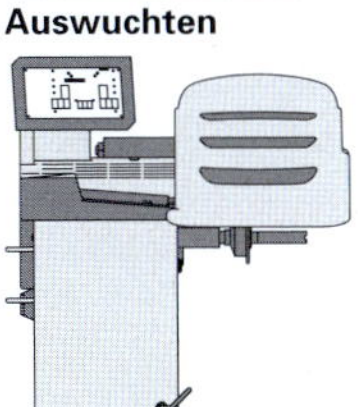

Auf der Auswuchtmaschine werden an der Rad-Reifen-Kombination die statischen und dynamischen Unwuchtstellen und die Unwuchtmassen ermittelt. Durch Anbringen von entsprechenden Ausgleichsgewichten am Rad erfolgt die Beseitigung der Unwucht (vgl. oben).
Moderne Auswuchtmaschinen bieten je nach Ausstattung weitere Funktionen:
- automatisches Messen der Reifenmaße
- Prüfung der Radzentrierung
- Messung des Felgenschlagwerts
- Berechnung von Lage und Masse der Auswuchtgewichte für eine verdeckte Anbringung (bei Leichtmetallfelgen)
- automatische Vibrationskontrolle mit Hilfe einer Rolle, auf der der Reifen beim Wuchtvorgang abrollt. Dies ermöglicht die Lokalisierung von geometrischen Abweichungen und von Härteschwankungen im Reifenaufbau.

Matchen

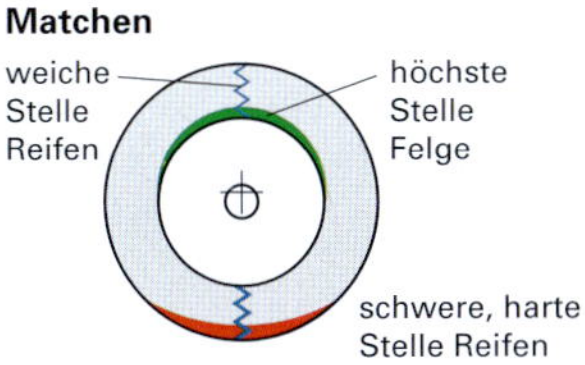

Beim Matchen wird der Reifen auf der Felge verdreht, mit dem Ziel, dass sich die Unwucht der Felge und die Unwucht des Reifens möglichst ausgleichen. Die Restunwuchten von Reifen und Felge werden beim anschließenden Auswuchten durch Gewichte ausgeglichen.
Da das Matchen sehr zeitaufwendig ist, wird es nur in Einzelfällen und im Motorsport angewendet.

Laufruheoptimierung durch Minimierung der Radialkraftschwankungen im Reifen: Erfahrungsgemäß ist eine schwere Stelle des Reifens oft zugleich eine harte Stelle. Deshalb setzt man die schwere (harte) Stelle des Reifens der höchsten Stelle der Felge gegenüber (vgl. Abb.), damit sich diese in ihrer Wirkung auf die Radialkraft (vgl. oben) nicht addieren.

4

Reifen

Gesetzliche Bestimmungen nach § 36 StVZO und ECE-Vorschriften

Maße und Bauart (§ 36 (1) StVZO)	Maße und Bauart der Reifen müssen den Betriebsbedingungen, besonders der Belastung und der Höchstgeschwindigkeit des Fahrzeuges entsprechen.
Reifenprofil (§ 36 (3) StVZO)	Reifen an Kraftfahrzeugen und Anhängern müssen am ganzen Umfang und der ganzen Breite der Lauffläche mit Profilrillen oder Einschnitten versehen sein. Das Hauptprofil muss am ganzen Umfang eine Profiltiefe von mind. 1,6 mm (bei Fahrrädern mit Hilfsmotor, Klein- und Leichtkrafträdern von mind. 1,0 mm) aufweisen. Als Hauptprofil gelten dabei die breiten Profilrillen im mittleren Bereich der Lauffläche, der etwa ¾ der Laufflächenbreite einnimmt.
Reifenkennzeichnung (ECE 30)	Sämtliche Neu-Reifen für Kraftfahrzeuge mit $v > 40$ km/h müssen folgende Kennzeichnung aufweisen: Fabrik- und Handelsmarke, Reifengröße, Reifenbauart, Tragfähigkeit, Speed-Index, Herstellungs- bzw. Runderneuerungsdatum und ECE-Kennzeichnung. Die ECE-Kennzeichnung sieht folgendermaßen aus: Ein E und die Nummer des Genehmigungslandes im Kreis (z. B. E① Deutschland, E② Frankreich, E⑫ Österreich, E㉕ Kroatien, …)
Reifen für Pkw	§ 36 (2a) StVZO ist entfallen *Anmerkung:* Das dort enthaltene Verbot der Mischbereifung mit Diagonal- und Radialreifen spielt in der Praxis bei Pkw-Reifen keine Rolle mehr, da nur noch Radialreifen hergestellt werden. Lediglich bei Oldtimern, für die noch Diagonalreifen angefertigt werden, ist diese Regelung von Bedeutung. Allgemein müssen die Reifen den ECE-Vorschriften entsprechen, erkennbar am E-Zeichen (siehe oben).
Reifen für Lkw (§ 36 (6) StVZO)	An Kraftfahrzeugen und an ihren Anhängern – ausgenommen Pkw – mit einem zulässigen Gesamtgewicht von mehr als 3,5 t und einer durch die Bauart bestimmten Höchstgeschwindigkeit von mehr als 40 km/h dürfen die Räder einer Achse entweder nur mit Diagonal- oder nur mit Radialreifen ausgerüstet sein.
Reifenfabrikatsbindung	Für Kraftfahrzeuge und Kraftfahrzeuganhänger ist seit 2000 die Reifenfabrikatsbindung aufgehoben (Richtlinie 92/23 EWG). Für **Motorräder** kann der Hersteller Reifenfabrikate festlegen (Richtlinie 97/24/EG). Diese sind dann in den Fahrzeugpapieren (Fahrzeugschein, Zulassungsbescheinigung Teil 1) eingetragen. Die Fabrikatsbindung kann durch eine Unbedenklichkeitsbescheinigung (UBB) eines Fahrzeug- oder Reifenherstellers erweitert werden.
Winterreifenpflicht in Deutschland (§ 2 Abs. 3a StVO)	Bei Glatteis, Schneeglätte, Schneematsch, Eis oder Reifglätte dürfen Pkw und Lkw nur mit Winterreifen gefahren werden, erkennbar am Alpine-Symbol (Bergpiktogramm mit Schneeflocke). Zusätzlich gelten bis zum 30.09.2024 Reifen mit M+S Kennzeichnung als wintertauglich, wenn sie bis zum 31.12.2017 hergestellt wurden (vgl. § 36 (4) StVZO). Pkw müssen an allen Rädern, Fahrzeuge der Klassen M2, M3, N2 und N3 müssen an den Lenk- und Antriebsachsen mit Winterreifen ausgerüstet sein.
Winterreifenpflicht im europäischen Ausland (Auszug)	Österreich: Bei winterlichen Fahrbahnverhältnissen vom 1.11. bis 15.4. Schweiz: Allgemein gilt, das Fahrzeug muss in jeder Situation beherrschbar sein. Frankreich: Vom 1.11. bis 31.3. in bestimmten Regionen bzw. nach Beschilderung. Italien: Regional unterschiedlich, z. B. Südtirol vom 15.11. bis 15.4.

Reifenlabel (Beispiel)

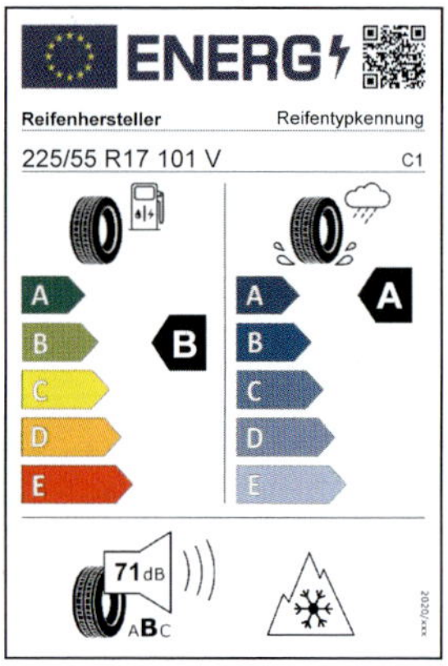

gültig ab 01.05.2021

QR-Code: Link zur Produktdatenbank, in die der Hersteller die Reifendaten einstellen muss.

Kraftstoffeffizienz (Rollwiderstand)					
Kraftstoffeffizienzklasse	A	B	C	D	E
Mehrverbrauch gegenüber Klasse A in Liter/100 km	–	bis 0,10	bis 0,22	bis 0,36	über 0,36

Nasshaftung (Bremsung aus 80 km/h)					
Nasshaftungsklasse	A	B	C	D	E
Bremswegverlängerung gegenüber Klasse A in Meter	–	+3	+7	+12	+18

Geräuschemission (Vorbeifahrgeräusch als absoluter Wert in dB und in den Klassen A, B, C)	
ABC: Klasse **A**	EU-Grenzwert[1)] wird um mindestens 3 dB unterschritten.
A**B**C: Klasse **B**	EU-Grenzwert[1)] wird eingehalten oder um weniger als 3 dB unterschritten.
AB**C**: Klasse **C**	EU-Grenzwert[1)] wird überschritten.

1) EU-Grenzwert nach (EG) Nr. 661/2009, abhängig von der Nennbreite des Reifens

Eignung als Winterreifen	**Eisgriffigkeit**
Reifen erfüllt die Mindestkennwerte für die Schneegriffigkeit nach UNECE-Regelung Nr. 117.	Spezielle Gummimischung für nordische Länder

Technische Hinweise und weitere gesetzliche Bestimmungen

Reifenreparatur	Es gibt keine gesetzliche Regelung für den Einsatz reparierter Reifen. Aus Sicherheitsgründen sollten Reifen mit einem Geschwindigkeits-Index größer V nicht repariert werden. Repariert werden darf nur im Bereich der Lauffläche. Wurde ein Pannenset verwendet, ist eine professionelle Reparatur nicht mehr möglich. In einen Schlauchlos-Reifen darf kein Schlauch eingelegt werden.
Nachschneiden	Das Nachschneiden von Reifen für Fahrzeuge über 3,5 t ist möglich, wenn auf der Seitenwand REGROOVABLE steht. Es müssen 2 mm Restgummistärke zum Reifenunterbau verbleiben. Die Reifen dürfen nicht an der Lenkachse von Nfz und KOM montiert werden.

Reifenaufbau

PKW-Reifen

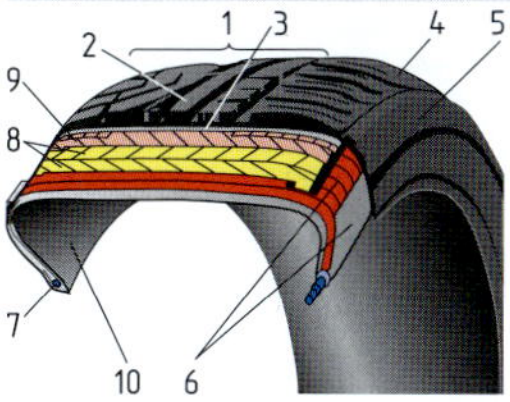

1 Lauffläche
2 Profil
3 Zwischenbau
4 Reifenschulter
5 Flanke
6 Karkassenlagen
7 Wulstkern
8 Stahlgürtellagen
9 Abdecklagen
10 Gummischicht (Inliner)

LKW-Reifen

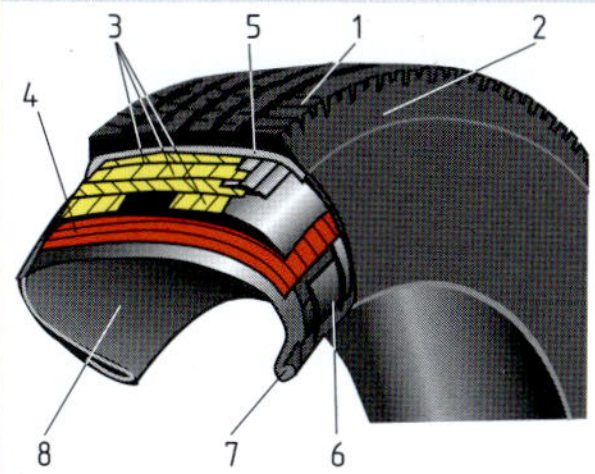

1 Lauffläche
2 Flanke
3 Stahlgürtellagen
4 Radialkarkasse aus Stahlseilen
5 Zwischenbau
6 Wulstschutzlage
7 Wulstkern
8 Luftdichte Gummischicht (Inliner)

Motorrad-Reifen

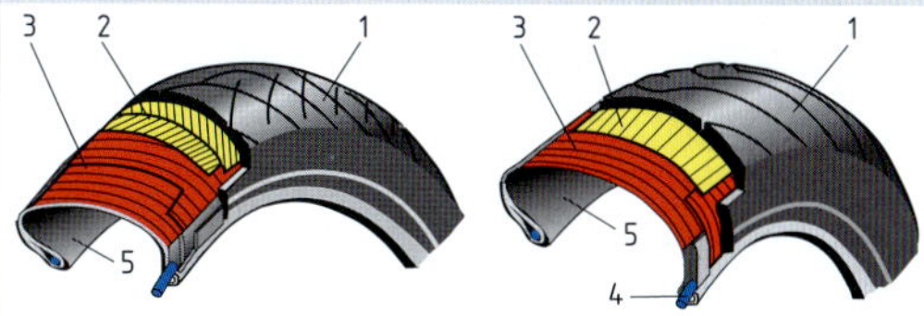

vorne hinten

1 Lauffläche
2 Gürtellage
3 Karkassenlage
- diagonal übereinander bei Diagonalreifen
- quer zur Laufrichtung bei Radialreifen

4 Wulstkern
5 Luftdichte Gummischicht (Inliner)

Lauffläche (Cap), Profil

Die Gummimischung besteht aus Synthese- und Naturkautschuk. Anforderungen: Gute Haftung, geringer Rollwiderstand, möglichst geringer Abrieb. Silika-Zusatz verbessert die Haftung bei tiefen Temperaturen (Winterreifen) und die Nasshaftung (Motorradreifen). Anforderungen an das Profil: Gute Wasserableitung, geringe Rollgeräusche. Winterreifen haben in der Regel lamellenartiges Profil zur besseren Haftung bei glatter Fahrbahnbeschaffenheit.

Zwischenbau (Base)

Er verbindet den Gürtel und den relativ harten Gummi der Lauffläche elastisch. Er dämpft Fahrbahnstöße und schützt den Gewebeunterbau vor Brüchen.

Reifenschulter, Seitenwand (Reifenflanke) Zentrierlinie

Die Reifenschulter ist der Übergang von der Seitenwand zur Lauffläche. Die Seitenwand (Reifenflanke) schützt die Karkasse vor Beschädigungen. Auf der Flanke ist die Reifenkennzeichnung angebracht. Die *Zentrierlinie* (umlaufende Linie oder Rille) auf der Seitenwand dient zur Kontrolle, ob der Reifen richtig auf der Felge sitzt. Die Zentrierlinie muss umlaufend gleich zum Felgenhorn liegen.

Karkasse (Unterbau) Inliner

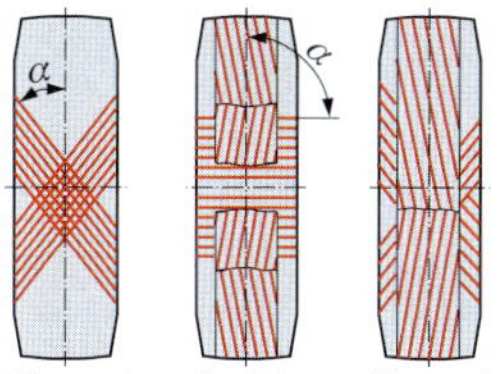

Diagonal-reifen Radial-reifen (R) Diagonal-Gürtel (B)

Die Karkasse ist das Gerüst des Reifens. In Verbindung mit dem Luftdruck verleiht sie dem Reifen seine Tragfähigkeit und Stabilität. Die Karkasse besteht bei Pkw und Motorrädern in der Regel aus gummiummantelten Textilfäden (Textilcord) und bei Lkw-Reifen aus Stahldrähten (Stahlcord).

Diagonalreifen: Die Textilfäden- oder Stahldrähte verlaufen diagonal von Wulst zu Wulst. Die Karkasse besteht aus mehreren übereinander angeordneten Lagen. Zur Erhöhung der Formstabilität des Reifens bei hoher Geschwindigkeit wird zusätzlich zwischen Karkasse und Lauffläche ein Gürtel aus einer oder mehreren Lagen eingelegt (Bias-Belted-Reifen). Anwendung: Motorradreifen

Radialreifen: Die Cordfäden der Karkasse verlaufen radial, 90° zur Laufrichtung von Wulst zu Wulst. Der *Gürtel* besteht aus mehreren diagonal verlaufenden Lagen Stahlcord oder Textilcord (Nylon-, Aramidfasern) und ist zwischen Karkasse und Lauffläche eingearbeitet. Er stabilisiert die Karkasse gegenüber Seitenkräften und die Auflagefläche des Reifens gegen Verformung durch Fliehkräfte. Vorteile von Radialreifen: Hohe Laufleistung, hohe Tragfähigkeit, geringer Rollwiderstand und hohe Richtungsstabilität. Anwendung: Pkw-, Nfz-, Motorradreifen
Inliner: Luftundurchlässige, elastische Gummischicht im Inneren des Reifens.

Wulst, Wulstkern

Der Wulst hält den Reifen auf der Felge und überträgt die Antriebs-, Brems- und Seitenkräfte. Der Wulstkern besteht aus mehreren Stahldrähten, um die die Karkassenlagen gelegt sind. Der Wulstkern sorgt für die Stabilität und die Gummiummantelung für Dichtheit zwischen Felge und Reifen.

Reifenabmessungen

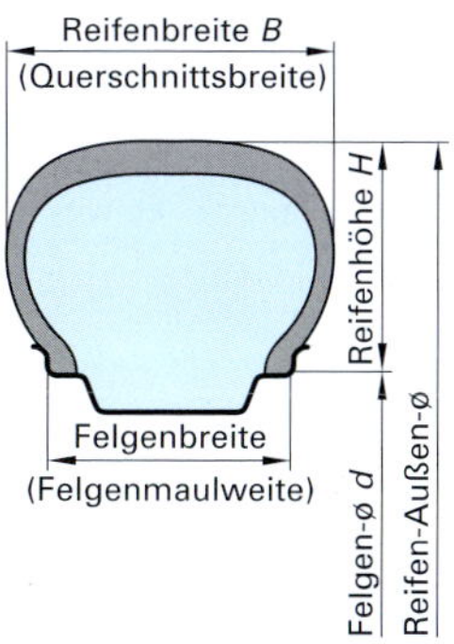

Reifengrößenbezeichnung
- Reifenbreite ***B*** in Zoll
- Querschnittsverhältnis Q in % (Verhältnis von Reifenhöhe ***H*** zur Reifenbreite ***B*** in %)
- Felgen- /Reifeninnendurchmesser ***d*** in Zoll

Neureifenmaße
- Außendurchmesser: Der Durchmesser des Reifens gemessen auf der Laufflächenmitte.
- Reifenbreite *B*: Reifenbreite an der glatten Seitenwand (ohne Scheuerleiste usw.).
- Reifenhöhe *H*: Halbe Differenz zwischen Außendurchmesser und Felgennenndurchmesser.

Betriebsmaße
- Außendurchmesser im Betrieb: Dieses Maß enthält das Wachstum des Reifens im Betrieb.
- Betriebsbreite: Dieses Maß wird im Betrieb ermittelt und ist abhängig von der Felgenbreite. Die Betriebsbreite (max.) ergibt sich bei maximal zulässiger Felgenbreite.

Sonstige Maße
- Felgenbreite (Felgenmaulweite)
- Statischer Radius (Halbmesser) r_{stat}: Abstand Reifenmitte zur Fahrbahn in mm bei stehendem Fahrzeug.
- Dynamischer Radius (Halbmesser) r_{dyn}: Abstand Reifenmitte zur Fahrbahn in mm bei $v = 60$ km/h.
- Abrollumfang U_R: Wegstrecke in mm, die das Rad bei einer Umdrehung bei 60 km/h zurücklegt.

Mindestprofiltiefe (gesetzlich vorgeschrieben, vgl. StVZO § 36)
- Pkw-Reifen 1,6 mm
- empfohlen für Winterreifen 4,0 mm
- Motorradreifen 1,6 mm
- Klein-/Leichtkrafträder 1,0 mm

Reifenkennzeichnung für Pkw (vgl. ECE-R 30)

Herstellungsdatum (letzte 4 Ziffern der DOT-Nummer)

Beispiel 1420:
14. Woche
Jahr 2020

(bis 2000 war die Angabe 3-stellig)

Reifenkennzeichnung Pkw-Reifen

Beispiel: **205/55 R 16 91 V**

205	Reifenbreite 205 mm
55	Querschnittsverhältnis H : B 55 %
R	Reifenbauart: Radialreifen
91	Tragfähigkeit 615 kg (siehe Tabelle)
16	Felgendurchmesser 16 Zoll
V	Höchstgeschwindigkeit 240 km/h (siehe Tabelle)

Weitere Kennzeichnungen:

TWI	Thread Wear Indikator, Lage der Profilabnutzungsanzeige
RFT	Run Flat Tyre (vgl. S. 233) auch RF, SSR, SST
M+S	Matsch+Schnee, als Winterreifen nur bis Herstellungsdatum 5217 zugelassen (vgl. S. 230)
(Alpinsymbol)	Alpinsymbol, kennzeichnet die Wintereignung nach StVZO (vgl. S. 230)

Outside	Kennzeichnung „außen" für die Reifenmontage
Rotation ➔	Laufrichtung
tubeless, TL	schlauchlos
Reinf	Reinforced, Reifen mit verstärkter Karkasse
XL	Extra Load, verstärkter Reifen mit erhöhter Tragfähigkeit
XL+	mit besonders hoher Tragfähigkeit
C	Reifen für Transporter und Leicht-Lkw
CP	Reifen für Campingfahrzeuge
LT	Light Truck, gleichbedeutend mit C
PR	Ply Rating-Zahl, alte Kennzeichnung der Tragfähigkeit, wird z. T. noch bei C-Reifen verwendet.
E1	ECE-Prüfzeichen (1 = Deutschland)

Weitere Angaben:
- maximaler Reifendruck
- detaillierte Angaben über den Reifenaufbau, z. B. Anzahl und Werkstoff der Karkassen und Gürtellagen

Kennzahl für Tragfähigkeit Load Index LI (Auswahl)

vgl. ECE-R 30

Die maximale Reifentragfähigkeit in kg wird durch den Load Index (LI) angegeben. Er gilt bis zur zulässigen Höchstgeschwindigkeit des Reifens, jedoch nur bei Reifen bis SI = H bzw. 210 km/h. Ab SI = V ist die maximale Tragfähigkeit bei der zulässigen Höchstgeschwindigkeit des Reifens geringer als der LI angibt (siehe Tabelle rechts unten).

Bei *Nfz-Reifen* ist die Abhängigkeit der Tragfähigkeit von der Geschwindigkeit und dem Reifenluftdruck besonders bedeutsam. Entsprechende Tabellen gibt es bei den Reifenherstellern.

LI	kg	LI	kg	LI	kg	LI	kg	LI	kg	LI	kg
50	190	70	335	80	450	90	600	100	800	110	1 060
52	200	71	345	81	462	91	615	101	825	115	1 215
54	212	72	355	82	475	92	630	102	850	120	1 400
56	224	73	365	83	487	93	650	103	875	125	1 650
58	236	74	375	84	500	94	670	104	900	130	1 900
60	250	75	387	85	515	95	690	105	925	135	2 180
62	265	76	400	86	530	96	710	106	950	140	2 500
64	280	77	412	87	545	97	730	107	975	145	2 900
66	300	78	425	88	560	98	750	108	1 000	150	3 350
68	315	79	437	89	580	99	775	109	1 030	155	3 875

Kennbuchstaben für zulässige Höchstgeschwindigkeit Speed Index SI

vgl. ECE-R 30

Die für Reifen zulässige Höchstgeschwindigkeit wird durch den Speed Index (SI) angegeben.
Bei Pkw-Reifen entspricht sie der Fahrzeughöchstgeschwindigkeit.

Die *Tabelle rechts* zeigt den Einfluss der Geschwindigkeit auf die maximale Reifentragfähigkeit bei Pkw-Reifen mit einem Speed Index (SI) oberhalb von H, bezogen auf den jeweils geltenden Lastindex des Reifens.

SI	v_{max} km/h	SI	v_{max} km/h	SI	v_{max} km/h	v_{max} km/h	Tragfähigkeit in % bei SI H	V	W	Y
F	80	N	140	U	200	210	100	100	100	100
G	90	P	150	H	210	220		97	100	100
J	100	Q	160	V	240	240		91	100	100
K	110	R	170	W	270	260			90	100
L	120	S	180	Y	300	270			85	100
M	130	T	190	ZR	über 240	280				95
						300				85

Reifenverschleiß

Erhöhter Abrieb außen, beidseitig

Ursachen:
- Reifenfülldruck zu niedrig, die Mitte der Lauffläche wölbt sich nach innen

Erhöhter Abrieb in der Mitte

Ursachen:
- Reifenfülldruck zu hoch, die Mitte der Lauffläche wölbt sich nach außen
- häufige starke Beschleunigungsvorgänge

Rissige Oberfläche

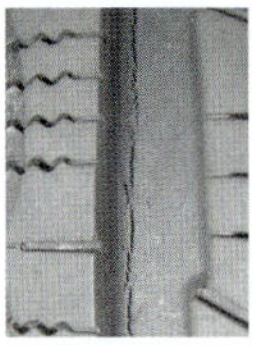

Kleine Risse, vor allem im Profilgrund und an der Seitenwand des Reifens.
Ursache:
- Gummialterung z. B. durch UV-Anteil im Sonnenlicht, Einwirkung von Feuchtigkeit, Hitze usw.

Einseitiger Abrieb

Ursachen:
- falsche Spur- und Sturzwerte z. B. durch Bordsteinrempler oder Änderungen am Fahrwerk
- häufige schnelle Kurvenfahrt

Unregelmäßiger Abrieb

Auswaschungen am gesamten Reifenumfang
Ursachen:
- nicht ausgewuchtete Räder
- defekte Federung, Schwingungsdämpfer
- Spiel in Radlagerung, Radaufhängung

Verformungen, Risse

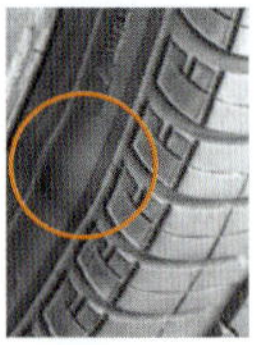

Verformungen an der Seitenwand (vgl. Abb.)
Ursache:
- Aufprall, z. B. auf eine Bordsteinkante

Risse im Wulstbereich
Ursache:
Montagefehler, z. B. Montagekopf falsch justiert

Runflat-Reifen RFT (Reifen mit Notlaufeigenschaften)

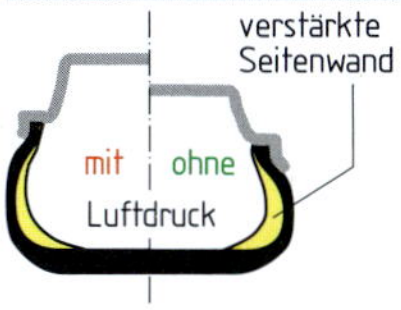

Bei Runflat-Reifen (RFT = **R**un **F**lat **T**yre) trägt die Seitenwandverstärkung aus einer hoch hitzebeständigen Gummimischung das Fahrzeuggewicht auch bei völligem Druckverlust. Sie haben aufgrund der höheren Seitenwandstabilität ein härteres Federverhalten. Ein verstärkter Wulstkern und z. T. Felgen mit erhöhtem Hump (EH, EH+) sorgen für einen sicheren Sitz des drucklosen Reifens auf der Felge. Ohne Luftdruck kann bei v_{max} = 80 km/h eine Strecke von bis zu 200 km zurückgelegt werden. Runflat Reifen dürfen nur montiert werden, wenn eine Herstellerfreigabe vorliegt und das Fahrzeug mit einem Reifendruckkontrollsystem ausgerüstet ist. Weitere Bezeichnungen, z. B.: SSR = Self Supporting Run Flat, SST = Self Supporting Tyre.

Reifendruckkontrollsysteme RDKS (engl.: TPMS Tyre Pressure Monitoring System)

Gesetzliche Vorschriften

Nach EU-Verordnung ECE-R64 müssen seit 01.11.2014 alle neu zugelassenen Pkw (M1) und Nfz bis 3,5 t (N1) werkseitig mit einem Reifendruckkontrollsystem (RDKS) ausgestattet sein. Die Fehleranzeige muss spätestens innerhalb von 10 Min. Fahrzeit erfolgen bzw. innerhalb von 60 Min. kumulierter (= zusammengerechneter) Fahrzeit bei schleichendem Druckverlust.

Bedingungen für das Aufleuchten der Warnleuchte:
- Betriebsdruck im Reifen sinkt um 20 % oder auf 1,5 bar (150 kPa)
- Störung im RDKS (Warnleuchte muss nach Einschalten der Zündung blinken)

Indirekt messendes Reifendruckkontrollsystem

Aufbau

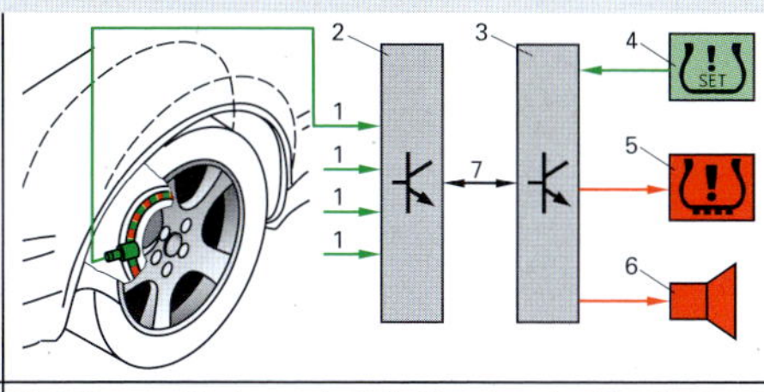

1 Raddrehzahlsensoren
2 ABS/ESP-Steuergerät
3 Steuergerät Reifendruckkontrollsystem
4 Taste für Reifendruckkontrollsystem
5 Warnleuchte im Kombiinstrument
6 Akustische Warnung
7 CAN-Busverbindung

Funktionsweise

Bei diesem System wird ein Druckverlust im Reifen über die Raddrehzahländerung erkannt. Bei Druckverlust verringert sich der Abrollumfang des Reifens und die Drehzahl des betroffenen Rads steigt gegenüber den anderen Rädern an. Bei neueren Ausführungen werden auch Drehzahlschwankungen ausgewertet, die durch Reifenschwingungen entstehen. Diese hängen unter anderem vom Reifendruck ab. Dadurch wird die Messung genauer und schleichender Druckverlust wird besser erkannt.
Das Reifendruckkontrollsystem ist in das ABS/ESP-Steuergerät integriert. Es wertet ständig die von den Raddrehzahlsensoren erfassten Raddrehzahlen aus. Erkennt das System einen Druckverlust, leuchtet die Warnleuchte auf und ein akustisches Signal ertönt. Die Warnung wird bei jedem Einschalten der Zündung wiederholt.

Initialisierung (Kalibrierung)
Nach einer Änderung des Reifendrucks, nach einem Reifenwechsel oder nach Werkstattarbeiten am Fahrwerk muss das RDKS neu initialisiert werden.
Die Initialisierung wird über die Taste des Reifendruckkontrollsystems eingeleitet, z. B. durch längeres Drücken der Taste bei eingeschalteter Zündung. Das System stellt sich anschließend beim Fahren auf die eingefüllten Reifendrücke bzw. auf die montierten Räder ein.

Direkt messendes Reifendruckkontrollsystem

Aufbau

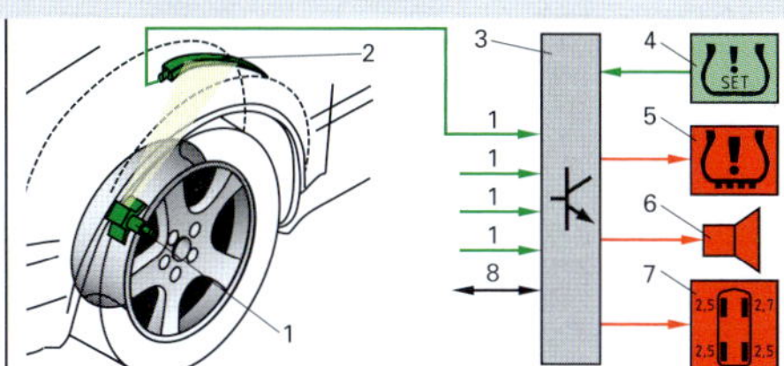

1 Reifendrucksensoren
2 Antennne für Reifendruckkontrolle
3 Steuergerät Reifendruckkontrollsystem
4 Taste/Menü für Reifendruckkontrollsystem
5 Warnleuchte im Kombiinstrument
6 Akustische Warnung
7 Anzeigeeinheit/Display
8 CAN-Busverbindung

Funktionsweise

Bei diesem System befindet sich an jedem Rad ein Reifendrucksensor. Die gemessenen Werte für den Reifendruck und die Reifentemperatur sowie die Identnummer des Sensors werden per Funksignal über einzelne Antennen in den Radkästen oder einen zentralen Empfänger an das Steuergerät übermittelt. Der Reifendruck und die Reifentemperatur werden ständig gemessen und können bei Bedarf angezeigt werden. Das System kann schnellen und schleichenden Druckverlust zuverlässig feststellen. Erkennt es einen Druckverlust, leuchtet die Warnleuchte auf und ein akustisches Signal ertönt. Die Druckverlustwarnung wird beim Einschalten der Zündung und in regelmäßigen Abständen wiederholt.

Reifendrucksensor
Der Drucksensor ist entweder mit dem Ventil verschraubt oder er befindet sich in einem Gummicontainer, der auf die Innenseite des Reifens geklebt ist. Der Sensor wird von einer fest eingebauten Batterie versorgt (Haltbarkeit 6 bis 10 Jahre).
Neben den Original-Sensoren (OEM-Sensoren) des Herstellers können auch *Universalsensoren* verwendet werden. Je nach Ausführung können diese direkt eingesetzt werden oder müssen für den jeweiligen Fahrzeugtyp konfiguriert bzw. programmiert werden. *Allgemein gilt:* Ist ein Fahrzeug mit RDKS ausgerüstet, dürfen nur Räder mit Radsensor montiert werden.

Initialisierung (Kalibrierung)
Je nach Hersteller erfolgt die Initialisierung, z. B. nach einem Reifenwechsel, automatisch oder sie muss manuell eingeleitet werden. Das System stellt sich anschließend beim Fahren auf die eingefüllten Reifendrücke bzw. auf die montierten Räder ein.

Anlernen der Sensoren
Neue Sensoren müssen angelernt werden. Dabei wird die Identnummer des Sensors und der Einbauort (VR; VL, HR, HL, Ersatzrad) an das Steuergerät übertragen und dort abgespeichert. Dies kann automatisch oder manuell über das Fahrzeugmenü bzw. über die OBD-Schnittstelle erfolgen.

Werkstatthinweis
- Um den Reifendrucksensor bei der Demontage/Montage des Reifens nicht zu beschädigen, sind die entsprechenden Montagehinweise zu beachten.

4

Reifenabmessungen

Reifengröße	Loadindex	Tragfähigkeit	zulässige Felgenbreiten	Betriebsmaße Breite (max.)	Betriebsmaße Außendurchmesser	Radius (Halbmesser) statisch (± 2 %)	Abrollumfang +1 % … –2,5 %
	LI	kg	Zoll	mm	mm	mm	mm
Reifen für Pkw-Noträder T = Temporary use only							
T 135/90 R 17	104	900	3.50 … 4.50	138 … 148	686	307	2 075
T 125/85 R 16	99	775	3.00 … 4.00	126 … 136	626	283	1 897
T 145/85 R 18	103	875	3.50 … 5.00	146 … 161	713	321	2 158
T 125/80 R 15	95	690	3.00 … 4.00	126 … 136	589	266	1 784
Pkw-Reifen Serie 80							
135/80 R 13	70	335	3.50 … 4.50	138 … 148	554	249	1 665
145/80 R 13	75	387	3.50 … 5.00	146 … 161	572	255	1 714
155/80 R 13	79	437	4.00 … 5.00	158 … 168	588	262	1 763
165/80 R 13	83	487	4.00 … 5.50	167 … 182	604	268	1 812
145/80 R 14	76	400	3.50 … 5.00	146 … 168	598	268	1 793
175/80 R 14	88	560	4.50 … 6.00	179 … 194	648	287	1 940
185/80 R 14	91	615	4.50 … 6.00	186 … 201	664	293	1 989
Pkw-Reifen Serie 75, 70							
205/75 R 15	97	730	5.00 … 7.00	206 … 226	701	310	2 101
225/75 R 16	104	900	6.00 … 7.50	232 … 247	758	335	2 269
155/70 R 13	75	387	4.00 … 5.00	158 … 168	556	250	1 671
175/70 R 13	82	475	4.50 … 6.00	179 … 194	586	261	1 757
185/70 R 13	86	530	4.00 … 6.00	187 … 202	600	266	1 800
165/70 R 14	81	462	4.00 … 5.50	167 … 182	598	268	1 793
175/70 R 14	84	500	4.50 … 6.00	179 … 194	612	273	1 836
185/70 R 14	88	560	4.50 … 6.00	187 … 202	626	279	1 879
195/70 R 14	91	615	5.00 … 6.50	198 … 215	640	285	1 920
155/70 R 15	78	425	4.50 … 5.00	158 … 168	607	276	1 827
205/70 R 15	96	710	5.00 … 7.00	207 … 227	681	302	2 040
215/70 R 16	100	800	5.50 … 7.00	220 … 235	720	315	2 159
245/70 R 16	107	975	6.50 … 8.00	253 … 268	764	337	2 288
265/70 R 17	115	1 215	7.00 … 8.50	273 … 288	818	361	2 452
Pkw-Reifen Serie 65, 60							
155/65 R 14	75	387	4.50 … 5.50	163 … 173	566	257	1 702
165/65 R 14	79	437	4.50 … 6.00	172 … 187	578	261	1 739
175/65 R 14	82	475	5.00 … 6.00	184 … 194	594	267	1 781
185/65 R 14	86	530	5.00 … 6.50	192 … 207	606	272	1 818
185/65 R 15	88	560	5.00 … 6.50	192 … 207	631	284	1 894
195/65 R 15	91	615	5.50 … 7.00	204 … 219	645	289	1 937
205/65 R 15	94	670	5.50 … 7.50	212 … 232	657	294	1 973
195/65 R 16	92	630	5.50 … 7.00	204 … 219	670	302	2 013
215/65 R 16	98	750	6.00 … 7.50	225 … 240	698	312	2 092
235/65 R 16	103	875	6.50 … 8.50	245 … 265	724	322	2 172
225/65 R 17	102	850	6.00 … 8.00	232 … 252	736	330	2 208
255/65 R 17	110	1 060	7.00 … 9.00	265 … 285	778	345	2 330
175/60 R 14	79	437	5.00 … 6.00	184 … 194	574	266	1 726
185/60 R 14	82	475	5.00 … 6.50	192 … 207	586	265	1 763
185/60 R 15	84	500	5.00 … 6.50	192 … 207	611	277	1 839
195/60 R 15	88	560	5.50 … 7.00	204 … 219	625	282	1 876
205/60 R 16	91	615	5.50 … 7.50	212 … 232	662	299	1 989
215/60 R 16	95	690	6.00 … 7.50	225 … 240	674	304	1 989
225/60 R 17	99	775	6.00 … 8.00	232 … 252	712	321	2 141
225/60 R 18	100	800	6.00 … 8.00	232 … 252	737	334	2 217
235/60 R 18	103	875	6.50 … 8.50	245 … 265	751	338	2 254
Pkw-Reifen Serie 55, 50							
175/55 R 15	77	412	5.00 … 6.00	184 … 194	581	266	1 748
185/55 R 15	82	475	5.00 … 6.50	192 … 207	593	270	1 784
195/55 R 15	85	515	5.50 … 7.00	204 … 219	603	274	1 815
205/55 R 15	88	560	5.50 … 7.50	213 … 233	617	278	1 851
195/50 R 15	82	475	5.50 … 7.00	204 … 219	585	267	1 760
205/55 R 16	91	615	5.50 … 7.50	213 … 233	642	291	1 928
215/55 R 16	93	650	6.00 … 7.50	225 … 240	652	295	1 958
205/50 R 16	87	545	5.50 … 7.50	213 … 233	620	283	2 074
205/55 R 17	91	615	5.50 … 7.50	213 … 233	668	304	2 007
205/50 R 17	89	580	5.50 … 7.50	213 … 233	646	296	1 946
235/55 R 17	99	775	6.50 … 8.50	245 … 265	700	317	2 105
225/50 R 17	94	670	6.00 … 8.00	232 … 252	668	304	2 007
225/55 R 18	98	750	6.00 … 8.00	232 … 252	715	325	2 150
235/55 R 18	100	800	6.50 … 8.50	245 … 266	725	329	2 181
235/50 R 18	97	730	6.50 … 8.50	245 … 265	703	321	2 114
245/50 R 18	100	800	7.00 … 8.50	258 … 273	713	324	2 144
235/50 R 19	99	775	6.50 … 8.50	245 … 265	729	333	2 193
255/50 R 20	105	925	7.00 … 9.00	266 … 286	744	354	2 330

Reifenabmessungen

Reifengröße	Loadindex	Tragfähigkeit	zulässige Felgenbreiten	Betriebsmaße Breite (max.)	Außendurchmesser (max.)	Radius (Halbmesser) statisch (± 2%)	Abrollumfang +1%…–2,5%
	LI	kg	Zoll	mm	mm	mm	mm
Pkw-Reifen Serie 45, 40							
215/45 R 17	87	545	7.00… 8.00	222…232	634	292	1909
225/45 R 17	91	615	7.00… 8.50	229…244	642	295	1934
245/45 R 17	95	690	7.50… 9.00	248…263	660	302	1989
245/45 R 18	96	710	7.00… 8.50	248…263	685	315	2065
225/40 R 18	88	560	7.50… 9.00	234…249	645	299	1943
245/45 R 19	98	750	7.50… 9.00	248…263	711	327	2144
255/45 R 19	100	800	8.00… 9.50	260…275	723	331	2175
275/40 R 19	101	825	9.00…11.00	284…304	711	327	2145
285/40 R 19	103	875	9.50…11.00	296…312	721	330	2169
245/40 R 20	95	690	8.00… 9.50	253…268	712	330	2147
275/45 R 20	108	1000	8.50…10.00	279…299	766	351	2306
285/40 R 22	106	950	9.50…11.00	297…312	797	368	2400
Pkw-Reifen Serie 35, 30, 25							
235/35 R 19	87	545	8.00… 9.50	253…268	635	295	1918
275/35 R 19XL	100	800	9.00…11.50	284…304	657	304	1979
305/30 R 19XL	102	850	10.50…11.50	321…331	675	313	2034
315/25 R 19XL	98	750	11.00…12.00	333…343	647	303	1955
235/35 R 20	80	560	8.00… 9.50	246…261	678	318	2050
245/30 R 20XL	90	600	8.00… 9.00	253…263	662	312	2001
265/35 R 20	95	690	9.00…10.50	277…292	702	327	2117
305/30 R 20XL	103	875	10.50…11.50	321…331	700	326	2111
305/25 R 20XL	97	730	10.50…11.50	321…331	666	313	2013
275/35 R 21XL	103	875	9.00…11.00	284…304	733	341	2211
315/30 R 21	105	925	10.50…11.50	328…338	731	341	2205
295/25 R 21XL	92	630	10.00…11.00	308…318	687	324	2077
285/35 R 22XL	106	950	9.50…11.00	296…312	767	358	2315
335/25 R 22XL	105	925	11.50…12.50	351…362	733	345	2217
315/25 R 23XL	102	850	11.00…12.00	333…343	748	354	2263

Reifengröße	v_{max}	Tragfähigkeit[1)]		zulässige Felgenbreiten	Betriebsmaße Breite (max.)	Außendurchmesser (max.)	Radius (Halbmesser) statisch	Abrollumfang (± 2%)
	SI	LI	kg	Zoll	mm	mm	mm	mm
Reifen für Motorroller								
120/70-12	S	51	195	2.25… 3.75	132	485	–	1414
130/70-12	P	56	224	3.00… 4.00	139	499	–	1456
120/70-15	S	56	224	2.75… 3.75	134	561	–	1658
160/60-15	H	67	307	4.25… 5.00	161	573	–	1730
Motorradreifen								
110/80 R 19	H	59	243	2.15… 2.50	117	659	–	1990
150/70 R 17	H	69	325	4.00… 4.50	162	656	–	1939
120/70 ZR 17	Z	58W	236	3.00… 3.75	134	612	–	1812
120/70 ZR 19	Z	60W	250	3.50… 3.75	131	663	–	1967
160/60 ZR 17	Z	69W	325	4.00… 5.00	172	638	–	1884
170/60 ZR 17	Z	72W	355	4.25… 5.50	180	650	–	1921
180/55 ZR 17	Z	73W	365	5.00… 6.00	195	644	–	1903
190/50 ZR 17	Z	73W	365	5.50… 6.50	203	636	–	1878
190/55 ZR 17	Z	55W	218	5.50… 6.00	203	656	–	1938
240/40 ZR 18	Z	79W	437	8.00… 9.00	262	649	–	1960
300/35 VR 18	V	87V	545	10.00…11.00	325	681	–	2014
Reifen für leichte Nfz, Transporter (C/LT-Reifen)							(± 2%)	(± 2,5%)
225/75 R16 C	R	118/116	1320/1250	6.00… 7.00	232…242	764	335	2273
225/70 R15 C	S	112/110	1120/1060	6.00… 7.00	232…242	709	314	2126
215/60 R16 C	T	108/106	1000/ 950	6.00… 7.00	225…235	674	304	2025
Nutzfahrzeug-Reifen							(± 1,5%)	(± 2%)
7.50 R 15	J	135/133	2180/2060	6.00… 6.50	223	784	357	2355
8.25 R 15	J	143/141	2725/2575	6.50… 7.00	246	850	384	2550
11.00 R 20	K	150/146	3350/3000	7.50… 9.00	297	1104	498	3300
12.00 R 22.5	L	150/146	3350/3000	8.25… 9.00	312	1104	504	3306
275/70 R 22.5	L	148/145	3150/2900	7.50… 8.25	287	974	447	2920
305/70 R 22.5	L	152/150	3550/3350	8.25… 9.00	320	1018	463	3050
315/70 R 22.5	L	158/150	4250/3350	9.00… 9.75	328	1032	468	3090
385/65 R 22.5	K	160	4500	11.75…12.25	414	1092	495	3250

1) Tragfähigkeit bei Nfz-Reifen: 1. Zahl = Tragfähigkeit bei Einzelanordnung, 2. Zahl = Tragfähigkeit bei Zwillingsanordnung

Gesetzliche Vorschriften nach § 41 StVZO, EU-Verordnung Nr. 661/2009

Klasse	Kraftfahrzeuge der Klasse **L**	Kraftfahrzeuge der Klasse **M** und **N**	Kraftfahrzeuge der Klasse **O**
Gesetzliche Bestimmung-zur Bremsanlage (Auszug)	Zwei- und Dreiradfahrzeuge müssen mit zwei voneinander unabhängigen Bremsanlagen ausgerüstet sein. Bei schweren Dreiradfahrzeugen der Klasse **L5e** ($V_H > 50\ cm^3$, $v_{max} > 45$ km/h) z. B. Trikes, müssen die beiden Bremsanlagen gemeinsam auf alle drei Räder wirken. Außerdem muss eine Feststellbremsanlage vorhanden sein.	Es sind mindestens zwei voneinander unabhängige Bremseinrichtungen notwendig. Die Bremskraftverteilung auf die einzelnen Achsen ist vorgeschrieben. Fahrzeuge ab **M2** und **N2** müssen ABS besitzen. Zur Erfüllung der Bedingungen bei langen Gefällefahrten dürfen zusätzlich Dauerbremsanlagen eingesetzt werden. Kfz der Klasse **M3** müssen diese Gefälleabfahrten ausschließlich durch die Dauerbremsanlage erfüllen.	Anhänger der Klasse **O1** brauchen keine Bremse, aber eine Sicherungsverbindung zum Zugfahrzeug. Ab **O2** müssen die Anhänger mit einer Betriebs- und Feststellbremsanlage ausgestattet sein. Auflaufbremsanlagen sind für Anhänger bis **O2** zulässig. Beim Abreißen der Verbindungseinrichtung während der Fahrt muss der Anhänger selbsttätig gebremst werden.
Bremswerte	Alle Fahrzeuge müssen die gesetzlichen Mindestbremswerte nach § 29 StVZO erreichen (vgl. Tabelle S. 237).		

EG-Fahrzeugklassen (Auszug)

Klasse L Zwei-, drei- und vierrädrige Kfz *m*: Masse, fahrbereiter Zustand	**L1e** zweirädrig $V_H \le 50\ cm^3$ bzw. $P \le 4$ kW $v_{max} \le 45$ km/h	**L2e** dreirädrig $V_H \le 50\ cm^3$ bzw. $P \le 4$ kW $v_{max} \le 45$ km/h $m \le 270$ kg max. 2 Sitzpl.	**L3e** zweirädrig $V_H > 50\ cm^3$ bzw. $P > 4$ kW $v_{max} > 45$ km/h	**L4e** zweirädrig, mit Beiwagen $V_H > 50\ cm^3$ bzw. $P > 4$ kW $v_{max} > 45$ km/h	**L5e** dreirädrig $V_H > 50\ cm^3$ bzw. $P > 4$ kW $v_{max} > 45$ km/h $m \le 1000$ kg max. 5 Sitzpl.	**L6e** vierrädrig $V_H \le 50\ cm^3$ bzw. $P \le 4$ kW $v_{max} \le 45$ km/h $m \le 425$ kg max. 2 Sitzpl.	**L7e** vierrädrig $V_H > 50\ cm^3$ bzw. $P > 4$ kW $v_{max} > 45$ km/h $m \le 450$ (600) kg

Klasse M Kfz zur Personenbeförderung mit mind. 4 Rädern und einer zul. Gesamtmasse > 1 t	**M1** 1 ≤ 9 Sitzplätze	**M2** > 9 Sitzplätze zul. Gesamtmasse ≤ 5 t	**M3** > 9 Sitzplätze zul. Gesamtmasse > 5 t	–
Klasse N Kfz zur Güterbeförderung mit mind. 4 Rädern und einer zul. Gesamtmasse > 1 t	**N1** zul. Gesamtmasse ≤ 3,5 t	**N2** zul. Gesamtmasse > 3,5 t ≤ 12 t	**N3** zul. Gesamtmasse > 12 t	–
Klasse O Anhänger und Sattelanhänger	**O1** Einachsanhänger zul. Gesamtmasse ≤ 0,75 t	**O2** zul. Gesamtmasse > 0,75 t ≤ 3,5 t	**O3** zul. Gesamtmasse > 3,5 t ≤ 10 t	**O4** zul. Gesamtmasse > 10 t

Einteilung der Bremsanlagen nach DIN ISO 611 und DIN 70024

Verwendung	Betriebsbremsanlage BBA	verringert während des normalen Fahrbetriebs die Geschwindigkeit des Fahrzeugs und bremst das Fahrzeug zum Stillstand ab.
	Feststellbremsanlage FBA	sichert das Fahrzeug auch auf einem Gefälle und bei Abwesenheit des Fahrers vor Wegrollen. Die FBA wirkt auf eine Achse.
	Hilfsbremsanlage HBA	bei Ausfall der Betriebsbremsanlage hilft sie mit abstufbarer Wirkung die Fahrgeschwindigkeit zu reduzieren oder das Fahrzeug zum Stillstand zu bringen.
	Dauerbremsanlage DBA	ermöglicht dem Fahrer ohne Verschleiß an der Reibungsbremse die Geschwindigkeit zu reduzieren oder ein langes Gefälle mit fast konstanter Geschwindigkeit zu durchfahren.
	Selbsttätige Bremsanlage	bewirkt eine automatische, selbsttätige Bremsung eines Anhängers, wenn dieser gewollt oder zufällig von seinem Zugfahrzeug getrennt wird.
	Elektronische Bremsanlage	die Steuerung der Bremsanlage erfolgt durch einen elektrischen Sensor. Nach Verarbeitung durch ein Steuergerät werden mit einem elektrischen Ausgangssignal Bremsenbauteile angesteuert.
Arten	Muskelkraftbremsanlage	die zur Erzeugung der Bremskraft benötigte Energie kommt allein von der körperlichen Kraft des Fahrers. Sie kann durch mechanische oder hydraulische Übersetzung vergrößert werden.
	Hilfskraftbremsanlage	die zur Erzeugung der Bremskraft benötigte Energie kommt von der körperlichen Kraft des Fahrers und wird durch andere Energiequellen (Unterdruck, Druckluft, ...) vergrößert.
	Fremdkraftbremsanlage	die zur Erzeugung der Bremskraft benötigte Energie wird durch eine oder mehrere Energiequellen erzeugt. Die körperliche Kraft des Fahrers dient lediglich zur Steuerung der Anlage.
	Auflaufbremsanlage	die zur Erzeugung der Bremskraft benötigte Energie wird durch Annäherung des Anhängers an das Zugfahrzeug erzeugt.
	Fallbremsanlage	Die zur Erzeugung der Bremskraft benötigte Energie wird durch Absenken der Deichsel eines Anhängers aufgrund der Schwerkraft erzeugt.
Energieübertragung	mechanisch	Übertragung der Bremsenergie durch Seilzug, Gestänge, Hebel oder Pedale.
	hydraulisch	der im Hauptbremszylinder erzeugte hydraulische Druck wird über Leitungen auf die Radbremszylinder weitergeleitet.
	pneumatisch	im Kompressor erzeugter pneumatischer Druck wird über Leitungen an die Membranbremszylinder weitergeleitet.
	elektrisch	elektrischer Strom erzeugt z. B. in einer Wirbelstrombremse (Dauerbremseinrichtung) ein Magnetfeld, das dann eine Bremskraft bewirkt.

Bremsenprüfung nach § 29 StVZO (Auszug)

Umfang der Prüfung

Sichtprüfung	Prüfung von sicherheitsrelevanten Teilen, z. B. Bremsleitungen, Bremsseile, Bremsschläuche, Bremsflüssigkeitsbehälter, bei Nfz zusätzlich Druckluftbehälter, Prüfanschlüsse usw.
Funktionsprüfung	*Betriebsbremsanlage (BBA):* • Hydraulische Anlagen: Die Anlage muss abstufbar zu betätigen und zu lösen sein, Dichtheit, Bremsleuchten müssen funktionsgerecht ansprechen usw. • Druckluftanlagen: Kompressorleistung, Einschalt-/Abschaltdruck, Dichtheit, Abstufbarkeit, Ansprechverhalten, selbsttätige Bremsung bei Abriss, Drucksicherung, Bremskraftregelung, Funktion der Bremsleuchten usw.
	Feststellbremsanlage (FBA): Funktionskontrolle von Betätigungseinrichtungen, Sperren und Haltevorrichtung.
	Dauerbremsanlage (DBA): Funktions- und Sichtprüfung, eventuell Nachweis der Wirkung im Fahrversuch mit einem schreibenden Bremsmessgerät.
Wirkungsprüfung	*Prüfbedingungen:* Die Bremswirkung ist in der Regel auf einem Bremsprüfstand festzustellen. Teilweise kann auf die Prüfung auf Prüfständen verzichtet werden, z. B. bei Krafträdern der Fahrzeugklasse L. *Ermittlung der Abbremsung:* Berechnung vgl. S. 46 (Mindestwerte vgl. folgende Tabelle).

Mindestabbremsung und zulässige Betätigungskräfte (Auszug für Fahrzeuge mit Erstzulassung nach 28.07.2010)

Fahrzeugklasse	**BBA (Betriebsbremsanlage)**			**FBA (Feststellbremsanlage)**		
	$z \geq$ %	$F_H \leq$ N	$F_F \leq$ N	$z \geq$ %	$F_H \leq$ N	$F_F \leq$ N
L3e	v 35 %, h 30 %, v u. h 50 %	200	350[1]	–	–	–
M1	58	–	500	16	400	500
M2, M3	50	–	700	16	600	700
N1	50	–	700	16	600	700
N2, N3	50	–	700	16	600	700

F_H = Handkraft, F_F = Fußkraft, z = Abbremsung

[1] bei EZ vor 1.10.1998: 500 N

Die in den Richtlinien geforderten Werte sind mit wenigen Ausnahmen alle auf die zulässige Gesamtmasse bezogen. Da die Mindestabbremsung beim leeren Fahrzeug selten erreicht wird – infolge mangelnden Gewichts blockieren die Räder schon bei relativ geringen Bremskräften und der Prüfstand schaltet ab – ist vom Prüfgewicht des Fahrzeugs auf das zulässige Gesamtgewicht hochzurechnen.

Beurteilung der tatsächlichen Bremswirkung auf dem Bremsenprüfstand

- BBA:
  - Die o.g. Mindestabbremsung muss erreicht werden. (Berechnung vgl. S. 46)
  - Gleichmäßigkeit der Bremswirkung: In den oberen 2/3 des Prüfbereiches darf der Unterschied zwischen links und rechts nicht mehr als 25 % betragen, bezogen auf den höheren Wert.
  - Bei automatischer Auswertung muss sichergestellt sein, dass der Messwert zum Zeitpunkt des Blockierens eines Rades nicht in die Bewertung mit eingeht.
  - Bei einem notwendigen Fahrversuch ist die Gleichmäßigkeit der Bremswirkung (Spurhaltung, Eigenlenkverhalten, Blockierverhalten) einzuschätzen. Ein übermäßiges Abweichen von der Spur ist nicht zulässig.
  - Beim Ablesen oder Feststellen der Messwerte darf kein Rad blockieren.
- FBA:
  - Der Unterschied der Bremskräfte darf im oberen Bereich (kurz vor dem Blockieren) nicht mehr als 30 %, bei Pkw und Lkw mit einem zulässigen Gesamtgewicht 3,5 t nicht mehr als 50 %, bezogen auf den jeweils höheren Wert, betragen.
  - Beim Ablesen der Messwerte darf kein Rad der geprüften Achse blockieren. Bei automatischer Auswertung ist nur die vor der Blockiergrenze angezeigte Ungleichheit zu berücksichtigen.

Bremsenprüfstand

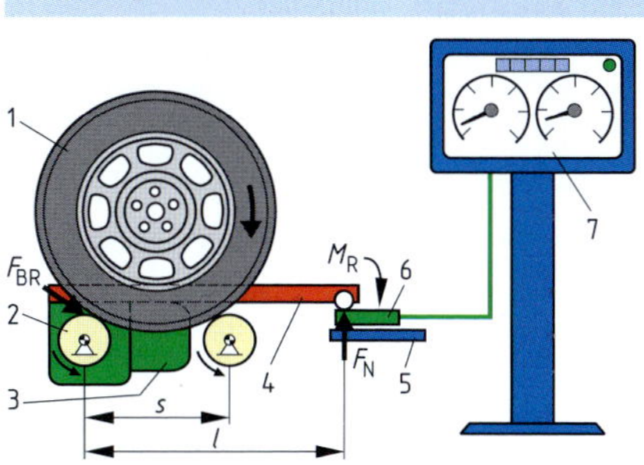

1 Fahrzeugreifen
2 Rollenpaar
3 Motor und Getriebe
4 Drehmomenthebel
5 Messwertsensor
6 Biegebalken mit Dehnmessstreifen
7 Anzeigeeinheit

Aufbau

Ein Rollenprüfstand besteht im Wesentlichen aus 2 Rollensätzen für die rechte und linke Prüfstandsseite. Die Rollenpaare sind jeweils an einen Rahmen montiert. Ein Drehstrommotor treibt die Antriebsrolle über ein Übersetzungsgetriebe an. Diese Antriebseinheit lagert pendelnd auf der verlängerten Welle der Antriebsrolle und stützt sich durch den Drehmomenthebel über die Kraftmesseinrichtung ab. Die Kraftmesseinrichtung ist in Form eines Biegebalkens mit Dehnmessstreifen ausgeführt. Die Verarbeitung der Messwerte erfolgt in der Anzeigeeinheit.

Funktionsweise

Das Einschalten der beiden Drehstrommotoren erfolgt über eine Fernbedienung oder automatisch, wenn das Fahrzeug auf die Rollen auffährt. Sichtbares Kennzeichen einer Einschaltautomatik sind Tastrollen zwischen dem Rollenpaar. Über die Drehzahl der Auflaufrolle im Vergleich zur Antriebsrolle wird der Schlupf gemessen. Steigt beim Abbremsen die Bremskraft über die Reibungskraft zwischen Reifen und Prüfrollen an, beginnt das Rad zu schlupfen und will blockieren. Es erfolgt eine automatische Schlupfabschaltung. Im Augenblick der Abschaltung wird die max. Bremskraft gemessen und angezeigt. Werden bei modernen Prüfständen zusätzlich zu den gemessenen Bremskräften noch Fahrzeug- bzw. Achsgewichte berücksichtigt, kann die Abbremsung ermittelt und angezeigt werden.

Trommelbremse

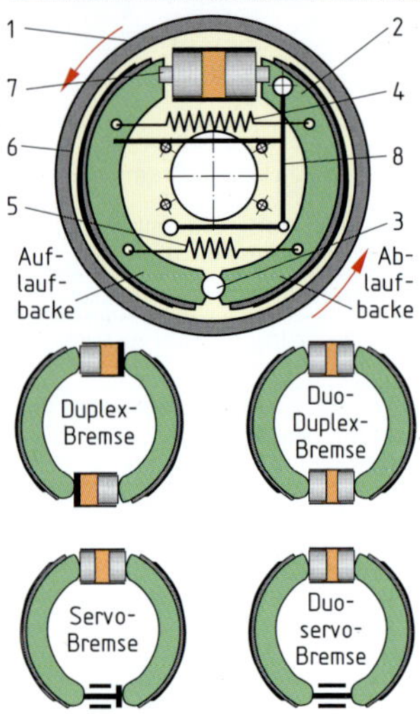

1 Bremsträger
2 Bremsbacken
3 Abstützung
4 Rückholfeder
5 Haltefeder
6 Bremstrommel
7 Radzylinder
8 Spreizhebel

Arten

Simplex-Bremse	Ein doppelt wirkender Radzylinder, je einen Auflauf- und Ablaufbremsbacken in beiden Fahrtrichtungen
Duplex-Bremse	Zwei einfach wirkende Radzylinder, vorwärts zwei auflaufende, rückwärts zwei ablaufende Bremsbacken
Duo-Duplex-Bremse	Zwei doppelt wirkende Radzylinder, je zwei auflaufende Bremsbacken in beiden Fahrtrichtungen
Servo-Bremse	Ein doppelt wirkender Radzylinder, vorwärts zwei Auflauf-, rückwärts je einen Auflauf- und Ablaufbacken
Duo-Servo-Bremse	Ein doppelt wirkender Radzylinder, je zwei auflaufende Bremsbacken in beiden Fahrtrichtungen

Spanneinrichtungen

- Bremsnocken (Evolventen- oder S-Form)
- Spreizkeil
- Spreizhebel (Spannhebel)
- Radzylinder, hydraulisch betätigte
  - Einfach wirkende Radzylinder
  - Doppelt wirkende Radzylinder
  - Stufen-Radzylinder
- Abstützkraft der auflaufenden Bremsbacke bei der Servobremse

Funktionsweise

Beim Betätigen der Bremse werden die Bremsbacken durch die Spannkraft an die Innenwand der rotierenden Bremstrommel gepresst. Die dadurch erzeugte Reibkraft bremst die Trommel und das mit ihr fest verschraubte Rad ab.

Eigenschaften

- Selbstverstärkend
- Unempfindlich gegen Verschmutzung
- Nachstellbar
- Lange Belagstandzeit
- Reibwertempfindlichkeit
- Ungleichmäßige Bremswirkung auf einer Achse und in beiden Fahrtrichtungen möglich
- Neigt bei Erwärmung zum Bremsschwund (Bremsfading)
- Keine Selbstreinigung
- Aufwendiger Belagwechsel
- Ungleicher Belagverschleiß der auf- und ablaufenden Bremsbacke

Technische Daten

Lüftspiel	0,3 ... 0,5 mm
Bremsenkennwert „C"	
• Simplex-Bremse, vorw.	1,4 ... 2,2
• Duplex-Bremse, vorwärts	2,1 ... 3,5
• Duo-Duplex-Bremse	2,1 ... 3,5
• Servo-Bremse, vorwärts	3,2 ... 5,8
• Duo-Servo-Bremse	3,2 ... 5,8
Leitungsdruck	
• Bremsdruck	bis 100 bar
• Vordruck	0,5 ... 1,2 bar heute oft 0 bar

Anmerkung

Durch die Reibwirkung zwischen dem feststehenden Bremsbelag und der rotierenden Bremstrommel wird die Anpresskraft der auflaufenden Bremsbacke verstärkt und die der ablaufenden Bremsbacke geschwächt.

4

Scheibenbremse

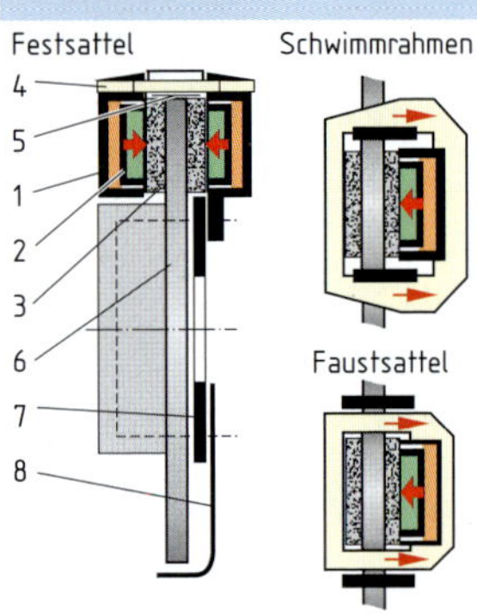

1 Gehäuse
2 Kolben
3 Bremsbelag
4 Haltestift
5 Kreuzfeder
6 Bremsscheibe
7 Bremsträger
8 Abdeckung

Arten

- Festsattel-Scheibenbremse mit
  - zwei Bremszylindern
  - vier Bremszylindern
  - sechs Bremszylindern
- Schwimmrahmen-Scheibenbremse
- Faustsattel-Scheibenbremse

Funktionsweise

- *Bremsen:* Beim Betätigen der Festsattel-Scheibenbremse werden die Bremsbeläge durch die Bremskolben an die Bremsscheibe gedrückt. Die dadurch erzeugte Reibkraft bremst die Bremsscheibe ab.

- *Lösen:* Beim Lösen der Bremse stellt der elastische Gummidichtring im Bremszylinder den Kolben zurück.

Feststellbremseinrichtung

- Am Festsattel angebaute Bremszange
- Servobremse im Scheibentopf
- Kombination mit dem Bremszylinder

Eigenschaften

- Unempfindlich gegen Reibwertschwankungen
- Gleichmäßige Bremswirkung auf einer Achse und in beiden Fahrtrichtungen
- Gute Selbstreinigung
- Geringer Bremsschwund (Fading)
- Selbsttätige Nachstellung
- Bessere Wärmeabfuhr (Kühlung)
- Keine Selbstverstärkung, daher Bremskraftverstärker notwendig
- Höhere Bremsdrücke
- Kürzere Standzeit der Beläge

Technische Daten

Lüftspiel	0,15 mm je Seite
Leitungsdruck	
• Bremsdruck	bis 150 bar
• Vordruck	0 bar
Scheibenschlag	max. 0,1 mm

Elektromechanische Parkbremse (EPB)

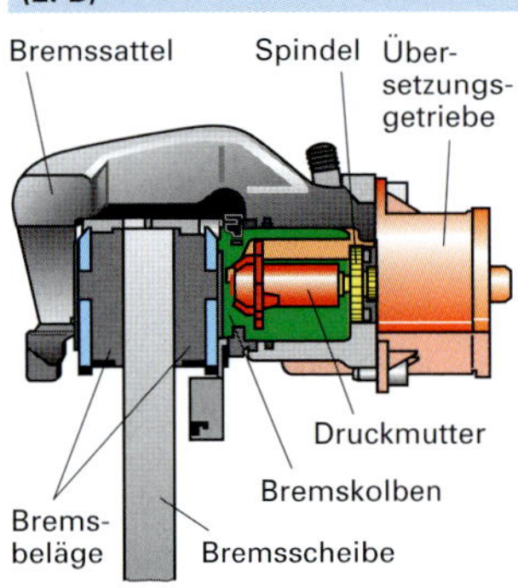

Funktionsweise

Zum Schließen der Feststellbremse wird der Elektromotor bestromt. Er treibt über das Getriebe (Übersetzungsverhältnis 1:150) die Spindel an. Diese dreht sich und bewegt die Druckmutter gegen den Bremskolben. Die Druckmutter kommt im Innern des Bremskolbens zur Anlage und drückt diesen gegen die Bremsbeläge. Nach dem Anlegen der Bremsbeläge an die Bremsscheibe erhöht sich die Stromaufnahme des Elektromotors. Dieser schaltet bei einer bestimmten Stromaufnahme ab. Der Spindelmechanismus ist selbsthemmend, das System bleibt in stromlosem Zustand verriegelt. Beim Öffnen der Feststellbremse wird der Elektromotor mit umgekehrter Polung bestromt, die Druckmutter dreht sich auf der Spindel zurück.

Elektromechanischer Aktor

Dieses System ist eine andere Ausführung der elektromagnetischen Parkbremse. Der elektromechanische Aktor ist am Fahrzeugunterboden montiert und betätigt mit dem eingebauten Elektromotor über Bowdenzüge die herkömmliche Feststellbremse in Scheiben- oder Trommelbremsen.

Weitere Funktionen

- Parkbremsfunktion: Schließen der Bremse auch bei „Zündung AUS" über Taster. Kühlt die Bremse ab, wird automatisch nachgespannt. Öffnen über Taster nur bei „Zündung EIN" und „Bremspedal betätigt" möglich.
- Dynamischer Anfahrassistent: Er gestattet rollfreies Anfahren am Berg.
- Dynamische Notbremsfunktion: Es kann durch das Drücken des Tasters EPB eine Abbremsung des Fahrzeugs mit ca. 6 m/s² erfolgen.

Besonderheiten

- TÜV-Modus wird automatisch erkannt, bei Zündung EIN, VR stehen und HR drehen auf Prüfstand.
- Belagwechsel-Modus wird bei nichtbetätigter EPB mithilfe eines Servicemodus im Diagnosetester durchgeführt.

Allgemeines

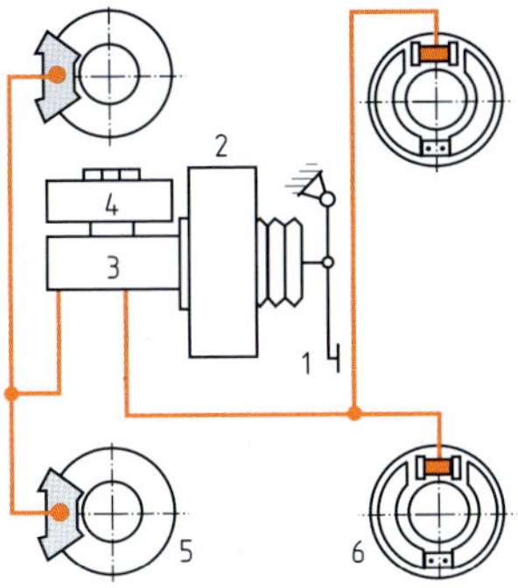

1 Bremspedal
2 Bremskraftverstärker
3 Hauptzylinder
4 Ausgleichsbehälter
5 Scheibenbremse
6 Trommelbremse

Bremskreisaufteilung

	Kreis 1	*Kreis 2*
II	Vorderachse	Hinterachse
X	Diagonal: Vorderrad li. + Hinterrad re.	Diagonal: Vorderrad re. + Hinterrad li.
HI	Vorderachse + Hinterachse	Vorderachse
LL	Vorderachse + Hinterrad li.	Vorderachse + Hinterrad re.
HH	Vorderachse + Hinterachse	Vorderachse + Hinterachse

Wirkungsweise
Die Fußkraft am Bremspedal wird durch die Hebelwirkung des Pedals übersetzt und auf den Bremskraftverstärker übertragen. Dort wird die Kraft weiter verstärkt und dem Hauptzylinder zugeführt. Dieser wandelt die Kraft in den hydraulischen Bremsdruck um. Die Bremsflüssigkeit überträgt den erzeugten Druck auf die Bremszylinder in den Radbremsen. Dort wandeln die Radbremszylinder den Druck in die Anpresskraft für die Bremsbeläge um. Gleichzeitig erfolgt eine weitere Kraftübersetzung.

Technische Daten

Fußkraft nach StVZO	max. 500 (700) N
Leitungsdruck	
• Trommelbremse	bis 100 bar
• Scheibenbremse	bis 150 bar
Vordruck	
• Trommelbremse	0…1,2 bar
• Scheibenbremse	0 bar
Kolbenstangenspiel	ca. 1 mm
Pedalübersetzung	5…8
Hydraulische Übersetzung	
• Trommelbremse	ca. 1
• Scheibenbremse	1…4
Lüftspiel	
• Trommelbremse	0,3…0,5 mm
• Scheibenbremse	ca. 0,15 mm

Bremsflüssigkeit
Siehe Seite 389

Anmerkung
Die Arbeitsweise der hydraulischen Bremsanlage beruht auf dem Pascal'schen Gesetz: Der auf eine eingeschlossene Flüssigkeit ausgeübte Druck pflanzt sich nach allen Richtungen hin gleichmäßig fort.

Hauptzylinder

Tandemhauptzylinder mit Zentralventil

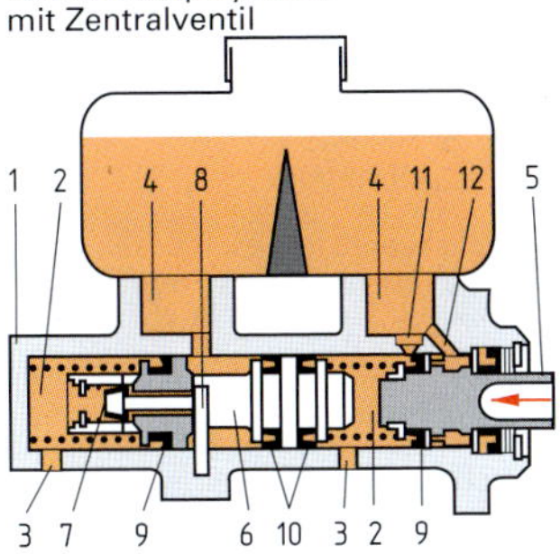

1 Zylindergehäuse
2 Druckraum
3 Druckanschluss
4 Anschluss für Ausgleichsbehälter
5 Druckstangenkolben
6 Zwischenkolben
7 Zentralventil
8 Anschlag für Zentralventil
9 Primärmanschette
10 Trennmanschette
11 Ausgleichsbohrung
12 Nachlaufbohrung

Bremskreis 1 defekt

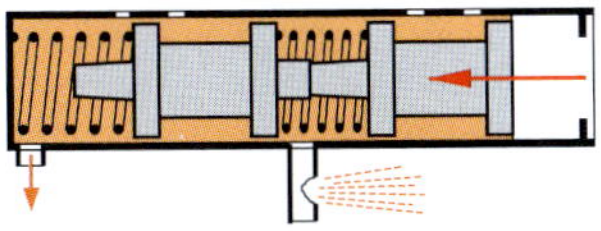

Bremskreis 2 defekt

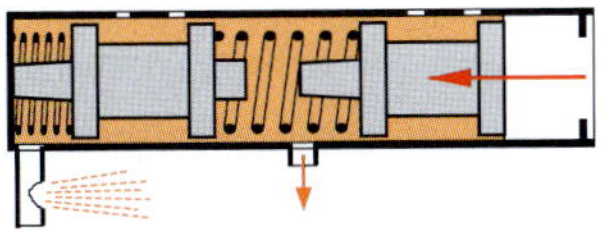

Aufgaben
Der Hauptzylinder soll
- die Pedalkraft in hydr. Druck umwandeln
- die Bremsflüssigkeit blasenfrei zu den Radzylindern fördern und zurückführen
- beim Lösen den Druck rasch abbauen und das Nachfließen der Bremsflüssigkeit in den Druckraum gewährleisten
- z.T. bei Trommelbremsen einen Vordruck in der Bremsanlage aufrechterhalten
- bei Temperaturänderungen das Flüssigkeitsvolumen im Druckraum ausgleichen

Arten
Für *Einkreis-Bremsanlagen* (Krafträder)
- Einfachhauptzylinder

Für *Zweikreis-Bremsanlagen*
- Tandemhauptzylinder
  - mit verschieden großem Kolbenhub
  - mit gefesselter Kolbenfeder
  - mit 1 oder 2 Zentralventilen
- Gestufter Tandemhauptzylinder
- Twintax-Tandemhauptzylinder

Wirkungsweise
• *Fahrstellung (Lösestellung):* Die Ringräume zwischen Primär- und Sekundär- bzw. Trennmanschette sind über die Nachlaufbohrungen mit dem Ausgleichsbehälter verbunden. Der Druckraum des Druckstangenkolbens ist über die Ausgleichsbohrung, der Druckraum des Zwischenkolbens ist über das Zentralventil und die Nachlaufbohrung mit dem Ausgleichsbehälter verbunden.

• *Bremsvorgang:* Über das Bremspedal wird der Druckstangenkolben in den Zylinder geschoben. Hat die Primärmanschette die Ausgleichsbohrung überfahren, baut sich ein Druck auf, der ebenso den Zwischenkolben verschiebt. In beiden Druckräumen herrscht gleicher Druck.

• *Lösevorgang:* Nach dem Freigeben des Pedals wird der Druckstangenkolben durch die Federkraft zurückgedrückt. Der Druck im Bremskreis 2 nimmt ab, der Zwischenkolben wird ebenfalls durch die Feder zurückgedrückt. Entsteht Unterdruck, so strömt Bremsflüssigkeit über die Füllbohrungen, vorbei an der Primärmanschette, vom Ringraum in den Druckraum.

Tandemhauptzylinder
• Zwei hintereinander geschaltete Hauptzylinder in einem Gehäuse. Der Druckstangenkolben wird mechanisch, der Zwischenkolben hydraulisch bewegt. Der Druck in beiden Kreisen ist gleich. Die Ausgleichsbohrungen werden nacheinander überfahren.

Bei Ausfall eines Kreises bleibt der andere intakt. Der Leerweg des Pedals und die zum Bremsen erforderliche Kraft werden größer.

• *Tandemhauptzylinder mit gefesselter Kolbenfeder:* Die Feder des Druckstangenkolbens ist vorgespannt. Beide Ausgleichsbohrungen werden gleichzeitig überfahren. Pedalweg und Ansprechzeit werden etwas kürzer.

• *Tandemhauptzylinder mit Zentralventil:* Die Ausgleichsbohrung des Kreises 2 wird durch ein Zentralventil ersetzt. Bei Druckschwankungen bleibt die Primärmanschette unbeschädigt.

• *Gestufter Tandemhauptzylinder:* Der Zwischenkolben hat einen kleineren Durchmesser als der Druckstangenkolben. Bei intakter Anlage ist der Druck in beiden Kreisen gleich; bei Ausfall des Kreises 1 ist der Bremsdruck im Kreis 2 höher.

• *Twintax-Tandemhauptzylinder:* Gestufter Tandemhauptzylinder mit lose aneinander gefesselten Kolben. Bei intakter Anlage ist der Druck in beiden Kreisen gleich. Bei Ausfall eines Kreises erhöht sich der Druck im intakten Kreis, ohne dass sich der Leerweg des Pedals wesentlich erhöht.

Vordruckventil
Es ist bei älteren Anlagen in die Bremsleitungen für Trommelbremsen eingebaut und hält in *Lösestellung* einen Vordruck.

Unterdruck-Bremskraftverstärker

Aufbau (in Vollbremsstellung dargestellt)

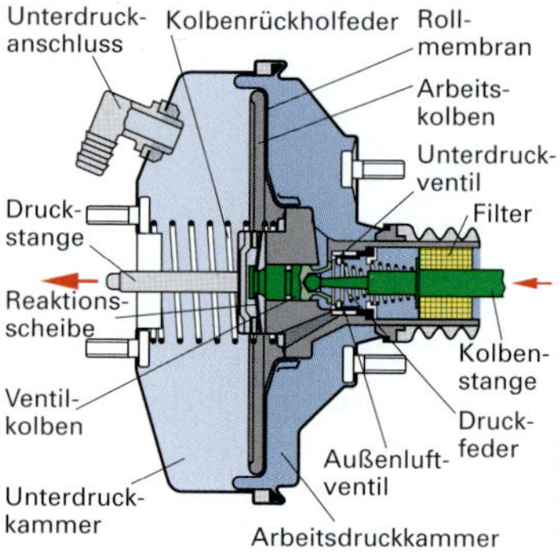

Aufgabe
Erzeugung einer stufenlosen Verstärkungskraft, ermöglicht hohe Bremskräfte bei geringer Pedalkraft.

Funktionsweise
Die Druckdifferenz zwischen dem Außenluftdruck und dem Unterdruck in der Unterdruckkammer wirkt auf den Arbeitskolben und erzeugt dadurch die Verstärkungskraft. Der Unterdruck kommt aus dem Saugrohr oder wird durch eine Unterdruckpumpe erzeugt. Diese wird mechanisch oder elektrisch angetrieben.
Wegen der geringen Druckdifferenz ist ein großer Durchmesser beim Arbeitskolben notwendig, um eine ausreichende Verstärkung zu erzielen. Bei schweren Pkw wird zum Teil ein *Tandem-Bremskraftverstärker* eingesetzt. Er besitzt zwei hintereinander liegende Verstärkereinheiten und erzeugt bei gleichem Durchmesser die doppelte Verstärkungskraft.

Sicherheit bei Ausfall
Vom Pedal über die Kolbenstange, die Reaktionsscheibe und die Druckstange besteht eine durchgehende mechanische Verbindung zum Hauptbremszylinder. Dadurch kann bei Ausfall des Verstärkers noch mit Muskelkraft gebremst werden.
Achtung: Hohe Kraft am Pedal notwendig.

Druckreserve
Ein Rückschlagventil in der Unterdruckleitung zum Bremskraftverstärker hält bei stehendem Motor den Unterdruck in der Unterdruckkammer. Dadurch sind noch einige Abbremsungen mit jedoch immer weiter nachlassender Verstärkung möglich.

Technische Daten

Druckdifferenz	0,2 … 0,8 bar
Verstärkungsfaktor	2 … 4

Ruhestellung (Fahrstellung)

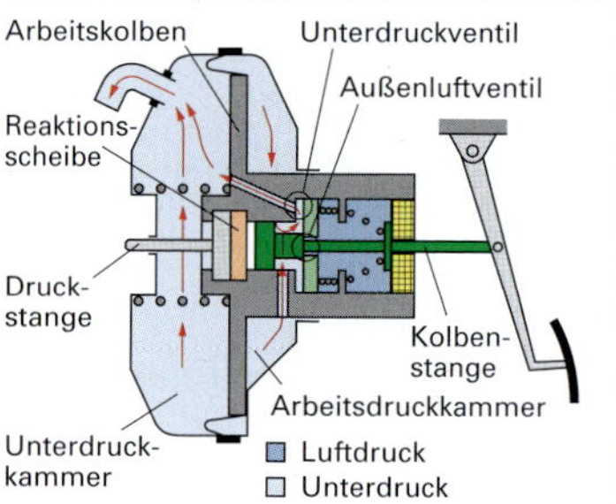

Das Unterdruckventil ist geöffnet. Das Außenluftventil ist geschlossen. In der Arbeitsdruckkammer und in der Unterdruckkammer herrscht Unterdruck. Es besteht daher keine Druckdifferenz zwischen den beiden Kammern und es entsteht keine Verstärkungskraft.

Teilbremsstellung

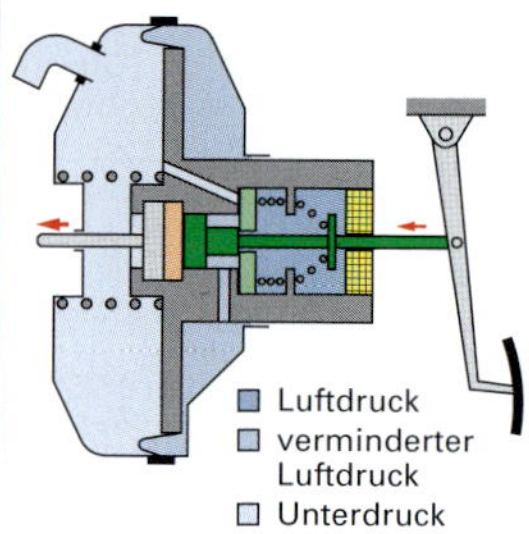

Das Unterdruckventil ist geschlossen. Über die Kolbenstange und den Ventilkolben wird das Außenluftventil zunächst geöffnet und Außenluft strömt in die Arbeitsdruckkammer. Die entstandene Druckdifferenz zur Unterdruckkammer erzeugt eine Kraft auf den Arbeitskolben. Die erzeugte Verstärkungskraft wirkt zusätzlich auf die Druckstange. Der Arbeitskolben verschiebt sich und schließt das Außenluftventil wieder. In der Arbeitsdruckkammer herrscht verminderter Luftdruck.

Vollbremsstellung

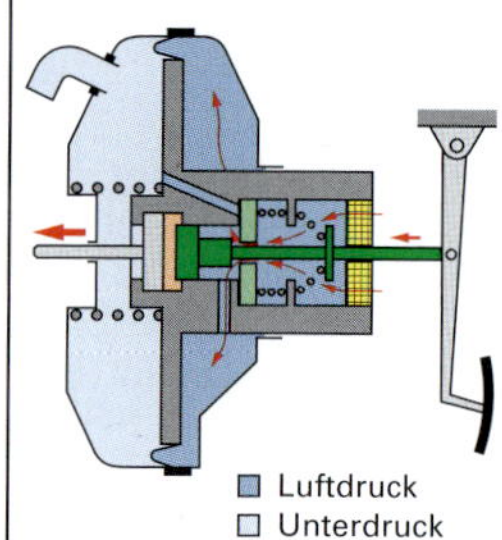

Das Unterdruckventil ist geschlossen, über die Kolbenstange und den Ventilkolben wird das Außenluftventil geöffnet. Der Ventilkolben drückt die elastische Reaktionsscheibe zusammen, das Außenluftventil bleibt offen und die Außenluft strömt ungehindert in die Arbeitsdruckkammer. In der Arbeitsdruckkammer herrscht somit Luftdruck, es entsteht die maximale Druckdifferenz zwischen Arbeitsdruckkammer und Unterdruckkammer und damit wirkt die volle Verstärkungskraft.

Bremsassistent (BAS)

Bremskraftverstärker mit BAS-Funktion

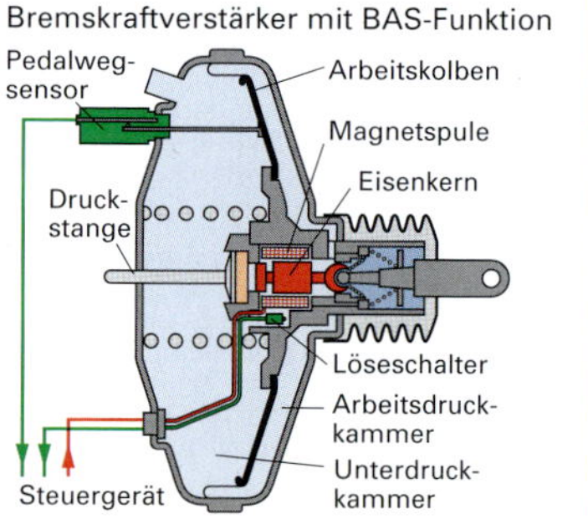

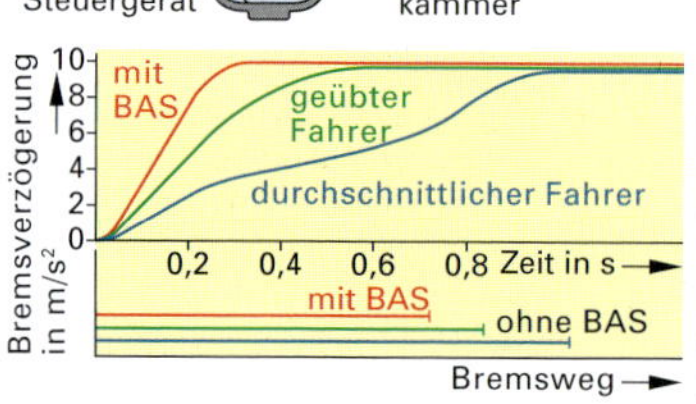

Aufgabe
Der Bremsassistent (BAS) stellt bei einer Panikbremsung sofort die volle Bremskraft zur Verfügung und verkürzt dadurch den Bremsweg (vgl. Abb. unten). Die BAS-Funktion ist ab Erstzulassung 2011 in der EU vorgeschrieben.

Aufbau
In das Steuergerät für die Traktionssysteme (ABS, ESP, usw.) ist die BAS-Funktion integriert. Bei einem Fehler im System wird eine Warnleuchte angesteuert, die den Ausfall der BAS-Funktion anzeigt.
In den Unterdruck-Bremskraftverstärker sind folgende zusätzliche Teile eingebaut:

- Pedalwegsensor: Über ein Schiebepotentiometer wird die Stellung bzw. die Bewegung des Arbeitskolbens in ein entsprechendes Spannungssignal für das Steuergerät umgewandelt.
- Löseschalter: Meldet dem Steuergerät, ob das Bremspedal betätigt oder nicht betätigt ist.
- Schaltmagnet (Magnetspule, Eisenkern): Öffnet bei Ansteuerung das Außenluftventil.

Funktionsweise
Das Steuergerät erhält über den Datenbus die Informationen über Fahrgeschwindigkeit und Stellung des Bremslichtschalters. Vom Bremskraftverstärker kommen die Signale des Löseschalters und des Pedalwegsensors.
Anhand der Signale des Bremslichtschalters, des Löseschalters und des Pedalwegsensors erkennt das Steuergerät einen Bremsvorgang. Aus der Signaländerung des Pedalwegsensors errechnet das Steuergerät die Betätigungsgeschwindigkeit des Pedals. Erreicht diese einen berechneten Schwellenwert, wird das pneumatische bzw. das hydraulische BAS-System angesteuert:
Pneumatisch: Die Magnetspule im Bremskraftverstärker wird bestromt, das Außenluftventil wird voll geöffnet und sofort ist die maximal mögliche Verstärkungskraft wirksam.
Hydraulisch (HBA): Über die ABS/ESP-Hydraulikpumpe werden die Radbremsen mit vollem Druck versorgt.
Die ABS-Regelung verhindert dabei ein Blockieren der Räder.

Elektromechanischer Bremskraftverstärker (eBKV)

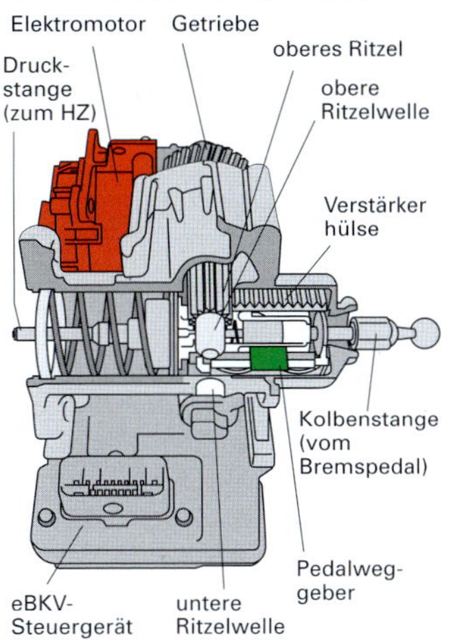

Beim **integrierten Bremsregelsystem** sind folgende Komponenten zu einer Baugruppe zusammengefasst:
- Tandemhauptbremszylinder
- elektromechanischer Bremskraftverstärker
- Hydraulikeinheit mit Steuergerät für (ABS, ASR, ESP usw.)
- Aktiver Speicher für Blended Braking

Eigenschaften
- benötigt keinen Unterdruck
- Bremsdruck kann unabhängig von der Pedalbetätigung aufgebaut werden.

Anwendung
- Hybrid- und Elektrofahrzeuge: eBKV ermöglicht Überlagerung von elektrischem Bremsen (Rekuperation) und hydraulischem Bremsen (vgl. Abschnitt rechts).
- Fahrzeuge mit Abstands- und Notbremsassistenten (vgl. S. 316, 319): eBKV ermöglicht automatisiertes Bremsen.

Funktionsweise
Beim Betätigen des Bremspedals verschiebt sich die Kolbenstange (Eingangsstange) gegenüber der Verstärkerhülse entsprechend der aufgebrachten Pedalkraft. Dieser Wegunterschied ist ein Maß für den Bremskraftwunsch des Fahrers.
Der Wegunterschied wird vom Pedalweggeber erfasst und als elektrisches Signal an das eBKV-Steuergerät gesendet. Das Steuergerät berechnet daraus die notwendige Unterstützungskraft und das entsprechende PWM-Ansteuersignal für den Elektromotor des elektromechanischen Bremskraftverstärkers. Das Drehmoment des E-Motors wird im nachgeschalteten Getriebe verstärkt und über die beiden Ritzel auf die Außenverzahnung der Verstärkerhülse übertragen. An der Verstärkerhülse entsteht dadurch eine entsprechende Unterstützungskraft. Sie wird über die Druckstange zum Hauptzylinder übertragen.

Beim eBKV kann die Pedalcharakteristik (Verhältnis Pedalkraft zu Unterstützungskraft) per Software verändert werden. Er kann so an verschiedene Fahrzeuge angepasst werden.

Funktionsweise des eBKV beim Bremsen mit Rekuperation
Bei Hybrid- und Elektrofahrzeugen wird beim Bremsvorgang Energie zurückgewonnen. Dies bezeichnet man als Rekuperation (vgl. S. 181):
Tritt der Fahrer auf das Bremspedal, wird der Motorgenerator (vgl. S. 185) in den Generatorbetrieb geschaltet und die Hochvoltbatterie geladen. Durch den Antriebswiderstand des Generators wird das Fahrzeug verzögert.
Beim elektrischen Bremsen durch Rekuperation ist eine Bremsverzögerung bis maximal ca. 3 m/s^2 möglich. Daher wird je nach benötigter Verzögerung kein oder nur ein verringerter hydraulischer Bremsdruck benötigt. Dazu arbeitet der elektromechanische Bremskraftverstärker mit dem ESP-System zusammen: Der eBKV verringert die Unterstützungskraft entsprechend der Bremswirkung des Generators und das ESP-System pumpt Bremsflüssigkeit aus dem Bremssystem in den Druckspeicher. Wird eine höhere Bremskraft benötigt, reagiert das System in umgekehrter Weise. Die unterschiedlichen Bremsvorgänge sind am Bremspedal für den Fahrer nicht spürbar.
Die Überlagerung von elektrischem Bremsen (Rekuperation) und hydraulischem Bremsen bezeichnet man als *Blended Braking*.

Werkstatthinweis
Ein neuer eBKV muss nach dem Einbau mithilfe des Servicetesters angelernt werden.

4

Bremskraftverteilung

Lastabhängiger Bremsdruckminderer

Aufbau
(Twin-Ausführung, z. B. für X-Aufteilung)

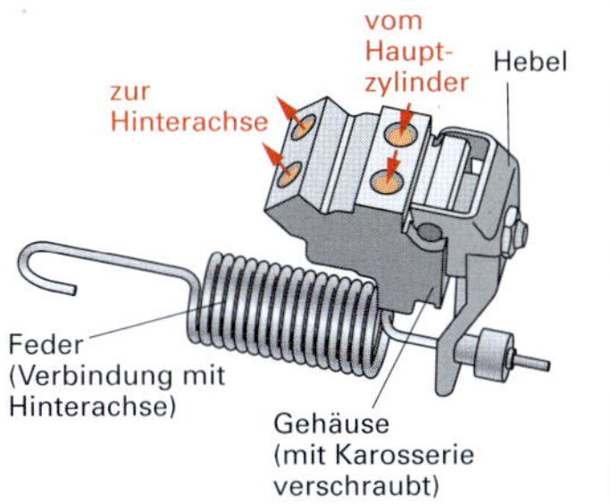

Regelbereich

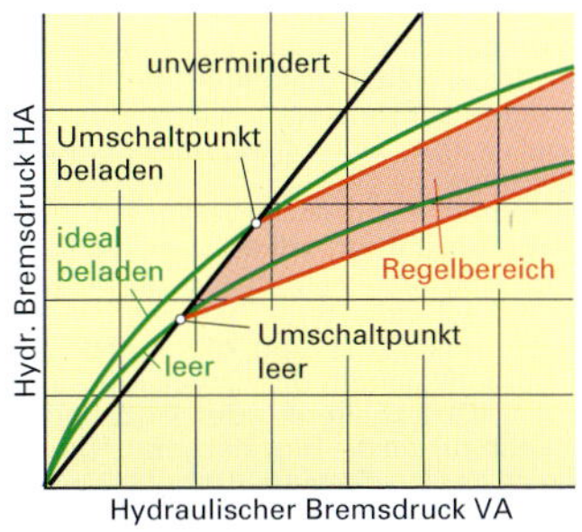

Grundlagen
Die maximal übertragbare Bremskraft vom Reifen auf die Fahrbahn hängt von der Reibungszahl zwischen Reifen und Fahrbahn und von der Kraft ab, mit der der Reifen auf die Fahrbahn gedrückt wird (vgl. S. 46).
Diese Kraft setzt sich zusammen aus der Gewichtskraft, die auf dem Rad lastet und der dynamischen Achskraftverlagerung (vgl. S. 43), die beim Bremsen entsteht: Beim Bremsen nickt das Fahrzeug nach vorn, dabei werden die Räder an der Vorderachse zusätzlich belastet und gleichzeitig die Räder an der Hinterachse entlastet.
Bei starkem Bremsen besteht daher die Gefahr, dass die Hinterräder blockieren (überbremsen) und das Fahrzeug ins Schleudern kommt.

Aufgaben der Bremskraftverteilung
- Blockieren (überbremsen) der Hinterräder verhindern, damit das Fahrzeug nicht schleudert.
- Die Bremskraft an der Hinterachse dem Beladungszustand anpassen.

Konstruktive Bremskraftverteilung
Die konstruktiv vorgegebene Bremskraftverteilung eines Fahrzeugs ist für eine bestimmte Gewichtskraftverteilung zwischen Vorderachse und Hinterachse ausgelegt.
Die konstruktive Bremskraftverteilung kann bestimmt werden durch unterschiedliche Bremsenbauarten, Kolbendurchmesser und Kolbenanzahl der Radbremsen an der Vorderachse und an der Hinterachse.
Aufgrund der dynamischen Achskraftverlagerung beim Bremsen und unterschiedlicher Beladungszustände muss im Fahrbetrieb die Bremskraftverteilung angepasst werden.

Anpassung der Bremskraftverteilung
- Fahrzeuge mit ABS:

Die Anpassung der Bremskraftverteilung erfolgt meist durch die *elektronische Bremskraftverteilung (EBV), die* in das ABS-System integriert ist. Sie setzt bei geringen Bremsschlupfwerten vor der eigentlichen ABS-Regelung ein. Um ein Überbremsen der Hinterräder zu verhindern, berechnet das Steuergerät den maximal möglichen Bremsdruck zur Hinterachse in Abhängigkeit von den gemessenen Bremsschlupfwerten an der HA. Erst bei Blockierneigung der Räder schaltet das System auf die eigentliche ABS-Regelung um.

- Fahrzeuge ohne ABS:

Die Anpassung der Bremskraftverteilung erfolgt durch hydraulische Bremsdruckminderer an der Hinterachse.

Bremsdruckminderer mit festem Umschaltpunkt: Ab einem bestimmten Bremsdruck steigt der Bremsdruck zur Hinterachse im Verhältnis zum Druck an der Vorderachse weniger stark an.

Bremsdruckminderer mit lastabhängigem Umschaltpunkt (vgl. Abb. links): Der Umschaltpunkt ändert sich abhängig von der Achslast an der Hinterachse. Die Achslast wird über den Einfederweg der Achse ermittelt und über die Feder und den Hebel an den Bremsdruckminderer übertragen. Je höher die Achslast, desto höher liegt der Umschaltpunkt und damit der Bremsdruck zur Hinterachse (vgl. Abb. links). Die dynamische Achskraftverlagerung beim Bremsen und unterschiedliche Beladungszustände werden berücksichtigt.

Antiblockiersystem (ABS)

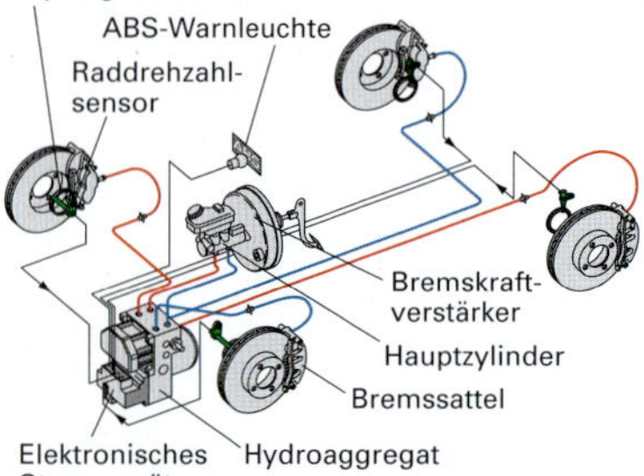

Aufgabe
Bei einer Vollbremsung soll ein Blockieren der Räder verhindert werden, damit bei optimalem Bremsweg das Fahrzeug lenkbar bleibt. Das Antiblockiersystem regelt den Bremsschlupf an den Rädern so, dass beim Bremsen noch genügend Seitenführungskräfte übertragen werden können. Vorteile durch das ABS-System:

- Bei einer Vollbremsung bleibt die Lenkfähigkeit erhalten.
- Der Bremsweg wird bei nahezu allen Fahrbahnbedingungen verkürzt.
- Bremsplatten auf den Laufflächen der Reifen werden verhindert.

Bauteile
Das ABS-System baut auf das hydraulische Bremssystem auf und besteht aus den folgenden zusätzlichen Bauteilen bzw. Baugruppen:

- Raddrehzahlsensoren mit Impulsgeberrad (Impulsring)
- Hydroaggregat (Hydraulikeinheit)
- Elektronisches Steuergerät
- ABS-Warnleuchte

ABS-Regelbereich

Kamm'scher Reibungskreis

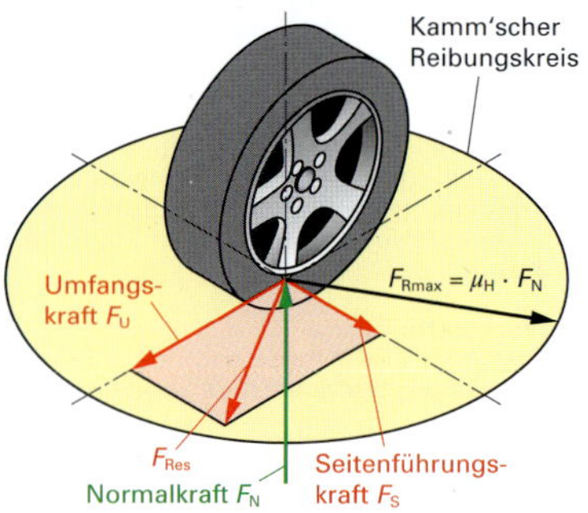

Der Kamm'sche Reibungskreis stellt den Zusammenhang zwischen der Umfangskraft F_U (Bremskraft/Antriebskraft) und der Seitenführungskraft F_S an einem Reifen dar. Der Radius des Kreises wird bestimmt durch die maximal übertragbare Haftreibungskraft $F_{Rmax} = F_N \cdot \mu_H$ (vgl. S. 46).

Grundsätzlich gilt:

- Liegt die resultierende Kraft F_{Res} aus F_U und F_S *innerhalb des Kreises* haftet der Reifen und der Fahrzustand des Fahrzeugs ist stabil.
- Liegt die resultierende Kraft F_{Res} aus F_U und F_S *auf dem Kreis*, genügt eine geringe Erhöhung von F_U oder F_S und der Fahrzustand des Fahrzeugs wird instabil.

Anhand des Kamm'schen Reibungskreises können die Auswirkungen eines Ausfalls der ABS-Funktion auf die Fahrstabilität in Extremsituationen verdeutlicht werden:

- *Vollbremsung* (blockierende Räder): Die Bremskraft F_U entspricht der maximal übertragbaren Haftreibungskraft F_{Rmax}, die übertragbare Seitenführungskraft F_S ist Null, das Fahrzeug ist nicht mehr lenkbar.
- *Bremsen/Beschleunigen bei schneller Kurvenfahrt*: Die Seitenführungskraft F_S beansprucht bereits einen großen Teil der übertragbaren Haftreibungskraft F_{Rmax}. Wird die Umfangskraft F_U durch Bremsen oder Beschleunigen stark erhöht, reicht die maximale Haftreibungskraft F_{Rmax} nicht mehr aus, die resultierende Kraft F_{Res} aus F_U und F_S zu übertragen und das Fahrzeug bricht aus.

Kraftschluss-Schlupf-Diagramm

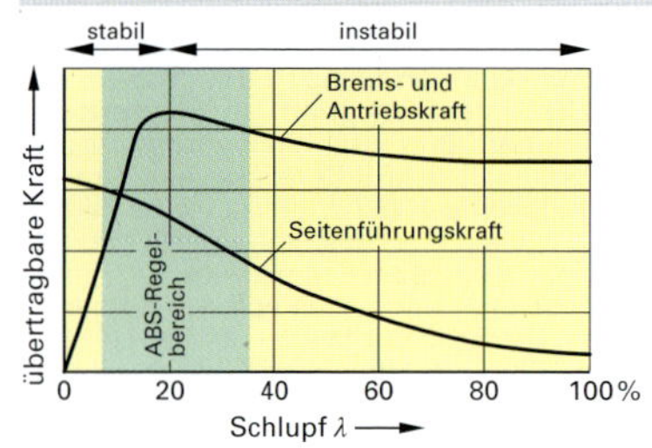

Das Kraftschluss-Schlupf-Diagramm zeigt die Abhängigkeit der übertragbaren Kraft zwischen Reifen und Fahrbahn vom Schlupf. Unter Schlupf versteht man die Differenz zwischen der Fahrzeuggeschwindigkeit und der Umfangsgeschwindigkeit des Rads. Der Schlupf wird in Prozent angegeben:

$$\text{Bremsschlupf } \lambda = \frac{v_F - v_R}{v_F} \cdot 100\,\%$$

v_F = Fahrzeuggeschwindigkeit
v_R = Umfangsgeschwindigkeit des gebremsten Rads

ABS-Regelbereich
Aus dem Kraftschluss-Schlupf-Diagramm ergibt sich:

- *Schlupf 0 %:* Keine Bremsung, die Seitenführungskraft ist maximal
- *Schlupf 100 %:* Vollbremsung mit blockiertem Rad, die übertragbare Bremskraft liegt unter dem Maximum, die übertragbare Seitenführungskraft ist nahezu Null.
- *ABS-Regelbereich (8 bis 35 % Schlupf):* In diesem Bereich können hohe Bremskräfte und gleichzeitig hohe Seitenführungskräfte übertragen werden.

ABS-Regelkreis

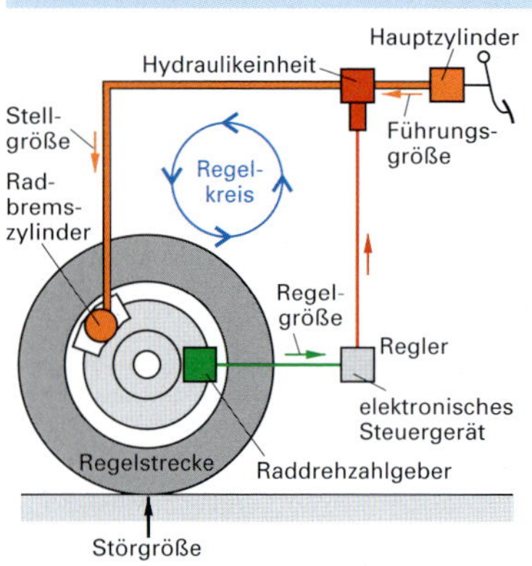

Größen im ABS-Regelkreis

- *Führungsgröße:* Vom Fahrer erzeugter Bremsdruck
- *Regler:* Elektronisches Steuergerät
- *Regelgröße*: Radverzögerung bzw. Schlupf
- *Regelstrecke:* System Reifen/ Fahrbahn/Bremse
- *Stellgröße:* Vom Regler geregelter Bremsdruck
- *Störgrößen* im Regelkreis, z. B.:
  - Änderung des Reibwerts zwischen Reifen und Fahrbahn
  - Veränderung der Radlasten, z. B. bei Kurvenfahrt
  - Radschwingungen

Voraussetzung für ABS-Regelung

- System erkennt keine Störung. Bei Störung leuchtet die ABS-Kontrollleuchte dauerhaft.
- Fahrgeschwindigkeit größer als ≈ 6 km/h (abhängig vom ABS-System)

Regelvorgang (vgl. S. 243)
Beim Abbremsen wird der Bremsdruck gesteigert, der Bremsschlupf nimmt zu und erreicht im höchsten Punkt der Kraftschluss-Schlupfkurve (vgl. Diagramm oben) die Grenze zwischen stabilem Bereich und instabilem Bereich. Wird der Bremsdruck weiter gesteigert, nimmt die übertragbare Bremskraft wieder ab, der Schlupf nimmt rasch zu und das Rad droht zu Blockieren.
Tritt an einem Rad Blockiergefahr auf, sinkt die Raddrehzahl schnell ab bzw. die Radverzögerung steigt schnell an. Das Steuergerät erfasst dies über das Signal des Raddrehzahlsensors und gibt Befehl an die Hydraulikeinheit, den Druckaufbau zu stoppen (Druckhalten) oder abzubauen (Druckabbau). Ist die Blockiergefahr beseitigt, wird der Druck wieder erhöht (Druckaufbau) bis wiederum Blockiergefahr auftritt. Der Regelvorgang wiederholt sich ständig während des Bremsvorgangs.

4

ABS-Regelzyklus

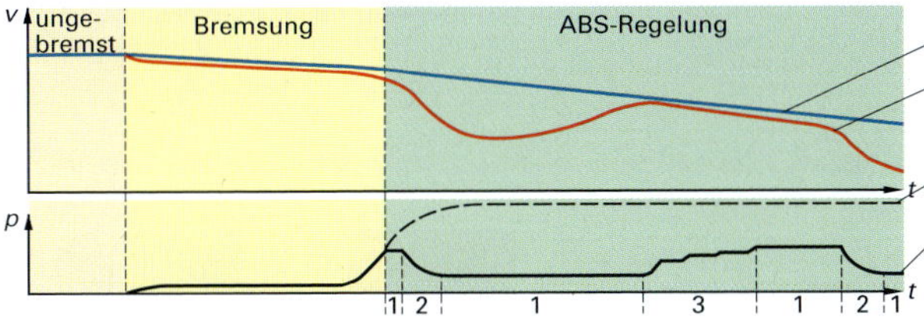

Fahrzeuggeschwindigkeit v_F
Radumfangsgeschwindigkeit v_R

Bremsdruck im Bremskreis p_B
Bremsdruck im Radzylinder p_R
ABS-Regelphasen: 1 Druckhalten
2 Druckabbau
3 Druckaufbau

Bremsung (keine ABS-Regelung)	**Druckaufbau** (Bremsbetätigung)	**Ausgangssituation am Rad**	**Reaktion ABS-Steuergerät**	**Bremsdruck Radzylinder**
	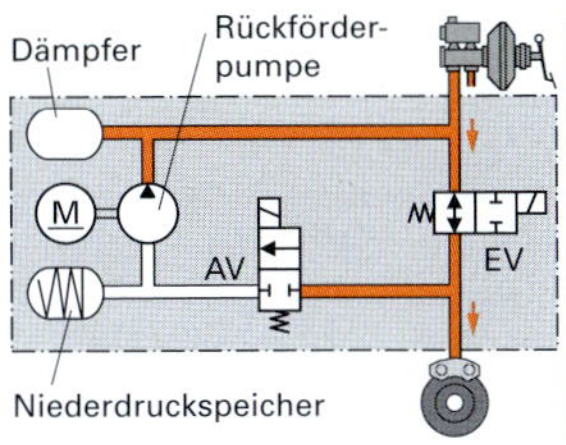	Die Radverzögerung ist nicht zu groß. Sie bleibt unterhalb des einprogrammierten Schwellenwerts. Es besteht keine Blockiergefahr.	Keine ABS-Regelung notwendig. Die Magnetspulen von Einlass- und Auslassventil sind unbestromt. Beide Ventile werden durch die Rückstellfeder in ihrer Grundposition gehalten. • Einlassventil offen • Auslassventil geschlossen	Über den Hauptbremszylinder kann in den Radzylindern Bremsdruck aufgebaut werden.
ABS-Regelphasen	**Druckhalten (1)** 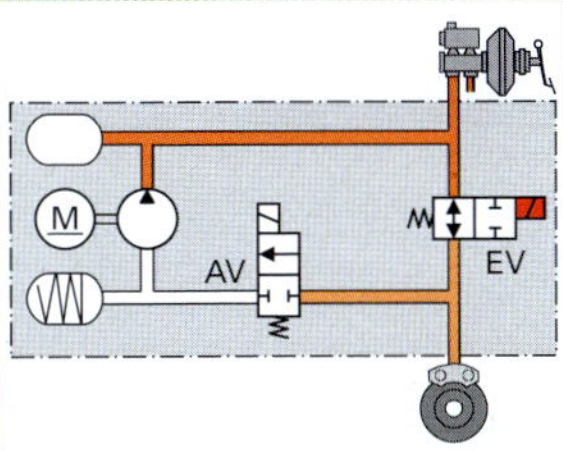	**Druckaufbauphase vorangegangen:** Die Radverzögerung wird zu groß. Sie erreicht einen einprogrammierten Schwellenwert. Es besteht Blockiergefahr.	Die Magnetspule des Einlassventils wird bestromt. Das Einlassventil schließt. • Einlassventil geschlossen • Auslassventil geschlossen	Der Bremsdruck im Radzylinder kann nicht weiter ansteigen (bleibt konstant).
		Druckabbauphase vorangegangen: Die Radverzögerung wird kleiner, unterschreitet einen einprogrammierten Schwellenwert. Die Bremskraft wird zu gering.	Die Magnetspule des Auslassventils wird stromlos. Das Auslassventil schließt. • Einlassventil geschlossen • Auslassventil geschlossen	Der Bremsdruck im Radzylinder kann nicht weiter sinken (bleibt konstant).
	Druckabbau (2) 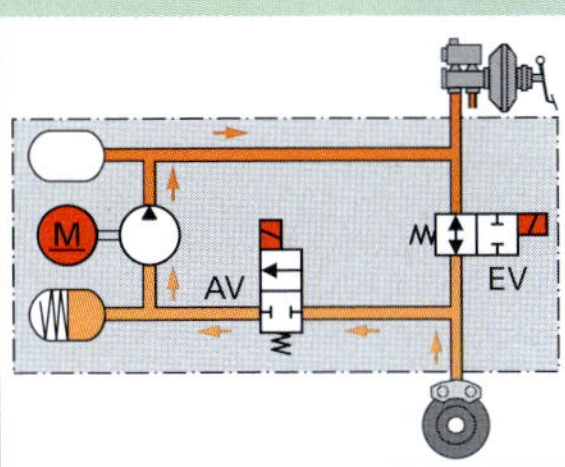	Die Radverzögerung ist zu groß bzw. der Bremsschlupf erreicht einen einprogrammierten Schwellenwert. Die Blockiergrenze ist erreicht.	Die Magnetspule des Auslassventils wird bestromt. Das Auslassventil öffnet. Der Elektromotor der Rückförderpumpe wird bestromt. • Einlassventil geschlossen • Auslassventil offen	Der Bremsdruck im Radzylinder sinkt. Bremsflüssigkeit fließt vom Radbremszylinder in den Niederdruckspeicher. Die Rückförderpumpe fördert die Bremsflüssigkeit vom Speicher über einen Dämpfer in Richtung Hauptzylinder.
	Druckaufbau ABS (3) **Der ABS-Regelzyklus wiederholt sich mehrmals pro Sekunde.**	Durch den geringeren Bremsdruck ist die Radumfangsgeschwindigkeit wieder angestiegen. Um die maximal mögliche Bremskraft auszunutzen, muss der Bremsschlupf wieder dem optimalen Wert angenähert werden (vgl. S. 242).	Die Magnetspule des Auslassventils wird nicht mehr bestromt. Das Auslassventil schließt. Durch *pulsweitenmodulierte Stromabsenkung* wird das Einlassventil schrittweise geöffnet, um schlagartigen Druckaufbau zu vermeiden.	Der Bremsdruck am Rad steigt kontinuierlich bis an die Blockiergrenze. Danach beginnt der ABS-Regelzyklus erneut.

Regelvarianten

Select-low-Regelung	Das Rad, das zuerst zu blockieren droht, bestimmt die Regelung bzw. den Bremsdruck an der Achse. Am anderen Rad wird Bremskraft verschenkt. Diese Regelvariante wird oft an der Hinterachse angewendet, um bei Vollbremsungen in der Kurve Seitenkraftreserven zu sichern.
Individualregelung	Jedes Rad wird einzeln (individuell) geregelt. Die möglichen Radbremskräfte werden optimal genutzt. Bei großen Reibwertunterschieden an den Rädern ergeben sich entsprechend unterschiedliche Radbremskräfte. Dies kann die Fahrstabilität des Fahrzeugs verringern.
Bremsregelung mit Giermomentaufbauverzögerung	Bei Systemen mit Individualregelung (siehe oben) entsteht beim Bremsen auf Fahrbahnen mit starken Reibwertunterschieden (z.B. linke Räder auf trockener Fahrbahn, rechte Räder auf Eis) ein Giermoment (Drehmoment um die Fahrzeughochachse). Vor allem bei Kleinwagen wird deshalb bei der ABS-Regelung das Bremsmoment am Vorderrad mit größerer Haftung verzögert aufgebaut. Damit bleiben diese Fahrzeuge bei einer Panikbremsung besser beherrschbar.

4

Aufgabe

Die Fahrdynamikregelung (FDR) bzw. das elektronische Stabilitätsprogramm (ESP) soll das Fahrzeug in kritischen Fahrsituationen stabilisieren. Das System hilft dadurch Unfälle zu verhindern und erhöht die aktive Fahrzeugsicherheit.

Fahrdynamikregelsysteme müssen nach EU-Verordnung Nr. 661/2009 seit 11/2014 bei allen in der EU neu zugelassenen Pkw und Nutzfahrzeugen eingebaut sein.

Systemaufbau (Beispiel)

Das Fahrdynamiksystem umfasst folgende Teilfunktionen:

FDR Fahrdynamikregelung (ESP)
ABS Anti-Blockier-System
ASR Antriebsschlupfregelung
EBV Elektronische Bremskraftverteilung
MSR Motorschleppmomentregelung

1 FDR-Steuergerät
2 Hydraulikeinheit
3 Bremsdrucksensor
4 Querbeschleunigungssensor
5 Gierratensensor
6 FDR OFF-Taste
7 Lenkwinkelsensor
8 Bremslichtschalter
9 ... 12 Raddrehzahlsensoren
13 CAN-Schnittstelle
14 Kontrollleuchte Bremse
15 Kontrollleuchte ABS
16 Kontrollleuchte FDR/ASR
17 Eingriff Motormanagement
18 Eingriff Getriebesteuerung
19 Eingriff Aktiv-/Überlagerungslenkung (Active Front Steering AFS)

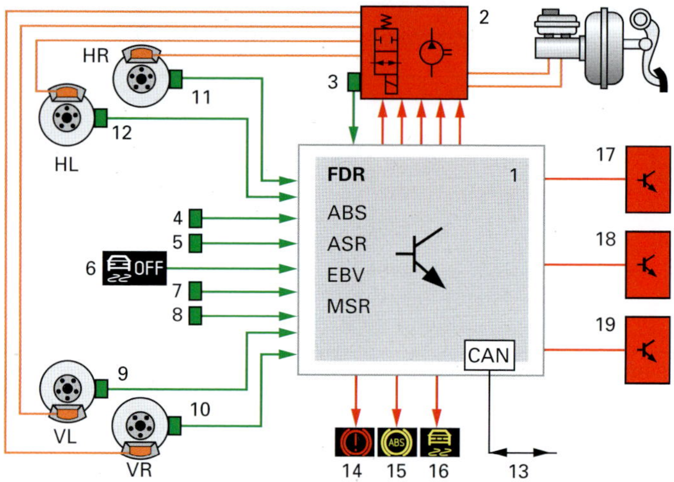

Hydraulikplan siehe S. 245

Funktionsweise Fahrdynamikregelung

Das FDR-Steuergerät wertet ständig die Signale der Raddrehzahlsensoren, des Lenkwinkelsensors, des Gierratensensors und des Querbeschleunigungssensors usw. aus (Funktionsweise der Sensoren vgl. S. 303, 304).
Das Steuergerät vergleicht anhand der Sensorsignale die Soll-Fahrtrichtung (= Fahrerwunsch) mit der Ist-Fahrtrichtung (= Fahrverhalten des Fahrzeugs). Weichen diese voneinander ab, werden die zur Korrektur der Ist-Fahrtrichtung notwendigen Regeleingriffe berechnet und durchgeführt. Die FDR-Kontrollleuchte zeigt einen Regeleingriff durch Blinken an. Bei einer Funktionsstörung oder wenn das System ausgeschaltet ist, leuchtet sie ständig.

Mit der teilweise eingebauten FDR OFF-Taste kann die Fahrdynamikregelung ausgeschaltet werden. Dies kann im Einzelfall bei Schneekettenbetrieb sinnvoll sein.

Eingriffsmöglichkeiten
Je nach Systemausführung stehen dem FDR-Steuergerät folgende Eingriffsmöglichkeiten zur Verfügung:

- Gezieltes Abbremsen einzelner Räder, um ein Korrektur-Giermoment zu erzeugen (vgl. Hydraulikplan S. 245).
- Motoreingriff zur Absenkung des Motordrehmoments, um die Seitenkraftreserve an den Rädern zu erhöhen (vgl. Kamm'scher Reibungskreis, S. 242).
- Bei Fahrzeugen mit Aktiv-/Überlagerungslenkung (vgl. S. 227): Lenkeingriff zur gezielten Kurskorrektur
- Bei Fahrzeugen mit aktivem Fahrwerk (vgl. S. 223): Eingriffe z. B. in das Stabilisatorsystem, in die Dämpferregelung

Die in manchen Systemen integrierte *Gespannstabilisierung* verhindert ein Aufschaukeln der Pendelbewegung eines Anhängers, z. B. nach einem Ausweichmanöver.

Fahrverhalten/Abweichung von der Soll-Fahrtrichtung		FDR-Regeleingriff
Untersteuerndes Fahrzeug 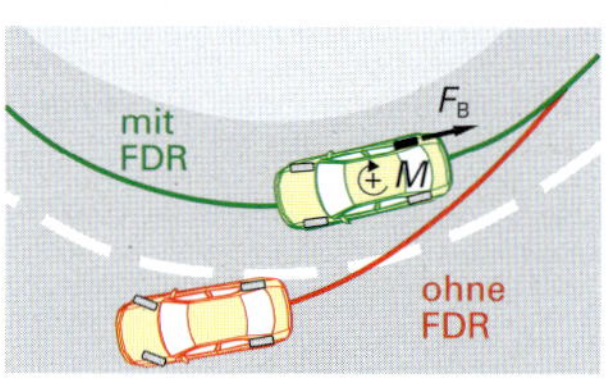	Die Seitenführungskräfte an den Vorderrädern reichen nicht mehr aus, das Fahrzeug in der Spur zu halten. Das Fahrzeug schiebt über die Vorderräder zur Kurvenaußenseite.	• Das kurveninnere Hinterrad wird gezielt abgebremst. Durch die Bremskraft F_B entsteht ein Giermoment M, das der Abweichung von der Soll-Fahrtrichtung entgegenwirkt und das Fahrzeug in der Spur hält (vgl. Abb. links). • Bremst der Fahrer zum Regelzeitpunkt, wird gegebenenfalls der Bremsdruck auf der Kurvenaußenseite verringert. • Falls nötig, wird das Motordrehmoment verringert.
Übersteuerndes Fahrzeug 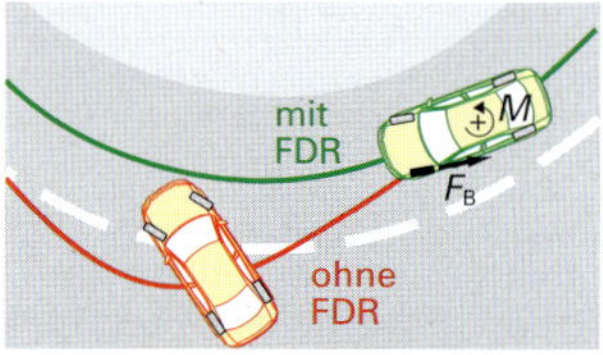	Die Seitenführungskräfte an den Hinterrädern reichen nicht mehr aus, das Fahrzeug in der Spur zu halten. Das Fahrzeugheck droht zur Kurvenaußenseite hin auszubrechen.	• Das kurvenäußere Vorderrad wird gezielt abgebremst. Durch die Bremskraft F_B entsteht ein Giermoment M, das der Abweichung von der Soll-Fahrtrichtung entgegenwirkt und das Fahrzeug in der Spur hält (vgl. Abb. links). • Bremst der Fahrer zum Regelzeitpunkt, wird gegebenenfalls der Bremsdruck auf der Kurveninnenseite verringert. • Falls nötig, wird das Motormoment verringert. • Bei Fahrzeugen mit Automatikgetriebe wird die Hoch-/Runterschaltung so beeinflusst, dass eine damit verbundene Änderung des Raddrehmoments nicht zu einer Destabilisierung des Fahrzeugs führt.

Hydraulikplan für ABS-, ASR-, FDR (ESP)-Regelfunktion (Beispiel: Bremsanlage mit II-Aufteilung)

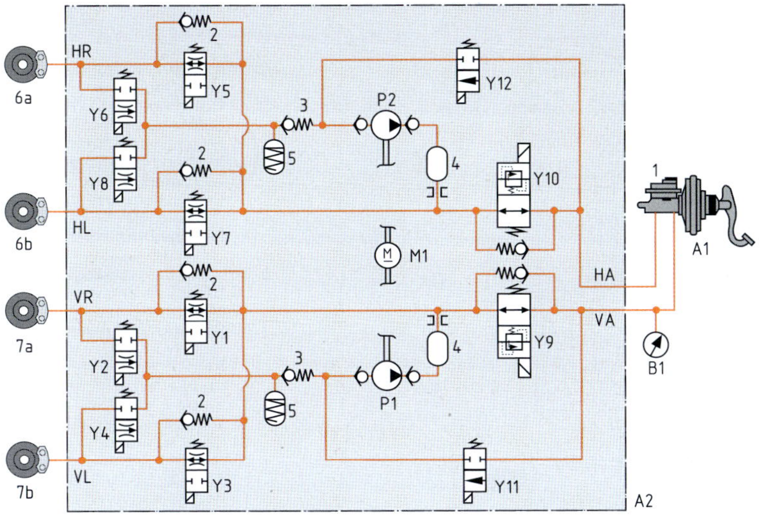

1	Hauptzylinder mit Ausgleichsbehälter
2	Rückschlagventil
3	Rückschlagventil Rückförderpumpe
4	Dämpfer
5	Niederdruckspeicher
6a	Hinterradbremse rechts
6b	Hinterradbremse links
7a	Vorderradbremse rechts
7b	Vorderradbremse links
A1	Bremskraftverstärker
A2	Hydraulikeinheit
B1	Bremsdrucksensor
M1	Hochdruck-/Rückförderpumpenmotor
P1	Hochdruck-/Rückförderpumpe Bremskreis Vorderachse
P2	Hochdruck-/Rückförderpumpe Bremskreis Hinterachse
Y1	Einlassventil vorne rechts
Y2	Auslassventil vorne rechts
Y3	Einlassventil vorne links
Y4	Auslassventil vorne links
Y5	Einlassventil hinten rechts
Y6	Auslassventil hinten rechts
Y7	Einlassventil hinten links
Y8	Auslassventil hinten links
Y9	Umschaltventil Vorderachse mit integriertem Druckbegrenzungsventil
Y10	Umschaltventil Hinterachse mit integriertem Druckbegrenzungsventil
Y11	Hochdruckschaltventil Vorderachse
Y12	Hochdruckschaltventil Hinterachse

ABS-Regelfunktion

Bremsung	**Druckaufbau:** Alle Einlassventile sind offen (unbestromt), alle Auslassventile sind geschlossen (unbestromt). Der vom Hauptzylinder kommende Druck gelangt über Y9, Y1, Y3 zur Vorderachse, über Y10, Y7, Y5 zur Hinterachse.
EBV-Funktion	Um ein Überbremsen der Hinterräder zu verhindern, berechnet die ins Steuergerät integrierte elektronische Bremskraftverteilung (EBV) den maximal möglichen Bremsdruck zur Hinterachse, abhängig von den Bremsschlupfwerten an der HA. Erst bei Blockierneigung an den Rädern setzt die ABS-Regelung ein.
ABS-Regelung (vgl. S. 242, 243)	*Beispiel:* Das linke Vorderrad neigt zum Blockieren. **Druckhalten:** Das Einlassventil Y3 wird geschlossen (bestromt) und sperrt die Verbindung vom Hauptzylinder zum Radbremszylinder VL, das Auslassventil Y4 ist geschlossen (unbestromt). Der Druck im Bremssattel bleibt konstant. Der Motor M1 der Rückförderpumpe läuft schon während dieser Regelphase an. **Druckabbau:** Einlassventil Y3 bleibt geschlossen (bestromt), das Auslassventil Y4 wird geöffnet (bestromt), Bremsflüssigkeit strömt in den Speicher 5 und zur Hochdruck-/Rückförderpumpe P1. Von dort fördert P1 gegen den vorhandenen Druck in den Hauptzylinder zurück. Der Dämpfer 4 dämpft die Förderpulsationen. **Druckaufbau ABS:** Das Auslassventil Y4 wird geschlossen (unbestromt), das Einlassventil Y3 wird stufenweise geöffnet (PWM-Ansteuerung verringert Strom stufenweise bis auf Null = unbestromt).
Lösen der Bremse	Die Bremsflüssigkeit aus den Radbremszylindern strömt über die offenen (unbestromten) Einlassventile Y1, Y3, Y5 Y7 und zusätzlich über die Rückschlagventile 2 zum Hauptzylinder zurück.

ASR-Regelfunktion (Antriebsschlupfregelung)

Bremseingriff	Der Bremseingriff erfolgt nur im unteren Geschwindigkeitsbereich. Dreht bei einem Fahrzeug ohne Differentialsperre eines der Antriebsräder durch, wirkt auch am gegenüberliegenden Rad nur ein geringes Antriebsmoment. Die Antriebsschlupfregelung bremst das zum Durchdrehen neigende Rad ab, somit erhöht sich entsprechend das Antriebsmoment am gegenüberliegenden Rad. Es entsteht eine Sperrwirkung. *Beispiel:* Das rechte angetriebene Hinterrad neigt zum Durchdrehen. **Druckaufbau:** Die Umschaltventile Y9 und Y10 werden geschlossen (bestromt). Die Hochdruck-/Rückförderpumpe P2 saugt über das geöffnete (bestromte) Hochdruckschaltventil Y12 Bremsflüssigkeit aus dem Ausgleichbehälter des Hauptzylinders an und baut Bremsdruck im HA-Bremskreis auf. Das offene (unbestromte) Einlassventil Y5 lässt Bremsdruck nach HR. Das geschlossene (bestromte) Einlassventil Y7 lässt keinen Bremsdruck nach HL. **Druckhalten:** Ist der zur Begrenzung des Antriebsschlupfes notwendige Bremsdruck erreicht, wird das Hochdruckschaltventil Y12 geschlossen (unbestromt). Der Druck im Bremskreis kann nicht weiter ansteigen.
Motoreingriff	Tritt an den Antriebsrädern ein zu hoher Antriebsschlupf auf, wird über die Datenbus-Verbindung zum Motorsteuergerät das Motordrehmoment reduziert. **Motorschleppmoment-Regelung (MSR):** Bei schnellem Gaswegnehmen oder hartem Einkuppeln bremst das Motorschleppmoment die Antriebsräder stark ab und es kann ein zu hoher Bremsschlupf an den Rädern entstehen. Um dies zu verhindern, wird durch Eingriff in das Motormanagement die Motordrehzahl erhöht.

ESP-Regelfunktion (Fahrdynamikregelung) FDR-System siehe S. 244

Hydraulikfunktion	Bei der Fahrdynamikregelung ist zur Stabilisierung des Fahrzeugs ein Bremseingriff an allen Rädern möglich. *Beispiel:* Das Fahrzeug übersteuert in einer Rechtskurve, dies macht einen Bremseingriff vorne links notwendig. **Druckaufbau:** Die Umschaltventile Y9 und Y10 werden geschlossen (bestromt). Die Hochdruck-/Rückförderpumpe P1 saugt aus dem Ausgleichsbehälter des Hauptzylinders über das geöffnete (bestromte) Hochdruckschaltventil Y11 Bremsflüssigkeit an und baut Bremsdruck im VA-Bremskreis auf. Das offene (unbestromte) Einlassventil Y3 lässt Bremsdruck nach VL. Das geschlossene (bestromte) Einlassventil Y1 lässt keinen Bremsdruck nach VR. **Druckhalten:** Wird zur Stabilisierung des Fahrzeugs kein stärkerer Bremseingriff benötigt, wird das Hochdruckschaltventil Y11 geschlossen (unbestromt) und der Druck im Bremskreis steigt nicht weiter an.

Nutzkraftfahrzeug Zweileitungs-Zweikreis-Druckluftbremsanlage mit ABS

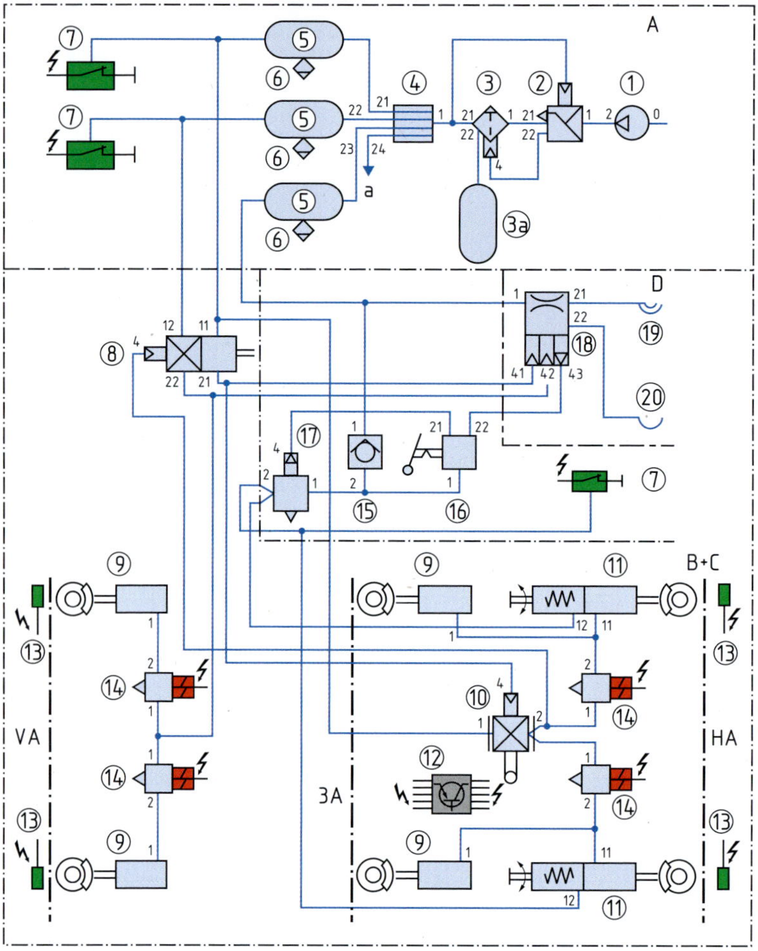

Gerätegruppen (A … D) und **Einzelgeräte** (1 … 20)

A Druckluftversorgung
1 Luftkompressor
2 Druckregler
3 Lufttrockner
3a Regenerationsluftbehälter
4 Vierkreis-Schutzventil
5 Luftbehälter
6 Entwässerungsventil
7 Druckschalter
a Nebenverbraucher

B Betriebs-Bremsanlage
8 Betriebsbremsventil
9 Membranzylinder
10 Bremskraftregler mit Relaisventil
11 Kombibremszylinder (mit Federspeicher)
12 Steuergerät (ABS)
13 Drehzahlsensor (ABS)
14 Drucksteuerventil (ABS)

C Feststell-Bremsanlage
15 Rückschlagventil
16 Feststell-Bremsventil
17 Relaisventil

D Anhängersteuerung
18 Anhänger-Steuerventil
19 Kupplungkopf „Vorrat“
20 Kupplungskopf „Bremse“

VA Vorderachse
HA Hinterachse
3A Dritte Achse (Liftachse)

Geräte	Aufgaben
Luftkompressor	• Verdichtet die über ein Filter angesaugte Luft auf ca. 8 … 10 bar (ca. 16 bar bei Hochdruckanlage)
Druckregler	• Hält den Vorratsdruck konstant auf dem eingestellten Wert von 8 … 10 bar (16 bar) • Ermöglicht das Füllen der Fahrzeugreifen
Lufttrockner	• Entzieht der Luft die Feuchtigkeit und verhindert damit Funktionsstörungen durch Einfrieren
Vierkreis-Schutzventil	• Teilt die Luft auf 4 Vorratskreise auf (21 und 22 Betriebsbremsanlage, 23 Feststellbremsanlage und Anhängerversorgung, 24 Nebenverbraucher a) • Sichert bei Ausfall eines Kreises den Druck in den intakten Kreisen
Luftbehälter	• Versorgt die Anlage bei hohem Luftverbrauch bei Ausfall des Luftkompressors
Entwässerungsventil	• Dient zum Ablassen von Kondenswasser (manuell oder automatisch betätigt)
Druckschalter	• Meldet Unterschreiten des Mindestdrucks

Geräte	Aufgaben
Betriebsbremsventil	• Be- und entlüftet vom Fahrer betätigt die Bremszylinder der BBA • Steuert über das Anhängersteuerventil die Anhängerbremsanlage
Bremskraftregler	• Passt den Bremsdruck der Hinterachse dem Beladungszustand an
Drucksteuerventil	• Moduliert bei Blockierneigung den Bremsdruck eines oder mehrerer Räder
Feststell-Bremsventil	• Steuert über das Relaisventil den Druck in den Federspeicherzylindern • Steuert über das Anhängersteuerventil die Anhänger-Bremsanlage
Relaisventil	• Be- und entlüftet den Federspeicherzylinder • Beschleunigt das Ansprechen der Feststellbremse
Anhängersteuerventil	• Steuert über das Anhänger-Bremsventil die Bremsung des Anhängers in Abhängigkeit des BBV und FBV • Leitet die Druckluft für die Anhängerbremsanlage über das Drosselventil zum Kupplungskopf „Vorrat“. Bei Druckabfall durch Luftverlust wird der Anhänger gebremst.

Anhänger Zweileitungs-Druckluftbremsanlage mit ABS

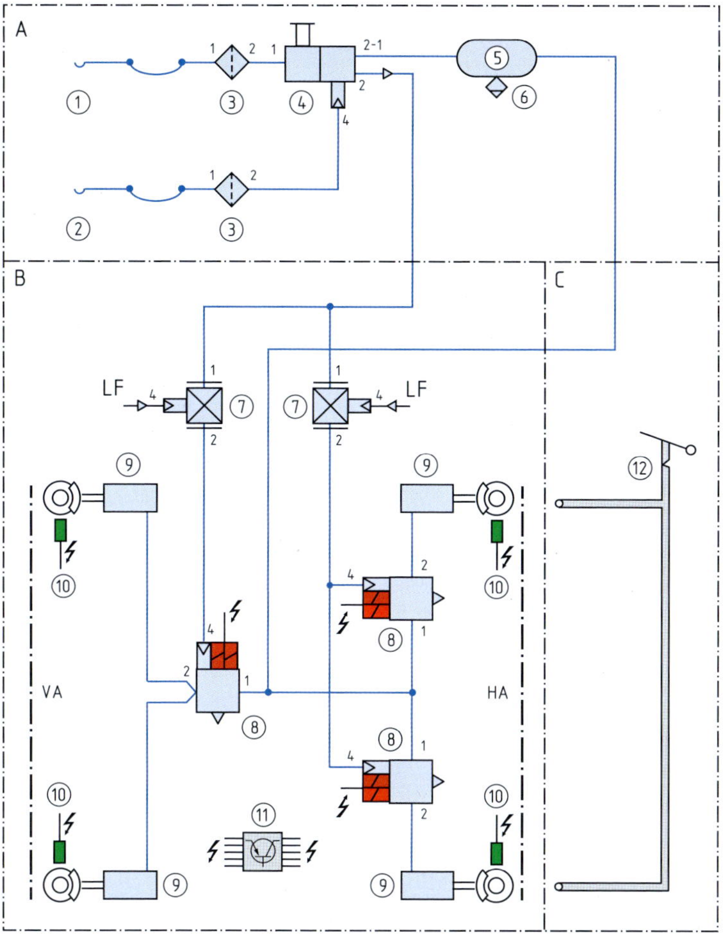

Gerätegruppen (A … C) und **Einzelgeräte** (1 … 12)

A Druckluftversorgung und Betätigung
1 Kupplungskopf „Vorrat“
2 Kupplungskopf „Bremse“
3 Leitungsfilter
4 Anhänger-Bremsventil mit Löseventil
5 Luftbehälter
6 Entwässerungsventil

B Betriebs-Bremsanlage
7 Bremskraftregler (pneumatisch gesteuert)
8 Magnetrelaisventil (ABS)
9 Membranzylinder
10 Drehzahlsensor (ABS)
11 Steuergerät (ABS)

C Feststell-Bremsanlage
12 Handbremshebel

LF Luftfederung
VA Vorderachse
HA Hinterachse

Geräte	Aufgaben
Vorratsleitung „rot“	• Verbindet den Druckluftvorrat des Zugfahrzeugs mit dem des Anhängers
Bremsleitung „gelb“	• Überträgt durch Druckanstieg die Bremsdrücke des Zugfahrzeugs auf das Anhänger-Bremsventil
Anhänger-Bremsventil	• Steuert abhängig vom Steuerdruck in der Bremsleitung den Bremsdruck im Anhänger • Löst bei Druckabfall in der Vorratsleitung z. B. beim Abreißen oder Abkuppeln automatisch eine Abbremsung aus.

Geräte	Aufgaben
Bremskraft-Regler	• Passt den Bremsdruck für die Achsen dem Beladungszustand an. Die Ansteuerung erfolgt manuell oder automatisch (Gestänge oder pneumatisch bei Luftfederung)
Magnetrelais-ventil	• Wird vom ABS-Steuergerät angesteuert und moduliert bei Blockierneigung den Bremsdruck in den Radbremszylindern
Feststell-Bremse	• Wirkt als Muskelkraft-Bremsanlage und kann nicht vom Zugfahrzeug aus betätigt werden

Gesetzliche Regelung (Verordnung (EG) Nr. 661/2009)

Für Fahrzeuge mit Typprüfung ab 01. November 2011 bzw. Erstzulassung ab 01. November 2014 gilt:
Alle Pkw sowie Lkw, Busse und Anhänger (wenige Ausnahmen) mit > 3,5 t zulässiger Gesamtmasse (Fahrzeuge der Klassen M2, M3, N2, N3, O3 und O4) müssen mit einem elektronischen Fahrdynamik-Regelsystem (ESP) ausgestattet werden.

Lkw und Busse mit einer zulässigen Gesamtmasse von > 3,5 t (Fahrzeuge der Klassen M2, M3, N2 und N3) müssen mit Notbrems-Assistenzsystemen und Spurhaltewarnsystemen ausgerüstet werden.

Fahrdynamik-Regelsystem

Weicht die Fahrtrichtung des Fahrzeugs von der Soll-Fahrrichtung (Lenkeinschlag) ab, wird durch gezielten Bremseingriff (Druckaufbau oder Druckabbau) an einem oder mehreren Rädern die Fahrtrichtung des Fahrzeuges beeinflusst.

Weitere Funktionen der Fahrdynamik-Regelung:
Antiblockiersystem (ABS), vgl. S. 245
Antriebsschlupfregelung (ASR) mit Bremseingriff (durchdrehendes Rad wird gebremst) und Motoreingriff, vgl. S. 245.

Elektronisch geregeltes Bremssystem EBS

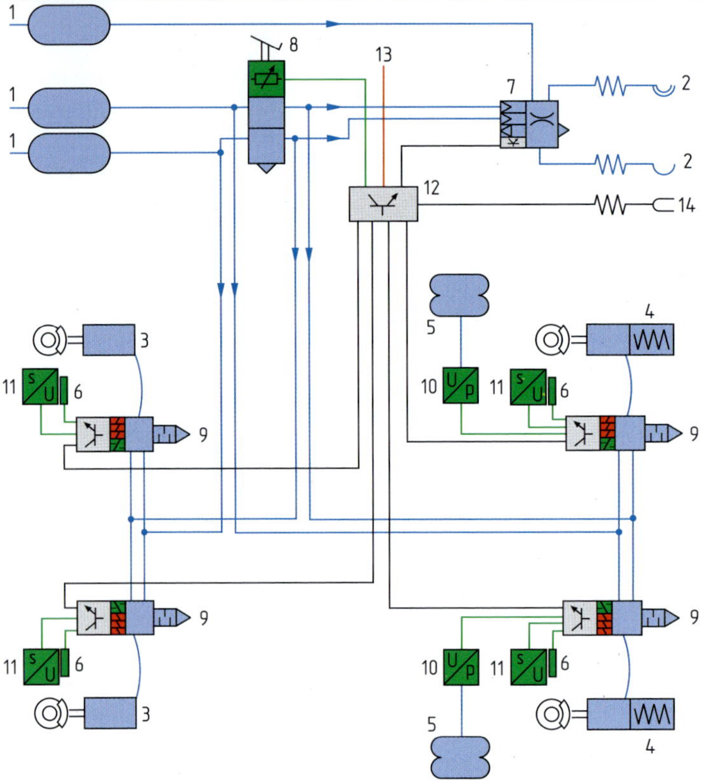

Konventioneller Teil des Bremssystems
1 Luftbehälter
2 Kupplungsköpfe
3 Membranzylinder
4 Kombibremszylinder

Luftfederung
5 Luftfederbalg

EBS-Komponenten
6 Drehzahlsensor
7 Anhängersteuermodul
8 Betriebsbremsventil mit Bremswertgeber (Fußbremsmodul)
9 Druckregelmodul mit Bremsdrucksensor
10 Lastsensor
11 Sensoren zur Messung des Bremsbelagverschleißes
12 EBS-Steuergerät
13 Diagnose-Schnittstelle
14 EBS Anhängersteckverbindung (für Anhänger mit EBS)

Druckluftleitung
CAN-Bus

Aufbau

Das elektronisch geregelte Bremssystem umfasst folgende Teilsysteme:

ABS = Anti-Blockiersystem
ALB = Automatische lastabhängige Bremskraftregelung
ASR = Antriebsschlupfregelung
BVS = Belagsverschleißsensierung
EPB = Elektropneumatische Bremsanlage

Die Basis für das elektronisch geregelte Bremssystem ist die herkömmliche Zweileitungs-Zweikreis-Druckluftbremsanlage. Mit den Baugruppen Druckluftversorgung, Betriebsbremsanlage, Feststellbremsanlage, Anhängersteuerung. Dem zweikreisigen pneumatischen Anlagenteil der Betriebsbremsanlage ist ein elektronischer Regelkreis überlagert. Im Normalfall erfolgt die Steuerung/Regelung des Bremsdruckes elektronisch. Die pneumatische Steuerung ist im Hintergrund für den Notfall permanent vorhanden. Der Steuerdruck zum Anhänger wird ebenfalls elektronisch geregelt.
Bei Anhängern mit EBS-Anlage erfolgt die Kommunikation zwischen Zugfahrzeug und Anhänger über die CAN-Schnittstelle der EBS-Anhängersteckverbindung.
Drehzahlsensoren erfassen die Raddrehzahlen für die ABS- und ASR-Regelung.
Lastsensoren an der Hinterachse ermitteln den Beladungszustand für die Bremskraftverteilung, Sensoren an jeder Radbremse melden den Bremsbelagverschleiß.
Die Dauerbremse (Retarder) wird über das EBS-Steuergerät automatisch zugeschaltet.

EBS-Komponenten

Das *Betriebsbremsventil* (Fußbremsmodul) hat zwei Funktionen:
1. Es erfasst über einen elektrischen Sensor in Abhängigkeit vom Betätigungsweg den Bremswunsch des Fahrers.
2. Es steuert wie beim konventionellen System entsprechend der Pedalbetätigung zwei Bremskreise („back up"-Kreise) an.

Das *Druckregelmodul* bildet die Schnittstelle zwischen dem elektronischen Bremssystem und der pneumatischen Bremskaft. Es setzt die über das Bremsen-CAN übertragenen Bremssolldrücke in pneumatische Drücke um. Ein Drucksensor misst den ausgesteuerten Bremsdruck.
Der elektrisch aktivierte Back up-Magnet sperrt bei funktionierender elektronischer Regelung den vom Betriebsbremsventil kommenden Steuerdruck. Die Messdaten vom Raddrehzahlsensor, dem Bremsbelagverschleißsensor und dem Drucksensor werden über das Steuergerät des Druckmodulators auf den CAN-Bus übertragen.
Das *Anhängersteuermodul* regelt den Anhängersteuerdruck entsprechend den Anforderungen des EBS. Ein „Back up"-Magnetventil sperrt bei funktionierender elektronischer Regelung die pneumatische Ansteuerung.

Wirkungsweise

Die Betätigung des Betriebsbremsventils gibt dem Steuergerät den Bremswunsch vor. Über die aktivierten „Back up"-Magnete in den Druckmodulatoren und im Anhängersteuermodul werden die pneumatischen Steuerdrücke gesperrt. Das Steuergerät berechnet nun in Abhängigkeit von Abbremswunsch, Fahrzeugmasse, Achslastverteilung und Bremsbelagverschleiß (nur bei Abbremsung < 30%) den optimalen Bremsdruck bzw. Anhängersteuerdruck.
Dieser Sollbremsdruck wird über das Bremsen-CAN an die Druckmodulatoren übertragen, diese steuern dann rad- oder achsweise den Bremsdruck ein. Der Anhänger erhält den Abbremswunsch über das Anhängersteuermodul oder direkt über die EBS-Anhängersteckverbindung an das Anhänger-EBS.
Bei Ausfall der elektronischen Regelung werden die „Back up"-Magnete nicht aktiviert. Zugfahrzeug und Anhänger werden wie bei der herkömmlichen Zweileitungs-Zweikreisbremsanlage abgebremst.

Vorteile
- Optimale Bremskraftverteilung
- Schnelles Ansprechen der Bremse und damit kurzer Bremsweg
- Geringer Belagverschleiß durch automatisches Zuschalten der Dauerbremse
- Gleichmäßiger Belagverschleiß und damit geringere Wartungskosten
- Optimales Schlupfverhalten der Räder durch integriertes ABS und ASR

Allgemeines

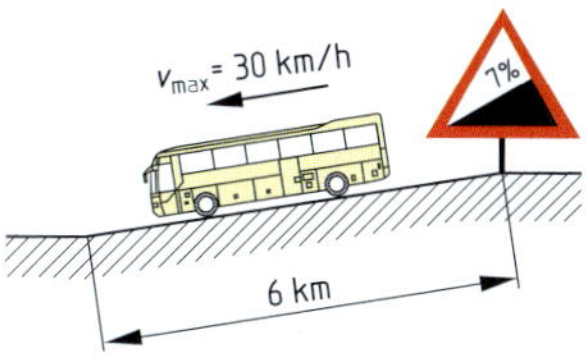

Arten
- Motorbremse
- Hydrodynamische Bremse
- Elektrodynamische Bremse

Anforderung
Die Dauerbremse muss eine Leistung aufweisen, die der Beanspruchung beim Befahren eines Gefälles von 7 %, 6 km Länge und 30 km/h Geschwindigkeit durch das voll beladene Fahrzeug entspricht.

Gesetzliche Vorschriften
Nach StVZO § 41, EG-Richtlinie 71/320 EWG und ECE Regelung 13 sind für Kraftfahrzeuge, deren Höchstmasse mehr als 16 Tonnen beträgt oder die zum Ziehen eines Anhängers der Klasse O4 zugelassen sind, Dauerbremssysteme vorgeschrieben. (Klasseneinteilung siehe S. 236)

Motorbremse, verstärkte

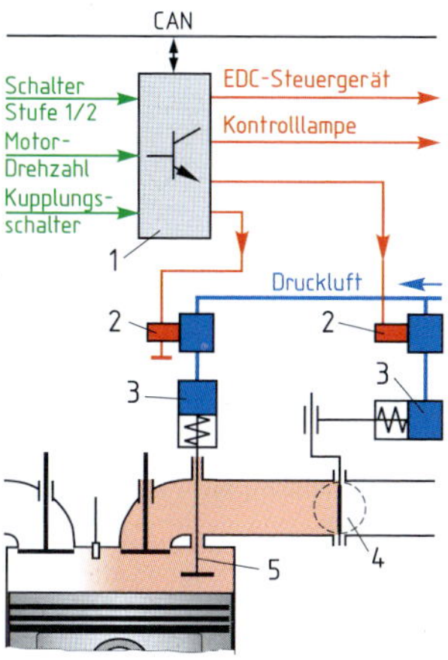

Hauptteile
1 Steuergerät
2 Magnetventile
3 Druckluftzylinder
4 Auspuffklappe
5 Konstantdrossel

Wirkungsweise
Die Bremswirkung wird erzielt durch
- Öffnen der Konstantdrosseln im Zylinderkopf und
- Schließen der Auspuffklappe im Auspuffkrümmer.

Über die offene Konstantdrossel entweicht die verdichtete Luft des 2. Taktes in den Auspuffkrümmer. Dadurch wird der Druck auf den Kolben im 3. Takt erheblich geringer.
Das Schließen der Auspuffklappe erzeugt einen Rückstau der Abgase im Krümmer und in den Zylindern, sodass die Ausschiebearbeit der Kolben im 4. Takt wesentlich größer wird.
Bei betätigter Motorbremse wird über das EDC-Steuergerät die Einspritzung unterbrochen. Bei eingeschalteten Drosseln bzw. geschlossener Auspuffklappe erfolgt keine Zündung.

Eigenschaften
- Drehzahlabhängig
- Verschleißfrei
- Entlastet die Radbremse
- Weiches und stoßfreies Ansprechen
- Hohe Betriebssicherheit
- Geringer Bauaufwand

Bremsleistung (pro l Hubraum)
- ohne Auspuffklappe 5 … 7 kW/l
- mit Auspuffklappe 14 … 20 kW/l
- mit Auspuffklappe
- und Konstantdrossel 22 … 35 kW/l

Anmerkungen
Die Schaltung der Auspuffklappe und der Konstantdrosseln erfolgt über eine Stufenschaltung. In der ersten Stufe werden die Drosseln, in der zweiten die Auspuffklappe eingeschaltet.

Konstantdrossel und Auspuffklappe werden bei einer Motordrehzahl < 900 1/min automatisch abgeschaltet.

Beim Lösen der Motorbremse öffnet zuerst die Auspuffklappe, bevor die Konstantdrosseln belüftet werden.

Hydrodynamische Bremse
Strömungsbremse

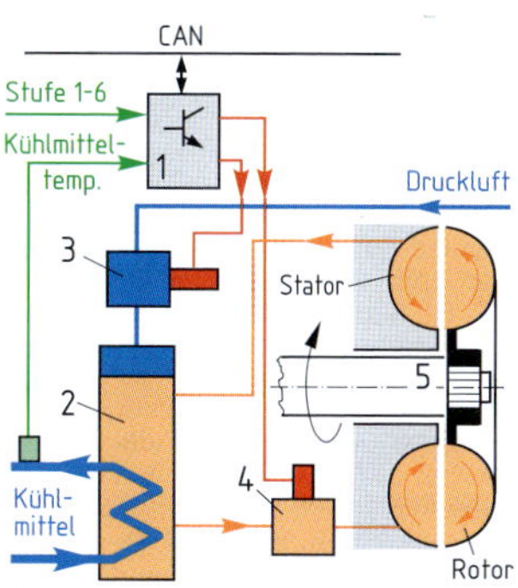

Hauptteile
1 Steuergerät
2 Wärmetauscher mit Ölspeicher
3 Proportionalventil
4 Speichermagnetventil
5 Retarder

Wirkungsweise
- *Einschalten:* Über einen Stufenschalter gibt der Fahrer den Bremswunsch (Stufe 1 … 6) vor. Das Proportionalventil (3) wird vom Steuergerät angetaktet. Über den Beeinflussungsdruck im Ölspeicher wird der Retarder mit der erforderlichen Ölmenge befüllt. Das von den Rotorschaufeln beschleunigte Öl wird von den Schaufeln des stillstehenden Stators abgebremst. Dabei wird die Bremsenergie in Wärmeenergie umgewandelt. Die Wärme wird an den angeschlossenen Öl/Wasser-Wärmetauscher des Kühlkreislaufs abgegeben.
- *Ausschalten:* Das Speichermagnetventil schließt. Der Beeinflussungsdruck wird abgebaut, der Retarder wird entleert.

Eigenschaften
- Verschleißfreie Bremse
- Jeder Stufe ist ein konstantes Bremsmoment zugeordnet
- Weiches Ansprechen
- Hohe Bremsleistung
- Über CAN Informationsaustausch mit anderen Steuergeräten, z. B.
  - EDC
  - Elektronisches Bremssystem (ABS)
  - Tempomat (konstante Bergabfahrt)
  - Fahrerdisplay
  - Diagnose

Temperaturüberwachung
Wird eine maximale Kühlmitteltemperatur am Wärmetauscherausgang überschritten, so wird die Retarderleistung stufenlos zurückgeregelt.

Elektrodynamische Bremse
Wirbelstrombremse

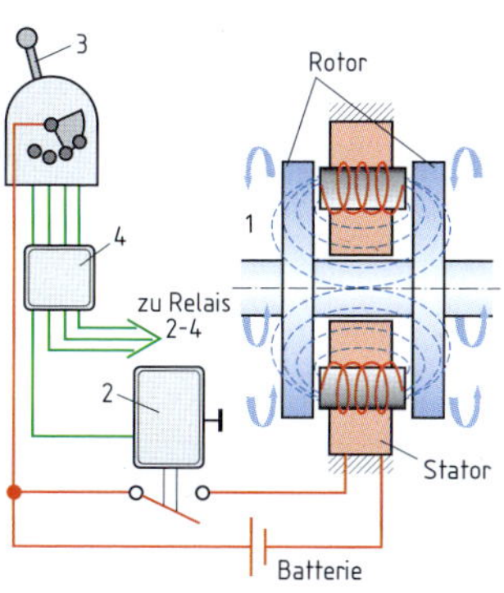

Hauptteile
1 Verlangsamer (Retarder)
  Rotor (Weicheisenscheibe), rotierend
  Stator mit Elektromagneten, feststehend
2 Relais mit Magnetschalter
3 Handschalter
4 Zeitverzögerer

Wirkungsweise
Beim »*Betätigen*« des Handschalters wird der Steuerstrom für das Relais geschaltet. Das Relais verbindet die Elektromagneten mit der Batterie. Der eingeleitete Strom baut in den Spulen ein magnetisches Kraftfeld auf. Das Magnetfeld induziert im Rotor Wirbelströme, die die Drehbewegung des Rotors abbremsen.
Die »*Bremswirkung*« ist abhängig von der Stromstärke und Anzahl der erregten Magneten.

Einbau: Die Wirbelstrombremse wird zwischen Schaltgetriebe und Achsantrieb eingebaut. Sie kann auch im Anhänger verwendet werden.

Eigenschaften
- Drehzahlunabhängig
- Abstufbar
- Stoßfreies und weiches Ansprechen
- Große spezifische Leistung
- Verschleiß- und wartungsfrei
- Geräuschlos
- Geringerer Bauaufwand
- Großes Gewicht

Technische Daten

Anzahl der Schaltstufen	4
– der Elektromagneten	8 … 16
Stromverbrauch	16 … 106 A
Leistungsaufnahme	0,4 … 2,5 kW
Zeitverzögerung bei zu schnellem Schalten	0,6 … 1,0 s

Anmerkung: Da die Bewegungsenergie in Wärmeenergie umgewandelt wird, haben die Rotoren zur Kühlung durch den Fahrtwind Lüfterschaufeln.

Selbsttragende Karosserie

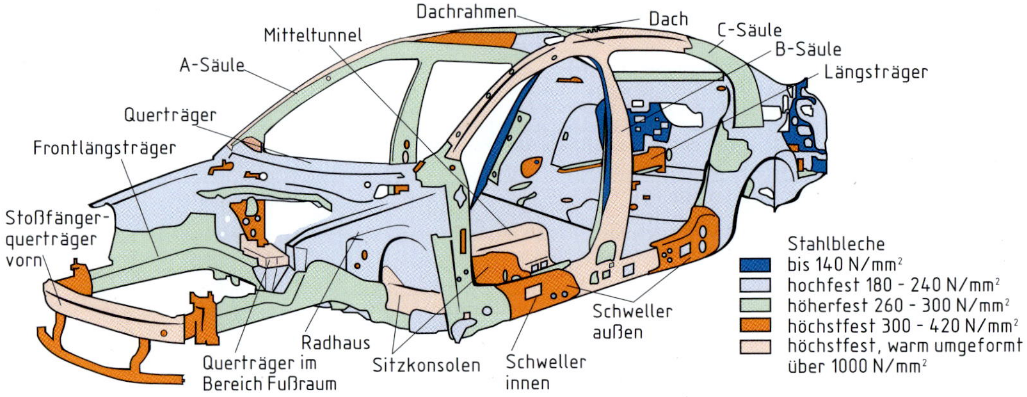

Alle statischen und dynamischen Kräfte werden von der gesamten Fahrzeugstruktur aufgenommen. Die einzelnen Blechteile werden durch Schweißpunkte und Schweißnähte miteinander verbunden. Anbauteile, vor allem im Frontbereich, werden wegen der einfacheren Unfallreparatur verschraubt.
Die Blechteile haben eine Blechdicke zwischen 0,5 und 2 mm.

Die Festigkeit (Streckgrenze) variiert zwischen 180 N/mm^2 (normales Karosserieblech) und 1000 N/mm^2 (höchstfestes Karosserieblech, warm umgeformt). Teilweise werden Platinen vor dem Umformen aus Blechen mit unterschiedlicher Dicke und Festigkeit zusammengeschweißt (Tailored Blanks).

4

Gitterrahmen (Space-Frame)

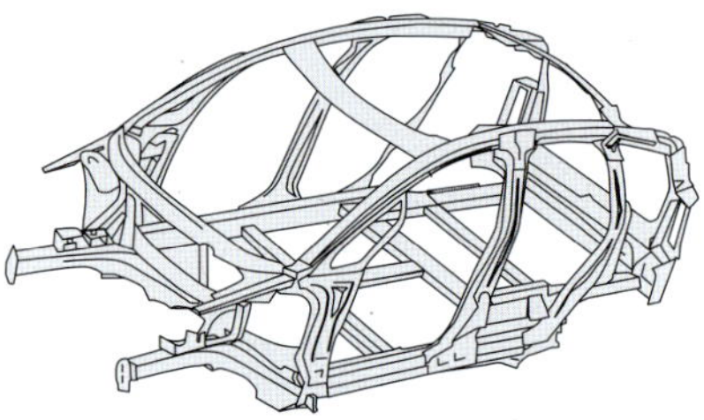

Diese Bauweise wird u. a. bei Leichtmetallkarosserien angewendet. (Space Frame engl. Raumrahmen)
Hier besteht das Gerippe aus gebogenen und geraden Aluminium-Strangpressprofilen. Jedes Element ist mittragend integriert. An den Eck- und Verbindungspunkten sind die Strangpressprofile über Druckgussteile mittels MIG-Schweißen oder Laserschweißen verbunden.
Weitere Karosseriebauteile werden mit dem Gitter verschweißt oder heute häufig über Stanznieten verbunden.
Vorteile dieser Bauweise:
- Gewichtsreduzierung um 30 ... 40 %
- Hohe Festigkeit und Sicherheit durch den Raum-Gitter-Rahmen
- Hohe Korrosionsbeständigkeit
- Hoher Recyclingwert

Gerippebauweise

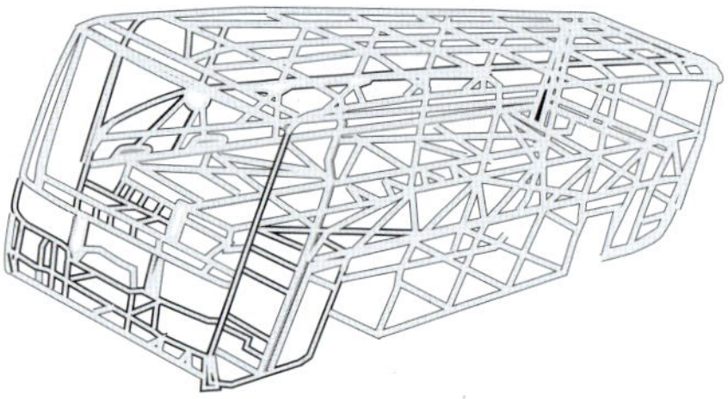

Die Gerippebauweise stellt eine spezielle Form des Fahrzeugleichtbaus dar.
Bei der Halbzeug-Gerippebauweise bildet das fächerartige Gerippe aus teilweise umgeformten Halbzeugprofilen den Unterbau für die Außenhautbeplankung. Es kann mittragend ausgelegt sein und wird dann auf ein Fahrgestell aufgesetzt. Bei modernen Omnibussen, Rennsportfahrzeugen und Kleinstserien von Sportwagen übernimmt es alle Tragfunktionen. Zur Halbzeug-Gerippebauweise gehören auch Gitterrohrrahmen und die Space-Frame-Bauweise.
Bei der gemischten Gerippebauweise tragen umgeformte Blechteile, die mit dem Gerippe verschweißt, vernietet oder verschraubt sind, zusätzlich zur Steifigkeit bei.

Leiterrahmen

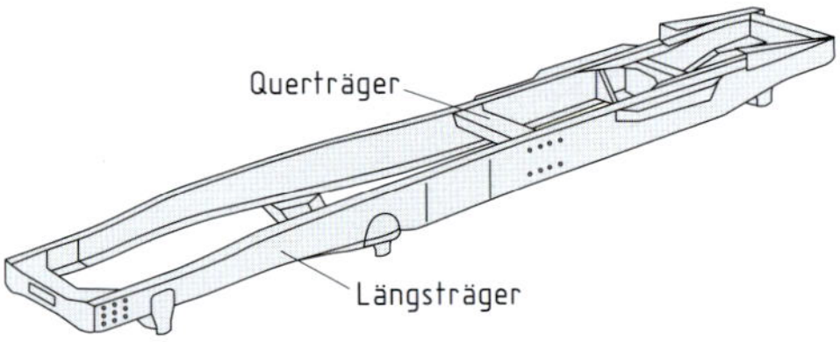

Der Leiterrahmen besteht aus zwei Längsträgern mit nach innen liegenden U-Profilen, die durch Querträger (aus U- oder Hutprofilen) über Knotenbleche verbunden sind.
Die Profilhöhe der Längsträger ist der Belastung angepasst. Zwischen den Achsen ist sie höher als an den Enden (Fischbauchform). An den Stellen, an denen große Kräfte in den Rahmen eingeleitet werden, sind zur Verstärkung zusätzliche L- oder U-förmige Einlagen in den Längsträgern eingeschweißt.
Dieser bei Lkw verwendete Rahmen ist sehr biegesteif, jedoch auch verdrehweich. Achsverschränkungen werden so teilweise vom Rahmen aufgenommen und Rahmenschäden durch Verwindungsdauerbrüche dadurch vermieden.

Mega-Casting

Mega-Casting ist ein Fertigungsverfahren, bei dem ein großes Karosserieteil aus Leichtmetall durch Druckguss hergestellt wird. Dieses Karosserieteil kann bis zu ca. 100 Blechbiegeteile ersetzen, die herkömmlich für eine Rohkarosserie verwendet werden.

Wesentliche Vorteile:
- erhebliche Gewichtsreduzierung möglich
- größere Flexibilität bei Design, Materialauswahl und Produktion
- Materialeinsparung (kein Metall-Verschnitt)

Ablauf

1 Sichtprüfung
2 Reparaturwegbestimmung, Vorkalkulation
3 Vermessen
4 Richten
5 Reparatur (Abschnittsreparatur)
6 Lackiervorbereitung
7 Lackieren
8 Hohlraumversiegeln
9 Reparatur der Sekundärschäden
10 Kostenkalkulation (Nachkalkulation)
11 Rechnungserstellung

Sichtprüfung

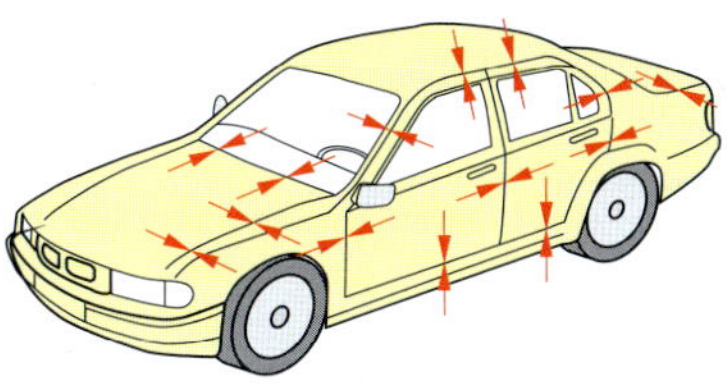

Außenschäden
- Deformationen der Karosserie
- Veränderte Spaltmaße an Türen, Motorhaube und Kofferraumdeckel
- leichte Verzüge an Blechflächen
- Glas- und Lackschäden

Bodengruppenschäden
- Stauchungen
- Knickstellen
- Symmetrieabweichungen

Innenschäden
- Knickungen, Stauchungen (erkennbar nach Abbau der Verkleidungen)
- Gurtstrafferauslösung
- Airbagauslösung
- Brandschaden
- Verschmutzungen

Sekundärschäden
- an Motor und Getriebe
- an Fahrwerksteilen
- an der Elektrik

Karosserievermessung

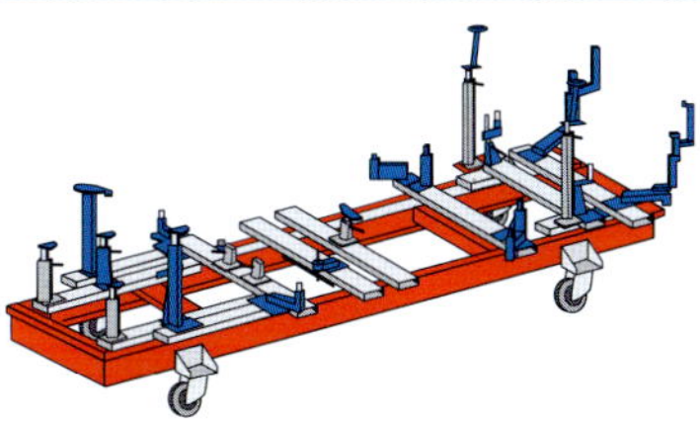

Zweidimensionale Messmethode
Mit dem Stangenzirkel werden Abstandsmaße kontrolliert.
Durch Diagonalmessen kann ein Verzug der Karosserie festgestellt werden.

Dreidimensionale Messmethode
Die für jedes Fahrzeug in Messblättern vorgegebenen Messpunkte werden in Länge, Breite und Höhe kontrolliert.
Aus drei unbeschädigten Karosseriepunkten, meist an der Bodengruppe, wird dazu eine Bezugsebene gebildet.

Mechanisches Messsystem
Mit Messspitzen werden die vorgegebenen Messpunkte angefahren und deren Istmaße ermittelt.

Optisches Messsystem
Mit zwei parallel zur Fahrzeuglängs- und Querachse verschiebbaren Laserstrahlen wird das am Messpunkt aufgehängte Messlineal angepeilt.

Richtwinkelsystem (siehe Abb.)
Mit fahrzeugspezifischen Richtwinkeln werden die Messpunkte überprüft.

Karosserie richten

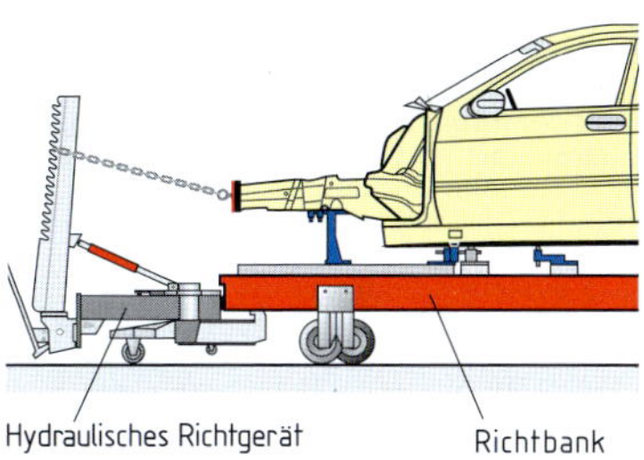

Vorgehensweise
- nicht reparierbare Teile erst nach dem Richten abtrennen
- Rückformkraft entgegen der Verformkraft
- möglichst Kaltrückformen
- bei der Erwärmung hochfester Bleche und Aluminium Herstellervorschriften beachten
- tragende gerissene Teile austauschen

Richtwerkzeuge
- Hydraulikpresse mit Zug- oder Druckzylinder. Dieser wird direkt am zu richtenden Teil befestigt.
- Richtbank mit hydraulischem Richtgerät

Die Karosserie wird mittels Karosserieklemmen auf der Richtbank, meist mit Richtwinkelsystem, befestigt. Das hydraulische Richtgerät kann an jeder Stelle der Richtbank befestigt werden.

Abschnittsreparatur

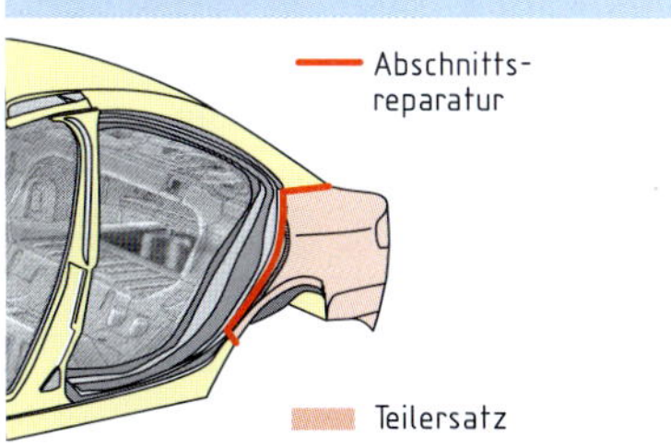

Austrennen
Karosserieteile, die nicht ausgebeult werden können, müssen ganz (Teilersatz) oder teilweise (Abschnittsreparatur) ersetzt werden.

Bei der kostengünstigen Abschnittsreparatur wird der beschädigte Karosseriebereich anhand vom Hersteller vorgegebener Schnittlinien herausgetrennt. Trennwerkzeuge: Schweißpunktfräser, Karosseriesäge.

Einfügen
- Absetzen des Altteiles
- Zuschneiden des Reparaturbleches, dabei Überlappung berücksichtigen
- Lochung des Neuteiles
- Lochpunktschweißung (Schutzgas)
- Verschleifen und verzinnen der Reparaturstelle

Metallkleben (Temperaturen < 80° C) und Stumpfschweißen (Wärmeverzug) werden seltener angewendet.

Kostenkalkulation Datenblatt

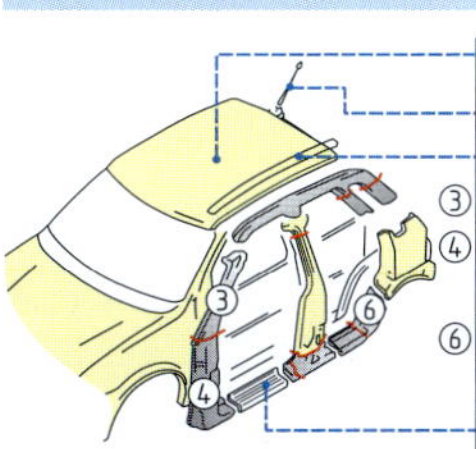

	E		I	2351	L
	E			0732	
	E	N		2427	
③	ET		IT	2231	L
④	ET		IT	2229	L
	TE			2255	
⑥	ET		IT	2119	L
	TE			2127	
	E		I	2103	L

Bedeutung der Codes (Beispiel)
E = ersetzen des beschädigten Teiles
ET = teilweise ersetzen
TE = Teil für ET
I = Instandsetzen
IT = teilweise instandsetzen
N = Nebenarbeit
2351 = Code für Arbeitsaufwand und Ersatzteilpreis
L = Oberflächenlack
LI = Reparaturlackierung
LE = Neuteillackierung

Die Fahrzeugdaten und die bei der Sichtprüfung und Vermessung ermittelten Schäden werden verschlüsselt in Datenblätter bzw. direkt in entsprechende EDV-Kalkulationsprogramme eingetragen.

Aus diesen Daten werden Reparaturkosten und Restwert des Fahrzeugs errechnet.

4

Aktive Sicherheit: Vermeidung von Unfällen

Fahrsicherheit
- wirkungsvolle Bremsanlage mit ABS, Bremsassistent
- Fahrdynamikregelung (ESP)
- präzise, leichtgängige Lenkung
- präzises Fahrwerk
- Assistenzsysteme, z. B. Abstandsregelung (vgl. S. 314 ff.)

Wahrnehmungssicherheit
- übersichtliche Karosserie, Rückfahrkamera
- Assistenzsysteme, z. B. Nachtsichtassistent (vgl. S. 318)
- Scheinwerfer mit optimaler Fahrbahnausleuchtung
- gut sichtbare Leuchten (Schlusslicht, Bremslicht, Blinker)

Konditionssicherheit
- ergonomische Sitzposition
- komfortables Fahrwerk
- wirkungsvolle Heizung/Klimaanlage
- Müdigkeitserkennung (vgl. S. 318)

Bedienungssicherheit
- Bedienelemente übersichtlich angeordnet, mit eindeutigen Symbolen, gut erreichbar, z. B. am Multifunktionslenkrad
- Sprachbedienung, Gestensteuerung, Head-up-Display

Passive Sicherheit: Minderung von Unfallfolgen

Äußere Fahrzeugsicherheit
- Fußgänger- und Zweiradfahrerschutz: Keine scharfen Kanten an der Karosserie, Frontbereich der Karosserie verformbar, versenkte Scheibenwischer, Motorhaube stellt sich beim Aufprall um ein bestimmtes Maß auf.
- Partnerschutz (Kompatibilität): Abgestimmtes Deformationsverhalten der Karosserie um Unfallgegner (auch im Kleinwagen) nicht unnötig zu gefährden.

Innere Fahrzeugsicherheit
- Optimales Deformationsverhalten der Karosserie: Energieaufnehmende Knautschzonen vorne und hinten, stabile Fahrgastzelle mit Seitenaufprallschutz
- Rückhaltesysteme: Sicherheitsgurte mit Gurtstraffer und Gurtkraftbegrenzer, Kopfstützen (z. T. aktiv), Airbags rundum, Pre-Safe® (Sense)-System
- Sicherheitslenksäule
- crashoptimierte Pedalerie
- Polsterung im Innenraum: Armaturenbrett, Dachsäulen, usw.
- Scheiben aus Verbundsicherheitsglas (VSG) oder Einscheibensicherheitsglas (ESG)

Euro NCAP-Sicherheitstest
Das European New Car Assessment Programme (Euro NCAP), ein Zweckbündnis von europäischen Verkehrsministerien, Automobilclubs, Versicherungsverbänden und Forschungsinstituten, führt bei den Neufahrzeugen in der EU Crashtests und weitere Sicherheitstests durch und bewertet dabei die Fahrzeugsicherheit in den folgenden Kategorien: Erwachseneninsassenschutz, Kindersicherheit, ungeschützte Verkehrsteilnehmer (Fußgänger und Radfahrer), Assistenzsysteme. Die Bewertungsskala reicht von einem Stern bis fünf Sterne.

Rückhaltesystem

Systemübersicht

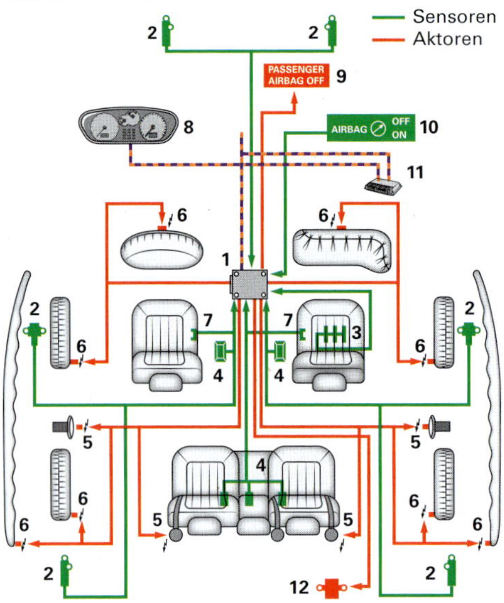

Bauteile

1 Steuergerät	7 Sensoren für Sitzposition
2 Crashsensoren	8 Kombiinstrument (Kontrollleuchte)
3 Sensor Sitzbelegung	9 Warnleuchte deaktivierter Beifahrerairbag
4 Gurtschalter	10 Schalter Deaktivierung Beifahrerairbag
5 Gurtstraffer	11 CAN-Bus-Anbindung
6 Airbags	12 Zünder für Batteriepolabsprengung

Funktionsweise
Die Crashsensoren im Front- und Heckbereich sowie unter den beiden Vordersitzen auf den Sitzquerträgern liefern bei einem Unfall dem Steuergerät Informationen über Aufprallrichtung/Aufprallwinkel und Aufprallstärke. Zusammen mit der Information über die Sitzbelegung berechnet das Steuergerät daraus die notwendige Reaktion des Systems und steuert die entsprechenden Zünder für die Airbags und Gurtstraffer an. Crasherkennung, Auslösung und Aufblasen der Airbags muss innerhalb von 45 ... 50 Millisekunden erfolgen. Zur Fehlerdiagnose überwacht sich das System ständig selbst und zeigt Fehlfunktionen über die entsprechende Kontrollleuchte im Kombiinstrument an. Bei einer Stromunterbrechung wird die Energie für die Zünder durch einen Kondensator im Steuergerät sichergestellt.
Bei einem *adaptiven Rückhaltesystem* kann das Steuergerät, u. a. abhängig von der Sitzposition des Fahrers und Beifahrers, das Zusammenspiel der Airbags und der Gurtkraftbegrenzer optimal steuern.

Präventives Insassenschutzsystem (PRE-SAFE®, Pre-Sense)
Das System kann kritische Fahrsituationen frühzeitig erkennen und vorsorglich (präventiv) Schutzmaßnahmen für die Insassen einleiten, z. B. die Straffung der Sicherheitsgurte von Fahrer und Beifahrer, das Schließen geöffneter Fenster und ggf. Dachsysteme, die Positionierung des Beifahrersitzes in eine günstige Position sowie z. T. eine automatische Bremsung. Die Unfall-Früherkennung erfolgt z. B. über die Sensoren des Elektronischen Stabilitätsprogrammes (ESP).

Airbags im Fahrzeug

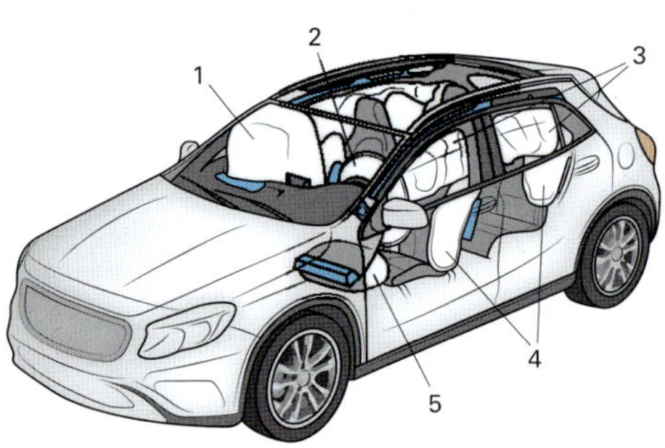

Nr.	Airbag	Aufgabe
1	Beifahrerairbag	Oberkörper und Kopf des Fahrers bzw. Beifahrers bei Frontalaufprall schützen.
2	Fahrerairbag	
3	Kopfairbag (Windowairbag)	Kopf und Halswirbelsäule bei Seitenaufprall schützen und Schutz vor Glassplittern.
4	Seitenairbag	Oberkörper der Insassen bei Seitenaufprall schützen.
5	Knieairbag	Knie von Fahrer und Beifahrer bei Frontalaufprall schützen.
ohne Abb.	Fußairbag	Füße und Unterschenkel des Fahrers im Bereich der Pedalerie schützen.
ohne Abb.	Sitzairbag	Anheben der Sitzkante, „durchrutschen“ (Submarining) unter dem Beckengurt verhindern.

4

Airbag

Airbageinheit (Fahrerairbag)

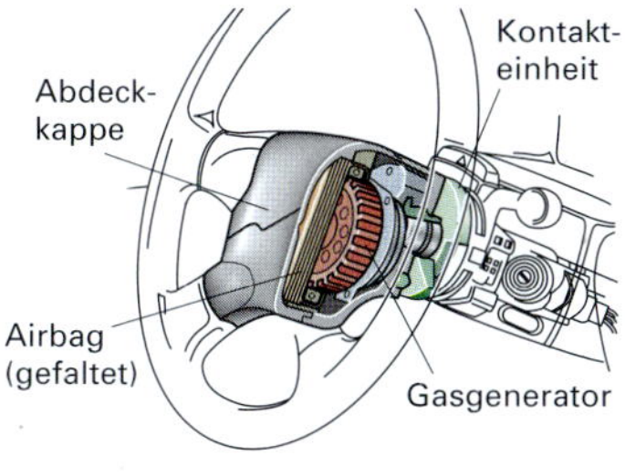

Pyrotechnischer Gasgenerator

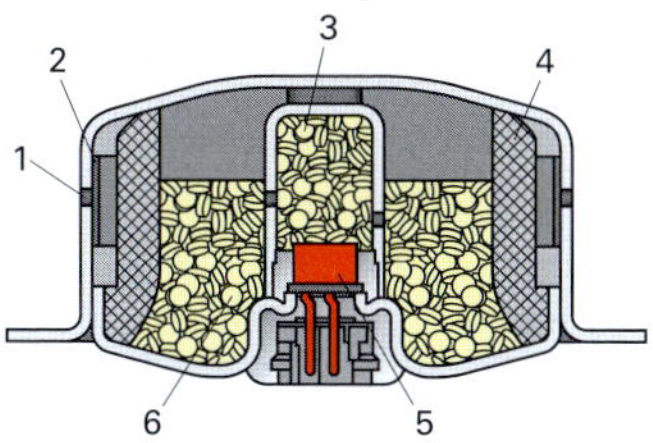

Hybridgenerator

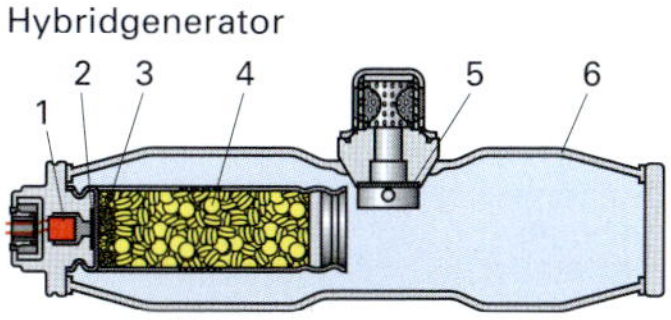

Funktionsweise
Der Zünder im Gasgenerator der Airbageinheit (vgl. Abb.) ist an das Steuergerät angeschlossen. Beim Fahrerairbag wird diese Verbindung über eine Wickelfeder in der Kontakteinheit hergestellt. Wird der Zünder (5) vom Steuergerät aktiviert, entzündet er die Anzündladung (3). Dadurch wird über Bohrungen die eigentliche Treibladung (6) gezündet. Übersteigt der durch das Abbrennen der Treibladung entstehende Gasdruck einen festgelegten Wert, öffnet die Berstfolie (2) die Ausströmöffnungen (1). Der Weg zum Luftsack ist somit frei. Das Gas strömt zunächst durch den Metallfilter (4), der Feststoffteilchen zurückhält und das Gas kühlt. Der Luftsack unter der Polsterklappe füllt sich, zerreißt dabei die Abdeckkappe an der Sollreißnaht und ist nach ca. 30 ms voll entfaltet.
Adaptive Gasgeneratoren besitzen zwei Zünder. Damit kann der Gasdruck im Airbag der Aufprallstärke und der Sitzposition angepasst werden. Bei leichtem Aufprall wird nur Stufe 1 gezündet und der Airbag füllt sich mit geringem Druck, bei starkem Aufprall zündet leicht zeitverzögert zusätzlich Stufe 2, der Druck im Airbag steigt höher.

Sitzbelegungserkennung
Durch einen Sensor im Beifahrersitz kann das Airbag-Steuergerät erkennen, ob er belegt ist. Wird eine Nicht-Belegung erkannt, löst das Steuergerät den Beifahrer-Airbag nicht aus. Als Sensor dient z. B. eine im Bereich der Sitzfläche eingebaute Kunststofffolie mit Drucksensoren. Die einzelnen Drucksensoren verändern bei Belastung ihren Widerstand und das Steuergerät kann dadurch die Sitzbelegung erkennen.

Kindersitzerkennung
Die Kindersitzerkennung funktioniert nach dem Transponder-/Transceiverprinzip. Mittels Sende- und Empfangsantennen im Beifahrersitz und im speziellen Kindersitz (Jagged Child Seat) wird das Vorhandensein des Kindersitzes erkannt und daraufhin der Beifahrerairbag automatisch deaktiviert. Bei einem Kindersitz ohne Erkennung muss der Beifahrerairbag manuell deaktiviert werden.

Hybridgenerator
Der Hybridgenerator (vgl. Abb.) ist eine Kombination aus pyrotechnischem Gasgenerator und Druckgasgenerator. Aktiviert das Steuergerät den Zünder (1), durchbricht die Flamme die 1. Berstscheibe (2) und entzündet die Anzündladung (3). Diese zündet die eigentliche Treibladung (4). Durch das Abbrennen der Treibladung entsteht ein Druckanstieg in der Druckgasflasche (6) bis die 2. Berstscheibe (5) zerbricht. Das Gasgemisch kann nun den Luftsack befüllen. Einsatz: Beifahrerairbag, Kopfairbag. Beim Kopfairbag hat der pyrotechnische Zünder nur die Aufgabe, die Druckgasflasche zu öffnen.

Anzeigepflicht/Sicherheitsvorschriften siehe Seite 93.

4

Sicherheitsgurt, Gurtstraffer

pyrotechnischer Gurtstraffer
mit Schubstange

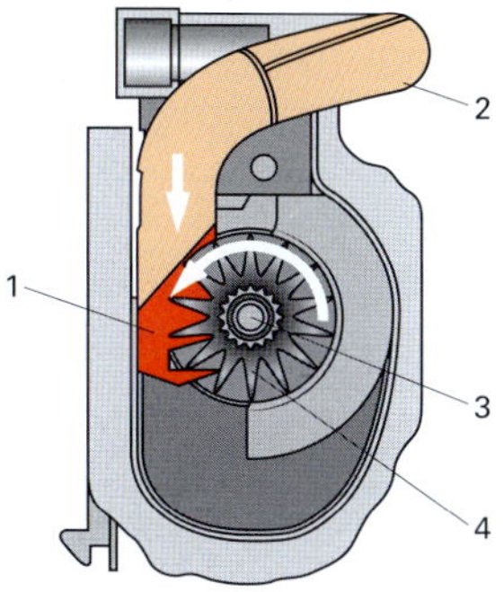

Gurtkraftbegrenzer mit Torsionsstab

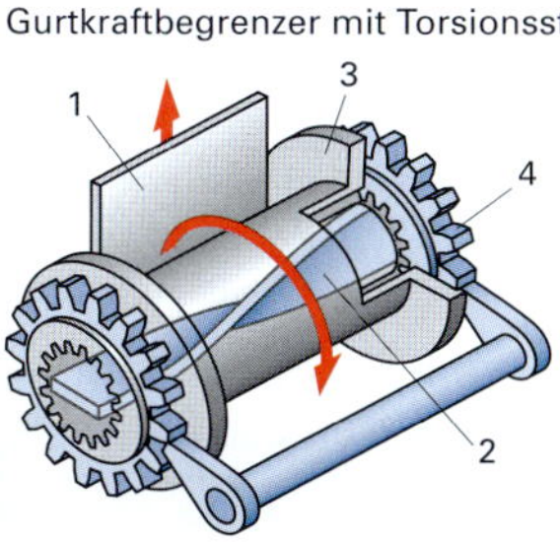

Die bei einem Frontalaufprall wirkende Verzögerung beträgt z. B. aus 50 km/h das 30- bis 50-Fache der Erdbeschleunigung. Der Sicherheitsgurt schützt zusammen mit dem Airbag die Insassen vor Verletzungen, die sie sich durch den Aufprall auf Lenkrad, Armaturenbrett, Front- bzw. Seitenscheibe usw. oder durch Herausschleudern aus dem Fahrzeug zuziehen würden.

Gurtstraffer
Die Wirksamkeit des Sicherheitsgurtes ist umso besser, je schneller und fester der Gurt am Körper anliegt. Der gewünschte Tragekomfort fordert jedoch eine Auslegung des Gurtaufrollers, die zu einem weniger eng anliegenden Gurt und damit zur sogenannten Gurtlose führt. Der Gurtstraffer beseitigt die Gurtlose im Crashfall. Er rollt den Gurt auf, strafft ihn und legt ihn fest an den Körper an. Je nach Art der Betätigung unterscheidet man mechanische, pyrotechnische und elektrische Gurtstraffer.

Funktionsweise pyrotechnischer Gurtstraffer
Die Energie zur Gurtstraffung ist in einer Treibladung im Gasgenerator des Gurtstraffers gespeichert. Im Auslösefall zündet das Steuergerät die Treibladung. Das freigesetzte Gas setzt einen Aufrollmechanismus in Gang, der die Gurtwelle dreht und damit den Gurt spannt. Folgende Varianten werden verwendet:
- Abbildung links: Eine flexible Kunststoffschubstange (1) wird aus dem Führungsrohr (2) gedrückt und trifft auf ein Zahnrad (4). Dabei graben sich die Zähne in den Kunststoff und das Zahnrad und die Gurtwelle (3) drehen sich.
- Kugeln werden durch ein Führungsrohr gedrückt und treffen auf ein Zahnrad. Das Zahnrad und die Gurtwelle drehen sich.
- Ein Wankelrotor wird angetrieben und dreht die Gurtwelle.
- Ein Kolben wird bewegt, der daran befestigte Seilzug dreht über eine Seiltrommel die Gurtwelle.
- Schlaufen eines um die Gurtwelle gewickelten Metallbands werden vergrößert, das Metallband wird dabei abgewickelt und dreht die Gurtwelle.

Gurtkraftbegrenzung
Durch Gurtstraffer wird die Krafteinwirkung des Gurtbandes auf die Fahrzeuginsassen erhöht und es entsteht ein Verletzungsrisiko im Brust- und Schulterbereich. Um dies zu verhindern, wird die Gurtkraft auf einen bestimmten Wert begrenzt. Die Begrenzung bewirkt z. B. ein Torsionsstab (2) zwischen Gurthaspel (3) und Zahnrad (4) im Gurtaufroller. Er verdreht sich unter der Krafteinwirkung um mehrere Umdrehungen und gibt dabei dem Gurtband (1) auf vorgegebenem Kraftniveau einen bestimmten Weg frei (vgl. Abb.).

Systemübersicht

Beispiel: System mit kühlmittelseitig gesteuerter Heizung

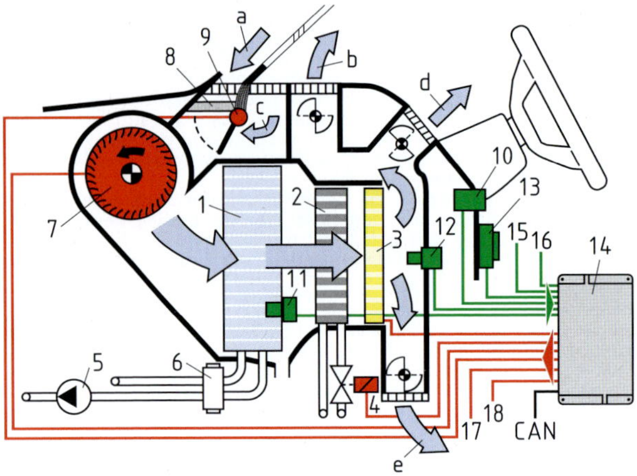

1 Verdampfer (Klimaanlage)
2 Wärmetauscher (Heizung)
3 PTC-Zuheizer
4 Wärmetauscherventil
5 Kompressor
6 Expansionsventil
7 Gebläse
8 Pollenfilter
9 Stellmotor Umluftklappe
10 Innenraum-Temperatursensor
11 Temperatursensor Verdampfer
12 Ausblastemperatursensor
13 Bedieneinheit Klimatisierung
14 Steuergerät Klimatisierung
15 Außentemperatursensor
16 Motortemperatursensor
17 Taktventil im Kompressor
18 Zusatzlüfter (Klimaanlage)
a Frischluft
b Entfrostung
c Umluft
d Belüftung
e Fußraum

Heizsysteme

Kühlmittelseitig gesteuerte Heizung (vgl. Abb. oben)	Die Kühlflüssigkeit des Motors wird über ein Wärmetauscherventil (4) in den Wärmetauscher der Heizung (2) geleitet. Die Heizleistung des Wärmetauschers wird durch den Öffnungsquerschnitt am Wärmetauscherventil und damit über die Durchflussmenge der Kühlflüssigkeit gesteuert.
Luftseitig gesteuerte Heizung	Dieses System besitzt kein Wärmetauscherventil und somit strömt immer die volle Kühlflüssigkeitsmenge durch den Wärmetauscher der Heizung. Die Steuerung der Heizleistung erfolgt durch eine Luftklappe vor dem Wärmetauscher: Ein Teilstrom der Frischluft wird durch den Wärmetauscher, der andere über einen Bypasskanal am Wärmetauscher vorbei geleitet. Anschließend werden die Luftströme wieder zusammengeführt. Die Luftklappe bestimmt, wie viel der Frischluft durch den Wärmetauscher und wie viel über den Bypass strömt. Die Heizleistung wird somit durch die Stellung der Luftklappe gesteuert.
Elektronische Temperaturregelung	Temperaturfühler erfassen die Temperatur im Innenraum. Das Heizungs-/Klimasteuergerät vergleicht den Istwert mit dem eingestellten Sollwert und regelt die Heizleistung mit den entsprechenden Bauteilen (Wärmetauscher-Ventil oder Luftklappe). Die eingestellte Innenraumtemperatur wird dadurch konstant gehalten.

Zuheizsysteme

Elektrischer Zuheizer mit Glühstiften

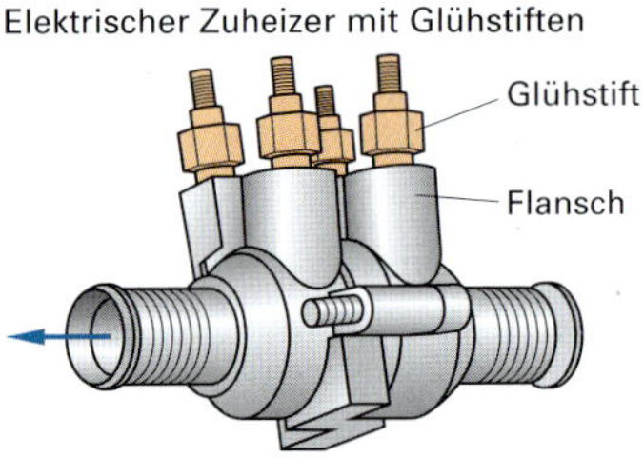

PTC-Zuheizer

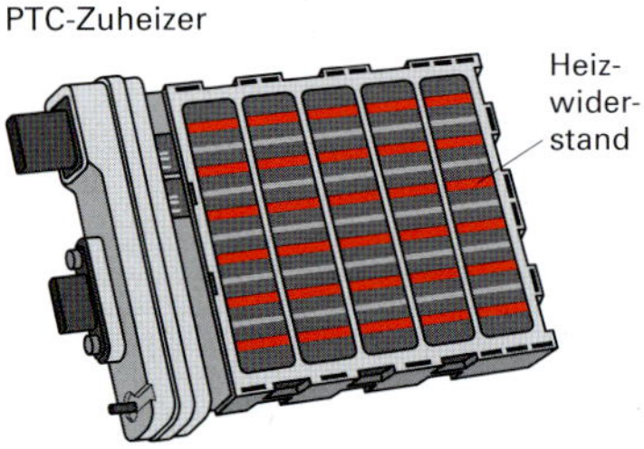

Bei verbrauchsoptimierten Verbrennungsmotoren ist aufgrund des guten Wirkungsgrads der Wärmeübergang in das Kühlwasser zu gering, um in allen Betriebssituationen eine ausreichende Heizleistung zu gewährleisten. Zuheizsysteme gleichen dieses Wärmedefizit aus.

Elektrische Zuheizer
Der elektrische Zuheizer ist in den kleinen Kühlkreislauf des Motors eingebaut. Er besteht z. B. aus einem Flansch mit mehreren Glühstiften, die nahezu baugleich sind mit den Glühstiften der Glühanlage eines Dieselmotors. Je nach Umgebungstemperatur, Kühlmitteltemperatur und freier Kapazität des Generators wird vom Motorsteuergerät das Zuheizrelais angesteuert, das dann eine oder mehrere Glühstifte zuschaltet.

PTC-Zuheizer
Der PTC-Zuheizer ist im Klimakasten (vgl. Systemübersicht) nach dem Heizungswärmetauscher eingebaut. Bei Kaltstart und geringen Umgebungstemperaturen sorgt er für eine schnelle Erwärmung der zum Fahrzeuginnenraum strömenden Luft. Die Ansteuerung des PTC-Zuheizers erfolgt durch das Klimasteuergerät. In den PTC-Elementen befinden sich keramische Heizwiderstände. Durch das PTC-Verhalten des verwendeten Werkstoffs (Kaltleiter) steigt der Widerstand bei steigender Temperatur an und die Stromaufnahme nimmt ab. Der PTC-Zuheizer schützt sich somit selbst vor Überhitzung.

Kraftstoffzuheizsystem
Es handelt sich im Prinzip um eine Standheizung, jedoch ohne Umwälzpumpe. Das System wird beim Motorstart bei geringer Außentemperatur und einer Motortemperatur unter ca. 60 °C aktiviert. Aufgrund der hohen Heizleistung ist dieses System sehr wirkungsvoll. Die Funktionsweise entspricht im Wesentlichen der einer Standheizung (vgl. S. 256).

Kältemittelkreislauf Klimaanlage

Kältekreislauf mit thermostatischem Expansionsventil (TEV)

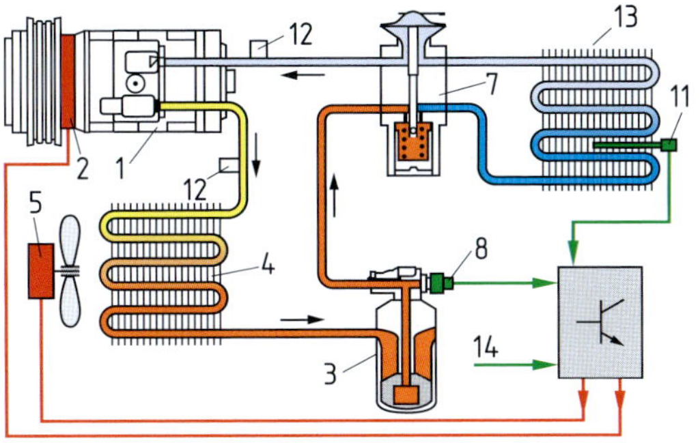

Kältekreislauf mit Festdrossel

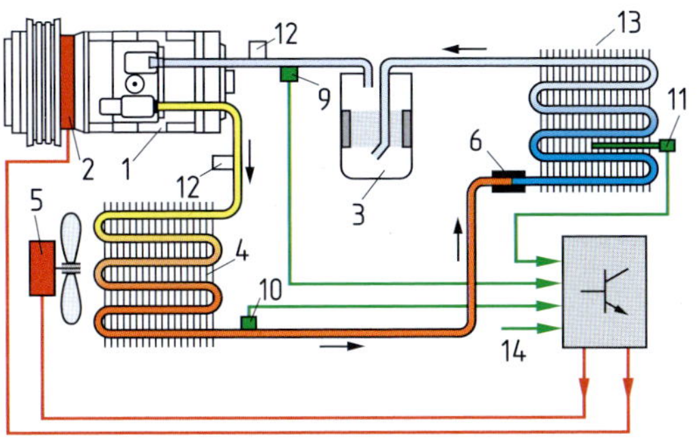

(gelb)	Hochdruck gasförmig	12 ... 16 bar, ca. 80 °C
(orange)	Hochdruck flüssig	12 ... 16 bar, ca. 56 °C
(blau)	Niederdruck flüssig	1,2 ... 2 bar, ca. –5 °C
(hellblau)	Niederdruck gasförmig	1,2 ... 2 bar, ca. 0 °C

1 Kompressor	8 komb. Hoch-Niederdr.schalter
2 Magnetkupplung	9 Niederdruckschalter
3 Trockner	10 Hochdruckschalter
4 Kondensator	11 Temperaturfühler
5 Lüfter	12 Serviceanschlüsse
6 Festdrossel	13 Verdampfer
7 Expansionsventil	14 Klimabedienteil/Steuergerät

Ausführungen des Kältekreislaufs

- *mit thermostatischem Expansionsventil* (TEV):

Das TEV reguliert die Menge des in den Verdampfer eingespritzten Kältemittels, abhängig von der Temperatur, mit der das Kältemittel aus dem Verdampfer austritt.

- *mit Festdrossel:* Die Menge des in den Verdampfer eingespritzten Kältemittels wird vom Bohrungsdurchmesser der Festdrossel bestimmt.

Wirkungsweise

Die Klimaanlage arbeitet nach dem Prinzip der Kompressionskälteanlage, bei dem das zirkulierende Kältemittel gasförmig komprimiert wird, durch Wärmeabgabe kondensiert und durch Druckminderung unter Wärmeaufnahme wieder verdampft.
Der Kältekreislauf ist in einen Hochdruckteil (Druckseite) und in einen Niederdruckteil (Saugseite) eingeteilt. Die Trennpunkte sind Kompressor und TEV bzw. Festdrossel.
Ist die Klimaanlage in Funktion, saugt der Kompressor kaltes (ca. 0 °C) gasförmiges Kältemittel (KM) aus dem Verdampfer ab, verdichtet es, wobei es sich erhitzt (ca. 80 °C) und drückt es in den Kondensator. Dort wird das Kältemittel durch vorbeiströmende Außenluft (Fahrtwind und Zusatzgebläse) abgekühlt (ca. 56 °C) und verflüssigt.
Abhängig von der Anlagebauart gelangt das Kältemittel entweder über den Flüssigkeitsbehälter zum Expansionsventil oder direkt zur Festdrossel.
Dort wird das unter hohem Druck stehende und flüssige KM in den Verdampfer eingespritzt.
Im Verdampfer entspannt sich das KM und verdampft. Die dazu notwendige Verdampfungswärme wird der vorbeiströmenden Luft entzogen, wobei sich diese abkühlt. Gasförmiges KM wird vom Kompressor wieder angesaugt und verdichtet. Der Kältemittelkreislauf ist geschlossen.

Bei der Anlage mit thermostatischem Expansionsventil (TEV) befindet sich der Trockner zwischen dem Kondensator und dem Expansionsventil. Bei der Anlage mit Festdrossel ist der Trockner zwischen Verdampfer und Kompressor auf der Saugseite eingebaut.

Regelung des Kompressors

Es werden drei verschiedene Kompressoren unterschieden:

- nicht regelbare Kompressoren mit Magnetkupplung. Die Regelung der Kompressorleistung erfolgt ausschließlich durch Zu- und Abschalten per Magnetkupplung.
- volumengeregelte Kompressoren mit Magnetkupplung. Die Regelung der Kompressorenleistung erfolgt in Abhängigkeit des Niederdruckes durch Veränderung des Kolbenhubs.
- volumengeregelte Kompressoren ohne Magnetkupplung. Die Regelung erfolgt durch ein Taktventil im Inneren des Kompressors, das ebenfalls den Kolbenhub verändert.

Kältemittel vgl. Hinweise Seite 389

Regelung der Klimatisierung

Manuelle Klimaanlage	Die Temperatur im Fahrzeuginnenraum, die Luftverteilung und die Leistung des Frischluftgebläses werden vom Fahrer manuell eingestellt.
Temperaturgeregelte Klimaanlage	Die vom Fahrer eingestellte Temperatur im Fahrzeuginnenraum wird von der Klimaanlage geregelt und gehalten. Die Luftverteilung und die Leistung des Frischluftgebläses werden vom Fahrer manuell eingestellt.
Klimatisierungsautomatik (vollautomatische Klimaanlage)	Die vorgewählte Temperatur, die Luftverteilung und die Leistung des Frischluftgebläses werden vom Klimasteuergerät vollautomatisch geregelt. Bei vielen Anlagen ist dies für mehrere Zonen getrennt möglich (Mehrzonenklimatisierung). EVA-Schema Klimatisierungsautomatik (Beispiel):

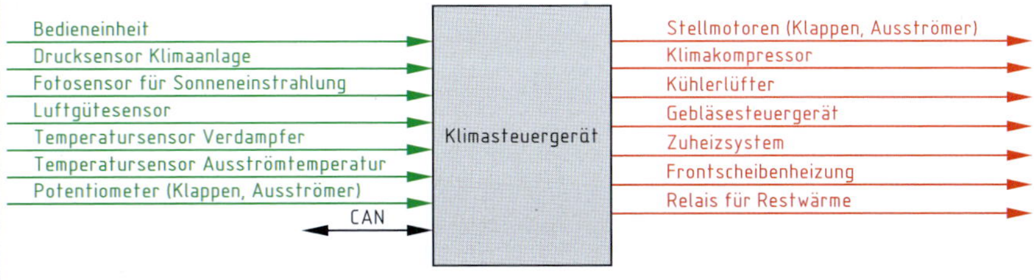

Standheizung

Systemübersicht Heizgerät

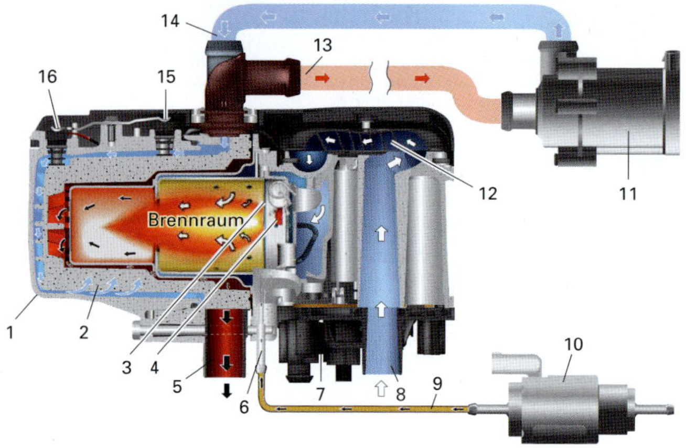

Bauteile
1 Gehäuse Heizgerät
2 Wärmeüberträger
3 Verdampfer
4 Glühstift
5 Abgasaustritt
6 Brennstoffrohr
7 Steuergerät
8 Brennlufteintritt
9 Brennstoffleitung
10 Brennstoff-Dosierpumpe
11 Umwälzpumpe
12 Brennluftgebläse
13 Austritt Kühlflüssigkeit
14 Eintritt Kühlflüssigkeit
15 Temperatursensor
16 Überhitzungssensor

Aufbau

Das Heizgerät setzt sich aus der Brennluftgebläseeinheit mit Steuergerät (7) und dem Wärmeüberträger (2) mit Wasserstutzen und Brennereinheit zusammen.

Die **Brennluftgebläseeinheit** fördert die zur Verbrennung notwendige Luft aus dem Brennlufteintritt (8) über die Bohrungen in den Brennraum.

In der **Brennereinheit** erfolgt die Aufbereitung des Brennstoff-Luft-Gemisches. Der Brennstoff gelangt über das Brennstoffrohr (6) zum Verdampfer (3).

4

Dort verteilt er sich und wird mithilfe des Glühstiftes (4) verdampft.

Der **Glühstift** zündet in der Startphase das Brennstoff-Luft-Gemisch und wird nach Erreichen des Zustandes „Volllast" abgeschaltet. Er dient ab diesem Zeitpunkt ausschließlich zur Flammüberwachung. Beim Verlöschen der Flamme kühlt der Glühstift ab und damit sinkt der Widerstand (NTC-Verhalten). Dies wird vom Steuergerät erkannt und es reagiert entsprechend (siehe „Abschaltung").

Im **Wärmeüberträger** (2) wird die durch die Verbrennung erzeugte Wärme auf das Kühlmittel übertragen.

Der **Temperatursensor** (15) erfasst die Kühlmitteltemperatur im Wärmeüberträger.

Der **Überhitzungssensor** (16) schaltet das Heizgerät bei einer Kühlmitteltemperatur über 125 °C ab.

Die elektrische **Umwälzpumpe** (11) sorgt für den Kühlmittelumlauf während des gesamten Betriebs des Heizgeräts.

Die **Brennstoff-Dosierpumpe** (10) ist ein kombiniertes Förder-, Dosier- und Absperrsystem für die Brennstoffversorgung aus dem Kraftstofftank.

Funktionsweise

Einschalten/Startvorgang
Beim Heizgerätestart werden das Brennluftgebläse, die Umwälzpumpe und der Glühstift in Betrieb gesetzt. Das Benzinheizgerät startet in höchster Laststufe. Das Dieselheizgerät startet in kleiner Laststufe und wird langsam hochgeregelt.
Während der Startphase wird durch den Glühstift kontrolliert ob sich eine Flamme ausgebildet hat. Kommt es zu keiner Flammbildung, wird eine automatische Startwiederholung eingeleitet.
Entsteht erneut keine Flamme, wird der Startversuch beendet und es erfolgt eine Störabschaltung mit Nachlauf des Brennluftgebläses.

Heizbetrieb
Nach Erreichen der Volllast übernimmt der Glühstift die Funktion des Flammwächters und die Überprüfung der Flamme. Ab ca. 80 °C geht das Heizgerät in den energiesparenden Teillastbetrieb über. Steigt die Temperatur weiter, geht das Gerät (bei ca. 84 °C) in die Regelpause. Nach der Abkühlung des Kühlmittels startet das Heizgerät erneut in Teillast und schaltet beim Erreichen einer definierten Temperatur wieder in die Regelpause.
Fällt die Temperatur während des Teillastbetriebs weiter ab, schaltet das Gerät auf Volllastbetrieb. Die Schaltpunkte sind im Steuergerät fest programmiert.

Ausschalten/Abschaltung durch:
- Ausschaltsignal
- Flamme aus
- Heizzeit erreicht
- Störung

Der Brennerbetrieb wird beendet und der Ausbrand eingeleitet: Die Dosierpumpe wird sofort ausgeschaltet und die Drehzahl des Brennluftgebläses abgesenkt.
Nach erfolgtem Ausbrand wird die Gebläsedrehzahl zur Kühlung wieder angehoben. Die Nachlaufzeit ist geräteabhängig.

Einbindung in den Wasserkreislauf

Inline-Einbindung (Standardausführung)

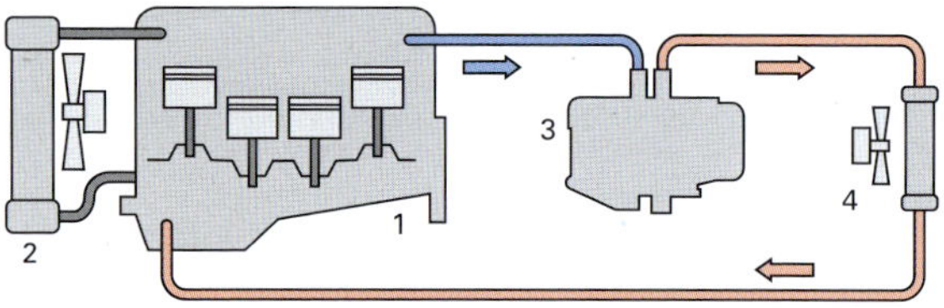

1 Fahrzeugmotor
2 Kühler
3 Wasserheizgerät mit integrierter Wasserpumpe
4 Wärmetauscher des Fahrzeugs mit Gebläse

Einbauarten
- *Inline-Einbindung:* Heizgerät im Kühlkreislauf zwischen Motor und Wärmetauscher, erwärmt beide gemeinsam.
- *Einbindung über einen Bypass:* Es wird nur der Kreislauf zwischen Heizgerät und Wärmetauscher erwärmt, dadurch schnelle Aufheizung des Innenraums.
- *Geregelte Bypass-Einbindung:* Zunächst wird nur der Heizkreislauf erwärmt, ab einer bestimmten Temperatur wird auch der Motor über das Kühlmittel vorgewärmt.

Allgemeine Sicherheitshinweise

Das Heizgerät darf nicht betrieben werden:
- an Tankstellen und Tankanlagen,
- in geschlossenen Räumen (z. B. Garage), auch nicht mit Zeitvorwahl und Telestart
- ohne einen mindestens 20%igen Anteil eines Gefrierschutzmittels im Kühlmittel
- an Orten, an denen sich leicht entzündbare Gase oder Stäube bilden, bzw. leicht entflammbare Flüssigkeiten oder feste Materialien lagern (z. B. in der Nähe von Kraftstoff, Kohlen- und Holzstäuben, trockenem Gras und Laub)

Gesetzliche Bestimmungen

Alle mit Brennstoff betriebenen Standheizungen verfügen über eine EG-Typgenehmigung nach EU-Richtlinie 2001/56/EG. Bei Nachrüstung eines typgenehmigten Heizgerätes nach Einbauvorschrift des Herstellers ist keine Abnahme durch einen Sachverständigen vorgeschrieben.

Spannung und Strom

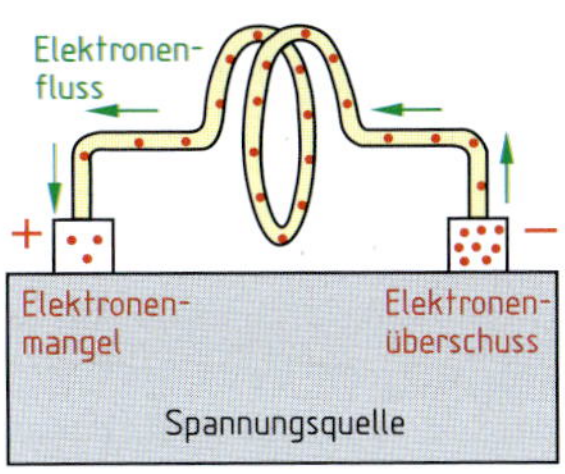

Elektrische Spannung
Das Elektron ist der Träger der kleinsten negativen Ladung. Am Pluspol der Spannungsquelle herrscht Elektronenmangel (positive Ladung), am Minuspol herrscht Elektronenüberschuss (negative Ladung). Zwischen den unterschiedlichen Ladungen besteht ein Ausgleichsbestreben = *elektrische Spannung.* Je höher der Ladungsunterschied ist, desto höher ist die Spannung.

Elektrischer Strom
Werden die Pole durch einen metallischen Leiter verbunden, dann findet ein Elektronenfluss von Minus nach Plus statt (= physikalische Stromrichtung). Aus dem Minuspol fließen so viele Elektronen heraus, wie in den Pluspol hineinfließen. Der Elektronenfluss ist der *elektrische Strom.*

- *Arten der Spannungserzeugung:* Elektromagnetische Induktion in Generatoren, galvanische Elemente in Batterien und Akkumulatoren, Piezoelement z. B. in Drucksensoren, Fotoelement z. B. in Lichtsensoren und Thermoelement z. B. in Temperatursensoren.

- In den Metallen sind *freie Elektronen* vorhanden. Sie sind innerhalb des Atomgitters frei beweglich. Der Elektronenstoß pflanzt sich im Leiter mit etwa 300 000 km/s fort, wobei sich die Elektronen selbst nur verhältnismäßig langsam fortbewegen.

Gleichspannung

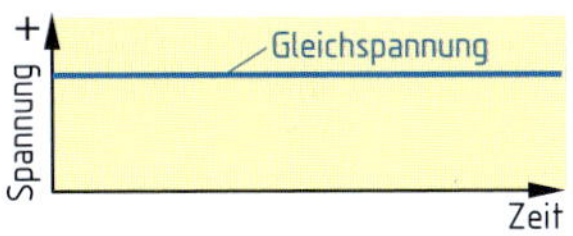

Gleichspannung (–)
(DC = Direkt Current)
Bei Gleichspannungsquellen bleibt die Polarität an den Klemmen immer gleich. Dadurch fließt der im Stromkreis entstehende Gleichstrom ständig in gleicher Richtung. Die freien Elektronen im metallischen Leiter bewegen sich dabei in einer Richtung.

Gleichspannung in konstanter Höhe (reine Gleichspannung) entsteht z. B. in galvanischen Elementen (Batterie, Akkumulator). Generatoren erzeugen pulsierende Gleichspannung, die aus gleichgerichteter Wechselspannung entsteht.

Wechselspannung

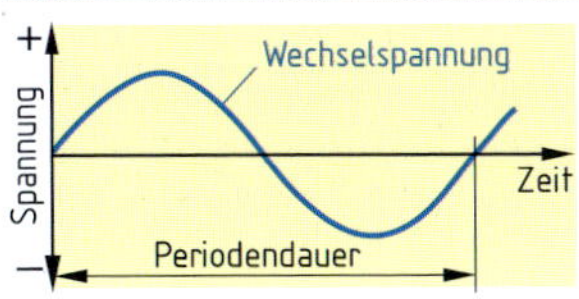

Wechselspannung (~)
(AC = Alternating Current)
Bei Wechselspannungsquellen wechselt die Polarität an den Klemmen ständig. Dadurch ändert der im Stromkreis entstandene Wechselstrom ständig seine Richtung. Die freien Elektronen im metallischen Leiter schwingen dabei in beiden Richtungen hin und her.

Bei der Wechselspannung im öffentlichen Stromnetz erfolgt die Schwingung sinusförmig. Die Dauer einer Schwingung (Periodendauer) bleibt dabei konstant. Die Anzahl der Schwingungen (= Perioden) pro Sekunde ist die Frequenz. Die Einheit der Frequenz ist 1 Hertz (Hz). Die Netzfrequenz beträgt 50 Hz.

4

Stromkreis

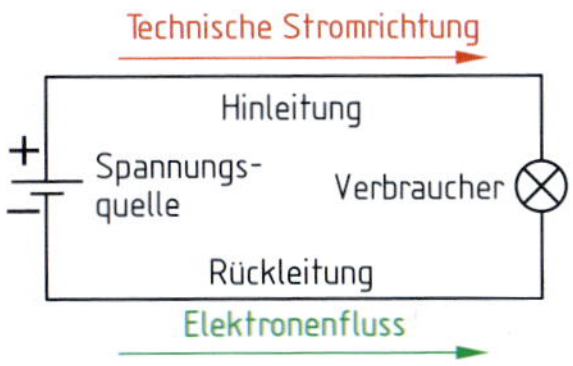

Der elektrische Strom fließt in einem **geschlossenen Stromkreis:**
Von der Spannungsquelle über die Hinleitung zum Verbraucher, durch den Verbraucher hindurch, über die Rückleitung zurück zur Spannungsquelle und durch diese hindurch.

Im Kraftfahrzeug wird in der Regel die Masse (Metallteile des Fahrzeugs) als Rückleitung benutzt. Die Verbraucher müssen deshalb eine leitende Verbindung zur Masse haben.

- Strom fließt nur, wenn elektrische Spannung vorhanden ist und der Stromkreis geschlossen ist.

- *Die Stromrichtung* im Stromkreis wurde beim Gleichstrom von Plus nach Minus festgelegt (= technische Stromrichtung). Die Elektronen bewegen sich jedoch in umgekehrter Richtung (Elektronenfluss = physikalische Stromrichtung).

Stromwirkungen

Wärme- und Lichtwirkung

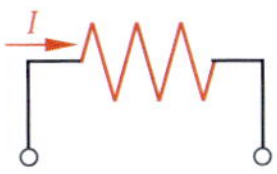

Chemische Wirkung

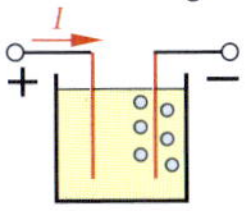

Magnetische Wirkung

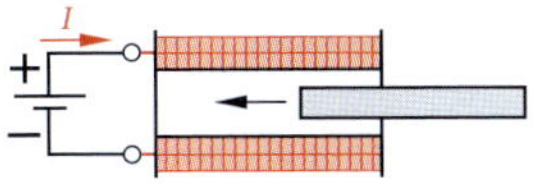

Der elektrische Strom ist nicht direkt sichtbar, sondern nur an seinen Wirkungen erkennbar:

- *Wärme- und Lichtwirkung:* Ein stromdurchflossener Leiter erwärmt sich. Ein dünner Draht kann sich so stark erwärmen, bis er hell glüht und dabei Wärme und Licht erzeugt.
- *Magnetische Wirkung:* Eine stromdurchflossene Spule zieht einen Eisenkern an.
- *Chemische Wirkung:* Der elektrische Strom zersetzt leitende Flüssigkeiten.
- *Physiologische Wirkung:* Darunter versteht man die Wirkung auf Lebewesen.

Beispiele:
- *Wärmewirkung:* Heizelemente für Außenspiegel, Sitze, Scheiben, Zuheizer.
- *Lichtwirkung:* Glühlampe (Glühwendel aus Wolframdraht erhitzt sich auf 2 000 ... 3 000 °C).
- *Magnetische Wirkung:* Elektromotoren, Relais, Magnetventile.
- *Chemische Wirkung:* Akkumulatoren, Elektrolyse (Metallgewinnung).
- *Physiologische Wirkung* siehe S. 260, „Unfallgefahren“.

Spannungs- und Strommessung

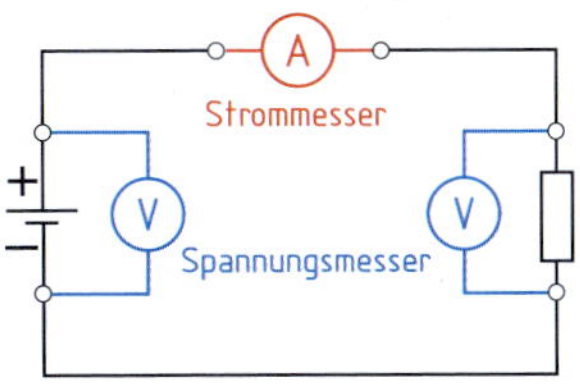

Spannungsmessung
Die elektrische Spannung wird mit dem Spannungsmesser (Voltmeter) gemessen. Er wird an die Klemmen der Spannungsquelle oder bei der Messung der Verbraucherspannung an die Klemmen des Verbrauchers angeschlossen. Allgemein: Der Spannungsmesser wird parallel zum Bauteil geschaltet, an dem die Spannung gemessen wird.

Strommessung
Die Stärke des elektrischen Stroms wird mit dem Strommesser (Amperemeter) gemessen. Der zu messende Strom muss durch das Messgerät fließen, deshalb wird der Stromkreis aufgetrennt und der Strommesser in Reihe geschaltet.

- Die Einheit der elektrischen Spannung ist 1 Volt (V). Die auf dem Verbraucher angegebene Spannung ist die Nennspannung.
Spannungen sind genormt, z. B. in Kraftfahrzeugen 12 V oder 24 V, bei der Netzspannung 230 V oder 400 V.

- Die Einheit der elektrischen Stromstärke ist 1 Ampere (A).
Bei der Stromstärke 1 A fließen etwa 6,3 Trillionen ($6{,}3 \cdot 10^{18}$) Elektronen pro Sekunde durch den Querschnitt des elektrischen Leiters.

Elektrischer Widerstand

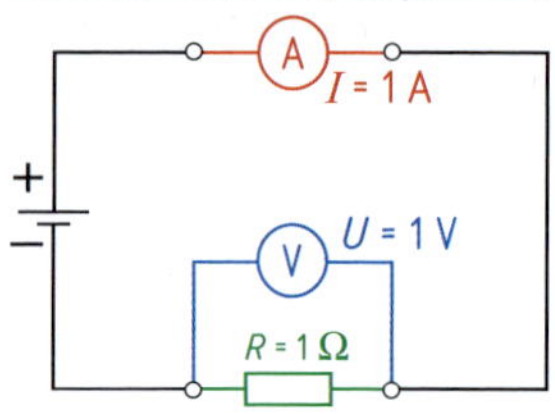

Elektrischer Widerstand *R*
Leitungen und Verbraucher setzen dem elektrischen Strom einen Widerstand entgegen, weil sich die freien Elektronen zwischen den Metallatomen bewegen müssen. Der Widerstand wird durch das Anlegen der Spannung überwunden.

- Die Einheit des elektrischen Widerstands R ist 1 Ω (Ohm).
- Liegt an einem Verbraucher eine Spannung von 1 V an und fließt im Stromkreis ein Strom von 1 A, hat der Verbraucher den Widerstand 1 Ω.

Elektrischer Leitwert *G*
Der elektrische Leitwert G ist der Kehrwert des elektrischen Widerstands ($1/R$). Ein Leiter mit einem kleinen Widerstand hat einen großen elektrischen Leitwert, er leitet gut.

- Die Einheit des elektrischen Leitwerts G ist 1 Siemens (S).
- Beispiel: Ein Leiter mit einem Widerstand von 0,1 Ohm hat einen Leitwert von 10 Siemens.

Spezifischer elektrischer Widerstand *ρ*
Jeder Leiterwerkstoff hat ein typisches elektrisches Widerstandsverhalten. Es wird über den spezifischen elektrischen Widerstand ρ angegeben.

- Der spezifische elektrische Widerstand ρ (rho) ist der elektrische Widerstand eines Leiters von 1 m Länge und 1 mm^2 Querschnittsfläche.

Spezifische elektrische Leitfähigkeit *ϰ*
Die spezifische elektrische Leitfähigkeit ist der Kehrwert des spezifischen elektrischen Widerstands ($1/\rho$).

- Die spezifische elektrische Leitfähigkeit $\varkappa$ (kappa) gibt an, wie viel m Länge ein Leiter von 1 mm^2 Querschnittsfläche bei 1 Ω Widerstand hat.

Widerstand und Temperatur

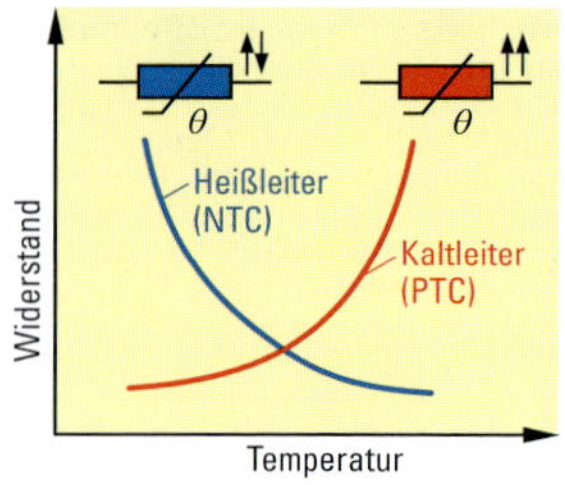

Kaltleiter (PTC-Widerstände)
Werkstoffe, die bei tiefen Temperaturen den Strom besser leiten als bei hohen, bezeichnet man als Kaltleiter bzw. PTC-Widerstände. Der elektrische Widerstand erhöht sich bei steigender Temperatur, er hat einen positiven Temperaturkoeffizienten (PTC).

- *Werkstoffe mit PTC-Verhalten:* Die meisten Metalle, halb leitende Keramik, z. B. Bariumtitanat.
  Anwendungsbeispiele: Temperatursensoren, Strombegrenzung, z. B. bei Glühstiften, Heizelementen.

Heißleiter (NTC-Widerstände)
Werkstoffe, die bei hohen Temperaturen den Strom besser leiten als bei tiefen, bezeichnet man als Heißleiter bzw. NTC-Widerstände. Der elektrische Widerstand verringert sich bei steigender Temperatur, er hat einen negativen Temperaturkoeffizienten (NTC).

- *Werkstoffe mit NTC-Verhalten:* Kohle, bestimmte Metalllegierungen, die meisten Halbleiter.
  Anwendungsbeispiele: Temperatursensoren, Einschaltstrombegrenzung.

Ohmsches Gesetz

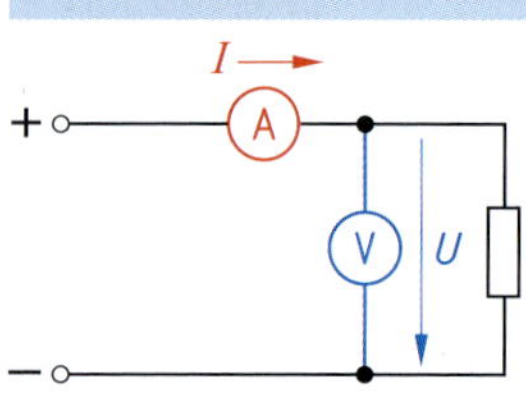

Das **Ohmsche Gesetz** beschreibt den Zusammenhang zwischen Stromstärke I, Spannung U und elektrischem Widerstand R in einem Stromkreis:

- Bei konstantem elektrischem Widerstand R steigt die Stromstärke I im gleichen Verhältnis wie die Spannung U.
- Bei konstanter Spannung U ist die Stromstärke I umso größer, je kleiner der elektrische Widerstand R ist.

Zusammengefasst ergibt sich:

$$\text{Stromstärke} = \frac{\text{Spannung}}{\text{elektrischer Widerstand}} \qquad I = \frac{U}{R}$$

- Elektrische Verbraucher dürfen nur an die vorgeschriebene Spannung angeschlossen werden. Eine höhere Spannung hat eine höhere Stromstärke zur Folge, was zur Überlastung bzw. Beschädigung des Verbrauchers führt.
- Durch Messen von Spannung U und Strom I an einem Verbraucher kann der elektrische Widerstand R des Verbrauchers bestimmt bzw. errechnet werden.

Reihenschaltung

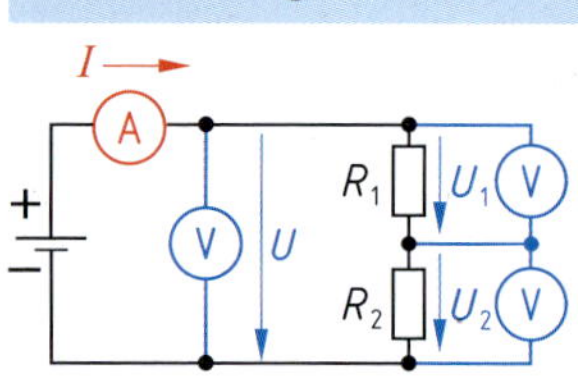

Für die **Reihenschaltung** der Widerstände R_1 und R_2 gelten folgende Regeln:

- Die Summe der einzelnen Widerstände ergibt den Gesamtwiderstand R.
- Die an die Reihenschaltung angelegte Spannung U teilt sich im Verhältnis der Widerstände R_1 und R_2 in die Teilspannungen U_1 und U_2 auf.
- Die Stromstärke I ist im gesamten Stromkreis gleich groß.

- Die Reihenschaltung dient zur Spannungsteilung. Beispiel: Ein Vorwiderstand wird in Reihe zu einer Leuchtdiode (LED) geschaltet. Er bewirkt eine niedrigere Spannung an der LED (z. B. 2,5 V statt 12 V).
- Bei der *Reihenschaltung von Spannungsquellen* addieren sich deren Spannungen zur Gesamtspannung. Beispiel: Bei der Starterbatterie ergeben 6 Zellen mit jeweils 2 Volt eine Gesamtspannung von 12 Volt.

Parallelschaltung

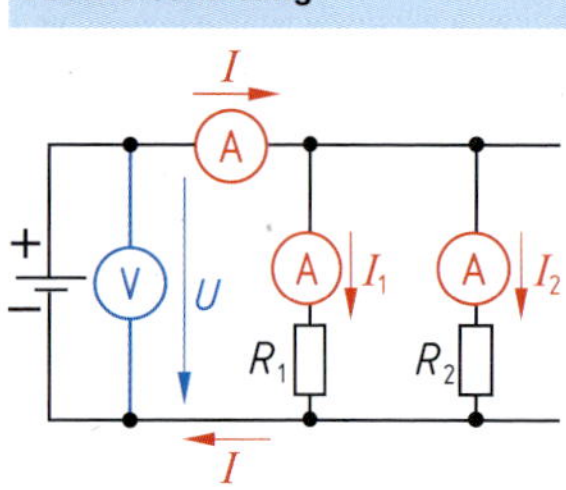

Für die **Parallelschaltung** der geschalteten Widerstände R_1 und R_2 gelten folgende Regeln:

- An den Widerständen liegt die gleiche Spannung U an.
- Die Teilströme I_1 und I_2 addieren sich zum Gesamtstrom I.
- Die Teilströme verhalten sich umgekehrt wie die zugehörigen Widerstände (großer Strom bei kleinem Widerstand, kleiner Strom bei großem Widerstand.)
- Die Summe der Kehrwerte der Einzelwiderstände ergibt den Kehrwert des Gesamtwiderstands.

- Durch Parallelschaltung können elektrische Verbraucher unabhängig voneinander an dieselbe Spannung angeschlossen werden wie z. B. die elektrischen Verbraucher im Kraftfahrzeug oder im öffentlichen Stromnetz.
  Elektrische Geräte werden daher für die betreffende Spannung ausgelegt. Die Spannung wird auf dem Gerät als Nennspannung angegeben. Die Geräte dürfen nur an diese Spannung angeschlossen werden (vgl. „Ohmsches Gesetz“).

Elektromagnetismus

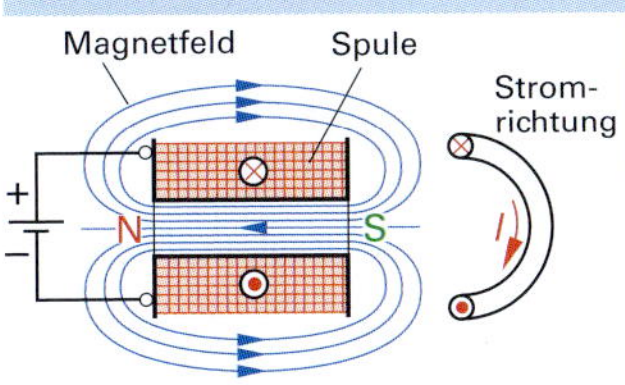

Elektromagnetisches Feld einer Spule:

- Jeder stromdurchflossene Leiter ist von einem Magnetfeld umgeben.
- Je größer die Stromstärke und die Leiterlänge (Windungszahl) sind, desto größer ist die Stärke des Magnetfelds.
- Das Maß für die Stärke eines Magnetfelds ist die magnetische Flussdichte.
- Ein Eisenkern verstärkt das Magnetfeld in der Spule um ein Vielfaches.

- Spulen-Regel:
  Umfasst man die Spule mit der rechten Hand so, dass die Finger in Stromrichtung zeigen (von + nach –), dann zeigt der abgespreizte Daumen die Feldlinienrichtung (zum Nordpol) an.
- Die Magnetspulen in E-Motoren und Generatoren nennt man Erregerwicklungen, weil der Spulenstrom (Erregerstrom) das Magnetfeld erregt (erzeugt).

Spannungserzeugung durch Induktion

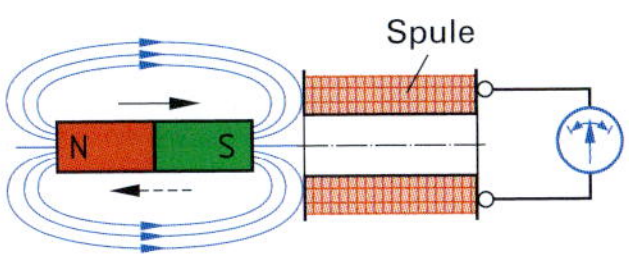

Induktion der Bewegung (Generatorprinzip)
Versuch (vgl. Abb.): Beim Bewegen eines Dauermagneten in einer Spule wird in der Spule eine Spannung induziert (erzeugt).

Es gilt die Regel:
Wird ein Leiter von magnetischen Feldlinien „geschnitten", wird im Leiter während der Bewegung (Magnetfeldänderung) eine Spannung induziert.

- Die Polung der induzierten Spannung richtet sich nach der Bewegungsrichtung. Je höher die Magnetfeldstärke, die Schnelligkeit der Bewegung (Magnetfeldänderung) und die Windungszahl der Spule sind, desto höher ist die induzierte Spannung.

Anwendung: Generator, Drehzahlsensor

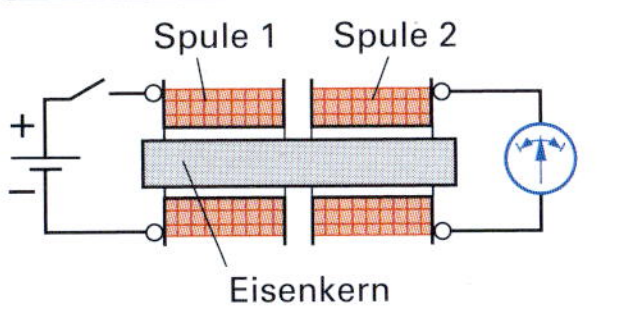

Induktion der Ruhe
Versuch (vgl. Abb.): Bei Änderung des Magnetfelds in der Spule 1 durch Änderung des Spulenstroms (Schalter öffnet oder schließt) entsteht in der Spule 2 eine Induktionsspannung.

Es gilt die Regel:
In einer Spule wird eine Spannung induziert, wenn sich in der Spule die Stärke oder die Richtung des Magnetfelds ändert.

- Durch den Eisenkern entsteht eine magnetische Kopplung der beiden Spulen. Die induzierte Spannung in der Spule 2 ist umso höher, je schneller sich die Stärke des Magnetfelds ändert und je größer ihre Windungszahl ist.

Anwendung: Zündspule, Transformator.

Transformator

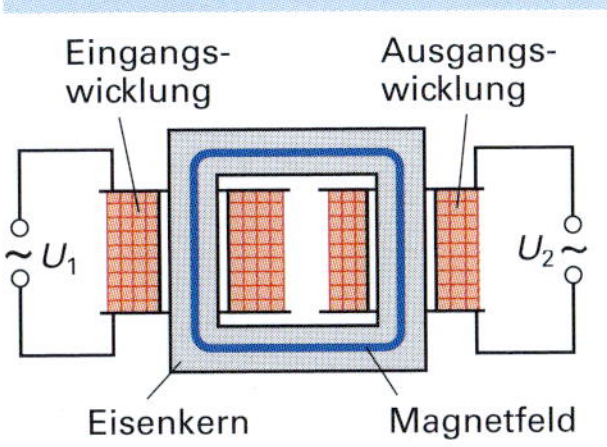

Beim **Transformator** sind zwei Spulen auf einem gemeinsamen, geschlossenen Eisenkern angeordnet:

- Eingangswicklung (Primärwicklung) und
- Ausgangswicklung (Sekundärwicklung).

Funktionsweise:

- Der Wechselstrom in der Eingangswicklung erzeugt ein magnetisches Wechselfeld.
- Durch magnetische Kopplung über den gemeinsamen Eisenkern wird in der Ausgangswicklung eine Wechselspannung der gleichen Frequenz induziert.

- Die Spannungen verhalten sich wie die Windungszahlen der Wicklungen, somit gilt $U_1 : U_2 = N_1 : N_2$
- Die Ströme verhalten sich umgekehrt, daher gilt $I_1 : I_2 = N_2 : N_1$
- Das Verhältnis der Eingangsspannung zur Ausgangsspannung ist das Übersetzungsverhältnis, es gilt $ü = U_1 : U_2$.
  (Ohne Berücksichtigung der Verluste, die durch den Widerstand des Kupferdrahts und das Umpolen des Magnetfelds im Eisenkern entstehen.)

Selbstinduktion

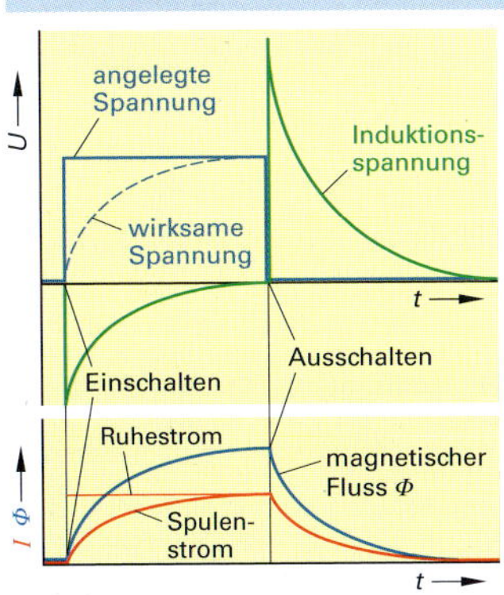

Unter **Selbstinduktion** versteht man die Induktionswirkung des elektrischen Stroms auf seinen eigenen Leiterkreis, z.B. in einer Magnetspule: Ändert sich der durch eine Spule fließende Strom (z.B. beim Ein- oder Ausschalten), führt dies zu einer Änderung des magnetischen Flusses in der Spule selbst.

Nach dem Induktionsgesetz entsteht durch die Änderung des magnetischen Flusses in der Spule eine Induktionsspannung, die ihrer Ursache entgegenwirkt (vgl. Abb.):

- Beim Einschalten wirkt sie der angelegten Spannung entgegen. Deshalb steigt die wirksame Spannung nur langsam an und der Strom- und Magnetfeld*aufbau* erfolgt dadurch verzögert.
- Beim Ausschalten versucht sie, die Spannung an der Spule „aufrechtzuerhalten" und verzögert damit den Strom- bzw. Magnetfeld*abbau*.

- Die Selbstinduktionsspannung kann insbesondere beim Ausschalten des Spulenstroms hohe Werte erreichen. Bei Relaisspulen kann dies zu Schäden in den Halbleitern der Ansteuerelektronik führen.
- Mit einer sogenannten *Löschdiode*, die entgegen der angelegten Spannung gepolt parallel zur Spule angeschlossen wird, kann die Selbstinduktionsspannung kurzgeschlossen und damit „gelöscht" werden.
  Alternativ kann parallel zur Spule ein *hochohmiger Widerstand* geschaltet werden, über den die Selbstinduktionsspannung abgebaut wird.

Kondensator

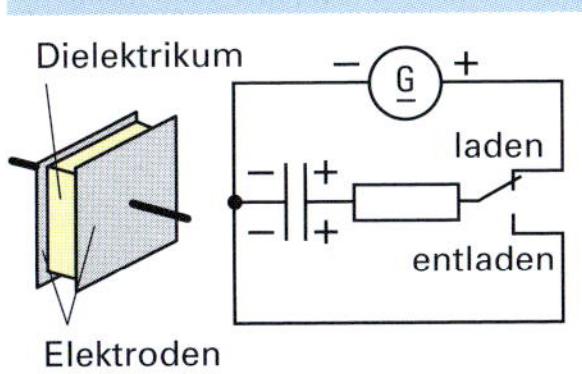

Der **Kondensator** besteht aus zwei elektrisch leitfähigen Flächen (Elektroden), die mit Isolierstoff (Dielektrikum) voneinander getrennt sind.

- Der Kondensator kann elektrische Ladungen sehr schnell speichern und wieder abgeben.
- Das Speichervermögen heißt Kapazität. Die Einheit der Kapazität ist 1 Farad (F), bei kleinen Kapazitäten: Mikrofarad (μF), Nanofarad (nF), Picofarad (pF).
- Die im Kondensator gespeicherte Ladungsmenge ist umso größer, je höher die Ladespannung und je größer die Kapazität ist.

- Bei der technischen Ausführung von Kondensatoren werden als Elektroden Metallfolien verwendet und als Isolierstoff Keramik, imprägniertes Papier oder Kunststofffolien verwendet. Um Platz zu sparen, werden die Folien aufgerollt.
- Bei **Elektrolytkondensatoren** (Elko) besteht die Kathode (Minuselektrode) aus einem flüssigen oder festen Elektrolyten. Elektrolytkondensatoren sind gepolt, beim Anschluss ist deshalb unbedingt auf die richtige Polung zu achten.

Unfallgefahren

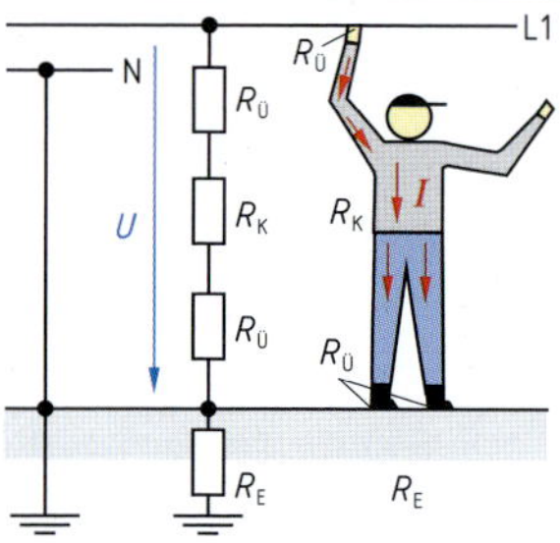

Elektrische Unfälle entstehen durch Berühren von Leitungen und Geräten, die unter Spannung stehen. Die Unfallfolgen sind abhängig von

- der Stärke des Stroms I, der durch den menschlichen Körper fließt
- der Dauer der Einwirkung des Stroms (vgl. Abb. unten).

Nach dem Ohmschen Gesetz ist der Strom I umso größer,

- je höher die anliegende Spannung ist und
- je niedriger die wirksamen Widerstände sind.

Wirksame Widerstände:

- Übergangswiderstand $R_{\text{Ü}} \approx 5 \dots 50\ \text{k}\Omega$. Durch Feuchtigkeit (Hände, Fußboden) kann $R_{\text{Ü}}$ niedriger und Strom I lebensgefährlich hoch werden.
- Körperwiderstand $R_K \approx 10\ \text{k}\Omega$ und höher.
- Bei Spannungen über 100 V kann der Hautwiderstand durchschlagen und fast Null werden. Der Körperwiderstand sinkt dabei auf ca. 1 kΩ.
- Erdungswiderstand R_E ist sehr unterschiedlich.

Lebensgefahr besteht bei Körperströmen über 50 mA. Folgen sind: Bewusstlosigkeit, Atemlähmung, Tod.

Höchstzulässige Berührungsspannungen:

- 50 V Wechselspannung (50 Hz),
- 120 V Gleichspannung

Erste Hilfe, Sofortmaßnahmen

Achtung:
Bei Hochspannung über 1000 V Rettung nur durch Fachpersonal!

- Strom unterbrechen, dabei eigene Sicherheit beachten: Abschalten, Netzstecker ziehen, Sicherung entfernen, verletzte Person von freiliegenden, Spannung führenden Leitungen mit nicht leitendem Gegenstand wegziehen (Rettungshaken, Sicherheitshandschuh)
- Notruf absetzen
- Stabile Seitenlage ausführen
- Bei Bewusstlosigkeit und fehlender normaler Atmung Herz-Lungen-Wiederbelebung durchführen.

Strom/Zeit-Gefährdungs-Kennfeld für Wechselstrom

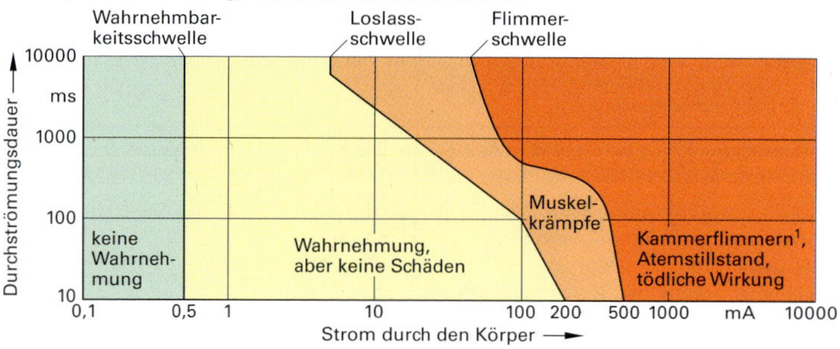

Im abgebildeten **Strom/Zeit-Gefährdungskennfeld** sind die Auswirkungen auf den Menschen bei einer Durchströmung von *Wechselstrom* dargestellt, in Abhängigkeit von der Stromstärke und der Dauer der Durchströmung.

[1] Kammerflimmern:
Durch den Stromfluss über den Körper wird der körpereigene elektrische Impuls für die Herzmuskeln gestört. Es kommt zu ungeordneten Kontraktionen der Herzkammern mit hoher Frequenz (Flimmern) und der Blutkreislauf bricht zusammen.

Schutzeinrichtungen

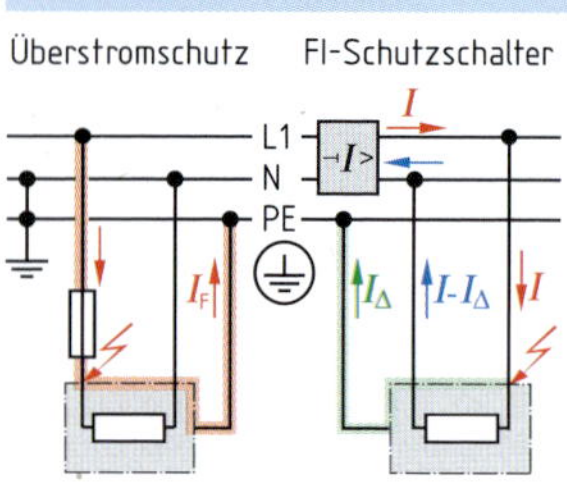

Überstrom-Schutzeinrichtung
Das Gerätegehäuse aus Metall ist mit dem Schutzleiter (PE) verbunden. Hat ein Spannung führender Leiter Kontakt mit dem Gehäuse (Körperschluss), kommt es zu einem Kurzschluss. Über den Schutzleiter fließt ein so großer Fehlerstrom I_F, dass die Überstromschutzeinrichtung anspricht und den Stromkreis unterbricht.
Bei ortsveränderlichen Geräten wird der Schutzleiter über die Schutzkontakte am Stecker bzw. an der Steckdose geführt.

Überstrom-Schutzeinrichtungen sind z. B.:

- Leitungsschutzschalter (LS) (Sicherungsautomat)
- Sicherungen

Die Überstrom-Schutzeinrichtung arbeitet nur dann sicher, wenn im Niederspannungsnetz (TN oder TT) der Spannungsfall zwischen der Fehlerstelle (Berührpunkt) und dem Erdungspunkt des PE-Leiters die zulässige Berührspannung von 50 V nicht überschreitet.

Fehlerstrom-Schutzeinrichtung (FI)
Hat ein Spannung führender Leiter Kontakt mit dem Gehäuse (Körperschluss), fließt über den Schutzleiter (PE) ein Fehlerstrom I_Δ. Der zufließende Strom I und der abfließende Strom $I - I_\Delta$ durch den FI-Schalter sind unterschiedlich. Der FI-Schalter spricht an und schaltet allpolig ab.

Der **FI-Schalter** ist ein Summenstromwandler, durch den alle Strom führenden Leitungen einschließlich N-Leiter geführt werden. PE wird nicht durch den FI-Schalter geführt. Der FI-Schalter spricht ab einem Fehlerstrom von 30 mA an. Die Ansprechzeit beträgt 0,2 s.

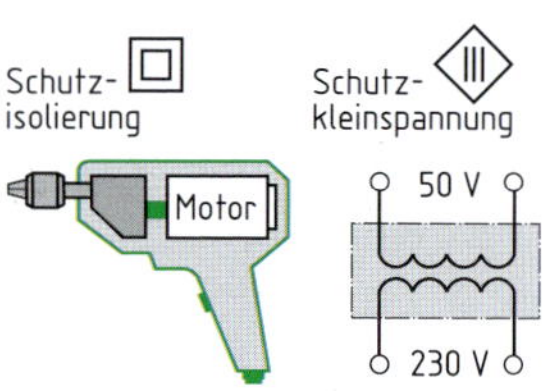

Schutzisolierung
Alle berührbaren Teile eines Geräts, die im Fall eines Fehlers Spannung führen können, werden zusätzlich zur Grundisolierung noch mit isolierendem Werkstoff umgeben.
Angetriebene Teile, z. B. Bohrspindeln an Handbohrmaschinen werden durch Isolierstücke von elektrisch leitenden Teilen getrennt.

An Geräten mit Schutzisolierung befindet sich kein Schutzleiteranschluss und darf auch kein Schutzleiter angeschlossen werden.
Die Schutzisolierung gewährt auch dann Schutz, wenn die Grundisolierung schadhaft ist. Anwendung z. B. bei Elektrowerkzeugen.

Schutzkleinspannung
Diese elektrischen Geräte werden mit einer Betriebsspannung von max. 50 V Wechselspannung bzw. 120 V Gleichspannung betrieben. Dadurch ist im Fehlerfall das Berühren nicht gefährlich.

Schutzkleinspannung kann erzeugt werden durch:
Transformatoren und elektronische Netzgeräte, Akkumulatoren, Motor-Generatoren.

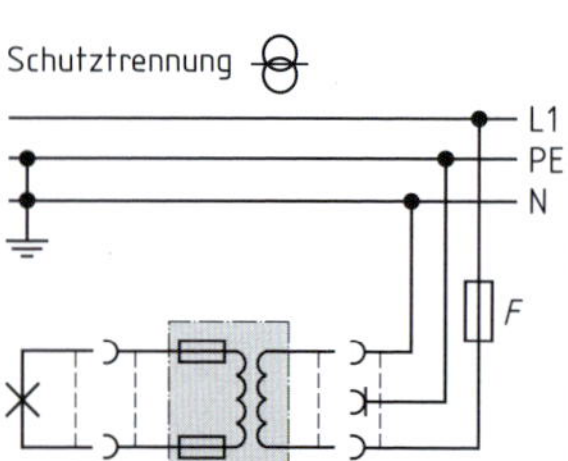

Schutztrennung
Zwischen dem speisenden Netz und dem Gerätestromkreis besteht eine galvanische Trennung durch einen speziellen Transformator.

Der Gerätestromkreis ist erdfrei, deshalb entsteht im Fehlerfall keine Spannung zwischen Gerät und Erde. Dadurch ist der Berührende geschützt.

Halbleiter, Dotierung

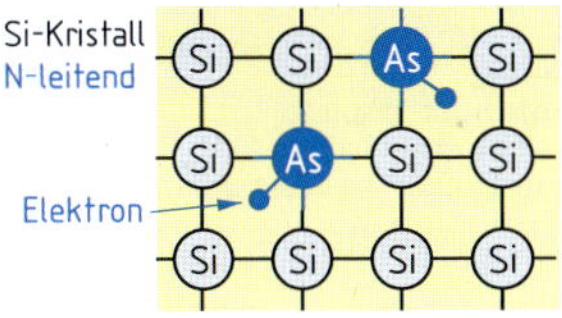

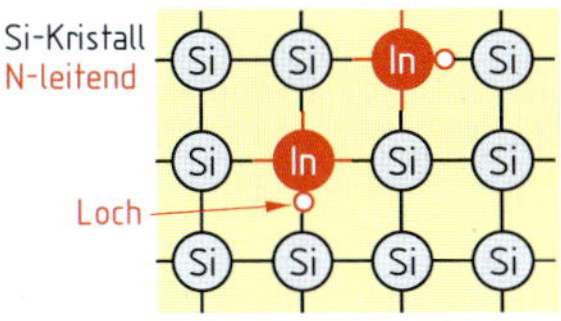

Halbleiterwerkstoffe sind z. B. Silicium (Si), Germanium (Ge), Galliumarsenid (GaAs), Siliciumcarbid (SiC).
Die Atome des am meisten verwendeten Silicium (Si) besitzen jeweils vier Außenelektronen. Im Kristallgitter werden alle vier Außenelektronen für die Atombindung benötigt. Bei Raumtemperatur besitzt reines Silicium daher kaum freie Elektronen und leitet somit schlecht (Eigenleitung). Durch gezielte „Verunreinigung" (Dotierung) mit Fremdatomen kann die Leitfähigkeit von Silicium erhöht bzw. genau eingestellt werden (Fremdleitung).

N-Dotierung durch Fremdatome mit 5 Außenelektronen, z. B. Arsen (As): Zur Bindung mit Silicium werden nur 4 Elektronen benötigt. Jedes Fremdatom liefert ein frei bewegliches (**n**egatives) Leitungselektron. Der Si-Kristall wird **N**-leitend.

P-Dotierung durch Fremdatome mit 3 Außenelektronen, z. B. Indium (In): Zur Bindung mit Si fehlt ein Elektron. Jedes Fremdatom erzeugt eine Elektronenlücke, es entsteht ein „Loch" mit **p**ositivem Ladungsüberschuss. Der Si-Kristall wird **P**-leitend.

- Die *Leitfähigkeit* (Eigenleitung) der Halbleiter liegt bei Raumtemperatur zwischen denen von metallischen Leitern und Isolatoren. Sie ist stark von der Reinheit des Stoffs abhängig und verändert sich außerdem durch Einwirkung von Druck, Temperatur und Licht.
Halbleiter eignen sich daher auch gut für Sensoren, z. B. für Druckfühler, Temperaturfühler, Fotodioden.

- Unter *Dotierung* versteht man das gezielte Hinzufügen von Fremdatomen, z. B. 1 Fremdatom auf 10^{11} Siliciumatome. Je höher die Dotierung, desto höher ist die Leitfähigkeit (Fremdleitung).

- *Löcher* (= Defektelektronen) verhalten sich wie positive Ladungsträger: Bei angelegter Spannung springt ein Elektron des Nachbaratoms in das Loch und hinterlässt wiederum ein Loch usw. Löcher wandern somit entgegengesetzt zur Elektronenbewegung.

Diode (PN-Übergang)

Sperrrichtung

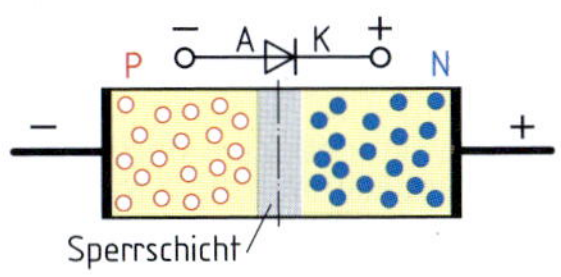

Durchlassrichtung

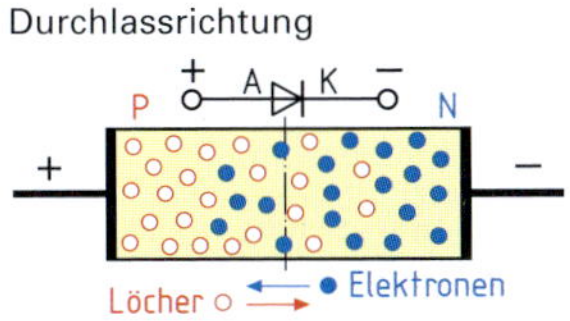

Dioden lassen den elektrischen Strom nur in einer Richtung fließen, in Gegenrichtung sperren sie ihn. Eine Diode besteht aus einer P-leitenden und einer N-leitenden Schicht. Sie bilden einen PN-Übergang. Im Bereich der Grenzfläche springen die Elektronen der N-Schicht in die Löcher der P-Schicht. Durch den Ladungsausgleich entsteht eine schmale Zone ohne Ladungsträger, die Sperrschicht.

Sperrrichtung: Minus am P-Leiter (Anode A) und Plus am N-Leiter (Kathode K). Die Löcher werden vom Minuspotenzial, die Elektronen werden vom Pluspotenzial angezogen. Dadurch verbreitert sich die Sperrschicht, es kann kein Strom fließen.

Durchlassrichtung: Plus am P-Leiter (Anode A) und Minus am N-Leiter (Kathode K). Die Löcher und Elektronen werden in die Sperrschicht hineingetrieben, sie wird mit Ladungsträgern überschwemmt, Strom kann fließen.

- Bei Erwärmung wird der PN-Übergang durch die zunehmende Eigenleitung des Halbleiters gestört. Deshalb ist die Betriebstemperatur begrenzt (Si 190 °C, Ge 90 °C).

- Die maximale Sperrspannung der Diode darf nicht überschritten werden, sonst wird die Sperrwirkung aufgehoben und das Kristallgefüge der Diode kann zerstört werden.

- Um in Durchlassrichtung die Sperrschicht zu überwinden, ist eine Mindestspannung nötig, die sogenannte Schleusenspannung.

Kennwerte	Si-Diode	Ge-Diode
Schleusenspannung	0,7 V	0,3 V
Sperrspannung	bis 3 kV	bis 100 V

Diode als Gleichrichter

Einpulsschaltung

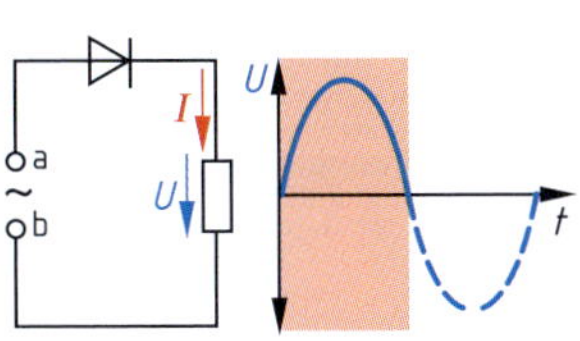

Zweipulsschaltung (Brückenschaltung)

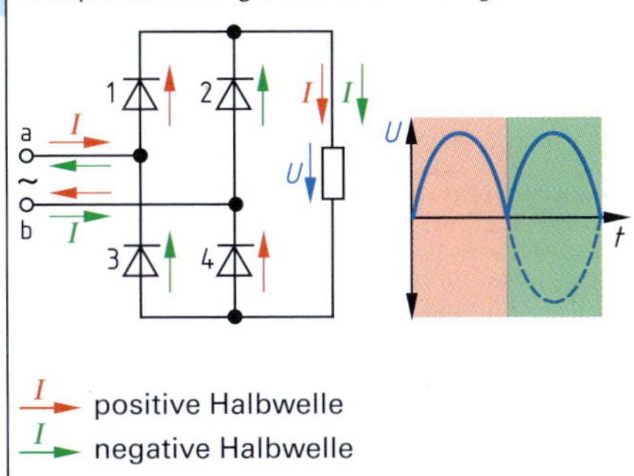

Funktionsweise
- *Einpulsschaltung:* Liegt an Klemme a die positive Halbwelle an, ist die Diode in Durchlassrichtung gepolt, Strom kann fließen. Liegt die negative Halbwelle an, sperrt die Diode, die Spannung am Verbraucher ist Null.

- *Zweipulsschaltung:* Liegt an Klemme a die positive Halbwelle an, fließt der Strom (rot) über die Dioden 1 und 4 durch den Verbraucher. Liegt die negative Halbwelle an Klemme a an, fließt der Strom (grün) über die Dioden 2 und 3. Beide Halbwellen werden genutzt.
Bei beiden Schaltungen entsteht eine pulsierende Gleichspannung.

Z-Diode

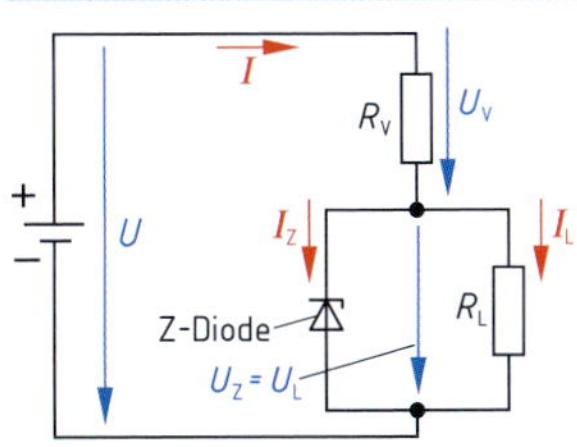

Die **Z-Diode** verhält sich in Durchlassrichtung wie eine Gleichrichterdiode. Wird beim Betrieb in Sperrrichtung eine bestimmte Spannung, die sog. Durchbruchspannung (Zenerspannung) erreicht, wird die Diode leitend und der Strom in Sperrrichtung steigt stark an.

Z-Dioden sind im Gegensatz zu Gleichrichterdioden für den Betrieb im Durchbruchbereich geeignet und werden fast ausschließlich in Sperrrichtung betrieben. Zum Schutz vor Überlastung werden Z-Dioden meistens mit einem Widerstand in Reihe geschaltet.

Z-Dioden werden für bestimmte Durchbruchspannungen (U_Z = 1,8 ... 200 V) hergestellt.

- Anwendungsbeispiel (vgl. Abb. links):
Spannungsstabilisierung
Die Z-Diode ist parallel zum Lastwiderstand R_L geschaltet. Der Strom I_Z durch die Z-Diode erzeugt einen konstanten Spannungsfall U_Z. U_Z ist gleichzeitig die Betriebsspannung für R_L.
Überschreitet die Versorgungsspannung U den vorgesehenen Wert, steigt I_Z an und der Spannungsfall an R_V erhöht sich um den Wert, um den U angestiegen ist. U_Z bzw. U_L bleiben nahezu konstant.
(Schaltung nur geeignet für $R_L > R_{Z\text{-Diode}}$)

4

Thyristor

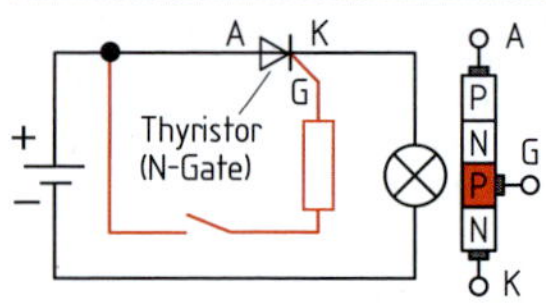

Der **Thyristor** ist eine steuerbare Diode mit drei PN-Übergängen (vier Schichten). Er besitzt drei Anschlüsse: Anode A, Kathode K und Gate G.

Im Ausgangszustand sperrt der Thyristor. Zur Ansteuerung (Zündung) gibt man beim abgebildeten P-Gate-Thyristor einen kurzen positiven Spannungsimpuls auf das Gate G. Der Thyristor wird leitend und wirkt dann wie eine Gleichrichterdiode. Ein gezündeter Thyristor bleibt zunächst leitend.

In den Sperrzustand versetzt (gelöscht) wird der Thyristor durch Abschalten oder Umpolen der Spannung im Laststromkreis (z. B. beim Nulldurchgang der Wechselspannung).

- Anwendungsbeispiele: Gesteuerte Gleichrichtung, Umrichtung (Umwandlung von Gleich- in Wechselspannung), Hochspannungs-Kondensatorzündung.

Transistor (bipolar)

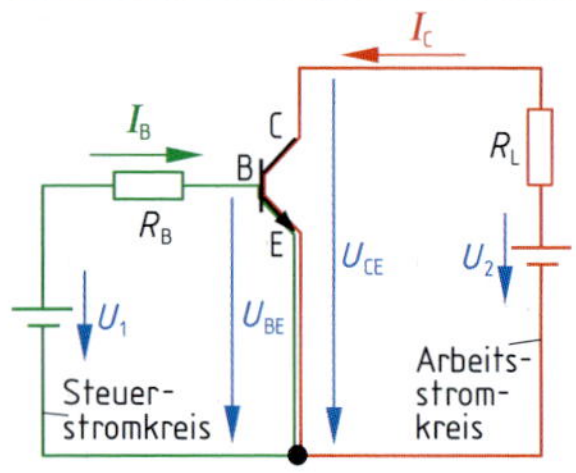

Transistoren können mit kleinen Steuerströmen (Basisströmen) große Arbeitsströme (Kollektorströme) steuern. Sie werden deshalb als Schalter (elektronisches Relais), Verstärker oder als steuerbarer Widerstand eingesetzt.

Bezeichnungen

I_B Basisstrom
I_C Kollektorstrom
U_1 Versorgungsspannung Steuerstromkreis
U_2 Versorgungsspannung Arbeitsstromkreis
U_{BE} Basis-Emitter-Spannung
U_{CE} Kollektor-Emitter-Spannung
R_L Lastwiderstand
R_B Basiswiderstand

Bauart	Schichtfolgen		Schaltzeichen
NPN-Transistor	Kollektor Basis B Emitter	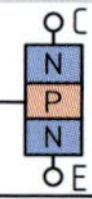	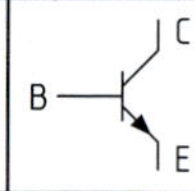
PNP-Transistor	Kollektor Basis B Emitter	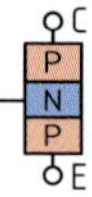	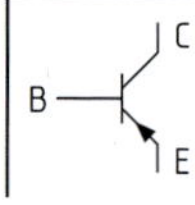

Der Emitterpfeil gibt die technische Stromrichtung an.

Transistor als Schalter

mit NPN-Transistor

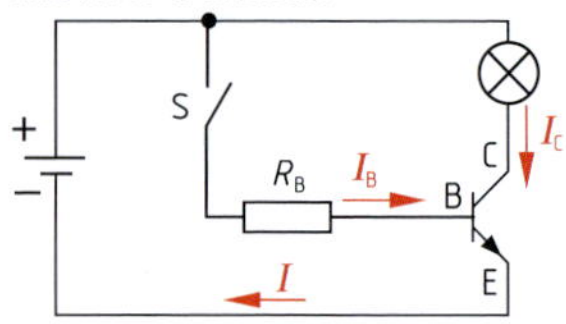

mit PNP-Transistor

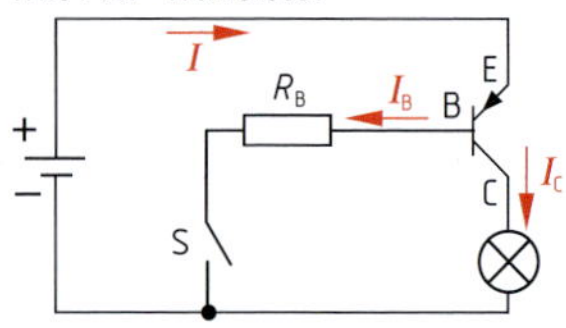

Funktionsweise

Schaltzustand „EIN":
Wird der Schalter S geschlossen, kann der Basisstrom I_B (= Steuerstrom) über den Basiswiderstand R_B zur Basis B fließen. Der Widerstand R_B hat die Aufgabe den Basisstrom zu begrenzen. Der Transistor wird leitend und der Kollektorstrom I_C (= Arbeitsstrom) kann fließen, die Lampe leuchtet. Ein kleiner Basisstrom bewirkt (schaltet) einen großen Kollektorstrom (Relaiswirkung).

Schaltzustand „AUS":
Durch Öffnen des Schalters S wird der Basisstrom unterbrochen. Der Transistor sperrt den Kollektorstrom, die Lampe erlischt.

Bei der Schaltung mit einem **NPN-Transistor** sind Basis und Kollektor positiv gegenüber dem Emitter gepolt. Basisstrom und Kollektorstrom fließen in den Transistor hinein.

Bei der Schaltung mit einem **PNP-Transistor** sind Basis und Kollektor negativ gegenüber dem Emitter gepolt. Basisstrom und Kollektorstrom fließen aus dem Transistor heraus.

- Beim Betrieb als Schalter (elektronisches Relais) muss der Transistor möglichst schnell voll durchschalten können. Dazu wird er übersteuert betrieben: Der Basisstrom wird so hoch gewählt, dass der Transistor mit Ladungsträgern gesättigt ist und dadurch die Strecke CE einen sehr kleinen Widerstand aufweist.
- Vorteile des Transistors gegenüber einem mechanischen Relais:
  - geräuschlos
  - nahezu verschleißfrei
  - keine Funkenbildung
  - hohe Schaltfrequenz möglich
  - (bis 100 MHz).
- Anwendung der Schalterfunktion: In Steuergeräten (Endstufen) zur Ansteuerung von Aktoren. Die herkömmlichen bipolaren Transistoren werden jedoch zunehmend durch MOSFET ersetzt (vgl. S. 263).

Transistor als Verstärker

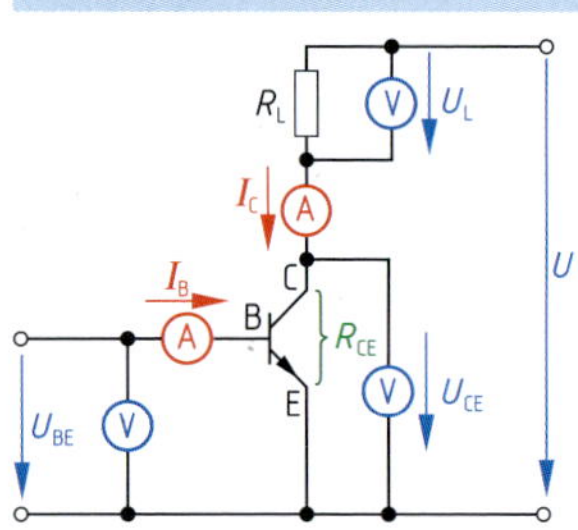

Funktionsweise

Der Lastwiderstand R_L und der Widerstand der Kollektor-Emitter-Strecke des Transistors R_{CE} bilden zusammen einen Spannungsteiler. Erhöht sich z. B. die Spannung U_{BE} (= Eingangsspannung), verringert sich R_{CE} und über den Spannungsteiler fließt ein höherer Strom. Dadurch entsteht am Lastwiderstand R_L ein entsprechend höherer Spannungsfall U_L (= Ausgangsspannung). Dabei ruft eine kleine Änderung der Eingangsspannung U_{BE} eine große Änderung der Ausgangsspannung U_L hervor, es entsteht somit eine Spannungsverstärkung.

Spannungsverstärkung $= \frac{U_L}{U_{BE}}$ Stromverstärkung $= \frac{I_C}{I_B}$

Darlington-Schaltung

Zur Vervielfachung der Verstärkungswirkung können zwei oder mehrere Transistoren hintereinander geschaltet werden. Die Gesamtverstärkung wird durch Multiplikation der Einzelverstärkungsfaktoren berechnet.

Schaltsymbol Darlington-Schaltung:

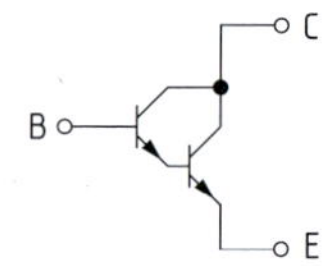

Fototransistor

Fototransistor mit Verstärkerschaltung

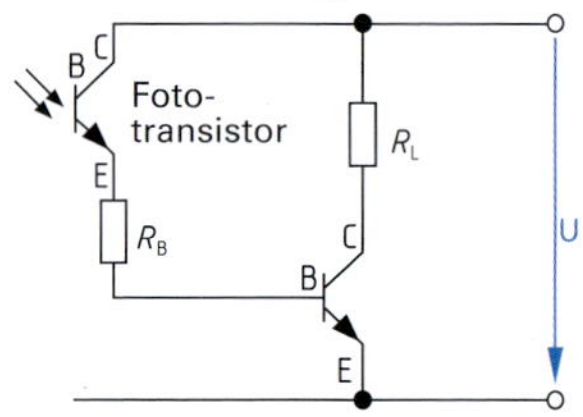

Funktionsweise

Der Fototransistor besitzt ein Fenster, über das Licht oder Infrarotstrahlung in das Gehäuse gelangen kann. Dort trifft das Licht auf die Kollektor-Basis-Sperrschicht und erzeugt durch den fotoelektrischen Effekt einen geringen Fotostrom, der im Verhältnis zur Beleuchtungsstärke steht. Der Fotostrom wirkt als Basisstrom für den Fototransistor. Durch die Verstärkung innerhalb des Fototransistors entsteht ein entsprechend höherer Kollektorstrom.

In der abgebildeten *Verstärkerschaltung* wird der Kollektorstrom des Fototransistors noch weiter verstärkt.

Eigenschaften

- hohe Lichtempfindlichkeit im Vergleich zur Fotodiode, da der Fototransistor gleichzeitig als Verstärker wirkt
- geringere Grenzfrequenz als die Fotodiode wegen höherer Trägheit

Anwendungsbeispiele

- Lichtabhängige Steuerungen, z. B. automatisches Fahrlicht, Abblendsteuerung des Innenspiegels
- opto-elektronische Koppler zur Verbindung von optischen und elektrischen Datenbussen

Feldeffekttransistoren FET (unipolare Transistoren)

Arten (Übersicht)

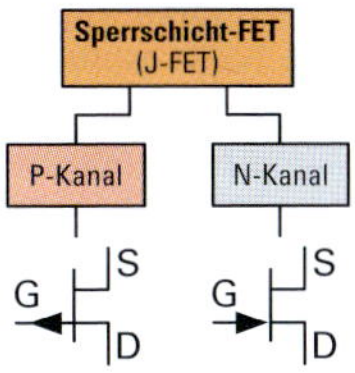

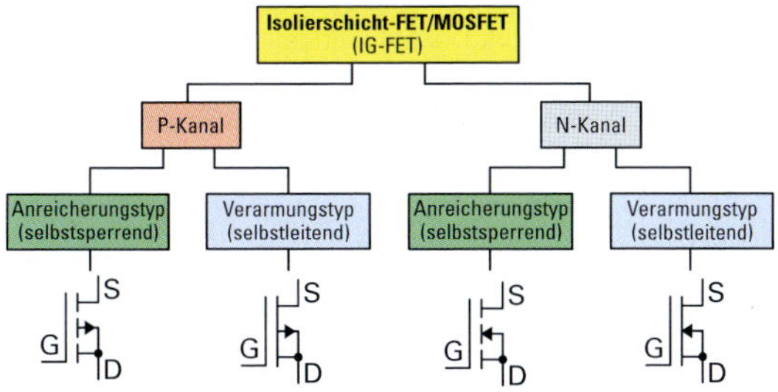

S Source (= Quelle)
D Drain (= Abfluss)
G Gate (= Tor)

Grundprinzip der FET
Bei allen Feldeffekt-Transistoren (FET) wird der Laststrom (von S nach D) durch ein *elektrisches Feld* gesteuert. Das Feld wird durch Anlegen einer Steuerspannung zwischen G und S erzeugt. Die leitende Schicht (Kanal) zwischen S und D ist *unipolar*. Sie besitzt jeweils nur *eine* Art von Ladungsträgern, entweder Elektronen (N-Kanal) oder Löcher (P-Kanal).

Eigenschaften der FET
- sehr hoher Eingangswiderstand ($10^7 \dots 10^{15}\,\Omega$), am Gate (G) daher nahezu keine Steuerleistung notwendig,
- sehr hohe Schaltfrequenz möglich

Sperrschicht-FET (J-FET)

J: Junktion (= Sperrschicht)

Prinzipieller Aufbau
Beispiel: N-Kanal

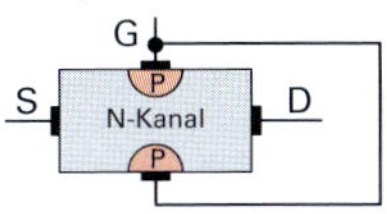

Schaltzeichen
(N-Kanal)

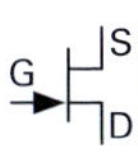

Funktionsweise (Beispiel: N-Kanal)
Der N-Kanal-Sperrschicht-FET ist im nicht angesteuerten Zustand leitend. Wird an G gegenüber S eine negative Steuerspannung U_{GS} angelegt, entsteht ein elektrisches Feld. Das elektrische Feld drängt die durch den Kanal fließenden Elektronen ab. Der leitende Querschnitt des Kanals verengt sich und der Strom durch den Kanal verringert sich dadurch. Die Höhe der Steuerspannung bestimmt die Leitfähigkeit des Kanals und damit die Stromstärke von S nach D.
Bei der Ansteuerung des Gates (G) fließt kein Steuerstrom. Daher arbeitet ein Sperrschicht-FET nahezu ohne Steuerleistung.

Ausführungen des Sperrschicht-FET:
- *N-Kanal*: Kanal zwischen S und D ist n-leitend. Als Ladungsträger dienen Elektronen. Kanal leitet, wenn der FET nicht angesteuert wird. Zur Ansteuerung wird G negativ gegenüber S gepolt.
- *P-Kanal*: Kanal zwischen S und D ist p-leitend, als Ladungsträger dienen Löcher. Kanal leitet, wenn der FET angesteuert wird. Zur Ansteuerung wird G positiv gegenüber S gepolt.

Anwendungsbeispiele
Verstärker, Signalschalter

Isolierschicht-FET / MOSFET

(IG-FET)

IG: Insulated Gate (= isoliertes Tor)

Prinzipieller Aufbau
(Beispiel: N-Kanal, selbstsperrend)

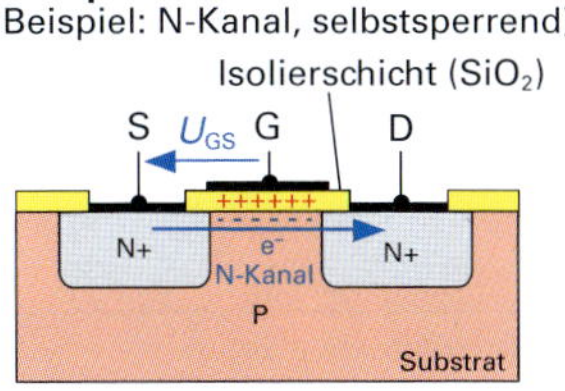

S Source (= Quelle)
D Drain (= Abfluss)
G Gate (= Tor)

Schaltzeichen
(N-Kanal, selbstsperrend)

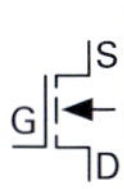

Beim Isolierschicht-FET ist die metallische Steuerelektrode (Gate G) durch eine dünne Isolierschicht (meist Siliciumoxid SiO_2) vom leitenden Kanal getrennt. Der Isolierschicht-FET trägt deshalb auch die Bezeichnung **MOSFET** (**M**etal **O**xide **S**emiconductor **F**ield **E**ffect **T**ransistor).

Funktionsweise (vgl. Abb.)
(Beispiel: N-Kanal, selbstsperrend)
Wird zwischen G und S die Steuerspannung U_{GS} angelegt, entsteht ein elektrisches Feld. Elektronen werden vom Gate-Anschluss (G) aus dem p-leitenden Substrat (= Unterbau) angezogen und wandern bis unter die Isolierschicht. Zwischen S und D entsteht ein n-leitender Kanal. Dessen Leitfähigkeit kann über U_{GS} gesteuert werden.

Statt Silicium als Halbleiterwerkstoff für den Isolierschicht-FET (MOSFET) wird auch **Siliciumcarbid (SiC)** verwendet. SiC bietet einige Vorteile:
- höhere Schaltfrequenzen möglich
- höherer Wirkungsgrad
- geringere Temperaturempfindlichkeit

Für Leistungshalbleiter, z. B. in Invertern, werden daher neben IGBT (s. u.) zunehmend auch Leistungs-MOSFET aus Siliciumcarbid verwendet.

Vorteil (gegenüber Sperrschicht-FET)
Höherer Eingangswiderstand durch die Isolierschicht zwischen Gate (G) und leitendem Kanal (bis $10^{15}\,\Omega$). Daher kann der Isolierschicht-FET nahezu ohne Steuerleistung betrieben werden.

Ausführungen (vgl. Übersicht oben)
- *N-Kanal-MOSFET* (NMOS)
- *P-Kanal-MOSFET* (PMOS)

Von beiden Typen gibt es die Varianten:
- *selbstsperrend* (Anreicherungstyp): FET sperrt, wenn nicht angesteuert
- *selbstleitend* (Verarmungstyp): FET leitet, wenn nicht angesteuert

Anwendungsbeispiele
Leistungsverstärker, Leistungshalbleiter in Invertern für E-Motoren (vgl. S. 184)

CMOS-FET
Der CMOS-FET ist eine Kombination aus PMOS- und NMOS-FET (C = Complementary). Die CMOS-Technik kommt in den meisten digitalen integrierten Schaltkreisen (IC) zur Anwendung.

IGBT (Insulated Gate Bipolar Transistor)

Prinzipieller Aufbau
(Beispiel: N-Kanal, selbstsperrend)

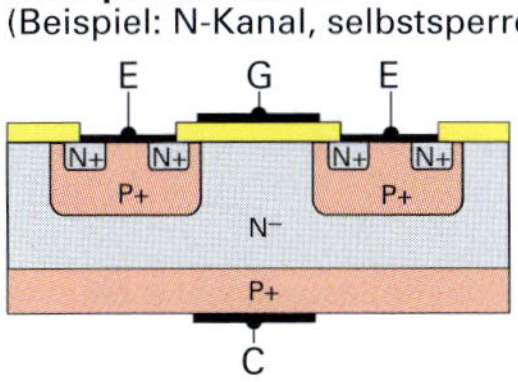

Schaltzeichen
(N-Kanal, selbstsperrend) mit integrierter Freilaufdiode

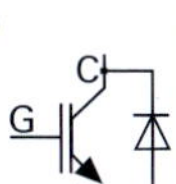

Der **IGBT** (**I**nsulated **G**ate **B**ipolar **T**ransistor) ist eine Kombination aus einem Bipolartransistor und einem MOSFET: Die Eingangsseite mit dem Gate-Anschluss (G) entspricht einem MOSFET, die Ausgangsseite einem Bipolartransistor. Das Gate (G) ist der Steueranschluss, der Kollektor (C) und der Emitter (E) sind die Leistungsanschlüsse.

Funktionsweise (Bsp.: N-Kanal, selbstsperrend)
Wird an G gegenüber E eine positive Steuerspannung angelegt, wird der MOSFET leitend. Der Basisstrom für den Bipolartransistor kann fließen. Der Transistor schaltet durch und der Kollektorstrom (Laststrom) kann fließen. Umgekehrt sperrt eine Spannung $U_{GE} \leq 0$ V den MOSFET, der Basisstrom kann nicht mehr fließen und der Transistor sperrt. Wegen seiner geringen Sperrfähigkeit in Rückwärtsrichtung wird der IGBT in der Regel durch eine integrierte Freilaufdiode geschützt.

Eigenschaften
- hoher Eingangswiderstand am Gate, daher nahezu ohne Steuerleistung
- geringer Durchlasswiderstand für den Kollektorstrom (Laststrom)
- hohe Ströme schaltbar
- Wirkungsgrad bis 99 %
- hohe Schaltfrequenzen möglich
- Sperrspannung bis max. 6500 V

Ausführungen
N-Kanal und P-Kanal, jeweils selbstsperrend oder selbstleitend (vgl. MOSFET)

Anwendungsbeispiele
Leistungshalbleiter in Invertern, z. B. für Antriebsmotoren in Elektrofahrzeugen (vgl. S. 184)

Grundprinzip Gleichstrommotor

Erzeugung einer Drehbewegung

Mit einer Leiterschleife a) b) mit mehreren Leiterschleifen

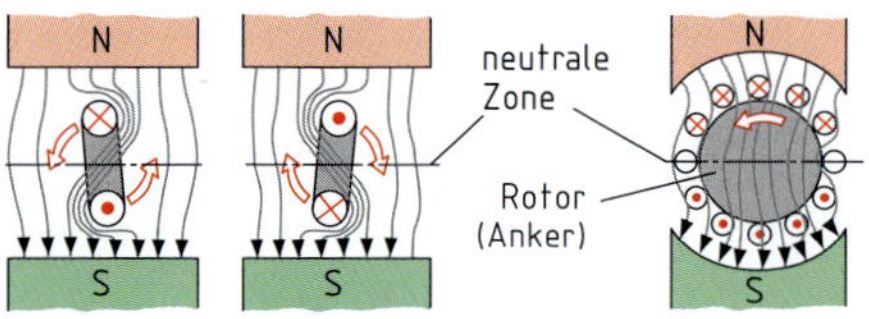

Grundprinzip

Ein stromdurchflossener Leiter erzeugt um sich herum ein ringförmiges Magnetfeld. Die Magnetfeldlinien verlaufen in Stromrichtung rechtsdrehend. Bringt man den Leiter in ein äußeres Magnetfeld, z. B. von einem Dauermagneten, überlagern sich die beiden Magnetfelder: Auf der einen Seite des Leiters wird das Magnetfeld geschwächt und auf der anderen Seite verstärkt. Dadurch wird auf den stromdurchflossenen Leiter eine Kraft ausgeübt (Lorentzkraft). Die Höhe der Kraft hängt ab von:

- der Stärke des Stroms im elektrischen Leiter
- der Stärke des Magnetfelds (magnetische Flussdichte)
- der wirksamen Leiterlänge im Magnetfeld (Anzahl der Windungen)

Prinzipieller Aufbau

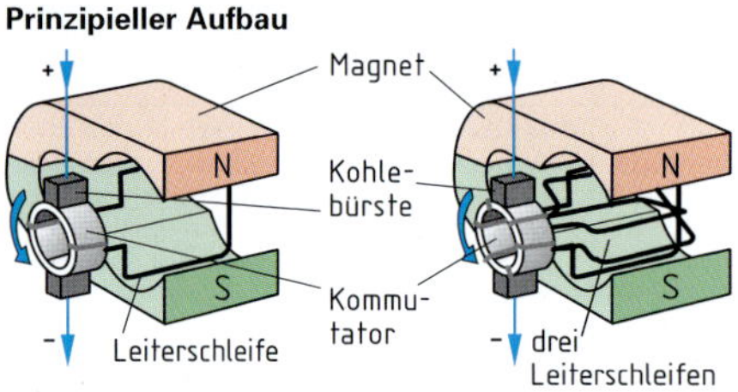

Erzeugung der Drehbewegung

Auf die stromdurchflossene Leiterschleife im Magnetfeld wirkt wie bei Abb. a) oben eine Kraft nach links und unten eine Kraft nach rechts, es entsteht ein linksdrehendes Moment. Kehrt man die Stromrichtung wie bei Abb. b) um, entsteht ein rechtsdrehendes Moment. Mit zunehmender Drehung der Leiterschleife nimmt das Drehmoment ab, bis es zu Null wird und die Leiterschleife in der neutralen Zone des Polfeldes stehen bleibt. Soll eine fortlaufende Drehbewegung erzeugt werden, muss die Stromrichtung in der Leiterschleife nach jeweils 180° umgekehrt werden. Die Umkehr der Stromrichtung erfolgt durch den Kommutator bzw. Stromwender (vgl. Abb.). Damit bei der Drehung über 360° ein möglichst gleichmäßiges Drehmoment entsteht, verwendet man einen Rotor (Anker) mit mehreren Leiterschleifen, die so an den Kommutator angeschlossen sind, dass der Strom unter einem bestimmten Pol immer die gleiche Richtung hat (vgl. rechte Abb.).

Arten

Drehzahl-Drehmoment-Charakteristik

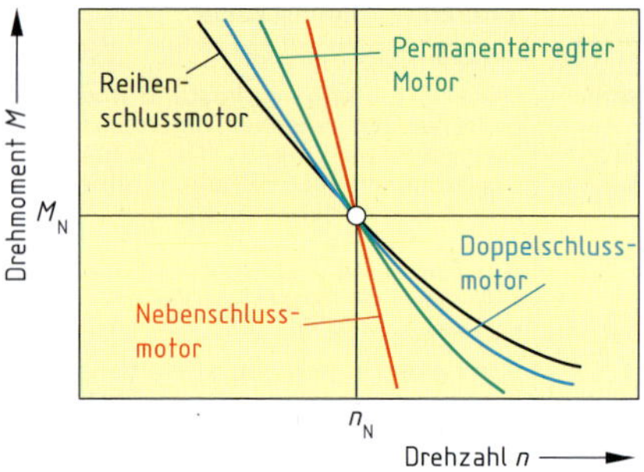

Gleichstrommotoren können nach der Art der Erregung (Erzeugung des Erregerfeldes) unterschieden werden in:

- Permanenterregter Motor
- Nebenschlussmotor
- Reihenschlussmotor
- Doppelschlussmotor

Die Drehzahl-Drehmoment-Charakteristik dieser Motoren hängt vor allem davon ab, wie das Erregerfeld erzeugt wird bzw. wie Erregerwicklung und Ankerwicklung geschaltet sind.

Sonderformen:

- Bürstenloser Gleichstrommotor (vgl. S. 265)
- Schrittmotor (vgl. S. 265)

Permanenterregter Motor

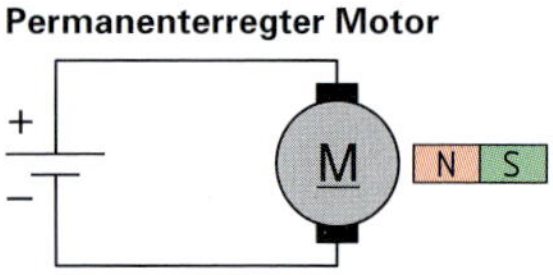

Das Erregerfeld wird hier durch starke Dauermagnete erzeugt.
Zur Erzeugung des Magnetfeldes benötigt man keine elektrische Energie.
Die Drehzahl-Drehmoment-Charakteristik liegt zwischen Nebenschluss- und Reihenschlussmotor.
Im Kraftfahrzeug verwendet man ihn als Antriebsmotor mit konstanter Drehzahl z. B. für Kraftstoffpumpe, Lüfter, Starter.
Bei der Verwendung als Startermotor für Pkw-Motoren wird zur Erhöhung des Drehmoments dem Anker ein Planetengetriebe nachgeschaltet.

Nebenschlussmotor

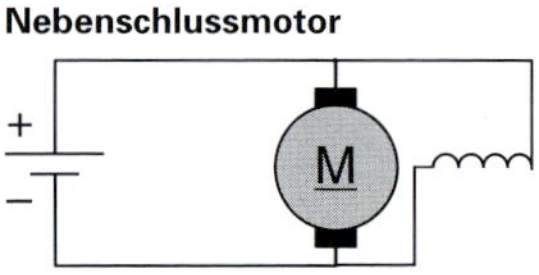

Das Erregerfeld wird hier durch eine Erregerwicklung erzeugt. Sie ist parallel zum Anker mit der Spannungsquelle verbunden.
Dieser Motor hat ein geringes Anzugsdrehmoment und bei Entlastung kommt es nur zu einer geringen Drehzahlerhöhung.
Wegen des geringen Anzugsmoments eignet sich dieser Motor nicht als Startermotor.

Reihenschlussmotor

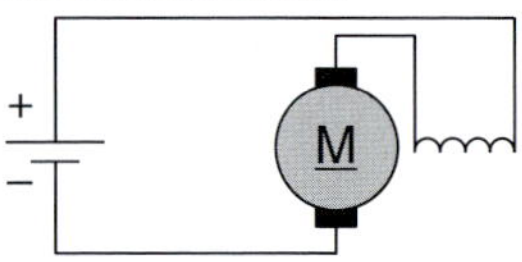

Die Erregerwicklung und die Ankerwicklung sind in Reihe geschaltet, d. h., der Ankerstrom durchfließt auch die Erregerwicklung. Deshalb entwickelt dieser Motor beim Anlaufen (keine Gegenspannung) ein hohes Drehmoment. Mit steigender Drehzahl nimmt die Gegenspannung im Anker zu und damit hat auch die Erregerwicklung einen geringeren Stromdurchfluss. Das Drehmoment nimmt stark ab und bei Entlastung steigt bei diesem Motor die Drehzahl stark an. Diese Drehmoment-Drehzahl-Charakteristik ist sehr gut für Startermotoren geeignet.

Doppelschlussmotor

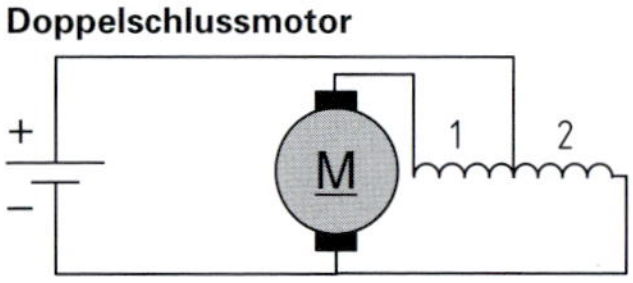

Dieser Motor hat sowohl eine Nebenschluss- als auch eine Reihenschlusswicklung. Verwendet wird er als Startermotor für schwere Nutzfahrzeuge. Die beiden Wicklungen werden in Stufen geschaltet. Die Reihenschlusswicklung sorgt für ein großes Drehmoment beim Anlaufen, die Nebenschlusswicklung verhindert ein starkes Hochdrehen bei Entlastung.

1 Reihenschlusswicklung
2 Nebenschlusswicklung

Bürstenloser Gleichstrommotor

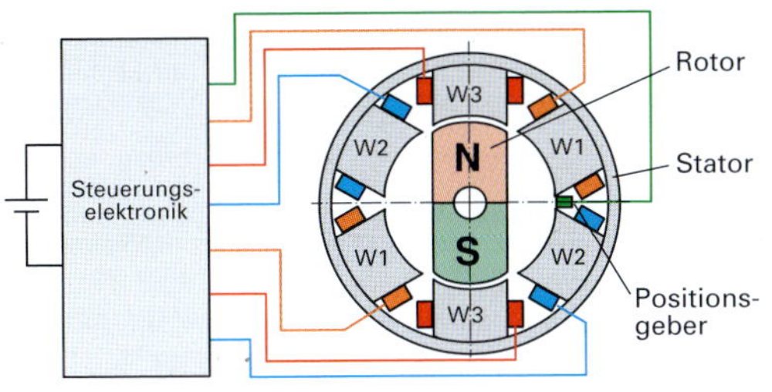

Aufbau
- Rotor mit Permanentmagneten (2 … 10 Magnetpole)
- Stator (Ständer) mit Magnetwicklungen
- Steuerungselektronik

Funktionsweise
Der Permanentmagnet des Rotors richtet sich nach dem Magnetfeld der Wicklung des Stators aus. Damit die Drehbewegung des Rotors nicht zum Stillstand kommt, muss der Stromfluss durch die Steuerelektronik rechtzeitig auf die nächste Magnetwicklung des Stators weitergeschaltet werden. Dies erfolgt in Abhängigkeit von der aktuellen Lage des Rotors. Sie wird von einem Positionsgeber erfasst oder über die Induktionsspannung in den nicht bestromten Spulen ermittelt. Die Motordrehzahl hängt von der Polzahl und der Umschaltfrequenz ab.

Eigenschaften
- Verschleiß- und wartungsfrei durch Wegfall der Schleifringe und Kohlebürsten
- hohe Drehzahlen möglich
- genaue Erfassung und Regelung der Motordrehzahl über Positionsgeber und Steuerungselektronik

Anwendungsbeispiele
- Motor für Kühlerlüfter
- Gebläsemotor für Heizung und Lüftung
- elektrische Wasserpumpe
- Kraftstoffpumpenmotor

Schrittmotor (permanenterregt)

Grundprinzip **mit Zahnscheibe**

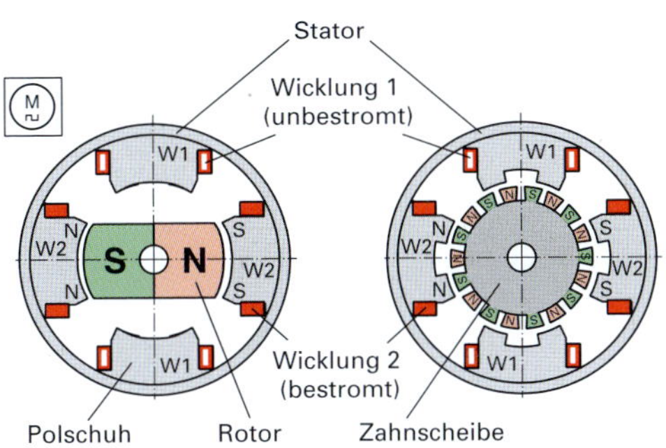

kleinster Drehwinkel 90°

kleinster Drehwinkel ½ Zahnteilung

Aufbau
- Rotor aus zwei Zahnscheibenpaketen, mit einem axialen Permanentmagneten dazwischen (vgl. Abb.).
  Ein Scheibenpaket bildet den Nordpol, das andere den Südpol. Die beiden Scheibenpakete sind um einen halben Zahn zueinander verdreht, sodass sich „Nordpolzähne" und „Südpolzähne" abwechseln. Dadurch ist eine feine Teilung bzw. eine kleine Schrittweite möglich.
- Stator mit z. B. zwei um 90° versetzten Magnetwicklungen auf Polschuhen.

Funktionsweise
Grundprinzip (linke Abbildung): Die Ständerwicklung W2 ist bestromt und der Läufer hat sich entsprechend dem erzeugten Magnetfeld ausgerichtet. Wird nun die Ständerwicklung W2 abgeschaltet und die Ständerwicklung W1 bestromt, richtet sich der Rotor neu aus und dreht sich um 90° weiter. Das Steuergerät kann durch die Anzahl der Umschaltungen die Schrittzahl und damit die Endstellung des Rotors festlegen. Eine Drehrichtungsumkehr ergibt sich durch die Veränderung der Stromrichtung.
Verkleinerung der Schrittweite (rechte Abbildung): Durch Erhöhung der Polpaarzahl beim Rotor (vgl. Aufbau) kann die Schrittweite entsprechend verkleinert werden. Beim abgebildeten Motor beträgt sie einen halben Zahn.
Neben dem hier beschriebenen Schrittmotor gibt es noch zahlreiche weitere Bauformen bzw. Ansteuerungsvarianten.

Anwendungsbeispiele
- Klappenbetätigung bei Heizung und Lüftung
- Stellmotoren für Memoryfunktionen bei Sitz- und Spiegelverstellung
- Zeigerbetätigung im Kombiinstrument

Drehstrommotor

Prinzipieller Aufbau
Beispiel: Permanenterregter Synchronmotor

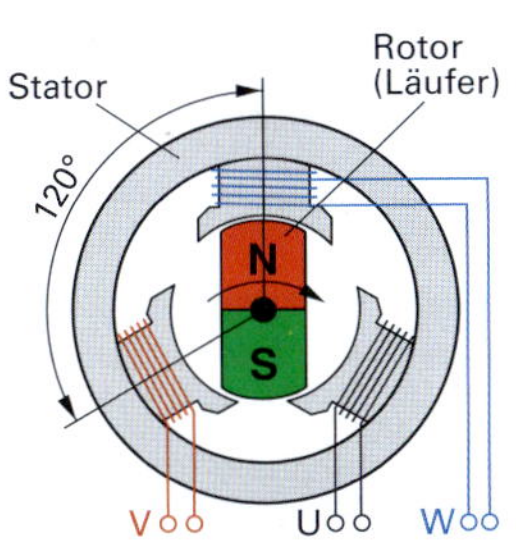

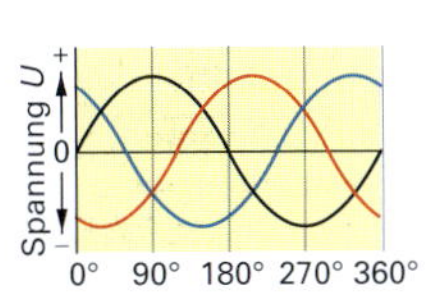

Aufbau
Beispiel: Permanenterregter Drehstrom-Synchronmotor
- Rotor mit Permanentmagneten
- Stator mit 3-Phasen-Wicklung zur Erzeugung des Drehfeldes

Funktionsweise
Beispiel: (Permanenterregter Drehstrom-Synchronmotor)
An den drei um 120° versetzt angeordneten Spulen des Stators liegt jeweils eine Phase der 3-Phasen-Wechselspannung (U, V, W) an (vgl. Abb.). Der dadurch fließende Drehstrom erzeugt im Stator ein magnetisches Drehfeld, das mit der Frequenz der Wechselspannung umläuft. Das Drehfeld wirkt auf das Permanentmagnetfeld des Rotors. Durch das Abstoßen bzw. Anziehen der magnetischen Pole der beiden Magnetfelder entsteht ein Drehmoment am Rotor. Der Rotor dreht sich mit der gleichen Drehfrequenz wie das Drehfeld im Stator (synchron). Die Motordrehzahl wird bestimmt durch die Frequenz der 3-Phasen Wechselspannung und die Polpaarzahl von Rotor und Stator. Zur Drehrichtungsumkehr müssen zwei Phasen vertauscht werden.

Bauarten (vgl. S. 185, 186)
- Drehstrom-Synchronmotor
  - permanenterregt (PSM)
  - fremderregt (FSM)
  - Reluktanz-Synchronmotor (RSM)
- Drehstrom-Asynchronmotor (ASM

Drehstromgenerator

Prinzip der Drehstromerzeugung

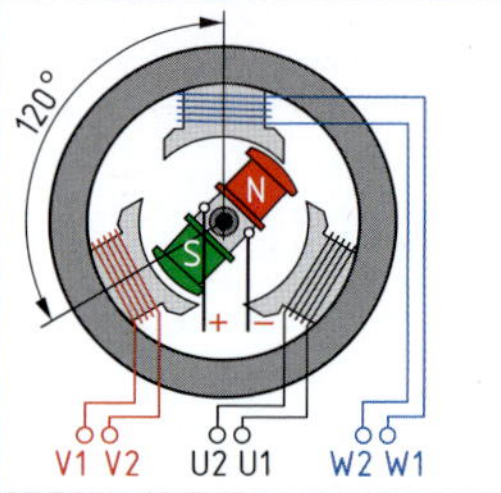

Sternschaltung

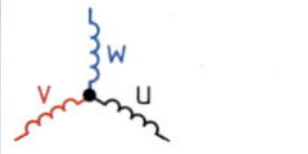

Dreieckschaltung

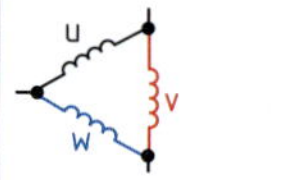

Drehstrom-Diagramm

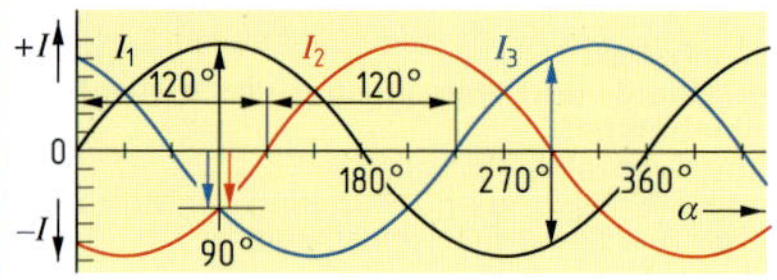

Der Drehstromgenerator besteht aus dem feststehenden Ständerpaket (Stator) mit den 3 Ständerwicklungen U1-U2, V1-V2 und W1-W2. Die Wicklungen sind 120° zueinander versetzt angeordnet und in Stern- oder Dreieckschaltung miteinander verbunden. Innerhalb des Ständerpakets dreht sich der Läufer (Rotor). Er besteht aus der Erregerwicklung und einem Eisenkern, der die Magnetpole bildet. Der Läufer entspricht einem Elektromagneten. Der Strom für die Erregerwicklung wird über Kohlebürsten und Schleifringe zugeführt. Bei Drehung des Läufers entsteht durch elektromagnetische Induktion in den drei Ständerwicklungen jeweils eine Wechselspannung (3-Phasen-Wechselspannung). Aufgrund der Anordnung der Wicklungen sind die drei Wechselspannungen bzw. die sich ergebenden Wechselströme um 120° zeitlich zueinander versetzt.

Im Drehstrom-Diagramm ist der Verlauf der Wechselströme in Abhängigkeit von der Läuferstellung dargestellt.

Beispiel: Bei der Läuferstellung 90° erreicht der Strom I_1 seinen Maximalwert. Die Ströme I_2 und I_3 sind jeweils halb so groß wie I_1 und diesem entgegengerichtet.

Es gilt allgemein:

Die Summe der Ströme I_1, I_2, I_3 ist zu jedem Zeitpunkt Null.

Gleichrichtung

Drehstrombrückengleichrichter (6-Puls-Schaltung)

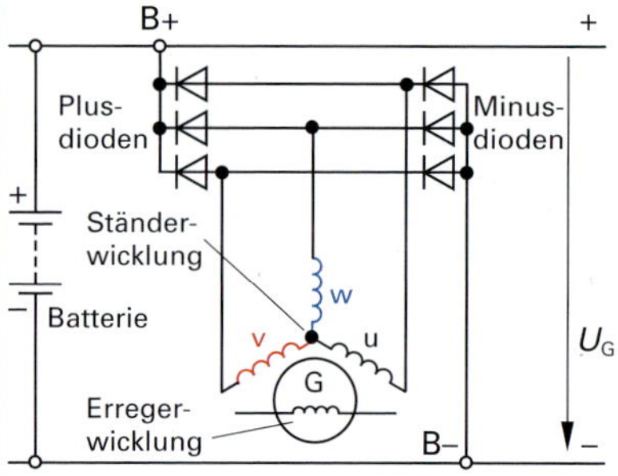

Das Bordnetz benötigt Gleichspannung. Die Gleichrichtung der 3-Phasen-Wechselspannung übernimmt die eingebaute Brückengleichrichterschaltung. Die Schaltung besteht aus 6 Leistungsdioden. Jeder Phase ist eine Plusdiode und eine Minusdiode zugeordnet. Die positiven Halbwellen der Wechselspannung werden von den Plusdioden durchgelassen und von den Minusdioden gesperrt, die negativen Halbwellen werden von den Minusdioden durchgelassen und von den Plusdioden gesperrt. Zwischen B+ und B– entsteht durch Addition der gleichgerichteten Phasenspannungen (vgl. Abb.) eine Gleichspannung mit Restwelligkeit.

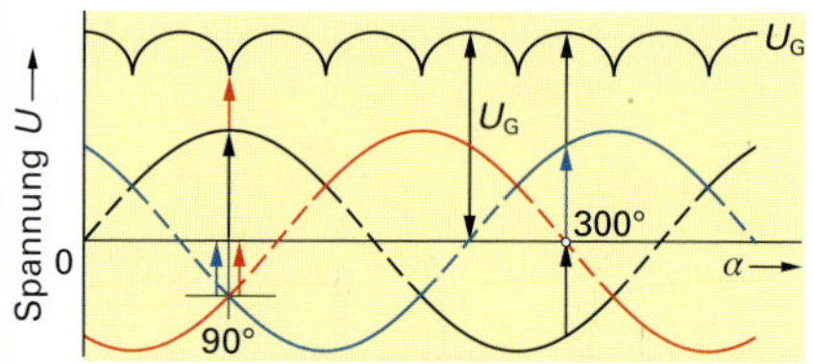

Generatorbauarten

Klauenpolgenerator in Topfbauweise

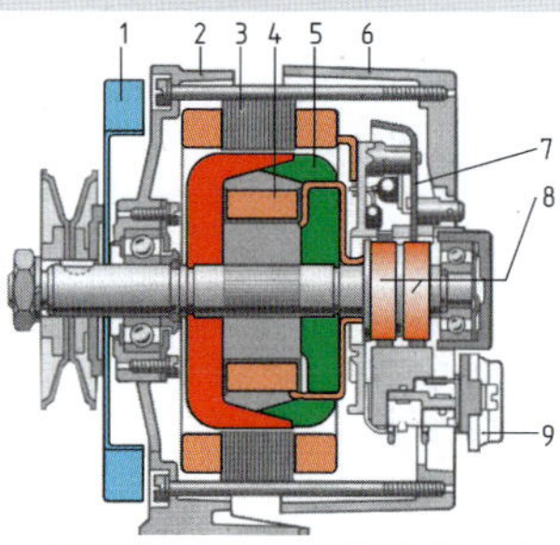

Klauenpolgenerator als Compact-Generator

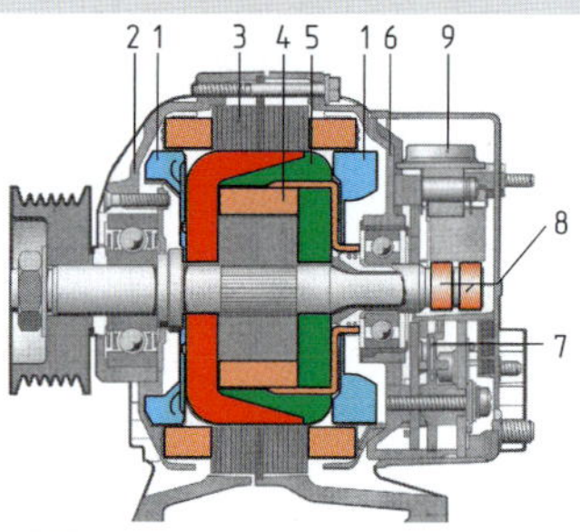

1 Lüfterrad
2 Antriebslagerschild
3 Ständerpaket
4 Erregerwicklung
5 Klauenpole
6 Schleifringlagerschild
7 Gleichrichter
8 Schleifringe
9 Regler

Zwei innen liegende Lüfterräder sorgen beim Compact-Generator für eine bessere Kühlung.

Generator mit Leitstückläufer (wassergekühlt)

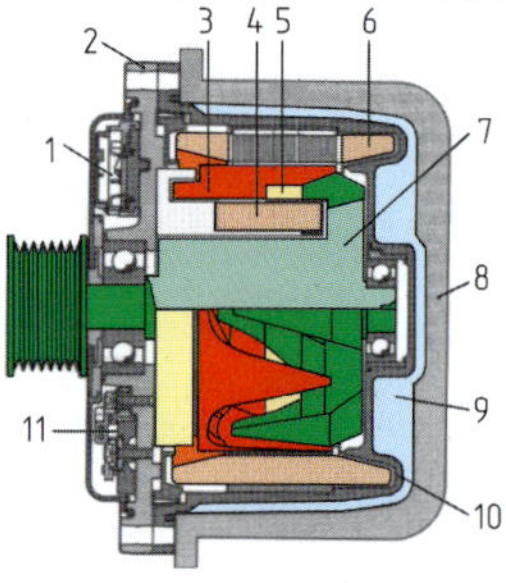

1 Regler
2 Antriebslagerschild
3 Leitstück
4 Erregerwicklung
5 Zwischenring
6 Ständerpaket
7 Leitstückläufer
8 Einschubgehäuse bzw. Motorgehäuse
9 Wassermantel
10 Generatorgehäuse
11 Gleichrichter

Bei dieser Bauform des Klauenpolgenerators steht die Erregerwicklung fest. Es entfallen Kohlebürsten und Schleifringe. Beim Leitstückläufer ist das eine Polrad direkt mit der Läuferwelle verbunden und das andere Polrad über einen nichtmagnetischen Zwischenring an diesem befestigt. Der magnetische Fluss wird von der Erregerwicklung über Leitstücke auf die Klauenpole übertragen. Wasser- oder Luftkühlung möglich.

4

Stromkreise

Klauenpolgenerator mit herkömmlichem Regler

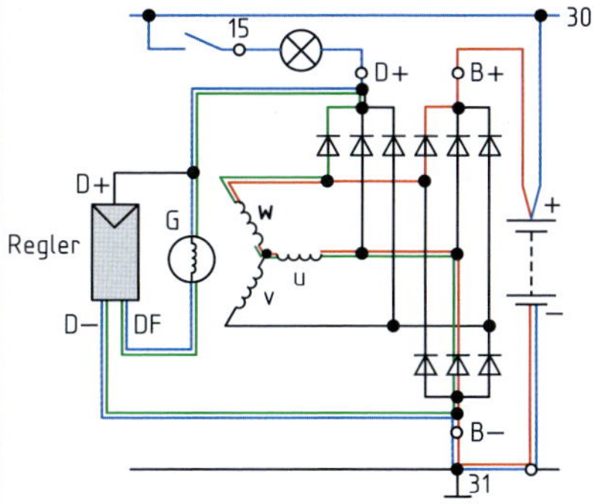

Compact-Generator mit Multifunktionsregler

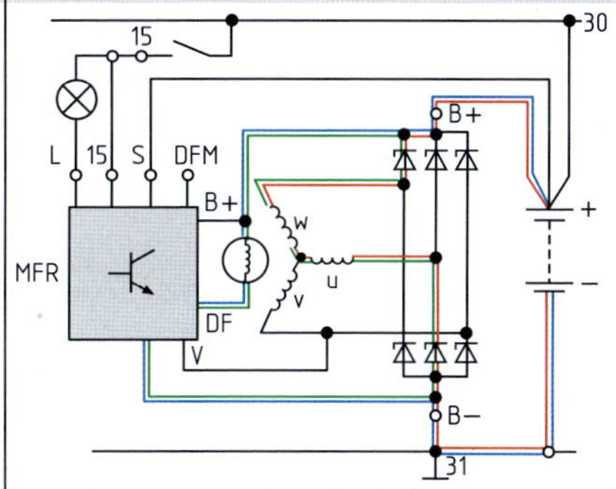

Z-Dioden dienen gleichzeitig als Überspannungsschutz

- **Vorerregerstromkreis:** Selbsterregung des Generators beim Anlaufen sicherstellen.

Klauenpolgenerator mit herkömmlichem Regler	Compact-Generator mit Multifunktionsregler
Batterie+, Fahrtschalter, Kontrolllampe, D+, Erregerwicklung, Regler DF, D–, Batterie–.	Batterie+ , Erregerwicklung, Regler DF, Reglerendstufe, Batterie–.

- **Erregerstromkreis:** Selbsterregung des Generators

Klauenpolgenerator mit herkömmlichem Regler	Compact-Generator mit Multifunktionsregler
Ständerwicklung, Erregerdioden, D+, Erregerwicklung, Regler DF, D–, B–, Minusdioden, Ständerwicklung.	Ständerwicklung, Plusdioden, Erregerwicklung, Regler DF, Endstufe, Minusdioden, Ständerwicklung.

- **Ladestromkreis:** Batterie laden, Bordnetz versorgen.

Klauenpolgenerator mit herkömmlichem Regler	Compact-Generator mit Multifunktionsregler
Ständerwicklung, Plusdioden, Klemme B+, Batterie/Verbraucher, Masse/B–, Minusdioden, Ständerwicklung.	Ständerwicklung, Plusdioden, Kl. B+, Batterie/Verbraucher, Masse/B–, Minusdioden, Ständerwicklung.

Regelung

Aufgabe
Die Generatorspannung unabhängig von der Drehzahl und der Belastung des Generators auf den vorgegebenen Sollwert regeln.

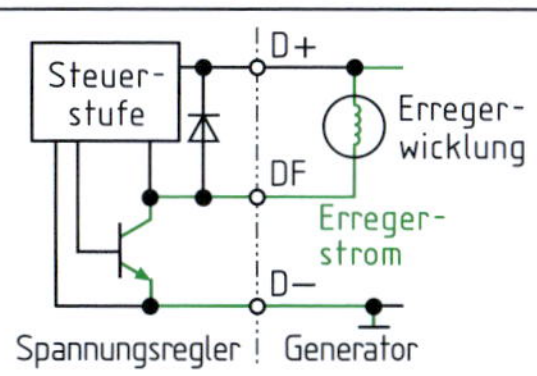

Reglerprinzip
Die Generatorspannung wird geregelt, indem die Stärke des Magnetfeldes verändert wird. Dies geschieht durch periodisches Ein- und Ausschalten des Erregerstroms. Überschreitet die Spannung an D+ den Sollwert (14,4 V/28,8 V), wird der Erregerstrom kurzzeitig durch den Leistungstransistor der Endstufe unterbrochen. Eine Freilaufdiode schützt die elektronischen Bauteile vor Induktionsüberspannungen.

Multifunktionsregler (MFR)
Beim Generator mit MFR erfolgt die Vorerregung unabhängig von der Ladekontrollleuchte. Der Erregerstrom wird in allen Betriebszuständen vom Regler als PWM-Signal bestimmt. Erregerdioden sind daher nicht notwendig. Der Anschluss **L** steuert die Kontrollleuchte an. Über den Anschluss **S** ermittelt der Regler die tatsächliche Batteriespannung. Über den Anschluss **DFM** kann das Bordnetzsteuergerät die Auslastung des Generators erfassen. Der MFR ermittelt die Generatordrehzahl über die Phasenspannung am Anschluss **V**.
Zusätzliche Funktionen:
- Einschaltverzögerung beim Motorstart (Load-response Start): Der Erregerstrom wird erst beim Erreichen einer vorgegebenen Drehzahl eingeschaltet. Vorteil: Geringerer Motorwiderstand beim Starten.
- Weiche Lastaufschaltung (Load-response Fahrt): Bei Anstieg der Generatorbelastung wird der Erregerstrom langsam erhöht. Vorteil: Geringere Schwankung der Motordrehzahl.

Fehlersuche

Generatorprüfung am Beispiel des Compact-Generators mit Multifunktionsregler

Oszilloskop über Messleitungen an den Generator anschließen:
- Rote Leitung an B+
- Schwarze Leitung an Masse

Generator im Fahrzeug prüfen:
- Motor starten und mit Leerlaufdrehzahl bzw. mit erhöhter Leerlaufdrehzahl betreiben.
- Generator mit ca. 10 … 15 A belasten: Verbraucher wie z. B. Licht, Gebläse usw. einschalten.
- Verlauf der Generatorspannung auf dem Oszilloskop beurteilen.

Fehler: Unterbrechung einer Plus-Diode oder Minus-Diode

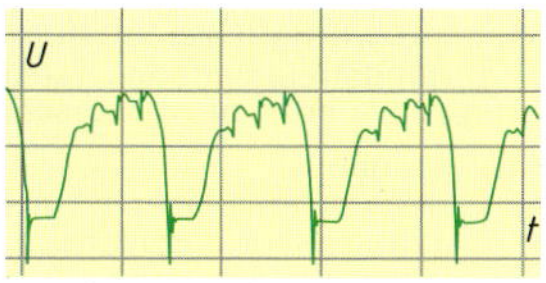

Bei Compact-Generatoren ist das Fehlerbild bei Unterbrechung einer Plus- oder Minus-Diode wegen der fehlenden Erregerdioden gleich.

Fehler: Kurzschluss einer Plus-Diode oder Minus-Diode.
(gilt nur für Dioden an Phase V)

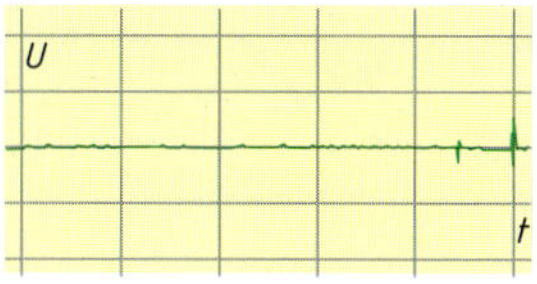

Der Regler kann über den Phasenabgriff nicht erkennen, dass sich der Generator dreht und schaltet die Erregung nicht ein.

Gutbild
Eine Restwelligkeit ist normal (max. 10% von U_G).

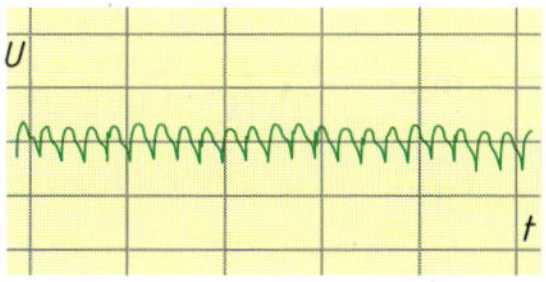

Fehler: Kurzschluss einer Plus-Diode oder Minus-Diode.
(gilt nicht für Dioden an Phase V)

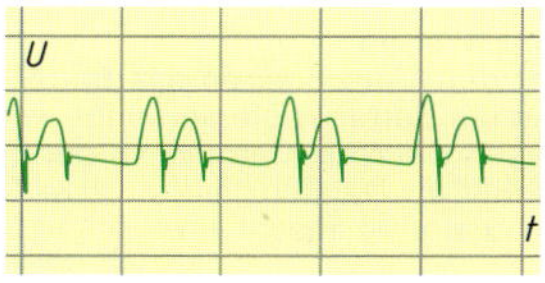

Fehler: Unterbrechung einer Phase der Ständerwicklung oder Kurzschluss zwischen 2 Phasen.

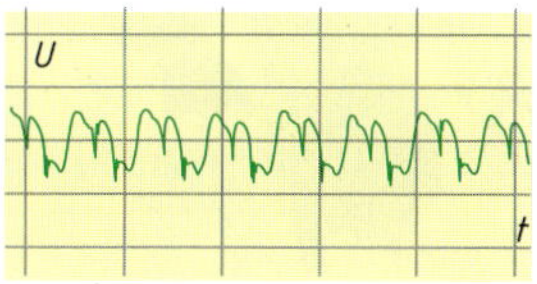

4

Der Begriff Batterie wird oft allgemein für jede Art von elektrochemischem Energiespeicher verwendet. Elektrochemisch gesehen gibt es jedoch einen Unterschied zwischen einer Batterie und einem Akkumulator: Eine Batterie kann nicht wiederaufgeladen werden und ist somit für den einmaligen Gebrauch konzipiert. Ein Akkumulator kann wiederaufgeladen werden und ist daher über viele Entlade- bzw. Ladezyklen verwendbar.

Aufgaben, Aufbau

Batteriezelle (Prinzip)

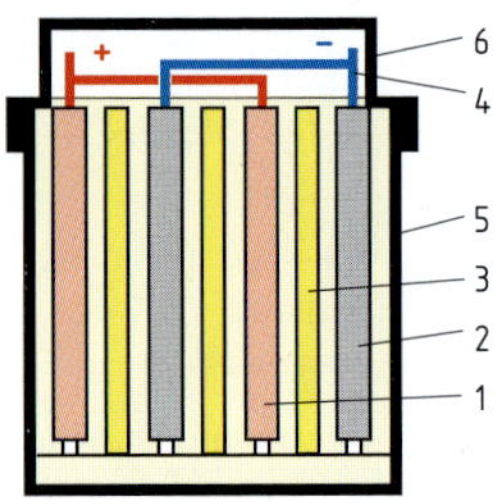

Aufgaben
- Elektr. Energie des Generators speichern
- Strom hoher Stärke für den Starter liefern
- Verbraucher bei Motorstillstand versorgen

Aufbau
(1) Positive Gitterplatte mit aktiver Masse
(2) Negative Gitterplatte mit aktiver Masse
(3) Separator: verhindert die Berührung der Platten verschiedener Polarität
(4) Polbrücke: verbindet die Platten gleicher Polarität zu einem Plattensatz
(5) Blockkasten
(6) Blockdeckel, Abdeckung des Blockkastens
Die zusammengebaute Einheit aus Plusplattensatz, Minusplattensatz und Separatoren bildet einen Plattenblock, der mit dem eingefüllten Elektrolyten eine Batteriezelle ergibt.
Eine 12-V-Batterie hat sechs in Reihe geschaltete Batteriezellen zu je 2 V Nennspannung. An je einem Plattensatz der ersten und letzten Zelle sind die Endpole angeschweißt.

Batteriespannungen 6 V und 12 V
Bei 24-V-Bordnetzen werden zwei 12-V-Batterien in Reihe geschaltet.

Erläuterungen
In die *Plattengitter* aus Hartblei (mit Antimon oder Calcium legiert), ist die hochporöse aktive Masse eingepresst. Sie besteht aus
- Bleidioxid PbO_2 bei der Plusplatte
- Bleischwamm Pb bei der Minusplatte

Separator: mikroporöse Isolierplatte oder Folientasche, durchlässig für den Elektrolyten; feste Partikel werden zurückgehalten.

Blockkasten: aus säurefestem, dichtem Isolierstoff, z. B. Polypropylen. Der Blockkasten ist in 3 (6 V) oder 6 (12 V) Zellen unterteilt, die gegeneinander dicht abgeschlossen sind.

Elektrolytische Vorgänge

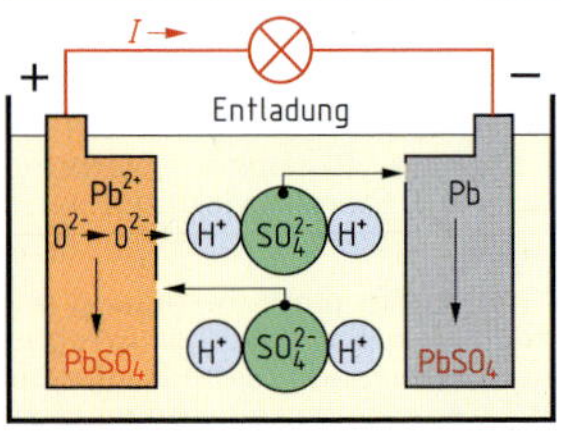

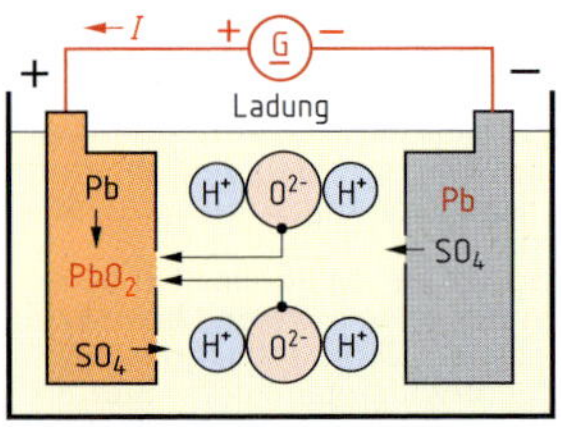

Entladevorgang
- *Minuselektrode:* Durch die Abwanderung von Elektronen entsteht zweiwertig positives Blei Pb^{2+}, das sich mit dem zweiwertig negativen SO_4^{2-} zu Bleisulfat $PbSO_4$ verbindet.
- *Pluselektrode:* Durch die Zufuhr von Elektronen entsteht aus dem vierwertig positiven Blei Pb^{4+} des Bleidioxids zweiwertig positives Pb^{2+}. Die Bleidioxidverbindung PbO_2 wird aufgehoben und eine Verbindung mit SO_4 zu Bleisulfat $PbSO_4$ entsteht. Die freigewordenen Ionen O^{2-} reagieren mit den H^+-Ionen zu Wasser H_2O, die Säuredichte nimmt ab.

Ladevorgang
Bei der Ladung werden die Elektronen durch den Generator vom Plus- zum Minuspol gedrückt. Die $PbSO_4$-Verbindung wird an beiden Polen aufgelöst.

- *Minuselektrode:* Aus Bleisulfat wird Blei.
- *Pluselektrode:* Das vierwertig gewordene Blei-Ion Pb^{4+} verbindet sich mit zwei zweiwertigen Sauerstoff-Ionen O^{2-} zu Bleidioxid. Die SO_4^{2-}-Ionen reagieren mit zwei H^+-Ionen zu Schwefelsäure H_2SO_4, die Säuredichte nimmt zu.

Elektrolyt
Die Schwefelsäure ist durch die Verdünnung mit Wasser in bewegliche elektrisch geladene Teilchen, die Ionen, aufgespalten. Die Wasserstoff-Ionen sind positiv (H^+), die Säurerest-Ionen negativ (SO_4^{2-}) geladen. Das Aufspalten in Ionen nennt man „Dissoziation".

Entladener Zustand
Minusplatte, aktive Masse Bleisulfat
Plusplatte, aktive Masse Bleisulfat
Dichte der Schwefelsäure 1,12 kg/dm³

Geladener Zustand
Minusplatte, aktive Masse Blei
Plusplatte, aktive Masse Bleidioxid
Dichte der Schwefelsäure 1,28 kg/dm³

Gasung: Wird nach vollzogener Umwandlung der Elektrodenmasse weiter geladen, dann wird Wasser elektrolytisch zerlegt. An der Minuselektrode entsteht Wasserstoff und an der Pluselektrode Sauerstoff (Knallgas). Funken können zur Explosion in der Zelle führen.

Laden

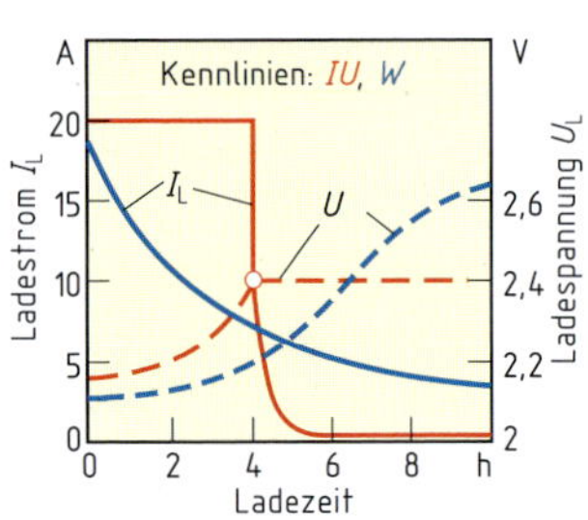

Normalladung
- Bei Ladegeräten, die mit konstanter Spannung arbeiten (*W*-Kennlinie), nimmt der Ladestrom mit zunehmender Ladung ab, weil Ladespannung und innerer Widerstand der Zellen steigen. Die Geräte sind meist ohne Regelung.
- Bei geregelten Ladegeräten mit *IU*-Kennlinie wird mit konstantem Strom geladen, bis die Gasungsspannung erreicht ist. Der Ladestrom geht dann praktisch auf Null zurück.

Für wartungsfreie Batterien geeignet, wenn die Gasungsspannung nicht überschritten wird.

Schnellladung
Das Ladegerät arbeitet mit konstantem Ladestrom und schaltet automatisch bei Erreichen der Gasungsspannung ab oder auf einen niedrigeren Wert um.

Technische Daten
Normalladestrom etwa $^1/_{10}$ des Zahlenwertes der Batterie-Nennkapazität

Ladezeit	etwa 12 Stunden
Gasungsspannung je Zelle	2,4 V
– der 12-V-Batterie	14,4 V
Ladeschlussspannung je Zelle	2,65 V
– der 12-V-Batterie	15,9 V

Vollladung ist erreicht, wenn nach Beginn der Gasung etwa 1 Stunde mit dem Normalladestrom weitergeladen wird. Nicht bei wartungsfreien Batterien!

Schnellladestrom: 5- bis 10-facher Wert des Normalladestroms
Ladung bis 80 % der Nennkapazität, dann Weiterladung mit normaler Ladestromstärke.

Batterietester

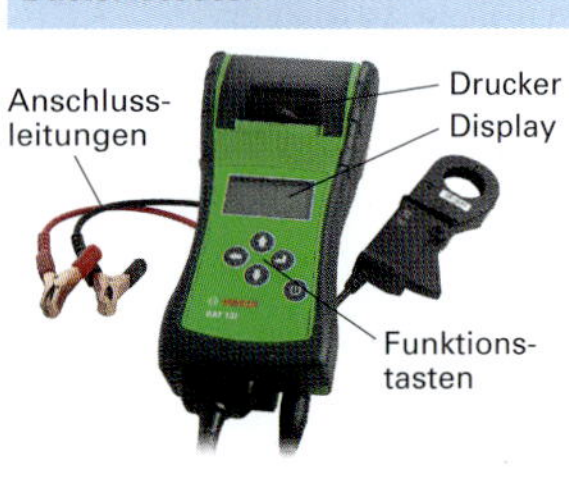

Aufgabe
Der Batterietester überprüft den Ladezustand und den Batteriezustand (Alterung) von Blei-Akkumulatoren anhand der Batterieleitfähigkeit. Er zeigt die Testergebnisse im Display an und ist mit einem Drucker ausgestattet.

Anschließen
Vor dem Anschließen des Batterietesters müssen die Batteriepole gereinigt werden.
Zuerst die rote Klemme an den Pluspol (+) anschließen. Danach die schwarze Klemme an den Minuspol (–) anschließen.

Weitere Funktionen
- Testen der Batterien bei einem Nennkaltstartstrom von 100 bis 2 000 A.
- Erkennung fehlerhafter Zellen
- Schutz vor Umkehrpolarität
- Testen entladener Batterien
- Starter- und Ladesysteme testen
- Testen nach mehreren Bewertungssystemen möglich (EN, EN2, DIN, SAE, IEC, JIS)

Batteriearten	Batterien werden eingeteilt nach dem Einbinden des Elektrolyt (Säure) und dem sich daraus ergebenden Aufbau, der Zyklenfestigkeit (Anzahl Lade- und Entladezyklen) und ihrem Wartungsaufwand.

Bezeichnung	**Elektrolyt** (Säure)	**Aufbau** vgl. Prinzip Batteriezelle S. 268	**Zyklenfestigkeit**	**Wartungsaufwand**
Nassbatterie	flüssig	Elektrolyt kann sich frei zwischen den Platten als Flüssigkeit bewegen	gering	wartungsarm, Säurestand überprüfbar und auffüllbar
VRLA Vlies- und Gelakkumulatoren (valve-regulated lead-acid battery)				
Gel-Batterien	Gel	Elektrolyt in einer gelartigen Masse eingebunden	hoch	absolut wartungsfrei
EFB-Batterie (Enhanced Flooded Battery)	Gel	Positive Platte mit Polyester-Scrim-Beschichtung zur Stabilisierung des Elektrolyt	hoch (Start-Stopp System)	absolut wartungsfrei
AGM-Batterie (Absorbent Glass-Mat-Battery)	Gel	Elektrolyt im Mikroglasvlies aufgesaugt, Vlies erfüllt die Funktion des Separators.	hoch (Start-Stopp System)	absolut wartungsfrei

Energiedichte	Die Energiedichte ist die gespeicherte Energiemenge bezogen auf das Gewicht (Wh/kg). Je mehr Energie pro kg Masse der Batterie (Kondensators) gespeichert werden kann, desto leichter und kleiner kann dieser gebaut werden, um eine bestimmte Energiemenge zu liefern.	Beispiele (vgl. S. 188): • Blei-Batterie 30 Wh/kg • Lithium-Ionen-Batterie 260 Wh/kg • Natrium-Ionen-Batterie 180 Wh/kg • Nickel-Metallhydrid-Batterie 120 Wh/kg (zum Vergleich: Benzin ca. 11 500 Wh/kg)
Kapazität	Die *Kapazität K* einer Batterie ist die unter den jeweiligen Bedingungen entnehmbare Elektrizitätsmenge. Sie ist abhängig vom Entladestrom, von der Entladeschlussspannung und von der Temperatur.	Die *Nennkapazität* K_{20} wird vom Hersteller unter den Nennbedingungen festgelegt: Entladestrom $I_{20} = K_{20} : 20$ Entladeschlussspannung $U_S = 10{,}5$ V Säuretemperatur $t = (27 \pm 2)$ °C
Wirkungsgrad Ladefaktor	*Wirkungsgrad der Ladung* $\eta_{Ah} = \frac{\text{entnommene Elektrizitätsmenge in Ah}}{\text{zuzuführende Elektrizitätsmenge in Ah}}$ *Wirkungsgrad der Energie* $\eta_{Wh} = \frac{\text{entnommene Energie in Wh}}{\text{zuzuführende Energie in Wh}}$	Der *Ladefaktor* ist das Verhältnis der für die Vollladung erforderlichen Elektrizitätsmenge zu der vorher bei der Entladung entnommenen Elektrizitätsmenge oder $\text{Ladefaktor} = \frac{1}{\text{Wirkungsgrad der Ladung}} = \frac{1}{\eta_{Ah}}$
Spannung	*Leerlaufspannung* = Spannung, gemessen an der unbelasteten Zelle oder Batterie *Mittlere Ladespannung* = arithmetischer Mittelwert der Spannung über die gesamte Dauer eines Ladevorgangs *Ladeschlussspannung* = Beharrungswert der Spannung am Ende der Vollladung bei einem gleichbleibenden Ladestrom	*Gasungsspannung* = Ladespannung, oberhalb der eine Batterie deutlich zu gasen beginnt *Mittlere Entladespannung* = arithmetischer Mittelwert der Spannung über die gesamte Dauer eines Entladevorgangs *Entladeschlussspannung* = festgelegte Spannung, die beim Entladen mit dem zugeordneten Entladestrom nicht unterschritten werden darf
Strom	*Batterienennstrom* = Strom, welcher der Nennkapazität zugeordnet ist: $I_{20} = K_{20} : 20$ *Kurzschlussstrom* = größtmöglicher Strom einer Batterie, der fließt, wenn die Batterie kurzgeschlossen ist	*Kälteprüfstrom* = Stromstärke, die eine Batterie bei –18 °C abgeben kann, ohne eine durch Norm festgelegte Klemmenspannung zu unterschreiten: • DIN: nach 30 s Entladezeit mindestens 9,0 V • EN: nach 10 s Entladezeit mindestens 7,5 V Angabe dient zur Beurteilung des Startverhaltens.
Selbstentladung	*Selbstentladung* ist der Verlust an Ladung, ohne dass Verbraucher an der Batterie angeschlossen sind. Die Selbstentladung entsteht vorwiegend durch Antimonwanderung von den Plusplatten zu den Minusplatten.	Der Ladungsverlust beträgt bei einer neuen Standardbatterie 0,1 % täglich, bei älteren Batterien bis zu 1 % täglich. Bei verunreinigter Säure und bei höherer Temperatur nimmt die Selbstentladung zu.
Sulfatierung	*Sulfatierung* ist die Bildung von grobkristallinem Bleisulfat auf den Minusplatten. Sie entsteht vorwiegend bei Batterien, die längere Zeit im entladenen Zustand stehen.	Merkmale: Keine Startleistung, Säuredichte zu nieder, geringe Stromaufnahme und starke Erwärmung beim Laden. Ladestrom zur Regeneration höchstens $0{,}2 \cdot I_{20}$.

Kennzeichnung Starterbatterie

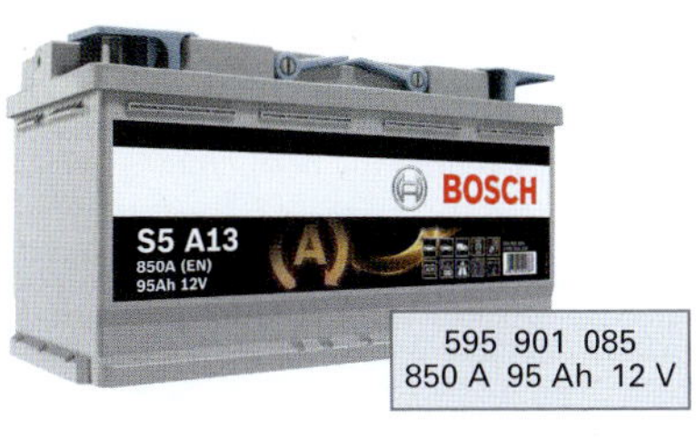

Europäische Teilenummer (Typformel nach ETN)

595 901 085
- 085: Kälteprüfstrom (siehe Strom) Wert × 10 ⇒ 085 × 10 = 850 A
- 901: Batteriemerkmale (Maße, Masse, Ausführung, …)
- 95: Nennkapazität 95 Ah (siehe Kapazität)
- 5: 5 steht für Nennspannung 12 V bei 25 °C

Bezeichnung nach DIN 72310

850A 95 Ah 12 V
- 12 V: Nennspannung 12 V bei 25 °C
- 95 Ah: Nennkapazität 95 Ah (siehe Kapazität)
- 850A: Kälteprüfstrom 850 A (siehe Strom)

Das Batterie Control System zeigt in einem Fenster durch Farben an, ob die Batterie startklar (OK) ist, nachgeladen (Check) oder ersetzt (Change) werden muss. Die Gebots-, Verbots- und Warnzeichen geben Hinweise zum richtigen Umgang mit der Batterie.

Bordnetzmanagement

Systemübersicht Bordnetzmanagement (Beispiel)

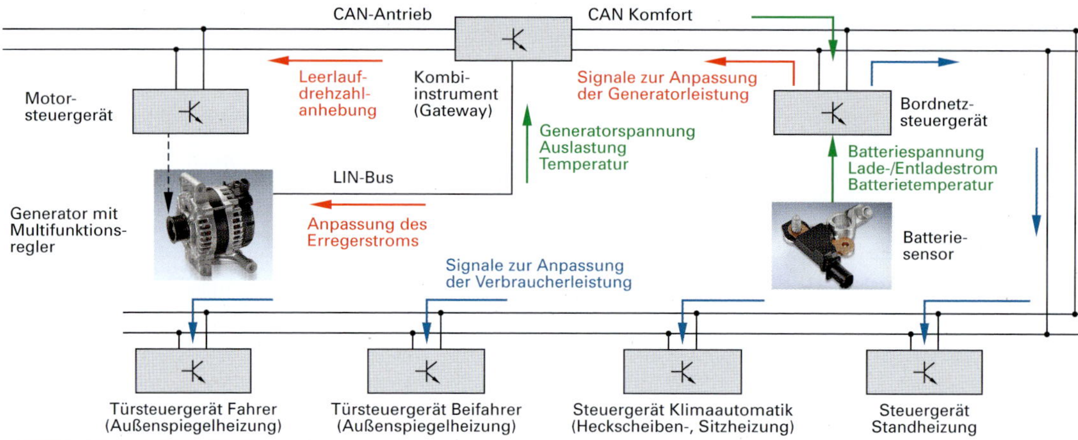

Aufgabe, Funktionsweise

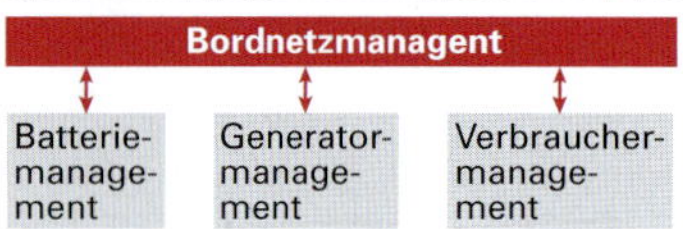

Das Bordnetzmanagement hat die Aufgabe, die Versorgung des Fahrzeugs mit elektrischer Energie im Fahrbetrieb und im Ruhezustand zu regeln. Besonders wichtig ist dabei die Gewährleistung der Startfähigkeit.

Das Bordnetzsteuergerät erhält ständig Informationen über den Ladezustand der Batterie und den Betriebszustand des Generators sowie über den Strombedarf der Verbraucher. Weicht der Ladezustand der Batterie vom Sollwert ab, wird die Generatorleistung bzw. die Generatorspannung entsprechend angepasst und gegebenenfalls die Leistung bestimmter Verbraucher reduziert oder diese werden ganz abgeschaltet.

Batteriemanagement

Batteriesensor

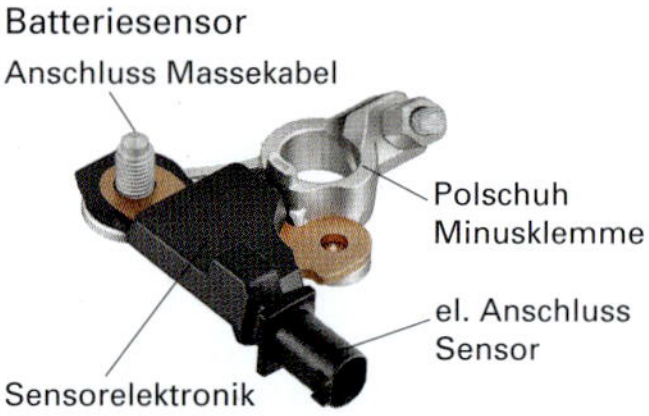

Zur Überwachung der Batterie ist es notwendig den Batterieladezustand und den Batteriezustand (Alterung) zu bestimmen. Dazu werden folgende Daten ermittelt: Batteriespannung, Batterie-Lade- und Entladestrom, Batterietemperatur, Betriebszeiten.

Die Ermittlung dieser Daten erfolgt meist durch einen Batteriesensor, der direkt am Minuspol der Batterie befestigt ist (vgl. Abb. links). Das Elektronikmodul des Sensors besteht aus dem Messwiderstand für die Strommessung (Shunt), dem Temperatursensor und der Auswerteelektronik. Der Batteriesensor wird mit Bordspannung versorgt. Er liefert seine Daten meist über eine LIN-Bus-Verbindung und den CAN-Bus an das Steuergerät, das für das Bordnetzmanagement zuständig ist.

Bei einigen Herstellern werden die Batteriedaten von einem Bordnetzsteuergerät ermittelt, das sich direkt an der Batterie befindet. Dieses System arbeitet ohne separaten Batteriesensor.

Generatormanagement

Generatorregler

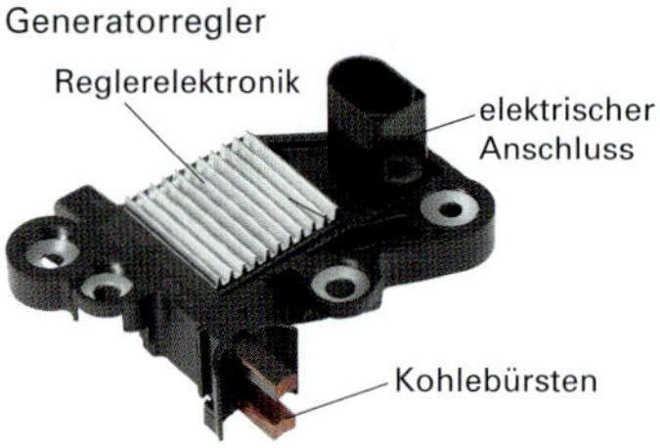

Der Generator ist mit einem sogenannten Multifunktionsregler ausgerüstet (vgl. Abb. links). Dieser ist entweder über die DFM-Leitung mit dem Motorsteuergerät oder über LIN-Bus mit dem Bus-Gateway verbunden. Über diese Datenverbindung werden die Betriebsdaten des Generators (Spannung, Auslastung, Temperatur) gesendet und gelangen dann über den CAN-Bus zum Bordnetzsteuergerät. Dieses wertet die Daten aus und sendet eventuell notwendige Befehle zur Anpassung der Generatorleistung und der Generatorspannung zurück zum Motorsteuergerät bzw. zum Multifunktionsregler. Die Generatorleistung bzw. -spannung kann durch Veränderung des Erregerstroms und ggf. durch Erhöhung der Leerlaufdrehzahl des Motors angepasst werden. Auf diese Weise können Betriebszustände mit Generatorspannungen bis ca. 16 V vorkommen.

Rekuperation: Im Fahrbetrieb, insbesondere beim Beschleunigen, wird die Generatorleistung gedrosselt und das Bordnetz teilweise aus der Batterie versorgt. Dadurch wird die Antriebsleistung für den Generator geringer. Beim Bremsen wird die Generatorleistung gezielt erhöht um die Batterie wieder zu laden. Auf diese Weise wird ein Teil der ansonsten verlorenen Bremsenergie zurückgewonnen (Rekuperation) und Kraftstoff eingespart.

Verbrauchermanagement

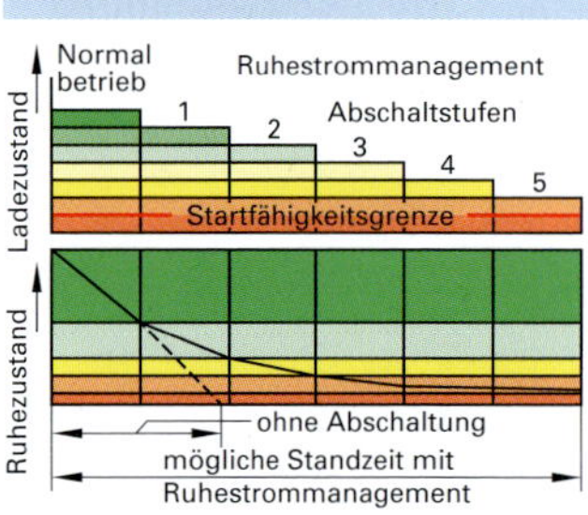

Fahrbetrieb: Kann die Energieversorgung des Bordnetzes durch Anpassung der Generatorleistung nicht stabilisiert werden, weil eine Fehlfunktion beim Generator oder bei der Batterie vorliegt, reduziert das Bordnetzsteuergerät die Stromaufnahme des Bordnetzes. Dies geschieht nach einer festgelegten Reihenfolge durch Leistungsreduzierung oder komplette Abschaltung von Verbrauchern (z. B. Scheibenheizung, Sitzheizung, Lenkradheizung, Außenspiegelheizung, PTC-Zuheizer, Klimaautomatik usw.). Die eingeschränkte Funktionalität wird im Kombiinstrument angezeigt. Auch die Start-Stop-Automatik wird deaktiviert, wenn der Ladezustand der Batterie eine bestimmte Schwelle unterschreitet.

Ruhestrommanagement: Werden Verbraucher (z. B. Multimediageräte, Standheizung) bei Motorstillstand betrieben, muss der Entladestrom der Batterie so begrenzt werden, dass ein Startvorgang auch nach langen Standzeiten noch möglich ist. Wird ein kritischer Batterieladezustand erreicht, deaktiviert das Bordnetzsteuergerät über die entsprechenden Steuergeräte Komfort- und Infotainmentverbraucher. Die Abschaltung erfolgt in bestimmten Stufen, die im Bordnetzsteuergerät hinterlegt sind.

48 Volt-Bordnetz

Anwendung, Eigenschaften

Das 48 V-Bordnetz wird bei *Mild-Hybrid-Antrieben (MHEV)* als Teilsystem angewendet (vgl. S. 182). Dabei wird über 80 % der Energie, die beim Bremsen als Abwärme verloren gehen würde, durch Rekuperation (vgl. S. 181, 241) zurückgewonnen und als elektrische Energie in der 48 V-Batterie gespeichert. Bei Bedarf wandelt eine E-Maschine die gespeicherte Energie in Antriebsenergie um (siehe unten).
Durch die deutlich höhere Spannung im Vergleich zum 12 V-Bordnetz kann im 48 V-Netz bei der gleichen Stromstärke eine entsprechend höhere Leistung übertragen bzw. zur Verfügung gestellt werden.

Das 48 V-Bordnetz kann daher zur Versorgung weiterer leistungsstarker elektrischer Baugruppen eingesetzt werden, wie z. B., el. Turbolader, el. Klimakompressor, el. Heizsystem, aktive Fahrwerkregelung.
Zur Versorgung von Verbrauchern mit kleinerem elektrischem Leistungsbedarf können in einem 48 V-Bordnetz im Vergleich zum 12 V-Netz Leitungen mit geringerem Leiterquerschnitt verlegt werden. Dies spart Bauraum und Gewicht.
Besondere Schutzmaßnahmen sind beim 48 V-Netz nicht notwendig, da die Spannung unter der zulässigen Berührspannung liegt (vgl. S. 260).

Beispiel: Mild Hybrid-Antrieb mit elektrischem Turbolader

Systemübersicht

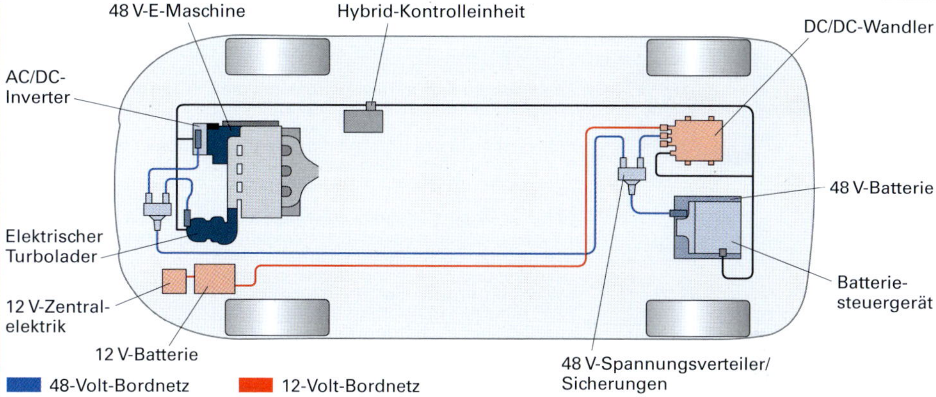

Wirkungsweise

48 V-E-Maschine
Die E-Maschine kann als Generator oder als Elektromotor arbeiten. Im Generatorbetrieb lädt sie die 48 V-Batterie. Im E-Motorbetrieb unterstützt sie den Verbrennungsmotor.
Sie ist entweder in den bestehenden Riementrieb am Verbrennungsmotor eingebunden oder zwischen dem Verbrennungsmotor und dem Getriebe eingebaut.

AC/DC Inverter
Läuft die E-Maschine im Generatorbetrieb, wandelt der AC/DC-Inverter die erzeugte 3-Phasen-Wechselspannung in 48 V-Gleichspannung um, die der 48 V-Batterie zugeführt wird.
Arbeitet die E-Maschine als E-Motor, wandelt der Inverter die Gleichspannung der 48 V-Batterie in eine 3-Phasen-Wechselspannung für den E-Motor um.

DC/DC-Wandler
Er wandelt die Gleichspannung aus der 48 V-Batterie auf die niedrigere Gleichspannung für das 12 V-Bordnetz um.

48 V-Batterie (siehe unten)
Sie nimmt die von der E-Maschine im Generatorbetrieb erzeugte elektrische Energie auf. Dabei wird ihr Ladezustand vom Batteriesteuergerät so gesteuert, dass sie die durch Rekuperation gewonnene elektrische Energie optimal aufnehmen kann. Bei Bedarf gibt sie die gespeicherte Energie an die E-Maschine bzw. an das 48 V-Teilsystem und auch an das 12 V-Bordnetz ab.

Hybrid-Kontrolleinheit
Sie steuert das Zusammenwirken von E-Maschine und 48 V-Batterie sowie alle weiteren Funktionen des Hybridsystems bzw. des 48 V-Teilsystems:
- Laden der 48 V-Batterie durch Rekuperation beim Bremsen und im Schubbetrieb,
- Ansteuerung des E-Motors: Start-Stop-Funktion, Elektrisches Anfahren, elektrisches Einparken, elektrisches Fahren im Stau, Boosten: Unterstützung des Verbrennungsmotors beim Beschleunigen,
- gegebenenfalls Versorgung angeschlossener 48 V-Verbraucher (im Beispiel: elektrischer Turbolader).

48 V-Batterie

Aufbau
Beispiel: 48 V-Li-Ionen-Batterie mit wassergekühltem Kunststoffgehäuse

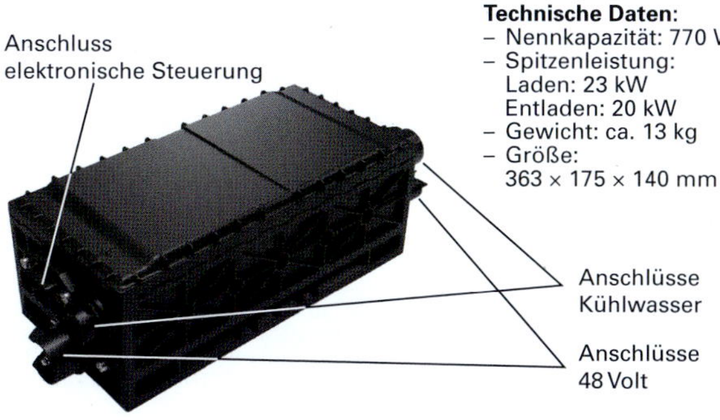

Technische Daten:
- Nennkapazität: 770 Wh
- Spitzenleistung:
  Laden: 23 kW
  Entladen: 20 kW
- Gewicht: ca. 13 kg
- Größe:
  363 × 175 × 140 mm

Das Gehäuse der 48 V-Batterie ist aus Kunststoff oder aus Aluminium gefertigt. Der Energiespeicher besteht aus 12 Lithium-Ionen-Zellen (vgl. S. 188) mit 3,75 V Zellenspannung. Dies ergibt eine Nennspannung der Batterie von 45 V.

DC/DC-Wandler
Der zur Versorgung des 12 V-Bordnetzes erforderliche DC/DC-Wandler ist entweder in das Batteriegehäuse integriert oder als separates Bauteil im Fahrzeug verbaut (vgl. Systemübersicht).

Kühlung
Der Arbeitsbereich der Batterien liegt zwischen –25 °C und +60 °C. Aufgrund der hohen Energiedichte in der Batterie entsteht beim Laden und Entladen eine entsprechende Wärmemenge, die abgeführt werden muss.

Arten der Kühlung:
- Wasserkühlung (Anschluss an die Motorkühlung)
- Luftkühlung (passiv oder aktiv mit elektrischem Lüfter)

Starteranlagen

Schub-Schraubtrieb-Starter mit permanent erregtem Motor und Vorgelege

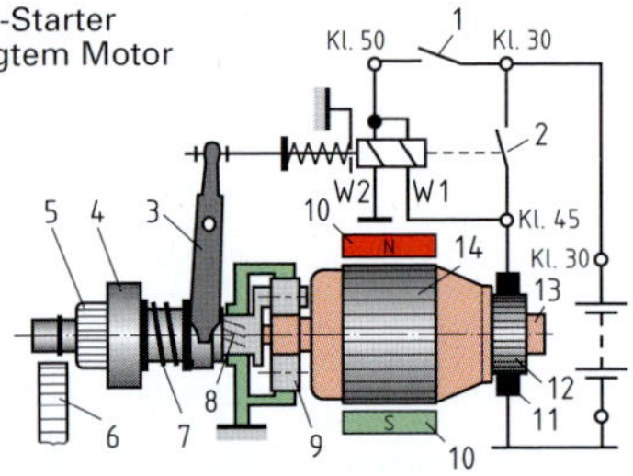

Bauteile

1 Startschalter (Fahrtschalter)
2 Hauptkontakt
3 Einrückhebel
4 Rollenfreilauf
5 Ritzel
6 Zahnkranz (Kurbelwelle)
7 Einspurfeder
8 Steilgewinde
9 Vorgelege (Planetengetriebe)
10 Permanentmagnete
11 Kohlebürsten
12 Kollektor
13 Ankerwelle
14 Anker (Läufer)
W1 Einzugswicklung
W2 Haltewicklung

Startvorgang (Schub-Schraubtrieb-Starter mit konventioneller Ansteuerung)

Einrückrelais

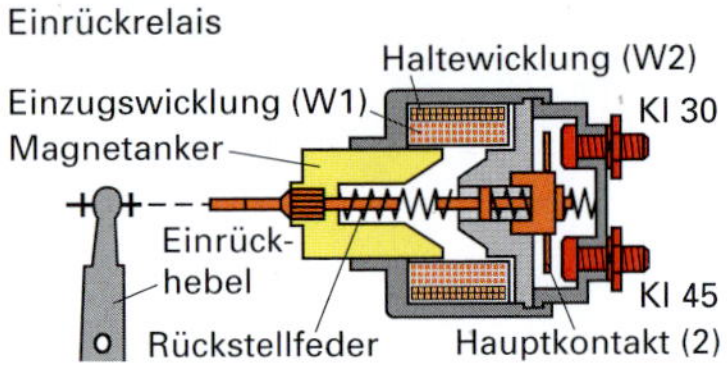

Schaltung

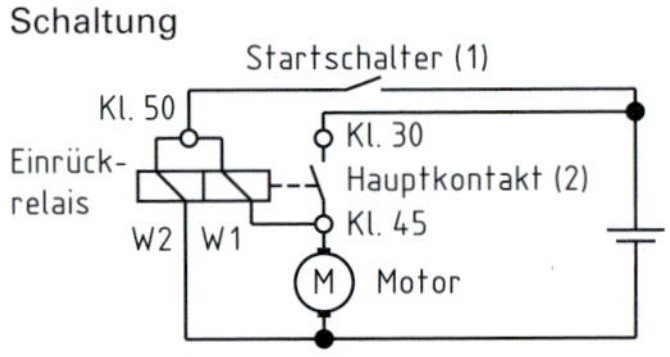

Einspuren: Wird der Startschalter (1) geschlossen, fließt Strom durch die Einzugswicklung (W1) und die Haltewicklung (W2) im Einrückrelais. Der Magnetanker im Einrückrelais wird durch die Magnetkraft der beiden Wicklungen in das Gehäuse gezogen. Der Einrückhebel (3) verschiebt das Ritzel (5) mit dem Freilauf (4) auf dem Steilgewinde (8) zum Zahnkranz (6) und das Ritzel spurt in den Zahnkranz ein.

Erst wenn der Magnetanker fast vollständig eingezogen ist, wird über den Hauptkontakt (2) der Starterhauptstrom eingeschaltet und der Starter dreht sich. Beide Wicklungsenden der Einzugswicklung (W1) sind nun mit Klemme 30 verbunden, es fließt nur noch Strom durch die Haltewicklung (W2).

Trifft beim Vorschieben des Ritzels Zahn auf Zahn, so wird die Einspurfeder (7) zusammengedrückt. Der Magnetanker wird weiter eingezogen und schließt den Hauptkontakt (2). Der Starterhauptstrom wird eingeschaltet und der Starter beginnt sich zu drehen. Das Ritzel (5) schraubt sich durch den drehenden Startermotor über das Steilgewinde (8) vollständig in den Zahnkranz (6) ein. Springt der Verbrennungsmotor an, verhindert der Rollenfreilauf (4) die Mitnahme der Ankerwelle (13) durch den Zahnkranz (6).

Ausspuren: Beim Abschalten der Relaiswicklung drückt die Rückstellfeder im Einrückrelais über den Einrückhebel das Ritzel mit dem Freilauf in die Ruhelage zurück.

4

Automatische Startsysteme

Schaltung

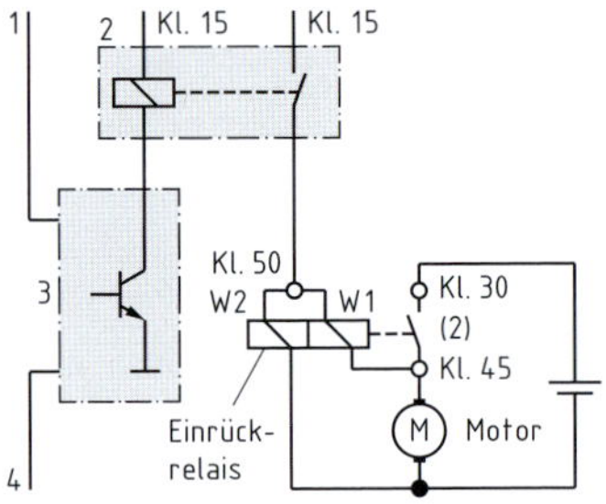

1 Startsignal vom Fahrer
2 Vorschaltrelais
3 Steuergerät
4 Park-Neutral-Stellungssignal oder Kupplungssignal

Der Fahrer steuert nicht mehr direkt den Relaisstrom, sondern meldet über den Starterschalter/Fahrtschalter seinen Startwunsch dem Steuergerät, das vor der Einleitung des Startvorgangs eine Prüfung der Sicherheit durchführt:

- Ist der Fahrer berechtigt das Fahrzeug zu starten (Diebstahlschutz)
- Befindet sich der Verbrennungsmotor in Ruhe (kein Einspuren des Ritzels in laufenden Zahnkranz)
- Genügend hoher Batterieladezustand (in Abhängigkeit von der Motortemperatur)
- Ist die Parkstellung/Neutralstellung eingelegt (Automatikgetriebe)
- Ist die Kupplung geöffnet (Handschaltgetriebe)

Nach erfolgreicher Prüfung leitet das Steuergerät den Startvorgang ein.
Während des Starts vergleicht das Startsystem die Motordrehzahl mit der gespeicherten Selbstlaufdrehzahl des Motors. Ist diese erreicht, schaltet das Steuergerät den Starter ab.

Start-Stopp-System

Bei stehendem Fahrzeug schaltet der Verbrennungsmotor ab und startet bei Anforderung (Kupplung wird betätigt beim Handschalter, Bremse wird gelöst beim Automatikgetriebe).

Bedingungen (herstellerabhängig):

- Start-Stopp-Taste wurde nicht gedrückt
- Batteriespannung ausreichend
- Außentemperatur 3 °C ≤ 30 °C
- Motor betriebswarm
- Fahrer-Sicherheitsgurt wurde angelegt
- Klima-Anlage ausgeschaltet
- Einparkassistent nicht aktiviert
- Fahrzeuggeschw. zuvor > 10 km/h
- Türen und Motorhaube geschlossen
- Keine Defrost-Einstellung gewählt
- Rückwärtsgang nicht eingelegt
- Kein starker Lenkeinschlag

Technische Voraussetzungen:

- Bordnetzmanagement, vgl. S. 270
- optimiertes Schnellstartverhalten des Verbrennungsmotors
- dafür ausgelegter Starter

Starterbauarten

Motorarten vgl. S. 264:

- Permanent erregter Motor
- Permanent erregter Motor mit Vorgelege
- Reihenschlussmotor
- Reihenschlussmotor mit Vorgelege
- Doppelschlussmotor

Art des Einspurvorgangs:

- Schub-Schraubtrieb-Starter (vgl. oben) (bis 3,6 kW)
- Schraubtriebstarter: Das Ritzel sitzt auf einem Steilgewinde der Motorankerwelle. Beim Anlaufen des Starters (mit vollem Strom) schraubt sich das Ritzel infolge seiner Massenträgheit auf dem Steilgewinde nach vorn und spurt ein (bis 0,3 kW).
- Schubanker-Starter: Das Ritzel wird samt Anker durch die Wirkung der Einzugs- und Haltewicklung unter langsamer Drehung auf den Zahnkranz geschoben (Nfz, bis 4,5 kW).
- Schubtrieb-Starter mit mechanischer Ritzelverdrehung: Das Einrückrelais schiebt das Ritzel über den Einrückhebel geradlinig zum Zahnkranz. (Ritzelverdrehung wenn Zahn auf Zahn trifft. Nach dem Einspuren wird der Hauptstrom eingeschaltet (Nfz, bis 8 kW).
- Schubtrieb-Starter mit elektrischer Ritzelverdrehung: Das Ritzel wird über eine in der hohlen Ankerwelle gelagerte Einrückstange zum Zahnkranz geschoben, wobei der Starter anläuft (Vorstufe). Nach dem Einspuren wird der Hauptstrom eingeschaltet (Nfz, bis 15 kW).

Grundlagen

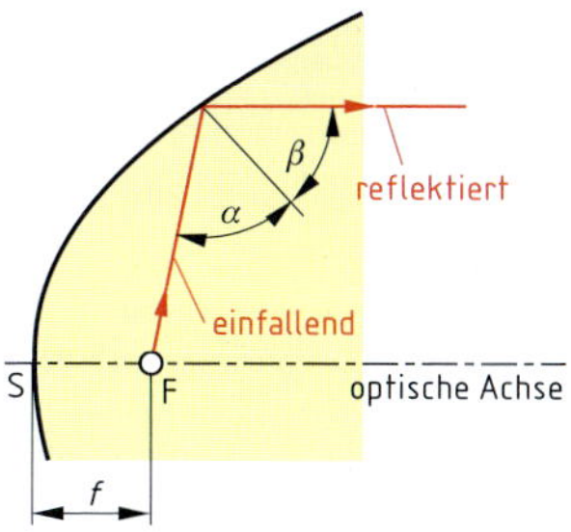

Optische Begriffe

Reflexion (lat. reflectere = zurückbeugen)
Der von der Lichtquelle kommende Lichtstrahl wird von der Reflektoroberfläche reflektiert. Dabei gilt das Reflexionsgesetz:
Einfallswinkel α = *Ausfallswinkel* β

Reflexionsgrad
Das Verhältnis der Intensität der einfallenden Strahlung zur reflektierten Strahlung in Prozent ist der Reflexionsgrad.

Scheinwerferreflektor	bis 90 %
Straßenbelag, hell	20 … 30 %
Straßenbelag, dunkel	5 … 15 %

Brennpunkt F
Der Brennpunkt ist der Punkt, auf den eine optische Linse oder ein Reflektor alle parallel einfallenden Lichtstrahlen zusammenführt (fokussiert).

Brennweite ***f*** = Abstand zwischen Reflektorscheitel und Brennpunkt F.

Lichttechnische Größen und Einheiten

Lichtstrom Φ — Lumen, lm
Gesamte von einer Lichtquelle ausgestrahlte Lichtleistung.

Lichtstärke *I* — Candela, cd
Teil des Lichtstroms, der in eine bestimmte Richtung strahlt.

Beleuchtungsstärke *E* — Lux, lx
Verhältnis des auftreffenden Lichtstroms zur beleuchteten Fläche.
1 lx = 1 lm/m^2

Leuchtdichte *L* — cd/m^2
Helligkeitseindruck, den das Auge von einer leuchtenden Fläche hat.

Farbtemperatur *K* — Kelvin, K
Maß für den Farbeindruck, den das Auge von einer Lichtquelle hat.

Halogenlampe	ca. 3 200 K
Gasentladungslampe	4 250 K
Tageslicht	ca. 5 600 K
LED	ca. 6 500 K

Reflexionsscheinwerfer

H4-Scheinwerfer: Fernlicht

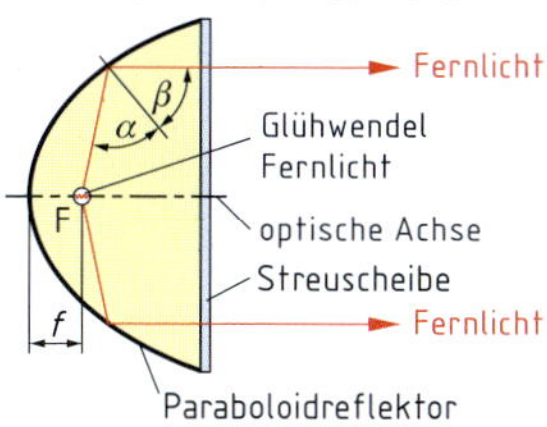

H4-Scheinwerfer: Abblendlicht

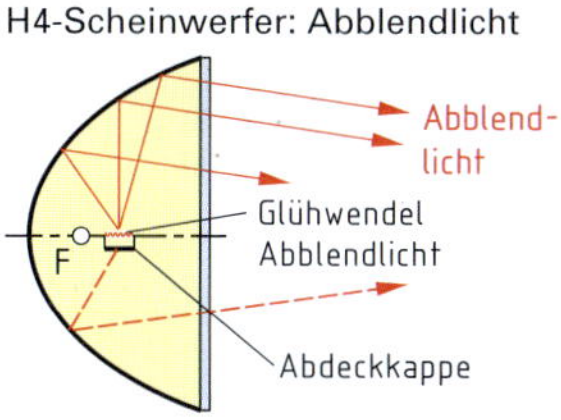

Beim Reflexionsscheinwerfer erfolgt die Sammlung und Ausrichtung des von der Lichtquelle ausgesendeten Lichts ausschließlich über einen Reflektor.

H4-Scheinwerfer
Beim H4-Scheinwerfer sind Abblend- und Fernlicht in einem Scheinwerfer vereinigt. Es wird eine Zweidraht-Halogenlampe eingesetzt.

Strahlengang bei Fernlicht (vgl. Abb. links)
Die Glühwendel für Fernlicht liegt im Brennpunkt F des Paraboloidreflektors. Die vom Brennpunkt ausgehenden Lichtstrahlen verlassen den Reflektor parallel zur optischen Achse und besitzen damit eine große Reichweite. Durch die Streuscheibe wird die gewünschte Lichtverteilung erzielt.

Strahlengang bei Abblendlicht (vgl. Abb. links)
Die Glühwendel für das Abblendlicht liegt vor dem Brennpunkt des Reflektors. Die reflektierten Lichtstrahlen sind zur optischen Achse hin geneigt. Die Abdeckkappe deckt die Lichtstrahlen ab, die der untere Teil des Reflektors nach oben reflektieren würde und die dann blenden würden.

Asymmetrische Lichtverteilung
Durch die Abschrägung der Abdeckkappe um 15° in der H4-Lampe wird auf der rechten Fahrbahnseite eine größere Lichtreichweite erzielt, ohne den Gegenverkehr zu blenden.

Blick in den Scheinwerfer:

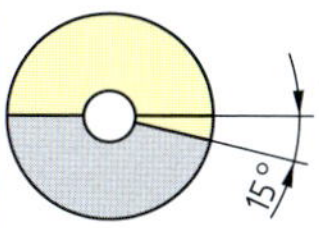

In die *Streuscheiben* sind Prismen eingeprägt. Diese bewirken die erforderliche Höhen- und Seitenstreuung des Scheinwerferlichts und sorgen so für die gewünschte Lichtverteilung auf der Straße.

Stufenreflektor

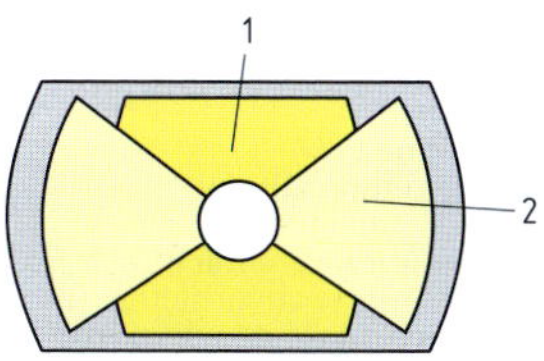

Prinzip
Der Reflektor setzt sich aus mehreren Paraboloidsegmenten mit gemeinsamem Brennpunkt (= homofocal), jedoch unterschiedlicher Brennweite (= Multifocus) zusammen. Die Reflektorbereiche mit kleiner Brennweite (1) erzeugen breitere Lichtbündel und bewirken eine gute Vorfeld- und Seitenbeleuchtung. Die Reflektorbereiche mit größerer Brennweite (2) bündeln das Licht stärker und sorgen für die geforderte Reichweite des Lichts.

Anwendung
H4-Scheinwerfer, Abblendscheinwerfer im Vier-Scheinwerfer-System.

Vorteil
Durch die unterschiedlichen Brennweiten kommt es zu einer besseren Lichtverteilung auf der Straße.

Lichtquelle
Eindraht-Halogenlampe (H1, H3 usw.)
Zweidraht-Halogenlampe (H4)

Freiflächenreflektor

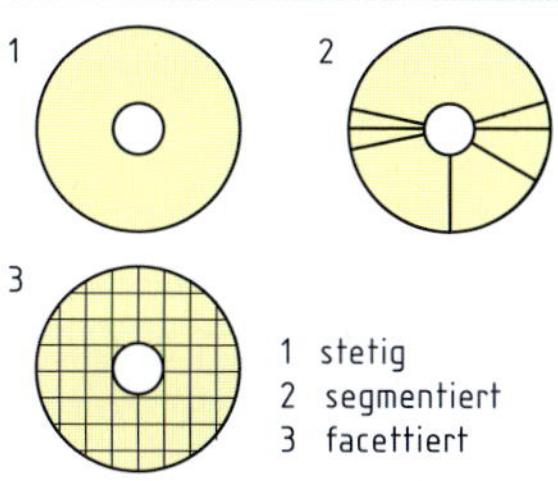

Prinzip
Der Freiflächenreflektor ist nicht nach einer regelmäßigen geometrischen Grundform gestaltet, sondern stellt eine frei im Raum modellierte Fläche dar, die computerunterstützt optimiert ist. Die gewünschte Lichtverteilung wird somit weitgehend oder komplett durch die Reflektorgestaltung erreicht. Die Abdeckscheibe ist daher kaum bzw. nicht optisch profiliert. Dies erlaubt eine stärkere Neigung der Abdeckscheibe.

Lichtquelle
Eindraht-Halogenlampe (H1, H3 usw.)
Gasentladungslampe (D1R … D4R)

Anwendung
Abblendscheinwerfer, Fernscheinwerfer, Nebelscheinwerfer im Vier- bzw. Sechs-Scheinwerfersystem.

Vorteile
- Durch Nutzung der gesamten Reflektorfläche vergrößert sich die Lichtstärke um ca. 80 % gegenüber einem gleich großen Abblendscheinwerfer mit Paraboloidreflektor.
- Durch die Möglichkeit, die Abdeckscheibe stärker zu neigen, ergibt sich eine bessere Aerodynamik.

Projektionsscheinwerfer

Beispiel: Ellipsoid-Scheinwerfer

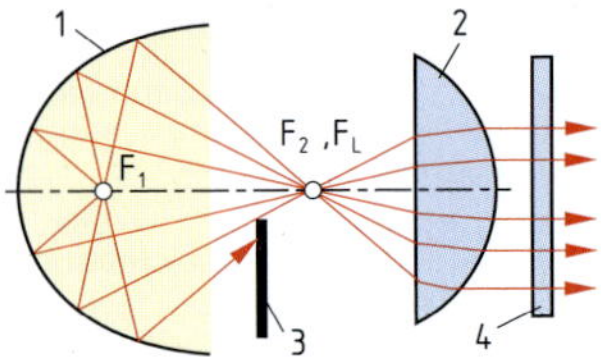

1 Ellipsoidreflektor
2 Projektionslinse (Sammellinse)
3 Blende
4 Abdeckscheibe

Beim Projektionsscheinwerfer erfolgt die Sammlung, Ausrichtung und Verteilung des Lichts über einen Reflektor und eine Projektionslinse.

Strahlengang beim Ellipsoid-Scheinwerfer
Der Reflektor (1) hat die Form eines Ellipsoids. Die Lichtquelle im Brennpunkt F_1 bildet sich im Brennpunkt F_2 ab. Da F_2 auch der Brennpunkt F_L der Projektionslinse ist, verlassen die Lichtstrahlen die Linse nahezu parallel. Die Linse sorgt für die Lichtverteilung auf der Fahrbahn. Bei Abblend- und Nebelscheinwerfern sitzt zwischen Reflektor und Projektionslinse eine Blende (3). Deren Form bestimmt die Hell-Dunkel-Grenze des von der Linse auf die Straße projizierten Lichts. Linse und Streuscheibe (4) sorgen für eine entsprechende Lichtverteilung.
Eine optimale Lichtverteilung bieten die computerberechneten Freiflächenreflektoren. Diese Scheinwerfer sind an den optisch gering profilierten bzw. klaren Abdeckscheiben erkennbar.

Anwendung
Abblendscheinwerfer, Nebelscheinwerfer, Fernscheinwerfer, gemeinsamer Scheinwerfer für Fern- und Abblendlicht (Bi-Xenon)

Merkmale
kleine Einbaumaße
- gleichmäßige Fahrbahnausleuchtung
- gute Seitenausleuchtung
- geringe Blendung des Gegenverkehrs
- geringe Eigenblendung bei Nebelscheinwerfern durch scharf gestaltete Hell-Dunkel-Grenze

Lichtquelle
Einfaden-Halogenlampe (H1, H3 usw.)
Gasentladungslampe (D1S … D4S, D8S)
LED

Xenonlicht (Gasentladungslampe)

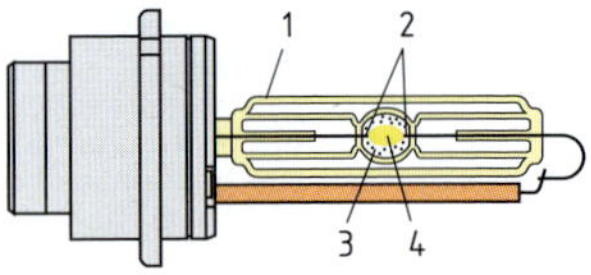

1 Lampenkolben (UV-Schutzglas)
2 Elektroden
3 Entladungsraum
4 Lichtbogen

Blockschaltbild: Xenonlicht

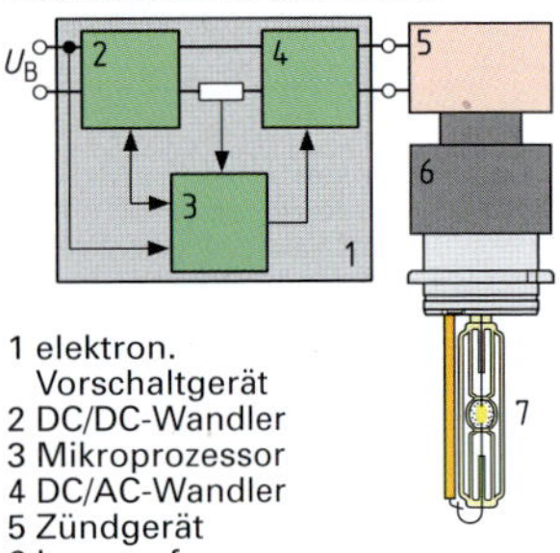

1 elektron. Vorschaltgerät
2 DC/DC-Wandler
3 Mikroprozessor
4 DC/AC-Wandler
5 Zündgerät
6 Lampenfassung
7 Xenon-Lampe

Wirkungsweise
Der Entladungsraum (3) der Gasentladungslampe ist mit Xenongas und Metallsalzen gefüllt. Zwischen den Elektroden (2) wird durch Hochspannung ein ca. 4 mm langer Lichtbogen (4) gezündet. Die Metallsalze verdampfen, werden ionisiert und senden dabei Licht aus.

Ausführungen siehe Tabelle Seite 279.

Elektronisches Vorschaltgerät
Für den Betrieb der Gasentladungslampe ist ein Vorschaltgerät notwendig. Das Zündgerät (bei D1-Lampen im Sockel) erzeugt die zur Zündung des Lichtbogens erforderlichen Hochspannungsimpulse (ca. 10 … 20 kV) und stellt die im Betrieb notwendige Lichtbogen-Brennspannung (40 … 85 V/400 Hz) bereit.
Das Vorschaltgerät erhöht den Lampenstrom in der Anlaufphase, damit die Lampe sofort aufleuchtet. Während des Betriebs begrenzt es den Lampenstrom und regelt die Betriebsleistung auf 35 W, um eine gleichmäßige Lichtemission sicherzustellen.

Gesetzliche Vorschriften
Um eine unzulässige Blendung des Gegenverkehrs zu vermeiden, darf ein Xenon-Scheinwerfer mit einem Lichtstrom über 2000 lm nach ECE-R48 nur in Verbindung mit einer automatischen Leuchtweitenregulierung (vgl. S. 276) und einer Scheinwerfer-Reinigungsanlage eingesetzt werden. Dies gilt auch für die Nachrüstung.

Sicherheitseinrichtung
Der Hochspannungsteil ist gekapselt, die Abschirmung liegt auf Masse. Bei Defekten am Scheinwerfersystem wird die Versorgungsspannung der Lampe automatisch abgeschaltet.

Diagnose
Bei diagnosefähigen Systemen werden auftretende Fehler im Steuergerät gespeichert und können ausgelesen werden.

Vorteile gegenüber Halogenlampe
- tageslichtähnliche Lichtfarbe
- bessere Fahrbahn- und Seitenausleuchtung durch hohe Lichtausbeute
- geringere Leistungsaufnahme
- geringe Wärmeentwicklung

Bi-Xenon-Licht
Der Bi-Xenon-Scheinwerfer erzeugt Abblend- und Fernlicht mit einer Xenonlampe. Die Umschaltung erfolgt bei Systemen mit Reflexionsscheinwerfern durch Verschieben der Lampe im Reflektor, bei Systemen mit Projektionsscheinwerfern durch eine bewegliche Blende.

Scheinwerfereinstellung siehe S. 277

LED-Scheinwerfer

LED Reflexionsmodul

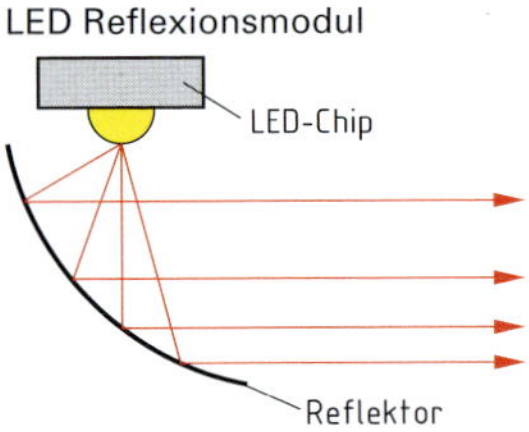

LED-Projektionsmodul

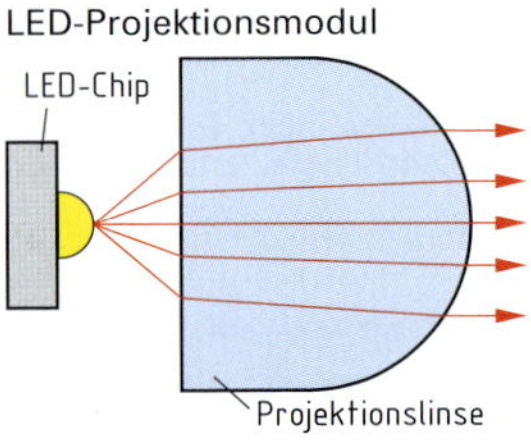

Wirkungsweise
Das Licht wird in mit einem LED-Chip erzeugt. Je nach Scheinwerferausführung ist nur eine oder sind mehrere Hochleistungs-LED auf dem Chip angebracht. Die LED ist ein Halbleiterkristall, der bei elektrischer Anregung Licht aussendet. Eine vorgeschaltete Elektronik übernimmt die Spannungsversorgung und die Regelung der LED. Da die Lebensdauer des LED-Chips stark von dessen Betriebstemperatur abhängt, muss die Abwärme (Verlustleistung) durch Kühlkörper (passive Kühlung) oder Lüfter im Scheinwerfer (aktive Kühlung) zuverlässig abgeführt werden.

Für die optimale Lichtverteilung auf der Fahrbahn werden je nach Scheinwerferausführung unterschiedliche Systeme verwendet. Die LED-Chips sind entweder mit einem Reflektor oder einer Linse zu einem Modul kombiniert (vgl. Abbildungen links). Im Scheinwerfer sind meistens mehrere solcher Module angeordnet.

LED = Leuchtdiode
(engl.: **L**ight **E**mitting **D**iode)

Vorteile gegenüber Xenonlicht
- schnelleres Ansprechverhalten (nach ca. 0,1 s ist die volle Lichtstärke vorhanden)
- höhere Lebensdauer
- keine Hochspannungsversorgung notwendig, dadurch keine zusätzlichen Sicherheitsmaßnahmen vorgeschrieben
- geringerer Energiebedarf, dadurch Verringerung des Kraftstoffverbrauchs
- großer Gestaltungsspielraum beim Scheinwerferdesign
- LED-Chips mit zahlreichen, einzeln ansteuerbaren LED möglich, dadurch optimal geeignet für adaptive Lichtsysteme (vgl. S. 275).

Scheinwerfereinstellung siehe S. 277

Laser-Scheinwerfer

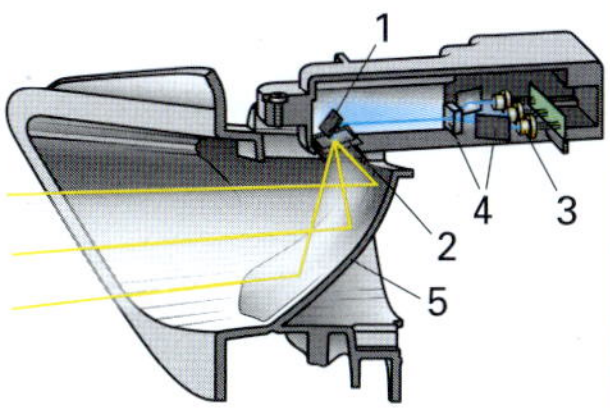

1 Umlenkspiegel
2 Phosphor-Leuchtstoffschicht
3 Laserdioden (blau)
4 Optik
5 Freiflächenreflektor

Wirkungsweise
Die Laserdioden (3) erzeugen jeweils einen blauen Laserstrahl (Wellenlänge 450 nm). Die Laserstrahlen werden von der Optik (4) zu einem Strahl gebündelt und vom Umlenkspiegel (1) auf die Phosphor-Leuchtstoffschicht (2) gelenkt. Dort wird das stark gebündelte Laserlicht in tageslichtweißes Licht umgewandelt und trifft anschließend auf den Reflektor (5).
Der computerberechnete Freiflächenreflektor sorgt für eine optimale Lichtverteilung auf der Fahrbahn.
Laser bedeutet Lichtverstärkung durch stimulierte Emission von Strahlung (engl.: **L**ight **A**mplification by **S**timulated **E**mission of **R**adiation).

Vorteile gegenüber LED
- hohe Lichtausbeute: 170 Lumen/Watt (zum Vergleich: LED 100 Lumen/Watt)
- bessere und deutlich weitere Ausleuchtung der Fahrbahn
- Lichtfarbe (5500 K) angenehm für das menschliche Auge
- kompaktere Bauweise, dadurch geringerer Einbauraum notwendig
- geringerer Energieverbrauch, dadurch Senkung des Kraftstoffverbrauchs

Scheinwerfereinstellung siehe S. 277

Adaptive Scheinwerfersysteme

Kurvenlicht

Dynamisches Kurvenlicht

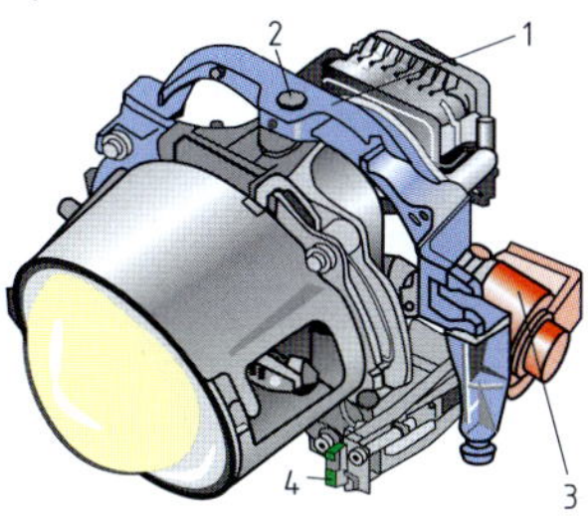

Dynamisches Kurvenlicht
Beim dynamischen Kurvenlicht wird das Scheinwerfermodul in Abhängigkeit vom gerade durchfahrenen Kurvenradius seitlich geschwenkt. Das Scheinwerfermodul ist in einen Rahmen (1) eingebaut und lässt sich um die senkrechte Achse (2) drehen. Der Schwenkwinkel beträgt ca. 15 Grad auf der kurveninneren Seite und 7,5 Grad auf der kurvenäußeren Seite. Die Schnelligkeit der Schwenkbewegung passt sich der jeweiligen Fahrgeschwindigkeit an. Unter 10 km/h und bei Rückwärtsfahrt ist das Kurvenlicht nicht aktiv.
Das Lichtsteuergerät erhält als Eingangssignale den Lenkwinkel und die Fahrgeschwindigkeit. Es berechnet den Schwenkwinkel und die Schwenkgeschwindigkeit und steuert den Stellmotor (3) entsprechend an. Der Sensor (4) dient zur Rückmeldung der Schwenkposition.

Statisches Kurvenlicht (Abbiegelicht)
Das statische Kurvenlicht wird durch einen zusätzlichen Reflektor in der Scheinwerfereinheit oder durch Zuschalten des entsprechenden Nebelscheinwerfers erzeugt. Es dient zur Ausleuchtung der Fahrbahn beim Durchfahren enger Kurven wie z. B. beim Abbiegen oder am Kreisverkehr.

Vorteile des Kurvenlichts
- Das statische Kurvenlicht bewirkt eine Verdopplung der Sichtweite beim Abbiegen.
- Das dynamische Kurvenlicht sorgt bei Kurvenfahrt für eine Vergrößerung der Sichtweite um 70 % gegenüber konventionellem Abblendlicht.

Adaptives Xenonlicht

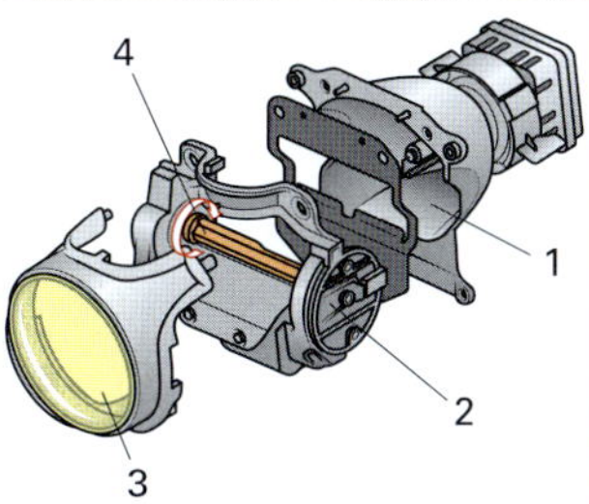

Aufbau und Wirkungsweise
Die Basis des adaptiven Xenonlichts bildet der Vario-Xenon-Projektionsscheinwerfer mit dem Freiformreflektor (1) und der Projektionslinse (3). Im Scheinwerfermodul befindet sich die Blendenwalze (4), die vom Schrittmotor (2) gedreht werden kann. Auf der Walze sind unterschiedliche Blendenformen eingearbeitet. Jede dieser Blenden erzeugt im Strahlengang eine bestimmte Hell-Dunkel-Grenze. Damit lassen sich unterschiedliche Lichtverteilungen erzeugen.
Das Lichtsteuergerät ermittelt die einzustellende Lichtverteilung anhand von Geschwindigkeit, Lenkwinkel, Wischerbetriebszustand sowie Lichtsensor- bzw. Kameradaten und dreht die Blendenwalze mit dem Stellmotor in die entsprechende Position. Das Vario-Xenonlicht lässt sich mit dem dynamischen Kurvenlicht kombinieren.

Lichtverteilungen (Lichtarten)

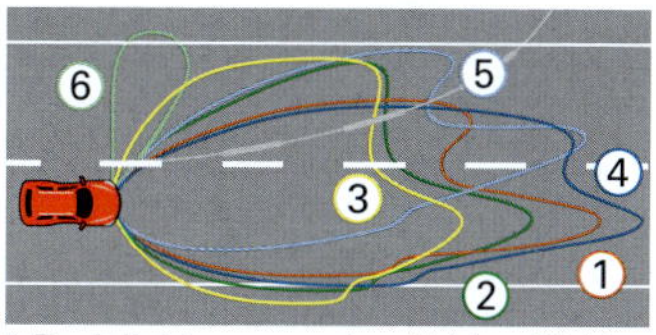

1 Basislicht = normales Abblendlicht
2 Stadtlicht (bis 50 km/h)
3 Führungsnebellicht (bis 70 km/h)
4 Autobahnlicht (ab 110 km/h)
5 Dynamisches Kurvenlicht
6 Statisches Kurvenlicht (zusätzlicher Reflektor)
Fernlicht (hier nicht abgebildet)

Matrix-Licht

LED-Matrix-Scheinwerfer (Beispiel)

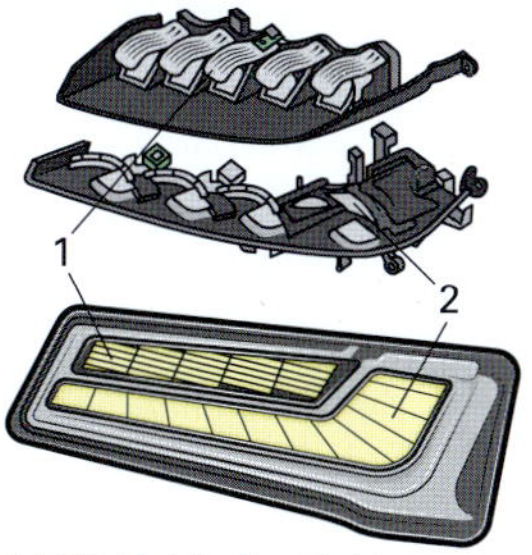

1 LED-Matrix-Fernlicht
2 LED-Abblendlicht

Aufbau und Wirkungsweise
Das Matrix-Fernlicht (1) wird von mehreren LED-Modulen in Verbindung mit Präzisionsreflektoren erzeugt. Die Module sind jeweils mit mehreren LED bestückt. Die LED lassen sich je nach Situation einzeln zu- und abschalten oder dimmen. Eine Kamera hinter dem Innenspiegel erfasst den Fahrbahnbereich vor dem Fahrzeug und liefert die Daten an das Lichtsteuergerät. Die Software im Lichtsteuergerät erkennt vorausfahrende und entgegenkommende Fahrzeuge. Daraufhin werden die LED so angesteuert, dass die Fahrzeuge ausgeblendet sind und die Bereiche dazwischen und daneben weiterhin vollständig ausgeleuchtet werden. Das Licht auf Verkehrsschilder kann automatisch reduziert werden, damit der Fahrer weniger geblendet wird.
Das Matrix-Licht kann mit dem Navigationssystem zusammenarbeiten. Durch die gelieferten Streckendaten wird die Lichtverteilung der Scheinwerfer vorausschauend beeinflusst.

Das Abblendlicht (2) wird von mehreren LED-Projektionsmodulen erzeugt, die eine Kurvenlichtfunktion ermöglichen.

Hochauflösendes Matrix-Licht
Eine Weiterentwicklung sind LED-Chips mit über 1000 LED-Pixeln. Werden diese z. B. in 3 LED-Module eingebaut, stehen über 3000 Lichtquellen zur Verfügung, die sich einzeln zu- und abschalten oder dimmen lassen. Damit kann die Lichtverteilung der LED-Scheinwerfer noch sehr viel genauer an die jeweilige Fahrsituation angepasst werden.

Vorteile Matrix-Licht
- größere Sichtweite ohne Blendung der entgegenkommenden und vorausfahrenden Verkehrsteilnehmer
- geringere Eigenblendung
- Entlastung des Fahrers durch das automatische Auf- und Abblenden

Leuchtentechnik

LED-Leuchten

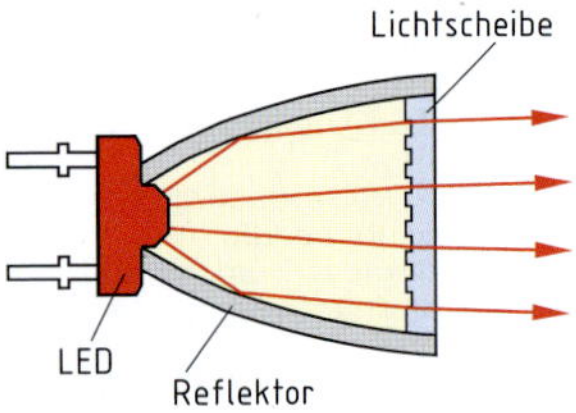

Aufbau und Wirkungsweise
In LED-Leuchten sind bis zu ca. 100 Leuchtdioden parallel geschaltet. Sie werden über eine Elektronik zur Strombegrenzung angesteuert. Eine speziell entwickelte Leuchtschicht sorgt für eine hohe Leuchtstärke. Ein integrierter Reflektor oder eine Linsenoptik richtet in Verbindung mit der Lichtscheibe die Lichtstrahlen aus.

LED werden in Brems-, Rückfahr-, Nebel-, Blink-, Begrenzungs- und Tagfahrleuchten eingesetzt.

Adaptive Leuchten
In Abhängigkeit von Umgebungshelligkeit, Nässe, Verschmutzung, Sichtweite wird die Helligkeit der Leuchten über PWM-Ansteuerung verändert.

Adaptives Bremslicht
Beim Bremsen werden je nach Stärke der Bremsung (Normal-/Notfallbremsung) unterschiedlich viele LED in der Leuchte angesteuert. Dadurch kann der nachfolgende Verkehr die Stärke der Bremsung erkennen.

OLED-Leuchten

Aufbau OLED-Leuchtschicht (vereinfacht)

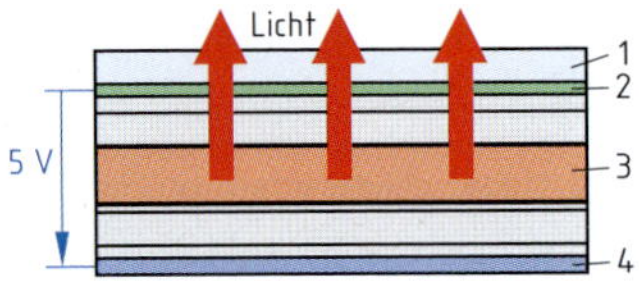

OLED-Leuchtschicht
Zwischen der Strom leitenden transparenten (lichtdurchlässigen) Anode (2) und der Kathode aus Metallfolie (4) befindet sich eine organische Emitterschicht (3) mit isolierenden Eigenschaften. Der Aufbau der Schichten entspricht im Prinzip dem eines Kondensators. Die Trägerschicht (1) besteht aus Glas oder Kunststoff.

Legt man eine elektrische Spannung (5 V) zwischen Anode und Kathode, wird die Elektronenverteilung in der Emitterschicht in einen angeregten Zustand versetzt. Dadurch wird Licht im sichtbaren Bereich ausgesendet. Die Lichtfarbe wird vom Farbstoff der Emitterschicht bestimmt.

OLED
(engl.: **O**rganic **L**ight **E**mitting **D**iode)

Anwendung
Schlusslicht, künftig auch Brems-, Blink- und Tagfahrleuchten, Innenbeleuchtung

Vorteile gegenüber LED
- geringerer Energieverbrauch
- gleichmäßige, und kontrastreiche Lichtemission, stufenlos dimmbar
- Schichtdicke nur ca. 1 mm
- benötigt keine Reflektoren oder Lichtleiter
- künftig: flexible OLED-Schicht ermöglicht großen Gestaltungsspielraum für Kfz-Leuchten

Leuchtenweitenregulierung

Funktionsschema: Dynamische Leuchtweitenregulierung

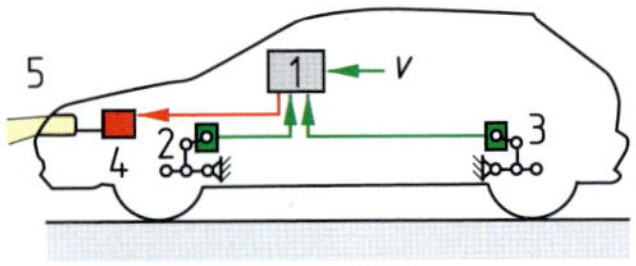

1 Steuergerät
2 Vorderachssensor
3 Hinterachssensor
4 Elektromotor
5 Scheinwerfer

Vorschriften
Seit 1.1.1990 müssen alle in der Bundesrepublik Deutschland zugelassenen Kraftfahrzeuge mit einer Leuchtweitenregulierung ausgestattet sein. *Ausnahme:* Fahrzeuge mit Niveauregelung und herkömmlichen Halogenscheinwerfern.

Aufgabe
Die Leuchtweitenregulierung soll die Blendung des entgegenkommenden Verkehrs bei beladenem Fahrzeug verhindern. Dazu muss der Neigungswinkel des Abblendlichts dem jeweiligen Beladungszustand des Fahrzeugs angepasst werden.

Manuelle Leuchtweitenregulierung
Der Einstellwert wird vom Fahrer über ein Stellrad mit Potenziometer vorgegeben. Elektronisch gesteuerte Elektromotoren stellen dann über eine Mechanik die Scheinwerfer entsprechend ein. Die Grundeinstellung für das unbeladene Fahrzeug ist am Stellrad durch eine Raste vorgegeben.

Automatische Leuchtweitenregulierung
Bei der *statischen Leuchtweitenregulierung* befindet sich ein Sensor an der Hinterachse. Er meldet den Beladungszustand an das Steuergerät. Es wertet das Sensorsignal aus und steuert die Elektromotoren an den Scheinwerfern an. Diese stellen dann wie beim manuellen System die Scheinwerfer über eine Mechanik ein.

Bei der *dynamischen Leuchtweitenregulierung* wird die Karosserieneigung von zwei Sensoren erfasst. Ein Sensor ist an der Vorderachse, der andere ist an der Hinterachse eingebaut. Das System korrigiert die Leuchtweite auch bei Karosserieneigungen durch Anfahren, Beschleunigen/Bremsen. Kurzzeitige Neigungsveränderungen, z. B. durch Fahrbahnwellen, bleiben unberücksichtigt.

Lampenüberwachung

Funktionsschema (Kaltabfrage)

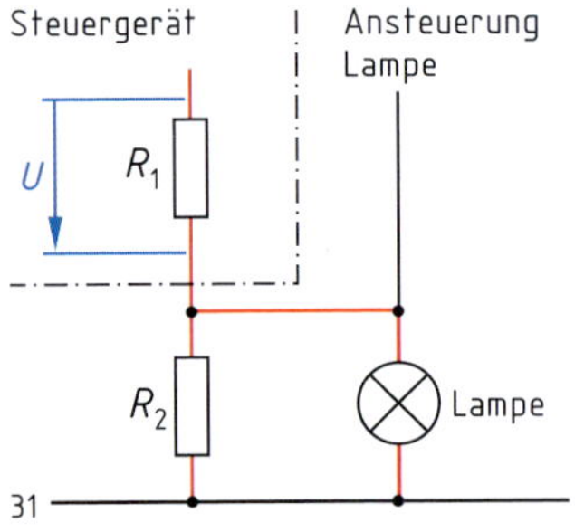

Aufgabe
Die elektronische Lampenkontrolle im Lichtsteuergerät überwacht die Funktion der Lampen und zeigt dem Fahrer den Ausfall an.

Wirkungsweise
Warmabfrage: Diese Art der Überwachung erfolgt bei eingeschalteter Lampe. Die Elektronik ermittelt den Spannungsfall an einem mit der Lampe in Reihe geschalteten niederohmigen Widerstand. Fließt kein ausreichender Lampenstrom, so tritt ein zu geringer Spannungsfall auf.
Die Elektronik im Lichtsteuergerät erkennt dies und zeigt dem Fahrer den Lampendefekt im Kombiinstrument an.

Kaltabfrage (vgl. Abb. links): Bei diesem Überwachungsprinzip werden die Lampen auch im ausgeschalteten Zustand überprüft. Das Lichtsteuergerät sendet einen geringen Prüfstrom über den Prüfwiderstand R_1, die Lampe und den hochohmigen Widerstand R_2. Bei intakter Lampe fließt ein höherer Strom und es entsteht an R_1 ein höherer Spannungsfall. Ist die Lampe defekt, fließt ein geringerer Strom und es entsteht ein geringer Spannungsfall an R_1. Die Elektronik im Lichtsteuergerät wertet den Spannungsfall aus und zeigt dem Fahrer einen aufgetretenen Lampendefekt im Kombiinstrument an.

Vorschriften nach HU-Scheinwerfer-Prüfrichtlinie (vgl. Verkehrsblatt Nr. 44, 05/2014)

Maße für die Aufstellflächen

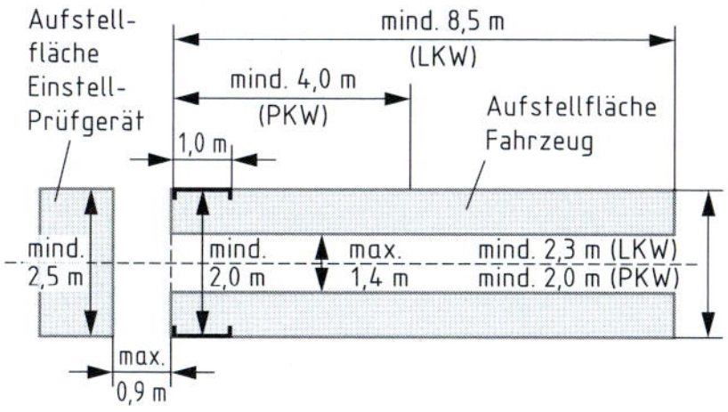

Für die Scheinwerferüberprüfung nach § 29 StVZO gelten seit 01.01.2015 die Anforderungen der HU-Scheinwerfer-Prüfrichtlinie. Bestehende Prüfsysteme müssen seit 01.01.2018 umgerüstet und kalibriert sein.

Wichtige Vorschriften

- Größe, Lage, Ebenheit und Kennzeichnung der Aufstellflächen sind einzuhalten (siehe Abb. links).
- Systeme zur Überprüfung der Einstellung von Scheinwerfern sind bei der ersten Inbetriebnahme und wiederkehrend alle 24 Monate von einem Sachkundigen zu überprüfen.
- Es dürfen nur Scheinwerfer-Einstell-Prüfgeräte (SEP) verwendet werden, die der „Richtlinie für die Prüfung von Scheinwerfer-Einstell-Prüfgeräten" entsprechen.

Vorgehensweise bei der Scheinwerferprüfung

Vorbereitungen am Fahrzeug

- *Beladung* nach Prüfrichtlinie: Fahrzeug muss unbeladen sein, Fahrzeuge mit nur einem Scheinwerfer, z. B. Motorrad: Fahrersitz mit 75 kg belasten. Allgemein: Herstellervorschriften genau beachten.
- *Reifenluftdruck* überprüfen, ggf. richtig stellen.
- *Sichtprüfung* von Scheinwerfern und Lampen (Verschmutzung, Beschädigungen) durchführen.
- Kfz mit *Niveauregulierung*: Herstellerangaben beachten.
- *Leuchtweitenregulierung* überprüfen, manuelle Leuchtweitenregulierung auf 0 stellen.
- Fahrzeug auf die Aufstellfläche stellen, Lenkung geradeaus.

Prüfung mit dem Scheinwerfer-Einstell-Prüfgerät (SEP)

- Ggf. Batterieladegerät anschließen.
- Ggf. Fehlerspeicher auslesen und eventuelle Fehler beseitigen.
- Ggf. Grundeinstellung der Scheinwerfer/Nullpunktprogrammierung der Achssensoren mit dem Diagnosetester durchführen.
- Scheinwerferprüfgerät mithilfe des Spiegel- oder Laservisiers nach Bedienungsanleitung vor dem Scheinwerfer exakt aufstellen (parallel zur Fahrzeugfront im richtigen Abstand, Höhe/Seite auf Scheinwerfermitte
- Vorgeschriebenen Einstellwert *e* ermitteln (siehe Tabelle unten) und am Scheinwerfer-Einstell-Prüfgerät einstellen bzw. eingeben.
- Licht nach Herstellervorschrift bedienen. (Bei Fahrzeugen mit dynamischem Fernlichtassistenten (DLA) den Grundeinstellmodus aktivieren.)
- Messergebnisse auf dem Display ablesen und falls notwendig Scheinwerfer nach Herstellervorschrift einstellen.

Einstellmaße *e*

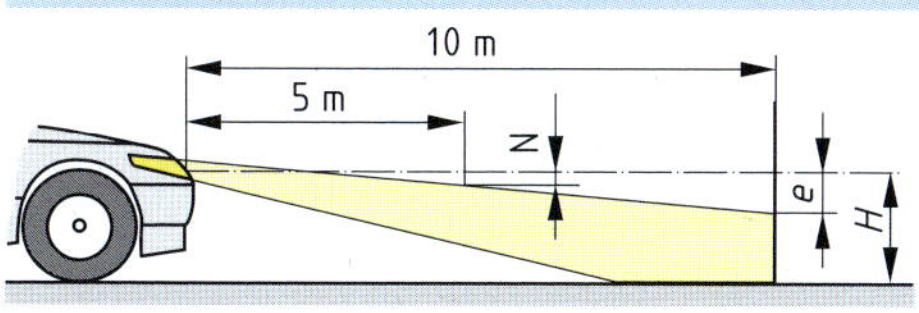

H = Höhe Scheinwerfermitte über der Aufstellfläche
e = Einstellmaß in % oder in cm, bezogen auf 10 m Entfernung
N = Einstellmaß in cm, bezogen auf 5 m Entfernung

	Fahrzeugart		Abblend- u. Fernlicht	Nebellicht
1.	Kfz, deren Scheinwerfer nach EG/ECE genehmigt sind		am Fahrzeug angegebenes Einstellmaß	
2.	Andere Kfz, Höhe < 140 cm: a) Pkw-Klein- und Kleinstwagen b) Pkw, Pkw-Kombi		1,2 %	2,0 %
	c) Kfz mit Niveauregulierung oder automatischer Leuchtweitenregelung d) Mehrachsige Zug- und Arbeitsmaschinen e) Einspurige und mehrspurige Kfz mit einem Scheinwerfer f) Lkw mit vorn liegender Ladefläche		1,0 %	2,0 %
	g) Lkw mit hinten liegender Ladefläche h) Sattelzugmaschinen i) Kraftomnibusse	ausgenommen Kfz nach 2c)	3,0 %	4,0 %
3.	Andere Kfz, Höhe > 140 cm, Kfz mit v_{max} < 40 km/h		*H*/3 in cm	*H*/3 + 7 cm
4.	Einachsige Zug- oder Arbeitsmaschinen		2 × *N* in cm	20 cm

Prüfbilder im Einstell-Prüfgerät (Sollbilder)

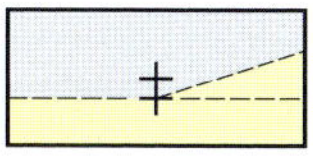
Abblendlicht

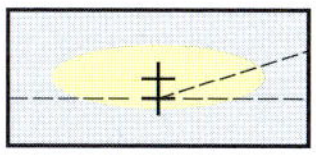
Fernlicht

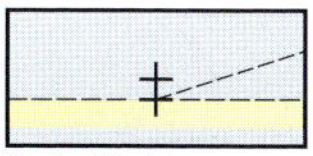
Nebellicht

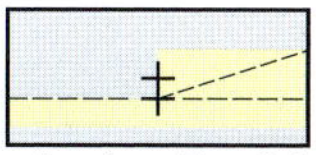
adaptives Fernlicht rechts (im Einstellmodus)

Digitales Scheinwerfer-Einstell-Prüfgerät

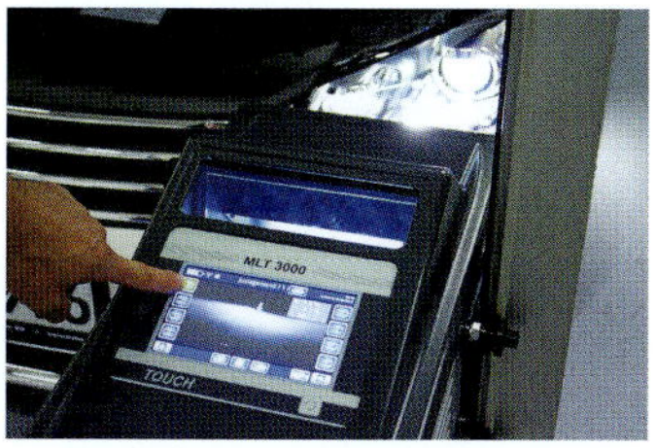

Scheinwerfersysteme mit Xenon-, LED- und Laserscheinwerfern können mit herkömmlichen Einstell-Prüfgeräten nicht optimal geprüft werden, da die Hell-Dunkel-Grenze bei diesen Geräten oft nicht klar genug erkennbar ist. Digitale Einstell-Prüfgeräte haben hier Vorteile: Die eingebaute Digitalkamera nimmt das Scheinwerferabbild auf und die Elektronik wandelt es zu einem Prüfbild um, das auf dem Display erscheint. Somit kann die horizontale und beim adaptiven Fernlicht auch die vertikale Hell-Dunkel-Grenze exakt ermittelt werden. Das Gerät wertet das Prüfbild elektronisch aus und zeigt das Messergebnis auf dem Display an.

Prüfbild: Adaptives Fernlicht rechts

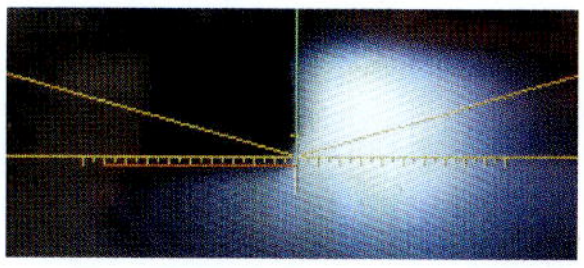

4

Kfz-Lampen vgl. ECE – R 37

Typ	Abbildung	Verwendung	Nennspannung V	Nennleistung W	Sockel-Typ IEC
R2	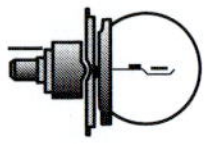	Zweifadenlampe für Fernlicht/Abblendlicht	6 12	45/40 45/40	P45 t-41
H1	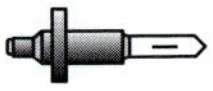	Nebellicht Fernlicht Abblendlicht	6 12 24	55 55 70	P 14,5 e
H3	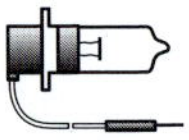	Nebellicht Fernlicht	6 12 24	55 55 70	PK 22s
H4	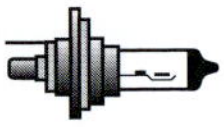	Zweifadenlampe für Fernlicht/Abblendlicht	12 24	60/55 75/70	P 43 t-38
H7	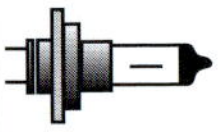	Fernlicht Abblendlicht Nebellicht	12	55	PX 26 d
H8	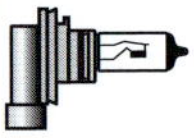	Nebellicht Abbiegelicht	12	35	PGJ 19-1
H9	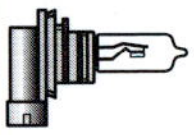	Fernlicht	12	65	PGJ 19-5
H10	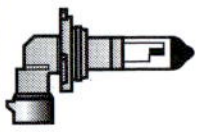	Nebellicht	12	42	PY 20 d
H11	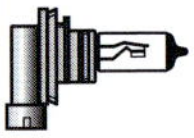	Abblendlicht Nebellicht	12	55	PGJ 19-2
H15	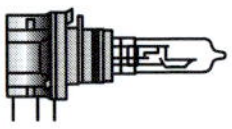	Zweifadenlampe Fernlicht/Tagfahrlicht	12 24	55/15 60/20	PGJ 23t-1
H16	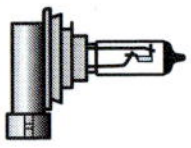	Nebellicht Abbiegelicht	12	19	PGJ 19-3
HB3	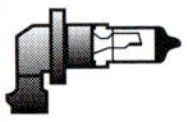	Fernlicht	12	60	P 20 d
HB4	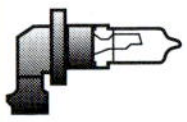	Abblendlicht Nebellicht Abbiegelicht	12	51	P 22 d
H6W	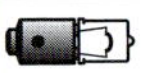	Begrenzungslicht	12	6	BAX 9 s
H21W	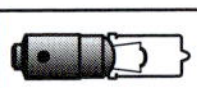	Blinklicht	12 24	21 21	BAY 9 s
P13W	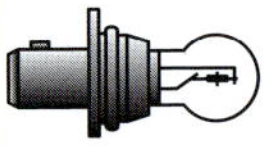	Tagfahrlicht	12	13	PG 18,5 d
P21W **PY21W** (gelb)		Brems-, Nebelschluss-, Rückfahrlicht, Blinklicht	6 12 24	21 21 21	BA 15 s
P21/5W		Zweifadenlampe für Bremslicht/Schlusslicht	6 12 24	21/5 21/5 21/5	BAY 15 d

H = Halogenlampen

Kfz-Lampen (Auswahl) vgl. ECE – R 37

Typ	Abbildung	Verwendung	Nennspannung V	Nennleistung W	Sockel-Typ IEC
R5W **R10W**	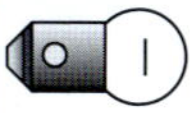	Begrenzungslicht, Schlusslicht	6 12 24	5 bzw. 10 5 bzw. 10 5 bzw. 10	BA 15s
C5W	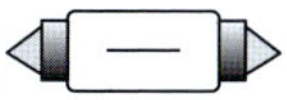	Kennzeichenbeleuchtung, Schlusslicht	6 12 24	5	SV 8,5-8
T4W	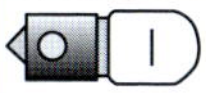	Begrenzungslicht	6 12 24	4	BA 9 s
W3W **W5W**		Begrenzungslicht, Kennzeichenbeleuchtung	6 12 24	3 bzw. 5 3 bzw. 5 3 bzw. 5	W 21 × 9,5 d
W16W		Brems-, Nebelschluss-, Rückfahrlicht	12	16	W 21 × 9,5 d
W21W **WY21W** (gelb)	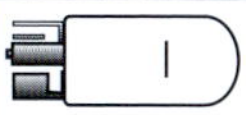	Brems-, Nebelschluss-, Rückfahrlicht, Blinklicht	12	21	W 3 × 16 d
W21/5W		Zweifadenlampe für Bremslicht/Schlusslicht	12	21/5	W 3 × 16 q

Gasentladungslampen (Xenonlampen) vgl. ECE – R 37

Typ	Abbildung	Verwendung	Nennspannung V	Nennleistung W Lichtstrom lm	Sockel-Typ IEC
D1S (für Projektions-scheinwerfer)	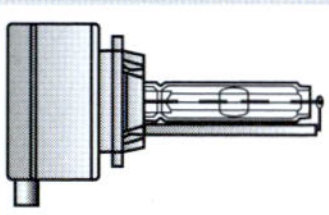	Abblendlicht Fernlicht	85 (über Vorschalt-gerät)	35 3 200	PK 32 d-2
D1R (für Reflexions-scheinwerfer)	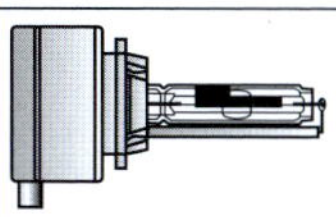	Abblendlicht Fernlicht	85 (über Vorschalt-gerät)	35 3 200	PK 32 d-3
D2S (für Projektions-scheinwerfer)	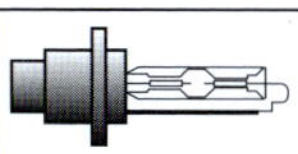	Abblendlicht Fernlicht	85 (über Vorschalt-gerät)	35 3 200	P 32 d-2
D2R (für Reflexions-scheinwerfer)	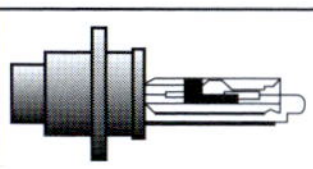	Abblendlicht Fernlicht	85 (über Vorschalt-gerät)	35 2 800	P 32 d-3
D3S (für Projektions-scheinwerfer)	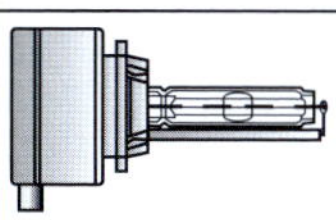	Abblendlicht Fernlicht	42 (über Vorschalt-gerät)	35 3 200	PK 32 d-5
D3R (für Reflexions-scheinwerfer)	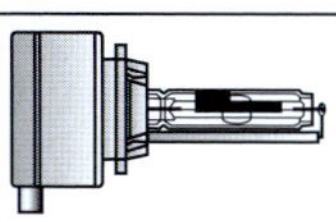	Abblendlicht Fernlicht	42 (über Vorschalt-gerät)	35 2 800	PK 32 d-6
D4S (für Projektions-scheinwerfer)	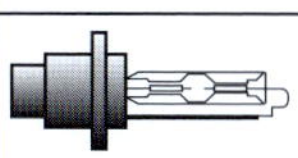	Abblendlicht Fernlicht	42 (über Vorschalt-gerät)	35 3 200	P 32 d-5
D4R (für Reflexions-scheinwerfer)	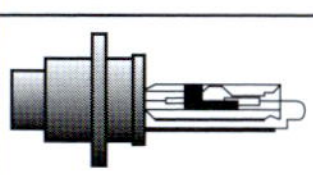	Abblendlicht Fernlicht	42 (über Vorschalt-gerät)	35 2 800	P 32 d-6
D8S[1)] (für Projektions-scheinwerfer)	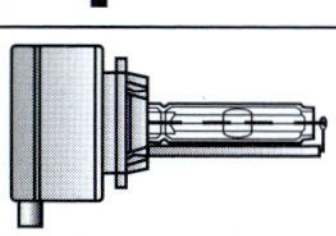	Abblendlicht Fernlicht	40 (über Vorschalt-gerät)	25 2 000	PK 32 d-1

[1)] bis Lichtstrom max. 2 000 lm keine Scheinwerferreinigungsanlage und keine automatische Leuchtweitenregelung vorgeschrieben

Aufgaben der Zündanlage

Zündung des Kraftstoff-Luft-Gemischs
- zum optimalen Zeitpunkt und
- mit der notwendigen Zündenergie, um einen optimalen Verbrennungsverlauf und eine vollständige Verbrennung zu erreichen.

Ziele:
- maximales Motodrehmoment bzw. maximale Motorleistung
- möglichst geringer Kraftstoffverbrauch
- möglichst geringer Ausstoß von schädlichen Abgasen

Arten von Zündanlagen

mechanisch / elektronisch	Zündauslösung	Schalten des Primärstroms	Zündzeitpunktverstellung	Hochspannungsverteilung
Spulenzündung kontaktgesteuert (SZ)	Unterbrechernocken	Unterbrecherkontakt	Fliehkraft-, Unterdruckversteller	Zündverteiler (ROV)
Transistorzündung (TSZ, TZ)	Induktiv- oder Hallgeber	Zündschaltgerät	Fliehkraft-, Unterdruckversteller	Zündverteiler (ROV)
Elektronische Zündung (EZ)	Kurbelwellensensor	Elektronisches Steuergerät (Endstufen)	Elektronisches Steuergerät (Kennfeld)	Zündverteiler (ROV)
Vollelektronische Zündung (VZ)	Kurbelwellensensor, Nockenwellensensor	Elektronisches Steuergerät (Endstufen)	Elektronisches Steuergerät (Kennfeld)	Ruhende Hochspannungsverteilung (RUV)

ROV = rotierende Hochspannungsverteilung **RUV** = ruhende Hochspannungsverteilung

Grundprinzip Spulenzündanlage

Schaltplan: Zündanlage für 1-Zylindermotor (ein Zündkreis)

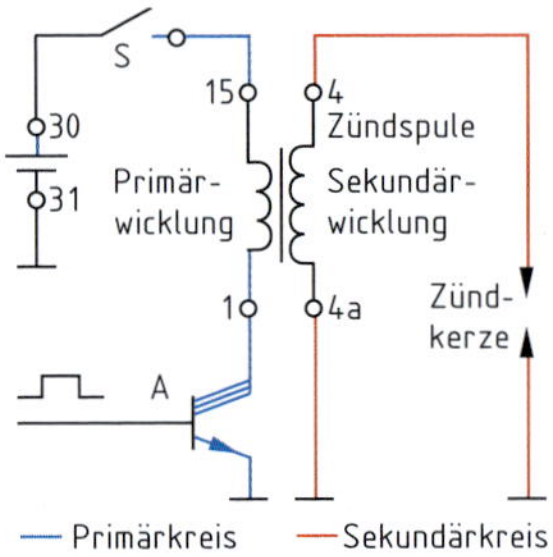

Hochspannungserzeugung

Bei eingeschaltetem Zündschalter (S) und durchgeschalteter Endstufe (A) des Steuergeräts fließt Strom (Primärstrom) über die Primärwicklung. In der Zündspule entsteht ein Magnetfeld. Im Zündzeitpunkt unterbricht die Endstufe den Primärstrom, das Magnetfeld wird schlagartig abgebaut. Dadurch wird in den beiden Wicklungen Spannung erzeugt (induziert). Aufgrund der großen Windungszahl entsteht in der Sekundärwicklung Hochspannung.
- Primärstrom 3 ... 15 A
- Primärspannung bis ca. 400 V
- Sekundärspannung bis ca. 40 kV
- Widerstand Primärwicklung 0,5 ... 3 Ω
- Widerstand Sekundärwicklung 15 ... 19 kΩ

Entstehung des Zündfunkens

Im Zündzeitpunkt steigt die Spannung an den Elektroden der Zündkerze von Null sprunghaft an, bis die Überschlagsspannung (Zündspannung) erreicht ist. Je größer die Last (Füllung) und je größer der Elektrodenabstand, umso größer ist die notwendige Zündspannung.
Nachdem der Funke übergesprungen ist, fällt die Spannung an den Elektroden bis zur Brennspannung ab. Während der Brenndauer des Funkens wird das Kraftstoff-Luft-Gemisch gezündet.
Zündspannung (Überschlag) 8 ... 15 kV
- Brennspannung ca. 1 kV
- Funkendauer (Brenndauer) 1 ... 2 ms

Zündzeitpunkt (Zündwinkel)

Grafische Darstellung eines Zündkennfelds

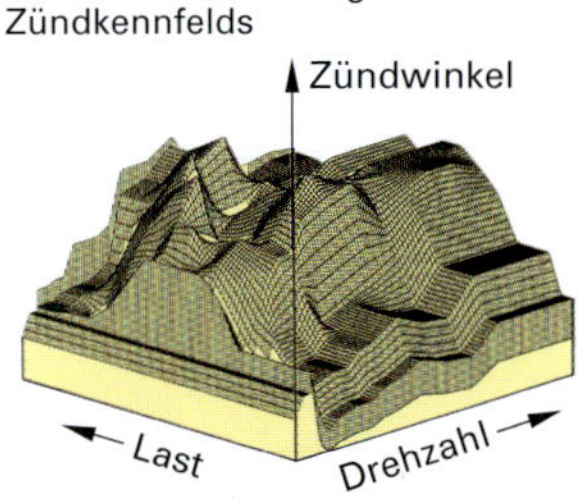

Zündzeitpunktverstellung

Drehzahlabhängige Verstellung: Vom Funkenüberschlag bis zum vollständigen Durchbrennen des Gemischs vergehen bei allen Drehzahlen 1 ... 2 ms. Der Verbrennungshöchstdruck soll kurz nach Zünd-OT (10 ... 20° KW) liegen. Deshalb wird vor OT gezündet und mit zunehmender Drehzahl muss der Zündzeitpunkt nach „früh" verstellt werden.

Lastabhängige Verstellung: Bei Teillast (geringere Füllung gegenüber Volllast) benötigt die Verbrennung mehr Zeit. Um dies auszugleichen, muss die Zündung früher erfolgen.

Zündkennfeld

Das im Steuergerät gespeicherte Zündkennfeld enthält für jeden Motorbetriebspunkt (Motordrehzahl, Motorlast) den optimalen Zündzeitpunkt (Zündwinkel). Der Mikrocomputer bestimmt aus Drehzahl- und Lastinformation (z. B. angesaugte Luftmasse) den optimalen Zündzeitpunkt. Weitere Eingangsgrößen wie z. B. Motor-, Ansauglufttemperatur werden als Korrekturgrößen berücksichtigt. Der Zündwinkel wird in der Regel bei RUV auf die Kurbelwelle bezogen, bei ROV auf die Verteilerwelle.

Anpassung des Primärstroms

Schließwinkel (Primäroszillogramm)

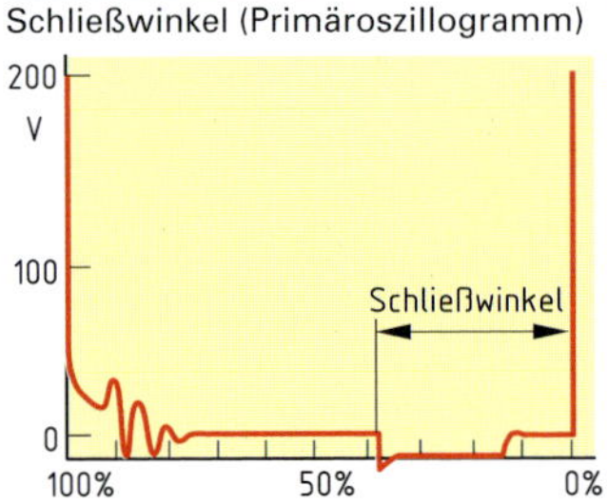

Primärstrombegrenzung

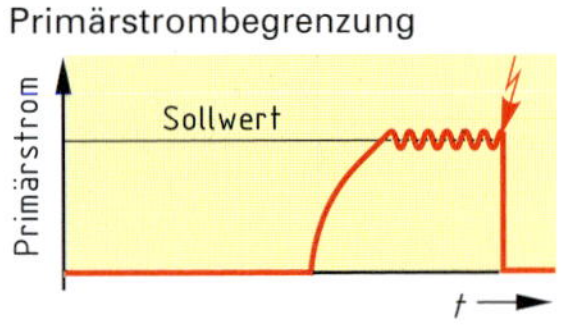

Aufgabe

Der Primärstrom muss bei allen Drehzahlen dem Sollwert entsprechen, um einerseits das Magnetfeld in der Zündspule voll aufzubauen und andererseits eine Überhitzung der Zündspule und Energieverluste zu vermeiden.

Anpassung des Schließwinkels

Bei der Schließwinkelregelung wird der Istwert des Primärstroms erfasst und mit dem gespeicherten Sollwert verglichen. Erreicht er z. B. nicht die geforderte Höhe, vergrößert die Elektronik den Schließwinkel bzw. die Schließzeit durch einen früheren Einschaltzeitpunkt.

Primärstrombegrenzung

Der Primärstrom wird zum Schutz der Zündspule und der Leistungstransistoren in der Höhe begrenzt. Dies erfolgt meist indem die Endstufe den Primärstrom nach dem Erreichen des Sollwerts taktet. Primärstrombegrenzung und Schließwinkelregelung arbeiten zusammen: Muss der Primärstrom zu lange begrenzt werden, wird der Schließwinkel verringert.

Schließwinkel

Der Schließwinkel ist der Drehwinkel der Kurbelwelle bzw. der Nocken-/Verteilerwelle zwischen dem Einschalten und dem Ausschalten des Primärstroms. Er wird in °KW bzw. °NW/°VW angegeben.

Der *relative Schließwinkel*, angegeben in Prozent, ist der Schließwinkel bezogen auf den Zündabstand.

Beispiel: 4-Zylinder-Motor bezogen auf die Kurbelwelle:

Zündabstand	180° KW = 100 %
Schließwinkel	68° KW
relativer Schließwinkel	38 %

Ruhestromabschaltung

Das Steuergerät schaltet den Primärstrom bei stillstehendem Motor trotz eingeschalteter Zündung aus, um eine Überhitzung der Zündspule und der Leistungstransistoren in der Endstufe zu vermeiden.

Zündanlage mit Einzelfunkenspulen

Endstufen im Steuergerät

Beispiel: 4-Zylindermotor

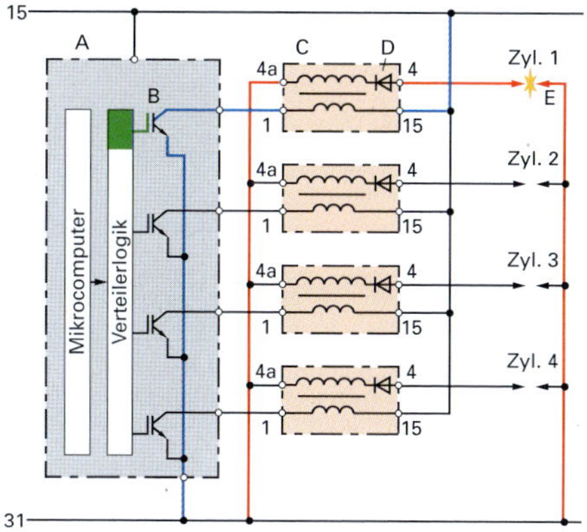

A Motorsteuergerät
B Endstufe
C Zündspule
D Einschaltfunken-Unterdrückungs-Diode (EFU)
E Zündkerze

— Primärkreis Zylinder 1
— Sekundärkreis Zylinder 1
— Ansteuerung Zündspule 1

Endstufen in den Zündspulen

Beispiel: 4-Zylindermotor

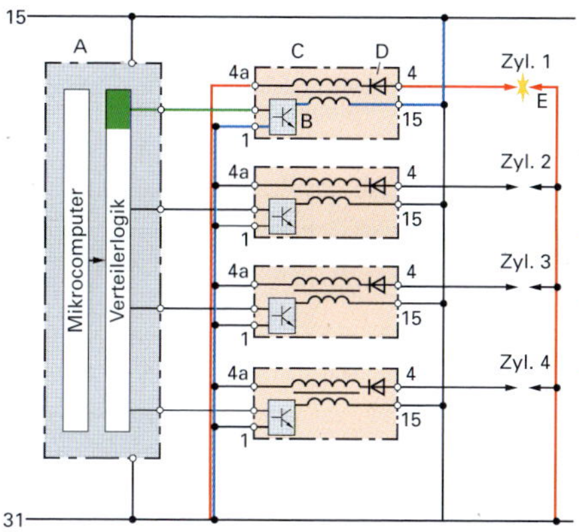

A Motorsteuergerät
B Endstufe
C Zündspule
D Einschaltfunken-Unterdrückungs-Diode (EFU)
E Zündkerze

— Primärkreis Zylinder 1
— Sekundärkreis Zylinder 1
— Ansteuerung Zündspule 1

Aufbau und Wirkungsweise

Jedem Zylinder ist eine Zündspule zugeordnet. Sie sitzt im Zylinderkopf und ist über den Hochspannungsanschluss (Kl. 4) direkt mit der Zündkerze verbunden. Das Motorsteuergerät berechnet kennfeldabhängig den für den Motorbetriebszustand optimalen Zündzeitpunkt sowie die Schließzeit und steuert dann die Zündspulen entsprechend der in die Verteilerlogik einprogrammierten Zündfolge an.

Schaltung des Primärstroms

Das Ein- und Ausschalten des Primärstroms (bis ca. 20 A) erfolgt durch die Transistoren in den Endstufen.

- *Zündanlage mit Endstufen im Steuergerät:* Der Anschluss Kl.1 der Zündspule (C) ist mit dem Motorsteuergerät (A) verbunden. Die Endstufe (B) befindet sich im Motorsteuergerät Der Primärstrom fließt durch das Motorsteuergerät zur Masse.
- *Zündanlage mit Endstufen in den Zündspulen:* Der Anschluss Kl.1 der Zündspule (C) führt direkt zur Masse. Das Motorsteuergerät (A) steuert die Endstufe (B), die sich in der Zündspule befindet, über eine separate Steuerleitung an. Der Primärstrom wird in der Zündspule geschaltet und fließt somit nicht durch das Motorsteuergerät.

Werkstatthinweis: Bei Einzelfunkenzündspulen mit eingebauter Endstufe kann an der Primärwicklung keine Widerstandsprüfung durchgeführt werden, da die Endstufe den Messstrom sperrt.

Einschaltfunken-Unterdrückungs-Diode (EFU)

Die sekundärseitig eingebaute EFU-Diode (D) unterdrückt den Funken, der unter Umständen beim Einschalten des Primärstroms entstehen würde. Damit werden Fehlzündungen während des Ansaugens sicher verhindert. Die EFU-Diode ist eine sogenannte Kaskadendiode. Sie besteht aus mehreren in Reihe angeordneten pn-Schichten (Sperrspannung bis ca. 10 000 V) und ist so geschaltet, dass der entgegengesetzt zum eigentlichen Zündfunken gepolte Einschaltfunke unterdrückt wird.

Werkstatthinweise:

Klemme 1 und 15 dürfen nicht vertauscht werden, da sonst die EFU-Diode zerstört wird.

Widerstandsprüfung der Sekundärwicklung: Messspannung ca. 10 V, damit die Schleusenspannung der EFU-Diode sicher überwunden wird und der Messstrom fließen kann.

Zündanlage mit Doppelfunkenzündspulen

Beispiel: 4-Zylindermotor

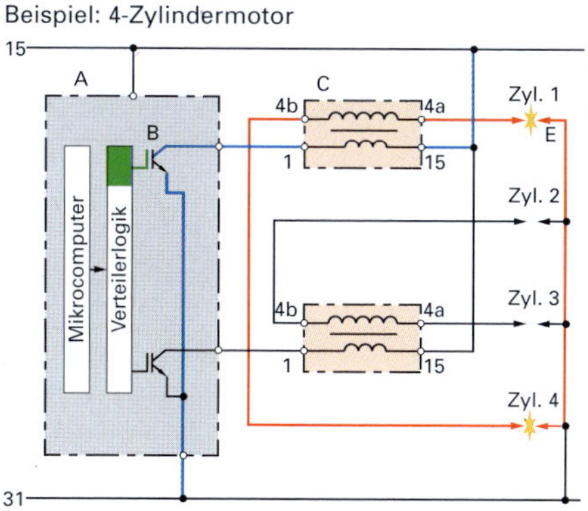

A Motorsteuergerät
B Endstufe
C Zündspule
D Zündkerze

— Primärkreis Zylinder 1 und 4
— Sekundärkreis Zylinder 1 und 4
— Ansteuerung Zündspule 1

Aufbau und Wirkungsweise

Jede Zündspule (C) versorgt zwei Zündkerzen bzw. zwei Zylinder. An den beiden Ausgängen der Sekundärwicklung (4a und 4b) ist jeweils eine Zündkerze angeschlossen. Die beiden Zündkerzen sind somit in Reihe geschaltet.

Das Motorsteuergerät (A) berechnet kennfeldabhängig den optimalen Zündzeitpunkt und die Schließzeit und steuert über die Endstufen (B) die Zündspulen entsprechend der Verteilerlogik an. Im Zündzeitpunkt entstehen gleichzeitig zwei Funken. Beispiel 4-Zylindermotor (vgl. Abb. links): Die erste Zündspule versorgt die Zylinder 1 und 4. Ein Funke (Hauptfunke) zündet im Zylinder 1 am Ende des Verdichtungsvorgangs das Gemisch, der andere Funke (Stützfunke) fällt in das Ende des Ausstoßvorgangs im Zylinder 4. Nach 360° KW sind die Vorgänge umgekehrt. Die zweite Zündspule wird jeweils 180° KW später angesteuert und versorgt die Zylinder 2 und 3 in entsprechender Weise.

Doppelfunkenzündspulen benötigen in der Regel keine EFU-Dioden (siehe oben), da die Einschaltinduktionsspannung zu gering ist, um die in Reihe geschalteten Funkenstrecken zu überbrücken.

Zündspulen

Einzelfunkenspule

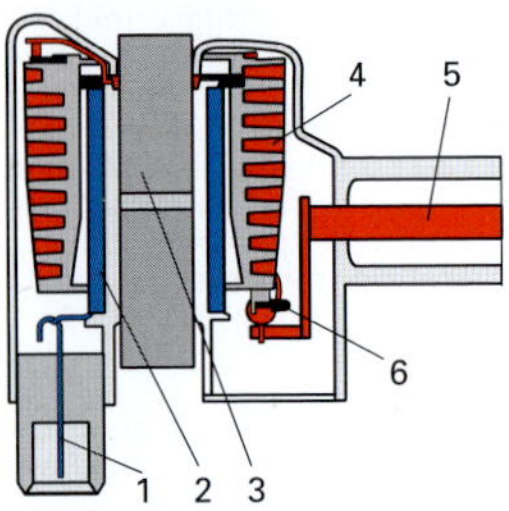

1 Niederspannungsanschluss (Kl. 1, 15, 4a)
2 Primärwicklung
3 Eisenkern
4 Sekundärwicklung
5 Hochspannungsanschluss (Kl. 4)
6 EFU-Diode

Doppelfunkenspule

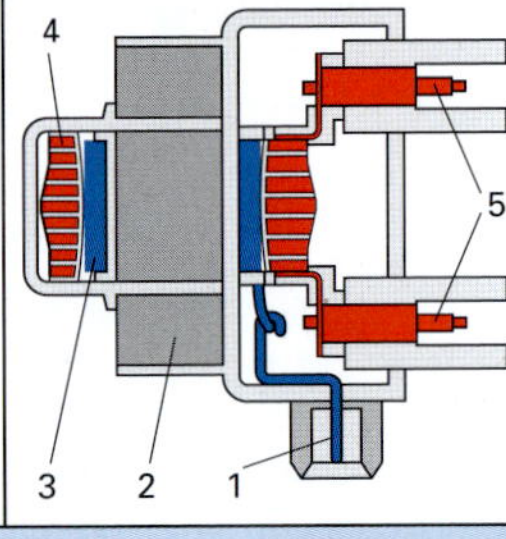

1 Niederspannungsanschluss (Kl. 1, 15)
2 Eisenkern
3 Primärwicklung
4 Sekundärwicklung
5 Hochspannungsanschlüsse (Kl. 4a, 4b)

Zündkerze

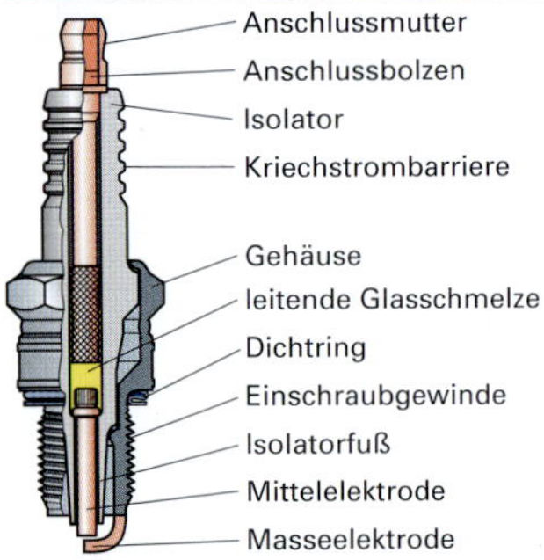

hoher Wärmewert	niederer Wärmewert
langer Isolatorfuß	kurzer Isolatorfuß

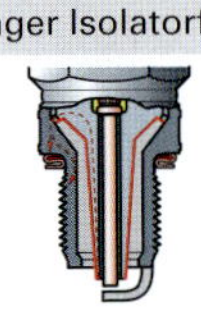
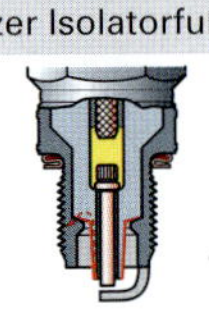

Wärmewert
Der Wärmewert ist ein Maß für die thermische Belastbarkeit einer Zündkerze. Er wird durch eine Kennzahl angegeben.
Je höher die Wärmewertkennzahl einer Zündkerze ist, desto wärmer wird diese im Vergleich zu einer Zündkerze mit niederer Kennzahl im selben Motor.
Der Wärmewert wird im Wesentlichen von der Länge des Isolatorfußes bestimmt:
- Je kürzer der Isolatorfuß, desto geringere Wärmeaufnahme und desto bessere Wärmeableitung (niederer Wärmewert).
- Je länger der Isolatorfuß, desto höhere Wärmeaufnahme und desto schlechtere Wärmeableitung (hoher Wärmewert).

Der Wärmewert der Zündkerze ist passend gewählt, wenn im Motorbetrieb
- die Temperatur am Isolatorfuß mindestens 450 °C beträgt (Selbstreinigungstemperatur), damit leitende Ablagerungen verbrannt werden,
- und die Temperatur 850 °C nicht überschreitet, damit Glühzündungen sicher vermieden werden.

Idealer Temperaturbereich: 600 … 700 °C

Unterscheidungsmerkmale
Zündkerzen unterscheiden sich durch:
- Gewindedurchmesser und Gewindelänge
- Flachdichtsitz oder Kegeldichtsitz
- Elektrodenart, Elektrodenwerkstoff
- Wärmewert

Technische Daten
Werkstoff der Mittelelektrode:
Cr-Ni-Legierung ohne oder mit Cu-Kern, Platin, Silber, Iridium

Elektrodenabstand	0,7 … 0,9 mm
– bei Magerkonzept	1,0 … 1,2 mm
– bei Magnetzünder	0,5 mm

Anzugdrehmomente für Zündkerzen in Leichtmetall-Zylinderköpfen

Gewinde	SW	Dichtsitz	Nm
M 10 × 1	16	flach	10 … 15
M 12 × 1,25	16	flach	15 … 25
M 14 × 1,25	16	flach	20 … 30
M 14 × 1,25	16	Kegel	12 … 20
M 18 × 1,5	21	flach	20 … 35
M 18 × 1,5	21	Kegel	15 … 25

Wichtig: Herstellervorschriften beachten

Klopfregelung

Einfluss des Zündzeitpunkts auf den Druckverlauf im Zylinder

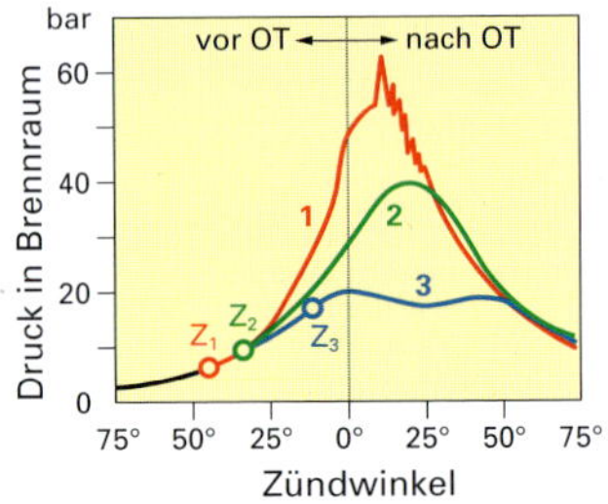

Regelkreis

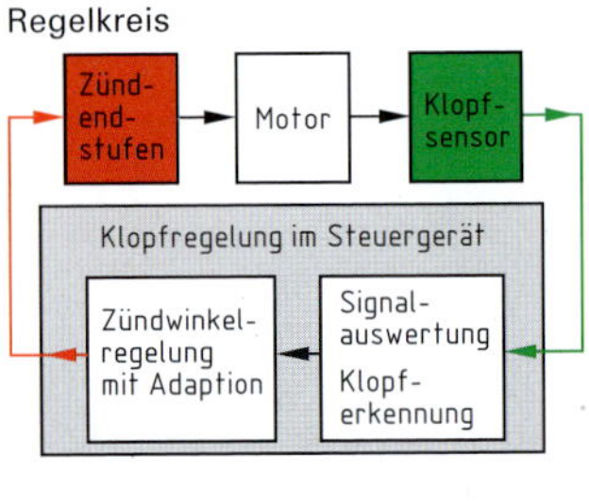

Aufgabe
Erfolgt die Zündung zu früh (Z_1), kommt es zur klopfenden Verbrennung (vgl. Abb. links). Dabei entstehen hohe Druckspitzen im Verbrennungsraum (Kurve 1), die zu Motorschäden führen können. Erfolgt die Zündung zu spät (Z_3), tritt Leistungsverlust auf (Kurve 3). Die Klopfregelung hat daher die Aufgabe, den Zündzeitpunkt nahe an der Klopfgrenze zu regeln (Z_2), ohne dass es zu dauerhaftem Klopfen kommt. Der Druckverlauf im Zylinder ist dann optimal (Kurve 2).

Wirkungsweise Regelkreis (vgl. Abb. links)
Der Klopfsensor am Motorblock erfasst die Körperschallschwingungen und wandelt diese in elektrische Signale für das Steuergerät um. In der Auswerteschaltung werden die für das Klopfen typischen Schwingungen erkannt. Liegt eine klopfende Verbrennung vor, verstellt die Regelschaltung den Zündzeitpunkt beim betreffenden Zylinder (= zylinderselektiv) nach spät, z. B. um 3° KW. Wird weiterhin Klopfen signalisiert, verstellt die Regelschaltung in Schritten so lange nach spät, bis kein Klopfen mehr auftritt. Läuft der Motor danach während einer festgelegten Anzahl von Arbeitsspielen ohne Klopfen, wird der Zündzeitpunkt in kleinen Schritten so lange nach früh verstellt, bis erneut Klopfen eintritt. Während des Motorbetriebs wiederholt sich dieser Regelablauf ständig.

Da klopfende Verbrennung immer nur kurzzeitig auftritt, kommt es zu keinen schädlichen Folgen für den Motor.
Durch Anpassung (Adaption) der einzelnen gespeicherten Zündwinkel kann das Steuergerät Veränderungen berücksichtigen, die z. B. durch Motoralterung hervorgerufen werden. Stellt das Steuergerät fest, dass der Regelanschlag (z. B. max. 12° KW nach spät) ständig erreicht wird, schaltet es auf ein anderes Zündkennfeld um. Dies geschieht z. B., wenn Kraftstoff mit geringerer Oktanzahl getankt wurde.

Klopfsensor
Der Klopfsensor ist am Motorblock so angebracht, dass die Klopfschwingungen aus jedem Zylinder erfasst werden können. Bei sechs Zylindern oder V-Motoren sind zwei Klopfsensoren erforderlich.
Der Klopfsensor wandelt die Schwingungen am Motorblock mithilfe des Piezoeffekts in ein elektrisches Spannungssignal um (vgl. S. 305). Für eine zuverlässige Funktion des Klopfsensors, ist eine sorgfältige Montage am Motorblock notwendig:
- kein Schmutz, Späne usw. auf den Auflageflächen
- vorgeschriebenes Anzugsdrehmoment beachten

Spulenzündung, kontaktgesteuert (SZ)

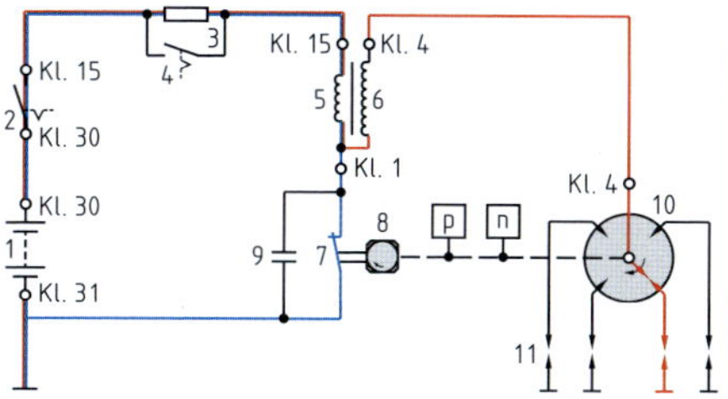

Wirkungsweise

Der Primärstrom fließt von der Batterie (1) über den Zündschalter (2), den Vorwiderstand (3) zur Primärwicklung der Zündspule (5) und über den Unterbrecherkontakt (7) zur Masse. Die Nocken auf der vom Motor angetriebenen Verteilerwelle (8) betätigen den Unterbrecher. Beim Zündzeitpunkt öffnet der Unterbrecherkontakt und in der Sekundärwicklung (6) entsteht Hochspannung. Der Zündverteiler (10) teilt die Hochspannung der jeweiligen Zündkerze (11) zu (rotierende Hochspannungsverteilung ROV).
Der Zündkondensator (9) löscht den Abreißfunken beim Öffnen des Unterbrechers. Er vermindert damit den Kontaktverschleiß und bewirkt außerdem durch einen schnellen Abbau des Magnetfelds eine höhere Spannung. Die Startanhebung (4) überbrückt den Vorwiderstand (3) beim Starten.
Die Zündverstellung erfolgt mechanisch durch einen Fliehkraftregler (drehzahlabhängig) und durch eine Unterdruckdose (lastabhängig).

Transistorzündung (TSZ, TZ)

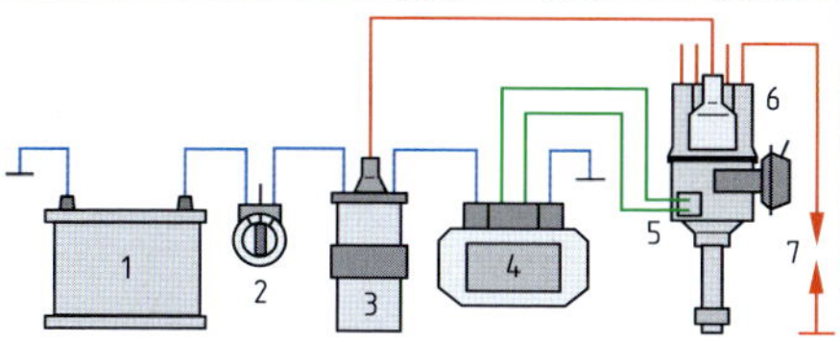

Wirkungsweise

Der Primärstrom fließt von der Batterie (1) über den Zündschalter (2) zur Zündspule (3) und über das elektronische Schaltgerät (4) zur Masse. Der Geber (5) im Zündverteiler (6) liefert den Zündimpuls für das Schaltgerät. Es wird entweder ein Induktivgeber (TSZ-i, TZ-I) oder ein Hallgeber (TSZ-h, TZ-H) verwendet. Der Zündverteiler teilt die Hochspannung der jeweiligen Zündkerze (7) zu (rotierende Hochspannungsverteilung ROV).
Durch die Primärstrombegrenzung im Schaltgerät kann eine Zündspule mit niederohmiger Primärwicklung verwendet werden (Primärstrom bis 10 A, kurze Ladezeit, hohe Funkenzahl). Vorwiderstand und Startanhebung können entfallen. TSZ-Anlagen besitzen eine Schließwinkelsteuerung (Kennlinie), TZ-Anlagen eine Schließwinkelregelung (vgl. S. 280).

Zündauslösung durch Induktivgeber (TSZ-i, TZ-I)

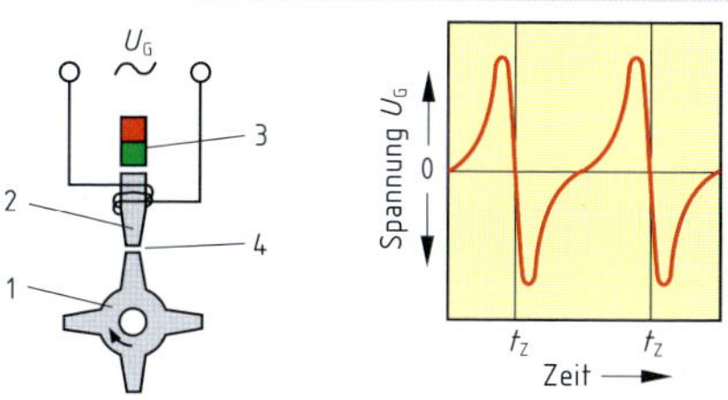

1 Impulsgeberrad
2 Eisenkern mit Induktionswicklung
3 Dauermagnet
4 Luftspalt

Induktivgeber-System

Der Induktivgeber entspricht einem Wechselspannungsgenerator. Als Rotor dient das auf der Verteilerwelle sitzende Impulsgeberrad (1). Es hat so viele Zacken wie der Motor Zylinder hat. Der Stator besteht aus Eisenkern mit Induktionswicklung (2) und Dauermagnet (3). Die Zacken am Eisenkern des Stators bilden mit den Rotorzacken einen Luftspalt (4). Beim Drehen des Impulsgeberrads ändert sich der Luftspalt und damit die Stärke des Magnetfelds in der Induktionswicklung. Es entsteht eine Wechselspannung.

Zündauslösung

Nähern sich die Rotorzacken den Statorzacken, entsteht durch die Zunahme der Magnetfeldstärke ein Spannungsimpuls, entfernen sie sich voneinander, bewirkt die Abnahme der Magnetfeldstärke einen entgegengesetzt gepolten Spannungsimpuls. Bei der Polungsumkehr der Geberspannung U_G (Nulldurchgang) unterbricht das Schaltgerät den Primärstrom (t_z). In diesem Moment stehen sich die Zacken genau gegenüber.

Zündauslösung durch Hallgeber (TSZ-h, TZ-H)

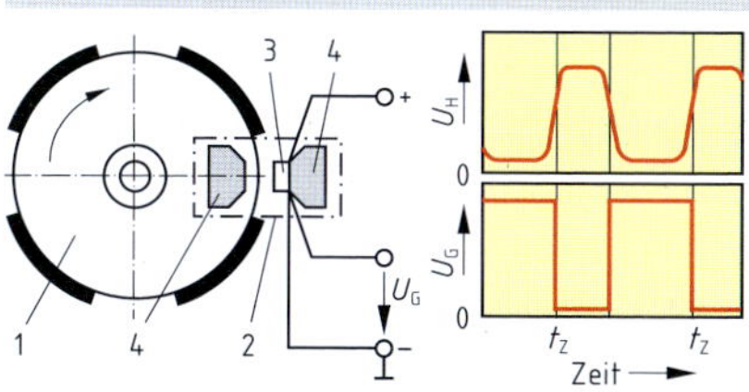

1 Blendenrotor
2 Magnetschranke
3 Hall-IC
4 weichmagn. Leitstücke

Hallgeber-System

Der Geber besteht aus dem Blendenrotor (1) auf der Verteilerwelle und der Magnetschranke (2), durch deren Luftspalt sich der Rotor bewegt (Blendenzahl = Zylinderzahl). Die fest stehende Magnetschranke besteht aus dem Hall-IC (3) mit dem Hallplättchen und dem gegenüberliegenden Dauermagneten. Beide sind verbunden mit den weichmagnetischen Leitstücken (4). Der Hall-IC wandelt die Hallspannung U_H zur Geberspannung U_G um.

Zündauslösung

Befindet sich die Blende im Luftspalt, schirmt sie das Magnetfeld vom Hallplättchen ab, die Hallspannung U_H ist gering, die Geberspannung U_G am Ausgang des Hall-IC liegt an, der Primärstrom ist eingeschaltet. Tritt die Blende aus dem Luftspalt heraus, wird das Hallplättchen vom Magnetfeld durchsetzt, die Hallspannung steigt an, am Hall-IC liegt keine Geberspannung mehr an (t_z), das Schaltgerät unterbricht den Primärstrom.

Elektronische Zündung (EZ)

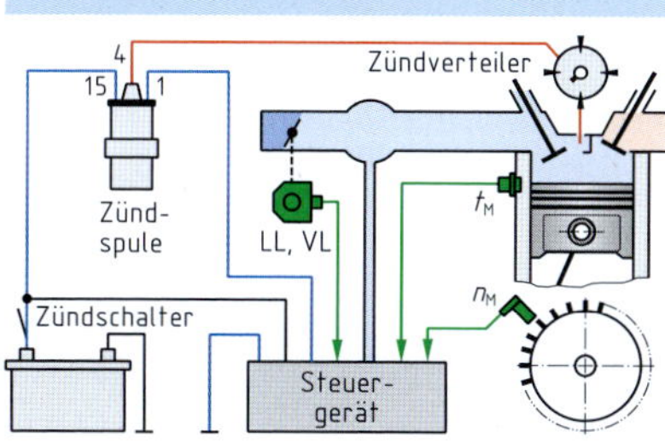

Wirkungsweise

Der Zündzeitpunkt (Zündwinkel) und der Schließwinkel werden für jeden Betriebspunkt elektronisch berechnet. Der Mikrocomputer im Steuergerät ermittelt anhand der Drehzahl- und Lastsignale den Zündwinkel aus dem gespeicherten Zündkennfeld, verarbeitet weitere Eingangsgrößen als Korrekturfaktoren und schaltet entsprechend den Primärstrom. Der Schließwinkel bzw. die Schließzeit wird so geregelt, dass die Zündspannung unabhängig von Drehzahl und Batteriespannung den Höchstwert erreicht. Die Zündspannung wird den Zündkerzen mechanisch durch einen Hochspannungsverteiler zugeteilt (rotierende Hochspannungsverteilung ROV).
Das **Zündkennfeld** enthält für jeden Motorbetriebspunkt den optimalen Zündwinkel. Das **Schließwinkelkennfeld** enthält für jeden Drehzahl- und Batteriespannungspunkt den erforderlichen Schließwinkel (vgl. S. 280).

Hochspannungs-Kondensatorzündung (HKZ)

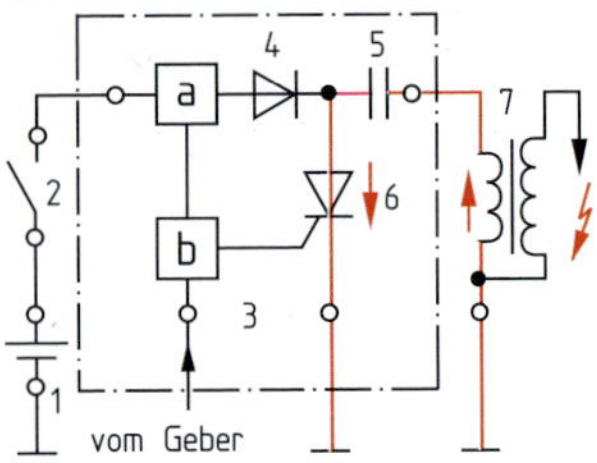

1 Batterie
2 Zündschalter
3 Schaltgerät
a Ladeteil
b Steuerteil
4 Diode
5 Speicherkondensator
6 Thyristor
7 Zündtrafo

Wirkungsweise
Bei der HKZ wird die Zündspannung nicht im Magnetfeld einer Spule, sondern im elektrischen Feld eines Kondensators gespeichert.

- *Ladung:*
Durch den Ladeteil (a) wird die Batteriespannung elektronisch auf etwa 400 V Lade-Gleichspannung umgewandelt und der Speicherkondensator (5) über die Diode (4) aufgeladen. Die Diode verhindert den Rückfluss.

- *Zündung:*
Im Zündzeitpunkt wird der Thyristor (6) durch einen Impuls vom Steuerteil (b) angesteuert. Der vorher sperrende Thyristor wird schlagartig leitend, der Speicherkondensator entlädt sich über die Primärwicklung des Zündtransformators (7). In der Sekundärwicklung entsteht die Hochspannung für den Zündfunken.
Die HKZ kann kontaktgesteuert werden oder kontaktlos durch einen Induktivgeber.

Merkmale
Die Hochspannung steigt sehr steil an, deshalb ist die HKZ weitgehend unempfindlich gegen elektrische Nebenschlüsse im Zündkreis, insbesondere gegen Nebenschlüsse die durch Nässe oder verschmutzte Zündkerzen entstehen.

- Die HKZ hat eine sehr kurze Funkendauer, etwa 0,1 ... 0,3 ms, gegenüber der Spulenzündung (1 ... 2 ms). Für die Entflammung des Kraftstoff-Luft-Gemisches ist die kurze Funkendauer sehr ungünstig, deshalb wird die HKZ nur in Sonderfällen eingesetzt, z. B. für Kreiskolbenmotoren, Motorradmotoren oder Kleinmotoren mit sehr hoher Drehzahl.

Magnetzünder, kontaktgesteuert

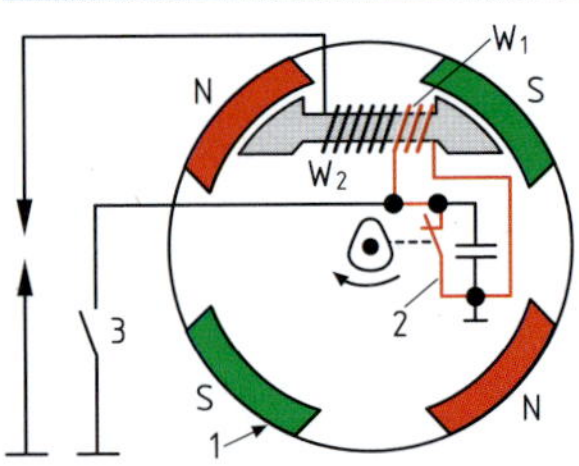

Wirkungsweise
Das umlaufende Dauermagnet-Polrad (1) erzeugt bei geschlossenem Unterbrecher (2) einen Strom in der Primärwicklung (W1). Im Zündanker entsteht dadurch ein Magnetfeld, zusätzlich zum vorhandenen Magnetfeld.

Im Zündzeitpunkt öffnet der Nocken den Unterbrecher (Abriss), das Magnetfeld im Zündungsanker ändert sich und in der Sekundärwicklung (W2) wird ein Hochspannungsstoß induziert, der in der Zündkerze zum Zündfunken führt.

Mit dem Kurzschließschalter (3) wird der Motor abgestellt.

- Anstelle der Hochspannungserzeugung im Zündanker gibt es auch Geräte mit besonderen Zündtransformatoren mit Primär- und Sekundärwicklung.

Bei Einzylinder-Viertaktmotoren fällt ein Zündfunke in den Auspufftakt, da der Magnetzünder mit Kurbelwellendrehzahl läuft.

Verwendung: In Viertakt- und Zweitaktmotoren für leichte Motorräder, Motorsägen, Rasenmäher, Schneeschlitten, Außenbordmotoren.

Magnetzünder-Generator

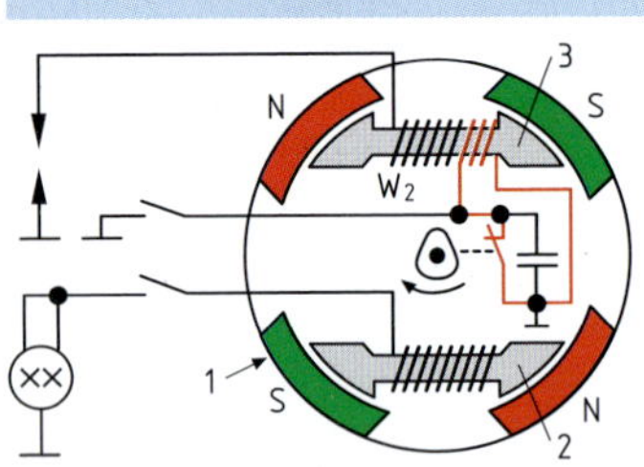

Wirkungsweise
Magnetzünder-Generatoren erzeugen außer der Zündenergie im Zündanker (3) auch Wechselstrom für die Versorgung der Verbraucher.

Bei Drehung des Polrades (1) ändert sich im Generatoranker (2) der magnetische Fluss periodisch. In der Wicklung des Ankers entsteht dadurch eine Wechselspannung.

Die Beleuchtungsanlage kann mit Wechselstrom betrieben werden, während für die Batterieladung ein Gleichrichter erforderlich ist. Die Batterie versorgt die Blinkanlage und das Signalhorn mit Gleichstrom.

Regelung der Spannung
Ein besonderer Spannungsregler ist meistens nicht erforderlich. Die Leistung des Generatorankers ist auf den Leistungsbedarf der Verbraucher abgestimmt.

Bei Belastung des Generatorankers mit dem Verbraucherstrom wird die Spannung durch Selbstinduktion begrenzt. Wichtig ist dabei:
Der vorgeschriebene Anschlusswert der Verbraucher muss eingehalten werden.

Magnet-Hochspannungs-Kondensatorzündung (MHKZ)

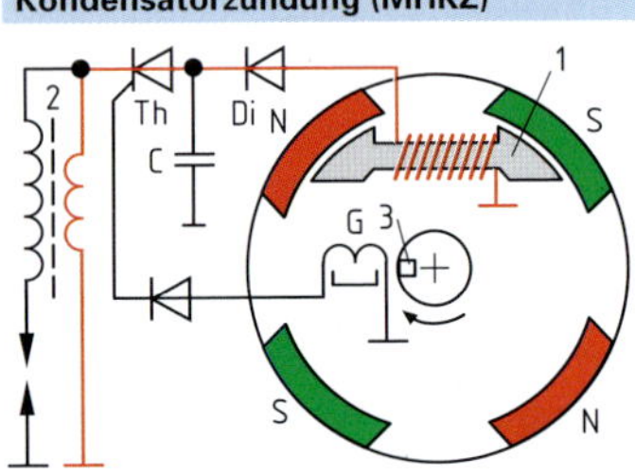

Wirkungsweise
Das umlaufende Polrad erzeugt im Ladegeneratoranker (1) Wechselspannung, die zum Aufladen des Speicherkondensators (C) mittels der Diode (Di) gleichgerichtet wird.

Im Zündzeitpunkt wird der Thyristor (Th) durch einen Steuerimpuls vom Induktivgeber (G) angesteuert. Der Kondensator entlädt sich über den leitend gewordenen Thyristor und über die Primärwicklung des Zündtransformators (2). In der Sekundärwicklung wird Hochspannung induziert, die der Zündkerze zugeführt wird.

- Der Unterbrecher ist durch einen Induktivgeber ersetzt. Der Steuerimpuls wird durch ein Leitstück (3) im Polrad ausgelöst.

Das Schaltgerät mit den elektronischen Bauelementen, der Speicherkondensator und der Zündtransformator sind in einer Baueinheit untergebracht. Der Zündtransformator hat wegen der besseren magnetischen Wirkung einen geschlossenen Kern.

Magnet-Transistorzündung (MTZ)

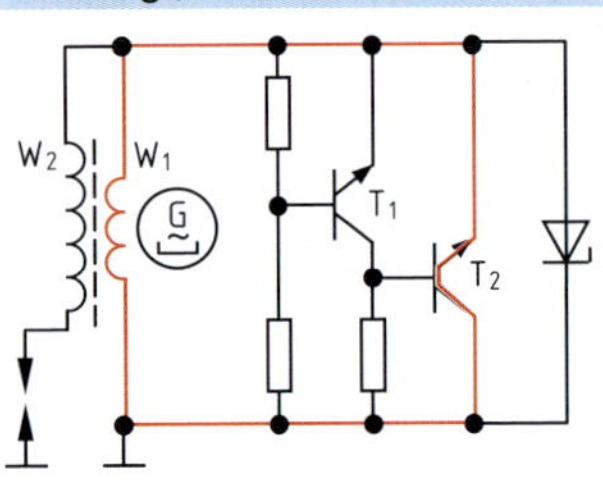

Wirkungsweise
Die Magnet-Transistorzündung hat anstelle eines Unterbrechers eine elektronische Schalteinheit mit Steuerelektronik.

Das umlaufende Polrad erzeugt in der Primärwicklung (W_1) eine Wechselspannung. Sobald diese positiv ist, wird der Leistungstransistor (T_2) leitend, Primärstrom fließt. Bei weiterem Spannungsanstieg in der Primärwicklung bis zur Schaltspannung wird T_1 leitend, wodurch T_2 schlagartig gesperrt wird. Durch den Stromabriss entsteht in der Sekundärwicklung (W_2) die Hochspannung für den Zündfunken.

- Die Vorteile der kontaktlos gesteuerten Magnetzünder gegenüber den kontaktgesteuerten sind:
- Zündzeitpunkt bleibt stabil
- Für hohe Drehzahlen geeignet
- Wartung nicht erforderlich

Verwendung: In Viertakt- und Zweitaktmotoren für Kettensägen, Rasenmäher, leichte Motorräder.

Außer diesen Geräten mit Eigensteuerung gibt es solche mit Impulsgeber.

Anordnung der Stromwege (Leitungen)

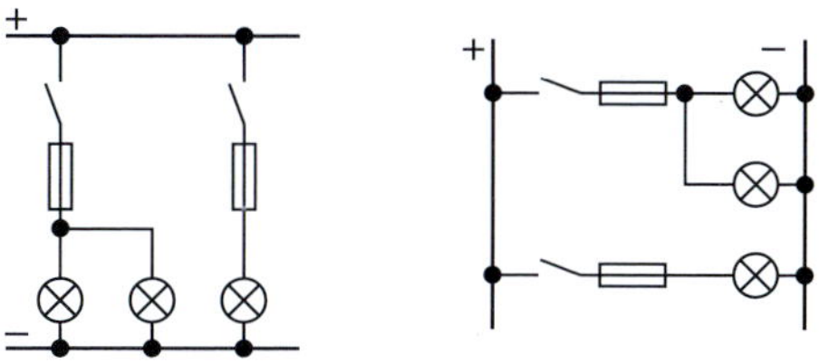

Der Schaltplan zeigt, in welcher Art die elektrischen Geräte zueinander in Beziehung stehen und miteinander verbunden sind.
Damit ein Schaltplan lesbar ist, muss er folgende Forderungen erfüllen:
- Er muss normgerecht dargestellt sein.
- Die Stromwege müssen vorzugsweise so angeordnet sein, dass der Signalfluss von oben nach unten bzw. von links nach rechts verläuft.

Die Stromwege sollen geradlinig, möglichst kreuzungsfrei und ohne Richtungsänderung parallel zum Schaltplanrand verlaufen. Verzweigungen und Kreuzungen mit elektrischer Verbindung werden durch einen Punkt dargestellt.
Leitungskreuzungen ohne Punkt haben keine elektrische Verbindung.

Umrahmung von Geräten

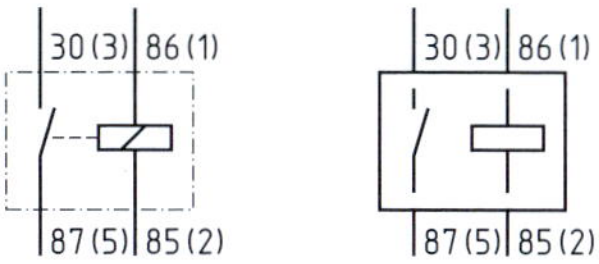

(...) entsprechen ISO 7588

Die Umrahmungslinie dient zur Abgrenzung von Schaltungsteilen oder zum Zusammenfassen von Teilen zu einem Gerät. Durch sie wird der konstruktive oder funktionelle Zusammenhang dieser Teile hervorgehoben. Die Strich-Punkt-Linie als Umrahmungslinie lässt die Innenschaltung in ausführlicher oder vereinfachter Darstellung erkennen. Sie ist elektrisch nicht leitend und stellt keine Masseverbindung dar. Im rechten Bild wird das Schaltzeichen dargestellt. Das Schaltzeichen besteht aus einem geschlossenen Rahmen und dem Gerätesymbol. Es zeigt nicht die Innenschaltung (Schaltzeichen vgl. S. 287).

Abbruchstellen, Zielhinweis

Kennzeichnung durchKlemmenbezeichnung z. B. Kl. 15

Kennzeichnung durch Zielhinweis

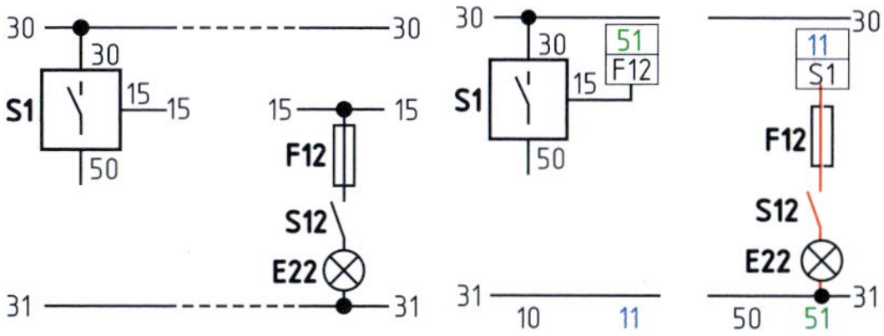

Zur Verbesserung der Übersichtlichkeit können Leitungen, die über eine größere Strecke des Schaltplanes bzw. über mehrere Seiten des Schaltplanes verlaufen, unterbrochen werden. Es werden nur der Anfang und das Ende der Verbindungslinie dargestellt. Die Zusammengehörigkeit der Abbruchstellen wird dadurch gekennzeichnet, dass die Kennung übereinstimmt
- beide Abbruchstellen haben gleiche Klemmenbezeichnung
- an der Abbruchstelle befindet sich ein Zielhinweis.

Der Zielhinweis kann bestehen aus: Angabe des Stromwegs, der Gerätebezeichnung und/oder der Klemmenbezeichnung am Gerät. Als Stromweg (Strompfad) wird der senkrecht verlaufende Leitungsabschnitt über der Zählnummer bezeichnet (rote Kennzeichnung).

Abschnittskennzeichnung, Stromwege, Strompfade

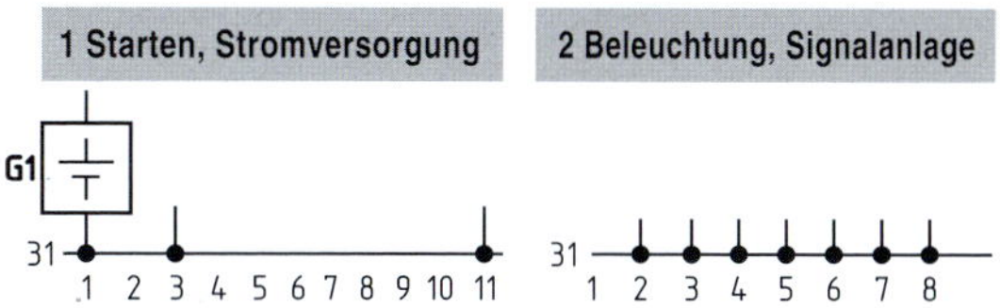

Zum Auffinden von Schaltungsteilen dient die Abschnittskennzeichnung. Sie kann bestehen aus:
- dem Hinweis am oberen Rand des Planes auf den Inhalt des Schaltungsabschnittes. Die Kennzeichnungsbreite entspricht dem Schaltungsabschnitt
- der Bezeichnung der Stromwege bzw. Strompfade durch eine Zählnummer. Die Nummerierung kann entweder für jeden Schaltungsabschnitt getrennt oder über den gesamten Schaltplan durchgehend erfolgen.

Beschriftung, Kennzeichnung von Geräten

Gerätekennzeichen

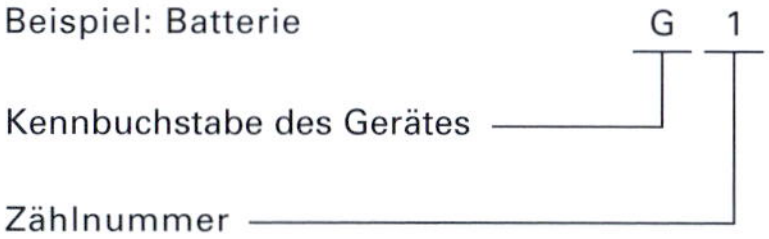

Geräte, Teile oder Schaltzeichen sind in Schaltplänen mit Buchstaben und einer Zählnummer nach DIN 40719, Teil 2 gekennzeichnet.

Bei vertikalem Verlauf der Stromwege steht die Gerätekennzeichnung links neben dem Schaltzeichen, die Anschlusskennzeichnung rechts neben der Verbindungslinie.
Bei horizontalem Verlauf der Stromwege steht die Gerätekennzeichnung unter dem Schaltzeichen, die Anschlusskennzeichnung oberhalb der Verbindungslinie.

Kennbuchstaben nach DIN 40719

Kennbuchstabe	Art des Gerätes oder Betriebsmittels (Beispiele)	Kennbuchstabe	Art des Gerätes oder Betriebsmittels (Beispiele)	Kennbuchstabe	Art des Gerätes oder Betriebsmittels (Beispiele)	Kennbuchstabe	Art des Gerätes oder Betriebsmittels (Beispiele)
A	Baugruppen, Teilbaugruppen (Steuergerät)	F	Schutzeinrichtungen (Sicherungen)	M	Motoren	U	Modulatoren, Umsetzer (Gleichstromwandler)
B	Umsetzer von nicht-elektrischen Größen auf elektrische Größen (Temperaturfühler)	G	Generatoren Stromversorgung	N	Regler, Verstärker (Spannungskonstanthalter)	V	Halbleiter, Röhre (Transistor, Diode)
C	Kondensatoren	H	Meldeeinrichtungen (Signalleuchten, Kontrollleuchten)	P	Messgeräte Prüfeinrichtungen (Diagnoseanschluss)	W	Übertragungsweg, Leitung, Antenne
D	Binäre Elemente, Speicher (Bordcomputer)	K	Relais, Schütz	R	Widerstände (Glühstiftkerzen)	X	Klemmen, Stecker, Steckverbindung
E	Verschiedenes (Heizeinrichtung, Klimaanlage, Leuchte, Zündkerze)	L	Induktivität (Spule, Wicklung)	S	Schalter, Taster	Y	Elektrisch betätigte mechanische Einrichtungen (Einspritz-(magnet)ventil)
				T	Transformatoren (Zündspule)		

Übersichtsschaltplan (Blockschaltplan, Blockdiagramm)

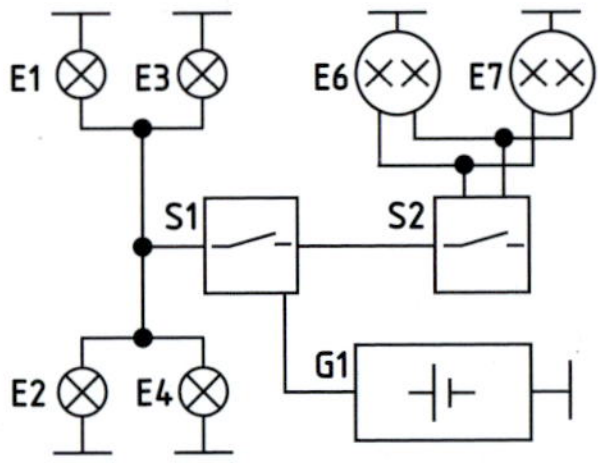

Geräteliste:
E 1 Begrenzungsleuchte links
E 2 Schlussleuchte links
E 3 Begrenzungsleuchte rechts
E 4 Schlussleuchte rechts
E 6 Fern-Abblendscheinwerfer links
E 7 Fern-Abblendscheinwerfer rechts
G 1 Batterie
S 1 Lichtschalter
S 2 Abblendschalter

Der Übersichtsschaltplan soll einen schnellen Überblick über den Zusammenhang der Geräte einer Schaltung verschaffen.
Er wird meist einpolig ohne die Innenschaltung der Geräte dargestellt.
Die Geräte werden durch Quadrate, Kreise oder Rechtecke mit eingezeichneten Kennzeichen oder durch Schaltzeichen oder Bezeichnungen dargestellt.

Anschlussplan

In zusammenhängender Darstellung (vereinfacht)

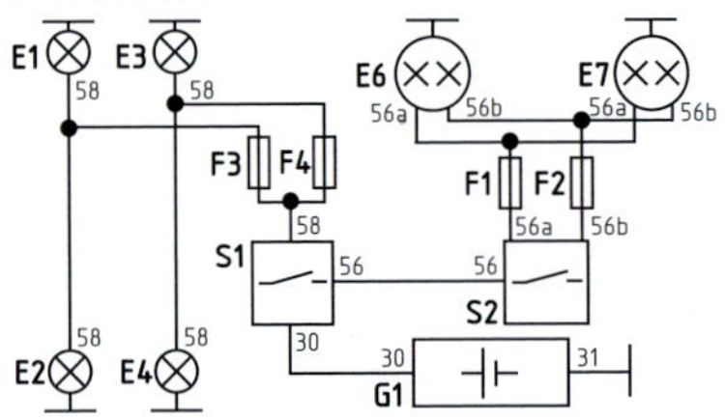

In aufgelöster Darstellung
Beispiel Fern-Abblendscheinwerfer

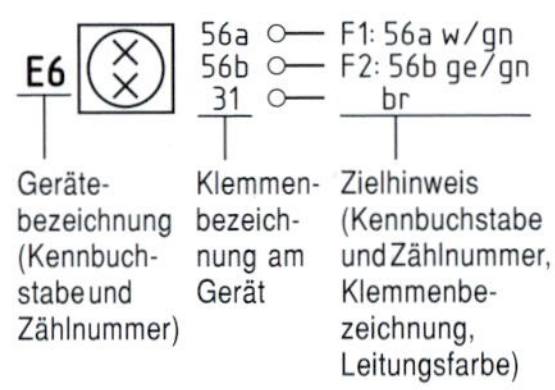

Der Anschlussplan zeigt die Anschlusspunkte einer elektrischen Einrichtung und die daran angeschlossenen Leitungen.
Die Geräte werden durch Schaltzeichen oder bildlich dargestellt, es fehlt die Innenschaltung.

Bei der **zusammenhängenden Darstellung** werden die einzelnen Bauteile mit der Leitungsführung, sämtlichen Anschlusspunkten und Klemmenbezeichnungen dargestellt.

Bei der **aufgelösten Darstellung** erhalten die Anschlüsse einen Zielhinweise, eine Angabe der Leitungsfarbe ist möglich.

Stromlaufplan in zusammenhängender Darstellung

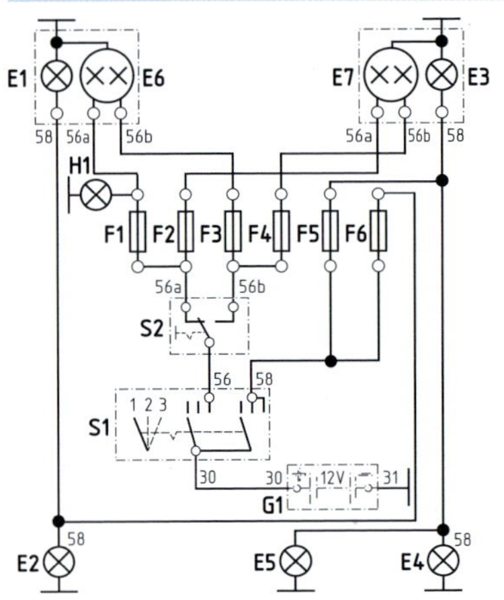

Geräteliste:
E 1 Begrenzungsleuchte links
E 2 Schlussleuchte links
E 3 Begrenzungsleuchte rechts
E 4 Schlussleuchte rechts
E 5 Kennzeichenleuchte
E 6 Fern-Abblendscheinwerfer links
E 7 Fern-Abblendscheinwerfer rechts
F 1 ... 6 Sicherungen
G 1 Batterie
H 1 Fernlichtanzeige
S 1 Lichtschalter
S 2 Abblendschalter

Allgemeines:
Der Stromlaufplan ist die ausführliche Darstellung einer Schaltung in ihren Einzelheiten. Er zeigt durch übersichtliche Darstellung der einzelnen Stromwege die Wirkungsweise einer elektrischen Schaltung. Er dient der Erklärung elektrischer Funktionszusammenhänge und zur Fehlersuche. Zum Schaltplan gehört grundsätzlich eine Geräteliste.

Der **Stromlaufplan in zusammenhängender Darstellung** wird für einfache, nicht sehr umfangreiche Schaltungen verwendet.
Er enthält meist die Innenschaltung der Geräte. Alle Teile eines Gerätes, z. B. Magnetspule und Schaltkontakt eines Relais, sind unmittelbar nebeneinander zusammenhängend dargestellt. Mechanische Verbindungen, z. B. beim Relais zwischen Magnetwicklung und Schalter, werden durch eine Strichlinie dargestellt.
Die Schaltzeichen der Geräte werden bei dieser Art der Darstellung oftmals nach ihrer Anordnung im Kraftfahrzeug gezeichnet, dabei wird bei der Anordnung die Sichtweise von oben auf das Kraftfahrzeug gewählt.

Stromlaufplan in aufgelöster Darstellung

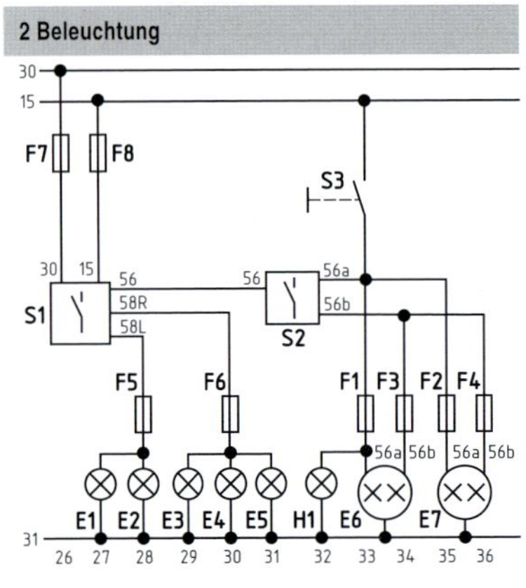

Geräteliste:
E 1 Begrenzungsleuchte links
E 2 Schlussleuchte links
E 3 Begrenzungsleuchte rechts
E 4 Schlussleuchte rechts
E 5 Kennzeichenleuchte
E 6 Fern-Abblendscheinwerfer links
E 7 Fern-Abblendscheinwerfer rechts
F 1 ... 8 Sicherungen
H 1 Fernlichtanzeige
S 1 Lichtschalter
S 2 Abblendschalter
S 3 Taste für Lichthupe

Beim **Stromlaufplan in aufgelöster Darstellung** wird auf räumliche und mechanische Zusammenhänge einzelner Baugruppen keine Rücksicht genommen.
Schaltzeichen von Teilen elektrischer Geräte, z. B. Magnetspule und Relaiskontakt eines Relais sind getrennt dargestellt, sodass jeder Stromweg möglichst leicht verfolgt werden kann. Vorrang hat eine möglichst klare, geradlinige und kreuzungsfreie Anordnung der einzelnen Stromwege.
Oben oder links befindet sich die Plusleitung, unten oder rechts befindet sich die Minusleitung.
Der Schaltplan hat eine Abschnittskennzeichnung mit Hinweisen auf die Inhalte der Abschnitte z. B. Leuchten, Scheinwerfer. Die Geräte haben eine Geräte- und Anschlusskennzeichnung. Die einzelnen Stromwege sind durchnummeriert.
Zum Schaltplan gehört eine Geräteliste.

Leitungen, Verbindungen

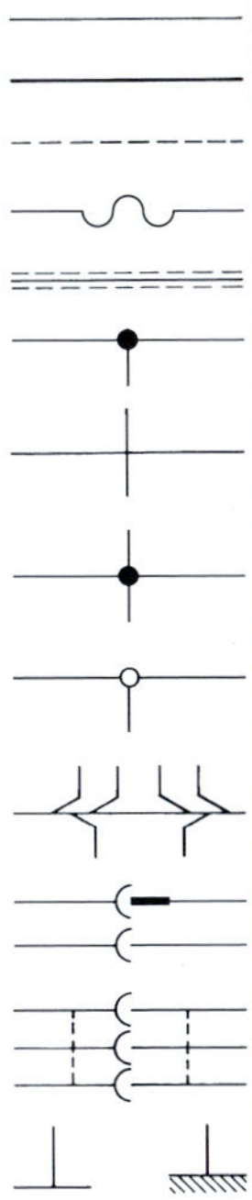

- Leitung allgemein
- – hervorgehoben
- – wahlweise verlegt
- – bewegbar
- – geschirmt
- Abzweigung
- Leitungskreuzung ohne Verbindung
- Verbindungsstelle allgemein
- Verbindungsstelle lösbar
- Leitungsbündel (Kabelbaum)
- Steckerbuchse mit Steckerstift
- Steckverbindung mehrpolig
- Fahrzeugmasse, Gerätemasse

Schalter, Schaltgeräte

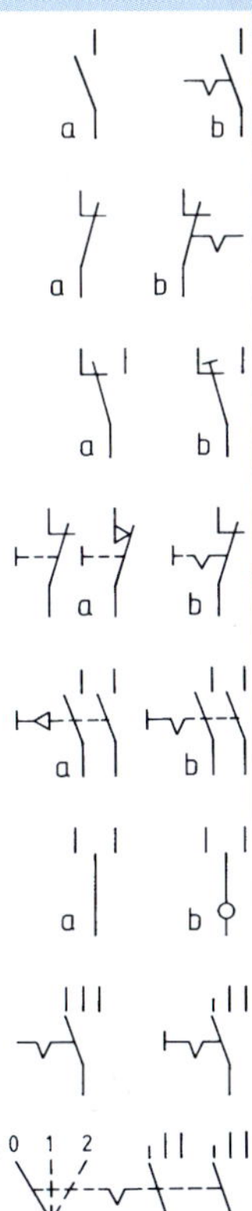

- Schließer, Rückgang
  a selbsttätig
  b nicht selbsttätig
- Öffner, Rückgang
  a selbsttätig
  b nicht selbsttätig
- Wechsler,
  a mit Unterbrechung
  b ohne Unterbrechung
- Öffner
  a Tastschalter
  b Stellschalter
- Schließer, 2-polig
  a Tastschalter
  b Stellschalter
- Zweiwegschließer
  a allgemein
  b Drehpunktangabe
- Mehrstellenschalter (kurze Linie ohne Anschluss)
- Mehrstellenschalter mit Schaltstellungen

Mech. Antriebe und Funktionen

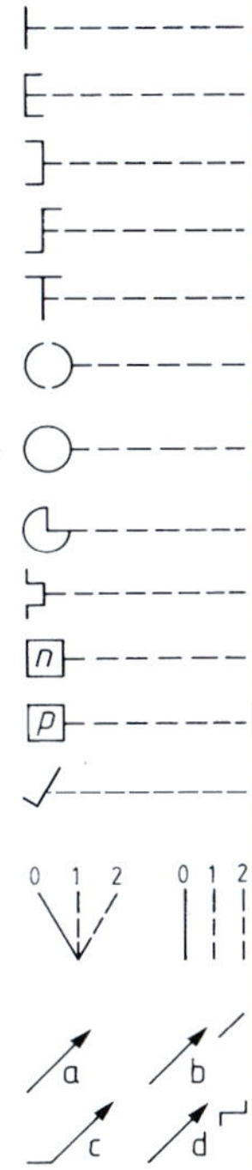

- Handantrieb allgem.
- – durch Drücken
- – durch Ziehen
- – durch Drehen
- – durch Kippen
- – mit Schlüssel
- Betätigung durch Fühler (Nocken)
- – durch Nocken
- – thermisch
- – durch Drehzahl
- – durch Druck
- mit Pedal
- Schaltstellungen (0 = Grundstellung)
- Veränderbarkeit
  a stetig allgemein
  b stetig linear
  c nicht linear
  d stufig

Widerstände

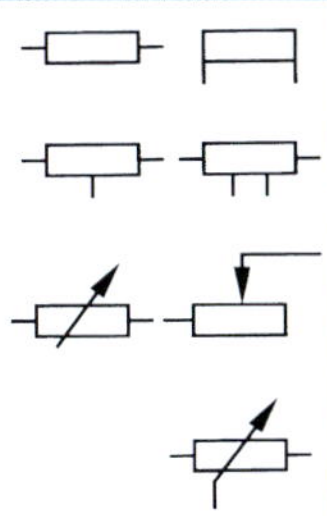

- Widerstand, allg.
- – mit Anzapfungen
- – veränderbar mit 2 Anschlüssen
- – veränderbar mit 3 Anschlüssen (Potentiometer)

Induktivitäten, Kapazitäten

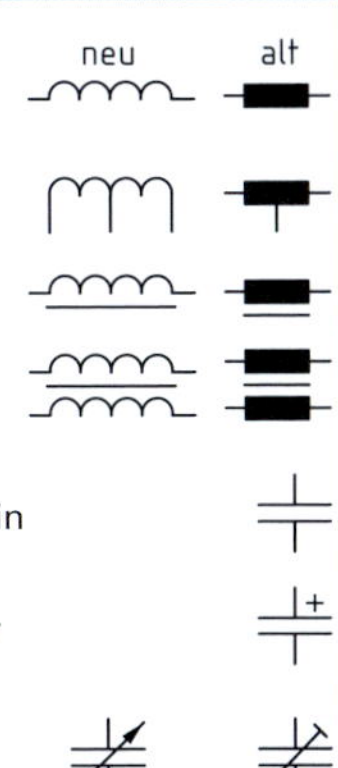

- Induktivität oder Wicklung
- – mit Anzapfungen
- – mit Kern
- Transformator
- Kondensator allgemein
- Elektrolytkondensator
- Kondensator veränderbar

Relais

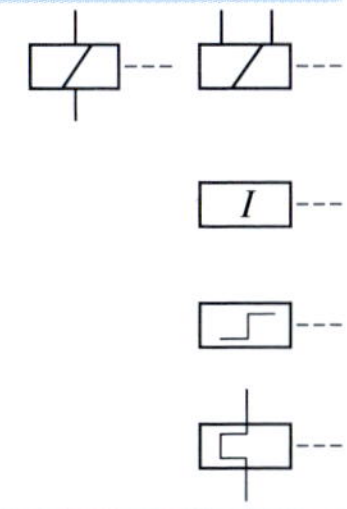

- Relais mit einer Wicklung
- Stromrelais
- Schrittrelais
- Thermorelais

Verschiedene Bauteile, Geräte

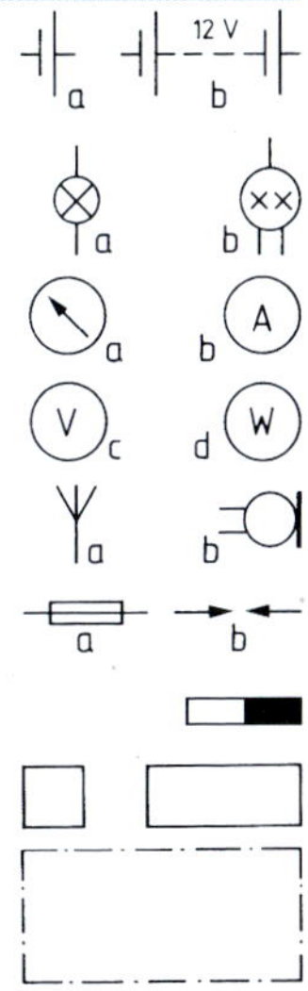

- Batterie
  a allgemein
  b mehrere Zellen
- Glühlampe
  a 1 Leuchtkörper
  b 2 Leuchtkörper
- Messinstrument
  a allgemein
  b Strommesser
  c Spannungsmesser
  d Leistungsmesser
- Antenne (a)
  Mikrofon (b)
- Sicherung (a)
  Funkenstrecke (b)
- Dauermagnet
- Gerät oder Schaltungsglied
- Abgrenzung von Schaltungsteilen (nicht leitend)

Stromarten, elektr. Maschinen

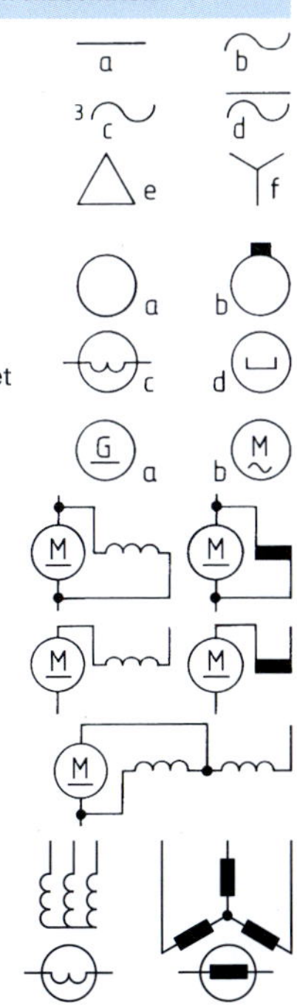

- a Gleichstrom
  b Wechselstrom
  c Drehstrom
  d Allstrom
  e Dreieckschaltung
  f Sternschaltung
- Anker oder Läufer
  a allgemein
  b mit Bürste
  c mit Wicklung
  d mit Dauermagnet
- Generator, Motor
  a Gleichstrom
  b Wechselstrom
- Nebenschlussmaschine
- Reihenschlussmaschine
- Doppelschlussmaschine
- Drehstromgenerator in Sternschaltung

4

Halbleiterwiderstände

- temperaturabhängig Kaltleiter, PTC
- temperaturabhängig Heißleiter, NTC
- lichtabhängig Fotowiderstand (LDR)
- magnetfeldabhängig z. B. Feldplatte (MDR)
- spannungsabhängig Varistor (VDR)

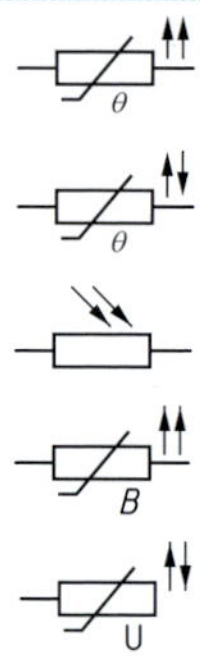

Transistoren

PNP-Transistor

NPN-Transistor

Darlington-Transistor (NPN)

Fototransistor (NPN)

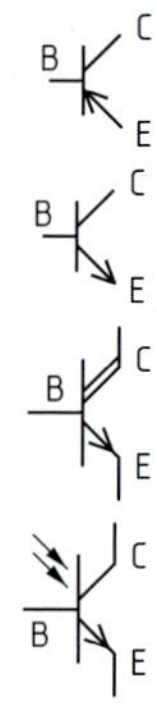

Feldeffekt-Transistoren (FET)

Sperrschicht-FET N-Kanal

Sperrschicht-FET P-Kanal

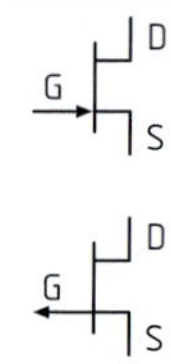

MOSFET

MOS-FET N-Kanal Anreicherungstyp (selbstsperrend)

MOS-FET N-Kanal Verarmungstyp (selbstleitend)

MOS-FET P-Kanal Anreicherungstyp (selbstsperrend)

MOS-FET P-Kanal Verarmungstyp (selbstleitend)

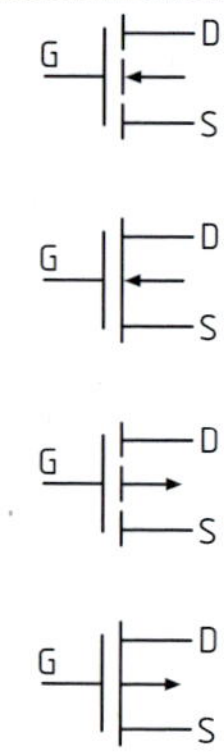

Dioden

Halbleiterdiode, allgemein

Z-Diode (Zenerdiode)

Leuchtdiode (LED)

Fotodiode

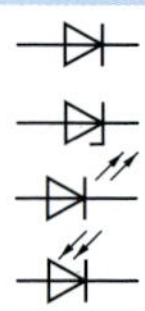

Thyristoren

rückwärtssperrend anodenseitig gesteuert

rückwärtssperrend kathodenseitig gesteuert

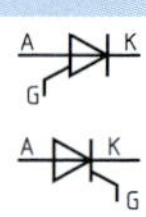

IGBT

IGBT N-Kanal (selbstsperrend)

IGBT P-Kanal (selbstsperrend)

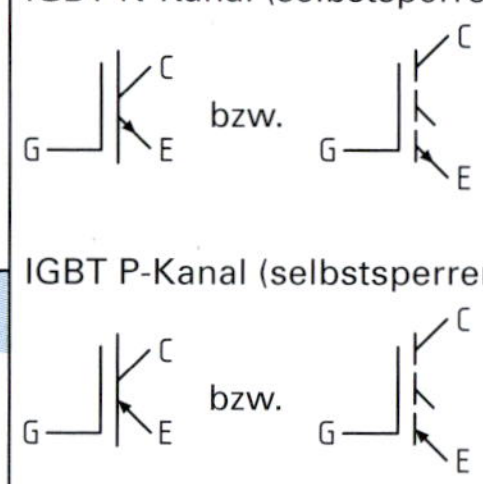

Elektrische Geräte im Kfz

Stromquelle allgemein Batterie

Schalter aller Art

Schalter mit Anzeigelampe

Druckschalter, hydraulisch oder pneumatisch

Relais, Startrelais, Relaiskombination

Verzögerungsrelais, Zeitrelais

Thermozeitschalter

Leuchte, Scheinwerfer

Zündspule, Zündtransformator

Zündverteiler

Zündkerze

Steuergerät, Schaltgerät

Hallgeber

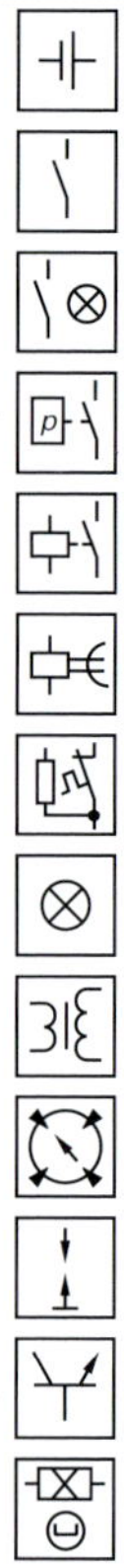

Induktiver Sensor, mit Bezugsmarke gesteuert

Blinkgeber

Magnetventil, Einspritzventil, Kaltstartventil

Drucksteuerventil (ABS)

Drosselklappenschalter

Mengensensor, Kraftstoffstandsensor

Stellmotor, Drehsteller

Luftmengenmesser

Luftmassenmesser

Temperaturfühler (NTC-Widerstand)

Lambda-Sonde beheizt

Spannungsregler

Signalhorn, Fanfare

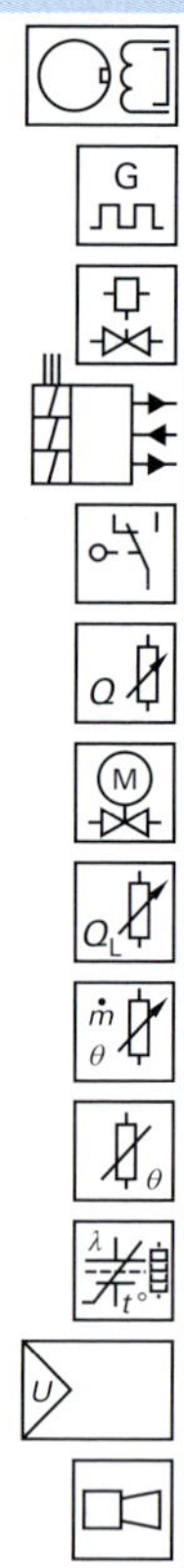

Lautsprecher

Steckanschluss

Klima-Anlage

Fahrtschreiber

Diebstahl-Alarmanlage

Elektro-Kraftstoffpumpe

Startermotor mit Einrückrelais

Lüftermotor

Wischermotor

Elektrokraftstoffpumpe, Motorantrieb für Hydraulikpumpe

Drehstromgenerator in Sternschaltung mit Gleichrichter

Drehstromgenerator mit Gleichrichter und Regler

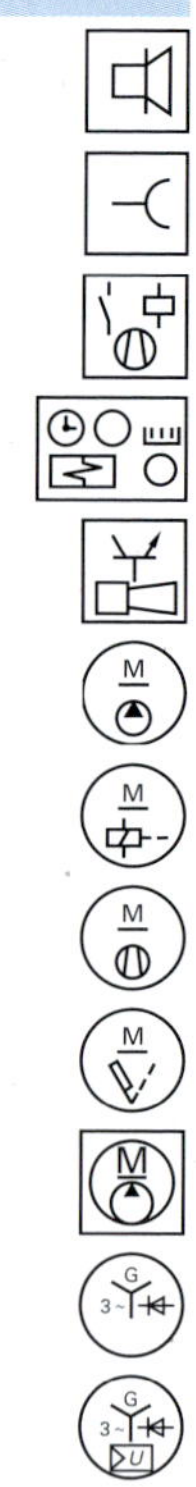

Klemme, Bedeutung

Zündanlage

1	Zündspule, Zündverteiler Niederspannung
1 a, b	Zündverteiler mit zwei getrennten Stromkreisen
2	Kurzschließklemme (Magnetzünder)
4	Zündspule, Zündverteiler Hochspannung
4 a, b	Zündverteiler mit zwei getrennten Stromkreisen (Hochspannung)
15	Geschaltetes Plus nach Batterie (Ausgang Fahrtschalter)
15 a	Ausgang am Vorwiderstand zu Zündspule und Starter

Batterie

15	Batterie Plus über Schalter
30	Eingang von Batterie + direkt
30 a	Eingang von Batterie II + am Batterieumschaltrelais 12/24 V
31	Rückleitung an Batterie Minus oder an Masse direkt
31 b	Rückleitung an Batterie Minus oder an Masse über Schalter
31 a	Rückleitung an Batterie II Minus Batterieumschaltrelais 12/24 V
31 c	Rückleitung an Batterie I Minus Batterieumschaltrelais 12/24 V

Elektromotoren

32	Rückleitung } Polaritätswechsel möglich
33	Hauptanschluss } Polaritätswechsel möglich
33 a	Endabstellung
33 b	Nebenschlussfeld
33 f	2. kleinere Drehzahlstufe
33 g	3. kleinere Drehzahlstufe
33 h	4. kleinere Drehzahlstufe
33 L	Drehrichtung links
33 R	Drehrichtung rechts

Fahrtrichtungsanzeige

49	Eingang Blinkgeber
49 a	Ausgang Blinkgeber
49 b	Ausgang 2. Blinkkreis
49 c	Ausgang 3. Blinkkreis
C	1. Anzeigelampe
CO	Hauptanschluss für vom Blinker getrennte Kontrollkreise
C 2	2. Anzeigelampe
C 3	3. Anzeigelampe
L	Blinkleuchten links
R	Blinkleuchten rechts

Klemme, Bedeutung

Starter, Startersteuerung

45	Ausgang getrenntes Startrelais Eingang Starter (Hauptstrom)
45 a	Ausgang Starter I
45 b	Ausgang Starter II am Startrelais für Einrückstrom (Starter-Parallelbetrieb)
48	Startwiederholrelais Starter
50	Startersteuerung direkt
50 a	Startersteuerung am Batterieumschaltrelais
50 b	Startersteuerung, Startdoppelrelais (Starter-Parallelbetrieb)
50 e	Startsperrrelais Eingang
50 f	Startsperrrelais Ausgang
50 g	Startwiederholrelais Eingang
50 h	Startwiederholrelais Ausgang

Wechselstromgenerator

51	Gleichspannung am Gleichrichter
51 e	wie 51 jedoch mit Drosselspule für Tagfahrt
59	Wechselspannung Ausgang Gleichrichter Eingang
59 a	Ladeanker Ausgang
59 b	Schlusslichtanker Ausgang
59 c	Bremslichtanker Ausgang

Generator, Generatorregler

61	Generatorkontrolle
B+	Batterie Plus
B–	Batterie Minus
D+	Dynamo Plus
D–	Dynamo Minus
DF	Dynamo Feld
DF 1	Dynamo Feld 1
DF 2	Dynamo Feld 2
U, V, W	Drehstromklemmen

Beleuchtung

54	Bremslicht bei Leuchtkombinationen u. Anhängersteckvorrichtung
55	Nebelscheinwerfer
56	Scheinwerferlicht
56 a	Fernlicht und Fernlichtkontrolllampe
56 b	Abblendlicht
56 d	Lichtsignal (Lichthupe)
57	Standlicht Kraftrad
57 a	Parklicht
57 L, R	Parklicht links, rechts
58	Begrenzungs-, Schluss-, Kennzeichen-, Instrumentenleuchten

Klemme, Bedeutung

Wischermotor

53	+ Kohlebürste 1. Stufe
53 a	Endabstellung (+)
53 b	Nebelschlusswicklung
53 c	Scheibenspülerpumpe
53 e	Bremswicklung
53 i	Wischer mit Permanentmagnet und dritter Bürste (für höhere Geschwindigkeit)

Glühstartschalter

15	Eingang Glühstartschalter
17	Starten
19	Vorglühen
50	Startersteuerung

Schalter

81	Öffner und Wechsler, Eingang
81 a	–, 1. Ausgang
81 b	–, 2. Ausgang
82	Schließer, Eingang
82 a	–, 1. Ausgang
82 b	–, 2. Ausgang
82 z	–, 1. Eingang
82 y	–, 2. Eingang
83	Mehrstellenschalter, Eingang
83 a	–, Ausgang Stellung 1
83 b	–, Ausgang Stellung 2
83 L	Ausgang, Stellung links
83 R	Ausgang, Stellung rechts

Relais

Relaiswicklung

DIN		ISO	Beschreibung
alt	neu		
86	86	1	Eingang (+)
85	85	2	Ausgang (–)

Relaiskontakte Schließer

DIN		ISO	Beschreibung
alt	neu		
30	88	3	Eingang (+)
87	88a	5	Ausgang

Relaiskontakte Öffner

DIN		ISO	Beschreibung
alt	neu		
30	87	3	Eingang (+)
87a	87a	4	Ausgang

Zusätzliche Anlagen

52	Signal vom Anhänger, allgem.
54 g	Ventil für Dauerbremse im Anhänger (elektromagnetisch)
75	Radio, Zigarettenanzünder
77	Türventilsteuerung

4

Stromlaufplan eines Pkw mit Ottomotor (Auszug)

1 Starten, Stromversorgung

2 Beleuchtung, Signalanlage

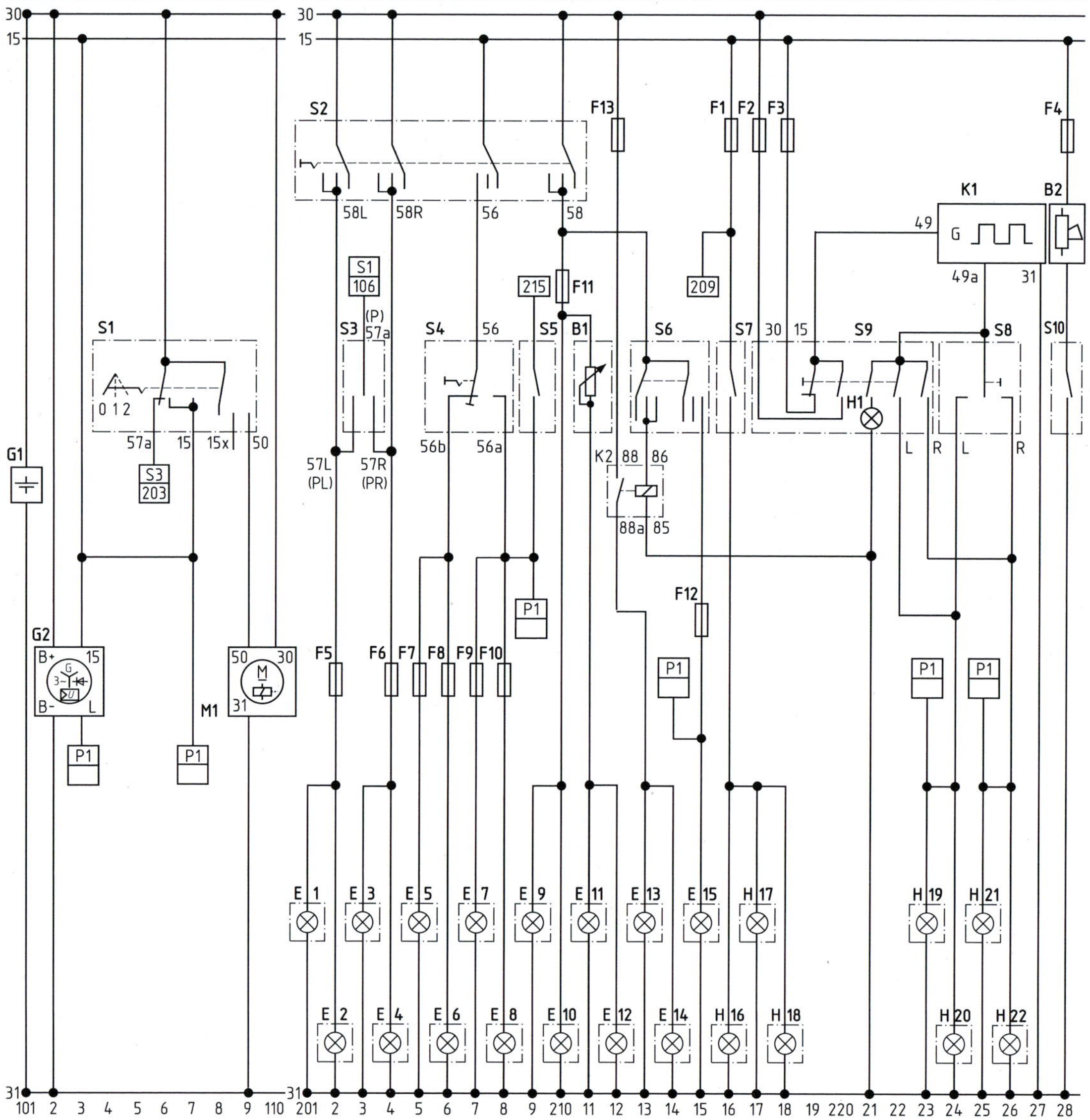

Starten, Stromversorgung

Kennzeichen	Gerät
G 1	Batterie
G 2	Generator
M 1	Startermotor
P 1	Kombi-Instrument mit Anzeigeleuchten
S 1	Zünd-Start-Schalter

Beleuchtung, Signalanlage

Kennzeichen	Gerät
B 1	Helligkeitsregler Instrumentenbeleuchtung
B 2	Signalhorn
E 1, E 3	Standlicht L, R
E 2, E 4	Schlussleuchte L, R
E 5, E 6	Abblendscheinwerfer L, R
E 7, E 8	Fernscheinwerfer L, R
E 9, E 10	Kennzeichenleuchte L, R
E 11	Intrumentenbeleuchtung
E 12	Armaturenbrettbeleuchtung
E 13, E 14	Nebelscheinwerfer L, R
E 15	Nebelschlussleuchte
H 1	Anzeigeleuchte für Warnlicht
H 16, H 17	Bremsleuchte L, R
H 18	Bremsleuchte Mitte

Kennzeichen	Gerät
H 19, H 20	Blinkleuchte VL, HL
H 21, H 22	Blinkleuchte VR, HR
K 1	Warnblinkrelais
K 2	Relais Nebelscheinwerfer
P 1	Kombi-Instrument mit Anzeigeleuchten
S 2	Lichtschalter
S 3	Parklichtschalter
S 4	Abblendschalter
S 5	Taster für Lichthupe
S 6	Nebellichtschalter
S 7	Bremslichtschalter
S 8	Blinkerschalter
S 9	Warnlichtschalter
S 10	Horntaster

3 Motormanagement (MED-Motronic)

Teil 1

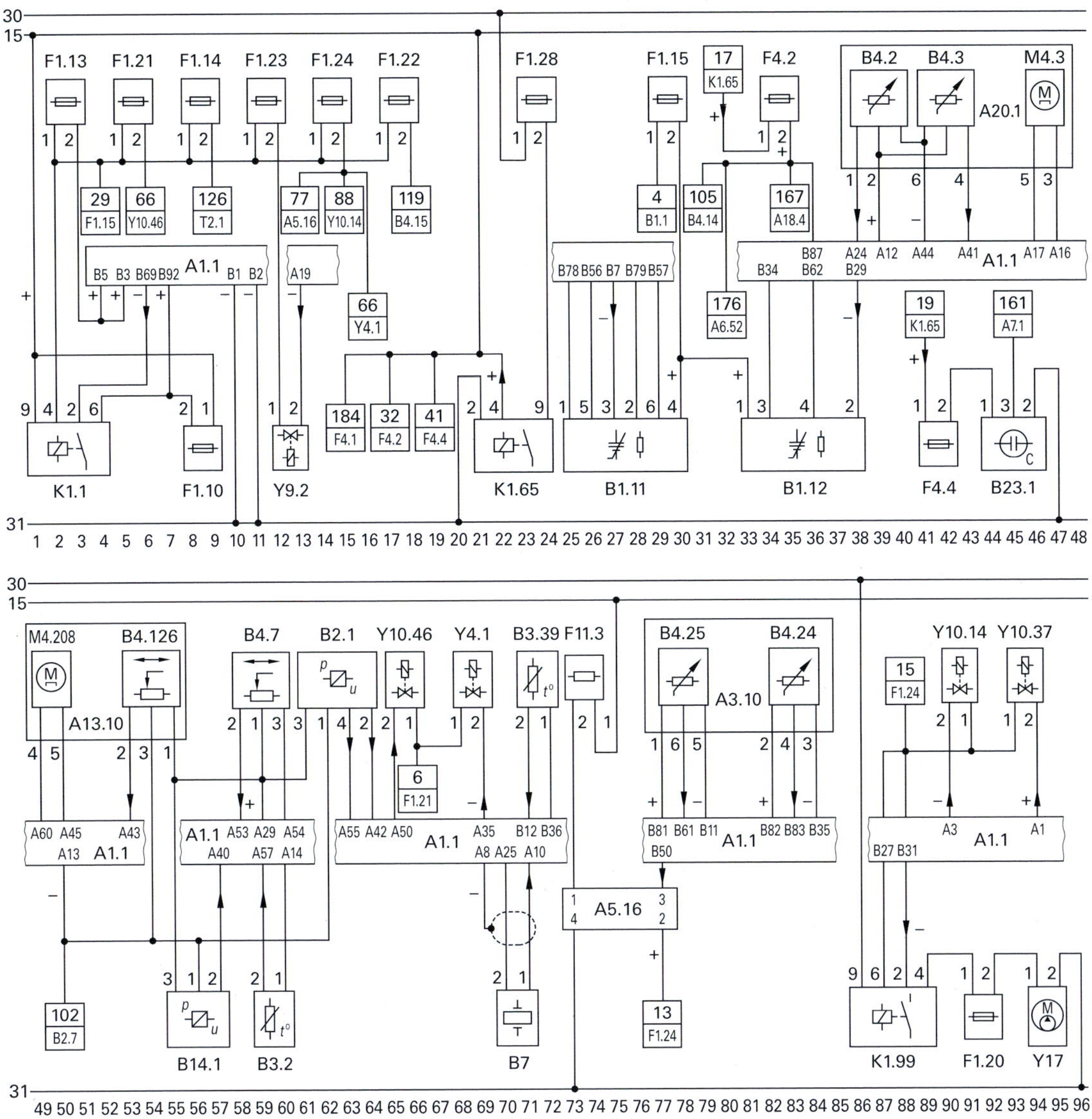

Kenn-zeichen	Bauteil
A1.1	Motorsteuergerät
A3.10	Fahrpedalmodul
A5.16	Kühlerlüfter-Steuergerät
A6.8	Zentralelektronik
A20.1	Drosselklappen-Steuereinheit
A13.10	Regelklappen-Steuergerät
B1.11	Lambdasonde (vor Kat)
B1.12	Lambdasonde (nach Kat)
B2.1	Saugrohrdrucksensor
B3.2	Kühlmittel-Temperatursensor 1
B3.39	Kühlmittel-Temperatursensor 2
B4.2	Drosseklappen-Positionssensor 1
B4.3	Drosseklappen-Positionssensor 2
B4.7	Nockenwellen-Positionssensor
B4.24	Fahrpedalsensor 1
B4.25	Fahrpedalsensor 2

Kenn-zeichen	Bauteil
B4.126	Regelklappen-Positionssensor
B7	Klopfsensor
B14.1	Kraftstoff-Hochdrucksensor
B23.1	Motoröl-Qualitätssensor
F	Sicherung
K1.1	Hauptrelais
K1.65	Relais Kl. 15
K1.99	Kühlmittelpumpenrelais
M4.206	Regelklappen-Stellmotor
M4.3	Drosselklappen-Stellmotor
Y4.1	Tankentlüftungsventil
Y9.2	Kraftstoffdruck-Regelventil
Y10.14	Ladedruckbegrenzung Magnetventil
Y10.37	Umluftmagnetventil Turbolader
Y10.46	Magnetventil Nockenwellensteuerung
Y17	Elektrische Kühlmittelpumpe

Stromlaufplan eines Pkw mit Ottomotor (Auszug)

3 Motormanagement (MED-Motronic) Teil 2

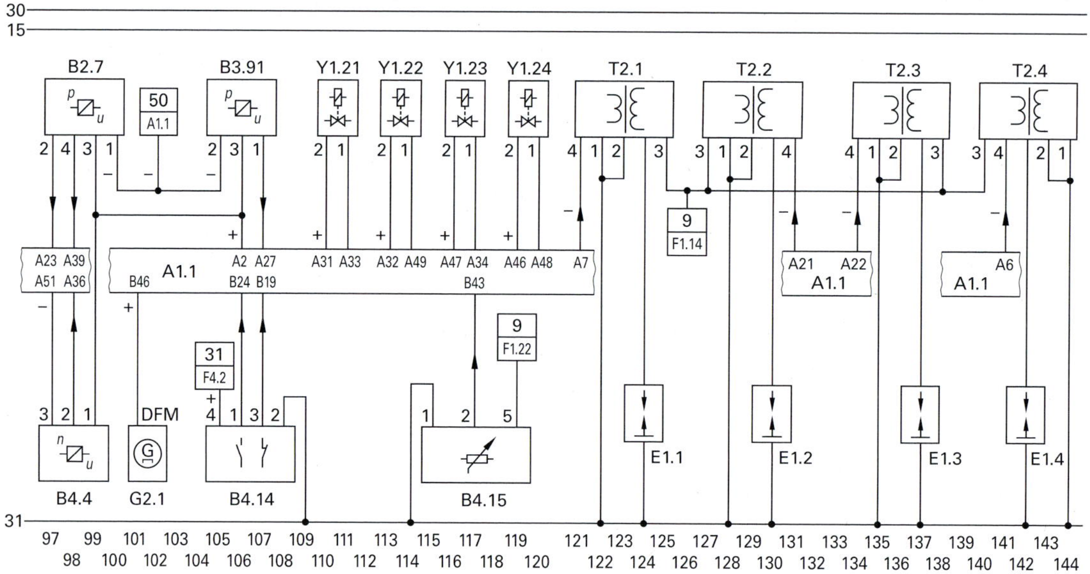

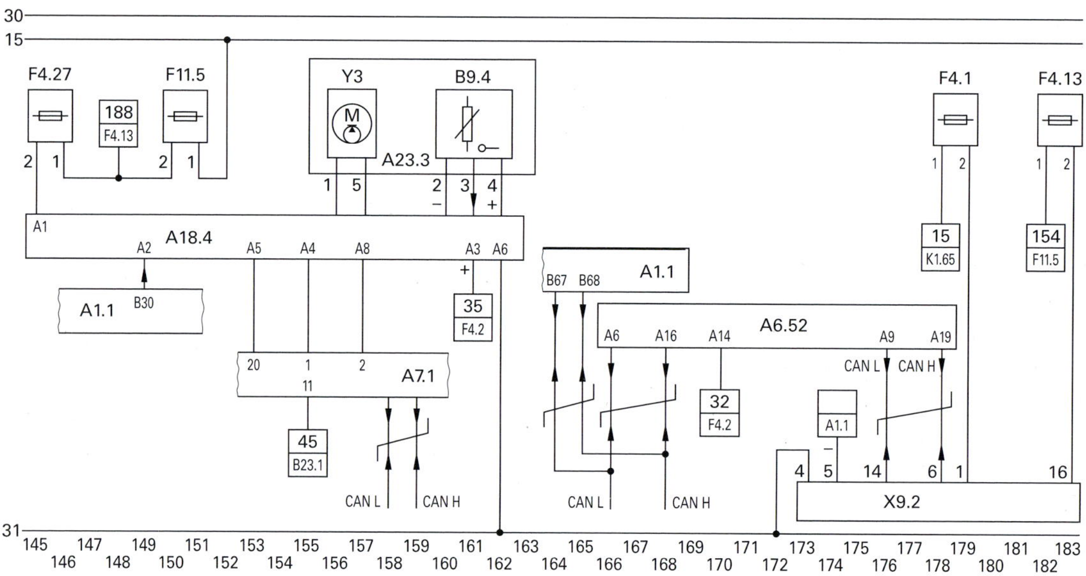

Kennzeichen	Bauteil
A1.1	Motorsteuergerät
A6.25	Gateway
A7.1	Kombiinstrument
A18.4	Steuergerät Elektrokraftstoffpumpe
A23.3	Einbaueinheit Kraftstofftank
B2.7	Ladedrucksensor Turbolader
B3.91	Motoröldrucksensor
B4.4	Kurbelwellensensor (Drehzahl, Position)
B9.4	Sensor Kraftstofffüllstand

Kennzeichen	Bauteil
B4.14	Positionssensor Bremspedal
B4.15	Positionssensor Kupplungspedal
E1.1 … E1.4	Zündkerzen Zylinder 1 … 4
F	Sicherungen
G2.1	Drehstromgenerator (DFM-Signal Regler)
T2.1 … T2.4	Zündspulmodule Zylinder 1 … 4
X9.2	Diagnoseanschluss (OBD)
Y1.21 … Y1.24	Hochdruckeinspritzventile Zylinder 1 … 4
Y3	Elektro-Kraftstoffpunpe

4 Klimaautomatik

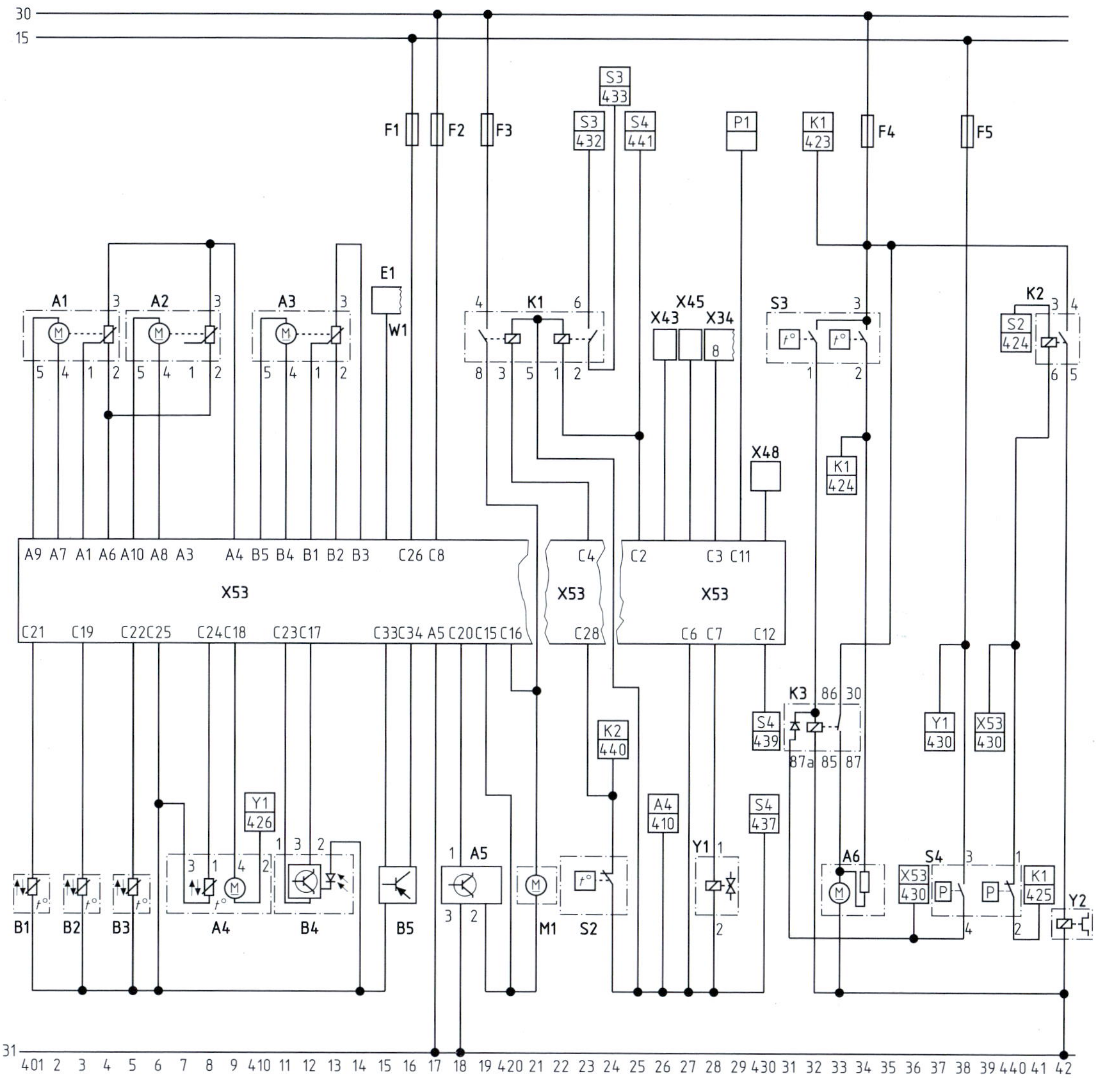

Klimaautomatik

Kennzeichen	Gerät
A 1	Stellmotor Mittenausströmer
A 2	Stellmotor Frischluft-Umluft
A 3	Stellmotor Defrostklappe
A 4	Schalttafeltemperatursensor mit Gebläse
A 5	Gebläsesteuergerät
A 6	Kühlerlüfter
B 1	Kühlmitteltemperatursensor
B 2	Außentemperatursensor
B 3	Ansauglufttemperatursensor
B 4	Fotosensor (Sonneneinstrahlung)
B 5	Sensor für Luftgüte
E 1	Anzeigeeinheit Klimaautomatik
K 1	Klimaanlagenrelais
K 2	Klimakompressorrelais
K 3	Kühlerlüfternachlaufrelais
M 1	Frischluftgebläsemotor
P 1	Kombi-Instrument Außentemperaturanzeige
S 2	Temperaturschalter Verdampfer
S 3	Kühlmitteltemperaturschalter Motor
S 4	Hochdruck-/Niederdruckschalter Klimaanlage
W 1	Steckverbindung für 16-poliges Flachbandkabel
X 34	Steuergerätestecker Getriebesteuerung
X 43	Stecker Zusatzheizsystem
X 45	Stecker Frontscheibenheizung
X 48	Diagnoseanschluss
X 53	Stecker Klimaautomatik (Stecker A, Stecker B, Stecker C)
Y 1	Ventil für Frischluft-/Umluftklappe
Y 2	Magnetkupplung Klimakompressor

4

Stromlaufplan eines Pkw mit Ottomotor (Auszug)

5 Wisch- und Spülanlage

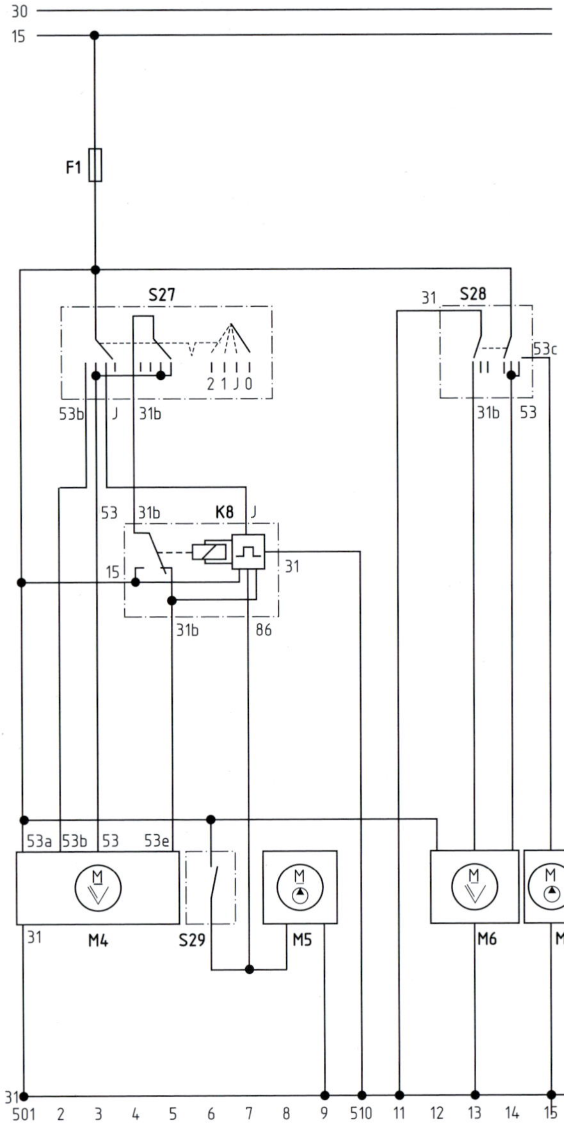

6 Gebläse, Heizung
(Fahrzeug mit Temperaturregelung ohne Klimaanlage)

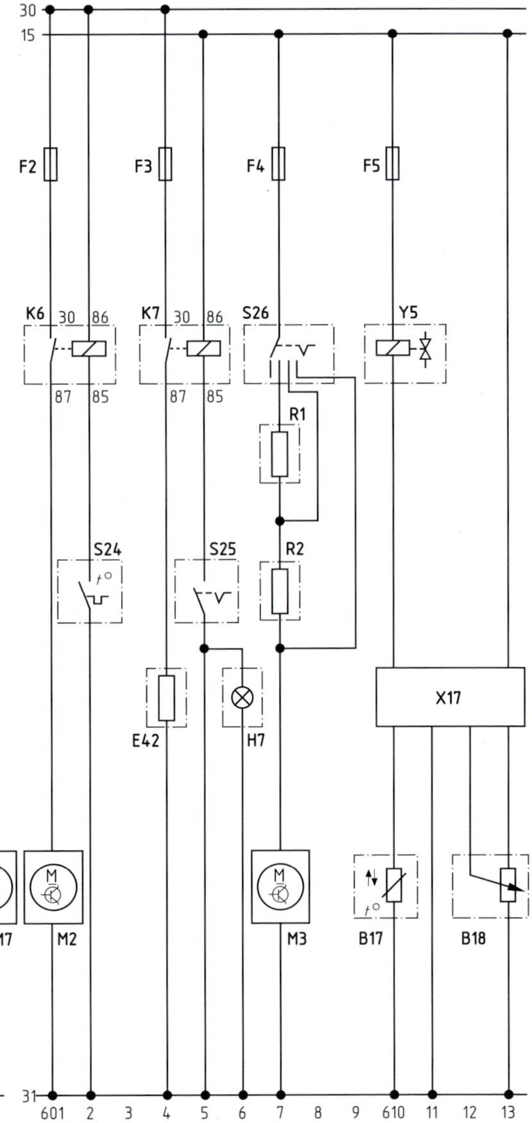

Wisch- und Spülanlage

Kennzeichen	Gerät
K 8	Wischerintervallrelais
M 4	Wischermotor
M 5	Scheibenspülermotor
M 6	Heckscheibenwischermotor
M 7	Heckscheibenspülermotor
S 27	Wischerschalter
S 28	Heckwischer-Spülerschalter
S 29	Spülerschalter

Gebläse, Lüftung, Heizung

Kennzeichen	Gerät
B 17	Innenraumtemperatursensor
B 18	Sollwerteinsteller
E 42	Heckscheibenheizung
H 7	Kontrollleuchte Heckscheibenheizung
K 6	Motorlüfterrelais (Motorkühlung)
K 7	Relais für Heckscheibenheizung
M 2	Kühlgebläsemotor (Motorkühlung)
M 3	Frischluftgebläsemotor
R 1, R 2	Widerstand Frischluftgebläsemotor Stufe 1, Stufe 2
S 24	Thermoschalter
S 25	Schalter Heckscheibenheizung
S 26	Schalter für Frischluftgebläsemotor
X 17	Steuergerätestecker Heizungsregelung
Y 5	Heißwasserventil

Beleuchtung, Signalanlage (mit zentralem Steuergerät)

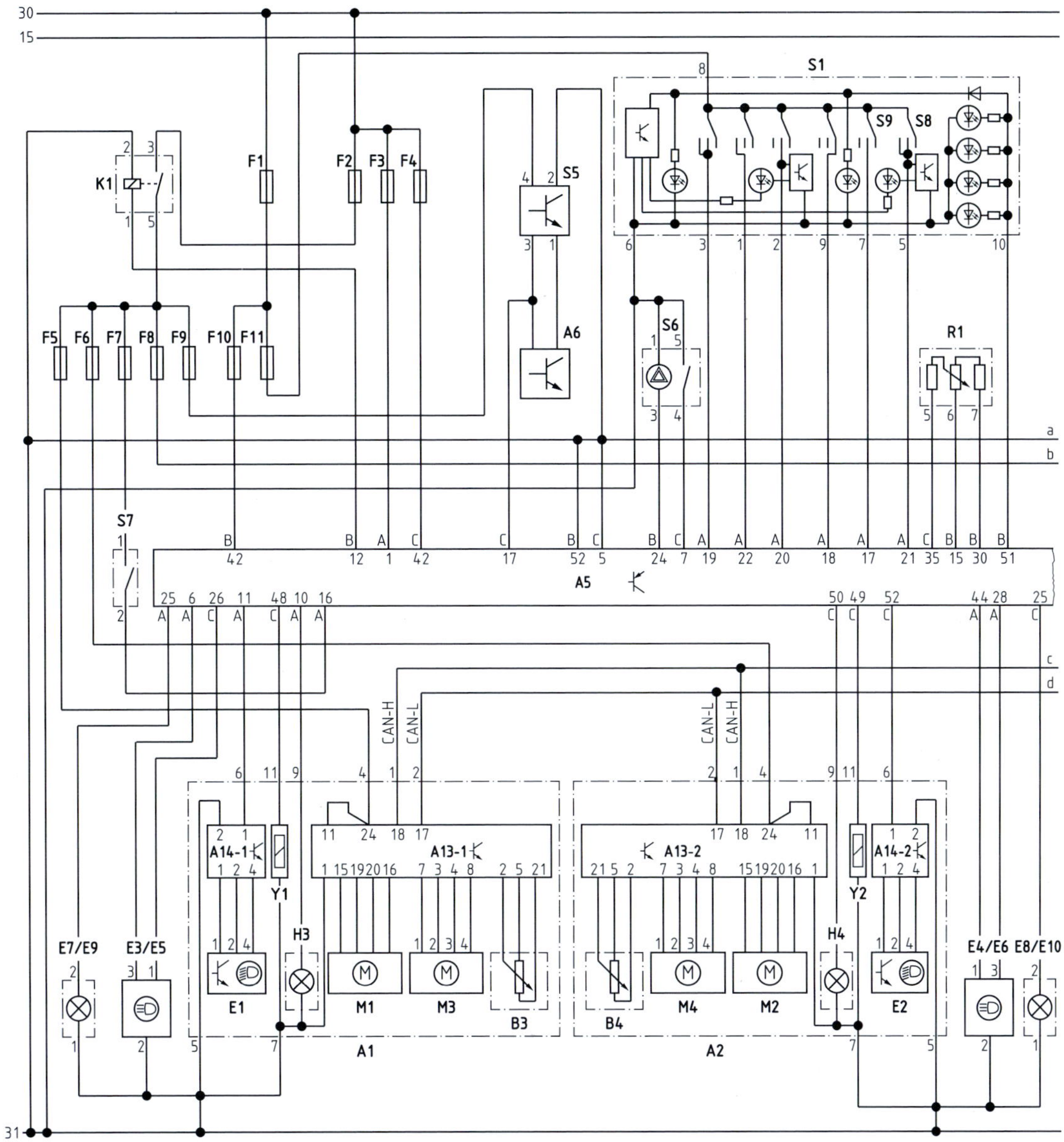

Kenn-zeichen	Gerät
A1, A2	Scheinwerfereinheit L, R
A3-1, A3-2	Heckleuchteneinheit, links 1, 2
A4-1, A4-2	Heckleuchteneinheit, rechts 1, 2
A5	Multifunktionssteuergerät (Zentralelektronik)
A6	Motorsteuergerät
A7	Instrumententafel-Steuergerät
A8	Diagnosemodul
A9	Digitales Multifunktionsdisplay
A10	Steuergerät für LWR/Kurvenlicht
A11, A12	Türsteuergerät fahrerseits, beifahrerseits
A13-1, A13-2	Gasentladungsscheinwerfer-Steuergerät L, R
A14-1, A14-2	Gasentladungsscheinwerfer-Zündgerät L, R
A15	Lenksäulenfunktions-Steuergerät

Kenn-zeichen	Gerät
B1	Sensor für Regen- und Lichterkennung
B2	LWR-Achsensor, hinten
B3, B4	Stellungssensor für Kurvenlicht L, R
E1, E2	Gasentladungslampe L, R
E3, E4	Tagfahrlicht L, R
E5, E6	Standlicht L, R
E7, E8	Nebelscheinwerfer L, R
E9, E10	Abbiegelicht L, R
E11, E12	Schlusslicht L, R
E13, E14	Kennzeichenbeleuchtung L, R
E15	Nebelschlusslicht
E16	Rückfahrscheinwerfer

Stromlaufplan eines Pkw mit Ottomotor (Auszug)

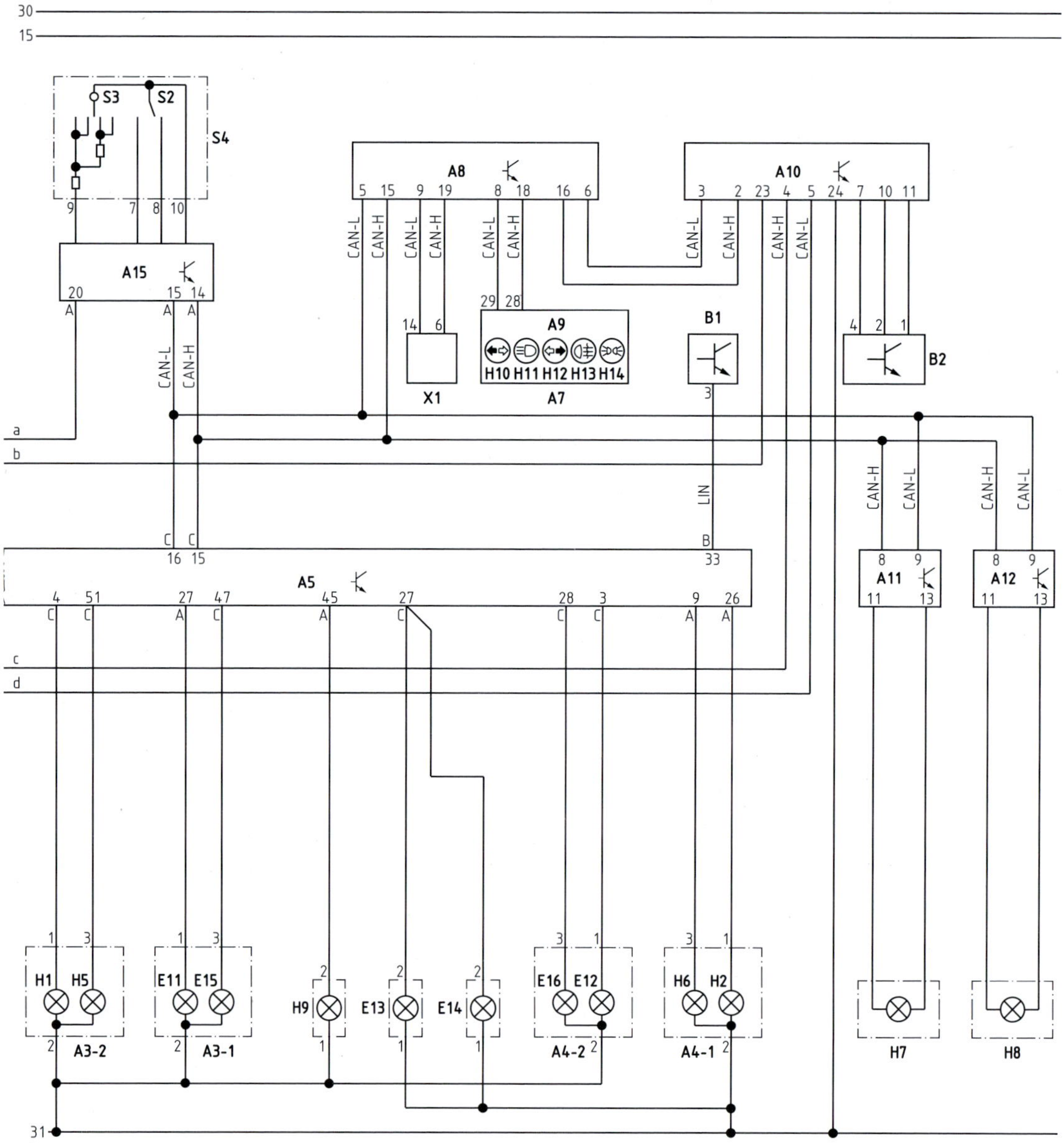

Kenn-zeichen	Gerät
H1, H2	Brems-/Schlusslicht L, R
H3, H4	Blinklicht, VL, VR
H5, H6	Blinklicht, HL, HR
H7, H8	Blinklicht, Außenspiegel L, R
H9	Bremslicht, Mitte
H10/H12	Blinkllicht-Kontrollleuchte L, R
H11	Fernlicht-Kontrollleuchte
H13	Nebelschlusslicht-Kontrollleuchte
H14	Standlicht-Kontrollleuchte
K1	Relais für Hauptfahrtstromkreise
M1, M2	Leuchtweitenregulierungsmotor L, R
M3, M4	Kurvenscheinwerfer-Schwenkmotor L, R

Kenn-zeichen	Gerät
R1	Instrumentenbeleuchtungs-Regler
S1	Scheinwerferschalter
S2	Abblendlichtschalter
S3	Blinklichtschalter
S4	Mehrfunktionsschalter
S5	Bremspedalschalter
S6	Warnblinkschalter
S7	Rückwärtsgangschalter
S8	Schalter für Nebelscheinwerfer
S9	Schalter für Nebelschlusslicht
X1	Diagnoseanschluss
Y1, Y2	Stellglied Abblendlicht-Fernlicht-Umschaltung L, R

Elektrische Kupferleitungen für Kraftfahrzeuge mit PVC-Isolierung (Typen FLY, FLRY)

vgl. DIN ISO 6722

Angabe des Leitungstyps:
FL Fahrzeugleitung
R reduzierte Isolationswandstärke
Y Isolierung aus PVC

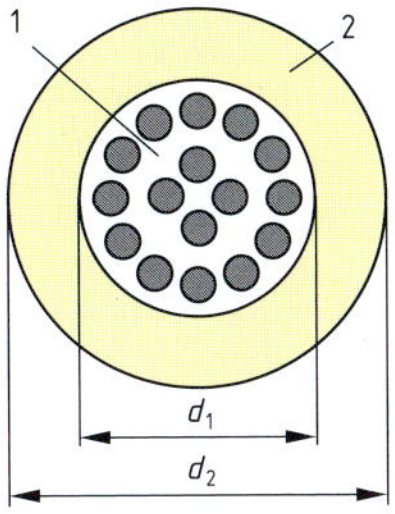

d_1 Leiterdurchmesser
d_2 Leitungsdurchmesser
1 Leiter mit Einzeldrähten
2 Isolierung

Nennquerschnitt mm²	Maximaler Dauerstrom bei 20 °C A	Typischer Sicherungsnennwert A	Widerstand je Meter bei 20 °C mΩ/m	Leiterdurchmesser d_1 mm	Leitungsdurchmesser d_2 mm	Einzeldrähte ungefähre Anzahl	Einzeldrähte Durchmesser mm
0,5	6	7,5	37,1	1,1	2,3 (1,6)	16	0,21
0,75	8	10	24,7	1,3	2,5 (1,9)	24	0,21
1	12	15	18,5	1,5	2,7 (2,1)	32	0,21
1,5	16	20	12,7	1,8	3,0 (2,4)	30	0,26
2,5	24	30	7,6	2,2	3,6 (3,0)	50	0,26
4	40	40	4,71	2,8	4,4 (3,7)	56	0,31
6	56	50	3,14	3,4	5,0 (4,3)	84	0,31
10	80	70	1,82	4,5	6,5	80	0,41
16	100	100	1,16	6,3	8,3	126	0,41
25	120	125	0,743	7,8	10,4	196	0,41
35	120	150	0,527	9,0	11,6	276	0,41
50	160	200	0,368	10,5	13,5	400	0,41
70	200	250	0,259	12,5	15,5	555	0,41

Werte in Klammer: Typ FLRY

Kabelfarben und Farbkurzzeichen

nach DIN 72551:	weiß	gelb	grau	grün	rot	violett	braun	blau	schwarz	orange
	ws	ge	gr	gn	rt	vt	br	bl	sw	or
nach DIN ECE 757:	white	yellow	grey	green	red	violet	brown	blue	black	orange
	WH	YE	GY	GN	RD	VT	BN	BU	BK	OG

Kennzeichnung von elektrischen Leitungen

Anordnung der Farben bei mehrfarbigen Leitungen

Grundfarbe	Farbe bedeckt die gesamte oder den überwiegenden Teil der Oberfläche der Leitung
Erste Kennfarbe	Farbe wird durch Längsstreifen dargestellt
Zweite Kennfarbe	Farbe wird durch fortlaufende Ringmarkierung dargestellt

Angabe mit Farbkurzzeichen nach DIN ECE 757

Beispiel (dreifarbige Leitung): BK YE RD 1,5

Grundfarbe schwarz – BK
Erste Kennfarbe gelb – YE
Zweite Kennfarbe rot – RD
Leitungsquerschnitt 1,5 mm² – 1,5

Zulässiger Spannungsfall (Spannungsabfall) an Kfz-Leitungen

Leitungsart	Zulässiger Spannungsfall (Richtwerte) in der Plusleitung[1]) bei Nennspannung **12 V**	in der Plusleitung[1]) bei Nennspannung **24 V**	im ganzen Stromkreis[2]) bei Nennspannung **12 V**	im ganzen Stromkreis[2]) bei Nennspannung **24 V**	Hinweise
Lichtleitungen vom Lichtschalter Klemme 30 – bis Leuchten < 15 W oder bis Anhängersteckdose	0,1 V	0,1 V	0,6 V	0,6 V	Strom jeweils bei Nennspannung und Nennleistung
– bis Leuchten > 15 W oder bis Anhängersteckdose	0,5 V	0,5 V	0,9 V	0,9 V	
– bis Scheinwerfer	0,3 V	0,3 V	0,6 V	0,6 V	
Ladeleitung von Generator Kl. B + bis Batterie	0,4 V	0,8 V	–	–	
Steuerleitungen vom Startschalter bis Starter Kl. 50 – Einrückrelais mit Einfachwirkung	1,4 V	2,0 V	1,7 V	2,5 V	Jeweils bei maximalem Steuerstrom
– Einrückrelais mit Einzug- und Haltewicklung	2,4 V	2,8 V	2,8 V	3,5 V	
– Sonstige Steuerleitung vom Schalter bis Relais	0,5 V	1,0 V	1,5 V	2,0 V	
Starterhauptleitung, Batterie bis Starter	0,5 V	1,0 V	–	–	Strom bei festgebremstem Starter (Kurzschlussstrom)

[1]) Werte zur Berechnung der Plusleitung
[2]) Prüfwerte in der Praxis (einschließlich der Kontaktwiderstände)

4

Leistungsaufnahme von Stromverbrauchern im Kfz (Richtwerte)

Ständig eingeschaltete Verbraucher:

Elektr. Kraftstoffpumpe	50 … 70 W
Elektron. Benzineinspritzung	100 … 150 W
Zündung	150 … 200 W

Zeitweise eingeschaltete Verbraucher:

Abblendlicht	H4	je 55 W
	LED	je ca. 20 W
Fernlicht	H4	je 60 W
	LED	je ca. 25 W
Begrenzungsleuchten		je 4 W
Gebläse (Heizung, Lüftung)		60 … 80 W
Instrumentenleuchten		je 2 W
Kennzeichenleuchten		je 10 W
Parkleuchten		3 … 5 W
Schlussleuchten		je 5 W
Elektrisches Zuheizsystem		300 … 500 W
Sitzheizung		je 100 W

Kurzzeitig eingeschaltete Verbraucher:

Blinkleuchten	je 21 W
Bremsleuchten	je 21 W
Elektrischer Fensterheber	150 W
Elektrisches Kühlgebläse	300 W
Glühstiftkerzen	je 100 W
Heckscheibenheizung	200 W
ESP	400 W
Elektrische Servolenkung	bis 1 200 W
Innenbeleuchtung	je 5 W
Nebelscheinwerfer	je 35 … 55 W
Rückfahrscheinwerfer	je 21 W
Scheibenwischer	je 60 … 90 W
Starter für Pkw	800 … 3 000 W
Wisch-Waschsystem (Scheinw.)	60 W

Verbindungtechnik für elektrische Leitungen im Kfz

Verbindungsart	Verbindungselemente (Auswahl)		Ausführungen (Auswahl) fett: abgebildete Verbinder	Crimp-Form /Crimp-Einsatz	
Flachsteckverbindung	Flachstecker 	Flachsteckhülse 	Steckerbreiten: 2,8 mm für Kabel bis 1,0 mm² 4,8 mm für Kabel bis 2,5 mm² 6,3 mm für Kabel bis 6 mm²	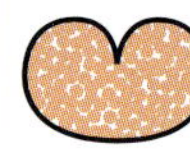	
Rundsteckverbindung	Rundstecker 	Rundsteckhülse 	für Kabelquerschnitte: **0,5–1,0 mm²** 1,5–2,5 mm² 4–6 mm²		
Schraubverbindung	Gabelkabelschuh 	Ringkabelschuh 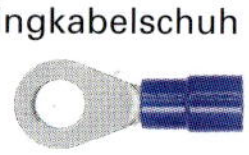	für Kabelquerschnitte: 0,5–1,0 mm² **1,5–2,5 mm²** 4–6 mm²		
Quetschverbindung (Stoßverbindung)	Kabelquetschverbinder 		für Kabelquerschnitte: 0,5–1,0 mm² 1,5–2,5 mm² **4–6 mm²**		
Aderendhülsen			für Kabelquerschnitte: 0,5 mm², 0,75 mm², 1,0 mm², 1,5 mm², 2,5 mm², 4 mm² 6 mm², 10 mm², 16 mm²	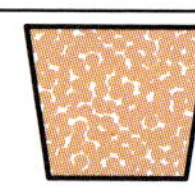	

Farbkennzeichnung der Verbindungselemente

Farbe [1])				[1]) Gilt nicht für Aderendhülsen
Geeignet für Kabelquerschnitte	0,5 mm² bis 1,0 mm²	1,5 mm² bis 2,5 mm²	4 mm² bis 6 mm²	

Isolationsarten

Beispiel: Flachsteckhülse	unisoliert 	teilisoliert 	vollisoliert 

Crimpzangen

Crimpzange mit festem Crimp-Einsatz
Beispiel: für unisolierte, offene Steckverbinder, z. B. Flachstecker

Crimpzange mit Wechseleinsätzen
z. B. jeweils für unisolierte, offene Steckverbinder, isolierte Verbinder, Aderendhülsen

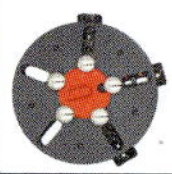

Universelle Crimpzange
zum Kabelschneiden, Abisolieren, Crimpen von isolierten Verbindern und unisolierten, offenen Steckverbindern, z. B. Flachstecker

Vorgehensweise beim Crimpen

Nr.	Arbeitsschritt	Werkzeuge, Hinweise
1	Zum Kabelquerschnitt passendes Verbindungselement auswählen	ggf. anhand der Farbkennzeichnung (siehe oben)
2	Kabelende auf passender Länge abisolieren	Abisolierzange, ggf. auf Aderdurchmesser einstellen
3	Verbindungselement in der richtigen Position in die Crimpzange einlegen	Crimpzange bzw. Crimpeinsatz muss zum Verbindungselement passen (siehe oben)
4	abisoliertes Kabelende in das Verbindungselement einschieben	auf richtige Position achten
5	Crimpzange zusammendrücken und Crimpverbindung herstellen	ggf. Pressdruck an der Crimpzange einstellen
6	Crimpzange öffnen, Verbindungselement mit Kabel entnehmen, Crimpverbindung prüfen	• Lage des Kabelendes im Verbindungselement richtig? • Keine Einzeldrähte gebrochen, Isolation unbeschädigt? • Verbindung weder überpresst noch zu lose?

Relais (elektromechanisch)

Aufbau (Schließer)

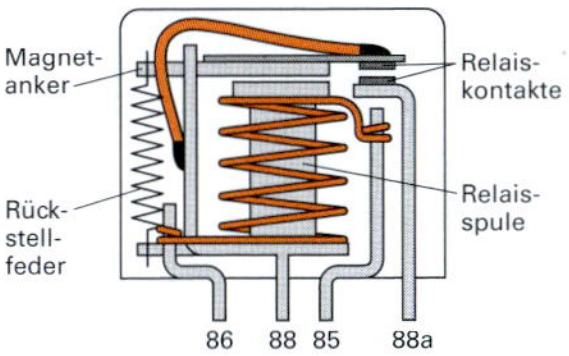

Stromverlauf (Schließer)

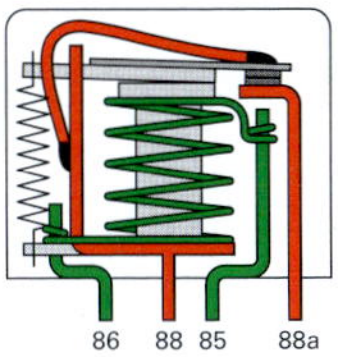

Aufgabe, Eigenschaften

Das Relais ist ein elektromagnetischer Schalter. Durch einen kleinen Steuerstrom kann ein großer Arbeitsstrom geschaltet werden.

- Ermöglicht direkte, kürzere Leitungen zwischen der Spannungsquelle und dem Verbraucher. Dies führt zu einem kleineren Spannungsfall in der Leitung für den Arbeitsstrom.
- Durch den kleinen Steuerstrom entsteht nur eine geringe Belastung des Bedienschalters.

Funktionsweise

Beispiel Schließer (vgl. Abb. links)*:* Beim Einschalten des Steuerstroms entsteht in der Relaisspule ein Magnetfeld. Der Magnetanker wird entgegen der Federkraft der Rückstellfeder angezogen. Die Relaiskontakte werden geschlossen und der Arbeitsstrom kann fließen.
Wird der Steuerstrom ausgeschaltet, bricht das Magnetfeld in der Relaisspule zusammen und die Feder zieht den Magnetanker wieder in Ruhestellung. Die Relaiskontakte öffnen und der Arbeitsstrom kann nicht mehr fließen.

Relaisarten

- *Schließer:* In der Ruhestellung sind die Schaltkontakte geöffnet, beim Einschalten des Steuerstroms werden sie geschlossen.
- *Öffner:* In Ruhestellung sind die Schaltkontakte geschlossen, beim Einschalten des Steuerstroms werden sie geöffnet. Reine Öffner spielen jedoch in der Praxis keine Rolle. Wird eine Öffnerfunktion benötigt, verwendet man den Öffnerkontakt eines Wechslers.
- *Wechsler:* Er enthält Öffner- und Schließerfunktion. Ein Wechsler wird als Umschaltrelais oder im Bedarfsfall als Öffner verwendet.

Relaisart	Schaltzeichen und Klemmenbezeichnungen		Anordnung der Anschlüsse (Relais von unten)	
			herkömmliches Mini-Relais	Micro-Relais
Schließer	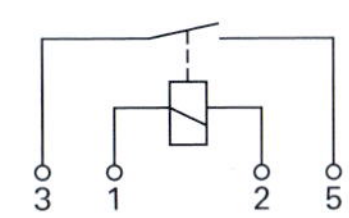	Bezeichnungen nach DIN 72651 1 Relaisspule plus 2 Relaisspule minus 3 Schaltkontakt Eingang 5 Schaltkontakt Ausgang	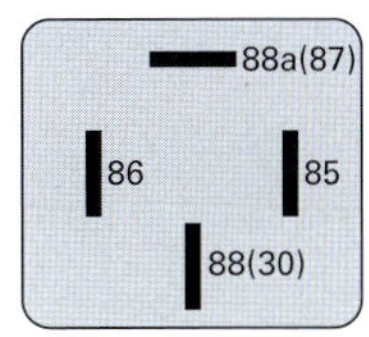	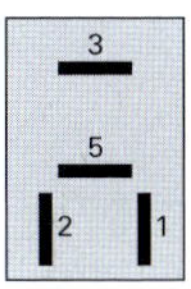
	88 86 85 88a	Bezeichnungen nach DIN 72552-2		
	30 86 85 87	alte (noch übliche) Bezeichnungen		
Wechsler	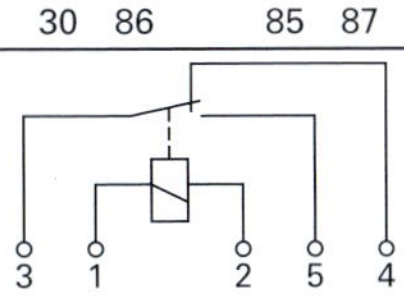	Bezeichnungen nach DIN 72651 1 Relaisspule plus 2 Relaisspule minus 3 Schaltkontakt Eingang 4 Schaltkontakt Ausgang (Öffner) 5 Schaltkontakt Ausgang (Schließer)	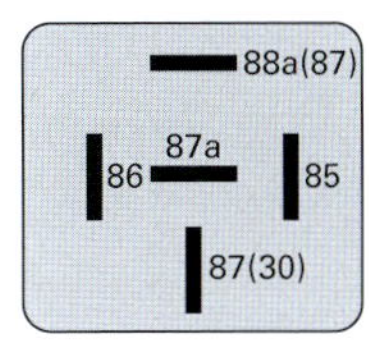	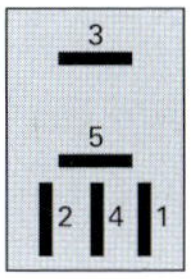
	87 86 85 88a 87a	Bezeichnungen nach DIN 72552-2		
	30 86 85 87 87a	alte (noch übliche) Bezeichnungen		

Schutzbeschaltung am Relais

Relais mit Löschdiode

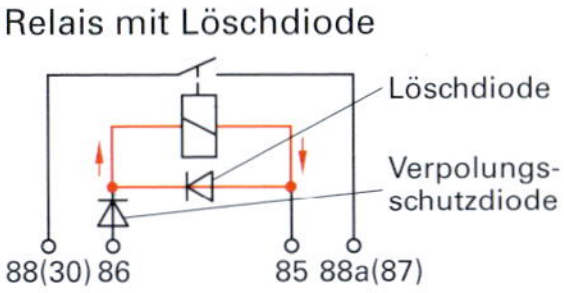

Relais mit Löschwiderstand

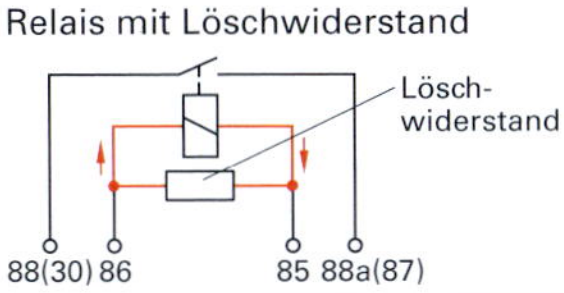

Beim Abschalten des Steuerstroms entsteht an der Relaisspule eine hohe Selbstinduktionsspannung. Diese kann im Steuerstromkreis elektronische Bauelemente zerstören oder bei Schaltern zum Überschlag und zum Kontaktabbrand führen. Zum Schutz vor der Selbstinduktionsspannung dienen folgende Maßnahmen:

- **Löschdiode** (Freilaufdiode): Die Löschdiode ist parallel zur Relaisspule eingebaut (vgl. Abb.). Sie ist so gepolt, dass sie in Durchlassrichtung die Selbstinduktionsspannung über die Relaisspule abbaut („löscht"). Bei einem versehentlichen Vertauschen der Polung an den Klemmen 85 und 86 entsteht über die Löschdiode ein Kurzschluss und sie wird zerstört. Eine zusätzlich eingebaute *Verpolungsschutzdiode* (vgl. Abb.) kann dies verhindern.
- **Löschwiderstand**: Anstelle der Löschdiode kann auch ein hochohmiger Widerstand (ca. 1 kΩ) verwendet werden, über den die Selbstinduktionsspannung kurzgeschlossen wird (vgl. Abb.). Nachteil gegenüber der Löschdiode: Im Betrieb entsteht durch den Dauerstrom über den Widerstand eine Verlustleistung von ca. 0,2 … 0,3 W.

Halbleiter-Relais (Solid-State-Relais)

Schaltzeichen

(Innenschaltung des Relais vereinfacht dargestellt)

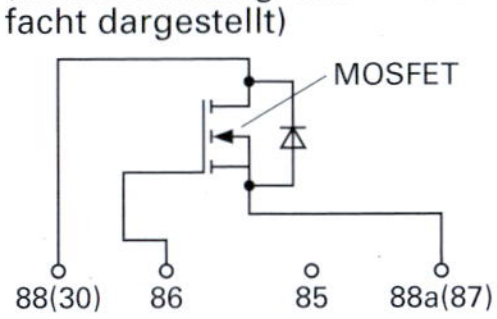

Aufbau, Funktionsweise (Schließer)

Im Halbleiter-Relais (Solid-State-Relais SSR) übernimmt ein MOSFET (vgl. S. 263) das Schalten des Arbeitsstroms. Erhält Klemme 86 Spannung, schaltet der MOSFET durch und verbindet Klemme 88 (30) mit Klemme 88a (87), der Arbeitsstrom kann fließen. Wird Klemme 86 spannungslos, sperrt der MOSFET und der Arbeitsstrom wird unterbrochen. Klemme 85 wird beim Halbleiter-Relais nicht benötigt.

Eigenschaften

- verschleiß- und prellfreies Schalten, keine Selbstinduktionsspannung, da ohne Spule
- hohe Schaltfrequenz (bis 1 kHz) ermöglicht auch Pulsweitenmodulation (PWM)
- verpolungssicher, geringer Ruhestrom (geringe Verlustleistung)

Anwendungsbeispiele

Ansteuerung von: ABS-Magnetventilen, Klima-Kompressor-Kupplung, Lüftermotor, Glühkerzen

Anhängersteckdose, Sicherungen

Anhängersteckdosen für Pkw

13-polige Anhängersteckdose

Ansicht

Deckel der Anhängersteckdosen geöffnet

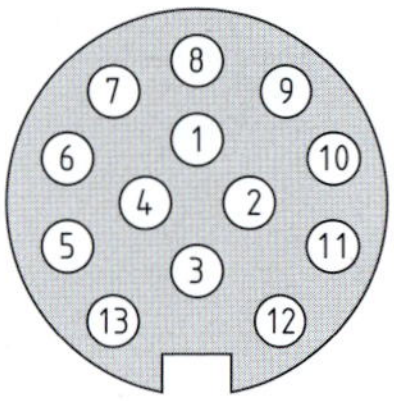

Kontakt-Nr.	Kontaktbelegung	Empf. Leiterquerschnitt
1	Fahrtrichtungsanzeige links	1,5 mm²
2	Nebelschlussleuchte	1,5 mm²
3[1)]	Masse (für Stromkreiskontakte 1 bis 8)	2,5 mm²
4	Fahrtrichtungsanzeige rechts	1,5 mm²
5	Rechte Schluss-, Umriss-, Begrenzungs- und Kennzeichenleuchte	1,5 mm²
6	Bremsleuchten	1,5 mm²
7	Linke Schluss-, Umriss-, Begrenzungs- und Kennzeichenleuchte	1,5 mm²
8	Rückfahrleuchte	1,5 mm²
9	Stromversorgung (Dauerplus)	2,5 mm²
10	Ladeleitung Plus für Batterie im Anhänger	2,5 mm²
11[1)]	Masse für Kontakt 10	2,5 mm²
12	Codierung für gekuppelten Anhänger[2)]	1,5 mm²
13[1)]	Masse für Stromkreiskontakt 9	2,5 mm²

[1)] Masseleitungen dürfen anhängerseitig nicht elektrisch leitend verbunden werden.
[2)] Mit einer Brücke sind die Kontakte 12 und 3 im Stecker zu verbinden.
(Information für das Zugfahrzeug ob der Anhänger an- bzw. abgekoppelt ist.)

7-polige Anhängersteckdose

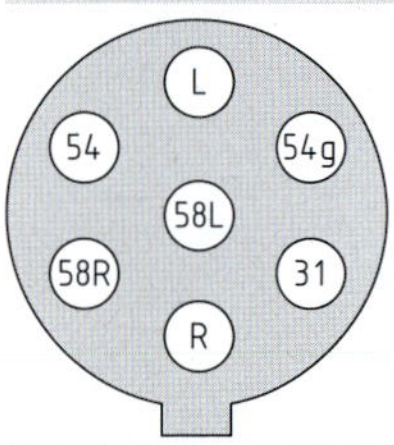

Kontakt-Nr.	Kontaktbelegung	Empf. Leiterquerschnitt
L	Fahrtrichtungsanzeige links	1,5 mm²
54 g	Zusätzliche Anlagen (für Nebelschlussleuchte)	2,5 mm²
31	Masse	2,5 mm²
R	Fahrtrichtungsanzeige rechts	1,5 mm²
58 R	Rechte Schluss-, Umriss-, Begrenzungs- und Kennzeichenleuchte	1,5 mm²
54	Bremsleuchten	1,5 mm²
58 L	Linke Schluss-, Umriss-, Begrenzungs- und Kennzeichenleuchte	1,5 mm²

Sicherungen für Bordnetz und Geräte in Straßenfahrzeugen

vgl. DIN 72581, DIN ISO 8820

Flachsicherungen

Mini

Standard

Maxi

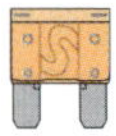

Nennstrom	Kennfarbe	Mini	Standard	Maxi	Nennstrom	Kennfarbe	Mini	Standard	Maxi
1 A	schwarz	•	•		25 A	weiß	•	•	•
2 A	grau	•	•		30 A	grün	•	•	•
3 A	violett	•	•		40 A	orange		•	•
4 A	rosa	•	•		50 A	rot			•
5 A	hellbraun	•	•		60 A	blau			•
7,5 A	braun	•	•		70 A	braun			•
10 A	rot	•	•		80 A	weiß			•
15 A	blau	•	•		100 A	violett			•
20 A	gelb	•	•	•	• in dieser Ausführung erhältlich				

Sonderformen
Micro2 Micro3 Multi6

Nennstrom	Kennfarbe	Micro2	Micro3	Multi6	Nennstrom	Kennfarbe	Micro2	Micro3	Multi6
5 A	hellbraun	•	•	•	20 A	gelb	•		
7,5 A	braun	•	•	•	25 A	weiß	•		
10 A	rot	•	•		30 A	grün	•		
15 A	blau	•	•		• in dieser Ausführung erhältlich				

Schraubsicherungen

Midi

Mega

	Nennstrom	Kennfarbe	Nennstrom	Kennfarbe	Nennstrom	Kennfarbe	Nennstrom	Kennfarbe	Nennstrom	Kennfarbe
Midi	30 A	orange	50 A	rot	70 A	braun	100 A	blau	150 A	grau
Midi	40 A	grün	60 A	gelb	80 A	weiß	125 A	rosa	200 A	violett
Mega	80A	rot	150 A	orange	225 A	hellbrn.	350 A	grün	500 A	braun
Mega	100 A	gelb	175 A	weiß	250 A	rosa	400 A	violett	**Achtung:** Kennfarben bei Midi und Mega unterschiedlich.	
Mega	125 A	grün	200 A	blau	300 A	grau	450 A	beige		

Streifensicherung

Nennstrom	30 A	40 A	50 A	60 A	70 A	80 A	100 A	120 A	150 A

Kennzeichnung durch Prägung auf dem Sicherungsstreifen

ATS-Sicherung

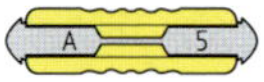

Nennstrom	5 A	8 A	16 A	25 A	40 A
Kennfarbe	gelb	weiß	rot	blau	grau

Signalverarbeitung im Steuergerät (EVA-Prinzip)

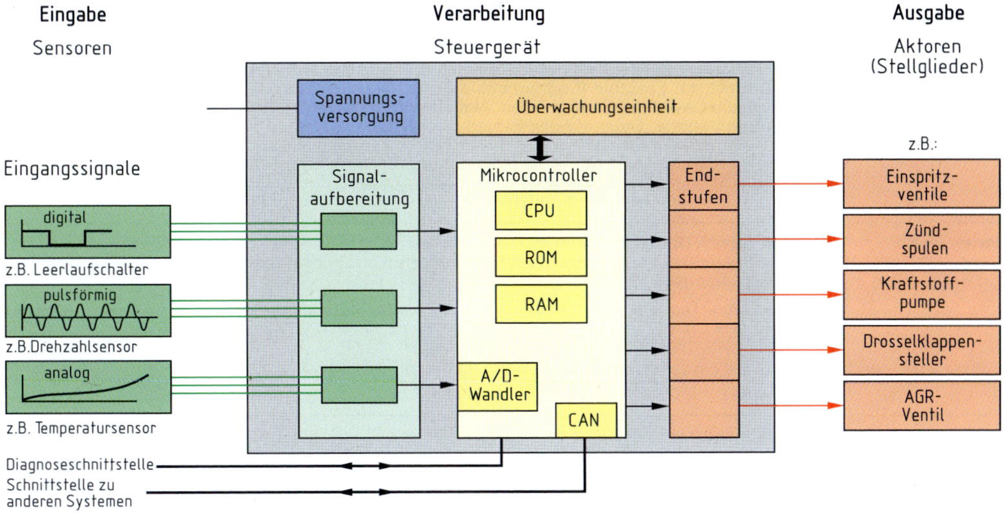

Grundbegriffe	Erklärung
Sensor	Sensoren erfassen die Betriebsdaten und wandeln diese in elektrische Signale (meist Spannungen) um, die zum Steuergerät geleitet werden. Beispiele: Drehzahlsensor, Bezugsmarkensensor, Temperatursensor, Drucksensor. Bei modernen Sensoren erfolgt die Signalaufbereitung teilweise oder ganz bereits im Sensor.
Steuergerät	Das Steuergerät erhält die elektrischen Signale der Sensoren, wertet sie aus und errechnet die Ausgangssignale für die Aktoren. Die Sensoren, die Aktoren, die Spannungsversorgung und weitere Datenleitungen sind über eine Vielpol-Steckverbindung (Steuergerätestecker) an das Steuergerät angeschlossen.
Aktor	Aktoren werden von den Endstufen des Steuergeräts elektrisch angesteuert. Sie beeinflussen daraufhin bestimmte mechanische, hydraulische, pneumatische oder elektrische Vorgänge.
weitere Begriffe (alphabetisch)	**Erklärung**
A/D-Wandler	Der A/D-Wandler (A/D = **A**nalog/**D**igital) wandelt analoge Sensorsignale, z. B. Signale von Temperatursensoren, in digitale Signale um, denn das Steuergerät kann nur digitale Signale verarbeiten.
Bus	Der Bus ist eine Datensammelleitung und verbindet alle Bausteine des Steuergeräts miteinander. Man unterscheidet dabei den Datenbus und den Adressbus. Über den *Adressbus* spricht der Mikrocontroller z. B. eine Speicherzelle im RAM an, deren Daten benötigt werden. Die entsprechenden Daten werden dann über den *Datenbus* dem Mikroprozessor zugeführt.
Diagnose-schnittstelle	Über die Diagnoseschnittstelle ist das Steuergerät mit der Diagnosedose verbunden. Mit dem dort angeschlossenen Diagnosetestgerät können alle Diagnose- und Servicefunktionen durchgeführt werden: Fehlerspeicher auslesen, Stellglieddiagnose, Umprogrammierung.
Endstufen	Die Endstufen verstärken die Ausgangssignale des Mikrocontrollers und steuern mit der notwendigen Leistung die entsprechenden Aktoren an.
EOL-Programmierung	EOL (**E**nd **O**f **L**ine = am Ende der Fahrzeugproduktion). Nach der Montage des Fahrzeugs erfolgt die Programmierung der Steuergeräte auf die Fahrzeugvariante. Dazu werden die für die eingebauten Aggregate (Motor, Getriebe, usw.) passenden Steuerungsprogramme und Datensätze in die Flash-EPROM (vgl. ROM) im Steuergerät einprogrammiert. Auf diese Art kann die Zahl der Steuergerätevarianten stark reduziert werden.
Hybridschaltung	Hybridschaltungen sind integrierte Schichtschaltungen mit zusätzlichen Einzelbauelementen und IC, die durch Löten, Kleben, usw. eingefügt werden. Bei der Schichttechnik entstehen Widerstände, Kondensatoren und Leiterbahnen durch Aufbringen dünner Metall- und Metalloxidschichten auf keramische Trägerplättchen.
Integrierte Schaltung **IC** = Integrated Circuit	Integrierte Schaltungen sind Miniaturbauelemente der Elektronik, in denen viele Schaltungselemente zusammengefasst sind. Auf einem Siliziumplättchen (Mikrochip) sind alle Komponenten einer Schaltung (Widerstände, Kondensatoren, Dioden, Transistoren) enthalten, einschließlich der leitenden Verbindungen.
Mikrocontroller (Mikrocomputer)	Der Mikrocontroller steuert den gesamten Funktionsablauf im Steuergerät. Auf dem Mikrochip des Mikrocontrollers befinden sich der Mikroprozessor, die zentralen Speichereinheiten, der A/D-Wandler und die Ein- und Ausgabebausteine. Der Mikrocontroller wird von einem Quarz-Taktgeber gesteuert.
Mikroprozessor **CPU**	Der Mikroprozessor ist die zentrale Recheneinheit (CPU = **C**entral **P**rocessing **U**nit) des Mikrocontrollers. Er führt die im Programmspeicher (ROM) vorgeschriebenen Rechenoperationen aus und berechnet damit die zum Betriebszustand passenden Ausgangssignale für die Aktoren.
RAM **Betriebsdaten-speicher**	Die Speicherung der aktuellen Betriebsdaten des Systems, z. B. Drehzahlen, Temperaturen, Drücke, erfolgt im RAM (**R**andom **A**ccess **M**emory = Schreib-/Lesespeicher). Er ist ein flüchtiger Speicher, d. h. nach dem Ausschalten der Spannungsversorgung (Zündung aus) verliert er seine gesamten Daten.

4

Weitere Begriffe	Erklärung
ROM Programmspeicher	Der zentrale Programmspeicher im Mikrocontroller ist als Festwertspeicher bzw. Nur-Lese-Speicher ausgeführt (ROM = **R**ead-**O**nly-**M**emory). Bei der Herstellung werden die Programme, Kennfelder usw. abgespeichert und können danach nicht mehr verändert werden. Beim Einsatz im Kraftfahrzeug werden zusätzliche Programmspeicher eingesetzt, die gelöscht und wieder neu beschrieben werden können: *EEPROM* (**E**lectrical **E**rasable **P**rogrammable **ROM** = elektrisch lösch- und programmierbarer ROM). In diesem Speicher werden z. B. nach jedem Abstellen der Zündung wichtige Einzeldaten gespeichert: Codes für die Wegfahrsperre, Daten für den Fehlerspeicher usw. Die Daten können einzeln verändert werden. *Flash-EPROM:* Er arbeitet ähnlich wie der EEPROM, kann jedoch nur komplett gelöscht und wiederbeschrieben werden. Er wird zur Variantencodierung verwendet, d. h. beispielsweise zur Anpassung des Steuergeräts an verschiedene Motoren. Die Codierung wird durch das Herstellerwerk programmiert. Bei späteren Änderungen kann die Kundendienst-Werkstatt den Flash-EPROM umprogrammieren.
Signalarten im Kfz	*Analoges Signal:* Das Signal kann stufenlos alle Werte vom Mindest- bis zum Höchstwert annehmen. Beispiele: Spannungssignale von Motortemperaturfühler, Drosselklappenpotentiometer, Lambda-Sonde, Saugrohrdrucksensor. *Digitales Signal:* Das Signal kann nur bestimmte Werte (Signalpegel) annehmen, z. B. Spannung vorhanden (high) oder Spannung nicht vorhanden (low). Beispiele: Signale von Schaltern, Spannungsimpulse eines Hall-Drehzahlgebers, Signale in Bus-Systemen. *Pulsförmiges Signal:* Das Signal hat einen wechselspannungsförmigen Verlauf. Beispiel: Signal des Induktivgebers für Motordrehzahl, Raddrehzahl usw.
Signalaufbereitung (Impulsformer)	In der Signalaufbereitung werden die Eingangssignale über Schutzbeschaltungen auf zulässige Spannungen begrenzt. In einer nächsten Stufe werden Störsignale herausgefiltert. Anschließend werden die Signale der zulässigen Eingangsspannung (0 … 5 V) des Mikrocomputers im Steuergerät angepasst. Pulsförmige Signale werden durch einen Impulsformer in ein Rechtecksignal umgeformt.
Überwachungseinheit	Die Überwachungseinheit und der Mikrocontroller überwachen sich gegenseitig. Bei einem Fehler können beide unabhängig voneinander vorgegebene Ersatzfunktionen aktivieren.

Sensor | **Wirkungsweise, Anwendung**

Schaltkontakte

Spannung an Kontakten:

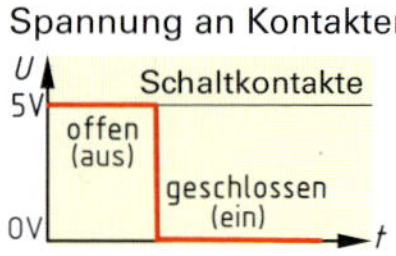

Beispiel: Reed-Kontakt

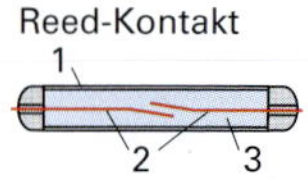

1 gasdichtes Glasröhrchen
2 Kontaktzungen
3 Edelgas

Schaltkontakte können dem Steuergerät zwei Schaltzustände mitteilen: offen (aus) und geschlossen (ein). Betätigungsarten: von Hand/mechanisch, magnetisch (Reed-Kontakt), thermisch (Thermoschalter), pneumatisch, hydraulisch.

Funktionsweise Reed-Kontakt: Werden die Kontaktzungen einem Magnetfeld ausgesetzt, ziehen sie sich an und der Kontakt wird geschlossen. Das Magnetfeld kann durch eine Wicklung oder durch einen Dauermagneten erzeugt werden.

Anwendungsbeispiele im Kfz
Bedienschalter, Schalter an Brems- und Kupplungspedal, Reed-Kontakt zur Glühstromüberwachung, Füllstandsüberwachung (z. B. Kühlflüssigkeit)

Potentiometer

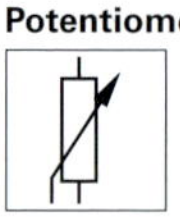

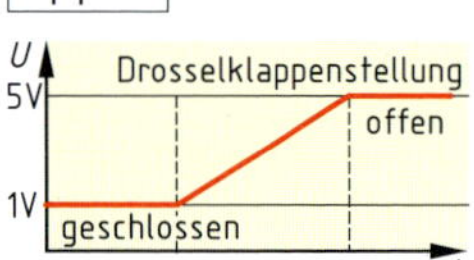

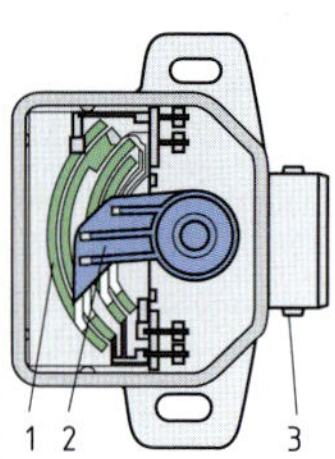

1 Widerstandsbahn
2 Schleifer
3 elektrische Anschlüsse

Ein Potentiometer ist ein elektrischer Widerstand, der mechanisch verändert werden kann. Durch Verdrehen des Schleifers (Drehpotentiometer) oder durch Verschieben des Schleifers (Schiebepotentiometer) auf der Widerstandsbahn wird der Widerstandswert verändert.
Da die Enden der Widerstandsbahn an eine feste Spannung angeschlossen sind, ergibt sich durch die Veränderung der Schleiferstellung eine entsprechende Änderung der Spannung am Schleiferanschluss.
Mit einem Potentiometer kann auf diese Weise die Stellung von mechanischen Bauteilen in eine Spannung umgewandelt und an das Steuergerät übermittelt werden.

Anwendungsbeispiele im Kfz
Drosselklappenpotentiometer
Fahrpedalgeber für elektronisches Gaspedal
Regelschieberweggeber in der Verteilereinspritzpumpe
Stauklappenpotentiometer im Luftmengenmesser
Luftklappenpotentiometer für Klimaautomatik

Temperatursensor

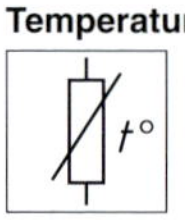

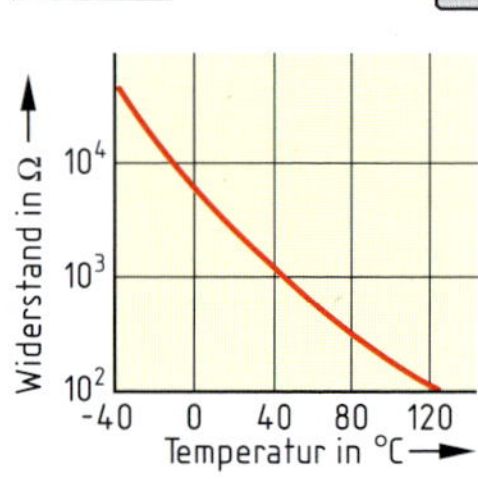

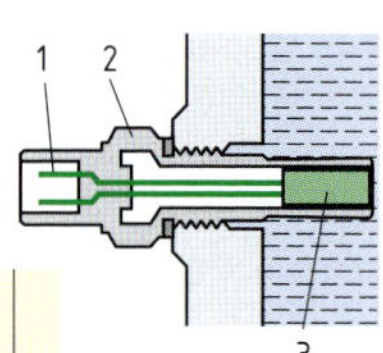

1 elektrische Anschlüsse
2 Gehäuse
3 NTC-Messwiderstand

Im Gehäuse des Temperatursensors ist ein temperaturabhängiger Messwiderstand aus Halbleitermaterial eingebaut. Bei einem **NTC**-Widerstand verringert sich der Widerstandswert mit steigender Temperatur, bei einem **PTC**-Widerstand erhöht sich der Widerstandswert mit steigender Temperatur. Für die Temperaturmessung werden überwiegend NTC-Widerstände eingesetzt.
Der temperaturabhängige Messwiderstand bildet mit einem Festwiderstand eine Reihenschaltung, die vom Steuergerät mit einer konstanten Spannung versorgt wird. Bei Änderung der Temperatur ändert sich mit dem Widerstandswert auch der Spannungsfall am Messwiderstand. Der vom Steuergerät erfasste Spannungsfall ist damit ein Maß für die Temperatur am Sensor.

Anwendungsbeispiele im Kfz
Temperatursensoren für:
Kühlmitteltemperatur
Ansauglufttemperatur
Öltemperatur im Motor und im Automatikgetriebe
Kraftstofftemperatur bei elektronischer Dieseleinspritzung
Außentemperatur
Innenraumtemperatur bei Klimaautomatik

4

Sensor	Wirkungsweise, Anwendung

Induktivgeber

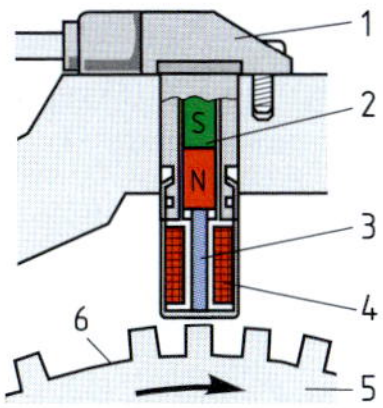

1 Gehäuse
2 Dauermagnet
3 Weicheisenkern
4 Wicklung
5 Impulsgeberrad
6 Bezugsmarke

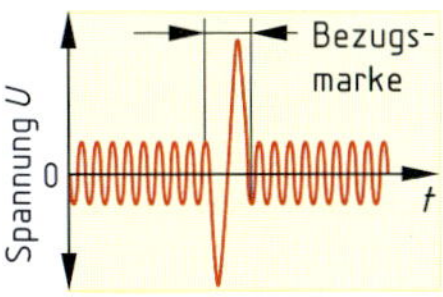

Der Induktivgeber wird als Drehzahlsensor verwendet. Im Gehäuse (1) des Induktivgebers befindet sich eine Induktionswicklung (4) mit Eisenkern (3). An einem Ende des Eisenkerns sitzt ein Dauermagnet (2). Er erzeugt über den Eisenkern ein Magnetfeld in der Induktionswicklung.
Durch Drehung des Impulsgeberrades (5) ändert sich ständig die Magnetfeldstärke in der Induktionswicklung. Dadurch wird in der Wicklung eine Wechselspannung induziert. Die Höhe der Wechselspannung hängt von der Drehzahl des Impulsgeberrades und vom Luftspalt zwischen Sensor und Impulsgeberrad ab: Je höher die Drehzahl und je kleiner der Luftspalt, desto höher ist die Geberspannung. Sehr niedrige Drehzahlen können daher nicht erfasst werden. Die Frequenz der Wechselspannung hängt ebenfalls von der Drehzahl ab. Je höher die Drehzahl desto höher die Frequenz. Das Steuergerät ermittelt die Drehzahl über die Anzahl der Wechselspannungsimpulse pro Zeiteinheit, also über die Frequenz des Gebersignals. Durch Lücken oder Dauermagnete im Impulsgeberrad kann eine *Bezugsmarke* festgelegt werden. An dieser Stelle entsteht ein veränderter Signalverlauf. Daraus kann das Steuergerät die Position des Impulsgeberrads bzw. der Kurbelwelle bestimmen.

Anwendungsbeispiele im Kfz
Motordrehzahlsensor / Bezugsmarkengeber, Raddrehzahlsensor (ältere Fahrzeuge)

Hallsensor (3-poliger Anschluss)
Beispiel: Phasensensor Nockenwelle

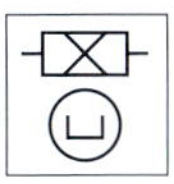

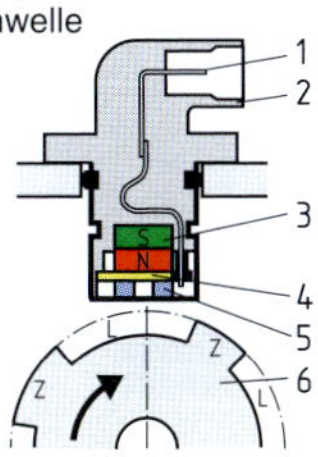

1 elektrische Anschlüsse
2 Gehäuse
3 Dauermagnet
4 Hall-IC
5 weichmagnetische Leitstücke
6 Impulsgeberrad

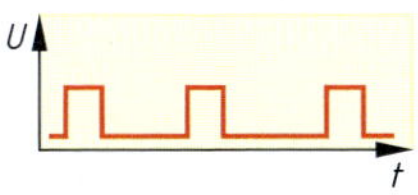

Der Hallsensor besteht aus dem Hall-IC (4), auf dem das Hallelement sitzt und einem Dauermagneten (3). Er arbeitet nach dem *Hallprinzip*: Das Magnetfeld des Dauermagneten durchdringt den Hall-IC senkrecht zum stromdurchflossenen Hallelement. Dadurch werden die im Hallelement fließenden Elektronen quer zu ihrer Bewegungsrichtung abgelenkt. Der auf diese Weise entstandene Ladungsunterschied ist die sogenannte Hallspannung.
Läuft ein Zahn (Z) des Impulsgeberrades (6) am Sensor vorbei, erhöht sich die Magnetfeldstärke im Hall-Element, es entsteht eine höhere Hallspannung. Läuft eine Lücke (L) am Sensor vorbei, verringert sich die Magnetfeldstärke im Hall-Element wieder, die Hallspannung sinkt. Die Auswerteelektronik im Hall-IC bereitet das Hallsignal auf und gibt es als Rechtecksignal an das Steuergerät.
Die Höhe der Signalspannung ist drehzahlunabhängig, Drehzahlerfassung ab $n > 0$ ist möglich. Mit entsprechend gestaltetem Impulsgeberrad kann der Hallsensor als Drehzahlsensor oder als Bezugsmarkengeber verwendet werden.

Anwendungsbeispiele im Kfz
Phasensensor an der Nockenwelle für die Zylindererkennung
Motordrehzahlsensor / Bezugsmarkengeber
Fahrgeschwindigkeitssensor am Getriebe

Aktiver Drehzahlsensor
Beispiel: Magnetoresistiver Sensor

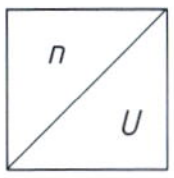

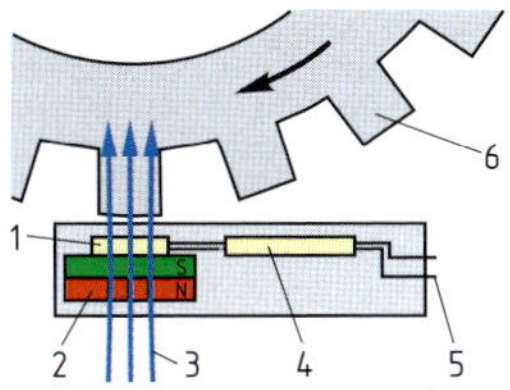

1 Sensorelement
2 Dauermagnet
3 Magnetfeldlinien
4 Auswerteelektronik
5 elektrische Anschlüsse
6 Impulsgeberrad

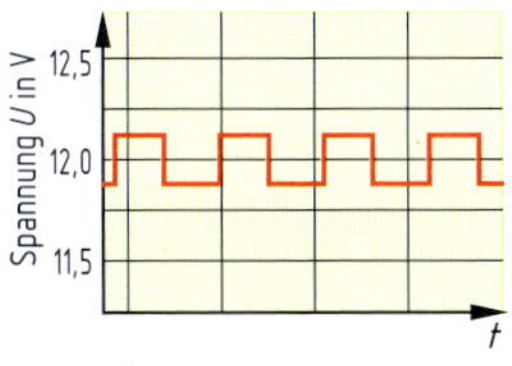

Der aktive Drehzahlsensor benötigt im Gegensatz zum passiven Induktivgeber eine Spannungsversorgung (12 V oder 5 V). Der Sensor besteht bei dieser Ausführung aus dem Sensorelement (1), dem Dauermagneten (2) und der Auswerteelektronik (4). Im Sensorelement befinden sich magnetfeldabhängige = *magnetoresistive* Widerstandsschichten (z. B. FeNi-Legierung). Das Magnetfeld (3) des Dauermagneten durchdringt diese Widerstandsschichten und der Widerstand wird beeinflusst.
Läuft ein Zahn des Impulsgeberrades (6) am Sensor vorbei, erhöht sich die Magnetfeldstärke im Sensorelement. Die Elektronen werden dadurch von ihrer Bahn stärker abgelenkt, es entsteht ein höherer Widerstand. Läuft eine Lücke am Sensor vorbei, verringert sich die Magnetfeldstärke im Sensorelement. Die Elektronen werden von ihrer Bahn geringer abgelenkt, der Widerstand sinkt. Die Auswerteelektronik (4) setzt die Widerstandssprünge in zwei unterschiedliche Strompegel um (7 mA / 14 mA). Es entsteht ein Rechtecksignal, dessen Frequenz ein Maß für die Drehzahl ist. Eine Drehzahlerfassung ab $n > 0$ ist möglich.
Varianten:
- Impulsgeberrad (z. T. ins Lager integriert) mit einer Schicht von aneinandergereihten Magnetpolen (Multipolrad); Dauermagnet im Sensor entfällt
- Hallelement statt magnetoresistivem Sensorelement

Anwendungsbeispiele im Kfz
Motordrehzahlsensor, Raddrehzahlsensor

Halbleiter-Drucksensor

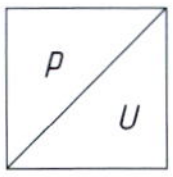

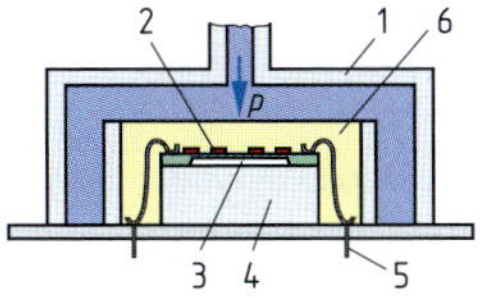

1 Gehäuse
2 Silizium-Membrane mit Widerstandsstreifen
3 Vakuumkammer
4 Glassockel
5 elektrische Anschlüsse
6 Schutzgel

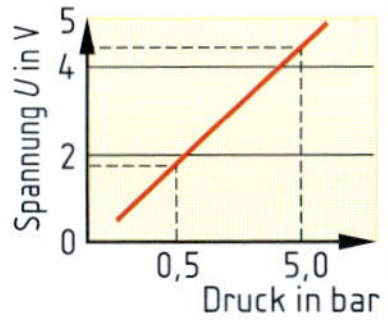

Die Messzelle des Drucksensors besteht aus einer Silicium-Membrane (2), die auf einem Glassockel (4) sitzt. Zwischen Membrane und Glassockel liegt eine Vakuumkammer (3). Auf der Außenseite der Membrane befinden sich vier Widerstandsstreifen, die zu einer Brückenschaltung verbunden sind.
Wirkt der zu messende Druck über das Schutzgel (6) auf die Außenseite der Membrane, verformt sie sich. Durch die Verformung ändert sich der elektrische Widerstand der Messstreifen auf der Membrane. Die Brückenschaltung wandelt die Widerstandsänderung in eine Spannungsänderung um. Die Ausgangsspannung des Sensors ist somit die Messgröße für den Druck an der Membrane. Da auf der inneren Seite der Membrane Vakuum herrscht, misst der Sensor den Absolutdruck.
Bei Sensoren zur Messung hoher Drücke (z. B. Raildrucksensor) wird statt der Siliciummembran eine Membran aus Federstahl verwendet.

Anwendungsbeispiele im Kfz
Saugrohrdrucksensor, Ladedrucksensor, Umgebungsdrucksensor, Kraftstoffdrucksensor, Öldrucksensor, Reifendrucksensor, Raildrucksensor

Sensor	Wirkungsweise, Anwendung
Winkelsensor (Hallsensor) 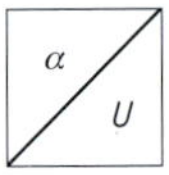 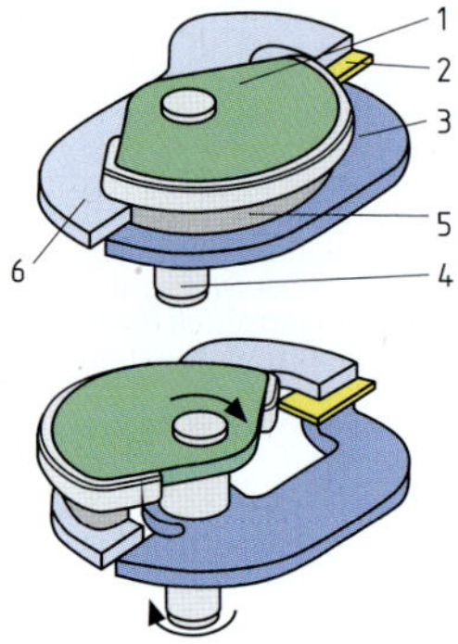 1 Rotorscheibe (Dauermagnet) 2 Hall-IC 3 Leitstück A 4 Rotorachse 5 Polschuh 6 Leitstück B	Der Winkelsensor arbeitet nach dem Hallprinzip (vgl. S. 303). Er besteht aus einer dauermagnetischen Rotorscheibe (1) mit Polschuh (5) und dem Hall-IC (2), der zwischen den Leitstücken A (3) und B (4) angeordnet ist. In der Ausgangsstellung (Bild oben) nehmen die Magnetfeldlinien der Rotorscheibe folgenden Weg: Von der Scheibe über den Polschuh, das Leitstück A und die Rotorachse zurück zur Scheibe. Die Feldlinien verlaufen nicht über den Hall-IC. Wird die Rotorscheibe verdreht (Bild unten), nehmen die Feldlinien folgenden Verlauf: Von der Scheibe über den Polschuh und das Leitstück B durch den Hall-IC, von dort über das Leitstück A und die Rotorachse zurück zur Scheibe. Der Hall-IC wird vom Magnetfeld durchsetzt, es entsteht eine Hallspannung. Je weiter die Rotorscheibe verdreht wird, desto stärker wird das den Hall-IC durchsetzende Magnetfeld und desto höher wird die Hallspannung. Sie ist daher die Messgröße für den Drehwinkel am Sensor. Die Auswerteelektronik im Hall-IC bereitet das Hallsignal auf und gibt es als Sensorspannung an das Steuergerät weiter. **Anwendungsbeispiele im Kfz** Fahrpedalgeber für das elektronische Gaspedal Achssensor für die Leuchtweitenregulierung
Lenkwinkelsensor (optisch) 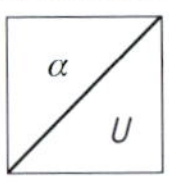 1 Trägerplatte 2 Lichtquelle 3 Codierscheibe 4,5 optische Sensoren 6 Zählwerk 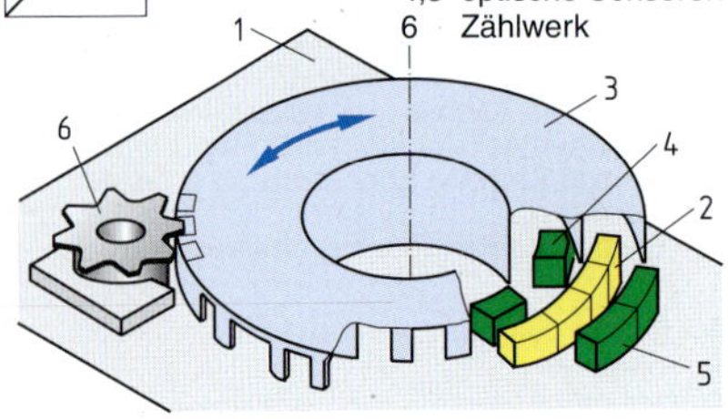	Der optische Lenkwinkelsensor sitzt auf der Lenksäule und erfasst den Einschlagwinkel des Lenkrads nach dem Prinzip einer Lichtschranke. Auf der fest stehenden Trägerplatte (1) befinden sich die Lichtquelle (2), die optischen Sensoren (4, 5) und das Zählwerk (6). Die Codierscheibe (3) ist mit der Lenkspindel verbunden und trägt unten zwei Blendenringe. Auf dem inneren Ring sind die Lücken regelmäßig, auf dem äußeren Ring besitzen sie unterschiedliche Breite, vergleichbar mit einem Strichcode. Die Lichtquelle ist zwischen den beiden Ringen angeordnet. Die optischen Sensoren (4) tasten den inneren Ring ab, die optischen Sensoren (5) den äußeren Ring. Gelangt Licht durch eine Lücke zu den optischen Sensoren, entsteht eine Signalspannung. Wird die Lichtquelle durch eine Blende verdeckt, ist keine Signalspannung vorhanden. Beim Einschlagen des Lenkrades verdreht sich die Codierscheibe und es entstehen an den Sensoren entsprechende Rechtecksignale. Das Steuergerät der Fahrdynamikregelung kann aus der Kombination der beiden Signalfolgen die genaue Winkelstellung des Lenkrades ermitteln. Das Zählwerk ermöglicht die Messung des Lenkwinkels über mehrere Lenkradumdrehungen hinweg. **Anwendungsbeispiel im Kfz** Lenkwinkelsensor für Fahrdynamikregelung
Gierratensensor/Drehratensensor (Prinzip) 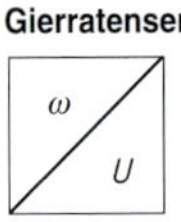 1 Träger 2 Schwingmasse 3 Beschleunigungselement 4 mikromechanische Feder 5 Luftspalt 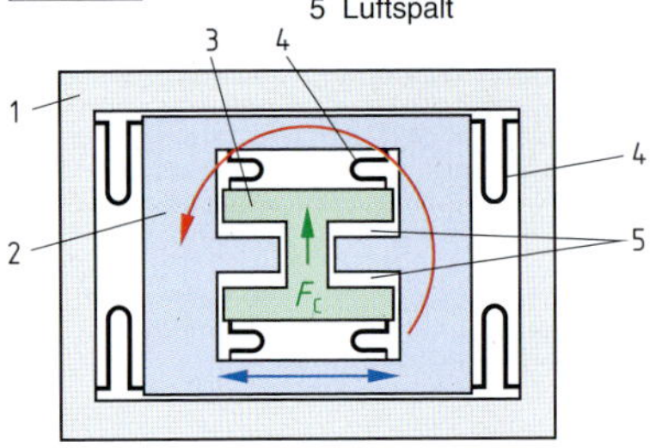	Der mikromechanische Gierratensensor misst die Drehgeschwindigkeit (Gierrate) des Fahrzeugs um die Hochachse (Gierbewegung). Er ist in Siliziumätztechnik hergestellt. Im Träger (1) ist die sogenannte Schwingmasse (2) an mikromechanischen Federn (4) aufgehängt. Auf der hin und her schwingenden Masse befindet sich das Beschleunigungselement (3), ebenfalls von mikromechanischen Federn gehalten. Schwingmasse und Beschleunigungselement greifen fingerförmig ineinander. Leiterbahnen auf den sich gegenüberstehenden Fingern und der dazwischen liegende Luftspalt (5) bilden verstellbare Mikrokondensatoren. Wirkt eine Drehbewegung auf den Sensor, entsteht eine Seitenkraft F_C (Corioliskraft), die das Beschleunigungselement senkrecht zur Schwingungsrichtung auslenkt. Dadurch ändert sich die Größe des Luftspalts (5) und damit auch die Kapazität der Mikrokondensatoren. Die Kapazitätsänderung ist somit die Messgröße für die Gierrate. Die Änderung wird von der Auswerteelektronik des Sensors erfasst und in ein entsprechendes Spannungssignal umgewandelt. *Erzeugung der Schwingung:* Die Schwingmasse befindet sich in einem konstanten Magnetfeld. Auf ihr sind Leiterbahnen aufgebracht, durch die ein Wechselstrom fließt. Die entstehende Lorentzkraft wirkt hier als eine wechselnde Kraft, die die Masse zu ständigen Schwingungen anregt. **Anwendungsbeispiel im Kfz** Gierratensensor für Fahrdynamikregelung
Beschleunigungssensor (Prinzip) 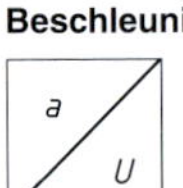 1 Oberplatte 2 Mittelplatte 3 Luftspalt 4 Unterplatte 5 Glasträgerplatte 6 Mikroblattfeder 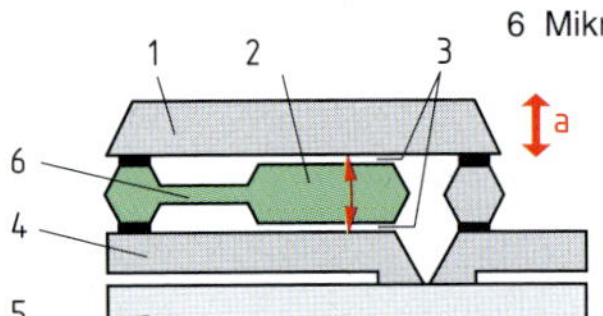	Der in Siliciumtechnik hergestellte mikromechanische Beschleunigungssensor erfasst die Beschleunigung bzw. Verzögerung des Fahrzeugs. Er funktioniert nach dem Prinzip eines verstellbaren Kondensators. Auf der Glasträgerplatte (5) befinden sich die Unterplatte (4), die Oberplatte (1) und die dazwischen angeordnete Mittelplatte (2). Die Mittelplatte ist an einer Mikroblattfeder (6) aufgehängt. Unter-, Ober- und Mittelplatte bilden zusammen zwei verstellbare Mikrokondensatoren. Wirkt eine Beschleunigung *a* auf den Sensor, wird die Mittelplatte durch die Massenträgheitskraft ausgelenkt. Dabei ändert sich die Luftspalte (3) zwischen den Platten und damit die Kapazität der Kondensatoren. Die Kapazitätsänderung ist somit die Messgröße für die Beschleunigung. Die Kapazitätsänderungen der beiden Kondensatoren werden betragsmäßig von der Auswerteelektronik des Sensors zusammengefasst und in ein Spannungssignal an das Steuergerät umgewandelt. **Anwendungsbeispiel im Kfz** Beschleunigungssensor für Fahrdynamikregelung, Airbagauslösung

Sensor	Wirkungsweise, Anwendung

Luftmassensensor
Heißfilmsensor

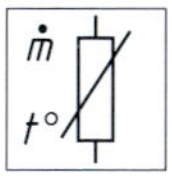

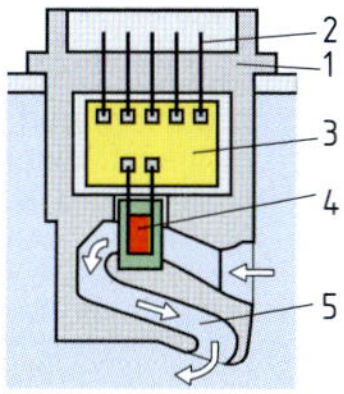

1 Gehäuse
2 Anschlüsse
3 Auswerte-elektronik
4 Messzelle
5 Messkanal

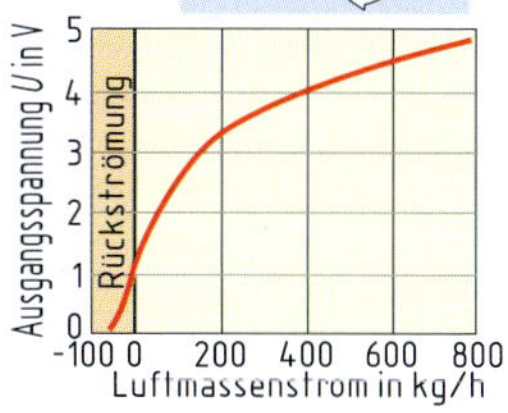

Der Luftmassensensor bestimmt die dem Motor zugeführte Luftmasse. Man unterscheidet zwischen Hitzdraht-Luftmassenmesser (HLM) und Heißfilm-Luftmassenmesser (HFM). Beide arbeiten nach demselben Prinzip: Der elektrisch beheizte Hitzdraht bzw. der Heißfilmwiderstand wird durch den Ansaugluftstrom gekühlt. Eine Elektronik regelt in beiden Fällen den Heizstrom so nach, dass eine konstante Temperaturdifferenz zur Ansaugluft gehalten wird. Je größer die vorbeiströmende Luftmasse ist, desto größer ist die Kühlwirkung auf den Hitzdraht bzw. Heißfilmwiderstand und umso größer muss der Heizstrom sein. Die Höhe des Heizstroms ist daher die Messgröße für die Luftmasse.
Bei neueren HFMs dient als Messgröße für die Luftmasse die Temperaturdifferenz zwischen zwei Messwiderständen. Die Messzelle (4) besteht aus einem Mikrochip. Auf einer Trägerschicht liegen als dünne Platinschichten der auf konstanter Temperatur gehaltene Heizwiderstand und zwei temperaturabhängige Widerstände, einer vor und einer nach dem Heizwiderstand. Je größer der Teilluftstrom durch den Messkanal (5) ist, desto größer ist die Temperaturdifferenz zwischen den Messwiderständen. Diese Anordnung kann auch Rückströmung und somit pulsierende Luftströmungen genau erfassen. Die Auswerteelektronik (3) erfasst die unterschiedlichen Spannungen an den Messwiderständen und erzeugt ein entsprechendes Sensorsignal: Analoge Spannungssignale bis HFM5, variable Frequenzsignale ab HFM6.

Lambdasonde
Lambdasonde mit Spannungssprung (Prinzip)

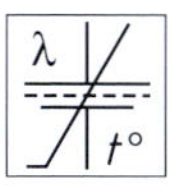

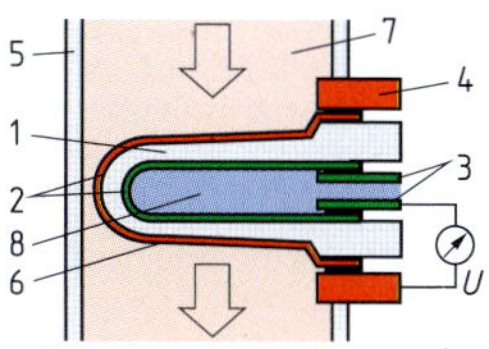

1 Sondenkeramik
2 Elektroden
3 Kontakt
4 Gehäuse
5 Abgasrohr
6 keramische Schutzschicht
7 Abgas
8 Innenraum

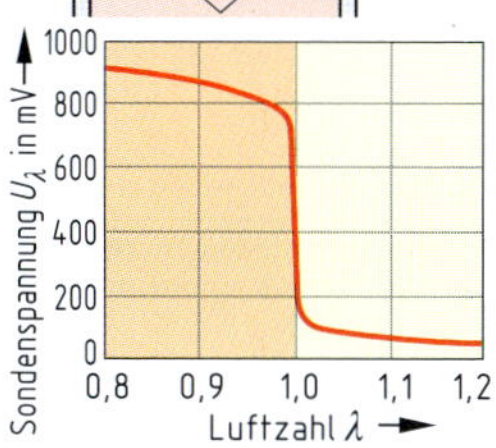

Breitband-Lambdasonde: Kennlinie

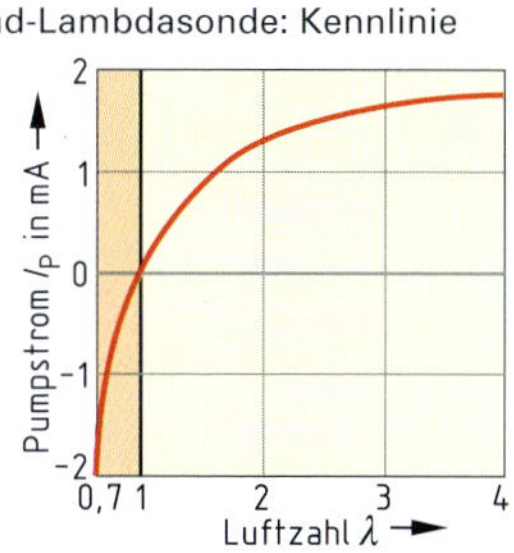

Die Lambdasonde ist vor bzw. nach dem Katalysator in das Abgasrohr eingebaut und erfasst die Gemischzusammensetzung über den Restsauerstoffgehalt im Abgas. Hauptbestandteil der **Lambdasonde mit Spannungssprung** ist die einseitig geschlossene Sondenkeramik aus Zirkondioxid (1). Mikroporöse Platinschichten auf der Innen- und Außenseite bilden die Elektroden (2). Die Außenelektrode ist mit dem Gehäuse (4) elektrisch verbunden, die Innenelektrode mit dem Kontakt (3). Der Innenraum (8) steht mit der Außenluft in Verbindung. Bei unterschiedlichem Sauerstoffanteil auf beiden Seiten der Sondenkeramik entsteht zwischen den Elektroden eine Spannung:

- fettes Gemisch ($\lambda < 1$) → geringer O_2-Anteil im Abgas → $U \approx 800 \ldots 1000$ mV
- mageres Gemisch ($\lambda > 1$) → höherer O_2-Anteil im Abgas → $U \approx 100$ mV

Bei stöchiometrisch richtigem Gemisch ($\lambda = 1$) ergibt sich ein Spannungssprung, der vom Steuergerät ausgewertet werden kann (vgl. S. 174). Die Sonde funktioniert erst ab ca. 350 °C, deshalb wird sie elektrisch beheizt. Die *planare Lambdasonde* arbeitet wie die Fingersonde, ihre Sondenkeramik besteht jedoch aus aufeinander laminierten Schichten.
Bei der **Lambdasonde mit Widerstandssprung** findet im Arbeitspunkt ($\lambda = 1$) eine starke Widerstandsänderung der Sondenkeramik (Titandioxid) statt. Geringer Widerstand bedeutet fettes Gemisch, hoher Widerstand mageres Gemisch.
Die **Breitband-Lambdasonde** kann nicht nur im „stöchiometrischen" Punkt bei $\lambda = 1$, sondern auch im mageren Bereich ($\lambda > 1$) und im fetten Bereich ($\lambda < 1$) genau messen. Der Messbereich erstreckt sich zwischen $\lambda = 0{,}7$ und $\lambda = 4$.
Die Breitband-Lambdasonde ist eine Zweizellen-Sonde und besteht aus einer sogenannten Nernstzelle (Funktion wie bei einer Lambdasonde mit Spannungssprung) und einer Sauerstoff-Pumpzelle. Der Sauerstoffgehalt des Abgases wird, ähnlich wie bei der Sprung-Sonde, mit dem in der Außenluft verglichen. Weicht er vom Sollwert, der $\lambda = 1$ entspricht, ab, greift eine elektronische Schaltung ein, indem sie mithilfe der Sauerstoff-Pumpzelle Sauerstoff-Ionen in den Messbereich der Sonde hinein- bzw. herauspumpt. Dies geschieht durch Anlegen einer Pumpspannung U_P an die Platinelektroden der Pumpzelle. Dabei fließt der sogenannte Pumpstrom I_P. Der Pumpstrom ist proportional zur Sauerstoffkonzentration im Abgas und somit ein Maß für die Luftzahl λ.

- mager: Pumpzelle pumpt Sauerstoff-Ionen heraus → positiver Pumpstrom
- fett: Pumpzelle pumpt Sauerstoff-Ionen hinein → negativer Pumpstrom
- $\lambda = 1$: Es muss kein Sauerstoff gepumpt werden → Pumpstrom = 0

Die Sonde liefert erst bei einer Betriebstemperatur von 600 ... 800 °C ein auswertbares Signal, deshalb wird sie beheizt. Die Breitband-Lambdasonde wird bei Ottomotoren als Regelsonde (vor Kat) und bei Dieselmotoren eingesetzt.

Klopfsensor

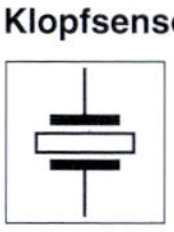

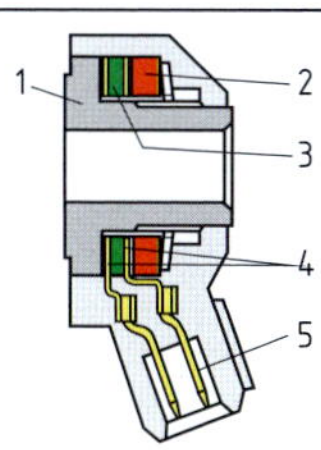

1 Druckhülse
2 Seismische Masse
3 Piezokeramik
4 Kontaktierung
5 elektrische Anschlüsse

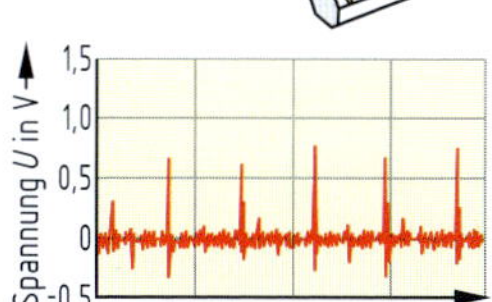

Der Klopfsensor erfasst die Körperschallschwingungen des Motorblocks und wandelt sie in ein Spannungssignal für das Motorsteuergerät um. Er arbeitet nach dem piezoelektrischen Prinzip.
Die ringförmige Piezokeramik (3) sitzt im Gehäuse des Klopfsensors zwischen der Druckhülse (1) und der seismischen Masse (2). Der Klopfsensor ist mit einer durch die Druckhülse gehenden Schraube fest mit dem Motorblock verschraubt, sodass die Körperschallschwingungen des Motorblocks direkt auf den Klopfsensor übertragen werden. Dabei übt die seismische Masse aufgrund ihrer Massenträgheit Druckkräfte im Rhythmus der Schwingungen auf die Piezokeramik aus. Durch den piezoelektrischen Effekt entsteht zwischen der Oberseite und der Unterseite der Piezokeramik eine elektrische Spannung, deren Verlauf dem Schwingungsverlauf entspricht.
Die Spannung wird über die Kontaktierung (4) abgenommen und über die elektrischen Anschlüsse (5) und ein abgeschirmtes Kabel dem Steuergerät zugeführt. Beim *Ottomotor* kann das Steuergerät aus dem Sensorsignal die charakteristischen hochfrequenten Klopfschwingungen herausfiltern und so klopfende Verbrennung erkennen und den Zündzeitpunkt in Richtung „spät" verstellen (vgl. S. 282). Beim *Dieselmotor* kann das Steuergerät den tatsächlichen Zündzeitpunkt erfassen und einen temperatur- oder verschleißbedingten Zündverzug durch Änderung des Spritzbeginns ausgleichen.

Aktor	Wirkungsweise, Anwendung

Magnetventil
Beispiel: Einspritzventil

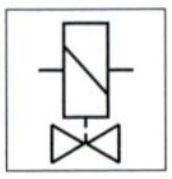

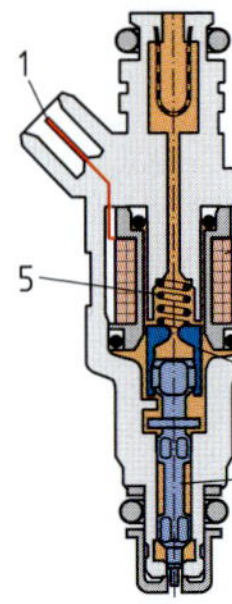

1 elektr. Anschlüsse
2 Magnetspule
3 Magnetanker
4 Ventilnadel
5 Ventilfeder

Magnetventile werden zur elektromagnetischen Steuerung in pneumatischen und hydraulischen Systemen eingesetzt.
Ein Magnetventil besteht aus der Magnetspule (2) und dem Magnetanker (3), die zusammen einen Elektromagneten darstellen, und einem Ventil, dessen Ventilnadel (4) mit dem Magnetanker verbunden ist. Wenn das Steuergerät Spannung auf das Magnetventil gibt, fließt Strom durch die Magnetspule. Durch das dabei entstehende Magnetfeld wird der Magnetanker angezogen und das Ventil öffnet. Nach dem Abschalten der Spannung schließt die Ventilfeder (5) das Ventil und der Magnetanker geht wieder in die Ausgangsstellung zurück.
Werden Magnetventile durch ein hochfrequentes Rechtecksignal mit veränderbarem Tastverhältnis (Pulsweitenmodulation) angesteuert, kann jede beliebige Ventilstellung zwischen offen und geschlossen eingestellt werden.

Anwendungsbeispiele im Kfz
Einspritzventile für Kraftstoffeinspritzung, Magnetventile für Automatikgetriebesteuerung, ABS, Fahrdynamikregelung, Dämpferregelung usw.
Mengenregelventil bei Hochdruckpumpen

Elektromotor
Beispiel:
Elektrische Kraftstoffpumpe

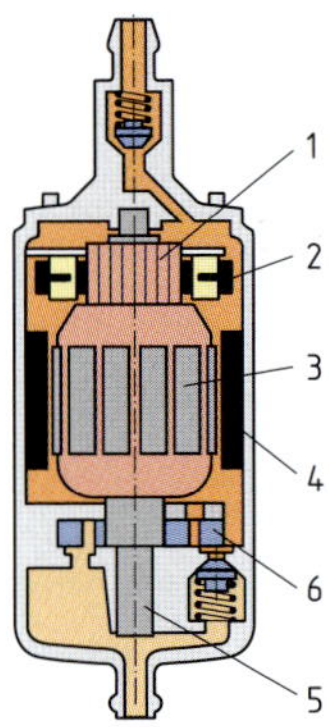

1 Kommutator
2 Kohlebürsten
3 Anker
4 Dauermagnete
5 Ankerwelle
6 Pumpenelement

Der Elektromotor dient zur Erzeugung einer Drehbewegung und arbeitet nach dem Prinzip der Kraftwirkung auf eine Leiterschleife im Magnetfeld (Umkehrung des Generatorprinzips).
Ein Gleichstrommotor (vgl. S. 264) besteht aus dem sich drehenden Anker (3) mit der Ankerwicklung und dem Kommutator (1). Der Anker befindet sich in einem Magnetfeld (Polfeld), das von am Gehäuse befestigten Dauermagneten (4) oder von einer Erregerwicklung erzeugt wird. Die Stromversorgung der Ankerwicklung erfolgt über die Kohlebürsten (2) zum Kommutator (1).
Erhält der Elektromotor Spannung, fließt ein Strom über die Ankerwicklung und im Anker entsteht ein Magnetfeld. Dessen Überlagerung mit dem Polfeld erzeugt ein Drehmoment auf den Anker, solange bis sich das Ankerfeld zum Polfeld ausgerichtet hat. Zu einer fortlaufenden Drehbewegung des Ankers kommt es durch ständiges Umpolen des Ankerstroms mithilfe des Kommutators (= Stromwender).

Anwendungsbeispiele im Kfz
Elektrische Kraftstoffpumpe
Wischermotor, Pumpe für Scheibenreinigung
Motor für Fensterheber, Schiebedach
Leerlaufsteller für Benzineinspritzung

Schrittmotor (permanenterregt)

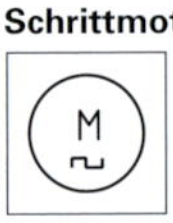

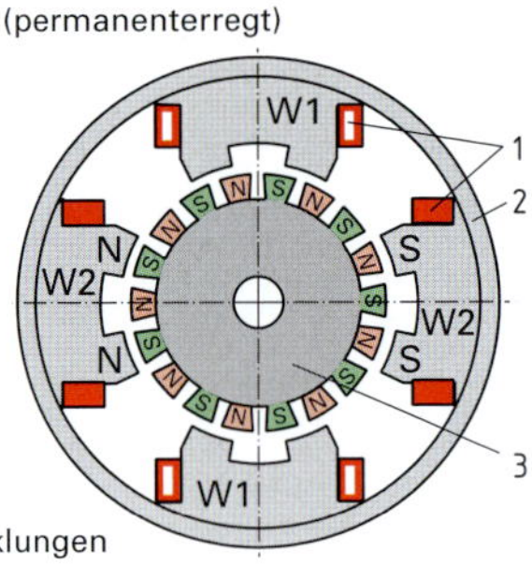

1 Erregerwicklungen
2 Ständer
3 Läufer

Ein Schrittmotor kann eine beliebige, festgelegte Anzahl von Schritten in beide Drehrichtungen ausführen. Er wird daher zur genauen Ausführung von Bewegungen verwendet.
Ein *permanenterregter Schrittmotor* (vgl. Abb. links) besteht aus dem Ständer (2) mit den beiden Wicklungen W1 und W2 und aus dem Läufer (3) mit dauermagnetischen Zähnen, die abwechselnd als Nordpol und als Südpol angeordnet sind. Zur Ansteuerung der Wicklungen W1 und W2 im Ständer benötigt der Schrittmotor eine Steuerelektronik. Werden die Ständerwicklungen bestromt, erzeugen sie ein je nach Stromrichtung gepoltes Magnetfeld und der Läufer richtet sich entsprechend der magnetischen Polung aus.
Funktionsweise des abgebildeten Motors: Durch abwechselndes Bestromen von W1 auf W2 und Umpolen des Stroms beim nächsten Bestromen der jeweiligen Wicklung, dreht sich der Läufer immer um eine halbe Zahnteilung weiter.
Die Steuerelektronik kann durch die Anzahl der Schritte die Endstellung des Läufers genau festlegen. Durch Umkehrung der Ansteuerungsabfolge kann die Drehrichtung des Schrittmotors geändert werden.
Neben dem hier beschriebenen Schrittmotor gibt es noch zahlreiche weitere Bauformen bzw. Ansteuerungsvarianten.

Anwendungsbeispiele im Kfz
Luftklappensteller für Klimaanlage, Leuchtweitenregulierung, Kurvenlicht, Instrumentenzeiger, Stellmotoren für Memoryfunktion bei Sitz-, Spiegelverstellung

Zündspule

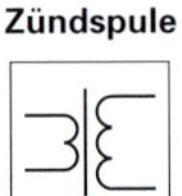

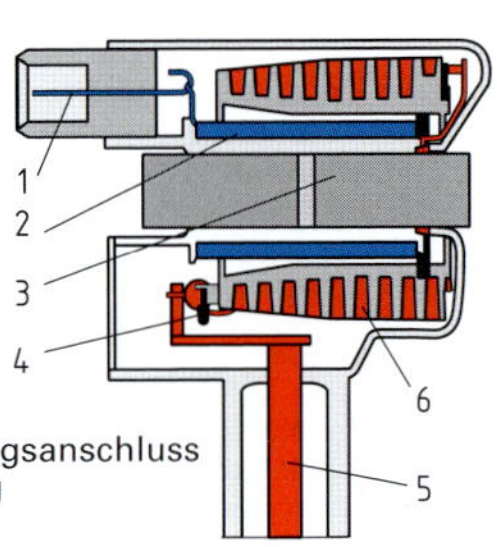

1 Niederspannungsanschluss
2 Primärwicklung
3 Eisenkern
4 EFU-Diode
5 Hochspannungsanschluss
6 Sekundärwicklung

Zündspulen (vgl. S. 282) erzeugen die für die Funkenbildung an der Zündkerze notwendige Hochspannung. Die Hochspannungserzeugung erfolgt nach dem Prinzip der elektromagnetischen Induktion.
Eine Zündspule besteht aus der Primärwicklung (2) mit wenig Windungen und der Sekundärwicklung (4) mit vielen Windungen. Sie sitzen auf einem gemeinsamen Eisenkern (3). Die Primärwicklung ist über den Fahrtschalter an Batterie-Plus und über die entsprechende Endstufe des Steuergeräts an Masse angeschlossen. Der durch die Primärwicklung fließende Strom (Primärstrom) erzeugt in der Zündspule ein Magnetfeld.
Im Zündzeitpunkt unterbricht das Steuergerät den Primärstrom, indem die Endstufe die Masseverbindung unterbricht und das Magnetfeld in der Zündspule bricht zusammen. Aufgrund dieser starken Magnetfeldänderung entsteht in der Sekundärwicklung durch elektromagnetische Induktion ein Hochspannungsimpuls.
Bei modernen Zündspulen können Hochspannungen von bis zu 50 kV induziert werden.

Ausführungen
Einzelfunkenzündspule (mit einem Hochspannungsanschluss, vgl. Abb links)
Doppelfunkenzündspule (mit zwei Hochspannungsanschlüssen)

Möglichkeiten der Signalübertragung in der Kfz-Elektronik

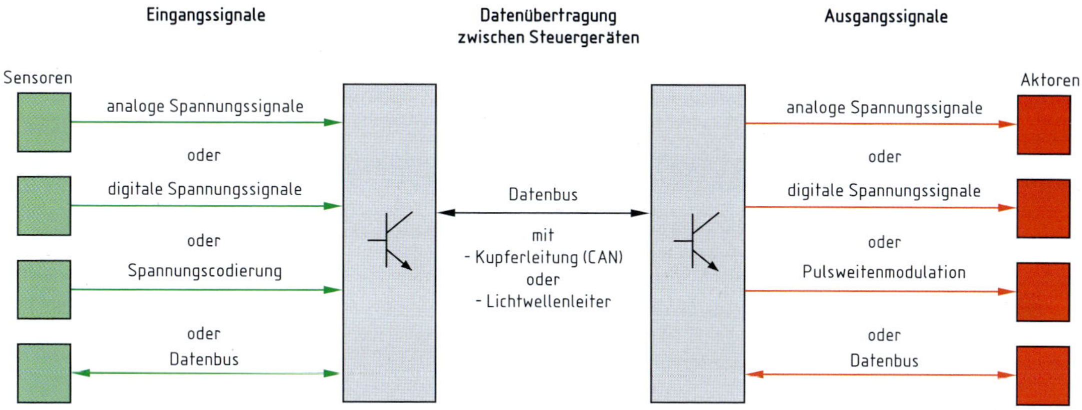

Spannungscodierung

Beispiel: Wischerfunktion im Kombischalter

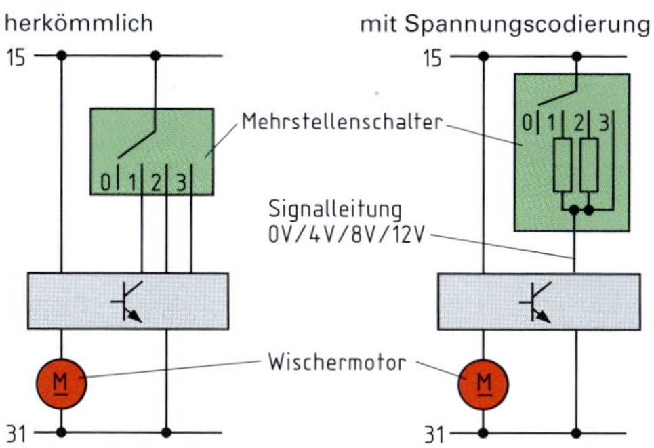

Funktionsweise
Bei der Signalübertragung durch Spannungscodierung werden Informationen, beispielsweise die unterschiedlichen Schalterstellungen von Mehrstellenschaltern, über eine einzige spannungsführende Signalleitung an das Steuergerät übertragen. Den Schalterstellungen sind dabei bestimmte Spannungswerte zugeordnet (vgl. Abbildung). Die Schalterstellungen werden somit über Spannungen als Code an das Steuergerät übermittelt. Man bezeichnet diese Technik deshalb als Spannungscodierung.
Die Stufung der Spannung erfolgt innerhalb der Schaltereinheit durch mehrere in Reihe oder parallel geschaltete Widerstände. Während bei der herkömmlichen Signalübertragung für jede Schalterstellung eine Signalleitung notwendig ist, genügt bei der Spannungscodierung eine Signalleitung für die Übermittlung der verschiedenen Schalterstellungen an das Steuergerät.

Anwendungsbeispiele
Codierung der Schalterstellungen bei:
- Wischer-Funktionen
- Fahrtrichtungsanzeiger
- Fensterhebern
- Zentralverriegelung

Pulsweitenmodulation (PWM)

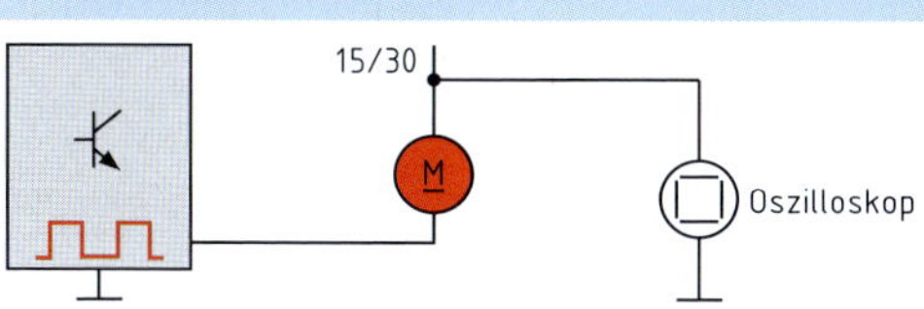

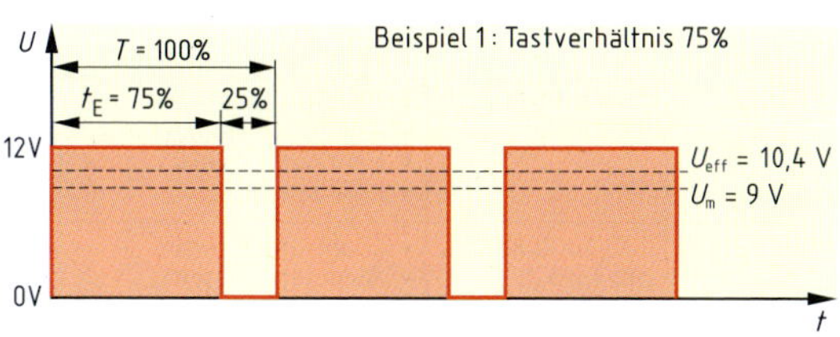

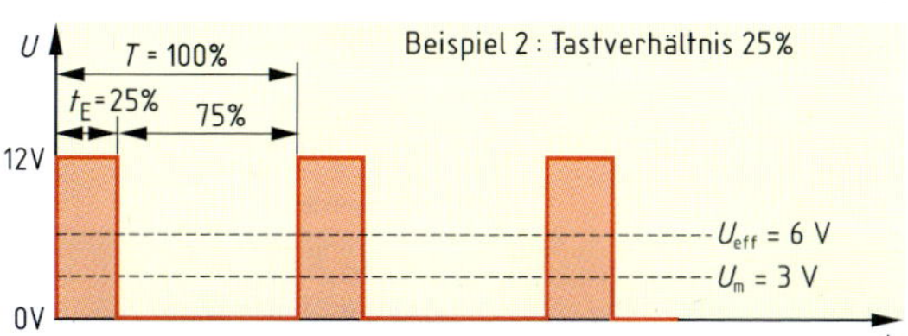

Funktionsweise
Pulsweitenmodulierte Spannungssignale (PWM-Signale) werden zur variablen Ansteuerung von Verbrauchern verwendet. Das Steuergerät schaltet dabei die feste Versorgungsspannung (z. B. 12 V) mit hoher Frequenz ein und aus. Durch Veränderung der Einschaltdauer t_E (= Pulsweite) kann die am Verbraucher wirksame Spannung in der Höhe variiert werden. Über die Veränderung der Einschaltdauer t_E kann so z. B. die Drehzahl eines Elektromotors gesteuert werden. Da hierbei die Leistungsaufnahme des Verbrauchers ohne Vorwiderstand verändert wird, ist eine verlustarme Leistungsregelung möglich.
Das **Tastverhältnis *p*** dient als Messgröße für das PWM-Signal. Es gibt den Anteil der Einschaltdauer t_E an der Periodendauer T (= Gesamtimpulsdauer) in Prozent an:

$$\text{Tastverhältnis } p = \frac{\text{Einschaltimpulsdauer } t_E}{\text{Periodendauer } T} \cdot 100\,\% \text{ (vgl. Abb.)}$$

Die **mittlere Spannung U_m** ist der arithmetische Mittelwert der Spannung. Für die elektrotechnischen Berechnungen ist jedoch der **Effektivwert der Spannung U_{eff}** von Bedeutung.
(Formeln zur Berechnung siehe S. 54)

Das PWM-Signal kann mit dem Oszilloskop als Rechtecksignal dargestellt werden. Das Tastverhältnis des PWM-Signals lässt sich am Tester als Istwert auslesen oder kann direkt mit einem entsprechend ausgerüsteten Multimeter angezeigt werden.

Anwendungsbeispiele
- Stufenlose Ansteuerung von Lüftermotoren, Magnetstellern, Magnetventilen usw.
- Gestufte Ansteuerung von Glühlampen, z. B. für Schlusslicht-/Bremslichtfunktion.

4

Datenbussysteme

Datenbussysteme dienen zur seriellen Datenübertragung (vgl. S. 313) zwischen den Steuergeräten im Kfz. Die Busteilnehmer (Busknoten) sind über einen Datenbus verbunden (vernetzt). *Vorteile:* Schneller Datenaustausch zwischen den Steuergeräten, Sensorsignale und berechnete Daten können von mehreren Steuergeräten genutzt werden, weniger Leitungen (Einsparung von Gewicht und Bauraum), Systemänderungen und Softwareupdates einfacher, zentrale Diagnose möglich.

Der Datenaustausch zwischen verschiedenen Datenbussystemen erfolgt über das Gateway (vgl. S. 313), an das alle Datenbussysteme angeschlossen sind. Abhängig von den jeweiligen Anforderungen, werden die Steuergeräte (Busknoten) in den Bussystemen auf unterschiedliche Weise miteinander verknüpft. Die entstandene Anordnung nennt man Netzwerkstruktur oder Netzwerktopologie. Man unterscheidet Ring-, Stern-, Ketten- und Busstruktur (vgl. Abb. unten).

Netzwerkstrukturen (Netzwerktopologien)

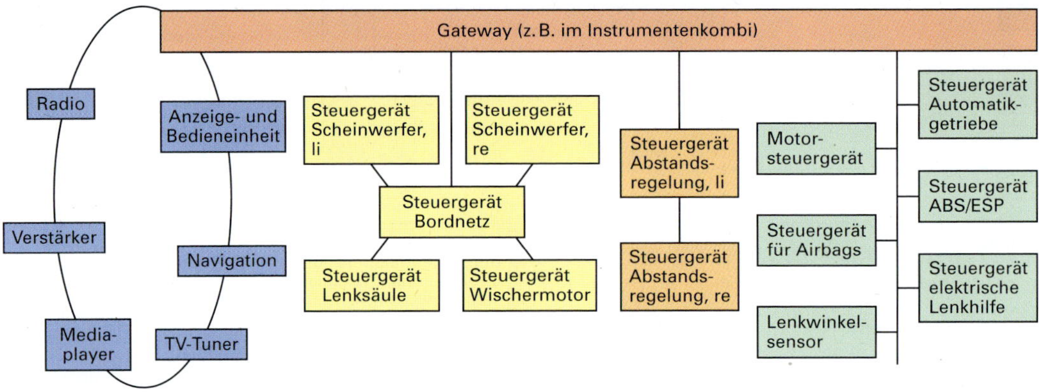

Ringstruktur	Sternstruktur	Kettenstruktur (Daisy Chain)	Busstruktur (linear)
Die Steuergeräte sind in Reihe geschaltet, das Bussignal muss alle durchlaufen. Der Datentransport findet nur in einer Richtung (unidirektional) statt, hier z. B. im Uhrzeigersinn.	*Passiv:* Die Datenbusleitungen der Steuergeräte sind sternförmig zusammengefasst. *Aktiv* (vgl. Abb. oben)*:* Die Busleitungen sind an ein zentrales Steuergerät angeschlossen.	Die Steuergeräte sind mit ihren Datenbusleitungen in Reihe geschaltet und auf diese Weise miteinander verkettet (chain, engl. für Kette).	Die Datenbusleitungen der Steuergeräte sind parallel an den Bus angeschlossen. Mehrere können dabei an sogenannten Potenzialverteilern zusammengefasst sein.

Übersicht Datenbussysteme

Datenbussystem	Datenbusleitung	Netzwerk-struktur	Übertragungs-prinzip	Datenüber-tragungsrate (maximal)	Anwendungsbereiche im Kfz
Elektrische Datenübertragung					
CAN Class B u. C (**C**ontroller **A**rea **N**etwork) **CAN-FD** (**F**lexible **D**ata Rate)	2 Kupferleitungen verdrillt (Twistet-pair)	Busstruktur Sternstruktur (passiv)	Multi-Master asynchron (ereignisgesteuert)	B:125 kBit/s C: 1 Mbit/s CAN-FD: 8 Mbit/s	• Antriebsstrang • Fahrwerk • Komfortsysteme • Bordnetz • Insassenschutzsysteme
LIN (**L**ocal **I**nterconnect **N**etwork)	eine Kupferleitung	Punkt zu Punkt Busstruktur	Master-Slave asynchron (ereignisgesteuert)	19,2 kbit/s	• Heizung/Klima • Batteriemanagement/ Generator • Wisch-/Waschsystem
FlexRay™ (Markenname)	2 × 2 Kupfer-leitungen, jeweils verdrillt (Twistet-pair)	Kettenstruktur (Daisy Chain) Sternstruktur (aktiv)	Time-Shared-Prinzip synchron (zeitgesteuert)	2 × 10 Mbit/s	• Assistenzsysteme • Antriebsregelsysteme • Fahrwerkregelsysteme • Lenksysteme
Automotive Ethernet	2-/4-/8-adrige Kupferleitung, je 2 Adern verdrillt (Twistet-pair)	Punkt zu Punkt Sternstruktur (aktiv)	asynchron (ereignisgesteuert)	100/1000 MBit/s pro Link, künftig bis 50 GBit/s	• Diagnose over IP • Assistenzsysteme • Infotainmentsysteme
Optische Datenübertragung					
MOST (**M**edia **O**riented **S**ystems **T**ransport)	Lichtwellenleiter (Plastic Optical Fibre POF)	Ringstruktur	synchron (zeitgesteuert)	150 Mbit/s	• Infotainmentsysteme: Video-/ Audio-/ Kommunikations- und Navigationssysteme
Drahtlose Datenübertragung					
Bluetooth™ (Markenname)	Funkverbindung	Punkt zu Punkt Punkt-zu-Mehrpunkt	synchron und asynchron	2 Mbit/s	• Datenübertragung zwischen: Mobiltelefon und Infotainmentsystem, Freisprecheinrichtung

CAN-Datenbus (Controller Area Network)

Aufbau

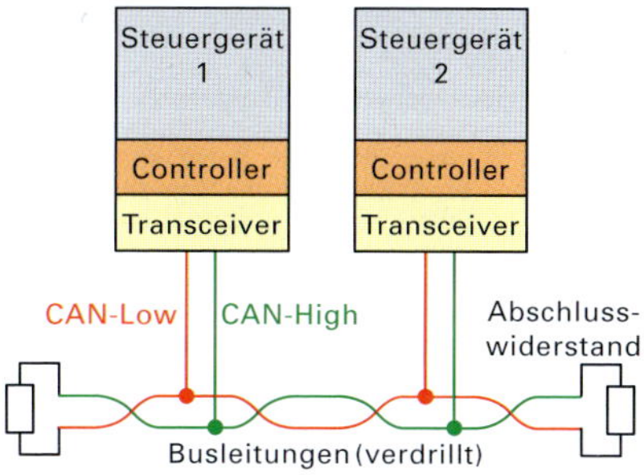

Der CAN-Bus arbeitet nach dem Multi-Master-Prinzip: Mehrere gleichberechtigte Steuergeräte (Busteilnehmer bzw. Busknoten) sind durch eine Datenleitung miteinander verbunden. Der Datentransport kann in beide Richtungen (bidirektional) erfolgen. Bei Ausfall eines Steuergeräts ist das Bussystem für die anderen Busteilnehmer weiterhin voll funktionsfähig. An einen vorhandenen CAN-Bus können weitere Steuergeräte für bestimmte Ausstattungsvarianten angeschlossen werden.
Jedes Steuergerät ist über eine CAN-Schnittstelle an die beiden Busleitungen (CAN-high und CAN-low) angeschlossen. Über diese Schnittstelle erfolgt das Senden oder Empfangen von Daten. Die CAN-Schnittstelle besteht aus dem *Controller* und dem *Transceiver*. Der Controller bereitet die zu sendenden Daten auf bzw. entschlüsselt die empfangenen Daten. Der Transceiver enthält einen Sendebaustein (Transmitter) und einen Empfangsbaustein (Receiver).
Die beiden Busleitungen sind miteinander verdrillt (engl.: twisted pair). Dies verringert einerseits die Störabstrahlung und andererseits die elektromagnetische Empfindlichkeit der Leitungen. Um störende Reflexionen an den Leitungsenden zu vermeiden, sind diese mit einem Abschlusswiderstand versehen. Sie befinden sich häufig in den entsprechenden Steuergeräten.

Datenübertragung

CAN-Datenprotokoll (Data Frame)

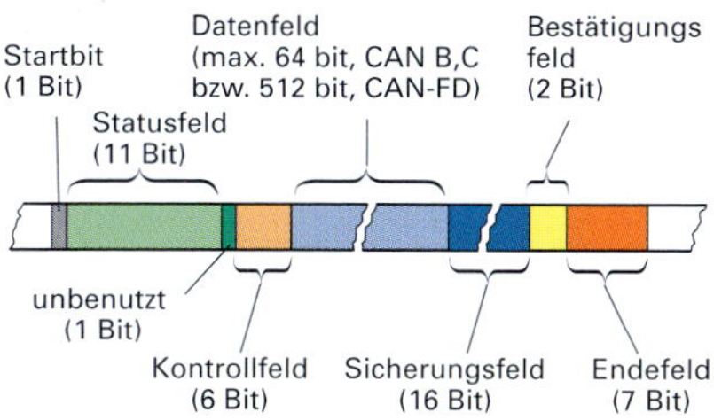

Startbit	Kennzeichnet den Beginn der Nachricht (Start of Frame)
Statusfeld	Gibt Auskunft über die Art der Informationen und die Wichtigkeit (Identifier), z. B. Motordrehzahl
Kontrollfeld	Gibt Anzahl der Informationen im Datenfeld an (Control Field)
Datenfeld	Enthält die Informationen, z. B. Wert der Motordrehzahl
Sicherungsfeld	Dient zur Erkennung von Störungen in der Datenübertragung
Bestätigungsfeld	Enthält Rückmeldung der Empfänger über korrekten Empfang der Daten (Acknowledge Field)
Endefeld	Kennzeichnet das Ende der Nachricht (End of Frame)

Datenprotokoll (Data Frame)
In der CAN-Schnittstelle des sendenden Steuergeräts werden die Informationen nach einem bestimmten Muster, dem sogenannten *Datenprotokoll* (Data Frame), zu einem Datenpaket als Bitfolge digital verschlüsselt und seriell übertragen. Das Datenprotokoll besteht aus sieben Feldern, die immer in der gleichen Reihenfolge gesendet werden (vgl. Abb. u. Tab. links). Anhand des Identifiers im Statusfeld kann jedes einzelne Steuergerät prüfen, ob das über den Bus gesendete Datenpaket für sich von Bedeutung ist.
Bei freiem Bus kann jedes Steuergerät Daten auf den Bus geben. Beginnen mehrere Steuergeräte den Sendevorgang gleichzeitig, wird anhand des Identifiers überprüft, welches die wichtigste Nachricht ist. Dieser Vorgang wird als *Arbitrierung* bezeichnet. Dabei setzt sich die Nachricht auf dem Datenbus durch, die im Identifier am Anfang die meisten 0-Bits aufweist. Sie darf gesendet werden und alle anderen Steuergeräte werden zu Empfängern. Sobald der Bus wieder frei ist, wiederholen sich ggf. diese Vorgänge bis alle Nachrichten gesendet sind.

Spannungspegel
Die Datenpakete werden von der CAN-Schnittstelle in Form von Spannungsimpulsen auf den Datenbus gegeben. Die Spannung zwischen der Datenleitung und Masse kann dabei zwei unterschiedliche Werte (Spannungspegel) annehmen. Die beiden Spannungspegel entsprechen den logischen Schaltzuständen 0 (dominant) und 1 (rezessiv) in der digitalen Datenübertragung (vgl. S. 313).

Aus Sicherheitsgründen werden zwei Datenleitungen benutzt: CAN-High-Leitung und CAN-Low-Leitung. Die CAN-Schnittstellen der Steuergeräte werten den Spannungsunterschied zwischen den beiden Datenleitungen aus.

In den beiden Leitungen verhalten sich die Spannungspegel genau entgegengesetzt, z. B. bei der Umschaltung vom 1-Bit zum 0-Bit:
– CAN-High-Leitung: Spannungspegel steigt (z. B. um 4 Volt)
– CAN-Low-Leitung: Spannungspegel sinkt (z. B. um 4 Volt)
Die üblichen CAN-Bus-Spannungspegel liegen im Bereich von 0 ... 5 Volt.

Kommt es zu einer Störeinstrahlung, z. B. durch ein Mobilfunk-Sendesignal, tritt der Störimpuls in beiden Leitungen in gleichem Maß auf. Da die Steuergeräte den *Spannungsunterschied* zwischen der CAN-High-Leitung und der CAN-Low-Leitung auswerten, bleibt so die Störeinstrahlung ohne Auswirkung. Beim Ausfall einer Datenbusleitung fehlt daher die Störsicherheit.

Vergleich: Low-Speed-CAN und High-Speed-CAN

CAN-Bustyp	**Low-Speed-CAN (Class B)**	**High-Speed-CAN (Class C, CAN-FD)**
Spannungspegel	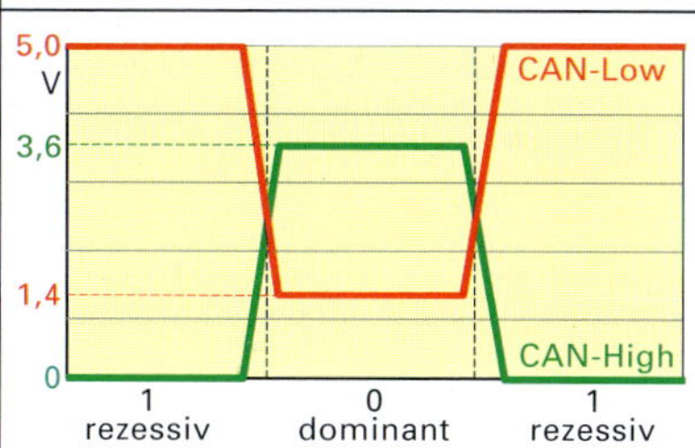	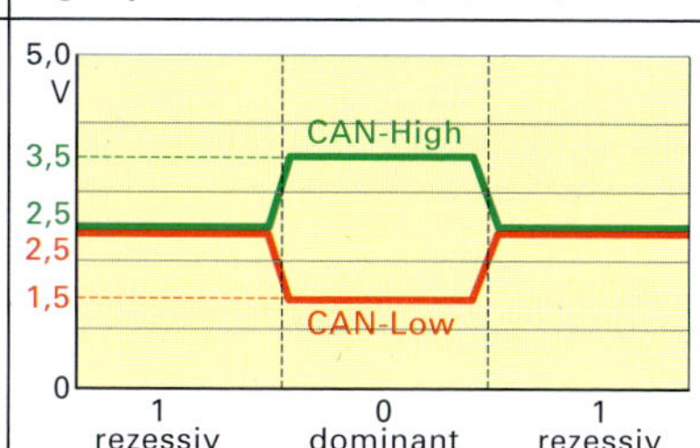
Datenübertragungsrate	maximal 125 kbit/s	maximal 1 Mbit/s (Class C), 8 Mbit/s (CAN-FD)
Eindrahtfähig (vgl. S. 313)	ja	nein
Anwendungsbereiche im Kfz	• Bordnetz (z. B. Beleuchtung) • Komfortsysteme (z. B. Fensterheber, Schiebedach, Heizung/Klimatisierung usw.)	• Antriebsstrang (Motor, Automatikgetriebe usw.) • Fahrwerk (ABS/ESP usw.) • Insassenschutzsystem (Airbag usw.) • Bordnetz, Komfortsysteme (neuere Fahrzeuge)

Fehlersuche am Beispiel CAN-Datenbus Class B (Low-Speed-Bus)

Oszillogramme CAN-Bus Class B
Signalaufnahme mit dem Zwei-Kanal-Oszilloskop:
- Kanal 1: CAN-High-Leitung gegen Masse messen
- Kanal 2: CAN-Low-Leitung gegen Masse messen

Hinweise:
- Das Digitaloszilloskop muss für die Anzeige der hochfrequenten Bussignale geeignet sein.
- Abhängig vom eingestellten Zeitmaßstab sind entweder Datenrahmen (Data Frame) oder einzelne Bits erkennbar.

Fehlerfreier Betrieb

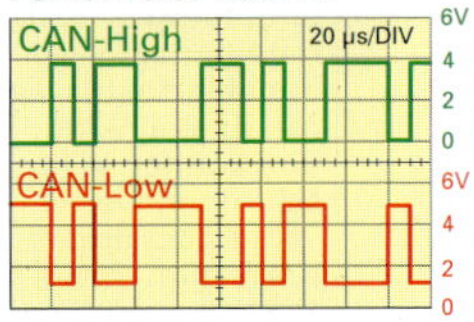

CAN-Low Kurzschluss nach Masse

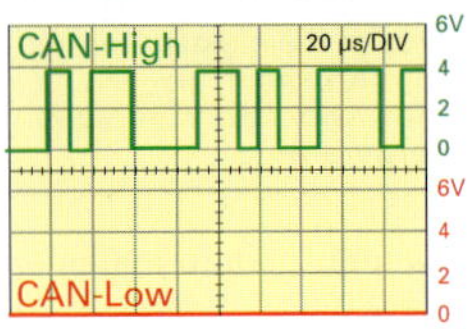

$U_{Low} = 0$ V

CAN-High Kurzschluss nach Masse

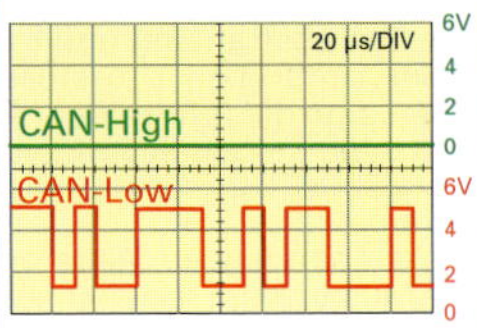

$U_{High} = 0$ V

Kurzschluss zwischen CAN-High und CAN-Low

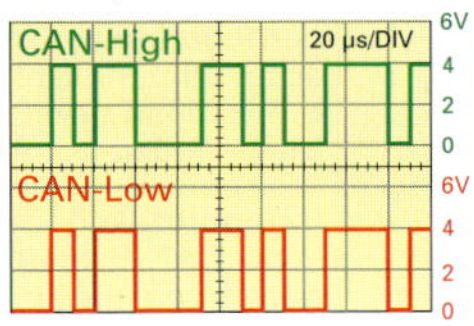

$U_{Low} = U_{High}$

CAN-Low Kurzschluss nach B +

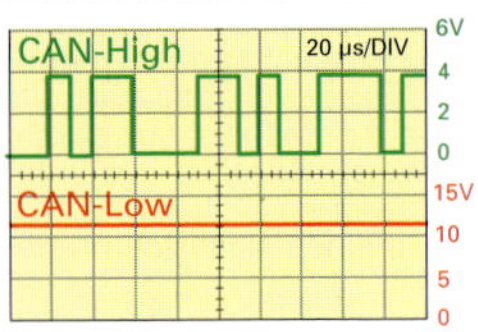

$U_{Low} = 12$ V

CAN-High Kurzschluss nach B +

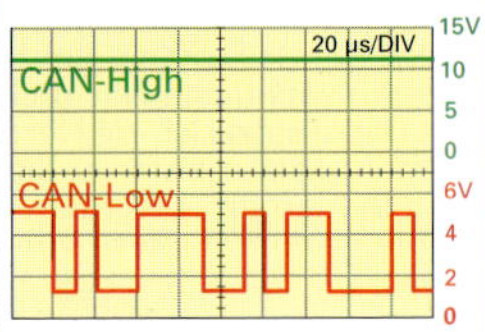

$U_{High} = 12$ V

Unterbrechung z. B. CAN-Low

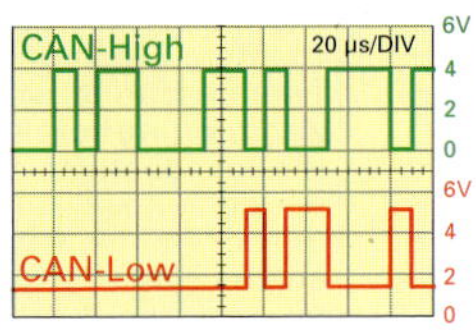

Lücken im CAN-Low-Signal

Vorgehensweise bei der Fehlersuche
Beispiel: Fehlerspeichereintrag „Datenbus im Eindrahtbetrieb".
- Welche der beiden Busleitungen ist betroffen (CAN-High oder CAN-Low)? Welche Fehlerart liegt vor?
  → Zwei-Kanal-Oszilloskop an geeigneter Stelle an den Datenbus anschließen und das Signalbild beurteilen (vgl. Fehlerbilder links).

Kurzschluss (n. Masse/Plus, High/Low):
- In welchem Teil des Datenbusses liegt der Kurzschluss?
  → Entsprechende Busleitungen an den Knotenpunkten nacheinander trennen und das Signalbild beobachten:
  Verschwindet dabei der Signalfehler, ist der Fehler im abgetrennten Teil des Datenbusses zu suchen.
- Befindet sich der Kurzschluss an der Busleitung oder am Steuergerät?
  → Steuergerät abstecken und das Signalbild beobachten:
  Verschwindet dabei der Signalfehler, liegt der Fehler am Steuergerät, bleibt der Signalfehler, liegt der Fehler an der Busleitung.

Unterbrechung einer Datenbusleitung:
- Wo befindet sich die Unterbrechung?
  → Intakte Datenbusleitung auf Masse legen, somit ist mit den Steuergeräten nach der Unterbrechung keine Kommunikation mehr möglich.
  → Fehlerspeicher auslesen, Unterbrechung kann so geortet werden.

4

LIN-Datenbus

LIN-Topologie (Beispiel)

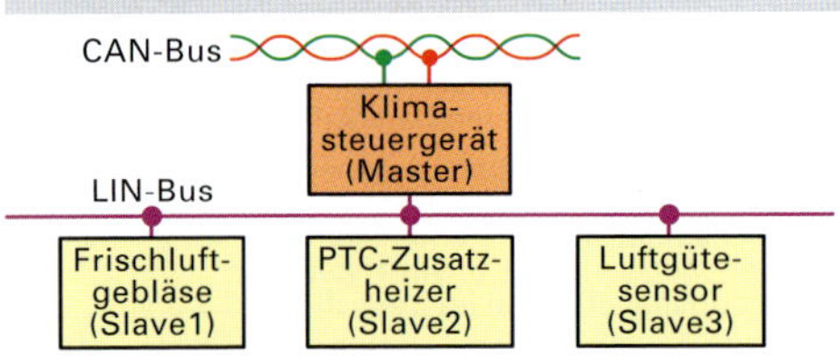

Aufbau
Das LIN-Bussystem (**L**ocal **I**nterconnect **N**etwork) arbeitet nach dem Master-Slave-Prinzip (vgl. S. 313). Es ermöglicht einen Datenaustausch zwischen einem LIN-Master und bis zu 16 LIN-Slaves. Der LIN-Bus besitzt nur eine Datenleitung (Eindraht-Bus) und wird zur Vernetzung von Steuergeräten, Sensoren (aktive) und Aktoren innerhalb eines begrenzten Bauraums eingesetzt. Beispiel (vgl. Abb. links): Das Steuergerät für die Klimaanlage ist der LIN-Master, der PTC-Zusatzheizer, die Frontscheibenheizung und das Frischluftgebläse sind LIN-Slaves.
Der LIN-Master ist meistens an den CAN-Datenbus angeschlossen und funktioniert damit auch als Gateway zwischen LIN- und CAN-Bus.

LIN-Transceiver

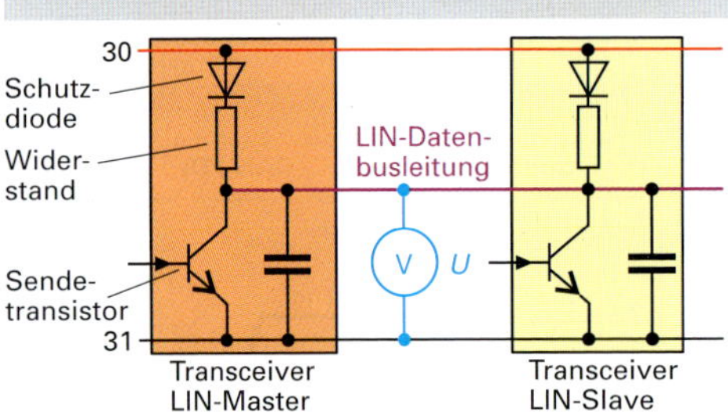

Spannungspegel
Zur seriellen Datenübertragung können vom LIN-Transceiver des Masters oder des jeweiligen Slave zwei Spannungspegel auf die Datenbusleitung geschaltet werden (vgl. Abb. links):

Dominanter Pegel (Logischer Bitwert 0)
Der dominante Pegel ($U = 0$ V) liegt an, wenn der Sendetransistor durchschaltet. Dadurch ist die Datenbusleitung mit Masse verbunden.

Rezessiver Pegel (Logischer Bitwert 1)
Der rezessive Pegel ($U = 12$ V) liegt an, wenn der Sendetransistor sperrt. Die Verbindung zur Masse ist unterbrochen. Die Datenbusleitung liegt über die Schutzdiode und den Widerstand an Batteriespannung.
Ruhepegel: Wenn keine Datenübertragung erfolgt, liegt der rezessive Pegel (12 V) auf der Datenbusleitung.

LIN-Datenprotokoll (Data Frame)

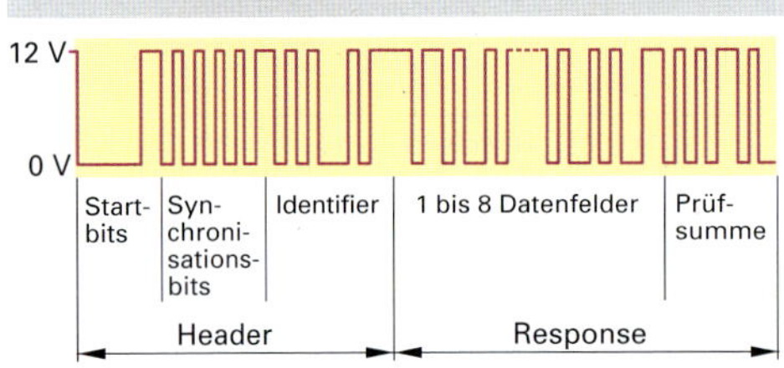

Eine LIN-Botschaft besteht aus dem Kopf (Header) und der Nachricht (Response). Die Kommunikation läuft folgendermaßen ab: Der Master beginnt die Botschaft durch Senden des Headers. Dieser besteht aus den Startbits, den Synchronisationsbits und dem Identifier, der angibt, für wen die Botschaft bestimmt ist. Danach folgt im Datenfeld die eigentliche Nachricht. Die Nachricht (Response) kann entweder vom Master ausgehen (z. B. Anweisung des Klimasteuergeräts an das Frischluftgebläse) oder von einem Slave kommen (z. B. Rückmeldung des Frischluftgebläses an das Steuergerät). Anhand der Prüfsumme kann zum Abschluss überprüft werden, ob die Datenübertragung fehlerfrei war.

FlexRay™-Datenbus

Topologie (Beispiel)

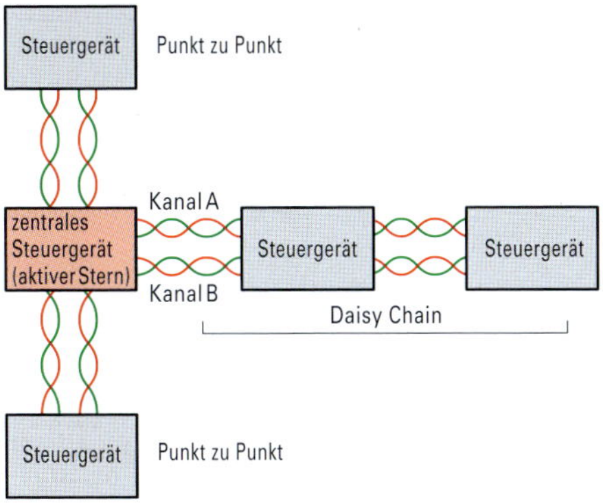

Anwendung
Der FlexRay-Datenbus wird zur Vernetzung von sicherheitsrelevanten Systemen verwendet: Assistenzsysteme, z. B. Abstandstempomat (ACC), Antriebsregelsysteme, Fahrwerkregelsysteme, Lenksysteme (Steer-by-Wire), elektrische Bremssysteme (Brake-by-Wire).

Eigenschaften
- Datenübertragung über zwei Kanäle mit je zwei Busleitungen, dadurch hohe Datensicherheit, Fehlertoleranz und Ausfallsicherheit
- synchrone Datenübertragung (zeitgesteuert)
- hohe Datenübertragungsrate (maximal 10 Mbit/s je Kanal)
- sehr kurze Reaktionszeit, dadurch Echtzeitfähigkeit möglich

Aufbau
Beim FlexRay-Bus wird eine zusammengesetzte Topologie (vgl. Abb. links) aus aktivem Stern, Punkt-zu-Punkt-Verbindungen und Daisy Chain-Verbindungen (kettenförmig) verwendet, um die Datenleitungen möglichst kurz zu halten.
Die Datenübertragung erfolgt über zwei Kanäle (A und B) mit je zwei verdrillten Leitungen (Busplus, BP und Busminus, BM). Auf den beiden Kanälen können unterschiedliche Daten versendet werden. Zur Erhöhung der Datensicherheit können jedoch auch auf beiden Kanälen die gleichen Daten gesendet werden (redundante Datenübertragung).

Signalzustände

Flexray-Spannungspegel

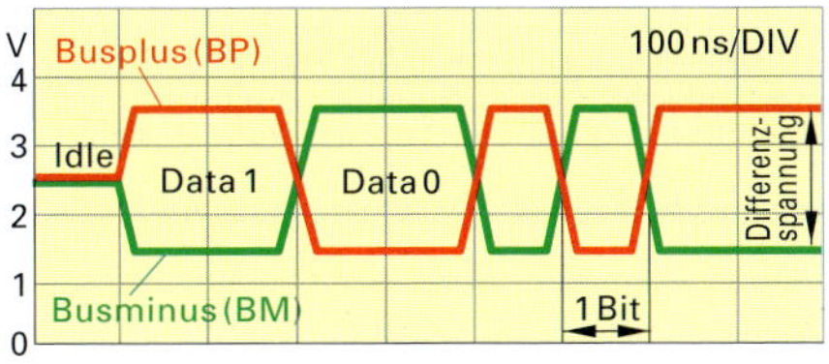

Beim FlexRay-Datenbus werden drei Signalzustände unterschieden:
- *Idle*: Ruhepegel (Datenbus im Leerlauf)
- *Data 1*: logische 1 wird gesendet
- *Data 0*: logische 0 wird gesendet

Signalzustände	Idle	Data 1	Data 0
Spannungspegel Busplus (BP)	2,5 V	3…3,5 V	1,5…2 V
Spannungspegel Busminus (BM)	2,5 V	1,5…2 V	3…3,5 V

Der Empfänger wertet den Signalzustand über die Differenzspannung zwischen BP und BM aus (vgl. Abb. links). Die Differenzspannung bei Idle (Datenbus im Leerlauf) ist 0 V, bei Data 1 beträgt sie 1,8…2,0 V und bei Data 0 liegt sie bei –1,8…–2,0 V.

Datenübertragung

FlexRay-Kommunikationszyklus

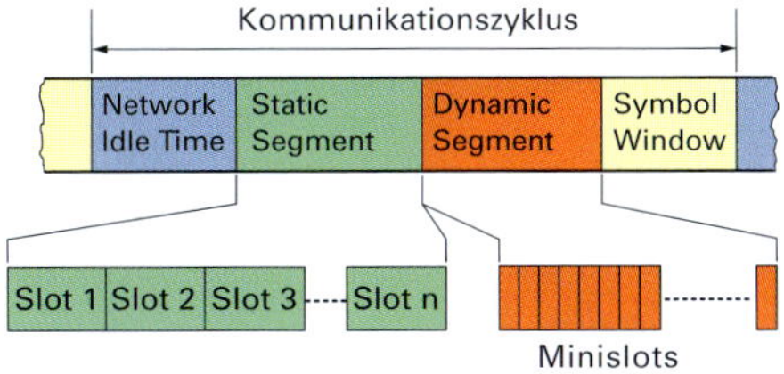

Kommunikationszyklus
Beim FlexRay-Datenbus werden die Botschaften in sich ständig wiederholenden Kommunikationszyklen übertragen. Ein Kommunikationszyklus besteht aus verschiedenen Teilen (Segmenten, Zeitfenstern):
- *Network Idle Time (Leerlauf, Busruhe):* In diesem Zeitraum werden keine Botschaften übertragen. Er wird für Synchronisationsvorgänge im Bussystem benötigt.
- *Static Segment (Statisches Segment):* Den Steuergeräten (Knoten) sind bestimmte Zeitfenster (Slots) zugeordnet, in denen sie Botschaften senden können. In diesen Zeitfenstern werden vor allem sicherheitskritische Daten versendet.
- *Dynamic Segment (Dynamisches Segment):* Es ist in viele kleine Zeitfenster aufgeteilt (Minislots), die von den Steuergeräten bei Bedarf genutzt werden können. Hier werden Daten versendet, die nicht sicherheitskritisch sind.
- *Symbol Window (Symbolfenster):* Das Symbolfenster kann für die Wartung und zu Testzwecken genutzt werden.

Der Kommunikationszyklus von FlexRay-Datenbussen kann je nach Systemkonfiguration einen unterschiedlichen Aufbau haben. „Network Idle Time" und „Static Segment" sind immer vorhanden, „Dynamic Segment" und „Symbol Window" sind optional.

Flexray-Botschaft
(Beispiel: Botschaft im Static Segment)

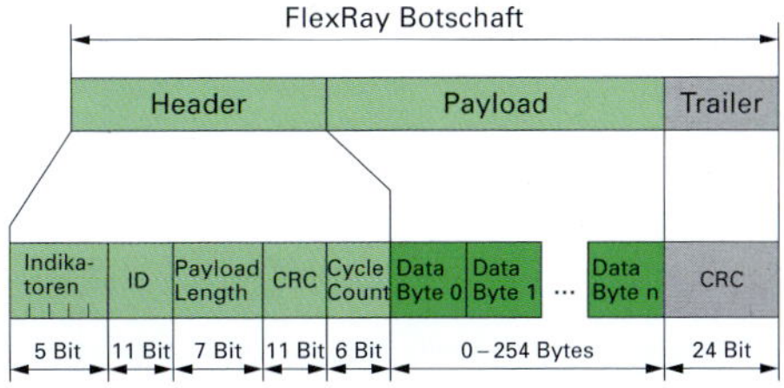

FlexRay-Botschaft (Data Frame)
Die Datenübertragung in einem FlexRay-Datenbus erfolgt mithilfe eines einheitlichen Datenprotokolls (Data Frame). Eine Botschaft im FlexRay-Datenbus besteht aus Header, Payload-Feld (Datenfeld) und Trailer.
- Der *Header* beginnt mit den Indikatorbits. Sie geben die Art der Botschaft an. Der Identifier (ID) kennzeichnet die Botschaft genauer und gibt den Slot an, in dem die Botschaft gesendet wird. Die Payload Length zeigt die Größe des Datenfelds an. CRC dient zur Sicherung (vgl. Trailer). Der Cycle Counter gibt die Nummer des Zyklus an, in dem die Botschaft gesendet wird.
- Das *Payload-Feld (Datenfeld)* enthält die zu übertragenden Nutzdaten (maximal 254 Bytes). Das Datenfeld hat im statischen Segment immer die in der Konfiguration festgelegte Länge. Im dynamischen Segment kann die Länge des Datenfelds je nach Bedarf variieren.
- Der *Trailer* dient zur Sicherung der Datenübertragung. Durch das CRC-Fehlererkennungsverfahren (CRC: Cyclic Redundancy Check) wird ein Prüfwert errechnet und an das Ende der Botschaft gehängt. Anhand des Prüfwerts kann der Empfänger einen Übertragungsfehler erkennen.

4

MOST-Datenbus (Media Oriented Systems Transport)

Ringstruktur (Prinzipdarstellung)

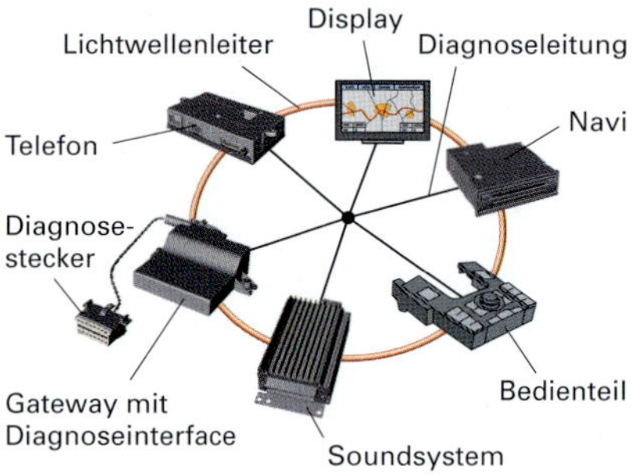

Prinzip der Signalübertragung

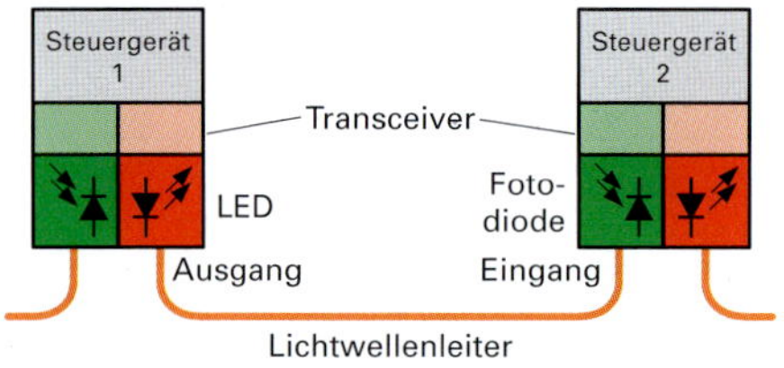

Lichtwellenleiter (POF)

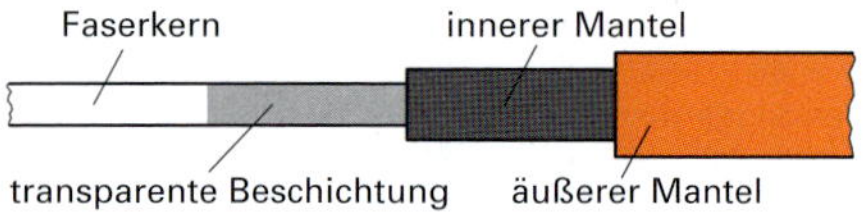

Anwendung
Der MOST-Bus dient zur schnellen Datenübertragung in Video-, Audio-, Telefon- und Navigationssystemen im Fahrzeug.

Aufbau und Funktionsweise
Der MOST-Bus ist ein optischer Datenbus und besitzt eine Ringstruktur (vgl. Abb. links). Die Daten werden als Lichtimpulse über einen Lichtwellenleiter in einer Richtung (unidirektional) von einem Steuergerät zum nächsten gesendet. Die Datenübertragungsrate beträgt max. 150 MBit/s. Im Gegensatz zum CAN-Bus werden beim MOST-Bus die Daten mit einer Adresse versehen und an einen bestimmten Empfänger übermittelt, z. B. vom Navigationssystem zum Bildschirm.

Ringbruchdiagnose
Kommt es an einer Stelle im MOST-Bus zu einer Störung, ist die gesamte Kommunikation unterbrochen (Ringbruch). Mit der Testfunktion „Ringbruchdiagnose" kann über die separate Diagnoseleitung (vgl. Abb. links) die fehlerhafte Stelle ermittelt werden: Das Diagnoseinterface veranlasst über die Diagnoseleitung alle Steuergeräte dazu, einen Lichtimpuls zu senden. Danach melden alle Steuergeräte zurück, ob dieser jeweils angekommen ist. Ist dies bei einem Steuergerät nicht der Fall, befindet sich die Störung im davor liegenden Lichtwellenleiter oder Steuergerät.

Signalübertragung
Das vom Transceiver des Steuergeräts 1 aufbereitete Signal wird mit einer Leuchtdiode in Lichtimpulse (rotes Licht) umgewandelt und in den Lichtwellenleiter eingestrahlt. Das Licht durchläuft diesen und wird beim Steuergerät 2 mit einer Fotodiode wieder in ein elektrisches Signal umgewandelt und anschließend vom Transceiver ausgewertet. Der Lichtwellenleiter erzeugt keine elektromagnetische Abstrahlung und ist unempfindlich gegen elektromagnetische Störeinstrahlungen.
In Kraftfahrzeugen werden Lichtwellenleiter aus Kunststoff verwendet (Plastic Optical Fibre, POF). Der farbige äußere Mantel schützt den Lichtwellenleiter vor mechanischer Beschädigung, der schwarze innere Mantel verhindert Lichteintritt von außen. Der Faserkern besteht aus Acrylglas (PMMA). Er trägt eine transparente Beschichtung. Das verwendete rote Licht wird durch sogenannte Totalreflexion an der Grenzfläche zwischen Faserkern und Beschichtung weitergeleitet.
Damit die Weiterleitung der Lichtimpulse sicher funktioniert, darf der Lichtwellenleiter keinesfalls geknickt oder beschädigt sein und die Stirnfläche darf nicht verschmutzt oder zerkratzt sein.

Automotive Ethernet

Netzwerkstruktur mit Switch (Beispiel)

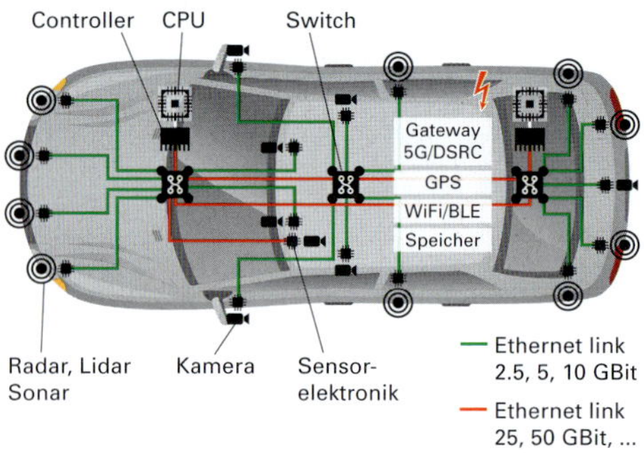

Ethernet-Botschaft (Typ: Tagged MAC Frame)

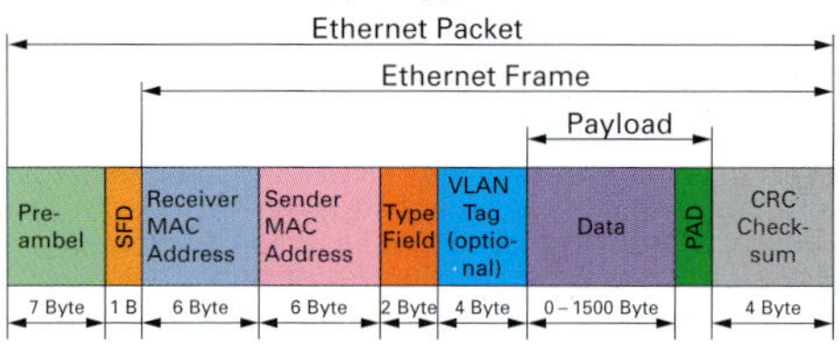

Preamble: Synchronisation zw. Sender u. Empfänger
SFD: Start Frame Delimiter, Starterkennung Frame
MAC-Adressen von Sender und Empfänger
Type Field: Angaben über Vermittlungsprotokolle
VLAN Tag: Kenndaten f. virtuelles Netzwerk (optional)
Data: Datenfeld (max. 1 500 Byte)
PAD: Füllfeld, sichert ggf. Minimalgröße von 64 Byte
CRC: Prüfwert zur Kontrolle der Datenübertragung

Anwendung
- Fahrerassistenzsysteme, z. B. Surround-View-System: Datenübertragung von den Digitalkameras zum Steuergerät
- Diagnose und Wartung (DoIP, Diagnostics over IP), z. B. Neuprogrammieren (Flashen) von Steuergeräten, On-Board-Diagnose

In Planung:
- Infotainment, Systeme zum automatisierten Fahren (X-by-Wire)
- Einsatz als Backbone-Netzwerk (Hauptstrang des Fahrzeug-Netzwerks)

Eigenschaften
- asynchrone Datenübertragung (ereignisgesteuert)
- Datenübertragungsrate (Bandbreite): 100 MBit/s (z. B. 100BASE-T1) bis 1 000 MBit/s (z. B. 1000BASE-T1), künftig bis 50 GBit/s
- Einbinden eines neuen Teilnehmers (z. B. Steuergerät) ohne manuelle Konfiguration möglich über DHCP (Dynamic Host Configuration Protocol)
- Redundanz und Echtzeitfähigkeit (unter bestimmten Voraussetzungen)

Aufbau und Datenübertragung
Automotive Ethernet leitet sich vom in Computernetzwerken verbreiteten Ethernet-Standard ab und ist an die besonderen Anforderungen im Kfz angepasst. Zur Datenübertragung werden je nach Netzwerk 2-, 4- oder 8-adrige Kupferleitungen verwendet, je 2 Adern sind verdrillt (Twistet pair). Die Steuergeräte sind Punkt zu Punkt verbunden oder in aktiven Sternstrukturen über einen Switch (Netzwerkverteiler) miteinander vernetzt.
Jeder Busteilnehmer besitzt individuelle, fest vergebene Adressen, über die die Ethernet-Botschaften eindeutig zugeordnet werden können.

	Adresstypen / vergeben von
Ethernet allgemein	• *MAC-Adresse* (**M**edia **A**ccess **C**ontrol Address), vom Hersteller der Komponente
Automotive Ethernet	• *Unicast-Adresse*, vom Fahrzeughersteller oder aus dem zugewiesenen Adressbereich des Zulieferers • *Multicast-* bzw. *Broadcast-Adresse** zum Versenden einer Botschaft an mehrere bzw. alle Netzwerkteilnehmer • *VLAN-Adresse** für virtuelle Netzwerke (Domänen) innerhalb eines Gesamtnetzwerks *vom Fahrzeughersteller

Begriffe der Datenbustechnik (alphabetisch)	Erklärung
Arbitrierung	Verfahren zur Regelung des Buszugriffs bei CAN-Bussystemen. CAN-Bussysteme sind ereignisgesteuert, es kann daher vorkommen, dass zwei oder mehrere Steuergeräte gleichzeitig zu senden beginnen. Die *Arbitrierung* sorgt in diesem Fall dafür, dass sich die wichtigste Nachricht durchsetzt: Die Wichtigkeit einer Nachricht ist im Identifier (Bestandteil des Datenprotokolls) festgelegt.
Asynchrone Datenübertragung	Die Übertragung der Daten zwischen zwei Komponenten erfolgt nach Bedarf. Sie beginnt mit einem Startbit und endet mit einem Stoppbit. Sie wird auch als *ereignisgesteuerte Datenübertragung* bezeichnet.
Baudrate (Symbolrate)	Gibt an, wie oft pro Sekunde ein Signal in einem Übertragungsmedium den Zustand ändert. Einheit: 1 Baud (Bd). Da je nach Datenübertragungstechnik pro Signaländerung auch mehrere Bits gleichzeitig übertragen werden können, entspricht die Baudrate nicht immer der Bitrate.
Bidirektionale/ unidirektionale Datenübertragung	Bei der *bidirektionalen* Datenübertragung werden Daten in beiden Richtungen über die Busleitung übertragen. Bei der *unidirektionalen* Datenübertragung erfolgt der Datenfluss in der Busleitung nur in eine Richtung, z. B. im Uhrzeigersinn bei einem ringförmigen Bussystem.
Bit, Byte	Ein Bit (binary digit) ist die kleinste Informationseinheit in der Computertechnik. Ein Bit kann zwei Zustände annehmen: 1 oder 0 (1 Byte = 8 Bit).
Bluetooth™	Bluetooth™ ist ein standardisiertes Kurzstrecken-Funksystem zur kabellosen Verknüpfung von mobilen Geräten unterschiedlicher Hersteller. Es kommt in den Bereichen Telekommunikationstechnik, Datenverarbeitung und Fahrzeugtechnik zum Einsatz. Anwendungsbeispiele für Bluetooth™ in der Kfz-Technik: Freisprecheinrichtung für Mobiltelefone, Funkfernbedienung.
Controller	Der Controller ist Bestandteil der Busschnittstelle eines Steuergeräts. Er bereitet einerseits die Ausgangsnachrichten auf und gibt sie zum Senden an den Transceiver weiter. Andererseits entschlüsselt er die vom Transceiver empfangenen Nachrichten und gibt sie, wenn sie für das betreffende Steuergerät bestimmt sind, an den Rechner im Steuergerät weiter.
CRC	**C**yclic **R**edundancy **C**heck, Kontrollverfahren bei der Datenübertragung. Anhand eines errechneten Prüfwerts am Ende der Botschaft kann der Empfänger einen Übertragungsfehler erkennen.
Datenprotokoll (Data Frame)	In einem Bussystem werden die Daten in einem bestimmten Format übertragen. Dieses wird als Datenprotokoll oder Datenrahmen (engl.: data frame) bezeichnet. Das Datenprotokoll enthält neben den eigentlichen Daten auch noch Informationen über Art, Länge, Zuordnung der übermittelten Daten und Informationen zur Funktionsüberwachung des Systems.
Datenübertragungsrate (Bitrate)	Die Datenübertragungsrate bzw. Bitrate gibt an, wie schnell Daten über die Busleitung gesendet werden können. Einheit: Anzahl der Bits, die pro Sekunde übertragen werden können (kBit/s, MBit/s, GBit/s).
Dominantes Bit	Das 0-Bit wird als dominantes Bit bezeichnet (dominant = durchsetzend). Werden auf dem Datenbus zu gleicher Zeit von einem Busteilnehmer ein 0-Bit und von einem anderen ein 1-Bit gesendet, setzt sich die 0 durch und überschreibt die 1.
Echtzeitfähigkeit	Fähigkeit eines elektronischen Systems so schnell zu reagieren, dass die Steuerungs- und Regelvorgänge nur minimal verzögert ablaufen (5 bis 10 Millisekunden). Echtzeitfähigkeit ist z. B. bei Insassenschutzsystemen, bei vielen Fahrerassistenzsystemen und künftig bei Systemen zum autonomen Fahren notwendig.
Eindrahtfähigkeit	Funktioniert ein Bussystem, das mit zwei Datenleitungen arbeitet, beim Ausfall einer Datenleitung mit der verbliebenen Leitung weiter, so ist es eindrahtfähig. Die Störsicherheit ist hier jedoch geringer.
Gateway	Ein Gateway ist ein Rechner, der unterschiedliche Bussysteme miteinander verbindet und den Datenaustausch trotz unterschiedlicher Übertragungstechniken und Geschwindigkeiten der einzelnen Bussysteme ermöglicht. Die einzelnen Datenpakete werden nach Geschwindigkeit, Datenmenge und Dringlichkeit gefiltert, ggf. gepuffert und entsprechend der verschiedenen Protokolle weitergeleitet. Zusätzlich dient das Gateway im Kfz als Diagnose-Interface: Es stellt die Verbindung zwischen Tester und Steuergeräten her.
Knoten (Busknoten)	Die Busteilnehmer (Steuergeräte) im Datenbussystem werden als Knoten (Busknoten) bezeichnet.
Master-Slave-System	In diesem Bussystem hat ein Steuergerät (Master) eine übergeordnete Stellung gegenüber den anderen Steuergeräten (Slave). Es kontrolliert den Datenfluss im Bussystem und übernimmt ggf. weitere Aufgaben, wie z. B. Diagnosefunktionen. Beispiel: LIN-Datenbus.
Multi-Master-System	In diesem Bussystem sind alle angeschlossenen Steuergeräte prinzipiell gleichberechtigt. Versuchen mehrere Steuergeräte gleichzeitig eine Nachricht zu senden, muss die Reihenfolge durch Arbitrierung (siehe oben) festgelegt werden. Beispiel: CAN-Datenbus.
Protokoll	Protokolle beinhalten Regeln, nach denen Botschaften (Datenpakete) in einem Datenübertragungssystem bzw. Netzwerk übertragen werden, z. B. Datenformate, Zeitabläufe und Fehlerbehandlung.
Rezessives Bit	Das 1-Bit wird als rezessives Bit bezeichnet (rezessiv = zurückziehend). Werden auf dem Datenbus zu gleicher Zeit von einem Busteilnehmer ein 0-Bit und von einem anderen ein 1-Bit gesendet, zieht die 1 zurück und wird von der 0 überschrieben.
Serielle/parallele Datenübertragung	Bei der *seriellen* Datenübertragung werden digitale Daten Bit für Bit hintereinander übertragen. Bei der *parallelen* Datenübertragung werden Bits (z. B. 8 Bit) gleichzeitig übertragen (über parallele Leitungen).
Sleep Mode (Schlafmodus)	Im Sleep Mode erfolgt keine Kommunikation auf der Datenbusleitung. Der Sleep Mode dient zur Energieeinsparung, wenn das Fahrzeug nicht in Betrieb ist.
Synchrone Datenübertragung	Die Übertragung der Daten zwischen zwei Komponenten erfolgt mithilfe eines Taktsignals zeitlich synchronisiert in festen Zeitabständen. Sie wird auch als *zeitgesteuerte Datenübertragung* bezeichnet.
Time-Shared (Triggered)-System	Zeitgesteuertes Datenübertragungssystem (vgl. synchrone Datenübertragung), bei dem den Knoten (Steuergeräten, Rechnern) bestimmte Zeitfenster (Slots) zur Datenübertragung zugeordnet sind.
Transceiver	Der Transceiver ist Teil der Busschnittstelle eines Steuergeräts. Er enthält einen Sendebaustein (*Trans*mitter) und einen Empfangsbaustein (Re*ceiver*). Der Sender legt die Nachrichten auf die Busleitung, der Empfänger nimmt die auf der Datenbusleitung versendeten Nachrichten entgegen.
Twisted pair	Die beiden Busleitungen sind miteinander verdrillt (engl.: twisted pair). Dies verringert einerseits die Störabstrahlung und andererseits die elektromagnetische Empfindlichkeit der Leitungen.
Wakeup Mode (Aufwachmodus)	Der Wakeup Mode des Datenbussystems dient zum Start der Kommunikation aus dem Sleep Mode. Dabei werden die Steuergeräte „geweckt" und beginnen mit dem Senden von Nachrichten. Die Auslösung des Wakeup Mode kann z. B. durch die Betätigung der Funkfernbedienung erfolgen.

Stufen zum autonomen Fahren

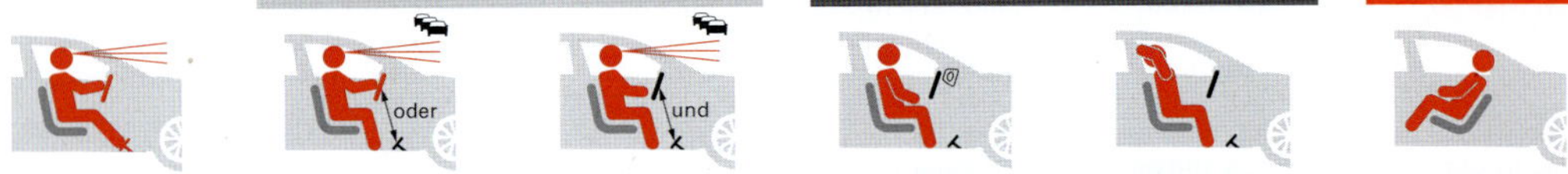

	Assistiert		Pilotiert		Autonom
Level 0	**Level 1**	**Level 2**	**Level 3**	**Level 4**	**Level 5**
Fahrer hat praktisch volle Kontrolle.	Fahrer verantwortet die Querbewegung.	Fahrer überwacht das Geschehen.	Fahrer ist bereit, als Ersatzsystem zu übernehmen.	In bestimmten Situationen fahrerlos.	Das Auto fährt komplett selbst, es ist von Start bis Ziel kein Fahrer mehr erforderlich.
	Fahrzeug übernimmt andere Funktionen.	Fahrzeug steuert Längs- und Querbewegung in bestimmten Situationen.	Fahrzeug steuert Längs- und Querbewegung in vielen Situationen. Fahrzeug warnt Fahrer frühzeitig.	Fahrzeug steuert Längs- und Querbewegung in vielen Situationen. Fahrzeug kann risikominimierten Zustand herstellen.	
keine Unterstützung	assistiert	teilautomatisiert	hochautomatisiert	vollautomatisiert	fahrerlos/autonom
Gesetzlich geregelt					Gesetzeslage offen

Übersicht: Arbeitsbereiche der Fahrzeugumfeldsensoren

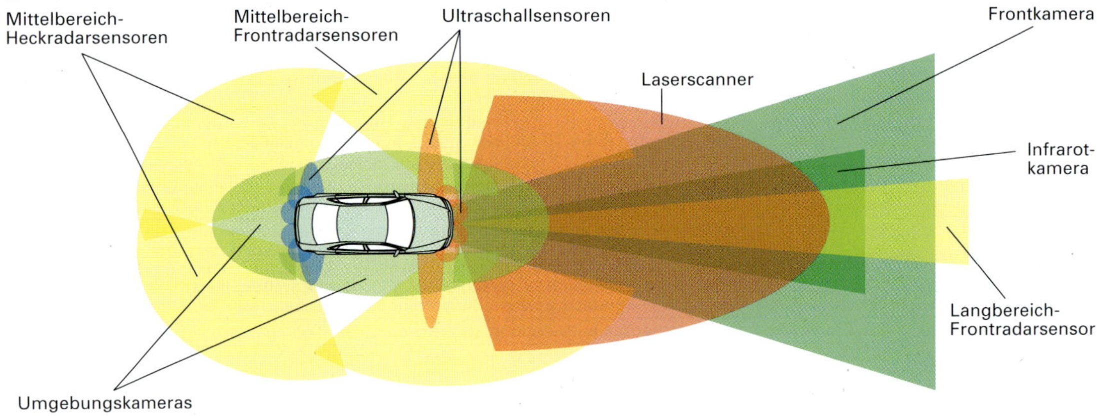

Fahrzeugumfeldsensoren \ Assistenzsystem	Abstandsregelung, Abstandstempomat	Anhängerassistent (Trailerassist)	Ausstiegswarnung	Ein-/Ausparkassistenten	Fernlichtassistent	Fußgängerschutz	Kreuzungsassistent	Nachtsichtassistent	Notbremsassistent (Front Assist)	Notfallassistent (Emergencyassist)	Rückfahrkamera (Rearview)	Spurhalteassistent	Spurwechselassistent	Stau-/Baustellenassistent	Umfeldansicht	Verkehrszeichenerkennung
Frontkamera	×				×	×	×		×	×		×	×	×		×
Infrarotkamera								×								
Umgebungskameras		×		×		×	×		×		×				×	
Mittelbereich-Frontradarsensor							×									
Mittelbereich-Heckradarsensor			×	×									×			
Langbereich-Frontradarsensor	×								×	×				×		
Laserscanner	×					×			×	×		×	×	×		
Ultraschallsensoren				×												

Kamera

Beispiel: Frontkameramodul mit Steuergerät

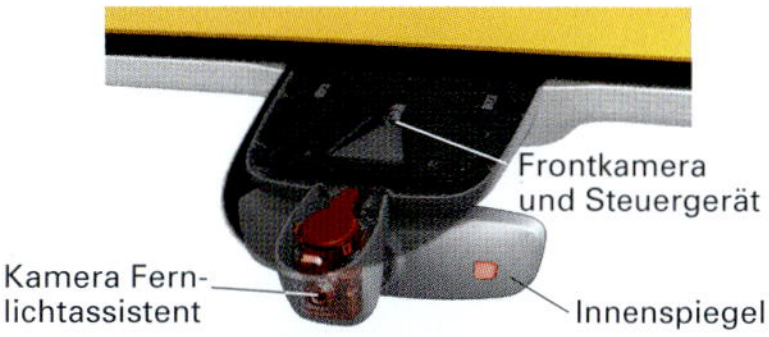

Die Frontkamera mit integriertem Steuergerät ist meistens an der Innenseite der Frontscheibe oberhalb des Innenspiegels eingebaut. Sie verfügt über eine Heizung, die ein Beschlagen oder Vereisen des Scheibenbereiches direkt vor der Kamera verhindert. Die Kamera liefert Bildinformationen für mehrere Fahrerassistenzsysteme. Durch die Frontkamera werden detailgenaue Bilder des Bereichs vor dem Fahrzeug erzeugt. Diese Daten werden auf dem CAN-Datenbus versendet und von den verschiedenen Fahrerassistenzsystemen ausgewertet. Weitere Kameras zur optischen Erfassung des Umfelds sind z.B. in die Heckklappe oder in die Seitenspiegel eingebaut.
Die Infrarot- bzw. Wärmebildkamera befindet sich meistens im Kühlergrillbereich und liefert ein Wärmebild für den Nachtsichtassistenten.

Radarsensoren

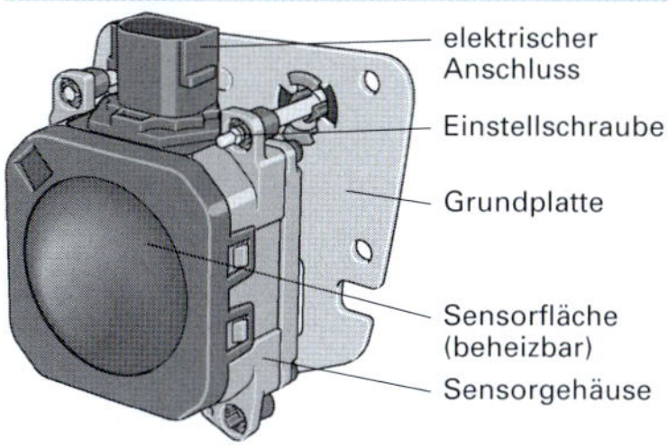

Auf der Platine des Radarsensors befindet sich eine Sende- und Empfangseinheit mit mehreren Sendern und Empfängern für Radarwellen. Die Sender senden Radarwellen in unterschiedlichen Frequenzbändern aus: 24 GHz für Nahbereichsradar und 76–77 GHz für Mittel- bis Langbereichsradar. Die Reichweite und der Erfassungswinkel sind abhängig vom Arbeitsbereich. Beim Langbereichsradar beträgt die Reichweite bis 250 m und der horizontale Erfassungswinkel ist 30 bis max. 45 Grad. Die Radarwellen des Langbereichsradars werden von den vorausfahrenden Fahrzeugen reflektiert und die Empfänger erfassen die reflektierten Radarsignale. Anhand dieser Signale kann die Elektronik des Sensors vorausfahrende Fahrzeuge erkennen. Sie berechnet ständig den Abstand sowie die Relativgeschwindigkeit der Fahrzeuge und sendet die Werte über ein Bussystem an die entsprechenden Assistenzsysteme.
Eine in die Sensoroberfläche integrierte Heizung verhindert die Ablagerung von Eis und Schnee und damit eine mögliche Beeinträchtigung der Sensorsicht. Die Heizung wird bei Temperaturen unter +5 °C aktiviert.

Laserscanner/LIDAR-Sensor

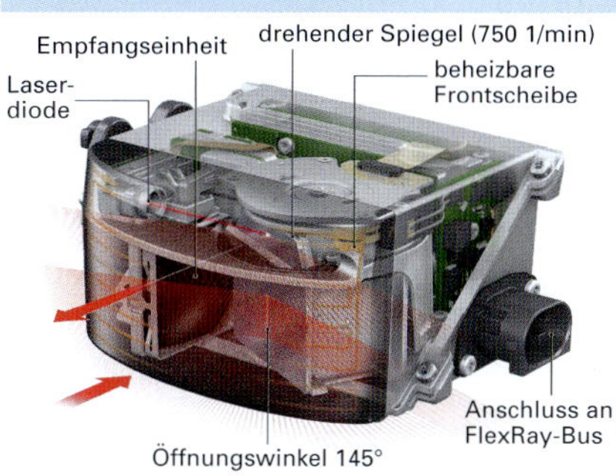

Der Laserscanner/LIDAR-Sensor (Light Detection and Ranging) ist in der Fahrzeugfront im Bereich des Kühlergrills eingebaut. Er erfasst, wie der Radarsensor, den Bereich vor dem Fahrzeug. Die Funktionsweise ist vergleichbar mit dem des Radarsensors. Anstelle von Radarwellen werden Laserstrahlen von der Laserdiode ausgestrahlt. Wenn die Laserstrahlen auf die Oberfläche anderer Objekte treffen, werden sie reflektiert und von der Empfangseinheit des Laserscanners aufgenommen. In der Empfangseinheit sind Fotodioden, die die optischen Informationen in elektrische Signale umwandeln. Durch das Messen der Laufzeit von der Abstrahlung bis zum Empfang des reflektierten Strahls lässt sich die Entfernung des Objektes berechnen.

Damit der Laserscanner einen großen Raum abtasten kann, werden die Laserstrahlen von einem sich drehenden Spiegel fächerförmig und in verschiedenen Ebenen ausgelenkt und abgestrahlt. Dadurch wird ein Strahlfeld mit einem Winkelbereich von 145° in horizontaler Ebene erzeugt. Der vertikale Winkel beträgt ca. 3,2°. Die Reichweite beträgt ca. 80 m. Das Auflösungsvermögen des Laserscanners ist sehr groß im Vergleich zu Radarsensoren. Dadurch lassen sich Objekte deutlich besser erkennen und zuordnen.

Ultraschallsensoren

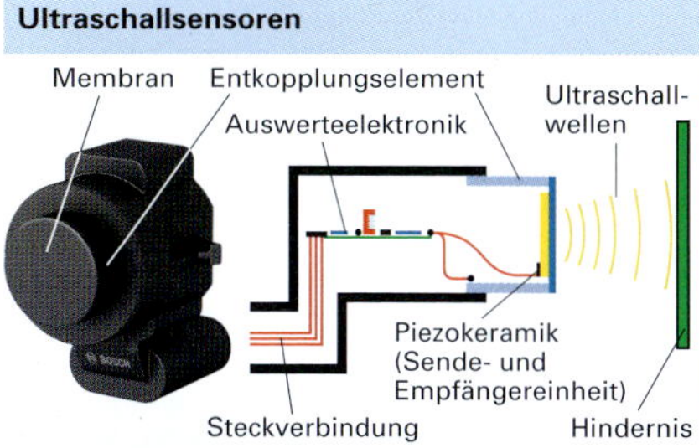

Die Ultraschallsensoren sind meistens in die Stoßfänger an der Fahrzeugfront und am Heck eingebaut. Sie haben eine geringe Reichweite bis ca. 5,5 m und überwachen das nahe Fahrzeugumfeld. Sie arbeiten nach dem Echolotprinzip. Mit der Sendeeinheit senden die Sensoren Ultraschallwellen aus. Diese werden von Hindernissen im Umfeld reflektiert und von der Empfangseinheit wieder erfasst. Anhand der Laufzeit wird die Distanz zu dem Hindernis berechnet. Anschließend wird das Signal in der Auswerteelektronik verstärkt und in ein digitales Signal umgewandelt. Dieses Signal wird dann über das Bussystem den unterschiedlichen Steuergeräten für die Assistenzsysteme zur Verfügung gestellt.

Diese Informationen werden vor allem für Parkassistenzsysteme und die Stop and Go-Funktionalität des Stauassistenten verwendet.

Kalibrierung der Sensoren

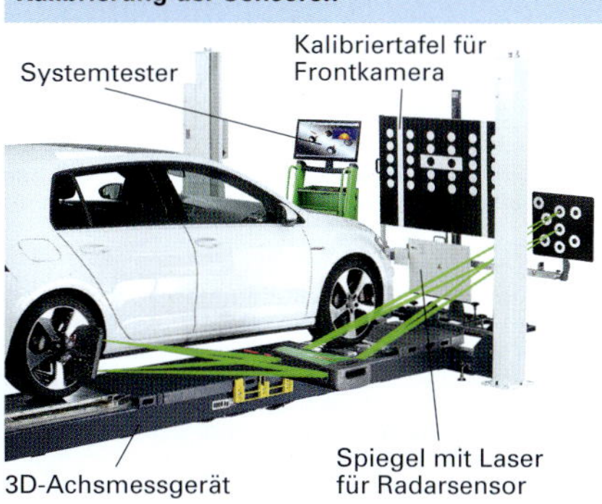

Die Reichweite der Sensoren umfasst bis zu 250 m Entfernung. Deshalb müssen die Sensoren exakt ausgerichtet sein. Die Sensoren lassen sich in der Horizontal- und in der Vertikalausrichtung justieren. Dies kann manuell durch Einstellschrauben oder automatisch über Stellmotoren erfolgen. Je nach Hersteller sind unterschiedliche Kalibrierverfahren für die Sensoren vorgeschrieben:
- statische Kalibrierung mit Kalibriervorrichtung (vgl. Abb. links) und Diagnosetester
- dynamische Kalibrierung während einer Kalibrierfahrt
- Kombination beider Verfahren (mit Kalibriervorrichtung und Messfahrt)

Bei der statischen Kalibrierung muss vor dem Kalibriervorgang das Fahrzeug mit der geometrischen Fahrachse auf die Kalibriervorrichtung ausgerichtet sein. Bei allen Verfahren sind die Herstellervorschriften genau einzuhalten und die durchgeführte Kalibrierung muss mit Datum und Uhrzeit dokumentiert werden.

Eine Kalibrierung der Sensoren ist in folgenden Fällen notwendig:
- nach dem Ersetzen bzw. Aus- oder Einbau des Sensors
- nach dem Austausch der Windschutzscheibe (nur Frontkamera)
- nach der Unfallinstandsetzung der Karosserie
- nach Arbeiten am Fahrwerk, z.B. Einstellarbeiten, Tuning
- bei einer entsprechenden Fehlermeldung durch das Steuergerät

Gesetzliche Grundlage
Nach der EU-Verordnung 2019/2144 vom 27. November 2019 müssen ab dem **6. Juli 2022** alle in der EU **typgenehmigten Pkw** und ab dem **7. Juli 2024 alle neu zugelassenen Pkw** zusätzlich zu den bereits vorgeschriebenen Assistenten wie ABS, ESP oder Reifendruckkontrollsystemen folgende Systeme serienmäßig an Bord haben:

- Intelligenter Geschwindigkeitsassistent
- Müdigkeits- und Aufmerksamkeitswarner
- Notbremsassistent
- Notfall-Spurhalteassistent
- Notbremslicht
- Rückfahrassistent
- Unfalldatenspeicher
- Vorrichtung zum Einbau einer alkoholempfindlichen Wegfahrsperre

Abstandsregelung, Abstandstempomat (ACC)

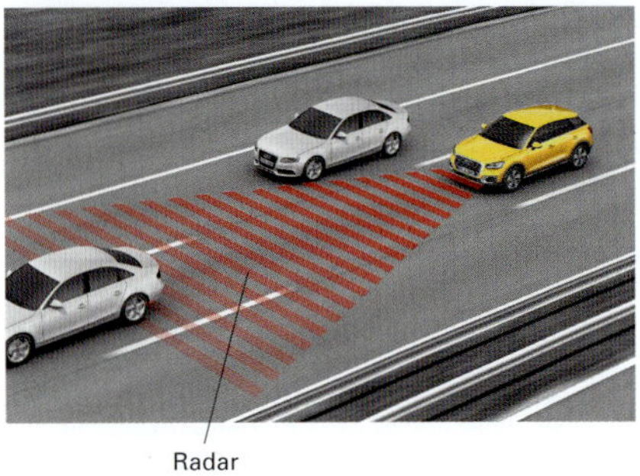

Aufgabe
Die automatische Abstandsregelung ACC (**A**daptive **C**ruise **C**ontrol) regelt die Fahrzeuggeschwindigkeit auf einen eingestellten Wert. Der Abstand zu einem vorausfahrenden Fahrzeug kann in Stufen eingestellt werden und wird geregelt. Dabei wird die Fahrzeuggeschwindigkeit der Geschwindigkeit des vorausfahrenden Fahrzeugs angepasst. Bei freier Fahrt wird das Fahrzeug auf die eingestellte Geschwindigkeit beschleunigt.

Funktionsweise
Mit dem Langbereich-Frontradarsensor (vgl. Abb. links) werden vorausfahrende Fahrzeuge ständig erfasst. Der Abstand und die Geschwindigkeit der vorausfahrenden Fahrzeuge werden im ACC-Steuergerät berechnet. Das ACC-Steuergerät bestimmt daraus die Sollwerte für die Geschwindigkeit und den Abstand und die dafür notwendige Beschleunigung bzw. die Verzögerung und sendet diese Werte an das Motorsteuergerät. Dieses sorgt für die Einhaltung des Sollwerts durch gezieltes Gas geben bzw. Bremsen unter Berücksichtigung der Fahrstabilität (Kommunikation mit dem ESP und dem Getriebesteuergerät). Über das ACC-Bedienteil kann das System aktiviert, deaktiviert, die gewünschte Geschwindigkeit gesetzt und der Abstand eingestellt werden. Der Fahrer kann die Geschwindigkeit durch Bremsen oder Gas geben jederzeit beeinflussen.

Wenn die Funktion des Systems z. B. durch starken Regen beeinträchtigt ist, wird ACC selbsttätig deaktiviert und im Kombiinstrument erscheint ein entsprechender Hinweis. Sobald die Beeinträchtigung nicht mehr besteht, kann die ACC-Regelung vom Fahrer wieder aktiviert werden.

Anhängerassistent (Trailerassist)

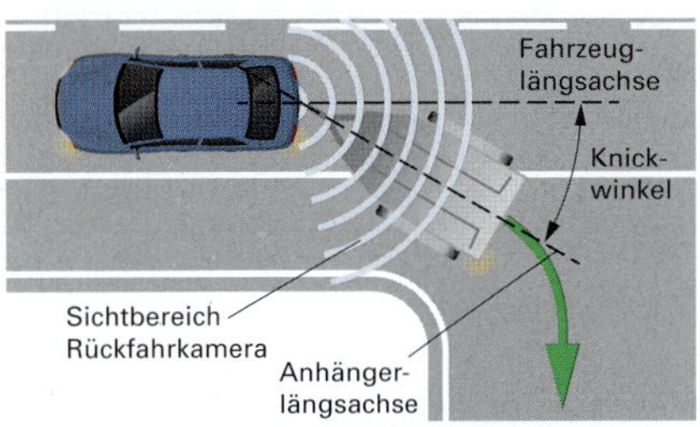

Aufgabe
Der Anhängerassistent unterstützt den Fahrer beim Rückwärtsfahren und Einparken mit einem Anhänger.

Funktionsweise
Der Fahrer kann den Knickwinkel und die gewünschte Richtung eingeben. Der Anhängerassistent übernimmt dann das Lenken. Der Fahrer muss nur noch Gas geben und Bremsen. Der Anhängerassistent bremst automatisch bei einer Geschwindigkeit größer als 7 km/h. Bei einem Lenkradeingriff oder wenn der Taster für den Parklenkassistenten während des Rangierens gedrückt wird, deaktiviert sich das System. Der Knickwinkel zwischen der Fahrzeuglängsachse und der Anhängerlängsachse wird ständig überwacht. Dies kann mit der Rückfahrkamera oder einem im Kugelkopf der Anhängerkupplung integrierten Knickwinkelsensor erfolgen. Das Steuergerät vergleicht den ermittelten Istwert mit dem gewünschten Sollwert und verändert bei Bedarf den Lenkwinkel.

Ausstiegswarnung

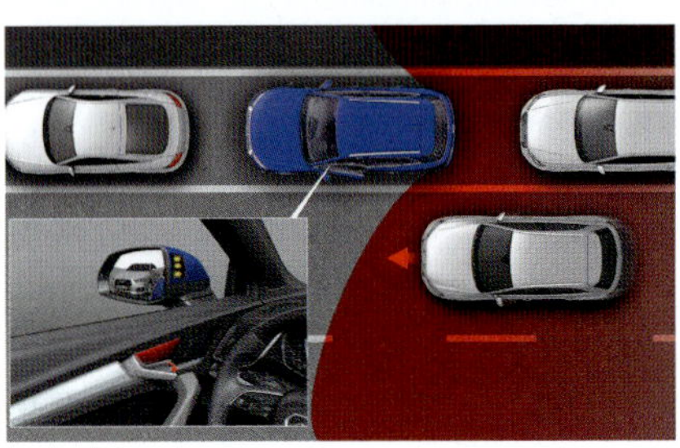

Aufgabe
Die Ausstiegswarnung überwacht das hintere seitliche Fahrzeugumfeld auf beiden Fahrzeugseiten, wenn das Fahrzeug steht. Wenn von hinten nahende Verkehrsteilnehmer erkannt werden, warnt das System die Fahrzeuginsassen beim Öffnen der jeweiligen Fahrzeugtür.

Funktionsweise
Die Überwachung erfolgt durch die beiden Mittelbereich-Heckradarsensoren. Die Warnung kann durch eine Lichtleiste in der Tür und die Warnleuchte im Außenspiegel erfolgen. Diese Funktionalität kann in allen vier Fahrzeugtüren zur Verfügung stehen. Das System unterstützt die Vermeidung von Kollisionen mit Fahrzeugen beim Öffnen von Fahrzeugtüren. Damit die Ausstiegswarnung auch bei ausgeschalteter Zündung funktionieren kann, sind die beiden Mittelbereich-Heckradarsensoren nicht mehr an Klemme 15 angeschlossen, sondern an Klemme 30. Nach Ausschalten der Zündung beginnt eine Nachlaufzeit von 180 Sekunden, während der die Ausstiegswarnung weiterhin funktioniert. Nach dieser Zeit deaktiviert sich das System. Die Nachlaufzeit endet vorzeitig, wenn das Fahrzeug während der 180 Sekunden verriegelt wird oder das Batterieenergiemanagement es fordert.

Berganfahr-/Bergabfahrassistent

Aufgabe
Der Berganfahr- und der Bergabfahrassistent sind Komfortsysteme, die das Fahren an Steigungen und in Gefällen erleichtern sollen. Die Funktionen sind Teil des Bremsensteuergeräts.

Funktionsweise
Der Anfahrassistent verhindert beim Anfahren an Steigungen von ca. ≥ 4 % ein Zurückrollen des Fahrzeugs. Geht der Fahrer vom Bremspedal, erkennt das System den Anfahrwunsch. Es betätigt einige Sekunden lang die Betriebsbremse über die ESP-Hydraulik oder ggf. die elektrische Parkbremse. Die Bremse wird automatisch gelöst, wenn das Antriebsmoment so groß ist, dass das Fahrzeug anfahren kann. Wenn der Bergabfahrassistent aktiviert wurde und die Geschwindigkeit unter 30 km/h ist, kann der Fahrer eine Geschwindigkeit vorgeben, die dann vom Assistenten über Bremseingriffe an allen vier Rädern konstant gehalten wird. Er regelt ab einem Gefälle von mind. 10 %.

Einparkhilfe, Ein-/Ausparkassistent

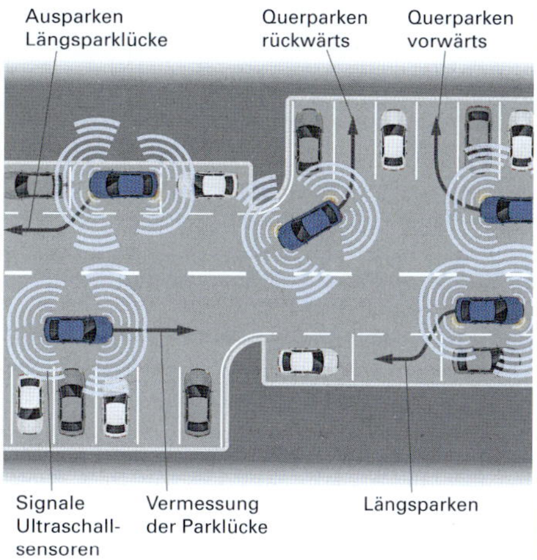

Die **Einparkhilfe** gibt dem Fahrer eine akustische oder/und optische Rückmeldung über den Abstand seines Fahrzeuges zu einem Hindernis beim Rangieren oder Einparken. Die Ultraschallsensoren im Stoßfänger hinten und vorne, sowie in der Seite messen den Abstand des Fahrzeugs zu einem Hindernis (vgl. S. 315). Das Steuergerät wertet die Sensorsignale aus und steuert eine akustische bzw. optische Anzeigeeinheit an. Der Fahrer kann über die Tonfrequenz oder/und die optische Darstellung den Abstand des Fahrzeugs zum Hindernis erkennen. Der Fahrer muss lenken und beschleunigen/abbremsen.

Den **Einparkassistenten** gibt es in verschiedenen Ausbaustufen:
Die *1. Stufe* unterstützt den Fahrer nur beim Längseinparken. Nach der Aktivierung vermisst das System mit Hilfe der Ultraschallsensoren oder/und der Mittenbereichsradarsensoren, ob die Parklücke ausreichend groß ist. Anschließend fährt der Fahrer das Fahrzeug in die optimale Ausgangsposition. Über das Display des Kombiinstruments erhält der Fahrer nun die Information wie er einschlagen, welchen Gang (1. Gang oder Rückwärtsgang) er einlegen und ob er bremsen oder Gas geben soll.
In der *2. Stufe* übernimmt die elektrische Servolenkung auch automatisch die Lenkvorgänge. Der Fahrer betätigt lediglich das Gas-, Kupplungs- und Bremspedal.
In der *3. Stufe* wird zudem auch das Quereinparken und Querausparken rückwärts wie vorwärts unterstützt.

Der **vollautomatische Einparkassistent** übernimmt zusätzlich zur Lenkbewegung auch das Beschleunigen und Bremsen des Fahrzeugs. Der Fahrer kann durch Eingreifen den Parkvorgang jederzeit abbrechen und selbstständig fortsetzen.

Der **Garagenpilot** ermöglicht das vollautomatische Ein- und Ausparken des Fahrzeugs aus der Garage, ohne dass der Fahrer im Fahrzeug sitzen muss.

Fernlichtassistent

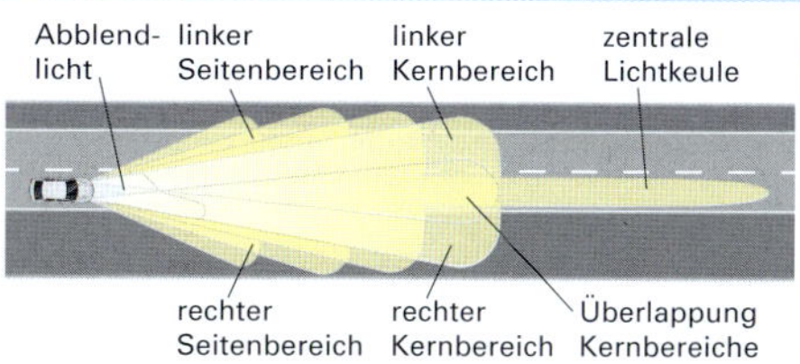

Aufgabe
Der Fernlichtassistent schaltet das Fernlicht bei Dunkelheit entsprechend den Verkehrs- und Umgebungsbedingungen automatisch ein und aus.

Funktionsweise
Erkennt die Kamera des Fernlichtassistenten entgegenkommende oder vorausfahrende Fahrzeuge, wird rechtzeitig abgeblendet. Haben die Fahrzeuge den Erfassungsbereich wieder verlassen, wird automatisch aufgeblendet. Das System erkennt Ortsdurchfahrten (z. B. an der Straßenbeleuchtung) sowie Nebel und blendet in diesen Fällen automatisch ab.
LED-Matrix-Scheinwerfersysteme mit und ohne Laserfernlicht können den Lichtkegel durch das gezielte Ansteuern einzelner LEDs in unterschiedliche Bereiche aufteilen. Dadurch ergeben sich weitere Fernlichtassistenzfunktionen (vgl. S. 275).

Fußgängerschutz

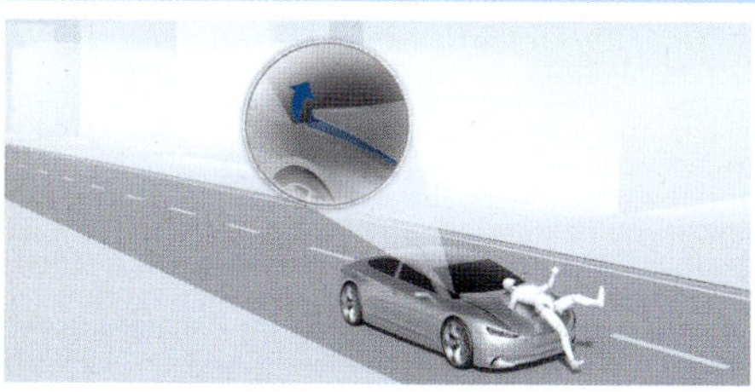

Aufgabe
Fußgänger sind im Straßenverkehr besonders gefährdet. Bei den meisten Unfällen kollidiert der Fußgänger mit der Fahrzeugfront. Um hierbei die Unfallfolgen zu mildern, hebt das Fußgängerschutzsystem die Motorhaube an der Seite der Windschutzscheibe an. Die angehobene Motorhaube schafft Deformationsraum. Dadurch kann die Energie, die beim Auftreffen des Fußgängers auf das Fahrzeug entsteht, langsamer abgebaut werden. Somit wird insbesondere der Kopfbereich des Fußgängers besser geschützt.

Funktionsweise
Das Fußgängerschutzsystem besteht aus speziellen Crashsensoren im Frontbereich des Fahrzeugs, die einen Zusammenprall zwischen Fahrzeug und Fußgänger zuverlässig erkennen und Stellern, die daraufhin vom Airbagsteuergerät aktiviert werden und innerhalb von Sekundenbruchteilen die Motorhaube anheben.

Head-up-Display

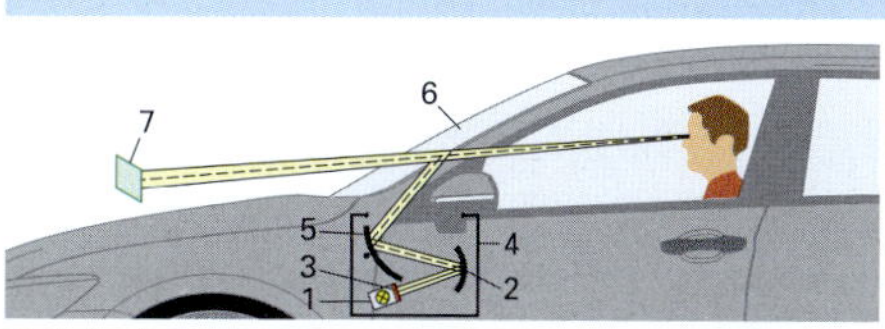

1 Beleuchtungseinheit
2 nicht verstellbarer Spiegel
3 TFT-Display
4 optisches System
5 verstellbarer Spiegel
6 Windschutzscheibe als optisches Element
7 virtuelles Bild

Über das Head-up-Display werden dem Fahrer wichtige Informationen direkt in das Sichtfeld projiziert. Die anzuzeigenden Informationen werden auf ein beleuchtetes TFT-Display (3) oder einen kontrastreichen, leuchtstarken Miniaturbildschirm gegeben. Über das optische System (4) wird das Bild von innen auf die Windschutzscheibe (6) projiziert. Der Fahrer sieht die Informationen als virtuelles Bild (7) in ca. 2 m Entfernung.
Bei Tausch der Windschutzscheibe muss das System kalibriert werden.

Intelligenter Geschwindigkeitsassistent (ISA)

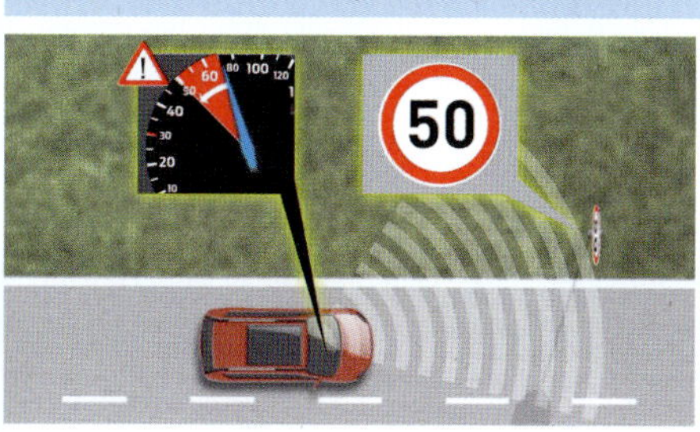

Aufgabe
Der intelligente Geschwindigkeitsassistent (ISA) ist ein Fahrerassistenzsystem, das darauf abzielt, die Fahrsicherheit zu erhöhen und den Fahrer bei der Einhaltung der zulässigen Höchstgeschwindigkeit zu unterstützen.

Funktionsweise
Der intelligente Geschwindigkeitsassistent nutzt Kameras und GPS-Daten, um die aktuelle Geschwindigkeitsbegrenzung zu erkennen. Er vergleicht die aktuelle Geschwindigkeit des Fahrzeugs mit der Geschwindigkeitsbegrenzung. Wenn das Auto zu schnell fährt, warnt der ISA den Fahrer oder reduziert automatisch die Geschwindigkeit.
Der intelligente Geschwindigkeitsassistent verbessert nicht nur die Sicherheit, indem er dabei hilft, Geschwindigkeitsüberschreitungen zu vermeiden, sondern soll auch zu einem komfortableren und stressfreieren Fahrerlebnis beitragen, insbesondere auf langen Fahrten und im dichten Verkehr.
Der intelligente Geschwindigkeitsassistent muss ab Erstzulassung 7. Juli 2024 serienmäßig eingebaut sein.

Kreuzungsassistent

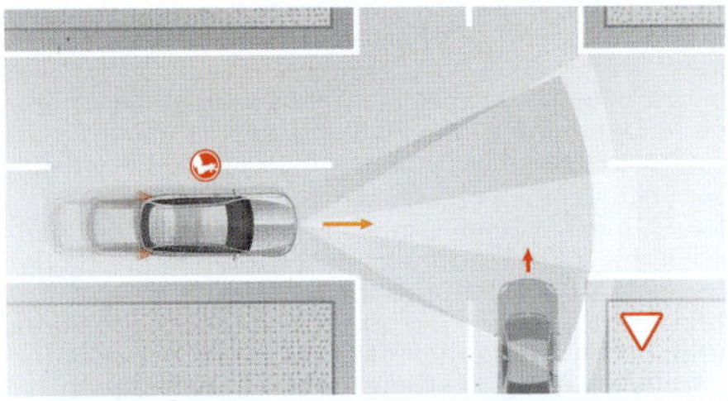

Aufgabe
Der Kreuzungsassistent unterstützt den Fahrer bei der Vermeidung von Kollisionen mit dem Querverkehr. Dies gilt vor allem in komplexen Verkehrssituationen, in denen beispielsweise ein querender Verkehrsteilnehmer übersehen wird, da sich der Fahrer auf andere Verkehrsteilnehmer konzentriert.

Funktionsweise
Das System überwacht das vordere Fahrzeugumfeld mit Hilfe von zwei zusätzlichen Radarsensoren (Mittelbereich-Frontradarsensoren), die sich hinter dem vorderen Stoßfänger befinden. Diese erfassen das vordere seitliche Fahrzeugumfeld auf beiden Seiten. Aufgrund der Positionierung der beiden Radarsensoren am Fahrzeug ganz vorn links und rechts kann das System in bestimmten Situationen Querverkehr schon erkennen, bevor ihn der Fahrer sieht. Diesen zeitlichen Vorsprung nutzt der Kreuzungsassistent, um den Fahrer so früh wie möglich über kritischen Querverkehr zu informieren, damit dieser darauf reagieren kann. Das System arbeitet bis v = 30 km/h.

Müdigkeitserkennung

Aufgabe
Die Müdigkeitserkennung empfiehlt dem Fahrer eine Pause, wenn das Fahrverhalten auf Müdigkeit hindeutet. Das System erkennt Abweichungen vom normalen Fahrverhalten und unterstützt somit das sicherheitsbewusste Fahren auf Autobahnen und gut ausgebauten Landstraßen.

Funktionsweise
Das System zur Müdigkeitserkennung muss vom Fahrer eingeschaltet werden. Es ist nach kurzer Fahrzeit (5–15 Min.) aktiv. Diese Zeit wird zur Auswertung des Fahrverhaltens benötigt. Das System wertet ab einer Geschwindigkeit von ca. 65 km/h kontinuierlich das Fahrverhalten aus und zieht Rückschlüsse auf die Müdigkeit des Fahrers. Neben dem Lenkverhalten werden auch Daten der Fahrsituation (Fahrzeuggeschwindigkeit, Gaspedalbetätigung, Blinken, Tageszeit, Fahrdauer, etc.) und die Bedientätigkeit des Fahrers an den Einstellungs- und Komfortelementen (Klimaanlagen-, Telefonbedienung etc.) erfasst. Bei erkannter Müdigkeit des Fahrers erfolgt eine Pausenempfehlung durch ein optisches und ein akustisches Signal. Dazu wird für 5 Sekunden eine textliche Aufforderung zu einer Pause in der Multifunktionsanzeige des Kombiinstrumentes angezeigt und ein Signal ertönt. Dieser Hinweis wird nach 15 Minuten wiederholt. Die Müdigkeitserkennung muss ab Erstzulassung 7. Juli 2024 serienmäßig eingebaut sein.

Multikollisionsbremse

Fahrsituation ohne Bremseingriff

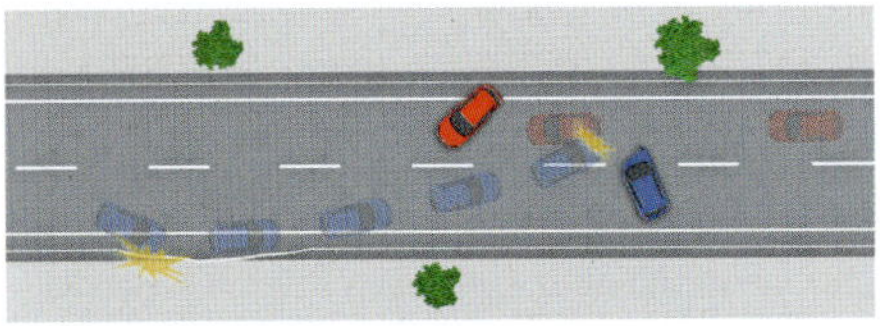

Fahrsituation mit Bremseingriff

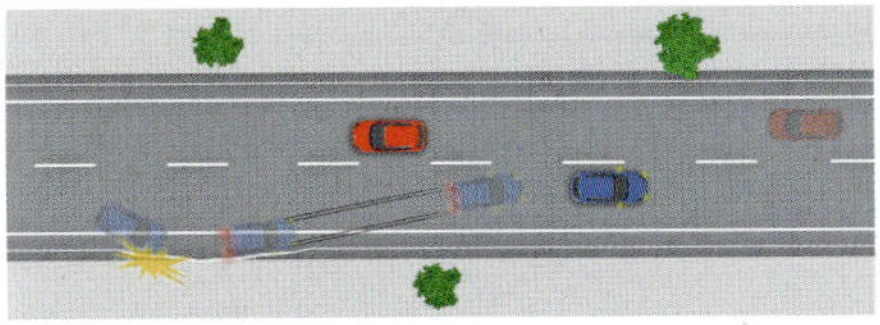

Aufgabe
Viele Unfälle sind Mehrfachkollisionen, bei denen nach einem ersten Aufprall weitere Kollisionen (Multikollision) z. B. mit der Seitenbegrenzung oder dem Gegenverkehr erfolgen. Durch gezielte Bremseingriffe sollen diese Folgekollisionen verhindert beziehungsweise die Aufprallenergie einer Folgekollision reduziert werden.

Funktionsweise
Die Multikollisionsbremse löst bei einer erkannten ersten Kollision einen automatischen Bremseingriff aus. Durch dieses automatische Bremsen sollen Folgekollisionen verhindert, zumindest aber die Aufprallenergie einer Folgekollision reduziert werden. Das System verzögert das Fahrzeug mit maximal 6 m/s^2 und aktiviert gleichzeitig das Notbremslicht sowie das Warnblinklicht. Die ESP-Lampe im Schalttafeleinsatz informiert den Fahrer über den Bremseingriff. Grundsätzlich führt die Multikollisionsbremse eine Bremsung bis auf eine Fahrzeuggeschwindigkeit von 10 km/h aus. So kann das Fahrzeug je nach Unfallsituation auch nach einer Kollision vom Fahrer beherrschbar bleiben. Zum Auslösen der Multikollisionsbremse sendet das Airbagsteuergerät eine entsprechende Botschaft an das Bremsensteuergerät. Für die Aktivierung der Multikollisionsbremse werden ausschließlich die Sensoren des Airbagsteuergerätes verwendet. Die Multikollisionsbremse kann vom Fahrer jederzeit überstimmt werden. Gibt der Fahrer Gas oder leitet er eine Vollbremsung mit höherer Verzögerung ein, wird das System überstimmt.

Nachtsichtassistent (Night Vision)

Aufgabe
Der Nachtsichtassistent ermöglicht bei Dunkelheit das rechtzeitige Erkennen von Personen und Tieren im vorderen Fahrzeugumfeld. Dem Fahrer werden im Display des Kombiinstruments die erkannten Objekte angezeigt. Im Falle einer möglichen Kollision wird der Fahrer zusätzlich gewarnt. Die Reichweite des Nachtsichtassistenten beträgt bis zu 300 m. Bei schlechter Witterung ist das System in seiner Reichweite eingeschränkt.

Funktionsweise
- *Passives System:* Eine Infrarotkamera erfasst das vordere Fahrzeugumfeld. Das aufgenommene Wärmebild wird im Display angezeigt. Aufgrund ihrer Wärmestrahlung heben sich Personen und Tiere deutlich von ihrer Umgebung ab und sind somit im Bild gut zu erkennen.
- *Aktives System:* Zusätzliche Infrarotscheinwerfer „leuchten" das Vorfeld aus, es entsteht ein detaillierteres Bild. Bei Systemen mit automatischer Personenerkennung werden die Umrisse von Personen im Display zusätzlich farbig markiert.

Bremsassistent (BAS) (vgl. S. 240)

Aufgabe
Der Bremsassistent unterstützt den Fahrer beim Bremsen in einer Gefahrensituation.

Funktionsweise
Erkennt das System anhand der erhöhten Betätigungsgeschwindigkeit des Bremspedals eine Panikbremsung, erzeugt der Bremskraftverstärker sofort die maximale Unterstützungskraft. Der Bremsweg wird somit verkürzt.

Notbremsassistent

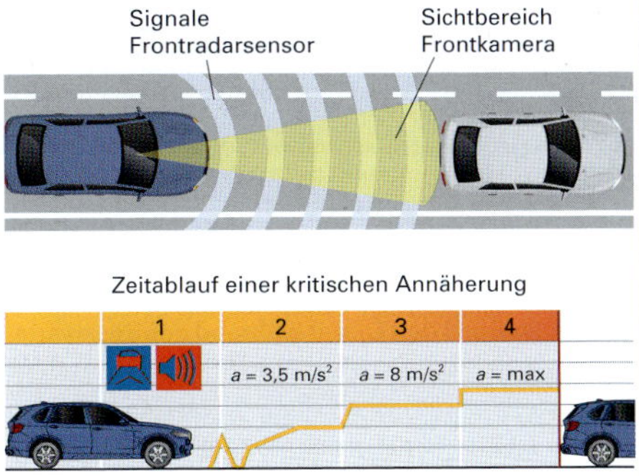

Aufgabe
Der Notbremsassistent hilft Auffahrunfälle zu vermeiden bzw. die Schwere des Unfalls zu verringern. Dazu wird die Verkehrssituation mit der Frontkamera und dem Frontradarsensor permanent überwacht. Der Notbremsassistent warnt in einem Geschwindigkeitsbereich von 0–250 km/h vor zu dichtem Auffahren und Kollisionen. Er verzögert im Bedarfsfall automatisch das Fahrzeug bis zum Stillstand. Das System reagiert innerhalb des Überwachungsbereiches auf Fahrzeuge, Radfahrer und Fußgänger.

Funktionsweise
- Stufe 1 (Vorwarnung): Bei einer kritischen Situation wird die Bremsanlage mit Druck vorbefüllt und der Fahrer mittels optischer und akustischer Warnung auf eine notwendige Reaktion hingewiesen.
- Stufe 2 (Hauptwarnung/Automatische Teilbremsung): Der Fahrer wird durch einen Bremsruck (max. Verzögerung $3{,}5\ m/s^2$) nochmals gewarnt.
- Stufe 3 (erweiterte automatische Teilbremsung): Bremst der Fahrer nun zu schwach, erhöht der Notbremsassistent den Bremsdruck so, dass die Verzögerung bei $8{,}0\ m/s^2$ liegt.
- Stufe 4 (Zielbremsung): Der Bremsdruck wird zur Vermeidung einer Kollision so stark erhöht, dass das Fahrzeug mit maximaler Verzögerung bis zum Stillstand abgebremst wird.

Ist der Aufprall unvermeidbar, leiten die Systeme weitere Schutzmaßnahmen ein, um das Verletzungsrisiko zu senken: Sicherheitsgurte vorspannen, Rückenlehnen und umgeklappte Kopfstützen aufstellen sowie z.T. auch Fenster und Schiebedach schließen.
Der Notbremsassistent muss ab Erstzulassung 7. Juli 2024 serienmäßig eingebaut sein.

Notbremslicht/Adaptives Bremslicht

Aufgabe
Das Notbremslicht, auch „adaptives Bremslicht" genannt, zeigt anderen Verkehrsteilnehmenden an, dass das vor ihnen fahrende Fahrzeug mit einer starken Verzögerung abgebremst wird.

Funktionsweise
Bei einer normalen Abbremsung leuchten die Bremslichter wie üblich dauerhaft. Bei einer Notbremsung, d.h. bei einer Bremsung mit einer Verzögerung von über $6\ m/s^2$ und einer Fahrzeuggeschwindigkeit von über 50 km/h, blinken die Bremslichter mehrmals pro Sekunde. Das Notbremslicht schaltet sich auch zu, sobald das ABS-System regelt.
Steht das Fahrzeug, schaltet sich die Warnblinkanlage zu, das Bremslicht leuchtet dauerhaft.
Das Notbremslicht wird aktiviert über:
- das Steuergerät,
- den Pedaldruck,
- das Betätigungstempo des Bremspedals,
- ESP- und ABS-Eingriff und
- die Geschwindigkeit des Fahrzeugs.

Das Notbremslicht/Adaptives Bremslicht muss ab Erstzulassung 7. Juli 2024 serienmäßig eingebaut sein.

Notfallassistent (Emergency Assist)

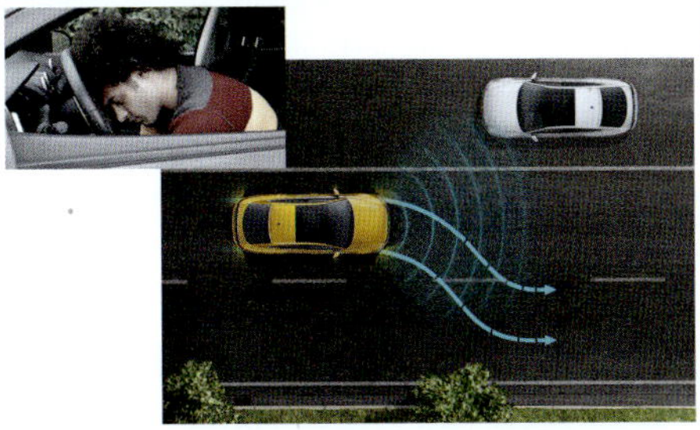

Aufgabe
Der Notfallassistent ist eine Weiterentwicklung des Spurhalte-/Spurwechselassistenten (vgl. S. 320). Im medizinischen Notfall, bei einem fahruntüchtigen Fahrer, übernimmt dieses System die Führung des Fahrzeugs sowie die Warnung des umgebenden Verkehrs und bremst das Fahrzeug bis zum Stillstand ab.

Funktionsweise
Wird für eine bestimmte Zeit keine Lenkaktivität des Fahrers festgestellt, wird dieser durch optische und akustische Warnungen sowie durch Bremsimpulse zur Übernahme der Lenkung aufgefordert. Bleibt eine Fahrerreaktion weiterhin aus, wird von einer Notfallsituation ausgegangen. Der Spurhalteassistent ist aktiv und hält das Fahrzeug vorerst in der Spur. Das Auffahren auf den vorausfahrenden Verkehr wird durch die automatische Distanzregelung vermieden. Um den umgebenden Verkehr zu warnen, wird bei ca. 80 km/h automatisch die Warnblinkanlage eingeschaltet und das Fahrzeug pendelt in der Spur. Schließlich wechselt das Fahrzeug gegebenenfalls auf die rechte Spur und wird bis zum Stillstand abgebremst.

Automatisches Notrufsystem (eCALL)

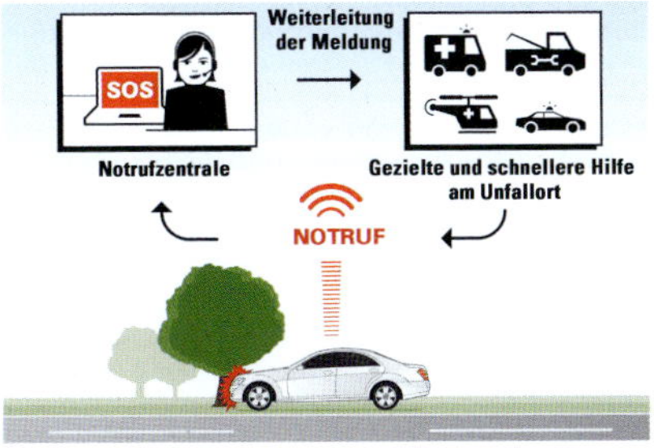

Aufgabe
Das seit dem 31.3.2018 in der EU für Neufahrzeuge vorgeschriebene automatische Notrufsystem (eCALL) alarmiert nach einem schweren Unfall automatisch die nächstgelegene Notrufzentrale. Ziel ist es, die Zeit bis zum Eintreffen der Rettungskräfte deutlich zu verkürzen.

Funktionsweise
Das System umfasst ein eCALL-Steuergerät, eine Mobilfunkeinheit mit SIM-Karte, eine Notfalltaste, eine Mobilfunkantenne und eine Freisprecheinrichtung. Erkennt das System einen schweren Unfall, z.B. durch das Auslösen der Airbags oder wird die Notfalltaste gedrückt, werden unter anderem die GPS-Koordinaten des Fahrzeugs, der Unfallzeitpunkt, der Fahrzeugtyp, die Fahrtrichtung, die Anzahl der Insassen sowie die Kraftstoffart an die Notrufzentrale weitergeleitet. Die Daten dürfen aus Datenschutzgründen nur im Notfall weitergeleitet und gespeichert werden. Das System baut auch eine Sprachverbindung zur Notrufzentrale auf. Über die Freisprecheinrichtung können die Fahrzeuginsassen, falls sie noch bei Bewusstsein sind, oder Unfallzeugen weitere Informationen an die Notrufzentrale weitergeben.

Rückfahrassistent

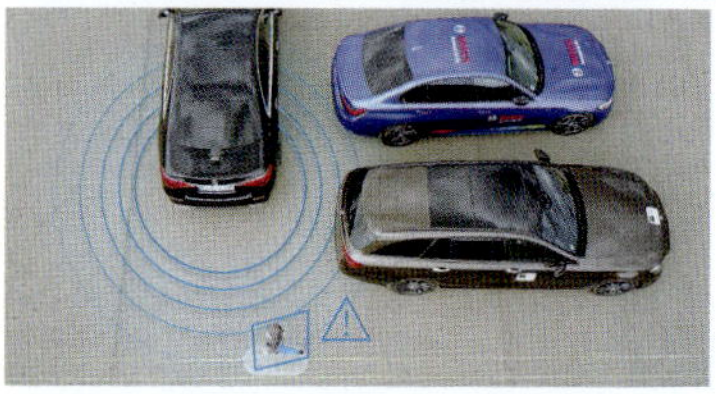

Aufgabe
Durch den Rückfahrassistenten soll das Rückwärtsfahren z. B. beim Ausparken sicherer werden.

Funktionsweise
Der Assistent erkennt Passanten oder Hindernisse hinter dem Fahrzeug und warnt den Fahrenden bei der Rückwärtsfahrt. Dadurch können Unfälle verhindert werden, die z. B. beim Ausparken mit schlechter Einsehbarkeit der Straße passieren können. Das System kann mit den Informationen der Rückfahrkamera, den Ultraschallsensoren oder den Heckradarsensoren arbeiten.
Der Rückfahrassistent muss ab Erstzulassung 7. Juli 2024 serienmäßig eingebaut sein.

Rückfahrkamera (Rearview)

Anzeigebildschirm (Beispiel)

Aufgabe
Das Rückfahrkamerasystem (Rearview) soll den Fahrer während des Rückwärtsfahrens z. B. beim Einparken oder beim Rangieren unterstützen.

Funktionsweise
Die von der Heckkamera erfasste Verkehrssituation hinter dem Fahrzeug wird dem Fahrer auf einem Bildschirm, z. B. im Radio- oder Navigationsdisplay, angezeigt. Um das Rückwärtsfahren zusätzlich zu erleichtern, können je nach Ausbaustufe des Systems farbige Hilfslinien (siehe Abbildung links) eingeblendet werden. Das System wird bei laufendem Motor durch Einlegen des Rückwärtsgangs aktiviert. Die Heckkamera ist meistens in der Griffleiste oder im ausklappbaren Herstelleremblem in der Heckklappe eingebaut. Sie erfasst den unmittelbaren Bereich hinter dem Fahrzeug.

Spurhalteassistent/Notfall-Spurhalteassistent

Beispiel: Notfall-Spurhalteassistent mit Lenkeingriff

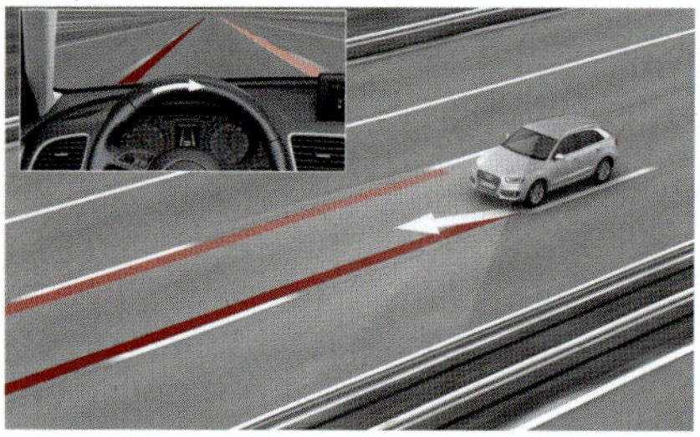

Aufgabe
Der Spurhalteassistent warnt den Fahrer, wenn das Fahrzeug von der Fahrspur abzukommen droht (z. B. beim „Sekundenschlaf") bzw. unterstützt der Notfall-Spurhalteassistent den Fahrer beim Einhalten der Fahrspur.

Funktionsweise
Die Frontkamera und/oder der Laserscanner erfasst die Fahrbahn vor dem Fahrzeug. Der Spurhalteassistent ist einsatzbereit, wenn die Bilderkennungssoftware die eigene Fahrspur erkennt anhand von Strukturen wie Fahrbahnmarkierungen, Leitplanken, Bordsteinkanten oder Objekten, z. B. voraus fahrenden Fahrzeugen. Nähert sich das Fahrzeug einer erkannten Struktur, ohne dass der Fahrrichtungsanzeiger betätigt wurde, wird der Fahrer durch ein akustisches Signal und/oder durch Vibrieren des Lenkrades oder des Fahrersitzes gewarnt. Zusätzlich gibt es eine Anzeige im Kombiinstrument oder im Head-Up-Display.
Der *Notfall-Spurhalteassistent* dient dazu, das Fahrzeug innerhalb der Fahrspur zu halten und den Fahrer zu unterstützen, wenn dieser die Kontrolle verliert oder nicht angemessen reagiert. Das System überwacht kontinuierlich die Position des Fahrzeugs auf der Straße und greift automatisch ein, indem es lenkt oder bremst, um ein unbeabsichtigtes Verlassen der Fahrspur zu verhindern und somit Unfälle zu vermeiden. Der Fahrer kann das System übersteuern.
Der Notfall-Spurhalteassistent muss ab EZ 7.7.2024 serienmäßig eingebaut sein.

Spurwechselassistent

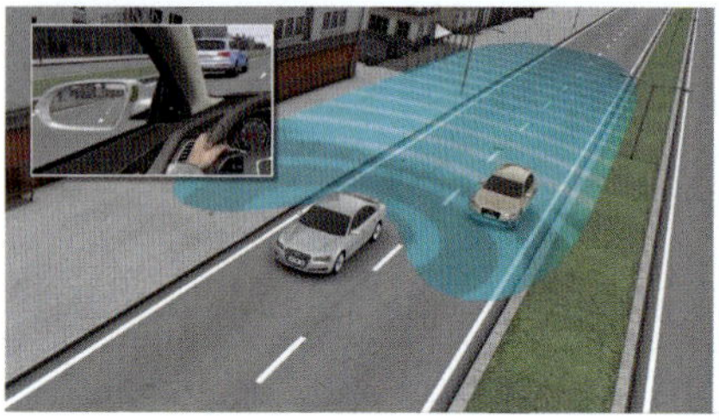

Aufgabe
Der Spurwechselassistent unterstützt den Fahrer beim Wechseln der Fahrspur, indem er vor Fahrzeugen im „toten Winkel" warnt.

Funktionsweise
Das System überwacht das rückwärtige und seitliche Umfeld mit Mittelbereich-Radarsensoren links und rechts am Fahrzeugheck. Wird eine kritische Situation erkannt, die bei einem Spurwechsel einen Unfall verursachen könnte, weil Kollisionsgefahr mit einem in gleiche Richtung fahrenden Verkehrsteilnehmer auf der Nachbarspur besteht, warnt das System den Fahrer. Die Warnung erfolgt durch intensives Blinken der Warnleuchte im entsprechenden Außenspiegel.
Im eingeschalteten Zustand kann sich der Spurwechselassistent entweder im aktiven oder inaktiven Modus befinden. Zur Systemaktivierung muss eine Mindestgeschwindigkeit von 10 km/h überschritten sein und der aktuelle Kurvenradius darf nicht zu klein sein. Ist eine der beiden Bedingungen nicht mehr erfüllt, wechselt der Assistent in den inaktiven Modus.
Als weitere Funktion kann ein Abbiegeassistent integriert sein, der beim Rechtsabbiegen vor einer Kollision mit Radfahrern im rechten „toten Winkel" warnt.

Stau-/Baustellenassistent

Beispiel-Fahrsituation: Stau im Baustellenbereich

Aufgabe
Der Stau- und Baustellenassistent hilft bei „Stop&Go-"Verkehr den Abstand zum vorausfahrenden Fahrzeug konstant zu halten und unterstützt zusätzlich den Fahrer bei verengten oder veränderten Fahrstreifen in Baustellen. Der Stau- und Baustellenassistent kombiniert die Funktionen des Spurhalteassistenten und der Abstandsregelung.

Funktionsweise
Mit den Umfeldsensoren Kamera und Radar wird der vorausfahrende Verkehr sowie die Fahrbahnmarkierung erfasst. Das System übernimmt die Spurhaltung des Fahrzeugs und die Einhaltung des Abstands zum vorausfahrenden Fahrzeug für den Geschwindigkeitsbereich unter 60 km/h. Hierzu lenkt, verzögert und beschleunigt es selbsttätig. Dazu werden gegebenenfalls das Bremsensteuergerät (Verzögerung), das Motorsteuergerät (Beschleunigung) oder Lenkungssteuergerät (Lenkbewegungen) angesteuert. Hinter einem anhaltenden Fahrzeug verzögert es bis zum Stillstand und fährt anschließend von selbst wieder an.
Der Stau- und Baustellenassistent ist für die Nutzung auf Autobahnen und gut ausgebauten Landstraßen ausgelegt. Oberhalb einer Geschwindigkeit von 60 km/h wird das System deaktiviert.

Streckenverlaufsregelung

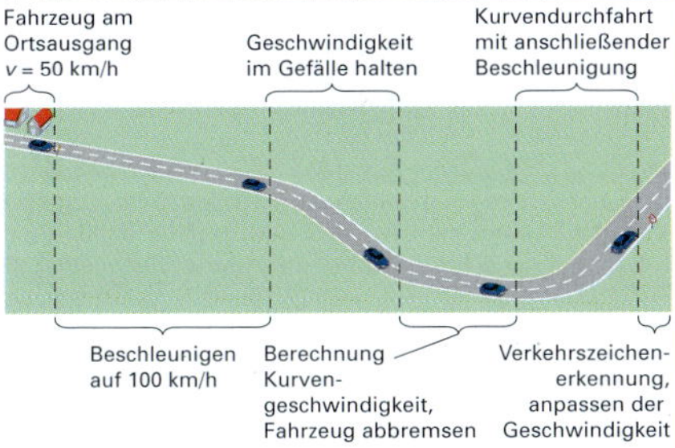

Aufgabe
Diese Funktion unterstützt den Fahrer durch Hinweise oder durch eine direkte Regelung der Längsführung (Beschleunigen und Abbremsen) für eine effiziente Fahrweise. Bei der Streckenverlaufsregelung greift das Fahrzeug auf die Daten des Navigationssystems zu.

Funktion
Das Assistenzsystem regelt durch Nutzung der vorhersehbaren (prädiktiven) Streckendaten der Fahrzeugnavigation die Längsdynamik des Fahrzeugs mit dem Ziel einer effizienten und den Fahrer entlastenden Fahrweise. Je nach Einstellung werden Geschwindigkeitsbeschränkungen, Streckenverläufe (Kurven, Kreuzungen usw.) sowie die Geländetopologie (Steigungen, Gefällestrecken) in die Regelvorgänge eingebunden. Die Regelung umfasst Beschleunigungsvorgänge, Fahren mit konstanter Geschwindigkeit unter Einbeziehung von Getriebefreilauf und Motorabschaltung sowie Verzögerungsvorgänge durch Motormomentenreduktion oder ESP-Abbremsungen.

Umfeldansicht

Umgebungskameras

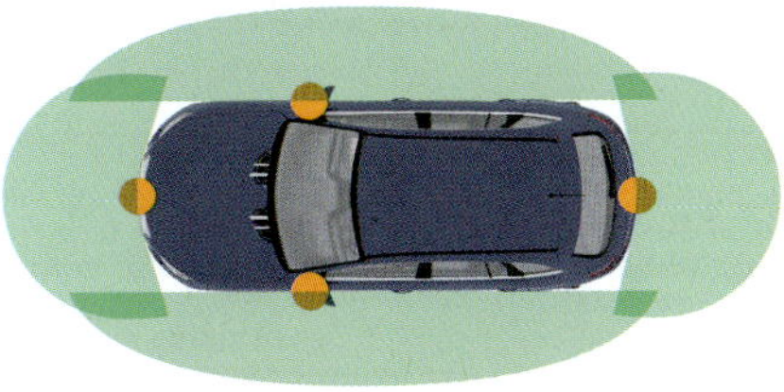

3D-Birdview

Birdview

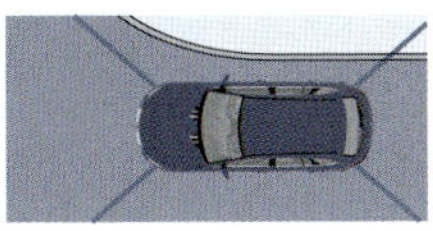

Aufgabe
Über die Umfeldansicht kann der Fahrer die direkte Umgebung des Fahrzeugs einsehen, so dass auch „tote Winkel" erfasst werden. Das System bietet mehrere Ansichten und Einstellungsmöglichkeiten, die abhängig von der Verkehrssituation und dem Informationswunsch ausgewählt werden können.

Funktionsweise
Die Erfassung der Fahrzeugumgebung wird durch vier Kameras realisiert. Die Umgebungskamera vorn befindet sich unterhalb des Kennzeichens. Die Umgebungskamera hinten ist in der Heckklappe eingebaut. Die Umgebungskameras rechts und links sind in der Unterseite der Außenspiegel untergebracht. Mit einem Öffnungswinkel von 190° je Kamera erfasst die Umfeldansicht den gesamten Bereich rund um das Fahrzeug.
Die von den Weitwinkelkameras aufgenommenen Bilder weisen eine starke Verzerrung auf. Deshalb werden sie vom Steuergerät mittels Bildverarbeitung entzerrt. Da sich die Kamerasichtbereiche überschneiden, kann ein genauer und realistischer optischer Übergang zwischen den Sichtbereichen benachbarter Kameras erzeugt werden. Über die Bildverarbeitung kann auch der Blickwinkel an die gewünschte Ansicht (3D-Birdview oder Birdview) angepasst werden.
Die Darstellung erfolgt auf dem Display der Bedien- und Anzeigeeinheiten. In Abhängigkeit der ausgewählten Ansicht werden statische und dynamische Hilfslinien eingeblendet. Diese Hilfslinien erlauben eine bessere Einschätzung von Abständen und beschreiben den möglichen lenkwinkelabhängigen Fahrweg.
Die Umfeldansicht funktioniert nur in unteren Geschwindigkeitsbereichen bis ca. 15 km/h, je nach Hersteller.

Unfalldatenspeicher

Aufgabe
Der Unfalldatenspeicher oder auch Event Data Recorder (EDR) zeichnet wichtige Daten zu den Fahrzeugbewegungen und Fahrzuständen kurz vor, während und nach einem Unfall auf. Bei einem Unfall können die gespeicherten Daten dabei helfen, den Ablauf zu rekonstruieren. Folgende Daten werden gespeichert:

- Fahrzeuggeschwindigkeit unmittelbar vor dem Unfall
- Bremsaktivität: Ob und wann die Bremse betätigt wurde
- Lenkwinkel
- Status der Fahrzeugkontrollsysteme, wie z. B. ABS und ESP
- Gurtstatus: Ob die Sicherheitsgurte angelegt waren
- Beschleunigungswerte (G-Kräfte), die auf das Fahrzeug wirkten
- Zeitpunkt des Airbag-Auslösens
- Sitzbelegung und die Position der Sitze
- Betätigung der Pedale
- Fahrtrichtung des Fahrzeugs

Der Unfalldatenspeicher muss ab Erstzulassung 7. Juli 2024 serienmäßig eingebaut sein.

Verkehrszeichenerkennung

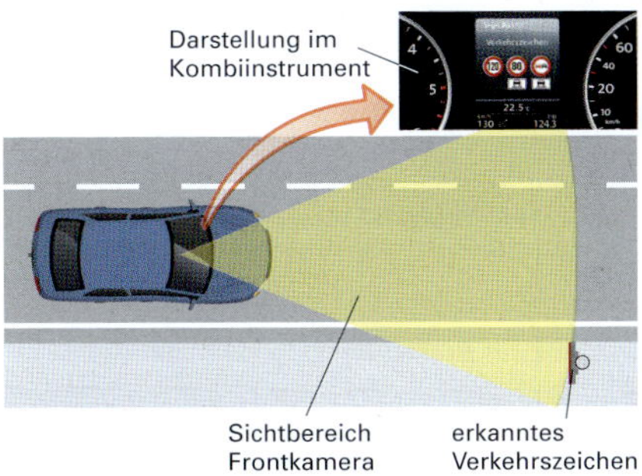

Aufgabe
Die Verkehrszeichenerkennung informiert über die von der Frontkamera erfassten Verkehrszeichen: Geschwindigkeitsgebote, Überholverbote und Gefahrenzeichen. Sie hilft dem Fahrer so, sich besser auf das Verkehrsgeschehen zu konzentrieren. Zusätzlich kann die Verkehrszeichenerkennung eine Geschwindigkeitswarnung oder eine Einfahrverbotswarnung geben.

Funktionsweise
Die Verkehrszeichenerkennung ist ein kamerabasiertes Fahrerassistenzsystem. Die Rohbilder der Frontkamera werden an das Steuergerät für Fahrerassistenzsysteme übertragen. Hier werden die Rohbilder verarbeitet und die Verkehrszeichen ausgewertet. Im Steuergerät werden drei unterschiedliche Informationen zusammengeführt, die erkannten Verkehrszeichen, die Informationen des Navigationssystems und die aktuellen Fahrzeugdaten. Je nach Ausführung kann das System auch Zusatzzeichen berücksichtigen, für die z. B. zeitlich begrenzte Einschränkungen gelten, Schilder für den Anhängerbetrieb oder Einschränkungen bei Nässe oder Nebel. Auch auf nicht beschilderten Strecken gibt das System aktuell gültige Geschwindigkeitsgebote aufgrund der Navigationsdaten aus.
Die von der Verkehrszeichenerkennung erfassten Verkehrszeichen werden im Schalttafeleinsatz oder dem Head-up-Display und/oder dem Display des Radio- und Navigationssystems angezeigt. Es erfolgt eine Priorisierung der Verkehrszeichen, falls mehrere Verkehrszeichen für einen Streckenabschnitt gelten.

Infotainmentsysteme

Aufgabe
Der Begriff Infotainment setzt sich zusammen aus Information und Entertainment. Das Infotainmentsystem soll den Fahrer entlasten, informieren oder unterhalten. Das System ermöglicht die zentrale Steuerung von Radio, Navigation sowie Multimedia-, und Internet-Anwendungen. Zusätzlich können verschiedene Fahrzeugstatusmeldungen angezeigt werden. Das Infotainmentsystem stellt auch verschiedene Schnittstellen, wie z. B. USB, Bluetooth usw. zur Verfügung.

Aufbau
Ein zentrales Steuergerät übernimmt die Basisfunktionen des Infotainmentsystems. Für die Navigation ist meist ein GPS-Empfänger eingebaut (siehe Navigationssysteme). Das Kombiinstrument und andere Komponenten, wie z. B. Multimedia-Komponenten werden über das Datenbussystem angebunden. Für die Verbindung zum Internet ist eine Mobilfunkeinheit mit SIM-Karte installiert.

Bildschirm
Hochauflösende Flachbildschirme werden zunehmend im ganzen Cockpit eingesetzt (siehe Abb. links) und übernehmen auch die Aufgaben der klassischen Anzeigeinstrumente, z. B. für Geschwindigkeit oder Drehzahl. Zusätzlich zeigen sie alle Informationen des Infotainmentsystems an, z. B. für Radio, Klimaanlage und Navigation. Weitere Informationen können auch in einer Head-Up Unit (vgl. S. 317) angezeigt werden. Oftmals ist der Bildschirm auch als Touchscreen ausgeführt und kann als Bedienungselement verwendet werden.

Bedienungselemente
Die Bedienung des Infotainmentsystems kann auf unterschiedliche Weise erfolgen. Meistens werden in unmittelbarer Nähe des Bildschirms Tasten und Drehknöpfe eingesetzt. Zusätzlich werden oft weitere Bedienungselemente verwendet. Dazu gehören Dreh-/Drückschalter in der Mittelkonsole, Touchscreen oder Touchpad sowie Tasten am Lenkrad. Moderne Infotainmentsysteme sind direkt als Touchscreen ausgeführt oder lassen sich auch durch Sprachsteuerung oder Gestensteuerung bedienen.

Navigation

Beispiel: Navigationsdisplay im Cockpit

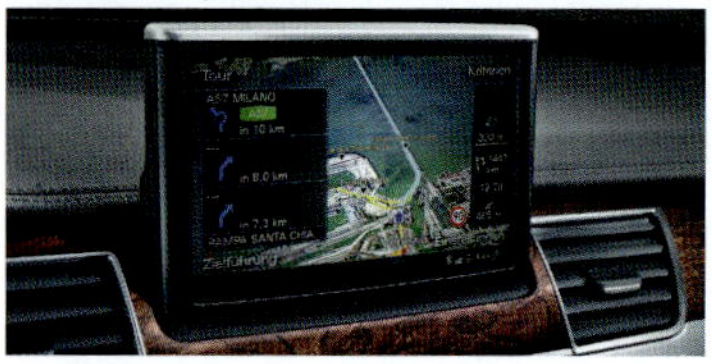

Aufgabe
Navigationssysteme sollen den Fahrer bei der idealen Routenplanung und Routenführung zum Zielort und bei der Orientierung unterstützen.
Dafür bestimmt das Navigationssystem die aktuelle Position des Fahrzeugs und berechnet den optimalen Streckenverlauf in Abhängigkeit von der aktuellen Verkehrssituation und weiteren Streckenoptionen wie z. B. kürzeste oder schnellste Route.

Ausführungen
- Fest installierte, bordeigene Navigationssysteme
- Mobile Navigationsgeräte
- Smartphone oder Tablet-PC mit Navigationssoftware

Aufbau
Das Navigationssystem benötigt eine Navigationseinheit (Steuergerät) mit einem GPS-Empfänger, eine GPS-Antenne, ein Display zur Anzeige und ein Bedienteil. Die Aktualisierung der Kartendaten kann über eine dafür vorgesehene Schnittstelle oder direkt über das Internet erfolgen. Bei bordeigenen Systemen greift das Steuergerät auch auf aktuelle Sensordaten wie z. B. Raddrehzahl (Fahrgeschwindigkeit), Drehrate, Lenkwinkel (Fahrtrichtung) zu.

Funktionsweise
Die Routenberechnung erfolgt entweder in der Navigationseinheit, in der die entsprechenden Kartendaten abgelegt sind oder bei einer bestehenden Onlineverbindung auf einem zentralen Server. Insbesondere bei weit entfernten Zielen ist die Berechnung auf dem Server schneller und es kann auch die gesamte Verkehrslage berücksichtigt werden.
Für die Online-Routenberechnung wird grundsätzlich das gleiche Kartenmaterial wie im Steuergerät verwendet, es stehen jedoch noch weitere Funktionen zur Verfügung:
- Onlinerouting (cloudbasierte Routenberechnung)
- 3D-City-Modelle mit detailgetreuen Straßen- und Gebäudedarstellungen in ausgewählten Städten
- Points Of Interest (POIs) mit Zusatzinfos in der Karte
- Verkehrszeicheninformationen
- Gefahreninformationen
- Navigationsdarstellung mit GoogleEarth

Die Zielführung erfolgt durch Sprachhinweise und/oder optische Fahrtrichtungs- und Spurwechselempfehlungen. Die unmittelbare Umgebung wird als 2D-oder 3D-Grafik (moving map) oder Foto im Display des Navigationssystems dargestellt.

Smartphoneanbindung (Konnektivität)

Im einfachsten Fall kann über eine Bluetooth-Verbindung die Telefonfunktion des Smartphones über das Infotainmentsystem bedient werden. Zur Nutzung weiterer Smartphone-Funktionen wird eine Anbindungsapp benötigt. Diese Apps stellen z. B. die Anbieter von Smartphone-Betriebssystemen zur Verfügung (siehe Tabelle unten). Die Kompatibilität der Anbindungsapp mit dem eingebauten Infotainmentsystem muss im Einzelfall geprüft werden. Ist diese gegeben, und ist die App auf dem Smartphone installiert, kann die Anbindung an das Infotainmentsystem erfolgen.

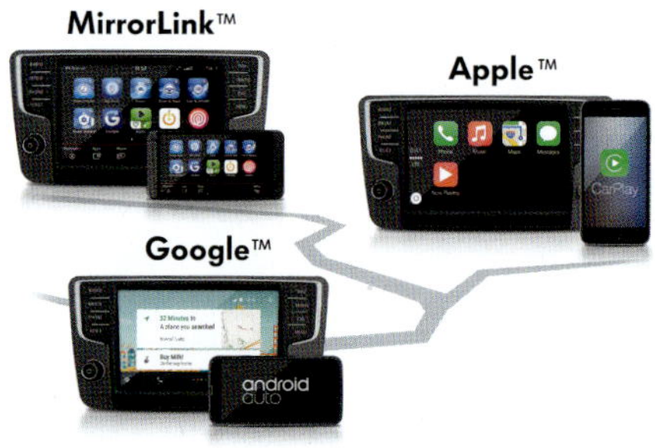

Die Datenübertragung zwischen dem Smartphone und dem Infotainmentsystem läuft über USB, per Lightning-Anschluss, Bluetooth oder wireless. Durch die Smartphoneanbindung lassen sich bestimmte Funktionen bzw. Apps über den Bildschirm des Fahrzeugs nutzen und das Smartphone kann über die Bedienelemente des Infotainmentsystems bedient werden. Die im Vergleich zum Smartphone größeren Bildschirmsymbole und die Sprachsteuerung vereinfachen die Bedienung und erhöhen zugleich die Sicherheit. Unterstützte Funktionen bzw. Apps (Auswahl):
- Telefonieren
- Navigation
- Kurznachrichten anzeigen
- Kurznachrichten vorlesen (Text to Speech)
- Messengerdienste
- Musik Apps
- Anbindung an Head-Up-Display
- Sprachsteuerung

System/ Anbindungsapp	Android Auto™	Apple CarPlay™	MirrorLink®
Voraussetzung	ab Android 5	ab iPhone 5 C bzw. IOS 7	offener Standard für Windows und Android Betriebssysteme
Funktionen/Apps	nur Apps die von Google für Android Auto freigegeben sind	nur Apps die von Apple für CarPlay freigegeben sind	weniger Apps im Vergleich zu den beiden anderen Systemen
Schnittstellen	USB, Bluetooth, wireless	Lightning Kabel, Bluetooth, wireless	USB, Bluetooth

4

Steuerung

Bei der Steuerung beeinflusst die Eingangsgröße (= Führungsgröße *w*) die Ausgangsgröße (= Steuergröße *x*) entsprechend der Gesetzmäßigkeiten des Systems. Die Ausgangsgröße wirkt nicht auf die Steuereinrichtung zurück, der Wirkungsablauf ist offen. Deshalb spricht man von einer *Steuerkette.*

Steuerkette

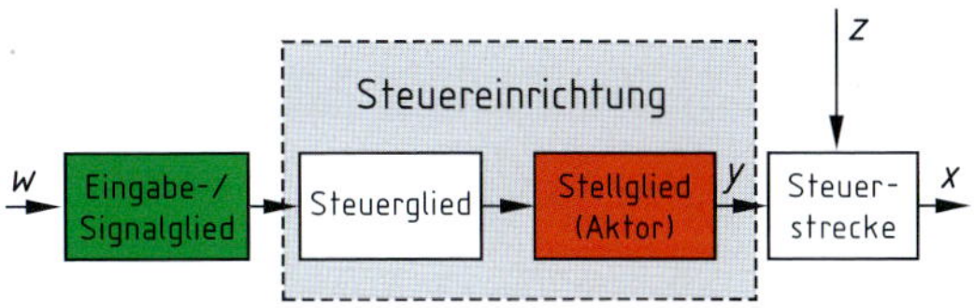

Regelung

Bei der Regelung wird die zu regelnde Größe (= Regelgröße *x*) als Istwert fortlaufend erfasst und mit dem Sollwert (= Führungsgröße *w*) verglichen. Bei einer Abweichung gleicht die Regelung die Regelgröße *x* der Führungsgröße *w* an. Dieser geschlossene Wirkungsablauf wird als *Regelkreis* bezeichnet.

Regelkreis

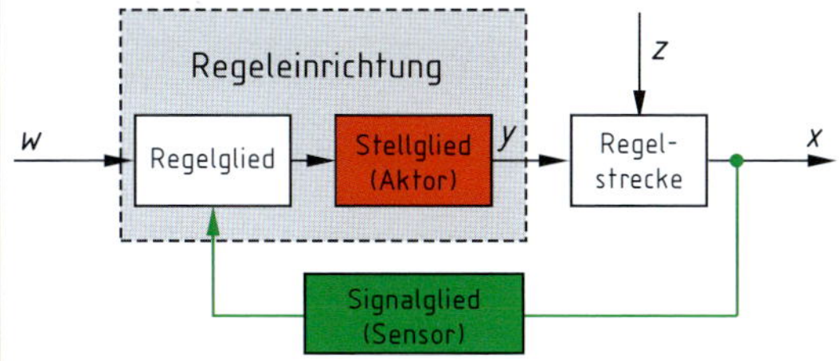

Beispiel: Heizungssteuerung

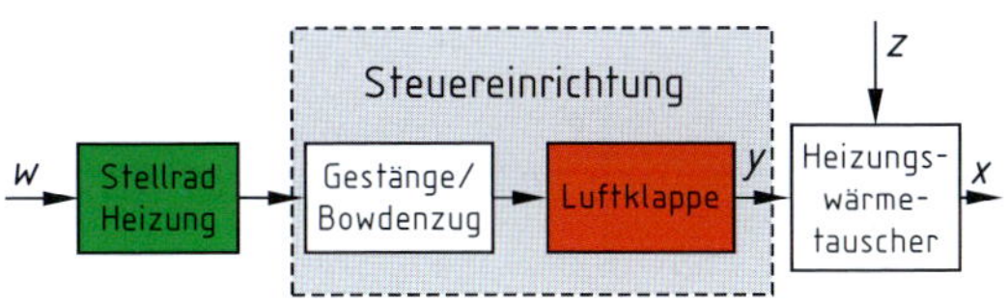

w gewünschte Heizleistung
x Innenraumtemperatur
y Teilluftstrom über den Wärmetauscher
z Temperatur der zuströmenden Außenluft

Beispiel: Heizungsregelung

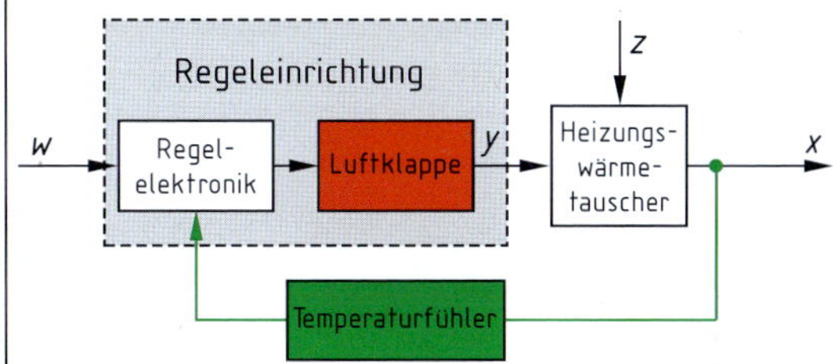

w Innenraumtemperatur (Sollwert)
x Innenraumtemperatur (Istwert)
y Teilluftstrom über den Wärmetauscher
z Temperatur der zuströmenden Außenluft

Begriffe aus der Steuerungs- und Regelungstechnik

Begriff	Kurzzeichen	Erklärung
Steuergröße (Istwert)	*x*	Die Steuergröße ist die Ausgangsgröße der Steuerstrecke. Sie wird von der Steuereinrichtung und den Störgrößen beeinflusst.
Regelgröße (Istwert)	*x*	Die Regelgröße ist die Ausgangsgröße der Regelstrecke. Sie wird von der Regeleinrichtung und den Störgrößen beeinflusst und zum Zweck des Regelns von einem Signalglied erfasst und an die Regeleinrichtung zurückgemeldet.
Führungsgröße (Sollwert)	*w*	Die Führungsgröße wird der Steuerkette bzw. dem Regelkreis von außen zugeführt und kann von der Steuerung bzw. der Regelung nicht beeinflusst werden. Die Steuergröße bzw. Regelgröße soll der Führungsgröße in der vorgegebenen Abhängigkeit folgen.
Stellgröße	*y*	Die Stellgröße ist die Ausgangsgröße der Steuer- bzw. Regeleinrichtung und zugleich die Eingangsgröße der Steuer- bzw. Regelstrecke. Sie überträgt die steuernde bzw. regelnde Wirkung der Einrichtung auf die Steuer- bzw. Regelstrecke.
Störgröße	*z*	Die Störgröße ist eine von außen auf die Steuerung bzw. Regelung wirkende Größe, welche die beabsichtigte Wirkung der Steuerung bzw. Regelung beeinträchtigt.
Steuerstrecke/ Regelstrecke		Die Steuerstrecke bzw. Regelstrecke ist der Teil des Systems, der beeinflusst werden muss, um die geforderte Steuergröße bzw. Regelgröße (Ausgangsgröße) zu erzielen.
Eingabe-/Signalglied		Eingabe-/Signalglieder (Sensoren) erfassen physikalische Größen und melden sie an das Steuerglied bzw. Regelglied weiter.
Steuerglied		Das Steuerglied hat die Aufgabe die von den Eingabe-/Signalgliedern kommenden Signale zu verarbeiten und das Stellglied entsprechend anzusteuern.
Regelglied		Das Regelglied verarbeitet die von den Eingabe-/Signalgliedern kommenden Signale und gibt gemäß der Regelaufgabe ein Signal an das Stellglied. Das Regelglied vergleicht dabei die Führungsgröße (Sollwert) mit der Regelgröße (Istwert).
Stellglied		Das Stellglied (Aktor) befindet sich am Eingang der Steuer- bzw. Regelstrecke und beeinflusst diese entsprechend der Steuer- bzw. Regelaufgabe.

Funktionssymbole

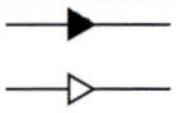

Hydrostrom
Luftstrom

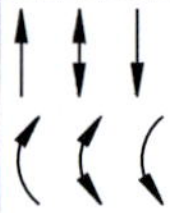

Anzeige der Richtung
Anzeige der Drehrichtung

Anzeige einer Verstellbarkeit

Energieübertragung

Druckquellen

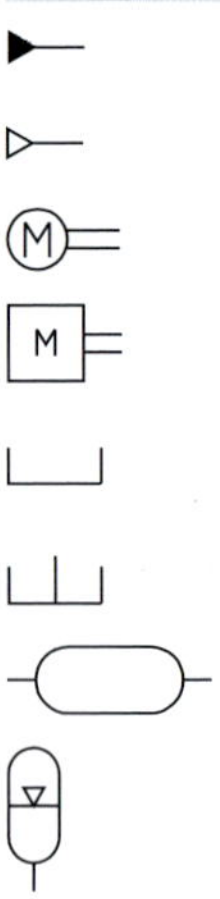

Hydraulik-Energiequelle
Pneumatik-Energiequelle
Elektromotor
nichtelektrischer Antrieb, Motor
Behälter:
- offen, mit der Atmosphäre verbunden
- separate Rücklaufleitung

Luftbehälter
Hydrospeicher mit Gasvorspannung (nur senkrecht)

Leitungen

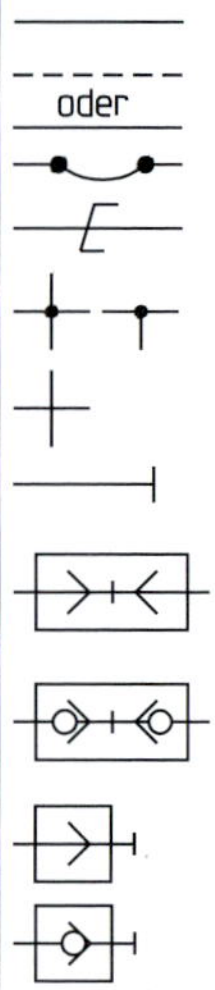

Arbeitsleitung Rücklaufleitung
Steuerleitung und Leckölleitung
flexible Leitung
elektrische Leitung
Leitungsverbindung
nicht verbundene Leitungskreuzung
Anschluss verschlossen
Schnell-Kupplungen:
- verbunden, ohne mechanisch öffnendes Rückschlagventil
- verbunden, mit mechanisch öffnenden Rückschlagventilen
- entkuppelt, mit offenem Anschluss
- entkuppelt, durch federloses Rückschlagventil gesperrter Anschluss, automatisch dichtend

Aufbereitung

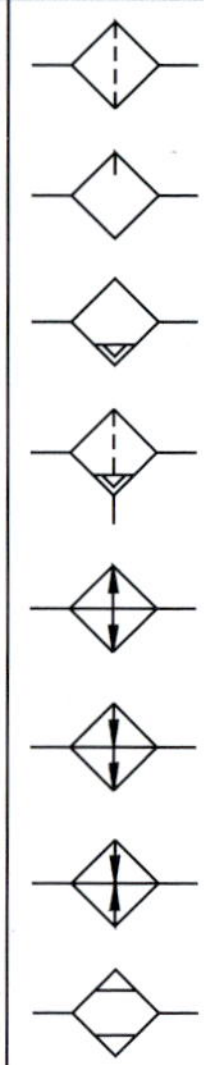

Filter, Sieb
Öler
Wasserabscheider:
- automatisch entwässernd

Filter mit Wasserabscheider:
- automatisch entwässernd

Kühler
Temperaturregler
Vorwärmer, Heizer
Lufttrockner

Betätigung

durch Muskelkraft

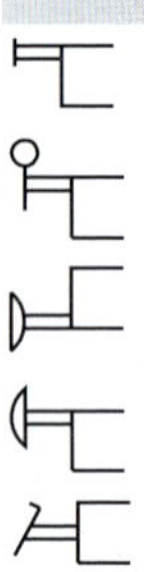

allgemein
Hebel
Zugknopf
Druckknopf
Pedal, nur eine Richtung

mechanisch

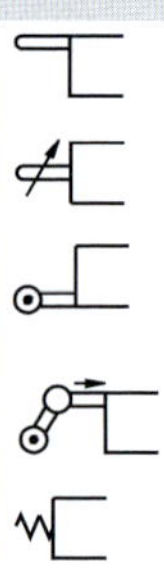

Stößel
Stößel, Hubbegrenzung
Rollenstößel
Rollenhebel
Feder

elektrisch

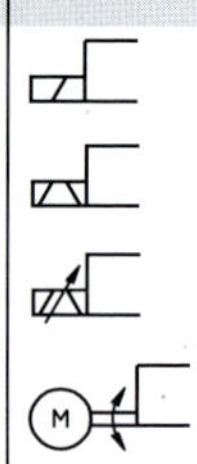

Magnet, eine Wicklung
Magnet, Wicklungen gegeneinander
Magnet, stufenlos
Elektromotor

Pumpen, Motoren

Hydropumpe mit einer Drehrichtung

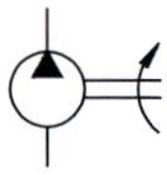

Kompressor

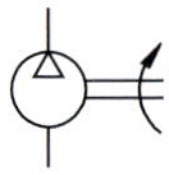

Pumpe oder Motor
a) mit einer Stromrichtung

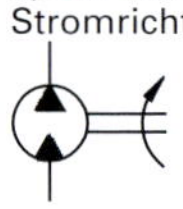

Hydromotor

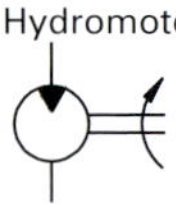

Pneumatischer Motor

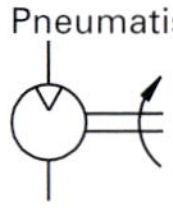

b) 2 Drehrichtungen, Wechsel von Pumpe auf Motor ändert die Drehrichtung

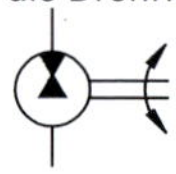

Kompaktgetriebe z. B. Drehmomentwandler

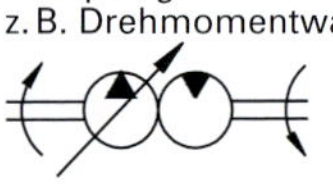

Zylinder

einfachwirkend

- Vorhub durch Feder

ausführlich

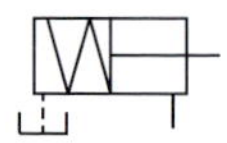

vereinfacht

- Rückhub durch Feder

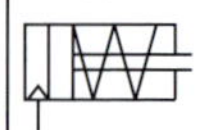

ausführlich

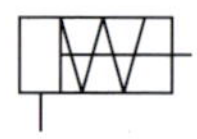

vereinfacht

doppelwirkend

- mit einseitiger Kolbenstange

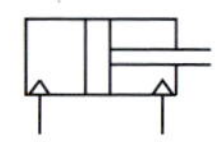

ausführlich

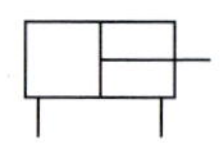

vereinfacht

- mit zweiseitiger Kolbenstange

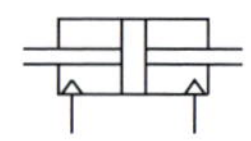

ausführlich

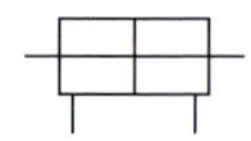

vereinfacht

Ventile

Stromventile

feste Drossel

verstellbare Drossel

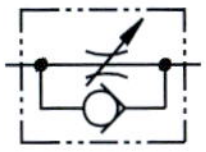
Drosselrückschlag-ventil

Stromregelventil (2 Wege)

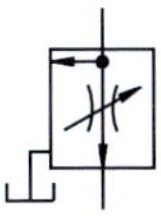
Stromregelventil (3 Wege) mit Überlastschutzventil

Druckventile

Steuerkanal

extern

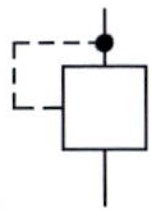

intern

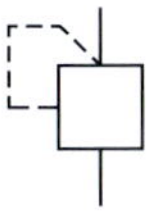

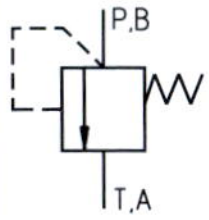

einstufiges (direktwirkendes) Druckbegrenzungsventil

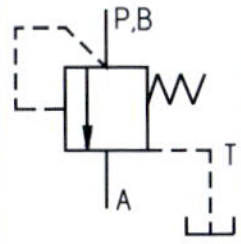

Folgeventil: Auslassanschluss kann Druck halten, externer Leckstromanschluss

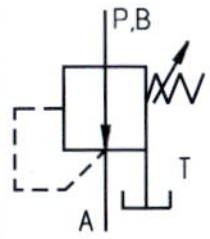

Druckreduzierventil: Leckölabfuhr intern (Druckminderventil; Druckregelventil)

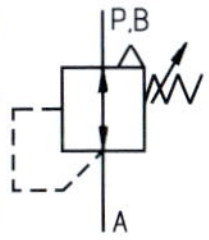

Druckreduzierventil: bei Auslassdruck > eingestellter Druck Anschluss zur Atmosphäre bzw. Tank geöffnet

Sperrventile

Rückschlagventile:

unbelastet

federbelastet

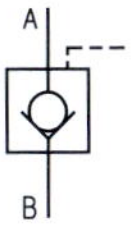

Schließen ohne Rückstellfeder – entsperrbar

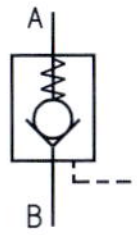

Öffnen gegen Rückstellfeder – entsperrbar

Wegeventile

Darstellung

Darstellung durch Quadrate mit inneren Linien und mit Anschlüssen;
Zahl der Quadrate = Zahl der Schaltstellungen, Zahl der Anschlüsse wird ohne die Steueranschlüsse angegeben

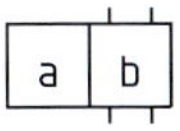

4/2-Wegeventil
└ zwei Schaltstellungen
└ vier Anschlüsse

Die einzelnen Stellungen werden bezeichnet mit a, b, c, ... Nur bei erzwungener Ruhestellung (z. B. durch eine Feder) im ausgebauten Zustand wird diese mit 0 (Null) bezeichnet

Schaltstellungen

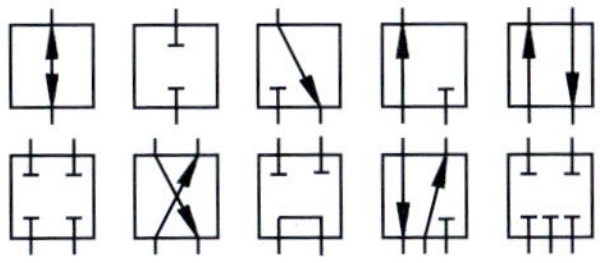

Beispiel: 3/2-Wegeventil

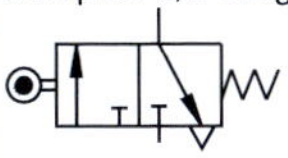
Sperrruhestellung

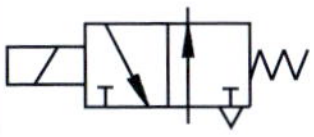
Durchflussruhestellung

Beispiele

Ventile werden in Schaltplänen immer in der Ruhestellung (nicht betätigt, stromlos) dargestellt.

2/2-Wegeventil: In Ruhestellung (gehalten durch Federkraft) ist Durchfluss in beiden Richtungen möglich.
Elektrisch betätigt, sperrt das Ventil.

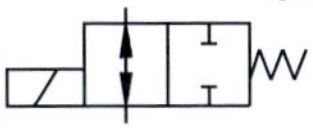

4/2-Wegeventil: Kehrt bei elektrischer Betätigung die Durchflussrichtung um.

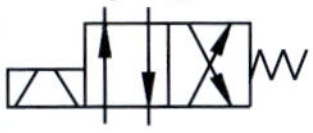

Messinstrumente

Druckmessgerät (Manometer)

Differenzdruckmessgerät

Temperaturmesser

Flüssigkeitsniveaumesser

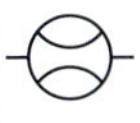
Volumenstrommessgerät

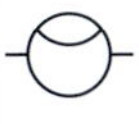
Volumenstromanzeige

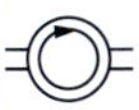
Drehzahlmessgerät

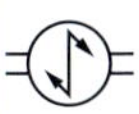
Drehmomentmessgerät

optische Anzeige

4

Grafische Symbole für Bremsenschaltpläne

vgl. DIN ISO 74253

Anschlüsse

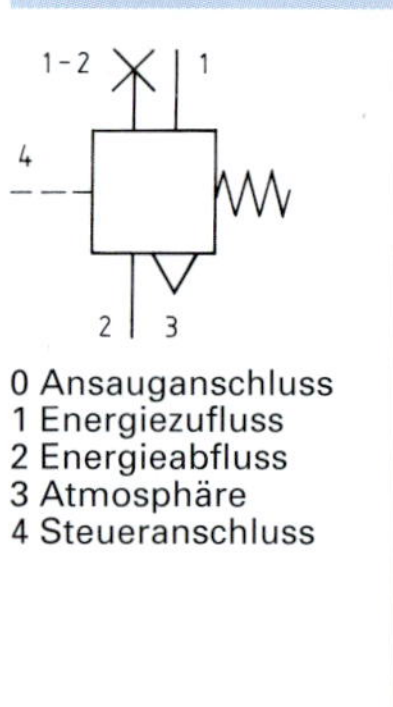

Leitungen

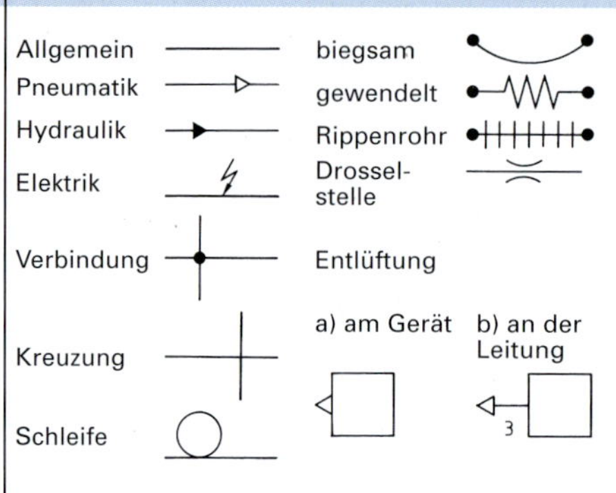

Betätigungen

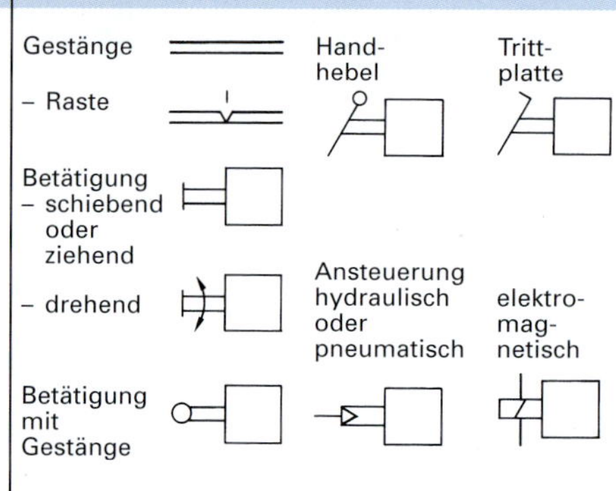

Druckerzeuger

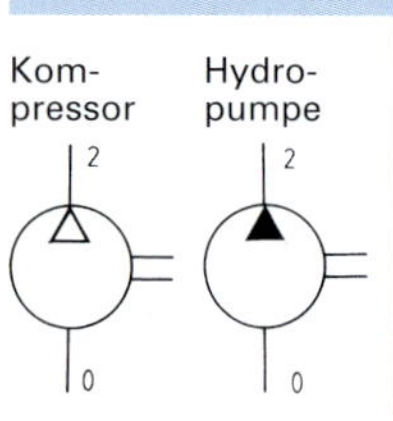

Zylinder

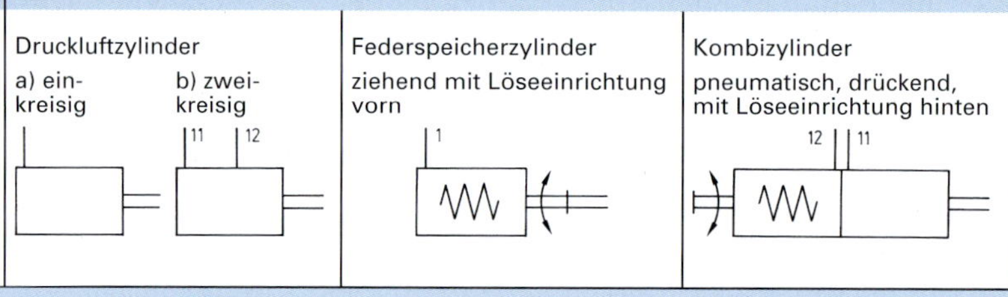

Luftfeder

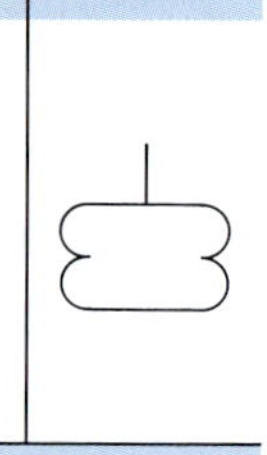

Ventile

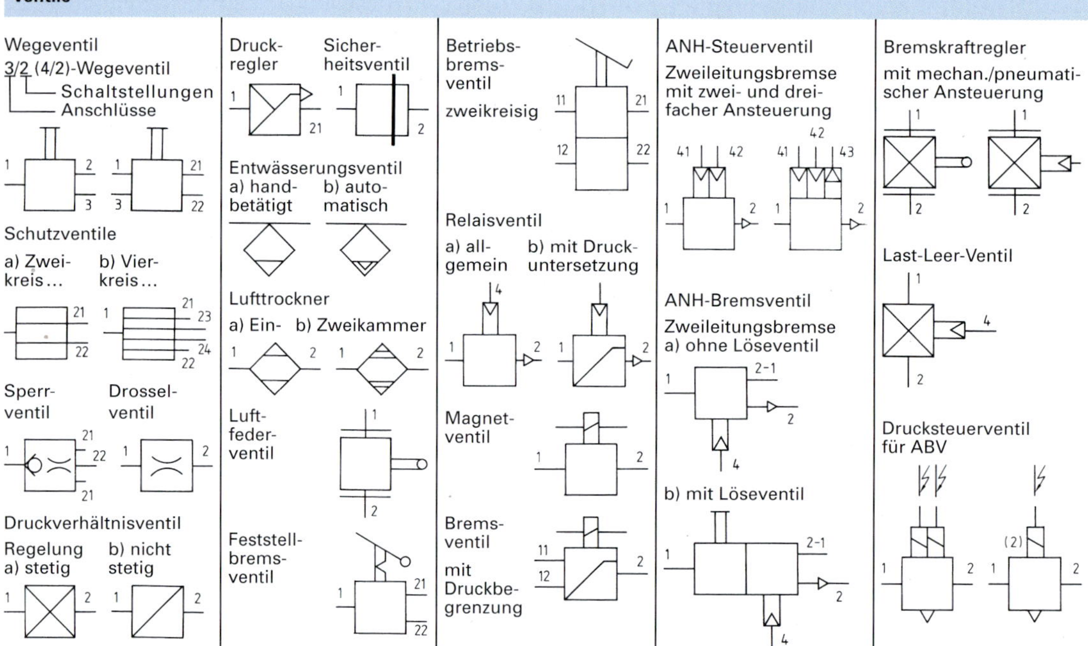

Sonstiges

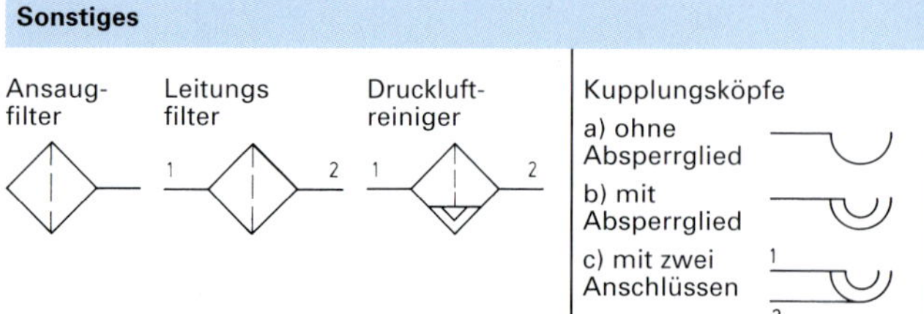

Elektrik

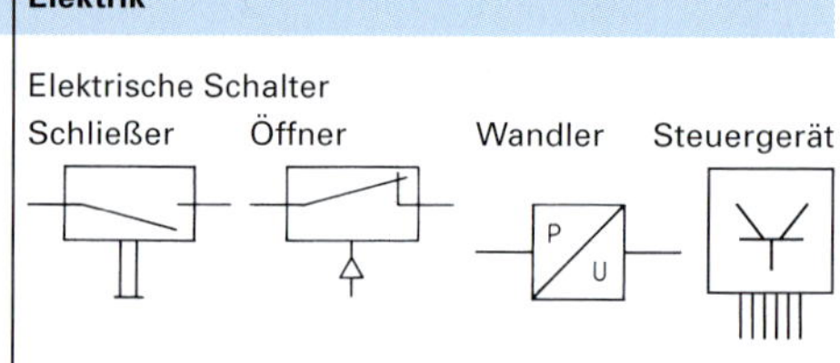

Symbole auf den Betätigungseinrichtungen schwarz oder weiß.
Farben der Kontrollleuchten: grün = in Funktion, gelb = Warnhinweis, rot = sehr wichtige Erinnerung bzw. sofort Anhalten

Lichttechnische Einrichtungen

Licht Hauptschalter	Begrenzungsleuchte	Fernlicht	Abblendlicht	Nebelscheinwerfer	Nebelschlussleuchte	Tagfahrleuchten	Parklicht
Blinker	Anhängerblinker	Glühlampenausfall	Warnblinkanlage	Automatische Fahrlichtsteuerung	Scheinwerferreinigung	Leuchtweitenregulierung	Instrumentenbeleuchtung

Sicht, Scheibenwischer und -wascher, Scheibenheizung

Frontscheibe abtauen, vom Beschlag befreien	Scheibenwischer	Wischersteuerung durch Regensensor	Frontscheibe reinigen	Waschwasserstand zu niedrig	Heizung Heckscheibe	Wischer Heckscheibe	Heckscheibe reinigen

Fahrwerk, Bremsbeläge

Feststellbremse (P oder !)	Bremsflüssigkeitsstand	Bremsbelagverschleiß	ABS Störung, Ausfall	ESP leuchtet: Ausfall blinkt: regelt	Reifenluftdruck zu gering	Störung Reifendruckanzeige	Ausfall elektrische Lenkunterstützung

Motor, Getriebe

Generator, Batterieladung	Motoröldruck	Motorölstand zu niedrig	Kühlmittelmangel oder -überhitzung	EOBD Motorkontrolllampe	Motorsteuerung gestört (EPC)	Vorglühen des Dieselmotors	Dieselpartikelfilter zugesetzt
Taste für Motor Start und Stop (Engine Start Stop)	Start-Stop-Automatik ein/aus (A OFF oder ECO)	Kraftstoffreserve	Tankverschluss nicht zu	Funktionsstörung Getriebe	Getriebe zu heiß	Geschwindigkeitsregelanlage ein	Geschwindigkeitsregelanlage gestört

Sicherheit, Komfort

Sicherheitsgurt nicht angelegt	Airbag, Gurtstraffer deaktiviert	Offene Tür, Heckklappe, Motorhaube wird angezeigt	Fensterheber	Verhindert das Öffnen der hinteren Fenster	Zentralverriegelung	Türe verriegeln (Fernbedienung)	Tür entriegeln (Fernbedienung)
Klimaanlage	Luftzufuhr Gebläse	Außenluft/ Umluftbetrieb	Sitzheizung	Sitzverstellung Längsrichtung	Sitzverstellung Höhe	Sitzverstellung Neigung	Sitzverstellung Lehne

Tasten am Lenkrad

Geschwindigkeitsregelanlage ein/aus (0/I)	Speichern Beschleunigen, Verzögern (+ −)	Gespeicherte Geschwindigkeit abrufen	Telefonanlage bedienen	Telefonbuch ein-/ausblenden (R/T)	Programmwahl Audiosystem	Lautstärke einstellen (+ −)	Hupe, Signalhorn

4

Systematik der Straßenfahrzeuge — vgl. DIN 70010

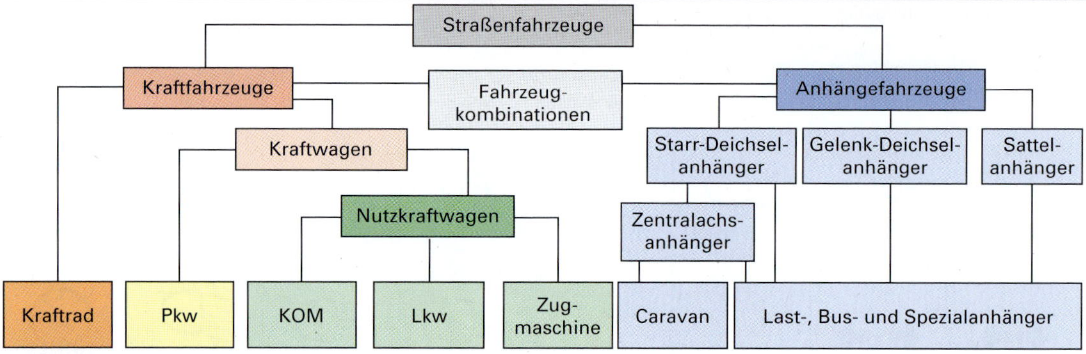

Kraftfahrzeuge (Kfz)	Maschinell angetriebene Straßenfahrzeuge. Sie können auch Anhängefahrzeuge mitführen.
Kraftrad	Einspuriges Kraftfahrzeug mit zwei Rädern. Krafträder können einen Beiwagen mitführen.
Kraftwagen	Zwei- oder mehrspuriges Kraftfahrzeug. Liegt der Mittelpunkt des Lenkrads im vorderen Viertel der Gesamtlänge, so wird das Fahrzeug als Frontlenker bezeichnet.
• Personenkraftwagen (Pkw)	Kraftwagen, der nach Bauart und Einrichtung zum Transport von max. 9 Personen einschließlich Fahrzeugführer und ihrem Gepäck und/oder Gütern bestimmt ist.
• Nutzkraftwagen (Nkw)	Kraftwagen, der nach seiner Bauart zum Transport von Personen, Gütern und/oder zum Ziehen von Anhängefahrzeugen bestimmt ist.
– Kraftomnibus (KOM)	Nutzkraftwagen, zum Transport von mehr als 9 Personen einschl. Fahrer und Gepäck bestimmt.
– Lastkraftwagen (Lkw)	Nutzkraftwagen, der nach Bauart und Einrichtung zum Transport von Gütern bestimmt ist.
– Zugmaschine	Nutzkraftwagen, der zum Mitführen von Anhängefahrzeugen bestimmt ist.
Anhängefahrzeuge	Nicht selbstständige Straßenfahrzeuge, die nach ihrer Bauart dazu bestimmt sind, von einem anderen Kraftfahrzeug mitgeführt zu werden.
Gelenk-Deichselanhänger	Anhängefahrzeug mit mindestens 2 Achsen, von denen mindestens eine lenkbar ist. Die winkelbewegliche Verbindung zum Zugfahrzeug erfolgt über eine vertikal bewegliche Deichsel.
Starr-Deichselanhänger	Anhängefahrzeug mit einer Achse oder Achsgruppe. Die Verbindung zum ziehenden Fahrzeug erfolgt über eine mit dem Fahrgestell starr verbundene Deichsel.
Sattelanhänger	Anhängefahrzeug, bei dem anstelle der ersten Achse eine Sattelvorrichtung angeordnet ist, über die ein Teil seines Gesamtgewichtes auf eine Sattelzugmaschine übertragen wird.
Fahrzeugkombinationen	Zusammenstellungen aus einem Kraftfahrzeug und einem oder mehreren Anhängefahrzeugen.

Kraftrad

Motorrad

Kraftrad
- mit festen Teilen im Kniebereich, z. B. Kraftstofftank, Motor und
- mit Fußrasten,
- keine Tretkurbel.

Motorroller

Kraftrad
- ohne feste Teile im Kniebereich,
- Füße stehen auf dem Bodenblech,
- keine Tretkurbel.

Fahrrad mit Hilfsmotor

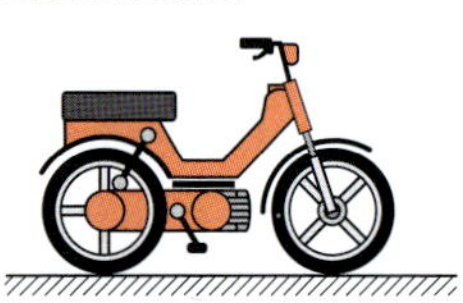

Kraftrad, das hinsichtlich der Gebrauchsfähigkeit Merkmale von Fahrrädern aufweist, z. B. Tretkurbel.

Personenkraftwagen

Quad

Fahrzeug (Motorrad) mit 4 Rädern
- zugelassen für 1 oder 2 Personen
- Helmpflicht, seit 1.1.2006
- Quad: Spaßfahrzeug, vorwiegend für den Geländeeinsatz
- ATV (*A*ll-*T*errain-*V*ehicle): Arbeitsfahrzeug für Forst- und Landwirtschaft

Leichtkraftfahrzeug

4-rädriges Kraftfahrzeug
- Höchstgeschwindigkeit 45 km/h,
- Ottomotor max. 50 cm^3, Diesel- oder Elektromotor max. 4 kW
- Leermasse max. 350 kg, bei Elektrofahrzeugen ohne Masse der Batterie

Limousine

Personenkraftwagen mit
- geschlossenem Aufbau und festem oder flexiblem Dach,
- 4 oder mehr Sitzen, mind. 2 Sitzreihen, hintere Sitze können klapp- oder ausbaubar sein,
- 2 oder 4 seitlichen Türen, Hecktüre möglich,
- 4 oder mehr Seitenfenstern

Pullmann-Limousine

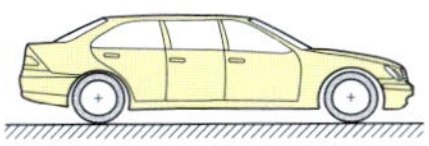

Personenkraftwagen mit
- geschlossenem Aufbau, Trennwand zwischen Vorder- u. Hintersitzen möglich, mit festem Dach, Schiebedach möglich,
- 4 oder mehr Sitzen, mindestens 2 Sitzreihen, Klappsitze vor den Hintersitzen möglich,
- 4/6 Seitentüren, Hecktüre mgl.
- 5 oder mehr Seitenfenstern.

Coupe

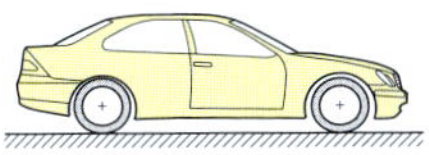

Personenkraftwagen mit
- geschlossenem Aufbau und meist vermindertem Innenraum,
- festem, ev. zu öffnendem Dach,
- zwei oder mehr Sitzen in mindestens einer Sitzreihe,
- zwei Seitentüren, Gepäckraumdeckel oder Hecktüre möglich,
- zwei oder mehr Seitenfenstern.

Kabriolett (Roadster, Spider)

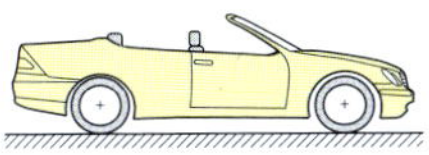

Personenkraftwagen mit
- offenem Aufbau, Überrollbügel möglich, festem oder flexiblem Dach mit mind. zwei Positionen
- zwei oder mehr Sitzen in mindestens einer Sitzreihe,
- zwei oder vier Seitentüren,
- zwei oder mehr Seitenfenstern

Kombi (Pkw-Kombi)

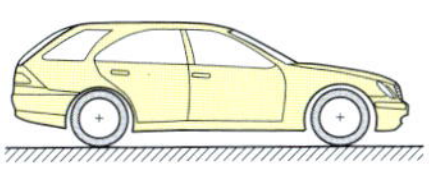

Personenkraftwagen mit
- geschlossenem Aufbau und vergrößertem Innenraum sowie festem Dach, Schiebedach möglich,
- vier oder mehr Sitzen in mind. 2 Sitzreihen, hintere Rückenlehne klapp- oder herausnehmbar,
- 2 oder 4 Seitentüren, Hecktüre,
- 4 oder mehr Seitenfenstern.

Nkw-Kombi

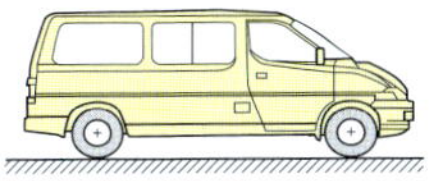

Personenkraftwagen mit
- geschlossenem Aufbau und festem Dach, Schiebedach möglich,
- 4 oder mehr Sitzen, in mindestens 2 Sitzreihen, hintere Sitze müssen herausnehmbar sein,
- 2, 3 oder 4 Seitentüren, Heckklappe oder -tür möglich,
- 4 oder mehr Seitenfenstern.

Mehrzweck-Personenkraftwagen

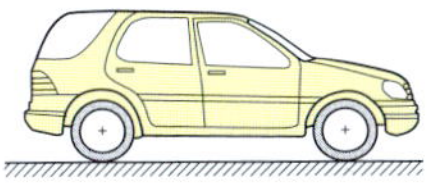

Personenkraftwagen, dessen Merkmale in den obigen Bauarten nicht enthalten sind, mit
- geschlossenem, offenem oder zu öffnendem Aufbau, der auch den Transport von Gütern zulässt,
- einem oder mehr Sitzen.

Kraftomnibusse (KOM)

Kleinbus

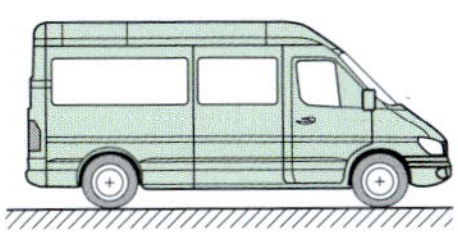

Kraftomnibus, der zur Beförderung von maximal 17 ausschließlich sitzenden Personen, einschließlich Fahrzeugführer, bestimmt ist.

Linienbus

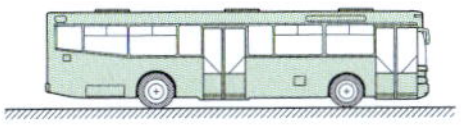

Kraftomnibus, der zur Beförderung von sitzenden und stehenden Personen im Stadt- und Vororts-Linienverkehr bestimmt ist, wobei der Beweglichkeit der Personen zum Ein- und Aussteigen Rechnung getragen ist.

Überlandlinienbus

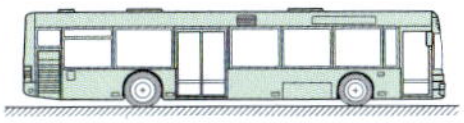

Kraftomnibus, der
- für den Einsatz im Überlandlinienverkehr bestimmt ist
- und ohne spezielle Stehplätze auf kurzen Strecken im Gang stehende Personen befördern kann.

Reisebus

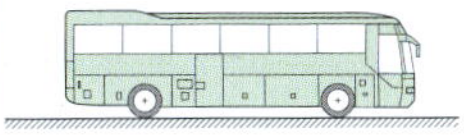

Kraftomnibus, der
- für Reisen über lange Wegstrecken bestimmt und
- mit besonderem Komfort für sitzende Fahrgäste ausgestattet ist.

Stehende Fahrgäste dürfen nicht befördert werden.

Gelenkbus

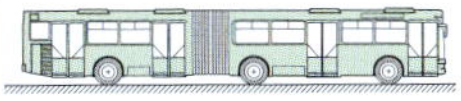

Kraftomnibus, der aus zwei starren Teilen bzw. Fahrgasträumen besteht, die durch einen Gelenkabschnitt winkelbeweglich miteinander verbunden sind. Der Gelenkabschnitt ermöglicht den Fahrgästen freien Durchgang zwischen den beiden Teilen.

Oberleitungsbus

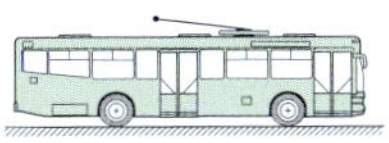

Kraftomnibus, der
- elektrisch angetrieben wird,
- den Fahrstrom aus einer Fahrleitung entnimmt.

Oberleitungsbus, der zusätzlich mit einem Verbrennungsmotor ausgestattet ist, wird als „Duo-Bus" bezeichnet.

Spezialbus

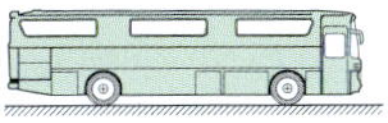

Kraftomnibus, der nach seiner Bauart und Einrichtung zur Beförderung von Personen, für die besondere Vorkehrungen erforderlich sind, bestimmt ist.

Lastkraftwagen (Lkw)

Vielzwecklastkraftwagen

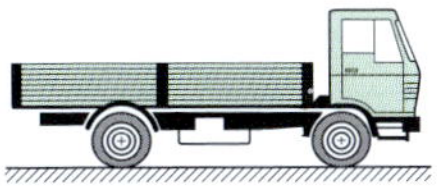

Lastkraftwagen, der nach seiner Bauart und Einrichtung Güter
- auf einem offenen Aufbau, z. B. einer Pritsche, oder
- in einem geschlossenen Aufbau, z. B. einem Kasten,

transportieren kann.

Spezial-lastkraftwagen

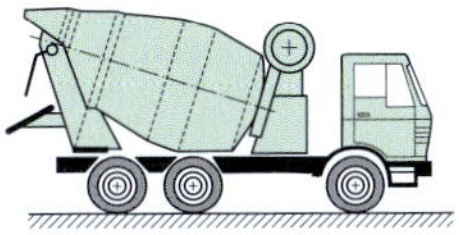

Lastkraftwagen, der nach seinem Aufbau und seiner Einrichtung
- zum Transport von speziellen Gütern oder
- für bestimmte Einsatzzwecke

bestimmt ist, wie z. B. als Tankkraftwagen, Abschleppwagen, Rettungswagen, Müllfahrzeug, Straßenreinigungsfahrzeug.

Zugmaschinen

Anhänger-Zugmaschine

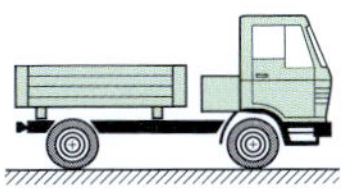

Zugmaschine, die zum Mitführen
- von Gelenk-Deichselanhängern oder
- von Starr-Deichselanhängern

bestimmt ist.

Die Anhänger-Zugmaschine kann auch Güter auf einer Hilfsladefläche befördern.

4

Sattelzugmaschine

Zugmaschine, die
- eine besondere Vorrichtung zum Mitführen von Sattelanhängern hat und
- einen wesentlichen Teil der Gesamtmasse des Sattelanhängers trägt.

Traktor

Zugmaschine, die nach ihrer Bauart und Ausrüstung auch zum
- Schieben,
- Tragen und
- Antreiben

von auswechselbaren Geräten bestimmt ist.

Anhängefahrzeuge

Lastanhänger (Oberbegriff)

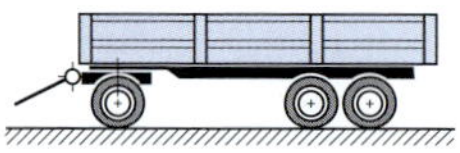

Anhängefahrzeug (Gelenk- und Starr-Deichselanhänger oder Sattelanhänger), das nach seinem Aufbau oder seiner Ausrüstung zum Transport von Gütern bestimmt ist.

Gelenk-Deichselanhänger

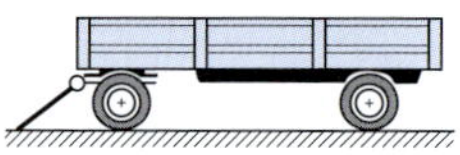

Anhängefahrzeug mit mindestens zwei Achsen, bei dem
- mind. eine Achse lenkbar ist,
- die Verbindung zum Zugfahrzeug über eine vertikal bewegliche Deichsel erfolgt und
- die Deichsel keine Vertikalmomente übertragen kann.

Starr-Deichselanhänger

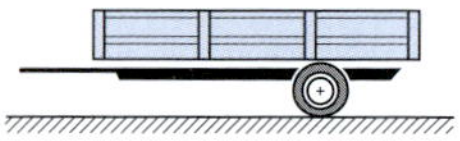

Anhängefahrzeug mit einer Achse oder Achsgruppe, bei dem
- die Verbindung zum Zugfahrzeug über eine mit dem Fahrgestell fest verbundene Deichsel erfolgt,
- ein Teil seiner Gesamtmasse vom Zugfahrzeug getragen wird.

Zentralachsanhänger

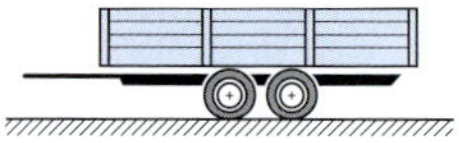

- die Achse oder Achsgruppe nahe am Massenmittelpunkt des Fahrzeugs ist und
- kein wesentlicher Teil seiner Gesamtmasse von dem Zugfahrzeug übertragen wird.

Sattelanhänger

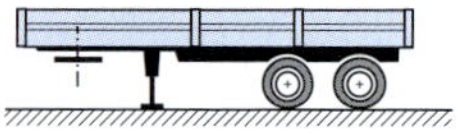

Anhängefahrzeug, bei dem
- anstelle der ersten Achse eine Sattelvorrichtung angeordnet ist und
- ein wesentlicher Teil seiner Gesamtmasse auf die Sattelzugmaschine übertragen wird.

Caravan

Zentralachsanhänger, der für Wohnzwecke eingerichtet und bestimmt ist.

Spezialanhänger

Anhängefahrzeug (Gelenk- und Starr-Deichselanhänger oder Sattelanhänger), das
- zum Transport von speziellen Gütern,
- zur Leistung einer besonderen Arbeit oder
- für besondere Einsatzzwecke

bestimmt ist.

Fahrzeugkombinationen

Personenkraftwagenzug

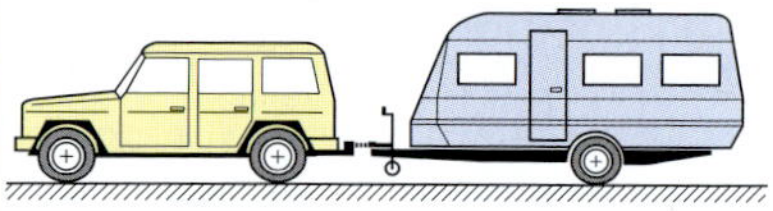

Zusammenstellung aus einem Personenkraftwagen und einem Anhängefahrzeug.

Lastkraftwagenzug

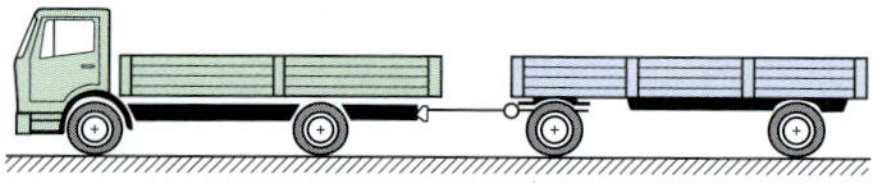

Zusammenstellung aus einem Lastkraftwagen und einem oder mehreren Gelenk- oder Starr-Deichselanhängern.

Zugmaschinenzug

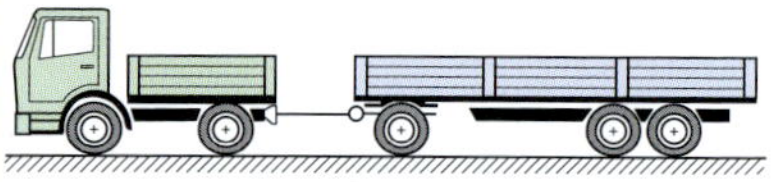

Zusammenstellung aus einer Anhänger-Zugmaschine oder einem Traktor und einem oder mehreren Gelenk- oder Starr-Deichselanhängern.

Sattelkraftfahrzeug

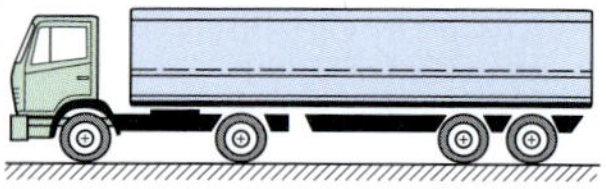

Zusammenstellung aus einer Sattelzugmaschine und einem winkelbeweglich aufgesattelten Sattelanhänger.

Sattelzug

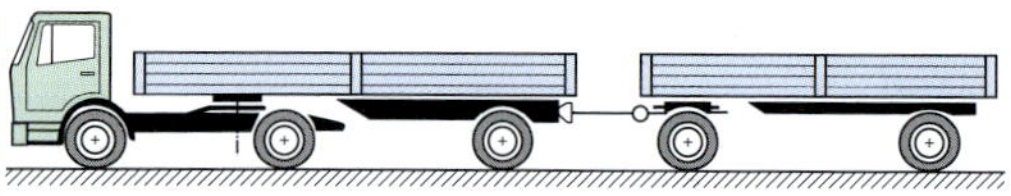

Zusammenstellung aus einem Sattelkraftfahrzeug und einem Anhängefahrzeug.

Brückenzug

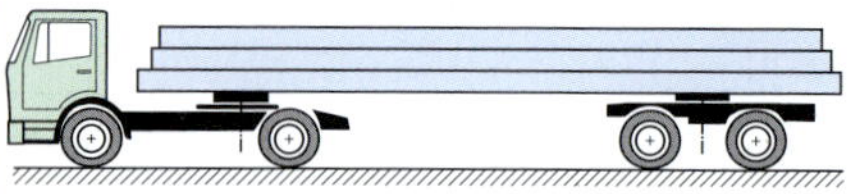

Zusammenstellung aus einem Lastkraftwagen oder einer Zugmaschine und einem Spezialanhänger, bei der die in der Länge unteilbare Last sowohl auf dem ziehenden Kraftfahrzeug als auch auf dem Spezialanhänger liegt. Die Last und/oder ihre Unterstützung bildet die Verbindung der beiden Fahrzeuge.

Leermasse

- Leermasse nach StVZO (DIN 70020):
  - betriebsfertiges Fahrzeug ohne austauschbare Ladungsträger z. B. Container, Wechselbehälter
  - Kraftstoffbehälter 90 % gefüllt
  - außer Pkw und Krafträder, +75 kg Fahrer
- Leermasse für PKW nach EG 92/21, EG 95/46:
  - wie nach StVZO, jedoch +75 kg Fahrer

Der Bauart entsprechend gehört zum betriebsfertigen Fahrzeug: Kühlflüssigkeit, Schmiermittel, Verbandskasten, Warndreieck, Bordwerkzeug, Ersatzrad, Wagenheber, Planengestell, Plane.

Angabe der Leermasse nach EG-Richtlinie für alle Fahrzeuge mit einer EG-Zulassung.

Zulässige Gesamtmasse

- Zulässige Gesamtmasse des *»Fahrzeuges«*: Die vom Gesetzgeber für die Bauart des Fahrzeuges festgelegte Gesamtmasse unter Berücksichtigung der vom Fahrzeughersteller angegebenen Verwendungsart, der Werkstoffbeanspruchung, der Reifentragfähigkeit usw.
- Zulässige Gesamtmasse von *»Zügen«*: Die zulässige Gesamtmasse von Zügen bestimmt sich aus der Summe der zulässigen Gesamtmasse des ziehenden Fahrzeuges und des Anhängers, falls vom Gesetzgeber kein geringerer Gesamtwert vorgeschrieben ist.

Bei Sattelkraftfahrzeugen vermindert sich die Summe der zul. Gesamtmasse um den jeweils höheren Wert
- der zulässigen Aufliegelast oder
- der zulässigen Sattellast

bei gleichem Wert um diesen Wert.

Der vom Anhängefahrzeug auf die Anhänge- oder Sattelkupplung wirkende Massenanteil ist der Gesamtmasse des Fz. hinzuzurechnen.

Bei Lkw, Zugmasch. und Anhängern muss auf der vorderen, rechten Seite die Gesamtmasse angegeben sein.

Zulässige Nutzlast

- Differenz aus der zulässigen Gesamtmasse und der Leermasse des betriebsfertigen Fahrzeuges.

Sie bestimmt sich aus der Last, die das Fahrzeug bei gleichmäßiger oder durch die Art des Aufbaues gegebenen Lastverteilung tragen kann, ohne dass die zulässige Gesamtmasse überschritten wird.

Die Nutzlast muss auf dem Fahrzeug so verteilt sein, dass die zulässigen Achslasten nicht überschritten werden.

Bei Zugmaschinen wird der vom Anhängefahrzeug auf die Anhängevorrichtung vertikal wirkende Lastanteil zur Nutzlast des Zugfahrzeugs hinzugerechnet.

Zulässige Achslast

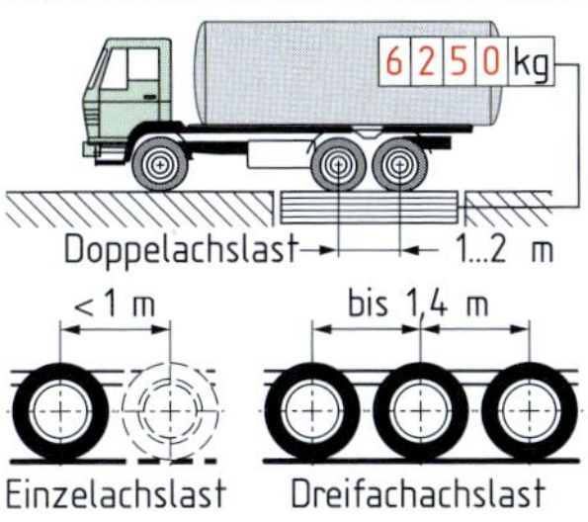

- Gesamtlast, die von den Rädern einer Achse auf die Fahrbahn übertragen werden darf.

Sie wird vom Hersteller angegeben und vom Gesetzgeber unter Berücksichtigung der Werkstoffbeanspruchung, der Reifentragfähigkeit und der Beanspruchung der Straßen und Kunstbauten festgelegt.

Um die Zuladung besser verteilen zu können, ist die Summe der zul. Achslasten meist größer als die zul. Gesamtmasse des Fahrzeuges.

Bei Lkw, Sattelzugmaschinen und Lastanhängern müssen an der rechten Seite des Fahrzeuges jeweils über den Rädern die zulässigen Achslasten angeschrieben sein.

Die *»Einzelachslast«* umfasst die Gesamtlast aller Räder einer Einzel- bzw. Doppelachse, deren Mittelpunkte zwischen zwei weniger als 1 m voneinander entfernten, zur Fahrzeuglängsachse senkrecht stehenden Vertikalebenen liegen.

Die *»Doppelachslast«* ist die Gesamtlast aller Räder einer Doppelachse, deren Mittelpunkte mindestens 1 m und weniger als 2 m voneinander liegen.

Die *»Dreifachachslast«* ist die Gesamtlast aller Räder einer Dreifachachse mit einzelnen Radständen von höchstens 1,4 m.

Zulässige Anhängelast

- Größte Masse des Anhängefahrzeuges, das von einem Kraftfahrzeug – Krad, Pkw, Lkw und Sattelzugmaschine – gezogen werden darf.

Sie wird vom Hersteller unter Berücksichtigung der Bauart des ziehenden Fahrzeuges angegeben und vom Gesetzgeber nach der Bauart des Fahrzeuges und den vorgegebenen Verkehrsbedingungen zugelassen.

Die vom Gesetzgeber zugelassenen Werte dürfen nicht überschritten werden.

Höchstwerte
- Allgemein: Zulässige Gesamtmasse des ziehenden Fahrzeuges.
- Bei Lkw-Zügen mit durchgehender Bremsanlage das 1,5-Fache der zul. Gesamtmasse des Zugfahrzeuges.
- Bei ungebremsten einachsigen Anhängern hinter Krafträdern und Pkw die Hälfte der um 75 kg erhöhten Leermasse des ziehenden Fahrzeuges, höchstens 750 kg.

Zul. Sattel- und Aufliegelast

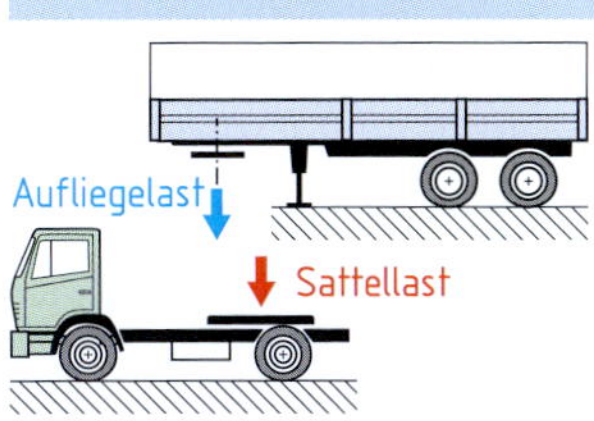

- *Zulässige Sattellast:* Größte Masse, mit der die Sattelkupplung einer Sattelzugmaschine durch den gekuppelten Sattelanhänger vertikal belastet werden darf.
- *Zulässige Aufliegelast:* Größte Masse, mit der die Sattelplatte eines Sattelanhängers auf die Sattelkupplung der Zugmaschine lasten darf.

Bei Sattelanhängern muss außen an der rechten Seite am vorderen Teil die zulässige Aufliegelast angeschrieben sein.

Die zulässige Gesamtmasse und die zulässigen Achslasten der Sattelzugmaschine dürfen durch die Sattellast nicht überschritten werden.

Die zulässige Sattellast (Aufliegelast) wird unter Berücksichtigung der Werkstoffbeanspruchung und der Reifentragfähigkeit der Sattelzugmaschine (des Sattelanhängers) vom Hersteller angegeben und vom Gesetzgeber zugelassen.

Fahrzeugabmessungen

vgl. DIN 70020

Fahrzeuglänge

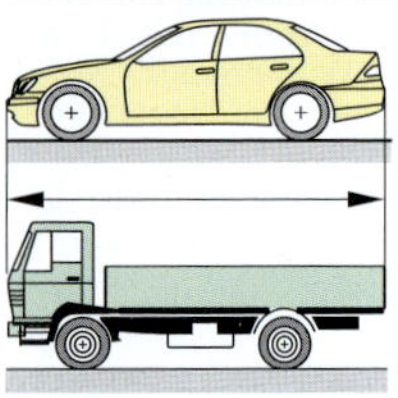

Länge des Fahrzeuges über alles gemessen einschließlich Stoßfänger und Anhängekupplung.
Bei Anhängern werden die Längen *»mit«* und *»ohne«* Zuggabel, bei Sattelanhängern *»bis Mitte Zuggabelzapfen«* und *»Gesamtlänge«* zusammen angegeben, z. B.
- Anhänger 5200 (4000) mm
- Sattelanhänger 9800 (11500) mm

Überhanglänge

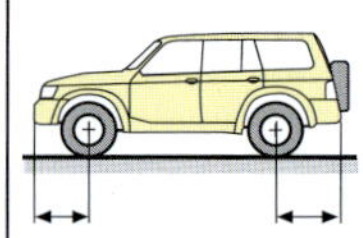

- *Vordere Überhanglänge:* Abstand des äußersten vorderen Punktes des Fahrzeuges von der Radmitte der Vorderachse.
- *Hintere Überhanglänge:* Abstand des äußersten hinteren Punktes des Fahrzeuges von der Radmitte der letzten Achse.
Vorstehende Stoßstange und Anhängekupplung bleiben unberücksichtigt.

Fahrzeugbreite

Breite des Fahrzeuges über alles gemessen einschließlich Türgriffe und Radzierkappen.

Fahrtrichtungsanzeiger, Rückspiegel, Begrenzungsleuchten, elastische Schmutzfänger, herablassbare Trittstufen, Reifen in der Berührungszone mit der Fahrbahn und Schneeketten dürfen das Fahrzeug überragen.

Überhangwinkel

- *Vorderer Überhangwinkel:* Winkel zwischen der Standebene des Fahrzeuges und einer Ebene, die die statischen Radien (Halbmesser) der Reifen der ersten (letzten) Achse tangiert und den äußersten tiefsten, festen Punkt des Fahrzeuges vor (hinter) der Achse berührt.
- *Hinterer Überhangwinkel:* Siehe Angaben in der Klammer.

Fahrzeughöhe

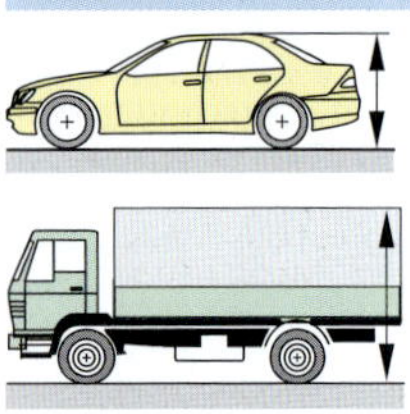

Höhe des Fahrzeuges über alles gemessen einschließlich Verdeck, Dachgepäckträger usw.

Die Fahrzeughöhe wird für die Leermasse des betriebsfähigen Fahrzeuges ermittelt. Die Reifen müssen mit dem für volle Beladung vorgeschriebenen Luftdruck aufgepumpt sein.

Rahmenhöhe, Rahmenlänge

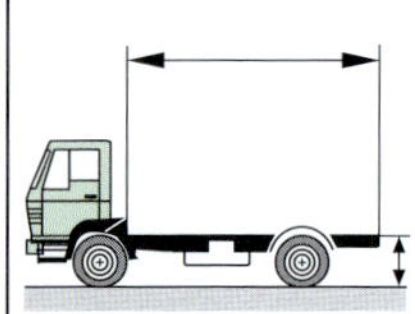

- *Rahmenhöhe:* Abstand der Oberkante des Rahmens von der Standebene des Fahrzeuges, gemessen über den Radmitten der Vorderachse bzw. der letzten Achse (Hinterachse).
- *Rahmenlänge:* Größte nutzbare Länge hinter dem Führerhaus bis zum hinteren Ende des Rahmens.

Radstand

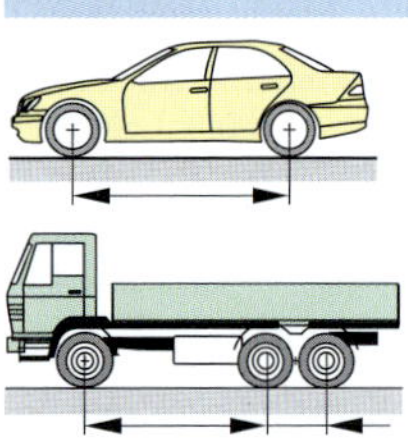

Abstand zwischen den Radmitten der Vorderräder und Hinterräder parallel zur Fahrzeuglängsachse.

Bei drei- oder mehrachsigen Fahrzeugen werden die einzelnen Radstände von vorne nach hinten nacheinander angegeben.

Bei Sattelanhängern tritt anstelle der Radmitte der Vorderräder die Achse des Zugsattelzapfens.

Innenmaße des Laderaumes

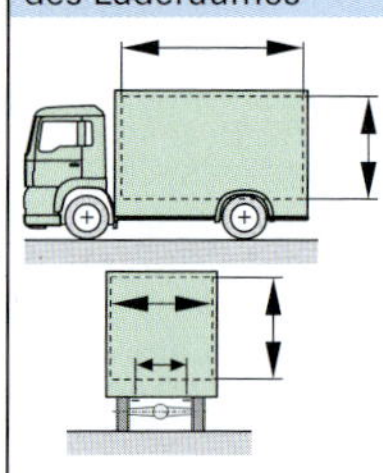

- *Größte Innenmaße:* Länge, Breite und Höhe des Innenraumes ohne Berücksichtigung der nach innen vorstehenden festen Teile.
- *Lichte Maße:* Maße zwischen den nach innen vorstehenden Teilen. Bei gebogenen Flächen gilt das Maß im Scheitelpunkt der Krümmung. Größere Einbauten sind gesondert anzugeben.

Spurweite

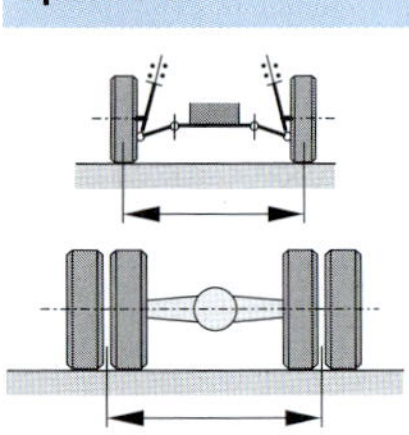

Abstand der Räder einer Achse von Reifenmitte zu Reifenmitte auf der Standebene quer zur Fahrzeuglängsachse gemessen und in mm angegeben.

Bei Zwillingsbereifung gilt der auf der Standebene gemessene Abstand von Mitte Zwillingsrad zu Mitte Zwillingsrad.

Bodenfreiheit

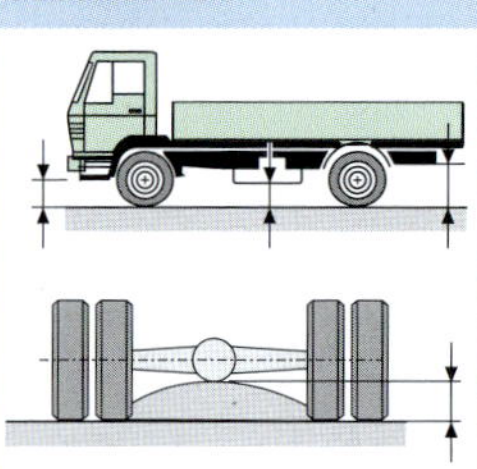

- *Bodenfreiheit vor, zwischen und hinter den Achsen:* Kleinste Abstände zwischen der Standebene und den tiefsten, festen Punkten des Fahrzeuges.
- *Bodenfreiheit unter der Achse:* Scheitelhöhe eines Kreises, der durch die Mitte der Radaufstandsfläche einer Achse geht und die tiefste Stelle des Fahrzeuges zwischen den Rädern berührt.

Wende-, Spurkreisdurchmesser

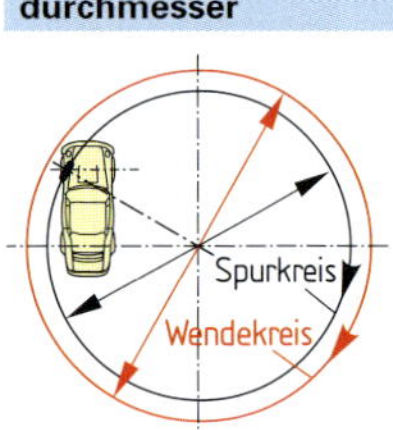

- *Kleinster Spurkreisdurchmesser:* Durchmesser des kleinsten Kreises, den die Reifenmitte des äußeren gelenkten Rades bei größtem Lenkeinschlag auf der Standebene beschreibt.
- *Kleinster Wendekreisdurchmesser:* Durchmesser des kleinsten zylindrischen Hüllkörpers, in dem das Fahrzeug eine Kreisfahrt bei größtem Lenkeinschlag durchführen kann.

Rampenwinkel

Winkel zwischen den Ebenen, die die statischen Radien (Halbmesser) der Reifen der Vorder- und Hinterachse tangieren und einen Punkt an der Unterseite des Fahrzeuges berühren, bei dem sich der größte Rampenwinkel ergibt, den das vollbeladene Fahrzeug überfahren kann.

Der Rampenwinkel ersetzt den Begriff „Bauchfreiheit".

Fahrzeugmarke Modell	Smart Fortwo	Fiat 500 0,9 Twinair	Hyundai i10 blue 1.0	VW Polo Blue motion	Opel Corsa 1,3 CDTI
Motor	Otto	OttoTurbo	Otto	Diesel	Diesel
Lader/Ladedruck über Luftdruck	–	Turbo/1,4	–	Turbo/-	Turbo/1,5
Bauweise u. Zylinderzahl/Lage	R3/hinten quer	R2/vorn quer	R3/vorn quer	R3/vorn quer	R4/vorn quer
Nutzleistung kW/PS	52/71	63/85	48,5/67	55/75	70/95
bei Motordrehzahl 1/min	6000	5500	5500	3000–3750	3750
Max. Drehmoment Nm	91	145	95,2	210	190
bei Motordrehzahl 1/min	2850	1900	3500	1500–2000	1500
Hubraum cm^3	999	875	998	1422	1248
Bohrung/Hub mm	72,2/81,3	80,5/86,0	71,0/84,0	79,5/95,5	69,6/82,0
Verdichtungsverhältnis	10,2	10	10,5	16,2	16,5
Motorsteuerung/NW-Antrieb	dohc/Kette	ohc/Kette	dohc/Kette	dohc/Zahnriemen	dohc/Kette
Ventilbetätigung/Ventile pro Zylinder	Tassenstößel/4	AV Tassenst./4	Rollenschlepph./4	Rollenschlepph./4	Rollenschlepph./4
Variabler Ventiltrieb	ja	EV elektrohydr.	ja	nein	nein
Gemischaufbereitung	MPI	MPI	MPI	Common Rail	Common Rail
Zündfolge nach DIN	1-3-2	1-2	1-3-2	1-3-2	1-3-4-2
Getriebe Antriebsart	Heckantrieb	Frontantrieb	Frontantrieb	Frontantrieb	Frontantrieb
Getriebeart	5-Gang Schaltgetriebe	5-Gang Schaltgetriebe	5-Gang, autom. Schaltgetriebe	5-Gang Schaltgetriebe	5-Gang Schaltgetriebe
Getriebeübersetzung 1. Gang	3,73	4,10	3,73	3,78	3,73
2. Gang	2,05	2,16	2,06	2,12	1,96
3. Gang	1,39	1,35	1,27	1,27	1,32
4. Gang	1,03	0,97	0,91	0,87	0,89
5. Gang	0,89	0,77	0,77	0,66	0,67
6. Gang					
7. Gang					
R.-Gang	3,55	3,82	3,64	3,60	3,31
Achsgetriebeübersetzung	3,56	3,44	4,44	3,16	3,31
Fahrwerk Reifengröße (Serie) vorn	165/65R15	185/55R15	175/65R14	185/60R15	185/65R15
hinten	185/60R15	185/55R15	175/65R14	185/60R15	185/65R15
Felgengröße (Serie) vorn	5J × 15	5,5 J × 15	5,5J × 14	5,5J × 15	6J × 15
hinten	5,5J × 15	5,5J × 15	5,5J × 14	5,5J × 15	6J × 15
Federung vorn/hinten	Stahl/Stahl	Stahl/Stahl	Stahl/Stahl	Stahl/Stahl	Stahl/Stahl
Hilfskraftlenkung, Bauart/Übersetzung	nein/22,4:1	El. mech./–	nein/22:1	El. mech./15,8	El. mech./12,6–14,8
Radaufhängung vorn	Mc-Pherson	Mc-Pherson	Mc-Pherson	Mc-Pherson	Mc-Pherson
hinten	De-Dion	Verbundlenker	Koppellenker	Verbundlenker	Verbundlenker
Maße und Gewichte Länge/Breite/Höhe mm	2695/1663/1555	3546/1627/1488	3665/1660/1500	3970/1682/1462	4021/1736/1479
Radstand mm	1873	2300	2385	2470	2510
Spurweite vorn/hinten mm	1469/1430	1414/1408	1467/1480	1457/1450	1472/1464
Leergewicht/zul. Gesamtgewicht kg	890/1140	1020/1370	1045/1420	1150/1590	1208/1665
c_w-Wert/Fahrzeugstirnfläche $–/m^2$	0,308/2,25	0,32/–	0,32/–	0,32/2,05	0,33/2,16
Fahrleistungen Beschleunigung von 0 auf 100 km/h s	14,4	11,0	16,2	12,9	11,8
Höchstgeschwindigkeit km/h	151	173	155	173	182
Kraftstoffverbrauch nach ECE-Norm kombiniert l/100 km	4,1	4,0	4,6	3,7	3,3
CO_2-Emission g/km	93	92	106	95	87
Abgasnorm	Euro 6	Euro 6	Euro 6	Euro 6	Euro 6
Füllmengen Kraftstofftank l	28	35	40	45	35
Ölmenge Motor mit Filter l	3,7	3,2	2,7	–	3,5
Kühlmittel l	4,5	5,3	–	–	3,5

Oben stehende Fahrzeugdaten sind ohne Gewähr. Verbindliche Angaben vgl. Herstellerangaben.

Fahrzeugmarke Modell		**Seat Ateca 1.4 TSI**	**Audi A3 1,8 TFSI**	**Skoda Kodiak 2.0 TSI 4 × 4**	**BMW 320 d Efficient Dynamics**	**Ford S-Max 2.0 TDCI 4 × 4**
Motor		Otto	Otto	Otto	Diesel	Diesel
Lader/Ladedruck über Luftdruck	bar	Turbolader/k.A.	Turbolader/0,8	Turbolader/1,2	VTG-Lader/1,7	VTG-Lader/1,2
Bauweise u. Zylinderzahl/Lage		R4/vorn quer	R4/vorn quer	R4/vorn quer	R4/vorn längs	R4/vorn quer
Nutzleistung	kW/PS	110/150	132/180	132/180	120/163	132/180
bei Motordrehzahl	1/min	5000	5100	3900	4000	3500
Max. Drehmoment	Nm	250	250	320	380	400
bei Motordrehzahl	1/min	1500	1250	1400	1750	2000
Hubraum	cm^3	1395	1798	1984	1995	1997
Bohrung/Hub	mm	74,0/80,0	82,4/81,4	82,5/92,8	84,0/90,0	85,0/88,0
Verdichtungsverhältnis		10,0	9,6	11,7	16,5	16,0
Motorsteuerung/NW-Antrieb		dohc/Zahnriemen	dohc/Kette	dohc/Kette	dohc/Zahnriemen	dohc/Kette
Ventilbetätigung/Ventile pro Zylinder		Rollen-schlepph./4	Rollen-schlepph./4	Rollen-schlepph./4	Rollen-schlepph./4	Rollen-schlepph./4
Variabler Ventiltrieb		ja	ja	ja	nein	nein
Variables Saugrohr		nein	nein	nein	nein	nein
Gemischaufbereitung		Direkt-einspritzung	Direkt-einspritzung	Direkt-einspritzung	Common Rail	Direkt-einspritzung
Zündfolge nach DIN		1-3-4-2	1-3-4-2	1-3-4-2	1-3-4-2	1-3-4-2
Getriebe						
Antriebsart		Frontantrieb	Frontantrieb	Allradantrieb	Heckantrieb	Allradantrieb
Getriebeart		6-Gang Schaltgetriebe	6-Gang Schaltgetriebe	7-Gang DSG	8-Stufen Automatik	6-Stufen DSG
Getriebeübersetzung	1. Gang	4,11	3,78	3,36	4,71	3,58
	2. Gang	2,12	2,12	2,53	3,14	1,95
	3. Gang	1,36	1,36	1,68	2,11	1,19
	4. Gang	1,03	1,03	1,02	1,67	0,84
	5. Gang	0,86	0,86	0,91	1,29	0,94
	6. Gang	0,73	0,73	0,76	1,00	0,79
	7. Gang			0,64	0,84	
					0,67	
	R.-Gang	3,99	3,60	2,79	3,30	2,17
Achsgetriebeübersetzung		3,65	3,65	4,73	2,81	(I.–IV.G.) 4,36 (V.,VI., R.G.) 2,90
Fahrwerk						
Reifengröße (Serie)	vorn	215/60R16	245/45R17	235/55R18	205/60R16	235/55R17
	hinten	215/60R16	245/45R17	235/55R18	205/60R16	235/55R17
Felgengröße (Serie)	vorn	6J × 16	7,5J × 17	8J × 18	7,0J × 16	7,5J × 17
	hinten	6J × 16	7,5J × 17	8J × 18	7,0J × 16	7,5J × 17
Federung vorn/hinten		Stahl/Stahl	Stahl/Stahl	Stahl/Stahl	Stahl/Stahl	Stahl/Stahl
Hilfskraftlenkung/Übersetzung		El.-mech./k.A.	El.-mech./15,3	El.-mech./13,9	El.-mech./15,1	El.-mech./15,1
Radaufhängung	vorn	McPherson	McPherson	McPherson	McPherson	McPherson
	hinten	Mehrlenker	Mehrlenker	Mehrlenker	Mehrlenker	Mehrlenker
Maße und Gewichte						
Länge/Breite/Höhe	mm	4363/1841/1615	4237/1777/1421	4697/1882/1676	4624/1811/1429	4796/1916/1655
Radstand	mm	2638	2601	2791	2810	2850
Spurweite vorn/hinten	mm	1576/1541	1542/1514	1586/1576	1543/1583	1606/1606
Leergewicht/zul. Gesamtgewicht	kg	1384/1890	1331/1790	1786/2295	1550/1980	2002/2615
c_w-Wert/Fahrzeugstirnfläche	$-/m^2$	–/–	0,31/2,13	0,33/2,59	0,27/2,20	0,29/2,72
Luftwiderstandsfläche	m^2	0,84				0,79
Fahrleistungen						
Beschleunigung von 0 auf 100 km/h	s	8,5	7,4	8,6	8,1	10,4
Höchstgeschwindigkeit	km/h	201	232	207	225	206
Kraftstoffverbrauch nach ECE-Norm						
kombiniert	l/100 km	5,4	5,8	7,3	4,1	5,8
CO_2-Emission	g/km	125	135	168	109	149
Abgasnorm		Euro 6	Euro 6	Euro 6	Euro 6	Euro 6
Füllmengen						
Kraftstofftank	l	50	53	60	57	70
Ölmenge Motor mit Filter	l	4,5	4,25	5,7	5,2	5,5
Kühlmittel	l	9,3	9,2	–	7,0	9,0

Oben stehende Fahrzeugdaten sind ohne Gewähr. Verbindliche Angaben vgl. Herstellerangaben.

Fahrzeugmarke Modell	**Audi Q5 2.0TFI quattroS tronic**	**Volvo XC90 D5**	**Mercedes GLK 250 Bluetec 4-Matic**	**BMW X4 x-DRIVE 35d**	**Porsche Panamera 4S**
Motor	Otto	Diesel	Diesel	Diesel	Otto
Lader/Ladedruck über Luftdruck	Turbolader/–	Turbolader/2,5	Turbolader/1,1	Registeraufl./1,7	Turbolader/1,8
Bauweise u. Zylinderzahl/Lage	R4/vorn quer	R4/vorn quer	R4/vorn längs	R6/vorn längs	V6/90°/vorn längs
Nutzleistung kW/PS	185/252	165/225	150/204	230/313	324/440
bei Motordrehzahl 1/min	5000	4250	3200	4400	5650
Max. Drehmoment Nm	370	470	500	630	550
bei Motordrehzahl 1/min	1600	1750	1600	1500	1750
Hubraum cm^3	1984	1969	2143	2993	4806
Bohrung/Hub mm	82,5/92,8	82,0/93,2	83,0/99,0	84,0/90,0	84,5/86,0
Verdichtungsverhältnis	9,6	15,8	16,2	16,5	10,5
Motorsteuerung/NW-Antrieb	dohc/Ketten	dohc/Zahnriemen	dohc/Kette	dohc/Kette	dohc/Kette
Ventilbetätigung/Ventile pro Zylinder	Rollenschl./4	Rollenschl./4	Rollenschl./4	Rollenschl./4	Rollenschl./4
Variabler Ventiltrieb	ja	nein	nein	nein	nein
Gemischaufbereitung	Saugr. + Direkteinspr.	Common Rail	Common Rail	Common Rail	Direkteinspritzung
Zündfolge nach DIN	1-3-4-2	1-3-4-2	1-3-4-2	1-5-3-6-2-4	1-4-3-6-2-5
Getriebe					
Antriebsart	Allrad	Allrad permanent	Allrad permanent	Allrad permanent	Allrad permanent
Sperre	HR abschaltbar		elektr. Lamellenk.	elektr. Lamellenk.	elektr. Lamellenk.
Getriebeart	7-Stufen DSG (SA)	8-Stufen Automatik	7-Stufen Automatik	8-Stufen Automatik	8-Stufen DSG
Getriebeübersetzung 1. Gang	3,19	5,25	4,38	4,71	5,91
2. Gang	2,19	3,03	2,86	3,14	3,24
3. Gang	1,52	1,95	1,92	2,11	2,08
4. Gang	1,06	1,46	1,37	1,67	1,42
5. Gang	0,73	1,22	1,00	1,29	1,05
6. Gang	0,56	1,00	0,82	1,00	0,84
7. Gang	0,43	0,81	0,73	0,84	0,67
8. Gang		0,67		0,67	0,53
R.-Gang	2,75	4,09	3,42	3,32	5,22
Achsgetriebeübersetzung	5,30	3,08	3,07	2,81	3,36
Fahrwerk					
Reifengröße (Serie) vorn	235/65R17	275/45R20	235/50R19	245/45R19	275/35R21
hinten	235/65R17	275/45R20	255/45R19	275/40R19	315/30R21
Felgengröße (Serie) vorn	7,5J × 17	8J × 20	7,5J × 19	8,5J × 19	9,5J × 21
hinten	7J × 17	8J × 20	8,5J × 19	9,5J × 18	11,5J × 21
Federung vorn/hinten	Stahl/Stahl	Stahl/Stahl	Stahl/Stahl	Stahl/Stahl	Luft/Luft
Hilfskraftlenkung, Bauart/Übersetzung	El.-mech./15,8	El.-mech./–	El.-mech./17,3	El.-mech./16,4	El.-mech./9,3–15,5
Radaufhängung vorn	Mehrlenker	Mehrlenker	McPherson	McPherson	Doppelquerlenker
hinten	Mehrlenker	Mehrlenker	Mehrlenker	Mehrlenker	Mehrlenker
Maße und Gewichte					
Länge/Breite/Höhe mm	4663/1893/1659	4950/1958/1776	4536/1840/1669	4671/1881/1624	5049/1937/1423
Radstand mm	2819	2984	2755	2810	2950
Spurweite vorn/hinten mm	1616/1609	1668/1671	1574/1597	1594/1610	1671/1651
Leergewicht/zul. Gesamtgewicht kg	1720/2400	2056/2630	1980/2500	1934/2440	1944/2495
c_W-Wert/Fahrzeugstirnfläche $–/m^2$	0,30/2,65	0,33/2,78	0,87/2,56	0,35/2,57	0,29/2,37
Fahrleistungen					
Beschleunigung von 0 auf 100 km/h s	6,3	8,6	8,5	5,4	3,9
Höchstgeschwindigkeit km/h	237	220	210	247	289
Kraftstoffverbrauch nach ECE-Norm					
kombiniert l/100 km	6,8	5,8	6,1	6,0	8,1
CO_2-Emission g/km	154	152	159	157	184
Abgasnorm	Euro 6	Euro 6	Euro 6	Euro 6	Euro 6
Füllmengen					
Kraftstofftank l	70	71	59	67	75
Ölmenge Motor mit Filter l	5,2	5,2	6,5	7,2	9,2
Kühlmittel l	8,7	–	10,0	10,0	13,8

Oben stehende Fahrzeugdaten sind ohne Gewähr. Verbindliche Angaben vgl. Herstellerangaben.

Fahrzeugmarke Modell		**Mercedes C 350 e**	**Audi A3 Sportback e-tron 1.4 TFSI**	**Porsche Panamera 4 E-Hybrid**	**Porsche 911 Carrera GTS T-Hybrid**	**BMW 225xe Aktiv Tourer**
Hybrid-Typ		Plug-In-Hybrid	Plug-In-Hybrid	Plug-In-Hybrid	Mild-Hybrid	Plug-In-Hybrid
Verbrennungsmotor		Otto	Otto	Otto	Otto	Otto
Lader/Ladedruck	bar	Turbo/–	Turbo/–	Turbo/0,8	E-Turbo/-	Turbo/–
Bauweise u. Zylinderzahl/Lage		R-4/längs	R-4/längs	90°V6/längs	Boxer/6	R3/längs
Nutzleistung	kW/PS	155/211	100/150	243/330	357/485	100/136
bei Motordrehzahl	1/min	5500	5000	5250–6500	6500	4400
Max. Drehmoment	Nm	350	250	450	570	220
bei Motordrehzahl	1/min	1200	1600	1750–5000	2000-5500	1200
Hubraum	cm^3	1991	1395	2894	3591	1499
Bohrung/Hub	mm	83,0/92,0	74,5/80,0	84,5/89,0	97/81	94,6/82,0
Verdichtungsverhältnis		9,1	10,0	10,5	10,5	11,0
Lage/Ventile pro Zylinder		dohc/4	dohc/4	dohc/4	dohc/4	dohc/4
Variabler Ventiltrieb		ja	ja	ja	ja	ja
Gemischaufbereitung		Direkt-einspritzung	Saugr. + DE	Direkt-einspritzung	Direkt-einspritzung	Direkt-einspritzung
Zündfolge nach DIN		1-3-4-2	1-3-4-2	1-2-4-5-3-6	1-6-2-4-3-5	1-3-2
Elektromotor		Synchronmotor	Synchronmotor	Synchronmotor	Synchronmotor	Synchronmotor
Leistung	kW/PS	60/82	75/102	100/136	40/54	65/88
Drehmoment	Nm	340	330	400	150	165
Akkumulator/Kapazität	–/kWh	Lithium-Ionen/ 6,4	Lithium-Ionen/ 8,8	Lithium-Ionen/ 14,4	Lithium-Ionen 1,9	Lithium-Ionen/ 7,6
Systemleistung	kW/PS	205/279	150/204	340/462	398/541	165/224
Systemdrehmoment	Nm	600	350	700	610	385
Rekuperation/Plugin (vgl. S. 181/183)		ja/ja	ja/ja	ja/ja	ja/nein	ja/ja
Rein elektrisches Fahren möglich		ja	ja	ja	nein	ja
Reichweite	km	31	50 (bis 130 km/h)	50 (bis 140 km/h)	–	41 (bis 80 km/h)
Getriebe						
Antriebsart		Heckantrieb	Frontantrieb	Heckantrieb	Heckantrieb	Ottomotor vorn E-Motor hinten
Getriebeart		7-Stufen Automatik	6-Gang-Doppel-kupplungsgetr.	8-Stufen Automatik	8-Gang-Doppel-kupplungsgetr.	6-Stufen Automatik
Getriebeübersetzung	1. Gang	4,38	3,50	4,92	4,89	4,46
	2. Gang	2,86	2,77	2,82	3,17	2,51
	3. Gang	1,92	1,85	1,84	2,15	1,56
	4. Gang	1,37	1,02	1,43	1,56	1,14
	5. Gang	1,00	1,02	1,21	1,18	0,85
	6. Gang	0,82	0,84	1,00	0,94	0,67
	7. Gang	0,73		0,83	0,76	
	8. Gang			0,69	0,61	
	R.-Gang	3,42	2,86	4,07	3,99	3,19
Achsgetriebeübersetzung		3,06	I, IV, R: 3,75 II, III, V, VI: 2,86	2,92	3,02	3,94
Fahrwerk						
Reifengröße	vorn	225/55R17	205/55R16	245/45R19	245/35 ZR20	205/55R17
	hinten	245/45R17	205/55R16	285/40R19	315/30 ZR21	205/55R17
Felgengröße	vorn	7,0 × 17	6,5J × 16	9J × 19	8,5J × 20	7,5J × 17
	hinten	8,0 × 17	6,5J × 16	10J × 19	11,5J × 21	7,5J × 17
Federung vorn/hinten		Stahl/Stahl	Stahl/Stahl	Luft/Luft	Stahl/Stahl	Stahl/Stahl
Hilfskraftlenkung/Übersetzung		El.-mech./–	El.-mech./15,3	El.-mech./14,4	El.-mech./14,1	El.-mech./16,0
Radaufhängung	vorn	Mehrlenker	McPherson	Doppelquerl.	McPherson	McPherson
	hinten	Mehrlenker	Mehrlenker	Mehrlenker	Mehrlenker	Mehrlenker
Maße und Gewichte						
Länge/Breite/Höhe	mm	4686/1810/1442	4312/1785/1426	5049/1937/1423	4553/1852/1301	4340/1800/1560
Radstand	mm	2840	2630	2950	2450	2670
Spurweite vorn/hinten	mm	–/–	1543/1514	1658/1682	1595/1557	1557/1558
Leermasse	kg	1785	1540	2245	1595	1660
zul. Gesamtmasse	kg	2305	2050	2710	1945	2180
c_W-Wert/Fahrzeugstirnfläche	$–/m^2$	0,25/–	0,32/2,13	0,29/2,33	0,27/–	0,29/2,40
Fahrleistungen						
Beschleunigung von 0 auf 100 km/h	s	5,9	7,6	4,6	3,0	6,7
Höchstgeschwindigkeit	km/h	250	222	278	312	202
Kraftstoffverbr. nach ECE-Norm						
kombiniert	l/100 km	2,1	1,5	2,5	11,0–10,5	2,0
CO_2-Emission	g/km	48	35	56	251–239	46
Abgasnorm		Euro 6	Euro 6	Euro 6	Euro 6 EA	Euro 6
Füllmengen						
Kraftstofftank	l	50	40	80	63 (84)	36
Ölmenge Motor mit Filter	l	6,5	4,0	8,1	7,9	4,5
Kühlmittel	l	12,3	11,0	14,6	28,3	–

Oben stehende Fahrzeugdaten sind ohne Gewähr. Verbindliche Angaben vgl. Herstellerangaben

Fahrzeugmarke Modell		Renault R5 E-Tech	Opel Corsa Electric	Volkswagen ID.3	Mercedes EQE 350	BMW i5 eDrive40
Elektromotor						
Anzahl		1	1	1	1	1
Art		Synchronmotor, fremd- bzw. stromerregt (FSM)	Hybrid-Synchronmotor (HSM)	Synchronmotor, permanenterregt (PSM)	Synchronmotor, permanenterregt (PSM)	Synchronmotor, fremd- bzw. stromerregt (FSM)
Max. Leistung	kW/PS	110/150	115/156	150/204	215/292	250/340
Max. Drehmoment	Nm	245	260	310	565	400
Getriebe						
Antriebsart		Frontantrieb	Frontantrieb	Heckantrieb	Heckantrieb	Heckantrieb
Anzahl der Gänge		1	1	1	1	1
Rückwärtsgang		Drehrichtungs-umkehr des E-Motors	Drehrichtungs-umkehr des E-Motors	Drehrichtungs-umkehr des E-Motors	Drehrichtungs-umkehr des E-Motors	Drehrichtungs-umkehr des E-Motors
Fahrwerk						
Reifengröße (Serie)	vorn	195/55 R18	195/55 R16	215/55 R18	255/50 R19	245/45 R19
	hinten	195/55 R18	195/55 R16	215/55 R18	255/50 R19	245/45 R19
Felgengröße (Serie)	vorn	6,5J × 18	6,5J × 16	7,5J × 18	8.5J × 19	8.5J × 19
	hinten	6,5J × 18	6,5J × 16	7,5J × 18	8.5J × 19	8.5J × 19
Radaufhängung	vorn	McPherson	McPherson	McPherson	Mehrlenker	Doppel-querlenker
	hinten	Mehrlenker	Verbundlenker	Mehrlenker	Mehrlenker	Mehrlenker
Maße und Gewichte						
Länge/Breite/Höhe	mm	3922/1808/1498	4061/1765/1435	4261/1809/1562	4946/1961/1510	5060/1900/1515
Radstand	mm	2540	2538	2770	3120	2995
Spurweite vorn/hinten	mm	k. A.	1501/1500	1536/1513	1632/1642	1622/1658
Wendekreisdurchmesser	m	10,3	10,74	10,2	10,7–12,5	11,9–12,3
Leergewicht	kg	1524	1544	1934	2310	2205
zul. Gesamtgewicht	kg	1920	1920	2280	2880	2740
c_W-Wert	–	0,32	0,29	0,27	0,22	0,23
Fahrleistungen, Energieverbrauch						
Beschleunigung von 0 auf 100 km/h	s	8,0	8,1	7,9	7,3	6,0
Höchstgeschwindigkeit	km/h	150	150	160	210	193
Reichweite (WLTP)	km	405	405	549	615	582
Normverbrauch (WLTP)	kWh/100 km	15,2	14,3	15,3	16,8	18,9
Batterie						
Typ		Lithium-Ionen (NMC)	Lithium-Ionen (NMC)	Lithium-Ionen (NMC)	Lithium-Ionen (NMC)	Lithium-Ionen (NMC)
Spannung	V	400	400	400	400	400
Kapazität brutto/netto	kWh	55/52	54/51	82/77	89/100	81,2/83,9
Gewicht	kg	280	345	ca. 500	557	k. A.
max. Ladeleistung AC/DC	kW	11/100	11/100	11/170	11/170	11/205
Ladezeiten[1]	AC (0 auf 100 %)	4,5 h (10–80 %)	5 h 45 min	6 h 50 min	9 h 45 min	8 h 15 min
	DC (10 auf 80 %)	30 min (15–80 %)	30 min	36 min	33 min	30 min
Bidirektionales Laden[2]		V2H/V2G/V2L	–	V2H /V2G (ab Software 3.5)	–	–
Sonstiges						
Wärmepumpe		ja	ja	optional	ja	ja

[1] Die aufgeführten Ladezeiten sind Auszüge aus Herstellerangaben. Für die einzelnen Fahrzeuge bestehen noch weitere Ladevarianten mit entsprechend abweichenden Ladezeiten.

[2] V2H: Vehicle-to-Home (Fahrzeug ins Gebäude), vgl. Seite 192
V2G: Vehicle-to-Grid (Fahrzeug ins Stromnetz), vgl. S. 192
V2L: Vehicle to Load (Fahrzeug zu 230 V-Geräten), vgl. S. 192

Oben stehende Fahrzeugdaten sind ohne Gewähr. Verbindliche Angaben vgl. Herstellerangaben.

4

4

Fahrzeugmarke Modell		Skoda Enyaq iV RS	Audi Q4 e-tron 55	Porsche Taycan Turbo S	Mercedes EQS 53 AMG	Lucid Air GT
Elektromotor						
vorne: – Art		Asynchronmotor (ASM)	Asynchronmotor (ASM)	Synchronmotor, permanenterregt (PSM)	Synchronmotor, permanenterregt (PSM)	Synchronmotor, permanenterregt (PSM)
– max. Leistung	kW/PS	80/109	k. A.	k. A.	174/237	215/292
– max. Drehmoment	Nm	162	134	k. A.	k. A.	k. A.
hinten: – Art		Synchronmotor, permanenterregt (PSM)	Synchronmotor, permanenterregt (PSM)	Synchronmotor, permanenterregt (PSM)	Synchronmotor, permanenterregt (PSM)	Synchronmotor, permanenterregt (PSM)
– max. Leistung	kW/PS	150/204	k. A.	k. A.	310/422	426/580
– max. Drehmoment	Nm	310	545	k. A.	k. A.	k. A.
Systemleistung	kW/PS	220/299	250/340	570/775	484/658	602/819
Systemdrehmoment	Nm	460	679	1110	955	1200
Getriebe						
Antriebsart		Allradantrieb	Allradantrieb	Allradantrieb	Allradantrieb	Allradantrieb
Anzahl der Gänge	vorn/hinten	1/1	1/1	1/2	1/1	1/1
Rückwärtsgang		Drehrichtungs-umkehr des E-Motors	Drehrichtungs-umkehr des E-Motors	Drehrichtungs-umkehr des E-Motors	Drehrichtungs-umkehr des E-Motors	Drehrichtungs-umkehr des E-Motors
Fahrwerk						
Reifengröße (Serie)	vorn	235/50 R20	235/55 R19	265/35 R21	275/40 R21	245/45 R19
	hinten	255/45 R20	255/50 R19	305/30 R21	275/40 R21	245/45 R19
Felgengröße (Serie)	vorn	8J × 20	8J × 19	9,5J × 21	10J × 21	8J × 19
	hinten	8J × 20	8J × 19	11,5J × 21	10J × 21	8J × 19
Radaufhängung	vorn	McPherson	McPherson	Doppel-querlenker	Mehrlenker	Doppel-querlenker
	hinten	Mehrlenker	Mehrlenker	Mehrlenker	Mehrlenker	Mehrlenker
Maße und Gewichte						
Länge/Breite/Höhe	mm	4653/1879/1605	4588/1865/1614	4962/1966/1378	5223/1926/1518	4975/1939/1408
Radstand	mm	2768	2764	2900	3210	2960
Spurweite vorn/hinten	mm	1470/1460	1587/1565	1690/1655	1667/1682	1663/1689
Wendekreisdurchmesser	m	10,8	10,2	11,7	12,1	12,6
Leergewicht	kg	2183	2235	2370	2715	2435
zul. Gesamtgewicht	kg	2750	2750	2870	3225	2850
c_W-Wert	–	0,27	0,28	0,27	0,23	0,21
Fahrleistungen, Energieverbrauch						
Beschleunigung von 0 auf 100 km/h	s	6,5	5,4	2,4	3,8	3,0
Höchstgeschwindigkeit	km/h	180	180	260	220	260
Reichweite (WLTP)	km	517	449-523	630	531–626	830
Normverbrauch (WLTP)	kWh/100 km	16,9-17,8	16,8-19,5	17,9-20,5	20,9–24,3	16,0
Batterie						
Typ		Lithium-Ionen (NMC)	Lithium-Ionen (NMC)	Lithium-Ionen (NMC)	Lithium-Ionen (NMC)	Lithium-Ionen (NMC)
Spannung	V	400	400	800	400	924
Kapazität brutto/netto	kWh	82/77	82/77	105/97	118/108	114/112
Gewicht	kg	k. A.	k. A.	650	692	k. A.
max. Ladeleistung AC/DC	kW	11/135	11/175	11/320	22/200	22/300
Ladezeiten[1]	AC (0 auf 100 %)	8 h 08 min	8 h 00 min	11 h	5 h 00 min	6 h 00 min
	DC (10 auf 80 %)	36 min	28 min	18 min	31 min	33 min
Bidirektionales Laden[2]		V2H, V2G (ab Software 3.5)	–	–	–	–
Sonstiges						
Wärmepumpe		ja	ja	ja	ja	ja

[1] Die aufgeführten Ladezeiten sind Auszüge aus Herstellerangaben. Für die einzelnen Fahrzeuge bestehen noch weitere Ladevarianten mit entsprechend abweichenden Ladezeiten.
[2] V2H: Vehicle-to-Home (Fahrzeug ins Gebäude), vgl. S. 192
V2G: Vehicle-to-Grid (Fahrzeug ins Stromnetz), vgl. S. 192
V2L: Vehicle to Load (Fahrzeug zu 230 V-Geräten), vgl. S. 192

Oben stehende Fahrzeugdaten sind ohne Gewähr. Verbindliche Angaben vgl. Herstellerangaben.

Fahrzeugmarke Modell		BMW S 1000RR	BMW K1600GTL	BMW GS 1200 LC	Yamaha MT09	Yamaha TMAX
Motor		Sport	Touring	Enduro	Naked Bike	Motorroller
Bauweise u. Zylinderzahl/Lage		R4/quer	R6/quer	Boxer2/längs	R3/quer	R2/quer
Nutzleistung	kW/PS	146/199	118/160	92/125	84,6/115	34,2/46,5
bei Motordrehzahl	1/min	13500	7750	7750	10000	6750
Max. Drehmoment	Nm	113	175	125	87,5	24,0
bei Motordrehzahl	1/min	10500	5250	6500	8500	5250
Hubraum	cm^3	999	1649	1170	847	530
Bohrung/Hub	mm	80/49,7	72/67,5	101/73	78,0/59,1	68,0/73,0
Verdichtungsverhältnis		13,0	12,2	12,5	11,5	10,9
Motorsteuerung/NW-Antrieb		dohc/Kette	dohc/Kette	dohc/Kette	dohc/Kette	dohc/Kette
Ventilbetätigung/Ventile pro Zylinder		Schlepphebel/4	Tassenstößel/4	Schlepphebel/4	Tassenstößel/4	Tassenstößel/4
Variable Saugrohrlänge		ja	nein	nein	nein	nein
Kühlung		Flüssigkeit	Öl-/Flüssigk.	Luft-/Flüssigkeit	Flüssigkeit	Flüssigkeit
Schmierung		Nasssumpf	Trockensumpf	Nasssumpf	Nasssumpf	Trockensumpf
Gemischaufbereitung		Einspritzung	Einspritzung	Einspritzung	Einspritzung	Einspritzung
Motorsteuerung (Zusatzfunktionen)		Klopfregelung Fahrprogramme	Klopfregelung Fahrprogramme	Klopfregelung Fahrprogramme	Fahrprogramme	
Batterie	V/Ah	12 V/12 Ah	12 V/19 Ah	12 V/12 Ah	12 V/8,6 Ah	12 V/11 Ah
Generator	W	434 W	740 W	580 W	415 W	350 W
Kupplung		Mehrscheibenk. im Ölbad (Antihopping)	Mehrscheibenk. im Ölbad	Mehrscheibenk. im Ölbad (Antihopping)	Mehrscheibenk. Im Ölbad	Fliehkraft-kupplung
Getriebe						Keilriemen-Automatik
Getriebeübersetzung	1. Gang	2,647	1,941	2,438	2,67	
	2. Gang	2,091	1,429	1,714	2,00	
	3. Gang	1,727	1,148	1,296	1,62	
	4. Gang	1,500	0,958	1,059	1,38	
	5. Gang	1,360	0,806	0,943	1,19	
	6. Gang	1,261	0,686	0,848	1,03	
Primär-/Sekundärübersetzung		1,652/2,588	1,149/2,75	1,65/2,91	1,68/2,81	
Hinterradantrieb		Kette	Kardan	Kardan	Kette	Zahnriemen
Fahrwerk						
Rahmenbauweise		Brückenrahmen aus Aluminium	Brückenrahmen aus Aluminium	2-teiliger Rahmen Motor mittragend	Brückenrohr-rahmen	aus Aluminium-Druckgussteilen
Vorderradaufhängung		Upside-down Ø 46	Duolever	Telelever Ø 37	Telegabel Ø 41	Telegabel Ø 43
Hinterradaufhängung		Zweiarm-schwinge	Paralever	Paralever	Zweiarm-schwinge	
Federweg vorn/hinten	mm	120/120	115/135	190/200	137/130	120/117
Radstand		1438	1618	1507	1440	1580
Lenkkopfwinkel/Nachlauf	°/mm	66,5/96,5	62,2/106,4	64,5/99,6	65/103	62,0/95
Reifengröße (Serie)	vorn	120/70ZR17	120/70ZR17	120/70R19	120/70ZR17	120/70-15
	hinten	190/55ZR17	190/55ZR17	170/60R17	180/55ZR17	160/60-15
Felgengröße (Serie)	vorn	3,50 × 17	3,50 × 17	3,00 × 19	3,5 × 17	3,5 × 15
	hinten	6,00 × 17	6,00 × 17	4,50 × 17	5,5 × 17	5,0 × 15
Assistenz-Systeme		ABS Traktions-kontrolle	ABS Traktions-kontrolle	ABS Traktionskontrolle	ABS Traktions-kontrolle	ABS
Maße und Gewichte						
Länge	mm	2056	2489	2207	2075	2200
Breite mit Spiegel	mm	826	1000	955	815	765
Sitzhöhe	mm	815	750–780	850–870	820	800
Leergewicht (vollgetankt*)	kg	208	350	244	193	221,0
zul. Gesamtgewicht	kg	407	560	460		415
Fahrleistungen						
Beschleunigung von 0 auf 100 km/h	s	3,1	–	–	3,3	8,3
Höchstgeschwindigkeit	km/h	über 200	über 200	über 200	225	160
Tankinhalt	l	17,5	26,5	20	14,0	15,0
Verbrauch (nach WMTC)	l	6,7	5,7	4,96	–	5,3
Schadstoffklasse		Euro 4	Euro 4	Euro 4	Euro 4	Euro 4

* Tankinhalt 90 %

Oben stehende Fahrzeugdaten sind ohne Gewähr. Verbindliche Angaben vgl. Herstellerangaben.

Fahrzeugmarke Modell		Mercedes ACTROS 1851	Scania R 450 LA	MAN TGX 18.410	Mercedes Citaro 12m
Fahrzeugart		Sattelzugmaschine	Sattelzugmaschine	Sattelzugmaschine	Omnibus
Motor		Turbodiesel	Turbodiesel	Turbodiesel	2-Stufen-Turboaufl.
Bauweise u. Zylinderzahl		R6	R6	R6	R6
Nutzleistung	kW/PS	375/510	331/450	353/480	260/354
bei Motordrehzahl	1/min	1800	1900	1800	1400
Max. Drehmoment	Nm	2500	2350	2300	1400
bei Motordrehzahl	1/min	1100	1000…1300	930…1400	1100
Hubraum	cm^3	12809	12700	12809	7700
Bohrung/Hub	mm	132/156	130/160	132/156	110/135
Verdichtungsverhältnis		17,3	17,3	18,0	17,0
Motorsteuerung/Anzahl der Ventile		dohc/4	ohv/4	ohc/4	dohc (AV verstellb.)/4
Motormasse	kg	1180	–	1180	650 (trocken)
Einspritzsystem		Common Rail	Common Rail	Common Rail	Common Rail
Einspritzdruck	bar	2100	2400	2000	2400
Schadstoffnorm		Euro 6	Euro 6	Euro 6	Euro 6
Kupplung		Automatisch betätigte Einscheiben-Trockenkupplung	Automatisch betätigte Einscheiben-Trockenkupplung	Automatisch betätigte Einscheiben-Trockenkupplung	Drehmomentwandler
Getriebe		Automatisiertes 3-Gang-Hauptgetriebe mit Range und Splitgruppe	Automatisiertes 3-Gang-Hauptgetriebe mit Range und Splitgruppe	Automatisiertes 3-Gang-Hauptgetriebe mit Range und Splitgruppe	6-Stufen-Automatikgetriebe mit integriertem Retarder
Getriebeübersetzung 1. Gang	10. Gang	14,93 1,60	11,32 1,55	15,86 1,63	3,364
2. Gang	11. Gang	11,67 1,28	9,16 1,24	12,33 1,29	1,909
3. Gang	12. Gang	9,02 1,00	7,19 1,00	9,56 1,00	1,421
4. Gang		7,06	5,82	7,43	1,000
5. Gang		5,63	4,63	5,87	0,720
6. Gang		4,40	3,75 Crawler1	4,56	0,615
7. Gang		3,39	3,02 16,41	3,47	
8. Gang		2,65	2,44	2,70	
9. Gang		2,05	1,92 Crawler2	2,09	
R.-Gang 1	R.-Gang 3	16,93 3,43	14,77 13,28	14,68	
R.-Gang 2	R.-Gang 4	12,72 2,65	11,95	11,38	4,235
Achsgetriebeübersetzung		2,61	2,59	2,71	5,77
Bremsanlage		2-Kreis Druckluft-Scheibenbrems-Anlage elektron. Regelung + Motorbremse 400 kW	2-Kreis Druckluft-Scheibenbrems-Anlage elektron. Regelung + Motorbremse 256 kW	2-Kreis Druckluft-Scheibenbrems-Anlage elektron. Regelung + Motorbremse 285 kW	2-Kreis Druckluft-Scheibenbrems-Anlage elektron. Regelung Retarder
Fahrwerk					
Rahmenbauweise		U-Profil-Leiterrahmen	U-Profil-Leiterrahmen	U-Profil-Leiterrahmen	Gerippebauweise
Vorderachskonstruktion		Starrachse 2-Blatt-Parabelfedern	Starrachse 2-Blatt-Parabelfedern	Starrachse 1-Blatt-Parabelfedern	Einzelradaufhängung Luftfederung
Hinterachskonstruktion		Starrachse Luftfederung	Starrachse Luftfederung	Starrachse Luftfederung	Portalachse Luftfederung
Lenkung/Lenkübersetzung		Kugelmutterhydrolenkung/17,0…20,0	Kugelmutterhydrolenkung/17,0…20,0	Kugelmutterhydrolenkung/15,2…17,9	Kugelmutterhydrolenkung/17,0…20,0
Reifengröße (Standard)	vorn	315/70R22,5	315/70R22,5	315/70R22,5	275/70R22,5
	hinten	315/70R22,5	315/70R22,5	315/70R22,5	275/70R22,5
Abmessungen und Massen					
Radstand	mm	3700	3700	3600	5900
Leermasse (vollgetankt)	kg	7220	7325	7345	(zul. Gesamtmasse) 19000
Kraftstoffverbrauch[1]) Diesel	$\frac{l}{100\,km}$	35,39	36,05	37,03	–
Adblue		0,87	1,21	1,15	–
Füllmengen					
Kraftstofftank	l	400	400	390	280
Adblue	l	80	47	60	32

[1]) Testwerte (Gesamtmasse ca. 40 t, Geschwindigkeit im Durchschnitt 80 km/h)

Oben stehende Fahrzeugdaten sind ohne Gewähr. Verbindliche Angaben vgl. Herstellerangaben.

5 Werkstoffe

Chemische Grundbegriffe

Begriff	Kurzbeschreibung	Beispiele, Daten
Analyse	Zerlegung von chemischen Verbindungen oder von Gemengen durch chemische bzw. physikalische Vorgänge zur Ermittlung der einzelnen Bestandteile.	Zerlegung von Wasser mithilfe des elektrischen Stroms: $2H_2O \rightarrow 2H_2 + O_2$
Atom	Kleinstes, chemisch nicht weiter zerlegbares Teilchen eines Elements (griechisch: atomos = unteilbar). Das Atom besteht aus dem *Atomkern* mit positiver Ladung und der *Atomhülle* aus Elektronen mit einer gleich großen negativen Ladung.	Atomdurchmesser 10^{-8} mm, Kerndurchmesser 10^{-12} mm. Modellvorstellung: Bei angenommenem Atom-∅ von 10 m ist der Kern-∅ 1 mm.
Atombausteine	Der Kern besteht aus Protonen mit je einer positiven Elementarladung und *Neutronen*, die elektrisch neutral sind. Die *Elektronen* der Hülle tragen je eine negative Elementarladung. Da die Protonen- und die Elektronenzahl gleich ist, sind Atome nach außen elektrisch neutral.	Elementarladung: $1{,}6021 \cdot 10^{-19}$ C (Coulomb)
Atommasse	Die Atommasseneinheit (AME) u entspricht $\frac{1}{12}$ der Masse des Kohlenstoffatoms mit 6 Protonen, 6 Neutronen und 6 Elektronen: Kohlenstoff hat die Atommasse 12 u.	Atommassen in u: Wasserstoff H = 1,00797 ≈ 1 Sauerstoff O = 15,9994 ≈ 16
Base	Verbindung, die in wässriger Lösung negative (OH^-)-Ionen abgeben kann. Die wässrige Lösung heißt Lauge. Eine Lauge ist ätzend und färbt Lackmus blau.	Natriumhydroxid NaOH (Ätznatron) Kaliumhydroxid KOH (Ätzkali)
Chemische Verbindung	Zusammengesetzter Stoff, der sich chemisch in noch andere Stoffe zerlegen lässt. Die einzelnen Stoffe haben andere Eigenschaften als die chemische Verbindung.	Wasser H_2O ist eine chemische Verbindung aus 2 Atomen Wasserstoff (H_2) und einem Atom Sauerstoff (O).
Chemische Vorgänge	Bei chemischen Vorgängen entstehen aus dem ursprünglichen Stoff völlig neue Stoffe verbunden mit Energieänderungen, z. B. Entstehung von Wärme.	Verbrennung von Benzin: Gasförmige Stoffe wie Kohlenstoffmonoxid/-dioxid, Stickoxide und Wasserdampf entstehen; Wärme wird frei.
Gemenge	Gemenge oder Gemische sind Stoffe, die sich durch physikalische Vorgänge in andere Stoffe zerlegen lassen.	Luft ist ein Gemenge aus 78 % N, 21 % O, 0,04 % (400 ppm) CO_2, Rest Edelgase.
Grundstoff oder **Element**	Reiner Stoff, der sich chemisch nicht weiter in einfachere Stoffe zerlegen lässt. Die Atome eines Elements haben gleiche Kernladung. Bis jetzt sind 118 Elemente bekannt, einige davon wurden in der Natur noch nicht gefunden.	Häufigkeit der Elemente auf der Erde: Sauerstoff (O) 49,5 %, Silicium (Si) 25,8 %, Aluminium (Al) 7,6 %, Eisen (Fe) 4,7 %, Kohlenstoff (C) 0,09 %.
Ionen	Atome oder Atomgruppen, bei denen infolge von Elektronenaufnahme oder Elektronenabgabe die negative Ladung oder die positive Ladung überwiegt.	Nichtmetalle bilden negative Ionen, Metalle bilden positive Ionen, z. B.: Na^+, Ca^{++}, Mg^{++}, Cl^-, OH^-, SO^{--}.
Isotope	Atome desselben Elements, die bei gleicher Kernladung unterschiedlich viele Neutronen und daher unterschiedliche Masse haben. Gewöhnlicher Wasserstoff ist z. B. ein Isotopengemisch aus normalem und aus schwerem Wasserstoff.	Normaler Wasserstoff: 1 Proton + 1 Elektron. Schwerer Wasserstoff: 1 Proton + 1 Neutron + 1 Elektron.
Mol	1 Mol ist die Stoffmenge eines Systems, die aus ebenso vielen Teilchen besteht, wie Atome in 12 g Kohlenstoff enthalten sind	1 mol enthält $6{,}022 \cdot 10^{23}$ Moleküle bzw. Atome (Avogadro-Konstante).
Molekül	Verband aus gleichen oder verschiedenen Atomen von Nichtmetallen, der nach außen elektrisch neutral ist.	Sauerstoffmolekül O_2; Wassermolekül H_2O aus 2 Atomen H und 1 Atom O.
Molekülmasse	Die Molekülmasse ist gleich der Summe der Atommassen aller in einem Molekül gebundenen Atome.	Molekülmasse von Wasser in u: $H_2O = 2 \cdot 1 + 1 \cdot 16 = 18$
Oxidation	Vereinigung eines Stoffes mit Sauerstoff. Allgemein gilt: Elektronenabgabe eines Atoms, Moleküls oder eines Ions. Das Mg-Atom gibt bei Oxidation 2 Elektronen an das O-Atom ab.	Magnesium verbrennen: $Mg + O \rightarrow MgO$ (Magnesiumoxid).
Reduktion	Entziehung von Sauerstoff. Allgemein gilt: Elektronenaufnahme eines Atoms, Moleküls oder eines Ions. Das Hg-Atom nimmt bei Reduktion 2 Elektronen vom O-Atom auf.	Reduzieren von Quecksilberoxid durch Erhitzen: $2HgO \rightarrow 2Hg + O_2$
Säure	Verbindung, die in wässriger Lösung positive (H^+)-Ionen abgeben kann. Sie schmeckt sauer und färbt Lackmus rot.	Schwefelsäure H_2SO_4 Salzsäure HCl
Salz	Verbindung, die in festem Zustand aus positiven und negativen Ionen besteht. Positive Ionen: Na^+, Ca^{++}, Mg^{++}. Negative Ionen: Cl^-, OH^-, SO^{--}.	Kochsalz NaCl (Natriumchlorid) Natriumsulfat Na_2SO_4 Kupfersulfat $CuSO_4$ (Kupfervitriol)
Synthese	Aufbau einer chemischen Verbindung aus Grundstoffen (Elementen) oder aus einfacheren Verbindungen.	$N_2 + 3H_2 \rightarrow 2NH_2$ (Ammoniak) $SO_2 + H_2O \rightarrow H_2SO_3$ (schweflige Säure)
Wertigkeit	Zahl, die angibt, wie viel Wasserstoffatome ein Atom eines Elements binden oder ersetzen kann.	Im Wasser H_2O ist der Wasserstoff H 1-wertig, der Sauerstoff O 2-wertig.

Chemische Elemente

Auswahl

Element	Internationaler Name	Symbol	Wertigkeit	Atommasse
Metalle				
Aluminium	Aluminium	Al	3	26,98
Antimon	Stibium	Sb	3 5	121,75
Barium	Barium	Ba	2	137,34
Beryllium	Beryllium	Be	2	9,0122
Blei	Plumbum	Pb	2 4	207,19
Cadmium	Cadmium	Cd	2	112,40
Cäsium	Caesium	Cs	1	132,90
Calcium	Calcium	Ca	2	40,08
Cer	Cerium	Ce	3 4	140,12
Chrom	Chromium	Cr	2 3 6	51,99
Eisen	Ferrum	Fe	2 3 6	55,85
Germanium	Germanium	Ge	2 4	72,59
Gold	Aurum	Au	1 3	196,97
Indium	Indium	In	3	114,82
Iridium	Iridium	Ir	3 4	192,20
Kalium	Kalium	K	1	39,10
Kobalt	Cobaltum	Co	2 3	58,93
Kupfer	Cuprum	Cu	1 2	63,55
Lithium	Lithium	Li	1	6,94
Magnesium	Magnesium	Mg	2	24,31
Mangan	Manganium	Mn	2 3 4 6	54,94
Molybdän	Molybdaenum	Mo	3 4 6	95,94
Natrium	Natrium	Na	1	22,99
Nickel	Niccolum	Ni	2 3	58,71
Osmium	Osmium	Os	2 3 4 8	190,20
Palladium	Palladium	Pd	2 4	106,40
Platin	Platinum	Pt	2 4	195,09
Plutonium	Plutonium	Pu	3 4 5 6	242
Quecksilber fl	Hydrargyrum	Hg	1 2	200,59
Radium	Radium	Ra	2	226
Silber	Argentum	Ag	1 2	107,87
Strontium	Strontium	Sr	2	87,62
Tantal	Tantalum	Ta	5	180,95
Thallium	Thallium	Tl	1 3	204,37
Thorium	Thorium	Th	4	232,04
Titan	Titanium	Ti	2 3 4	47,90
Uran	Uranium	U	3 4 5 6	238,03
Vanadium	Vanadium	V	2 3 4 5	50,94
Wismut	Bismutum	Bi	3 5	208,98
Wolfram	Wolframium	W	2 3 4 5 6	183,85
Zink	Zincum	Zn	2	65,37
Zinn	Stannum	Sn	2 4	118,69
Zikrom	Zirkonium	Zr	4	91,22
Nichtmetalle				
Argon (E) g	Argon	Ar	0	39,95
Arsen	Arsenicum	As	3 5	74,92
Bor	Boron	B	3	10,81
Brom fl	Bromum	Br	1 5	75,90
Chlor g	Chlorum	Cl	1 3 5 7	35,45
Fluor g	Fluorum	F	1	19,00
Helium (E) g	Helium	He	0	4,00
Jod	Jodum	J	1 3 5 7	126,9
Kohlenstoff	Carboneum	C	2 4	12,01
Krypton (E) g	Krypton	Kr	0	83,80
Neon (E) g	Neon	Ne	0	20,18
Phosphor	Phosphorus	P	3 5	30,97
Radon (E) g	Radon	Rn	0	222
Sauerstoff g	Oxygenium	O	2	16,00
Schwefel	Sulfur	S	2 4 6	32,06
Selen	Selenium	Se	2 4 6	78,96
Silicium	Silicium	Si	4	28,09
Stickstoff g	Nitrogenium	N	2 3 4 5	14,00
Wasserstoff g	Hydrogenium	H	1	1,008
Xenon (E) g	Xenon	Xe	0	131,29

Aggregatzustand: fl = flüssig, g = gasförmig (bei 20 °C). Dichte: Das schwerste Metall ist Osmium, ϱ = 22,5 kg/dm³, das leichteste ist Lithium mit ϱ = 0,534 kg/dm³. **Schmelzpunkt:** Den höchsten Schmelzpunkt aller Metalle hat Wolfram mit 3410 °C, den niedrigsten Quecksilber mit –39 °C. Den höchsten Schmelzpunkt aller Nichtmetalle besitzt Kohlenstoff mit 3800 °C, den niedrigsten Helium mit –272 °C. **Reaktionsfähigkeit:** Die Edelgase (E = Edelgas) gehen praktisch keine chemische Verbindung ein. Die edelsten Metalle sind Iridium und Platin, das unedelste ist Cäsium.

Chemische Verbindungen

Auswahl

Gewerbliche Benennung	Chemische Benennung	Chemische Formel
Aceton	Aceton, Propanon	$(CH_3)_2 \cdot CO$
Acetylen	Acetylen, Ethin	C_2H_2
Äther	Ether, Diethylether	$(CH)_2O$
Alkohol	Ethylalkohol	C_2H_5OH
Ätzkali, Kalilauge	Kaliumhydroxid	KOH
Ätznatron	Natriumhydroxid	$NaOH$
Benzol	Benzol	C_6H_6
Blausäure	Cyanwasserstoff	HCN
Bleiglätte	Bleioxid	PbO
Bleiweiß	Bleicarbonat	$2\,PbCO_3 \cdot Pb(OH)_2$
Borax	Natriumtetraborat	$Na_2B_4O_7 \cdot 10\,H_2O$
Braunstein	Mangandioxid	MnO_2
Eisenrost	Eisenhydroxid	$Fe_2O_3 \cdot n\,H_2O$
Essigessenz	Essigsäure	$CH_3 \cdot COOH$
Flusssäure	Fluorwasserstoff	HF
Gips	Calciumsulfat	$CaSO_4 \cdot 2\,H_2O$
Glaubersalz	Natriumsulfat	$Na_2SO_4 \cdot 10\,H_2O$
Glykol	Glykol	$CH_2OH \cdot CH_2OH$
Glyzerin	Glyzerin	$C_3H_5(OH)_3$
Grünspan	Kupferacetat	$Cu_3(OH)_2(C_2H_3O_2)_4$
Höllenstein	Silbernitrat	$AgNO_3$
Kalisalpeter	Kaliumnitrat	KNO_3
Kalk, gebrannt	Calciumoxid	CaO
Kalk, gelöscht	Calciumhydroxid	$Ca(OH)_2$
Kalkstein	Calciumcarbonat	$CaCO_3$
Karbid	Calciumcarbid	CaC_2
Kieselsäure, Quarz	Siliciumdioxid	SiO_2
Kochsalz	Natriumchlorid	$NaCl$
Kohlenstoffdioxid	Kohlenstoffdioxid	CO_2
Kohlenstoffoxid	Kohlenstoffmonoxid	CO
Korund	Aluminiumoxid	Al_2O_3
Kreide	Calciumcarbonat	$CaCO_3$
Kupfervitriol	Kupfersulfat	$CuSO_4 \cdot 5\,H_2O$
Lötwasser	Zinkchlorid + Wasser	$ZnCl_2$
Marmor	Calciumcarbonat	$CaCO_3$
Mennige	Blei(II)-oxid	Pb_3O_4
Methylalkohol	Methanol	CH_3OH
Natron	Natriumbicarbonat	$NaHCO_3$
Polierrot	Eisenoxid	Fe_2O_3
Pottasche	Kaliumcarbonat	K_2CO_3
Salmiakgeist	Ammoniakwasser	NH_4OH
Salmiaksalz	Ammoniumchlorid	NH_4Cl
Salpeter (Chile-)	Natriumnitrat	$NaNO_3$
Salpetersäure	Salpetersäure	HNO_3
Schwefelsäure	Schwefelsäure	H_2SO_4
Seife, hart	Natronseife	$C_{15}H_{31}COONa$
Seife, weich	Kaliseife	$C_{15}H_{31}COOK$
Siliciumcarbid	Siliciumcarbid	SiC
Soda	Natriumcarbonat	Na_2CO_3
Tetra	Tetrachlorkohlenstoff	CCl_4
Tri	Trichlorethylen	C_2HCl_3
Übermangansaur. Kali	Kaliumpermanganat	$KMnO_4$
Wasserglas	Natriumsilikat	Na_2SiO_3
Wasserstoffperoxid	Wasserstoffperoxid	H_2O_2
Zinkweiß	Zinkoxid	ZnO
Zyankali	Kaliumcyanid	KCN

Begriff	Erklärung	Beispiele, Daten
Physikalische Vorgänge	Physik ist die Lehre von den Zuständen und den Zustandsänderungen. Bei physikalischen Vorgängen sind Energien wirksam, z. B. Wärme; Stoffänderungen entstehen nicht.	Benzin wird im Vergaser zerstäubt; ein Kraftfahrzeug wird gebremst; Karosserieblech wird verformt.
Energie	Energie bedeutet Arbeitsfähigkeit. Die Energie eines Systems misst man durch die Arbeit, die es verrichten kann. Energie kann weder erzeugt noch vernichtet werden; sie ist jedoch umwandelbar von einer Form in die andere.	Mechanische Energieformen sind: Potentielle Energie oder Lageenergie, kinetische Energie oder Bewegungsenergie und Spannungsenergie (Feder).
Zustandsformen oder **Aggregatzustände**	**Fest:** Feste Stoffe haben ein bestimmtes Volumen und eine bestimmte Form. Die Moleküle werden durch starke Bindungskräfte zusammengehalten und schwingen um ihre Ruhelage. Bei Metallen und Salzen bilden sie ein Kristallgitter; bei Glas und vielen Kunststoffen ist der Aufbau nicht in kristalliner Form, sondern amorph (formlos). **Flüssig:** Flüssige Stoffe haben ein bestimmtes Volumen aber keine bestimmte Form. Die Moleküle haften nur mit geringen Kräften zusammen. Sie bewegen sich regellos durcheinander mit fast gleichbleibenden Abständen. **Gasförmig:** Gasförmige Stoffe haben kein bestimmtes Volumen und keine bestimmte Gestalt. Die Moleküle streben auseinander, fliegen dabei regellos durcheinander und nehmen jeden gegebenen Raum ein. Gase lassen sich zusammendrücken.	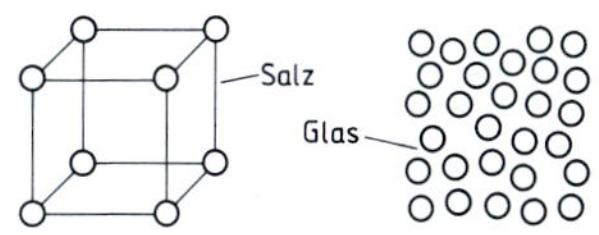 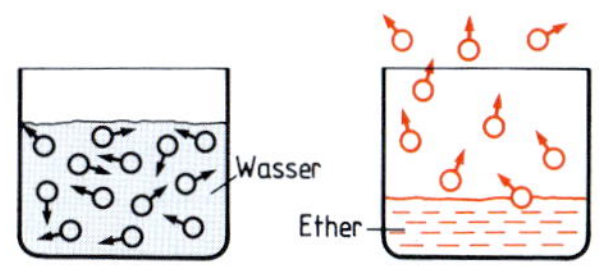
Zustandsänderung	Durch Wärmezufuhr wird die Bewegungsenergie der Moleküle so groß, dass die Bindungskräfte überwunden werden. Feste Stoffe werden dadurch flüssig, flüssige werden gasförmig. Durch Abkühlung wird die Bewegungsenergie der Moleküle kleiner und die Bindungskraft größer. Flüssige Stoffe werden dadurch fest, gasförmige werden flüssig.	Schmelzen: Eis wird zu Wasser; Verdampfen: Wasser zu Wasserdampf. Gefrieren: Wasser wird zu Eis; Kondensieren: Wasserdampf zu Wasser; Verflüssigen: Gas zu Flüssiggas.
Kohäsion	Zusammenhangskraft der Moleküle (cohaerere = zusammenhalten). Sie bewirkt Festigkeit und Formbeständigkeit bei festen Stoffen und die Volumenbeständigkeit flüssiger Stoffe.	Feststoffe haben große Kohäsion, Flüssigkeiten geringe Kohäsion der Teilchen oder Moleküle.
Adhäsion	Anhangskraft (adhaerere = anhaften) zwischen verschiedenen Molekülen. Die Anhangskraft bewirkt bei enger Berührung zweier verschiedener Stoffe eine Haftung an der Oberfläche.	Ölfilm an der Metalloberfläche, Wassertropfen an einer Glasscheibe, Kreide an der Wandtafel.
Schwerpunkt	Der Schwerpunkt eines Körpers ist sein Massenmittelpunkt. In ihm denkt man sich die gesamte Körpermasse vereint. Wird ein Körper in seinem Schwerpunkt unterstützt, so ist er in jeder Lage im Gleichgewicht.	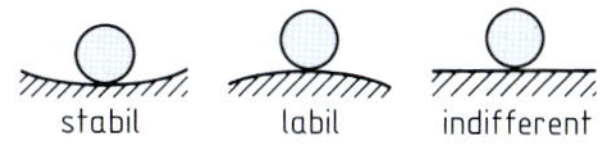
Gleichgewichtsarten	**Stabile Gleichgewichtslage:** Bei Störung des Gleichgewichts kehrt der Körper immer in seine Ausgangslage zurück. Der Schwerpunkt strebt stets die tiefstmögliche Lage an. **Labile Gleichgewichtslage:** Beim kleinsten Anstoß entfernt sich der Körper aus seiner Lage und strebt einer anderen, tieferen Gleichgewichtslage zu. **Indifferente Gleichgewichtslage:** Bei Bewegung verharrt der Körper in jeder benachbarten Lage im Gleichgewicht.	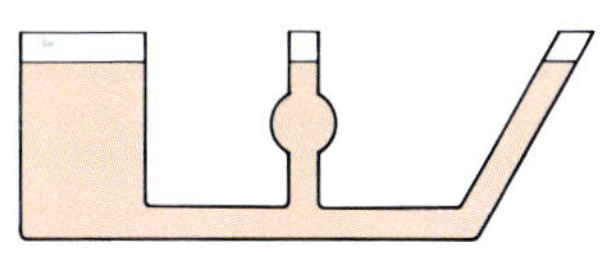
Verbundene Gefäße	In verbundenen (kommunizierenden) Gefäßen, die oben offen sind, liegen die Oberflächen einer ruhenden Flüssigkeit in gleicher Höhe. Beim Vergaser steigt z. B. der Kraftstoffspiegel im Mischrohr auf gleiche Höhe wie in der Schwimmerkammer.	
Kapillarwirkung	Kapillare sind Röhren mit sehr kleinem Innendurchmesser; sie werden auch Haarröhren (capillus = Haar) genannt. Entgegen dem Gesetz über verbundene Gefäße steigt Wasser in Kapillaren, je enger sie sind. Wasser steigt z. B. auch in Poren von Gesteinen, Papier und Geweben hoch.	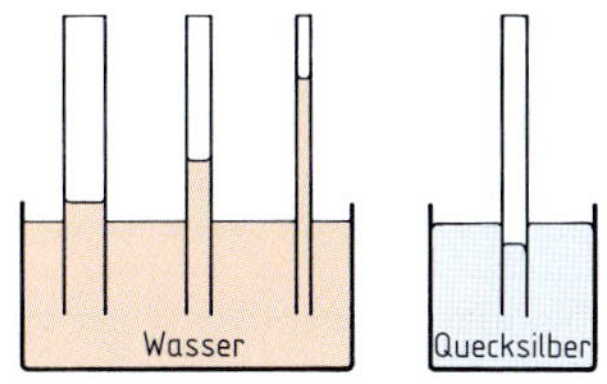
Viskosität	Viskosität ist die Kenngröße für die innere Reibung bzw. für die Fließfähigkeit einer Flüssigkeit. Hohe Viskosität bedeutet Dickflüssigkeit, niedrige Dünnflüssigkeit.	Motoren-Schmieröle werden nach DIN 51511 in SAE-Viskositätsklassen eingeteilt (siehe auch Seite 386).
Härte	Härte ist ein Maß für den Widerstand, den ein Körper dem Eindringen eines anderen Körpers entgegensetzt. Die Härteskala nach Mohs ist z. B. so angeordnet, dass ein Stoff den vorhergehenden ritzt. Für Metalle werden vorwiegend Brinell-, Rockwell-, und Vickershärte angegeben.	Härtezahlen nach Mohs: Talk 1, Gips 2, Kalkspat 3, Flussspat 4, Apatit 5, Feldspat 6, Quarz 7, Topas 8, Korund 9 und Diamant 10 (Härteprüfung Seite 350).

5

Physikalische Grundbegriffe

Begriff	Erklärung	Beispiele, Daten
Atmosphärendruck	Der Atmosphärendruck ist der jeweils herrschende Luftdruck gegenüber dem absoluten Druck Null im leeren Raum. Er entsteht durch die Gewichtskraft der Lufthülle auf die Erdoberfläche.	Messgerät ist das Barometer; der Normdruck beträgt nach DIN: 101325 Pa = 1013 h Pa = 1013 mbar.
Druck in Flüssigkeiten	In Flüssigkeiten breitet sich der Druck infolge der leichten Verschiebbarkeit der Moleküle nach allen Seiten gleichmäßig aus. Da die Moleküle nahe beieinander liegen, werden Flüssigkeiten kaum zusammengedrückt.	Anwendungsgebiete sind: Hydraulische Presse, hydraulische Einrichtungen an Maschinen, hydraulische Bremsen an Kraftfahrzeugen.
Druck in Gasen	Eingeschlossene Gase üben auf die Gefäßwand allseitig einen gleichen Druck aus. Die Zusammendrückbarkeit (Kompressibilität) der Gase ist groß, weil zwischen den Molekülen viel freier Raum ist. Beim Verdichten steigen Druck und Temperatur, bei Entspannung kühlen sich Gase ab.	Gase lassen sich in Druckbehältern speichern; bei Gasentnahme kühlen sich die Ventile ab. Beim Verdichtungstakt im Motorzylinder erwärmt sich das Kraftstoff-Luft-Gemisch.
Schmelz- und Erstarrungstemperatur	Die Schmelztemperatur ist die Temperatur, bei der ein Stoff vom festen in den flüssigen Zustand übergeht. Bei der Erstarrungstemperatur geht der Stoff vom flüssigen in den festen Zustand über. Die Schmelz- und Erstarrungstemperatur ist beim selben Stoff gleich.	Die Schmelz- und Erstarrungstemperatur bleibt bei reinen Stoffen während des Umwandlungsvorganges konstant (Haltepunkt). Blei 327 °C, Zinn 231 °C.
Siedetemperatur	Temperatur, bei der eine Flüssigkeit unter innerer Blasenbildung in den gas-(dampf-)förmigen Zustand übergeht. Beim Verdunsten gehen Flüssigkeiten auch unterhalb der Siedetemperatur allmählich in dampfförmigen Zustand über.	Die Siedetemperatur ist druckabhängig. Sie steigt bei zunehmendem und fällt bei abnehmendem Druck. Wasser 100 °C bei 1013 mbar.
Spezifische Schmelzwärme	Die spezifische Schmelzwärme ist diejenige Wärmemenge, die benötigt wird, um 1 kg eines Stoffes bei Schmelztemperatur vom festen in den flüssigen Zustand umzuwandeln.	Eis 335 kJ/kg, Blei 24 kJ/kg; die Schmelzwärme wird frei, wenn der verflüssigte Stoff erstarrt.
Spezifische Verdampfungswärme	Die spezifische Verdampfungswärme ist diejenige Wärmemenge, die benötigt wird, um 1 kg eines flüssigen Stoffes bei Siedetemperatur vollständig in Dampf umzuwandeln. Bei der Kondensation wird die gleiche Wärmemenge wieder frei.	Wasser 2257 kJ/kg, Benzin 420 kJ/kg; beim rückläufigen Vorgang, der Kondensation, wird die gleiche Wärmemenge frei.
Spezifische Wärmekapazität	Die spezifische Wärmekapazität c ist diejenige Wärmemenge, die benötigt wird, um 1 kg Masse eines Stoffes um 1 Kelvin oder um 1 °C zu erwärmen.	Um 1 kg Wasser um 1 K (1 °C) zu erwärmen, werden 4,1868 kJ benötigt, somit c = 4,1868 kJ/(kg · K).
Spezifischer Heizwert	Der spezifische Heizwert ist die nutzbare Wärmemenge, die bei der vollkommenen Verbrennung von 1 kg eines festen oder flüssigen, bzw. 1 m^3 eines gasförmigen Stoffes im Normzustand frei wird.	Kohle 28000 bis 34000 kJ/kg, Benzin 41000 bis 41900 kJ/kg, Erdgas 40300 bis 49100 kJ/kg; Normzustand: 0 °C und 1013 mbar.
Temperatur	Temperatur ist der Wärmezustand eines Körpers. Temperaturzunahme eines Stoffes bedeutet Zunahme der Bewegungsenergie der Moleküle im Innern des betreffenden Stoffes.	Bei der Temperatur 0 K oder –273 °C ist die Molekularbewegung gleich Null. Kelvin und Celsius S. 31.
Überdruck	Der Überdruck ist die Differenz zwischen einem absoluten Druck und dem jeweiligen Atmosphärendruck. Er ist positiv, wenn der absolute Druck größer ist als der Atmosphärendruck und negativ, wenn der absolute Druck kleiner ist als der Atmosphärendruck (im Unterdruckbereich).	Messgerät ist das Manometer; Reifendruck 1,3...7 bar, Öldruck 5 bar, Druckluftbremse 4,8 bis 16 bar; negativer Überdruck im Ansaugrohr –0,1 bis –0,6 bar.
Wärme, Wärmemenge	Bei Berührung zweier Körper von unterschiedlicher Temperatur geben die Moleküle des heißeren Körpers durch Stöße Energie an den kälteren Körper ab. – Die bei einem Temperaturunterschied durch Molekülbewegung übergehende Energie ist die Wärme oder Wärmeenergie.	Bei Erwärmung eines Körpers wird Energie zugeführt; seine innere Energie wird dadurch größer. Bei Abkühlung wird Energie abgegeben. Einheit der Wärmemenge ist 1 Joule.
Wärmeausdehnung	Der Längenausdehnungskoeffizient gibt die Zunahme (Abnahme) einer Längeneinheit eines festen Stoffes bei 1 K Temperaturerhöhung (Temperaturabnahme) an. Der Volumenausdehnungskoeffizient gibt die Zunahme (Abnahme) einer Volumeneinheit eines festen oder flüssigen Stoffes bei 1 K Temperaturerhöhung (Temperaturabnahme) an.	Stahl, unlegiert 0,0000115 1/K Aluminium, rein 0,0000238 1/K Wasser, rein 0,00018 1/K Gase dehnen sich ≈ 1/273 ihres Volumens aus bei 1 K Temperaturerhöhung und konstantem Druck.
Wärmeleitfähigkeit	Die Wärmeleitfähigkeit gibt den Wärmestrom in Watt an, der durch eine Wand von 1 m^2 Fläche und 1 m Dicke fließt, wenn die Temperaturdifferenz zwischen den Flächen 1 K ist.	Metalle sind gute Wärmeleiter, dagegen sind Holz, Kork, Kunststoffe, Gase schlechte Wärmeleiter.
Zündtemperatur	Die Zündtemperatur ist diejenige Temperatur, bei der sich der Stoff im Gemisch mit Luft an einem heißen Körper selbst entzündet und dauernd weiterbrennt.	Die Zündtemperatur ist keine konstante Größe, da sie stark von den jeweiligen Bedingungen abhängt.

Feste Stoffe	Dichte kg/dm³	Schmelz-temperatur °C	Siede-temperatur °C	Spezifische Schmelzwärme kJ/kg	Spezifische Wärmekapazität kJ/(kg · K)	Längenausdehnungskoeffizient 1/K	Wärmeleitfähigkeit W/(m · K)	Spez. elektr. Widerstand Ω · mm²/m
Aluminium	2,70	660	2270	356	0,94	0,0000238	204	0,0278
Antimon	6,69	630	1635	163	0,21	0,0000108	22	0,39
Asbest	2,1 … 2,8	≈ 1300	–	–	0,81	–	–	–
Barium	3,59	704	1700	55	0,29	0,000019	–	0,40
Beryllium	1,85	1280	≈ 3000	–	1,02	0,0000123	165	0,04
Beton	1,8 … 2,2	–	–	–	0,88	0,00001	≈ 1	–
Blei	11,3	327	1750	24,3	0,13	0,000029	34,7	0,208
Cadmium	8,64	321	765	54	0,23	0,00003	91	0,077
Calcium	1,54	850	≈ 1400	329	0,66	–	–	–
Chrom	7,2	1800	–	134	0,46	0,0000084	69	0,13
Cu-Al-Legierung	7,4 … 7,7	1040	≈ 2300	–	0,44	–	61	–
Cu-Zn-Legierung	8,4 … 8,7	≈ 950	≈ 2300	167	0,38	0,0000185	105	0,066
Cu-Sn-Legierung	7,5 … 8,8	900	≈ 2300	–	0,38	0,0000175	46	–
Eis	0,92	0	100	332	2,09	0,000051	2,33	–
Eisen, rein	7,87	1530	3070	276	0,47	0,000012	81	0,13
Eisenoxid (Rost)	5,1	1570	–	–	0,67	–	0,58	–
Fette	≈ 0,93	30 … 175	≈ 300	–	0,21	–	–	–
Germanium	5,3	936	≈ 2800	409	0,31	0,000006	55	$4{,}6 \cdot 10^{5}$
Gips	2,3	1200	–	–	1,09	–	0,45	–
Glas, technisches	2,4 … 2,7	≈ 700	–	–	0,83	0,000008	0,81	10^{18}
Glimmer	2,6 … 2,9	zerfällt bei	700 °C	–	0,87	–	0,35	10^{17}
Gold	19,3	1063	2700	67	0,13	0,0000142	310	0,022
Grafit	2,24	≈ 3800	≈ 4200	–	0,71	0,0000078	168	–
Gusseisen	7,25	≈ 1200	2500	125	0,50	0,0000105	58	0,6 … 1,6
Hartmetall (K20)	14,7	> 2000	≈ 4000	–	0,80	0,00006	81,4	–
Holz, lufttrocken	0,2 … 0,7	–	–	–	2,1 … 2,9	≈ 0,000035	0,06 … 0,17	–
Iridium	22,5	2450	> 4500	135	0,13	0,000006	59	0,053
Jod	5,0	113,6	183	62	0,23	–	0,44	–
Kalium	0,86	63,6	760	65	0,78	–	110	–
Kobalt	8,8	1490	≈ 3000	268	0,43	0,0000127	69	0,062
Kohlenstoff	3,5	≈ 3800	–	–	0,52	0,0000011 8	–	–
Koks	1,6 … 2,8	–	–	–	0,85	–	0,18	–
Konstanten	8,9	1280	–	–	0,41	0,0000152	23	0,50
Kork	0,1 … 0,3	–	–	–	1,7 … 2,1	–	0,04 … 0,06	–
Korund	3,8 … 4,0	2050	2700	–	0,96	0,0000065	12 … 23	–
Kupfer	8,9	1083	≈ 2590	213	0,39	0,000017	384	0,0178
Lithium	0,534	180	–	670	3,6	0,000056	65	0,09
Magnesium	1,74	650	1110	195	1,04	0,000026	172	0,044
Magnesium, legiert	≈ 1,8	≈ 630	≈ 1500	–	–	0,0000245	46 … 140	–
Mangan	7,43	1244	≈ 2100	251	0,48	0,000023	21	0,39
Molybdän	10,2	2600	≈ 5000	287	0,26	0,0000052	145	0,054
Natrium	0,97	97,8	883	113	1,3	0,000070	126	0,043
Nickel	8,91	1453	2730	305	0,45	0,000013	59	0,095
Paraffin	0,90	52	300	–	3,27	–	0,26	–
Platin	21,5	1773	4400	112	0,13	0,000009	70	0,098
Polyvinylchlorid	1,4	–	–	–	–	0,00008	0,16	10^{10}
Porzellan	2,3 … 2,5	≈ 1600	–	–	1,2	0,000004	1,6	10^{12}
Quarz (SiO_2)	2,1 … 2,5	1480	2230	–	0,8	0,000008	9,9	–
Ruß	1,7 … 1,8	–		–	0,84	–	0,07	–
Sand, trocken	1,5 … 1,7	≈ 1500	2230	–	0,80	–	0,58	–
Schaumgummi	0,06 … 0,2	–	–	–	–	–	0,04 … 0,06	–
Schwefel	1,96 … 2,0	115	445	46 … 49	0,70	–	0,20	$10^{17} \ldots 10^{21}$
Selen	4,4	217	690	67	0,33	0,000037	0,20	10^{17}
Silber	10,5	961	2180	105	0,23	0,0000197	407	0,015
Silicium	2,33	1420	2600	1658	0,76	0,000004	83	$\approx 10^{10}$
Siliciumkarbid	2,4	zerfällt bei	3000 °C	–	1,05	–	9	–
Stahl, unlegiert	7,85	1460	2500	205	0,49	0,0000115	48 … 58	0,14 … 0,18
Stahl, Cr-Ni-legiert	7,9	1450	–	–	0,50	0,000016	14	–
Stahl, W-legiert	8,7	1450	–	–	0,40	0,0000112	26	–
Steinkohle	1,35	–	–	–	1,02	–	0,24	–
Tantal	16,6	2990	–	172	0,14	0,0000065	54	0,124
Titan	4,5	1670	3200	88	0,47	0,0000082	15,5	0,8
Uran	19,1	1133	≈ 3800	356	0,12	–	28	–
Vanadium	6,1	1890	≈ 3300	343	0,50	–	31	0,2
Wismut	9,8	271	1560	59	0,12	0,0000121	8,1	1,25
Wolfram	19,3	3410	5900	–	0,13	0,0000045	130	0,055
Zink	7,13	419,5	907	101	0,40	0,000029	113	0,062
Zinn	7,28	231,9	2337	59	0,24	0,000023	65,7	0,114

Flüssige Stoffe	**Dichte** bei 20 °C kg/dm³	**Zündtemperatur**[1]) °C	**Schmelz-, Gefriertemperatur**[2]) °C	**Siedetemperatur**[2]) °C	**Wärmeleitfähigkeit** bei 20 °C W/(m · K)	**Spezifische Verdampfungswärme**[2]) kJ/kg	**Spezifische Wärmekapazität** kJ/(kg · K)	**Volumenausdehnungszahl** 1/K
Aceton	0,79	540	-95	56	0,16	523	2,21	–
Benzin	0,72…0,775	300	-30…-50	25…210	0,13	420	2,02	0,0011
Benzol	0,88	700	+5,5[3])	80	0,15	394	1,70	0,00125
Bleitetraethyl	1,66	–	–	199	–	–	–	–
Dieselkraftstoff	0,82…0,845	250	-30	150…360	0,15	250	2,05	0,00095
Ether (Äther)	0,72	170	-116	35	0,13	377	2,28	0,0016
Ethanol	0,79	470	-116	78	0,17	904	2,42	0,0011
Ethylenglykol	1,114	–	-12	197	0,25	–	2,40	0,0011
Gefrierschutz (45%)	1,05	–	-30	104	0,42	–	3,56	–
Glyzerin	1,26	530	+19[3])	29+	0,29	–	2,37	0,0005
Heizöl	0,83	250	-10	175	0,15	–	2,07	0,00095
Methylalkohol	0,79	500	-98	65	0,20	1109	2,51	0,0011
Methylbenzol	0,87	530	-95	110	0,14	–	1,67	–
Petroleum	0,76…0,86	530	-70	150…250	0,13	315	2,16	0,001
Quecksilber	13,6	–	-39	357	10	285	0,14	0,00018
Salpetersäure, konz.	1,51	–	-41	84	0,26	–	1,72	–
Salzsäure (10%)	1,05	–	-14	102	0,5	–	3,14	–
Schmieröl	0,9…0,92	400	-20	300	0,13	–	2,09	0,0009
Schwefelsäure, konz.	1,83	–	–	338	0,47	–	1,42	0,00055
Silikonöl	0,76…0,89	–	–	–	0,13	–	1,09	–
Spiritus (95%)	0,81	520	-114	78	0,17	850	2,43	0,0011
Terpentinöl	0,86	–	-10	160	0,11	293	1,80	0,001
Trichlorethylen	1,47	–	-86	87	0,12	–	0,93	0,0019
Wasser	1,00[4])	–	0	100	0,60	2258	4,18	0,00018

[1]) ≈ Werte. [2]) beim Normdruck 1013 mbar. [3]) Erstarrungstemperatur 0 °C. [4]) bei 4 °C.

Gasförmige Stoffe	**Dichte** bei 0 °C und 1013 mbar kg/m³	**Dichtezahl**[1]) (Luft = 1)	**Schmelztemperatur** °C	**Siedetemperatur** °C	**Wärmeleitfähigkeit** bei 20 °C W/(m · K)	**Wärmeleitzahl**[2]) (Luft = 1)	**Spezifische Wärmekapazität** c[3]) kJ/(kg · K)	c[4]) kJ/(kg · K)
Acetylen	1,17	0,905	-84	-81	0,021	0,808	1,64	1,33
Ammoniak	0,77	0,596	-78	-33	0,024	0,923	2,06	1,56
Argon	1,78	1,377	-189	-186	0,018	0,629	0,52	0,31
Butan (n-)	2,70	2,088	-135	+0,5	0,016	0,615	–	–
Chlor	3,22	2,49	-102	-34	0,01	0,385	0,50	0,37
Chlorwasserstoff	1,64	1,27	-114	-85	0,014	0,54	0,81	0,57
Erdgas	0,83	0,642	–	-162	–	–	–	–
Ethan	1,36	1,05	-183	-88	0,021	0,81	1,66	1,36
Ethylen	1,26	0,974	-169	-103	0,02	0,796	1,47	1,18
Frigen	5,51	4,26	-140	-30	0,01	0,385	–	–
Helium	0,18	0,139	-272	-269	0,15	5,796	5,23	3,15
Hochofengas	1,28	0,99	-210	-170	0,024	0,92	1,05	0,75
Kohlenstoffdioxid	1,98	1,53	- 57[5])	-78	0,016	0,615	0,82	0,63
Kohlenstoffmonoxid	1,25	0,967	-205	-191	0,025	0,962	1,05	0,75
Krypton	3,74	2,89	-157	-153	0,0095	0,36	0,25	0,15
Luft	1,293	1,0	-220	-191	0,026	1,0	1,005	0,75
Methan	0,72	0,557	-183	-162	0,033	1,296	2,19	1,68
Neon	0,90	0,696	-249	-246	0,049	1,885	1,03	0,62
Ozon	2,14	1,665	-251	-112	0,019	0,731	–	–
Propan	2,00	1,547	-190	-42	0,018	0,692	–	–
Sauerstoff	1,43	1,106	-219	-183	0,026	1,0	0,91	0,65
Schwefeldioxid	2,93	2,266	-75	-10	0,010	0,385	0,64	0,46
Stickstoff	1,25	0,976	-210	-196	0,026	1,0	1,04	0,74
Wasserstoff	0,09	0,070	-259	-253	0,18	6,923	14,24	10,1
Xenon	5,89	4,555	-112	-108	0,057	0,219	0,16	0,10

[1]) Dichtezahl = Dichte eines Gases geteilt durch Luftdichte. [2]) Wärmeleitzahl = Wärmeleitfähigkeit eines Gases geteilt durch die Wärmeleitfähigkeit der Luft. [3]) bei konstantem Druck. [4]) bei konstantem Volumen. [5]) beim Überdruck 5,3 bar.

Heizwerte, spezifische

Feste Stoffe	kJ/kg	Flüssige Stoffe	kJ/kg	Gasförmige Stoffe	kJ/kg
Anthrazit	31000…34000	Benzin Normal	≈ 41200…41900	Butan	45600
Braunkohle (Brikett)	19500…20000	- Super	≈ 41000…41600	Erdgas	40300 (Low-Gas)
Holz	14500…16000	Dieselkraftstoff	≈ 42900…43100		49100 (High-Gas)
Holzkohle	≈ 30000	Ethanol	≈ 26800	Kohlenstoffmonoxid	10050
Koks	28000…30000	Methanol	≈ 19700	Propan	46300
Torf	13500…14500	Heizöl (EL)	40600…44400	Wasserstoff	120000

Werkstoffgruppe	Kurzbeschreibung	Daten, Eigenschaften
Gusseisen	**Gusseisen mit Lamellengrafit**	
Gefüge GG mit Lamellengrafit 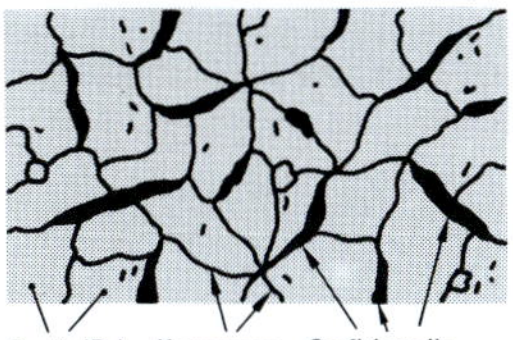 Ferrit (Fe) Korngrenze Grafitlamelle	Die Ausgangsstoffe graues Roheisen, Gussbruch und Stahlschrott werden im Kupolofen oder Elektroofen geschmolzen. Kalk- und Flussspatzugabe dienen der Entschlackung. Das erschmolzene Gusseisen wird anschließend in Formen gegossen. Bei der langsamen Abkühlung scheidet sich der Kohlenstoff in Form von Lamellen (Blättchen) aus und lagert sich zwischen den Kristallen des Grundgefüges ab. Die Bruchfläche ist grau (Grauguss). Durch Legieren mit Cr, Ni, Mo kann die Festigkeit erhöht werden.	Kurzzeichen EN-GJL-(GG-) Dichte 7,25 kg/dm³ Schmelzbereich 1150 ... 1250 °C Zugfestigkeit 100 ... 450 N/mm² Bruchdehnung unter 1 % Schwindung beim Erstarren 1 % Kohlenstoffgehalt 2,5 ... 3,6 % Nicht schmiedbar, gut gießbar, schweißbar und spanend gut bearbeitbar; druckfest, geringe Dehnung, schwingungsdämpfend; gute Gleiteigenschaften; korrosionsbeständig und feuerbeständig.
Gefüge GGG mit Kugelgrafit 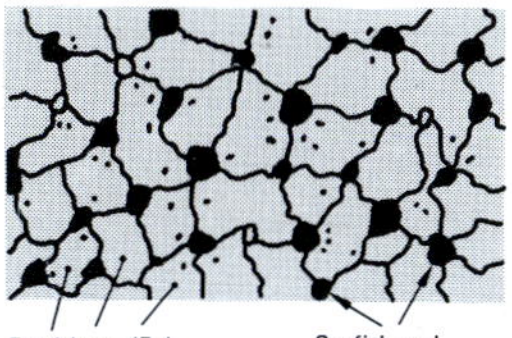 Ferritkorn (Fe) Grafitkugel	**Gusseisen mit Vermiculargrafit** (GGV) weist feine, wurmförmige (= vermiculare) Grafiteinlagerungen zwischen den Eisenkristallen auf.	GGV besitzt die günstigen Eigenschaften von Gusseisen mit Lamellengrafit bei gleichzeitig höherer Festigkeit und Elastizität.
	Gusseisen mit Kugelgrafit	
Kerbwirkung und Spannungsverlauf 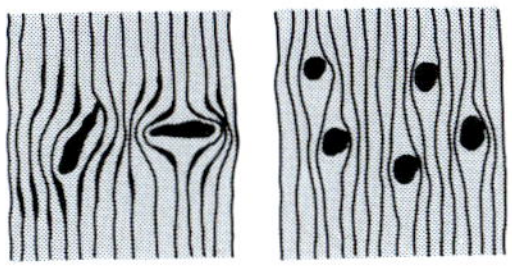 Lamellengrafit Kugelgrafit	Dem geschmolzenen Gusseisen wird eine Legierung aus Nickel-Magnesium beigefügt. Diese Impfung der Schmelze bewirkt, dass sich der Grafit in Kugelform (globular) ausscheidet. Der Kugelgrafit hat im Gegensatz zum Lamellengrafit nur eine geringe Kerbwirkung innerhalb des Gefüges. Zugfestigkeit und Dehnung sind deshalb bedeutend höher als beim Gusseisen mit Lamellengrafit. Durch Glühen kann die Dehnung erhöht und durch Vergüten die Zugfestigkeit gesteigert werden.	Kurzzeichen EN-GJS-(GGG-) Dichte 7,1 ... 7,3 kg/dm³ Schmelzbereich 1100 ... 1300 °C Zugfestigkeit 370 ... 700 N/mm² Bruchdehnung 15 ... 2 % Schwindung beim Erstarren bis 1 % Kohlenstoffgehalt etwa 3 % Hohe Zähigkeit und Kerbschlagfestigkeit; hoher Verschleißwiderstand, gute Gleiteigenschaften, gut spanend bearbeitbar.
	Austenitisches Gusseisen	
	Austenitisches Gusseisen ist die Benennung für hochlegierte Eisen-Gusswerkstoffe, deren Kohlenstoff zum überwiegenden Teil als Lamellen- oder Kugelgrafit vorliegt.	Die wichtigsten Legierungsstoffe sind Nickel, Chrom, Silicium, Mangan und Kupfer. Sie sind bis zu etwa 30 % enthalten, je nach Verwendungszweck.
Temperguss	**Entkohlend geglühter Temperguss**	
GTW, Randschicht entkohlt, Ferrit 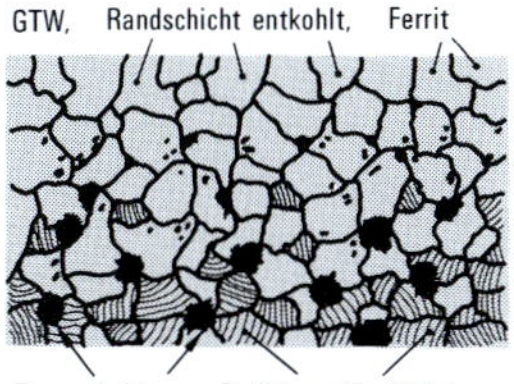 Temperkohle Perlitkorn (Fe_3C+Fe)	Weißes Roheisen, Gussbruch und Stahlschrott werden geschmolzen und in Formen gegossen. Die Gussstücke aus dem weiß erstarrten so genannten Temperrohguss werden mit Roteisenerz in Glühkästen aus Stahl luftdicht verpackt und bei ca. 1000 °C zwei bis fünf Tage lang geglüht oder unverpackt in einer reduzierenden Gasatmosphäre im Ofen geglüht. Dabei werden die Gussstücke besonders in der Randschicht entkohlt. Der vorher harte und spröde Werkstoff hat jetzt Eigenschaften, die ähnlich denen des Stahls sind.	Kurzzeichen EN-GJMW-(GTW-) Dichte 7,4 kg/dm³ Zugfestigkeit 340 ... 480 N/mm² Bruchdehnung 15 ... 3 % Schwindung beim Erstarren 1 ... 2 % Wanddicke der Gussstücke bis 10 mm Benennung bisher: Weißer Temperguss. Bruchfläche weiß; gute Festigkeitseigenschaften, biegbar und verdrehbar, hämmerbar und beschränkt schmiedbar; Hartlöten, Schweißen und Vergüten sind nur eingeschränkt möglich.
GTS nicht entkohlend geglüht	**Nicht entkohlend geglühter Temperguss**	
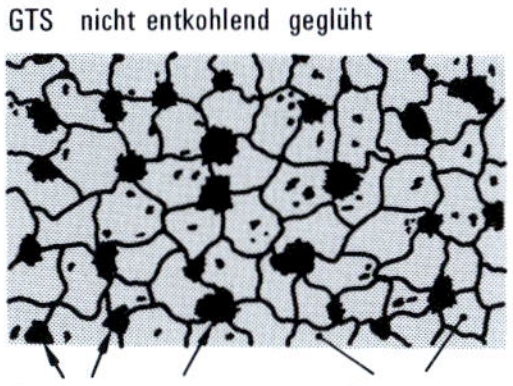 Flockengrafit Ferritkorn	Die Gussstücke aus Temperrohguss werden in Sand verpackt mehrere Tage lang bei etwa 900 °C geglüht. Dabei wird das Eisenkarbid zerlegt und der Kohlenstoff in Form von flockigem Grafit ausgeschieden. Der Flockengrafit lagert sich zwischen den Kristallen des Grundgefüges als Temperkohle ab. Das Gefüge ist über die ganze Wanddicke gleichmäßig ausgebildet.	Kurzzeichen EN-GJMB-(GTS-) Dichte 7,4 kg/dm³ Zugfestigkeit 350 ... 700 N/mm² Bruchdehnung 10 ... 2 % Wanddicke der Gussstücke bis 100 mm Benennung bisher: Schwarzer Temperguss. Bruchfläche schwarz; Eigenschaften wie beim entkohlend geglühten Temperguss.
Stahlguss	**Stahlguss für allgemeine Verwendung**	
Ferritkorn (Fe) Perlitkorn (Fe_3C+Fe) 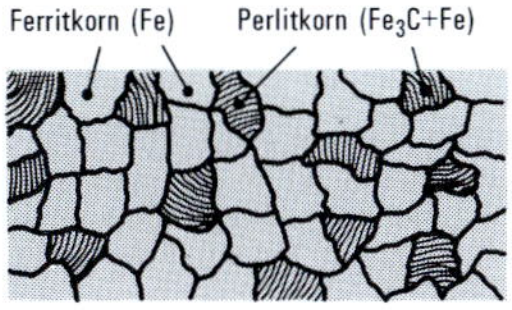	Stahlguss ist in Formen gegossener Stahl. Die Gussstücke müssen nach dem Gießen zur Beseitigung der Spannungen bei Temperaturen um 900 °C geglüht werden, wobei eine Gefügeumwandlung eintritt. Außer dem unlegierten oder niedriglegierten Stahlguss für allgemeine Verwendung wird auch höher legierter Stahlguss hergestellt.	Kurzzeichen GS– Dichte 7,85 kg/dm³ Zugfestigkeit 380 ... 700 N/mm² Bruchdehnung 25 ... 12 % Schwindung beim Erstarren 2 % Besonders geeignet für Werkstücke von schwieriger Form, die hohe Festigkeit und Zähigkeit aufweisen müssen.

Härten von Werkzeugstahl

Werkstoff	Kurzbeschreibung	Erläuterungen
Kaltarbeitsstahl unlegiert 0,6…1,5 % C	1. Erwärmung: Langsam auf etwa 700 °C, dann rasch auf Härtetemperatur von über 760 °C. 2. Abschrecken: In Wasser oder Öl eintauchen, lange Stücke senkrecht, Werkstück im Wasser bewegen. 3. Anlassen: Gehärtetes Werkstück wieder erwärmen auf 180 °C bis 320 °C mit nachfolgendem Abkühlen. Bei vorher blank gemachtem Werkstück werden Anlassfarben für Abschätzung der Temperatur sichtbar.	Beim Erwärmen auf Härtetemperatur wird das Kristallgefüge des Stahls umgewandelt. Durch das Abschrecken erstarren die Kristalle zu einem feinkörnigen sehr harten Gefüge. Beim Anlassen verliert der Stahl an Härte und gewinnt an Zähigkeit; er hat jetzt Arbeitshärte. Anlassfarben: strohgelb 220 °C, gelbbraun 240 °C, braunrot 250 °C, purpur 270 °C, violett 280 °C, dunkelblau 290 °C, hellblau 320 °C, grau 350 °C.
Kaltarbeitsstahl legiert 0,8…1,7 % C	1. Erwärmen : Auf Härtetemperatur 800 °C bis 900 °C. 2. Abschrecken: In Öl eintauchen und darin bewegen. 3. Anlassen: Auf 220 °C bis 320 °C erwärmen und anschließend in Öl abkühlen.	Durch den Einfluss der Legierungselemente ist die erforderliche Abkühlungsgeschwindigkeit geringer, deshalb wird das Härtegefüge auch bei weniger schroffer Abkühlung gebildet. Bessere Durchhärtung, weniger Härterisse.
Schnellarbeitsstahl 0,3…2,2 % C	1. Erwärmen: Langsam auf etwa 700 °C, dann rasch auf Härtetemperatur von 950 °C bis 1 300 °C. 2. Abschrecken: In Öl, im Warmbad oder im Luftstrom. 3. Anlassen: Wieder erwärmen auf 300 °C bis 600 °C.	Bei Lufthärtern wird vollständige Durchhärtung erreicht. Bei der Warmbadabschreckung wird zuerst in einer Salzschmelze auf 500 °C, dann vollends an der Luft abgekühlt. Die Härtevorschrift der Lieferfirma beachten!

Vergüten von Baustahl

Vergütungsstahl 0,2…0,6 % C	1. Erwärmen: Auf 800 °C bis 900 °C Glühtemperatur. 2. Abschrecken: In Wasser oder Öl. Stahl mit mehr als 0,4 % C wird meist in Öl abgeschreckt. 3. Anlassen: Wieder erwärmen auf 530 °C bis 670 °C, dann erneute Abkühlung in Wasser oder Öl.	Vergüten ist ein Härten mit nachfolgendem Anlassen auf höhere Temperaturen. Dabei entsteht eine Gefügeverfeinerung, die eine Steigerung der Festigkeit und der Zähigkeit bewirkt. Erreichbare Festigkeit bei unlegiertem Stahl bis 1000 N/mm², bei legiertem Stahl bis 1400 N/mm².

Randschichthärten

Verfahren	Kurzbeschreibung	Erläuterungen, Daten
Flammhärten	Die Randschicht des Werkstückes wird mit Gasbrennern rasch auf Härtetemperatur erwärmt und anschließend sofort mit einer Wasserbrause abgeschreckt. Der Kern wird dabei nicht erhitzt und bleibt deshalb weich.	Härtetemperatur 800 °C…900 °C Tiefe der Einhärtung 2…3 mm Geeignet für Teile aus unlegiertem oder legiertem Vergütungsstahl, z. B. Kurbelwellen.
Induktionshärten	Das Werkstück wird in eine Induktionsschleife eingebracht, die von hochfrequentem Wechselstrom durchflossen ist. In der Randzone des Werkstückes werden Wirbelströme induziert. Durch die Wirbelströme kommt die Randschicht sehr rasch zum Glühen.	Härtetemperatur 800 °C…900 °C Tiefe der Einhärtung bei Frequenz 1 kHz bis 20 kHz >1,5 mm Frequenz 40 kHz bis 600 kHz < 1,5 mm Vorwiegend für Teile aus leg. Vergütungsstahl.

Glühen von Werkzeugstahl und Baustahl

Weichglühen	Werkstücke langsam auf Glühtemperatur erwärmen und bis zu mehreren Stunden auf der Temperatur halten, dann sehr langsam abkühlen lassen.	Glühtemperatur 650 °C…750 °C Gehärteter oder kaltverfestigter Stahl (z. B. durch Tiefziehen) wird weich und spannungsfrei.
Normalglühen	Werkstücke so lange auf Glühtemperatur halten, bis sie durch und durch erwärmt sind. Anschließend an ruhender Luft abkühlen lassen.	Glühtemperatur 750 °C…900 °C Durch Schmieden oder Schweißen grobkörnig gewordenes Gefüge wird wieder normalisiert.
Spannungsarmglühen	Werkstücke ein bis zwei Stunden lang glühen, dann sehr langsam (im Glühofen) abkühlen lassen.	Glühtemperatur 550 °C…600 °C Beseitigung von Spannungen z. B. nach Verformung.

Temperaturen für die Wärmebehandlung

Kurzname	Werkstoffnummer	Härtetemperatur °C	Abschreckmittel	Anlasstemp. °C	Härte HRC	Zusammensetzung Gewichts-%					Eigenschaften Verwendung
Kaltarbeitsstahl (Werkzeugstahl)						C	W	Cr	V		Oberflächentemperatur der Werkzeuge 200 °C. Unlegiert: Für Handwerkzeuge aller Art. Legiert: Für Schermesser, Gewindeschneidwerkzeuge, Metallsägen, Reibahlen, Holzbearbeitungswerkzeuge.
C70W2	1.1620	790…820	Wasser	200	57	0,70	–	–	–		
C80W1	1.1525	780…810			59	0,80	–	–	–		
C105W1	1.1545	770…800			60	1,05	–	–	–		
100Cr6	1.2067	820…850	Öl	300	60	1,0	–	1,5	–		
115CrV3	1.2210	760…810	Wasser		60	1,15	–	0,75	0,1		
105WCr6	1.2419	800…830	Öl		60	1,05	1,1	1,0	–		
Schnellarbeitsstahl						C	W	Mo	V	Co	Oberflächentemperatur bis etwa 600 °C. Für Bohrer, Fräser, Gewindebohrer, Reibahlen, Dreh- u. Hobelmeißel.
HS6-5-3	1.3344	1200…1240	Öl, Warmbad, Luft	500	65	1,20	6	5	3	–	
HS6-5-2-5	1.3243	1200…1240			64	0,92	6	5	2	5	
HS7-4-2-5	1.3246	1180…1220			66	1,10	7	4	2	5	
HS18-1-2-5	1.3255	1260…1300			64	0,80	18	1	2	5	

Oberflächenhärten

Härteverfahren	Härtemittel	Kurzbeschreibung	Erläuterungen, Daten
Pulveraufkohlen	Kohlungspulver	1. Werkstücke zusammen mit Härtepulver in Blechkästen packen und den Deckel mit Lehm oder Paste abdichten. 2. Je nach Aufkohlungstiefe mehrere Stunden lang im Glühofen erhitzen. 3. Nach dem Aufkohlen werden die Teile erneut erwärmt und anschließend in Wasser oder in Öl abgeschreckt.	Glühtemperatur 850 °C ... 900 °C Aufkohlungstiefe in 1 h etwa 0,15 mm Der Kohlenstoff des Härtemittels dringt in atomarer Form in die Randschicht des Werkstoffes ein. Nicht aufzukohlende Stellen am Werkstück (z. B. Gewinde) werden mit Paste abgedeckt oder verkupfert.
Salzbadaufkohlen	Cyansalzmischungen	1. Vorgewärmte, trockene Werkstücke werden in die kohlenstoffabgebende Schmelze aus Cyansalzen eingebracht. 2. Die Teile werden direkt aus dem Bad in Wasser oder Öl abgeschreckt.	Salzbadtemperatur 850 °C ... 930 °C Aufkohlungstiefe in 30 min etwa 0,4 mm Für Ritzel, Zahnräder, Getriebewellen, Schaltgabeln, Bolzen, Stifte. Cyansalze sind sehr starke Gifte!
Gasaufkohlen	Kohlenstoffmonoxid, Acetylen, Propan, Butan	1. Die Werkstücke werden in einen gasdichten Ofen gebracht und erhitzt. 2. In den Ofen wird Aufkohlungsgas geleitet. 3. Nach der Aufkohlung lässt man die Teile möglichst langsam ankühlen. Zum Härten werden sie erneut erwärmt.	Glühtemperatur im Ofen 900 °C ... 950 °C Aufkohlungstiefe in 1 h etwa 0,2 mm Die Gasaufkohlung ergibt ein gleichmäßiges Gefüge und eine zunderarme Oberfläche. Sie wird vorwiegend für die Mengenfertigung einsatzgehärteter Teile angewendet.
Badcarbonitrieren	Cyansalzmischungen	1. Die Teile werden in einer Schmelze aus Cyansalzen aufgekohlt und aufgestickt. 2. Zum Härten werden die Teile aus dem Bad heraus direkt abgeschreckt.	Carbonitriertemperatur 550 °C ... 850 °C Behandlungsdauer 1 h ... 2 h Carbonitriertiefe 0,06 ... 0,6 mm Der Randschicht werden Kohlenstoff und Stickstoff zugeführt. Der Kohlenstoff bewirkt eine feste Bindung mit dem Grundwerkstoff; der Stickstoff bewirkt Härte. Für Teile die bei hohen Temperaturen verschleißfest sein müssen; Kolbenbolzen.
Gascarbonitrieren	Kohlenstoffmonoxid, Ammoniak	1. Die Werkstücke werden im elektrischen Ofen einem durchgehenden Gasstrom aus Kohlenstoffmonoxid u. Ammoniak ausgesetzt. 2. Abschrecken in Wasser.	
Badnitrieren	Nitriersalze (cyanhaltig)	1. Die vorgewärmten Werkstücke werden in eine Schmelze aus Nitriersalz gebracht. 2. Abkühlen an ruhender Luft.	Nitriertemperatur 500 °C ... 550 °C Badbehandlungsdauer 10 min ... 90 min Gasbehandlungsdauer 12 h ... 96 h Aufstickungstiefe 0,1 ... 1 mm
Gasnitrieren	Ammoniak	1. Die Werkstücke werden im elektrischen Ofen einem Ammoniakstrom ausgesetzt. 2. Nach dem Aufsticken ist keine weitere Wärmebehandlung erforderlich.	Der Stickstoff dringt in die Randzone des Nitrierstahls ein und bewirkt eine sehr harte, dünne und verschleißfeste Schicht. Für Kolbenbolzen, Zylinderbuchsen.

Temperaturen für die Wärmebehandlung

Kurzname	Werkstoffnummer	Warmformgebungstemp. °C	Weichglühtemperatur °C	Härtetemperatur °C	Abschreckmittel	Anlasstemperatur °C	Oberflächenhärte HRC
Vergütungsstahl							
C35 C45 C60	1.0501 1.0503 1.0601	1100 ... 850	650 ... 700	850 ... 870 820 ... 850 800 ... 830	Wasser	550 ... 650	50 ... 45
25CrMo4 34CrMo4 42CrMo4	1.7218 1.7220 1.7225	1050 ... 850	680 ... 720	850 ... 880 840 ... 870 830 ... 860	Öl	550 ... 680	50 ... 45 55 ... 50 60 ... 55
Einsatzstahl			Einsetzen °C				
C10E C15E	1.1121 1.1141	– –	900 ... 950	880 ... 920	Wasser	150 ... 180	– –
16MnCr5 20MnCr5	1.7131 1.7137	– –	900 ... 950	850 ... 880	Öl	170 ... 210	– –
Nitrierstahl		Nitriertemp.		Wärmebehandlung vor dem Nitrieren			
31CrMo12 39CrMoV13-9	1.8515 1.8523	490 ... 510 500 ... 510	650 ... 700	870 ... 900 920 ... 950	Öl	570 ... 700 570 ... 650	65
41CrAlMo7 42CrMo4	1.8509 1.7225	500 ... 520 500 ... 550	650 ... 700	880 ... 920 800 ... 850	Öl	570 ... 650	68

5

Zugversuch

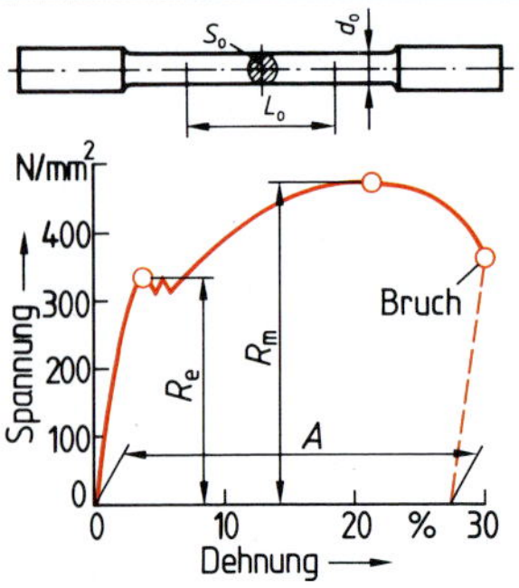

Beim Zugversuch wird ein Probestab im allgemeinen bis zum Bruch gedehnt und die dabei erforderliche Zugkraft gemessen.
Spannung und Dehnung werden in einem Diagramm aufgezeichnet, aus dem die Streckgrenze R_e entnommen wird. Die Zugfestigkeit und Bruchdehnung werden errechnet.

Zugfestigkeit

$$R_m = \frac{F_m}{S_o}$$

Bruchdehnung in %

$$A = \frac{L_u - L_o}{L_o} \cdot 100\,\%$$

A	Bruchdehnung	F_m	Höchstzugkraft
L_o	Anfangslänge	R_m	Zugfestigkeit
L_u	Länge nach Bruch	S_o	Anfangsquerschn.

Die Messlänge L_o ist bei Proportionalproben 5-mal oder 10-mal so groß wie der Anfangsdurchmesser d_o.

Streckgrenze R_e: Grenzspannung der elastischen Dehnung; bei höherer Spannung entsteht bleibende Dehnung.

0,2 % Dehngrenze $R_{p0,2}$: Ersetzt R_e bei Stoffen mit nicht ausgeprägter Streckgrenze.

Zugfestigkeit R_m: Spannung, die nach dem Bruch aus der Höchstzugkraft und dem Anfangsquerschnitt errechnet wird.

Bruchdehnung A: Auf die Ausgangslänge L_o bezogene bleibende Längenänderung nach dem Bruch. Sie wird in Prozent angegeben.

Beispiel: d_o = 20 mm, F_m = 157080 N,
L_o = 100 mm, L_u = 124 mm.

$$R_m = \frac{157080\ N \cdot 4}{20^2\ mm^2 \cdot \pi} = 500\ N/mm^2$$

$$A = \frac{124\ mm - 100\ mm}{100\ mm} \cdot 100\,\% = 24\,\%$$

Härteprüfung nach Brinell

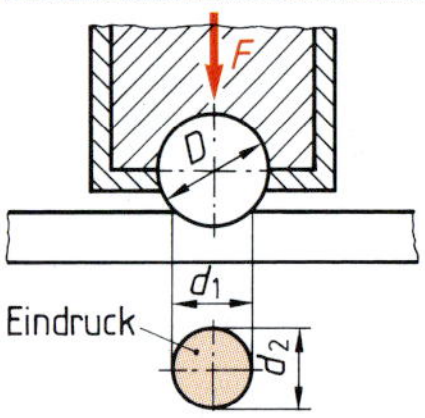

Eine gehärtete Stahlkugel oder eine Hartmetallkugel wird mit einer genormten Prüfkraft F in einen Probekörper eingedrückt. Der Durchmesser des Eindrucks wird gemessen und der dazugehörige Härtewert aus einer Tabelle entnommen.

Kugeldurchmesser in mm: 10; 5; 2,5; 1
Einwirkdauer der Prüfkraft 10 … 15 s, sonst besondere Angabe.

Eindruckdurchmesser $d = \frac{d_1 + d_2}{2}$

Beispiele für Härteangaben

150 HB S5/250/30 bedeutet:
Brinellhärte 150
geprüft mit Stahlkugel (S) mit D = 5 mm
Prüfkraft F = 250 · 9,81 = 2452 N
Einwirkdauer der Prüfkraft 30 Sekunden

450 HB W10/1000 bedeutet:
Brinellhärte 450
geprüft mit Hartmetallkugel (W),
D = 10 mm
Prüfkraft F = 1000 · 9,81 = 9810 N
Einwirkdauer ohne Angabe, d. h. 10 … 15 s

Härteprüfung nach Vickers

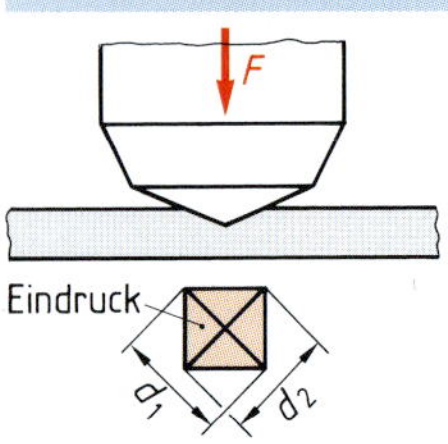

Eine Diamantpyramide mit quadratischer Grundfläche wird mit der Prüfkraft F in einen Probekörper eingedrückt. Aus der Diagonale des Eindrucks wird die Vickershärte HV bestimmt. Sie kann am Messgerät abgelesen werden.

Diagonale des Eindrucks $d = \frac{d_1 + d_2}{2}$

Vickershärte $HV = 0{,}189 \cdot \frac{F}{d^2}$

Geeignet für alle Metalle, besonders für dünne Werkstoffe, z. B. Bleche.

Vorwiegend verwendete Prüfkräfte:
F in N: 49; 98; 196; 294; 490; 980.

Beispiele für Härteangaben

240 HV 10/20 bedeutet:
Vickershärte 240
Prüfkraft F = 10 · 9,81 = 98,1 N
Einwirkdauer 20 Sekunden

540 HV 5 bedeutet:
Vickershärte 540
Prüfkraft F = 5 · 9,81 = 49 N
Einwirkdauer (ohne Angabe) 10 … 15 s

Härteprüfung nach Rockwell

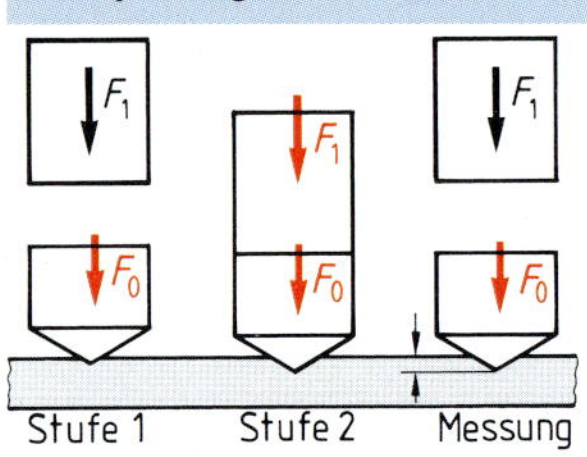

Ein Diamantkegel (120°) oder eine harte Stahlkugel (Durchmesser 1/16 inch) wird in 2 Stufen in einen Probekörper eingedrückt. Aus der verbleibenden Eindringtiefe unter Vorkraft F_o, nach Wegnahme der Prüfkraft F_1, wird die Rockwellhärte abgeleitet. Der Härtewert wird durch das Messgerät direkt angezeigt.

Prüfgesamtkraft $F = F_0 + F_1$

F_0 Prüfvorkraft
F_1 Prüfkraft

Verfahren	Prüfkraft	Eindringkörper	Probenwerkstoff
HRA HRC	490 N 1373 N	Diamantkegel	Stahl, gehärtet
HRB HRF	882 N 490 N	Stahlkugel	Stahl, Cu-legierungen

Die Prüfvorkraft beträgt jeweils 98 N

Beispiel für die Härteangabe

75 HRC bedeutet:
Rockwellhärte 75, Verfahren HRC

Kerbschlagbiegeversuch

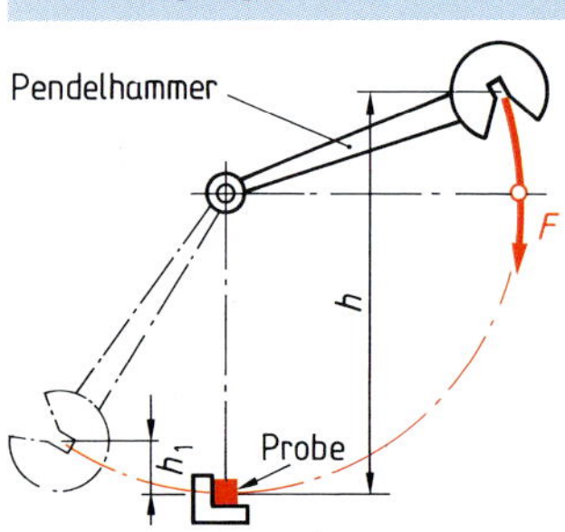

Eine in der Mitte gekerbte Probe, die auf zwei Auflagern und gegen zwei Widerlager liegt, wird mit einem Pendelhammer mit einem einzigen Schlag durchschlagen. Die dabei verbrauchte Schlagarbeit wird in Joule (J) gemessen. Sie ist ein Maß für die Widerstandsfähigkeit der Werkstoffe gegen schlagartige Beanspruchung.

Kerbschlagarbeit $= F \cdot (h - h_1)$

F Schlagkraft des Pendelhammers
h Fallhöhe des Pendelhammers
h_1 Steighöhe des Pendelhammers

Wenn die Prüftemperatur nicht festgelegt ist, wird der Kerbschlagbiegeversuch bei (23±5) °C durchgeführt.

Probenmaße, Normalprobe
DIN EN 10045

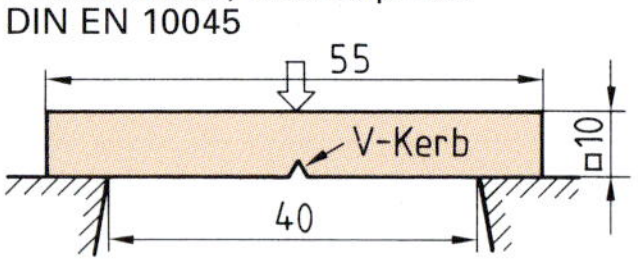

Angabe der Prüfwerte, z. B.:

KV = 87 J bedeutet:
Normalprobe mit V-Kerb
Verbrauchte Kerbschlagarbeit 87 J

KU = 65 J bedeutet:
Normalprobe mit U-Kerb
Verbrauchte Kerbschlagarbeit 65 J

5

Einteilung der Stähle nach Hauptgüteklassen

vgl. DIN EN 10020

Stahl

Unlegierte Stähle | Legierte Stähle

- **Unlegierte Qualitätsstähle**
  Stahlsorten, die für höhere Beanspruchungen geeignet sind, z. B. hinsichtlich der Verformbarkeit, der Sprödempfindlichkeit und der Schweißbarkeit. Z. B. Stähle für Flacherzeugnisse zum Ziehen und Tiefziehen, Stähle für den Stahlbau (schweißbare Feinkornbaustähle), Automatenstähle, Stähle für Feinstblech.

- **Unlegierte Edelstähle**
  Stahlsorten mit höherem Reinheitsgrad als Qualitätsstähle, mit hohen Anforderungen an Verformbarkeit und Zähigkeit. Z. B. Stähle für den Stahlbau, Einsatzstähle, Vergütungsstähle, Federstähle, Werkzeugstähle.

Bezeichnung nach

- Verwendungszweck
- Chemischer Zusammensetzung

- **Legierte Qualitätsstähle**
  Stahlsorten für ähnliche Verwendungszwecke wie die unlegierten Qualitätsstähle, jedoch mit höheren Gehalten an Legierungselementen, um besonderen Anforderungen zu genügen. Sie sind im Allgemeinen nicht für eine Vergütung oder Oberflächenhärtung bestimmt.
  Z. B. Stähle für den Stahlbau (schweißbare Feinkornbaustähle), Stähle für Flacherzeugnisse für schwierige Kaltumformarbeiten, Stähle für den Stahlbau und Maschinenbau.

- **Legierte Edelstähle**
  Stahlsorten mit genau eingestellter chemischer Zusammensetzung. Die Legierungselemente sorgen gezielt für bestimmte Gebrauchs- und Verarbeitungseigenschaften.
  Zu dieser Gruppe gehören insbesondere: Stähle für den Stahl- und Maschinenbau mit besonderen Anforderungen, nichtrostende Stähle, hitzebeständige und warmfeste Stähle, legierte Werkzeugstähle, Schnellarbeitsstähle, Wälzlagerstähle.

Bezeichnung nach

- Chemischer Zusammensetzung

Nummernsystem für Stähle

vgl. DIN EN 10027

1 . XX XX(XX)

Werkstoffhauptgruppen-Nr. (1 = Stahl) — Stahlgruppen-Nr. — Zähl-Nr., Klammerstellen für zukünftigen Bedarf

5

Stahlgruppennummer		Stahlgruppen
Unlegierte Stähle		
00	90	Grundstähle [1])
		Qualitätsstähle
01	91	allgemeine Baustähle R_m < 500 N/mm²
02	92	Baustähle, nicht für Wärmebehandlung
03	93	Stähle < 0,12 % C oder R_m < 400 N/mm²
04	94	Stähle ≥ 0,12 %, < 0,25 % C oder R_m ≥ 400, < 500 N/mm²
05	95	Stähle ≥ 0,25 %, < 0,55 % C oder R_m ≥ 500, < 700 N/mm²
06	96	Stähle ≥ 0,55 % C oder R_m ≥ 700 N/mm²
07	97	Stähle mit höherem Phosphor- oder Schwefelgehalt
		Edelstähle
10		Stähle mit besonderen physikalischen Eigenschaften
11		Bau-, Maschinen-, Druckbehälterstähle < 0,5 % C
12		Maschinenbaustähle ≥ 0,5 % C
13		Bau-, Maschinen-, Druckbehälterstähle mit besonderen Anforderungen
15 … 18		Werkzeugstähle

[1]) Grundstähle nach DIN EN 10020 entfallen und sind den Qualitätsstählen zugeordnet.

Stahlgruppennummer		Stahlgruppen
Legierte Stähle		
		Qualitätsstähle
08	98	Stähle mit besonderen physikalischen Eigenschaften
09	99	Stähle für verschiedene Anwendungsgebiete
		Edelstähle
20 … 28		Werkzeugstähle
32, 33		Schnellarbeitstähle
36, 37		Stähle mit besonderen magnetischen Eigenschaften (37 = mit Co)
38, 39		Stähle mit besonderen physikalischen Eigenschaften (39 = mit Ni)
40 … 45		Nichtrostende Stähle
46		chemisch beständige und hochwarmfeste Ni-Legierungen
47, 48		hitzebeständige Stähle
49		hochwarmfeste Stähle
50 … 84		Bau-, Maschinen-, Druckbehälterstähle
85		Nitrierstähle
88, 89		Bau-, Maschinen-, Druckbehälterstähle, hochfest und schweißgeeignet

Bezeichnungssysteme für Stähle

Kurznamen für Stähle

vgl. DIN EN 10027

Die Bezeichnung der Stähle erfolgt durch Kurznamen, die aus einer Kombination aus Kennbuchstaben und Kennzahlen bestehen:

- Bei **unlegierten Stählen** geben die Kennbuchstaben und Kennzahlen Hinweise auf den Verwendungszweck bzw. die mechanischen und physikalischen Eigenschaften.
- Bei **legierten Stählen** geben die Kennbuchstaben und Kennzahlen Hinweise auf die chemische Zusammensetzung.

Die Kurznamen bestehen aus **Hauptsymbolen**, die gegebenenfalls durch **Zusatzsymbole** ergänzt werden können. Bei Stahlguss wird dem Kurznamen ein G vorangestellt.

Bezeichnung der Stähle nach dem Verwendungszweck, mechanischen oder physikalischen Eigenschaften

vgl. DIN EN 10027

Hauptsymbole		**Zusatzsymbole**		**Beispiele**
Kennbuchstabe für die Stahlgruppe	**Mechanische und physikalische Eigenschaften**	**Gruppe 1**	**Gruppe 2**	
Stähle für den Stahlbau				
S	Mindeststreckgrenze R_e in N/mm² für die geringste Erzeugnisdicke	Kerbschlagarbeit in J (Joule) / Prüftemp. in °C 27 – 40 – 60 – in °C JR – KR – LR – +20 J0 – K0 – L0 – 0 J2 – K2 – L2 – −20 J3 – K3 – L3 – −30 J4 – K4 – L4 – −40 J5 – K5 – L5 – −50 J6 – K6 – L6 – −60 G1, G2, G3, G4 siehe Maschinenbaustahl	C mit besonderer Kaltumformbarkeit D für Schmelzüberzüge E für Emaillierung F zum Schmieden L für Niedrigtemperaturen M thermomechanisch umgeformt N normalgeglüht oder normalisierend umgeformt Q vergütet T für Rohre W wetterfest	**S235JRG2F** S: Stahlbaustahl 235: Mindeststreckgrenze in N/mm² JR: Kerbschlagarbeit 27 J bei + 20 °C G2: beruhigt vergossen F: zum Schmieden
Stähle für den Maschinenbau				
E	Mindeststreckgrenze R_e in N/mm² für die geringste Erzeugnisdicke	G1 unberuhigt vergossen G2 beruhigt vergossen G3 vollberuhigt vergossen G4 vollberuhigt vergossen und vorgeschriebener Anlieferungszustand	C mit besonderer Kaltumformbarkeit	**E360G1C** E: Maschinenbaustahl 360: Mindeststreckgrenze in N/mm² G1: unberuhigt vergossen C: mit besonderer Kaltumformbarkeit
Druckbehälterstähle				
P	Mindeststreckgrenze R_e in N/mm² für die geringste Erzeugnisdicke	M thermomechanisch umgeformt N normalgeglüht oder normalisierend umgeformt Q vergütet B für Gasflaschen S für einfache Druckbehälter	Einsatzbereiche: H Hochtemperatur L Tieftemperatur R Raumtemperatur X Hoch- und Tieftemperatur	**P295NH** P: Druckbehälterstahl 295: Mindeststreckgrenze in N/mm² N: normalgeglüht oder normalisierend umgeformt H: für Hochtemperatur
Flacherzeugnisse zum Kaltumformen				
D	C kaltgewalzt D warmgewalzt X Art des Walzens (kalt/warm) nicht vorgeschrieben zweistellige Kennzahl für die Ziehgüte: 01, 03, 04, 05, 06	D für Schmelztauchüberzüge E für Emaillierung H Hohlprofile G1, G2, G3, G4 siehe Maschinenbaustahl	keine Symbole vorgesehen	**DC03D** DC: Flacherzeugnis zum Kaltumformen 03: Tiefziehgüte D: für Schmelztauchüberzüge
Kaltgewalzte Flacherzeugnisse aus höherfesten Stählen zum Kaltumformen				
H	Mindeststreckgrenze R_e in N/mm²	M thermomechanisch umgeformt B bake hardening P Phosphorlegiert X Dualphase Y Interstitialfree steel (IF-Stahl) G1, G2, G3, G4 siehe Maschinenbaustahl	D für Schmelztauchüberzüge	**H400M** H: Flacherzeugnis aus höherfestem Stahl 400: Mindeststreckgrenze in N/mm² M: thermomechanisch umgeformt

Bezeichnung nach der chemischen Zusammensetzung

Hauptsymbole			Zusatzsymbole für		Beispiele
Kennbuchstabe	Kennzahl für C-Gehalt	Kennzeichnung der Legierungsanteile	**Stähle Gruppe 1**	**Stahlerzeugnisse**	
Unlegierte Stähle mit Mn-Gehalt <1%					
C (GC = Stahlguss)	*Zahl* = 100 × mittlerer C-Gehalt in %	–	C besondere Kaltumformbarkeit E vorgeschriebener max. S-Gehalt R vorgeschriebene Bereiche des S-Gehalts G1 … G4 siehe Maschinenbaustahl	Zusatzsymbole für Stahlerzeugnisse siehe Tabelle 2 unten	**C45E4 + QT** C: unlegierter Stahl mit Mn-Gehalt < 1 45: C-Gehalt 0,45% E4: vorgechriebener S-Gehalt max. 0,04% + QT: vergütet

Wenn eine Kennzahl hinter den Symbolen E und R steht, gilt: Kennzahl = 100 × Schwefelgehalt in %

Unlegierte Stähle mit Mn-Gehalt ≥ 1%, **Legierte Stähle** mit Legierungsgehalt < 5% (früher: niedrig legierte Stähle)					
– (G = Stahlguss)	*Zahl* = 100 × mittlerer C-Gehalt in %	*Buchstaben* = chemische Symbole der Legierungsbestandteile *Zahlen* = Gehalt der Legierungsbestandteile in % × Faktor **Chem. Symbol** / **Faktor**: C, N, P, S: 100 Al, Cu, Mo, Ta, Ti, V: 10 Cr, Co, Mn, Ni, Si, W: 4	–	Zusatzsymbole für Stahlerzeugnisse siehe Tabellen 1 und 2 unten	**16MnCr5** 16: C-Gehalt 0,16% Mn: Mangan Cr: Chrom 5: $^5/_4$% Mn = 1,25% Mn (Cr in geringer Menge)
Legierte Stähle mit Legierungsgehalt ≥5% (früher: hoch legierte Stähle)					
X (GX = Stahlguss)	*Zahl* = 100 × mittlerer C-Gehalt in %	*Buchstaben* = chemische Symbole der Legierungsbestandteile *Zahlen* = Gehalt der Legierungsbestandteile in % Die Zahlen sind entsprechend der Reihenfolge den Buchstaben zugeordnet.	–	Zusatzsymbole für Stahlerzeugnisse siehe Tabellen 1 und 2 unten	**X5CrNi18-10** X: legierter Stahl mit Legierungsgehalt ≥5% 5: C-Gehalt 0,05% Cr: Chrom Ni: Nickel 18: 18% Chrom 10: 10% Nickel
Schnellarbeitsstähle					
HS	–	*Zahlen*, durch Bindestriche getrennt, geben den Gehalt der Legierungsbestandteile in % an. Reihenfolge: **W-Mo-V-Co**	–	–	**HS18-1-2-5** HS: Schnellarbeitsstahl 18: 18% Wolfram 1: 1% Molybdän 2: 2% Vanadium 5: 5% Cobalt

Zusatzsymbole für Stahlerzeugnisse (Auswahl)

Tab. 1: Zusatzsymbole für besondere Anforderungen		**Tab. 2: Zusatzsymbole für den Behandlungszustand**		**Tab. 3: Zusatzsymbole für die Art des Überzugs**	
+ C	Grobkornstahl	+ A	weich geglüht	+ A	feueraluminiert
+ F	normal geglüht	+ C	kalt verfestigt	+ AR	Aluminium-walzplattiert
+ H	mit besonderer Härtbarkeit	+ CR	kalt gewalzt	+ S	feuerverzinkt
		+ N	normal geglüht	+ SE	elektrolytisch verzinnt
		+ NT	normal geglüht und angelassen	+ Z	verzinkt
		+ QT	vergütet	+ ZE	elektrolytisch verzinkt
		+ T	angelassen		
		+ U	unbehandelt		

5

Unlegierter Baustahl

vgl. DIN EN 10025

Stahlsorte Kurzname nach DIN EN 10027	bisheriger Kurzname nach DIN 17006	Werkstoffnummer	Zugfestigkeit R_m N/mm²	Streckgrenze R_e N/mm²	Bruchdehnung A_s %	Eigenschaften Verwendung
S185	St33	1.0035	290 … 510	185	18	Formstahl, Stabstahl, Walzdraht, Flachzeug, nahtlose und geschweißte Hohlprofile, Schmiedestücke und Halbzeug. Für Bauteile, die genietet, geschweißt und geschraubt werden. Die Stähle sind nicht für eine Wärmebehandlung, außer Spannungsarmglühen und Normalglühen vorgesehen.
S235JR S235JRG1 S235JRG2 S235J0	St37-2 USt37-2 RSt37-2 St37-3	1.0037 1.0036 1.0038 1.0114	340 … 470 340 … 470 340 … 470 340 … 470	235 235 235 235	26 26 26 26	
S275JR S275J0 S355J0	St44-2 St44-3 St52-3	1.0044 1.0143 1.0553	410 … 560 410 … 560 490 … 630	275 275 355	22 22 22	
E295 E335 E360	St50-2 St60-2 St70-2	1.0050 1.0060 1.0070	470 … 610 570 … 710 790 … 830	295 335 365	20 16 11	Die Sorten von E295 (St 50) bis E360 (St 70) eignen sich nicht zum Schmelzschweißen

Die Werte für R_m gelten für Erzeugnisdicken von 3 mm bis 100 mm, die Werte für R_e gelten für Erzeugnisdicken bis 16 mm.

Stahlblech, kaltgewalzt, aus weichem unlegiertem Stahl

vgl. DIN EN 10130

Stahlsorte Kurzname DIN EN 10130	DIN 1623	Werkstoffnummer	Zugfestigkeit R_m N/mm²	Streckgrenze R_e N/mm²	Bruchdehnung A_s %	Eigenschaften Verwendung
DC 01 DC 03 DC 04 DC 05 DC 06	St 12 St 13 St 14 – –	1.0330 1.0347 1.0338 1.0312 1.0873	270 … 410 270 … 370 270 … 350 270 … 330 270 … 350	280 240 210 180 180	28 34 38 40 38	Blech und Band bis einschließlich 3 mm Dicke. Für Umformungsarbeiten wie Ziehen, Tiefziehen vorgesehen. Zum Schweißen und für das Auftragen von metallischen Überzügen geeignet.

Einsatzstahl

vgl. DIN EN 10084

Stahlsorte Kurzname	Werkstoffnummer	Zugfestigkeit R_m N/mm²	Streckgrenze R_e N/mm²	Bruchdehnung A_s %	Eigenschaften Verwendung
C10E (Ck 10) C15E (Ck 15)	1.0302 1.1141	490 … 640 590 … 780	295 355	16 14	Niedrig beanspruchte Teile wie Bolzen, Zapfen und Stifte, die eine verschleißfeste Oberfläche aufweisen müssen.
17Cr3 16MnCr5 20MnCr5	1.7016 1.7131 1.7147	800 … 1050 880 … 1180 1080 … 1370	450 590 685	11 11 8	Höher und hoch beanspruchte Teile mit verschleißfester und harter Oberfläche bei großer Kernzähigkeit, z. B. Kolbenbolzen, Nockenwellen, Antriebskegelräder, Zahnräder und Wellen für Getriebe.
20MoCr4 17CrNi6-6 15NiCr13	1.7321 1.5918 1.5752	880 … 1180 880 … 1180 1030 … 1320	590 635 785	10 9 10	
20NiCrMo2-2 18CrNiMo13-4	1.6523 1.6587	980 … 1270 1180 … 1420	590 785	10 8	

Die Werte für R_m, R_e und A_s gelten für vergütete Proben mit 30 mm Durchmesser.

Stahl für Flamm- und Induktionshärten

vgl. DIN 17212

C 35 G C 45 G C 70 G	1.1183 1.1193 1.1249	580 … 730 660 … 800 740 … 880	360 410 480	19 16 13	Für niedrig beanspruchte Bauteile, die ohne Aufkohlung randschichtgehärtet werden sollen.
45Cr2 38Cr4 42Cr4 41CrMo4	1.7005 1.7043 1.7045 1.7223	780 … 930 830 … 980 880 … 1080 980 … 1180	540 630 670 760	14 13 12 11	Für hoch beanspruchte Bauteile mit verschleißfester Oberfläche, z. B. Kurbelwellen.

Die Werte für R_m, R_e und A_s gelten für den vergüteten Zustand und für 16 mm < $d \leq$ 40 mm.

Stahlsorte Kurzname DIN EN	Werkstoffnummer	Zugfestigkeit R_m N/mm²	Streckgrenze $R_e/R_{p0,2}$ N/mm²	Bruchdehnung A_s %	Eigenschaften Verwendung
Vergütungsstahl					vgl. DIN EN 10083
C25	1.0406	500 … 650	320	21	Für Teile mit kleinen Vergütungsquerschnitten und geringerer Festigkeit, z. B. Schrauben, Bolzen, Wellen, Achsen, Zahnräder.
C45	1.0503	650 … 800	430	16	
C60	1.0601	800 … 950	520	13	
C25E	1.1158	500 … 650	320	21	
C45E	1.1191	650 … 800	430	16	
C60E	1.1221	800 … 950	520	13	
41Cr4	1.7035	900 … 1 100	660	12	Für Teile mit größeren Vergütungsquerschnitten und höherer Festigkeit, z. B. Zahnräder, Wellen, Achsteile, Lenkungsteile.
25CrMo4	1.7218	800 … 950	600	14	
34CrMo4	1.7220	900 … 1 100	650	12	
42CrMo4	1.7225	1 000 … 1 200	750	11	
36CrNiMo4	1.6511	1 000 … 1 200	800	11	Für Teile mit großen Vergütungsquerschnitten und höchster Festigkeit, z. B. Kurbelwelle, Pleuelstange, Getriebewellen.
34CrNiMo6	1.6582	1 100 … 1 300	900	10	
30CrNiMo8	1.6580	1 250 … 1 450	1 050	9	
36NiCrMo16	1.6773	1 250 … 1 450	1 050	9	

Die Werte für R_m, R_e und A_s gelten für den vergüteten Zustand und für 16 mm $< d \le$ 40 mm bzw. 8 mm $< t \le$ 20 mm.

Stahlsorte	Werkstoffnummer	Zugfestigkeit	Streckgrenze	Bruchdehnung	Eigenschaften / Verwendung
Nitrierstahl					vgl. DIN EN 10085
31CrMo12	1.8515	1 030 … 1 230	835	10	Für Werkstücke, die eine sehr harte und verschleißfeste Oberfläche und hohe Kernzähigkeit aufweisen müssen, z. B. Kolbenbolzen, Kurbelwelle, Nockenwelle, Zylinderbuchsen.
31CrMoV9	1.8519	1 100 … 1 300	900	9	
34CrAlMo5	1.8507	800 … 1 000	600	14	
34CrAlNi7	1.8550	900 … 1 100	680	10	
41CrAlMo7	1.8509	950 … 1 150	750	11	

Die Werte für R_m, R_e und A_s gelten für den vergüteten Zustand und für 16 mm $< d \le$ 40 mm.

Stahlsorte	Werkstoffnummer	Zugfestigkeit	Streckgrenze	Bruchdehnung	Eigenschaften / Verwendung
Federstahl					vgl. DIN EN 10089
38Si7	1.5023	1 300 … 1 600	1 150	8	Für normal beanspruchte Blatt- und Schraubenfedern.
56Si7	1.5026	1 450 … 1 750	1 300	6	
55Cr3	1.7176	1 400 … 1 700	1 250	3	Für hoch beanspruchte Blatt- und Schraubenfedern.
51CrV4	1.8159	1 350 … 1 650	1 200	6	
61SiCr7	1.7103	1 550 … 1 850	1 400	5,5	Für Ventilfedern bei Verbrennungsmotoren.
45SiCrV6-2	–	1 600 … 1 900	1 550	7	

Die Werte für R_m, $R_{p0,2}$ und A_s gelten für den vergüteten Zustand.

Stahlsorte	Werkstoffnummer	Zugfestigkeit	Streckgrenze	Bruchdehnung	Eigenschaften / Verwendung
Ventilstahl, Ventilwerkstoff					vgl. DIN EN 10090
X45CrSi9-3	1.4718	250[1] 500[2]	–	14[3]	Vorwiegend für Einlassventile.
X40CrSiMo10-2	1.4731	300 550	–	14	
X85CrMoV18-2	1.4748	300 550	–	7	
X55CrMnNiN20-8	1.4875	540 640	–	8	Für hoch belastete Einlassventile und für Auslassventile.
NiFe25Cr20NbTi	2.4955	790 800	–	25	
NiCr20TiAl	2.4952	1000 1050	–	15	

[1] Werte bei 600 °C, [2] Werte bei 500 °C, [3] Werte bei Raumtemperatur, jeweils vergütet

Stahlsorte	Werkstoffnummer	Zugfestigkeit	Streckgrenze	Bruchdehnung	Eigenschaften / Verwendung
Nichtrostender Stahl					vgl. DIN EN 10088
X2CrNi12	1.4003	450 … 600	260	20	Verkleidungen, Beschläge, chemische Industrie, Nahrungsmittelindustrie, Haushaltsgeräte, Medizintechnik. Fahrzeugbau: Zierleisten, Radkappen, Auspuffanlage, Achsen, Wellen.
X6Cr13	1.4000	400 … 630	230	20	
X12Cr13	1.4006	≤ 730	–	–	
X50CrMoV15	1.4116	≤ 900	–	–	
X5CrNi18-10	1.4301	500 … 700	190	45	
X2CrNiMo18-15-4	1.4438	500 … 700	220	40	
Automatenstahl					vgl. DIN EN 10087
10S20	1.0721	360 … 530	–	–	Für Einsatzhärtung geeignet. Verschleißfeste Teile, z. B. Wellen, Bolzen, Stifte.
15SMn13	1.0725	430 … 600	–	–	
35S20	1.0726	520 … 680	–	–	Zum Vergüten geeignet. Teile mit höherer Beanspruchung, z. B. Wellen, Stifte, Zahnräder.
46S20	1.0727	590 … 760	–	–	

Die Werte für R_m, R_e und A_s gelten für den unbehandelten Zustand und für 16 mm $< d <$ 40 mm.

Eisen-Gusswerkstoffe

Kurznamen nach DIN EN

vgl. DIN EN 1560

Normangabe	Gusszeichen	Kennbuchstabe für Grafitstruktur	Kennbuchstabe für Gefügestruktur	Zahlen und Buchstaben zur Kennzeichnung • der mechanischen Eigenschaften • der chemischen Zusammensetzung	Kennbuchstabe für zusätzliche Anforderungen	Beispiel
EN	**-GJ**	L Lamellengrafit S Kugelgrafit M Temperkohle V Vermikulargrafit (wurmförmig) N grafitfrei Y Sonderstruktur	A Austenit F Ferrit P Perlit M Martensit Q abgeschreckt T vergütet B nicht entkohlend geglüht W entkohlend geglüht	*mechanische Eigenschaften:* • Mindestzugfestigkeit in N/mm² • Mindestbruchdehnung in % • Härte, z. B. HB150 *chemische Zusammensetzung:* Die Angaben entsprechen den Stahlbezeichnungen.	D Rohgussstück H wärmebehandeltes Gussstück W Schweißeignung Z zusätzliche Anforderungen	**EN-GJMW-400-5** EN: Europanorm GJ: Eisen-Gusswerkstoff M: Temperkohle W: entkohlend geglüht 400: Mindestzugfestigkeit in N/mm² 5: Mindestbruchdehnung in %

Eisen-Gusswerkstoffe

Kurzname nach DIN EN	nach DIN	Werkstoffnummer	Zugfestigkeit R_m N/mm²	Bruchdehnung A_s %	Härte HB	Eigenschaften Verwendung
Gusseisen mit Lamellengrafit						vgl. DIN EN 1561
EN-GJL-100 EN-GJL-150 EN-GJL-200	GG-10 GG-15 GG-20	EN-JL-1010 EN-JL-1020 EN-JL-1030	100 … 200 150 … 250 200 … 300	– – –	– – 160	Gut bearbeitbar, für Gussteile ohne Verschleißbeanspruchung, z. B. für Polschuhe, einfache Gehäuse.
EN-GJL-250 EN-GJL-300 EN-GJL-350	GG-25 GG-30 GG-35	EN-JL-1040 EN-JL-1050 EN-JL-1060	250 … 350 300 … 400 350 … 400	– – –	180 200 210	Für Gussteile höherer Beanspruchung, z. B. Kurbelgehäuse, Kolbenringe, Auspuffkrümmer, Bremstrommeln, Bremsscheiben, Kupplungsdruckplatten.
Die Zugfestigkeit gilt für das getrennt gegossene Probestück.						
Gusseisen mit Kugelgrafit						vgl. DIN EN 1563
EN-GJS-400-15 EN-GJS-500-7	GGG-40 GGG-50	EN-JS-1030 EN-JS-1050	400 500	15 7	– –	Gut bearbeitbar; Verschleißfestigkeit eingeschränkt.
EN-GJS-600-3 EN-GJS-700-2 EN-GJS-800-2	GGG-60 GGG-70 GGG-80	EN-JS-1060 EN-JS-1070 EN-JS-1080	600 700 800	3 2 2	– – –	Für hoch beanspruchte Gussteile, z. B. Kurbel- und Nockenwellen, Bremstrommeln und -scheiben, Bremssättel.
Die Zugfestigkeit gilt für das getrennt gegossene Probestück.						
Austenitisches Gusseisen						vgl. DIN 1694
–	GGL-NiCuCr15-6-3	0.6656	190	–	–	Hohe Korrosions- und Hitzebeständigkeit, hohe Wärmedehnung, gute Gleiteigenschaften. Für hitzebeständige Gussteile, z. B. Kolbenringträger, Zylinderbuchsen, Pumpenteile.
–	GGL-NiCr30-3	0.6676	190	–	–	
–	GGG-NiCr20-3	0.7661	390	7	–	Hohe Korrosions- und Hitzebeständigkeit. Für Gehäuse von Turboladern.
–	GGG-Ni 22	0.7670	370	20	–	Hohe Dehnung, nicht magnetisierbar.
Temperguss						vgl. DIN EN 1562
Nichtentkohlend geglühter Temperguss						
EN-GJMB-350-10 EN-GJMB-450-6 EN-GJMB-550-4 EN-GJMB-650-2 EN-GJMB-700-2	GTS-35-10 GTS-45-06 GTS-55-04 GTS-65-02 GTS-70-02	EN-JM-1130 EN-JM-1140 EN-JM-1160 EN-JM-1180 EN-JM-1190	350 450 550 650 700	10 6 4 2 2	≤150 150 … 200 180 … 230 210 … 260 240 … 290	Gut spanend bearbeitbar, gut weichlötbar, härtbar, vergütbar. Für Radnaben, Schaltgabeln, Pleuelstangen, dickwandige Gehäuse.
Entkohlend geglühter Temperguss						
EN-GJMW-350-4 EN-GJMW-400-5 EN-GJMW-450-7 EN-GJMW-550-4	GTW-35-04 GTW-40-05 GTW-45-07 GTW-55-04	EN-JM-1010 EN-JM-1030 EN-JM-1040 EN-JM-1050	350 400 450 550	4 5 7 4	230 220 220 250	Gut spanend bearbeitbar; gut weichlötbar, härtbar, vergütbar. Für dünnwandige Teile, z. B. Bremstrommeln, Bremsscheiben, Hebel.
Stahlguss für allgemeine Verwendung						vgl. DIN 1681
– – – – –	GS-38 GS-45 GS-52 GS-60 GS-70	1.0416 1.0443 1.0551 1.0553 1.0554	380 450 520 600 700	25 22 18 15 12	– – – – –	Nach dem Gießen werden Gussspannungen durch Spannungsarmglühen beseitigt. Für Bremstrommeln und -scheiben, Bremssättel, Radnaben.

Werkstoff	Erze, Rohstoffe Erzeugerländer	Eigenschaften	Verwendung
Antimon Sb	Die Antimonerze Antimonit und Antimonglanz sind Schwefelverbindungen. Bolivien, Südafrika, China, Mexiko, Kanada.	Dichte 6,69 kg/dm³ Schmelztemperatur 630 °C Silberweiß, glänzend, sehr spröde und hart. Erhöht die Festigkeit und Härte in Zinn- und Bleilegierungen.	Vorwiegend als Legierungswerkstoff; Hartblei für Bleibatterien, Weichlote für Schwermetalle und Blei-Zinn-Legierungen für Gleitlager und Verbundgleitlager.
Blei Pb	Bleiglanz (PbS), 85 % Pb. Russland, USA, Australien, Peru, China, Mexiko. Blei fällt auch bei der Verhüttung von Kupfer und Zink als Nebenprodukt an.	Dichte 11,3 kg/dm³ Schmelztemperatur 327 °C Sehr weich, dehnbar, korrosionsbeständig an der Luft; beständig gegen Salz- und Schwefelsäure; schirmt Röntgenstrahlen u. radioaktive Strahlen ab. Blei und Bleiverbindungen sind giftig.	Für Bleibatterien (in Deutschland 50 %), Bleibleche, Kabelmäntel, Bleilegierungen (Bleibronze, Lagermetalle, Bleilote), Bleimennige. Säurefeste Behälter, Dachabdeckungen, Bleiglas, optische Gläser; Strahlenschutzeinrichtungen und Behälter für radioaktives Material.
Cadmium Cd	Cadmiumoxid (CdO), kommt zusammen mit Zinkerz, auch Galmei genannt, vor. Russland, Japan, USA, Kanada	Dichte 8,6 kg/dm³ Schmelztemperatur 321 °C Silberweiß glänzend, weich, korrosionsbeständig (ähnlich wie Zink). Cadmiumdämpfe sind giftig.	Wird vorwiegend als Legierungselement verwendet, z. B. Lote und Lagermetalle. Rostschutzüberzug für Stahl; Batterien, z. B. Nickel-Cadmium-Batterien.
Chrom Cr	Chromeisenstein und daraus Ferrochrom-Legierung. Südafrika (80 % der Weltreserve), Russland, Türkei, Albanien, Brasilien, Indien.	Dichte 7,1 kg/dm³ Schmelztemperatur 1 800 °C Silberweiß glänzend, hart, spröde; sehr gut korrosionsbeständig; verbessert die Eigenschaften des Stahls.	Legierungselement für Stahl, elektrische Heizleiter; galvanische Überzüge als Rostschutz und Oberflächenveredelung; Hartverchromung von Werkzeugen und Messzeugen.
Kobalt Co	Kobaltglanz und Kobaltnickelkies. Südafrika, Simbabwe, Kongo, Kanada, Marokko.	Dichte 8,8 kg/dm³ Schmelztemperatur 1 490 °C Stahlblau, glänzend, sehr hart, sehr zäh; Eigenschaften ähnlich wie Nickel.	Legierungselement zur Stahlveredelung; bewirkt Härte, Schneidhaltigkeit; Bestandteil der Hartmetalle, Dauermagnete; Kobalt-Farbstoffe.
Kupfer Cu	Kupferglanz (CuS_2) mit 80 % Cu, Buntkupfererz (Cu_5FeS_4) mit 60 % Cu und Kupferkies ($CuFeS_2$) mit 35 % Cu. USA, Russland, Chile, Kanada, Sambia, Zaire, Peru.	Dichte 8,9 kg/dm³ Schmelztemperatur 1 083 °C weich, zäh, sehr dehnbar, gut umformbar, schlecht gießbar; gute Leitfähigkeit für Elektrizität und Wärme; gut korrosionsbeständig, witterungsbeständig (Patinaschicht); Essigsäure bildet mit Kupfer den giftigen Grünspan; Salz- und Schwefelsäure greifen Kupfer an.	Elektrisches Leitermaterial, wärmetechnische Bauteile, z. B. Wärmetauscher, Kühler, Heißwassergeräte, Kupferrohre; korrosionsbeständige Dachabdeckungen und Verkleidungen; Legierungen mit Zink (Messing), mit Zinn, Blei, Aluminium (Bronze) und mit Nickel (Essbestecke), sowie in geringer Menge in vielen Schwer- und Leichtmetallen.
Mangan Mn	Braunstein (MnO_2), Braunit (Mn_2O_3), Manganspat, häufig zusammen mit Eisenerzen (Ferromangan). Russland, Südafrika, Brasilien, Australien, Indien.	Dichte 7,43 kg/dm³ Schmelztemperatur 1 244 °C Graues, eisenähnliches Metall, hart, sehr spröde, bewirkt im Gusseisen Karbidbildung, im Stahl Festigkeit, Verschleißwiderstand, Durchhärtbarkeit.	Vorwiegend als Legierungselement für Stahl, Gusseisen, Kupfer und Leichtmetalle; wirkt als Desoxidationsmittel und Entschwefelungsmittel bei der Stahlherstellung; Bestandteil im Zink-Kohle-Element.
Molybdän Mo	Vorwiegend Molybdänglanz (MoS_2, Molybdändisulfid). USA, Chile, Kanada, Russland, China, Peru, Japan.	Dichte 10,2 kg/dm³ Schmelztemperatur 2 600 °C Silberweiß, hart, dehnbar, korrosionsbeständig; bewirkt um Stahl Festigkeit, Härte und Warmfestigkeit.	Legierungselement für Werkzeugstähle, Schnellarbeitsstähle und Vergütungsstähle; Schaltstückwerkstoff; Molybdändisulfid als Feststoff-Schmiermittel.
Nickel Ni	Nickelmagnetkies (Nickel-Eisen-Schwefel-Verbindung) Garnierit (Nickel-Magnesiumverbindung). Kanada, Russland, Australien, Indonesien, Kuba, Philippinen, Südafrika.	Dichte 8,9 kg/dm³ Schmelztemperatur 1 453 °C Silberweiß, glänzend, hohe Festigkeit und Dehnung; sehr gut korrosionsbeständig, wird nur von schwefelhaltigen Verbindungen angegriffen; verbessert die Eigenschaften des Stahls.	Legierungselement zur Stahlveredelung (nicht rostender Stahl; Dauermagnete (Alnico), elektrische Widerstandswerkstoffe, Nickel-Eisen-Cadmium-Batterien; galvanischer Oberflächenschutz; Nickel-Kupfer-Legierungen (Nickelbronzen).
Quecksilber Hg	Vorwiegend Quecksilbersulfid oder Zinnober (HgS). Russland, Spanien, USA, Algerien, China, Italien.	Dichte 13,6 kg/dm³ Schmelztemperatur –39 °C Einziges bei Raumtemperatur flüssiges Metall; große Wärmedehnung; löst viele Metalle auf (außer Fe, Ni, W, Sb, Si) und bildet Amalgame; Dämpfe giftig.	Quecksilber-Thermometer; in der Elektrotechnik Quecksilber-Schaltröhren; Erzeugung ultravioletter Strahlen mit Quecksilberdampflampen; Extraktion von Gold und Silber aus Mineralien (Amalgambildung).

5

Werkstoff	Erze, Rohstoffe Erzeugerländer	Eigenschaften	Verwendung
Vanadium V	Meist als Beimengung in Eisenerzen, seltener als Vanadiumerz Vanadinit. Südafrika, Namibia, Russland, China, USA, Finnland, Australien, Norwegen.	Dichte 6,1 kg/dm³ Schmelztemperatur 1890 °C Stahlgrau, glänzend, hart, sehr spröde; widerstandsfähig gegen Säuren und Laugen; verbessert im Stahl Festigkeit, Härte und Warmfestigkeit.	Legierungsmetall in Form von Ferrovanadium für Werkzeugstähle, besonders Warmarbeitsstähle, Vergütungsstähle und Federstähle, die bei hohen Temperaturen Festigkeit und Elastizität behalten müssen.
Wismut (Bismuth) Bi	Wismutglanz (Bi_2S_2) und dessen Verwitterungsprodukt Wismutocker (Bi_2O_3);	Dichte 9,8 kg/dm³ Schmelztemperatur 271 °C Silberweiß, rötlich glänzend, spröde; oxidiert an der Luft oberflächlich; dehnt sich beim Erstarren aus.	Vorwiegend für niedrig schmelzende Wismutlegierungen und Weichlote (Ceramor-Legierungen), z. B. Woodsches Metall aus 50 % Bi, 25 % Pb, 12 % Sn, 12 % Cd; schmilzt bei 60 °C.
Wolfram W	Wolframit (WO_4), Scheelit ($CaWO_4$), Bleiwolframat ($PbWO_4$); Gewinnung des Wolframs in Pulverform. China, Russland, Thailand, Kanada, Bolivien, USA.	Dichte 19,3 kg/dm³ Schmelztemperatur 3410 °C Stahlgrau, sehr hart, zäh; beständig gegen Säuren; höchster Schmelzpunkt aller Metalle; bewirkt im Stahl hohe Festigkeit, Härte, Warmfestigkeit.	Legierungsmetall für Werkzeugstähle (Warmarbeitsstähle), Schnellarbeitsstähle; Wolframkarbid für Hartmetalle; in der Elektrotechnik für abbrandfeste Kontakte und Elektroden; Glühlampenwendel.
Zink Zn	Zinkblende (ZnS), 65% Zn, Zinkkarbonat oder Galmai ($ZnCO_3$) mit 50% Zink. Kanada, Russland, Australien, Peru, USA, Japan.	Dichte 7,1 kg/dm³ Schmelztemperatur 420 °C Bruchfläche bläulichweiß, grobkristallin; geringe Härte, große Wärmeausdehnung; nur bei 100 °C bis 200 °C spanlos formbar, sonst spröde; wird von Säuren und Laugen angegriffen, an der Luft korrosionsbeständig.	Verzinken von Stahlerzeugnissen wie Blech, Profilstahl, Draht; Legierungsmetall für Kupferlegierungen (Messing), für Magnesiumlegierungen, Zinkdruckguss; Zink-Kohle-Elemente; verzinkte Gefäße sind nicht für Nahrungsmittel geeignet wegen des Angriffs organischer Säuren.
Zinn Sn	Zinnstein oder Zinnoxid (SnO_2) und Zinnkies. Malaysia, Indonesien, Thailand, Bolivien, Russland, China, Australien, Brasilien, Großbritannien.	Dichte 7,3 kg/dm³ Schmelztemperatur 232 °C Silberweiß glänzend, weich, dehnbar; korrosionsbeständig vorwiegend gegen organische Säuren; beim Biegen knistert Zinn (Zinnschrei); zerfällt ab –20 °C in graues Pulver (Zinnpest).	Legierungsmetall für Kupfer- und Bleilegierungen (Bronze), Weichlote; verzinntes Stahlblech (Weißblech) für Konservendosen (Rückgewinnung von Zinn); reines Zinn für Kunstgegenstände, Trinkgefäße und Zinnfolien (Stanniol).
Silber Ag	Silber-Schwefelverbindungen wie Silberglanz und Silberantimonglanz. Mexiko, Russland, Peru, USA, Kanada, Chile, Australien, Japan, Bolivien.	Dichte 10,5 kg/dm³ Schmelztemperatur 961 °C Glänzend weiß, weich, sehr dehnbar; bester elektrischer Leiter, sehr guter Wärmeleiter; wird von Laugen und schwachen Säuren nicht angegriffen, wird von Schwefelverbindungen geschwärzt; bestes Spiegelmetall.	Leiterwerkstoff in hochwertigen elektrischen Geräten und Instrumenten, Silberkontakte; Schmuckstücke, Münzen, Versilberung von Essbestecken; Silberspiegel, Silberlote; Hauptverbraucher für Silber ist die fotochemische Industrie.
Gold Au	Gediegen in Staub- oder Körnerform in Sand- bzw. Geröllablagerungen oder im Gestein eingesprengt. Südafrika, Russland, Kanada, Brasilien, USA, Neuginea, Philippinen.	Dichte 19,3 kg/dm³ Schmelztemperatur 1063 °C weich, sehr dehnbar, widerstandsfähig gegen fast alle chemischen Einflüsse; wird nur von Königswasser (Salpetersäure + Salzsäure) und von Quecksilber (Goldamalgam) angegriffen.	Vorwiegend Goldlegierungen in der Schmuckindustrie; Zahnmedizin; Nachrichtentechnik, Elektronik; Angabe des Goldgehaltes in Karat z. B. reines Gold 1000/1000 = 24 Karat; Goldlegierungen: 585/1000 = 14 Karat; 333/1000 = 8 Karat.
Platin Pt	Gediegen oder legiert mit Begleitmetallen wie Palladium, Iridium in Gesteinen und Sanden (aus 10 t Erz 30 g Pt). Russland, Südafrika, Namibia, Kanada, Japan.	Dichte 21,5 kg/dm³ Schmelztemperatur 1773 °C Grauweiß, glänzend, sehr geschmeidig und dehnbar; chemisch außerordentlich widerstandsfähig, wird nur von Königswasser angegriffen; oxidiert selbst bei höchsten Temperaturen nicht.	Vorwiegend Platin-Iridiumlegierungen; Mess- und Regeltechnik, Thermoelemente, Elektroden, Kontakte; Hauptverbrauch für Katalysatoren in der chemischen Industrie, in Erdöl-Raffinerien und in Abgasentgiftungsanlagen.

Kurzzeichen	Werkstoff-nummer	Zug-festigkeit N/mm²	Bruch-dehnung %	Zusammensetzung Gew.-%	Eigenschaften, Verwendung
Kupfer-Zinklegierungen (Messing)					Knetlegierungen vgl. DIN EN 12163
CuZn37	2.0321	360...450	33...27	62...64 Cu; Rest Zn	Hauptlegierung für Kaltumformen durch Tiefziehen, Drücken, Walzen, Stauchen.
CuZn40	2.0360	350...480	48...28	59,5...61,5 Cu; Rest Zn	Gut warm- und kaltumformbar (Schmiedemessing); Biegen, Nieten, Stauchen.
CuZn39Pb3	2.0401	390...670	35...8	57...59 Cu; 2,5...3,5 Pb; Rest Zn	Gut zerspanbar, gut warmumformbar, Hauptlegierung für Automatenarbeit.
CuZn40Pb2	2.0402	390...670	35...8	57...59 Cu; 1,5...2,5 Pb; Rest Zn	Sehr gut zerspanbar; Legierung für alle spanenden Bearbeitungsverfahren.
CuZn31Si1	2.0490	380...600	35...6	66...70 Cu; 1 Si; Rest Zn	Für gleitende Beanspruchung; Lager.
Kupfer-Zinnlegierungen (Zinnbronze)					Knetlegierungen vgl. DIN EN 12164
CuSn6	2.1016	350...620	55...7	5,5...7 Sn; Rest Cu	Federn aller Art, besonders für Elektrotechnik; Steckverbinder, Federrohre.
CuSn8	2.1030	420...550	60...10	7,5...8,5 Sn; Rest Cu	Für dünnwandige Lagerbuchsen; höhere Abriebfestigkeit als CuSn 6.
Kupfer-Nickellegierungen (Nickelbronze)					Knetlegierungen vgl. DIN 17664
CuNi10Fe1Mn	2.0872	360	5	9...11 Ni; 1...2 Fe; 0,5...1 Mn; Rest Cu	Gut korrosionsbeständig, gut schweißbar; Rohre für Wärmetauscher, Bremsleitungen.
CuNi30Fe2Mn2	2.0883	360...490	30	29...11 Ni; 1...2 Fe; 1,5...2,5 Mn; Rest Cu	Sehr gut korrosionsbeständig, gut schweißbar; Ölkühler, Wärmetauscher.
Kupfer-Aluminiumlegierungen (Aluminiumbronze)					Knetlegierungen vgl. DIN EN 12163
CuAl9Mn2	2.0960	500...580	25...15	8...10 Al; 1,5 Fe; 1,5...3 Mn; Rest Cu	Hochbelastete Getriebe- u. Schraubenräder; Ventilsitzringe hoher Warmfestigkeit.
CuAl10FeMn2	2.0936	600...650	10	8,5...11 Al; 2...4 Fe; 1,5...3 Mn; Rest Cu	Konstruktionsteile für den chemischen Apparatebau; zunderbeständige Teile.
Kupfer-Zink-Gusslegierungen (Gussmessing)					vgl. DIN 1709
G-CuZn15	2.0241.01	170	25	83...87 Cu; Rest Zn	Gut weich- und hartlötbar; Konstruktionsteile für Maschinenbau, Elektrotechnik.
G-CuZn33Pb	2.0290.01	180	12	63...67 Cu; 1...3 Pb; Rest Zn	Konstruktionsteile für Maschinenbau, Elektrotechnik, Feinmechanik, Optik.
GD-CuZn37Pb	2.0340.05	280	4	59...63 Cu; 0,2...0,8 Al; 0,5...2,5 Pb; Rest Zn	Druckgussteile für Maschinenbau, Elektrotechnik; gut spanend bearbeitbar.
Kupfer-Zinn- und Kupfer-Zinn-Zink-Gusslegierungen (Gusszinnbronze und Rotguss)					vgl. DIN EN 1982
G-CuSn12	2.1052.01	260	12	84...88 Cu; 11...13 Sn;	Gut korrosionsbeständig und verschleißfest; Schneckenräder, Spindelmuttern.
G-CuSn12Pb	2.1061.01	260	10	84...87 Cu; 11...13 Sn; 1...2 Pb	Lagerwerkstoff; gute Notlaufeigenschaften, verschleißfest; Kolbenbolzenbuchsen.
G-CuSn7ZnPb	2.1090.01	240	15	81...85 Cu; 6...8 Sn; 3...5 Zn; 5...7 Pb	Normal- und hochbeanspruchte Gleitlagerbuchsen, Kolbenbolzenbuchsen.
G-CuSn2ZnPb	2.1098.01	210	18	80...85 Cu; 1,5...3 Sn; 7...9 Zn; 4...6 Pb	Speziell für dünnwandige Armaturen (bis 12 mm Wanddicke) geeignet.
Kupfer-Aluminium-Gusslegierungen (Guss-Aluminiumbronze)					vgl. DIN EN 1982
G-CuAl10Fe	2.0940.01	500	15	mind. 83 Cu; 8...11 Al; 2...4 Fe; 3 Ni	Mechanisch beanspruchte Teile; Hebel, Buchsen, Ritzel, Schaltgabeln, Gehäuse.
G-CuAl10Ni	2.0975.01	600	12	mind. 76 Cu; 8,5...11 Al; 4...6,5 Ni; 3,5...5,5 Fe	Hinsichtlich der Festigkeit und Korrosionsbeständigkeit hochbeanspruchte Teile.
Kupfer-Blei-Zinn-Gusslegierungen (Guss-Blei-Zinnbronze)					vgl. DIN 1716
G-CuPb10Sn	2.1176.01	180	8	78...82 Cu; 8...11 Pb; 9...11 Sn	Gleitlager mit hohen Flächendrücken; Kolbenbolzen- und Getriebebuchsen.
G-CuPb22Sn	2.1166.09	–	–	70...80 Cu; 18...26 Pb; 0,5...3 Sn	Verbundwerkstoff für Verbundlager; Kurbelwellen-, Pleuel-, Nockenwellenlager.
Feinzink-Gusslegierungen					vgl. DIN EN 12844
GD-ZnAl4Cu1	2.2141.05	280...350	2...5	3,5...4,3 Al; 0,4...1,1 Cu; Rest Zn	Für Druckgussstücke aller Art hohe Maßbeständigkeit, Vergaserteile.
GK-ZnAl6Cu1	2.2161.02	220...260	1,5...3	5...6 Al; 1,5 Cu; Rest Zn	Gießtechnisch schwierige Kokillengussteile.

Kurzzeichen	Werkstoffnummer	Schmelzbereich fest °C	Schmelzbereich flüssig °C	Zusammensetzung Gew.-%	Eigenschaften, Verwendung
Kupferlegierungen für Gleitlager					vgl. DIN ISO 4382
CuPb9Sn5	2.1815	–	–	4…6 Sn; 8…10 Pb; 2 Zn; Rest Cu	Weiche Lagerlegierungen für mittlere Belastungen und mittlere bis hohe Gleitgeschwindigkeiten. Zunehmender Zinngehalt erhöht die Härte.
CuPb10Sn10	2.1816	–	–	9…11 Sn; 8…11 Pb; 2Zn; Rest Cu	
CuSn8Pb2	2.1810	–	–	6…9 Sn; 0,5…4 Pb; 3 Zn; Rest Cu	Für problemlose Anwendungsfälle mit geringen bis mäßigen Belastungen. Ausreichende Notlaufeigenschaften bei kurzfristig fehlender Schmierung.
CuSn7Pb7Zn3	2.1820	–	–	6…8 Sn; 5…8 Pb; 2…5 Zn; Rest Cu	
Blei-Zinn-Gußlegierungen für Verbundgleitlager					vgl. DIN ISO 4381
PbSb15SnAs	2.3390	240	350	13,5…15,5 Sb; 0,9…1,7 Cu; 0,8…1,2 As; Rest Pb	Für geringe Belastung und niedrige Gleitgeschwindigkeit; Nockenwellenlager.
PbSb15Sn10	2.3391	240	370	14…16 Sb; 9…11 Sn; 0,7 Cu; Rest Pb	Für mittlere Belastung, mittlere Gleitgeschwindigkeit; gut einbettfähig.
PbSb14Sn9CuAs	2.3392	240	420	13…15Sb;8…10Sn;1 As; 0,7…1,5 Cu; Rest Pb	Für hohe Gleitgeschwindigkeit und thermische Belastung; Pleuellager.
SnSb12Cu6Pb	2.3790	183	400	11…13 Sb; 5…7 Cu; 1…3 Pb; Rest Sn	Für mittlere Belastung; Gleitlager für Elektromaschinen und Verdichter.
SnSb8Cu4Cd	2.3792	230	360	7…8 Sb; 3…4 Cu; 0,8…1,2 Cd; Rest Sn	Für hohe Belastung, hohe Schlagbeanspruchung; Hauptlager und Pleuellager.
Weichlote für Schwermetalle					vgl. DIN EN 29453 (DIN 1707)
S-Pb78Sn20Sb2		186	270	20% Sn; 2% Sb; Rest Pb	Flammlöten, Karosseriebau (Schmierlot).
S-Pb69Sn30Sb1		185	250	30% Sn; 1% Sb; Rest Pb	Lötbadlöten, Kühlerbau (Schmierlot).
S-Pb60Sn40		183	235	40% Sn; Rest Pb	Verzinnung, Feinblechverpackung, Feinzink, Klempnerarbeiten.
S-Sn60Pb40Sb		183	190	60% Sn; 0,1…0,5% Sb; Rest Pb	Feinblechlötung, Verzinnung.
S-Sn63Pb37		185	183	63% Sn; Rest Pb	Elektrotechnik und Elektronik, gedruckte Schaltungen, Miniaturtechnik.
S-Pb95Ag5		304	365	40% Sn; Rest Pb	Elektrotechnik, für hohe Betriebstemperaturen.
S-Sn96Ag4		221	221	96% Sn; 4% Ag	Elektrotechnik und Elektronik, gedruckte Schaltungen, Miniaturtechnik.
Weichlote für Aluminium-Werkstoffe					vgl. DIN EN 29453 (DIN 1707)
S-Sn90Zn10		200	250	90% Sn; Rest Zn	Reiblöten, Ultraschalllöten; Al-Kabelmäntel.
S-Cd80Zn20		265	280	80% Cd; Rest Zn	
Kupferhartlote, Kupfer-Phosphorhartlote					vgl. DIN EN 1044, DIN EN ISO 3677
B-Cu60Zn(Si)(Mn)-870/900		870	900	60% Cu; Rest Zn	Für Stahl, Temperguss, Kupfer, Kupferlegierungen, Nickel, Nickellegierungen.
B-Cu59ZnSn(Ni)(Mn)(Si)-870/890		870	890	59% Cu; 48% Zn; 1% Sn	Für Stahl, Temperguss, Kupfer, Kupferlegierungen, Nickel, Nickellegierungen.
B-Cu92P-710/770		710	770	80% Cd; Rest Zn	Für Kupfer, Kupfer-Zinklegierungen und Kupfer-Zinnlegierungen.
Silberhartlote					vgl. DIN EN 1044, DIN EN ISO 3677
B-Cu48ZnAg(Si)-800/830		800	830	12% Ag; 48% Cu; 40% Zn	Für Stahl, Temperguss, Kupfer, Kupferlegierungen, Nickel, Nickellegierungen.
B-Ag40ZnCdCu-595/630		595	630	40% Ag; 20% Cd; 19% Cu; 21% Zn	Niedrigstschmelzendes Lot, bevorzugt für Handlötungen, Stahl, Cu-Legierungen.
B-Ag49ZnCu MnNi-680/705		680	705	49% Ag; 16% Cu; 7,5% Mn; 4,5% Ni; 23% Zn	Auflöten von Hartmetall auf Stahl.
B-Ag56CuZnSn-620/655		620	655	56% Ag; 22% Cu; 17% Zn; 5% Sn	Vorzugsweise für Silber und Silberlegierungen, sowie andere Edelmetalle.
Aluminiumhartlote					vgl. DIN EN 1044, DIN EN ISO 3677
B-Al92Si-575/615		575	615	92% Al; 7,5% Si	Aluminium, Al-Legierungen vom Typ AlMn, AlMg, AlMgMn und AlMgSi.
B-Al88Si-575/585		575	585	88% Al; 12% Si	

5

Werkstoff	Vorkommen, Gewinnung	Eigenschaften, Verwendung	Anmerkungen
Aluminium Al	Ausgangsstoff ist Bauxit mit etwa 60 % Aluminiumoxid (Al_2O_3). Australien, Guinea, Jamaika, Russland, Brasilien, Bosnien und Herzegowina, Frankreich. 1. Gewinnung von reinem Aluminiumoxid auf chemischem Weg. 2. Reduktion des Aluminiumoxides durch Schmelzflusselektrolyse mithilfe von Gleichstrom.	Dichte 2,7 kg/dm³ Schmelztemperatur 658 °C Weich, dehnbar, kalt und warm umformbar, gießbar; guter elektrischer Leiter, guter Wärmeleiter, große Wärmeausdehnung; korrosionsbeständig; schweiß- und lötbar. Verarbeitung zu Blechen und Profilen; vorwiegend als Legierung.	Aus 4 t Bauxit werden 2 t Aluminiumoxid und daraus 1 t Aluminium gewonnen. Energiebedarf für 1 t 14500 kWh Gleichspannung 4V … 6V Stromstärke etwa 20000 A Hüttenaluminium („H") Al 99,8 H Reinstaluminium („R") Al 99,99 R Reinaluminium Al 99,7
Magnesium Mg	Ausgangsstoffe sind Magnesit und Dolomit, auch Meerwasser. USA, Russland, Norwegen, Italien. Auf chemischem Wege wird zuerst Magnesiumchlorid ($MgCl_2$) und dann durch Schmelzflusselektrolyse Rohmagnesium gewonnen.	Dichte 1,74 kg/dm³ Schmelztemperatur 650 °C Silberweißes, sehr leichtes Metall, nicht korrosionsbeständig. Wegen seiner geringen Festigkeit wird Magnesium vorwiegend zum Legieren oder als Legierung verwendet.	In Span- oder Pulverform und im flüssigen Zustand ist Magnesium sehr leicht entzündbar und brennt mit weißer sehr heller Flamme. Magnesiumbrände dürfen nicht mit Wasser gelöscht werden. Durch Bildung von Wasserstoff entstehen explosionsartig Stichflammen.
Titan Ti	Ausgangsstoffe sind Titaneisen ($FeTiO_3$) oder Titandioxid (TiO_2), in vielen Mineralien enthalten. USA, Russland, Kanada, Indien. 1. Verarbeitung von $FeTiO_3$ bzw. TiO_2 zu $TiCl_4$ 2. Reduktion mit Mg zu Ti-Schwamm 3. Reinigung/Umschmelzung	Dichte 4,5 kg / dm³ Schmelztemperatur 1670 °C Silberweiß, Zugfestigkeit wie Baustahl, sehr korrosionsbeständig, hohe thermische u. chemische Beständigkeit. Titanlegierungen und mit Ti legierter Stahl, z. B. für Rennsport.	Die Herstellung von Titan ist sehr aufwendig und deshalb mit hohen Kosten verbunden. Die Verarbeitung von Titan und Titanlegierungen gestaltet sich im Vergleich zu Stahl schwieriger (schlechtere Kaltumformbarkeit und Schweißbarkeit).

Kurzzeichen	Zugfestigkeit R_m N/mm²	Bruchdehnung A_S %	Zusammensetzung Gew.-%	Eigenschaften, Verwendung
Aluminium-Knetlegierungen				vgl. DIN EN 573
EN AW-3103 [AlMn1]	90 … 185	21 … 2	0,9 … 1,5 Mg; 0,7 Fe; 0,5 Si; Rest Al	Korrosionsbeständig, gut schweißbar; Behälter, Tankwagen, Fahrzeugbau.
EN AW-5754 [AlMg3]	190 … 290	16 … 2	2,6 … 3,6 Mg; 0,5 … 1 Mn; Rest Al	Korrosionsbeständig; Dachbedeckungen, Fahrzeugbau, Maschinenbau, Schrauben.
EN AW-6082 [AlSi1MgMn]	105 … 310	16 … 7	0,6 … 1,2 Mg; 0,7 … 1,3 Si; 0,4 … 1 Mn; Rest Al	Aushärtbar; gut schweißbar; Fahrzeug- u. Maschinenbau, Nahrungsmittelgeräte.
EN AW-7020 [AlZn4, 5Mg1]	220 … 350	13 … 8	4 … 5 Zn; 1 … 1,4 Mg; bis 0,5 Mn; Rest Al	Aushärtbar; gut schweißbar; für statisch beanspruchte Konstruktionen.
Alluminium-Gusslegierungen				vgl. DIN EN 1706
EN AC-44100 [AlSi12]	150 … 170	5 … 4	10,5 … 13,5 Si; 0,4 Mn; Rest Al	Sehr gut gießbar, schweißbar, korrosionsbeständig, druckdichte Gussstücke.
EN AC-43200 [AlSi10Mg(Cu)]	160 … 240	1	9 … 11 Si; 0,2 … 0,5 Mg; bis 0,4 Mn; Rest Al	Aushärtbar; gut gießbar, schweißbar; für verwickelte Gussteile im Fahrzeugbau.
EN AC-44300 [AlSi12(Fe)]	240	1	10,5 … 13,5 Si; 1 Cu; 0,1 … 0,5 Mn; Rest Al	Druckgusslegierung für verwickelte Gussstücke; nur bedingt schweißbar.
EN AC-45000 [AlSi6Cu4]	150 … 170	1	5 … 7 Si; 3 … 5 Cu; 0,3 … 0,6 Mn; Rest Al	Gut gießbar und schweißbar; vielseitig angewandte Legierung; Fahrzeugbau.
Magnesium-Knet- und Gusslegierungen				vgl. DIN EN 1753, DIN 1729[1]
MgMn2[1]	–	–	1,2 … 2 Mn; Rest Mg	Gut schweißbar, korrosionsbeständig.
MgAl6Zn[1]	–	–	5,5 … 7 Al; 0,3 … 1 Zn; 0,1 … 0,4 Mn; Rest Mg	Mittlere bis hohe Festigkeit; beschränkt schweißbar; Stangen, Strangpressprofile.
EN MC-21120 [MgAl9Zn1]	160 … 260	6 … 1	8 … 9,5 Al; 0,3 … 1 Zn; 0,1 … 0,3 Mn; Rest Mg	Druckgusslegierung mit guten Gleiteigenschaften und hoher Festigkeit
Aluminium-Gusslegierungen für Kolben (nicht genormt)				
AlSi 12 CuNi 1	120 … 240	0,5 … 1	11 … 13 Si; 0,8 … 1,5 Cu; 0,8 … 1,3 Ni; Rest Al	Gute Laufeigenschaften, verschleißfest, Längenausd.-Koeffizient $\alpha = 0{,}000021$ 1/K.
AlSi 17 CuNi 3	130 … 230	0,3 … 1	16 … 18 Si; 0,8 … 1,2 Cu; 3,2 … 3,6 Ni; Rest Al	Hohe Verschleißfestigkeit, gute Wärmeleitfähigkeit; $\alpha = 0{,}000018$ 1/K.
AlSi 25 CuNi 1	120 … 220	0,1 … 0,3	22 … 25 Si; 0,8 … 1,2 Cu; 0,8 … 1 Ni; Rest Al	Hohe Verschleißfestigkeit; besonders niedrig ist $\alpha = 0{,}000016$ 1/K.
AlCu 4 Ni	220 … 280	0,1 … 0,3	3,7 … 4,2 Cu; 1,7 … 2 Ni; 1,2 … 1,8 Mg; Rest Al	Sehr gute Wärmeleitfähigkeit, gute Warmfestigkeit; $\alpha = 0{,}000023$ 1/K.

5

Sinterwerkstoffe	Herstellung der Sinterwerkstoffe: **Pulvererzeugung**: Zermahlen der Metalle oder Metallkarbide; Zerstäubung von Metallschmelzen; Reduktion pulverförmiger Metalloxide; elektrolytische Abscheidung des pulverförmigen Metalls aus Salzlösungen. **Pulvermischung**: Die verschiedenen Pulverarten werden je nach den gewünschten Eigenschaften des Sinterwerkstoffes in Mischtrommeln gemischt. **Pressen**: Die Pulvermischung wird in Presswerkzeugen zu den entsprechenden Formteilen verdichtet. **Sintern**: Im Sinterofen werden die Presslinge auf etwa $^2/_3$ ihrer Schmelztemperatur erwärmt. **Kalibrieren**: Werkstücke hoher Messgenauigkeit werden in einem Kalibrierwerkzeug nachgepresst.	Beim Sinterverfahren werden aus Metall-, Metalloxid- oder Metallkarbidpulvern mittels Druck und Wärme Formteile hergestellt. Die Temperatur bleibt dabei unterhalb des Schmelzpunktes der Hauptbestandteile. Pressdruck, je nach Wanddicke ca. 6000 bar Sintertemperatur, Cu-Legierungen 600 ... 800 °C –, Sintereisen, Sinterstahl 1000 ... 1300 °C –, Hartmetalle, Wolfram, Molybdän 1400 ... 1600 °C Dauer des Sintervorganges 30 ... 150 min Verbindung von Werkstoffen sehr unterschiedlicher Schmelzpunkte und Eigenschaften ist möglich. Sehr poröse Werkstücke (Filter, Lagerschalen) sowie Formteile geringer Porosität können gefertigt werden. Nachteilig sind hohe Werkzeugkosten und die begrenzte Größe der Werkstücke.
Hartmetalle	Ausgangsstoffe: Wolframkarbid (WC), Titankarbid (TiC), Tantalkarbid (TaC), Molybdänkarbid (Mo_2C) und Kobalt (Co) als Bindemittel, pulverförmig. Da die Karbide nur schwer schmelzen, wird die Mischung aus Karbid- und Kobaltpulver gesintert.	WC 30 ... 90 % Dichte 7,2 ... 15 kg/dm³ TiC + TaC 0 ... 65 % Druckfestigkeit 5700 N/mm² Co 4 ... 18 % Arbeitstemperatur 900 °C Härte und Zähigkeit sind unterschiedlich. Hoher Karbidanteil bewirkt Härte, Kobalt mehr Zähigkeit.
Oxidkeramik	Ausgangsstoffe. Sinterkorund (Al_2O_3) und Metalloxide (Magnesiumoxid) als Bindemittel. Herstellung: Die pulverförmigen Stoffe werden zu Formlingen gepresst und anschließend gesintert.	Sinterkorundanteil 97,5 ... 99,9 % Druckfestigkeit 3000 ... 4000 N/mm² Arbeitstemperatur bis 1200 °C Erweichungstemperatur 1500 ... 1800 °C

Bezeichnungssystem für Sinterwerkstoffe vgl. DIN 30910

Sint – A 5 0

Sinterwerkstoff (Sint)
2. Kennziffer zur weiteren Unterscheidung (0)

Kennbuchstabe	Raumerfüllung R_x in %	Einsatzgebiet	Kennziffer	Chemische Zusammensetzung
AF A B	< 73 75 ± 2,5 80 ± 2,5	Filter Gleitlager Gleitlager, Formteile mit Gleiteigenschaften	0 1 2	Sintereisen, Sinterstahl, Cu < 1 %, mit oder ohne C Sinterstahl, 1 ... 5 % Cu, mit oder ohne C Sinterstahl, Cu > 5 %, mit oder ohne C
C D E	85 ± 2,5 90 ± 2,5 94 ± 1,5	Gleitlager, Formteile Formteile Formteile	3 4 5	Sinterstahl, mit oder ohne C, ≤ 6 % andere Leg.-El. Sinterstahl, mit oder ohne C, > 6 % andere Leg.-El. Sinterlegierungen mit Cu > 60 %
F G H	> 95,5 > 92 > 90	Sintergeschmiedete Formteile infiltrierte Formteile warmgepresste Gleitlager u. Gleitelemente	6 7 8, 9	Sinterbuntmetalle, nicht in Kennziffer 5 enthalten Sinterleichtmetalle Reserveziffern

Sintermetalle (Auswahl) vgl. DIN 30910

Kurzname	Zusammensetzung	Zugfestigkeit R_m in N/mm²	Härte HB mind.	Eigenschaften, Verwendung
Sint-AF50	Sinterbronze, 9 ... 11 % Sn, Rest Cu	40 ... 160	–	porös, Filterteile
Sint-A20 Sint-A50	Sinterstahl, C < 0,3 %, Cu > 5 % Sinterbronze, C < 0,2 %, 9 ... 11 % Sn, Rest Cu	150 70	40 25	großer Porenraum, selbstschmierende Lagerschalen und -buchsen
Sint-B00 Sint-B10	Sintereisen, C < 0,3 %, Cu < 1 % Sinterstahl, C < 0,2 %, 1 ... 5 % Cu	80 150	30 40	gute Notlaufeigenschaften, Gleitlager, Formteile mit geringer Beanspruchung
Sint-C00 Sint-C50	Sintereisen, C < 0,3 %, Cu < 1 % Sinterbronze, C < 0,2 %, 9 ... 11 % Sn, Rest Cu	150 140	45 30	gute Gleiteigenschaften, Gleitlager, Formteile mit mittlerer Beanspruchung
Sint-D30 Sint-D40	Sinterstahl, C < 0,3 %, 1 ... 5 % Cu, 1 ... 5 % Ni Sintereisen, 16 ... 19 % Cr, 10 ... 14 % Ni, 2 % Mo	550 450	110 100	Formteile mit höherer Beanspruchung, z. B. Pumpenteile, Zahnräder
Sint-E10 Sint-E73	Sinterstahl, C < 0,3 %, 1 ... 5 % Cu Sinteraluminium, 4 ... 6 % Cu	350 200	100 55	Formteile in der Elektrotechnik und Feinmechanik
Sint-F31 Sint-F60	Sinterschmiedestahl (C-, Ni-, Mn-, Mo-haltig) Wolfram und Kupfer	770 –	180 –	hoch beanspruchte Formteile elektrische Kontakte

Schleifmittel

Kennbuchstabe	Schleifmittel	Chemische Zusammensetzung	Härte nach Knoop N/mm²	Mohs	Anwendungsbeispiele
A	Normalkorund	Al_2O_3 mit Beimengungen	18000	9,0	unlegierter, ungehärteter Stahl, Stahlguss, Temperguss
	Edelkorund	Al_2O_3 kristalline Form	21000	9,0…9,25	legierter Stahl, gehärteter Stahl, Einsatzstahl, gehärteter, legierter Werkzeugstahl
C	Siliziumkarbid	SiC mit Beimengungen	24800	9,5…9,7	Harte Werkstoffe: Hartmetall, Gusseisen, Keramik Weiche Werkstoffe: Kunststoff, Nichteisen-Metalle
B	Bornitrid	BN kristalline Form	48000	9,8	gehärteter legierter Werkzeugstahl, Einsatzstahl
D	Diamant	C kristalline Form	70000	10	Hartmetall, Gusseisen, Glas, Stein, Keramik

Schleifscheiben, Schleifsteine

Begriff	Erklärung
Körnung	Unter Körnung versteht man die Korngröße des eingesetzten Schleifmittels. Die Körnung von Schleifscheiben und Schleifsteinen wird nach FEPA-Standard (Vereinigung der europäischen Schleifmittelhersteller) mit einem „**F**" und einer nachfolgenden Kennzahl bezeichnet. Je größer die Zahl, desto kleiner ist die Korngröße.

Kennzeichnung

Bereich	**Körnungen** (nach FEPA-Standard)
grob	F 4 5 6 7 8 10 12 14 16 20 22 24
mittel	F 30 36 40 46 54 60
fein	F 70 80 90 100 120 150 180 220
sehr fein	F 230 240 280 320 360 400 500 600 800 F 1000 1200 1500 2000

Begriff	Erklärung
Härtegrad	Unter dem Härtegrad versteht man die Festigkeit, mit der die Schleifkörner durch das Bindemittel festgehalten werden. Der Härtegrad wird durch Buchstaben bezeichnet. Zum Schleifen harter Werkstoffe eignen sich weiche Schleifkörper, damit stumpf gewordene Schleifkörner rechtzeitig ausbrechen.

Bereich	Härtegrad	Bereich	Härtegrad
äußerst weich	A B C D	hart	P Q R S
sehr weich	E F G	sehr hart	T U V W
weich	H I J K	äußerst hart	X Y Z
mittel	L M N O		

Begriff	Erklärung
Gefüge	Das Gefüge eines Schleifkörpers ergibt sich aus der Verteilung der Schleifkörner und der Porenräume. Je größer die Kennzahl, desto offener ist das Gefüge, desto poröser ist der Schleifkörper. Schleifen weicher Stoffe erfordert offenes Gefüge.

Kennzahlen für das Gefüge

0 1 2 3 4 5 6 7 8 9 10 11 12 13 14 usw. bis 30

geschlossen (dicht) ← Gefüge → offen (porös)

Begriff	Erklärung
Bindung	Je nach Einsatzbedingungen und zu bearbeitenden Werkstoffen werden unterschiedliche Bindungswerkstoffe eingesetzt. *Beispiele:* Keramische Bindung von Korund oder Siliziumkarbid für Vor- und Feinschleifen von Stahl. Faserverstärkte Gummibindung zum Trennschleifen.

Kurzzeichen für die Bindung (Auswahl)

V	Keramische Bindung	G	Galvanische Bindung
B BF	Kunstharzbindung, faserverstärkt	R RF	Gummibindung, faserverstärkt
M	Metallbindung	MG	Magnesitbindung

Begriff	Erklärung
Umfangsgeschwindigkeit	Beim Einsatz von Schleifkörpern, z. B. Schleifscheiben darf die höchstzulässige Umfangsgeschwindigkeit v_{Umax} nicht überschritten werden. Sie ist auf dem Schleifkörper durch Farbstreifen gekennzeichnet.

Kennzeichnung von v_{Umax} durch Farbstreifen (Auszug)

Farbe	blau	gelb	rot	grün	grün-gelb	blau-rot
v_{Umax} in m/s	50	63	80	100	125	140

Bezeichnung von Schleifscheiben

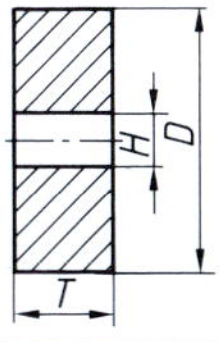

Beispiel: **Schleifscheibe ISO 603–1 1 A–300 × 40 × 51–A 80 L–5 V–50**

- für Außenrundschleifen zw. Spitzen: ISO 603–1
- gerade Schleifscheibe Form 1: 1
- Randform A: A
- D = 300 mm, T = 40 mm, H = 51 mm: 300 × 40 × 51
- Schleifmittel: Korund (A): A
- Körnung: 80
- Härtegrad: L
- Gefüge: 5
- Bindung: keramisch (V)
- v_{Umax} = 50 m/s

Schleifblätter, Schleifbänder

Verwendung	Schleifblätter bzw. Schleifbänder werden für die Oberflächenbearbeitung verwendet. Sie gibt es in Ausführungen für Handschliff und für Maschinen (Schwingschleifer, Exzenterschleifer usw.) und jeweils für Nass- und Trockenschliff.
Aufbau	Das Schleifmittel (Korund, Siliziumkarbid) wird mit einem Bindemittel (Leim, Kunstharz) auf das Trägermaterial (Papier, Gewebe, Fiber) aufgeklebt.
Körnung	Die Körnung von Schleifblättern bzw. Schleifbändern wird nach FEPA-Standard mit einem „**P**" und einer nachfolgenden Kennzahl bezeichnet. Je größer die Zahl, desto kleiner ist die Korngröße.

Körnung von Schleifblättern, Schleifbändern (nach FEPA-Standard)

Bereich	Körnungen
grob	P 12 16 20 24 30 36 50 60 80
mittel	P 100 120 150 180 220 240 280
fein	P 320 400 500 600
sehr fein	P 800 1000 1200 1500 2000 2500 3000 5000

FEPA: Vereinigung der europäischen Schleifmittelhersteller

Rund-, Quadrat- und Sechskantstahl, blank

vgl. DIN EN 10278

Maße *d, a, s* mm	Längenbezogene Masse *m'* in kg/m *d*	*a*	*s*	Maße *d, a, s* mm	Längenbezogene Masse *m'* in kg/m *d*	*a*	*s*	Maße *d, a, s* mm	Längenbezogene Masse *m'* in kg/m *d*	*a*	*s*
2	0,0247	0,0314	0,0272	10	0,617	0,785	0,680	25	3,85	4,91	–
2,5	0,0385	–	0,0425	11	0,746	0,950	0,823	30	5,55	7,07	6,12
3	0,0555	0,0707	0,0612	12	0,880	1,130	0,979	32	6,31	8,04	6,96
3,5	0,0755	0,0962	0,0833	14	1,21	1,54	1,33	36	7,99	10,2	8,81
4	0,0986	0,126	0,109	15	1,39	1,77	1,53	40	9,86	12,6	–
4,5	0,125	0,159	0,138	16	1,58	2,01	1,74	50	15,4	19,6	17,0
5	0,154	0,196	0,170	17	1,78	2,27	1,96	60	22,2	28,3	24,5
5,5	0,187	0,237	0,206	18	2,0	2,54	–	70	30,2	38,5	33,3
6	0,222	0,283	0,245	19	2,23	2,83	2,45	80	39,5	50,2	43,5
8	0,395	0,502	0,435	20	2,47	3,14	–	90	44,9	–	55,1
9	0,499	0,636	0,551	22	2,98	3,80	3,29	100	61,7	78,5	68,0

Flachstahl, blank

vgl. DIN EN 10278

Breite mm	Längenbezogene Masse *m'* in kg/m, Dicke in mm: 2,0	2,5	3,0	4,0	5,0	6,0	8,0	10	12	16	20	25
5	0,079	0,89	0,118	–	–	–	–	–	–	–		
6	0,094	0,118	0,141	0,188	–	–	–	–	–	–	–	–
8	0,126	0,157	0,188	0,251	0,314	0,377	–	–	–	–	–	–
10	0,167	0,196	0,236	0,314	0,393	0,471	–	–	–	–	–	–
12	0,188	0,236	0,283	0,377	0,471	0,565	0,745	–	–	–	–	–
16	0,251	0,314	0,377	0,502	0,628	0,754	1,00	1,26	–	–	–	–
20	0,314	0,393	0,471	0,628	0,785	0,942	1,26	1,57	1,88	2,51	–	–
22	0,345	–	0,518	0,691	0,864	1,04	1,38	1,73	2,07	–	–	–
25	0,393	0,491	0,589	0,785	0,961	1,18	1,57	1,96	2,36	3,14	3,93	–
28	0,440	–	0,659	0,879	1,10	1,32	1,76	2,20	2,64	3,52	4,40	–
32	0,502	0,628	0,754	1,00	1,26	1,51	2,01	2,51	–	4,02	5,02	6,28
40	0,628	–	0,942	1,26	1,57	1,88	2,51	3,14	3,77	5,02	6,28	7,85

Stahlrohre, nahtlos

vgl. DIN EN 10305

Außen-Ø mm	Längenbezogene Masse *m'* in kg/m, Wanddicke in mm: 0,5	1,0	1,5	2,0	2,5	3,0	Außen-Ø mm	Längenbezogene Masse *m'* in kg/m, Wanddicke in mm: 0,5	1,0	1,5	2,0	2,5	3,0
5	0,056	0,099	–	–	–	–	20	0,204	0,469	0,684	0,888	1,08	1,26
6	0,068	0,123	0,166	0,179	–	–	25	0,302	0,592	0,869	1,13	1,39	1,63
8	0,092	0,173	0,240	0,296	0,339	–	32	0,388	0,766	1,13	1,48	1,82	2,15
10	0,117	0,222	0,314	0,395	0,462	0,519	38	0,462	0,912	1,35	1,78	2,19	2,59
12	0,142	0,271	0,396	0,493	0,586	0,666	40	0,487	0,962	1,42	1,87	2,31	2,74
16	0,191	0,370	0,536	0,619	0,832	0,962	50	–	1,21	1,79	2,37	2,39	3,48

Stahlblech

vgl. DIN EN 10130

Blechdicke mm	Flächenbez. Masse *m''* kg/m²	Blechdicke mm	Flächenbez. Masse *m''* kg/m²	Blechdicke mm	Flächenbez. Masse *m''* kg/m²	Oberflächenart Bezeichnung A und B	Oberflächenausführung	Stahlsorten nach DIN
0,35	2,748	0,80	6,280	2,0	15,90	**A** Fehler wie Poren, kleine Riefen, leichte Kratzer sind zulässig **B** Die bessere Seite muss fehlerfrei sein, die andere mindestens wie A	**b** besonders glatt **g** glatt **m** matt **r** rau	St12 RRSt13 St14, St15 (EN-Normen bestehen noch nicht)
0,40	3,140	0,90	7,065	2,5	19,63			
0,50	3,925	1,0	7,850	3,0	23,55			
0,60	4,710	1,2	9,420	3,5	27,48			
0,70	5,495	1,5	11,78	4,0	31,40			

Bleche aus NE-Metallen

Blechdicke mm	Flächenbezogene Masse *m''*: Cu kg/m²	CuZn37 kg/m²	Al99,5 kg/m²	Zn97,5 kg/m²	Blechdicke mm	Flächenbezogene Masse *m''*: Cu kg/m²	CuZn37 kg/m²	Al99,5 kg/m²	Zn97,5 kg/m²
0,30	2,67	2,52	0,810	2,15	1,4	12,47	11,77	–	10,10
0,40	3,56	3,36	1,08	2,87	1,5	13,35	12,60	4,05	10,80
0,50	4,45	4,20	1,35	3,59	1,6	14,23	13,42	–	–
0,60	5,34	5,04	1,62	4,31	1,8	16,01	15,11	4,86	12,90
0,70	6,23	5,88	–	5,03	2,0	17,80	16,80	–	15,80
0,80	7,12	6,72	2,16	5,74	2,5	22,21	20,97	6,75	18,00
0,9	8,00	7,55	–	6,46	3,0	26,75	25,25	8,10	21,50
1,0	8,90	8,40	2,70	7,18	3,5	31,19	29,44	9,45	25,10
1,2	10,69	10,10	3,24	8,62	4,0	40,10	37,85	10,8	28,70

Gleichschenkliger Winkelstahl | **Ungleichschenkliger Winkelstahl** beide vgl. DIN EN 10056-1

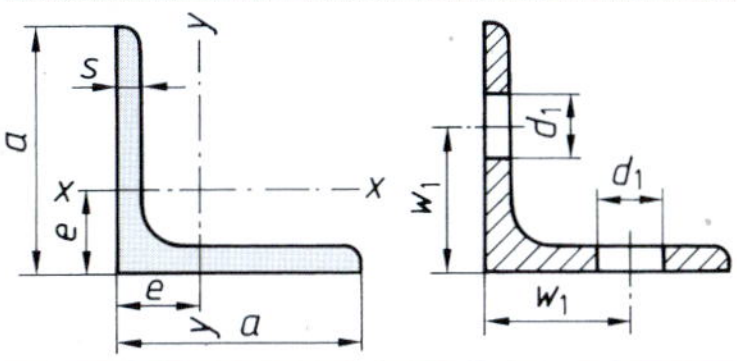

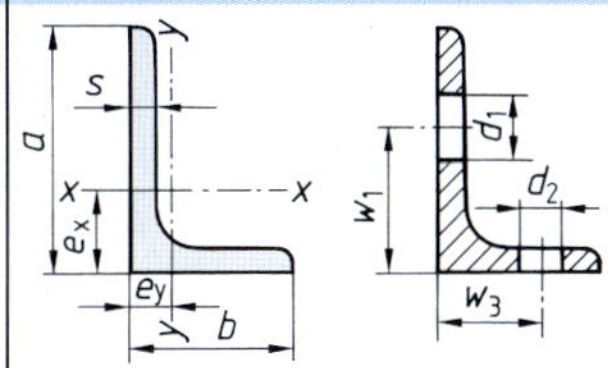

S Querschnittsfläche
m' Längenbezogene Masse
W_x Widerstandsmoment, x-Achse
W_y Widerstandsmoment, y-Achse

Nennmaß a×s mm	S cm²	m' kg/m	Statik e_y cm	W_x, W_y cm³	Anreißmaße w_1 mm	d_1 mm
20×3	1,12	0,88	0,60	0,28	12	4,3
25×3	1,42	1,12	0,73	0,45	15	6,4
25×4	1,86	1,45	0,76	0,58	15	6,4
30×3	1,74	1,36	0,84	0,65	17	8,4
30×4	2,27	1,78	0,89	0,86	17	8,4
35×4	2,67	2,10	1,00	1,18	18	11
35×5	3,82	2,57	1,04	1,45	18	11
40×4	3,08	2,42	1,12	1,56	22	11
45×4	3,49	2,74	1,23	1,97	25	13
50×5	4,80	3,77	1,40	3,05	30	13
50×6	5,69	4,47	1,45	3,61	30	13
60×5	5,82	4,57	1,64	4,45	35	17

Nennmaß a×b×s mm	S cm²	m' kg/m	Statik e_x cm	e_y cm	W_x cm³	W_y cm³	Anreißmaße, max. Loch-∅ w_1 mm	w_3 mm	d_1 mm	d_2 mm
30×20×3	1,42	1,11	0,99	0,50	0,62	0,29	17	12	8,4	4,3
30×20×4	1,85	1,45	1,03	0,45	0,81	0,38	17	12	8,4	4,3
40×20×3	1,72	1,35	1,43	0,44	1,08	0,30	22	12	11	4,3
40×20×4	2,25	1,77	1,47	0,48	1,42	0,39	22	12	11	4,3
45×30×4	2,87	2,25	1,48	0,74	1,91	0,91	25	17	13	8,4
45×30×5	3,53	2,77	1,52	0,78	2,35	1,11	25	17	13	8,4
50×30×4	3,07	2,41	1,68	0,70	2,33	0,91	30	17	13	8,4
50×40×5	4,27	3,35	1,56	1,07	3,02	2,01	30	22	13	11
50×40×5	4,27	3,35	1,56	1,07	3,02	2,01	30	22	13	11
60×30×5	4,29	3,37	2,15	0,68	4,04	1,12	35	17	17	8,4
60×40×5	4,79	3,76	1,96	0,97	4,25	2,02	35	22	17	11
70×50×6	6,88	5,40	2,24	1,25	7,04	3,81	35	30	21	13

U-Stahl vgl. DIN EN 10279

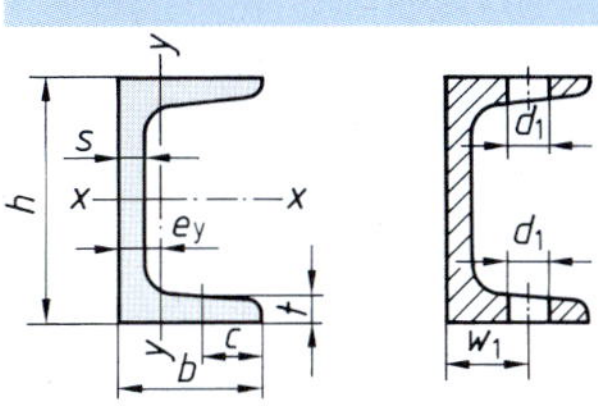

S Querschnittsfläche
m' Längenbezogene Masse
W_x Widerstandsmoment, x-Achse
W_y Widerstandsmoment, y-Achse

Kurzzeichen U	Abmessungen h mm	b mm	s mm	t mm	c mm	S cm²	m' kg/m	Statische Werte e_y cm	W_x cm³	W_y cm³	Anreißmaße w_1 mm	d_1 mm
30×15	30	15	4	4,5	7,5	2,21	1,74	0,52	1,69	0,39	10	6,4
30	30	33	5	7	16,5	5,44	4,27	1,31	4,26	2,68	18	8,4
40×20	40	20	5	5,5	10	3,66	2,87	0,67	3,97	0,68	11	6,4
40	40	35	5	7	17,5	6,21	4,87	1,33	7,05	3,08	18	11
50×25	50	25	5	6	12,5	4,92	3,86	0,81	6,73	1,48	16	8,4
50	50	38	5	7	19	7,12	5,59	1,37	10,6	3,75	20	11
60	60	30	6	6	15	6,46	5,07	0,91	10,5	2,16	18	8,4
65	65	42	5,5	7,5	21	9,03	7,09	1,42	17,7	5,07	25	11
80	80	45	6	8	22,5	11,0	8,64	1,45	26,5	6,36	25	13
100	100	50	6	8,5	25	13,5	10,6	1,55	41,2	8,49	30	15
120	120	55	7	9	27,5	17,0	13,4	1,60	60,7	11,1	30	17

Hohlprofile aus Stahl vgl. DIN EN 10219

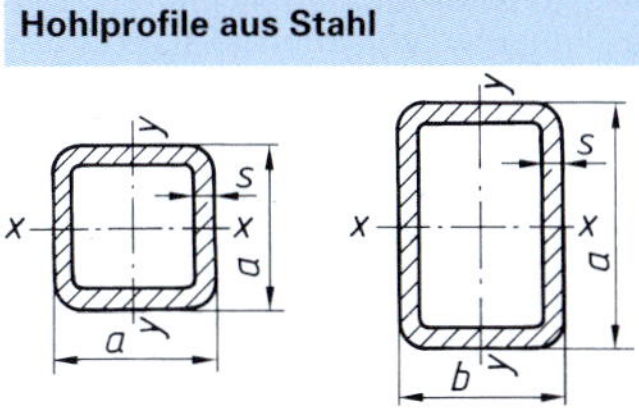

S Querschnittsfläche
A_m Mantelfläche
m' Längenbezogene Masse
I_x, I_y Trägheitsmomente
W_x, W_y Widerstandsmomente

Nennmaß a; a×b mm	Abmessungen zul. Abw. mm	s mm	S cm²	m' kg/m	A_m m²/m	Statische Werte I_x cm⁴	W_x cm³	I_y cm⁴	W_y cm³
20	0,3	1,6	1,11	0,87	0,074	0,61	0,61	0,61	0,61
		2	1,34	1,05	0,073	0,69	0,69	0,69	0,69
30	0,3	1,6	1,75	1,38	0,114	2,31	1,54	2,31	1,54
		2	2,14	1,68	0,113	2,72	1,81	2,72	1,81
		2,6	2,68	2,10	0,111	3,26	2,18	3,26	2,18
40	0,4	2,6	3,72	2,92	0,151	8,45	4,23	8,45	4,23
		3,2	4,45	3,49	0,149	9,72	4,86	9,72	4,86
		4	5,35	4,20	0,146	11,1	5,54	11,1	5,54
40×20	0,4	1,6	1,75	1,38	0,114	3,43	1,72	1,13	1,13
		2	2,14	1,68	0,113	4,05	2,03	1,34	1,34
		2,6	2,68	2,10	0,111	4,81	2,40	1,60	1,60

5

Blanker scharfkantiger Winkelstahl vgl. DIN 59370

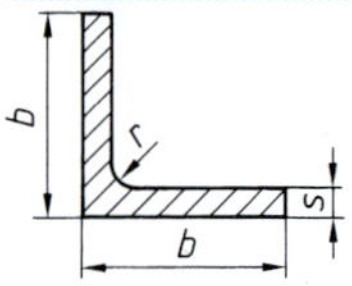

Werkstoff:
Stahlsorten nach DIN 17100

Bezeichnung für scharfkantigen Winkelstahl (S) aus S235JR mit b = 15 mm und s = 2 mm:

Winkel DIN 59370–S15 × 2–S 235 JR

Kurzzeichen S	Abmessungen b mm	s mm	r mm	Masse m' kg/m	Querschnitt mm^2
15 × 2	15	2	0,5	0,44	56
20 × 3	20	3	0,8	0,87	111
20 × 4	20	4	0,8	1,13	144
25 × 3	25	3	0,8	1,11	141
25 × 4	25	4	0,8	1,77	225
25 × 5	25	5	0,8	1,77	225
30 × 3	30	3	0,8	1,34	171
30 × 4	30	4	0,8	1,76	224
30 × 5	30	5	0,8	2,16	275
35 × 3	35	3	1,0	1,58	201
35 × 4	35	4	1,0	2,07	264
35 × 5	35	5	1,0	2,55	325
40 × 3	40	3	1,0	1,81	231
40 × 4	40	4	1,0	2,39	304
40 × 5	40	5	1,0	3,94	375

Winkelprofile aus Alu, Alu-Legierungen vgl. DIN 1771

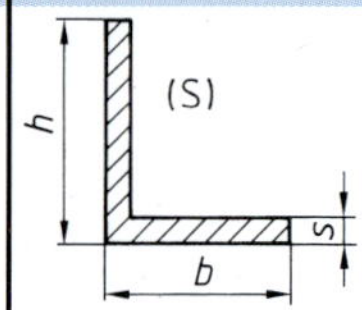

Werkstoff: vorwiegend AlMgSi0,5, AlMgSi1, AlZn4, 5Mg1

Bezeichnung für scharfkantiges Winkelprofil (S) aus AlMgSi1 mit h = 30 mm, b = 20 mm, s = 2 mm:

L-Profil
DIN 1771–AlMgSi1–S30 × 20 × 2

Profilmaß $h \times b \times s$ mm	Masse m' kg/m	Querschnitt mm^2	Profilmaß $h \times b \times s$ mm	Masse m' kg/m	Querschnitt mm^2
10 × 10 × 2	0,0988	36,6	30 × 15 × 3	0,343	127
15 × 10 × 2	0,124	46,0	30 × 20 × 2	0,206	96,4
15 × 15 × 2	0,153	56,6	30 × 20 × 3	0,383	142
15 × 15 × 3	0,219	81,0	30 × 20 × 4	0,500	185
20 × 10 × 2	0,153	56,6	30 × 30 × 3	0,464	172
20 × 15 × 2	0,180	66,6	30 × 30 × 4	0,608	225
20 × 20 × 2	0,207	76,6	40 × 20 × 3	0,464	172
20 × 20 × 3	0,302	112	40 × 20 × 4	0,608	225
25 × 10 × 2	0,178	66,0	40 × 25 × 4	0,602	245
25 × 10 × 3	0,259	96,0	40 × 40 × 3	0,626	232
25 × 15 × 2	0,205	76,0	40 × 40 × 4	0,824	305
25 × 15 × 3	0,300	111	40 × 40 × 5	1,02	378
25 × 25 × 2	0,261	96,6	50 × 25 × 3	0,586	217
25 × 25 × 3	0,383	142	50 × 25 × 4	0,770	285
30 × 15 × 2	0,234	86,6	50 × 30 × 4	0,824	305

Scharfkantiger T-Stahl vgl. DIN 59051

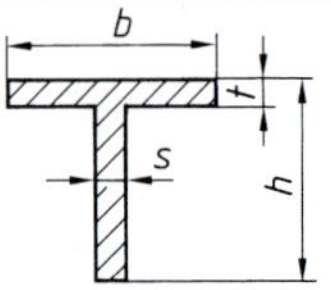

Werkstoff:
Stahlsorten nach DIN 17100

Bezeichnung für scharfkantiges T-Profil (TPS) aus S235JR mit h = 20 mm:

T-Profil
DIN 59051–TPS 20–S 235 JR

Kurzzeichen TPS	Abmessungen h mm	b mm	s, t mm	Masse m' kg/m	Querschnitt mm^2
20	20	20	3	0,871	111
25	25	25	3,5	1,28	163
30	30	30	4	1,76	224
35	35	35	4,5	2,31	295
40	40	40	5	2,94	375

T-Profile aus Alu, Alu-Legierungen vgl. DIN 9714

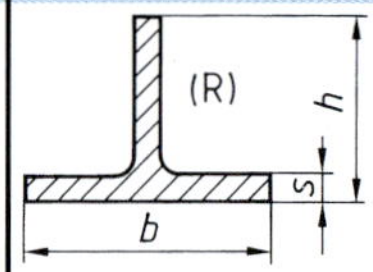

Werkstoff: vorwiegend AlMgSi0,5, AlMgSi1, AlZn4,5Mg1

Bezeichnung eines T-Profils, gerundete Kanten (R) aus AlMgSi1 mit h = 20 mm, b = 30 mm, s = 2 mm:

T-Profil
DIN 9714–AlMgSi1–R20 × 30 × 2

Profilmaß $h \times b \times s$ mm	Masse m' kg/m	Querschnitt mm^2	Profilmaß $h \times b \times s$ mm	Masse m' kg/m	Querschnitt mm^2
15 × 15 × 2	0,151	56	30 × 30 × 2	0,316	117
20 × 20 × 2	0,208	77,5	30 × 45 × 3	0,591	219
20 × 30 × 2	0,626	96,9	35 × 35 × 3	0,551	204
25 × 40 × 2	0,343	127	40 × 40 × 4	0,829	307
25 × 40 × 3	0,510	189	40 × 60 × 5	1,30	482

Drähte aus Stahl und NE-Metallen

Durchmesser mm	Längenbezogene Masse m' in kg/1000 m Stahl	Cu	CuZn	Al99
0,10	0,062	0,070	0,070	0,021
0,20	0,246	0,280	0,286	0,085
0,25	0,385	0,437	0,417	0,133
0,40	0,988	1,12	1,07	0,339
0,50	1,54	1,75	1,67	0,530
0,80	3,95	4,47	4,26	1,36
0,90	4,99	5,66	5,42	1,72
1,0	6,17	6,99	6,67	2,12
1,6	15,8	17,9	17,1	5,43
2,0	24,7	28,0	26,8	8,48
2,5	38,5	43,7	41,7	13,3
3,0	55,5	62,9	60,1	19,1
4,0	98,6	112,0	107,0	33,9
4,5	124,8	141,4	133,6	42,9
5,0	154,0	174,6	164,8	52,9

Umrechnungsfaktoren für Masse

Werkstoff	Faktor
Stahl	1,0
Cu	1,133
CuZn	1,070
Al99,5	0,344

Für die Berechnung der Masse anderer Werkstoffe als Stahl können Umrechnungsfaktoren verwendet werden, z. B. m' von Flachaluminium = 0,344 × Tabellenwert von Flachstahl.

U-Profile aus Alu, Alu-Legierungen vgl. DIN 9713

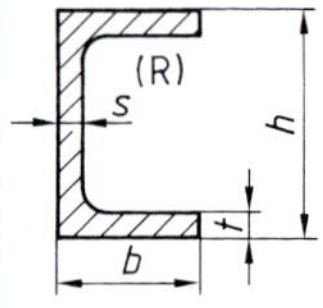

Werkstoff: vorwiegend AlMgSi0,5, AlMgSi1, AlZn4,5Mg1

Bezeichnung eines U-Profils mit gerundeten Kanten (R) aus AlMgSi1 mit h = 40 mm, b = 20 mm, s = 2 mm und t = 2 mm:

U-Profil
DIN 9713–AlMgSi1–R40 × 20 × 2 × 2

Profilmaß $h \times b \times s \times t$ mm	Masse m' kg/m	Profilmaß $h \times b \times s \times t$ mm	Masse m' kg/m
20 × 30 × 3 × 3	0,437	50 × 30 × 4 × 4	1,11
30 × 30 × 3 × 3	0,687	50 × 40 × 4 × 4	1,33
35 × 20 × 2 × 2	0,383	50 × 40 × 5 × 5	1,64
35 × 35 × 3 × 3	0,802	60 × 30 × 4 × 4	1,22
40 × 15 × 3 × 3	0,518	60 × 30 × 5 × 5	1,50
40 × 20 × 2 × 2	0,413	60 × 40 × 4 × 4	1,43
40 × 20 × 3 × 3	0,608	60 × 40 × 5 × 5	1,77
40 × 30 × 3 × 3	0,770	80 × 40 × 6 × 6	2,42
40 × 30 × 4 × 4	1,00	80 × 45 × 6 × 8	3,02
40 × 40 × 4 × 4	1,22	100 × 40 × 6 × 6	2,74
40 × 40 × 5 × 5	1,50	100 × 50 × 6 × 9	3,80
50 × 20 × 2,5 × 2,5	0,574	120 × 55 × 7 × 9	4,64
50 × 30 × 3 × 3	0,851	140 × 60 × 4 × 6	3,35

Zuschnittsermittlung für 90°-Biegeteile

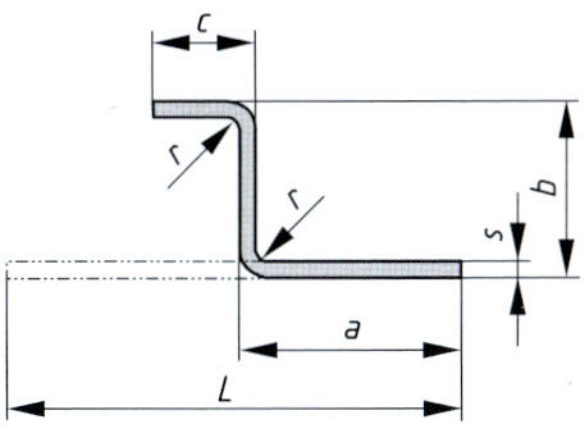

Gestreckte Länge

$L = a + b + c + \ldots - n \cdot v$

Die berechnete gestreckte Länge ist auf volle mm aufzurunden.

L	gestreckte Länge	mm
a, b, c	Länge der Schenkel	mm
s	Werkstückdicke	mm
r	Biegeradius	mm
n	Anzahl der Biegestellen	
v	Ausgleichswert	mm

Kleinster zulässiger Biegeradius für das Kaltbiegen von Stahl

vgl. DIN 6935

Mindestzugfestigkeit R_m in N/mm²	Kleinster Biegeradius *r* für Blechdicken *s* (über … bis) in mm													
	0 … 1	1 … 1,5	1,5 … 2,5	2,5 … 3	3 … 4	4 … 5	5 … 6	6 … 7	7 … 8	8 … 10	10 … 12	12 … 14	14 … 16	16 … 18	18 … 20
bis 390	1	1,6	2,5	3	5	6	8	10	12	16	20	25	28	36	40
390 … 490	1,2	2	3	4	5	8	10	12	16	20	25	28	32	40	45
490 … 640	1,6	2,5	4	5	6	8	10	12	16	20	25	32	36	45	50

Die Werte gelten für Biegewinkel $\alpha \leq 120°$ und Biegen quer zur Walzrichtung. Beim Biegen längs zur Walzrichtung und bei Biegewinkeln $\alpha > 120°$ ist der nächstgrößere Wert zu wählen.

Kleinster zulässiger Biegeradius für Biegeteile aus NE-Metallen

vgl. DIN 6935

Werkstoff	Zustand	Kleinster Biegeradius *r* für Blechdicken *s* in mm							
		0,8	1	1,2	1,5	2	2,5	3	4
Reinaluminium	kaltverfestigt	1	1	1,6	1,6	2,5	2,5	4	6
AlMgSi-Legierung	geglüht	1,6	1,6	2,5	2,5	4	4	6	–
AlCuMg-Legierung	ausgehärtet	2,5	2,5	4	4	6	6	10	–
AlCuSi-Legierung	ausgehärtet	2,5	2,5	4	4	6	6	10	–
AlMg-Legierung	geglüht	2,5	2,5	4	4	6	6	10	–
AlMg-Legierung	ausgehärtet	4	4	6	6	10	10	–	–
MgAl-Legierung	geglüht	2,5	2,5	4	4	6	6	10	–
CuZn-Legierung	kaltverfestigt	1,6	1,6	2,5	2,5	4	4	6	–
Kupfer	geglüht	1	1	1,6	1,6	2,5	2,5	4	–

Die Werte gelten für den Biegewinkel $\alpha = 90°$, längs und quer zur Walzrichtung.

Ausgleichswerte für Biegewinkel $\alpha = 90°$

vgl. DIN 6935

Biegeradius *r* in mm	Ausgleichswert *v* je Biegestelle in mm für Blechdicke *s* in mm														
	0,4	0,6	0,8	1	1,5	2	2,5	3	3,5	4	4,5	5	6	8	10
1	1,0	1,3	1,7	1,9	–	–	–	–	–	–	–	–	–	–	–
1,5	1,3	1,6	1,8	2,1	2,9	–	–	–	–	–	–	–	–	–	–
2,5	1,6	2,0	2,2	2,4	3,2	4,0	4,8	–	–	–	–	–	–	–	–
4	–	2,5	2,8	3,0	3,7	4,5	5,2	6,0	6,9	–	–	–	–	–	–
6	–	–	3,4	3,8	4,5	5,2	5,9	6,7	7,5	8,3	9,0	9,9	–	–	–
10	–	–	–	5,5	6,1	6,7	7,4	8,1	8,9	9,6	10,4	11,2	12,7	–	–
16	–	–	–	8,1	8,7	9,3	9,9	10,5	11,2	11,9	12,6	13,3	14,8	17,8	21,0
20	–	–	–	9,8	10,4	11,0	11,6	12,2	12,8	13,4	14,1	14,9	16,3	19,3	22,3
25	–	–	–	11,9	12,6	13,2	13,8	14,4	15,0	15,6	16,2	16,8	18,2	21,1	24,1
32	–	–	–	15,0	15,6	16,2	16,8	17,4	18,0	18,6	19,2	19,8	21,0	23,8	26,7
40	–	–	–	18,4	19,0	19,6	20,2	20,8	21,4	22,0	22,6	23,2	24,5	26,9	29,7
50	–	–	–	22,7	23,3	23,9	24,5	25,1	25,7	26,3	26,9	27,5	28,8	31,2	33,6

Werkstoff	Herstellung	Eigenschaften	Verwendung
Glas	Quarzsand, Soda und Kalk werden fein gemahlen und bei 1400 ... 1500 °C zu einer zähflüssigen Glasmasse geschmolzen. Soda dient als Flussmittel, Kalk bewirkt Härte, Glanz und Festigkeit. Zur Färbung gibt man Metalloxide zu.	Dichte 2,4 ... 2,7 kg/dm³ Verformungstemperatur ≈ 600 °C Schmelzpunkt ≈ 700 °C Hart, lichtdurchlässig, spröde, empfindlich gegenüber Temperaturwechsel, gering wärme- und elektrizitätsleitend.	Hohlglas (Pressglas): Flaschen, Gefäße, Behälter. Flachglas: Gebäudeverglasung, Spiegel.
	Quarzglas besteht zu 100% aus Quarzsand (SiO_2). Die Herstellung erfolgt bei ca. 2000 °C.	Unempfindlich gegenüber Temperaturwechsel, chemisch sehr beständig, UV-durchlässig	Halogen-Lampenkolben, optische Gläser, Glasfaserkabel
Sicherheitsglas für Kfz	**Einscheiben-Sicherheitsglas (ESG)** Die fertige Glasscheibe wird erwärmt und rasch abgekühlt, Dadurch entstehen innere Spannungen (vorgespanntes Glas).	Bei einem Schlag entstehen mehr oder weniger kleine Glasstücke, dadurch fehlt die Durchsicht. Beim Bruch besteht durch die stumpfen Glaskrümel nur eine geringe Gefahr von Schnittverletzungen.	Kfz-Scheiben, außer Windschutzscheiben
	Verbund-Sicherheitsglas (VSG) Zwei Glasscheiben werden mit einer durchsichtigen weichen Kunststoffschicht aus Polyvinylbutyral miteinander verklebt.	Bei einem Bruch hält die Kunststoffschicht die Scheibe zusammen. Es entstehen netzartige Sprünge, die Sicht bleibt erhalten. Die Glassplitter haften am Kunststoff, dadurch geringe Verletzungsgefahr.	Kfz-Scheiben (Vorschrift bei Windschutzscheiben)
Keramik	Keramische Werkstoffe entstehen durch Sintern bei hoher Temperatur. Grundstoffe für **Oxid-Keramik:** Aluminiumoxid, Magnesiumoxid, Zirkoniumoxid oder Titandioxid. *Piezokeramik* besteht aus Bleizirkonat und Bleititanat.	Hohe Temperaturwechselbeständigkeit, hohe chemische Beständigkeit, geringe elektrische Leitfähigkeit. ZrO_2 ist leitfähig für Sauerstoffionen *Piezolelektrischer Effekt:* Bei Druck entsteht eine elektrische Spannung; beim Anlegen einer Spannung dehnt sich der Werkstoff.	Zündkerzenisolator Lambda-Sonde Drucksensor, Klopfsensor Ultraschallgeneratoren, Piezo-Einspritzventile
	Grundstoffe für **Nichtoxid-Keramik:** Siliciumcarbid, Borcarbid, Siliciumnitrid, Aluminiumnitrid oder Bornitrid.	Hohe Festigkeit, hohe Härte und Verschleißfestigkeit, niedrige Wärmeausdehnung, hohe Wärmeleitfähigkeit, z.T. auch hohe Zähigkeit (Siliciumnitrid)	Ventilführung, Ventilsitz, Turboladerrotoren, Wälzlager, Bremsscheiben, Beschichtung von Schneidwerkzeugen (Titannitrid)
Elektrokohle	Elektrokohle wir durch Sintern hergestellt. Sie besteht aus den Grundwerkstoffen Grafit und Kupfer. Als Bindemittel dienen Kunstharze, z.B. Epoxidharz.	Gute elektrische Leitfähigkeit, gute Gleiteigenschaften, wärmebeständig	Kohlebürsten für Generatoren und Elektromotoren, z.B. Startermotor
Naturkautschuk	Ausgangsstoff für Naturkautschuk ist die Kautschukmilch (Latex), die aus dem Kautschukbaum gewonnen wird. Die Kautschukmilch wird zur Gerinnung gebracht, die entstandenen Latexklumpen werden abgeschöpft, zu Platten gewalzt, gepresst und geschichtet.	Naturkautschuk ist plastisch formbar, jedoch nicht formbeständig. Er wird bei Erwärmung weich und klebrig, in der Kälte hart und spröde. Naturkautschuk löst sich in mineralischen Ölen und Lösungsmitteln auf.	Grundstoff zur Gummiherstellung Hauptverbraucher: Reifenindustrie
Gummi	Die Herstellung von Teilen aus Gummi erfolgt in zwei Schritten: **1. Herstellung der Gummimischung** Kautschuk wird in Knetmaschinen oder auf Walzwerken mithilfe von Weichmachern (Ölen) geknetet, damit er für die zugeführten Zusatzstoffe aufnahmefähig wird. Zusatzstoffe sind: Ruß, Schwefel, Vulkanisationsbeschleuniger, Alterungs- und Lichtschutzstoffe. **2. Vulkanisieren** Die plastische Gummimischung wird in die entsprechende Form gebracht, gepresst und erhitzt. Dabei reagiert der zugesetzte Schwefel mit dem Kautschuk. Die Schwefelatome lagern sich an den langen, fadenförmigen Kautschukmolekülen an und bilden Quervernetzungen, wodurch der Kautschuk gummielastisch wird.	Dichte, Weichgummi 1,1 ... 1,2 kg/dm³ Dichte, Hartgummi 1,2 ... 1,8 kg/dm³ Dehnung, Weichgummi bis 600% Temperaturbeständigkeit bis 120 °C Naturgummi ist hochelastisch, dicht, formbeständig, elektrisch nicht leitend, bedingt widerstandsfähig gegen Säuren und Laugen. Naturgummi wird von mineralischen Ölen, Fetten und Lösungsmitteln angegriffen, er quillt auf. Durch den Luftsauerstoff und durch UV-Strahlung wird Naturgummi nach längerer Einwirkungsdauer spröde und brüchig. Um bestimmte Werkstoffeigenschaften gezielt zu verbessern, wird z.B. bei Kfz-Reifen Naturkautschuk und synthetischer Kautschuk gemischt.	Reifen, Schläuche, Dichtungen, Federelemente, Lagerbuchsen für die Radaufhängung, Motorlager, Beschichtungen, Schaumgummi **Kfz-Reifen** Der unvulkanisierte Reifen-Rohling wird in eine auf 120 bis 180 °C beheizte Form, in die das Reifenprofil eingearbeitet ist, eingelegt. Ein in die Karkasse eingelegter Heizschlauch presst den Rohling mit bis zu 15 bar in die beheizte Form. Die Gummimischung vulkanisiert innerhalb von 20 bis 60 Minuten aus.

Einteilung der Kunststoffe

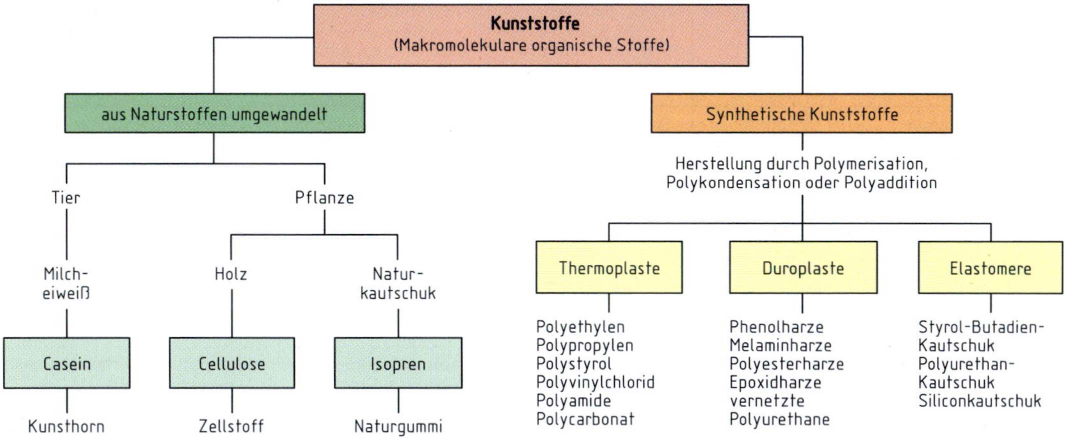

Herstellung der Kunststoffe

Ausgangsstoffe (Monomere) monos (griech.) = einzig meros (griech.) = Teil poly (griech.) = viel	Zunächst werden die Ausgangsstoffe (Monomere) für die Herstellung von synthetischen Kunststoffen erzeugt. Dafür werden die Grundstoffe Erdöl, Erdgas, Kohle, Kalk, Wasser, Sauerstoff, Stickstoff und Schwefel verwendet. Die Monomere sind die Einzelbausteine der Kunststoffe. Bei der eigentlichen Kunststoffherstellung werden die Monomere zu Riesenmolekülen (Polymeren) verknüpft. Dies kann durch *Polymerisation, Polykondensation* oder *Polyaddition* erfolgen.
Polymerisation	Unter Polymerisation versteht man die Verknüpfung *gleichartiger* Moleküle (Monomere) zu Riesenmolekülen (Polymeren). Dazu eignen sich vor allem ungesättigte Kohlenwasserstoffe. Die Doppelbindung zwischen den C-Atomen wird aufgespalten. Damit kann sich jedes Molekül mit dem frei gewordenen Bindungsarm an das Nachbarmolekül anhängen.
Polykondensation	Unter Polykondensation versteht man die Verknüpfung *gleich-* oder *verschiedenartiger* Moleküle unter Abspaltung eines Stoffs. Der Zusammenschluss erfolgt, indem jedes Molekül ein oder mehrere Atome freigibt und sich dafür mit den anderen Molekülen zu einer Kette zusammenschließt. Die abgegebenen Atome bilden zusammen den abgespaltenen Stoff.
Polyaddition	Unter Polyaddition versteht man die Verknüpfung *gleich-* oder *verschiedenartiger* Moleküle ohne Abspaltung eines Stoffs. Bei der Polyaddition wandert ein Atom des ersten Moleküls zum zweiten Molekül und lagert sich dort an. Dadurch wird beim ersten Molekül ein Bindungsarm frei und der Zusammenschluss mit dem zweiten Molekül hergestellt.

Aufbau und wichtige Eigenschaften der Kunststoffe

Thermoplaste 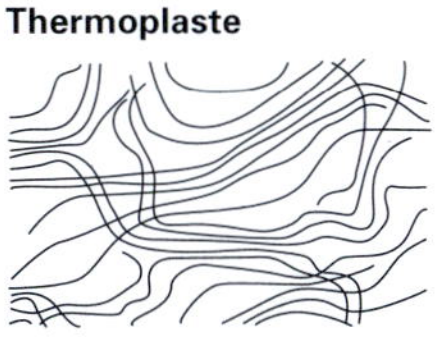	Thermoplaste sind bei Gebrauchstemperatur weiche bis harte Kunststoffe. Die Riesenmoleküle sind nicht vernetzt. Die Bindungskräfte untereinander sind bei höheren Temperaturen gering, sodass die Riesenmoleküle aneinander vorbeigleiten können. Deshalb werden Thermoplaste bei Erwärmung weicher und bei Abkühlung härter bzw. spröder. Oberhalb ihrer Gebrauchstemperatur besitzen sie einen Fließbereich, in dem sie formbar werden. Nach dem Erkalten behalten sie ihre neue Form. Bei Erwärmung des Werkstücks über die Gebrauchtemperatur hinaus verliert es seine Form wieder. Bei noch stärkerer Erwärmung wird der Kunststoff chemisch zerstört. Thermoplaste können durch Spritzgießen, Umformen, Schweißen, Kleben und durch Zerspanung weiterverarbeitet werden.
Duroplaste 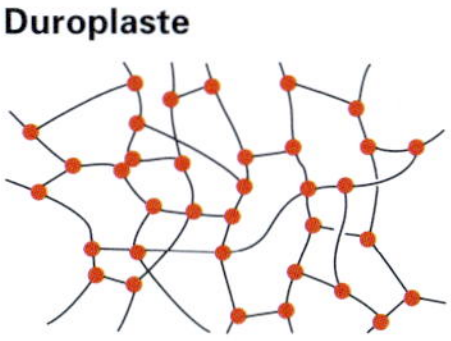	Duroplaste sind bei Gebrauchstemperatur harte Kunststoffe. Sie sind unlöslich und nicht schmelzbar. Bei der Herstellung von Bauteilen aus Duroplasten muss der Ausgangswerkstoff deshalb zunächst in die vorgesehene Form gebracht werden. Die Riesenmoleküle vernetzen sich anschließend z. B. durch Erwärmung nach allen Richtungen zu einem starren Gebilde. Die Bindungskräfte zwischen den Riesenmolekülen sind groß. Deshalb sind Duroplaste hart und spröde. Bei Erwärmung über die Gebrauchstemperatur hinaus schmelzen Duroplaste nicht, sondern werden chemisch zerstört, sie sind daher nicht schweißbar. Duroplaste können durch Kleben oder Zerspanung weiterverarbeitet werden.
Elastomere 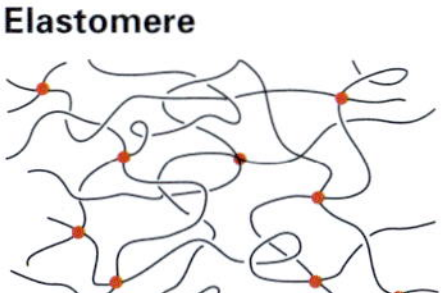	Elastomere sind Kunststoffe, die sich im Gebrauchstemperaturbereich vorwiegend gummielastisch verhalten. Sie sind meist unlöslich, jedoch quellbar und nicht schmelzbar. Bei der Herstellung von Bauteilen aus Elastomeren muss deshalb der Ausgangswerkstoff zunächst in die vorgesehene Form gebracht werden. Die Riesenmoleküle werden anschließend z. B. durch Vulkanisation weitmaschig vernetzt. Bei einer Belastung können die Riesenmoleküle aneinander abgleiten und sich strecken. Nach der Belastung nehmen sie wieder ihre ursprüngliche Lage ein. Bei Erwärmung über die Gebrauchstemperatur hinaus, schmelzen Elastomere genauso wie Duroplaste nicht, sondern werden chemisch zerstört. Elastomere können durch Kleben und teilweise durch Zerspanung weiterverarbeitet werden.

Bezeichnung		Handelsname	Ausgangsstoffe	Eigenschaften	Anwendung im Kfz
Thermoplaste					
ABS	**Acrylnitril-Butadien-Styrol**	Novodur Cyclolac Terluran	Acrylnitril, Butadien und Styrol (Copolymer)	galvanisierbar, dimensionsstabil, gute Festigkeit, harte Oberfläche	Innenverkleidungen, Radblenden, Kühlergrill
PA	**Polyamid**	Degamid Ultramid Vestamid	z. B. Diamin und Dicarbonsäuren (Polykondensation)	Gasdurchlässigkeit gering, temperaturstabil, dauerfest, steif, alterungsbeständig	Motorabdeckungen, Lüfterrad, Radblenden, Stecker, Ansaugkrümmer, Zahnräder
PBT	**Polybutylen-terephtalat**	Ultradur Vestodur Crastin	Dimethylterephtalat und 1,4 Butandiol (Polykondensation)	hohe Steifigkeit, verzugsarm, schlagzäh	Außenspiegelträger, Türgriffschalen, Wischerarm, Schiebedachrahmen
PC	**Polycarbonat**	Makrolon Lexan Dylex	Phosgen und Bisphenol A (Polykondensation)	schlagzäh, transparent, witterungsbeständig, hitze- und kältebeständig	Abdeckscheiben für Scheinwerfer, Stoßfängerverkleidung, Karosserieaußenteile
PE PE-LD PE-HD	**Polyethylen** weich hart	Hostalen Lupolen Vestolen	Ethylengas	alterungsbeständig, chemisch beständig, gute Festigkeit, kältefest	Kraftstofftank, Waschwasserbehälter, Faltenbälge
POM	**Polyoxymethylen** (Polyacetal)	Ultraform Hostaform Duracon	Formaldehyd oder Trioxan und Dioxolan	chemisch beständig, abriebfest, schlagzäh, hohe Festigkeit und Steifigkeit	Außenspiegelrahmen, Steckverbinder, Clipse, Tankdeckel, Lager, Tasten
PMMA	**Polymethyl-methacrylat**	Plexiglas Acrylglas	Methacrylsäure-methylester	transparent, kratzfest, witterungsbeständig, spannungsrissbeständig	Abdeckscheiben für Blink- und Heckleuchten, Bestandteil von Lack und Klebstoff
PP	**Polypropylen**	Hostalen PP Novolen Luparen Vestolen P	Propylengas	chemisch beständig, zäh, gute Festigkeit	Stoßfänger, Radhausschale, Luftfiltergehäuse, Kanäle, Seitenblenden, Behälter
PS	**Polystyrol**	Vestyron Hostyren geschäumt: Styropor	Styrol (Vinylbenzol) aus Benzol und Ethylen	hart, spröde, transparent, geschäumt: geringe Wärmeleitung	Leuchtenabdeckungen (Innenraum), geschäumt: Dämmstoff
PTFE	**Polytetrafluor-ethylen**	Teflon Dyneon (Hostaflon)	Tetrafluorethylen	sehr temperaturfest, chemisch beständig, gute Gleiteigenschaften	Dichtungen, Lager, hitzebeständige Kabelisolierungen
PVC	**Polyvinylchlorid**	Hostalit Vestolit Vinoflex	Vinylchlorid aus Acetylen und Salzsäure	witterungsbeständig, schwer entflammbar, gute Haptik	Unterbodenschutz, Stoßleisten, Kabelisolierung, Innenraumverkleidung, Fußmatten
Duroplaste					
EP	**Epoxidharz**	Araldit Eponac	Bisphenol A und Epichlorhydrin (Polyaddition)	hart, stoß- und schlagfest, hohe Festigkeit, hohe Haftfähigkeit	Lackbindemittel, faserverstärkte Kunststoffe, Klebstoff, Vergussmasse f. Zündspulen
UP	**Polyesterharz**	Aropol Keripol	Glykole oder Glyzerin und Dicarbonsäuren (Polykondensation)	hart, stoß- und schlagfest, beständig gegenüber Benzin und Öl	Lackbindemittel, faserverstärkte Kunststoffe
Elastomere					
CR	**Chloropren-Kautschuk**	Neoprene Baypren Butachlor	Butadien, chloriert	hohe Flamm-, Witterungs- und Alterungsbeständigkeit, ölbeständig	Keilriemen, Zahnriemen
NBR	**Nitril-Kautschuk**	Perbunan Chemigum	Butadien und Acrylnitril (Copolymer)	hohe Beständigkeit gegen Öl, Fett und Kraftstoffe	Kraftstoffschläuche, Dichtungen
AU **EU**	**Polyurethan-Kautschuk**	Urepan Elastothane	Diisocyanat und mehrwertige Alkohole (Polyaddition)	hohe Abriebfestigkeit, als Schaum: hohe Elastizität und Dämpfung	Lacke, Klebstoff, Schaum: Sitzpolster, Armaturentafelpolsterung, Dachhimmel
SBR	**Styrol-Butadien-Kautschuk**	Europrene Buna SB Cariflex S	Styrol und Butadien (Copolymer)	abriebfest, temperaturbeständig	Reifen, Dichtungen
SIR	**Silikon-Kautschuk**	Silopren Silastic Silastene	Siloxane (Si-O-Verbindungen)	hohe Witterungs-, Hitze- und Alterungsbeständigkeit, extrem kältebeständig	Dichtungen, Kabelisolierungen

Kurzzeichen für Homopolymere und polymere Naturstoffe

vgl. DIN EN ISO 1043, ISO 1629

Kurzzeichen	Bedeutung	Kurzzeichen	Bedeutung	Kurzzeichen	Bedeutung
AU (EU)	Polyurethan-Kautschuk	PBA	Polybutylacrylat	PPE	Polyphenylenether
CA	Celluloseacetat	PBT	Polybutylenterephtalat	PROX	Polypropylenoxid
CAB	Celluloseacetatobutyrat	PC	Polycarbonat	PPS	Polyphenylensulfid
CAP	Celluloseacetatopropionat	PCTFE	Polychlortrifluorethylen	PPSU	Polyphenylensulfon
CF	Kresol-Formaldehyd	PDAP	Polydiallylphtalat	PS	Polystyrol
CMC	Carboxymethylcellulose	PE	Polyethylen	PSU	Polysulfon
CN	Cellulosenitrat	PEEK	Polyetheretherketon	PTFE	Polytetrafluorethylen
CP	Cellulosepropionat	PEI	Polyetherimid	PUR	Polyurethan
CR	Chloropren-Kautschuk	PES	Polyethersulfon	PVAC	Polyvinylacetat
CSF	Casein-Formaldehyd	PET	Polyethylenterephtalat	PVB	Polyvinylbutyral
CTA	Cellulosetriacetat	PF	Phenol-Formaldehyd	PVC	Polyvinylchlorid
EC	Ethylcellulose	PI	Polyimid	PVDC	Polyvinylidenchlorid
EP	Epoxid(-Harz)	PIB	Polyisobutylen	PVDF	Polyvinylidenfluorid
IR	Isopren-Kautschuk	PIR	Polyisocyanurat	PVF	Polyvinylfluorid
MC	Methylcellulose	PMI	Polymethacrylimid	PVFM	Polyvinylformaldehyd
MF	Melamin-Formaldehyd(-Harz)	PMMA	Polymethylmethacrylat	SI	Silikon
PA	Polyamid	PMP	Polymethylpenten	SP	Gesättigter Polyester
PAI	Polyamid-Imid	PMS	Polymethylstyrol	TPU	Thermoplastisches Polyurethan
PAN	Polyacrylnitril	POM	Polyoxymethylen, Polyacetal	UF	Harnstoff-Formaldehyd
PB	Polybuten-1	PP	Polypropylen	UP	Ungesättigter Polyester

Kennbuchstaben für besondere Eigenschaften

vgl. DIN EN ISO 1043

Wesentliche Eigenschaften der Basispolymere können durch zusätzliche Buchstaben gekennzeichnet werden. Die Kennbuchstaben werden mit einem Bindestrich hinter das Kurzzeichen des Polymers gestellt.

Zeichen	besondere Eigenschaften	Zeichen	besondere Eigenschaften	Zeichen	besondere Eigenschaften
A	amorph	I	schlagzäh	R	erhöht, Resol, hart
C	chloriert	L	linear, niedrig	S	gesättigt, duroplastisch
D	Dichte	M	Masse, mittel, molekular	U	ungesättigt, weichmacherfrei
E	elastomer, verschäumbar	N	normal, Novolak	V	sehr
F	flexibel, flüssig, fluoriert	P	weichmacherhaltig, thermoplastisch	W	Gewicht
H	hoch			X	vernetzt, vernetzbar

Beispiele für den Gebrauch der Kurzzeichen und Kennbuchstaben:

PE-LD Polyethylen, niedrige Dichte (Weich-Polyethylen)
PE-HD Polyethylen, hohe Dichte (Hart-Polyethylen)
PET-A Polyethylenterephtalat, amorph
PVC-P Polyvinylchlorid, weichmacherhaltig (Weich-PVC)

Kurzzeichen für Copolymere

vgl. DIN EN ISO 1043, 1629

Kurzzeichen	Bedeutung	Kurzzeichen	Bedeutung	Kurzzeichen	Bedeutung
ABAS	Acrylnitril / Butadien / Acrylat / Styrol	ETFE	Ethylen / Tetrafluorethylen	SMS	Styrol / Methylstyrol
ABS	Acrylnitril / Butadien / Styrol	FEP	Tetrafluorethylen / Hexafluorpropylen	VCE	Vinylchlorid / Ethylen
AMMA	Acrylnitril / Methylmethacrylat	MBS	Methacrylat / Butadien / Styrol	VCEMA	Vinylchlorid / Ethylen / Methacrylat
ASA	Acrylnitril / Styrol / Acrylester	MPF	Melamin / Phenol-Formaldehyd	VCEVAC	Vinylchlorid / Ethylen / Vinylacetat
EEA	Ethylen / Ethylacrylat	NBR	Acrylnitril / Butadien-Kautschuk	VCMA	Vinylchlorid / Methacrylat
EMA	Ethylen / Methacrylsäureester	PFA	Perfluoro-Alkoxyalkan	VCMMA	Vinylchlorid / Methylmethacrylat
EP	Ethylen / Propylen	SAN	Styrol / Acrylnitril	VCOA	Vinylchlorid / Octylacrylat
EPDM	Ethylen / Propylen-Dien	SB	Styrol / Butadien	VCVAC	Vinylchlorid / Vinylacetat
EVAC	Ethylen / Vinylacetat	SBR	Styrol / Butadien-Kautschuk	VCVDC	Vinylchlorid / Vinylidenchlorid

Die Kurzzeichen der Copolymere sind aus den Angaben der monomeren Komponenten von links nach rechts in der Reihenfolge abnehmender Massenteile aufgebaut.

Begriffe	Erklärung
Homopolymere	Kunststoffe, bei deren Herstellung nur die Ausgangsstoffe (Monomere) eines Kunststofftyps verwendet werden. Beispiele: PE Polyethylen, PA Polyamid, PP Polypropylen, POM Polyoxymethylen.
Copolymere (Mischpolymerisate)	Kunststoffe, bei deren Herstellung die Ausgangsstoffe (Monomere) von zwei oder mehreren Kunststofftypen verwendet werden. Innerhalb der entstandenen Riesenmoleküle wechseln sich die verschiedenen Ausgangsstoffe ab. Durch die Kombination entsteht ein Kunststoff, der die günstigen Eigenschaften der verschiedenen Typen verbindet. Beispiele: ABS (Acrylnitril / Butadien / Styrol), EPDM (Ethylen / Propylen-Dien).
Blends (Polymermischungen)	Kunststoffe, die durch Mischung verschiedener Kunststofftypen im polymeren Zustand hergestellt werden. Dies erfolgt bei der Verarbeitung durch Vermischen der verschiedenen Kunststoffgranulate. Damit können Kunststoffmischungen hergestellt werden, die durch Copolymerisation nicht möglich sind. Beispiele: PS + PE, PC + ABS, PC + PBT, PA + ABS, PA + EPDM, PBT + PET.

Verstärkte Kunststoffe

Faserverstärkte Kunststoffe

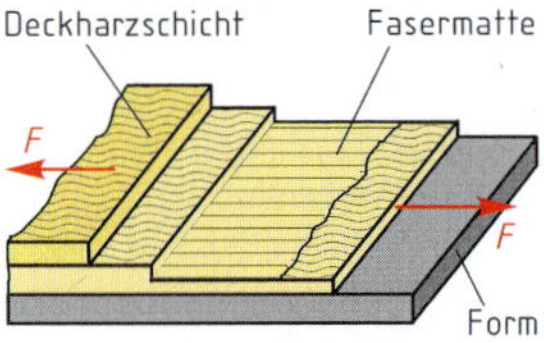

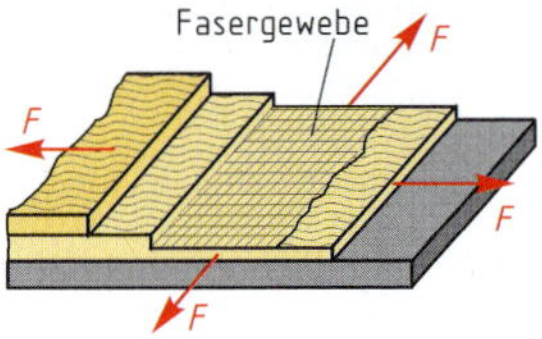

Whiskerverstärkte Kunststoffe

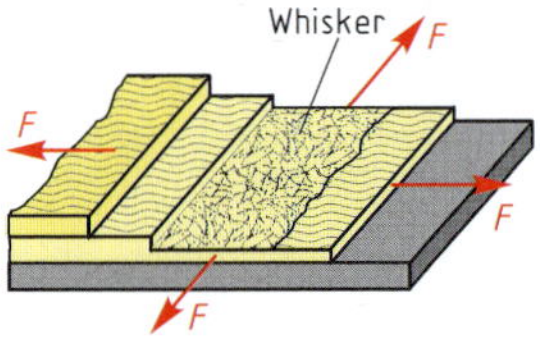

Herstellung
Durch Einbetten von Fasern (Fasermatten, Gewebebahnen) oder Whiskern in geeignete Kunststoffe lassen sich die mechanischen und chemischen Eigenschaften der Kunststoffe wesentlich verbessern.

Whisker sind einzelne gezüchtete Kristalle. Die 2–10 mm großen Kristallnadeln aus Metall oder Keramik müssen beim Einbetten in den Kunststoff orientiert werden, um eine hohe Festigkeit zu erzielen.

Eigenschaften
Geringe Dichte (1,5...2,5 kg/dm^3), hohe Festigkeit, große Härte, Elastizität, gute Korrosionsbeständigkeit, geringe Wärmeausdehnung, genaue Maßbeständigkeit.

Anwendungsbeispiele
Korrosionsfeste Druckbehälter, Führerhaus für Lkw, Kotflügel, Karosserie für Sport- und Rennfahrzeuge, Bootskörper, Schutzhelme, Sportgeräte, Oberlichter.

Kurzzeichen

Angabe der Verstärkungsart:

FK	Faserverstärkte Kunststoffe
WK	Whiskerverstärkte Kunststoffe

Die Stoffart der Verstärkung wird durch einen vor das Kurzzeichen FK oder WK gestellten Buchstaben gekennzeichnet:

GFK	Glasfaserverstärkte Kunststoffe
BFK	Borfaserverstärkte Kunststoffe
MFK	Metallfaserverstärkte Kunststoffe
CFK	Kohlefaserverstärkte Kunststoffe
SFK	Synthesefaserverstärkte Kunststoffe
MWK	Metallwhiskerverstärkte Kunststoffe

Der Verstärkungswerkstoff wird durch ein vorangestelltes Werkstoffkurzzeichen angegeben:

Cu-MFK	Kupferfaserverstärkte Kunststoffe
St-MFK	Stahlfaserverstärkte Kunststoffe
PA-SFK	Polyamidfaserverstärkte Kunstst.

Die zu verstärkende Kunststoffart wird hinter dem Kurzzeichen für die Verstärkung unter Weglassen des Buchstabens K angegeben:

SF-PF	Synthesefaserverstärkte Phenolharze
GF-UP	Glasfaserverstärkte ungesättigte Polyester
GF-PA	Glasfaserverstärkte Polyamide

Recycling-Kennzeichnung von Kunststoffen

vgl. DIN EN ISO 1043 Teil 1–4, EN ISO 11469, EN ISO 18064

Recycling-Zeichen

Sortenreine Thermoplaste lassen sich stofflich wiederverwerten. Aus dem eingesammelten Kunststoff können wieder hochwertige Formteile hergestellt werden.
Eine wichtige Voraussetzung dafür ist die sortenspezifische Kennzeichnung von Kunststoff-Formteilen. Die Kennzeichnung besteht aus den Kurzzeichen und Kennbuchstaben für den Kunststoff und seinen besonderen Eigenschaften, die von den Zeichen > und < eingerahmt werden. In Deutschland kann zusätzlich zu den Material-Kurzzeichen das Recycling-Zeichen (vgl. Abbildung) verwendet werden. Zur eindeutigen Identifizierung des gebrauchten Kunststoffteils muss die Kennzeichnung auf der Oberfläche des Teils eingeprägt sein. Die Schriftgröße hängt von der Größe des Teils ab. Das Recycling-Bildzeichen muss leicht erkennbar sein.
Die Recycling-Kennzeichnung muss getrennt von firmenspezifischen Kennzeichnungen erfolgen. Sie sollte an einer möglichst gut zugänglichen Stelle angebracht werden.

Kunststoffart	Beispiele für Kennzeichnung	Erklärung der Angaben
Homopolymerisate **Copolymerisate**	>PC< >ABS<	Kurzzeichen des Kunststoffs, eingeschlossen von den Zeichen > <
Blends (Polymermischungen)	>PC + ABS< >PA + ABS< >PBT + PET<	Kurzzeichen der Mischungskomponenten, Hauptkomponente zuerst, getrennt durch ein Pluszeichen, eingeschlossen von den Zeichen > <
Gefüllte, verstärkte oder anderweitig ausgerüstete Kunststoffe	>PC-GF20<	Kurzzeichen des Kunststoffs mit Zusatzangaben, eingeschlossen von den Zeichen > < PC = Kurzzeichen des Basispolymers GF = Füll-/Verstärkungsstoff (Glasfaser) 20 = Füll-/Verstärkungsstoff in Gewichts-%
Flammgeschützte Kunststoffe	>PC + ABS-FR(40)<	Kurzzeichen des Kunststoffs mit Zusatz „FR" und Nummerncode nach DIN EN ISO 1043 für die Flammschutzmittelklasse in Klammern, alles eingeschlossen von den Zeichen > <
Formteile aus mehreren, nicht trennbaren Kunststoffen Beispiel: Kfz-Instrumententafel aus PC + ABS, PUR-Schaum und TPU-Folie	>TPU, PUR, PC + ABS<	Kurzzeichen der Verbundkomponenten, jeweils getrennt durch ein Komma, sichtbare oberste Komponente zuerst, Hauptkomponente unterstrichen, alles eingeschlossen von den Zeichen > <

Allgemein

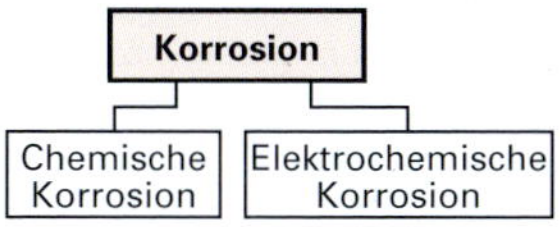

Unter Korrosion versteht man die nicht beabsichtigte Veränderung oder Zerstörung metallischer Werkstoffe durch chemische oder elektrochemische Reaktionen mit ihrer Umgebung. Korrosion geht immer von der Oberfläche des Werkstoffes aus.

An Kraftfahrzeugen entstehen Korrosionsschäden durch Feuchtigkeit und insbesondere durch Streusalz. Hohe Korrosionsschäden werden aber auch durch den Schadstoffgehalt der Luft verursacht.

Chemische Korrosion

Flächenkorrosion

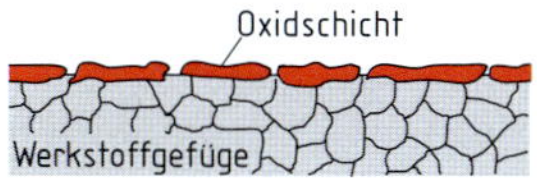

Lochkorrosion

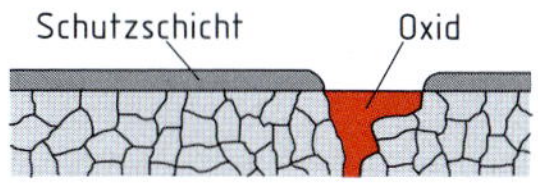

Kommen Metalle mit Gasen (Sauerstoff), Säuren, Laugen oder Salzen in Berührung, so entsteht an deren Oberfläche eine chemische Verbindung aus dem Metall und dem einwirkenden Stoff.
Ist diese Korrosionsschicht wasser- und gasdurchlässig, geht die Korrosion weiter, bis der Werkstoff zerstört ist (z. B. unlegierter Stahl).
Ist diese Korrosionsschicht wasser- und gasundurchlässig, so entsteht eine Schutzschicht die eine weitere Korrosion verhindert (z. B. Aluminium, Kupfer).

Flächenkorrosion:
Die Metallabtragung verläuft annähernd parallel zur Oberfläche.

Lochkorrosion (Lochfraß):
Der Metallabtrag erfolgt örtlich beschleunigt, dadurch bilden sich krater- oder nadelförmige Vertiefungen.

Elektrochemische Korrosion

Galvanisches Element

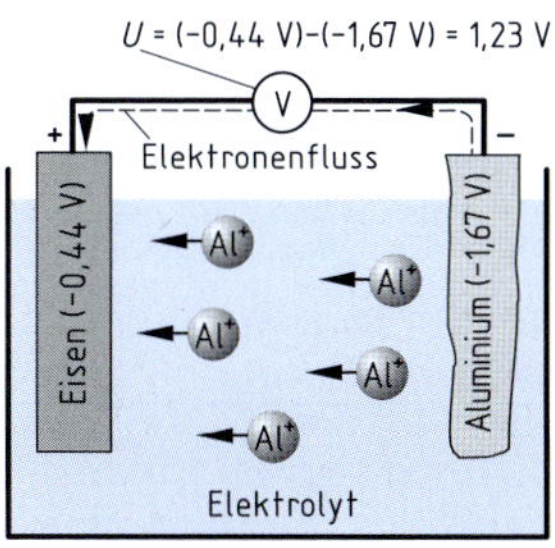

Die elektrochemische Reaktion beruht auf Vorgängen wie in einem galvanischen Element. Ein solches besteht aus zwei Elektroden verschiedener Stoffe in einer leitenden Flüssigkeit (Elektrolyt). Zwischen den Elektroden entsteht eine Spannung. Die Höhe der Spannung ist abhängig von der Stellung der Metalle (bzw. Kohlenstoff) in der elektrochemischen Spannungsreihe.
Die Spannungen wurden dabei zur Bezugselektrode „Wasserstoff" ermittelt.
Beim Stromfluss wird der unedle Werkstoff (Minuspol) zerstört, und zwar umso schneller, je höher die Spannungsdifferenz zwischen den beiden Werkstoffen ist. Bei dieser Korrosionsart genügt schon die Luftfeuchtigkeit als Elektrolyt.

Kontaktkorrosion

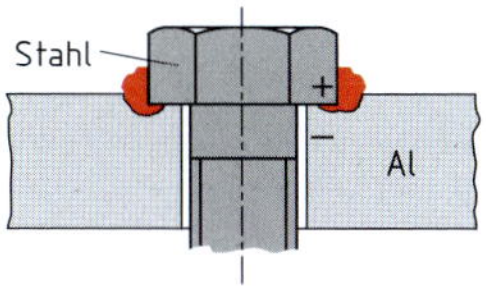

Berühren sich zwei verschiedene Metalle z. B. an einer Verschraubung, so entsteht bei Hinzutritt von Feuchtigkeit ein galvanisches Element, das man in diesem Fall Korrosionselement nennt. Zwischen den beiden Werkstoffen Stahl und Leichtmetall fließt Strom. Die Leichtmetalllegierung wird zerstört. Rings um den Schraubenkopf entsteht ein Materialabtrag.

Interkristalline Korrosion

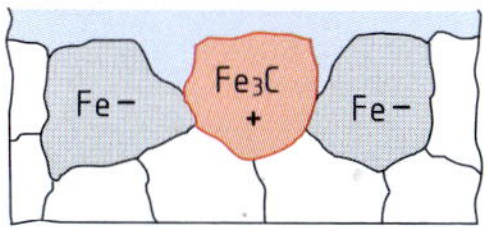

Man versteht darunter die Korrosion zwischen den Metallkristallen entlang ihrer Korngrenzen. Das Gefüge besteht oft aus Kristallen unterschiedlicher Zusammensetzung. Sobald ein Elektrolyt, z. B. Feuchtigkeit, hinzukommt, entsteht zwischen den Gefügebestandteilen ein galvanisches Element. Die dabei entstehende Zerstörung verläuft an der Berührungsstelle der unterschiedlichen Kristalle.

Elektrochemische Spannungsreihe

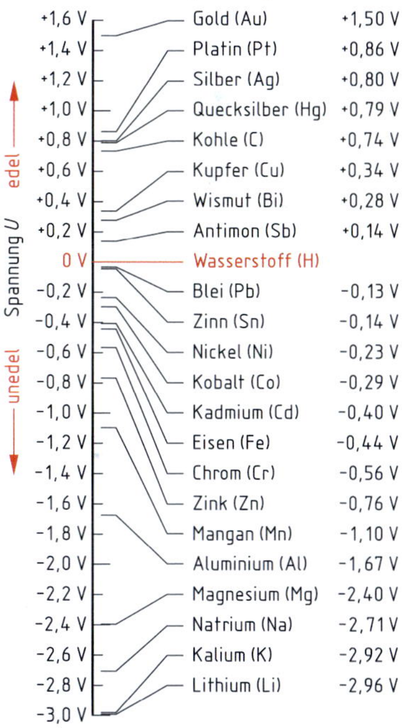

Korrosionsverhalten

Beispiel: Al-Cu-Legierung

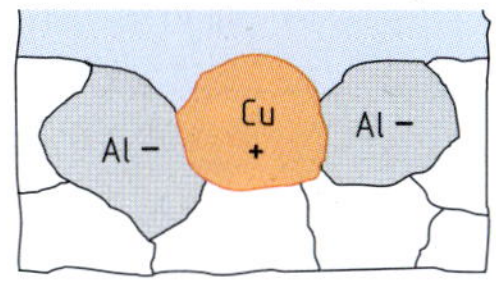

Stahl, unlegiert: Wenig korrosionsbeständig; überzieht sich an der Luft mit Rost, der aus wasserhaltigem Eisenoxid besteht. Rosten ist ein fortschreitender Vorgang, der nach und nach den ganzen Werkstoff zerstört.

Stahl, legiert: Die Legierungsstoffe Cr, Ni, Mo bewirken bessere Korrosionsbeständigkeit. Legierter Stahl ab 12 % Cr ist nichtrostend; bei noch höherem Gehalt an Cr und Ni wird der Stahl säurebeständig.

Gusseisen: Gut korrosionsbeständig, insbesondere an nicht bearbeiteten Flächen. Sehr widerstandsfähig gegen hohe Temperaturen, hauptsächlich bei legiertem Gusseisen.

Kupfer: Sehr gut korrosionsbeständig in Bezug auf Witterungseinflüsse. Überzieht sich an der Luft mit einer sehr dichten Schutzschicht aus Kupferkarbonat (Patina). Säuren lösen jedoch die Schutzschicht auf.

Aluminium: Reines Aluminium ist gut korrosionsbeständig. Es oxidiert an der Luft sehr rasch mit einer sehr dünnen, dichten und beständigen Aluminiumoxidschicht, die vor weiterer Oxidation schützt.

Al-Legierungen: Kupferhaltige Al-Legierungen sind nicht korrosionsbeständig; wesentlich beständiger sind dagegen kupferfreie, vorwiegend Si-haltige Aluminiumlegierungen.

Grundlagen

Korrosion kann verhindert werden durch:
- Wahl geeigneter Werkstoffe, die nicht oder nur wenig korrosionsgefährdet sind,
- Behandlung u. Beschichtung der Oberfläche,
- Schutzströme (katodischer Schutz).

Kupfer, Aluminium bilden Schutzschichten; Chrom, Nickel, Zink, Cadmium werden häufig für metallische Überzüge verwendet. Durch behandelte Oberflächen werden aggresive Stoffe vom Grundmetall ferngehalten.

Metallische Überzüge

Überzugsmetall verletzt

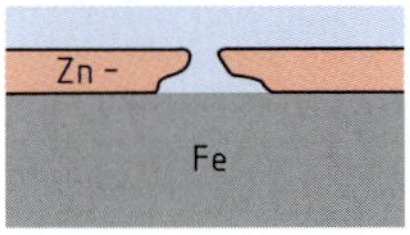

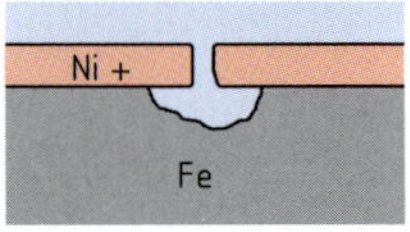

Die Güte des Korrosionsschutzes durch metallische Überzüge ist vom elektrochemischen Verhalten des Schutzmetalles zum Grundmetall abhängig. Wird der Überzug verletzt, so entsteht bei Hinzutritt von Feuchtigkeit ein Lokalelement zwischen Überzugsmetall und Grundmetall. Die Oberfläche wird angegriffen.

Bei verzinktem Stahl wird das Überzugsmetall Zink elektrochemisch negativ gegenüber dem Grundmetall Eisen. Der Zinküberzug wird zerstört. Bei einem Nickelüberzug wird das Überzugsmetall elektrisch positiv. Das Grundmetall Eisen wird angegriffen. Der Nickelüberzug wird unterrostet, platzt ab.

Schmelztauchen: Das zu schützende Werkstück wird nach der Vorbehandlung (entfetten, entrosten, entzundern) in ein Bad aus dem geschmolzenen Überzugsmetall eingetaucht.

Dieses Verfahren (Feuervermetallen) eignet sich zum Aufbringen von Überzügen aus Zn, Pb, Sn. Wegen der Dicke der Überzugsschicht wird eine gute Schutzwirkung erreicht.

Thermisches Spritzen: Das flüssige Schutzmetall wird durch Druckluft zerstäubt und auf den Grundwerkstoff aufgespritzt. Es haftet durch Verklammerung an der Oberfläche.

Beim Flammspritzen wird der Spritzdraht in der Spritzpistole einer Brenngas-Sauerstoffflamme zugeführt, laufend abgeschmolzen und durch einen Druckluftsstrahl zerstäubt.

Plattieren: Auf das zu schützende Metall wird eine dünne Folie aus dem Überzugsmetall warm aufgepresst oder aufgewalzt.

Als Plattierungsmetalle für Stahl eignen sich Kupfer, Kupferlegierungen, Nickel, Aluminium und nichtrostender Stahl.

Galvanisieren

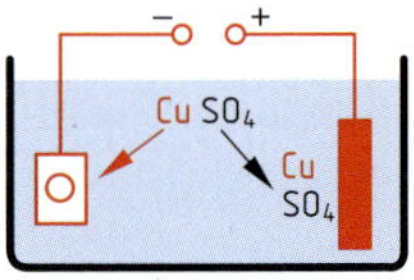

Galvanisieren: Das zu schützende Werkstück wird gut entfettet als Kathode in eine wässrige Lösung aus dem Salz des Überzugsmetalles gebracht. Als Anode wird eine Platte aus dem Überzugsmetall verwendet. Wird Gleichstrom durch das Bad geschickt, so überzieht sich das Werkstück mit dem Schutzmetall.

Beim Verkupfern besteht das Galvanisierbad aus einer Kupfersulfatlösung ($CuSO_4$). Durch den Stromfluss wandern die Cu-Ionen zur negativen Elektrode (Kathode) und bilden einen Kupferüberzug. SO_4 verbindet sich an der Kupferplatte zu neuem Kupfersulfat. Ebenso werden Cr, Ni, Cd und Ag aufgetragen.

Nichtmetallische Überzüge

Anodisieren

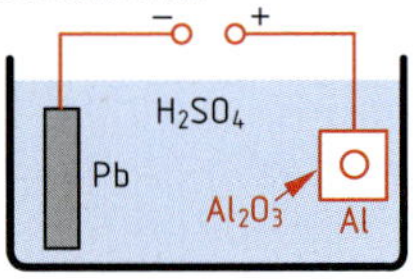

Anodisieren: Werkstücke aus Aluminium oder Al-Legierungen werden als Pluselektrode in ein Bad aus verdünnter Schwefelsäure eingebracht. Die negative Elektrode ist eine Bleiplatte. Fließt Gleichstrom durch das Bad, so entsteht an der Anode Sauerstoff, der sich mit dem Aluminium zu Aluminiumoxid (Al_2O_3) verbindet.

Die Aluminiumoxidschicht (Eloxalschicht) hat eine Dicke von 5 µm bis 20 µm und wächst zum größten Teil nach innen. Sie ist sehr hart, verschleißfest, biegbar, elektrisch nicht leitend und kann eingefärbt werden. Die Eloxalschicht ist gegen chemische Einflüsse sehr widerstandsfähig.

Eloxieren

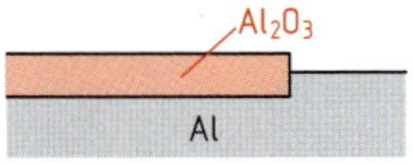

Phosphatieren: Auf Stahlteilen wird eine Schutzschicht aus Eisenphosphat, Manganphosphat oder Zinkphosphat erzeugt. – Die Werkstücke werden im Sprüh- oder Tauchverfahren der Einwirkung einer wässrigen Lösung aus Mn-Phosphat oder Zn-Phosphat ausgesetzt.

Die Phosphatschicht ist porig und mit dem Grundmetall fest verbunden. Phosphatierte Teile müssen wegen der porigen Oberfläche nachbehandelt werden, z. B. durch Einölen oder Anstreichen. Die Phosphatschicht ist ein sehr guter Haftgrund für Lacke.

Wirbelsintern

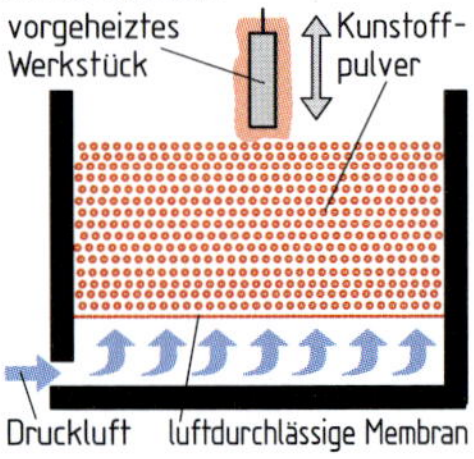

Brünieren: Stahlteile werden mit Lösungen aus Natronlauge und Oxidationsmitteln behandelt.

Es entsteht eine dunkelbraune Schicht aus Eisenoxid mit nur geringem Schutzwert.

Schwarzbrennen: Auf Rotglut erwärmte Stahlteile werden in Öl getaucht und anschließend zum Einbrennen des Öls erneut erwärmt.

Die Oberfläche der Teile erhält mattschwarzes Aussehen. Der Schutzwert ist gering, da die Schicht nicht dauerhaft ist.

Beschichtung mit Kunststoff: Kunststoffpulver wird mittels einer Flammspritzpistole durch einen heißen Gasstrom auf das zu beschichtende Werkstück geblasen. Die Pulverkörner treffen flüssig auf das Werkstück auf und verfließen zu einer dichten zusammenhängenden Schicht.

Ein weiteres Verfahren ist das *Wirbelsintern*. Das Kunststoffpulver wird in einem Behälter durch Einblasen von Luft verwirbelt. Die auf etwa 300 °C erwärmten Werkstücke werden in den verwirbelten Kunststoff eingebracht, der dann auf dem Werkstück schmilzt.

Schutz gegen Kontaktkorrosion

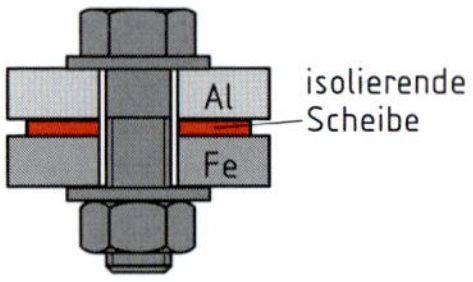

Um Kontaktkorrosion zu vermeiden, darf kein Strom zwischen den beiden Werkstoffen fließen. Die Grenzflächen von unterschiedlichen Metallen müssen voneinander isoliert bleiben durch:
- Beschichtung der Werkstücke,
- Beschichtung der Verbindungselemente,
- isolierende Zwischenlagen.

Vor allem bei Arbeiten an einer Aluminiumkarosserie, z. B. bei der Montage einer Anhängevorrichtung, ist auf die Verwendung von geeignet beschichteten Verbindungselementen und den Einbau vorgesehener Zwischenlagen zu achten.

Korrosionsschutz am Kraftfahrzeug durch Fahrzeuglackierung Seite 375 ... 377

Lackbestandteile

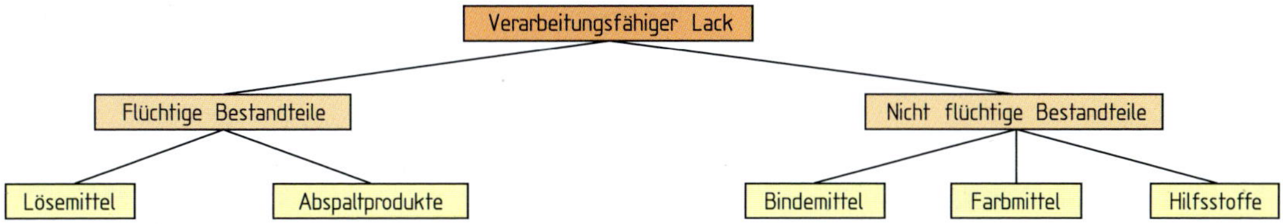

Lösemittel und Verdünnungen	Sie haben die Aufgabe, die festen und zähflüssigen (Bindemittel-)Bestandteile des Lacks aufzulösen oder fein zu verteilen (dispergieren) und in die erforderliche Verarbeitungsviskosität zu bringen. Das Lösemittel verdunstet bei der Verarbeitung und der Trocknung und lässt einen Lackfilm auf der Oberfläche des lackierten Teils zurück.	Die Verwendung organischer Lösemittel ist aufgrund der Umweltbelastung stark eingeschränkt. Organische Lösemittel werden deshalb heute teilweise oder ganz durch Wasser ersetzt. Dieses umschließt (dispergiert) den Lack als kleinste Tröpfchen, die bei der Trocknung beim Verdunsten zusammenfließen und den Lackfilm bilden.
Bindemittel	Sie sind Harze, die Pigmentteilchen umhüllen und gleichmäßig verteilen. Sie bilden nach dem Beschichtungs- und Trocknungsprozess den eigentlichen Lackfilm.	Das Bindemittel bestimmt die Eigenschaften des Lackes wie: Trocknungsverhalten, Glanz, Härte, Elastizität, Wetterfestigkeit, Chemikalienfestigkeit.
Farbmittel (Pigmente)	Für den Farbeindruck und die Abdeckung des Untergrunds werden in der Regel feinteilige und unlösliche „Pigmente" verwendet.	Daneben gibt es lösliche „Farbstoffe", deren transparente Färbung für Lasuren benutzt wird.
Hilfsstoffe	Stoffe (Additive), die in kleinen Zusätzen das Verhalten der Lacke optimieren, wie Pigmentverteilung im Lack, Fließverhalten, Verlauf, Ablaufsicherheit,	Haftung zum Untergrund, Härte/Kratzfestigkeit, Überlackierbarkeit, UV-Schutz.

Lack

Lackarten	Zusammensetzung, Eigenschaften		Verwendung
Nitrolacke (CN-Lacke)	Nitrolacke sind auf der Basis von Nitrocellulose hergestellt. Nitrokombilacke enthalten außerdem noch Kunstharze. Die sehr rasche Trocknung erfolgt durch Verdunstung des Lösemittels.	CN-Lacke müssen zur Erzielung eines Hochglanzes aufpoliert werden. Ältere Lacke vergilben und verblassen und müssen regelmäßig konserviert und aufpoliert werden.	Früher Verwendung für Fahrzeuge. Heute werden auch ältere Fahrzeuge/Oldtimer meist mit Acryllacken lackiert.
Kunstharzlacke (KH-Lacke, (Alkydharzlacke)	Kunstharzlacke ist die gängige Bezeichnung für Alkydharzlacke (Bindemittel auf Basis natürlicher oder synthetischer Fettsäuren).	Die Trocknung erfolgt durch chemische Reaktion bei Raumtemperatur mit Luftsauerstoff oder in Kombination mit Melaminharzen bei erhöhter Temperatur als „Einbrennlacke".	Im Fahrzeugbereich werden Kunstharzlacke zunehmend durch 2-K-Acryl- bzw. -PUR-Lacke ersetzt.
Acryllacke, 2K (2-Komponenten PUR[Polyurethan]-Acryl-Lacke)	Acryllacke ist die gängige, vereinfachte Bezeichnung im Autoreparaturbereich für hochwertige und universell eingesetzte 2-Komponenten-PUR-Lacke auf Basis von Acrylharzen. Als Härterkomponente dienen Polyisocyanate (Arbeitsschutz beachten).	Sie werden als pigmentierte deckende Buntlacke (Unilacke) oder als Klarlacke verwendet und zeichnen sich durch hohe Wetter- und Chemikalienbeständigkeit bei hohem Glanz aus, weshalb solche Lacke auch für die Serienlackierung eingesetzt werden.	Decklack bei Klarlacken und Unilacken. Nicht verwechseln mit „Baumarkt" (Einkomponenten)-Acryllack, der nur durch Verdunstung des Lösemittels trocknet.
Effektlacke	Die bekanntesten Effektlacke sind Metallic-Lacke. Auch viele andere Effekte, wie Perlglanz-, Samt-, Softfeel- oder Farbflop-Effekt (hier ändert sich der Farbeindruck mit dem Betrachtungswinkel), sind möglich.	Üblich sind für die Außenanwendung 2-Schicht-Effektlacke, bei denen auf Grundierung/Füller der Effekt-Basislack aufgetragen wird. Nach Ablüften/Zwischentrocknung wird ein Klarlack als Schutzschicht aufgebracht.	Für Basislacke haben sich Wasserlacke durchgesetzt, während bei Klarlacken derzeit noch 2K-High-Solid-Acryllacke dominieren.
Wasserlacke (wasserverdünnbare Lacke)	Lacke, bei denen die nichtflüchtigen Anteile in Wasser gelöst oder meist als kleinste Lacktröpfchen in einer Wasserhülle dispergiert (fein verteilt) sind.	Beim Verdunsten des Wassers nach dem Lackauftrag verlaufen die Lacktröpfchen zu einem geschlossen Film.	Verwendung als Grundierung, Füller und Basislack. Zukünftig auch als Klarlack.
High-Solid-Lacke (HS-Lacke)	Lacke, die bei Verarbeitungsviskosität einen höheren Festkörperanteil (< 70 %) und weniger Lösemittel aufweisen.	Dies wird durch Einsatz niedermolekularer Bindemittel erreicht, die erst nach der Vernetzung (Aushärtung) ihre endgültigen Eigenschaften erreichen.	„Acryllacke" für die Fahrzeugserien- und Reparaturlackierung sind vorwiegend HS-Lacke.
Pulverlacke	Zur Herstellung von Pulverlacken werden Bindemittel, Vernetzer, Hilfsstoffe, und ggf. Pigmente in der Schmelze vermischt und nach der Abkühlung fein gemahlen. Bindemittelbasis ist meist Epoxi-/Polyesterharz, zunehmend auch Acrylharze.	Das Pulver wird mit Luft aufgewirbelt und durch Schläuche zur Spritzpistole transportiert. Dort wird es mit Hochspannung aufgeladen Es scheidet sich am geerdeten Werkstück ab und bleibt haften, bis es im Ofen (130 … 200 °C) aufgeschmolzen und vernetzt wird.	Lösemittelfreier, daher umweltneutraler Einbrennlack mit hohem Auftragswirkungsgrad. Schichtdicke 40 … 120 µm Zähharter Lackfilm. Farbtonangleichung ist schwierig.

Industrielle Lackierung

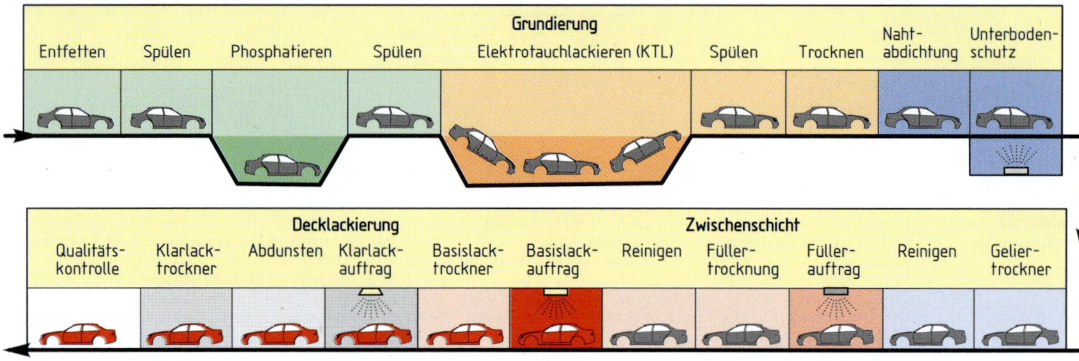

Beschichtungsaufbau

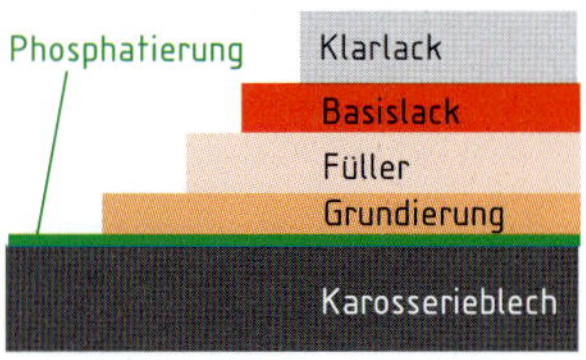

Schichtdicken

Elektrotauchgrund	18 … 22 µm
Füller	25 … 40 µm
Basislack	12 … 20 µm
Klarlack	30 … 50 µm
Unterbodenschutz	400 … 800 µm
Steinschlagschutz	100 … 300 µm

Vorbehandlung
Reinigen, entfetten, spülen und trocknen der Rohkarosserie.
Phosphatieren (passivieren)
Die Zinkphophatschicht hat eine größere Oberfläche, wodurch sich die Beschichtungsstoffe besser verankern können. Außerdem schützt sie vor Korrosion.
Grundierung
Die Karosserie wird im Tauchbad durch kathodisches Tauchlackieren (KTL) mit Grundierfarbe beschichtet. Sie stellt eine gute Haftung für die nachfolgenden Schichten her und schützt den Untergrund zusätzlich vor Korrosion. Sie wird bei ca. 200 °C eingebrannt.
An steinschlag- und korrosionsgefährdeten Stellen wird Steinschlagschutzgrund bzw. PVC-Dauerunterbodenschutz aufgetragen.

Zwischenschicht
Nach der Grundierung wird auf die Außenhaut Füller aufgetragen. Er glättet die Oberfläche und ist Haftgrund für den Decklack. Die Trocknung erfolgt bei ca. 150 °C.
Decklackierung
Sie besteht auch bei Uni-Lackierungen (Einfarbenlackierung) aus zwei Schichten.
Der *Basislack*, heute immer ein Wasserlack, ist entweder bunter Uni-Lack oder Metalleffekt-Lack. Er dient der Farbgebung.
Der *Klarlack* ist heute meistens noch ein 2-K-Lack, in Zukunft aber ein Wasserlack. Er schützt den Basislack vor mechanischen und chemischen Einflüssen und vor UV-Strahlung.
Nano-Klarlack enthält nanokleine Keramikpartikel und erhöht dadurch die Kratzfestigkeit.

Auftragsverfahren

Kathodische Tauchlackierung (KTL)

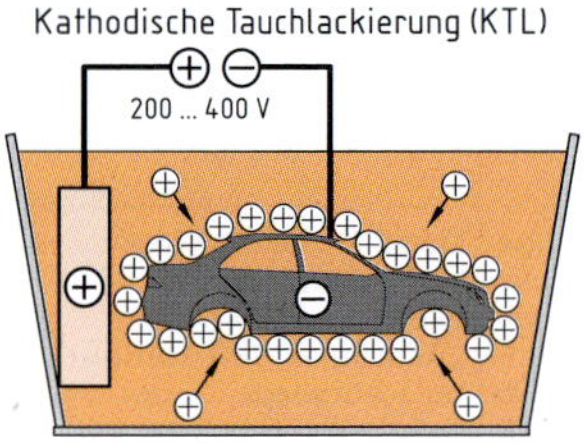

Elektrotauchlackierung

Die im Tauchbad gelösten Lackteilchen werden durch elektrochemische Prozesse an der Karosserie ausgeschieden.
Die Beschichtung wird durch Anlegen eines Gleichstroms verursacht, der von den Elektroden über die wässrige Lacksuspension zur Karosserie fließt und die Lackteilchen so lange transportiert, bis die Oberfläche vollständig beschichtet, d. h. isoliert ist.

Bei der *kathodischen Tauchlackierung (KTL = Kataphorese)* sind die Lackteilchen positiv geladen (Kationen). Die Karosserie liegt als Katode am Minuspol.
Die bei der Wasserzerlegung durch Elektrolyse erzeugten positiven Wasserstoffionen wandern zur negativ geladenen Karosserie und verhindern dort während des Beschichtungsvorgangs eine Oxidbildung auf dem Karosserieblech.

Rotationsglocke

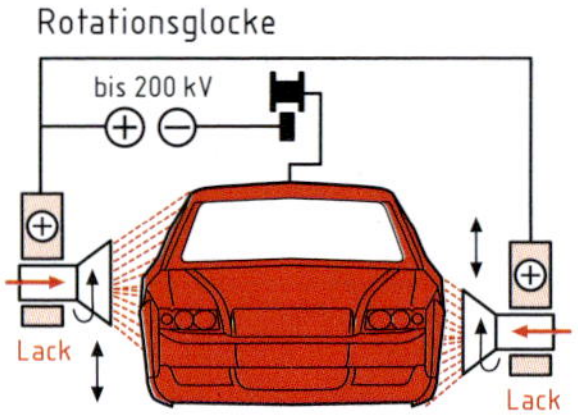

Elektrostatisches Spritzen

Das elektrostatische Spritzverfahren wird in der Serienfertigung angewandt. An der Karosserie wird der Pluspol, an die Farbspritzdüsen der Minuspol einer Gleichspannungsquelle angelegt.
Die Spannung kann bis 200 000 V betragen.
Die negativ aufgeladenen Farbnebel werden durch die positiv aufgeladene Karosserie angezogen. Der Farbverlust wird dadurch verringert.

Beim elektrostatischen Spritzverfahren mit pneumatisch angetriebenen Hochrotationsglocken (bis 60 000 1/min) gelangt der Lackfilm über die Glockeninnenfläche an den Glockenrand und wird dort fein zerstäubt.
Durch Lenkluft aus einem Bohrungskreis hinter der Zerstäuberglocke und elektrostatische Aufladung des Lacks wird erreicht, dass fast alle Lacktröpfchen auf die Karosserie treffen.

Druckluftzerstäubung

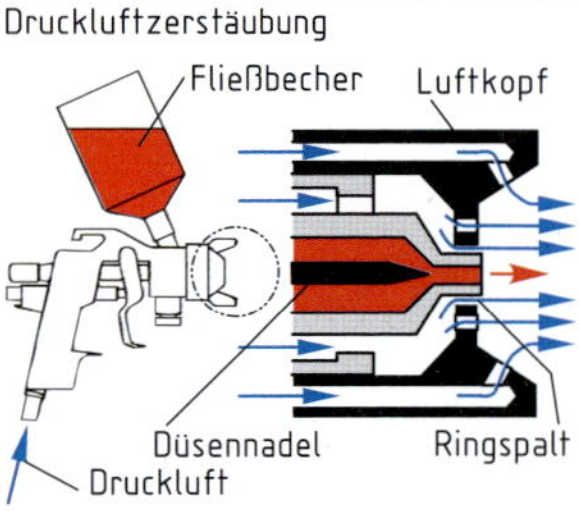

Spritzlackieren

Bei der *Druckluftzerstäubung* strömt die Druckluft (2 … 5 bar) mit hoher Geschwindigkeit aus einem Ringspalt im Luftkopf. Dadurch entsteht an der Lackdüsenmündung ein Unterdruck, der das Lackmaterial ansaugt. Die Relativbewegung zwischen Luftströmung und ausfließendem Lack zerreißt das Lackmaterial zu einzelnen Tröpfchen. Mithilfe besonderer Luftdüsen, die auf den Farbstrahl hinter der Düsenaustrittsöffnung einen Luftstrahl blasen, kann die Form des Farbstrahls beeinflusst werden.

Bei der *Airlesszerstäubung* wird das Lackmaterial unter hohem Druck (100 … 200 bar) aus der Spaltdüse gepresst. Es zerstäubt beim Entspannen am Austritt aus der Spritzdüse.
Bei der *Airlesszerstäubung mit Luftunterstützung* wird das Lackmaterial mit einem Druck (40 … 60 bar) aus der Spaltdüse gepresst. Zur besseren Zerstäubung wirken zusätzliche Luftstrahlen aus Luftkopfbohrungen auf den Spritzstrahl ein.
Durch die Airlesszerstäubung wird der Auftragswirkungsgrad verbessert.

Lackieranlage

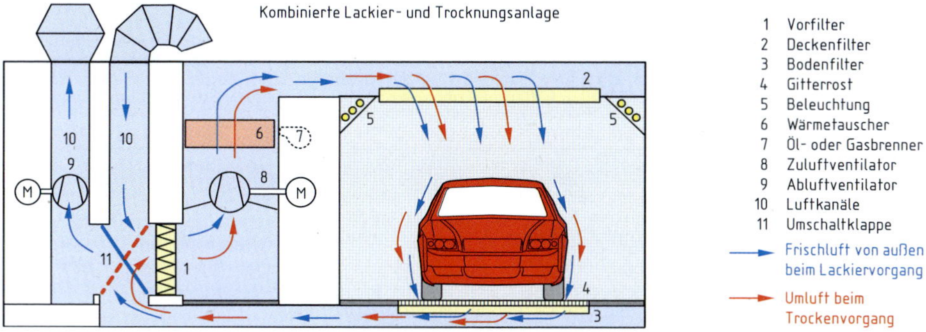

Ersatzteillackierung

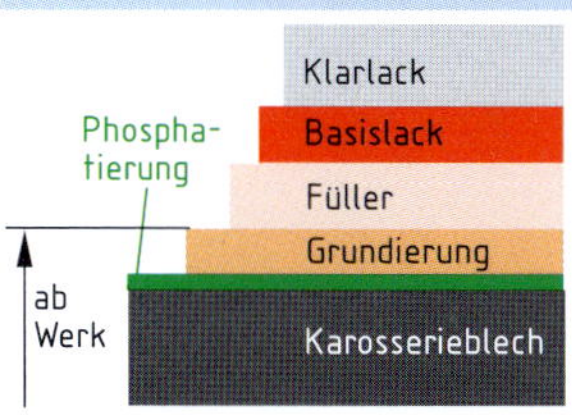

Vorbehandlung	Vorreinigung mit Silikonentferner oder Entfettungsmittel, Trockenschliff P280 ... P320, Nassschliff P280 ... P600, Nachreinigung mit Silikonentferner oder Entfettungsmittel.
Füllern	Durchgeschliffene Stellen mit Primer grundieren, Füller auftragen und anschleifen.
Decklackierung	Basislack auftragen. Durch auslaufendes Beilackieren können Farbtondifferenzen angrenzender Teile ausgeglichen werden, Ablüften. Klarlack auftragen, Ablüften, Trocknen. Beim Lackieren sind Atemschutzgeräte möglichst mit Frischluftzufuhr zu verwenden (vgl. BG-Regel 231).
Polieren	Nach entsprechender Trocknungszeit können kleinere Defekte, wie Staubeinschlüsse oder Läufer, ausgeschliffen und poliert werden.

Reparaturlackierung

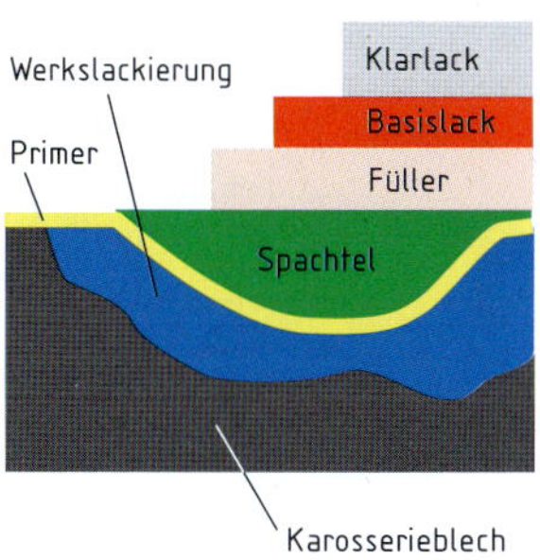

Vorbehandlung	Vorreinigung mit Silikonentferner oder Entfettungsmittel, Schadstelle ausschleifen mit P80 ... P120, Nachschliff P150 ... P180, Nachreinigung mit Silikonentferner oder Entfettungsmittel.
Spachteln	Unebene Stellen (Vertiefungen) mit Spachtelmasse auffüllen.
Schleifen	Nach der Trocknung des Spachtels bis auf den Übergang zum Metall zurückschleifen mit Handschleifblock, Schleiffeile oder Schleifmaschine mit P80 ... P150, Nachschliff mit P180 ... P240. Schleifstaub gründlich entfernen und mit Silikonentferner reinigen.
Grundieren	Durchschliffstellen, evtl. ganze Reparaturfläche mit Primer grundieren.
Füllern	Füller auftragen. Grundierfüller ist Grundierung und Füller in einem.
Schleifen	Auftrag von Kontrollschwarz erleichtert die Kontrolle der geschliffenen Fläche. Trockenschliff des Füllers mit P400 ... P600. Rest des Reparaturteils mit Schleifpad ultrafein oder ultrafeinem Schleifpapier anschleifen.
Decklackierung	Basislack auftragen. Durch auslaufendes Beilackieren können Farbtondifferenzen angrenzender Teile ausgeglichen werden. Ablüften, Klarlack auftragen, Trocknung.
Polieren	Wie Ersatzteillackierung.

Schleifmittel

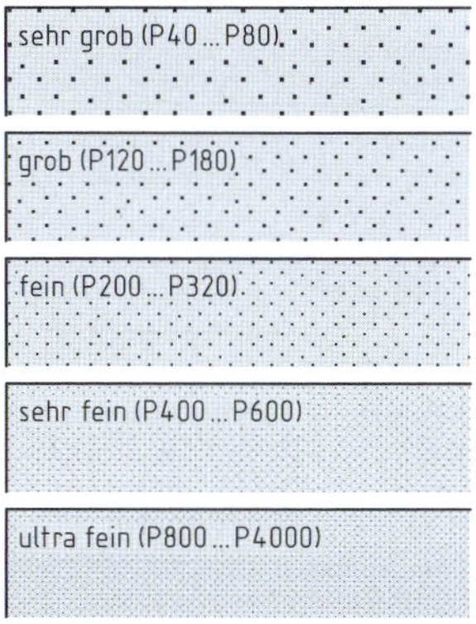

	Reparaturbereich	Neue Ersatzteile
Lackierung entfernen, Metall anschleifen	P120 ... P180	
Vorschliff für den Spachteleinsatz	P40 ... P80	
Spachtel schleifen	P120 ... P140	P280 ... P320
Vorschliff Umgebungsfläche	P240 ... P320	
Füller schleifen	P320 + P400 ... P600	P320 + P400 ... P600
Mattieren der Umgebungsfläche einschl. Füller	P800 ... P1000/ultrafine pad	P800 ... P1000/ultrafine pad
Schleifen der Überblendzone	P2000 ... P4000	
	Fehlerbeseitigung	
Oberfläche angleichen	P1500 ... P2000	
Vorpolitur Überblendzone	P2000 ... P4000	

Lack stumpf, Farbe verblasst

Lackbeanspruchung

Der Lack eines Autos ist Witterungseinflüssen, aggressiven Einflüssen durch Vogelkot, Insekten und Baumharz sowie mechanischen Belastungen ausgesetzt. Der Lack wird stumpf, die Farbe verblasst, der Lack wird angeätzt, die Oberfläche verkratzt. Regelmäßige Lackpflege ist daher sinnvoll.

Einflüsse

Regen, Spritzwasser, Eis, Schnee, Wärme, Kälte, Sonne (UV-Strahlen), Teer, Streusalz, Straßenschmutz, Vogelkot, Insekten, Baumharz, Betriebsstoffe, Waschmittelzusätze, Riefen durch Waschanlagen, Steinschläge, Kratzer, Verformung.

Lackschaden durch Vogelkot (vergrößert)

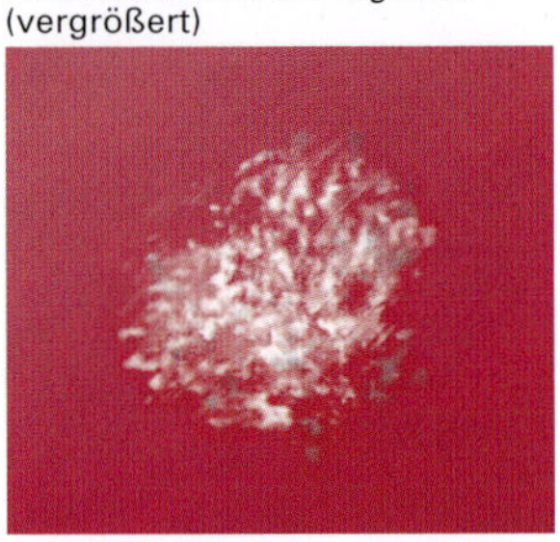

Waschen

Maßgebend für den Abbau des Lackfilms sind im Wesentlichen Temperatur, Feuchte, UV-Strahlung, Konzentration und Einwirkzeit. Deshalb sollten Verunreinigungen sofort, sorgfältig und restlos beseitigt werden.
Zur Fahrzeugwäsche sollten weiche Borsten und reichlich Wasser verwendet werden, damit Staub und harte Borsten die Oberfläche nicht verkratzen. Durch Zugabe von waschaktiven Substanzen wird eine schnellere und bessere Wirkung erreicht. Diese Waschkräfte entfernen aber auch vorhandene Konservierungsmittel, sodass Fremdstoffe in die feinen Kapillaren des Lackfilms eindringen können. Nach jeder Wäsche ist mit klarem Wasser gut nachzuspülen und das Fahrzeug abzuledern.
Frische Reparaturlackierung sollte in den ersten 8 Wochen nur mit klarem Wasser ohne Zusätze gewaschen und weder poliert noch konserviert werden, da sie ihre Endhärte noch nicht erreicht hat.

Waschmittel

Shampoo	Fahrzeugwäsche von Hand
Waschstraßenreiniger	Fahrzeugwäsche in Waschanlagen
Teerentferner	Entfernung von Teerspritzern
Insektenentferner	Entfernung von Insektenrückständen
Baumharzentferner	Entfernung von Baumharz und Vogelkot

Konservierte Lackoberfläche

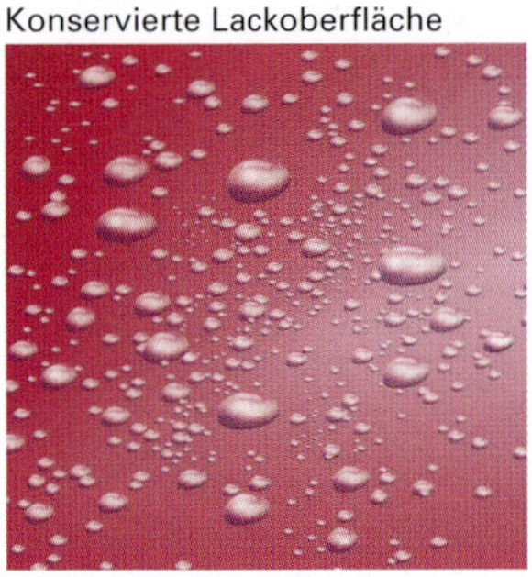

Konservieren

Neue Lackierungen haben wasserabweisende Wirkung. Dies erkennt man daran, dass Wassertropfen sich auf der Oberfläche nicht ausbreiten, sondern tropfenförmig abperlen. Fällt nach einer bestimmten Zeit oder nach einigen Wagenwäschen der Perltest negativ aus, so muss die Lackoberfläche mit einem neuen Schutzfilm versehen, d. h. konserviert werden. Die Konservierung enthält Wachskombinationen und ggf. Silikonöle, die wasserabstoßend wirken, den Lackfilm auffrischen und elastisch erhalten, den Hochglanz steigern sowie das Verwittern und Oxidieren verzögern. Die Silikonöle garantieren einen dauerhaften, wasserfesten Überzug, bereiten aber oft Schwierigkeiten bei der Reparaturlackierung.
Ähnliche Wirkung wie Wachskombinationen und Silikonöle haben Nano-Versiegelungen.

Konservierungsmittel

Emulsionen aus Öl bzw. Wachs mit Lösungsmittel (heute vorwiegend Wasser), z. T. mit Silikonöl, Silikonwachs und Silikonharz.

Waschkonservierer	Zugabe in das Waschwasser, Auftrag mit Schwamm und abledern
Waschwachs, Heißwachs	Im letzten Waschgang bei Waschstraßen
Wachslösung, Wachspaste	Mit weichem Tuch auftragen und mit Poliertuch, Poliervlies oder Mikrofasertuch abwischen.

Beschädigte Lackoberfläche

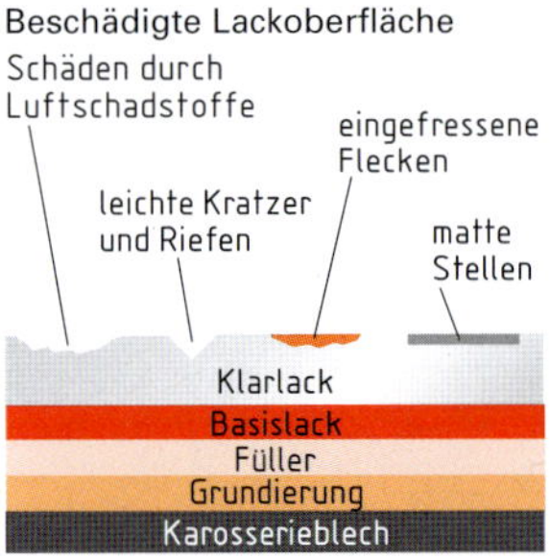

Hochglanzpolieren

Wird bei der Reinigung der Lackierung festgestellt, dass unter den Einflüssen der Umwelt eine leichte Verwitterung eingetreten ist, so muss der entstandene Schleier entfernt werden. Dies wird mithilfe mild wirkender Poliermittel erreicht. Das Poliermittel soll die Oberfläche leicht angreifen und dem Lackfilm einen neuen Glanz geben, ohne zu schleifen oder Kratzer zu erzeugen. Öle oder andere Komponenten des Poliermittels beheben die beginnende Versprödung der alten Lackoberfläche.

Hochglanzpoliermittel

Poliermittel für leichtmatte Lacke sind meist Konservierungsmittel mit nanokleinen Schleifpartikeln. Feine Kratzer und Unebenheiten werden ausgeglichen und gleichzeitig wird der Lack durch eine Wachsschicht geschützt.
Lackreiniger enthalten größere Schleifpartikel und sind meistens silikonfrei. Zur Lackkonservierung ist häufig eine Nachbehandlung mit einem Konservierungsmittel erforderlich.

Lack aufbereitet und konserviert

Schleifpolieren

Zum Polieren und Schwabbeln stark verschmutzter oder verwitterter Lacke sowie zum Auspolieren von kleinen Fehlern wie Kratzspuren, Staubeinschlüssen usw. kann eine Polierpaste verwendet werden. Die Polierpaste reinigt und glättet die Oberfläche, beseitigt die Verwitterungsschicht, greift aber den Lackfilm an. Je nach Glanzbildung müssen die behandelten Flächen mit einem Poliermittel nachpoliert werden. Nach dem Polieren ist die Lackierung mit einer geeigneten Wachslösung zu konservieren. Die Schleifpolierpasten sind nur für den Werkstattgebrauch vorgesehen, da zur Anwendung fachmännische Handhabung erforderlich ist.

Schleifpoliermittel

Polierpaste	Weich wirkendes Schleifmittel
Schleifpolierpaste	Schärfer wirkendes Schleifmittel
Schleifpaste	Scharf wirkendes Schleifmittel

Wachse mit Lösungsmittel bzw. Wasser mit fein verteilten Schleifkörnchen

6 Betriebsstoffe

Chemischer Aufbau — Rohöl

Erdöl

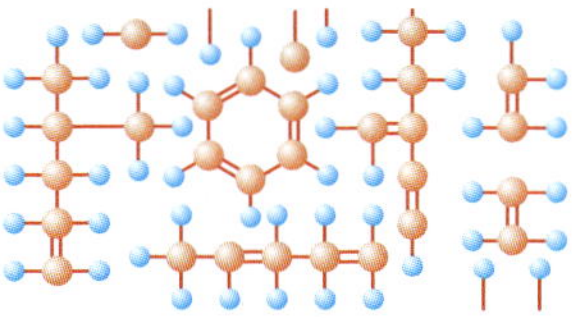

Erdöl besteht aus einem Gemisch von Kohlenwasserstoffen verschiedener Molekülgrößen und -formen. Es enthält neben Aromaten im wesentlichen Paraffine und Naphthene. Nach den vorwiegend im Erdöl vorkommenden Molekülformen spricht man von paraffin-, naphthen- oder gemischtbasischen Erdölen. Die Basis ist für seine Verarbeitung, für Art und Eigenschaften der Fertigprodukte wichtig. Das gereinigte und entwässerte Erdöl wird als Rohöl bezeichnet.

Eigenschaften

Braungrüne bis braunschwarze Flüssigkeit mit dunkelgrüner, bläulicher Fluoreszenz, bei Raumtemperatur dünnflüssig bis salbenartig.

Dichte	0,7 ... 1,0 kg/l
Siedeverlauf	25 ... 360 °C
Heizwert	39 800 ... 46 100 kJ/kg

Kohlenwasserstoffe

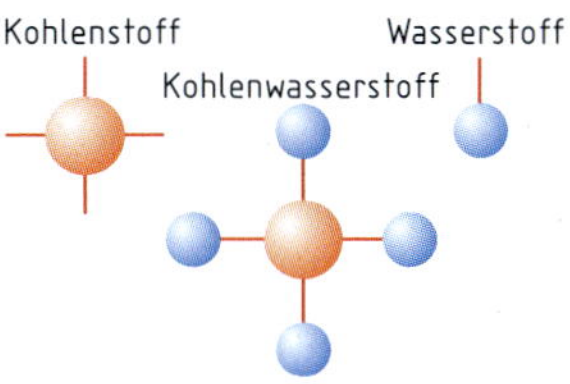

Kohlenwasserstoffe (CH) sind Verbindungen aus Kohlenstoff (C) und Wasserstoff (H). Das C-Atom ist vierwertig, das H-Atom einwertig. Die C-Atome bilden mit sich selbst gerade oder verzweigte Ketten. Die freien Valenzen der C-Atome sind mit H-Atomen besetzt. Nach der Bindungsform unterscheidet man Moleküle mit offenen Ketten (aliphatische) oder geschlossenen Ketten (zyklische Kohlenwasserstoffe).

Die Zahl der CH-Verbindungen ist nahezu unbegrenzt. Je nach Länge der Moleküle sind sie bei Raumtemperatur gasförmig, flüssig oder fest. Häufig vorkommende Formen sind mit speziellen Namen bezeichnet.

Die ersten 4 Glieder der Kohlenwasserstoffreihe haben eigene Namen: Methan, Ethan, Propan, Butan.

Die Bezeichnung der anderen richtet sich nach der Anzahl der C-Atome (griech. Zahlwort) und nach ihren Bauformen (Wortendung):

Paraffine (Alkane) enden mit	„... an"
Alkene mit	„... ylen", „... en"
Alkine mit	„... in"
Diene mit	„... ien"

Paraffine, Alkane

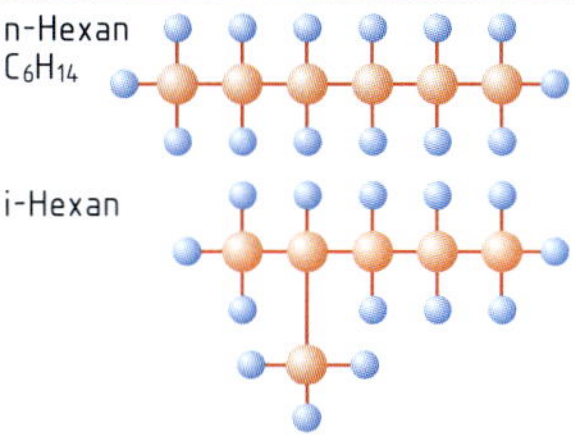

Paraffine sind gesättigte kettenförmige Kohlenwasserstoff-Verbindungen. Die C-Atome sind in einer offenen Kette gerade oder verzweigt angeordnet. Die freien Valenzen sind mit H-Atomen abgesättigt.

Geradlinige, unverzweigte Kohlenstoffketten nennt man normal-Paraffine (n-Paraffine), verzweigte Kohlenstoffketten iso-Paraffine (i-Paraffine). Isomere sind Verbindungen gleicher Summenzusammensetzung aber verschiedener Molekülstruktur.

Die Paraffine, auch Alkane genannt, sind die Hauptbestandteile des paraffinbasischen Erdöls.

Summenformel C_nH_{2n+2}

Eigenschaften: Großer Energiegehalt, reaktionsträge, stabil.

Arten

Methan	CH_4	Heptan	C_7H_{16}
Ethan	C_2H_6	Oktan	C_8H_{18}
Propan	C_3H_8	Nonan	C_9H_{20}
Butan	C_4H_{10}	Dekan	$C_{10}H_{22}$
Pentan	C_5H_{12}	Undekan	$C_{11}H_{24}$
Hexan	C_6H_{14}	Dodekan	$C_{12}H_{26}$

Olefine, Alkene, Alkine, Diene

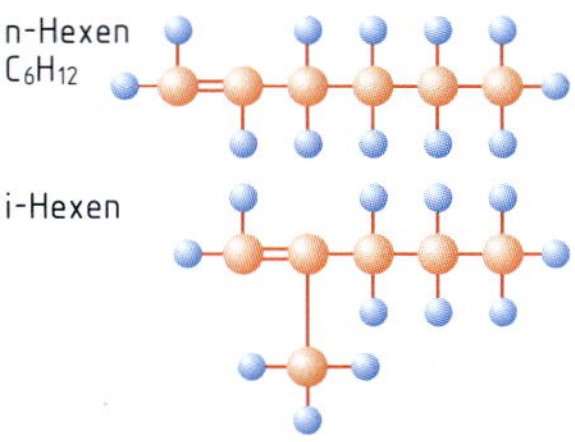

Olefine sind ungesättigte kettenförmige Kohlenwasserstoff-Verbindungen mit einer Doppelbindung (Alkene), einer Dreifachbindung (Alkine) oder zwei Doppelbindungen (Diene). Ihre Moleküle bilden gerade oder verzweigte Ketten.

Geradlinige Kohlenstoffketten nennt man normal-Olefine, verzweigte Kohlenstoffketten iso-Olefine.

Olefine sind reaktionswilliger, da sie versuchen, ihre Struktur in eine gesättigte zu überführen. Olefine kommen nicht im Erdöl vor, sie entstehen bei der Verarbeitung des Erdöls in der Crackanlage.

Summenformel

Alkene	C_nH_{2n}
Alkine, Diene	C_nH_{2n-2}

Eigenschaften
Wasserstoffärmer, geringerer Energiegehalt, sehr reaktionsfreudig.

Arten

Ethen (Ethylen)	C_2H_4
Propen (Propylen)	C_3H_6
Hexen	C_6H_{12}
Ethin	C_2H_2
Butadien	C_4H_6

Naphthene Zykloalkane, Zykloparaffine

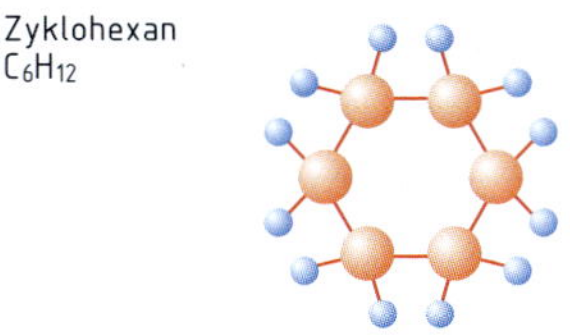

Naphthene sind gesättigte ringförmige Kohlenwasserstoff-Verbindungen. Ihre Moleküle weisen 5 ... 7 im Ring angeordnete C-Atome auf. Die freien Valenzen der C-Atome sind mit H-Atomen abgesättigt.

Da man sie ihrer Struktur nach als ringförmige Paraffine bezeichnen kann, gelten hierfür auch deren Bezeichnungen unter Voransetzung der Silbe „Zyklo", z. B. Zykloparaffine oder Zykloalkane.

Naphthene sind die Hauptbestandteile des naphthenbasischen Erdöls.

Summenformel C_nH_{2n}

Eigenschaften: Geringerer Energiegehalt, reaktionsträge.

Arten

Zyklohexan	C_6H_{12}
Zyklopentan	C_5H_{10}
Zykloheptan	C_7H_{14}
Zyklooktan	C_8H_{16}

Aromaten

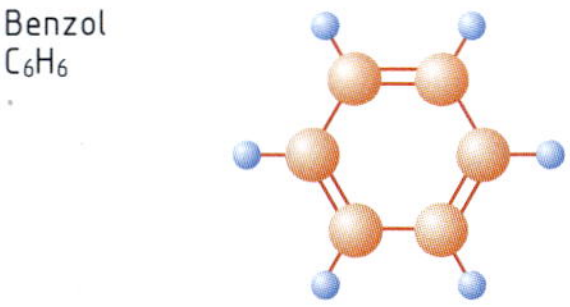

Aromaten sind ungesättigte ringförmige Kohlenwasserstoff-Verbindungen. Der bekannteste aromatische Kohlenwasserstoff ist das Benzol. Die Benzol-Moleküle besitzen 6 im Ring angeordnete C-Atome mit 3 Doppelbindungen. Die freien Valenzen sind mit H-Atomen verbunden.

Summenformel C_nH_n

Eigenschaften
Wasserstoffarm, geringerer Energiegehalt, reaktionsträge.

Arten

Benzol	C_6H_6
Toluol	$C_6H_5 \cdot CH_3$
Xylol	$C_6H_4 \cdot (CH_3)_2$

Temperaturbegriffe zur Verbrennung

Flammpunkt	Der Flammpunkt ist die niedrigste Temperatur einer Flüssigkeit, bei der sich unter festgelegten Versuchsbedingungen brennbares Gas oder brennbarer Dampf in solcher Menge bildet, dass bei Kontakt mit einer Zündquelle eine Flamme auftritt, ohne dass sie weiterbrennt.
Brennpunkt	Der Brennpunkt einer Flüssigkeit ist die niedrigste Temperatur, bei der sich unter vorgeschriebenen Versuchsbedingungen brennbares Gas oder brennbarer Dampf in solcher Menge bildet, dass bei Kontakt mit mit einer Zündquelle eine Flamme auftritt, die auch nach Wegnahme der Zündquelle weiterbrennt. Je höher der Siedepunkt der Flüssigkeit ist, desto höher liegt der Brennpunkt über dem Flammpunkt.
Zündtemperatur	Die Zündtemperatur ist die niedrigste Temperatur, bei der die Entzündung eines brennbaren Gases oder Dampfes im Gemisch mit Luft auftritt. Sie ist ein Maß für die Selbstentzündlichkeit.

Ottokraftstoffe

Zusammensetzung	Ottokraftstoffe sind ein Gemisch aus niedrig siedenden Kohlenwasserstoffen: Paraffine, Olefine, Naphtene und Aromaten, vgl. S. 379. Der Siedebereich liegt zwischen 25 °C und 210 °C , vgl. Abb. unten.	
Gefahrenhinweise	H224 Flüssigkeit und Dampf extrem entzündbar. H304 Kann bei Verschlucken und Eindringen in die Atemwege tödlich sein. H315 Verursacht Hautreizungen. H319 Verursacht schwere Augenreizung. H336 Kann Schläfrigkeit und Benommenheit verursachen.	H340 Kann genetische Defekte verursachen. H350 Kann Krebs erzeugen. H361d Kann vermutlich das Kind im Mutterleib schädigen. H411 Giftig für Wasserorganismen, mit langfristiger Wirkung.
Sicherheitshinweise (Auswahl)	P201 Vor Gebrauch besondere Anweisungen einholen. P280 Schutzhandschuhe, Schutzkleidung und Augenschutz oder Gesichtsschutz tragen. P273 Freisetzung in die Umwelt vermeiden.	P261 Einatmen von Dampf vermeiden. P210 Von Hitze, heißen Oberflächen, Funken, offenen Flammen und anderen Zündquellen fernhalten. Nicht rauchen.
Klopffestigkeit Oktanzahl (OZ)	Die Klopffestigkeit kennzeichnet das Verhalten des Kraftstoffs, nicht unkontrolliert durch Selbstzündung, sondern nur durch den Zündfunken ausgelöst zu zünden. Das Maß für die Klopffestigkeit ist die Oktanzahl (OZ). Sie wird in einem Prüfmotor mit veränderbarer Verdichtung durch Vergleichen mit einem Bezugskraftstoff ermittelt. Als Bezugskraftstoff dienen Mischungen aus klopffestem Isooktan und klopffreudigem n-Heptan.	Isooktan ist die Oktanzahl 100, n-Heptan ist die Oktanzahl 0 zugeordnet. Verhält sich der geprüfte Kraftstoff genauso klopffest wie eine Mischung aus 95 % Isooktan und 5 % n-Heptan, beträgt seine Oktanzahl 95. Man unterscheidet zwischen der üblicherweise angegebenen Research-Oktanzahl ROZ und der unter schärferen Bedingungen ermittelten Motor-Oktanzahl MOZ.

Siedeverlauf (Beispiel)

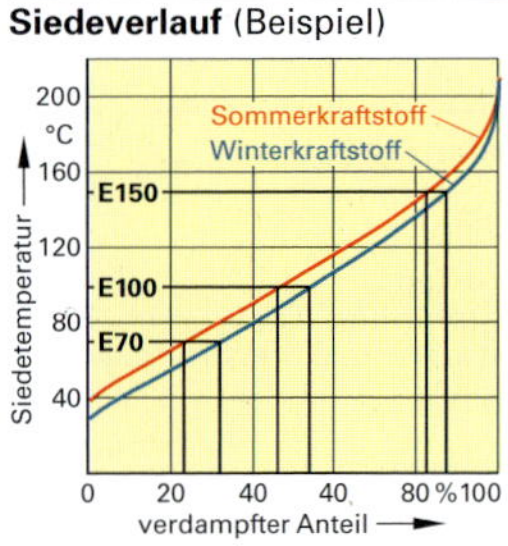

Ottokraftstoffe sind Gemische aus verschiedenen Kohlenwasserstoffen. Sie haben daher keinen festen Siedepunkt, sondern einen Siedebereich bzw. Siedeverlauf. Der Siederverlauf wird durch Feststellung der verdampften Anteile in Volumenprozent (Vol.-%) bei bestimmten Temperaturen nach DIN EN ISO 3405 ermittelt und z. B. durch eine Kurve (vgl. Abb.) wiedergegeben. Wichtige Punkte der Kurve sind der Siedebeginn und das Siedeende sowie die verdampften Kraftstoffanteile bei 70 °C (E70), 100 °C (E100) und 150 °C (E150).

E: Evaporated (verdampft)

E70: Es muss ein Mindestanteil Kraftstoff verdampfen, um ein leichtes Anspringen des Motors zu erreichen. Der verdampfte Anteil darf aber nicht zu groß sein, da es sonst bei heißem Motor zu Dampfblasenbildung kommen kann.

E100: Der verdampfte Kraftstoffanteil bestimmt neben dem Warmlaufverhalten das Beschleunigungsverhalten des warmen Motors.

E150: Der verdampfte Kraftstoffanteil soll nicht zu niedrig sein, um Motorölverdünnung zu vermeiden: Bei kaltem Motor verdampfen die höher siedenden Bestandteile schlecht und gelangen über die Zylinderwände ins Motoröl.
In DIN EN 228 sind daher Grenzwerte festgelegt.

Anforderungen an Ottokraftstoffe (Auswahl)

vgl. DIN EN 228

Anforderung		Einheit	Super E10	Super E5	Super Plus E5	Einfluss auf den Motorbetrieb
Oktanzahl (mindestens)		ROZ	95	95	98	Beschleunigungsklopfen
		MOZ	85	85	88	Hochgeschwindigkeitsklopfen
Dichte bei 15 °C		g/cm³	0,72 … 0,775			Kraftstoffverbrauch, Abgasemission
Bleigehalt (maximal)		mg/l	5			Ablagerungen im Katalysator und an der Lambdasonde
Benzolgehalt (maximal		Vol.-%	1			Klopffestigkeit, Abgasemission
Bio-Ethanolgehalt (maximal)		Vol.-%	10	5	5	Kraftstoffverbrauch
Schwefelgehalt (maximal)		mg/kg	10			Korrosion, Katalysatorfunktion
Sauerstoffgehalt (maximal)		Vol.-%	2,8			–
Verdampfte Menge – bei 70 °C (E70)	Sommer	Vol.-%	20 … 48			Startverhalten bei kaltem Motor, Dampfblasenbildung bei heißem Motor
	Winter	Vol.-%	22 … 50			
– bei 100 °C (E100)		Vol.-%	46 … 71			Warmlauf- und Beschleunigungsverhalten
– bei 150 °C (E150)		Vol.-%	min. 75			Motorölverdünnung
Siedeende (maximal)		°C	210			Motorölverdünnung
Heizwert (H_u) ca.		kJ/kg	40 300	41 000	41 000	Kraftstoffverbrauch

Dieselkraftstoffe

Zusammensetzung

Herkömmliche Dieselkraftstoffe sind ein Gemisch aus kettenförmigen und verzweigten Kohlenwasserstoffen (Olefine, Paraffine) sowie ringförmigen Kohlenwasserstoffen (Aromaten), vgl. S. 379. Dieselkraftstoffe haben daher keinen festen Siedepunkt, sondern einen Siedebereich. Dieser liegt zwischen 170 °C und 380 °C.

Gefahrenhinweise

- H226 Flüssigkeit und Dampf entzündbar.
- H304 Kann bei Verschlucken und Eindringen in die Atemwege tödlich sein.
- H315 Verursacht Hautreizungen.
- H332 Gesundheitsschädlich bei Einatmen.
- H351 Kann vermutlich Krebs erzeugen.
- H373 Kann die Organe schädigen bei längerer oder wiederholter Exposition.
- H411 Giftig für Wasserorganismen, mit langfristiger Wirkung.

Sicherheitshinweise (Auswahl)

- P201 Vor Gebrauch besondere Anweisungen einholen.
- P280 Schutzhandschuhe, Schutzkleidung und Augenschutz oder Gesichtsschutz tragen.
- P273 Freisetzung in die Umwelt vermeiden.
- P261 Einatmen von Dampf vermeiden.
- P210 Von Hitze, heißen Oberflächen, Funken, offenen Flammen und anderen Zündquellen fernhalten. Nicht rauchen.

Kälteverhalten Filtrierbarkeit

Dieselkraftstoffe scheiden bei tiefen Temperaturen Paraffine in Form von kleinen Kristallen aus. Sie setzen sich im Kraftstofffilter ab. Dies kann zur Unterbrechung der Kraftstoffzufuhr führen.
Die Kältefestigkeit eines Kraftstoffs wird anhand des „Grenzwertes der Filtrierbarkeit“ CFPP (Cold Filter Plugging Point = Filterverstopfungspunkt bei Kälte) beurteilt. Bei dieser Temperatur ist die Filtrierbarkeit gerade noch voll gegeben. Je nach Jahreszeit gibt es Dieselkraftstoff mit unterschiedlichem CFPP (vgl. unten).

Um auch bei sehr tiefen Temperaturen die Filtrierbarkeit des Dieselkraftstoffs zu gewährleisten, wird eine elektrische Kraftstofffilterheizung und/oder eine Kraftstoffvorwärmeinrichtung in das Kraftstoffsystem eingebaut. Bei extremer Kälte können spezielle Additive (Fließverbesserer) dem Dieselkraftstoff zugemischt werden. Keinesfalls darf Benzin oder Petroleum zugemischt werden. Es würde wegen der zu geringen Schmierwirkung zu Schäden am Einspritzsystem führen.

Schmierfähigkeit

Der Dieselkraftstoff dient auch zur Schmierung der Einspritzpumpe und der Einspritzdüsen/Injektoren.
Die Schmierwirkung des im Kraftstoff enthaltenen Schwefels entfällt weitgehend, da der Schwefelgehalt nur noch max. 10 mg/kg betragen darf.

Zur Verbesserung der Schmierwirkung werden Additive zugemischt.
Bei *Falschbetankung mit Benzin* fehlt die Schmierwirkung des Kraftstoffs, deshalb darf der Motor danach nicht mehr gestartet werden.

Zündwilligkeit, Cetanzahl CZ

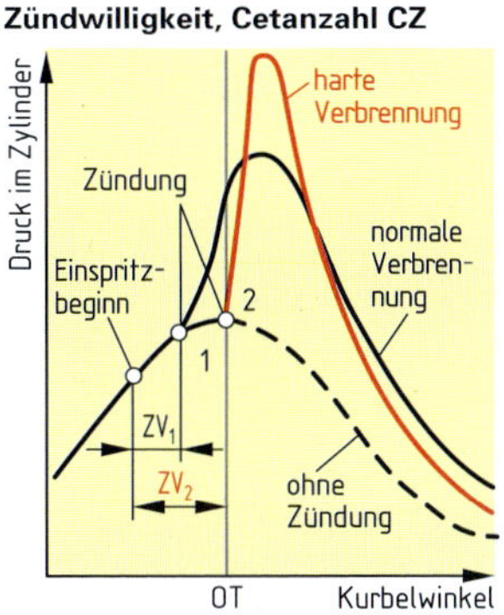

Zündwilligkeit ist die Bereitschaft eines Kraftstoffs zur Selbstentzündung in einem Dieselmotor. Das Maß für die Zündwilligkeit ist die Cetanzahl CZ. Sie wird in einem Prüfmotor mit veränderbarer Verdichtung durch Vergleich mit einem Bezugskraftstoff bestimmt. Als Bezugskraftstoff dienen Mischungen aus Cetan und α-Methylnaphthalin.

Dem zündwilligen Cetan ist die Cetanzahl 100, dem zündunwilligen Methylnaphthalin die Cetanzahl 0 zugeordnet. Hat der zu prüfende Dieselkraftstoff den gleichen Zündverzug wie eine Mischung aus 52% Cetan und 48% Methylnaphthalin, so besitzt er die Cetanzahl 52.
Eine hohe Cetanzahl bedeutet gute Zündwilligkeit und damit einen kleinen Zündverzug. Dies sorgt für einen optimalen Motorbetrieb.

Zündverzug

Die Zeitspanne zwischen Einspritzbeginn und Selbstentzündung des Kraftstoffs heißt Zündverzug ZV (vgl. Abb.). Er ist abhängig von der Cetanzahl CZ des Kraftstoffs. Der Zündverzug wird auch von den Bedingungen im Brennraum beeinflusst: Druck und Temperatur am Verdichtungsende.

Folgen eines hohen Zündverzugs:
Harte Verbrennung (nagelndes Verbrennungsgeräusch), hohe Beanspruchung der Motorbauteile (Kolben, Lager usw.)

Mögliche Ursachen eines hohen Zündverzugs:
Kalter Motor, schlechte Kompression, tropfende Einspritzdüsen, Dieselkraftstoff mit zu geringer Cetanzahl.

Anforderungen an Dieselkraftstoffe (Auswahl)

vgl. DIN EN 590

Anforderung		Einheit	Diesel B7	Diesel B10	Einfluss auf den Motorbetrieb
Biodiesel-Gehalt		Vol.-%	max. 7	max. 10	–
Cetanzahl		CZ	min. 51		Abgasemission, Geräuschemission, Verbrauch
Dichte bei 15 °C		g/cm³	0,82 … 0,845		Kraftstoffverbrauch
Viskosität bei 40 °C		mm²/s	2,0 … 4,5		Schmierfähigkeit
Schmierfähigkeit bei 60 °C (Lubricity)		µm	max. 460		Verschleiß bei Einspritzpumpe, Einspritzdüsen/ Injektoren
Filtrierbarkeit Cold Filter Plugging Point (CFPP)		°C	15.04. – 30.09.: 0 01.10. – 15.11.: –10 16.11. – 28.02.: –20 01.03. – 14.04.: –10		Kraftstoffförderung bei niedrigen Temperaturen
Aschegehalt		Masse-%	max. 0,01		Ablagerungen im Rußfilter und im Katalysator
Polyzyklische Aromaten (PAK)		Masse-%	max. 8		schädliche Emissionen
Schwefelgehalt		mg/kg	max. 10		Partikelemission, Korrosion
Wassergehalt		mg/kg	max. 200		Korrosion im Kraftstoffsystem
Verdampfte Menge	– bei 250 °C	Vol.-%	min. 65		Startverhalten bei kaltem Motor, Abgasemission
	– bei 350 °C	Vol.-%	min. 85		Abgasemission, Ablagerungen
	– 95%-Punkt	°C	max. 360		
Heizwert (H_u)		kJ/kg	ca. 43 000		Kraftstoffverbrauch

6

Additive für Kraftstoffe

Additiv	Aufgabe	Einsatz bei Benzin	Einsatz bei Diesel
Detergentien	Verhinderung von Ablagerungen an Einspritzventilen bzw. Einspritzdüsen und Injektoren	•	•
Korrosionsschutz-additive	Bildung einer Schutzschicht auf den Metalloberflächen des Kraftstoffsystems. Schutz vor korrosiv wirkenden Kraftstoffanteilen und vor Korrosion durch Kondenswasser.	•	•
Antioxidantien	Verhinderung des Zerfalls von chemisch instabilen Kraftstoffkomponenten.	•	
Reibungsminderer (Friction Modifier)	Minderung der Reibung zwischen oberem Kolbenring und Zylinderwand, denn beim Kaltstart und Warmlauf wird durch kondensierten Kraftstoff das Schmieröl teilweise abgewaschen.	•	
Zündbeschleuniger	Erhöhung der Cetanzahl CZ, Verbesserung der Verbrennung und der Abgasemissionen.		•
Schmierfähigkeits-verbesserer	Verschleißschutz bei Einspritzpumpe, Einspritzdüsen, Injektoren durch Sicherstellung der Schmierfähigkeit des Dieselkraftstoffs.		•
Fließverbesserer	Verhindern die Bildung von größeren Paraffinkristallen bei tiefen Temperaturen. Ermöglichen dadurch den Einsatz von zündwilligen Paraffinanteilen im Kraftstoff auch im Winter.		•
Schaumdämpfer	Minderung der Schaumbildung, insbesondere beim Betanken des Fahrzeugs.		•

Alternative Kraftstoffe

Alternative Ottokraftstoffe

Erdgas (CNG) (CNG = **Com**pressed **N**atural **G**as)	Erdgas besteht im Wesentlichen aus Methan (CH_4). Es enthält weniger Kohlenstoff als Benzin. Deshalb entsteht bei der Verbrennung ca. 20 ... 30 % weniger CO_2. Die Speicherung von CNG im Fahrzeug erfolgt gasförmig bei 200 bar.	Kennwerte: • ROZ 130 • Dichte: ρ = 0,128 kg/dm³ bei 200 bar • Heizwert: H_u = 50 000 kJ/kg
Autogas (LPG) (Flüssiggas) (LPG = **L**iquified **P**etroleum **G**as)	Autogas ist ein Gemisch aus Propan und Butan. Es wird in den Raffinerien als Nebenprodukt aus Erdöl gewonnen. Autogas enthält weniger Kohlenstoff als Benzin. Deshalb entsteht bei der Verbrennung ca. 10 % weniger CO_2. Die Speicherung von LPG erfolgt flüssig bei 8 bis 10 bar.	Kennwerte: • ROZ 111 • Dichte: $\rho \approx$ 0,55 kg/dm³ bei 10 bar • Heizwert: H_u = 46 000 kJ/kg
Bio-Ethanol	Herstellung durch alkoholische Vergärung von Biomasse mit anschließender Destillation. Bio-Ethanol kann dem herkömmlichen Benzin zugemischt werden. Nach DIN EN 228 max. **5** %: Super **E5**, Super Plus **E5** bzw. max. **10** %: Super **E10**. Super E85 (nach DIN EN 15293 max. 85 %) wird selten angeboten (nur in Flex-Fuel-Fahrzeugen einsetzbar).	Kennwerte: • ROZ 130 • Dichte: ρ = 0,79 kg/dm³ • Heizwert: H_u = 27 000 kJ/kg
Wasserstoff (H_2)	Wasserstoff wird durch Elektrolyse aus Wasser hergestellt. Werden dafür ausschließlich erneuerbare Energien (z. B. Wind- oder Solarstrom) eingesetzt, ist Wasserstoff klima- bzw. CO_2-neutral. Auch bei der Verbrennung entsteht kein CO_2. Die Speicherung von H_2 im Fahrzeug erfolgt gasförmig bei 350 ... 700 bar. H_2 im *Brennstoffzellenantrieb* vgl. S. 191.	Kennwerte: • ROZ < 88 • Dichte: ρ = 0,042 kg/dm³ bei 700 bar • Heizwert: H_u = 120 000 kJ/kg

Alternative Dieselkraftstoffe

Biodiesel	**FAME** (**F**atty **A**cid **M**ethyl **E**ster = Fettsäuremethylester) Pflanzliches Öl (Raps-, Sojaöl), Sonnenblumen- und Palmester, wird mittels einer Lauge aufgespalten in Fettsäure und Glyzerin. Die Fettsäure wird mit Methanol zu Fettsäuremethylester (FAME) verestert. FAME besitzt gegenüber fossilem[1] Diesel eine erhöhte Wasseraufnahme und eine geringere Fließfähigkeit bei tiefen Temperaturen.	Biodiesel kann dem fossilen[1] Dieselkraftstoff zugemischt werden: • nach DIN EN 590 max. **7** %: Diesel **B7** • nach DIN EN16734 max. **10** %: Diesel **B10** [1] fossil = aus Erdöl hergestellt
	HVO (**H**ydrotreated **V**egetable **O**il = Hydrierte Pflanzenöle) Im Gegensatz zu FAME werden bei HVO keine Grundstoffe verwendet, die auch als Lebensmittel dienen. Durch Hydrierung von Pflanzenölen und fetthaltigen Abfallstoffen entstehen unterschiedliche Paraffine (vgl. S. 379). Eigenschaften von HVO gegenüber fossilem Diesel: Ähnlicher Siedeverlauf, höhere Cetanzahl, geringere NO_x- und Partikelemission, CO_2-Bilanz bis zu 90 % kleiner. HVO kann fossilem Diesel zugemischt oder in Reinform (HVO100) verwendet werden.	HVO ist ein sogenannter *paraffinischer Diesel* (vgl. DIN EN 15940). Er wird an Tankstellen unter der Bezeichnung **XTL** angeboten (**X-To-L**iquid). Der Buchstabe X steht für die verschiedenen Ausgangsprodukte. Neben HVO zählt z. B. GtL (Gas-to-Liquid), ein aus Erdgas hergestellter Kraftstoff, zu XTL. *Achtung:* HVO100 bzw. XTL muss vom Fahrzeughersteller freigegeben sein.

Synthetische Kraftstoffe

E-Fuels	E-Fuels werden unter Einsatz von elektrischer Energie im sogenannten Power-to-Liquid Prozess (PtL) hergestellt: Zunächst wird durch Elektrolyse aus CO_2 und Wasserdampf ein Gasgemisch aus Wasserstoff und Kohlenstoffmonoxid erzeugt. Im sich anschließenden chemischen Syntheseprozess (Fischer-Tropsch-Synthese) entstehen daraus langkettige Kohlenwasserstoffe. Diese dienen als Zwischenprodukte und können in weiteren chemischen Prozessen zu *E-Fuel-Benzin* und zu *E-Fuel-Dieselkraftstoff* oder auch zu *E-Fuel-Kerosin* verarbeitet werden.	E-Fuels sind schwefelfrei und sie verursachen geringere NO_x-Emissionen als fossile (aus Erdöl hergestellte) Kraftstoffe. Werden ausschließlich erneuerbare Energien (z. B. Wind- oder Solarstrom) bei der Herstellung eingesetzt, sind E-Fuels klima- bzw. CO_2-neutral: Sie setzen bei der Verbrennung nur so viel CO_2 wieder frei, wie bei deren Herstellung verarbeitet wurde. Zur Herstellung ist jedoch sehr viel elektrische Energie notwendig.

Reibung

Reibungszustände

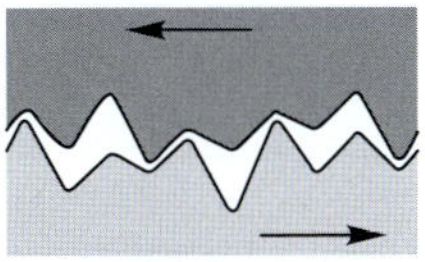

Trocken-reibung

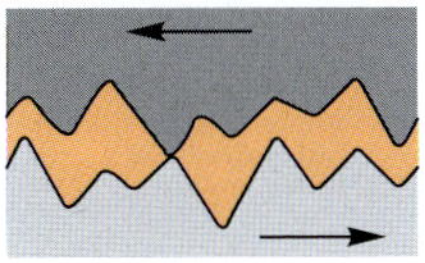

Misch-reibung

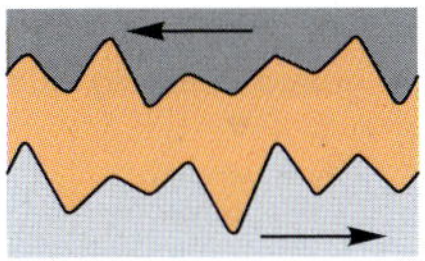

Flüssig-keits-reibung

Reibung ist die Kraft, die ein gegenseitiges Verschieben zweier sich berührender Teile verhindert (Ruhereibung) oder hemmt (Bewegungsreibung). Ihre Größe ist abhängig von der Kraft, mit der die Körper aufeinander drücken, von dem Werkstoff und der Beschaffenheit der sich berührenden Oberflächen.

Man unterscheidet drei Reibungsarten: Haftreibung, Gleitreibung und Rollreibung. Innerhalb dieser Reibungsarten gibt es drei verschiedene Reibungszustände: Trocken-, Misch- und Flüssigkeitsreibung.

- Trockenreibung: Beide Körper berühren einander mit trockener Oberfläche. Die Flächen verhaken sich ineinander. Der Verschleiß ist groß.
- Mischreibung (halbflüssige Reibung): Zwischen den Körpern befindet sich ein Schmiermittel. Nur einzelne Oberflächenspitzen berühren sich. Der Verschleiß ist gering.
- Flüssigkeitsreibung: Beide Körper sind durch eine Flüssigkeitsschicht voneinander getrennt. Ihre Oberflächen berühren sich nicht. Es tritt praktisch kein Verschleiß auf.

Reibungszahlen (Mittelwerte)

Werkstoffpaarung	trocken	flüssig
• Haftreibung		
Stahl auf Stahl	0,20	0,10
– auf Gusseisen	0,20	0,15
– auf Lagermetall	0,15	0,10
Metall auf Leder	0,60	0,20
– auf Kupp'belag	0,40	0,10
Holz auf Holz	0,65	0,20
• Gleitreibung		
Stahl auf Stahl	0,15	0,18
– auf Gusseisen	0,18	0,09
– auf Lagermetall	0,10	0,03
Metall auf Leder	0,25	0,12
GG auf Bremsbelag	0,33	0,12
Holz auf Holz	0,30	0,10
• Rollreibung		
Stahl auf Stahl	0,01	0,003

Weitere Reibungszahlen Seite 25, 46

Anforderungen an Motoröl

Energieverteilung (Beispiel)

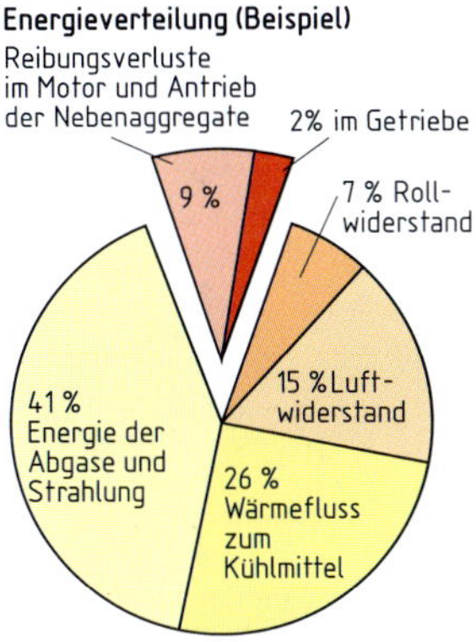

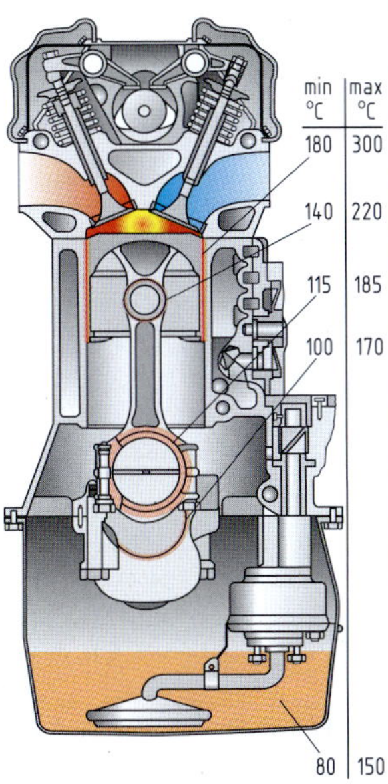

Das Motoröl muss die Schmierstellen benetzen und einen trag- und haftfähigen, stabilen Ölfilm bilden, um die Reibung zu vermindern und die Bauteile des Motors vor Verschleiß zu schützen.

Zur Erhaltung des Ölfilms ist im Volllastbetrieb bei hohen Temperaturen eine nicht zu niedere und zum Starten bei tiefen Temperaturen eine nicht zu hohe Viskosität erforderlich. Scherbeanspruchungen dürfen die Viskosität nicht vermindern.

Das Motoröl muss die Bauteile des Motors, die ihre Wärme nicht direkt an das Kühlmittel abgeben können, kühlen und den Verbrennungsraum gegen den Kurbelraum feinst abdichten, um das Durchblasen der Verbrennungsgase zu verhindern.

Das Schmieröl soll Rückstandsbildungen und Schlammablagerungen im Motorinnern verhindern, bereits vorhandene Ablagerungen lösen und abwaschen und sie zusammen mit den Verbrennungsrückständen feinst verteilt in Schwebe halten.

Motoröle müssen mit allen im Motor vorkommenden Materialien verträglich sein und sie vor Korrosion schützen. Auch bei längeren Standzeiten des Motors dürfen keine Oberflächenschäden auftreten.

In den Brennraum gelangtes Motoröl muss möglichst aschearm verbrennen, sonst verringern Ascheteilchen die Kat-Wirkung und verstopfen den Partikelfilter.

Bei der Verbrennung schwefelhaltiger Kraftstoffe können schweflige Säuren im Motor entstehen. Diese Umwandlungsprodukte sind sehr aggressiv und müssen vom Schmieröl neutralisiert werden.

Das Motoröl muss gegenüber Sauerstoff und hohen Temperaturen beständig sein und darf keine Oxidations- oder Polymerisationsprodukte bilden. Diese Stoffe führen zur Versäuerung und Eindickung, d. h. zur sogenannten Alterung des Schmieröls.

Das Öl soll Schaumbildung durch Luft- oder Dampfblasen verhindern, um die Versorgung der Schmierstelle und die Bildung eines zusammenhängenden Ölfilms nicht zu gefährden. Ein zu niedriger Siedebereich führt auch zu einem höheren Ölverbrauch.

Kondenswasser darf die Qualität des Motoröls nicht beeinflussen. Gegenüber Gefrierschutzmitteln ist das Öl nicht beständig. Deshalb darf keine Kühlflüssigkeit in das Motoröl gelangen.

Alle auf dem Markt befindlichen Motoröle müssen untereinander mischbar und verträglich sein.

Schmierstellen

Kurbelwellenlager
Pleuellager
Kolbenbolzenlagerung
Zylinderlaufbahn
Nockenwellenlager
Ventilstößel
Kipp- bzw. Schwinghebel
Nockenbahn
Steuerkette, Kettenspanner
Verteilerwellenantrieb

Temperaturen im Motor in °C

Zylinderwand	120 ... 200
Kolbenringzone	180 ... 300
Kolbenschaft	120 ... 150
Kolbenbolzen	140 ... 220
Pleuellager	115 ... 185
Kurbelwellenlager	100 ... 170
Ölwanne	80 ... 150

Ölverunreinigungen

- Ruß (unvollkommene Verbrennung)
- Staub (ungenügende Luftfilterung)
- Abrieb (mechanischer Verschleiß)
- Kraftstoff (Siedeschwanz, Kaltstart und Kurzstreckenfahrt)
- Kondenswasser
- Alterungsprodukte (harzige und kokshaltige Bestandteile)
- Bei zu niedriger Betriebstemperatur bildet sich aus Ruß, Staub und Abrieb der sog. Kaltschlamm.
- Bei zu hoher Temperatur entsteht durch Anwesenheit von Oxidationsprodukten der sog. Heißschlamm.

Ölwechselabstände in km

Ottomotoren	10000 ... 30000
Dieselmotoren	
• Pkw	10000 ... 50000
• Nkw	30000 ... 100000
Getriebeöl	
• Pkw	Lebensdauerfüllung
• Nkw	80000 ... 120000

Bei erschwerten Betriebsbedingungen (Kurzstreckenbetrieb, starker Staubanfall) verkürzen sich beim Motoröl die Wechselintervalle.

6

Mineralische Grundöle

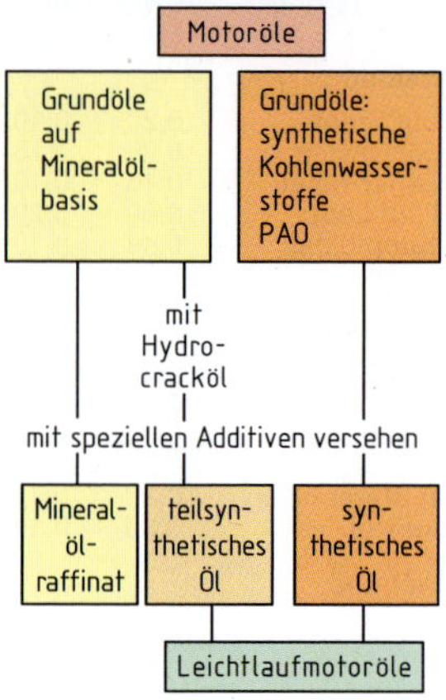

Mineralische Schmieröle stellen ein Gemisch von Kohlenwasserstoff-Molekülen unterschiedlicher Länge und Struktur dar. Sie werden aus Rohöl durch Vakuumdestillation mit einer anschließenden Raffination hergestellt.
Für die hohen Ansprüche, die moderne Antriebsaggregate an die Schmieröle stellen, sind reine Mineralöle nicht mehr ausreichend. Deshalb werden dem mineralischen Grundöl Additive (Zusätze) beigemischt, die dessen Eigenschaften gezielt verbessern.
Diese legierten Öle werden auch als **HD-Öle** bezeichnet (heavy duty = schwere Beanspruchung).

Hydrocracköle
Als Basisöl für die Herstellung dienen heute neben den konventionellen Mineralölraffinaten auch die sog. Hydrocracköle. Ausgangsprodukte dafür sind langkettige Paraffine. Die langen Paraffinmoleküle werden in besonderen Crackanlagen mithilfe von Katalysatoren in kürzere Moleküle zerbrochen.
Hier entstehen überwiegend verzweigte Isoparaffine. Diese werden anschließend in einer Vakuumdestillation nach Viskositäten sortiert und in der nachfolgenden Entparaffinierung von den verbliebenen unverzweigten Normalparaffinen getrennt. Hydrocracköle werden zur Verbesserung der Grundeigenschaften, z. B. zur Verbesserung des Viskositätsverhaltens, den mineralischen Grundölen zugemischt.

Verfahrensschema zur Herstellung von Hydrocracköle

Rohöl
▼
Atmosphärische Destillation
▼
Vakuumdestillation
▼
Rohparaffin
▼
Katalytisches Hydrocracking
▼
Vakuumdestillation
▼
Entparaffinierung
▼
Hydrocracköl (Grundöl)

Synthetische Grundöle

Molekülaufbau eines Poly-Alpha-Olefins (PAO)

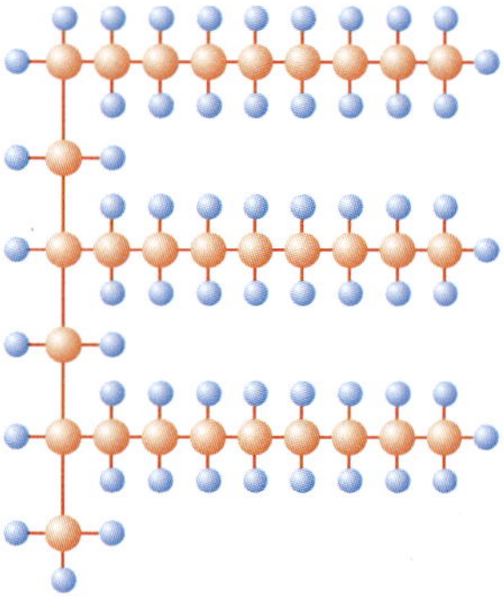

Um die gestiegenen Anforderungen an Motoröle in Bezug auf Kraftstoffeinsparung, lange Ölwechselintervalle, Verschleißschutz und Motorsauberkeit erfüllen zu können, werden auch synthetische Grundöle eingesetzt (synthetisch = künstlich hergestellt). Diese synthetischen Grundöle entstehen durch Verknüpfung bestimmter einzelner Kohlenwasserstoffmoleküle.

Poly-Alpha-Olefine (PAO)
Die Poly-Alpha-Olefine (PAO) weisen für den Einsatz in der Motorschmierung besonders geeignete Eigenschaften auf. Ausgangsprodukt für die PAO ist Rohbenzin, das zunächst in noch kürzere Gasmoleküle mit reaktionsfreudigen Doppelbindungen (z. B. Ethen) zerbrochen wird. Diese werden dann in mehreren Verfahrensschritten zu Isoparaffinen zusammengefügt. Anschließend werden in einer Vakuumdestillation die für die Motorschmierung geeigneten Molekülgrößen herausdestilliert und in einer Hydrierung die noch verbliebenen ungesättigten (instabilen) Verbindungen mit Wasserstoff abgesättigt.

Vorteile gegenüber mineralischen Grundölen
- größerer Viskositätsbereich erzielbar
- höhere Reinheit
- geringerer Ölverbrauch
- geringere Mischreibung und Motorverschleiß
- geringerer Kraftstoffverbrauch durch geringeren Reibungswiderstand
- längere Ölwechselintervalle möglich
- keine Schlammbildung

Verfahrensschema zur Herstellung von Poly-Alpha-Olefine

Rohöl
▼
Atmosphärische Destillation
▼
Rohbenzin (flüssiger Stoff)
▼
Cracken
▼
Ethen (gasförmiger Stoff)
▼
Synthetisierung
▼
Vakuumdestillation
▼
Hydrierung
▼
Poly-Alpha-Olefine (Grundöl)

Additive

Wirkungsweise von VI-Verbesserern

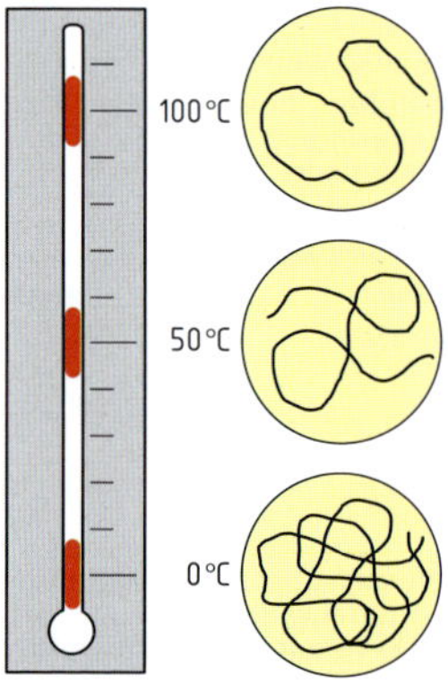

Additive sind Wirkstoffe, die den Grundölen zugemischt werden, um Eigenschaften zu erzielen, die schmierungstechnisch erforderlich, im Grundöl jedoch nicht enthalten sind. Der Gehalt an Additiven kann bis zu 30 % betragen. Additive verlieren mit der Zeit an Wirkung oder werden vollständig verbraucht.

Bei Motorölen werden folgende Additive verwendet:

- *Alterungsschutzadditive* (Antioxidantien) vermindern die Oxidation (= Alterung) des Öls.
- *Reinigungszusätze* (Detergents) verhindern und lösen Ablagerungen.
- *Schlammtragende Zusätze* (Dispersants) halten Stoffe, die beim Verbrennungsprozess entstehen, in der Schwebe und verhindern somit Ablagerungen.
- *Hochdruckzusätze* (EP = Extreme Pressure-Additive) bilden auf Gleitflächen äußerst dünne gleitfähige Schichten, damit auch unter extremer Belastung kein direkter Kontakt der Metalle auftreten kann.
- *Korrosionsschutzmittel* verhindern Korrosion im Motor.
- *Pourpoint-Erniedriger* verbessern das Fließverhalten des Öls bei tiefen Temperaturen.
- *Schaumverhinderer* unterdrücken die Schaumbildung im Öl, die durch die bewegten Teile im Motor entstehen würde.
- *Viskositätsindex-Verbesserer* (VI-Verbesserer) verringern den Viskositätsabfall, der mit steigender Temperatur auftritt.

VI-Verbesserer
Der Viskositätsindex-Verbesserer besteht aus sehr langen Kohlenwasserstoffmolekülen.
Im kalten Öl sind sie stark zusammengeknäuelt und wirken nur wenig viskositätserhöhend.
Im warmen Öl entknäueln sie sich und nehmen ein wesentlich größeres Volumen ein. Dadurch kommt es zur gewünschten Eindickung des Öls.
Unter Belastung werden die Moleküle mit der Zeit zerschnitten (geschert), dadurch lässt der Eindickungseffekt nach. Somit sinkt der Viskositätsindex, d. h. das Öl ist im heißen Zustand zu dünn. Bevor dies eintritt, muss das Öl gewechselt werden.

Viskosität (Zähflüssigkeit)

Kapillarviskosimeter (Prinzip)

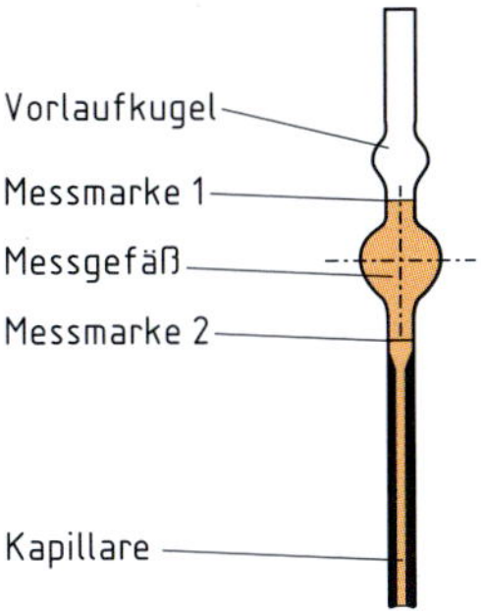

Allgemein ist Viskosität die Eigenschaft einer Flüssigkeit, ihrer Verformung einen Widerstand entgegenzusetzen. Die Viskosität kennzeichnet auch das Fließverhalten einer Flüssigkeit. Beim Schmieröl ist hohe Viskosität gleichbedeutend mit Dickflüssigkeit, niedrige mit Dünnflüssigkeit.
Die Viskosität eines Motoröles muss so gewählt werden, dass bei tiefen Temperaturen das Starten und die Ölversorgung der Schmierstellen noch möglich und bei hohen Betriebstemperaturen ein zusammenhängender Schmierfilm gewährleistet ist.

Messung der Viskosität
Die Messung der Viskosität erfolgt u. a. in sogenannten Kapillarviskosimetern (Kapillare = langes, sehr dünnes Rohr). Man lässt eine genau bestimmte Ölmenge bei der Prüftemperatur durch die Kapillare auslaufen und misst die dafür notwendige Zeit. Aus der Auslaufzeit wird die Viskosität bestimmt:

- *Kinematische Viskosität:* Bei der Messung läuft das Öl nur aufgrund der Schwerkraft durch die Kapillare aus.
- *Dynamische Viskosität:* Bei der Messung wird das Öl mit einem bestimmten Druck durch die Kapillare gedrückt.

SI-Einheiten

Kinematische Viskosität

Grundeinheit	1 m^2/s
Verwendete Dezimaleinheit	**1 mm^2/s**

Dynamische Viskosität

Grundeinheit	1 Pa · s (Pascalsekunde)
Verwendete Dezimaleinheit	**1 mPa · s** (Millipascalsekunde)

Viskositäts-Temperatur-Verhalten

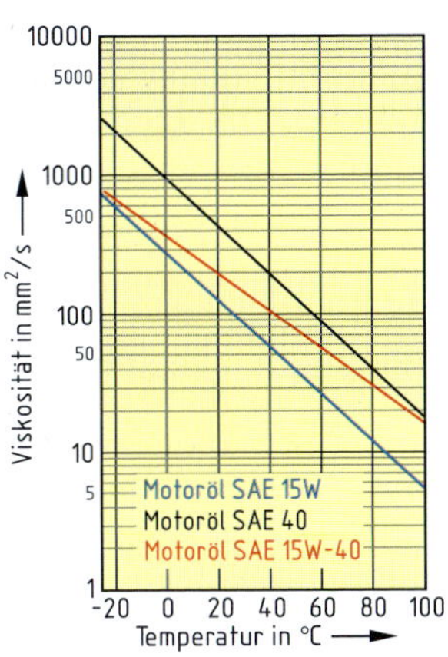

Das Viskositäts-Temperatur-Verhalten (VT-Verhalten) kennzeichnet die Abhängigkeit der Viskosität eines Öles von der Temperatur: Bei steigender Temperatur nimmt die Viskosität ab, bei fallender Temperatur nimmt sie zu.

Der Viskositäts-Temperatur-Verlauf wird durch *Viskositäts-Temperatur-Diagramme* dargestellt, in denen die Viskositätswerte über der Temperatur aufgetragen sind. Je steiler der entstehende Kurvenverlauf ist, desto mehr ändert sich die Viskosität des Öles mit der Temperatur.

Als Kennwert für das VT-Verhalten ist der **Viskositätsindex (VI)** eingeführt. Öle mit einer geringen Viskositätsänderung haben einen hohen Viskositätsindex, Öle mit einer starken Viskositätsänderung haben einen niederen Viskositätsindex. Der Viskositätsindex kann aus den bei 40 °C und 100 °C gemessenen kinematischen Viskositäten berechnet oder grafisch aus dem VT-Diagramm ermittelt werden.

Bei Mehrbereichsölen wird durch Zugabe von speziellen Additiven (VI-Verbesserer) die temperaturabhängige Viskositätsänderung stark verringert.
(vgl. Seite 384)

Viskositätsindex

Mineralölraffinate	90 ... 100
Hydrocracköle, synthetische Kohlenwasserstoffe (PAO)	120 ... 150

Änderung der Viskosität bei verschiedenem Viskositätsindex

Viskositätsindex = **0**

	Kinematische Viskosität in mm^2/s		
bei 20 °C	20,2	402	7 170
bei 40 °C	9,00	90,0	900
bei 50 °C	6,53	50,4	400

Viskositätsindex = **90**

	Kinematische Viskosität in mm^2/s		
bei 20 °C	18,1	303	4 500
bei 40 °C	9,00	90,0	900
bei 50 °C	6,78	55,3	466

Grenzpumptemperatur

Die Grenzpumptemperatur eines Schmieröls ist die Temperatur, bei der das Öl der Ölpumpe gerade noch von selbst zuläuft.
Wird diese Temperatur unterschritten, läuft der Ölpumpe nach dem Anspringen des Motors zu wenig oder gar kein Öl zu. Dies kann zur Mangelschmierung und in Folge zu schweren Motorschäden führen.

Maximale Grenzpumptemperatur

SAE 0W	–35 °C
SAE 5W	–30 °C
SAE 10W	–25 °C
SAE 15W	–20 °C
SAE 20W	–15 °C

(vgl. Seite 386)

Pourpoint

früher: Stockpunkt

Mit dem Pourpoint wird das Kälteverhalten von Schmierölen beschrieben. Der Pourpoint bezeichnet die Temperatur, bei der das Öl unter festgelegten Bedingungen (vgl. DIN 51583) gerade noch fließt.

Ursachen für das Stocken des Öles:

- Kristallisation der Paraffine im Grundöl
- Stocken nur durch Viskositätszunahme

Pourpoint-Erniedriger bzw. Fließverbesserer (z. B. Polyalkylmetacrylate) beeinflussen die Kristallisation der Paraffine so, dass sich viele kleine, nicht verkettete Kristalle bilden. Diese beeinträchtigen die Fließfähigkeit des Öles weniger als große verkettete Paraffinkristalle.

Verdampfungsverlust

Der Verdampfungsverlust ist ein Maß, um das Verdampfungsverhalten eines Öles, z. B. im heißen Motor, zu beschreiben.
Dünnflüssige Öle (z. B. SAE 10W) haben einen verhältnismäßig hohen Anteil an niedrig siedenden Kohlenwasserstoffen. Deshalb ist bei diesen Ölen der Verdampfungsverlust höher als bei dickflüssigeren Ölen (z. B. SAE 30), die wenig niedrig siedende Bestandteile besitzen.

Leichtlauf-Motoröle auf synthetischer Basis besitzen einen geringen Verdampfungsverlust. Die Molekül-Struktur der Grundöle ist hinsichtlich der Kettenlänge gleichmäßiger. Sie enthalten trotz der niedrigen Viskosität ein geringeres Maß an niedrig siedenden Bestandteilen als Öle auf Mineralölbasis.

Motoren-Schmieröle

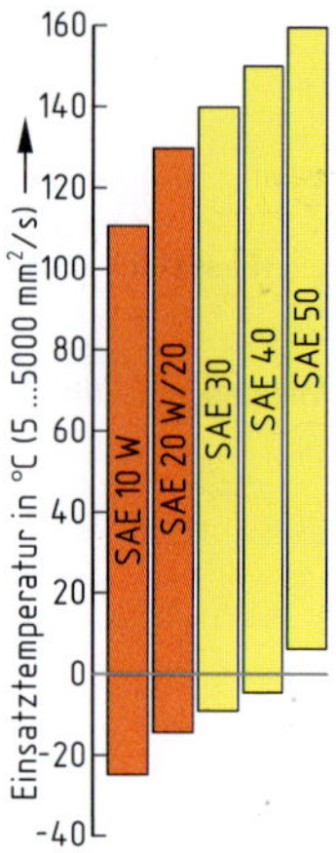

Die Society of Automotive Engineers (SAE) hat die Motoren-Schmieröle nach ihrer Viskosität in Viskositätsklassen eingeteilt. Die Einteilung dient der einfacheren Kennzeichnung. Die Klassifizierung wurde von DIN übernommen.

In nebenstehender Tabelle werden die Viskositätsklassen in 2 Serien eingeteilt, wobei die eine durch den Buchstaben „W" (Winter) gekennzeichnet ist. Schmieröle dieser Serie haben ein festgelegtes Kältefließverhalten. Sie werden nach der maximalen Tieftemperaturviskosität, der maximalen Grenzpumptemperatur und der Mindestviskosität bei 100 °C klassifiziert. Die Viskositätsklassen ohne den Buchstaben „W" werden nur nach der kinematischen Viskosität bei 100 °C eingestuft.

Die Tieftemperaturviskosität lässt Rückschlüsse auf das Kaltstartverhalten des Schmieröls im Motor zu. Die Grenzpumptemperatur ist ein Maß für das Fließvermögen eines Öles zur Ölpumpe und für den Aufbau eines ausreichenden Öldrucks nach erfolgtem Kaltstart. Die Viskosität bei 100 °C ist für die Erhaltung eines zusammenhängenden, nicht durchdrückbaren, gut haftenden Schmierfilms bei hohen Betriebstemperaturen und Geschwindigkeiten sowie beim Volllastbetrieb von Bedeutung.

SAE-Viskositätsklassen	Scheinbare Viskosität in mPa · s bei Temperatur °C maximal	Grenzpumptemp. in °C max.	Kinematische Viskosität bei 100 °C in mm²/s min.	max.
0 W	3250 bei –30	–35	3,8	–
5 W	3500 bei –25	–30	3,8	–
10 W	3500 bei –20	–25	4,1	–
15 W	3500 bei –15	–20	5,6	–
20 W	4500 bei –10	–15	5,6	–
25 W	6000 bei –5	–10	9,3	–
20	–	–	5,6	unter 9,3
30	–	–	9,3	unter 12,5
40	–	–	12,5	unter 16,3
50	–	–	16,3	unter 21,9
60	–	–	21,9	unter 26,1

Getriebe-Schmieröle

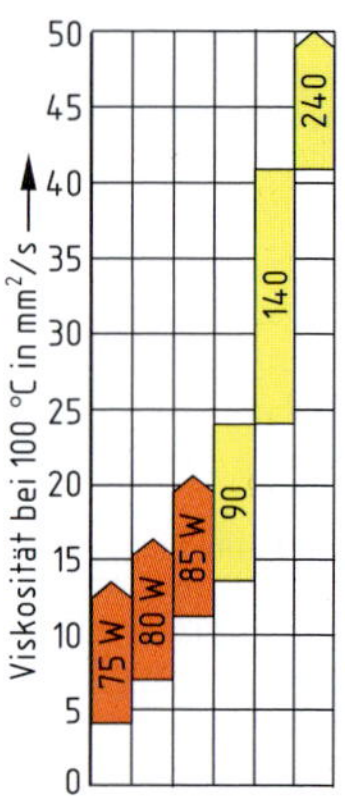

Die in nebenstehender Tabelle aufgeführten SAE-Viskositätsklassen kennzeichnen Achs- und Schaltgetriebe-Schmieröle auf der Grundlage der Viskosität.

Die Viskositätsklassen sind in 2 Serien eingeteilt, wobei die eine durch den Buchstaben „W" (Winter) gekennzeichnet ist. Die Klassifizierung wird sowohl durch die Messung der scheinbaren Viskosität von 150000 mPas bei verschieden tiefen Temperaturen als auch durch die Messung der kinematischen Viskosität bei 100 °C festgelegt. Früher erfolgte die Einteilung der Viskositätsklassen aufgrund der Messung der kinematischen Viskosität bei 98,8 °C. Die geforderte Viskosität bei 17,8 °C wurde durch Extrapolation gewonnen.

Die SAE-Viskositätsklassen für Getriebe-Schmieröle dürfen nicht mit den SAE-Viskositätsklassen für Motoren-Schmieröle verwechselt werden. Getriebe- und Motoren-Schmieröle mit der gleichen Viskosität weisen unterschiedliche Kennzeichnungen für die Viskositätsklassen auf.

SAE-Viskositätsklassen	Höchsttemperatur für scheinbare Viskosität von 150000 mPa · s nach DIN 51398 in °C	Kinematische Viskosität bei 100 °C in mm²/s nach DIN 51550 min.	max.
75 W	–40	4,1	–
80 W	–26	7,0	–
85 W	–12	11,0	–
90	–	13,5	unter 24,0
140	–	24,0	unter 41,0
250	–	41,0	–

Mehrbereichsöle

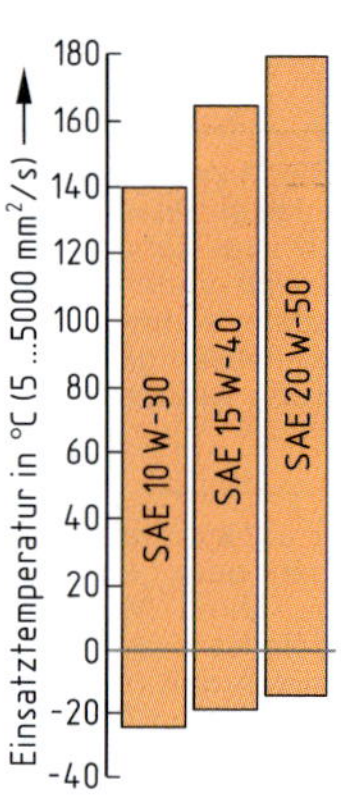

Ein Mehrbereichs-Motorenschmieröl ist ein Schmieröl, dessen Tieftemperaturviskosität und Grenzpumptemperatur in den Bereich der W-Viskositätsklassen und dessen Viskosität bei 100 °C in den Bereich einer der Viskositätsklassen ohne W-Bezeichnung fällt. Motoren-Schmieröle, die den SAE-Viskositätsklassen 10W/20, 15W/20, 20W/20, 20W/30, 25W/30 entsprechen, gelten nicht als Mehrbereichsöle.

Ein Mehrbereichs-Getriebeschmieröl ist ein Schmieröl, dessen Viskosität von 150000 mPa · s in den Bereich der W-Viskositätsklassen und dessen Viskosität bei 100 °C in den Bereich einer der Viskositätsklassen ohne W-Bezeichnung fällt.

Heutzutage werden fast ausschließlich Mehrbereichsöle verwendet, da sie mehrere Viskositätsklassen abdecken. Sie haben einen wesentlich höheren Viskositäts-Index als die Einbereichsöle und können über einen größeren Temperaturbereich unabhängig von Jahreszeit und Außentemperaturen eingesetzt werden.

Kennzeichnung	Erklärung
SAE10W–30	**Mehrbereichs-Motorenschmieröl** Scheinbare Viskosität von maximal 3500 mPa · s bei –20 °C Grenzpumptemp. max. –25 °C Kinematische Viskosität bei 100 °C im Bereich 9,3 ... 12,5 mm²/s
SAE80W–90	**Mehrbereichs-Getriebeschmieröl** Scheinbare Viskosität von max. 150000 mPa · s zwischen –26 °C und bis über –40 °C Kinematische Viskosität bei 100 °C im Bereich 13,5 ... 24,0 mm²/s

Viskositäts-Index

Einbereichsöl	70 ... 90
Mehrbereichsöl	110 ... 130

Klassifikationssysteme

ACEA: Association des Constructeurs Européens d'Automobiles = Vereinigung der Europäischen Kraftfahrzeughersteller

API: American Petroleum Institute)

ACEA-Klassifikation
Dem ACEA-Klassifikationssystem liegen im Vergleich zur API-Klassifikation verschärfte Prüfkriterien zugrunde, die insbesondere die Anforderungen der Motortechnologie in Europa berücksichtigen (kleinere Motoren mit höherer Hubraumleistung).

API-Klassifikation
Die Einteilung der Motoröle in verschiedene Leistungsklassen durch das API orientiert sich an den amerikanischen Einsatzbedingungen. Die API-Klassifikation verliert aus diesem Grund in Europa an Bedeutung.

Herstellerspezifikationen
Viele Kraftfahrzeughersteller haben eigene Spezifikationen erlassen und bei den Motorprüfungen besondere Testläufe vorgeschrieben.

Beispiele:
- VW-Normen:
  Benzin: 504 00, 503 01, 503 00; 502 00, (501 01)
  Diesel: 507 00, 506 01, 506 00, 505 01, 505 00
- Mercedes-Benz-Betriebsstoffvorschriften: Übersicht in Blatt 223.2
- BMW-Spezifikationen (Auswahl): Longlife-04, Longlife-12FE, Longlife-17FE+, Longlife-22FE++

ACEA-Leistungsklassen

Stand 2022

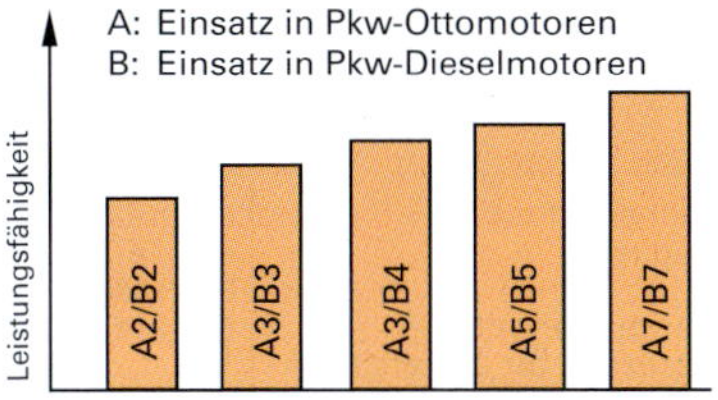

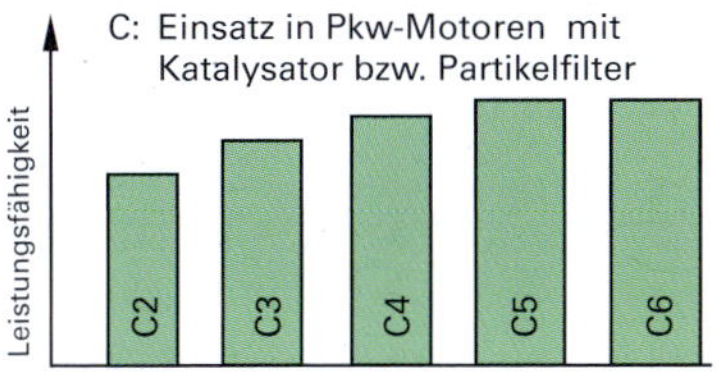

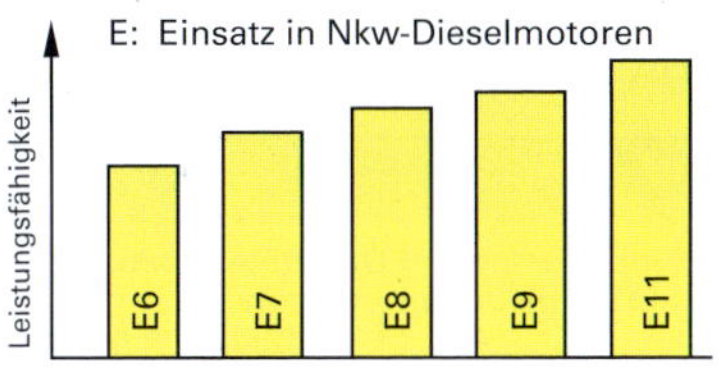

Bei der ACEA-Klassifikation werden die unterschiedlichen Anforderungen, die Pkw-Ottomotoren, Pkw-Dieselmotoren und Nkw-Dieselmotoren an das Motoröl stellen, unter europäischen Einsatzbedingungen berücksichtigt:

Pkw-Ottomotoren: Hohe Oxidationsstabilität (verzögerte Öleindickung), hohes Schlammtragevermögen, weniger Verschleiß (Stößel/Nockenwellen), verminderte Hochtemperaturablagerungen (Kolben/Ventile), geringerer Verdampfungsverlust.

Pkw-Dieselmotoren: Zusätzlich erhöhte Reinigungswirkung für Motorsauberkeit (Kolben/Ventiltrieb), höheres Rußtragevermögen (verzögerter Viskositätsanstieg), hohes Neutralisationsvermögen gegenüber Säuren.

Pkw-Motoren mit Katalysator bzw. Partikelfilter: Geringer Sulfatasche-, Schwefel- und Phosphor-Gehalt zur Erhöhung des Wirkungsgrads und der Standzeit von Katalysator bzw. Partikelfilter.

Nkw-Dieselmotoren: Zusätzlich erhöhter Schutz vor Spiegelflächenbildung auf der Zylinderlaufbahn (bore polishing), Langzeitstabilität für Ölwechselintervalle bis zu 100 000 km.

Beispiel: ACEA A3/B4
Das so gekennzeichnete Öl erfüllt beim Einsatz in Pkw-Ottomotoren die Anforderungen der Leistungsklasse A3, beim Einsatz in Pkw-Dieselmotoren die der Klasse B4.

API-Leistungsklassen

Stand 2020

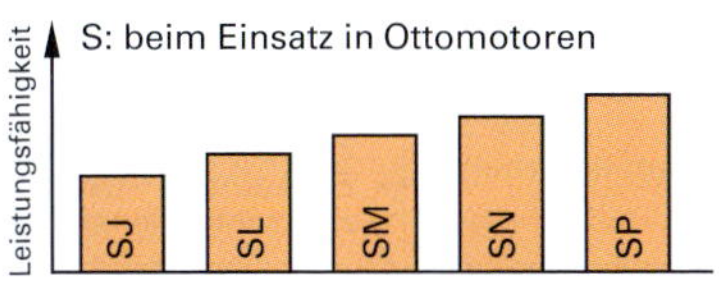

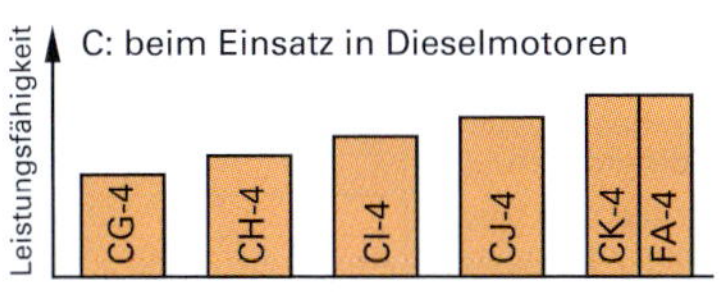

Bei der API-Klassifikation werden die unterschiedlichen Anforderungen, die Otto- und Dieselmotoren an das Motoröl stellen, berücksichtigt:
Für die Beurteilung der Leistungsfähigkeit beim Einsatz des Motoröls in Ottomotoren sind die S-Klassen (S = Service Class) maßgebend, beim Einsatz des Motoröls in Dieselmotoren sind die C-Klassen (C = Commercial Class) maßgebend.

Öle der F-Klasse (F = Fuel Efficiency) wirken kraftstoffsparend und sind für Dieselmotoren mit moderner Abgastechnik konzipiert.

Beispiel: API SN / CH-4
Das so gekennzeichnete Öl erfüllt beim Einsatz in Ottomotoren die Anforderungen der Leistungsklasse SN, beim Einsatz in Dieselmotoren die der Leistungklasse CH-4.

Kennzeichnung der Öle auf dem Gebinde

Bei der Kennzeichnung des Motoröls wird auf dem Gebinde zuerst die *SAE-Viskositätsklasse* und dahinter die *ACEA*- und die *API-Klassifikation* angegeben.
Diese Angaben werden ergänzt mit Hinweisen auf die spezielle Freigabe des Öls durch bestimmte Automobilhersteller.

Beispiel 1: Leichtlauf-Motoröl für Pkw SAE 0W-40, ACEA A3/B4/C3

Beispiel 2: Leichtlauf-Motoröl für Pkw SAE 5W-30, ACEA A7/B7, ACEA A5/B5, API SP

Beispiel 3: Mehrbereichsöl für Nutzfahrzeug-Dieselmotoren SAE 10W-40, ACEA E6, E7, E8, E9, E11, API CK-4

Zweitakt-Motoröl

Der Zweitaktmotor stellt durch die Mischungs- bzw. Frischölschmierung einige spezielle Leistungsanforderungen an das Schmieröl:
- Verhinderung von Ablagerungen an Kolben, Auslassschlitzen und Zündkerze
- Korrosionsschutz bei den Wälzlagern
- speziell bei Mischungsschmierung: selbsttätiges und gleichmäßiges Mischen mit Kraftstoff.

Leistungsklassen
JASO-Spezifikationen (JASO = Japanese Automotive Standard Organisation) und ISO-Spezifikationen.

Getriebeöle

Arten	Anforderungen/Eigenschaften	Klassifikation, Hinweise
Getriebeöle für Schaltgetriebe	Allgemeine Anforderungen an Getriebeöle: • hoher Verschleißschutz • hohe Alterungsbeständigkeit • gutes Viskositäts-Temperaturverhalten • hohes Druckaufnahmevermögen • geräuschmindernd • neutral gegenüber Dichtungsmaterialien	Leistungsklassen: API GL-4, API GL-5 (GL-5 nur für Schaltgetriebe mit unkritischem Synchronisationsverhalten) Herstellerfreigaben beachten, z. B.: MB-Freigabe 235.73 Ford WSS-M2C200-D2
Achsgetriebeöle	Zusätzliche Anforderungen/Eigenschaften: • sehr hoher Verschleißschutz • sehr hohes Druckaufnahmevermögen, insbesondere beim Einsatz in Achsgetrieben mit Hypoidverzahnung und großem Achsversatz. Dies wird erreicht durch EP-Additive, wie z. B. Schwefelverbindungen (EP = Extreme Pressure).	Achsgetriebeöle sind nicht für Schaltgetriebe geeignet. Aufgrund der EP-Additive würde die Synchronisation nicht mehr funktionieren. Leistungsklassen: API GL-5, API-GL4 (GL-4 nur für Achsgetriebe mit geringem Achsversatz) Herstellerfreigaben beachten, z. B.: ZF TE-ML 05 A, 12B, 17B, 19C, 21 A BMW 83 22 2 282 583
Automatikgetriebeöle ATF Automatic Transmission Fluid	Zusätzliche Anforderungen/Eigenschaften: • besonders hohe Schaumfestigkeit • geringere Viskosität • sehr gutes Viskositäts-Temperaturverhalten • genau abgestimmter Reibkoeffizient für sichere Funktion der Lamellenkupplungen durch spezielle Additive (Friction Modifier).	Herstellerfreigaben beachten, z. B.: GM DEXRON III Ford MERCON MB-Freigabe 236.9
Getriebeöle für Doppelkupplungsgetriebe mit Lamellenkupplung	• Vereint die Eigenschaften eines Schaltgetriebeöls und eines Automatikgetriebeöls.	Herstellerfreigaben beachten, z. B.: VW TL 52 529-C, MB-Freigabe 236.24 ZF TE-ML 11

Viskositätsklassen	Beispiele					
Einbereichsgetriebeöl	SAE 75W	80	90			**Hinweis:** Die Viskositätsklassen für Getriebeöle sind nicht vergleichbar mit denen für Motoröle, z. B. liegt die Viskosität eines SAE 75W-Getriebeöls im Bereich der eines SAE 5W-Motoröls.
Mehrbereichsgetriebeöl	SAE 75W-80	75W-85	75W-90	80W-90	75W-140	

Schmierfette

Zusammensetzung

Schmierfette bestehen aus folgenden Komponenten:
- *Grundöl:* Sorgt für die Schmierung, senkt die Reibung zwischen sich bewegenden Bauteilen.
- *Verdicker:* Bindet das Öl schwammartig, bis es für die Schmierung benötigt wird. Vibration und Temperatur bewirken, dass das Verdickungsmittel das Öl abgibt.
- *Additive (Zusätze):* Erhöhen bzw. ergänzen die Schmierfähigkeit des Grundöls und verbessern z. B. den Verschleiß- und Korrosionsschutz.
- *Festschmierstoffe*: Verbessern das Schmierverhalten und die Notlaufeigenschaften.

Grundöle (Auswahl):
- Mineralöle
- synthetische Kohlenwasserstoffe, z. B. PAO

Verdicker (Auswahl):
- Metallseifen (Li, Ca, Na, Al)
- Polyharnstoff

Additive (Auswahl):
- AW-Additive (Anti Wear): Verschleißschutzadditive, z. B. Phosphor-, Schwefelverbindungen
- EP-Additive (Extreme Pressure): Hochdruckadditive, z. B. Molybdänsulfid

Konsistenz

Unter der Konsistenz versteht man den Widerstand des Schmierfetts gegen Verformung. Die Konsistenz wird über die Walkpenetration nach DIN ISO 2137 bestimmt. Das Verfahren misst die Eindringtiefe eines Konus in eine Fettprobe unter genormten Prüfbedingungen.

Die Schmierfette werden nach Norm in die NLGI-Klassen (NLGI = National Lubricating Grease Institute) eingeteilt (vgl. Tabelle rechts).

Die am meisten verwendeten Schmierfette findet man in den Klassen NLGI 2 und NLGI 3, z. B.: Wälzlagerfette, Mehrzweckfette.

NLGI-Klasse	Penetrationszahl	Konsistenz bei Raumtemperatur
000	445–475	sehr flüssig
00	400–430	flüssig
0	355–385	halbflüssig
1	310–340	sehr weich
2	265–295	weich
3	220–250	mittelfest
4	175–205	fest
5	130–160	sehr fest
6	85–115	äußerst fest

Kennzeichnung

Beispiel: **K PF HC 2 N-30**

- Schmierfettart **K**: Wälz-, Gleitlager
- Additive **PF**: EP-, AW-Zusätze
- Grundölart **HC**: Synthetische Kohlenwasserstoffe
- **2**: NLGI-Klasse **2**
- max. Einsatztemperatur **N**: 140 °C
- Untere Temperatureinsatzgrenze **–30** °C

max. Einsatztemperatur in °C (Auszug):

E/F	80	N	140	S	200
G/H	100	P	160	T	220
K/M	120	R	180	U	>200

Kennbuchstaben für Schmierfettart (Auszug):

G	für geschlossene Getriebe
K	für Wälzlager, Gleitlager, Gleitflächen
M	für Gleitlager, Dichtungen

Kühlflüssigkeit

Mischungskurve für Kühlflüssigkeiten

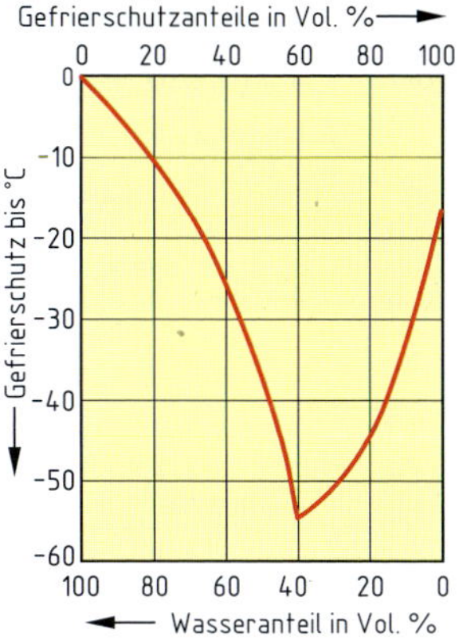

Die Kühlflüssigkeit für das Motorkühlsystem ist eine Mischung aus Wasser und Gefrierschutzmittel.

Gefrierschutzmittel
Gefrierschutzmittel bestehen im Wesentlichen aus Ethylenglykol ($C_2H_6O_2$) für den Gefrierschutz und Additiven zur Verhinderung von Korrosion und Kavitation sowie zur Schmierung der Wasserpumpe. Je nach Additivpaket unterscheidet man folgende Arten:

- silikathaltig (blau, grün oder gelb gefärbt)
- silikatfrei (rotviolett gefärbt)

Beide Arten dürfen nicht miteinander vermischt werden. Die Additivpakete würden sich in ihrer Wirkung stören und das Kühlsystem und der Motor könnten geschädigt werden. Die Herstellervorschriften sind deshalb unbedingt zu beachten.

Mischungsverhältnis
Der Erstarrungspunkt der Kühlflüssigkeit hängt vom Mischungsverhältnis Wasser zu Gefrierschutzmittel ab. Es wird so gewählt, dass bis zu tiefen Temperaturen (–30…–35 °C) ein sicherer Gefrierschutz gewährleistet ist. Das notwendige Mischungsverhältnis kann aus Tabellen oder aus der Mischungskurve (vgl. Abb.) entnommen werden.

Werkstatthinweise

- Nur zugelassenes Gefrierschutzmittel verwenden (Herstellerfreigabe)
- Zur Mischung vollentsalztes oder destilliertes Wasser verwenden.
- Leitungswasser nur verwenden bei Härte unter 3 mmol/l (17 °dH).
- Kühlflüssigkeit immer komplett wechseln, dabei nach dem Ablassen das Kühlsystem mit Wasser ausspülen und erst danach mit neuer Kühlflüssigkeit befüllen.

Sicherheitshinweise

- Dämpfe nicht einatmen.
- Beim Umgang nicht essen, trinken oder rauchen.
- Nach Kontakt gründlich waschen, mit viel Wasser und Seife.
- Bei Verschlucken: Mund ausspülen, Arzt hinzuziehen.

Umweltschutz
Kühlflüssigkeiten dürfen nicht über das Abwasser entsorgt werden (vgl. S. 102).

Bremsflüssigkeit

Siedetemperaturen von Bremsflüssigkeiten (Mindestwerte)

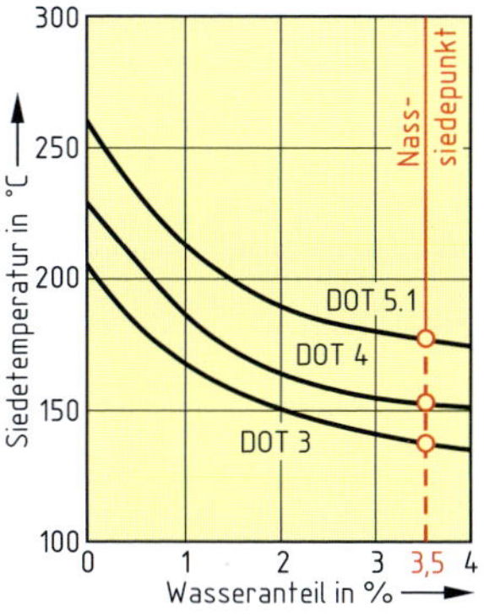

Zusammensetzung
Bremsflüssigkeit besteht im Wesentlichen aus Glykolethern und Additiven zur Verhinderung von Korrosion und Alterung sowie zur Schmierung.

Anforderungen

- hohe Temperaturbeständigkeit
- hoher Trocken- und Nasssiedepunkt zur Vermeidung von Dampfblasenbildung
- niedrige Kälteviskosität für schnelles Ansprechverhalten, wichtig bei ABS-/ESP-Systemen
- Verträglichkeit mit Dichtungen
- Mischbarkeit mit anderen Bremsflüssigkeiten auf Glykoletherbasis: DOT 3, DOT 4, DOT 5.1
- gute Schmierwirkung

Eigenschaft		DOT 3	DOT 4	DOT 5.1
Trockensiedepunkt[1]	°C	205	230	260
Nasssiedepunkt[1]	°C	140	155	180
Viskosität bei –40 °C	mm^2/s	700…1500		

[1] Mindestwerte

Trockensiedepunkt = Siedepunkt der Bremsflüssigkeit bei einem Wassergehalt von 0%
Nasssiedepunkt = Siedepunkt der Bremsflüssigkeit bei einem Wassergehalt von 3,5%

Werkstatthinweise

- Bremsflüssigkeit ist hygroskopisch (wasseranziehend/-bindend), deshalb sinkt mit der Zeit der Siedepunkt und es besteht die Gefahr der Dampfblasenbildung. Daher ist ein regelmäßiger Wechsel notwendig.
- Vorgeschriebene Spezifikation beachten. Achtung: DOT 5 ist auf Silikonbasis und nicht mit DOT 3, 4 und 5.1 mischbar.
- Gebrauchte Bremsflüssigkeit darf nicht wiederverwendet werden.
- Bremsflüssigkeit immer in luftdicht verschlossenen Behältern lagern.

Sicherheitshinweise

- Dämpfe nicht einatmen.
- Kontakt mit den Augen und der Haut vermeiden.
- Schutzhandschuhe und Schutzbrille tragen.
- Bei Verschlucken: Mund ausspülen Arzt hinzuziehen.

Umweltschutz
Bremsflüssigkeit als gefährlichen Abfall entsorgen (vgl. S. 102).

Kältemittel

Dampfdruckkurve (gilt für R-1234yf und R-134a)

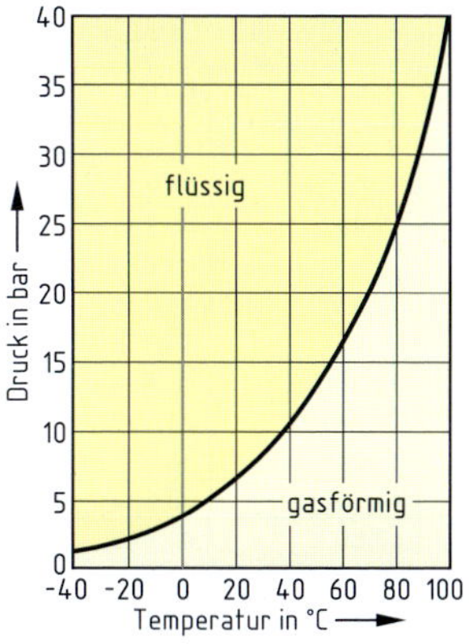

Kältemittel R-134a (Tetrafluorethan CH_2FCF_3)
R-134a wird seit 1993 in Fahrzeugklimaanlagen verwendet. Es ist 1430-mal klimaschädlicher als CO_2, damit wird R-134a der GWP-Wert 1430 zugeordnet.
GWP = **G**lobal **W**arming **P**otential (Treibhauspotenzial)

Nach EU-Richtlinie muss bei Neufahrzeugen ab 1.1.2017 der GWP-Wert des Kältemittels unter 150 liegen. Deshalb darf R-134a für Neufahrzeuge nicht mehr verwendet werden. Die EU-Vorgabe erfüllen folgende Kältemittel:

Kältemittel R-744 (Kohlenstoffdioxid CO_2)
CO_2 besitzt den GWP-Wert 1, ist nicht brennbar und ungiftig. Klimaanlagen mit CO_2 müssen für Drücke bis ca. 140 bar ausgelegt sein.

Kältemittel R-1234yf (Tetrafluorpropylen $C_3H_2F_4$)
R-1234yf besitzt den GWP-Wert 4. Es ist hochentzündlich und explosiv. Bei der Verbrennung entwickelt es korrosive und giftige Zersetzungsprodukte. Bei R-1234yf kann die herkömmliche Klimaanlagentechnik weiter verwendet werden. Es sind lediglich andere Dichtungen und ein anderes Kälteöl notwendig.

Siedepunkt	-30 °C
Selbstentzündungstemperatur	405 °C

Kälteöl
Der Kompressor einer Klimaanlage wird durch Kälteöl geschmiert, das dem Kältemittel beigegeben wird und mit diesem umläuft. Deshalb muss unbedingt das zum Kältemittel passende Kälteöl verwendet werden. Als Kälteöle dienen synthetische PAG-Öle (**P**oly**a**lkylen**g**lykol).

Sicherheitshinweise

- Beim Umgang mit Kältemitteln Schutzbrille und Schutzhandschuhe tragen, um schwere Erfrierungsschäden zu vermeiden.
- Nicht rauchen, da sich das Kältemittel (R-1234yf) entzünden kann und hochgiftige Zersetzungsprodukte entstehen können.
- Nur explosionsgeschützte Geräte verwenden.
- An Klimaanlagen nicht löten oder schweißen.

Umweltschutz
Gebrauchte Kälteöle als gefährlichen Abfall entsorgen (vgl. S. 102).

Gewinde (Auswahl)

Metrisches ISO-Gewinde

vgl. DIN 13

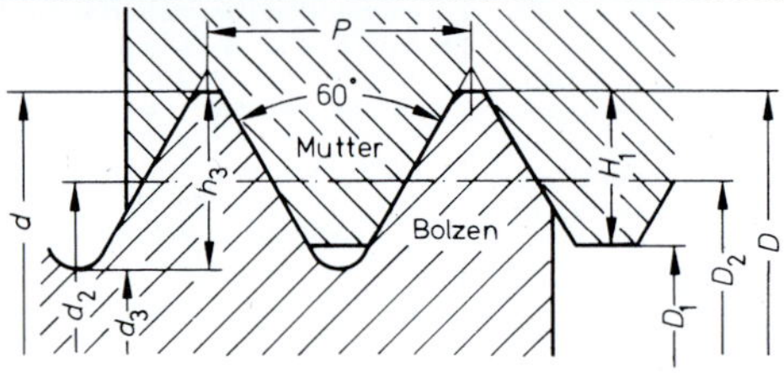

Gewinde-Nenndurchmesser	$d = D$
Gewindesteigung	P
Kerndurchmesser, Bolzen	$d_3 = d - 1{,}2269 \cdot P$
Kerndurchmesser, Mutter	$D_1 = d - 2 \cdot H_1$
Gewindetiefe, Bolzen	$h_3 = 0{,}6134 \cdot P$
Gewindetiefe, Mutter	$H_1 = 0{,}5413 \cdot P$
Flankenwinkel	60°

Gewindebezeichnung, Beispiele:

Regelgewinde, $d = D = 20$ mm:	**M 20**
Feingewinde, $d = D = 20$ mm, $P = 1$ mm:	**M 20×1**
Linksgewinde M 20 (Left Hand):	**M 20 – LH**

Regelgewinde

Maße in mm

Gewinde-bezeichnung $d = D$	Steigung P	Flanken-durchmesser $d_2 = D_2$	Kerndurchmesser		Gewindetiefe		Kernloch-bohrer ∅	Spannungs-querschnitt mm^2
			Bolzen d_3	Mutter D_1	Bolzen h_3	Mutter H_1		
M 3	0,5	2,675	2,378	2,459	0,307	0,271	2,5	5,03
M 4	0,7	3,545	3,141	3,242	0,429	0,379	3,3	8,78
M 5	0,8	4,480	4,019	4,134	0,491	0,433	4,2	14,2
M 6	1	5,350	4,773	4,917	0,613	0,514	5	20,1
M 8	1,25	7,188	6,466	6,647	0,767	0,677	6,8	36,6
M 10	1,5	9,026	8,160	8,376	0,920	0,812	8,5	58,0
M 12	1,75	10,863	9,853	10,106	1,074	0,947	10,2	84,3
M 16	2	14,701	13,546	13,835	1,227	1,083	14	157
M 20	2,5	18,376	16,933	17,294	1,534	1,353	17,5	245
M 24	3	22,051	20,319	20,752	1,840	1,624	21	353
M 30	3,5	27,727	25,706	26,211	2,147	1,894	26,5	561
M 36	4	33,402	31,093	31,670	2,454	2,165	32	817
M 42	4,5	39,077	36,479	37,129	2,760	2,436	37,5	1 120

Feingewinde

Maße in mm

Gewinde-bezeichnung $d \times P$	Kerndurchmesser		Gewinde-bezeichnung $d \times P$	Kerndurchmesser		Gewinde-bezeichnung $d \times P$	Kerndurchmesser	
	Bolzen d_3	Mutter D_1		Bolzen d_3	Mutter D_1		Bolzen d_3	Mutter D_1
M 3×0,35	2,571	2,621	M 16×1	14,773	14,917	M 36×2	33,546	33,835
M 4×0,5	3,387	3,459	M 16×1,5	14,160	14,376	M 36×3	32,319	32,752
M 5×0,5	4,387	4,459	M 20×1	18,773	18,917	M 42×1,5	40,160	40,376
M 6×0,75	5,080	5,188	M 20×1,5	18,160	18,376	M 42×2	39,546	39,835
M 8×0,75	7,080	7,188	M 20×2	17,546	17,835	M 42×3	38,319	38,752
M 8×1	6,773	6,917	M 24×1	22,773	22,917	M 42×4	37,093	37,670
M 10×0,75	9,080	9,188	M 24×1,5	22,160	22,376	M 48×2	45,546	45,835
M 10×1	8,773	8,917	M 24×2	21,546	21,835	M 48×3	44,319	44,752
M 10×1,25	8,466	8,647	M 30×1	28,773	28,917	M 48×4	43,093	43,670
M 12×1	10,773	10,917	M 30×1,5	28,160	28,376	M 56×2	53,546	53,835
M 12×1,25	10,466	10,647	M 30×2	27,546	27,835	M 56×3	52,319	52,752
M 12×1,5	10,160	10,376	M 36×1,5	34,160	34,376	M 56×4	51,093	51,670

Whitworth-Rohrgewinde, zylindrisches Innen- und kegeliges Außengewinde

vgl. DIN 3858, DIN EN 10226

Kegeliges Außengewinde

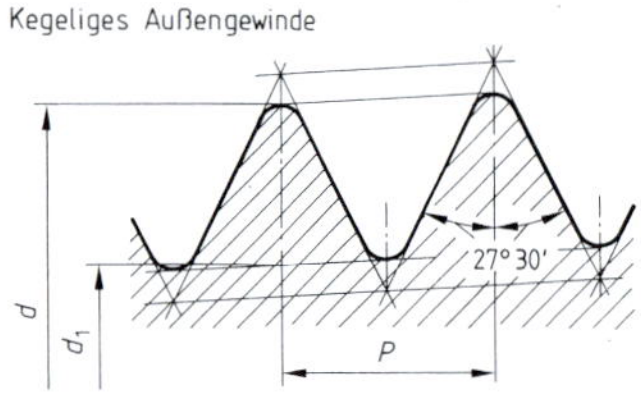

Beispiel für die Bezeichnung eines Außen- bzw. Innengewindes Größe 3/4:

Rohrgewinde DIN EN 10226 – **R 3/4**
Rohrgewinde DIN EN 10226 – **Rp 3/4**

Gewindekurzzeichen		Gangzahl auf 25,4 mm	Steigung P mm	Außen-durchmesser $d = D$ mm	Kern-durchmesser $d_1 = D_1$ mm
Außen-gewinde	Innen-gewinde				
R 1/16	Rp 1/16	28	0,907	7,723	6,561
R 1/8	Rp 1/8	28	0,907	9,728	8,566
R 1/4	Rp 1/4	19	1,337	13,157	11,445
R 3/8	Rp 3/8	19	1,337	16,662	14,950
R 1/2	Rp 1/2	14	1,814	20,955	18,631
R 3/4	Rp 3/4	14	1,814	26,441	24,117
R 1	Rp 1	11	2,309	33,249	30,291
R 1 1/4	Rp 1 1/4	11	2,309	41,910	38,952
R 1 1/2	Rp 1 1/2	11	2,309	47,803	44,845
R 2	Rp 2	11	2,309	59,614	56,656
R 2 1/2	Rp 2 1/2	11	2,309	75,184	72,226
R 3	Rp 3	11	2,309	87,884	84,926

Gewindeeinsätze (Heli Coil®)

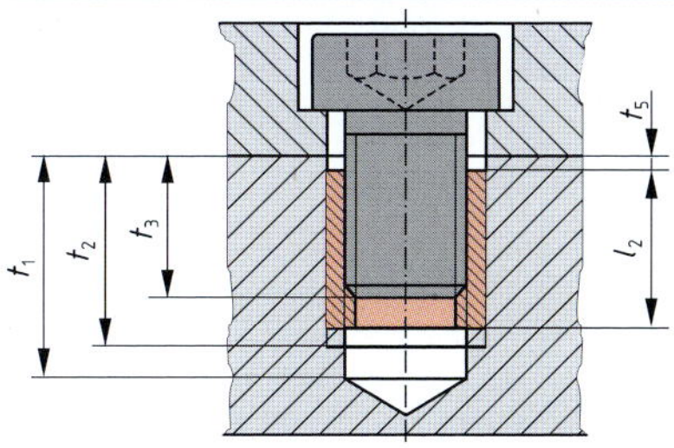

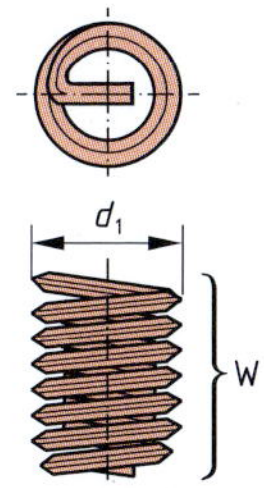

Bezeichnungen

d_1 Außen-∅ des Gewindeeinsatzes vor dem Einbau
W Windungsanzahl vor dem Einbau
t_5 Abstand von der Oberfläche (0,25 P)

Hinweise

- Bei der Auswahl der Gewindeeinsatzlänge ist die Festigkeit des Grundwerkstoffs zu beachten. Bei Al-Legierungen sollte die Einsatzlänge 2 d betragen (t_2 = 2 d). Bei höherer Werkstofffestigkeit sind kürzere Einsätze möglich (1 d, 1,5 d).
- Die Gewindeeinsätze werden aus verschiedenen Werkstoffen hergestellt. Bei der Auswahl ist auf eine geeignete Werkstoffpaarung mit dem Grundwerkstoff zu achten.

Gewinde-nenn-∅ d	Außen-∅ des Aufnahme-gewindes D	Stei-gung P	Kern-loch-bohrer ∅	Kernlochtiefe (für Gewinde-bohrer mit 4-Gang-Anschnitt) t_1 min.			nutzbare Gewinde-tiefe im Grundloch = Nennlänge des Gewindeeinsatzes t_2 min.			Länge des eingebauten Einsatzes = nutzbare Gewinde-länge im Einsatz l_2 min.			Bolzeneinschraubtiefe (Mitnehmerzapfen nicht entfernt) t_3 min.		
				1 d	1,5 d	2 d	1 d	1 d	1 d	1 d	1,5 d	2 d	1 d	1,5 d	2 d
M 5	6,0	0,8	5,2	8,2	10,7	13,2	5,0	7,5	10,0	4,2	6,7	9,2	3,8	6,3	8,8
M 6	7,3	1,0	6,3	10,0	13,0	16,0	6,0	9,0	12,0	5,0	8,0	11,0	4,5	7,5	10,5
M 8	9,6	1,25	8,4	13,0	17,0	21,0	8,0	12,0	16,0	6,8	10,8	14,8	6,2	10,2	14,2
M 10	12,0	1,5	10,5	16,0	21,0	26,0	10,0	15,0	20,0	8,5	13,5	18,5	7,8	12,8	17,8
M 10×1	11,3	1,0	10,25	14,0	19,0	24,0	10,0	15,0	20,0	9,0	14,0	19,0	8,5	13,5	18,5
M 10×1,25	11,6	1,25	10,4	15,0	20,0	25,0	10,0	15,0	20,0	8,8	13,8	18,8	8,2	13,2	18,2
M 12	14,2	1,75	12,5	19,0	25,0	31,0	12,0	18,0	24,0	10,3	16,3	22,3	9,4	15,4	21,4
M 12×1,25	13,6	1,25	12,25	17,0	23,0	29,0	12,0	18,0	24,0	10,8	16,8	22,8	10,2	16,2	22,2
M 12×1,5	14,0	1,5	12,5	18,0	24,0	30,0	12,0	18,0	24,0	10,5	16,5	22,5	9,8	15,8	21,8
M 14	16,6	2,0	14,5	22,0	29,0	36,0	14,0	21,0	28,0	12,0	19,0	26,0	11,1	18,1	25,1
M 14×1,25[1]	15,6	1,25	14,25	–	–	–	8,4	12,4	14,4	–	–	–	7,8	11,8	13,8
M 16	18,6	2,0	16,5	24,0	32,0	40,0	16,0	24,0	32,0	14,0	22,0	30,0	13,1	21,1	29,1

[1] Zündkerzengewinde (Spezialeinsatz)

Gewindeeinsätze (Würth Time-Sert®)

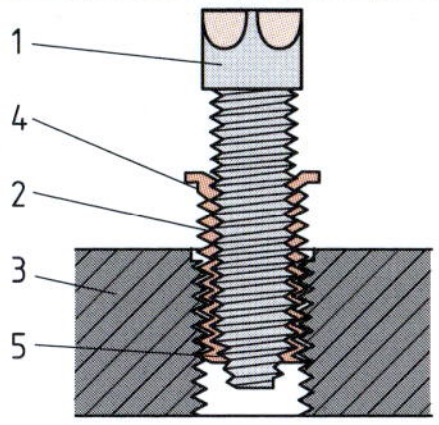

Benennungen

1 Eindrehwerkzeug
2 Gewindebuchse
3 Grundwerkstoff mit neu geschnittenem Gewinde für die Gewindebuchse
4 Bund der Gewindebuchse
5 Gewindeformbereich

Arbeitsgänge

- Beschädigtes Gewinde vollständig ausbohren und mit dem Sitzfräser ansenken.
- Gewinde für die Gewindebuchse mit dem Gewindebohrer in den Grundwerkstoff schneiden.
- Gewindebuchse mit dem Eindrehwerkzeug vollständig einschrauben.
- Eindrehwerkzeug weiterdrehen, der Widerstand erhöht sich, da im Gewindeformbereich die Gewindegänge nicht vorgeschnitten sind. Der Werkstoff wird dadurch nach außen gedrückt und die Gewindebuchse wird dabei mit dem Werkstück verpresst.

Gewindebuchse

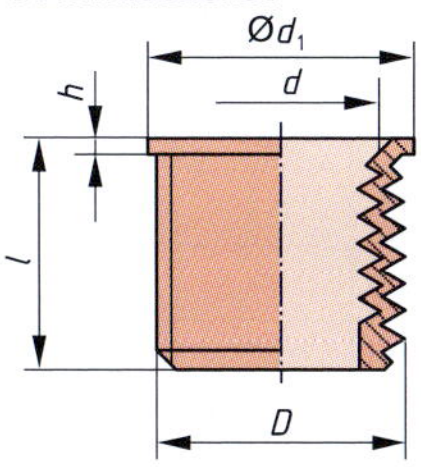

Bohrung/Einfräsung

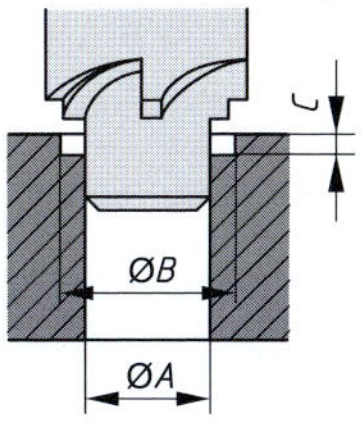

Gewindebuchse					Bohrung	Einfräsung	
Nennmaß Innengewinde d	Länge mm l	Nennmaß Außengewinde D	∅ Bund mm d_1	Höhe Bund mm h	∅ mm A	∅ mm B	Tiefe mm C
M 4	6,0; 8,0	M 4,8×0,7	5,5	0,75	4,2	5,8	1,7
M 5	7,6; 10,0	M 5,9×0,8	7,0	0,75	5,5	7,1	1,8
M 6	9,4; 12,0	M 7,2×1	8,0	0,75	6,25	8,1	1,8
M 7×1	10,0; 14,0	M 8,25×1	8,8	0,75	7,35	8,9	1,9
M 8×1	11,7	M 9,2×1	10,0	0,75	8,2	10,7	2,1
M 8	11,7; 16,2	M 9,5×1,25	10,6	0,75	8,2	10,7	2,1
M 10×1	6,2; 9,0; 15,0	M 11,2×1	11,6	0,75	10,3	12,9	2,0
M 10×1,25	9,0; 15,0; 20,0	M 11,5×1,25	12,6	0,75	10,3	12,9	2,2
M 10	14,0; 20,0	M 11,8×1,5	12,6	0,75	10,3	12,9	2,2
M 11×1,5	16,1; 22,2	M 12,9×1,5	13,5	0,75	11,5	14,1	2,1
M 12×1,25	9,0; 15,0	M 13,6×1,25	14,0	0,75	12,1	14,1	2,1
M 12×1,5	6,7; 9,2; 16,3	M 13,9×1,5	15,0	0,75	12,3	15,1	2,1
M 12	16,2; 24,0	M 14,2×1,75	15,0	0,75	12,7	15,4	2,8
M 14×1,25	8,0; 9,4; 11,0	M 15,6×1,25	16,0	0,75	14,0	16,2	2,8
M 14×1,5	9,3; 12,8; 16,0	M 15,9×1,5	17,0	0,75	14,7	17,1	2,8
M 16×1,5	7,0; 12,7; 24,0	M 17,8×1,5	18,5	0,75	16,7	19,0	2,9
M 16	24,0; 32,0	M 18,8×2	19,8	0,75	16,7	20,0	2,9
M 18×1,5	10,0; 18,3; 27,0	M 19,9×1,5	20,5	0,75	18,3	21,3	3,5

Schrauben	Bezeichnung	vgl. Norm	Schrauben	Bezeichnung	vgl. Norm
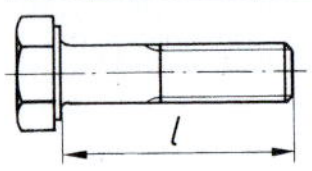	Sechskantschraube mit Schaft, Regelgewinde Feingewinde	DIN ISO 4014 DIN ISO 8765	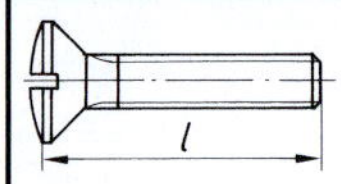	Linsensenkschraube mit Schlitz	DIN EN ISO 2010
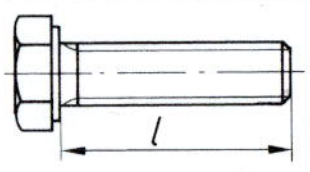	Sechskantschraube mit Gewinde bis Kopf Regelgewinde Feingewinde	DIN ISO 4017 DIN ISO 8765	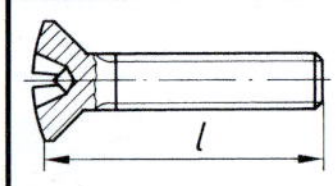	Linsensenkschraube mit Kreuzschlitz	DIN EN ISO 7047
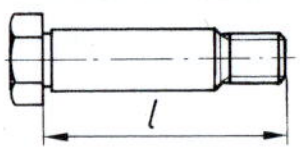	Sechskant-Passschraube Schaft geschliffen	DIN 609		Gewindestift mit Schlitz mit Spitze mit Kegelkuppe mit Zapfen	DIN EN 27434 DIN EN 27436 DIN EN 27435
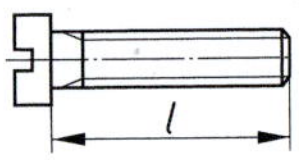	Zylinderschraube mit Schlitz	DIN ISO 1207 DIN EN 1207	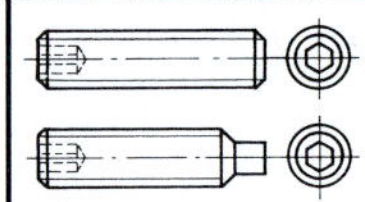	Gewindestift mit Innensechskant mit Spitze mit Kegelkuppe mit Zapfen	DIN ISO 4027 DIN ISO 4029 DIN ISO 4028
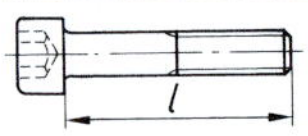	Zylinderschraube mit Innensechskant	DIN ISO 4762	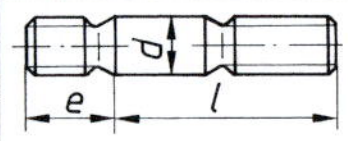	Stiftschraube	DIN 835 DIN 938 DIN 939
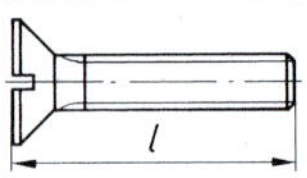	Senkschraube mit Schlitz	DIN EN ISO 2009	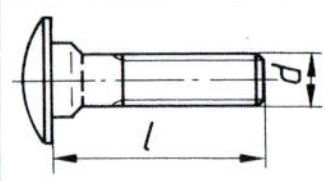	Flachrundschraube mit Vierkantansatz	DIN 603
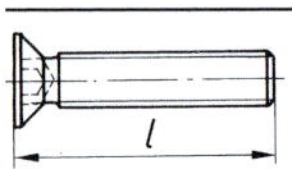	Senkschraube mit Kreuzschlitz	DIN EN ISO 7046	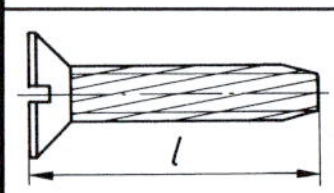	Gewindeschneidschraube gehärtet	DIN 7513

Bezeichnungsbeispiel mit Gewinde M10, Länge l = 60 mm, nach DIN ISO 4014, Festigkeitsklasse 10.9
Sechskantschraube ISO 4014-M10 × 60-10.9

Bezeichnungsbeispiel mit Gewinde M8, Länge l = 25 mm nach DIN EN ISO 7047, Festigkeitsklasse 8.8
Linsensenkschraube ISO 7047-M8 × 25-8.8

Blindniete mit Sollbruchdorn vgl. DIN EN ISO 15977, 15978

mit Flachkopf
(vgl. DIN EN ISO 15977)

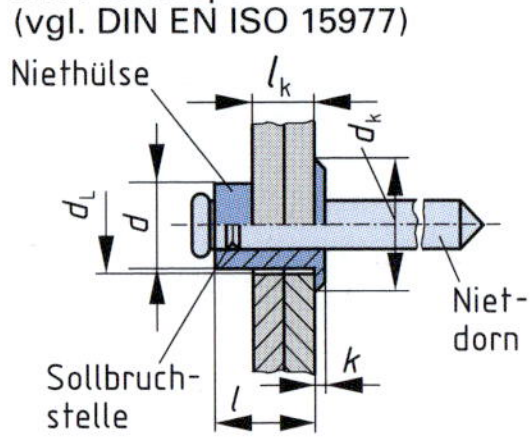

mit Senkkopf
(vgl. DIN EN ISO 15978)

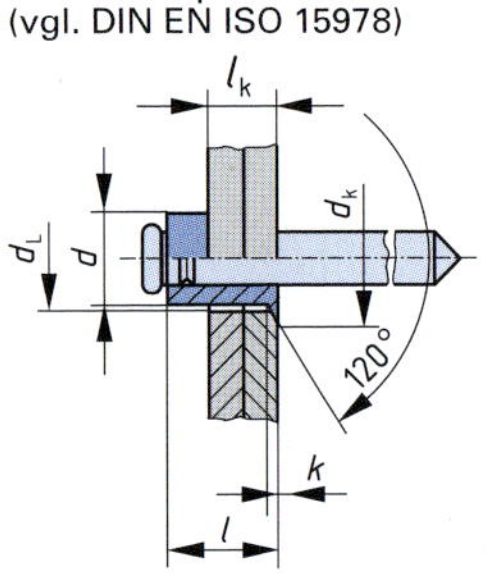

Nenn-∅ d	2,4	3	3,2	4	4,8	5	6	6,4
Kopf-∅ d_k	5	6,3	6,7	8,4	10,1	10,5	12,6	13,4
Kopfhöhe k	1	1,3	1,3	1,7	2	2,1	2,5	2,7
Nietloch-∅ d_L	2,5 … 2,6	3,1 … 3,2	3,3 … 3,4	4,1 … 4,2	4,9 … 5,0	5,1 … 5,2	6,1 … 6,2	6,5 … 6,6
Empfohlene Klemmlängenbereiche l_k								
Schaftlänge l	Nenn-∅ d							
	2,4	3	3,2	4	4,8	5	6	6,4
4	0,5 … 2	0,5 … 1,5	0,5 … 1,5	–	–	–	–	–
6	2 … 4	1,5 … 3,5	1,5 … 3,5	1 … 3	1,5 … 2,5	1,5 … 2,5	–	–
8	4 … 6	3,5 … 5	3,5 … 5	3 … 5	2,5 … 4	2,5 … 4	2 … 3	–
10	6 … 8	5 … 7	5 … 7	5 … 6,5	4 … 6	4 … 6	3 … 5	–
12	8 … 9,5	7 … 9	7 … 9	6,5 … 8,5	6 … 8	6 … 8	5 … 7	3 … 6
16	–	9 … 13	9 … 13	8,5 … 12,5	8 … 12	8 … 12	7 … 11	6 … 10
20	–	13 … 17	13 … 17	12,5 … 16,5	12 … 15	12 … 15	11 … 15	10 … 14
25	–	17 … 22	17 … 22	16,5 … 21,5	15 … 20	15 … 20	15 … 20	14 … 18
30	–	–		–	20 … 25	20 … 25	20 … 25	18 … 23

Werkstoffe:
DIN EN ISO 15977, 15978: Niethülse aus Aluminiumlegierung, Nietdorn aus Stahl
Bezeichnungsbeispiel:
Blindniet ISO 15977 – 5 × 12: Blindniet mit Flachkopf, 5 mm Nenndurchmesser, 12 mm Schaftlänge

7

Senkungen für Senkschrauben und Senk-Blechschrauben

vgl. DIN 74

Form A und B
Ausführung mittel

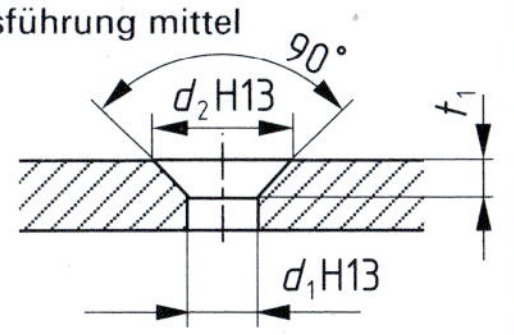

Form C

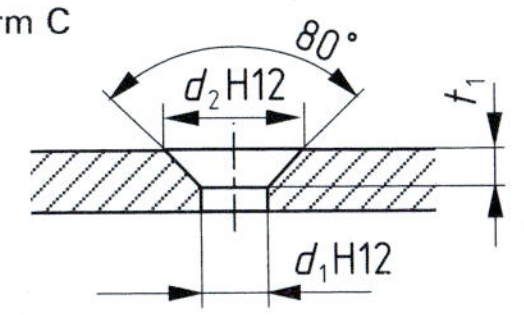

Für Gewindedurchmesser	**M**	3	4	5	6	8	10	12	16
Form A für Senkschrauben DIN 963 und 965 und Linsensenkschrauben DIN 964 und 966	d_1 H13	3,4	4,5	5,5	6,6	9	11	13,5	17,5
	d_2 H13	6,5	8,6	10,4	12,4	16,4	20	23,9	31,9
	$t_1 \approx$	1,6	2,1	2,5	2,9	3,7	4,7	5,2	7,2
Form B für Senkschrauben DIN 7991	d_1 H13	3,4	4,5	5,5	6,6	9	11	13,5	17,5
	d_2 H13	6,6	9	11	13	17,2	21	25,5	31,5
	$t_1 \approx$	1,6	2,3	2,8	3,2	4,1	5,3	6	7
Für Nenndurchmesser	**ST**	2,2	2,9	3,5	3,9	4,2	4,8	5,5	6,3
Form C für Senk-Blechschrauben DIN 7972 u. 7982 und Linsensenk-Blechschrauben DIN 7973 u. 7983	d_1 H12	2,4	3,1	3,7	4,2	4,5	5,1	5,8	6,7
	d_2 H12	4,6	5,9	7,2	8,1	8,7	10	11,4	13
	$t_1 \approx$	1,3	1,7	2,1	2,3	2,5	3	3,4	3,8

Gewinde für Blechschrauben

vgl. DIN EN ISO 1478

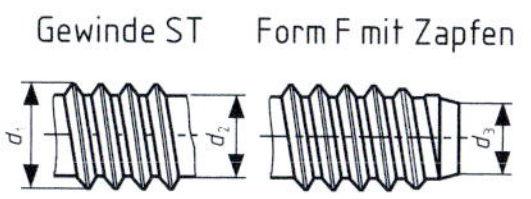

Nenndurchmesser	ST 2,2	ST 2,9	ST 3,5	ST 3,9	ST 4,2	ST 4,8	ST 5,5	ST 6,3
d_1 mm	2,24	2,9	3,53	3,91	4,22	4,8	5,46	6,25
d_2 mm	1,63	2,18	2,64	2,92	3,1	3,58	4,17	4,88
d_3 mm	1,5	2	2,4	2,7	2,9	3,3	3,9	4,5

Kernlochdurchmesser für Blechschrauben

vgl. DIN 7975

Gewindebezeichnung	Blechdicke über mm	Blechdicke bis mm	Kernlochdurchmesser mm	Gewindebezeichnung	Blechdicke über mm	Blechdicke bis mm	Kernlochdurchmesser mm	Gewindebezeichnung	Blechdicke über mm	Blechdicke bis mm	Kernlochdurchmesser mm
ST 3,5	–	0,56	2,6	**ST 4,2**	0,5	1,13	3,2	**ST 5,5**	1,13	1,5	4,0
	0,56	0,88	2,7		1,13	1,38	3,3		1,5	1,75	4,5
	1,0	1,38	2,8		1,38	2,5	3,5		1,75	2,25	4,6
	1,38	1,75	2,9		2,5	3,0	3,8		2,25	3,0	4,7
ST 3,9	0,5	1,13	2,95	**ST 4,8**	0,5	1,13	3,7	**ST 6,3**	1,38	1,75	5,0
	1,13	1,38	3,0		1,13	1,75	3,9		1,75	2,0	5,2
	1,38	2,0	3,2		1,75	2,5	4,0		2,0	3,0	5,3
	2,0	2,5	3,5		2,5	3,0	4,1		3,0	4,0	5,0

Blechschrauben

vgl. DIN ISO 7049, 7050, 7051

Linsen-Blechschrauben
DIN ISO 7049

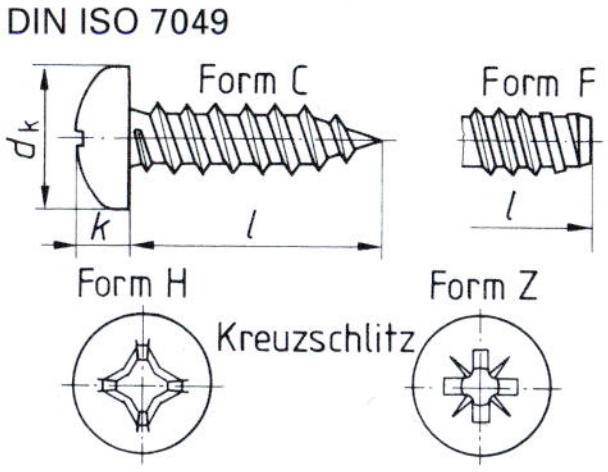

Gewindegröße		ST 2,2	ST 2,9	ST 3,5	ST 4,2	ST 4,8	ST 5,5	ST 6,3	ST 8
Länge l	von	4,5	6,5	9,5	9,5	13	13	16	16
	bis	16	19	25	32	38	38	38	50
Kopf	d_k	4	5,6	7	8	9,5	11	12	16
	k	1,6	2,4	2,6	3,1	3,7	4	4,6	6
Kreuzschlitzgröße		0	1	2	2	2	3	3	4
Bezeichnungsbeispiel		Linsen-Blechschraube, Gewinde ST4,2, l = 22 mm, Form C mit Kreuzschlitz Z: Blechschraube ISO 7049-ST 4,2×22–C–Z							
Handelsübliche Längen: 4,5; 6,5; 9,5; 13; 16; 19; 22; 25; 32; 38; 45; 50 mm									

Senk-Blechschrauben DIN ISO 7050
Linsensenk- DIN ISO 7051

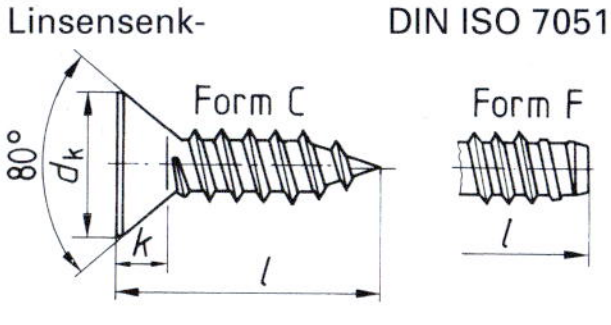

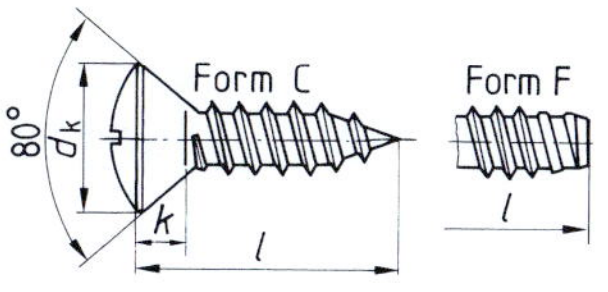

Gewindegröße		ST 2,2	ST 2,9	ST 3,5	ST 4,2	ST 4,8	ST 5,5	ST 6,3	ST 8
Länge l	von	4,5	6,5	9,5	9,5	13	13	16	16
	bis	16	19	25	32	32	38	38	50
Kopf	d_k	3,8	5,5	7,3	8,4	9,3	10,3	11,3	15,8
	k	1,1	1,7	2,35	2,6	2,8	3	3,15	4,65
Kreuzschlitzgröße		0	1	2	2	2	3	3	4
Bezeichnungsbeispiel		Senk-Blechschraube, Gewinde ST5,5, l = 25 mm, Form F mit Kreuzschlitz H: Blechschraube ISO 7050-ST 5,5×25–F–H							
Handelsübliche Längen: 4,5; 6,5; 9,5; 13; 16; 19; 22; 25; 32; 38; 45; 50 mm									

Bohrschrauben mit Blechschraubengewinde

vgl. DIN EN ISO 15481,15482, 15483

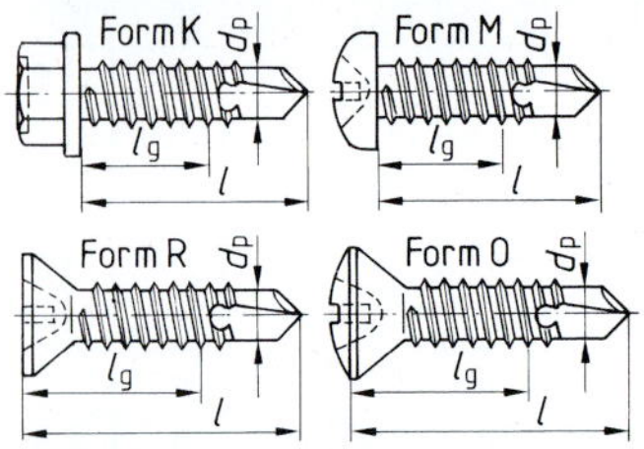

Gewindegröße	ST 2,9	ST 3,5	(ST 3,9)	ST 4,2	ST 4,8	ST 5,5	ST 6,3
Durchmesser d_p	2,3	2,8	3,1	3,6	4,1	4,1	5,8
Nennlänge l von bis	6,5 19	9,5 25	9,5 25	13 32	13 38	19 50	19 50
Blechdicke von bis	0,7 1,9	0,7 2,25	0,7 2,4	1,75 3	1,75 4,1	1,75 4,8	2 6
Bezeichnungs-beispiel	Bohrschraube mit Gewinde ST 4,2, Nennlänge 13 mm, Form R mit Kreuzschlitz H : Bohrschraube DIN 7504–ST 4,2 × 13–R–H						
Handelsübliche Längen: 9,5; 13; 16; 19; 22; 25; 32; 38 mm							

Muttern

Auswahl

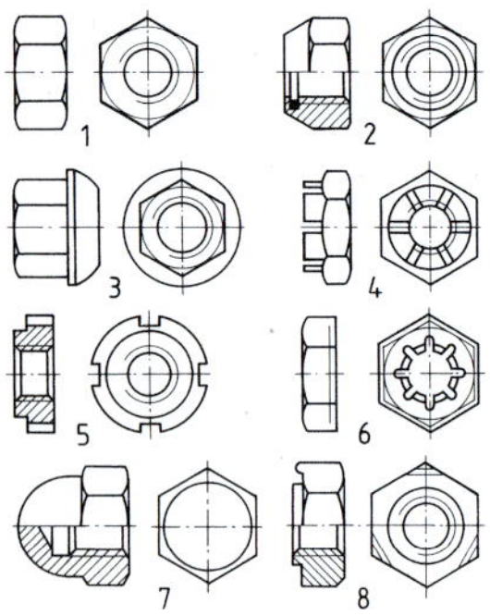

1 Sechskantmutter, Typ 1 Sechskantmutter, Typ 2 Sechskantmutter, niedrige Form	DIN EN ISO 4032 DIN EN ISO 4033 DIN EN ISO 4035	Mutterhöhe $m \approx 0,9 \cdot d$ Mutterhöhe $m \approx 0,8 \cdot d$ Mutterhöhe $m \approx 0,5 \cdot d$
2 Sechskantmutter mit Klemmteil – mit nichtmetallischem Einsatz	DIN ISO 7040	Selbstsichernde Mutter durch Verklemmen des Einsatzes
3 Radmutter: mit Kugelbund A, mit Flachbund B, mit Kegelbund F	DIN ISO 74361	Für Bolzenzentrierung von Scheibenrädern an Kfz
4 Kronenmutter mit metrischem Regel- und Feingewinde	DIN 935, 979	Niedrige Form bis M 10, hohe Form ab M 12; Splintsicherung
5 Nutmutter mit metrischem Feingewinde	DIN 70852 DIN 1804	Vorwiegend zum Einstellen des Axialspiels von Lagern
6 Sicherungsmutter für metrische Regel- und Feingewinde		Werkstoff Federstahl, gehärtet
7 Hutmutter, hohe Form – mit Nichtmetall-Klemmteil	DIN 1587 DIN 986	Gewinde (Regel- oder Feingewinde) von 4 bis 24 mm
8 Sechskant-Schweißmutter für metrische Gewinde	DIN 929	Zum Anpunkten an Blechteile; Gewinde M 3 bis M 16

Schraubensicherungen

Auswahl

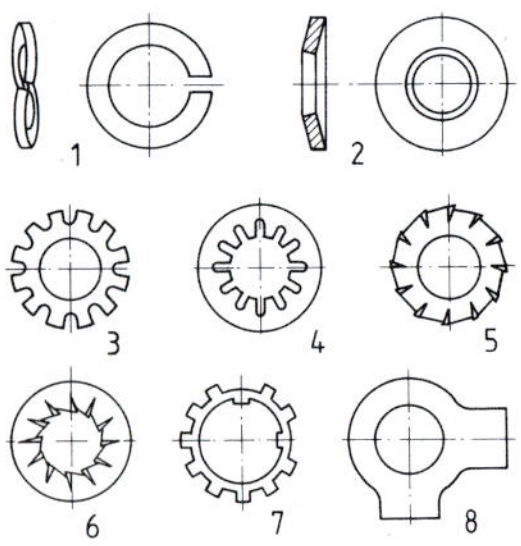

1 Federring gewölbt Form A oder gewellt Form B		Setzsicherung für Verschraubungen, Festigkeitsklasse < 8.8
2 Spannscheibe aus Federstahl	DIN 6796	Setzsicherung für Verschraubungen, Festigkeitsklasse ≥ 8.8
3 Zahnscheibe, außengezahnt, Form A		Zur Herstellung elektrischer Kontakte bei Verschraubung beschichteter Teile (Lack) sowie Losdrehsicherung
4 Zahnscheibe, innengezahnt, Form J		
5 Fächerscheibe, außengezahnt, Form A		Losdrehsicherung für Schraubenverbindungen
6 Fächerscheibe, innengezahnt, Form J		
7 Sicherungsblech für Nutmutter	DIN 70952	Losdrehsicherung
8 Scheibe mit zwei Lappen		Losdrehsicherung

Schlüsselweiten für Schrauben mit Innensechskant/Innentorx® und Außentorx®

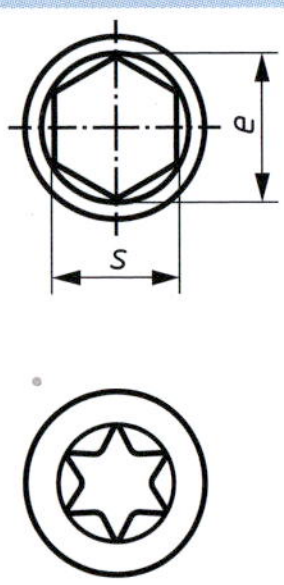

Metrische Schrauben	Innensechskant s	Innentorx® T	Außentorx® E
M4	2, 2,5, 3	T15, T20	E5, E6
M5	2,5, 3, 4	T20, T25, T27	E6, E8
M6	3, 4, 5	T27, T30	E8, E10
M8	4, 5, 6	T40, T45	E10, E12
M10	5, 6, 7, 8	T45, T50	E12, E14
M12	6, 8, 10	T55	E14, E18
M14	6, 10, 12	T60	E18, E20

Bei dem Begriff Torx® handelt es sich um eine eingetragene Marke, der ungeschützte Name ist „Sechsrund"

Weitere Torx®-Profile

Torx® Plus Torx® TR

Festigkeitsklassen (vgl. DIN EN 20898), **Schlüsselweiten, Eckenmaße, Durchgangslöcher**

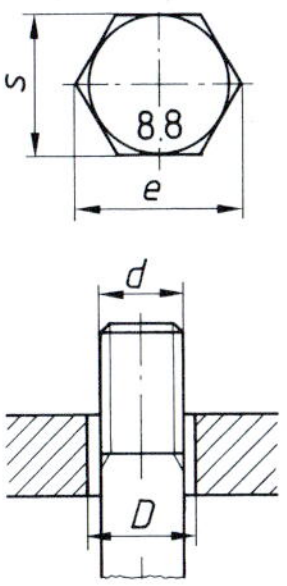

Festigkeitsklasse Schrauben	3.6	4.6	4.8	5.6	5.8	6.8	8.8	9.8	10.9	12.9
Zugfestigkeit R_m in N/mm²	300	400	400	500	500	600	800	900	1 000	1 200
Streckgrenze R_e in N/mm²	180	240	320	300	400	480	–	–	–	–
Dehngrenze $R_{p0,2}$ in N/mm²	–	–	–	–	–	–	640	720	900	1 080
Bruchdehnung A_5 in %	25	22	14	20	10	8	12	10	9	8
Festigkeitsklasse Muttern	4			5		6	8	9	10	12
Zugehörige Schrauben	3,6	4.6	4.8	5.6	5.8	6.8	8.8	9.8	10.9	12.9

Die Festigkeitsklassen 4; 5; 6; 8; 9; 10; 12 gelten für Muttern mit Nennhöhen ≥0,8 · *d*.
Die zweistelligen Festigkeitsklassen 04 und 05 betreffen Muttern mit Nennhöhen ≥0,5 · *d* und <0,8 · *d*.

Schlüsselweiten, Eckenmaße, Durchgangslöcher

Gewindedurchmesser *d*	M 5	M 6	M 8	M 10	M 12	M 14	M 16	M 18	M 20	M 24
Schlüsselweite *s* in mm	8	10	13	16[1] 17	18[1] 19	21	24	27	30	36
Eckenmaß *e* in mm	8,8	1,1	14,4	17,8[1]	20[1]	23,3	26,7	30	33	39,5
Durchgangsloch *D* in mm	5,5	6,6	9	11	13,5	15,5	17,5	20	22	26

[1] nach DIN ISO 272

Federverbindung

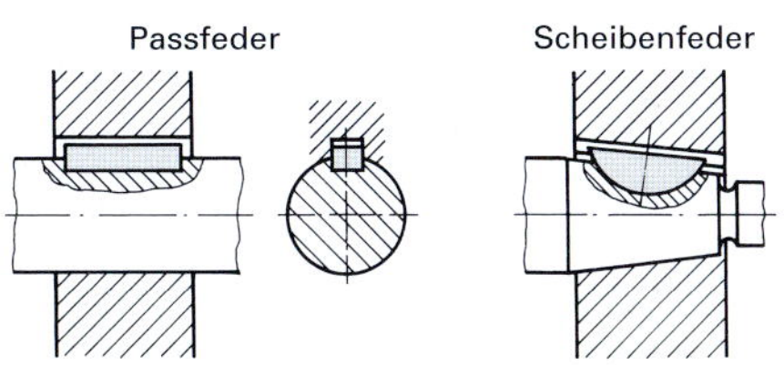

Federverbindungen sind Mitnehmerverbindungen. Sie haben im Gegensatz zu Keilverbindungen keinen Anzug. Die gegenüberliegenden Flächen der Federn sind parallel. Federverbindungen werden unterteilt in

- *Passfederverbindung:* die Passfeder (DIN 6885) hat Haftsitz in der Welle, die Nabe muss gegen seitliches Verschieben gesichert werden.
- *Gleitfederverbindung:* für Maschinenteile die seitlich verschoben werden.
- *Scheibenfederverbindung:* die Scheibenfeder (DIN 6888) eignet sich besonders für kegelige Wellenzapfen. Das übertragbare Drehmoment ist kleiner als bei Pass- und Gleitfedern.

Federverbindungen haben zwischen Feder und Nabe in radialer Richtung Spiel, Welle und Nabe werden nicht verspannt, der Rundlauf ist genau.

Verbindung durch Formwellen

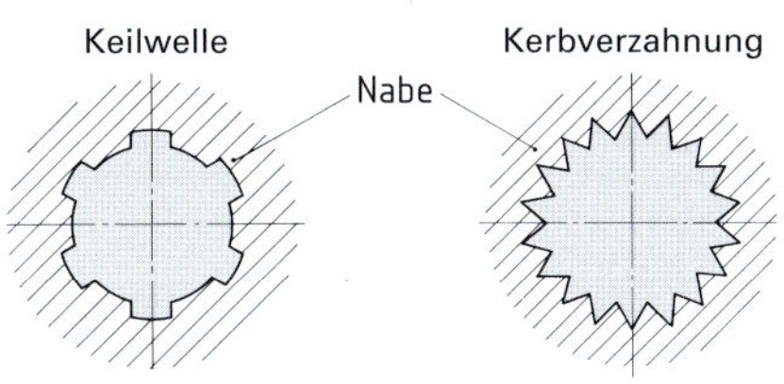

Formwellen eignen sich besonders für die Übertragung großer Drehmomente bei wechselnden Drehrichtungen. Es gibt Verbindungen durch

- *Keilwellen* (DIN 5464) mit 6, 8 oder 10 „Keilprofilen" *) für formschlüssige Drehmomentübertragung. Die Naben können auf der Keilwelle verschiebbar sein, z. B. bei Getriebezahnrädern
- *Kerbverzahnung* mit weniger geschwächtem Querschnitt und der Möglichkeit feingestufter Verstellung von Nabe und Welle
- *Polygonwellen* (Polygon = Vieleck), einfacher in der Herstellung.

*) Die Bezeichnung „Keilwelle" ist eigentlich falsch, weil die Keilwelle keine Neigung hat; sie müsste besser Federwelle heißen.

Pressverbindungen

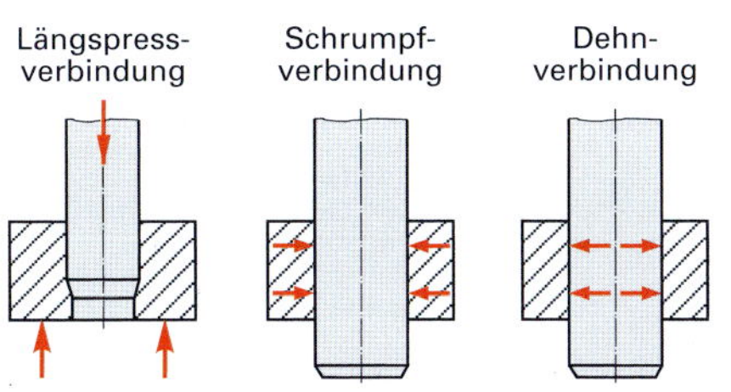

Pressverbindungen entstehen, wenn eine Welle gegenüber einer Bohrung Übermaß hat und mit dieser gefügt wird. Man unterscheidet

- *Längspressverbindung,* wenn Außen- und Innenteil bei Raumtemperatur ineinander gepresst werden. Übermaßpassung (Presspassung) z. B. H7/r6, H7/s7, H8/u8.
- *Querpressverbindung,* wenn die Annäherung der Fügeflächen quer zur Längsachse erfolgt, z. B. bei der
  - Schrumpfverbindung wird das Außenteil erwärmt und mit Spiel über das Innenteil geschoben und bei der
  - Dehnverbindung wird das Innenteil unterkühlt und mit Spiel in das Außenteil geschoben.

Bei besonders großem Übermaß werden beide Verfahren kombiniert, das Außenteil wird erwärmt und das Innenteil unterkühlt.

Nietverbindung

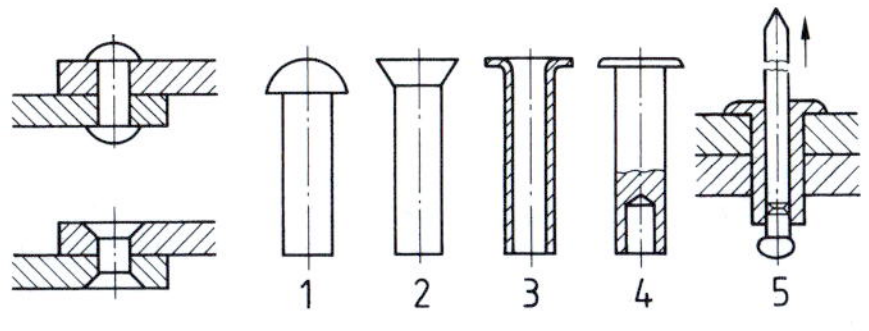

Nietverbindungen sind in der Kfz-Technik weitgehend durch Schweiß- und Klebeverbindungen ersetzt. Die wichtigsten Niete sind:

1. Halbrundniet, ∅1 … 8 (St, Cu, Zn, Al) — DIN 660
2. Senkniet, ∅1 … 8 — DIN 661; Linsensenkniet, ∅1,6 … 8 (St, CU, Zn, Al) — DIN 662
3. Hohlniet für Brems- und Kupplungsbeläge, Cu, DIN 7338 (Form C), ∅3 … 10
4. Halbhohlniet für Brems- und Kupplungsbeläge, Form B, ∅3 … 10, Cu — DIN 7338
5. Blindniet mit Sollbruchdorn — DIN EN ISO; Form A mit Flachkopf — 15977; Form B mit Senkkopf — 15978

vgl. S. 392

7

Lötverbindungen

Vorgänge

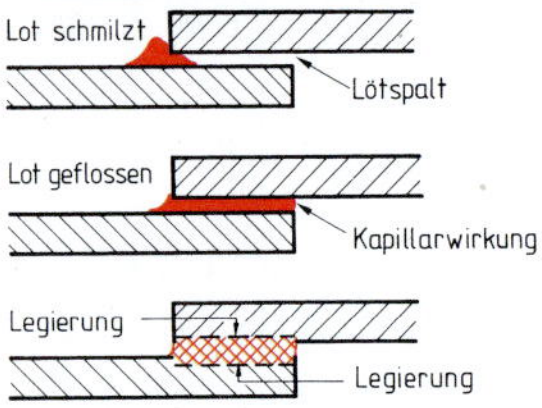

Verbindungen

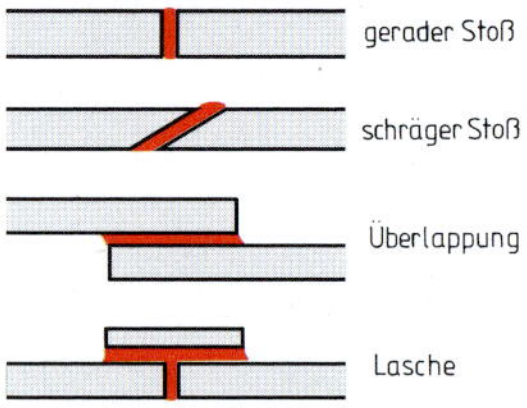

Löten ist das Verbinden metallischer Werkstoffe mithilfe eines Zusatzmetalls (Lot), dessen Schmelzpunkt niedriger ist als der Schmelzpunkt der zu verbindenden Werkstoffe.

Lötvorgang
- Erwärmung der gereinigten, mit Flussmittel behandelten Lötstelle
- Das Lot fließt unter Verdrängung des Flussmittels in den Lötspalt (Kapillarwirkung)
- Das Lot dringt in die Randschicht des zu lötenden Werkstoffes ein (Legierung)
- Erstarrung des Lotes (erschütterungsfrei)

Nach der **Schmelztemperatur** des Lotes unterscheidet man
- *Weichlöten,* Arbeitstemperatur bis 450 °C
- *Hartlöten,* Arbeitstemperatur zwischen 450 und 1100 °C

Nach der Art der **Erwärmung** wird unterteilt in
- *Kolbenlötung* mit Lötkolben aus Kupfer
- *Flammlötung,* Erwärmung der Lötstelle mit Gasbrenner
- *Tauchlötung,* das Werkstück wird in das flüssige Lot getaucht
- *Ofenlötung,* das Werkstück wird im Gas- oder Elektroofen erwärmt (Schutzgasatmosphäre).

- *Weichlote* sind Legierungen, vorwiegend aus Blei, Zinn, Antimon (S. 360). Handelsformen: Stangen, Volldraht, Hohldraht mit Flussmittelfüllung, Pulver, Paste (Pulver mit Flussmittel).
- *Hartlote* und Legierungen meist aus Kupfer, Zink, Silber (S. 360). Handelsformen: Stäbe, Volldraht, Hohldraht, Körner und Folie.
- *Flussmittel zum Weichlöten* säurehaltig: Lötwasser, Salzsäure säurefrei: Lötfett, Kolophonium.
- *Flussmittel zum Hartlöten* vorwiegend Borax (Streuborax).

Für Aluminium-Werkstoffe sind spezielle Lote und Flussmittel erforderlich.

Flussmittel sollen
- Oxidschichten auflösen, verdrängen
- Metalloberfläche gegen den Luftsauerstoff abschirmen
- nicht mit dem Lot chemisch reagieren.

Die Festigkeit einer Lötverbindung ist bei dünner Lotschicht am größten.

Schweißverbindungen

Gasschmelzschweißen

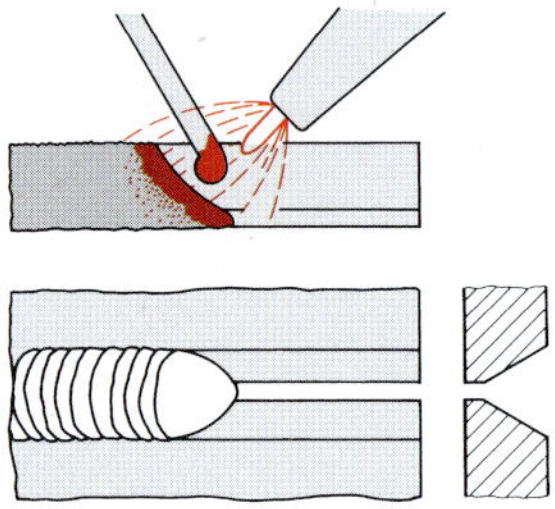

Druckminderer

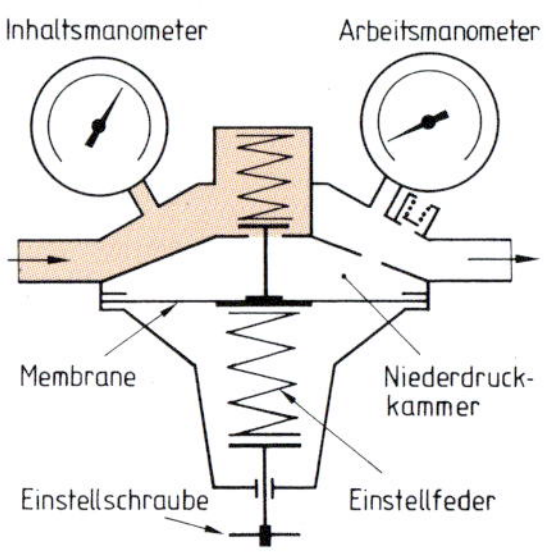

Schweißflamme

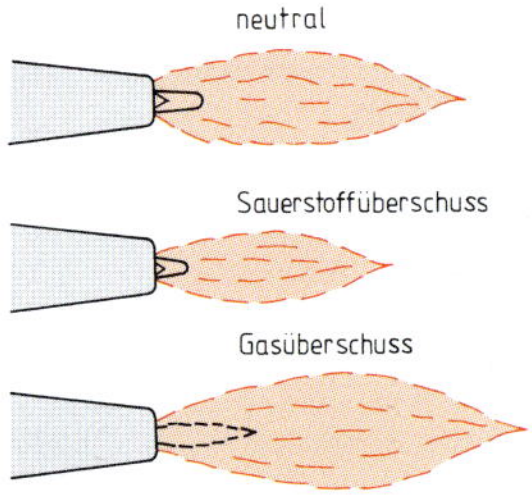

Schweißen ist das Vereinigen von Werkstoffen in flüssigem oder plastischem Zustand unter Anwendung von Wärme oder Druck oder von beidem. Die wichtigsten Verfahren sind:
- *Schmelzschweißen* mit der Unterteilung in
  - Gasschmelzschweißen (Autogenschweißen)
  - Lichtbogenschweißen, – mit Schutzgas
  - Strahlenschweißen (Elektronen-, Laserstrahl)
- *Pressschweißen* (Widerstandsschweißen) mit
  - Punktschweißen und Rollennahtschweißen
  - Abbrennstumpfschweißen.

Gasschmelzschweißen
Schweißstelle und Zusatzwerkstoff werden mit einer Gas-Sauerstoff-Flamme mittels Schweißbrenner geschmolzen. Werkstoff und Zusatzwerkstoff werden im Schmelzbad vereinigt.
- Brenngase: Acetylen, Propan, Wasserstoff

Acetylengas (Ethin) zerfällt explosionsartig bei mehr als 2 bar Überdruck, deshalb wird es im Lösungsmittel Aceton gespeichert. Die Acetylenflasche ist vollständig mit einer hochporösen Masse ausgefüllt, in der das Aceton wie in einem Schwamm enthalten ist.

Druckminderer. Der Flaschendruck wird durch den Druckminderer auf den Arbeitsdruck herabgesetzt. Das in die Niederdruckkammer einströmende Gas drückt auf eine Membrane und schließt das Ventil wieder, wenn der eingestellte Arbeitsdruck erreicht ist, bei
- Sauerstoff 2,5 bar,
- Acetylen 0,1 ... 0,5 bar.

Schweißbrenner. Im Saugbrenner (Injektorbrenner) wird das Brenngas durch den strömenden Sauerstoff angesaugt. Beide vermischen sich im Mischrohr und strömen mit 80 ... 150 m/s aus der Schweißdüse. Das Mischungsverhältnis (etwa 1 : 1) wird mit den Ventilen geregelt.

Schweißflamme. Für die Güte einer Schweißung ist die Flammeneinstellung wichtig. Es gibt:
- *Neutrale Flamme,* weißer Flammenkern, scharf begrenzt; entspricht der Normaleinstellung
- *Sauerstoffüberschuss,* kurzer, bläulicher Flammenkegel; oxidierende Schweißflamme
- *Gasüberschuss,* Flammenkegel flattert, überschüssiger Kohlenstoff; reduzierende Flamme.

Brennerführung. Vorwiegend wird unterschieden zwischen
- *Nachlinksschweißung* bei Werkstoffdicke bis zu 3 mm; Reihenfolge Fluss, Flamme, Stab und
- *Nachrechtsschweißung* bei Werkstoffdicke ab 3 mm; Reihenfolge Fluss, Stab, Flamme.

Verbrennungstemperatur der Brenngase
Mittelwerte:

Acetylen	3200 °C
Propan	2750 °C
Wasserstoff	2100 °C

Gasflaschen (vgl. S. 398).
- *Propan- und Wasserstoffflasche,* Farbe rot, Linksgewinde 21,8 × 1/14
- *Acetylengasflasche,* Farbe kastanienbraun (alt: gelb). Anschluss durch Spannbügel. Inhalt der Normalflasche 40 l, Fülldruck 18 bar, Acetonfüllung 13 l.

1 l Aceton löst bei 1 bar Überdruck 25 l Acetylen, somit Gasinhalt
= 13 l · 25 l/bar · 18 bar = 5850 l.

- *Sauerstoffflasche,* Farbe weiß (alt: blau), Ventilanschluss R 3/4 Rechtsgewinde. Inhalt 40 l (oder 50 l). Fülldruck 200 bar, Sauerstoffinhalt der Flasche = 40 l /bar · 200 bar = 8000 l.

Armaturen müssen bei Sauerstoffflaschen öl- und fettfrei sein wegen Explosionsgefahr.

Inbetriebnahme von Schweißgeräten
1. Flaschenventil langsam öffnen
2. Brennerventil „Sauerstoff" öffnen
3. Brennerventil „Gas" öffnen
4. Druck am Druckminderer einstellen
5. Schweißflamme einstellen

Bei Beendigung der Schweißarbeit sollen nach dem Schließen der Flaschenventile die Brennerventile geöffnet werden um Schläuche und Druckminderer zu entlasten.

Schweißflamme
- *Reduzierende Schweißflammen* führen bei Stahl zur Aufkohlung der Schweißnaht, die dadurch hart und spröde wird, nur geeignet für Gusseisen, Leichtmetall.
- *Oxidierende Schweißflammen* bewirken bei Stahl Verbrennung und Schlackeneinschlüsse; nur geeignet beim Schweißen von Messing.

Lichtbogenschweißen

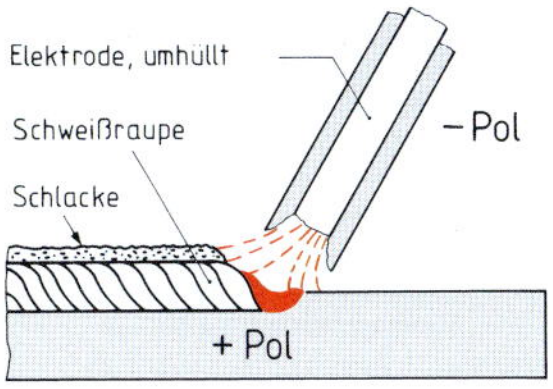

Blaswirkung

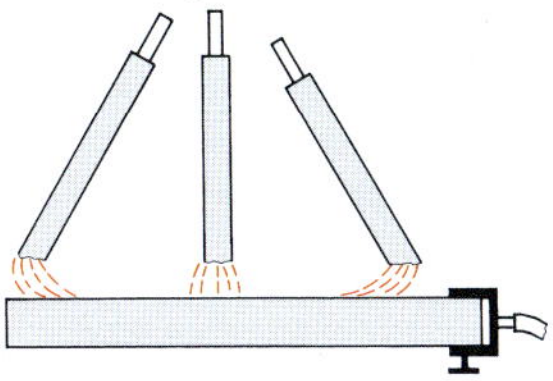

Schweißvorgang. Der Lichtbogen wird zwischen Schweißelektrode und Werkstück gezogen. Er besteht aus einer elektrisch leitend gewordenen Gasstrecke von sehr hoher Temperatur:

- am Pluspol 4200 °C, am Minuspol 3600 °C
- Polung bei Gleichstrom: Elektrode minus, Werkstück plus.

Durch die hohe Temperatur schmilzt der Werkstoff rasch, wobei die abschmelzende Elektrode als Zusatzwerkstoff in das Schweißbad tropft. Der Lichtbogen soll kurz sein, damit möglichst wenig Sauerstoff und Stickstoff aus der Luft in das Schweißbad eindringen kann.

Blaswirkung ist eine unerwünschte Ablenkung des Lichtbogens infolge magnetischer Felder. Sie entsteht besonders am Anfang und am Ende der Schweißnaht. Gegenmaßnahme: Neigung der Elektrode oder Versetzen des Masseanschlusses.

Die **Elektroden** werden in der Schweißzange eingespannt. Sie sollen ähnliche Werkstoffeigenschaften wie der Grundwerkstoff haben. Die wichtigsten Arten sind:

- *Nackte Elektroden,* nur für Gleichstrom
- *Seelenelektroden* mit nichtmetallischem Kern
- *Umhüllte Elektroden* mit dünner, mittlerer oder dicker Umhüllung.

Zum Lichtbogenschweißen werden besondere Schweißstromerzeuger benötigt:

- *Schweißtransformator,* transformiert die Netzspannung (230 V, 400 V) auf die niedrige Schweißspannung und die hohe Schweißstromstärke
- *Schweißgleichrichter,* Transformator mit nachgeschaltetem Gleichrichter
- *Schweißumformer,* bestehend aus einem Elektromotor, der einen Gleichstrom-Schweißgenerator antreibt.

Zulässige Leerlaufspannung bei

Gleichstrom	max. 113 V
Wechselstrom	max. 80 V
–, innerhalb von Behältern	max. 48 V
Lichtbogenspannung	15 ... 40 V
Schweißstrom	60 ... 1000 A

Die **nichtmetallische Umhüllung** der Elektroden schmilzt ab und soll

- den Lichtbogen stabilisieren
- eine Schutzatmosphäre bilden
- dem Schmelzbad bei Bedarf Legierungsstoffe zuführen
- Schlacke auf der Schweißnaht bilden, um zu rasche Abkühlung zu verhindern.

Schutzgasschweißen

WIG

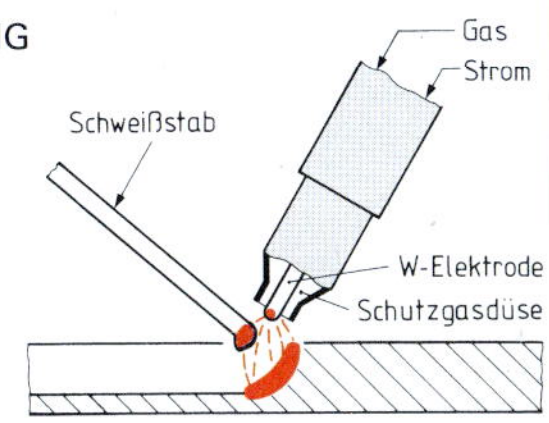

MIG, MAG

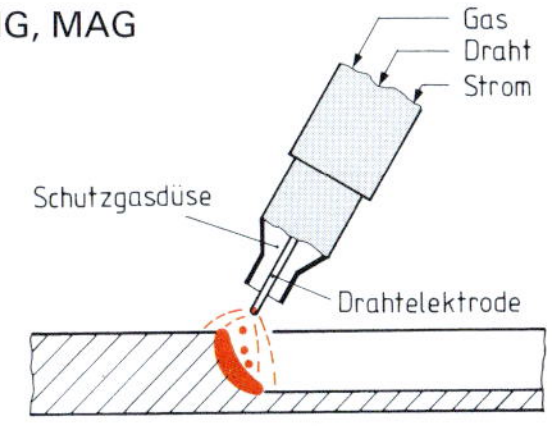

WIG-Schweißverfahren (**W**olfram-**I**nert-**G**as)
Der Lichtbogen wird zwischen einer Wolframelektrode und dem Werkstück gezogen. Als Schutzgas wird das chemisch träge (inerte) Edelgas Argon verwendet. Der Zusatzwerkstoff wird wie beim Gasschmelzschweißen durch einen Stab zugeführt. Geschweißt wird mit

- *Gleichstrom:* Stahl und NE-Metalle
- *Wechselstrom:* Leichtmetalle und Leichtmetalllegierungen (ohne Flussmittel).

MIG-Schweißverfahren (**M**etall-**I**nert-**G**as)
Der Lichtbogen brennt zwischen einer abschmelzenden Drahtelektrode (0,6 ... 2,4 mm dick) und dem Werkstück. Als Schutzgas wird Argon verwendet. Die Drahtelektrode wird durch einen Schlauch mittels Vorschubgerät dem Brenner kontinuierlich zugeführt. Der Schweißgleichstrom wird kurz vor der Schweißstelle an die Drahtelektrode herangeführt.

MAG-Schweißverfahren (**M**etall-**A**ktiv-**G**as)
Entspricht im Aufbau dem MIG-Verfahren. Als Schutzgas werden aktive Gase wie Kohlendioxid (CO_2) oder Mischgase aus Argon mit O_2, mit CO_2 oder mit O_2 und CO_2 verwendet.

- Beim Schutzgasschweißen sind Lichtbogen, Elektrode und Schmelzbad in eine Schutzgasatmosphäre eingehüllt. Als Schutzgase werden reaktionsträge (inerte) oder aktive Gase verwendet.

Merkmale der Schutzgasschweißung:

- Sauerstoff und Stickstoff der Luft dringen nicht in das Schmelzbad ein
- keine Legierungsstoffe verbrennen
- keine Flussmittel erforderlich, z. B. bei Leichtmetallschweißung
- keine Schlacke muss entfernt werden
- hohe Schweißgeschwindigkeit und wenig Verziehen der Werkstücke

MIG-Schweißverfahren werden zum Schweißen legierter Stähle, NE-Metallen sowie Leichtmetallen und Leichtmetalllegierungen angewendet.

Das **MAG**-Schweißen ist eine Weiterentwicklung des MIG-Verfahrens. Es wird im Karosseriebau und in Kfz-Instandsetzungsbetrieben angewendet, zum Schweißen von Karosserieblechen.

Widerstandsschweißen

Punktschweißen

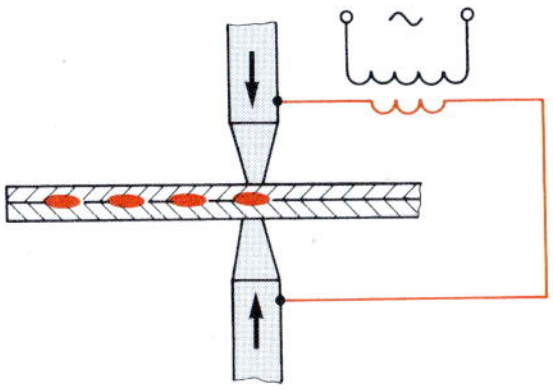

Rollennahtschweißen

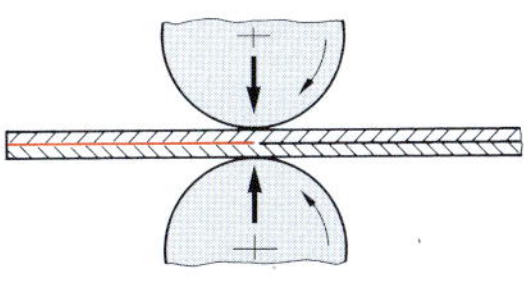

Abbrennstumpfschweißen

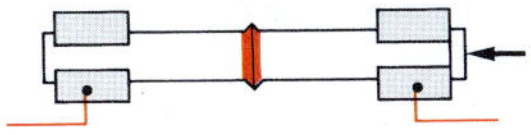

Punktschweißen
Die zu verschweißenden Bleche werden zwischen zwei gekühlte stiftförmige Kupferelektroden zusammengepresst, während des Pressens fließt der Strom von der einen Elektrode durch die Bleche zur anderen Elektrode. Dabei entsteht ein linsenförmiger Schweißpunkt.
Im Karosseriebau werden Punktschweißzangen und bewegliche Punktschweißzangen verwendet.

Rollennahtschweißen
Die zu verschweißenden Bleche laufen zwischen zwei Rollenelektroden, von denen eine angetrieben wird. Die Schweißpunkte entstehen beim Durchlauf der Bleche durch Stromimpulse in den Rollenelektroden.

Abbrennstumpfschweißen
Die zu verschweißenden Werkstücke werden an der Stirnfläche unter leichter Pressung zusammengefügt. Durch den Stromübergang erhitzt sich der Werkstoff an der Berührungsstelle und brennt teilweise ab. Nach Erreichen der Schweißhitze werden die Werkstücke zusammengepresst. Mit diesem Verfahren können z. B. zwei Ganzstahl-Karosseriehälften in einem Arbeitsgang verschweißt werden.

- An der Berührungsstelle zwischen den Blechen entsteht durch den Übergangswiderstand eine große Stromwärme, die den Werkstoff an der Oberfläche anschmilzt.
  Pressung, Stromstärke und Schweißzeit müssen aufeinander abgestimmt sein.
- Weit auseinander liegende Schweißpunkte ergeben eine Heftnaht, während eng gesetzte Schweißpunkte eine Dichtnaht ermöglichen, z. B. für Schalldämpferrohre, Kraftstofftanks.

Gefahren, Unfallverhütung
Gefahren beim Schweißen entstehen:

- beim Umgang mit gespeicherten Gasen
- durch entstehende Gase und Schweißrauch
- durch Strahlung und Verbrennung
- durch die elektrische Spannung

Kennzahlen für Schweiß- und Lötverfahren (Auswahl)

Kennzahl	Verfahren	Kennzahl	Verfahren	Kennzahl	Verfahren
1	Lichtbogenschweißen	**14**	Wolfram-Schutzgasschweißen	**91**	Hartlöten
111	Lichtbogenhandschweißen	141	– Inertgasschweißen (WIG)	912	Flammhartlöten
113	– mit Nacktdrahtelektrode	149	– Wasserstoffschweißen (WHG)	913	Ofenhartlöten
114	– mit Fülldrahtelektrode	151	Plasma-MIG-Schweißen	914	Lotbadhartlöten
115	– mit Netzmantelelektrode	**2**	Widerstandsschweißen	**94**	Weichlöten
13	Metall-Schutzgasschweißen	21	– Punktschweißen	942	Flammweichlöten
131	– Inertgasschweißen (MIG)	22	– Rollennahtschweißen	943	Ofenweichlöten
135	– Aktivgasschweißen (MAG)	**3**	Gasschmelzschweißen	944	Lotbadweichlöten
136	– mit Fülldrahtelektrode	311	– mit Sauerstoff/Acetylen	952	Kolbenweichlöten

Schutzgase zum Schweißen (Auswahl)

vgl. DIN EN ISO 14175

Gruppe R	R1: 100 % Ar oder He[1]), H_2 bis 15 % R2: 100 % Ar oder He[1]), H_2 15 … 35 %	Reduktionsgas zum WIG oder Plasmaschweißen, Wurzelschutz für hochlegierte Stähle, Ni und Ni-Legierungen
Gruppe I	I1: 100 % Ar I2: 100 % He I3: He bis 95 %, Rest Ar	Inertgas (neutral) zum MIG-, WIG-, Plasmaschweißen; für Al und Cu, unlegiert und legiert; I1 für Ti und Mg
Gruppe M1	M11: $CO_2 \leq 5\,\%$, He ≤ 5 %, Rest Ar oder He[1]) M12: CO_2 3 … 10 %, Rest Ar oder He[1]) M13: $CO_2 \leq 5\,\%$, O_2 3 … 10 %, Rest Ar oder He[1])	Mischgas, schwach oxidierend, zum MAG-Schweißen; für Cr Ni-hoch- bis mittellegierte Stähle, speziell rost- und säurebeständig
Gruppe M2	M21: CO_2 5 … 25 %, Rest Ar oder He[1]) M22: O_2 3 … 10 %, Rest Ar oder He[1]) M23: $CO_2 \leq 5\,\%$, O_2 3 … 10 %, Rest Ar oder He[1])	Mischgas, schwach oxidierend, zum MAG-Schweißen; für mittel- bis niedriglegierte Stähle
Gruppe M3	M31: CO_2 25 … 50 %, Rest Ar oder He[1]) M32: O_2 10 … 15 %, Rest Ar oder He[1]) M33: CO_2 5 … 50 %, O_2 8 … 15 %, Rest Ar oder He[1])	Mischgas, schwach oxidierend, zum MAG-Schweißen; für niedrig- und unlegierte Stähle; speziell Grobbleche
Gruppe C	C1: CO_2 100 % C2: $O_2 \leq 30\,\%$, Rest CO_2	Kohlendioxid, stark oxidierend; für unlegierte Stähle
Gruppe F	F1: N_2 100 % F2: $H_2 \leq 50\,\%$, Rest N_2	Formiergas, reaktionsträge, oxidierend; für Wurzelschutz, austenitische Stähle

[1]) Argon (Ar) kann durch Helium (He) bis 95 % ersetzt werden, der Heliumanteil wird dann in Klammern angegeben.

Druckgasflaschen

vgl. DIN EN 1089-3

Füllgas	Kennfarbe	Anschluss-gewinde	Volumen in l (Masse in kg)	Fülldruck in bar[1])	Technische Hinweise
Sauerstoff O_2	weiß	R 3/4	10; 40; 50	200 (300)	Öl und Fett an den Armaturen verboten, Explosionsgefahr!
Acetylen C_2H_2	kastanienbraun	Spannbügel	10; 40; 50	≈ 18	Flasche ist mit poröser Masse gefüllt. Das Gas ist in Aceton gelöst. (Dissousgas)
Wasserstoff H_2	rot	W21, 8 × 1/14 LH	10; 50	200 (300)	LH (Left Hand) Linksgewinde bei allen Flaschenventilen für brennbare Gase
Propan C_3H_8	keine Vorschrift empfohlen rot	W21, 8 × 1/14 LH	10; 50 (4,25; 21)	–	in verflüssigter Form in der Flasche. Naturkautschuk wird angegriffen.
Kohlendioxid CO_2	grau	W21,8 × 1/14	13; 26; 39 (10; 20; 30)	≈ 60	in verflüssigter Form in der Flasche. 10 kg ≈ 5 400 l Kohlendioxid
Stickstoff N_2	schwarz	W24, 32 × 1/14	10; 40; 50	200 (300)	Reaktionsträges Gas, zu etwa 78 % in der Luft enthalten.
Argon Ar	dunkelgrün	W21, 8 × 1/14	10; 20; 50	200 (300)	Edelgas, Inertgas für das Schutzgasschweißen
Helium He	braun	W21, 8 × 1/14	10; 20; 50	200 (300)	Edelgas, Inertgas, kann beim Schutzgasschweißen Argon ersetzen.

[1]) Fülldruck 300 bar: andere Flaschenabmessungen, Anschlussgewinde W 30 × 2 (LH bei H_2), spezielle Druckminderer.

Farbkennzeichnung nach DIN EN 1089-3
Beispiel: Sauerstoff

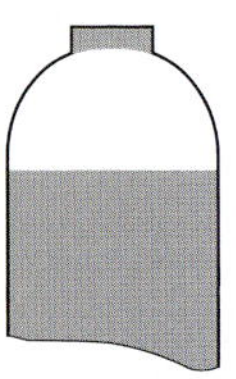

Gefahrengutaufkleber z. B. Sauerstoff

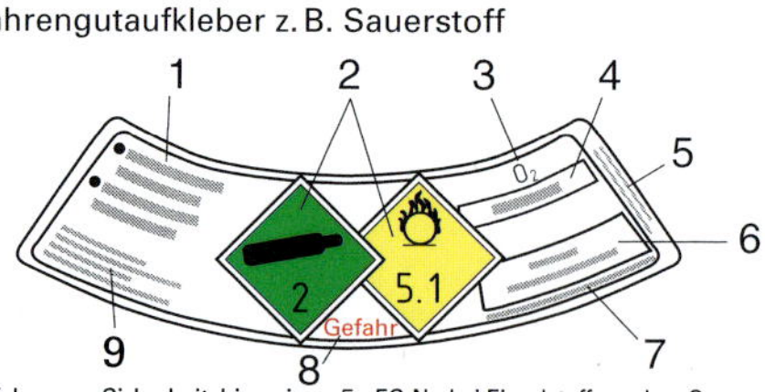

1 Gefahren- u. Sicherheitshinweise
2 Gefahrzettel
3 Zusammensetzung des Gases bzw. des Gasgemisches
4 Produktbezeichnung des Herstellers
5 EG-Nr. bei Einzelstoffen oder „Gasgemisch"
6 UN-Nr. und Gasbenennung nach GGVS
7 Herstellerhinweis
8 Signalwort
9 Name, Anschrift und Tel. des Herstellers

Die verbindliche Kennzeichnung des Inhalts von Gasflaschen erfolgt auf dem Gefahrgutaufkleber (vgl. S. 100).

Die Farbkennzeichnung von Gasflaschen nach DIN EN 1089-3 liefert eine zusätzliche Information über die Eigenschaften des Gasinhalts. Die Farbkennzeichnung erfolgt auf der Flaschenschulter. Für gebräuchliche Gase sind spezielle Farben festgelegt (siehe Tabelle oben).

Die Farbe des zylindrischen Flaschenkörpers ist in der Norm nicht festgelegt, sie ist meistens grau.

Radial-, Axiallager

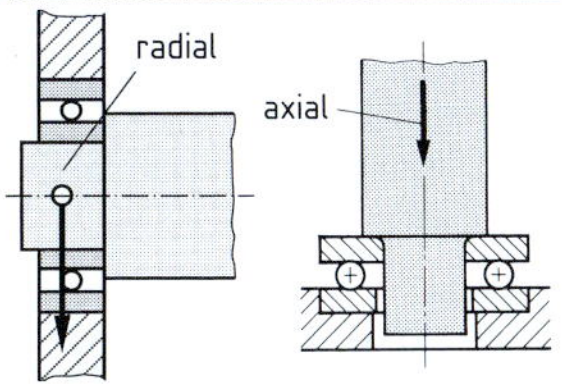

Aufgaben der Lager
- Führen und Stützen von Wellen und Achsen
- Aufnehmen und Übertragen von Kräften bei möglichst wenig Reibungsverlusten.

Je nach Richtung der Kräfte, die auf ein Lager wirken unterscheidet man
- *Radiallager* (Querlager, Traglager), die Kräfte quer zur Bohrungsachse aufnehmen und
- *Axiallager* (Längslager, Spurlager), die Kräfte in Richtung der Achse aufnehmen.

Für beide gibt es Gleit- und Wälzlager.

Erläuterungen
- *Wellen* sind Maschinenteile, die mechanische Arbeit durch Drehbewegung übertragen. Der Teil der Welle, der vom Lager umschlossen ist, wird mit Zapfen bezeichnet
- *Achsen* (Achszapfen) dienen zum Tragen sich drehender Maschinenteile (Räder). Sie übertragen keine mechanische Arbeit und sind vorwiegend auf Biegung beansprucht.

Wälzlager

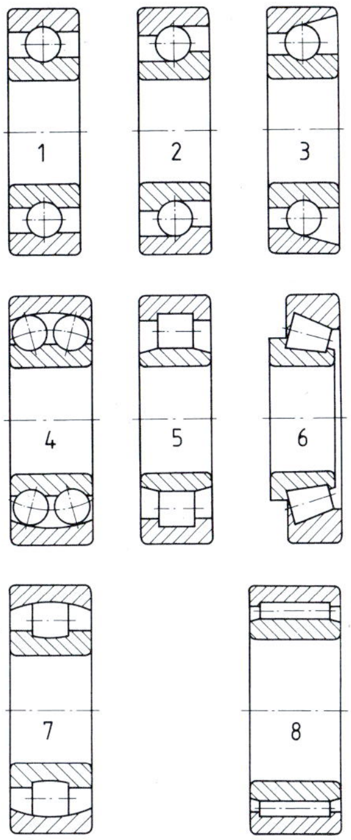

Wälzlager
In der einfachsten Ausführung besteht ein Wälzlager aus
- dem inneren Laufring mit Laufbahn
- dem äußeren Laufring mit Laufbahn
- den Wälzkörpern (Kugeln, Rollen) und
- dem Wälzkörperkäfig, der die Wälzkörper in einem bestimmten Abstand voneinander hält.

Nach der Grundform der Wälzkörper unterscheidet man zwei Hauptgruppen:
- *Kugellager,* bei denen die Lagerkräfte theoretisch nur in einem Punkt übertragen werden
- *Rollenlager,* bei denen die Lagerkräfte längs einer Linie übertragen werden.

Bauformen
(1) *Rillenkugellager,* meist verwendetes Wälzlager (ein- oder zweireihig), geeignet für radiale Kräfte und kleine axiale Belastungen; Drehzahlen bis etwa 10 000/min.
(2) *Schrägkugellager,* kann radiale und axiale Kräfte aufnehmen; bei paarweisem Einbau axiale Kräfte in beiden Richtungen.
(3) *Schulterkugellager,* radial und axial belastbar; bei paarweisem Einbau in beiden Richtungen axial belastbar.
(4) *Pendelkugellager* (nur zweireihig), radial und axial belastbar, kann Fluchtfehler und Wellendurchbiegungen ausgleichen.
(5) *Zylinderrollenlager,* hohe radiale Tragfähigkeit, zerlegbar; Außen- und Innenring können getrennt montiert werden.
(6) *Kegelrollenlager,* für große axiale und radiale Kräfte, paarweiser Einbau.
(7) *Tonnenlager,* unempfindlich gegen Fluchtfehler und Wellendurchbiegungen.
(8) *Nadellager,* kleiner Außendurchmesser, kann ohne Laufringe zwischen Welle und Lagergehäuse eingebaut werden.

Vorteile der Wälzlager
- geringe Reibungsverluste, Reibungszahl nur 0,001 ... 0,002
- wenig Wartung erforderlich, geeignet für Dauerschmierung (Fett)
- kleine Einbaubreite, genormte Größen, leicht austauschbar
- hohe Genauigkeit

Nachteile
- empfindlich gegen stoßartige Belastung und gegen Schmutz
- Einbaudurchmesser größer als bei Gleitlagern
- Laufgeräusch höher

Werkstoffe
Laufringe und Wälzkörper aus chromlegiertem Sonderstahl, gehärtet und geschliffen, Laufbahnen und Wälzkörper sind poliert.
Käfig aus Stahl-, Messing-, Aluminiumblech oder Kunststoff.

Einbau
Die Fügekraft darf nicht von einem Laufring über die Wälzkörper auf den anderen Laufring übertragen werden, das Lager wird dadurch zerstört. Bei Presspassung wird das Lager bzw. das Gehäuse im Ölbad oder mittels Heizplatte auf etwa 80 °C angewärmt. Zum Einpressen sind Presshülsen zu verwenden, die je nach Einbau auf den Außenring, den Innenring oder beide Ringe gleichzeitig drücken.

Schmierung
Meist Dauerschmierung, d. h. einmalige Schmierung für die gesamte Lebensdauer. Beim Lagertausch nur Wälzlagerfett verwenden.
Weitere Schmierungsarten: Ölnebelschmierung, Ölumlaufschmierung.

Radial-Wellendichtringe

Aufbau

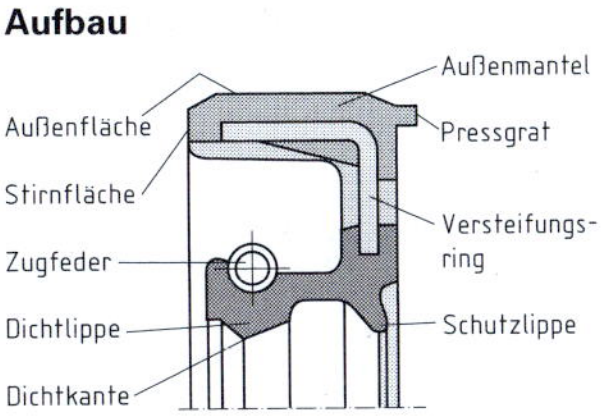

Aufgabe
Wellendichtringe verhindern das Eindringen von Schmutz und das Austreten von Schmier- und Betriebsstoffen an drehenden Bauteilen.

Funktionsweise
Am Außenmantel erfolgt die Abdichtung durch eine Übermaßpassung (Presssitz).
Die Dichtkante an der Dichtlippe wird durch eine ringförmige Zugfeder (Schlauchfeder) und den Innendruck im Gehäuse an die Dichtfläche der Welle gepresst. Die Schutzlippe hält Schmutz von der Dichtfläche ab.

Bei sich drehender Welle entsteht an der Dichtlippe infolge hydrodynamischer Schmierung ein Dichtspalt von ca. 1 µm, durch diesen Spalt tritt geringfügig Öl aus und schmiert die Dichtkante.

Geeignetes Fett zwischen Schutzlippe und Dichtfläche verringert den Verschleiß und verhindert Korrosion der Welle.

Bauformen

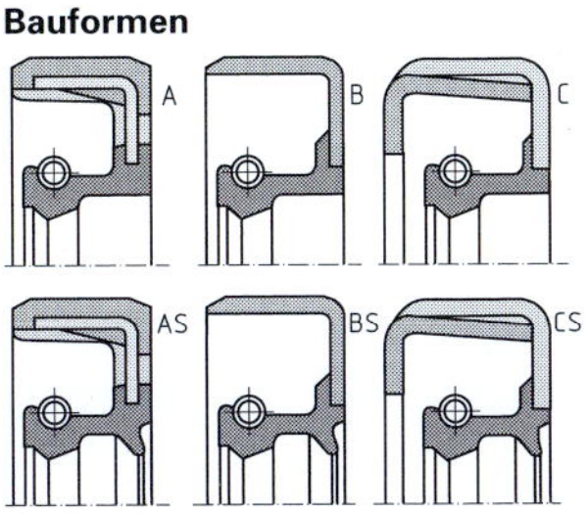

Bauform A, AS
Der Außenmantel ist aus einem Elastomer-Werkstoff, die Außenfläche ist glatt oder rilliert.

Bauform B, BS
Metallisch glatte Außenfläche

Bauform C, CS
Metallisch glatte Außenfläche mit einer Kappe an der Stirnseite

Einbau der Dichtringe
Der Wellendichtring wird mit der offenen Seite zum abzudichtenden Medium montiert.
Bei Dichtringen mit einer Drall-Profilierung der Dichtkante ist auf die Drehrichtung der Welle zu achten.
Das Einpressen des Dichtrings erfolgt mithilfe eines Pressringes.
Um eine Beschädigung der Dichtkante beim Einschieben der Welle zu vermeiden, muss das Wellenende gratfrei sein und eingeölt oder gefettet werden.

Spanende Formung

Bewegungen zwischen Werkstück und Werkzeugschneide

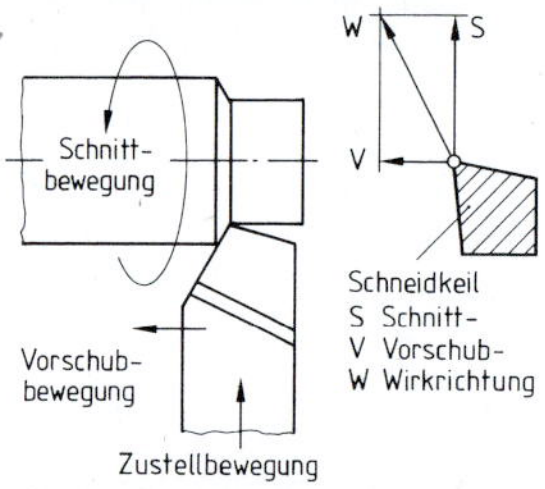

Art der Bewegung

Schnittbewegung: Bewegung, durch die bei einer Umdrehung oder einem Hub eine einmalige Spanabnahme durch das Werkzeug bewirkt wird.

Vorschubbewegung: Bewegung, die eine mehrmalige oder stetige Spanabnahme während mehrerer Umdrehungen oder Hüben bewirkt.

Anstellbewegung: Bewegung, mit der das Werkzeug vor dem Zerspanen an das Werkstück herangeführt wird.

Zustellbewegung: Bewegung, welche die Dicke der abzunehmenden Schicht vor der Spanabnahme bestimmt.

Wirkbewegung: Resultierende Bewegung aus Schnitt- und Vorschubbewegung.

Richtung

Schnittrichtung: Momentane Richtung der Schnittbewegung.

Vorschubrichtung: Momentane Richtung der Vorschubbewegung.

Wirkrichtung: Momentane Richtung der Wirkbewegung.

Geschwindigkeit

Schnittgeschwindigkeit: Geschwindigkeit des Schneidenpunktes in Schnittrichtung oder Geschwindigkeit mit der die Spanabnahme erfolgt.

Vorschubgeschwindigkeit: Geschwindigkeit des Werkzeugs in Vorschubrichtung

Schneidkeil

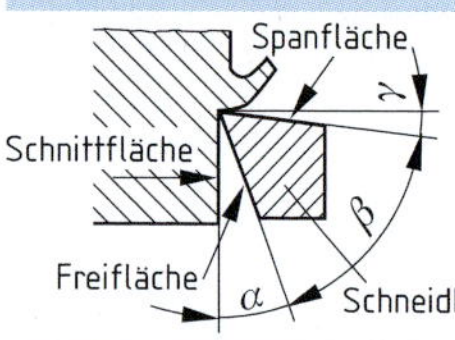

Begriff, Flächen

Schneidkeil: Ein durch Spanfläche und Freifläche gebildeter Keil am Schneidenteil des Werkzeugs. Der Schneidkeil dringt in den Werkstoff ein.

Spanfläche: Fläche am Schneidkeil, auf welcher der Span abläuft.

Freifläche: Fläche am Schneidkeil, die der entstehenden Schnittfläche zugewandt ist.

Winkel

Freiwinkel α: Winkel zwischen der Freifläche und der Schneidebene.

Keilwinkel β: Winkel des Schneidkeils zwischen Span- und Freifläche.

Spanwinkel γ: Winkel zwischen Spanfläche und Bezugsebene des Werkzeugs.
Spanwinkel positiv: $\alpha + \beta + \gamma = 90°$
Spanwinkel negativ: $\alpha + \beta - \gamma = 90°$

Bohren

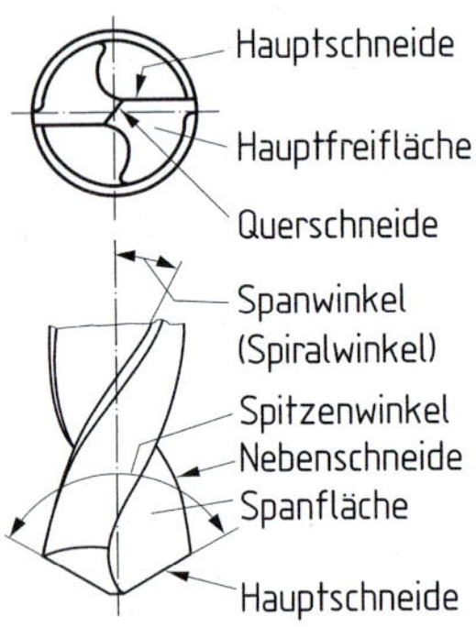

Winkel am Spiralbohrer (Wendelbohrer)

Bohrertyp	Zu bearbeitender Werkstoff	Spitzenwinkel	Spanwinkel
N	normale Festigkeit und Härte	118°	16…30°
H	harte, zähharte Werkstoffe	118°	10…30°
W	weiche, zähe Werkstoffe	130°	35…40°

Richtwerte für das Bohren mit Spiralbohrern aus Schnellarbeitsstahl (HSS)

Zu bearbeitender Werkstoff	Bohrertyp	Schnittgeschwindigkeit v_c in m/min [1]	Kühlschmierstoff
Baustähle (R_m < 700 N/mm²)	N	30…35	Kühlschmier-Emulsion
Legierte Stähle (R_m > 700 N/mm²)	N	20…25	
Gusseisen	N	15…25	trocken (Druckluft)
CuZn-Legierung spröde	H	60…100	trocken (Druckluft)
Kupfer, Aluminium	W	32…40	Kühlschmier-Emulsion
Thermoplaste	N	32…35	trocken
Duroplaste	N	16…20	trocken (Druckluft)
Magnesium-Legierung	W	80…160	trocken

[1]) Graphische Ermittlung der Bohrerdrehzahl siehe Drehzahldiagramm S. 401

Drehen

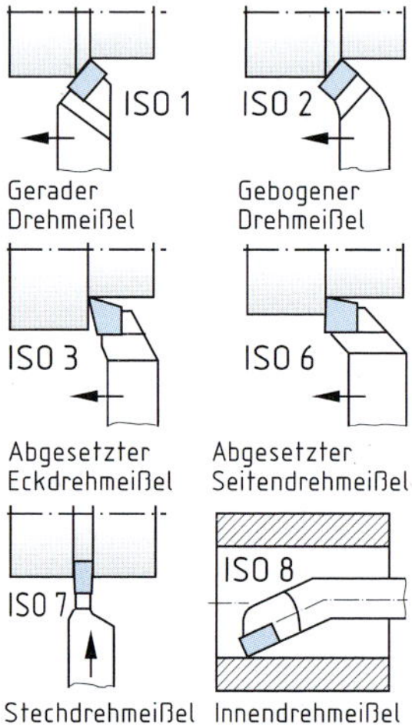

Richtwerte für Winkel am Drehmeißel

Zu bearbeitender Werkstoff	Schnellarbeitsstahl-Drehmeißel			Hartmetall-Drehmeißel	
	α	β	γ	α	β
Stahl und GG bis 500 N/mm²	8°	62°	20°	4…6°	65°
Stahl und GG über 500 N/mm² CuZn-Legierungen	8°	70…74°	12…8°	2…6°	75…80°
Aluminium, Weichmetalle	10°	40°	40°	8…12°	45…50°

Richtwerte für das Drehen (bei mittlerer Bearbeitung)

Zu bearbeitender Werkstoff		Schnittgeschw. v_c in m/min [1] HSS	Hartmetall
Unlegierte Stähle	R_m < 700 N/mm²	50	240
	R_m > 700 N/mm²	50	180
Legierte Stähle		30	130
Gusseisen		25	130
CuZn-Legierungen		120	350
Aluminium-Legierungen		150	400
Duroplaste		150	400
Thermoplaste		200	400
Magnesium-Legierung		150	600

Zustellung in mm
Schruppen 2…4
Schlichten 0,5…1,5

Vorschub in mm
Schruppen 0,2…0,4
Schlichten 0,08…0,1

[1]) Grafische Ermittlung der Werkstückdrehzahl siehe Drehzahldiagramm S. 401

Drehzahldiagramm in logarithmischer Darstellung zur Bestimmung der Drehzahl in Abhängigkeit vom Durchmesser *d* des Werkzeugs (Bohren, Sägen, Fräsen) oder Werkstücks (Drehen) und der möglichen Schnittgeschwindigkeit v_c.

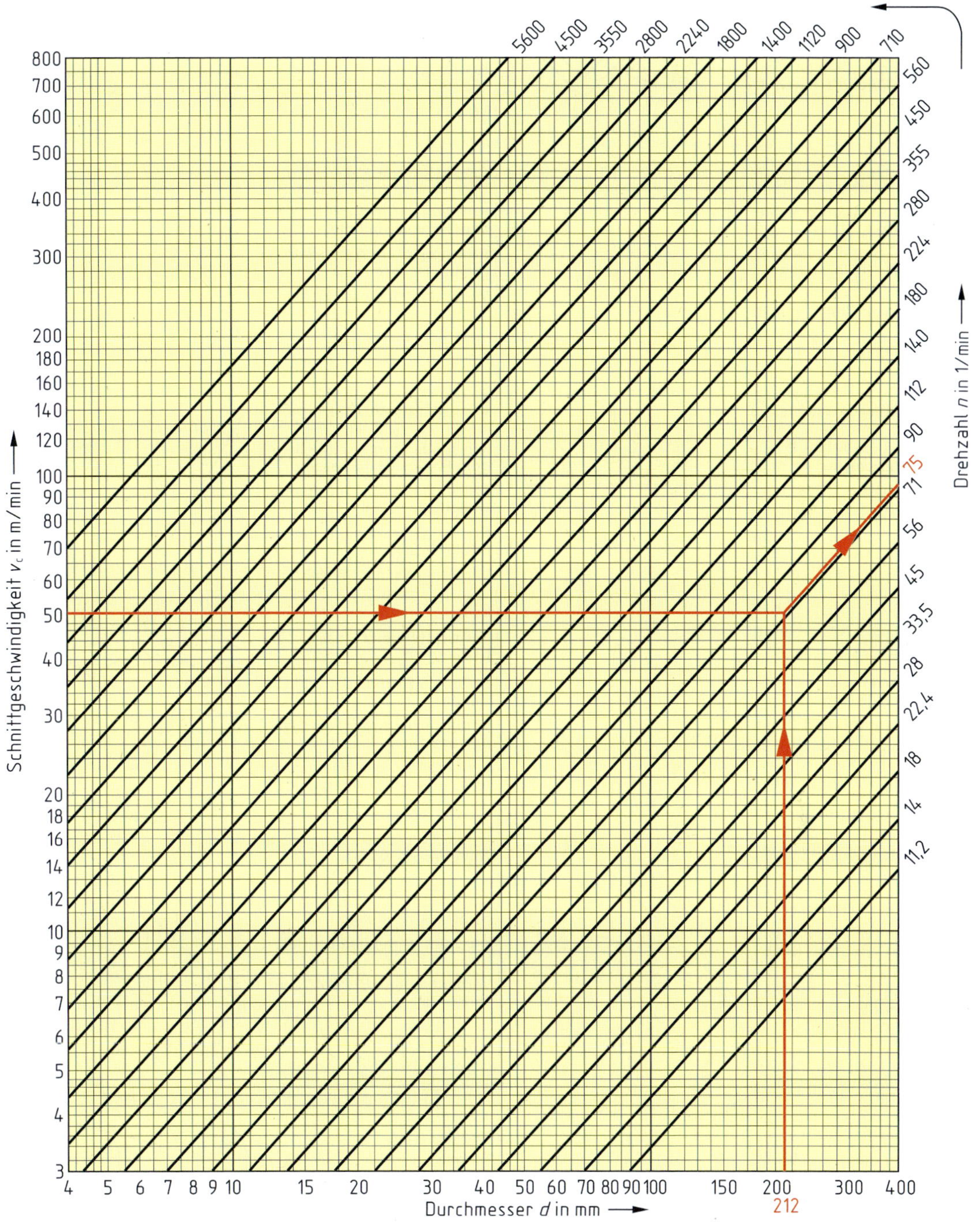

Ablesebeispiel: d = 212 mm; v_c = 50 m/min; n = ? Abgelesen: $\boldsymbol{n}$ **= 75 1/min**

Geometrische Grundkonstruktionen

Parallele ziehen

Zeichendreieck an Gerade g anlegen

Zweites Zeichendreieck an das erste anlegen

Erstes Zeichendreieck verschieben, Parallele durch A ziehen

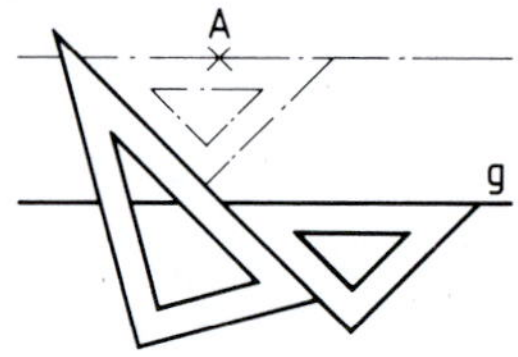

Strecke teilen

Strahl von A aus unter beliebigem Winkel ziehen

Auf dem Strahl beliebige aber gleiche Teile abtragen, z. B. 5

Endpunkt von Teil 5 mit B verbinden

Parallelen ziehen

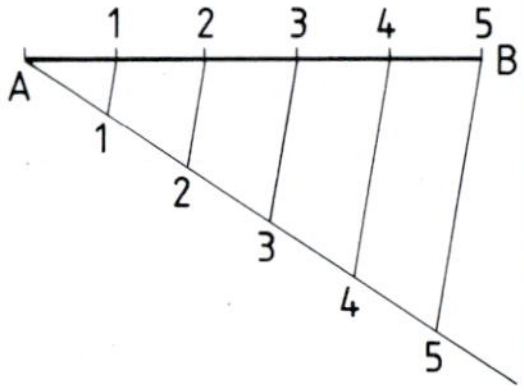

Mittelsenkrechte errichten

Kreisbogen um A und B mit Radius (Halbmesser) *r*

Verbindungslinie CD ist Mittelsenkrechte

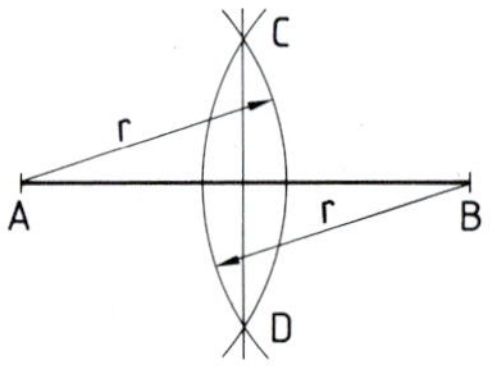

Lot fällen

Kreisbogen um A mit beliebigem Radius (Halbmesser) *r*

Kreisbogen um B und C mit beliebigem Radius (Halbmesser) r_1

Verbindung AD ist das Lot

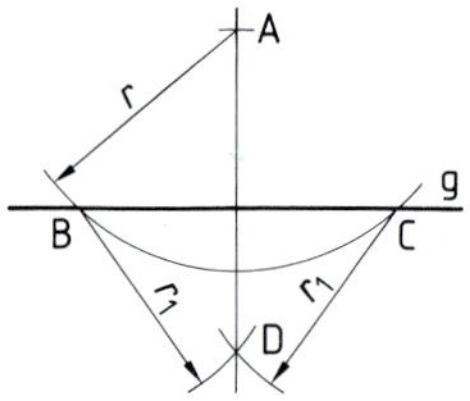

Winkel halbieren

Kreisbogen um S mit beliebigem Radius (Halbmesser) *r*

Kreisbogen um A und B mit beliebigem Radius (Halbmesser) r_1

Verbindung SC ist die Winkelhalbierende

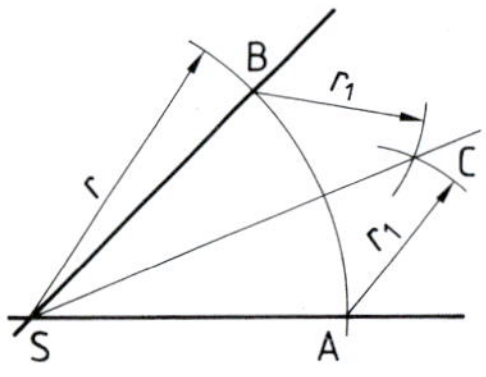

Rechten Winkel dreiteilen

Kreisbogen um S mit beliebigem Radius (Halbmesser) *r*

Kreisbogen um A und B mit gleichem Radius (Halbmesser) *r*

Verbindungen SC und SD sind Teilungslinien

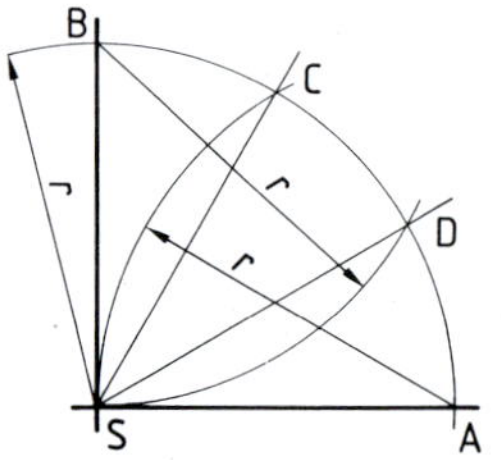

Winkel 30° mit Zirkel

Kreisbogen um S mit beliebigem Radius (Halbmesser) *r*

Kreisbogen um A mit Radius (Halbmesser) *r*

Kreisbogen um B mit Radius (Halbmesser) *r*

Verbindungslinie SD ziehen

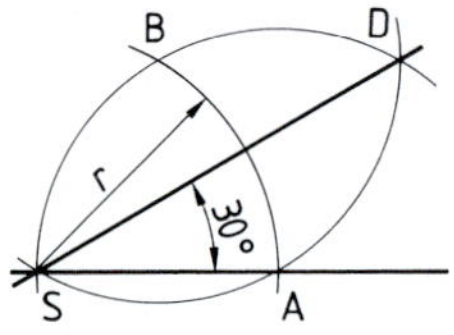

Winkel 60° mit Zirkel

Kreisbogen um S mit beliebigem Radius (Halbmesser) *r*

Kreisbogen um A mit Radius (Halbmesser) *r*

Verbindungslinie SB ziehen

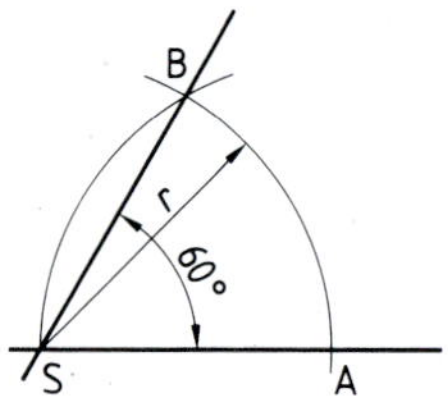

Winkel 120° mit Zirkel

Kreisbogen um S mit beliebigem Radius (Halbmesser) *r*

Kreisbogen um A mit Radius (Halbmesser) *r*

Kreisbogen um B mit Radius (Halbmesser) *r*

Verbindungslinie SC ziehen

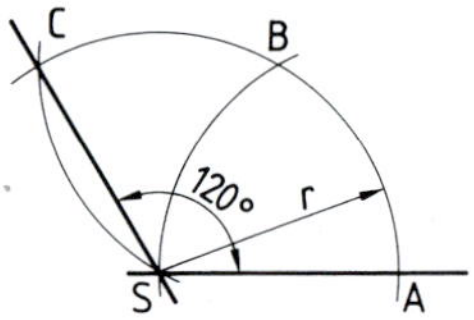

Kreismittelpunkt bestimmen

Beliebige Sehnen AB und CD ziehen

Mittelsenkrechte auf den Sehnen errichten

Schnittpunkt der Mittelsenkrechten ist Kreismittelpunkt M

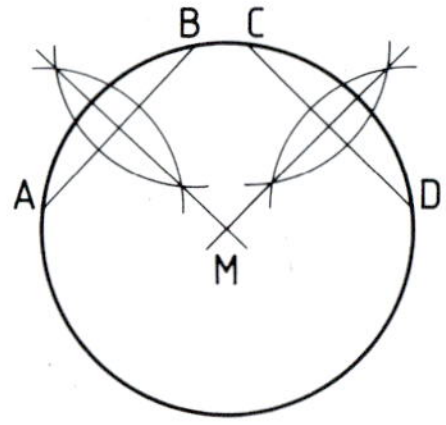

Tangente an Kreis

Verbindung AM ziehen

Strecke $\overline{AM}$ halbieren

Kreis um M′ mit Radius (Halbmesser) $r = \overline{AM}/2$

Verbindungen AB und AC sind Tangenten

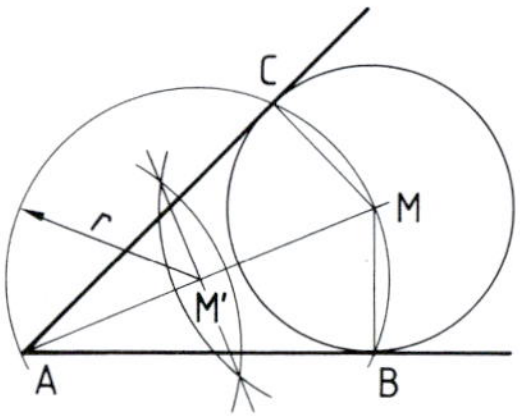

Tangente an 2 Kreise

Kreis um M_1 mit Radius (Halbmesser) $r_1 - r_2$

Tangenten M_2A und M_2B zeichnen

Verlängerungen M_1A und M_1B ergeben Berührungspunkte A′ und B′

Parallelen zu M_2A und M_2B durch A′ und B′ ziehen

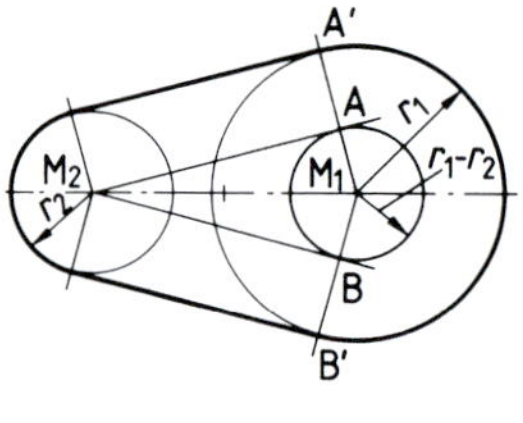

Schriftform B

vgl. DIN EN ISO 3098

abcdefghijklmnopqrstuvwxyzßäöü
ABCDEFGHIJKLMNOPQRSTUVWXYZ
ÄÖÜIVX1234567890[(&?!:;''-=+±×√%)]

abcdefghijklmnopqrstuvwxyzßäöü
ABCDEFGHIJKLMNOPQRSTUVWXYZ
ÄÖÜIVX123456789[(&?!:;''-=+±×√%)]

Höhe der Großbuchstaben = Nenngröße der Schrift = *h*	= 10/10 *h*	Linienbreite der Schriftzeichen	= 1/10 *h*
Höhe der Kleinbuchstaben (ohne Ober- oder Unterlängen)	= 7/10 *h*	Neigung der kursiven Schrift	= 15°
Mindestabstand zwischen den Grundlinien der Schrift	= 14/10 *h*	Nenngrößen *h* in mm 2,5 3,5 5 7 10 14 20	

Griechische Schrift (schräge Schrift)

vgl. DIN ISO 3098

αA	βB	γΓ	δΔ	εE	ζZ	ηH	ϑΘ	ιI	κK	λΛ	μM
Alpha	Beta	Gamma	Delta	Epsilon	Zeta	Eta	Theta	Jota	Kappa	Lambda	My
νN	ξΞ	oO	πΠ	ρP	σΣ	τT	υY	φΦ	χX	ψΨ	ωΩ
Ny	Ksi	Omikron	Pi	Rho	Sigma	Tau	Ypsilon	Phi	Chi	Psi	Omega

Linien	Liniengruppen und -breiten in mm					Anwendung, Beispiele vgl. DIN ISO 128
Volllinie breit	1,0	0,7	0,5	0,35	0,25	Sichtbare Kanten und Umrisse; Gewindespitzen; Grenze der nutzbaren Gewindelänge.
Volllinie schmal	0,5	0,35	0,25	0,18	0,13	Lichtkanten; Maß- und Maßhilfslinien; Hinweislinien; Schraffuren; Gewindegrund.
Freihandlinie	0,5	0,35	0,25	0,18	0,13	Begrenzung von abgebrochen oder unterbrochen dargestellten Ansichten und Schnitten, wenn die Begrenzung keine Mittellinie ist.
Zickzacklinie	0,5	0,35	0,25	0,18	0,13	Zickzacklinie nur für CAD-Zeichnungen
Strichlinie breit	1,0	0,7	0,5	0,35	0,25	Mögliche Kennzeichnung zulässiger Oberflächenbehandlung
Strichlinie schmal	0,5	0,35	0,25	0,18	0,13	Verdeckte Kanten und Umrisse.
Strichpunktlinie schmal	0,5	0,35	0,25	0,18	0,13	Mittellinien; Symmetrielinien; Teilkreise bei Verzahnungen; Lochkreise.
Strichpunktlinie breit	1,0	0,7	0,5	0,35	0,25	Kennzeichnung geforderter Behandlungen; Kennzeichnung der Schnittebene.
Strich-Zweipunktlinie	0,5	0,35	0,25	0,18	0,13	Umrisse von angrenzenden Teilen; Grenzstellungen; Schwerlinien; ursprüngliche Umrisse.

Maßstäbe

vgl. DIN ISO 5455

Natürlicher Maßstab		1:1
Verkleinerungsmaßstäbe	1:2 1:5 1:10	1:20 1:50 1:100
Vergrößerungsmaßstäbe	2:1 5:1	10:1 20:1 50:1

Papierformate

vgl. DIN EN ISO 5457

A-Reihe, mm		B-Reihe, mm	
A0	841 × 1 189	B0	1 000 × 1 414
A1	594 × 841	B1	707 × 1 000
A2	420 × 594	B2	500 × 707
A3	297 × 420	B3	353 × 500
A4	210 × 297	B4	250 × 353
A5	148 × 210	B5	176 × 250

Zeichenblätter

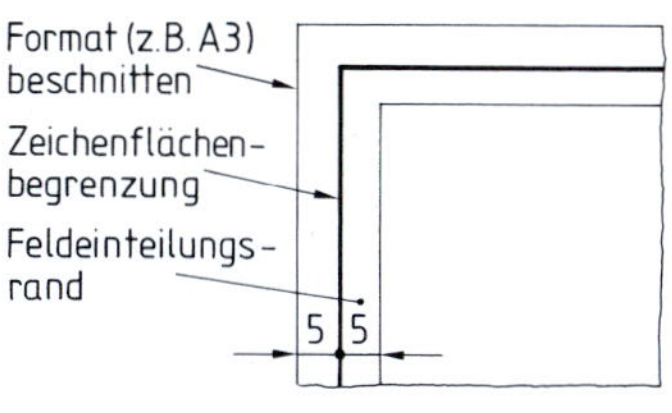

8

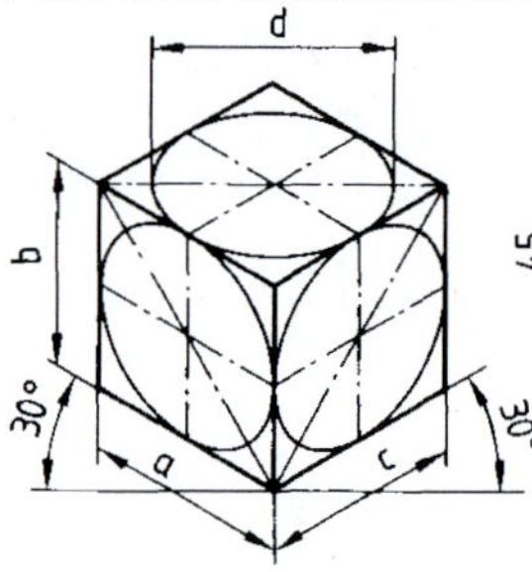

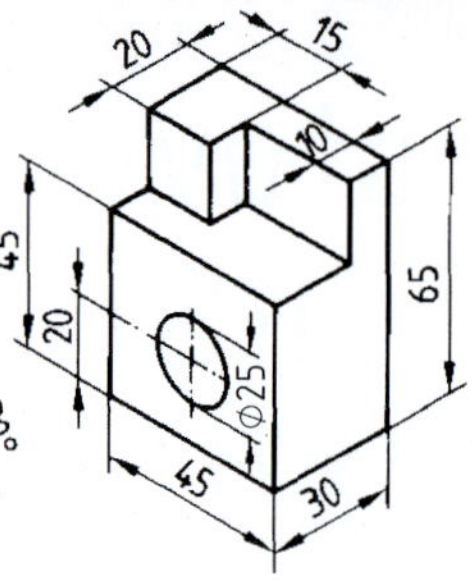

Isometrische Projektion

vgl. DIN ISO 5456-3

Bei der isometrischen Projektion erscheinen die Ansichten in allen drei Koordinatenrichtungen um den gleichen Faktor verkürzt (iso, griechisch „gleich").

Darstellung
Seite a unter –30° zur Waagerechten
Seite b senkrecht
Seite c unter +30° zur Waagerechten

Seitenverhältnis a : b : c = 1 : 1 : 1

Achsenverhältnis bei allen Ellipsen = 1 : 1,7

Verhältnis Seitenkante: Durchmesser= 1 : 1,22

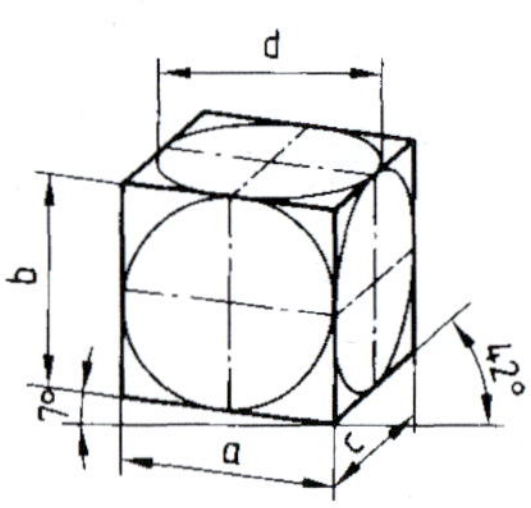

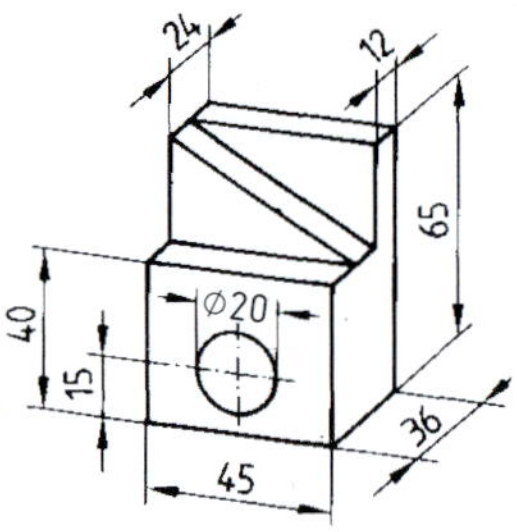

Dimetrische Projektion

vgl. DIN ISO 5456-3

Bei der dimetrischen Projektion erscheinen die Ansichten in zwei Koordinatenrichtungen verkürzt. Zur Vereinfachung wird nur die 42°-Richtung verkürzt gezeichnet.

Darstellung
Seite a unter –7° zur Waagerechten
Seite b senkrecht
Seite c unter +42° zur Waagerechten

Seitenverhältnis a : b : c = 1 : 1 : 1/2

Achsenverhältnisse
Ellipse 1 = 1 : 3 (große Achse waagerecht)
Ellipse 2 = 1 : 3 (große Achse rechtwinklig zu 7°)
Ellipse 3 = 1 : 1 (sie wird vereinfacht zum Kreis)

Große Achse = 1,06-mal Seitenkante a oder b

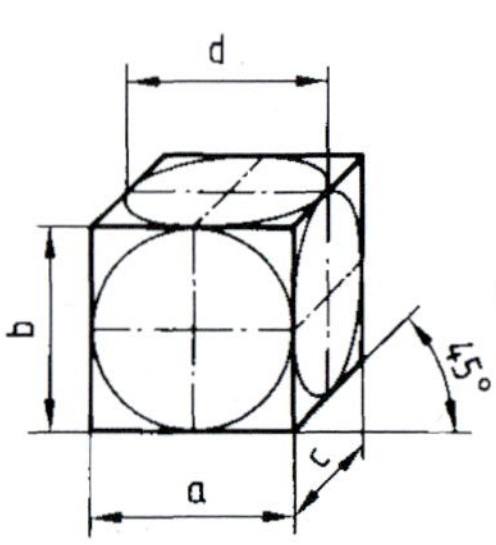

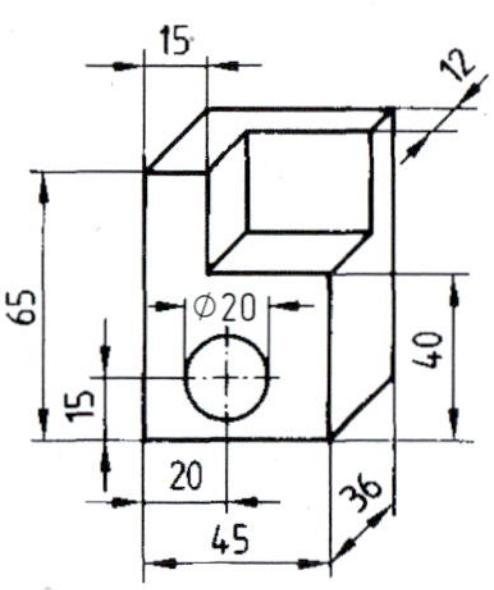

Kabinettprojektion

vgl. DIN ISO 5456-3

Die Kabinettprojektion ist eine axonometrische Projektion, bei welcher der Gegenstand in einer Koordinatenrichtung um die Hälfte verkürzt projiziert wird.

Darstellung
Seite a waagerecht zur Bildebene
Seite b senkrecht
Seite c unter 45° zur Waagerechten

Seitenverhältnis a : b : c = 1 : 1 : 1/2

Achsenverhältnisse
Ellipse 1 = 1 : 3,2 (große Achse 7° zur Waagerechten)
Ellipse 2 = 1 : 3,2 (große Achse 7° zur Senkrechten)
Kreise parallel zur Bildebene bleiben unverändert.

Große Achse = 1,07-mal Seitenkante a oder b

Normalprojektion

vgl. DIN ISO 128-30

Projektionsmethode 1 (sie wird bevorzugt)

In technischen Zeichnungen wird vorzugsweise die Projektionsmethode 1 angewendet. Das Symbol zur Kennzeichnung der jeweiligen Methode ist in der Zeichnung anzugeben.

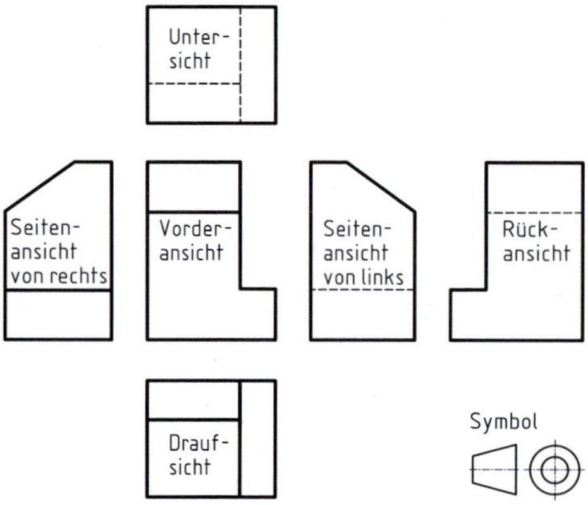

Projektionsmethode 3

Bezogen auf die Vorderansicht sind die anderen Ansichten entgegengesetzt wie bei der Methode 1 angeordnet. Die Rückansicht darf rechts oder links liegen.

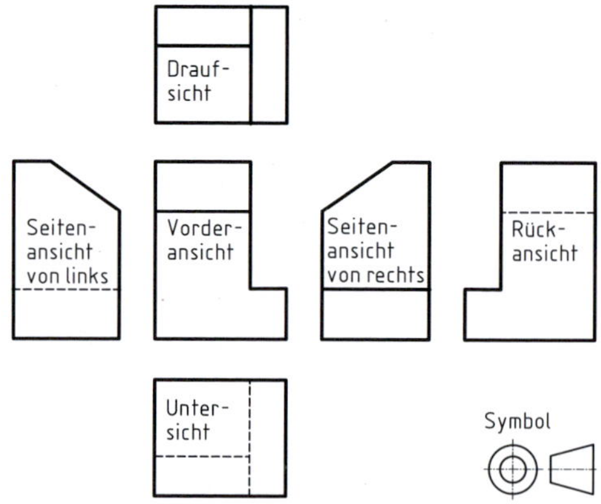

8

1 Symbole

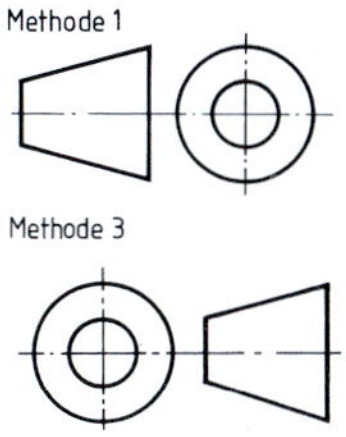

2 Pfeilmethode

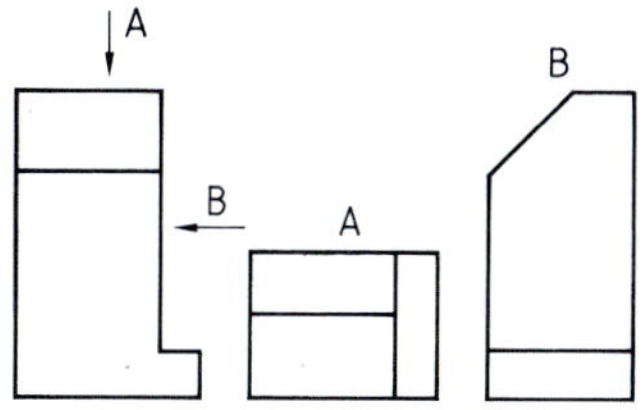

3, 4 Sichtbare u. verdeckte Kanten

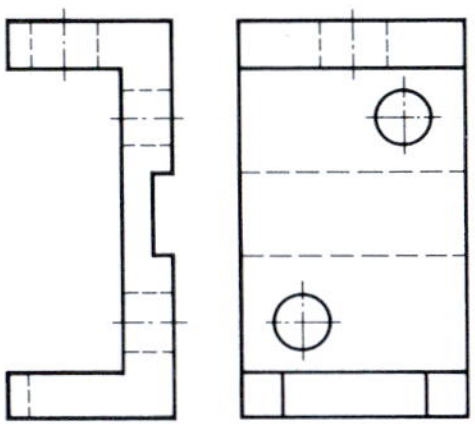

5 Lichtkanten

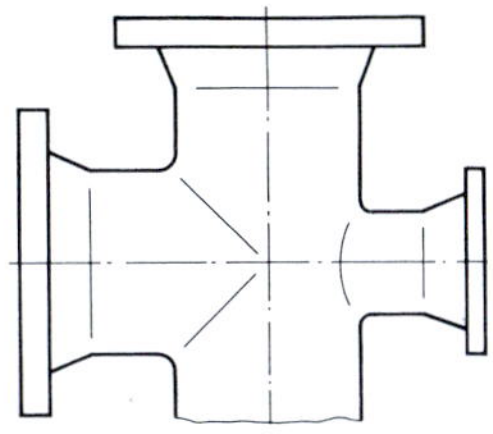

6 Symmetrische Formen

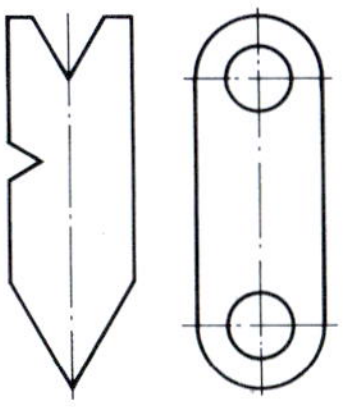

7 Andere Ansichtrichtung

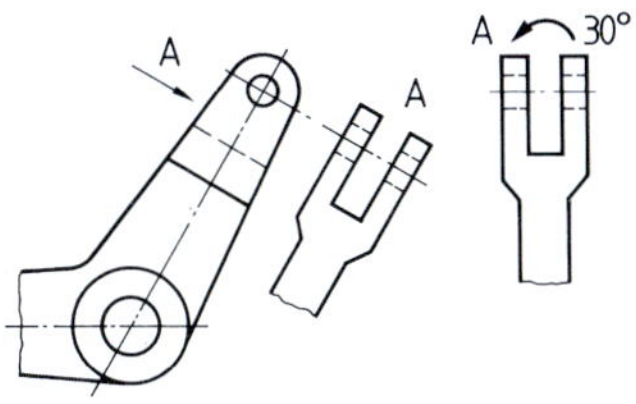

8, 9 Teilansichten symmetrischer Formen

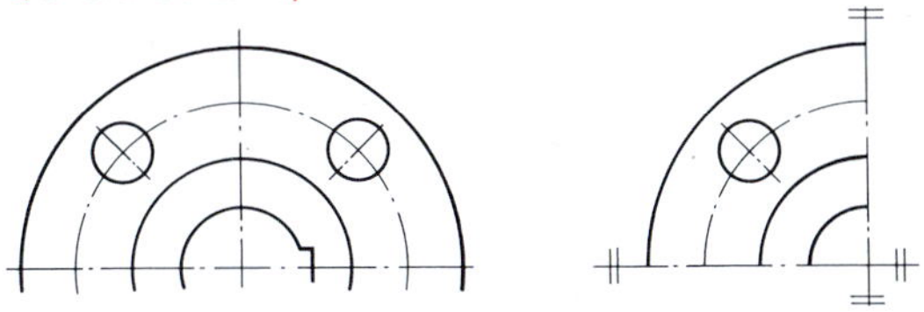

10, 11, 12 Bruchkanten

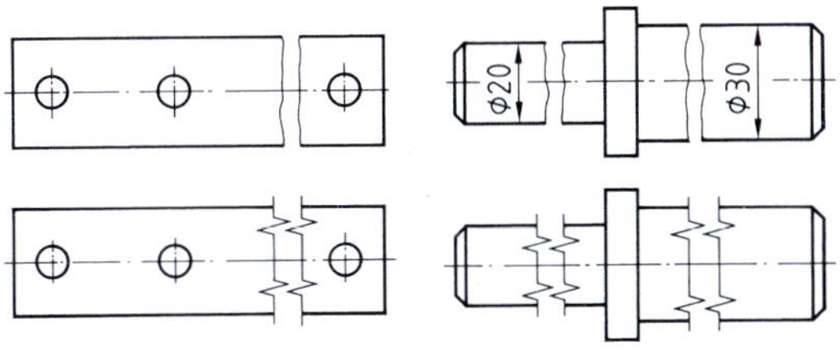

13, 14 Diagonalkreuz

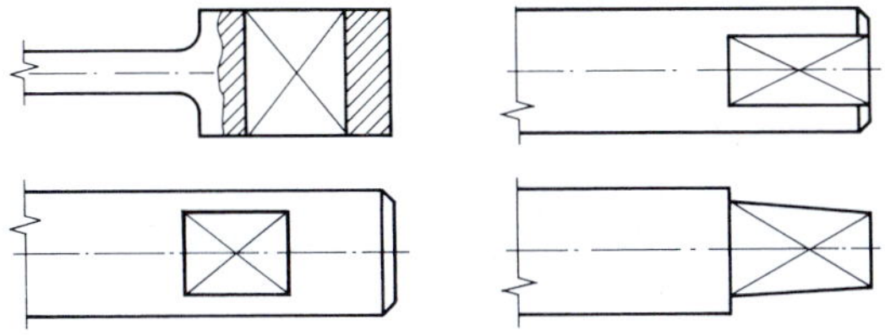

Kennzeichnung der Projektionsmethode — vgl. DIN ISO 128

1 Die gewählte Projektionsmethode ist durch das entsprechende Symbol im Schriftfeld der Zeichnung anzugeben, ggf. in der Nähe, wenn kein besonderes Feld im Schriftfeld vorgesehen ist.

2 Bei der Pfeilmethode dürfen die Ansichten beliebig angeordnet werden. Die Betrachtungsrichtung wird für jede dargestellte Ansicht durch einen Pfeil und einen Großbuchstaben angegeben.

Darstellungselemente — vgl. DIN ISO 128

Sichtbare Umrisse und Kanten

3 Sichtbare Umrisse und Kanten werden durch breite Volllinien dargestellt.

Verdeckte Umrisse und Kanten

4 Verdeckte Umrisse und Kanten werden durch schmale Strichlinien dargestellt, nur dann, wenn durch sie das Bild des Gegenstandes deutlicher wird oder wenn dadurch zusätzliche Ansichten eingespart werden.

Lichtkanten (gerundete Kanten)

5 Lichtkanten (gerundete Kanten) werden, falls erforderlich, durch schmale Volllinien dargestellt; sie berühren die Umrisslinien nicht. Ihre Lage ergibt sich aus den Schnittpunkten der verlängerten Umrisslinien.

Symmetrische Formen

6 Symmetrische Formen werden durch eine Symmetrielinie (schmale Strichpunktlinie) gekennzeichnet, die geringfügig über die Umrisslinie hinausragt.

Besondere Ansichten — vgl. DIN ISO 128

Andere Ansichtrichtung

7 Um ungünstige Projektionen (Verkürzungen) zu vermeiden, kann die Pfeilmethode angewendet werden.

Teilansichten

8 Symmetrische Formen dürfen in einer halben Ansicht oder Viertelansicht dargestellt werden. Sie können abgebrochen ohne Begrenzungslinien, oder durch Mittellinien begrenzt dargestellt werden.

9 Die Mittellinien werden an ihren Enden durch zwei kurze, rechtwinklige, parallele, schmale Volllinien gekennzeichnet.

10 Gegenstände dürfen abgebrochen oder unterbrochen dargestellt werden, wenn dadurch die Eindeutigkeit der Darstellung nicht beeinträchtigt wird.

Darstellung von Bruchkanten — vgl. DIN ISO 128

11 Die Bruchkante wird durch eine Freihandlinie dargestellt. Bei CAD-Zeichnungen können Bruchkanten mit Zickzacklinien dargestellt werden.

12 Bruchkanten rotationssymmetrischer Körper werden durch Freihandlinien dargestellt. Bei CAD-Zeichnungen können die Bruchkanten als Zickzacklinien ausgeführt werden.

Diagonalkreuz — vgl. DIN ISO 128

13 Ebene Flächen werden durch ein Diagonalkreuz aus schmalen Volllinien gekennzeichnet, wenn sich dadurch weitere Ansichten erübrigen.

14 Ein Diagonalkreuz ist auch bei mehreren Ansichten zulässig und darf in jeder Ansicht erscheinen.

Besondere und vereinfachte Darstellungen

15 bis 20 Einzelheiten

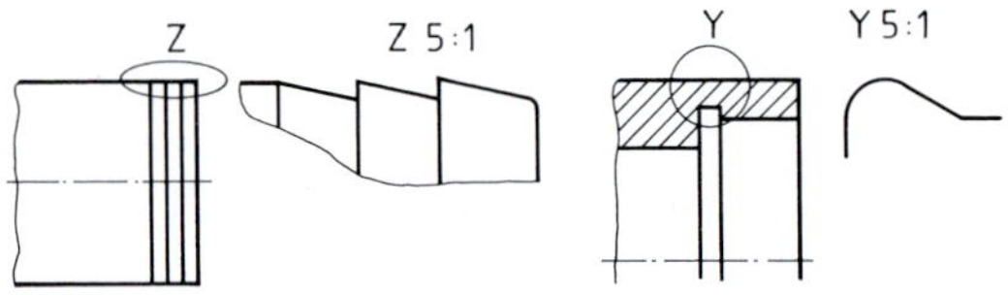

21 Angrenzende Teile

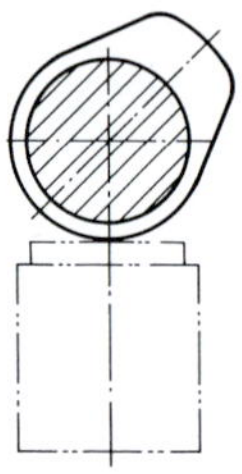

22 Grenzstellungen

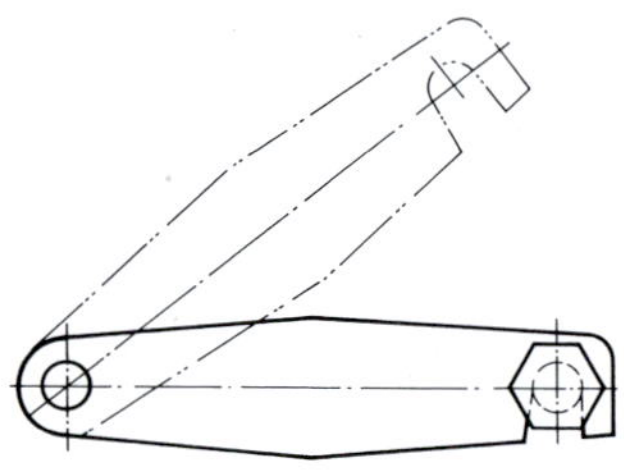

23 Oberflächenstrukturen

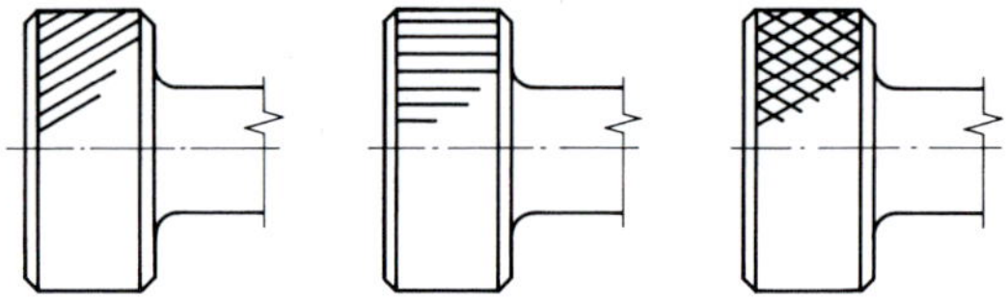

24, 26, 27 Vereinfachte Darstellungen

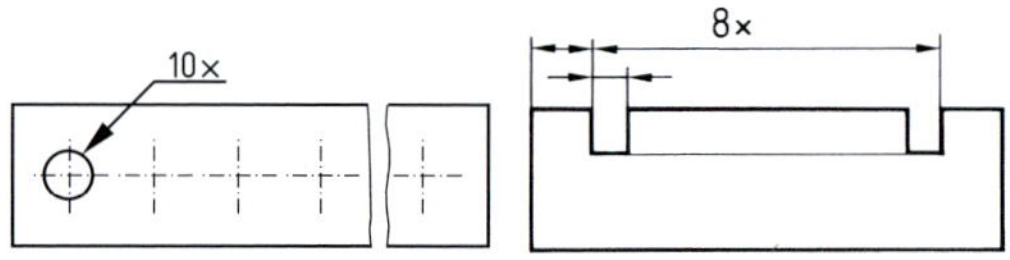

24, 25 Teilungen auf Lochkreisen

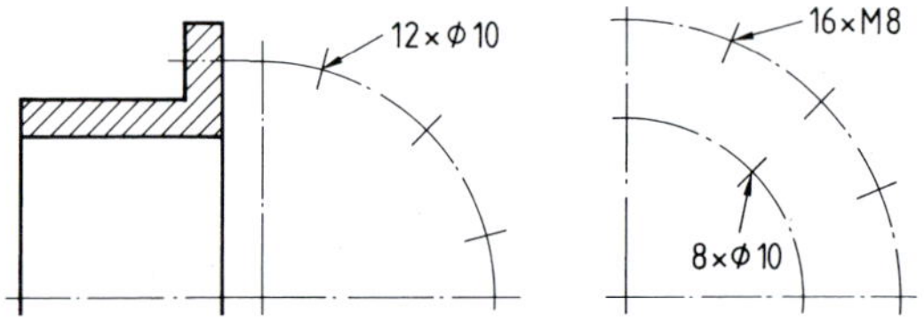

28 Geringe Neigungen

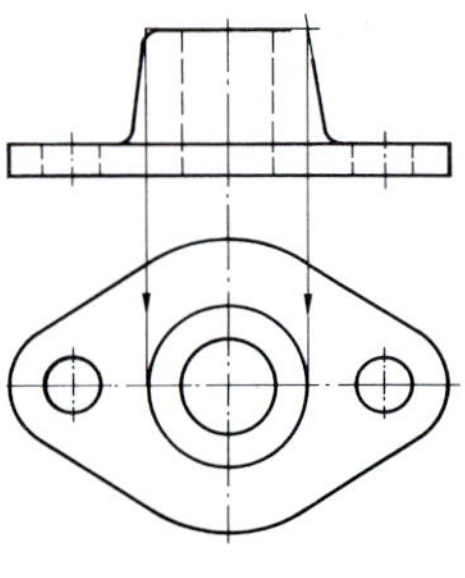

29 Durchdringungen

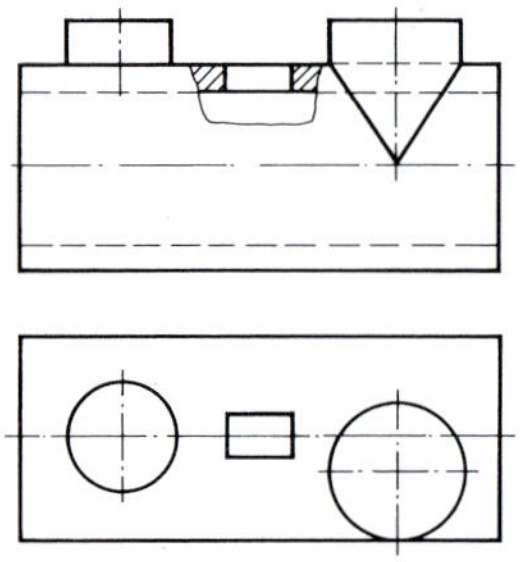

Besondere Darstellungen — vgl. DIN ISO 128

Einzelheiten

15 Bereiche eines Gegenstandes, die sich in der Zeichnung nicht deutlich darstellen oder bemaßen lassen, werden als Einzelheit gezeichnet.

16 Die genaue Form der Einzelheit braucht in der Gesamtdarstellung nicht gezeichnet werden.

17 Der als Einzelheit dargestellte Bereich wird in der Gesamtdarstellung mit einer schmalen Volllinie eingerahmt (kreis-, ellipsenförmig oder rechteckig).

18 Der eingerahmte Bereich und die Einzelheit werden durch Großbuchstaben (Z, Y, X) gekennzeichnet.

19 Herausgezogene Einzelheiten werden durch breite Volllinien dargestellt. Bruchlinien, umlaufende Kanten sowie Schraffur bei Schnitten sind nicht erforderlich.

20 Bei vergrößerter Darstellung wird der Vergrößerungsmaßstab hinter dem Kennbuchstaben angegeben.

Umrisse angrenzender Teile

21 Die Umrisse angrenzender Teile werden, falls erforderlich, durch Strich-Zweipunktlinien dargestellt.

Grenzstellungen

22 Grenzstellungen beweglicher Teile werden durch Strich-Zweipunktlinien dargestellt.

Oberflächenstrukturen

23 Oberflächenstrukturen, z.B. Rändel, werden durch breite Volllinien gezeichnet, meist nur teilweise.

Vereinfachte Darstellungen — vgl. DIN ISO 128

Regelmäßig sich wiederholende geometrische Elemente brauchen nur so oft dargestellt werden, wie es zur eindeutigen Bestimmung erforderlich ist.

24 Bei sich wiederholenden Löchern o. Ä. werden nur ihre Mitten durch Mittellinien angegeben.

25 Teilungen auf Lochkreisen dürfen als Lochbild dargestellt werden.

26 Bei anderen geometrischen Formen wird der Bereich für die übrigen Elemente durch eine schmale Volllinie angedeutet.

27 Ist aus der vereinfachten Darstellung die Anzahl der Elemente nicht ersichtlich, so muss sie durch Eintragen der entsprechenden Zahl angegeben werden.

Geringe Neigungen

28 Auf die Darstellung geringer Neigungen an Schrägen, Kegeln und Pyramiden darf verzichtet werden, wenn sie sich in der zugehörigen Ansicht nicht eindeutig zeigen lassen. In Projektionen ist dann nur die Kante, die dem kleineren Maß entspricht, durch eine schmale Volllinie zu zeichnen.

Durchdringungen

29 Bei Durchdringungen von Körpern, z.B. zweier Zylinder oder Zylinder und Prisma, darf die Darstellung sehr flacher Durchdringungskurven oder sehr gering versetzter Schnittlinien vereinfacht werden, d.h. sie dürfen als gerade Linie gezeichnet werden oder können auch weggelassen werden.

1 Vollschnitt

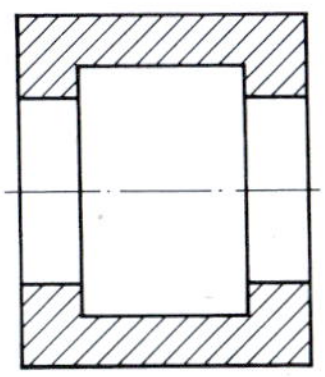

2 Halbschnitt

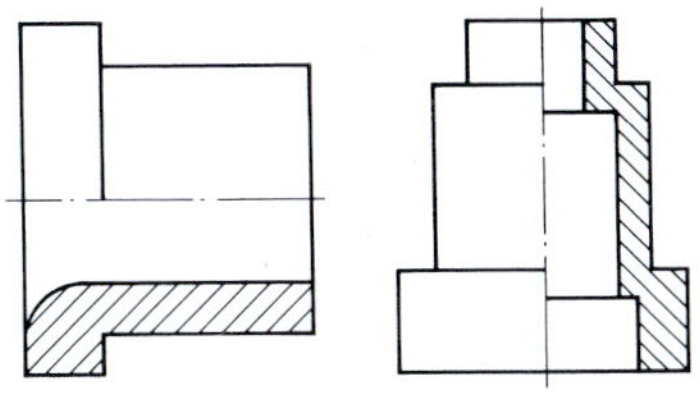

3 Teilschnitt

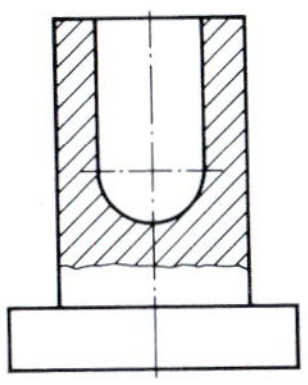

4 Teilausschnitt

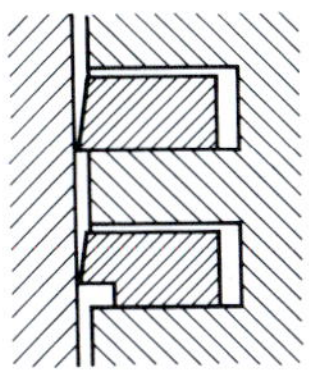

5, 11, 13 Schnittfläche

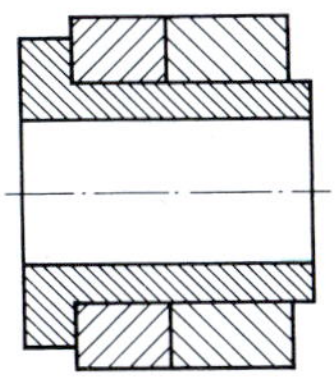

12, 14, 15 Darstellung der Schnittflächen

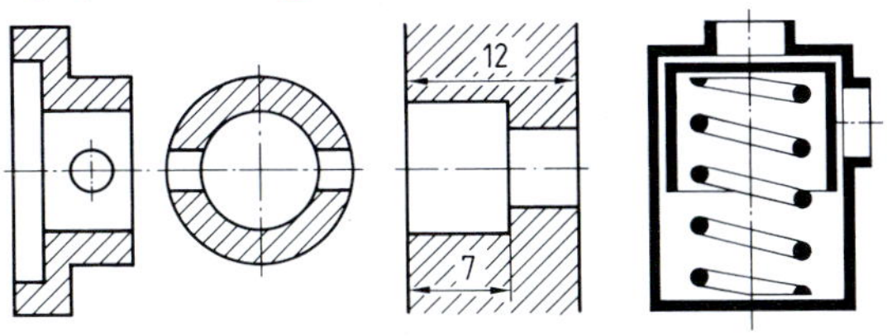

10, 16, 17, 18 Kennzeichnung der Schnitte

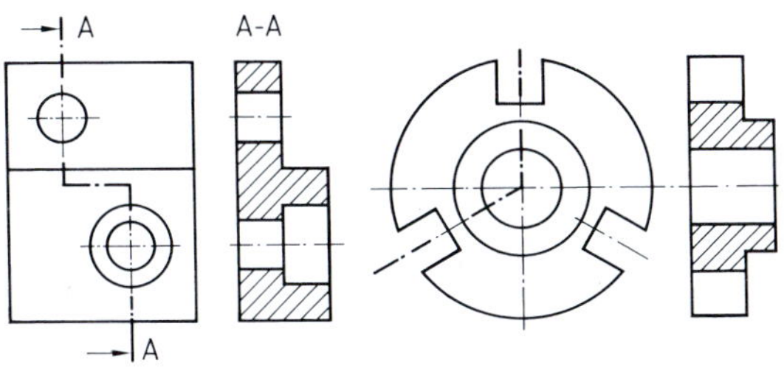

6, 7 Teile, die nicht geschnitten dargestellt werden

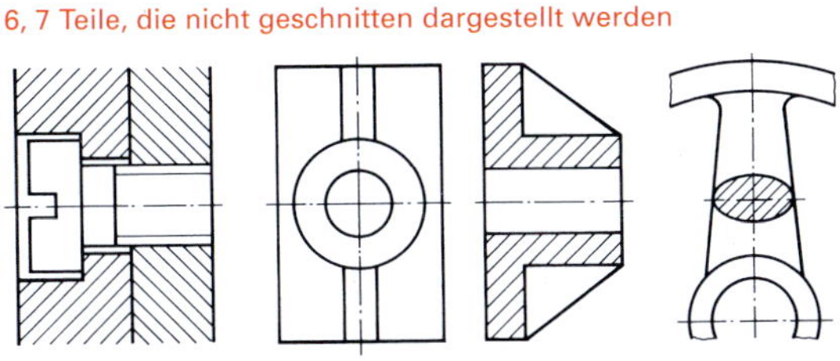

8 Kanten hinter Schnittflächen

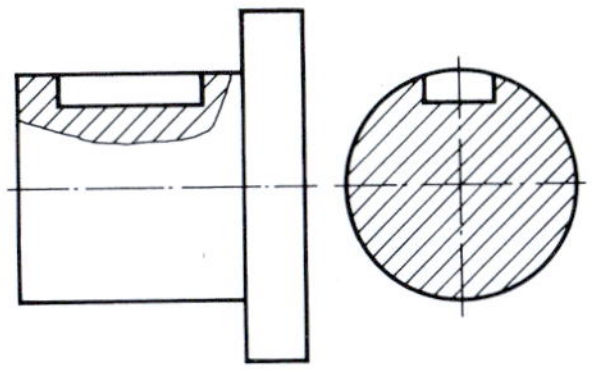

9 Verdeckte Kanten

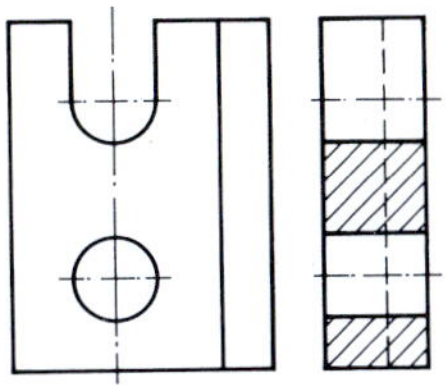

Begriff, Arten — vgl. DIN ISO 128

Ein Schnitt ist das gedachte Zerlegen eines Werkstückes durch eine oder mehrere Ebenen senkrecht zur Zeichenebene. Die in der Schnittebene liegende Fläche heißt Schnittfläche.

Nach Umfang und Lage werden u. a. unterschieden

1 **Vollschnitt**: Werkstück ganz als Schnitt dargestellt.

2 **Halbschnitt**: Vorzugsweise für symmetrische Teile. Bei waagrechter Mittellinie wird der Halbschnitt unterhalb, bei senkrechter Mittellinie rechts von dieser angeordnet. Alle Körperkanten, die auf der Mittellinie liegen, sind darzustellen.

3 **Teilschnitt**: Er dient zur Verdeutlichung nur eines Werkstückteiles. Die Schnittfläche wird durch eine Freihand- oder Zickzacklinie von der Ansicht abgegrenzt. Die Begrenzungslinie darf sich nicht mit Kanten oder Hilfslinien decken.

4 **Teilausschnitt**: Darstellung eines Teilbereiches im Schnitt, ohne die dazugehörige Ansicht. Eine Begrenzung der Schnittflächen ist nicht erforderlich.

Darstellung der Schnittflächen — vgl. DIN ISO 128

Die allgemeinen Regeln für die Anordnung von Ansichten gelten sinngemäß auch für Schnitte.

5 Die in Schnittebenen liegenden sichtbaren Kanten und Umrisse werden durch breite Volllinien dargestellt.

6 Wellen, Bolzen, Stifte, Schrauben, Niete, Passfedern, Keile, Speichen, Rippen und Stege, die in Längsrichtung in der Schnittebene liegen, werden ungeschnitten dargestellt.

7 Soll die Form der Rippen, Speichen o. Ä. gezeigt werden, so darf ihre Schnittfläche mit schmalen Volllinien in die Ansicht eingezeichnet werden.

8 Umrisse und Kanten hinter Schnittflächen dürfen wegfallen, wenn sie nicht zur besseren Erkennung des Dargestellten beitragen.

9 Strichlinien für verdeckte Kanten und Umrisse werden in Schnittdarstellungen nur gezeichnet, wenn dies zur eindeutigen Bestimmung erforderlich ist.

10 Stehen zwei Schnittebenen in einem Winkel oder parallel zueinander, so wird der Schnitt so gezeichnet als lägen die Schnittflächen in einer Ebene.

11 Schnittflächen werden mit schmalen Volllinien meist unter 45° zur Achse oder zu den Umrissen schraffiert. Der Abstand der Schraffurlinien ist der Größe der Schnittfläche anzupassen.

12 Schnittflächen eines Teiles werden in allen Ansichten, die zueinander gehören, gleichartig schraffiert.

13 Aneinandergrenzende Schnittflächen verschiedener Teile werden unterschiedlich in verschiedenen Richtungen und/oder Abständen schraffiert.

14 Die Schraffur ist für Maßzahlen und Beschriftung zu unterbrechen.

15 Schmale Schnittflächen können voll geschwärzt werden. Stoßen geschwärzte Schnittflächen aneinander, so sind sie mit Zwischenfugen darzustellen.

Kennzeichnung der Schnitte — vgl. DIN ISO 128

16 Ist der Schnittverlauf nicht eindeutig ersichtlich, so wird er durch breite oder schmale Strichpunktlinien gekennzeichnet. Die schmale Strichpunktlinie ist an den Enden und an Richtungsänderungen breit.

17 Die Blickrichtung auf den Schnitt wird durch Pfeile angedeutet, die etwa 1,5-mal Maßpfeilgröße lang sind. Die Pfeilspitze berührt die Schnittlinie.

18 Zur Verdeutlichung des Schnittverlaufes sind die Schnittlinien mit Großbuchstaben zu versehen, Im Bedarfsfalle werden sie durch Zahlen ergänzt.

Die Buchstaben stehen am Anfang und am Ende der Schnittlinien, sowie unmittelbar über den dazugehörigen Schnitten.

Gewinde, Schrauben, Muttern

1 2 3

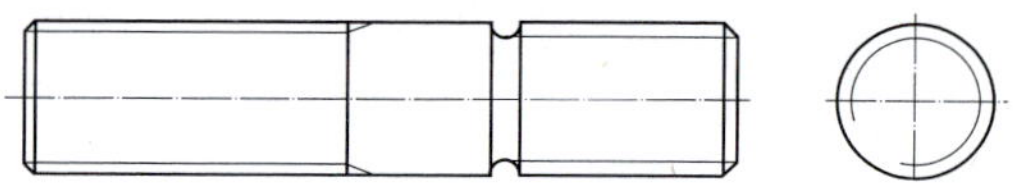

4 5

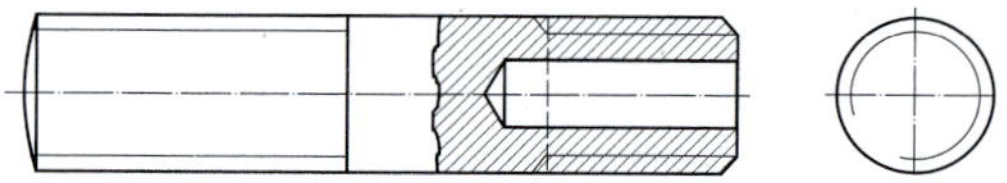

6 7 8 9

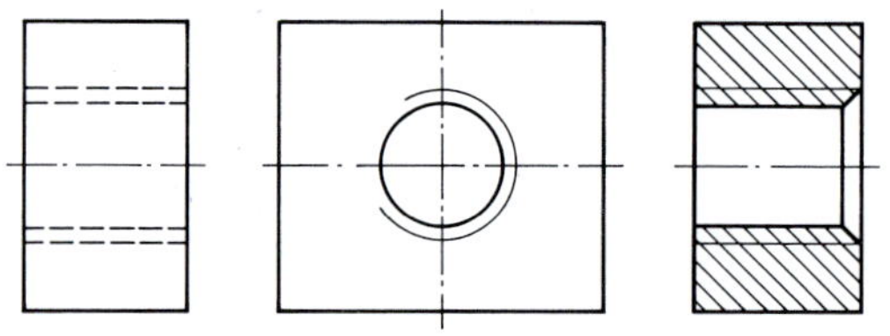

10 11 12

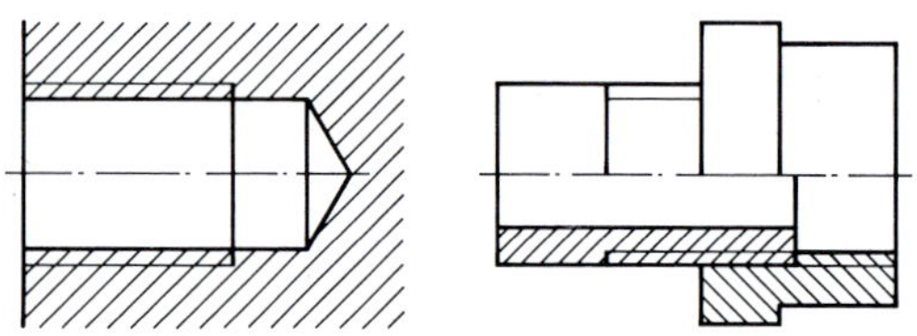

13

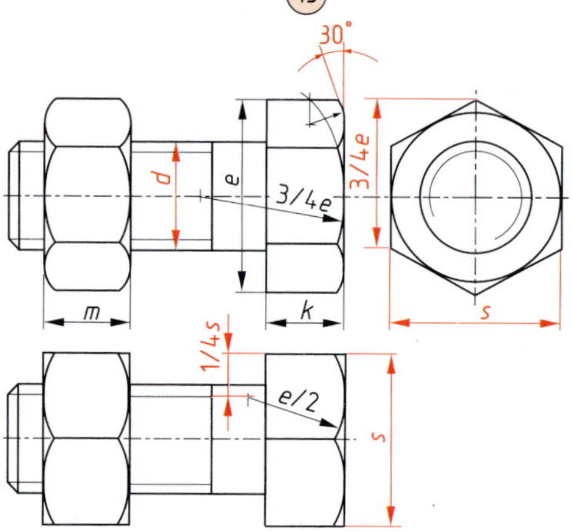

14

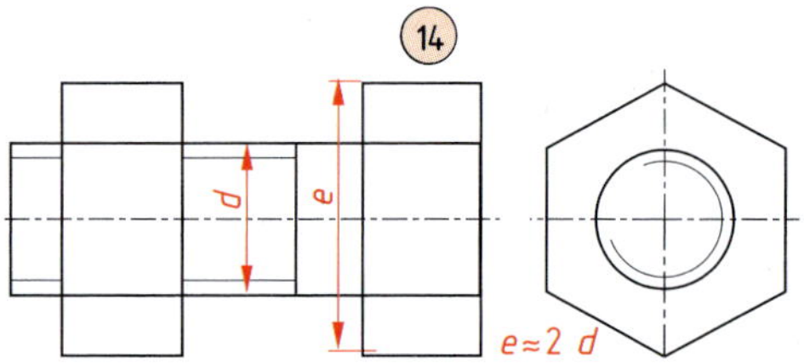

Allgemein — vgl. DIN ISO 6410

Alle Gewindearten werden vereinfacht nach ISO-Norm dargestellt.

Muss in Ausnahmefällen, z. B. bei Trapezgewinden, die Gewindeform besonders dargestellt werden, so wird ein Teil des Gewindeprofils als Teilausschnitt oder als Einzelheit gezeichnet.

Außengewinde — vgl. DIN ISO 6410

1 Die Gewindespitzen und die Grenze der nutzbaren Gewindelänge werden mit breiten Volllinien, der Gewindegrund wird mit schmalen Volllinien gezeichnet.

2 Der Gewindegrund wird in Achsrichtung gesehen als Dreiviertelkreis dargestellt.

3 Die Lage des Dreiviertelkreises im Achsenkreuz ist beliebig.

4 Der Gewindeauslauf wird im allgemeinen zwecks Vereinfachung nicht gezeichnet.

5 In Achsrichtung auf das Gewindeende gesehen, werden Kegelkuppe und Linsenkuppe in gleicher Weise dargestellt.

Innengewinde — vgl. DIN ISO 6410

6 Innengewinde werden in der Ansicht senkrecht zur Achsrichtung gesehen durch Strichlinien dargestellt.

7 In Achsrichtung auf das Gewindeloch gesehen, wird der Gewindegrund als Vollkreis mit breiter Volllinie gezeichnet. Die Gewindespitzen werden als Dreiviertelkreis mit schmaler Volllinie dargestellt.

8 Im Längsschnitt wird der Gewindegrund mit breiten Volllinien gezeichnet, die Gewindespitzen werden mit schmalen Volllinien dargestellt.

9 Die Senkung eines Gewindelochs bis auf den Gewindeaußendurchmesser wird in Achsrichtung gesehen nicht dargestellt.

10 Bei Gewinde-Grundlöchern, die im Schnitt dargestellt sind, wird der Bohrlochkegel mit dem 30°-Winkel, vom Gewindegrund ausgehend, gezeichnet.

Schraubverbindung — vgl. DIN ISO 6410

11 In der Schnittdarstellung ist das Gewinde der eingeschraubten Teile vollständig zu zeichnen; vom Innengewinde nur der nicht verdeckte Teil.

12 In der Ansicht werden die verdeckten Kanten in der Regel nicht gezeichnet.

Muttern und Schraubenköpfe — vgl. DIN ISO 6410

13 Muttern und Schraubenköpfe werden maßstäblich nach nebenstehender Abb. 13 dargestellt. Die Fasenkanten werden als Kreisbögen gezeichnet.

Eckenmaß e = 1,155-mal Schlüsselweite.
Mutterhöhe m = 0,8-mal Gewinde-Nenndurchmesser.
Schraubenkopfhöhe k = 0,7-mal Gewinde-Nenndurchmesser.

14 In vereinfachten Darstellungen werden die Fasenkanten der Muttern und Schraubenköpfe nicht gezeichnet.

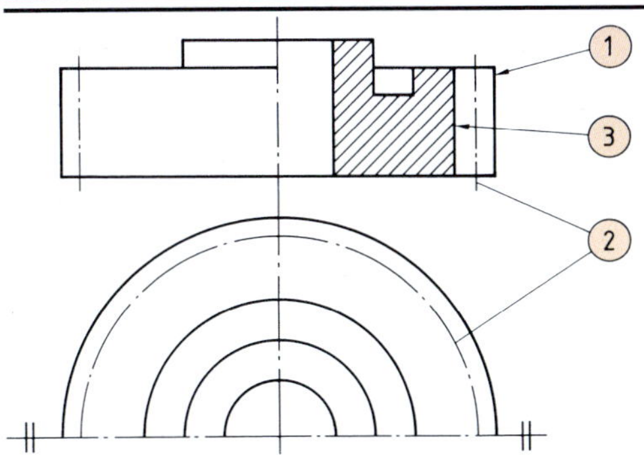

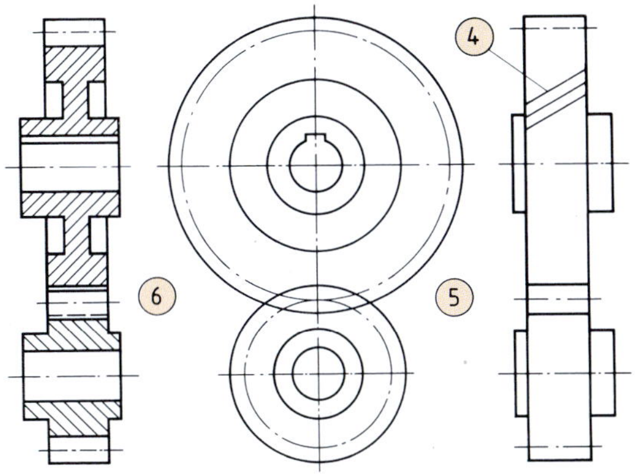

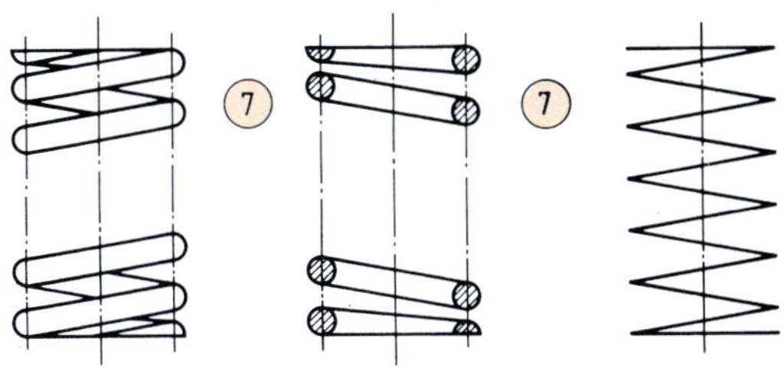

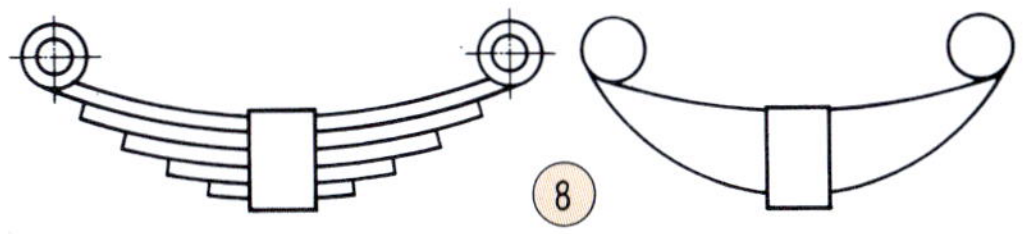

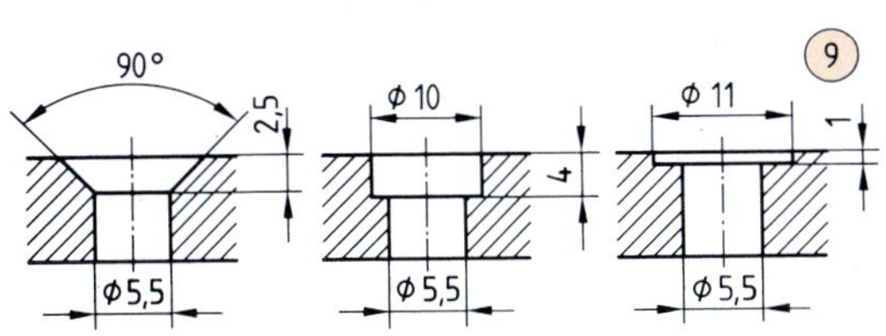

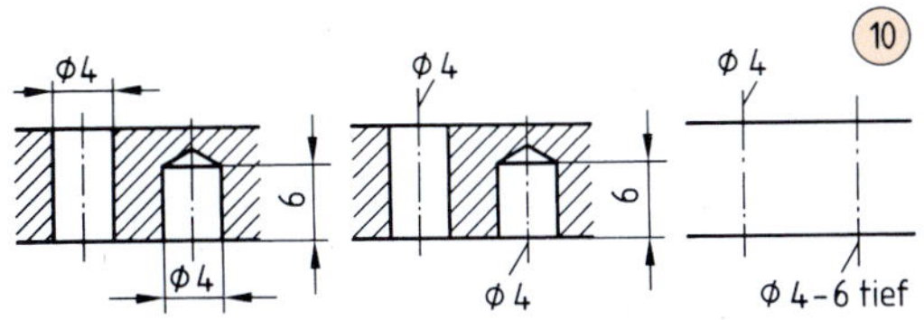

Zahnräder und Zahnradpaare — vgl. DIN ISO 2203

1 Ein Zahnrad wird grundsätzlich als ein ganzes Teil ohne einzelne Zähne dargestellt. Die Körperkanten werden so gezeichnet, dass sie
- in der ungeschnittenen Ansicht ein volles von der Kopffläche begrenztes Rad darstellen,
- im Schnitt ein Zahnrad mit zwei gegenüberliegenden ungeschnittenen Zähnen darstellen.

2 Die Bezugsfläche der Verzahnung eines Stirnrades ist mit einer schmalen Strichpunktlinie wie folgt zu kennzeichnen:
- in einer Darstellung senkrecht zur Achse durch den Teilkreis,
- in einer Darstellung parallel zur Achse durch die Mantellinien der Teilzylinder. Diese Linien sind 1...2 mm über die Körperkanten hinaus zu ziehen.

3 Die Zahnfußfläche wird nur in Schnitten dargestellt. Falls jedoch die Eintragung in der Ansicht zweckmäßig erscheint, so ist die Zahnfußfläche mit einer schmalen Volllinie zu zeichnen.

4 Falls es erforderlich wird, die Flankenrichtung der Zähne in einer achsparallelen Projektion anzugeben, sollen drei schmale Volllinien der entsprechenden Form und Richtung eingezeichnet werden.

5 In Zusammenstellungszeichnungen (Zahnradpaare) werden die Regeln für die Einzeldarstellung sinngemäß angewendet.

6 Werden beide Zahnräder im Achsschnitt gezeichnet, so sind verdeckte Körperkanten nur darzustellen, wenn sie für die Eindeutigkeit der Zeichnung notwendig sind.

Federn — vgl. DIN ISO 2162

7 Darstellung einer zylindrischen Schraubendruckfeder aus Draht mit rundem Querschnitt
- in Ansicht,
- im Schnitt und
- als Sinnbild.

Bei Bedarf ist im Sinnbild die Wickelrichtung links oder rechts und der Querschnitt des Federdrahtes mit Wortangabe oder mit Symbol anzugeben.

8 Darstellung einer halbelliptischen Blattfeder mit Augen und mittig angeordnetem Bund
- in Ansicht und
- als Sinnbild.

Senkungen — vgl. DIN 74

9 Darstellung von Senkungen im Schnitt
- für Senkschrauben,
- für Zylinderschrauben,
- für Sechskantschrauben und -muttern.

Die zu den Darstellungen gehörenden Maß- und Maßhilfslinien können durch Bezugslinien ersetzt werden, die von den Darstellungen zu den Maßen oder zu den Bezeichnungen führen. Die DIN-Bezeichnungen der Teile dürfen gekürzt werden.

Bohrungen — vgl. DIN 6780

10 Vereinfachte Darstellung von Bohrungen im Schnitt. Diese Vereinfachte Darstellung gilt sinngemäß auch für Senkungen, Gewinde, Schrauben-, Nietverbindungen.

Werden die Darstellungen zu klein und dadurch undeutlich, so dürfen sie weggelassen werden, An ihre Stelle treten Mittellinien und Mittellinienkreuze, von denen aus die Bezugslinien bis zu den Maßen und Bezeichnungen zu ziehen sind.

8

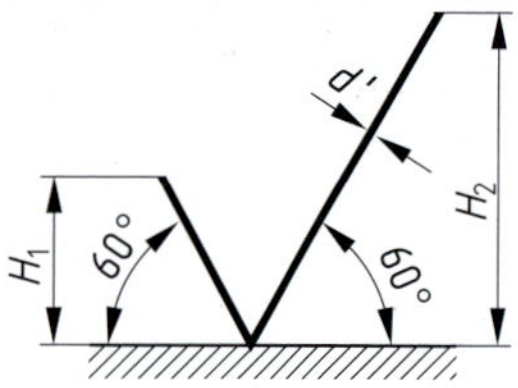

Maße in mm

Schrifthöhe	3,5	5	7	10
Linienbreite d'	0,35	0,5	0,7	1
Höhe H_1	5	7	10	14
Höhe H_2	10	14	20	28

Das Grundsymbol besteht aus zwei Linien ungleicher Länge, die etwa 60° zu der Linie der betreffenden Oberfläche geneigt sind.

Das Grundsymbol allein ist in der Regel nicht aussagefähig. Seine Bedeutung wird durch eine zusätzliche Angabe erklärt. Bei Verwendung des Grundsymbols in Verbindung mit einem Mittenrauwert darf die Oberfläche mit jedem beliebigen Fertigungsverfahren hergestellt werden.

Spanende Fertigungsverfahren

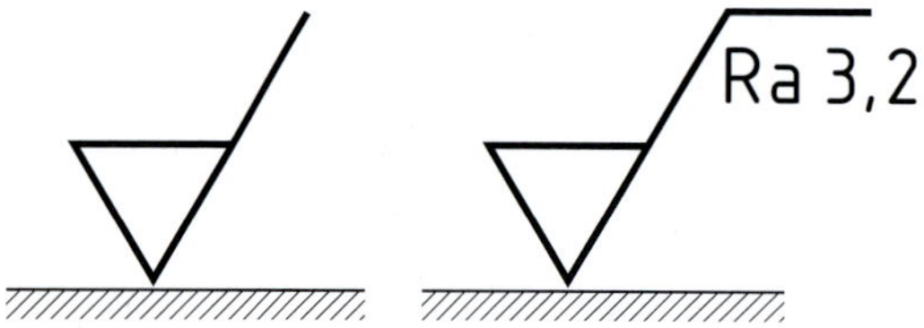

Das Symbol besteht aus dem Grundsymbol, dem eine Querlinie hinzugefügt ist.

Bei Angabe des Symbols muss die Oberfläche durch materialabtrennende Bearbeitung (zerteilen, spanen, abtragen) hergestellt werden.

Spanende Fertigungsverfahren sind z. B. Sägen, Scheren, Drehen, Bohren, Fräsen, Hobeln, Schleifen und Läppen.

Spanlose Fertigungsverfahren

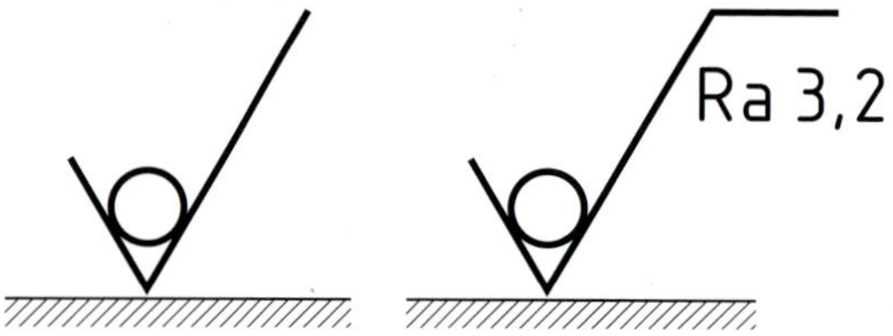

Das Symbol besteht aus dem Grundsymbol, dem ein Kreis hinzugefügt ist.

Bei Angabe des Symbols
a) ohne Zusatzangaben muss die Oberfläche im Zustand des vorhergehenden Fertigungsverfahren bleiben,
b) mit Zusatzangaben muss die Oberfläche ohne materialabtrennende Bearbeitung (spanlos) hergestellt werden.

Spanlose Fertigungsverfahren sind z. B. Gießen, Ziehen, Schmieden, Biegen, Löten, Schweißen oder Galvanisieren.

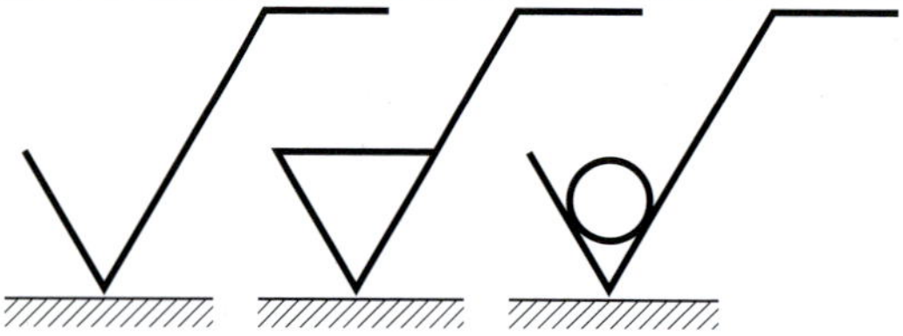

Für besondere Wortangaben der Oberfläche erhält der längere Schenkel der nebenstehenden Symbole eine zusätzliche waagerechte Linie. Ihre Länge hängt von den zusätzlichen Angaben ab.

Bei Angabe des Symbols muss der Endzustand der Oberfläche durch das auf der waagerechten Linie angegebene Fertigungsverfahren hergestellt werden. Die Wortangabe kann sich auf die Behandlung oder Beschichtung der Oberfläche beziehen.

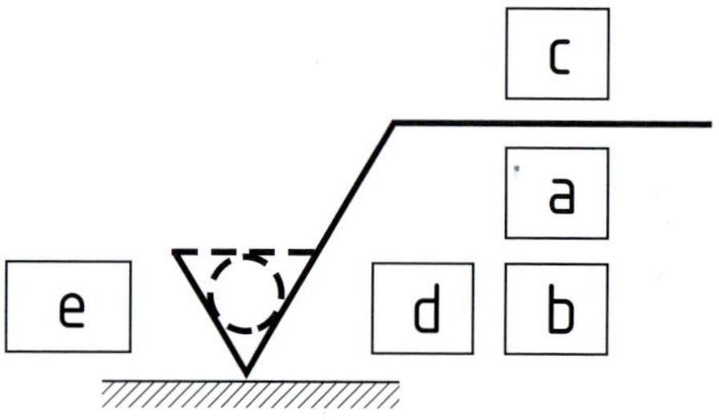

Zusätzliche Angaben zur Oberflächenbeschaffenheit werden den Symbolen (beliebiges Fertigungsverfahren, spanlos hergestellte Oberfläche, spanendes Fertigungsverfahren) nach nebenstehendem Bild zugeordnet.

a Rauheitswert R_a, oder R_z in µm, hinter dem Kurzzeichen R_a oder R_z zusammen mit dem entsprechenden Wert, z. B. R_a 3,2, R_z 4,0.

b Bei zwei oder mehr Anforderungen an die Oberflächenbeschaffenheit ist die erste Anforderung in Position „a" wie in a) beschrieben anzugeben, die zweite Anforderung ist in Position „b" anzuordnen.

c Fertigungsverfahren, Behandlung oder Beschichtung der Oberfläche

d Rillenrichtung der Oberfläche

e Bearbeitungszugabe in mm

Mittenrauwertes R_z		Rillenrichtung der Oberfläche	
Klasse	in µm	Symbol	Erklärung
N 1	0,025	=	parallel } zur Projektionsebene
N 2	0,050		
N 3	0,100	⊥	senkrecht } zur Projektionsebene
N 4	0,200		
N 5	0,500	×	in zwei schrägen Richtungen gekreuzt
N 6	0,800		
N 7	1,600	M	in mehreren Richtungen
N 8	3,200		
N 9	6,300	C	annähernd kreisförmig
N 10	12,50		
N 11	25,00	R	annähernd radial zum Mittelpunkt
N 12	50,00		

Der Mittenrauwert R_a ist der arithmetische Mittelwert der Abstände des Istprofils von der mittleren Linie.

Die gemittelte Rautiefe R_z ist der arithmetische Mittelwert der Abstände zwischen dem höchsten und tiefsten Punkt und des Profils von fünf aneinander grenzenden Einzelmessstrecken.

Die maximale Rautiefe R_y ist der größte Abstand zwischen dem höchsten und tiefsten Punkt eines Profils innerhalb der Messstrecke.

Die Bezugsstrecke ist die Länge der Einzelmessstrecke. Die Grenzwellenlänge ist das Einstellmaß für den elektrischen Wellenfilter am Messgerät. Grenzwellenlänge und Bezugsstrecke sind voneinander abhängig.

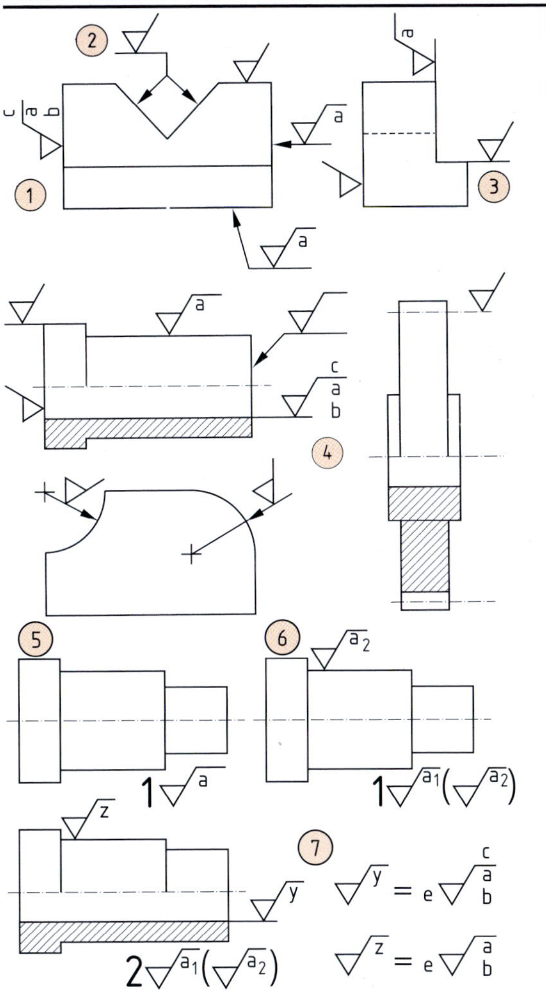

Eintragung in Zeichnungen

Die Symbole für Oberflächenbeschaffenheit werden an allen Stellen eingetragen, für die sie zur Funktionstauglichkeit der Teile erforderlich sind. Sie können entfallen, wenn die üblichen Fertigungsverfahren einen ausreichenden Endzustand der Oberfläche sicherstellen.

Regeln für die Eintragung

1 Die Oberflächenangaben sind so anzuordnen, dass sie von unten oder von der rechten Seite zu lesen sind (Grundregel) und von außen auf die Körperkante oder auf die entsprechende Maßhilfslinie zeigen.

2 Die Oberflächenangaben dürfen mit der Körperkante durch eine Bezugslinie verbunden werden, die an einem Ende mit einem Maßpfeil versehen ist.

3 Für eine bestimmte Oberfläche darf das Symbol entsprechend der Bemaßungsregeln nur einmal eingetragen werden, möglichst bei der Darstellung, welche auch die Bemaßung der Oberfläche enthält.

4 Die Oberflächenangaben sind einzutragen
- bei Drehkörpern an eine der beiden Mantellinien,
- bei Rundungen auf den Maßlinien des Radius (Halbmessers),
- bei Zahnflanken an den Teilkreislinien.

5 Bei allseitig gleicher Oberflächenbeschaffenheit genügt eine Oberflächenangabe, welche neben die Teilenummer oder die Zeichnung gesetzt wird.

6 Bei überwiegend gleicher Beschaffenheit der Oberfläche kann die entsprechende Oberflächenangabe neben die Teilenummer und die ausnahmsweise vorkommende in Klammern daneben gesetzt werden. Letztere ist auch an die betreffende Körperkante zu setzen.

7 Bei mehrmaliger Wiederholung komplizierter Angaben darf eine vereinfachte Eintragung an die Oberfläche gesetzt werden. Die Bedeutung dieses Symbols muss an anderer Stelle der Zeichnung erläutert werden.

Symbol	Erklärung
ohne Oberflächenangaben	Oberflächen, an die keine bestimmten Anforderungen gestellt werden
$\sqrt{}$	Grundsymbol, nicht aussagefähig, zusätzliche Angaben erforderlich
$\sqrt{}$ z	Vereinfachte Zeichnungseintragung, eine zusätzliche Erklärung gibt die Bedeutung des Zeichens an
$\sqrt{}$ Ra 3,2	Beliebig hergestellte Oberfläche, größter Mittenrauwert R_a = 3,2 µm
$\sqrt{}$ Rz 4,0	Beliebig hergestellte Oberfläche, gemittelte Rautiefe R_z = 4,0 µm
∇ Ra 3,2	Materialabtrennende Bearbeitung, Mittenrauwert R_a = 3,2 µm Zuordnung für R_a nach DIN 3141 Schruppen 25…3,2 µm Schlichten 6,3…0,8 µm Feinschlichten 1,6…0,2 µm Feinstschlichten unter 0,1 µm

Symbol	Erklärung
∇ Rz 4,0	Materialabtrennende Bearbeitung, gemittelte Rautiefe R_z = 4,0 µm Zuordnung für R_z nach DIN 3141 Schruppen 160…25 µm Schlichten 40…10 µm Feinschlichten 16…2,5 µm Feinstschlichten unter 1 µm
∇ ⊥	Materialabtrennende Bearbeitung, Rillenrichtung senkrecht
2,0 ∇	Materialabtrennende Bearbeitung, Bearbeitungszugabe 2,0 mm
∇ gefräst	Materialabtrennende Bearbeitung, durch Fräsen hergestellte Fläche
2,0 ∇ ⊥ gefräst Ra 3,2	Materialabtrennende Bearbeitung, R_a = 3,2 µm, gefräste Oberfläche, Rillenrichtung senkrecht, Zugabe 2,0 mm.
$\sqrt{}$ mit Kreis	Materialabtrennen nicht zulässig, Oberfläche im Zustand des vorhergehenden Arbeitsganges belassen
$\sqrt{}$ mit Kreis Ra3,2	Spanlose oder keine Bearbeitung, größter Mittenrauwert R_a = 3,2 µm

Schweiß- und Lötnähte

Symbole für die zeichnerische Darstellung

vgl. DIN EN 22553

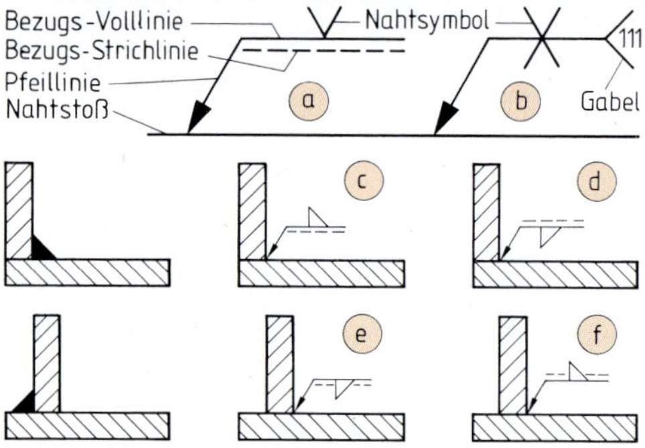

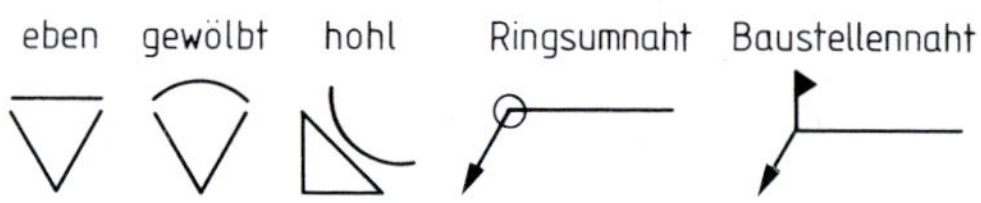

Bezugszeichen und Nahtsymbol

- Pfeillinie und Bezugslinie bilden das Bezugszeichen (a). Ergänzung durch eine Gabel bei Angaben über das Verfahren, z. B. Kennzahl 111 für Lichtbogenhandschweißen (b).
- Die Bezugs-Strichlinie kann über oder unter der Bezugs-Volllinie stehen. Sie entfällt bei Nähten, die beiderseitig ausgeführt werden sollen oder wenn nur dargestellt werden soll, dass die Naht geschweißt oder gelötet wird ohne Angabe der Art der Naht.
- Das Nahtsymbol kann auf (c) oder unter (d) die Bezugs-Volllinie gesetzt werden. Es steht senkrecht auf der Linie.
- Wird die Naht auf der Pfeilseite ausgeführt, so steht das Nahtsymbol auf der Seite der Bezugs-Volllinie (c, d).
- Wird die Naht auf der Gegenseite ausgeführt, so steht das Nahtsymbol auf der Seite der Bezugs-Strichlinie (e, f).

Zusatz- und Ergänzungssymbole

- Bei Bedarf können die Nahtsymbole durch Zusatzsymbole ergänzt werden, welche die Form der Oberfläche kennzeichnen, z. B. V-Naht eben oder gewölbt oder Kehlnaht hohl.
- Die Ergänzungssymbole geben Hinweise auf den Verlauf der Nähte, z. B. Ringsumnaht oder Baustellennaht.

Darstellung in Zeichnungen

vgl. DIN EN 22553

Benennung, Grundsymbol	Darstellung bildlich	Darstellung symbolisch
V-Naht 	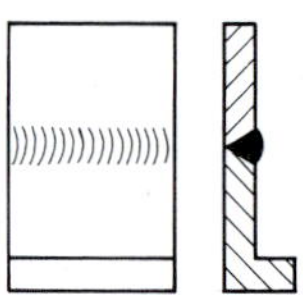	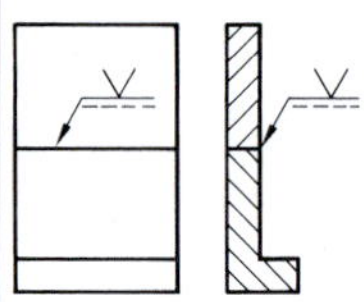
	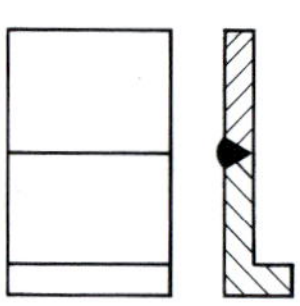	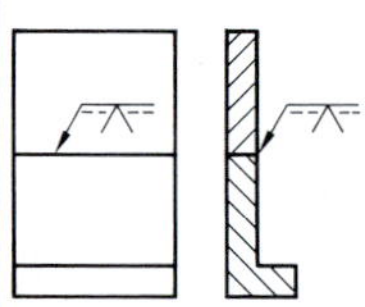
Doppel-V-Naht (X-Naht) 	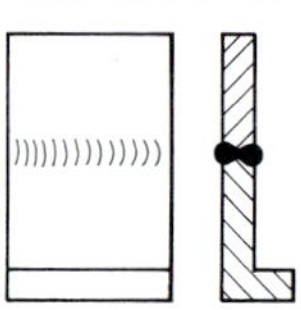	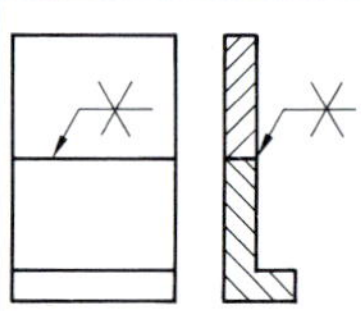
I-Naht 	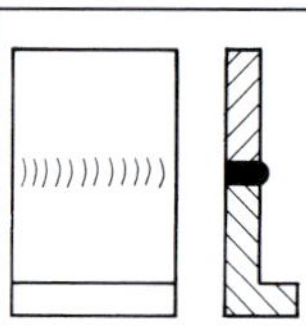	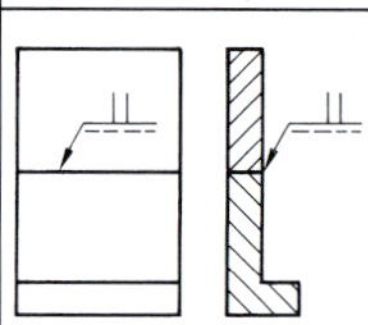
	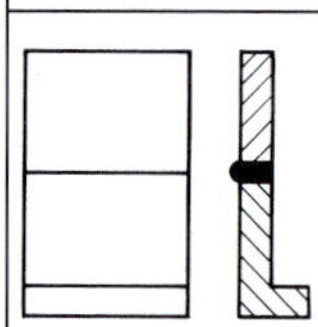	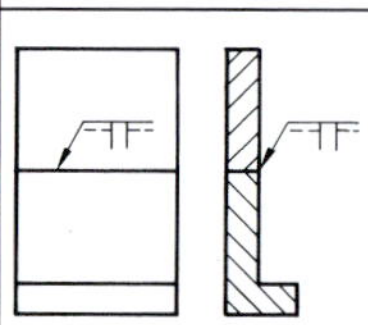

Benennung, Grundsymbol	Darstellung bildlich	Darstellung symbolisch
Bördelnaht 	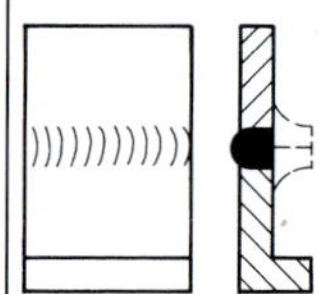	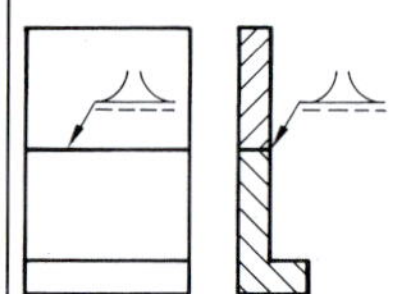
Punktnaht 	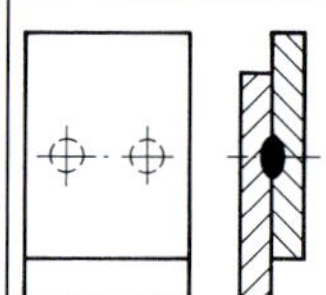	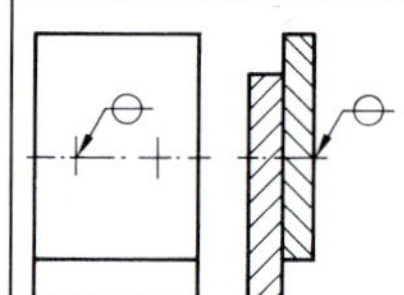
Kehlnaht 	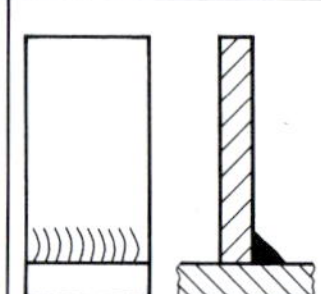	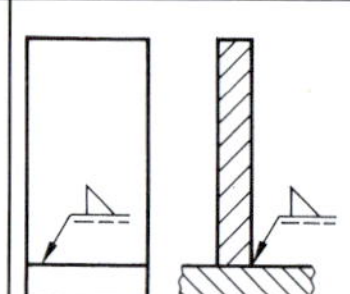
ringsum verlaufend	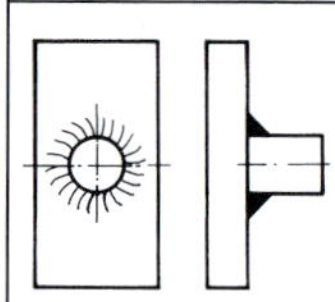	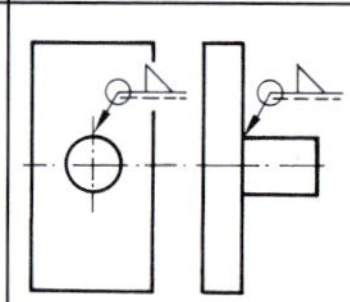
Baustellennaht	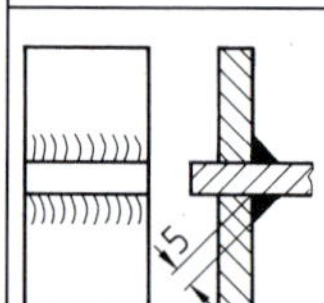	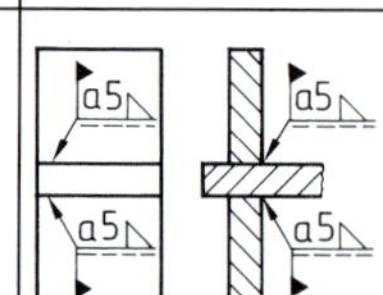

8

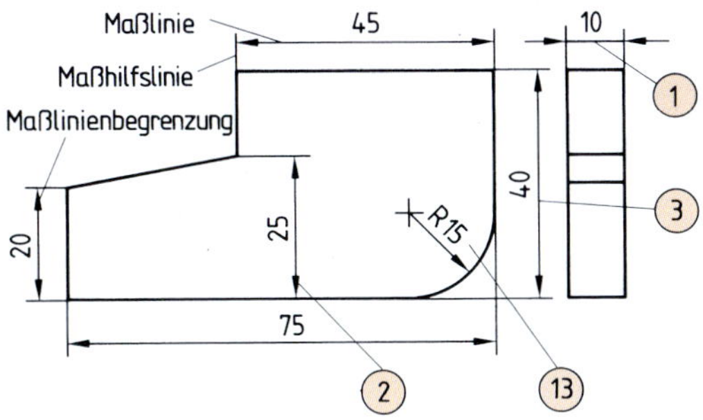

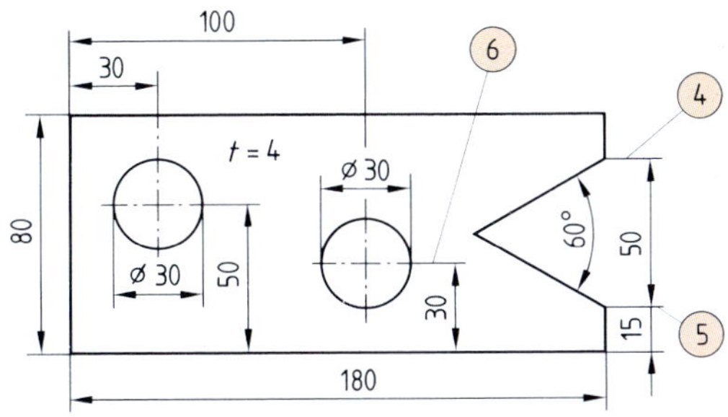

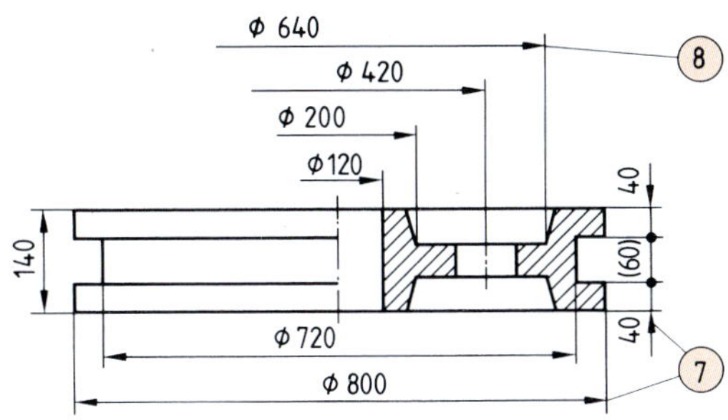

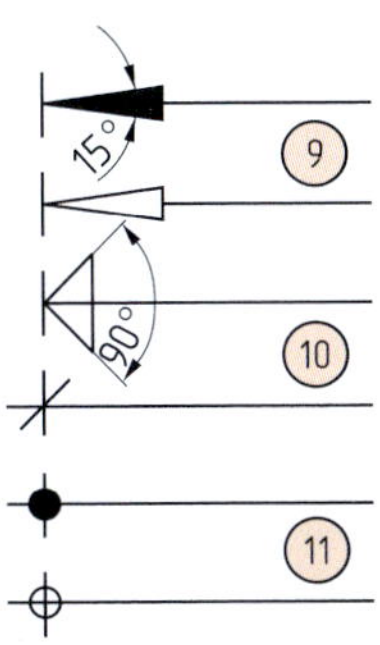

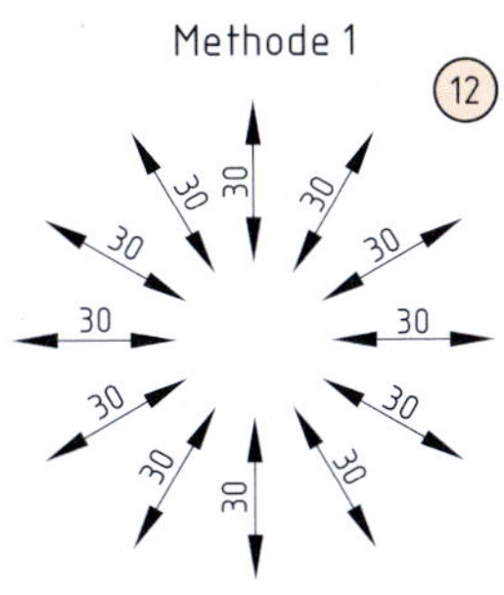

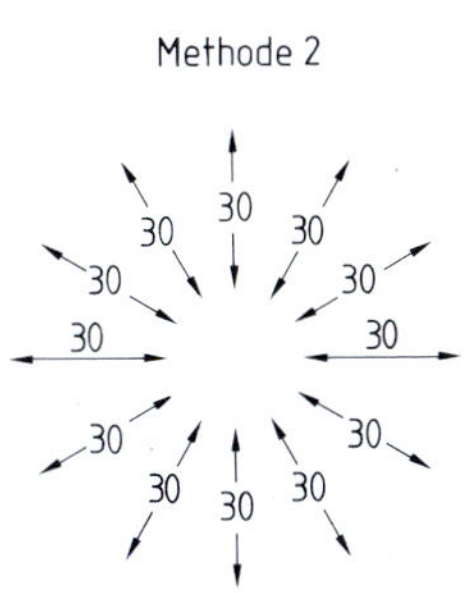

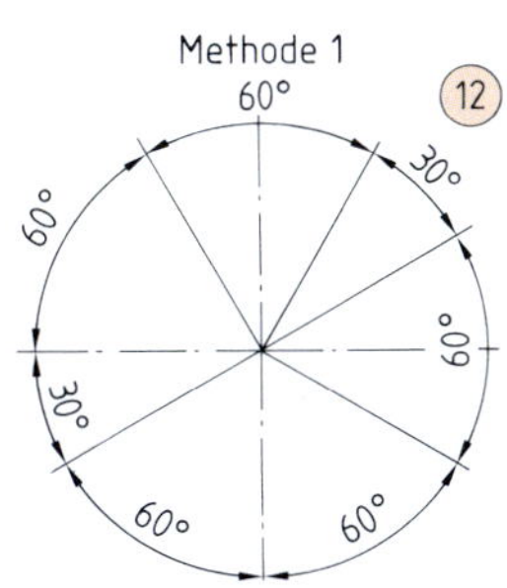

Maßlinien vgl. DIN 406-11

1 Maßlinien sind mit schmalen Volllinien darzustellen.

2 Maßlinien werden rechtwinklig zu den Körperkanten und parallel zu den angegebenen Maßen gezeichnet. Entfernung der Maßlinien von den Körperkanten etwa 10 mm.

Abstände zwischen parallelen Maßlinien etwa 7 mm.

3 Maßlinien werden vorzugsweise durchgezogen; bei Platzmangel ist eine Maßlücke zulässig.

Körperkanten und Mittellinien dürfen nicht als Maßlinien benützt werden.

Maßlinien sollen andere Hilfslinien nicht schneiden.

Maßhilfslinien vgl. DIN 406-11

4 Maßhilfslinien werden mit schmalen Volllinien dargestellt. Sie stehen im Allgemeinen rechtwinklig zu den Maßlinien.

In besonderen Fällen stehen Maßhilfslinien unter einem Winkel von 60° zu den Maßlinien.

5 Maßhilfslinien gehen 1 mm bis 2 mm über die Maßlinien hinaus.

6 Mittellinien können als Maßhilfslinien verwendet werden.

Maßhilfslinien dürfen nicht von einer Ansicht zur anderen durchgezogen werden.

Maßlinienbegrenzung vgl. DIN 406-11

Maßlinien werden begrenzt

9 – durch einen geschwärzten Pfeil, Schenkelwinkel 15°, Länge ≈ 10 × Maßlinienbreite,
– durch einen offenen Pfeil, vorwiegend bei rechnerunterstützt gefertigten Zeichnungen,
– durch einen offenen Pfeil, Schenkelwinkel 90° oder

10 – durch einen Schrägstrich, die beiden vorwiegend bei Zeichnungen im Bauwesen,

11 – durch einen Punkt oder Kreis (bei Platzmangel).

13 Maßlinien an Kreisbögen für Radien und Durchmesser sind immer mit Maßpfeilen zu begrenzen.

7 Maßpfeile stehen im Allg. innerhalb der Körperkanten oder Maßhilfslinien; bei Platzmangel außerhalb.

8 Maßlinien bei Halbschnitten erhalten nur eine Maßlinienbegrenzung

Hinweislinien vgl. DIN 406-11

Hinweislinien sind mit schmalen Volllinien darzustellen und schräg aus der Zeichnung herauszuziehen.

Hinweislinien enden
- an Körperkanten mit einem Pfeil,
- in einer Fläche mit einem Punkt,
- an allen anderen Linien ohne eine Begrenzung.

Hinweislinien sind bei Platzmangel als Bezugslinien für Maße verwendbar.

Beschriftung vgl. DIN 406-11

Schrift nach DIN 6776 Teil 1 verwenden; Schriftform B vertikal bevorzugen.

Maßbuchstaben als Formelzeichen kursiv schreiben.

3 Bei durchgezogenen Maßlinien steht die Maßzahl über der Maßlinie; bei unterbrochenen Maßlinien in der Maßlücke.

3 Die Schreibrichtung der Maßeintragung verläuft parallel zur Maßlinie; Ausnahmen bei gekrümmten Maßlinien und an Hinweislinien.

12 Die Maßzahlen sind in der Regel so einzutragen, dass sie von unten oder rechts lesbar sind (Methode 1). (Ausnahmen siehe Abb. 12).

12 Zulässig ist, alle Maße in Leselage des Schriftfeldes einzutragen (Methode 2). Nichthorizontale Maße werden dabei in der Mitte unterbrochen.

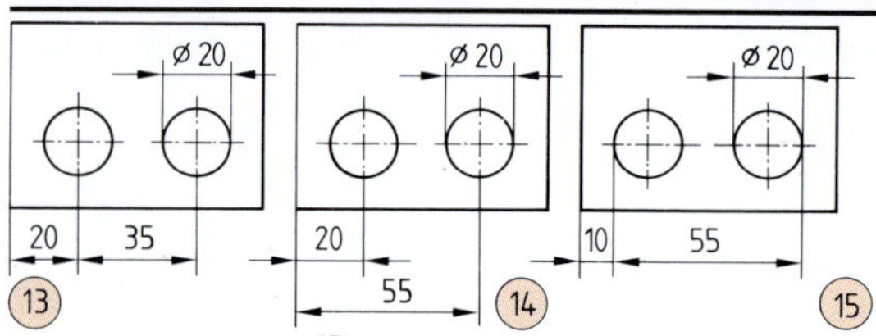

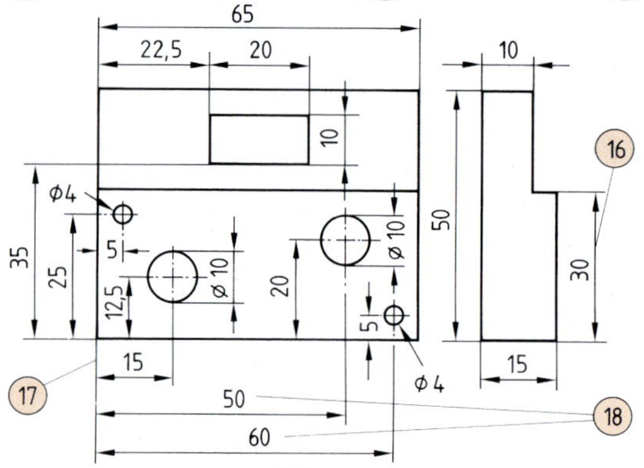

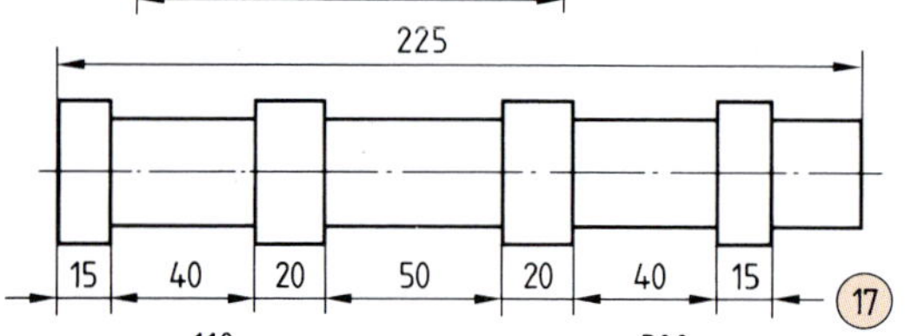

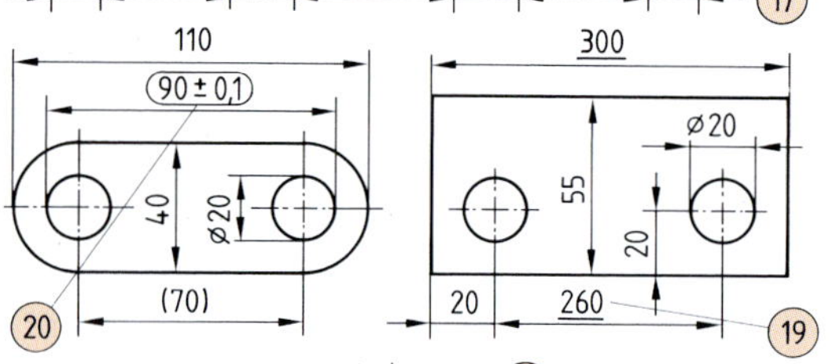

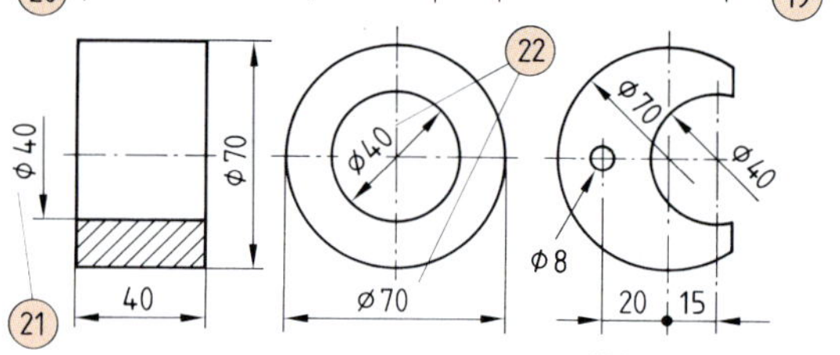

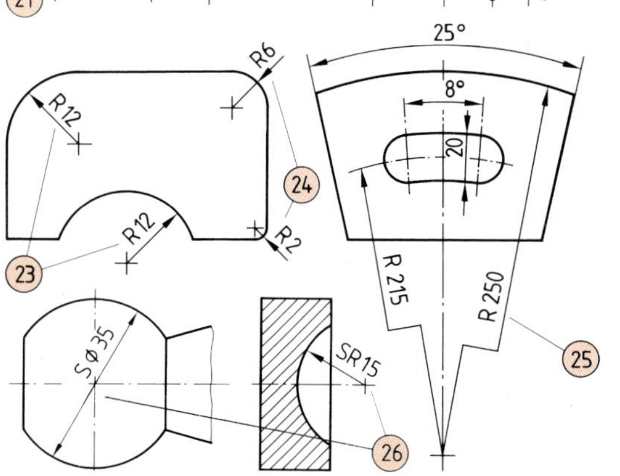

Maßstab vgl. DIN 406-11

Alle Maße in einer Zeichnung sind in derselben Einheit, vorzugsweise in mm anzugeben. Abweichende Einheiten müssen besonders angegeben werden.

Der Maßstab für die Zeichnung ist im Schriftfeld anzugeben. Bei nicht maßstäblichen Darstellungen wird im Schriftfeld ein waagerechter Strich gesetzt.

19 In Zeichnungen mit Maßstabsangabe sind Maße für nicht maßstäblich gezeichnete Körperkanten zu unterstreichen.

Maßkennzeichnung vgl. DIN 406-11

20 Besonders gekennzeichnet werden
- Prüfmaße durch einen abgerundeten Rahmen,
- theor. Maße durch einen rechteckigen Rahmen,
- Hilfsmaße durch runde Klammern,
- Rohmaße durch eckige Klammern.

Arten der Maßeintragung vgl. DIN 406-11

In technischen Zeichnungen kann die Maßeintragung auf drei Arten durchgeführt werden:

13 funktionsbezogen,

14 fertigungsbezogen,

15 prüfbezogen.

Anordnung der Maße, allgemein vgl. DIN 406-11

16 Jedes Maß ist nur einmal in die Zeichnung einzutragen, und zwar dort, wo die Darstellung das Maß am deutlichsten zeigt. Nicht mehr Maße angeben als erforderlich sind.

Maße dürfen die Darstellung nicht undeutlich machen.

Maßlinien und Maßhilfslinien werden an Volllinien angesetzt, nicht an Strichlinien.

17 Gleichartige Maßeintragungen sind im Allgemeinen von einem gemeinsamen Bezugselement aus vorzunehmen. Geschlossene Maßketten sind zu vermeiden. Ist dieses nicht möglich, muß eine Länge unbemaßt bleiben oder als Hilfsmaß gekennzeichnet werden.

Zusammengehörende Maße sollen möglichst in einer Ansicht stehen.

18 Übereinanderliegende Maße sind versetzt anzuordnen.

Innenliegende Maße und außenliegende Maße werden voneinander getrennt angeordnet.

Durchmesser vgl. DIN 406-11

21 Das Durchmesserzeichen besteht aus einem Kreis mit Schrägstrich, der 15° nach rechts geneigt ist.

Das Durchmesserzeichen steht vor der Maßzahl auf gleicher Höhe wie diese.

22 Das Durchmesserzeichen wird in jedem Fall, auch bei Durchmesserangaben, die in oder an einem Kreis stehen, angegeben. Bei Platzmangel dürfen Durchmessermaße auch von außen angeordnet werden.

Radius (Halbmesser) vgl. DIN 406-11

23 Radien werden durch den Großbuchstaben R gekennzeichnet, der vor die Maßzahl zu setzen ist.

Der Mittelpunkt der Radien ist im Allgemeinen durch ein Mittellinienkreuz zu kennzeichnen.

Die Maßlinien für Radien erhalten nur eine Maßlinienbegrenzung, entweder von außen oder von innen an den Kreisbogen.

24 Bei Maßpfeilen von außen ist die Maßlinie bis zum Mittelpunkt durchzuziehen.

25 Bei großen Radien darf aus Platzgründen die Maßlinie rechtwinklig abgeknickt und verkürzt gezeichnet werden. Der mit dem Maßpfeil versehene Teil muss auf den theoretischen Mittelpunkt gerichtet sein.

Kugel vgl. DIN 406-11

26 Der Großbuchstabe S wird in jedem Fall vor die Durchmesser- oder Radiusmaßzahl gesetzt.

8

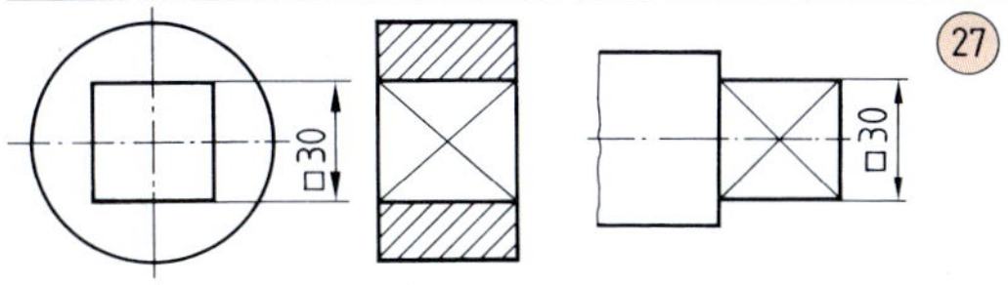

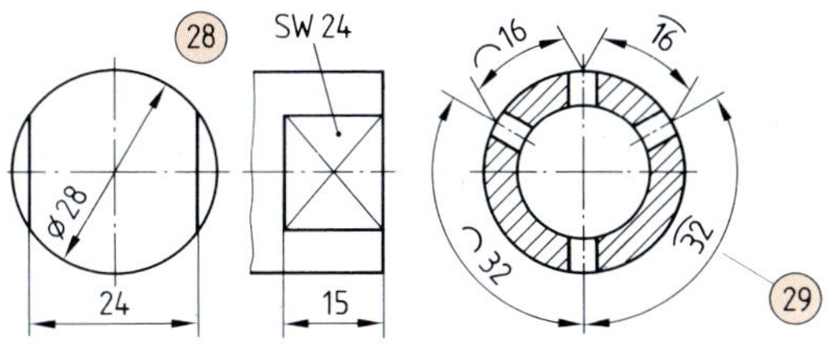

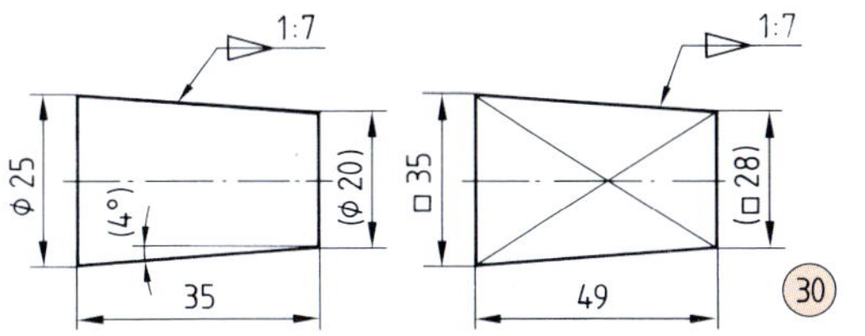

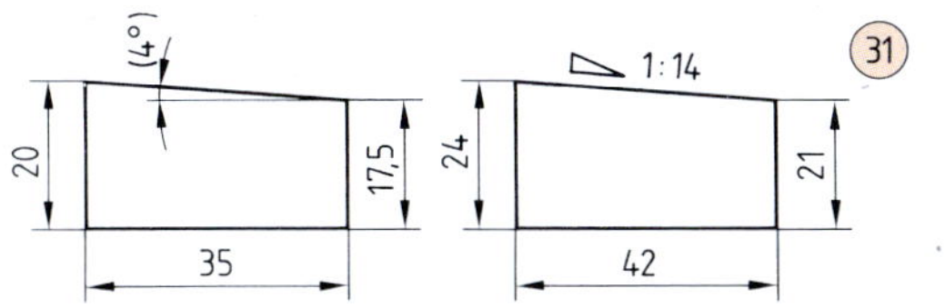

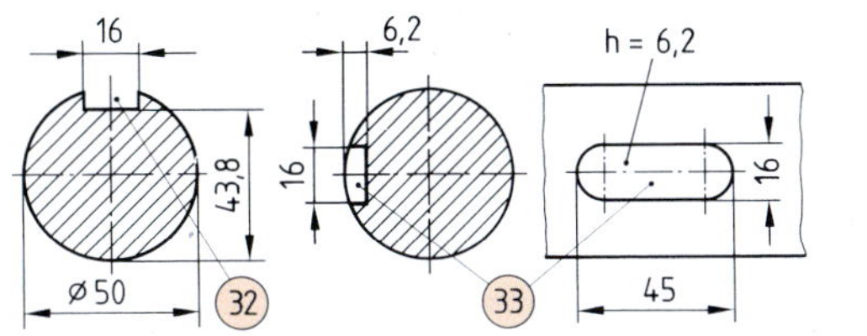

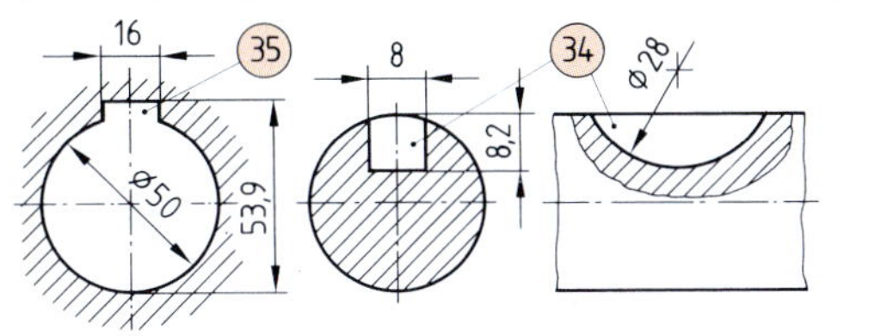

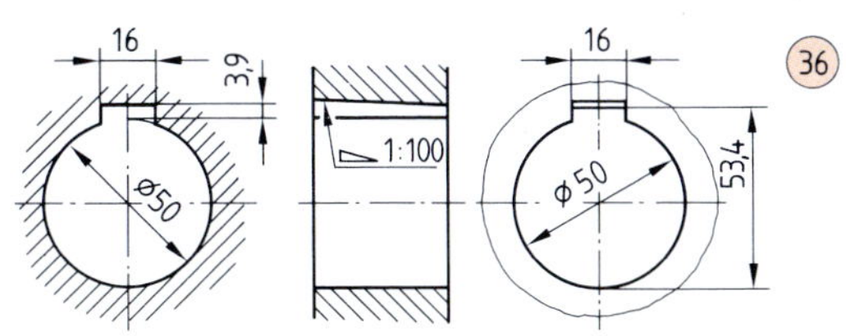

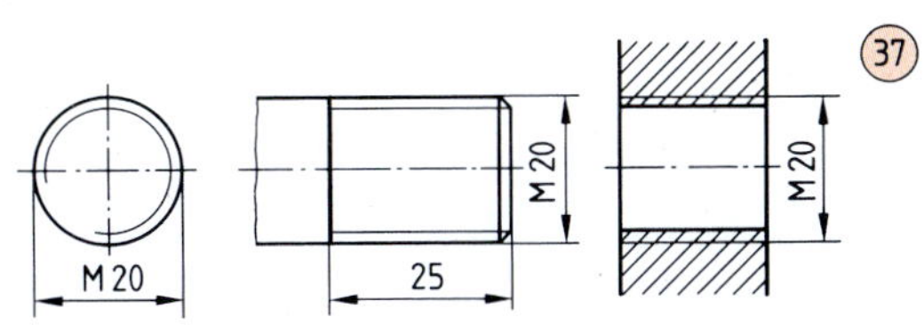

Quadratische Formen vgl. DIN 406-11

27 Quadratische Formen werden vorzugsweise in der Ansicht bemaßt, in der die Form erkennbar ist. Das graphische Symbol für Quadrat wird in jedem Fall vor die Maßzahl gesetzt.

Das Diagonalkreuz (schmale Volllinien) kennzeichnet eine ebene Fläche.

Schlüsselweite vgl. DIN 406-11

28 Das Schlüsselweitezeichen SW kennzeichnet den Abstand von zwei parallel gegenüberliegenden Flächen:

- wenn in der bemaßten Ansicht nur eine von diesen Flächen dargestellt ist oder
- wenn bei genormten Vier- oder Sechskanten die Form aus der Darstellung oder der Benennung hervorgeht.

Bogenlänge vgl. DIN 406-11

29 Das Bogenzeichen wird vor die Maßzahl gesetzt. Bei manueller Anfertigung der Zeichnung darf das Symbol in abgewandelter Form (als Bogenlinie) über die Maßzahl gesetzt werden.

Bei Zentriwinkeln bis 90° verlaufen die Maßhilfslinien parallel zur Winkelhalbierenden.

Bei Zentriwinkeln über 90° sind die Maßhilfslinien auf den Mittelpunkt gerichtet.

Kegel (Pyramiden) vgl. DIN 406-11

30 Maßangabe bei Kegeln
- durch die Kegelverjüngung (in Prozent, in einem Verhältnis 1 : *x* oder durch den eingeschlossenen Winkel),
- durch den größeren Durchmesser,
- durch den kleineren Durchmesser,
- durch die Kegellänge.

Aus fertigungstechnischen Gründen kann der Einstellwinkel als Hilfsmaß hinzugefügt werden.

Es sollen jedoch nicht mehr Maße angegeben werden als erforderlich sind.

Das Symbol für die Verjüngung wird in jedem Fall vor der Maßzahl der Verjüngung angegeben.

Die Regeln für die Bemaßung von Kegeln gelten sinngemäß auch für Pyramiden.

Neigung einer Fläche vgl. DIN 406-11

31 Die Neigung einer Fläche wird durch Angabe in Prozent oder als Verhältniszahl 1 : 2 *x* festgelegt.

Aus fertigungstechnischen Gründen kann der Neigungswinkel als Hilfsmaß hinzugefügt werden.

Das Symbol für die Neigung wird in jedem Fall vor der Maßzahl der Neigung angegeben.

Nuten vgl. DIN 406-11

Nuten für Passfedern und Keile in zylindrischen Wellen werden bemaßt:

32 – bei durchgehenden Nuten nach Bild 32,
33 – bei nicht durchgehenden Nuten nach Bild 33.

34 Nuten für Scheibenfedern werden nach Bild 34 bemaßt.

Nuten in zylindrischen Bohrungen werden bemaßt:

35 – für Passfedern nach Bild 35,
36 – für Keile nach Bild 36.

Gewinde vgl. DIN ISO 6410, DIN 202, DIN 406-11

37 Gewinde werden durch das Kurzzeichen (vgl. DIN 202) für Gewindeart und Nenndurchmesser bemaßt; ggf. sind Steigung, Gangzahl und Gangrichtung anzugeben.

Der Nenndurchmesser ist bei Außengewinden auf die Gewindespitze, bei Innengewinden auf den Gewindegrund zu beziehen.

Die Gewindelängen sind im Allgemeinen ohne Gewindeauslauf jedoch mit Fase oder Kuppe anzugeben.

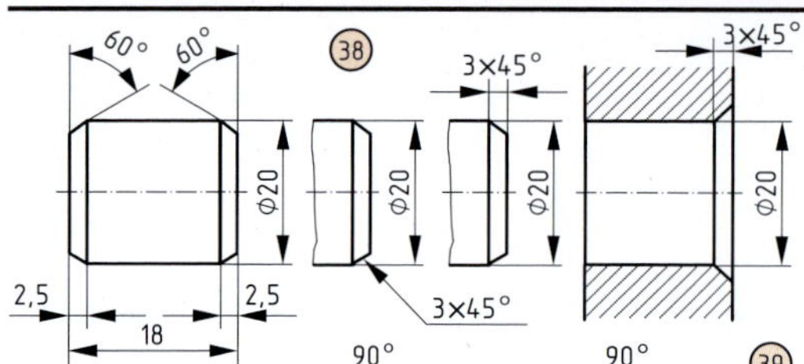

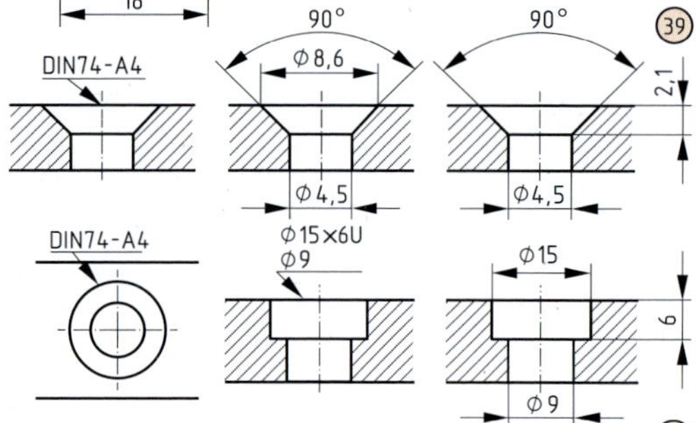

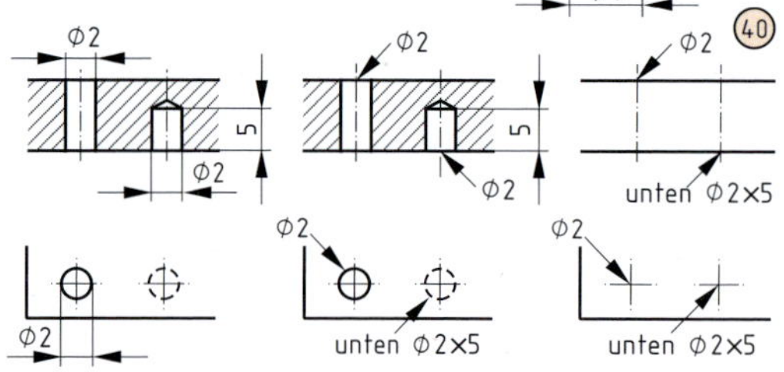

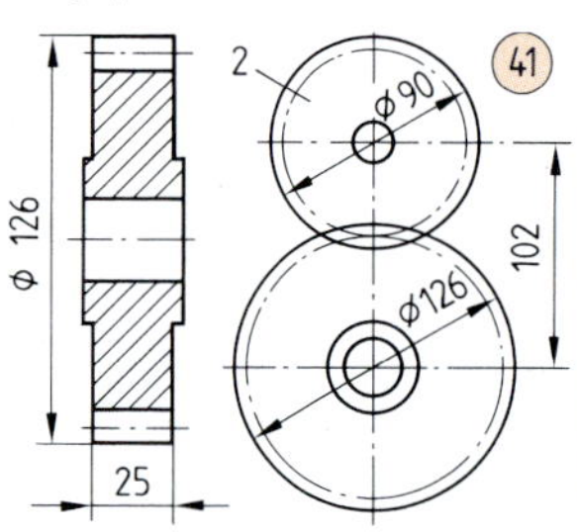

42

Stirnrad	außen-verzahnt
Modul	3,0
Zähnezahl	40
Bezugsprofil	DIN867
Zahnhöhe	6,5
Achsabstand	102
Gegenrad Teile-Nr.	2
Zähnezahl	28

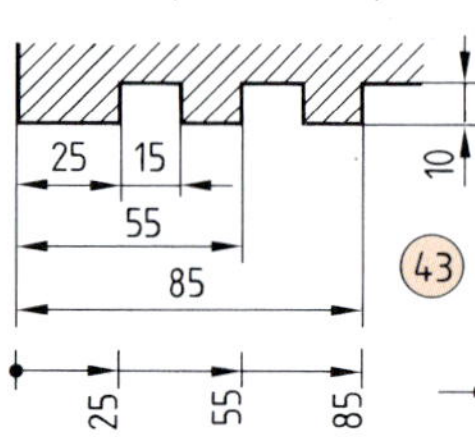

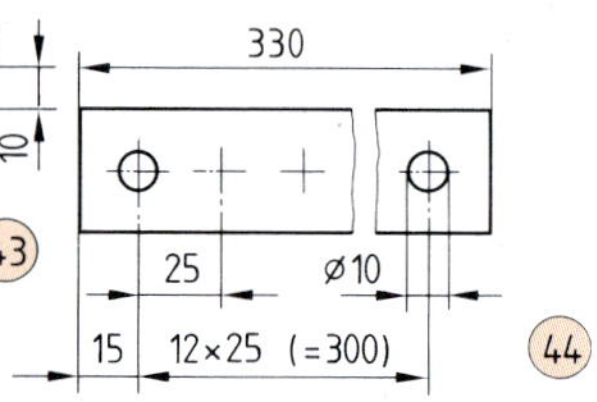

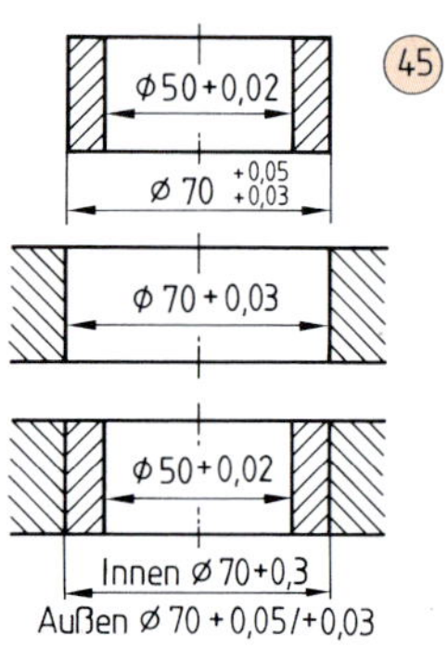

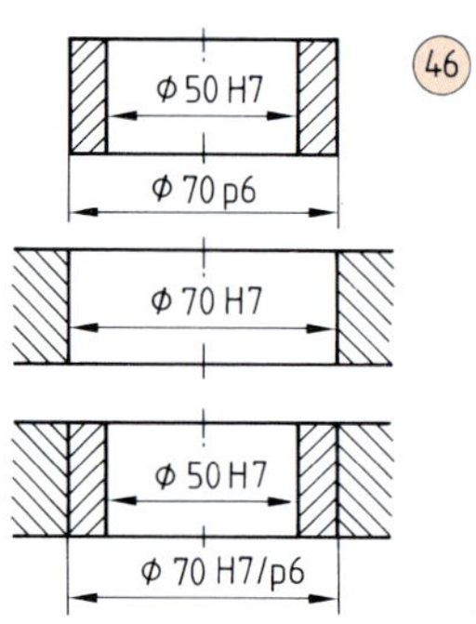

Fasen, Senkungen — vgl. DIN 74-1

38 Bei Drehteilen mit Fasen sind diese in das Längenmaß einzubeziehen.

Fasen von 45° und Senkungen von 90° können vereinfacht bemaßt werden.

39 Bemaßung von Senkungen für Senkschrauben und für Zylinderschrauben nach Bild 39.

Schrauben und Niete

40 Die Maßlinien und Maßhilfslinien von Löchern, Senkungen und Schraub- oder Nietverbindungen können durch Bezugslinien ersetzt werden.

Bei verdeckt liegenden Bohrungen oder Teilen sind die Bezugslinien, soweit sie verdeckt erscheinen müssen, als Strichlinien auszuführen.

Zahnräder — vgl. DIN ISO 2203

41 Bei einer Stirnradverzahnung sind auf der Zeichnung einzutragen:
der Kopfkreisdurchmesser, der Fußkreisdurchmesser (wenn in der Tabelle keine Zahnhöhe angegeben ist) und die Zahnbreite.

42 In einer zusätzlichen Tabelle werden die Größen angegeben, die für die Auswahl der Herstellungswerkzeuge, für das Einstellen der Verzahnmaschine und für das Prüfen der Verzahnung erforderlich sind.

Bei Zahnradpaaren ist der Achsabstand einzutragen.

Teilungen

43 Die Maßeintragung mehrerer aufeinanderfolgender Abstände wird einzeln von einem gemeinsamen Bezugselement aus vorgenommen. Der Anfang der Bemaßung ist deutlich durch einen Punkt zu kennzeichnen. Teilungen für runde Löcher werden im Allgemeinen von Lochmitte zu Lochmitte, für eckige Löcher, Schlitze oder Nuten von Kante zu Kante bemaßt.

44 Bei Teilungen gleicher Abstände und gleicher geometrischer Elemente ist eine vereinfachte Bemaßung zulässig. Hierbei braucht nur jeweils das geometrische Element vollständig bemaßt zu werden, das als Bezugselement für alle anderen Angaben gilt. Die Gesamtzahl gleicher Elemente wird durch die Eintragung z. B. 5 × angegeben.

Bei Löchern, die gleichmäßig auf den Lochkreis verteilt sind, ist in der Draufsicht die Angabe des Teilungswinkels nicht notwendig. In der Seitenansicht dürfen der Teilkreisdurchmesser, die Anzahl der Löcher und der Lochdurchmesser zusammengefaßt eingetragen werden.

Toleranzangaben

45 Toleranzen für ein Maß können angegeben werden
- durch Abmaße, z. B. 100 ± 0,5;
- durch ISO-Toleranzkurzzeichen, z. B. 16 H7;
- durch Allgemeintoleranzen (vgl. S. 419).

Die Schriftgröße der Abmaße und der Kurzzeichen ist vorzugsweise gleich wie die der Nennmaße; sie darf auch eine Stufe kleiner sein, mind. 2,5 mm.

45 Dem Nennmaß werden die Werte der Abmaße hinzugefügt. Das obere Abmaß steht über dem unteren. Nennmaß und Abmaße dürfen in derselben Zeile stehen, dabei steht das obere Abmaß vor dem unteren, bei Trennung durch einen Schrägstrich.

Wenn oberes und unteres Abmaß gleich sind, so ist deren Wert nur einmal mit ± anzugeben. Das Abmaß Null darf durch die Ziffer 0 angegeben werden.

46 Dem Nennmaß werden die Kurzzeichen der ISO-Toleranzklasse hinzugefügt, wenn es erforderlich ist, dürfen zusätzlich zu den Kurzzeichen die Werte der Abmaße in Klammern hinzugefügt werden.

Bei zwei gefügt dargestellten Teilen wird das ISO-Kurzzeichen für das Innenmaß vor dem für das Außenmaß eingetragen. Das gemeinsame Nennmaß wird nur einmal angegeben.

8

Maß, Abmaß, Toleranz

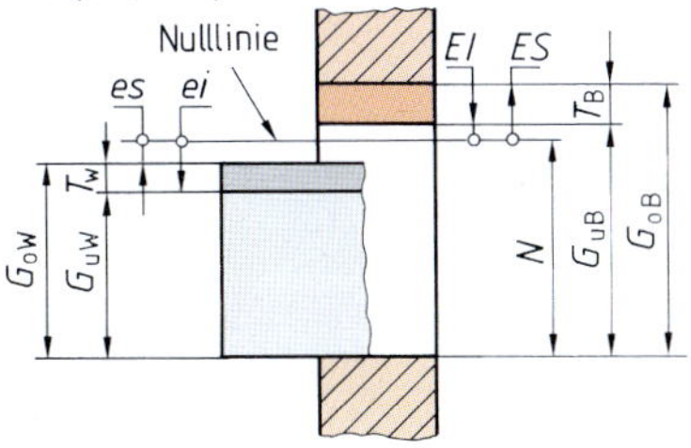

$G_{oB} = N + ES$
$G_{uB} = N + EI$
$G_{oW} = N + es$
$G_{uW} = N + ei$
$T_B = ES - EI$
$T_W = es - ei$

ISO-Toleranzfelder, Bohrungen

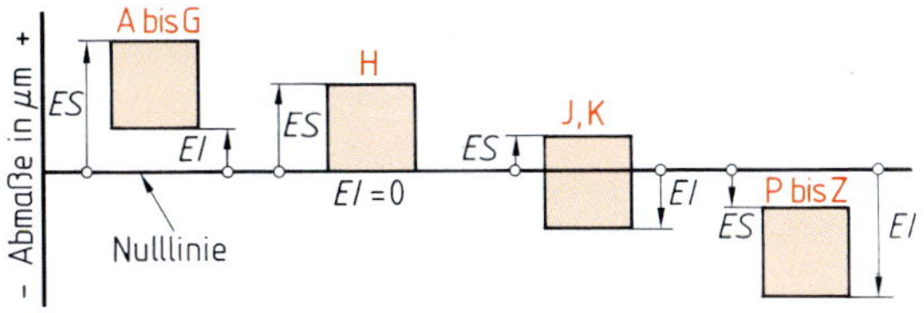

ISO-Toleranzfelder, Wellen

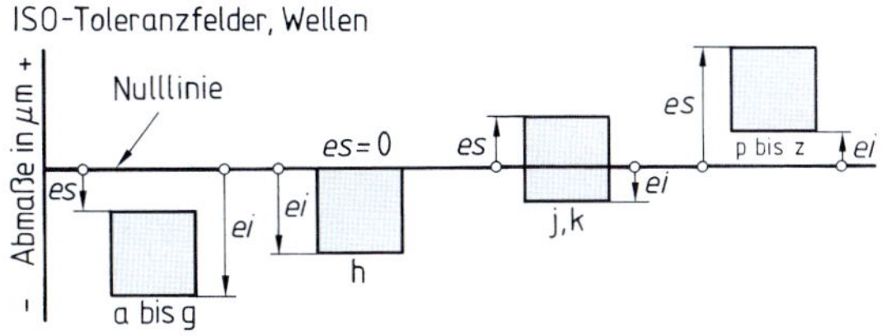

Passungen

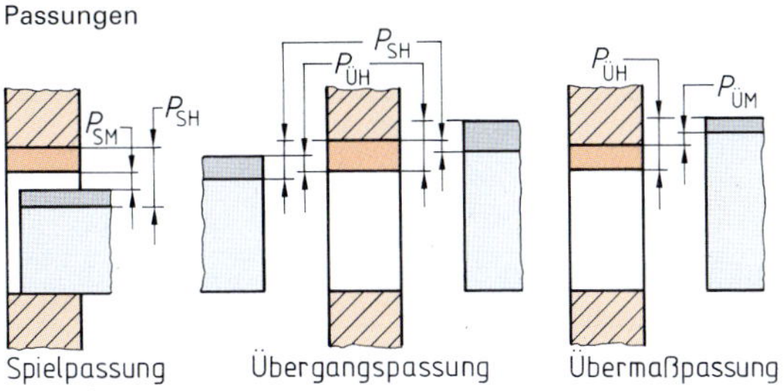

Passungssystem Einheitsbohrung

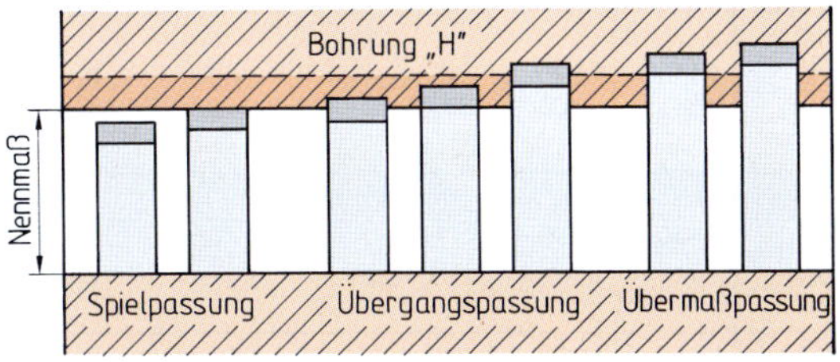

Passungssystem Einheitswelle

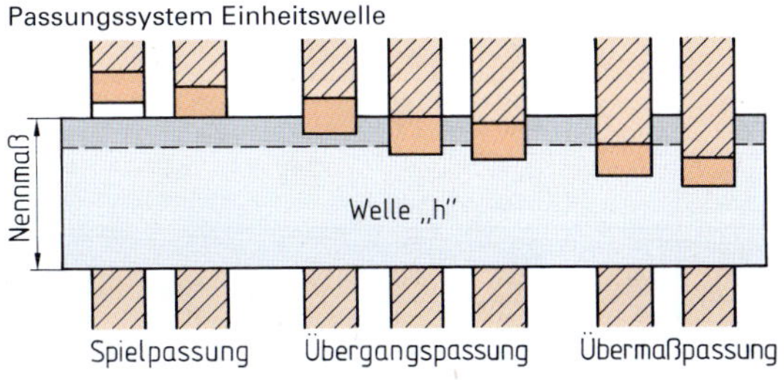

Begriffe zu Maß, Abmaß und Maßtoleranz

- Istmaß: Das am Werkstück durch Messen festgestellte Maß.
- Nennmaß (*N*): Maß zur Größenangabe. Vom Nennmaß werden die Grenzmaße (Höchst- und Mindestmaß) mithilfe der oberen und unteren Abmaße abgeleitet. In der grafischen Darstellung wird das Nennmaß durch die Nulllinie dargestellt.
- Höchstmaß (G_o): Oberes Grenzmaß, größtes zulässiges Maß.
- Mindestmaß (G_u): Unteres Grenzmaß, kleinstes zul. Maß.
- Oberes Abmaß (*ES* für Bohrungen, *es* für Wellen): Algebraische Differenz zwischen dem Höchstmaß und dem dazugehörigen Nennmaß. (*ES* bzw. *es,* französisch Ecart Superieur).
- Unteres Abmaß (*EI* für Bohrungen, *ei* für Wellen): Algebraische Differenz zwischen dem Mindestmaß und dem dazugehörigen Nennmaß. (*EI* bzw. *ei,* französisch Ecart Interieur).
- Maßtoleranz, kurz Toleranz genannt (*T*): Differenz zwischen Höchst- und Mindestmaß, oder Differenz zwischen dem oberen Abmaß und dem unteren Abmaß.

Toleranzsystem

- Toleranzfeldlage: Die Lage des Toleranzfeldes zur Nulllinie wird für Bohrungen mit einem Großbuchstaben (A ... ZC) und für Wellen mit einem Kleinbuchstaben (a ... zc) gekennzeichnet. Die Toleranzfelder H bzw. h liegen an der Nulllinie.
- Toleranzgrade: Die Toleranzgrade (früher Qualität) werden mit einer Zahl (01, 0, 1 ... 18) gekennzeichnet. Mit zunehmender Zahl wird das Toleranzfeld größer, d.h. die Anforderung an die Genauigkeit der Fertigung nimmt ab.
- Toleranzklassen: Die Toleranzklassen werden mit dem Buchstaben für die Lage des Toleranzfeldes und mit der Zahl des Toleranzgrades bezeichnet, z.B. Bohrung H7, Welle g6.
- Toleriertes Maß: Es besteht aus dem Nennmaß und dem ISO-Kurzzeichen für die Toleranzklasse oder aus dem Nennmaß und den Abmaßen, z.B. Bohrung 40 H7, Welle g6 oder $40^{+0{,}025}$ bzw. $40^{-0{,}009}_{-0{,}026}$ (vgl. S. 416, Maßeintragung).

Begriffe zu Passungen

- Passung (*P*): Die Passung ist die Beziehung, die sich aus der Maßdifferenz zweier zu fügender Formelemente ergibt, z.B. Bohrung und Welle, wobei sich diese Begriffe auch auf nichtzylindrische parallele Passflächen beziehen. Die beiden Passteile haben dasselbe Nennmaß. Je nach Abmaß der beiden Passteile ergibt sich:
  - Spielpassung, der Maßunterschied ist positiv,
  - Übermaßpassung, der Maßunterschied ist negativ,
  - Übergangspassung, Spiel oder Übermaß entsteht.
- Höchstspiel (P_{SH}): Das Höchstspiel ergibt sich aus der Differenz zwischen dem Höchstmaß der Bohrung und dem Mindestmaß der Welle bei Spiel- oder Übergangspassungen.
- Mindestspiel (P_{SM}): Differenz zwischen dem Mindestmaß der Bohrung und dem Höchstmaß der Welle bei Spielpassungen.
- Höchstübermaß ($P_{ÜH}$): Differenz (negativ) zwischen dem Mindestmaß der Bohrung und dem Höchstmaß der Welle bei Übermaß- oder Übergangspassungen vor dem Fügen.
- Mindestübermaß ($P_{ÜM}$): Differenz (negativ) zwischen dem Höchstmaß der Bohrung und dem Mindestmaß der Welle bei Übermaßpassungen vor dem Fügen.

Passungssysteme

- Einheitsbohrung: Das Mindestmaß der Bohrung ist gleich dem Nennmaß, d.h. unteres Abmaß = 0 oder Bohrung „H". Das für die gewünschte Passung erforderliche Spiel oder Übermaß wird durch die Abmaße der Welle erreicht.

  Beispiele: Spielpassung 45 H7/g6 oder 45^{H7}_{g6}

  Übermaßpassung 45 H7/r6 oder 45^{H7}_{r6}.

- Einheitswelle: Das Höchstmaß der Welle ist gleich dem Nennmaß, d.h. oberes Abmaß = 0 oder Welle „h". Das für die gewünschte Passung erforderliche Spiel oder Übermaß wird durch die Abmaße der Bohrung erreicht.

  Beispiel: Spielpassung 50 B11/h11 oder 50^{B11}_{h11}

ISO-System Einheitsbohrung Abmaße in µm (1 µm = 0,001 mm)

Nennmaß-bereich über … bis mm	Bohrung H6	Wellen, Toleranzklassen Spiel h5	Übergang j6	k6	Übermaß n5	p5	Bohrung H7	Wellen, Toleranzklassen Spiel f7	g6	h6	Übergang k6	m6	n6	Übermaß r6	s6
1…3	+6 0	0 −4	+4 −2	+6 0	+8 +4	+10 +6	+10 0	−6 −16	−2 −8	0 −6	+6 0	+8 +2	+10 +4	+16 +10	+20 +14
3…6	+8 0	0 −5	+6 −2	+9 +1	+13 +8	+17 +12	+12 0	−10 −22	−4 −12	0 −8	+9 +1	+12 +4	+16 +8	+23 +15	+27 +19
6…10	+9 0	0 −6	+7 −2	+10 +1	+16 +10	+21 +15	+15 0	−13 −28	−5 −14	0 −9	+10 +1	+15 +6	+19 +10	+28 +19	+32 +23
10…14 14…18	+11 0	0 −8	+8 −3	+12 +1	+20 +12	+26 +18	+18 0	−16 −34	−6 −17	0 −11	+12 +1	+18 +7	+23 +12	+34 +23	+39 +28
18…24 24…30	+13 0	0 −9	+9 −4	+15 +2	+24 +15	+31 +22	+21 0	−20 −41	−7 −20	0 −13	+15 +2	+21 +8	+28 +15	+41 +28	+48 +35
30…40 40…50	+16 0	0 −11	+11 −5	+18 +2	+28 +17	+37 +26	+25 0	−25 −50	−9 −25	0 −16	+18 +2	+25 +9	+33 +17	+50 +34	+59 +43
50…65	+19 0	0 −13	+12 −7	+21 +2	+33 +20	+45 +32	+30 0	−30 −60	−10 −29	0 −19	+21 +2	+30 +11	+39 +20	+60 +41	+72 +53
65…80														+62, +43	+78 +59
80…100	+22 0	0 −15	+13 −9	+25 +3	+38 +23	+52 +37	+35 0	−36 −71	−12 −34	0 −22	+25 +3	+35 +13	+45 +23	+73 +51	+93 +71
100…120														+76 +54	+101 +79

ISO-System Einheitsbohrung Abmaße in µm (1 µm = 0,001 mm)

Nennmaß-bereich über … bis mm	Bohrung H8	Wellen, Toleranzklassen Spielpassungen d9	e8	f8	h9	Übermaß-passungen s8	x8	Bohrung H11	Wellen, Toleranzklassen Spielpassungen a11	c11	h11	d9	h9
1…3	+14 0	−20 −45	−14 −28	−6 −20	0 −25	+28 +14	+34 +20	+60 0	−270 −330	−60 −120	0 −60	−20 −45	0 −25
3…6	+18 0	−30 −60	−20 −38	−10 −28	0 −30	+37 +19	+46 +28	+75 0	−270 −345	−70 −145	0 −75	−30 −60	0 −36
6…10	+22 0	−40 −76	−25 −47	−13 −35	0 −36	+45 +23	+56 +34	+90 0	−280 −370	−80 −170	0 −90	−40 −76	0 −36
10…14	+27 0	−50 −93	−32 −59	−16 −43	0 −43	+55 +28	+67 +40	+110 0	−290 −400	−95 −205	0 −110	−50 −93	0 −43
14…18							+72 +45						
18…24	+33 0	−65 −117	−40 −73	−20 −53	0 −52	+68 +35	+87 +54	+130 0	−300 −430	−110 −240	0 −130	−65 −117	0 −52
24…30							+97 +64						
30…40	+39 0	−80 −142	−50 −89	−25 −64	0 −62	+82 +43	+119 +80	+160 0	−310 −470	−120 −280	0 −160	−80 −142	0 −62
40…50							+136 +97		−320 −480	−130 −290			
50…65	+46 0	−100 −174	−60 −106	−30 −76	0 −74	+99 +53	+168 +122	+190 0	−340 −530	−140 −330	0 −190	−100 −174	0 −74
65…80						+105 +59	+192 +146		−360 −550	−150 −340			
80…100	+54 0	−120 −207	−72 −126	−36 −90	0 −87	+125 +71	+232 +178	+220 0	−380 −600	−170 −390	0 −220	−120 −207	0 −87
100…120						+133 +79	+264 +210		−410 −630	−180 −400			

8

ISO-System Einheitswelle

Abmaße in μm (1 μm = 0,001 mm)

Nennmaß-bereich über ... bis mm	Welle **h9**	Bohrungen, Toleranzklassen Spielpassungen C11	D10	E9	F8	H8	H11	Welle **h11**	Bohrungen, Toleranzklassen Spielpassungen A11	B11	C11	D11	H11
1 ... 3	0 −25	+120 +60	+60 +20	+39 +14	+20 +6	+14 0	+60 0	0 −60	+330 +270	+200 +140	+120 +60	+80 +20	+60 0
3 ... 6	0 −30	+145 +70	+78 +30	+50 +20	+28 +10	+18 0	+75 0	0 −75	+345 +270	+215 +140	+145 +70	+105 +30	+75 0
6 ... 10	0 −36	+170 +80	+98 +40	+61 +25	+35 +13	+22 0	+90 0	0 −90	+370 +280	+240 +150	+170 +80	+130 +40	+90 0
10 ... 18	0 −43	+205 +95	+120 +50	+75 +32	+43 +16	+27 0	+110 0	0 −110	+400 +290	+260 +150	+205 +95	+160 +50	+110 0
18 ... 30	0 −52	+240 +110	+149 +65	+92 +40	+53 +20	+33 0	+130 0	0 −130	+430 +300	+290 +160	+240 +110	+195 +65	+130 0
30 ... 40	0 −62	+280 +120	+180 +80	+112 +50	+64 +25	+39 0	+160 0	0 −160	+470 +310	+330 +170	+280 +120	+240 +80	+160 0
40 ... 50		+290 +130							+480 +320	+340 +180	+290 +130		
50 ... 65	0 −74	+330 +140	+220 +100	+134 +60	+76 +30	+46 0	+190 0	0 −190	+530 +340	+380 +190	+330 +140	+290 +100	+190 0
65 ... 80		+340 +150							+550 +360	+390 +200	+340 +150		
80 ... 100	0 −87	+390 +170	+260 +120	+159 +72	+90 +36	+54 0	+220 0	0 −220	+600 +380	+440 +220	+330 +190	+340 +120	+220 0
100 ... 120		+400 +180							+630 +410	+460 +240	+400 +180		

Allgemeintoleranzen für Längenmaße, Winkelmaße, Rundungsradien, Form und Lage

vgl. DIN ISO 2768

Die Allgemeintoleranzen dienen der Vereinfachung von Zeichnungen von Werkstücken, für deren Funktion keine einzelnen Toleranzangaben erforderlich sind. Die jeweilige werkstattübliche Genauigkeit kann durch die Wahl des entsprechenden Genauigkeitsgrades (fein, mittel, grob, sehr grob) erreicht werden. Die Allgemeintoleranzen werden in oder neben dem Zeichnungs-Schriftfeld eingetragen, z. B. Genauigkeitsgrad mittel: **ISO 2768-m**.
Die Toleranzbezeichnungen nach DIN 7168, die nicht für Neukonstruktionen gelten, sind in Klammern gesetzt.

Längenmaße

Toleranzklasse		Grenzabmaße in mm für Nennmaßbereiche							
Kurz-zeichen	Benen-nung	von 0,5 bis 3	über 3 bis 6	über 6 bis 30	über 30 bis 120	über 120 bis 400	über 400 bis 1000	über 1000 bis 2000	über 2000 bis 4000
f **m**	fein mittel	±0,05 ±0,1	±0,05 ±0,1	±0,1 ±0,2	±0,15 ±0,3	±0,2 ±0,5	±0,3 ±0,8	±0,5 ±1,2	– (±0,8) ±2
c (g) **v** (sg)	grob sehr grob	±0,2 (0,15) –	±0,3 (0,2) ±0,5	±0,5 ±1	±0,8 ±1,5	±1,2 ±2,5 (2)	±2 ±4 (3)	±3 ±6 (4)	±4 ±8 (6)

Winkelmaße / Rundungsradien und Fasen

Toleranzklasse		Winkelmaße: Grenzabmaße in Grad und Minuten für Nennmaßbereiche des kürzeren Schenkels					Rundungsradien und Fasen: Grenzabmaße in mm für Nennmaßbereiche		
Kurz-zeichen	Benen-nung	bis 10	über 10 bis 50	über 50 bis 120	über 120 bis 400	über 400	von 0,5 bis 3	über 3 bis 6	über 6 bis 30
f **m**	fein mittel	±1°	±0° 30′	±0° 20′	±0° 10′	±0° 5′	±0,2	±0,5	±1
c (g) **v** (sg)	grob sehr grob	±1° 30′ ±3°	±1° (50′) ±2°	±0° 30′ (25′) ±1°	±0° 15′ ±0° 30′	±0° 10′ ±0° 20′	±0,4	±1	±2

Geradheit und Ebenheit / Rechtwinkligkeit / Lauf

Toleranz-klasse	Geradheit und Ebenheit: Toleranzen in mm für Nennmaßbereiche (bezogen auf die Länge einer Linie oder die Seitenlänge einer Fläche)						Rechtwinkligkeit: Toleranzen in mm für Nennmaßbereiche des kürzeren Schenkels				Lauf: Rundlauf
Kurz-zeichen	bis 10	über 10 bis 30	über 30 bis 100	über 100 bis 300	über 300 bis 1000	über 1000 bis 3000	bis 100	über 100 bis 300	über 300 bis 1000	über 1000 bis 3000	Werte in mm
H	0,02	0,05	0,1	0,2	0,3	0,4	0,2	0,3	0,4	0,5	0,1
K	0,05	0,1	0,2	0,4	0,6	0,8	0,4	0,6	0,8	1	0,2
L	0,1	0,2	0,4	0,8	1,2	1,6	0,6	1	1,5	2	0,5

Abkürzungen

A/D	Analog/Digital-Wandler
AAS	Adaptive Air Suspension (Adaptive Luftfederung)
ABC	Active Body Control (Aktive Karosserie-Stabilisierung)
ABE	Allgemeine Betriebserlaubnis
ABS	Anti-Blockier-System
ACC	Adaptive Cruise Control (Abstandsregelung)
ACEA	Association des Constructeurs Européens de l'Automobil (Europäischer Automobilherstellerverband)
ADS	Adaptives Dämpfersystem
AFS	Aktive Fahrwerksstabilisation oder auch Active Front Steering (Aktiver Lenkeingriff)
AGM	Absorbent Glas-Mat-Battery
AGR	Abgasrückführung
AGS	Adaptive Getriebe-Steuerung
ALB	Automatisch lastabhängige Bremskraftregelung
API	American Petroleum Institute (Amerikanisches Erdöl-Institut)
ARS	Adaptive Rollstabilisierung
ASR	Antriebsschlupf-Regelung
ATF	Automatic Transmission Fluid (Automatikgetriebeöl)
ATL	Abgasturbolader
AU	Abgasuntersuchung
AWD	All Wheel Drive (Allradantrieb)
BAS	Bremsassistent
BBA	Betriebsbremsanlage
BEV	Battery Electric Vehicle (Batterieelektrisches Fzg.)
CAN	Controller Area Network (lineares Bus-System)
CARB	California Air Resource Board (Kalifornische Umweltbehörde)
CDC	Continious Damping Control (Dämpferregelung)
CDI	Common Rail Diesel Injection
CF	Conformity-Factor (Konformitätsfaktor)
CFI	Central Fuel Injection (Zentraleinspritzung)
CIH	Camshaft In Head (Nockenwelle im Zylinderkopf)
CNG	Compressed Natural Gas (Erdgas)
CoC	Certificate of Conformity (EG-Übereinstimmungsbescheinigung)
CPU	Central Processing Unit (Zentrale Recheneinheit)
CVT	Continuously Variable Transmission (Stufenloses Übersetzungsgetriebe)
CZ	Cetanzahl
DBA	Dauerbremsanlage
DI	Direct Injection (Direkteinspritzung)
DOHC	Double Overhead Camshaft (Zwei oben liegende Nockenwellen)
DOT	Department of Transportation (US Verkehrsministerium)
DWA	Diebstahl-Warnanlage
DWS	Drehwinkelsensor
EBS	Elektronisches Brems-System
ECE	Economic Commission for Europe (Europäische Wirtschaftskommission)
ECVT	Electronically Controlled Variable Transmission (Elektronisch geregeltes stufenloses Getriebe)
EDC	Electronic Damper Control (Elektronische-Dämpfer-Regelung) oder auch Electronic Diesel Control (Elektronisches Diesel-Motormanagement)
EDS	Elektronische Differenzialsperre
EEPROM	Electrically Erasable Programmable Read-Only Memory (Elektrisch löschbarer programmierbarer Nur-Lese-Speicher)
EFB	Enhanced Flooded Battery (zyklenfeste Starterbatterie mit Flüssigelektrolyt)
EGS	Elektronische Getriebe-Steuerung
EHB	Elektro-Hydraulisches Bremssystem
EKS	Elektronisches Kupplungssystem
EML	Elektronische Motor-Leistungsregelung
EMV	Elektro-Magnetische Verträglichkeit
EOBD	On-Board-Diagnose für Europa
EPB	Elektro-Pneumatische Bremse
EPHS	Electrically Powered Hydraulic Steering (elektro-hydraulische Lenkunterstützung)
ESD	Elektronisches Sperrdifferenzial
ESP	Electronic Stability Program (Elektronisches Stabilitäts-Programm)
ETRTO	European Tyre and Rim Technical Organisation (Europäische Organisation zur Erfassung von Reifen und Felgen)
ETS	Elektronisches Traktionssystem
EWS	Elektronische Wegfahrsperre
FBA	Feststellbremsanlage
FDI	Fuel Direct Injection (Benzindirekteinspritzung)
FDR	Fahrdynamikregelung
FDS	Fahrzeug-Diagnose-System
FSI	Fuel Stratified Injection (Benzindirekteinspritzung)
FWD	Four Wheel Drive (Vierradantrieb)
GPS	Global Positioning System (Weltweites Positionsbestimmungs-System)
GRS	Gierratensensor
GWP	Global Warming Potential (Treibhauspotential)
HA	Hinterachse
HBA	Hilfskraftbremsanlage
HD	Heavy Duty (schwere Beanspruchung)
HEV	Hybrid Electric Vehicle (Hybrid-Fahrzeug)
HFM	Heißfilm-Luftmassen-Sensor
HTHS	High Temperature High Speed (HTHS-Viskosität bei Motorölen)
HU	Hauptuntersuchung
HV	Hochvolt
IC	Integrated Circuit (integrierter Schaltkreis)
IDI	Indirect Injection (Indirekte Einspritzung)
ICM	Ignition Control Module (Zündungssteuergerät)
IR	Infrarot
ISO	International Organization for Standardization (Internationale Gesellschaft für Normung)
KAT	Katalysator
KW	Kurbelwelle
LCD	Liquid Cristal Display (Flüssigkristallanzeige)
LED	Light Emitting Diode (Leuchtdiode)
LIDAR	Light Detection and Ranging
LIN	Local Interconnect Network (Bus-System)
LPG	Liquified Petroleum Gas (Autogas)
LWL	Lichtwellenleiter
LWR	Leuchtweitenregelung
MOS	Metal Oxide Semiconductor (Metalloxid-Halbleiter)
MOZ	Motor-Oktanzahl
NCAP	European New Car Assessment Programme (Europäisches Neuwagen-Bewertungsprogramm)
NEFZ	Neuer Europäischer Fahrzyklus
NTC	Negative Temperature Coefficient
NW	Nockenwelle
OBD	On Board Diagnose
OHC	Overhead Camshaft (Oben liegende Nockenwelle)
OP	Operationsverstärker
PDE	Pumpe-Düse Element
PEMS	Portable Emission Measurement System (Mobiles Messsystem)
PHEV	Plug-in Hybrid Electric Vehicle (vgl. HEV)
PR	Ply Rating (Gewebelagen in einem Gürtelreifen)
PTC	Positive Temperature Coefficient
PWM	Pulsweitenmoduliertes Ansteuersignal
QM	Qualitätsmanagement
RDE	Real Driving Emissisons (Realfahremissionen)
RDS	Radio Data System (Radiosender Datensystem)
RFT	Run Flat Tyre (Reifen mit Notlaufeigenschaft)
ROV	rotierende Hochspannungsverteilung
ROZ	Research Oktanzahl
RUV	ruhende Hochspannungsverteilung
SAC	Self Adjusting Clutch (selbstnachstellende Kupplung)
SAE	Society of Automotive Engineers (US Automobilingenieur-Vereinigung)
SBC	Sensoric Brake Control (elektrohydraulische Bremse)
SP	Sicherheitsprüfung
SRS	Supplement Restraint System (Sicherheits-Rückhaltesystem)
SSR	Self Supporting Run Flat (vgl. RFT)
SST	Self Supporting Tyre (vgl. RFT)
TCS	Traction Control System (Antriebsschlupfregelung)
TMC	Traffic Message Channel (Verkehrsnachrichtenkanal)
TWI	Treat Wear Indicator (Reifenabnutzungsindikator)
VA	Vorderachse
VRLA	Valve-regulated lead acid battery (Vlies- und Gelakkumulator)
VTG	Variable Turbinengeometrie (Abgasturbolader)
WLTP	Worldwide Harmonized Light Vehicles Test Procedures (Abgastestzyklus)
WK	Wandler-Überbrückungskupplung
ZV	Zentralverriegelung

Englische Fachbegriffe

Acceleration – Beschleunigung
Accelerator pedal – Gaspedal
Accident damage – Unfallschaden
Accident prevention – Unfallverhütung
Acid level – Säurestand
Adjust – einstellen
Adjustable – verstellbar
Advanced ignition – Vorzündung, Frühzündung
Air-brake system – Druckluftbremsanlage
Air conditioning compressor – Kältekompressor
Air conditioning system – Klimaanlage
Air-flow sensor – Luftmengenmesser
Air-mass sensor – Luftmassenmesser
Air spring – Luftfeder
All-wheel drive – Allradantrieb
Alternator – Drehstromgenerator
Antiblock system – ABS, Antiblockiersystem
Antiknock properties – Klopffestigkeit
Articulated shaft – Gelenkwelle
Assembling – Zusammenbauen
Automatic transmission – Automatikgetriebe
Automatic Transmission Fluid (ATF) – Automatikgetriebeöl
Auxiliary heating – Standheizung
Axial clearance – Axialspiel
Axle alignment – Achsvermessung
Axle shaft – Achswelle

Backup light – Rückfahrscheinwerfer
Balancer – Auswuchtmaschine
Balancing – Auswuchten
Ball bearing – Kugellager
Battery – Batterie
Battery ignition system – Batterie-Zündanlage
Battery terminal – Batterieklemme
Bearing – Lager (Halterung)
Belt tension – Riemenspannung
Body – Karosserie
Boot (brit.) – Kofferraum
Boot lid – Kofferraumdeckel
Brake – Bremse
Brake caliper – Bremssattel
Brake disc – Bremsscheibe
Brake fluid – Bremsflüssigkeit
Brake hose – Bremsschlauch
Brake lamp (brit.) – Bremsleuchte
Brake lining – Bremsbelag
Brake system – Bremsanlage
Brazing – Hartlöten
Bulb – Glühlampe

Camber – Sturz (Rad)
Camshaft – Nockenwelle
Carburettor – Vergaser
Catalyst – Katalysator
Car electrics – Autoelektrik
Charging – Laden (Batterie)
Chassis – Fahrwerk
Checking – prüfen
Clutch – Kupplung (Kraftübertragung)
Clutch control – Kupplungsbetätigung
Clutch operator – Kupplungsausrücker
Clutch play – Kupplungsspiel
Cogged belt – Zahnriemen
Coil ignition system – Spulenzündanlage
Combustion – Verbrennung (Motor)
Compensating tank – Ausgleichsbehälter
Compression check – Kompressionsdruckprüfung
Compression cycle – Verdichtungstakt
Compression-loss test – Druckverlust-Prüfung
Connecting rod – Pleuelstange
Coolant – Kühlflüssigkeit
Coolant pump – Kühlflüssigkeitspumpe
Cooling – Kühlung
Corrosion protection – Korrosionsschutz
Crankshaft – Kurbelwelle
Crankshaft bearing – Kurbelwellenlager
Crash – Zusammenprall
Current – Strom
Cylinder – Zylinder (Motor)
Cylinder head – Zylinderkopf
Cylinder-head bolt – Zylinderkopfschraube
Cylinder-head gasket – Zylinderkopfdichtung

Declutching – Auskuppeln
Dent removal – Ausbeulen
Diesel engine – Dieselmotor
Differential – Ausgleichsgetriebe, Differenzial
Differential lock – Differenzialsperre
Dipped headlight – Abblendlicht
Direct injection – Direkteinspritzung
Direction indicator lamp – Blinkleuchte
Disc brake – Scheibenbremse
Dismantling – Zerlegen
Distributorless semiconductor ignition system – vollelektronische Zündanlage
Distributor-type injection pump – Verteilereinspritzpumpe
Door – Tür
Door lock – Türschloss
Double ignition – Doppelzündung
Driver's license (am.) – Führerschein
Driving licence (brit.) – Führerschein
Drum brake – Trommelbremse

Efficiency – Wirkungsgrad
Electric fan – Elektrolüfter
Electric system – elektrische Anlage
Engaging the clutch – Einkuppeln
Engine displacement – Hubraum
Engine hood – Motorhaube
Exchanging – Austauschen
Exhaust cycle – Auspufftakt
Exhaust gas – Auspuffgas
Exhaust gas turbocharger – Abgasturbolader
Exhaust manifold – Auspuffkrümmer
Exhaust pipe – Auspuffleitung
Exhaust system – Auspuffanlage
Exhaust tube – Auspuffrohr
Exhaust valve – Auslassventil

Fan – Ventilator
Fasten seat belt! – Gurt anlegen!
Filter – Filter
Four-stroke engine – Viertaktmotor
Friction bearing – Gleitlager
Front axle – Vorderachse
Front-wheel drive – Vorderradantrieb
Fuel-air mixture – Kraftstoff-Luft-Gemisch
Fuel-cell – Brennstoffzelle
Fuel consumption – Kraftstoffverbrauch
Fuel filter – Kraftstoff-Filter
Fuel pump – Kraftstoffpumpe
Fuel tank – Kraftstoffbehälter
Fully automatic gear – vollautomatisches Getriebe
Full load – Volllast (Motor)
Fuse – elektrische Sicherung

Gasket – Dichtung
Gasoline – Benzin
Gas-pressure shock absorber – Gasdruckdämpfer
Gear – Getriebe, Gang
Gearbox suspension – Getriebeaufhängung
Gear oil – Getriebeöl
Glove compartment – Handschuhfach
Glow plug – Glühkerze

Halogen lamp – Halogenlampe
Headlights – Scheinwerfer
Helical spring – Schraubenfeder
Horn – Horn, Hupe
Hump – Höcker (in einer Felge)
Hydraulic brake – hydraulische Bremse

Ignition distributor – Verteiler (Zündung)
Ignition system – Zündanlage
Immobilizer system – Wegfahrsperre
Indicator light – Kontroll-Leuchte
Injection engine – Einspritzmotor
Injection nozzle – Einspritzdüse
Injection pump – Einspritzpumpe
Inlet valve – Einlassventil
In-line injection pump – Reiheneinspritzpumpe
Intake cycle – Ansaugtakt
Intake manifold – Ansaugkrümmer
Intake pipe – Ansaugrohr
Intake valve – Einlassventil

Joint – Gelenk

Knocking – Klopfen
Knock sensor – Klopfsensor
Knocking combustion – klopfende Verbrennung

Lambda probe – Lambdasonde
Lamps – Leuchten (Fahrzeug)
Leaf spring – Blattfeder
Level control system – Niveauregulierung (Fahrzeug)
Licence plate – Nummernschild
Light transmitting fibre – Lichtwellenleiter
Lighting – Beleuchtung
Lighting system – Beleuchtungsanlage
Liquid cooling – Flüssigkeitskühlung
Lubrication – Schmierung
Lubricating grease – Schmierfett

Main beam – Fernlicht
Maintenance – Instandhaltung
Master cylinder – Hauptzylinder (Bremse)
Measuring – Messen
Misfire – Fehlzündung
Multilink rear – suspension – Raumlenkerachse
Muffler (am.) – Schalldämpfer

Nozzle holder – Düsenhalter
Nozzle needle – Düsennadel

Oil change – Ölwechsel
Oil drain plug – Ölablassschraube
Oil grade – Ölsorte
Oil loss – Ölverlust
Operating manual – Bedienungsanleitung
Out-of-balance – Unwucht
Overhauling – Überholung (Reparatur)

Painting – Lackieren
Parking position – Parkstellung (autom. Getriebe)
Partial load – Teillast (Motor)
Petrol injection – Benzineinspritzung
Piston – Kolben
Piston ring – Kolbenring
Planetary gear – Planetengetriebe
Plug socket – Kerzenstecker
Position light – Begrenzungsleuchte
Power output – Leistung (Motor)
Power steering – Servolenkung
Preheating system – Vorglühanlage
Pressure sensor – Druckfühler
Pulling off – Abziehen
Pump element – Pumpenelement

Radial shaft seal – Radialwellendichtring
Radial tyre run-out – Höhenschlag (Reifen)
Radiator – Kühler
Rear-engine drive – Heckmotorantrieb
Rear axle – Hinterachse
Rear light – Schlussleuchte
Rear-wheel drive – Hinterradantrieb
Rear window – Heckscheibe
Reference merk indicator – Bezugsmarkengeber
Reflector – Reflektor
Refuelling – Betanken
Relay – Relais
Removing – abmontieren, abbauen
Repair handbook – Reparaturanleitung
Replacing – Austauschen
Reset – Rückstellung
Resistor – Widerstand
Respray – Reparaturlackierung
Retarder – Dauerbremse
Rigid axle – Starrachse
Rim – Felge
Roller bearing – Wälzlager

Screw – Schraube
Seat belt – Sicherheitsgurt
Seat belt restrainer – Gurtstraffer
Self-ignition – Selbstzündung
Setting the headlights – Scheinwerfer einstellen

Shock absorber – Stoßdämpfer
Short circuit – Kurzschluss
Silencer (brit.) – Schalldämpfer
Single disk clutch – Einscheibenkupplung
Single point injection – Zentraleinspritzung
Single spark ignition coil – Einzelfunkenzündspule
Soldering – Löten
Spare part – Ersatzteil
Spark – Funke
Spark ignition engine with fuel injection – Otto-Einspritzmotor
Spark plug – Zündkerze
Speed governor – Drehzahlregler (Motor)
Spring – Feder
Stabilizer – Stabilisator (Radaufhängung)
Starter – Starter
Starter battery – Starterbatterie
Steering – Lenkung
Steering column – Lenksäule
Steering gear – Lenkgetriebe
Steering wheel – Lenkrad
Stop light (am.) – Bremsleuchte
Stripping – Abisolieren
Suspension – Federung
Supercharging – Aufladung
Switch over intake system – Schaltsaugrohr

Tailored blanks – maßgeschneiderte Bleche
Tension – Spannung
Thermostat – Thermostat
Thread – Gewinde
Throttle valve – Drosselklappe
Tightening – festziehen
Toe-in – Spur, Vorspur (Rad)
Toothed belt – Zahnriemen
Top coat – Decklackierung
Topping up – Auffüllen
Torque – Drehmoment
Torque converter – Drehmomentwandler
Torque wrench – Drehmomentschlüssel
Towing – Abschleppen
Tow rope – Abschleppseil
Traction control system – Antriebsschlupfregelung
Tread depth – Profiltiefe
Trunk (am.) – Kofferraum
Tubeless – schlauchlos
Turn indicator lamp – Fahrtrichtungsanzeiger
Turn indicator system – Blinkanlage
Two stroke engine – Zweitaktmotor
Tyre designation – Reifenbezeichnung
Tyre fitting – Reifenmontage
Tyres – Bereifung, Reifen

Undercoating – Unterbodenschutz
Unleaded gasoline – bleifreies Benzin

Vacuum brake booster – Unterdruck-Bremskraftverstärker
Valve – Ventil
Valve play – Ventilspiel
Valve seat – Ventilsitz
Variable-speed gearbox – Wechselgetriebe
Vario camshaft – Nockenwellen-Verstellung
V-belt – Keilriemen
Vehicle paintwork – Fahrzeuglackierung
Ventilation – Belüftung
Visual check – Sichtprüfung
Voltage – elektrische Spannung
Voltage regulator – Spannungsregler

Welding – Schweißen
Wheel – Rad
Wheel bearing – Radlager
Wheel brake cylinder – Radbremszylinder
Wheel spinning – Durchdrehen der Räder
Wheel suspension – Radaufhängung
Windscreen – Windschutzscheibe
Wiper – Scheibenwischer
Wiring diagram – Schaltplan
Wishbone – Querlenker
Working cycle – Arbeitstakt (Motor)
Wrong adjustment – falsche Einstellung

am. = amerikanisches Englisch   brit. = britisches Englisch

Sachwortverzeichnis

Bildquellenverzeichnis

Verfasser und Verlag danken den genannten Firmen, Institutionen und Privatpersonen für die Überlassung von Vorlagen und Abdruckgenehmigungen zu folgenden Abbildungen:

Adolf Würth GmbH & Co. KG, Künzelsau: S. 298/1, 2, 5, 6, 7, 8, 20, 21, 22; 300/5a+b

AUDI AG, Ingolstadt: S. 141/9; 142/3; 189/1; 314/1; 315/1, 3; 316/1, 3; 318/4; 319/2; 320/2, 3, 4, 5; 322/2

Beissbarth GmbH, München: S. 217/1a-c

BMW AG, München: S. 185/2a+b; 222/1, 3

BorgWarner, Ludwigsburg: S. 190/3

Continental Automotive Technologies GmbH, Frankfurt am Main: S. 321/3a+b

Continental Reifen Deutschland GmbH, Hannover: S. 232/2f

Daimler AG, Stuttgart: S. 205/1

Daimler AG: S. 318/1; 319/4

DGUV Information 200-005 „Qualifizierung für Arbeiten an Fahrzeugen mit Hochvoltsystemen" der Deutschen Gesetzlichen Unfallversicherung e.V. (DGUV), Glinkastr. 40, 10117 Berlin www:dguv.de: S. 94/1a+b

FfE München, „Bidirektionales Laden: Die Zukunft der Elektromobilität?" nachzulesen unter www.ffe.de/news/bidirektionales-laden-die-zukunft-der-elektromobilitaet/: S. 192/3

Fluke Deutschland GmbH, Glottertal: S. 195/1a

Ford-Werke GmbH, Köln: S. 317/5

Gustav Klauke GmbH, Remscheid: S. 298/11

H&R Spezialfedern GmbH & Co. KG, Lennestadt/Trockenbrück: S. 222/2b

Herth+Buss Fahrzeugteile GmbH & Co. KG, Heusenstamm: S. 300/4a–c

Hyundai Motor Finnland, FI-Vantaa: S. 191/1

ICCT - International Council on Clean Transportation Europe gemeinnuetzige GmbH, Berlin: S. 181/1

K N I P E X – W e r k C. Gustav Putsch KG, Wuppertal: S. 298/4, 10, 13, 14, 16, 23, 24, 25

Kromberg & Schubert GmbH Cable & Wire, Rhede: S. 196/3

MAHA Maschinenbau Haldenwang GmbH & Co. KG, Haldenwang: S. 277/4

MAHLE GmbH, Stuttgart: S. 189/2; 190/2

Rheinmetall Automotive AG, Neckarsulm: S. 150/3a

Robert Bosch GmbH, Stuttgart: S. 187/3; 269/1a+b; 271/2; 315/4a; 317/3; 318/2; 320/1; 322/1

Robert Bosch GmbH, Automotive Aftermarket, Karlsruhe: S. 117/1; 268/5; 270/1a+b, 2, 3; 270/1b; 277/5; 315/5

Schaeffler Automotive Aftermarket GmbH & Co. KG, Frankfurt am Main: S. 222/2a, 4a

Shutterstock Images LLC, New York, USA: S. 118/1 (cosmic_pony); 119/1a (Dukesn); 119/1b (Diyajyoti); 119/1c (Vector Tradition); 141/10 (cosmic_pony); 319/3a (Federico Marsicano)

stock.adobe.com: S. 131/rechts Mitte ©Piktoworld; 153/oben links (Piktoworld); 154/oben rechts (Piktoworld); 157/mitte rechts (Piktoworld); 158/mitte rechts (Piktoworld); 159/mitte rechts (Piktoworld); 170/mitte oben (Piktoworld); 195/3 (Harald Tedesco); 283/rechts 2x (Piktoworld)

STODIA GmbH, Gifhorn: S. 195/2

Thomas Stietz, Stuttgart: S. 195/1b; 196/1a+b; 209/4

Volkswagen AG, Wolfsburg: S. 192/2; 194/3; 315/2; 318/3a+b; 319/3b; 321/4a; 322/3a–c

Webasto SE, Stockdorf: S. 256/1

ZF Friedrichshafen AG, Friedrichshafen: S. 185/3